SCHÄFFER
POESCHEL

Bernhard Pellens/Rolf Uwe Fülbier
Joachim Gassen/Thorsten Sellhorn

Internationale Rechnungslegung

IFRS 1 bis 17, IAS 1 bis 41, IFRIC-Interpretationen, Standardentwürfe

Mit Beispielen, Aufgaben und Fallstudie

11., überarbeitete Auflage

2021
Schäffer-Poeschel Verlag Stuttgart

Verfasser:

Prof. Dr. *Bernhard Pellens*, Lehrstuhl für Internationale Unternehmensrechnung, Ruhr-Universität Bochum

StB Prof. Dr. *Rolf Uwe Fülbier*, Lehrstuhl für Internationale Rechnungslegung, Universität Bayreuth

Prof. Dr. *Joachim Gassen*, Institut für Rechnungslegung und Wirtschaftsprüfung, Humboldt-Universität zu Berlin

Prof. Dr. *Thorsten Sellhorn*, Institut für Rechnungswesen und Wirtschaftsprüfung, Ludwig-Maximilians-Universität München

Mitarbeiter*innen der 11. Auflage:
Katrin Ahlich, Dr. Omar Barekzai, Thorben Bonn, Dr. Andreas Bonse, Carina Brettschneider, Prof. Dr. Ulf Brüggemann, Rico Chaskel, Jan Christ, Prof. Dr. Nils Crasselt, Florian Federsel, Aurin Gaida, Dr. Ann-Kristin Großkopf, Dr. Jens Günther, Prof. Dr. Katharina Hombach, Jannik Kocian, Dr. Peter Küting, Jan-Pelle Kummer, Nico Lempsch, Klara E. Lösse, Jonas Materna, Dr. Julia Menacher, Prof. Dr. Maximilian A. Müller, Dr. Marco Muschallik, Kathrin Oberwallner, Alexander Paulus, Lorenz Piering, Dr. André Schmidt, Jan Seitz, Christina Stappert, Dr. Dirk Stauder und Dr. Katharina Weiß.

Stand: 31.01.2021

Dozenten finden PDF-Dateien der Abbildungen und Tabellen dieses Lehrbuchs unter www.sp-dozenten.de (Registrierung erforderlich)

Bibliografische Information Der Deutschen Nationalbibliothek
Die Deutsche Nationalbibliothek verzeichnet diese Publikation in der Deutschen Nationalbibliografie;
detaillierte bibliografische Daten sind im Internet über <http://dnb.d-nb.de> abrufbar.

Print: ISBN 978-3-7910-5156-7 Bestell-Nr. 20462-0003
ePDF: ISBN 978-3-7910-5157-4 Bestell-Nr. 20462-0152

www.schaeffer-poeschel.de
service@schaeffer-poeschel.de

April 2021

Schäffer-Poeschel Verlag Stuttgart
Ein Unternehmen der Haufe Group

SCHÄFFER
POESCHEL **myBook**

Ihr Online-Material zum Buch

- Lösungshinweise zu den Übungsaufgaben der Kapitel 1 bis 27

So funktioniert Ihr Zugang

1. Gehen Sie auf das Portal sp-mybook.de und geben den Buchcode ein, um auf die Internetseite zum Buch zu gelangen.
2. Oder scannen Sie den QR-Code mit Ihrem Smartphone oder Tablet, um direkt auf die Startseite zu kommen.

SP myBook:

www.sp-mybook.de

Buchcode: 5156-inrl

Vorwort zur elften Auflage

Der Wirecard-Fall hat einmal mehr deutlich gemacht, wie wichtig regelkonforme Rechnungslegungsdaten für die Funktionsfähigkeit der Kapitalmärkte sind. Auch in einer Zeit, in der nichtfinanzielle Informationen immer wichtiger werden, ist die Rechnungslegung immer noch das zentrale standardisierte Informationsinstrument, welches Kapitalmarktteilnehmern für ihre Investitionsentscheidungen zur Verfügung steht. Als eine Art „Sprache", in der Unternehmen auf globalisierten Kapitalmärkten über ihre wirtschaftliche Lage berichten, erleichtern international harmonisierte Rechnungslegungsregeln den Unternehmensvergleich.

Das International Accounting Standards Board (IASB) hat sich seit über zwanzig Jahren als „Anbieter" weltweit einheitlicher Rechnungslegungsregeln etabliert. Es setzt sich unverändert zum Ziel, „*im öffentlichen Interesse einen einzigen Satz an hochwertigen, verständlichen und durchsetzbaren globalen Rechnungslegungsstandards auf der Grundlage klar artikulierter Prinzipien zu entwickeln. Diese Standards erfordern hochwertige, transparente und vergleichbare Informationen in Abschlüssen und sonstigen Rechnungslegungsinstrumenten, um die Teilnehmer der verschiedenen weltweiten Kapitalmärkte und andere Informationsadressaten beim Treffen wirtschaftlicher Entscheidungen zu unterstützen*"[1]. Resultat dieses Bestrebens sind die International Financial Reporting Standards (IFRS), die auch die früheren International Accounting Standards (IAS) umfassen.

Die IFRS sind für viele Unternehmen in den EU-Staaten und in über 100 anderen Ländern mehr oder weniger verbindlich. So verpflichtet die von der EU-Kommission verabschiedete IAS-Verordnung schon seit 2005 alle kapitalmarktorientierten EU-Unternehmen, ihre für die Kapitalmarktkommunikation wichtigen Konzernabschlüsse nach den IFRS zu erstellen und zu publizieren. Viele Mitgliedstaaten, so auch Deutschland, haben diese Regelung als Wahlrecht auf die Konzernabschlüsse nicht-kapitalmarktorientierter Unternehmen ausgedehnt.

Für unmittelbare Rechtsfolgen, also Dividenden- und Ertragssteuerzahlungen sowie die Überschuldungsmessung, ist in der EU eine so weitgehende Rechnungslegungsharmonisierung bisher nicht zu erkennen und daher bleibt für deutsche Unternehmen hier unverändert der HGB-Einzelabschluss maßgeblich. Mit dieser Mehrgleisigkeit der Rechnungslegungsregeln werden wir wohl noch einige Zeit leben müssen.

In den USA ist ein Jahresabschluss nach US-amerikanischen Generally Accepted Accounting Principles (US-GAAP) für heimische Unternehmen die einzig akzeptierte Eintrittskarte für den organisierten Kapitalmarkt. Lediglich bei ausländischen Emittenten im sog. cross-border listing verzichtet die dortige Börsenaufsicht, die Securities and Exchange Commission (SEC), auf einen US-GAAP-Konzernabschluss oder eine Überleitungsrechnung und akzeptiert den IFRS-Konzernabschluss. Bis dahin werden weitere Konvergenzbemühungen den Beteiligten (Kapitalmarktakteuren, Unternehmen, Wirtschaftsprüfern und Wirtschaftswissenschaftlern) überlassen bleiben.

1 Preface to IFRS, Par. 6(a) (übersetzt von den Autoren).

Neben der finanziellen Berichterstattung rücken für Kapitalanleger zunehmend Umwelt-, Arbeitnehmer- und Sozialaspekte, die Einhaltung von Menschenrechten über die gesamte Wertschöpfungskette eines Unternehmens und Complianceaspekte in den Fokus. Der gesellschaftliche Wertewandel hin zu der stärkeren Beachtung insbesondere von Umwelt- und Sozialthemen spiegelt sich in der Kapitalanlage der Investoren wider. Insofern ist es naheliegend, dass die Unternehmen auch darüber berichten, wie sich ihre Aktivitäten auf die Umwelt und die Sozialgemeinschaft auswirken bzw. umgekehrt, wie sich Umweltveränderungen auf das Geschäftsmodell und die Lage des Unternehmens auswirken. Die Regulierer reagieren entsprechend und so weitet aktuell insbesondere das EU-Parlament diese Corporate Social Responsibility-Berichtspflichten (CSR-Bericht) für kapitalmarktorientierte Unternehmen deutlich aus. Es bleibt mit Spannung abzuwarten, wie sich die künftige Unternehmensberichterstattung weiterentwickelt, ob und wie sich die finanzielle und nichtfinanzielle (CSR-)Berichterstattung integrieren und ob sich ggf. unter dem Dach der IFRS-Foundation, neben dem IASB, ein weiterer Standard Setter für die nichtfinanzielle (CSR-)Berichterstattung für kapitalmarktorientierte Unternehmen etablieren wird.

Dementsprechend hat diese elfte Auflage des Lehr- und Fachbuches „Internationale Rechnungslegung“ zwar weiterhin eine klare Ausrichtung auf die IFRS aus einer EU- und insbesondere deutschen Perspektive, greift aber auch die beschriebenen Trends auf. Ausgehend von einführenden Kapiteln, in denen das Wesen, die Aufgaben und der institutionelle sowie konzeptionelle Rahmen der (internationalen) Rechnungslegung erklärt werden, folgt eine modulare, nach übergeordneten Bilanzierungsfragen und einzelnen Bilanzpositionen untergliederte Struktur. In weitgehend unabhängig voneinander erlern- und bearbeitbaren Kapiteln werden die Bilanzansatz-, Bilanzbewertungs-, Ausweis- und Konsolidierungsfragen der IFRS-Regelwelt dargestellt und anhand zahlreicher Beispiele verdeutlicht und vertieft. Nicht zu kurz kommen dabei – in Form separater Exkurse – auch Neuentwicklungen in zentralen Bereichen der immer noch sehr dynamischen IFRS-Rechnungslegung, die sich bisher noch nicht im Regelwerk niedergeschlagen haben. Hinzu treten weitere Vertiefungen, deren Kenntnis für das grundlegende Verständnis des jeweiligen Kapitels interessant, aber nicht zwingend ist. Darüber hinaus haben wir in dieser Neuauflage weitere Exkurse aufgenommen, die einerseits aktuelle Erkenntnisse der Forschung für praxis- und lehrrelevante Themen beinhalten und andererseits bilanzanalytische Auswirkungen diskutieren.

Neben den klassischen Bilanzierungs- und Konsolidierungsfragen werden auch die IFRS u.a. zu Segmentberichterstattung, Zwischenberichterstattung und Ergebnis je Aktie erläutert. Da vor allem bei kapitalmarktorientierten Unternehmen die Rechnungslegung nur eine Teilmenge der in der Corporate Governance geforderten Transparenzpflichten darstellt, diskutieren wir zudem die grundlegenden Publizitätsanforderungen an deutsche Unternehmen. Hier greifen wir auch die zuvor erwähnte CSR-Berichterstattung sowie Tendenzen hin zu einer intergrierten Berichterstattung und zu einer stärkeren Digitalisierung der Prozesse, Systeme und Kommunikationskanäle der Unternehmensberichterstattung auf.

Gegenüber der zehnten Auflage haben wir die Lernziele aller Kapitel neu definiert und die jeweiligen Texte daraufhin neu überarbeitet sowie in Teilen umgegliedert und gestrafft. Zahlreiche neue Infoboxen wurden eingepflegt: Diskussionen bilanzanalytischer Auswirkungen geben Hilfestellung bei der Interpretation bestimmter Bilanzierungspraktiken und weisen auch auf Ermessenspielräume hin. Zudem zeigen wir an geeigneter Stelle interessante Erkenntnisse der Rechnungslegungsforschung auf, um zu einem besseren Verständnis von Rechnungslegung, ihrer Anwendung und Wirkung beizutragen.

Der Kapitelaufbau folgt unverändert einer einheitlichen Struktur: Zu Beginn der Kapitel werden jeweils die neu konzipierten Lernziele formuliert; am Ende stehen vertiefende Literaturempfehlungen. Um nicht aus den Augen zu verlieren, dass die IFRS in Deutschland neben den HGB-Bilanzierungsregeln existieren, findet sich zum Ende eines jeden Kapitels eine kurze Darstellung der wesentlichen Unterschiede zwischen IFRS und HGB. Zudem zeigen wir Unterschiede zu dem IFRS for SMEs auf. Jedes Kapitel schließt mit Übungsaufgaben, um Ihnen die Überprüfung Ihres Wissens zu erleichtern. Entsprechende Lösungshinweise zu den jeweiligen Kapiteln werden auf **https://www.sp-mybook.de** bereitgestellt. Der Buchcode ist am Anfang des Buches angegeben.

Da auch bei der Rechnungslegung „learning by doing" gilt, finden Sie neben den Übungsaufgaben zahlreiche Beispiele sowie kurze Fallstudien mit Buchungsbeispielen. Eine umfangreiche Fallstudie zur Umstellung von HGB auf IFRS sowie IFRS for SMEs am Ende des Buches bietet zudem die Möglichkeit, das Gelernte praxisnah zu vertiefen. Eine Lösungsskizze zu dieser Fallstudie wird auf Anfrage an sellhorn@bwl.lmu.de gerne bereitgestellt.

Seit der ersten Auflage ist das Buch ein Gemeinschaftsprojekt mit teilweise wechselnden Beteiligten. Seit langem versuchen wir, die Komplexität bei der Erstellung eines aktuellen IFRS-Lehr- und Fachbuches zu viert zu bewältigen. Als interuniversitäres Projekt über die Uni-Standorte Bayreuth, Berlin, Bochum und München basiert die elfte Auflage auf der intensiven Mitarbeit von Katrin Ahlich, Dr. Omar Barekzai, Thorben Bonn, Dr. Andreas Bonse, Carina Brettschneider, Prof. Dr. Ulf Brüggemann, Rico Chaskel, Jan Christ, Prof. Dr. Nils Crasselt, Florian Federsel, Aurin Gaida, Dr. Ann-Kristin Großkopf, Dr. Jens Günther, Prof. Dr. Katharina Hombach, Jannik Kocian, Dr. Peter Küting, Jan-Pelle Kummer, Nico Lempsch, Klara E. Lösse, Jonas Materna, Dr. Julia Menacher, Prof. Dr. Maximilian A. Müller, Dr. Marco Muschallik, Dr. Kathrin Oberwallner, Alexander Paulus, Lorenz Piering, Dr. André Schmidt, Jan Seitz, Christina Stappert, Dr. Dirk Stauder und Dr. Katharina Weiß. Frau Marita Mollenhauer hat uns von Verlagsseite über alle elf Auflagen sehr unterstützt. Die formale Gestaltung einschließlich der aufwändigen Erstellung der Verzeichnisse haben für die elfte Auflage überaus engagiert Katrin Ahlich, Thorben Bonn, Dr. Marco Muschallik und Julia Römer übernommen; hierbei wurden sie von Frau Claudia Knapp vom Schäffer-Poeschel Verlag begleitet. In der letzten, „heißen" Phase der Bucherstellung wurden wir zudem von unseren Sekretärinnen Sabine Glauer, Claudia Haimerl, Andrea Häußler und Vanessa Junga unterstützt. Von Seiten unserer Mitarbeiter*innen, vieler Leser*innen sowie unserer Studierenden haben wir wertvolle Unterstützung und Anregungen zur Neuauflage erhalten. Nennen möchten wir hier insbesondere unsere studentischen Mitarbeiter*innen Simon Birk, Alexander Flockenhaus, Quirin Gebhardt, Emil Gehrt, Sarah Grüner, Simon Hermanns, Katharina Hewel, Lisa Kaminski, Paul Kudlek, Simon Loos, Hans Pyrlik, Judith Schrader, Tobias Stanek und Lian Wang.

Ihnen allen gilt unser herzliches Dankeschön!

Bayreuth, Berlin, Bochum und München, im Januar 2021

Bernhard Pellens, Rolf Uwe Fülbier, Joachim Gassen und Thorsten Sellhorn

Autorenverzeichnis

Prof. Dr. *Bernhard Pellens*, Lehrstuhl für Internationale Unternehmensrechnung, Ruhr-Universität Bochum

StB Prof. Dr. *Rolf Uwe Fülbier*, Lehrstuhl für Internationale Rechnungslegung, Universität Bayreuth

Prof. Dr. *Joachim Gassen*, Institut für Rechnungswesen und Wirtschaftsprüfung, Humboldt-Universität zu Berlin

Prof. Dr. *Thorsten Sellhorn*, Institut für Rechnungswesen und Wirtschaftsprüfung, Ludwig-Maximilians-Universität München

*Mitarbeiter*innen der 11. Auflage:*

Katrin Ahlich, Dr. Omar Barekzai, Thorben Bonn, Dr. Andreas Bonse, Carina Brettschneider, Prof. Dr. Ulf Brüggemann, Rico Chaskel, Jan Christ, Prof. Dr. Nils Crasselt, Florian Federsel, Aurin Gaida, Dr. Ann-Kristin Großkopf, Dr. Jens Günther, Prof. Dr. Katharina Hombach, Jannik Kocian, Dr. Peter Küting, Jan-Pelle Kummer, Nico Lempsch, Klara E. Lösse, Jonas Materna, Dr. Julia Menacher, Prof. Dr. Maximilian A. Müller, Dr. Marco Muschallik, Kathrin Oberwallner, Alexander Paulus, Lorenz Piering, Dr. André Schmidt, Jan Seitz, Christina Stappert, Dr. Dirk Stauder und Dr. Katharina Weiß.

*Mitarbeiter*innen der Vorauflagen:*

Holger Amshoff, Omar Barekzai, Christian Barthelme, Ole Berger, Andreas Bonse, Eva Brandt, Marcus Bravidor, Rico Chaskel, Nils Crasselt, Karsten Detert, Fabian Engstermann, Jane Fehr, Rolf Uwe Fülbier, Joachim Gassen, Jens Günther, Friederike Hablizel, Stefan Hahn, Nader Hemaidan, Verena Hill, Gereon Hillert, Katharina Hombach, Kai Hüttermann, Stefan Jannett, Dirk Jödicke, Tom Jungius, Thomas Kemper, Malte Klein, Janina Knappstein, Peter Küting, Ulrich Küting, Kai Lehmann, Denisa Lleshaj, Christian Mehnert, Julia Menacher, Maximilian A. Müller, Marco Muschallik, Stefan Neuhaus, Uwe Nölte, Philipp Obermüller, Henrik Pferdehirt, Marc Richard, Sebastian Riemenschneider, Maximilian Rowoldt, Torben Rüthers, Hendrik Rupertus, Christina Scharf, Ann-Kathrin Schmeling, André Schmidt, Thorsten Sellhorn, Jan Henning Sohlmann, Dennis Starke, Dirk Stauder, Christian Stier, Adam Strzyz, Silke Sürken, Alina M. Unkhoff, Markus Weinreis, Manuel Weller, Christian Wittmann, Marcus Witzky und Andreas Woltschläger.

Inhaltsübersicht

Inhaltsverzeichnis

Abkürzungsverzeichnis

a.A.	anderer Ansicht
a.F.	alte(r) Fassung
AAA	American Accounting Association
AAC	African Accounting Council
AAER	Accounting and Auditing Enforcement Releases
ASAF	Accounting Standards Advisory Forum
Abl.	Amtsblatt
ABS	Asset-Backed Securities
AC	financial instruments at amortised cost
ACCR	The Accounting Review (Zeitschrift)
AcSB	Accounting Standards Board des Canadian Institute of Chartered Accountants
ADR	American Depositary Receipt(s)
ADS	American Depositary Share(s)
AF	Accounting and Finance (Zeitschrift)
AfA	Absetzung für Abnutzung/Abschreibungen
AFIZ	Ausschuss für Internationale Zusammenarbeit
AG	Aktiengesellschaft (Rechtsform)
	Die Aktiengesellschaft (Zeitschrift)
AH	Accounting Horizons (Zeitschrift)
AHK	Anschaffungs-/Herstellungskosten
AIA	American Institute of Accountants
AIC	Asociación Interamericana de Contabilidad
AICPA	American Institute of Certified Public Accountants
AIMR	Association for Investment Management and Research
AIN	AICPA Accounting Interpretations
Ak	Arbeitskreis
AK	Anschaffungskosten
akk.	akkumuliert
AktG	Aktiengesetz
AMEX	American Stock Exchange
AO	Abgabenordnung
AOSSG	Asian-Oceanian Standard-Setters Group
APB	Accounting Principles Board
APFRAG	Asia-Pacific Financial Reporting Advisory Group
ARB	Accounting Research Bulletin
ARC	Accounting Regulatory Committee
ARGE	Arbeitsgemeinschaft(en)
ARS	Accounting Research Study
ASB	Accounting Standards Board
ASC	Accounting Standards Codification
ASEAN	Association of Southeast Asian Nations
ASR	Accounting Series Release

AU	Auditing (Index Professional Standards)
AW	Anschaffungswert
b&b	bilanz & buchhaltung (Zeitschrift)
BaFin	Bundesanstalt für Finanzdienstleistungsaufsicht
BAWe	Bundesaufsichtsamt für den Wertpapierhandel
BB	Betriebs-Berater (Zeitschrift)
BBK	Buchführung, Bilanzierung, Kostenrechnung (Zeitschrift)
BC	Basis for Conclusion(s)
Begr. RegE	Begründung zum Regierungsentwurf
BetrAVG	Gesetz zur Verbesserung der betrieblichen Altersversorgung
BetrVG	Betriebsverfassungsgesetz
BFH	Bundesfinanzhof
BFuP	Betriebswirtschaftliche Forschung und Praxis (Zeitschrift)
BGB	Bürgerliches Gesetzbuch
BGH	Bundesgerichtshof
BilMoG	Bilanzrechtsmodernisierungsgesetz
BilReG	Bilanzrechtsreformgesetz
BIP	Bruttoinlandsprodukt
BiRiLiG	Bilanzrichtlinien-Gesetz
BMF	Bundesministerium der Finanzen
BMJ	Bundesministerium der Justiz
BörsO	Börsenordnung
BörsG	Börsengesetz
BörsZulV	Börsenzulassungsverordnung
BStBl	Bundessteuerblatt
BT-Drucks	Bundestags-Drucksache
BVerfG	Bundesverfassungsgericht
c.p.	ceteris paribus
CAD	Canadian Dollar
CAP	Committee on Accounting Procedures
CAPA	Confederation of Asian and Pacific Accountants
CAR	Contemporary Accounting Research
CCAB	Consultative Committee of Accountancy Bodies
CEO	Chief Executive Officer
CESR	Committee of European Securities Regulators
CFB	Corporate Finance biz
CFR	Code of Federal Regulations
CICA	Canadian Institute of Chartered Accountants
Cie.	Compagnie
CIME	Committee on International Investment and Multinational Enterprises
COO	Chief Operating Officer

CPA	Certified Public Accountant(s)
CSE	Common Stock Equivalents
CSR	Corporate Social Responsibility
CTA	Contractual Trust Arrangement
DAV	Deutsche Aktuarvereinigung e.V.
DAX	Deutscher Aktienindex
DB	Der Betrieb (Zeitschrift)
DBO	Defined Benefit Obligation
DBW	Die Betriebswirtschaft (Zeitschrift)
DCGK	Deutscher Corporate Governance Kodex
DGAP	Deutsche Gesellschaft für Ad-hoc-Publizität
DP	Discussion Paper
DPR	Deutsche Prüfstelle für Rechnungslegung e.V.
DRÄS	Deutscher Rechnungslegungs Änderungsstandard
DRS	Deutscher Rechnungslegungs Standard
DRSC	Deutsches Rechnungslegungs Standards Committee e.V.
DSOP	Draft Statement of Principles
DSR	Deutscher Standardisierungsrat
DStR	Deutsches Steuerrecht (Zeitschrift)
DVFA/SG	Deutsche Vereinigung für Finanzanalyse und Asset Management e.V./Schmalenbach-Gesellschaft für Betriebswirtschaft e.V.
EAA	European Accounting Association
EAR	European Accounting Review (Zeitschrift)
EBIT	Earnings Before Interest and Taxes
EBITDA	Earnings Before Interest, Taxes, Depreciation and Amortization
ECU	European Currency Unit
ED	Exposure Draft
EDGAR	Electronic Data Gathering, Analysis, and Retrieval
E-DRS	Entwurf eines Deutschen Rechnungslegungsstandards
EFRAG	European Financial Reporting Advisory Group
EG	Europäische Gemeinschaft(en)
EGHGB	Einführungsgesetz zum Handelsgesetzbuch
EHUG	Gesetz über elektronische Handelsregister und Genossenschaftsregister sowie das Unternehmensregister
EITF	Emerging Issues Task Force
EITI	Extractive Industries Transparency Initiative
EK	Eigenkapital
EP	Europäisches Parlament
EPS	Earnings per Share
ESC	European Securities Committee
ESMA	European Securities and Markets Authority

ESt	Einkommensteuer
EStG	Einkommensteuergesetz
EStR	Einkommensteuer-Richtlinie(n)
EWGV	Vertrag zur Gründung der Europäischen Wirtschaftsgemeinschaft
EWR	Europäischer Wirtschaftsraum
F&E	Forschung und Entwicklung
f.	folgende
FAF	Financial Accounting Foundation
	Financial Analysts Federation
FAS	Financial Accounting Standard(s)
FASAC	Financial Accounting Standards Advisory Council
FASB	Financial Accounting Standards Board
FAV	Finanzanlagevermögen
FAZ	Frankfurter Allgemeine Zeitung
FB	Finanz Betrieb (Zeitschrift)
FEE	Fédération des Experts Comptables Européens
FEI	Financial Executives Institute
FER	Fachempfehlungen zur Rechnungslegung
	Fachkommission für Empfehlungen zur Rechnungslegung in der Schweiz
FERF	Financial Executives Research Foundation
ff.	fortfolgende
FF	Französische Francs
FI	Finanzinstrument(e)
FIFO	First-in-First-out
FiMaNoG	Finanzmarktnovellierungsgesetz
FIN	FASB Interpretation
FinREC	Financial Reporting Executive Committee
FK	Fremdkapital
Ford.	Forderung(en)
FRC	Financial Reporting Council
FRED	Financial Reporting Exposure Draft
FRR	Financial Reporting Release
FRRP	Financial Reporting Review Panel
FRS	Financial Reporting Standard(s)
FTC	Federal Trade Commission
FuS	Zeitschrift für Familienunternehmen und Strategie
FVTOCI	financial assets at fair value through other comprehensive income
FVTPL	financial instruments at fair value through profit or loss
FWB	Frankfurter Wertpapierbörse
G8-Staaten	Gruppe der acht größten Industrienationen der Welt
G20-Staaten	Gruppe der zwanzig wichtigsten Industrie- und Schwellenländer

GAAP	Generally Accepted Accounting Principle(s)
GAAS	Generally Accepted Auditing Standard(s)
GASAC	Governmental Accounting Standards Advisory Council
GASB	Governmental Accounting Standards Board
GbR	Gesellschaft bürgerlichen Rechts (Rechtsform)
GE	Geldeinheit(en)
GEFIU	Gesellschaft für Finanzwirtschaft in der Unternehmensführung e.V.
GenG	Genossenschaftsgesetz
GewStG	Gewerbesteuergesetz
GG	Grundgesetz
ggü.	gegenüber
GLASS	Group of Latin-American Standard-Setters
GmbH	Gesellschaft mit beschränkter Haftung (Rechtsform)
GmbHG	Gesetz betreffend die Gesellschaften mit beschränkter Haftung
GmbHR	GmbH-Rundschau (Zeitschrift)
GoB	Grundsätze ordnungsmäßiger Buchführung/Bilanzierung
GoF	Geschäfts- oder Firmenwert
GRI	Global Reporting Initiative
GSt	Gewerbesteuer
GuV	Gewinn- und Verlustrechnung
h.M.	herrschende(r) Meinung
HB	Handelsbilanz(en)
HFA	Hauptfachausschuss
HGB	Handelsgesetzbuch
HGB-E	Handelsgesetzbuch-Entwurf
HIFO	Highest-in-First-out
HK	Historischer Kurs
HW	Höchstwert
i.d.R.	in der Regel
i.e.S.	im engeren Sinne
i.S.d.	im Sinne des/der
i.S.e.	im Sinne eines/einer
i.V.m.	in Verbindung mit
i.w.S.	im weiteren Sinne
IAAER	International Association for Accounting Education and Research
IAFEI	International Association of Financial Executives Institutes
IAS	International Accounting Standard(s)
IASB	International Accounting Standards Board
IASC	International Accounting Standards Committee
IASCF	International Accounting Standards Committee Foundation
IAV	Immaterielles Anlagevermögen

ICAC	Instituto de Contabilidad y Auditoria de Cuentas
ICC	Interstate Commerce Commission
ICIA	International Council of Investment Associations
IDW	Institut der Wirtschaftsprüfer in Deutschland e.V.
IFAC	International Federation of Accountants
IFASS	International Forum of Accounting Standard Setters
IFRIC	International Financial Reporting Interpretations Committee
IFRS	International Financial Reporting Standard(s)
IFRS IC	International Financial Reporting Standard Interpretations Committee
IG	Implementation Guidance
IGC	Implementation Guidance Committee
IIRC	International Integrated Reporting Council
IMA	Institute of Management Accountants
Imm. VG	Immaterieller Vermögensgegenstand
insb.	insbesondere
IOA	Impairment-only Approach
IOSCO	International Organization of Securities Commissions
IR	Integrated Reporting Rahmenkonzept
IRC	Internal Revenue Code
IRS	Internal Revenue Service
IRZ	Internationale Rechnungslegung (Zeitschrift)
ISA	International Standard(s) on Auditing
ISAR	Intergovernmental Working Group of Experts on International Standards of Accounting and Reporting
ISO	International Organization for Standardization
IStR	Internationales Steuerrecht (Zeitschrift)
IT	Information Technology
IWB	Internationale Wirtschafts-Briefe (Zeitschrift)
JoA	Journal of Accountancy
JoAE	Journal of Accounting and Economics
JoAR	Journal of Accounting Research
JÜ	Jahresüberschuss
k.A.	keine Angabe
KAGG	Gesetz über die Kapitalanlagegesellschaften
KapAEG	Kapitalaufnahmeerleichterungsgesetz
KG	Kommanditgesellschaft (Rechtsform)
KGaA	Kommanditgesellschaft auf Aktien (Rechtsform)
KGV	Kurs-Gewinn-Verhältnis
KIFO	Konzern-in-First-out
KonBefrV	Konzernabschlussbefreiungsverordnung
KonTraG	Gesetz zur Kontrolle und Transparenz im Unternehmensbereich

KoR	Zeitschrift für internationale und kapitalmarktorientierte Rechnungslegung
krp	Kostenrechnungspraxis (Zeitschrift)
KSt	Körperschaftsteuer
KStG	Körperschaftsteuergesetz
kurzfr.	kurzfristig
KWG	Kreditwesengesetz
L+G	Löhne und Gehälter
langfr.	langfristig
lat.	lateinisch
LESOP	Leveraged Employee Stock Ownership Plan
LIFO	Last-in-First-out
LOFO	Lowest-in-First-out
Ltd.	Limited (Rechtsform)
M&A	Mergers & Acquisitions
MBCA	Model Business Corporation Act
MSCCS	Model Statuatory Close Corporation Supplement
m.w.N.	mit weiteren Nachweisen
MA	Materialaufwand
MACRS	Modified Accelerated Cost Recovery System
MAR	Market Abuse Regulation
MD&A	Management's Discussion and Analysis
MDAX	Mid Cap DAX
MIS	Management Information System
MMVO	Marktmissbrauchsverordnung
MS	Management Science (Zeitschrift)
MU	Mutterunternehmen
n.F.	neue(r) Fassung
NAA	National Association of Accountants
NAFTA	North American Free Trade Agreement
NASD	National Association of Securities Dealers
NASDAQ-System	National Association of Securities Dealers Automated Quotation-System
NCA	National Council on Accounting
NJW	Neue Juristische Wochenschrift (Zeitschrift)
NLRB	National Labor Relations Board
No.	Number(s)
NPC	Net Pension Cost
NPPC	Net Periodic Pension Cost
NTA	Net Tangible Assets
NW	Niederstwert

NYSE	New York Stock Exchange
NZG	Neue Zeitschrift für Gesellschaftsrecht
o.V.	ohne Verfasser
OCI	Other Comprehensive Income
OECD	Organization for Economic Cooperation and Development
OFR	Operation and Financial Review (Großbritannien)/Operating and Financial Review (Australien)
OHG	Offene Handelsgesellschaft (Rechtsform)
OLG	Oberlandesgericht
OTC	Over The Counter
p.	page
par.	paragraph
PBO	Projected Benefit Obligation
PCAOB	Public Company Accounting Oversight Board
PER	Price-Earnings-Ratio
PIEs	Public Interest Entities
PIOB	Public Interest Oversight Board
PIR	Post-implementation Review
PiR	Praxis der internationalen Rechnungslegung (Zeitschrift)
PIS	Public Information System
plc	Public Limited Company (Rechtsform)
ppa	purchase price allocation
PS MC	Practice Statement Management Commentary
PublG	Publizitätsgesetz
Q	Quartal
QIB	Qualified Institutional Buyer
RASt	Review of Accounting Studies (Zeitschrift)
RMBCA	Revised Model Business Corporation Act
RULPA	Revised Uniform Limited Partnership Act
RUPA	Revised Uniform Partnership Act
REIT	Real Estate Investment Trusts
rev.	revised
RK	Rahmenkonzept
Rn.	Randnummer
RND	Restnutzungsdauer
ROCE	Return on Capital Employed
RS	Stellungnahme(n) zur Rechnungslegung
RTA	Research and Technical Activities Staff
RückAbzinsV	Rückstellungsabzinsungsverordnung

SA	Securities Act
SAB	Staff Accounting Bulletin
SAC	Standards Advisory Council
SARG	Standards Advice Review Group
SAS	Statement of Auditing Standard(s)
SASB	Sustainability Accounting Standards Board
SAV	Sachanlagevermögen
SBI	Small Business Issuer
ScheckG	Scheckgesetz
SE	Shareholders' Equity
	Societas Europaea (Rechtsform)
SEA	Securities Exchange Act
SEC	Securities and Exchange Commission
Sec.	Section(s)
SFAC	Statement of Financial Accounting Concept(s)
SFAS	Statement of Financial Accounting Standard(s)
SIA	Securities Industry Association
SIC	Standing Interpretations Committee
SMAX	Small Cap Exchange
SME	Small and Medium-sized Entity
SORP	Statement of Recommended Practice
SOX	Sarbanes-Oxley Act
SPE	Special purpose entity
SSAP	Statement of Standard Accounting Practice(s)
SSE	Sustainable Stock Exchanges Initiative
StuB	Unternehmensteuern und Bilanzen (Zeitschrift)
StuW	Steuern und Wirtschaft (Zeitschrift)
TEG	Technical Expert Group
TK	Tageskurs
TranspRL	Transparenzrichtlinie
TransPuG	Gesetz zur weiteren Reform des Aktien- und Bilanzrechts, zu Transparenz und Publizität
TU	Tochterunternehmen
TUG	Transparenzrichtlinie-Umsetzungsgesetz
TW	Tageswert
Tz.	Textziffer
u.a.	unter anderem
u.d.T.	unter dem Titel
ULPA	Uniform Limited Partnership Act
UPA	Uniform Partnership Act
UCC	Uniform Commercial Code

UITF	Urgent Issues Task Force
UmwG	Umwandlungsgesetz
UN	United Nations
UNCTC	United Nations Centre on Transnational Corporations
Unt.	Unternehmen
USK	Unterhaltungssoftware Selbstkontrolle
USt	Umsatzsteuer
UV	Umlaufvermögen
VAG	Versicherungsaufsichtsgesetz
VBO	Vested Benefit Obligation
verb.	verbunden
Verbindl.	Verbindlichkeit(en)
Verpfl.	Verpflichtung
VerwArch	Verwaltungs-Archiv (Zeitschrift)
VIE	Variable Interest Entity
VO	Verordnung
VOF	Vennootschap Onder Firma (Rechtsform)
Vol.	Volume
VSt	Vermögensteuer
VzA	Vorzugsaktie
WD	Working Draft
WiSt	Wirtschaftswissenschaftliches Studium (Zeitschrift)
WISU	Das Wirtschaftsstudium (Zeitschrift)
WM	Wertpapier-Mitteilungen (Zeitschrift)
WPg	Die Wirtschaftsprüfung (Zeitschrift)
WpHG	Wertpapierhandelsgesetz
WPK	Wirtschaftsprüferkammer
WpPG	Wertpapierprospektgesetz
WSV	Wandelschuldverschreibung
WWU	Wirtschafts- und Währungsunion
XBRL	eXtensible Business Reporting Language
ZBB	Zeitschrift für Bankrecht und Bankwirtschaft
ZfB	Zeitschrift für Betriebswirtschaft
ZfbF	Zeitschrift für betriebswirtschaftliche Forschung
ZGE	Zahlungsmittelgenerierende Einheit(en)
ZGR	Zeitschrift für Unternehmens- und Gesellschaftsrecht
ZHR	Zeitschrift für das gesamte Handelsrecht und Wirtschaftsrecht

Verzeichnis der kurzzitierten Literatur[1]

Kommentare

Adler, H./Düring, W./Schmaltz, K., Rechnungslegung nach Internationalen Standards [ADS International], Loseblattsammlung, Stuttgart 2002, Stand: August 2011.

Baetge, J. et al. (Hrsg.), Rechnungslegung nach IFRS, Kommentar auf der Grundlage des deutschen Bilanzrechts [IFRS-Kommentar], Loseblattsammlung, Stuttgart, Stand: November 2020.

Ballwieser, W. et al. (Hrsg.), Handbuch IFRS [Wiley Kommentar], 7. Aufl., Weinheim 2011.

Brune, J. et al. (Hrsg.), Beck'sches IFRS-Handbuch, Kommentierung der IFRS/IAS [Beck'sches IFRS-Handbuch], 6. Aufl., München 2020.

Bruns, H.-G. et al. (Hrsg.), IFRS for SMEs, Kommentar zur Rechnungslegung nach IFRS für nicht kapitalmarktorientierte Unternehmen [IFRS for SMEs], Stuttgart 2010.

Grottel, B. et al. (Hrsg.), Beck'scher Bilanz-Kommentar, Handels- und Steuerbilanz, §§ 238 bis 339, 342 bis 342e HGB [Beck Bil-Komm.], 12. Aufl., München 2020.

Dusemond, M. et al. (Hrsg.), Küting/Weber: Handbuch der Rechnungslegung – Einzelabschluss, Kommentar zur Bilanzierung und Prüfung [HdR], Loseblattsammlung, 5. Aufl., Stuttgart 2002, Stand: Januar 2021.

Lüdenbach, N./Hoffmann, W.-D./Freiberg, J. (Hrsg.), Haufe IFRS-Kommentar [Haufe IFRS-Kommentar], 18. Aufl., Freiburg i. Br. 2020.

Schmidt, K./Ebke, W. F. (Hrsg.), Münchener Kommentar zum Handelsgesetzbuch [MünchKommHGB], Band 4: Drittes Buch, Handelsbücher §§ 238-342e HGB, 4. Aufl., München 2020.

1 Aufgrund der im Text verwendeten Langzitierweise entfällt ein Literaturverzeichnis. Die hier aufgeführten Lehr- und Fachbücher zur nationalen und internationalen Rechnungslegung sind bei der Erstellung des vorliegenden Buches – neben den originären Rechnungslegungsstandards – wiederholt berücksichtigt worden. Sie werden in den einzelnen Kapiteln in der hier angegebenen Kurzzitierweise zitiert und nicht mehr gesondert in den ausgewählten Literaturhinweisen zu den einzelnen Kapiteln genannt.

Lehr- und Fachbücher

Baetge, J./Kirsch, H.-J./Thiele, S., Bilanzen [Bilanzen], 15. Aufl., Düsseldorf 2019.

Ballwieser, W., IFRS-Rechnungslegung – Konzept, Regeln und Wirkungen [IFRS-Rele], 3. Aufl., München 2013.

Busse von Colbe, W. et al., Konzernabschlüsse, Rechnungslegung nach betriebswirtschaftlichen Grundsätzen sowie nach Vorschriften des HGB und der IAS/IFRS [Konzernabschlüsse], 9. Aufl., Wiesbaden 2010.

Cairns, D./Creighton, B./Daniels, A., Applying International Accounting Standards [Applying IAS], 4. Aufl., London u.a. 2004.

Coenenberg, A./Haller, A./Schultze, W., Jahresabschluss und Jahresabschlussanalyse, Betriebswirtschaftliche, handelsrechtliche, steuerrechtliche und internationale Grundlagen – HGB, IAS/IFRS, US-GAAP, DRS [Jahresabschluss], 25. Aufl., Stuttgart 2018.

Heuser, P. J./Theile, C., IFRS-Handbuch: Einzel- und Konzernabschluss [IFRS-Handbuch], 6. Aufl., Köln 2019.

Kieso, D. E./Weygandt, J. J./Warfield, T. D., Intermediate Accounting [Intermediate Accounting], 17. Aufl., Hoboken 2019.

KPMG Deutsche Treuhand-Gesellschaft (Hrsg.), US-GAAP. Rechnungslegung nach US-amerikanischen Grundsätzen, Grundlagen der US-GAAP und SEC-Vorschriften [US-GAAP], 4. Aufl., Düsseldorf 2007.

Picker, R. et al., Applying International Financial Reporting Standards [Applying IFRS], 4th edition, Sydney u.a. 2016.

Ruhnke, K./Simons, D., Rechnungslegung nach IFRS und HGB [Rechnungslegung], 4. Aufl., Stuttgart 2018.

Schneider, D., Betriebswirtschaftslehre, Bd. 2: Rechnungswesen [Rechnungswesen], 2. Aufl., München u.a. 1997.

Wagenhofer, A., Internationale Rechnungslegungsstandards – IAS/IFRS [IAS/IFRS], 6. Aufl., München 2009.

Kapitel 1
Theorie der Rechnungslegung

Spektakuläre Unternehmenskrisen lösen häufig gesetzliche Regulierungen aus. So auch der 2020 publik gewordene Wirecard-Skandal. Nur wenige Monate später reagiert der Gesetzgeber. Im Entwurf eines Gesetzes zur Stärkung der Finanzmarktintegrität heißt es „Die Funktionsfähigkeit des deutschen Finanzmarktes ist für die deutsche Wirtschaft und für den Wohlstand der Bundesrepublik Deutschland von zentraler Bedeutung. Manipulationen der Bilanzen von Kapitalmarktunternehmen erschüttern das Vertrauen in den deutschen Finanzmarkt und fügen ihm schweren Schaden zu. Jüngste Vorkommnisse haben gezeigt, dass insbesondere die Bilanzkontrolle gestärkt und die Abschlussprüfung weiter reguliert werden müssen, um die Richtigkeit der Rechnungslegungsunterlagen von Unternehmen sicherzustellen." Die Richtigkeit der Rechnungslegung ist also nach Ansicht des Gesetzgebers für Wirtschaft und Wohlstand der Bundesrepublik zumindest indirekt von zentraler Bedeutung. Die finanzielle Transparenz von Unternehmen basiert ganz wesentlich auf diesen Informationen der Rechnungslegung, die deren Vermögens-, Finanz- und Ertragslage für Außenstehende begreifbar macht.

Doch was macht Rechnungslegung überhaupt aus? Ist die Sicherstellung finanzieller Transparenz ihre einzige Aufgabe oder erfüllt sie noch andere Zwecke? Wie sollte sie ausgestaltet sein, um diese Zwecke zu erfüllen? Die Theorie der Rechnungslegung kann als Hilfsmittel verstanden werden, um sich diesen Fragen zu nähern und damit im wachsenden Dickicht konkurrierender Standards und Gesetze den konzeptionellen Überblick zu behalten.

Lernziele „Kennen"

Nach der Bearbeitung dieses Kapitels kennen Sie den Zweck der (internationalen) Rechnungslegung und wissen, warum Pflicht zur und Ausgestaltung der Rechnungslegung häufig gesetzlich reguliert werden. Des Weiteren lernen Sie einige Konzepte kennen, anhand derer man Rechnungslegungsregeln kritisch würdigen kann.

Lernziele „Anwenden"

Basierend auf den Inhalten dieses Kapitels können Sie Argumente für mehr oder weniger Regulierung der Rechnungslegung formulieren. Sie können die Informationsinteressen unterschiedlicher Rechnungslegungsadressaten voneinander abgrenzen und gegeneinander abwägen sowie erklären, wie sich diese unterschiedlichen Interessen auf die Ausgestaltung der Rechnungslegung auswirken können.

Lernziele „Bewerten & Gestalten"

Ausgehend vom dem in diesem Kapitel vorgestellten Zweck der Rechnungslegung sowie den darauf aufbauenden Konzepten zur Beurteilung von Rechnungslegungsregeln können Sie die Vor- und Nachteile von unterschiedlichen Rechnungslegungsregeln ökonomisch fundiert diskutieren.

1 Was ist Rechnungslegung?

Rechnungswesen und Rechnungslegung

Unternehmer versuchen seit jeher, die Ergebnisse ihrer wirtschaftlichen Handlungen sich selbst und anderen durch zahlenmäßige Abbildung transparent zu machen. Dieser Aufgabe dient das Rechnungswesen. In Abgrenzung vom *internen* Rechnungswesen, das der Selbstinformation des Unternehmers bzw. der Manager dient und nach unternehmensindividuellen Regeln erstellt wird, ist das als Rechnungslegung bezeichnete *externe* Rechnungswesen zu Informationszwecken für außerhalb des Unternehmens stehende Personen gedacht und wird meist nach standardisierten Regeln aufgestellt.

Rechnungslegung umfasst Informationen völlig unterschiedlicher Art und Aufbereitung. Wenn vor etwa 5.000 Jahren die Sumerer ihre Vermögensverzeichnisse u.a. über Kupferminen und Getreide auf Tontafeln angelegt haben, ist das ebenso Rechnungslegung wie z.B. die „Bilanz über die Ausrüstung des Schiffes der Asiatischen Handlungscompagnie ‚König von Preussen'", die über eine Schiffsreise von 1751 bis 1753 Rechnung legte[1], oder der Business Plan, mit dem ein Start-up versucht, potenzielle Investoren zu einem Investment zu bewegen.

Basis-Rechenwerke: Bilanz, GuV und Kapitalflussrechnung

Obwohl sich die Rechnungslegung in verschiedenen Ländern über die Jahrhunderte unterschiedlich entwickelt hat, basiert sie bis heute weltweit immer noch im Wesentlichen auf denselben Rechenwerken: Auf der Bilanz, der Gewinn- und Verlustrechnung (GuV) und der Kapitalflussrechnung. Letztere ist eine Zahlungs- und damit Stromgrößenrechnung, die möglicherweise die Urform der Rechnungslegung beschreibt: die Auflistung von Ein- und Auszahlungen einer bestimmten Periode zur Ermittlung des Zahlungsüberschusses (Cashflow). Darunter fallen z.B. das Haushaltsbuch einer Familie ebenso wie die Erfassung unzähliger Zahlungsvorgänge in einem großen Unternehmen wie z.B. der Bayer AG oder der Daimler AG. Die Bilanz hingegen beschreibt eine stichtagsbezogene Bestandsrechnung. Darunter sind z.B. die erwähnten Vermögensverzeichnisse der Sumerer zu subsumieren, aber auch die heutigen sehr viel komplexeren Unternehmensbilanzen, die das Vermögen (Aktivseite: Kapitalverwendung/Investition) dem Kapital (Passivseite: Kapitalherkunft/Finanzierung) gegenüberstellen. Die GuV zeigt indes als zeitraumbezogene Ergebnisrechnung die Veränderungen dieser Bestände in Form von Stromgrößen auf, den so genannten Aufwendungen und Erträgen. Diese Basis-Rechenwerke werden mit ergänzenden Informationen meist zu einem Abschluss zusammengefasst, der sich auf eine Zeitperiode bezieht und deshalb z.B. als Quartals- oder Jahresabschluss bezeichnet wird.[2]

Fraglich ist nun, wie diese Rechenwerke aufzubauen und inhaltlich zu füllen sind. Bevor wir dieser Frage in den Kapiteln dieses Buches auf der Basis vieler detaillierter Einzelregeln nachgehen, werden wir in diesem Kapitel diskutieren, was die Rechnungslegung grundsätzlich ausmacht, welchem Zweck sie dient und warum sie überhaupt reguliert ist.

Akteure der Rechnungslegung und Metazweck

Im Grundsatz basiert die Rechnungslegung darauf, dass ein Mensch oder eine Gruppe von Menschen, prototypisch der *Rechnungsleger*, mehr über ein unternehmerisches Gebilde, die *rechnungslegende Einheit,* weiß, als eine oder mehrere andere Personen, die *Rechnungslegungsadressaten*. Dieses Mehr an Wissen, diese *asymmetrische Informationsverteilung*, soll durch die Präsentation von aggregier-

1 Vgl. mit weiteren Quellen und Hinweisen *Schneider, D.*, Betriebswirtschaftslehre, Band 4: Geschichte und Methoden der Wirtschaftswissenschaft, München u.a. 2001, S. 69 f., 911 f.

2 Vgl. ausführlich zu den Bestandteilen eines IFRS-Abschlusses Kapitel 5.

ten Informationen in Rechenwerken reduziert werden. Der grundlegende Zweck einer jeden Rechnungslegung, der *Metazweck*, kann also als gezielte Reduktion der Informationsasymmetrie zwischen dem Rechnungsleger und den Rechnungslegungsadressaten verstanden werden.

Rechnungsleger

Damit steht zunächst fest: Der Rechnungsleger weiß mehr über die rechnungslegende Einheit als die Rechnungslegungsadressaten. Rechnungslegung wird letztlich von Menschen gemacht, die eigene Interessen verfolgen und dabei Handlungs- und Wissensbeschränkungen unterliegen. Dabei handelt es sich um „Unternehmensinsider", im Regelfall um die Manager des Unternehmens, die durch entsprechend spezialisierte Mitarbeiter (Rechnungsleger im eigentlichen Sinne) technisch unterstützt werden. Sie besitzen – auch durch das interne Rechnungswesen – privates Wissen über das Rechnungslegungsobjekt, das sie den Rechnungslegungsadressaten preisgeben. Warum jedoch sollte der Rechnungsleger sein privates Wissen so freizügig teilen? Welchen Anreiz besitzt er? Um diese Fragen beantworten zu können, sollen zunächst die anderen Akteure der Rechnungslegung vorgestellt werden: Die Rechnungslegungsadressaten.

Rechnungslegungsadressaten

Rechnungslegung ist zumindest teilweise öffentlich und damit vom Grundsatz her für eine unbegrenzte Zahl von Adressaten bestimmt. Nun interessiert sich naturgemäß nicht die gesamte Weltöffentlichkeit für den Abschluss z.B. eines mittelständischen Unternehmens. Nur wer in einer mehr oder weniger direkten Vertragsbeziehung zu diesem Unternehmen steht, wird bereit sein, die notwendige Zeit aufzubringen, um sich mit der *Rechnungslegungspublizität*, also dem veröffentlichten Ergebnis der Rechnungslegung, zu befassen. Typische Vertragspartner von Unternehmen sind vor allem die im Folgenden vorgestellten Adressatengruppen.

- *Eigenkapitalgeber*: Sie überlassen dem Unternehmen zeitlich unbegrenzt eine bei Kapitalgesellschaften beschränkte und bei Personengesellschaften letztendlich unbeschränkte Menge ihres Vermögens. Somit sind sie die Eigentümer des Unternehmens und haben den so genannten Residualanspruch auf dessen Reinvermögen. Das Reinvermögen verbleibt, wenn die Ansprüche aller anderen Vertragspartner des Unternehmens befriedigt wurden. Folglich interessieren sich die Eigentümer für die (vergangene und zukünftige) Entwicklung eben jener Größe: Wie hoch ist das Reinvermögen? Welchen Teil davon benötigt das Unternehmen für aktuelle und künftige Investitionen und welchen Teil können die Eigentümer sich (bspw. zu Konsumzwecken) ausschütten lassen? Darüber hinaus sind Eigenkapitalgeber auch regelmäßig direkt oder indirekt an der Leitung des Unternehmens beteiligt. Dementsprechend brauchen sie Informationen, um unternehmerische Entscheidungen zu treffen und um Verträge mit anderen Unternehmensbeteiligten zu schließen.
- *Fremdkapitalgeber*: Sie überlassen dem Unternehmen zeitlich begrenzt eine beschränkte Vermögensmenge. Somit besitzen sie einerseits Anspruch auf die Rückzahlung des eingesetzten Kapitals und andererseits auf eine angemessene, also risikoadjustierte Verzinsung. Von dem Unternehmen erwarten sie die fristgerechte Zahlung des Kapitaldienstes. Nun besteht die Gefahr, dass Unternehmen in Zahlungsverzug geraten oder gar insolvent werden. Um die Wahrscheinlichkeit für diese Ereignisse abzuschätzen, fragen Fremdkapitalgeber u.a.

Rechnungslegungsinformationen nach, die ihnen Anhaltspunkte über die künftige Liquiditätssituation des Unternehmens liefern und damit die Gestaltung von Kreditverträgen erleichtern.

- *Arbeitnehmer*: Sie haben Arbeitsverträge mit dem Unternehmen geschlossen und interessieren sich folglich dafür, ob diese Arbeitsverträge von Seiten des Unternehmens künftig erfüllt werden. Andererseits haben sie bestimmte Erwartungen für ihre Karriere bei dem Unternehmen und dürften sich daher für dessen Wachstumsperspektiven interessieren.
- *Kunden* und *Lieferanten*: Diese Vertragspartner des Unternehmens haben ebenfalls ein eigenes Informationsinteresse. So sind Lieferanten meist auch Gläubiger und haben daher ähnliche Informationsbedürfnisse wie Fremdkapitalgeber. Andererseits besteht zwischen Lieferanten und Unternehmen häufig eine über den einzelnen Lieferauftrag hinausgehende, langfristige Beziehung. Beide Seiten haben spezifische Investitionen getätigt: Der Lieferant hat eventuell seine Produkte an spezielle Kundenwünsche angepasst oder sich gar als Zulieferer in unmittelbarer Werksnähe niedergelassen. Aufgrund solcher Verflechtungen sind Lieferanten regelmäßig auch an der künftigen wirtschaftlichen Entwicklung ihrer Kunden interessiert. Quasi spiegelbildlich verhält es sich auf der Kundenseite. Während der einmalige Käufer eines kurzlebigen Konsumguts nur relativ oberflächliches Interesse an dem verkaufenden Unternehmen besitzen dürfte, könnte dies bei Käufern von langlebigen Wirtschaftsgütern schon anders aussehen: So dürfte sich der Käufer einer Waschmaschine, von der er mindestens 20 Jahre problemlose Waschleistung verlangt, schon dafür interessieren, ob das herstellende Unternehmen überhaupt noch 20 Jahre am Markt aktiv sein wird, um Garantie- und Reparaturdienstleistungen erbringen zu können. Insbesondere gewerbliche Kunden mit häufig wiederkehrenden spezifischen Beziehungen zum liefernden Unternehmen fragen regelmäßig Informationen über dessen wirtschaftliche Lage nach.
- *Staat*: Der Staat und seine Gebietskörperschaften benötigen Informationen über die wirtschaftliche Leistungsfähigkeit des Unternehmens, wenn sie hieran Steuerzahlungen knüpfen möchten. Die Messung der wirtschaftlichen Leistungsfähigkeit für steuerliche Zwecke erfordert meist ein von der „normalen" Rechnungslegung abgekoppeltes Rechenwerk. Aber auch neben der Steuerbemessung besitzen die Staatsvertreter ein Informationsinteresse: So treten Unternehmen selber regelmäßig als Vertragspartner des öffentlichen Sektors auf, sodass Kunden- und Lieferantenbeziehungen entstehen. Außerdem interessieren sich Staatsvertreter für die wirtschaftliche Lage von Unternehmen, um neben der aktuellen Steuerbemessung z.B. auch künftige Einnahmequellen des Staates zu eruieren und Industriepolitik zu betreiben.
- *Öffentlichkeit*: Letztlich hat auch die allgemeine Öffentlichkeit ein berechtigtes Informationsinteresse. Unternehmen nutzen Gemeingüter, wie z.B. die Umwelt oder die Reputation eines Landes, häufig ohne dass es hierfür eine explizite Rechtsgrundlage gibt. Hieraus leitet der Gesetzgeber auf nationaler und auf internationaler Ebene eine gewisse Berichtspflicht ab. In den letzten Jahren haben sich vor allem große Unternehmen auch zunehmend freiwillig zu einer regelmäßigen Berichterstattung über die gesellschaftlich relevanten wirtschaftlichen

und sozialen Aspekte ihres Wirtschaftens verpflichtet. Das sogenannte Corporate Social Responsibility Reporting (CSR Reporting) ist mittlerweile sogar verpflichtend für bestimmte große Unternehmen innerhalb der EU und somit bewusst weiter gefasst als die traditionell an der monetären Vermögens-, Finanz- und Ertragslage ausgerichtete Rechnungslegung.

Somit sind grundsätzlich alle Akteure, die aktuell oder potenziell in impliziter oder expliziter Vertragsbeziehung zum Unternehmen stehen, Rechnungslegungsadressaten. Die Interessen dieser Adressaten und die damit verbundenen Rechtsansprüche sind in Tabelle 1.1 zusammengefasst.

Adressatengruppe	Übertragene Verfügungsrechte	Erhaltener Anspruch	Mögliche Anspruchsabsicherungen
Eigenkapitalgeber	Unbefristetes Nutzungsrecht für das Kapital	Residualanspruch auf Gewinn und Reinvermögen der Unternehmung	Leitungsbefugnisse, Informations- und Kontrollrechte
Fremdkapitalgeber	Befristetes Nutzungsrecht für das Kapital	Tilgung und Zinszahlungen	Kontrollrechte, Kapitalverwendungs- und Kündigungsregeln
Arbeitnehmer	Arbeitskraft und Know-how	Lohn- und Gehaltszahlungen	Kündigungsfristen, Tarifverträge, Mitspracherechte
Kunden	Entgelt	Güter und Dienstleistungen	Garantieverträge, Produkthaftung und Nachlieferungsansprüche
Lieferanten	Güter und Dienstleistungen	Entgelt	Eigentumsvorbehalt, Forderungsabtretung
Gebietskörperschaften (Staat)	Bereitstellung von Infrastruktur, Subventionen	Steuern, Abgaben, Gebühren	Öffentliches Recht, Subventionsverträge
Öffentlichkeit	(Unentgeltliche) Bereitstellung von Gemeingütern (z.B. Umwelt)	Nachhaltige Unternehmensführung	Gesetzliche Berichtspflichten, zivilrechtliche und strafrechtliche Klagemöglichkeiten

Tab. 1.1: Vertragsbeziehungen eines Unternehmens

Rechnungslegungszweck

Zusammengefasst lässt sich erkennen, dass die meisten Adressaten eher Informationen über die *künftige* Lage des Unternehmens als über dessen Vergangenheit benötigen. Vor allem die Eigenkapitalgeber als Eigentümer des Unternehmens haben aber auch ein starkes Interesse an Informationen über die unternehmerische Tätigkeit der *abgelaufenen* Periode. Nur so können sie feststellen, wie mit ihrem Kapital gewirtschaftet wurde, welchen liquidierbaren Wert ihr Investment zum Ende der Periode hatte und ob sie ihrem Management auch weiterhin das Vertrauen schenken sollten. Außerdem können sie die Informationen der Rechnungslegung nutzen, um ihre Kontrollaufgabe auszuüben und die Unternehmensleitung durch Verträge, die auf Rechnungslegungsgrößen Bezug nehmen, zu gewünschtem Verhalten zu motivieren. Zu solchen Verträgen gehören etwa gewinnbasierte Bonusvereinbarungen.

Andere Vertragspartner

Aber auch die anderen Vertragspartner interessieren sich unter Umständen für abgelaufene Geschäftsjahre, da sie, falls ihre Ansprüche bislang nicht erfüllt wurden, anhand dieser Informationen überprüfen können, ob sie gegebenenfalls rechtliche Ansprüche gegen das Unternehmen geltend machen können. Denkbar sind aber auch vertragliche Ansprüche, die regelmäßig an die Entwicklung (z.B. des Nettovermögens) einer abgelaufenen Periode geknüpft werden.

Rechenschaft und Information

Somit hat Rechnungslegung ausgehend von ihrem Metazweck zwei etwas konkretere Informationsbedürfnisse zu befriedigen:

- Rechenschaft über wirtschaftliches Handeln in der Vergangenheit und
- Bereitstellung von Informationen, die für die Abschätzung der künftigen wirtschaftlichen Entwicklung des Unternehmens bzw. des Unternehmenswerts hilfreich sind.

Koordinations- und Bewertungsfunktion

Die erste Aufgabe wird auch als Koordinationsfunktion bezeichnet, da Rechenschaft primär der Vertragskoordination dient und damit direkt oder indirekt Verhaltensänderungen der Unternehmensakteure induzieren kann. Die zweite Aufgabe lässt sich analog als Bewertungsfunktion charakterisieren, da zukunftsgerichtete Informationen primär der Bewertung von Ansprüchen dienen. Etwas vereinfacht lässt sich der Unterschied zwischen den beiden Funktionen der Rechnungslegung auch so verdeutlichen: Bei der Bewertungsfunktion geht es darum, die künftigen Zahlungsströme des Unternehmens zu schätzen; bei der Koordinationsfunktion geht es darum, sie durch die Nutzung von Rechnungslegungsinformationen in Verträgen zu beeinflussen. In diesem Zusammenhang lässt sich auch bezüglich des Metazwecks von einer Informationsfunktion im weiten Sinne und bezüglich der Bewertungsfunktion von einer Informationsfunktion im engen Sinne sprechen. Die nachfolgende Abbildung 1.1 gibt das resultierende Zielsystem noch einmal zusammenfassend wieder.

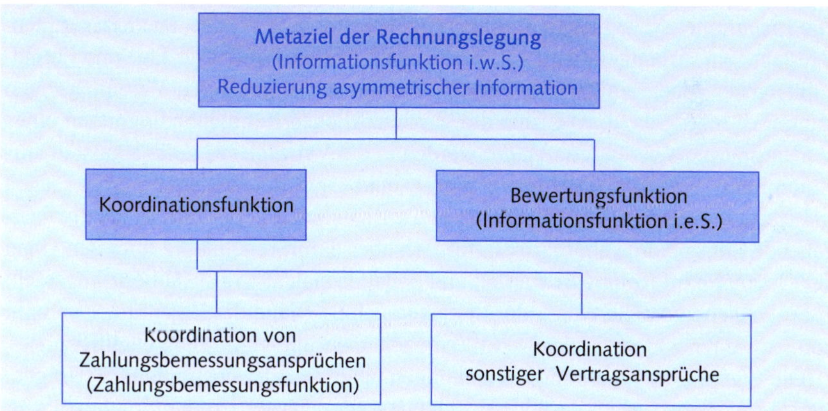

Abb. 1.1: Rechnungslegungszielsystem (vgl. *Fülbier, R. U./Gassen, J.*, Bilanzrechtsregulierung: Auf der ewigen Suche nach der eierlegenden Wollmilchsau, in: Wagner, F. W./Schildbach, T./Schneider, D. (Hrsg.), Festschrift für Hannes Streim zum 65. Geburtstag, Wiesbaden 2008, S. 139)

Koordinations- und Bewertungsfunktion nicht identisch

Die Koordinations- und die Bewertungsfunktion sind nicht identisch. So gibt es z.B. Informationen über die künftige wirtschaftliche Entwicklung des Unternehmens (wie etwa Informationen über makroökonomische Rahmendaten), die nichts über das wirtschaftliche Handeln des Unternehmens selber aussagen. Hieraus folgt, dass z.B. solche Informationen, die für die Bewertung von Unternehmensanteilen hilfreich sind, unter Umständen für die vertragliche Koordination unbrauchbar oder sogar hinderlich sein können (da z.B. die Bonusverträge risikoaverser Manager von den oben erwähnten makroökonomischen Rahmendaten abhängig werden, ohne dass sie diese beeinflussen können). Andersherum können manche rechenschaftsorientierten Angaben eine effiziente Unternehmenskoordination ermöglichen, obwohl sie für Bewertungszwecke letztlich irrelevant sind. Ein Beispiel hierfür wären Informationen über mögliches Fehlverhalten von Managern, deren Verfügbarkeit letztlich dazu führen, dass sich das Management immer im Sinne des Unternehmens verhält. Entsprechend muss Unternehmenskommunikation immer in Abhängigkeit von ihrer jeweiligen Funktion ausgestaltet werden. Im folgenden Abschnitt werden wir anhand einiger Beispiele diskutieren, warum sich die Rechnungslegung dabei als zentrales Kommunikationsinstrument durchgesetzt hat.

2 Warum gibt es Rechnungslegung?

Rechnungslegung als vertragliches Koordinationsinstrument

Wenn sich Menschen nur einmal treffen, Waren oder Dienstleistungen tauschen und sich dann wieder trennen, kommen sie gegebenenfalls ohne spezielle Verträge aus: Schließlich gibt es das allgemeine Rechtssystem, das die Vertragspartner durch bestimmte Rahmenbedingungen schützt. Unternehmen sind allerdings auf Dauer angelegt und gehen daher wiederkehrende und zum Teil langfristige Verträge ein. Die Eigentümer stellen einen Manager nicht nur für eine Woche, sondern für mehrere Jahre ein, Arbeitnehmer unterzeichnen unbefristete Arbeitsverträge und Fremdkapitalgeber geben langfristige Kredite. Bei diesen langfristigen Vereinbarungen kommt es häufig dazu, dass sich die wirtschaftlichen Rahmenbedingungen eines Vertragspartners verändern. Daher werden in die Verträge spezielle Klauseln aufgenommen, die neben Zahlungs-, Waren- und Dienstleistungsströmen u.a. auch Informationsströme regeln. So gewähren die Eigentümer dem Manager relativ weitgehende Entscheidungsbefugnisse, fordern aber dafür, regelmäßig über den Gang der Geschäfte informiert zu werden und behalten sich auch das Abberufungsrecht vor. Um sicherzustellen, dass der Manager sich im Sinne der Eigentümer verhält, können sie ihn zudem an der Nettovermögensmehrung vertraglich beteiligen.

Eigentümer

Die Eigentümer regeln ihre Beziehungen untereinander ebenfalls in Verträgen: Da sie nur mehrheitlich darüber entscheiden können, ob dem Unternehmen z.B. Liquidität zu entziehen ist, könnten einzelne Mehrheitseigentümer die Minderheitseigentümer u.U. benachteiligen. Dies antizipierend, würden Minderheitsaktionäre ihre Zahlungsbereitschaft für Eigentumsanteile reduzieren. Wenn die Mehrheitsanteilseigner dies verhindern wollen, könnten sie den Minderheiten z.B. vertraglich zusichern, dass ihnen regelmäßig ein gewisser Teil der Nettovermögensänderung zur Ausschüttung vorgeschlagen wird. Um diesen Anteil zu bemessen, werden Informationen der Rechnungslegung benötigt.

Gläubiger

Gläubiger könnten ihre Kreditvergabe daran binden, dass das Unternehmen bestimmte Investitionsvorhaben durch- oder nicht durchführt, dass es einen Liquiditätspuffer hält oder eine bestimmte Eigenkapitalquote, also das Verhältnis von Reinvermögen der Eigentümer zu dem gesamten eingesetzten Kapital, beachtet.

Es wird deutlich: Rechnungslegung spielt als Informationsinstrument in den Verträgen von Unternehmen eine wichtige Rolle. Dies gilt umso mehr,

- je komplexer und langlebiger die Unternehmen angelegt werden und
- je größer die Anzahl der Vertragspartner ist.

Regulierung notwendig?

Wenn wir akzeptieren, dass es aus ökonomischer Sicht rational ist, regelmäßig Rechnung zu legen, und dass dies eventuell als notwendige Bedingung für die Funktionsfähigkeit von komplexen, dezentral gesteuerten Unternehmen anzusehen ist, folgt eine weitere Frage: Muss eine solche Rechnungslegung den Unternehmen zwingend vorgeschrieben werden?

Rechnungslegungspflicht

Warum sollte den Unternehmen und ihren Vertragspartnern das Ob und gegebenenfalls das Wie der Rechnungslegung nicht selber überlassen werden? Schließlich lässt sich eine Pflicht zur Rechnungslegung auch privatrechtlich ein- und durchsetzen. Auch das Management hat einen Anreiz, die Adressaten regelmäßig über die Entwicklung des Unternehmens zu informieren. In einem marktwirtschaftlichen System ist die Vertragsfreiheit und damit die privatvertragliche Lösung im Grundsatz immer vorziehungswürdig. Wer daher das regulierende Eingreifen des Staates in diese Vertragsfreiheit durch eine gesetzliche Rechnungslegungspflicht befürwortet, muss belegen, warum freiwillige Rechnungslegung (also die privatvertragliche Lösung) nicht ausreicht. Hierfür sind die Vor- und Nachteile einer gesetzlich kodifizierten Rechnungslegungspflicht gegenüberzustellen.

Vorteile einer Rechnungslegungspflicht

Eine gesetzliche Pflicht könnte z.B. dann sinnvoll sein, wenn Unternehmen bzw. ihre Manager aufgrund ihres Informationsvorsprungs die Rechnungslegungsadressaten benachteiligen können. Dies ist vor allem dann der Fall, wenn die Adressaten nicht dadurch reagieren können, dass sie sich ein anderes Unternehmen als Vertragspartner suchen. Wie im Vorabschnitt beschrieben, ist dies regelmäßig bei den Unternehmenseigentümern der Fall. Eigenkapitalgeber können ihre Unternehmensanteile bestenfalls über den Sekundärmarkt veräußern, nicht jedoch vom Management die Auszahlung ihrer Anteile fordern. Was also tun, wenn sich das Management in Absprache mit dem Mehrheitsaktionär entschließt, keine freiwillige Publizität mehr zu betreiben, sondern lediglich den Mehrheitseigentümer privat über die Lage des Unternehmens zu informieren? Selbst wenn für die Eigenkapitaltitel dieses Unternehmens ein funktionierender Sekundärmarkt existierte, wäre nicht davon auszugehen, dass die Minderheitsaktionäre nach dieser Managemententscheidung noch zufriedenstellende Preise für ihre Anteile erzielen könnten. Schließlich benötigt der Sekundärmarkt bewertungsrelevante Informationen über das Unternehmen. Wenn also die Eigentümer unsicher sind, ob die Informationen der Rechnungslegung dauerhaft öffentlich zur Verfügung stehen, dürften sie ihre Zahlungsbereitschaft für Eigenkapitaltitel reduzieren. Dies könnte im Extremfall den Markt für Eigenkapital zum Erliegen bringen und damit die arbeitsteilige Wirtschaft stark beeinträchtigen. Daher haben grundsätzlich auch Alteigentümer und Manager einen Anreiz, diese Unsicherheit zu reduzieren, indem sie sich glaubhaft verpflichten, regelmäßig zu publizieren. Dies ist jedoch schwierig: Die Vertragspartner des Unternehmens müssen sich darauf verlassen können, dass zukünftig nicht von der heute vereinbarten Publizität abgewichen wird. Eine solche Selbstverpflichtung der Alteigentümer und des Managements ist nur dann glaubwürdig, wenn sie entweder durch entsprechende vertragliche Sanktionen abgesichert ist oder an die Stelle der Selbstverpflichtung eben die gesetzliche Pflicht tritt.

Rechnungslegung als standardisiertes Rechtsinstrument

Durch die gesetzliche Regelung wird Rechnungslegung zu einem standardisierten Rechtsinstrument, auf das z.B. in privaten Verträgen verwiesen werden kann. Damit lassen sich (Transaktions-)Kosten sparen, weil individuelle Verträge in diesem Punkt „entschlackt" und entsprechende Verhandlungen vermieden werden. So können Fertigungsverträge abgeschlossen werden, die dem Lieferanten eine Entlohnung in Höhe der aus der Rechnungslegung stammenden Auftragskosten zuzüglich eines bestimmten Gewinnzuschlags garantieren. Kreditverträge können beinhalten, dass das kreditaufnehmende Unternehmen bestimmte Bilanzrelationen oder Ausschüttungsgrenzen einhält. Manche dieser auf Rechnungslegungsdaten zielenden Vertragslösungen treten so häufig auf, dass sie ihrerseits gesetzlich als Standard festgeschrieben werden, um die Kosten der individuellen Vertragsgestaltung zu senken. So lässt sich z.B. auch die Vorschrift des § 58 i.V.m. §§ 150, 158 AktG über die Gewinnverwendung erklären, welche die Höhe des maximal ausschüttbaren Bilanzgewinns auf Basis des Jahresüberschusses und der bilanziellen Rücklagen bestimmt.

Nachteile einer Rechnungslegungspflicht

Andererseits entfaltet die Verpflichtung zur Informationsweitergabe so genannte Verteilungswirkungen. Wenn z.B. ein Anteilseigner zur Erkundung des Geschäftsmodells eines Unternehmens entsprechende Zeit investiert hat und somit aufgrund seiner privaten Information besser als andere Marktteilnehmer in der Lage ist, die wirtschaftliche Lage des Unternehmens einzuschätzen, dann würde dieser Vorteil durch eine Veröffentlichungspflicht zerstört. Im Extremfall kann so das sinnvolle Bestreben der Rechnungslegungsadressaten, von sich aus Informationen über das Unternehmen zu beschaffen und dann über den Marktprozess und entsprechende Preisänderungen zur Vermögensmehrung zu nutzen, zum Erliegen kommen. Mehr Information für alle ist also nicht immer für alle gut.

Kosten der Rechnungslegung

Darüber hinaus ist die „Produktion" und Bereitstellung von Rechnungslegungsdaten nicht kostenlos. Vor allem die Vertreter kleinerer Unternehmen könnten diese Kosten vor dem Hintergrund des erwarteten Nutzens für ungerechtfertigt halten, was entweder zur Nichtbefolgung der Norm oder im Extremfall zur Einstellung der Unternehmenstätigkeit führen könnte. Neben dem Kostenargument besitzt eine gesetzliche Verpflichtung zur Rechnungslegung häufig einen weiteren nachteiligen Effekt: Da im Regelfall neben einer abstrakten Verpflichtung auch die weiter unten diskutierte Ausgestaltung der Rechnungslegung vorgeschrieben wird, besteht für Unternehmen und Adressaten weniger Anreiz, von sich aus ein sinnvolles Kommunikations- und Koordinationsinstrument zu entwerfen. Eine gesetzliche Verpflichtung zur Rechnungslegung schadet also dem Wettbewerb um die beste Rechnungslegung und damit der Evolutionsfähigkeit des Marktes immer dann, wenn sie die Modalitäten und Regeln der Rechnungslegung festschreibt.

Rechnungslegungspflicht ist empirischer Fakt

Trotz der diskutierten Gegenargumente hat sich weltweit die Meinung durchgesetzt, dass eine Rechnungslegungspflicht zumindest für Unternehmen mit einem großen Adressatenkreis eher nützt als schadet. Dementsprechend findet sich die Pflicht zur Rechnungslegung in praktisch allen wichtigen Rechtssystemen. Offen ist allerdings, ob die produzierten Rechnungslegungsinformationen von *allen* Unternehmen öffentlich zur Verfügung gestellt werden müssen und inwieweit es einer verbindlichen inhaltlichen Ausgestaltung der Rechnungslegung durch Rechnungslegungsregeln bedarf. Warum nicht einfach vorschreiben, dass regelmäßig über das Unternehmen zu berichten ist, und den Rest, also die inhaltliche Ausgestaltung der Rechnungslegung, dem Markt überlassen? Mit diesen Fragen beschäftigt sich das folgende Teilkapitel.

3 Ausgestaltung der Rechnungslegung durch Rechnungslegungsregeln

Individuelle Informationsbereitstellung ist unmöglich

Eine Investorin überlegt, in welches Unternehmen sie ihr Vermögen investieren soll. Ihr stellt sich die Frage, welche Informationen sie für diese Entscheidung benötigt. Eventuell würde sie am liebsten mit dem Manager des Unternehmens in direkten Kontakt treten. Der Manager soll ihr erklären, warum ihr Geld in diesem Unternehmen gewinnbringender angelegt ist als in anderen. Ist das Investment bereits getätigt, ist zu erwarten, dass der Manager der Investorin in regelmäßigen Abständen oder bei Interesse auch fallweise darüber berichtet, wie es um ihre Vermögensanlage steht. Dieses Konzept einer Rechnungslegung erscheint naheliegend, solange der Manager nur einen oder wenige Kapitalgeber benötigt, wie es vielleicht bei offenen Handelsgesellschaften oder Kommanditgesellschaften der Fall ist. Wenn das Management oder die Alteigentümer allerdings eine Vielzahl von Kapitalgebern suchen, wird eine solche Vorgehensweise schnell ineffizient.

Fehlende Spezialkenntnisse

Aus Investorensicht gibt es ein weiteres Problem mit individueller, unstandardisierter Information. Will z.B. ein durchschnittlich informierter Investor in ein Biotechnologieunternehmen investieren, dürfte es ihn eher verwirren, wenn ihn der Manager ausführlich über den Stand der laufenden Forschungen z.B. zu Alzheimer, über genetic engeneering und das Zulassungsverfahren für neue Arzneimittel in den USA informierte. Um über sein Investment zu entscheiden, muss der Investor letztlich in der Lage sein, die Entwicklung der beschriebenen Arzneimittel und die daraus resultierenden Cashflows zu schätzen. Das dafür notwendige Knowhow dürfte kaum vorhanden sein. Aber selbst wenn es vorhanden wäre, dürfte spätestens die nächste Investitionsentscheidung ein unüberwindbares Problem darstellen. Man stelle sich nur vor, der Biotech-Experte müsste sich nun mit den

Marktchancen bestimmter Spezialkristalle für die Fertigung von Flüssigkristallbildschirmen auseinandersetzen.

Standardisierte monetäre Abbildung ist zwingend notwendig

Aus dem Beispiel wird deutlich: Für den einzelnen Vertragspartner ist es schwer, spezifische Informationen zielführend und effizient zu verarbeiten. Im Regelfall besitzen die Adressaten nicht das notwendige Know-how, um qualitative Unternehmensinformationen auf die Größen zurückzuführen, die sie letztlich interessieren. Als Reaktion auf diese Rahmenbedingung hat sich die Rechnungslegung zu dem entwickelt, was sie heute ist: Sie bildet das Geschehen des Unternehmens, also alle aktuellen und teilweise auch die erwarteten Ereignisse, in Form von Geldgrößen ab. Die Adressaten werden über diese Geldgrößen informiert. Der Vorteil dieser Vorgehensweise liegt darin, dass Geld als Normgröße der Ökonomie von allen Adressaten verstanden und interpretiert werden kann. Einem Anleger werden die genauen Marktchancen eines innovativen hydraulischen Hybridantriebs für Personenwagen mit Benzinmotor in der Regel nicht sofort klar sein. Mit der Information, dass der Robert-Bosch-Konzern je 100 € Eigenkapital im Jahr 2019 einen Gewinn von ca. 5 € erwirtschaftet hat, kann er aber wahrscheinlich etwas mehr anfangen.

Monetäre Verdichtung von Transaktionen ist nicht eindeutig

Die Rechnungslegung verdichtet ökonomische Transaktionen zu monetären Größen. Leider ist diese Verdichtung nicht objektiv optimal möglich. So bedeutet eine Lieferung einer Ware an einen Kunden und die in diesem Zuge durch eine Rechnung konkretisierte Forderung nicht zweifelsfrei, dass sich tatsächlich ein gewinnsteigernder Umsatzerlös ereignet hat. Was ist z.B., wenn der Kunde ein Rückgaberecht hat? Wie hoch ist die Wahrscheinlichkeit der Inanspruchnahme? Wie steht es um die Zahlungsfähigkeit des Kunden? So könnte der Anteilseigner davon ausgehen, der Umsatz sei hinreichend sicher und der entsprechende Gewinnanteil stehe ihm als Eigentümer nun zur Verfügung. Im Gegensatz dazu kann der Fremdkapitalgeber überzeugt sein, dass aufgrund des Rückgaberechts noch nicht hinreichend sicher von einem Umsatzerlös auszugehen sei und somit der Eigentümer keinesfalls einen Anspruch auf den aus der Verbuchung des Umsatzes resultierenden Gewinn habe. Fraglich ist also, wann der Umsatz als hinreichend realisiert anzusehen ist.

Ähnliche Probleme ergeben sich in anderen Bereichen der monetären Abbildung. Wie sind z.B. die Herstellungskosten der gelieferten Ware zu ermitteln, um im Vergleich mit dem Umsatzerlös auf den Gewinn oder Verlust der Warenlieferung zu schließen? Wie sind die Anschaffungskosten einer neuen Fertigungsanlage auf die Perioden ihrer Nutzung zu verteilen? Unklar ist auch, ob und wie die Adressaten über die gesamten Produktionsfaktoren des Unternehmens, z.B. über Maschinen, Immobilien oder auch Arbeitnehmer und deren Know-how, zu informieren sind. Was ist anzugeben, wenn das Unternehmen in Rechtsstreitigkeiten verwickelt ist, weil Kunden wegen fehlerhafter Ware einen Schadensersatz fordern? Wie können Vergütungsbestandteile der Arbeitnehmer in Form zugesagter künftiger Betriebsrenten abgebildet werden? Oder wie verhält es sich mit Aktienoptionen, die dem Management zugesagt werden? Die Reihe der Fragen könnte beliebig fortgeführt werden. Die dabei angesprochenen Probleme sind letztlich so vielfältig wie die Unternehmen komplex sind. Die Rechnungslegung muss auf

Regeln basieren, die diese komplexe Unternehmensrealität so klar und eindeutig wie möglich in Geldgrößen überführen.

Rechnungslegung benötigt Regeln

Notwendig sind also *Rechnungslegungsregeln*. Diese Regeln bestimmen, wie die Rechnungslegung im Detail vorzunehmen ist, und sichern damit, dass alle Beteiligten das Gleiche erwartet, wenn sie z.B. den Jahresabschluss eines Unternehmens aufschlagen. Die Notwendigkeit von Rechnungslegungsregeln führt uns zur nächsten Frage: Wie lassen sich „richtige" oder „gute" Rechnungslegungsregeln identifizieren?

4 Was sind „gute" Rechnungslegungsregeln?

4.1 Schwierigkeiten bei der normativen Ableitung von Rechnungslegungsregeln

Wie im Vorabschnitt deutlich wurde, ist es durchaus vorstellbar und auch wahrscheinlich, dass unterschiedliche Adressaten unterschiedliche Rechnungslegungsregeln wünschen. Dass es aus diesem Dilemma keinen klaren Ausweg geben kann, wird schon anhand des aus der Wohlfahrtsökonomik bekannten Arrow-Paradoxons deutlich: Es gibt keinen Mechanismus, der es ermöglicht, bei ungleichen Präferenzen mehrerer Parteien ein gesamtwirtschaftliches Optimum zweifelsfrei zu erreichen. Diese Argumentation kann am folgenden Beispiel nachvollzogen werden.

Beispiel 1.1

Ein Eigenkapitalgeber, ein Fremdkapitalgeber und ein Arbeitnehmer müssen sich auf eine Rechnungslegungsregel zur Bewertung von Wertpapieren einigen. Es gibt drei Alternativen: Wertpapiere könnten zu Anschaffungskosten bewertet werden, zum niedrigeren Wert von Anschaffungskosten und Marktwert oder generell zum Marktwert. Es sei unterstellt, dass der Fremdkapitalgeber aus Vorsichtsgründen das Niederstwertprinzip bevorzugt, seine zweite Präferenz ist das Anschaffungskostenprinzip und seine letzte Präferenz ist das Marktwertprinzip. Der Eigenkapitalgeber befürwortet im Sinne einer fairen Präsentation der Vermögenslage das Marktwertprinzip, seine zweite Präferenz ist das Niederstwertprinzip und seine dritte das Anschaffungskostenprinzip. Der Arbeitnehmer, der übrigens im Rechnungswesen tätig ist und daher komplizierte Bewertungsverfahren scheut, wünscht sich das Anschaffungskostenprinzip. Ansonsten würde er das Marktwertprinzip dem Niederstwertprinzip vorziehen. Da der Nutzen aller Akteure nicht vergleichbar ist, kann nur eine einfache Reihung der Präferenzen vorgenommen werden.

Wenn nun die drei Regeln verglichen werden, so schneidet jede gleich ab, da sie einmal an erster, einmal an zweiter und einmal an dritter Stelle steht. Selbst in diesem einfachen Fall mit nur drei Adressaten lässt sich somit keine eindeutig vorzuziehende Rechnungslegungsregel identifizieren. Jede Entscheidung wird immer mindestens eine Person benachteiligen und eine bevorteilen.

Eindeutige Lösung des Regelproblems unmöglich

Eine Rechnungslegungsregel kann somit nur dann als eindeutige Verbesserung angesehen werden, wenn *alle* Adressaten durch sie nicht schlechter gestellt werden und mindestens ein Adressat bessergestellt wird (dann wäre sie im mikroökonomischen Sinne Pareto-effizient). Dies setzt zudem voraus, dass die Befolgung der Regel dem Rechnungsleger keine Kosten verursacht, wobei z.B. auch Kosten durch Konkurrenzwirkungen vermehrter Publizität zu berücksichtigen sind. Diese Bedingungen sind in der Realität kaum gegeben; ein aus normativer Sicht optimales System der Rechnungslegung kann es somit nicht geben. Was also tun? In der Praxis haben sich mehrere heuristische Verfahren herausgebildet, die helfen sollen, „gute" Regeln zu identifizieren oder zumindest eher „schlechte" Regeln auszusondern. Diese Verfahren beinhalten meistens Bestandteile der folgenden drei Ebenen:

- Ableitung (Deduktion) aus normativ fundierten Grundsätzen,
- Prozessorientierung, um sicherzustellen, dass im Zuge der Regelfestsetzung möglichst alle relevanten Interessen berücksichtigt werden, und den
- Wettbewerb von unterschiedlichen Regeln oder Regelsystemen.

Im Folgenden wird auf die unterschiedlichen Ebenen eingegangen.

4.2 Heuristische Konzepte zur Ableitung von Rechnungslegungsregeln

4.2.1 Verwendung von normativ „fundierten" Grundsätzen der Rechnungslegung

4.2.1.1 Messorientierte Konzepte

Messorientierte Konzepte suchen den „richtigen" Wertansatz

Messorientierte Konzepte versuchen sicherzustellen, dass die Elemente der Rechnungslegung nach einheitlichen Regeln bewertet werden. Die grundlegende Frage ist: Wie sind die z.B. in einer Kapitalflussrechnung erfassten Ein- und Auszahlungen für Bilanzierungszwecke zu periodisieren? Von den später zu diskutierenden entscheidungsorientierten Ansätzen unterscheiden sie sich dadurch, dass sie nicht den Adressaten in den Mittelpunkt ihrer Überlegungen stellen, sondern die Rechenwerke Bilanz und GuV. Im Zuge der bilanztheoretischen Diskussion vor allem der ersten Hälfte des letzten Jahrhunderts sind zahlreiche Konzepte entwickelt worden, von denen hier die im deutschen Sprachraum prominentesten, die statische und die dynamische Bilanztheorie, kurz vorgestellt werden.

Statische Bilanztheorie

Die statische Bilanztheorie im Sinne von Herman Veit Simon sieht den Hauptzweck der Rechnungslegung in der periodischen Vermögensermittlung. Der Gewinn einer Periode ergibt sich dann folglich als Differenz der Reinvermögen am Periodenanfang und Periodenende. Gemäß dieser Konzentration auf die Bilanz befasst sich die statische Bilanztheorie, die auch mehr als 100 Jahre nach ihrer Formulierung noch als bedeutsam angesehen werden kann, vorrangig mit der Identifikation von passenden Ansatz- und Bewertungsverfahren.

Liquidation oder Fortführung

Das Prinzip von Ansatz und Bewertung hängt zentral davon ab, was für die Zukunft vom bilanzierenden Unternehmen erwartet wird: Wenn von der Zerschlagung, also der Liquidation der einzelnen Vermögenswerte, ausgegangen wird, sind Vermögenswerte und Schulden anders zu bewerten als wenn – wie von Simon favorisiert – mit der Fortführung des Unternehmens gerechnet wird. Ungeachtet der Unternehmensfortführung dient der Ertragswert der Vermögenswerte und Schulden als Grundlage des Bewertungskonzepts von Simon. Während indes der Ertragswert von einzelnen Vermögenswerten und Schulden im Falle einer Zerschlagung noch relativ leicht zu ermitteln ist, da er dem (ggf. abzuzinsenden) erwarteten Veräußerungserlös der einzelnen Gegenstände entspricht, scheitert im Fortführungsfall eine Einzelbewertung auf Ertragswertbasis grundsätzlich an der Unmöglichkeit, den Ertragswert des Unternehmens auf dessen einzelne Teile zweifelsfrei herunterzubrechen. Vor dem Hintergrund dieser konzeptionellen Probleme erstaunt es wenig, dass Simon eher einzelne Bilanzierungsnormen basierend auf der praktischen Übung seiner Zeit postuliert, als ein geschlossenes normatives Gebäude zu präsentieren. So erkennt er z.B. im Wesentlichen körperliche Gegenstände als zu aktivierende Vermögenswerte an. Immaterielle Gegenstände unterteilt er in Rechte und rein wirtschaftliche Vorteile. Die Aktivierung von rein wirtschaftlichen Vorteilen hält er nur für möglich, wenn diese von Dritten entgeltlich erworben wurden. Diese Vorgehensweise entspricht dem Anspruch der Objektivierbarkeit, weniger aber dem Anspruch, den Ertragswert des Unternehmens auf die Aktiva herunterzubrechen.

Dynamische Bilanztheorie

Die dynamische Bilanztheorie, die eng mit dem Namen *Eugen Schmalenbach* verbunden ist, stellt die grundsätzliche Zielsetzung der statischen Bilanzlehre infrage. Nach Schmalenbach ist es nicht möglich, die Höhe des Vermögens durch eine Bilanz zu ermitteln, da der Ertragswert eines Unternehmens regelmäßig durch Einflussfaktoren wie Kundentreue, Arbeitsweise etc. geprägt sei, die als rein wirtschaftliche Werte gar keinen Eingang in die Bilanz statischer Prägung erhielten. Demzufolge ist nach dynamischer Sichtweise die Ermittlung des „richtigen" Periodenerfolges in den Vordergrund zu rücken: Aus der statischen „Gewinn- *und* Vermögensentwicklung" wird das dynamische Credo „Gewinn- *statt* Vermögensentwicklung". Das darauf basierende theoretische Konzept ist daher auf die Messung von erfolgsrelevanten Stromgrößen bezogen. Über die Gesamtlebenszeit eines Unternehmens ist der Erfolg gleich der Differenz aus Einzahlungen und Auszahlungen. Da für die allermeisten Unternehmen eine auf die Totalperiode beschränkte Gewinnermittlung nicht realisierbar ist, muss eine Periodisierung von Einzahlungen und Auszahlungen vorgenommen werden. Die Gewinn- und Verlustrechnung sammelt daher alle Erträge und Aufwendungen, die der Periode zuzuordnen sind. Die Bilanz stellt nach Schmalenbach ein Abgrenzungskonto dar und dient somit als „Auffangbecken" für alle Transaktionen, die nicht gleichzeitig Einzahlung und Ertrag bzw. Auszahlung und Aufwendung sind. Sie wird daher auch als „Kräftespeicher" bezeichnet. Vermögenswerte stellen hiernach also künftige Erfolge dar (schwebende Vorleistungen) und Schulden dementsprechend Lasten (schwebende Nachleistungen). Das Ziel einer solchen Bilanzierung liegt in der

Ermittlung des Periodenerfolgs, der den Bilanzierenden darüber informiert, wie sein Unternehmen arbeitet und ob das Unternehmen durch fortlaufende Verluste in seinem Bestand gefährdet ist.

Vielleicht ist diese auf existenzgefährdende Risiken fokussierende und damit etwas asymmetrische Zweckbestimmung mit verantwortlich dafür, dass – ähnlich wie bei der statischen Bilanztheorie – die konkreten Ansatz- und Bewertungsregeln von Schmalenbach mehr oder weniger deutlich im Widerspruch zu seiner Bilanztheorie stehen. So betont Schmalenbach beispielsweise das Vorsichtsprinzip im Rahmen der Bewertung: Die strenge Auslegung des Realisationsprinzips auch im Zusammenhang mit langfristiger Fertigung ist für ihn ebenso selbstverständlich wie das Niederstwertprinzip und eher zu reichlich als zu knapp bemessene Abschreibungen. Diese ungleiche Behandlung von Chancen und Risiken wird auch als Imparitätsprinzip bezeichnet. Sie entspricht eventuell dem Anspruch, möglichst früh vor drohenden Unternehmenskrisen zu warnen, verzerrt indes das Bild der Bilanz als „Kräftespeicher“ des Unternehmens.

Statik und Dynamik als Vorbild für moderne Bilanzierungskonzeptionen

Die Erkenntnisse der statischen und dynamischen Bilanztheorien beeinflussen auch heute noch im Rahmen der Diskussion um den sog. asset-liability approach und den sog. revenue-expense approach die konzeptionelle Gestaltung internationaler Rechnungslegungsregeln (vgl. Kapitel 3). So kann der asset-liability approach, der Fragen der Identifikation von Vermögenswerten und Schulden in den Vordergrund stellt, als modernes Pendent der statischen Bilanztheorie verstanden werden. Der revenue-expense approach fokussiert hingegen zunächst auf die Periodisierung von Ein- und Auszahlungen als Erträgen und Aufwendungen und steht somit der dynamischen Bilanztheorie nahe. Auch wenn die Diskussionen um die zweckmäßigere Konzeption mehr als 100 Jahre nach den Veröffentlichungen von Hermann Veit Simon noch andauern: Im Bereich der internationalen Rechnungslegung hat sich der asset-liability approach weitgehend durchgesetzt.

Intersubjektiv optimale Regeln unmöglich

Ein Grund für die andauernden Diskussionen besteht in dem den messorientierten Ansätzen innewohnenden Ziel, losgelöst vom konkreten Rechnungslegungszweck optimale Rechnungslegungsregeln zu identifizieren. Unter Berücksichtigung der Adressaten und ihrer Individualität kann es aber, wie es das Arrow-Paradoxon bereits gezeigt hat, keine intersubjektiv optimale messorientierte Bilanztheorie geben. Folgerichtig hat sich die normative Bilanztheorie in der zweiten Hälfte des letzten Jahrhunderts dann auch eher auf die Adressaten und ihre Entscheidungsprobleme fokussiert.

4.2.1.2 Entscheidungsorientierte Konzepte

In der entscheidungsorientierten Bilanztheorie wird akzeptiert, dass es keine Möglichkeit gibt, Vermögenswerte und Schulden logisch zweifelsfrei zu definieren und zu bewerten. Unterschiedliche Adressaten haben unterschiedliche Informationsinteressen. Somit ist noch nicht einmal der Ertragswert des Unternehmens als Wert des Bruttovermögens uneingeschränkt konsensfähig, wie das folgende Gedankenexperiment zeigt.

Beispiel 1.2

Sie haben geerbt und wollen Ihr Erbe in Höhe von 250 T€ nun sinnvoll investieren. Sie stehen vor der Wahl, in die etablierte Pizzeria in Ihrem Heimatort oder in ein neues Start-up-Unternehmen in Berlin zu investieren. Beide Alternativen erfordern jeweils eine Investition in Höhe von 750 T€, die fehlenden 500 T€ wollen Sie über einen Bankkredit aufnehmen. Nach einem Jahr gibt es bei beiden Investitionen zwei mögliche Szenarien: Entweder das Unternehmen wird zu einem heute bekannten Preis verkauft oder das Unternehmen wird insolvent und Sie haben Ihr investiertes Kapital verloren. Die Bank kann nicht auf Ihr Privatvermögen zugreifen, insofern begrenzt sich Ihr Verlust auf 250 T€. Sie bieten daher Ihrer Hausbank an, einen Kredit über 500 T€ in einem Jahr mit 600 T€ aus den Mitteln des Verkaufs zurückzuzahlen.

Die Pizzeria kann mit einer Wahrscheinlichkeit von 90 % für 1 Mio. € verkauft werden und wird mit einer Wahrscheinlichkeit von 10 % insolvent. Das Start-up hingegen kann mit 10 %iger Wahrscheinlichkeit für 9 Mio. € verkauft werden und wird mit 90 %iger Wahrscheinlichkeit insolvent.

Sie befinden sich nun im Gespräch mit einem Kundenbetreuer Ihrer Hausbank. Er möchte gerne mehr über die beiden Investitionsalternativen wissen. Da die verschiedenen zukünftigen Szenarien nur Ihnen bekannt sind und Sie diese auch gerne als Geschäftsgeheimnis bewahren wollen, können Sie dem Kundenbetreuer ausschließlich Erwartungswerte mitteilen. (Übrigens: Sie und die Bank sind risikoneutral.)

Als gewissenhafte Person bereiten Sie sich auf das Treffen vor und berechnen alle für die Entscheidung notwendigen Erwartungswerte. Wie hoch ist der erwartete Unternehmenswert nach einem Jahr unabhängig von der Finanzierung? Welcher Erwartungswert ist für Ihre Investitionsentscheidung relevant? Welcher Erwartungswert ist für die Bank von entscheidender Bedeutung?

Lösung

Pizzeria				
		Beträge in Mio. €		
Szenario:	Wahrscheinlichkeit	Finanzierungsunabhängig	EK-Geber	FK-Geber
günstiger Verlauf	90 %	1,00	0,40	0,60
ungünstiger Verlauf	10 %	0,00	0,00	0,00
Erwartungswert:		0,90	0,36	0,54
Erwarteter Kapitalüberschuss:		0,15	0,11	0,04
Erwartete Verzinsung des Kapitals:		20 %	44 %	8 %

Eine finanzierungsunabhängige (objektive) Bewertung der Projekte ist weder für den Eigenkapitalgeber noch für den Fremdkapitalgeber informativ, da beide Unternehmen nach dieser Bewertung den gleichen Erwartungswert aufweisen.

Aus der Sicht der Bank ist die Pizzeria jedoch die bessere Investition, da sie nur in 10 % der Fälle einen Totalausfall verbuchen muss, aber in 90 % der Fälle die Rückzahlung des Kredites einschließlich Zinsen erwarten kann. Der Eigenkapitalgeber hingegen würde eine Investition in das Start-up bevorzugen, da der Erwartungswert für ihn hierbei am höchsten ist.

Start-up				
		Beträge in Mio. €		
Szenario:	Wahrscheinlichkeit	Finanzierungsunabhängig	EK-Geber	FK-Geber
günstiger Verlauf	10 %	9,00	8,40	0,60
ungünstiger Verlauf	90 %	0,00	0,00	0,00
Erwartungswert:		0,90	0,84	0,06
Erwarteter Kapitalüberschuss:		0,15	0,59	-0,44
Erwartete Verzinsung des Kapitals:		20 %	236 %	-88 %

Die unterschiedliche Bewertung der Sachverhalte ist Ergebnis der unterschiedlichen Gewinnpartizipation. Während der Eigenkapitalgeber unbeschränkt an den Gewinnen partizipiert, ist der mögliche Gewinn der Bank auf die Zahlung von 600 T€ beschränkt. Für sie ist es daher unerheblich, dass der Gewinn, den das Start-up bei günstigem Verlauf abwerfen wird, bedeutend höher ausfällt als der Gewinn aus der Pizzeria. Der finanzierungsunabhängige Erwartungswert ist somit für beide Kapitalgeber jeweils kein informatives Signal. Stattdessen brauchen sie jeweils spezifische Informationen für ihre individuelle Gewinnpartizipation.

Wie das Beispiel verdeutlicht, gibt es keinen objektiven Unternehmenswert, der beiden Adressaten und ihren individuell unterschiedlichen Partizipationsverträgen gleichermaßen gerecht wird. Und dabei ist noch nicht einmal berücksichtigt, dass die Adressaten auch noch unterschiedliche Risikoeinstellungen besitzen können.

Adressatenorientierung

Das Postulat der normativen entscheidungsorientierten Bilanztheorie lautet: „Bilanzierungsregeln sind so zu gestalten, dass sie eine Rechnungslegung generieren, die für die Rechnungslegungsadressaten entscheidungsnützlich ist“. Dies wird im Allgemeinen so spezifiziert, dass die Rechnungslegung einerseits *relevant*, andererseits aber auch hinreichend *glaubwürdig* sein muss. So gibt es Informationen, wie z.B. die Erfolgsaussichten eines aktuellen Forschungsprojekts, die für viele Adressaten sehr relevant sind, gleichzeitig nur schwer glaubwürdig vermittelt werden können.[3] Für die Entscheidung, welche Vermögenswerte und Schulden anzusetzen und wie diese zu bewerten sind, ist diese Abwägung letztlich

3 Dieses Spannungsverhältnis von Relevanz und Glaubwürdigkeit prägt u.a. auch das Rahmenkonzept der IFRS, das in Kapitel 3 beschrieben wird.

entscheidend. Somit befasst sich der Großteil der entscheidungsorientierten Theorie ebenfalls mit Ansatz- und Bewertungsfragen, anders als die im Vorabschnitt vorgestellten messorientierten Ansätze jedoch primär aus Sicht der Adressaten.

Eigen- und Fremdkapitalgeber als zentrale Adressaten

Doch für wen genau soll nun die Rechnungslegung relevant und verlässlich sein? Die Adressaten der Rechnungslegung wurden oben als weitgehend offene Gruppe von Individuen umschrieben. Um vor dem Hintergrund der resultierenden divergierenden Interessen trotzdem einheitliche („relativ richtige") Entscheidungsempfehlungen zu formulieren, erscheint die Konzentration auf eine oder wenige Adressatengruppen unumgänglich. Hierfür haben sich insbesondere die Eigenkapitalgeber- und/oder die Fremdkapitalgebersichtweise herausgebildet.

Adressatengewichtung abhängig von institutionellen Rahmenbedingungen

In einer eher angloamerikanisch geprägten Sichtweise wird meist der Eigenkapitalgeber als der zentrale Adressat der Rechnungslegung angesehen. Dies erscheint insofern plausibel, als dieser das finanzielle Risiko des Unternehmens trägt und direkt oder indirekt über die Geschäftspolitik entscheidet. Dazu kommt, dass im angloamerikanischen Raum der Eigenkapitalgeber traditionell über organisierte Märkte als Aktionär sein Kapital zur Verfügung stellt und somit vergleichsweise wenig spezifisches Wissen über das Unternehmen besitzt.

Im Gegensatz dazu rückt die traditionelle deutsche Sichtweise eher den Fremdkapitalgeber in den Vordergrund. Auch hier erscheint dies vor dem Hintergrund der institutionellen Rahmenbedingungen verständlich: Traditionell nutzen nur wenige deutsche Unternehmen den organisierten Eigenkapitalmarkt, sodass der Eigentümer in geschäftsführender oder zumindest geschäftsführungsnaher Position in Deutschland eher die Regel ist. Diese Personengruppe verfügt über hinreichende interne Informationsquellen, sodass die Rechnungslegung eher an anderen Adressaten, wie den Banken, ausgerichtet werden kann.

Unterschiedliche Adressaten bedingen unterschiedliche Rechnungslegung

Wie wirkt sich nun die unterschiedliche Adressatenorientierung aus? Das zu Beginn skizzierte Beispiel macht deutlich, dass Fremdkapitalgeber wenig Nutzen aus Informationen über den Unternehmensertragswert ziehen, da ihre Risikoposition – Risiko des totalen Verlustes des eingesetzten Kapitals, jedoch nur eine auf den Zins beschränkte Gewinnbeteiligung – asymmetrisch verteilt ist. Im Regelfall sind für sie eher Informationen relevant, die ihnen helfen, das Kreditausfallrisiko einzuschätzen – also Werte, die die Verlustpotenziale in voller Höhe, jedoch Gewinnpotenziale nur in begrenzter Höhe einbeziehen. Diesem Bedürfnis kann möglicherweise durch eine verzerrte Bilanzierung mit vorsichtigen Wertansätzen, also tendenziell niedrig bewerteten Vermögenswerten und hoch bewerteten Schulden, entsprochen werden.

In dem eben angeführten Beispiel könnte eine vorsichtige Bewertung z.B. so aussehen, dass die Pizzeria mit einem Wert von 750 T€ bewertet wird. Das entspräche den Anschaffungsauszahlungen für das Projekt. Der erwartete Kapitalgewinn würde darin nicht vorweggenommen, obwohl er sehr wahrscheinlich ist. Allerdings wird im Gegenzug auch der mögliche Kapitalausfall nicht antizipiert. Dies kann mit der geringen Eintrittswahrscheinlichkeit begründet werden. Konsequenterweise müsste die Investition in das Start-up nun nicht mehr mit den Anschaffungsauszahlungen, sondern mit null angesetzt werden, weil die Ausfallwahrscheinlichkeit bei dieser Investitionsalternative sehr viel höher ist. Diese Art der Informationsvermittlung ist für die Bank entscheidungsnützlicher als eine finanzierungsunabhängige Bewertung des Projekts, ohne jedoch die Informationsversorgung der Eigenkapitalgeber völlig zu vernachlässigen.

Der Eigenkapitalgeber partizipiert entgegengesetzt asymmetrisch am Unternehmenserfolg: Seine Chance ist unbegrenzt, sein Verlustrisiko ist hingegen im Falle einer haftungsbeschränkten Gesellschaft auf seine Einlage und im sonstigen Fall auf sein Privatvermögen begrenzt. Sein Informationsinteresse gilt demzufolge mehr der Chance. Auf Basis dieser Überlegung wird bereits deutlich, dass normativ fundierte Rechnungslegungsregeln schon allein dann differieren werden, wenn die Entscheidungsprobleme unterschiedlicher Adressatengruppen in den Vordergrund gerückt werden. Insofern kann es in Abhängigkeit von der jeweiligen Gruppe allenfalls „relativ richtige" Rechnungslegungsregeln geben. Dabei bleibt zudem unberücksichtigt, dass die Adressatengruppen auch in sich sehr heterogen sein können.

Strittig: Informationen über künftige Lage

Zudem ist zu beachten, dass die gesamte Diskussion bislang primär aus Sicht der Bewertungsfunktion der Rechnungslegung geführt wurde. Die Koordinationsfunktion, die unter Umständen wiederum andere Anforderungen an die Ausgestaltung der Rechnungslegung stellen würde, wurde hierbei ausgeklammert. Zudem ist es durchaus strittig, ob bestimmte Informationsbedürfnisse überhaupt durch Rechnungslegung bedient werden können. So benötigen die Adressaten für ihre Anspruchsbewertungen primär zukunftsorientierte Informationen. Wenn Ertragswerte für Vermögenswerte und Schulden nur schwer objektivierbar, also nicht glaubwürdig darstellbar erscheinen, kann eine dementsprechende Bewertung unangebracht sein. Zum einen ist eine entsprechende Bilanzmanipulation durch die Rechnungsleger nur schwer oder gar nicht nachweisbar. Wenn für alle Gegenstände in der Bilanz nur je ein Wert angegeben wird, fehlt es zum anderen an der Möglichkeit, das diesem Wert anhaftende Risiko (Schwankungsbreite) abzuschätzen. Als Reaktion auf dieses Dilemma wird vor allem in Deutschland teilweise die Auffassung vertreten, dass Rechnungslegung mit dem Ziel der Vermittlung entscheidungsnützlicher (Zukunfts-)Informationen systembedingt unmöglich sei und die Rechnungslegungsregeln daher lediglich auf den Zweck der Rechenschaftslegung über bereits Vergangenes und damit auf die Koordinationsfunktion auszurichten seien.[4]

Aus der Forschung

Wie viel bewertungsrelevante Information steckt in der Rechnungslegung?
Aus Sicht der Forschung ist es eine spannende empirische Frage, inwieweit Rechnungslegung wirklich bewertungsrelevante Informationen bereitstellt und wie hoch deren Anteil im Verhältnis zu der gesamten am Markt verfügbaren Information ist. Ray Ball und Lakshmanan Shivakumar haben sich dieser Frage im Rahmen ihres Aufsatzes „How much new information is there in earnings?" angenommen. Sie messen den Informationsanteil von Rechnungslegungsinformationen, indem sie den relativen Erklärungsgehalt von Aktienrenditen rund

4 Vgl. insb. *Schneider*, Rechnungswesen, S. 5-8, 201-202.

um die Veröffentlichung von Quartals- und Jahresabschlüssen für die Gesamtrendite des Jahres messen. Im Ergebnis stellen sie fest, dass nur etwa 5 % bis 9 % der Gesamtjahresrendite von U.S.-amerikanischen Aktien durch Informationen der Rechnungslegung erklärt werden. Auch wenn bei mittelgroßen Unternehmen dieser Anteil etwas höher liegt, deutet dies klar darauf hin, dass Rechnungslegungsinformationen nur einen relativ kleinen Teil der gesamten vom Kapitalmarkt genutzten Informationen darstellen. Allerdings stellen die Autoren auch fest, dass dieser Anteil in den letzten Jahren ihrer Untersuchung (2000-2006) zugenommen hat. Neuere Studien zu Handelsvolumina rund um Rechnungslegungsveröffentlichungen lassen vermuten, dass dieser Trend anhält (Barron/Schneibel/Stevens, 2018).

Ball und Shivakumar schließen auf Basis ihrer Ergebnisse, dass die Hauptaufgabe der Rechnungslegung wohl weniger in der Bereitstellung von neuen bewertungsrelevanten Informationen für Kapitalmarktteilnehmer bestehen könne. Sie begründen dies u.a. mit der eingeschränkten Zeitnähe von Rechnungslegungsinformationen. Hieraus folgern sie, dass die Hauptaufgabe der Rechnungslegung eher in der Koordinationsfunktion und in der Verifikation bereits verfügbarer Informationen liege. Letzteres reize Manager an, zeitnah und korrekt über andere Kanäle über die wirtschaftliche Lage des Unternehmens zu berichten.

Literatur: Ball, R./Shivakumar, L., How much new information is there in earnings?, in: JoAR, Vol. 46 (2008), S. 975-1016; Barron, O. E./Schneibel Jr., R. A./Stevens, D. E., The changing behavior of trading volume reactions to earnings announcements: Evidence of the increasing use of accounting earnings news by investors, in: CAR, Vol. 35 (2018), S. 1651-1674.

Klassifizierung von entscheidungsorientierten Konzepten

Somit lassen sich entscheidungsorientierte normative Konzepte danach strukturieren, welche Adressatengruppe sie in den Mittelpunkt stellen und ob sie den Gedanken der Rechenschaft (Koordinationsfunktion) oder den der Informationsvermittlung (Bewertungsfunktion) stärker betonen. Während rechenschaftsgetriebene Konzepte auch vor dem Hintergrund der juristischen Verwertbarkeit ihrer Ergebnisse tendenziell eher die Bedeutung von objektivierbaren Wertansätzen betonen, akzeptieren zukunftsinformationsorientierte Ansätze wohl einen etwas geringeren Objektivierungsgrad, da nur so die Ermittlung eines relevanten Wertansatzes möglich erscheint. Indes besteht auch zwischen Koordinations- und Bewertungsfunktion durchaus eine Wechselwirkung: So wird ein Eigenkapitalgeber die Leistung des Managements im abgelaufenen Geschäftsjahr regelmäßig auch danach beurteilen, ob es die Zukunftsaussichten des Unternehmens positiv beeinflusst hat. Umgekehrt deutet ein positives Wirtschaften über viele Jahre hinweg z.B. auf effiziente Produktionsabläufe, erfolgreiche Produkte oder ein gutes Management hin.

Normative Bilanztheorien als eine Entscheidungshilfe

Wie im Rahmen dieses Abschnitts deutlich wird, sind normative Messkonzepte im Rahmen der Rechnungslegung bestenfalls zum Teil in der Lage, Gestaltungsempfehlungen für Rechnungslegungsregeln zu entwickeln. Aber auch die abstrakten Konzepte der entscheidungsorientierten Bilanztheorie haben ihre Schwächen.

Sie basieren zwangsläufig auf Annahmen, welcher Adressat bei der Generierung von Normen zentrale Bedeutung genießen sollte. Schon die Zusammenfassung unterschiedlicher Individuen zu vermeintlich homogenen Gruppen (z.B. die Eigenkapitelgeber) ist angreifbar. Selbiges gilt für die Ausrichtung auf einen einzigen repräsentativen, aber letztlich fiktiven Adressaten (z.B. der „average prudent investor“). Auch geben sie wenig Aufschluss darüber, wie zwischen relevanten aber schwer glaubwürdig darstellbaren Informationen einerseits und glaubwürdigen aber weniger relevanten Informationen andererseits abzuwägen ist.

Entscheidungsorientierte Konzepte machen den Erfolg von Rechnungslegungsregeln begrenzt messbar

Einen Vorteil besitzen entscheidungsorientierte Ansätze jedoch: Ihre klare Adressatenorientierung ermöglicht teilweise die empirische Überprüfung ihrer Wirksamkeit. Wenn z.B. eine Rechnungslegungsnorm mit dem Ziel verabschiedet wurde, Kreditinstituten eine effektivere Kreditvergabe zu ermöglichen, so kann ex post zumindest grundsätzlich ermittelt werden, ob diese Norm tatsächlich zu einer Änderung der Kreditvergabe und auf lange Sicht zu einer volkswirtschaftlich effizienteren Kreditvergabe geführt hat. Diese empirische Überprüfung von Rechnungslegungsnormen kann gleichzeitig als ein Teil eines zieladäquaten Normierungsprozesses angesehen werden, dessen Bedeutung im Folgenden diskutiert wird.

4.2.2 Gewährleistung eines adäquaten Normierungsprozesses

Es scheint, dass allein auf Basis normativer Überlegungen kein vollständiges und konsistentes Rezept für „gute“ Rechnungslegungsregeln entwickelt werden kann. Dementsprechend scheint es sinnvoll, stattdessen einen Normierungsprozess zu implementieren, der die ausgewogene Entwicklung von Rechnungslegungsregeln gewährleisten kann. Ein solcher Normierungsprozess kann grundsätzlich in mehrere Schritte aufgeteilt werden, wie Abbildung 1.2 zu entnehmen ist.

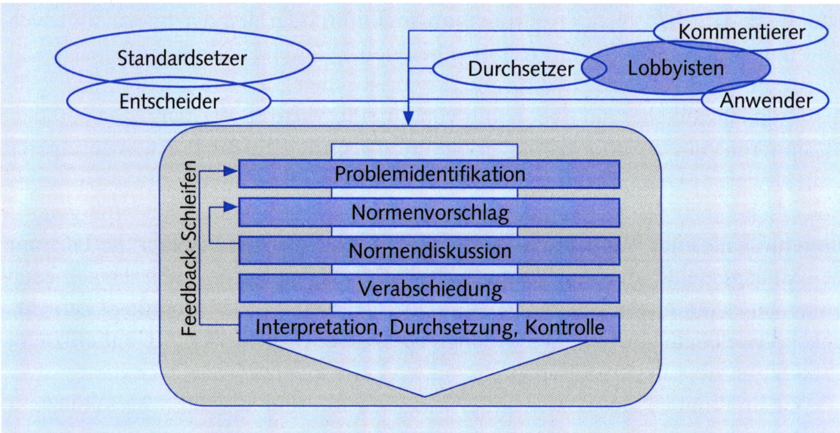

Abb. 1.2: Normierungsprozess und seine Akteure

Akteure des Normierungsprozesses

Ein Normierungsprozess beginnt mit der Problemidentifikation, auf deren Basis anschließend Normenvorschläge erarbeitet und diskutiert werden, bevor sie letztlich verabschiedet, interpretiert, kontrolliert und durchgesetzt werden. Um zu diskutieren, wie ein solcher Prozess ausgestaltet werden sollte, sollen zunächst die relevanten Akteure beschrieben werden. Welche Anreizstrukturen haben sie? Folgende, nicht überschneidungsfreie Gruppen lassen sich identifizieren: Die Standardsetzungsorganisationen (Standardsetzer), die *Lobbyisten*, welche sich mit ihren Interessen in den Normenerstellungsprozess einbringen, die *Entscheider*, welche die Normen letztlich verabschieden, die *Anwender*, welche die Normen im Unternehmen anwenden, die *Durchsetzer*, welche die Einhaltung der Normen kontrollieren und schließlich die *Kommentierer*, welche bestehende Normen auslegen, interpretieren und kommentieren.

Rechnungslegungsgremien

Zunächst zu den Standardsetzern und den dort tätigen Personen: Sie besitzen detailliertes Fachwissen über Fragen der Rechnungslegung. Was ist ihre Motivation, aktiv an der Gestaltung des Normengebäudes mitzuwirken? Neben der direkten Entlohnung kann den Mitarbeitern dieser Standardsetzungsorganisationen unterstellt werden, die jeweiligen Regeln an einem normativen Leitbild ausrichten zu wollen. Dies ist schon daran zu erkennen, dass sich alle national und international bedeutenden Standardsetzer an der Diskussion um die allgemeinen Zwecke und Konzepte der Rechnungslegung beteiligen. Das spezifische Fachwissen der dort tätigen Personen führt aber auch zu gewissen Beharrungstendenzen: Schließlich wäre ihr Know-how weitgehend wertlos, wenn sie das Normensetzungskonzept ihrer Institution grundlegend reformieren würden. Daher ist ein Paradigmenwechsel in der Rechnungslegung historisch praktisch immer mit einem Wechsel der Regulierungsinstitution (zumindest jedoch mit den prägenden Personen) verbunden gewesen.[5]

Lobbyisten

Alle Akteure, die sich in den Normierungsprozess einbringen, haben eines gemeinsam: Sie haben ein Interesse daran, die Entwicklung der Normen zu beeinflussen, sonst würden sie die Anstrengung der Einflussnahme nicht auf sich nehmen. So erstaunt es nicht, dass ein Großteil der Stellungnahmen von Unternehmensvertretern, Vertretern der Wirtschaftsprüfer oder anderen Institutionen verfasst wird. Auch Vertreter von Wissenschaftsverbänden bringen ihre Ansichten in den Erstellungsprozess ein. Im Vergleich dazu treten die eigentlichen Adressaten der Rechnungslegung nur vergleichsweise selten in Aktion. Insofern scheint es gerechtfertigt, zumindest einen Großteil derjenigen, die sich im Normierungsprozess z.B. über Stellungnahmen zu Standardentwürfen engagieren, als Lobbyisten zu bezeichnen.

Entscheider

Wer letztendlich eine Rechnungslegungsnorm verabschiedet, hängt stark von der Rechnungslegungsregulierung ab. Ohne hier zu weit vorgreifen zu wollen, sei erwähnt, dass bei privat organisierten Standardsetzern meist ein kleiner verantwortlicher Expertenkreis die Normen verabschiedet. In diesem Fall kann hinsichtlich dessen Motivation auf das oben Gesagte verwiesen werden. Wenn die Generierung der Normen allerdings gesetzlich geregelt ist, sind letztlich Volksvertreter für die

5 Vgl. Kapitel 2 zu der wechselhaften Geschichte der nationalen und internationalen Standardsetzer.

Verabschiedung der Normen zuständig. Da diesen oft das notwendige Fachwissen zur Bewertung der Normen fehlt, wird die Entscheidung zumeist an Fraktionsexperten oder, bei der Regierungsfraktion, an Experten der Fachbehörden, wie z.B. an das Bundesministerium der Justiz und für Verbraucherschutz, delegiert. Diese Experten verfügen über die notwendige Expertise zur kompetenten Beurteilung der zu verabschiedenden Rechnungslegungsnorm. Ihre Anreizsituation ist schwer zu beurteilen; sie können lobbyistischem Einfluss unterliegen, über populäre Entscheidungen Wählerstimmenmaximierung betreiben oder – als Behördenvertreter – ihr Aufgabengebiet erweitern, Budgetmaximierung betreiben und damit ihre Bedeutung erhöhen wollen. Möglich ist aber auch eine Delegation an oder zumindest Beratung durch private Rechnungslegungsgremien, sodass Letztere auch in einer gesetzlich regulierten Rechnungslegung ihre Aufgabe haben.

Anwender

Was wünschen sich die bilanzierenden Unternehmen, also die Anwender, von Rechnungslegungsnormen? Eine Auswertung von Stellungnahmen im Normierungsprozess lässt vermuten, dass sie zunächst lieber weniger als mehr Rechnungslegungsregeln wollen. Ist eine Regulierung unausweichlich, so scheinen sie detaillierte und präzise Normen mit umfangreichen Erläuterungen zu bevorzugen. Dies gilt insbesondere dann, wenn an die Rechnungslegungsdaten u.a. auch persönliche Haftungsfragen geknüpft werden. Andererseits spricht einiges dafür, dass die Anwender Wahlrechte befürworten, die sie zur Ergebnisglättung einsetzen können. Darüber hinaus scheinen sie eine Abneigung gegen Normen zu haben, die erheblichen internen Durchführungsaufwand implizieren oder deren Anwendung das wirtschaftliche Bild des Unternehmens in der Öffentlichkeit verschlechtert.

Anreizstruktur

Fraglich ist, wie sich die Anreizstruktur von Anwendern charakterisieren lässt. Die Normenanwendung ist für sie mit Arbeit verbunden. So erklärt es sich, dass sie klare, gut erläuterte und einfach zu befolgende Normen wünschen, weil diese regelmäßig die Anwendungskosten reduzieren. Außerdem sehen Anwender die Folgen der Rechnungslegung: Sie scheinen ein gewisses Kommunikationsinteresse zu besitzen, das darauf zielt, die wirtschaftliche Situation des Unternehmens unabhängig von dessen Lage stabil und positiv darzustellen. Diese Vorgehensweise dürfte, eine Informationsasymmetrie gegenüber den Rechnungslegungsadressaten sowie die langfristige Überlebensfähigkeit des Unternehmens vorausgesetzt, ihren Handlungsspielraum innerhalb des Unternehmens vergrößern.

Durchsetzer

Was ist mit den Akteuren, wie z.B. den Wirtschaftsprüfern, die hauptberuflich mit der Normendurchsetzung betraut sind? Deren Aufgabe macht es notwendig, dass die Normen tatsächlich durchsetzbar sind. Dies ist wohl eher gegeben, wenn die Normenanwendung intersubjektiv nachprüfbar ist, wenn also z.B. ein Wertansatz über Anschaffungskosten oder Marktpreise dokumentiert werden kann. Außerdem ist hier von Bedeutung, ob sie für Fehlleistungen haftbar gemacht werden können und ob sie vom bilanzierenden Unternehmen selbst bezahlt werden, wie dies regelmäßig im Rahmen der Wirtschaftsprüfung der Fall ist. Das drohende Abhängigkeitsverhältnis kann bewirken, dass Wirtschaftsprüfer die Präferenzen der Anwender übernehmen. Die Haftungsgefahr motiviert insbesondere international tätige Wirtschaftsprüfer regelmäßig dazu, eindeutige und detaillierte Normen zu fordern, deren Befolgung für den Wirtschaftsprüfer klar feststellbar ist.

Geringfügig anders stellt sich die Lage für Institutionen dar, die mit der Durchsetzung von Rechnungslegungsnormen aus Sicht des Kapitalmarktes betraut sind. Beispiele finden sich z.B. in der US-amerikanischen Börsenaufsichtsbehörde, der Securities and Exchange Commission (SEC) oder inzwischen auch in der deutschen Bundesanstalt für Finanzdienstleistungsaufsicht (BaFin). Diese werden von der Öffentlichkeit als „Hüter des Kapitalmarktes" angesehen und für das „Versagen" desselben, ähnlich wie die Wirtschaftsprüfer auch, verantwortlich gemacht. Anders als die Wirtschaftsprüfer werden sie jedoch nicht direkt vom betroffenen Unternehmen entlohnt, was ihre Unabhängigkeit stärken dürfte. Somit ist zu vermuten, dass sich die Vertreter von Aufsichtsgremien ebenfalls für klare und intersubjektiv nachprüfbare Normen einsetzen, ohne dabei wie die Wirtschaftsprüfer in die Gefahr zu geraten, die privaten Interessen der Anwender zu übernehmen.

Kommentatoren

Als letzte Gruppe werden hier die Kommentatoren beschrieben. Diese Gruppe speist sich insbesondere in Deutschland noch stark aus dem akademischen Umfeld. Sie hat – im Gegensatz zu den meisten anderen Interessengruppen – ein gewisses Interesse an prinzipienorientierten Normen, die der deduktiven Auslegung bedürfen. Hilfreich wäre dabei ein normatives Grundkonzept für die Auslegung von bestehenden Regelungslücken. Dieser Auslegungsmarkt ist für die Kommentatoren durchaus attraktiv, da sie durch Veröffentlichungen ihre wissenschaftliche Reputation steigern können. Wirtschaftliche Anreize, z.B. durch Gutachtertätigkeiten, spielen ebenfalls eine Rolle. Andererseits sind unter den Kommentatoren gerade die (verbeamteten) Hochschullehrer noch am ehesten in der Situation einer gewissen Unabhängigkeit, was der Neutralität und Qualität ihrer Auslegungen dienlich sein dürfte. Alternative Kommentierungen, z.B. großer Wirtschaftsprüfungsgesellschaften, die in den letzten Jahren in der Rechnungslegungspraxis immer wichtiger geworden sind, stellen hingegen eher „Hausmeinungen" dar, die zwar mit viel Expertise und Praxiserfahrung zusammengetragen werden, die aber immer auch den Zielen des eigenen Hauses zu entsprechen haben.

Eigenschaften eines „guten" Normierungsprozesses

Wenn die grundlegende Struktur des Normierungsprozesses und dessen Akteure als Rahmenbedingungen akzeptiert werden, wie kann dann ein Normensetzungsprozess gestaltet werden, der zu „guten" Normen führt? Obwohl letztlich auch die Effizienz von Prozessen schwer zu evaluieren ist und somit jedes normative Fazit meinungsbehaftet bleibt, soll hier zunächst skizziert werden, wann aus Prozesssicht zumindest tendenziell eine gute Norm zu erwarten ist. Von einer guten Norm kann ausgegangen werden, wenn sie das Ergebnis eines fairen demokratischen Prozesses ist und wenn gleichzeitig gewährleistet ist, dass die Anwendung der Norm geprüft wird, der Grad der Zielerreichung messbar ist, kontrolliert wird und wenn daraufhin Feedback-Schleifen eine Verbesserung der Norm anstoßen. Für das Vorliegen dieser Bedingungen könnten folgende Prozessanforderungen hilfreich sein:

- Alle Interessengruppen haben gleichermaßen die Möglichkeit, transparent in den Erstellungsprozess einzugreifen. Insofern sind auch die lobbyistischen Möglichkeiten der Interessengruppen vergleichbar.

- Das eigentliche Rechnungslegungsgremium (gegebenenfalls inklusive des Entscheidungsgremiums) verhält sich neutral in dem Sinne, dass es allen an sie herangetragenen vermeintlichen Regelungslücken nachgeht, die Eingaben der Interessengruppen in Normenentwürfen bündelt und sich hierbei um normative Konsistenz und klare Formulierungen bemüht.
- Zu Beginn eines jeden Normierungsprozesses wird vom Normierungsgremium in Absprache mit den Interessengruppen ein messbares Ziel postuliert, an dem u.a. der Grad der Zielerreichung ex post festgestellt werden kann. Zur Deduktion dieses Ziels ist es sinnvoll, wenn dem gesamten Regelwerk ein normatives Leitbild z.B. in Form eines Rahmenkonzepts zugrunde liegt. Dies sollte ähnlich wie die einzelne Norm unter Abstimmung mit den einzelnen Adressatengruppen entwickelt worden sein.
- Es existiert eine Kontroll- und Durchsetzungsinstanz, die weitgehend unabhängig von Außeneinflüssen lediglich die Einhaltung bestehender Regeln überwacht und Verstöße sanktioniert. Des Weiteren misst diese Instanz anhand des festgesetzten Ziels den Grad der Zielerreichung. Auf Basis der Erkenntnisse dieser Instanz wird gegebenenfalls eine Feedback-Schleife zur Normenverbesserung ausgelöst. Die Entlohnung dieser Instanz wird nicht direkt von den überprüften Unternehmen geleistet.

Praktische Relevanz

Inwiefern sind diese theoretischen Forderungen praktikabel? Zumindest einige Punkte erscheinen schon auf den ersten Blick problematisch. So impliziert die Lobbyismustheorie, dass sich kleine Gruppen mit homogenen Interessen relativ zu ihrer Größe gesehen besser lobbyistisch engagieren können als vergleichsweise große Gruppen mit heterogenen Interessen. Dies ist im Fall der Rechnungslegungsnormierung von besonderer Bedeutung, da hier vergleichsweise kleine Interessengruppen, wie die anwendenden Unternehmen und die Wirtschaftsprüfer, der großen, heterogenen und schlecht organisierten Gruppe der Rechnungslegungsadressaten gegenüberstehen. Zudem sind die Konsequenzen der Rechnungslegungsnormen für die verschiedenen Interessengruppen sehr unterschiedlich. Da die Unternehmen, gefolgt von den Wirtschaftsprüfern, weitaus mehr Konsequenzen aus einer Rechnungslegungsnorm tragen, ist davon auszugehen, dass sie für die Beeinflussung der Norm höhere Aufwendungen aufbringen als z.B. die Gruppe der Adressaten oder der Wissenschaftler. Die verschiedenen Interessengruppen dürften somit über sehr unterschiedliche lobbyistische Möglichkeiten verfügen.

Das Konzept des neutralen Rechnungslegungsgremiums ist ebenfalls idealtypisch. Dieses Gremium besteht schließlich aus renommierten Experten, die ihre auf eigener Erfahrung fußenden Rechnungslegungsvorstellungen nur schwer ignorieren werden. Außerdem geht die angestrebte theoretische Konsistenz der Normen schnell mit einer inhaltlichen Beeinflussung derselben einher. Die Ermittlung eines messbaren Konsensziels für jede Normeninitiative erscheint besonders problematisch, insbesondere, da nur für wenige Adressatengruppen bislang überhaupt akzeptierte Messmethoden, z.B. über Kapitalmarktreaktionen von Rechnungslegungsdaten, existieren. Auch ist die Institutionalisierung einer nur der Normenkontrolle verpflichteten Institution problematisch. Vereinfacht gesagt: Wird sie als Behörde organisiert, so bestehen Anreizprobleme, wird sie vom privaten Sektor getragen, so bestehen Interessenkonflikte.

Was kann die prozessorientierte Sichtweise also leisten? Sie verdeutlicht, dass in Ermangelung eines klaren Leitbildes für die Entwicklung von Rechnungslegungsnormen nur ein interessenpluralistischer Ansatz zu konsensfähigen Normen führen kann. Gleichzeitig aber warnt sie davor, dass Rechnungslegungsadressaten aufgrund ihrer begrenzten lobbyistischen Möglichkeiten Gefahr laufen, systematisch benachteiligt zu werden. Darüber hinaus betont sie die Notwendigkeit von Normendurchsetzung, -kontrolle und hieraus resultierenden Feedback-Schleifen. Die Normengenerierung muss ein sich iterativ verbessernder Prozess sein. Vor diesem Hintergrund erscheint es sinnvoll, normative Leitbilder im Rahmen der Normengenerierung zu verwenden, die mit klaren und, wenn irgend möglich, messbaren Zielen einhergehen. In diesem Zusammenhang sind die Entwicklungen hin zur „evidenzbasierten Regulierung" interessant, die einen Schwerpunkt auf die empirische Überprüfung von Regulierungseffekten legt. Hiermit versuchen internationale Standardsetzer, einer zweckmäßigen und konsistenten Rechnungslegungsnormenentwicklung einen Schritt näher zu kommen.[6] Letztlich muss aber auch akzeptiert werden, dass eine reine Prozessorientierung allein nicht hinreichend ist, um das Auswahlproblem der besten Rechnungslegungsnormen zu lösen. Es ist daher an den Lenkungsmechanismus zu erinnern, den die Ökonomie wohl zu Recht propagiert: den Markt.

4.2.3 Schaffung von Regelwettbewerb

Standardisierung über den Markt

Wie werden Standardisierungsprobleme über den Markt gelöst? Ein gutes Beispiel hierfür ist der Markt für Kleincomputer: In den 1980er Jahren tummelten sich eine Vielzahl von so genannten Homecomputern auf dem Markt: Jedes Modell hatte sein eigenes Betriebssystem sowie seine eigenen Peripheriegeräte, Datenträger und Monitore. Von den Anwendern wurde erwartet, dass sie sich für einen der vielen Homecomputer-Anbieter entscheiden. Ein späterer Wechsel war teuer und insbesondere mit hohen Investitionen in neues Know-how verbunden. Mit dem Wachstum des Marktes etablierte sich dann allerdings ein so genannter Industriestandard: der IBM PC, dessen Grundstruktur nunmehr seit 40 Jahren die an sich schnelllebige Hardwarebranche beherrscht. Die Frage, ob sich mit dem Konzept des IBM PC tatsächlich der beste Ansatz durchgesetzt hat, ist nicht zu beantworten. Vieles deutet indes darauf hin, dass der Siegeszug der Heimcomputer ohne eine, hier über den Markt erfolgte, Standardisierung nicht möglich gewesen wäre.

Solche Standardisierungsprozesse lassen sich in Marktwirtschaften immer wieder erkennen und treten ohne regulatorische Hilfestellung auf. Auch im Bereich der Rechnungslegung zeichnete sich z.B. Mitte der 1990er Jahre eine Standardisierung ab, obwohl die gesetzliche Regulierung in Deutschland dem zunächst

6 Diesem Ziel dient z.B. das IFRS Research Center: https://www.ifrs.org/research-centre/.

entgegenwirkte. Immer mehr deutsche Unternehmen erstellten zusätzlich zu ihren HGB-Konzernabschlüssen einen weiteren Konzernabschluss, der international akzeptierten Rechnungslegungsregeln entsprach.[7] Sie folgten also einem internationalen Standardisierungstrend. Ein weiteres Beispiel: In den USA ist nur ein kleiner Teil der Unternehmen verpflichtet, im Rahmen ihrer Rechnungslegung die detaillierten Regeln des US-amerikanischen Rechnungslegungsgremiums, des Financial Accounting Standards Board (FASB), zu befolgen. Dennoch richten sich auch viele andere Unternehmen freiwillig nach diesen Regeln.

Rechnungslegungsregeln durch den Markt?

Wenn der Markt seine eigenen Standardisierungsregeln generiert, stellt sich die Frage, warum dann nicht auch der Markt entscheiden solle, wie „gute" Rechnungslegung auszusehen hat. Die Antwort auf diese Frage fokussiert auf zwei Eigenschaften des Marktes für Rechnungslegungsregeln: auf Marktmacht und auf Netzwerkeffekte.

Problem der Marktmacht

Unternehmen und ihre Manager sind die Nachfrager von Rechnungslegungsregeln. Wenn es diesbezüglich keinerlei Regulierung gäbe, könnten Unternehmen mehr oder weniger frei entscheiden, nach welchen Regeln sie ihre Rechnungslegung ausgestalten. Warum sollten Unternehmen also Regeln nachfragen, die im Interesse der Rechnungslegungsadressaten sind? Dies würden sie nur tun, wenn die Adressaten hinreichend viel Marktmacht besäßen. Ob dies tatsächlich der Fall ist, ob Adressaten also von den Unternehmen die Verwendung der für sie adäquaten Regeln erzwingen können, darf zumindest bezweifelt werden.

Problem der Netzwerkeffekte

Das Problem der Netzwerkeffekte liegt in der Natur der Standardisierung begründet: Ein Standard ist umso erfolgreicher, je mehr Anwender ihn nutzen. Nur ein Standard, der auch eine hohe Verbreitung besitzt, macht es für den Rechnungslegungsadressaten sinnvoll, sich mit den einzelnen Normen zu befassen. Warum sollte ein Bilanzleser seine Zeit damit vertun, sich Rechnungslegungsregeln anzueignen, die nur von einigen wenigen Unternehmen befolgt werden? Der Markt für Standards hat also eine starke Tendenz zum anbieterseitigen Monopol oder zumindest zum engen Oligopol. Während es durchaus enge Oligopole mit intensivem Wettbewerb gibt, erscheinen Monopole, die mit hohen Markteintrittsbarrieren verbunden sind, eher bedenklich.

Fazit: Kein genereller, aber partieller Wettbewerb möglich

Damit bleibt festzuhalten: Auch wenn nicht mit Sicherheit belegt werden kann, dass eine rein marktwirtschaftliche Lösung des Bereitstellungsproblems von Rechnungslegungsregeln unmöglich ist, spricht einiges dafür, dass eine gewisse staatliche Lenkung hierfür sinnvoll erscheint. Dies deckt sich mit der empirischen Beobachtung, dass in nahezu allen marktwirtschaftlich orientierten Volkswirtschaften eine Regulierung der Rechnungslegung zu beobachten ist. Dies heißt im Umkehrschluss aber keineswegs, dass der Markt bei der Suche nach „guten" Rechnungslegungsregeln nicht hilfreich sein kann.

Wahlrechte und Regelungslücken als begrenzter Wettbewerb

Es gibt immer wieder Situationen, in denen ein gegebenenfalls zeitlich und inhaltlich begrenzter Wettbewerb zwischen Regelsystemen sinnvoll erscheint. Als Beispiel möge hier die Zeit von 1998 bis 2004 in Deutschland dienen. Auf Basis von § 292a HGB a.F. wurde kapitalmarktorientierten Unternehmen damals zeitlich

7 Vgl. zu dieser Entwicklung auch Kapitel 2.

befristet die Möglichkeit eingeräumt, für ihren Konzernabschluss zwischen unterschiedlichen Rechnungslegungssystemen zu wählen. Der Gesetzgeber ermöglichte also eine Art Wettbewerb auf Zeit. Vor allem große Unternehmen bevorzugten daraufhin eindeutig international akzeptierte Normen gegenüber den Vorschriften des deutschen HGB. Dieses Votum dürfte die Entscheidung der EU-Kommission, die IFRS ab 2005 für Europa in bestimmten Anwendungsfällen verbindlich werden zu lassen, erheblich beeinflusst haben. Die aktuelle Koexistenz unterschiedlicher Regelsysteme im Bereich des Corporate Social Reponsibility Reportings kann ebenfalls als ein partieller Wettbewerb verstanden werden. Schließlich begründen auch Kritiker des Konvergenzprozesses zwischen der US-amerikanischen Rechnungslegung und den IFRS ihre Position mit den Vorteilen des bestehenden Wettbewerbs der Systeme, der durch eine Konvergenz wesentlich geschwächt würde.[8]

Auch wenn die Marktlösung kein Allheilmittel für die Probleme der normativen Rechnungslegungstheorie sein kann, so ist der Markt als ein Instrument der Normenauswahl nicht zu unterschätzen. Insofern scheint es angeraten, im Zuge eines heuristischen Verfahrens zur Auswahl von adäquaten Rechnungslegungsregeln, den Markt, wo immer möglich, einzubinden. Eine Vorgehensweise hierfür könnte sein, bestimmte Bereiche nicht sofort mit neuen Normen zu regulieren, sondern zunächst die am Markt entstehenden Konzepte abzuwarten. Ebenso können manche Wahlrechte innerhalb bestehender Normen als begrenzter Wettbewerb um die jeweils bessere Regelalternative gesehen werden.

4.3 Fazit

Was ist also die Leitlinie, um gute Rechnungslegungsregeln zu generieren? Ausgehend von der Gewissheit, dass es hierfür keine Patentrezepte gibt, und getrieben von der Notwendigkeit, das offensichtliche Regulierungsproblem trotzdem zu lösen, lassen sich folgende Orientierungspunkte vorschlagen:

- Es ist ein normatives Leitbild der Rechnungslegung festzulegen: Welche Adressatengruppe steht besonders im Fokus? Soll sich Rechnungslegung auf Rechenschaft beschränken oder soll sie auch Anhaltspunkte für die Abschätzung künftiger Ereignisse liefern? Die Erreichung eines solchen normativen Leitbildes sollte zudem empirisch messbar sein.
- Im Zuge der Regelsuche ist immer explizit zu hinterfragen, ob eine Normierung tatsächlich notwendig ist oder ob eine marktnähere Koordinationsform gewählt werden kann. Dies gilt nicht nur für die einzelne Regel, bei der eine vollständige Regulierung, eine teilweise Regulierung, z.B. über das Vorgeben von Wahlrechten zwischen Regelvarianten, oder eine Regelungslücke denkbar erscheint. Dies gilt auch für ganze Regelsysteme, wenn sich die regulatorische Verpflich-

8 Vgl. u.a. *Jamal, K./Sunder, S.*, Monopoly versus Competition in Setting Accounting Standards, in: ABACUS, Vol. 50 (2014), S. 369-385.

tung zur Befolgung eines bestimmten Systems oder die Wahlmöglichkeit zwischen mehreren Systemen gegenüberstehen.
- Es ist ein Normierungsprozess zu institutionalisieren, der nach Möglichkeit allen Beteiligten eine Mitsprachemöglichkeit einräumt. Hierbei ist gegebenenfalls die schlechtere Marktposition der Rechnungslegungsadressaten zu berücksichtigen. Das Normierungsgremium sollte sich möglichst neutral verhalten. Nach der Verabschiedung der Norm sollte ein von den Unternehmen unabhängiges Gremium die Normeneinhaltung und den Grad der Zielerreichung überwachen. Gegebenenfalls ist eine Verbesserung der verabschiedeten Norm anzustreben.

Natürlich sind diese Orientierungspunkte nicht zwingend notwendige Kriterien für die Generierung „guter" Rechnungslegungsnormen. Es handelt sich vielmehr um heuristische Anhaltspunkte. Dennoch sollen die in diesem Abschnitt angeführten Überlegungen hilfreich sein, um das im Rahmen dieses Buches vorzustellende Regelsystem der IFRS hinsichtlich seiner theoretischen Konzeption zu beurteilen und die daraus resultierenden Einzelregeln besser zu verstehen. Im folgenden zweiten Kapitel können Sie sich zunächst darüber informieren, inwiefern die institutionellen Grundlagen der internationalen Rechnungslegung den hier skizzierten Vorstellungen entsprechen.

Ausgewählte Literatur

Cascino, S./Clatworthy, M./Garcia Osma, B./Gassen, J./Imam, S./Jeanjean, T., Who Uses Financial Reports and for What Purpose? Evidence from Capital Providers. Accounting in Europe, Vol. 11 (2014), S. 185-209.

Christensen, J./Demski, J., Accounting Theory: An information content perspective, New York 2003.

Fülbier, R. U./Gassen, J., Bilanzrechtsregulierung: Auf der ewigen Suche nach der eierlegenden Wollmilchsau, in: Wagner, F. W./Schildbach, T./ Schneider, D. (Hrsg.), Private und öffentliche Rechnungslegung, Festschrift für Hannes Streim zum 65. Geburtstag, Wiesbaden 2008, S. 135-155.

Gassen, J./Günther, J., Evidenzbasierte Rechnungslegungsregulierung: Zur Gestaltung von Forschung im Rahmen des IASB Due Process, in: Dobler, M./Hachmeister, D./Kuhner, C./Rammert, S. (Hrsg.), Rechnungslegung, Prüfung und Unternehmensbewertung, Festschrift zum 65. Geburtstag von Wolfgang Ballwieser, Stuttgart 2014, S. 183-199.

Moxter, A., Bilanzlehre: Einführung in die Bilanztheorie, 3. Aufl., Wiesbaden 1984.

Scott, W./O'Brien, P., Financial Accounting Theory, 8. Aufl., Upper Saddle River, New Jersey 2019.

Wagenhofer, A./Ewert, R., Externe Unternehmensrechnung, 3. Aufl., Berlin et al. 2015.

Übungsaufgaben

Aufgabe 1:
Verschiedene Vertragspartner der Unternehmen gelten als Adressaten der Rechnungslegung.

a) Nennen Sie die einzelnen Adressatengruppen und begründen Sie das jeweilige Interesse dieser Gruppen an Rechnungslegungsdaten.
b) Erläutern Sie kurz den Metazweck der Rechnungslegung und konkretisieren Sie diese Zwecksetzung der Rechnungslegung aus Sicht der Eigenkapitalgeber.

Aufgabe 2:
Die Regulierung der Rechnungslegung durch gesetzliche Normsetzung ist umstritten.

a) Mit welcher Begründung ließe sich eine gesetzliche Rechnungslegungspflicht rechtfertigen?
b) Bedeutet eine Rechnungslegungspflicht auch automatisch, dass verpflichtende Rechnungslegungsregeln verabschiedet werden müssen?
c) Welche Eigenschaften könnten einen „guten" Normierungsprozess auszeichnen?

Aufgabe 3:
Die Frage, wie Rechnungslegungsregeln inhaltlich auszugestalten sind, ist leider nicht einfach zu beantworten.

a) Erläutern Sie kurz, wie unterschiedliche bilanztheoretische Konzepte bei der Suche nach der „richtigen" Rechnungslegungsregel vorgehen.
b) Können Ihrer Meinung nach die Anforderungen eines Adressaten an entscheidungsnützliche Informationen auf alle Adressaten übertragen werden?
c) Beurteilen Sie die Existenz von Wahlrechten in Rechnungslegungssystemen vor dem Hintergrund normativer Schwierigkeiten der Regelfestlegung.

Aufgabe 4:
Im Rahmen der Abschlusserklärung des G20-Summits in Pittsburgh wurde das IASB aufgefordert, künftig die unterschiedlichen Rechnungslegungsadressaten mehr einzubeziehen. Diskutieren Sie, welche Auswirkungen diese Forderung auf das Zielsystem der IFRS-Rechnungslegung, auf den Standardentwicklungsprozess sowie auf die Konsistenz der resultierenden Rechnungslegungsregeln entfalten könnte.

Aufgabe 5:
Die Idee der evidenzbasierten Rechnungslegungsnormenentwicklung bedingt, dass die Wirkungen von Rechnungslegungsregeln empirisch messbar gemacht werden.

a) Wie würden Sie einen Test entwickeln, der Informationen zur Wirksamkeit von Rechnungslegungsregeln aus Sicht von Eigenkapitalgebern an organsierten öffentlichen Kapitalmärkten liefern soll?
b) Wie sähe ein solcher Test aus, wenn Ihr Fokus auf kreditgebenden Banken läge?
c) Könnten Sie auf Basis dieser Tests beurteilen, ob eine bestimmte Rechnungslegungsregel einen positiven Beitrag zur Gesamtwohlfahrt leistet? Begründen Sie Ihre Aussage und identifizieren Sie notwendige Annahmen, um auf Basis der Testergebnisse klare regulatorische Empfehlungen aussprechen zu können.

Kapitel 2
Institutionelle Grundlagen der internationalen Rechnungslegung

Rechnungslegungspflichten und -inhalte werden in Deutschland grundsätzlich gesetzlich reguliert, wahrscheinlich auch aufgrund der vielfältigen (Rechts-)Konsequenzen, die an Rechnungslegungsdaten anknüpfen. Allerdings bilanzieren deutsche Unternehmen nicht mehr einheitlich nach den deutschen handels- und steuerrechtlichen Regeln; einige wenden auch die Regeln des International Accounting Standards Board (IASB) an. Zwar verbleiben manche Unternehmen mit Einzel- und Konzernabschlüssen in der HGB-Welt, andere können oder müssen jedoch im Konzernabschluss den International Financial Reporting Standards (IFRS) folgen. Dies wird z.B. an einem DAX-Unternehmen wie der SAP SE mit Sitz in Walldorf deutlich. Einerseits müssen die SAP SE und ihre in Deutschland ansässigen Tochterunternehmen nach Maßgabe des HGB Jahresabschlüsse (Einzelabschlüsse) aufstellen und veröffentlichen. Der Einzelabschluss der SAP SE für das Jahr 2019 ist – auch nach der Änderung der Rechtsform von der deutschen Aktiengesellschaft hin zur europäischen Aktiengesellschaft (Societas Europaea, SE) im Jahr 2014 – z.B. im elektronischen Bundesanzeiger abrufbar. Andererseits hat die SAP SE 2019 auch einen Konzernabschluss nach IFRS vorgelegt. Darin sind das Mutterunternehmen sowie alle weltweit ansässigen Tochterunternehmen, die gemeinsam den SAP-Konzern bilden, einbezogen. Dieser IFRS-Konzernabschluss ist z.B. dem Integrierten Bericht 2019 der SAP SE zu entnehmen. Nicht zu vergessen ist die Tatsache, dass sämtliche SAP-Konzernunternehmen weltweit nach Maßgabe der Sitzländer besteuert werden. In Deutschland geschieht dies auf der Grundlage steuerlicher Gewinnermittlungen, die über das Maßgeblichkeitsprinzip des § 5 Abs. 1 EStG an den HGB-Einzelabschluss gebunden werden. Vor einigen Jahren war es für die SAP SE sogar notwendig, einen US-GAAP-Konzernabschluss vorzulegen, da die US-amerikanische Börsenaufsicht einen solchen auch für ausländische Emittenten verlangte, die den US-amerikanischen Kapitalmarkt nutzen. Seit 2007 ist für diesen Zweck ein IFRS-Konzernabschluss hinreichend.

Lernziel „Kennen“

Nach Bearbeitung dieses Kapitels sind Sie mit den Rechtsgrundlagen und „Playern“ der internationalen Rechnungslegung vertraut. Insbesondere wissen Sie, wie das Regelwerk der IFRS entstanden ist und wer die IFRS derzeit in welcher Art von Verfahren weiterentwickelt. Ferner wissen Sie, wie die IFRS in der EU rechtlich anerkannt werden und wie sichergestellt wird, dass die Unternehmen die IFRS tatsächlich einhalten. Auch der Tätig- und Zuständigkeitsbereich des DRSC ist Ihnen geläufig.

Lernziel „Anwenden“

Sie können prüfen, ob ein deutsches Unternehmen zur Anwendung der IFRS berechtigt bzw. verpflichtet ist. In diesem Zusammenhang können Sie die Folgen einer Umstellung auf einen IFRS-Abschluss hinsichtlich der Rechnungslegungs-, Publizitäts- und Prüfungspflicht abschätzen. Zudem erwerben Sie die Fähigkeit, sich (selbst) über die Projekte des IASB zu informieren sowie den Entwicklungsprozess dieser Projekte und die möglichen Interessen der Beteiligten abzuschätzen.

Lernziel „Bewerten & Gestalten“

Sie können die wiederkehrenden politischen Debatten zu möglichen institutionellen Veränderungen der internationalen Rechnungslegung kritisch reflektieren. Hierzu zählen u.a. institutionelle Veränderungen innerhalb und außerhalb des Regelwerks der IFRS als auch europäische „Sonderwege“ im Rahmen des Anerkennungsverfahrens in der EU.

1 Rechtsgrundlagen der internationalen Rechnungslegung – Entwicklung und Status Quo

Internationalisierung der Unternehmenstätigkeit

Die wirtschaftlichen Rahmenbedingungen für europäische sowie deutsche Unternehmen haben sich spätestens mit der Gründung der Europäischen Währungsgemeinschaft (EWG) im Jahre 1957 stetig verändert. Die in der heutigen Europäischen Union (EU) ansässigen Unternehmen agieren, wie auch andere Unternehmen weltweit, in einer hochgradig arbeitsteiligen und globalisierten Welt, in der Beschaffung und Absatz, aber auch Finanzierung und Investitionen, kaum noch ausschließlich auf inländischen Märkten erfolgen. Diese Internationalisierung der Unternehmenstätigkeit macht es einerseits notwendig, dass sich international agierende Unternehmen mit den jeweiligen ausländischen sozioökonomischen Rahmenbedingungen beschäftigen. Andererseits sind auch die Regulierer, z.B. in Deutschland und Europa, gefordert, die Rahmenbedingungen für grenzüberschreitende unternehmerische Tätigkeiten anzupassen und zu harmonisieren. Dies gilt auch für die deutschen Unternehmen betreffende Rechnungslegungsregulierung, die in den letzten Jahrzehnten mit der Internationalisierung der Unternehmenstätigkeit Schritt halten musste.

Entwicklung der Rechnungslegungsregulierung in einem „Fünf-Phasen-Modell“

Diese wahrscheinlich immer noch nicht abgeschlossene Entwicklung lässt sich, wie in Abbildung 2.1 aufgezeigt und im Folgenden beschrieben, grob in fünf Phasen unterteilen:

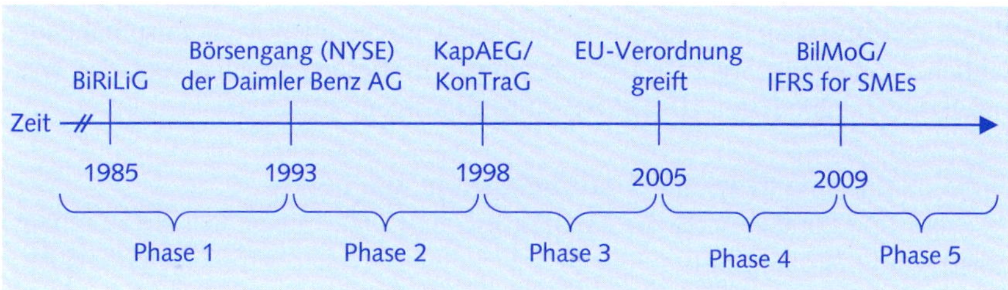

Abb. 2.1: Phasen der Internationalisierung der Rechnungslegung in Deutschland

1. Phase: EU-Harmonisierung und BiRiLiG

Die erste europäische Harmonisierungsphase in der Rechnungslegung wurde durch die 4., 7. und 8. EG-Richtlinie eingeleitet und 1985 mit dem Bilanzrichtlinien-Gesetz (BiRiLiG) in das deutsche HGB umgesetzt. Zuvor gab es im deutschen Recht nur wenige Bilanzrechtsreformen; zu nennen sind insbesondere die Aktienrechtsreformen von 1937 und 1965. Viele erwarteten deshalb, dass die deutsche Rechnungslegung nach dem BiRiLiG erneut für einige Jahrzehnte unverändert fortbestehen würde. Das BiRiLiG hatte schließlich eine Reihe von Detailproblemen neu gelöst und dabei sogar Elemente anderer Rechnungslegungssysteme im Zuge der EU-Harmonisierung übernommen. Dennoch blieb das HGB gerade in Ansatz- und Bewertungsfragen traditionell geprägt, die Koordination von Zahlungs- und Vertragsansprüchen stand auch weiterhin im Fokus. Von der Dominanz der Gewinnermittlung für Dividenden- und Steuerzahlungen und der dahinterstehenden Hoffnung, vor allem die Gläubiger und das „Unternehmen an sich" durch eine tendenziell eher vorsichtige Bilanzierung abzusichern, wich der deutsche Gesetzgeber somit nicht ab.

Unternehmen forcieren Internationalisierung der Rechnungslegung

Die Erwartung eines „Dornröschenschlafes" erfüllte sich jedoch nicht. Die Internationalisierung der Unternehmenstätigkeit führte in Deutschland schon einige Jahre später zu drastischen Veränderungen, die sich erst in der Rechnungslegungspraxis, später aber auch in der Rechnungslegungsregulierung manifestierten. In der zweiten Phase bis 1998 forcierten die Unternehmen selbst die Hinwendung zu „internationalen" Rechnungslegungsnormen. Da die HGB-Rechnungslegungspflichten weiterhin bestanden, konnten die Unternehmen internationale Vorschriften aber nur zusätzlich anwenden: Entweder legten sie einen internationalen Abschluss freiwillig zusätzlich vor („parallele" Rechnungslegung) oder sie versuchten, die jeweiligen Spielräume der Regelsysteme so zu nutzen, dass der HGB-Abschluss auch internationalen Vorschriften genügte („duale" Rechnungslegung).

NYSE-Börsengang von Daimler AG als Startpunkt der 2. Phase

Startpunkt dieser neuen „Ära" war der Börsengang der Daimler Benz AG 1993 an die New Yorker Börse, die New York Stock Exchange (NYSE). Um die eigenen Aktien an der NYSE notieren zu lassen, war das Daimler-Management u.a. bereit, sich den US-amerikanischen Rechnungslegungsregeln, den sogenannten US-Generally Accepted Accounting Principles (US-GAAP), zu unterwerfen. Der Konzernabschluss der Daimler-Benz AG (Vorgängerunternehmen der heutigen Daimler AG) musste für Eigenkapital und Jahresüberschuss offen von HGB auf US-GAAP übergeleitet werden (reconciliation). Weitere deutsche Unternehmen folgten diesem Beispiel. Um den Bedarf der Unternehmen nach entsprechender fachlicher Unterstützung zu decken, begannen in dieser Zeit auch deutsche Wissenschaftler, sich mit den US-GAAP zu beschäftigen.[1]

Spezialthema

Börsenzulassung deutscher Unternehmen in den USA

Bis zum Jahr 2000 konnten die amerikanischen Börsen einen beeindruckenden Anstieg von Auslandsnotierungen verzeichnen. Darunter waren auch deutsche Unternehmen (z.B. Daimler Benz AG seit 1993, Deutsche Telekom AG 1996, SAP AG 1998, Allianz AG 2000, Siemens AG und Deutsche Bank AG 2001), die die hohe Liquidität des Aktienmarktes, verbesserte Offenlegungs- und Governancevorschriften, den vereinfachte Zugang zu US-Investoren sowie Imagevorteile nutzen wollten.[2] Auch für geplante Akquisitionen in den USA wurde das

1 Siehe hierzu beispielsweise *Haller, A.*, Die Grundlagen der externen Rechnungslegung in den USA unter besonderer Berücksichtigung der rechtlichen, institutionellen und theoretischen Rahmenbedingungen, Diss. Augsburg 1989; *Wüstemann, J.*, Generally accepted accounting principles – Zur Bedeutung und Systembildung der Rechnungslegungsregeln in den USA, Diss. Frankfurt (Main) 1997.

2 Vgl. u.a. *Bruns, H.-G.*, Aktienplatzierung an ausländischen Kapitalmärkten, in: DBW, 58. Jg. (1998), S. 382-400; *Kahle, H.*, Zur Frage der Notwendigkeit einer Börseneinführung in den USA, in: FB, 2. Jg. (2000), S. 493-499; *Zechner, J.*, Börsennotierungen: Wann und wo? Evidenz aus Theorie und Empirie, in: ZfbF, 60. Jg. (2008), S. 195-210.

dortige Börsenlisting als vorteilhaft angesehen, sofern bei dem Kauf ein Aktientausch vorgenommen werden sollte.

Zugangsformen zum US-Eigenkapitalmarkt

Der US-Eigenkapitalmarkt kann über unterschiedliche Zugangsmöglichkeiten erschlossen werden, die mit unterschiedlichen Rechts- und insbesondere Publizitätsanforderungen einhergehen. Für die Ausgabe bzw. den Handel von Eigenkapitaltiteln ergeben sich die in Abbildung 2.2 überblicksartig aufgezeigten Varianten.

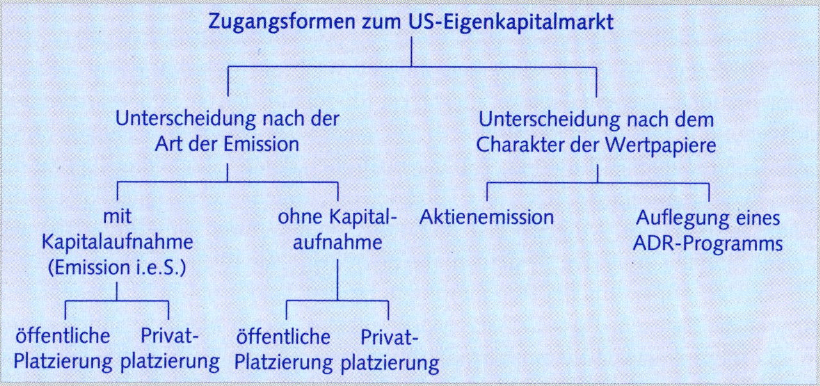

Abb. 2.2: Zugangsmöglichkeiten zum US-amerikanischen Eigenkapitalmarkt

ADRs

Neben einer Aktienemission ist gerade für ausländische Unternehmen die Auflegung eines sogenannter American Depositary Receipt (ADR) Programms attraktiv. Hierbei handelt es sich um in US-Dollar ausgestellte, handelbare Hinterlegungsscheine, die an Stelle der Originalaktien notiert werden. Sie werden im Rahmen unterschiedlicher Programme begeben (unsponsored programs, sponsored level I bis III), die unterschiedliche Rechte und Pflichten auch hinsichtlich der Rechnungslegung und Unternehmenspublizität zur Folge haben.

Rücknahme eines US-Listings

Die hohen Kosten sowie Haftungs- und Rechtsrisiken wurden von vielen deutschen US-Emittenten im Zeitablauf zunehmend kritisch gesehen.[3] Viele deutsche Unternehmen haben deshalb ihr Listing an einer amerikanischen Börse inzwischen wieder beendet. Während ein Delisting relativ problemlos vorgenommen werden kann, ist zusätzlich die schwierigere Rücknahme der SEC-Registrierung und damit die vollständige Befreiung von den SEC-Berichtspflichten (deregistration) notwendig. Hierfür muss der Emittent gegenüber der SEC im Wesentlichen nachweisen, dass entweder seine Wertpapiere von weniger als 300 US-amerikanischen Investoren gehalten werden oder dass

3 Siehe hierzu beispielsweise *Hostak, P. et al.*, An Examination of the Impact of the Sarbanes-Oxley Act on the Attractiveness of US Capital Markets for Foreign Firms, in: RASt, Vol. 18 (2013), S. 522-559; *Daugherty, M./Georgieva, D.*, Foreign cultures, Sarbanes-Oxley Act and cross-delisting, in: Journal of Multinational Financial Management, Vol. 21 (2011), S. 208-223.

über einen Zeitraum von 12 Monaten das durchschnittliche tägliche Handelsvolumen des in den USA gelisteten Wertpapiers nicht mehr als 5 % des weltweiten Handelsvolumens betrug. Daraufhin entschieden sich u.a. Bayer, BASF und E.ON, ihre Börsennotierung in den USA aufzugeben und in den deutlich weniger regulierten OTC-Handel überzugehen. Nur noch wenige deutsche Unternehmen haben derzeit über ADR-Programme oder Direktplatzierung Zugang zum US-amerikanischen Eigenkapitalmarkt (z.B. Deutsche Bank AG oder SAP SE).

Zunehmende Kapitalmarktorientierung auch ohne NYSE-Börsengang

Weitere Unternehmen, wie z.B. 1994 die Bayer AG, die Schering AG und die Heidelberger Zement AG, wählten einen anderen Weg, um sich den Anforderungen der internationalen Kapitalanleger zu stellen. Sie folgten den Regeln des International Accounting Standards Committee (IASC), dem Vorgänger des heutigen IASB. Diese Unternehmen wählten zu Anfang noch die „duale" Rechnungslegung und legten Konzernabschlüsse nach HGB und den damaligen International Accounting Standards (IAS) vor. Möglich war dies insbesondere durch vielfältige Bilanzierungswahlrechte in beiden Systemen, die übereinstimmend ausgeübt wurden.

Internationalisierung auch durch die Deutsche Börse

Eine erste Anpassung der Regulierung in Deutschland war 1997 zu beobachten, als durch die Deutsche Börse AG das Marktsegment „Neuer Markt" etabliert wurde. Um die Kapitalmarktteilnehmer bestmöglich über die zum Teil sehr risikoreichen Aktivitäten der dort gelisteten Start-up-Unternehmen aus der Technologiebranche zu informieren, wurde den Emittenten am Neuen Markt u.a. vorgeschrieben, Konzernabschlüsse nach IAS oder US-GAAP einzureichen. Wohl gemerkt: Eine deutsche Börsenplattform schrieb privatrechtlich den meist deutschen Emittenten eine nicht deutsche Rechnungslegung (zusätzlich) vor. Dieser Gedanke fand sich auch nach Niedergang des Neuen Marktes im Qualitätssegment SMAX sowie in den Anforderungen an den Prime Standard wieder.

3. Phase: Deregulierung der nationalen Rechnungslegungspflichten

Die dritte Phase von 1998 bis 2004 bezeichnet eine Periode der Deregulierung. Der deutsche Gesetzgeber reagierte auf die zunehmende Internationalisierung in der Rechnungslegungspraxis. Getrieben auch von lobbyistischem Einfluss der von „paralleler" oder „dualer" Rechnungslegung betroffenen Unternehmen etablierte das Kapitalaufnahmeerleichterungsgesetz (KapAEG) von 1998 im HGB eine bis 2004 befristete Öffnungsklausel für kapitalmarktorientierte Mutterunternehmen. Ihnen wurde unter bestimmten Voraussetzungen ein Wahlrecht eingeräumt: Sie konnten den Konzernabschluss und -lagebericht entweder nach handelsrechtlichen Vorschriften (§§ 290 ff. HGB) oder nach „international anerkannten Rechnungslegungsvorschriften", also IAS oder US-GAAP, aufstellen (befreiender Konzernabschluss nach § 292a HGB a.F.). Zudem wurde mit dem Gesetz zur Kontrolle und Transparenz im Unternehmensbereich (KonTraG) 1998 u.a. der Konzernabschluss börsennotierter Mutterunternehmen in seinem Umfang an das Niveau der internationalen Rechnungslegung angenähert (§ 297 Abs. 1 HGB). Heute entspricht der HGB-Konzernabschluss in der Zahl der Bestandteile den internationalen Vorbildern (Konzernbilanz und -ergebnisrechnung, Anhang einschließlich Segmentberichterstattung, Kapitalflussrechnung und Eigenkapitalspiegel).

DRSC

Angesichts der deutschen Rechnungslegungstradition war indes ein weiterer Bestandteil des KonTraG von überaus großer Wirkung: In Anlehnung an das IASB und das US-amerikanische Financial Accounting Standards Board (FASB) (vgl. Abschnitt 2.2) wurde auf der Rechtsgrundlage des § 342 HGB mit dem „Deutschen Rechnungslegungs Standards Committee e.V." (DRSC) in Berlin ein privates deutsches Rechnungslegungsgremium gegründet. Damit trat zum ersten Mal eine private Institution neben den Gesetzgeber, die gleichfalls Einfluss auf die deutsche Rechnungslegungsregulierung haben sollte (vgl. ausführlicher Abschnitt 4).

4. Phase: Europäische Regulierung durch EU-VO 1606/2002

Da andere EU-Mitgliedstaaten, wie z.B. Belgien oder Österreich, dem deutschen Vorbild zur Öffnung und Internationalisierung der nationalen Rechnungslegung folgten, war die beabsichtigte eigenständige europäische Harmonisierung der Rechnungslegung durch die EG-Bilanzrichtlinien letztlich gescheitert. Mit der Orientierung vieler Unternehmen an den IAS und US-GAAP setzte sich nun eine Marktlösung abseits der Bilanzrichtlinien durch. Dementsprechend setzte sich die EU-Kommission erneut für eine (zweite) Harmonisierung der EU-Rechnungslegung ein. Eingeleitet von entsprechenden Strategiepapieren ist das Ergebnis dieser Bemühungen die unmittelbar anwendbare EU-Verordnung „Nr. 1606/2002 betreffend die Anwendung internationaler Rechnungslegungsstandards" (sog. „IAS-Verordnung"). Hiernach sind kapitalmarktorientierte Mutterunternehmen seit 2005 verpflichtet, die Konzernrechnungslegung nach IFRS vorzunehmen (Art. 4). Als kapitalmarktorientiert gelten hierbei alle Unternehmen, deren Wertpapiere (Eigenkapital- und/oder Fremdkapitaltitel) am jeweiligen Bilanzstichtag in einem beliebigen EU-Mitgliedstaat zum Handel in einem geregelten Markt zugelassen sind.

Spezialthema

Organisierter Kapitalmarkt

Segmentierung des deutschen Kapitalmarkts

Das Handelsrecht konkretisiert die Kapitalmarktorientierung in § 264d HGB und verweist dabei auf die Nutzung oder die Absicht der Nutzung eines organisierten Marktes im Sinne des § 2 Abs. 11 des Wertpapierhandelsgesetzes (WpHG) für von der Gesellschaft ausgegebene Wertpapiere im Sinne des § 2 Abs. 1 WpHG. Der organisierte Markt, der die IFRS-Pflicht für konsolidierte Abschlüsse auslöst, ist also gesetzlich geregelt und letztlich auf europäisches Recht zurückzuführen; es gelten EU-weit einheitliche Zulassungsvoraussetzungen und Folgepflichten. Davon ist der nicht organisierte Kapitalmarkt (auch Freiverkehr oder Open Market genannt) abzugrenzen.

General und Prime Standard

Die deutsche Börse unterteilt die gesetzlichen Marktsegmente auf Basis spezifischer Transparenzstandards zusätzlich in verschiedene Börsensegmente. Auf dem organisierten Kapitalmarkt werden der General Standard und der Prime Standard unterschieden. Der Kapitalmarktzugang über den General Standard verlangt die Einhaltung der für organisierte Märkte gesetzlich vorgegebenen Mindestanforderungen an die Unternehmenspublizität (siehe Kapitel 27) und richtet sich primär an Unternehmen, die nationale Investoren im Fokus haben und den organisierten Kapitalmarkt möglichst kostenminimal nutzen möchten. Demgegenüber verlangt die deutsche Börse für die Zulassung zum Prime Standard die Einhaltung weiterer Publizitätsanforderungen, die über das gesetzlich vorgegebene Maß hinausgehen. Die Nutzung dieses Börsensegments höchster Publizität richtet sich somit insbesondere an auf internationale Investoren ausgerichtete Unternehmen und ist Voraussetzung für die Aufnahme in verschiedene Auswahlindizes, wie z.B. den DAX, MDAX, SDAX oder TecDAX. Mit dem Prime Standard für Unternehmensanleihen bietet die deutsche Börse einen speziellen Transparenzstandard für die Fremdkapitalaufnahme, wobei innerhalb dieses Standards nochmals zwischen der Nutzung des organisierten und des nicht organisierten Marktes gewählt werden kann – mit entsprechenden Konsequenzen für den Umfang der Publizitätspflichten.

Open Market

Der nicht organisierte Markt, der sog. Open Market, ist das am wenigsten regulierte Segment mit den geringsten Transparenzpflichten – und ist insbesondere nicht mit einer IFRS-Pflicht – verknüpft. Der Open Market ist kein organisierter Markt im Sinne des WpHG. Wertpapiere im Open Market können in das Segment Scale oder in das Basic Board eingezogen werden. Scale steht Unternehmen offen, die ein Erstlisting im Open Market anstreben und bereit sind, ein bestimmtes Transparenzmaß einzuhalten. Der Kapitalmarktzugang über diese Segmente ist somit weniger kostenintensiv und scheint vor allem für kleinere und mittlere Unternehmen interessant. In der jüngeren Vergangenheit kam es verstärkt auch zu sog. „Downlistings“, also dem Wechsel vom organisierten Markt in den Open Market. Empirische Untersuchungen zeigen, dass tendenziell kleinere Unternehmen hierzu neigen und das Kostenargument dabei eine zentrale Rolle zu spielen scheint.[4]

Mitgliedstaaten-wahlrechte

Die IAS-Verordnung räumt den Mitgliedstaaten außerdem das Recht ein, den Anwendungsbereich der IFRS auszudehnen. So ist es den Mitgliedstaaten freigestellt, die Anwendung der IFRS auch im Konzernabschluss nicht kapitalmarktorientierter Unternehmen sowie im Einzelabschluss kapitalmarkt- sowie nicht kapitalmarktorientierter Unternehmen per Wahlrecht zuzulassen oder gar vorzuschreiben (Art. 5).

BilReG

Der deutsche Gesetzgeber reagierte hierauf mit dem Bilanzrechtsreformgesetz (BilReG) 2004. Das HGB wurde u.a. um den § 315e ergänzt, der zunächst die von der EU-Verordnung betroffenen Unternehmen von der Anwendung handelsrechtlicher Konzernrechnungslegungsnormen weitgehend befreit. In § 315e Abs. 3 HGB ist darüber hinaus ein Wahlrecht enthalten, das auch nicht kapitalmarktorientierten

4 Vgl. *Hitz, J.-M./Koch, S./Moritz, F.*, Downlisting in the European Exchange-Regulated Markets: The Role of Enforcement, in: Journal of Accounting and Public Policy, Vol. 39 (2020), S. 1-19; *Pasch, L./Schmeling, A.-K./Starke, D.*, Wechsel vom regulierten Markt in den Freiverkehr in Deutschland – Eine Analyse der Unternehmenscharakteristika und Motive, in: CF, 2. Jg. (2015), S. 295-305.

Mutterunternehmen die befreiende Aufstellung eines IFRS-Konzernabschlusses erlaubt. Der deutsche Gesetzgeber gibt damit das Mitgliedstaatenwahlrecht der IAS-Verordnung an alle konzernrechnungslegungspflichtigen Unternehmen weiter.[5]

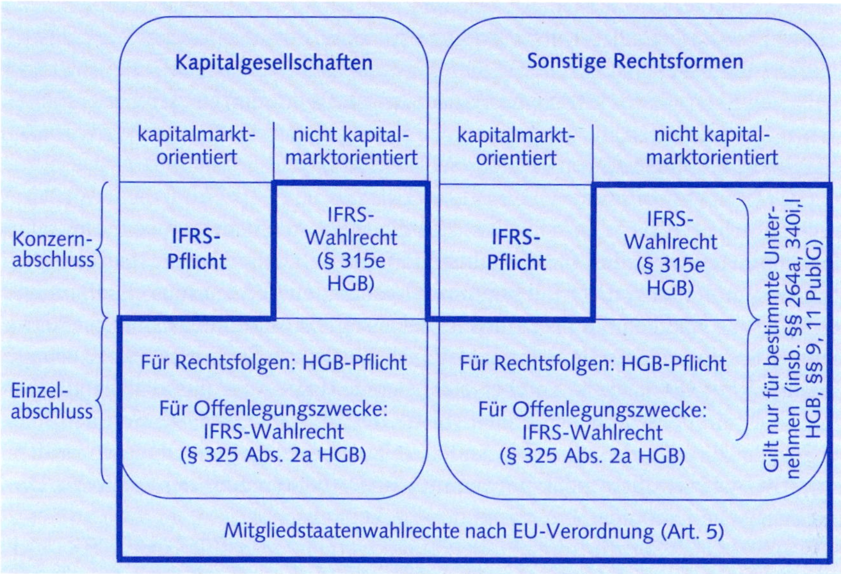

Abb. 2.3: Anwendungsbereich der IFRS in Deutschland nach EU-Verordnung und BilReG

Einzelabschluss

Zudem wurde § 325 HGB um zwei weitere Absätze ergänzt. Nach § 325 Abs. 2a HGB ist es den Unternehmen erlaubt, anstelle des handelsrechtlichen Einzelabschlusses einen Einzelabschluss nach IFRS zu veröffentlichen, sofern den in Absatz 2b aufgeführten Voraussetzungen entsprochen wird. Die befreiende Wirkung beschränkt sich aber nur auf die Offenlegung, nicht auf dessen Erstellung. Dies bedeutet de facto, dass deutsche Unternehmen *zusätzlich* zum HGB-Einzelabschluss einen IFRS-Einzelabschluss für Offenlegungszwecke erstellen dürfen. Von dieser Möglichkeit sind sämtliche Unternehmen betroffen, die ihren Einzelabschluss offenlegen müssen.[6]

5 Obwohl § 290 HGB grundsätzlich davon ausgeht, dass ein Mutterunternehmen als Kapitalgesellschaft organisiert ist, trifft dieses Wahlrecht – wie Abbildung 2.3 zeigt – auch bestimmte Personengesellschaften und Einzelkaufleute, sofern diese gemäß § 264a HGB oder § 11 PublG ebenfalls als Mutterunternehmen konzernrechnungslegungspflichtig sind. Dies gilt außerdem für Unternehmen bestimmter Branchen, die die §§ 290 ff. HGB unabhängig von ihrer Größe und ihrer Rechtsform anwenden müssen, z.B. für Kreditinstitute (§ 340i HGB).

6 Neben den Kapitalgesellschaften sind dies Nicht-Kapitalgesellschaften, die insbesondere unter § 264a, § 340l HGB oder § 9 PublG fallen (Abbildung 2.3).

Empirische Befunde

Empirische Untersuchungen weisen darauf hin, dass nur 15,8 % der Unternehmen in 2006 einen Einzelabschluss nach IFRS erstellen. Diese Unternehmen sind aufgrund ihrer Konzernzugehörigkeit und ihres Einbezugs in einen IFRS-Konzernabschluss, faktisch zur (internen) IFRS-Anwendung im Rahmen der Handelsbilanz (HB) II verpflichtet.[7] Die Erstellung eines IFRS-Einzelabschlusses rein für Offenlegungszwecke hat dagegen kaum praktische Relevanz. So schätzen Küting/Lam (2011) die Anzahl der im Bundesanzeiger veröffentlichten IFRS-Einzelabschlüsse mit weniger als 50 für das Geschäftsjahr 2009 als „völlig bedeutungslos".[8]

Anerkennung der IFRS durch die SEC

Auch außerhalb der EU entwickelten sich die IFRS zu einem weltweit relevanten Rechnungslegungssystem für kapitalmarktorientierte Unternehmen. Nach entsprechenden Empfehlungen der International Organization of Securities Commissions (IOSCO) zur Anerkennung der IFRS im Zuge sog. „cross-border listings" erklärte sich die US-amerikanische Börsenaufsichtsbehörde, die Securities and Exchange Commission (SEC), im November 2007 bereit, IFRS-Abschlüsse ausländischer Wertpapieremittenten anzuerkennen (SEC Release No. 33-8879). Seit dem Geschäftsjahr 2007 ist für diese Emittenten keine Überleitungsrechnung von IFRS- auf US-GAAP-Größen mehr notwendig. Eine Anerkennung der IFRS für US-amerikanische Unternehmen scheint derzeit nicht absehbar.

Konvergenz zu einem globalen Rechnungslegungsstandard?

Insofern erscheint die fortschreitende Konvergenz von IFRS und US-GAAP umso wichtiger, um schließlich dem Ziel eines einzigen weltweit anerkannten Rechnungslegungsstandards näherzukommen. Im Nachgang zur Finanz- und Wirtschaftskrise von 2008/2009 wurde dies mehrfach auch durch die Finanzminister der G20 und die Notenbankchefs gefordert.[9] Neben den G20 unterstützen zudem Institutionen wie die Weltbank, der Internationale Währungsfonds (IWF), der Basler Ausschuss für Bankenaufsicht sowie die IOSCO dieses Ziel. In der jüngeren Realität zeigen sich aber nicht nur Beispiele von Konvergenz, sondern immer wieder auch von Dissens: Während z.B. das Konvergenzprojekt zur Umsatzrealisierung in einheitlichen Standards mündete (vgl. Kapitel 7), konnte dies bei der gemeinsamen Reform der Leasingbilanzierung (vgl. Kapitel 19) letztlich nicht mehr

7 Vgl. *Kajüter/Barth/Dickmann/Zapp*, Rechnungslegung nach IFRS im deutschen Mittelstand? – Der Standardentwurf „IFRS für kleine und mittelgroße Unternehmen" im Licht empirischer Befunde, in: DB, 60. Jg. (2007), S. 1877-1884.

8 Vgl. *Küting, K./Lam, S.*, Bilanzierungspraxis in Deutschland – Theoretische und empirische Überlegungen zum Verhältnis von HGB und IFRS, in: DStR, 49. Jg. (2011), S. 991-996. Siehe auch *Bassemir, M./Novotny-Farkas, Z.*, IFRS Adoption, Reporting Incentives, and Financial Reporting Quality in Private Firms, in: JBFA, Vol. 45 (2018), S. 759-796.

9 Vgl. z.B. Communiqué, Meeting of Finance Ministers and Central Bank Governors, Moscow, 19-20 July 2013, URL: http://www.g20.org (Stand: 01.09.2016), Ziffer 28. Ähnlich auch SEC Chief Accountant Schnurr in einer Rede 2015, URL: https://www.sec.gov/news/speech/schnurr-remarks-aicpa-2015-conference-sec-pcaob-developments.html (Stand: 02.09.2016).

erreicht werden. Auch im Falle des Rahmenkonzepts sind letztlich separate Lösungen entstanden. Insofern dürfte das Ziel eines einzigen weltweit anerkannten Rechnungslegungssystems wohl noch in weiter Ferne liegen. Nach Angaben des IASB folgen derzeit weltweit aber schon rund 166 Jurisdiktionen den IFRS, andernorts ist die IFRS-Anwendung zumindest für einige Gesellschaften erlaubt. Somit können die IFRS heute als „de facto global language" gesehen werden.[10]

5. Phase: Internationalisierung der Rechnungslegung auch abseits von Kapitalmarktorientierung und Konzernabschlüssen

Der Status quo ist bis heute durch die EU-Verordnung 1606/2002 und das BilReG geprägt. Allerdings schreitet die Internationalisierung der Rechnungslegung in einer fünften Phase weiter voran. Einerseits ist zu beobachten, dass das Wahlrecht in § 315a HGB zur Aufstellung von IFRS-Konzernabschlüssen bei nicht kapitalmarktorientierten Mutterunternehmen umso häufiger ausgeübt wird, je größer diese Unternehmen sind und je internationaler sie agieren.[11] Andererseits sind gerade in den letzten Jahren weitere Regulierungsbemühungen zu beobachten, die eine Internationalisierung der Rechnungslegung in den Konzern- und sogar Einzelabschlüssen auch ohne Ausweitung des IFRS-Anwendungsbereichs vorantreiben. Dies geschieht durch die Internationalisierung des HGB und durch die Anstrengungen des IASB, den nicht kapitalmarktorientierten Unternehmen weltweit ein (angeblich) eigenständiges, einfacheres Regelwerk vorzugeben, der sog. „IFRS for Small and Medium-Sized Entities" (IFRS for SMEs).

BilMoG

Bereits in der Begründung des BilReG wurde eine weitere Anpassung des HGB an internationale Entwicklungen im Zuge einer Modernisierung des Bilanzrechts angekündigt. Ergebnis war das „Bilanzrechtsmodernisierungsgesetz" (BilMoG) von 2009. Das HGB sollte hiernach zu einer „vollwertigen, aber kostengünstigeren und einfacheren Alternative" zu den IFRS und zu dem ebenfalls 2009 vom IASB verabschiedeten „IFRS for SMEs" ausgebaut werden[12] und dabei eine gewisse Annäherung an diese erfahren. Die Folge waren viele Regeländerungen im Bereich Ansatz, Bewertung, Ausweis und Konsolidierung, die z.T. Wahlrechte einschränken und die z.T. auch nur die bereits betriebene Bilanzierungs- und Konsolidierungspraxis nachzeichnen. Allerdings wurden auch grundlegende Positionen des bisherigen HGB in Frage gestellt. Dies wird z.B. durch die Abschaffung des Aktivierungsverbots für manche selbst geschaffene immaterielle Vermögensgegenstände des Anlagevermögens, die Pflicht zur Fair-Value-Bewertung zu Handelszwecken erworbener Finanzinstrumente bei Kredit- und Finanzdienstleistungsinstituten, die neue Sicherungsbilanzierung durch Bildung von Bewertungseinheiten, die Abzinsung von Rückstellungen oder die Trendberücksichtigung bei der Berechnung von Pensionsverpflichtungen deutlich. Auch die Umkehrmaßgeblichkeit wurde aufgehoben, sodass trotz weiterhin bestehender Maßgeblichkeit eine „Einheitsbilanz" für Steuer- und Handelsrecht kaum noch realisiert werden kann.

10 Vgl. hierzu *IASB* (Hrsg.), Snapshot. „The Global Financial Reporting Language", abrufbar unter http://www.ifrs.org (Stand: 09.09.2020).

11 Vgl. *Bassemir, M.*, Why do Private Firms Adopt IFRS?, in: ABR, Vol. 48 (2018), S. 237-263.

12 Bundesdrucksache 16/12407, S. 1.

Diskutiert wurde in diesem Zusammenhang auch die Frage, ob die BilMoG-Neuregelungen eine Neuinterpretation und Neugewichtung der Grundsätze ordnungsmäßiger Bilanzierung (GoB), wie z.B. des Realisationsprinzips, des Vorsichtsprinzips oder des Einzelbewertungsgrundsatzes, bewirken, die der Gesetzgeber ausdrücklich nicht beabsichtigt hat.[13]

IFRS for SMEs

Das so reformierte HGB steht zudem in offener Konkurrenz zu dem Bestreben des IASB, die IFRS durch Vereinfachung bestehender IFRS-Rechnungslegungsregeln für kleine und mittelgroße Unternehmen (small and medium-sized entities, SME) attraktiver zu gestalten, um so zur weiteren Harmonisierung der Rechnungslegung über die Gruppe der kapitalmarktorientierten Unternehmen hinaus beizutragen. Der 2009 verabschiedete IFRS for SMEs bildet von Inhalt und Anspruch her ein eigenes Rechnungslegungssystem. Als SMEs gelten sämtliche nicht kapitalmarktorientierten Unternehmen, sodass letztlich auch der schwer identifizierbare „Mittelstand" darunter zu subsumieren ist.

IFRS for SMEs im Vergleich zu „full" IFRS und HGB

Obwohl der IFRS for SMEs auf ca. 250 Textseiten durchaus umfangreiche Regulierungen beinhaltet, bietet er im Vergleich zu den „full" IFRS deutliche Vereinfachungen.[14] Diese erstrecken sich auf alle Bilanzierungsebenen, also auf den Ansatz (z.B. kategorisches Aktivierungsverbot für selbst erstellte immaterielle Vermögenswerte des Anlagevermögens), die Bewertung (z.B. Verzicht auf den „impairment-only approach" bei der Goodwill-Folgebewertung), die Konsolidierung (z.B. Möglichkeit, assoziierte Unternehmen und Gemeinschaftsunternehmen zu historischen Kosten in die Konzernbilanz zu nehmen) und auf den Anhang. Aus der Perspektive der HGB-Bilanzierer, die bislang nicht nach IFRS bilanzieren, relativieren sich diese Erleichterungen jedoch oder verkehren sich sogar in deutliche Komplexitätssteigerungen.

Umsetzung des IFRS for SMEs noch offen

Der IFRS for SMEs wurde zwar schon 2009 durch das IASB verabschiedet, ist bislang allerdings ohne konkrete Umsetzung auf europäischer oder gar deutscher Ebene geblieben. In der EU stehen sich zwei in etwa gleich große Lager von Befürwortern und Gegnern gegenüber.[15] Heftige Kritik kommt insbesondere aus Deutschland. Abgesehen von schwer zu beurteilenden inhaltlichen Ausgestaltungsfragen stehen auch die konzeptionelle Orientierung des IFRS for SMEs und die institutionelle Eignung des IASB zur Verabschiedung mittelstandstauglicher

---

13 Vgl. Bundesdrucksache 16/12407, S. 1 versus *Fülbier, R. U./Gassen, J.*, Das Bilanzrechtsmodernisierungsgesetz (BilMoG): Handelsrechtliche GoB vor der Neuinterpretation, in: DB, 60. Jg. (2007), S. 2605-2612 sowie *Wehrheim, M./Fross, I.*, Erosion handelsrechtlicher GoB durch das Bilanzrechtsmodernisierungsgesetz, in: ZfB, 80. Jg. (2010), S. 71-109.

14 Vgl. hierzu ausführlich *Eierle, B./Beiersdorf, K./Haller, A.*, International Financial Reporting Standard for Small and Medium-sized Entities (IFRS for SMEs): Überblick über den finalen Standard des IASB, in: DB, 62. Jg. (2009), S. 1549-1557.

15 Vgl. z.B. für einen Überblick *EU Commission* (Hrsg.), Summary Report of the Responses Received to the Commission's Consultation on the International Financial Reporting Standard for Small- and Medium Sized Entities, Brüssel 2010; *Gassen, J.*, The effect of IFRS for SMEs on the financial reporting environment of private firms: an exploratory interview study, in: ABR, Vol. 47 (2017), S. 540-563.

Rechnungslegungsregeln in der Kritik.[16] Auch in den USA ist jetzt und künftig nicht zu erwarten, dass der IFRS for SMEs Anwendung erfährt. Im Gegenteil: Dortige Rechnungslegungsinstitutionen forcieren eigene Projekte zur komplexitätsreduzierten Rechnungslegung für nicht kapitalmarktorientierte Unternehmen.[17] Andererseits verweist das IASB inzwischen auf weltweit mehr als 90 Jurisdiktionen, die den IFRS for SMEs anwenden oder dessen Anwendung in Erwägung ziehen. Auch wenn dieser Anwenderkreis bisher fast ausschließlich Entwicklungs- und Schwellenländer umfasst, hat der IFRS for SMEs damit praktische Relevanz.[18] Insofern trägt dieses Buch dem IFRS for SMEs auch inhaltlich Rechnung, in dem die ausführlich beschriebene Bilanzierung nach IFRS zum Abschluss der jeweiligen Kapitel immer auch kurz mit den jeweiligen Regeln des IFRS for SMEs verglichen wird.

MicroBilG und BilRUG

Mit dem Ziel, die Rechnungslegungs- und Offenlegungspflichten für Kleinstunternehmen zu deregulieren und für diese Zielgruppe Erleichterungen zu schaffen, verabschiedete das EU-Parlament die sog. Micro-Richtlinie (Richtlinie 2012/6/EU), die Ende 2012 durch das Kleinstkapitalgesellschaften-Bilanzrechtsänderungsgesetz (MicroBilG) in das HGB transformiert wurde.[19] Ähnliche Überlegungen existieren im Übrigen auch beim IASB: Seit Juni 2013 liegt eine, im Jahr 2015 marginal aktualisierte, 100 Seiten umfassende Illustrative Guidance für Micro-Sized Entities vor, um solchen Unternehmen die Anwendung des IFRS for SMEs zu erleichtern.[20] Die Änderungen des deutschen Bilanzrechts ergeben sich aus der Zusammenfassung der 4. und 7. EG-Richtlinie in einer Bilanzrichtlinie (Richtlinie 2013/34/EU), die somit die Basis einer europaweit harmonisierten Rechnungslegungsregulierung bildet. Neben der verbesserten Vergleichbarkeit europäischer Abschlüsse, u.a. durch reduzierte Mitgliedstaatenwahlrechte, zielt auch diese Reform auf Deregulierung und Erleichterungen für kleine und mittlere Unternehmen ab.

16 Vgl. z.B. *Fülbier, R. U./Gassen, J./Ott, E.*, IFRS for SMEs für den europäischen Mittelstand? Einige theoretische und empirische Überlegungen, in: DB, 63. Jg. (2010), S. 1357-1360.

17 Vgl. *American Institute of Certified Public Accountants*, Financial reporting framework for small- and medium-sized entities, New York, NY 2013; *Financial Accounting Standards Board and Private Company Council*, Private Company Decision Making Framework, A Guide for Evaluating Financial Accounting and Reporting for Private Companies, Norwalk, CT 2013.

18 Vgl. *IFRS Foundation* (Hrsg.), IFRS for SMEs Fact Sheet (updated September 2020), http://www.ifrs.org (Stand: 09.10.2020).

19 Vgl. vertiefend hierzu z.B. *Küting, K./Eichenlaub, R.*, Verabschiedung des MicroBilsG – Der „vereinfachte" Jahresabschluss für Kleinstkapitalgesellschaften, in: DStR, 50. Jg. (2012), S. 2615-2621.

20 Vgl. *IFRS Foundation* (Hrsg.), Guidance for Micro-Sized Entities, https://www.ifrs.org/supporting-implementation/supporting-materials-for-the-ifrs-for-smes/micros/ (Stand: 06.10.2020).

Dabei ergaben sich in der Gesamtbetrachtung allenfalls geringe materielle Änderungen.[21] Die Umsetzung in das deutsche Handelsrecht erfolgte 2015 durch das Bilanzrichtlinie-Umsetzungsgesetz (BilRUG), welches für seit dem 01.01.2016 beginnende Geschäftsjahre verpflichtend anzuwenden ist. Erleichterungen ergeben sich insbesondere aus der Anhebung der Schwellenwerte der Größenklassen sowohl für Einzelunternehmen als auch für Konzerne und den entsprechenden Konsequenzen für Abschlusserstellung, Offenlegungs- sowie Prüfungspflichten. Darüber hinaus enthält das BilRUG eine Reihe zusätzlicher Änderungen für Einzel- und Konzernabschlüsse, die sich z.T. auch – wie im Falle der erweiterten Definition der Umsatzerlöse – auf Rentabilitätskennzahlen oder die interne Steuerung auswirken können.[22] Trotz des Umstellungsaufwands in der Praxis ist das BilRUG in seinen Auswirkungen auf das deutsche Bilanzrecht jedoch nicht mit dem BilMoG vergleichbar.

Abschließend bleibt festzuhalten, dass die Internationalisierung der Rechnungslegung und Rechnungslegungsregulierung einen unumkehrbaren Prozess darstellt. Die IFRS sind in der EU und in Deutschland fest verankert. Insofern lohnt es sich, dieses System sowie die dahinterstehenden Organisationen und Prozesse noch besser kennenzulernen und zu verstehen.

2 Organisatorische Grundlagen

2.1 Vorgeschichte des IASB

Gründung des IASC

Das IASC, das Vorgängergremium des heutigen IASB, wurde am 29.06.1973 in London als privatrechtliche Organisation von den Berufsverbänden der Wirtschaftsprüfer aus zehn Ländern gegründet. Unter den Gründungsländern stellte die angelsächsische, vom Rechtssystem des Common Law geprägte Fraktion mit sieben Mitgliedern (Australien, Großbritannien, Irland, Kanada, Mexiko, Niederlande, USA) die Mehrheit. Die kontinentaleuropäische Seite war mit Deutschland, Frankreich und dem ebenfalls von der Rechtsphilosophie des Code Law geprägten Japan in der Minderheit. Obwohl die Konzeption des IASC die Einbindung aller

21 Weiterführend hierzu z.B. *Kreipl, P.*, Neue EU-Bilanzrichtlinie veröffentlicht: Was sind die wesentlichen Änderungen?, in: BC, 37. Jg. (2013), S. 399-405; *Zwirner, C.*, Neue Rechnungslegungsvorschriften ab 2016 – EU-Rechnungslegungsrichtlinie: Zusammenfassung und Überarbeitung der Bilanz- und Konzernbilanzrichtlinie, in: DStR, 52. Jg. (2014), S. 439-445.

22 Vgl. hierzu *Zwirner, C./Petersen, K.*, Wie reformiert das BilRUG das Bilanzrecht? – Wesentliche Änderungen für den Einzel- und Konzernabschluss sowie Offenlegung, in: WPg, 68. Jg. (2015), S. 811-816; zu den Auswirkungen des BilRUG auf die Publizität von KMUs siehe *Bravidor, M.*, Handelsrechtliche Publizität nach dem BilRUG, Auswirkungen der aktuellen Novellierung des HGB auf die Publizitätspflichten kleiner und mittlerer Familienunternehmen, in: FuS, 5. Jg. (2015), S. 123-127.

Berufsgruppen, die auf dem Gebiet der Rechnungslegung tätig sind, vorsah, also auch der Rechnungslegungsersteller und -adressaten, dominierten die Wirtschaftsprüfer und ihre Verbände das Geschehen im IASC.

Ziele des IASC

Das IASC setzte sich zum Ziel, Rechnungslegungsstandards zu entwickeln und zu veröffentlichen, auf deren weltweite Akzeptanz und Einhaltung hinzuwirken sowie die Verbesserung und Harmonisierung von Rechnungslegungsgrundsätzen, -methoden und -verfahren allgemein voranzutreiben.

Historische Entwicklung

Die Historie des International Accounting Standards Committee (IASC) lässt sich in drei Zeitabschnitte einteilen, in denen unterschiedliche Arbeitsschwerpunkte verfolgt wurden:

- 1973 bis 1988: Entwicklung von International Accounting Standards (IAS) mit zahlreichen Wahlrechten. In der Art einer „additiven Harmonisierung“ wurden die Bilanzierungsmethoden unterschiedlicher nationaler Systeme über Wahlrechte in die IAS aufgenommen.
- 1989 bis 1993: Ausarbeitung des Rahmenkonzepts (1989) und Reduzierung von Wahlrechten zur Steigerung der Vergleichbarkeit, insbesondere im Zuge des von der IOSCO initiierten Comparability-Projekts. Bei verbleibenden Wahlrechten wurde eine bevorzugte Methode (benchmark treatment) vorgegeben.
- 1994 bis 2001: Erfolgreiche Umsetzung weiterer Anforderungen der IOSCO an die IAS (sog. „Core Standards“), sodass die IOSCO im Mai 2000 ihren Mitgliedsorganisationen empfahl, die IAS im Zuge von grenzüberschreitenden Börsenlistings als Rechnungslegungsstandards an den nationalen Börsen anzuerkennen. Anstrengungen zur Reorganisation und Professionalisierung führten 2001 zur Ablösung des IASC durch das International Accounting Standards Board (IASB).

Gründung des IASB 2001

Mit der zunehmenden Verbreitung der IAS erhöhten sich auch die organisatorischen Anforderungen an das IASC sowie die Erwartungen an dessen Unabhängigkeit. In diese Richtung wirkte nicht nur der Druck der IOSCO und der dahinterstehenden US-amerikanischen Börsenaufsicht SEC, sondern auch der sich abzeichnende „Durchbruch“ der IFRS in der EU. Daher unterzog sich das IASC mit dem Abschluss der Arbeit an den Core Standards einer umfassenden Reorganisation. Die internationale Akzeptanz sollte erhöht, die eigene Professionalität, Unabhängigkeit und Fachkompetenz gesteigert werden. Nicht zuletzt sollte der stark mit übermäßigem Gebrauch von Wahlrechten assoziierte Markenname „IAS“ verschwinden. In diesem Zusammenhang galt es auch, den starken Einfluss des Berufsstands der Wirtschaftsprüfer zu reduzieren. Eine Art Benchmark bei dieser Reorganisation war der US-amerikanische Standardsetzer, das Financial Accounting Standards Board (FASB; vgl. Spezialthema im Abschnitt 2.2).

Umbenennung der Standards in IFRS

Die Neugründung des IASB als Nachfolgeorganisation des IASC im Jahr 2001 war die unmittelbare Konsequenz der Reorganisation. Ausdruck der Neuausrichtung war auch die Umbenennung der internationalen Rechnungslegungsstandards, die seit 2001 als International Financial Reporting Standards (IFRS) bezeichnet werden. Sofern nicht explizit aufgehoben, behalten die bislang verabschiedeten

IAS ihre volle Gültigkeit und werden, ebenso wie die vom Standing Interpretations Committee (SIC) bis dato verabschiedeten Interpretationen, unter den Oberbegriff der IFRS subsumiert (IAS 1.7).

2.2 Organisation des IASB

Zielsetzung

Das IASB sieht sich heute als globaler Standardsetzer und hat sich die Aufgabe gestellt, hochwertige, weltweit akzeptierte Rechnungslegungsstandards zu entwickeln, zu veröffentlichen und auf deren weltweit einheitliche Anerkennung, Anwendung und Einhaltung hinzuwirken.[23] Um diesen gestiegenen Anforderungen gerecht zu werden, unterzog sich das frühere IASC der oben beschriebenen Reorganisation.

Organisationsmodell angelehnt an FASB

Das daraus resultierende Organisationsmodell ähnelt dem des US-amerikanischen FASB. Von besonderer Bedeutung sind insbesondere das IASB, das die Standards entwickelt, sowie die IFRS-Stiftung (IFRS Foundation), die für die Überwachung und Finanzierung des IASB verantwortlich ist und letztlich die gesamte Organisationsstruktur bereitstellt (vgl. Abbildung 2.4).

Treuhänder

Innerhalb dieser Organisationsstruktur nehmen die Treuhänder (Trustees) und das Board die zentralen Positionen ein. Bei den Treuhändern handelt es sich um anerkannte Persönlichkeiten der internationalen Finanzwelt, die zwar keinen unmittelbaren Einfluss auf die Facharbeit des IASB ausüben, dafür aber weitreichende Entscheidungskompetenzen in sonstigen Fragen besitzen. So haben die satzungsmäßig insgesamt 22 Treuhänder die Aktivitäten des IASB nicht nur zu überwachen und die Finanzierung zu gewährleisten, sondern sie haben insbesondere auch die alleinige Entscheidungskompetenz über Satzungsänderungen (mit Dreiviertelmehrheit) und bestimmen die Mitglieder aller wichtigen Gremien der IFRS Foundation. Darüber hinaus tragen sie die Verantwortung für den Jahresbericht der Organisation. Wegen ihrer insofern beachtlichen Bedeutung müssen sich die Treuhänder verpflichten, ausschließlich im öffentlichen Interesse zu handeln.

Zusammensetzung des Treuhändergremiums

Um eine breite internationale Anerkennung der IFRS zu gewährleisten, existiert für die Treuhänder zudem ein Ernennungssystem, das hinsichtlich der geographischen und beruflichen Herkunft eine international ausgewogene Besetzung sicherstellen soll, die alle relevanten Berufs- und Interessengruppen widerspiegelt. Je sechs der Treuhänder sollen aus den Regionen „Americas“ (bestehend aus Nord- und Südamerika), Europa und Asien, ein Treuhänder aus Afrika und drei weitere unter Berücksichtigung der geografischen Ausgewogenheit aus beliebigen Regionen stammen. Um die angestrebte Ausgewogenheit zu erreichen, soll die Auswahl neuer Treuhänder durch Wirtschaftsprüfer(-vereinigungen), Regulierungs- und Aufsichtsinstanzen, Investoren, Wissenschaftler sowie Jahresabschlussersteller und

23 Vgl. hier und im Folgenden *IFRS Foundation* (Hrsg.), Constitution, abrufbar unter http://www.ifrs.org (Stand: 09.10.2020).

-analysten beratend unterstützt werden. Nach der Ernennung der Treuhänder wählen diese selbstständig ihren Vorsitzenden, der zusätzlich durch bis zu zwei Stellvertreter unterstützt werden kann. Die Treuhänder werden mit Option auf einmalige Verlängerung für eine Amtszeit von drei Jahren ernannt. Aktueller Chairman der Treuhänder ist der Finne Erkki Liikanen.

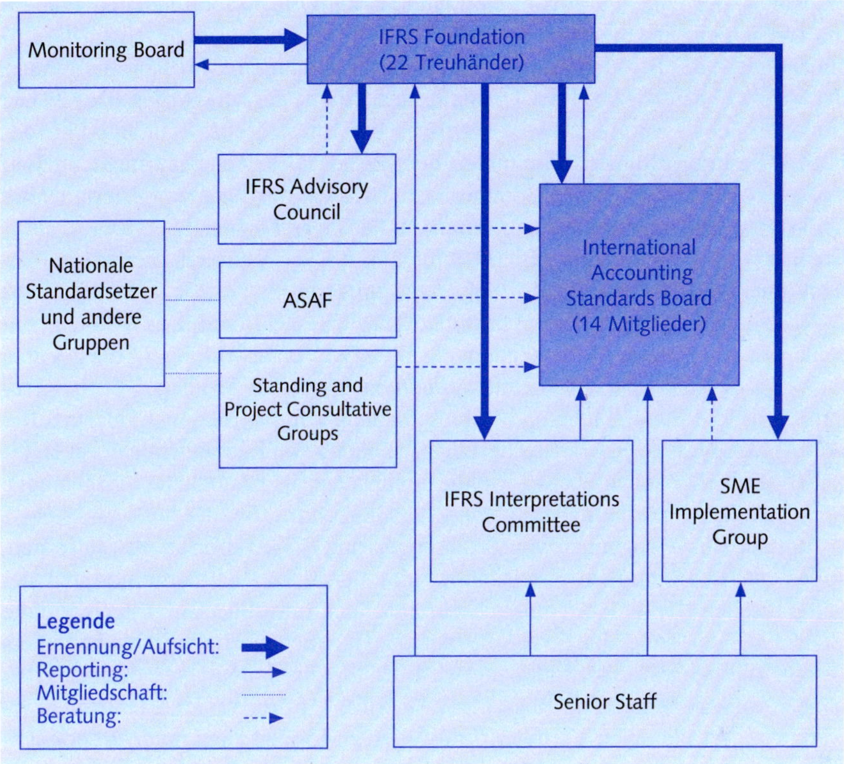

Abb. 2.4: Organisationsstruktur der IFRS Foundation

Monitoring Board

Der Auswahlprozess zur Ernennung neuer Treuhänder wird einerseits von den bestehenden Treuhändern selbst und andererseits von dem 2009 geschaffenen Monitoring Board durchgeführt. Letzteres hat nicht nur die Verantwortung für die Ernennung der Treuhänder, sondern auch die Aufgabe, die Treuhänder in ihrer satzungsgemäßen Aufgabenerfüllung zu beaufsichtigen. Dies kann u.a. mithilfe des von den Treuhändern verpflichtend zu erstellenden schriftlichen Jahresberichts an das Monitoring Board geschehen. Zusätzlich kann das Monitoring Board über die mindestens einmal pro Jahr vorgesehene Sitzung mit den Treuhändern hinaus weitere Sitzungen zu sämtlichen Themen aus dem Verantwortungsbereich der Treuhänder oder dem des IASB einberufen. Dasselbe Recht hat das Monitoring Board auch gegenüber dem Vorsitzenden des IASB. Insofern beaufsichtigt es letztlich auch dessen Arbeit.

Zusammensetzung des Monitoring Boards

Das Monitoring Board wurde in Folge der Finanzmarktkrise auf Drängen der G20-Staaten durch Beschluss vom November 2008 gegründet. Das Hauptanliegen war es, eine formale Verknüpfung zwischen den Treuhändern und international bedeutsamen Kapitalmarktinstitutionen in der Organisationsstruktur der IFRS Foundation herzustellen. Somit sind öffentlich rechenschaftspflichtige Institutionen erstmals in der Lage und sogar verpflichtet, in der Organisation mitzuwirken, um die Transparenz und die demokratische Kontrolle zu erhöhen, ohne jedoch die Unabhängigkeit des Standardsetzungsprozesses zu gefährden.[24] Im Jahr 2019 führte der Vize-Vorsitzende des IOSCO-Boards den Vorsitz des Monitoring Boards. Die weiteren sieben Mitglieder sind Vertreter der Europäischen Kommission, des IOSCO Emerging Markets Committee, der SEC, der Brazilian Securities Commission, der Financial Services Commission of Korea, des Finanzministeriums der Volksrepublik China sowie dem Kommissar der Japan Financial Services Agency. Ergänzt wird das Monitoring Board durch drei weitere Vertreter international bedeutsamer Institutionen, die als Beobachter fungieren.[25]

IASB

Das wichtigste Organ für die fachliche Arbeit ist das Board. Das IASB hat mit seinen satzungsmäßig 14 Mitgliedern die alleinige Verantwortung für die gesamte fachliche Agenda und alle damit zusammenhängenden Projektarbeiten. Kernaufgabe ist die Entwicklung und Verabschiedung von International Financial Reporting Standards (IFRS) sowie die Verabschiedung von Interpretationen der IFRS. IASB-Mitglieder sollen ebenso wie die Treuhänder als persönliche, unabhängige Mandatsträger im öffentlichen Interesse handeln.

Zusammensetzung des IASB

Um die Ausgewogenheit von Erfahrungen und Sichtweisen zu gewährleisten, sollen die Boardmitglieder hinsichtlich des beruflichen Hintergrunds und der geografischen Herkunft ein möglichst breites Spektrum abdecken. Dabei wird die Bedeutung der Diversität in Bezug auf den fachlichen Hintergrund besonders betont. Die geografische Einteilung wird der Idee nach analog zu der der Treuhänder vorgenommen. Die Regionen „Americas", Europa und Asien stellen jeweils vier, Afrika einen Vertreter. Ein weiteres Mitglied kann unter Berücksichtigung der Ausgewogenheit aus einer beliebigen Region stammen. Bis zu drei der satzungsmäßig 14 Mitglieder können neben ihrer Tätigkeit für das IASB unter bestimmten Voraussetzungen weiteren bezahlten Tätigkeiten nachgehen. Alle anderen Mitglieder sollen ausschließlich mit dem IASB in einem bezahlten Beschäftigungsverhältnis stehen und frei von unabhängigkeitsgefährdenden Einflüssen sein. Die Treuhänder ernennen eines der Boardmitglieder zum Vorsitzenden (Chairman). Das Amt versieht seit Mitte 2021 der Deutsche Andreas Barckow.

Amtszeiten

Alle Mitglieder des IASB, inklusive des Chairman, werden von den Treuhändern für eine Amtszeit von fünf Jahren ernannt. Eine Wiederernennung für weitere

24 Vgl. *Zülch, H./Güth, S.*, Die neue Satzung der IASCF (IASCF-Constitution Review) – Implikationen für den Standardsetzungsprozess und die künftige Ausrichtung der IFRS, in: KoR, 10. Jg. (2010), S. 179.

25 Vgl. *IFRS Foundation* (Hrsg.): Annual Report 2019, abrufbar unter http://www.ifrs.org (Stand: 06.10.2020).

drei bis fünf Jahre ist zulässig. In jedem Fall darf die Amtszeit insgesamt zehn Jahre nicht überschreiten.

Abstimmungsmodalitäten

Das IASB trifft seine Entscheidungen grundsätzlich mit einfacher Mehrheit der anwesenden Mitglieder, wobei die Anwesenheitsquote bei mindestens 60 % liegen muss und im Falle der Stimmengleichheit die Stimme des Chairman entscheidet. Bei der Verabschiedung von Standardentwürfen, finalen Standards und Interpretationen bedarf es jedoch einer Mehrheit von mindestens neun Stimmen, wobei jedes Boardmitglied unabhängig von Funktion oder Beschäftigungsverhältnis eine Stimme besitzt. Besteht das IASB aus weniger als 14 Mitgliedern, sind für die vorgenannten Entscheidungen mindestens acht Stimmen erforderlich.

IFRS Advisory Council

Das IFRS Advisory Council hat vorrangig zur Aufgabe, das IASB in allen Aspekten seiner fachlichen Arbeit zu beraten. Vor wesentlichen Entscheidungen des Boards sowie Satzungsänderungen durch die Treuhänder soll das IFRS Advisory Council angehört werden, um die Perspektiven weiterer Interessengruppen in das jeweilige Verfahren einfließen lassen zu können. Das Council besteht aus über 50 Mitgliedern, die von den Treuhändern für erneuerbare Amtsperioden von drei Jahren ernannt werden. Dabei handelt es sich um Vertreter internationaler Organisationen der Rechnungslegungserstellung, von Banken, Börsen, Börsenaufsichtsbehörden, Wirtschafts- und auch Hochschullehrerverbänden sowie wichtiger Standardsetzer. Da im IASB selbst nur eine begrenzte Zahl von Organisationen und Ländern vertreten sein kann, soll das IFRS Advisory Council den übrigen Interessenten eine Plattform bieten, sich für die fachliche und sonstige Arbeit des IASB zu engagieren. Dies gilt insbesondere für nationale Standardsetzer, zu denen keine formalen Liaison-Beziehungen bestehen.

ASAF

Das IASB wird u.a. durch das Accounting Standards Advisory Forum (ASAF) beraten. In diesem Forum sitzen Vertreter nationaler Standardsetzer und supranationaler Standard-Setting Bodies. Hier erhält es Unterstützung und Feedback auf hohem Professionalitätsniveau und vor dem Hintergrund der jeweiligen regionalen und institutionellen Gegebenheiten von den Treuhändern ausgewählt.

Standing Consultative Groups

Neben dem IFRS Advisory Council und dem ASAF wird das IASB von mehreren weiteren fest etablierten Beratungsgremien, den sog. Standing Consultative Groups, bei seiner Facharbeit unterstützt. Dazu gehört u.a. jeweils ein Gremium, welches die Sicht der Investoren und Analysten (Capital Market Advisory Committee), der Abschlussersteller (Global Preparers Forum), der kleinen und mittelgroßen Unternehmen (SME Implementation Group) und die Perspektiven von Schwellenländern (Emerging Economies Group) vertritt. Die Mitglieder der Gremien werden durch die Gremien selbst bestimmt.

Project Consultative Groups

Ohne beratende Gremien kommt das IASB bei seiner fachlichen Arbeit nicht aus. Mit der fallweisen Einsetzung projekt- oder themenbezogener Arbeitsgruppen, den Project Consultative Bodies, kann das IASB zusätzliche Praxiserfahrung und Expertise hinzuziehen. Solche Arbeitsgruppen sind regelmäßig bei allen größeren Projekten einzusetzen; andernfalls ist dies durch das IASB im Sinne des „comply or explain"-Gedankens zu begründen. Im Rahmen des Standardsetzungsverfahrens erarbeiten diese Arbeitsgruppen in Rücksprache mit dem IASB Umsetzungsvorschläge für die einzelnen Entwicklungsstufen eines Standards, die das IASB in seine Arbeit einbezieht, diskutiert, ggf. modifiziert und in letzter Instanz verabschiedet. Dabei sind die Arbeitsgruppen – neben externen Fachleuten – auch mit Vertretern des Boards und des technischen Mitarbeiterstabs besetzt, wobei der Vorsitz einer Arbeitsgruppe regelmäßig einem Boardmitglied obliegt. Die Arbeitsgruppenmitglieder aus den Reihen des technischen Mitarbeiterstabs übernehmen neben fachlichen auch organisatorische Aufgaben und kümmern sich insbesondere um die Abstimmung mit dem IASB. Auch wenn der fachlichen Eignung der Arbeitsgruppenmitglieder eine hohe Bedeutung zukommt, soll bei der Besetzung auf Ausgewogenheit hinsichtlich der fachlichen Perspektive sowie der geografischen Herkunft geachtet werden. Die Auswahlentscheidung wird durch die Treuhänder überwacht.[26]

IFRS Interpretations Committee

Bei manchen IFRS kann es im Rahmen der Anwendung zu unterschiedlichen Auslegungen und damit zu Heterogenität in der Praxis kommen, was dem Gedanken der (internationalen) Vergleichbarkeit entgegensteht. Das IFRS Interpretations Committee (IFRS IC) soll in Zusammenarbeit mit den nationalen Standardsetzern entsprechende Interpretationen erarbeiten, um eine einheitliche Anwendung derartiger Auslegungsfragen zu gewährleisten. Interpretationswürdige Sachverhalte können von beliebiger Seite an das IFRS Interpretations Committee herangetragen werden. Sofern ihnen eine allgemeine Bedeutung zuerkannt wird, setzt das Committee sie auf seine Agenda. Aber auch die Entscheidung des IFRS IC, einen Sachverhalt *nicht* kommentieren zu wollen (sog. „Non-IFRIC“), ist in der Regel informativ, denn die entsprechende Begründung des IFRS IC birgt vielfach bereits Lösungsansätze für die betreffende Bilanzierungsfrage in sich.

Zusammensetzung des IFRS IC

Das IFRS IC setzt sich aus satzungsmäßig 14 stimmberechtigten Mitgliedern zusammen, die von den Treuhändern für erneuerbare Zeiträume von drei Jahren ernannt werden, ergänzt um bis zu zwei nicht stimmberechtigte Boardmitglieder mit Beobachterstatus. Ferner können die Treuhänder im Bedarfsfall Vertreter von Aufsichtsbehörden als weitere nicht stimmberechtigte Beobachter bestellen. Der Vorsitz dieses Gremiums wird von den Treuhändern per Bestellung übertragen. Dabei kann es sich bei dem oder der Vorsitzenden entweder um ein Mitglied des IASB, den Director for Technical Activities, ein anderes Mitglied des Senior Staff des IASB oder eine sonstige ausreichend qualifizierte Person handeln.

Senior Staff

Die IFRS Foundation insgesamt beschäftigt einen Mitarbeiterstab von mehr als 100 Angestellten, die einerseits mit fachlichen und andererseits mit administrativen Tätigkeiten betraut sind. Um die Führung der Geschäfte, die Verwaltung sowie um Kommunikation und Öffentlichkeitsarbeit der Organisation kümmern sich die direkt der IFRS Foundation zugeordneten Direktoren, die unter der Leitung des Executive Director stehen. Er wird von den Treuhändern in Abstimmung mit dem Chairman des IASB ernannt und hat diesen über die Angelegenheiten der

26 Vgl. *IFRS Foundation* (Hrsg.), Due Process Handbook (updated August 2020), abrufbar unter http://www.ifrs.org (Stand: 06.10.2020).

IFRS Foundation sowie die mit dem Standardsetzungsprozess verbundenen Aktivitäten zu berichten. Daneben beruft der Chairman des IASB in Abstimmung mit den Treuhändern ein Senior Technical Team unter seiner Aufsicht und Verantwortung. Dieses Fachpersonal umfasst alleine rund 70 Mitarbeiter der IFRS Foundation und arbeitet dem IASB in allen fachlichen Bereichen zu, z.B. bei der Durchführung von Forschungsprojekten, der Analyse von Kommentierungsschreiben oder der Erstellung von Diskussionsgrundlagen für das IASB. Die dort eingesetzten Direktoren betreuen unter anderem Bereiche wie Tätigkeiten im Kontext von Standardsetzungsverfahren, Anwendung und Umsetzung der IFRS, Forschung, IFRS-Schulungen sowie internationale Angelegenheiten.

Finanzierung

Durch die Restrukturierung und die damit einhergehende Professionalisierung der Organisation hat sich das Budget gegenüber der Vergangenheit deutlich erhöht. Die gesamten Einnahmen (2019 ca. 31,0 Mio. £) setzen sich dabei hauptsächlich aus freiwilligen Spenden (2019 ca. 20,0 Mio. £) sowie aus Umsatzerlösen aus Veröffentlichungen (2019 ca. 10,5 Mio. £) zusammen.[27] Die gesamten Ausgaben (2019 ca. 28,0 Mio. £) verteilen sich hauptsächlich auf die Entlohnung der Mitarbeiter der IFRS Foundation (2019 ca. 18,5 Mio. £ für im Jahresdurchschnitt 142 Beschäftigte) sowie auf Kosten für Veröffentlichungen (2019 ca. 3,4 Mio. £).

Alternatives Finanzierungsmodell

Die primäre Finanzierung durch Spenden birgt die Gefahr potenzieller Abhängigkeitsbeziehungen des IASB. Im Jahr 2019 wurden 19,9 % der Spenden von Wirtschaftsprüfungsgesellschaften (davon ca. 86,6 % von den Big Four) zur Verfügung gestellt. 38,9 % trugen Unternehmen und nationale Standardsetzer aus der EU (und UK) sowie die EU-Kommission bei. Unternehmen und Institutionen aus China und Japan steuerten 12,5 % bzw. 11,8 % der Spenden bei, 2,1 % kamen aus den USA. Unternehmen und Institutionen weiterer Länder spendeten den verbleibenden Anteil von 14,7 %. Aufgrund der stetig zunehmenden internationalen Bedeutung der Organisation stellt sich die Frage nach einem alternativen Finanzierungsmodell, z.B. einer Umlagefinanzierung durch die kapitalmarktorientierten Unternehmen analog zum Finanzierungsmodell des FASB.

Kofinanzierung durch die EU

Durch den EU-Beschluss Nr. 716/2009/EG ist für die Organisation eine neue Finanzierungsquelle entstanden: Die Europäische Union sieht in der Entwicklung und Durchsetzung von EU-rechtskonformen Rechnungslegungsstandards eine bedeutende Stütze eines funktionierenden Finanzmarktes und legte mit dem Ziel der Stärkung der Unabhängigkeit zentraler Akteure im Sinne des öffentlichen Interesses – gemeint dürften wohl nicht zuletzt auch die Interessen der EU sein – beginnend mit dem 01.01.2010 erstmals ein Kofinanzierungsprogramm für einen Zeitraum von vier Jahren auf. Begünstigt wurden dabei neben der IFRS Foundation (damals noch die IASCF) auch die European Financial Reporting Advisory Group (EFRAG) und das Public Interest Oversight Board (PIOB), wobei die auf die IFRS Foundation für diesen Zeitraum entfallende Gesamtförderhöhe bei rund

27 Sämtliche Daten stammen aus dem Geschäftsbericht der IFRS Foundation für das Jahr 2019, vgl. *IFRS Foundation* (Hrsg.), Annual Report 2019, einsehbar unter http://www.ifrs.org (Stand: 06.10.2020).

12,8 Mio. € lag. Das Programm wurde mit der EU-Verordnung 258/2014 für die Jahre 2014 bis 2020 fortgesetzt. Die EU-Kommission finanzierte im Jahr 2019 20,7 % des Jahresbudgets der IFRS Foundation.[28]

Aktuelle Entwicklungen

Am 30. September 2020 veröffentlichten die Treuhänder der IFRS Foundation ein Konsultationspapier zum Thema Nachhaltigkeitsberichterstattung (Consultation Paper on Sustainability Reporting).[29] Hier wird aktuell die Frage aufgeworfen, ob die IFRS Foundation neben dem IASB ein Sustainability Standards Board (SSB) etablieren soll, das globale Standards für die Nachhaltigkeitsberichterstattung erarbeiten würde. Die Kommentierungsfrist endete am 31.12.2020. In Hinblick auf zahlreiche andere Institutionen, die sich dieser Aufgabe ebenfalls bereits zu widmen versuchen (z.B. das Sustainability Accounting Standards Board und das Global Sustainability Standards Board, etc.), wird eine internationale einheitliche Lösung vielfach befürwortet.

Spezialthema

Institutionen der US-amerikanischen Rechnungslegung

Die US-amerikanischen Generally Accepted Accounting Principles (US-GAAP) werden seit der Weltwirtschaftskrise in den 1930er Jahren in den USA entwickelt, um Kapitalanleger auf den US-Kapitalmärkten mit entscheidungsrelevanten Rechnungslegungsinformationen zu versorgen. Dahinter steht das Ziel, die Funktionsfähigkeit effizienter Kapitalmärkte durch standardisierte und zeitnah veröffentlichte Unternehmensinformationen zu unterstützen. Durch die kompromisslose Ausrichtung auf dieses Ziel haben sich die US-GAAP über die Jahre zu einem System mit „Vorbildcharakter“ für andere kapitalmarktorientierte Rechnungslegungssysteme, wie insbesondere die IFRS, entwickelt. Weltweiten Vorbildcharakter hatten und haben deshalb auch die US-Institutionen, die diese US-GAAP-Regeln entwickeln und prägen. Vor allem zwei Institutionen sind in diesem Zusammenhang zu nennen: Die US-Börsenaufsichtsbehörde, die Securities and Exchange Commission (SEC), und der aktuelle Standardsetzer in den USA, das Financial Accounting Standards Board (FASB).

Börsenaufsichtsbehörde SEC

Die SEC wurde 1934 durch ein kapitalmarktrechtliches Bundesgesetz, den Securities Exchange Act (SEA), als Aufsichtsbehörde für das einzelstaatenübergreifende Wertpapier- und Börsenwesen gegründet. Als unabhängige Bundesbehörde ist sie lediglich dem Kongress gegenüber rechenschaftspflichtig. Sie verkörpert gewissermaßen die „Urform“ einer Wertpapieraufsichtsbehörde. Zur Wahrnehmung ihrer umfangreichen Aufgaben ist sie im internationalen Vergleich finanziell (Etat 2015 über 1,7 Mrd. US-$) und personell (mehrere Tausend Mitarbeiter im Washingtoner Hauptquartier und den regionalen Geschäftsstellen) gut ausgestattet.

---

28 Vgl. *Europäische Kommission* (Hrsg.), Bericht der Kommission an das Europäische Parlament und den Rat über die Tätigkeiten der IFRS-Stiftung, der EFRAG und des PIOB im Jahr 2019, Brüssel, 14.12.2020, einsehbar unter https://ec.europa.eu/ (Stand: 13.01.2021).

29 Vgl. *IFRS Foundation* (Hrsg.), Consultation Paper on Sustainability Reporting (September 2020), abrufbar unter https://www.ifrs.org (Stand: 09.10.2020).

Aufgaben der SEC

Die SEC hat die bundesgesetzlichen Regelungen des US-amerikanischen Kapitalmarktrechts auszulegen, zu überwachen und durchzusetzen. Dabei besitzt sie eine beachtliche, auch gewaltenübergreifende Machtfülle.

Exekutive und Judikative

- Als allein zuständiger Bundesbehörde obliegt ihr in der Exekutive die Verwaltung der im Wertpapierbereich erlassenen Bundesgesetze, z.B. über Registrierungsanträge von Wertpapieren und Börsenhändlern oder die Entgegennahme aller Arten von Unternehmensberichten. Die SEC erzwingt die Einhaltung von Registrierungs-, Berichts- und sonstigen Pflichten. Sie kann z.B. Wertpapiere vorübergehend vom Handel an der Börse ausschließen oder ihre Registrierung endgültig widerrufen. Sie kann Geldstrafen, Verweise und Beschränkungen bei der Berufsausübung verhängen – auch gegenüber Personen, die in registrierten Unternehmen selbst tätig sind. Darüber hinaus ist sie im Rahmen der Berufsgerichtsbarkeit der US-amerikanischen Wirtschaftsprüfer (Certified Public Accountants, CPA) mit Disziplinarkompetenz ausgestattet und kontrolliert die Wirtschaftsprüferaufsicht, die in Gestalt des Public Company Accounting Oversight Board (PCAOB) durch den Sarbanes-Oxley Act 2002 ins Leben gerufen wurde.

Legislative

- In der Legislative betätigt sich die SEC im Rahmen der Auslegung und Ergänzung allgemein gehaltener Gesetzesbestimmungen. SEC-Verlautbarungen wirken für die betroffenen Unternehmen verbindlich und haben z.T. sogar quasi-gesetzlichen Charakter. Angesichts nicht vorhandener gesetzlicher Detailregeln hat sie auch die Rechnungslegungspflicht für kapitalmarktorientierte Unternehmen auszugestalten. Sie hat diese Regulierungskompetenz aber schon früh an fachkundige Dritte und seit 1973 an das FASB delegiert (Abbildung 2.5).

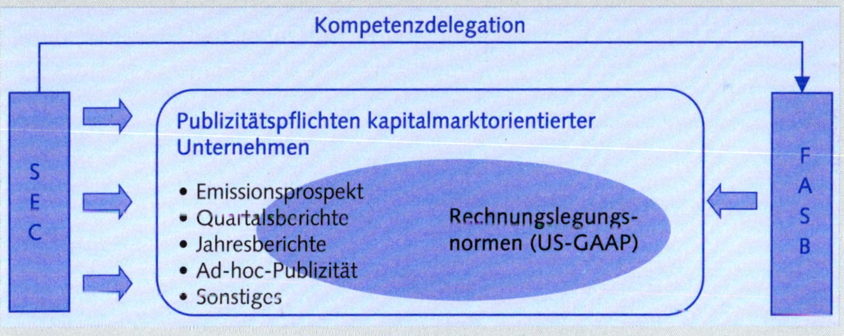

Abb. 2.5: Zusammenspiel von SEC und FASB

CAP und APB als Vorgängerorganisationen des FASB

Seit ihrer Gründung hatte die SEC den Berufsstand der Wirtschaftsprüfer mehrmals dazu aufgerufen, Rechnungslegungsnormen zu entwickeln, um die damals bestehende Bilanzierungsvielfalt einzuschränken. Als sich herausstellte, dass diesem Aufruf nicht gefolgt wurde, erklärte sie im Jahr 1938, nur noch solche Jahresabschlüsse anzuerkennen, die nach Rechnungslegungsnormen erstellt wurden, denen sie „Substantial Authoritative Support" zubilligte (Accounting

Series Release (ASR) No. 4, später ergänzt durch ASR No. 150 und Financial Reporting Release (FRR) No. 1). Gleichzeitig delegierte sie die Erstellung von Rechnungslegungsnormen an die Berufsvereinigung der US-amerikanischen Wirtschaftsprüfer, das American Institute of Accountants (AIA), aus dem später das noch heute bestehende American Institute of Certified Public Accountants (AICPA) hervorging. Um dieser Aufgabe gerecht zu werden, wurde vom Berufsstand 1938 das Committee on Accounting Procedure (CAP) gegründet, in dem Wirtschaftsprüfer als ehrenamtliche Mitglieder tätig waren. Die starke Abhängigkeit vom Berufsstand der Wirtschaftsprüfer und die Einflussnahme anderer Beteiligter führten letztlich zur Auflösung des APB und zur Gründung des FASB, auch um zu verhindern, dass staatliche Stellen, wie etwa die SEC selbst, die Rechnungslegungsregulierung (wieder) an sich ziehen.

Organisation des FASB

Das FASB ist 1973 als unabhängige Organisation zur Fortentwicklung der US-GAAP gegründet worden. Sieben hauptberuflich tätige Board-Mitglieder werden jeweils für fünf Jahre, mit einmaliger Wiederwahlmöglichkeit, bestellt. Um die Unabhängigkeit und Neutralität des FASB zu gewährleisten, sind sie in dieser Zeit verpflichtet, alle sonstigen beruflichen Tätigkeiten aufzugeben. Die Standardsetzungsaktivitäten des FASB werden seit dem Sarbanes-Oxley Act durch Zwangsbeiträge der Unternehmen, die den organisierten Kapitalmarkt in Anspruch nehmen, finanziert.

Aufgaben des FASB

Die Aufgabe des FASB besteht in der Herausgabe von Rechnungslegungsstandards für nichtstaatliche US-amerikanische Unternehmen. Hierbei soll das FASB die Interessen aller betroffenen Personengruppen berücksichtigen. Entscheidungen erfordern mindestens eine 4/7-Mehrheit. Unterstützt wird das FASB von weiteren Ausschüssen und Stäben. So unterhält das FASB einen „Research and Technical Activities Staff" mit mehr als 60 fest angestellten Mitarbeitern, die einerseits die im FASB behandelten Projekte vorbereiten und wissenschaftlich betreuen sowie andererseits Verwaltungsaufgaben wahrnehmen.

3 System der IFRS

3.1 Verlautbarungen des IASB

Das Regelsystem der IFRS umfasst verschiedene Verlautbarungen des IASB, die in einem bestimmten Verhältnis zueinanderstehen. Dieses wird in Abschnitt 3.3 näher beleuchtet. Abbildung 2.6 gibt einen Überblick über die relevanten Verlautbarungen.

Verlautbarung	Erläuterung
Vorwort (Preface to International Financial Reporting Standards)	Das Vorwort enthält Ziele und Aufgaben des IASB, den Anwendungsbereich der IFRS, den Ablauf des formellen Standardsetzungsprozesses sowie weitere grundsätzliche Verfahrensweisen.
Rahmenkonzept (The Conceptual Framework for Financial Reporting)	Das Rahmenkonzept liefert die konzeptionelle Grundlage für Entwicklung, Anwendung und Ausdeutung der IFRS.
IAS/IFRS	Die Standards beinhalten häufig noch kasuistische Regelungen zu konkreten Rechnungslegungsproblemen.
SIC/IFRIC	Die Interpretationen dienen der einheitlichen Anwendung der IFRS durch die Regelung etwaiger Auslegungsfragen.

Konkretisierungsgrad

IFRS

Abb. 2.6: Verlautbarungen im Regelsystem der IFRS

Preface

Das Vorwort zu den IFRS wurde 1975 vom IASC verabschiedet und im Dezember 2018 durch das IASB aktualisiert. Zuletzt ergaben sich Änderungen aus einer Überarbeitung der Satzung der IFRS Foundation und aus dem Projekt zum Rahmenkonzept im Jahr 2018. Es enthält die Zielsetzung des IASB sowie dessen Aufgaben. Hiernach hat das IASB ein verständliches, durchsetzbares und weltweit anerkanntes Regelwerk zur Rechnungslegung von hoher Qualität zu entwickeln sowie diese Standards und deren Anwendung zu fördern. Dabei sollen alle Unternehmensgrößen sowie unterschiedliche ökonomische Rahmenbedingungen Berücksichtigung finden. Auch die Zusammenarbeit mit den nationalen Standardsetzern wird betont. Des Weiteren bezieht sich das Vorwort auf den Anwendungsbereich der IFRS, der sich sowohl auf Einzel- wie auch auf Konzernabschlüsse von Unternehmen mit Gewinnerzielungsabsicht richtet, und nennt die Bestandteile eines vollständigen IFRS-Abschlusses. Neben weiteren Erläuterungen, z.B. zur Sprache der IFRS, ist vor allem noch das grundsätzliche Vorgehen im Rahmen des formellen Standardsetzungsprozesses festgelegt.

Rahmenkonzept

Das „Rahmenkonzept für die Aufstellung und Darstellung von Abschlüssen" wurde im Juli 1989 vom IASC veröffentlicht und im März 2018 umfassend erneuert. Das Rahmenkonzept dient dem IASB als Deduktionsbasis bei der Entwicklung und Überarbeitung von Standards und enthält die grundlegenden Prinzipien des IFRS-Regelwerkes. Dabei soll es allen Adressaten der Rechnungslegung als Hilfestellung bei deren Umgang mit den IFRS dienen, sei es im Zuge der Erstellung, der Interpretation oder der Prüfung von IFRS-Abschlüssen. Kapitel 3 dieses Buches befasst sich im Detail mit den Inhalten des Rahmenkonzepts.

IFRS

Kernstück des IFRS-Regelwerkes sind die eigentlichen Rechnungslegungsstandards, die IFRS im weiteren Sinne. Zusammen mit den vor 2002 entwickelten und noch gültigen IAS bilden diese die IFRS im engeren Sinne, wobei sämtliche Standards sowie Interpretationen (SIC bzw. IFRIC) unter dem Begriff „IFRS" subsumiert werden. Im Vorwort (Abs. 5) wird explizit darauf hingewiesen, dass sämtliche vor der Reorganisation veröffentlichten Standards und Interpretationen bis zu ihrer Überarbeitung oder Widerrufung uneingeschränkt gültig sind.

Konzeption der Standards

Die Standards enthalten, der angloamerikanischen Tradition folgend, häufig noch kasuistische Regelungen von mehr oder weniger abgegrenzten konkreten Rechnungslegungsproblemen, ohne dabei eine Systematik aufweisen zu können. So beschäftigen sich einige Standards, wie z.B. IAS 16 „Sachanlagen", mit einzelnen Bilanzpositionen, andere wiederum mit positionsübergreifenden Bilanzierungsfragen (z.B. IFRS 13 „Bemessung des beizulegenden Zeitwerts") oder mit ganzen Rechenwerken (z.B. IAS 7 „Kapitalflussrechnung").

Rules-based vs. principles-based accounting

Während das deutlich detailliertere US-GAAP-System als „rules-based" charakterisiert wird, gelten die IFRS als eher prinzipienorientiert („principles-based") – zumindest gibt die Satzung der IFRS Foundation dies in Abs. 2a vor. Da die im Rahmenkonzept tatsächlich festgelegten Prinzipien den Standards jedoch nicht vorgehen und Inkonsistenzen zwischen den Standards sowie einzelfallorientierte Lösungswege innerhalb der Standards weiterhin existieren, wird diese Auffassung im Schrifttum kritisch gesehen.[30] Insbesondere den jüngeren IFRS ist eine erkennbare Stärkung der Prinzipienorientierung jedoch nicht abzusprechen.

Aufbau der Standards

Die einzelnen Standards folgen grundsätzlich einem festen Aufbau, beginnend mit einer Einleitung (introduction), der Zielsetzung (objective) sowie dem Anwendungsbereich (scope). Daran schließen sich die Regelungen zu Ansatz (recognition) und Bewertung (measurement) an, bevor auf die notwendigen Angaben (disclosure) eingegangen wird. Abschließend folgen die Übergangsvorschriften (transitional provisions) sowie die Bestimmungen zum Inkrafttreten des Standards (effective date). Innerhalb der Standards finden sich sowohl Absätze im Fettdruck als auch Absätze in normaler Schriftstärke. Die Passagen im Fettdruck sind gemäß dem Vorwort zu den IFRS (Abs. 13) zwar als grundlegende Prinzipien zu interpretieren, Unterschiede in ihrer Bindungswirkung bestehen zwischen den beiden Darstellungsformen jedoch nicht.

Anhänge zu den Standards

Die eigentlichen Standards werden durch verschiedene Anhänge ergänzt, die zu integralen Bestandteilen eines Standards erklärt werden können und dann dieselbe Bindungswirkung entfalten. Diese Anhänge können neben den Definitionen der Kernbegriffe (diese sind bei älteren Standards regelmäßig im Anschluss an den Anwendungsbereich zu finden) auch Anwendungsleitlinien (Application Guidance, AG), Umsetzungsleitlinien (Implementation Guidance, IG), erläuternde Beispiele (Illustrative Examples, IE), die Begründungserwägungen zur Verabschiedung neuer

30 Vgl. hierzu *Heuser, P./Theile, C./Behling, K.*, IFRS-Handbuch, Abschnitt A.I., Tz. 3 f. m.w.N.

Standards (Basis for Conclusions, BC) und gegebenenfalls abweichende Meinungen einzelner Board-Mitglieder (Dissenting Opinions, DO) enthalten.[31]

Annual Improvements Projects

Zum Zwecke der Klarstellung bestimmter Sachverhalte sowie zur Ausräumung von Inkonsistenzen zwischen verschiedenen Regelungen innerhalb des IFRS-Regelwerkes, stößt das IASB jährlich ein Annual Improvements Project mit einem zwei Jahre dauernden Projektzyklus an. Dabei können die durch die Arbeit des IFRS IC aufgeworfenen Fragestellungen ebenso Berücksichtigung finden wie Anregungen des Mitarbeiterstabs oder aus der Praxis. Die in diesen Projektzyklen entwickelten Verbesserungsvorschläge durchlaufen dasselbe Standardsetzungsverfahren wie alle sonstigen Änderungen an den IFRS auch. Im Unterschied zum regulären Ablauf werden diese inhaltlich nicht in Zusammenhang stehenden Vorschläge auf Grund ihrer untergeordneten Bedeutung und des begrenzten Umfangs jedoch in einem einzigen Verfahren zusammengefasst. Die dadurch implizierte Sammlung der Änderungen über ein Jahr hinweg ermöglicht eine effektivere und übersichtlichere Verabschiedung der Änderungen.

Liste der IFRS

Tabelle 2.1 enthält eine Liste der zurzeit existierenden IFRS. Diese wurden durch verschiedene Projekte zum Teil materiell überarbeitet und abgeändert. Eine standardspezifische Änderungsdokumentation findet sich jeweils zu Beginn des offiziellen Standardtextes.

IFRS	**Aktueller Titel**	**In Ursprungsfassung anzuwenden ab**
IAS 1	Darstellung des Abschlusses	01.01.1975
IAS 2	Vorräte	01.01.1976
IAS 7	Kapitalflussrechnung	01.01.1979
IAS 8	Bilanzierungs- und Bewertungsmethoden, Änderungen von Schätzungen und Fehler	01.01.1979
IAS 10	Ereignisse nach dem Bilanzstichtag	01.01.1980
IAS 12	Ertragsteuern	01.01.1981
IAS 16	Sachanlagen	01.01.1983
IAS 19	Leistungen an Arbeitnehmer	01.01.1985
IAS 20	Bilanzierung und Darstellung von Zuwendungen der öffentlichen Hand	01.01.1984
IAS 21	Auswirkungen von Änderungen der Wechselkurse	01.01.1985
IAS 23	Fremdkapitalkosten	01.01.1986
IAS 24	Angaben über Beziehungen zu nahestehenden Unternehmen und Personen	01.01.1986
IAS 26	Bilanzierung und Berichterstattung von Altersversorgungsplänen	01.01.1988
IAS 27	Separate Abschlüsse	01.01.1990

31 Zum Standardaufbau und zu den Anhängen vgl. auch *Baetge et al.*, IFRS-Kommentar, Teil A: Grundlagen, Kapitel II, Tz. 24-27.

IAS 28	Anteile an assoziierten Unternehmen und Joint Ventures	01.01.1990
IAS 29	Rechnungslegung in Hochinflationsländern	01.01.1990
IAS 32	Finanzinstrumente: Darstellung	01.01.1996
IAS 33	Ergebnis je Aktie	01.01.1998
IAS 34	Zwischenberichterstattung	01.01.1999
IAS 36	Wertminderung von Vermögenswerten	01.07.1999
IAS 37	Rückstellungen, Eventualschulden und Eventualforderungen	01.07.1999
IAS 38	Immaterielle Vermögenswerte	01.07.1999
IAS 39	Finanzinstrumente: Ansatz und Bewertung	01.01.2001
IAS 40	Als Finanzinvestition gehaltene Immobilien	01.01.2001
IAS 41	Landwirtschaft	01.01.2003
IFRS 1	Erstmalige Anwendung der International Financial Reporting Standards	01.01.2004
IFRS 2	Anteilsbasierte Vergütung	01.01.2005
IFRS 3	Unternehmenszusammenschlüsse	31.03.2004
IFRS 4	Versicherungsverträge	01.01.2005
IFRS 5	Zur Veräußerung gehaltene langfristige Vermögenswerte und aufgegebene Geschäftsbereiche	01.01.2005
IFRS 6	Exploration und Evaluierung von mineralischen Ressourcen	01.01.2006
IFRS 7	Finanzinstrumente: Angaben	01.01.2007
IFRS 8	Geschäftssegmente	01.01.2009
IFRS 9	Finanzinstrumente	01.01.2018
IFRS 10	Konzernabschlüsse	01.01.2013
IFRS 11	Gemeinsame Vereinbarungen	01.01.2013
IFRS 12	Angaben zu Beteiligungen an anderen Unternehmen	01.01.2013
IFRS 13	Bemessung des beizulegenden Zeitwerts	01.01.2013
IFRS 14	Regulatorische Abgrenzungsposten	01.01.2016*
IFRS 15	Erlöse aus Verträgen mit Kunden	01.01.2018
IFRS 16	Leasingverhältnisse	01.01.2019
IFRS 17	Versicherungsverträge	01.01.2023*

* Derzeit (noch) nicht in EU-Recht übernommen (nicht „*endorsed*“).

Tab. 2.1: Übersicht über aktuell existierende Standards der IFRS-Rechnungslegung (Stand: 06.07.2020)

3.2 Standardsetzungsverfahren (Due Process)

Die IFRS sind offizielle Verlautbarungen des IASB und damit das Ergebnis eines formellen Standardsetzungsverfahrens (Due Process) unter der strengen Aufsicht eines speziellen Gremiums der Treuhänder, dem Due Process Oversight Committee (DPOC). Die einzelnen Stufen des Verfahrens werden in Tabelle 2.2 näher dargestellt.[32]

Ziel und Ablauf des Standardsetzungsverfahrens

Zur Sicherstellung von Qualität und globaler Akzeptanz sollen die IFRS nicht nur das Ergebnis intensiver Entwicklungsbemühungen innerhalb des IASB darstellen, sondern auch die Standpunkte externer Rechnungslegungsexperten berücksichtigen. Dazu gehören insbesondere die von der Bilanzierung betroffenen Unternehmen (Ersteller), die Adressaten, z.B. Investoren oder Kreditinstitute und ihre Verbände, sowie nationale Standardsetzer. Der Ablauf des formellen Verfahrens verdeutlicht daher das Bestreben des IASB, möglichst alle an der Rechnungslegung interessierten Gruppen in den Entstehungsprozess der IFRS einzubinden. Für diese Gruppen besteht daher die Möglichkeit der direkten Einflussnahme zum einen durch eine etwaige Mitarbeit in entsprechenden IASB-Organen, wie z.B. dem IFRS Advisory Council, sowie zum anderen über das Verfassen von Kommentierungsschreiben (Comment Letters) zu den jeweiligen Diskussionspapieren (Discussion Papers, DP) bzw. Standardentwürfen (Exposure Drafts, ED). Darüber hinaus ist das IASB verpflichtet, alle fünf Jahre Kommentierungen zur eigenen Agenda einzuholen (sog. Agenda Consultation), sodass hier weitere Möglichkeiten zur Einflussnahme bestehen. Im Anschluss an die Auswertung der Stellungnahmen und eine abschließende Beratung veröffentlicht das IASB den Standard. In der bereits erwähnten Basis for Conclusions wird der Entwicklungsprozess eines Standards noch einmal erklärt und schließlich werden gegebenenfalls divergierende Meinungen (Dissenting Opinions) offengelegt.

Standardsetzungsverfahren ist flexibel

Der dargestellte idealtypische Entstehungsprozess ist keinesfalls als starrer, linearer Ablaufplan zu verstehen. Rückkopplungen oder zusätzliche Erörterungen sind durchaus möglich. So kann das IASB z.B. ohne weiteres ein zusätzliches Diskussionspapier veröffentlichen, um weitere Stellungnahmen einzufordern oder bei Bedarf einen zusätzlichen Standardentwurf (sog. Re-Exposure Draft) herausgeben, wodurch die Schleife aus Standardentwurf, Kommentierung sowie anschließender Auswertung und Beratung erneut angestoßen und durchlaufen wird. Diese Möglichkeit hat das IASB in der jüngeren Vergangenheit insbesondere bei komplexen und kontrovers diskutierten Projekten, wie z.B. „Leases“ oder „Insurance Contracts“, verstärkt wahrgenommen. Somit kann das Standardsetzungsverfahren in Einzelfällen mehrere Jahre dauern.

32 Vgl. hier und im Folgenden *IFRS Foundation* (Hrsg.), Due Process Handbook (updated August 2020), abrufbar unter http://www.ifrs.org (Stand: 06.10.2020).

Verkürztes Verfahren für Interpretations

Die Interpretationen des IFRS Interpretations Committee durchlaufen hingegen ein verkürztes Standardsetzungsverfahren. Nach Abstimmung mit dem Board wird ein Interpretationsentwurf (Draft Interpretation) veröffentlicht und zur Diskussion gestellt, ehe das Board die Interpretation endgültig beschließt.

Supporting Materials

Bei speziellen Standards, wie z.B. beim IFRS 9, haben sich in der Praxis viele Anwendungsfragen ergeben, da diese Standards komplexe Sachverhalte regeln. Daher veröffentlichen sowohl das IASB als auch das IFRS Interpretations Committee eine Reihe von Zusatzmaterialien (supporting materials), um den Erstellern das Verständnis der Regelungen und damit deren Implementierung zu erleichtern. Dazu gehören neben dem „klassischen" Lehrmaterial in Form eines „Frage-Antwort-Spiels" auch Webcasts, Webinars und Podcasts.[33]

Fast Track Due Process

In Folge der Finanz- und Wirtschaftskrise von 2008/2009 wurde das Standardsetzungsverfahren mit der Zulassung eines sog. „Fast Track Due Process" flexibler gemacht. Demnach dürfen in Ausnahmesituationen und nur mit qualifizierter Mehrheit der Treuhänder die Perioden zur öffentlichen Stellungnahme verkürzt werden, sodass sie kürzer sind, als es im Due Process Handbook für das gewöhnliche Standardsetzungsverfahren vorgegeben ist. Solche Fast-Track-Verfahren wurden erneut mit Ausbruch der Covid-19-Pandemie angewendet. So wurden quasi über Nacht einige Änderungen u.a. zu IFRS 9 und IFRS 16 veröffentlicht, um Erstellern die Bilanzierung und Bewertung jener Sachverhalte zu erleichtern, die im direkten Zusammenhang mit dem Ausbruch der Covid-19-Pandemie stehen.

Vorarbeiten

Das IASB trägt die volle Verantwortung für die Entwicklung der IFRS. Es kann die jeweilige Vorgehensweise nach Effektivitäts- und Kostengesichtspunkten wählen und bestimmte Vorarbeiten nicht nur an Consultative Groups, sondern z.B. auch an sonstige externe Expertengruppen oder nationale Standardsetzer delegieren. Zudem sind öffentliche Anhörungen oder auch die Durchführungen von Feldstudien möglich, um die Anwendbarkeit und Zweckmäßigkeit eines Standards sicherzustellen.

Post-Implementation Review

Im Anschluss an die Veröffentlichung eines jeden neuen Standards und nach grundlegenden Standardüberarbeitungen folgt deren zeitlich nachgelagerte Überprüfung, der Post-Implementation Review (PIR). In regelmäßigen Treffen mit interessierten Parteien, insbesondere mit nationalen Standardsetzern, informiert sich das IASB über praktische Anwendungsprobleme sowie eventuell unbeabsichtigte (Neben-)Wirkungen und kann hierzu fallweise auch Studien initiieren. Hierdurch können Ergänzungen oder Anpassungen des Standards ebenso angeregt werden, wie auch die Entwicklung zusätzlicher Leitlinien, Hinweise oder Trainingsmaterialien. Der PIR erfolgt in der Regel nach einer mindestens zweijährigen Anwendungsphase – nach dem verpflichtenden Inkrafttreten des Standards. Der Prozess soll hinsichtlich der Ergebnisse und der gegebenenfalls geplanten Schritte des

33 Die IFRS Foundation hat mittlerweile einen eigenen Youtube-Channel, abrufbar unter https://www.youtube.com/channel/UClGKPz2TwXyyZgou9jTo8tw (Stand: 06.10.2020).

IASB transparent gehalten werden. Die interessierte Öffentlichkeit ist durch eine Art Kommentierungsphase (Request for Information) erneut involviert.

Schritte	**Erläuterungen**
Projektvorschlag und Aufnahme ins Arbeitsprogramm	Das IASB sammelt Vorschläge zu bestehenden Rechnungslegungsproblemen. Diese Anregungen können von allen interessierten Parteien, insbesondere auch vom IFRS Advisory Council, kommen. Das IASB wählt aus den Themenvorschlägen Problembereiche aus, zu denen es Advisory Committees einsetzt.
Informations-sammlung und weitere Vor-arbeiten	Themenrelevante Informationen werden gesammelt; Beratung durch IASB, Advisory Committee und IFRS Advisory Council. Thema und Aufgabenstellung werden abgegrenzt; Festlegung der weiteren Vorgehensweise und Skizzierung möglicher Lösungsvarianten.
Discussion Paper	Das IASB verabschiedet und veröffentlicht ein erstes Diskussionspapier (Discussion Paper). Dieses enthält die Darstellung und Kommentierung sämtlicher Lösungsansätze, die in dem späteren IFRS Berücksichtigung finden könnten. Die interessierte Öffentlichkeit ist zur Kommentierung des Diskussionspapiers aufgerufen. Die Kommentierungsfrist soll etwa drei, in begründeten Ausnahmefällen zwei Monate betragen.
Auswertung und Beratung	Auswertung und Diskussion der eingegangenen Stellungnahmen; Beratung durch IASB, Advisory Committee und IFRS Advisory Council; Festlegung der zu diesem Zeitpunkt favorisierten Regelungen.
Exposure Draft	Das IASB verabschiedet und veröffentlicht einen Standardentwurf (Exposure Draft, ED). Der ED stellt den vom IASB favorisierten Lösungsansatz dar. Die interessierte Öffentlichkeit ist zur Kommentierung des ED aufgerufen; die Kommentierungsfrist soll auch hier etwa drei Monate betragen.
Auswertung und Beratung	Auswertung und Diskussion der eingegangenen Stellungnahmen; Beratung durch IASB, Consultative Group und IFRS Advisory Council; ggf. Modifikation des ED.
International Financial Reporting Standard	Das IASB verabschiedet und veröffentlicht einen neuen International Financial Reporting Standard (IFRS). Zusätzliche Veröffentlichung der sog. Basis for Conclusions, in der die Gründe für die Entwicklung des Standards erklärt werden. Im Anhang werden zudem die Änderungen (consequential amendments) beschrieben, die durch den verabschiedeten Standard in anderen Verlautbarungen verursacht werden. Neue Standards werden von einem Projektüberblick (Project Summary, Snapshot) und einer Stellungnahme zu den eingegangenen Kommentierungsschreiben (Feedback Statement) begleitet.
Post-Implementation Review	Zeitlich nachgelagerte Überprüfung des implementierten Standards; Information über praktische Anwendungsprobleme und eventuell unbeabsichtigte (Neben-)Wirkungen. Ergänzungen oder Anpassungen des Standards können hierdurch ebenso angeregt werden wie die Entwicklung zusätzlicher Leitlinien, Hinweise oder weiteren Trainingsmaterials.

Tab. 2.2: Formelles Standardsetzungsverfahren

Aus der Forschung

Regulierungsprozesse und Lobbying

Als ein wichtiger Bestandteil der Corporate Governance beeinflussen Rechnungslegungsvorschriften potenziell das Verhalten und die ökonomischen Ressourcen aller involvierten Akteure. Da diese Vorschriften letztlich die Ergebnisse politischer Prozesse sind, beschäftigt sich ein Strang der Rechnungslegungsforschung mit der Beeinflussung solcher Prozesse durch die verschiedenen Interessengruppen (sog. „Lobbying“). Wenngleich derartige Studien auch für staatliche Gesetzgebungsverfahren existieren (vgl. z.B. zur Entstehung des BiRiLiG in Deutschland McLeay et al. (2000)), erscheint die Frage nach der Einflussnahme insbesondere bei Standardsetzungsverfahren privater Gremien bedeutsam, für deren Legitimität die Beteiligung der interessierten Öffentlichkeit und dahingehende Transparenz Kernelemente darstellen.

Ein für diesen Forschungsstrang zentrales Modell geht auf die Arbeit von Sutton (1984) zurück, der ein den Politikwissenschaften entlehntes Modell zur Erklärung von Wahlverhalten auf die private Standardsetzung überträgt. Ausgehend von rationalem Verhalten werden sich die von Regeländerungen betroffenen Akteure demnach nur dann am Regulierungsprozess beteiligen, wenn die mit der Wahrscheinlichkeit der Beeinflussbarkeit des Prozesses gewichtete Nutzendifferenz zweier Regelungsalternativen die entstehenden Kosten übersteigt. Im Ergebnis sieht er im Vergleich zu den Nutzern – vor allem unter Opportunitätskostengesichtspunkten – eine tendenziell höhere Lobbying-Wahrscheinlichkeit für die Ersteller von Rechnungslegungsinformationen, vor allem für große und weniger stark diversifizierte. Zudem gehen nach diesem Modell auch höhere Kosten im Falle von Regelverstößen mit einem höheren erwarteten Maß an Lobbying-Aktivität einher. Als besonders wirkungsvoll werden schließlich all jene Lobbying-Aktivitäten angesehen, die in einem relativ frühen Stadium des Verfahrens unternommen werden sowie verdeckte Maßnahmen, die die normensetzende Instanz nicht als solche wahrnimmt.

Aus methodischer Sicht sind jedoch gerade Letztere kaum zu greifen, weswegen einschlägige Studien regelmäßig auf die im Rahmen der Standardsetzungsverfahren eingesandten Kommentierungsschreiben als Ausdruck für das Lobbying-Verhalten zurückgreifen. So analysieren Jorissen et al. (2012) in einer breit angelegten Untersuchung insgesamt 3.234 Kommentierungsschreiben an das IASB aus den Jahren 2002 bis 2006 über verschiedene Projekte und Projektphasen hinweg. Dabei beteiligten sich – im Einklang mit Suttons Modell – Ersteller am stärksten, wobei sich insbesondere große und profitable Ersteller engagieren. Es folgen Wirtschaftsprüfer und Standardsetzer. Diese wiederum beteiligen sich, wie auch die Nutzer sowie Vertreter der Wissenschaft, tendenziell früher im Regulierungsprozess, während sich die Ersteller erst im späteren Verlauf verstärkt einbringen. Dies scheint insbesondere vor dem Hintergrund der Erkenntnisse Suttons interessant, der Lobbying-Maßnahmen vor allem in frühen Projektstadien einen höheren Einfluss zuschreibt. Ferner beteiligen sich Ersteller, Wirtschaftsprüfer und Standardsetzer verstärkt, wenn der Regulierungsprozess bilanz- oder GuV-wirksame Veränderungen nach sich ziehen könnte, während sich Nutzer, Börsen und Aufsichtsbehörden stärker bei Offenlegungsfragen einbringen.

In einer weiteren Untersuchung analysieren Jorissen et al. (2013) 7.442 Kommentierungsschreiben aus den Jahren 1995 bis 2007 mit Fokus auf ihre geografische Herkunft. Dabei finden sie Hinweise auf Verzerrungen, die sie insbesondere auf Unterschiede in den jeweiligen institutionellen Rahmenbedingungen, aber auch auf sprachliche Barrieren zurückführen. Dies scheint auch mit Blick auf die Bedeutung eines offenen und transparenten Teilnahmeprocederes für die Legitimität privater Standardsetzer interessant.

Ein weiterer Strang beschäftigt sich mit der politischen Einflussnahme auf das IASB. So zeigen beispielhaft die Studien von Bengtsson (2011) und Crawford et al. (2014), wie die Europäische Kommission und das Europäische Parlament versucht haben, das IASB zu beeinflussen und wie das IASB auf diese politische Einflussnahme reagierte. Als weitere einschlägige Literatur sind die Arbeiten von Camfferman und Zeff (2015, 2018) zu nennen, die die Entwicklung des IASB – mit besonderem Fokus auf politische Einflussnahme – umfassend darstellen.

Insgesamt zeigt sich, dass Lobbying-Maßnahmen in der gesamten Breite in der Realität nur schwer beobachtbar sind. Erste Untersuchungen zeigen allerdings auf, wie verdeckte Maßnahmen genutzt werden, um bereits im frühen Stadium des Verfahrens Einfluss auf das IASB zu nehmen (Pelger/Spieß 2017; Weiß 2018).

Literatur: Bengtsson, E., Repoliticalization of Accounting Standard Setting: The IASB, the EU and the Global Financial Crisis, in: CPA, 22 (2011), S. 567-580; Camfferman, K./Zeff, S. A., Aiming for Global Standards: The International Accounting Standards Board, 2001-2011. Oxford: Oxford University Press (2015); Camfferman, K./Zeff, S. A., The Challenge of Setting Standards for a Worldwide Constituency: Research Implications from the IASB's Early History, in: EAR, 27 (2018), S. 289-312; Crawford, L./Ferguson, J./Helliar, C. V./Power, D. M., Control over Accounting Standards within the European Union: The Political Controversy Surrounding the Adoption of IFRS 8, in: CPA, 25 (2014), S. 304-318; Pelger, C./Spieß, N., On the IASB's Construction of Legitimacy – The Case of the Agenda Consultation Project, in: ABR, 47 (2016), S. 64-90; Jorissen, A./Lybaert, N./Orens, R./Van der Tas, L., Formal Participation in the IASB's Due Process of Standard Setting: A Multi-issue/Multi-period Analysis, in: EAR, Vol. 21 (2012), S. 693-729; Jorissen, A./Lybaert, N./Orens, R./Van der Tas, L., A Geographic Analysis of Constituents' Formal Participation in the Process of International Accounting Standard Setting: Do We Have a Level Playing Field?, in: JAPP, Vol. 32 (2013), S. 237-270; Sutton, T. G., Lobbying of Accounting Standard Setting Bodies in the U.K. and the U.S.A.: A Downsian Analysis, in: AOS, Vol. 9 (1984), S. 81-95; Weiß, K., Three Essays on EFRAG, Diss. Potsdam 2018.

3.3 Stellenwert der Verlautbarungen

Regelhierarchie

Im nächsten Schritt ist zu klären, welchen Stellenwert die einzelnen Verlautbarungen des IASB haben. Was ist z.B. zu tun, wenn eine Interpretation ein bestimmtes Verfahren vorgibt, während Wissenschaft und Praxis die korrespondierende Regelung seit Jahren anders auslegen? In diesem Fall ist es wichtig zu wissen, welche Bedeutungshierarchie die einzelnen Verlautbarungen haben und wie im Fall von sog. Regelungslücken vorzugehen ist. Das IASB erkannte dieses Problem und behandelte es im Rahmen des Improvements Project in IAS 8. Ausdrückliches Ziel war es, eine Hierarchie zur Schließung von Regelungslücken vorzugeben. In diesem Zusammenhang wurde die bestehende Hierarchie gemäß IAS 1 überarbeitet.

Fair presentation

Als Fundament der Regelungshierarchie ist die Regelung des IAS 1.15 zu sehen, nach der es oberste Aufgabe der Abschlüsse ist, die Vermögens-, Finanz- und Ertragslage sowie die Zahlungsströme eines Unternehmens den tatsächlichen Verhältnissen entsprechend darzustellen. Unter bestimmten Umständen ist es nach Ansicht des IASB nicht auszuschließen, dass bestimmte Vorschriften der IFRS dieser obersten Aufgabe widersprechen. In diesen extrem seltenen Einzelfällen, in denen das Management des Unternehmens zu diesem Schluss gelangt, soll zu Gunsten der „fair presentation" von der speziellen Einzelregel abgewichen (IAS 1.19) und darüber im Anhang berichtet werden (IAS 1.20, vgl. dazu ausführlicher Kapitel 3).

Regulierung des IASB

Im überwiegenden Regelfall wird die in IAS 1.15 geforderte fair presentation aber durch das Befolgen der IFRS sichergestellt. So wird den Abschlusserstellern in IAS 8.7 explizit vorgeschrieben, bei konkreten Bilanzierungsfragen die Standards und Interpretationen heranzuziehen. Beide werden im „House of IFRS" damit hierarchisch auf der Erdgeschossebene eingeordnet (vgl. Abbildung 2.7). Die Anwendungsleitlinien (Application Guidance) zu den Standards werden in IAS 8.9 aufgeführt. In diesem Zusammenhang wird betont, dass sie integraler Bestandteil eines Standards sein können, aber nicht sein müssen. Es kommt hier auf den einzelnen Standard an. Die Umsetzungsleitlinien (Implementation Guidance) haben zwar eine ähnliche Zielsetzung und dienen der korrekten Anwendung eines Standards, sie sind jedoch kein integraler Standardbestandteil, sodass ihr Stellenwert auch nicht mit dem eines Standards oder einer Interpretation vergleichbar ist.

Regelungslücken

Wenn ein Bilanzierungsproblem nicht explizit geregelt ist, liegt eine Regelungslücke vor. Hier sollte das Management des bilanzierenden Unternehmens bei der Urteilsbildung nach IAS 8.10 die Grundsätze der Relevanz und der glaubwürdigen Darstellung berücksichtigen. Diese etwas abstrakte Forderung wird in IAS 8.11 insofern präzisiert, als dass hier eine Art Hierarchie vorgegeben wird, der bei der Auslegung der Regelungslücke zu folgen ist. Demnach sind zuerst Fallanalogien und danach folgend Systemanalogien heranzuziehen. Im Fall von Systemanalogien werden einzelne Ansatz- und Bewertungskriterien des Rahmenkonzepts als Deduktionsgrundlage verwendet. Bei der Beurteilung der Entscheidungsnützlichkeit kann das Management gemäß IAS 8.12 auch bestehende Verlautbarungen anderer Standardsetzer heranziehen, sofern diese ein ähnliches Rahmenkonzept zur Entwicklung ihrer Standards verwenden. Ebenfalls zu berücksichtigen sind Literaturmeinungen und anerkannte Branchenpraktiken, sofern diese nicht mit den Fallanalogien und Systemanalogien kollidieren. Der Stellenwert des Vorworts und des Rahmenkonzepts wird hierarchisch überhaupt nicht eingeordnet, jedoch soll jeder zukünftige IFRS bzw. überarbeitete IAS in Zusammenhang mit diesen Verlautbarungen gelesen werden. Insgesamt ergibt sich das in Abbildung 2.7 wiedergegebene Bild.

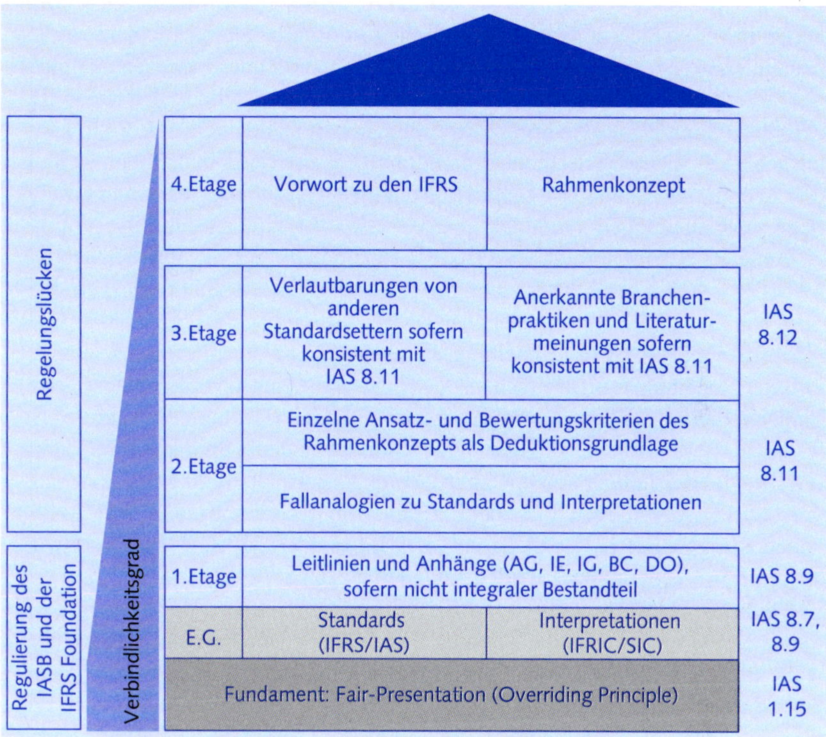

Abb. 2.7: House of IFRS

Spezialthema

System der US-GAAP

Die US-GAAP werden aus einer Vielzahl von Einzelregeln gebildet, die induktiv aus Einzelproblemen der Praxis abgeleitet sind, von der SEC sowie den Wirtschaftsprüfern akzeptiert werden und in der Praxis allgemeine Anerkennung und Verbreitung genießen. Der Versuch, diese Regeln zu standardisieren, ist letztlich Aufgabe des FASB, wobei auch weitere Institutionen wie das AICPA oder die SEC Einfluss nehmen.

Das FASB selbst hat seit 1973 viele Statements of Financial Accounting Standards (SFAS) – das Pendant zu den IFRS – herausgegeben. Hinzu kommen acht Statements of Financial Accounting Concepts (SFAC), die das konzeptionelle Rahmenkonzept begründen, sowie diverse Interpretations, Technical Bulletins oder Staff Positions zu Detailproblemen. Auch die Regeln der FASB-

Vorgängerorganisationen, die ARB und APB Opinions, gelten, soweit sie noch nicht aufgehoben wurden. Daneben sind auch andere rechnungslegungsbezogene Verlautbarungen des FASB, aber auch des AICPA und der SEC zu berücksichtigen und – wie im Common Law-System üblich – sogar die von Wirtschaftsprüfern bereits akzeptierten Rechnungslegungspraktiken.

FASB Accounting Standards Codification (ASC)

Die hohe Komplexität dieser nicht immer konsistenten Regeln, die starke Detailorientierung und die Berücksichtigung branchenspezifischer Besonderheiten haben gerade in den letzten Jahren zu Forderungen nach einem stärker prinzipienorientierten GAAP-System („rules- vs. principles-based accounting") geführt. Zudem hat sich eine Art Hierarchie mit einer Reihung der vielen Regeln in Abhängigkeit von ihrem Verbindlichkeitsgrad („House of GAAP") herausgebildet.[34] Diese vielschichtigen Hierarchieebenen sind in der heute geltenden Accounting Standards Codification auf zwei – verbindliche und unverbindliche Verlautbarungen – reduziert.

Diese Kodifizierung der US-GAAP – zugänglich über die Internetseite des FASB (www.fasb.org) – ist sachlogisch nach Themengebieten (Topics) strukturiert. Die Inhalte der Topics beschäftigen sich zusammengefasst mit den fünf Bereichen Rahmenkonzept, Darstellung, Jahresabschlusselemente, transaktionsspezifische Regelungen und branchenspezifische Regelungen. Eine eindeutige(re) Zahlenkodierung soll die Auffindbarkeit der Regeln erleichtern. So sind den ca. 90 Topics jeweils ein dreistelliger Zahlencode sowie den Subtopics und Sections jeweils ein zweistelliger Zahlencode zugeordnet. Beispielsweise sind die Ansatzvorschriften zur Goodwillbilanzierung unter der Kodierung „ASC 350-20-25" (Accounting Standards Codification, Topic Intangibles: 350; Subtopic Goodwill: 20; Section Recognition: 25) aufzufinden.[35]

Weiterentwicklung durch Accounting Standards Update

Nach wie vor entwickelt das FASB seine eigenen Standards in einem standardisierten Prozess (Standard-Setting Process bzw. Due Process). Auch haben weiterhin noch andere US-Institutionen wie AICPA und SEC mit ihren Verlautbarungen Einfluss auf die US-GAAP. Neu ist jedoch, dass sämtliche zukünftige Verlautbarungen unabhängig von ihrer Herkunft ausschließlich durch das FASB in die US-GAAP-Kodifizierung übernommen werden. Das FASB nimmt solche Änderungen durch sog. Accounting Standards Updates vor.

34 Vgl. *Rubin, S.*, The House of GAAP, in: JoA, Vol. 157 (1984), S. 123; *Sauter, D.*, Remodeling the House of GAAP, in: JoA, Vol. 172 (1991), S. 30-37.

35 Vgl. zur ASC ausführlicher *Sellhorn, T./Hahn, S./Müller, M. A.*, Die neue Ordnung der US-GAAP, in: KoR, 10. Jg. (2010), S. 154-163.

4 Rolle nationaler Standardsetzer am Beispiel des DRSC

Die nationalen Standardsetzer sind wichtige Teilnehmer am IFRS-Standardsetzungsverfahren. Das IASB betont die Bedeutung dieser Teilnehmerrolle durch die Gründung des ASAF und identifiziert in diesem Zusammenhang zentrale Aufgaben nationaler Standardsetzer:[36]

Aufgaben nationaler Standardsetzer

- Informationslieferanten und Sparringspartner für das IASB im Zuge der Standardentwicklung, u.a. auch, um die Kenntnis länderspezifischer und kultureller Besonderheiten beim IASB sicherzustellen;
- Interessenvertretung lokaler oder regionaler Stakeholder gegenüber dem IASB;
- Unterstützung des IASB bei der Verbreitung und dem Verständnis der IFRS auf lokaler Ebene;
- Gemeinsame Projektarbeit, z.B. bei Forschungsprojekten, der Einführung neuer Standards oder der Durchführung von Feldstudien und Post Implementation Reviews.

Beteiligung regionaler Vereinigungen

Das IASB erkennt in diesem Zusammenhang nicht nur nationale Standardsetzer, sondern auch regionale Zusammenschlüsse nationaler Standardsetzer als bedeutende Akteure im Standardsetzungsprozess an. Dazu gehören:

- Asian-Oceanian Standard-Setters Group (AOSSG);
- European Financial Reporting Advisory Group (EFRAG)[37];
- Group of Latin-American Standard-Setters (GLASS);
- Pan African Federation of Accountants (PAFA).

Diese Organisationen repräsentieren ganze Kontinente und arbeiten mit den betroffenen nationalen Standardsetzern zusammen, jedoch ohne sie in ihrer Kooperation mit dem IASB vollständig zu verdrängen. Insbesondere die Standardsetzer großer Volkswirtschaften, wie z.B. das US-amerikanische FASB oder das deutsche DRSC, stehen schon ihrem Selbstverständnis nach in unmittelbarem bilateralen Kontakt zum IASB.

Kanäle der Zusammenarbeit

Mit dem Ziel, die Kooperation zwischen IASB und bedeutenden nationalen Standardsetzern sowie Vereinigungen aus dem Umfeld der Rechnungslegungsregulierung auszubauen und zu verstetigen, wurde im Jahr 2013 mit dem ASAF ein entsprechendes Forum geschaffen. Zudem wirken nationale Standardsetzer auch über andere Wege und beratende Gremien auf vielfältige Weise intensiv am Standardsetzungsprozess mit. Darüber hinaus haben sich das IASB und die im International Forum of Accounting Standard Setters (IFASS) organisierten Institutio-

36 Vgl. *IASB* (Hrsg.), Webpage, abrufbar unter: https://www.ifrs.org/groups/accounting-standards-advisory-forum/ (Stand: 09.10.2020).

37 Vgl. zur EFRAG und ihrer Rolle im Endorsement-Verfahren den Abschnitt 5.1 in diesem Kapitel.

nen und Vereinigungen im Jahr 2014 auf eine Charta verständigt, die grundlegende Prinzipien zur Ausgestaltung der Zusammenarbeit unter der Maßgabe eines offen-kooperativen Verhältnisses im Sinne des öffentlichen Interesses enthält. Des Weiteren organisiert das IASB seit 2002 die World Standard-Setters Conference, die jährlich in London tagt. Die Zusammenarbeit mit nationalen Standardsetzern und regionalen Vereinigungen abseits der etablierten Beratungsgremien wird demnach als eine weniger projektbezogene und tendenziell breiter angelegte Ergänzung angesehen.[38]

DRSC als privates Rechnungslegungsgremium

Am Beispiel des deutschen DRSC soll die unmittelbare wie auch mittelbare Zusammenarbeit mit dem IASB deutlich werden: Das 1998 gegründete und 2011 neu strukturierte DRSC ist als eingetragener Verein (e.V.) mit Sitz in Berlin vom Bundesministerium der Justiz (BMJ) gemäß § 342 Abs. 1 HGB anerkannt und hiernach zur Erfüllung gesetzlicher Aufgaben angehalten. Diese Aufgaben sind zwei größeren Blöcken zuzuordnen. Während die „Entwicklung von Empfehlungen zur Anwendung der Grundsätze über die Konzernrechnungslegung" (§ 342 Abs. 1 Nr. 1 HGB) und die „Beratung des BMJ bei Gesetzgebungsvorhaben zu Rechnungslegungsvorschriften" (Nr. 2) stärker national ausgerichtet sind und auf das HGB zielen, dürften die „Vertretung der Bundesrepublik Deutschland in internationalen Standardisierungsgremien" (Nr. 3) und die „Erarbeitung von Interpretationen der internationalen Rechnungslegungsstandards" (Nr. 4) deutlich stärker auf die oben adressierte Zusammenarbeit mit dem IASB zielen und diese gesetzlich legitimieren.

Organisation des DRSC

Die Aufgabenzweiteilung kommt auch in der Organisationsstruktur des DRSC zum Ausdruck. Die in Abbildung 2.8 skizzierte DRSC-Struktur zeigt zwei zentrale und nebeneinander angeordnete Fachgremien (IFRS-Fachausschuss und HGB-Fachausschuss) unter der Leitung des Präsidiums. Aktueller Präsident des DRSC ist Andreas Barckow, der allerdings Mitte 2021 den Vorsitz des IASB übernehmen und durch Georg Lanfermann ersetzt werden wird.

Fachausschüsse des DRSC

In den Fachgremien sind jeweils sieben Mitglieder ehrenamtlich tätig, die gemäß der Vereinssatzung über „besondere Fachkompetenz und Erfahrung auf dem Gebiet der Rechnungslegung verfügen" (§ 19). Beide Fachausschüsse stimmen sich regelmäßig ab, informieren sich gegenseitig (§ 20 Abs. 6 der Vereinssatzung) und werden vom Berliner Mitarbeiterstab des DRSC unterstützt. Ob die beiden Fachausschüsse auch spannungsfrei miteinander kooperieren, bleibt indes dahingestellt, wenn z.B. der IFRS-Ausschuss im Sinne des skizzierten IASB-Verständnisses die Verbreitung der IFRS oder des IFRS for SMEs in Deutschland vorantreiben soll.

Nach der Vereinssatzung sind die Fachausschüsse zuständig für die Erstellung von (§ 20 Abs. 1):

- Interpretationen der internationalen Rechnungslegungsstandards im Sinne von § 315a HGB;

38 Vgl. *IASB* (Hrsg.), Charter, The IASB and other accounting standard-setters (April 2014), abrufbar unter http://www.ifrs.org (Stand: 09.10.2020).

- Rechnungslegungsstandards im Sinne von § 342 HGB (DRS);
- Stellungnahmen gegenüber nationalen und internationalen Adressaten zu Fragen der Rechnungslegung;
- Diskussionspapieren, sonstigen Stellungnahmen und Veröffentlichungen.

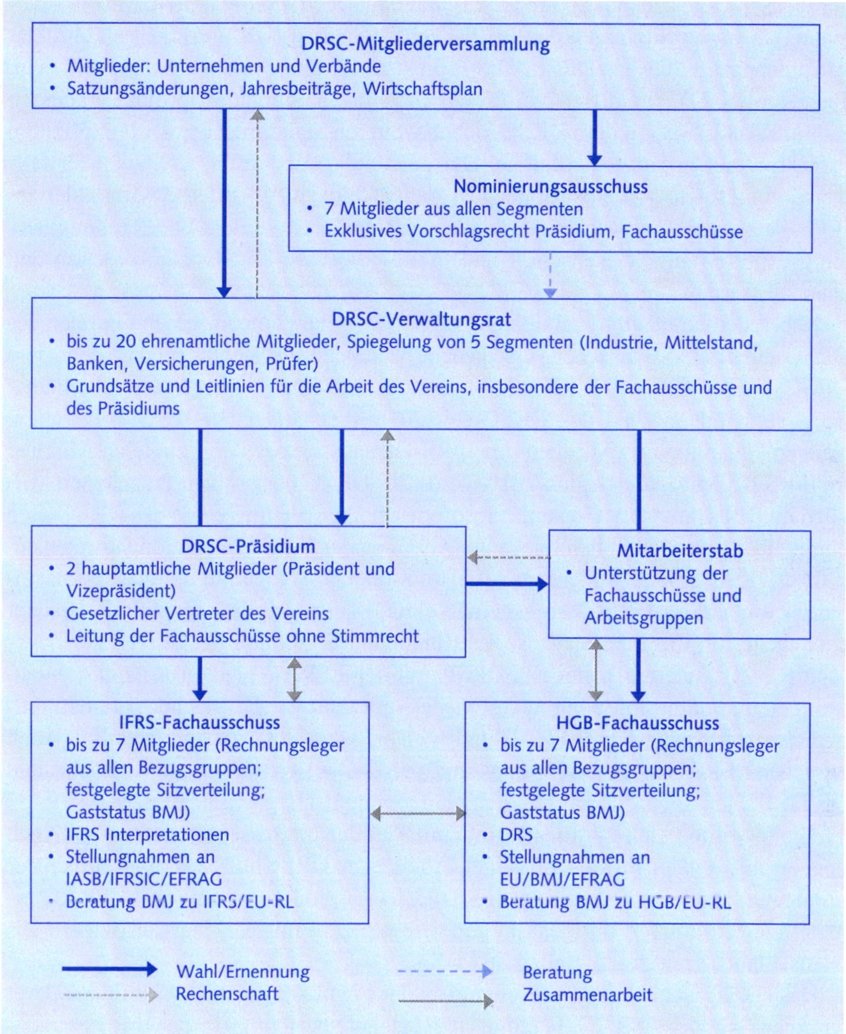

Abb. 2.8: Organigramm des DRSC (Quelle: *DRSC* (Hrsg.), Jahresbericht 2019, S. 46, abrufbar unter http://www.drsc.de (Stand: 09.10.2020)

Während der HGB-Fachausschuss die Entwicklung der DRS verantwortet und die HGB-Fortentwicklung begleitet, wird die inhaltliche Kooperation mit dem IASB also primär vom IFRS-Fachausschuss getragen. Dieser ist zuständig, wenn Stellungnahmen zu Diskussionspapieren und Standardentwürfen des IASB, des IFRS IC und auch der EFRAG im Namen des DRSC erarbeitet werden. Der IFRS-Fachausschuss und das DRSC-Präsidium stehen darüber hinaus in bilateralem Kontakt zum IASB, sind Informationslieferant, Sparringspartner und Unterstützer des IASB bei der Standardentwicklung sowie bei der Verbreitung und Verständnisförderung der IFRS in Deutschland. So nimmt z.B. das deutsche IASB-Mitglied, Martin Edelmann, häufig an Sitzungen des IFRS-Fachausschusses teil und dient als direkter Ansprechpartner für das DRSC. Das Projekt zum Management Commentary (vgl. auch Kapitel 27) ist ein Beispiel für ein einzelnes Kooperationsprojekt, in dessen Rahmen das IASB mit dem DRSC, neben weiteren Standardsetzern, als explizitem Projektpartner zusammenarbeitete. Der personelle Austausch, z.B. auch für fallweise eingesetzte Arbeitsgruppen, ist dabei keineswegs auf die Mitglieder im IFRS-Fachausschuss beschränkt, sondern umfasst weitere deutsche Rechnungslegungsexperten aus Wissenschaft und Praxis, die vom DRSC angesprochen und entsandt werden.

Personelle Verflechtungen

Neben den Kontakten und dem Austausch zwischen den einzelnen Gremien des DRSC und des IASB bestehen verschiedene personelle Verflechtungen zwischen dem DRSC und den Organen der IFRS Foundation. So ist Dr. Werner Brandt als ehemaliges Vorstandsmitglied des DRSC seit 2015 Treuhänder der IFRS Foundation. Karsten Ganssauge ist Mitglied des IFRS-Fachausschusses und zugleich Mitglied im IFRS IC. Mit Jahresbeginn 2019 wurde das DRSC über seinen Präsidenten Mitglied im IFRS Advisory Council.[39] Insofern scheinen die Interessen des DRSC auch unmittelbar personell in den relevanten Gremien der IFRS Foundation vertreten.

Zusammenarbeit des DRSC mit weiteren Institutionen

Das DRSC arbeitet außerdem auf institutionellem Wege mit dem IASB zusammen. Zwar ist das DRSC turnusgemäß aktuell kein Mitglied des ASAF, besucht aber weiterhin die quartalsweise stattfindenden Sitzungen des ASAF (vgl. Abschnitt 2.2). Zudem arbeitet das DRSC mit der EFRAG (vgl. Abschnitt 5.1) zusammen und damit mittelbar auch (wieder) mit dem IASB. Das DRSC ist stimmberechtigtes Mitglied der EFRAG und auch an deren Finanzierung beteiligt. Auch zwischen EFRAG und DRSC gibt es enge personelle Verflechtungen.[40] Zudem steht das DRSC in engem Kontakt zu den weiteren deutschen Mitgliedern der EFRAG TEG und stimmt sich mit diesen mit dem Ziel der Interessenbündelung ab. Auch bei verschiedenen EFRAG-Initiativen arbeitet das DRSC mit, z.B. im Rahmen der proaktiven Begleitung wichtiger IFRS-Projekte (proactive activities; EFRAG arbeitet hier zusammen mit der EU und insbesondere mit den Standardsetzern aus Deutschland, Frankreich, Italien und UK).

Finanzierung des DRSC

Das DRSC ist auch für Deutschland an der Finanzierung des IASB und anderer Gremien, wie der EFRAG, beteiligt. Im Geschäftsbericht 2015 der IFRS Foundation wird bei der Auflistung der weltweiten Spenden das DRSC als zentrale Stelle zur Ansammlung und Weiterleitung der deutschen Spenden in Höhe von 683.211 £

39 Vgl. *DRSC* (Hrsg.), Jahresbericht 2019, S. 21, abrufbar unter http://www.drsc.de (Stand: 09.09.2020).

40 Vgl. *DRSC* (Hrsg.), Jahresbericht 2019, S. 18-19, abrufbar unter http://www.drsc.de (Stand: 09.09.2020).

genannt. Hinzuzufügen ist, dass das DRSC selbst durch Beiträge von freiwilligen Mitgliedern in Höhe von rund 2,2 Mio. € (2019) finanziert wird, und dass sich beide Spendergruppen deutlich überschneiden: Neben den Prüfungsgesellschaften gehören hierzu regelmäßig die größeren, kapitalmarktorientierten (Mutter-)Unternehmen. Um auch den von der HGB-Facharbeit profitierenden Mittelstand zur Finanzierung heranzuziehen, sind im DRSC darüber hinaus einige große mittelständische Unternehmen sowie mitgliederstarke Unternehmensverbände, wie z.B. der Bundesverband der Deutschen Industrie (BDI), der Deutsche Genossenschafts- und Raiffeisenverband (DGRV) oder die Vereinigung zur Mitwirkung an der Entwicklung des Bilanzrechts für Familiengesellschaften (VMEBF), als Mitglieder organisiert.[41]

5 Anerkennung und Durchsetzung der IFRS

5.1 Anerkennung der IFRS in der EU (Endorsement)

Fehlende rechtliche Verbindlichkeit

Als private Vereinigung hat das IASB keine Möglichkeit, die eigenen Standards rechtlich verbindlich vorzuschreiben. Einzelne Länder sahen – und einige tun dies nach wie vor – die IFRS lange Zeit nicht als gleichwertig mit ihren eigenen nationalen Bilanzierungsregeln an und verweigerten daher Abschlüssen nach IFRS die rechtliche Anerkennung.

Anerkennungsverfahren

Problematisch erscheint, dass das IASB keine staatliche Organisation ist. Faktisch hat also die EU die Entwicklung von Rechnungslegungsstandards an eine private Organisation ausgelagert. Um weiterhin die legislative Kompetenz zu wahren, behalten sich die EU-Instanzen das Recht vor, die IFRS vor der Umsetzung in europäisches Recht zu überprüfen und erst bei Übereinstimmung mit den EG-Richtlinien und den europäischen Interessen anzuerkennen. Hierzu sieht die EU-Kommission ein formelles Anerkennungsverfahren (endorsement mechanism) vor, das neu herausgegebene und überarbeitete IFRS zu durchlaufen haben, bevor sie auf EU-Ebene für die Zwecke der IAS-Verordnung verbindlich werden (Abbildung 2.9).

EFRAG

Auf technischer Ebene wurde eine qualifizierte Expertengruppe, die European Financial Reporting Advisory Group (EFRAG), eingesetzt. Diese wurde am 2001 auch mit der Aufgabe gegründet, die europäischen Interessen dem IASB gegenüber zu vertreten und dabei die Arbeit der nationalen Standardsetzer (für Deutschland: DRSC) zu koordinieren. Vordergründig sollte sie jedoch die Europäische Kommission hinsichtlich der Anerkennung von IFRS-Standards beraten. Aktuell begleitet die EFRAG nicht nur die Anwendung der IFRS im europäischen Rechtsumfeld fachlich und prüft damit die endgültigen Verlautbarungen, sondern soll

41 Vgl. zur Finanzierung der IFRS Foundation und des DRSC sowie zu den jeweiligen Personalia die jeweiligen Geschäftsberichte (www.ifrs.org bzw. www.drsc.de).

laut ihrer eigenen Mission als „the European Voice in Financial Reporting" wahrgenommen werden.[42]

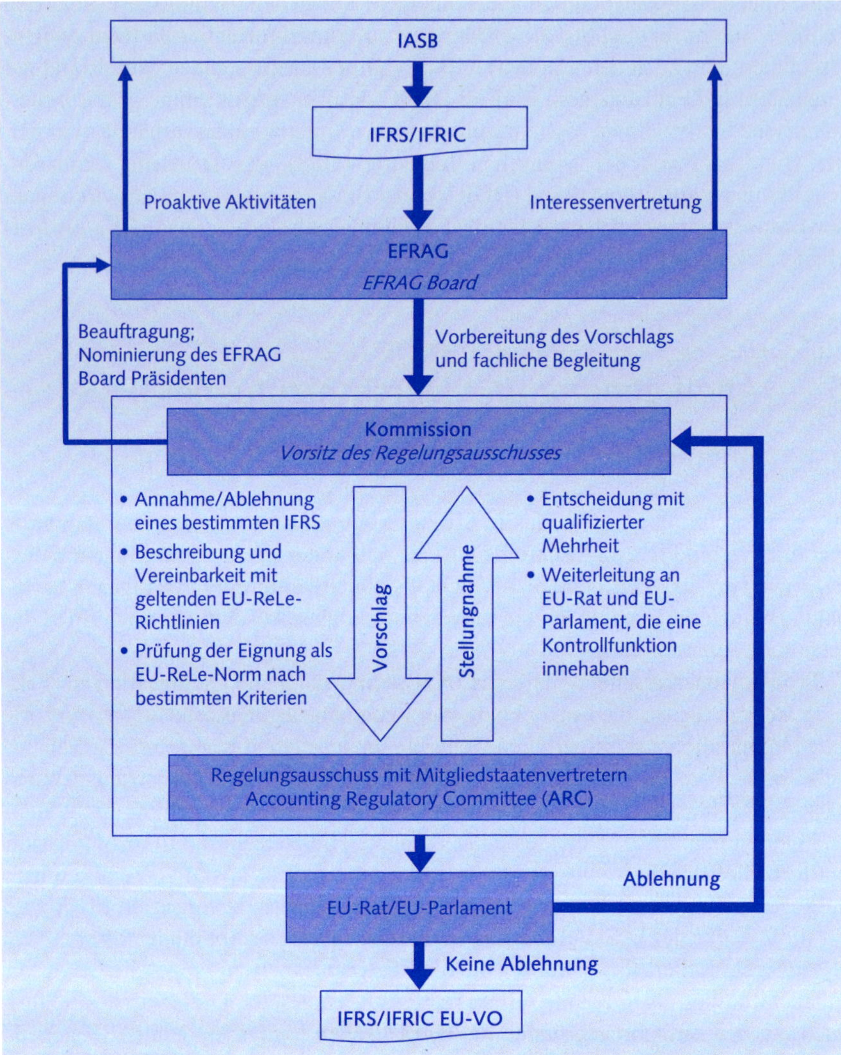

Abb. 2.9: Anerkennungsverfahren (Endorsement Mechanism), in Anlehnung an *Oversberg, T.*, Übernahme der IFRS in Europa: Der Endorsement-Prozess – Status quo und Aussicht, in: DB, 60. Jg. (2007), S. 1599 f.

42 *EFRAG* (Hrsg.), Annual Report 2019, S. 2, abrufbar unter: http://www.efrag.org/ (Stand: 08.10.2020).

Maystadt-Bericht: Neuausrichtung der EFRAG

Im Nachgang zur Finanzkrise identifizierte die EU die Stärkung ihres Einflusses auf die thematische und inhaltliche Arbeit des IASB als wichtige Maßnahme zur Sicherung der Finanzmarktstabilität. Die Rolle der EFRAG dabei war u.a. Gegenstand einer Untersuchung des Sonderbeauftragten Philippe Maystadt im Auftrag des EU-Kommissars für Binnenmarkt und Dienstleistung, deren Ergebnisse im November 2013 im sog. „Maystadt-Bericht" veröffentlicht wurden.[43] Im Ergebnis verschob sich der Fokus des Aufgabenspektrums der EFRAG merklich von der bisher vordergründig beratenden Tätigkeit im Rahmen der ex post-Übernahmeentscheidungen hin zu einer stärker politisch orientierten, proaktiven Vertretung gebündelter europäischer Interessen gegenüber dem IASB („one voice"-Gedanke) und damit zu einer verstärkten Einflussnahme auf den Standardsetzungsprozess selbst. Diese veränderten Anforderungen an die EFRAG manifestieren sich auch in Veränderungen in deren Struktur.[44]

Organe und Arbeitsweise der EFRAG

Den Nucleus innerhalb der EFRAG bildet das durch die Maystadt-Reform neu zugeschnittene EFRAG Board, das letztlich für die Position der EFRAG verantwortlich ist und diese insbesondere in der Person des von der EU-Kommission bestimmten Board-Präsidenten nach außen hin repräsentiert. Das Board ist paritätisch mit jeweils acht Vertretern nationaler Standardsetzer und europäischer Stakeholder-Organisationen (z.B. Berufs- oder Branchenverbände) besetzt. Die Board-Mitglieder werden von der Generalversammlung ernannt, die zudem – mit Ausnahme fachlicher Aspekte – als Aufsichtsorgan fungiert. Möglicherweise auch um anschließende Entscheidungen zu beschleunigen, haben Vertreter wichtiger europäischer Institutionen, insbesondere der EU-Kommission, einen Beobachterstatus mit Rederecht inne. In seiner konsensorientierten Entscheidungsfindung stützt sich das EFRAG Board auf die Arbeit der EFRAG Technical Expert Group (EFRAG TEG) berücksichtigt zudem die Position des zuständigen Regelungsausschusses (ARC, siehe unten) sowie gesamtwirtschaftliche Konsequenzen. Darüber hinaus existiert mit dem EFRAG Consultative Forum of Standard Setters (EFRAG CFSS) ein Beratungsgremium für das EFRAG Board und die EFRAG TEG sowie weitere themenspezifische Arbeitsgruppen. Das EFRAG CFSS sichert jenen nationalen Standardsetzern die Einflussnahme, die weder zu den ständigen Mitgliedern des Board gehören, noch aktuell einen der rotierenden Sitze halten. Über die nationalen Standardsetzer sollen die Ergebnisse des EFRAG CFSS zudem in das ASAF getragen werden und so auch auf diesem Wege in die Arbeit des IASB einfließen. Die Koordination und Durchführung aller Aufgaben der EFRAG werden durch einen Mitarbeiterstab (EFRAG Secretariat) unter der Verantwortung eines CEO unterstützt. Im Rahmen des Standardsetzungsverfahrens holt die EFRAG

43 Abrufbar unter http://ec.europa.eu/internal_market/accounting/docs/governance/reform/131112_report_en.pdf; vertiefend *Lanfermann, G.*, Maystadt-Bericht zur künftigen Rolle Europas in der IFRS-Rechnungslegung, in: BB, 69. Jg. (2014), S. 235-237.

44 Vgl. *Lanfermann, G.*, IFRS Reloaded, in: WPg, 69. Jg. (2016), S. 22-27; *EU-Kommission/EFRAG* (Hrsg.), Working Arrangement between the European Commission and EFRAG vom 02.06.2016, abrufbar unter http://www.efrag.org/ (Stand: 09.10.2020).

in einem eigenen öffentlichen Due Process die Kommentare interessierter Kreise auf europäischer Ebene ein und macht der Kommission einen Vorschlag für die Annahme oder Ablehnung neuer IFRS auf Basis der in Art. 3 Abs. 2 der IAS-Verordnung genannten Kriterien. Neben der Beurteilung, inwiefern neue IFRS dem dort genannten „true and fair view"-Grundsatz dienen, scheinen zunehmend auch Erwägungen zu den (makro-)ökonomischen Auswirkungen im Sinne des europäischen öffentlichen Interesses in den Fokus der EU – und damit der EFRAG – zu rücken.[45]

ARC

Auf politischer Ebene hat die EU einen Regelungsausschuss für Rechnungslegung (Accounting Regulatory Committee, ARC) eingerichtet, in dem die einzelnen Mitgliedstaaten vertreten sind. Die EU-Kommission sitzt diesem Ausschuss vor. Im Rahmen eines vereinfachten Gesetzgebungsverfahrens (Komitologieverfahren) ist dieser Regelungsausschuss für die europaweite Anerkennung der einzelnen IFRS zuständig. Die EU-Kommission hat dabei das Recht, dem Regelungsausschuss einzelne Standards zur Annahme vorzuschlagen. Der Regelungsausschuss stimmt dann über den Vorschlag ab. Beschlüsse kommen dabei mit einer qualifizierten Mehrheit zustande.[46] Da dieses Verfahren mit der Verordnung 182/2011 grundsätzlich abgeschafft wurde und nur noch in Ausnahmefällen Anwendung findet, scheint die Zukunft des Regelungsausschusses ungewiss.

EU-Rat/EU-Parlament

Stimmt das ARC mit dem Kommissionsvorschlag überein, gibt die Kommission den IFRS frei und legt ihn dem Rat der EU sowie dem EU-Parlament zur Kontrolle vor. Diese können den Standard in bestimmten Fällen innerhalb von drei Monaten noch ablehnen, andernfalls geht er in EU-Recht über. Lehnt das ARC selbst bereits einen Kommissionvorschlag ab oder trifft es keinen Beschluss mit der erforderlichen Mehrheit, muss die Kommission das Parlament unterrichten und dem Rat einen Vorschlag vorlegen, über den dieser innerhalb von zwei Monaten befinden muss. Trifft der Rat innerhalb dieses Zeitraumes keine Entscheidung, geht sie auf das Parlament über. Falls sich der Rat gegen den Vorschlag aussprechen sollte, kann die EU-Kommission den Vorschlag – theoretisch – ändern oder denselben Vorschlag noch einmal vorlegen. Unabhängig davon haben Rat und Parlament jedoch in jedem Fall das Recht, die Übernahmeempfehlung der Kommission und damit ein Endorsement abzulehnen, wenn sie eine Überschreitung der Durchführungsbefugnisse der Kommission, eine Verletzung der Ziele der IAS-Verordnung oder einen Verstoß gegen die Grundsätze der Subsidiarität oder der Verhältnismäßigkeit sehen.[47]

45 Vgl. *EFRAG* (Hrsg.), Mission statement, abrufbar unter http://www.efrag.org; *EU-Kommission/EFRAG* (Hrsg.), Working Arrangement between the European Commission and EFRAG vom 02.06.2016, abrufbar unter http://www.efrag.org (Stand: 16.12.2020).

46 Vgl. Art. 6 Abs. 1 und 2 IAS-Verordnung 1606/2002 i.V.m. Art. 5a Abs. 2 Ratsbeschluss 1999/468 und Art. 205 Abs. 2 EG-Vertrag.

47 Vgl. Art. 6 Abs. 2 IAS-Verordnung 1606/2002 i.V.m. Art. 5a Ratsbeschluss 1999/468; *Buchheim, R./Knorr, L./Schmidt, M.*, Anwendung der IFRS in Europa: Das neue Endorsement-Verfahren, in: KoR, 8. Jg. (2008), S. 337-341.

Würdigung

Im aktuellen Regelungsrahmen der IFRS bestehen noch einige Problemfelder. So ist derzeit teilweise ein erhebliches „time-lag"-Problem erkennbar. Zwischen der Veröffentlichung eines Standards durch das IASB und der Übernahme durch die EU können bisweilen lange Zeiträume liegen. Problematisch ist hierbei, dass Unternehmen nach der Veröffentlichung durch das IASB quasi „freien Blick" auf einen neu entwickelten Standard haben, dieser allerdings von der EU noch nicht „endorsed" ist. Wenden sie diesen Standard an, stellen sie einen Abschluss auf, der nach IAS 1.16 mit den IFRS übereinstimmt und es damit einem Wirtschaftsprüfer ermöglicht, den Abschluss als IFRS-konform zu testieren. Doch welcher Grundlage hat ein IFRS-Abschluss eines europäischen Unternehmens zu entsprechen? Den veröffentlichten IFRS des IASB oder denjenigen nach dem Endorsement? Die EU-Kommission empfiehlt in einem solchen Fall, den noch nicht anerkannten Standard als Leitlinie bei der Auslegung des offiziell noch ungeregelten Bilanzierungsproblems zu verwenden. Im Fall, dass ein in der Vergangenheit durch die EU-Kommission anerkannter Standard existiert, der zu einem neuen, vom IASB veröffentlichten, aber noch nicht in EU-Recht transformierten Standard in Widerspruch steht, gilt allerdings der Grundsatz, dass bis zu einem positiven Abschluss des Komitologieverfahrens der bereits anerkannte Standard anzuwenden ist.[48] Durch die 2007 erfolgte Anerkennung der IFRS durch die SEC im Rahmen der sog. cross-border listings kann sich ein weiteres Problem ergeben: Da die SEC die IFRS als solche anerkennt und nicht die „EU-endorsed IFRS", kann ggf. für europäische Unternehmen, die in den USA gelistet sind, eine Art Überleitungsrechnung notwendig sein.

EU-IFRS

Ein europäischer Sonderweg im Sinne von Auslassungen oder Ergänzungen der „offiziellen" IFRS (sog. „carve-outs" bzw. „carve-ins") dürfte aufgrund der damit verbundenen Friktionen für alle Beteiligten (auch künftig) nicht im Sinne der EU sein und somit wohl – wie im Falle bestimmter Teile von IAS 1 und IAS 8 – die Ausnahme bleiben. Die aktuellen Bestrebungen der EU scheinen eher darauf gerichtet, im Sinne der Durchsetzung europäischer Interessen bereits die Entstehung der IFRS stärker proaktiv zu begleiten und den Einfluss auf das IASB insgesamt zu erhöhen. So hat die Kommission z.B. die Kofinanzierung der IFRS Foundation verstetigt, sodass diese bis 2020 mit europäischen Mitteln planen kann (vgl. Abschnitt 2.2). Dies zeigt sich auch in der oben beschriebenen Reform der EFRAG und ihrer stärker politisch motivierten Arbeitsweise. Deren zentralem Gremium, dem EFRAG Board, steht seit Mitte 2016 nicht nur ein ehemaliger EU-Parlamentarier als Präsident vor, auch die Anforderungen der Kommission an die EFRAG-Übernahmeempfehlungen scheinen im Wandel. So legt die Kommission im Endorsementprozess nun zunehmend Wert auf die Analyse ökonomischer Auswirkungen sowie potenzieller Schädigungen der europäischen Wirtschaft und hält die

48 Vgl. *Pellens, B./Jödicke, D./Jödicke, R.*, Anwendbarkeit nicht freigegebener IFRS innerhalb der EU, in: BB, 62. Jg. (2007), S. 2503-2507; *Jödicke, R.*, Regelungslücken nach IFRS/IAS: Vorgehensweise und empirische Analyse am Beispiel von Stock Options und Versicherungsverträgen, zugl. Diss., Bochum 2009.

EFRAG an, entsprechende Fachkapazitäten auszubauen. Auf die Prozessdauer dürfte dies verlängernd wirken.[49]

Aktuelle Entwicklungen

Im Rahmen des Aktionsplans der EU zur Finanzierung nachhaltigen Wachstums wurde im Februar 2019 durch die EFRAG ein Corporate Reporting Lab ins Leben gerufen.[50] Das European Lab dient dem europäischen öffentlichen Interesse und hat sich zum Ziel gesetzt, Innovationen im Bereich der Unternehmensberichterstattung in Europa zu stimulieren. Ein erster Bericht der Project Task Force on Climate-related Reporting des European Lab ist unter dem Titel „How to improve climate-related practices – A summary of good practices from Europe and beyond" im Februar 2020 erschienen.[51] Eine zweite Task Force zum Thema „Reporting of Non-financial Risks and Opportunities and Linkage to the Business Model" wurde im Juni 2020 eingesetzt.[52] Weitere (hoffentlich) innovative Projekte und Ergebnisse des EFRAG Lab sind mit Spannung zu erwarten.

5.2 Durchsetzung der IFRS (Enforcement)

Bilanzskandale als Auslöser

Neben der Entwicklung einheitlicher, internationaler Standards ist auch die Überwachung der ordnungsgemäßen Anwendung der Standards problematisch. Besonders durch spektakuläre Bilanzskandale, wie im Fall von Enron in den USA oder Parmalat und Flowtex in Europa, ist das Vertrauen der Finanzmärkte in die Rechnungslegung stark erschüttert worden. Im Fall Parmalat wurden Bilanzen gefälscht, um die sehr hohe Verschuldung des Konzerns zu verschleiern. Nach Aufdeckung des Bilanzbetrugs musste Parmalat Insolvenz anmelden und Investoren verloren große Teile ihres eingesetzten Kapitals. Um solche Manipulationen in Zukunft einzuschränken, wurde die Etablierung einer Aufsichtsinstanz gefordert, die die Einhaltung der Rechnungslegungsvorschriften seitens der Unternehmen kontrollieren sollte.

---

49 Vgl. *EU-Kommission*, Bewertung der Verordnung (EG) Nr. 1606/2002 vom 19. Juli 2002 betreffend die Anwendung internationaler Rechnungslegungsstandards, COM (2015) 301 vom 18.06.2015; für eine eingehende Analyse der Übernahmeempfehlung zu IFRS 9 und der Bedeutung der angelegten Kriterien auf den Einfluss der EU auf das IASB vgl. *Bischof, J./Daske, H.*, Interpreting the Europeans Union's IFRS Endorsement Criteria: The Case of IFRS 9, in: AiE, Vol. 13 (2016), S. 129-168.

50 Vgl. *EFRAG*, European Corporate Reporting Lab, abrufbar unter http://www.efrag.org/Activities/1807101446085163/European-Lab-facts (Stand: 08.10.2020).

51 Vgl. *EFRAG*, European Lab, abrufbar unter: https://www.efrag.org/Lab1 (Stand: 12.12.2020).

52 Vgl. *EFRAG*, Risks, Opportunities, and Business Model, abrufbar unter: https://www.efrag.org/Activities/2010051121466598/Risks-opportunities-and-business-model (Stand: 12.12.2020).

EU-Kommission fordert fünf Kriterien

Im Zuge der Entwicklung eines einheitlichen europäischen Kapitalmarktes formulierte die EU-Kommission bereits im Juni 2000 in einer Mitteilung an das europäische Parlament fünf Kriterien, die erfüllt werden sollten, um eine funktionierende Infrastruktur für die Rechnungslegung in Europa zu gewährleisten. Im Einzelnen sind dies:

- die Entwicklung klarer Rechnungslegungsstandards,
- eine zeitnahe Auslegung und Anleitung zur Umsetzung der Standards,
- die gesetzliche Abschlussprüfung,
- die Kontrolle durch Aufsichtsinstanzen, sowie
- wirksame Sanktionen bei Nichtbeachtung der Standards.

Abschlussprüfung

Die Jahres- und Konzernabschlüsse bestimmter deutscher Kapital- und Personengesellschaften sind von einem Abschlussprüfer zu prüfen und zu testieren. Dies soll gewährleisten, dass die dadurch vermittelten Informationen frei von wesentlichen Fehlern und somit verlässlich sind. Stimmt der Abschluss mit den bestehenden gesetzlichen Regelungen nicht überein, kann der Wirtschaftsprüfer den Bestätigungsvermerk einschränken oder vollständig versagen. Ein versagter Bestätigungsvermerk dürfte ein deutliches negatives Signal darstellen, hat allerdings kaum unmittelbare rechtliche Konsequenzen. Lediglich bei einer Kapitalerhöhung aus Gesellschaftsmitteln und bei einer Nachtragsprüfung durch die Hauptversammlung wird gemäß § 209 Abs. 1 AktG bzw. § 173 Abs. 3 AktG ein uneingeschränkter Bestätigungsvermerk verlangt. Um das Ziel einer einheitlichen Durchsetzung von Rechnungslegungsstandards in Europa zu erreichen, bedarf es auch einer länderübergreifenden, einheitlichen Abschlussprüfung, die in Europa allerdings noch nicht vollständig gegeben ist. Bisher hat die EU-Kommission von den Nationalstaaten gefordert, einheitliche Kriterien für die Abschlussprüfung zu erstellen sowie die Abschlussprüfer einer externen Kontrolle zu unterziehen.

Europäische Harmonisierung der Abschlussprüfung

Durch die EU-Richtlinie 2006/43/EG (EuroSOX) bekam die EU-Kommission die Möglichkeit, einheitliche Prüfungsstandards, z.B. die internationalen Prüfungsgrundsätze (International Standards on Auditing, ISA), anzunehmen. Dies wurde mit dem BilMoG im HGB verankert. Gemäß § 317 Abs. 5 HGB sind bei der handelsrechtlichen Abschlussprüfung die ISA anzuwenden, die von der EU-Kommission angenommen wurden.[53] Bisher wurde allerdings ein der IFRS-Übernahme ähnliches Komitologieverfahren zur Transformation der ISA in europäisches Recht noch nicht eingerichtet. Dementsprechend sind die ISA gegenwärtig nicht gesetzlich verpflichtend; eine freiwillige Anwendung ist aber durchaus zulässig. Der Forderung der EU-Kommission nachkommend, entwickeln sich nun die ersten nationalen Lösungen. So plant das Institut der Wirtschaftsprüfer (IDW) derzeit die Übernahme der ISA erstmalig für die Prüfung von Abschlüssen für

53 Vgl. hier und im Folgenden zur Abschlussprüfung: *Wirtschaftsprüferkammer*, abrufbar unter https://www.wpk.de/neu-auf-wpkde/pruefung/2020/sv/anwendung-der-international-standards-on-auditing-isa-in-deutschland/ (Stand: 09.09.2020).

Berichtszeiträume, die am oder nach dem 15.12.2021 beginnen.[54] Die sog. ISA [DE] stellen die Originaltexte der ISA – unter Berücksichtigung nationaler (deutscher) Besonderheiten – dar. Die IDW PS sind dann weiterhin erforderlich, wenn es zu einem bestimmten Sachverhalt keinen ISA gibt (z.B. bei der Prüfung des Lageberichtes).

Neuordnung der Regulierung der Abschlussprüfung seit Grünbuch

Im Oktober 2010 veröffentlichte die EU-Kommission das „Grünbuch – Weiteres Vorgehen im Bereich der Abschlussprüfung: Lehren aus der Krise", in dem die Rolle des Wirtschaftsprüfers im europäischen Kontext in Folge der Finanz- und Wirtschaftskrise neu erörtert wird.[55] Die damit angestoßene Neuordnung der Regulierung der Abschlussprüfung verfolgt insbesondere das Ziel der Erhöhung der Prüfungsqualität. Mit der unmittelbar bindenden Verordnung 537/2014 wurden zumindest für die Prüfung von Gesellschaften des öffentlichen Interesses (sog. Public Interest Entities, PIEs) – im Wesentlichen kapitalmarktorientierte Unternehmen und Finanzdienstleister – ähnlich zur IAS-Verordnung EU-weit einheitliche Regeln geschaffen. Die Umsetzung in deutsches Recht erfolgte mit dem Abschlussprüfungsreformgesetz (AReG) sowie dem Abschlussprüferaufsichtsreformgesetz (APAReG), die im Grundsatz für Geschäftsjahre ab Mitte 2016 gelten. Hervorzuheben sind dabei die Einführung einer externen Pflichtrotation des Prüfers sowie die Möglichkeit der Durchführung gemeinschaftlicher joint audits mit kleineren Prüfungsgesellschaften zur Verlängerung entsprechender Mandatsdauern, Änderungen bei den zulässigen Nichtprüfungsleistungen, Erweiterungen der Inhalte des Bestätigungsvermerks sowie Erweiterungen und Konkretisierungen des Aufgabenspektrums von Aufsichtsräten bzw. Prüfungsausschüssen. Diese betreffen insbesondere die Auswahl des Abschlussprüfers sowie die Zusammenarbeit zwischen Prüfer und Aufsichtsrat. Zudem tritt mit der beim Bundesamt für Wirtschaft und Ausfuhrkontrolle angesiedelten Abschlussprüferaufsichtsstelle (APAS) eine berufsstandsunabhängige Behörde an die Stelle der bisher tätigen Abschlussprüferaufsichtskommission (APAK) und übernimmt deren Aufgaben im Rahmen der Abschlussprüferaufsicht. Insgesamt ergeben sich aus den europarechtlichen Vorgaben also durchaus merkliche Änderungen für das deutsche Corporate Governance-System, wenngleich der deutsche Gesetzgeber die vorhandenen Mitgliedstaatenwahlrechte eher maßvoll ausgeübt hat.[56]

Qualitätssicherung bei Abschlussprüfungen

Bereits im November 2000 hatte die EU-Kommission eine erste Empfehlung zur Qualitätssicherung bei Abschlussprüfungen ausgegeben. Der Peer Review, ein Mittel der externen Kontrolle, wird darin als ein geeignetes Qualitätssicherungssystem genannt. Ein Peer Review ist die Überprüfung von Wirtschaftsprüfern und

54 Vgl. *IDW*, abrufbar unter https://www.idw.de/ (Stand: 09.09.2020).

55 Abrufbar unter https://op.europa.eu/en/publication-detail/-/publication/08744053-2f56-415a-a985-7ceaef3d3b3a/language-de (Stand: 09.09.2020).

56 Vgl. zum deutschen System der Corporate Governance z.B. *Loy, T./Mehnert, C./Bravidor, M.*, Die Abschlussprüfung, in: WISU, 44. Jg. (2015), S. 776-783; zu ersten empirischen Befunden zum AReG aus der Unternehmenspraxis vgl. *Schmidt, M.*, EU-Verordnung zur Abschlussprüfung und Abschlussprüfungsreformgesetz (AReG), in: DB, Jg. 69 (2016), S. 1945-1951.

Wirtschaftsprüfungsgesellschaften durch einen anderen Wirtschaftsprüfer (Peer) hinsichtlich der Qualität der Prüfungsleistungen. Hierbei werden die internen Qualitätssicherungssysteme der Wirtschaftsprüfungsgesellschaften kontrolliert, um festzustellen, ob diese zur Vermeidung bzw. zur Aufdeckung und Korrektur von Fehlern bei der Prüfung geeignet sind.

Deutsches Enforcement-Modell seit 2005

Neben der Vereinheitlichung der Abschlussprüfung und der Einführung des Peer Reviews war nach Bekunden der EU-Kommission eine weitere externe Aufsichtsinstanz zu schaffen, die die Umsetzung der Rechnungslegungsstandards durch die Unternehmen kontrollieren und eventuelle Verstöße sanktionieren sollte. Die Bundesregierung reagierte auf diese Forderung der EU und führte mit dem Gesetz zur Kontrolle von Unternehmensabschlüssen von 2004 (Bilanzkontrollgesetz, BilKoG) das mehrstufige deutsche Enforcement-Modell ab 2005 ein (vgl. Abbildung 2.10).

Stufe 1: DPR
Stufe 2: BaFin

Auf der ersten Stufe ist zunächst die privatwirtschaftlich organisierte Deutsche Prüfstelle für Rechnungslegung (DPR) gemäß § 342b HGB ermächtigt, den letzten Jahresabschluss eines kapitalmarktorientierten Unternehmens zu prüfen. Eine Prüfung kann dabei als Anlass-, als Stichprobenprüfung oder auf Verlangen der Bundesanstalt für Finanzdienstleistungsaufsicht (BaFin) durchgeführt werden. Alle kapitalmarktorientierten Unternehmen sollen einmal innerhalb von acht bis zehn Jahren, Unternehmen, die in DAX, SDAX, MDAX oder TecDAX gelistet sind, einmal innerhalb von vier bis fünf Jahren im Rahmen der Stichprobenprüfung überprüft werden. Somit findet zusätzlich zur jährlichen Abschlussprüfung durch den Wirtschaftsprüfer eine weitere Kontrolle der Abschlüsse statt. Deren Umfang ist jedoch deutlich geringer. Die Prüfung der DPR beschränkt sich bei einer Anlassprüfung zunächst auf den konkreten Sachverhalt und auch bei Stichprobenprüfungen liegen ausgewählte Sachverhalte, bei denen Fehler im Besonderen vermutet werden, im Fokus der Betrachtung.[57] Findet die DPR Fehler bzw. Gesetzesverstöße in den Jahres- oder Konzernabschlüssen kapitalmarktorientierter Unternehmen, kommt es auf dieser Ebene zu einem Dialog mit dem betroffenen Unternehmen. Kann dabei keine einvernehmliche Lösung gefunden werden, prüft auf der zweiten Stufe die BaFin den Vorfall noch einmal, setzt erforderliche Berichtigungen mit staatlichem Zwang durch und verhängt u.U. zusätzliche Sanktionen. Fehlerfeststellungen sind zu veröffentlichen und können auf den Seiten des elektronischen Bundesanzeigers eingesehen werden.

57 Eine Übersicht der wechselnden Prüfungsschwerpunkte, statistische Angaben zu durchgeführten Prüfungen und festgestellten Fehlern sowie weitere Informationen zur DPR-Prüfung können den jährlichen Tätigkeitsberichten der DPR (abrufbar unter http://www.frep.info) entnommen werden.

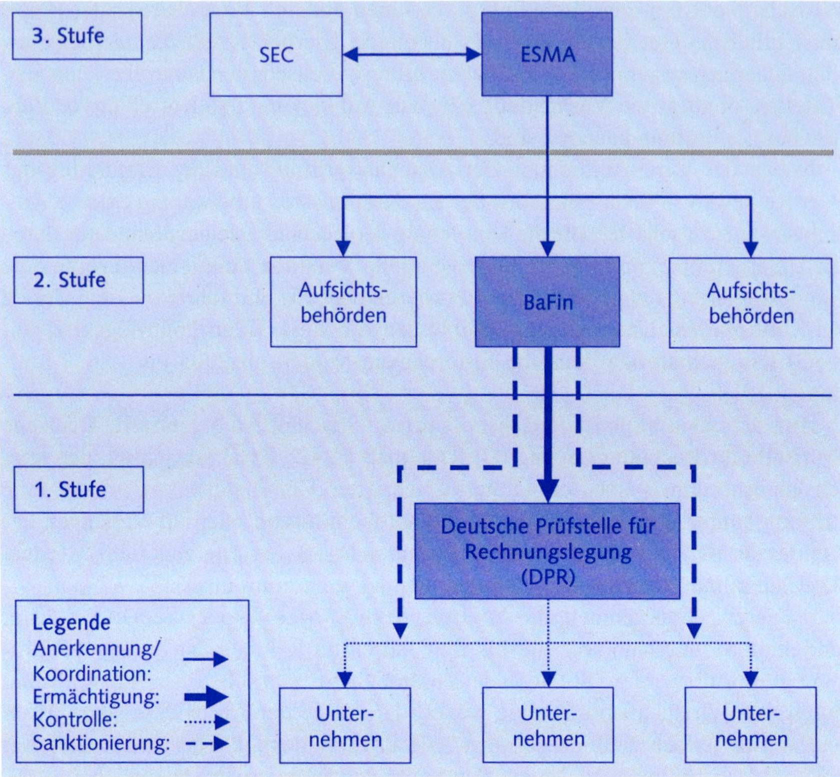

Abb. 2.10: Deutsche Enforcement-Struktur

Stufe 3: ESMA

Um ein einheitliches europäisches Enforcement zu gewährleisten, ist auf der dritten Stufe eine übergeordnete Instanz für ein abgestimmtes Vorgehen der nationalen Aufsichtsbehörden und für die Koordination mit der amerikanischen SEC zuständig. Diese Aufgaben hat die 2011 im Rahmen der auch als Reaktion auf die Finanzmarktkrise erfolgten Reorganisation der EU-Finanzmarktaufsicht geschaffene European Securities and Markets Authority (ESMA) übernommen.[58] Sie bildet als unabhängige EU-Behörde gemeinsam mit drei weiteren neu geschaffenen Institutionen[59] das European System of Financial Supervision (ESFS). Die übergeordnete Zielsetzung besteht darin, zum Schutz des öffentlichen Interesses zur Stabilität und Effektivität des Finanzsystems beizutragen.[60] Da die EU in qualitativ hochwertigen Rechnungslegungsstandards sowie deren einheitlicher Anwendung

58 Vgl. EU-Verordnung Nr. 1095/2010 Artikel 8, Abs. 1 und Art. 76, Abs. 4.

59 Diese sind die European Banking Authority (EBA), die European Insurance and Occupational Pensions Authority (EIOPA) sowie, auf Makroebene, das European Systemic Risk Board (ESRB); vgl. EU-Verordnung Nr. 1095/2010 Art. 2, Abs. 2.

60 Vgl. EU-Verordnung Nr. 1095/2010 Art. 1, Abs. 5.

einen wichtigen Bestandteil eines stabilen Finanzsystems sieht, haben die ESMA und das IASB im Juli 2014 eine Kooperationsvereinbarung zur Erreichung dieser Ziele geschlossen und diese im Oktober 2016 erneuert.[61]

Kooperation von IASB und IOSCO

Auch das IASB selbst ist an der weltweit einheitlichen Anwendung und Durchsetzung der IFRS interessiert. Aus diesem Grund arbeitet das IASB seit vielen Jahren mit der IOSCO zusammen. Beide Organisationen vereinbarten im September 2013, die konsistente Anwendung und Durchsetzung der IFRS als einen weiteren Schritt hin zu weltweit einheitlichen Rechnungslegungsstandards proaktiv voranzutreiben. Im Mai 2016 beschlossen sie die weitere Stärkung der Zusammenarbeit und gaben sich ein entsprechendes Arbeitsprogramm.[62]

Würdigung des Status Quo

Grundsätzlich ist der Vorstoß des Gesetzgebers, eine weitere Durchsetzungsinstitution für die Sicherstellung einer regelkonformen Rechnungslegung ins Leben zu rufen, zu begrüßen. Alternativ zu den nationalen Institutionen wäre jedoch auch eine unmittelbar europäische Lösung mit einer machtvollen europäischen Durchsetzungsinstitution denkbar gewesen. So verbleibt das Enforcement primär in nationaler Hoheit. Hierbei erscheint die Wahl einer privaten, unabhängigen Institution mit Finanzierung durch eine Zwangsumlage der betroffenen Unternehmen und die nur fallweise Zuschaltung der BaFin als öffentlich-rechtliche Durchsetzungsinstanz sinnvoll. Wie viele neu geschaffene Institutionen, schien auch die DPR in den Anfangsjahren dazu zu neigen, sich durch ein hohes Aktivitäts- und Sanktionierungsniveau zu rechtfertigen. So waren die in den ersten Jahren von der DPR festgestellten Fehlerhäufigkeiten mit bis zu 29 % erschreckend hoch und wenig vertrauensbildend für die Rechnungslegung und Abschlussprüfung. Die Fehlerhäufigkeiten nahmen jedoch in den letzten Jahren ab (empirische Befunde siehe unten). So dürfte das mehrstufige Enforcement stärker auch prophylaktisch wirken. In der Tendenz stärkt es zudem die Unabhängigkeit der Wirtschaftsprüfer, weil sie gegenüber ihren Mandanten unabhängiger auftreten und im Konfliktfall auf die DPR verweisen können.

Aus der Forschung

Empirische Befunde zum Enforcement in Deutschland

Seit mittlerweile mehr als zehn Jahren unterliegen kapitalmarktorientierte Unternehmen in Deutschland dem Enforcement durch die DPR und die BaFin. In einer deskriptiven Untersuchung analysieren *Loy/Steuer (2015)* die von 2005 bis 2014 durchgeführten Prüfungen und festgestellten Fehler auf Basis der jährlich veröffentlichten Tätigkeitsberichte der DPR sowie der im elektronischen Bundesanzeiger öffentlich einsehbaren Fehlerbekanntmachungen. Interessant scheint dies insbesondere auch mit Blick auf die Frage der Effektivität des deut-

61 Vgl. *IFRS Foundation/ESMA* (Hrsg.), IFRS Supervisory Convergence (rev. 13 October 2016), abrufbar unter https://www.esma.europa.eu/convergence/ifrs-supervisory-convergence (Stand: 09.09.2020).

62 Vgl. *IOSCO/IASB* (Hrsg.), Statement of Protocols for Cooperation on International Financial Reporting Standards vom 14.05.2016, abrufbar unter http://www.ifrs.org (Stand: 09.09.2020).

schen Enforcement, die sich beispielsweise in rückläufigen Fehlerquoten ausdrücken könnte. Die Gesamtfehlerquote bei den im untersuchten Zeitraum insgesamt 1.062 durchgeführten Prüfungen liegt bei 21 % (220 Fehlerfeststellungen), wobei in den Anfangsjahren mit bis zu 29 % deutlich höhere Quoten zu beobachten waren. In den Jahren 2012 bis 2014 konnte ein Niveau von 14 % bis 16 % erreicht werden. Dass die Fehlerquote im Gesamtzeitraum mit 73 % bei Anlassprüfungen und 57 % bei Verlangensprüfungen deutlich höher ausfällt als bei Stichprobenprüfungen (14 %), erscheint intuitiv. Mit einer Fehlerquote von 22 % kam es zu besonders vielen Fehlerfeststellungen bei den nicht in einem Index der DAX-Familie gelisteten Unternehmen. Die niedrigsten Fehlerquoten sind mit 8 % bzw. 10 % für DAX- und TecDAX-Unternehmen zu beobachten, MDAX- und SDAX-Unternehmen liegen dazwischen (19 % bzw. 16 %). Zu den besonders fehleranfälligen Standards zählen, gemessen an dem relativen Anteil der Einzelfehler, vor allem IFRS 3, IAS 36, IAS 12, IAS 39 sowie IAS 1, der häufig mit anderen Standardverstößen einhergeht. Von den insgesamt festgestellten Einzelfehlern betrafen rund die Hälfte Bilanz und Gesamtergebnisrechnung; rund ein Drittel war auf fehlerhafte Anhangangaben zurückzuführen. Auffällig scheint hierbei, dass ergebnisbezogene Fehler überwiegend zu hoch ausgewiesene Ergebnisse betreffen, was auf entsprechende Bilanzpolitik hindeuten könnte.

Die „Bestrafung“ fehlerhaft bilanzierender Unternehmen ist in der Öffentlichkeitswirkung der Fehlerbekanntmachungen zu sehen (sog. „name and shame“-Mechanismus). Deshalb ist es für die Beurteilung der Effektivität des Systems wichtig zu wissen, ob Fehlerbekanntmachungen vom Kapitalmarkt tatsächlich auch als negative Information wahrgenommen werden und in die Bewertung entsprechender Unternehmen einfließen. *Hitz/Ernstberger/Stich (2012)* gehen in ihrer Studie dieser Frage für das deutsche Umfeld nach und analysieren die Kapitalmarktauswirkungen ausgehend von insgesamt 109 Fehlerbekanntmachungen aus den Jahren 2005 bis Ende 2009. Im Rahmen einer Ereignisstudie beobachten sie abnormale negative Renditen, abnormal geringere Handelsvolumina sowie abnormal höhere Bid-Ask-Spreads in drei kürzeren und einem längerfristigen Zeitraum um das Bekanntwerden der Fehlerfeststellung. Somit scheint der intendierte Effekt tatsächlich einzutreten und der „name and shame“-Mechanismus im deutschen institutionellen Rahmen zu greifen. Dabei zeigen die Ergebnisse der multivariaten Analyse, dass die Kapitalmarktreaktion auf eine Fehlerbekanntmachung tendenziell stärker ausfällt, je schwerer der oder die festgestellten Fehler wiegen, wenn die Fehler zu potenziell kostspieligen Rechtsverfahren führen könnten und wenn mangels Anerkennung des Fehlers durch das Unternehmen gegenüber der DPR der Fehler auf der zweiten Stufe von der BaFin festgestellt wird.

Literatur: Hitz, J.-M./Ernstberger, J./Stich, M., Enforcement of Accounting Standards in Europe: Capital-Market-Based Evidence for the Two-Tier Mech-

anism in Germany, in: EAR, Vol. 21 (2012), S. 253-281; Loy, T./Steuer, S., Vertrauen ist gut, Enforcement ist besser? Eine Bilanz nach zehn Jahren DPR, in: KoR, 12. Jg. (2015), S. 485-489 (Teil 1), S. 548-557 (Teil 2).

Aktuelle Entwicklungen

Der Bilanzskandal um den deutschen Zahlungsdienstleister Wirecard warf im Jahr 2020 erneut Fragen rund um ein effektives Enforcement-System auf. Wirecard musste im Juni 2020 Insolvenz anmelden, nachdem im Rahmen der Abschlussprüfung für 1,9 Mrd. € an Zahlungsmittelbeständen keine Belege vorgelegt werden konnten. Durch die Insolvenz gerieten neben dem Abschlussprüfer EY und dem Wirecard-Aufsichtsrat auch die Aufsichtsbehörden, allen voran die BaFin und die DPR, massiv in die Kritik. Bei Redaktionsschluss dieser Auflage wird erwartet, dass der Wirecard-Fall u.a. eine Neuregelung der deutschen Bilanzkontrollstruktur zur Folge haben wird. So hatte das BMF als erste (vor-) schnelle Reaktion den damaligen Vertrag mit der DPR bereits im Sommer 2020 zum 31.12.2021 gekündigt. Mitte Dezember erschien der Regierungsentwurf eines Gesetzes zur Stärkung der Finanzmarktintegrität (Finanzmarktintegritätsstärkungsgesetz – FISG), dem ein gemeinsamer Referentenentwurf von BMF und BMJV vom 26.10.2020 vorausgegangen war. Die vorgesehenen Neuregelungen, die nicht allesamt im direkten Zusammenhang mit dem Wirecard-Fall zu stehen scheinen, betreffen die Neuordnung der Bilanzkontrolle (u.a. mit erweiterten Befugnissen für die BaFin), eine Verschärfung der Rotationspflichten und der Haftung des Abschlussprüfers und eine stärkere Trennung von Prüfungs- und Nichtprüfungsleistungen sowie Maßnahmen zur Verbesserung der Corporate Governance. Erste kritische Äußerungen kommen – teils in Gestalt von Stellungnahmen zu dem Referentenentwurf[63] – bereits von Wissenschaftlern, die u.a. anmerken, dass in den aktuellen Reformdiskussionen interne Corporate-Governance-Instrumente bisher kaum Berücksichtigung finden.[64] Dazu gehört insbesondere die Gewährleistung einer wirksamen Aufsichtsratsarbeit, u.a. durch die verpflichtende Einrichtung eines Prüfungsausschusses, die Verbesserung der Beziehung zwischen Abschlussprüfer und Aufsichtsrat und die stärkere Einbindung des Aufsichtsrates in die internen Informationsflüsse (und damit auch Systemdaten, wie z.B. Whistleblower-Hotline-Meldungen). Ob die Sichtweisen der Wissenschaftler in den aktuellen politischen Diskussionen Berücksichtigung finden werden, bleibt abzuwarten.

63 Vgl. www.bundesfinanzministerium.de.

64 Vgl. *Fülbier, R.U./Pellens, B./Schmidt, A.*, Den Aufsichtsrat und seine Beziehung zum Abschlussprüfer stärken, in: DB, 39. Jg. (2020), S. M18-M20; *Sellhorn, T.*, Wirecard – der Weckruf, in DB, 31. Jg. (2020), S. M4-M5.

Ausgewählte Literatur

Bengtsson, E., Repoliticalization of Accounting Standard Setting: The IASB, the EU and the Global Financial Crisis, in: CPA, Vol. 22 (2011), S. 567-580.

Camfferman, K./Zeff, S. A., The Challenge of Setting Standards for a Worldwide Constituency: Research Implications from the IASB's Early History, in: EAR, Vol. 27 (2018), S. 289-312.

Camfferman, K./Zeff, S. A., Aiming for Global Accounting Standards, The International Accounting Standards Board, 2001-2011, Oxford 2015.

Heuser, P./Theile, C./Behling, K., IFRS Handbuch: Einzel- und Konzernabschluss, 6. Auflage, Köln 2019.

Marten, K.-U./Quick, R./Ruhnke, K., Wirtschaftsprüfung, Grundlagen des betriebswirtschaftlichen Prüfungswesens nach nationalen und internationalen Normen, 6. Aufl., Stuttgart 2020.

Übungsaufgaben

Aufgabe 1:

Der Vorstand der mittelständischen Vliesstoff AG, ein in einer Kleinstadt im nördlichen Oberfranken ansässiger national tätiger Anbieter von innovativen Textilerzeugnissen mit drei kleinen Tochterunternehmen, will sich im Rahmen der nächsten Vorstandssitzung mit der weiteren Entwicklung der Finanzabteilung befassen. Insbesondere das im Unternehmen vorhandene Know-how im Bereich der internationalen Rechnungslegung steht dabei auf dem Tableau, ein Tagesordnungspunkt ist der Ausbau dieser Kenntnisse durch die Einstellung zusätzlicher qualifizierter Mitarbeiter.

a) Frau Dr. Fuchs, Finanzvorstand der Vliesstoff AG, bittet Sie, im Rahmen einer Präsentation in der Vorstandssitzung herauszuarbeiten, weswegen derartige Kenntnisse zur internationalen Rechnungslegung vor allem vor dem Hintergrund einer zukünftig angestrebten internationalen Expansion unabdingbar sind. Frau Dr. Fuchs bittet Sie dabei insbesondere die Auswirkungen der EU-Verordnung „Nr. 1606/2002 betreffend die Anwendung internationaler Rechnungslegungsstandards" sowie deren Umsetzung durch den deutschen Gesetzgeber näher zu beleuchten.

b) Nach Ihrer Präsentation ist den Vorständen nun bewusst, dass bei zunehmender internationaler Ausrichtung eine fundierte Kenntnis der internationalen Rechnungslegungsstandards immer wichtiger wird. Da Sie in Ihrer Präsentation das IASB angesprochen hatten, bittet Sie Frau Dr. Fuchs, näher auf dessen Organisationsstruktur sowie auf dessen Arbeitsweise einzugehen. Vor allem die Entstehung der Standards interessiert die Vorstände.

c) Der Vorstandsvorsitzende, Herr Dr. Kiesler, merkt an, dass er gut mit dem für die Region zuständigen Bundestagsabgeordneten befreundet ist. Er fragt Sie, inwiefern der deutsche Gesetzgeber Einfluss auf das Regelsystem der IFRS hat. Sie erläutern ihm daraufhin, über welche Gremien und in welcher Form der deutsche Gesetzgeber, aber auch deutsche Ersteller, Prüfer und Abschlussadressaten Einfluss auf die IFRS nehmen können.

Aufgabe 2:

Zwei Jahre später ist nicht nur die internationale Expansion der Vliesstoff AG weit vorangeschritten, sondern Sie haben mittlerweile auch Frau Dr. Fuchs als Finanzvorstand beerbt, die in den wohlverdienten Ruhestand verabschiedet wurde.

a) Um das zukünftige Wachstum zu finanzieren, soll in einer weiteren Vorstandssitzung die Aufnahme zusätzlichen Fremdkapitals im Zuge der Emission einer Anleihe auf dem regulierten Kapitalmarkt beschlossen und dem Aufsichtsrat vorgeschlagen werden. Aufgrund Ihrer ausführlichen Erläuterung in der Vorstandssitzung von vor zwei Jahren ist dem Vorstandsvorsitzenden klar, dass dadurch die Pflicht zur Erstellung eines IFRS-Konzernabschlusses ausgelöst wird. Er bittet Sie daher, ihm das IFRS-Regelsystem und die Bindungswirkung der einzelnen Verlautbarungen näher zu erläutern.

b) Auf einer kleinen Vernissage am folgenden Wochenende treffen Sie ihren langjährigen Freund, den Juristen Müller. Dieser vertraut Ihnen an, dass er sich um die Zukunft des deutschen HGB, gerade für den deutschen Mittelstand, ernsthaft sorgt. In dieser Ansicht wurde er auch durch die Verabschiedung des IFRS for SMEs bestärkt. Sie erläutern ihm daraufhin die jüngsten Entwicklungen im Internationalisierungsprozess der deutschen Rechnungslegung.

Kapitel 3
Konzeptionelle Grundlagen der IFRS

Die vom IASB entwickelten IFRS umfassen mittlerweile mehr als 3.000 Seiten, und jedes Jahr kommen neue Regeln und Interpretationen hinzu. Damit diese Fülle an Detailregeln verständlich und überschaubar bleibt, und als konzeptionelle Richtschnur für Überarbeitungen und neue Standards, gibt es einen „roten Faden" für die IFRS. Wie Sie im ersten Kapital erfahren haben, ist es nicht einfach, Prinzipien für die Entwicklung guter Rechnungslegungsregeln zu entwickeln. Das IASB hat hierfür ein sogenanntes Rahmenkonzept entwickelt. Um dieses Rahmenkonzept und flankierende, konzeptionell ausgerichtete IFRS-Vorschriften geht es in diesem Kapitel.

Lernziele „Kennen"

Nach Bearbeitung dieses Kapitels kennen Sie die Aufgabe, den Wirkungsbereich und die wesentlichen Inhalte des Rahmenkonzepts der IFRS-Rechnungslegung. Sie verstehen die bilanzorientierte Konzeption der IFRS mit den hierfür zentralen „Bausteinen" Vermögenswerte und Schulden sowie den aus ihnen abgeleiteten Elementen Eigenkapital, Erträge und Aufwendungen. Darauf aufbauend lernen Sie die wesentlichen Ansatz-, Bewertungs-, Ausweis- und Offenlegungskonzepte kennen, um diese Bausteine im IFRS-Abschluss abzubilden.

Lernziele „Anwenden"

Basierend auf diesem neuen Wissen können Sie beurteilen, welche Rolle das Rahmenkonzept in der Rechnungslegungspraxis spielt. Sie sind zudem in der Lage, bestehende IFRS-Regeln hinsichtlich ihrer Konformität mit dem Rahmenkonzept zu analysieren und in Standards aufzufindende Bewertungskonzepte anhand des Rahmenkonzepts einzuordnen.

Lernziele „Bewerten & Gestalten"

Anhand dieser Fähigkeiten können Sie für neue Sachverhalte, für die es bislang noch keine einschlägigen IFRS gibt bzw. bezüglich derer die IFRS noch Lücken aufweisen, Bilanzierungsalternativen entwickeln, die mit dem Rahmenkonzept der IFRS im Einklang stehen. Außerdem ist es Ihnen möglich, Fälle zu identifizieren, bei denen im Wortsinn IFRS-konformes Bilanzierungsverhalten zu einem Darstellungsergebnis führen kann, das dem „Geist" des IFRS-Rahmenkonzepts widerspricht.

1 Relevante Normen

Zentrale Fundstelle für die konzeptionellen Grundlagen der IFRS-Rechnungslegung ist das Rahmenkonzept (Conceptual Framework for Financial Reporting). Ursprünglich 1989 verabschiedet, wurde es in den letzten Jahren in einem aufwändigen Standardsetzungsprozess teilweise in Kooperation mit dem FASB überarbeitet und 2018 in einer neuen Fassung veröffentlicht. Es hat die Aufgabe (RK.SP1.1),

- dem IASB bei der Entwicklung künftiger Standards sowie bei der Überarbeitung bestehender Standards behilflich zu sein,
- Erstellern bei der Ausübung von Wahlrechten innerhalb bestehender IFRS zu helfen,

- es ihnen zu ermöglichen, Bilanzierungsfragen im Sinne der IFRS zu klären, wenn kein spezieller IFRS den Sachverhalt regelt und
- allen Parteien dabei zu helfen, die IFRS zu verstehen und zu interpretieren.

Anwendungsbereich

Der Anwendungsbereich des Rahmenkonzeptes erstreckt sich auf alle Abschlüsse, die IFRS-konform aufzustellen sind. Unter einem Abschluss ist hierbei ein finanzieller Bericht zu verstehen, der mindestens einmal jährlich aufgestellt und publiziert wird und die gemeinsamen Informationsbedürfnisse eines allgemeinen Adressatenkreises bedient. Somit gilt das Rahmenkonzept sowohl für Einzel- als auch Konzernabschlüsse, nicht jedoch für Rechnungslegungspublikationen, die für Spezialzwecke erstellt werden, wie z.B. Börsenprospekte und Steuerabschlüsse, oder die primär nichtfinanzieller Natur sind, wie z.B. Umweltberichte.

Aufbau des Rahmenkonzepts

Einen zusammenfassenden Überblick der wesentlichen Inhalte des Rahmenkonzeptes des IASB gewährt Abbildung 3.1.

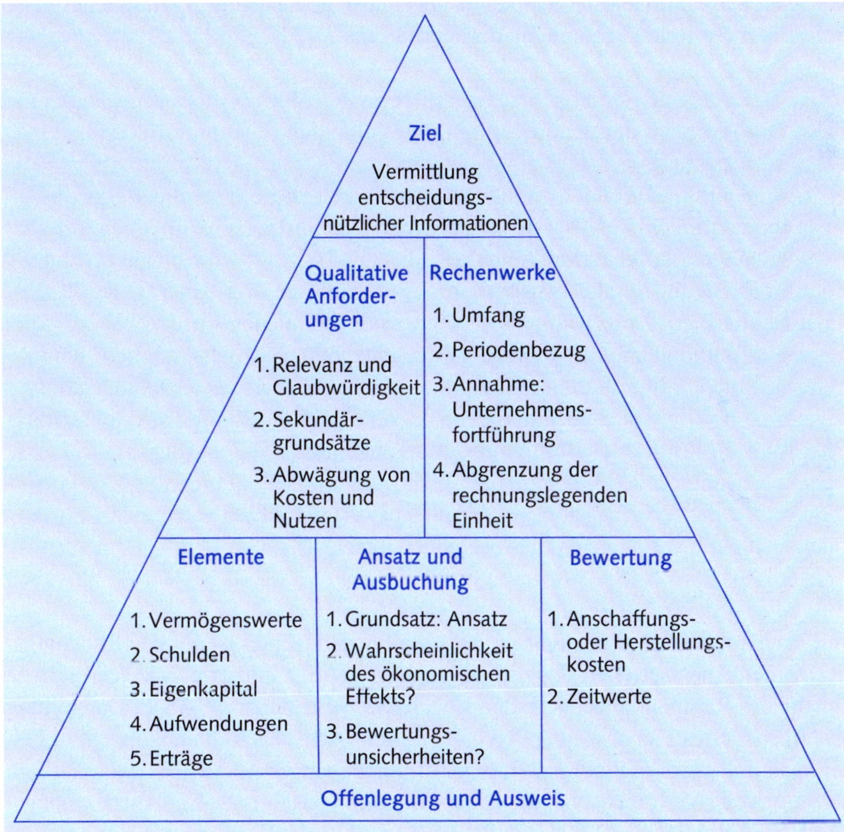

Abb. 3.1: Inhalte des Rahmenkonzeptes des IASB

Ausgehend von der Zielsetzung der Rechnungslegung, der Vermittlung entscheidungsnützlicher Informationen, werden die grundlegenden Rechnungslegungsprinzipien und -eigenschaften sowie Definitionen für die wichtigsten Elemente des IFRS-Abschlusses entwickelt. Darauf aufbauend werden die Ansatz-, Bewertungs-, Ausweis- und Offenlegungskriterien sowie verschiedene Konzepte der Kapitalerhaltung dargestellt.

Verbindlichkeit des Rahmenkonzepts

Das Rahmenkonzept selbst stellt keinen IFRS dar. Somit werden z.B. in einzelnen IFRS gewährte Bilanzierungswahlrechte durch das Rahmenkonzept nicht eingeschränkt sowie Bilanzierungsverbote nicht außer Kraft gesetzt. In Fällen, in denen Konflikte zwischen den Inhalten des Rahmenkonzeptes und einzelnen IFRS bestehen, haben die Regelungen der einzelnen IFRS Vorrang. Das IASB versucht diese Konfliktpunkte zu verringern, indem es sich bei der Ausarbeitung künftiger Standards und der Überarbeitung bereits bestehender Standards an dem Rahmenkonzept orientiert. Eine solche konzeptionelle Basis hilft dem IASB auch dabei, konzeptionell motivierte Regelungen gegenüber abweichenden, möglicherweise politisch motivierten Meinungen durchzusetzen.

Beispiel 3.1

RK.5.7 fordert den bilanziellen Ansatz von allen Vermögenswerten, insofern dies zu relevanten und glaubwürdig dargestellten entscheidungsnützlichen Informationen führt.

IAS 38 „Immaterielle Vermögenswerte" regelt die bilanzielle Behandlung von immateriellen Vermögenswerten. IAS 38.63 verbietet explizit den Ansatz von selbst geschaffenen Markennamen, da nach IAS 38.64 davon ausgegangen wird, dass deren Herstellungskosten nicht verlässlich von den Kosten für die Entwicklung des Unternehmens als Ganzes unterschieden werden können. Im Sinne des Rahmenkonzepts wäre es dementsprechend nicht möglich, hinreichend glaubwürdige Wertansätze für die Bewertung von selbsterstellte Markenwerte zu bestimmen. Ein Unternehmen, das davon überzeugt ist, die Herstellungskosten für die Schaffung eines Markennamens glaubwürdig ermitteln zu können, wodurch der Markenname die abstrakten Bedingungen des Rahmenkonzeptes für den Ansatz eines Vermögenswertes erfüllen würde, darf diesen dennoch nicht ansetzen, da die speziellen Vorschriften von IAS 38.63 dem entgegenstehen.

IAS 1

In Bezug auf den Verpflichtungsgrad des Rahmenkonzeptes ist auf den Regelungszusammenhang zwischen Rahmenkonzept und IAS 1 hinzuweisen. Wesentliche Inhalte des Rahmenkonzepts finden sich, teilweise ergänzt, in IAS 1 „Darstellung des Abschlusses", so dass über den Umweg von IAS 1 das Rahmenkonzept in Teilen materiell verpflichtend ist. Dieser Zusammenhang mit IAS 1 ist auch deshalb wichtig, weil IAS 1, nicht aber das Rahmenkonzept, das formale EU-Anerkennungsverfahren (endorsement) durchlaufen hat (vgl. Kapitel 2). In diesem Kapitel wird daher im Rahmen der inhaltlichen Darstellung des Rahmenkonzeptes parallel auf die relevanten Stellen des IAS 1 eingegangen.

Des Weiteren beinhaltet das Rahmenkonzept nicht zu allen konzeptionell relevanten Themen detaillierte Regeln. So werden z.B. Bewertungsfragen nur relativ oberflächlich behandelt. Auch deswegen regelt IFRS 13 „Bemessung des beizulegenden Zeitwerts" ergänzend Detailfragen der Bewertung zum beizulegenden Zeitwert (vgl. dazu Abschnitt 6 in diesem Kapitel). IFRS 13

2 Adressaten und Zweck der IFRS-Rechnungslegung

Laut Rahmenkonzept ist die IFRS-Rechnungslegung an den Informationsinteressen von aktuellen und potenziellen Eigen- und Fremdkapitalgeben ausgerichtet (RK.1.2). Diese Kapitalgeberdefinition umfasst auch Lieferanten und andere Personen, die Unternehmen zeitlich begrenzt Kapital zur Verfügung stellen. Auch wenn das Rahmenkonzept explizit andere Nutzer[1] der IFRS-Rechnungslegung wie Regulierer und die allgemeine Öffentlichkeit erwähnt (RK.1.10), so sieht es in diesen keine primäre Adressaten der IFRS-Rechnungslegung. Das IASB begründet dieses Primat der Kapitalgeberinteressen, dass viele Kapitalgeber nicht direkt Informationen von dem zu finanzierenden Unternehmen verlangen können und somit auf die IFRS-Rechnungslegung als primäre Informationsquelle angewiesen seien (RK.1.5, IAS 1.7). Die aus dieser Adressatenorientierung resultierende Rechenwerke werden vom Board als „general purpose financial reports" bezeichnet. Hiermit soll nicht unterstellt werden, dass die Rechenwerke für alle denkbaren Zwecke geeignet sind, sondern dass sie auf die allgemeinen Informationsbedürfnisse der primären Adressatengruppe abstellen (RK.1.6-8). Adressaten

Nach RK.1.2 und IAS 1.9 besteht die Zielsetzung der IFRS-Rechnungslegung in der Vermittlung entscheidungsnützlicher Informationen. Durch den Abschluss soll den Adressaten ein tatsächliches Bild der Vermögens-, Finanz- und Ertragslage sowie der Cashflows eines Unternehmens vermittelt werden. Dieses Ziel korrespondiert direkt mit den Rechenwerken des Abschlusses (IAS 1.10, RK.3.2-3): Zielsetzung

- Die Bilanz soll Informationen über die Vermögens- (Aktivseite) und Finanzlage (Passivseite) bieten, also über diejenigen Ressourcen und Verpflichtungen, aus denen sich zukünftige Ein- und Auszahlungen speisen.
- Die Gesamtergebnisrechnung spiegelt die Ertragskraft des Unternehmens wider.
- Die Kapitalflussrechnung stellt die Entwicklung der Cashflows dar.

Die Vermittlung entscheidungsnützlicher Informationen orientiert sich stark an der Bewertungsfunktion der Rechnungslegung (vgl. Kapitel 1). Diese Orientierung wird durch die starke Fokussierung auf die Kapitalgeber als primäre Adressaten und auch durch die Konkretisierung entscheidungsnützlicher Informationen Dominanz der Bewertungsfunktion

1 Eine detaillierte Übersicht über die verschiedenen Rechnungslegungsadressaten wird auch in Kapitel 1 gegeben.

deutlich. Letztere sollen die Kapitalgeber in die Lage versetzen, die zukünftigen Netto-Zahlungszuflüsse (future net cash inflows) des Unternehmens, und damit ihre zu erwartenden Rückflüsse (returns), abschätzen zu können (RK.1.3). Die in Frage kommenden Entscheidungen werden insofern auch primär auf investitionsbezogene Entscheidungen verengt.

Rechenschaft

Durch die Vermittlung entscheidungsnützlicher Informationen über künftige Netto-Zahlungszuflüsse sollen die Adressaten eines IFRS-Abschlusses auch in die Lage versetzt werden, die in der Berichtsperiode vom Management des Unternehmens geleistete Arbeit beurteilen zu können. Hiermit definiert das IASB mit der Rechenschaft über die Verwendung der anvertrauten Mittel (stewardship) ein weiteres Ziel und nimmt dadurch letztlich Bezug auf die Koordinationsfunktion der Rechnungslegung (vgl. Kapitel 1). Als Beispiel für Pflichten des Managements, über die es die Adressaten zu informieren gilt, führt RK.1.23 den Umgang mit makroökonomischen Risiken sowie die Compliance mit regulatorischen Vorschriften an.

Koordinationsfunktion

Das IASB geht allerdings nicht auf die allgemeinen Rechnungslegungseigenschaften ein, die es erlauben, Informationen als Vertragsbestandteile zu nutzen, wie z.B. Nachprüfbarkeit und, damit verbunden, gerichtliche Durchsetzbarkeit. Somit lässt sich vermuten, dass das IASB keinen wesentlichen Unterschied zwischen Koordinations- und Bewertungsfunktion hinsichtlich dieser qualitativen Eigenschaften sieht. Dieser Eindruck wird auch dadurch gestützt, dass IASB und FASB das Rechenschaftsziel ursprünglich im Zuge der gemeinsamen Überarbeitung des Rahmenkonzeptes ersatzlos streichen wollten.[2]

Beispiel 3.2

Die unterschiedlichen Auswirkungen der Bewertungs- und Koordinationsfunktion der Rechnungslegung auf Ansatz- und Bewertungsfragen sollen hier anhand des Beispiels eines Startup-Unternehmens verdeutlicht werden. Stellen Sie sich ein neu gegründetes Unternehmen vor, das durch Sie als Wagniskapitalgeber finanziert wird und das eine neue Social-Web-Plattform für den Austausch über Studieninhalte entwickelt. Diese Idee bietet eine – wenn auch hochgradig unsichere – Chance auf hohe künftige Zahlungsüberschüsse. Naturgemäß können Sie als Wagniskapitalgeber das Potenzial dieser Plattform nicht kompetent beurteilen. Sie wissen aber, dass es von dem Erreichen bestimmter technischer Meilensteine abhängt. Der letztliche Markterfolg wird aber darüber hinaus ganz wesentlich von der künftigen Konkurrenzsituation beeinflusst. Die Beobachtung des technischen Fortschritts ist möglich und die Herstellungskosten können diesen Meilensteinen objektiv zugeordnet werden. Das Management kann im Gegensatz zu Ihnen zudem die künftige Entwicklung der Konkurrenzsituation einschätzen; beeinflussen kann es sie leider nicht. Nun stehen

2 Vgl. hierzu ausführlich *Pelger, C.*, Practices of standard-setting – An analysis of the IASB's and FASB's process of identifying the objective of financial reporting, *AOS*, Vol. 50 (2016), S. 51-73 und *Pelger, C.*, The Return of Stewardship, Reliability and Prudence – A Commentary on the IASB's New Conceptual Framework, Accounting in Europe, Vol. 17 (2020), S. 33-51.

zwei mögliche Ansatz- und Bewertungskonzepte für die Produktidee zur Auswahl: Entweder erfolgt

- ein Ansatz der Herstellungskosten, also z.B. des relevanten Personalaufwands, je erreichtem Meilenstein (Alternative A), oder
- ein Ansatz zum diskontierten Barwert der vom Management erwarteten künftigen Zahlungsüberschüsse, die auch die künftige Konkurrenzsituation berücksichtigen (Alternative B).

Welche Alternative würden Sie wählen, wenn

- das Management mit einem Fixgehalt entlohnt wird und Sie sich primär für die Bestimmung des Unternehmenswerts interessieren (Bewertungsfunktion)?
- Sie das Management variabel auf Basis des ausgewiesenen Gewinns oder Verlustes entlohnen (Koordinationsfunktion)?

Lösung

Die Antwort ist nicht ganz einfach. Wenn Sie das Management anhand des Gewinns oder Verlustes entlohnen, setzen Sie damit den Anreiz, möglichst früh möglichst hohe Gewinne auszuweisen. Wie wollen Sie unter Alternative B verhindern, dass das Management die erwarteten künftigen Zahlungsüberschüsse optimistisch verzerrt, um einen höheren Bonus zu erzielen? Wenn Sie die Produktidee mit den zurechenbaren „Herstellungskosten" aktivieren (Alternative A), erhalten Sie einen Gewinn oder Verlust, das zwar nachprüfbar ist, aber die künftige Konkurrenzsituation nicht abbildet. Dementsprechend spricht einiges dafür, Alternative B zu wählen, wenn Sie die Bewertungsfunktion der Rechnungslegung in den Vordergrund stellen (Situation 1). Da das Management in diesem Fall unabhängig vom Gewinn oder Verlust entlohnt wird, ist die Wahrscheinlichkeit geringer, dass es die Bewertung des Projekts opportunistisch verzerrt, und sie erhalten unverzerrte Informationen über die erwartete künftige Konkurrenzsituation. Wollen Sie aber mit der Rechnungslegung primär das Management motivieren, sich für den Projekterfolg einzusetzen (Situation 2), spricht dies für Alternative A. Das Management kann so sicherstellen, dass die technischen Meilensteine erreicht werden. Auf die künftige Konkurrenzsituation hat es ohnehin keinen Einfluss. Deswegen ist es sinnvoll, die Entlohnung des Managements lediglich auf die Herstellungskosten auszurichten. Die Berücksichtigung der Konkurrenzsituation würde nur das Entlohnungsrisiko der Manager steigern, ohne eine Anreizwirkung zu entfalten. Außerdem würde die Bewertung nach Alternative B es dem Management leichter machen, den Gewinn oder Verlust opportunistisch zu verzerren.

Aus der Forschung

Koordinations- und Bewertungsfunktion der Rechnungslegung: komplementäre oder konfliktionäre Ziele?

Die Entscheidung des IASB, das Rahmenkonzept auf einem einheitlichen Zweck der Vermittlung entscheidungsnützlicher Informationen aufzubauen, erleichtert es dem Board zumindest vordergründig, konzeptionell konsistente Standards zu entwickeln. Es ist schwierig, die Lösungsansätze zu jedem Rechnungslegungsproblem hinsichtlich der Erreichung unterschiedlicher Rechnungslegungszwecke vergleichen zu können. Letztlich muss man sich aber häufig, schon aus Vergleichbarkeitsgründen, für einen Ansatz entscheiden.

Aus mikroökonomischer Sicht unterschiedliche Rechenwerke für unterschiedliche Zwecke optimal

Auf Basis einer mikroökonomisch fundierten Analyse lässt sich allerdings zeigen, dass, wie im vorherigen Beispiel schon angedeutet, für unterschiedliche Zwecke unterschiedliche Berichtssysteme optimal sind. So zeigte Frøystein Gjesdal schon 1981, dass Rechnungslegung für Koordinationsaufgaben anders ausgestaltet sein müsste als Rechnungslegung für Bewertungszwecke. Die Grundidee von Gjesdal (1981) ist folgende: Rechnungslegungsinformationen, die z.B. für die Entlohnung von Managern eingesetzt werden, müssen zwei Kriterien erfüllen: Erstens müssen sie den aus dem Einsatz des Managers resultierenden Erfolg möglichst genau messen und zweitens müssen sie möglichst schwer zu manipulieren sein, da ja der Manager nun einen Anreiz besitzt, die Rechnungslegungsinformationen zu seinem Vorteil zu verzerren. Werden die Rechnungslegungsinformationen allerdings für Bewertungszwecke verwendet, so geht es möglichst darum, Informationen bereitzustellen, die für die Bewertung des relevanten Anspruchs gegenüber dem Unternehmen hilfreich sind. Ein Verzerrungsanreiz seitens des Managements ist hierbei zumindest direkt nicht gegeben. Dies führt dazu, dass für die beiden Zwecke jeweils unterschiedliche Rechnungslegungsregeln optimal sind.

Empirische Relevanz des vermeintlichen Zielkonflikts unklar

Dieses theoretische Argument wurde auch im Rahmen der Diskussion rund um die Weiterentwicklung des Rahmenkonzepts bemüht, um das IASB zu überzeugen, Rechenschaftslegung (stewardship) als zusätzliches Ziel der IFRS-Rechnungslegung in das Rahmenkonzept aufzunehmen. Es ist jedoch unklar, wie relevant dieses theoretische Argument empirisch wirklich ist. Vielleicht ist es sinnvoll, die Leistung von Managern über die Entwicklung des Unternehmenswerts zu messen? Und vielleicht sind die Manipulationsanreize nicht so stark, dass die Verwendung von Rechnungslegungsinformationen zu Koordinationszwecken tatsächlich zu deren Verzerrung führt? Robert Bushman, Ellen Engel und Abbie Smith nehmen sich dieser Frage 2006 empirisch an. Sie zeigen, dass Unternehmen, deren Gewinn oder Verlust stark mit Aktienkursen korrelieren, normalerweise auch einen relativ hohen Zusammenhang von eben jenem Gewinnen oder Verlusten und Managementgehältern aufweisen. Aus dieser Erkenntnis schließen sie, dass die Koordinationsfunktion und die Bewertungsfunktion zumindest empirisch Gewinne oder Verluste mit relativ ähnlichen Eigenschaften hervorbringen.

Experimentelle Belege, dass Investmentexperten Zielkonflikt wahrnehmen

Die Ergebnisse von Bushman et al. (2006) sind allerdings rein assoziativ, das heißt sie beruhen nur auf der Korrelation von empirisch zu beobachtenden Größen, ohne indes einen kausalen Rückschluss auf eine Ursache-Wirkungs-Beziehung zu erlauben. Dementsprechend erstaunt es nicht, dass das Problem aus wissenschaftlicher Sicht immer noch Anlass für weitere Untersuchungen bietet. In einer aktuellen Studie nutzen Cascino et al. (2021) Interviews mit Investmentexperten, um das Problem weiter auszuleuchten. Hierfür randomisieren sie in auf Fallstudien basierten Interviews das jeweilige durch den Fallstudientext induzierte Informationsinteresse der Investoren, um zu erfahren, ob dies einen kausalen Effekt auf die Bewertung der Entscheidungsnützlichkeit der Rechnungslegungsinformationen hat. Sie stellen fest, dass Investoren IFRS-basierte Rechnungslegungsinformationen für nützlicher halten, wenn sie ein Unternehmen bewerten sollen, und für weniger nützlich, wenn sie die Leistung des Managements beurteilen sollen. Der Hauptgrund hierfür liegt darin, dass Investoren es für nur begrenzt möglich halten, aus Gewinnen oder Verlusten Rückschlüsse auf die Performance des Managements zu ziehen. Dies bestätigt die theoretische Analyse von Gjesdal (1981). Andererseits scheint es für Investoren nur wenig bedeutend, ob Rechnungslegungsinformationen im Bereich der Managemententlohnung eingesetzt werden, da sie keinen signifikanten Einfluss auf die wahrgenommene Glaubwürdigkeit der Rechnungslegungsgrößen annehmen. Dieses Ergebnis bestätigt die theoretische Argumentation von Gjesdal nicht. Es lässt sich unter Umständen damit erklären, dass Gjesdal die Verwendung von Rechnungslegungsinformationen in Entlohnungsverträgen als exogene Rahmenbedingung betrachtet, während die Investmentexperten in der Studie von Cascino et al. implizit davon auszugehen scheinen, dass der Einsatz von Rechnungslegungsinformationen im Bereich der Managemententlohnung gleichzeitig bedeutet, dass Prüfung und Kontrolle dieser Informationen durch eine gute Unternehmensverfassung und Abschlussprüfung sichergestellt sind, so dass die Größen dennoch verlässlich und unverzerrt sind.

Konsequenz für die Weiterentwicklung des Rahmenkonzepts

Als Ergebnis der bisherigen Forschung zu der Interaktion von Bewertungs- und Koordinationsfunktion lässt sich somit festhalten, dass es theoretische Gründe und recht klare feldexperimentelle Anhaltspunkte dafür gibt, dass Investoren die Qualität der Rechnungslegung für die beiden Zwecke unterschiedlich beurteilen. Dies bedeutet indes nicht automatisch, dass das IASB nun beide Zwecke explizit als sich potenziell widersprechend in das Rahmenkonzept aufnehmen sollte. Zunächst bleibt weiterhin unklar, wie wesentlich diese wahrgenommenen Unterschiede tatsächlich sind. Des Weiteren würde eine Aufnahme von zwei Zielen bedingen, dass das IASB künftig ständig Kompromisse zwischen beiden Zwecken suchen müsste. Es ist unklar, ob die resultierende „muddle-in-the-middle“ Rechnungslegung effizienter wäre als ein konsequent an einem Ziel der Bewertung (oder Koordination) ausgerichtetes System.

Literatur: Gjesdal, F., Accounting for Stewardship, Journal of Accounting Research, Vol. 19 (1981), S. 208-230. Bushman, R./Engel, E./Smith, A., An Ana-

lysis of the Relation between the Stewardship and Valuation Roles of Earnings, Journal of Accounting Research, Vol. 44 (2006), S. 53-83. Cascino, S./Clatworthy, M./Garcia Osma, B./Gassen, J./Imam, S., The Usefulness of Financial Accounting Information: Evidence from the Field, The Accounting Review (2021).

Generalnorm und overriding principle

Wie wichtig ist nun die im Rahmenkonzept entwickelte Zielsetzung der Abschlüsse bei der eigentlichen Abschlusserstellung? Auch wenn der gebräuchliche Begriff „true and fair view" in den gegenwärtigen IFRS nicht auftaucht, enthält IAS 1.19 eine Art Generalnorm, die ein Abweichen von einzelnen IFRS ermöglicht, wenn nur so die im Rahmenkonzept festgelegte Zielsetzung erreicht werden kann. Über IAS 1.19 wird die eher untergeordnete Rolle des Rahmenkonzeptes also aufgewertet. Allerdings dürfte die praktische Bedeutung dieser Klausel äußerst gering sein, selbst wenn darin de facto eine Art overriding principle über den Umweg von IAS 1 etabliert worden ist. IAS 1.19 betont selbst, dass es sich hier nur um extrem seltene Ausnahmefälle handeln dürfte, die zudem nur unter den sehr restriktiven Voraussetzungen von IAS 1.20-24 zur besagten Abweichung führen.

Beispiel 3.3

Einen der seltenen Praxisfälle, in denen von dieser Ausnahmeregelung Gebrauch gemacht wurde, findet sich im 2019er IFRS-Konzernabschluss der börsennotierten Schweizer Immobiliengesellschaft Mobimo. Eigentlich werden gemäß IAS 12.15 (b) keine latente Steuern auf Sachverhalte gebildet, die aus dem erstmaligen Ansatz eines Vermögenswertes oder einer Schuld resultieren, die nicht aus einem Unternehmenszusammenschluss stammen und zum Zeitpunkt der Transaktion weder das handelsrechtliche noch das steuerliche Ergebnis beeinflussen. Die Gesellschaft passiviert indes dennoch latente Steuern aus einem Immobiliengesellschaftserwerb und begründet dies wie folgt:

„Gemäss IFRS-Rahmenkonzept ist es das grundlegende Ziel der Finanzberichterstattung, den Investoren und Geldgebern nützliche Informationen zur Verfügung zu stellen, welche als Entscheidungsgrundlage dienen können. Mobimo war zum Schluss gekommen, dass dieses Ziel bei Anwendung von IAS 12.15(b) und den oben beschriebenen Konsequenzen nicht mehr hätte erreicht werden können. Die Konzernrechnung hätte kein den tatsächlichen Verhältnissen entsprechendes Bild der Vermögens-, Finanz- und Ertragslage sowie der Cashflows vermittelt. Mobimo hatte sich mit Berufung auf IAS 1.19 deshalb entschieden, IAS 12.15(b) nicht anzuwenden. Die latente Steuerverbindlichkeit von CHF 41,5 Mio. wurde im Akquisitionszeitpunkt erfasst und die übernommenen Liegenschaften wurden mit CHF 288,4 Mio. bewertet. Die latenten Steuerverbindlichkeiten per 31. Dezember 2018 sind im Vergleich zur Anwendung von IAS 12.15(b) deshalb um CHF 32,7 Mio. höher angesetzt. Damit ergab sich in der Konzernrechnung 2018 auch kein Neubewertungsgewinn in Höhe von CHF 41,5 Mio. und kein Aufwand für latente Steuern von CHF 8,8 Mio".[3]

3 Geschäftsbericht der Mobimo AG 2019, S. 56.

3 Rechnungslegungsgrundsätze

3.1 Grundlegende Annahmen der Abschlusserstellung

Annahme der Unternehmensfortführung

Das Rahmenkonzept trifft mit dem Konzept der Unternehmensfortführung (going concern principle) eine grundlegende Annahme für die Abschlusserstellung (RK.3.9). Gemäß RK.3.9 und IAS 1.25 ist ein Abschluss solange unter der Annahme der Unternehmensfortführung aufzustellen, bis die Unternehmensleitung beabsichtigt, das Unternehmen aufzulösen, oder keine realistische Alternative zu einer Unternehmensauflösung mehr existiert. Bestehen Zweifel an der Unternehmensfortführung, sind diese im Abschluss anzugeben.

Fortführungs- statt Liquidationswerte

Aufgrund der Annahme der Unternehmensfortführung erscheint es ökonomisch sinnvoll, Vermögenswerte und Schulden zu ihren fortgeführten Anschaffungs- oder Herstellungswerten in der Bilanz zu führen, da von einer späteren Verwendung im Unternehmen auszugehen ist und erwartet wird, dass der damit erzielte Nutzen zumindest nicht unter diesem Wert liegt. Nur wenn von einer Unternehmensfortführung nicht mehr ausgegangen werden kann, ist ein Ansatz der Vermögenswerte mit ihren Liquidationswerten möglich. In diesem Fall hat das Management die Tatsache der baldigen Unternehmensauflösung ebenso wie die dann verwendeten Verfahren der Abschlusserstellung im Abschluss anzugeben.

Annahme der Periodenabgrenzung

Das Konzept der Periodenabgrenzung (accrual principle) wird in RK.1.17-19 und in IAS 1.28 als ein weiteres der IFRS-Rechnungslegung zugrunde liegendes Konzept identifiziert. Die Geschäftstätigkeit eines Unternehmens geht über Periodengrenzen hinaus, so dass Zuordnungsregeln gefunden werden müssen, um periodische Abschlüsse erstellen zu können. Diese Regeln basieren nicht auf Zahlungszeitpunkten, die als eher zufällig, gestaltbar und wenig ökonomisch aussagekräftig angesehen werden. Zudem erstrecken sich zahlreiche Geschäftsvorfälle über mehrere Perioden, und auch viele Vermögenswerte werden über mehrere Perioden genutzt. IAS 1.27 schreibt daher eine Periodenabgrenzung vor, bei der einer Periode alle relevanten Sachverhalte unabhängig von Zahlungszeitpunkten nach sachlichen und zeitlichen Kriterien zugeordnet werden. Demnach sind Aufwendungen und Erträge in den Perioden zu erfassen, in denen sie im betrieblichen Prozess anfallen, und nicht zwingend in den Perioden, in denen die korrespondierenden Zahlungen (z.B. an Lieferanten) geleistet werden. Analog sind Vermögenswerte dann zu erfassen, wenn sie in die Verfügungsgewalt des Unternehmens übergegangen sind, und nicht erst, wenn die korrespondierende Verbindlichkeit durch eine Auszahlung getilgt wurde.

Ausnahme: Kapitalflussrechnung

Ausgenommen von dem Konzept der Periodenabgrenzung ist die Kapitalflussrechnung. Hier orientiert sich die Darstellung naturgemäß an dem eigentlichen Anfall von Ein- und Auszahlungen. Damit ergänzt die Kapitalflussrechnung die (periodisierte) Gesamtergebnisrechnung.

Periodenorientierung

Eng mit dem Konzept der Periodenabgrenzung verbunden ist das Prinzip der periodisierten Rechnungslegung (RK.3.4-7). Dies betont einerseits, dass Rechnungslegung sich immer auf eine Periode bezieht. Andererseits sind aus Gründen der Vergleichbarkeit Daten der Vorperiode mit anzugeben, und es ist auf Ergebnisse einzugehen, die sich nach dem Bilanzstichtag ereignet haben, insofern das die Finanzberichterstattung entscheidungsnützlicher macht. Diese allgemeinen Punkte des Rahmenkonzepts werden von weiteren Vorschriften in IAS 1.36-44 und IAS 10 konkretisiert.

Rechnungslegende Einheit

Schließlich ist auch noch zu klären, welche ökonomische Einheit berichtet und aus welcher Perspektive die Rechnungslegung erfolgt. Auch wenn hier letztendlich die Regelungen zur Konzernrechnungslegung entscheidend sind (vgl. Kapitel 4), so formuliert das Board im Rahmenkonzept, dass die Rechnungslegung aus Sicht aller Investoren der rechnungslegenden Einheit und nicht nur z.B. aus Sicht der Investoren des Mutterunternehmens zu erfolgen hat (RK.3.8, sog. Einheitstheorie; vgl. auch Kapitel 21). Des Weiteren differenziert RK.3.10-18 zwischen konsolidierten Konzernabschlüssen und nicht-konsolidierten Einzelabschlüssen. RK.3.18 betont hierbei, dass im Regelfall nicht-konsolidierte Einzelabschlüsse keine hinreichend entscheidungsnützlichen Informationen im Sinne des Zwecks der IFRS-Rechnungslegung liefern.

3.2 Qualitative Anforderungen an Jahresabschlüsse

Informationsvermittlungsfunktion

Basierend auf dem Zweck der IFRS-Rechnungslegung formuliert das Rahmenkonzept qualitative Anforderungen an die Abschlusserstellung, die Voraussetzung dafür sind, dass der Jahresabschluss seiner Informationsfunktion gerecht werden kann. Hierbei werden Relevanz (relevance) und glaubwürdige Darstellung (faithful representation) als fundamentale qualitative Anforderungen identifiziert (RK.2.5).

Relevanz als erster Primärgrundsatz

Das Kriterium der Relevanz steht in engem Zusammenhang mit der primären Zielsetzung der IFRS-Rechnungslegung: der Vermittlung von entscheidungsnützlichen Informationen. Nach RK.2.6 gelten Informationen dann als relevant, wenn sie die wirtschaftlichen Entscheidungen der Adressaten beeinflussen können. Hiervon ist auszugehen, wenn sie Beurteilungen der Adressaten aus der Vergangenheit bestätigen bzw. korrigieren (RK.2.7).

Beispiel 3.4

Ein seit Jahren existierendes Internet-Unternehmen lässt jährlich Erhebungen zur Mitarbeiterzufriedenheit und zum Mitarbeiter-Knowhow durchführen. Die Ergebnisse sind, auch relativ zu den Konkurrenzunternehmen, extrem positiv und für Investoren wahrscheinlich entscheidungsnützlich.

Wesentlichkeit spezifiziert Relevanz

Eine konsequente Anwendung dieser qualitativen Anforderung hätte zur Folge, dass alle potenziell entscheidungsnützlichen unternehmensintern verfügbaren Informationen den Adressaten zugänglich gemacht werden müssten. Eine solche Menge wäre jedoch aufgrund von Beschaffungs- und Analysekosten sowie aus Wettbewerbsaspekten weder für die Unternehmensleitung noch für die Abschlussadressaten optimal. Aus diesem Grund wird in RK.2.11 und IAS 1.29-31 das Kriterium der Relevanz durch den Sekundärgrundsatz der Wesentlichkeit (materiality) der zu veröffentlichenden Informationen spezifiziert. Demnach hängt die Wesentlichkeit einer bestimmten Information sowohl von ihrer Art als auch von ihrer Auswirkung auf zentrale Größen wie Eigenkapital und Gewinn oder Verlust ab – wobei das IASB keinerlei quantitative Wesentlichkeitsschwellen definiert.[4]

Beispiel 3.5

Große Konzerne mit mehreren hundert Tochterunternehmen verzichten häufig auf die Einbeziehung und Vollkonsolidierung einiger weniger kleinerer Tochterunternehmen, die insgesamt für den Konzernabschluss unwesentlich sind. So findet sich z.B. folgende Anhangangabe im Konzernabschluss 2019 der Bayer AG: „62 Tochterunternehmen (Vorjahr: 67), davon ein strukturiertes Unternehmen (Vorjahr: eins) und zwölf assoziierte bzw. Gemeinschaftsunternehmen (Vorjahr: 17) von insgesamt untergeordneter Bedeutung für die Vermögens-, Finanz- und Ertragslage des Konzerns wurden nicht konsolidiert bzw. nicht zu ihrem Equity-Wert einbezogen, sondern stattdessen zum beizulegenden Zeitwert angesetzt. Die Finanzdaten der unwesentlichen Tochterunternehmen machten weniger als 0,1 % des Konzernumsatzes, weniger als 0,1 % des Eigenkapitals und weniger als 0,2 % der Bilanzsumme aus."[5]

Glaubwürdige Darstellung als zweite qualitative Anforderung

Auch wenn das Management nach bestem Wissen berichtet, können bestimmte Informationen, wie z.B. die zukünftigen Marktchancen eines sich noch in der Entwicklung befindlichen Produkts, nur unter hoher Unsicherheit geschätzt werden. Der Grundsatz der glaubwürdigen Darstellung verlangt, dass relevante und wesentliche Sachverhalte glaubwürdig wiedergegeben werden.

Vollständigkeit, Neutralität und Fehlerfreiheit

Nach RK.2.13 ist eine Darstellung dann glaubwürdig, wenn sie vollständig, neutral und fehlerfrei ist. Eine vollständige Darstellung liegt nach RK.2.14 vor, wenn sämtliche zum Verständnis eines Sachverhalts notwendigen Informationen vorliegen. Die neutrale Darstellung setzt voraus, dass die Jahresabschlussinformationen frei von verzerrenden Einflüssen sind (RK.2.15). Dies wird durch eine vorsichtige Bilanzierung unterstützt, die eine Überbewertung von Vermögenswerten und eine Unterbewertung von Schulden verhindert. Andererseits darf vorsichtige Bilanzierung nicht dazu führen, dass Vermögenswerte unter- und Schulden überbewertet werden, da dies dann wiederum positiv verzerrte Periodengewinne in Folgeperioden nach sich ziehen würde (RK.2.16). Die Fehlerfreiheit bezieht sich auf das korrekte Herleiten einer Information. So muss bspw. die Vorgehensweise im Rahmen der Schätzung eines Wertes – wie vorstehend beschrieben – fehlerfrei und klar umschrieben sein (RK.2.18).

Beispiel 3.6 (Fortführung von Beispiel 3.4)

Dasselbe Internet-Unternehmen kann die Informationen über positive Werte bei Mitarbeiterzufriedenheit und Know-how nicht glaubwürdig in Rechnungs-

4 Das Konzept der Wesentlichkeit wirft in der Bilanzierungspraxis erhebliche praktische Anwendungsfragen auf. Dementsprechend hat das IASB ein nicht verbindliches Practice Statement „Making Materiality Judgements" entwickelt, welches IFRS-Bilanzierern bei der Beurteilung der Wesentlichkeit helfen soll.

5 Geschäftsbericht der Bayer AG 2019, S. 158.

legungsdaten transformieren; insbesondere die quantitative Abschätzung hieraus resultierender künftiger Zahlungszuflüsse dürfte regelmäßig sehr schwierig sein.

Verhältnis der Primärgrundsätze zueinander

Nach RK.2.20 müssen Informationen des Jahresabschlusses sowohl relevant als auch glaubwürdig dargestellt sein. Fraglich ist nun, wie relevante Sachverhalte zu identifizieren sind und wie für diese eine glaubwürdige Darstellung sichergestellt werden kann. RK.2.21 beschreibt hierfür einen Prozess, der in Abbildung 3.2 schematisch wiedergegeben ist. Schwierig hierbei sind Fälle, wo sich für relevante Sachverhalte nur Wertansätze mit erheblichen Messunsicherheiten finden lassen (RK.2.19). In diesen Fällen ist nach RK.2.22 zunächst zu prüfen, ob diese Messunsicherheiten durch zusätzliche Anhangangaben geheilt werden können, so dass insgesamt eine glaubwürdige Darstellung möglich wird. Ist dies nicht der Fall, so ist eine alternative Bewertung heranzuziehen, die zwar weniger relevant aber dafür glaubwürdig darstellbar ist. Das Board räumt indes auch ein, dass es seltene Fälle geben kann, für die keine solche Bewertungsmethode gefunden werden kann. In diesem Fall ist dann ein Nichtansatz und eine bloße Anhangangabe sinnvoll.

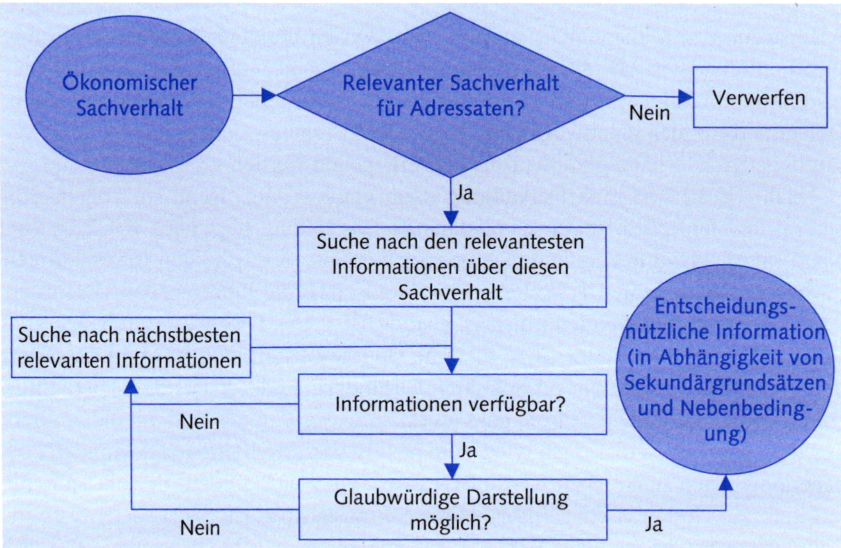

Abb. 3.2: Prüfreihenfolge der Primärgrundsätze Relevanz und glaubwürdige Darstellung

Weiterführende qualitative Anforderungen

Neben den fundamentalen Qualitätsanforderungen Relevanz und glaubwürdige Darstellung identifiziert das Board vier weiterführende qualitative Anforderungen, die qualitätsverbessernd wirken aber per se die Bereitstellung von entscheidungsnützlichen Informationen nicht gewährleisten können. Ihre Anwendung sollte in einem iterativen Prozess erfolgen, da sie sich einerseits gegenseitig verstärken aber andererseits auch miteinander konkurrieren können (RK.2.23,37-38).

Vergleichbarkeit

Um Unternehmensabschlüsse einerseits im Zeitablauf und andererseits unternehmensübergreifend vergleichen zu können, müssen Jahresabschlussinformationen gemäß RK.2.24 die qualitative Anforderung der Vergleichbarkeit erfüllen. Dies impliziert, dass die bei der Abschlusserstellung angewendeten Bilanzierungs- und Bewertungsmethoden möglichst konsistent angewendet werden. RK.2.27 betont, dass Vergleichbarkeit nicht Gleichheit bedeutet: Gleiches soll gleich und Ungleiches ungleich bilanziert werden.

IAS 8

Konkretisiert wird der Grundsatz der Vergleichbarkeit auch durch IAS 8 „Bilanzierungs- und Bewertungsmethoden, Änderungen von Schätzungen und Fehler“ (vgl. Kapitel 5). Danach sind Abweichungen von den bisherigen Bilanzierungs- und Bewertungsmethoden lediglich dann zulässig, wenn dies aufgrund von Gesetzesänderungen, Änderungen der IFRS oder auf Anraten der nationalen Standardsetter erforderlich wird, wenn fundamentale Bilanzierungsfehler berichtigt oder Schätzungen im Rahmen der Bewertung angepasst werden müssen, oder wenn mit dem Methodenwechsel eine Verbesserung der Aussagefähigkeit des Jahresabschlusses erreicht wird. Insbesondere die letzte Abweichungsmöglichkeit eröffnet bilanzpolitische Spielräume. Sofern aber keine dieser genannten Ausnahmen zutrifft, greift nach IAS 1.45 das Prinzip der Stetigkeit (consistency), wonach Ansatz-, Bewertungs-, Ausweis- und Konsolidierungsmethoden im Zeitablauf beizubehalten und zudem gleichartige Sachverhalte gleich zu bilanzieren sind.

Nachprüfbarkeit

Der Sekundärgrundsatz der Nachprüfbarkeit unterteilt sich in direkte und indirekte Nachprüfbarkeit. Die direkte Nachprüfbarkeit bezieht sich auf die direkte Überprüfung einer Information. Indirekte Nachprüfbarkeit meint bspw. die Überprüfung einer Berechnung, um das Ergebnis dieser Berechnung kontrollieren zu können. Die indirekte Überprüfung einer Information geht mit der Bereitstellung zusätzlicher Informationen, z.B. hinsichtlich der Berechnungsmethodik oder der zugrunde liegenden Annahmen und Parameter, einher (RK.2.30-32).

Beispiel 3.7

Um nachvollziehen zu können, wie Verpflichtungen aus leistungsorientierten Pensionsplänen bewertet werden, müssen z.B. Angaben über erwartete künftige Gehaltssteigerungen, Zinssätze und weitere versicherungsmathematische Annahmen vorliegen.

Zeitnähe

Eine zeitnahe Berichterstattung ist erforderlich, da der Wert von Informationen mit zunehmendem zeitlichem Abstand regelmäßig sinken dürfte. Einige Informationen können jedoch auch nach einer gewissen Zeitspanne noch nützlich sein, z.B. um Aussagen über Trends treffen zu können (RK.2.33).

Beispiel 3.8

Ein Kreditinstitut veröffentlicht im April des Folgejahres seinen IFRS-Konzernabschluss. Obwohl zahlreiche Finanzaktiva mit dem beizulegenden Zeitwert bewertet wurden, verlieren diese Werte bereits einige Tage nach Bilanzstichtag angesichts volatiler Märkte an Aktualität und Relevanz.

Verständlichkeit

RK.2.34 fordert eine klare, prägnante Klassifizierung, Charakterisierung und Darstellung von Informationen, um diese für den Adressaten verständlich zu machen. Auf die Abbildung von komplexen und schwierigen Sachverhalten, die für die Entscheidungsfindung des Jahresabschlussadressaten wichtig sind, darf jedoch nicht unter Verweis auf mangelnde Verständlichkeit verzichtet werden (RK.2.35). Dieser Grundsatz ist insbesondere für Anhangangaben relevant. Bei komplexen Sachverhalten, wie z.B. der Risikoabsicherung über Derivate, ist bei den Anhangangaben darauf zu achten, dass alle wesentlichen Informationen in einer für den typischen Abschlussadressaten möglichst verständlichen Form dargestellt werden. Dem typischen Adressaten wird dabei unterstellt, dass er angemessene Wirtschafts- und Rechnungslegungskenntnisse hat und bereit ist, die Informationen mit angemessener Sorgfalt zu studieren. Allerdings besteht nach RK.2.36 selbst für Adressaten mit angemessenen Kenntnissen teilweise die Notwendigkeit, auf Berater zurückzugreifen, um komplexere Sachverhalte zu verstehen.

Abwägung von Kosten und Nutzen

RK.2.39-43 ergänzt die qualitativen Anforderungen an Jahresabschlüsse um ein Kosten-Nutzen-Kalkül. Die Bereitstellung einer Information erfolgt unter Abwägung von Kosten und Nutzen der Bereitstellung und Verbreitung (Wirtschaftlichkeit). Dabei sind grundsätzlich nicht nur die direkten Kosten für die Erstellung und Auswertung der Information zu beachten, sondern auch die indirekten Kosten, wie z.B. Wettbewerbsdruck, der durch einen verbesserten Informationsstand der Konkurrenz ausgelöst werden könnte. Informationen werden folglich nur dann bereitgestellt, falls der Nutzen überwiegt. Problematisch erscheint dabei sowohl die Frage der Nutzenmessung als auch die Tatsache, dass der Nutzen größtenteils bei den Adressaten, die Kosten jedoch primär beim Abschlussersteller entstehen und somit die Kapitalgeber nur indirekt über reduzierte Renditen treffen könnten. Grundsätzlich betrifft die Anwendung des Wirtschaftlichkeitsprinzips nicht nur die berichterstattenden Unternehmen bei der Erstellung von Jahresabschlüssen, sondern auch das IASB bei der Entwicklung von Rechnungslegungsstandards. Abbildung 3.3 verdeutlicht noch einmal das System allgemeiner Rechnungslegungsgrundsätze.

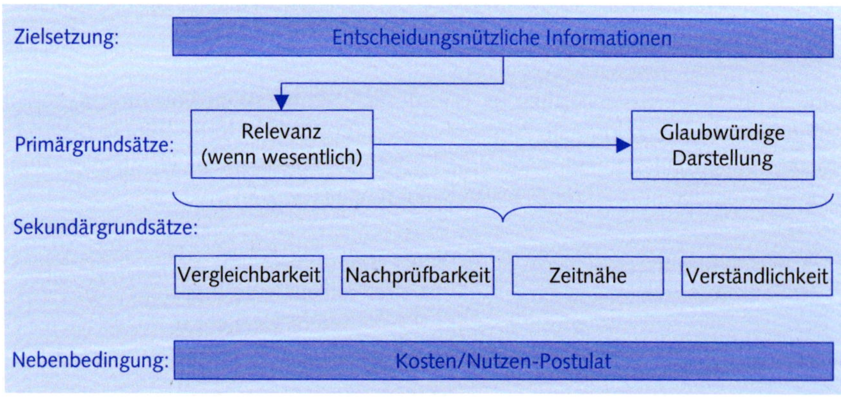

Abb. 3.3: System allgemeiner Rechnungslegungsgrundsätze

4 Abschlussposten

4.1 Bestandteile der Bilanz: Vermögenswerte, Schulden und Eigenkapital

Im Rahmenkonzept werden die Elemente definiert, die in die jeweiligen Bestandteile des Jahresabschlusses eingehen. Als Elemente der Bilanz sind dort die Vermögenswerte (assets), die Schulden (liabilities) und das Eigenkapital (equity) aufgeführt.

Vermögenswert

Vermögenswerte werden in RK.4.3 als eine aus einem Ereignis der Vergangenheit resultierende ökonomische Ressource, die sich unter der Kontrolle des Unternehmens befindet, definiert. RK.4.4 charakterisiert eine ökomische Ressource wiederum als ein Recht, das die Möglichkeit beinhaltet, künftigen ökonomischen Nutzen zu generieren. Rechte müssen nicht notwendiger Weise vertraglicher Natur sein. Sie können auch lediglich durch die Möglichkeit des Unternehmens resultieren, Andere von der Nutzung auszuschließen (wie z.B. bei Geschäftsgeheimnissen, RK.4.7 (a), 22). Ein Vermögenswert muss in der Verfügungsmacht des bilanzierenden Unternehmens stehen, d.h. von ihm kontrolliert werden, um den künftigen Nutzenzufluss zu sichern. Dies gilt z.B. nicht für die Arbeitsleistung und das Know-how normaler Mitarbeiter, denn diese können innerhalb der vereinbarten Kündigungsfrist kündigen. Anders sieht es allerdings bei Lizenzspielern von Fußballvereinen aus. Diese sind vertraglich über mehrere Jahre an ihr Team gebunden. Aufgrund der damit einhergehenden Lizenzrechte liegt eine Kontrollmöglichkeit vor. Entsprechend RK.4.7 ist im Rahmen der Zuordnung eines Vermögenswertes zu einem Unternehmen von einer wirtschaftlichen Betrachtung auszugehen, die nicht zwangsläufig mit den rechtlichen Gegebenheiten übereinstimmen muss. So richtet sich z.B. die Bilanzierung von Leasinggegenständen primär nach der wirtschaftlichen Betrachtung des Sachverhalts, unabhängig von den rechtlichen Eigentumsverhältnissen (vgl. Kapitel 19).

Vergangenes Ereignis

Ein Vermögenswert ist zudem das Ergebnis vergangener Geschäftsvorfälle. Die Erwartung über den Eintritt eines künftigen Ereignisses begründet hingegen noch keinen Vermögenswert.

Zukünftiger Nutzen

Von zentraler Bedeutung ist darüber hinaus, dass der Vermögenswert künftiges Nutzenpotenzial besitzt, das sich regelmäßig im direkten oder indirekten künftigen Zufluss liquider Mittel dokumentiert. Dieses Potenzial kann z.B. im Einsatz als Produktionsfaktor, im Tausch gegen andere Vermögenswerte, im Einsatz zur Tilgung von Verbindlichkeiten oder in der Herausgabe an die Anteilseigner gegeben sein.

Bedeutung der Definition

Unter die Vermögenswertdefinition werden sowohl materielle als auch immaterielle Vermögenswerte subsumiert. Es ist zu beachten, dass es sich bei den Definitionsmerkmalen weder um notwendige noch um hinreichende Bedingungen für den konkreten Bilanzansatz handelt. Ein Vermögenswert eines Unternehmens wird z.B. nicht in der Bilanz erfasst, wenn ein spezieller IFRS dies untersagt, ein künftiger Nutzenzufluss nicht ausreichend wahrscheinlich ist, er nicht glaubwürdig bewertbar oder unwesentlich ist. Andererseits können spezielle IFRS zumindest grundsätzlich den Ansatz von Sachverhalten fordern, welche die Definitionskriterien des Rahmenkonzeptes nicht erfüllen.

Beispiel 3.9

IFRS 3.32 sieht die Aktivierung des Goodwills als Vermögenswert vor. Ebenso schreibt IAS 12.34 den Ansatz aktiver latenter Steuern auf Verlustvorträge vor. Die Vermögenseigenschaft gemäß RK.4.4 lässt sich in beiden Fällen zumindest kontrovers diskutieren. Andererseits schließt, wie bereits zuvor dargestellt, IAS 38.63 selbst geschaffene Marken von der Aktivierung aus, obwohl die Vermögenswertdefinition hier als erfüllt angesehen werden könnte.

Schuld: Gegenwärtige Verpflichtung und zukünftiger Ressourcenabfluss

RK.4.26 definiert eine Schuld „spiegelbildlich" zur Definition eines Vermögenswertes als eine sich aus vergangenen Ereignissen ergebende gegenwärtige Verpflichtung des Unternehmens, eine ökonomische Ressource zu übertragen. Liegt eine Verpflichtung noch nicht vor, ist die Definition nicht erfüllt.

Beispiel 3.10

Der Vorstand eines Unternehmens hat sich für die Aufnahme eines Kredits in Höhe von 10 Mio. € entschieden. Eine Schuld entsteht aber erst dann, wenn der Kredit tatsächlich aufgenommen wurde und ein rechtlicher Anspruch der Kreditgeber auf künftige Zins- und Tilgungszahlungen entstanden ist.

Verbindlichkeiten und Rückstellungen

Unter die Schulddefinition des Rahmenkonzeptes fallen sowohl Verbindlichkeiten als auch Rückstellungen. Damit zählen auch Verpflichtungen, die dem Grunde und/oder der Höhe nach ungewiss, aber wahrscheinlich sind, zu den Schulden. In die Schuld-Definition inbegriffen sind des Weiteren Kulanzrückstellungen für rein wirtschaftliche Verpflichtungen, da auch bei der Definition der Schulden auf eine wirtschaftliche Betrachtungsweise abgestellt wird und eine rechtliche Verpflichtung daher nicht notwendig ist.

Verpflichtungen gegenüber Dritten

Aufwandsrückstellungen gehören hingegen nicht zu den Schulden, da Verpflichtungen nach IFRS nur gegenüber Dritten (Außenverpflichtungen) bestehen können (RK.4.29). Somit ist eine Bildung von Aufwandsrückstellungen (Innenverpflichtung) auf der Grundlage einer periodengerechten Aufwandsermittlung ebenfalls nicht möglich, da gemäß IAS 1.28 eine Periodenabgrenzung nur für Passivposten, die unter die Schulden-Definition fallen, erlaubt ist.

Abgrenzung von separaten Vermögenswerten und Schulden

Vor dem Hintergrund der Definitionen ist noch fraglich, wie Vermögenswerte und Schulden jeweils voneinander abgrenzt werden, also wo z.B. der eine Vermögenwert „aufhört" und der andere „anfängt". Das Board widmet sich diesem sogenannten unit-of-account-Problem in RK.4.48-55. Grundsätzlich lassen sich Rechte an Vermögenswerten nahezu beliebig aufspalten. So kann z.B. das Nutzungsrecht an einer Immobilie für Jahres-, Monats- oder sogar Tagesperioden übertragen werden. Ist nun die Immobilie als Ganzes als ein Vermögenswert anzusehen oder sind dies die jeweiligen Nutzungsrechte? Das Board betont hier zunächst, dass wiederum das Postulat der entscheidungsnützlichen Information zentral ist. Vermögenswerte und Schulden sollen so aufgeteilt werden, dass eine glaubwürdige Bereitstellung von relevanter Information erreicht wird. Dies kann erforderlich machen, dass Vermögenswerte bzw. Schulden für Ansatzzwecke anders kombiniert werden als für Fragen der Bewertung (RK.4.49). Zudem nennt RK.4.51 einige Kriterien, die für das Bereitstellen von entscheidungsnützlicher Informationen sprechen. So spricht es für das Zusammenfassen von konzeptionell separierbaren Vermögenswerten bzw. Schulden, wenn es unwahrscheinlich ist, dass sie getrennt voneinander veräußert werden, wenn sie ähnliche Nutzungsdauern haben oder wenn sie ökonomisch ähnliche Chancen und Risiken aufweisen. Eine Auftrennung von Vermögenswerten bzw. Schulden ist vorteilhaft, wenn so eine glaubwürdigere Bewertung möglich ist.

Eigenkapital bzw. Reinvermögen

Als drittes Bilanzelement wird Eigenkapital in RK.4.63 definiert als „der nach Abzug aller Schulden verbleibende Restbetrag der Vermögenswerte des Unternehmens". Demnach wird Eigenkapital als Residualgröße zwischen den Vermögenswerten und Schulden ermittelt.[6] Trotz seines Residualcharakters ist es in der Regel geboten, das Eigenkapital für den Ausweis hinsichtlich rechtlicher Gegebenheiten sinnvoll zu gliedern (RK.7.12). So ist für deutsche Aktiengesellschaften z.B. eine Unterteilung in Gezeichnetes Kapital sowie Kapital-, Gewinn- und sonstige Rücklagen üblich.

4.2 Bestandteile der Gesamtergebnisrechnung: Erträge und Aufwendungen

Bilanzorientierte Aufwands- und Ertragsdefinition

Neben den Bilanzelementen finden sich im Rahmenkonzept des IASB auch Definitionen zu Erträgen (income) und Aufwendungen (expenses) als den zwei Bestandteilen der Gesamtergebnisrechnung. Gemäß RK.4.68 stellen Erträge eine Zunahme von Vermögenswerten oder Abnahme von Schulden dar, die zu einer Erhöhung des Eigenkapitals führen, welche nicht auf eine Einlage der Anteilseigner zurückzuführen ist.

RK.4.69 definiert Aufwendungen spiegelbildlich als Verminderungen von Vermögenswerten oder Erhöhung von Schulden, die zu einer Abnahme des Eigenkapitals führen, welche nicht auf Ausschüttungen an die Anteilseigner zurückzuführen ist. Aus den Definitionen wird deutlich, dass das IASB Erträge und Aufwendungen, ähnlich wie die statische Bilanztheorie (vgl. Kapitel 1), als das Ergebnis von Änderungen in den Bilanzpositionen begreift. Diese Vorgehensweise wird auch als „asset-liability approach" oder „balance sheet approach" bezeichnet.

Ergebnisspaltung

Die Definition von Erträgen und Aufwendungen ist im Rahmenkonzept sehr weit gehalten. Sie umfasst sämtliche Eigenkapitalveränderungen, die nicht direkt durch Eigentümertransaktionen entstanden sind. RK.7.15-18 sehen vor, dass Erträge und Aufwendungen im Regelfall in der Gewinn- und Verlustrechnung nach IAS 1.81A(a) erfasst werden sollen. Das gilt insbesondere für Erträge und Aufwendungen, die auf historischen Kosten basieren (RK.7.18). Erträge und Aufwendungen hingegen, die aus einer Bewertungsänderung auf Basis von Zeitwerten

6 Zur Abgrenzung von Eigen- und Fremdkapital vgl. Kapitel 15.

resultieren, können unter Umständen GuV-neutral ausgewiesen werden. So verändern sie zwar das Eigenkapital, werden aber als GuV-neutraler Aufwand bzw. Ertrag im sonstigen Ergebnis (other comprehensive income; OCI) in der Gesamtergebnisrechnung erfasst (vgl. ausführlich Kapitel 5).

Recycling

Das Rahmenkonzept sieht für solche Fälle im Regelfall vor, dass diese GuV-neutralen Posten zu einem späteren Zeitpunkt GuV-wirksam aufgelöst werden (sog. Recycling, RK.7.19), erwähnt aber auch die Möglichkeit, dass Standards dies nicht vorsehen, etwa weil der Zeitpunkt der Auflösung nicht logisch nachvollziehbar zu bestimmen ist. Insgesamt sind die Ausführungen zur Differenzierung von GuV-neutralen und GuV-wirksamen Aufwendungen und Erträgen im Rahmenkonzept wohl als recht unverbindliche Leitlinien zu verstehen. Es bleibt abzuwarten, ob und ggf. wie sie die künftige Standardentwicklung beeinflussen werden. Abbildung 3.4 stellt die Abgrenzung von Aufwendungen und Erträgen nach dem Rahmenkonzept noch einmal dar.

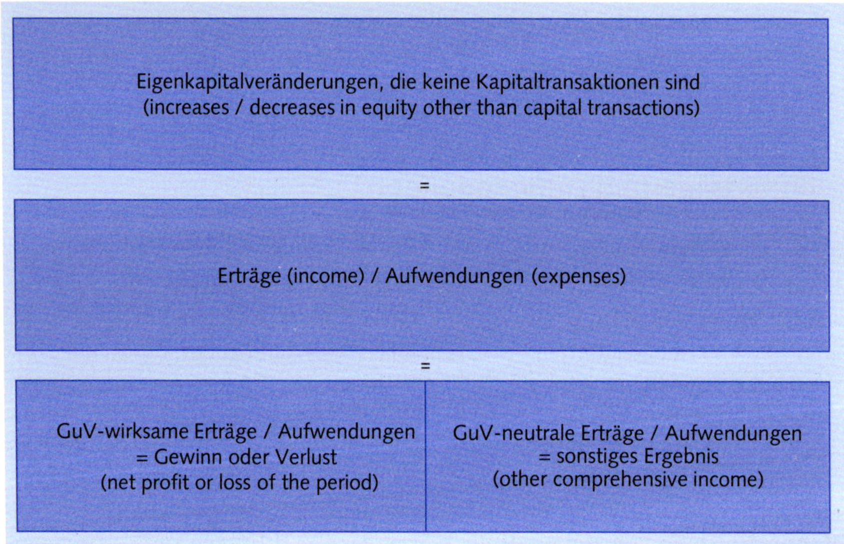

Abb. 3.4: Abgrenzung von Aufwendungen und Erträgen nach IFRS

5 Ansatz- und Ausbuchungskriterien

Den Ansatz von Vermögenswerten und Schulden in der Bilanz bzw. die Erfassung von Erträgen und Aufwendungen in der Gesamtergebnisrechnung regelt RK.5.6-25. Demnach sind folgende Kriterien kumulativ zu erfüllen:

- Der Sachverhalt muss die im vorangehenden Abschnitt angeführten Definitionen eines Abschlusspostens hinreichend sicher erfüllen (RK.5.14),

- es muss hinreichend wahrscheinlich sein, dass ein mit dem Sachverhalt verbundener Nutzen dem Unternehmen zufließen (Vermögenswert) bzw. von dem Unternehmen abfließen (Schuld) wird, und
- die glaubwürdige Bewertung des Sachverhaltes muss möglich sein.

Wahrscheinlichkeit des Nutzenzu- bzw. -abflusses

Bezüglich der Wahrscheinlichkeit des Nutzenzu- bzw. -abflusses enthält das Rahmenkonzept keine quantitativen Angaben. Allerdings wird nur dann, wenn die Wahrscheinlichkeit als gering eingeschätzt wird (*low probability*), vermutet, dass ein Ansatz des Vermögenswerts bzw. der Schuld keine relevante Information liefert (RK.5.12). Damit ist davon auszugehen, dass der Wahrscheinlichkeitsgrenzwert für den Ansatz dementsprechend unter 50 % liegt. Ist der Nutzenzu- oder abfluss unwahrscheinlich, ist im Regelfall ein Nichtansatz und stattdessen ggf. eine Anhangangabe die Konsequenz (RK.5.16). Aber auch in diesen Fällen kann ein Ansatz sinnvoll sein, z.B. wenn der Vermögenswert oder die Schuld durch eine Markttransaktion zustande gekommen ist (RK.5.17).

Beispiel 3.11

Ein Pharmaunternehmen hat 2021 eine Summe von 2.000 T€ in die Erforschung neuer Wirkstoffe zur Bekämpfung von Demenzerkrankungen investiert. Ziel dieser Forschung ist ein besseres Verständnis bestimmter genetischer Prädispositionen für Demenzerkrankungen. Zeitgleich arbeitet ein Team an der Entwicklung eines konkreten Medikaments, das die Nebenwirkungen einer Strahlentherapie reduzieren soll. Umfangreiche Forschungsarbeiten zur Identifizierung des Wirkstoffs sind bereits vorausgegangen. Zudem liegen klinische Studien vor, die dessen Wirkung empirisch dokumentieren.

Lösung
Zunächst muss geprüft werden, ob die beiden Sachverhalte jeweils die Definition eines Vermögenswerts erfüllen. Es soll hier davon ausgegangen werden, dass das Unternehmen Andere von der Nutzung der Forschungs- bzw. Entwicklungsergebnisse ausschließen kann, dass also ein ökonomisches Recht als Ergebnis vergangener Ereignisse (Forschung und Entwicklungstätigkeiten) unter der Kontrolle des Unternehmens vorliegt. Ein grundsätzliches Potenzial auf einen künftigen ökonomischen Nutzen aus den Aktivitäten scheint ebenso gegeben. Dementsprechend resultieren aus beiden Sachverhalten hinreichend sicher Vermögenswerte.

Für die Frage, ob die Wahrscheinlichkeit des ökonomischen Nutzenzuflusses als gering anzusehen ist, ist pharmazeutischer Sachverstand notwendig. Für die Demenzforschung erscheint es vertretbar, dass zumindest zum aktuellen Zeitpunkt die Wahrscheinlichkeit als gering anzusehen ist. Es handelt sich hierbei um Grundlagenforschung, die noch weit von Marktfähigkeit entfernt ist. Dementsprechend würde ein Ansatz unterbleiben. Ggf. könnte das Unternehmen im Anhang im Zusammenhang mit den Angaben zu Forschungs- und Entwicklungsausgaben über den Fortschritt berichten. Bei den Entwicklungsanstrengungen hinsichtlich des Strahlentherapiemedikaments ist das Unternehmen zeitlich näher an der Markteinführung eines Produktes und deshalb eventuell eher in der Lage, wahrscheinliche Nutzenpotenziale zu bestimmen. Dementsprechend erscheinen eine Aktivierung und anschließende Bewertung eher denkbar.

Diese Differenzierung findet sich übrigens auch in IAS 38 „Immaterielle Vermögenswerte" wieder. Während Forschungsausgaben hiernach sofort als Aufwand zu verrechnen sind, müssen Entwicklungsausgaben bei kumulativer Erfüllung bestimmter Bedingungen aktiviert werden (vgl. Kapitel 9).

Messungenauigkeit

Um einen Ansatz zu rechtfertigen, müssen der Vermögenswert bzw. die Schuld zudem glaubwürdig darstellbar sein. Hier ist vor allem eine eventuelle Messungenauigkeit im Rahmen der Bewertung zu berücksichtigen. RK.5.20 diskutiert hier Fälle, in denen die Messungenauigkeit so hoch sein kann, dass eine glaubwürdige Darstellung nicht mehr möglich ist. Dies kann vor allem der Fall sein, wenn die Bewertung auf mehr oder weniger subjektiven Cashflowschätzungen beruht, sie sensitiv auf Annahmenänderungen reagiert oder die Zahlungsströme nur schwer einzelnen Vermögenswerten bzw. Schulden zugeordnet werden können. In diesen Fällen ist zu prüfen ob andere, weniger relevante Wertansätze gefunden werden können, die dafür aber glaubwürdig dargestellt werden können. Ist dies nicht der Fall, so bleibt nur die Anhangangabe, und ein Ansatz unterbleibt. Das Board geht indes davon aus, dass diese Situation selten eintreten sollte (RK.5.22).

Beispiel 3.12
(Fortführung von Beispiel 3.11)

Für das in der klinischen Testphase befindliche Strahlentherapiemedikament sind im Jahr 2021 Entwicklungskosten in Höhe von 3.000 T€ und Kosten für die klinischen Studien in Höhe von 1.500 T€ angefallen. Um das Projekt zu bewerten, bittet das Management des Unternehmens die Projektgruppe zudem um eine Einschätzung des künftigen Marktpotenzials. Die Antwort lautet: „Wenn klinisch alles glatt läuft, dann bekommen wir die Zulassung. In diesem Fall werden wir das Medikament wohl selber vertreiben. Für den 20-jährigen Zeitraum des Patentschutzes rechnen wir dann mit jährlichen Netto-Cashflows aus dem Vertrieb in Höhe von ca. 10 – 50 Mio. €. Eventuell würden wir das Patent aber auch an einen Konkurrenten verkaufen können, der in diesem Bereich besser aufgestellt ist. Dann könnten wir bestimmt einen Kaufpreis in der Höhe von 500 Mio. € bis zu 1 Mrd. € erzielen. Vielleicht haben wir aber auch Pech und ein Konkurrent kommt uns mit der Zulassung zuvor. Dann haben wir einen harten Wettbewerb vor uns und die Zahlungsüberschüsse dürften nur etwa 25 % der oben geschätzten Werte betragen." Auf Ihre vorsichtige Nachfrage nach Eintrittswahrscheinlichkeiten für die unterschiedlichen Szenarien antwortet man Ihnen: „Haben wir eine Glaskugel? Haben wir leider nicht."

Lösung

Hier liegt offensichtlich ein Fall von Messungenauigkeit vor. Eine Bewertung auf Basis von künftigen Cashflows wäre sehr relevant, aber die inhärenten Messungenauigkeiten sind so hoch, dass sich ein glaubwürdiger eindeutiger Ansatzwert kaum ermitteln lässt. Dementsprechend ist zu prüfen, ob ein alternativer, weniger relevanter Wertansatz glaubwürdig darstellbar wäre. Hier wäre denkbar, die angefallenen Kosten zu verwenden. Sie sind glaubwürdig darstellbar. Zudem würden sie im Fall der Nichtaktivierung ja als Aufwand der laufenden Periode erfasst. Es erscheint also vor dem Hintergrund der Entscheidungsnützlichkeit im Sinne des Rahmenkonzepts geboten, hier auf Basis der angefallenen Kosten einen Ansatz von 4,5 Mio. € in Erwägung zu ziehen. (Ganz analog ist übrigens die konkrete Vorgehensweise nach IAS 38, der für aktivierte Entwicklungskosten die Herstellungskosten als Wertmaßstab vorsieht; vgl. Kapitel 9.) Auf die erheblich höheren Chancen in der Größenordnung von bis zu 1 Mrd. € bei erfolgreicher Zulassung kann ggf. im Anhang hingewiesen werden, nicht ohne indes auf die Risiken einer Nichtzulassung oder eines Konkurrenteneintritts hinzuweisen.

Ausbuchung

Was als Vermögenswert oder Schuld in die Rechenwerke eingeht, muss diese auch irgendwann wieder verlassen. Dieser Vorgang wird als „Ausbuchung" (derecognition) bezeichnet. Normalerweise geschieht dies, wenn das Unternehmen die Kontrolle über einen Vermögenswert durch Verbrauch, Verkauf oder ähnliches abgegeben hat bzw. wenn eine Schuld bedient oder an einen Dritten transferiert wurde. Allerdings ist es möglich, dass Vermögenswerte und Schulden die Bilanz nur teilweise verlassen oder dass durch den Abgang eines Bilanzpostens neue Vermögenswerte und Schulden entstehen. Außerdem ist es denkbar, dass ein Vermögenswert bzw. eine Schuld zwar vordergründig das Unternehmen verlässt, während die Kontrolle bzw. Verpflichtung des Unternehmens in Wirklichkeit aber weiterbesteht, entweder weil entsprechende vertragliche Verpflichtungen bestehen oder weil ein weiteres Unternehmen im Auftrag und für Rechnung des ursprünglichen Unternehmens den Vermögenswert bzw. die Schuld übernimmt (RK.5.29). In diesem Fall liegt nach RK.5.30 kein Abgang vor. In den anderen Fällen wird der transferierte Anteil des Vermögenswerts bzw. der Schuld (transferred component) ausgebucht, erhaltene bzw. neu erstandene Vermögenswerte bzw. Schulden eingebucht und weiterbestehende Vermögenswerte bzw. Schulden (retained components) als eigenständige Buchungsposition (separate unit of account) weiterbilanziert.

Beispiel 3.13

Das mittelständische Bauunternehmen SmartBau GmbH hat ausstehende Forderungen gegenüber Kunden in Höhe von 15 Mio. €. Um das Forderungsausfallrisiko zu reduzieren und die eigene Liquiditätssituation zu verbessern, verkauft es diese Forderungen für 12 Mio. € an seine Hausbank. Um seine guten Kundenbeziehungen nicht zu gefährden, geht es gegenüber der Hausbank die Verpflichtung ein, das Mahnwesen gegenüber den Kunden selbst weiter zu betreiben. Die erwarteten Kosten hierfür liegen bei 1 Mio. €.

Lösung

Die SmartBau GmbH hat die Kontrolle über ihre Forderungen abgegeben; im Gegenzug hat sie liquide Mittel erhalten und ist eine Verpflichtung eingegangen. Der Buchungssatz, um die resultierenden Abgänge und Zugänge von Vermögenswerten und Schulden zu erfassen, lautet:

Liquide Mittel	*12 Mio. €*	*an*	*Forderungen*	*15 Mio. €*
Aufwand aus Forderungsausfällen	*4 Mio. €*		*Rückstellung für vertragliche Verpflichtungen*	*1 Mio. €*

Variante

Die Hausbank ist nicht bereit, das Risiko des Forderungsausfalls zu übernehmen. Die SmartBau verpflichtet sich dementsprechend, im Fall von Forderungsausfällen neue, gleichgelagerte Forderungen an die Hausbank zu übereignen. Das Mahnwesen bleibt weiterhin bei der SmartBau GmbH. Der Kaufpreis für die 15 Mio. € Forderungen wird auf 14 Mio. € angepasst.

Lösung

Hier wird RK.5.29 (a) einschlägig. Obwohl die Forderungen „verkauft" wurden, ist die SmartBau GmbH den wesentlichen Risiken des Forderungsausfalls weiterhin unverändert ausgesetzt. Dementsprechend kann nicht davon ausgegangen werden, dass die SmartBau GmbH im ökonomischen Sinn die Kontrolle über den Vermögenswert verloren hat. Stattdessen ist korrespondierend zu der zugegangenen Liquidität eine neue Schuld einzubuchen. Ein passender Buchungssatz lautet:

Liquide Mittel	*14 Mio. €*	*an*	*finanzielle Schuld*	*15 Mio. €*
Finanzaufwand	*1 Mio. €*			

Wenn dann Forderungen von Kunden beglichen werden, wäre zu buchen:

Liquide Mittel *an* *Forderungen*

und

Finanzielle Schuld *an* *liquide Mittel*

um die Weiterleitung der liquiden Mittel an die Bank abzubilden. Wenn eine Forderung ausfällt, wäre zu buchen:

Aufwand aus Forderungsausfällen *an* *Forderungen*

Indem die finanzielle Schuld in diesem Fall unverändert bleibt, wird abgebildet, dass die SmartBau GmbH weiterhin eine Verpflichtung gegenüber ihrer Hausbank hat.

6 Bewertungskonzepte

6.1 Rahmenkonzept

Mögliche Bewertungsmethoden

Wenn Vermögenswerte und Schulden in den Rechenwerken angesetzt werden, dann braucht es auch eine monetäre Bewertung. Ebenso wie die Regelungen zu Ansatz und Abgang von Vermögenswerten und Schulden haben die Ausführungen des Rahmenkonzepts zu Bewertungsmethoden nur konzeptionellen Charakter. Die eigentlichen Vorschriften zur Bewertung von Vermögenswerten und Schulden finden sich in den speziellen IFRS. Nichtsdestotrotz geben die Ausführungen im Rahmenkonzept einen guten Überblick über die grundsätzlich möglichen Bewertungsmethoden. Hierfür werden die unterschiedlichen Bewertungsmethoden zunächst in solche, die auf historischen Kosten (historical cost) beruhen und solche, denen Zeitwerte (current value) zugrunde liegen, unterteilt.

Historische Kosten

Historische Anschaffungs- oder Herstellungskosten umfassen alle im Austausch für den zu bewertenden Sachverhalt erbrachten Gegenleistungen. Bei Vermögenswerten sind das entweder die zum Erwerb aufgewendeten liquiden Mittel oder der Zeitwert der Gegenleistung zum Erwerbszeitpunkt. In Bezug auf Schulden umfassen die historischen Kosten den Wert, den der Bilanzierende im Austausch für die Schuld erhalten hat (RK.6.5-6). In den Folgeperioden werden historische Kosten angepasst, um Werteverzehr und Zinseffekte widerzuspiegeln (RK.6.7-8).

Zeitwerte

Im Gegensatz zu historischen Kosten beziehen sich Zeitwerte lediglich auf die zum Bewertungszeitpunkt vorliegenden Gegebenheiten. Dies führt dazu, dass sich Zeitwerte von Periode zu Periode ändern, wenn sich die äußeren Gegebenheiten, wie z.B. Marktpreise oder Cashflowschätzungen, ändern. RK.6.11 nennt folgende Kategorien von Zeitwerten:

- Beizulegender Zeitwert (fair value),
- Nutzungswert (value in use) für Vermögenswerte bzw. Erfüllungswert (fulfilment value) für Schulden und
- Wiederbeschaffungskosten (current cost).

Beizulegender Zeitwert

Der beizulegende Zeitwert ist ein marktorientierter Wertansatz, der auf den Preis abzielt, den unabhängige Marktteilnehmer zum Bewertungszeitpunkt für einen Vermögenswert zu bezahlen bereit wären bzw. für den sie eine Schuld übernehmen würden (RK.6.12). Falls der Wert nicht direkt auf einem aktiven Markt beobachtbar ist, können beizulegende Zeitwerte auch indirekt durch die Anwendung geeigneter Bewertungsmodelle geschätzt werden (vgl. Abschnitt 6.2 in diesem Kapitel).

Nutzungswert bzw. Erfüllungswert

Der Nutzungswert (value in use) bestimmt sich als Barwert der erwarteten Cashflows oder anderen Nutzengrößen aus interner Nutzung im Unternehmen (RK.6.17). Er unterscheidet sich vom beizulegenden Zeitwert als (fiktivem) Marktpreis insbesondere durch die unternehmensspezifische, interne Sichtweise. Für Schulden ist das Pendant der Erfüllungswert (fulfilment value). Dies ist der diskontierte Betrag, der voraussichtlich aufgewendet werden muss, um die Schuld im Rahmen des gewöhnlichen Geschäftsverlaufs zu tilgen.

Wiederbeschaffungskosten

Die Wiederbeschaffungskosten (current cost), entsprechen dem Betrag, der zum Stichtag für die Wiederbeschaffung eines identischen oder vergleichbaren Vermögenswertes aufgewendet werden müsste. Bei Schulden bestimmen sich die Wiederbeschaffungskosten durch den Betrag, den man am Stichtag für das erneute Eingehen einer solchen Schuld zu erwarten hätte.

Auswahl der Bewertungsmethoden

Das Rahmenkonzept diskutiert auch Verfahren zur Auswahl einer geeigneten Bewertungsmethode (RK.6.50-6.86). Im Wesentlichen entscheidet wiederum das Postulat der entscheidungsnützlichen Information und dementsprechend die qualitativen Eigenschaften Relevanz und glaubwürdige Darstellung unter Berücksichtigung relevanter Kosten. Hierbei ist zu berücksichtigen, dass Wertansätze sowohl die Bilanz als auch die GuV beeinflussen. In Ausnahmefällen kann es auch sinnvoll sein, mehrere Bewertungsmethoden anzuwenden. Dies ist einerseits möglich, indem eine Methode für die Rechenwerke verwendet wird und andere Methoden ggf. im Anhang präsentiert werden. (So etwa im Rahmen der Bewertung von Renditeimmobilien nach IAS 40; vgl. Kapitel 11.) Des Weiteren besteht die Möglichkeit, für die bilanzielle Darstellung und den GuV-Effekt unterschiedliche Bewertungsmethoden zu verwenden. In diesem Fall dient das sonstige Ergebnis als „Puffer“, um die beiden Ansätze auszugleichen.

Fazit: Ansatz und Bewertung sind verbundene Probleme

Es bleibt zum Abschluss festzuhalten, dass aus Sicht des Rahmenkonzeptes Ansatz und Bewertung zwei verbundene und sich gegenseitig bedingende Entscheidungen sind. Ein Ansatz ist nur möglich, wenn eine Bewertungsmethode identifiziert werden kann, die eine relevante und glaubwürdige Darstellung ermöglicht. Die hierfür notwendigen Erwägungen sind häufig schwierig und hängen vom jeweiligen Sachverhalt ab. Somit erstaunt es nicht, dass sich die konkreten Regeln zum Ansatz und zur Bewertung von Vermögenswerten und Schulden in den jeweiligen konkreten IFRS finden. Das Rahmenkonzept bietet hierfür lediglich die konzeptionelle Grundlage. Im Fall der Bestimmung des beizulegenden Zeitwerts wird diese zudem durch einen konkreten IFRS ergänzt, auf den im Folgenden noch kurz eingegangen wird.

6.2 IFRS 13

Beizulegender Zeitwert

IFRS 13 „Bemessung des beizulegenden Zeitwerts“ regelt die Ermittlung von beizulegenden Zeitwerten (fair values). Dieser Bewertungsansatz wird zwar im Rahmenkonzept bereits diskutiert, aber seine Verwendung in zahlreichen IFRS und seine methodische Komplexität haben das Board dazu veranlasst, konsistente Regeln für die Anwendung zu entwickeln und diese mit der Verbindlichkeit eines Standards auszustatten. Analog zum Rahmenkonzept wird der beizulegende Zeitwert in IFRS 13.2 als Veräußerungswert definiert, der sich mit unabhängigen Marktparteien aktuellen auf einem aktiven Markt erzielen ließe. Er wird deswegen auch als „exit price“ bezeichnet.

Fair-Value-Hierarchie

IFRS 13.72 ff. legt für die Ermittlung des beizulegenden Zeitwerts eine bestimmte Vorgehensweise fest, die als Fair-Value-Hierarchie bezeichnet wird. Diese ordnet die ermittelten beizulegenden Zeitwerte anhand der für ihre Bewertung verwendeten Parameter in drei Stufen. Abbildung 3.5 gibt einen Überblick über diese Fair-Value-Hierarchie.

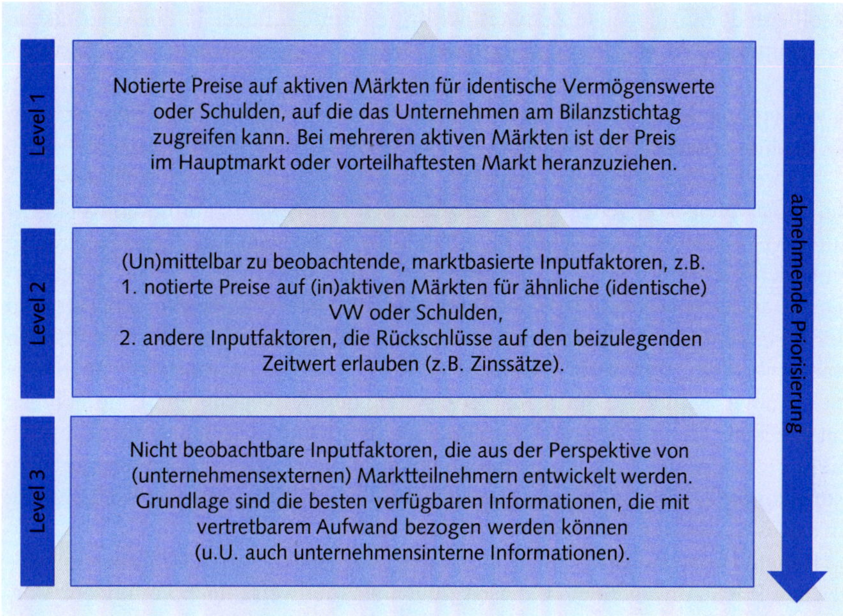

Abb. 3.5: Fair-Value-Hierarchie nach IFRS 13

Level 1: Aktiver Markt

Ein Markt, auf dem notierte Preise für identische Vermögenswerte bzw. Schulden durchgehend beobachtbar sind, da das jeweilige Gut regelmäßig mit hinreichender Liquidität gehandelt wird, wird als „aktiver Markt" bezeichnet. Liegt ein solcher aktiver Markt vor, was im Wesentlichen nur für öffentlich (z.B. an einer Börse) gehandelte Kontrakte und insbesondere Finanzinstrumente der Fall sein dürfte, dann ist die Bestimmung des beizulegenden Zeitwerts kein großes Problem. Ein so ermittelter beizulegender Zeitwert wird auch als Stufe 1 („Level 1")-Wert bezeichnet (IFRS 13.72).

Level 2: Andere öffentlich beobachtbare Parameter

Wenn ein aktiver Markt nicht verfügbar ist, dann sollte zunächst auf öffentlich beobachtbare Informationen von Märkten zurückgegriffen werden, die nicht aktiv sind und/oder auf denen ähnliche Güter gehandelt werden. So lässt sich z.B. der Preis für einen festverzinslichen Kredit durch einen variabel verzinslichen Kredit und einen Zinsswap konstruieren. Unter der Annahme, dass es zwar keinen (aktiven) Markt für den festverzinslichen Kredit gibt, dass aber Marktpreise für den variabel verzinslichen Kredit und den Zinsswap beobachtbar sind, kann ein sog. beizulegender Zeitwert der Stufe 2 („Level 2" fair value) ermittelt werden. Entscheidend für die Klassifikation als Stufe 2 ist, dass alle wesentlichen Bestandteile der Bewertung für Außenstehende beobachtbar sind (IFRS 13.73 i.V.m. IFRS 13.81).

Level 3: Nicht beobachtbare Parameter

Falls auch auf Stufe 2 kein beizulegender Zeitwert zu bestimmen ist, hat das bilanzierende Unternehmen auf Schätzungen zurückzugreifen. Dies ist für zahlreiche Finanzaktiva sowie die meisten nichtfinanzielle Vermögenswerte der Fall. Hierbei können auch unternehmensinterne Informationen verwendet werden. Der resultierende beizulegende Zeitwert der dritten Stufe („Level 3" fair value) ist so zu ermitteln, dass er der grundlegenden Definition des beizulegenden Zeitwerts entspricht. Dementsprechend sind z.B. inhärente Risiken zu berücksichtigen, wenn davon auszugehen ist, dass diese von unabhängigen Marktteilnehmern auch berücksichtigt würden (IFRS 13.88).

Anwendung auf nichtfinanzielle Vermögenswerte

Während schon für viele finanzielle Vermögenswerte, wie in Abbildung 3.5 durch das Dreieck angedeutet, ein Großteil der Sachverhalte nur durch Rückgriff auf Level 3 fair values möglich ist, ist dies für nichtfinanzielle Vermögenswerte wohl der Regelfall. Für sie ist ein beizulegender Zeitwert nur schwer zu bestimmen. Bei der Bewertung soll das bilanzierende Unternehmen die „höchste und beste Verwendung" (highest and best use) unterstellen und die hierfür spezifischen Rahmenbedingungen berücksichtigen (IFRS 13.27-28). Im Regelfall, allerdings nicht immer, wird diese optimale Verwendung der Verwendung im Unternehmen entsprechen. Wenn z.B. ein Unternehmen eine Lizenz nicht nutzt, sie aber auch nicht veräußert, um Konkurrenzunternehmen an der Nutzung zu hindern, so wäre trotzdem die für die Bewertung relevante optimale Verwendung die Veräußerung an dieses Konkurrenzunternehmen (IFRS 13.30).

Details in einzelnen IFRS

Die auf Basis von IFRS 13 ermittelten beizulegenden Zeitwerte finden in zahlreichen IFRS Anwendung. In diesen finden sich teilweise noch konkretere Vorschriften zur Bestimmung, die weitere Spezifika der jeweiligen relevanten Sachverhalte berücksichtigen.

7 Offenlegung und Ausweis

Offenlegung ist primär Standardsache

Die angesetzten und bewerteten Vermögenswerte und Schulden sowie die aus ihnen resultierenden Größen Eigenkapital, Erträge und Aufwendungen müssen zu guter Letzt auch noch in den finanziellen Rechenwerken offengelegt werden, um die Adressaten mit entscheidungsnützlicher Informationen zu versorgen. Zusätzlich zu den eigentlichen Rechenwerken macht dies auch die Veröffentlichung von zahlreichen Anhangangaben notwendig. Während der Großteil der Offenlegungsfragen in den jeweilig einschlägigen IFRS geregelt wird, finden sich im siebten Kapitel neben einzelnen, bereits weiter oben diskutierten Punkten zur Gliederung des Eigenkapitals und der GuV-Rechnung auch einige grundsätzliche Anmerkungen zur Offenlegung von Rechnungslegungsinformationen.

Offenlegung ist Kommunikation

So wird zunächst festgehalten, dass es bei Offenlegung um effiziente Kommunikation geht. Die Kommunikation ist so zu gestalten, dass ähnliche Sachverhalte ähnlich und unterschiedliche Sachverhalte unterschiedlich dargestellt werden (RK.7.2).

Standardtexte ohne Bezug zum Unternehmen (sog. boiler plate text) sind nach Möglichkeit genauso zu vermeiden wie Doppelungen (RK.7.6).

Aggregation

Ein zentrales Thema der Offenlegung ist die Bestimmung des richtigen Aggregationsmaßes (RK.7.20-7.22). IFRS-bilanzierende Unternehmen sind in der Regel große, komplexe Konzerne. Effiziente Kommunikation macht es hier notwendig, Informationen zu aggregieren, sonst würden sich die Adressaten schnell in einem Datenwust verlieren. Wenn indes zu hoch aggregiert wird, dann gehen wesentliche Details verloren. RK.7.22 weist in diesem Zusammenhang darauf hin, dass Anhangangaben regelmäßig eine höhere Detailtiefe aufweisen als die Rechenwerke selbst.

Saldierung

Ein Spezialfall der Aggregation ist die mögliche Saldierung von Vermögenswerten und Schulden zu einer Nettoposition. Grundsätzlich gilt im Rahmen der Bilanzierung das Vollständigkeitsgebot. Somit dürfen Vermögenswerte und Schulden im Regelfall nicht miteinander saldiert werden (RK.7.10). Allerdings kann es je nach rechtlicher Ausgestaltung von Transaktionen Sachverhalte geben, bei denen Vermögenswerte und Schulden gemeinsam eine unit of account bilden und somit eine Bilanzierung als Nettoposition sinnvoll machen (RK.7.11).

8 Wesentliche Unterschiede zum IFRS for SMEs

Konzeptioneller Rahmen weitgehend identisch

Der Referenzrahmen des IFRS for SMEs findet sich in IFRS-SME.2 „Concepts and Pervasive Principles". Die wesentlichen Eckpunkte dieses Referenzrahmens entsprechen denen des Rahmenkonzepts. Nach beiden Rechnungslegungssystemen besteht die Zielsetzung der Rechnungslegung in der Vermittlung entscheidungsnützlicher Informationen. Dies umfasst auch Informationen, um die in der Berichtsperiode vom Management des Unternehmens geleistete Arbeit beurteilen zu können. Dieses der Koordinationsfunktion angenäherte Ziel der Rechenschaftslegung (stewardship) wird explizit in IFRS-SME.2.3 genannt. Möglicherweise ist darin zu erkennen, dass das IASB der Koordinationsfunktion im mittelständischen Bereich etwas mehr Bedeutung einräumt. Diese Vermutung wird auch durch die Tatsache gestützt, dass der Referenzrahmen keine konkrete Adressatengruppe definiert, an denen sich der IFRS for SMEs primär orientiert. IFRS-SME.2.2 spricht lediglich von einer breiten Adressatengruppe, die nicht in der Lage ist, von den Unternehmen Informationen abseits des Jahresabschlusses zu verlangen.

Qualitative Anforderungen

Die qualitativen Anforderungen an IFRS-SME-Abschlüsse sind weniger differenziert als die des Rahmenkonzeptes. In einer Aufzählung reihen sich vielmehr die qualitativen Anforderungen Verständlichkeit, Relevanz (konkretisiert durch den Grundsatz der Wesentlichkeit), Verlässlichkeit (konkretisiert durch die Grundsätze der wirtschaftlichen Betrachtungsweise und der Vollständigkeit), Vorsicht, Vergleichbarkeit, Zeitnähe und Abwägung zwischen Kosten und Nutzen aneinander. Die Annahme der Unternehmensfortführung wird in IFRS-SME.3.8 und damit außerhalb des Referenzrahmens thematisiert. Sie unterscheidet sich inhaltlich nicht von der diesbezüglichen Annahme im IFRS-Rahmenkonzept.

Kosten-Nutzen-Abwägung

In bestimmten Abschnitten des IFRS-SME (insb. bei der Ermittlung von beizulegenden Zeitwerten) ist es Unternehmen gestattet, auf die Anwendung bestimmter Vorschriften zu verzichten, wenn hierdurch unverhältnismäßige Kosten entstehen würden (IFRS-SME.2.14A). Diese Vorgehensweise stärkt die Bedeutung der Wirtschaftlichkeit als Abwägungskriterium gegenüber dem allgemeinen Rahmenkonzept.

Definitionen und Ansatzkriterien

Die Definition der Abschlussposten und die Ansatzkriterien entsprechen im Wesentlichen denen des vor 2018 geltenden Rahmenkonzepts. Anders als im aktuellen Rahmenkonzept wird hierbei der wahrscheinlich zu erwartende künftige Nutzen bereits in die Definition der Abschlussposten integriert während er im neuen Rahmenkonzept ja erst im Rahmen der Ansatzentscheidung relevant wird und dann auch die Wahl des Bewertungsmodells beeinflusst. Ebenfalls anders als im Rahmenkonzept betonen die Abschlusspostendefinitionen des IFRS-SME nicht den Charakter eines Vermögenswerts als auf Rechten beruhende Ressource. Auch wenn sich somit die Definitionen der Abschlussposten zwischen den beiden Systemen unterscheiden, dürften die materiellen Unterschiede eher gering sein.

Wenn überhaupt, dann könnte es nach dem IFRS-SME leichter sein, Vermögenswerte mit geringer Nutzenwahrscheinlichkeit ganz aus der Berichterstattung heraus zu halten, während sie nach dem Rahmenkonzept ggf. Anlass zu Anhangangaben geben können.

Bewertungsmaßstäbe

Als Bewertungsmaßstäbe werden in IFRS-SME.2.34 die Bewertung zu historischen Kosten und zum beizulegenden Zeitwert (fair value) genannt. Allerdings sieht IFRS-SME.2 in IFRS-SME.2.46-51 konkrete Regelungen für die Erst- und Folgebewertung unter Berücksichtigung der Bewertungsregeln in den relevanten Abschnitten des IFRS for SMEs vor.

9 Wesentliche Unterschiede zum HGB

GoB als unbestimmter Rechtsbegriff

Der handelsrechtliche Jahresabschluss wird auf der Basis der Grundsätze ordnungsmäßiger Buchführung (GoB) aufgestellt.[7] Diese dienen der Ausfüllung von Gesetzeslücken sowie der Auslegung von Gesetzesvorschriften. Hinter dem unbestimmten Rechtsbegriff der GoB verbergen sich allgemein anerkannte Regeln über die Führung der Handelsbücher sowie über die Erstellung des Jahresabschlusses. Dies hat den Vorteil, dass sich die GoB weiterentwickeln können, etwa wenn in der Praxis neue Sachverhalte auftreten oder sich in der Rechtsprechung neue Ansichten durchsetzen.

Teile der GoB im HGB kodifiziert

1985 wurde ein Teil der GoB im HGB kodifiziert. Zudem verweisen einige Gesetzestexte auf die GoB (z.B. § 243 Abs. 1 HGB, § 264 Abs. 2 HGB oder § 5 Abs. 1 EStG), um eine Vielzahl von Einzelregelungen zu vermeiden.

7 Vgl. zu diesem Abschnitt sowie weiterführend *Baetge/Kirsch/Thiele*, Bilanzen, S. 104 ff. und grundlegend *Leffson, U.*, Die Grundsätze ordnungsmäßiger Buchführung, 7. Aufl., Düsseldorf 1987.

Formelle und materielle GoB

In ihrer Gesamtheit legen die GoB Ansatz-, Bewertungs- und Ausweisregeln fest. Dabei unterscheidet man formelle und materielle GoB. Die formellen GoB befassen sich hauptsächlich mit Aufstellungs- und Gliederungsgrundsätzen, die die äußere Ordnungsmäßigkeit betreffen, während die materiellen GoB im Wesentlichen den Charakter von Bilanzansatz- und Bewertungsgrundsätzen haben. Neben den Dokumentationsgrundsätzen, die eine ordnungsmäßige Buchführung sicherstellen sollen, lassen sich fünf weitere, für den Jahresabschluss maßgebliche Arten von Grundsätzen unterscheiden.

Rahmengrundsätze

In den Rahmengrundsätzen werden Anforderungen an die Jahresabschlusserstellung festgelegt, die eine adäquate Abbildung der wirtschaftlichen Sachverhalte gewährleisten sollen. Sie sind vergleichbar mit den im IFRS-Rahmenkonzept enthaltenen qualitativen Anforderungen:

- Grundsatz der Richtigkeit,
- Grundsatz der Vergleichbarkeit,
- Grundsätze der Klarheit und Übersichtlichkeit,
- Grundsatz der Vollständigkeit,
- Grundsatz der Wirtschaftlichkeit.

System-grundsätze

Die Systemgrundsätze der GoB bilden die grundlegenden Annahmen, die für die Erstellung eines HGB-Abschlusses notwendig sind. Auch sie finden weitgehende Entsprechungen im IFRS-Rahmenkonzept:

- Prinzip der Unternehmensfortführung,
- Grundsatz der Pagatorik,
- Grundsatz der Einzelbewertung.

Ansatz-grundsätze

In den Ansatzgrundsätzen wird festgelegt, welche Zahlungen zu aktivieren bzw. zu passivieren sind:

- Prinzip der selbstständigen Verwertbarkeit (Aktivierungsgrundsatz),
- Prinzip der Verpflichtung, der wirtschaftlichen Belastung und der Quantifizierbarkeit (Passivierungsgrundsatz).

Vermögens-gegenstand

Während in der IFRS-Bilanzierung die Definition des Vermögenswertes auf den Rechtscharakter und das Potenzial für zukünftigen ökonomischen Nutzen abstellt, rückt das HGB bei der Definition des analogen Konzepts „Vermögensgegenstand" die selbstständige Verwertbarkeit in den Vordergrund und wählt damit tendenziell eine enger gefasste Abgrenzung.

Schuld

Auch die Definition von Schulden unterscheidet sich von der in den IFRS. Im Gegensatz zu den IFRS kennt das HGB, wenn auch nur restriktiv, Innenverpflichtungen, also Schulden des Unternehmens gegenüber sich selbst (§ 249 Abs. 1 Nr. 1 HGB, vgl. Kapitel 13).

Definitions-grundsätze für das Jahres-ergebnis

Die Definitionsgrundsätze für das Jahresergebnis legen fest, wann wirtschaftliche Sachverhalte GuV-wirksam in der Gewinn- und Verlustrechnung oder GuV-neutral im Eigenkapital zu erfassen sind:

- Realisationsprinzip,
- Grundsätze der Abgrenzung der Sache und der Zeit nach.

Kapitalerhaltungsgrundsätze

Die Kapitalerhaltungsgrundsätze stellen die letzte Kategorie der GoB dar. Nach HGB ist ausschließlich die nominale Kapitalerhaltung gültig. Die folgenden Kapitalerhaltungsgrundsätze spielen eine tragende Rolle:

- Imparitätsprinzip,
- Vorsichtsprinzip.

Dominanz des Vorsichtsprinzips

Während in dem IFRS-Rahmenkonzept das Vorsichtsprinzip nur als übermäßigen Optimismus ausgleichende Facette von Neutralität diskutiert wird, besitzt es im HGB einen weitaus höheren Stellenwert. Diese starke Betonung des Vorsichtsprinzips ist Ausdruck der Gläubigerschutzorientierung des HGB, die den informationsorientierten IFRS naturgemäß eher fehlt.

Ausgewählte Literatur

Ballwieser, W., Ansätze und Ergebnisse einer ökonomischen Analyse des Rahmenkonzepts zur Rechnungslegung, ZfbF, (2014), S. 451-476.

Große-Velten, J., IFRS 13 „Fair Value Measurement“: Was sich (nicht) ändert, KoR, 11. Jg. (2011), S. 286-296.

Hitz, J.-M., The Decision Usefulness of Fair Value Accounting – A Theoretical Perspective, EAR, Vol. 16 (2007), S. 323-362.

Pelger, C., Practices of standard-setting – An analysis of the IASB's and FASB's process of identifying the objective of financial reporting, Accounting, Organizations and Society, Vol. 50 (2016), S. 51-73.

Pelger, C., The Return of Stewardship, Reliability and Prudence – A Commentary on the IASB's New Conceptual Framework, Accounting in Europe, Vol. 17 (2020), S. 33-51.

Übungsaufgaben

Aufgabe 1:

Das Rahmenkonzept stellt das Grundkonzept des IFRS-Rechnungslegungssystems dar.

a) Welche Ziele verfolgt das IASB mit dem Rahmenkonzept? Gehen Sie hierbei auch auf die Stellung des Rahmenkonzeptes im Vergleich zu anderen Verlautbarungen des IASB ein.
b) Nennen Sie potenzielle Jahresabschlussadressaten und deren Informationsbedürfnisse. An den Informationsbedürfnissen welcher Abschlussadressaten orientiert sich die IFRS-Rechnungslegung und warum?
c) Erläutern Sie die Voraussetzungen, die erfüllt sein müssen, damit ein Sachverhalt als Vermögenswert oder Schuld in der Bilanz angesetzt werden kann.

Aufgabe 2:

Das Rahmenkonzept definiert den Zweck der IFRS-Rechnungslegung in RK.1.2 wie folgt: „The objective of general purpose financial reporting is to provide financial information about the reporting entity that is useful to existing and potential investors, lenders and other creditors in making decisions about providing resources to the entity."

a) Diskutieren Sie den Begriff „general purpose financial reporting". Nennen Sie hierfür Beispiele für Finanzberichte, die nicht unter diese Definition fallen. Halten Sie es aus Sicht eines nationalen Regulierers für bedenklich, wenn die IFRS nur für „general purpose"-Finanzberichte entwickelt werden?
b) Der Bereich der potenziellen Entscheidungen, für die IFRS-Informationen nützlich sein sollen, wurde vom Board bewusst weit gefasst. Skizzieren Sie ein Spektrum von möglichen Entscheidungen, die Ihrer Meinung nach unter RK.1.2 fallen. Argumentieren Sie, inwiefern es denkbar erscheint, ein Berichtssystem zu entwickeln, das für alle diese Entscheidungen gleichermaßen geeignete Informationen liefert.

Aufgabe 3:

Das Rahmenkonzept und die IFRS-Rechnungslegung unterscheiden zwischen GuV-wirksamen und GuV-neutralen Aufwendungen und -Erträgen, ohne bislang eine klare Konzeption für die Trennung entwickelt zu haben. Wie würden Sie zwischen GuV-wirksam und GuV-neutral differenzieren?

Kapitel 4
Berichterstattendes Unternehmen

Welche Einheit hat in der Rechnungslegung finanziell Bericht zu erstatten? Die Antwort auf diese Frage ist nicht trivial, da hierfür unterschiedliche Abgrenzungsmöglichkeiten in Frage kommen. Zu denken ist zunächst an das rechtlich selbstständige Einzelunternehmen (legal entity). Dieser rein rechtlichen Perspektive steht eine alternative, rein wirtschaftliche Betrachtungsweise gegenüber, nach der ein Unternehmen als wirtschaftliche Handlungs- und Koordinationseinheit (Konzern) vom Markt abzugrenzen ist. Eine solche wirtschaftliche Einheit kann wiederum aus einer Vielzahl rechtlich selbstständiger Einheiten bestehen. Hierneben bildet auch die deutsche ertragsteuerliche Organschaft eine über die rechtlichen Grenzen des Einzelunternehmens hinausgehende Abgrenzung der berichterstattenden Einheit. Umgekehrt kann aber auch für kleinere Einheiten als das rechtlich selbstständige Einzelunternehmen (z.B. eine Betriebsstätte) eine Finanzberichterstattung in Frage kommen.

Die hier exemplarisch aufgezeigten Alternativen verdeutlichen die Abhängigkeit der Abgrenzung berichterstattender Einheiten vom jeweiligen Berichtszweck. Zu reinen Informationszwecken hat sich der Abschluss der wirtschaftlichen Einheit *Konzern* etabliert. Ein Konzern lässt sich hierbei bildlich mit einer Familie, bestehend aus den engsten Familienangehörigen (hier vereinfachend aus Mutter, Vater, Kind), vergleichen. Grundsätzlich handeln die einzelnen Familienmitglieder eigenständig. So gehen die Eltern jeweils einem eigenen Beruf nach und verdienen ein damit verbundenes eigenes Einkommen. Würde nun aber nur das Einkommen eines Elternteils für sich separat betrachtet, so würde die finanzielle Gesamtsituation der Familie falsch eingeschätzt. Gleiches gilt auch hinsichtlich des beidseitig in die Ehe mit eingebrachten Vermögens, das beispielsweise als Sicherheit im Rahmen einer gemeinsamen Hypothek auf das erworbene Eigenheim dienen kann. Hier wären die Einkommen und das Vermögen beider Elternteile zusammenzurechnen, um aus Sicht der Hypothekenbank die Bonität der gesamtschuldnerisch haftenden Elternteile zutreffend einschätzen zu können.

Offensichtlich ist auch, dass sich die finanzielle Gesamtsituation nicht dadurch ändert, dass ein ggf. besserverdienender dem schlechter verdienenden Elternteil einen Teil seines Gehalts als „Finanzausgleich" zahlt. Hierdurch hat der schlechter verdienende Elternteil zwar mehr Geld zu seiner freien Verfügung, die Familie insgesamt verfügt aber nach wie vor über die gleiche Liquidität. Gleiches gilt hinsichtlich des dem Kind gezahlten Taschengeldes oder auch in dem Fall, dass ein Elternteil seinem Kind ein zwischenzeitlich erheblich im Wert gestiegenes Briefmarkenalbum zu marktnahen Konditionen abkauft. Das Kind realisiert hierdurch im Vergleich zu den ursprünglichen Anschaffungskosten des Albums, welche als Erbstück des Urgroßvaters null betragen, einen Gewinn, dem aufseiten des Vaters allerdings kein entsprechender Verlust gegenübersteht. Denn dieser verfügt ja nun über das werthaltige Briefmarkenalbum. Auch hier verändert sich das Gesamtvermögen der Familie (hier nun inkl. des Kindes) nicht. Vielmehr wechseln hier nur einzelne Wertgegenstände den Besitzer innerhalb der Familie. Mit Blick auf das Familienvermögen entstünde ein echter Gewinn aus dem Verkauf des Briefmarkenalbums erst dann, wenn dieses tatsächlich an eine Drittpartei außerhalb des engen Familienkreises verkauft würde. Sämtliche familieninternen Transaktionen wirken sich insoweit letztlich nicht auf die Vermögens-, Finanz- und Ertragslage der Familie aus, sondern nur der einzelnen von der jeweiligen Transaktion betroffenen Familienmitglieder.

Offen bleibt hier allerdings, wie weit diese *ökonomische* Familienabgrenzung letztlich reichen sollte. Gehören beispielsweise auch Großvater und Großmutter zum hier betrachteten „engsten" Familienkreis? Genau diese Frage, wo der engste Familienkreis in wirtschaftlicher Hinsicht anfängt und wo er aufhört, stellt sich letztlich auch hinsichtlich einer ökonomisch angemessenen Abgrenzung zwischen Unternehmen bzw. Konzern und Markt. Denn sofern die wirtschaftliche Lage von rechtlich selbstständigen Einzelunternehmen – analog zum einzelnen Familienmitglied – ausschließlich anhand ihrer Einzelabschlüsse beurteilt würde, könnte dies zu erheblichen Fehlschlüssen führen. Ausschlaggebend hierfür sind die mehr oder minder intensiven rechtlichen und/oder wirtschaftlichen Verflechtungen zwischen den einzelnen Konzernunternehmen. So ist es beispielsweise üblich, dass konzernverbundene Unternehmen untereinander Waren und Dienstleistungen zu konzerninternen Verrechnungspreisen handeln, ihre Cash-Bestände poolen und sich untereinander Geld leihen.

Zur Veranschaulichung der Konsequenzen der Kapitalverflechtungen zwischen konzernverbundenen Unternehmen findet sich in Abbildung 4.1 das stark vereinfachte Beispiel einer sog. Konzernpyramide. Dieser liegt die Annahme zugrunde, dass ein Unternehmen nur so viel Fremdkapital aufnehmen kann, wie es auch Eigenkapital besitzt, wodurch die Eigenkapitalquote (Eigenkapital / Bilanzsumme) bei mindestens 50 % liegen muss. Hiervon ausgehend nutzt das Mutterunternehmen (MU) sein zur Verfügung stehendes Gesamtkapital als Einlage zur Gründung des Tochterunternehmens (TU) 1. Auch dieses kann nun in Höhe des ihm zur Verfügung gestellten Eigenkapitals von 200 T€, dem ökonomisch aber jeweils 100 T€ Eigen- und Fremdkapital auf Ebene des Mutterunternehmens gegenüberstehen, zusätzliches Fremdkapital in Höhe von ebenfalls 200 T € aufnehmen. Anschließend gründet TU 1 mit seinem Vermögen ein neues Tochterunternehmen TU 2, das sich nun zusätzliches Fremdkapital in Höhe von 400 T€ beschaffen kann. Die Konzernpyramide ließe sich auf diese Weise beliebig erweitern.

Bei isolierter Betrachtung der Einzelabschlüsse ergibt sich auf jeder Ebene eine Eigenkapitalquote von 50 %. Dies signalisiert eine für alle Gesellschaften identische Kapitalstruktur und insoweit vergleichbare Kapitalstrukturrisiken. Die mit dieser Interpretation verbundene Gefahr wird allerdings unter Berücksichtigung folgender Ergänzung deutlich: Wenn TU 2 eine Fehlinvestition vornimmt und einen Jahresfehlbetrag von 400 T€ realisiert, können zwar noch die Ansprüche von Fremdkapitalgeber 3 aus dem Vermögen von TU 2 beglichen werden. Da das Eigenkapital des nunmehr insolventen TU 2 jedoch vollständig aufgezehrt ist, hat TU 1 die an TU 2 gehaltene, nicht mehr werthaltige Finanzbeteiligung vollständig (um 400 T€) abzuschreiben. Dies wiederum führt dazu, dass die Forderung von Fremdkapitalgeber 2 ausfällt, da ihr keine werthaltigen Aktiva mehr gegenüberstehen. Somit wird auch das Eigenkapital des nunmehr ebenfalls insolventen TU 1 vollständig aufgezehrt. Daher muss das MU seine Finanzbeteiligung an TU 1 vollständig abschreiben. Da nun auch beim MU keine werthaltigen Aktiva mehr vorhanden sind, sind die Forderungen von Fremdkapitalgeber 1 sowie das Eigenkapital nicht mehr werthaltig. Die Fremdkapitalgeber 1 und 2 sowie die Eigenkapitalgeber gehen in diesem Szenario folglich leer aus.

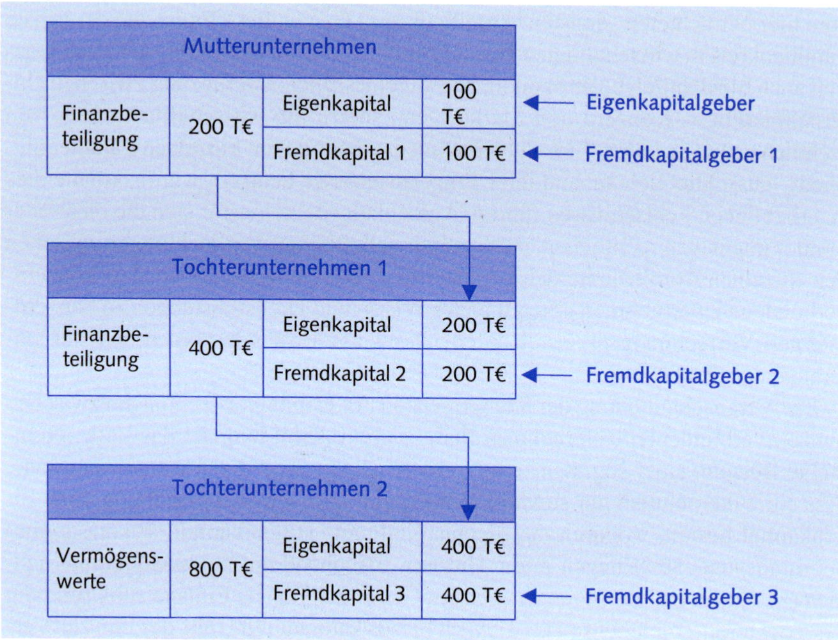

Abb. 4.1: Darstellung einer Konzernpyramide

Ein Konzernabschluss soll durch die Einbeziehung des Mutterunternehmens und aller Tochterunternehmen u.a. sicherstellen, dass die Investitions- und Kapitalstrukturrisiken dieser wirtschaftlich zusammengehörigen Unternehmen (Konzern) transparent abgebildet werden. Im Beispiel ergibt sich so auf Konzernebene eine Eigenkapitalquote von 12,5 % (= 100 T€ / 800 T€), die das tatsächliche Ausmaß dieser Risiken aufzeigt (Abbildung 4.2):

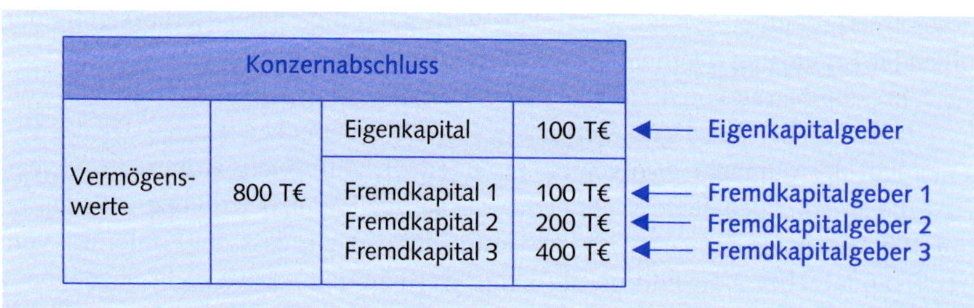

Abb. 4.2: Konzernbilanz

Verzerrungen erwachsen aber nicht nur aus potenziellen Kapitalverflechtungen zwischen Mutter- und Tochterunternehmen, sondern auch aus anderweitigen wirtschaftlichen Verflechtungen wie z.B. dem konzerninternen Verkauf von Vermögenswerten sowie der Erbringung konzerninterner Dienstleistungen. Die wirtschaftliche Lage von rechtlich selbstständigen Einzelunternehmen kann hierbei gezielt über solche konzerninternen Transaktionen gestaltet werden. Insbesondere können Aufwendungen und Erträge zwischen Konzerngesellschaften verschoben und auf diese Weise auch konzerninterne Gewinne und Verluste auf Ebene der Einzelgesellschaften generiert werden. Der Konzernabschluss soll daher sicherstellen, dass auch solche Liefer- und Leistungsverflechtungen zwischen Konzernunternehmen eliminiert werden, um den Abschlussadressaten ein zutreffendes Bild der wirtschaftlichen Lage der *Konzern-Familie* zu vermitteln.

Lernziele „Kennen"

Nach Bearbeitung dieses Kapitels kennen Sie den Konzernabschluss als zentrales Informationsinstrument in der Unternehmensberichterstattung von Mutterunternehmen. Sie lernen, nach welchen Kriterien die wirtschaftliche Einheit „Konzern" gemäß IFRS 10 vom Markt abzugrenzen ist. Diese Abgrenzung betrifft sowohl das zur Konzernrechnungslegung verpflichtete Mutterunternehmen als auch die beherrschten und daher in dessen Konzernabschluss einzubeziehenden Tochterunternehmen (Konsolidierungskreis).

Lernziele „Anwenden"

Sie können das für die IFRS-Konzernabgrenzung relevante IFRS 10-Beherrschungskonzept sowie die diesbezüglichen Einzelkriterien auf praxisnahe Sachverhalte anwenden. Sie können beurteilen, ob ein Unternehmen einen IFRS-Konzernabschluss aufzustellen hat und welche Unternehmen nach IFRS 10 als Tochterunternehmen über eine Vollkonsolidierung in diesen einzubeziehen sind.

Lernziele „Bewerten & Gestalten"

Aufgrund der vermittelten Kenntnisse können Sie die aus der Konzernabschlusspflicht sowie der Konsolidierungskreis-Abgrenzung resultierenden bilanzpolitischen und -analytischen Folgen zutreffend einschätzen, erörtern und diesbezüglich ausgewogene Empfehlungen aussprechen. In Kenntnis der hierbei bestehenden Ermessensspielräume sind Sie in der Lage, die ökonomischen Konsequenzen für die wirtschaftliche Konzernlage zu würdigen. Dies gilt beispielsweise auch hinsichtlich zentraler Steuerungs- und Kapitalstrukturkennzahlen, die u.a. für das Bonitätsrating von Unternehmen relevant sind.

1 Einleitung

Abgrenzung des berichterstattenden Unternehmens

Nach dem aktuellen IFRS-Rahmenkonzept handelt es sich bei einer berichterstattenden Einheit (reporting entity) um jedes Unternehmen, das Finanzberichte erstellt (RK.3.10). Der Begriff der berichterstattenden Einheit wird hierbei bewusst weit gefasst und daher nicht auf rechtlich selbstständige Einzelunternehmen begrenzt. Er beinhaltet sowohl kleinere als auch größere, nicht notwendigerweise rechtlich separierbare, Unternehmensteile, zu denen beispielsweise auch der wirtschaftliche Zusammenschluss mehrerer rechtlich selbstständiger Einzelunternehmen zu einem Konzern zählt. RK.3.14 stellt hinsichtlich der Frage nach der zutreffenden Abgrenzung der berichterstattenden Einheit klar, dass sich diese an den Informationsanforderungen des/r Adressaten des zu erstellenden Finanzberichts und insoweit am Berichtszweck zu orientieren hat. Die wirtschaftlichen Aktivitäten der abzugrenzenden Einheit sind hierbei willkürfrei, vollständig und transparent abzubilden, um den Adressaten als glaubwürdige Entscheidungsgrundlage dienen zu können. Insoweit stellt sich die Frage nach den jeweils relevanten Kriterien, welche eine zweckadäquate Abgrenzung der berichterstattenden Einheit ermöglichen.

Rechtliche Kriterien: Einzelabschluss

Nach rechtlichen Kriterien, die sich insbesondere in der rechtswissenschaftlichen Konzernabgrenzung niederschlagen[1], stellt jede abgrenzbare Rechtseinheit (legal entity), wie z.B. eine GmbH oder Aktiengesellschaft, ein berichterstattendes Unternehmen dar. In Abhängigkeit von nationalen wirtschafts-, steuer- und gesellschaftsrechtlichen Gegebenheiten sind damit Unternehmen unterschiedlicher Rechtsformen als berichterstattende Unternehmen einzustufen. In Deutschland betrifft dies jeden Einzelkaufmann, jede Personengesellschaft und jede Kapitalgesellschaft. Die von solchen Rechtseinheiten aufgestellten Abschlüsse haben den Charakter von Einzelabschlüssen. Da hier rechtliche Kriterien zur Anwendung kommen, ist die Abgrenzung des berichterstattenden Unternehmens bezogen auf den Einzelabschluss in der Regel unproblematisch.

Aufstellungspflicht

Jedes rechtlich selbstständige Unternehmen hat in den meisten Ländern einen Einzelabschluss zu erstellen. Die Aufstellungspflicht hierzu ergibt sich aber i.d.R. nicht aus den IFRS, da das IASB als privatwirtschaftlich organisierte internationale Institution zur rechtlichen Unternehmensabgrenzung und zur diesbezüglichen Rechnungslegungspflicht auf nationale Rechtssysteme verweisen muss. IAS 27 „Einzelabschlüsse" (Separate Financial Statements) bestimmt daher lediglich die Anforderungen an die Bilanzierung (Methoden) und Darstellung von Anteilen an Tochter-, Gemeinschafts- und assoziierten Unternehmen in einem – aus welchen Gründen auch immer erstellten – IFRS-Einzelabschluss. Demgegenüber ergibt sich die Pflicht zur Aufstellung eines HGB-Einzelabschlusses in Deutschland aus den §§ 242 ff. HGB. Hiernach hat grundsätzlich jeder Kaufmann, angefangen von einer als Einzelkaufmann organisierten Pommesbude bis hin zur Publikumsaktiengesellschaft wie z.B. die Deutsche Telekom AG, einen handelsrechtlichen Jahresabschluss zu erstellen.[2] Dieser stellt in Deutschland die Grundlage zur Festlegung

---

1 Vgl. hierzu *Pellens, B./Amshoff, H./Schmidt, A.*, Konzernsichtweisen in der Rechnungslegung und im Gesellschaftsrecht: Zur Übertragbarkeit des betriebswirtschaftlichen Konzernverständnisses auf Ausschüttungsregulierungen, in: ZGR, 38. Jg. (2009), S. 248 ff.

2 Einzelkaufleute können nach § 241a HGB i.V.m. § 242 Abs. 4 HGB aber von der handelsrechtlichen Jahresabschlusserstellung befreit werden. So brauchen Einzelkaufleute keine Bücher zu führen und insoweit auch keinen Abschluss zu erstellen, wenn der Umsatz in zwei aufeinander folgenden Geschäftsjahren nicht größer als 600 T€ ist und auch der Jahresüberschuss nicht über 60 T€ liegt.

von Ausschüttungen (z.B. in Form von Dividenden) an die Unternehmenseigentümer dar. Darüber hinaus verpflichtet das deutsche Steuerrecht nach §§ 140, 141 AO alle Kaufleute zur Ermittlung eines Gewinns nach § 4 EStG für Zwecke der Ertragsbesteuerung. Ein IFRS-Einzelabschluss kann für diese Zwecke nicht herangezogen werden. Er darf nach § 325 (2a) HGB allenfalls zu Offenlegungszwecken an die Stelle des HGB-Einzelabschlusses treten, der aufgrund seiner Zahlungsbemessungsfunktion aber dennoch zwingend zu erstellen und elektronisch beim Betreiber des Bundesanzeigers einzureichen ist (§ 325 (2b) Nr. 3 HGB).

Potenzielle Relevanz von Einzelabschlüssen

Auch wenn der Einzelabschluss eines an der Konzernspitze stehenden Mutterunternehmens, der nach RK.3.11 als nicht konsolidierter Abschluss (unconsolidated financial statements) bezeichnet wird, hinsichtlich der wirtschaftlichen Lage des Unternehmensverbunds wenig informativ ist, hebt das IASB dennoch dessen potenziellen Informationsnutzen hervor. So wird in RK.3.17 betont, dass Eigen- und Fremdkapitalgeber ihre Rechtsansprüche gegenüber einem Mutterunternehmen auch nur gegenüber diesem geltend machen können. Solche Ansprüche betreffen weder den Konzern als Ganzes noch einzelne unter der Kontrolle des Mutterunternehmens stehende Tochterunternehmen. Gleichermaßen wird im Rahmenkonzept übereinstimmend mit dem deutschen Recht darauf verwiesen, dass Einzelabschlüsse in verschiedenen Rechtskreisen als Grundlage zur Ausschüttungsbemessung an die Anteilseigner dienen. Damit ist unter rechtlichen Gesichtspunkten hinsichtlich der Ausschüttungsbemessung unerheblich, wie viel der Konzern in einem Geschäftsjahr insgesamt erwirtschaftet hat. Erst dann, wenn die seitens der Tochtergesellschaften erwirtschafteten Gewinne auf Ebene des Mutterunternehmens als Beteiligungs- bzw. Finanzerträge realisiert werden, stehen ihm diese rechtlich zur Ausschüttung an die Anteilseigner zur Verfügung.

Aus der Forschung

Empirische Evidenz zur Relevanz von Einzel- und Konzernabschlüssen

Die Frage, welchen Informationswert ein Konzernabschluss neben dem Einzelabschluss eines Unternehmens hat, wurde bereits frühzeitig von Pellens (1989) auf Grundlage von jeweils 85 Einzel- und Konzernabschluss-Kennzahlen deutscher Unternehmen empirisch untersucht. Hierbei legt er die Perspektive der Anteilseigner eines Konzern-Mutterunternehmens zugrunde. Der Informationsgehalt wird sowohl über uni- als auch multivariate Analysen bestimmt, indem der Erklärungsgehalt von Einzel- und Konzernabschluss-Kennzahlen für die um Markteinflüsse bereinigte Entwicklung der Aktienrendite gemessen wird. Auf Basis univariater Untersuchungen kommt er zunächst zu dem Ergebnis, dass die Kennzahlen des Konzernabschlusses diese Entwicklungen besser erklären als die korrespondierenden, aus dem Einzelabschluss abgeleiteten. Dieses Ergebnis ist allerdings auf Grundlage der Erkenntnisse weiterer multivariater Analysen, bei denen der gemeinsame Informationswert von Einzel- und Konzernabschluss-Kennzahlen untersucht wird, zu relativieren. Hier kommt Pellens (1989) zu dem zentralen Ergebnis, dass *„erst die gemeinsame Verwendung der Daten beider Rechnungslegungssysteme zu dem höchstmöglichen Informati-*

onsnutzen [führt], der aus Jahresabschlußzahlen gezogen werden kann.“[3] Insoweit wird hier die seitens des IASB im Rahmenkonzept vertretene Sichtweise des potenziellen Informationsnutzens von Einzelabschlüssen gestützt.

Es ist zu beachten, dass die Ergebnisse von Pellens (1989) ausschließlich auf die Interessen der Anteilseigner der Konzern-Obergesellschaft fokussieren. Interessant wären entsprechende Ergebnisse auch zur Perspektive von Fremdkapitalgebern, deren Ansprüche mangels eines umfassenden Konzernrechts ebenfalls nur gegenüber rechtlich selbstständigen Einzelgesellschaften geltend gemacht werden können, wobei zusätzlich aber auch potenzielle von anderen Konzern-Gesellschaften gewährte Sicherheiten in eine solche Untersuchung einzubeziehen wären.

Literatur: Pellens, B., Der Informationswert von Konzernabschlüssen, Wiesbaden 1989 (zugl. Dissertation, Ruhr-Universität Bochum).

Wirtschaftliche Kriterien: Konzernabschluss

Ungeachtet der rechtlichen Abgrenzung des berichterstattenden Unternehmens kann die selbstständige Handlungsfähigkeit von Einzelunternehmen durch rechtliche und/oder wirtschaftliche Kooperationen mit anderen Unternehmen eingeschränkt sein. In der Regel gewährleistet der Einzelabschluss in solchen Fällen für sich genommen keine *fair presentation* der wirtschaftlichen Lage des Unternehmens. In einem wirtschaftlich selbstständig agierenden Konzern müssen Unternehmen durch ihre vielfältigen konzerninternen Transaktionen im Verbund mit den anderen konzernverbundenen Unternehmen gesehen werden. Derartige Strukturen sind in der heutigen Wirtschaftsrealität üblich. Der Einzelabschluss einer konzernzugehörigen Gesellschaft bildet hier lediglich einen zufälligen Teilausschnitt der Vermögens-, Finanz- und Ertragslage der wirtschaftlichen Einheit Konzern ab. Diese Teilinformationen können durch gezielte Sachverhaltsgestaltung in Form konzerninterner, marktferner und ggf. auch nicht marktgerechter Transaktionsbedingungen verzerrt sein.

Beispiel 4.1

Konzernunternehmen A liefert auf Anordnung der Konzernspitze an Konzernunternehmen B Produkte zu einem Verrechnungspreis, der unter den Herstellungskosten des liefernden Unternehmens und damit unter dem Marktpreis liegt. Falls Konzernunternehmen A keine weiteren Umsätze generiert, erscheint in dessen Einzelabschluss ein Verlust, dem bei Weiterverkauf durch Konzernunternehmen B ein entsprechender Gewinnzuwachs in dessen Einzelabschluss gegenübersteht.

Auch wenn die konzerninternen Geschäfte zu Marktkonditionen abgewickelt werden, sind die Einzelabschlüsse der Konzernunternehmen u.U. dadurch verzerrt, dass aus solchen Liefer- und Leistungsgeschäften Gewinne ausgewiesen

3 Pellens (1989), S. 267-268.

werden, die aus Konzernsicht noch nicht (mit konzernfremden Dritten) realisiert wurden. Denn bis zu diesem Realisationszeitpunkt haben die Vermögenswerte *innerhalb der Konzernfamilie* nur den Besitzer gewechselt. Das Konzernvermögen verändert sich hierdurch aber bis zur Realisation des Verkaufsgeschäfts am Absatzmarkt nicht.

Konzernabschluss als Hauptinformationsinstrument

Um die wirtschaftliche Lage eines Konzerns zutreffend abzubilden, ist nach RK.3.15 ein konsolidierter Abschluss (consolidated financial statements, group accounts), d.h. ein eigenständiger Gruppenabschluss für die wirtschaftliche Einheit *Konzern*, zu erstellen. In diesem sind nur diejenigen Aktivitäten abzubilden, die sämtliche konzernzugehörigen Gesellschaften mit außenstehenden Dritten abgewickelt haben. Transaktionen zwischen den rechtlich selbstständigen, wirtschaftlich aber eng miteinander verbundenen Konzernunternehmen werden in einem solchen konsolidierten Abschluss nicht dargestellt. Aus diesem Grund wird der Konzernabschluss unter der „Fiktion der rechtlichen Einheit" aufgestellt.[4] Hiernach ist die wirtschaftliche Lage aller konzernzugehörigen Unternehmen so darzustellen, als ob es sich bei der Unternehmensgruppe um ein einziges nicht nur wirtschaftlich, sondern auch rechtlich selbstständiges Unternehmen handeln würde. Von entscheidender Bedeutung ist hierbei, wie weit bzw. eng die Unternehmensgruppe für Rechnungslegungszwecke abgegrenzt wird. Zählen beispielsweise auch solche rechtlich selbstständigen Unternehmen zum engen Konzernkreis, die von der Konzernmutter, etwa aufgrund von Lieferungs- und Leistungsbeziehungen, lediglich rein wirtschaftlich abhängig sind, ohne dass ein Beteiligungsverhältnis besteht? Was ist mit Unternehmen, bei denen zentrale geschäfts- und finanzpolitische Entscheidungen mit 50 % (plus eine Stimme) der Stimmrechtsanteile zu treffen sind, bei denen das Mutterunternehmen aber nur über 49 % der Stimmrechtsanteile verfügt? Was ist, wenn in einem solchen Fall auf der Hauptversammlung des Unternehmens regelmäßig nur rund 80 % des stimmberechtigten Kapitals vertreten sind? Derartige Fragen sind zweckbezogen über angemessene Kriterien zu beantworten, wenn es für Rechnungslegungszwecke um die Abgrenzung zwischen Konzern und Markt geht.

Vermittlung entscheidungsnützlicher Informationen

Über den unter der Fiktion der rechtlichen Einheit aufgestellten Konzernabschluss sollen insbesondere den (potenziellen) Kapitalgebern des Mutterunternehmens entscheidungsnützliche Informationen vermittelt werden: Sie sollen die künftig aus dem Mutterunternehmen zu erwartenden Zahlungsmittelrückflüsse (Cashflows) besser einschätzen können (RK.3.15). Denn das Cashflow-Potenzial des Mutterunternehmens konkretisiert sich insbesondere (auch) über die Gewinnausschüttungen der Tochterunternehmen, die eigenständig Cashflows am Markt erwirtschaften. Da nur der Konzernabschluss seinen Adressaten einen solchen Einblick in die wirtschaftliche Konzernlage vermitteln kann, wird er in dieser Hinsicht

4 Vgl. *Busse von Colbe et al.*, Konzernabschlüsse, S. 25-26.

als der informativere Abschluss angesehen.[5] Der Einzelabschluss des Mutterunternehmens wird demgegenüber in vielen Geschäftsberichten überhaupt nicht bzw. nur stark zusammengefasst abgedruckt.[6]

Mehrfache Rechnungslegungspflicht

Aufgrund der mit den verschiedenen Abschlüssen verfolgten unterschiedlichen Zwecksetzungen sind rechtlich selbstständige deutsche Unternehmen an der Spitze eines Unternehmensverbundes letztlich mehrfachen Rechnungslegungspflichten ausgesetzt. Sie haben im Regelfall neben einem Einzelabschluss (separate financial statements) nach den §§ 242 ff. HGB und einer Steuerbilanz nach den §§ 140, 141 AO einen zusätzlichen HGB- oder IFRS-Konzernabschluss für den Konzernverbund zu erstellen.

Relevante Normen

Auch wenn das IASB nicht rechtsverbindlich regeln kann, welche Unternehmen einen Einzel- und/oder Konzernabschluss aufzustellen haben (vgl. Abschnitt 2), finden sich innerhalb der IFRS dennoch Kriterien, nach denen Konzerne wirtschaftlich von ihrer Umwelt bzw. vom Markt abzugrenzen sind. Die entsprechenden Vorgaben sind in IFRS 10 „Konzernabschlüsse" (Consolidated Financial Statements) kodifiziert, der zusätzlich durch IFRS 12 „Angaben zu Anteilen an anderen Unternehmen" (Disclosure of Interests in Other Entities) flankiert wird. Letzterer bündelt die Angabepflichten zu Anteilen an Tochterunternehmen, gemeinsamen Vereinbarungen, assoziierten Unternehmen sowie nicht konsolidierten strukturierten Unternehmen.

Regelungsumfang von IFRS 10

IFRS 10 regelt die Auf- und Darstellung von Konzernabschlüssen für ein Unternehmen, das über die Möglichkeit verfügt, beherrschenden Einfluss (control) auf ein oder mehrere andere Unternehmen auszuüben (IFRS 10.1). Entsprechend enthält IFRS 10 einerseits die relevanten Vorschriften für die Abgrenzung des sogenannten Konsolidierungskreises, d.h. für all diejenigen Unternehmen, die unter der Fiktion der rechtlichen Einheit im Wege der sogenannten Vollkonsolidierung innerhalb des Konzernabschlusses zusammenzufassen sind. Andererseits finden sich in IFRS 10 die grundsätzlichen (Voll-)Konsolidierungsregeln für die Konzernabschlusserstellung (vgl. hierzu Kapitel 21). Nicht in dessen Regelungsbereich fallen demgegenüber

- die in IAS 27 kodifizierte Bilanzierung von Anteilen an Tochter-, Gemeinschafts- und assoziierten Unternehmen in IFRS-Einzelabschlüssen (vgl. Kapitel 21),
- die in IFRS 3 geregelte Technik zur (erstmaligen) Bilanzierung von Unternehmenszusammenschlüssen (IFRS 10.3) (vgl. Kapitel 21),
- die Bilanzierung von gemeinsamen Vereinbarungen und assoziierten Unternehmen im Konzernabschluss (vgl. hierzu IAS 28, IFRS 11 sowie Kapitel 22) sowie

---

5 Zur (empirischen) Frage des Informationsgehalts von Konzernabschlüssen vgl. bereits *Pellens, B.*, Der Informationswert von Konzernabschlüssen, Wiesbaden 1988.

6 Vgl. *Bonse, A.*, Informationsgehalt von Konzernabschlüssen nach HGB, IAS und US-GAAP, Frankfurt a.M. 2004.

- die Pflichtangaben, die im Zusammenhang mit Anteilen an Tochterunternehmen im Anhang zu veröffentlichen sind. Mit IFRS 12 wurde hierfür ein eigenständiger Standard entwickelt, der sich ausschließlich den Angabepflichten im Zusammenhang mit Anteilen an anderen Unternehmen widmet (vgl. Abschnitt 4).

2 Pflicht zur Aufstellung eines Konzernabschlusses

Aufstellungspflicht nach HGB

Welche Unternehmen einen Konzernabschluss aufzustellen haben, unterliegt der Regelungshoheit der Einzelstaaten. Demnach könnte die EU-Konzernrechnungslegungspflicht entweder nach mit EU-Recht – hier in Form der EU-Bilanzrichtlinie (Richtlinie 2013/34/EU) – konformen nationalen Regelungen oder alternativ nach IFRS 10 beurteilt werden. In Deutschland ergibt sich die Pflicht zur Aufstellung eines Konzernabschlusses nicht aus den IFRS, sondern aus den §§ 290 ff. HGB.[7] Dies gilt auch für *kapitalmarktorientierte* Mutterunternehmen. Sofern ein solches nach den genannten HGB-Vorschriften allerdings zur Aufstellung eines Konzernabschlusses verpflichtet ist, muss dieser zwingend nach IFRS erstellt werden (§ 315e HGB).

Grundsatz

Nach IFRS 10.4 ist grundsätzlich jedes Mutterunternehmen zur Aufstellung eines Konzernabschlusses verpflichtet. Ein Mutterunternehmen ist laut IFRS 10.A ein Unternehmen, das ein oder mehrere andere Unternehmen (Tochterunternehmen) beherrscht. Der Verbund aus einem Mutter- und seinen Tochterunternehmen wird in Anhang A als „Konzern“ definiert.

Beherrschungstatbestand

Notwendige Bedingung für die Begründung eines Mutter-Tochter-Verhältnisses ist das Vorliegen von Beherrschung (control). Diese Bedingung ist nach IFRS 10.6-7 erfüllt, wenn ein Investor (Mutterunternehmen) aufgrund seiner Beziehung zu einem Beteiligungsunternehmen (Tochterunternehmen) dessen schwankenden Rückflüssen ausgesetzt ist bzw. Anrechte hierauf hat und darüber hinaus über die Fähigkeit verfügt, diese Rückflüsse aufgrund seiner Verfügungsgewalt über das Beteiligungsunternehmen zu beeinflussen.[8] Hält ein Unternehmen beispielsweise 100 % der Kapitalanteile und damit der Stimmrechte an einer AG, so hat es hierdurch die Möglichkeit, dessen Aufsichtsgremium (Aufsichtsrat) mehrheitlich zu besetzen. Der Aufsichtsrat bestellt wiederum die Mitglieder des zentralen Leitungsgremiums (Vorstand) und kann diese auch abberufen. Darüber hinaus partizipiert der Investor nicht nur an den Ausschüttungen der AG, sondern

7 Diese Regelung greift nach § 11 PublG auch für bestimmte Personengesellschaften.
8 Vgl. hierzu ausführlich Kapitelabschnitt 3.2.

haftet auch mit seinem in die Gesellschaft eingebrachten Eigenkapital. Er ist insoweit den schwankenden Rückflüssen des Beteiligungsunternehmens ausgesetzt. Schließlich hat der Investor in Folge der Überwachungs- und Beratungskompetenzen des Aufsichtsrates die Möglichkeit, die Rückflüsse des Beteiligungsunternehmens beispielsweise über zustimmungspflichtige Geschäfte direkt, in jedem Fall aber zumindest indirekt, zu beeinflussen. In solchen Fällen liegt daher eindeutig ein Mutter-Tochter-Verhältnis vor.

Ausnahmen von der Aufstellungspflicht

Die erste Ausnahme von der grundsätzlich für alle Mutterunternehmen geltenden Konzernabschlusspflicht betrifft gemäß IFRS 10.4B alle Versorgungspläne und andere Leistungen an Arbeitnehmer, die in den Anwendungsbereich von IAS 19 „Leistungen an Arbeitnehmer" fallen (Kapitel 14).

Zweitens werden sogenannte Investmentgesellschaften (z.B. Venture Capital-Gesellschaften, Private Equity-Gesellschaften sowie Staats- oder Investmentfonds) von der Pflicht zur Aufstellung eines IFRS-Konzernabschlusses befreit (IFRS 10.4C), wenn sie die Anteile ihrer Tochterunternehmen gemäß IFRS 9 GuV-wirksam zum beizulegenden Zeitwert bewerten.

Spezialthema

Investmentgesellschaften

Als Investmentgesellschaft sind solche Unternehmen zu kategorisieren, die folgende drei Kriterien gleichzeitig erfüllen (IFRS 10.27):

- Ein oder mehrere Investoren stellen dem Unternehmen Finanzmittel für die Erbringung von Vermögensverwaltungsdienstleistungen zur Verfügung. In der Regel hält die Gesellschaft, beispielsweise aus Gründen der Risikodiversifikation und Ertragsmaximierung, verschiedene Investments (IFRS 10.B85O).
- Der dem/den Investor/en zugesicherte und auch dokumentierte Geschäftszweck des Unternehmens besteht ausschließlich darin, Renditen aus Wertsteigerungen zu erzielen und/oder Kapitalerträge (z.B. Dividenden, Zinsen, Mieterträge) aus seiner Anlagetätigkeit zu erwirtschaften. Anderweitige besondere Vorteile, die einem Fremdvergleich nicht standhalten und/oder sich nicht als typische Kapitalanlageerträge qualifizieren, dürfen der potenziellen Investmentgesellschaft aus ihren Anlageobjekten nicht zufließen (IFRS 10.B85I). Darüber hinaus muss die Gesellschaft über eine Exit-Strategie für alle ihre Investments mit unbestimmter Laufzeit verfügen (IFRS 10.B85F-B85G). Begründet wird diese Anforderung mit dem Geschäftszweck von Investmentgesellschaften, ihre Kapitalanlagen nicht unbefristet zu halten. Daher ist in Abhängigkeit von der Art der Investition ein realistischer Zeitrahmen für den aktiven Ausstieg aus dem jeweiligen Investment zu dokumentieren (IFRS 10.B85F).

- Die Anlageperformance wird im Wesentlichen bei allen Anlageobjekten, bei denen dies nach IFRS zulässig oder geboten ist, auf Grundlage des beizulegenden Zeitwerts gemessen und beurteilt.[9] Sie wird regelmäßig sowohl den zentralen Entscheidungsträgern (key management personnel) als auch den Investoren berichtet (IFRS 10.B85K).

Im Regelfall dürften insbesondere Private Equity-Gesellschaften, Venture Capital-Gesellschaften sowie Investmentfonds diese Kriterien erfüllen (Kraft/Link (2013), S. 544 f.).

Charakteristika von Investmentgesellschaften

Als Hilfestellung zur Beurteilung, ob ein Mutterunternehmen eine Investmentgesellschaft i.S.v. IFRS 10.27 ist, werden in IFRS 10.28 i.V.m. IFRS 10.B85O-B85W typische Charakteristika solcher Unternehmen aufgeführt. Diese typisierenden Merkmale weisen aber lediglich Indiziencharakter auf. Im Einzelnen ist zu untersuchen,

- ob das Unternehmen – wie für Investmentgesellschaften typisch – über mehr als eine Kapitalanlage und mehr als einen Investor verfügt,
- ob es sich bei den Investoren um Externe oder der vermeintlichen Investmentgesellschaft nahestehende Unternehmen bzw. Personen handelt, und ob die potenzielle Investmentgesellschaft Eigentumsanteile in Form von Eigenkapital oder vergleichbaren Anteilen ausgegeben hat. Entsprechende Eigentümerpositionen können hierbei auch aus eigenkapitalähnlichen Finanzinstrumenten, die sich nach IAS 32 allerdings als Schuldtitel qualifizieren, resultieren. Entscheidend ist hierbei, dass die Investoren – entsprechend ihrer eigenkapitalgeberähnlichen Risikoposition – variablen Renditen aus Änderungen des beizulegenden Zeitwerts des Nettovermögens der potenziellen Investmentgesellschaft ausgesetzt sind (IFRS 10.B85W).

Zusätzliche Angabepflichten im Anhang

Sofern ein Unternehmen zwar als Investmentgesellschaft zu kategorisieren ist, hierbei aber nicht alle typischen Indiziencharakteristika aufweist, hat es im Anhang die in IFRS 12.9A geforderten zusätzlichen Informationen offenzulegen.

Bilanzierung im Abschluss von Investmentgesellschaften

Qualifiziert sich ein Mutterunternehmen als Investmentgesellschaft i.S.v. IFRS 10, sind dessen Tochterunternehmen nicht per Vollkonsolidierung in den IFRS-Abschluss einzubeziehen, sondern grundsätzlich nach IFRS 9 GuV-wirksam zum beizulegenden Zeitwert zu bewerten (IFRS 10.31). Hierdurch sollen den Abschlussadressaten im Vergleich zur vollständigen Konsolidierung relevantere Informationen vermittelt werden (IFRS 10.B85K). Dies ist insoweit konsequent, als sich der Unternehmenswert sowie die Renditen von Investmentgesellschaften nahezu ausschließlich aus den beizulegenden Zeitwerten

9 Um dieses Kriterium zu erfüllen, hat eine Investmentgesellschaft speziell ihre Finanzanlagen für Zwecke der Rechnungslegung zum beizulegenden Zeitwert zu bewerten (IFRS 10.B85M). Dementsprechend sind Wahlrechte so auszuüben, dass Renditeimmobilien, finanzielle Vermögenswerte sowie Anteile an assoziierten Unternehmen und Gemeinschaftsunternehmen zum beizulegenden Zeitwert bewertet werden (IFRS 10.B85L).

bzw. Veräußerungswerten ihrer Investments ergeben sollten. Genau diese (erwarteten) Kapitalanlageerträge spiegeln sich aggregiert in dem zum beizulegenden Zeitwert bewerteten Nettovermögen bzw. den hiermit verbundenen Nettovermögensänderungen wider.

Von diesem Grundsatz ausgenommen sind nach IFRS 10.32 allerdings Fälle, in denen die Investmentgesellschaft ein Tochterunternehmen beherrscht, das als Nicht-Investmentgesellschaft Dienstleistungen anbietet, die mit der Anlagetätigkeit des Mutterunternehmens zusammenhängen. Dies betrifft beispielsweise administrative Dienstleistungen sowie Dienste im Bereich der Anlageverwaltung und -beratung (IFRS 10.B85C). Sofern dieser Ausnahmetatbestand erfüllt ist, hat die Investmentgesellschaft das entsprechende Tochterunternehmen per Vollkonsolidierung in ihren Abschluss einzubeziehen (IFRS 10.32 und IFRS 10.B85E). Handelt es sich bei dem Tochterunternehmen – ungeachtet der Erbringung der vorausgehend dargestellten Dienstleistungen – dennoch um eine Investmentgesellschaft, so ist diese dem üblichen Grundsatz entsprechend mit dem beizulegenden Zeitwert ihrer Anteile im IFRS-Abschluss des Mutterunternehmens zu bewerten.

Vollkonsolidierung von Investmentgesellschaften

Schließlich regelt IFRS 10 Fallkonstellationen, in denen eine Nicht-Investmentgesellschaft ein oder mehrere Investmentgesellschaften beherrscht. Nach IFRS 10.33 hat ein solches Mutterunternehmen alle seine Tochterunternehmen vollständig zu konsolidieren. Diese Vollkonsolidierungspflicht ist nicht auf die unmittelbar beherrschte(n) Investmentgesellschaft(en) beschränkt, sondern betrifft gleichzeitig auch deren – aus Sicht der Konzernmutter mittelbare – Tochterunternehmen. Daher wären letztgenannte in einem potenziellen IFRS-(Teilkonzern-)Abschluss der jeweiligen Investmentgesellschaft(en) GuV-wirksam zum beizulegenden Zeitwert zu bewerten. In den Konzernabschluss des Mutterunternehmens, das der (den) Investmentgesellschaft(en) übergeordnet ist, wären sie allerdings per Vollkonsolidierung gemäß IFRS 3 einzubeziehen (IFRS 10.33).

Literatur: Kraft, E.-T./Link, M., Der Konsolidierungskreis nach HGB und IFRS, in: ZGR, 42. Jg. (2013), S. 514-550.

Befreiungsvoraussetzungen für Teilkonzernabschlüsse

Drittens ist ein Mutterunternehmen, das selbst Tochterunternehmen ist (Zwischenholding), unter bestimmten in IFRS 10.4(a) reglementierten Bedingungen von der Pflicht zur Aufstellung eines IFRS-Konzernabschlusses befreit. So dürfen weder Wertpapiere der Zwischenholding öffentlich gehandelt werden (IFRS 10.4(a)(ii)) noch darf sie Abschlüsse bei einer Wertpapieraufsichtsbehörde zwecks (geplanter) Emission von Wertpapieren in einem öffentlichen Markt vorlegen oder vorgelegt haben (IFRS 10.4(a)(iii)). Darüber hinaus wird vorausgesetzt, dass ein der Zwischenholding übergeordnetes (Konzern-)Mutterunternehmen einen IFRS-(Teil-) Konzernabschluss veröffentlicht (IFRS 10.4(a)(iv)). Sofern konzernfremde Eigentümer an der Zwischenholding beteiligt sind, darf es nicht der Fall sein, dass diese Einwände gegen den Verzicht der Zwischenholding auf die Erstellung eines

(Teil)Konzernabschlusses erheben (IFRS 10.4(a)(i)). Vor diesem Hintergrund sind die Eigentümer proaktiv über den geplanten Aufstellungsverzicht zu unterrichten.

3 Konsolidierungskreis

3.1 Einzubeziehende Tochterunternehmen

Weltabschlussprinzip

Die IFRS definieren einen Konzernabschluss als den Abschluss einer berichterstattenden Einheit (Konzern), in dem die Vermögens-, Finanz- und Ertragslage des Mutterunternehmens und all seiner Tochterunternehmen so dargestellt werden, als gehörten sie zu einer einzigen wirtschaftlichen Einheit (RK.3.14 sowie IFRS 10.A). Demnach ist im Sinne des sogenannten „Weltabschlussprinzips" grundsätzlich *jedes* unmittelbare sowie mittelbare Tochterunternehmen ungeachtet seiner Rechtsform und seines Sitzlandes – der Fiktion der rechtlichen Einheit folgend – in den Konzernabschluss des Mutterunternehmens einzubeziehen (IFRS 10.B86).

Ausnahmen und Besonderheiten

Diese Einbeziehungspflicht gilt zwar auch für Anteile an Tochterunternehmen, die ausschließlich mit kurzfristiger Weiterveräußerungsabsicht (12 Monatszeitraum) gehalten werden. Allerdings sind solche Tochterunternehmen nach den spezifischen Vorschriften für aufgegebene Geschäftsbereiche und Veräußerungsgruppen gemäß IFRS 5.32 zu bilanzieren. Hiernach sind die Vermögenswerte und Schulden solcher Tochterunternehmen zwar ebenfalls vollständig im Konzernabschluss zu konsolidieren. Allerdings sind dabei spezielle Bewertungs- und Ausweisvorschriften zu beachten (vgl. Kapitel 23).

Im Gegensatz hierzu besteht eine Ausnahme von der Vollkonsolidierungspflicht ausschließlich unter Bezugnahme auf den in IAS 1.29 ff. kodifizierten Wesentlichkeitsgrundsatz. So darf auf die Einbeziehung eines Tochterunternehmens in den IFRS-Konzernabschluss per Vollkonsolidierung allenfalls dann verzichtet werden, wenn dieses für die Vermittlung eines zutreffenden Bildes der wirtschaftlichen Lage des Konzerns *unwesentlich* ist. Im Zuge der entsprechenden Wesentlichkeitsbeurteilung werden regelmäßig die Auswirkungen auf verschiedene Abschlussposten untersucht. Als mögliche einzelfallbezogen festzulegende Bezugsgrößen kommen bspw. die Bilanzsumme, die Umsatzerlöse oder der Gewinn bzw. Verlust in Betracht. Hinsichtlich der prozentualen Veränderungen dieser Posten bei Nichteinbeziehung des Tochterunternehmens werden häufig Grenzwerte zwischen 5 % und 10 % als zweckmäßig bzw. vertretbar angesehen.[10] Diese Werte gelten jedoch nicht nur für jedes Tochterunternehmen separat, sondern sind auch

10 Vgl. z.B. *Lüdenbach/Hoffmann/Freiberg*, Haufe IFRS-Kommentar, § 32, Rz. 107; *Meyer, M.*, Beurteilung der Wesentlichkeit von Tochterunternehmen für die Bestimmung von Konsolidierungspflicht und Konsolidierungskreis, in: BB, 68. Jg. (2013), S. 2414.

auf die Gesamtheit aller aufgrund von Unwesentlichkeit potenziell nicht einzubeziehenden Tochterunternehmen anzuwenden.

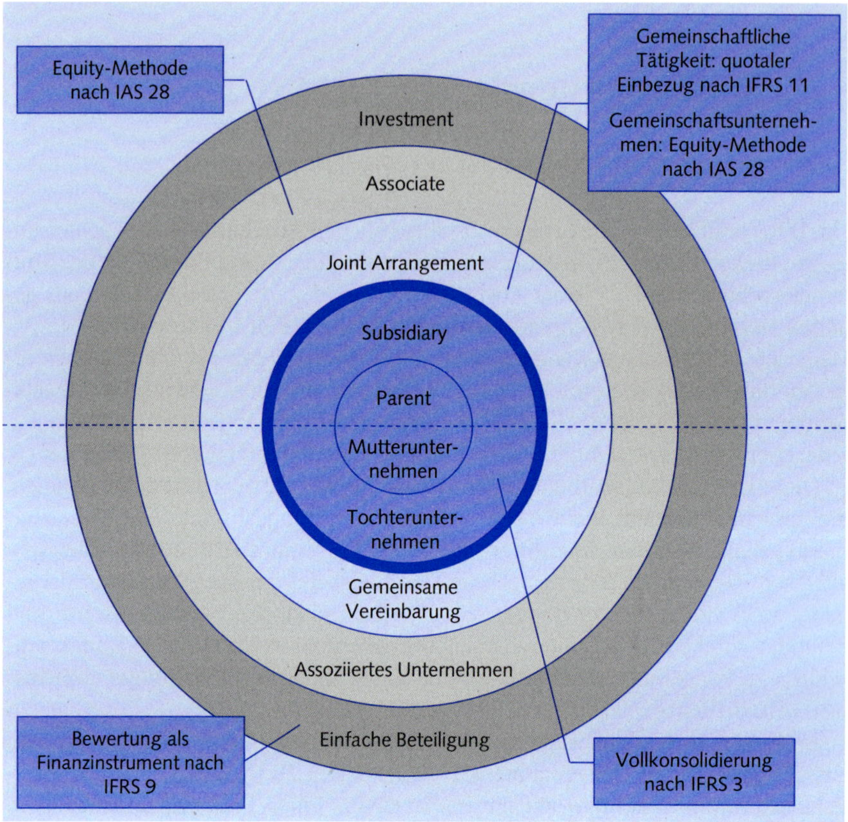

Abb. 4.3: Konsolidierungskreis nach IFRS

Abgrenzung des Vollkonsolidierungskreises

Unternehmen, die zwar durch Beteiligungen mehr oder minder intensiv miteinander verbunden sind, bei denen jedoch kein beteiligtes Unternehmen eine Beherrschungsmöglichkeit hat, unterliegen nicht der Vollkonsolidierung. Damit gehören schwächere Formen bilateraler Unternehmensverbindungen in Form gemeinsamer Vereinbarungen, assoziierter Unternehmen und sonstiger Beteiligungen nicht zum Vollkonsolidierungskreis (Abbildung 4.3). Anteile an diesen Unternehmen werden stattdessen auf Grundlage anderweitiger Bilanzierungs- und Bewertungsmethoden im Konzernabschluss abgebildet (vgl. Kapitel 22). Im Prinzip folgt die IFRS-Konzernrechnungslegung damit einer Art Stufenkonzept, wonach der Übergang von einem Unternehmen zum Markt je nach Stärke der Unternehmensverbindung abgestuft erfolgt.

3.2 Beherrschungskonzept nach IFRS 10

3.2.1 Beherrschungskriterien

Beherrschung (control)

Zur Begründung eines Mutter-Tochter- bzw. Beherrschungsverhältnisses zwischen dem berichterstattenden Unternehmen (investor) und einem Beteiligungsunternehmen muss Beherrschung (control) im Sinne von IFRS 10.6-7 vorliegen. Obwohl der Begriff des Beteiligungsunternehmens (investee) dies zunächst vermuten lässt, setzt das Vorliegen eines Beherrschungsverhältnisses keine Kapitalbeteiligung bzw. Investition in das beherrschte Unternehmen voraus (IFRS 10.5). Stattdessen reicht hierfür konzeptionell eine wie auch immer geartete anderweitige rechtliche und/oder wirtschaftliche Beziehung zwischen dem berichterstattenden Unternehmen und dem auf Beherrschung zu prüfenden Beteiligungsunternehmen aus. Beherrschung liegt hierbei vor, wenn folgende drei in IFRS 10.10 ff. genannten und insbesondere in den Anwendungsleitlinien des IFRS 10 konkretisierten – gleichwohl abstrakt formulierten – Kriterien *kumulativ* erfüllt sind:

- Der Investor hat die Verfügungsgewalt/-macht (power) über das Beteiligungsunternehmen,
- er ist aufgrund seiner Beziehung zum Beteiligungsunternehmen variablen Rückflüssen ausgesetzt (variable returns) oder hat ein Anrecht darauf, variable Rückflüsse aus dieser Beziehung (involvement) zu erhalten[11],
- er kann seine Verfügungsgewalt über das Beteiligungsunternehmen nutzen, um die Höhe der ihn betreffenden variablen Rückflüsse zu beeinflussen (link between power and returns).

Einzelfallbezogene Anwendung

Ob ein Beherrschungstatbestand vorliegt, ist jeweils einzelfallbezogen unter Berücksichtigung aller diesbezüglich potenziell relevanten Tatsachen und Umstände zu beurteilen (IFRS 10.8; IFRS 10.B1). Zunächst sind hierzu sämtliche zwischen dem Investor und dem Beteiligungsunternehmen bestehenden Vertrags- und sonstigen Rechtsverhältnisse zu identifizieren und zu analysieren. Sofern hiernach Zweifel bestehen, ob ein Beherrschungsverhältnis vorliegt, sind zusätzlich auch (wirtschaftliche) Einflussmöglichkeiten des Investors ohne Rechtsgrundlage als Indizien zu berücksichtigen. Hierunter fallen beispielsweise aufgrund von Lieferungs- und Leistungsverflechtungen bestehende rein wirtschaftliche Abhängigkeiten. Es ist allerdings zu beachten, dass ein Beteiligungsunternehmen aufgrund der Unteilbarkeit von Beherrschung nicht gleichzeitig in die Abschlüsse zweier verschiedener Investoren als Tochterunternehmen einbezogen werden kann (IFRS 10.BC69). Sofern Tatbestände dennoch auf eine solche Fallkonstellation hindeuten, ist eher da-

11 In der deutschen Übersetzung des in EU-Recht übernommenen IFRS 10 wurde der Terminus „returns" mit „Renditen" übersetzt. Synonym hierzu wird im Folgenden auch der in der Literatur übliche Begriff „Rückflüsse" verwendet. Vgl. statt vieler *Lüdenbach/Hoffmann/Freiberg*, Haufe IFRS-Kommentar, § 32, Rz. 6; *Kraft, E.-T./Link, M.*, Der Konsolidierungskreis nach HGB und IFRS, in: ZGR, 42. Jg. (2013), S. 539.

von auszugehen, dass das betreffende Beteiligungsunternehmen durch mehrere Investoren *gemeinsam beherrscht* (joint control) wird (IFRS 10.9). In diesem Fall ist dann allerdings nicht mehr IFRS 10, sondern IFRS 11 einschlägig (vgl. Kapitel 22).

Prüfschema für Beherrschung

IFRS 10.B3 enthält eine Reihe von Faktoren, deren systematische Prüfung es dem berichterstattenden Unternehmen erleichtern soll, Beherrschungsverhältnisse zu identifizieren. Das in Abbildung 4.4 dargestellte Prüfschema illustriert, welche Schritte in diesem Zusammenhang sukzessiv zu durchlaufen sind.

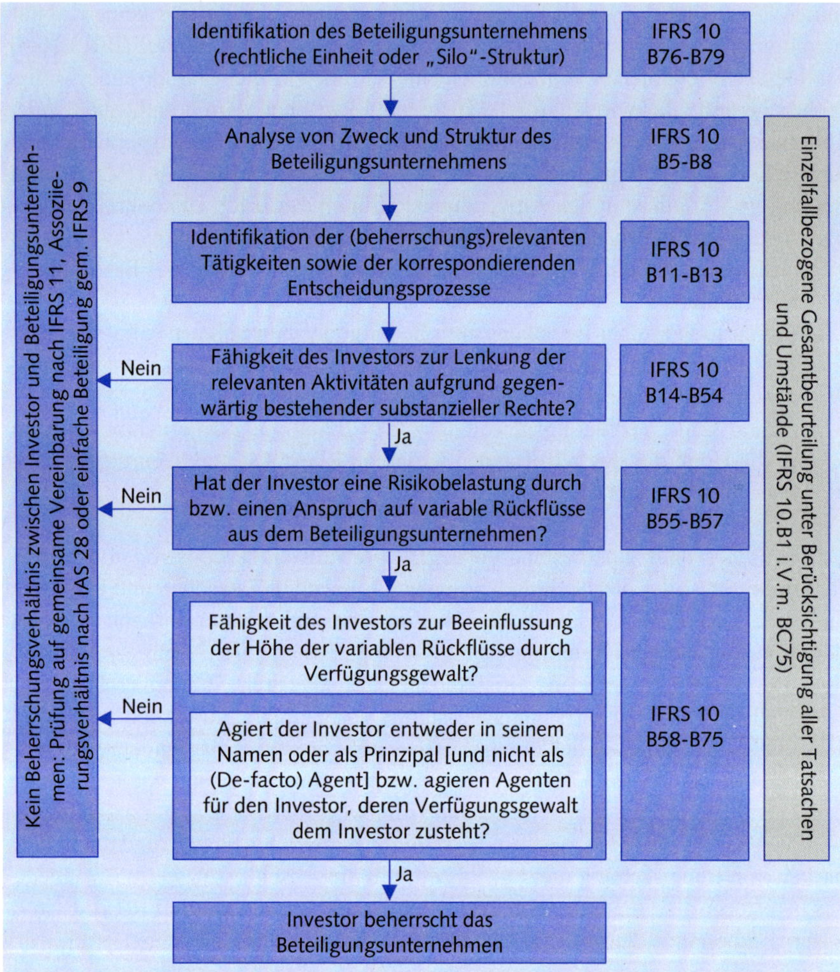

Abb. 4.4: Prüfschema für Beherrschungsverhältnisse (Quelle: in Anlehnung an *Küting, K./Mojadadr, M.*, Das neue Control-Konzept nach IFRS 10, in: KoR, 11. Jg. (2011), S. 276)

Zunächst hat ein Investor zu beurteilen, ob Beherrschung für ein Beteiligungsunternehmen als Ganzes oder nur für einen bestimmten – fiktiv als separates Unternehmen zu behandelnden – Teil desselben zu prüfen ist. Dies kann beispielsweise bei sogenannten Silo-Strukturen innerhalb der Finanzdienstleistungsbranche der Fall sein (vgl. Abschnitt 3.2.5). Anschließend sind der Zweck und die Struktur des potenziellen Konsolidierungsobjekts zu analysieren, bevor die beherrschungsrelevanten Tätigkeiten und Entscheidungsprozesse identifiziert werden, welche dessen Rendite maßgeblich beeinflussen. Auf Basis dieser Erkenntnisse sind schließlich die drei bereits genannten Beherrschungskriterien (power, variable returns, link between power and returns) zu prüfen. Sofern nicht alle drei Kriterien gleichzeitig erfüllt sind, besteht zwischen dem Investor und dem Beteiligungsunternehmen kein Beherrschungsverhältnis. In diesem Fall hat der berichtspflichtige Investor zu untersuchen, ob das Beteiligungsunternehmen als gemeinsame Vereinbarung i.S.v. IFRS 11, assoziiertes Unternehmen nach IAS 28 oder als einfache in den Anwendungsbereich des IFRS 9 fallende Beteiligung zu kategorisieren und bilanziell abzubilden ist.

Laufende Überwachung des Beherrschungstatbestands

Ein Investor hat fortlaufend zu beurteilen, ob seine Verbindung zu einem Beteiligungsunternehmen ein Beherrschungsverhältnis (neu) begründet oder ein bestehendes Beherrschungsverhältnis zu beenden ist (IFRS 10.8 i.V.m. IFRS 10.B80). Als Grundlage dieser Neueinschätzung dienen sämtliche Hinweise, die aus Sachverhaltsänderungen oder neuen Informationen resultieren und sich auf mindestens eines der drei Beherrschungskriterien wesentlich auswirken (können) (IFRS 10.BC153). Diesbezüglich denkbar sind beispielsweise aktiv oder passiv veranlasste Änderungen in der Beteiligungsstruktur und damit verbundene Änderungen des Stimmrechtsanteils des Investors. Ebenso kann sich die Eröffnung eines Insolvenzverfahrens entscheidend auf ein bis dahin bestehendes Beherrschungsverhältnis auswirken.

Beispiel 4.2

Szenario 1:
Im Rahmen eines Aktienrückkaufprogramms erwirbt die ZILLKONE AG 10 % der eigenen Aktien über die Börse zurück. Als Großinvestor war die kapitalmarktorientierte CATTLESHIELD GmbH bereits vor Durchführung des Aktienrückkaufprogramms mit 46 % an der ZILLKONE AG beteiligt, ohne hierbei allerdings die Verfügungsgewalt über die ZILLKONE AG zu besitzen. Durch den Aktienrückkauf, an dem die CATTLESHIELD GmbH nicht teilnimmt, wird Letztere zur Mehrheitsgesellschafterin, da sie fortan über einen Kapital- und Stimmrechtsanteil von rund 51 % (= 46 % / (100 % - 10 %)) verfügt. Damit kann die CATTLESHIELD GmbH die über Stimmrechte gesteuerte ZILLKONE AG aufgrund ihrer substanziellen absoluten Stimmrechtsmehrheit fortan beherrschen, ohne dass der Erhalt von Verfügungsgewalt auf ein aktives Handeln der CATTLESHIELD GmbH zurückzuführen ist.

Szenario 2:
Aufgrund vertraglicher Vereinbarungen besitzt die CATTLESHIELD GmbH bislang die Verfügungsgewalt über den HALL OF CUTY TRUST. Hierbei ist

die CATTLESHIELD GmbH an den Rückflüssen aus dem HALL OF CUTY TRUST über ein vertragliches Recht auf den Erhalt leistungsbezogener Honorare beteiligt, sodass bislang ein Beherrschungsverhältnis vorliegt. Dieses vertragliche Recht läuft in naher Zukunft aus. Da die CATTLESHIELD GmbH mit dem Auslaufen dieses Rechts nicht länger variablen Rückflüssen aus dem HALL OF CUTY TRUST ausgesetzt ist, ist das bis dato nach IFRS 10 bestehende Beherrschungsverhältnis zu beenden (IFRS 10.B83).

3.2.2 Begründung von Verfügungsgewalt

3.2.2.1 Gegenwärtige Fähigkeit zur Lenkung relevanter Aktivitäten

Verfügungsgewalt als zentrales Beherrschungskriterium

Bei einem Konzern handelt es sich um eine wirtschaftliche Handlungs- und Koordinationseinheit, wobei die hierfür notwendige Leitungsmacht dem an der Konzernspitze stehenden Mutterunternehmen zukommt. Diese Leitungsmacht wird in IFRS 10 als Verfügungsgewalt (power) bezeichnet. Sie stellt ein ganz zentrales – wenn nicht sogar das zentrale – Beherrschungskriterium dar. Denn damit ein koordiniertes wirtschaftliches Handeln zwischen allen Konzerngesellschaften ermöglicht wird, ist eine hierarchische Konzernstruktur mit entsprechender Weisungsbefugnis notwendig. Diese beinhaltet insbesondere die Kompetenz zur Planung, Festlegung und Kontrolle in der Umsetzung einer gemeinsamen geschäfts- und finanzpolitischen (Konzern-)Strategie. Nur wenn hier ein koordiniertes Handeln der verschiedenen konzernverbundenen Unternehmen (rechtlich) sichergestellt werden kann, lassen sich die Effizienzvorteile aus einer Konzernbildung realisieren. Erst dann lässt sich ein Konzern als wirtschaftliche Einheit interpretieren, die als solche vom Markt abzugrenzen ist. Hiermit verbunden ist die Frage, wie weit die Leitungsbefugnisse der Konzern-Muttergesellschaft reichen müssen, um ein Beherrschungs- und damit Mutter-Tochter-Verhältnis zu begründen. Für Zwecke der IFRS-Rechnungslegung sind daher zweckbezogene Beherrschungskriterien zu entwickeln, welche es dem berichterstattenden Unternehmen ermöglichen, konzernzugehörige Tochterunternehmen möglichst trennscharf von anderweitigen Unternehmensverbindungen abzugrenzen.

Definition Verfügungsgewalt

IFRS 10.10 definiert das *power*-Kriterium recht abstrakt. Demnach besitzt ein Investor die Verfügungsgewalt über ein Beteiligungsunternehmen, wenn er aufgrund von bestehenden Rechten über die gegenwärtige Möglichkeit verfügt, dessen maßgebliche Tätigkeiten zu lenken (IFRS 10.12). Entscheidend ist demnach die Konkretisierung der drei zentralen Definitionskriterien „bestehende Rechte“, „gegenwärtige Möglichkeit“ sowie „maßgebliche Tätigkeiten“. Hierzu stellt IFRS 10 eine Reihe weiterer Definitionen und Erläuterungen bereit.

Maßgebliche Tätigkeiten

Die maßgeblichen Tätigkeiten umfassen diejenigen unternehmerischen Aktivitäten des Beteiligungsunternehmens, die dessen Rückflüsse erheblich (significantly) beeinflussen (IFRS 10.10 sowie IFRS 10.A). Bei vielen Unternehmen wirkt sich allerdings ein breites Spektrum bzw. ganzes Bündel geschäftlicher (operativer) und finanzieller Aktivitäten wesentlich auf deren Rückflüsse aus. Hierunter fallen z.B. der Kauf und Verkauf/Vertrieb von Gütern und Dienstleistungen, der Einkauf von Vorräten, das Recruiting von Fachkräften mit unverzichtbarem Spezialwissen, das (Des)Investitions-, Vermögens- und Finanzmanagement des Beteiligungsunternehmens sowie Forschungs- und Entwicklungsaktivitäten (IFRS 10.B11; IFRS 10.BC59). Von besonderer Bedeutung ist hierbei ein hinreichendes Verständnis von dem Geschäftsmodell des betrachteten Beteiligungsunternehmens, da sich nur bei entsprechender Kenntnis die beherrschungsrelevanten Tätigkeiten identifizieren lassen. Aber auch wenn die Identifikation der maßgeblichen Tätigkeiten von hoher Bedeutung ist, reicht deren Kenntnis alleine nicht aus, um zu beurteilen, welche Partei diese lenken kann. Entscheidend sind die diesbezüglichen Mechanismen bzw. Entscheidungsprozesse, über welche die unterschiedlichen Tätigkeiten gesteuert werden, und Informationen darüber, welche Partei über die entsprechenden Entscheidungskompetenzen verfügt.

Entscheidungsprozesse hinsichtlich relevanter Aktivitäten

In IFRS 10.B12 wird davon ausgegangen, dass Entscheidungen hinsichtlich der relevanten Aktivitäten regelmäßig die Kompetenz umfassen, geschäftsstrategische Entscheidungen zu treffen, das Budget (Erfolgs-, Investitions- und Finanzplanung) festzulegen und zu verabschieden sowie das Topmanagement des Beteiligungsunternehmens zu berufen bzw. abzusetzen. Angesichts der möglichen Vielzahl solcher Entscheidungen, welche die relevanten Aktivitäten eines Unternehmens betreffen, kann es notwendig sein, sogenannte „Metaentscheidungen" in Bezug auf diejenigen Aktivitäten zu identifizieren[12], welche die Renditen des Beteiligungsunternehmens am stärksten beeinflussen (IFRS 10.13). Dies gilt speziell dann, wenn mehrere Investoren unterschiedliche relevante Tätigkeiten einseitig lenken können. Zu denken wäre hier beispielsweise an die Möglichkeit eines Investors, die Geschäftsführung zu bestellen und abzuberufen, während ein anderer das Budget festlegt, an welches die Geschäftsführung gebunden ist. In derartigen Konstellationen hat derjenige Investor die Verfügungsgewalt, der die identifizierte(n) Metaentscheidung(en) eigenständig treffen kann.

Timing der relevanten Entscheidungen

Nicht selten finden diverse relevante Tätigkeiten, wie z.B. die Entwicklung und anschließende Vermarktung eines Produkts, zu unterschiedlichen Zeitpunkten statt. Entsprechend können auch die hierauf bezogenen Entscheidungen zu unterschiedlichen Zeitpunkten zu treffen sein. Ungeachtet dessen ist aber auch in solchen Fällen diejenige Partei zu identifizieren, der es möglich ist, diejenigen Tätigkeiten mit dem insgesamt stärksten Einfluss auf die Rückflüsse des Beteiligungsunternehmens zu lenken (IFRS 10.B13). Zwar kann der Einfluss verschiedener relevanter Tätigkeiten auf die Rückflüsse – wie im Fall der Produktentwicklung und -vermarktung – im Zeitablauf variieren. Über eine proaktive Gesamtbeurteilung soll

12 Vgl. *Böckem, H./Stibi, B./Zoeger, O.*, IFRS 10 „Consolidated Financial Statements": Droht eine grundlegende Revision des Konsolidierungskreises?, in: KoR, 11. Jg. (2011), S. 402.

allerdings vermieden werden, dass die Verfügungsgewalt über das Beteiligungsunternehmen im Fall gespaltener Entscheidungskompetenzen im Zeitablauf bei unterschiedlichen Investoren liegt und es hierdurch regelmäßig zu Beherrschungswechseln kommt. Nur in dem Fall, dass sich relevante Sachverhalte und Umstände im Zeitablauf ändern, sind die hiermit verbundenen Auswirkungen durch die betroffenen Investoren zu überprüfen (IFRS 10.B13). Hieraus kann dann auch ein Wechsel der Verfügungsgewalt und damit der Beherrschung resultieren.

Beispiel 4.3[13]

Die EA-Shorts AG und die 3-K-Sports GmbH gründen zusammen die PROEVO AG, um ein neues Fußball-Videospiel zu entwickeln und zu vermarkten. Die PROEVO AG übernimmt hierbei sowohl die Funktion eines Spieleentwicklers als auch diejenige eines Publishers. In diesem Zusammenhang verfügt die EA-Shorts AG über die Möglichkeit, sämtliche Entscheidungen hinsichtlich der Entwicklung des Videospiels autark zu treffen. Die 3-K-Sports GmbH hat demgegenüber die Entscheidungskompetenzen hinsichtlich der Produktion der Datenträger, des Marketings sowie des Vertriebs. Es ist davon auszugehen, dass sowohl die Entwicklung als auch die physische Produktion sowie Vermarktung von Videospielen die relevanten Tätigkeiten der PROEVO AG darstellen.

Ausgehend von dieser Sachverhaltslage haben die EA-Shorts AG und die 3-K-Sports GmbH zu untersuchen, welche der genannten Tätigkeiten den größten Einfluss auf die Rückflüsse der PROEVO AG haben und wer folglich die Verfügungsgewalt über die PROEVO AG besitzt. Im Einzelnen beinhaltet diese Einschätzung neben der Beurteilung von Zweck und Struktur der PROEVO AG insbesondere die Identifikation derjenigen Faktoren, welche die Gewinnmarge, die Umsatzerlöse und den Wert des Unternehmens determinieren. Darüber hinaus sind der Einfluss der Entscheidungskompetenzen beider Investoren auf die Rendite der PROEVO AG sowie deren Auswirkungen auf das Geschäftsrisiko jedes einzelnen Investors zu untersuchen. Abschließend ist zu beurteilen, wer die Kontrolle über das Videospiel nach dessen Fertigstellung besitzt. IFRS 10 sieht hierbei grundsätzlich nicht vor, dass die EA-Shorts AG die PROEVO AG bis zum Ende der Entwicklung des Videospiels und die 3-K-Sports GmbH ab dem Zeitpunkt der Produktion der Datenträger beherrscht.[14] Allerdings erscheint es in derartigen Konstellationen angemessen, diese Möglichkeit der wechselnden Beherrschung fallbezogen in Erwägung zu ziehen.[15]

---

13 In Anlehnung an IFRS 10.B13 Beispiel 1.

14 So z.B. auch *Reiland, M.*, IFRS 10: Sachgerechte Abgrenzung des Konsolidierungskreises oder Spielwiese für Bilanzpolitiker?, in: DB, 64. Jg. (2011), S. 2732; a.A. z.B. *Erchinger, H./Melcher, W.*, IFRS-Konzernrechnungslegung – Neuerungen nach IFRS 10, in: DB, 64. Jg. (2011), S. 1230.

15 Zu einer solchen fallbezogenen Auslegung vgl. *Lüdenbach, N./Freiberg, J.*, Der Beherrschungsbegriff des IFRS 10 – Anwendung auf normale vs. strukturierte Unternehmen, in: PiR, 8. Jg. (2012), S. 45.

Bestehende Rechte

Die Begründung von Verfügungsgewalt setzt voraus, dass der Investor über bestehende Rechte verfügt, die ihm die gegenwärtige Fähigkeit zur Lenkung der relevanten Aktivitäten vermitteln. Diese Rechte müssen es dem Investor ermöglichen, die Entscheidungen bezüglich dieser Tätigkeiten eigenständig zu treffen. Die tatsächliche Inanspruchnahme bzw. Ausübung dieser Rechte wird hierbei nicht vorausgesetzt. Umgekehrt lässt sich das Bestehen von Verfügungsgewalt aber nicht alleine daraus ableiten, dass der Investor die relevanten Aktivitäten tatsächlich aktiv lenkt (IFRS 10.12; IFRS 10.BC52). Dieser Tatbestand wäre zunächst lediglich als entsprechendes Indiz zu würdigen (IFRS 10.12), das zusätzlich durch bestehende Leitungs- bzw. Entscheidungs*rechte* zu untermauern wäre. Der Begriff der bestehenden Rechte beinhaltet nach IFRS 10.B9 ausschließlich sogenannte substanzielle Rechte bzw. – in einer Negativabgrenzung – solche, die keine reinen Schutzrechte sind.

Substanzielle Rechte

Damit sich ein Recht als substanziell i.S.v. IFRS 10 qualifiziert, muss es dem Investor *tatsächlich* die Entscheidungsmacht über die beherrschungsrelevanten Prozesse und Aktivitäten vermitteln. Der Investor muss demnach nicht nur theoretisch, sondern auch praktisch in der Lage sein, dieses Recht auszuüben (IFRS 10.B22). Hierzu dürfen keine rechtlichen, ökonomischen oder anderweitigen (faktischen) Hindernisse vorliegen, welche die tatsächliche Ausübung des jeweiligen Rechts einschränken bzw. verhindern (IFRS 10.23). Der exemplarische Kriterienkatalog in IFRS 10.B23 nennt diesbezüglich z.B. Geldstrafen oder sonstige negative (finanzielle) Anreize, Einschränkungen durch allgemeine Geschäftsbedingungen sowie gesetzliche und aufsichtsrechtliche Bestimmungen.

Gegenwärtige Ausübbarkeit

Die Qualifikation als substanzielles Recht setzt zusätzlich voraus, dass dieses ausgeübt werden kann, wenn hieran geknüpfte Entscheidungen hinsichtlich der beherrschungsrelevanten Tätigkeiten zu treffen sind (IFRS 10.B24). Zwar geht mit dieser Bedingung im Regelfall die gegenwärtige Nutzbarkeit des jeweiligen Rechts einher. Sie ist allerdings nach IFRS 10.B24 nicht dogmatisch an diese enge Auslegung des Gegenwärtigkeit-Kriteriums im Sinne einer sofortigen Ausübbarkeit des Rechts gebunden. Kann ein Investor sein Recht zur (Ab-)Berufung von Geschäftsführern beispielsweise erst im Rahmen einer mit Vorlaufzeit einzuberufenden Gesellschafterversammlung ausüben, so führt dies nicht automatisch dazu, dass dieses Recht gegenwärtig als nicht substanziell zu bewerten ist.

Beispiel 4.4[16]

Die UNCUT AG entwickelt Videospiele für Volljährige. Entscheidungen über die relevanten Aktivitäten des Unternehmens, die insbesondere die Festlegung des Spiele-Genres und -konzepts, das Entwicklungsbudget, Personalentscheidungen sowie Vertriebswege (Retail- und/oder Onlinespiel) beinhalten, werden regelmäßig im Rahmen der jährlichen Hauptversammlung der Gesellschaft getroffen. Die nächste Jahreshauptversammlung findet zwar erst in neun Monaten statt. In den Statuten der Gesellschaft ist allerdings festgelegt, dass Anteilseig-

16 In Anlehnung an IFRS 10.B24 Beispiel 3.

ner, die allein oder gemeinschaftlich über mindestens 10 % der Stimmrechte verfügen, eine außerordentliche Hauptversammlung einberufen können, in deren Rahmen ebenfalls über die vorausgehend genannten Unternehmensaktivitäten entschieden werden kann. Eine solche Hauptversammlung kann frühestens 30 Tage nach der formellen Einberufung stattfinden. Darüber hinaus ist die Unternehmensleitung der UNCUT AG an die ausschließlich auf den Hauptversammlungen zu treffenden Entscheidungen über die relevanten Aktivitäten gebunden.

Variante 1: Investor erwirbt Stimmrechtsmehrheit an der UNCUT AG
In diesem Szenario ist die Stimmrechtsmehrheit substanziell, da der Mehrheitsgesellschafter jederzeit eine außerordentliche Hauptversammlung einberufen und dort über die relevanten Tätigkeiten des Beteiligungsunternehmens entscheiden kann. Hierbei ist es unerheblich, dass die entsprechenden Entscheidungen erst 30 Tage nach Einberufung getroffen werden können, da zwischenzeitlich auch keine andere Partei die Entscheidungsmacht über das Beteiligungsunternehmen hat. Der Investor besitzt daher die Verfügungsgewalt über die UNCUT AG.

Variante 2: Investor hält bislang 40 % der Stimmrechte an der UNCUT AG und kann über eine in 25 Tagen ausübbare Kaufoption die Stimmrechtsmehrheit erlangen
Ob der Investor die Verfügungsgewalt hat, hängt in diesem Szenario davon ab, inwieweit die Optionsausübung aus Sicht des Investors als ökonomisch vorteilhaft zu beurteilen ist. Ist die Kaufoption „tief im Geld", so ist sie – sofern dem keine anderweitigen Tatbestände entgegenstehen – als substanziell zu beurteilen, da es für den Investor unter finanziellen Gesichtspunkten vorteilhaft ist, diese fristgerecht auszuüben. Demnach könnte der Investor bereits heute eine außerordentliche Hauptversammlung einberufen und durch die fristgerechte Ausübung der Option noch vor dem Tag der Hauptversammlung die Anteilsmehrheit an der UNCUT AG gewinnen. Hierdurch kann der Investor Entscheidungen über die relevanten Aktivitäten dann treffen, wenn diese getroffen werden müssen (IFRS 10.B24). Bilanzrechtlich ist ihm folglich trotz der verbleibenden Wartefrist von 25 Tagen bereits heute die Verfügungsgewalt über die UNCUT AG zuzurechnen.

Umgekehrt verhielte sich die Sachverhaltslage, wenn die Option zum relevanten Beurteilungszeitpunkt „aus dem Geld" wäre und dem Investor aus der Wandlung auch keine anderweitigen wirtschaftlichen Vorteile erwachsen, die der Option einen substanziellen Gehalt verleihen. In diesem Fall hätte der Investor folglich keine Verfügungsgewalt, da die Optionsausübung nach gegenwärtigem Stand unter ökonomischen Gesichtspunkten wenig rational erscheint und damit unwahrscheinlich ist.

Mögliche substanzielle Rechte

Als mögliche substanzielle Rechte werden in IFRS 10.B15 exemplarisch unter anderem (potenzielle) Stimmrechte des Investors, Besetzungs- und Abberufungsrechte bezogen auf das Topmanagement des Beteiligungsunternehmens sowie sonstige auf die maßgeblichen Tätigkeiten bezogene Entscheidungskompetenzen – wie z.B. die Budgetverabschiedung – aufgeführt. Auch Rechte, die es ihrem Inhaber ermöglichen, das Beteiligungsunternehmen zum Abschluss von wesentlichen Geschäften zum Vorteil des Investors anzuweisen bzw. Änderungen wesentlicher Geschäfte durch Vetorechte zu blockieren, können als substanziell zu würdigen sein.

Vetorechte

Aufgrund des möglichen substanziellen Gehalts von Vetorechten hat ein Investor im Rahmen seiner Beherrschungs-Prüfung auch solche Rechte zu würdigen, über die andere Parteien verfügen (IFRS 10.B22 und B25). Sofern diese Rechte der/den anderen Partei/en ein faktisches Mitspracherecht bezüglich der beherrschungsrelevanten Tätigkeiten vermitteln, kann dies der Verfügungsgewalt des Investors entgegenstehen. Daher ist für jeden Einzelfall zu prüfen, ob Stimm- oder sonstige (Veto-)Rechte anderer konzernexterner Parteien den Investor daran hindern können, die maßgeblichen Tätigkeiten des Beteiligungsunternehmens zu lenken (IFRS 10.BC106). Vetorechte können hierbei nicht nur dann substanziell sein, wenn sie ihrem Inhaber die Kompetenz verleihen, Entscheidungen bezüglich der relevanten Aktivitäten *aktiv* zu initiieren. Vielmehr reicht es bereits aus, wenn der Rechteinhaber solche Entscheidungen bewilligen muss oder diese blockieren kann (IFRS 10.B25). Allerdings dürfen die bestehenden Vetorechte anderer Parteien hierbei nicht als reine Schutzrechte einzustufen sein (IFRS 10.14), wodurch ein substanzieller Gehalt der entsprechenden Rechte ausscheiden würde.

Schutzrechte

Als Schutzrechte werden nach IFRS 10.A solche Rechte definiert, die „darauf abzielen, die Beteiligung jener Partei, die diese Rechte besitzt, zu schützen, ohne dieser Partei die Verfügungsgewalt über das Unternehmen einzuräumen, auf das sich diese Rechte beziehen." Einfacher formuliert sollen hierdurch solche Individualinteressen geschützt werden, die sich auf grundlegende Änderungen der relevanten Aktivitäten eines Beteiligungsunternehmens beziehen (beispielsweise Änderung des originären Geschäftszwecks) oder gegebenenfalls nur unter außergewöhnlichen Umständen bzw. in Abhängigkeit vom Eintritt eines bestimmten (unsicheren) Ereignisses greifen (IFRS 10.B26). Da Schutzrechte dem Inhaber per definitionem nicht die Fähigkeit verleihen können, die relevanten Aktivitäten des Beteiligungsunternehmens zu bestimmen, kann das ausschließliche Halten von Schutzrechten weder die Verfügungsmacht des Inhabers der Schutzrechte begründen noch die Verfügungsgewalt eines anderen mit substanziellen Rechten ausgestatteten Investors verhindern (IFRS 10.B27). Allerdings können Schutzrechte aufgrund sich ändernder Umstände zu substanziellen Rechten werden, beispielsweise weil ein Bruch von Kreditvertragsklauseln (covenant breach) der hiervon betroffenen Bank substanzielle Mitwirkungsrechte in der Geschäftsführung verleiht.[17]

Beispiel 4.5

Exemplarisch wird in IFRS 10.B28 das Recht eines Darlehensgebers genannt, den Darlehensnehmer in der Umsetzung solcher Maßnahmen einzuschränken, die das Kreditrisiko des Darlehensnehmers zulasten des Kreditgebers signifikant erhöhen. Darüber hinaus werden Vetorechte eines Minderheitsgesellschafters hinsichtlich wesentlicher Investitionsvolumina, die über das zur Aufrechterhaltung des operativen Geschäftsbetriebs notwendige Maß hinausgehen, sowie hinsichtlich der Emission neuer Eigen- und Fremdkapitalinstrumente als Schutzrechte aufgeführt.[18] So sollen beispielsweise bestehende Anteilseigner durch ihre Zustimmungspflicht zu einer Eigenkapitalerhöhung vor einer potenziellen Verwässerung ihrer Vermögens- und Stimmrechte geschützt werden.

Beherrschung durch Stimmrechte oder andere Rechte

Um das abstrakte Verfügungsgewalt-Kriterium besser anwenden zu können, wird in den Anwendungsleitlinien des IFRS 10 systematisch zwischen Beherrschung durch Stimmrechte und Beherrschung durch anderweitige Rechte differenziert.

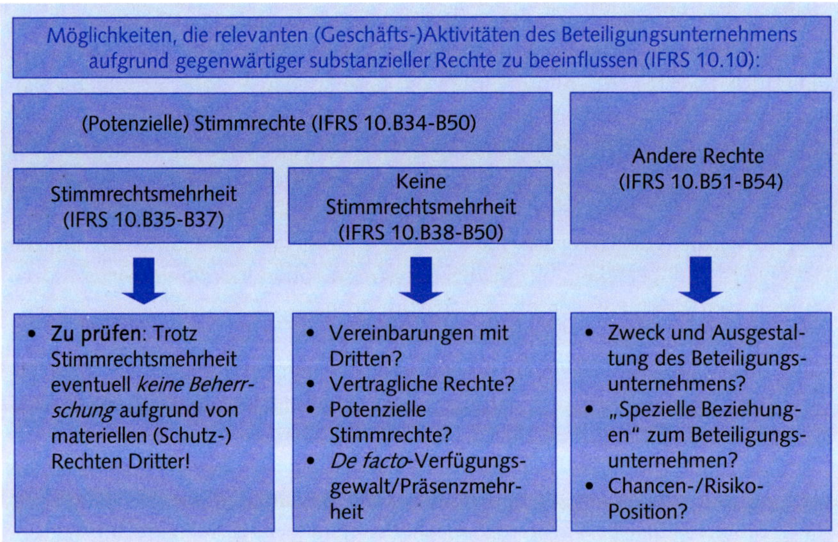

Abb. 4.5: Prüfkriterien für Verfügungsgewalt nach IFRS 10 (Quelle: in Anlehnung an *KPMG*, IFRS visuell, 5. Aufl., Stuttgart 2012, S. 176)

17 Vgl. *Dietrich, A./Stoek, C.*, Wenn Schutzrechte zu Mitwirkungsrechten werden – Anwendung des IAS 28 auf reine Kreditbeziehungen bei Banken, in: IRZ, 8. Jg. (2013), S. 349 f.

18 Eine umfassende Auflistung exemplarischer Schutzrechte findet sich bei *Lüdenbach/Hoffmann/Freiberg*, Haufe IFRS-Kommentar, § 32, Rz. 29 ff.

Für jedes potenzielle Beherrschungsverhältnis ist separat zu untersuchen, welche Rechte im konkreten Einzelfall substanziell sind und einem Investor die Verfügungsgewalt über das Beteiligungsunternehmen vermitteln. Abbildung 4.5 gibt einen systematischen Überblick über die diesbezügliche Prüfsystematik des Standards, an der sich auch der Aufbau der folgenden Kapitelabschnitte orientiert.

3.2.2.2 Verfügungsgewalt durch Stimmrechte oder ähnliche Rechte

Verfügungsgewalt durch Stimmrechtsmehrheit

Die Verfügungsgewalt über ein Beteiligungsunternehmen lässt sich ausschließlich durch substanzielle Rechte begründen. Diesbezüglich kann sich bereits aus dem Zweck und der Struktur des Beteiligungsunternehmens ergeben, dass dieses als sog. voting interest entity nur über eine durch Eigenkapitalinstrumente (z.B. Stammaktien, GmbH-Anteile) begründete Stimmrechtsmehrheit beherrscht werden kann (IFRS 10.11). Im einfachsten Fall hält der Investor mehr als 50 % der stimmberechtigten Kapitalanteile und insoweit auch Stimmrechte an einer Kapitalgesellschaft, bei der sämtliche Entscheidungen über die relevanten Aktivitäten laut Gesetz, Satzung und/oder Gesellschaftsvertrag eine einfache Stimmrechtsmehrheit erfordern. Durch seine absolute Stimmrechtsmehrheit kann er demnach alle relevanten Aktivitäten lenken, sodass ihm die Verfügungsgewalt über das Beteiligungsunternehmen eindeutig zuzurechnen wäre (IFRS 10.B6).

Darüber hinaus hat ein Investor die Verfügungsgewalt, wenn er aufgrund seiner Stimmrechtsmehrheit die Mitglieder des zentralen Leitungsgremiums (governing body) des Beteiligungsunternehmens eigenständig (ab)berufen kann (IFRS 10.B35). Entscheidend ist, dass der Investor über seine Stimmrechtsmehrheit die zentralen geschäfts- und finanzpolitischen Entscheidungen treffen kann (IFRS 10.B36). Hierbei ist es unerheblich, ob dies unmittelbar oder nur mittelbar über die Festlegung der Mitglieder des zentralen Leitungsgremiums erfolgt, welches dann (wie z.B. der Vorstand einer Aktiengesellschaft) wiederum über die Finanz- und Geschäftspolitik entscheidet.

Stimmrechtsquotenermittlung

Ob die Stimmrechte des Investors ausreichen, um dessen Verfügungsmacht zu begründen, ist auf Grundlage der Stimmrechtsquoten des Investors sowie anderer Stimmrechtsinhaber zu beurteilen. Hierzu sind den verschiedenen Parteien sämtliche ihnen jeweils unmittelbar oder mittelbar zustehenden Stimmrechte zuzurechnen. Die Stimmrechtsquote berechnet sich dann als Anteil der dem einzelnen Investor zustehenden Stimmrechte an der Gesamtzahl aller Stimmrechte. Vom Beteiligungsunternehmen selbst als eigene Anteile gehaltene und damit laut Gesetz nicht ausübbare Stimmrechte sind zu Berechnungszwecken von der Gesamtzahl der Stimmrechte abzuziehen.[19] Im Einzelnen sind die in folgender Tabelle 4.1 dargestellten Berechnungsschritte durchzuführen:

19 Vgl. *Lüdenbach/Hoffmann/Freiberg*, Haufe IFRS-Kommentar, § 32, Rz. 23.

	Stimmrechte, die dem Investor unmittelbar zustehen
+	Stimmrechte, die dem Investor mittelbar über dessen Tochterunternehmen zustehen
+	Stimmrechte, die den für Rechnung des Investors oder von Tochterunternehmen handelnden Personen zustehen (z.B. bei Treuhandverhältnissen)
+	Stimmrechte, über die der Investor oder dessen Tochterunternehmen aufgrund (vertraglicher) Vereinbarungen mit anderen Stimmberechtigten (Gesellschaftern) des Beteiligungsunternehmens verfügen kann
=	**Zwischensumme**
–	Stimmrechte, die vom Investor oder dessen Tochterunternehmen für Rechnung konzernexterner Dritter gehalten werden und nach deren Weisung oder in deren Interesse auszuüben sind
=	**dem Investor zustehende Stimmrechte**
÷	**Gesamtzahl aller ausstehenden Stimmrechte (ohne Stimmrechte, die auf vom Beteiligungsunternehmen gehaltene eigene Anteile entfallen)**
=	**Stimmrechtsquote des Investors**

Tab. 4.1: Ermittlung der Stimmrechtsquote des Investors

Keine Verfügungsgewalt trotz Stimmrechtsmehrheit

Eine Stimmrechtsmehrheit ist nicht substanziell, wenn das Beteiligungsunternehmen hinsichtlich der strategischen Finanz- und Geschäftspolitik den Weisungen einer anderen Partei wie beispielsweise einer staatlichen Stelle, einem Gericht, einem Insolvenzverwalter, Liquidator oder einer Aufsichtsbehörde unterstellt ist (IFRS 10.B37). Darüber hinaus weisen von Minderheitsgesellschaftern gehaltene Stimmrechte, die – beispielsweise aufgrund eines satzungsrechtlichen qualifizierten Mehrheitserfordernisses von 75 % oder mehr – ausreichen, um zentrale geschäfts- und finanzpolitische Entscheidungen zu blockieren, substanziellen Charakter auf. Insoweit scheidet in diesem Fall eine alleine durch Stimmrechte begründete Beherrschung des Beteiligungsunternehmens durch das berichterstattende Unternehmen aus (IFRS 10.BC106). Hierneben können gesellschaftsrechtliche Vereinbarungen vorsehen, dass über eine Stimmrechtsmehrheit lediglich administrative Entscheidungen getroffen werden können, während die Kompetenz zur Festlegung der Geschäfts- und Finanzpolitik alleine auf vertraglichen Vereinbarungen beruht (IFRS 10.B8).

Verfügungsgewalt ohne Stimmrechtsmehrheit

Ein Investor kann die Verfügungsgewalt über ein Beteiligungsunternehmen auch dann haben, wenn er zwar Stimmrechte hält, aber keine eigene Stimmrechtsmehrheit hat. In solchen Fällen können beispielsweise vertragliche Vereinbarungen zwischen dem Investor und anderen Stimmrechtsinhabern deren Übertragung, Überlassung oder Bindung von Stimmrechten vorsehen, wodurch der Investor frei über die seitens des jeweiligen Vertragspartners übertragenen Stimmrechte verfügen kann (IFRS 10.B39). In Kombination mit den seitens des Investors bereits gehaltenen Stimmrechten kann sich hieraus dann die erforderliche Stimmrechtsmehrheit ergeben, um die Verfügungsgewalt über das Beteiligungsunternehmen ausüben zu können.

Beispiel 4.6

Die UNCUT AG besitzt 40 % der Kapitalanteile und damit der Stimmrechte an der USK AG. Daneben existieren mit der FINALCUT AG und der BPJM GmbH zwei weitere Gesellschaften, die mit 15 % bzw. 45 % der Kapital- und Stimmrechtsanteile an der USK AG beteiligt sind. Darüber hinaus hat die UNCUT AG mit der FINALCUT AG eine noch zwei Jahre laufende vertragliche Vereinbarung getroffen, nach der sich das Management der FINALCUT AG bei Abstimmungen auf ordentlichen sowie außerordentlichen Hauptversammlungen der USK AG an der Stimmrechtsausübung der UNCUT AG zu orientieren hat. Ein solcher Stimmbindungsvertrag führt folglich dazu, dass die UNCUT AG wirtschaftlich betrachtet über eine absolute Stimmrechtsmehrheit verfügt und damit die Verfügungsgewalt über die USK AG besitzt.

Nach IFRS 10.B38 können auch folgende Gründe alleine oder in Kombination mit anderen Rechten die Verfügungsgewalt des Investors begründen, aber auch verhindern:

- potenzielle Stimmrechte des Investors, über die sich eine Stimmrechtsmehrheit realisieren ließe, wie z.B. durch Ausübung von Aktienoptionen oder die Wandlung von Wandelanleihen (IFRS 10.B47),
- Stimmrechte des Investors, die ihm trotz fehlender Stimmrechtsmehrheit die Möglichkeit zur Lenkung der relevanten Aktivitäten vermitteln (z.B. aufgrund einer nachhaltigen Präsenzmehrheit auf den Hauptversammlungen des Beteiligungsunternehmens), sowie
- sonstige vertragliche Vereinbarungen, die dem Investor substanzielle Rechte vermitteln (IFRS 10.B40). Dies betrifft z.B. das vertragliche Recht, die Mehrheit des Leitungsorgans zu berufen und abzusetzen, Beherrschungsverträge nach § 291 Abs. 1 Satz 1 AktG[20] oder auch (gesellschafts-)vertragliche Ermächtigungen des Investors, den Herstellungsprozess, die Finanzierung, das Liquiditätsmanagement oder andere betriebliche bzw. finanzielle Tätigkeiten des Beteiligungsunternehmens zu steuern.[21]

Beispiel 4.7[22]

Die HIPO GmbH hält nach ihrem Verkauf von 20 % der Kapital- und Stimmrechtsanteile an die NOPO SE noch 55 % der Stimmrechte an der LOPO AG. Darüber hinaus hat die NOPO SE mit der HIPO GmbH ein Optionsgeschäft geschlossen, wonach die NOPO SE das Recht besitzt, jederzeit innerhalb der nächsten zwei Jahre weitere 35 % der Kapitalanteile an der LOPO AG zum vereinbarten Ausübungspreis zu erwerben. Da die zentralen geschäfts- und finanzpolitischen Entscheidungen auf Ebene der LOPO AG einer absoluten Stimm-

20 Vgl. *Lüdenbach/Hoffmann/Freiberg*, Haufe IFRS-Kommentar, § 32, Rz. 33.

21 Die wirtschaftliche Abhängigkeit des Beteiligungsunternehmens vom Investor – wie beispielsweise bei der Beziehung zwischen einem Lieferanten und seinem Großkunden – reicht indes für sich alleine nicht aus, um die Verfügungsgewalt des Investors zu begründen (IFRS 10.B40).

22 Beispiel in Anlehnung an IFRS 10.B50 Beispiele 9 und 10.

rechtsmehrheit bedürfen, würde die NOPO SE im Falle der Ausübung der Option aufgrund einer dann bestehenden Kapitalanteilsquote von 55 % die Verfügungsgewalt über die LOPO AG besitzen, die bislang als Tochterunternehmen dem Konsolidierungskreis der HIPO GmbH angehört. Allerdings ist zu berücksichtigen, dass der vereinbarte Ausübungspreis der Option deutlich über dem aktuellen Marktwert der Anteile an der LOPO AG liegt. Darüber hinaus zeigt die geringe historische Volatilität des Aktienkurses, dass ein Überschreiten des Ausübungspreises innerhalb der vereinbarten zweijährigen Ausübungsfrist sehr unwahrscheinlich ist. In dieser Konstellation ist davon auszugehen, dass die HIPO GmbH weiterhin die Verfügungsgewalt über die LOPO AG besitzt, da die Optionsrechte der NOPO SE in Kenntnis der dargestellten Sachlage nicht als substanziell zu würdigen sind.

Zu einer anderen Einschätzung könnte die NOPO SE allerdings gelangen, wenn in einer etwas anderen Fallkonstellation berücksichtigt wird, dass sich die NOPO SE aus dem Erwerb der LOPO AG erhebliche Synergieeffekte verspricht. Sofern diese die negative Differenz zwischen dem Ausübungspreis der Optionsrechte und dem aktuellen Marktwert der Anteile (deutlich) überkompensieren würden, wäre davon auszugehen, dass die potenziellen Stimmrechte substanziell sind. In diesem Fall hätte die NOPO SE die Verfügungsgewalt über die LOPO AG, da sie sowohl substanzielle Stimmrechte als auch substanzielle potenzielle Stimmrechte hält, die ihr zusammengerechnet die gegenwärtige Fähigkeit zur Lenkung der relevanten Tätigkeiten der LOPO AG vermitteln.

Präsenzmehrheit

Sofern der Investor zwar über Stimmrechte, aber keine absolute Stimmrechtsmehrheit verfügt, kann ihm hierdurch dennoch die faktische Verfügungsmacht über das Beteiligungsunternehmen zuzurechnen sein (IFRS 10.B41). Hierzu ist der absolute Stimmrechtsanteil des Investors sowohl im relativen Verhältnis zu den Stimmrechtsanteilen anderer Stimmrechtsinhaber als auch im Verhältnis zur Streuung dieser Anteile zu würdigen (IFRS 10.B42(a)). Je größer hierbei der absolute sowie relative Stimmrechtsanteil des Investors im Vergleich zu den Anteilen der anderen Stimmrechtsinhaber ausfällt, desto wahrscheinlicher hat er die Verfügungsgewalt. Gleichermaßen ist diese Wahrscheinlichkeit umso höher, je mehr andere Stimmrechtsinhaber sich zunächst organisieren müssten, um den Investor zu überstimmen. Quantitative Grenzwerte, welche diese Faktoren für die Anwendungspraxis konkretisieren, formuliert das IASB im Übrigen bewusst nicht.

Weitere Faktoren

Lässt sich aus der Prüfung der vorstehenden Präsenzmehrheit-Kriterien keine Verfügungsgewalt des Investors ableiten, so sind zunächst weitere Faktoren – wie z.B. die in der Vergangenheit zu beobachtenden Präsenzen, Abstimmmuster sowie das Abstimmverhalten Dritter auf früheren Hauptversammlungen des Beteiligungsunternehmens – zu berücksichtigen (IFRS 10.B45 i.V.m. IFRS 10.B42(d)). Deuten diese Indikatoren beispielsweise auf ein „nachhaltig passives Stimmrechtsverhalten“ anderer Anteilseigner(-gruppen) hin, so kann sich aus der hiermit verbundenen Präsenzmehrheit des Investors rechtstatsächlich dessen Verfügungsgewalt ergeben. Mangels Vorgabe eindeutiger quantitativer Grenzwerte lässt sich allerdings auch hier keine allgemeingültige Regel ableiten.[23]

Beispiel 4.8

Variante 1:
Die MAJORITY SE hält 45 % der Stimmrechte an der MINORITY AG. Weitere 25 % sind im Streubesitz und verteilen sich auf viele unorganisierte Privataktionäre, von denen jeweils keiner mehr als 1 % an der MINORITY AG hat. Die restlichen 30 % des stimmberechtigten Kapitals sind in der Hand einer Private-Equity-Gesellschaft. Gemäß den letztjährigen Erfahrungen auf den Hauptversammlungen der MINORITY AG waren hier regelmäßig weniger als 80 % des stimmberechtigten Kapitals vertreten. Aufgrund dieser historischen Hauptversammlungspräsenzen könnte die MAJORITY SE folgern, dass sie die Verfügungsgewalt über die MINORITY AG besitzt. Denn sofern sich diese erwartungsgemäß auch in Zukunft nicht wesentlich ändern, liegt aus Sicht der MAJORITY SE eine nachhaltige Präsenzmehrheit vor.

Anders stellt sich die Situation dar, wenn die Hauptversammlungspräsenz der letzten Jahre bei durchschnittlich 91 % gelegen hätte. Dies würde darauf hindeuten, dass die MAJORITY SE die relevanten Aktivitäten der MINORITY AG praktisch nicht einseitig lenken kann, da sie in diesem Fall keine einfache Stimmrechtsmehrheit hat.

Variante 2:[24]
Die MAJORITY SE hält 45 % der Stimmrechte an der MINORITY AG. Die übrigen 55 % verteilen sich gleichmäßig (jeweils 5 %) auf elf andere Anteilseigner. In dieser Konstellation ist – ohne Kenntnis weiterer Faktoren und Umstände – nicht davon auszugehen, dass die MAJORITY SE die Verfügungsgewalt über die MINORITY AG besitzt. So lässt sich alleine aus der absoluten Größe des Stimmrechtsanteils der MAJORITY SE sowie der relativen Größe der übrigen Beteiligungsanteile kein eindeutiger Schluss ziehen, ob die MAJORITY SE die relevanten Aktivitäten der MINORITY AG eigenständig lenken kann. Zunächst wären daher weitere potenziell bestehende Rechte der MAJORITY SE sowie sonstige Indikatoren in Erwägung zu ziehen, um in dieser Stimmrechtskonstellation Verfügungsgewalt begründen zu können.

23 Vgl. *Freiberg, J./Teufel, C.*, Neue Herausforderungen in der Abgrenzung des Konsolidierungskreises – Anwendung von IFRS 10 und IFRS 11, in: Der Konzern, 11. Jg. (2013), S. 11.

24 Vgl. IFRS 10.B45 Beispiel 7.

Variante 3:[25]
Die MAJORITY SE hält 45 % der Stimmrechte an der MINORITY AG. Hierneben sind zwei Investoren mit jeweils 26 % an der MINORITY AG beteiligt, während sich die verbleibenden 3 % im Streubesitz befinden. In dieser Konstellation reicht der Stimmrechtsanteil der MAJORITY SE im Verhältnis zu den Anteilsquoten der anderen Investoren nicht aus, um die relevanten Aktivitäten der MINORITY AG zu lenken, da sich nur zwei Investoren organisieren müssten, um die MAJORITY AG bei Hauptversammlungsbeschlüssen zu überstimmen.

Sonstige Kriterien und (wirtschaftliche) Indikatoren

Lässt sich auch nach Abwägung aller dargestellten Kriterien und Indikatoren keine eindeutige Verfügungsgewalt des Investors ableiten, sind schließlich noch die in IFRS 10.B18-B20 genannten sonstigen Faktoren und wirtschaftlichen Indikatoren ergänzend zu würdigen (IFRS 10.B45).

- Diese Faktoren beinhalten beispielsweise die Fähigkeit des Investors, Mitglieder des Topmanagements des Beteiligungsunternehmens zu berufen bzw. zu genehmigen oder das Beteiligungsunternehmen zu veranlassen bzw. per Veto daran zu hindern, wesentliche Transaktionen zu Gunsten bzw. zu Lasten des Investors durchzuführen (IFRS 10.B18).
- Demgegenüber sind die in IFRS 10.B19-B20 aufgeführten (wirtschaftlichen) Indikatoren nicht nur vergleichsweise schwächer zu gewichten (IFRS 10.B21 sowie B45). Sie können für sich auch keine Verfügungsgewalt des Investors begründen. Eine rein wirtschaftliche – d.h. finanzierungstechnische und/oder operative – Abhängigkeit des Beteiligungsunternehmens vom Investor könnte aber in Verbindung mit anderweitigen substanziellen Rechten darauf hindeuten, dass dieser die relevanten Aktivitäten des Beteiligungsunternehmens lenken kann (IFRS 10.B19(b)(iii)-(v)). Gleiches gilt für eine im Verhältnis zum Kapital- und Stimmrechtsanteil überproportionale Beteiligung des Investors an den Rückflüssen des Beteiligungsunternehmens (IFRS 10.B20).

Ausschluss von Beherrschung

Lässt sich die Verfügungsmacht des Investors auch nach Prüfung aller hier diskutierten Aspekte *nicht eindeutig* feststellen, so kann der Investor das Beteiligungsunternehmen nicht beherrschen (IFRS 10.B46). Das IASB möchte damit sicherstellen, dass nur solche Unternehmen als Tochterunternehmen in den Konzernabschluss einbezogen werden, die einer rechtlich abgesicherten Weisungsbefugnis des Mutterunternehmens unterliegen. Die Hürde zur Vollkonsolidierung wird insoweit etwas höher gelegt als diejenige der Nicht-Konsolidierung.

---

25 Vgl. IFRS 10.B45 Beispiel 6.

3.2.2.3 Verfügungsgewalt durch andere Rechte als Stimmrechte oder ähnliche Rechte

Off-Balance-Sheet-Finanzierung durch strukturierte Einheiten (SPEs)

Speziell im Zuge der Finanzkrise sind sogenannte Zweckgesellschaften (special purpose entities, SPEs), die im Kontext des IFRS 10 als strukturierte Unternehmen bezeichnet werden, in den Fokus der Öffentlichkeit geraten.[26] Strukturierte Unternehmen kommen bisweilen insbesondere im Zusammenhang mit Finanzierungsmodellen unter Verwendung von asset backed securities (ABS) als sogenannte Verbriefungsvehikel vor.[27] In der Vergangenheit wurden solche Konstruktionen – neben steuerlichen Motiven – gerne eingesetzt, um bestehende Liquiditäts- und Kapitalstrukturrisiken aus der Bilanz fernzuhalten bzw. diese zu verschleiern.[28] Üblicherweise überträgt der Initiator/Sponsor eines solchen strukturierten Unternehmens fremdfinanzierte Vermögenswerte hierauf[29], um durch dessen anschließende Nichtkonsolidierung die eigene Eigenkapitalquote zu stärken.

Beispiel 4.9

Die hohe Relevanz strukturierter Gesellschaften in der Finanzdienstleistungsindustrie verdeutlicht beispielsweise der Geschäftsbericht der Deutsche Bank AG.[30] Demnach bestand der Konzern zum Ende des Geschäftsjahres 2019 aus insgesamt 666 konsolidierten Unternehmen, von denen 249 strukturierte Gesellschaften waren. Diese werden insbesondere als Verbriefungsvehikel zur Finanzierung von Käufen diversifizierter Forderungspools eingesetzt. Die Deutsche Bank führt hierzu aus: „Strukturierte Einheiten dienen hauptsächlich dazu, Kunden Zugang zu spezifischen Portfolios von Vermögenswerten zu bieten und durch die Verbriefung finanzieller Vermögenswerte Marktliquidität bereitzustellen. (…) Strukturierte Einheiten finanzieren den Erwerb von Vermögenswerten üblicherweise durch die Emission von Schuld- oder Eigenkapitaltiteln, die durch von ihnen gehaltene Vermögenswerte besichert werden und/oder an diese gekoppelt sind.“[31]

26 Die Begriffe strukturierte Unternehmen, Zweckgesellschaften und special purpose entities (SPE) werden hier synonym verwendet.

27 Vgl. *Schruff, W./Rothenburger, M.*, Zur Konsolidierung von Special Purpose Entities im Konzernabschluss nach US-GAAP, IAS und HGB, in: WPg, 55. Jg. (2002), S. 755-765 sowie *Kustner, C.*, Special Purpose Entities – Wirtschaftliche Merkmale und Bilanzierung in der internationalen Rechnungslegung, in KoR, 4. Jg. (2004), S. 308-318.

28 Vgl. bspw. *Mujkanovic, R.*, Die Konsolidierung von Zweckgesellschaften nach IFRS und HGB vor dem Hintergrund der Subprime-Krise und des BilMoG, in: StuB, 10. Jg. (2008), S. 136-141.

29 Vgl. zur Funktion des Sponsors auch *Deutsche Bank AG*, Geschäftsbericht 2019, S. 405.

30 Vgl. *Deutsche Bank AG*, Geschäftsbericht 2019, S. 398.

31 *Deutsche Bank AG*, Geschäftsbericht 2019, S. 400.

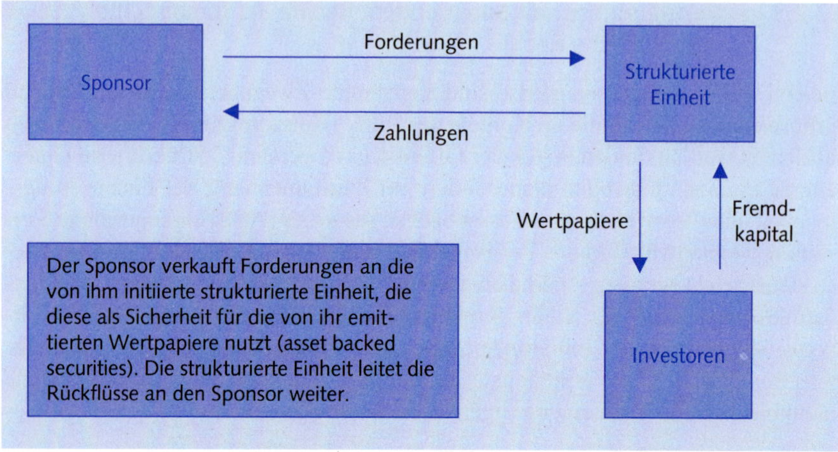

Abb. 4.6: Vereinfachte Darstellung einer als Verbriefungsgesellschaft genutzten strukturierten Einheit

Beispielhafte Konstruktion strukturierter Unternehmen

Abbildung 4.6 verdeutlicht in vereinfachter Form die typisierte Konstruktion einer strukturierten Einheit in Form einer Verbriefungsgesellschaft. Diese wird von einem Sponsor rechtlich errichtet und dazu verwendet, einen verbrieften Forderungspool am Kapitalmarkt zu platzieren, ohne dass das hierdurch generierte Fremdkapital die eigenen Bilanzrelationen belastet. Die Herkunft des bei einer strukturierten Einheit üblicherweise geringen Eigenkapitals wird in dieser Abbildung nicht dargestellt.

In der Praxis werden strukturierte Unternehmen häufig durch Banken oder Dienstleister, die auf die Gründung solcher Einheiten spezialisiert sind, mit vergleichsweise geringem oder sogar unzureichendem Eigenkapital ausgestattet, „um ihre Aktivitäten ohne nachrangige finanzielle Unterstützung zu finanzieren.“[32] Entsprechend ist es üblich, strukturierte Einheiten mit Finanzierungsmitteln und Liquiditätslinien oder Garantien auszustatten, die im Bedarfsfall abgerufen werden können. In der Regel liegt hierdurch der Großteil der mit dem Geschäftszweck der strukturierten Einheit verbundenen Risiken bei derjenigen Partei, die auch den wesentlichen Nutzen aus dem Konstrukt zieht. So trifft auch die Deutsche Bank folgende Aussage: „Der Konzern hat vertragliche Verpflichtungen, die es erfordern können, dass er den folgenden Arten von konsolidierten strukturierten Einheiten finanzielle Unterstützung zur Verfügung stellt.“[33]

Eigenschaften von strukturierten Einheiten

Strukturierte Unternehmen zeichnen sich durch ihren eng begrenzten Geschäftszweck und ihre stark limitierten Aktivitäten aus. Diesen liegen im Regelfall restriktive Satzungs- oder sonstige vertragliche Bestimmungen zugrunde, die nicht ohne das Einverständnis des Sponsors bzw. Initiators geändert werden können. Im Extremfall wird die Zweckgesellschaft hierdurch quasi auf „Autopilot“ geschaltet,

32 *Deutsche Bank AG*, Geschäftsbericht 2019, S. 399.
33 *Deutsche Bank AG*, Geschäftsbericht 2019, S. 400.

um ihr genau definiertes, eng gestecktes Ziel zu verfolgen. Voraussetzung hierfür ist, dass nach der Errichtung der Zweckgesellschaft und der Festlegung der relevanten Aktivitäten nach dem Gründungszeitpunkt keine wesentlichen (bedingten) Entscheidungen mehr zu treffen sind, welche die Rendite des Unternehmens beeinflussen (IFRS 10.BC117). Demnach hat die Unternehmensleitung solcher Unternehmen in der Folgezeit nur noch rein administrative Entscheidungen zu treffen. Hiermit korrespondierend wird auch in IFRS 12.B21-B22 betont, dass Stimmrechte oder ähnliche Rechte für die Frage der Beherrschung eines strukturierten Unternehmens regelmäßig von untergeordneter Bedeutung sind (IFRS 12.B21).[34]

Beherrschungskriterien für strukturierte Einheiten

Anders als z.B. IFRS 12, der Eigenschaften strukturierter Unternehmen auflistet, differenziert IFRS 10 nicht zwischen *normalen* Gesellschaften und *strukturierten* Unternehmen. Vielmehr bezieht sich IFRS 10.B8 auf Fälle, in denen sich Verfügungsgewalt nicht primär auf Stimmrechten gründet, sondern vertragliche Vereinbarungen dominieren. Entsprechend hat der Investor anhand dieser vertraglichen Vereinbarungen zu beurteilen, ob ihm die hierdurch zustehenden Rechte genügen, um die relevanten Aktivitäten des Beteiligungsunternehmens lenken zu können. Hierzu sind Zweck und Gestaltung des Beteiligungsunternehmens, die spezifischen Anforderungen nach IFRS 10.B51-B54 sowie die im vorausgehenden Kapitelabschnitt bereits dargestellten sonstigen Kriterien und Indikatoren des IFRS 10.B18-B20 zu prüfen (IFRS 10.B17). Abbildung 4.7 gibt einen Überblick über die einzelfallbezogen zu würdigenden Faktoren, wenn Stimmrechte für die Beurteilung eines Beherrschungsverhältnisses irrelevant sind (IFRS 10.B8).

Berücksichtigung von Chancen und Risiken

In Fällen, in denen Stimmrechte für die Beurteilung von Verfügungsgewalt unerheblich sind, ist der Fokus des berichterstattenden Unternehmens u.a. auf die mit dem Zweck und der Gestaltung des Beteiligungsunternehmens verbundenen Chancen und Risiken zu legen. Zu berücksichtigen ist hierbei, ob der Investor einzelnen oder allen Chancen und Risiken teilweise oder vollständig ausgesetzt ist (IFRS 10.B8). Beispielsweise könnte ein Investor eine explizite oder implizite Verpflichtung (z.B. in Form einer Liquiditätsfazilität oder sonstigen Garantie) eingehen, nach der er zu gewährleisten hat, dass das Beteiligungsunternehmen seine Geschäftstätigkeit wie ursprünglich vorgesehen fortführen kann.[35] Da der Investor hierdurch stärkeren Renditeschwankungen und damit einer höheren Risikobelastung ausgesetzt sein könnte, müsste er einen Anreiz zur Erlangung substanzieller Rechte haben, die ihm die Verfügungsgewalt über das Beteiligungsunternehmen vermitteln (IFRS 10.B54). Eine reine Chancen-Risiko-Betrachtung reicht allerdings – ebenso wie der Tatbestand einer wirtschaftlichen Abhängigkeit eines Unternehmens vom Investor – nicht aus, um dem Investor oder auch einer Drittpartei

34 Vgl. so auch *Deutsche Bank AG*, Geschäftsbericht 2019, S. 399.

35 Entsprechende Angaben macht auch die Deutsche Bank mit Blick sowohl auf konsolidierte als auch nicht konsolidierte strukturierte Einheiten. Vgl. *Deutsche Bank AG*, Geschäftsbericht 2019, S. 400f. sowie 405.

die Leitungsmacht über das Beteiligungsunternehmen zu vermitteln (IFRS 10.B20 sowie B54).

Relevante Faktoren bei Irrelevanz von Stimmrechten im Rahmen der Beurteilung von Beherrschung

Zweck und Gestaltung des Beteiligungsunternehmens	Besondere Beziehungen zwischen Investor und Beteiligungsunternehmen	Risiken und Chancen ...
• Identifikation und Aufteilung der mit der Geschäftstätigkeit des Beteiligungsunternehmens verbundenen Chancen und Risiken • Verpflichtung des Investors zur Aufrechterhaltung der Geschäftstätigkeit des Beteiligungsunternehmens wie ursprünglich vorgesehen (z.B. durch Liquidtätsfazilitäten, Finanzgarantien oder Kreditzusagen) • Beteiligung/Entscheidungen des Investors an/bei der Unternehmensgründung und übertragene Entscheidungsrechte • Bedingte Entscheidungsrechte	(Wirtschaftliche) Indikatoren für mehr als ein rein passives Interesse des Investors: • Zusammensetzung des Managements des Beteiligungsunternehmens aus aktuellen oder ehemaligen Mitarbeitern des Investors • Wirtschaftliche Abhängigkeit der Geschäftstätigkeit des Beteiligungsunternehmens vom Investor • Beteiligung des Investors an den wesentlichen Geschäftsaktivitäten des Beteiligungsunternehmens bzw. Ausführung derselben im Namen des Investors • Überproportionale Beteiligung/Risikobelastung des Investors an den/durch die Rückflüsse des Beteiligungsunternehmens	... können sich ergeben aus: • Dividendenrechten, Nachschusspflichten, Beteiligung am Liquidationserlös • Liquiditätszusagen, Finanzgarantien im Falle von Ausfallrisiken • Steuervorteilen • Synergieeffekten

Abb. 4.7: Prüfungskriterien bei Irrelevanz von Stimmrechten

Analyse des Gründungsprozesses

Gerade bei strukturierten Unternehmen sind der Gründungsprozess und die hierbei geschlossenen vertraglichen Vereinbarungen daraufhin zu untersuchen, welche Entscheidungen in die Gestaltung des Beteiligungsunternehmens eingeflossen sind und welche Entscheidungsrechte an welche Partei(en) übertragen wurden (IFRS 10.B51). Zwar wird sich alleine aus der Tatsache, dass der Investor an der Gestaltung des Beteiligungsunternehmens mitgewirkt hat, kein Beherrschungstatbestand ableiten lassen. Allerdings können sich hieraus Hinweise ergeben, ob der Investor im Zuge der Gründung hinreichende substanzielle Rechte erlangt haben könnte, um ihm die Verfügungsgewalt über das Beteiligungsunternehmen zu vermitteln. IFRS 10.B52 nennt in diesem Zusammenhang beispielsweise Kauf- und Verkaufs- sowie Liquidationsrechte.

Relevante Aktivitäten

Sofern die im Zuge des Gründungsprozesses getroffenen Vereinbarungen solche Aktivitäten einschließen, die eng mit denjenigen des Beteiligungsunternehmens zusammenhängen, sind diese als Teil seiner Gesamtaktivitäten zu beurteilen. Dies gilt selbst dann, wenn die Aktivitäten außerhalb der rechtlichen Grenzen des Beteiligungsunternehmens stattfinden (IFRS 10.B52). Damit sind sowohl direkte als auch implizite Entscheidungsrechte, die in die Vertragsbedingungen eingebettet und eng mit der Geschäftstätigkeit des Beteiligungsunternehmens verbunden sind, bei der Feststellung von Verfügungsgewalt als dessen relevante Aktivitäten zu würdigen.

Beispiel 4.10[36]

Die FACTOR AG gründet zusammen mit mehreren anderen Investoren die ABS GmbH. Der alleinige Geschäftszweck dieses strukturierten Unternehmens besteht laut Gründungsurkunde bzw. Gesellschaftsvertrag in dem Ankauf und der Verwaltung von Forderungen der Investoren gegenüber Kunden und Kreditnehmern. Die administrative Tätigkeit besteht ausschließlich in der Vereinnahmung und anschließenden Weiterleitung der Zahlungsströme (Zins- und Tilgungszahlungen) aus nicht ausgefallenen bzw. nicht in Verzug geratenen Forderungen. Für den Fall des Verzugs bzw. Ausfalls einer Forderung wird bereits im Zuge der Gründung der ABS GmbH mit der FACTOR AG eine (Put-) Optionsvereinbarung getroffen. Hiernach werden in Verzug geratene Forderungen automatisch an die FACTOR AG als Stillhalter dieser Vereinbarung zurücktransferiert. Das Forderungsmanagement notleidender Forderungen obliegt damit ausschließlich der FACTOR AG. Bei der vorgegebenen Fallkonstellation besitzt die FACTOR AG aus folgenden Gründen die Verfügungsgewalt über die ABS GmbH:

Die Verwaltung der Forderungen (Aktivität 1) ist zunächst nicht als maßgebliche Tätigkeit der ABS GmbH zu beurteilen, da durch den gesellschaftsvertraglich begründeten Autopilot-Mechanismus diesbezüglich keine substanziellen Entscheidungen mehr getroffen werden können, die sich auf die Rendite der ABS GmbH auswirken. Stattdessen wird die Rendite des Beteiligungsunternehmens lediglich durch das Management von in Verzug geratenen Forderungen wesentlich beeinflusst (Aktivität 2). Mit Blick auf das Forderungsmanagement könnte zunächst vermutet werden, dass dieses bei der Beurteilung der Beherrschung nicht zu beachten ist. Denn diese Aktivität wird nicht auf Ebene der ABS GmbH, sondern von der FACTOR AG durchgeführt. IFRS 10.B52 stellt diesbezüglich allerdings klar, dass solche eng mit den Tätigkeiten des Beteiligungsunternehmens verbundenen Aktivitäten als Teil der Gesamtaktivitäten des Beteiligungsunternehmens zu würdigen sind, selbst

36 Vgl. IFRS 10.B53 Beispiel 11.

wenn diese außerhalb der rechtlichen Grenzen des Beteiligungsunternehmens stattfinden.

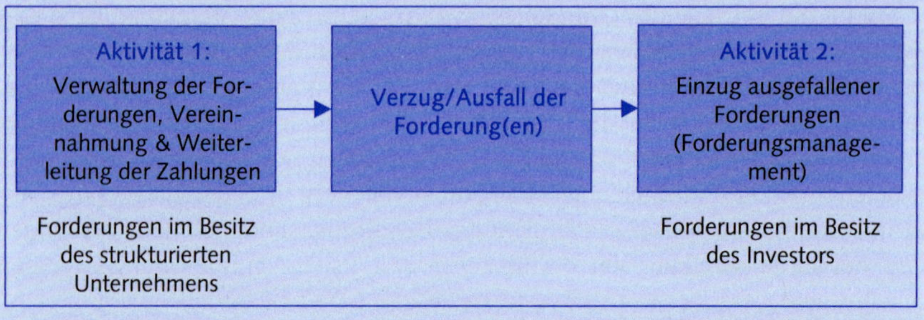

Hinsichtlich der vorliegenden Fallkonstellation ist damit folglich auch das Forderungsmanagement der FACTOR AG den Gesamtaktivitäten der ABS GmbH zuzurechnen. Denn die im Gründungsprozess getroffene Optionsvereinbarung beinhaltet mit dem Rücktransfer notleidender Forderungen an die FACTOR AG automatisch das korrespondierende Forderungsmanagement.

Bedingte Entscheidungsrechte

Übereinstimmend mit dem vorausgehenden Fallbeispiel können die Aktivitäten eines Beteiligungsunternehmens bis zum Eintritt spezifischer Umstände oder Ereignisse durch einen Autopilotmechanismus vorherbestimmt sein. Ist erst mit dem Eintritt dieser Umstände bzw. Ereignisse über Aktivitäten mit wesentlichem Einfluss auf die Rendite des Beteiligungsunternehmens zu entscheiden, so sind ausschließlich diese Entscheidungen als relevante Aktivitäten des Beteiligungsunternehmens zu würdigen. Hierbei ist es unerheblich, ob die unsicheren Umstände bzw. Ereignisse, an welche die Entscheidungsrechte gekoppelt sind, in der Vergangenheit bereits eingetreten sind. Solche bedingten Rechte dürfen daher nicht pauschal als Schutzrechte gewürdigt werden (IFRS 10.B53). Diese Auslegung ist konsistent zu IFRS 10.B24, wonach *substanzielle* Rechte dann ausübbar sein müssen, wenn Entscheidungen über die Lenkung der maßgeblichen Tätigkeiten zu treffen sind.

Beispiel 4.11

Hinsichtlich des Sachverhalts aus Beispiel 4.10 ist für die Beurteilung von Beherrschung unerheblich, dass es sich bei den Entscheidungsrechten der FACTOR AG lediglich um bedingte Rechte handelt, die nur dann greifen, wenn es zum Zahlungsverzug oder -ausfall eines Kunden kommt. Denn über die Gründungsvereinbarungen, zu denen auch die Optionsvereinbarung zu zählen ist, wird sichergestellt, dass die FACTOR AG ihre Entscheidungsrechte immer dann ausüben kann, wenn Entscheidungen über die Lenkung der maßgeblichen Tätigkeiten (hier Aktivität 2) zu treffen sind (IFRS 10.B24). Unerheblich ist daher, ob Kunden bzw. Kreditnehmer künftig tatsächlich in Verzug geraten werden bzw. in der Vergangenheit bereits in Verzug oder Zahlungsschwierigkeiten geraten sind (IFRS 10.B53 Beispiel 12).

Auch wenn Stimmrechte für die Begründung eines Beherrschungsverhältnisses unerheblich sind, hat der Investor die in IFRS 10.B18-B20 genannten Kriterien sowie (wirtschaftlichen) Indikatoren zu würdigen. Die bereits in Kapitelabschnitt 3.2.2.2 dargestellten Indizien können hierbei ausschließlich in Verbindung mit anderweitigen substanziellen Rechten die Verfügungsgewalt des Investors über das Beteiligungsunternehmen begründen. Voraussetzung hierfür bleibt, dass der Investor durch ihm zustehende Rechte – wie vorausgehend mit speziellem Bezug auf strukturierte Einheiten diskutiert – die praktische Fähigkeit zur Lenkung der maßgeblichen Tätigkeiten besitzt.

Sonstige Kriterien und (wirtschaftliche) Indikatoren

Auch nach einer abschließenden Gesamtwürdigung aller Sachverhalte und Umstände kann weiterhin unklar sein, ob der Investor die Verfügungsgewalt über das Beteiligungsunternehmen hat; beispielsweise, weil in die Gründungsphase eines strukturierten Unternehmens mehrere Parteien involviert waren, die sich Entscheidungsbefugnisse hinsichtlich unterschiedlicher relevanter Aktivitäten rechtlich gesichert haben. Auch in einem solchen Fall greift die Generalnorm des IFRS 10, wonach derjenigen Partei die Verfügungsgewalt zuzurechnen ist, welche diejenige(n) Aktivität(en) lenken kann, die sich am stärksten auf die Rendite des strukturierten Unternehmens auswirkt (auswirken) (IFRS 10.13; IFRS 10.B13).

Substanzielle Entscheidungsrechte mehrerer Parteien

3.2.3 Kriterium variabler Rückflüsse

Neben dem Verfügungsgewalt-Kriterium muss zur Begründung eines Beherrschungsverhältnisses gemäß IFRS 10.7 das „variable returns"-Kriterium erfüllt sein. Demnach muss der die Verfügungsgewalt innehabende Investor durch seine Beziehung zum Beteiligungsunternehmen einer Risikobelastung durch variable Rückflüsse ausgesetzt bzw. zum Erhalt variabler Rückflüsse berechtigt sein (IFRS 10.15; IFRS 10.B55). IFRS 10.16 betont, dass mehrere Parteien schwankenden Renditen im Sinne des IFRS 10.15 ausgesetzt sein können. So haben beispielsweise die Minderheitsgesellschafter einer Kapitalgesellschaft als Eigenkapitalgeber regelmäßig einen vom wirtschaftlichen Erfolg abhängigen Gewinn- bzw. Dividendenanspruch. Da sie aber nicht die Verfügungsgewalt über das Beteiligungsunternehmen besitzen, können sie dieses auch nicht beherrschen.

Anrecht auf bzw. Risikobelastung durch variable Rückflüsse

IFRS 10.15 konkretisiert i.V.m. IFRS 10.B56 den Begriff der variablen Rückflüsse, die sowohl positiv, negativ als auch beides sein können (IFRS 10.15). Darüber hinaus müssen die Renditeschwankungen mit der wirtschaftlichen Leistungsfähigkeit bzw. Ertragskraft des Beteiligungsunternehmens zusammenhängen und dürfen insoweit nicht fixiert sein, um ein Beherrschungsverhältnis begründen zu können. Die rechtliche Form, in der die Rückflüsse dem Investor aus dem Beteiligungsunternehmen zufließen, ist aufgrund der wirtschaftlichen Betrachtungsweise des IFRS 10 für die Beherrschungsfrage unerheblich (IFRS 10.B56). Insofern wird der Renditebegriff weit gefasst und beinhaltet neben Dividendenzahlungen und Wertsteigerungen des Anteilsbesitzes u.a. Synergien (z.B. aus Skaleneffekten), fixe Zinszahlungen sowie auch andere ökonomische Vor- und Nachteile des

Variable Rückflüsse/Renditen

Investors. Letztere können sich z.B. in der Zugriffsmöglichkeit auf rechtlich geschütztes Know-how widerspiegeln (IFRS 10.B57). Selbst steuerliche Vorteile, Gebühren und Verlustrisiken aus der Verwaltung von Vermögenswerten und Schulden sowie aus der Bereitstellung von Krediten und Liquiditätsfazilitäten sind nach IFRS 10 im Rahmen der Beherrschungsfrage zu berücksichtigen.

Variabilität festgelegter Zahlungen

Dass sich beispielsweise „fixe" Zinszahlungen aus einer vom Beteiligungsunternehmen emittierten Schuldverschreibung als variable Rückflüsse qualifizieren, mag zunächst verwundern. So wird in IFRS 10.15 ja gerade vorausgesetzt, dass die Rückflüsse des Investors nicht fixiert sein dürfen. IFRS 10 stellt allerdings klar, dass Zinsen regelmäßig dem Ausfallrisiko des Emittenten unterliegen, wodurch der Investor dem Kreditrisiko des Beteiligungsunternehmens ausgesetzt ist. Die Schwankungsbreite, d.h. das Ausmaß, mit dem der Investor entsprechenden Renditeschwankungen aus der Schuldverschreibung unterliegt, hängt daher vom spezifischen Kreditrisiko des Finanzinstruments ab (IFRS 10.B56). Fraglich ist in solchen Fällen allenfalls, wie bei Absicherung des Kapitaldienstes durch hinterlegte Sicherheiten zu verfahren ist, wenn diese das Ausfallrisiko kompensieren und dadurch die Rendite letztlich doch fixiert wird.

3.2.4 Zusammenhang zwischen variablen Rückflüssen und Verfügungsgewalt des Investors

Zusammenhang zwischen Verfügungsgewalt und Rückflüssen

Schließlich wird zur Begründung eines Beherrschungsverhältnisses vorausgesetzt, dass der Investor seine Verfügungsgewalt über das Beteiligungsunternehmen tatsächlich nutzen kann, um hierüber die Rückflüsse aus dem Beteiligungsunternehmen zu beeinflussen (IFRS 10.7). Diese Bedingung dürfte für die überwiegende Anzahl der in der Rechtspraxis zu prüfenden Beherrschungsverhältnisse erfüllt sein. Praktische Bedeutung erlangt das Kriterium allerdings bei sogenannten Prinzipal-Agenten-Beziehungen (IFRS 10.BC131).[37]

Auftraggeber-Auftragnehmer-Beziehung

Im Rahmen solcher (vertraglichen) Vereinbarungen überträgt der Auftraggeber (Prinzipal) Entscheidungsrechte auf einen Auftragnehmer (Agenten), der diese Rechte im Interesse des Auftraggebers ausübt. Entsprechend definiert IFRS 10.B58 einen Agenten als eine Partei „die vorrangig den Auftrag hat, im Namen und zum Vorteil einer oder mehrerer anderer Partei(en) (...) zu handeln." Im einfachsten Fall erhält der Agent hierfür vom Prinzipal eine feste Vergütung, die er mittels der an ihn delegierten Entscheidungsrechte nicht beeinflussen kann. Folgerichtig kann ein Auftragnehmer, auf den die Verfügungsgewalt über ein Beteiligungsunternehmen übertragen wurde und der ausschließlich im Namen des Auftraggebers agiert, das Beteiligungsunternehmen nicht selbst beherrschen. Vielmehr sind die an ihn delegierten Entscheidungsrechte dem Auftraggeber unmittelbar selbst zuzurech-

37 Vgl. *Beyhs, O./Buschhüter, M./Schurbohm, A.*, IFRS 10 und IFRS 12: Die neuen IFRS zum Konsolidierungskreis, in: WPg, 64. Jg. (2011), S. 665.

nen (IFRS 10.B59). Insoweit hat ein Investor zu prüfen, ob er die Verfügungsgewalt über ein Beteiligungsunternehmen in der Position eines Auftragnehmers oder als Auftraggeber ausübt. Hierbei hat er ebenfalls zu untersuchen, ob möglicherweise andere Parteien über Entscheidungsrechte verfügen, die sie als Auftragnehmer in dessen Namen und Interesse nutzen.

Indikatoren zur Identifikation eines Auftragnehmers (Agenten)

Um beurteilen zu können, ob ein Investor als Auftraggeber oder -nehmer agiert, sind grundsätzlich sämtliche in IFRS 10.B60-B72 kodifizierten Indikatoren zu analysieren. Diese stellen auf die Beziehung zwischen dem Investor, dem verwalteten Beteiligungsunternehmen und allen anderen mit diesem verbundenen Parteien ab und sind in jedem Einzelfall gesondert zu würdigen und zu gewichten. Abbildung 4.8 verdeutlicht das Prüfschema für Prinzipal-Agenten-Beziehungen.

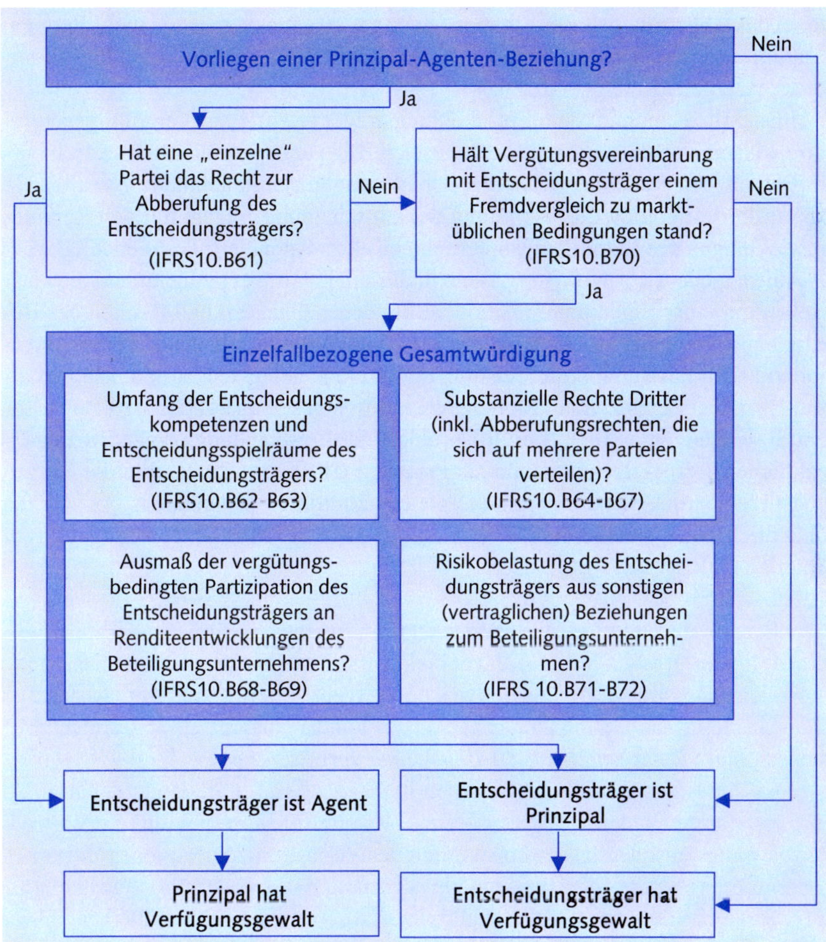

Abb. 4.8: Prüfschema für Auftraggeber-Auftragnehmer-Beziehungen (Quelle: in Anlehnung an *KPMG*, IFRS visuell, 5. Aufl., Stuttgart 2012, S. 178)

Abberufungsrechte

Eine Würdigung der in IFRS 10.B60 genannten Indikatoren ist obsolet, wenn eine einzelne Partei über das substanzielle Recht verfügt, den mit Entscheidungsrechten ausgestatteten Investor (Entscheidungsträger) ohne wichtigen Grund seines Amtes zu entheben oder ihm auf anderweitigem Wege seine Entscheidungskompetenzen zu entziehen. Solche Kompetenzen können bei wirtschaftlicher Betrachtung z.B. auch aus dem Recht resultieren, das Beteiligungsunternehmen zu liquidieren (IFRS 10.BC140). Die Existenz solcher – auch impliziter – Abberufungsrechte führt zwangsläufig zur Einstufung des Entscheidungsträgers als Auftragnehmer (IFRS 10.B61). Anders verhält es sich allerdings, wenn mehrere Parteien über solche Rechte verfügen, ohne dass die Abberufung des Entscheidungsträgers durch eine Partei alleine erfolgen kann. In einer solchen Konstellation sind grundsätzlich auch die anderen oben aufgeführten Indikatoren in Betracht zu ziehen, wobei das Abberufungskriterium umso geringer zu gewichten ist, je mehr Parteien zusammenwirken müssen, um dem Entscheidungsträger seine Entscheidungskompetenz zu entziehen (IFRS 10.B65).

Vergütung des Entscheidungsträgers

Hinsichtlich einer mit dem Entscheidungsträger getroffenen Vergütungsvereinbarung ist einerseits zu untersuchen, wie sich Höhe und Variabilität des vereinbarten Entgelts zur Renditeentwicklung des Beteiligungsunternehmens verhalten: Je stärker die Variabilität der Vergütung des Entscheidungsträgers mit den Renditeentwicklungen des Beteiligungsunternehmens korrespondiert, desto eher agiert er als Auftraggeber (IFRS 10.B68). Denn in diesem Fall trägt er zunehmend die klassischen mit einer Eigentümerposition verbundenen Chancen und Risiken des Beteiligungsunternehmens. Andererseits ist zu analysieren, ob die Vergütungsvereinbarung für das vereinbarte Leistungsspektrum angemessen ist und insoweit einem Fremdvergleich zu marktüblichen Konditionen standhält (IFRS 10.B69). Sofern diese Bedingung nicht erfüllt ist, agiert der Entscheidungsträger aus bilanzrechtlicher Perspektive zwingend als Prinzipal (IFRS 10.B70). Sollte die Vergütungsvereinbarung einem Fremdvergleich allerdings standhalten, bedarf es schließlich einer ganzheitlichen Würdigung aller in IFRS 10.B60 aufgeführten Kriterien (IFRS 10.B70).

Beispiel 4.12[38]

Die Fehr-Wahl Tung Ltd. (im Folgenden Fondsmanager) verfügt über mehrere Portfolios unterschiedlicher Anlageobjekte, die sie teilweise auf Grundlage des beizulegenden Zeitwerts und teilweise auf Basis der fortgeführten Anschaffungskosten steuert. Eine Qualifikation des Fondsmanagers als Investmentgesellschaft im Sinne von IFRS 10.27 scheidet vorliegend aus.

Der Fondsmanager legt einen neuen Investmentfonds auf, den er eigenständig vermarktet und im Interesse eines breiten Anlegerpublikums verwaltet. Auch wenn Entscheidungen hinsichtlich der Verwaltung des Fonds grundsätzlich im Interesse der Investoren und im Einklang mit den vertraglich festgelegten Anlagebedingungen und -grundsätzen zu treffen sind, verbleiben dem

38 In Anlehnung an IFRS 10.B72 Beispiel 14.

Fondsmanager erhebliche Ermessensspielräume, über die er die relevanten Aktivitäten des Fonds lenken kann. Für die Verwaltungstätigkeit erhält er eine Vergütung in Form eines marktüblichen Honorars von 1 % des verwalteten Fondsvermögens sowie 20 % derjenigen Fondsgewinne, die eine vertraglich fixierte Gewinnschwelle überschreiten. Auch wenn durch diese Vergütungsvereinbarung Anreizkompatibilität mit den Interessen der Investoren hergestellt wird, ist der Fondsmanager durch die Renditeschwankungen des Fonds keiner derart großen Risikobelastung ausgesetzt, dass alleine die Vergütung auf seine Rolle als Auftraggeber schließen lässt. Ausgehend von dieser Sachverhaltslage sind zusätzlich nachfolgende Tatbestände zu berücksichtigen:

Szenario 1: Der Fondsmanager ist zusätzlich mit 2 % am Fonds beteiligt und kann mit einfacher Stimmenmehrheit der Investoren abgesetzt werden.

In diesem Szenario deutet bereits die Fähigkeit der Investoren, den Investor ohne wichtigen Grund mit einfacher Stimmenmehrheit abzusetzen, darauf hin, dass der Fondsmanager als Auftragnehmer handelt. Da er aber nicht durch eine einzelne Partei abberufen werden kann, ist eine ausschließliche Würdigung dieses Tatbestands hier nicht ausreichend. Insofern ist zusätzlich die über den 2 %igen Fondsanteil begründete Beteiligung des Fondsmanagers an sämtlichen Wertentwicklungen und damit insbesondere auch an Fonds-Verlusten zu berücksichtigen. Allerdings ist diese auf die Fondseinlage begrenzte Risikobelastung nicht derart groß, dass sie auf die Rolle des Fondsmanagers als Auftraggeber hindeutet. In Verbindung mit den bestehenden Abberufungsrechten der Investoren führt dieser Tatbestand folglich zu dem eindeutigen Schluss, dass der Fondsmanager als Auftragnehmer agiert.

Szenario 2: Der Fondsmanager ist zusätzlich mit 2 % am Fonds beteiligt und kann bei Vertragsverletzung mit einfacher Stimmenmehrheit der Investoren abgesetzt werden.

In Szenario 2 ist das Recht der Investoren, den Fondsmanager bei Vertragsverletzung mit einfacher Stimmenmehrheit abzusetzen, lediglich als Schutzrecht zu würdigen, da dieses nur bei Vertragsverletzung greift. Daher ist deutlich mehr Gewicht auf den Tatbestand zu legen, dass der Fondsmanager durch seine 2 %ige Fondsbeteiligung einer – auf die Höhe der Fondseinlage begrenzten – Risikobelastung ausgesetzt ist. Ungeachtet seiner umfassenden Entscheidungskompetenzen und seiner angemessenen Entgeltvereinbarung, die ihn den schwankenden Rückflüssen des Fonds aussetzt, reicht alleine die Risikobelastung des Fondsmanagers aber auch in dieser Sachverhaltskonstellation nicht aus, um ihn als Auftraggeber zu qualifizieren. Im Ergebnis kann der Fondsmanager den Fonds auch hier nicht beherrschen.

Szenario 3: Der Fondsmanager ist zusätzlich mit 20 % am Fonds beteiligt und kann bei Vertragsverletzung mit einfacher Stimmenmehrheit der Investoren abgesetzt werden.
Im Unterschied zu Szenario 2 fällt der Beteiligungsanteil des Fondsmanagers in Szenario 3 mit 20 % deutlich höher aus. Hierdurch ist er einer erheblich stärkeren Risikobelastung aus den Renditeschwankungen des Fonds ausgesetzt. Darüber hinaus sind einerseits die Abberufungsrechte der Investoren erneut lediglich als Schutzrechte zu qualifizieren, andererseits verfügt der Fondsmanager über umfassende Entscheidungsrechte. Daher deutet dessen Risikobelastung aus den Renditeschwankungen, die aus der 20 %-Beteiligung in Verbindung mit der gewinnbasierten Vergütung resultieren, in dieser Sachverhaltskonstellation darauf hin, dass er die Rolle des Auftraggebers einnimmt und den Fonds beherrscht.

De-facto-Auftraggeber-Auftragnehmer-Beziehungen

IFRS 10 beschränkt Auftraggeber-Auftragnehmer-Beziehungen nicht auf vertraglich fundierte Fallkonstellationen (IFRS 10.B73-B74). Vielmehr hat ein Investor zu untersuchen, ob er eine andere Partei möglicherweise faktisch anweisen kann, in seinem Namen bzw. zu seinen Gunsten zu handeln.[39] Als solche potenziellen „de-facto“-Auftragnehmer werden in IFRS 10.B75 u.a. dem Investor nahestehende Personen i.S.v. IAS 24 sowie von diesem infolge eines Großkunden- oder Finanzierungsverhältnisses wirtschaftlich abhängige Parteien aufgeführt. Aber auch personelle Verflechtungen zwischen dem Investor und einem Beteiligungsunternehmen können eine de-facto-Auftraggeber-Auftragnehmer-Beziehung begründen (IFRS 10.B75(e)). Liegt eine solche vor, hat der Investor die Entscheidungsrechte des de-facto-Auftragnehmers sich selbst zuzurechnen und zusammen mit seinen eigenen substanziellen Rechten hinsichtlich des Beherrschungstatbestands zu würdigen. Dies gilt auch für das Recht auf bzw. die Risikobelastung aus den variablen Rückflüssen des Beteiligungsunternehmens, denen der Investor mittelbar durch seine Beziehung zum de-facto-Auftragnehmer ausgesetzt ist (IFRS 10.B74).

3.2.5 Beherrschung spezifizierter Vermögenswerte (Silo-Strukturen)

Abgrenzungskriterien bei Silo-Strukturen

Eine berichterstattende Einheit wird nach IFRS 10 nicht zwangsläufig durch ihre (gesellschafts)rechtliche Struktur definiert. Stattdessen steht bei dieser Abgrenzungsfrage eine ökonomische Perspektive im Vordergrund. Hiernach hat ein Investor im Zuge der Identifikation eines potenziellen Beherrschungsverhältnisses zu analysieren, ob er das *gesamte* – auf ein Beherrschungsverhältnis zu prüfende – Beteiligungsunternehmen beherrscht oder nur spezifische Vermögenswerte bzw. einen spezifischen Unternehmensteilbereich innerhalb dieses Unternehmens (IFRS 10.B76).

39 Sofern eine oder mehrere Parteien die Verfügungsgewalt über den Investor besitzen, ist die entsprechende Einschätzung aus der Perspektive dieser anderen Partei(en) vorzunehmen (IFRS 10.B74).

Letztgenannter Fall betrifft sogenannte „Silo"-Strukturen bzw. „Silos", die als solche keinen eigenen Rechtsmantel haben, aber dennoch unter bestimmten Bedingungen durch den Investor beherrscht werden und daher von diesem zu konsolidieren sind.

Beispiel 4.13

Gerade in der Finanzdienstleistungsbranche sind Silo-Strukturen verbreitet. Beispielsweise ist der im 2019er Geschäftsbericht enthaltenen Aufstellung des Anteilsbesitzes der Deutsche Bank AG zu entnehmen, dass von den insgesamt 249 zum 31.12.2019 konsolidierten strukturierten Gesellschaften 25 Silos – d.h. lediglich spezifische Aktiva und darauf bezogene Passiva rechtlich selbstständiger Unternehmen – als fiktive separate Einheiten in den Konzernabschluss einbezogen wurden.[40]

Ob ein fiktiv als eigenständige Einheit zu qualifizierender Teil eines Beteiligungsunternehmens durch das berichterstattende Unternehmen beherrscht wird, ist nur fallweise zu prüfen. Das IASB stellt hierbei sehr strikte Anforderungen an die Abgrenzung von Silos als eigenständig zu konsolidierende Einheiten. Diese zielen in ihrer Gesamtheit darauf ab, einen rechtlich separierbaren Unternehmensteil zu identifizieren, der hinsichtlich Haftungsfragen und Vermögenszugriffsrechten vom verbleibenden Unternehmensteil abgegrenzt werden kann. Im Einzelnen müssen hierzu die nachfolgenden Kriterien kumulativ erfüllt sein (IFRS 10.B77):

- Eindeutig spezifizierte Schulden des Beteiligungsunternehmens oder anderweitige spezifizierte Anteile hieran werden ausschließlich durch die Zahlungsströme eindeutig festgelegter Vermögenswerte des Beteiligungsunternehmens bedient. Im Grunde handelt es sich hier um ein aggregiertes Aktiv-Passiv-Matching von Bilanzposten.
- Neben den Gläubigern der spezifizierten Schulden existiert keine andere Partei, die Ansprüche oder Verpflichtungen in Bezug auf die spezifizierten Vermögenswerte oder die hiermit verbundenen residualen Zahlungsströme hat.
- Der nach Abzug der spezifizierten Vermögenswerte und Schulden verbleibende Teil des Beteiligungsunternehmens darf weder einen Zugriff auf die aus diesen Vermögenswerten resultierenden Rückflüsse haben, noch dürfen die festgelegten Schulden durch Vermögenswerte aus diesem Rest-Unternehmensteil bedient werden.
- Sämtliche Vermögenswerte, Schulden sowie das Eigenkapital der fiktiv eigenständigen Einheit sind materiell von dem Gesamt-Beteiligungsunternehmen abgeschottet.

Beispiel 4.14

Unternehmen A (Investor bzw. berichterstattendes Unternehmen) und Unternehmen B halten jeweils 50 % der Kapital- und Stimmrechtsanteile an dem von der Bad Bank AG gegründeten und vertraglich auf Autopilot geschalteten strukturierten Unternehmen C. Gemäß vertraglicher Vereinbarung verkaufen A

40 Vgl. *Deutsche Bank AG*, Geschäftsbericht 2019, S. 416-429.

und B ihre Forderungen an Unternehmen C, das diese in separaten Pools hält. C verbrieft diese Forderungen und emittiert zur Finanzierung der Forderungskäufe separat für jeden Forderungspool Schuldpapiere (Commercial Papers; ABS-Papiere), die wiederum aus den mit den Forderungstiteln verbundenen Zahlungsströmen in Form von Zins- und Tilgungszahlungen bedient werden. Als dingliche Sicherung der im Zusammenhang mit Pool A und B emittierten Schuldpapiere dienen hierbei ausschließlich die in dem jeweiligen Wertpapierpool gehaltenen Forderungen. Für den Fall eines Forderungsausfalls verpflichten sich A und B jeweils in Bezug auf die ihrerseits an C übertragenen Forderungen, diese von C zurückzukaufen (Rückkaufgarantie).

In dieser Konstellation qualifiziert sich der Beteiligungsunternehmensteil als Silo. So werden die emittierten Schuldpapiere ausschließlich aus den Zahlungen der diesen jeweils zugrunde liegenden Forderungen aus Pool A und Pool B bedient. Darüber hinaus haben die Gläubiger, deren Commercial Paper jeweils ausschließlich durch die Forderungen aus Pool A bzw. B besichert sind, jeweils keinen Zugriff auf die Forderungen bzw. Zahlungsströme aus dem anderen Forderungspool.

Die hier vorliegende Silo-Struktur kann für den Fall, dass aufgrund der Ausgestaltung als strukturiertes Unternehmen und der hiermit verbundenen Schaltung auf Autopilot kein Gemeinschaftsunternehmen vorliegt, dafür sorgen, dass A das „Silo A" vollständig zu konsolidieren hat. Dies setzt allerdings das Bestehen eines entsprechenden Beherrschungsverhältnisses voraus.

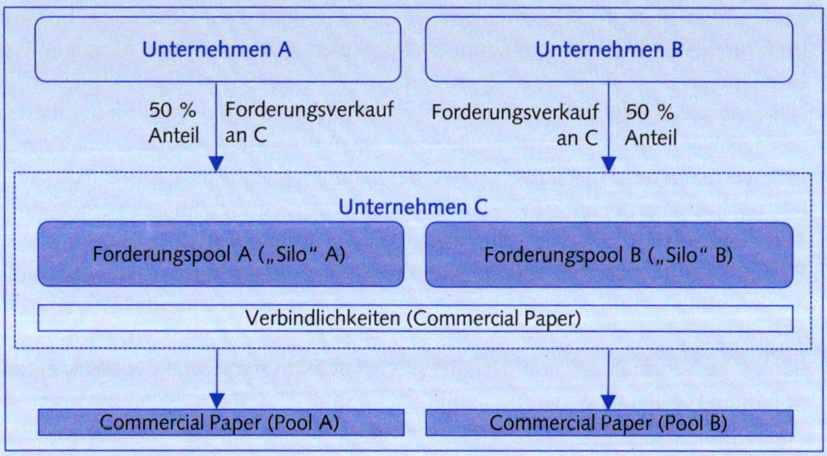

Beherrschung eines Silos

Sofern also ein Silo i.S.v. IFRS 10.B77 vorliegt, hat der Investor hierauf die allgemeinen Beherrschungskriterien anzuwenden. Demnach hat er unter Berücksichtigung der relevanten Tätigkeiten der fiktiv eigenständigen Einheit sowie der korrespondierenden Entscheidungsprozesse zu untersuchen, ob er die Verfügungsgewalt über das Silo besitzt. Damit er dieses zu konsolidieren hat, muss er zusätzlich dessen variablen Rückflüssen ausgesetzt sein und diese Renditen mittels seiner Verfügungsgewalt beeinflussen können (IFRS 10.B78).

Bilanzierung eines Silos

Im Beherrschungsfall hat der Investor das Silo vollständig in seinem Konzernabschluss zu konsolidieren. Da jedes Beteiligungsunternehmen nur von einer Partei als Tochterunternehmen eingestuft werden kann, dürfen andere mit dem betreffenden Beteiligungsunternehmen in Beziehung stehende Parteien das Silo folglich nicht als fiktive separate Einheit in ihren Konzernabschluss einbeziehen (IFRS 10.B79).

Bilanzanalytische Auswirkungen

Auch wenn sich in der Rechtspraxis der deutlich überwiegende Teil von Mutter-Tochter-Beziehungen eindeutig – sei es aufgrund entsprechend hoher Stimmrechtsanteile oder infolge von Beherrschungsverträgen – identifizieren lässt, bietet IFRS 10 gerade in Grenzfällen erhebliche Ermessensspielräume. Dies ist insbesondere dem Tatbestand geschuldet, dass das IASB gezielt auf quantitative Grenzwerte und pauschalierende Kriterien verzichtet und stattdessen ein rein qualitatives Beherrschungskonzept etabliert hat. In der Vergangenheit haben Unternehmen durch Sachverhaltsgestaltung gezielt darauf geachtet, unterhalb bestimmter quantitativer Grenzen zu bleiben. Auf diese Weise nutzten sie vornehmlich Zweckgesellschaften, um durch deren Nicht-Konsolidierung ihre Kapitalstruktur (z.B. Verschuldungsgrad) zu verbessern. Um u.a. genau diese Art von Bilanzpolitik einzudämmen, soll der qualitative Beherrschungsansatz des IFRS 10 Strukturierungsmöglichkeiten und Umgehungsversuche durch gezielte Sachverhaltsgestaltung verringern.

Durch die *qualitative* Operationalisierung des Abgrenzungskonzepts nach IFRS 10 ergeben sich gleichwohl anderweitige Ermessensspielräume und Gestaltungsmöglichkeiten. So besteht trotz ausführlicher Anwendungshinweise fallweise erheblicher Interpretationsbedarf; nicht zuletzt, weil diese teils sehr spezifisch auf Einzelfälle zugeschnitten und darüber hinaus oftmals sehr allgemein gehalten sind.[41] Insoweit werden sowohl Anwender als auch Prüfer vor die Aufgabe gestellt, einzelfallbezogene Ermessensentscheidungen vor dem Hintergrund ihres ökonomischen Gehalts und mit Blick auf ihre Gesamtwirkung zu treffen.[42]

Die Frage der Konsolidierung oder Nicht-Konsolidierung ist angesichts häufig materieller Auswirkungen auf die Relationen in Bilanz, GuV und Kapitalflussrechnung speziell bei nicht durch Stimmrechte beherrschten Unternehmen zu stellen. Denn von einer (Nicht-)Konsolidierung können sämtliche Bilanz-, Gesamtergebnisrechnungs- und Kapitalflussrechnungsposten betroffen sein (vgl. Kapitel 21); mit den entsprechenden Konsequenzen für zentrale Konzern-Steuerungskennzahlen. So lässt sich nachweisen, dass sich Kapitalstrukturkennzahlen alleine durch die erstmalige Vollkonsolidierung verschlechtern.

41 Vgl. *Küting, K./Mojadadr, M.*, Das neue Control-Konzept nach IFRS 10, in: KoR, 11, Jg. (2011), S. 285.

42 Vgl. *Reiland, M.*, IFRS 10: Sachgerechte Abgrenzung des Konsolidierungskreises oder Spielwiese für Bilanzpolitiker?, in: DB, 64. Jg. (2011), S.2733 ff.

Gleiches gilt häufig auch – zumindest kurzfristig – hinsichtlich zentraler Konzern-Renditekennzahlen wie z.B. dem RoCE.[43] Daher kann es gerade bei stark fremdfinanzierten Tochterunternehmen im Interesse des Mutterunternehmens sein, dass diese nicht im Wege der Vollkonsolidierung in den Konzernabschluss einbezogen werden. Hier haben speziell der Abschlussprüfer und anderweitige Aufsichtsinstanzen sicherzustellen, dass das hinsichtlich der IFRS 10-Beherrschungskriterien bestehende Bilanzierungsermessen nicht derart stark *gedehnt* wird, dass aus einer rechtlich vermeintlich zulässigen Ermessensausübung letzten Endes Bilanzierungsfehler resultieren.

Bilanzanalytiker sollten angesichts dieses Bilanzierungsermessens – unter Berücksichtigung der Angabepflichten nach IFRS 12 und des regelmäßig zu publizierenden Beteiligungsspiegels – hinterfragen, inwieweit potenziell fragliche Mutter-Tochter-Beziehungen mit wesentlichem Einfluss auf die Vermögens-, Finanz- und Ertragslage vorliegen. Gleichermaßen könnten Beherrschungsverhältnisse aber auch gezielt umgangen werden, um Risiken aus dem Abschluss herauszuhalten und eine Verschlechterung der Kapitalstruktur zu vermeiden. Insoweit ist für den Bilanzanalytiker von besonderer Bedeutung, wie das Management sein Bilanzierungsermessen in wesentlichen Einzelfällen ausübt bzw. ausgeübt hat. Entsprechende Informationen finden sich aufgrund der diesbezüglichen Vorgaben nach IAS 1 innerhalb des Anhangs, in dem das Management seine Ausübung wesentlichen Bilanzierungsermessens zu erläutern hat. Hierneben sollten regelmäßig auch die key audit matters (KAM) im Bestätigungsvermerk betrachtet werden, da der Abschlussprüfer hier seine unabhängige Einschätzung zu identifizierten bedeutsamsten Risiken und Bereichen mit Beurteilungsspielräumen und Schätzunsicherheiten abzugeben hat.

4 Angabepflichten nach IFRS 12

Erweiterte Angabepflichten

Die Angabepflichten des IFRS 12 „Angaben zu Anteilen an anderen Unternehmen“ sollen den Adressaten des IFRS-Konzernabschlusses einerseits ein besseres Verständnis über die Wesensart der Beziehungen zu anderen Unternehmen und insbesondere der hiermit verbundenen Risiken vermitteln. Andererseits sind die Auswirkungen dieser Beziehungen auf die Vermögens-, Finanz- und Ertragslage sowie den Cashflow des Investors offenzulegen (IFRS 12.1). Neben erweiterten Angabepflichten zu konsolidierten Tochterunternehmen werden hierbei auch umfangreiche Angaben zu nicht konsolidierten strukturierten Unternehmen und zu von Investmentgesellschaften nicht konsolidierten Tochterunternehmen gefordert.

43 Vgl. *Pellens, B./Lleshaj, D./Muschallik, M./Schmidt, A.*, Auswirkungen der bilanziellen Abbildung von M&A-Transaktionen auf zentrale Steuerungskennzahlen, in: Corporate Finance, 7. Jg. (2016), S. 336-344.

Um die Abschlussadressaten angesichts einer möglichen Vielzahl von Unternehmensverbindungen nicht mit entsprechenden Informationen zu überfrachten, sieht IFRS 12.B2 einen Generalgrundsatz vor: Angaben zu Anteilen an (Tochter)Unternehmen dürfen aggregiert werden, solange der Informationsbedarf der Adressaten gedeckt wird und durch die Aggregation keine wesentlichen Informationen untergehen bzw. verschleiert werden. Als Beispiele für zulässige Aggregationsniveaus werden in IFRS 12.B6 die Art der Tätigkeiten, die Einstufung nach Branche sowie die geografische Verortung aufgeführt. Umgekehrt hat das berichterstattende Unternehmen aber sicherzustellen, dass wesentliche Informationen nicht in einer Vielzahl von (unwesentlichen) Einzelangaben untergehen (IFRS 12.B2-B3).

Annahmen und Ermessensausübung

Unabhängig von der Art der Beziehung zu einem Beteiligungsunternehmen hat ein Investor Angaben über die Annahmen und Ermessensentscheidungen zu veröffentlichen, die er bei der Beurteilung potenzieller Beherrschungsverhältnisse getroffen hat (IFRS 12.7). Dies gilt sowohl für Mutter-Tochter-Beziehungen, bei denen der Investor weniger als 50 % der Stimmrechte an dem Tochterunternehmen hält, als auch für Fälle, in denen er ein Beteiligungsunternehmen trotz bestehender Stimmrechtsmehrheit nicht beherrschen kann (IFRS 12.9).

Angaben zu Tochterunternehmen

Im Einzelnen fordert IFRS 12 mit Blick auf Mutter-Tochter-Verhältnisse u.a. detaillierte Angaben zu:

- auf nicht beherrschende Anteile (Minderheitenanteile bzw. Anteile anderer Gesellschafter) entfallende Tätigkeiten und Ansprüche am Tochterunternehmen (IFRS 12.12 i.V.m. IFRS 12.B10-B11),
- Art und Umfang von Beschränkungen – z.B. aufgrund von Schutzrechten nicht beherrschender Anteile – hinsichtlich der Fähigkeit des berichterstattenden Unternehmens, auf Vermögenswerte des Konzerns zuzugreifen bzw. diese zu nutzen sowie Verbindlichkeiten zu begleichen (IFRS 12.13)
- Art und Umfang der Risiken, die mit konsolidierten strukturierten Unternehmen verbunden sind (IFRS 12.14-17),
- den bilanziellen Konsequenzen, die sich aus Transaktionen zwischen Anteilseignern ohne Verlust der Beherrschung über das betreffende Tochterunternehmen ergeben (IFRS 12.18), sowie
- den Auswirkungen eines Verlusts der Beherrschung über ein Tochterunternehmen während des abgelaufenen Geschäftsjahres (IFRS 12.19).

Angaben zu nicht konsolidierten Zweckgesellschaften

Hinsichtlich *nicht* konsolidierter strukturierter Unternehmen hat das berichterstattende Unternehmen Art und Umfang der Verbindung zu diesen Unternehmen detailliert zu beschreiben (IFRS 12.26-28 i.V.m. IFRS 12.B21-B26). Zu diesen Angaben zählen z.B. Informationen zu Art, Zweck, Umfang und Tätigkeiten sowie zur Finanzierung strukturierter Einheiten. Darüber hinaus müssen die Risiken offengelegt werden, die aus Beziehungen zu nicht konsolidierten Zweckgesellschaften resultieren (IFRS 12.29-31). Unter anderem sind hierzu in tabellarischer Form die im Abschluss des berichterstattenden Unternehmens enthaltenen Buchwerte der Vermögenswerte und Verbindlichkeiten, die sich auf nicht konsolidierte strukturierte Unternehmen beziehen, die korrespondierenden Bilanzposten sowie Art und Höhe des maximalen Verlusts aus der Verbindung zu diesen Gesellschaften anzugeben (IFRS 12.29).

Beispiel 4.15

Die Deutsche Bank AG berichtet in ihrem 2019er Geschäftsbericht beispielsweise auf insgesamt fünf Seiten über ihrerseits nicht konsolidierte strukturierte Unternehmen, an denen sie eine Beteiligung hält oder als Sponsor auftritt.[44] Die entsprechenden Berichtspflichten stellen eine Reaktion des IASB auf die Finanzkrise dar. So waren in nicht konsolidierten Zweckgesellschaften erhebliche finanzielle Risiken verborgen. Dies betrifft insbesondere bankenseitige Kredit- und Liquiditätszusagen sowie -garantien an Zweckgesellschaften, über die angesichts der damals als unwahrscheinlich eingeschätzten Inanspruchnahmen weder in den Rechenwerken noch im Anhang der Banken-Abschlüsse berichtet wurde. Aus diesem Grund ist nach IFRS 12 unabhängig von der Wahrscheinlichkeit einer möglichen Inanspruchnahme über sämtliche Risiken, die sowohl in konsolidierten als auch nicht konsolidierten strukturierten Unternehmen schlummern, im Anhang zu berichten.

5 Wesentliche Unterschiede zum IFRS for SMEs

Grundsatz

Auch nach den IFRS for SMEs haben Mutterunternehmen grundsätzlich einen Konzernabschluss aufzustellen, in den entsprechend dem Weltabschlussprinzip alle Tochterunternehmen einzubeziehen sind (IFRS-SME.9.2). Nach gegenwärtigem Stand bestimmen sich Aufstellungspflicht und Konsolidierungskreis allerdings nicht unter Zugrundelegung des Beherrschungskonzepts des IFRS 10. Stattdessen liegen dem IFRS for SMEs bis heute die Beherrschungskriterien des durch IFRS 10 abgelösten IAS 27 (rev. 2008) i.V.m. SIC-12 zugrunde.

Befreiungsvorschriften

Von der Aufstellungspflicht befreit ist ein Mutterunternehmen analog zu IFRS 10 dann, wenn es selbst Tochterunternehmen einer übergeordneten Konzerngesellschaft ist und dieses oder ein anderes übergeordnetes Mutterunternehmen einen Konzernabschluss aufstellt, dem die „full" IFRS oder die IFRS for SMEs zugrunde liegen (IFRS-SME.9.3). Darüber hinaus kann auf die Aufstellung eines Konzernabschlusses verzichtet werden, wenn ein Mutterunternehmen lediglich Unternehmen beherrscht, die mit der Absicht zur Weiterveräußerung innerhalb eines Jahres erworben wurden (IFRS-SME.9.3C). Solche Beteiligungen sind im IFRS-Abschluss des von der Aufstellungspflicht befreiten Unternehmens vorrangig GuV-wirksam zum beizulegenden Zeitwert, sofern dieser objektiv messbar ist, oder ansonsten zu historischen Anschaffungskosten abzüglich potenzieller Wertminderungen zu bewerten (IFRS-SME.9.3A i.V.m. IFRS-SME.11.8(d) und

44 Vgl. *Deutsche Bank AG*, Geschäftsbericht 2019, S. 400-405.

11.14(c)). Darüber hinaus existieren bislang weder gesonderte Bilanzierungsregeln für Investmentgesellschaften (IFRS-SME.9.7), noch kann die Nicht-Konsolidierung von Tochterunternehmen damit begründet werden, dass diese eine gegenüber anderen Konzernunternehmen abweichende Tätigkeit verfolgen oder den Kapitaltransferbeschränkungen einer anderen Jurisdiktion unterliegen (IFRS-SME.9.8-9.9).

Beherrschungskonzept

Nach IFRS-SME.9.4 liegt Beherrschung vor, wenn ein Unternehmen über die Fähigkeit verfügt, die Finanz- und Geschäftspolitik eines anderen Unternehmens zu bestimmen, um aus dessen Tätigkeit Nutzen zu ziehen. Diese Beherrschungskonzeption, welche für die Prüfung der Aufstellungspflicht sowie die Abgrenzung des Konsolidierungskreises maßgeblich ist, wurde aufgrund der Vorgaben des IAS 27 (rev. 2008) i.V.m. SIC-12 entwickelt. Da Letztere auch dem deutschen Gesetzgeber als Anknüpfungspunkt für die aktuell maßgebliche handelsrechtliche Beherrschungskonzeption gedient haben, decken sich die Beherrschungskriterien des IFRS for SMEs konzeptionell weitgehend mit denjenigen nach § 290 Abs. 2 HGB (IFRS-SME.9.5). Wie auch nach HGB werden diese formalrechtlichen Kriterien zusätzlich flankiert durch spezifische Vorschriften für Zweckgesellschaften (IFRS-SME.9.4 und .10-12).

Formalrechtliche Kriterien

Nach dem IFRS for SMEs wird Beherrschung *widerlegbar* vermutet, wenn ein Unternehmen (Mutterunternehmen) direkt oder indirekt mehr als 50 % der Stimmrechte an einer anderen Gesellschaft (Tochterunternehmen) hält. Hierneben ist auch bei Fehlen einer absoluten Stimmrechtsmehrheit von einem Beherrschungsverhältnis auszugehen, wenn das Mutterunternehmen

- aufgrund von (vertraglichen) Vereinbarungen mit anderen Gesellschaftern mehr als 50 % der Stimmrechte an dem Beteiligungsunternehmen hält,
- per Gesellschaftsvertrag bzw. Satzung oder aufgrund anderweitiger Vereinbarungen dazu berechtigt ist, die Finanz- und Geschäftspolitik des Beteiligungsunternehmens zu bestimmen,
- die Fähigkeit besitzt, die Mehrheit der Mitglieder des zentralen Leitungsgremiums des Beteiligungsunternehmens zu berufen bzw. abzusetzen oder
- über die Fähigkeit verfügt, bei den Sitzungen des zentralen Leitungsgremiums des Beteiligungsunternehmens die Stimmenmehrheit auszuüben.

Gegenwärtig ausübbare potenzielle Stimmrechte sind im Rahmen der Beurteilung von Beherrschung ebenso zu berücksichtigen wie Auftraggeber-Auftragnehmer-Beziehungen (IFRS-SME.9.6), wobei der diesbezügliche Regelungsumfang in IFRS 10 deutlich detaillierter ausfällt.

Zweckgesellschaften/ strukturierte Einheiten

Grundsätzlich hat ein berichterstattendes Unternehmen die vorausgehend dargestellten Beherrschungskriterien auch auf Zweckgesellschaften anzuwenden. Da diese bei Zweckgesellschaften aufgrund ihrer spezifischen Unternehmenseigenschaften im Regelfall aber nicht greifen, sind hier zusätzlich die in IFRS-SME.9.11 kodifizierten, aber nicht abschließenden Beherrschungsindikatoren zu berücksichtigen. Diese können sowohl einzeln als auch in ihrer Gesamtheit auf ein Beherrschungsverhältnis zwischen dem berichterstattenden Unternehmen und der

Zweckgesellschaft hindeuten. Im Mittelpunkt der hiermit einhergehenden substance over form-Betrachtung stehen hierbei insbesondere die Chancen und Risiken, denen das berichterstattende Unternehmen infolge seiner Beziehung zur Zweckgesellschaft ausgesetzt ist.

Indikatoren für Beherrschung von strukturierten Einheiten

Im Einzelnen können gemäß IFRS-SME.9.11 u.a. die folgenden Tatbestände auf die Beherrschung einer Zweckgesellschaft durch das berichterstattende Unternehmen hindeuten:

- Die Aktivitäten der Zweckgesellschaft werden im Interesse und unter Berücksichtigung der spezifischen wirtschaftlichen Anforderungen des berichterstattenden Unternehmens ausgeführt.
- Das berichterstattende Unternehmen verfügt hinsichtlich der Tätigkeiten der Zweckgesellschaft über die endgültige Entscheidungsmacht. Dies gilt auch dann, wenn die operativen Entscheidungen an eine andere Partei delegiert wurden.
- Das berichterstattende Unternehmen hat das Recht, den mehrheitlichen Nutzen aus der Zweckgesellschaft zu ziehen, und ist hierdurch ggf. auch den mit der Tätigkeit der Zweckgesellschaft verbundenen Risiken ausgesetzt.
- Das berichterstattende Unternehmen trägt bezogen auf die Zweckgesellschaft bzw. auf die von ihr gehaltenen Vermögenswerte die Mehrheit der Eigentumsrisiken.

Wirtschaftliche Betrachtung

IFRS-SME.9.4 hebt explizit hervor, dass die Konsolidierungspflicht von Zweckgesellschaften in letzter Konsequenz vor dem Hintergrund des wirtschaftlichen Gehalts ihrer Beziehung zum berichterstattenden Unternehmen zu würdigen ist. Insofern sind neben den aufgeführten Kriterien und Indikatoren *sämtliche* Aspekte, die bei wirtschaftlicher Betrachtung Beherrschung begründen könnten, zu beachten.

6 Wesentliche Unterschiede zum HGB

Einzelabschluss

In Deutschland besteht nach § 242 Abs. 1 HGB für jeden Kaufmann eine grundsätzliche Rechnungslegungspflicht, die allerdings hinsichtlich Rechtsform, Größe und Tätigkeit unterschiedlich umfassend reguliert ist.[45] Beispielsweise profitieren Kleinstkapitalgesellschaften im Sinne des § 267a HGB von spezifischen Erleichterungen hinsichtlich der Erstellung von Bilanz, GuV und Anhang sowie der Offenlegung des Jahresabschlusses. Gleichermaßen finden sich in § 264 Abs. 1, § 274a sowie § 288 HGB größenabhängige Erleichterungen für kleine und mittelgroße Kapitalgesellschaften i.S.v. § 267 Abs. 1 und 2 HGB. Auch wenn eine Differenzierung nach der Inanspruchnahme des Kapitalmarktes in Deutschland für den Einzelabschluss bis heute grundsätzlich nicht üblich ist, schreibt § 264 Abs. 1 HGB

45 Vgl. exemplarisch hierzu Fußnote 2.

kapitalmarktorientierten Kapitalgesellschaften, die keinen Konzernabschluss aufzustellen haben, die Erweiterung des Jahresabschlusses um eine Kapitalflussrechnung und einen Eigenkapitalspiegel vor. Die Erweiterung des Jahresabschlusses um eine Segmentberichterstattung ist demgegenüber rein fakultativ.

Konzernrechnungslegungspflicht

Nach deutschem Recht ist die Konzernrechnungslegungspflicht an die Rechtsform des Mutterunternehmens (HGB) bzw. an die Größe des Konzerns (PublG) gebunden. Dabei gilt – ungeachtet der Unterschiede zu IFRS 10 – das international übliche Konzept der „möglichen Beherrschung" bzw. das „control-Konzept". Darüber hinaus beinhaltet § 290 Abs. 2 Nr. 4 HGB zusätzliche kasuistische Einzelfallregelungen für strukturierte Unternehmen bzw. für die im HGB konkret als Zweckgesellschaften bezeichneten Unternehmensformen.[46]

Konzept der möglichen Beherrschung

Eine Aufstellungspflicht für einen Konzernabschluss besteht immer dann, wenn eine „Kapitalgesellschaft (Mutterunternehmen) [...] auf ein anderes Unternehmen (Tochterunternehmen) unmittel- oder mittelbar einen beherrschenden Einfluss ausüben kann" (§ 290 Abs. 1 Satz 1 HGB). Der Begriff des beherrschenden Einflusses wird handelsrechtlich nicht näher definiert. Eine prinzipienorientierte Konkretisierung findet sich lediglich in der Gesetzesbegründung, wonach von einem beherrschenden Einfluss auszugehen ist, „wenn ein Unternehmen die Möglichkeit hat, die Finanz- und Geschäftspolitik eines anderen Unternehmens dauerhaft zu bestimmen, um aus dessen Tätigkeit Nutzen zu ziehen". Zur Veranschaulichung finden sich in § 290 Abs. 2 HGB exemplarisch folgende vier Konkretisierungstatbestände, die gemäß Gesetzeswortlaut ein Beherrschungsverhältnis begründen:

- Beherrschungsmöglichkeit durch Mehrheit der Bestellungs- und Abberufungsrechte hinsichtlich der Mitglieder im Aufsichts- oder Verwaltungsorgan, das die Finanz- und Geschäftspolitik des Tochterunternehmens bestimmt, wobei das Mutterunternehmen darüber hinaus eine Gesellschafterstellung innehaben muss;
- Beherrschungsmöglichkeit per Beherrschungsvertrag oder Satzungsbestimmung;
- Beherrschungsmöglichkeit durch Stimmrechtsmehrheit;
- bei wirtschaftlicher Betrachtung beherrschender Einfluss durch Übernahme der Mehrheit der Chancen und Risiken an einer Zweckgesellschaft.

Größenkriterien nach PublG

Für Nicht-Kapitalgesellschaften knüpfen die §§ 11-15 PublG die Konzernrechnungslegungspflicht an die Erfüllung bestimmter Größenkriterien. Ein nicht in der Rechtsform einer Kapitalgesellschaft organisiertes Mutterunternehmen, das auf ein oder mehrere Tochterunternehmen einen beherrschenden Einfluss ausübt, hat nur dann einen Konzernabschluss aufzustellen, wenn es an drei aufeinander folgenden Konzernabschlussstichtagen jeweils mindestens zwei der folgenden drei Größenmerkmale erfüllt:

- Die Konzernbilanzsumme übersteigt 65 Mio. €.
- Die Konzernumsatzerlöse der jeweiligen Jahre betragen mehr als 130 Mio. €.

46 Vgl. *Mujkanovic, R.*, Zweckgesellschaften nach dem BilMoG, in: StuB, 11. Jg. (2009), S. 374-379.

- Die inländischen Konzernunternehmen hatten im jeweiligen Jahresdurchschnitt insgesamt mehr als 5.000 Mitarbeiter.

Ausnahmen von der Konzernrechnungslegungspflicht

Das HGB sieht folgende Befreiungen von der Konzernrechnungslegungspflicht vor:

- § 291 HGB bietet einem untergeordneten Mutterunternehmen (Zwischenholding) grundsätzlich ein Wahlrecht, von der Aufstellung eines Teilkonzernabschlusses abzusehen, wenn die in § 291 Abs. 1-2 HGB genannten Kriterien erfüllt sind. Die befreiende Wirkung tritt nach § 291 Abs. 3 Nr. 1 HGB jedoch nicht ein, wenn die Zwischenholding eine im amtlichen Markt zum Handel zugelassene Aktiengesellschaft ist oder ein bestimmter Anteil der Minderheitsgesellschafter (mind. 10 % der Anteile bei AG und KGaA; mind. 20 % der Anteile bei einer GmbH) die Aufstellung eines Teilkonzernabschlusses spätestens sechs Monate vor Konzerngeschäftsjahresende verlangt.
- § 291 HGB kann auch dann angewendet werden, wenn das übergeordnete Unternehmen seinen Sitz außerhalb der EU bzw. des Europäischen Wirtschaftsraumes hat, solange es unter anderem einen geprüften Konzernabschluss nach der Richtlinie 2013/34/EU, nach den IFRS oder einen gleichwertigen geprüften Konzernabschluss aufstellt (§ 292 HGB).
- Eine größenabhängige Befreiungsvorschrift greift nach § 293 HGB bei Unternehmen, die einerseits nicht selbst kapitalmarktorientiert i.S.v. § 264d HGB sind und andererseits auch keine kapitalmarktorientierten Tochterunternehmen haben. Hiervon ausgehend kann auf die Aufstellung eines (Teil-)Konzernabschlusses verzichtet werden, wenn der Konzern an zwei aufeinander folgenden Abschlussstichtagen mindestens zwei der drei folgenden Merkmale aufweist:
  - Die Bilanzsummen der einzubeziehenden Unternehmen abzüglich auf der Aktivseite auszuweisender Fehlbeträge übersteigen in Summe (konsolidiert) nicht 24 (20) Mio. €.
  - Die entsprechenden Umsatzerlöse übersteigen in der Summe (konsolidiert) nicht 48 (40) Mio. €.
  - Die durchschnittliche Arbeitnehmerzahl innerhalb des Geschäftsjahres übersteigt nicht 250.

Schließlich ist ein Mutterunternehmen von der Aufstellung eines Konzernabschlusses befreit, wenn es ausschließlich Tochterunternehmen beherrscht, die allesamt unter die Konsolidierungswahlrechte des § 296 HGB fallen (§ 290 Abs. 5 HGB). Diese Befreiung greift sogar dann, wenn das Mutterunternehmen selbst kapitalmarktorientiert ist.

Weltabschlussprinzip

Auch nach HGB gilt wie nach IFRS das Weltabschlussprinzip, wonach grundsätzlich sämtliche Tochterunternehmen im Wege der Vollkonsolidierung in den Konzernabschluss einzubeziehen sind (§ 294 Abs. 1 HGB).

Konsolidierungswahlrechte und -verbote

Ausnahmen von diesem Grundsatz sind allerdings in § 296 HGB kodifiziert. Hiernach kann die Einbeziehung eines Tochterunternehmens in den Konzernabschluss unterbleiben, wenn die Ausübung der Rechte des Mutterunternehmens in

Bezug auf das Vermögen oder die Geschäftsführung des Tochterunternehmens erheblichen und andauernden Beschränkungen unterliegt (§ 296 Abs. 1 Nr. 1 HGB) oder die für die Konzernabschlusserstellung erforderlichen Informationen nur unter Inkaufnahme unverhältnismäßig hoher Kosten oder Verzögerungen erlangt werden können (§ 296 Abs. 1 Nr. 2 HGB). Darüber hinaus gilt ein Einbeziehungswahlrecht nach § 296 Abs. 1 Nr. 3 HGB für Tochterunternehmen, die zur Weiterveräußerung bestimmt sind. Zudem brauchen Tochterunternehmen nicht in den Konzernabschluss einbezogen zu werden, wenn sie für die Vermittlung der Vermögens-, Finanz- und Ertragslage von untergeordneter Bedeutung sind. Gibt es mehrere solcher Tochterunternehmen, ist allerdings zu prüfen, ob diese ggf. zusammen von nicht untergeordneter Bedeutung und damit doch vollständig im Konzernabschluss zu konsolidieren sind (§ 296 Abs. 2 HGB). Einbeziehungsverbote für Tochterunternehmen existieren nach den handelsrechtlichen Rechnungslegungsvorschriften nicht. Entsprechend finden sich im HGB auch keine gesonderten Bilanzierungsregelungen für Investmentgesellschaften.

Equity-Bewertung

Für Tochterunternehmen, die aufgrund eines nach § 296 HGB vorgesehenen Einbeziehungswahlrechts nicht vollkonsolidiert werden, ist im Konzernabschluss in Abhängigkeit vom jeweiligen Ausnahmetatbestand die Equity-Methode in Betracht zu ziehen.[47]

Ausgewählte Literatur

Beyhs, O./Buschhüter, M./Schurbohm, A., IFRS 10 und IFRS 12: Die neuen IFRS zum Konsolidierungskreis, in: WPg, 64. Jg. (2011), S. 662-671.

Böckem, H./Stibi, B./Zoeger, O., IFRS 10 „Consolidated Financial Statements“: Droht eine grundlegende Revision des Konsolidierungskreises?, in: KoR, 11. Jg. (2011), S. 399-409.

Buschhüter, M., Neuregelung der Bilanzierung von Investmentgesellschaften, in: IRZ, 8. Jg. (2013), S. 23-28.

Dietrich, A./Krakuhn, J./Sierleja, L., Berücksichtigung von Prinzipal-Agenten-Beziehungen im Rahmen der Abgrenzung des Konsolidierungskreises nach IFRS 10, in: IRZ, 6. Jg. (2011), S. 519-523.

Erchinger, H./Melcher, W., IFRS-Konzernrechnungslegung – Neuerungen nach IFRS 10, in: DB, 64. Jg. (2011), S. 1229-1238.

Küting, K./Mojadadr, M., Das neue Control-Konzept nach IFRS 10, in: KoR, 11. Jg. (2011), S. 273-285.

Lüdenbach, N./Freiberg, J., Der Beherrschungsbegriff des IFRS 10 - Anwendung auf normale vs. strukturierte Unternehmen, in: PiR, 8. Jg. (2012), S. 41-50.

47 Vgl. *Pellens/Fülbier*, MünchKommHGB, § 311 HGB. Zu Konzeption und Anwendung der Equity-Methode vgl. Kapitel 22.

Lüdenbach, N./Freiberg, J., Mutter-Tochter-Verhältnisse durch beherrschenden Einfluss nach dem BilMoG, in: BB, 64. Jg. (2009), S. 1231-1234.

Meyer, M., Abgrenzung von substanziellen Rechten und Schutzrechten auf der Grundlage von IFRS 10, in: PiR, 8. Jg. (2012), S. 269-275.

Reiland, M., IFRS 10: Sachgerechte Abgrenzung des Konsolidierungskreises oder Spielwiese für Bilanzpolitiker?, in: DB, 64. Jg. (2011), S. 2729-2736.

Übungsaufgaben

In den Konzernabschluss der MU GmbH werden neben der X-AG eine Vielzahl von Tochter- und Enkelunternehmen einbezogen.

a) Erläutern Sie den sog. Pyramiden-Effekt, der sich bei der Beteiligungsstruktur ergeben kann. Unterstützen Sie Ihre Ausführungen anhand eines selbst gewählten Beispiels. Erläutern Sie in diesem Zusammenhang auch den Begriff der „Fiktion der rechtlichen Einheit", der einem Konzernabschluss zugrunde liegt.

b) Prüfen und begründen Sie unter Berücksichtigung des nachstehenden Schaubildes sowie der angegebenen Zusatzinformationen, ob die MU GmbH verpflichtet ist, einen Konzernabschluss nach IFRS aufzustellen.

Zusatzinformationen:

- Die MU GmbH hat zum Ende des abgelaufenen Geschäftsjahres erfolgreich eine Anleihe am deutschen organisierten Wertpapiermarkt platziert, deren Emissionserlös vornehmlich zur Finanzierung weiterer Akquisitionen verwendet werden soll.
- Bis auf die britische C-Ltd. sind alle der in der Abbildung dargestellten Unternehmen in Deutschland ansässig.
- Bei der X-AG existieren erhebliche und andauernde Beschränkungen, die die Ausübung der Rechte der MU GmbH in Bezug auf die Geschäftsführung nachhaltig beeinträchtigen.
- Die Anteile an der Y-SE werden ausschließlich zum Zwecke ihrer Weiterveräußerung gehalten.
- Bei der C-Ltd. sind Entscheidungen hinsichtlich der strategischen Finanz- und Geschäftspolitik laut Gesellschaftsvertrag auf Basis einer qualifizierten Stimmrechtsmehrheit von mehr als 75 % der Stimmen zu treffen.
- Die Z-AG hat mit der C-Ltd. einen noch 6 Monate laufenden Stimmbindungsvertrag geschlossen, nach dem das Management der C-Ltd. auf Gesellschafterversammlungen der S-GmbH so abzustimmen hat wie die Z-AG. Eine außerordentliche Gesellschafterversammlung kann jederzeit mit einem Vorlauf von 30 Tagen von einem oder mehreren Anteilseignern der S-GmbH einberufen werden, sofern diese/r über mindestens 25 % der Anteile an der S-GmbH verfügt/verfügen.

- Die X-AG verfügt aufgrund einer noch ein Jahr laufenden Optionsvereinbarung mit der C-Ltd. über die jederzeitige Möglichkeit, 30 % der Kapitalanteile an der B-GmbH zum fixierten Ausübungspreis der Option zu erwerben. Eine für Zwecke des Goodwill-Impairment-Tests vor Kurzem durchgeführte Unternehmensbewertung hat gezeigt, dass der Ausübungspreis der Option derzeit deutlich höher ist als der anteilige Stand-alone Unternehmenswert der B-GmbH. Unter Berücksichtigung von Synergieeffekten, die mit einer potenziellen Beherrschung der B-GmbH auf Ebene der X-AG realisiert werden könnten, erscheint die Optionsausübung derzeit allerdings vorteilhaft. Die X-AG verfügt derzeit zwar nicht über genügend finanzielle Ressourcen, um den Ausübungspreis begleichen zu können. Es ist aber davon auszugehen, dass die Hausbank der X-AG die benötigten finanziellen Mittel bereitstellen würde.

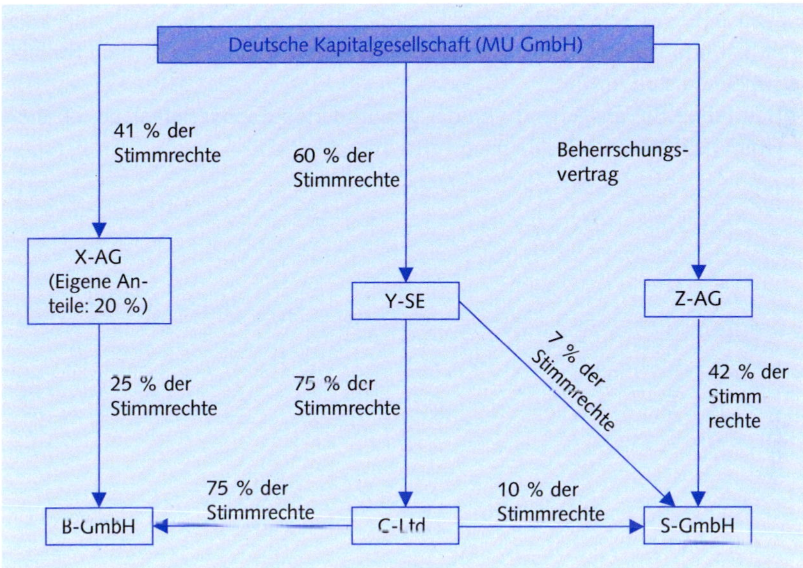

c) Gehen Sie nachfolgend unabhängig von Ihren Ergebnissen unter Aufgabenteil b) davon aus, dass die MU GmbH einen Konzernabschluss nach IFRS aufzustellen hat. Geben Sie hiervon ausgehend an, welche der aufgeführten Unternehmen als Tochterunternehmen der MU GmbH im Wege der Vollkonsolidierung in deren Konzernabschluss einzubeziehen sind!

Die MU GmbH hält seit Kurzem 35 % der Kapital- und Stimmrechtsanteile an der börsennotierten BEYOND AG. Drei weitere Anteilseigner halten jeweils 5 % der Anteile an dieser Publikumsgesellschaft. Die verbleibenden 50 % der Kapitalanteile befinden sich breit verteilt im Streubesitz, wobei keiner der entsprechenden Anteilseigner mehr als 1 % der Anteile an der BEYOND AG hält. Darüber hinaus existieren keine Vereinbarungen und Mechanismen, nach denen sich die Anteilseigner der BEYOND AG organisieren bzw. ein gemeinschaftliches Abstimmungsverhalten koordinieren können.

Entscheidungen über diejenigen Aktivitäten der BEYOND AG, die die Rückflüsse des Unternehmens wesentlich beeinflussen, werden mit einfacher Mehrheit auf den Hauptversammlungen der BEYOND AG getroffen. Die Hauptversammlungspräsenz lag in den vergangenen fünf Jahren bei durchschnittlich ca. 75 %, wobei sie in dieser Zeit zwischen 69 % und 80 % schwankte. Zuletzt lag sie bei 71 %.

Auf den letzten beiden Hauptversammlungen konnte die MU GmbH Entscheidungen über die relevanten Aktivitäten der BEYOND AG jeweils mit knapper Mehrheit und Unterstützung einiger Anteilseigner, deren Anteile dem Streubesitz zuzurechnen sind, treffen.

d) Beurteilen Sie ausgehend von der geschilderten Sachverhaltslage, ob die MU GmbH die BEYOND AG nach IFRS 10 beherrscht.

Kapitel 5 Abschlussbestandteile und Aufstellungsgrundsätze

Der Geschäftsbericht des Volkswagen-Konzerns für 2019 besteht aus 354 Seiten. Der eigentliche Konzernabschluss umfasst rund 151 Seiten, davon 133 Seiten Anhang. Sicherlich ist die Jahrespublizität eines der weltweit größten Automobilhersteller kein repräsentativer Maßstab für den Umfang der Unternehmensberichterstattung insgesamt, aber auch die Geschäftsberichte anderer großer deutscher Konzerne sind in den vergangenen Jahren im Umfang gewachsen. Nicht alle Adressaten der Rechnungslegung sind hierüber glücklich – manche beklagen einen „information overload" durch ausufernde und nicht immer relevante Angaben, die auf Grund der IFRS zu machen sind.[1] Gerade diese Kritik hat in der jüngeren Vergangenheit dazu geführt, dass einige Unternehmen ihre Berichte kürzen, um den Fokus auf die wesentlichen Informationen zu legen. So fiel beispielsweise der Geschäftsbericht von Siemens mit 152 Seiten im Jahr 2015 gegenüber 368 Seiten im Jahr 2014 deutlich kürzer aus. Auch das IASB hat sich in seiner Angabeninitiative (disclosure initiative) dieses Themas angenommen und plant u.a. die Anhangangabepflichten in den einzelnen IFRS auf das Wesentliche zu begrenzen sowie die Vergleichbarkeit der Konzernabschlüsse zwischen Unternehmen zu erhöhen.[2] In diesem Kapitel wird nun erläutert, welche Bestandteile ein IFRS-Abschluss umfasst, nach welchen Grundsätzen ein solcher Abschluss (erstmalig) aufzustellen ist, und wie in ihm mit „Strukturbrüchen" – also etwa der Einführung neuer Vorschriften – umzugehen ist.

Lernziele „Anwenden"

Nach Bearbeitung dieses Kapitels sind Ihnen die einzelnen Bestandteile des IFRS-Abschlusses inklusive der jeweils geltenden Gliederungsvorschriften vertraut. Sie kennen außerdem die Grundsätze der erstmaligen IFRS-Anwendung sowie die Anforderungen der IFRS an Änderungen von Rechnungslegungsmethoden, Schätzänderungen und Fehlerkorrekturen.

Lernziele „Kennen"

Sie können selbständig die Rechenwerke des IFRS-Abschlusses erstellen und Geschäftsvorfälle korrekt den verschiedenen Posten zuordnen. So gelingt es Ihnen z.B., eine Kapitalflussrechnung nach der indirekten Methode herzuleiten. Zudem sind Sie in der Lage, die Anforderungen von IFRS 1 und IAS 8 auf grundlegende Praxisfälle zu übertragen und anzuwenden.

Lernziele „Bewerten & Gestalten"

Diese Kenntnisse befähigen Sie zu erkennen, wie die Rechenwerke des IFRS-Abschlusses sich durch das Ausüben von Bilanzierungswahlrechten und Ermessensspielräumen, durch das Vornehmen oder Unterlassen bestimmter Geschäftsvorfälle sowie durch gezielte Variationen in deren Abbildung bilanzpolitisch be-

1 Vgl. u.a. *Thomas, R. P./Schmitz, J./ Wagner, J. M.*, Adressatengerechte Kapitalmarktkommunikation als unternehmensindividuelle Managementverantwortung, in: Schmalenbachs Zeitschrift für betriebswirtschaftliche Forschung, 68. Jg. (2016), S. 447-473.

2 Vgl. *Sellhorn, T./Menacher, J.*, Ist die „Disclosure Initiative" des IASB erfolgversprechend?, in: WPg, 69. Jg. (2016), S. 87-97; *Sellhorn, T./Menacher, J.*, Welche Neuerungen bringt die „Disclosure Initiative" des IASB – Aktuelle Entwicklungen und Status Quo, in: WPg, 68. Jg. (2015), S. 1289-1298.

einflussen lassen. Bei der Erstanwendung der IFRS können Sie die jeweiligen Auswirkungen der verschiedenen Abbildungsalternativen auf die Rechenwerke abschätzen. Sie sind ebenfalls in der Lage, die bilanzielle Behandlung von Methoden- und Schätzänderungen sowie Fehlerkorrekturen kritisch im Lichte des IFRS-Rahmenkonzeptes zu würdigen.

1 Einleitung

Rechenwerke als Bestandteile eines informationsorientierten Abschlusses

Zu einem vollständigen IFRS-Abschluss zählen die vier Rechenwerke Bilanz (statement of financial position), Gesamtergebnisrechnung (statement of comprehensive income), Kapitalflussrechnung (statement of cash flows) und Eigenkapitalveränderungsrechnung (statement of changes in equity) sowie erläuternde Anhangangaben, die für kapitalmarktorientierte Unternehmen auch eine Segmentberichterstattung (vgl. Kapitel 25) und eine EPS-Rechnung (vgl. Kapitel 24) umfassen. Diese Abschlussbestandteile sollen den Adressaten der Rechnungslegung entscheidungsnützliche Informationen über die Entwicklung der Vermögens-, Finanz- und Ertragslage sowie über die künftigen Cashflows des Unternehmens vermitteln. Die Darstellung hat dabei den tatsächlichen Verhältnissen zu entsprechen (fair presentation; vgl. Kapitel 3).

Funktionen der einzelnen Rechenwerke

Die Bilanz gibt den Rechnungslegungsadressaten einen umfassenden Einblick in die Vermögens- und Finanzlage des berichtenden Unternehmens zum Bilanzstichtag. Die Ertragslage wird in der Gesamtergebnisrechnung dargestellt, während die Kapitalflussrechnung die Liquiditätslage eines Unternehmens abbildet.

Änderungen von Reinvermögen und Zahlungsmittelbestand

Grundsätzlich ließen sich Ertrags- und Liquiditätslage auch durch Bilanzvergleich zweier aufeinanderfolgender Geschäftsjahre bestimmen. Die Veränderung der Liquidität ergibt sich als Differenz der Bestände an liquiden Mitteln zum Anfang und zum Ende einer Berichtsperiode. Das Gesamtergebnis verändert die Höhe des Eigenkapitals, wobei hier bereits die Grenzen eines bloßen Bilanzvergleichs sichtbar werden. Auch Transaktionen, die zwischen Gesellschaftern und Unternehmen stattfinden (z.B. Kapitalerhöhungen, Dividenden und Aktienrückkäufe) führen zu einer Veränderung des Eigenkapitals. Mithin ist die Veränderung des Eigenkapitals im Zeitablauf nicht allein durch die eigentliche Unternehmenstätigkeit zu erklären. Dic Eigenkapitalveränderungsrechnung heilt diesen Mangel und zeigt den Abschlusslesern sämtliche Quellen einer Reinvermögensänderung auf. Ähnliche Funktionen haben auch die Gesamtergebnisrechnung und die Kapitalflussrechnung: Erstere gibt Aufschluss über die Ergebnisquellen, d.h. aus welchen Aufwendungen und Erträgen sich das Gesamtergebnis zusammensetzt. Letztere zeigt die Herkunft der Ein- und Auszahlungen einer Periode. Die Gesamtergebnisrechnung wird unterteilt in diejenigen Erträge und Aufwendungen, deren Saldo den Gewinn bzw. Verlust der abgelaufenen Periode ergeben und in die sonstigen Erträge und Aufwendungen, deren Saldo als sonstiges Ergebnis bezeichnet wird. Der Gewinn bzw. Verlust wird in der Gewinn- und Verlustrechnung (GuV) als Saldo der GuV-wirksamen Aufwendungen und Erträge ermittelt, während die sonstigen Erträge und Aufwendungen als GuV-neutral bezeichnet und in der Gesamtergebnisrechnung ausgewiesen werden.[3] Abbildung 5.1 gibt einen Überblick über den Zusammenhang der Rechenwerke, und die Abschnitte 2 bis 5 in diesem Kapitel vermitteln die entsprechenden Details zu den jeweiligen Rechenwerken.

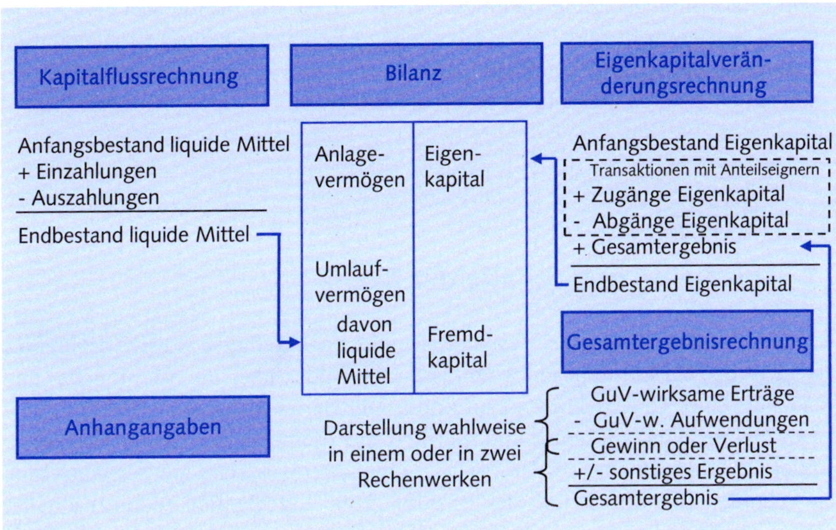

Abb. 5.1: Zusammenhang der Pflichtbestandteile des IFRS-Abschlusses

Aufstellungsgrundsätze

Wenn ein Unternehmen erstmalig einen IFRS-Abschluss erstellt, ist dieser grundsätzlich *retrospektiv*, also so, als ob schon immer nach IFRS bilanziert worden wäre, aufzustellen. Dieser Grundsatz der retrospektiven Umstellung, der zahlreiche Ausnahmen enthält, wird in Abschnitt 6 vermittelt. In Abschnitt 7 wird schließlich dargestellt, wie Ansatz- oder Bewertungsmethoden zu wechseln, Schätzungen zu ändern oder Fehler zu korrigieren sind.

Relevante Standards

Dieses Kapitel behandelt im Wesentlichen vier Standards:

- IAS 1 „Darstellung des Abschlusses" (Presentation of Financial Statements) regelt die Inhalte sowie Gliederungsvorschriften von Bilanz, Gesamtergebnisrechnung und Eigenkapitalveränderungsrechnung. Diese sind vergleichsweise wenig detailliert; dies gilt insbesondere im Vergleich zum deutschen Handelsrecht für die Gliederungstiefe der Rechenwerke. Eine Ausnahme bildet diesbezüglich die Abbildung aufgegebener Geschäftsbereiche in Bilanz und Gesamtergebnisrechnung nach IFRS 5 „Zur Veräußerung gehaltene langfristige

3 Beide Teilrechenwerke (GuV und Gesamtergebnisrechnung) können wahlweise separat oder als integriertes Rechenwerk ausgewiesen werden; vgl. dazu Abschnitt 3.2.

Vermögenswerte und aufgegebene Geschäftsbereiche“ (Non-current Assets Held for Sale and Discontinued Operations; vgl. Kapitel 23).

- Für die Aufstellung der Kapitalflussrechnung existiert mit IAS 7 „Kapitalflussrechnung“ (Cash Flow Statements) ein eigener detaillierter Standard.
- Die erstmalige Erstellung eines IFRS-konformen Abschlusses ist in IFRS 1 „Erstmalige Anwendung der IFRS“ (First-time Adoption of IFRS) geregelt.
- IAS 8 „Rechnungslegungsmethoden, Änderungen von rechnungslegungsbezogenen Schätzungen und Fehler (Accounting Policies, Changes in Accounting Estimates and Errors) regelt schließlich den Umgang mit Methodenwechseln sowie Schätzänderungen und Fehlerkorrekturen.

2 Bilanz

2.1 Elemente und Inhalte der Bilanz

Aufgabe der Bilanz

Die Aufgabe der Bilanz als Bestandteil eines vollständigen IFRS-Abschlusses besteht in der Vermittlung eines umfassenden Bildes über die Vermögens- und Finanzlage eines Unternehmens zum Ende einer Berichtsperiode.

Elemente der Bilanz

Das Rahmenkonzept nennt und definiert die Elemente der Bilanz (vgl. dazu Kapitel 3): In der Bilanz werden die Vermögenswerte (assets) auf der Aktivseite den Schulden (liabilities) und der Residualgröße Eigenkapital (equity) auf der Passivseite gegenüber gestellt. Auf diese Weise gewährt sie sowohl einen Einblick in die Vermögensstruktur (Mittelverwendung, Investition) als auch in die Struktur des die Vermögenswerte finanzierenden Kapitals (Mittelherkunft, Finanzierung).

Bilanzansatzkriterien

Sachverhalte, die die Definitionskriterien des Rahmenkonzepts für Vermögenswerte bzw. Schulden erfüllen, sind abstrakt bilanzierungsfähig. Die tatsächliche oder konkrete Bilanzierungsfähigkeit ergibt sich mit der Erfüllung der im Rahmenkonzept genannten zwei weiteren Voraussetzungen für einen Bilanzansatz (Wahrscheinlichkeit eines Zu- bzw. Abflusses von wirtschaftlichem Nutzen sowie Möglichkeit der verlässlichen Bewertung; vgl. erneut Kapitel 3) sowie den konkreten Ansatzkriterien in den einzelnen Standards.

Wirtschaftliche Betrachtungsweise

Hinsichtlich des Bilanzansatzes nehmen die IFRS eine eher wirtschaftliche als formalrechtliche Betrachtungsweise ein (economic substance over legal form). So kann es trotz mangelnden rechtlichen Eigentums zu einem Bilanzansatz kommen, z.B. beim Finanzierungsleasing (vgl. Kapitel 19).

2.2 Gliederungsvorschriften

Mindestgliederungstiefe

Neben der Zwecksetzung der Finanzberichterstattung und der Benennung ihrer notwendigen Bestandteile (IAS 1.10) enthält IAS 1 Gliederungsschemata für die Bilanz und die Gesamtergebnisrechnung. Die Notwendigkeit einer geeigneten Aufspaltung der in einer Bilanz anzusetzenden Posten leitet sich aus der Informationsfunktion von Jahresabschlüssen ab. Die in IAS 1 enthaltene Bilanzgliederung ist jedoch nicht als starre Formatvorgabe zu verstehen, sondern vielmehr als Katalog der Mindestpositionen. Die konkrete Darstellung bleibt den individuellen Anforderungen eines jeden Unternehmens und seines Umfeldes überlassen.

Anzugebende Bilanzposten

In IAS 1.54 ist die Mindestgliederungstiefe der Bilanz geregelt. Es handelt sich um zehn ausweispflichtige Aktiv- (z.B. Sachanlagen, immaterielle Vermögenswerte und Vorräte, latente Steueransprüche) sowie acht Passivpositionen (z.B. Verbindlichkeiten aus Lieferungen und Leistungen, latente Steuerschulden, Rückstellungen, gezeichnetes Kapital und Rücklagen). Eine weitere Untergliederung sowie die Angabe zusätzlicher Posten ist erwünscht, sofern dadurch eine detailliertere Darstellung und ein besseres Verständnis der Vermögenslage ermöglicht werden (IAS 1.55-55A).[4]

Aktiva	Passiva
Langfristige Vermögenswerte	**Eigenkapital**
1. Sachanlagen	1. Gezeichnetes Kapital und Rücklagen
2. Als Finanzinvestition gehaltene Immobilien	2. Anteile nicht beherrschender Gesellschafter
3. Immaterielle Vermögenswerte	
4. Finanzielle Vermögenswerte	**Schulden**
5. At-equity-Beteiligungen	3. Verbindlichkeiten aus Lieferung und Leistung
6. Biologische Vermögenswerte	4. Rückstellungen
7. Latente Steueransprüche	5. Finanzielle Verbindlichkeiten
Kurzfristige Vermögenswerte	6. Laufende Steuerschulden
8. Vorräte	7. Schulden in direktem Zusammenhang mit zur Veräußerung gehaltenen langfristigen Vermögenswerten
9. Forderungen aus Lieferung und Leistung und sonstige Forderungen	
10. Laufende Ertragsteueransprüche	
11. Zahlungsmittel und Zahlungsmitteläquivalente	
12. Zur Veräußerung gehaltene langfristige Vermögenswerte	

Abb. 5.2: Mindestgliederung der Bilanz nach IAS 1.54

4 In seinem Exposure Draft 2019/7 „General Presentation and Disclosures" schlägt das IASB desweiteren vor, Goodwill als separaten Gliederungspunkt in die Bilanz aufzunehmen sowie integrale von nicht-integralen assoziierten Unternehmen und Joint Ventures zu unterscheiden.

Wesentlichkeit von Posten und Saldierung

Gemäß IAS 1.29 sind alle wesentlichen Positionen im Abschluss gesondert darzustellen, während ähnliche Sachverhalte unbedeutenden Umfangs zusammenzufassen sind.[5] Weiterhin ist nach IAS 1.32 eine Saldierung von Vermögenswerten und Schulden (etwa von finanziellen Vermögenswerten und finanziellen Schulden) grundsätzlich nicht zulässig, es sei denn, dies wird von einem Standard explizit erlaubt oder gar gefordert. So fordert etwa IAS 12.71 unter bestimmten restriktiven Voraussetzungen die Saldierung tatsächlicher Steuererstattungsansprüche und tatsächlicher Steuerschulden (vgl. Kapitel 6).

Wahlrecht beim Präsentationsformat

Das IASB schreibt für die Bilanz weder ein bestimmtes Präsentationsformat (Konto- oder Staffelform) noch eine bestimmte Reihenfolge der 18 verpflichtend darzustellenden Positionen vor.[6] Zusätzliche Positionen, Gruppenüberschriften und Zwischensummen sind auszuweisen, sofern ein anderer Standard bzw. eine Interpretation dieses fordert oder wenn nur so eine glaubwürdige Darstellung (fair presentation) der Vermögens-, Finanz- und Ertragslage des Unternehmens erzielt werden kann (IAS 1.55 und 1.57). Dies kann auch die Angabe weiterer Posten in der Bilanz oder im Anhang notwendig machen (IAS 1.59). So kann die Position Sachanlagen weiter in art- und verwendungsverwandte Gruppen von Vermögenswerten unterteilt werden. IAS 16.37 nennt exemplarisch u.a. unbebaute Grundstücke, Grundstücke und Gebäude, Maschinen und technische Anlagen, Schiffe und Betriebsausstattung als eigenständige Gruppen.

Gliederung nach Fristigkeit oder Liquidierbarkeit

In Abhängigkeit von der Geschäftstätigkeit eines Unternehmens hat das Management darüber zu bestimmen, ob es Bilanzpositionen in die Kategorien kurzfristige (current) und langfristige (non-current) Vermögenswerte bzw. Schulden unterteilt oder sie stattdessen nach dem Kriterium der Liquidität ordnet.

Gliederung nach Fristigkeit

Wird eine Unterteilung nach der Fristigkeit vorgenommen, hat diese entsprechend den Vorschriften von IAS 1.60-68 zu erfolgen. Danach sind solche Vermögenswerte und Schulden als kurzfristig zu klassifizieren, die sich innerhalb eines Geschäftszyklus oder innerhalb eines Jahres realisieren bzw. erfüllt werden. Der Geschäftszyklus umfasst den Zeitraum vom Materialeinkauf über den Leistungserstellungsprozess bis zur Umsatzrealisierung. Je nach Unternehmenstätigkeit kann er weitaus länger (z.B. Anlagenbau), aber auch kürzer (z.B. Molkerei) als ein Jahr sein.

Gliederung nach Liquidierbarkeit

Unterbleibt eine Unterteilung nach der Fristigkeit, sind die Positionen alternativ nach dem Kriterium der Liquiditätsnähe grob zu ordnen (IAS 1.60). Eine Gliederung nach der Liquiditätsnähe sollte jedoch nur als Ausnahme von der grundsätzlich vorzunehmenden Gliederung nach der Fristigkeit gewählt werden, wenn sich dadurch die Darstellung verbessert. Finanzdienstleistern und Konzernunternehmen, welche keinen einheitlichen, sondern aufgrund der Vielfältig-

5 Im Rahmen der Angabeninitiative (disclosure initiative) des IASB wurde 2018 der Begriff der Wesentlichkeit (materiality) in IAS 1.7 feiner definiert. Die vormals in IAS 8 enthaltene Definition wurde mit Verweis auf IAS 1.7 gestrichen.

6 Das im Anhang des IAS 1 gegebene Beispiel für eine Bilanz verwendet die Staffelform.

keit ihrer Tätigkeit mehrere überlappende Geschäftszyklen haben, wird das Unterscheidungskriterium nach der Liquiditätsnähe, allen übrigen Unternehmen hingegen die Gliederung nach der Fristigkeit empfohlen (IAS 1.62-63).

Gemischte Schuldenpositionen

Wird die Umsetzung der Gliederungsvorschriften nach der Fristigkeit ernst genommen, so führt dies auf der Passivseite neben dem Ausweis von Eigenkapital zu der Bildung jeweils „gemischter“ Gruppen aus lang- und kurzfristigen Schulden (Verbindlichkeiten und Rückstellungen), welche wegen IAS 1.54 (Rückstellungen als separat auszuweisende Bilanzposition) getrennt zu zeigen wären. In der Praxis deutscher nach IFRS bilanzierender Unternehmen wird diese Einteilung nach der Fristigkeit bisher kaum berücksichtigt. Stattdessen verwenden viele Unternehmen meist noch die nach HGB geforderte Einteilung in Verbindlichkeiten, Rückstellungen, latente Steuern und den nach IFRS unbekannten Rechnungsabgrenzungsposten ggf. mit den erforderlichen Zusatzangaben.[7]

Rechnungsabgrenzungsposten

Weder im Rahmenkonzept noch in IAS 1 oder einer sonstigen Verlautbarung des IASB findet sich eine direkte Definition von Rechnungsabgrenzungsposten. Allerdings ergibt sich die Notwendigkeit einer Erfassung von Abgrenzungsposten aus dem in IAS 1.27 geforderten Konzept der Periodenabgrenzung (accrual basis). Dabei fordert IAS 1.28 grundsätzlich nur den Ansatz solcher Sachverhalte in aktiven bzw. passiven Posten, welche der Definition von Vermögenswerten bzw. Schulden genügen. Mithin bilden Abgrenzungsposten keine eigene Kategorie neben Vermögenswerten und Schulden, sondern werden entsprechend unter kurz- bzw. langfristigen Vermögenswerten oder Schulden subsumiert. So ergibt sich etwa der Ansatz aktiver Posten für Ausgaben, die erst in der Folgeperiode einen erwarteten ökonomischen Nutzen durch Empfang von Waren oder Dienstleistungen haben (z.B. aufgrund voraus gezahlter Mieten oder Versicherungsprämien), weil sie der Definition von Vermögenswerten genügen. Diese prepaid expenses entsprechen den deutschen aktiven transitorischen Rechnungsabgrenzungsposten und sind nach IFRS unter den sonstigen Forderungen im Umlaufvermögen auszuweisen. Entsprechend sind nach IFRS 15.65 passive Posten für erhaltene Zahlungen (contract liabilities) für künftige Leistungsverpflichtungen abzugrenzen[8] und je nach Fristigkeit unter den lang- oder kurzfristigen Schulden auszuweisen.

2.3 Anhangangaben

Zusatzinformationen in Bilanz oder Anhang

Zusätzlich zu den in der Grobgliederung aufgeführten Positionen werden vom IASB bestimmte Informationen explizit benannt, die entweder in der Bilanz oder aber im Anhang offengelegt werden müssen. Nach IAS 1.79 zählen dazu Angaben zu genehmigten Anteilen sowie zu den davon ausgegebenen Anteilen, die Be-

7 Vgl. *Pilhofer, J./Defren, T.*, Auswirkungen des IAS 1R auf die Darstellung von IFRS-Abschlüssen in der Unternehmenspraxis, in: KoR, 11. Jg. (2011), S. 15-25.

8 Vgl. *ADS International*, Abschnitt 1: Konzeptionelle Grundlagen, Tz. 172-177.

schreibung der Beschaffenheit und des Zwecks der Rücklagenpositionen des Eigenkapitals sowie der Betrag der vorgeschlagenen bzw. angekündigten Dividende. Unternehmen ohne gezeichnetes Kapital, wie z.B. Personengesellschaften, haben nach IAS 1.80 äquivalente Informationen in der Bilanz oder im Anhang zu veröffentlichen.

Veröffentlichung von bis zu drei Bilanzen

Grundsätzlich muss zusammen mit der Bilanz die Schlussbilanz der Vergleichsperiode im Abschluss veröffentlicht werden. Gemäß IAS 1.10(f) ist im Falle einer Fehlerkorrektur, der retrospektiven Änderung der Bilanzierungs- und Bewertungsmethoden oder der Umgliederung eines Abschlusspostens (vgl. hierzu Abschnitt 6.3 in diesem Kapitel) die Eröffnungsbilanz der Vergleichsperiode zu veröffentlichen. Damit sind in den genannten Fällen insgesamt drei Bilanzen zu zeigen: die Schlussbilanz der aktuellen Periode sowie die Schluss- und die Eröffnungsbilanz der Vergleichsperiode.

3 Gesamtergebnisrechnung

3.1 Elemente und Inhalte der Gesamtergebnisrechnung

Aufgabe und Elemente der Gesamtergebnisrechnung

Die Gesamtergebnisrechnung (statement of comprehensive income) soll den Jahresabschlussadressaten detaillierte Informationen über Ausmaß und Quellen der Ertrags- bzw. Leistungskraft eines Unternehmens in einer Periode vermitteln. Hierfür werden die während der Berichtsperiode angefallenen Aufwendungen (expenses) den Erträgen (income) gegenübergestellt (RK.7.15). Als Zwischensaldo dieser Zeitraumrechnung wird der Gewinn oder Verlust (profit or loss) ausgewiesen. Deswegen werden die dort enthaltenen Posten als GuV-wirksam bezeichnet. Das Gesamtergebnis stellt den Gesamtsaldo dieser Rechnung unter zusätzlicher Einbeziehung GuV-neutraler Aufwendungen und Erträge (sonstiges Ergebnis; other comprehensive income (OCI)) dar. Nach der Definition des Rahmenkonzepts (vgl. Kapitel 3) verändern Erträge (Aufwendungen) immer das Eigenkapital positiv (negativ), sind aber nicht auf Kapitaltransaktionen zwischen Anteilseignern und Unternehmen (Einlagen, Ausschüttungen) zurückzuführen.

Ansatzvoraussetzungen

Analog zu den Ansatzvoraussetzungen in der Bilanz gilt auch für den Ansatz in der Gesamtergebnisrechnung, dass nur Sachverhalte anzusetzen sind, die sowohl wahrscheinlich (probable) als auch verlässlich bewertbar (reliably measurable) sind.

Abgrenzung der Elemente der Gesamtergebnisrechnung

Anders als nach der im Rahmenkonzept vorgenommenen, z.T. missverständlichen Abgrenzung zwischen Erlösen (revenues) und anderen Erträgen (gains) bzw. Aufwendungen im Rahmen der gewöhnlichen Geschäftstätigkeit (expenses) und anderen Aufwendungen (losses) wird gemäß IAS 1 nicht zwischen Erträgen und Aufwendungen der gewöhnlichen Tätigkeit und solchen aus außerordentlichen Sachverhalten differenziert. Ein Ausweis von Posten in der Gesamtergebnisrechnung oder im Anhang als „außerordentlich" wird gemäß IAS 1.87 explizit untersagt. Die Gesamtergebnisrechnung berücksichtigt nach IAS 1.81A alle in einer Periode erfassten Aufwands- und Ertragsposten, unabhängig davon, ob sie GuV-wirksam oder GuV-neutral gebucht wurden.

Realisationsprinzip

Für die Realisierung von Erträgen gilt ein weit gefasstes Realisationsprinzip. Anders als nach deutschem Verständnis wird für den Zeitpunkt der Gewinnrealisierung vor dem Hintergrund der stärker an der Bewertungsfunktion (Informationsfunktion i. e. S.) der Rechnungslegung primär auf das Konzept der Periodenabgrenzung und weniger auf das Vorsichtsprinzip abgestellt (IAS 1.27-28; RK.1.17 sowie RK.2.15-16). Deshalb ist für die GuV-wirksame Berücksichtigung von Erträgen in der Gesamtergebnisrechnung nicht der Gefahrenübergang ausschlaggebend. Nach IFRS werden neben realisierten auch realisierbare, d.h. im Sinne des Gefahrenübergangs unrealisierte Erträge erfasst. Diese weite Definition des Realisationsprinzips ergibt sich deutlich aus einzelnen Standards. So werden z.B. bei langfristiger Auftragsfertigung noch unrealisierte, aber künftig hinreichend sicher anfallende Auftragserlöse (contract revenues) gemäß IFRS 15 „Erlöse aus Verträgen mit Kunden“ vorvereinnahmt. Auch aus der Neubewertung resultierende Erträge können schon vor ihrer eigentlichen Realisierung GuV-wirksam oder GuV-neutral in der Gesamtergebnisrechnung angesetzt werden. So beeinflusst ein unrealisierter Gewinn aus der Wertänderung einer im Rahmen des „Neubewertungsmodells“ gemäß IAS 16 „Sachanlagen“ folgebewerteten Sachanlage das sonstige Ergebnis.

GuV-neutrale Erträge und Aufwendungen

Genügt ein Geschäftsvorfall der Definition von Erträgen bzw. Aufwendungen, so ist es möglich, dass er zwar in der Gesamtergebnisrechnung erfasst wird, nicht aber den Gewinn oder Verlust beeinflusst. Denn der Gewinn oder Verlust bildet nur einen Zwischensaldo der Gesamtergebnisrechnung und umfasst nur einen Teil der Aufwendungen und Erträge einer Periode. Andere Aufwendungen und Erträge dagegen werden erst unterhalb dieser Zwischensumme in der Gesamtergebnisrechnung erfasst und beeinflussen damit das Gesamtergebnis, nicht aber den zuvor als Zwischensumme ermittelten Gewinn oder Verlust. Während die im Gewinn oder Verlust zusammengefassten Aufwendungen und Erträge hier als GuV-wirksam bezeichnet werden, werden die restlichen in der Gesamtergebnisrechnung erfassten Aufwendung und Erträge im Folgenden als GuV-neutral bezeichnet. GuV-neutrale Vorgänge werden unter dem sonstigen Ergebnis (OCI) subsumiert.

Standards entscheidend

Welche Aufwendungen und Erträge GuV-wirksam innerhalb des Gewinns oder Verlustes zu erfassen sind und welche dagegen GuV-neutral außerhalb dieser Zwischensumme verbleiben, ergibt sich nicht aus IAS 1, sondern explizit aus den jeweiligen Standards (IAS 1.88). So sind etwa Werterhöhungen und anschließende Wertminderungen in maximal gleichem Umfang aus der Neubewertung von Sachanlagevermögen, immateriellen Vermögenswerten sowie nach fair value bilanzierten Wertpapieren zwar als Erträge bzw. Aufwendungen in die Gesamtergebnisrechnung aufzunehmen, sie beeinflussen aber nicht den Gewinn oder Verlust (IAS 16.39-40, IAS 38.85-86, IFRS 9.5.7.1; vgl. auch Kapitel 9, 10 und 17).

Abgrenzungskriterien und recycling

Im neuen Rahmenkonzept argumentiert das IASB, dass grundsätzlich alle Aufwendungen und Erträge als GuV-wirksam zu verstehen sind (RK 7.17). Unter besonderen Umständen sollten Aufwendungen und Erträge jedoch GuV-neutral erfasst werden, sofern dies zu einer erhöhten Informationsrelevanz der GuV oder einer wahrheitsgemäßeren Darstellung (faithful representation) der Ertragskraft in der jeweiligen Periode führt. Jedoch ist die Behandlung der GuV-neutral erfassten Sachverhalte in den Folgeperioden nach wie vor uneinheitlich: Einzelne Standards, wie beispielsweise IFRS 9 bezüglich zur Veräußerung gehaltener Wertpapiere, sehen für die zunächst GuV-neutral erfassten Wertschwankungen deren GuV-wirksame Erfassung bei Veräußerung vor (recycling; vgl. beispielsweise Kapitel 17.4.1.3 zum recycling nach IFRS 9 sowie IFRS 9.5.7.10). Andere GuV-neutrale Wertschwankungen dagegen werden auch in den Folgeperioden nicht vollständig im Gewinn oder Verlust berücksichtigt, sodass es auf Basis des Gewinns oder Verlustes zu einem Verstoß gegen das Kongruenzprinzip kommt (vgl. Kapitel 9 und 10). Auf Basis des weniger prominenten Gesamtergebnisses bleibt dieses Prinzip dagegen gewahrt.

Gewinn oder Verlust, sonstiges Ergebnis und Gesamtergebnis

Die GuV-wirksamen Aufwendungen und Erträge addieren sich zum Gewinn oder Verlust (profit or loss), der Saldo der GuV-neutralen Aufwendungen und Erträge wird als sonstiges Ergebnis (other comprehensive income, OCI) bezeichnet.[9] Das Gesamtergebnis (comprehensive income) ergibt sich aus der Summe beider Teilergebnisse. Aus obigen Ausführungen ergibt sich die in Abbildung 5.3 gezeigte Abgrenzung von Aufwendungen und Erträgen.

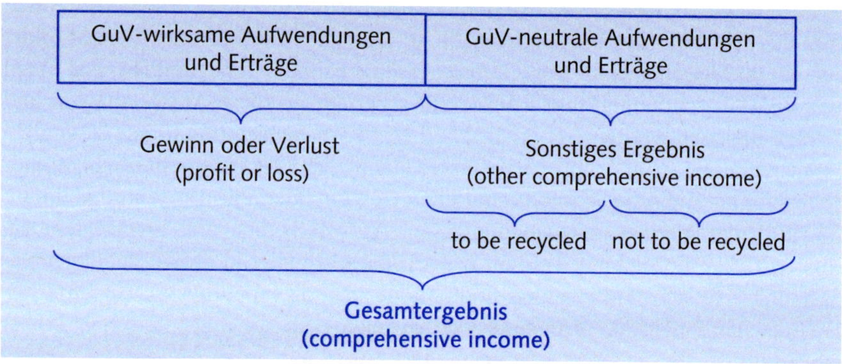

Abb. 5.3: Abgrenzung von Gewinn oder Verlust und sonstigem Ergebnis nach IFRS

9 An dieser Stelle sei darauf hingewiesen, dass der Begriff „Gewinn oder Verlust" aufgrund seiner umgangssprachlichen Bedeutung irreführend sein kann. Im Rahmen der IFRS-Rechnungslegung ist mit Gewinn oder Verlust der Saldo der GuV (profit or loss) gemeint.

3.2 Gliederungsvorschriften

Zwei Varianten der Darstellung

Gemäß IAS 1.10A existieren für die Gesamtergebnisrechnung zwei Darstellungsmöglichkeiten, die sich lediglich hinsichtlich einer zusätzlichen Unterteilung des Rechenwerkes unterscheiden. Es sollen entweder

- alle Aufwendungen und Erträge in einem Rechenwerk zusammengefasst werden, wobei der Gewinn oder Verlust einen Zwischensaldo GuV-wirksamer Aufwendungen und Erträge bildet und das Gesamtergebnis die „bottom line" darstellt (single statement approach), oder
- die Darstellung erfolgt in zwei separaten Teilrechenwerken: Während die Gewinn- und Verlustrechnung (income statement) als erstes Teilrechenwerk die GuV-wirksamen Aufwendungen und Erträge im Gewinn oder Verlust zusammenfasst, ist in einem zweiten Teilrechenwerk dieser Gewinn oder Verlust durch die GuV-neutralen Aufwendungen und Erträge auf das Gesamtergebnis überzuleiten (two statement approach).

Aus der Forschung

Wertrelevanz und Prognosekraft des OCI

Die Wahl zwischen single statement approach und two statement approach ist insbesondere eine Entscheidung darüber, wie prominent der Saldo der GuV (Gewinn bzw. Verlust; profit or loss) dargestellt und vom OCI abgegrenzt werden soll. Ein häufiges Argument für eine solche prominente Darstellung des GuV-Saldos im two statement approach ist die Annahme, dass das OCI nur geringe Wertrelevanz und keine Prognosekraft besitzt. Gewinn bzw. Verlust seien daher aus Sicht des Abschlusslesers das entscheidungsnützlichere Performancemaß, weshalb es als „bottom line" der GuV prominenter sichtbar sein sollte als das OCI und das Gesamtergebnis. In einer empirischen Studie zeigen Jones/Smith (2011), dass auch das OCI ein gewisses Maß an Wertrelevanz besitzt, dessen Prognosekraft jedoch – auch im Vergleich zu anderen Einmaleffekten (sog. special items) – eher gering ist.

Ein weiterer Literaturstrang beschäftigt sich mit der Frage, ob die Darstellungsform des Ergebnisses einen Einfluss auf die Wahrnehmung der Informationen hat. Schließlich enthalten single und two statement approach die gleichen Informationen. In diesem Zusammenhang zeigen Maines/McDaniel (2000), dass die Darstellung sehr wohl bedeutsam ist. So nehmen Retail Investoren einzelne Ergebniskomponenten je nach Darstellung unterschiedlich wahr und berücksichtigen diese folglich unterschiedlich in ihrer Beurteilung des Managements. Die unterschiedliche Wahrnehmung der GuV-neutralen Aufwendungen und Erträge durch die Abschlussempfänger in Abhängigkeit des Ausweises bestätigen auch weitere empirische Studien. Einen Überblick über den aktuellen Forschungsstand zum Thema other comprehensive income gibt auch Black (2016).

Literatur: Jones, D./ Smith, K., Comparing the value relevance, predictive value, and persistence of other comprehensive income and special items, in: ACCR, Vol. 86 (2011), S. 2047-2073; Maines, L. A. / McDaniel, L. S., Effects of comprehensive-income characteristics on nonprofessional investors' judgments: The role of financial-statement presentation format, in: ACCR, Vol. 75 (2000), S. 179-207; Black, D. E., Other comprehensive income: a review and directions for future research, in: Accounting & Finance, Vol. 56 (2016), S. 9-45.

Single statement approach vom IASB präferiert

Je nach Wahl der Darstellungsvariante wird dem Gewinn oder Verlust optisch somit eine mehr oder weniger prominente Stellung eingeräumt. Obgleich das IASB eine Darstellung in einem einzigen Rechenwerk präferiert (IAS 1.BC53), wollte es diese nicht verbindlich gegen den starken Widerstand der Praxis durchsetzen. Diese hatte gegenüber dem IASB stets darauf hingewiesen, dass der Gewinn oder Verlust weiterhin einen hohen Stellenwert hat (IAS 1.BC52). Insofern dominiert in der Praxis der two statement approach.

Mindestgliederung

Für die Gesamtergebnisrechnung verlangt IAS 1.82 unabhängig von der gewählten Darstellungsvariante eine Mindestgliederung in – soweit jeweils bei dem bilanzierenden Unternehmen vorhanden – sieben Positionen, die den Gewinn oder Verlust ausmachen (z.B. Umsatzerlöse und Finanzierungsaufwendungen). Eine weitere Untergliederung sowie die Angabe weiterer Positionen sind für ein besseres Verständnis der Ertragslage ausdrücklich erwünscht (IAS 1.85). Hinsichtlich des sonstigen Ergebnisses sind die nach den jeweiligen Einzelstandards geforderten Positionen getrennt auszuweisen. Diejenigen Positionen, die in späteren Perioden ggf. einer GuV-wirksamen Umklassifizierung (recycling) unterliegen, sind dabei wiederum separat von denjenigen Positionen zu zeigen, die keinem recycling unterliegen. OCI-Positionen aus der Equity-Bewertung sind ebenfalls gesondert anzugeben (IAS 1.82A).

Wesentlichkeitsgrundsatz

Analog zur Bilanz gilt auch für die Gesamtergebnisrechnung der in IAS 1.29 kodifizierte Grundsatz der Wesentlichkeit, wonach Beträge von bedeutendem Umfang separat und art- oder funktionsverwandte Aufwendungen bzw. Erträge von untergeordneter Bedeutung zusammengefasst auszuweisen sind.

Wahlrecht zwischen Konto- und Staffelform

Ein bestimmtes Präsentationsformat (Konto- bzw. Staffelform) schreibt das IASB auch für die Gesamtergebnisrechnung nicht vor. Zusätzliche Posten, Gruppenüberschriften und Zwischensummen sind auszuweisen, sofern ein anderer IFRS dieses fordert oder wenn nur dadurch eine zutreffende Darstellung der Ertragslage des Unternehmens erzielt wird (IAS 1.85). Selbst die Reihenfolge der verpflichtend auszuweisenden Positionen ist nicht vorgeschrieben. Es verbleiben dem Ersteller hier also umfangreiche Freiheitsgrade.

Gliederung der GuV-wirksamen Aufwendungen: GKV vs. UKV

Wahlweise in der Gesamtergebnisrechnung oder im Anhang ist eine Analyse der GuV-wirksamen Aufwendungen zu veröffentlichen. Diese Aufstellung kann grundsätzlich entweder nach dem Gesamtkostenverfahren (nature of expense method, gegliedert nach Aufwandsarten) oder dem Umsatzkostenverfahren (function of expense oder cost of sales method, gegliedert nach Funktionsbereichen) vorgenommen werden (IAS 1.99-103).[10] Werden daher die Aufwendungen

10 Zur Veranschaulichung vgl. die Implementation Guidance zu IAS 1.

nach Funktionsbereichen gegliedert, so sieht IAS 1.104 zumindest die Angabe der Aufwandsarten „Abschreibungen“ und „Personalaufwand“ im Anhang vor.

Ergebnisspaltung

Auf Basis der einzelnen Ergebnisquellen wird der Gewinn oder Verlust in einzelne Komponenten unterteilt. Diese Aufspaltung lässt sich wie in Abbildung 5.4 dargestellt konkretisieren.

<table>
<tr><td colspan="2">Umsatzerlöse</td><td rowspan="2">Ergebnis der betrieblichen Tätigkeit</td></tr>
<tr><td>(Umsatzkostenverfahren)
- Umsatzkosten
= Bruttoergebnis
+ Sonstige betriebliche Erträge
- Vertriebskosten
- Verwaltungsaufwendungen
- Sonstige betriebliche Aufwendungen
+ Gewinn/Verlust aus nach der Equity-Methode bewerteten Beteiligungen*</td><td>(Gesamtkostenverfahren)
+ Sonstige betriebliche Erträge
+/- Bestandsänderungen an fertigen und unfertigen Erzeugnissen
+ Aktivierte Eigenleistungen
- Roh-, Hilfs- und Betriebsstoffe
- Personalaufwand
- Planmäßige Abschreibungen
- Sonstige betriebliche Aufwendungen
+ Gewinn/Verlust aus nach der Equity-Methode bewerteten Beteiligungen*</td></tr>
<tr><td colspan="2">- Finanzierungsaufwendungen
+ Gewinn/Verlust aus nach der Equity-Methode bewerteten Beteiligungen*
- Ertragsteueraufwand</td><td>Finanzergebnis
Ertragsteuern</td></tr>
<tr><td colspan="3">+/- Ergebnis aus aufgegebenen Geschäftsbereichen</td></tr>
<tr><td colspan="3">= Gewinn oder Verlust</td></tr>
<tr><td colspan="3">Auf die Anteilseigner des Mutterunternehmens entfallendes Ergebnis
Auf Minderheitenanteile entfallendes Ergebnis</td></tr>
<tr><td colspan="3">* In der Gesamtergebnisrechnung ist nach IAS 1.82 der Ausweis von Gewinn/Verlust aus nach der Equity-Methode bewerteten Beteiligungen innerhalb der Gewinn- und Verlustrechnung darzustellen.</td></tr>
</table>

Abb. 5.4: Ergebnisspaltungskonzept nach IFRS gemäß IAS 1.IG6 Part I

Eine nähere Definition der Bestandteile des Gewinns oder Verlustes erfolgt zum Teil direkt in IAS 1, aber auch in anderen Standards. So bieten IAS 1.102 und 1.103 eine Konkretisierung des Gewinns oder Verlustes (profit or loss), während IFRS 15.2 Umsatzerlöse näher darlegt. Wie Änderungen von Bilanzierungs- und Bewertungsmethoden sowie Auswirkungen von Fehlern und Änderungen von Schätzungen im Abschluss zu berücksichtigen sind, regelt IAS 8.

Aktuelle Entwicklungen

Änderungsbestrebungen des IASB

Um die Vergleichbarkeit der Gewinn- und Verlustrechnung zwischen Unternehmen zu verbessern und ihren Informationsgehalt zu erhöhen, sieht der Exposure Draft 2019/7 des IASB die Einführung fest definierter Kategorien und

Zwischensummen vor. So sollen in Zukunft (i) das Ergebnis aus der betrieblichen Tätigkeit (operating profit or loss), (ii) das Ergebnis aus der betrieblichen Tätigkeit inklusive Ergebnis aus integralen assoziierten Unternehmen und Gemeinschaftsunternehmen (operating profit or loss and income and expenses from integral associates and joint ventures) und (iii) das Ergebnis vor Finanzierung und Ertragsteuern (profit or loss before financing and income tax) als Zwischensummen angegeben werden. Dies ist gleichbedeutend mit der Einführung von vier Kategorien, in welche Erträge und Aufwendungen künftig zu klassifizieren sind: (i) Betriebliche Tätigkeit (operating), (ii) integrale assoziierte Unternehmen und Gemeinschaftsunternehmen (integral associates and joint ventures), (iii) Investitionstätigkeit (investment) und (iv) Finanzierungstätigkeit (financing), wobei Kategorie (i) als Residualgröße definiert ist.

Aufgabe von Geschäftsbereichen

Gemäß IFRS 5 sind mit der Stilllegung eines Geschäftsbereichs verbundene Posten separat von allen übrigen Bestandteilen des Gewinns oder Verlustes auszuweisen. Grund für den separaten Ausweis ist die Prognoserelevanz des Gewinns oder Verlustes für Abschlussadressaten, die eine möglichst zutreffende Einschätzung der künftigen Unternehmensentwicklung vornehmen möchten. Dies macht eine Trennung von Informationen über aufgegebene und fortzuführende Geschäftsbereiche im Gewinn oder Verlust, aber auch in den übrigen Rechenwerken notwendig. Eine ausführliche Erläuterung der Bilanzierung aufgegebener Geschäftsbereiche nach IFRS 5 erfolgt in Kapitel 23.

Gewinn oder Verlust

Wird die Gesamtergebnisrechnung in einem einzigen Rechenwerk dargestellt (one statement approach), stellt der Gewinn oder Verlust (profit or loss) einen verbindlich auszuweisenden Zwischensaldo dar, der alle GuV-wirksamen Aufwendungen und Erträge einer Periode enthält. Wird dagegen die Variante der Aufteilung der Gesamtergebnisrechnung in zwei Teile gewählt (two statement approach), so ist der Gewinn oder Verlust der Saldo der Gewinn- und Verlustrechnung als erstem Teilrechenwerk. Auch hierin ergibt sich der Gewinn oder Verlust als Saldo aller GuV-wirksamen Aufwendungen und Erträge.

OCI-Bestandteile

Zu den im sonstigen Ergebnis zusammengefassten GuV-neutralen Aufwendungen und Erträgen zählen im Wesentlichen:

- Differenzen aus der Währungsumrechnung der Einzelabschlüsse wirtschaftlich selbstständiger ausländischer Tochterunternehmen (IAS 21.30; vgl. Kapitel 20),
- GuV-neutrale fair value-Bewertungen von finanziellen Vermögenswerten nach IFRS 9 (vgl. Kapitel 17),
- GuV-neutrale Berücksichtigung eines Gewinns oder Verlustes aus dem effektiven Teil eines Geschäfts zur Absicherung von Cashflows (cashflow hedge, IAS 39.95(a) bzw. IFRS 9.6.5.11(b); vgl. Kapitel 18),
- Neubewertung von Sachanlagevermögen und immateriellen Vermögenswerten (IAS 16.39-40; IAS 38.85-86; vgl. Kapitel 9 und 10),
- im Rahmen der Equity-Bewertung assoziierter Unternehmen GuV-neutral erfasste Ergebnisbestandteile (IAS 28.10; vgl. Kapitel 22), und

- die Neubewertungseffekte der Nettoschuld aus leistungsorientierten Versorgungsplänen im Rahmen der Bilanzierung von Pensionsrückstellungen (IAS 19.120(c); vgl. Kapitel 14), sowie gegebenenfalls
- aus dem GuV-neutral erfassten Grundsachverhalt entstehende latente Steuern, die ebenfalls GuV-neutral zu erfassen sind (IAS 12.61A; vgl. Kapitel 6).

Separater Ausweis latenter Steuern für jede Komponente sowie von recycling-Beträgen

Die Auswirkungen latenter Steuern auf jede einzelne Komponente des sonstigen Ergebnisses sind jeweils gesondert auszuweisen (IAS 1.90). Dieser Ausweis kann direkt in der Gesamtergebnisrechnung erfolgen. Alternativ ist es möglich, einen kumulierten Steuereffekt in der Gesamtergebnisrechnung zu erfassen und diesen im Anhang auf die jeweiligen Komponenten aufzuteilen.[11] Ferner sind auch die so genannten reclassification adjustments, also die Beträge, welche im Rahmen des recycling in die Gewinn- und Verlustrechnung umgegliedert werden, separat offen zu legen (IAS 1.92).

Ergebnis je Aktie

Nach den Regelungen des IASB ist lediglich der Gewinn oder Verlust, nicht aber das Gesamtergebnis auf die einzelnen Aktien herunterzubrechen und sowohl das verwässerte als auch das unverwässerte Ergebnis je Aktie auszuweisen. Die Vorschriften sind in IAS 33 „Ergebnis je Aktie“ (earnings per share) enthalten und werden ausführlich in Kapitel 24 beschrieben. Sämtliche GuV-neutralen Aufwendungen und Erträge werden bei der Berechnung des Ergebnisses je Aktie somit vernachlässigt.

Bilanzanalytische Auswirkungen

In dem Geschäftsbericht 2015 der Volkswagen AG findet sich auf S. 189, dem Deckblatt des Konzernabschlusses, folgende Abbildung:

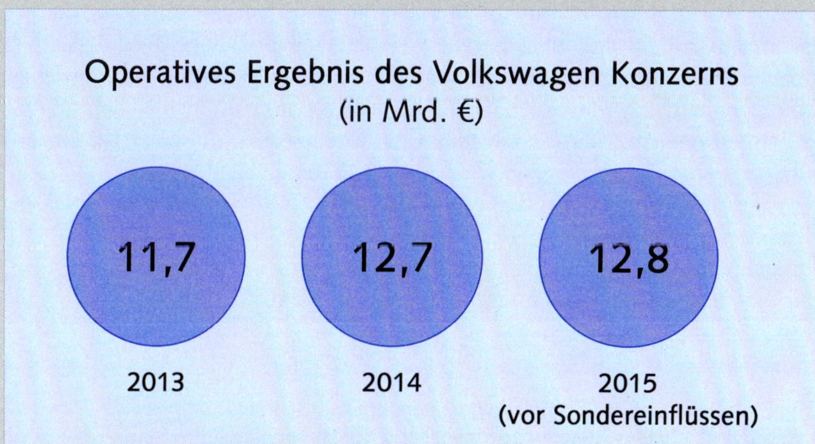

Abb. 5.5: Verwendung von Non-IFRS-Kennzahlen im Volkswagen Konzern

11 Ein Darstellungsbeispiel für einen solchen gesonderten Anhangausweis findet sich ebenfalls in IAS 1.IG6 Part I.

Ein Blick in die wenige Seiten weiter hinten folgende Konzern-GuV (S. 193) offenbart ein Operatives Ergebnis *nach* Sondereinflüssen für 2015 von -4,069 Mrd. €. Zwischen der im testierten IFRS-Konzernabschluss enthaltenen operativen Ergebnisgröße und ihrem im „freien" Teil prominent dargestellten Pendant klafft damit eine Lücke von knapp 17 Mrd. €.

Ähnlich wie der Volkswagen-Konzern präsentieren die allermeisten börsennotierten Unternehmen – nicht nur in Deutschland, sondern weltweit – in ihrer Finanzkommunikation an prominenter Stelle Ergebnisgrößen und andere wesentliche Leistungsindikatoren, die in dem Regelwerk, das dem jeweiligen Abschluss zugrunde liegt (also z.B. in den IFRS), nicht vorgesehen oder abweichend definiert sind.[12] Diese in der Regel freiwillig veröffentlichten Non-GAAP Measures, Pro-forma-Kennzahlen oder Alternative Performance Measures wurden in der Vergangenheit von Unternehmen frei gewählt und nach außen häufig nicht nachvollziehbar definiert.

Da der Verdacht verbreitet ist, dass Unternehmen sich mit Hilfe dieser Kennzahlen besonders positiv präsentieren wollen, ist die Bezeichnung „earnings before bad stuff" geläufig.[13] Hierbei werden gerade auch negative Sondereffekte, also bestimmte, als einmalig oder außergewöhnlich angesehene Aufwendungen herausgerechnet. Ein alternativer Erklärungsansatz besteht jedoch darin, dass Unternehmen ihre Investoren mithilfe der um Einmaleffekte bereinigten Ergebnisgrößen in die Lage versetzen wollen, die nachhaltige Performance besser einzuschätzen als dies anhand der IFRS-Größen gelingt, die z. T. nicht wiederkehrende Aufwendungen und Erträge enthalten. Die empirische Forschung bemüht sich deshalb nach Kräften, die Verwendung von Non-GAAP Measures entweder der „Manipulationsthese" oder der alternativen „Informationsthese" zuzuschreiben, ist aber bisher nicht abschließend erfolgreich.[14]

Eine Regulierung dieses bisher weitgehend rechtsfreien Raums hat in Europa lange auf sich warten lassen. 2015 veröffentlichte die europäische Wertpapiermarktaufsicht ESMA Leitlinien zu Non-GAAP Measures für Unternehmen, deren Wertpapiere an regulierten Märkten gehandelt werden, die seit 2016 greifen. Mit den Leitlinien will die ESMA die Transparenz und Vergleichbarkeit veröffentlichter Non-GAAP-Performancemaße steigern. Dies soll dadurch erreicht werden, dass alternative Ergebniskennzahlen sinnvoll bezeichnet, klar definiert und transparent erläutert werden.

---

12 Vgl. mit zahlreichen Beispielen und Literaturhinweisen etwa *Sellhorn, T. /Hombach, K./Stier*, C. (2014), Strategische Finanzberichterstattung durch Pro forma-Kennzahlen und Finanzgrafiken – Herausforderungen für die Abschlussanalyse, Düsseldorf: Hans-Böckler-Stiftung; *Gronewold, U./Sellhorn, T.*, Pro Forma Earnings, DBW, 69. Jg. 2009, S. 107-111.

13 Vgl. z.B. *Rapoport*, M., One More Reason for Investors to Worry About 'Earnings Before Bad Stuff', 03.08.2016 WSJ.com.

14 Vgl. für einen Überblick *Sellhorn, T. /Hombach, K./Stier*, C., Strategische Finanzberichterstattung durch Pro forma-Kennzahlen und Finanzgrafiken – Herausforderungen für die Abschlussanalyse, Düsseldorf: Hans-Böckler-Stiftung, Kapitel 3.

Zudem sieht der Exposure Draft 2019/7 des IASB die Einführung von vom Management definierten Performancemaßen (management performance measures) vor und verlangt eine Offenlegung der Berechnung dieser Maße sowie eine Erklärung, inwiefern die jeweiligen Maße entscheidungsnützliche Informationen liefern.

4 Eigenkapitalveränderungsrechnung

4.1 Elemente und Inhalte der Eigenkapitalveränderungsrechnung

Das Eigenkapital wird im Rahmenkonzept des IASB als Residualgröße der Vermögenswerte nach Abzug der Schulden definiert (RK.4.63, vgl. Kapitel 3). Sieht man von Transaktionen mit Anteilseignern ab, so korrespondieren Buchwertänderungen dieses Nettovermögens im Zeitablauf stets mit Aufwendungen und Erträgen. Wie oben bereits ausgeführt, werden zwar sämtliche Aufwendungen und Erträge in der Gesamtergebnisrechnung angesetzt, diese erklären jedoch nicht alle Eigenkapitalveränderungen (changes in equity). Denn die Höhe des Eigenkapitals wird auch von Kapitaltransaktionen zwischen Eigentümern und Unternehmen beeinflusst, d.h. durch Kapitalerhöhungen sowie Kapitalherabsetzungen und Dividendenzahlungen.

Zweck der Eigenkapitalveränderungsrechnung

Die Eigenkapitalveränderungsrechnung soll diesen Mangel heilen, indem sie eine Übersicht über Eigenkapitalveränderungen aufgrund von Aufwendungen und Erträgen einerseits und Transaktionen mit den Anteilseignern andererseits gibt (IAS 1.109).

4.2 Gliederungsvorschriften

Mindestgliederung

Für die Eigenkapitalveränderungsrechnung verlangt IAS 1.106 mindestens die Angabe folgender Punkte:

- Periodengesamtergebnis untergliedert für auf Anteilseigner des Mutterunternehmens und Minderheitsgesellschafter entfallende Teile,
- Effekte aus retrospektiven Anwendungen oder Anpassungen in Übereinstimmung mit IAS 8 (vgl. Abschnitt 7 in diesem Kapitel) auf sämtliche Eigenkapitalkomponenten, und
- eine Überleitung sämtlicher Eigenkapitalkomponenten vom Periodenbeginn zum Periodenende, wobei Änderungen aus Gewinn oder Verlust und sonstigem Ergebnis getrennt voneinander auszuweisen sind. Die Überleitung der einzelnen Posten des sonstigen Ergebnisses kann wahlweise auch im Anhang erfolgen (IAS 1.106A).

Gliederungsbeispiel

Unter Berücksichtigung der Implementation Guidance zu IAS 1 lässt sich aus diesen mindestens zu nennenden Punkten das in Abbildung 5.6 zusammengefasste Gliederungsbeispiel für die Eigenkapitalveränderungsrechnung einer Periode ableiten. Zur Erstellung eines vollständigen Abschlusses ist für die Vorperiode eine vergleichbar gegliederte Eigenkapitalveränderungsrechnung zu erstellen. Eine weitere Untergliederung der Spalten (Eigenkapitalposten) ist möglich, sollte aber aus Gründen der Übersichtlichkeit nicht zu umfangreich ausfallen.[15]

Weitere Angabepflichten

Wahlweise direkt in der Eigenkapitalveränderungsrechnung oder im Anhang ist der Gesamtbetrag der Dividendenzahlungen an Anteilseigner während der Periode anzugeben, ebenso wie die auf den einzelnen Anteil entfallende Dividende (IAS 1.107).

	Auf EK-Geber des Mutterunternehmens entfallende Anteile								Minderheitenanteile	Gesamtes EK
	Gezeichnetes Kapital	Sonstige Rücklagen	Gewinnrücklagen	Umrechnungsdifferenz	Rücklage für Wertschwankungen Hedging	Rücklage für available for sale Wertpapiere	Neubewertungsrücklage	Summe		
EK 31.12.2021	X	X	X	X	X	X	X	X	X	X
▪ Änderung Bewertungsmethode/ Fehlerkorrektur			X					X	X	X
Angepasstes EK 31.12.2021	X	X	X	X	X	X	X	X	X	X
▪ Kapitalerhöhungen	X	X						X	X	X
▪ Kapitalherabsetzungen	X	X						X	X	X
▪ Dividendenzahlungen			X					X	X	X
▪ Periodengesamtergebnis			X	X	X	X	X	X	X	X
▪ Vereinnahmung der Neubewertungsrücklage (IAS 16.41, IAS 38.87)			X				X			
EK 31.12.2022	X	X	X	X	X	X	X	X	X	X

Abb. 5.6: Darstellungsbeispiel einer IAS 1.106 genügenden Eigenkapitalveränderungsrechnung in Anlehnung an IAS 1.IG6 Part I

15 *Driesch*, Beck'sches IFRS-Handbuch, § 17, Tz. 28.

5 Kapitalflussrechnung

5.1 Regelungsgrundlage, Anwendungsbereich und Zielsetzung

Gradmesser der Finanzlage

Vor dem Hintergrund sich im Zeitablauf immer schneller ändernder konjunktureller Rahmenbedingungen ist der soliden Finanzlage eines Unternehmens erhebliche Bedeutung beizumessen. So stellt sich z.B. für die Fremdkapitalgeber – insbesondere in konjunkturell schwachen Zeiten – die Frage, wie das Unternehmen mit den zur Verfügung gestellten Krediten gewirtschaftet hat und ob es auch künftig in der Lage sein wird, seinen Zins- und Tilgungsverpflichtungen fristgerecht nachzukommen. Eigenkapitalgeber dürfte hingegen eher interessieren, ob auch künftig in ausreichendem Maße liquide Mittel erwirtschaftet werden, um Dividenden in gefordertem Umfang ausschütten zu können. Diese nur ausschnittsweise skizzierten Informationswünsche der Unternehmensbeteiligten sieht auch das IASB. Aus diesem Grund werden alle Unternehmen, die nach IFRS Rechnung legen, in IAS 1.10 zur Erstellung einer Kapitalflussrechnung verpflichtet, in der Informationen zur finanziellen Situation des Unternehmens in der vergangenen Rechnungslegungsperiode bereitgestellt werden. Da in der Kapitalflussrechnung Zahlungen abgebildet werden, ist diese Zeitraumrechnung zudem – im Vergleich zur Bilanz und Gesamtergebnisrechnung – unabhängiger von bilanzpolitischen Maßnahmen.

Regelungsgrundlage

Die formelle und materielle Ausgestaltung der Kapitalflussrechnung ist in IAS 7 „Kapitalflussrechnung“ (statement of cash flows) geregelt. Der Anwendungsbereich von IAS 7 ist nicht begrenzt. Alle Unternehmen, die einen Einzel- bzw. Konzernabschluss nach IFRS erstellen, sind gemäß IAS 7.1 zur Einhaltung des Standards verpflichtet. Rechtsform-, kapitalmarkt- und/oder größenspezifische Besonderheiten fehlen.

Beispiel 5.1

Der regional in einer westfälischen Kleinstadt agierende Gebrauchtwagenhändler Autofix KG (15 Mitarbeiter, 7 Mio. € Umsatz im Jahr 2020) möchte freiwillig einen Jahresabschluss nach IFRS erstellen. In diesem Fall hat dieser Jahresabschluss auch eine mit IAS 7 übereinstimmende Kapitalflussrechnung zu enthalten.

Der weltweit operierende, börsennotierte Bayer-Konzern (103.824 Mitarbeiter, 43.545 Mio. € Umsatz im Jahr 2019) bilanziert im Konzernabschluss seit 1994 nach IFRS. Folglich gehört auch eine Kapitalflussrechnung nach IAS 7 zu den Pflichtbestandteilen dieses Konzernabschlusses.

Branchen unabhängige Geltung

Die Regelungen zur Kapitalflussrechnung gelten zudem branchenunabhängig. Die Art der Tätigkeit des Unternehmens spielt für die Frage, ob eine Kapitalflussrechnung zu erstellen ist, keine Rolle. Selbst Finanzinstitutionen, bei denen der Handel mit Zahlungsmitteln Teil des Geschäftsmodells ist, müssen eine mit IAS 7 konforme Kapitalflussrechnung publizieren. Dem liegt die Vorstellung zugrunde, dass alle Unternehmen unabhängig von ihren Tätigkeiten aus vergleichbaren Gründen Zahlungsmittel benötigen. So müssen z.B. auch Kreditinstitute zur Durchführung ihrer operativen Tätigkeiten, zur Erfüllung ihrer finanziellen Verpflichtungen oder zur Zahlung von Gewinnanteilen an die Anteilseigner liquide Mittel verwenden (IAS 7.3).

Zielsetzung

Durch Erstellung einer Kapitalflussrechnung sollen die Unternehmensbeteiligten darüber informiert werden, auf welche Weise im Unternehmen liquide Mittel erwirtschaftet und verwendet werden, indem u.a.

- die finanzielle Lage des Unternehmens detailliert abgebildet wird, und
- Informationen über die Fähigkeit des Unternehmens, Überschüsse an liquiden Mitteln zu erwirtschaften und seinen Zahlungsverpflichtungen nachzukommen, bereitgestellt werden.

Liquidität und Solvenz

In Verbindung mit den übrigen Bestandteilen des Jahresabschlusses soll die Kapitalflussrechnung somit Informationen liefern, anhand derer die Abschlussadressaten die Liquidität und Solvenz des Unternehmens bewerten können. Diese Informationen sind für die Entscheidungen sämtlicher Unternehmensbeteiligter von großer Bedeutung, da neben der Überschuldung auch die (drohende) Zahlungsunfähigkeit eines Unternehmens einen Insolvenzgrund darstellt (§§ 17-18 InsO).

Abschätzung künftiger Entwicklungen

Die Kapitalflussrechnung soll jedoch nicht nur Informationen zur Beurteilung der vergangenen Liquiditäts- bzw. Finanzlage des Unternehmens liefern, sondern auch der Abschätzung des zukünftigen Liquiditätsbedarfs dienen. Die Informationen sollen die Prognose der Höhe, des zeitlichen Anfalls und der Wahrscheinlichkeit künftiger Zuflüsse und Abflüsse liquider Mittel erleichtern, die wiederum zur Beurteilung des Unternehmens im Vergleich zu anderen Unternehmen innerhalb individueller Planungs- und Entscheidungsmodelle benötigt werden.

Beispiel 5.2

Die Kapitalflussrechnung der Techno AG weist für das Geschäftsjahr 2021 im betrieblichen Bereich einen Cashflow von 10 Mio. € aus. Da aus der Kapitalflussrechnung ebenfalls die Investitionen in das Anlagevermögen (8 Mio. €) ersichtlich sind und aus der Gesamtergebnisrechnung die Zinsaufwendungen (1 Mio. €) entnommen werden können, lässt sich gleichzeitig der Free Cashflow (= Cashflow vor Zinszahlungen und nach Investitionen) in Höhe von 3 Mio. € für das Jahr 2021 berechnen.

Unter Berücksichtigung einer Wachstumsrate von jährlich 10 % könnten die Free Cashflows der kommenden Geschäftsjahre geschätzt werden (2022: 3,300 Mio. €; 2023: 3,630 Mio. €; 2024: 3,993 Mio. €), die dann beispielsweise die Grundlage einer Bewertung der Techno AG mittels eines Discounted Cashflow-Verfahrens bilden können.

5.2 Grundsätze zur Erstellung einer Kapitalflussrechnung

Rahmengrundsätze

Da die Kapitalflussrechnung integraler Bestandteil von IFRS-Abschlüssen ist, gelten für sie auch die übergeordneten Rechnungslegungsgrundsätze des Rahmenkonzepts (vgl. ausführlich Kapitel 3). Im Wesentlichen zählen hierzu

- der Grundsatz der Verständlichkeit,
- der Grundsatz der Vergleichbarkeit, und
- der Grundsatz der Verlässlichkeit.

Vollständigkeit

Der Grundsatz der Verlässlichkeit fordert unter anderem auch die Vollständigkeit der Darstellung, sodass die Kapitalflussrechnung eines Unternehmens sämtliche Ein- und Auszahlungen der Periode enthalten sollte.

Bruttoprinzip

Neben diesen im Rahmenkonzept für die Rechnungslegung nach IFRS formulierten Grundsätzen ist für die Kapitalflussrechnung das Bruttoprinzip bedeutsam. Demnach sind die Ein- und Auszahlungen unsaldiert abzubilden (IAS 7.21). Eine Saldierung ist gemäß IAS 7.22-23 lediglich für folgende Fälle vorgesehen:

- Ein- und Auszahlungen, die im Namen von Kunden durchgeführt werden und die eher auf Aktivitäten des Kunden als auf Aktivitäten des Unternehmens zurückzuführen sind, sowie
- Ein- und Auszahlungen, die aus Posten mit großer Umschlagshäufigkeit, großen Beträgen und kurzen Laufzeiten resultieren.

Die speziell zum zweiten Punkt angeführten Beispiele des IASB beziehen sich vorrangig auf Finanzinstitute. So werden Darlehensbeträge gegenüber Kreditkartenkunden, der Kauf oder Verkauf von Finanzinvestitionen oder Kredite mit einer Laufzeit von drei Monaten genannt (IAS 7.23).

5.3 Cashflowabgrenzung

Finanzmittelfonds

In der Kapitalflussrechnung werden die Veränderungen der liquiden Mittel des vergangenen Geschäftsjahres detailliert beschrieben. Zu den liquiden Mitteln, die auch als Finanzmittelfonds bezeichnet werden, gehören dabei nicht nur Zahlungsmittel, sondern auch Zahlungsmitteläquivalente. Abbildung 5.7 fasst dies schematisch zusammen.

Zahlungsmittel

Zahlungsmittel umfassen gemäß IAS 7.6 Barmittel und Sichteinlagen. Im Wesentlichen sind darunter u.a. Kassenbestände in Euro und ausländischer Währung, Sichtguthaben bei Kreditinstituten sowie Postwertzeichen, Bar- und Verrechnungsschecks zu subsumieren. Ausgestellte Schecks sind dementsprechend von den Sichtguthaben abzuziehen, auch wenn noch keine Belastung erfolgte.

Zahlungsmitteläquivalente

Zu den Zahlungsmitteläquivalenten gehören Finanzinvestitionen mit kurzfristiger Laufzeit, die ohne weiteres in Zahlungsmittel umgewandelt werden können und unwesentlichen Wertschwankungen unterliegen (IAS 7.6). Dabei ist wesentlich, dass diese Finanzinvestitionen im Unternehmen zur Zahlungsmitteldisposition zählen und dazu dienen, kurzfristigen Zahlungsverpflichtungen nachzukommen. Andernfalls dürfen sie nicht unter den Zahlungsmitteläquivalenten subsumiert werden. Die „Kurzfristigkeit" wird dahingehend konkretisiert, dass die Zahlungsmitteläquivalente – vom Erwerbszeitpunkt aus gerechnet – eine Restlaufzeit von drei Monaten nicht überschreiten sollen. Kapitalbeteiligungen an anderen Unternehmen gehören regelmäßig nicht zu den Zahlungsmitteläquivalenten.

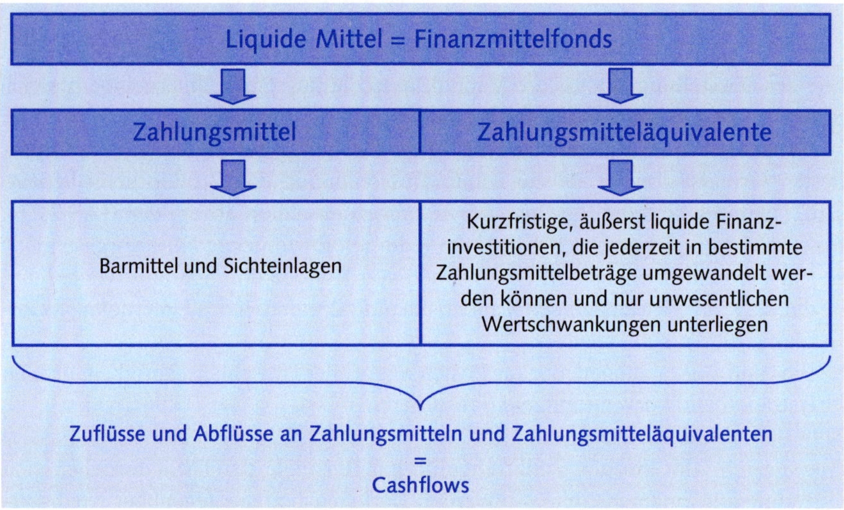

Abb. 5.7: Zusammensetzung des Finanzmittelfonds

Kontokorrentkredite

In die Zahlungsmitteläquivalente können nach IAS 7.8 auch Verbindlichkeiten gegenüber Kreditinstituten einbezogen werden. Einerseits können diese Verbindlichkeiten zwar der Finanzierungstätigkeit zugeordnet werden, andererseits sind sie regelmäßig dadurch gekennzeichnet, dass der Kontosaldo häufig zwischen Soll- und Haben-Beständen schwankt und der Kontokorrentkredit als integraler Bestandteil der Zahlungsmitteldisposition des Unternehmens anzusehen ist. Daher können auf Anforderung rückzahlbare Kontokorrentkredite gegenüber Kreditinstituten auch zum Finanzmittelfonds gerechnet werden.

Cashflow-Untergliederung

Die Veränderung der Zahlungsmittel und Zahlungsmitteläquivalente wird in der Kapitalflussrechnung detailliert dargestellt. Vorgänge innerhalb der Zahlungsmittel, wie z.B. der Ausgleich eines negativen Kontos durch Überweisung von einem anderen Unternehmenskonto, werden in der Kapitalflussrechnung nicht gezeigt. Zuflüsse und Abflüsse des Bestands an liquiden Mitteln werden als Cashflows bezeichnet (IAS 7.6). Innerhalb der Cashflows ist zwischen drei großen Bereichen zu differenzieren, denen die Zu- und Abflüsse der Zahlungsmittel und Zahlungsmitteläquivalente zuzuordnen sind:

- Cashflows aus betrieblicher Tätigkeit,

- Cashflows aus Investitionstätigkeit, und
- Cashflows aus Finanzierungstätigkeit.

Hierdurch sollen die Herkunft und die Verwendung der Zahlungsmittel und Zahlungsmitteläquivalente detailliert aufgezeigt werden.

Wechselkurs-änderungen

Aus Wechselkursänderungen resultierende, nicht realisierte Gewinne und Verluste bei den Zahlungsmitteln und Zahlungsmitteläquivalenten werden hingegen nicht in diesen drei Cashflows erfasst. Sie betreffen direkt den Bestand der Zahlungsmittel bzw. Zahlungsmitteläquivalente und sind in einer separaten Zeile am Ende der Kapitalflussrechnung auszuweisen.

Negativ-abgrenzung

Da das IASB die Cashflows aus betrieblicher Tätigkeit durch Negativabgrenzung zu denen aus Investitions- und Finanzierungstätigkeit definiert, ist im Folgenden zunächst ein Blick auf die Cashflows aus Investitionstätigkeit und die Cashflows aus Finanzierungstätigkeit zu werfen.

Cashflows aus Investitions-tätigkeit

Zu den Cashflows aus Investitionstätigkeit zählen gemäß IAS 7.6 die Zahlungsvorgänge, die den Erwerb oder die Veräußerung von langfristigen Vermögenswerten und sonstigen Investitionsgütern betreffen. Letztgenannte Zahlungen sind aber lediglich dann unter die Investitionstätigkeit zu subsumieren, wenn die Finanzmittelinvestitionen nicht zu den Zahlungsmitteläquivalenten gehören oder zu Handelszwecken gehalten werden. Insgesamt können für den Bereich der Investitionstätigkeit folgende Beispiele angeführt werden:

- Einzahlungen/Auszahlungen aus dem Verkauf/Erwerb von Sachanlagen,
- Einzahlungen/Auszahlungen aus dem Verkauf/Erwerb von immateriellem Anlagevermögen,
- Auszahlungen für aktivierte, selbst erstellte immaterielle Vermögenswerte in der Entwicklungsphase,
- Einzahlungen/Auszahlungen aus dem Verkauf/Erwerb von Finanzanlagen,
- Einzahlungen/Auszahlungen aus dem Verkauf/Erwerb von Tochterunternehmen/assoziierten Unternehmen/Joint Ventures.

Beispiel 5.3

Die Ritag AG erwirbt innerhalb des Geschäftsjahres 2021 eine neue Produktionsanlage zum Kaufpreis von 120 T€. 70 T€ des Kaufpreises werden in bar beglichen, bezüglich der fehlenden 50 T€ wird ein Zahlungsziel von einem Jahr vereinbart.

In der Kapitalflussrechnung 2021 der Ritag AG werden Investitionsauszahlungen von 70 T€ ausgewiesen.

Der Saldo der mit unterschiedlichen Investitionen und Desinvestitionen verbundenen Ein- und Auszahlungen bildet den Cashflow aus Investitionstätigkeit. Er bietet Informationen darüber, inwieweit Investitionen für Ressourcen getätigt wurden, mit denen künftige Erträge und Cashflows im betrieblichen Bereich erwirtschaftet werden (IAS 7.16). Darüber hinaus wird deutlich, zu welchem Teil die Neuinvestitionen aus Vermögensumschichtung (Einzahlungen aus Investitionstätigkeit) finanziert werden.

Cashflows aus Finanzierungstätigkeit

Zu den Cashflows aus Finanzierungstätigkeit zählen gemäß IAS 7.6 alle Liquiditätsänderungen, welche durch die Aufnahme bzw. Rückzahlung von Eigenkapital oder Ausleihungen/aufgenommenen Krediten verursacht werden. Beispielhaft sind folgende Zahlungsvorgänge zur Finanzierungstätigkeit zu zählen:

- Einzahlungen aus Eigenkapitalerhöhungen,
- Auszahlungen für den Erwerb eigener Anteile,
- Aufnahme bzw. Tilgung von Krediten.

Beispiel 5.4

Die Ritag AG hat im Geschäftsjahr 2021 einen Kredit aufgenommen: Auszahlungsbetrag 98 T€, Rückzahlungsbetrag im Jahr 2022 100 T€. In der Kapitalflussrechnung 2021 der Ritag AG werden Finanzierungseinzahlungen von 98 T€ ausgewiesen.

Der Saldo der mit den unterschiedlichen Finanzierungsvorgängen verbundenen Ein- und Auszahlungen bildet den Cashflow aus Finanzierungstätigkeit. Er liefert Informationen über eine ggf. auftretende Neuverschuldung bzw. einen Verschuldungsabbau und zeigt, in welchem Umfang die Finanzierungsquelle der Außenfinanzierung in Anspruch genommen wurde.

Cashflows aus betrieblicher Tätigkeit

Welche Zahlungsvorgänge zu den Cashflows aus betrieblicher Tätigkeit zählen, lässt sich nur aus individueller Sicht eines einzelnen Unternehmens beantworten. Beispielsweise weichen die betrieblichen Tätigkeiten eines Industrieunternehmens und eines Kreditinstituts erheblich voneinander ab. Folglich kann eine Abgrenzung der betrieblichen Tätigkeit nur sehr allgemein erfolgen. Dieser Notwendigkeit folgt auch das IASB, indem zu den betrieblichen Tätigkeiten allgemein

- alle wesentlichen GuV-wirksamen Aktivitäten des Unternehmens,
- die nicht zur Investitionstätigkeit, und
- nicht zur Finanzierungstätigkeit gehören, gezählt werden.

Beispiele

Beispielhaft zu nennen sind:

- Einzahlungen/Auszahlungen aus dem Verkauf/Kauf von Gütern und Dienstleistungen,
- Auszahlungen für Löhne und Gehälter,
- Einzahlungen aus Nutzungsentgelten, Honoraren, Provisionen und anderen Erlösen, sowie
- Einzahlungen/Auszahlungen aus dem Verkauf/Kauf von zu Handelszwecken gehaltenen Wertpapieren.

Beispiel 5.5

Die Ritag AG verkauft innerhalb des Geschäftsjahres 2021 Fertigerzeugnisse mit einem Buchwert von 100 T€ auf Ziel. Von den Zielverkäufen werden 60 T€ innerhalb des Geschäftsjahres beglichen.

In der Kapitalflussrechnung 2021 der Ritag AG werden im Cashflow aus betrieblicher Tätigkeit Einzahlungen in Höhe von 60 T€ erfasst.

Gewinne und Verluste, die aus dem Verkauf von Anlagewerten resultieren, zählen indes nicht zur betrieblichen Tätigkeit. Die damit verbundenen Zahlungen sind als Desinvestitionseinzahlungen der Investitionstätigkeit zuzuordnen. Desinvestitionseinzahlungen

Der Saldo der betrieblichen Ein- und Auszahlungen bildet den Cashflow aus betrieblicher Tätigkeit. Dieser gibt Auskunft über das Innenfinanzierungspotenzial des Unternehmens und dient insbesondere als Grundlage der Prognose künftiger Cashflows. Das IASB sieht hierin einen Schlüsselindikator dafür, „in welchem Ausmaß es durch die Unternehmenstätigkeit gelungen ist, Zahlungsmittelüberschüsse zu erwirtschaften, die ausreichen, um Verbindlichkeiten zu tilgen, die Leistungsfähigkeit des Unternehmens zu erhalten, Dividenden zu zahlen und Investitionen zu tätigen, ohne dabei auf Quellen der Außenfinanzierung angewiesen zu sein" (IAS 7.13). Operativer Cashflow als Schlüsselgröße

Zuordnungsprobleme zu den einzelnen Cashflows können sich bei Zins- und Dividendenzahlungen ergeben. Hier gewährt das IASB – bei gesonderter Angabe in der Kapitalflussrechnung – ein Wahlrecht. Nach IAS 7.31 sind die aus erhaltenen und gezahlten Zinsen bzw. erhaltenen Dividenden resultierenden Zahlungen alternativ zur betrieblichen Tätigkeit, zur Investitionstätigkeit oder zur Finanzierungstätigkeit zu zählen. Für gezahlte Dividenden kommt gemäß IAS 7.34 wahlweise ein Ausweis im Cashflow aus betrieblicher Tätigkeit oder aus Finanzierungstätigkeit in Frage. Jedoch greift für diese Wahlrechte das Stetigkeitsgebot, wonach eine einmal getroffene Zuordnung im Zeitablauf beizubehalten ist. Zinsen und Dividenden

Werden gezahlte Dividenden als Entgelt für Eigenkapitalgeber angesehen, wären sie der Finanzierungstätigkeit zuzuordnen. Um aufzuzeigen, dass Dividenden aus der laufenden betrieblichen Tätigkeit finanziert werden müssen, wäre alternativ auch eine Zuordnung zum Cashflow aus betrieblicher Tätigkeit zu begründen. In der Praxis erfolgt überwiegend ein Ausweis der Dividendenzahlungen unter den Finanzierungsaktivitäten.[16] Gezahlte Dividenden

Auch für gezahlte Zinsen wäre eine Zuordnung zur Finanzierungstätigkeit konsequent, da es sich aus Sicht des bilanzierenden Unternehmens um Finanzierungsaufwendungen handelt. Erhaltene Zinsen können zum Cashflow aus betrieblicher Tätigkeit oder Investitionstätigkeit gezählt werden. Vereinfachend werden Zinsein- und -auszahlungen in der Unternehmenspraxis jedoch häufig unter der betrieblichen Tätigkeit subsumiert.[17] Wesentlich ist in diesem Zusammenhang, dass gemäß IAS 7.32 alle Zinszahlungen, unabhängig davon, ob sie als Aufwand den Gewinn oder Verlust mindern oder nach IAS 23 „Fremdkapitalkosten" in den Anschaffungs- oder Herstellungskosten von Vermögenswerten aktiviert werden, in der Kapitalflussrechnung erfasst werden. Für die Erfassung der Zinszahlungen im Cashflow aus Finanzierungstätigkeit spricht u.a., dass damit der Cash- Gezahlte Zinsen

16 Vgl. z.B. Geschäftsbericht 2019 der Bayer AG, S. 79.

17 Vgl. *Kaiser, D./Bierwulf, L.*, Analyse der Cash Flow Statements der DAX-Unternehmen, in: Corporate Finance biz, 13. Jg. (2011), S. 3-12; *Hitz, J.-M./Teuteberg, T.*, Verpflichtende und freiwillige Cashflow-Berichterstattung – empirischer Befund für den deutschen Kapitalmarkt, in: KoR, 13. Jg. (2013), S. 33-42.

flow aus betrieblicher Tätigkeit eher dem im Controlling und in der Finanzanalyse häufig verwendeten EBITDA (earnings before interest, tax, depreciation and amortisation) entspricht.

Aus der Forschung

Zuordnung von Zinsen in der Kapitalflussrechnung
Die IFRS ermöglichen bislang eine Zuordnung von Zinszahlungen und erhaltenen Dividenden zum Cashflow aus betrieblicher Tätigkeit, aus Investitionstätigkeit oder aus Finanzierungstätigkeit. Die Frage, welche Einflussfaktoren diese Zuordnung beeinflussen, ist auch Gegenstand der empirischen Forschung.

Gordon et al. (2016) finden beispielsweise, dass insbesondere hoch verschuldete Unternehmen und Unternehmen, die häufiger Eigenkapital über den Kapitalmarkt aufnehmen, diese Freiheit in der Zuordnung nutzen, um einen erhöhten operativen Cashflow auszuweisen. Durch entsprechende Zuordnung werden die Cashflows aus Finanzierungs- beziehungsweise Investitionstätigkeit zu Gunsten der Cashflows aus betrieblicher Tätigkeit niedriger ausgewiesen.

Literatur: Gordon, E. A./Henry, E./Jorgensen, B./Linthicum, C. L., Flexibility in Cash Flow Classification under IFRS: Determinants and Consequences, in: Review of Accounting Studies (2017), Vol. 22, S. 839-872.

Zinsen bei Finanzinstitutionen

Für die Zuordnung von Zinsen und Dividenden zu den einzelnen Cashflows ist jedoch auch die Branche des betrachteten Unternehmens zu berücksichtigen. So dürften beispielsweise gezahlte Zinsen sowie erhaltene Zinsen und Dividenden bei Finanzinstitutionen regelmäßig der betrieblichen Tätigkeit zuzurechnen sein.

Um die Vergleichbarkeit zwischen Unternehmen weiter zu verbessern, sieht der Exposure Draft 2019/7 vor, dass das in IAS 7.31 bislang vorgesehene Wahlrecht zum Ausweis von Zinsen (und Dividenden) entfällt. Stattdessen sollen gezahlte Zinsen und Dividenden als Teil des Cashflows aus Finanzierungstätigkeit definiert werden, während erhaltene Zinsen und Dividenden unterhalb des Cashflows aus Investitionstätigkeit aufgeführt werden sollen, wobei für Unternehmen aus dem Finanzsektor gesonderte Klassifizierungsregeln vorgesehen sind.

Ertragsteuern

Auch für Ertragsteuerzahlungen können sich Zuordnungsprobleme ergeben. Zwar sind diese Zahlungen – bei gesonderter Angabe – im Normalfall als Teil der betrieblichen Tätigkeit zu klassifizieren, sofern ertragsteuerliche Konsequenzen einzelnen Zahlungen der Investitions- oder Finanzierungstätigkeit zugeordnet werden können, dürfen die zugehörigen Ertragsteuerzahlungen aber auch in diesen Bereichen ausgewiesen werden (IAS 7.35-36).

5.4 Aufbau der Kapitalflussrechnung

Staffelform

IAS 7 gibt kein Mindestgliederungsschema für die Kapitalflussrechnung vor. Den Beispielen des Anhangs zu IAS 7 ist jedoch zu entnehmen, dass sie in Staffelform erstellt werden soll. Abbildung 5.8 verdeutlicht den Grobaufbau.

Die Darstellung der einzelnen Cashflows aus betrieblicher Tätigkeit, aus Investitions- und aus Finanzierungstätigkeit ist aus dem Blickwinkel der Informationsfunktion der Kapitalflussrechnung weiter zu untergliedern. Prinzipiell bieten sich hierbei zwei Vorgehensweisen an:

Darstellungsmöglichkeiten

- die direkte Darstellung, bei der Ein- und Auszahlungen zu Gruppen zusammengefasst ausgewiesen werden, oder
- die indirekte Darstellung, wobei der Cashflow durch Korrektur anderer Jahresabschlussgrößen ermittelt wird. (Diese Vorgehensweise bietet sich lediglich für den operativen Cashflow an.)

	Betriebliche Einzahlungen
–	betriebliche Auszahlungen
=	**Cashflow aus betrieblicher Tätigkeit (1)**
	Desinvestitionseinzahlungen
–	Investitionsauszahlungen
=	**Cashflow aus Investitionstätigkeit (2)**
	Finanzierungseinzahlungen
–	Finanzierungsauszahlungen
=	**Cashflow aus Finanzierungstätigkeit (3)**
	Veränderung des Finanzmittelfonds ((1) + (2) + (3))

Abb. 5.8: Grobaufbau der Kapitalflussrechnung in Staffelform

Für die Ermittlung des Cashflows aus betrieblicher Tätigkeit gewährt das IASB den Unternehmen ein Wahlrecht (IAS 7.18). So kann zwischen einer direkten Darstellung und einer indirekten Darstellung gewählt werden. Jedoch ist auch hier das Stetigkeitsprinzip im Zeitablauf zu beachten. Empfohlen wird vom IASB die direkte Darstellungsform; in der Unternehmenspraxis dominiert hingegen die indirekte Darstellung.

Wahlrecht für den Cashflow aus betrieblicher Tätigkeit

Direkte Kapitalflussrechnung als Grundlage für Gewinnprognosen

Aus der Forschung

Die Frage nach den Vor- und Nachteilen der direkten in Abgrenzung zur indirekten Darstellung ist auch Gegenstand der empirischen Kapitalmarkt- und Rechnungslegungsforschung. So zeigen Orpurt/Zang (2009), dass die Ableitung von indirekten Cashflow-Komponenten stets mit Fehlern behaftet ist. Daher sind Cashflows, die nach der direkten Methode ermittelt wurden, zur Prognose zukünftiger Cashflows und Gewinne besser geeignet.

Literatur: Orpurt, S. F./Zang, Y., Do direct cash flow disclosures help predict future operating cash flows and earnings?, in: ACCR, Vol. 84 (2009), S. 893-935.

Direkte Methode ansonsten zwingend

Für die Darstellung des Cashflows aus Investitions- und Finanzierungstätigkeit schreibt IAS 7.21 hingegen – wie auch aus Abbildung 5.9 ersichtlich – die direkte Darstellung zwingend vor.

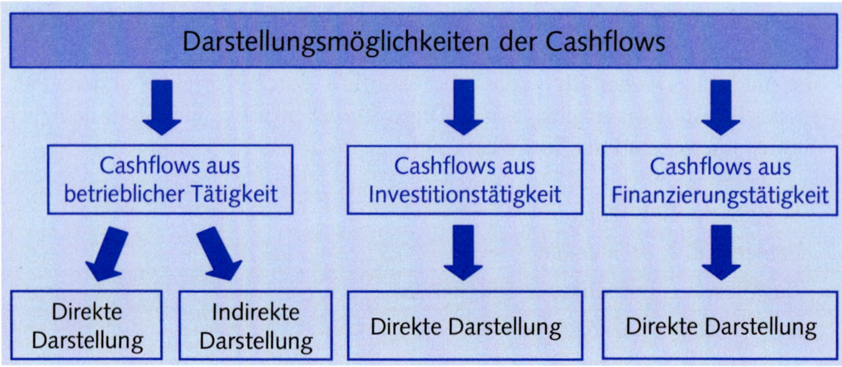

Abb. 5.9: Darstellungsmöglichkeiten in der Kapitalflussrechnung nach IAS 7

Direkte Darstellung des Cashflows aus betrieblicher Tätigkeit

Bei der direkten Darstellung des Cashflows aus betrieblicher Tätigkeit werden die Zahlungen – wie der Name verdeutlicht – direkt auf der Basis von Zu- und Abgängen von Zahlungsmitteln und Zahlungsmitteläquivalenten ermittelt. Dabei sind die Hauptklassen an Bruttoeinzahlungen und -auszahlungen separat anzugeben. Da IAS 7 keine Mindestgliederung vorgibt, sind verschiedene Vorgehensweisen denkbar. So könnte sich beispielhaft die in Abbildung 5.10 wiedergegebene Darstellung in Anlehnung an DRS 21 „Kapitalflussrechnung“ anbieten.[18]

	Einzahlungen von Kunden für den Verkauf von Erzeugnissen, Waren und Dienstleistungen
–	Auszahlungen an Lieferanten und Beschäftigte
+	Sonstige Einzahlungen, die nicht der Investitions- oder Finanzierungstätigkeit zuzuordnen sind
–	Sonstige Auszahlungen, die nicht der Investitions- oder Finanzierungstätigkeit zuzuordnen sind
+	Einzahlungen aus außerordentlichen Posten
–	Auszahlungen aus außerordentlichen Posten
–	Gezahlte Ertragsteuern
=	**Cashflow aus der laufenden Geschäftstätigkeit**

Abb. 5.10: Direkte Darstellung des Cashflows aus der laufenden Geschäftstätigkeit

18 Im Gegensatz zu DRS 21.28 erfolgt jedoch nach IAS 7 kein separater Ausweis von außerordentlichen Posten, da deren separater Ausweis in IFRS-Abschlüssen generell nicht erfolgt. Vgl. *Driesch*, Beck'sches IFRS-Handbuch, § 18, Tz. 96.

Indirekte Darstellung des Cashflows aus betrieblicher Tätigkeit

Bei der indirekten Darstellung wird der Cashflow aus betrieblicher Tätigkeit aus dem Gewinn oder Verlust der Gesamtergebnisrechnung abgeleitet.[19] Die Ergebnisgröße ist dabei um nicht zahlungswirksame Geschäftsvorfälle zu korrigieren. Wenn vom Gewinn oder Verlust vor Ertragsteuer- und Zinsaufwendungen ausgegangen wird, sind im Einzelnen vier Korrekturschritte erforderlich:

1. Korrektur der nicht zahlungswirksamen Aufwendungen und Erträge, z.B. der Abschreibungen und der Zuführungen zu den Rückstellungen.
2. Korrektur um GuV-wirksame Sachverhalte, die dem Investitions- oder Finanzierungsbereich zuzuordnen sind, z.B. Gewinne aus dem Verkauf von Sachanlagen.
3. Erfassung GuV-unwirksamer, aber zahlungswirksamer Veränderungen der Vermögens- und Schuldpositionen der betrieblichen Tätigkeit, z.B. Zunahme der Roh-, Hilfs- und Betriebsstoffe, Abnahme der Verbindlichkeiten aus Lieferungen und Leistungen.
4. Erfassung der Ertragsteuer- und (bei Ausweis gezahlter Zinsen im operativen Cashflow; s. unten) Zinszahlungen.

Damit könnte aufgrund fehlender Gliederungsvorschriften in IAS 7 in Anlehnung an DRS 21 die in Abbildung 5.11 angeführte Gliederung Anwendung finden.

	Gewinn oder Verlust (Konzernjahresüberschuss/-fehlbetrag einschließlich Ergebnisanteile anderer Gesellschafter)
+/–	Abschreibungen/Zuschreibungen auf Gegenstände des Anlagevermögens
+/–	Zunahme/Abnahme der Rückstellungen
+/–	Sonstige zahlungsunwirksame Aufwendungen/Erträge
+/–	Zunahme/Abnahme der Vorräte, der Forderungen aus Lieferungen und Leistungen sowie anderer Aktiva, die nicht der Investitions- oder Finanzierungstätigkeit zuzuordnen sind
+/–	Zunahme/Abnahme der Verbindlichkeiten aus Lieferungen und Leistungen sowie anderer Passiva, die nicht der Investitions- oder Finanzierungstätigkeit zuzuordnen sind
+/–	Gewinn/Verlust aus dem Abgang von Gegenständen des Anlagevermögens
+/–	Zinsaufwendungen/Zinserträge
+/–	Sonstige Beteiligungserträge
+/–	Aufwendungen/Erträge aus außerordentlichen Posten
+/–	Ertragsteueraufwand/-ertrag
+	Einzahlungen aus außerordentlichen Posten
–	Auszahlungen aus außerordentlichen Posten
+/–	Ertragsteuerzahlungen
=	**Cashflow aus der laufenden Geschäftstätigkeit**

Abb. 5.11: Indirekte Darstellung des Cashflows aus der laufenden Geschäftstätigkeit

19 Der Exposure Draft 2019/7 sieht vor, dass für die indirekte Darstellung künftig das Ergebnis aus der betrieblichen Tätigkeit als Startpunkt genutzt werden soll.

Darstellung des Cashflows aus Investitionstätigkeit

Für den Cashflow aus Investitionstätigkeit schreibt das IASB ebenfalls keine detaillierte Mindestgliederung vor. Nach der direkten Methode sind lediglich die Bruttoeinzahlungen und Bruttoauszahlungen separat in Hauptklassen anzugeben. Auch hier würde sich für deutsche Unternehmen eine an DRS 21 angelehnte Vorgehensweise anbieten (vgl. Abbildung 5.12).

Erwerb von Tochterunternehmen

Zur Investitionstätigkeit zählen auch der Erwerb bzw. der Verkauf von Tochterunternehmen und sonstigen Geschäftseinheiten. Gemäß IAS 7.39 sind daraus resultierende Zahlungen separat innerhalb der Darstellung des Cashflows aus Investitionstätigkeit auszuweisen (vgl. auch Abbildung 5.12). Der zahlungswirksame Kaufpreis für Akquisitionen bzw. der Verkaufspreis von Desinvestitionen ist dabei um die miterworbenen bzw. mitveräußerten Zahlungsmittel und Zahlungsmitteläquivalente zu korrigieren. Im Gegensatz dazu ist der bilanzielle Zu- bzw. Abgang von anderen bilanziellen Vermögenswerten und Schulden nicht in den anderen Zeilen der Kapitalflussrechnung zu erfassen.

+	Einzahlungen aus Abgängen von Gegenständen des immateriellen Anlagevermögens
–	Auszahlungen für Investitionen in das immaterielle Anlagevermögen
+	Einzahlungen aus Abgängen von Gegenständen des Sachanlagevermögens
–	Auszahlungen für Investitionen in das Sachanlagevermögen
+	Einzahlungen aus Abgängen von Gegenständen des Finanzanlagevermögens
–	Auszahlungen für Investitionen in das Finanzanlagevermögen
+	Einzahlungen aus Abgängen aus dem Konsolidierungskreis
–	Auszahlungen für Zugänge zum Konsolidierungskreis
+	Einzahlungen aufgrund von Finanzmittelanlagen im Rahmen der kurzfristigen Finanzdisposition
–	Auszahlungen aufgrund von Finanzmittelanlagen im Rahmen der kurzfristigen Finanzdisposition
+	Einzahlungen aus außerordentlichen Posten
–	Auszahlungen aus außerordentlichen Posten
+	Erhaltene Zinsen
–	Erhaltene Dividenden
=	**Cashflow aus der Investitionstätigkeit**

Abb. 5.12: Direkte Darstellung des Cashflows aus Investitionstätigkeit

Beispiel 5.6

Im Rahmen der Ausweitung der Produktionskapazitäten zur Belieferung des chinesischen Absatzmarktes sowie zur Steigerung des weltweiten Marktanteils wurde von der Kauffix AG eine 80%ige Beteiligung an einem Konkurrenzanbieter in Shanghai zum Preis von umgerechnet 50 Mio. € erworben. Der Kaufpreis wurde vollständig mit Zahlungsmitteln beglichen. Der Bestand an Zahlungsmitteln und Zahlungsmitteläquivalenten des erworbenen Unternehmens beläuft sich zum Erwerbszeitpunkt auf umgerechnet 5 Mio. €. Da entsprechend des Control-Prinzips das akquirierte Unternehmen auf Basis der

Vollkonsolidierung in den Konzernabschluss der Kauffix AG einbezogen wird (vgl. Kapitel 21), ergeben sich für die Konzernkapitalflussrechnung folgende Auswirkungen:

- Separater Ausweis der Auszahlung von (50 - 5 =) 45 Mio. € für den Erwerb des Tochterunternehmens im Cashflow aus Investitionstätigkeit.
- Die aus der Akquisition resultierenden Veränderungen anderer Vermögenswerte und Schulden in der Konzernbilanz der Kauffix AG sind in den anderen Zeilen der Kapitalflussrechnung nicht zu berücksichtigen.

Darstellung des Cashflows aus Finanzierungstätigkeit

Auch für den Cashflow aus Finanzierungstätigkeit schreibt das IASB kein konkretes Gliederungsschema vor. Hier würde sich ebenfalls für deutsche Unternehmen bis zur weiteren internationalen Harmonisierung eine an DRS 21 orientierte Vorgehensweise anbieten (vgl. Abbildung 5.13).

+	Einzahlungen aus Eigenkapitalzuführungen von Gesellschaftern des Mutterunternehmens
+	Einzahlungen aus Eigenkapitalzuführungen von anderen Gesellschaftern
–	Auszahlungen aus Eigenkapitalherabsetzungen an Gesellschafter des Mutterunternehmens
–	Auszahlungen aus Eigenkapitalherabsetzungen an die anderen Gesellschafter
+	Einzahlungen aus der Begebung von Anleihen und der Aufnahme von (Finanz-)Krediten
–	Auszahlungen aus der Tilgung von Anleihen und (Finanz-)Krediten
+	Einzahlungen aus erhaltenen Zuschüssen/Zuwendungen
+	Einzahlungen aus außerordentlichen Posten
–	Auszahlungen aus außerordentlichen Posten
–	Gezahlte Zinsen
–	Gezahlte Dividenden an Gesellschafter des Mutterunternehmens
–	Gezahlte Dividenden an andere Gesellschafter
=	**Cashflow aus der Finanzierungstätigkeit**

Abb. 5.13: Direkte Darstellung des Cashflows aus Finanzierungstätigkeit

Beispiel 5.7

Zusammenfassend soll die Publix AG betrachtet werden, die ihre Gesamtergebnisrechnung in zwei Teilrechenwerken aufstellt. Aus den Daten der Konzernbilanz, der Konzern-GuV und ausgewählten Zusatzangaben ist in Übereinstimmung mit IAS 7 für das Geschäftsjahr 2021 eine Konzernkapitalflussrechnung zu erstellen. Die Darstellung des Cashflows aus betrieblicher Tätigkeit erfolgt in Übereinstimmung mit dem überwiegenden Teil der Unternehmenspraxis nach der indirekten Methode.

Folgende Zusatzangaben sind gegeben:

- Eine im Finanzanlagevermögen der Publix AG gehaltene Beteiligung wurde im August 2021 für 5.500 T€ verkauft (Buchwert 3.700 T€).

- Aufgrund einer Abwertung des US-$ erfolgte in 2021 eine Abschreibung innerhalb der liquiden Mittel in Höhe von 100 T€.
- Alle Zins- und Steueraufwendungen und -erträge wurden in bar gezahlt bzw. erhalten.
- In der Veränderung der Verbindlichkeiten gegenüber Kreditinstituten ist eine Kredittilgung in Höhe von 5.000 T€ enthalten.

Konzernbilanz der Publix AG nach IFRS (in T€)					
	2020	2021		2020	2021
Anlagevermögen			Eigenkapital		
I. Immat. VW	6.300	7.700	I. Gezeichn. Kapital	20.000	20.000
II. Sachanlagen	49.200	54.100	II. Kapitalrücklage	12.000	12.000
III. Finanzanlagen	5.200	2.700	III. Gewinnrücklagen	9.500	10.000
			IV. Bilanzgewinn	900	1.000
Umlaufvermögen			Rückstellungen		
I. Vorräte	25.100	27.900	I. Pensionrückstellungen	19.500	21.900
II. Forderungen	19.100	22.100			
III. Wertpapiere	1.400	1.400	II. Sonst. Rückst.	10.400	11.700
IV. Liquide Mittel	3.900	1.500	Verbindlichkeiten		
			I. ggü. Kreditinstitut.	21.000	26.500
			II. aus Lief. u. Leist.	16.900	14.300
	110.200	117.400		110.200	117.400

Konzern-GuV 2021 der Publix AG nach IFRS (in T€)	
1 Umsatzerlöse	216.000
2 Erhöhung des Bestands an fertigen u. unfertigen Erzeugnissen	700
3 Sonstige betriebliche Erträge	10.300
4 Materialaufwand	152.000
5 Personalaufwand	48.000
6 Abschreibungen	
auf immaterielle Vermögensgegenstände	300
auf Sachanlagen	7.800
7 Sonstige betriebliche Aufwendungen	14.800
8 Zinsen und ähnliche Erträge	800
9 Zinsen und ähnliche Aufwendungen	1.900
10 Ergebnis der gewöhnlichen Geschäftstätigkeit	3.000
11 Steuern	1.500
12 Gewinn oder Verlust	1.500
13 Zuführungen zu den Gewinnrücklagen	500
14 Bilanzgewinn	**1.000**

Lösung

Konzernkapitalflussrechnung 2021 der Publix AG nach IFRS (in T€)			
1.		Gewinn oder Verlust vor Zinsen und Steuern	4.100
2.	+	Zinsen und ähnliche Einzahlungen	800
3.	–	Zinsen und ähnliche Auszahlungen	1.900
4.	–	Steuerauszahlungen	1.500
5.	+/–	Abschreibungen/Zuschreib. auf Gegenstände des AV	+ 8.100
6.	+/–	Zunahme/Abnahme Rückstellungen	+ 3.700
7.	+/–	Sonstige zahlungsunwirksame Aufwendungen/Erträge	-600
8.	–/+	Gewinn/Verlust aus Anlagenabgängen	-1.800
9.	–/+	Zunahme/Abnahme der Vorräte, der Forderungen sowie sonstiger Aktiva des betrieblichen Bereichs	-5.100
10.	+/–	Zunahme/Abnahme der Verbindlichkeiten aus Lief. u. Leist. sowie sonstiger Passiva des betrieblichen Bereichs	-2.600
11.	**=**	**Cashflow aus betrieblicher Tätigkeit**	**3.200**
12.	–	Auszahlungen für Investitionen in das SAV	-12.700
13.	–	Auszahlungen für Investitionen IAV	-1.700
14.	+	Einzahlungen aus Abgängen FAV	+5.500
15.	–	Auszahlungen für Investitionen FAV	-1.200
16.	**=**	**Cashflow aus Investitionstätigkeit**	**-10.100**
17.	–	Dividendenzahlungen	-900
18.	+	Einzahlungen aus FK-Aufnahme	+10.500
19.	–	Auszahlungen für FK-Tilgung	-5.000
20.	**=**	**Cashflow aus Finanzierungstätigkeit**	**4.600**
21.		**Cashflow gesamt**	**-2.300**
22.	+/–	Wechselkursbedingte Veränderung liquider Mittel	-100
23.	+	Anfangsbestand der liquiden Mittel	3.900
24.	**=**	**Endbestand der liquiden Mittel**	**1.500**

Die aus dem Bilanzvergleich unter Berücksichtigung der GuV- und Zusatzangaben erstellte Konzernkapitalflussrechnung ist nachfolgend in der Erweiterung des Beispiels angeführt. Der operative Cashflow wird dabei nach der indirekten Methode ermittelt. Übereinstimmend mit der Mehrheit der Unternehmenspraxis werden die gezahlten und erhaltenen Zinsen, die erhaltenen Divi denden sowie die Ertragsteuerzahlungen im Cashflow aus betrieblicher Tätigkeit erfasst, während die gezahlten Dividenden gemäß Zeile 14 der Kapitalflussrechnung im Cashflow aus Finanzierungstätigkeit abgebildet sind.

Erweiterung des Beispiels

Im Geschäftsjahr 2021 ist außerdem von der Publix AG eine 100 %ige Beteiligung zum Kaufpreis von 4.700 T€ erworben worden. Das Unternehmen ist zum Bilanzstichtag 2020 in den Konzernabschluss einbezogen worden, wobei die Bilanz nach IFRS zum 31.12.2021 folgendes Aussehen hat. Innerhalb der Sachanlagen sind außerdem stille Reserven in Höhe von 500 T€, innerhalb der Vorräte von 300 T€ enthalten.

Bilanz 2021 nach IFRS (in T€)			
Anlagevermögen		Eigenkapital	
I. Sachanlagen	2.700	I. Gezeichnetes Kapital	1.000
II. Finanzanlagen	500	II. Kapitalrücklage	1.000
Umlaufvermögen		III. Gewinnrücklagen	400
I. Vorräte	1.500	Rückstellungen	1.100
II. Forderungen	1.800	Verbindlichkeiten	
III. Liquide Mittel	600	I. ggü. Kreditinstituten	2.000
		II. aus Lieferungen u. Leist.	1.600
	7.100		7.100

Lösung

Konzernkapitalflussrechnung 2021 der Publix AG nach IFRS (in T€)					
			Alt	Veränd.	Neu
1.		Gewinn oder Verlust	1.500		1.500
2.	+	Zinsen und ähnliche Erträge	800		800
3.	–	Zinsen und ähnliche Aufwendungen	1.900		1.900
4.	–	Steuern	1.500		1.500
5.	+/–	Abschreibungen/Zuschreibungen auf Anlagegegenstände	+8.100		+8.100
6.	+/–	Zunahme/Abnahme Rückstellungen	+3.700	-1.100	+2.600
7.	+/–	Sonstige zahlungsunwirksame Aufwendungen/Erträge	-600		-600
8.	–/+	Gewinn/Verlust aus Anlagenabgängen	-1.800		-1.800
9.	–/+	Zunahme/Abnahme der Vorräte, der Forderungen sowie sonstiger Aktiva des betrieblichen Bereichs	-5.100	+3.600	-1.500
10.	+/–	Zunahme/Abnahme der Verbindlichkeiten aus Lief. u. Leist. sowie sonstiger Passiva des betrieblichen Bereichs	-2.600	-1.600	-4.200
11.	**=**	**Cashflow aus betrieblicher Tätigkeit**	**3.200**		**4.100**

12. –	Auszahlungen für Investit. in das SAV	-12.700	+3.200	-9.500
13. –	Auszahlungen für Investitionen IAV	-1.700	+1.500	-200
14. +	Einzahlungen aus Abgängen FAV	+5.500		+5.500
15. –	Auszahlungen für Investitionen FAV	-1.200	+500	-700
16. +/–	Verkauf/Erwerb von konsolidierten Unternehmen		-4.100	-4.100
17. =	**Cashflow aus Investitionstätigkeit**	**-10.100**		**-9.000**
18. –	Dividendenzahlungen	-900		-900
19. +	Einzahlungen aus FK-Aufnahme	+10.500	-2.000	+8.500
20. –	Auszahlungen für FK-Tilgung	-5.000		-5.000
21. =	**Cashflow aus Finanzierungstätigkeit**	**4.600**		**2.600**
22.	**Cashflow gesamt**	**-2.300**		**-2.300**
23. +/–	Wechselkursbedingte Veränd. liq. Mittel	-100		-100
24. +	Anfangsbest. der liquiden Mittel	3.900		3.900
25. =	**Endbestand der liquiden Mittel**	**1.500**		**1.500**

Infolge dieser zusätzlichen Informationen ist die bereits erstellte Konzernkapitalflussrechnung zu verändern. Dazu ist die Akquisition zum Kaufpreis (4.700 T€) abzüglich der erworbenen Zahlungsmittel und Zahlungsmitteläquivalente (600 T€) auszuweisen (4.100 T€). Gleichzeitig sind die Veränderungen in den Bilanzpositionen, die aus dieser Akquisition resultieren, zu korrigieren. Da die Vermögenswerte und Schulden des Tochterunternehmens nach Auflösung der stillen Reserven in die Konzernbilanz eingehen, handelt es sich hierbei um die neubewerteten Vermögenswerte und Schulden. Sofern der Kaufpreis größer ist als das neubewertete Vermögen abzüglich der neubewerteten Schulden, entsteht ein unter den immateriellen Vermögenswerten auszuweisender Goodwill.

5.5 Anhangangaben

IAS 7 fordert neben der zu erstellenden Kapitalflussrechnung vielfältige zusätzliche Angaben, die für die Abschlussadressaten deren Informationsgehalt erhöhen sollen. Im Einzelnen sind folgende Angaben verpflichtend (IAS 7.45 ff.):

- Zusammensetzung der Zahlungsmittel und Zahlungsmitteläquivalente,
- Überleitung der Zahlungsmittel und Zahlungsmitteläquivalente aus der Kapitalflussrechnung auf die entsprechenden Positionen der Bilanz,
- Offenlegung von Änderungen in der Zusammensetzung des Finanzmittelfonds der Zahlungsmittel und Zahlungsmitteläquivalente,

- Angabe des wesentlichen Anteils an Zahlungsmitteln und Zahlungsmitteläquivalenten, über die der Konzern nicht frei verfügen kann (z.B. Zahlungsmittel von Tochterunternehmen in Ländern mit Devisenverkehrskontrollen),
- separate Angabe außerordentlicher Zahlungsvorgänge der betrieblichen Tätigkeit, der Investitionstätigkeit und der Finanzierungstätigkeit, sowie
- Angabe nicht zahlungswirksamer Investitions- und Finanzierungsvorgänge, wie z.B. der Erwerb von Unternehmensanteilen gegen eigene Aktien.
- Seit dem 01.01.2017 sind zusätzliche Angaben erforderlich, die es dem Abschlussleser ermöglichen, die Veränderung der Finanzschulden zu beurteilen.[20] Dabei sind nach IAS 7.44B insbesondere die folgenden Angaben erforderlich: (i) Veränderungen bei den Cashflows aus Finanzierungstätigkeit; (ii) Veränderungen als Ergebnis der Erlangung bzw. des Verlusts von Beherrschung über Tochter- oder andere Unternehmen; (iii) Auswirkungen von Wechselkursänderungen; (iv) Änderungen von beizulegenden Zeitwerten; und (v) sonstige Änderungen.

Sind Tochterunternehmen oder sonstige Geschäftseinheiten erworben bzw. veräußert worden, müssen gemäß IAS 7.40 zusätzlich folgende Angaben erfolgen:
- der gesamte Kauf- oder Verkaufspreis,
- der Teil des Kauf- oder Verkaufspreises, der durch Zahlungsmittel und Zahlungsmitteläquivalente beglichen wurde,
- der Betrag der Zahlungsmittel oder Zahlungsmitteläquivalente des Tochterunternehmens oder der Geschäftseinheit, die mit dem Erwerb übernommen oder mit dem Verkauf abgegeben wurden, sowie
- die Beträge der nach Hauptgruppen gegliederten Vermögenswerte und Schulden (mit Ausnahme der Zahlungsmittel und Zahlungsmitteläquivalente) des erworbenen oder verkauften Tochterunternehmens bzw. der Geschäftseinheit.

Zwischenfazit

Bis zu diesem Punkt haben Sie in Kapitel 5 die Rechenwerke des IFRS-Abschlusses im Einzelnen detailliert kennengelernt. Im Folgenden behandeln wir nun die Regeln für die Erstanwendung der IFRS (Abschnitt 6) und die Frage, wie Methoden- und Schätzänderungen in den Rechenwerken abzubilden sind (Abschnitt 7).

20 Diese Änderungen wurden im Rahmen der Angabeninitiative (disclosure initiative) 2016 vom IASB verabschiedet. Siehe auch IASB (2016), Disclosure Initiative, Amendments to IAS 7.

6 IFRS-Erstanwendung

6.1 Einführung

IFRS-Erstanwendung bei Knorr-Bremse

Die Knorr-Bremse AG veröffentlichte einhergehend mit ihrem Börsengang im Oktober 2018 für das Geschäftsjahr 2017 (mit den Vergleichsjahren 2015 und 2016) erstmalig einen Konzernabschluss nach IFRS. Durch die Umstellung von HGB auf IFRS ergaben sich im Geschäftsjahr 2018 lediglich kleinere Änderungen hinsichtlich der Umsatz- und Gewinn-Volumina. So wurde für 2018 ein um 95 Mio. € geringerer Umsatz ausgewiesen (6.616 Mio. € nach IFRS, 6.711 Mio. € nach HGB), während insbesondere aufgrund der unterschiedlichen bilanziellen Behandlung von Veräußerungsverlusten sowie Entwicklungskosten für das EBITDA nach IFRS ein um 71 Mio. € höherer Betrag ausgewiesen wurde (1.178 Mio. € nach IFRS, 1.107 Mil. € nach HGB).[21]

Zielsetzung von IFRS 1

Nach der Verordnung (EG) Nr. 1606/2002 haben kapitalmarktorientierte Unternehmen, die dem Recht eines Mitgliedstaats der Europäischen Union unterliegen, ihre konsolidierten Abschlüsse seit spätestens 2005 nach IFRS aufzustellen (vgl. dazu Kapitel 2). Diese Unternehmen bilanzieren somit in Deutschland bereits seit über 15 Jahren nach IFRS. Die Regeln für die IFRS-Erstanwendung sind daher insbesondere für diejenigen deutschen Unternehmen relevant, die beispielsweise durch eine erstmalige Wertpapieremission neu unter diese Anwendungspflicht fallen.

Regeln für die Rechnungslegungsumstellung auf IFRS beinhaltet IFRS 1 „Erstmalige Anwendung der IFRS“ (First-time Adoption of IFRS). Darin setzt sich das IASB ein anspruchsvolles Ziel: Mit der Anwendung von IFRS 1 soll sichergestellt werden, dass ein erstmaliger IFRS-Abschluss hochwertige, transparente und vergleichbare Informationen über alle Berichtsperioden eines Erstanwenders liefert. Ferner soll ein erstmaliger Abschluss eine zuverlässige Ausgangsbasis für alle nachfolgenden Abschlüsse darstellen und Kosten-Nutzen-Gesichtspunkte berücksichtigen.

Anwendungsbereich: Erstanwender

IFRS 1 ist grundsätzlich von allen Erstanwendern der IFRS anzuwenden. Erstanwender stellen nach IFRS 1.3 ausschließlich Unternehmen dar, deren Abschluss erstmalig die ausdrückliche und uneingeschränkte Aussage enthält, mit sämtlichen IFRS übereinzustimmen. Dies ist beispielsweise der Fall, wenn bisher überhaupt noch kein Jahresabschluss, IFRS-Abschluss bzw. lediglich eine IFRS-Überleitung erstellt wurde, ein IFRS-Abschluss lediglich für interne oder Konsolidierungszwecke vorliegt oder ein IFRS-Abschluss zwar veröffentlicht wurde, dieser jedoch laut eigener Aussage nicht mit sämtlichen IFRS übereinstimmte oder noch keine Übereinstimmungsaussage enthielt. IFRS 1 darf damit nur angewendet werden, wenn erstmalig eine IFRS-Übereinstimmungserklärung abgegeben wurde. Sofern vor der Umstellung ein IFRS- und HGB-konformer dualer Abschluss erstellt wurde, der eine Übereinstimmungsaussage mit den IFRS ent-

21 Vgl. Geschäftsbericht 2018 der Knorr-Bremse AG, S. 66.

hielt, liegt keine Erstanwendung vor. Selbst wenn ein Abschluss aufgrund erheblicher Zweifel an der IFRS-Konformität nur eingeschränkt testiert wurde, darf IFRS 1 nicht angewendet werden, sofern der Abschluss eine Übereinstimmungserklärung beinhaltete.

Übergangszeitpunkt und IFRS-Eröffnungsbilanz

Ein erstmaliger IFRS-Abschluss ist zu einem festgelegten Berichtszeitpunkt (reporting date) aufzustellen. Da nach IFRS 1.21 mit seiner Veröffentlichung auch Vergleichsdaten für mindestens eine Vorperiode anzugeben sind, hat ein Erstanwender eine IFRS-Eröffnungsbilanz zu Beginn der frühesten Vergleichsperiode aufzustellen, die im ersten IFRS-Abschluss dargestellt wird. Der Beginn der Vergleichsperiode stellt den Übergangszeitpunkt (date of transition) und damit den Ausgangspunkt für die weitere Rechnungslegung nach IFRS dar (vgl. Abbildung 5.15).

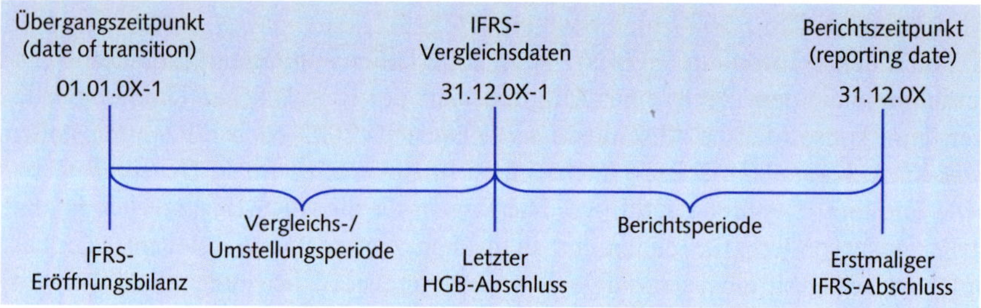

Abb. 5.14: Übergangszeitpunkt zur IFRS-Rechnungslegung

Beispiel 5.8

Ein Unternehmen stellt zum 31.12.2021 erstmalig einen IFRS-Abschluss auf. Mit der Veröffentlichung hat es Vergleichszahlen zum 31.12.2020 anzugeben. Dazu muss eine IFRS-Eröffnungsbilanz zum 01.01.2020 erstellt werden.

6.2 Grundsatz der retrospektiven Anwendung

Retrospektive Anwendung der IFRS

Grundsätzlich sind nach IFRS 1.7 sämtliche am erstmaligen IFRS-Berichtszeitpunkt geltenden IFRS retrospektiv, d.h. rückwirkend, anzuwenden. Demzufolge ist die Eröffnungsbilanz, die den Ausgangspunkt der weiteren Berichterstattung darstellt, so aufzustellen, als ob schon immer nach den derzeit geltenden IFRS bilanziert worden wäre. Ein neuer, aber bisher noch nicht verbindlicher IFRS darf, sofern zulässig, ebenfalls retrospektiv angewandt werden. Die in den einzelnen IFRS enthaltenen Übergangsregelungen gelten folglich, mit Ausnahme von später noch zu behandelnden Bereichen, nicht für Erstanwender.

Die retrospektive Anwendung der aktuell gültigen IFRS erfordert, dass Vermögenswerte und Schulden bis zu ihrer erstmaligen Erfassung zurückverfolgt werden müssen. Anschließend ist zu prüfen, ob der damalige Ansatz, die angewendete Bewertungsmethode und der Ausweis IFRS-konform waren. Ist dies nicht der Fall, müssen Ansatz, Bewertung und/oder Ausweis bei der Aufstellung der

Eröffnungsbilanz korrigiert werden. Ein dabei entstehender Korrekturbetrag ist unter Berücksichtigung latenter Steuern GuV-neutral mit den Gewinnrücklagen oder einem anderen, besser geeigneten Eigenkapitalposten zu verrechnen. Im Allgemeinen sind daher in der IFRS-Eröffnungsbilanz

- sämtliche Vermögenswerte und Schulden, deren Ansatz nach IFRS verlangt wird, anzusetzen,
- sämtliche Vermögenswerte und Schulden, die nur nach nationalen Vorschriften anzusetzen wären, zu entfernen,
- alle Posten, die nach IFRS anderweitig auszuweisen sind als nach nationalen Vorschriften, umzugliedern, und
- die angesetzten Vermögenswerte und Schulden nach den Vorschriften der IFRS zu bewerten.

Beispiel 5.9

Die bisher nach HGB bilanzierende Sunsilk GmbH stellt ihren Konzernabschluss zum 31.12.2021 auf IFRS um. Am Anfang des Geschäftsjahres 2019 hatte sie Forschungs- und Entwicklungsausgaben in Höhe von 1.000 T€ als Aufwand verrechnet. Annahmegemäß stellen davon 800 T€ nach IFRS aktivierungspflichtige Entwicklungskosten dar. Im Jahr 2013 noch zulässige Aufwandsrückstellungen gemäß § 249 Abs. 2 HGB a.F. bildete sie zudem in Höhe von 1.500 T€. Hierauf anfallende aktive latente Steuern wurden in Höhe von 450 T€ (Ertragsteuersatz 30 %) angesetzt. Wie sind diese Sachverhalte bei der Aufstellung der IFRS-Eröffnungsbilanz zum 01.01.2020 zu verrechnen?

Lösung

Die Forschungs- und Entwicklungsausgaben sind retrospektiv nach IAS 38 „Immaterielle Vermögenswerte" zu behandeln. Die nach IAS 38.57 aktivierungspflichtigen Entwicklungsausgaben sind somit in der Eröffnungsbilanz unter Berücksichtigung latenter Steuern anzusetzen. Die Aufwandsrückstellung einschließlich der gebildeten aktiven latenten Steuern ist vollständig auszubuchen, da sie nicht die Ansatzkriterien von IAS 37 „Rückstellungen, Eventualschulden und Eventualforderungen" erfüllt. Der Ansatz und die Ausbuchung erfolgen dabei gegen die Gewinnrücklagen.

Korrektur-Buchungssätze zum 01.01.2020:

Immaterielle Vermögenswerte	*800 T€*	*an*	*Gewinnrücklagen*	*560 T€*
			passive latente Steuern	*240 T€*
Sonst. Rückstellung	*1.500 T€*	*an*	*Gewinnrücklagen*	*1.050 T€*
			aktive latente Steuern	*450 T€*

6.3 Ausnahmen von der retrospektiven Anwendung

Um die Umstellung für Unternehmen zu erleichtern und Gestaltungsspielräume des Managements einzuschränken, erlaubt bzw. fordert IFRS 1 in bestimmten Bereichen die Abweichung von der retrospektiven Anwendung.[22]

Optionale Ausnahmebereiche

Optionale Befreiungen existieren dort, wo laut IASB eine verpflichtende retrospektive Anwendung der IFRS bei den Abschlusserstellern Kosten hervorrufen würde, die in keinem angemessenen Verhältnis zum wahrscheinlichen Nutzen der Abschlussadressaten stehen. Alternativ dürfen hier die zur bilanziellen Abbildung anzuwendenden IFRS-Vorschriften erst ab dem Übergangszeitpunkt und damit prospektiv angewendet werden. Dies bedeutet jedoch nicht, dass die bislang nach nationalen Vorschriften ermittelten Wertansätze ohne Korrektur in die Eröffnungsbilanz übernommen werden können. Vielmehr enthält IFRS 1 hier gesonderte Vorschriften. Die Unternehmen können alle, einzelne oder keine dieser Befreiungen in Anspruch nehmen.

Verpflichtende Ausnahmebereiche

Ferner schreibt IFRS 1 die prospektive Anwendung der betreffenden IFRS-Vorschrift in einzelnen Bereichen explizit vor, um Gestaltungsspielräume des Managements weitgehend zu vermeiden.

Die Wahlrechte und verpflichtenden Ausnahmebereiche schränken die intertemporale Vergleichbarkeit und die Vergleichbarkeit mit Abschlüssen von bereits nach IFRS bilanzierenden Unternehmen erheblich ein. Darüber hinaus kann die jeweilige Ausübung der Wahlrechte zu völlig unterschiedlichen Abschlüssen von Erstanwendern führen. Das IASB entscheidet für künftig neu veröffentlichte IFRS im Einzelfall, ob von der retrospektiven Vorgehensweise abgesehen werden kann bzw. abzusehen ist. Abbildung 5.16 zeigt die zum 31.12.2019 bestehenden Befreiungen und die verpflichtenden Ausnahmen vom Grundsatz der retrospektiven Anwendung der IFRS.

22 Vgl. für Details hinsichtlich der hier nur skizzierten optionalen und verpflichtenden IFRS 1-Ausnahmebereiche z.B. *Detert, K.*, Bilanzpolitisches Verhalten bei der Umstellung der Rechnungslegung von HGB auf IFRS – Eine empirische Untersuchung deutscher Unternehmen, Frankfurt a.M. 2008.

IFRS 1: Grundsatz der retrospektiven Anwendung aller IFRS

Optionale Ausnahmen

- Unternehmenszusammenschlüsse (IFRS 1.C)
- Anteilsbasierte Vergütung (IFRS 1.D2-D3)
- Beizulegender Zeitwert oder Neubewertung als Ersatz für Anschaffungs-/Herstellungskosten (IFRS 1.D5-D8B)
- Leasingverhältnisse (IFRS 1.D9-D9E)
- Umrechnungsdifferenzen (IFRS 1.D12-D13)
- Anteile an (IFRS 1.D14-D15, D15A) sowie Vermögenswerte und Schulden von (IFRS 1.D16-D17) Tochterunternehmen, assoziierten Unternehmen und Gemeinschaftsunternehmen
- Unterschiedliche Erstanwendungszeitpunkte von Mutter- und Tochterunternehmen (IFRS 1.D16-D17)
- Hybride Finanzinstrumente (IFRS 1.D18)
- Klassifikation von Finanzinstrumenten (IFRS 1.D19-D19C)
- Zeitwertbewertung von finanziellen Vermögenswerten und Schulden beim erstmaligen Ansatz (IFRS 1.D20)
- In den Sachanlagen enthaltene Entsorgungskosten (IFRS 1.D21-D21A)
- Dienstleistungskonzessionsvereinbarungen (IFRS 1.D22)
- Fremdkapitalkosten (IFRS 1.D23)
- Tilgung finanzieller Verbindlichkeiten mit Eigenkapitalinstrumenten (IFRS 1.D25)
- Ausgeprägte Hyperinflation (IFRS 1.D26-D30)
- Gemeinsame Vereinbarungen (IFRS 1.D31)
- Abraumkosten in der Produktionsphase eines Tagebaubergwerks (IFRS 1.D32)
- Verträge über den Kauf oder Verkauf nicht-finanzieller Posten (IFRS 1.D33)
- Umsatz nach IFRS 15 (IFRS 1.D34-D35)

Verpflichtende Ausnahmen

- Ausbuchung von finanziellen Vermögenswerten und Schulden (IFRS 1.B2-B3)
- Sicherungsbeziehungen (IFRS 1.B4-B6)
- Nicht beherrschende Anteile (IFRS 1.B7)
- Klassifikation und Bewertung von finanziellen Vermögenswerten (IFRS 1.B8-B8C)
- Eingebettete Derivate (IFRS 1.B9)
- Darlehen der öffentlichen Hand (IFRS 1.B10.B12)
- Schätzungen und Annahmen (IFRS 1.14-17)

Abb. 5.15: Optionale und verpflichtende Ausnahmen vom Grundsatz der retrospektiven Anwendung (Stand 31.12.2019)

6.4 Angaben

Angabepflichten nach IFRS 1

Ein erstmalig veröffentlichter IFRS-Abschluss muss sämtliche nach IFRS erforderlichen Angaben sowie Vergleichsdaten für die Vorperiode enthalten. Somit hat der erste IFRS-Abschluss mindestens drei Bilanzen und jeweils zwei Gesamtergebnis-, Kapitalfluss- und Eigenkapitalveränderungsrechnungen zu enthalten.

Neben den grundsätzlich nach IFRS erforderlichen Angaben müssen Erstanwender gemäß IFRS 1.23-23B u.a. folgende zusätzlichen Informationen veröffentlichen:

- Eine Erläuterung, wie sich die Umstellung auf die Vermögens-, Finanz- und Ertragslage ausgewirkt hat.
- Sofern zusätzlich nationale Vergleichszahlen veröffentlicht werden, ein Hinweis, dass diese nicht mit den IFRS übereinstimmen sowie eine qualitative Beschreibung der Art der Korrekturmaßnahmen, die erforderlich wären, um eine Übereinstimmung mit IFRS herzustellen.
- Je Bilanzposition die Summe der in der Eröffnungsbilanz als fortzuführende Werte angesetzten beizulegenden Zeitwerte für immaterielle Vermögenswerte, Sachanlagen und als Finanzinvestition gehaltene Immobilien und der damit verbundene Anpassungsbetrag gegenüber den Buchwerten nach nationalen Vorschriften.

Überleitungsrechnungen

Zusätzlich sind detaillierte Überleitungen des Eigenkapitals nach nationalen Vorschriften auf IFRS zum Übergangszeitpunkt und bei Veröffentlichung des letzten nationalen Abschlusses darzustellen (IFRS 1.24). Darüber hinaus hat eine Überleitung des Gesamtergebnisses nach nationalen Vorschriften auf IFRS für den Berichtszeitraum des letzten veröffentlichten nationalen Abschlusses zu erfolgen. In den Überleitungsrechnungen sind Effekte, die aus einer Korrektur von Schätzfehlern resultieren, von Auswirkungen der Umstellung der Bilanzierungsmethoden zu trennen. Sofern bisher eine Kapitalflussrechnung aufgestellt wurde, sind damit verbundene Umstellungseffekte ebenfalls anzugeben.

7 Methoden- und Schätzänderungen sowie Fehlerkorrekturen

7.1 Problemstellung und Normengrundlage

Bilanzierungsfehler bei der BayWa AG

Am 19.02.2016 veröffentlichte die BayWa AG eine Bekanntmachung über Fehler in der Rechnungslegung. Diese Bilanzierungsfehler hatte die Deutsche Prüfstelle für Rechnungslegung (DPR) im Rahmen der Prüfung des Konzernabschlusses zum 31.12.2013 festgestellt. Unter anderem hatte die BayWa AG ein Immobilienportfolio im Rahmen einer Sale-and-Lease-back-Transaktion fälschlicherweise als Mietleasingverhältnis eingestuft und somit Vermögensgegenstände und Schulden zu niedrig ausgewiesen.[23]

23 *BayWaAG* (2016), Veröffentlichung nach § 37q Abs. 2 Satz 1 WpHG vom 19.02.2016.

M&A-Bilanzierung fehleranfällig

Die BayWa AG ist aber bei weitem nicht das einzige Unternehmen, bei dem die „deutsche Bilanzpolizei“, wie die DPR insbesondere in der Presse häufig genannt wird, fündig geworden ist. Den Tätigkeitsberichten der Prüfstelle ist z.B. zu entnehmen, dass sich insbesondere die Bilanzierung von Unternehmenszusammenschlüssen immer wieder als fehleranfällig erweist.[24] Damit haben für kapitalmarktorientierte Unternehmen auch die Vorschriften nach IFRS zur Korrektur von bilanziellen Fehlern eine nochmals höhere Bedeutung erfahren. Neben der Behandlung von Bilanzierungsfehlern führen auch die bilanzielle Abbildung von Schätzrevisionen und Änderungen der bisher angewandten Bilanzierungsmethoden regelmäßig zu Anpassungen des Abschlusses und können teilweise ein beträchtliches Ausmaß erreichen.

Relevanter Standard: IAS 8

Die Änderungen von Rechnungslegungsmethoden (accounting policies), Änderungen von Schätzungen (accounting estimates), Korrekturen von wesentlichen Fehlern (errors) aus Vorperioden sowie die Behandlung von Regelungslücken sind in IAS 8 „Rechnungslegungsmethoden, Änderungen von rechnungslegungsbezogenen Schätzungen und Fehler“ (accounting policies, changes in accounting estimates and errors) geregelt. Der Standard dient insbesondere der Herstellung einer unternehmensübergreifenden und intertemporalen Vergleichbarkeit von IFRS-Abschlüssen sowie der Erhöhung von Relevanz und glaubwürdiger Darstellung des publizierten Zahlenmaterials. So müssen bspw. in Vorperioden gemachte Fehler bereits in den Vergleichsinformationen im Abschluss der nachfolgenden Periode korrigiert werden. IAS 8.5 definiert u.a. auch, wann eine grundsätzlich geltende Bilanzierungsvorschrift aus praktischen Gründen nicht anwendbar ist (Undurchführbarkeit). Wie in Abschnitt 6 in diesem Kapitel bereits beschrieben, wird die Vorgehensweise für die erstmalige Erstellung eines vollständigen IFRS-Abschlusses hingegen durch IFRS 1 festgelegt. Weiterhin ist zu beachten, dass steuerliche Konsequenzen, die sich durch die Korrektur von Fehlern aus Vorperioden oder aus der Änderung von Rechnungslegungsmethoden ergeben, nicht in den Anwendungsbereich von IAS 8 fallen (IAS 8.4). Hier ist IAS 12 „Ertragsteuern“ maßgeblich (vgl. Kapitel 6).

24 Weitere häufige Fehlerquellen der letzten Jahre sind die Bereiche Finanzinstrumente und Anlagevermögen. Vgl. Tätigkeitsberichte der DPR für die Jahre 2007-2019 (www.frep.info). Für einen weiterführenden Überblick zu Prüfungsschwerpunkten und häufigen Fehlern siehe auch *Loy, T./Steuer, S.*, Vertrauen ist gut, Enforcement ist besser? (Teil 1) Eine Bilanz nach zehn Jahren DPR, in: KoR, 15. Jg. (2015), S. 485-489; (Teil 1), *Loy, T./Steuer, S.*, Vertrauen ist gut, Enforcement ist besser? (Teil 2) Eine Bilanz nach zehn Jahren DPR, in: KoR, 15. Jg. (2015), S. 548-557 (Teil 2); *Thormann, B./Barth, D.*, Aktuelles aus der DPR Enforcement Prüfung, in: Rechnungslegung, Steuern, Corporate Governance, Wirtschaftsprüfung und Controlling, 2018, Springer Gabler, Wiesbaden, S. 473-489.

7.2 Änderungen von Rechnungslegungsmethoden

Stetigkeit und Vergleichbarkeit von Abschlüssen

Für die Vergleichbarkeit von Abschlüssen im Zeitablauf und die Ableitung von Entwicklungstendenzen der Ertragskraft, der Vermögens- und Finanzlage sowie der Cashflows eines Unternehmens fordert IAS 8 in den Textziffern 13 und 15 die Beibehaltung von Rechnungslegungsmethoden für ähnliche Sachverhalte. Eine Abweichung von diesem Grundsatz erlaubt das IASB nur im Fall einer von einem Standard oder einer Interpretation vorgeschriebenen Änderung bzw. dann, wenn die Änderung zu einer zutreffenderen und relevanteren Darstellung der Unternehmenslage führt (IAS 8.14).

Keine Änderung der Rechnungslegungsmethode

IAS 8.16-18 konkretisieren die Sachverhalte, die nicht als eine Änderung von Rechnungslegungsmethoden zu interpretieren sind. Die Anwendung einer schon vorher angewandten Rechnungslegungsmethode auf einen Sachverhalt, der sich grundlegend von bereits existierenden Geschäftsvorfällen unterscheidet, ist nicht als Änderung zu verstehen. Kauft ein Unternehmen z.B. eine Maschine, deren Abschreibungsverlauf am besten degressiv beschrieben werden kann, obwohl alle übrigen Maschinen des Unternehmens linear abgeschrieben werden, so ist dies keine Methodenänderung. Ebenfalls liegt keine Methodenänderung vor, wenn eine neue Rechnungslegungsmethode auf Geschäftsvorfälle angewendet wird, die bislang nicht aufgetreten sind bzw. vorher nicht wesentlich waren. Explizit wird außerdem die erstmalige Anwendung der Neubewertungsmethode nach IAS 16 und IAS 38 vom Geltungsbereich des IAS 8 ausgeschlossen.

Erstmalige Anwendung einzelner Standards

Änderungen der Rechnungslegungsmethoden können aus der Erstanwendung einzelner IFRS und Interpretationen resultieren. Die meisten der veröffentlichten Standards und Interpretationen bieten ihren Nutzern jedoch ausführliche Übergangsvorschriften für die Berücksichtigung der Auswirkungen ihrer erstmaligen Anwendung. Diese Vorschriften können entweder eine prospektive oder aber eine retrospektive Erfassung vorsehen. Für alle anderen Rechnungslegungsvorschriften ohne gesonderte Übergangsregeln schreibt IAS 8.19 grundsätzlich eine retrospektive Anwendung vor.

Verbesserte Darstellung der Lage des Unternehmens

Neben der Erstanwendung neuer IFRS i.w.S. ist die Änderung der Rechnungslegungsmethoden zur Verbesserung der Lagedarstellung des Unternehmens ein zweiter Grund für die Durchbrechung des Stetigkeitsgebots. Die Frage, wann ein Methodenwechsel als eine Verbesserung der Berichterstattung zu interpretieren ist, ist eine Ermessensentscheidung im Einzelfall.

Retrospektive Behandlung von Methodenänderungen

Analog zur Korrektur wesentlicher Fehler aus Vorperioden ist die Änderung von Rechnungslegungsmethoden anhand der retrospektiven Anwendung abzubilden. Die Beträge sind jeweils so anzupassen, als wäre die neue Methode von jeher angewendet worden. Die im aktuellen Abschluss angegebenen Vorjahreswerte müssen im Zuge der rückwirkenden Anwendung GuV-neutral angepasst werden. In der Regel wird die Anpassung über die Gewinnrücklagen erfolgen (IAS 8.26). Die Anpassung der Vorjahreswerte, die nicht als Vergleichsperioden im aktuellen Abschluss veröffentlicht werden, erfolgt über den Saldovortrag der Eigenkapitalposten der frühesten veröffentlichten Periode. Dementsprechend müssen die angepassten Eröffnungsbilanzwerte der Eigenkapitalposten des Vorjahres ebenfalls dargestellt werden (IAS 8.22).

Ausnahmen von der retrospektiven Korrektur

Ausnahmen von diesem grundsätzlichen Vorgehen aus Praktikabilitätsgründen sind in IAS 8.23-27 angegeben. Lässt sich der periodenspezifische Anpassungseffekt nicht für alle Vergleichsperioden bestimmen, so soll die neue Rechnungslegungsmethode rückwirkend ab der frühesten Periode, für die das Vorgehen durchführbar ist, angewendet werden. Für die entsprechende Periode hat eine Anpassung der Eröffnungsbilanzsalden der betroffenen Eigenkapitalposten zu erfolgen (IAS 8.24). Ist der kumulative Effekt einer Methodenänderung nicht bestimmbar, so hat das Unternehmen die Vergleichszahlen prospektiv ab dem frühestmöglichen Zeitpunkt anzupassen. Dass damit die Beträge aus denjenigen Perioden, die zeitlich vor diesem Zeitpunkt liegen, nicht angepasst werden, wird dabei vom IASB bewusst in Kauf genommen (IAS 8.27).

Angabepflichten

Gemäß IAS 1.10(f) ist bei einer rückwirkenden Änderung der Rechnungslegungsmethoden eine dritte Bilanz, nämlich die Eröffnungsbilanz der Vergleichsperiode, zu veröffentlichen. Hat die erstmalige Anwendung eines IFRS Auswirkungen auf die aktuelle Berichtsperiode bzw. eine frühere Berichtsperiode oder könnten sich in Zukunft solche Auswirkungen ergeben, sind umfangreiche Offenlegungspflichten zu beachten (IAS 8.28).

Freiwilliger Methodenwechsel

Ähnliche Angaben sind im Fall eines freiwilligen Wechsels der Rechnungslegungsmethoden zu machen (IAS 8.29), worunter eine freiwillige frühere Anwendung eines Standards oder einer Interpretation allerdings nicht zu subsumieren ist (IAS 8.20).[25] Darüber hinaus gibt es auch Offenlegungspflichten, wenn verabschiedete, aber noch nicht verpflichtend anzuwendende Standards oder Interpretationen im aktuellen Berichtsjahr noch nicht zur Anwendung gekommen sind (IAS 8.30-31). Hierbei ist insbesondere der zu erwartende Einfluss der erstmaligen Anwendung der neuen Bilanzierungsregeln anzugeben.

Beispiel 5.10

Folgendes Beispiel zeigt die Angaben gemäß IAS 8.28 zu den Anpassungsbeträgen aufgrund der Veröffentlichung des Standards IFRS 16 im Geschäftsbericht 2019 der Daimler AG.[26]

Im Januar 2016 hat das IASB IFRS 16 »Leases« veröffentlicht, mit dem unter anderem IAS 17 »Leases« und IFRIC 4 »Determining Whether an Arrangement Contains a Lease« abgelöst werden. IFRS 16 schafft für Leasingnehmer die bisherige Klassifizierung von Leasingverträgen in

25 Der im Standard verwendete Begriff der freiwilligen Änderung der Bilanzierungs- und Bewertungsmethoden ist streng genommen nicht konform mit der Definition in IAS 8.14(b). Letztgenannte Textziffer legt ausdrücklich fest, dass auch dann eine Pflicht zur Änderung der Bilanzierungs- und Bewertungsmethoden besteht, wenn dies nicht explizit durch eine Verlautbarung gefordert wird, jedoch eine verlässliche und relevantere Informationsvermittlung induziert. Vgl. hierzu auch *Lüdenbach*, Haufe IFRS-Kommentar, § 24, Rz. 23.

26 Vgl. Geschäftsbericht 2019 der Daimler AG, S. 230 f.

Operating und Finance Leases ab. Stattdessen führt IFRS 16 ein einheitliches Bilanzierungsmodell ein, nach dem Leasingnehmer verpflichtet sind, für alle Leasingverträge einen Vermögenswert für das Nutzungsrecht sowie eine Leasingverbindlichkeit für die ausstehenden Mietzahlungen anzusetzen. Dies führt dazu, dass ab 1. Januar 2019 grundsätzlich sämtliche Leasingverhältnisse – weitgehend vergleichbar mit der bisherigen Bilanzierung von Finance Leases – in der Konzernbilanz zu erfassen sind.
(...)
Im Rahmen der Umstellung auf IFRS 16 wurden zum 1. Januar 2019 Vermögenswerte für die Nutzungsrechte an den Leasinggegenständen von 3.777 Mio. € (einschließlich 335 Mio. € Finance Leases) und Leasingverbindlichkeiten von 3.790 Mio. € erfasst. Ausgehend von den Sonstigen finanziellen Verpflichtungen aus Miet-, Pacht- und Leasingverträgen zum 31. Dezember 2018 ergab sich die in Tabelle F.06 dargestellte Überleitungsrechnung auf den Eröffnungsbilanzwert der Leasingverbindlichkeiten zum 1. Januar 2019.

7.3 Änderungen von Schätzungen

Notwendigkeit von Schätzungen

Unternehmerische Tätigkeit ist immer mit Unsicherheit über die künftige Entwicklung verbunden. Aufgrund des eingeschränkten Wissensstandes über die Zukunft müssen Unternehmen Abschlussposten, die nicht genau bewertet werden können, auf Basis der zum Bilanzstichtag verfügbaren Informationen möglichst fundiert schätzen. Da Prognosen vor dem Hintergrund der unternehmerischen Unsicherheit für die Abschlusserstellung unumgänglich sind, verstößt ein auf vernünftigen Schätzungen basierender Abschluss laut IAS 8.33 ausdrücklich nicht gegen den Verlässlichkeitsgrundsatz. Änderungen von Schätzungen werden als in der Rechnungslegungspraxis nicht zu vermeidende und insofern regelmäßig wiederkehrende, gewöhnliche Sachverhalte angesehen.

Entstehen von Schätzungsänderungen

Wegen der beschriebenen Unsicherheit können z.B.

- der Wert risikobehafteter Forderungen,
- Nutzungsdauern und Abschreibungsverläufe von abnutzbaren Vermögenswerten oder aber
- der Wertansatz von Gewährleistungsgarantien

nicht präzise bestimmt, sondern lediglich prognostiziert werden. Die Notwendigkeit regelmäßiger Schätzungsänderungen ergibt sich dabei direkt aus den betreffenden Standards. Generell sind bei jeder Schätzung und bei jeder Änderung von Schätzungen die neusten verfügbaren, verlässlichen Informationen zugrunde zu legen (IAS 8.32). Im Zeitablauf können eine neue Informationslage, ein größerer Erfahrungsschatz oder aktuelle Entwicklungen dazu führen, dass vormals vorgenommene Schätzungen geändert werden müssen (IAS 8.34).

Beispiel 5.11

Die Blechdosen AG erwirbt zum 01.01.2021 vier Spezialmaschinen gleichen Typs zur Fertigung verschiedenartiger Dosengrößen und -formen zu einem Anschaffungspreis von insgesamt 400 T€. Die Nutzungsdauer wird von der Geschäftsführung auf jeweils acht Jahre geschätzt. Anfang 2023 wird eine Spezialmaschine neuer Bauart in den Markt eingeführt, welche den 2021 angeschafften Maschinen hinsichtlich Kapazität als auch Funktionalität weit überlegen ist. Dadurch verkürzt sich die geschätzte wirtschaftliche Nutzungsdauer der von der Blechdosen AG erworbenen Maschinen von acht auf sechs Jahre.

Abgrenzung von Schätzungsänderungen

Änderungen von Schätzungen sind grundsätzlich nicht als Korrektur von Fehlern (vgl. Abschnitt 7.4) zu klassifizieren und können sich nicht auf Vorperioden beziehen (IAS 8.34 und 8.48). Die Änderung der Bewertungsgrundlage von Vermögenswerten ist nicht als Änderung einer Schätzung, sondern als Änderung der Rechnungslegungsmethode (vgl. Abschnitt 7.2) anzusehen (IAS 8.35). Wird also z.B. von einem neuen Standard ein anderes Abschreibungsverfahren für eine Sachanlage vorgeschrieben, so handelt es sich um eine Änderung der Rechnungslegungsmethode. Muss dagegen die Nutzungsdauer der Sachanlage geändert werden, weil gegenüber der erstmaligen Schätzung bessere und aktuellere Informationen zur Verfügung stehen, so liegt eine Schätzungsänderung vor. Wichtig sind diese Abgrenzungen insbesondere, weil sich die Bilanzierung der Änderungen von Schätzungen fundamental von der bilanziellen Abbildung der Korrektur von Fehlern und der Änderung von Rechnungslegungsmethoden unterscheidet.

Grenzfälle

Eine Änderung von Schätzungen kann lediglich dann als Korrektur eines Fehlers interpretiert und entsprechend bilanziell behandelt werden, wenn zum Bewertungszeitpunkt wesentliche der verfügbaren Informationen unbeachtet geblieben sind und diese Nichtberücksichtigung zu einer offensichtlich falschen Bewertung des Sachverhalts geführt hat. In einem solchen Fall kann aufgrund mangelnder Sorgfalt bei der Einschätzung von einem grundlegenden Fehler ausgegangen werden. Kann eine Abgrenzung zwischen einer neu zugänglichen Information und einer früheren Fehlinterpretation nicht hinreichend sicher vorgenommen werden, so empfiehlt die Kommentarliteratur im Zweifelsfall die Behandlung als Änderung einer Schätzung.[27] Dieses Vorgehen ist zwar nicht direkt im aktuellen Standard verankert, entspricht aber einer analogen Anwendung von IAS 8.35. Dort wird bei einer nicht eindeutig möglichen Unterscheidung zwischen der Änderung einer Schätzung und der Änderung der Rechnungslegungsmethoden die Behandlung als Schätzungsänderung vorgeschrieben.

Ist demgegenüber bspw. die Änderung der wirtschaftlichen Nutzungsdauer eines abnutzbaren Vermögenswertes nicht auf neue bessere Informationen, sondern auf neue Standards oder Interpretationen zurückzuführen, die eine bestimm-

27 Vgl. *Lüdenbach*, Haufe IFRS-Kommentar, § 24, Rz. 36; *Blaum/Holzwarth/Wendlandt*, IFRS-Kommentar, IAS 8, Tz. 35; *ADS International*, Abschnitt 3, Tz. 113.

te Nutzungsdauer derartiger Vermögenswerte explizit vorsehen, so liegt in diesem Fall ein Wechsel der Rechnungslegungsmethode und keine Änderung einer Schätzung vor (IAS 8.14). Wie noch zu zeigen sein wird, verringert die grundsätzliche Behandlung beschriebener Grenzfälle als Änderungen von Schätzungen den Anpassungsaufwand von Abschlüssen erheblich.

Prospektive Behandlung von Schätzungsänderungen

Die Auswirkungen von Schätzungsänderungen sind gemäß IAS 8.36 jeweils GuV-wirksam über die Gesamtergebnisrechnung zu berücksichtigen. Sie können entweder nur die aktuelle Periode betreffen (z.B. wenn der geschätzte Betrag von uneinbringlichen Forderungen im neuen Geschäftsjahr an neue Informationen angepasst wird) oder aber zusätzlich nachfolgende Berichtsperioden (etwa bei der Anpassung der geschätzten Nutzungsdauer oder des Abschreibungsverlaufes von Vermögenswerten). In jedem Fall sind Änderungen von Schätzungen prospektiv, d.h. ohne eine Anpassung der früheren Gewinne oder Verluste vorzunehmen (IAS 8.36 und 8.38). Sind Vermögenswerte, Schulden und/oder das Eigenkapital von der Änderung der Schätzung betroffen, so ist der Buchwert dieser Bilanzposten anzupassen (IAS 8.37).

Angabepflichten

Für alle Schätzungsänderungen, die Einfluss auf die aktuelle Berichtsperiode haben oder für die ein solcher Einfluss auf zukünftige Perioden erwartet wird, sind Art und Betrag der Änderung im Anhang anzugeben. Können die Auswirkungen auf spätere Perioden nicht beziffert werden, so ist diese Information gleichfalls anzugeben (IAS 8.39-40).

Beispiel 5.12
(Fortsetzung von Beispiel 5.11)

Wird eine lineare Abschreibung unterstellt, stehen die Maschinen Anfang 2023 mit einem Restbuchwert von 300 T€ (= 400 T€ – 2 · 50 T€) in den Büchern.

Statt über weitere sechs Jahre werden die vier Maschinen nun nur noch über vier Jahre Restnutzungsdauer abgeschrieben. Der neue Abschreibungsbetrag ergibt sich wie folgt:

$$\text{Jährl. Abschreibungsbet.} = \frac{\text{Restbuchwert Maschinen}}{\text{Restnutzungsdauer}} = \frac{300\ \text{T€}}{4\ \text{Jahre}} = 75\ \text{T€}$$

Der Buchungssatz zur Erfassung der Abschreibung für das Geschäftsjahr 2023 lautet demnach:

Abschreibung *an* *Maschinen* *75 T€*

7.4 Fehlerkorrekturen

Berücksichtigung von Fehlern

Bei der Aufstellung von Jahresabschlüssen kann den Erstellern eine Vielzahl von absichtlichen und unabsichtlichen Fehlern unterlaufen. Fehler, die in Vorperioden verursacht worden sind und in der gegenwärtigen Berichtsperiode aufgedeckt werden, können auf Rechenfehler, die falsche Anwendung von Rechnungslegungsmethoden, Fehlbeurteilungen von Sachverhalten, Versehen oder

Betrug zurückgeführt werden. Diese Fehler sind in IAS 8.5 definiert als fehlende oder falsche Informationen im Abschluss von Unternehmen, die dadurch entstehen, dass verlässliche Informationen, die zum Zeitpunkt der Abschlusserstellung verfügbar waren und deren Einholung sowie Berücksichtigung bei der Abschlusserstellung erwartet werden konnte, nicht oder auf falsche Weise herangezogen wurden.

Fehlende IFRS-Konformität

Nach IAS 8.41 ist ein Abschluss, der wesentliche Fehler oder absichtlich zur Vortäuschung einer bestimmten wirtschaftlichen Lage des Unternehmens herbeigeführte materiell unwesentliche Fehler enthält, nicht IFRS-konform. Entsprechend verlangt das IASB eine Heilung dieses Missstandes durch eine Anpassung der Vergleichszahlen und die Offenlegung ergänzender Informationen, wie z.B. der Anpassung des Ergebnisses je Aktie.

Retrospektive Korrektur

Die Korrektur solcher wesentlicher bzw. absichtlicher Fehler ist über eine retrospektive, d.h. rückwirkende Anpassung der Abschlussdaten so vorzunehmen, als wäre der Fehler nie entstanden. Potenzielle Fehler der aktuellen Berichtsperiode sollen – sofern sie rechtzeitig entdeckt werden – noch vor der Veröffentlichung des Geschäftsberichts korrigiert werden (IAS 8.41).

Timing

Bei der retrospektiven Korrektur von Fehlern früherer Perioden ist zu unterscheiden, ob die zu korrigierenden Beträge noch in den Vergleichsperioden des aktuellen Abschlusses gezeigt werden oder ob der Fehler früher aufgetreten ist. Im ersten Fall können einfach die fehlerhaften Werte der Vergleichsperioden, in denen der Fehler aufgetreten ist, korrigiert werden (IAS 8.42(a)). Im zweiten Fall müssen die Werte der Eröffnungsbilanz der frühesten dargestellten Vergleichsperiode korrigiert werden. Durch die Fehlerkorrektur wird also der Saldovortrag der Vermögenswerte, Schulden und des Eigenkapitals angepasst (IAS 8.42(b)). In beiden Fällen sind ggf. entstehende Steuerlatenzen gemäß IAS 12 zu berücksichtigen. Eine GuV-Wirksamkeit der Korrektur von Fehlern aus Vorjahren in der laufenden Periode ist generell unzulässig (IAS 8.46).

Ausnahmen von der retrospektiven Korrektur

Aus Praktikabilitätsüberlegungen sind Ausnahmen von der retrospektiven Korrektur von Fehlern aus Vorperioden zulässig (IAS 8.43). Ist die Bestimmung der Anpassungsbeträge für die einzelnen vorhergehenden Perioden undurchführbar, so sollen die Saldovorträge der Vermögenswerte, Schulden und des Eigenkapitals für die früheste Periode korrigiert werden, für die dieses Vorgehen durchführbar ist (IAS 8.44). Ist die Ermittlung des kumulativ für alle vorhergehenden Perioden resultierenden Effekts aus der Fehlerkorrektur undurchführbar, so hat nach IAS 8.45 ab dem frühestmöglichen Zeitpunkt eine prospektive Anpassung zu erfolgen; eine kumulative Anpassung der Bilanzposten unterbleibt in diesem Fall (IAS 8.47). In IAS 8.5 sowie 8.50-53 wird der Begriff der Undurchführbarkeit näher spezifiziert. So fehlen häufig objektive Informationen aus vergangenen Perioden, die für eine Fehlerkorrektur benötigt würden, die Auswirkungen der rückwirkenden Anwendung können nicht ermittelt werden oder eine Korrektur würde Annahmen über die Absicht des Managements zum damaligen Zeitpunkt erforderlich machen. Bei der Korrektur von Fehlern aus Vorperioden ist außerdem strikt zwischen Informationen, die die Gegebenheiten zum Transaktionszeitpunkt widerspiegeln und zum Zeitpunkt der damaligen Abschlusserstellung auch verfügbar gewesen wären, und anderen Informationen zu unterscheiden. Ist eine solche Differenzierung nicht möglich, so ist eine rückwirkende Korrektur des Fehlers gemäß IAS 8.52 ebenfalls nicht durchführbar. Späteres besseres Wissen ist bei der nachträglichen Korrektur nicht zu berücksichtigen.

Beispiel 5.13

Die Blechdosen AG kauft zur Kapitalanlage im Jahr 2020 eine Anleihe und plant diese bis zum Ablauf ihrer Laufzeit Ende des Jahres 2030 zu halten. Entsprechend wird das Wertpapier der Kategorie „held-to-maturity" zugeordnet (vgl. Kapitel 17). Im Jahr 2022 beschließt das Management der Blechdosen AG, die Anleihe zu verkaufen und nicht bis zur Endfälligkeit zu halten. Durch diese Entscheidung wird keine rückwirkende Fehlerkorrektur erforderlich, da vor 2022 die Entscheidung über den Verkauf noch nicht feststand.

Zeitraum der Anpassung

Aus dem Wortlaut von IAS 8 lässt sich die zeitlich uneingeschränkte rückwirkende Korrektur von Fehlern ableiten. Der Abschluss der Berichtsperiode soll so aufgestellt sein, als wäre der Fehler in den Vorperioden nicht unterlaufen.

Zusätzliches Rechenwerk

Gemäß IAS 1.10(f) ist im Falle einer Fehlerkorrektur nun eine dritte Bilanz zu veröffentlichen, nämlich die Eröffnungsbilanz der Vergleichsperiode. Darüber hinaus kann die Korrektur eines erheblichen Fehlers eine Ad-hoc-Mitteilung nach § 15 WpHG erforderlich machen.

Angabepflichten

Nach IAS 8.49 sind im Abschluss der Korrekturperiode umfangreiche Anhangangaben zu machen, die u.a. die Art des Vorjahresfehlers sowie für jede Vergleichsperiode die Korrekturbeträge für alle betroffenen Bilanzposten sowie für Ergebnis je Aktie (sofern IAS 33 „Ergebnis je Aktie" anzuwenden ist) betreffen.

Beispiel 5.14

Die Keksdosen AG erwirbt zum 01.01.2020 vier Maschinen gleichen Typs mit einer Nutzungsdauer von acht Jahren zur Fertigung von Dosendeckeln zu einem Anschaffungspreis von insgesamt 400 T€. Der Buchhalter der Keksdosen AG versäumt es, im Geschäftsjahr 2020 die Abschreibung auf die vier Maschinen im Abschluss zu berücksichtigen. Daher werden sowohl der Gewinn vor Steuern (Steuersatz 30 %) wie auch der Buchwert der Maschinen 2020 um 50 T€ zu hoch ausgewiesen. Im Laufe des Geschäftsjahres 2021 fällt dieser Fehler auf und ist somit bei der Erstellung des 2021er Abschlusses zu korrigieren. Beläuft sich das ausgewiesene Vorsteuer-Ergebnis der Keksdosen AG ohne Berücksichtigung der Fehlerkorrektur in 2020 und 2021 auf jeweils 250 T€, dann ist der Fehler in den Vorjahreswerten wie folgt zu behandeln:

	2021	**2020 korrigiert**	**2020 vorher**
Ergebnis vor Steuern	250 T€	200 T€	250 T€
Steuern	75 T€	60 T€	75 T€
Gewinn	175 T€	140 T€	175 T€

Für die Eröffnungsbilanz 2021 ergeben sich folgende Konsequenzen:

a) Angenommen, in der Steuerbilanz wird 2020 die Abschreibung nicht vergessen, d.h. das richtige Ergebnis für die Steuerzahlung ermittelt:

Der Buchwert der Maschinen muss GuV-neutral korrigiert werden. Dies erfolgt über den Buchungssatz:

Gewinnrücklagen		*an*	*Maschinen*	*50 T€*

Außerdem ist auf Steuerlatenzen zu achten. Da aufgrund der Fehlbuchung im IFRS-Abschluss 2020 eine Differenz zur Steuerbilanz entstanden ist, muss dies 2020 zu einer passiven latenten Steuer in Höhe von 15 T€ (30 % auf 50 T€) geführt haben.[28] Im Rahmen der Fehlerkorrektur ist diese gebuchte passive latente Steuer nun aufzulösen:

Passive latente Steuern		*an*	*Gewinnrücklagen*	*15 T€*

b) Angenommen, in der Steuerbilanz wird die Maschinenabschreibung 2016 analog zum IFRS-Abschluss fälschlicherweise unterlassen:

Gewinnrücklagen	*35 T€*			
Steuerschuld	*15 T€*	*an*	*Maschinen*	*50 T€*

Die Auflösung der Steuerschuld bezieht sich hier auf tatsächliche Steuern und nicht auf latente Steuern. Da 2020 im Abschluss nach IFRS und in der Steuerbilanz ein zu hoher Gewinn ausgewiesen wird, ist die in diesem Zug gebildete Steuerverbindlichkeit um 15 T€ (= 30 % auf 50 T€) zu hoch angesetzt worden. Dies wird durch die teilweise Auflösung der Verbindlichkeit nun korrigiert. Der obigen Buchung liegt allerdings die Annahme zugrunde, dass die Korrektur in der Steuerbilanz ebenfalls GuV-neutral erfolgt. Die Veränderung des Eröffnungsbilanzwertes der Gewinnrücklagen nach IFRS wird in der Eigenkapitalveränderungsrechnung dargestellt.

Angenommen, die Keksdosen AG veröffentlicht keine Angaben zum Ergebnis je Aktie nach IAS 33, so müssten im Fall a) folgende Informationen offengelegt werden:

Die Keksdosen AG hat im Geschäftsjahr 2020 fälschlich eine Abschreibung auf Maschinen in Höhe von 50 T€ unterlassen. Die Vergleichszahlen für 2020 sind entsprechend angepasst worden und der nachfolgenden Übersicht zu entnehmen. Für das Jahr 2021 ergibt sich kein Anpassungseffekt.

28 Annahmegemäß hat die Verbuchung der Steuerlatenz nicht dazu geführt, dass die Unterlassung der Abschreibung aufgefallen ist. Diese Annahme, die auch den Beispielen des IASB implizit zugrunde liegt, ist insofern realistisch, als dass die latenten Steuern häufig nicht von der für den Einzelabschluss zuständigen Abteilung gebucht werden. Abstimmungsfehler sind demnach möglich.

Zunahme Abschreibungen	50 T€
Abnahme Steuern vom Einkommen und Ertrag	15 T€
Abnahme Gewinn	**35 T€**
Abnahme Maschinen	50 T€
Abnahme Passive latente Steuern	15 T€
Abnahme Eigenkapital	**35 T€**

Beispiel 5.15 Folgendes Beispiel zeigt die Angaben der Korrekturbeträge einzelner Bilanzposten gemäß IAS 8.41 ff. im Geschäftsbericht 2015 der HSH Nordbank AG.[29]

ANPASSUNG 2014
ÜBERLEITUNG ZUM GESAMTERGEBNIS

(Mio. €)	2014 vor Anpassung	Anpassung	nach Anpassung
Konzernergebnis	160	-	160
Erträge und Aufwendungen, die zu einem späteren Zeitpunkt in die Gewinn- und Verlustrechnung umgegliedert werden können oder wurden			
Veränderungen des beizulegeneden Zeitwerts von AfS-Finanzinstrumenten	-	-	-
unrealisierte Gewinne und Verluste (vor Steuern)	187	-3	184
in die GuV umgegliederte Gewinne und Verluste (vor Steuern)	8	-107	-99
davon aus Wechselkurseffekten	14	-	14
darauf erfasste Ertragsteuer	-38	31	-7
davon aus Wechselkurseffekten	1	-	1
	157	-79	78
Differenzen aus Währungsumrechnung	44	-	44
	44	-	44
Veränderungen im sonstigen Ergebnis von nach der Equity-Methode bilanzierten Finanzanlagen	-3	-	-3
	-3	-	-3
Veränderungen aus zur Veräußerung gehaltenen langfristigen Vermögenswerte und Veräußerungsgruppen	-3	3	-
	-3	3	-
Zwischensumme	195	-76	119

29 Vgl. Geschäftsbericht 2015 der HSH Nordbank AG, S. 172.

Zwischensumme	**195**	**-76**	**119**
Erträge und Aufwendungen, die zu einem späteren Zeitpunkt nicht in die Gewinn- und Verlustrechnung umgegliedert werden			
Veränderungen des beizulegenden Zeitwerts von AfS-Finanzinstrumenten	-107	107	-
darauf erfasste Ertragsteuern	31	-31	-
	-76	76	-
Veränderungen aus Neubewertung der Nettoverbindlichkeiten aus leistungsorientierten Pensionsverpflichtungen (vor Steuern)	-262	-	-262
darauf erfasste Ertragsteuern	83	-	83
	-179	-	-179
Zwischensumme	**-255**	**76**	**-179**
Sonstiges Periodenergebnis	**-60**	**-**	**-60**
Gesamtergebnis	**100**	**-**	**100**
Den Anteilen ohne beherrschenden Einfluss zuerchenbares Gesamtergebnis	1	-	1
Den HSH Nordbank-Aktionären zurechenbares Gesamtergebnis	99	-	99

8 Wesentliche Unterschiede zum IFRS for SMEs

8.1 Abschlussbestandteile

Nur wenige Divergenzen zwischen IFRS for SMEs und den „full“ IFRS

In dem IFRS for SMEs bestehen hinsichtlich der in diesem Kapitel dargestellten Rechenwerke kaum Unterschiede zu den „full“ IFRS. Ein vollständiger Abschluss nach IFRS for SMEs besteht aus einer Bilanz, einer Gesamtergebnisrechnung, die entweder nach dem single statement oder two statement approach aufgestellt werden kann, einer Eigenkapitalveränderungsrechnung, einer Kapitalflussrechnung und dem Anhang.

Wesentliche Unterschiede

Als wesentliche Differenzen bezüglich dieser Rechenwerke zwischen dem IFRS for SMEs und den „full“ IFRS sind folgende Punkte zu nennen:

- Anders als nach IAS 1 ist kein separater Ausweis von nach der Equity-Methode bewerteten Investitionen vorgesehen. Stattdessen sind Investitionen in assoziierte Unternehmen und Joint Ventures gesondert auszuweisen und im Anhang die jeweils angewandte Methode anzugeben.
- Der IFRS for SMEs verlangt keine Darstellung des Ergebnisses je Aktie.
- Sofern sich das Eigenkapital in einer Berichtsperiode lediglich um den Gewinn oder Verlust, Dividenden oder um Effekte aus der Korrektur von Fehlern oder aus dem Wechsel von Bilanzierungs- und Bewertungsmethoden ändert, kann auf die Erstellung einer Eigenkapitalveränderungsrechnung verzichtet werden. Anstelle der Eigenkapitalveränderungsrechnung ist dann ein statement of income and retained earnings aufzustellen, welches die GuV mit einer Gewinnrücklagenentwicklungsrechnung kombiniert (IFRS-SME.3.18).

8.2 IFRS-Erstanwendung

Grundlagen

Die Erstanwendung des IFRS for SMEs wird in IFRS-SME.35 geregelt. Die Vorschriften sind dabei unabhängig von den zuvor verwendeten Rechnungslegungsgrundsätzen zu beachten, d.h. auch Unternehmen, die zuvor nach den „full" IFRS bilanzierten, gelten als Erstanwender. Die Übergangsvorschriften ähneln prinzipiell jenen von IFRS 1. So sind beim erstmaligen Abschluss ebenfalls Vergleichsdaten für mindestens eine Vorperiode zu veröffentlichen. Dies beinhaltet z.B. im Anhang die Angabe von Überleitungsrechnungen des Eigenkapitals sowie des Ergebnisses von vorherigen Rechnungslegungsgrundsätzen auf IFRS for SMEs. Die Vorschriften des IFRS for SMEs sind grundsätzlich retrospektiv anzuwenden.

Erleichterungen

Ausgenommen hiervon sind zwingend, wie nach den „full" IFRS, die Ausbuchung finanzieller Vermögenswerte und Schulden, Sicherungsbilanzierung, Schätzungen und die Ermittlung von Minderheitsanteilen sowie zusätzlich die Darstellung aufgegebener Geschäftsbereiche. Darüber hinaus gelten für eine Reihe von Regelungen Wahlrechte zum Verzicht auf die retrospektive Darstellung (IFRS-SME.35.10). Darunter fallen bspw. Unternehmenszusammenschlüsse (IFRS-SME.19), kumulierte Umrechnungsdifferenzen (IFRS-SME.30) und Vereinbarungen, die ein Leasingverhältnis beinhalten (IFRS-SME.20). Als weitere Erleichterungen wird es Erstanwendern erlaubt, auf die rückwirkende Anwendung einzelner Regelungen sowie auf die Angabe von Vergleichsinformationen im Anhang zu verzichten, falls dies als nicht praktikabel erachtet wird.

8.3 Methoden- und Schätzänderungen sowie Fehlerkorrekturen

Methoden-änderungen

Die im IFRS for SMEs enthaltenen Vorschriften zur Erfassung von Methodenänderungen, Schätzungsänderungen und Fehlerkorrekturen stimmen grundsätzlich mit den Regelungen der „full" IFRS überein. Entsprechend sind Änderungen von Rechnungslegungsmethoden gemäß IFRS-SME.10.11-12 bei fehlenden standardspezifischen Übergangsschriften retrospektiv anzuwenden, sofern diese Vorgehensweise nicht undurchführbar ist.

Schätzungs-änderungen

Auch im Hinblick auf die Erfassung von Schätzungsänderungen ergeben sich keine wesentlichen Unterschiede zu den Regelungen des IAS 8. Der IFRS for SMEs schreibt eine prospektive GuV-wirksame Erfassung von veränderten Schätzungen aufgrund neuer Informationen oder neuer Entwicklungen vor. Sind Vermögenswerte, Schulden und/oder das Eigenkapital von der Schätzungsänderung betroffen, ist der Buchwert dieser Bilanzposten analog zu den Regelungen des IAS 8 anzupassen (IFRS-SME.10.15-17).

Fehler-korrekturen

Korrekturen, die aufgrund von Fehlern in den vorherigen Abschlüssen notwendig werden, sind hingegen – wiederum in Übereinstimmung zu den Regelungen des IAS 8 – retrospektiv zu erfassen. Betreffen die Fehlerkorrekturen die im Abschluss dargestellten Vergleichsperioden, werden diese korrigiert; liegt das Auftreten des Fehlers jedoch weiter zurück, müssen die Eröffnungsbilanzsalden der frühesten dargestellten Vergleichsperiode angepasst werden (IFRS-SME 10.19-22).

9 Wesentliche Unterschiede zum HGB

9.1 Abschlussbestandteile

9.1.1 Bilanz

Im Gegensatz zu den amerikanischen und den internationalen Vorschriften wird Kapitalgesellschaften in Deutschland gemäß § 266 Abs. 1 HGB die Kontoform für die Bilanz vorgeschrieben. Dabei enthalten § 266 Abs. 2 und 3 HGB eine recht detaillierte Gliederungsvorlage für die Bilanz. Es werden hier die einzelnen Positionen nach zunehmender Liquidierbarkeit bzw. Fristigkeit angeordnet. Zudem zählen Rechnungsabgrenzungsposten laut § 247 Abs. 1 HGB neben Anlage- und Umlaufvermögen, Eigenkapital und Schulden zu den gesondert auszuweisenden Positionen.

9.1.2 Gesamtergebnisrechnung

Gewinn- und Verlustrechnung

Im Unterschied zu den Regelungen nach IFRS wird die Ergebnisrechnung nach HGB weiterhin als Gewinn- und Verlustrechnung bezeichnet. Diese bildet vergleichbar mit dem ersten Teilrechenwerk bei zweigeteilter Gesamtergebnisrechnung alle GuV-wirksamen Aufwendungen und Erträge einer Periode ab.

Geringe Bedeutung GuV-neutraler Komponenten nach HGB

Da GuV-neutrale Buchungen nach HGB (z.B. Währungsumrechnung) eine gegenüber den IFRS deutlich geringere Bedeutung aufweisen, ist nach HGB bislang keine dem zweiten Teilrechenwerk der zweigeteilten Gesamtergebnisrechnung vergleichbare Überleitung des Gewinns oder Verlustes zum Gesamtergebnis durch Berücksichtigung GuV-neutraler Komponenten zu erstellen.

Darstellungsform

Gemäß § 275 Abs. 1 Satz 1 HGB ist die GuV nach deutschen Rechnungslegungsvorschriften zwingend in der Staffelform zu erstellen. Dabei steht es dem bilanzierenden Unternehmen frei, zwischen den durch § 275 Abs. 2 und 3 HGB festgelegten Gliederungsschemata des Gesamtkostenverfahrens und des Umsatzkostenverfahrens zu wählen.

9.1.3 Eigenkapitalveränderungsrechnung

Erstellungspflicht in Konzernabschlüssen von Kapitalgesellschaften

Nach § 297 Abs. 1 Satz 1 HGB sind deutsche Kapitalgesellschaften verpflichtet, eine Eigenkapitalveränderungsrechnung („Eigenkapitalspiegel") als weiteren Bestandteil eines konsolidierten Abschlusses zu erstellen. Darüber hinaus ist auch für kapitalmarktorientierte Unternehmen, die in keinem Konzernverbund stehen, seit Umsetzung des Bilanzrechtsmodernisierungsgesetzes (BilMoG) die Erstellung einer Eigenkapitalveränderungsrechnung in § 264 Abs. 1 Satz 2 HGB vorgeschrieben. Eine konkrete Ausgestaltung der Eigenkapitalveränderungsrechnung wird in DRS 22 formuliert und ist in weiten Teilen der Regelung nach IAS 1 vergleichbar. Im Gegensatz zu den Vorschriften des IASB gehört eine Eigenkapitalveränderungsrechnung jedoch nicht zwingend zu jedem Einzel- und Konzernabschluss nach HGB, da Personengesellschaften und Einzelkaufleute diese Rechenwerke grundsätzlich nicht zu erstellen brauchen (§ 13 Abs. 3 Satz 2 PublG).

9.1.4 Kapitalflussrechnung

Erstellungspflicht in Konzernabschlüssen von Kapitalgesellschaften

Nach deutschem Handelsrecht ist gemäß § 297 Abs. 1 HGB für Konzernabschlüsse die Erstellung einer Kapitalflussrechnung als eigenständiger Bestandteil des Konzernabschlusses verpflichtend. Die materielle und formelle Ausgestaltung dieser Kapitalflussrechnung wird vom Gesetzgeber im HGB jedoch nicht festgelegt. Eine detaillierte Regelung der Aufstellung einer Kapitalflussrechnung findet sich in DRS 21, welcher sich inhaltlich an IAS 7 orientiert. Da die Wahlrechte des IAS 7 eine weitestgehende Kompatibilität mit DRS 21 erlauben, sind deshalb nur wenige Unterschiede zwischen DRS 21 und IAS 7 aufzuzeigen:[30]

- DRS 21.28 sieht eine gesonderte Zuordnung von Zahlungsströmen aus außerordentlichen Posten zu den jeweils zutreffenden Tätigkeitsbereichen vor. IAS 7 sieht keinen separaten Ausweis vor.
- Gezahlte Dividenden müssen nach DRS 21.48 der Finanzierungstätigkeit, erhaltene Zinsen und Dividenden müssen nach DRS 21.44 der Investitionstätigkeit zugeordnet werden. Ein Wahlrecht zum Ausweis innerhalb des Cashflows aus betrieblicher Tätigkeit wie nach IAS 7.34 existiert nicht. Wie bereits in Abschnitt 5.3 erwähnt erwägt das IASB jedoch das Wahlrecht ebenfalls zu streichen und präferiert eine Zuordnung von Zinsen und Dividenden äquivalent zum HGB (siehe Exposure Draft 2019/7).
- Im Gegensatz zu IAS 7 gibt DRS 21 detaillierte Gliederungsschemata für die Darstellung des Cashflows aus betrieblicher Tätigkeit, aus Investitionstätigkeit und aus Finanzierungstätigkeit vor (siehe Abschnitt 5.4). Die Einhaltung dieser Anforderungen ist mit IAS 7 kompatibel.
- Nach DRS 21.18 und DRS 21.19 werden Ertragssteuerzahlungen nun grundsätzlich entsprechend IAS 7 dem Cashflow aus laufender Geschäftstätigkeit

30 *Driesch*, Beck'sches IFRS-Handbuch, § 18, Tz. 95-96.

zugeordnet. Sofern jedoch eine eindeutige Zuordnung zur Investitions- bzw. Finanzierungstätigkeit möglich ist, muss diese auch erfolgen.

- Die Pflichtangaben des DRS 21 gehen tendenziell über den Umfang des IAS 7 hinaus.

9.2 Methoden- und Schätzänderungen sowie Fehlerkorrekturen

Keine explizite HGB-Regelung

Das HGB enthält keine vergleichbaren Bestimmungen zur bilanziellen Behandlung der Änderung von Jahresabschlüssen. Allerdings hat der Hauptfachausschuss des Instituts der Wirtschaftsprüfer (HFA des IDW) hierzu 2001 eine Stellungnahme verabschiedet, die 2007 in einer Neufassung veröffentlicht wurde.[31] Diese Stellungnahme des HFA behandelt Änderungen von Jahresabschlüssen nach deren Feststellung bzw. Billigung. Darüber hinaus ist für HGB-Konzernabschlüsse DRS 13 „Grundsatz der Stetigkeit und Berichtigung von Fehlern" in Bezug auf diese Thematik relevant.

Methodenänderungen

Die Stellungnahme des IDW unterscheidet von der Fehlerkorrektur die Änderung von fehlerfreien Jahresabschlüssen, worunter sich Änderungen der Rechnungslegungsmethoden subsumieren lassen. Die rückwirkende Änderung festgestellter fehlerfreier Jahres- und Konzernabschlüsse ist nur möglich, wenn gewichtige rechtliche, wirtschaftliche oder steuerrechtliche Gründe vorliegen und durch die Änderung nicht die aufgrund eines ordnungsgemäßen Gewinnverwendungsbeschlusses entstandenen Gewinnansprüche der Anteilseigner gemindert oder gar eliminiert werden, es sei denn die Anteilseigner der Kapitalgesellschaft geben ihr Einverständnis (IDW RS HFA 6.9 f.). Die Grundsätze sind auch auf zurückliegende Jahresabschlüsse anzuwenden, sodass durch den Grundsatz der Bilanzidentität (§ 252 Abs. 1 Nr. 1 HGB) eine Änderung nachfolgender, bereits festgestellter Jahresabschlüsse notwendig werden kann. Ein solches Vorgehen entspricht dann der Regelung des IAS 8. DRS 13 erkennt als Grund, der eine Durchbrechung des Stetigkeitsgrundsatzes rechtfertigt, neben der Änderung relevanter Regelungen auch eine Verbesserung der Darstellung der Vermögens-, Finanz- und Ertragslage an. Dabei sieht DRS 13 eine rückwirkende Erfassung der Effekte von Methodenänderungen aus Vorperioden über einen Sonderposten „Auswirkungen aus der Änderung der angewandten Bilanzierungsgrundsätze" in der GuV der Berichtsperiode und die Angabe von Pro-Forma-Zahlen für die wesentlichen Posten der Abschlüsse der Vorjahren vor. Die Auswirkungen der laufenden Berichtsperiode sollen hingegen in den entsprechenden GuV-Posten des aktuellen Abschlusses erfasst werden (DRS 13.8-14).

31 Vgl. zu den folgenden Ausführungen bezüglich der Unterschiede zum HGB *HFA des IDW*, IDW Stellungnahme zur Rechnungslegung: Änderung von Jahres- und Konzernabschlüssen (IDW RS HFA 6), in: WPg Supplement 2/2007, S. 77-83.

Schätzungsänderungen

In der Stellungnahme des IDW wird nicht explizit auf Änderungen von Schätzungen eingegangen. Grundsätzlich scheint in der Kommentarliteratur eine GuV-wirksame prospektive Behandlung von Schätzungsänderungen jedoch anerkannt zu sein.[32] Diese Vorgehensweise entspricht auch den Regelungen des DRS 13 zur Behandlung von Schätzungsänderungen. Schätzungen aus Vorperioden sind hiernach zu ändern, um zwischenzeitlich eingetretene Ereignisse, bessere und zusätzliche Informationen zu berücksichtigen (DRS 13.19). Die Auswirkungen solcher Schätzungsänderungen sind in Konzernabschlüssen analog den IASB-Regelungen, also prospektiv GuV-wirksam, zu erfassen (DRS 13.20).

Fehlerkorrekturen in Jahresabschlüssen

Hinsichtlich der Behandlung von Fehlern in Jahresabschlüssen unterscheidet der HFA zwischen betrags- oder ausweismäßig gewichtigen Fehlern und unwesentlichen Fehlern. Eine Korrektur fehlerhafter Abschlüsse ist möglich, sofern die Auswirkungen des Fehlers wesentlich sind. Ein Fehler liegt dann vor, wenn der Abschlussersteller im Zeitpunkt der Feststellung den Verstoß gegen die gesetzliche Bilanzierungsverpflichtung bei gewissenhafter Prüfung hätte erkennen können. Wird der Verstoß auf Basis erst später verfügbarer Informationen (wertaufhellende Ereignisse) sichtbar, liegt hingegen kein Fehler vor (IDW RS HFA 6.14). Eine Pflicht zur Fehlerkorrektur besteht bei nichtigen Jahresabschlüssen (i.S.d. § 256 AktG), sofern der Mangel nicht im Zeitablauf geheilt wurde (IDW RS HFA 6.15). Die Frage, ob die Erfassung der Fehlerkorrektur retrospektiv (durch Rückwärtsrechnung) oder prospektiv (im letzten noch nicht festgestellten Abschluss) zu erfolgen hat, richtet sich nach der Art und Schwere des Verstoßes. Eine retrospektive Erfassung ist immer dann geboten, wenn aus dem Fehler materielle Folgewirkungen resultieren. Darüber hinaus sollte eine retrospektive Korrektur durchgeführt werden, falls durch eine Korrektur im laufenden Abschluss eine zeitnahe Richtigstellung und Information der Adressaten nicht möglich ist (IDW RS HFA 6.17). In allen anderen Fällen und insbesondere dann, wenn die Aktionäre die Dividende in gutem Glauben bezogen haben, genügt eine Korrektur in laufender Periode. Die Tatsache, dass für die vorherige Periode kein wirksamer Abschluss aufgestellt wurde, kann in diesem Fall hingenommen werden (IDW RS HFA 6.19). Fehler, die keine Nichtigkeit des Jahresabschlusses zur Folge haben, können i.d.R. in laufender Periode korrigiert werden (IDW RS HFA 6.21). Wird ein mehrere Perioden zurückliegender Jahresabschluss geändert, so sind aufgrund des Grundsatzes der Bilanzidentität ggf. auch alle nachfolgenden Abschlüsse zu korrigieren. Die Auswirkung von Korrekturen auf die Darstellung der Vermögens-, Finanz- und Ertragslage ist in angemessener Weise zu erläutern. Der geänderte Jahresabschluss ist außerdem als solcher zu kennzeichnen (IDW RS HFA 6.27, 30).

Fehlerkorrekturen in Konzernabschlüssen

Die IDW-Stellungnahme zur Rechnungslegung beinhaltet separate Vorgaben zur Änderung von Konzernabschlüssen. Deutsche Konzernabschlüsse müssen aufgrund der fehlenden unmittelbaren rechtlichen Bindungswirkung nicht festge-

32 Vgl. *ADS International*, Abschnitt 3, Tz. 202; *Driesch*, Beck'sches IFRS-Handbuch, § 45, Tz. 54.

stellt werden. Vielmehr werden sie durch Billigung des Aufsichtsrates oder der Hauptversammlung endgültig. Wird ein in einen Konzernabschluss einbezogener Jahresabschluss geändert, so führt dies zwingend nur dann zu einer korrespondierenden Anpassung des Konzernabschlusses, wenn diese Änderung aus Konzernsicht wesentlich ist für die Darstellung der Vermögens-, Finanz- und Ertragslage (IDW RS HFA 6.39). Fehler können immer durch Rückwärtsberichtigung korrigiert werden. Eine Pflicht zur Rückwärtsberichtigung besteht hingegen dann, wenn eine Korrektur im laufenden Abschluss eine zeitnahe Informationsvermittlung nicht gewährleistet. Nach DRS 13.6 hat die Erfassung von Fehlern grundsätzlich im Ergebnis der Berichtsperiode zu erfolgen, wobei bei Beeinträchtigung der Darstellung der Vermögens-, Finanz- und Ertragslage ggf. die Abschlüsse aller Vorperioden retrospektiv anzupassen sind (DRS 13.25-26). Zusammenfassend kann festgehalten werden, dass Fehler in HGB-Abschlüssen zumeist GuV-wirksam prospektiv, d.h. in laufender Periode geändert werden.

Konzernanhang

Im Konzernanhang sind neben den erläuternden Angaben zu der Änderung der Bilanzierungsgrundsätze auch Angaben zu der Änderung von Schätzungen und der Korrektur von Fehlern zu veröffentlichen, sofern sie Auswirkungen auf die Darstellung der Vermögens-, Finanz- und Ertragslage haben (DRS 13.28-32).

Ausgewählte Literatur

Detert, K., Bilanzpolitisches Verhalten bei der Umstellung der Rechnungslegung von HGB auf IFRS – Eine empirische Untersuchung deutscher Unternehmen, Frankfurt a.M. 2008.

Fink, C./Zeyer, F., Änderungen von Rechnungslegungsmethoden und Schätzungen nach IFRS, in: PiR, 7. Jg. (2011), S. 181-187.

Gronewold, U./Sellhorn, T., Pro Forma Earnings, DBW, 69. Jg. 2009, S. 107-111.

Hitz, J.-M./Teuteberg, T., Verpflichtende und freiwillige Cashflow Berichterstattung – empirischer Befund für den deutschen Kapitalmarkt, in: KoR, 13. Jg. (2013), S. 33-42.

Hoffmann, W.-D., Bilanzberichtigung, in: PiR, 2. Jg. (2006), S. 14-16.

Mayer, K., Gestaltung und Informationsgehalt veröffentlichter Kapitalflußrechnungen börsennotierter deutscher Industrie- und Handelsunternehmen, Frankfurt a. M. 2002.

Sellhorn, T./Hahn, S./Müller, M., Zur Darstellung des Other Comprehensive Income nach IAS 1 (rev. 2011), in: KoR, 11. Jg. (2011), S. 1013-106.

Sellhorn, T./Menacher, J., Welche Neuerungen bringt die „Disclosure Initiative" des IASB? – Aktuelle Entwicklungen und Status Quo, in: WPg, 68. Jg. (2015), S. 1289-1298.

Sellhorn, T./Menacher, J., Ist die „Disclosure Initiative“ des IASB erfolgversprechend?, in: WPg, 69. Jg. (2016), S. 87-97.

Sellhorn, T./Hombach, K./Stier, C., (2014), Strategische Finanzberichterstattung durch Pro forma-Kennzahlen und Finanzgrafiken – Herausforderungen für die Abschlussanalyse, Düsseldorf: Hans-Böckler-Stiftung.

Thomas, R. P./Schmitz, J./ Wagner, J. M., Adressatengerechte Kapitalmarktkommunikation als unternehmensindividuelle Managementverantwortung, in: Schmalenbachs Zeitschrift für betriebswirtschaftliche Forschung, 68. Jg. (2016), S. 447-473.

Urbanczik, P., Presentation of Other Comprehensive Income – Amendments to IAS 1 – Überblick und Auswirkungen, in: KoR, 12. Jg. (2012), S. 269-274.

Übungsaufgaben

Aufgabe 1:

Erläutern Sie den Zusammenhang zwischen den unterschiedlichen Ergebnisgrößen nach IFRS. Welcher Teil des Gesamtergebnisses wird in der Gewinn- und Verlustrechnung abgebildet?

Aufgabe 2:

a) Beschreiben Sie, in welche zwei Bereiche sich die Gesamtergebnisrechnung unterteilen lässt.
b) Die nach IFRS bilanzierende RONG AG hatte im Jahr 2021 folgende Geschäftsvorfälle:
   - Verkauf eines Grundstücks zu 100 T€ (Buchwert: 60 T€)
   - Auszahlung von Dividenden: 200 T€
   - Zuschreibung von zur Veräußerung verfügbaren Wertpapieren: 20 T€
   - Lohn- und Gehaltsaufwand: 220 T€

   Nennen Sie für jeden der Geschäftsvorfälle der RONG AG in welchem der beiden Teilbereiche der Gesamtergebnisrechnung er sich niederschlägt und ob er den Gewinn je Aktie beeinflusst. Vernachlässigen Sie latente Steuern.

Aufgabe 3:

a) Erstellen Sie auf Grundlage der nachfolgenden Konzernbilanzen und der Konzern-Gewinn- und Verlustrechnung für die Sun AG eine Kapitalflussrechnung für das Geschäftsjahr 2021 in Übereinstimmung mit IAS 7.

Konzernbilanzen der Sun AG (T€)					
	2020	2021		2020	2021
Anlagevermögen			Eigenkapital		
Immaterielle VW	9.750	9.250	Gezeichn. Kapital	14.000	29.000
Sachanlagen	75.200	123.300	Kapitalrücklage	28.000	58.000
Finanzanlagen	9.500	7.000	Gewinnrücklage	8.750	10.750
			Bilanzgewinn	1.600	1.750
Umlaufvermögen			Rückstellungen		
Vorräte			Pensionsrückst.	37.750	40.000
RHB	13.500	15.500	Steuerrückst.	5.000	3.250
Unfert. Erzeugn.	10.750	9.500	Sonst. Rückst.	11.150	12.500
Fert. Erzeugnisse	10.000	8.500			
Forderungen	28.500	40.500	Verbindlichkeiten		
Wertpapiere	4.000	4.500	Ggü. Kreditinst.	30.500	22.250
Liquide Mittel	16.500	4.750	aus Lief. u. Leist.	33.250	34.500
			sonstige Verb.	7.000	9.000
RAP	300	100	RAP	1.000	1.900
	178.000	222.900		178.000	222.900

Konzern-Gewinn- und Verlustrechnung der Sun AG im Jahr 2021 (T€)	
Umsatzerlöse	330.000
Vermind. des Bestandes an fert. und unfert. Erzeugnissen	- 2.750
Sonstige betriebliche Erträge	30.000
Materialaufwand	- 221.750
Personalaufwand	- 56.750
Abschreibungen auf	
immaterielle Vermögenswerte	- 500
Sachanlagen	- 20.000
Sonstige betriebliche Aufwendungen	- 47.000
Zinsen und ähnliche Erträge	2.250
Zinsen und ähnliche Aufwendungen	- 5.000
Ergebnis der gewöhnlichen Geschäftstätigkeit	8.500
Steuern	- 4.750
Jahresüberschuss	3.750
Zuführungen zu den Gewinnrücklagen	2.000
Bilanzgewinn	1.750

b) Berücksichtigen Sie bitte nun folgende Zusatzangabe zu der in Aufgabe a) angefertigten Kapitalflussrechnung: Die Sun AG erwarb im Geschäftsjahr 2021 die Shine AG zu einem Kaufpreis von 50 Mio. €. Nachfolgend ist die zusammengefasste Bilanz der Shine AG zu Tageswerten aufgeführt. Gehen Sie bei Ihrer Lösung bitte davon aus, dass die Shine AG bereits in dem unter Aufgabe a) angeführten Jahresabschluss der Sun AG konsolidiert wurde.

Bilanz der Shine AG (T€)			
Anlagevermögen		Eigenkapital	
Sachanlagen	50.000	Gezeichnetes Kapital	5.000
		Kapitalrücklage	10.000
		Gewinnrücklagen	20.000
		Jahresüberschuss	5.000
Umlaufvermögen		Verbindlichkeiten	
Roh-, Hilfs- u. Betriebsst.	5.000	gegenüber Kreditinst.	15.000
Liquide Mittel	5.000	aus Lieferungen u. Leist.	5.000
	60.000		60.000

Aufgabe 4:

Beschreiben Sie die Auswirkungen unten angeführter Geschäftsvorfälle unter Angabe der jeweiligen Beträge auf die Positionen des Strukturschemas einer Kapitalflussrechnung nach IAS 7 sowie auf den Cashflow aus betrieblicher Tätigkeit, aus Investitionstätigkeit, aus Finanzierungstätigkeit und auf den gesamten Cashflow. Gehen Sie bitte davon aus, dass für den Cashflow aus betrieblicher Tätigkeit die indirekte Darstellungsform gewählt wurde.

1. Kauf eines Grundstücks zu 50.000 T€. Der alte Grundstücksbesitzer erklärt sich bereit, 20 % des Kaufpreises als Kredit zu gewähren.
2. Überweisung der Gehaltszahlungen an Mitarbeiter in Höhe von 5.000 T€.
3. Verkauf von Vorräten zu 80.000 T€ an einen Großabnehmer, der die Hälfte des Verkaufspreises erst im neuen Geschäftsjahr bezahlt. Die Herstellungskosten der Vorräte betrugen 75.000 T€.
4. Auszahlung von Dividenden an die Anteilseigner in Höhe von 1.000 T€.
5. Aufnahme eines Kredits in Höhe von 10.000 T€, Ausgabekurs 98 %. Das Disagio wird sofort als Zinsaufwand verrechnet.
6. Folgende Abschreibungen wurden gebucht:
   - Immaterielle Vermögenswerte 900 T€
   - Sachanlagen 4.500 T€
   - Finanzanlagen 200 T€
7. Eingang von aus dem vorherigen Geschäftsjahr entstandenen Forderungen aus Lieferungen und Leistungen in Höhe von 2.000 T€.
8. Bildung einer Rückstellung für Pensionen in Höhe von 3.000 T€.
9. Überweisung der Ertragsteuer an das Finanzamt in Höhe von 1.000 T€.
10. Für aufgenommene Kredite werden Zinszahlungen in Höhe von 1.500 T€ überwiesen.

Aufgabe 5:
Die bisher nicht kapitalmarktorientierte Umbau AG stellt aufgrund ihres Börsengangs den bisher nach handelsrechtlichen Grundsätzen aufgestellten Abschluss auf IFRS um. Als wesentliche Umstellungsbereiche werden folgende, bisher seit dem Jahr 2006 getätigte Unternehmenszusammenschlüsse identifiziert:

02.05.2009	**03.06.2011**	**01.01.2015**
Pool GmbH (70 %) Kaufpreis: 30.000 T€	Eventa GmbH (80 %) Kaufpreis: 15.000 T€	Incept AG (100 %) Kaufpreis: 8.000 T€

a) Welche Möglichkeiten zur bilanziellen Abbildung der Unternehmenszusammenschlüsse erlaubt IFRS 1?

b) Die Umbau AG entscheidet sich zur prospektiven Anwendung von IFRS 3 ab dem Übergangszeitpunkt auf IFRS zum 01.01.2017. Zeigen Sie unter Berücksichtigung der Vorschriften des IFRS 1 anhand folgender Daten der Incept AG, welche Auswirkungen auf das Eigenkapital in der Eröffnungsbilanz zum 01.01.2017 in Abhängigkeit von der vorgenommenen Bilanzierung zu erwarten sind. Geben Sie dazu auch die Korrekturbuchungssätze zur Erstellung der Eröffnungsbilanz an.

- Im Rahmen der Erstkonsolidierung der nach HGB bilanzierenden Incept AG wurden Sachanlagen (10.000 T€), Wertpapiere des Handelsbestands (4.000 T€), Aufwandsrückstellungen (2.000 T€) und Verbindlichkeiten (7.000 T€) zu Tageswerten in die Konzernbilanz übernommen. Die steuerliche Bilanzierung folgt grundsätzlich der handelsrechtlichen. Lediglich aufgrund der steuerlich nicht zulässigen Aufwandsrückstellungen wurden aktive latente Steuern gebildet. Der Steuersatz der Incept AG beträgt dabei konstant 30 %.
- Ein selbst erstelltes patentiertes Verfahren mit nach IAS 38 aktivierungspflichtigen Entwicklungskosten von 500 T€ wurde handelsrechtlich nicht bilanziert. Das Verfahren verbessert seit Anfang 2015 den Produktionsbetrieb, wobei eine Nutzungsdauer von 5 Jahren geschätzt wurde.
- Die planmäßige Abschreibung der Sachanlagen erfolgt linear über eine Nutzungsdauer von 10 Jahren. Der beizulegende Zeitwert zum 31.12.2016 betrug 11.000 T€.
- Ein im Rahmen des Unternehmenszusammenschlusses entstandener Goodwill wird über die voraussichtliche Nutzungsdauer von 15 Jahren abgeschrieben.
- Der Marktwert der Wertpapiere zum 31.12.2016 betrug 6.000 T€.
- Aufwandsrückstellungen werden jährlich um 500 T€ erhöht, um den Gesamtbetrag einer im Jahr 2017 vorzunehmenden Generalüberholung zu erreichen.

- Verbindlichkeiten wurden insgesamt bis zum 31.12.2016 in Höhe von 1.500 T€ getilgt.
- Wertminderungen des Goodwills liegen nicht vor.

c) Wie würde sich die betragsmäßige Wirkung auf das Eigenkapital ändern, wenn der Goodwill der Incept AG bisher nach dem HGB GuV-neutral mit dem Eigenkapital verrechnet wurde?

Aufgabe 6:
Die Blechdosen AG hat am 01.01.2021 eine Maschine zur Erstellung und Bedruckung von Etiketten der von ihr produzierten Dosen erworben. Diese Maschine hatte einen Anschaffungspreis von 30 T€, als wirtschaftliche Nutzungsdauer wurden drei Jahre unterstellt. Im Geschäftsjahr 2023 stellt der Buchhalter der Blechdosen AG fest, dass die Maschine in 2021 fälschlicherweise nicht aktiviert, sondern sofort komplett abgeschrieben wurde. Gehen Sie ferner von den nachfolgenden Annahmen aus:

- Das Geschäftsjahr entspricht dem Kalenderjahr.
- IAS 33 ist nicht anzuwenden.
- Der Fehler wird als wesentlich eingestuft.
- Eine Ausnahme von der rückwirkenden Korrektur des Fehlers aus Praktikabilitätsüberlegungen nach IAS 8.43 liegt nicht vor.
- Der relevante Steuersatz beträgt 30 %. Vereinfachend betrage der Bestand der passiven latenten Steuern zum 01.01.2021 null. In den Jahren 2021 bis 2023 sollen keine Auflösungen der passiven latenten Steuern vorgenommen werden.
- Die Blechdosen AG hat in den Geschäftsjahren 2021 bis 2023 jeweils Umsatzerlöse von 300 T€ erwirtschaftet, außerdem fielen Umsatzkosten von 30 T€ und sonstige Aufwendungen von 20 T€ an. Die Abschreibungen sind zur Verdeutlichung der Effekte nicht in den Umsatzkosten enthalten, sondern werden separat erfasst.
- Zum 31.12.2020 betrugen die Gewinnrücklagen 2.000 T€, das gezeichnete Kapital hat an den Bilanzstichtagen 2021 bis 2023 jeweils eine Höhe von 1.000 T€.

a) Wie ist der Fehler im Geschäftsjahr 2023 zu korrigieren, wenn die Maschine 2021 in der Steuerbilanz ebenfalls komplett abgeschrieben wurde und die Korrektur in der Steuerbilanz ebenfalls GuV-neutral erfolgt?
b) Wie ist der Fehler im Geschäftsjahr 2023 zu korrigieren, wenn die Maschine 2021 in der Steuerbilanz korrekt bilanziert wurde, d.h. nicht komplett abgeschrieben wurde?

Aufgabe 7:
Die in Deutschland ansässige Metalldosen AG hat am 01.01.2018 eine Maschine zur Vakuum-Verschließung von Dosen erworben. Diese Maschine stellt einen qualifizierten Vermögenswert nach IAS 23.4 dar. Die Anschaffungskosten von 400 T€ wurden aktiviert, zusätzlich fielen Fremdkapitalzinsen in Höhe von 100 T€ an. Die Nutzungsdauer wurde auf fünf Jahre beziffert. Im Geschäftsjahr 2020 beschließt die Metalldosen AG, Fremdkapitalzinsen generell zu aktivieren und nicht mehr sofort aufwandswirksam zu erfassen. Sie setzt damit die Vorgaben zur Aktivierung von Fremdkapitalzinsen, die das IASB mit der Neufassung von IAS 23 für Geschäftsjahre ab 2020 vorschreibt, um. Da die Metalldosen AG davon ausgeht, dass damit eine zutreffendere Darstellung der Vermögens-, Finanz- und Ertragslage erreicht werden kann, wendet sie die Neuregelung bereits für die vor dem Jahr 2018 angeschafften qualifizierten Vermögenswerten an. Welche Konsequenzen ergeben sich für den Jahresabschluss 2020 aus dieser Umstellung? Gehen Sie dabei von den nachfolgenden Annahmen aus:

- Das Geschäftsjahr entspricht dem Kalenderjahr.
- IAS 33 ist nicht anzuwenden.
- Eine Ausnahme von der generellen bilanziellen Behandlung der Methodenänderung aus Praktikabilitätsüberlegungen nach IAS 8.23-27 liegt nicht vor.
- Der relevante Steuersatz beträgt 30 %. In der Steuerbilanz wurden Fremdkapitalzinsen bislang ebenfalls sofort als Aufwand verrechnet. Die Änderung der Rechnungslegungsmethode soll annahmegemäß auch steuerlich vollzogen werden, und zwar in analoger Weise zur IFRS-Behandlung.
- Vereinfachend betrage der Bestand der passiven latenten Steuern zum 01.01.2018 null. In den Jahren 2018 bis 2020 sollen keine Auflösungen der passiven latenten Steuern vorgenommen werden.
- Die Metalldosen AG hat in den Geschäftsjahren 2018 bis 2020 jeweils Umsatzerlöse von 300 T€ erwirtschaftet, außerdem fielen Umsatzkosten von 30 T€ und sonstige Aufwendungen von 20 T€ an. Die Abschreibungen sind zur Verdeutlichung der Effekte nicht in den Umsatzkosten enthalten, sondern sie werden separat erfasst.
- Zum 31.12.2017 betrugen die Gewinnrücklagen 2.000 T€.
- Bitte beachten Sie, dass es sich bei der in der Aufgabenstellung angeführten Änderung um eine fiktive Änderung handelt.

Kapitel 6
Ertragsteuern

Die REWE-Group weist im Geschäftsbericht 2019 ein Konzernergebnis in Höhe von 506,9 Mio. € aus. Dennoch wird in der Gewinn- und Verlustrechnung ein Steuerertrag von 134,8 Mio. € gezeigt. Wie passen diese Zahlen zusammen? Ein näherer Blick auf die Zusammensetzung der Steuerposition lässt erkennen, dass die REWE-Group im Geschäftsjahr 2019 einen laufenden Steueraufwand von 61,6 Mio. € ausweist. Die positiven Effekte auf die Steuerposition stammen aus sogenannten latenten Steuern. Dementsprechend vermittelt ein oberflächlicher Blick auf die Steuerposition fälschlicherweise den Eindruck, dass die REWE-Group in 2019 trotz Gewinns eine Steuererstattung erhalten hat. Doch wie kann es sein, dass die im IFRS-Konzernabschluss ausgewiesene Steuerposition nicht mit der tatsächlichen Steuerlast übereinstimmt?

Wie Sie in den ersten Kapiteln bereits erfahren haben, werden IFRS-Abschlüsse insbesondere zum Zweck der Informationsvermittlung für die Abschlussadressaten erstellt. Die von den Unternehmen zu zahlenden Ertragsteuern richten sich hingegen nach den in den jeweiligen nationalen Steuergesetzen enthaltenen Vorschriften zur steuerlichen Gewinnermittlung. In Deutschland sind dies die Vorschriften des EStG, KStG und GewStG sowie vielfältige BFH-Urteile. Diese steuerlichen Gewinnermittlungsvorschriften stimmen jedoch häufig nicht mit den Gewinnermittlungsregeln nach IFRS überein. Fraglich ist, wie in denjenigen Fällen abweichender Regelungen zu verfahren ist und ob hieraus zusätzliche Konsequenzen für den IFRS-Abschluss resultieren.

Lernziele „Kennen“

Nach Bearbeitung dieses Kapitels kennen Sie die zentralen Normen der IFRS zur bilanziellen Erfassung von Ertragsteuern. Zum einen wissen Sie, wie tatsächlich zu zahlende Steuern zu bilanzieren sind und kennen dabei die Unterscheidung zwischen Steuerforderungen, -verbindlichkeiten und -rückstellungen. Zum anderen verstehen Sie das Konzept der latenten Steuern und das dahinter stehende Problem zeitlich unterschiedlich erfasster Sachverhalte in der IFRS- sowie Steuerbilanz. Sie kennen die Regeln des IAS 12 zur Bilanzierung latenter Steueransprüche und -schulden und wissen auch, wie man steuerliche Verlustvorträge abgrenzt.

Lernziele „Anwenden“

Sie können die Vorschriften zur Erfassung von Ertragsteuern gemäß IAS 12 auf praxisnahe Sachverhalte anwenden, also zeitlich begrenzte Differenzen zur Steuerbilanz erkennen und der Steuerabgrenzung unterziehen. Hierbei sind Sie auch in der Lage, die Ansatzvoraussetzungen insbesondere für aktive latente Steuern zu prüfen – besonders, wenn sich ein Unternehmen in einer Verlustsituation befindet. Die Höhe latenter Steuern können Sie ermitteln und auch begründen, ob der Ansatz der latenten Steuern GuV-wirksam oder -neutral erfolgt. Zudem erkennen Sie, wie sich künftige Steuersatzänderungen auf bestehende aktive und passive latente Steuern auswirken.

Lernziele „Bewerten & Gestalten“

Diese Kenntnisse befähigen Sie, das Bilanzierungskonzept des IAS 12 zu würdigen und die Auswirkungen der Steuerabgrenzung auf die Vermögens-, Finanz- und Ertragslage eines Unternehmens abzuschätzen. Auch zu Themen wie der Saldierung von latenten Steuerpositionen für Zwecke des Ausweises sowie der Diskontierung von latenten Steuerschulden und -forderungen können Sie sich fundiert und kritisch äußern.

1 Regelungsgrundlage, Anwendungsbereich und Zielsetzung

IAS 12

IAS 12 „Ertragsteuern" (Income Taxes) regelt die Behandlung steuerlicher Konsequenzen in IFRS-Abschlüssen. IAS 12 besteht in seiner jetzigen Fassung im Wesentlichen seit 1998 (IAS 12.89) und wurde jedoch letztmalig durch das Amendment vom 12.12.2017 in einzelnen Detailregelungen überarbeitet. Eine umfassende Neuregelung von IAS 12 und gleichzeitige weitergehende Annäherung der IFRS-Regelung an die US-GAAP (ASC 740), wie sie vom IASB mit ED/2009/2 für 2010 geplant war, ist mittlerweile verschoben worden.[1] Das IASB und FASB stufen zwar übereinstimmend die Überarbeitung von IAS 12 und SFAS 109 (FASB ASC 740) als wichtig ein, im Vergleich zu anderen Rechnungslegungsfragen wird sie aber als weniger dringend angesehen. Aus diesem Grund ist das Forschungsprojekt momentan inaktiv. Das IASB plant die Wiederaufnahme des Projektes nicht vor dem Jahr 2021.

Interpretationen

Ergänzt wird IAS 12 durch SIC-25 „Ertragsteuern – Änderungen im Steuerstatus eines Unternehmens oder seiner Anteilseigner" (Income Taxes – Changes in the Tax Status of an Entity or its Shareholders) sowie IFRIC 23 „Unsicherheiten bezüglich der ertragsteuerlichen Behandlung" (Uncertainty over Income Tax Treatments). In diesen Interpretationen wird auf Sonderprobleme im Rahmen der Ertragsteuerbilanzierung eingegangen.

Anwendungsbereich und Zielsetzung

IAS 12 ist von allen Unternehmen unabhängig von Rechtsform, Größe und Börsennotierung im IFRS-Konzernabschluss und, falls ein solcher erstellt wird, im IFRS-Einzelabschluss anzuwenden. Das IASB verfolgt mit IAS 12 die Zielsetzung, den Bilanzansatz, die Bewertung und den Ausweis von Ertragsteuern umfassend zu regeln, um eine periodengerechte Erfassung der Ertragsteuern und eine damit den tatsächlichen Verhältnissen entsprechende Darstellung der Ertrags- und Vermögenslage zu erreichen. Dabei geht es sowohl um die Behandlung gegenwärtiger als auch um die Erfassung künftiger steuerlicher Konsequenzen. Dies bringt Abbildung 6.1 zum Ausdruck. Inhaltlich ist IAS 12 anzuwenden auf alle in- und ausländischen Ertragsteuerarten, die das steuerpflichtige Einkommen der Unternehmen betreffen. In Deutschland zählen hierzu die Einkommensteuer bzw. Körperschaftsteuer sowie die Gewerbesteuer. Unter den Regelungsbereich von IAS 12 fallen ebenfalls Quellensteuern, welche beispielsweise in einigen Ländern von einem Tochterunternehmen bei der Ausschüttung von Gewinnanteilen an das Mutterunternehmen gezahlt werden müssen.

1 Vgl. zum Konvergenzprojekt zwischen IASB und FASB auch *Meyer, M./Loitz, R./Linder, R./Zerwas, P.*, Latente Steuern, 2. Aufl., Wiesbaden 2010, S. 54-63.

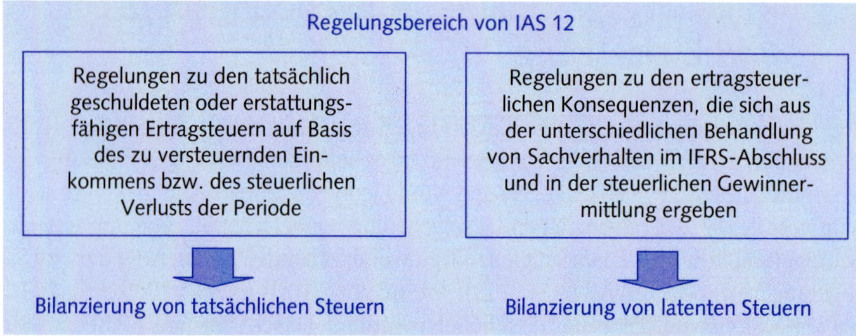

Abb. 6.1: Regelungsbereich von IAS 12

Regelungsbereiche von IAS 12

Da die Regelungen zur Bilanzierung von tatsächlich geschuldeten oder erstattungsfähigen Ertragsteuern weniger problematisch sind, widmet sich IAS 12 überwiegend der Bilanzierung latenter Steuern. Hierunter fallen Regelungen zu den ertragsteuerlichen Konsequenzen, die sich aus der unterschiedlichen Behandlung eines Sachverhalts im IFRS-Abschluss verglichen mit der steuerlichen Gewinnermittlung ergeben. Daher betreffen die nachfolgenden Ausführungen zu IAS 12 schwerpunktmäßig die Thematik der latenten Steuern. Zuvor soll aber kurz auf die Bilanzierung tatsächlicher Steuerschulden und -erstattungsansprüche eingegangen werden.

2 Bilanzierung tatsächlicher Steuerschulden und Steuererstattungsansprüche

Steuerschulden

Die Unternehmen haben auf die von ihnen erwirtschafteten Gewinne laufend Ertragsteuern zu zahlen. Diese die laufende oder frühere Perioden betreffenden Ertragsteuerzahlungen mindern als Steueraufwand den Gewinn in der Gesamtergebnisrechnung sowie die Zahlungsmittel. Sofern jedoch die tatsächlichen Ertragsteuern zum Geschäftsjahresende noch nicht bezahlt wurden, ist gemäß IAS 12.12 eine Schuld gegenüber der entsprechenden Steuerbehörde zu passivieren.

Steuererstattungsansprüche

Übersteigen hingegen die innerhalb des Geschäftsjahres gezahlten Ertragsteuern den geschuldeten Betrag gegenüber der Steuerbehörde oder wird ein steuerlicher Verlust zu einem Verlustrücktrag genutzt, so ist gemäß IAS 12.12-13 zum Geschäftsjahresende die entsprechende Forderung als Vermögenswert zu aktivieren. Hierbei sind jedoch die allgemeinen Bilanzansatzkriterien zu prüfen, wonach der Nutzen aus dem Erstattungsanspruch dem Unternehmen wahrscheinlich zufließen und eine verlässliche Bewertbarkeit möglich sein muss (IAS 12.14). Andernfalls ist von der Aktivierung abzusehen. Zudem sind die Wertminderungsvorschriften gemäß IAS 36 zu beachten (vgl. hierzu Kapitel 8).

Saldierung

Eine Saldierung der tatsächlichen Erstattungsansprüche und Schulden ist gemäß IAS 12.71 nur möglich, wenn für das Unternehmen ein einklagbares Recht zur Aufrechnung besteht und das Unternehmen beabsichtigt, den Ausgleich auf Nettobasis durchzuführen. Ein einklagbares Recht zur Aufrechnung dürfte dabei regelmäßig dann bestehen, wenn die tatsächlichen Erstattungsansprüche sowie die tatsächlichen Schulden gegenüber der gleichen Steuerbehörde bestehen und die Steuerbehörde dem Unternehmen gestattet, die Zahlung auf Nettobasis zu leisten bzw. zu empfangen (IAS 12.72).

Quellensteuer

Die tatsächlich zu zahlenden Steuern bzw. die tatsächlich zu erstattenden Steuern werden grundsätzlich in der Gesamtergebnisrechnung GuV-wirksam als Steueraufwand bzw. Steuerertrag gebucht. Eine Sonderregel enthält IAS 12.65A jedoch für Dividendenzahlungen an die Anteilseigner. In einigen Ländern – wie z.B. auch in Deutschland über die Kapitalertragsteuer bzw. Abgeltungsteuer – wird ein Teil der Dividende als Quellensteuer direkt an die Steuerbehörde abgeführt. Ein solcher Betrag, der an die Steuerbehörden zu zahlen ist oder bereits gezahlt wurde, ist direkt mit der Dividende im Eigenkapital zu verrechnen.

Bewertung

Tatsächliche Ertragsteuerschulden bzw. Ertragsteuererstattungsansprüche für die laufende oder frühere Periode sind mit dem Betrag zu bemessen, in dessen Höhe eine Zahlung erwartet wird. Maßgeblich sind dabei die Steuersätze und übrigen Steuervorschriften, die am Bilanzstichtag in Kraft sind bzw. deren Inkrafttreten am Bilanzstichtag mit hinreichender Sicherheit angenommen werden kann (IAS 12.46).

3 Bilanzierung latenter Steuerschulden und Steuererstattungsansprüche

3.1 Erfordernis der Bilanzierung latenter Steuern

Verzerrungen der Ertrags- und Vermögenslage

Die Bilanzierung latenter Steuern in IFRS-Abschlüssen ist über die Zielsetzung einer periodengerechten Darstellung der Vermögens-, Finanz- und Ertragslage eines Unternehmens zu begründen (vgl. zur Zielsetzung der IFRS-Rechnungslegung allgemein Kapitel 3). Sie soll die unterschiedliche Behandlung eines Sachverhalts im IFRS-Abschluss und in der steuerlichen Gewinnermittlung ausgleichen, indem fiktive (latente) Ertragsteuerforderungen (aktive latente Steuern) bzw. fiktive Ertragsteuerverbindlichkeiten (passive latente Steuern) gebucht werden. Diesen fiktiven Steuern stehen in derselben Periode keine tatsächlichen Steuerzahlungen gegenüber. Sie führen aber in künftigen Perioden zu Mehr- oder Minderzahlungen.

Beispiel 6.1

Aufgrund einer Vollauslastung in der Fertigung müssen 2021 Ausgaben für eine dringend erforderliche Instandhaltungsmaßnahme in Höhe von 500 T€ verschoben werden. Die Wartung soll innerhalb der ersten drei Monate des kommenden Geschäftsjahres 2022 nachgeholt werden, da in diesem Zeitraum mit einem Rückgang der Kapazitätsauslastung zu rechnen ist. Im deutschen Steuerrecht besteht für diesen Sachverhalt eine Passivierungspflicht als Aufwandsrückstellung. Im IFRS-Abschluss 2021 findet dieser Geschäftsvorfall hingegen keine Berücksichtigung, da die Bildung von Aufwandsrückstellungen verboten ist.

Was würde nun passieren, wenn „lediglich" die tatsächlichen Ertragsteuerzahlungen, wie sie in der steuerlichen Gewinnermittlung berechnet werden, als Steueraufwand in den IFRS-Abschluss übernommen würden?

Lösung

Die nachfolgenden Tabellen verdeutlichen die Konsequenzen, indem ausschnittweise der IFRS-Abschluss ohne und mit Bilanzierung latenter Steuern aufgezeigt wird. In dem Beispiel wird zudem unterstellt, dass der vorläufige Gewinn vor Steuern im Jahr 2021 und 2022 jeweils 1.000 T€ beträgt. Der Steuersatz ist vereinfachend mit 30 % angenommen und die Instandhaltung soll tatsächlich in 2022 für 500 T€ durchgeführt werden.

Geschäftsjahr 2021 in T€	**IFRS ohne latente Steuern**	**Steuerliche Gewinn-ermittlung**	**IFRS mit latenten Steuern**
vorläufiger Gewinn vor Steuern	1.000	1.000	1.000
Rückstellungsaufwand für unterlassene Instandhaltung	—	-500	—
Gewinn vor Steuern	1.000	500	1.000
tatsächlicher Steueraufwand	-150 ←	-150	→ -150
latenter Steueraufwand (Bildung passive latente Steuer)	—	—	-150
Gewinn nach Steuern	850	350	700

Geschäftsjahr 2022 in T€	**IFRS ohne latente Steuern**	**Steuerliche Gewinn-ermittlung**	**IFRS mit latenten Steuern**
vorläufiger Gewinn vor Steuern	1.000	1.000	1.000
Instandhaltungsaufwand	-500	—	-500
Gewinn vor Steuern	500	1.000	500
tatsächlicher Steueraufwand	-300 ←	-300	→ -300
latenter Steuerertrag (Auflösung passive latente Steuer)	—	—	150
Gewinn nach Steuern	200	700	350

1. Verzerrte Darstellung der Ertragslage

Die zu bildende Rückstellung mindert in der steuerlichen Gewinnermittlung 2021 als Betriebsausgabe den Gewinn vor Steuern und somit die Ertragsteuerzahlungen. Sofern lediglich diese Zahlungen als Ertragsteueraufwendungen im IFRS-Abschluss berücksichtigt werden (Spalte IFRS ohne latente Steuern), würde der Gewinn nach IFRS zu hoch ausgewiesen, da hier keine Aufwendungen für die Rückstellung den vorsteuerlichen Gewinn mindern. Die ausgewiesenen Steuerzahlungen stünden in keinem nachvollziehbaren Zusammenhang mit dem Gewinn vor Ertragsteuern. Durch Berücksichtigung einer passiven latenten Steuer erfolgt hingegen eine Anpassung. Es wird die Steuerbelastung ausgewiesen, die sich ergeben würde, wenn der IFRS-Gewinn vor Steuern gleichzeitig auch Bemessungsgrundlage der Ertragsbesteuerung wäre.

2. Verzerrte Darstellung der Vermögenslage
Da im nachfolgenden Geschäftsjahr 2022 bei Durchführung der Instandhaltungsmaßnahme steuerlich keine Aufwendungen mehr den Gewinn mindern, fallen die tatsächlich zu zahlenden Ertragsteuern höher aus. Aus Sicht des IFRS-Abschlusses 2021 sind diese künftigen Steuerverpflichtungen absehbar. Insofern würde die (Netto-)Vermögenslage für das Geschäftsjahr 2020 ohne Bilanzierung dieser absehbaren Verpflichtung als latente Steuer zu positiv dargestellt.

3.2 Entstehung latenter Steuern

Differenzen

Voraussetzung für die Entstehung latenter Steuern ist die unterschiedliche zeitliche Erfassung eines Sachverhalts im IFRS-Abschluss und in der Steuerbilanz. Nur wenn Differenzen zwischen den beiden Rechenwerken auftreten, kann es im Grundsatz zur Bilanzierung latenter Steuern kommen. Allerdings ist konkret zu prüfen, um was für eine Differenz es sich handelt und in welchem Zeitraum mit ihrem Ausgleich zu rechnen ist. Allgemein wird dabei – wie in Abbildung 6.2 dargestellt – zwischen zeitlich begrenzten, quasi-zeitlich begrenzten und zeitlich unbegrenzten (permanenten) Differenzen unterschieden. Die beiden erstgenannten Differenzen fallen unter das Konzept der latenten Steuerbilanzierung nach IAS 12. Zeitlich unbegrenzte Differenzen führen indes nicht zur Bilanzierung latenter Steuern.

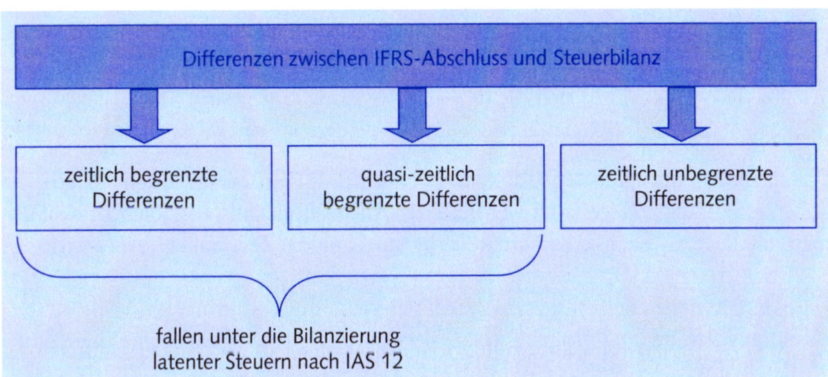

Abb. 6.2: Differenzen zwischen IFRS-Abschluss und steuerlicher Gewinnermittlung

Zeitlich begrenzte Differenzen

Zu den zeitlich begrenzten Differenzen zwischen IFRS-Abschluss und steuerlicher Gewinnermittlung werden diejenigen Differenzen gezählt, die sich im Zeitablauf infolge der bestehenden Rechnungslegungsregeln automatisch ausgleichen.

Beispiel 6.2

Im IFRS-Abschluss orientiert sich die planmäßige Abschreibungsdauer von abnutzbaren Vermögenswerten an der wirtschaftlichen Nutzungsdauer, während im deutschen Steuerrecht die AfA-Tabellen die Nutzungsdauer vorgeben. Sofern sich die wirtschaftliche Nutzungsdauer und die Abschreibungsdauer laut AfA-Tabelle unterscheiden, werden bis zum Ablauf der längeren Nutzungsdauer in beiden Rechenwerken die entsprechenden Vermögenswerte auf der Aktivseite unterschiedlich bewertet.

Die aus den abweichenden Nutzungsdauern resultierenden Differenzen gleichen sich jedoch bei Betrachtung mehrerer Geschäftsjahre automatisch aus. Sofern der komplette Zeitraum der Nutzung betrachtet wird, sind die kumulierten Abschreibungsbeträge in beiden Rechenwerken gleich hoch.

Quasi-zeitlich begrenzte Differenzen

Zu den quasi-zeitlich begrenzten Differenzen zwischen IFRS-Abschluss und steuerlicher Gewinnermittlung werden diejenigen Differenzen gezählt, die sich durch eine Managemententscheidung, ein neues Ereignis oder spätestens bei der Unternehmensauflösung ausgleichen. Diese quasi-zeitlich begrenzten Differenzen lösen sich im Regelfall erst nach längerer Zeit auf.

Beispiel 6.3

Im IFRS-Abschluss erfolgt die Bewertung von bestimmten Finanzanlagen oberhalb der Anschaffungskosten. Dies ist hingegen im deutschen Steuerrecht verboten. IFRS-Abschluss und Steuerbilanz unterscheiden sich damit auf der Aktivseite hinsichtlich der Bewertung dieser Finanzanlagen.

Die Differenzen gleichen sich aus, wenn z.B. der Wert der Finanzanlagen in den kommenden Geschäftsjahren dauerhaft unter die Anschaffungskosten fällt (neues Ereignis) oder das Management die Finanzanlagen veräußert (Managemententscheidung). Sollen die Finanzanlagen hingegen nicht veräußert werden und liegt der Wert dauerhaft oberhalb der Anschaffungskosten, so würde es dennoch spätestens zum Liquidationszeitpunkt des Unternehmens zum Ausgleich der Differenz kommen.

Zeitlich unbegrenzte Differenzen

Zu den zeitlich unbegrenzten Differenzen zwischen IFRS-Abschluss und steuerlicher Gewinnermittlung zählen solche Differenzen, die sich niemals ausgleichen, weil der zugrunde liegende Sachverhalt im Steuerrecht zu keinem Zeitpunkt relevant wird.

Beispiel 6.4

Die Aufsichtsratsvergütung wird im IFRS-Abschluss als Aufwand erfasst und mindert den Gewinn oder erhöht den Verlust. Im deutschen Steuerrecht werden Aufsichtsratsvergütungen jedoch gemäß § 10 Nr. 4 KStG nur zur Hälfte steuermindernd als Betriebsausgabe anerkannt. In Höhe der anderen Hälfte entsteht eine Differenz zwischen IFRS-Abschluss und steuerlicher Gewinnermittlung, die sich zu keinem Zeitpunkt ausgleicht.

Inside und outside basis differences im Konzernabschluss

Latente Steuern entstehen auch im IFRS-Konzernabschluss und basieren ebenfalls auf zeitlich begrenzten und quasi-zeitlich begrenzten Differenzen zwischen IFRS-Konzernabschluss und den Steuerbilanzen der einbezogenen Unternehmen. Die Entstehungsursachen sind allerdings auf Konzernabschlussebene vielfältiger. In diesem Zusammenhang hat sich die Differenzierung in inside basis differences und outside basis differences eingebürgert. Inside basis differences führen zu latenten Steuern, die bereits auf Ebene des Einzelabschlusses des einbezogenen Unternehmens anfallen, also innerhalb eines Rechtssubjekts. Je nachdem, ob diese Differenzen in der Handelsbilanz I (originärer Einzelabschluss) oder erst in der Handelsbilanz II (Einzelabschluss nach konzerneinheitlicher Bilanzierung) oder III (vereinheitlichter Einzelabschluss nach Neubewertung) anfallen, können wiederum inside basis differences I, II und III unterschieden werden (vgl. zur Erstellung von Konzernabschlüssen ausführlicher Kapitel 21). Zudem können Differenzen durch Konsolidierungsmaßnahmen entstehen und durch weitere Transaktionen, z.B. durch Gewinnthesaurierung bei einbezogenen Unternehmen. Diese outside basis differences werden identifiziert, indem der steuerliche Wertansatz an einer Beteiligung in der Steuerbilanz des Mutterunternehmens mit dem Wertansatz des im IFRS-Konzernabschluss angesetzten Nettovermögens dieses Beteiligungsunternehmens verglichen wird – also ein Vergleich über ein Rechtssubjekt hinaus.[2] Sowohl inside als auch outside basis differences sind grundsätzlich nach IAS 12 zu erfassen.

3.3 Bilanzansatz

Temporary-Konzept

IAS 12 legt dem Bilanzansatz latenter Steuern das Temporary-Konzept zugrunde. Dieses Konzept ist bilanzorientiert und betrachtet gemäß IAS 12.5 die temporären Differenzen zwischen dem Buchwert eines Vermögenswertes oder einer Schuld in der IFRS-Bilanz und seinem bzw. ihrem Steuerwert.

Aktivierungs- bzw. Passivierungspflicht

Dem Temporary-Konzept folgend müssen gemäß IAS 12.15 und 12.24 grundsätzlich sämtliche Bilanzansatz- und Bilanzbewertungsdifferenzen von Vermögenswerten und Schulden zwischen IFRS-Abschluss und steuerlicher Gewinnermittlung grundsätzlich in die Bilanzierung latenter Steuern einbezogen werden. Allerdings sind folgende Voraussetzungen zu beachten:

- die Bilanzansatz- und Bilanzbewertungsdifferenzen führen zu künftigen Steuerentlastungen oder Steuerbelastungen, d.h. es handelt sich um zeitlich begrenzte oder quasi-zeitlich begrenzte Differenzen, und

2 Vgl. zu dieser Systematisierung mit weiteren Nennungen *Wolz, C.*, Latente Steuern nach BilMoG: Analyse der konzeptionellen Neuregelung im Einzel- und Konzernabschluss, in: DB, 63. Jg. (2010), S. 2625-2633.

- die künftigen Steuerentlastungen sind wahrscheinlich[3] und verlässlich bewertbar; d.h. bei künftigen Steuerentlastungen erfolgt der Ansatz eines Vermögenswertes nur in dem Umfang, in dem es wahrscheinlich ist, dass ein zu versteuerndes Ergebnis verfügbar sein wird, gegen das die temporären Differenzen verwandt werden können.

GuV-wirksame/ GuV-neutrale Entstehung

Der Bilanzansatz latenter Steuern erfolgt nach IAS 12.57 konsistent zu dem Geschäftsvorfall, aus dem sie hervorgehen. Dies bedeutet, dass ein GuV-wirksamer (-neutraler) Geschäftsvorfall ebenfalls zu einer GuV-wirksamen (-neutralen) Erfassung der latenten Steuern führt.

Beispiel 6.5

GuV-wirksame Differenzen, welche direkt den Gewinn oder Verlust (profit or loss) verändern, können z.B. aus unterschiedlichen Abschreibungsmethoden, Nutzungsdauern oder auch durch eine nur steuerlich akzeptierte Instandhaltungsrückstellung entstehen.

Folgende Sachverhalte können z.B. zur GuV-neutralen Entstehung von Differenzen zwischen IFRS-Abschluss und steuerlicher Gewinnermittlung führen, welche im sonstigen Ergebnis (OCI) zu erfassen sind:

- Neubewertung von Sachanlagen (vgl. Kapitel 10),
- Bewertung von GuV-neutral folgebewerteten finanziellen Vermögenswerten (vgl. Kapitel 17) oder
- Umrechnung von Abschlüssen ausländischer Geschäftsbetriebe mit abweichender funktionaler Währung (vgl. Kapitel 20).

Für Buchungsbeispiele wird auf Abschnitt 3.5 und die dortigen Beispiele 6.11 und 6.12 verwiesen.

Aktive/passive latente Steuern

Innerhalb des Bilanzansatzes ist zwischen aktiven und passiven latenten Steuern zu unterscheiden. Abbildung 6.3 zeigt die verschiedenen Möglichkeiten:[4]

3 Das IASB konkretisiert diese Wahrscheinlichkeit nicht. Allgemein kann von einer Aktivierungspflicht ausgegangen werden, wenn die künftige Steuerentlastung mit einer mehr als 50 %igen Wahrscheinlichkeit eintritt. Vgl. *Blaum/Utzerath*, IFRS-Kommentar, IAS 12, Tz. 79.

4 Für eine detaillierte Auflistung von Ursachen für temporäre Differenzen zwischen den Wertansätzen in der IFRS- und Steuerbilanz vgl. *Schulz-Danso*, Beck'sches IFRS-Handbuch, § 25, Tz. 101-111.

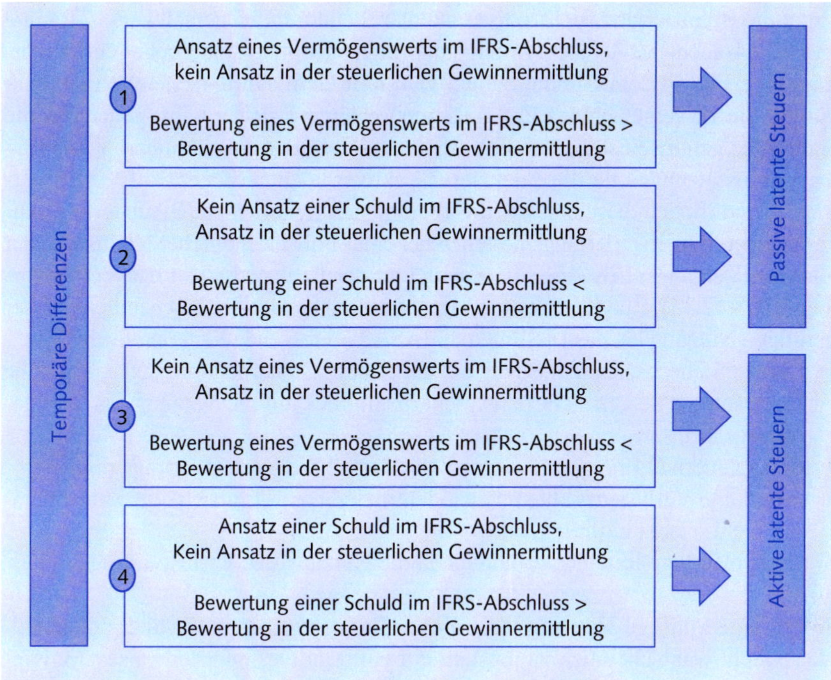

Abb. 6.3: Ursachen temporärer Differenzen

Beispiel 6.6 zu Abb. 6.3

Fall 1:
Aktivierung von Entwicklungskosten im IFRS-Abschluss, was in der steuerlichen Gewinnermittlung nicht möglich ist (vgl. Kapitel 9).

Fall 2:
Bildung einer Rückstellung für unterlassene Instandhaltungen, die in den ersten drei Monaten des kommenden Geschäftsjahres nachgeholt werden, in der steuerlichen Gewinnermittlung, was im IFRS-Abschluss nicht möglich ist (vgl. Kapitel 13).

Fall 3:
Ein Vermögenswert wird in der steuerlichen Gewinnermittlung nach AfA-Tabellen mit einem geringeren Betrag abgeschrieben als im IFRS-Abschluss (vgl. Kapitel 10).

Fall 4:
Drohende Verluste aus einem Termingeschäft führen nach IFRS zum Ansatz einer Schuld, während in der steuerlichen Gewinnermittlung die Passivierung einer Drohverlustrückstellung verboten ist (vgl. Kapitel 13 und 17).

Steuerliche Verlustvorträge

Unter die Bilanzansatzpflicht aktiver latenter Steuern fallen gemäß IAS 12.24 und IAS 12.34 auch latente Steuern auf noch nicht genutzte steuerliche Verlustvorträge. Sie sind in dem Umfang zu aktivieren, in dem es wahrscheinlich ist, dass künftig ein zu versteuerndes Ergebnis zur Verfügung stehen wird, gegen das die noch nicht genutzten steuerlichen Verluste verrechnet werden können. Zwar sind die Voraussetzungen für die Bilanzierung aktiver latenter Steuern auf Verlustvorträge grundsätzlich dieselben wie die allgemeinen Kriterien zur Bilanzierung aktiver latenter Steuern, allerdings bestehen bei einer Folge steuerlicher Verluste in der jüngeren Vergangenheit generelle Zweifel an der Realisierbarkeit des Verlustvortrags (IAS 12.35). Zur Konkretisierung der hinreichenden Wahrscheinlichkeit der künftigen Nutzung hat das IASB gemäß IAS 12.36 folgende Kriterien formuliert:

- Passive Steuerlatenzen in Bezug auf die gleiche Steuerbehörde und das gleiche Steuersubjekt kehren sich fristgerecht in Hinblick auf die Nutzung des Verlustvortrags um,
- zu versteuernde Ergebnisse werden vor Verfall des Verlustvortrags realisiert,
- steuerliche Verluste resultieren aus identifizierbaren Ursachen, die wahrscheinlich nicht wieder auftreten, oder
- Steuerplanungsstrategien ermöglichen die Nutzung des Verlustvortrags.

Sofern eine künftige Nutzung steuerlicher Verlustvorträge vollständig oder teilweise nicht wahrscheinlich ist, besteht ein vollständiges oder teilweises Aktivierungsverbot. Zudem ist nach IAS 12.37 in jedem Jahr neu zu beurteilen, ob eine Nachaktivierung von bisher noch nicht aktivierten latenten Steuern (z.B. steuerliche Verlustvorträge) erforderlich ist. Ebenso ist zu jedem Abschlussstichtag der Buchwert einer bereits bilanzierten aktiven latenten Steuer anhand der Ansatzkriterien zu überprüfen. Falls der latente Steueranspruch ganz oder teilweise nicht nutzbar ist, muss der Buchwert der aktiven latenten Steuer in dem Umfang gemindert werden, in dem es nicht mehr wahrscheinlich ist, dass ein ausreichend zu versteuerndes Ergebnis zur Verfügung stehen wird. Sollte der Grund der Minderung ganz oder teilweise entfallen, muss in dem gleichen Umfang wieder zugeschrieben werden (IAS 12.56).

Beispiel 6.7

Die Steuerfix AG erwirtschaftet in 2021 einen Verlust vor Steuern von 500 T€, der infolge fehlender Verlustrücktragsmöglichkeiten für die kommenden Geschäftsjahre vorgetragen werden soll (§ 10d Abs. 2 EStG). Bei einem Steuersatz von 30 % stellt sich damit die Frage des Bilanzansatzes aktiver latenter Steuern von 150 T€ für den steuerlichen Verlustvortrag von 500 T€.

Geschäftsjahr 2021 in T€	IFRS ohne latente Steuern	Steuerliche Gewinnermittlung	IFRS mit latenten Steuern
Gewinn vor Steuern	-500	-500	-500
tatsächliche Steuerzahlungen	0 ←	0	→ 0
latenter Steuerertrag (aktive latente Steuer)	—	—	150
Gewinn nach Steuern	-500	-500	-350

Sofern die künftige Nutzung des steuerlichen Verlustvortrags wahrscheinlich ist, ist – entsprechend der rechten Spalte in der Tabelle – eine aktive latente Steuer zu bilanzieren. Andernfalls entfällt der Bilanzansatz einer aktiven latenten Steuer (linke Spalte der Tabelle).

Ausnahmen Bilanzansatz aktive latente Steuern

Folgende Sachverhalte sind explizit von der Bilanzierung aktiver latenter Steuern ausgenommen (IAS 12.24):

- Differenzen zwischen IFRS-Abschluss und steuerlicher Gewinnermittlung, die aus dem erstmaligen Ansatz eines Vermögenswertes oder einer Schuld resultieren, wobei kein Unternehmenszusammenschluss vorliegt und zum Zeitpunkt des Geschäftsvorfalls weder das Ergebnis in der IFRS-Gesamtergebnisrechnung noch in der steuerlichen Gewinnermittlung berührt ist (IAS 12.22). Beispielhaft sind hier steuerfreie Investitionszulagen (IAS 12.33) oder die abweichende Bewertung von Einlagen zu nennen.[5]

Ausnahmen Bilanzansatz passive latente Steuern

Folgende Sachverhalte sind explizit von der Bilanzierung passiver latenter Steuern ausgenommen (IAS 12.15):

- Erstmaliger Ansatz eines Geschäfts- oder Firmenwertes (vgl. auch IAS 12.21), der steuerlich nicht abschreibungsfähig ist,
- Differenzen zwischen IFRS-Abschluss und steuerlicher Gewinnermittlung, die aus dem erstmaligen Ansatz eines Vermögenswertes oder einer Schuld resultieren, wobei kein Unternehmenszusammenschluss vorliegt und zum Zeitpunkt des Geschäftsvorfalls weder das Ergebnis in der IFRS-Gesamtergebnisrechnung noch in der steuerlichen Gewinnermittlung berührt ist (vgl. auch IAS 12.22). Hierunter kann beispielhaft ebenfalls die abweichende Bewertung von Einlagen fallen.[6]

Ausnahmen Bilanzansatz outside basis differences

Zudem wird der Ansatz latenter Steuern auf outside basis differences deutlich eingeschränkt. IAS 12.39 und 12.44 erlauben hier den Ansatz latenter Steuern nur unter restriktiven Voraussetzungen. Eine zentrale Voraussetzung ist hierbei, dass sich die temporäre Differenz in absehbarer Zeit umkehren soll. Dies ist in der

5 Vgl. zu weiteren Beispielen *Pawelzik*, IFRS-Handbuch, Tz. 29.39.
6 Vgl. zu weiteren Beispielen *Pawelzik*, IFRS-Handbuch, Tz. 29.39.

Regel nur dann der Fall, wenn das betreffende Tochterunternehmen verkauft werden soll.

Erstkonsolidierung

Die im Rahmen der Erstkonsolidierung im IFRS-Konzernabschluss aufgedeckten stillen Reserven und stillen Lasten gehören somit nicht zu diesen Ausnahmeregelungen. Sie führen ggf. analog zum Bilanzansatz aktiver und passiver latenter Steuern. Ein im Rahmen der Kapitalkonsolidierung verbleibender Goodwill ist hingegen von der ersten Ausnahmeregelung betroffen. Obwohl das IASB diesen Goodwill eindeutig als Vermögenswert ansieht, wird hier der Ansatz passiver latenter Steuern untersagt, da der Goodwill als Restwert innerhalb der Kapitalkonsolidierung ermittelt wird (vgl. Kapitel 21) und der Ansatz der latenten Steuerschuld wiederum die Erhöhung des Buchwertes des Goodwills zur Folge hätte (so IAS 12.21). Über die Stichhaltigkeit dieser Begründung ließe sich allerdings streiten.

Beispiel 6.8

Zum 31.12.2021 hat die Publix AG 100 % der Anteile an der Dynamo AG zum Kaufpreis von 100 Mio. € erworben. Der Steuersatz beträgt 30 %. Die IFRS-Bilanz der Dynamo AG hat dabei zum 31.12.2021 folgendes Aussehen (zur Vorgehensweise der Kapitalkonsolidierung vgl. Kapitel 21):

Bilanz der Dynamo AG zum 31.12.2021 in Mio. €			
Langfristiges Vermögen		*Eigenkapital*	
Immaterielle Anlagewerte	5	Gezeichnetes Kapital	20
Sachanlagen	70	Kapitalrücklagen	10
Finanzanlagen	30	Gewinnrücklagen	30
Kurzfristiges Vermögen		*Fremdkapital*	
Vorräte	55	Rückstellungen	80
Forderungen	65	Verbindlichkeiten	100
Liquide Mittel	15		
Summe	240	Summe	240

Infolge der im Vorfeld des Unternehmenserwerbs durchgeführten Analyse des Kaufobjektes ist dem Management der Publix AG bekannt, dass im Sachanlagevermögen der Dynamo AG stille Reserven von 20 Mio. € und in den Vorräten stille Reserven von 10 Mio. € enthalten sind. Zudem weisen die Rückstellungen stille Lasten von 10 Mio. € auf.

Lösung

Die Berechnung des Geschäfts- oder Firmenwertes aus dem Unternehmenserwerb gestaltet sich wie folgt:

	Kaufpreis	100 Mio. €
–	neubewertetes Eigenkapital der Dynamo AG[7]	-74 Mio. €
=	Geschäfts- oder Firmenwert	26 Mio. €

Aus der Berechnung wird deutlich, dass auf die aufgedeckten stillen Reserven im Sachanlagevermögen und in den Vorräten passive latente Steuern und auf die aufgedeckten stillen Lasten in den Rückstellungen aktive latente Steuern zu berücksichtigen sind. Während das Sachanlagevermögen der Dynamo AG mit 90 Mio. €, die Vorräte mit 65 Mio. € und die Rückstellungen mit 90 Mio. € in den Konzernabschluss der Publix AG eingehen, werden sie in der steuerlichen Gewinnermittlung mit ihren bisherigen Buchwerten fortgeführt. Dabei wurde hier vereinfachend unterstellt, dass die ursprünglichen IFRS-Werte mit den steuerlichen Werten der Dynamo AG übereinstimmen. Somit bestehen Differenzen zwischen IFRS-Konzernabschluss der Publix AG und steuerlicher Gewinnermittlung der Dynamo AG, die zudem zeitlich begrenzt sind. Folglich sind auf diese Differenzen entsprechend dem Temporary-Konzept nach IAS 12 latente Steuern zu bilden.

Keine latenten Steuern indes dürfen auf den Geschäfts- oder Firmenwert gebildet werden. Zwar liegt auch hier eine Differenz zwischen IFRS-Abschluss und steuerlicher Gewinnermittlung vor, denn der Geschäfts- oder Firmenwert wird im IFRS-Abschluss als immaterieller Vermögenswert aktiviert, während in der steuerlichen Gewinnermittlung kein Geschäfts- oder Firmenwert vorliegt. Gemäß IAS 12.15 i.V.m. IAS 12.21 ist der Geschäfts- oder Firmenwert jedoch von der Bilanzierung latenter Steuern ausgenommen. Konsequent wäre auch hier der Ansatz einer passiven latenten Steuer von (26 Mio. € / 0,7 – 26 Mio. € =) 11,14 Mio. € und damit eines Goodwills von (26 Mio. € / 0,7 =) 37,14 Mio. €.

3.4 Bilanzbewertung

Die Bewertung latenter Steuern nach IAS 12 folgt der Liability-Methode. Nach dieser Methode steht – korrespondierend mit dem Temporary-Konzept im Bereich des Bilanzansatzes latenter Steuern – der zutreffende Vermögensausweis im Vordergrund. Passive (aktive) latente Steuern sind als Verbindlichkeiten (Forderungen) gegenüber dem Fiskus für künftige Ertragsteuerzahlungen (Ertragsteuerer stattungen) anzusehen. Da hier auf erwartete Steuereffekte abgestellt wird, sind latente Steuern nach der Liability-Methode mit denjenigen Steuersätzen zu bewerten, die bei Realisation der künftigen Steuerforderung bzw. bei Erfüllung der künftigen Steuerschuld voraussichtlich gelten werden (IAS 12.47).

Liability-Methode

7 Das neubewertete Eigenkapital berechnet sich wie folgt: Gezeichnetes Kapital + Kapitalrücklagen + Gewinnrücklagen + (Stille Reserven – Passive latente Steuern) – (Stille Lasten – Aktive latente Steuern).

Steuersatzänderungen

Da die künftige Steuersatzentwicklung im Regelfall ungewiss ist, sind grundsätzlich die aktuell gültigen Steuersätze zur Bewertung der latenten Steuern heranzuziehen. Gemäß IAS 12.48 sind aber künftige Steuersätze anzuwenden, sofern eine Steuersatzänderung bereits vom Gesetzgeber verabschiedet und damit bekannt ist.[8] Bei Steuersatzänderungen sind zudem die latenten Steuerposten aus vergangenen Perioden in der Bilanz anzupassen.

Beispiel 6.9

Der Wert einer als Finanzinvestition gehaltenen Immobilie ist über die Perioden 2021 bis 2023 sukzessive jeweils um 500 € gestiegen. In der Periode 2024 wird diese Finanzinvestition dann zu diesem gestiegenen Wert verkauft. Da gemäß IAS 40.30 die Bewertung dieser als Finanzinvestition gehaltenen Immobilie zum Zeitwert erfolgen kann (vgl. Kapitel 11), in der steuerlichen Gewinnermittlung diese Zuschreibungen in den Perioden 2021 bis 2023 jedoch nicht möglich sind, unterschreitet der steuerliche Gewinn vor Steuern in den Perioden 2021 bis 2023 den IFRS-Gewinn jeweils um 500 €, während sich diese Differenzen in Periode 2024 ausgleichen. Der Ertragsteuersatz beträgt in den Perioden 2021 und 2022 jeweils 40 % und fällt dann auf 30 %. Die Senkung des Ertragsteuersatzes wird im Verlauf der Periode 2022 bekannt. Die aus der Steuersatzsenkung resultierende Abwertung der passiven latenten Steuer führt somit zu einem Ertrag.

Liability-Methode	**2021**	**2022**	**2023**	**2024**
IFRS-Gewinn vor Steuern	1.500	1.500	1.500	1.500
Steuerbilanzgewinn vor Steuern	1.000	1.000	1.000	3.000
Tatsächliche Ertragsteuern	-400	-400	-300	-900
Latenter Steuerertrag (+)/-aufwand (–) der Periode	-200	-150	-150	+450
Anpass. lat. Steuern vergang. Perioden		+50		
IFRS-Gewinn nach Steuern	900	1.000	1.050	1.050
Steuerbilanzgewinn nach Steuern	600	600	700	2.100
Kumulierte passive latente Steuern	200	300	450	0
Steuerbelastung IFRS-Gewinn	40,0 %	33,3 %	30,0 %	30,0 %

Unterschiedliche Steuersätze

Besonderheiten ergeben sich gemäß IAS 12.49, wenn in einem Steuersystem unterschiedliche Steuersätze auf unterschiedliche Höhen des zu versteuernden Ergebnisses anzuwenden sind. Beispielsweise müssen die latenten Steueransprüche so-

8 In Deutschland wird dies unterstellt, wenn das parlamentarische Gesetzgebungsverfahren (Bundestags- und Bundesratszustimmung) abgeschlossen ist. Die Zustimmung des Bundespräsidenten wird jedoch als nicht erforderlich erachtet. Vgl. auch *KPMG Deutsche Treuhand-Gesellschaft AG (Hrsg.)*, International Financial Reporting Standards, 4. Aufl., Stuttgart 2007, S. 201.

wie -schulden im Falle einer progressiven Steuertarifgestaltung mit dem Durchschnittssteuersatz bewertet werden, der auf das entsprechende Ergebnis in der künftigen Rechnungslegungsperiode anzuwenden ist. In Deutschland können sich für Unternehmen mit Betriebsstätten in verschiedenen Gemeinden aufgrund kommunal variierender Hebesätze auch unterschiedliche Steuersätze für die Gewerbesteuer ergeben. In diesem Fall muss die durchschnittliche Gewerbeertragsteuerbelastung anhand des Zerlegungsmaßstabes (Lohnsumme) gemäß § 29 GewStG ermittelt werden.

Werthaltigkeitstest

Der Buchwert aktiver latenter Steuern ist zu jedem Bilanzstichtag hinsichtlich seiner Werthaltigkeit zu prüfen (IAS 12.56). Sofern es nicht wahrscheinlich ist, dass in kommenden Perioden ein ausreichendes zu versteuerndes Ergebnis vorliegen wird, um den Nutzen der latenten Steuerforderung zu realisieren, ist die gebildete aktive latente Steuer teilweise oder insgesamt aufzulösen. Die Auflösung geschieht GuV-wirksam, wenn die aktive latente Steuer zuvor ebenfalls GuV-wirksam gebildet wurde. Erfolgte die Bildung hingegen GuV-neutral im sonstigen Ergebnis (OCI), so ist die Auflösung ebenso GuV-neutral zu buchen.

Wertaufholung

Ein Unternehmen hat gemäß IAS 12.37 zu jedem Bilanzstichtag bisher nicht bilanzierte aktive latente Steuern erneut zu beurteilen. Fallen beispielsweise in späteren Perioden die Gründe für eine vorherige Minderung aktiver latenter Steuern weg, so besteht ein Wertaufholungsgebot: Die aktiven latenten Steuern leben wieder auf. Das Gleiche gilt für aktive latente Steuern z.B. aus Verlustvorträgen, die bisher vollständig unberücksichtigt blieben.

Beispiel 6.10

In der vorläufigen Bilanz der Biofix AG des Geschäftsjahres 2021 ist unter den aktiven latenten Steuern ein Betrag von 100 T€ ausgewiesen. Da die Biofix AG wirtschaftlich in eine Schieflage geraten ist, kann nicht davon ausgegangen werden, dass in absehbarer Zeit steuerliche Gewinne erwirtschaftet werden. Der aus den latenten Steuerforderungen resultierende Nutzen für die Biofix AG ist deshalb als unwahrscheinlich zu beurteilen. Entsprechend IAS 12.56 ist die aktive latente Steuer komplett aufzulösen.

In der Berichtsperiode 2022 scheint der Turnaround bei der Biofix AG überraschend geglückt zu sein. Zwar werden für das Geschäftsjahr 2022 weiterhin Verluste erwartet, ab 2023 wird das Unternehmen aber wahrscheinlich in die Gewinnzone zurückkehren. Da die in 2021 geminderten aktiven latenten Steuern im Zeitraum von 2023 bis 2024 realisiert werden sollen, würden sie im Abschluss 2022 wieder aufleben. In der Bilanz 2022 wären damit aktive latente Steuern von 100 T€ auszuweisen.

Diskontierungsverbot

Obwohl die latenten Steuerforderungen und latenten Steuerschulden – wie auch im vorangehenden Beispiel – häufig erst nach mehreren Jahren realisiert bzw. beglichen werden und somit oft als eher langfristig einzustufen sind, ist bisher eine Diskontierung gemäß IAS 12.53 verboten. Das IASB begründet diese Vorgehensweise mit Wirtschaftlichkeitsüberlegungen (IAS 12.54). So bedürfte es bei einer Abzinsung latenter Steuern einer detaillierten Aufstellung des zeitlichen Verlaufs, wann einzelne Steuerforderungen bzw. Steuerverpflichtungen eintreten werden. Das IASB hält diese detaillierte Aufstellung infolge ihrer Komplexität für wirtschaftlich nicht gerechtfertigt und verzichtet somit gänzlich auf eine Abzinsung latenter Steuern. Ein Abzinsungswahlrecht für die Unternehmen wurde ebenfalls abgelehnt, da andernfalls die unternehmensübergreifende Vergleichbarkeit der Bilanzierung latenter Steuern eingeschränkt würde.

3.5 GuV-Wirksamkeit von Steuerlatenzen

GuV-wirksame Behandlung

Die Erfassung latenter Steuern in der Gesamtergebnisrechnung folgt dem in IAS 12.57 formulierten Grundsatz, wonach die aus einem Geschäftsvorfall oder Ereignis resultierenden latenten Steuern hinsichtlich der Ergebniswirkung mit der Behandlung des ursächlichen Geschäftsvorfalls oder Ereignisses selbst übereinstimmen. I.d.R. erfolgt die Bildung und Auflösung aktiver und passiver latenter Steuern GuV-wirksam und verändert damit den Gewinn oder Verlust. Sie werden in der Position „Steueraufwendungen/-erträge" erfasst. Steueraufwendungen und -erträge, die der gewöhnlichen Geschäftstätigkeit zuzuordnen sind, müssen dabei gemäß IAS 12.77 gesondert ausgewiesen werden. Die zugehörigen Buchungssätze lauten:

Aktive latente Steuern	*an*	*Steuerertrag*
Steueraufwand	*an*	*passive latente Steuern*

Beispiel 6.11

Im IFRS-Abschluss wird ein zu Handelszwecken erworbenes Wertpapier (Anschaffungskosten 60 €) infolge des gestiegenen Marktwerts mit 100 € bewertet. Die Zuschreibung erfolgt dabei GuV-wirksam und geht in den Gewinn oder Verlust des IFRS-Abschlusses ein. In der steuerlichen Gewinnermittlung ist diese Zuschreibung hingegen nicht zulässig. Bei einem Steuersatz von 30 % resultieren daraus folgende Buchungen:

Wertpapier	*an*	*Finanzertrag*	*40 €*
Steueraufwand	*an*	*passive latente Steuern*	*12 €*

GuV-neutrale Behandlung

Eine GuV-neutrale Verrechnung der aktiven und passiven latenten Steuern im sonstigen Ergebnis (OCI) hat hingegen dann zu erfolgen, wenn sich die latenten Steuern auf Posten bzw. Sachverhalte beziehen, die in der gleichen oder einer anderen Periode ebenfalls im sonstigen Ergebnis (OCI) erfasst und damit GuV-neutral gebucht werden. Die zugehörigen Buchungssätze lauten:

Aktive latente Steuern	*an*	*sonstiges Ergebnis (OCI)*
Sonstiges Ergebnis (OCI)	*an*	*passive latente Steuern*

Beispiel 6.12

Im IFRS-Abschluss wird eine GuV-neutral zum beizulegenden Zeitwert bilanzierte Aktie (Anschaffungskosten 60 €) infolge des gestiegenen Marktwerts in Höhe von 100 € bewertet. In der steuerlichen Gewinnermittlung ist die Bewertung der Aktie oberhalb der Anschaffungskosten nicht zulässig. Bei einem Steuersatz von 30 % resultieren daraus folgende Buchungen:

Finanzvermögen	*an*	*sonst. Ergebnis (OCI)*	*40 €*
Sonst. Ergebnis (OCI)	*an*	*passive latente Steuern*	*12 €*

Latente Steuern aus Erstkonsolidierung

Auch bei einem Unternehmenszusammenschluss in Form eines Erwerbs erfolgt grundsätzlich keine Einbeziehung der latenten Steuern in den Gewinn oder Verlust. Stattdessen beeinflussen die GuV-neutral verbuchten latenten Steuerforderungen und Steuerschulden aufgrund der Neubewertungsdifferenzen die Höhe des (ggf. auch negativen) Geschäfts- oder Firmenwerts (vgl. Beispiel 6.8). Erfolgt jedoch die Auflösung der stillen Reserven in Folgejahren z.B. durch Abschreibungen GuV-wirksam, so ist auch die entsprechende latente Steuerposition GuV-wirksam aufzulösen.

3.6 Ausweis und Anhangangaben

Bilanzausweis

Der Ausweis aktiver und passiver latenter Steuern in der Bilanz erfolgt getrennt von anderen Vermögenswerten und Schulden (IAS 1.54). Dabei sind zusätzlich die latenten Steuerforderungen und -schulden, also die aktiven und passiven latenten Steuern, von den tatsächlichen Steuererstattungsansprüchen und -schulden zu unterscheiden. Sofern in der Bilanz zwischen kurz- und langfristigen Vermögenswerten und Schulden differenziert wird, sind die aktiven latenten Steuern dem langfristigen Vermögen und die passiven latenten Steuern den langfristigen Schulden zuzuordnen (IAS 1.56).

Saldierung

Grundsätzlich besteht zwischen aktiven und passiven latenten Steuern ein Saldierungsverbot. Eine Saldierungspflicht besteht gemäß IAS 12.74 jedoch dann, wenn

- das Unternehmen ein einklagbares Recht zur Aufrechnung tatsächlicher Steuererstattungsansprüche gegen tatsächliche Steuerschulden hat und
- die latenten Steuern sich auf Ertragsteuern beziehen, die von der gleichen Steuerbehörde erhoben werden.

Anhangangaben

IAS 12 fordert eine Fülle zusätzlicher Angaben, wodurch für die Abschlussadressaten der Informationsgehalt erhöht werden soll.[9] Im Wesentlichen sind folgende Angaben verpflichtend:

- Angabe der Hauptbestandteile des Steueraufwands bzw. Steuerertrags (IAS 12.80). Hierzu sind beispielhaft zu zählen:

9 Vgl. ausführlich *Kirsch, H.*, Steuerliche Berichterstattung im Jahresabschluss nach IAS/IFRS, in: DStR, 41. Jg. (2003), S. 703-708.

  - tatsächlicher und latenter Steueraufwand bzw. Steuerertrag,
  - periodenfremde Ertragsteueraufwendungen/-erträge,
  - Betrag der latenten Steuern, der auf Steuersatzänderungen oder auf einer Einführung neuer Steuern beruht, und
  - Betrag der Minderung des Ertragsteueraufwands aufgrund der Aktivierung latenter Steuern auf bisher nicht berücksichtigte steuerliche Verluste.
- Summe des Betrags tatsächlicher und latenter Steuern resultierend aus Posten, die direkt dem Eigenkapital belastet bzw. gutgeschrieben wurden (IAS 12.81(a))[10],
- Erläuterungen zu Änderungen des/der angewandten Steuersatzes/-sätze im Vergleich zur Vorperiode (IAS 12.81(d)),
- der Betrag (und ggf. das Datum des Verfalls) der abzugsfähigen temporären Differenzen und der noch nicht genutzten steuerlichen Verluste, für die keine aktiven latenten Steuern bilanziert wurden (IAS 12.81(e)), sowie
- der Betrag der ertragsteuerlichen Konsequenzen von Dividendenzahlungen, die vorgeschlagen oder beschlossen wurden, bevor der Abschluss zur Veröffentlichung freigegeben wurde, die aber nicht als Verbindlichkeit im Abschluss bilanziert wurden (IAS 12.81(i)).

Überleitungsrechnung

Darüber hinaus ist der Zusammenhang zwischen dem Steueraufwand/Steuerertrag und dem IFRS-Gewinn oder -verlust vor Ertragsteuern näher zu erläutern. Dies kann alternativ erfolgen (IAS 12.81(c)) durch eine

- Überleitungsrechnung zwischen dem Steueraufwand (Steuerertrag) und dem Produkt aus dem Gewinn oder Verlust vor Ertragsteuern und dem anzuwendenden Steuersatz (inkl. Berechnungsgrundlage für den anzuwendenden Steuersatz) oder durch eine
- Überleitungsrechnung zwischen dem durchschnittlichen effektiven Steuersatz und dem anzuwendenden Steuersatz (inkl. Berechnungsgrundlage für den anzuwendenden Steuersatz).

Bilanzanalytische Auswirkungen

Die Vorschriften zur Bilanzierung von latenten Steuern gemäß IAS 12 enthalten keine expliziten Wahlrechte. Dennoch sind diesen Regelungen bilanzpolitische Gestaltungspotenziale immanent, da aktive latente Steuern nur anzusetzen sind, wenn es wahrscheinlich ist, dass künftige steuerpflichtige Gewinne erwirtschaftet werden. Insofern gewähren die Ansatzkriterien nach IAS 12.24 dem bilanzierenden Unternehmen bei der Prognose über die zukünftige Unternehmensentwicklung Ermessensspielräume. Daher sollte diese Bilanzposition – sofern wesentlich – im Rahmen einer Unternehmensanalyse kritisch überprüft werden. Das gilt insbesondere auch für die Frage der Werthaltigkeit (angesetzter aber auch nicht angesetzter) aktiver latenter Steuern auf Verlustvorträge. Der Anhang enthält hierfür weitergehende Informationen zur Aufschlüsselung der Steuerlatenzen. Darüber hinaus sollte aus bilanzanalytischer Sicht auch eine Nettobetrachtung stattfinden. Dies bedeutet, dass z.B. im Rahmen der Kauf-

10 Gem. IAS 1 bezieht sich diese Angabepflicht auf diejenigen latenten Steuerbeträge, welche im sonstigen Ergebnis (OCI) erfasst werden.

preisallokation gemäß IFRS 3 (so auch Beispiel 6.8 in diesem Kapitel; vgl. weiterführend Kapitel 21) die eigenkapitalerhöhenden (-mindernden) Effekte bei der Aufdeckung von stillen Reserven (Lasten) durch passive (aktive) latente Steuern auf die Nachsteuereffekte reduziert werden.

Aus der Forschung

In der empirischen Forschung existieren einige empirische Studien zur Frage der Wertrelevanz von latenten Steuern. Erste empirische Erkenntnisse lieferte der Beitrag von Beaver/Dukes (1972), die u.a. zeigen, dass der Jahresüberschuss nach Berücksichtigung latenter Steuern für den Aktienkurs wertrelevant ist. In der Untersuchung von Amir/Kirschenheiter/Willard (1997) werden die latenten Steuern in Abhängigkeit des Entstehungsgrundes untergliedert. Dadurch soll überprüft werden, ob die Wertrelevanz latenter Steuern vom wahrscheinlichen Auflösungszeitpunkt der entsprechenden temporären Differenz abhängig ist. Für die latenten Steuern auf Abschreibungsdifferenzen wird eine relativ geringe Wertrelevanz festgestellt. Dies wird dadurch begründet, dass sich die temporären Differenzen aufgrund von Reinvestitionen faktisch nicht auflösen. Demgegenüber scheint der Kapitalmarkt den temporären Differenzen aus Restrukturierungsrückstellungen besonders hohe Wertrelevanz beizumessen, da sich diese Differenzen höchstwahrscheinlich in naher Zukunft auflösen.

Literatur: Beaver, W. H./Dukes R. E., Interperiod tax allocation, earnings expectations, and the behavior of security prices, in: ACCR, Vol. 47 (1972), S. 320-332; Amir, E./Kirschenheiter, M./Willard, K., The Valuation of Deferred Taxes, in: CAR, Vol. 14 (1997), S. 597-622.

4 Wesentliche Unterschiede zum IFRS for SMEs

Weitgehende Übereinstimmung mit „full“ IFRS

Die relevanten Regelungen zur Behandlung ertragsteuerlicher Konsequenzen in IFRS-Abschlüssen von SMEs finden sich im IFRS-SME.29. Diese gleichen konzeptionell und materiell weitestgehend denen der „full“ IFRS. Unterschiede beschränken sich neben reduzierten Anhangangabepflichten im Wesentlichen auf folgende Sachverhalte:

Bilanzansatz aktiver latenter Steuern

- Die Unsicherheit künftiger Steueransprüche wird gemäß IAS 12.24 bereits auf der Bilanzansatzebene berücksichtigt (vgl. bereits Abschnitt 3.3). Demnach dürfen künftige Steuerentlastungen nur zum Bilanzansatz aktiver latenter Steuern führen, sofern sie wahrscheinlich sind. Demgegenüber erfolgt nach IFRS-SME.29 ein zweistufiges Verfahren. In einem ersten Schritt sind gemäß IFRS-SME.29.15(a) alle temporären Differenzen, die den künftigen steuerlichen Gewinn mindern können, zu berücksichtigen. In einem zweiten Schritt müssen anschließend gemäß IFRS-SME.29.21 Wertberichtigungen auf den Betrag vorgenommen werden, der zu einer wahrscheinlichen künftigen Steuerentlastung führen wird. Die Berücksichtigung der Unsicherheit aktiver latenter Steuern ist somit integraler Bestandteil der Bewertungsebene.

Unsichere Steuerpositionen

- In IAS 12 fehlen explizite Regelungen zur Behandlung unsicherer Steuerpositionen, wie beispielsweise aus ungeklärten Steuerstreitigkeiten. Hier fordert IFRS-SME.29.24 für alle tatsächlichen sowie latenten Steueransprüche und Steuerschulden die Anwendung des wahrscheinlichkeitsgewichteten Durchschnitts aller möglichen Beträge. Bei dieser Betrachtung ist zu unterstellen, dass die Steuerbehörden unter Berücksichtigung aller relevanten Informationen die ermittelten Beträge überprüfen werden.

5 Wesentliche Unterschiede zum HGB

Annäherung durch BilMoG

Die Bilanzierung latenter Steuern ist im HGB in den §§ 274 und 306 geregelt, wobei § 274 HGB für den Einzelabschluss und den Konzernabschluss und § 306 HGB lediglich für den Konzernabschluss gilt. Dabei ist inhaltlich mit Verabschiedung des Bilanzrechtsmodernisierungsgesetzes (BilMoG) und entsprechender Neufassung der §§ 274 und 306 HGB eine weitgehende Annäherung der HGB-Regelungen an die IFRS erfolgt. Somit verbleiben nur noch wenige wesentliche Unterschiede:

Maßgeblichkeit

- Der Bilanzierung latenter Steuern kommt im HGB-Abschluss im Vergleich zu den IFRS generell eine geringere Bedeutung zu. Der Grund ist die noch bestehende enge Verknüpfung zwischen handelsrechtlichem Abschluss und steuerlicher Gewinnermittlung über den Grundsatz der Maßgeblichkeit, welcher Differenzen zwischen beiden Rechenwerken teilweise verhindert.

Befreiungen

- Während IAS 12 rechtsformunabhängig gilt, gelten die Vorschriften zur Bilanzierung latenter Steuern im handelsrechtlichen Einzelabschluss nur für Kapitalgesellschaften und die unter § 264a HGB zu subsumierenden Personengesellschaften. Zudem sind kleine Kapitalgesellschaften bzw. kleine unter § 264a fallende Personengesellschaften im Sinne des § 267 Abs. 1 HGB von der Anwendung des § 274 HGB befreit (§ 274a Nr. 4 HGB).

Aktive latente Steuern

- Während für passive latente Steuern gemäß § 274 Abs. 1 Satz 1 HGB eine Passivierungspflicht besteht, unterliegt ein Überhang aktiver latenter Steuern gemäß § 274 Abs. 1 Satz 2 HGB im Einzelabschluss einem Aktivierungswahlrecht. Werden latente Steuern aktiviert, ist in gleicher Höhe eine Ausschüttungssperre (z.B. durch Bildung einer „Zwangsrücklage“) sicherzustellen (§ 268 Abs. 8 HGB).

Latente Steuern im Konzernabschluss

- Für unter § 306 HGB zu subsumierende latente Steuern im Konzernabschluss gilt generell eine Ansatzpflicht. Hierbei explizit ausgenommen sind neben latenten Steuern auf den Goodwill outside basis differences im Sinne von § 306 Satz 4 HGB.

- Die Ansatzvorschriften des § 274 HGB gehen grundsätzlich von einer Saldierung aktiver und passiver latenter Steuern aus (Gesamtdifferenzbetrachtung). Alternativ können aktive und passive latente Steuern auch unsaldiert ausgewiesen werden (§ 274 Abs. 1 Satz 3 HGB). Saldierung
- Die Bilanzierung aktiver latenter Steuern für steuerliche Verlustvorträge ist auf eine in den nächsten fünf Jahren zu erwartende Verlustverrechnung begrenzt (§ 274 Abs. 1 Satz 4 HGB). Verlustvorträge
- Die Anhangangabepflichten gemäß §§ 285 Nr. 29 bzw. 314 Nr. 21 HGB sind weitaus geringer. Angaben

DRS 18

Mit DRS 18 „Latente Steuern" wurde vom DRSC am 08.06.2010 zudem ein Rechnungslegungsstandard zur Bilanzierung latenter Steuern herausgegeben, der gleichzeitig DRS 10 „Latente Steuern im Konzernabschluss" außer Kraft setzt. DRS 18 gilt vorrangig für Konzernabschlüsse und konkretisiert die Neuregelung der §§ 274, 306 HGB. Zudem wird vom DRSC eine Anwendung im Einzelabschluss empfohlen (DRS 18.7), sodass DRS 18 bei Auslegungsfragen auch auf Einzelabschlüsse ausstrahlen dürfte. Am 23.12.2019 wurde E-DRÄS 11 veröffentlicht, der inhaltliche Änderungen des DRS 18 vorschlägt.

Aktuelle Entwicklungen

Mit E-DRÄS 11 hat das DRSC nicht nur inhaltliche Änderungen, sondern auch grundlegende Fragen in Bezug auf die Bilanzierung latenter Steuern zur Diskussion gestellt. Beispielsweise wird in der Aufforderung zur Kommentierung betont, dass der HGB-Fachausschuss eine unterschiedliche Behandlung von aktiven latenten Steuern im Konzernabschluss in Abhängigkeit von deren Entstehung, also einem Aktivierungswahlrecht nach § 274 Abs. 1 Satz 2 i.V.m. § 298 Abs. 1 HGB im Gegenzug zu einer Aktivierungspflicht nach § 306 HGB, systematisch für nicht gerechtfertigt hält.[11] So wird um Stellungnahme gebeten, ob dies mit dem Einheitsgrundsatz des Konzernabschlusses vereinbar sei und hier ein Regelungsbedarf gesehen wird.[12]

11 Vgl. E-DRÄS 11, Frage 1.

12 Vgl. hierzu ausführlicher *Müller, S./Reinke, J./Scheid, O.*, Pflicht zur Aktivierung aktiver latenter Steuern im Einzelabschluss für eine verbesserte Darstellung im Konzernabschluss? – DRSC veröffentlicht E-DRÄS 11 zur Überarbeitung von DRS 18 „Latente Steuern"; in: BC 44. Jg. (2020), S. 62-66; E-DRÄS 11, Frage 1.

Ausgewählte Literatur

Acker, C., Aktive latente Steuern auf steuerliche Verlustvorträge: der Fall - die Lösung, in: IRZ, 13. Jg (2018), S. 161-163.

Herzig, N./Fuhrmann, S., Handbuch latente Steuern im Einzelabschluss, Düsseldorf 2012.

Hoffmann, T./zu Putlitz, J./Schubert, R., IFRS: Latente Steuern, Ansatz, Bewertung, Ausweis, Berlin 2011.

Loitz, R., DRS 18 – Bilanzierung latenter Steuern nach dem Bilanzrechtsmodernisierungsgesetz, in: DB, 63. Jg. (2010), S. 2177-2185.

Loitz, R., Latente Steuern beim erstmaligen Ansatz nach ED/2019/3: die Ausnahme von der Ausnahme von der Ausnahme, in: DB 73. Jg. (2020), S. M4-M5.

Lüdenbach, N./Freiberg, J., Möglichkeiten und Grenzen des Werthaltigkeitsnachweises für aktive latente Steuern nach IFRS und HGB, in: BB, 66. Jg. (2011), S. 2603-2608.

Meyer, M./Loitz, R./Linder, R./Zerwas, P., Latente Steuern, 2. Aufl., Wiesbaden 2010. *Petermann, S./Schanz, S.*, Latente Steuern auf Verlustvorträge: Empirische Evidenz in IFRS-Abschlüssen der DAX 30-Unternehmen von 2005 bis 2010, in: PiR, 9. Jg. (2013), S. 78-83.

Reisch, L., Die Bedeutung aktiver latenter Steuern auf Verlustvorträge in den Konzernabschlüssen europäischer Unternehmen, in: KoR, 20. Jg. (2020), S. 268-275.

Winkeljohann, N./Schäfer, H., Latente Steuern, Einzelabschluss und Konzernrechnungslegung, München 2014.

Wolz, C., Latente Steuern nach BilMoG: Analyse der konzeptionellen Neuregelung im Einzel- und Konzernabschluss, in: DB, 63. Jg. (2010), S. 2625-2633.

Zwirner, C., Latente Steuern (DRS 18), in: StuB, 12. Jg. (2010), S. 570-578.

Übungsaufgaben

Aufgabe:

a) Nach Ihrem Studium der Betriebswirtschaftslehre mit Schwerpunkt Rechnungslegung haben Sie direkt als Assistent des Abteilungsleiters Finanzen der in Düsseldorf ansässigen börsennotierten Radofix AG begonnen. Direkt am ersten Arbeitstag findet eine Grundsatzdiskussion über den Informationsgehalt von Jahres- bzw. Konzernabschlüssen statt. Ihr Vorgesetzter behauptet, dass durch die Berücksichtigung fiktiver Steuern der Periodengewinn total verzerrt wird und dadurch die Investoren ein falsches Bild über die Vermögens-, Finanz- und Ertragslage erhalten. Daher mache es überhaupt keinen Sinn, derartige Steuern zu berücksichtigen. Sie als Rechnungslegungsexperte möchten

Ihren Vorgesetzten überzeugen, dass die Bilanzierung von latenten Steuern sinnvoll ist, indem Sie ihm die Zielsetzung sowie die Voraussetzungen für die Bilanzierung von latenten Steuern gemäß IAS 12 erläutern.

b) Nachdem Sie mit Ihren Rechnungslegungskenntnissen brillieren konnten, bittet Sie der Abteilungsleiter Finanzen, für folgende – bereits im IFRS-Konzernabschluss 2021 der Radofix AG erfassten – Sachverhalte die Buchung der latenten Steuern (s = 30 %) vorzunehmen:

1. Die in 2021 verbuchten Entwicklungsaufwendungen für ein neues Produkt wurden in Höhe von 10.000 T€ aktiviert.
2. Bei einem im Geschäftsjahr 2021 abgeschlossenen Auftrag zeichnet sich für das Erfüllungsjahr 2022 ein Verlust in Höhe von 1.000 T€ ab.
3. Am Ende des Geschäftsjahres 2021 sind die Pensionsverpflichtungen nach IAS 19 um 5.000 T€ höher bewertet als die Pensionsverpflichtungen in der Steuerbilanz. Diese Differenz ist vollständig in 2021 entstanden.
4. Aufgrund der linearen Abschreibung (Steuerbilanz: degressiv) und längerer Nutzungsdauern (Steuerbilanz: AfA-Tabellen) ist das am 01.01.2021 erworbene abnutzbare Sachanlagevermögen am Ende des Geschäftsjahres um 4.000 T€ höher ausgewiesen als in der Steuerbilanz.
5. Die geplante Instandhaltung einer Produktionsanlage im Dezember 2021 soll aufgrund der guten Auftragslage in den ersten drei Monaten des nächsten Geschäftsjahres nachgeholt werden. Die Kosten für die Instandhaltung belaufen sich auf 2.000 T€.
6. Der Marktwert der Wertpapiere, die zu Handelszwecken gehalten werden, ist im Geschäftsjahr 2021 um 500 T€ auf 700 T€ gestiegen. Die Anschaffungskosten der Wertpapiere betragen 200 T€.
7. Neben den zu Handelszwecken gehaltenen Aktien befinden sich im Wertpapierportfolio auch Aktien zur längerfristigen Kapitalanlage. Diese Wertpapiere werden im IFRS-Konzernabschluss GuV-neutral zum beizulegenden Zeitwert bilanziert. Auch der Marktwert dieser Wertpapiere ist im Geschäftsjahr 2021 um 1.500 T€ auf 2.500 T€ gestiegen. Die Anschaffungskosten der Wertpapiere betragen 1.000 T€.

c) Die Radofix AG hat nach einem steuerlichen Gewinn in 2021 in Höhe von 300.000 T€ in 2022 einen steuerlichen Verlust von 500.000 T€ erwirtschaftet. In der Berichtsperiode 2023 scheint der Turnaround bei der Radofix AG noch nicht ganz geglückt. Es wurde ein Verlust in Höhe von 50.000 T€ generiert. Ab 2024 wird wieder fest mit einem Gewinn gerechnet. Des Weiteren wurden aufgrund eines Konjunkturprogrammes die Unternehmenssteuersätze in 2023 reduziert. Der durchschnittliche Steuersatz sinkt in 2023 von 30 % auf 20 %. Wie beurteilen Sie diesen Sachverhalt aus Sicht der Bilanzierung latenter Steuern nach IAS 12? Geben Sie die erforderlichen Buchungen für 2022 und 2023 an.

d) In 2024 erwirbt die Radofix AG sämtliche Anteile der vollständig eigenfinanzierten Tochter GmbH zu einem Kaufpreis von 20.000 T€. Der relevante Steuersatz beträgt 20%. Die einzige Vermögensposition der Tochter GmbH ist (stark vereinfachend) ein Grundstück, welches sowohl im Einzelabschluss als auch in der Steuerbilanz mit den ursprünglichen Anschaffungskosten von 15.000 T€ ausgewiesen wird. Der aktuelle Zeitwert des Grundstückes beträgt 19.000 T€. Welche Konsequenzen ergeben sich aus dem Sachverhalt hinsichtlich der Erfassung latenter Steuern? Was würde passieren, wenn auch auf den Geschäfts- oder Firmenwert aus der Kapitalkonsolidierung latente Steuern berechnet und angesetzt würden?

Kapitel 7 Umsatzrealisation

Im November 2020 übernahm der Lebensmittel-Konzern Oetker das Start-up Flaschenpost für etwa eine Milliarde Euro und machte die Firma damit zu einem der teuersten Start-ups, das je in Deutschland verkauft wurde. Dies ist umso bemerkenswerter, da Flaschenpost in den letzten Abschlüssen keine Gewinne ausweisen konnte. Vor allem bei Start-up- und Wachstumsunternehmen wie z.B. Flaschenpost haben Finanzanalysten und Kapitalgeber daher ein interessantes Problem zu lösen: Wie sind Unternehmen zu bewerten, die bislang weder Gewinne noch positive operative Cashflows ausweisen? Ein möglicher Ansatz: Da viele solcher Unternehmen, wie auch Flaschenpost, zumindest positive Umsatzerlöse vorweisen können, orientierten sich Finanzanalysten an diesen und an deren Veränderung im Zeitablauf. Unternehmen mit starkem Umsatzwachstum wird regelmäßig zugetraut, durch Skaleneffekte künftig in die Gewinnzone vorzustoßen und auch auf Dauer profitabel zu sein. Insofern verwundert es wenig, wenn gerade Wachstumsunternehmen versuchen, auch durch bilanzpolitische Maßnahmen entsprechende Umsatzsteigerungen zu generieren.

Durch den stetigen Erwartungsdruck des Kapitalmarktes tauschten bspw. Internetfirmen gegenseitig Werbeplatz auf ihren Internetseiten, um hierdurch zusätzliche Umsatzerlöse zu generieren. Kunden wurden sehr generöse Rückgaberechte und Zahlungsziele sowie Rabatte eingeräumt, um sie – insbesondere vor dem Bilanzstichtag – zum Kauf zu animieren. Darüber hinaus gingen reine Vertriebsfirmen – wie z.B. Reiseagenturen – dazu über, ihre Umsatzerlöse brutto (also in Höhe der vertriebenen Güter bzw. Dienstleistungen plus der Gewinnmarge) auszuweisen, anstatt nur ihren Kommissionsanteil als Umsatzerlös zu zeigen. Aber selbst wenn von diesen Formen der „kreativen Buchführung“ abgesehen wird, ist die zunächst recht einfach klingende Frage, wann und in welcher Höhe ein Umsatz oder anderer Ertrag entstanden ist, nicht immer leicht zu beantworten. Wann ist z.B. der Umsatz aus dem Verkauf einer Bahncard oder dem Verkauf einer Zoom-Lizenz mit Anspruch auf umfassende Software-Updates auszuweisen? Wie gehen Mobilfunkanbieter mit Verträgen um, bei denen neben diversen Flat-Rates und künftigen Software-Updates ein Top-Handy zum Preis von nur 1 € angeboten wird? Wann realisieren Automobilhersteller den Umsatz, wenn neben dem Auto selbst auch noch zahlreiche Servicekomponenten Bestandteil des Vertrages sind – oder gar, wenn in Zukunft kein Fahrzeug mehr verkauft, sondern „Mobilität“ per Abonnement angeboten wird?

In einigen Branchen wie z.B. dem Groß- und Industrieanlagenbau ist es zudem üblich, dass zwischen Produktionsbeginn und Abnahme durch den Kunden erhebliche Zeit vergeht. So wickelt bspw. der Hochtief-Konzern Großaufträge im Hoch-, Tief- und Ingenieurbau ab. Siemens baut weltweit Windparks, deren Fertigstellung mehrere Jahre in Anspruch nehmen kann. Die Airbus Group fertigt ganze Flugzeugflotten. Und Siemens bietet kundenindividuelle Lösungen im Bereich der Automatisierungssysteme und Digitalisierung, deren Fertigstellung und Integration in die Abläufe des Kunden sich ebenfalls über lange Zeiträume erstrecken kann.

Das Hauptproblem bei der bilanziellen Behandlung der periodenübergreifenden Auftragsfertigung besteht – ebenso wie bei langfristigen Dienstleistungsprojekten –

in der Bestimmung des Zeitpunktes, in dem die Umsatzerlöse und die korrespondierenden Herstellungskosten GuV-wirksam ausgewiesen werden. Zwei Möglichkeiten sind dabei grundsätzlich denkbar: Soll der Aspekt der Rechtssicherheit und damit der Verlässlichkeit besonders betont werden, spricht vieles dafür, Umsatz und Gewinn erst dann auszuweisen, wenn sie rechtlich tatsächlich realisiert sind. Wird hingegen auf eine von Periode zu Periode möglichst vergleichbare Ergebnisdarstellung abgestellt, werden die Umsätze und (Teil-)Gewinne den einzelnen Perioden nach dem Grad der Fertigstellung zugerechnet. Diese wirtschaftliche Betrachtungsweise geht dann mit einer Abschwächung des im HGB besonders stark betonten Realisationsprinzips zu Gunsten einer Stärkung der Entscheidungsnützlichkeit des Abschlusses einher – ein für die IFRS typischer Trade-off.

Nach Bearbeitung des Kapitels kennen Sie die zentralen Regelungen der IFRS zur Umsatzrealisierung. Hierzu gehören insbesondere die wesentlichen Merkmale und Abgrenzungen der einzelnen Stufen des Fünf-Schritte-Modells nach IFRS 15. Lernziele „Anwenden“

Zudem können Sie diese Regelungen eigenständig auf gängige Sachverhalte anwenden. Sie sind insbesondere in der Lage, neben Standardverträgen auch langfristige Verträge sowie Mehrkomponentenverträge anhand des Fünf-Schritte-Modells einzuordnen und zu bestimmen, wann und in welcher Höhe ein Umsatz realisiert werden muss. Sie können die Umsatzrealisierung für die genannten Vertragsarten buchhalterisch abbilden. Lernziele „Kennen“

Schließlich sind Sie in der Lage, die Regelungen zur Umsatzrealisierung in ihren Auswirkungen auf Bilanz und GuV kritisch zu reflektieren. Dabei erkennen Sie Ermessensspielräume im Rahmen des Fünf-Schritte-Modells. Die Möglichkeiten zur Sachverhaltsgestaltung und branchentypische Unterschiede in der praktischen Umsetzung können Sie bewerten. Lernziele „Bewerten & Gestalten“

1 Relevante Normen

IFRS 15 „Erlöse aus Verträgen mit Kunden“ (Revenue from Contracts with Customers) regelt die Vorschriften zur Umsatzrealisierung[1] und löste damit 2018 IAS 18 „Umsatzerlöse“ und IAS 11 „Fertigungsaufträge“ ab, die jedoch nach wie vor die Umsatzrealisierung für SMEs regeln. IFRS 15 legt ein einheitliches und (vermeintlich) stärker als zuvor prinzipienbasiertes Realisationskonzept zugrunde. Bis zur Einführung von IFRS 15 waren die IFRS-Vorschriften zur Umsatzrealisation durch erhebliche Regelungslücken in Bezug auf aktuelle wirtschaftliche Entwicklungen, bspw. bei Mehrkomponentengeschäften, geprägt und die verschiedenen Geschäftsmodelle und Vertragsgestaltungen von Unternehmen berücksichtigt. Schließlich war die Aussagefähigkeit und Vergleichbarkeit von Abschlüssen

1 Innerhalb dieses Kapitels werden die Begriffe Umsatz, Erlös und Umsatzerlös synonym verwendet.

durch die Vielzahl verschiedenartiger und teilweise branchenspezifischer Vorschriften eingeschränkt (IFRS 15.BC2). Vor diesem Hintergrund riefen IASB und FASB im Rahmen ihrer Konvergenzbemühungen das gemeinsame Projekt „Revenue Recognition" ins Leben, das mit der Veröffentlichung von IFRS 15 im Mai 2014 seinen Abschluss fand. Das US-Pendant, ASC 606, ist seit Dezember 2017 in Kraft. Aufgrund von bestehenden Anwendungsschwierigkeiten bzw. Unklarheiten des neuen Standards veröffentlichte das IASB im April 2016 zusätzlich eine Reihe von Klarstellungen.

Anwendungsbereich von IFRS 15

Entsprechend seinem Titel ist IFRS 15 grundsätzlich auf alle Verträge mit Kunden anzuwenden. Ausgeschlossen vom Anwendungsbereich sind Leasingverträge gemäß IFRS 16, Versicherungsverträge nach IFRS 4 sowie in den Anwendungsbereich von IFRS 9, IFRS 10, IFRS 11, IAS 27 oder IAS 28 fallende Finanzinstrumente und andere vertragliche Rechte oder Verbindlichkeiten (IFRS 15.5).[2]

2 Bilanztheoretische Einordnung

Asset-liability-Ansatz

Die Regelungen des IFRS 15 basieren auf dem bilanzorientierten asset-liability-Ansatz (statische Bilanztheorie).[3] Analog zum IFRS-Rahmenkonzept werden Erträge folglich als Erhöhungen des Nettovermögens, die nicht auf Transaktionen mit den Anteilseignern beruhen, definiert (IFRS 15.A). Dieser Leitgedanke wird in IFRS 15 durch ein vertragsbasiertes Ertragsrealisationsmodell umgesetzt. Der übergeordnete Begriff des Ertrags (income) wird im Rahmenkonzept definiert als Zunahmen von Vermögenswerten oder Abnahmen von Schulden, die zur Erhöhung des Eigenkapitals führen – mit Ausnahme jener Zunahmen, die sich auf Beiträge von Eigentümern von Eigenkapitalansprüchen beziehen (RK 4.68).

Leistungsverpflichtungen und -ansprüche

Gemäß IFRS 15.10 erzeugt ein Vertrag mit Kunden stets (rechtliche oder zumindest faktische) Leistungsverpflichtungen und -ansprüche, welche während der Vertragslaufzeit in einer Nettoposition saldiert werden. Da die Leistungsverpflichtung zum Transaktionspreis bewertet wird, weist diese Netto-Position zum Zeitpunkt des Vertragsabschlusses regelmäßig einen Wert von null auf, sodass weder

2 Darüber hinaus ist IFRS 15 nicht anzuwenden auf nicht monetäre Tauschgeschäfte zwischen Unternehmen derselben Branche, die den Verkauf der getauschten Ware an Kunden erleichtern sollen. Tauschen bspw. zwei Rohöllieferanten untereinander Rohöl, um der Nachfrage ihrer Kunden in unterschiedlichen Regionen nachzukommen, wird durch diesen Ausschluss vermieden, dass mehrfach, d.h. zunächst aus dem Tauschgeschäft und anschließend nochmals aus der Veräußerung der Tauschware an den Endkunden, Umsatzerlöse realisiert werden (IFRS 15.5(d) i.V.m. IFRS 15.BC58 f.).

3 Vgl. *Wüstemann, J./Wüstemann, S.*, Umsatzerlöse aus Kundenverträgen nach IFRS – Neuausrichtung an der Erfüllung von Verpflichtungen in ED/2010/6, in: BB, 65. Jg. (2010), S. 2040. Vgl. zu den bilanztheoretischen Grundlagen des asset-liability-Ansatzes ausführlicher *Zülch, H./Fischer, D./Willms, J.*, Die Neugestaltung der Ertragsrealisation nach IFRS im Lichte der „Asset-Liability-Theorie", in: KoR, Beilage 3/2006, 6. Jg. (2006).

ein Vermögenswert noch eine Schuld anzusetzen sind. Sobald das bilanzierende Unternehmen einzelne Leistungsverpflichtungen erfüllt oder der Kunde einzelne Leistungsansprüche begleicht, verändert sich dieser Wert der Netto-Position. Je nachdem, ob die verbleibenden Leistungsansprüche wertmäßig höher oder geringer sind als die zugehörigen Leistungsverpflichtungen, resultiert ein Netto-Vermögenswert (contract asset) bzw. eine Netto-Verbindlichkeit (contract liability; IFRS 15.105 ff.).

Umsatzrealisationsmodell

Dieser Zusammenhang bildet die Grundlage für die Umsatzrealisation, welche immer dann stattfindet, wenn sich der Netto-Vermögenswert erhöht, die Netto-Verbindlichkeit reduziert oder aus einer Netto-Verbindlichkeit ein Netto-Vermögenswert entsteht (IFRS 15.BC20). Während dies immer der Fall ist, wenn das bilanzierende Unternehmen Leistungsverpflichtungen erfüllt, führt die Begleichung von Leistungsansprüchen durch den Kunden (i.d.R. durch Bezahlung) allein noch nicht zur Umsatzrealisation.

3 Fünf-Schritte-Modell

Den Kern des IFRS 15 bildet ein als Fünf-Schritte-Modell bezeichnetes Umsatzrealisationsmodell, welches in der Abbildung 7.1 dargestellt ist:

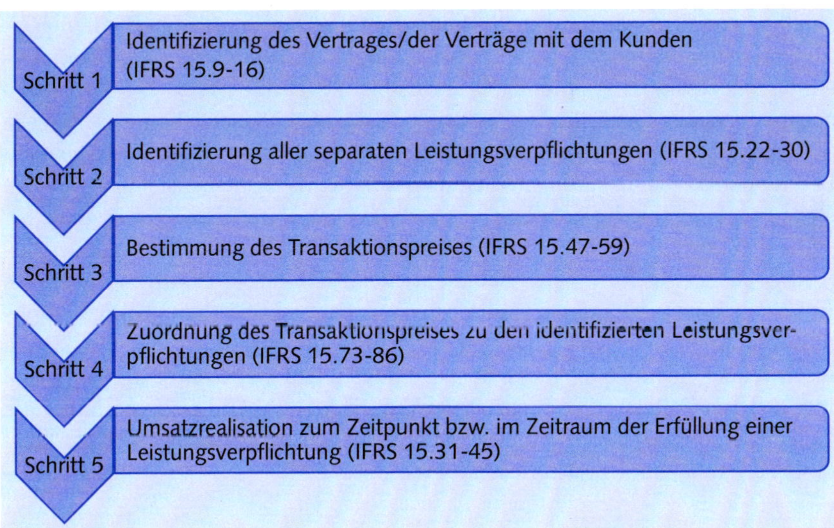

Abb. 7.1: Fünf-Schritte-Modell

3.1 Schritt 1: Identifikation von Verträgen mit Kunden

Definition Kunde

IFRS 15 ist auf alle vertraglichen Vereinbarungen *mit Kunden* anzuwenden, sodass sich zunächst die Frage stellt, wann eine vertragliche Gegenpartei als Kunde zu qualifizieren ist. Eine entsprechende Definition enthält IFRS 15.6, nach dem ein Kunde eine Gegenpartei ist, die mit einem Unternehmen einen Vertrag über den Erhalt von Waren oder Dienstleistungen (im Folgenden Leistungen) aus der gewöhnlichen Geschäftstätigkeit im Austausch für eine Gegenleistung bzw. ein Entgelt geschlossen hat.[4] Auslegungsspielräume bietet hierbei die unternehmensspezifische Abgrenzung der gewöhnlichen Geschäftstätigkeit, die bspw. aus dem im Gesellschaftsvertrag bzw. in der Satzung formulierten Unternehmenszweck abzuleiten ist. Diese Abgrenzung ist insoweit von Bedeutung, als hierdurch der Ertragsposten „Umsatzerlöse" von den gesondert auszuweisenden „sonstigen betrieblichen Erträgen" separiert wird.

Vertragliche Vereinbarung

Anknüpfend an diese Definition hat das bilanzierende Unternehmen weiterhin zu prüfen, ob es sich um eine *vertragliche Vereinbarung* i.S.v. IFRS 15 handelt. Diesbezüglich wird ein Kundenvertrag definiert als eine Vereinbarung zwischen mindestens zwei Parteien, die durchsetzbare Rechte und Pflichten begründet. Der Abschluss einer solchen Vereinbarung kann sowohl mündlich als auch schriftlich oder durch gängige Geschäftspraktiken erfolgen. Welche Vereinbarungen das Kriterium der durchsetzbaren Rechte und Pflichten erfüllen, ist vor dem Hintergrund des geltenden Rechtssystems sowie unter Berücksichtigung der vorherrschenden Praktiken und Prozesse für den Abschluss von Kundenverträgen (z.B. Branchen- und Unternehmenspraktiken) zu beurteilen (IFRS 15.10). Explizit aus dieser Definition ausgeschlossen sind dabei gemäß IFRS 15.12 i.V.m. IFRS 15.BC50 (noch) vollständig unerfüllte Vereinbarungen, die ohne Entschädigungszahlung an die Gegenpartei einseitig gekündigt werden können, da sich solche Verträge nicht auf die finanzielle Lage des Unternehmens auswirken können, bis eine der beiden Vertragsparteien mit der Erfüllung der vertraglichen Verpflichtungen beginnt.

Wirtschaftliche Substanz der Vereinbarung

Darüber hinaus muss der Vertrag wirtschaftliche Substanz haben, indem erwartet wird, dass er das Risiko, den Zeitpunkt oder die Höhe der künftigen Cashflows des Unternehmens beeinflusst (IFRS 15.9(d)). Es reicht für die Qualifikation als Umsatzakt nicht aus, gleichartige und -wertige Vermögenswerte untereinander zu tauschen oder einen Vermögenswert zu verkaufen und gleichzeitig, ggf. auch von einer anderen Drittpartei, zurückzuerwerben. Hierdurch wird sichergestellt, dass allein bilanzpolitisch motivierte Scheingeschäfte ohne ökonomische Substanz nicht zur Generierung von Umsatzerlösen führen.

4 Im Folgenden werden die Begriffe Entgelt und Gegenleistung synonym verwendet.

Zusammenfassung von Verträgen

Erfüllt eine Vereinbarung mit einem Kunden die genannten Kriterien, so liegt ein Kundenvertrag im Sinne des IFRS 15 vor.[5] Gemäß IFRS 15.17 muss ein Unternehmen dabei alle zeitnah mit demselben Kunden (oder nahestehenden Parteien des Kunden) geschlossenen Verträge zu einem einzigen Kundenvertrag zusammenfassen, wenn diese entweder als Paket mit einem einzigen ökonomischen Zweck geschlossen wurden, die Höhe des Entgelts eines Vertrages vom Preis bzw. der Erfüllung eines anderen Vertrags abhängt oder die Verträge eine einzige Leistungsverpflichtung im Sinne des IFRS 15 bilden. Unklar bleibt hierbei allerdings, wann genau die geforderte Zeitnähe der Vertragsabschlüsse gegeben ist.

Zusätzliche Voraussetzungen

Darüber hinaus hat das bilanzierende Unternehmen zu prüfen, ob der identifizierte Kundenvertrag zusätzlich die folgenden Kriterien des IFRS 15.9 kumulativ erfüllt:

- Die Vertragsparteien haben den Vertrag akzeptiert und müssen dadurch die vereinbarten Verpflichtungen zwingend erfüllen.
- Das Unternehmen kann sowohl die Rechte aller Vertragsparteien als auch die Zahlungsmodalitäten hinsichtlich der zu übertragenden Leistungen identifizieren.
- Es ist wahrscheinlich, d.h., es spricht mehr dafür als dagegen (Wahrscheinlichkeit > 50 %), dass das Unternehmen den vereinbarten Entgeltbetrag im Tausch für die an den Kunden übertragenen Leistungen vereinnahmt. Bei der Beurteilung dieser Wahrscheinlichkeit hat das Unternehmen ausschließlich die finanzielle Leistungsfähigkeit und die Zahlungsabsicht des Kunden zum Fälligkeitszeitpunkt zu berücksichtigen.

Ausnahmen vom Fünf-Schritte-Modell

Sind die vorausgehenden Kriterien kumulativ erfüllt, sind Umsatzerlöse nach dem Fünf-Schritte-Modell des IFRS 15 zu realisieren. Anderenfalls sind bereits erhaltene Entgelte nur dann als Umsatzerlöse zu erfassen, wenn

- diese nicht erstattungsfähig sind, vom Unternehmen bereits größtenteils vereinnahmt wurden und das Unternehmen darüber hinaus keine verbleibende Leistungsverpflichtung hat oder
- der Vertrag beendet wurde und das bereits erhaltene Entgelt dem Kunden nicht zurückzuerstatten ist (IFRS 15.13 ff.).

Greift auch keines dieser beiden Szenarien, sind bereits erhaltene Entgelte so lange als Verbindlichkeit zu passivieren, bis entweder eine der beiden vorausgehend dargestellten Fallkonstellationen oder die Kriterien gemäß IFRS 15.9 erfüllt sind.

5 Auch wenn IFRS 15 grundsätzlich auf einzelvertraglicher Basis anzuwenden ist, kann aus Vereinfachungs- bzw. Praktikabilitätsgründen eine Anwendung auf ein Portfolio von Kundenverträgen mit ähnlichen Eigenschaften erwogen werden. Dieser Portfolioansatz setzt allerdings voraus, dass im Vergleich zur einzelvertraglichen Anwendung keine materiellen Abweichungen erwartet werden dürfen (IFRS 15.4).

3.2 Schritt 2: Identifikation separater Leistungsverpflichtungen

Definitionsmerkmale von Leistungsverpflichtungen

Für seine Kundenverträge muss das bilanzierende Unternehmen zum Zeitpunkt des Vertragsabschlusses die darin enthaltenen Leistungsverpflichtungen identifizieren. Eine Leistungsverpflichtung ist die vertragliche Zusage an einen Kunden, diesem eine oder mehrere abgrenzbare Leistungen bzw. ein abgrenzbares Leistungsbündel zu übereignen (IFRS 15.A). Eine Leistung ist gemäß IFRS 15.27 dann abgrenzbar (distinct),

- wenn der Kunde isoliert betrachtet einen Nutzen aus der zugesagten (Teil)Leistung ziehen kann (Nutzenkriterium gemäß IFRS 15.27(a)) und
- diese einzeln identifizierbar und damit von anderen im Vertrag enthaltenen Zusagen separierbar ist (Trennbarkeitskriterium gemäß IFRS 15.27(b)).

Nutzenkriterium

Das Nutzenkriterium ist üblicherweise erfüllt, wenn der Kunde die zugesagte Leistung eigenständig oder ggf. auch i.V.m. anderen ihm zur Verfügung stehenden Ressourcen verwenden, konsumieren, vorteilhaft verkaufen oder anderweitig nutzbringend einsetzen kann. Insbesondere die Tatsache, dass ein Unternehmen eine Leistung üblicherweise separat verkauft bzw. zum Verkauf anbietet, weist darauf hin, dass das Nutzenkriterium erfüllt ist (IFRS 15.28).

Trennbarkeitskriterium

Hinsichtlich der Trennbarkeit der Leistungsversprechen eines Unternehmens wird nach IFRS 15.29 darauf abgestellt, ob der Kunde im Kontext des Vertrages einen Anspruch auf *einzelne* vertraglich zugesagte Leistungen oder auf ein kombiniertes Objekt hat, in das die zugesagten Leistungen als Input eingehen. Für die Beurteilung enthält IFRS 15.29 eine nicht abschließende Indizienliste, nach der Leistungsversprechen unter folgenden Bedingungen nicht separat identifizierbar sind:

- Das Unternehmen bietet eine wesentliche Dienstleistung an, um die betrachtete(n) Leistung(en) mit anderen – ggf. im Vertrag zugesagten – Leistungen in ein einheitliches Werk bzw. Leistungsbündel zu integrieren, das der Kunde als kombiniertes Endprodukt bestellt hat. Nach diesem Verständnis dienen einzelne Güter oder Dienstleistungen als Input für ein nach den Spezifikationen des Kunden zu erstellendes Endprodukt (Output).
- Eine oder mehrere Leistungen
  - führt bzw. führen zu einer *wesentlichen* Modifikation bzw. kundenspezifischen Anpassung (customization) eines oder mehrerer anderer vertraglich zugesagter Leistungen oder
  - wird bzw. werden *wesentlich* durch andere vertraglich vereinbarte Leistungen modifiziert oder kundenspezifisch angepasst (customized).
- Es besteht eine starke Abhängigkeit oder Wechselbeziehung zwischen den vertraglich zugesagten Leistungen. Dies ist der Fall, wenn jede der Leistungen wesentlich durch eine oder mehrere der anderen Leistungen beeinflusst wird, bspw. weil das Unternehmen sein Leistungsversprechen nicht erfüllen kann, indem es die einzelnen Leistungen unabhängig voneinander auf den Kunden überträgt.

Ist das Nutzen- oder das Trennbarkeitskriterium nicht erfüllt, so liegen keine einzeln abgrenzbaren Leistungen vor. In diesem Fall muss das Unternehmen die betrachtete Leistung so lange mit anderen Leistungen des zugrunde liegenden Kundenvertrags zusammenfassen, bis ein einzeln abgrenzbares Leistungsbündel identifiziert werden kann. Dies führt im Extremfall dazu, dass alle in einem Kundenvertrag enthaltenen (Teil-)Leistungen bilanziell wie eine einzige Leistungsverpflichtung zu behandeln sind (IFRS 15.30). Zusammenfassung von Leistungen

Beispiel 7.1[6]

Fallkonstellation 1
Die Con-Tractor AG schließt mit der Hospital AG einen Vertrag zur Errichtung eines Krankenhauses. Die Con-Tractor AG ist verantwortlich für das gesamte Projektmanagement und identifiziert verschiedene Güter und Dienstleistungen, z.B. der Konstruktion, Fundamentierung, Beschaffung, Rohbau, Verlegung von Rohrleitungen und Verkabelung, Installationsleistungen und Endarbeiten. Die Wettbewerber der Con-Tractor AG bieten den Großteil dieser Leistungen auch einzeln an. Wie viele Leistungsverpflichtungen muss die Con-Tractor AG nach IFRS 15 als separat bzw. einzeln abgrenzbar einstufen?

Lösung
Alle vertraglich zugesagten Leistungen könnten grundsätzlich abgrenzbar i.S.v. IFRS 15.27(a) sein, da der Kunde aus jeder angebotenen Leistung entweder einen eigenständigen oder einen aus deren Verwendung mit anderen kurzfristig verfügbaren Ressourcen resultierenden Nutzen ziehen kann. Dies zeigt sich u.a. auch darin, dass die Wettbewerber der Con-Tractor AG einen Großteil der erforderlichen Güter und Dienstleistungen auch einzeln an andere Kunden veräußern. Dennoch sind die einzelnen Güter und Dienstleistungen aus Sicht der Con-Tractor AG *im Kontext des konkreten Vertrags* mit der Hospital AG nicht abgrenzbar (IFRS 15.27(b)). Ursächlich hierfür ist, dass die Con-Tractor AG eine wesentliche Dienstleistung erbringt, um die benötigten Güter und Dienstleistungen in ein einheitliches Werk (das Krankenhaus) zu integrieren, welches die Hospital AG bestellt hat. Insofern stellen die einzelnen Güter und Dienstleistungen lediglich Input für ein kombiniertes Endprodukt (Output) dar, sodass die Con-Tractor AG alle für den Bau des Krankenhauses erforderlichen Leistungen bilanziell als eine einzige Leistungsverpflichtung zu behandeln hat.

Fallkonstellation 2
Die Ident AG vertreibt gekaufte Softwarepakete. Sie schließt mit der Buy-and-Cry GmbH (Kunde) einen Vertrag, der zu einem Gesamtpreis von 500.000 € für die nächsten drei Jahre folgendes Leistungspaket beinhaltet:

6 In Anlehnung an IFRS 15.IE Example 10 Case A, Example 11 Cases B und E sowie IFRS 15.BC112.

- Bereitstellung einer Lizenz zur Nutzung der patentierten UNDEAL4-Engine, die zur Programmierung von 3D-Modellen in Computer- und Videospielen genutzt wird;
- kundenindividuelle Implementierung der Software (customization);
- regelmäßige Software-Updates, ggf. i.V.m. funktionalen Software-Upgrades.

Die Software wird der Buy-and-Cry GmbH bereits zur Verfügung gestellt, bevor die anderen Leistungen erbracht werden, und ist über den gesamten Dreijahreszeitraum auch ohne die regelmäßigen Updates/Upgrades uneingeschränkt nutzbar.

Während die Softwarelizenz regelmäßig nur in Verbindung mit der kundenspezifischen Implementierungsleistung seitens der Ident AG angeboten wird, können die regelmäßigen Software-Updates und -Upgrades auch separat von dieser erworben werden. Die kundenindividuelle Implementierung ist zwingend erforderlich, um sicherzustellen, dass sämtliche Tools der Software uneingeschränkt mit der kundenspezifischen Softwareumgebung nutzbar sind. Sie könnte aber grundsätzlich auch separat von anderen Dienstleistern bezogen werden. Wie viele separate Leistungsverpflichtungen sind im vorliegenden Fall zu identifizieren?

Lösung

Die Identifikation separater Leistungsverpflichtungen bedingt, dass diese voneinander abgrenzbar sind; es gelten wie oben beschrieben das Nutzen- und Trennbarkeitskriterium. Da sich das Nutzenkriterium u.a. darin konkretisiert, dass die betrachtete Leistung separat verkauft wird (IFRS 15.28), dürften Software und Implementierungsleistung hiernach keine voneinander abgrenzbaren Leistungsverpflichtungen darstellen, da die Software regelmäßig nur in Verbindung mit der Implementierungsleistung angeboten wird. Darüber hinaus kann zwar die Implementierungsleistung von anderen Anbietern separat erworben werden, nicht aber die Softwarelizenz. Schließlich lassen sich Software und Implementierungsleistung auch nur in Kombination nutzen, denn erst durch die wesentliche Implementierungsleistung wird ein funktionierendes, integriertes Software-System hergestellt (IFRS 15.29a). Darüber hinaus wird die Entwicklungssoftware durch die Implementierungsleistung kundenindividuell modifiziert (customized) (IFRS 15.29b). Damit sind Software und Implementierungsleistung *im Kontext des Vertrags* nicht voneinander abgrenzbar.

Vorausgehende Einschätzung würde sich selbst dann nicht ändern, wenn die Ident AG die Softwarelizenz und die Implementierungsleistung separat anbieten würde, denn selbst in diesem Fall würden die Lizenz und die customization jeweils als Input für ein kombiniertes Endprodukt in Form eines kundenindividuell integrierten funktionsfähigen Software-Systems dienen.

Im Gegensatz hierzu wird die Update-/Upgrade-Leistung auch separat angeboten und kann eigenständig bzw. in Kombination mit anderen dem Kunden zur Verfügung stehenden Ressourcen genutzt werden. Darüber hinaus greift hier auch keines der in IFRS 15.29 aufgeführten Kriterien, sodass die Ident AG im Ergebnis die Softwarelizenz in Verbindung mit der Implementierungsleistung als eine Leistungsverpflichtung sowie die Update-/Upgrade-Leistung als zweite separate Leistungsverpflichtung zu bilanzieren hat.

Fallkonstellation 3

Die CoffiPad AG produziert Kaffeemaschinen und exklusiv hierzu passende Kaffeepads. Beide Produkte bietet das Unternehmen auch separat an. Darüber hinaus werden die erforderlichen Kaffeepads ausschließlich von der CoffiPad AG produziert.

Im Rahmen einer vertraglichen Vereinbarung mit einem Kunden verpflichtet sich die CoffiPad AG zur kurzfristigen Lieferung von zehn Kaffeemaschinen des Premium-Modells „HotCoff" sowie zur monatlichen Lieferung von jeweils 600 der notwendigen Kaffeepads über die nächsten drei Jahre. Wie viele Leistungsverpflichtungen der CoffiPad AG begründet der vorliegende Vertrag?

Lösung

Die CoffiPad AG prüft in einem ersten Schritt, inwieweit das Nutzenkriterium gemäß IFRS 15.27(a) hinsichtlich der beiden zugesagten Leistungen erfüllt ist. Diesbezüglich kommt sie zu dem Schluss, dass der Kunde aus den Kaffeemaschinen zusammen mit den entsprechenden, jederzeit verfügbaren Kaffeepads einen Nutzen ziehen kann, da beide Leistungen separat von der CoffiPad AG angeboten werden. Daher ist das Nutzenkriterium als erfüllt anzusehen.

In einem zweiten Schritt stellt sich die Frage nach dem Trennbarkeitskriterium gemäß IFRS 15.27(b). Diesbezüglich stellt die CoffiPad AG fest, dass ihre Leistungsversprechen in Form der Lieferung der Kaffeemaschinen und der Belieferung des Kunden mit Kaffeepads über die nächsten drei Jahre separat identifizierbar sind. Erstens bietet die CoffiPad AG keine wesentliche Dienstleistung an, um die Kaffeemaschinen und die Kaffeepads als Input in ein kombiniertes Endprodukt zu integrieren. Zweitens werden weder die Kaffeemaschinen noch die Kaffeepads modifiziert oder kundenspezifisch angepasst. Drittens sieht die CoffiPad AG auch keine starke Abhängigkeit oder Wechselbeziehung zwischen den beiden Produkten. Obwohl der Kunde nur dann aus den Kaffeepads einen Nutzen ziehen kann, wenn er zuvor eine Kaffeemaschine erworben hat, und umgekehrt auch die Kaffeemaschine nur zusammen mit den spezifischen Kaffeepads nutzen kann, beeinflussen sich die beiden Leistungen gegenseitig nicht wesentlich. Denn die CoffiPad AG könnte jedes ihrer beiden Leistungsversprechen unabhängig voneinander erfüllen: Das Unternehmen könnte die Kaffeemaschinen auch dann liefern, wenn der Kunde keine Kaffeepads erworben hätte. Umgekehrt könnte die CoffiPad AG auch dann Kaffeepads an einen Kunden liefern, wenn der Kunde die Kaffeemaschine separat erworben hätte. Entsprechend identifiziert die CoffiPad AG auf Grundlage dieser Einschätzung zwei separate Leistungsverpflichtungen; einerseits hinsichtlich der Kaffeemaschinen und andererseits in Bezug auf die Kaffeepads.

Fallkonstellation 4
Die NewPro AG trifft die vertragliche Vereinbarung mit einem Kunden, für diesen experimentell ein neues Produkt zu designen und von diesem Produkt zehn Prototypen anzufertigen. Die Spezifikationen des Produkts sollen mit einer Funktionalität einhergehen, die aber erst noch nachgewiesen werden muss. Daher wird die NewPro AG das spezifische Design des Produkts im Zuge der Herstellung und des Testens der Prototypen immer wieder anpassen und überarbeiten müssen. Vor diesem Hintergrund erwartet das Unternehmen auch, dass die meisten, wenn nicht sogar alle, Prototypen aufgrund während des Herstellungsprozesses erforderlicher Design-Änderungen zu überarbeiten bzw. anzupassen sind. Handelt es sich im vorliegenden Fall hinsichtlich der Zusagen, ein neues Produkt zu designen und hiervon ausgehend zehn Prototypen zu entwickeln, um zwei separate Leistungsverpflichtungen?

Lösung
Im vorliegenden Fall wird es dem Kunden nicht möglich sein, nur die Design- oder die Herstellungsleistung vom Unternehmen zu erwerben, ohne dass hierdurch die jeweils andere Leistung wesentlich beeinflusst wird. Denn in der dargestellten Fallkonstellation sind das Produktdesign und die Herstellung der Prototypen untrennbar miteinander verbunden. Auch wenn jede Leistung für sich genommen einen eigenständigen Nutzen für den Kunden haben kann, sind beide Leistungen im Kontext des Vertrages nicht voneinander separierbar und damit identifizierbar. Entsprechend bilden die Design- und die Herstellungsleistung hier – ausgehend von IFRS 15.29 – eine einzige Leistungsverpflichtung.

3.3 Schritt 3: Bestimmung des Transaktionspreises

Transaktionspreis als Bewertungsgrundlage

Die Bewertung von Kundenverträgen erfolgt auf Basis des Transaktionspreises, d.h. zu dem Entgeltbetrag, welchen das Unternehmen im Austausch für die Übertragung der zugesagten Leistungen vom Kunden zu erhalten erwartet (IFRS 15.47). Grundsätzlich ist dabei gemäß IFRS 15.49 von der Erfüllung des Kundenvertrags auszugehen; es sind also weder eine vorzeitige Kündigung noch eine Änderung der vertraglichen Bedingungen anzunehmen. Während ein fester monetärer Transaktionspreis dem Kundenvertrag i.d.R. problemlos zu entnehmen ist, sind insbesondere im Hinblick auf variable Entgelte, enthaltene Finanzierungskomponenten, nicht monetäre Gegenleistungen und an den Kunden zu entrichtende Entgelte spezielle Vorgaben zu beachten.

Variable Gegenleistungen

Variable Entgeltbestandteile hängen (z.B. durch Preiskopplung) von künftigen Entwicklungen oder Ereignissen ab. IFRS 15.51 listet diesbezüglich u.a. auch

Preisnachlässe, Mengenrabatte, Leistungsboni (z.B. bei frühzeitiger bzw. fristgerechter Fertigstellung/Lieferung) oder Vertragsstrafen (bei zu später Fertigstellung/Lieferung) auf. Grundsätzlich muss ein variables Entgelt dabei nicht explizit auf fixierten Regelungen im Kundenvertrag basieren. Vielmehr kann sich ein solches auch aus der gängigen Geschäftspraxis des Unternehmens ergeben. Dies ist bspw. im Rahmen von Preisnachlässen der Fall, wenn der Kunde die berechtigte Erwartung hat, dass das Unternehmen ein geringeres als das im Kundenvertrag fixierte Entgelt akzeptieren wird (IFRS 15.52).

Schätzmethode bei variablen Entgelten

Aufgrund der Unsicherheit, die variablen Entgelten inhärent ist, muss das Unternehmen die erwarteten Entgeltansprüche aus dem Kundenvertrag unter Einbezug aller verfügbaren Informationen schätzen (IFRS 15.50 i.V.m. IFRS 15.54). Diese Schätzung stellt entweder auf den Erwartungswert oder den wahrscheinlichsten Wert ab, wobei diejenige Methode anzuwenden ist, die den Betrag der erwarteten Gegenleistung bestmöglich prognostiziert. Das IASB präferiert bei einer großen Anzahl ähnlicher Kundenverträge eine Portfolioschätzung anhand der Erwartungswertmethode, während bei Sachverhalten mit z.B. lediglich zwei erwarteten Eintrittsszenarien der wahrscheinlichste Wert heranzuziehen ist (IFRS 15.53). Die gewählte Methode ist gemäß IFRS 15.54 konsistent über die gesamte Vertragslaufzeit beizubehalten.

Beispiel 7.2[7]

Die im Anlagenbau tätige Tu-Leit AG schließt mit der Penalty GmbH einen Vertrag über die Lieferung einer Großanlage für ein vereinbartes Entgelt von 2,5 Mio. €. Ausgehend vom Zeitpunkt des Vertragsabschlusses (31.12.2021) wird als Fertigstellungs- und Abnahmetermin der 31.12.2023 fixiert. Dieser bildet darüber hinaus die Grundlage für einen variablen Entgeltbestandteil. So wird der vereinbarte Betrag von 2,5 Mio. € bei positiven wie auch negativen Abweichungen vom vereinbarten Fertigstellungstermin zusätzlich um jeweils 10.000 € pro Tag erhöht bzw. vermindert (variabler Entgeltbetrag = 10.000 € · Anzahl Tage [31.12.2023 - Fertigstellungstermin]).

Die Tu-Leit AG geht auf Grundlage ihrer langjährigen Erfahrungen im Projektgeschäft von einer ungefähren Gleichverteilung des Fertigstellungstermins aus. Die maximalen Abweichungen betragen hierbei -40 Tage sowie +10 Tage, sodass der anvisierte Fertigstellungstermin eher pessimistisch geschätzt ist. Als Erwartungswert resultiert aus der empirischen Verteilung eine vorzeitige Fertigstellung von 15 Tagen früher. Die langjährige Erfahrung zeigt, dass der wahrscheinlichste Wert zu einer 10 Tage frühzeitigeren Fertigstellung führen würde. Dieser Wert realisiert sich mit einer Wahrscheinlichkeit von 2,5 %, was minimal über der Wahrscheinlichkeit der anderen Werte liegt.

Zusätzlich hat ein Sachverständiger nach der Fertigstellung auf Grundlage vertraglich fixierter Kriterien zu beurteilen, ob Mängel vorliegen. Diesbezüglich ist ein abschließendes Rating auf einer Skala von 1 (mangelhaft) bis 10 (ganz ohne Mängel) abzugeben. Sofern das Rating bei mindestens 9 liegt, erhält die Tu-Leit AG ein zusätzliches Entgelt von 100.000 €. Da die Produkte

7 Beispiel in Anlehnung an IFRS 15.IE Example 21.

der Tu-Leit AG aufgrund der hohen Qualitätsstandards und -kontrollen in der Vergangenheit nur in wenigen Fällen Mängel aufwiesen, rechnet sie damit, den Bonus mit einer Wahrscheinlichkeit von 80 % realisieren zu können.

Wie hoch ist der zum Zeitpunkt des Vertragsabschusses nach IFRS 15 festzulegende – die Umsatzerlöse determinierende – Transaktionspreis?

Lösung

Um den Transaktionspreis zu bestimmen, hat die Tu-Leit AG jede variable Transaktionspreiskomponente (Zeitpunkt Fertigstellung und Mängel) separat zu schätzen. Sie entscheidet sich dazu, das variable Entgelt aus potenziellen Abweichungen vom vereinbarten Fertigstellungstermin auf Basis der Erwartungswertmethode zu schätzen. Die Anwendung dieser Methode führt aus ihrer Sicht zu einer verlässlicheren Schätzung (IFRS 15.53) als das Abstellen auf den wahrscheinlichsten Wert, da hier eine große Spanne an möglichen Werten vorliegt und die Wahrscheinlichkeit des wahrscheinlichsten Wertes nur minimal über der der anderen Werte liegt. Entsprechend ergibt sich ein variabler Transaktionspreisbestandteil in Höhe von +150.000 € (= 10.000 € · 15 Tage).

Darüber hinaus hat die Tu-Leit AG zu beurteilen, inwieweit sie den zusätzlichen Bonus aus einer mängelfreien Fertigstellung der Anlage erhalten wird. Da die Erwartungswertmethode in diesem Kontext insoweit abzulehnen ist, als sich der hierdurch ermittelte Betrag künftig realiter nicht realisieren kann (dieser beträgt entweder null oder 100.000 €), entscheidet sich die Tu-Leit AG in Einklang mit IFRS 15.53(b)für dasjenige Szenario, das höchstwahrscheinlich eintreten wird. Entsprechend beträgt der zweite variable Entgeltbestandteil +100.000 €. Hieraus folgt wiederum, dass der gesamte zum Zeitpunkt des Vertragsabschlusses zu bestimmende Transaktionspreis bei 2,75 Mio. € (= 2,5 Mio. € + 0,15 Mio. € + 0,1 Mio. €) liegt, sofern hier nicht die nachfolgend dargestellten Regelungen zur Begrenzung des Einbezugs variabler Entgelte in den Transaktionspreis greifen.

Begrenzung variabler Entgeltbestandteile

Um zu vermeiden, dass bei variablen Entgeltbestandteilen das künftig zu erhaltende Entgelt und damit die Umsatzerlöse überschätzt werden, sind variable Gegenleistungen nach IFRS 15.56 auf denjenigen Betrag zu begrenzen, der selbst bei Abweichungen von der Schätzung höchstwahrscheinlich keine wesentliche Rücknahme bereits (kumulativ) erfasster Umsatzerlöse nach sich ziehen wird. Dabei sind Volumen und Eintrittswahrscheinlichkeit einer potenziellen Umsatzrücknahme zu berücksichtigen. Als Anhaltspunkte für eine erhöhte Wahrscheinlichkeit einer solchen Umsatzkorrektur nennt IFRS 15.57 folgende Beispiele:

- Der Entgeltbetrag reagiert sehr sensitiv auf unternehmensexterne Faktoren (z.B. Markvolatilität, Ermessen bzw. Handlungen von Dritten, Wetterbedingungen oder hohe Risiken der Überalterung der zugesagten Leistungen).
- Die Unsicherheit hinsichtlich des Entgeltbetrags wird erwartungsgemäß über einen längeren Zeitraum andauern.

- Das Unternehmen verfügt über nur sehr begrenzte Erfahrungen (oder andere Anhaltspunkte) mit ähnlichen Verträgen oder diese bilden keine geeignete Schätzgrundlage.
- Es ist gängige Praxis des Unternehmens, seinen Kunden entweder eine große Bandbreite von Preisnachlässen zu gewähren oder die Zahlungsbedingungen ähnlicher Verträge unter ähnlichen Umständen anzupassen.
- Der Vertrag beinhaltet eine große Anzahl und ein breites Spektrum möglicher Entgeltbeträge.

Anpassung von Schätzungen

Die Schätzung der variablen Komponenten des Transaktionspreises ist am Ende jeder Berichtsperiode auf Basis des neusten Informationsstandes anzupassen (IFRS 15.59).

Beispiel 7.3[8]

Die TakeNoMore SE trifft mit der SoldOut AG (Kunde) am 01.01.2022 eine vertragliche Vereinbarung über die Belieferung mit Produkten zu einem Preis von 1.000 € pro Stück. Sofern die SoldOut AG bis zum Ende des Kalenderjahres mehr als 1.000 Stück abnimmt, reduziert sich der Preis pro Stück rückwirkend auf 900 €. Demnach handelt es sich hierbei um ein variables Entgelt bzw. einen variablen Entgeltbestandteil.

Zum Ende des ersten Quartals des Jahres 2022 hat die SoldOut AG 100 Stück abgenommen. Unter Berücksichtigung dieser Abnahmemenge und seiner langjährigen Erfahrung geht die TakeNoMore SE davon aus, dass die kritische Abnahmemenge von 1.000 Stück zum Ende des Jahres nicht erreicht wird. Dementsprechend gelangt sie zu dem Schluss, dass es mit hoher Wahrscheinlichkeit zu keiner retrospektiven Korrektur bzw. Rücknahme der bis dahin kumulativ erfassten Umsatzerlöse kommen wird.

Im Mai 2022 erwirbt die SoldOut AG ein anderes Unternehmen, welches das Produkt der TakeNoMore SE für die eigene Produktion benötigt. Infolge der Zentralisierung des Einkaufs auf Ebene der SoldOut AG steigt die Abnahmemenge zum Ende des zweiten Quartals des Jahres 2022 deutlich um 500 Stück auf insgesamt 600 Einheiten für das erste Halbjahr an. Vor diesem Hintergrund geht die TakeNoMore SE nunmehr (zum Ende des zweiten Quartals des Jahres 2022) doch davon aus, dass die kritische Abnahmemenge von 1.000 Stück zum Ende des Kalenderjahres überschritten wird. Wie ist der beschriebene Sachverhalt nach IFRS 15 zum Ende der beiden Quartale bilanziell abzubilden?

Lösung

Da die TakeNoMore SE zum Ende des ersten Quartals des Jahres 2022 fest davon ausgehen kann, dass die kritische Abnahmemenge nicht überschritten wird, realisiert sie für das erste Quartal des Jahres 2022 Umsatzerlöse in Höhe von 100.000 € (= 100 Stück · 1.000 €).

8 Beispiel in Anlehnung an IFRS 15.IE Example 24.

Da der Unternehmenserwerb der SoldOut AG zum Ende des 1. Quartals des Jahres 2022 nicht vorhersehbar war, ergibt sich hieraus eine vollständige Neueinschätzung der Sachverhaltslage. Diese führt im Sinne einer Schätzungsänderung zu einer Korrektur der im Vorquartal zu hoch erfassten Umsatzerlöse. Diese sind nunmehr unter Zugrundelegung des rabattierten Preises von 900 € pro Stück rückwirkend anzupassen. Hierdurch realisiert die TakeNoMore SE zum 30.06.2022 einen Umsatz von insgesamt 440.000 € (= 500 Stück · 900 € - 100 Stück · (1.000 € - 900 €)), der neben den im zweiten Quartal 2022 zum reduzierten Preis abgenommenen 500 Einheiten auch die Korrektur der – unter Berücksichtigung der neuen Informationen – im ersten Quartal zu hoch ausgewiesenen Umsatzerlöse beinhaltet.

Finanzierungskomponenten

Häufig enthalten Kundenverträge auch Finanzierungskomponenten, wenn zwischen der Leistungserbringung durch das Unternehmen und der Bezahlung durch den Kunden ein längerfristiger Zeitraum liegt. Dies entspricht ökonomisch einer Kreditgewährung. Ob hieraus ein Finanzierungsvorteil für das Unternehmen oder für den Kunden entsteht, hängt davon ab, ob zuerst das Unternehmen seine Leistung erbringt oder der Kunde den Kaufpreis begleicht. Erfüllt das Unternehmen seine Leistungsverpflichtung deutlich vor der Begleichung des Kaufpreises durch den Kunden, so hat Letzterer einen Finanzierungsvorteil, während dieser im umgekehrten Fall beim Unternehmen liegt.

Umsatzerlöse in Höhe des Barverkaufspreises

Da die realisierten Umsatzerlöse grundsätzlich den Barverkaufspreis der Leistungen zum Übertragungszeitpunkt widerspiegeln sollen, ist der Transaktionspreis entsprechend um potenzielle Finanzierungs- bzw. Zinskomponenten zu bereinigen. Eine Finanzierungskomponente muss dabei jedoch nicht explizit als solche im Vertrag festgelegt sein, sondern kann sich auch implizit aus den Vertrags- und Zahlungsmodalitäten ergeben (IFRS 15.60). Aus diesem Grund sind Kundenverträge unter Berücksichtigung aller relevanten Tatsachen und Umstände auf das Vorliegen etwaiger Finanzierungsbestandteile hin zu überprüfen. Insbesondere mögliche Differenzen zwischen der vertraglich vereinbarten Gegenleistung und dem Barverkaufspreis der übertragenen Leistungen können hierbei auf ein Finanzierungsgeschäft hinweisen. Zudem ist ein etwaiger Zinseffekt zu antizipieren, der sich aus dem Zusammenspiel zwischen der erwarteten Länge des Finanzierungszeitraums und dem relevanten Marktzinssatz ergibt (IFRS 15.61).

Ausnahmetatbestände

Losgelöst vom Ergebnis dieser Überprüfung liegt nach IFRS 15.62 in folgenden Fällen keine Finanzierungskomponente vor:

- Der Kunde zahlt für die Leistungen im Voraus und der Zeitpunkt der Lieferung liegt allein in dessen Ermessen.
- Ein erheblicher Teil des mit dem Kunden vereinbarten Entgelts ist variabel und der Entgeltbetrag bzw. der Zeitpunkt seiner Begleichung variiert in Abhängigkeit vom Eintritt eines zukünftigen Ereignisses, das im Wesentlichen keine der Vertragsparteien kontrollieren kann (z.B. verkaufsabhängige Lizenzgebühren).
- Zwischen der vertraglichen Gegenleistung und dem Barverkaufspreis der Leistungen besteht eine angemessene Differenz, die weder aus Kunden- noch aus

Unternehmenssicht eine Finanzierung darstellt. Entsprechend sollte sich diese Differenz proportional zu dem ökonomischen Tatbestand verhalten, der diese determiniert.

Adjustierung um Finanzierungskomponenten

Sofern eine wesentliche Finanzierungskomponente vorliegt, ist der Transaktionspreis unter Anwendung eines laufzeit- und (kredit)risikoäquivalenten Zinssatzes zu adjustieren. Dieser Zinssatz entspricht jenem Zins, der zum Zeitpunkt des Vertragsabschlusses für ein separates Finanzierungsgeschäft zwischen den Vertragsparteien herangezogen würde (IFRS 15.61 i.V.m. IFRS 15.64). Die Finanzierungskomponente ist gemäß IFRS 15.65 in der Gesamtergebnisrechnung *getrennt vom Umsatz als Zinsaufwand bzw. Zinsertrag* zu zeigen. Eine Ausnahme gilt jedoch für Unternehmen, bei denen Finanzierungsgeschäfte Teil der gewöhnlichen Geschäftstätigkeit sind (z.B. Banken). Diese dürfen die entsprechenden Zinsaufwendungen bzw. -erträge als eine Art von Umsatzerlösen bzw. -kosten ausweisen (IFRS 15.BC247).

Unwesentlicher Finanzierungsanteil

Aus Vereinfachungsgründen kann gemäß IFRS 15.63 bei Vorliegen einer Finanzierungskomponente von einer Bereinigung des Transaktionspreises abgesehen werden, wenn bei Vertragsabschluss erwartungsgemäß nicht mehr als ein Jahr zwischen der Leistungserbringung durch das Unternehmen und der Bezahlung durch den Kunden liegt. In diesem Fall wird folglich vereinfachend von einem unwesentlichen Finanzierungsanteil ausgegangen.

Beispiel 7.4[9]

Die FritzeFratze AG schließt mit einem Kunden zum 01.01.2021 einen Vertrag über die Lieferung eines Produkts in 24 Monaten, also zum 31.12.2022. Hierbei gewährt die FritzeFratze AG dem Kunden zwei Zahlungsoptionen:

- Zahlung eines Entgelts bei Vertragsabschluss in Höhe von 400 T€ oder
- Zahlung von 500 T€ in 24 Monaten nach Erhalt der Kontrolle über den Vermögenswert.

Der Kunde entscheidet sich für die sofortige Zahlung von 400 T€ bei Vertragsunterzeichnung. Wie ist dieser Sachverhalt nach IFRS 15 vom Zeitpunkt des Vertragsabschlusses bis hin zum Zeitpunkt der Übertragung der Leistung auf den Kunden zu bilanzieren?

Lösung

Sowohl der lange Zeitraum zwischen einer möglichen (Voraus)Zahlung durch den Kunden und der Übertragung der Leistung als auch die vom Zahlungszeitpunkt abhängige Preisdifferenz von 100 T€ deuten darauf hin, dass der Vertrag eine wesentliche Finanzierungskomponente enthält. Ökonomisch gesehen erhält die FritzeFratze AG durch die Vorauszahlung des Kunden einen Kredit und realisiert insoweit einen Finanzierungsvorteil. Der diesem Geschäft zugrunde liegende implizite Zinssatz von 11,8 % entspricht hierbei demjenigen, der öko-

9 Beispiel in Anlehnung an IFRS 15.IE Example 29.

nomische Äquivalenz zwischen den beiden Zahlungsoptionen herstellt. Allerdings stellt die FritzeFratze AG ausgehend von IFRS 15.64 fest, dass dieser implizite Zinssatz deutlich von ihrem individuellen Grenzfremdkapitalzins in Höhe von 6 % abweicht, wobei Letzterer zur Bemessung einer risikoadäquaten Finanzierungskomponente heranzuziehen ist. Dementsprechend finden folgende Buchungen statt:

(1) Zum Zeitpunkt des Vertragsabschlusses (01.01.2021) begleicht der Kunde zwar bereits den Kaufpreis, es darf aber noch kein Umsatzerlös gebucht werden, da die FritzeFratze AG ihre Leistung noch nicht erbracht hat. Daher bucht diese:

Bank	*an*	*Vertragsverbindlichkeit*	*400 T€*

(2) Über den Zeitraum zwischen Vertragsabschluss und Erfüllung der Leistungsverpflichtung korrigiert bzw. erhöht die FritzeFratze AG den Betrag ihrer Leistungsverbindlichkeit um den separat zu erfassenden Finanzierungsaufwand, der *auf Grundlage des Grenzfremdkapitalzinssatzes* von 6 % zu ermitteln ist. Dementsprechend bucht sie zum 31.12.2021 und zum 31.12.2022 einen Gesamtfinanzierungsaufwand in Höhe von 49,44 T€ (= 400 T€ · $(1 + 0{,}06)^2$ - 400 T€), der sich unter Berücksichtigung von Zins- und Zinseszinseffekten folgendermaßen auf die beiden Perioden verteilt:

Buchung zum 31.12.2021:

Zinsaufwand	*an*	*Vertragsverbindlichkeit*	*24 T€*

Buchung zum 31.12.2022:

Zinsaufwand	*an*	*Vertragsverbindlichkeit*	*25,44 T€*

(3) Zum Zeitpunkt der Übertragung des Vermögenswerts auf den Kunden sind schließlich Umsatzerlöse in Höhe der Leistungsverbindlichkeit zu realisieren, wodurch eine implizite Umwidmung der zuvor gebuchten Finanzierungsaufwendungen in die Umsatzerlöse erfolgt. Die FritzeFratze AG bucht demnach zum 31.12.2022:

Vertragsverbindlichkeit	*an*	*Umsatzerlöse*	*449,44 T€*

Die vorausgehend unter (3) dargestellte Umwidmung der unter (2) erfassten Finanzierungsaufwendungen in die Umsatzerlöse ist unter wirtschaftlichen Gesichtspunkten konsequent. Denn sofern ein Unternehmen – hier die FritzeFratze AG – den Kaufpreis nicht bereits bei Vertragsabschluss vom Kunden erhalten würde, wäre es annahmegemäß zu einer Zwischenfinanzierung des Geschäfts gezwungen. Die im Zuge dieser Zwischenfinanzierung anfallenden Zinsaufwendungen würde das Unternehmen im Regelfall in den dann entsprechend höheren Kaufpreis einpreisen. Daher würden ceteris paribus auch die Umsatzerlöse aus diesem Geschäft um die Finanzierungskomponente höher ausfallen. Die dargestellte Bilanzierungsweise gewährleistet insoweit eine ökonomische Gleichbehandlung zwischen einer externen Fremdfinanzierung und einer Finanzierung des Geschäfts durch den Kunden.

Nicht zahlungswirksame Gegenleistungen

Auch nicht zahlungswirksame Gegenleistungen (Sach- oder Dienstleistungen) durch den Kunden sind mit ihren beizulegenden Zeitwerten in den Transaktionspreis einzubeziehen (IFRS 15.66). Sofern der beizulegende Zeitwert einer nicht monetären Gegenleistung allerdings nicht verlässlich ermittelt werden kann, ist dieser gemäß IFRS 15.67 auf Basis der Einzelveräußerungspreise der auf den Kunden übertragenen Leistungen zu bestimmen.

Entgeltanspruch des Kunden

Darüber hinaus sind Sachverhaltskonstellationen denkbar, in denen der Kunde einen Entgeltanspruch gegenüber dem liefernden Unternehmen hat. Gemäß IFRS 15.70 ist dies bspw. der Fall, wenn der Kunde ein (Rest)Guthaben oder (Rabatt)Coupons mit dem geschuldeten Entgelt verrechnen kann. Sofern die an den Kunden zu zahlenden Entgelte ökonomisch kein Entgelt für eine durch den Kunden erbrachte Leistung darstellen, sind diese transaktionspreis- und somit umsatzmindernd zu berücksichtigen (IFRS 15.70).

Erwirbt der Kunde seinen Entgeltanspruch allerdings durch Erbringung einer separaten Leistung für das Unternehmen, so handelt es sich hierbei um ein gewöhnliches Geschäft zwischen Abnehmer und Zulieferer. Kann der beizulegende Zeitwert der durch den Kunden erbrachten Leistung(en) jedoch nicht zuverlässig bestimmt werden, so ist das gesamte an den Kunden zu zahlende Entgelt ebenfalls als Minderung des Transaktionspreises zu behandeln (IFRS 15.71).

3.4 Schritt 4: Zuordnung des Transaktionspreises zu den identifizierten Leistungsverpflichtungen

3.4.1 Ermittlung von Einzelveräußerungspreisen als Zuordnungsbasis

Zuordnung des Transaktionspreises

Der Transaktionspreis ist dem allgemeinen Allokationsgrundsatz des IFRS 15.73 folgend den einzelnen vertraglich vereinbarten Leistungsverpflichtungen entsprechend dem jeweils erwarteten Entgelt zuzuordnen. Sofern ein Vertrag mehrere Leistungsverpflichtungen enthält, stellt sich demnach die Frage nach einem ökonomisch sinnvollen Zuordnungsschlüssel. Dies gilt insbesondere auch in Fällen, in denen mehrere Leistungen im Paket mit einem Rabatt angeboten werden, da hier der Zuordnungsschlüssel darüber entscheidet, wie hoch der auf die einzelnen Leistungen entfallende Rabattanteil und damit der im Zeitpunkt der Leistungsübertragung zu realisierende Umsatzanteil ausfällt.

Zuordnung auf Basis relativer Einzelveräußerungspreise

Für die Zuordnung des Transaktionspreises sieht IFRS 15.74 im Grundsatz eine proportionale Verteilung auf Basis der zu Vertragsbeginn zu ermittelnden Einzelveräußerungspreise (relative stand-alone selling prices) aller abgrenzbaren, vertraglich zugesagten Leistungen vor (IFRS 15.76). Als bester Indikator für den Einzelveräußerungspreis einer Leistung dient hierbei ein objektiv beobachtbarer Transaktionspreis, der im Zuge des Verkaufs einer identischen Leistung unter ähnlichen Bedingungen an ähnliche Kunden erzielt werden kann (IFRS 15.77).

Schätzung des Einzelveräußerungspreises

Gerade bei nur im Bündel angebotenen Leistungen (Mehrkomponentengeschäfte, hybride Leistungsbündel) liegen objektiv beobachtbare Einzelveräußerungspreise aber nicht zwingend für jede einzelne (Teil)Leistung vor, sodass diese zu schätzen sind. Um hierbei eine möglichst hohe Objektivität zu wahren, sollen diese Schätzungen – analog zur Fair Value-Ermittlung nach IFRS 13 – auf möglichst vielen beobachtbaren Inputfaktoren beruhen.

Beispiel 7.5

Die Fat-Flat AG, ein Unternehmen der Telekommunikationsbranche, vereinbart mit einem Kunden vertraglich, diesem gegen eine Einmalzahlung von 1 € das neueste Handy „Birne 7+“ zu liefern. Der Kunde erhält dieses direkt bei Vertragsabschluss zu Beginn des Jahres 2021. Zusätzlich hat der Kunde über die Vertragslaufzeit von 24 Monaten monatlich 35 € an die Fat-Flat AG zu entrichten. Neben dem Handy beinhaltet der Vertrag eine All-Net-Flatrate in alle deutschen Netze, eine Datenflatrate mit einem 8 GB 5G-Volumen und eine unbegrenzte SMS-Nutzung. Der marktübliche Einzelveräußerungspreis des Handys liegt zum Zeitpunkt des Vertragsabschlusses bei 600 €. Darüber hinaus könnte der gleiche Vertrag ohne das Handy zu einem monatlichen Entgelt von 15 € auch einzeln abgeschlossen werden. Der unter Vernachlässigung von Zinseffekten als Summe der künftigen, vertraglich vereinbarten Zahlungen bestimmte Einzelveräußerungspreis dieses handylosen Vertrages liegt bei 360 €. Wie sind Umsatzerlöse hiernach über die zweijährige Vertragslaufzeit zu erfassen?

Lösung

Wie in der Telekommunikationsbranche üblich, übersteigt die Summe der Einzelveräußerungspreise von Handy und Vertrag mit einem Betrag von 960 € den vertraglichen Transaktionspreis von insgesamt 841 €, der sich als Summe aus der Handy-Zuzahlung von 1 € und den monatlichen Entgeltbeträgen von jeweils 35 € über die Vertragslaufzeit von 24 Monaten ergibt. Nach IFRS 15 ist der Transaktionspreis anhand der relativen Einzelveräußerungspreise auf die beiden Leistungskomponenten (Handy und Vertrag) aufzuteilen und zum Zeitpunkt der jeweiligen Leistungserfüllung als Umsatzerlös zu realisieren. Hierbei ist zu berücksichtigen, dass der Handyverkauf eine *zeitpunktbezogene* Leistungsverpflichtung darstellt, während All-Net-, Daten- und SMS-Flat bilanziell als *zeitraumbezogene* Leistungsverpflichtung abzubilden sind (vgl. Abschnitt 3.5 dieses Kapitels). Der Transaktionspreis in Höhe von 841 € ist demnach, unter Vernachlässigung von Rundungsdifferenzen, wie folgt auf die beiden Leistungsverpflichtungen zu verteilen:

Umsatzanteil Handy = (600 € / 960 €) · 841 € = 0,625 · 841 € = 525,62 €

Umsatzanteil Vertrag = (360 € / 960 €) · 841 € = 0,375 · 841 € = 315,38 €

- Umsatzanteil Vertrag pro Jahr = 315,38 € / 2 = 157,69 €
- Monatlicher Umsatzanteil Vertrag = 315,38 € / 24 Monate = 13,14 €

Es ergeben sich folgende Buchungssätze bei zunächst zeitpunktbezogener Übertragung des Handys auf den Kunden und der nachgelagerten zeitraumbezogenen Erfüllung des Mobilfunkvertrags:

Beginn t_0 (Übergabe des Handys an den Kunden):

Bank	*1 €*	*an*	*Umsatzerlöse*	*525,62 €*
Aktiver Vertragsposten	*524,62 €*			

Jeweils monatlich über die 24-monatige Vertragslaufzeit:

Bank	*35 €*	*an*	*aktiver Vertragsposten*	*21,86 €*
			Umsatzerlöse	*13,14 €*

Verfahren zur Schätzung des Einzelveräußerungspreises

IFRS 15.79 listet ohne Anspruch auf Vollständigkeit mit der Methode der angepassten Marktbeurteilung, der Kostenzuschlagsmethode und der Residualmethode drei Alternativen auf, die einzelfallbezogen als geeignete Schätzverfahren zur Bestimmung eines nicht direkt beobachtbaren Einzelveräußerungspreises dienen können. Die gewählte Schätzmethode ist hierbei einheitlich auf ähnliche Sachverhalte anzuwenden.

Methode der angepassten Marktbeurteilung

Nach der Methode der angepassten Marktbeurteilung wird der Einzelveräußerungspreis geschätzt, indem die hypothetische Zahlungsbereitschaft eines Kunden auf demjenigen Markt, auf dem das Unternehmen seine Leistungen üblicherweise verkauft, bestimmt wird. Auch die – ggf. um die eigenen Kosten und Gewinnmargen anzupassenden – Preise von Wettbewerbern können hierbei berücksichtigt werden.

Kostenzschlagsmethode

Wird die Kostenzuschlagsmethode herangezogen, wird der Einzelveräußerungspreis auf Grundlage der erwarteten Kosten, die zur Erfüllung der Leistungsverpflichtung anfallen würden, zuzüglich einer der Leistung angemessenen Gewinnmarge geschätzt.

Residual methode

Im Gegensatz zu den anderen beiden Methoden ist die Anwendung der Residualmethode nur dann zulässig, wenn der Einzelveräußerungspreis einer Leistung hochgradig variabel oder unsicher ist. Dies ist einerseits der Fall, wenn dieselbe Leistung verschiedenen Kunden zu (nahezu) gleichen Zeitpunkten zu deutlich unterschiedlichen Preisen verkauft wird. Denn unter diesem Umstand lässt sich aus den vollzogenen Transaktionen kein repräsentativer Einzelveräußerungspreis für die angebotene Leistung ableiten.

Andererseits liegt keine hinreichend zuverlässige Preisindikation vor, wenn die Leistung in der Vergangenheit weder einzeln verkauft noch ein Preis hierfür bestimmt wurde. In diesen Fällen entspricht der zu schätzende Einzelveräußerungspreis der Differenz (Residuum) aus dem für das Leistungsbündel vereinbarten Transaktionspreis und der Summe der hinreichend verlässlich bestimmbaren Einzelveräußerungspreise aller verbleibenden zugesagten Leistungen.

3.4.2 Zuordnung von Preisnachlässen

Zuordnung von Preisnachlässen

Oftmals gewähren Unternehmen ihren Kunden beim Erwerb von Leistungsbündeln im Vergleich zum Einzelerwerb der hierin enthaltenen Leistungen einen Preisnachlass (discount). IFRS 15 definiert einen Preisnachlass als positive Differenz zwischen der Summe der Einzelveräußerungspreise der im Leistungsbündel enthaltenen Leistungen und dem beim Kauf des Leistungsbündels zu zahlenden Transaktionspreis. Ein solcher Preisnachlass ist den einzelnen Leistungen – konsistent zur Verteilung des Transaktionspreises auf die Einzelleistungen des Bündels – proportional anhand der jeweiligen Einzelveräußerungspreise zuzurechnen (siehe Beispiel 7.5). Nur wenn objektive Hinweise darauf hindeuten, dass sich der Preisnachlass auf eine oder mehrere ganz bestimmte, aber nicht alle Leistungen bezieht, ist er ausschließlich diesen zuzuordnen (IFRS 15.81). Eine solche Situation liegt vor, wenn ein Unternehmen jede abgrenzbare Leistung bzw. jedes abgrenzbare Leistungsbündel des Vertrags regelmäßig auch separat veräußert, wobei einige dieser Leistungen innerhalb eines Leistungsbündels mit einem Preisnachlass verkauft werden (IFRS 15.82).

Beispiel 7.6[10]

Die Mokepon AG veräußert die drei Produkte Lummelpuff, Drakon und Zap für insgesamt 100 T€ an einen Kunden. Die Mokepon AG erfüllt die einzelnen diesbezüglichen Leistungsverpflichtungen jeweils zu unterschiedlichen Zeitpunkten. Üblicherweise veräußert das Unternehmen Produkt Lummelpuff separat zu einem Einzelveräußerungspreis von 40 T€. Da die Produkte Drakon und Zap in der Vergangenheit bislang nicht separat veräußert wurden, sind deren Einzelveräußerungspreise nicht direkt beobachtbar und demnach auf Basis von Schätzverfahren zu bestimmen. Hierzu wird für das Produkt Drakon auf die Methode der angepassten Marktbeurteilung zurückgegriffen, nach der sich ein Einzelveräußerungspreis von 55 T€ ergibt. Der Einzelveräußerungspreis für Produkt Zap wird auf Basis der Kostenzuschlagsmethode mit 45 T€ ermittelt. Die Produkte Drakon und Zap werden von der Mokepon AG üblicherweise zusammen für insgesamt 60 T€ verkauft.

Liegt ein Preisnachlass vor? Wie ist dieser ggf. auf die drei Produkte zu verteilen?

10 Beispiel in Anlehnung an IFRS 15.IE Example 34.

Lösung
Wie die Summe der Einzelveräußerungspreise der drei Produkte in Höhe von 140 T€ (= 40 T€ + 55 T€ + 45 T€) zeigt, beinhaltet die Transaktion einen Preisnachlass von insgesamt 40 T€. Dieser Preisnachlass wäre grundsätzlich proportional auf Grundlage der relativen Einzelveräußerungspreise auf die drei unterschiedlichen Leistungsverpflichtungen zu verteilen. Allerdings lässt der Tatbestand, dass die Mokepon AG die Produkte Drakon und Zap üblicherweise zusammen für 60 T€ und Produkt Lummelpuff für 40 T€ veräußert, darauf schließen, dass der Preisnachlass in voller Höhe den normalerweise nur im Bündel angebotenen Produkten Drakon und Zap zuzuordnen ist. Da die drei verschiedenen Leistungsverpflichtungen zu unterschiedlichen Zeitpunkten erfüllt werden, bedarf es folglich einer Zuordnung des Preisnachlasses von 40 T€ zu den beiden Produkten Drakon und Zap. Diese Zurechnung hat wiederum auf Basis relativer Einzelveräußerungspreise zu erfolgen. Entsprechend beträgt der auf das Produkt Drakon entfallende Transaktionspreis(anteil) 33 T€ [= (55 T€ / 100 T€) · 60 T€] und der auf das Produkt Zap entfallende Transaktionspreis(-anteil) 27 T€ [= (45 T€ / 100 T€) · 60 T€].

Preisnachlässe und Residualmethode

Abschließend ist zu beachten, dass Rabatte zunächst vollständig einer oder mehreren Leistungsverpflichtung(en) zuzuordnen sind, bevor die Residualmethode zur Schätzung des Einzelveräußerungspreises einer Leistung angewendet werden darf (IFRS 15.83).

Beispiel 7.7 (Modifikation von Beispiel 7.6)

Analog zu Beispiel 7.6 veräußert die Mokepon AG die Produkte Lummelpuff, Drakon und Zap an einen Kunden. Zusätzlich enthält der mit dem Kunden geschlossene Vertrag die Verpflichtung, diesem auch noch das Produkt Chikapu zu liefern. Die vertraglich vereinbarte Gegenleistung für alle vier Produkte beträgt hierdurch 130 T€.

Da die Mokepon AG das Produkt Chikapu bislang allerdings an verschiedenste Kunden zu vollkommen unterschiedlichen Preisen innerhalb einer Bandbreite von 25 T€ bis 40 T€ verkauft hat, liegt kein repräsentativer Einzelveräußerungspreis für dieses Produkt vor, sodass dieser als hochgradig variabel einzustufen ist. Vor diesem Hintergrund entscheidet sich die Mokepon AG, den entsprechenden Einzelveräußerungspreis auf Grundlage der Residualmethode zu bestimmen. Bevor diese allerdings angewendet werden darf, ist zunächst zu bestimmen, inwieweit ein potenzieller Preisnachlass den anderen drei Produkten zuzuordnen ist. Wie ist dieser Sachverhalt also nach IFRS 15 zu berücksichtigen?

Lösung
Da wie bereits in Beispiel 7.6 gilt, dass die Produkte Drakon und Zap regelmäßig zusammen für 60 T€ und Produkt Lummelpuff einzeln für 40 T€ veräußert werden, während die geschätzten Einzelveräußerungspreise für die Produkte Drakon und Zap unverändert 55 T€ bzw. 45 T€ betragen, liegen objektive Hinweise dafür vor, dass den beiden letztgenannten Produkten ein Preisnachlass

von insgesamt 40 T€ [= (55 T€ + 45 T€) - 60 T€] zuzurechnen ist. Hiervon ausgehend lässt sich in einem letzten Schritt der Einzelveräußerungspreis des Produkts Chikapu über die Residualmethode mit 30 T€ [= 130 T€ - 40 T€ - 60 T€] ermitteln. Dieser Betrag ist hierbei konsistent zur Bandbreite der bislang beobachtbaren Einzelveräußerungspreise des Produkts, die in der Vergangenheit kundenspezifisch zwischen 25 T€ und 40 T€ gelegen haben.

3.4.3 Zuordnung variabler Entgeltbestandteile

Objekt der Zurechnung

Auch in Bezug auf variable Entgeltbestandteile ist zu klären, ob diese dem jeweiligen Vertrag als Ganzes oder ein bzw. mehreren Vertragsbestandteilen, z.B. in Form einer oder mehrerer ausgewählter Leistungsverpflichtungen, zuzuordnen sind (IFRS 15.84). Beispielsweise könnte eine Bonuszahlung für den Fall vorgesehen sein, dass drei von fünf bestellten technischen Anlagen innerhalb einer vertraglich festgelegten Frist geliefert werden. Darüber hinaus könnte in Bezug auf einen zwei Jahre laufenden Service-Vertrag, z.B. in Form eines Reinigungs- oder Wartungsvertrags, eine an einen Inflationsindex gekoppelte Entgeltanpassung für das zweite Jahr vereinbart werden (IFRS 15.84(b)).

Zuordnungskriterien

In solchen Fällen ist der variable Entgeltbetrag – ebenso wie dessen nachträgliche Anpassungen – nach folgenden beiden Kriterien einer Leistungsverpflichtung als Ganzes oder einzelnen Leistungsbestandteilen zuzuordnen (IFRS 15.85):

- Die an die variable(n) Zahlung(en) geknüpften Bedingungen sind speziell mit den Bemühungen des Unternehmens verbunden, die Leistungsverpflichtung zu erfüllen bzw. die abgrenzbare(n) Leistung(en) zu übertragen, und
- die vollständige Zuordnung des variablen Entgeltbetrags zu einer Leistungsverpflichtung bzw. einzelnen Leistungsbestandteilen steht im Einklang mit dem allgemeinen Zuordnungsgrundsatz des IFRS 15.73 (siehe Abschnitt 3.4.1 dieses Kapitels).

3.4.4 Nachträgliche Änderungen von Transaktionspreis und Einzelveräußerungspreisen

Nachträgliche Änderung von Einzelveräußerungspreisen

Fraglich ist, inwieweit sich nachträgliche Änderungen der Einzelveräußerungspreise der vertraglich zugesagten Leistungen auf die Zuordnung des Transaktionspreises auswirken. IFRS 15 verbietet diesbezüglich eine Neuzuordnung und stellt allein auf die ursprünglichen Einzelveräußerungspreise zum Zeitpunkt des Vertragsschlusses ab.

Nachträgliche Transaktionspreisänderung

Nur wenn sich der vereinbarte *Transaktionspreis* nach Vertragsabschluss ändert, muss das Unternehmen die den einzelnen Leistungsverpflichtungen zugeordneten Beträge nachträglich korrigieren. Hierzu sind aber ebenfalls nicht die aktuellen, zum Zeitpunkt der Transaktionspreisänderung zu beobachtenden Einzelveräußerungspreise heranzuziehen (IFRS 15.88), sondern der ursprüngliche Zuordnungsschlüssel in Form des bei Vertragsabschluss bestimmten relativen Verhältnisses der Einzelveräußerungspreise.

Erfassung als Erlöskorrektur

Sofern sich hiervon ausgehend eine nachträgliche Transaktionspreiskorrektur auf eine oder mehrere bereits erfüllte Leistungsverpflichtungen bezieht, sind die entsprechenden Änderungsbeträge unmittelbar in der Änderungsperiode als Erlöskorrektur zu erfassen.

3.5 Schritt 5: Zeitpunkt der Umsatzrealisation

3.5.1 Transferkonzept nach IFRS 15

Zeitraum- vs. zeitpunktbezogene Umsatzrealisation

Nach der Zuordnung des Transaktionspreises zu den identifizierten Leistungsverpflichtungen ist nach IFRS 15 zu beurteilen, ob die korrespondierenden Umsatzerlöse zeitpunkt- (at point in time) oder zeitraumbezogen (over a period) zu erfassen sind. Dies hängt davon ab, ob das Unternehmen seine Leistungsverpflichtung(en) durch Übertragung der zugesagten Leistung(en) auf den Kunden zu einem konkreten Zeitpunkt oder über einen Zeitraum erfüllt. Das Timing der Umsatzrealisation hängt damit maßgeblich vom Transferkonzept des IFRS 15 ab.

Transfer- bzw. Kontrollkonzept nach IFRS 15

Hiernach gilt ein Vermögenswert als auf den Kunden übertragen, wenn dieser die Verfügungsmacht bzw. Kontrolle (control) über die Leistung erlangt, also die Fähigkeit besitzt, eigenständig über die Verwendung des Vermögenswerts zu bestimmen und im Wesentlichen den vollständigen noch verbleibenden Nutzen aus diesem zu ziehen (IFRS 15.31). Der Nutzenbegriff umfasst in einer weiten Auslegung alle (potenziellen) Einzahlungen und eingesparten Auszahlungen, die direkt oder indirekt – bspw. durch den Verkauf oder die Verwendung des Vermögenswerts zur Produktion von Waren oder zur Erbringung von Dienstleistungen, zur Schuldentilgung oder durch Verpfändung zu Besicherungszwecken – erzielt werden können. Ob Verfügungsmacht vorliegt, ist auch unter Berücksichtigung möglicher Rückkaufvereinbarungen zu beurteilen (IFRS 15.34).

Beurteilung bei Vertragsabschluss

Ob eine Leistungsverpflichtung zeitraum- oder zeitpunktbezogen erfüllt wird, ist nach IFRS 15.32 für jede identifizierte Leistungsverpflichtung bereits bei Vertragsabschluss zu beurteilen. IFRS 15.35 sieht hierfür eine Reihe von Indikatoren vor, die auf eine zeitraumbezogene Leistungserfüllung schließen lassen und nachfolgend erläutert werden. Hiervon ausgehend liegt im Sinne einer Negativabgrenzung zwangsläufig eine zeitpunktbezogene Leistungserfüllung und damit Umsatzrealisation vor, wenn keines dieser Qualifikationskriterien erfüllt ist (IFRS 15.32).

3.5.2 Zeitraumbezogene Umsatzrealisation

3.5.2.1 Kontrollübergang bei zeitraumbezogener Leistungserfüllung

Kriterien für zeitraumbezogenen Kontrollübergang

Umsatzerlöse sind bei einem kontinuierlichen Übergang der Verfügungsmacht über eine zugesagte Leistung ebenfalls zeitraumbezogen nach dem Leistungsfortschritt zu erfassen. Eine zeitraumbezogene Leistungserfüllung liegt (insbesondere bei Dienstleistungen) vor, wenn mindestens eines der folgenden in IFRS 15.35 aufgeführten Kriterien erfüllt ist:

- Der Kunde erhält und verbraucht zeitgleich mit der Leistungserfüllung den Nutzen aus der erbrachten (Dienst)Leistung.
- Das Unternehmen erstellt oder verbessert einen Vermögenswert, über den der Kunde die Verfügungsmacht bereits während des Erstellungs- bzw. Verbesserungsprozesses besitzt.
- Der vom Unternehmen erstellte Vermögenswert lässt sich aufgrund seiner Beschaffenheit und/oder seiner spezifischen Eigenschaften nicht bzw. nur unter Inkaufnahme erheblicher Kosten anderweitig nutzen. Darüber hinaus hat das Unternehmen einen durchsetzbaren Zahlungsanspruch in Bezug auf die bisher erbrachten Leistungen.

Zeitgleicher Nutzenzufluss bei Dienstleistungen

Speziell bei (wiederkehrenden) Routineleistungen, z.B. in Form von Reinigungsarbeiten, ist die Prüfung des ersten Kriteriums unproblematisch (IFRS 15.B3). In dem genannten Beispiel ist offensichtlich, dass der Kundennutzen unmittelbar positiv mit dem Fortschritt der Reinigungsleistung korreliert. In anderen Fällen lässt sich indes nicht oder nur schwer beurteilen, ob dem Kunden der Nutzen aus einer Leistung zeitgleich mit der Leistungserbringung zufließt (IFRS 15.B4). In solchen Fällen ist zu prüfen, ob ein anderes Unternehmen die bis dato vom bilanzierenden Unternehmen erbrachte Leistung erneut erbringen müsste, um die vertraglich vereinbarte Leistungsverpflichtung erfüllen zu können. Bei dieser Beurteilung ist insoweit von den realen Gegebenheiten zu abstrahieren, als sowohl vertragliche als auch praktische Beschränkungen, die eine Übertragung der ausstehenden Leistungsverpflichtung auf eine andere Partei rechtstatsächlich ausschließen, nicht zu berücksichtigen sind. Außerdem ist zu unterstellen, dass ein die noch unerfüllte Leistungsverpflichtung übernehmendes Unternehmen keinen Nutzen aus Vermögenswerten zieht, die gegenwärtig und im Übertragungsfall in der Verfügungsmacht des bilanzierenden Unternehmens stehen.[11] Müsste die bereits erbrachte Arbeit unter diesen Bedingungen nach Übertragung der Leistungsverpflichtung auf eine Drittpartei erneut erbracht werden, läge dem jeweiligen Sachverhalt gemäß IFRS 15.B4 keine zeitraumbezogene Leistungserfüllung und damit Umsatzrealisation zugrunde.

Beispiel 7.8[12]

Die Geldsack AG vereinbart mit einem Kunden, für diesen über einen Zeitraum von einem Jahr die monatliche Abwicklung der Gehaltsabrechnungen zu übernehmen. Die Geldsack AG behandelt diese Zusage als einzelne Leistungsverpflichtung i.S.v. IFRS 15.22(b). Dieser liegt eine zeitraumbezogene Leistungserfüllung zugrunde, da der Kunde zeitgleich mit der Leistungserbringung, d.h. der Abwicklung der Gehaltsabrechnungen, den Nutzen hieraus vereinnahmt. Dies spiegelt sich darin wider, dass ein anderes Unternehmen die bereits abgeschlossenen Vorgänge nicht erneut abwickeln müsste, wenn es die Leistungsverpflichtung übernehmen würde. Entsprechend realisiert die Geldsack AG die entsprechenden Umsatzerlöse zeitraumbezogen nach dem Leistungsfortschritt.

Kontrollübergang während Erstellung/Verbesserung eines Vermögenswerts

Um ausgehend von dem zweiten Kriterium zu beurteilen, ob ein Kunde bereits während der Erstellung oder Verbesserung eines – materiellen oder immateriellen – Vermögenswerts die Verfügungsmacht über diesen erhält, hat das bilanzierende Unternehmen die allgemeinen Verfügungsmachtkriterien gemäß IFRS 15 heranzuziehen (IFRS 15.B5). Denkbar ist hier bspw. der Fall eines Fertigungsauftrags, in dessen Rahmen das Unternehmen ein Gebäude auf dem Grundstück des Kunden errichtet. In einem solchen Fall besäße der Kunde infolge seiner Verfügungsmacht über das Grundstück auch die Kontrolle über das/die noch unfertige(n) Erzeugnis(se) (IFRS 15.BC129).[13]

Zeitraumbezogene Erlösrealisation bei Auftragsfertigung

Das dritte Kriterium knüpft die zeitraumbezogene Umsatzrealisation an folgende zwei Bedingungen:

- Erstens darf das Unternehmen über keine realistische alternative Verwendungsmöglichkeit für den im Zuge der Leistungserfüllung erstellten Vermögenswert verfügen.

11 Durch diese Bedingung soll sichergestellt werden, dass das erste der drei Kriterien auf Dienstleistungen beschränkt bleibt (IFRS 15.BC128). Denn bei einer Auftragsfertigung bestünde nur in dem Fall keine Notwendigkeit, die bereits geleisteten Arbeiten zu wiederholen, wenn das die Leistungsverpflichtung übernehmende Unternehmen auch die Arbeitsergebnisse i.S.v. unfertigen Erzeugnissen übernehmen und den korrespondierenden Nutzen hieraus ziehen könnte. Dies wird aber gerade durch die getroffene Annahme ausgeschlossen.

12 Beispiel in Anlehnung an IFRS 15.IE Example 13.

13 Vgl. hierzu kritisch *Baur, C./Eisele, A./Hold, C.*, Klassifizierung von Leistungsverpflichtungen nach IFRS 15.35, in: KoR, 16. Jg. (2016), S. 396-398.

- Zweitens muss das Unternehmen über einen – zumindest bedingten – rechtlich durchsetzbaren Zahlungsanspruch hinsichtlich seiner bislang für den Kunden erbrachten Leistung verfügen.

Alternative Verwendungsmöglichkeit

In Bezug auf die erste Bedingung schließt IFRS 15.36 eine anderweitige Verwendung des Vermögenswerts für denjenigen Fall aus, dass der Alternativnutzung vertragliche oder auch praktische Restriktionen entgegenstehen, bspw. weil eine Veräußerung an einen anderen Kunden per Vertrag ausgeschlossen ist. Allerdings müssen solche Einschränkungen auch substanziell greifen. Sofern der Verkauf eines für einen Kunden erstellten Vermögenswerts an einen Dritten zwar vertraglich ausgeschlossen ist, der betreffende Vermögenswert aber ohne Weiteres gegen andere (gleichwertige) Vermögenswerte ausgetauscht werden könnte, ohne dass dies mit einem Vertragsbruch einherginge oder dem Unternehmen hierdurch wesentliche Kosten entstünden, wäre die erste Bedingung nicht erfüllt (IFRS 15.B7). Denn in diesem Fall läge die Verfügungsmacht über den betreffenden Vermögenswert faktisch nicht beim Kunden, wodurch folglich das nach IFRS 15 für die Umsatzrealisation erforderliche Transferkriterium nicht erfüllt wäre. Ein solches vertragliches Verbot ohne ökonomische Substanz betrifft bspw. standardisierte Vermögenswerte des Vorratsvermögens, die zwischen verschiedenen Kundenverträgen beliebig austauschbar sind (IFRS 15.BC134).

Darüber hinaus ist eine anderweitige Verwendung des Vermögenswerts praktisch eingeschränkt, wenn diese mit erheblichen Kosten bzw. Verlusten verbunden wäre; z.B. weil ein – kundenspezifisch gefertigter – Vermögenswert zunächst kostspielig über- bzw. nachbearbeitet werden müsste, um ihn einer anderweitigen Nutzung zuzuführen. Gleichermaßen wäre von keiner alternativen Verwendungsmöglichkeit auszugehen, wenn der Vermögenswert nur mit erheblichem Verlust bzw. zu einem erheblich reduzierten Preis veräußert werden könnte. Dies betrifft insbesondere auf Grundlage individueller Kundenbedürfnisse angefertigte (z.B. einzigartige Design-Spezifikationen) oder in abgelegenen bzw. schlecht zugänglichen Gebieten liegende Vermögenswerte (IFRS 15.B8).

Durchsetzbarer Zahlungsanspruch hinsichtlich erbrachter (Teil)Leistungen

Ob das Unternehmen – wie nach der zweiten Bedingung gefordert – über einen durchsetzbaren Zahlungsanspruch hinsichtlich der bisher erbrachten (Teil)Leistungen verfügt, ist nach IFRS 15.37 unter Berücksichtigung der Vertragsbedingungen sowie der einschlägigen Rechtsvorschriften zu beurteilen. So muss über die gesamte Vertragslaufzeit sichergestellt sein, dass das bilanzierende Unternehmen bei einer Vertragskündigung durch den Kunden oder eine andere Partei für die bereits erbrachte(n) Leistung(en) entschädigt wird (vorausgesetzt die Vertragskündigung ist nicht auf einen unternehmensseitigen Verstoß gegen die Vertragsbedingungen zurückzuführen). Durch dieses Kriterium wird folglich sichergestellt, dass ein Unternehmen gerade bei der kundenspezifischen Fertigung eines Vermögenswertes gegen das Risiko abgesichert ist, nach einer Vertragskündigung durch den Kunden auf einem nicht weiter verwertbaren fertigen oder unfertigen Erzeugnis und den entsprechenden Kosten sitzen zu bleiben (IFRS 15.BC142). Gleichwohl muss der geforderte gegenwärtige Entschädigungsanspruch für bis dato erbrachte (Teil)Leistungen nur *bedingt* bestehen (IFRS 15.B10). Denn ein *unbedingter* Zahlungsanspruch entsteht in vielen Fällen erst dann, wenn ein oder mehrere vertraglich vereinbarte Meilensteine erreicht (Teilabnahmen) oder die vollständige Leistungsverpflichtung erfüllt wurde. Entsprechend reicht es für die Erfüllung des Kriteriums aus, wenn das Unternehmen – bei vorzeitiger, nicht durch das Unternehmen zu vertretender, kundenseitiger Vertragskündigung – rechtlich durchsetzen kann, für seine bereits geleistete Arbeit entlohnt zu werden oder vom Kunden bereits geleistete Anzahlungen einzubehalten. Inwieweit eine solche rechtliche Durchsetzbarkeit vorliegt, ist unter Berücksichtigung der vertraglichen Bestimmungen, der einschlägigen Gesetze sowie rechtlicher Präzedenzfälle zu beurteilen.

Anforderungen an Kompensationszahlungen

Darüber hinaus wird in IFRS 15.B19 konkretisiert, welche Anforderungen an die vom Kunden oder von einer Drittpartei zu leistende Kompensationszahlung zu stellen sind. Demnach hat diese die Summe der Veräußerungspreise der bis zur Vertragskündigung erbrachten Leistungen zu *approximieren*. Die geforderte Orientierung an den Veräußerungspreisen der einzelnen Leistungen bedingt nicht nur eine Kompensation für die im Zuge der Leistungserstellung angefallenen Kosten, sondern auch die Abgeltung einer angemessenen Gewinnmarge. Auch wenn Letztere nicht derjenigen bei vertragskonformer, d.h. vollständiger, Erfüllung der Leistungsverpflichtung entsprechen muss, stellt IFRS 15.B9 diesbezüglich gewisse Mindestanforderungen. So muss ein angemessener, in der Entschädigungszahlung enthaltener Anteil an der vertraglich vereinbarten Gewinnmarge entweder die Leistung des Unternehmens bis zur Vertragskündigung in angemessenem Umfang widerspiegeln, bspw. indem sich dieser proportional zum Fertigstellungsgrad des Vermögenswerts entwickelt, oder dieser entspricht einer angemessenen Verzinsung in Höhe der Kapitalkosten (oder der typischen Umsatzrendite des Unternehmens) für ähnliche Verträge, sofern die Gewinnmarge des spezifischen Vertrags höher ausfällt als die Rendite, die das Unternehmen im Regelfall für ähnliche Verträge kalkuliert.

Beispiel 7.9[14]

Die FlipFlop AG verpflichtet sich im Rahmen einer vertraglichen Vereinbarung, exklusiv für einen Kunden ein auf dessen individuelles Geschäftsmodell abgestimmtes Management-Konzept zu entwickeln. Der Vertrag sieht vor, dass der Kunde der FlipFlop AG bei einer nicht von ihr zu vertretenden Kündigung des Vertrags die bis dahin angefallenen Kosten zuzüglich einer hierauf entfallenden Gewinnmarge von 15 % zu erstatten hat. Diese Gewinnmarge entspricht weitestgehend derjenigen, welche die FlipFlop AG auch anderen Kunden bei ähnlichen Verträgen berechnet. Wie ist dieser Sachverhalt im Kontext von IFRS 15 bilanziell zu behandeln?

Lösung

Zunächst prüft die FlipFlop AG gemäß IFRS 15.35(a), ob der Kunde zeitgleich mit der Leistungserbringung den Nutzen hieraus konsumiert. Das Unternehmen gelangt diesbezüglich zu dem Schluss, dass dieses Kriterium im vorliegenden

14 Beispiel in Anlehnung an IFRS 15.IE Example 14.

Fall nicht greift. Wäre sie nicht in der Lage, das vereinbarte Leistungsversprechen zu erfüllen, müsste eine andere Beratungsfirma das Management-Konzept neu konzipieren und könnte insoweit wohl kaum auf den bis dato von der FlipFlop AG angestellten Überlegungen aufbauen. Der Kunde wird der Natur der Sache nach den Nutzen aus der Beratungsleistung erst dann ziehen können, wenn das in sich geschlossene Management-Konzept vollständig entwickelt wurde.

In einem zweiten Schritt prüft die FlipFlop AG, ob es sich bei der Beratungsleistung ggf. um eine zeitraumbezogene Leistungsverpflichtung gemäß IFRS 15.35(c) handelt. Diesbezüglich stellt sie zunächst im Einklang mit IFRS 15.36 und B6-B8 fest, dass es sich bei dem Management-Konzept um einen Vermögenswert ohne alternative Verwendung für die FlipFlop AG handelt, da dieses individuell auf den Kunden zugeschnitten und auf sein Geschäftsmodell abgestimmt ist. Entsprechend liegen praktische Beschränkungen vor, welche die FlipFlop AG daran hindern, das Konzept auch bei einem anderen Kunden zu nutzen. Darüber hinaus hat die FlipFlop AG in Übereinstimmung mit IFRS 15.37 und IFRS 15.B9-B13 einen durchsetzbaren Zahlungsanspruch, nach dem der Kunde die FlipFlop AG bei einer nicht durch diese zu vertretende Vertragskündigung für die bis zu diesem Zeitpunkt angefallenen Kosten und eine hierauf berechnete vertragsübliche Gewinnmarge zu entschädigen hat. Es handelt sich bei dem Management-Konzept um eine zeitraumbezogen zu erfüllende Leistungsverpflichtung, sodass auch die korrespondierenden Umsatzerlöse entsprechend dem Leistungsfortschritt zu realisieren sind.

3.5.2.2 Bestimmung des Fertigstellungsgrades

Verlässliche Messbarkeit des Fertigstellungsgrades

Sofern eine Leistungsverpflichtung zeitraumbezogen erfüllt wird, sind die korrespondierenden Umsatzerlöse ebenfalls zeitraumbezogen nach dem Grad der Erfüllung der Leistungsverpflichtung bzw. der Fertigstellung der vereinbarten Leistung(en) zu erfassen (Percentage-of-Completion-Methode). Voraussetzung hierfür ist, dass der Erfüllungs- bzw. Fertigstellungsgrad zum Ende jeder Berichtsperiode hinreichend verlässlich messbar ist (IFRS 15.39 und 44).

Outputbasierte Methoden

Intuitiv könnte der Grad der Leistungserfüllung outputbasiert, d.h. nach dem Wertverhältnis der bisher an den Kunden transferierten zu den insgesamt an diesen zu übertragenden Leistungen, gemessen werden. Diese Methode erscheint insbesondere dann sachgerecht, wenn der Grad der Leistungserfüllung z.B. auf Basis der vertraglich vereinbarten Meilensteine oder des Anteils produzierter bzw. gelieferter an den vertraglich insgesamt vereinbarten Leistungseinheiten gemessen werden kann (IFRS 15.B15). Problematisch ist dieser Ansatz allerdings, wenn der (zwischenzeitliche) Output nicht beobachtbar ist und die Kosten zur Beschaffung der für diese Leistungsmessung benötigten Informationen unangemessen hoch ausfallen. In solchen Fällen erscheint der Rückgriff auf inputbasierte Methoden zur Messung des Fertigstellungsgrades angemessen (IFRS 15.B17).

Inputbasierte Methoden

Letztere zeichnen sich dadurch aus, dass der Fertigstellungsgrad auf Basis des Anteils der bis dato im Zuge der Leistungserstellung verbrauchten Inputfaktoren am insgesamt erwarteten Verbrauch gemessen wird. Demnach kann der Fertigstellungsgrad der bislang angefallenen Kosten im Verhältnis zu den erwarteten Gesamtkosten (Cost-to-Cost-Verfahren) oder auch auf Grundlage der geleisteten Arbeits- oder Maschinenstunden an den geplanten Gesamtstunden ermittelt werden (IFRS 15.B18).

Cost-to-Cost-Verfahren

Beim Cost-to-Cost-Verfahren wird der Gesamtgewinn entsprechend dem Anteil der bislang tatsächlich angefallenen Kosten an den erwarteten Gesamtkosten auf die Perioden der Fertigung verteilt. Da die Kalkulation und damit einhergehend auch das Gesamtergebnis bis zur endgültigen Fertigstellung des Langfristauftrages auf unsicheren Schätzungen beruhen, werden Korrekturen dieser Schätzungen während des Fertigungsverlaufes regelmäßig erforderlich sein.

Verfahrenstechnisch wird beim Cost-to-Cost-Verfahren zunächst der prozentuale Fertigstellungsgrad errechnet (vgl. Abbildung 7.2). Dafür werden die bis zum Periodenende kumuliert angefallenen Kosten den erwarteten Gesamtkosten gegenübergestellt. Dieser Quotient wird zum Ende jeder Berichtsperiode auf der Grundlage der dann geltenden Informationen neu ermittelt.

$$TE_k = \frac{\sum_{i=1}^{k} K_i}{\sum_{i=1}^{n} K_i} \cdot \sum_{i=1}^{n} TE_i - \sum_{i=1}^{k-1} TE_i$$

mit	TE_i	=	Teilerfolg der Periode i
	K_i	=	Kosten der Periode i
	k	=	betrachtete Periode
	n	=	Periode der endgültigen Fertigstellung

Abb. 7.2: Vorgehensweise des Cost-to-Cost Verfahrens

In einem zweiten Schritt wird der jeweils ermittelte Fertigstellungsgrad mit dem erwarteten Gesamtergebnis multipliziert. Veränderte Schätzungen finden insoweit Berücksichtigung, als hiervon die Summe der in den Vorperioden ausgewiesenen Teilerfolge subtrahiert wird, sodass sich schließlich der Teilerfolg der jeweils betrachteten Berichtsperiode ergibt.

Beispiel 7.10

Die auf den Tunnelbau spezialisierte Durchsgebirge AG wurde mit dem Bau eines aufwendigen Tunnels durch ein skandinavisches Gebirge beauftragt. Dabei handelt es sich um ein langfristiges Fertigungsprojekt, dessen Fertigungsdauer auf fünf Jahre angelegt ist. Der Baubeginn ist für das Jahr 2022 angesetzt. Die Abnahme und Abrechnung dieses Projektes erfolgen erst im fünften Jahr (2026). Als Verkaufspreis ist ein Festpreis von 700 Mio. € vereinbart worden.

Für die Durchsgebirge AG ergeben sich für diesen Auftrag geplante jährliche Einzelkosten von 95 Mio. € und anteilig verrechnete jährliche Gemeinkosten von 30 Mio. €. Damit belaufen sich die Gesamtkosten des Projektes auf 625 Mio. €. Vereinfachend sei unterstellt, dass es sich bei den Einzelkosten und Gemeinkosten ausschließlich um den Verbrauch von Roh-, Hilfs- und Betriebsstoffen handelt. Die Gemeinkosten sind fertigungsbezogen i.S.d. IAS 2. Aus dem Saldo des Verkaufspreises von 700 Mio. € und den Gesamtkosten von 625 Mio. € ergibt sich der erwartete Gesamtergebnisbeitrag des Projektes von 75 Mio. €. Teilabnahmen sind vertraglich nicht vereinbart.

Wie hat die Durchsgebirge AG dieses Fertigungsprojekt nach der Percentage-of-Completion-Methode unter Berücksichtigung latenter Steuern (Steuersatz = 30 %) zu bilanzieren?

Lösung

Nach der Percentage-of-Completion-Methode werden bei ausreichend nachgewiesener Teilfertigstellung die anteiligen Gewinne nach dem Grad der Fertigstellung der zu erbringenden Leistung als realisiert betrachtet. Mitmilfe des Cost-to-Cost-Verfahrens wird das Gesamtergebnis auf die Perioden der Fertigungsdauer verteilt. Für das Beispiel ergibt sich hieraus somit – bei einem Gesamtergebnis von 75 Mio. € – ein Gewinn von 15 Mio. € pro Jahr. Der Wertansatz der unfertigen Erzeugnisse (95 Mio. € Einzelkosten + 30 Mio. € Gemeinkosten = 125 Mio. €) wird um diesen Erfolgsbeitrag erhöht. Somit erhöht sich die Bilanzposition „Aktiver Vertragsposten“ in jedem Jahr um 140 Mio. €.

Da das Vorratsvermögen jedoch im Vergleich zur deutschen Steuerbilanz pro Jahr zusätzlich um den Gewinnanteil von jeweils 15 Mio. € ansteigt, sind gleichzeitig passive latente Steuern i.H.v. 4,5 Mio. € (= 15 Mio. € · 0,3) zu berücksichtigen. Nach Berücksichtigung latenter Steuern verbleibt damit in den ersten vier Perioden ein Ergebnisbeitrag pro Jahr von jeweils 10,5 Mio. €, der in den Folgeperioden jeweils die Gewinnrücklagen erhöht. In Periode 2026 sind die kumulierten passiven latenten Steuern in Höhe von 18 Mio. € aufzulösen. Der nun steuerbilanziell realisierte Gewinn in Höhe von 75 Mio. € ist mit 30 % zu versteuern, sodass sich auch in 2026 ein Ergebnisbeitrag (nach Steuern) in der IFRS-Gesamtergebnisrechnung von 10,5 Mio. € ergibt. Für den tatsächlich anfallenden Steueraufwand ist insgesamt eine Rückstellung in Höhe von (75 · 0,3 =) 22,5 Mio. € zu bilden. Für die Bilanz und Gesamtergebnisrechnung der Durchsgebirge AG bedeutet dies also:

Bilanz (Percentage-of-Completion-Methode) in Mio. €

	2022	**2023**	**2024**	**2025**	**2026**
Aktiva Roh-, Hilfs- und Betriebsstoffe	-125	-250	-375	-500	-625
Fertigungsaufträge (Aktiver Vertragsposten)	140	280	420	560	
Ford. aus Lief. und Leist.					700
Passiva Gewinnrücklagen		10,5	21	31,5	42
Ergebnisbeitrag	10,5	10,5	10,5	10,5	10,5
Latente Steuerschuld	4,5	9	13,5	18	
Steuerrückstellungen					22,5

Gesamtergebnisrechnung (Percentage-of-Completion-Methode) in Mio. €

a) nach Umsatzkostenverfahren

	2022	**2023**	**2024**	**2025**	**2026**
Umsatzerlöse	140	140	140	140	140
Umsatzkosten	-125	-125	-125	-125	-125
Bruttogewinn	15	15	15	15	15
Latenter Steueraufwand	-4,5	-4,5	-4,5	-4,5	18
Tatsächlicher Steueraufwand					-22,5
Ergebnisbeitrag nach Steuern	10,5	10,5	10,5	10,5	10,5

b) nach Gesamtkostenverfahren

	2022	**2023**	**2024**	**2025**	**2026**
Umsatzerlöse	140	140	140	140	140
Sonst. betriebliche Aufwendungen	-125	-125	-125	-125	-125
Latenter Steueraufwand	-4,5	-4,5	-4,5	-4,5	+18
Tatsächlicher Steueraufwand					-22,5
Ergebnisbeitrag nach Steuern	10,5	10,5	10,5	10,5	10,5

Das Fertigungsprojekt ist in den Perioden 2022 bis 2025 nach dem Umsatzkostenverfahren wie folgt zu buchen:

Sonst. betriebl. Aufwand an Roh-, Hilfs- und Betriebsstoffe 125 Mio. €

Unfertige Erzeugnisse an sonst. betriebl. Aufwand 125 Mio. €

Umsatzkosten	*an*	*unfertige Erzeugnisse*	*125 Mio. €*
Aktiver Vertragsposten	*an*	*Umsatzerlöse*	*140 Mio. €*
(Latenter) Steueraufwand	*an*	*passive latente Steuern*	*4,5 Mio. €*

Die Buchungen nach dem Gesamtkostenverfahren lauten in den Perioden 2022 bis 2025:

Sonst. betriebl. Aufwand	*an*	*Roh-, Hilfs- und Betriebsstoffe*	*125 Mio. €*
Aktiver Vertragsposten	*an*	*Umsatzerlöse*	*140 Mio. €*
(Latenter) Steueraufwand	*an*	*passive latente Steuern*	*4,5 Mio. €*

In Periode 2026 kommt es – mit Ausnahme der Bildung einer passiven latenten Steuer – nach beiden Verfahren zunächst zu denselben Buchungen wie in den Perioden zuvor. Sofern die Bezahlung des Projektes noch aussteht, kommt es zusätzlich zu folgender Buchung:

Forderungen	*an*	*aktiver Vertragsposten*	*700 Mio. €*

Da der Fertigungsauftrag ausgebucht wird, werden nun die korrespondierenden passiven latenten Steuern, die in den Vorperioden angesammelt worden sind, aufgelöst:

Passive latente Steuern	*an*	*(latenter) Steuerertrag*	*18 Mio. €*

Der annahmegemäß auch steuerrechtlich relevante Gewinn in Höhe von 75 Mio. € führt zu einem tatsächlichen Steueraufwand von (75 · 0,3 =) 22,5 Mio. €. Da die tatsächliche Steuerschuld erst in der Folgeperiode festgestellt und fällig wird, ist 2026 wie folgt zu buchen:

(Tatsächlicher) Steueraufwand	*an*	*Steuerrückstellung*	*22,5 Mio. €*

Modifikation I des Beispiels

Abweichend von der Ausgangssituation steigen die Auftragskosten insgesamt auf 635 Mio. €. Damit sinkt der Gesamtgewinn des Projektes auf 65 Mio. €. Der in 2025 bekannt gewordene Kostenanstieg ist durch eine Erhöhung der Einzelkosten verursacht, die in 2025 und 2026 im Vergleich zur Ausgangssituation um jeweils 5 Mio. € steigen. Wie stellt sich dieser Sachverhalt in der Bilanz und der Gesamtergebnisrechnung der Durchsgebirge AG dar?

Lösung

Bilanz (Percentage-of-Completion-Methode) in Mio. €

	2022	2023	2024	2025	2026
Aktiva Roh-, Hilfs- und Betriebsst.	-125	-250	-375	-505	-635
Fertigungsaufträge (Aktiver Vertragsposten)	140	280	420	556,69	
Ford. aus Lief. und Leist.					700
Passiva Gewinnrücklagen		10,5	21	31,5	36,18
Ergebnisbeitrag	10,5	10,5	10,5	4,68	9,32
Latente Steuerschuld	4,5	9	13,5	15,51	
Steuerrückstellungen					19,5

Gesamtergebnisrechnung (Percentage-of-Completion-Methode) in Mio. €

a) nach Umsatzkostenverfahren

	2022	2023	2024	2025	2026
Umsatzerlöse	140	140	140	136,69	143,31
Umsatzkosten	-125	-125	-125	-130	-130
Bruttogewinn	15	15	15	6,69	13,31
Latenter Steueraufwand	-4,5	-4,5	-4,5	-2,01	15,51
Tatsächlicher Steueraufwand					-19,5
Ergebnisbeitrag nach Steuern	10,5	10,5	10,5	4,68	9,32

b) nach Gesamtkostenverfahren

	2022	2023	2024	2025	2026
Umsatzerlöse	140	140	140	136,69	143,31
Sonst. betriebl. Aufwendungen	-125	-125	-125	-130	-130
Latenter Steueraufwand	-4,5	-4,5	-4,5	-2,01	15,51
Tatsächlicher Steueraufwand					-19,5
Ergebnisbeitrag nach Steuern	10,5	10,5	10,5	4,68	9,32

Da zunächst von einem geschätzten Gesamtergebnisbeitrag von 75 Mio. € ausgegangen wird, werden auch hier in den ersten drei Perioden jeweils 15 Mio. € (vor Steuern) bzw. 10,5 Mio. € (nach latenten Steuern) als Gewinn ausgewiesen. 2025 rechnet das Unternehmen mit um 10 Mio. € höheren Gesamtkosten, die sich gleichmäßig über die Jahre 2025 und 2026 verteilen. Daher steigen die Umsatzkosten bzw. die sonstigen betrieblichen Aufwendungen in 2025 und 2026 um jeweils 5 Mio. € auf 130 Mio. €. Folglich wird der Gesamtgewinn in 2025 nur noch auf 65 Mio. € geschätzt.

Der Fertigstellungsgrad, der bisher in jedem Jahr um (140 / 700 =) 20 % anstieg, ist deshalb neu zu ermitteln. Nach dem Cost-to-Cost-Verfahren beträgt der neu berechnete Fertigstellungsgrad in 2025 (505 / 635 =) 79,53 %. Der Teilerfolg in Periode 2025 beträgt somit (0,7953 · 65 - 45 =) 6,69 Mio. €. Passive latente Steuern fallen in Höhe von (6,69 · 0,3 =) 2,01 Mio. € an. Damit betragen die passiven latenten Steuern in 2025 insgesamt (13,5 + 2,01 =) 15,51 Mio. €. Infolge des Kostenanstiegs erhöht sich die Bilanzposition „Aktiver Vertragsposten" um 136,69 Mio. € auf 556,69 Mio. €. 2026 sind die kumulierten latenten Steuerschulden in Höhe von 15,51 Mio. € aufzulösen. Der nun steuerbilanziell realisierte Gewinn führt zu einem tatsächlichen Steueraufwand von (65 · 0,3 =) 19,5 Mio. €, für den eine entsprechende Rückstellung zu bilden ist, falls die Steuerzahlung erst in der Folgeperiode zu leisten ist.

Modifikation II des Beispiels

Abweichend von der Ausgangssituation steigen die Gesamtkosten nun auf 675 Mio. €, sodass der Gesamtgewinn des Projektes nur noch 25 Mio. € beträgt. Wieder wird der Kostenanstieg erst in 2025 bekannt und ist durch eine Erhöhung der Einzelkosten verursacht, die in 2025 und 2026 im Vergleich zur Ausgangssituation um jeweils 25 Mio. € steigen und damit die jeweiligen Umsatzerlöse der Perioden übersteigen.

Lösung

Bilanz (Percentage-of-Completion-Methode) in Mio. €

	2022	2023	2024	2025	2026
Aktiva					
Roh-, Hilfs- und Betriebsst.	-125	-250	-375	-525	-675
Fertigungsaufträge (Aktiver Vertragsposten)	140	280	420	544,44	
Ford. aus Lief. und Leist.					700
Passiva					
Gewinnrücklagen		10,5	21	31,5	13,61
Ergebnisbeitrag	10,5	10,5	10,5	-17,89	3,89
Latente Steuerschuld	4,5	9	13,5	5,83	
Steuerrückstellungen					7,5

Gesamtergebnisrechnung (Percentage-of-Completion-Methode) in Mio. €

a) nach Umsatzkostenverfahren

	2022	2023	2024	2025	2026
Umsatzerlöse	140	140	140	124,44	155,56
Umsatzkosten	-125	-125	-125	-150	-150
Bruttogewinn	15	15	15	-25,56	5,56
Latenter Steueraufwand	-4,5	-4,5	-4,5	7,67	5,83
Tatsächlicher Steueraufwand					-7,5
Ergebnisbeitrag nach Steuern	10,5	10,5	10,5	-17,89	3,89

b) nach Gesamtkostenverfahren

	2022	2023	2024	2025	2026
Umsatzerlöse	140	140	140	124,44	155,56
Sonst. betriebl. Aufwendungen	-125	-125	-125	-150	-150
Latenter Steueraufwand	-4,5	-4,5	-4,5	7,67	5,83
Tatsächlicher Steueraufwand					-7,5
Ergebnisbeitrag nach Steuern	10,5	10,5	10,5	-17,89	3,89

Erneut wird zunächst von einem geschätzten Gesamtergebnisbeitrag von 75 Mio. € ausgegangen, sodass in den ersten drei Perioden Gewinne von jeweils 15 Mio. € (vor Steuern) bzw. 10,5 Mio. € (nach latenten Steuern) ausgewiesen werden. Im Jahr 2025 rechnet das Unternehmen aufgrund einer veränderten Schätzung mit um 50 Mio. € höheren Gesamtkosten, die sich annahmegemäß gleichmäßig auf die Jahre 2025 und 2026 verteilen. Daher steigen die Umsatzkosten bzw. die sonstigen betrieblichen Aufwendungen in diesen Perioden um jeweils 25 Mio. € auf 150 Mio. €. Der Kostenanstieg hat somit zur Folge, dass der Gesamtergebnisbeitrag in 2025 nur noch auf 25 Mio. € geschätzt wird. In den ersten drei Perioden sind bereits (3 · 15 =) 45 Mio. € als Gewinn realisiert worden. Aufgrund der neuen Schätzung hätte in jeder Periode jedoch nur ein Teilerfolg von 5 Mio. € ausgewiesen werden dürfen. Der neu berechnete Fertigstellungsgrad beträgt im Jahr 2025 nach dem Cost-to-Cost-Verfahren (525 / 675 =) 77,78 %. Der Teilerfolg im Jahr 2025 beträgt somit (0,7778 · 25 - 45 =) -25,56 Mio. €. In den Vorperioden gebildete passive latente Steuern werden um (25,56 · 0,3 =) 7,67 Mio. € aufgelöst, sodass sich 2025 insgesamt ein Ergebnisbeitrag von -17,89 Mio. € ergibt.

Einfache Anwendbarkeit vs. Transferbezug

Da die inputbasierten Verfahren regelmäßig auf Daten des internen Rechnungswesens aufsetzen, lassen sich die benötigten Informationen im Vergleich zu den outputbasierten Verfahren üblicherweise leichter gewinnen. Allerdings ist nicht immer sichergestellt, dass der Grad der Leistungserfüllung bzw. -übertragung auch tatsächlich linear mit den eingesetzten Inputfaktoren zusammenhängt (IFRS 15.B19). Vor diesem Hintergrund dürften Inputgrößen, die keinen (hinreichenden) Bezug zur Leistungsübertragung auf den Kunden aufweisen, nicht in die Bestimmung des Fertigstellungsgrads einfließen. Bei der Anwendung kostenbasierter Verfahren zählen hierzu bspw. ausschussbedingte oder anderweitige Ineffizienzen, die zwar im Zuge der Erfüllung der Leistungsverpflichtung anfallen, aber nicht bei der Preisbestimmung des Vertrages einkalkuliert wurden.

Methodenwahl

Von den vorausgehend dargestellten Methoden ist einzelfallbezogen diejenige heranzuziehen, die den Leistungstransfer auf den Kunden bestmöglich abbildet (IFRS 15.39, B15 und B19). Hierbei ist insbesondere die Art der zugesagten Leistung zu berücksichtigen. Beispielsweise besteht die Leistungsverpflichtung eines Fitnessstudios darin, den Mitgliedern während der Öffnungszeiten jederzeit Zugang zu gewähren. Der Kunde hat hier indes kein Recht, die Bereitstellung von Leistungen (d.h. den Zugang) zu jedem beliebigen Zeitpunkt einzufordern (IFRS 15.BC160). Ein im Zeitablauf linearer Leistungstransfer und eine damit einhergehende kontinuierliche Umsatzrealisation erscheinen vor diesem Hintergrund für eine solche Leistungsverpflichtung angemessen.

Methodenstetigkeit

Das jeweils gewählte Verfahren zur Messung des Leistungsfortschritts ist konsistent auf ähnliche Leistungsverpflichtungen anzuwenden. Auch wenn die Methodenwahl faktisch im Ermessen des Bilanzierenden liegt (IFRS 15.BC159), herrscht damit durch den Transferbezug kein freies Methodenwahlrecht. Darüber hinaus sind bei der Bestimmung des Fertigstellungsgrades unabhängig von der Methodenwahl ausschließlich solche Leistungen zu erfassen, über die der Kunde die Verfügungsmacht erlangt.

Modifizierte Completed-Contract-Methode

Gerade zu Beginn bzw. in einer noch sehr frühen Projektphase eines langfristigen Fertigungs- oder Dienstleistungsauftrags kann es außerdem vorkommen, dass der Leistungsfortschritt nicht verlässlich bestimmt werden kann. In einem solchen Fall sind Umsatzerlöse lediglich in Höhe der tatsächlich in der Berichtsperiode angefallenen Kosten zu erfassen, sofern die erwarteten Gesamtkosten vollständig durch den vereinbarten Transaktionspreis gedeckt werden. Dieses Verfahren wird als modifizierte Completed-Contract-Methode bzw. Zero-Profit-Methode bezeichnet, weil auch hier bereits während der Produktionsdauer Umsatzerlöse in der Gesamtergebnisrechnung erfasst werden. Dies geschieht allerdings nur in Höhe der Auftragskosten und damit ohne einen Gewinnanteil. Erst wenn das Ergebnis der Leistungsverpflichtung in der Folgezeit zuverlässig bestimmt werden kann, ist fortan eine Umsatz- und dann auch Gewinnrealisation nach dem Leistungsfortschritt geboten (IFRS 15.45). Die modifizierte Completed-Contract-Methode nach IFRS unterscheidet sich von der reinen, z.B. nach HGB anzuwendenden, Completed-Contract-Methode lediglich dadurch, dass bei Letzterer die gesamten Umsatzerlöse erst im Zeitpunkt des Gefahrenübergangs ausgewiesen werden.

Beispiel 7.11

Die Unternehmensberatung Wenu AG hat drei mehrjährige Beratungsprojekte, deren Umsatzrealisation für das Jahr 2021 zu ermitteln ist. Es fallen annahmegemäß nur Personalkosten an. Der Ertragsteuersatz liegt bei 30 %. Steuerrechtlich wird von einer strengen Einhaltung des Realisationsprinzips ausgegangen, sodass Herstellungskosten der Dienstleistung zwar auf Vollkostenbasis zu aktivieren sind, eine Umsatzrealisation allerdings erst bei letztendlicher Rechnungsstellung erfolgt.

1. Das auf zwei Jahre angelegte Projekt wurde Anfang 2021 begonnen und wird voraussichtlich Ende 2022 abgeschlossen werden. Die erwarteten Gesamtkosten belaufen sich auf 9 Mio. €. Ein Drittel der Kosten ist im Jahr 2021 angefallen. Der verlässlich ermittelbare Erlös aus dem Gesamtprojekt beläuft sich auf 12 Mio. € und wird direkt zum Ende 2022 fällig. Der Kunde leistet Ende 2021 bereits eine vereinbarte Anzahlung auf noch nicht erbrachte Leistungen von 2 Mio. €.
2. Die Wenu AG berät seit dem 01.01.2021 ein in Insolvenzgefahr schwebendes Unternehmen. Mit den Banken wurde vereinbart, dass die Wenu AG ihre Kosten zum Abschluss des Projekts erstattet bekommt. Eine darüber hinausgehende Vergütung von 20 % auf die Herstellungskosten erhält die Wenu AG allerdings nur, wenn die Insolvenz abgewendet wird. Ob und ggf. wann dies gelingen wird, steht momentan noch nicht fest. Bislang sind Personalkosten in Höhe von 2 Mio. € angefallen.
3. Die Wenu AG berät ferner pro bono eine gemeinnützige Organisation. Es ist vertraglich vereinbart, dass die Organisation im Falle ausreichender liquider Mittel die Personalkosten der Wenu AG erstatten wird. Im Kalenderjahr sind Personalkosten in Höhe von 1 Mio. € entstanden.

Lösung

Beim ersten Projekt sind Gesamtumsatz, Gesamtkosten, angefallene Kosten und über die Kostenrelation auch der Fertigstellungsgrad verlässlich messbar. Somit werden die Umsatzerlöse nach dem Grad der Fertigstellung realisiert. Da 33 % der Kosten in 2021 angefallen sind, wird auch ein Drittel der Umsatzerlöse realisiert:

Personalaufwand	*an*	*Bank*	*3 Mio. €*
Umsatzkosten	*an*	*Personalaufwand*	*3 Mio. €*
Bank	*an*	*Vertragsverbindlichkeit*	*2 Mio. €*
Dienstleistungsprojekte	*an*	*Umsatzerlöse*	*4 Mio. €*

Steuerrechtlich wird das Dienstleistungsprojekt nur in Höhe der angefallenen Aufwendungen aktiviert. Für die Differenz ist demnach GuV-wirksam eine passive latente Steuer in Höhe von ((4 Mio. € - 3 Mio. €) · 0,3 =) 0,3 Mio. € zu bilden:

(Latenter) Steueraufwand	*an*	*passive latente Steuern*	*0,3 Mio. €*

Im Rahmen des zweiten Projekts ist der künftige Umsatzerlös nicht verlässlich messbar, ebenso wenig der Grad der Fertigstellung. Eine Erlösrealisation gemäß dem Fertigstellungsgrad ist somit nicht möglich. Da allerdings sichergestellt ist, dass die Personalkosten einbringbar sind, ist gemäß IFRS 15.45 ein Umsatz in Höhe des Personalaufwands zu erfassen:

Personalaufwand	*an*	*Bank*	*2 Mio. €*
Umsatzkosten	*an*	*Personalaufwand*	*2 Mio. €*
Dienstleistungsprojekte	*an*	*Umsatzerlöse*	*2 Mio. €*

Da hier bilanziell kein Unterschied zur steuerlichen Behandlung besteht, fallen keine latenten Steuern an.

Auch beim letzten Projekt ist der künftige Umsatz ungewiss. Zudem ist nicht gesichert, dass die Aufwendungen irgendwann durch einen Erlös kompensiert werden. Somit sind die Personalauszahlungen als sonstiger betrieblicher Aufwand der Periode zu erfassen:

Personalaufwand	*an*	*Bank*	*1 Mio. €*
Sonst. betr. Aufwand	*an*	*Personalaufwand*	*1 Mio. €*

Bilanzanalytische Auswirkungen

Auch wenn sich der Totalerfolg eines Fertigungsauftrags bzw. einer periodenübergreifenden Dienstleistung bei Anwendung der modifizierten Completed-Contract-Methode nicht von demjenigen der Percentage-of-Completion-Methode unterscheidet, wirken sich beide Methoden – zumindest im intertemporalen Vergleich – unterschiedlich auf zentrale Finanz- und Steuerungskennzahlen wie die Eigenkapitalquote sowie den Return on Capital Employed (RoCE) aus.

Wie bereits dargestellt, führt die PoC-Methode verglichen mit der modifizierten Completed-Contract-Methode einerseits zu einer Vorverlagerung von Umsatzerlösen und Gewinnen und andererseits zu einem stärker geglätteten Umsatz- und Gewinnausweis. Demgegenüber zeichnet sich die modifizierte Completed-Contract-Methode durch Umsatz- und Gewinnspitzen am Ende eines Projekts (nach Abrechnung) aus. Hierdurch fällt der RoCE bei Anwendung der PoC-Methode auf Einzelprojektebene während der Projektphase regelmäßig höher aus als bei Anwendung der modifizierten Completed-Contract-Methode. Zwar führt die Aktivierung der periodischen Teilgewinne bei der PoC-Methode zu einem vergleichsweise höheren operativen Vermögen und damit Capital Employed. Allerdings dürfte dieser negative Effekt auf den RoCE regelmäßig durch das ebenfalls über den Zeitraum der Leistungserstellung vergleichsweise höhere operative Ergebnis (EBIT) überkompensiert werden. Hierbei ist allerdings zu berücksichtigen, dass sich der Anstieg des operativen Vermögens, der sich aus der Aktivierung der Auftragskosten (plus ggf. Gewinnanteil) über die Projektdauer ergibt, zwar negativ auf die RoCE-Entwicklung auswirkt. Umgekehrt verbessert sich hierdurch aber – im Vergleich zur Nichtaktivierung – die Eigenkapitalquote, die bei Anwendung der PoC-Methode infolge der aktivierten Gewinnanteile im Vergleich zur modifizierten Completed-Contract-Methode intertemporal, d.h. bis zur Abrechnung des Projekts beim Kunden, höher ausfällt.

Schließlich ist zu berücksichtigen, dass die beschriebenen Unterschiede zwischen PoC- und modifizierter Completed-Contract-Methode in einem eingeschwungenen Zustand – zumindest in der dargestellten Intensität – nicht mehr zu beobachten wären bzw. sich in Bezug auf den RoCE sogar umkehren. Wenn ein Unternehmen also im Zeitablauf über einen gleichbleibenden Bestand an periodenübergreifenden Aufträgen verfügt und diese vertragsgemäß abwickelt, fällt der RoCE bei Anwendung der PoC-Methode sogar geringer aus als bei Anwendung der modifizierten Completed-Contract-Methode. Dies lässt sich an folgendem vereinfachtem Beispiel ohne Berücksichtigung von latenten Steuern verdeutlichen. Ein Unternehmen erhält ab Ende 2021 in jedem Geschäftsjahr jeweils einen neuen periodenübergreifenden Auftrag, dem folgende (sichere) Plandaten und Konditionen zugrunde liegen:

- Projektdauer: 2 Jahre
- Auftragskosten p.a.: 10 Mio. €
- Gesamterlös: 30 Mio. €
- Gesamtgewinn: 10 Mio. € (= 30 Mio. € - 2 · 10 Mio. €)

Die folgende Tabelle verdeutlicht für einen Zeitraum von vier Jahren die Unterschiede bei Anwendung der PoC- und der modifizierten Completed-Contract-Methode (mod. CC):

Jahr	**2022**	**2023**	**2024**	**2025**	**...**
Start Projekt Nr.	**1**	**2**	**3**	**4**	**...**
Aktivierung PoC (in Mio. €)	15	30	30	30	30
Aktivierung mod. CC (in Mio. €)	10	20	20	20	20
Bilanzposten „periodenübergreifende Aufträge“ (PoC)	15	15	15	15	15
Bilanzposten „periodenübergreifende Aufträge“ (mod. CC)	10	10	10	10	10
Gewinn PoC (in Mio. €)	5	10	10	10	10
Gewinn mod. CC (in Mio. €)	0	10	10	10	10

Wie die Tabelle zeigt, beginnt in jedem Geschäftsjahr t ein neues Projekt, das jeweils nach zwei Jahren Projektlaufzeit abgeschlossen und abgerechnet wird. Die Auftragskosten in Höhe von insgesamt 20 Mio. € verteilen sich gleichmäßig über den Herstellungszeitraum, sodass bei Anwendung der PoC-Methode in jedem Jahr die Hälfte der Gesamterlöse zu realisieren ist. Im Unterschied hierzu werden bei der modifizierten Completed-Contract-Methode im jeweiligen ersten Projektjahr jeweils nur die Auftragskosten in Höhe von 10 Mio. € aktiviert und als Erlös erfasst, während im zweiten Jahr nach Rechnungsstellung an den Kunden der Gesamtgewinn realisiert wird. Entsprechend fällt der Gewinn bei Anwendung der PoC-Methode in 2022 um den nach dem Fertigstellungsgrad bestimmten Teilgewinn in Höhe von 5 Mio. € höher aus. Im zweiten Jahr ist dann schon der eingeschwungene Zustand erreicht: Im Rahmen der modifizierten Completed-Contract-Methode werden die Auftragskosten des zweiten Jahres von Projekt 1 und des ersten Jahres von Projekt 2 in Höhe von insgesamt 20 Mio. € aktiviert und in gleichem Umfang Erlöse realisiert. Zusätzlich ist Projekt 1 am Ende des Jahres 2023 abgeschlossen, sodass hier der Gesamtgewinn in Höhe von 10 Mio. € GuV-wirksam zu erfassen ist. Hierdurch ergibt sich für dieses Jahr ein Gewinn in Höhe von insgesamt 10 Mio. €. Bei Anwendung der PoC-Methode wird in 2023 sowohl für Projekt 1 als auch für Projekt 2 jeweils ein Teilgewinn von 5 Mio. €, in Summe also 10 Mio. €, realisiert. Damit beträgt der Periodengewinn (EBIT) bereits ab 2023 unabhängig von der angewendeten Erlösrealisationsmethode 10 Mio. €. Allerdings führen die beiden Verfahren aufgrund der unterschiedlichen Aktivierungsbeträge zu unterschiedlichen Beträgen des Bilanzpostens „periodenübergreifende Aufträge". Dieser fällt hier bei Anwendung der PoC-Methode im Vergleich zur modifizierten Completed-Contract-Methode im eingeschwungenen Zustand zu jedem Bilanzstichtag um 5 Mio. € höher aus. Dieser höhere operative Vermögensausweis überträgt sich unmittelbar auf das Capital Employed. Folglich führt die Anwendung der PoC-Methode im Vergleich zur modifizierten Completed-Contract-Methode im eingeschwungenen Zustand zu einer relativen Verschlechterung des RoCE. Allerdings ergibt sich bei der PoC-Methode durch den bilanziellen Effekt der Aktivierung auch in einem eingeschwungenen Zustand eine höhere Eigenkapitalquote.

Das vorausgehende Beispiel verdeutlicht, welche kurzfristigen und längerfristigen Kennzahleneffekte aus der Anwendung sowohl der PoC- als auch der modifizierten Completed-Contract-Methode resultieren (können). Abschließend sollte aber beachtet werden, dass zumindest kein explizites Wahlrecht hinsichtlich der Methodenwahl besteht, sondern die PoC-Methode bei Vorliegen der Voraussetzungen grundsätzlich verpflichtend anzuwenden ist. Darüber hinaus sind periodenübergreifende Aufträge weitgehend losgelöst von etwaigen Zahlungsstrukturen und -bedingungen zu bilanzieren., Insgesamt ergeben sich aus der konkreten Bilanzierungsmethode keine Auswirkungen auf wichtige Cashflow basierte Finanzkennzahlen wie z.B. die von Ratingagenturen verwendeten Funds from Operations (FFO) to Total Debt (= Operativer Cashflow / (Bankverbindlichkeiten + Anleihen)).

3.5.2.3 Kosten der Auftragserlangung

Problematik der Auftragserlangungskosten

Gerade bei der Auftragsfertigung können Kosten zur Erlangung eines Vertrages bzw. Auftrags (Vertrags- bzw. Auftragserlangungskosten), die teilweise auch als Sondereinzelkosten des Vertriebs bezeichnet werden, eine besondere Rolle spielen. Denn im Unterschied zu vielen „normalen" Verkaufsgeschäften, bei denen die Vertriebsleistungen (z.B. Kundensuche, Marketing) i.d.R. erst im Anschluss an die Herstellung anfallen, sind diese bei der Auftragsfertigung meist vorgelagert. Dies betrifft bspw. auch öffentliche Ausschreibungen von Aufträgen, bei denen verschiedene Bieter auf den spezifischen Kundenwunsch gerichtete Angebote abgeben. Je nach Auftrag können dabei z.B. Reisekosten, Planungs- und Konzeptionskosten, Kosten für die Inanspruchnahme von Beratungsleistungen (Provisionen, Honorare), etc. anfallen. Daher stellt sich die Frage, wie mit solchen Vertrags- bzw. Auftragserlangungskosten bilanziell zu verfahren ist.

Auftragserlangungskosten vs. Vertragsanbahnungskosten

Die Kosten zur Erlangung eines Vertrages werden in IFRS 15.92 als solche Kosten definiert, die das Unternehmen gezielt mit der Intention des Vertragsabschlusses eingeht und die – wie z.B. bei im Falle des Vertragsabschlusses an Vertriebsmitarbeiter zu zahlenden (Verkaufs)Provisionen – ohne den Vertragsabschluss nicht angefallen wären (IFRS 15.IE189-191). Aktivierungspflichtig sind diese Kosten indes nur, sofern das Unternehmen erwarten kann, diese durch den Vertrag/Auftrag auch erstattet zu bekommen (IFRS 15.91). Darüber hinaus sind solche Vertragsanbahnungskosten, die auch ohne bzw. unabhängig vom Vertrags*abschluss* angefallen wären, grundsätzlich sofort als Aufwand zu erfassen. Dies gilt nur dann nicht, wenn das Unternehmen diese Kosten dem Auftraggeber auch ohne Vertragsabschluss in Rechnung stellen kann (IFRS 15.93).

3.5.3 Zeitpunktbezogene Leistungserfüllung

Indizien für eine zeitpunktbezogene Leistungserfüllung

Sind die in IFRS 15.35 kodifizierten Voraussetzungen für eine zeitraumbezogene Leistungserfüllung allesamt nicht erfüllt, liegt zwangsläufig eine zeitpunktbezogene Leistungserfüllung vor. Der Zeitpunkt des Übergangs der Verfügungsmacht über den zugesagten Vermögenswert auf den Kunden bestimmt sich hierbei auf Basis der bereits dargestellten Control-Kriterien des IFRS 15.31 ff. (IFRS 15.38). Darüber hinaus können aber auch die nachfolgend aufgeführten, einzeln abzuwägenden Indikatoren aus IFRS 15.38 auf einen zeitpunktbezogenen Kontrollübergang hindeuten:

- Es besteht ein gegenwärtiger Zahlungsanspruch für den Vermögenswert.
- Das rechtliche Eigentum an dem Vermögenswert ist auf den Kunden übergegangen, wobei ein Eigentumsvorbehalt des Unternehmens zur Absicherung gegen einen möglichen Zahlungsausfall dem Kontrollübergang grundsätzlich nicht entgegensteht.
- Der Kunde ist im Besitz des Vermögenswerts. Allerdings ist dieser Tatbestand nicht automatisch mit einer Übertragung der Verfügungsgewalt auf den Kunden

gleichzusetzen. So wird bei Kommissionsgeschäften der physische Besitz über einen Vermögenswert auf den Kunden (Zwischenhändler bzw. Kommissionär) übertragen, während sich das Unternehmen gleichzeitig die Verfügungsmacht über den Vermögenswert vorbehält. Da das Verfügungsmachtkriterium eine zentrale Voraussetzung für die Umsatzrealisation bildet, darf das Unternehmen daher zum Zeitpunkt der Lieferung des Vermögenswerts an den Zwischenhändler noch keinen Umsatzerlös erfassen (IFRS 15.B77). Darüber hinaus kann ein Unternehmen einen Vermögenswert besitzen, ohne hierbei die Verfügungsmacht über diesen ausüben zu können. Ein Beispiel hierfür ist ein „Bill-and-Hold-Verkauf", bei dem die Güter auf Nachfrage des Käufers noch nicht ausgeliefert werden, während das rechtliche Eigentum aber bereits auf den Käufer übergeht und dieser die Rechnungsstellung akzeptiert.

- Der Kunde trägt die wesentlichen mit dem Vermögenswert verbundenen eigentumsspezifischen Chancen und Risiken.
- Der Vermögenswert wurde durch den Kunden bereits abgenommen.

Beispiel 7.12[15]

Am 01.01.2021 schließt die MachinEx AG mit einem Kunden einen Vertrag, der die Fertigung und Lieferung einer Maschine sowie von Ersatzteilen vorsieht. Nach der Fertigungszeit von zwei Jahren werden Maschine und Ersatzteile nach der Prüfung, ob diese den vertraglich vereinbarten Spezifikationen entsprechen, durch den Kunden abgenommen. Darüber hinaus handelt es sich bei diesen beiden Vertragskomponenten (Maschine und Ersatzteile) um jeweils separate Leistungsverpflichtungen, für die der korrespondierende Umsatz stichtagsbezogen zu realisieren ist.

Am 31.12.2022 begleicht der Kunde den insgesamt vereinbarten Kaufpreis. Allerdings geht nur die Maschine in dessen physischen Besitz über. Hinsichtlich der Ersatzteile wird mit der MachinEx AG eine Bill-and-Hold-Vereinbarung getroffen, derzufolge die bereits abgerechneten und bezahlten Ersatzteile auf Anfrage des Kunden weiterhin in der Lagerhalle der MachinEx AG aufbewahrt werden und erst später auf Abruf an den Kunden zu liefern sind.[16] Im vorliegenden Fall behält der Kunde jederzeit einen unmittelbaren Rechtsanspruch auf die Ersatzteile, da ihm diese auch rechtlich gehören. Darüber hinaus werden die Ersatzteile in einem separaten Teil der Lagerhalle aufbewahrt und können auf Abruf jederzeit an den Kunden geliefert werden. Entsprechend der Vereinbarung erwartet das Unternehmen, die Ersatzteile zwischen zwei und vier Jahren für den Kunden aufzubewahren, wobei diese aufgrund ihrer Spezifität weder anderweitig durch die MachinEx AG genutzt noch an einen anderen Kunden geliefert werden könnten. Wie hat die MachineEx AG den geschilderten Sachverhalt nach IFRS 15 bilanziell abzubilden?

15 Beispiel in Anlehnung an IFRS 15.IE Example 36.

16 Ökonomischer Hintergrund für diese Form der Vereinbarung können fehlende Lagerkapazitäten des Kunden oder, wie im vorliegenden Fall angenommen, die unmittelbare Nähe der Lagerstätte zum Produktionsstandort des Kunden sein (IFRS 15.B79).

Lösung

Unter Berücksichtigung der in IFRS 15.B81 explizit für Bill-and-Hold-Geschäfte kodifizierten Kriterien kommt die MachinEx AG zu dem Schluss, dass die Ersatzteile eindeutig der Verfügungsmacht des Kunden unterliegen und die Aufbewahrung daher eine separate Verwahrungsleistung i.S.v. IFRS 15.80 darstellt. Diese Verwahrungsleistung stellt eine zusätzliche, von der Verpflichtung zur Lieferung von Maschine und Ersatzteilen eigenständig abgrenzbare Leistungsverpflichtung dar, sodass die MachinEx AG auch für alle drei Leistungsverpflichtungen bei Übertragung der jeweiligen Leistung auf den Kunden einen Umsatz(anteil) zu realisieren hat.

Die Maschine wird, ebenso wie die Ersatzteile, am 31.12.2022 auf den Kunden übertragen, sodass zu diesem Zeitpunkt die korrespondierenden Umsatzerlöse zu realisieren sind. Demgegenüber sind die mit der Aufbewahrungsverpflichtung verbundenen Umsätze zeitraumbezogen über den zu schätzenden Leistungszeitraum zu verteilen. Hierbei hat das Unternehmen zusätzlich zu prüfen, ob die Zahlungsbedingungen infolge der Langfristigkeit der Verwahrungsleistung ggf. eine wesentliche Finanzierungskomponente beinhalten.

Rückgaberechte

Gerade im Kontext einer zeitpunktbezogenen Leistungserfüllung stellt sich die Frage, wie Rückgaberechte des Kunden bei der Umsatzrealisation zu berücksichtigen sind. Solche Rückgaberechte, die häufig – wie z.B. in Form des 14-tägigen Widerrufsrechts im Online-Handel – gesetzlich kodifiziert sind, zeichnen sich nach IFRS 15.B20 dadurch aus, dass das Unternehmen dem Kunden mit der Erfüllung seiner Leistungsverpflichtung das Recht einräumt, das übertragene Produkt innerhalb einer determinierten Frist an das Unternehmen zurückzugeben. Im Gegenzug ist dem Kunden ein bereits gezahltes Entgelt vollständig oder teilweise zurückzuerstatten, ihm eine entsprechende Gutschrift zu geben, ein Austausch gegen ein anderes Gut zu gewähren oder eine Kombination aus den genannten Alternativen zuzugestehen (IFRS 15.B20). Aus dieser Abgrenzung folgt wiederum, dass ein vom Unternehmen gewährtes Recht zum Umtausch gegen ein anderes Produkt gleicher Art, Qualität, gleichen Zustands und Preises kein Rückgaberecht i.S.v. IFRS 15 darstellt (IFRS 15.B26). Darüber hinaus ist der Austausch eines defekten Produkts gegen ein funktionstüchtiges bilanziell nicht als Rückgaberecht, sondern als Garantieverpflichtung zu erfassen (IFRS 15.B27).

Die bilanzielle Abbildung der Rückgaberechte beruht auf den folgenden drei in IFRS 15.B21 kodifizierten Schritten:

Umsatzrealisation bei Rückgaberechten

1. Das Unternehmen hat einen Umsatz in Höhe des erwarteten Entgelts zu realisieren. Dieser Betrag kann im Idealfall auf Grundlage von Erfahrungswerten unter Einbezug von statistisch fundierten Rückgabequoten geschätzt werden.

Bilanzierung Rückerstattungsschuld

2. Das Unternehmen hat eine Rückerstattungsschuld zu passivieren, sofern zu erwarten ist, dass das Unternehmen dem Kunden ein bereits abgerechnetes bzw. gezahltes Entgelt teilweise oder vollständig zurückerstatten muss. Entsprechend bestimmt sich die Höhe dieser Schuld nach dem gezahlten Entgelt oder – bei

noch ausstehender, aber bereits abgerechneter Zahlung – dem Forderungsbetrag, auf den das Unternehmen erwartungsgemäß keinen Anspruch haben wird. Damit ergibt sich die zu passivierende Schuld als Differenz zwischen dem Transaktionspreis der zugesagten Leistung und den diesbezüglich bereits erfassten Umsatzerlösen. Änderungen des erwarteten Rückerstattungsbetrags (= Transaktionspreisänderungen) sind regelmäßig als Erlöskorrektur zu erfassen (IFRS 15.B24).

Recht auf Rückerhalt des verkauften Produkts

3. Das Unternehmen hat in dem Umfang einen Vermögenswert zu bilanzieren, in dem es das Recht auf Rückerhalt des dem Kunden bereits gelieferten Produkts hat. Um den Betrag des anzusetzenden Vermögenswerts sind auch die Umsatzkosten anzupassen. Der Wertansatz bestimmt sich hierbei nach dem Buchwert des Produkts zum Übertragungszeitpunkt abzüglich aller Kosten, die erwartungsgemäß mit dessen Wiedererlangung verbunden sind. Zu Letzteren zählen z.B. auch Wertminderungsaufwendungen, die aus einer zwischenzeitlichen (Ab-)Nutzung oder Marktwertminderung des Produkts resultieren. Wie die Rückerstattungsschuld ist auch der Vermögenswert aus dem Produktrückgaberecht zum Ende jeder Berichtsperiode um Erwartungsänderungen hinsichtlich potenzieller Produktrückgaben bzw. Rückgabequoten anzupassen. Darüber hinaus sind beide Posten separat und unsaldiert auszuweisen (IFRS 15.B25).

Beispiel 7.13[17]

Die WarrentBuff AG schließt mit 100 Kunden Verträge über den Verkauf eines Produkts zu einem Preis von 2 T€ pro Stück, sodass das gesamte Transaktionsvolumen 200 T€ beträgt. Die allgemeinen Geschäftsbedingungen der WarrentBuff AG sehen für jeden Kunden ein allgemeines Rückgaberecht für unbenutzte Produkte von 30 Tagen vor. Die Herstellungskosten je Produkt betragen 1,5 T€. Die WarrentBuff AG wendet in Übereinstimmung mit IFRS 15.4 die Regelungen zur Umsatzrealisation auf das gesamte Vertragsportfolio an. Da für jeden Vertrag ein Rückgaberecht besteht, ist das von den Kunden zu leistende Entgelt als variabel zu qualifizieren. Um hiervon ausgehend den Betrag der Gegenleistung zu bestimmen, auf den die WarrentBuff AG einen Anspruch hat, wendet sie die Erwartungswertmethode an (IFRS 15.53(a)), wobei die Rückgabequote für die verkauften Produkte auf 3 % geschätzt wird. Da die WarrentBuff AG bereits über langjährige Erfahrungen hinsichtlich der Umsatzschätzungen für dieses Produkt verfügt und die Unsicherheit bezüglich der Umsatzhöhe darüber hinaus maximal 30 Tage andauert, gelangt sie im Einklang mit den Kriterien gemäß IFRS 15.57 zu dem Schluss, dass die Umsatzerlöse den erwarteten Wert von 194 T€ (= 97 % · 2.000 € · 100) höchstwahrscheinlich nicht unterschreiten werden. Die WarrentBuff AG rechnet mit unwesentlichen Kosten aus der Wiedererlangung der zurückgegebenen Produkte und erwartet darüber hinaus, diese später noch mit einem Gewinn als B-Ware veräußern zu können. Wie hat die WarrentBuff AG den geschilderten Sachverhalt nach IFRS 15 zu verbuchen, wenn folgende drei Szenarien unterstellt werden:

17 Beispiel in Anlehnung an IFRS 15.IE Example 22.

- Szenario 1: Die erwartete Rückgabequote tritt exakt ein.
- Szenario 2: Es kommt innerhalb der 30-tägigen Rückgabefrist zu keinen Produktrückgaben.
- Szenario 3: Die Rückgabequote fällt um 2 Prozentpunkte höher aus als ursprünglich erwartet.

Lösung

Unabhängig von den drei Szenarien hat die WarrentBuff AG zunächst Umsatzerlöse und Umsatzkosten in Höhe des erwarteten Produktabsatzes und damit unter Berücksichtigung der antizipierten Produktrückgaben zu realisieren. Entsprechend bucht sie bei Erfüllung der 100 Verträge, d.h. der Übertragung der Produkte auf den Kunden und dem gleichzeitigen Erhalt des Entgelts:

Bank	*200 T€*	*an*	*Umsatzerlöse*	*194 T€*
			Rückerstattungsschuld	*6 T€*

Umsatzkosten	*145,5 T€*	*an*	*fertige Erzeugnisse*	*150 T€*
Vermögenswert aus Produktrückgaberecht	*4,5 T€* (= 3 % · 100 Stück · 1,5 T€)			

Die nachfolgende Bilanzierung der Umsatzerlöse, Rückerstattungsschuld und Vermögenswerte aus dem Produktrückgaberecht hängt davon ab, wie hoch die tatsächliche Rückgabequote letztlich ausfällt. Demnach ist hier in Abhängigkeit von den drei bereits dargestellten Szenarien folgendermaßen zu differenzieren:

Szenario 1: Die erwartete Rückgabequote tritt exakt ein

In diesem Fall hat das Unternehmen den Kunden den bereits gezahlten Kaufpreis zurückzuerstatten und die entsprechenden Zahlungen gegen die Rückerstattungsschuld auszubuchen. Darüber hinaus erfolgt eine Umbuchung der zurückzuerhaltenden Produkte, sobald die WarrentBuff AG hierüber wieder die Verfügungsmacht hat:

Rückerstattungsschuld	*an*	*Bank*	*6 T€*

Nach dem Rückerhalt der Produkte von den Kunden wird gebucht:

Fertige Erzeugnisse	*an*	*Vermögenswert aus Produktrückgaberecht*	*4,5 T€*

Szenario 2: Es kommt innerhalb der 30-tägigen Rückgabefrist zu keinen Produktrückgaben

Hier hat die WarrentBuff AG nachträglich den bislang noch nicht realisierten Umsatzanteil in Höhe der bestehenden Rückerstattungsschuld zu realisieren und Letztere vollumfänglich auszubuchen. Gleichzeitig erlischt auch der potenzielle Anspruch auf die Rückgabe des Produkts, sodass der mit den Anschaffungs- bzw. Herstellungskosten des Produkts bilanzierte Vermögenswert aus dem Produktrückgaberecht in die Umsatzkosten umzugliedern ist:

Rückerstattungsschuld	*an*	*Umsatzerlöse*	*6 T€*
Umsatzkosten	*an*	*Vermögenswert aus Produktrückgaberecht*	*4,5 T€*

Szenario 3: Die Rückgabequote fällt um 2 Prozentpunkte höher aus als ursprünglich erwartet
Hier sind die Umsatzerlöse zunächst im Zuge der Erhöhung der Rückerstattungsschuld zu korrigieren, welche bei Rücküberweisung des gezahlten Kaufpreises an den Kunden auszubuchen ist. Gleichzeitig sind die zu viel erfassten Umsatzkosten gegen eine Erhöhung des Rechts auf Produktrückgaben auszubuchen, das wiederum erst mit Rückerhalt der Produkte von den Kunden gegen Fertige Erzeugnisse umzubuchen ist:

Umsatzerlöse	*an*	*Rückerstattungsschuld*	*4 T€*
Rückerstattungsschuld	*an*	*Bank*	*10 T€*
Vermögenswert aus Produktrückgaberecht	*an*	*Umsatzkosten*	*3 T€*

Nach Rückerhalt der Produkte von den Kunden:

Fertige Erzeugnisse	*an*	*Vermögenswert aus Produktrückgaberecht*	*7,5 T€*

Spezialthema[18]

Lizenzen nach IFRS 15

Die Accounting AG gewährt zum 01.01.2021 zwei Kunden je eine abgrenzbare Lizenz für die Buchungssoftware „BookMaster" mit einer Laufzeit von jeweils drei Jahren:

1. Der Vertrag mit der Brown GmbH sichert die Lizenz basierend auf dem Entwicklungsstand am 01.01.2021 zu.
2. Der Vertrag mit der Green LLC spezifiziert zudem, dass diese während der Vertragslaufzeit Zugang zu allen Software-Updates erhält, die von der Accounting AG entwickelt werden.

Zu welchem Zeitpunkt muss die Accounting AG die Erlöse aus den beiden Verträgen erfassen?

Lösung
IFRS 15.B52-B.56 enthalten spezifische Vorschriften für die Erfassung von Nutzungsrechten und Lizenzentgelten. Im ersten Fall handelt es sich um eine

18 Beispiel in Anlehnung an IFRS 15.IE Example 55. Weitere Fallbeispiele zu diesem Spezialthema finden Sie hier: *Fülbier, R.U./Scharf, C.*, Bilanzierung von Lizenzvereinbarungen nach IFRS: Eine Abhandlung unter Berücksichtigung von Fallbeispielen, in: DB, 68. Jg. (2015), 1537-1545.

statische Lizenz („right to use"), da sich der zugrunde liegende Inhalt des geistigen Eigentums der Lizenz während des Vertrages nicht mehr ändert. Der Lizenznehmer kann den Nutzen aus der unveränderten Lizenz ziehen und den weiteren Gebrauch bestimmen. Die Erfüllung der Leistungsverpflichtung und die Erlöserfassung erfolgen zu einem Zeitpunkt.

Im zweiten Fall erhält der Lizenznehmer einen dynamischen Zugang („right to access"), bei dem sich der zugrunde liegende Inhalt des geistigen Eigentums maßgeblich verändern kann. Laut IFRS 15.B59A verändern Aktivitäten die Lizenz maßgeblich, wenn sich die Form oder die Funktionalität der Lizenz signifikant verändern oder wenn die Möglichkeit des Kunden, Nutzen aus dem geistigen Eigentum zu ziehen, in erheblichem Maße aus diesen Aktivitäten entsteht oder davon abhängt. Die Erfüllung der Leistungsverpflichtung und die Erlöserfassung erfolgen zeitraumbezogen.

3.5.4 Vertragsänderungen

Umfassende Regelungen bezüglich Vertragsänderungen in IFRS 15

In manchen Wirtschaftszweigen wie z.B. der Medien- und Entertainmentbranche sind Vertragsänderungen üblich, beispielsweise, wenn zusätzliche Folgen einer Fernsehserie bestellt werden. Werden die ursprünglichen Vertragskonditionen angepasst, muss ein Unternehmen prüfen, ob diese Änderung bilanzierungspflichtig ist. IFRS 15 enthält hierfür umfassende Regelungen. Das zentrale Element dieser Regelungen ist die Frage, ob eine Änderung als Teil des bestehenden Vertrages erfasst oder als separater Vertrag bilanziert werden muss. Die verschiedenen Prüfschritte sind in Abbildung 7.3 dargestellt.

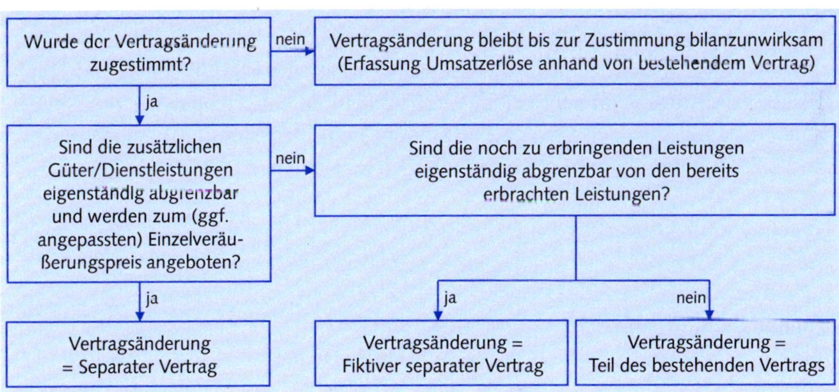

Abb. 7.3: Bilanzierung von Vertragsänderungen[19]

Grundvoraussetzung für die Erfassung einer Vertragsänderung ist die Zustimmung aller Vertragsparteien. Darauf aufbauend, werden Abgrenzbarkeit und

19 In Anlehnung an *Walter, R./Hold, C.*, Implementierung von IFRS 15 in der Medien- und Entertainmentbranche, in: KOR, 16. Jg. (2016), S. 203.

Transaktionspreis als weitere Entscheidungskriterien herangezogen. Nur wenn die Vertragsänderung abgrenzbare Güter oder Dienstleistungen umfasst, welche in etwa zum Einzelveräußerungspreis abgegeben werden, darf ein Unternehmen einen separaten Vertrag erfassen (IFRS 15.20). Im Fall der zusätzlichen Folgen einer Fernsehserie sind beide Kriterien in der Regel erfüllt.

Sind diese Kriterien jedoch nicht gegeben, prüft ein Unternehmen, ob die noch ausstehenden Dienstleistungen oder Güter von den bereits erbrachten Leistungen abgrenzbar sind. Ist dies der Fall, fingiert IFRS 15.21, dass der ursprüngliche Vertrag beendet und ein neuer Vertrag abgeschlossen wurde. Die noch nicht erfassten Erlöse werden auf die noch ausstehenden Leistungsverpflichtungen verteilt. Liegt die Abgrenzbarkeit nicht vor, wird die Vertragsänderung einer einzelnen Leistungsverpflichtung zugerechnet und als Bestandteil des bestehenden Vertrages bilanziert. Die kumulative Erlöspassung richtet sich hierbei nach dem Fertigstellungsgrad.

Beispiel 7.14[20]

Am 01.01.2021 schließen die Production AG und die Buyer GmbH einen Kaufvertrag über eine neue Staffel der Serie „Accounting Fraud Detectives" zum Preis von 1.2 Mio. € mit acht Folgen ab (Preis pro Folge 150.000 €). Am 31.07.2021 liefert die Production AG die ersten vier Folgen. Die restlichen vier Folgen sollen am 31.03.2022 geliefert werden. Am 30.09.2021 erfolgt eine Vertragsänderung, in der die zusätzliche Lieferung von vier weiteren Folgen zum 30.04.2022 zu einem zusätzlichen Preis von 300.000 € vereinbart wird.

Lösung

Mit der Lieferung der ersten vier Folgen im Juli 2021 realisiert die Production AG einen anteiligen Umsatz von 600.000 €. Die Änderung in 2022 kann nicht als separater Vertrag erfasst werden, da die neuen Folgen weit unter dem Einzelveräußerungspreis abgegeben wird (Preis pro Folge 75.000 €). Da die Folgen einzeln abgrenzbar sind, ist die Vertragsänderung eine Fiktion der Beendigung des alten Vertrages und dem zeitgleichen Abschluss eines neuen Vertrages. Die zum Zeitpunkt der Vertragsänderung noch nicht erfassten Umsatzerlöse sind bei Lieferung der anderen restlichen Folgen zu realisieren.

Buchung zum 31.07.2021:

Bank	*an*	*Umsatzerlöse*	*600.000 €*

Buchung zum 31.03.2022:

Bank	*an*	*Umsatzerlöse*	*450.000 €*

Buchung zum 30.04.2022:

Bank	*an*	*Umsatzerlöse*	*450.000 €*

20 Beispiel in Anlehnung an *Walter, R./Hold, C.*, Implementierung von IFRS 15 in der Medien- und Entertainmentbranche, in: KOR, 16. Jg. (2016).

Garantieverpflichtungen nach IFRS 15

Spezialthema

Die Besonderheit bei Garantieverpflichtungen besteht darin, dass das Unternehmen nach IFRS 15.B28-B32 zu prüfen hat, ob es sich bei diesen um gesondert zu bilanzierende Leistungsverpflichtungen handelt oder nicht. Gesetzliche Garantieverpflichtungen stellen in diesem Sinne keine eigenständigen Leistungsverpflichtungen des Unternehmens dar und sind daher nach den Regelungen des IAS 37 zu bilanzieren (IFRS 15.B30). Umgekehrt ist eine deutlich über die gesetzlichen Fristen hinausgehende oder auch separat verhandelbare/käufliche Garantie vom Unternehmen im Regelfall als separate Leistungsverpflichtung zu erfassen, sodass dieser dann auch ein Teil des Transaktionspreises nach dem allgemeinen Zuordnungskonzept zuzuordnen ist (IFRS 15.B29). Ob eine Garantie nach IFRS 15 oder IAS 37 zu bilanzieren ist, kann teilweise ein erhebliches Ermessen seitens des Unternehmens erfordern, da dies auch von den üblichen Garantieleistungen der jeweiligen Branche sowie den Produktgegebenheiten abhängt.

Zum Beispiel könnte ein Automobilhersteller eine Garantie über drei Jahre für ein Standardmodell und eine Garantie über sechs Jahre für ein Modell mit gehobener Ausstattung anbieten. Die längere Garantiezeit könnte keine zusätzliche Leistungsverpflichtung darstellen, weil bei der gehobenen Ausstattung höherwertige Materialien genutzt werden, sodass mögliche Mängel erst nach einer längeren Zeitspanne auftreten könnten. Folglich würde der Hersteller die Garantie nach IAS 37 erfassen. Der Automobilhersteller könnte jedoch auch argumentieren, dass die zusätzliche Garantieverpflichtung eine eigene Leistungsverpflichtung ist, da sie über die üblichen drei Jahre hinausgeht und deren Wert (anteilig) nach IFRS 15 erfassen.

Bilanzpolitik im Kontext von IFRS 15

Spezialthema

Die Position „Umsatzerlöse“ ist als erste Zeile der GuV für viele Unternehmen von zentraler Bedeutung. Dies gilt nicht nur, weil die Entwicklung dieser Größe Aufschluss über das Wachstum von Unternehmen und die hieraus abgeleiteten Zukunftspotenziale geben kann. Vielmehr dienen die Umsatzerlöse auch als wichtige Ankergröße für Planungs- und Prognosemodelle, bei denen sie als Grundlage für unterschiedliche Relationen, wie z.B. die Material-, Personal- oder auch Forschungs- und Entwicklungsintensität herangezogen werden (Küting/Weber (2015), S. 131 und 300 f.). Auf Basis u.a. dieser Kennzahlen werden Finanzpläne erstellt, die bspw. Analysten für eine Discounted Cashflow-Bewertung heranziehen.

In der Anwendung des IFRS 15 zeigt sich u.a., dass die Identifikation einzelner Leistungsverpflichtungen nicht immer trennscharf auf alle Arten von Sachverhalten anzuwenden ist. Insofern dürften Unternehmen versucht sein, bestehende Unklarheiten wie bspw. hinsichtlich der Frage, ob eine wesentliche Leistung zur Integration zweier eigenständiger Leistungen vorliegt, entsprechend ihrer Anreize auszulegen.

Gleiches gilt auch in Bezug auf periodenübergreifende Fertigungsaufträge, bei denen ein ganz zentraler bilanzpolitischer Spielraum in der Verteilung der Umsatzerlöse nach dem Fertigstellungsgrad besteht. Hier liegt es in der Hand betroffener Unternehmen, über die Messung des Projektfortschritts die hiermit verbundene Erlösrealisation – innerhalb der Schranken des IFRS 15 – zu gestalten. Auch die variablen Gegenleistungen als Bestandteil des Transaktionspreises von periodenübergreifenden Fertigungsaufträgen geben den Unternehmen einen Ermessensspielraum bei der Höhe bzw. dem zeitlichen Anfall der erfassten Erlöse. So dürfen Boni, die z.B. in der Baubranche bei termingerechter Fertigstellung üblich sind, nur (anteilig) erfasst werden, wenn ihr Eintritt „höchstwahrscheinlich" ist (IFRS 15.56). Der Standard definiert diesen Begriff jedoch nicht, sondern legt lediglich fest, dass die Wahrscheinlichkeit signifikant über 50 % liegen muss. Somit ergibt sich die ermessensbehaftete Notwendigkeit zur Schätzung von Wahrscheinlichkeiten.

Darüber hinaus beinhaltet auch IFRS 15 trotz seiner umfassenden Kriterienkataloge weitere Ermessensspielräume, z.B. hinsichtlich der Schätzung nicht direkt beobachtbarer Einzelveräußerungspreise und der hiervon ausgehenden Verteilung von Umsatzerlösen auf Leistungsverpflichtungen.

Aber auch die teilweise speziell für einzelne Sachverhalte entwickelten Kriterienkataloge können Spielräume für bilanzpolitisches Verhalten bieten, wenn Unternehmen solche kodifizierten Kriterien gezielt zu umgehen versuchen, um eine bestimmte Bilanzierungsweise durchzusetzen (Napier/Stadler (2020)). So gab SAP im Geschäftsbericht 2017 (S. 180) an, die zukünftige Vertragsgestaltung von Optionen zum Erwerb zusätzlicher Softwarelizenzkopien anzupassen, um die Optionen nicht bilanzieren zu müssen. Hier zeigt sich aufgrund der „Starrheit" solcher eindeutig kodifizierten Kriterien ein Nachteil von stärker regelbasierten im Vergleich zu prinzipienbasierten Standards.

Zu berücksichtigen ist jedoch, dass gerade Bilanzpolitik in Form von Sachverhaltsgestaltung nicht immer nur eine zeitliche Vor- oder Nachverlagerung von Umsatzerlösen impliziert, sondern auch mit realen Kosten für das Unternehmen verbunden sein kann (Ewert/Wagenhofer (2005)). Dies wäre bspw. bei einer gezielten Gewährung von Preisnachlässen vor dem Bilanzstichtag zur Erhöhung der Umsatzerlöse des noch laufenden Geschäftsjahres der Fall. Solch eine Maßnahme kann dazu führen, dass Kunden, die das Produkt eigentlich erst im folgenden Geschäftsjahr zum Vollpreis erworben hätten, durch den Preisnachlass früher zum Kauf animiert werden. Zwar kann das Unternehmen hierdurch sein Ziel eines Umsatzschubs vor dem Bilanzstichtag erreichen. Allerdings bleiben dadurch im Folgejahr nicht nur Umsatzerlöse aus, sondern fallen zudem um die gewährten Preisnachlässe geringer aus. Entsprechend müssen Unternehmen – wie stets – Kosten und Nutzen bilanzpolitischer Maßnahmen abwägen, um ökonomisch vertretbare Entscheidungen treffen zu können.

Literatur: Küting, P./Weber, C.-P., Die Bilanzanalyse, 11. Aufl. 2015; Wagenhofer, A./Ewert, R., Economic Effects of Tightening Accounting Standards to

Restrict Earnings Management, in: ACCR, Vol. 80 (2005), S. 1101-1124; Napier, C./Stadler, C., The real effects of a new accounting standard: the case of IFRS 15 Revenue from Contracts with Customers, in: Accounting and Business Research, Vol. 50 (2020), S. 474-503.

4 Ausweis

Zum Zeitpunkt des Vertragsschlusses mit einem Kunden darf weder ein Vermögenswert noch eine Schuld angesetzt werden, es sei denn, das schwebende Rechtsgeschäft wäre als belastender Vertrag i.S.v. IAS 37 zu qualifizieren. Erst mit der Vertragserfüllung durch eine der Vertragsparteien muss das Unternehmen einen aktiven oder passiven Vertragsposten in der Bilanz ansetzen (IFRS 15.105). Erfüllt der Kunde seine (Zahlungs-)Verpflichtung ganz oder teilweise, bevor die Leistungsverpflichtung erfüllt ist, resultiert hieraus ein passiver Vertragsposten (IFRS 15.106). Im umgekehrten Fall hat das Unternehmen in Abhängigkeit davon, ob es einen bedingten oder unbedingten Entgeltanspruch erlangt, einen aktiven Vertragsposten oder eine Forderung zu aktivieren. Ein bedingter Zahlungsanspruch entsteht, wenn das Unternehmen zunächst noch eine (Teil)Leistung zu erbringen hat, bevor es dem Kunden die Rechnung stellen kann (IFRS 15.107). Ausweis aktiver/passiver Vertragsposten

Demgegenüber entsteht eine Forderung bei einem unbedingten Entgeltanspruch, der sich dadurch auszeichnet, dass die Fälligkeit des Rechnungsbetrags nur noch vom Verstreichen eines gewissen Zeitraums abhängt (IFRS 15.105 und 108).

Nachdem eine Forderung (aus Lieferungen und Leistungen) aus einem Kundenvertrag angesetzt wurde, ist für deren Folgebewertung IFRS 9 einschlägig. Aus diesem Grund sind sämtliche nach dem Erstansatz entstehenden Differenzen zwischen dem ursprünglichen Buchwert der Forderung und den vertragsbezogenen Umsatzerlösen als Aufwand (z.B. Wertminderungsaufwand) und somit nicht als Erlöskorrektur zu verbuchen (IFRS 15.108). Demgegenüber sind auf aktive Vertragsposten nur die Wertminderungsvorschriften des IFRS 9 anzuwenden (IFRS 15.107). Ansatz und Folgebewertung einer Forderung

Aktive und passive Vertragsposten können gemäß IFRS 15.109 auch unter anderen Bezeichnungen ausgewiesen werden. In jedem Fall müssen den Abschlussadressaten dann ausreichende Informationen zur Verfügung gestellt werden, die eine nachvollziehbare Differenzierung zwischen aktiven Vertragsposten und Forderungen zulassen. Bezeichnung aktiver/passiver Vertragsposten

Beispiel 7.15[21]

Am 01.01.2021 schließt die DissClosed AG einen Vertrag mit einem Kunden, durch den sie sich verpflichtet, dem Kunden zwei Produkte A und B zu einem Gesamtpreis von 100 T€ zu liefern. Es wird vereinbart, dass Produkt A vor Produkt B zu liefern ist, wobei die Fälligkeit des Entgelts sowie ein unbedingter

21 Beispiel nach IFRS 15.IE Example 39.

rechtlicher Zahlungsanspruch der DissClosed AG erst mit der Lieferung von Produkt B entstehen. Da es sich bei der Bereitstellung der Produkte A und B um zwei abgrenzbare Leistungsverpflichtungen handelt, ist der Transaktionspreis auf beide Produkte anhand ihrer relativen Einzelveräußerungspreise aufzuteilen, wobei auf Produkt A 40 T€ und Produkt B 60 T€ entfallen. Wie ist dieser Sachverhalt nach IFRS 15 bilanziell abzubilden, wenn die DissClosed AG dem Kunden wie vereinbart zunächst Produkt A und erst später Produkt B liefert?

Lösung

Dem allgemeinen Erlösrealisationskonzept des IFRS 15 folgend sind die Umsatzerlöse im Zeitpunkt der Übertragung des jeweiligen Produkts auf den Kunden zu erfassen. Entsprechend bucht die DissClosed AG mit dem Transfer von Produkt A auf den Kunden zunächst noch keine Forderung, sondern einen aktiven Vertragsposten ein, da ein unbedingter Zahlungsanspruch erst mit der Lieferung von Produkt B entsteht. Der Erlösrealisation steht dieser Tatbestand indes grundsätzlich nicht entgegen:

Aktiver Vertragsposten		*an*	*Umsatzerlöse*	*40 T€*

Erst mit der Übertragung von Produkt B entsteht nunmehr der unbedingte Entgeltanspruch in Bezug auf beide Produkte, sodass bis zur Begleichung des Kaufpreises eine Forderung gegenüber dem Kunden entsteht. Daher bucht die DissClosed AG mit dem Transfer von Produkt B auf den Kunden:

Forderung	*100 T€*	*an*	*Umsatzerlöse*	*60 T€*
			aktiver Vertragsposten	*40 T€*

5 Anhangangaben

Zielsetzung der Angabepflichten

IFRS 15 enthält sehr umfassende Anhangangabepflichten. Hierdurch soll es den Abschlussadressaten ermöglicht werden, Art, Betrag, zeitlichen Anfall und Unsicherheit von Umsatzerlösen sowie Cashflows aus Verträgen mit Kunden zutreffend einzuschätzen (IFRS 15.110). Im Einzelnen haben IFRS-Bilanzierer daher sowohl qualitative als auch quantitative Angaben zu ihren Verträgen mit Kunden, zu wesentlichen Ermessensentscheidungen und entsprechenden Änderungen dieser Einschätzungen sowie zu potenziellen Vermögenswerten aus der Aktivierung von Auftragserlangungs- sowie Auftragserfüllungskosten zu machen. Diesbezüglich wird in IFRS 15.111 betont, dass die entsprechenden Angaben auf das Wesentliche zu beschränken sind.

Bandbreite geforderter Einzelangaben

Im Kontrast zu dieser Forderung stehen allerdings die vielfältigen in IFRS 15.113-128 aufgeführten Einzelangaben. Alleine in Bezug auf die Vertragsbeschreibung reichen diese von einer in IFRS 15.B87-B89 konkretisierten Aufschlüsselung der Umsatzerlöse über eine Beschreibung der Leistungsverpflichtungen (üblicher Zeitpunkt der Leistungserfüllung, wesentliche Zahlungsbedingungen, Garantiebedingungen, etc.) bis hin zur Offenlegung und Zuordnung der auf die noch nicht erfüllten Leistungsverpflichtungen entfallenden Transaktionspreise.

Angaben in Bezug auf ermessensbehaftete Einschätzungen

In Bezug auf (Änderungen) wesentliche(r) ermessensbehaftete(r) Einschätzungen im Kontext von IFRS 15 ist insbesondere anzugeben, wie der Zeitpunkt der Erfüllung von Leistungsverpflichtungen, Transaktionspreise sowie die auf die Leistungsverpflichtungen verteilten Beträge bestimmt wurden (IFRS 15.123). Zu den entsprechenden Detailinformationen gehören u.a. die Verfahren zur Bestimmung des Fertigstellungsgrads bei zeitraumbezogenen Leistungsverpflichtungen, die ökonomische Begründung für deren Anwendung sowie die Methoden, Inputparameter sowie Annahmen zur Ermittlung und Zuordnung des Transaktionspreises inkl. variabler Transaktionspreiskomponenten. Hierunter fallen auch Angaben zur Schätzung der für die Zuordnung erforderlichen Einzelveräußerungspreise (IFRS 15.126).

6 Wesentliche Unterschiede zum IFRS for SMEs

Weitgehende Identität zu IAS 18 und IAS 11

Vorschriften zur Ertragsrealisation finden sich in dem IFRS for SMEs unter IFRS-SME.23. Sie sind im Wesentlichen mit den Vorschriften des IAS 11 und des IAS 18 identisch, welche von IFRS 15 abgelöst wurden. Während IFRS 15 dem in diesem Kapitel beschriebenen Fünf-Schritte-Modell folgt, müssen nach IAS 18 für die Ertragsrealisation nur folgende zwei Kriterien kumulativ erfüllt sein:

- Die Höhe der Erlöse ist verlässlich messbar, und
- es ist hinreichend wahrscheinlich, dass der Erlös dem Unternehmen zufließen wird.

Darüber hinaus enthält der Standard geschäftsspezifische Regelungen, z.B. für Tauschgeschäfte und Zinsen. Auch periodenübergreifende Dienstleistungsaufträge fallen in den Anwendungsbereich des Standards, während periodenübergreifende Fertigungsaufträge in den Anwendungsbereich von IAS 11 fallen.

IFRS 15 und seine Vorgängerstandards weisen insgesamt wesentliche konzeptionelle Unterschiede auf. Nach IFRS 15 folgen alle Verträge einheitlich dem asset-liability-Ansatz, während IAS 18 und IAS 11 dem risk-and-reward bzw. dem continuous approach folgen. Dennoch geht das IASB davon aus, dass sich für SMEs nur unwesentliche Veränderungen in der Umfassung der Umsatzerlöse ergeben.

Dies liegt vor allem daran, dass sich insbesondere bei einfachen bzw. wenig komplexen Standardverträgen, die bspw. lediglich eine einzige Leistungsverpflichtung des Unternehmens begründen, zwischen IAS 11 bzw. IAS 18 und IFRS 15 sowohl hinsichtlich des Umsatzrealisationszeitpunktes als auch der zu realisierenden Umsatzhöhe keine (wesentlichen) Abweichungen ergeben. Abweichungen sind je nach Branche und Geschäftsmodell eher bei komplexeren Verträgen und Mehrkomponentengeschäften zu erwarten, welche für SMEs aber eher von geringerer Bedeutung sein dürften.

In einem „Request for information" aus dem Januar 2020 stellt das IASB neben einer vollständigen Anpassung von IFRS-SME.23 an IFRS 15 sowohl eine Beseitigung der klarsten Unterschiede als auch eine Nicht-Anpassung der geltenden Regelungen zur Debatte. Daher ist derzeit noch nicht absehbar, ob und inwieweit eine Angleichung der IFRS for SMEs-Vorschriften zur Umsatzrealisation an die IFRS 15-Regelungen seitens des IASB geplant ist.

7 Wesentliche Unterschiede zum HGB

Definition von Umsatzerlösen

Mit dem Bilanzrichtlinie-Umsetzungsgesetz (BilRUG) wurde die handelsrechtliche Definition von Umsatzerlösen erheblich verändert. Im Detail werden Umsatzerlöse in § 277 Abs. 1 HGB definiert als „die Erlöse aus dem Verkauf und der Vermietung oder Verpachtung von Produkten sowie aus der Erbringung von Dienstleistungen der Kapitalgesellschaft nach Abzug von Erlösschmälerungen und der Umsatzsteuer sowie sonstiger direkt mit dem Umsatz verbundener Steuern". Die Abgrenzung der Umsatzerlöse von den sonstigen betrieblichen Erträgen beruht insbesondere auf der Abgrenzung der Begriffe *Produkt* und *Dienstleistung.*[22] Durch diesen Produktbezug fallen alle Verkäufe von z.B. nicht mehr benötigten Roh-, Hilfs- und Betriebsstoffen und Schrottverkäufe unter den Umsatz-Begriff. Darüber hinaus sind alle Arten von Dienstleistungen – und damit auch konzerninterne Umlagen (z.B. Management-, IT- und Rechnungswesen-Dienstleistungen sowie auch Forschungs- und Entwicklungsleistungen) sowie betriebsuntypische Dienstleistungen – zu den Umsatzerlösen zu zählen. Veräußerungen aus dem Anlagevermögen sind mangels Qualifikation als *Produkt* sowie z.B. auch Erträge aus der Auflösung nicht benötigter Rückstellungen als sonstige betriebliche Erträge auszuweisen.

GoB zur Umsatzrealisation

Auch wenn das HGB ausgehend von der Umsatzdefinition keine vergleichbar detaillierten Regeln für die Ertragsrealisation wie die IFRS bereitstellt, hat sich in den GoB eine grundsätzlich ähnliche Vorgehensweise herausgebildet.[23] Neben den definitorischen Unterschieden in Bezug auf den Umsatzbegriff können darüber hinaus aber insbesondere folgende Unterschiede zu wesentlichen Abweichungen im Umsatzausweis nach HGB und IFRS führen:

- Nach deutschem Handelsrecht ist eine vorzeitige (anteilige) Gewinnrealisierung bei periodenübergreifenden Fertigungsaufträgen und Dienstleistungsverträgen grundsätzlich nicht gestattet, sofern keine Teilabnahmen vereinbart wer-

---

22 Vgl. *Oser, P./Orth, C./Wirtz, H.*, Das Bilanzrichtlinie-Umsetzungsgesetz (BilRUG), in: DB, 68. Jg. (2015), S. 1731 f.

23 Vgl. *ADS International*, Abschnitt 4: Ertragsrealisation, Tz. 299.

den (Teilgewinnrealisation). Im Sinne des in § 252 Abs. 1 Nr. 4 HGB kodifizierten Realisationsprinzips ist der gesamte Gewinn erst in dem Geschäftsjahr auszuweisen, in dem das Projekt fertiggestellt und vom Auftraggeber abgenommen wird (Completed-Contract-Methode). Hierbei führt auch die zwischenzeitliche Aktivierung der Herstellungskosten des jeweiligen Projekts im Umlaufvermögen – im Unterschied zur nach IFRS anzuwendenden modifizierten Completed-Contract-Methode – zu keiner korrespondierenden Umsatzrealisation. Vielmehr sind die gesamten Umsatzerlöse inklusive des Gewinnanteils erst bei Abnahme der Leistung durch den Kunden zu erfassen. Darüber hinaus führt die Herstellungskostenbilanzierung dazu, dass in Höhe der nicht aktivierungsfähigen bzw. nicht aktivierten Kostenbestandteile der Periode zunächst sogar negative Erfolgsbeiträge (Auftragszwischenverluste) entstehen. Eventuell erhaltene Anzahlungen werden passivisch abgegrenzt.

- Gemäß den GoB ist ein Ertrag aus der Lieferung eines Gutes erst dann zu realisieren, wenn der korrespondierende Zufluss quasi-sicher ist. Dies lässt weniger Spielraum für die Entscheidung, wann ein aus einem Güterverkauf resultierender Ertrag zu erfassen ist. Diese Bilanzierungsweise ist Ausdruck des nach HGB im Vordergrund stehenden Gläubigerschutz- und Kapitalerhaltungskonzepts, das eine Ausschüttung unrealisierter Gewinne konsequent verhindern soll. Hier zeigt sich auch die stärkere Bedeutung des Vorsichtsprinzips im Vergleich zu den IFRS, welche die vergleichbare Erfolgsermittlung infolge ihrer monokausalen Informations- bzw. Bewertungsfunktion deutlich stärker gewichten.

Ausgewählte Literatur

Fink, C./Pilhofer, J./Ketterle, G., Die Angabe- und Erläuterungspflichten gem. IFRS 15 zur Erlösrealisierung, in: KoR, 15. Jg. (2015), S. 333-344.

Kümpel, T., Gewinnrealisierung bei langfristiger Fertigung nach deutscher und US-amerikanischer Rechnungslegung, Lohmar u.a. 2000.

Petersen, K., Zwirner, C., Klarstellungen zu IFRS 15 – Erträge aus Verträgen mit Kunden, in: IRZ, 12. Jg. (2017), S. 147-150.

Schmidt, A./Barekzai, O./Hüttermann, K., Umsatzrealisierung nach IFRS 15 – Implikationen auf die Bilanzierungspraxis, in: DB, 68. Jg. (2015), S. 77-87 und 137-146.

Zwirner, C., Neudefinition der Umsatzerlöse nach BilRUG: Auswirkungen der neuen Abgrenzung für die Praxis, in: BC, 10. Jg. (2015), S. 539-544.

Übungsaufgaben

Die FurNicheUr AG ist ein weltweit agierender Hersteller mit weitgehendem Direktvertrieb von hochwertigen Designer-Möbeln und Luxus-Editionen bestimmter Möbel-Varianten. Das Unternehmen hat seinen Sitz in Frankfurt a.M. und ist auch an der Frankfurter Wertpapierbörse im Prime Standard gelistet.

Um den derzeit leicht schwächelnden Möbelabsatz wieder anzukurbeln, hat sich das Unternehmen aufgrund der durch die Niedrigzinsphase bedingten äußerst günstigen Refinanzierungsmöglichkeiten vor Kurzem dazu entschlossen, speziell den Kunden der sehr teuren Luxus-Möbeleditionen künftig umfassende Finanzierungsangebote bereitzustellen. Speziell in Bezug auf das Wohnzimmer Premium-Komplettpaket „THE-ART-OF-LIVING(ROOM)“ wurden drei Verträge entwickelt, die für die FurNicheUr AG unter ökonomischen Gesichtspunkten gleich vorteilhaft sein sollen. Die erste Variante ist die einfache Barzahlung von 300 T€ beim Kauf. Alternativ kann auch nach einem Jahr ein Preis in Höhe von 315 T€ bezahlt werden. Die dritte Variante ist eine Finanzierung über vier Jahre, bei der jeweils am Jahresende gleich hohe Zahlungen fällig werden.

Andere Möbelhersteller bzw. Einrichtungshäuser verwenden bei vergleichbaren Transaktionen pauschale Finanzierungszinssätze in Höhe von derzeit rund 5 %. Infolge der Luxus-Ausführungen, die wohlhabendere Kunden anspricht, kalkuliert die FurNicheUr AG für diese Kundengruppe bonitätsbedingt geringere Zinssätze von 1,5 %.

Zum 01.01.2021 werden drei Premium-Komplettpakete an drei verschiedene Kunden verkauft, wobei jeder dieser Kunden eine andere der drei Vertragsvarianten wählt.

- Wie sind diese drei Verträge in 2021 und in den Folgejahren nach IFRS 15 zu bilanzieren?

Neben dem ausschließlichen Direktvertrieb der Luxus-Möbeleditionen verkauft die FurNichUr AG auch regelmäßig Möbel an ausgewählte Möbelhäuser. Mit diesen Exklusiv-Häusern wurde vereinbart, dass die gelieferte Ware erst bei Weiterverkauf an den Endkunden bezahlt werden muss. Darüber hinaus behält sich die FurNichUr AG bei Neukunden sowohl der hochwertigen Designer-Möbel als auch der Luxus-Varianten das Eigentum an der Ware bis zur Zahlung vor.

- Wie sind solche Vorfälle nach IFRS 15 im IFRS-Abschluss der FurNicheUr AG zu berücksichtigen, wenn noch kein Weiterverkauf bzw. keine Zahlung erfolgte?

Schließlich erhält die FurNicheUr AG Anfang 2021 von einem Immobilien-Magnaten aus Dubai erstmalig einen besonderen Auftrag auf Werkvertragsbasis zur kundenspezifischen Möbelausstattung einer Luxusvilla bis Ende 2022. Das Besondere an diesem Auftrag ist, dass die Möbel so zu gestalten und aufeinander abzustimmen sind, dass sie zusammen in der richtigen Positionierung von oben betrachtet die Silhouette eines mit Gold und Edelsteinen verzierten Scheichs ergeben. Der hierfür vereinbarte Festpreis liegt angesichts der zu verwendenden Materialien und des besonderen Kundenwunschs bei 25 Mio. €. Eine Abnahme von Teilleistungen im Sinne einzelner Möbelstücke ist hierbei nicht vorgesehen. Die FurNicheUr AG trägt bis zur Übergabe der Möbel-Kombination das korrespondierende Gesamtfunktionsrisiko. Darüber hinaus wurden zur Zwischenfinanzierung rechtlich nicht einklagbare Abschlagszahlungen vereinbart. Der Steuersatz beträgt 30 %. Das Ergebnis des Fertigungsauftrags kann verlässlich geschätzt werden, wobei dem Auftrag die folgenden Daten zugrunde liegen:

alle Angaben in Mio. €	**2021**	**2022**	**2023**	**Summe**
Herstellungskosten im lfd. Geschäftsjahr zu Vollkosten	5.000	7.000	8.000	20.000
Noch erwartete Herstellungskosten bis zur Fertigstellung	15.000	9.000	—	
Insgesamt erwartete Kosten (Stichtagsschätzung)	20.000	21.000	20.000	
Eingeforderte Abschlagszahlungen	4.000	6.000	7.000	17.000
Zahlungseingänge	3.000	6.000	6.000	15.000

- Wie ist dieser Sachverhalt buchungstechnisch im Einzelabschluss nach HGB und im IFRS Konzernabschluss nach IFRS 15 abzubilden?
- Wie sind die Bilanzierungsmethoden nach HGB und IFRS vor dem Hintergrund der Kriterien der Relevanz (relevance) und der Verlässlichkeit (reliability) der vermittelten Informationen einzuschätzen und hinsichtlich der bilanztheoretischen Ausrichtung (statische Bilanztheorie und dynamische Bilanztheorie) einzuordnen?

Kapitel 8
Wertminderung im Anlagevermögen

Die Covid-19-Pandemie hat die Wirtschaft weltweit in eine tiefe Krise gestürzt. So führten die Covid-19-bedingten Reisebeschränkungen und die damit einhergehenden Handelshemmnisse zum stärksten Exporteinbruch in der deutschen Nachkriegsgeschichte. Aufgrund der negativen wirtschaftlichen Folgen der Covid-19-Pandemie musste der Baustoffkonzern HeidelbergCement im zweiten Quartal 2020 alle wesentlichen Geschäftsbereiche anlassbezogen auf Werthaltigkeit überprüfen. Die Werthaltigkeitsprüfung führte im IFRS-Konzernabschluss der HeidelbergCement AG zu Wertminderungen der langfristigen Vermögenswerte (Goodwill, sonstige immaterielle Vermögenswerte und Sachanlagen) in Höhe von 3,5 Mrd. €. Ursächlich hierfür sind u.a. die gesunkene Nachfrage nach Baustoffen und die damit einhergehenden verschlechterten künftigen Geschäftsaussichten.[1]

Die verlustbringenden Abschreibungen der HeidelbergCement AG reflektieren die Anwendung des einschlägigen IAS 36 für die Erfassung von Wertminderungen im Anlagevermögen. Diese Regeln sollen sicherstellen, dass die Aktivseite der Bilanz und folglich das bilanzielle Eigenkapital eines Unternehmens nicht durch unrealistisch hohe Bewertungen aufgebläht werden. Daher ist ein Vermögenswert, dessen erzielbarer Betrag unter den Buchwert sinkt, auf diesen niedrigeren Wert abzuschreiben.

Lernziele „Kennen“

Nach Bearbeitung des Kapitels kennen Sie die zentralen Regelungen der IFRS zur Erfassung von Wertminderungen und -aufholungen von materiellen und immateriellen Vermögenswerten des Anlagevermögens. Sie wissen zum einen, welche Vermögenswerte in den Anwendungsbereich von IAS 36 fallen, und zum anderen, wann und wie Vermögenswerte auf Werthaltigkeit zu prüfen sind. Zudem verstehen Sie, in welchen Fällen Vermögenswerte nicht einzeln, sondern in ökonomisch verbundenen Gruppen (sog. zahlungsmittelgenerierenden Einheiten) einer Werthaltigkeitsprüfung unterworfen werden. Letztlich wissen Sie, wie Wertminderungen und -aufholungen dieser Vermögenswerte bilanziell zu erfassen sind.

Lernziele „Anwenden“

Sie können die Vorschriften des IAS 36 auf praxisnahe Sachverhalte anwenden. Hierbei sind Sie einerseits in der Lage zu beurteilen, ob neben jährlichen Wertminderungsprüfungen von bestimmten Vermögenswerten auch anlassbezogene Prüfungen durchzuführen sind. Andererseits können Sie sowohl einen einzelnen Vermögenswert als auch eine Gruppe von Vermögenswerten auf Werthaltigkeit überprüfen und etwaige Wertminderungen bzw. -aufholungen bilanziell erfassen.

Lernziele „Bewerten & Gestalten“

Sie sind in der Lage, die grundlegenden Auswirkungen ökonomischer Ereignisse (z.B. Marktwertschwankungen, Covid-19-Krise oder der Kohleausstieg) auf die Pflicht zur Werthaltigkeitsprüfung von materiellen und immateriellen Vermögenswerten des Anlagevermögens im Sinne der IFRS fundiert zu diskutieren. Sie können auch die unterschiedlichen Wertkonzepte des IAS 36 beurteilen und Ermessenspielräume, u.a. bei der Abgrenzung von zahlungsmittelgenerierenden Einheiten oder Schätzung zukünftiger Zahlungsströme, abschätzen.

1 Vgl. *HeidelbergCement*, Halbjahresfinanzbericht Januar bis Juni 2020, S. 4, 26 f.

1 Einleitung

Die Notwendigkeit, Wertminderungen bei Vermögenswerten zu erfassen, ist eine Konsequenz des aus dem Imparitätsprinzip abgeleiteten Niederstwertprinzips. Das Imparitätsprinzip, nach dem unrealisierte Gewinne und Verluste asymmetrisch zu behandeln sind, gilt sowohl in der Rechnungslegung nach HGB als auch, obwohl in deutlich schwächerer Ausprägung, nach IFRS. Während Wertminderungen bei Vermögenswerten sofort zu erfassen sind, lösen unrealisierte Wertsteigerungen über die Anschaffungs- bzw. Herstellungskosten hinaus nicht immer eine entsprechende Zuschreibung aus.

Zweck und bilanztheoretische Einordnung

Die relevanten Vorschriften für das Erkennen, Messen und bilanzielle Erfassen von Wertminderungen sind über das System der IFRS verstreut. An erster Stelle zu nennen ist IAS 36 „Wertminderung von Vermögenswerten" (Impairment of Assets) in seiner seit dem 31.03.2004 fast unverändert gültigen Fassung. Darüber hinaus regeln zahlreiche andere Standards die bilanzielle Erfassung von Wertminderungen bei Vermögenswerten, die nicht in den Anwendungsbereich von IAS 36 fallen (IAS 36.2):

Relevante Normen

- IAS 2 für Vorratsvermögen (vgl. Kapitel 12),
- IAS 12 bei aktivischen latenten Steuern (vgl. Kapitel 6),
- IAS 19 bei Vermögenswerten aus übergedeckten Pensionsverpflichtungen (vgl. Kapitel 14),
- IAS 40 bei als Finanzinvestitionen gehaltenen Immobilien, die zum beizulegenden Zeitwert bewertet werden (vgl. Kapitel 11),
- IAS 41 bei landwirtschaftlich genutzten biologischen Vermögenswerten, die zum beizulegenden Zeitwert abzüglich der Verkaufskosten bewertet werden,
- IFRS 4 bei Aktiva aus Versicherungsverträgen,
- IFRS 5 für zur Veräußerung gehaltene langfristige Vermögenswerte und aufgegebene Geschäftsbereiche, (vgl. Kapitel 23),
- IFRS 9 bei Finanzvermögenswerten (vgl. Kapitel 17), sowie
- IFRS 15 bei vertraglichen Vermögenswerten sowie Vermögenswerte, die aus Erlangungs- oder Erfüllungskosten dieser Verträge hervorgehen (vgl. Kapitel 7).

Entsprechend der Negativabgrenzung in IAS 36.2 sind für folgende Vermögenswerte die Regelungen des IAS 36 einschlägig:

Regelungsumfang von IAS 36

- Sachanlagevermögen unabhängig von der gewählten Folgebewertungsmethode,
- Renditeimmobilien, welche nach dem Anschaffungskostenmodell folgebewertet werden,
- immaterielle Vermögenswerte des Anlagevermögens einschließlich Goodwill,
- Anteile, die gemäß IAS 28 nach der Equity-Methode bilanziert werden, sowie
- finanzielle Vermögenswerte, die gemäß IAS 36.4 als Tochterunternehmen (IFRS 10), assoziierte Unternehmen (IAS 28) oder Gemeinschaftsunternehmen (IFRS 11) in einem separaten Einzelabschluss mit der Anschaffungskosten- oder Equity-Methode bewertet werden.

Definition einer Wertminderung

Eine Wertminderung (impairment) liegt vor, wenn der Buchwert (carrying amount) eines Vermögenswertes dessen erzielbaren Betrag (recoverable amount) übersteigt. Der Wertminderungsaufwand ist in Höhe der Differenz i.d.R. GuV-wirksam zu erfassen (IAS 36.6). Beispielsweise müsste ein im Anlagevermögen bilanziertes Grundstück um 20 T€ wertgemindert werden, wenn sowohl der beizulegende Zeitwert des Grundstückes abzüglich der Veräußerungskosten (80 T€) als auch der Wert durch die interne Nutzung des Grundstücks (70 T€) den Buchwert (100 T€) unterschreitet. Der erzielbare Betrag des Grundstückes ist der höhere Wert aus dem beizulegenden Zeitwert abzüglich Veräußerungskosten (80 T€) und dem Nutzungswert (70 T€).

2 Auslöser eines Werthaltigkeitstests

Häufigkeit des Werthaltigkeitstests

Die Anwendung des Niederstwertprinzips gemäß IAS 36 erfordert einen regelmäßigen Vergleich zwischen dem Buchwert und dem erzielbaren Betrag von Vermögenswerten, um mögliche Wertminderungen festzustellen und mit entsprechenden Wertberichtigungen auf diese reagieren zu können.[2] Theoretisch müssten solche Werthaltigkeitstests (impairment tests) zu jedem Abschlussstichtag für jeden Vermögenswert durchgeführt werden. Da ein solches Erfordernis zu einem unvertretbar hohen Aufwand führen würde, lässt es das IASB aus Wirtschaftlichkeitsgründen i.d.R. dabei bewenden, die Unternehmen fallweise zur Durchführung von Werthaltigkeitstests zu verpflichten.

Jährlicher Test für bestimmte Vermögenswerte

Eine Ausnahme besteht diesbezüglich für immaterielle Vermögenswerte, die noch nicht nutzungsbereit sind oder eine unbestimmbar begrenzte Nutzungsdauer haben. Sie sind wie ein erworbener Goodwill (Geschäfts- oder Firmenwert) jährlich auf ihre Werthaltigkeit zu prüfen, unabhängig davon, ob Anzeichen für eine Wertminderung vorliegen (IAS 36.10). Diese Werthaltigkeitsprüfung kann zu einem beliebigen Zeitpunkt innerhalb des Geschäftsjahres stattfinden, vorausgesetzt, sie wird immer zum gleichen Zeitpunkt eines Jahres durchgeführt.

Anlassbezogener Test

Wenn keine jährlichen Werthaltigkeitstests vorgeschrieben sind, wird die Pflicht, einen Vermögenswert auf Wertminderung zu untersuchen, allein durch das Vorliegen bestimmter Indikatoren (triggering events) ausgelöst, die in einer nicht abschließenden Liste aufgeführt sind (IAS 36.12-14). Es handelt sich dabei um Ereignisse, deren Eintritt aller Voraussicht nach eine Wertminderung hervorruft, oder die signalisieren, dass eine Wertminderung vorliegen könnte, ohne selbst für diese ursächlich zu sein. IAS 36.9 verlangt, dass an jedem Abschlussstichtag zu überprüfen ist, ob Hinweise auf eine Wertminderung vorliegen. Dies gilt auch für die oben genannten Vermögenswerte, die einer jährlichen Werthaltigkeitsprüfung unter-

2 Wenn im Folgenden von „Vermögenswert“ die Rede ist, gelten die Ausführungen analog zu IAS 36.7 gleichfalls für eine Gruppe von Vermögenswerten, die eine zahlungsmittelgenerierende Einheit bilden.

liegen, sofern die jährlich pflichtmäßig durchzuführende Werthaltigkeitsprüfung nicht ohnehin am Abschlussstichtag vorgenommen wird. Liegen Anzeichen für eine Wertminderung vor, ist ein Werthaltigkeitstest vorzunehmen. Bei der Bestimmung von Indikatoren, die auf eine Wertminderung hindeuten können, werden unternehmensexterne und unternehmensinterne Informationsquellen unterschieden.

Externe Indikatoren einer Wertminderung

Zu den externen Auslösern eines Werthaltigkeitstests zählen Entwicklungen außerhalb des Unternehmens, beispielsweise

- der unerwartet starke Marktwertrückgang eines Vermögenswertes in der Berichtsperiode, der nicht durch Zeitablauf oder normale Nutzung zu erklären ist,
- nachteilige Veränderungen im Unternehmensumfeld, die bereits eingetreten sind oder mit deren Eintritt in naher Zukunft gerechnet wird,
- Erhöhungen von Kalkulationszinssätzen, die für die Ermittlung des erzielbaren Betrages verwendet werden, und
- ein Marktwert-Buchwert-Verhältnis des Unternehmens von weniger als eins.

Interne Indikatoren einer Wertminderung

Weiterhin können unternehmensinterne Hinweise auf die Wertminderung eines Vermögenswertes hindeuten. Hierzu gehören

- Überalterung oder physische Beschädigung,
- nachteilige Änderungen in der Art und Weise, wie ein Vermögenswert (künftig) genutzt wird, beispielsweise aufgrund geplanter Stilllegungen oder Restrukturierungen, und
- Hinweise aus dem internen Berichtswesen auf eine verschlechterte Ertragskraft eines Vermögenswertes, beispielsweise erhöhte Mittelerfordernisse für dessen Betrieb bzw. Unterhaltung oder eine Verringerung der tatsächlichen und/oder erwarteten Rückflüsse aus seiner Nutzung (IAS 36.14).

Wesentlichkeit

Bei der Prüfung der obigen Kriterien ist stets der Wesentlichkeitsgrundsatz zu beachten (IAS 36.15-16). Nachteilige Entwicklungen müssen so signifikant sein, dass ein deutlicher Wertverlust des betreffenden Vermögenswertes wahrscheinlich ist. Auch ist kein Werthaltigkeitstest nötig, wenn frühere Berechnungen einen deutlichen „Puffer“ erkennen ließen, der durch etwaige Negativentwicklungen (noch) nicht aufgezehrt sein dürfte. Es ist ferner denkbar, dass die Werte einzelner Aktiva von einigen der genannten Kriterien generell nicht beeinflusst werden.

Beispiel 8.1

Eine Produktionsgesellschaft für Lebensmittel erwirtschaftet mit einer neu erworbenen Eismaschine jährliche Einzahlungsüberschüsse in Höhe von 10 T€. Die Nutzungsdauer der Maschine beträgt 10 Jahre.

Die Realisierung eines Veräußerungserlöses am Ende der Laufzeit ist unwahrscheinlich. Unter Verwendung eines aus Marktdaten abgeleiteten Kalkulationszinssatzes von 5 % und des Rentenbarwertfaktors, $\frac{(1+i)^n-1}{i\cdot(1+i)^n}$, resultiert ein erzielbarer Betrag für die Eismaschine von (10 T€ · 7,72 =) 77,2 T€. Der Buchwert beträgt demgegenüber 15 T€. Marktentwicklungen führen nun dazu, dass der Kalkulationszinssatz auf 10 % steigt.

Lösung
Obwohl diese Zinsänderung den erzielbaren Betrag der Eismaschine beeinflusst, löst sie keine Pflicht zur Durchführung eines Werthaltigkeitstests aus. Der bisherige erzielbare Betrag übersteigt den Buchwert so deutlich, dass auf den ersten Blick sichtbar ist, dass der sich nach Zinsänderung ergebende erzielbare Betrag (10 T€ · 6,14 =) 61,4 T€ nach wie vor über dem Buchwert liegt.

3 Quantifizierung einer Wertminderung

3.1 Erzielbarer Betrag

Vergleich zweier Wertkonstrukte

Beim Werthaltigkeitstest ist der Buchwert des betreffenden Vermögenswertes mit seinem erzielbaren Betrag zu vergleichen. Übersteigt der Buchwert den erzielbaren Betrag, ist eine Wertminderung (Abschreibung) auf den erzielbaren Betrag vorzunehmen. Der erzielbare Betrag (recoverable amount) ist gemäß IAS 36.6 definiert als der höhere der beiden Beträge aus

- beizulegendem Zeitwert abzüglich der Kosten der Veräußerung[3] (fair value less costs of disposal): Preis, den man in einer gewöhnlichen Transaktion zwischen Marktteilnehmern am Bewertungsstichtag beim Verkauf eines Vermögenswerts erhalten würde, abzüglich der Kosten der Veräußerung, und
- Nutzungswert (value in use): Barwert der künftigen Cashflows, der voraussichtlich aus einem Vermögenswert bzw. einer zahlungsmittelgenerierenden Einheit abgeleitet werden kann.

Konkretisierung

Die Konkretisierung des erzielbaren Betrages durch die Wertkonstrukte des beizulegenden Zeitwertes abzüglich der Verkaufskosten und des Nutzungswertes verfolgt das Ziel, jedem Vermögenswert, unabhängig von der Art seiner Nutzung und von seinen konkreten Eigenschaften, einen angemessenen Wert zuordnen zu können. Die simultane Betrachtung dieser beiden Werte folgt dem Gedanken, dass sich einem Unternehmen hinsichtlich eines Vermögenswertes stets die Alternativen Veräußerung oder Eigennutzung bieten. Zum einen wird deshalb der absatzmarktorientierte beizulegende Zeitwert abzüglich der Verkaufskosten herangezogen, der die Rückflüsse aus einer hypothetischen Transaktion zwischen fremden Dritten widerspiegelt. Da die unter IAS 36 fallenden Vermögenswerte jedoch in der Regel dauerhaft vom Unternehmen selbst genutzt werden, ist zum anderen der Nutzungswert relevant, sofern er den beizulegenden Zeitwert abzüglich der Verkaufskosten übersteigt. Der Nutzungswert ist der Barwert der Cashflows aus der

3 Das IASB verwendet in seiner nicht rechtskräftigen deutschen Übersetzung den Begriff „Kosten des Abgangs“, die EU verwendet in ihrem Amtsblatt dagegen den Begriff „Kosten der Veräußerung“.

künftigen Nutzung in dem jeweiligen Unternehmen und dem späteren Abgang und stellt somit einen unternehmensindividuellen Wert dar. So wird beispielsweise für eine eigens auf das Unternehmen abgestimmte Fertigungsanlage am Markt kaum mehr als ein Schrottwert zu erzielen sein, obwohl der unternehmensinterne Nutzungswert möglicherweise deutlich höher eingeschätzt wird. Da unterstellt wird, dass ein Unternehmen jeweils die beste Verwendungsmöglichkeit für einen Vermögenswert wählt, ist auf den höheren der beiden dargestellten Werte abzustellen.

Beispiel 8.2

Der in Bochum ansässigen Richman AG liegt ein Kaufangebot für eines ihrer nach den fortgeführten Anschaffungs- und Herstellungskosten bilanzierten Teilgrundstücke in Höhe von 250 T€ vor. Alternativ könnte die Richman AG das Teilgrundstück für jährliche Einzahlungsüberschüsse von 10 T€ dauerhaft an die Stadt Bochum vermieten. Der aus Marktdaten abgeleitete Kalkulationszinssatz beträgt 5 %.

Lösung

Beim Werthaltigkeitstest ergibt sich für das Grundstück folglich ein erzielbarer Betrag in Höhe von 250 T€, denn der beizulegende Zeitwert abzüglich der Verkaufskosten übersteigt hier den Nutzungswert von (10 T€ / 0,05 =) 200 T€.

Ausnahmen

In Einzelfällen ist lediglich die Ermittlung eines der beiden Wertansätze sachgerecht. So kann beispielsweise für Vermögenswerte, deren kurzfristige Veräußerung geplant ist, und die folglich keine Cashflows aus fortgesetzter Nutzung mehr generieren werden, der Nutzungswert irrelevant sein. In diesem Fall wird der erzielbare Betrag ohne weitere Prüfung dem beizulegenden Zeitwert abzüglich der Veräußerungskosten gleichgesetzt (IAS 36.21).

3.2 Beizulegender Zeitwert abzüglich der Veräußerungskosten

Verweis auf IFRS 13

Für die Ermittlung des beizulegenden Zeitwertes abzüglich der Veräußerungskosten verweist IAS 36 auf die Regelungen des IFRS 13 „Bemessung des beizulegenden Zeitwerts“ (Kapitel 3).

Abzug von Veräußerungskosten

Die Bezeichnung des Wertkonstruktes impliziert, dass Kosten der Veräußerung bzw. des Abgangs (costs of disposal) vom beizulegenden Zeitwert abzuziehen sind. IAS 36.28 führt beispielhaft auf, was unter Kosten der Veräußerung im Sinne des IAS 36 zu verstehen ist: Rechtsberatungskosten, Transaktionssteuern, Entsorgungskosten und direkt zurechenbare Aufwendungen, um den Vermögenswert verkaufsbereit zu machen. Nicht einzubeziehen sind demgegenüber Abfindungen und sonstige Aufwendungen, die aus Restrukturierungsmaßnahmen nach der Veräußerung eines Vermögenswertes resultieren. Veräußerungskosten, die bereits Gegenstand einer passivierten Verbindlichkeit oder Rückstellung sind, bleiben ebenfalls unberücksichtigt.

Ermittlungs-schema

Zusammengefasst lässt sich die Ermittlung des beizulegenden Zeitwertes abzüglich der Kosten der Veräußerung damit wie folgt darstellen:

Veräußerungspreis (Ermittlung nach IFRS 13)

– Kosten der Veräußerung (direkt zurechenbar)

= **beizulegender Zeitwert abzüglich Kosten der Veräußerung**

Beispiel 8.3

Der Richman AG liegt ein Kaufangebot für eines ihrer Grundstücke in Höhe von 250 T€ vor. Durch Vertragsabschluss und -abwicklung entstünden ihr direkt zurechenbare Rechtsanwalts- und Notargebühren in Höhe von 5 T€. Somit ergibt sich ein beizulegender Zeitwert abzüglich Verkaufskosten von 245 T€.

3.3 Nutzungswert

Elemente

Der Nutzungswert als Barwert der aus einem Vermögenswert erwarteten Cashflows setzt sich gemäß IAS 36.31 aus künftig erwarteten Cashflows aus der Nutzung sowie dem Abgang unter Anwendung eines angemessenen Diskontierungszinses zusammen. Um bilanzpolitisch nutzbare Ermessensspielräume bei der Barwertermittlung möglichst einzuschränken, enthält der Standard Vorgaben für die Cashflow-Bestimmung (IAS 36.33 ff.) und für die Ermittlung des Diskontierungszinses (IAS 36.55 ff.).

Grundlagen für die Schätzung von Cashflows

Die Vorschriften zur Cashflow-Ermittlung sind geprägt vom Bestreben des IASB, diese subjektiven Werte durch auf den ersten Blick restriktiv anmutende Regeln zu objektivieren. So sollen die der Cashflow-Prognose zugrunde liegenden Annahmen vernünftig und vertretbar sein und die bestmöglichen Schätzungen des Managements über die relevanten, im Verlauf der Nutzungsdauer des Vermögenswertes vorherrschenden wirtschaftlichen Bedingungen widerspiegeln. Prognosen sollen zudem aktuell sein und einen Detailprognosezeitraum von fünf Jahren nicht überschreiten. Jedoch dürfen längere Zeiträume verwendet werden, wenn das Management nachweisen kann, dass Prognosen in der Vergangenheit über einen Fünfjahreshorizont hinaus verlässlich waren.

Wachstumsrate

Für die dem Detailprognosezeitraum nachgelagerte Restwertermittlung soll von einer gleich bleibenden oder rückläufigen Wachstumsrate der Cashflows ausgegangen werden. Von dieser Regel darf nur dann abgewichen werden, wenn eine steigende Wachstumsrate vertretbar ist. Keinesfalls soll diese jedoch das relevante, in der Vergangenheit langfristig gemessene Durchschnittswachstum überschreiten, es sei denn, eine höhere Wachstumsrate lässt sich rechtfertigen. Ob die hier zum Ausdruck kommenden Bestrebungen des IASB, den Ermessensspielraum des Managements einzuengen, erfolgreich sind, ist zu bezweifeln (vgl. hierzu die Forschungsbox am Ende dieses Abschnitts).

Zusammen-setzung der Cashflows

In die Cashflow-Prognosen sind erwartete Einzahlungen aus der laufenden Nutzung des Vermögenswertes, notwendige und dem Vermögenswert einzeln oder zumindest über nachvollziehbare Schlüsselungen zurechenbare erwartete Auszahlungen sowie erwartete Zahlungen anlässlich seines Abgangs einzubeziehen (IAS 36.39). Je nachdem, ob der Diskontierungszinssatz inflationsbereinigt ist oder nicht, sind entweder reale oder nominale Cashflows zu verwenden. Bei den Prognosen sind ausschließlich der derzeitige Zustand des Vermögenswertes sowie künftige Erhaltungsmaßnahmen zu berücksichtigen. Die (erhofften) Effekte künftig geplanter Erweiterungen oder noch nicht verpflichtende Restrukturierungen sind nicht einzubeziehen (IAS 36.44). Weiterhin soll die Cashflow-Ermittlung – konsistent mit der nachfolgend beschriebenen Festlegung des Diskontierungszinses – vor Steuern erfolgen und Zahlungen aus Finanzierungstätigkeit ausklammern (IAS 36.50). Die Zahlungen aus dem Abgang des Vermögenswertes am Ende seiner Nutzungsdauer sind unter der Annahme einer Transaktion zu Marktbedingungen zwischen sachverständigen, vertragsbereiten Parteien zu schätzen. Veräußerungskosten sind wiederum abzuziehen (IAS 36.52). Generell sind künftige Cashflows in der jeweiligen Landeswährung, in der sie voraussichtlich generiert werden, zu prognostizieren und mit einem entsprechenden Zins zu diskontieren. Der solchermaßen ermittelte Barwert ist dann mit dem aktuellen Devisenkassakurs in die Berichtswährung umzurechnen (IAS 36.54).

Diskontierungszins

Der Diskontierungszins muss mit den prognostizierten Cashflows konsistent sein, damit es nicht zu einer Doppelerfassung oder Vernachlässigung bestimmter Effekte wie Steuern, Risiken, Wechselkursänderungen und Inflation kommt. IAS 36.55 legt hierzu fest, dass ein Vorsteuerzins zu verwenden ist, der sowohl für den Zeitwert des Geldes als auch für die inhärenten Risiken des Vermögenswertes zu adjustieren ist. Klarstellend wird hinzugefügt, dass sich die im Zinssatz berücksichtigten Risiken nicht erneut in den Cashflows widerspiegeln dürfen. Bei der Ermittlung des angemessenen Diskontierungszinses soll sich das Unternehmen, soweit verfügbar, an beobachtbaren Marktrenditen oder an den Kapitalkosten vergleichbarer Unternehmen orientieren. Ziel ist es dabei, eine Verzinsung zu ermitteln, die ein Anleger für eine Investition in den betreffenden Vermögenswert fordern würde. Diese setzt sich zusammen aus einem risikolosen Zins als Vergütung für die Überlassung von Kapital im Zeitablauf (time value of money) und aus einer Prämie für die Übernahme des dem Vermögenswert inhärenten Risikos. Bei der Herleitung eines angemessenen Zinssatzes kann das Unternehmen als Basis seine eigenen Kapitalkosten zugrunde legen.[4] Analog zu der Wachstumsrate ergibt sich bei der Ermittlung des Diskontierungszinses Ermessensspielraum für das Management.

Aus der Forschung

Ermessensspielraum des Managements

Pellens et al. (2005) zeigen am Beispiel der Goodwill-Wertminderung auf, dass der IAS 36 in der Praxis sehr uneinheitlich verwendet wird. Unterschiede gibt es insbesondere bei der Bildung der zahlungsmittelgenerierenden Einheiten und des damit einhergehenden Diskontierungszinssatzes. Zu einem ähnlichen

4 Weitere Konkretisierungen hinsichtlich der Bestimmung des Nutzungswertes finden sich in Anhang A zu IAS 36.

Ergebnis kommt auch Reinke (2013), der auf Basis der untersuchten DAX-Unternehmen zu dem Ergebnis kommt, dass der Berechnung des erzielbaren Betrags höchst unterschiedliche Annahmen zugrunde liegen. Die Ergebnisse von Zülch/Siggelkow (2012) legen sogar nahe, dass Wertminderungstests gezielt als bilanzpolitische Maßnahme genutzt werden. Dies wird mit Hilfe eines Regressionsmodells gezeigt. Die abhängige Variable Wertminderung wird signifikant unter anderem durch die unabhängigen Variablen Ergebnisglättung und „Big Bath Accounting“ erklärt, die als Indikatoren für bestimmte bilanzpolitische Strategien fungieren. Auf eine Kausalbeziehung kann hieraus aber nicht ohne Weiteres geschlossen werden. In einer Studie mit US-Daten zeigen Ramanna/Watts (2012) einen empirischen Zusammenhang zwischen gewinnerhöhender Bilanzpolitik und Goodwill-Wertminderungen. Bereits 2004 untersucht Sellhorn die Determinanten von Goodwill-Wertminderungen nach Ersteinführung des Impairment-Only-Ansatzes in den USA.

Literatur: Pellens, B. et al., Goodwill Impairment Test – ein empirischer Vergleich der IFRS- und US-GAAP-Bilanzierer im deutschen Prime Standard, in: BB, 60. Jg. (2005), Beilage 10 zu Heft 39, S. 10-18; Reinke, J., Anhangangaben in Bezug auf die Ermittlung des erzielbaren Betrags, in: PiR (2013), S. 313-319; Zülch, H./Siggelkow, L., Bilanzpolitik im Rahmen der Entscheidung zur Erfassung einer Wertminderung gemäß IAS 36 – Empirische Analyse des Bilanzierungsverhaltens deutscher Unternehmen im Zeitraum 2004 bis 2010, in: CFB (2012), S. 383-391; Ramanna, K./Watts R.L., Evidence on the use of unverifiable estimates in required goodwill impairment, in: Review of Accounting Studies, Vol. 17 (2012), S. 749-780; Sellhorn, T., Goodwill impairment – an empirical investigation of write-offs under SFAS 142 in: Peter Lang – Europäischer Verlag der Wissenschaften, 2004.

Beispiel 8.4

Die im Tunnelbau tätige Maulwurf AG hat für besonders hartes Gestein einen speziellen Bohrkopf entwickelt, dessen patentrechtlich geschützte Technologie sie in Höhe der Entwicklungsaufwendungen aktiviert hat. Im Rahmen der Jahresabschlusserstellung zum 31.12.2021 soll dieser immaterielle Vermögenswert (Buchwert: 400 T€) aufgrund einer veränderten Marktsituation einem Werthaltigkeitstest unterzogen werden. Da kein aktiver Markt für ein solches Patent existiert und der Maulwurf AG keine verlässliche Schätzung eines Veräußerungspreises möglich erscheint, soll der Nutzungswert als erzielbarer Betrag im Rahmen des Werthaltigkeitstests herangezogen werden.

Über die verbleibende fünfjährige Nutzungsdauer der Technologie werden folgende Einzahlungen erwartet: Für das Jahr 2022 wird von 100 T€ ausgegangen. Für die beiden Folgejahre werden Einzahlungssteigerungen von jeweils 10 % prognostiziert. Anschließend wird von unveränderten Einzahlungen ausgegangen. Jährlich fallen Verwaltungsaufwendungen von 6 T€ an, zudem wird die im Jahr 2024 fällige Verlängerung des Patentschutzes voraussichtlich 10 T€ kosten. Der Diskontierungszins beträgt 15 % vor Steuern.

Lösung

Der Nutzungswert der Technologie der Maulwurf AG, der als erzielbarer Betrag im Rahmen des Werthaltigkeitstests ermittelt werden muss, ergibt sich als Summe der diskontierten Cashflows in Höhe von 352,35 T€. Dieser liegt unter dem Buchwert am Bilanzstichtag, sodass eine Wertminderung in Höhe von 47,65 T€ vorgenommen werden muss.

Jahr	Einzahlungen	Auszahlungen	Cashflow	Diskontierungsfaktor	Barwert
2022	100 T€	6 T€	94 T€	$\frac{1}{(1+15\%)}=0{,}87$	81,74 T€
2023	110 T€	6 T€	104 T€	$\frac{1}{(1+15\%)^2}=0{,}76$	78,64 T€
2024	121 T€	16 T€	105 T€	$\frac{1}{(1+15\%)^3}=0{,}66$	69,04 T€
2025	121 T€	6 T€	115 T€	$\frac{1}{(1+15\%)^4}=0{,}57$	65,75 T€
2026	121 T€	6 T€	115 T€	$\frac{1}{(1+15\%)^5}=0{,}50$	57,18 T€
Summe der Barwerte					**352,35 T€**

Implikationen des Niedrigzinsumfelds

Die kontinuierliche Senkung des Leitzinses durch die Europäische Zentralbank (EZB) in den vergangenen Jahren führte zu einem Absinken der Diskontierungszinssätze in europäischen Unternehmen, von der auch die Maulwurf AG betroffen ist. Der Diskontierungssatz der Maulwurf AG hat sich infolge der Niedrigzinspolitik auf 7,5 % vor Steuern halbiert. Die restlichen Angaben bleiben unverändert.

Lösung

Die Anwendung des niedrigeren Diskontierungssatzes von 7,5 % vor Steuern erhöht den Nutzungswert der Technologie der Maulwurf AG von 352,35 T€ auf 428,17 T€. Dieser liegt über dem Buchwert am Bilanzstichtag, sodass keine Wertminderung mehr vorliegt. Der geringere Diskontierungssatz verhindert also eine Abwertung. Es besteht jedoch die Gefahr künftiger Wertminderungen, falls das Zinsniveau zukünftig wieder ansteigt.

4 Bilanzielle Erfassung einer Wertminderung

Wertminderungsaufwand

Eine Wertminderung liegt vor, wenn der Buchwert eines Vermögenswertes seinen erzielbaren Betrag überschreitet. In Höhe der Differenz zwischen den beiden Werten ist ein Wertminderungsaufwand zu buchen.

Buchung

Dies kann in unterschiedlicher Weise geschehen (IAS 36.59-61):

- Grundsätzlich schreibt IAS 36 eine GuV-wirksame Erfassung vor, die (unter Vernachlässigung etwaiger latenter Steuern) wie folgt gebucht wird:
  Wertminderungsaufwand *an* *Vermögenswert*

- Demgegenüber ist bei Vermögenswerten, die gemäß einem anderen IFRS (etwa IAS 16 oder IAS 38) zum Neubewertungsbetrag bilanziert sind, eine zuvor im sonstigen Ergebnis erfasste Wertsteigerung (unter Vernachlässigung etwaiger latenter Steuern) zunächst wie folgt GuV-neutral aufzulösen (vgl. dazu Kapitel 9 und 10):
  Sonstiges Ergebnis (OCI) *an* *Vermögenswert*

Nur eine den GuV-neutral im sonstigen Ergebnis erfassten Betrag übersteigende Wertminderung wäre GuV-wirksam zu erfassen.

Ist der erzielbare Betrag eines Vermögenswertes negativ, so wird der Vermögenswert vollständig abgeschrieben. Eine darüber hinausgehende Schuld ist nur zu passivieren, sofern dies in einem anderen IFRS, etwa IAS 37, gefordert wird.

Beispiel 8.5

Die Julius AG führt bei zwei Vermögenswerten Werthaltigkeitstests durch:

1. Ein Grundstück, bilanziert nach der Neubewertungsmethode in IAS 16, steht derzeit mit einem Neubewertungsbetrag von 250 T€ in der Bilanz. Die ursprünglichen Anschaffungskosten betrugen 120 T€. Aufgrund kürzlich entdeckter Altlasten im Boden wird der erzielbare Betrag von einem Sachverständigen mit 80 T€ beziffert.
2. Ein Patent der Julius AG mit einem Buchwert von 500 T€, bilanziert nach der Anschaffungskostenmethode in IAS 38, muss wegen technologischer Neuerungen auf 100 T€ abgeschrieben werden. Seine Restnutzungsdauer beträgt unverändert fünf Jahre ab dem Folgejahr.

Buchungssätze (unter Vernachlässigung latenter Steuern):

Sonstiges Ergebnis (OCI)	*130 T€*			
Wertminderungsaufwand	*40 T€*	*an*	*Grundstück*	*170 T€*
Wertminderungsaufwand		*an*	*Patent*	*400 T€*

In den Folgejahren ist das Patent mit jährlichen Beträgen von 20 T€ planmäßig abzuschreiben.

Änderung des Abschreibungsplanes

Bei planmäßig abzuschreibenden Vermögenswerten löst eine Wertminderung eine Änderung des Abschreibungsplanes aus. Der erzielbare Betrag bildet dabei den neuen Buchwert abzüglich eines etwaigen Restwerts, auf dessen Basis die künftig zu verrechnenden planmäßigen Abschreibungsbeträge ermittelt werden (IAS 36.63).

Zusammenfassung

Abbildung 8.1 fasst die Werthaltigkeitsprüfung abschließend zusammen.

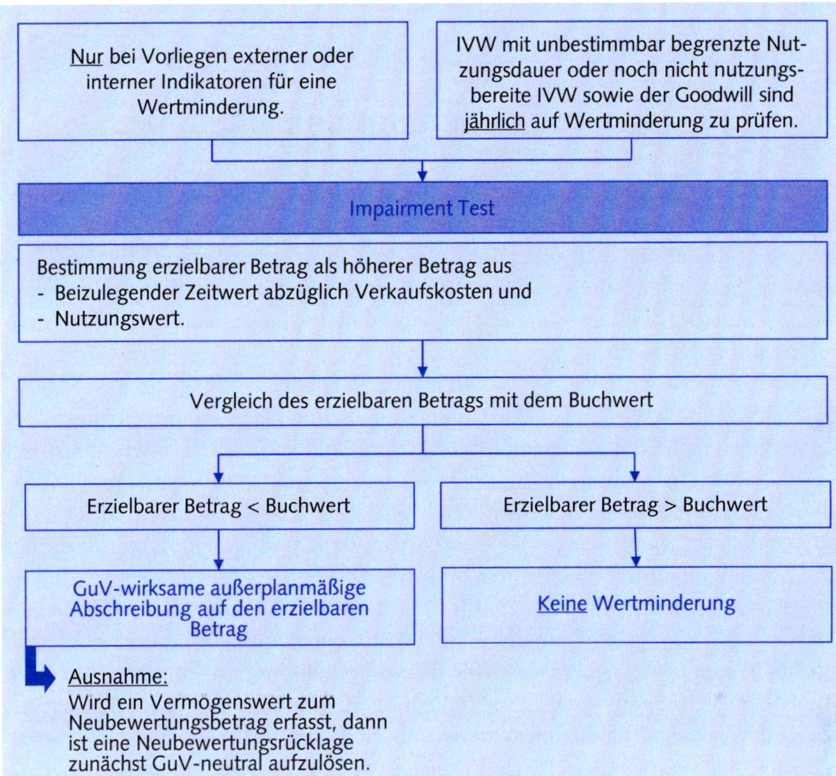

Abb. 8.1: Übersicht zur Werthaltigkeitsprüfung nach IFRS

Bilanzanalytische Auswirkungen

Eine Wertminderung hat sowohl im Jahr ihrer Vornahme als auch in den Folgeperioden direkten Einfluss auf Bilanz- sowie GuV-Positionen und damit auch auf die dazugehörigen Renditekennzahlen und Verschuldungsgrade. Eine Wertminderung senkt den Gewinn und vermindert den Buchwert des betroffenen Vermögenswerts, was zu einem geringeren Eigenkapital und damit zu einem höheren Verschuldungsgrad führt. Durch das Absinken des Gewinns, verringern sich im Jahr der Wertminderung sämtliche Renditen wie ROE, ROA oder ROCE. Unter sonst gleichen Bedingungen, fallen die Renditekennzahlen (ROE, ROA, ROCE) zukünftig positiver aus. Der Grund ist die Verringerung des Nenners, die mit der Wertminderung einhergeht. Dieser Effekt wird verstärkt, wenn aufgrund des nun gesunkenen Buchwerts auch die zukünftigen Abschreibungsbeträge geringer sind. Um die Effekte von Wertminderungen zu relativieren, nutzen Unternehmen häufig sogenannte pro-forma Kennzahlen wie z.B. ein „bereinigtes EBIT". In Verbindung mit Wertminderungen wird häufig auch die Kennzahl EBITDA (earnings before interest, taxes, depreciation and amortization) verwendet, da diese Kennzahl alle plan- und nichtplanmäßigen Wertminderungen aus der Ergebnisgröße herausrechnet.

5 Zahlungsmittelgenerierende Einheiten

Wie bereits in der Einleitung angesprochen, treten spezielle Fragen auf, wenn für einen einzelnen Vermögenswert kein erzielbarer Betrag separat ermittelt werden kann, weil dieser nur im Verbund mit anderen Vermögenswerten Mittelzuflüsse generiert. In solchen Fällen ist der Werthaltigkeitstest auf die zahlungsmittelgenerierende Einheit (ZGE; cash-generating-unit) zu beziehen, zu der der Vermögenswert gehört (IAS 36.66).

Definition und Abgrenzung einer ZGE

Als ZGE gilt nach IAS 36.6 die kleinste erkennbare Gruppe von Vermögenswerten, die Mittelzuflüsse aus der laufenden Nutzung generieren, welche von denen anderer Einheiten weitgehend unabhängig sind. Eine ZGE kann gemäß der beispielhaften Aufzählung in IAS 36.130 (d) als Produktlinie, Werk, Geschäftstätigkeit, geografischer Bereich oder berichtspflichtiges Segment gemäß IFRS 8 definiert sein. Aufgrund vielfältiger Geschäftsmodelle und aufbauorganisatorischer Entscheidungen eröffnet die Abgrenzung einer ZGE dem Management erhebliche Ermessensspielräume, die bilanzpolitisch genutzt werden können. In IAS 36 finden sich jedoch Vorgaben, um diese Spielräume einzuengen: Eine ZGE liegt nach IAS 36.70 immer dann vor, wenn für die von einem Vermögenswert oder einer Gruppe von Vermögenswerten hergestellten Erzeugnisse ein aktiver Markt existiert. Die angewendeten Abgrenzungskriterien für ZGE sind im Zeitablauf stetig anzuwenden, sofern keine abweichende Vorgehensweise gerechtfertigt ist (IAS 36.72).

Bewertung einer ZGE

Für die Ermittlung des erzielbaren Betrages einer ZGE verweist IAS 36.74 auf die Bestimmungen zur Ermittlung des erzielbaren Betrages eines einzelnen Vermögenswertes. Der diesem gegenüber zu stellende Buchwert einer ZGE soll übereinstimmend mit der Vorgehensweise bei der Ermittlung des erzielbaren Betrages festgelegt werden (IAS 36.75). Dementsprechend sind nur die Buchwerte solcher Vermögenswerte einzubeziehen, die der ZGE direkt zugeordnet oder nachvollziehbar auf sie geschlüsselt werden können und deren Cashflows in den erzielbaren Betrag der ZGE eingerechnet wurden.[5]

5 In der Bilanz angesetzte Schulden sind dem Buchwert einer ZGE ausnahmsweise dann zuzuordnen, wenn der erzielbare Betrag dieser ZGE nicht ohne Berücksichtigung der entsprechenden Schulden ermittelt werden kann (IAS 36.76).

Nicht zurechenbare Vermögenswerte

IAS 36 nennt zwei Kategorien von Vermögenswerten, bei denen ein Werthaltigkeitstest problematisch ist, weil sie erstens nicht separat bewertungsfähig sind und sich zweitens oft nicht willkürfrei einer oder mehreren ZGE zuordnen lassen. Hierbei handelt es sich um den (erworbenen) Goodwill eines Unternehmens (IAS 36.80-99; vgl. dazu Kapitel 21) sowie die so genannten gemeinschaftlichen Vermögenswerte (corporate assets), die in IAS 36.100-103 gesondert behandelt werden. Die Zurechnung des Goodwill ist diffizil, weil er ökonomische Vorteile widerspiegelt, die oftmals aus erwarteten Verbundeffekten mehrerer ZGE entstehen. Bei den gemeinschaftlichen Vermögenswerten handelt es sich demgegenüber um andere Vermögenswerte, die keine unabhängigen Cashflows generieren und sich häufig nicht willkürfrei einem Vermögenswert oder einer ZGE zuordnen lassen, sondern ggf. mehrere ZGE bei der Erwirtschaftung von Cashflows unterstützen (IAS 36.6). Diese Eigenschaften weisen etwa das Verwaltungsgebäude eines Unternehmens oder Geschäftsbereichs, eine zentrale EDV-Ausstattung oder ein Forschungszentrum auf (IAS 36.100). Enthält die ZGE gemeinschaftliche Vermögenswerte, dann müssen bei der Berechnung des erzielbaren Betrages der ZGE auch die zahlungswirksamen Kosten der gemeinschaftlichen Vermögenswerte (Overheadkosten) einbezogen werden, sofern diese nicht bereits in der Planung der entsprechenden ZGE verrechnet wurden (vgl. IDW RS HFA 40 Tz. 23).

Schlüsselung erforderlich

Goodwill und gemeinschaftliche Vermögenswerte lassen sich aufgrund ihrer besonderen Eigenschaften nur durch Schlüsselung auf eine oder mehrere ZGE zuteilen. Das Unternehmen legt dabei eine vernünftige und stetige Vorgehensweise fest, nach der diese Aufteilung vorzunehmen ist, und grenzt die ZGE auf der niedrigstmöglichen Aggregationsebene ab. Diese Vorgehensweise ist in zwei Fällen erforderlich: Erstens können Hinweise dafür vorliegen, dass der Goodwill oder ein gemeinschaftlicher Vermögenswert selbst im Wert gemindert sind. Zweitens ist bei jedem Werthaltigkeitstest einer ZGE zu überprüfen, ob in den Buchwerten dieser ZGE möglicherweise Teile des Goodwill oder gemeinschaftliche Vermögenswerte einbezogen werden müssen, um eine konsistente Vergleichsebene für erzielbaren Betrag und Buchwert zu erreichen.

Beispiel 8.6

Die Personalverwaltung der Autobau AG erstellt die Lohn- und Gehaltsabrechnungen für die ZGE Polsterei (Buchwert: 1.100 T€), Stanzwerk (Buchwert: 1.700 T€) und Montage (Buchwert: 2.150 T€). Die Buchwerte der drei ZGE beziehen sich auf den 31.12.2021 und betragen in Summe 4.950 T€. Der Buchwert der Vermögenswerte der Personalverwaltung beläuft sich auf 200 T€. Die beizulegenden Zeitwerte abzüglich der Verkaufskosten lassen sich für die drei ZGE nicht bestimmen, sodass deren erzielbare Beträge allein durch den Nutzungswert determiniert werden. Für die einzelnen ZGE wurden die folgenden Cashflows nach Abzug der entsprechenden Overheadkosten geschätzt:

Jahr	2022	2023	2024	2025	Restwert 2025
Polsterei	200	200	180	150	1.000
Stanzwerk	150	150	160	170	2.000
Montage	250	270	260	280	2.200

Der aus Marktdaten abgeleitete Diskontierungszins vor Steuern beträgt 15 %. Damit ergeben sich die folgenden diskontierten Cashflows und folglich die Nutzungswerte der ZGE:

Jahr	2022	2023	2024	2025	Restwert 2025	Nutzungswert
Polsterei	173,91	151,23	118,35	85,76	571,75	1.101,00
Stanzwerk	130,43	113,42	105,20	97,20	1.143,51	1.589,76
Montage	217,39	204,16	170,95	160,09	1.257,86	2.010,45
					Summe	4.701,21

Da die Personalverwaltung aus ihrer Tätigkeit keine eigenständig bewertbaren unabhängigen Cashflows generiert, ist sie als gemeinschaftlicher Vermögenswert den Buchwerten der drei ZGE zuzuschlüsseln. Die Autobau AG hat sich entschlossen, diese Schlüsselung gemäß der Buchwerte der ZGE vorzunehmen. Entsprechend sind die Buchwerte der ZGE um die entsprechenden Umlageanteile des Buchwertes der Personalverwaltung zu adjustieren. Aus dem Vergleich von Nutzungswert und adjustiertem Buchwert der ZGE ergeben sich die entsprechenden Wertminderungen:

	Polsterei	Stanzwerk	Montage
Buchwert	1.100,00	1.700,00	2.150,00
Zuordnungsschlüssel	$200 \cdot \frac{1.100}{4.950} = 44,44$	$200 \cdot \frac{1.700}{4.950} = 68,69$	$200 \cdot \frac{2.150}{4.950} = 86,87$
Adj. Buchwert	1.144,44	1.768,69	2.236,87
Nutzungswert	1.101,00	1.589,76	2.010,45
Wertminderung	43,44	178,93	226,42

Die ermittelten Wertminderungen werden den jeweiligen ZGE und der Personalverwaltung entsprechend ihrer Buchwerte zugeordnet:

	Polsterei	Stanzwerk	Montage
Wertminderung Personal-verwaltung	$43{,}44 \cdot \frac{44{,}44}{1.144{,}44} = 1{,}69$	$178{,}93 \cdot \frac{68{,}69}{1.768{,}69} = 6{,}95$	$226{,}42 \cdot \frac{86{,}87}{2.236{,}87} = 8{,}79$
Wertminderung ZGE	$43{,}44 \cdot \frac{1.100{,}00}{1.144{,}44} = 41{,}75$	$178{,}93 \cdot \frac{1.700{,}00}{1.768{,}69} = 171{,}98$	$226{,}42 \cdot \frac{2.150{,}00}{2.236{,}87} = 217{,}63$
Summe	43,44	178,93	226,42

Nach Verteilung der Wertminderung auf die Geschäftseinheiten ergeben sich zum Jahresende somit die folgenden Buchwerte:

	Polsterei	Stanzwerk	Montage	Personalverwaltung
Buchwert 01.01.2021	1.100,00	1.700,00	2.150,00	200,00
Wertminderung	41,75	171,98	217,63	(1,69 + 6,95 + 8,79) = 17,43
Buchwert 31.12.2021	1.058,25	1.528,02	1.932,37	182,57

Buchung eines Wertminderungs-aufwandes

Die Buchung eines Wertminderungsaufwandes, der bei der Werthaltigkeitsprüfung einer ZGE festgestellt wird, erfolgt analog zur Vorgehensweise bei einzelnen Vermögenswerten. Die Buchwerte der einzelnen Vermögenswerte der ZGE werden hierbei jedoch in einer bestimmten Reihenfolge abgeschrieben (IAS 36.104-108):

1. Eine Wertminderung wird zuerst GuV-wirksam im Goodwill der ZGE erfasst. Letztlich steht dahinter die Annahme, dass die Wertminderung der ZGE primär dem Goodwill anzulasten ist, dass also der Goodwill die flüchtigste Wertkomponente ausmacht.
2. Ein verbleibender Betrag mindert die übrigen unter IAS 36 fallenden Vermögenswerte der ZGE im Verhältnis ihrer Buchwerte. Dabei ist, wie auch bei der Wertminderung einzelner Vermögenswerte, entweder GuV-wirksam oder GuV-neutral (über das sonstige Ergebnis) zu buchen. Der Buchwert eines einzelnen Vermögenswertes darf hierbei jedoch nicht unter den höchsten Wert aus beizulegendem Zeitwert abzüglich Kosten des Abgangs und Nutzungswert – sofern jeweils bestimmbar – und null vermindert werden (IAS 36.105).

Untergrenze

Die Untergrenze für den Buchwert eines einer ZGE zugeordneten Vermögenswertes liegt auch dann bei null, wenn der erzielbare Betrag negativ ist. Probleme entstehen dabei möglicherweise dadurch, dass Werthaltigkeitsprüfungen teilweise gerade deshalb auf das Aggregat ZGE abstellen, weil die einzelnen Vermögenswerte nicht einzeln bewertungsfähig sind. Für diese Fälle bestimmt IAS 36.106

explizit, dass der Wertminderungsbetrag dann über eine „willkürliche Zuordnung" auf die Vermögenswerte der ZGE (außer Goodwill) verteilt wird. Dies sei unproblematisch, weil alle Vermögenswerte der ZGE „zusammenarbeiten". Wenn nach der Abwertung aller Vermögenswerte auf ihre jeweilige Untergrenze weiterer Wertminderungsaufwand verbleibt, so ist in dieser Höhe (nur) dann eine Schuld zu buchen, wenn ein anderer Standard – etwa IAS 37 – dies verlangt (IAS 36.108).

Aus der Forschung

Sind Goodwill-Wertminderungen entscheidungsrelevant?
Wertberichtigungen des Goodwills sind in den letzten Jahren vielfach Gegenstand der empririschen Rechnungslegungsforschung gewesen. Dabei steht die Frage im Vordergrund, ob Goodwill-Wertminderungen entscheidungsnützliche Informationen vermitteln oder (besonders im Falle ihres Ausbleibens) rein bilanzpolitisch motiviert sind. Beispielhaft sei hier die Studie von Li/Shroff/Venkataraman/Zhang (2011) genannt, die untersucht, welche Auslöser mit Goodwill-Wertminderungen assoziiert sind und welche ökonomischen Konsequenzen diese mit sich bringen. Dabei werden u.a. Marktreaktionen auf die Ankündigung von Wertminderungen des Goodwills analysiert. Die Studie zeigt, dass der Aktienkurs negativ auf Goodwill-Wertminderungen reagiert, wobei diese Reaktion mit der Höhe der Wertminderung variiert. Insofern signalisieren Goodwill-Wertminderungen im Durchschnitt offenbar kursrelevante Informationen für Investoren – wie etwa private Informationen des Managements über zukünftige Gewinnerwartungen oder Hinweise auf die Ursachen von bereits eingetretenen Gewinnrückgängen, wie beispielsweise sinkende Umsätze oder steigende betriebliche Aufwendungen durch ausbleibende Synergieeffekte. Als wesentliche Auslöser von Goodwill-Wertminderungen identifiziert die Studie die Bezahlung von überhöhten Kaufpreisen im Rahmen der ursprünglichen Akquisition sowie das Auftreten von negativen Ereignissen.

Literatur: Li, Z. et al., Causes and consequences of goodwill impairment losses, in: Review of Accounting Studies, Vol. 16 (2011), S. 745-778.

6 Wertaufholung

Regelmäßige Überprüfung

Bei wertgeminderten Vermögenswerten ist an jedem Abschlussstichtag zu überprüfen, ob eine früher gebuchte Wertminderung noch (in voller Höhe) gerechtfertigt ist oder ob eine Zuschreibung infrage kommt (IAS 36.110). Die hierbei zu berücksichtigenden Indikatoren gleichen spiegelbildlich weitgehend denjenigen, die in IAS 36.12-14 als Hinweise auf eine Wertminderung aufgeführt sind (IAS 36.111-112). So können beispielsweise günstige Veränderungen im Unternehmensumfeld darauf hindeuten, dass eine Wertminderung nicht mehr vorliegt, insbesondere wenn eine solche Entwicklung die ursprüngliche Ursache der Wertminderung in ihr Gegenteil verkehrt hat. Bei der Überprüfung ist auch zu berücksichtigen, ob möglicherweise eine Anpassung des Abschreibungsplans erforderlich ist (IAS 36.113).

Ermittlung des erzielbaren Betrages

Die Umkehrung (reversal) einer Wertminderung erfolgt spiegelbildlich zur ursprünglichen Abwertung. Wiederum ist der erzielbare Betrag zu ermitteln und dem – durch die Wertminderung verringerten – Buchwert gegenüberzustellen (IAS 36.114). Das Management hat nachzuweisen, dass sich die den erzielbaren Betrag bestimmenden Faktoren, Schätzungen und Bewertungsparameter seit der Wertminderung zum Positiven entwickelt haben. Nicht erlaubt ist hingegen eine Zuschreibung nur aus dem Grund, dass der Nutzungswert eines Vermögenswerts im Zeitablauf steigt, weil die aus seiner Nutzung erwarteten künftigen Cashflows zeitlich näher rücken und sich daher der Diskontierungseffekt weniger stark auswirkt (unwinding of discount; IAS 36.116).

Obergrenze für Wertaufholung

Für die Zuschreibung ist bei Vermögenswerten, die nicht nach der Neubewertungsmethode folgebewertet werden, als Obergrenze derjenige Wert zu beachten, mit dem der Vermögenswert am Abschlussstichtag zu Buche stünde, wenn die ursprüngliche Wertminderung nicht eingetreten wäre (IAS 36.117). Dies bedeutet, dass planmäßige Abschreibungen auf den ursprünglichen Buchwert in einem Nebenbuch mitgeführt werden müssen und diese fortgeführten historischen Anschaffungs- oder Herstellungskosten die Wertaufholung limitieren.

Beispiel 8.7

Die Georg AG schreibt ihr Sachanlagevermögen linear über die Nutzungsdauer ab. Bei einer Maschine wurde Ende 2021 ein Wertminderungsaufwand von 180 T€ verbucht. Der Buchwert betrug zu diesem Zeitpunkt 400 T€ (vor Wertminderung) und die Restnutzungsdauer lag bei 10 Jahren. Ende 2025 stellt sich heraus, dass der Grund für die ursprüngliche Wertminderung entfallen ist und der erzielbare Betrag der Maschine jetzt bei 300 T€ liegt. Gemäß IAS 36 ist die Maschine – unter Vernachlässigung latenter Steuern – um (240 – 132 =) 108 T€ zuzuschreiben. Dies ergibt sich aus folgender Aufstellung:

Stichtag	**Tatsächlicher Buchwert**	**Buchwert ohne ursprüngliche Wertminderung**
Ende 2021	220	400
Ende 2022	198	360
Ende 2023	176	320
Ende 2024	154	280
Ende 2025	132	Obergrenze für Zuschreibung = 240

Buchung der Wertaufholung

Analog zur Buchung der ursprünglichen Wertminderung ist auch bei der bilanziellen Erfassung der Wertaufholung dahingehend zu differenzieren, ob der betreffende Vermögenswert zu fortgeführten Anschaffungs- oder Herstellungskosten oder zum Neubewertungsbetrag, beispielsweise nach IAS 16, zu Buche steht (IAS 36.119). Dementsprechend ist die Wertaufholung entweder nur GuV-wirksam oder zusätzlich GuV-neutral im sonstigen Ergebnis zu erfassen. Nach der Wertaufholung ist wiederum der Abschreibungsplan anzupassen (IAS 36.121).

Wertaufholung bei einer ZGE

Auch bei einer ZGE erfolgt die Wertaufholung spiegelbildlich zur ursprünglichen Wertminderung (IAS 36.122-123). Der Goodwill einer ZGE profitiert von einer Wertaufholung allerdings auch dann nicht, wenn alle anderen Vermögenswerte auf ihre erzielbaren Beträge bzw. oben definierte Höchstgrenze zugeschrieben wurden. Gemäß IAS 36.124 besteht für den Goodwill ein Wertaufholungsverbot, das eine Aktivierung originären Goodwills verhindern soll (vgl. dazu Kapitel 21).[6]

7 Angabepflichten

Wertminderungen und Wertaufholungen

IAS 36.126-137 kodifizieren umfangreiche Angabepflichten im Falle von Wertminderungen und Wertaufholungen. Hierzu zählt für jede homogene Gruppe von Vermögenswerten der Gesamtbetrag aller in der Berichtsperiode GuV-wirksam erfassten Wertminderungen unter Angabe der entsprechenden Position in der Gewinn- und Verlustrechnung. Gleiches gilt für die GuV-neutral gebuchten Wertminderungen sowie jeweils für die GuV-wirksam und die GuV-neutral erfassten Wertaufholungen. Gemäß IAS 36.128 bietet es sich an, diese Informationen als Teil des Anlagespiegels zu präsentieren. Sie sind weiterhin auf die nach IFRS 8 angabepflichtigen Segmente aufzuteilen (IAS 36.129).

Detailangaben

- Bei aus Unternehmensgesamtsicht wesentlichen Wertminderungen und Wertaufholungen sind weitere Details anzugeben. Diese umfassen die jeweiligen Gründe, Beträge und bei einzelnen Vermögenswerten deren Art und Zuordnung zu den berichtspflichtigen Segmenten nach IFRS 8.
- Im Falle von Wertminderungen und Wertaufholungen bei ZGE treten der Betrag, eine Beschreibung der ZGE sowie die Art und Weise der Abgrenzung der ZGE, sofern diese sich in der Vergangenheit geändert hat, hinzu.
- Weiterhin ist zu erläutern, ob als erzielbarer Betrag eines Vermögenswertes bzw. einer ZGE sein beizulegender Zeitwert abzüglich der Verkaufskosten oder sein Nutzungswert verwendet wurde. Im ersteren Fall ist dessen Ermittlungsgrundlage anzugeben; die in IFRS 13 geforderten Angabepflichten müssen hingegen nicht erfüllt werden. Beim Nutzungswert ist der verwendete Diskontierungszins anzugeben.
- Wenn der Gesamtbetrag der in der Berichtsperiode gebuchten Wertminderungen und Wertaufholungen wesentlich ist, sollen die betroffenen Gruppen von Vermögenswerten sowie die auslösenden Faktoren beschrieben werden.

6 In IFRIC 10 „Zwischenberichterstattung und Wertminderungen" legt das IFRIC fest, dass für einen in einer vorangegangenen Zwischenperiode erfassten Wertminderungsaufwand eines Goodwills ebenfalls ein Wertaufholungsverbot besteht (IFRIC 10.8).

8 Wesentliche Unterschiede zum IFRS for SMEs

Die Grundkonzeption des Wertminderungstests in IFRS-SME.27 entspricht im Wesentlichen den Regelungen nach IAS 36. Lediglich der Detaillierungsgrad einzelner Regeln fällt geringer aus.

Geringerer Detaillierungsgrad

Ein wesentlicher Unterschied besteht insbesondere bei der Häufigkeit des Werthaltigkeitstests. Während nach IAS 36 bestimmte Vermögenswerte jährlich auf Werthaltigkeit zu untersuchen sind, ist nach dem IFRS for SMEs lediglich eine Prüfung durchzuführen, falls die einschlägigen Indikatoren auf einen bestehenden Abschreibungsbedarf hindeuten (IFRS-SME.27.7).

Häufigkeit des Wertminderungstests

Darüber hinaus existiert im IFRS-SME kein eigener Standard zur Ermittlung des beizulegenden Zeitwerts, sodass die Vorschriften zu dessen Bestimmung in IFRS-SME.27.14 kodifiziert sind.

Beizulegender Zeitwert wird im IFRS-SME konkretisiert

9 Wesentliche Unterschiede zum HGB

Aus dem handelsrechtlichen Niederstwertprinzip folgt, dass auch nach HGB regelmäßig Werthaltigkeitsprüfungen durchzuführen sind:

Niederstwertprinzip

Im Anlagevermögen sind gemäß § 253 Abs. 3 HGB außerplanmäßige Abschreibungen auf den am Abschlussstichtag niedrigeren beizulegenden Wert jedoch nur dann zwingend vorzunehmen, wenn von einer voraussichtlich dauerhaften Wertminderung ausgegangen werden muss. Ist die Wertminderung hingegen voraussichtlich nur vorübergehender Natur, besteht im Gegensatz zu den Vorschriften des IAS 36 ein Abschreibungsverbot. Dieses Verbot erstreckt sich hingegen nicht auf Finanzanlagen des Anlagevermögens; hier räumt das HGB ein Abschreibungswahlrecht ein.

Im Anlagevermögen: gemildert

Für die Bestimmung des beizulegenden Werts eines Vermögensgegenstands schreibt das HGB kein Verfahren vor. Idealerweise wird ein Börsen- oder Marktpreis herangezogen, der jedoch nur in Ausnahmefällen tatsächlich festgestellt werden kann. Es kommen daher verschiedene Hilfswerte zur Bestimmung zum Einsatz: der Wiederbeschaffungswert, der Einzelveräußerungswert und der Ertragswert.[7]

Niedrigerer beizulegender Wert

Liegt der beizulegende Wert unterhalb des Buchwerts, ist nur dann eine außerplanmäßige Wertminderung zu erfassen, wenn diese voraussichtlich dauernder Natur ist. Von einer voraussichtlich dauernden Wertminderung ist dann auszugehen, „wenn der Stichtagswert den Wert, der sich aus planmäßigen Abschreibungen ergibt, während eines erheblichen Teils der Restnutzungsdauer oder den nächsten fünf Jahren nicht erreichen wird".[8]

Voraussichtlich dauernde Wertminderung

---

7 Vgl. *Brösel, G./Olbrich, M.*, HdR, § 253, Tz. 577 sowie *Küting, K.*, Grundlagen der fair value-Bewertung, in StuB, 2009, S. 829-835.

8 *Kozikowski/Roscher/Andrejewski*, Beck Bil-Komm., § 253, Tz. 313.

Wertaufholung begrenzt

Eine Wertaufholung ist gemäß § 253 Abs. 5 HGB im Anlagevermögen zwingend vorzunehmen. Ein niedrigerer Wertansatz ist lediglich für einen entgeltlich erworbenen Geschäfts- oder Firmenwert – analog zu den Vorschriften der IFRS – zwingend beizubehalten. Bei der Wertaufholung besteht die Obergrenze – ebenfalls analog zu IAS 36 – in Höhe desjenigen Betrages, mit dem der Vermögensgegenstand zu Buche stünde, wenn die Wertminderung nicht eingetreten wäre, also in Höhe der ggf. um planmäßige Abschreibungen fortgeführten Anschaffungs- oder Herstellungskosten.

Ausgewählte Literatur

Beyhs, O., Impairment of Assets nach International Accounting Standards – Anwendungshinweise und Zweckmäßigkeitsanalyse, Frankfurt a. M. u.a. 2002.

Keller, K., Impairment Test, in: DBW, 62. Jg. (2002), S. 111-116.

Hachmeister, D., Impairment-Test nach IFRS und US-GAAP, in: Ballwieser et al. (Hrsg.), Unternehmenskauf nach IFRS und US-GAAP, Stuttgart 2008, S. 229-266.

Ruhnke, K./Schmidt, S. R., Anhangangaben zu Schätzungen des erzielbaren Betrags gem. IAS 36, in KoR, 13 Jg. (2013), S. 182-189.

Übungsaufgaben

Aufgabe 1:

Nach IAS 36 liegt eine Wertminderung vor, wenn der Buchwert eines Vermögenswertes seinen erzielbaren Betrag übersteigt. Beschreiben sie die beiden Konkretisierungen des erzielbaren Betrages und erläutern Sie die konzeptionellen Überlegungen, die ihnen zugrunde liegen.

Aufgabe 2:

Die Inca AG hat am 02.01.2021 zum Kaufpreis von 180 T€ eine Abfüllanlage erworben. Diese wird über sechs Jahre planmäßig abgeschrieben. Ende 2022 zeichnet sich ab, dass die mit der Anlage befüllten 0,33-Liter-Glasflaschen „Inca Cola“ harter Konkurrenz von der in PET-Flaschen verkauften „Aztec Cola“ ausgesetzt sind. Die Absatzerwartungen haben sich demzufolge eingetrübt und die Auslastung der Abfüllanlage droht künftig zu sinken. Die Inca AG schätzt, dass sie aus dem Verkauf der Anlage einen Preis von 105 T€ erzielen kann. Der Abbau und die Versetzung in einen transportfähigen Zustand werden weitere 4 T€ kosten. Für die verbleibende vierjährige Nutzungsdauer der Anlage wird erwartet, dass die Nettoeinzahlungsüberschüsse ausgehend von 40 T€ in 2021 um jeweils 5 T€ pro Jahr fallen werden. Die Inca AG rechnet mit Kapitalkosten von 10 %. Führen

Sie für die Abfüllanlage der Inca AG einen Werthaltigkeitstest zum 31.12.2022 und die erforderlichen Buchungen durch.

Aufgabe 3:

Nehmen Sie für die Informationen in Aufgabe 2 an, die Absatzsituation der „Inca Cola“ habe sich Ende 2023 weitgehend erholt, sodass der erzielbare Betrag der Abfüllanlage zum 31.12.2023 mit 100 T€ beziffert wird. Nehmen Sie die notwendigen Buchungen vor.

Aufgabe 4:

Der Hauptsitz der Lebowski AG beherbergt Verwaltungsabteilungen, die für die drei ZGE „White Russian“ (Buchwert: 3.000 T€), „Sarsaparilla“ (Buchwert: 1.200 T€) und „Oat Soda“ (Buchwert: 800 T€) tätig sind. Der Buchwert des Gebäudes beträgt 1.500 T€. Die beizulegenden Zeitwerte abzüglich der Verkaufskosten lassen sich für die drei ZGE nicht bestimmen. Der aus Marktdaten abgeleitete Diskontierungszins vor Steuern beträgt 8 %. Für die einzelnen ZGE wurden folgende Cashflows nach Abzug von Overheadkosten geschätzt:

Jahr	**2022**	**2023**	**2024**	**2025**	**Restwert 2025**
White Russian	400	450	475	500	1200
Sarsaparilla	120	130	140	150	700
Oat Soda	110	110	105	120	300

Führen Sie für die ZGE der Lebowski AG einen Werthaltigkeitstest zum 31.12.2021 durch.

Kapitel 9
Immaterielles Anlagevermögen

Apple Inc. gilt als eines der wertvollsten Unternehmen der Welt. Was dabei auffällt: Der Marktwert des Eigenkapitals von Apple Inc. lag Anfang Oktober 2020 ganze 27 mal so hoch wie der Buchwert. Dabei handelt es sich zwar um einen Extrem-, aber bei weitem keinen Einzelfall. Tatsächlich fällt immer wieder auf, dass die Marktwerte von Unternehmen nicht deren Buchwerten entsprechen.

Ein Erklärungsansatz für diese Unterschiede ist im Reich der immateriellen Werte zu finden. Nehmen wir als Beispiel den Sportartikelhersteller PUMA, dessen Marktwert zum gleichen Zeitpunkt immerhin ungefähr sechsmal so hoch war wie das bilanzielle Eigenkapital, und werfen wir einen Blick in den Geschäftsbericht für das Jahr 2019. In der Konzernbilanz wird unter den immateriellen Vermögenswerten die Marke „Cobra" mit knapp 127 Mio. € ausgewiesen. Doch die sicherlich wertvollere Marke, nämlich „PUMA" selbst (PUMA ist immerhin ein MDAX-Unternehmen) taucht nicht auf. Auch die Mitarbeiter und Mitarbeiterinnen, im Vorjahr im Geschäftsbericht immerhin noch als „unser wertvollstes Kapital" bezeichnet, finden sich nicht in den Rechenwerken. Letztlich noch ein Blick auf Forschung und Entwicklung: Die Forschungs- und Entwicklungsausgaben werden mit 61,7 Mio. € beziffert. Einen Teil der Entwicklungsausgaben aktiviert PUMA, beispielsweise 1,8 Mio. € im „Zusammenhang mit Golfschlägern"; Forschungsausgaben wurden jedoch nicht aktiviert.

Wie wir sehen, werden zumindest einige mutmaßlich wertvolle immaterielle Werte nicht in der Bilanz angesetzt. Doch sind diese Sachverhalte tatsächlich der Grund dafür, dass der Marktwert des Eigenkapitals von PUMA wesentlich höher ist als das bilanzielle Eigenkapital? Und wenn ja, warum ändert PUMA diese Bilanzierung nicht? Sollte es nicht im Interesse einer informationsorientierten Rechnungslegung liegen, auch immaterielle Werte möglichst genau abzubilden?

Auf den ersten Blick mag das einleuchten. Doch wer versucht, sämtliche Vermögenswerte eines Unternehmens mit informativen Werten auf der Aktivseite der Bilanz anzusetzen, wird im Bereich immaterieller Werte schnell an Grenzen stoßen. Immaterielle Werte basieren nicht auf Materiallisten; ihre Herstellungskosten lassen sich nicht durch den Verbrauch von Rohstoffen bestimmen und dürften selten vollends objektivierbar sein. Dennoch sind immaterielle Werte ein relevanter Bestandteil vieler Wertschöpfungsprozesse. Kurz gesagt: sie stellen die Rechnungslegung vor Herausforderungen. Dieses Kapitel wird diese Herausforderungen anhand des IAS 38 beleuchten und sich dabei an den folgenden Lernzielen orientieren.

Lernziele „Kennen"

Nach Bearbeitung des Kapitels haben Sie ein grundlegendes Verständnis für die Herausforderungen und Schwierigkeiten bei der Bilanzierung immaterieller Werte. Sie kennen den Anwendungsbereich des IAS 38 sowie die zentralen Normen zu Ansatz, Erst- und Folgebewertung. Sie verstehen insbesondere die für selbsterstellte immaterielle Vermögenswerte wichtige Unterscheidung in Forschungs- und Entwicklungsphase und kennen die Unterschiede zwischen dem Anschaffungskostenmodell und dem Neubewertungsmodell.

Sie können die Normen des IAS 38 eigenständig auf praxisnahe Sachverhalte anwenden. Auch können Sie argumentieren, ob ein immaterieller Vermögenswert vorliegt und in der Bilanz angesetzt werden muss. Sie können begründen, ab welchem Zeitpunkt ein selbsterstellter immaterieller Vermögenswert in der Bilanz mit welchem Wert anzusetzen ist. Außerdem können Sie die Folgebewertungsvorschriften inklusive der Voraussetzungen des Neubewertungsmodells auf grundlegende Sachverhalte anwenden.

Lernziele „Anwenden“

Diese Kenntnisse befähigen Sie, die Folgen der in IAS 38 dargestellten Bilanzierungsvorschriften für eine gegebene Unternehmenssituation abzuschätzen und kritisch zu bewerten. Der Fokus liegt dabei auf der strategischen Ausnutzung der Ermessensspielräume bei Ansatz und Bewertung selbsterstellter immaterieller Vermögenswerte und ihrem Einfluss auf die Vermögens-, Finanz- und Ertragslage des Unternehmens. So können Sie z.B. die in der Praxis beobachtbaren Unterschiede in den Aktivierungsquoten für aktivierte Entwicklungskosten fundiert einordnen und würdigen.

Lernziele „Bewerten & Gestalten“

1 Grundlagen

1.1 Relevante Normen

Relevante Vorschrift

Der zentrale Standard zur Bilanzierung von immateriellen Vermögenswerten ist IAS 38 „Immaterielle Vermögenswerte“ (Intangible Assets), der bereits seit 2004 verbindlich anzuwenden ist.

Sachlicher Anwendungsbereich von IAS 38

Grundsätzlich regelt IAS 38 die Bilanzierung sämtlicher immaterieller Vermögenswerte, deren Bilanzierung nicht bereits nach anderen IFRS geregelt ist (IAS 38.2(a)). Zu diesen Ausnahmen vom Anwendungsbereich gehören (IAS 38.2-3):

- immaterielle Vermögenswerte des Umlaufvermögens, wie z.B. Auftragsforschung für Dritte (IAS 2 und IFRS 15),
- aktive latente Steuern (IAS 12),
- Ansprüche aus Leasingverträgen (IFRS 16),
- Vermögenswerte, die aus vertraglichen Leistungen an Arbeitnehmer resultieren (IAS 19),
- nicht-materielle Vermögenswerte, die finanzieller Natur sind, wie z.B. Forderungen und sonstige Finanzinstrumente, die unter die Definition von Finanzinstrumenten nach IAS 32.11 fallen (IFRS 9),
- derivativer Goodwill aus Unternehmenszusammenschlüssen (IFRS 3),
- immaterielle Vermögenswerte aus Versicherungspolicen (IFRS 4 bzw. IFRS 17),
- immaterielle Vermögenswerte, die im Rahmen der Einstellung von Geschäftsbereichen (IFRS 5) allein oder als Teil einer Veräußerungsgruppe als zur Veräußerung gehalten klassifiziert wurden, sowie

- immaterielle Vermögenswerte, die aus dem Abbau nicht regenerativer Ressourcen resultieren (IFRS 6).

Abgrenzung von Vorräten

Trotz der großen Bedeutung immaterieller Vermögenswerte ist die Frage des bilanziellen Ansatzes aufgrund der fehlenden physischen Substanz nicht leicht zu entscheiden. Wie in den meisten Rechnungslegungssystemen wird in den IFRS unterschieden, ob die immateriellen Vermögenswerte dauerhaft dem Unternehmen dienen sollen (z.B. ein Patent) oder ob sie zur Veräußerung bestimmt sind (z.B. im Kundenauftrag entwickelte Software). Zur Veräußerung gehaltene immaterielle Vermögenswerte werden als Vorräte angesehen. Für ihre Bilanzierung ist somit der in Kapitel 12 behandelte IAS 2 „Vorräte" relevant. IAS 38 behandelt indes immaterielle Vermögenswerte des Anlagevermögens, also diejenigen Vermögenswerte, die dauerhaft dem Geschäftsbetrieb dienen.

Aufbau von IAS 38

IAS 38 orientiert sich an dem für die meisten Standards üblichen Aufbau: Einer Abgrenzung des Anwendungsbereichs (IAS 38.2-7) folgt eine Definition wesentlicher Begriffe (IAS 38.8). Anschließend konkretisieren IAS 38.9-17 den Wesensgehalt eines immateriellen Vermögenswertes. IAS 38.18-71 regeln Ansatz und Erstbewertung immaterieller Vermögenswerte, während die Regeln für die Folgebewertung in IAS 38.72-117 dargestellt werden. Welche Anhangangaben gemacht werden müssen, legen IAS 38.118-128 dar. Die abschließenden IAS 38.129-133 regeln den Zeitpunkt des Inkrafttretens sowie Übergangsregeln und die Rücknahme von IAS 38 (1998).[1]

1.2 Definition immaterieller Vermögenswerte

Definition immaterieller Vermögenswert

Was unter einem immateriellen Vermögenswert zu verstehen ist, definiert IAS 38.8: „Ein immaterieller Vermögenswert ist ein identifizierbarer, nicht monetärer Vermögenswert ohne physische Substanz". Diese weite Definition stellt sicher, dass praktisch alle potenziellen nicht-physischen Vermögenswerte auf ihren Ansatz hin zu überprüfen sind. Ausgenommen hiervon sind monetäre Vermögenswerte im Sinne des IAS 38.8, die sich zwar auch durch fehlende Körperlichkeit auszeichnen, jedoch den Regelungen für Finanzinstrumente unterliegen. Oft ist ein immaterieller Vermögenswert mit einem materiellen Vermögenswert verbunden. So wird Computersoftware teilweise auf physischen Datenträgern vertrieben. Zudem führen Forschungs- und Entwicklungsanstrengungen häufig nicht nur zu einem immateriellen Vermögenswert (dem neuen Wissen), sondern auch zu einem materiellen (zum Beispiel einem Prototypen). Die Entscheidung, ob es sich bei einem derart verbundenen Vermögenswert in seiner Gesamtheit um einen materiellen

1 Für die bilanzielle Behandlung eines Spezialproblems wurde zudem SIC-32 „Immaterielle Vermögenswerte – Kosten für Webauftritte" (Intangible Assets –Web Site Costs) verabschiedet. Diese Interpretation befasst sich mit der Bilanzierung der Ausgaben für Entwicklung und Betrieb einer Webseite.

oder einen immateriellen handelt, hängt davon ab, welcher Teil wesentlicher für den Gesamtwert ist (IAS 38.4-5).

Spezialthema

Kryptowährungen als immaterielle Vermögenswerte

Mit der zunehmenden Verbreitung digitaler Währungen wurde der korrekte Bilanzansatz für den Erwerb sogenannter Payment-Token (bspw. Bitcoin) intensiv diskutiert. Ende 2019 entschied das IFRS Interpretations Committee, dass Payment-Token, welche nicht durch einen staatlichen Akteur herausgegeben werden, nach IAS 38 zu bilanzieren sind. Lediglich gehaltene Kryptowährungen, die für einen Verkauf im gewöhnlichen Geschäftsverlauf des Unternehmens bestimmt sind, werden nach IAS 2 (Vorräte) bilanziert. Eindeutig wird festgehalten, dass Kryptowährungen (bisher) nicht die Definition von Zahlungsmitteln erfüllen. Blecher und Horx (2020) setzen sich mit dieser Entscheidung kritisch auseinander. Sie argumentieren, dass IAS 38 möglicherweise gar nicht einschlägig sein könnte, da die dort angegebene Definition eines monetären Vermögenswertes erfüllt sei. Sie führen weiterhin aus, dass das später in diesem Kapitel behandelte Neubewertungsmodell zwar durch das Vorliegen eines aktiven Marktes für zumindest einige Kryptowährungen in Frage kommt, konzeptionell jedoch nicht passe. Besonders deutlich werde dies dadurch, dass gehaltene Kryptowährungen abseits des einmaligen Verkaufs keinen langfristigen Nutzen für das Unternehmen generieren. Schlussendlich votieren die Autoren für eine Weiterentwicklung der bisherigen Regelungen. Wie auch immer jedoch die Sichtweise auf diese Entscheidung ist: Es zeigt sich, wie technologischer Fortschritt die Rechnungslegung vor immer neue Herausforderungen stellt. Für den Moment jedenfalls gilt, dass der Großteil der Kryptowährungen künftig nach IAS 38 zu behandeln ist.

Literatur: Blecher, C./Horx, J., Die Bilanzierung von Kryptowährungen nach IFRS, in: KoR, 20. Jg. (2020), S. 53-58.

Drei kumulative Definitionsmerkmale

Um der Definition zu genügen, müssen insbesondere drei Bedingungen erfüllt sein (IAS 38.10):

- Identifizierbarkeit (IAS 38.11-12),
- Verfügungsmacht des Unternehmens (IAS 38.13-16) und
- künftiger wirtschaftlicher Nutzen (IAS 38.17).

Identifizierbarkeit

Identifizierbarkeit liegt bei Erfüllung mindestens einer von zwei Bedingungen vor: Separierbarkeit und Vorliegen eines vertraglichen oder sonstigen rechtlichen Anspruchs (IAS 38.12). Separierbarkeit liegt vor, wenn der Vermögenswert, ggf. zusammen mit weiteren Vermögenswerten und Schulden, vom Unternehmen getrennt und, zum Beispiel durch Verkauf oder Lizensierung, an Andere übertragen werden kann (IAS 38.12 (a)). Die zweite alternative Bedingung ist das Vorliegen eines Vertrages oder anderer konkreter Rechte, die den Vermögenswert identifizieren, auch wenn diese Rechte nicht separierbar oder einzeln veräußerbar sind

(IAS 38.12(b)). So dürfen beispielsweise manche Lizenzen nicht einzeln weiterveräußert werden. Trotzdem stellen sie konkrete Rechte dar und sind damit identifizierbar (IAS 38.BC10). Ist keine der beiden hinreichenden Bedingungen erfüllt, liegt kein immaterieller Vermögenswert nach IAS 38 vor.

Verfügungsmacht und künftiger wirtschaftlicher Nutzen

Ein Unternehmen übt Verfügungsmacht über einen Vermögenswert aus, wenn es in der Lage ist, sich den daraus künftig zu erwartenden wirtschaftlichen Nutzen anzueignen und es den Zugriff Dritter auf diesen Nutzen beschränken kann. Dies ist in der Regel bei juristisch durchsetzbaren Ansprüchen der Fall. Dabei ist zu beachten, dass ein Unternehmen über bestimmte immaterielle Werte, wie beispielsweise das Know-how der Mitarbeiterinnen und Mitarbeiter oder Kundenbeziehungen, keine hinreichende Verfügungsgewalt ausüben kann und diese somit nicht als immaterielle Vermögenswerte ansatzfähig sind (IAS 38.15-16). Der künftige wirtschaftliche Nutzen ist durch in der Zukunft erwartete Mehreinnahmen oder Minderausgaben zu konkretisieren (IAS 38.17).

GuV-wirksame Erfassung

Wenn ein immaterielles Gut eines oder mehrere dieser Kriterien nicht erfüllt, so handelt es sich nicht um einen immateriellen Vermögenswert im Sinne von IAS 38.8. Folglich ist eine Aktivierung nicht möglich. Die diesem Wert zugeordneten Ausgaben sind stattdessen in der Periode ihres Anfalls GuV-wirksam als Aufwand zu erfassen.

Beispiel 9.1

Die Virweg GmbH ist ein mittelständisches Unternehmen, das Antivirensoftware entwickelt und vertreibt. Sie prüft für die folgenden Sachverhalte, ob es sich um immaterielle Vermögenswerte handelt.

Sachverhalt 1: Die GmbH hat 100.000 mit Antivirus-Software bespielte und für den Verkauf bestimmte CD-ROMs im Lager.

Es ist anzunehmen, dass die Software, und damit der immaterielle Teil des Vermögenswertes, wesentlich für die Gesamtbewertung ist. Trotzdem ist IAS 38 für diesen Vermögenswert nicht einschlägig. Da die CD-ROMs offensichtlich für den Verkauf bestimmt sind, muss IAS 2 („Vorräte“) angewendet werden (IAS 38.3(a)).

Sachverhalt 2: Die Virweg GmbH hat eine neue Methode zur Überwachung von Firmennetzwerken entwickelt. Die Methode findet bereits intern erfolgreich Anwendung.

Im Unterschied zum vorherigen Fall handelt es sich bei diesem immateriellen Wert um eine Entwicklung, die dem Unternehmen dauerhaft zur Verfügung steht. Es fällt damit unter den Anwendungsbereich von IAS 38. Es erscheint prinzipiell separierbar (bspw. durch Lizensierung) und damit auch identifizierbar (IAS 38.12(a)). Des Weiteren ist es geistiges Eigentum der GmbH und damit in ihrer Verfügungsmacht (IAS 38.13). Künftiger wirtschaftlicher Nutzen ist ebenfalls anzunehmen, da das Unternehmen durch die Anwendung der Software künftigen Virenbefall vermeidet und sich damit Vorteile durch erwartbare

Kosteneinsparungen verschafft (IAS 38.17). Es liegt demnach ein immaterieller Vermögenswert vor.

Sachverhalt 3: Schließlich nutzt die Virweg GmbH künstliche Intelligenz zur Erkennung und Bekämpfung neuer Computerviren auf ihren eigenen Systemen. Sie nutzt die Erkenntnisse auch für ihre Produkte. Auch in diesem Fall sind der künftige wirtschaftliche Nutzen sowie Verfügungsmacht gegeben. Fraglich ist nun, ob die resultierenden Algorithmen auch identifizierbar sind. Sollten sie zumindest prinzipiell auch von anderen Firmen nutzbar und damit an diese übertragbar sein, so wären sie separierbar und somit identifizierbar. Im vorliegenden Fall erscheint es allerdings auch möglich, dass sie so sehr mit den internen Prozessen der Virweg GmbH verbunden sind, dass eine Trennung vom Geschäfts- oder Firmenwert nicht mehr möglich ist. Sie wären dann nicht mehr als eigenständiger immaterieller Vermögenswert zu betrachten.[2]

2 Ansatz und Erstbewertung

2.1 Überblick

Abstrakte Ansatzregel

Sofern die Definition eines immateriellen Vermögenswertes erfüllt ist, entscheiden die abstrakten Ansatzbedingungen nach IAS 38.21, ob er zu aktivieren ist (IAS 38.18). Nach der abstrakten Ansatzbedingung ist ein immaterieller Vermögenswert nur dann anzusetzen, wenn

- es auch wahrscheinlich ist, dass der künftige Nutzen dem bilanzierenden Unternehmen zufließen wird, und
- seine Anschaffungs- oder Herstellungskosten zuverlässig ermittelt werden können.

Abbildung 9.1 stellt die Definition und den Ansatz immaterieller Vermögenswerte schematisch dar.

Nutzenzufluss

Grundsätzlich ist die Wahrscheinlichkeit des Nutzenzuflusses anhand vernünftiger und begründeter Annahmen zu beurteilen (IAS 38.22). Hierbei sind insbesondere externe Hinweise auf eine Werthaltigkeit des immateriellen Vermögenswertes zu berücksichtigen. Gegebenenfalls sind diese stärker zu werten als interne Schätzungen (IAS 38.23). Die abstrakte Ansatzbedingung wird in Abhängigkeit

2 Weiterführende Literatur zum Ansatz Künstlicher Intelligenz: *Ziskovsky, L.*, Künstliche Intelligenz – mehr immaterielle Werte in der Bilanz?, in: Der Konzern, 17. Jg. (2019), S. 394-399.

von der Erwerbsart weiter konkretisiert. Der Erstansatz eines immateriellen Vermögenswertes erfolgt gemäß IAS 38.24 mit seinen Anschaffungs- oder Herstellungskosten.

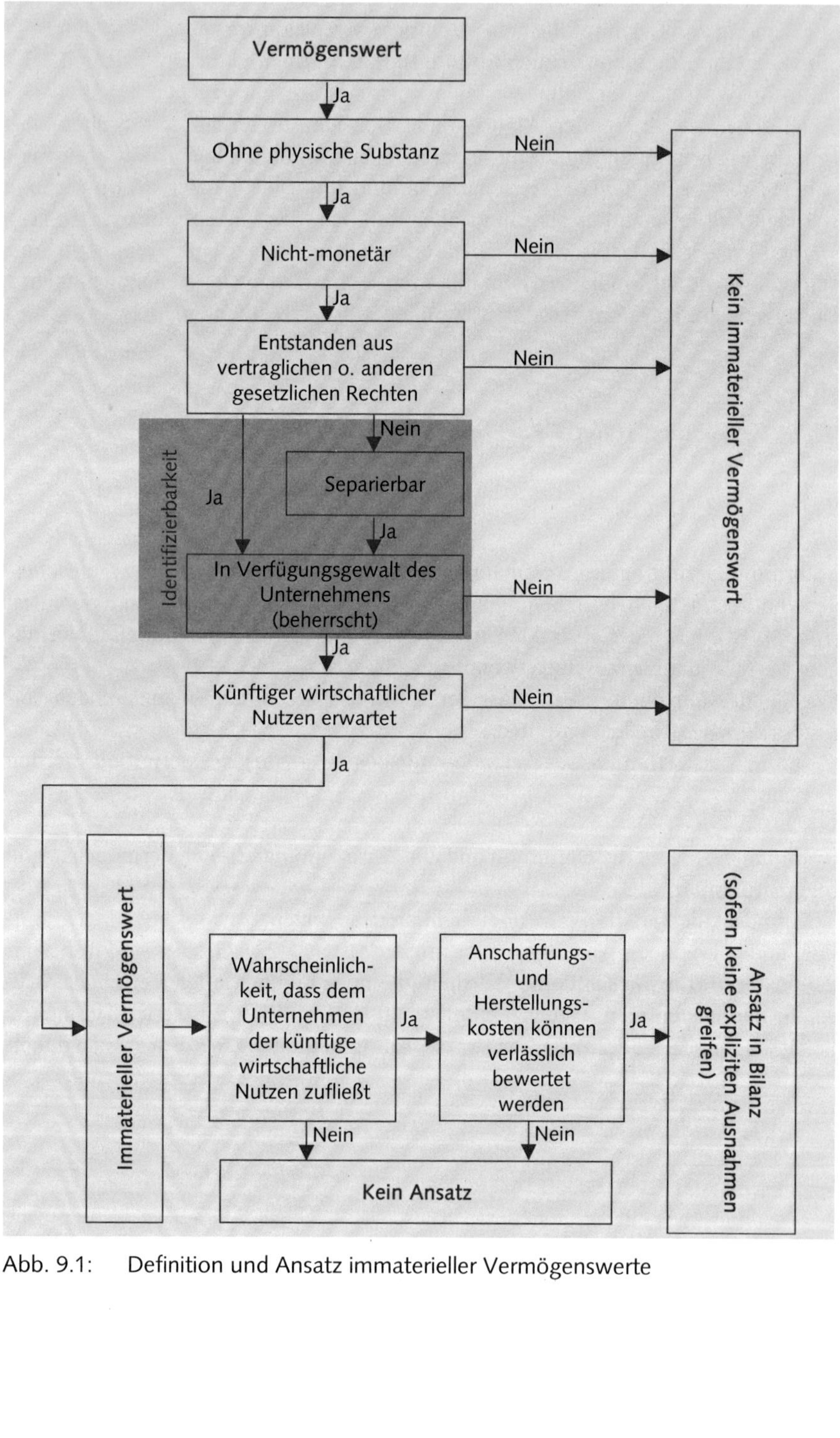

Abb. 9.1: Definition und Ansatz immaterieller Vermögenswerte

Für die Frage, ob die Herstellungs- bzw. Anschaffungskosten verlässlich ermittelbar sind, ist die Art des Erwerbs von besonderer Bedeutung. IAS 38 differenziert hierbei zwischen den in Abbildung 9.2 dargestellten Erwerbsarten.

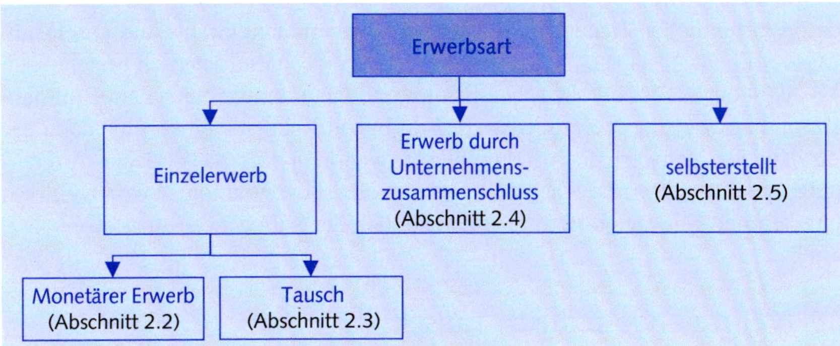

Abb. 9.2: Erwerbsarten immaterieller Vermögenswerte

Spätere Weiterentwicklungen erworbener immaterieller Vermögenswerte

Spätere Weiterentwicklungen von immateriellen Vermögenswerten, die separat oder im Rahmen einer Unternehmensakquisition erworben wurden, sind nach IAS 38.42 analog zu selbsterstellten immateriellen Vermögenswerten zu behandeln. Demnach können sie nur dem bereits aktivierten immateriellen Vermögenswert zugeschrieben werden, wenn sie für sich allein auch aktivierungspflichtig wären.

2.2 Monetärer Einzelerwerb

Umfang der Anschaffungskosten

Bei käuflichem Erwerb des immateriellen Vermögenswerts gehen IAS 38.25-26 davon aus, dass die Ansatzkriterien im Regelfall erfüllt sind. Trotzdem können nicht alle mit dem Vermögenswert in Verbindung stehenden Kosten angesetzt werden. IAS 38.27 konkretisiert die Ermittlung der Anschaffungskosten. Diese umfassen den Kaufpreis sowie alle weiteren Kosten, um den Vermögenswert in den betriebsbereiten Zustand zu versetzen. Ebenfalls anzusetzen sind Einfuhrzölle und nicht abzugsfähige Verbrauchssteuern. Skonti, Boni und Rabatte hingegen sind preismindernd abzusetzen.

Sobald sich der Vermögenswert im gewünschten betriebsbereiten Zustand befindet, sind keine weiteren Ausgaben zu aktivieren. Dies gilt insbesondere für Nutzungs- oder Verlagerungskosten (IAS 38.30). IAS 38.29 weist auf einige Beispiele für Aufwendungen hin, die ebenfalls nicht zurechenbar sind. Darunter fallen u.a. Verwaltungs- und Gemeinkosten sowie Kosten für Produkteinführungen (insbesondere Werbemaßnahmen).

Berücksichtigung von Zinseffekten

Sollte die Bezahlung des Vermögenswertes erst nach dem normalen Zahlungsziel erfolgen, so ist nur der Barwert des Kaufpreises als Anschaffungskosten zu aktivieren (IAS 38.32). Die Differenz zwischen Barwert und tatsächlich zu leistendem Kaufpreis ist gemäß IAS 23 „Fremdkapitalkosten“ (Borrowing Costs) zu behandeln. Hiernach sind Fremdkapitalkosten für qualifizierte Vermögenswerte immer zu aktivieren.

Behandlung öffentlicher Zuwendungen

Falls der Erwerb durch eine öffentliche Zuwendung, wie etwa eine Subvention, (teil)finanziert wird, so ist IAS 20 „Bilanzierung und Darstellung von Zuwendungen der öffentlichen Hand" (Accounting for Government Grants and Disclosure of Government Assistance) anzuwenden (IAS 38.44). Grundsätzlich besteht nach IAS 20.24 ein Wahlrecht zwischen Brutto- und Nettoansatz. Nach dem Bruttoansatz sind sowohl der Vermögenswert zum beizulegenden Zeitwert als auch der beizulegende Zeitwert der öffentlichen Zuwendung (als passivischer Abgrenzungsposten) anzusetzen. Nach dem Nettoansatz ist der Vermögenswert zum vom Unternehmen geleisteten Betrag, also abzüglich der Subvention, anzusetzen.

2.3 Einzelerwerb durch Tausch

Erwerb durch Tausch

Ein immaterieller Vermögenswert kann ebenfalls durch Tausch gegen andere nichtmonetäre Vermögenswerte erworben werden. In dem Falle ist der beizulegende Zeitwert[3] als Anschaffungskosten anzusetzen (IAS 38.45). Lediglich wenn es dem Tauschgeschäft an wirtschaftlicher Substanz mangelt oder der Zeitwert von keinem der beiden Tauschgegenstände ermittelbar ist, muss von diesem Ansatz abgewichen werden. Unter diesen Umständen wird der Buchwert des hingegebenen Vermögenswertes als Anschaffungskosten berücksichtigt (IAS 38.45). Konkretisiert werden diese Vorschriften in IAS 38.45-46.

2.4 Erwerb durch Unternehmenszusammenschluss

Einzelerwerbsfiktion

Werden immaterielle Vermögenswerte im Rahmen eines Unternehmenszusammenschlusses nach IFRS 3 erworben, so werden deren Anschaffungskosten durch den beizulegenden Zeitwert der immateriellen Vermögenswerte zum Erwerbszeitpunkt bestimmt. Die sogenannte Einzelerwerbsfiktion betrachtet die erworbene Beteiligung als Erwerb einzelner Vermögenswerte und Schulden (siehe auch Kapitel 21). Dies gilt auch für immaterielle Vermögenswerte. Wie beim Kauf von einzelnen immateriellen Vermögenswerten wird davon ausgegangen, dass der künftige Nutzen dem Unternehmen zufließt. Ein wesentliches Ansatzkriterium ist damit grundsätzlich erfüllt (IAS 38.33 i.V.m. IAS 38.21(a)). Offen bleibt dabei noch, inwieweit die Anschaffungskosten verlässlich ermittelbar sind. Für diese Frage ist es unerheblich, ob der immaterielle Vermögenswert in der Bilanz des erworbenen Unternehmens bereits bilanziert wurde.

3 Hierbei ist der beizulegende Zeitwert des erworbenen Vermögenswertes anzusetzen; ist dieser nicht ermittelbar, so derjenige des hingegebenen.

IAS 38.33 und 38.35 beantworten diese Frage insofern, als der Vermögenswert verlässlich bestimmt werden kann, wenn er identifizierbar ist. Identifizierbarkeit liegt vor, wenn der Vermögenswert separierbar ist oder aus vertraglichen oder anderen Rechten entsteht. Sollte der immaterielle Vermögenswert nur in einer Gruppe mit anderen Vermögenswerten separierbar sein, so ist die Gruppe gemäß IAS 38.36-37 gemeinsam zu bewerten. Das gilt auch dann, wenn die individuellen beizulegenden Zeitwerte der einzelnen Vermögenswerte der Gruppe nicht verlässlich messbar sind.

Identifizierbarkeit als Voraussetzung

Sofern im Rahmen eines Unternehmenszusammenschlusses erworbene immaterielle Vermögenswerte zum Erwerbszeitpunkt nicht identifizierbar sind, dürfen diese nicht separat angesetzt werden, sondern gehen in den Goodwill aus dem Unternehmenszusammenschluss ein (IFRS 3.B31-B.40; vgl. Kapitel 21). Als Beispiel für einen solchen nicht identifizierbaren immateriellen Vermögenswert nennt IFRS 3.B37 die Übernahme einer bestehenden Belegschaft, die es dem Erwerber ermöglicht, das erworbene Geschäftsmodell unmittelbar fortzuführen.

Fehlende Identifizierbarkeit

Ist der durch Unternehmenszusammenschluss erworbene immaterielle Vermögenswert identifizierbar, bestimmt IFRS 13 („Bemessung des beizulegenden Zeitwerts“, siehe auch Kapitel 3), wie der beizulegende Zeitwert verlässlich zu ermitteln ist. Grundsätzlich ist der beizulegende Zeitwert als derjenige (Abgangs-)Preis definiert, der zwischen Marktteilnehmern in einem geordneten Geschäftsvorfall auf dem Hauptmarkt oder dem vorteilhaftesten Markt für den Verkauf gezahlt werden würde (IFRS 13.9 i.V.m. IFRS 13.B2).

Bestimmung des beizulegenden Zeitwerts nach IFRS 13

Es ist jedoch anzumerken, dass für die Mehrzahl der typischerweise in Unternehmenszusammenschlüssen erworbenen immateriellen Werte eine marktpreisorientierte Bewertung (IFRS 13.B5-B7) nicht durchführbar sein dürfte. Im Rahmen der dreistufigen Hierarchie von Inputfaktoren (IFRS 13.67-90) würden sich zum Beispiel für Kundenstämme oder Markennamen in der Regel keine Marktpreise als Inputfaktoren der Level 1 und 2 beobachten lassen. Damit dürfte den in IFRS 13.B12-B30 genannten einkommensbasierten Bewertungstechniken die weitaus größere Bedeutung zukommen.

Faktische Irrelevanz von Marktpreisen

Beispiel 9.2

Die Chem AG hat zum 01.01.2021 im Rahmen einer Unternehmensakquisition ein Patent erworben; die Pharma GmbH wurde zu 100 % für einen Kaufpreis von 20 Mio. € in bar gekauft. Der Buchwert des Eigenkapitals der Pharma GmbH betrug zum Erwerbszeitpunkt 15 Mio. €. Dem bislang nicht bilanzierten Patent lassen sich nach Auskunft der Pharma GmbH Herstellungskosten in Höhe von 7 Mio. € zuordnen. Ein in Ermangelung eines aktiven Marktes erstelltes Wertgutachten beziffert den Wert des Patentes aber auf sogar 10 Mio. €. Außer dem besagten Patent hatte die Pharma GmbH keine stillen Reserven oder identifizierbaren immateriellen Vermögenswerte. Wie ist der Erwerb anzusetzen? Latente Steuern sind zu vernachlässigen.

Lösung

Die ursprünglichen Herstellungskosten des Patentes sind irrelevant, da dessen beizulegender Zeitwert nunmehr durch den Unternehmenskauf aktivierungspflichtig geworden ist. Der beizulegende Zeitwert beträgt laut Wertgutachten 10 Mio. €. Dieser führt zu einem negativen Unterschiedsbetrag von 5 Mio. € im Rahmen der Kapitalkonsolidierung. Somit entsteht aus der Erstkonsolidierung der Pharma GmbH ein passivischer Unterschiedsbetrag, der zunächst erneut zu überprüfen und anschließend als ein „bargain purchase" in der Periode des Erwerbs GuV-wirksam als Ertrag zu erfassen ist (IFRS 3.34-36; vgl. Kapitel 21).

2.5 Selbsterstellte immaterielle Vermögenswerte

Schwierige Abgrenzung und Bewertung

Während die obigen Erwerbsarten eher unproblematisch sind, wird bereits aus den Aktivierungsvoraussetzungen der IAS 38.21(a) und 21(b) deutlich, dass der Ansatz von selbstgeschaffenem immateriellen Anlagevermögen mit Schwierigkeiten verbunden ist: Der künftige Nutzenzufluss an das Unternehmen muss wahrscheinlich und die Herstellungskosten müssen verlässlich ermittelbar sein. Zusätzlich legen IAS 38.11 und 12 die Separierbarkeit des Anlagegutes als weitere Voraussetzung fest. Bereits hieraus ergibt sich, dass der Ansatz eines selbst geschaffenen Geschäfts- oder Firmenwerts (Goodwill) untersagt ist (IAS 38.48 und 49).

Explizite Aktvierungsverbote

Für bestimmte immaterielle Vermögenswerte kann zwar unter Umständen das Anlagegut selbst abgrenzbar sein, die Aufwendungen hingegen nicht. So gilt gemäß IAS 38.63 ein explizites Aktivierungsverbot für selbsterstellte Markennamen, Drucktitel, Verlagsrechte, Kundenlisten sowie ähnliche Vermögenswerte. IAS 38.64 legt dar, dass deren Entwicklungsaufwendungen nicht hinreichend scharf von den sonstigen Aufwendungen des Unternehmens getrennt werden können. Das Ansatzverbot gilt somit, obwohl vorgenannte Posten gemäß der Definition von IAS 38.8 immaterielle Vermögenswerte darstellen können.

Aktivierungsvoraussetzungen in der Entwicklungsphase

Abgesehen von der Abgrenzung ist die verlässliche Ermittlung der Herstellungskosten von selbsterstellten immateriellen Vermögenswerten schwierig. Zur Ermittlung dieser Kosten ist zunächst gemäß IAS 38.52 die Einteilung des Produktionsprozesses von immateriellen Vermögenswerten in eine Forschungs- und eine Entwicklungsphase vorzunehmen. Ist eine Trennung von Forschung und Entwicklung nicht möglich, so ist der gesamte Produktionsprozess als Forschungsphase zu behandeln (IAS 38.53). Hierbei gilt ein Aktivierungsverbot für Forschungsausgaben – für Entwicklungsausgaben hingegen gilt unter bestimmten Voraussetzungen sogar eine Aktivierungspflicht. Damit kommt der Trennung von Forschungs- und Entwicklungsphase eine zentrale Bedeutung zu.

Differenzierung in Forschungs- und Entwicklungsphase

IAS 38.8 enthält diesbezüglich grundlegende Definitionen. Hiernach wird unter Forschung die Suche nach neuen wissenschaftlichen oder technischen Erkenntnissen verstanden. Entwicklung bedeutet indes die Einbringung dieser und anderer Erkenntnisse in die Produktion beziehungsweise in die Produktionsplanung. Da laut IAS 38.55 ein Unternehmen in der Forschungsphase noch nicht nachweisen kann, dass ein wahrscheinlicher künftiger Nutzen aus dem Projekt resultieren wird, liegt gemäß IAS 38.21(a) kein anzusetzender immaterieller Vermögenswert vor.

Ein aus der Entwicklung hervorgehender immaterieller Vermögenswert, für den kein Aktivierungsverbot besteht, ist mit seinen direkt zurechenbaren Aufwendungen der Entwicklungsphase allerdings stets dann zu aktivieren, wenn folgende Bedingungen kumulativ erfüllt sind (IAS 38.57):

- Die Absicht sowie die technische und organisatorische Fähigkeit, den Vermögenswert fertig zu stellen und zu nutzen oder zu verkaufen, sind vorhanden (IAS 38.57(a), 57(b) und 57(c));
- der künftige Nutzen innerhalb oder über einen Markt außerhalb des Unternehmens sowie die Art und Weise, wie dieser erzielt werden soll, kann belegt werden (IAS 38.57(d));
- es sind angemessene technische, finanzielle sowie sonstige Ressourcen vorhanden, so dass die Entwicklung abgeschlossen und der immaterielle Vermögenswert genutzt oder verkauft werden kann (IAS 38.57(e)), und
- die während seiner Entwicklung angefallenen Ausgaben können verlässlich bewertet werden (IAS 38.57(f)).

Bilanzanalytische Auswirkungen

Auswirkungen von restriktiven Aktivierungsvorschriften

Der Ansatz von (insbesondere selbsterstellten) immateriellen Werten stellt Standardsetzer weltweit vor Herausforderungen: Wie sollen Vermögenswerte bilanziell erfasst werden, die praktisch einzigartig sind und für die es kaum jemals Marktpreise gibt? Für selbsterstellte immaterielle Werte beantworten die IFRS diese Frage gegenwärtig mit der Aktivierung von Entwicklungskosten. Doch nicht überall wird dies so gehandhabt. Die US-GAAP beispielsweise verbieten die Aktivierung von Entwicklungskosten abseits von Spezialfällen. Lev und Gu (2016) kritisieren die restriktive Abbildung von immateriellen Werten in der Bilanz. Sie führen aus, zu welch irreführenden Konsequenzen dies führen kann. Als ein Beispiel betrachten sie die Eigenkapitalrendite als zentrale Kennzahl für Unternehmensprofitabilität. Regeln zur Bilanzierung von immateriellen Werten könnten sowohl den Nenner als auch den Zähler dieser Kennzahl maßgeblich beeinflussen. Unternehmen mit hohen Ausgaben für die Erstellung von immateriellen Werten würden durch fehlende Aktivierung tendenziell zu niedrige Gewinne ausweisen. Ein geringerer Zähler führe dadurch insbesondere bei jungen Unternehmen dazu, dass sie übermäßig unprofitabel erschienen. Der Nenner sei betroffen, da die Unternehmen ebenfalls ein verhältnismäßig geringes Anlagevermögen aufbauten. Ältere Unternehmen, welche oftmals von vergangenen Entwicklungen zehrten, würden damit zu profitabel erscheinen. Lev und Gu schlussfolgern, dass sich die Behandlung von immateriellen Werten vor dem Hintergrund ihrer stark steigenden Bedeutung in den letzten Jahrzehnten zu einem immer größeren Problem entwickelt habe. Finanzberichte würden zunehmend an Bedeutung verlieren. Sie fordern daher eine realistischere Abbildung immaterieller Werte in der Bilanz sowie umfangreichere Informationspflichten.

Literatur: Lev, B./Gu, F: The end of accounting and the path forward for investors and managers. John Wiley & Sons, 2016.

Ermittlung des erwarteten Nutzens

IAS 38.60 gibt vor, für die Ermittlung des erwarteten Nutzens die Verfahren des IAS 36 anzuwenden (siehe auch Kapitel 8). Bei verbundenen immateriellen Vermögenswerten ist das Konzept der zahlungsmittelgenerierenden Einheiten anzuwenden (siehe IAS 36.65 ff.). Für die Bilanzierung von selbsterstellten Webauftritten gibt SIC-32 Hinweise für die Abgrenzung von Forschungs- und Entwicklungsphase.

Aufwandsverrechnung

Diejenigen Ausgaben, die nicht aktiviert werden, sind als Aufwand der laufenden Periode auszuweisen (IAS 38.68).

Ansatz erst nach Erfüllung aller Kriterien

Sollte der Vermögenswert die Aktivierungsanforderungen später noch erfüllen, ist eine Aktivierung dieser Ausgaben nicht mehr möglich (IAS 38.71). Bei der Ermittlung der Herstellungskosten selbsterstellter immaterieller Vermögenswerte ist der Zeitpunkt der erstmaligen Erfüllung aller Ansatzkriterien ausschlaggebend (IAS 38.65). Erst ab diesem Zeitpunkt sind die Aufwendungen in die Herstellungskosten einzubeziehen.

Weiterentwicklung selbsterstellter immaterieller Vermögenswerte

Auch nach dem Zeitpunkt der erstmaligen Aktivierung können Entwicklungsausgaben zu aktivieren sein, sofern sie den Aktivierungskriterien genügen. Es kann vorkommen, dass der aus dem immateriellen Vermögenswert zu erwartende künftige ökonomische Nutzen unterhalb der dann zu aktivierenden Kosten liegt. In diesem Fall ist eine GuV-wirksame Wertminderung vorzunehmen.

Umfang der Herstellungskosten

Nach IAS 38.66 umfassen die Herstellungskosten zunächst alle direkt zurechenbaren Kosten, so zum Beispiel für Material, Dienstleistungen, Löhne und Gehälter, die Registrierung von Rechtsansprüchen sowie Abschreibungen auf Patente und Lizenzen. Der Wortlaut („directly attributable") stellt klar, dass echte Gemeinkosten grundsätzlich nicht in die Herstellungskosten einzubeziehen sind.

Zurechenbarkeit von Gemeinkosten

Zwar legt IAS 38.67(a) fest, dass Vertriebs- und Verwaltungsgemeinkosten kein Bestandteil der Herstellungskosten sind; allerdings gilt dies wohl nicht für alle Gemeinkosten. Zurechenbare Gemeinkosten, die der Vorbereitung des Vermögenswertes auf seine Nutzung dienen, sind wohl einzubeziehen.[4] Ausgeschlossen von den Herstellungskosten selbsterstellter immaterieller Vermögenswerte sind Ineffizienzen, die sich bis zur vollständigen Betriebsfähigkeit ergeben (IAS 38.67(b)), sowie Kosten für Mitarbeiterschulungen (IAS 38.67(c)).

4 Dafür spricht auch die klarere Formulierung in der Vorgängerversion des IAS 38 von 1998. Nach diesem umfassten die Herstellungskosten neben direkt zurechenbaren Kosten eindeutig auch solche Gemeinkosten, die auf vernünftiger und stetiger Basis zugerechnet werden können (IAS 38.54 (1998)). Weder in IAS 38.BC noch in der „Summary of Main Changes" des ED-IAS 38 vom Dezember 2002 finden sich Hinweise, dass das IASB von dieser Konzeption abzuweichen gedachte. Die Herstellungskosten dürften daher neben den Einzelkosten wohl auch weiterhin zurechenbare Gemeinkosten umfassen – mit Ausnahme von nicht einzubeziehenden „general overheads" (IAS 38.67(a)). Vgl. ähnlich *Lüdenbach/Hoffmann*, Haufe IFRS-Kommentar, § 13, Rz. 72 f. und *Wagenhofer*, IAS/IFRS, S. 224.

Beispiel 9.3

Ein junges, aufstrebendes Pharmaunternehmen hat im Dezember 2021 mit einer sogenannten Phase-III-Studie für einen Grippe-Impfstoff begonnen. Es kommt eine neuartige Technologie zum Einsatz, die eine kostengünstige und schnell skalierbare Impfstoffproduktion garantiert. Die Ergebnisse der Phase I und Phase II-Studien waren vielversprechend: der Impfstoff scheint zunächst gut verträglich und ruft eine Immunreaktion hervor. In der Phase-III-Studie wird nun die Wirksamkeit an vielen Tausend Menschen getestet.

Im Rahmen der Entwicklung sind bisher folgende Kosten angefallen:

01.01.2016 – 31.12.2017	Grundlagenforschung	80 Mio. €
01.01.2018 – 31.12.2019	Aufbau einer prototypischen Produktionsanlage	20 Mio. €
01.01.2018 – 31.12.2019	Durchführung Phase I-Studie	35 Mio. €
01.01.2020 – 30.06.2021	Durchführung Phase II-Studie	45 Mio. €
01.02.2021 – 30.11.2021	Aufbau einer zweiten Produktionsanlage	50 Mio. €
01.02.2021 – 31.12.2021	Entwicklung eines Vermarktungskonzeptes	5 Mio. €
01.12.2021 – 31.12.2021	Beginn der Phase-III-Studie	8 Mio. €

Nun steht die Erstellung des Jahresabschlusses nach IFRS bevor. Dieser Jahresabschluss ist entscheidend, werden die gelieferten Zahlen doch Grundlage für ein Übernahmegespräch mit einem großen Pharmakonzern sein. Zwar ist die Finanzierung der Impfstoffentwicklung gesichert, die Aufnahme in einen größeren Konzern würde jedoch neue Projekte in größerem Umfang ermöglichen. Sollte ein immaterieller Vermögenswert im Rahmen der Impfstoffentwicklung angesetzt werden, so wäre er nach fortgeführten Anschaffungs- und Herstellungskosten zu bewerten. Nun wird im Vorstand Folgendes diskutiert:

1. Ist es möglich, Entwicklungskosten für den immateriellen Vermögenswert anzusetzen?

Für diese Frage müssen zwei Punkte geklärt werden: (1) Kann ein immaterieller Vermögenswert dem Grunde nach angesetzt werden und (2) falls ja, in welcher Höhe würde er aktiviert werden? Für Punkt (1) sind die Kriterien in IAS 38.57(a)-(f) einschlägig. Technische und organisatorische Fähigkeiten sowie notwendige Ressourcen zur Fertigstellung des Vermögenswertes scheinen gegeben zu sein. Auch die Absicht, das Projekt fertigzustellen, liegt vor. Anzunehmen ist, dass auch die zurechenbaren Ausgaben verlässlich bestimmt werden können. Fraglich ist allerdings, ob bereits ein künftiger ökonomischer Nutzen nachweisbar ist.

Diese Frage ist letztlich einzelfallabhängig und damit äußerst subjektiv zu entscheiden. Hilfreich könnte im vorliegenden Fall ein externes Gutachten sein, welches gemäß IAS 38.23 Vorrang gegenüber internen Einschätzungen hätte. Des Weiteren ließe sich argumentieren, dass ein künftiger ökonomischer Nutzen erst dann hinreichend sicher ist, wenn auch die Phase III der Entwicklung erfolgreich abgeschlossen wurde, da nur dann mit einer Zulassung zu rechnen ist.

Sollte ein künftiger ökonomischer Nutzen nachweisbar sein, müssen die Ausgaben gemäß IAS 38.53 in Forschungs- und Entwicklungsausgaben unterteilt werden. Dabei dürfen nur die Ausgaben der Entwicklungsphase aktiviert werden. Ausgaben der Forschungsphase sind gemäß IAS 38.68 in der jeweils laufenden Periode auszuweisen. Die Entwicklungsphase für o.g. Vermögenswert beginnt dann ab der Feststellung des künftigen ökonomischen Nutzens, also ab der Marktfähigkeit des Impfstoffes. Im Beispiel könnte dies ab dem Aufbau eines Vermarktungskonzeptes gegeben sein, da ab hier davon ausgegangen werden kann, dass der Impfstoff letztlich auch vermarktbar ist. Zu bemerken ist jedoch, dass nach IAS 38.67 Vertriebskosten nicht aktiviert werden dürfen. IAS 38.66 schreibt weiterhin vor, dass nur alle direkt zurechenbaren Kosten aufzunehmen sind. Damit können im vorliegenden Fall höchstens die bereits angefallenen Kosten der Phase III-Studie aktiviert werden, also maximal, je nach tatsächlicher Marktfähigkeit, 8 Mio. € plus eventuell direkt zurechenbarer Gemeinkosten, die nicht Vertrieb oder Verwaltung betreffen.

2. Ist es unternehmerisch von Vorteil, Entwicklungskosten für den immateriellen Vermögenswert anzusetzen?

Zur Beantwortung dieser Frage beschränken wir uns im vorliegenden Fall auf die Vermögens-, Finanz- und Ertragslage des Unternehmens. Wie oben beschrieben, wären nur die Herstellungskosten des immateriellen Vermögenswertes ansetzbar. Eine Aktivierung hätte zwar keine Auswirkungen auf den Cashflow des Unternehmens, würde den Aufwendungen für Forschung und Entwicklung aber immerhin einen gewissen Aktivierungsertrag gegenüberstellen. Somit würde sich die Ertragslage für das Jahr 2021 verbessern. Ebenfalls käme es zu einer Bilanzverlängerung durch den Ansatz des Vermögenswertes auf der Aktivseite sowie eine Erhöhung des Eigenkapitals auf der Passivseite. Beides beeinflusst zahlreiche Kennzahlen: Während sich ein Ansatz im laufenden Jahr beispielsweise positiv auf Ertragskennzahlen (bspw. die Eigenkapitalrentabilität) oder Bilanzkennzahlen (bspw. die Verschuldungsquote) auswirken wird, werden die Kennzahlen in den Folgejahren durch höhere Abschreibungen zumeist negativ beeinflusst. Im Übrigen kann eine einmal getroffene Entscheidung nicht rückgängig gemacht werden: IAS 38.71 schreibt vor, dass einmal als Aufwendungen klassifizierte Kosten zu einem späteren Zeitpunkt nicht rückwirkend als Anschaffungs- und Herstellungskosten aktivierbar sind.

Aus der Forschung

Ansatz (selbsterstellter) immaterieller Vermögenswerte in der Praxis
Beispiel 9.3 verdeutlicht, dass die Kriterien des IAS 38 für selbsterstellte immaterielle Vermögenswerte in der Praxis Ermessensspielräume schaffen, so dass teils von einem faktischen Aktivierungswahlrecht gesprochen wird. Aktivierungsquoten für selbsterstellte immaterielle Vermögenswerte unterscheiden sich somit von Unternehmen zu Unternehmen teils stark. Wulf und Udun (2018) untersuchen DAX und MDAX-Unternehmen hinsichtlich der Aktivierung von immateriellen Vermögenswerten allgemein. Sie stellen fest, dass die immateriellen Vermögenswerte innerhalb der beiden Indizes im Durchschnitt knapp über 8 % der Bilanzsumme entsprechen. Insbesondere Unternehmen in den Branchen Medien, Software, Technologie und Telekommunikation weisen mit durchschnittlich ca. 44,5 % der Bilanzsumme einen hohen Anteil immaterieller Vermögenswerte aus. Dicht dahinter liegt die Chemie-, Pharma- und Healthcare-Branche mit durchschnittlich 37,3 %.

Dies bedeutet allerdings noch nicht, dass in diesen Branchen auch überdurchschnittlich viele selbsterstellte immaterielle Vermögenswerte aktiviert werden, da in diesen Vermögensstrukturkennzahlen auch erworbene immaterielle Vermögenswerte und der bilanzierte Goodwill berücksichtigt sind. Kavvadias (2014) hat 362 deutsche Unternehmen mit Forschungs- und Entwicklungsaktivitäten im Zeitraum zwischen 2003 und 2009 untersucht. Er stellt fest, dass insbesondere Automobilunternehmen mit durchschnittlich 23,5 % einen relativ hohen Anteil ihrer Entwicklungskosten aktivieren. Pharma- und Healthcare-Unternehmen hingegen aktivieren durchschnittlich nur 9,7 %. Dieser Unterschied erklärt sich durch die behördlichen Zulassungsverfahren im Pharmasektor, die eine Erfüllung der Aktivierungsvoraussetzungen tendenziell verzögern.

Literatur: Kavvadias, N., Forschungs- und Entwicklungskosten: Abschlusspolitische Gestaltungsspielräume und Determinanten für deren Ausübung. Frankfurt am Main et al. 2014; Wulf, I./Udun, Ö., Bedeutung immaterieller Vermögenswerte in IFRS-Abschlüssen und Konsequenzen für die Weiterentwicklung der Rechnungslegung, in: KoR, 18. Jg. (2018), S. 173-184.

3 Folgebewertung

Zwei Folgebewertungsmethoden

Im Anschluss an die Erstbewertung kann der immaterielle Vermögenswert nach zwei unterschiedlichen Methoden folgebewertet werden (IAS 38.72):

- auf Basis fortgeführter Anschaffungs- bzw. Herstellungskosten (IAS 38.74), wobei planmäßige Abschreibungen und außerplanmäßige Wertminderungen zu berücksichtigen sind, oder

- mit dem Neubewertungsbetrag (IAS 38.75-87). Die Neubewertungsmethode schreibt zusätzlich zu der planmäßigen Abschreibung den Wertansatz zum Neubewertungsbetrag vor, der auf einem aktiven Markt zu ermitteln ist.

3.1 Anschaffungskostenmodell

Da ein aktiver Markt für immaterielle Vermögenswerte nur selten vorliegt, besitzt die Methode der fortgeführten Anschaffungskosten die weitaus größere praktische Bedeutung als das Neubewertungsmodell.[5] Bei ihrer Anwendung sind die Anschaffungs- bzw. Herstellungskosten des immateriellen Vermögenswertes durch Abschreibungen planmäßig über die Dauer seiner Nutzung zu verteilen. Demzufolge müssen eine Nutzungsdauer und eine Abschreibungsmethode bestimmt werden.

Nutzungsdauer kann bestimmt oder unbestimmt sein

Dabei ist nach IAS 38.88 zunächst zu prüfen, ob von einer bestimmten oder unbestimmten Nutzungsdauer auszugehen ist, wobei IAS 38.91 klarstellt, dass eine unbestimmte Nutzungsdauer nicht unendlich sein muss.[6] Eine Nutzungsdauer ist immer dann unbestimmt, wenn es keine Anhaltspunkte dafür gibt, dass der Vermögenswert von einem bestimmten Zeitpunkt an keine positiven Cashflows für das Unternehmen mehr erwirtschaften wird. Hierfür ist unerheblich, ob der Vermögenswert regelmäßige Aufwendungen erforderlich macht, solange diese Aufwendungen den bisherigen Status quo erhalten und das bilanzierende Unternehmen auch in Zukunft plant, sie in Kauf zu nehmen. Eine unbestimmte Nutzungsdauer kann allerdings nicht durch künftig geplante Aufwendungen begründet werden, die den bisherigen Zustand des Vermögenswerts erheblich verbessern sollen (IAS 38.91).

Keine planmäßige Abschreibung bei unbestimmter Nutzungsdauer

Falls die Nutzungsdauer unbestimmt ist, darf der immaterielle Vermögenswert gemäß IAS 38.107 nicht planmäßig abgeschrieben werden. Stattdessen hat ein jährlicher Werthaltigkeitstest zu erfolgen (impairment-only approach). Ein solcher Test ist auch dann vorzunehmen, wenn Hinweise auf eine Wertminderung des immateriellen Vermögenswertes vorliegen (IAS 38.108; vgl. Kapitel 8). Des Weiteren ist zu jedem Bilanzstichtag zu überprüfen, ob mittlerweile eine Nutzungsdauer bestimmt werden kann. Ist dies der Fall, so ist die Änderung der Einschätzung der Nutzungsdauer von unbestimmt auf bestimmt prospektiv zu behandeln. Dies erfolgt als Änderung einer Schätzung nach IAS 8 „Rechnungslegungsmethoden,

---

5 Vgl. *von Keitz, I.*, Praxis der IASB-Rechnungslegung, 2. Aufl., Stuttgart 2005, S. 43; *Christensen, H.B./Nikolaev, V.*, Does fair value accounting for non-financial assets pass the market test?, in: Review of Accounting Studies, Vol. 18 (2013), S. 734-775.

6 Die deutsche Übersetzung im Amtsblatt der europäischen Union nutzt in Bezug auf die Nutzungsdauer die Begriffe „begrenzt" und „unbegrenzt". Unseres Erachtens sollten die englischen Originalformulierungen „finite" und „indefinite" allerdings besser mit „bestimmt" und „unbestimmt" übersetzt werden. Die erläuternde Begriffsklärung in IAS 38.91, „the term 'indefinite' does not mean 'infinite'", im Amtsblatt der EU übersetzt als „der Begriff ‚unbegrenzt' hat nicht dieselbe Bedeutung wie ‚endlos'", ist andernfalls nur schwer verständlich.

Änderungen von rechnungslegungsbezogenen Schätzungen und Fehlern" (IAS 38.109). Der Restbuchwert ist dann auf die nunmehr bestimmte Nutzungsdauer zu verteilen (vgl. Kapitel 5).

Planmäßige Abschreibung bei bestimmter Nutzungsdauer

Liegt eine bestimmte Nutzungsdauer vor, ist der immaterielle Vermögenswert planmäßig abzuschreiben. Die Abschreibung beginnt nach IAS 38.97 mit der Betriebsbereitschaft des immateriellen Vermögenswerts. Die Nutzungsdauer ist anhand von internen und externen Faktoren zu bestimmen (IAS 38.90).

Nutzungsdauer bei Rechten

Wenn der immaterielle Vermögenswert auf Basis von Rechten besteht, so darf dessen Nutzungsdauer grundsätzlich nicht über die Gültigkeit der Rechte hinausgehen. Ausgenommen sind Fälle, in denen die Rechtsansprüche erneuerbar sind, eine Erneuerung so gut wie sicher und im Vergleich mit dem zukünftig aus dem Vermögenswert erwarteten Nutzen nicht mit wesentlichen Kosten verbunden ist (IAS 38.94).

Abschreibungsbetrag

Die Abschreibungsmethode hat der Realisierung des Nutzens zu folgen. Dies kann beispielsweise im Rahmen einer leistungsorientierten, linearen oder degressiven Abschreibung erfolgen (IAS 38.98).[7] Ist der Verlauf der Nutzenrealisierung nicht zuverlässig bestimmbar, so ist der Vermögenswert linear abzuschreiben. Ein Restwert ist grundsätzlich nicht anzusetzen, es sei denn, eine dritte Partei hat sich verpflichtet, den Vermögenswert am Ende der Nutzungsdauer zu erwerben. Alternativ ist der Restwert auch dann anzusetzen, wenn es einen aktiven Markt für den Vermögenswert gibt, der wahrscheinlich auch am Ende der Nutzungsdauer noch bestehen wird (IAS 38.100).

Abschreibungsbetrag

Die Differenz zwischen Anschaffungs- bzw. Herstellungskosten und einem gegebenenfalls anzusetzenden Restwert ist als Abschreibung auf die Perioden der Nutzung zu verteilen. Die jeweilige Abschreibung des Jahres ist GuV-wirksam zu erfassen, es sei denn, sie wird nach anderen IFRS wiederum aktiviert (zum Beispiel im Rahmen eines Herstellungsprozesses). Stellt sich im Laufe der Nutzungsdauer heraus, dass Abschreibungszeitraum oder -methode wesentlich falsch geschätzt wurden, so sind nach IAS 38.104 i.V.m. IAS 8 aktuelle und gegebenenfalls künftige Abschreibungen anzupassen (vgl. Kapitel 5).

Beispiel 9.4

Das Pharmaunternehmen aus dem Beispiel 9.3 forscht nicht nur an neuartigen Grippeimpfstoffen, sondern ist auch im Besitz zweier verschiedener Lizenz- und Markenrechte an (rezeptfrei verkäuflichen) Medikamenten zur Linderung der Symptome bei grippalen Infekten. „Finiteflu" ist bisher relativ erfolgreich auf mehreren europäischen Märkten präsent und verzeichnet bei gleichbleibendem Marketingbudget jährlich stabile Umsätze. „Influweg" hingegen wird bisher nur in Deutschland vertrieben, verzeichnet hier jedoch stark sinkende Umsätze.

7 Im Mai 2014 hat das IASB eine Klarstellung zu akzeptablen Abschreibungsmethoden im Rahmen der IAS 16 und 38 ausgegeben. Hieraus wird unter anderem deutlich, dass erlösbasierte Abschreibungsverfahren grundsätzlich nicht zulässig sind, da im Regelfall nicht der erwartete Verlauf des Verbrauchs des zukünftigen wirtschaftlichen Nutzens des Vermögenswertes widergespiegelt wird.

Künftig soll es auch in Österreich und der Schweiz vertrieben und dort durch eine groß angelegte Marketingkampagne erheblich breiter vermarktet werden. Mittelfristig wird erwartet, dass das deutlich günstiger zu produzierende „Influweg" dann höhere Umsätze als „Finiteflu" erwirtschaftet.

Wie ist die Nutzungsdauer anzusetzen?
Auch wenn „Finiteflu" künftig geringere Umsätze als „Influweg" erwirtschaften sollte, gibt es keine Hinweise auf ein bestimmbares Ende der Nutzungsdauer. Sämtliche assoziierten Aufwendungen scheinen lediglich für den Erhalt der Marke bestimmt. „Influweg" hingegen mag künftig erfolgreicher sein als das Schwesterprodukt, würde ohne die Ausweitung des Verkaufsgebietes bzw. die groß angelegte Marketingkampagne aber wohl nicht im Markt bestehen. Die Nutzungsdauer ist damit auf Basis des bisherigen Zustandes zu bestimmen. Sie ist auf den Zeitpunkt festzulegen, ab welchem keine positiven Cashflows mehr erwartet werden.

Gemäß IAS 38.104 bzw. IAS 38.109 muss die Nutzungsdauer zudem regelmäßig überprüft werden. Gegebenenfalls ist eine Anpassung von Abschreibungsdauer bzw. -methode vorzunehmen. Ebenfalls ist zu beachten, dass der Restwert eines immateriellen Vermögenswertes mit begrenzter Nutzungsdauer – im Beispiel also „Influweg" – im Zeitablauf dem jeweiligen Buchwert gleich sein oder über diesem liegen kann. In solchen Fällen wird die Abschreibung ausgesetzt, bis der Restwert wieder unter den Buchwert gefallen ist (IAS 38.103). Doch ein Restwert kann nur angesetzt werden, wenn es einen aktiven Markt oder einen Kaufvertrag mit einer dritten Partei gibt (IAS 38.100). Beides ist im vorliegenden Fall zu bezweifeln. „Influweg" wird daher komplett über die Nutzungsdauer abgeschrieben.

3.2 Neubewertungsmodell

Neubewertung als Bewertungsalternative

Es ist möglich, dass sich die Wertentwicklung eines immateriellen Vermögenswertes im Zeitablauf mehr oder weniger stark von den ursprünglichen Anschaffungs- oder Herstellungskosten abkoppelt. In den IAS 38.75-87 ist daher eine Alternative zum Anschaffungskostenmodell beschrieben: das Neubewertungsmodell. Es beinhaltet die Folgebewertung zum Neubewertungsbetrag zusätzlich zur planmäßigen Abschreibung und entspricht dabei im Wesentlichen dem Neubewertungsmodell für Sachanlagen nach IAS 16.31-42 (vgl. Kapitel 10).

Aktiver Markt als Voraussetzung

Wichtig ist jedoch, dass die meisten immateriellen Vermögenswerte nicht nach dem Neubewertungsmodell folgebewertet werden können. Der Grund ist, dass die Voraussetzung für die Anwendung des Neubewertungsmodells die Existenz eines aktiven Marktes ist (IAS 38.75).[8] Zwar geht IAS 38.78 davon aus, dass dies für immaterielle Vermögenswerte in Ausnahmefällen gegeben ist, praktisch handelt es sich dabei jedoch um Einzelfälle (bspw. Taxi- oder Fischereilizenzen). Für Sachanlagen (IAS 16) ist die Existenz eines aktiven Marktes keine Voraussetzung.

Imparitätische Behandlung von Wertsteigerungen und -minderungen

Die Folgebewertung nach dem Neubewertungsmodell erfolgt imparitätisch. Das bedeutet, dass Wertminderungen grundsätzlich GuV-wirksam zu erfassen sind, Wertsteigerungen über die ursprünglichen Anschaffungs- bzw. Herstellungskosten hinaus jedoch GuV-neutral behandelt werden (IAS 38.85-86). Wird bei Neubewertung eine Wertminderung festgestellt, so sind zunächst etwaige Neubewertungsrücklagen aufzulösen. In diesem Fall erfolgt auch die Wertminderung über das sonstige Ergebnis und somit GuV-neutral. Abweichungen von diesem Grundsatz ergeben sich allerdings in den Fällen, wo die Ergebniswirkungen der Neubewertung vorheriger Perioden zu beachten sind: Der neubewertete Wertansatz des Vermögenswerts stellt die neue Abschreibungsbasis dar. Diese wird planmäßig auf die Restnutzungsdauer verteilt. Sobald kein aktiver Markt mehr existiert, wird der zuletzt ermittelte Neubewertungsbetrag abzüglich späterer kumulierter Abschreibungsbeträge und Wertminderungsaufwendungen als Buchwert angesetzt (IAS 39.82). Außerdem ist auf Wertminderung zu prüfen (IAS 38.83).

Brutto- oder Nettoausweis

Der Ausweis des Vermögenswertes ist nach der Brutto- oder der Nettomethode möglich. Der Bruttoausweis erfolgt durch die historischen Anschaffungskosten auf der Aktivseite und den korrespondierenden kumulierten Abschreibungen auf der Passivseite (eher unüblich). Der Nettoausweis trennt nicht nach Anschaffungskosten auf der Aktiv- und Abschreibungen auf der Passivseite. Hieraus ergeben sich allerdings keine GuV-Differenzen (IAS 38.80).

Beispiel 9.5

Ein immaterieller Vermögenswert mit Anschaffungskosten von 100 T€ wird nach dem ersten Jahr neubewertet. Für einen vergleichbaren neuen Vermögenswert liegt der Wert nun bei 120 T€. Der Werteverzehr verteilt sich gleichmäßig auf die Laufzeit von zwei Jahren. Wird der Vermögenswert netto ausgewiesen, ergeben sich unter Vernachlässigung latenter Steuern am Ende des ersten Jahres folgende Buchungssätze:

Abschreibung imm. VW.	*an*	*imm. Vermögenswert*	*50 T€*
Imm. Vermögenswert	*an*	*sonstiges Ergebnis (OCI)*	*10 T€*

Wenn der betroffene Vermögenswert brutto ausgewiesen wird, ergibt sich folgende Buchung:

Abschreibung imm. VW.	*an*	*kumulierte Abschreibung*	*50 T€*

8 Gemäß IFRS 13, Anhang A, ist ein aktiver Markt als ein Markt definiert, auf dem Geschäftsvorfälle mit dem Vermögenswert oder der Schuld mit ausreichender Häufigkeit und Volumen auftreten, sodass fortwährend Preisinformationen zur Verfügung stehen.

Imm. Vermögenswert	*20 T€*	*an*	*kumulierte Abschreibung*	*10 T€*
			sonstiges Ergebnis (OCI)	*10 T€*

Hinweis zum Bruttoausweis: Zum Ende des ersten Jahres steht der Vermögenswert zunächst mit 100 T€ in der Bilanz. Ebenfalls ausgewiesen werden 50 T€ kumulierte Abschreibungen. Da ein neuer, vergleichbarer Vermögenswert 120 T€ wert ist, muss der Ansatz des immateriellen Vermögenswertes um 20 T€ angepasst werden. Die Abschreibung wird weiterhin auf die Laufzeit verteilt, sodass auch die kumulierte Abschreibung um 10 T€ erhöht werden muss. Der übrige Wertzuwachs (10 T€) wird über das sonstige Ergebnis abgebildet und erhöht folglich die Abschreibungen im zweiten Jahr.

Ergebniswirkung der Neubewertung

Wie zuvor erläutert, ist die Neubewertung grundsätzlich imparitätisch vorzunehmen (IAS 38.85-86). Bei diesem Vorgehen sind allerdings Ereignisse der Vorperioden zu beachten:

- Wenn ein Abwertungsbedarf vorliegt, in den Vorperioden aber eine Zuschreibung gegen das sonstige Ergebnis gebucht und dieses in eine Neubewertungsrücklage im Eigenkapital abgeschlossen wurde, dann ist diese Rücklage zunächst GuV-neutral, also wiederum über das sonstige Ergebnis aufzulösen.
- Wenn ein Aufwertungsbedarf vorliegt, in den Vorperioden allerdings eine Abwertung GuV-wirksam erfasst wurde, muss diese zunächst GuV-wirksam kompensiert werden.

Beispiel 9.6

Die Chem AG hat zum 01.01.2021 von der EU zum Kaufpreis von 300 T€ eine Produktionslizenz erworben. Für diese Produktionslizenz existiert ein aktiver Markt, auf dem Lizenzen mit gleicher Restlaufzeit gehandelt werden.

Die Laufzeit der Lizenz beträgt drei Jahre; die Wertentwicklung kann der folgenden Tabelle entnommen werden:

Zeitpunkt	Marktwert
31.12.2021	203 T€
31.12.2022	150 T€
31.12.2023	0 T€

Losgelöst von der Neubewertung wird die Lizenz über drei Jahre linear abgeschrieben. Latente Steuern sind in diesem Beispiel nicht zu berücksichtigen (siehe Kapitel 10 für ein ausführliches Beispiel unter Berücksichtigung latenter Steuern).

Die Unternehmensleitung möchte „insbesondere in den nächsten ein bis zwei Jahren ein möglichst hohes Eigenkapital ausweisen“. Für welches Folgebewertungsmodell sollte sie sich entscheiden?

Lösung
Unabhängig vom gewählten Modell wird zunächst der Kauf der Lizenz am 01.01.2021 gebucht:

Lizenz	*an*	*Bank*	*300 T€*

Bei Folgebewertung zu Anschaffungs- oder Herstellungskosten wird linear über die Laufzeit abgeschrieben. Die Buchungssätze in den Jahren 2021-2023 lauten daher:

Abschreibung Lizenz	*an*	*Lizenz*	*100 T€*

Bei Folgebewertung nach dem Neubewertungsmodell schwankt der Neubewertungswert zum 31.12.2021 nur unerheblich um die fortgeführten Anschaffungskosten, so dass sich das Management gemäß IAS 38.75 entscheidet, keine Neubewertung vorzunehmen:

Abschreibung Lizenz	*an*	*Lizenz*	*100 T€*

Zum 31.12.2022 hingegen ist der durch den aktiven Markt belegte beizulegende Zeitwert wesentlich höher als die fortgeführten Anschaffungskosten, so dass nach der planmäßigen Abschreibung zusätzlich eine Neubewertung durchgeführt wird:

Abschreibung Lizenz	*an*	*Lizenz*	*100 T€*
Lizenz	*an*	*sonstiges Ergebnis (OCI)*	*50 T€*

Zum 31.12.2023 ist die Laufzeit der Lizenz beendet, sie wird nun komplett abgeschrieben. Die noch bestehende Neubewertungsrücklage wird in die Gewinnrücklage umgebucht.

Abschreibung Lizenz	*an*	*Lizenz*	*150 T€*
Sonstiges Ergebnis (OCI)	*an*	*Gewinnrücklage*	*50 T€*

Diese Buchungen stellen eine Durchbrechung des Kongruenzprinzips dar (vgl. dazu auch Kapitel 10) Die Bildung der Neubewertungsrücklage erfolgt GuV-neutral über das sonstige Ergebnis, die Abschreibung des neubewerteten Vermögenswerts verändert dagegen den Gewinn oder Verlust. Während das Eigenkapital sich in den Jahren 2022 und 2023 insgesamt um lediglich 200 T€ reduziert, entsteht in der GuV ein Verlust in Höhe von 250 T€.

Für das Neubewertungsmodell ist der Einfluss auf Eigenkapital (ΔEK) und Gewinn oder Verlust (ΔGuV) in nachfolgender Tabelle abgebildet. Ebenfalls ist der Einfluss auf das sonstige Ergebnis (ΔOCI, Other Comprehensive Income) und das Gesamtergebnis (ΔGE) dargestellt.

Zeitpunkt	**IFRS-Bilanz**				
	Buchwert Lizenz	*ΔGuV*	*ΔOCI*	*ΔGE*	*ΔEK*
31.12.2021	200 T€	-100	0	-100	-100
31.12.2022	150 T€	-100	+50	-50	-50
31.12.2023	0 T€	-150	0	-150	-150
Summe		-350	+50	-300	-300

Interpretation
Folgte man streng den Vorgaben der Unternehmensleistung, „insbesondere in den nächsten ein bis zwei Jahren ein möglichst hohes Eigenkapital" auszuweisen, so müsste man sich wohl für das Neubewertungsmodell entscheiden. Diese Entscheidung hätte jedoch einen Preis: So würde die GuV über die Gesamtlaufzeit einen um 50 T€ höheren Verlust ausweisen als bei Bilanzierung zu fortgeführten Anschaffungs- und Herstellungskosten. Diese Differenz würde sich niemals ausgleichen. Zwar weist das Gesamtergebnis schlussendlich in Summe die gleiche Veränderung wie das Eigenkapital auf. In der öffentlichen Wahrnehmung und insbesondere in Bezug auf die Berechnung von Kennzahlen ist es aber letztlich oft die GuV, die als Gradmesser für den Erfolg des Unternehmens herangezogen wird.

Aus der Forschung

Wie bereits argumentiert, liegen für den ganz überwiegenden Teil immaterieller Vermögenswerte keine aktiven Märkte vor. Allein aus diesem Grund ist die Anwendung des Neubewertungsmodells in der Praxis selten. Eisenschmidt und Schwenkler (2016) stellen allerdings fest, dass selbst bei Vorliegen eines aktiven Marktes das Neubewertungsmodell nicht sonderlich attraktiv zu sein scheint: Von 146 untersuchten Unternehmen des HDAX und SDAX im Jahr 2013 wendet kein einziges das Neubewertungsmodell an – auch nicht diejenigen, die es bspw. im Kontext von Emissionszertifikaten tun könnten. Selbst für die Folgebewertung des Sachanlagevermögens spielt das Neubewertungsmodell praktisch keine Rolle.[9] Damit bleibt festzuhalten, dass das Neubewertungsmodell zwar eine interessante Alternative darstellen kann, für die meisten Unternehmen jedoch derzeit bloße Theorie ist.

9 Die Autoren bestätigen damit die Schlussfolgerungen von Christensen und Nikolaev (2013) hinsichtlich der verschwindend geringen Anzahl von Unternehmen, die das Neubewertungsmodell als Folgebewertungsmethode wählen. Siehe dazu: *Christensen, H.B./Nikolaev, V.*, Does fair value accounting for non-financial assets pass the market test?, in: Review of Accounting Studies, Vol. 18 (2013), S. 734-775.

Literatur: Eisenschmidt, K./ Schwenkler, F., Zur Nutzung von expliziten Wahlrechten nach IFRS, in: KoR, 16. Jg. (2016), S. 53-59.

Überprüfung auf Wertminderung

Gemäß IAS 38.83 sind immaterielle Vermögenswerte auf eine Wertminderung zu überprüfen, wenn der aktive Markt für sie nicht mehr besteht. Des Weiteren gelten neben der normalen Folgebewertung die Vorschriften des IAS 36 zur Wertminderung von Vermögenswerten (IAS 38.111; vgl. hierzu Kapitel 8). So werden in IAS 36.12 externe und interne Indikatoren aufgeführt, die einen Test auf Wertminderung notwendig machen. Zusätzlich zu diesen Anlässen sind bestimmte immaterielle Vermögenswerte gemäß IAS 36.10 regelmäßig an jedem Abschlussstichtag auf Wertminderungen zu überprüfen:

- immaterielle Vermögenswerte, die noch nicht gebrauchsbereit sind, deren planmäßige Abschreibung also noch nicht begonnen hat, und
- immaterielle Vermögenswerte, die eine unbestimmte Nutzungsdauer haben.

Erfassung von Wertminderungen

Wertminderungen sind grundsätzlich GuV-wirksam zu erfassen. Falls jedoch im Rahmen des Neubewertungsmodells zuvor eine Neubewertungsrücklage gebildet wurde, so ist diese zunächst über das sonstige Ergebnis aufzulösen (IAS 36.61). Wenn der Grund für eine Wertminderung in den Folgejahren wegfällt, dann ist die Wertminderung ebenfalls GuV-wirksam rückgängig zu machen. Eine sich daran ggf. anschließende, über die fortgeführten Anschaffungs- oder Herstellungskosten hinausgehende Neubewertung erfolgt wiederum GuV-neutral (IAS 36.120).

Abgang

Ein immaterieller Vermögenswert ist nicht mehr in der Bilanz auszuweisen, wenn er

- veräußert wird bzw. das Unternehmen auf andere Art verlässt (IAS 38.112(a)) oder
- wenn aus seiner Nutzung oder Veräußerung kein Nutzenzuwachs mehr zu erwarten ist (IAS 38.112(b)).

Veräußerungserfolg

Die Differenz zwischen Nettoveräußerungserlös und Buchwert ist GuV-wirksam zu erfassen (IAS 38.113). Eine Erfassung der Erlöse als Umsatz ist nicht zulässig. Wie in dem Beispiel zum Neubewertungsmodell aufgezeigt, ist eine eventuell vorhandene Neubewertungsrücklage hierbei GuV-neutral in die Gewinnrücklagen umzubuchen.

4 Angabepflichten

Ergänzende Informationen erforderlich

Der besondere Charakter von immateriellen Vermögenswerten macht es unmöglich, den Adressaten allein über den bilanziellen Ausweis die zum Verständnis notwendigen Informationen zu vermitteln. Deswegen kommt den Anhangangaben eine besondere Bedeutung zu.

Die Angaben sind jeweils für ähnliche Vermögenswerte zu gruppieren. Eine solche Gruppierung wird exemplarisch in IAS 38.119 vorgeschlagen und umfasst beispielsweise Gruppen wie Markennamen, Computersoftware, Lizenzen und Franchiseverträge. Zu jeder identifizierten Gruppe sind gemäß IAS 38.118 zunächst allgemeine Angaben zu machen:

- Nutzungsdauern und Abschreibungsmethoden,
- der Posten der Gesamtergebnisrechnung, der die Abschreibungen enthält,
- Informationen über im Wert geminderte Vermögenswerte und
- Informationen zu Schätzungsänderungen hinsichtlich z.B. Abschreibungsdauer und Abschreibungsmethode gemäß IAS 8 (IAS 38.121).

Anlagespiegel für immaterielle Vermögenswerte

Um die Wertentwicklung der immateriellen Vermögenswerte innerhalb der Periode wiederzugeben, fordert IAS 38.118(e) eine erläuternde Überleitungsrechnung vom Anfangs- zum Endbestand der Periode. Hierbei sind die Beträge für einzelne Gruppen von immateriellen Vermögenswerten getrennt anzugeben. Diese Angaben können in einer Art Anlagespiegel für immaterielle Vermögenswerte dargestellt werden.

Sonstige Angabepflichten

Zusätzlich ergeben sich bei bestimmten immateriellen Vermögenswerten weitere Offenlegungspflichten:

- Detaillierte Angaben für Vermögenswerte mit unbestimmter Nutzungsdauer (IAS 38.122(a)).
- Immaterielle Vermögenswerte, die für das berichtende Unternehmen wesentliche Bedeutung besitzen, sind besonders zu beschreiben. Ihr Buchwert und der verbleibende Abschreibungszeitraum sind offen zu legen (IAS 38.122(b)).
- Wurden immaterielle Vermögenswerte mit öffentlichen Zuschüssen finanziert und zum beilegenden Zeitwert bilanziert, werden erläuternde Angaben gefordert (IAS 38.122(c)).
- Verfügungsrechtsbeschränkungen und Verpflichtungen zum künftigen Erwerb von immateriellen Vermögenswerten müssen angegeben werden (IAS 38.122(d)-(e)).
- Wenn Vermögenswerte nach dem Neubewertungsmodell bilanziert werden, sind nach IAS 38.124 Angaben zu machen, die den Adressaten die Details der Neubewertung verdeutlichen. Zudem ist der Wertansatz anzugeben, der bei Bewertung mit den fortgeführten Anschaffungskosten gelten würde.
- Schließlich sind noch die Forschungs- und Entwicklungsaufwendungen der laufenden Periode offenzulegen (IAS 38.126).

5 Wesentliche Unterschiede zum IFRS for SMEs

Relevante Norm

Für die Bilanzierung immaterieller Vermögenswerte des Anlagevermögens nach dem IFRS for SMEs sind die Regelungen des Abschnitts 18 „Immaterielle Vermögenswerte mit Ausnahme des Geschäfts- oder Firmenwertes" (Intangible Assets other than Goodwill) einschlägig. IFRS-SME.18 weist dabei starke Parallelen zu IAS 38 auf. Neben einem grundsätzlich gleichen Anwendungsbereich und einer identischen Definition immaterieller Vermögenswerte (IFRS-SME.18.1-3) formulieren IFRS-SME.18.4(a) und (b) zunächst die identischen, allgemeinen Ansatzkriterien für immaterielle Vermögenswerte wie IAS 38.21. Auch die allgemeine Definition eines Vermögenswertes entspricht der der „full“ IFRS.

Aktivierungsverbot für selbstgeschaffene immaterielle Vermögenswerte des Anlagevermögens

Die wohl markanteste Abweichung zu IAS 38 betrifft selbstgeschaffene immaterielle Werte. Gemäß IFRS-SME.18.4(c) ist ein immaterieller Vermögenswert, der aus intern angefallenen Aufwendungen für ein immaterielles Gut entstanden ist, nicht zu aktivieren. Folglich besteht für selbstgeschaffene immaterielle Vermögenswerte des Anlagevermögens ein striktes Aktivierungsverbot. Die entsprechenden Aufwendungen, darunter auch solche für Forschung und Entwicklung (IFRS-SME.18.14), sind im Gewinn oder Verlust zu erfassen, es sei denn, sie sind Bestandteil der Herstellungskosten eines anderen Vermögenswertes.

Keine Neubewertung zulässig

Die Erstbewertung immaterieller Vermögenswerte erfolgt analog IAS 38.24 zu Anschaffungskosten (IFRS-SME.18.9). Herstellungskosten kommen, wie bereits dargestellt, als Wertansatz nicht in Frage. Unter dem Gesichtspunkt der Objektivierbarkeit ist als Folgebewertungsverfahren allein eine Bewertung zu fortgeführten Anschaffungskosten, d.h. unter Berücksichtigung planmäßiger Abschreibungen und ggf. außerplanmäßiger Wertminderungen (Anschaffungskostenmodell), zulässig (IFRS-SME.18.18). Eine Neubewertung wie nach IAS 38.75 ist also grundsätzlich ausgeschlossen.

Vereinfachungen hinsichtlich Nutzungsdauer und Abschreibungsmethode

Gemäß IFRS-SME.18.19 wird ferner allen immateriellen Vermögenswerten im Anlagevermögen vereinfachend eine stets begrenzte Nutzungsdauer zugesprochen. Sollte sich die Nutzungsdauer nicht verlässlich bestimmen lassen, so soll sie auf der bestmöglichen Schätzung des Managements basieren, dabei aber zehn Jahre nicht übersteigen (IFRS-SME.18.20). Eine weitere Erleichterung gilt bei der Wahl der Abschreibungsmethode: Wie auch nach IAS 38.97 darf im Zweifelsfall die lineare Abschreibungsmethode gewählt werden, wenn der Nutzenverbrauch des betroffenen immateriellen Vermögenswertes nicht hinreichend genau bestimmt werden kann (IFRS-SME.18.22). Weniger strikt sind in diesem Zusammenhang übrigens auch die Anforderungen an eine regelmäßige Überprüfung der Nutzungsdauer, Abschreibungsmethode oder eines etwaigen Restwertes geregelt. Anders als in IAS 38.109 sind diese nicht an jedem Bilanzstichtag zu überprüfen, sondern lediglich sofern Hinweise vorliegen, die eine Anpassung der ursprünglichen Annahmen erforderlich machen (IFRS-SME.18.24).

Umfang der Anhangangaben ähnlich zu IAS 38

Der Umfang der nach IFRS-SME.18.27-29 offenzulegenden Anhangangaben entspricht im Wesentlichen dem nach IAS 38.118-128. So ist beispielsweise ebenfalls ein detaillierter, nach Klassen gegliederter Anlagespiegel für immaterielle Vermögenswerte des Anlagevermögens zu erstellen (IFRS-SME.18.27(e)). Erleichterungen ergeben sich dadurch, dass aufgrund der Konzeption des IFRS-SME.18 keine Angaben zu Vermögenswerten mit unbestimmter Nutzungsdauer, zu neubewerteten sowie zu selbsterstellten immateriellen Vermögenswerten zu machen sind.

6 Wesentliche Unterschiede zum HGB

Wahlrecht zur Aktivierung selbstgeschaffener immaterieller Vermögensgegenstände des Anlagevermögens

Ausgangspunkt für die bilanzielle Behandlung immaterieller Vermögensgegenstände des Anlagevermögens nach deutschem Handelsrecht bildet das in § 246 Abs. 1 HGB kodifizierte Vollständigkeitsgebot. Hiernach sind sämtliche immaterielle Güter, die selbständig verwertbar sind und damit als Vermögensgegenstand gelten, in die Bilanz aufzunehmen, sofern gesetzlich nichts anderes bestimmt ist. Ergänzende Regelungen zu Anwendungsfragen im Bereich der immateriellen Vermögensgegenstände finden sich in dem im Februar 2016 bekannt gemachten DRS 24 „Immaterielle Vermögensgegenstände im Konzernabschluss". Ausnahmen vom Vollständigkeitsgrundsatz ergeben sich für selbstgeschaffene immaterielle Vermögensgegenstände. Diese dürfen nach Maßgabe des § 248 Abs. 2 Satz 1 HGB zum Teil angesetzt werden, müssen es allerdings nicht. Insofern besteht im deutschen Handelsrecht seit Inkrafttreten des BilMoG im Gegensatz zu IAS 38 ein Ansatzwahlrecht für bestimmte selbstgeschaffene immaterielle Vermögensgegenstände des Anlagevermögens. Analog zu IAS 38.63 sind selbsterstellte Marken, Drucktitel, Verlagsrechte, Kundenlisten oder vergleichbare immaterielle Vermögensgegenstände von einem Bilanzansatz stets ausgeschlossen (§ 248 Abs. 2 Satz 2 HGB). Steuerlich bleibt das grundsätzliche Aktivierungsverbot des § 5 Abs. 2 EStG für selbstgeschaffene immaterielle Vermögensgegenstände des Anlagevermögens bestehen. Auch die Zahlungsbemessungsfunktion des handelsrechtlichen Jahresabschlusses bleibt bei etwaiger Aktivierung aufgrund einer entsprechenden Ausschüttungssperre intakt (§ 268 Abs. 8 HGB).

Forschungs- und Entwicklungsphase

Die Erstbewertung immaterieller Vermögensgegenstände erfolgt grundsätzlich ähnlich zu IAS 38.24 mit ihren Anschaffungs- bzw. Herstellungskosten (§ 253 Abs. 1 Satz 1 HGB). Hiernach umfassen die Herstellungskosten eines selbstgeschaffenen immateriellen Vermögensgegenstandes die angefallenen Entwicklungsaufwendungen; Forschungskosten sind nicht einzubeziehen (§ 255 Abs. 2a HGB). Analog zu IAS 38.52 fordert das deutsche Handelsrecht damit implizit, den Erstellungsprozess immaterieller Güter in eine Forschungs- und eine Entwicklungsphase zu trennen. Forschung und Entwicklung sind analog zu IAS 38.8 definiert. Die Abgrenzung beider Phasen wird in DRS 24 ähnlich zu IAS 38.56 bzw. IAS 38.59 konkretisiert.

Keine Neubewertung zulässig

Als Verfahren der Folgebewertung ist lediglich die Bewertung zu fortgeführten Anschaffungs- bzw. Herstellungskosten, also unter Berücksichtigung planmäßiger Abschreibung, zugelassen (§ 253 Abs. 1 HGB). Eine Möglichkeit zur Neubewertung besteht nicht. Analog zu den Vorschriften für materielle Vermögensgegenstände besteht jedoch eine Abschreibungspflicht bei voraussichtlich dauerhafter Wertminderung. Kann keine voraussichtliche Nutzungsdauer ermittelt werden, so ist über den fixen Zeitraum von zehn Jahren planmäßig abzuschreiben (§ 253 Abs. 3 HGB). Die Angabepflichten nach HGB ähneln aufgrund der Veröffentlichungspflicht eines Anlagespiegels im Anhang grundsätzlich denen des IAS 38.

Ausgewählte Literatur

Arbeitskreis „Immaterielle Werte im Rechnungswesen" der Schmalenbach-Gesellschaft für Betriebswirtschaft e.V., Corporate Reporting on Intangibles – A Proposal from a German Background, in: Schmalenbach Business Review (sbr), Special Issue 2/2005, S. 65-100.

Arbeitskreis „Immaterielle Werte im Rechnungswesen" der Schmalenbach-Gesellschaft für Betriebswirtschaft e.V., Immaterielle Werte im Rahmen der Purchase Price Allocation bei Unternehmenszusammenschlüssen nach IFRS – Ein Beitrag zur Best Practice, in: ZfbF, Sonderheft 60/2009.

Kavvadias, N., Die bilanzielle Abbildung von Forschungs- und Entwicklungskosten: Abschlusspolitische Gestaltungsspielräume und Determinanten für deren Ausübung, Frankfurt am Main 2014.

Langecker, A./Mühlberger, M., Berichterstattung über immaterielle Vermögenswerte im Konzernabschluss: Vergleichende Gegenüberstellung von DRS 12, IAS 38 und IAS 38 rev., in: KoR, 3. Jg. (2003), S. 109-123.

Link, L./Oldewurtel, C./Kümpel, K., Die Bilanzierung von Entwicklungskosten nach IAS 38: Vermittlung entscheidungsnützlicher Informationen i.S.d. IFRS-Framework?, in: KoR, 14. Jg. (2014), S. 233-240.

Von Keitz, I./Gloth, T./Pelster, C., F&E-Berichterstattung im Konzernlagebericht, in: DB, 71. Jg. (2019), S. 201-205.

Zülch, H./Teuteberg, T., Änderungen an IAS 16 und IAS 38 zur Angemessenheit von Abschreibungsmethoden – Kein striktes Verbot der Umsatzbasierung, in: DB, 66. Jg. (2014), S. 1629-1632.

Übungsaufgaben

Die Securatos GmbH ist zwar nicht die größte Anbieterin für Alarmsysteme und Sicherheitslösungen, aber immerhin handelt es sich bei der Firma um Ihre neue Arbeitgeberin. Die Gesellschaft besteht bereits seit 25 Jahren. Aktuell stehen Übernahmegespräche mit einem großen Konzern an. Von besonderem Interesse sind dabei die immateriellen Vermögenswerte der Securatos GmbH, denn hier liegen mit zahlreichen Patenten und Neuentwicklungen, die die Sicherheitstechnik der kommenden Jahre maßgeblich beeinflussen könnten, die größten Schätze. Leider war die Buchhaltung in den letzten Jahren von Intrigen und Inkompetenz geprägt, sodass nicht alle Entscheidungen verlässlich waren. Ihre ebenfalls neue Chefin setzt sich daher mit Ihnen zusammen, um noch einmal die wichtigsten Punkte durchzusprechen.

Im Zentrum Ihrer Diskussion steht vorrangig die bilanzielle Behandlung der Geschäftsvorfälle für das Geschäftsjahr 2021. Dies setzt natürlich voraus, dass die vorgenannten Posten überhaupt von den Regelungen des IAS 38 „Immaterielle Vermögenswerte" berührt werden. Um ein besseres Verständnis für deren Auswirkung auf die Vermögens-, Finanz- und Ertragslage zu erhalten, rekapitulieren

Sie, wo relevant, auch die bilanzielle Behandlung in den Vorjahren. Gleichzeitig versuchen Sie, die voraussichtliche Auswirkung auf das Geschäftsjahr 2022 einzuschätzen. Was ebenfalls bekannt ist: die Geschäftsführung würde die Wertentwicklung der Vermögenswerte immer am liebsten nach Marktwerten abbilden. Sie prüfen alle Geschäftsvorfälle zum 31.12.2021. Der Steuersatz beträgt 30 %.

a) Zum 01.01.2020 hat die Securatos GmbH eine Spezialsoftware zur Programmierung von Heim-Sicherheitsanlagen von einem Wettbewerber gekauft. Die Anschaffungskosten betrugen 400 T€, wobei der durch einen Gutachter ermittelte beizulegende Zeitwert zum 31.12.2021 ebenfalls 400 T€ beträgt. Die Nutzungsdauer wird auf fünf Jahre geschätzt. Die Sicherheitsanlage wird nach dem Neubewertungsmodell bewertet.

b) Zum 30.06.2018 war die Entwicklung des „OneTouchAlarms" durch die Securatos GmbH abgeschlossen. Es genügt eine unangebrachte Berührung der Hauswand, um den Alarm auszulösen. Der „OneTouchAlarm" wurde sogleich als Marke eingetragen. Die zugrunde liegende Software wurde für 300 T€ aktiviert, wobei aus internen Dokumenten hervorgeht, dass die separate Zuordnung zu Forschungs- und Entwicklungskosten nicht eindeutig vorgenommen werden konnte. Ebenfalls wurde der Markenname „OneTouchAlarm" für 400 T€ aktiviert. Die Nutzungsdauer wurde in beiden Fällen auf zehn Jahre geschätzt. Es wird nach fortgeführten Anschaffungs- und Herstellungskosten bewertet.

c) Im laufenden Jahr 2021 wurde eine neue Alarmtechnik für Automobile entwickelt. Fraglich ist, ob und in welcher Höhe die Kosten für die Entwicklung des neuen Alarmsystems per 31.12.2021 nach IFRS zu aktivieren sind. Ebenfalls muss entschieden werden, für welches Folgebewertungsmodell man sich entscheidet. Es wurden dabei über das Jahr hinweg folgende Meilensteine erreicht:

Datum	**Meilenstein**	**Kosten**
24.02.2021	Mechanische Tests von Alarmsignalen abgeschlossen	60.000 €
25.03.2021	Tests zur Hörbarkeit verschiedener Alarmsignale abgeschlossen	50.000 €
16.04.2021	Prototyp für finale Alarmanlage entwickelt	350.000 €
28.06.2021	Tests zur Anwendbarkeit abgeschlossen	110.000 €
01.08.2021	Design eines Bedienelementes	360.000 €
26.09.2021	Smartphone-App zur Steuerung des Alarms entwickelt	1.140.000 €
03.11.2021	Materialtests für verbesserte Nutzeroberfläche der Alarmanlage	120.000 €
15.11.2021	Anlauf einer neuen Marketingkampagne	400.000 €
20.11.2021	Patentanmeldung für das neue Alarmsystem	120.000 €

d) Im Lager der Securatos GmbH liegen ca. 60.000 „OneTouchButtons" – kleine Knöpfe, die die „OneTouchAlarm"-Alarmanlage wieder abschalten. Sie sind mit einer Software bespielt, sodass sie sich ebenfalls per App steuern lassen. Die Buttons wurden alle in diesem Jahr produziert. Pro Button wird ein Wert von 7 € angenommen.

e) Zur Ausübung ihrer Tätigkeit benötigt die Securatos GmbH bestimmte Software-Zertifikate, die gegenwärtig auf relativ flüssigen Märkten gehandelt werden. Zum 31.12.2020 standen 7.300 solcher Zertifikate mit 400 € Wert je Zertifikat in der Bilanz. Zum 31.12.2021 verfügt die GmbH über dieselben 7.300 Zertifikate, nun ist eines allerdings 450 € wert. Langfristig werden die Zertifikate eher an Wert verlieren.

f) Ganz beglückt vom Zertifikatehandel erwirbt die Securatos GmbH zum 30.11.2021 nun auch Emissionszertifikate: zunächst 100 Stück zum Preis von 350 € je Zertifikat. Diese dienen in erster Linie der Spekulation. Es wird erwartet, dass ihre Preise langfristig steigen, zum 31.12.2021 jedenfalls liegt der Preis schon bei 360 € je Stück.

g) Die Geschäftsführung möchte es nun wirklich wissen: Sie haben sie zwar schon beraten, dass der Ansatz von Knowhow oder Personal im Allgemeinen nicht möglich ist. Trotzdem wurde hinter vorgehaltener Hand immer etwas von „bei Fußballern geht's doch auch…" gemurmelt. Nun wird argumentiert, dass Duale Studierende sich nach Abschluss ihres Studiums für fünf Jahre für die Firma verpflichten. Auch wenn die Aktivierung der Dual Studierenden für den Abschluss 2021 unrealistisch erscheint, soll er zumindest für die kommenden Jahre geprüft werden.

h) Am Ende ihrer Ausführungen fragen Ihre Chefin und Sie sich: Was wäre eigentlich, wenn das Ziel unserer Geschäftsführung nicht die Abbildung nach Marktwerten wäre? Sollten wir uns für die bevorstehenden Übernahmegespräche nicht eher auf eine gute Ertragslage konzentrieren?

Kapitel 10
Sachanlagevermögen

Sachanlagen wie z.B. Maschinen, Grundstücke, Gebäude oder Büro- und Geschäftsausstattung sind insbesondere bei Industrieunternehmen traditionell elementarer Bestandteil der betrieblichen Tätigkeit. Daher ist es nicht verwunderlich, dass sie häufig den größten Posten auf der Aktivseite einer Bilanz darstellen. So umfasste z.B. das Sachanlagevermögen des Volkswagen-Konzerns zum 31.12.2019 mit 66.152 Mio. € ca. 22 % der Bilanzsumme. Zum Vergleich: Der Anteil der Sachanlagen an der Bilanzsumme von z.B. Finanzdienstleistungsunternehmen ist regelmäßig deutlich geringer. So beträgt der Anteil des Sachanlagevermögens im Konzernabschluss der Deutsche Bank AG im Jahr 2019 nur 0,38 %.

Die Bedeutung von Sachanlagen befindet sich jedoch, unter anderem durch die voranschreitende Digitalisierung, im Wandel. Bei vielen Unternehmen ist eine Verschiebung weg von Sachanlagen hin zu immateriellen Vermögenswerten zu beobachten (vgl. Kapitel 9). Während bspw. der Anteil an Sachanlagen des Bayer-Konzerns zum 31.12.2015 ca. 16,74 % der Bilanzsumme betrug, sank der Anteil 2019 auf ca. 9,88 %. Gleichzeitig stieg der Anteil der immateriellen Vermögenswerte an der Bilanzsumme im gleichen Zeitraum um sechzehn Prozentpunkte – auch getrieben durch die Monsanto-Akquisition und den daraus resultierenden Goodwill. Betrachtet man die immateriellen Vermögenswerte exklusive des Goodwill beträgt der Anstieg knapp sieben Prozentpunkte.

Sofern Unternehmen über einen wertmäßig hohen Sachanlagenbestand verfügen, fallen in der Regel über die Nutzungsdauer beträchtliche Abschreibungsbeträge an, die sich unmittelbar auf das Gesamtergebnis auswirken. Im VW-Konzern belasteten bspw. im Jahr 2019 planmäßige und außerplanmäßige Abschreibungen des Sachanlagevermögens in Höhe von 10.450 Mio. € das Konzerngesamtergebnis.

Die Bilanzierung des Sachanlagevermögens wird in den IFRS durch IAS 16 „Sachanlagen" (Property, Plant and Equipment) geregelt.

Lernziele „Kennen"

Nach Bearbeitung dieses Kapitels wissen Sie, wie Sachanlagen nach IAS 16 definiert und von anderen Vermögenswerten abgegrenzt werden. Sie kennen die Ansatzkriterien und wissen, wie Sachanlagen erstmalig zu bewerten sind. Des Weiteren sind Sie mit den Möglichkeiten der Folgebewertung vertraut und kennen insbesondere die Unterschiede zwischen dem Anschaffungskostenmodell und dem Neubewertungsmodell.

Lernziele „Anwenden"

Sie können die Ansatzkriterien für Sachanlagen eigenständig auf praxisnahe Sachverhalte anwenden und die Anschaffungs- und Herstellungskosten im Rahmen der Erstbewertung ermitteln. Ferner können Sie Sachanlagen im Rahmen der Folgebewertung nach dem Anschaffungskostenmodell und dem Neubewertungsmodells buchhalterisch abbilden.

Lernziele „Bewerten & Gestalten"

Diese Kenntnisse befähigen Sie, bilanzielle Implikationen des Wahlrechts bei der Folgebewertung zu beurteilen und die Folgen für die Vermögens-, Finanz- und Ertragslage eines Unternehmens abzuschätzen. Auch können Sie die Kombination aus GuV-neutraler Neubewertung und planmäßiger Abschreibung im Rahmen des Neubewertungsmodells kritisch würdigen.

1 Anwendungsbereich von IAS 16

Definition von Sachanlagen

Nach der Definition des IAS 16.6 handelt es sich bei Sachanlagen um materielle Vermögenswerte, die ein Unternehmen für Zwecke der Herstellung oder der Lieferung von Gütern und Dienstleistungen, zur Vermietung an Dritte oder für Verwaltungszwecke hält und die erwartungsgemäß länger als eine Periode genutzt werden. Zentrale Merkmale einer Sachanlage stellen demnach deren Greifbarkeit und die mehrperiodige Nutzungsdauer dar.

Ausschlüsse vom Anwendungsbereich

Für die Bilanzierung von Sachanlagen sind grundsätzlich die Vorschriften des IAS 16 anzuwenden. Eine Ausnahme stellt jedoch der Fall dar, in welchem ein anderer Standard eine abweichende Bilanzierung verlangt oder gestattet. Explizit nicht in den Anwendungsbereich von IAS 16 fallen folgende Vermögenswerte bzw. bilanzielle Behandlungsweisen (IAS 16.3-5):

- Sachanlagen, die nach IFRS 5 als zum Verkauf bestimmt gelten (IFRS 5 „Zur Veräußerung gehaltene langfristige Vermögenswerte und aufgegebene Geschäftsbereiche“) (vgl. Kapitel 23).
- Immobilien, die als Finanzinvestition genutzt werden (IAS 40 „Als Finanzinvestition gehaltene Immobilien“) (vgl. Kapitel 11): Für Immobilien wie z.B. Grundstücke und Gebäude, die als Finanzinvestition (bspw. zur Vermietung) und damit als Kapitalanlage genutzt werden, gelten die Vorschriften von IAS 40. Die Abgrenzung von Sachanlagen und Finanzimmobilien kann jedoch mit gewissen Ermessensspielräumen einhergehen.
- Biologische Vermögenswerte (IAS 41 „Landwirtschaft“).
- Ansatz und Bewertung von Vermögenswerten aus Exploration und Evaluierung (IFRS 6 „Exploration und Evaluierung von Bodenschätzen“).
- Mineralgewinnungsrechte (z.B. Schürfrechte), Bodenschätze (z.B. Erdgas) und ähnliche nicht regenerative Ressourcen (IFRS 6 „Exploration und Evaluierung von Bodenschätzen“).[1]

2 Ansatz

Ansatzkriterien

Nach IAS 16.7 ist ein Vermögenswert als Sachanlage in der Bilanz anzusetzen, wenn er die Definitionskriterien des IAS 16.6 erfüllt, dem Unternehmen wahrscheinlich ein mit ihm verbundener künftiger wirtschaftlicher Nutzen zufließen wird und seine Anschaffungs- oder Herstellungskosten verlässlich ermittelt werden können. Eine quantitative Konkretisierung der Eintrittswahrscheinlichkeit des Nutzenzuflusses enthält IAS 16 dabei nicht. Im Schrifttum reichen die Meinungen hierzu von einer Wahrscheinlichkeit größer 50 % bis zu einer Wahrscheinlichkeitsgrenze von 70-80 %.[2]

1 Vgl. *Nommensen*, Beck'sches IFRS-Handbuch, § 5, Tz. 5.
2 Vgl. *ADS International*, Abschnitt 1: Konzeptionelle Grundlagen, Tz. 150.

Einzel- und Gruppenbewertung

Mit der Erfüllung der Ansatzkriterien sind Sachanlagen in der Regel voneinander abzugrenzen und einzeln zu bilanzieren. Es gilt somit der Einzelbewertungsgrundsatz. Allerdings erscheint eine ausnahmslose Befolgung dieses Grundsatzes aufgrund des dadurch in manchen Fällen resultierenden Aufwands nicht sinnvoll. Aus diesem Grund ist es nach IAS 16.9 erlaubt, einzelne unbedeutende (insignificant) Gegenstände (wie z.B. Werkzeuge) zusammenzufassen und als Gruppe zu bewerten.

Komponentenansatz

Besteht eine Sachanlage aus mehreren Komponenten, sind diese nach IAS 16.43 gesondert abzuschreiben, sofern ihre Anschaffungs- oder Herstellungskosten im Verhältnis zu den Gesamtkosten der Sachanlage einen bedeutenden (significant) Anteil darstellen. Jedoch enthält IAS 16 keinen Hinweis darauf, ab wann ein „bedeutender Anteil" vorliegt. Im Schrifttum wird hier aus Praktikabilitäts- und Objektivierungsgründen eine eher enge Auslegung befürwortet.[3] Nach diesem sogenannten Komponentenansatz (component approach) sind bedeutende Komponenten selbst dann getrennt abzuschreiben, wenn diese in einem einheitlichen Nutzungs- und Funktionszusammenhang stehen. So kann es bspw. erforderlich sein, Triebwerke gesondert von dem dazugehörigen Flugzeugrahmen abzuschreiben. Eine Ausnahme von diesem Komponentenansatz tritt dann ein, wenn bedeutende Komponenten die gleiche Nutzungsdauer sowie Abschreibungsmethode aufweisen. In diesem Fall können sie bei der Bestimmung des Abschreibungsbetrags zusammengefasst werden (IAS 16.45). Des Weiteren bietet IAS 16.47 das Wahlrecht auch nicht bedeutende Komponenten gesondert abzuschreiben.

Beispiel 10.1

Zu Beginn des Geschäftsjahres 2021 kauft die nach IFRS bilanzierende Javanna AG für 2.000 T€ ein Bürogebäude auf Kuba, in dem zukünftig die Hauptverwaltung des Unternehmens eingerichtet werden soll. Gemessen am Gesamtwert des Bürokomplexes, werden die Klimaanlage (Wert: 300 T€) sowie die Fahrstuhltechnik (Wert: 200 T€) als wesentliche Komponenten identifiziert. Beide müssen regelmäßig generalüberholt werden und weisen zudem unterschiedliche Nutzungsdauern auf. Bei Zugang ist demnach in der Anlagenbuchhaltung zu buchen:

Klimaanlage	*300 T€*			
Fahrstuhltechnik	*200 T€*			
Gebäude (Rest)	*1.500 T€*	*an*	*Bank*	*2.000 T€*

Diese Aufteilung ist jedoch nur zu internen Dokumentationszwecken erforderlich. Im Jahres- bzw. Konzernabschluss nach IFRS werden die Komponenten wieder zu einer Bilanzposition „Gebäude" zusammengefasst.

3 Vgl. *Hoffmann, W. D./Lüdenbach, N.*, Abschreibung von Sachanlagen nach dem Komponentenansatz von IAS 16, in: BB, 59. Jg. (2004), S. 377.

3 Bewertung

3.1 Erstbewertung

Anschaffungs- oder Herstellungskosten

Sachanlagen sind bei ihrem erstmaligen Ansatz nach IAS 16.15 zu ihren Anschaffungs- oder Herstellungskosten (cost) anzusetzen. Diese umfassen gemäß der Definition von IAS 16.6 den Betrag an Zahlungsmitteln oder Zahlungsmitteläquivalenten, der zum Erwerb oder zur Herstellung eines Vermögenswerts entrichtet wurde oder den beizulegenden Zeitwert einer anderen Gegenleistung zum Zeitpunkt des Erwerbs oder der Herstellung. Sofern die Zahlung für eine Sachanlage die übliche Zahlungsfrist überschreitet, stellt der Barwert des Barpreises die Anschaffungs- oder Herstellungskosten dar (IAS 16.23).

Bestandteile der Anschaffungs- oder Herstellungskosten

IAS 16 differenziert nicht zwischen Anschaffungs- und Herstellungskosten, sondern verwendet allgemein den Oberbegriff „cost". Die Herstellungskosten selbst produzierter Vermögenswerte sind demzufolge nach denselben Grundsätzen wie für erworbene Vermögenswerte zu ermitteln. Insgesamt lässt sich die in Abbildung 10.1 dargestellte Einteilung der Kostenbestandteile vornehmen.

Anschaffungskosten	Herstellungskosten
Anschaffungspreis - Anschaffungspreisminderung	Bestandteile der Herstellungskosten gemäß IAS 2
+ alle direkt zurechenbaren Kosten, die angefallen sind, um den Vermögenswert in den vom Management vorgesehenen Zustand und Umgebung zu versetzen	
+ Ausgaben für zukünftige Entsorgungs-, Rekultivierungs- oder ähnliche Verpflichtungen	
+/- (Wahl-)Bestandteile aufgrund anderer Standards	
+ nachträgliche Anschaffungs- bzw. Herstellungskosten	
= **Anschaffungs- bzw. Herstellungskosten einer Sachanlage**	

Abb. 10.1: Bestandteile der Anschaffungs- bzw. Herstellungskosten

Basis der Anschaffungs- oder Herstellungskosten

Ausgangspunkt für die Anschaffungskostenermittlung bildet der Anschaffungspreis einschließlich Einfuhrzölle und abzüglich erstattungsfähiger Umsatzsteuer sowie direkt zurechenbarer Rabatte, Boni und Skonti (IAS 16.16(a)). Für die Ermittlung der Herstellungskosten verweist IAS 16.22 auf die Vorschriften von IAS 2 „Vorräte", wenn das Unternehmen im Rahmen seiner gewöhnlichen Geschäftstätigkeit ähnliche Vermögenswerte für den Verkauf herstellt. Im Schrifttum wird daraus geschlossen, dass die Herstellungskosten von Sachanlagen bis zur Betriebsbereitschaft grundsätzlich analog zu den Herstellungskosten von Vorräten gemäß IAS 2 zu bestimmen sind.[4]

4 Vgl. *ADS International*, Abschnitt 9: Sachanlagevermögen, Tz. 38.

Direkt zurechenbare Kosten

Darüber hinaus werden die Anschaffungs- und Herstellungskosten gemäß IAS 16.16(b) durch alle direkt zurechenbaren Kosten erhöht, die anfallen, um den Vermögenswert an den gewünschten Standort und in den vom Management beabsichtigten, betriebsbereiten Zustand zu versetzen. Als Beispiele für direkt zurechenbare Kosten nennt IAS 16.17 u.a. Ausgaben für die Standortvorbereitung, für die erstmalige Lieferung und Leistung (z.B. Transportkosten, Transportversicherungen etc.), Installations- und Montagekosten sowie Honorare (z.B. für Architekten und Ingenieure).

Entsorgungsverpflichtungen

Sofern einem Unternehmen bei der Anschaffung oder Nutzung von Sachanlagen eine Verpflichtung entsteht, der es sich in späteren Perioden nicht entziehen kann, hat es die damit verbundenen zukünftigen Ausgaben nach IAS 16.16(c) bereits im Zeitpunkt der Verpflichtungsentstehung in den Anschaffungs- oder Herstellungskosten zu aktivieren. Derartige Verpflichtungen können Entsorgungs-, Rekultivierungs- oder ähnliche Verpflichtungen nach der Stilllegung der Sachanlage darstellen, um den Standort in seinen ursprünglichen Zustand zurückzuversetzen. Für die Aktivierung dieser (zukünftigen) Ausgaben wird vorausgesetzt, dass die Verpflichtung eine Rückstellungsbildung gemäß IAS 37 „Rückstellungen, Eventualschulden und Eventualforderungen" hervorruft und nicht im Rahmen der Vorratsproduktion entstanden ist. In letzterem Fall kommt IAS 2 i.V.m. IAS 37 zur Anwendung (IAS 16.18). Sofern die Voraussetzungen jedoch erfüllt sind, sind die künftigen Ausgaben mit ihrem Barwert in den Anschaffungs- oder Herstellungskosten der Sachanlage anzusetzen und anschließend über die Nutzungsdauer mit abzuschreiben. Gleichzeitig ist eine Rückstellung für die künftige Entsorgungs-, Rekultivierungs- oder ähnliche Verpflichtung zu bilden und in den Folgejahren aufzuzinsen. Sollten sich die erwarteten Ausgaben im Laufe der Nutzungsdauer ändern, sind sowohl die Rückstellung als auch der Buchwert der Sachanlage entsprechend anzupassen (vgl. Kapitel 13).

Beispiel 10.2

Die Renewables AG kauft zu Beginn des Geschäftsjahres 2021 ein Wasserkraftwerk zum Anschaffungspreis von 200 Mio. € in bar. Mit dem Erwerb verpflichtet sich das Unternehmen, das Wasserkraftwerk nach Ende der Nutzungsdauer von geschätzten 20 Jahren rückzubauen und den Standort so wiederherzustellen, dass er als Naturschutzgebiet der Öffentlichkeit zugänglich sein kann. Schätzungsweise entstehen der Renewables AG dafür im Geschäftsjahr 2040 Kosten in Höhe von 20 Mio. €. Aus Marktdaten wurde ein Diskontierungszins von 1 % abgeleitet. Wie berechnen sich die Anschaffungskosten des Wasserkraftwerks und wie lauten die Buchungssätze?

Lösung

Ermittlung der Anschaffungskosten:

Die Anschaffungskosten umfassen neben dem Anschaffungspreis von 200 Mio. € den Barwert der Rückbauverpflichtung. Dieser berechnet sich folgendermaßen: 20 Mio. € $\cdot$ $1{,}01^{-20}$ = 16,39 Mio. €. Die Anschaffungskosten betragen somit 216,39 Mio. €.

Buchungssätze Geschäftsjahr 2021:
Der Buchungssatz zum Zeitpunkt der Anschaffung lautet:

Sachanlage 216,39 Mio. €	*an*	*Bank*	*200,00 Mio. €*
		sonst. Rückstellung	*16,39 Mio. €*

Zum Bilanzstichtag 2021 ist die Sachanlage planmäßig über die Nutzungsdauer abzuschreiben. Die Aufzinsung der Rückstellung ist als Zinsaufwand zu erfassen. Bei linearer Abschreibung über 20 Jahre beträgt der jährliche Abschreibungsbetrag 10,82 Mio. € (216,39 Mio. € / 20 Jahre), während der Aufzinsungsbetrag zum Bilanzstichtag 2021 0,16 Mio. € (16,39 Mio. € · 1 %) umfasst. Die Buchungssätze lauten somit:

Abschreibung	*an*	*Sachanlage*	*10,82 Mio. €*
Zinsaufwand	*an*	*sonst. Rückstellung*	*0,16 Mio. €*

Fremdkapitalkosten

Fremdkapitalkosten, die direkt dem Erwerb oder der Herstellung eines qualifizierten Vermögenswerts (qualifying asset) zugeordnet werden können, müssen nach IAS 23 „Fremdkapitalkosten" als Teil der Anschaffungs- oder Herstellungskosten aktiviert werden (IAS 23.8). Als qualifizierte Vermögenswerte werden solche Vermögenswerte bezeichnet, die erst nach einem längeren Zeitraum in einen betriebs- oder verkaufsbereiten Zustand versetzt werden können (IAS 23.5). Wird z.B. der voraussichtlich mehrjährige Bau einer anschließend selbstgenutzten Spezial-Lagerhalle durch Aufnahme eines Kredites finanziert, sind die anfallenden Kreditzinsen in den Herstellungskosten der Lagerhalle zu aktivieren.

Zuwendungen der öffentlichen Hand

Erhält ein Unternehmen bei Erwerb oder Herstellung einer Sachanlage eine Zuwendung von öffentlichen Stellen, so kann diese gemäß IAS 20 „Bilanzierung und Darstellung von Zuwendungen der öffentlichen Hand" als Minderung des Buchwerts der Sachanlage erfasst werden (IAS 20.24). Alternativ kann die Zuwendung aber auch passivisch abgegrenzt und über die Nutzungsdauer der Sachanlage planmäßig als Ertrag verteilt werden (IAS 20.24 i.V.m. IAS 20.26).

Nachträgliche Anschaffungs- oder Herstellungskosten

Nachträgliche Kosten fallen nach dem eigentlichen Anschaffungs- oder Herstellungsprozess an, um eine Sachanlage zu erweitern, teilweise zu ersetzen oder in Betrieb zu halten (IAS 16.10). Sie erhöhen dann die ursprünglichen Anschaffungs- oder Herstellungskosten, wenn die allgemeinen Ansatzkriterien des IAS 16.7 (wahrscheinlicher zukünftiger Nutzenzufluss und verlässliche Messung der Kosten) erfüllt sind. Dies gilt auch für Kosten, die für eine planmäßige Generalüberholung einzelner Bestandteile einer Sachanlage anfallen, wie z.B. der regelmäßige Austausch von Sitzen in einem Flugzeug, sowie für Großinspektionen, welche Voraussetzung für die Fortführung des Betriebs der Sachanlage sind. Die Buchwerte jener Teile, welche ersetzt wurden, bzw. im Buchwert verbleibende Kosten für vorhergehende Großinspektionen sind in diesem Fall auszubuchen (IAS 16.13-14). Von Großinspektionen abzugrenzen sind jedoch laufende Wartungskosten, welche sich vor allem aus Kosten für Lohn und Verbrauchsgüter zusammensetzen.

Diese erfüllen nicht die Ansatzkriterien des IAS 16.7 und sind gemäß IAS 16.12 sofort GuV-wirksam zu erfassen.

Nicht anzusetzende Kostenbestandteile

IAS 16.19 enthält Beispiele für Kosten, die explizit keine Bestandteile der Anschaffungs- bzw. Herstellungskosten darstellen und somit im Zeitpunkt ihres Anfallens als Aufwand zu behandeln sind. Darunter fallen:

- Kosten der Neueröffnung einer Betriebsstätte,
- Einführungskosten neuer Produkte oder Dienstleistungen (einschließlich Kosten für Werbung und verkaufsfördernde Maßnahmen),
- Kosten, die bei der Schaffung neuer Geschäfts- oder Kundenbeziehungen anfallen (einschließlich Schulungskosten), sowie
- Verwaltungs- und andere nicht allokierte Gemeinkosten (general overhead costs).

Gemäß dem Wortlaut von IAS 16.19(d) sind demzufolge im Unterschied zur Ermittlung der Herstellungskosten von Vorräten, bei welcher Verwaltungs- und andere nicht allokierte Gemeinkosten einbezogen werden können, wenn sie für die Her- bzw. Bereitstellung der Vorräte erforderlich waren, generell keine allgemeinen Verwaltungs- und nicht allokierte Gemeinkosten in die Herstellungskosten von Sachanlagen einzubeziehen.[5] Der Anschaffungs- und Herstellungsprozess endet, sobald sich die Sachanlage betriebsbereit an dem vom Management gewünschten Standort befindet. Demzufolge stellen Kosten, die während der Nutzung der Sachanlage (z.B. Kosten, die durch nicht ausgelastete Kapazitäten entstehen) oder aufgrund deren Verlagerung (z.B. durch nachträgliche Änderungen des Standorts der Sachanlage) anfallen, ebenfalls keine in den Anschaffungs- oder Herstellungskosten zu erfassenden Bestandteile dar (IAS 16.20). Nutzt ein Unternehmen eine noch nicht fertig gestellte Sachanlage in der Herstellungszeit anderweitig als eigentlich geplant, sind die damit verbundenen Einnahmen und Ausgaben ebenfalls GuV-wirksam als Erträge bzw. Aufwendungen zu verrechnen (IAS 16.21).

Beispiel 10.3

Ein Baugelände, auf dem ein Verwaltungsgebäude entstehen soll, wird zwischenzeitig als Parkplatz vermietet. Dafür mussten zunächst diverse Schlaglöcher beseitigt werden.

Die damit verbundenen Aufwendungen sowie die erhaltenen Erträge aus der Parkplatzvermietung sind GuV-wirksam zu verrechnen und dürfen nicht in den Herstellungskosten des Verwaltungsgebäudes aktiviert werden.

Erwerb durch Tausch

Beim Erwerb einer Sachanlage im Tausch gegen einen nicht monetären Vermögenswert oder eine Kombination aus monetären und nicht monetären Vermögenswerten bestimmen sich die Anschaffungskosten nach IAS 16.24 i.V.m. IAS 16.26 auf Basis des beizulegenden Zeitwerts des abgehenden Vermögenswerts. Durchbrochen wird dieses Prinzip jedoch, wenn dem Tauschgeschäft kein wirtschaftlicher Gehalt (commercial substance) zukommt oder die beizulegenden Zeitwerte

5 Vgl. IASB Update 11/2002; *Kümpel, T.*, Bilanzierung und Bewertung von Sachanlagen nach International Financial Reporting Standards, in: Bilanz und Buchhaltung, 48. Jg. (2003), S. 381.

weder der abgehenden noch der erhaltenen Sachanlage verlässlich bestimmbar sind. Dann entsprechen die Anschaffungskosten der erhaltenen Sachanlage dem Buchwert des abgegebenen Vermögenswerts.

Wirtschaftlicher Gehalt des Tauschgeschäfts

Ein wirtschaftlich gehaltvolles Tauschgeschäft liegt nach IAS 16.25 genau dann vor, wenn sich die Struktur der Cashflows (bzgl. Risiko, zeitlichen Anfalls und Betrag) der erhaltenen Sachanlage von der des abgegebenen Vermögenswerts unterscheiden oder sich der unternehmensspezifische Wert (entity-specific value) des von der Transaktion betroffenen Unternehmensteils durch den Tauschvorgang verändert, sodass die beizulegenden Zeitwerte beider Vermögenswerte wesentlich voneinander abweichen. Der unternehmensspezifische Wert stellt dabei gemäß IAS 16.6 den Barwert der aus der Nutzung des Vermögenswerts und seinem Abgang am Ende der Nutzungsdauer resultierenden Cashflows im Unternehmen (d.h. inklusive z.B. Synergien) dar.

Beizulegender Zeitwert des Vermögenswerts

Eine zuverlässige Ermittlung des beizulegenden Zeitwerts als zweite Voraussetzung kann auch bei fehlenden Marktpreisen vorliegen. Sofern eine Intervallschätzung von beizulegenden Zeitwerten möglich ist und die Varianz der Zeitwerte innerhalb des Intervalls unbedeutend ist oder aber die Eintrittswahrscheinlichkeiten der verschiedenen Szenarien innerhalb dieser Bandbreite vernünftig geschätzt und bei der Bemessung des beizulegenden Zeitwerts verwendet werden können, liegt gemäß IAS 16.26 Verlässlichkeit vor. Kann der beizulegende Zeitwert der erhaltenen Sachanlage verlässlicher bestimmt werden als der des abgehenden Vermögenswerts, stellt dieser die Anschaffungskosten dar.

3.2 Folgebewertung

Folgebewertungsverfahren

Nach dem erstmaligen Ansatz können Sachanlagen entweder anhand des Anschaffungskostenmodells oder anhand des Neubewertungsmodells folgebewertet werden (IAS 16.29). Aufgrund des Stetigkeitsgebots ist eine einmalig ausgewählte Methode für eine Gruppe von Sachanlagen in den Folgeperioden beizubehalten. Ein Methodenwechsel ist nach IAS 8 „Bilanzierungs- und Bewertungsmethoden, Änderungen von Schätzungen und Fehler“ nur erlaubt, wenn ein anderer Standard oder eine Interpretation dies ausdrücklich verlangt oder mit dem Wechsel eine verbesserte Darstellung der Vermögens-, Finanz- und Ertragslage sowie der Cashflows erreicht werden kann (IAS 8.14).

Aus der Forschung

Empirische Evidenz für die Wahlrechtsausübung

In der deutschen Praxis erfolgt die Folgebewertung nahezu ausschließlich zu fortgeführten Anschaffungs- oder Herstellungskosten. Nur vereinzelt wählen Unternehmen für die Bewertung von Grund und Boden das Neubewertungsmodell (Eisenschmidt/Schwenkler (2016); Müller/Wobbe/Reinke (2008)). Im Geschäftsjahr 2013 galt dies für ein Unternehmen des HDAX (Eisenschmidt/Schwenkler (2016)).

Diese empirische Evidenz zur Folgebewertung in Deutschland steht auch im Einklang mit den Erkenntnissen einer umfassenderen, internationalen Studie von Christensen und Nikolaev aus dem Jahr 2013. Demnach wird die Möglichkeit, nicht finanzielle Vermögenswerte zu beizulegenden Zeitwerten auszuweisen, nur vereinzelt genutzt. Dabei hängt die Nutzung dieser Möglichkeit von den daraus resultierenden Kosten sowie dem Nutzen ab. Der Ausweis von beizulegenden Zeitwerten wird gemäß der Studie dann präferiert, wenn eine zuverlässige Schätzung der beizulegenden Zeitwerte zu geringen Kosten möglich ist sowie wenn die beizulegenden Zeitwerte über die operative Performance des Unternehmens informieren. Dies trifft auf Sachanlagen zumeist nicht zu (Christensen/Nikolaev (2013)). Eine Studie von Nobes und Stadler, ebenfalls aus dem Jahr 2013, zeigt ein ähnliches Bild. Aus den weltweit größten Volkswirtschaften, die IFRS anwenden, werden nicht finanzielle Vermögenswerte lediglich in den (ehemaligen) Commonwealth Ländern von maximal 10 % der untersuchten Unternehmen zum beizulegenden Zeitwert ausgewiesen. In allen anderen betrachteten Ländern wird diese Methode von keinem Unternehmen genutzt (Nobes/Stadler (2013)).

Literatur: Eisenschmidt, K./Schwenkler, F., Zur Nutzung von expliziten Wahlrechten nach IFRS, in: KoR, 16. Jg. (2016), S. 53-59; Müller, S./Wobbe, C./ Reinke, J., Empirische Analyse der Bilanzierung des Sachanlagevermögens nach IFRS, in: KoR, 8. Jg. (2008), S. 630-640; Christensen, H. B./Nikolaev, V. V., Does fair value accounting for non-financial assets pass the market test?, in: RASt, Vol. 18 (2013), S. 734-775; Nobes, C./ Stadler, C., How arbitrary are international accounting classifications? Lessons from centuries of classifying in many disciplines, and experiments with IFRS data, in: Accounting, Organizations and Society, Vol. 38 (2013), S. 573-595.

3.2.1 Anschaffungskostenmodell

Fortgeführte Anschaffungs- oder Herstellungskosten

Nach dem Anschaffungskostenmodell ist die Folgebewertung von Sachanlagen zu fortgeführten Anschaffungs- oder Herstellungskosten vorzunehmen. Demzufolge sind die Anschaffungs- oder Herstellungskosten abnutzbarer Sachanlagen planmäßig über die voraussichtliche Nutzungsdauer abzuschreiben und ggf. um außerplanmäßige Wertminderungen nach IAS 36 zu korrigieren. Im Falle nicht abnutzbarer Sachanlagen sind dagegen lediglich außerplanmäßige Wertminderungen zu berücksichtigen (IAS 16.30).

Planmäßige Abschreibung

Durch die planmäßige Abschreibung wird das Abschreibungsvolumen eines Vermögenswerts systematisch über dessen Nutzungsdauer verteilt (IAS 16.6). Die planmäßige Abschreibung beginnt, sobald der Vermögenswert zur Nutzung zur Verfügung steht (available for use). Gemäß IAS 16.55 bezeichnet dies den Zeitpunkt, in dem der Vermögenswert in den notwendigen Zustand und die Umgebung gebracht worden ist, um in der vom Management gewünschten Weise in Betrieb genommen zu werden. Folglich ist der Zeitpunkt der operativen Einsatzfähigkeit für den Abschreibungsbeginn entscheidend.[6]

Beispiel 10.4

Ein neu gegründetes Unternehmen erwirbt im November noch vor dem Bilanzstichtag mehrere einsatzbereite Fahrzeuge, die es künftig als Taxen zur Personenbeförderung einsetzen möchte. Zum Bilanzstichtag fehlen noch die notwendigen Taxi-Lizenzen, um mit dem Taxi-Geschäft zu beginnen. Diese erhält das Unternehmen voraussichtlich erst im Januar des neuen Geschäftsjahres.

Die Abschreibung beginnt zum Zeitpunkt des Lizenzerhalts, da die Fahrzeuge erst ab diesem Zeitpunkt operativ nach der Vorstellung des Managements als Taxi genutzt werden können. Ungeachtet dessen muss zum Bilanzstichtag geprüft werden, ob ein Anhaltspunkt für eine Wertminderung gemäß IAS 36 vorliegt und die Fahrzeuge ggf. außerplanmäßig abzuschreiben sind.

Zur Bestimmung des Abschreibungsbetrags bedarf es der Ermittlung der drei Bewertungsparameter Abschreibungsvolumen, Abschreibungsmethode und Nutzungsdauer.

Abschreibungsvolumen

Das Abschreibungsvolumen entspricht grds. den Anschaffungs- oder Herstellungskosten einer Sachanalage vermindert um einen etwaigen Restwert bei seinem Abgang (IAS 16.6 i.V.m. IAS 16.53). In der Praxis ist der Restwert von Sachanlagen aber oft unbedeutend und deshalb für die Ermittlung des Abschreibungsbetrags meist unwesentlich (IAS 16.53). Eine Ausnahme stellt bspw. der Restwert eines Flugzeugs dar, welcher sich durch dessen Schrottwert bestimmt. Sofern ein solcher, wahrscheinlich wesentlicher Restwert im Erwerbszeitpunkt geschätzt werden kann, mindert dieser das Abschreibungsvolumen und damit den periodisch zu erfassenden Abschreibungsbetrag.

Abschreibungszeitraum

Die Abschreibung einer Sachanlage muss über die voraussichtliche Nutzungsdauer des Vermögenswerts erfolgen und mit seiner Ausbuchung oder Klassifikation als zum Verkauf bestimmter Vermögenswert nach IFRS 5 enden. Die Abschreibung ist indes weiterzuführen, wenn der Vermögenswert zwischenzeitlich stillgelegt werden soll (IAS 16.55).

Voraussichtliche Nutzungsdauer

Die voraussichtliche Nutzungsdauer ist nach IAS 16.56 u.a. auf der Grundlage des erwarteten Verbrauchs und unter Berücksichtigung von physischem Verschleiß, technischer Alterung sowie rechtlicher oder ähnlicher Nutzungsbeschränkungen zu schätzen. Dabei können sich voraussichtliche und wirtschaftliche Nutzungsdauer durchaus unterscheiden. Beispielsweise kann die Investitionspolitik eines Unternehmens vorsehen, bestimmte Sachanlagen grundsätzlich nach der Hälfte

6 Vgl. *Lüdenbach/Hoffmann/Freiberg*, Haufe IFRS-Kommentar, § 10, Rz. 41.

der wirtschaftlichen Nutzungsdauer zu ersetzen. Damit eine Veränderung der Nutzungsdauer und des Restwerts rechtzeitig antizipiert werden kann, sind sie am Ende jedes Geschäftsjahres zu überprüfen und ggf. für die aktuelle und die folgenden Perioden anzupassen (IAS 16.51). Damit verbundene Anpassungsbeträge sind als Schätzungsänderungen gemäß IAS 8.36 zu behandeln und somit GuV-wirksam zu berücksichtigen (vgl. Kapitel 5).

Abschreibungsverfahren

Als Abschreibungsverfahren kommen sämtliche Methoden in Betracht, die den erwarteten wirtschaftlichen Nutzenverlauf korrekt abbilden. IAS 16.62 schlägt hier lineare, degressive oder leistungsabhängige Verfahren vor, wobei eine eindeutige Präferenz für eine Methode nicht erfolgt. In der IFRS-Rechnungslegungspraxis findet vorwiegend die lineare Methode Anwendung. Dies kann unter anderem darauf zurückgeführt werden, dass die Verwendung der linearen Abschreibung, im Vergleich zur degressiven Abschreibung, keine Begründung für die Wahl der Methode verlangt.[7] Aus rein steuerlichen Gründen vorgenommene Abschreibungen sind nicht erlaubt. Das gilt auch für den aus rein steuerlichen Motiven vorgenommenen Wechsel von der degressiven auf die lineare Abschreibung. Grundsätzlich ist ein Methodenwechsel nur erlaubt, wenn hiermit der tatsächlich erwartete wirtschaftliche Nutzenverlauf zutreffender dargestellt wird. Daher ist das angewendete Abschreibungsverfahren stets am Ende eines Geschäftsjahres zu kontrollieren. Ein Wechsel des Abschreibungsverfahrens ist analog zur Änderung der Nutzungsdauer oder des Restwerts als Schätzungsänderung gemäß IAS 8.36 zu behandeln (IAS 16.61).

Beispiel 10.5 (Fortführung von Beispiel 10.1)

In Fortsetzung des Beispiels 10.1 sollen die identifizierten Komponenten des Bürogebäudes nun separat abgeschrieben werden. Dabei wird für die Gebäudehülle eine Nutzungsdauer von 60 Jahren unterstellt, die Klimatisierung muss alle 10 Jahre, die Fahrstühle müssen alle 20 Jahre komplett erneuert bzw. generalüberholt werden. Eine lineare Abschreibung entspricht am besten dem tatsächlichen Nutzenverlauf. Bei der Generalüberholung sind die dafür aufgewendeten Kosten zu aktivieren und die Komponente bis zur nächsten Inspektion wieder abzuschreiben. Entsprechend dem Komponentenansatz ist also zu buchen:

In den Geschäftsjahren 2021 bis 2080:

Abschreibung	*65 T€*	*an*	*Gebäudehülle*	*(1.500 / 60 =)25 T€*
			Klimaanlage	*(300 / 10 =)30 T€*
			Fahrstuhltechnik	*(200 / 20 =)10 T€*

Zusätzlich am Ende der Geschäftsjahre 2030, 2040, 2050, 2060 und 2070:

Klimaanlage	*an*	*Bank*	*300 T€*

Zusätzlich am Ende der Geschäftsjahre 2040 und 2060:

Fahrstuhltechnik	*an*	*Bank*	*200 T€*

7 Vgl. *Lüdenbach/Hoffmann/Freiberg*, Haufe IFRS-Kommentar, § 10, Rz. 28.

Explizite Regelungen zur Abschreibung geringwertiger Vermögenswerte, wie sie das deutsche Steuerrecht in § 6 Abs. 2 EStG für Wirtschaftsgüter mit Anschaffungs- oder Herstellungskosten von weniger als 800 € (netto) kennt, enthält IAS 16 nicht. Aufgrund des Wesentlichkeitsgrundsatzes können geringwertige Sachanlagen jedoch analog zum deutschen Recht im Jahr der Anschaffung vollständig abgeschrieben werden.[8]

Geringwertige Wirtschaftsgüter

Am Ende eines Geschäftsjahres hat ein Unternehmen zusätzlich zu prüfen, ob Anhaltspunkte für eine Wertminderung gemäß IAS 36 „Wertminderung von Vermögenswerten" vorliegen und somit Sachanlagen ggf. außerplanmäßig abzuschreiben sind (vgl. Kapitel 8).

Wertminderungen

Eine Wertaufholung ist gemäß IAS 36.111 immer dann vorzunehmen, wenn die Umstände für eine frühere Wertminderung entfallen sind bzw. externe oder interne Quellen auf einen erhöhten erzielbaren Betrag hindeuten. Dabei darf die Wertaufholung maximal bis zu den fortgeführten historischen Anschaffungs- oder Herstellungskosten erfolgen, die bei der Folgebewertung nach dem Anschaffungskostenmodell die Wertobergrenze darstellen (IAS 36.117).

Wertaufholungen

Erhält ein Unternehmen Entschädigungszahlungen von Dritten für eine Wertminderung, einen Verlust oder eine außer Betrieb genommene Sachanlage, sind diese nach IAS 16.65 in der Gewinn- und Verlustrechnung als Ertrag zu verrechnen, sobald sie zu Forderungen werden. Dabei ist es unerheblich, ob es sich um monetäre oder nicht monetäre Entschädigungsleistungen handelt. So sind bspw. Versicherungsleistungen aufgrund beschädigter Sachanlagen als Erträge zu behandeln und heben nicht die aufgrund der Beschädigung vorgenommene Wertminderung auf.

Entschädigungsleistungen

3.2.2 Neubewertungsmodell

Anstelle der Bewertung zu fortgeführten Anschaffungs- oder Herstellungskosten können Sachanlagen im Rahmen der Folgebewertung zu einem Neubewertungsbetrag bilanziert werden, der ihrem beizulegenden Zeitwert zum Neubewertungszeitpunkt abzüglich nachfolgender kumulierter planmäßiger und außerplanmäßiger Abschreibungen entspricht. Voraussetzung für die Anwendung des sog. Neubewertungsmodells ist nach IAS 16.31, dass der beizulegende Zeitwert verlässlich ermittelt werden kann. Im Gegensatz zur Neubewertungsmethode bei immateriellen Vermögenswerten (vgl. Kapitel 9) ist das Vorliegen eines aktiven Marktes nicht gefordert. Gemäß der Definition aus IAS 16.6 entspricht der beizulegende Zeitwert dem Preis, der in einem geordneten Geschäftsvorfall zwischen Marktteilnehmern am Bemessungsstichtag für den Verkauf eines Vermögenswerts eingenommen bzw. für die Übertragung einer Schuld gezahlt würde. Die Ermittlung des beizulegenden Zeitwerts hat im Einklang mit den Regelungen des IFRS 13 „Bemessung des beizulegenden Zeitwerts" (vgl. Kapitel 3) zu erfolgen.

Bewertung zum beizulegenden Zeitwert

8 Vgl. *ADS International*, Abschnitt 9: Sachanlagevermögen, Tz. 97.

Umfang der Neubewertung

Um die Neubewertung einzelner Sachanlagen einer Gruppe und die daraus resultierende Vermischung unterschiedlicher Wertmaßstäbe zu vermeiden, ist stets die gesamte Gruppe neu zu bewerten (IAS 16.36 i.V.m. IAS 16.38). Eine Gruppe umfasst nach IAS 16.37 bspw. Grundstücke und Gebäude, Maschinen und technische Anlagen, Schiffe, Flugzeuge, Kraftfahrzeuge oder Betriebs- und Geschäftsausstattung. Vereinfachend darf eine Gruppe jedoch auch rollierend neubewertet werden, sofern die Neubewertung dann innerhalb einer kurzen Zeitspanne erfolgt (IAS 16.38).

Häufigkeit der Neubewertung

Neubewertungen von Sachanlagen sind stets notwendig, wenn der beizulegende Zeitwert und der aktuelle Buchwert wesentlich voneinander abweichen. Wie häufig eine Neubewertung vorgenommen werden sollte, ist folglich von den Schwankungen des beizulegenden Zeitwerts im Verhältnis zum jeweiligen Buchwert abhängig. Bei starken Schwankungen ist nach IAS 16.34 eine jährliche Neubewertung durchzuführen, während bei geringfügigen Bewegungen eine Neubewertung alle drei bis fünf Jahre genügt.

Direkte Neubewertung

Die Neubewertung kann gemäß IAS 16.35 direkt oder indirekt erfolgen. Bei der direkten Neubewertung sind die bisher angefallenen kumulierten Abschreibungen gegen den Bruttobuchwert der Sachanlage zu verrechnen und der Nettobetrag ist dem Neubewertungsbetrag anzupassen. Diese Methode kommt vor allem in Betracht, wenn der aktuelle Marktwert den beizulegenden Zeitwert darstellt.

Beispiel 10.6

Ein Verwaltungsgebäude wurde am Anfang des Geschäftsjahres 2021 für 40.000 T€ gekauft und soll 40 Jahre genutzt werden. Am Ende des Geschäftsjahres 2022 beträgt der Buchwert 38.000 T€. Ein Immobiliengutachter ermittelt am Geschäftsjahresende einen Marktwert des Gebäudes von 42.000 T€. Der Buchwert ist somit um 4.000 T€ (42.000 T€ - 38.000 T€) zu erhöhen.

Indirekte Neubewertung

Bei der indirekten Neubewertung sind die bis zum Neubewertungszeitpunkt angefallenen kumulierten Abschreibungen proportional zur Änderung des Bruttobuchwerts anzupassen.

Beispiel 10.7

Der Buchwert einer am Anfang des Geschäftsjahres 2021 für 100 T€ angeschafften und voraussichtlich 5 Jahre genutzten Maschine beträgt zum Ende des Geschäftsjahres 2022 60 T€. Insgesamt sind folglich 40 T€ kumulierte Abschreibungen angefallen. Am Bilanzstichtag 2022 betragen die Wiederbeschaffungskosten 120 T€. Der Wiederbeschaffungspreis hat sich somit um 20 % erhöht. Um die fortgeführten Wiederbeschaffungskosten zum Bilanzstichtag 2022 zu ermitteln, sind die bisherigen kumulierten Abschreibungen proportional zu der Preisänderung auf 48 T€ zu erhöhen. Somit betragen die fortgeführten Wiederbeschaffungskosten 72 T€ (120 T€ - 48 T€). Der Buchwert der Maschine ist um 12 T€ (72 T€ - 60 T€) zu erhöhen.

Erfassung des Neubewertungsbetrags

Bei der Folgebewertung von Sachanlagen anhand des Neubewertungsmodells ist analog zur Neubewertung von immateriellen Vermögenswerten vorzugehen (vgl. Kapitel 9). Nach der Ermittlung des beizulegenden Zeitwerts im Neubewertungszeitpunkt stellt dieser den neuen Bilanzwert dar. Der Differenzbetrag zum bisherigen Buchwert der Sachanlage ist gemäß IAS 16.39-40 unter Beachtung der Vorperioden folgendermaßen zu verrechnen:

- Sofern der beizulegende Zeitwert über dem Buchwert liegt, ist der Differenzbetrag im sonstigen Ergebnis (other comprehensive income, OCI) zu verbuchen und als Neubewertungsrücklage (revaluation surplus) im Eigenkapital zu kumulieren. Wurde in den Vorperioden jedoch ein Neubewertungsverlust GuV-wirksam verrechnet, ist dieser bei einer aktuellen Werterhöhung zunächst GuV-wirksam zu kompensieren. Sämtliche Wertsteigerungen darüber hinaus sind wiederum im sonstigen Ergebnis zu erfassen und erhöhen damit die Neubewertungsrücklage im Eigenkapital. Demnach ist ein Neubewertungsgewinn über die fortgeführten Anschaffungs- oder Herstellungskosten hinaus niemals GuV-wirksam zu verrechnen.
- Liegt der beizulegende Zeitwert dagegen unter dem Buchwert, ist der Neubewertungsverlust sofort GuV-wirksam zu verrechnen. Existiert aufgrund von Neubewertungsgewinnen in Vorperioden allerdings eine Neubewertungsrücklage, so ist diese Neubewertungsrücklage bei einem aktuellen Neubewertungsverlust zunächst durch eine GuV-neutrale Erfassung der Wertminderung im sonstigen Ergebnis aufzulösen. Der darüber hinausgehende Neubewertungsverlust ist GuV-wirksam zu berücksichtigen.

Abbildung 10.2 fasst diese Vorgehensweise zusammen. Sich aus der Neubewertung ergebende Konsequenzen für latente Steuern sind gemäß IAS 12 „Ertragssteuern“ zu erfassen (IAS 16.42; vgl. Kapitel 6).

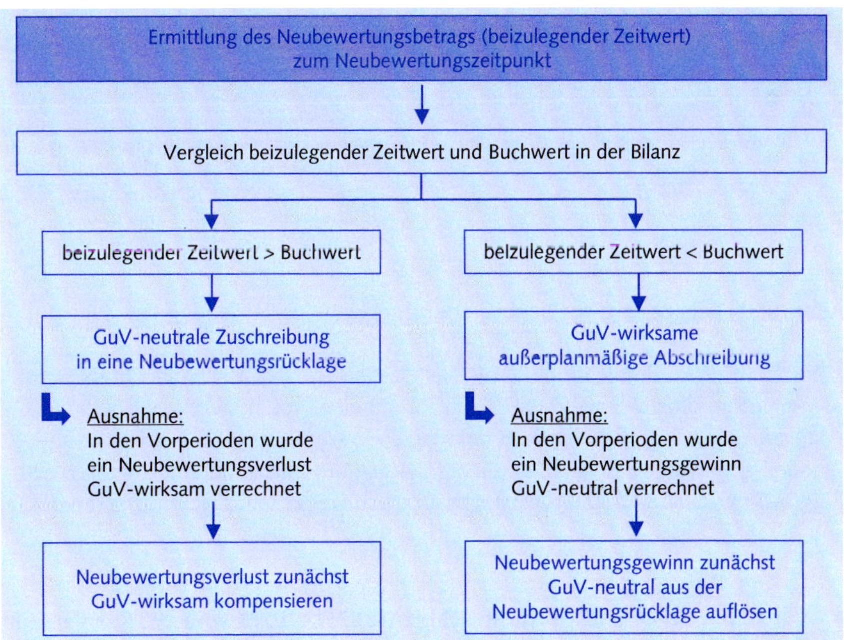

Abb. 10.2: Vorgehensweise bei der bilanziellen Abbildung des Neubewertungsmodells

Abschreibungen und Wertminderungen bei Anwendung der Neubewertungsmethode

Nach der Neubewertung sind abnutzbare Sachanlagen analog zur Folgebewertung zu fortgeführten Anschaffungs- bzw. Herstellungskosten unter Berücksichtigung eines wahrscheinlich wesentlichen Restwerts planmäßig über die voraussichtliche Nutzungsdauer abzuschreiben. Der Neubewertungsbetrag stellt dabei das neue Abschreibungsvolumen dar.[9] Am Ende eines Geschäftsjahres sind Restwert, voraussichtliche Nutzungsdauer und Abschreibungsmethode zu kontrollieren und ggf. anzupassen. Zudem sind am Bilanzstichtag sämtliche Sachanlagen unabhängig von einer vorgenommenen Neubewertung auf Anhaltspunkte für eine Wertminderung gemäß IAS 36 zu kontrollieren. Die Neubewertung ersetzt somit nicht die jeweilige Prüfung, ob Anhaltspunkte für eine Wertminderung bestehen. Liegen diese vor, ist eine außerplanmäßige Abschreibung in dem Fall notwendig, dass der erzielbare Betrag kleiner als der beizulegende Zeitwert ist (vgl. Kapitel 8). Die Verrechnung einer festgestellten Wertminderung ist analog zu der oben beschriebenen Vorgehensweise vorzunehmen.

Behandlung der Neubewertungsrücklage

Die Neubewertungsrücklage ist nach IAS 16.41 bei Stilllegung bzw. Verkauf des Vermögenswerts in die Gewinnrücklage umzubuchen. Alternativ besteht für abnutzbare Sachanlagen die Möglichkeit einer anteiligen Umbuchung über die Nutzungsdauer des Vermögenswerts. Im Fall nicht abnutzbarer Sachanlagen, wie z.B. Grundstücken, stellt Ersteres die einzig mögliche Vorgehensweise dar, wie Abbildung 10.3 verdeutlicht.

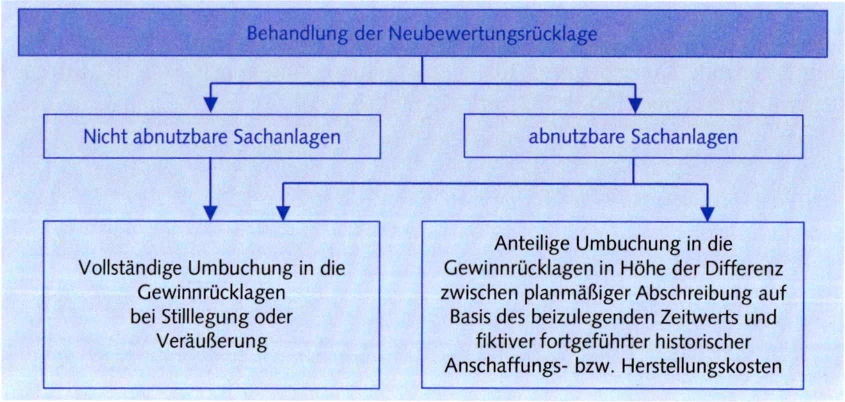

Abb. 10.3: Behandlung der Neubewertungsrücklage bei Stilllegung bzw. Verkauf

Beispiel 10.8

Die Sunlike AG kauft am Anfang des Geschäftsjahres 2021 ein Flugzeug zu Anschaffungskosten von 60.000 T€ in bar mit einer voraussichtlichen Nutzungsdauer von 6 Jahren. Im Rahmen der Folgebewertung soll das Neubewertungsmodell angewendet werden. Die planmäßigen Abschreibungen erfolgen linear über die voraussichtliche Nutzungsdauer. Aufgrund günstiger Marktentwick-

9 Vgl. *Cairns/Creighton/Daniels*, Applying IAS, S. 513; *Mujkanovic, R.*, Fair Value im Financial Statement nach International Accounting Standards, Stuttgart 2002, S. 142-146.

lungen beträgt der Marktwert des Flugzeugs zum Bilanzstichtag des Geschäftsjahres 2022 45.000 T€. Zum Ende des Geschäftsjahres 2024 wird festgestellt, dass der Marktwert des Flugzeugs auf 18.000 T€ gesunken ist. Der niedrige Marktwert wird auch steuerrechtlich angesetzt. Der Ertragsteuersatz der Sunlike AG beträgt 30 %. Wie lauten die Buchungssätze der Geschäftsjahre 2021 bis 2026?

Lösung
Buchungssätze Geschäftsjahr 2021:
Zum Anfang des Geschäftsjahres ist zunächst der Kauf des Flugzeugs zu verrechnen. Anschließend ist das Flugzeug zum Bilanzstichtag planmäßig über die Nutzungsdauer abzuschreiben. Anhaltspunkte für eine Wertminderung liegen annahmegemäß nicht vor.

Sachanlage		*an*	*Bank*	*60.000 T€*
Abschreibung		*an*	*Sachanlage*	*10.000 T€*

Buchungssätze Geschäftsjahr 2022:
Entsprechend sind am Ende des Geschäftsjahres 2022 planmäßige Abschreibungen vorzunehmen. Aufgrund des gestiegenen Marktwerts des Flugzeugs ist der bisherige Buchwert in der Bilanz von 40.000 T€ (60.000 T€ - 2 · 10.000 T€) um 5.000 T€ zu erhöhen (direkte Neubewertung). Die Werterhöhung muss GuV-neutral unter Berücksichtigung passiver latenter Steuern im sonstigen Ergebnis verrechnet werden und wird beim Abschluss in eine Neubewertungsrücklage innerhalb des Eigenkapitals eingestellt. Passive latente Steuern sind hierbei zu bilden, weil in der deutschen Steuerbilanz keine Zuschreibung erfolgen darf.

Abschreibung		*an*	*Sachanlage*	*10.000 T€*
Sachanlage	*5.000 T€*	*an*	*sonstiges Ergebnis (OCI)*	*3.500 T€*
			passive latente Steuern	*1.500 T€*

Das sonstige Ergebnis wird dann gemäß IAS 16.39 durch eine Abschlussbuchung als Neubewertungsrücklage ins Eigenkapital eingestellt.

Buchungssätze Geschäftsjahr 2023:
In den Folgeperioden ist das Flugzeug nun auf Basis des Neubewertungsbetrags über die noch ausstehende Nutzungsdauer abzuschreiben. Der jährliche Abschreibungsbetrag beträgt somit 11.250 T€ (45.000 T€ / 4 Jahre). Die gebildeten passiven latenten Steuern sind laut allgemeiner Auffassung mit der Abschreibung anteilig GuV-wirksam aufzulösen (vgl. hierzu auch Kapitel 6). Darüber hinaus kann die gebildete Neubewertungsrücklage anteilig in die Gewinnrücklagen umgebucht werden.

Abschreibung		*an*	*Sachanlage*	*11.250 T€*

Passive latente Steuern	*an*	*Steuerertrag*	*375 T€*
Neubewertungsrücklage	*an*	*Gewinnrücklagen*	*875 T€*

Buchungssätze Geschäftsjahr 2024:
Im Geschäftsjahr 2024 sind zunächst die planmäßige Abschreibung, die GuV-wirksame Auflösung der passiven latenten Steuern und die anteilige Vereinnahmung der Neubewertungsrücklage zu verrechnen. Aufgrund des gesunkenen Marktwerts des Flugzeugs (18.000 T€) ist anschließend der bisherige Buchwert in der Bilanz von 22.500 T€ (45.000 T€ – 2 · 11.250 T€) um 4.500 T€ außerplanmäßig abzuschreiben. Dazu ist zunächst die Neubewertungsrücklage einschließlich der damit verbundenen passiven latenten Steuern in voller Höhe GuV-neutral aufzulösen. Der noch übrig bleibende außerplanmäßige Abschreibungsbetrag ist GuV-wirksam zu verrechnen.

Abschreibung	*an*	*Sachanlage*	*11.250 T€*
Passive latente Steuern	*an*	*Steuerertrag*	*375 T€*
Neubewertungsrücklage	*an*	*Gewinnrücklagen*	*875 T€*
Sonst. Ergebnis (OCI) 1.750 T€ *Passive latente Steuern 750 T€* *Außerplanm. Abschr. 2. 000 T€*	*an*	*Sachanlage*	*4.500 T€*

Buchungssätze Geschäftsjahr 2025 und 2026:
Der neue Buchwert von 18.000 T€ ist über die restliche Nutzungsdauer planmäßig abzuschreiben. In den Geschäftsjahren 2025 und 2026 beträgt die Abschreibung somit 9.000 T€. Latente Steuern entstehen dabei nicht, da auch steuerrechtlich auf den niedrigeren Markt- bzw. Teilwert abgeschrieben wurde. Die Buchungssätze der Geschäftsjahre 2025 und 2026 lauten somit:

Abschreibung	*an*	*Sachanlage*	*9.000 T€*

Folgende Tabellen veranschaulichen noch einmal die Entwicklung des Buchwerts und der Neubewertungsrücklage in der Bilanz.

Entwicklung des Buchwerts (in T€):

Geschäftsjahr	**2021**	**2022**	**2023**	**2024**	**2025**	**2026**
Buchwert (01.01.)	60.000	50.000	45.000	33.750	18.000	9.000
Planm. Abschreibung	10.000	10.000	11.250	11.250	9.000	9.000
Restbuchwert (31.12.)	50.000	40.000	33.750	22.500	9.000	0
Marktwert (31.12.)	—	*45.000*	—	*18.000*	—	—
neuer Buchwert (31.12.)	50.000	45.000	33.750	18.000	9.000	0

Entwicklung der Neubewertungsrücklage (in T€):

Geschäftsjahr	**2021**	**2022**	**2023**	**2024**	**2025**	**2026**
Buchwert (01.01.)	0	0	3.500	2.625	0	0
GuV-neutrale Zuführung (sonst. Ergebnis)	—	+3.500	—	—	—	—
Umbuchung in die Gewinnrücklagen	—	—	-875	-875	—	—
GuV-neutrale Auflösung (sonst. Ergebnis)	—	—	—	-1.750	—	—
Buchwert (31.12.)	0	3.500	2.625	0	0	0

Verstoß gegen das Kongruenzprinzip

Aufgrund der erhöhten GuV-wirksamen Abschreibung des beizulegenden Zeitwerts bei gleichzeitiger GuV-neutraler Verrechnung der Neubewertungsgewinne ist die Summe der GuV-wirksamen Gewinne (Verluste) am Ende der Nutzungsdauer jedoch geringer (höher) als bei der Bewertung zu fortgeführten Anschaffungs- oder Herstellungskosten. Dadurch ergibt sich ein Verstoß gegen das Kongruenzprinzip, wonach die Summe aller Periodengewinne stets dem Totalgewinn entspricht. Allerdings wird hierbei das Ergebnis der GuV, also der Jahresüberschuss (Gewinn oder Verlust) bemüht, der z.B. auch der Ergebnis-je-Aktie-Berechnung zugrunde liegt. Die Durchbrechung des Kongruenzprinzips tritt indes nicht auf, wenn stattdessen auf die Gesamtergebnisrechnung abgestellt wird, die sämtliche Neubewertungsbeträge über Veränderungen des sonstigen Ergebnisses berücksichtigt. Dafür müsste jedoch nicht mehr auf den Gewinn oder Verlust als zentrale Ergebnisgröße, sondern auf das Gesamtergebnis abgestellt werden.

Bilanzanalytische Auswirkungen

Die Neubewertung führt im Vergleich zur Bewertung zu fortgeführten Anschaffungs- oder Herstellungskosten im Allgemeinen zu einem höheren Vermögensausweis und somit zu einer Bilanzverlängerung, weil stille Reserven in den Sachanlagen aufgedeckt werden. Dies führt in der Regel zu einer höheren Eigenkapitalquote.

Dem positiven Einfluss auf die Eigenkapitalquote stehen jedoch negative Auswirkungen auf das EBIT gegenüber. Während der ursprüngliche Neubewertungsgewinn im sonstigen Ergebnis erfasst wurde, schlagen sich die aus der Neubewertung resultierenden höheren Abschreibungen in den Folgejahren auf das EBIT nieder. Aufgrund des gleichzeitig höheren Capital Employed, sinkt auch die Kennzahl ROCE in den Folgejahren.

Daneben führt die Neubewertung von Vermögenswerten, deren beizulegender Zeitwert starken Schwankungen unterliegt, zu einer höheren Volatilität des Eigenkapitals und damit auch der Eigenkapitalquote. Hinzu kommt in der Regel eine Verschlechterung der Eigenkapitalrentabilität, da sich der Jahresüberschluss in der GuV im Falle eines höheren beizulegenden Zeitwerts nicht verändert, das Eigenkapital jedoch steigt. Handelt es sich um abnutzbare Sachanlagen, erhöht sich bei einem höheren beizulegenden Zeitwert zudem der Abschreibungsbetrag, der in den Folgeperioden GuV-wirksam erfasst wird und damit die Eigenkapitalrentabilität zusätzlich verschlechtert.

Folgende Tabelle zeigt die Auswirkungen der Anwendung des Neubewertungsmodells im Vergleich zum Anschaffungskostenmodell auf ausgewählte Kennzahlen:

Kennzahl	**Berechnung**	**Neubewertungsmodell im Vergleich zu Anschaffungskostenmodell**
Eigenkapital-quote	*Eigenkapital / Vermögen*	⇧
Eigenkapital-rentabilität	*Jahresüberschuss / Ø Eigenkapital*	⇩
Gesamtkapital-rentabilität	*EBIT / Ø Vermögen*	⇩
Return on Capital Employed	*EBIT / Ø Capital Employed*	⇩
Gewinnmarge	*Jahresüberschuss / Umsatz*	⇩
Gewinn je Aktie	*Jahresüberschuss / Anzahl Aktien*	⇩

4 Abgänge

Ausbuchung von Sachanlagen

Der Buchwert einer Sachanlage ist gemäß IAS 16.67 aus der Bilanz zu entfernen, sobald sie veräußert wird oder kein künftiger wirtschaftlicher Nutzenzufluss von ihrem weiteren Gebrauch oder Verkauf zu erwarten ist. Die Differenz zwischen dem Nettoveräußerungserlös und dem Restbuchwert stellt den damit verbundenen Gewinn bzw. Verlust dar, der in der GuV zu erfassen ist (IAS 16.68 i.V.m. IAS 16.71). Zur Ermittlung des Verkaufszeitpunkts sind die Kriterien des IFRS 15 „Erlöse aus Verträgen mit Kunden" anzuwenden (vgl. Kapitel 7).

Beabsichtigt ein Unternehmen den Verkauf langfristiger Vermögenswerte, so sind diese nach den Vorschriften des IFRS 5 zu bewerten und gesondert als „zum Verkauf stehend" auszuweisen (vgl. Kapitel 23).

5 Ausweis

Bilanzausweis

Explizite Ausweisvorschriften für Sachanlagen enthält IAS 16 nicht. Gemäß IAS 1.54 ist das Sachanlagevermögen lediglich gesondert in einem Gesamtbetrag auf der Aktivseite der Bilanz auszuweisen. Es gilt jedoch der Grundsatz, dass alle wesentlichen Positionen gesondert darzustellen sind. IAS 16.37 zählt beispielhaft eigenständige Gruppen des Sachanlagevermögens auf, die auch zur weiteren Untergliederung herangezogen werden könnten:

- Unbebaute Grundstücke,
- Grundstücke und Gebäude,
- Maschinen und technische Anlagen,
- Schiffe,
- Flugzeuge,
- Kraftfahrzeuge,
- Betriebsausstattung und
- Geschäftsausstattung.

Erfolgsausweis

Für die Gesamtergebnisrechnung gilt analog zum Bilanzausweis, dass wesentliche Posten gesondert darzustellen sind. Dies könnte insbesondere planmäßige und außerplanmäßige Abschreibungen, Zuschreibungen sowie Gewinne bzw. Verluste aus Abgängen von Sachanlagen betreffen.[10] Gemäß IAS 16.68 ist der Gewinn (gain) aus der Ausbuchung einer Sachanlage nicht als Erlös (revenue), sondern als sonstiger betrieblicher Ertrag (other operating income) zu verbuchen.[11] Ferner besteht für Unternehmen das Wahlrecht, entweder in der Gesamtergebnisrechnung oder im Anhang eine Analyse der Aufwendungen anhand des Gesamtkosten- oder Umsatzkostenverfahrens vorzunehmen (vgl. Kapitel 5).

10 Vgl. *ADS International*, Abschnitt 9: Sachanlagevermögen, Tz. 168.

11 Vgl. *Lüdenbach/Hoffmann/Freiberg*, Haufe IFRS-Kommentar, § 14, Rz. 63.

6 Angaben

Über die bilanzielle Abbildung hinaus können die Abschlussadressaten weitere Informationen über unternehmenseigene Sachanlagen dem Anhang entnehmen. Die Regelungen hierzu sind in IAS 16.73-78 und weiteren Standards (z.B. IAS 36 zu Angabepflichten im Zusammenhang mit Wertminderungen, IAS 8 bei Änderung der Bewertungsmethoden und Schätzungsänderungen) kodifiziert.

Allgemeine Angaben

Nach IAS 16.73 sind für jede Gruppe von Sachanlagen folgende Angaben zu veröffentlichen:

- Bewertungsgrundlagen, die bei der Bestimmung der Anschaffungs- oder Herstellungskosten verwendet wurden.
- Angewendete Abschreibungsmethoden sowie Nutzungsdauern oder Abschreibungssätze.
- Bruttobuchwert und kumulierte Abschreibungsbeträge einschließlich kumulierter Wertminderungen zu Beginn und zum Ende der Periode.

Überleitungsrechnung

Ferner ist eine Überleitungsrechnung der Buchwerte zu Beginn bis Ende des Geschäftsjahres ähnlich einem Anlagespiegel nach handelsrechtlichen Vorschriften aufzustellen. Ausgehend vom Bruttobuchwert und den kumulierten Abschreibungen jeder Gruppe von Sachanlagen zu Beginn der Periode, muss die Überleitungsrechnung sämtliche Zugänge und Abgänge sowie die planmäßigen und außerplanmäßigen Abschreibungen und Wertaufholungen der Periode enthalten. Gesondert in der Überleitungsrechnung auszuweisen sind ferner die Sachanlagenzugänge, die aufgrund von Unternehmenszusammenschlüssen in der Periode entstanden sind, vorhandene Währungsumrechnungsdifferenzen sowie der Buchwert der zum Verkauf bestimmten Sachanlagen gemäß IFRS 5.

Des Weiteren sind – sofern vorhanden – die Existenz und der Betrag von Beschränkungen von Verfügungsrechten sowie von verpfändeten Sachanlagen, die als Sicherheit für Schulden dienen, anzugeben. Ferner sind Zahlungen, die für Sachanlagen im Bau getätigt wurden, und der Betrag, der aufgrund vertraglicher Verpflichtungen für den Erwerb von Sachanlagen aufgewandt wurde, zu veröffentlichen. Wenn eine Entschädigungszahlung von Dritten (z.B. vom Staat, Versicherungen etc.) für wertgeminderte, verlorene oder aufgegebene Sachanlagen vom Unternehmen erhalten und nicht separat in der Gesamtergebnisrechnung ausgewiesen wurde, ist der Kompensationsbetrag im Anhang gesondert aufzuführen.

Zusätzliche Angaben bei Anwendung des Neubewertungsmodells

Vor dem Hintergrund der Ermessensspielräume, die mit der Ermittlung von beizulegenden Zeitwerten verbunden sind, erfordert die Anwendung des Neubewertungsmodells im Rahmen der Folgebewertung zusätzliche Angabepflichten. So sind in diesem Fall nach IAS 16.77 zusätzlich zu den in IFRS 13 vorgeschriebenen Angaben folgende Informationen darzulegen:

- Zeitpunkt der Neubewertung.
- Auskunft, ob ein unabhängiger Gutachter hinzugezogen wurde.
- Buchwert für jede neubewertete Gruppe von Sachanlagen, der sich bei Bilanzierung zu fortgeführten Anschaffungs- oder Herstellungskosten ergeben hätte.

- Betrag und Entwicklung einer bestehenden Neubewertungsrücklage in der Periode einschließlich bestehender Ausschüttungsbeschränkungen.

Zudem ist die Überleitungsrechnung gemäß IAS 16.73 um den Betrag der Erhöhungen oder Verminderungen des Buchwerts von Sachanlagen aufgrund von Neubewertungen und um den Betrag von im sonstigen Ergebnis bzw. in der Neubewertungsrücklage erfassten oder aufgehobenen Wertminderungen gemäß IAS 36 zu erweitern.

Freiwillige Angaben

Daneben empfiehlt IAS 16.79 folgende Informationen freiwillig im Anhang zu veröffentlichen, um den Informationsgehalt des Abschlusses zusätzlich zu erhöhen:

- Buchwert vorübergehend nicht genutzter Sachanlagen.
- Bruttobuchwert der vollständig abgeschriebenen, aber noch genutzten Sachanlagen.
- Buchwert der stillgelegten Sachanlagen, die nicht nach IFRS 5 als zur Veräußerung klassifiziert werden.
- Veröffentlichung beizulegender Zeitwerte von nach dem Anschaffungskostenmodell bilanzierten Sachanlagen.

7 Wesentliche Unterschiede zum IFRS for SMEs

Zwischen IAS 16 und IFRS-SME.17 bestehen keine wesentlichen inhaltlichen Unterschiede. Einzige Ausnahme stellt die Qualifizierung von Fremdkapitalkosten als Teil der Anschaffungs- oder Herstellungskosten einer Sachanlage dar. Nach IFRS-SME.17.11(e) sind Fremdkapitalkosten zum Zeitpunkt ihres Anfallens als Aufwand zu verbuchen und unterliegen demnach einem generellen Aktivierungsverbot.

8 Wesentliche Unterschiede zum HGB

- Gemäß § 255 (2) HGB umfasst die handelsrechtliche Herstellungskostenuntergrenze Material- und Fertigungseinzelkosten, Sondereinzelkosten der Fertigung, angemessene Teile der Material- und Fertigungsgemeinkosten sowie des Werteverzehrs des Anlagevermögens. Angemessene Kosten für die allgemeine Verwaltung und den sozialen Bereich (Kosten für freiwillige soziale Leistungen, die betriebliche Altersversorgung und für soziale Einrichtungen) dürfen wahlweise in die Herstellungskosten einbezogen werden. Im Vergleich zu den Herstellungskosten nach IFRS kann es somit zu Differenzen kommen, wenn die Herstellungskosten nach HGB zu Obergrenzen bestimmt werden, da nach

IFRS generell keine allgemeinen Verwaltungs- und Gemeinkosten in die Herstellungskosten von Sachanlagen einzubeziehen sind. Dementsprechend übersteigen die Vollkosten nach HGB jene nach IFRS um die Kostenanteile der allgemeinen Verwaltung und des sozialen Bereichs.

- Entsorgungs- bzw. Rekultivierungsverpflichtungen stellen keine Bestandteile der Anschaffungs- oder Herstellungskosten dar.
- Nach HGB ist im Rahmen der Folgebewertung nur die Bewertung zu fortgeführten Anschaffungs- oder Herstellungskosten erlaubt. Eine Neubewertung von Sachanlagen kennt das HGB nicht.
- Die differenzierte planmäßige Abschreibung einzelner Komponenten einer Sachanlage wird im HGB nicht thematisiert. Dennoch erachtet das Institut der Wirtschaftsprüfer den Komponentenansatz auch für handelsbilanzielle Zwecke als konform mit den Grundsätzen ordnungsmäßiger Buchführung (IDW RH HFA 1.016).
- Bei einer voraussichtlich vorübergehenden Wertminderung im Sachanlagevermögen verbietet das HGB im Gegensatz zu den IFRS eine außerplanmäßige Abschreibung. Des Weiteren besteht ein konzeptioneller Unterschied hinsichtlich der Wertaufholung für Sachanlagen. So sind Wertaufholungen nach HGB nur bei Wegfall des Grundes der vorgenommenen Wertminderung vorzunehmen. Dagegen ist der Grund einer vorangegangenen Wertminderung für die Wertaufholung nach IFRS grundsätzlich unerheblich, solange es tatsächlich einen Wertanstieg gegeben hat.[12]

Ausgewählte Literatur

Andrejewski, K. C./Böckem, H., Praktische Fragestellungen der Implementierung des Komponentenansatzes nach IAS 16, Sachanlagen (Property, Plant and Equipment), in: KoR, 5. Jg. (2005), S. 75-81.

Baetge, J./Beermann, T., Die Neubewertung des Sachanlagevermögens nach International Accounting Standards (IAS), in: StuB, 1. Jg. (1999), S. 341-348.

Eisenschmidt, K./Schwenkler, F., Zur Nutzung von expliziten Wahlrechten nach IFRS, in: KoR, 16. Jg. (2016), S. 53-59.

Müller, S./Reinke, J., Folgebewertung und Impairment-Test im Rahmen der Neubewertungsmethode, in: PiR, 3. Jg (2010), S. 13-20.

Schmidt, M./Seidel, T., Planmäßige Abschreibung im Rahmen der Neubewertung des Sachanlagevermögens gemäß IAS 16: fehlende Systematik und Verstoß gegen das Kongruenzprinzip, in: BB, 61. Jg. (2006), S. 596-601.

12 Vgl. *Nommensen*, Beck'sches IFRS-Handbuch, § 5, Tz. 243.

Übungsaufgaben

Aufgabe 1:

Die Gecko AG hat am 02.02.2021 eine Produktionsanlage zum Kaufpreis von 3.570.000 € (inkl. 19 % USt) erworben. Mit dem Verkäufer wurde eine Minderung des Rechnungspreises um 2 % vereinbart, wenn der Kaufpreis innerhalb eines 14-tägigen Zahlungsziels gezahlt wird. Die Gecko AG überweist den Rechnungsbetrag am 10.02.2021. Daneben stehen Ihnen folgende Informationen zur Verfügung:

- Die Anlage wird mit einem staatlichen Investitionszuschuss von 250.000 € gefördert, der nicht zurückgezahlt werden muss.
- Ein Spediteur liefert die Anlage für 23.800 € (inkl. 19 % USt) aus. Zur Versicherung der Fracht schließt die Gecko AG eine Versicherung in Höhe von 1 % des Nettowarenwerts ab.
- Die Aufstellung der Anlage erfolgt durch betriebseigene Mitarbeiter. Hierbei fallen Lohn- und Materialkosten in Höhe von 130.796 € sowie nicht direkt zurechenbare Fertigungs- und Verwaltungsgemeinkosten in Höhe von 30.000 € an.
- Alle 4 Jahre ist eine Großinspektion der Maschine durchzuführen. Die hierfür anfallenden Kosten werden auf jeweils 400.000 € geschätzt.
- Die Gecko AG hat sich mit dem Erwerb verpflichtet, die Anlage nach einer geschätzten Nutzungsdauer von 25 Jahren zu entsorgen. Voraussichtlich werden dafür Kosten in Höhe von 200.000 € entstehen. Die Gecko AG verwendet einen Diskontierungszins von 8 %.
- Ein Gutachter ermittelt nachfolgende Marktwerte der Produktionsanlage. Dabei entsprechen die Marktwerte in den Jahren 2023 und 2024 dem erzielbaren Betrag gemäß IAS 36.

	31.12.2021	**31.12.2022**	**31.12.2023**	**31.12.2024**
Marktwert	2.900.000 €	2.662.500 €	3.100.000 €	1.500.000 €

a) Geben Sie allgemein das Schema zur Ermittlung der Anschaffungskosten von Sachanlagen nach IAS 16 an.

b) Berechnen Sie die Anschaffungskosten der Produktionsanlage. Gehen Sie davon aus, dass die Gecko AG von dem Wahlrecht zum Abzug des staatlichen Zuschusses vom Anschaffungspreis gemäß IAS 20 Gebrauch macht.

c) Erläutern Sie, wie mit der Generalüberholung zu verfahren ist.

d) Buchen Sie den Kauf und die Folgebewertung für die Jahre 2021 bis 2024 unter den Annahmen, dass die Gecko AG eine Folgebewertung zu fortgeführten Anschaffungskosten wünscht, die Anlage linear abschreibt und den vollen Abschreibungsbetrag in der ersten Jahreshälfte ansetzt. Latente Steuern sind zu vernachlässigen.

e) Buchen Sie den Kauf und die Folgebewertung für die Jahre 2021 bis 2024 unter den Annahmen, dass die Gecko AG zur Folgebewertung das Neubewertungsmodell anwendet, die Anlage linear abschreibt und den vollen Abschreibungsbetrag in der ersten Jahreshälfte ansetzt. Eine ggf. entstehende Neubewertungsrücklage soll nicht ratierlich vereinnahmt werden. Latente Steuern sind zu vernachlässigen.

f) Stellen Sie nun die Veränderung des Gewinns oder Verlustes für die Jahre 2021 bis 2024 bei Anwendung des Anschaffungskostenmodells derjenigen bei Anwendung des Neubewertungsmodells gegenüber. Woraus resultieren eventuelle Ergebnisdifferenzen zwischen den beiden Folgebewertungsmethoden?

Aufgabe 2:

a) Welche Vor- und Nachteile können sich aus der Anwendung des Neubewertungsmodells aufseiten der Abschlussersteller und Abschlussprüfer ergeben?
b) Erläutern Sie kurz, inwieweit das Neubewertungsmodell einen Verstoß gegen das Kongruenzprinzip darstellt.
c) Der CFO der GLA AG steht vor der Entscheidung, welches Modell (Anschaffungskostenmodell oder Neubewertungsmodell) er zukünftig zur Folgebewertung seiner Sachanlagen verwenden soll. Es wird erwartet, dass der beizulegende Zeitwert der Vermögenswerte in Zukunft steigen wird. Da er weiß, dass die Investoren seines Unternehmens vor allem auf die Eigenkapitalquote, die Gesamtkapitalrendite und den Gewinn je Aktie achten, möchte er dies bei der Wahl des Modells berücksichtigen. Diskutieren Sie, welches Modell unter diesem Gesichtspunkt bevorzugt werden sollte.

Kapitel 11
Immobilien als Finanzinvestition

Seit dem Jahr 2007 sind sog. REITs (real estate investment trusts) auch am deutschen Kapitalmarkt zugelassen. Hierbei handelt es sich um eine besondere Form von Aktiengesellschaften, deren Hauptgeschäftszweck im Halten und Vermieten von Immobilien liegt. Der wesentliche Vorteil dieser Rechtsform liegt aus Anlegersicht in der Steuerbefreiung auf Unternehmensebene: REITs sind sowohl von der Körperschaftsteuer als auch von der Gewerbesteuer befreit, so dass die erwirtschafteten Erträge erst auf Anlegerebene als Dividende besteuert werden. Eine gesetzliche Mindestausschüttungsquote von 90 % sorgt dafür, dass der Fiskus dennoch zeitnah am Unternehmenserfolg partizipiert. Damit ein Unternehmen diese Rechtsform annehmen kann, müssen u.a. die Einkünfte aus der Immobilienvermietung sowie das Immobilienvermögen mindestens 75 % der Gesamteinkünfte bzw. des Gesamtvermögens ausmachen.[1]

Für solche Fälle, in denen Immobilien analog zu Wertpapieren als Finanzanlagen erworben und gehalten werden, um Mietzahlungen zu beziehen und/oder künftig aus Wertsteigerungen zu profitieren, existieren mit IAS 40 spezielle Regelungen innerhalb der IFRS. Darin spiegelt sich auch die ökonomische Nähe dieser oftmals auch als Anlage- oder Renditeimmobilien bezeichneten Vermögenswerte zu Finanzinstrumenten wider: So wurde mit der Verabschiedung des IAS 40 die GuV-wirksame Bewertung zum beizulegenden Zeitwert erstmalig auch für nichtfinanzielle Vermögenswerte zugelassen.

IAS 40 ist jedoch keineswegs nur für REITs relevant. Auch „klassische" Immobiliengesellschaften wie z.B. die Deutsche Wohnen SE weisen einen hohen Bestand an Anlageimmobilien aus. Im Jahr 2019 machte die entsprechende Bilanzposition mit ca. 25,4 Mrd. € knapp 91 % der Bilanzsumme aus. Durch die Zeitbewertung vereinnahmte die Deutsche Wohnen AG unrealisierte Erträge in Höhe von 1,4 Mrd. €. Die Zeitbewertung orientiert sich i.d.R. an Vergleichspreisen oder Bewertungsmodellen und unterliegt daher teilweise großen bilanzpolitischen Spielräumen. So musste die GAGFAH S.A., eine nach luxemburgischem Recht gegründete Immobiliengesellschaft, im Jahr 2012 einräumen, dass die 2008 bilanzierten beizulegenden Zeitwerte um 100 Mio. € zu hoch ausgewiesen waren, da zu niedrige Leerstandsquoten angenommen wurden. Schließlich verfügen auch zahlreiche Nicht-Immobilienunternehmen über Anlageimmobilien. Innerhalb des DAX 30 haben z.B. in den Bilanzen zum 31.12.2019 u.a. Bayer und VW nach IAS 40 bilanzierte Immobilien ausgewiesen, es kommt für die Anwendung von IAS 40 aber auf die tatsächliche Nutzung an.

Lernziele „Kennen"

Nach Bearbeitung dieses Kapitels wissen Sie, dass Immobilien je nach Nutzung als Sachanlage, Vorrat oder Finanzinvestition bilanziert werden. Sie sind mit den zentralen Normen zu Ansatz und Folgebewertung von IAS 40 vertraut. Insbesondere wissen Sie, dass ein Wahlrecht zur Folgebewertung nach dem beizulegenden Zeitwert oder den fortgeführten Anschaffungs- oder Herstellungskosten existiert, dass aber selbst bei Wahl letzterer Methode der Zeitwert im Anhang angegeben

1 Vgl. *Bron, J. F.*, Das Gesetz zur Schaffung deutscher Immobilien-Aktiengesellschaften mit börsennotierten Anteilen, in: BB, BB-Special, Heft 21, 62. Jg. (2007), S. 14.

werden muss. Daher sind Sie auch mit den verschiedenen Wegen, diesen zu ermitteln, vertraut.

Lernziele „Anwenden“

Sie können prüfen, ob eine Immobilie als Finanzinvestition zu bilanzieren ist. Sie können die unterschiedlichen Methoden zur Ermittlung des beizulegenden Zeitwerts auf gängige Sachverhalte anwenden und die Folgebewertung buchhalterisch abbilden. Ferner können Sie die bilanzanalytische Vergleichbarkeit zweier Unternehmen, die unterschiedliche Folgebewertungsmethoden anwenden, herstellen.

Lernziele „Bewerten & Gestalten“

Sie können einschätzen, wie sich bei der Ermittlung des beizulegenden Zeitwerts ausgeübte Ermessensspielräume auf den Jahresabschluss auswirken und bilanzpolitisch genutzt werden können. Aus dieser Folgenabschätzung können Sie Argumente für und wider die beiden Modelle ableiten. Weiterhin können Sie die bestehenden Ansatz- und Bewertungsvorschriften kritisch hinterfragen, insbesondere hinsichtlich der Unsicherheit über wesentliche Parameter bei der Bestimmung des beizulegenden Zeitwerts.

1 Anwendungsbereich von IAS 40

Relevanter Standard

Für Anlageimmobilien existiert mit IAS 40 ein eigenständiger Standard, der Ansatz-, Bewertungs- und Angabevorschriften enthält. IAS 40 gilt seit 2005 und wurde 2008, 2013 und zuletzt 2016 überarbeitet.

Definition von als Finanzinvestition gehaltenen Immobilien

Die Vorschriften von IAS 40 sind allein auf Immobilien anzuwenden, die als Finanzinvestition gehalten werden. Nach IAS 40.5 sind dies Grundstücke und/oder Gebäude oder Teile von Gebäuden, die zum Zweck der Erzielung von Miet- bzw. Pachteinnahmen und/oder mit dem Ziel der Wertsteigerung gehalten werden. Halter ist entweder der Eigentümer oder Leasingnehmer, der über ein Nutzungsrecht verfügt. Immobilien, die zur Herstellung oder Lieferung von Gütern bzw. zur Erbringung von Dienstleistungen oder für Verwaltungszwecke gehalten werden, fallen ebenso wenig unter den Anwendungsbereich von IAS 40 wie Immobilien, die zum Verkauf im Rahmen der gewöhnlichen Geschäftstätigkeit gehalten werden. Konstituierendes Merkmal einer Anlageimmobilie stellt demzufolge die langfristige Kapitalanlage- und/oder Vermietungsabsicht des Halters dar.

Beispiele

Nach IAS 40.8 sind z.B. folgende Grundstücke bzw. Gebäude als Finanzinvestition in Immobilien zu bezeichnen:

- Immobilien, die langfristig allein aus dem Grund der Wertsteigerung gehalten werden,
- Immobilien mit gegenwärtig unbestimmter zukünftiger Nutzung,
- Immobilien, die im Rahmen eines oder mehrerer Operating-Leasingverhältnisse vermietet werden.

Anwendung von IAS 40 bei Leasingverhältnissen

Sofern Immobilien vermietet werden, entsteht zwangsläufig ein Leasingverhältnis, welches grundsätzlich gemäß IFRS 16 „Leasingverhältnisse“ (vgl. Kapitel 19) zu behandeln ist. Der vermietende Leasinggeber muss hierbei bestimmen, ob es sich um ein sog. Operating- oder Finanzierungsleasing handelt. Hierbei geht es vereinfacht um die Frage, ob der Mieter im Zeitablauf wirtschaftlicher Eigentümer wird, das Mietverhältnis also ökonomisch einem Finanzierungskauf ähnelt. Weil dies bei Immobilienmietverträgen unüblich ist, stellen Operating-Leasingverhältnisse bei Immobilien die Regel dar, für die der Leasinggeber dann regulär IAS 40 anwendet. Beim Finanzierungsleasing hingegen würde die Immobilie nicht in der Bilanz des Leasinggebers ausgewiesen werden.

Bilanzierung beim Leasingnehmer

Der mietende Leasingnehmer hingegen prüft nicht, welche Art von Leasingverhältnis vorliegt, sondern bilanziert das Nutzungsrecht an der Immobilie grundsätzlich nach IFRS 16. Das gilt nach IAS 40.19A auch für solche gemieteten Immobilien, die der Mieter wiederum als Anlageimmobilie nutzt (z.B. weitervermietet). In der Folgebewertung des Nutzungsrechts kann es jedoch zu einer Abkehr von dem eigentlich nach IFRS 16 anzuwendenden Anschaffungskostenmodell kommen. Nach IFRS 16 ist der beizulegende Zeitwert nach IAS 40 zu nutzen, sofern der Leasingnehmer auch eigene Anlageimmobilien nach IAS 40 mit dem beizulegenden Zeitwert bilanziert.

2 Klassifikation von Immobilien

Abgrenzung von Immobilien mit unterschiedlichen Verwendungszwecken

Da im IFRS-Regelwerk, je nach Verwendungszweck einer Immobilie, unterschiedliche Bilanzierungsvorschriften und Offenlegungspflichten existieren, sind Finanzinvestitionen in Immobilien vom restlichen Immobilienbestand zu trennen. Aus IAS 40.9 können hierzu neben Finanzinvestitionen in Immobilien folgende Immobilienkategorien abgeleitet werden:

- Immobilien, die im Rahmen der gewöhnlichen Geschäftstätigkeit verkauft werden sollen,
- Immobilien, die vom Eigentümer selbst genutzt werden, und
- Immobilien in der Entwicklungs- bzw. Herstellungsphase.

Abgrenzung vom Vorratsvermögen

Immobilien, die zum Verkauf im Rahmen der gewöhnlichen Geschäftstätigkeit gehalten werden, sind im Vorratsvermögen auszuweisen (vgl. Kapitel 12). Dies ist z.B. der Fall, wenn ein Unternehmen als Immobilienhändler am Markt tätig ist und regelmäßig Immobilien auf- und verkauft. Gleiches würde für ein Bauunternehmen gelten, das sich z.B. auf den Bau von einheitlichen Reihenhäusern spezialisiert hat, für die es erst nach Fertigstellung geeignete Käufer sucht. In diesen Fällen handelt es sich bei den Immobilien um Vorratsvermögen, dessen Bilanzierung in IAS 2 geregelt ist.

Abgrenzung von vom Eigentümer selbst genutzten Immobilien

Vom Eigentümer selbst genutzte Immobilien (owner-occupied property) sind Grundstücke und/oder Gebäude, die gemäß IAS 40.5 vom Eigentümer (bzw. vom Leasingnehmer) zum Zweck der Herstellung oder der Lieferung von Gütern bzw. der Erbringung von Dienstleistungen oder für Verwaltungszwecke gehalten werden. Darunter fallen z.B. betrieblich genutzte Lagerhallen, Verwaltungsgebäude oder Betriebsgrundstücke. Selbst von Arbeitnehmern genutzte Werkswohnungen eines Unternehmens stellen nach IAS 40.9(c) aufgrund ihrer Nähe zur betrieblichen Leistungserstellung vom Eigentümer selbst genutzte Immobilien dar. Derartige Immobilien sind nach den Vorschriften von IAS 16 zu bilanzieren (vgl. Kapitel 10). Um Anlageimmobilien von selbst genutzten Immobilien zu unterscheiden, enthält IAS 40.7 entsprechende Abgrenzungskriterien. Danach ist ein spezifisches Merkmal von als Finanzinvestition gehaltenen Immobilien, dass sie von anderen Vermögenswerten weitgehend unabhängige Zahlungsüberschüsse generieren. Das ist bei selbst genutzten Immobilien meist nicht der Fall. Hier führt die Produktion oder Lieferung von Gütern zu Cashflows, die nicht nur der einzelnen Immobilie, sondern einer Vielzahl von Vermögenswerten (wie z.B. Maschinen, Fuhrpark etc.) zugeordnet werden können. Vom Eigentümer selbst genutzte Immobilien sind also nur mit einem bestimmten Anteil an den betrieblich erwirtschafteten Zahlungsüberschüssen beteiligt, während Cashflows aus Finanzinvestitionen in Immobilien allein den jeweiligen Grundstücken bzw. Gebäuden zugeordnet werden können.

Beispiel 11.1

Eine unternehmenseigene Lagerhalle wird zur Zwischenlagerung von angelieferten Rohstoffen genutzt, die anschließend in die Produktion von unterschiedlichen Produkten fließen. Die Lagerkosten gehen in die Herstellungskostenermittlung der verschiedenen Produkte ein. Hier liegt somit eine vom Eigentümer selbst genutzte Immobilie vor, die nach den Vorschriften von IAS 16 zu bilanzieren ist.

Sofern die Lagerhalle jedoch vom Unternehmen nicht mehr genutzt, sondern im Rahmen eines Operating-Leasingverhältnisses an einen unternehmensfremden Dritten vermietet wird, sind die damit verbundenen Mieteinnahmen allein der Lagerhalle zuzuordnen. Die Lagerhalle stellt in diesem Fall eine Finanzinvestition dar, für deren Bilanzierung IAS 40 relevant ist.

Immobilien in der Entwicklungs- bzw. Herstellungsphase

Die Bilanzierung von Immobilien, die sich im Unternehmen in der Entwicklungs- bzw. Herstellungsphase befinden, hängt von der zukünftig beabsichtigten Nutzung ab. Wird eine Immobilie errichtet, um diese selbst zu nutzen oder im Rahmen der gewöhnlichen Geschäftstätigkeit zu verkaufen, fällt sie analog zu den obigen Ausführungen in den Anwendungsbereich von IAS 16 bzw. IAS 2. IAS 2 „Vorräte“ gilt auch bei Immobilien, die im Rahmen eines stichtagsübergreifenden Fertigungsauftrags nach den spezifischen Wünschen eines Auftraggebers hergestellt werden. Lediglich wenn eine Immobilie bereits mit dem Ziel entwickelt bzw. hergestellt wird, diese künftig als Finanzinvestition zu nutzen, greifen die Regelungen des IAS 40. Abbildung 11.1 fasst die anzuwendenden Vorschriften je nach

Immobilienklassifikation anhand eines Entscheidungsbaums noch einmal zusammen.

Grenzfall Mischnutzung

Innerhalb einer Immobilie kann es auch zur unterschiedlichen Nutzung von Gebäudeteilen und damit zu einer Vermischung unterschiedlicher Immobilienarten kommen (dual-purpose property).

Beispiel 11.2

Ein vierstöckiges Gebäude wurde bisher von einem Unternehmen als Verwaltungsgebäude genutzt. Im laufenden Geschäftsjahr reduzierte das Unternehmen den Verwaltungsapparat und vermietete die dadurch frei gewordenen oberen Etagen an eine dritte Gesellschaft.

IAS 40.10 schreibt hier eine gesonderte Bilanzierung der Immobilienteile vor, sofern sie getrennt veräußert oder im Rahmen eines Finanzierungs-Leasingverhältnisses vermietet werden können. Andernfalls stellt die Immobilie insgesamt dann eine Finanzinvestition dar, wenn nur ein unwesentlicher Teil betrieblich genutzt wird. Die Quantifizierung eines „wesentlichen" Anteils überlässt der Standard dabei dem Bilanzierenden, womit diesem ein nicht unerheblicher Ermessensspielraum verbleibt. Im Schrifttum wird hier der prozentuale Anteil der betrieblich genutzten Fläche an der Gesamtfläche als Maßstab vorgeschlagen. Dabei werden Grenzwerte des höchstzulässigen selbst genutzten Anteils zwischen 15 % und 5 % diskutiert.[2]

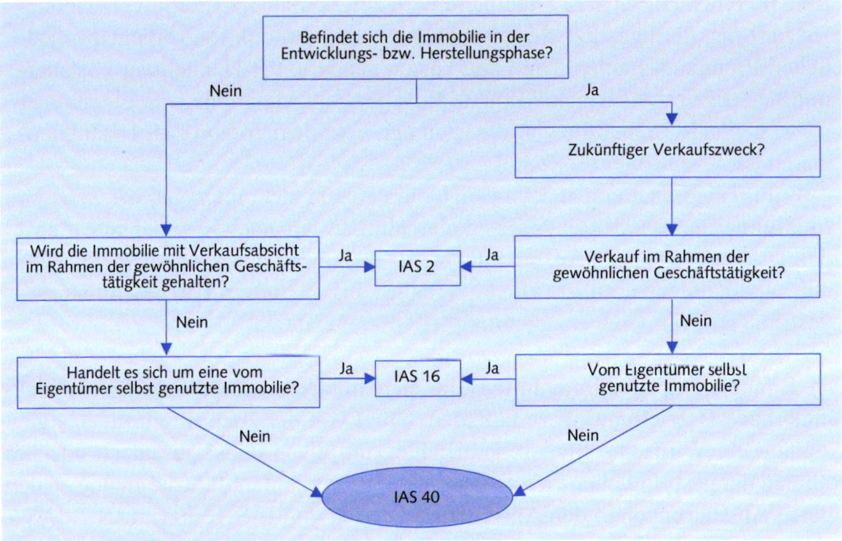

Abb. 11.1: Klassifikation von Immobilien nach IFRS

2 Vgl. *Böckem, H./Schurbohm-Ebneth, A.*, Praktische Fragestellungen der Implementierung von IAS 40 – Als Finanzanlagen gehaltene Immobilien (investment properties), in: KoR, 3. Jg. (2003), S. 339; *Zülch, H.*, Die Bilanzierung von Investment Properties nach IAS 40, Düsseldorf 2003, S. 76-78.

Nebenleistungen

Ferner kann es vorkommen, dass Immobilieneigentümer mit ihren Mietern die Übernahme von bestimmten Nebenleistungen, wie z.B. Sicherheits- und Wartungsleistungen, vereinbaren. Sobald diese einen wesentlichen Bestandteil der Mietvereinbarung darstellen, liegt ausschließlich eine selbst genutzte Immobilie vor. So handelt es sich in der Regel bei einem Hotel, das ein Unternehmen besitzt und gleichzeitig führt, um eine selbst genutzte Immobilie, weil die Dienstleistungen des Eigentümers einen bedeutenden Anteil an der gesamten Mietvereinbarung darstellen. Auch hierbei liegt die Einschätzung der Wesentlichkeit im Ermessen des Bilanzierenden. Im Schrifttum wird hier eine Wesentlichkeitsermittlung auf Grundlage des jeweiligen Ertragsanteils der Nebenleistung empfohlen. Der Ertrag aus der Nebenleistung sollte dabei unter 5-10 % des Gesamtertrags aus der Vermietung liegen, um eine Immobilie als Finanzinvestition zu klassifizieren.[3]

Eigenständige Entwicklung von Abgrenzungskriterien

Gerade wegen der oben genannten Ermessensspielräume müssen Unternehmen gemäß IAS 40.14 in schwierigen Abgrenzungsfällen eigenständige Klassifikationskriterien in Übereinstimmung mit den in IAS 40 enthaltenen Definitions- und Abgrenzungskriterien entwickeln und einheitlich anwenden. Diese unternehmensindividuellen Kriterien sind zu veröffentlichen.

Konzern- vs. Einzelabschluss

Die Klassifikation einer Immobilie kann sich ferner durch den Einbezug in den Konzernabschluss der gesamten Unternehmensgruppe verändern. Während eine konzernintern vermietete Immobilie aus der Sicht eines einzelnen Unternehmens als Finanzinvestition fungiert, ist sie unter Rückgriff auf die Einheitstheorie im Konzernabschluss aus der Sicht des gesamten Konzerns ggf. neu zu beurteilen. Ein und dieselbe Immobilie kann somit in Konzern- und Einzelabschluss unterschiedlichen Bilanzierungsvorschriften unterliegen.

Beispiel 11.3

Unternehmen A und B sind Tochterunternehmen der Muttergesellschaft C. A vermietet B ein seinerseits nicht mehr genutztes Gebäude.

Im IFRS-Einzelabschluss von A ist die Immobilie als Finanzinvestition zu klassifizieren, womit u.a. die Vorschriften von IAS 40 zu beachten sind. Im IFRS-Konzernabschluss des Mutterunternehmens C stellt das Gebäude jedoch eine selbst genutzte Immobilie dar. Hier greifen die Vorschriften von IAS 16.

3 Ansatz

Ansatzkriterien

Eine als Finanzinvestition gehaltene Immobilie ist nach IAS 40.16 erstmalig in der Bilanz anzusetzen, wenn sie die allgemeinen Ansatzkriterien für einen Vermögenswert erfüllt. Demnach muss es einerseits wahrscheinlich sein, dass dem Unternehmen in Zukunft ein mit der Immobilie verbundener wirtschaftlicher Nutzen zufließen wird. Darüber hinaus müssen ihre Anschaffungs- oder Herstellungs-

3 Vgl. *Böckem, H./Schurbohm, A.*, Die Bilanzierung von Immobilien nach den International Accounting Standards, in: KoR, 2. Jg. (2002), S. 41.

kosten zuverlässig messbar sein. Zu der zu erfüllenden Eintrittswahrscheinlichkeit des Nutzenzuflusses äußert sich IAS 40 nicht. Wie schon in Kapitel 10 beschrieben, reicht hier die Literaturmeinung von größer 50 % bis zu einer Wahrscheinlichkeitsgrenze von 70-80 %. Im Zeitpunkt der Erfüllung der Ansatzkriterien sind die angefallenen Anschaffungs- oder Herstellungskosten anzusetzen.

Ansatz von nachträglichen Anschaffungs- oder Herstellungskosten

Nachträgliche Anschaffungs- oder Herstellungskosten fallen gemäß IAS 40.17 nach dem erstmaligen Ansatz an, um die Immobilie zu erweitern, teilweise zu ersetzen oder in Betrieb zu halten. Sie erhöhen stets dann den Buchwert, wenn sie die allgemeinen Ansatzkriterien von IAS 40.16 erfüllen. Daher sind beispielsweise Kosten für Ersatzbeschaffungen von einzelnen Bestandteilen einer Immobilie, wie z.B. der Austausch von Innenwänden, bei Erfüllung der Ansatzkriterien im Gesamtbuchwert zu berücksichtigen und der ausgetauschte Bestandteil auszubuchen. Laufende Instandhaltungen und Wartungen (cost of day-to-day servicing) sind dagegen stets als Aufwendungen zu erfassen. Sie stellen keine nachträglichen Anschaffungs- oder Herstellungskosten dar.

4 Bewertung

4.1 Erstbewertung

Anschaffungs- oder Herstellungskosten

Als Finanzinvestition gehaltene Immobilien sind beim erstmaligen Ansatz nach IAS 40.20 mit ihren Anschaffungs- oder Herstellungskosten einschließlich angefallener Transaktionskosten zu bewerten (IAS 40.5).

Anschaffungskosten

Zu den Anschaffungskosten gehören gemäß IAS 40.21 sowohl der Kaufpreis als auch sämtliche direkt zurechenbaren Kosten. Letztere stellen z.B. Makler- und Vermittlungsgebühren, Steuerzahlungen im Rahmen der Immobilienübertragung sowie sonstige Transaktionskosten dar. Sofern die Zahlung für eine Immobilie die übliche Zahlungsfrist von einem Jahr überschreitet, entspricht der Barwert des Kaufpreises den Anschaffungskosten. Dabei entstehende Finanzierungskosten sind nach IAS 40.24 grundsätzlich als Zinsaufwendungen über die Kreditlaufzeit zu verteilen und dürfen somit nicht in die Anschaffungskosten einbezogen werden.

Herstellungskosten

Die Herstellungskosten umfassen analog zu den Anschaffungskosten sämtliche Kosten, die bis zum Zeitpunkt der Fertigstellung der Immobilie angefallen sind, um diese in den vom Management beabsichtigten betriebsbereiten Zustand zu versetzen. Da in IAS 40 explizite Angaben zur Zusammensetzung der Herstellungskosten fehlen, ist hierfür auf die Regelungen in IAS 16 bzw. IAS 2 abzustellen (vgl. Kapitel 10 bzw. 12).

Nicht anzusetzende Kostenbestandteile

Gemäß IAS 40.23 stellen bestimmte Kosten ausdrücklich keine Bestandteile der Anschaffungs- bzw. Herstellungskosten dar. Sie sind somit als Aufwendungen in der Periode zu verrechnen, in der sie anfallen. Darunter fallen

- Gründungs- und/oder Anlaufkosten (start-up costs), sofern sie nicht notwendig sind, um die Immobilie in den vom Unternehmen vorgesehenen Zustand und in die vorgesehene Umgebung zu versetzen,
- Betriebsverluste vor Erreichung des geplanten Belegungsgrades sowie
- ungewöhnlich hohe Mengen an Materialabfällen, Fertigungslöhnen oder anderen bei der Herstellung der Immobilie angefallenen Ressourcen.

Erwerb durch Tausch

Beim Erwerb von Immobilien durch Tausch gegen andere Vermögenswerte entsprechen die Anschaffungskosten der Immobilie dem beizulegenden Zeitwert des abgehenden Vermögenswerts, es sei denn, der beizulegende Zeitwert der erhaltenen Immobilie kann verlässlicher bestimmt werden (IAS 40.27). Sofern jedoch weder der beizulegende Zeitwert des abgehenden Vermögenswerts noch der Immobilie zuverlässig ermittelt werden können oder dem Tauschvorgang der wirtschaftliche Gehalt (commercial substance) fehlt, stellt der Buchwert des abgehenden Vermögenswerts die Anschaffungskosten dar. Die dargestellten Vorschriften entsprechen somit den Regeln für den Erwerb von Sachanlagen durch Tausch gemäß IAS 16 (vgl. Kapitel 10).

4.2 Folgebewertung

Folgebewertungsverfahren

Nach erstmaligem Ansatz und Bewertung können als Finanzinvestition gehaltene Immobilien nach zwei unterschiedlichen Bewertungsverfahren folgebewertet werden. Als Folgebewertungsmethoden stehen die GuV-wirksame Bewertung zum beizulegenden Zeitwert (Modell des beizulegenden Zeitwerts; fair value model) und die Folgebewertung zu fortgeführten Anschaffungs- oder Herstellungskosten (Anschaffungskostenmodell; cost model) zur Auswahl (IAS 40.30). Beide Methoden verpflichten grundsätzlich zur Ermittlung des beizulegenden Zeitwerts der Anlageimmobilien, wobei jedoch dessen Ausweis je nach angewendeter Folgebewertungsmethode unterschiedlich zu erfolgen hat. Das Modell des beizulegenden Zeitwerts erfordert die Erfassung des beizulegenden Zeitwerts in der Bilanz und die GuV-wirksame Verrechnung von Zeitwertänderungen in der Gesamtergebnisrechnung. Bei der Folgebewertung nach dem Anschaffungskostenmodell muss der beizulegende Zeitwert dagegen lediglich im Anhang angegeben werden.

Einheitliche und stetige Bewertung

Die ausgewählte Folgebewertungsmethode ist nach IAS 40.30 in den Folgeperioden grundsätzlich auf den gesamten Bestand der Anlageimmobilien anzuwenden. Es ist also in der Regel nicht möglich, lediglich vereinzelte Immobilien GuV-wirksam zum beizulegenden Zeitwert zu bewerten. Weiterhin schreibt das Stetigkeitsgebot vor, dass an dem einmal gewählten Folgebewertungsverfahren im Zeitablauf festzuhalten ist. Der bilanzpolitisch motivierte Wechsel der Folgebewertungsmethode soll damit verhindert werden. Ein Durchbrechen des Stetigkeitsgrundsatzes ist nach IAS 8 „Bilanzierungs- und Bewertungsmethoden, Änderungen von Schätzungen und Fehler“ nur dann erlaubt, wenn hierdurch im Abschluss relevantere Informationen hinsichtlich der Vermögens-, Finanz- und Ertragslage des Unternehmens bereitgestellt werden (vgl. Kapitel 5). Das IASB hält es indes für höchst unwahrscheinlich, dass ein Wechsel von dem Modell des beizulegenden Zeitwerts auf das Anschaffungskostenmodell zu relevanteren Informationen führt (IAS 40.31). Damit dürften Unternehmen, die sich für Ersteres entscheiden, faktisch dauerhaft auf diese Methode festgelegt sein.

4.2.1 Modell des beizulegenden Zeitwerts

Folgebewertung zum beizulegenden Zeitwert

Die Folgebewertung nach dem Modell des beizulegenden Zeitwerts erfordert gemäß IAS 40.33 die Bestimmung des beizulegenden Zeitwerts der Anlageimmobilien und seinen Ansatz in der Bilanz unter der Voraussetzung, dass er verlässlich ermittelt werden kann. Sofern sich der beizulegende Zeitwert im Zeitablauf verändert hat, ist der entstehende Unterschiedsbetrag nach IAS 40.35 GuV-wirksam in der Gesamtergebnisrechnung zu erfassen. Es kommt somit zu einer GuV-wirksamen Erfassung noch nicht realisierter Gewinne bzw. Verluste. Zusätzlich sind GuV-wirksam latente Steuern zu bilden, sobald der in der IFRS-Bilanz angesetzte beizulegende Zeitwert vom steuerbilanziell anzusetzenden Wert abweicht und der Verkauf zu diesem Wert steuerliche Zahlungen auslösen würde (vgl. Kapitel 6).

Häufigkeit der Ermittlung

Aus IAS 40 geht nicht explizit hervor, ob der beizulegende Zeitwert periodenweise neu zu ermitteln ist. Da er jedoch gemäß IAS 40.40 stets die aktuelle Marktlage der Immobilien abbilden soll, kann von einer jährlichen bzw. quartalsweisen Ermittlung ausgegangen werden. Damit entfallen bei der GuV-wirksamen Folgebewertung zum beizulegenden Zeitwert planmäßige und außerplanmäßige Abschreibungen. Dies ist insofern konsequent, da die beizulegenden Zeitwerte den aktuellen Zustand der Immobilien am Bilanzstichtag widerspiegeln. IAS 36, der zu prüfende Anhaltspunkte für Wertminderungen bzw. Werterholungen enthält, ist demzufolge nicht anzuwenden.

Definition des beizulegenden Zeitwerts

Der beizulegende Zeitwert stellt den Preis dar, den man in einer gewöhnlichen Transaktion zwischen Marktteilnehmern am Bewertungsstichtag bei Verkauf erhalten würde (IAS 40.5). IAS 40 verweist etwa in IAS 40.5 oder IAS 40.40 auf die detaillierteren Ausführungen zur „Bemessung des beizulegenden Zeitwerts" in IFRS 13 (vgl. Kapitel 3). Marktteilnehmer zeichnen sich gemäß dem Anhang zu IFRS 13 dadurch aus, dass sie vom Unternehmen unabhängig, sachverständig, vertragswillig und in der Lage sind, die Transaktion abzuschließen.

- Unabhängige Marktteilnehmer sind keine nahestehenden Unternehmen und Personen i.S.d. IAS 24. Damit stellen aber auch geschätzte Preise, die durch besondere Umstände, wie z.B. untypische Finanzierungen, Sale-and-leaseback-Geschäfte oder andere gewährte Vergünstigungen, entstehen, ausdrücklich keine beizulegenden Zeitwerte dar.
- Sachverständige Marktteilnehmer zeichnen sich dadurch aus, dass sie ausreichend über die Eigenschaften, Nutzungsmöglichkeiten und über die aktuelle Marktlage der Immobilie informiert sind.

- Vertragswilligkeit besteht, wenn Marktteilnehmer motiviert sind eine Transaktion abzuschließen, aber hierzu nicht genötigt oder auf andere Weise gezwungen sind.

Abgrenzung vom Nutzungswert

Der beizulegende Zeitwert unterscheidet sich vom Nutzungswert, der zur Ermittlung einer Wertminderung im Rahmen der Bestimmung des erzielbaren Betrages gemäß IAS 36 „Wertminderung von Vermögenswerten" zu berechnen ist (vgl. Kapitel 8). Während Letzterer aus subjektiver Sicht des Unternehmens ermittelt wird und damit Wissensstand und Erwartungen des Managements widerspiegelt, wird der beizulegende Zeitwert gemäß IFRS 13.16 f. aus objektivierter Sicht externer Marktteilnehmer unter Berücksichtigung von deren Kenntnisstand und Erwartungen bestimmt. Somit darf der beizulegende Zeitwert keine unternehmensindividuellen Nutzenpotenziale abbilden, wie z.B.

- Vorteile aus der Bildung eines Immobilienportfolios an diversen Standorten,
- Synergien zwischen Anlageimmobilien und anderen Vermögenswerten,
- Rechtsansprüche oder gesetzliche Beschränkungen sowie
- Steuervorteile oder -nachteile des Eigentümers.

Allgemeine Ermittlungsgrundlagen

Der beizulegende Zeitwert ist nach IFRS 13.24 sowie IAS 40.40 ausschließlich unter Berücksichtigung der aktuellen Marktlage der Immobilie zum Bilanzstichtag zu bestimmen. Vergangene oder künftig erwartete Marktlagen sind bei seiner Ermittlung nicht zu berücksichtigen. Außerdem dürfen keine beim Verkauf oder Abgang entstehenden Transaktionskosten berücksichtigt werden (IFRS 13.25). Ferner darf der beizulegende Zeitwert von Immobilien keine Vermögenswerte und Schulden enthalten, die bereits einzeln in der Bilanz erfasst werden. Sofern es sich bei den Vermögenswerten und Schulden jedoch um integrale Bestandteile der Immobilie handelt, wie z.B. bei Fahrstühlen oder Klimaanlagen, sind diese in der Regel nicht separat in der Bilanz auszuweisen, sondern in der Bewertung unterschiedlich zu behandeln.[4] Ebenso stellen Möbel eines Bürogebäudes im Allgemeinen integrale Bestandteile der Immobilie dar, da sie unmittelbare Auswirkungen auf die erwarteten Mieteinnahmen und damit auf den beizulegenden Zeitwert haben (IAS 40.50).

Konzept der höchst- und bestmöglichen Nutzung

IFRS 13.27 bestimmt, dass bei der Ermittlung von beizulegenden Zeitwerten für Anlageimmobilien die höchst- und bestmögliche Nutzung (highest and best use) aus der Perspektive der Marktteilnehmer zu unterstellen ist. Für deren Berücksichtigung ist entscheidend, dass diese physisch möglich (z.B. bautechnische Anforderungen), rechtlich zulässig und finanziell sinnvoll ist. Falls keine Anzeichen dagegen sprechen, wird in IFRS 13.29 grundsätzlich unterstellt, dass die Nutzung im Unternehmen der höchst- und bestmöglichen Nutzung entspricht. Dann werden aber auch zukünftige Ausgaben zur Verbesserung oder Wertsteigerung (z.B. geplante Sanierungsmaßnahmen) im beizulegenden Zeitwert berücksichtigt,

4 Im Rahmen des Komponentenansatzes zur Abschreibung von Sachanlagen werden bedeutende Komponenten mit abweichenden Nutzungsdauern separat abgeschrieben. Diese werden im IFRS-Abschluss aber wieder zusammengefasst (vgl. Kapitel 10).

wenn diese mit hinreichender Sicherheit zu erwarten und marktüblich sind.[5] Denkbar sind aber auch von der aktuellen Nutzung abweichende Nutzungsarten (und insofern Modernisierungskosten), die den beizulegenden Zeitwert aus Marktsicht maximieren (wie z.B. die Umwandlung von Brachland in eine Gewerbeimmobilie): Diese finden nun Berücksichtigung im beizulegenden Zeitwert der Renditeimmobilie, was zu teilweise erheblichen Ermessensspielräumen führen kann.

Vorgehensweise bei der Ermittlung des beizulegenden Zeitwerts

Die Bestimmung des beizulegenden Zeitwerts kann auf verschiedene Arten erfolgen, wobei das IASB stets die Zuhilfenahme eines unabhängigen Gutachters empfiehlt (IAS 40.32). International werden von Gutachtern typischerweise die IVS (International Valuation Standards) sowie die Richtlinien des Royal Institute of Chartered Surveyors (RICS) angewendet; diese decken sich weitgehend mit IFRS 13.[6] Grundsätzlich stellen nach IFRS 13.61 i.V.m. IFRS 13.72 aktuelle Preise auf einem aktiven Markt für vergleichbare Immobilien den besten Ausgangspunkt für die Ableitung eines beizulegenden Zeitwerts für die betrachtete Immobilie dar. Für die Ermittlung des beizulegenden Zeitwerts nennt IFRS 13 zunächst drei gleichgestellte Bewertungsverfahren (Markt-, Kapitalwert- und Kostenmethode). Bei der Kostenmethode werden die aktuellen Wiederbeschaffungskosten angesetzt. Die Marktmethode umfasst den Preis auf einem aktiven Markt sowie das Vergleichswertverfahren. Die Kapitalwertmethode umfasst vor allem die Discounted-Cashflow-Methode[7] und das Ertragswertverfahren.

Hierarchie der Eingangsparameter für die Bewertungsverfahren

Für die Ermittlung des beizulegenden Zeitwerts legt IFRS 13 eine bestimmte Vorgehensweise fest, die als Fair-Value-Hierarchie bezeichnet wird. Diese ordnet und priorisiert die ermittelten beizulegenden Zeitwerte anhand der für ihre Bewertung verwendeten Parameter in drei Stufen (vgl. Kapitel 3):

- Auf der ersten Stufe (IFRS 13.76) stehen die an aktiven Märkten notierten (unverändert übernommenen) Preise, die i.d.R. für identische Renditeimmobilien nicht vorliegen, da Immobilien häufig Unikate sind.
- Danach folgen auf der zweiten Stufe (IFRS 13.81) Preise, die direkt oder indirekt beobachtbar sind. Hierzu zählen an Marktdaten orientierte Parameter wie Zinssätze sowie Markt- und Transaktionspreise für nahezu identische oder vergleichbare Immobilien auf aktiven und inaktiven Märkten. Diese Vergleichsimmobilien sollten sich dabei in nahezu identischer Lage, Zustand, und vergleichbarem Alter etc. wie die betrachtete Immobilie befinden sowie eine ähnliche Mietvertragsausgestaltung haben. Bestehende Unterschiede bei der Vertragsgestaltung bzw. bei den anderen Immobilienmerkmalen sollten bei der Ableitung des beizulegenden Zeitwerts für die betrachtete Immobilie durch Zu- oder Abschläge angepasst werden.

5 Vgl. *Köhling, K.*, Die Fair Value-Bewertung für Renditeimmobilien gem. IFRS 13, in: KoR, 11. Jg. (2011), S. 573.

6 Vgl. *Zaugg, D./Bach, R./Meister, D.*, Neue IFRS-Regeln zur Bestimmung des Fair Value – Was ändert sich für den Immobiliensektor?, in: IRZ, 6. Jg. (2011), S. 433-435.

7 Zur Immobilienbewertung mittels Discounted-Cashflow-Methode sowie Vergleichsverfahren vgl. *Beck, M.*, Wertermittlung bei Immobilien, in: Richter, F./Timmreck, C. (Hrsg.), Unternehmensbewertung, Stuttgart 2004, S. 359-363, 347-350.

- Sofern diese Anpassungen bedeutend auf nicht beobachtbaren Faktoren beruhen, gilt der derart ermittelte beizulegende Zeitwert als Zeitwert der dritten Stufe. Entsprechend erfasst diese dritte Stufe (IFRS 13.86) alle nicht beobachtbaren Parameter, wie z.B. unternehmensinterne Daten. Diese Zeitwerte der dritten Stufe, die z.B. erwartete Zahlungsströme aus Mieteinnahmen, Leerstandszeiten oder objektspezifische Diskontierungszinsen berücksichtigen, sind unter Umständen an Markterwartungen anzupassen.

Praxis

Für die Ermittlung der beizulegenden Zeitwerte von Renditeimmobilien werden in der Praxis typischerweise Bewertungsparameter der Stufen 2 und 3 im Rahmen des Vergleichswert- und Kapitalwertverfahrens verwendet. Die Ermittlung von beizulegenden Zeitwerten anhand von Vergleichswerten verschiedenartiger Immobilien oder anhand von veralteten Marktpreisen, sofern sie überhaupt feststellbar sind, ist jedoch mit einer gewissen Willkür behaftet. Die vorzunehmenden Zu- oder Abschläge sind kaum objektiv nachprüfbar.[8] In der Regel stellt somit die Ableitung des beizulegenden Zeitwerts anhand der Discounted-Cashflow-Methode die regelmäßig anzuwendende Ermittlungsmethode dar. Aber auch hier bieten die Schätzung der Höhe und des zeitlichen Anfalls der Cashflows sowie die Bestimmung des Diskontierungszinssatzes Ermessensspielräume.[9]

Beispiel 11.4[10]

Die Tolstoi AG erwirbt Anfang des Geschäftsjahres 00 erstmalig ein Gebäude mit einer voraussichtlichen Nutzungsdauer von 50 Jahren zu einem Preis von 10.000 T€ in bar. Dieses wird fortan überwiegend als Finanzinvestition genutzt. Annahmegemäß soll am Ende der Nutzungsdauer kein Restwert bestehen. Der Ertragsteuersatz der Tolstoi AG beträgt 30 %. Die Folgebewertung soll GuV-wirksam zum beizulegenden Zeitwert erfolgen. Ein unabhängiger Gutachter ermittelt zum Bilanzstichtag 00 einen Gebäudewert von 11.800 T€. Wie lauten die Buchungssätze für das Geschäftsjahr 00?

Lösung

Zunächst ist der Kauf des Gebäudes zu erfassen. Anschließend ist zum Bilanzstichtag der höhere beizulegende Zeitwert anzusetzen und der Unterschiedsbetrag zum bisherigen Buchwert in Höhe von 1.800 T€ GuV-wirksam in der Gesamtergebnisrechnung auszuweisen. Steuerbilanziell soll das Gebäude annahmegemäß mit den fortgeführten Anschaffungskosten bilanziert werden. Die fortgeführten Anschaffungskosten ergeben sich aus den historischen Anschaffungskosten abzüglich kumulierter linearer Abschreibungen (hier 10.000 T€ - 200 T€ = 9.800 T€). Ein temporärer Unterschied zwischen IFRS-Bilanzbewertung und Steuerbilanzbewertung führt zur Entstehung latenter Steuern. Da

8 Vgl. *Olbrich, M.*, Zur Bilanzierung von als Finanzinvestition gehaltenen Immobilien nach IAS 40, in: BFuP, 55. Jg. (2003), S. 348.

9 Vgl. z.B. *Baetge, J./Zülch, H.*, Fair Value-Accounting, in: BFuP, 53. Jg. (2001), S. 559.

10 Vgl. ein ähnliches Beispiel in *Zülch, H./Lienau, A.*, Die Bedeutung der Steuerabgrenzung für die fair-value-Bilanzierung nichtfinanzieller Vermögenswerte nach den Rechnungslegungsvorschriften des IASB, in: WPg, 57. Jg. (2004), S. 570 f.

der IFRS-Wert größer als der steuerbilanzielle Wert ist, entstehen passive latente Steuern in Höhe von ((11.800 T€ - 9.800 T€) · 30 % =) 600 T€. Die passiven latenten Steuern sind GuV-wirksam zu bilden.

Buchungssätze Geschäftsjahr 00:

Als Finanzinvestition gehaltene Immobilie	*an*	*Bank*	*10.000 T€*
Als Finanzinvestition gehaltene Immobilie	*an*	*Finanzertrag*	*1.800 T€*
Steueraufwand	*an*	*passive latente Steuern*	*600 T€*

Zum Bilanzstichtag 01 wird keine Veränderung des beizulegenden Zeitwerts festgestellt. Ist vielleicht trotzdem eine Buchung durchzuführen?

Lösung

Ja, denn es sind wiederum latente Steuern zu berücksichtigen, weil die steuerbilanziell fortgeführten Anschaffungskosten nach Abzug von planmäßigen Abschreibungen des Geschäftsjahres nun 9.600 T€ betragen. Der gesamte Betrag der passiven latenten Steuern muss demnach auf 660 T€ erhöht werden ((11.800 T€ - 9.600 T€) · 30 % = 660 T€). 600 T€ wurden schon im vorherigen Geschäftsjahr eingestellt, so dass im aktuellen Geschäftsjahr passive latente Steuern in Höhe von 60 T€ GuV-wirksam zu verrechnen sind.

Buchungssatz Geschäftsjahr 01:

Steueraufwand	*an*	*passive latente Steuern*	*60 T€*

Am Ende des Geschäftsjahres 02 erhält die Tolstoi AG ein Verkaufsangebot für das Gebäude in Höhe von 12.000 T€. Nach gründlicher Überlegung entscheidet sie sich zum Verkauf. Der Verkaufspreis wird bar bezahlt. Welche Buchungen sind vorzunehmen?

Lösung

Mit dem Verkauf ist das Gebäude aus der Bilanz auszubuchen. Gleichzeitig ist der Unterschiedsbetrag aus bisherigem Buchwert und Verkaufspreis als Ertrag zu verrechnen. Darüber hinaus sind die gebildeten passiven latenten Steuern vollständig GuV-wirksam aufzulösen.

Buchungssätze Geschäftsjahr 02:

Bank	*12.000 T€*	*an*	*als Finanzinvestition gehaltene Immobilie*	*11.800 T€*
			Finanzertrag	*200 T€*
Passive latente Steuern		*an*	*Steuerertrag*	*660 T€*

Spezialthema

Ermittlung des beizulegenden Zeitwerts bei Immobilien im Bau

Für sämtliche Immobilien, die in den Anwendungsbereich von IAS 40 fallen, ist der beizulegende Zeitwert verpflichtend zu bestimmen, da dieser je nach Folgebewertungsverfahren entweder in Bilanz oder Anhang ausgewiesen werden muss. Vor diesem Hintergrund waren im Bau befindliche Renditeimmobilien lange Zeit aus dem Anwendungsbereich von IAS 40 ausgeschlossen, da hier die Ermittlung von verlässlichen beizulegenden Zeitwerten insbesondere aus Praxissicht als äußerst schwierig angesehen wurde. Erst 2008 erweiterte das IASB den Regelungskreis von IAS 40 diesbezüglich, da es durch die zunehmende Verbreitung von beizulegenden Zeitwerten sowie durch die weiterentwickelten Bewertungstechniken diese Bedenken als nicht mehr zeitgemäß ansah. Wenn jedoch bereits die Ermittlung des beizulegenden Zeitwerts für fertig gestellte Immobilien Ermessensspielräume aufweist, wie soll dies dann verlässlich z.B. für Gebäude möglich sein, die bislang nur als Rohbau existieren?

Eine in der Praxis verbreitete Lösung stellt das Residualwertverfahren dar. Hierbei wird zunächst versucht, den künftigen beizulegenden Zeitwert der fertigen Immobilie möglichst genau zu berechnen. Dies kann grundsätzlich sowohl mittels des DCF- als auch des Vergleichswertverfahrens erfolgen. Im nächsten Schritt ist dieser künftige Wert auf den Bewertungsstichtag abzuzinsen, um den heutigen Wert der fertigen Immobilie zu erhalten. Schließlich werden die bis zur Fertigstellung noch zu erwartenden Kosten – ebenfalls abgezinst – abgezogen, um den beizulegenden Zeitwert der unfertigen Immobilie zu erhalten. Hierbei ist zu beachten, dass die in Abzug gebrachten Beträge neben den reinen Herstellungskosten sowohl Finanzierungskosten als auch einen üblichen Gewinnaufschlag (Entwicklergewinn) umfassen müssen. Andernfalls würde der Wertansatz für die unfertige Immobilie zu hoch ausfallen.[11]

Vergleich mit dem Neubewertungsmodell nach IAS 16

Obwohl auch IAS 16 die Möglichkeit der Folgebewertung zum beizulegenden Zeitwert vorsieht, unterscheidet sich das Neubewertungsmodell für Sachanlagen deutlich von dem hier dargestellten Bewertungsansatz für Anlageimmobilien. So führt das Neubewertungsverfahren nach IAS 16 zwar ebenfalls zu einem Ausweis des beizulegenden Zeitwerts in der Bilanz, allerdings werden Wertsteigerungen über die fortgeführten Anschaffungs- bzw. Herstellungskosten hinaus unter Berücksichtigung von latenten Steuern stets GuV-neutral über das sonstige Ergebnis in einer Neubewertungsrücklage im Eigenkapital erfasst (vgl. Kapitel 10). Ferner sind Neubewertungen nicht periodenweise vorzunehmen, sondern nur dann, wenn sich der beizulegende Zeitwert am Bilanzstichtag wesentlich vom bisherigen Buchwert unterscheidet. Gleichfalls sind abnutzbare Immobilien nach dem Neubewertungsmodell von IAS 16 planmäßig abzuschreiben, während der Bestand der Neubewertungsrücklage ratierlich oder vollständig beim Verkauf bzw. bei der

11 Vgl. zur Vorgehensweise beim Residualwertverfahren z.B. *Dietrich, A./Ranker, D.*, Zweifelsfragen bei der Bilanzierung und Bewertung von im Bau befindlichen Investment Properties, in: IRZ, 5. Jg. (2010), S. 113-117.

Stilllegung der Immobilie GuV-neutral mit den Gewinnrücklagen verrechnet werden kann.

Nicht verlässliche Ermittlung des beizulegenden Zeitwerts

Das IASB geht in IAS 40.53 davon aus, dass der beizulegende Zeitwert von Immobilien in der Regel fortlaufend verlässlich ermittelt werden kann. Allerdings können durchaus Fälle auftreten, in denen eine verlässliche Ermittlung anhand von Vergleichswertverfahren und/oder mittels der Discounted-Cashflow-Methode nicht möglich ist. So ist bspw. zur Prognose von künftigen Cashflows eine umfassende Informationsbasis nötig. Fehlen die notwendigen Informationen, kann ein Unternehmen keine verlässliche Zeitwertermittlung vornehmen. Das gleiche Problem besteht, wenn eine große Bandbreite vernünftiger Schätzungen des beizulegenden Zeitwerts vorliegt und die Eintrittswahrscheinlichkeiten der unterschiedlichen Werte nicht ermittelt werden können.

Für den Fall, dass der beizulegende Zeitwert nicht verlässlich bestimmbar ist, hat sich das IASB für eine differenzierte Regelung entschieden (vgl. Abbildung 11.2 und IAS 40.53-55). Demnach ist im ersten Schritt zu unterscheiden, ob die Immobilie noch in der Vorperiode zum beizulegenden Zeitwert bewertet worden war und somit zum Altbestand gehört oder neu zugegangen ist.

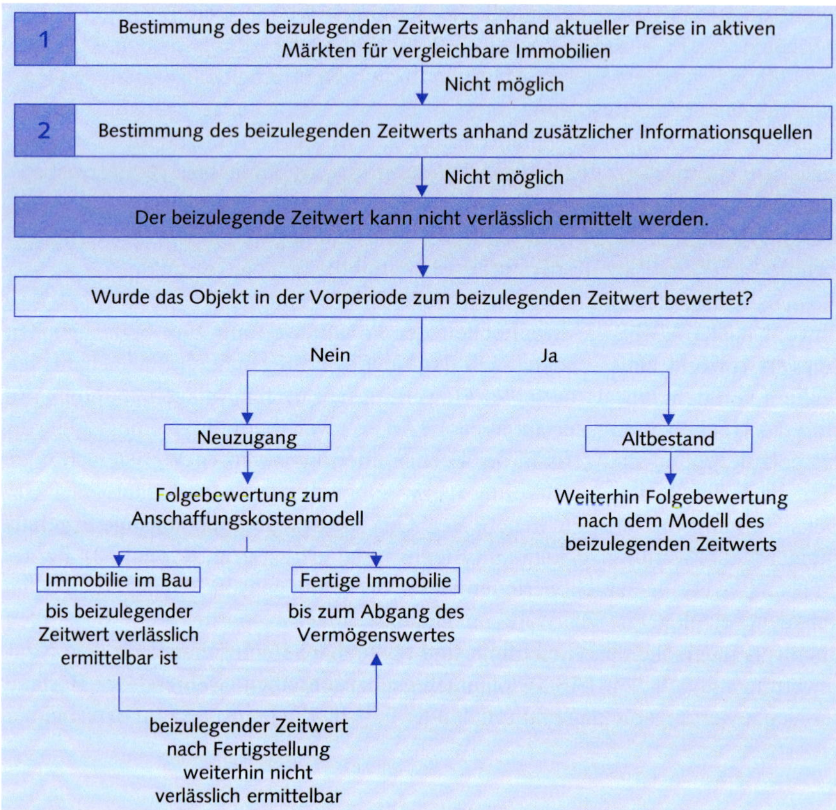

Abb. 11.2: Folgebewertung bei nicht verlässlicher Ermittlung des beizulegenden Zeitwerts

Immobilien bzw. Immobilien im Bau, die zum Altbestand gehören, sind gemäß IAS 40.55 i.V.m. IAS 40.53A unverändert bis zum Abgang oder zur Umwidmung nach dem Modell des beizulegenden Zeitwerts zu bewerten, auch wenn dieser nicht verlässlich ermittelt werden kann. Damit soll sichergestellt werden, dass die einmal ausgewählte Folgebewertungsmethode beibehalten und nicht unternehmensindividuell durch Sachverhaltsgestaltung als ein verdecktes Wahlrecht missbraucht wird. Gleichzeitig wird in Kauf genommen, dass die Bilanz nicht verlässlich ermittelte beizulegende Zeitwerte enthalten kann. Für davon betroffene Immobilien erfordert IAS 40.78(b) daher erweiterte Anhangangaben.

Nicht verlässlich ermittelbarer beizulegender Zeitwert bei Altbeständen

Konnte hingegen der beizulegende Zeitwert im Fall von neu zugegangenen Renditeimmobilien (z.B. durch unterjährigen Erwerb, Baubeginn oder Nutzungsänderung) nicht verlässlich bestimmt werden, sind diese zum Anschaffungskostenmodell zu bewerten (IAS 40.53). Inwiefern ein künftiger Wechsel zum Modell des beizulegenden Zeitwerts möglich ist, hängt von der Art der Immobilie ab: Handelt es sich bei dem Neuzugang um eine fertiggestellte Immobilie, ist ein Wechsel zum Modell des beizulegenden Zeitwerts nicht vorgesehen. Stattdessen ist die Folgebewertung der Immobilie bis zu ihrem Abgang nach dem Anschaffungskostenmodell vorzunehmen und ein eventueller Restwert mit null anzunehmen (IAS 40.53). Sofern es sich jedoch um eine neu zugegangene Immobilie in der Erstellungsphase handelt, findet das Anschaffungskostenmodell nur solange Anwendung, bis der beizulegende Zeitwert verlässlich ermittelt werden kann. Ab diesem Zeitpunkt, der nach Ansicht des IASB spätestens mit Fertigstellung erreicht sein dürfte, ist verpflichtend das Modell des beizulegenden Zeitwerts anzuwenden. Kann der beizulegende Zeitwert bei erstmaliger Bewertung nach Fertigstellung dennoch nicht verlässlich ermittelt werden, ist die Immobilie entsprechend obiger Regelung für fertiggestellte Immobilien dauerhaft zum Anschaffungskostenmodell zu bewerten (IAS 40.53A).

Nicht verlässlich ermittelbarer beizulegender Zeitwert bei Neuzugängen

4.2.2 Anschaffungskostenmodell

Sofern die Folgebewertung nach dem Anschaffungskostenmodell erfolgen soll, sind die Anschaffungs- oder Herstellungskosten der Immobilien in den Folgeperioden fortzuführen. Dabei sind gemäß IAS 40.56 die Vorschriften von IAS 16 zur Folgebewertung von Sachanlagen zu fortgeführten Anschaffungs- bzw. Herstellungskosten zu beachten (vgl. Kapitel 10). IAS 40.56 verweist zwar auch auf IFRS 16 für Anlageimmobilien, die beim Leasingnehmer als Nutzungsrecht bilanziert werden, aber IFRS 16 verweist ebenfalls auf IAS 16 (vgl. Kapitel 19). Der Gesamtbestand der Immobilien ist daher am Bilanzstichtag zu seinen Anschaffungs- oder Herstellungskosten abzüglich kumulierter Abschreibungen und kumulierter Wertminderungsaufwendungen anzusetzen. Im Gegensatz zur GuV-wirksamen Bewertung zum beizulegenden Zeitwert sind die Immobilien somit planmäßig über ihre voraussichtliche Nutzungsdauer abzuschreiben. Daneben ist zum Bilanzstichtag jeweils zu überprüfen, ob Anhaltspunkte für eine Wertminderung gemäß IAS 36 vorliegen und

Folgebewertung zu fortgeführten Anschaffungs- oder Herstellungskosten die Immobilien gegebenenfalls außerplanmäßig im Wert zu mindern sind. Sofern eine Veräußerung mit hoher Wahrscheinlichkeit bevorsteht, sind die betroffenen Immobilien separat auszuweisen und nach IFRS 5 „Zur Veräußerung gehaltene langfristige Vermögenswerte und aufgegebene Geschäftsbereiche" zum Bilanzstichtag mit dem niedrigeren Wert aus beizulegendem Zeitwert abzüglich Veräußerungskosten und Buchwert zu bewerten (vgl. Kapitel 23).

Angabe des beizulegenden Zeitwerts

Der beizulegende Zeitwert wird somit bei der Folgebewertung nach dem Anschaffungskostenmodell nicht in der Bilanz ausgewiesen. Stattdessen ist er verpflichtend im Anhang zu veröffentlichen. Die Wahl des Anschaffungskostenmodells befreit demnach nicht von der Ermittlung beizulegender Zeitwerte.

Beispiel 11.5

Anstatt das erworbene Gebäude (Kaufpreis 10.000 T€, Nutzungsdauer 50 Jahre; s. Beispiel 11.4) GuV-wirksam zum beizulegenden Zeitwert folgezubewerten, entscheidet sich die Tolstoi AG für das Anschaffungskostenmodell. Die Anschaffungskosten sollen linear über die voraussichtliche Nutzungsdauer abgeschrieben werden. Wie lauten dann die Buchungssätze für das Geschäftsjahr 00?

Lösung
Nach dem Kauf ist das Gebäude am Bilanzstichtag 00 planmäßig abzuschreiben. Die planmäßige Abschreibung beträgt 200 T€ (= 10.000 T€ / 50 Jahre). Da im Vergleich zur steuerrechtlichen Bewertung keine Differenzen bestehen, sind auch keine latenten Steuern zu bilden. Der beizulegende Zeitwert von 11.800 T€ ist im Anhang auszuweisen.

Buchungssätze Geschäftsjahr 00:

Als Finanzinvestition gehaltene Immobilie	*an*	*Bank*	*10.000 T€*
Abschreibung	*an*	*als Finanzinvestition gehaltene Immobilie*	*200 T€*

Zum Bilanzstichtag 01 verändert sich der beizulegende Zeitwert nicht. Wie ist also zu buchen?

Lösung
Das Gebäude ist weiterhin planmäßig abzuschreiben und der beizulegende Zeitwert im Anhang zu veröffentlichen.

Buchungssatz Geschäftsjahr 01:

Abschreibung	*an*	*als Finanzinvestition gehaltene Immobilie*	*200 T€*

Am Ende des Geschäftsjahres 02 wird das Gebäude zu einem Verkaufspreis von 12.000 T€ verkauft. Wie lautet hier der Buchungssatz?

Lösung
Mit Verkauf des Gebäudes wird der Buchwert aus der Bilanz ausgebucht und ein Ertrag in Höhe von 2.400 T€ realisiert.

Buchungssatz Geschäftsjahr 02:

Bank	*12.000 T€*	*an*	*als Finanzinvestition gehaltene Immobilie*	*9.600 T€*
			Finanzertrag	*2.400 T€*

Folgende Tabelle stellt Buchwert und Gewinn oder Verlust (jeweils in T€) bei Folgebewertung nach dem Modell des beizulegenden Zeitwerts (MBZ) und nach dem Anschaffungskostenmodell (AKM) gegenüber:

Bilanz		**00**	**01**	**02**	
MBZ:	Buchwert	11.800	11.800	—	
AKM:	Buchwert	9.800	9.600	—	
Gewinn- und Verlustrechnung		**00**	**01**	**02**	∑
MBZ:	Gewinn oder Verlust vor lat. Steuern	+1.800	+/-0	+200	+2.000
	Latente Steuern	-600	-60	+660	+/- 0
	Gewinn oder Verlust nach lat. Steuern	+1.200	-60	+860	+2.000
AKM:	Gewinn oder Verlust	-200	-200	+2.400	+2.000

Vergleich der Folgebewertungsmodelle und Verlässlichkeitsanalyse

Bilanz-analytische Auswirkungen

Sofern der beizulegende Zeitwert die fortgeführten historischen Anschaffungs- oder Herstellungskosten überschreitet, kommt es bei der Folgebewertung nach dem Modell des beizulegenden Zeitwerts generell zu einem höheren Vermögensausweis und somit zu einer größeren Bilanzsumme. Gleichzeitig steigt der Gewinn aufgrund der GuV-wirksamen Verrechnung des Unterschiedsbetrages von Buchwert und beizulegendem Zeitwert. Des Weiteren wird der Gewinn oder Verlust in den Folgeperioden nicht durch planmäßige Abschreibungen belastet. Allerdings könnte der beizulegende Zeitwert im Zeitablauf schwanken, was zu einer höheren Volatilität des GuV-Ergebnisses führen würde. Die GuV-wirksam zu bildenden und aufzulösenden passiven latenten Steuern mildern indes diesen Ergebniseffekt. In der Summe entsteht bei beiden Methoden durch die jeweilige Wahrung des Kongruenzprinzips der gleiche Totalerfolg.

Sollen zwei Unternehmen verglichen werden, von denen das eine das Anschaffungskostenmodell (AKM) nutzt und das andere das Modell des beizulegenden Zeitwerts (MBZ), müssen die Rechenwerke des AKM-Unternehmens mit den Anhanginformationen zum beizulegenden Zeitwert angepasst werden. Für MBZ-Unternehmen fehlen nämlich regelmäßig Informationen, um die Rechenwerke auf das AKM umzurechnen.

Für die Umrechnung des Gewinns eines AKM-Unternehmens (G_{AKM}) auf den Gewinn der entstanden wäre, wenn das Unternehmen das MBZ genutzt hätte (G_{MBZ}), kann folgende Formel genutzt werden, die lediglich auf die angegebenen Buchwerte bzw. Werte aus dem Anhang der Renditeimmobilien (RI) im Berichtszeitraum und Vorjahr zurückgreift (z.B. $RI_{MBZ,t}$ für den im Anhang angegebenen Wert der Renditeimmobilien nach dem Modell des beizulegenden Zeitwerts zum Zeitpunkt t) und unterstellt, dass steuerlich (Steuersatz s, hier als konstant angenommen) die fortgeführten Anschaffungs- und Herstellungskosten maßgeblich sind:

$$G_{MBZ,t} = G_{AKM,t} + (1 - s) \cdot ((RI_{MBZ,t} - RI_{MBZ,t-1}) - (RI_{AKM,t} - RI_{AKM,t-1})).$$

Wie auch aus Beispiel 11.5 hervorgeht, wirkt sich die Wahlrechtsausübung an verschiedenen Stellen auf die Gewinn- und Verlustrechnung aus: GuV-wirksame Wertänderungen unterscheiden sich dadurch, dass entweder planmäßige Abschreibungen oder Wertänderungen im beizulegenden Zeitwert verbucht werden. Die Wahlrechtsausübung beeinflusst aber auch die GuV-Wirkungen aus Anlagenabgängen und Veränderungen in latenten Steuern. Die obige Formel nutzt die von Unternehmen anzugebenden Buchwerte bzw. Werte aus dem Anhang, um den Gewinn umzurechnen, oft fehlen aber weitere Informationen, mit denen man andere GuV-Positionen umrechnen könnte. Daher ist es ratsam bei der Bilanzanalyse auch auf Größen abzustellen, die von einer unterschiedlichen Wahlrechtsausübung bei der Folgebewertung unberührt sind. Hierfür eignet sich zum Beispiel die von Unternehmen in der Immobilienbranche oft verwendete Kennzahl „Funds from Operations“ (FFO), die an den operativen Zahlungsmittelüberschuss angelehnt ist.

Weil beizulegende Zeitwerte in der Immobilienbranche sehr relevant sind, ist es für Bilanzanalytiker auch wichtig, deren Verlässlichkeit zu evaluieren. Neben der Angabe, ob beizulegende Zeitwerte von Gutachtern ermittelt wurden und wie sich die beizulegenden Zeitwerte in Abhängigkeit bestimmter Schlüsselgrößen (z.B. Leerstandsquote) verändern würden, kann die Verlässlichkeit der beizulegenden Zeitwerte auch über Angaben zu Anlagenabgängen analysiert werden. Beizulegende Zeitwerte sollen Marktwerte approximieren. Verlässliche Marktwertschätzungen sollten also dazu führen, dass Unternehmen bei Anlagenabgängen eher niedrige Erträge oder Aufwendungen aus Abgängen von Renditeimmobilien ausweisen. Allerdings ist hierbei auch zu berücksichtigen, dass sich der Buchwert der Immobilien auf die Veräußerungsentscheidung auswirken könnte.

Aus der Forschung

Konsequenzen der Bewertung zum beizulegenden Zeitwert

Mit der Bilanzierung zum beizulegenden Zeitwert werden Renditeimmobilien zu geschätzten Marktwerten bilanziert, wodurch konzeptionell der Buchwert des Eigenkapitals näher an den Marktwert des Eigenkapitals rückt. Dies belegen auch verschiedene empirische Studien (z.B. Aboody/Barth/Kasznik (1999)). Außerdem trägt die Bilanzierung zum beizulegenden Zeitwert auch zum Abbau von Informationsasymmetrien zwischen Unternehmen und Kapitalmarktteilnehmern bei (Muller/Riedl/Sellhorn (2011)) und verbessert die Prognosen von NAVs (*net asset values*, d.h. Eigenkapital), einer der Hauptkennzahlen, die Analysten in der Immobilienbranche schätzen. Interessanterweise verbessern sich aber nicht die Prognosen des Ergebnisses je Aktie, da sich durch die Bilanzierung zum beizulegenden Zeitwert auch die Ergebnisvolatilität erhöht (Liang/Riedl (2014)).

Darüber hinaus spielt die Ausgestaltung der Bilanzierung zum beizulegenden Zeitwert eine starke Rolle für die Wirkung auf Kapitalmarktteilnehmer. So zeigen z.B. Müller/Riedl/Sellhorn (2015), dass beizulegende Zeitwerte im Anhang weniger stark vom Markt berücksichtigt werden als in der Bilanz aufgenommene, insbesondere wenn sie nicht von einem externen Gutachter ermittelt wurden (Muller/Riedl (2002)) und ein insgesamt schwaches Informationsumfeld vorherrscht.

Neben den Wirkungen auf die Kapitalmärkte (Bewertungsfunktion, vgl. Kapitel 1) haben einige Studien auch Wirkungen auf die Managervergütung, Ausschüttung und Prüferhonorare (eher Koordinationsfunktion der Rechnungslegung) untersucht. Die Bilanzierung zum beizulegenden Zeitwert erhöht variable, an das Ergebnis anknüpfende Vergütungskomponenten in Unternehmen mit schwacher Corporate Governance, weil Zeitwertminderungen nicht zu einer niedrigeren Bezahlung führen (Chen/Tang (2017)). Die Bilanzierung zum beizulegenden Zeitwert führt im Schnitt auch zu höheren Dividenden, wenn unrealisierte Wertveränderungen nicht von der Ausschüttung gesperrt werden. Die höheren Dividenden scheinen von Unternehmen u.a. durch ein höheres Maß an Steuervermeidung refinanziert zu werden (Chen/Gavious (2016)). Auch wenn die Bewertung zum beizulegenden Zeitwert komplexer erscheint als das Anschaffungskostenmodell, weisen Unternehmen nach dem Übergang auf die Bewertung zum beizulegenden Zeitwert niedrigere Prüferhonorare auf, insbesondere weil durch eine Bewertung zum beizulegenden Zeitwert die Prüfung von Komponentenabschreibungen und potenzieller Wertminderungen entfällt (Goncharov/Riedl/Sellhorn (2014)).

Literatur: Aboody, D./Barth, M.E./Kasznik, R., Revaluations of fixed assets and future firm performance: Evidence from the UK, in: JoAE, Vol. 26 (1999), S. 149-178; Chen, E./Gavious, I., Unrealized earnings, dividends and reporting aggressiveness, in: AF, Vol. 56 (2016), S. 217-250; Chen, K.C.W./Tang, F., Post-IFRS Revaluation Adjustments and Executive Compensation, in: CAR, Vol. 34 (2017), S. 1210-1231; Liang, L./Riedl, E.J., The Effect of Fair Value versus Historical Cost Reporting Model on Analyst Forecast Accuracy, in: ACCR, Vol. 89 (2014), S. 1151-1177; Muller, K.A.III./Riedl, E.J., External Monitoring of Property Appraisal Estimates and Information Asymmetry, in: JoAR, Vol. 40 (2002), S. 865-881; Muller, K.A. III./Riedl, E.J./Sellhorn, T., Mandatory Fair Value Accounting and Information Asymmetry: Evidence from the European Real Estate Industry, in: MS, Vol. 57 (2011), S. 1138-1153; Müller, M.A./Riedl, E.J./Sellhorn, T., Recognition versus Disclosure of Fair Values, in: ACCR, Vol. 90 (2015), S. 2411-2447.

5 Umklassifizierungen

Grundsatz

Immobilien unterliegen, wie bereits gezeigt, je nach Verwendungszweck unterschiedlichen Folgebewertungsmethoden. Hierbei ist vor allem zwischen als Finanzinvestition gehaltenen Immobilien (IAS 40), vom Eigentümer selbst genutzten Immobilien (IAS 16) und Immobilien des Vorratsvermögens (IAS 2) zu unterscheiden. Zwischen diesen drei Kategorien kann es aufgrund einer Veränderung des Verwendungszweckes zu Übertragungen und damit zur Anwendbarkeit jeweils anderer Standards kommen. Dabei stellt sich vor dem Hintergrund unterschiedlicher Folgebewertungsmethoden innerhalb der Kategorien die Frage, ob der bisherige Buchwert unverändert übertragen werden kann oder ob er gegebenenfalls aufgrund einer andersartigen Folgebewertung anzupassen ist. Nach IAS 40.59 ist die Beantwortung dieser Frage abhängig von der bisher angewendeten Folgebewertungsmethode. Sofern Anlageimmobilien unter IAS 40 nach dem Anschaffungskostenmodell folgebewertet werden, führen Übertragungen in und aus dem Bestand zu keiner Änderung ihres Buchwerts bzw. ihrer Anschaffungs- oder Herstellungskosten. In diesem Fall können die Buchwerte einfach übertragen werden. Folglich sind Anpassungen nur bei Übertragungen in und aus einem Bestand von Immobilien vorzunehmen, die unter IAS 40 nach dem Modell des beizulegenden Zeitwerts folgebewertet werden. Die folgende Abbildung 11.3 stellt die Regelungen zur Umklassifizierung überblicksartig dar:

<table>
<tr><td></td><td>Von</td><td colspan="2">IAS 40</td><td rowspan="2">IAS 16</td><td rowspan="2">IAS 2</td></tr>
<tr><td>Nach</td><td></td><td>MBZ</td><td>AKM</td></tr>
<tr><td rowspan="2">IAS 40</td><td>MBZ</td><td></td><td>Retrospektiv und erfolgsneutral (IAS 8.19, 8.22)</td><td>Unterschiedsbetrag wird wie Neubewertung nach IAS 16 behandelt (IAS 40.61)</td><td>Unterschiedsbetrag wird GuV-wirksam erfasst (IAS 40.63)</td></tr>
<tr><td>AKM</td><td>Höchst unwahrscheinlich (IAS 40.31)</td><td></td><td colspan="2">Keine Änderung des Buchwerts (IAS 40.59)</td></tr>
<tr><td colspan="2">IAS 16</td><td rowspan="2">Übernahme des beizulegenden Zeitwerts als Buchwert (deemed cost) (IAS 40.60)</td><td rowspan="2">Keine Änderung des Buchwerts (IAS 40.59)</td><td></td><td>Keine Änderung des Buchwerts</td></tr>
<tr><td colspan="2">IAS 2</td><td>Unterschiedsbetrag wird GuV-wirksam erfasst, falls Buchwert über beizulegendem Zeitwert abzüglich Veräußerungskosten liegt (IFRS 5.15)</td><td></td></tr>
</table>

Abb. 11.3: Umklassifizierungen von Immobilien

5.1 Übertragungen aus dem Bestand der als Finanzinvestition gehaltenen Immobilien

Immobilien sind stets dann aus dem Anlageimmobilienbestand herauszunehmen, wenn sie nicht mehr als Finanzinvestition genutzt werden sollen. Es muss also eine nachweisliche Nutzungsänderung vorliegen, die nach IAS 40.57(a)-(b) in folgenden Fällen z.B. besteht:

Nutzungsänderung als Voraussetzung

- Eine bisher als Finanzinvestition gehaltene Immobilie soll zukünftig vom Unternehmen selbst genutzt werden. Mit Beginn der Nutzungsänderung fällt die Immobilie in den Anwendungsbereich von IAS 16 und ist in den Bestand der selbst genutzten Immobilien zu übertragen, unabhängig davon, ob die Immobilie für die betriebliche Nutzung noch saniert werden muss.

Übertragung in den Anwendungsbereich von IAS 16

- Eine bisher als Finanzinvestition genutzte Immobilie soll künftig weiterentwickelt werden mit der Absicht, sie anschließend zu veräußern. In diesem Fall fällt die Immobilie mit dem Beginn der Weiterentwicklung in den Anwendungsbereich von IAS 2, womit sie in das Vorratsvermögen zu übertragen ist. Allerdings ist eine Übertragung nur dann vorzunehmen, wenn die Immobilie vor der Veräußerung tatsächlich weiterentwickelt wird. Sofern sie ohne Weiterentwicklung verkauft oder lediglich für die weitere Nutzung als Finanzinvestition saniert werden soll, verbleibt die Immobilie im Anwendungsbereich von IAS 40 (IAS 40.58).

Übertragung in den Anwendungsbereich von IAS 2

Im Zeitpunkt der Nutzungsänderung von bisher nach dem Modell des beizulegenden Zeitwerts folgebewerteten Immobilien und der daraus resultierenden Übertragung aus dem Anlageimmobilienbestand heraus sind die jeweiligen beizulegenden Zeitwerte zu übernehmen. Sie stellen die fortzuführenden Bilanzwerte (deemed cost) für die weitere Folgebewertung unter IAS 16 bzw. IAS 2 dar.

Übernahme der beizulegenden Zeitwerte

Beispiel 11.6

Eine vermietete Lagerhalle wurde bisher als Finanzinvestition GuV-wirksam zum beizulegenden Zeitwert in der Bilanz bewertet. Dieser betrug zum Bilanzstichtag 00 5.000 T€. Mit Beginn des neuen Geschäftsjahres soll die Lagerhalle nun zur unternehmenseigenen Vorratslagerung genutzt werden.

Lösung

Der beizulegende Zeitwert der Lagerhalle (5.000 T€) stellt die Ausgangsbasis für die weitere Folgebewertung im neuen Geschäftsjahr dar. Dabei kann die künftige Folgebewertung nach IAS 16 entweder zu fortgeführten Anschaffungs- bzw. Herstellungskosten oder anhand des Neubewertungsmodells zum Neubewertungsbetrag erfolgen, unter der Voraussetzung, dass die gesamte Gruppe der betrieblichen Immobilien neubewertet wird.

5.2 Übertragungen in den Bestand der als Finanzinvestition gehaltenen Immobilien

Nutzungsänderung als Voraussetzung

Sofern Immobilien künftig als Finanzinvestition genutzt werden sollen, sind sie im Zeitpunkt der Nutzungsänderung in den Bestand der Anlageimmobilien zu übertragen. Nach IAS 40.57(c)-(d) ist eine Übertragung in folgenden Fällen z.B. vorzunehmen:

- mit Beginn eines Operating-Leasingverhältnisses einer bisher dem Vorratsvermögen zugeordneten Immobilie,
- mit Ende der Nutzung durch den Eigentümer und künftiger Verwendung als Finanzinvestition.

Ansatz des beizulegenden Zeitwerts

Ab dem Zeitpunkt der Nutzungsänderung ist die weitere Folgebewertung nach den Vorschriften von IAS 40 durchzuführen. Anpassungen müssen hier nur erfolgen, sofern der Anlageimmobilienbestand nach dem Modell des beizulegenden Zeitwerts folgebewertet wird. In diesem Fall ist anstelle des bisherigen Buchwerts der beizulegende Zeitwert der Immobilie in der Bilanz anzusetzen. Differenzen zwischen dem bisherigen Buchwert und dem beizulegenden Zeitwert sind dabei gemäß dem vormals angewendeten Standard zu behandeln.

Übertragung vom Vorratsvermögen

Ein Unterschiedsbetrag, der zwischen dem Buchwert einer bisher unter IAS 2 fallenden Immobilie und deren beizulegendem Zeitwert im Übertragungszeitpunkt besteht, ist nach IAS 40.63 vollständig GuV-wirksam in der Gesamtergebnisrechnung zu erfassen. Die vollständig GuV-wirksame Erfassung wird damit begründet, dass hier fiktiv eine Veräußerung von Vorratsvermögen vorliegt (IAS 40.64).

Übertragung bei Beendigung der Herstellungsphase

Analog dazu ist ein Unterschiedsbetrag zwischen dem Buchwert bei Beendigung der Herstellungs- bzw. Entwicklungsphase einer künftig als Finanzinvestition zu nutzenden Immobilie und ihrem beizulegendem Zeitwert im Zeitpunkt der Fertigstellung zu behandeln. Auch hier ist eine bestehende Differenz nach IAS 40.65 vollständig GuV-wirksam zu verrechnen.

Übertragung von selbst genutzten Immobilien

Sofern eine bisher vom Eigentümer selbst genutzte Immobilie künftig als Finanzinvestition verwendet werden soll, ist ein Unterschiedsbetrag zwischen bisherigem Buchwert und beizulegendem Zeitwert im Übertragungszeitpunkt gemäß IAS 40.61 wie eine Neubewertung von Sachanlagen nach IAS 16 zu behandeln. Demnach ist ein Differenzbetrag zwischen niedrigerem beizulegenden Zeitwert und bisherigem Buchwert GuV-wirksam als Aufwand zu buchen. Besteht noch eine Neubewertungsrücklage für die betrachtete Immobilie, so ist der Unterschiedsbetrag zunächst mit dieser zu verrechnen, wobei die Minderung bzw. Auflösung der Neubewertungsrücklage im sonstigen Ergebnis zu erfassen ist (IAS 40.62(a)). Vorher gebildete latente Steuern sind entsprechend (anteilig) aufzulösen. Der Unterschiedsbetrag zwischen höherem beizulegenden Zeitwert und bisherigem Buchwert ist ebenfalls im sonstigen Ergebnis zu erfassen, was in diesem Fall jedoch zu einem Anstieg der Neubewertungsrücklage führt. Sofern die Immobilie aber in früheren Perioden außerplanmäßig im Wert gemindert wurde, ist diese Wertminderung zunächst bis zur Höhe des gebuchten Aufwands GuV-wirksam aufzuholen.

Erst ein anschließend noch verbleibender Unterschiedsbetrag wird GuV-neutral im sonstigen Ergebnis erfasst, was wiederum bilanziell zu einer Erhöhung der Neubewertungsrücklage führt. Bei Zuschreibungen über die fortgeführten Anschaffungskosten hinaus sind wiederum passive latente Steuern zu bilden. Die Neubewertungsrücklage kann ratierlich oder vollständig beim Abgang bzw. bei der Stilllegung der Immobilie GuV-neutral in die Gewinnrücklagen umgebucht werden. Der in die Neubewertungsrücklage eingestellte Unterschiedsbetrag wird somit niemals GuV-wirksam.

Beispiel 11.7

Die Tolstoi AG erwirbt Anfang des Geschäftsjahres 00 ein Hotel in unmittelbarer Nähe eines großen Vergnügungsparks zum Kaufpreis von 12.000 T€ in bar und klassifiziert es als vom Eigentümer selbst genutzte Immobilie. Die Folgebewertung soll bilanziell und steuerrechtlich zu fortgeführten Anschaffungskosten mittels linearer Abschreibung über die geschätzte voraussichtliche Nutzungsdauer von 60 Jahren erfolgen. Von einem Restwert wird nicht ausgegangen. Im Geschäftsjahr 01 schließt der Park aufgrund eines Brandes, der die beliebtesten Attraktionen zerstörte. Daraufhin bleibt ein großer Teil der Hotelgäste fern. Die Tolstoi AG beziffert den außerplanmäßigen Abschreibungsbedarf aufgrund fehlender Zimmerbelegungen zum Bilanzstichtag auf rund 3.600 T€, die auch steuerrechtlich akzeptiert werden. Gleichzeitig wird entschieden, das Hotel im Geschäftsjahr 02 zu einem Bürogebäude umzubauen, um es künftig zu vermieten. Finanzinvestitionen in Immobilien bewertet die Tolstoi AG GuV-wirksam zum beizulegenden Zeitwert. Aufgrund aufwendiger Werbemaßnahmen ist das Gebäude zur Eröffnung am Bilanzstichtag des Geschäftsjahres 02 nahezu komplett vermietet, woraufhin ein beauftragter Gutachter einen Immobilienmarktwert von 14.000 T€ ermittelt. Anfang des Geschäftsjahres 03 bietet eine Immobiliengesellschaft für das Gebäude 18.000 T€ in bar. Um ihr eigentliches Kerngeschäft zu stärken, nimmt die Tolstoi AG das Angebot an und erhält den Zahlungsbetrag. Der Ertragsteuersatz der Tolstoi AG beträgt 30 %. Welche Buchungssätze resultieren aus diesem Sachverhalt in den Geschäftsjahren 00, 01, 02 und 03 bei Vernachlässigung der Umbau- und Werbekosten?

Lösung
Geschäftsjahr 00:
Zunächst ist der Immobilienkauf zu buchen. Da das Hotel zu fortgeführten Anschaffungskosten gemäß IAS 16 mittels linearer Abschreibung folgebewertet werden soll, entstehen planmäßige Abschreibungen in Höhe von 200 T€. Der Restbuchwert der Immobilie in der Bilanz beträgt 11.800 T€. Latente Steuern sind nicht zu bilden, da steuerlich ebenso vorgegangen wird.

Buchungssätze:

Vom Eigentümer selbst genutzte Immobilie	*an*	*Bank*	*12.000 T€*

Abschreibung	*an*	*vom Eigentümer selbst genutzte Immobilie*	*200 T€*

Geschäftsjahr 01:

Neben den planmäßigen sind außerplanmäßige Abschreibungen in Höhe von 3.600 T€ zu verrechnen. Da es sich voraussichtlich um eine dauerhafte Wertminderung handelt, findet die außerplanmäßige (Teilwert-)Abschreibung auch in der Steuerbilanz statt, sodass keine latenten Steuern anfallen.

Buchungssätze:

Abschreibung	*an*	*vom Eigentümer selbst genutzte Immobilie*	*200 T€*
Außerplanmäßige Abschreibung	*an*	*vom Eigentümer selbst genutzte Immobilie*	*3.600 T€*

Geschäftsjahr 02:

Mit der Nutzung als Finanzinvestition fällt die Immobilie in den Anwendungsbereich von IAS 40. Die Immobilie ist daher in den Bestand der Anlageimmobilien zu übertragen und in der Bilanz zum beizulegenden Zeitwert in Höhe von 14.000 T€ anzusetzen. Der Unterschiedsbetrag von 6.000 T€ (14.000 T€ - 8.000 T€) zum bisherigen Buchwert ist in Höhe der im Geschäftsjahr 01 vorgenommenen außerplanmäßigen Wertminderung (3.600 T€) GuV-wirksam zuzuschreiben. Da steuerrechtlich jedoch nur bis zu den fortgeführten historischen Anschaffungskosten zugeschrieben wird (12.000 T€- 3 · 200 T€ = 11.400 T€), sind passive latente Steuern GuV-wirksam in Höhe von 60 T€ ((11.600 T€ - 11.400 T€) · 30 %) zu bilden. Anschließend ist der restliche Unterschiedsbetrag in Höhe von 2.400 T€ über das sonstige Ergebnis und unter Berücksichtigung passiver latenter Steuern in Höhe von 720 T€ (30 % von 2.400 T€) in einer Neubewertungsrücklage innerhalb des Eigenkapitals zu erfassen.

Buchungssätze:

Als Finanzinvestition gehaltene Immobilie	*an*	*vom Eigentümer selbst genutzte Immobilie*	*8.000 T€*
Als Finanzinvestition gehaltene Immobilie	*an*	*Finanzertrag*	*3.600 T€*
Steueraufwand	*an*	*passive latente Steuern*	*60 T€*

Als Finanzinvestition gehaltene Immobilie 2.400 T€	*an*	*sonstiges Ergebnis (OCI)*	*1.680 T€*
		passive latente Steuern	*720 T€*

Geschäftsjahr 03:
Mit dem Verkauf ist das Hotel auszubuchen und der Unterschiedsbetrag zum Verkaufspreis als Ertrag zu realisieren. Gleichzeitig ist die aus dem sonstigen Ergebnis resultierende Neubewertungsrücklage direkt in die Gewinnrücklagen umzubuchen. Darüber hinaus sind die bisher gebildeten passiven latenten Steuern in voller Höhe GuV-wirksam aufzulösen, um die Ertragslage des bilanzierenden Unternehmens korrekt darzustellen (vgl. hierzu auch Kapitel 6 und 10).

Buchungssätze:

Bank 18.000 T€	*an*	*als Finanzinvestition gehaltene Immobilie*	*14.000 T€*
		Finanzertrag	*4.000 T€*
Neubewertungs-rücklage 1.680 T€	*an*	*Gewinnrücklagen*	*1.680 T€*
Passive lat. Steuern 780 T€	*an*	*Steuerertrag*	*780 T€*

6 Abgänge

Behandlung eines Abgangs

Die Ausbuchung bzw. Entfernung einer Anlageimmobilie aus der Bilanz hat bei ihrem Abgang zu erfolgen oder wenn sie dauerhaft nicht mehr genutzt werden soll und kein zukünftiger wirtschaftlicher Nutzen mehr aus ihrem Abgang zu erwarten ist. Ein Abgang kann dabei nicht nur bei einem Verkauf vorliegen, sondern auch bei Abschluss eines Finanzierungsleasingverhältnisses, in dem anstatt des rechtlichen Eigentümers der Leasingnehmer die Immobilie bilanzieren muss. Die Differenz zwischen dem Nettoveräußerungserlös und dem bisherigen Buchwert der Immobilie ist GuV-wirksam in der Gesamtergebnisrechnung zu erfassen. Dabei kann IFRS 16 „Leasingverhältnisse“ eine andere Behandlung bei Sale-and-leaseback-Transaktionen verlangen (vgl. Kapitel 19). Die Bestimmung des Abgangszeitpunktes ist unter Berücksichtigung von IFRS 15 zu ermitteln (vgl. Kapitel 7).

Entschädigungsleistungen

Ausgleichszahlungen von Dritten für eine Wertminderung, einen Verlust oder eine aufgegebene Immobilie (wie z.B. Entschädigungsleistungen von Versicherungen) sind nach IAS 40.72 stets GuV-wirksam zu verrechnen und stellen einzelne wirtschaftliche Ereignisse dar.

7 Ausweis

Bilanzausweis

IAS 40 enthält keine Ausweisvorschriften für Anlageimmobilien. Demzufolge muss auf die Vorschriften des IAS 1 „Darstellung des Abschlusses" zurückgegriffen werden. Aufgrund ihres Charakters sind Finanzinvestitionen in Immobilien auf der Aktivseite der Bilanz unter den langfristigen Vermögenswerten auszuweisen. Dabei darf kein Ausweis unter dem Sachanlagevermögen erfolgen. Gemäß IAS 1.54 sind Anlageimmobilien vielmehr gesondert darzustellen.

Ausweis innerhalb des Gewinns oder Verlustes

Erträge oder Aufwendungen aus der Folgebewertung zum beizulegenden Zeitwert sind nach IAS 40.35 GuV-wirksam in der Gesamtergebnisrechnung zu verrechnen. Weder IAS 40 noch IAS 1 enthalten Hinweise darauf, wo die Veränderungen des beizulegenden Zeitwerts in der Gesamtergebnisrechnung ausgewiesen werden sollen. Im Schrifttum wird hier vorgeschlagen, Aufwendungen bzw. Erträge aus Veränderungen des beizulegenden Zeitwerts dem Ergebnis der betrieblichen Geschäftstätigkeit zuzuordnen, sofern das Halten von Anlageimmobilien zum operativen Geschäft gehört.[12] Dieses Vorgehen ist auch in der Praxis zu beobachten: Entsprechende Ergebniskomponenten werden üblicherweise zwischen Umsatzerlösen und sonstigen betrieblichen Erträgen in der Position „Unrealisierte Marktwertänderungen von Investment Property" ausgewiesen. Ist das Halten von Finanzinvestitionen in Immobilien jedoch nur eine Nebentätigkeit eines Unternehmens, sollte der Ausweis der Wertveränderungen im Finanzergebnis erfolgen, und zwar unabhängig davon, welche Folgebewertungsmethode angewendet wird.

8 Angaben

IAS 40

IAS 40 verlangt die Veröffentlichung von umfangreichen Angaben über den Bestand an Finanzinvestitionen in Immobilien. Neben allgemeinen Angaben sind in Abhängigkeit von der angewendeten Folgebewertungsmethode zusätzliche Informationen offen zu legen.

Andere Standards

Daneben können andere Standards wie z.B. IFRS 16 im Rahmen von Leasingverhältnissen weitere Angaben erfordern. Darüber hinaus verlangt IFRS 13.91-99 die Angabe von Informationen, die den Abschlussadressaten helfen, die verwendeten Bewertungsverfahren und -parameter sowie bei regelmäßiger Bewertung zum beizulegenden Zeitwert unter Verwendung nicht beobachtbarer Eingangsparameter die Auswirkung der Bewertungen auf den Gewinn oder Verlust einzuschätzen.

EPRA

Schließlich folgen viele Immobiliengesellschaften in Europa den ergänzenden Berichterstattungsempfehlungen der EPRA (European Public Real Estate Association). Hierbei werden z.B. sog. NAVs (net asset values) angegeben, denen eine

12 Vgl. *Böckem, H./Schurbohm-Ebneth, A.*, Praktische Fragestellungen der Implementierung von IAS 40 – Als Finanzanlagen gehaltene Immobilien (investment properties), in: KoR, 3. Jg. (2003), S. 342; *Zülch, H.*, Die Bilanzierung von Investment Properties nach IAS 40, Düsseldorf 2003, S. 342-344.

Bewertung des bilanziellen Eigenkapitals bzw. Nettovermögens zum beizulegenden Zeitwert zu Grunde liegt. Außerdem werden z.B. Leerstandsquoten veröffentlicht.

Allgemeine Angaben

Zu den allgemeinen Informationspflichten gehören nach IAS 40.75 und IFRS 13.91-99 u.a. Angaben über

- die angewendete Folgebewertungsmethode,
- die Kriterien, die ein Unternehmen bei Klassifikationsproblemen zur Unterscheidung von als Finanzinvestition gehaltenen Immobilien, vom Eigentümer selbst genutzten Immobilien und zum Verkauf im Rahmen der gewöhnlichen Geschäftstätigkeit gehaltenen Immobilien anwendet,
- die Stufe der Hierarchie des beizulegenden Zeitwerts,
- die Bewertungstechnik und verwendete Inputparameter sowie, falls anwendbar, Änderungen in der Bewertungstechnik und die Gründe dafür für die beizulegenden Zeitwerte der zweiten und dritten Stufe,
- eine andere aktuelle Nutzung als die höchst- und bestmögliche Nutzung einer Renditeimmobilie,
- das Ausmaß, in dem die beizulegenden Zeitwerte von einem unabhängigen Sachverständigen ermittelt bzw. die Angabe, dass kein Gutachter mit der Immobilienbewertung beauftragt wurde,
- die in der Gesamtergebnisrechnung verrechneten Beträge der Mieteinnahmen und der betrieblichen Aufwendungen einschließlich der Instandhaltungs- und Wartungskosten, wobei über betriebliche Aufwendungen für Immobilien, die Mieteinnahmen erzielen, und über Aufwendungen für Immobilien, die keine Mieterträge generieren, gesondert zu berichten ist,
- das Vorliegen und die Höhe von etwaigen Verkaufsbeschränkungen oder Erlösschmälerungen sowie
- vertragliche Verpflichtungen hinsichtlich des Erwerbs, der Herstellung oder Entwicklung von Anlageimmobilien und für Instandhaltung, Reparaturen oder Verbesserungen.

Zusätzliche Angaben bei Folgebewertung nach dem Modell des beizulegenden Zeitwerts

Sofern das Modell des beizulegenden Zeitwerts als Folgebewertungsverfahren gewählt wurde, ist zusätzlich eine erläuternde Überleitungsrechnung zu erstellen, die die Entwicklung des Buchwerts der als Finanzinvestition gehaltenen Immobilien vom Beginn bis zum Ende des Geschäftsjahres zeigt (IAS 40.76). Darin müssen sämtliche Zugänge (mit gesonderter Angabe der Zugänge aus Erwerb, nachträglicher Aktivierung von Anschaffungs- oder Herstellungskosten und aus Unternehmenszusammenschlüssen), nach IFRS 5 als zur Veräußerung klassifizierte Immobilien und andere Abgänge, Nettogewinne/-verluste aus Veränderungen des beizulegenden Zeitwerts, Währungsdifferenzen, Übertragungen in und aus den Vorräten und dem Bestand an selbst genutzten Immobilien sowie sonstige Veränderungen der Periode aufgezeigt werden. Dabei sind Immobilien, bei denen der beizulegende Zeitwert nicht verlässlich ermittelt werden kann, gesondert in der Überleitungsrechnung auszuweisen. Damit die Abschlussadressaten die Gründe für eine nicht verlässlich mögliche Ermittlung von beizulegenden Zeitwerten nachvollziehen können, sind die betroffenen Immobilien zu beschreiben, die Problematik bei der Ermittlung des beizulegenden Zeitwerts zu begründen und, sofern möglich, eine Bandbreite der Schätzungen, innerhalb derer sich der beizulegende Zeitwert mit hoher Wahrscheinlichkeit befindet, anzugeben. Geht eine solche Immobilie ab, ist dieser Umstand ebenso anzugeben wie der Buchwert zum Verkaufszeitpunkt und der hieraus entstandene Veräußerungsgewinn bzw. -verlust. Nach IFRS 13 müssen zusätzlich quantitative Angaben zu den wesentlichen nicht beobachtbaren Eingangsparametern sowie zum Bewertungsprozess für die beizulegenden Zeitwerte der dritten Stufe gemacht werden. Oft finden sich über diese Angaben hinaus auch Sensitivitätsanalysen für den beizulegenden Zeitwert hinsichtlich Veränderungen in den verwendeten Kapitalisierungs- und Diskontierungsraten.

Zusätzliche Angaben bei Folgebewertung nach dem Anschaffungskostenmodell

Bei Anwendung des Anschaffungskostenmodells als Folgebewertungsmethode sind die angewendeten Abschreibungsverfahren, Nutzungsdauern bzw. Abschreibungssätze und die Bruttobuchwerte der Immobilien einschließlich der bislang angefallenen planmäßigen und außerplanmäßigen Abschreibungen vom Beginn bis zum Ende der Periode zu veröffentlichen (IAS 40.79). Gleichfalls ist eine Überleitungsrechnung aufzustellen, um die Entwicklung des Immobilienbuchwerts vom Anfang bis zum Ende der Periode aufzuzeigen. Diese muss gesondert sämtliche Zugänge aus Erwerben, nachträglicher Aktivierung und aus Unternehmensakquisitionen enthalten, aber auch sämtliche nach IFRS 5 als zu veräußernd klassifizierte Immobilien und andere Abgänge, Abschreibungen, Wertminderungen und -aufholungen, Währungsumrechnungsdifferenzen, Übertragungen in und aus den Vorräten und dem Bestand an selbst genutzten Immobilien sowie sonstige Veränderungen der Periode. Zusätzlich ist der beizulegende Zeitwert der als Finanzinvestition gehaltenen Immobilien zu veröffentlichen. Sofern dieser nicht verlässlich ermittelt werden kann, sind die betroffenen Immobilien zu beschreiben, die nicht verlässliche Ermittlung zu erklären und, sofern möglich, die Bandbreite der Schätzungen anzugeben, innerhalb derer sich der beizulegende Zeitwert befindet.

9 Wesentliche Unterschiede zum IFRS for SMEs

Im Gegensatz zu IAS 40 existiert im IFRS-SME kein explizites Wahlrecht hinsichtlich der Folgebilanzierung. Stattdessen sind Renditeimmobilien gemäß IFRS-SME.16.7 stets zum beizulegenden Zeitwert zu bilanzieren, sofern dessen Ermittlung verlässlich und mit vertretbaren Kosten möglich ist. Ist dies nicht der Fall, sind die betreffenden Immobilien als Sachanlagen gemäß IFRS-SME.17 und damit nach dem Modell der fortgeführten Anschaffungskosten zu bilanzieren. Die Regelungen für Sachanlagen in IFRS-SME.17 fordern keine Angabe des beizulegenden Zeitwerts im Anhang.

Weitere Unterschiede ergeben sich bei der Behandlung von Renditeimmobilien, für die in der Vergangenheit noch ein beizulegender Zeitwert verlässlich und zu angemessenen Kosten ermittelbar war, dies jedoch aktuell nicht mehr möglich ist (IFRS-SME.16.8). Während solche Immobilien nach IAS 40 weiterhin zum beizulegenden Zeitwert bilanziert werden müssen, sind sie nach dem IFRS-SME als Sachanlagen und damit zu fortgeführten Anschaffungskosten zu bilanzieren. Wird zu einem späteren Zeitpunkt ersichtlich, dass es voraussichtlich dauerhaft wieder möglich sein wird, den beizulegenden Zeitwert verlässlich und zu angemessenen Kosten zu ermitteln, ist gemäß IFRS-SME.16.8 ein Wechsel zurück zum Modell des beizulegenden Zeitwerts vorgesehen. Nach IAS 40 ist dies nicht möglich: Wenn eine neu zugegangene Immobilie ausnahmsweise zum Anschaffungskostenmodell bilanziert wird, hat dies bis zum Abgang des Vermögenswertes zu erfolgen. Wie so oft fallen schließlich die Angabepflichten weniger umfassend aus, was sich teilweise aus dem Wegfall des expliziten Wahlrechts bei der Folgebewertung ergibt.

10 Wesentliche Unterschiede zum HGB

In der handelsrechtlichen Rechnungslegung existieren keine gesonderten Vorschriften für die Bilanzierung von als Finanzinvestition gehaltenen Immobilien. Immobilien sind nach handelsrechtlichen Vorschriften unter dem Sachanlagevermögen auszuweisen (vgl. zu den entsprechenden Regelungen die Ausführungen in Kapitel 10) und zu fortgeführten Anschaffungs- oder Herstellungskosten zu bilanzieren. Eine Bewertung zum beizulegenden Zeitwert in der Bilanz ist nicht erlaubt. Ebenso ist keine verpflichtende Angabe der beizulegenden Zeitwerte im Anhang vorgesehen.

Ausgewählte Literatur

Böckem, H./Schurbohm-Ebneth, A., Praktische Fragestellungen der Implementierung von IAS 40 – Als Finanzanlagen gehaltene Immobilien (investment properties), in: KoR, 3. Jg. (2003), S. 335-343.

Dietrich, A./Ranker, D., Zweifelsfragen bei der Bilanzierung und Bewertung von im Bau befindlichen Investment Properties, in: IRZ, 5. Jg. (2010), S. 113-117.

Köhling, K., Die Fair Value-Bewertung für Renditeimmobilien gem. IFRS 13, in: KoR, 11. Jg. (2011), S. 567-574.

Olbrich, M., Zur Bilanzierung von als Finanzinvestition gehaltenen Immobilien nach IAS 40, in: BFuP, 55. Jg. (2003), S. 346-357.

Zaugg, D./Bach, R./Meister, D., Neue IFRS-Regeln zur Bestimmung des Fair Value – Was ändert sich für den Immobiliensektor?, in: IRZ, 6. Jg. (2011), S. 433-437.

Zülch, H., Die Bilanzierung von Investment Properties nach IAS 40, Düsseldorf 2003.

Übungsaufgaben

Im Zuge der Konzernabschlusserstellung 2021 sehen sich die Rechnungsleger der nach IFRS bilanzierenden Funkel AG der Forderung des Vorstandes gegenüber, den Gewinn „ein wenig nach oben zu drücken". Für dieses Ziel wird eine in der aktuellen Berichtsperiode fertig gestellte und bereits an Unternehmensexterne vermietete Großimmobilie der Funkel AG als möglicher Ansatzpunkt für Bilanzpolitik identifiziert. Diese Immobilie ist die erste und einzige als Finanzinvestition gehaltene Immobilie der Funkel AG. Die Herstellungskosten der Immobilie betragen 175 Mio. €. Ein sachverständiger Gutachter ermittelt zum Geschäftsjahresende einen beizulegenden Zeitwert von 180 Mio. €. Die für das Jahr 2021 geplante anteilige Abschreibung beträgt 10 Mio. €.

a) Skizzieren Sie die bestehenden Möglichkeiten der bilanziellen Abbildung dieses Geschäftsvorfalls nach IFRS. Gehen Sie hierbei auf Ansatz-, Bewertungs- und Offenlegungsfragen ein.
b) Buchen Sie den geschilderten Sachverhalt gemäß dem bilanzpolitischen Ziel für das Jahr 2021 nach IFRS. Die Buchung des Erstellungsprozesses ist nicht erforderlich. Gehen Sie hierbei von einem Steuersatz von 30 % aus und davon, dass die steuerliche Behandlung der handelsrechtlichen folgt. Um welchen Betrag ändert sich der Gewinn oder Verlust im Vergleich zur ebenfalls zulässigen Bewertungsalternative?
c) Stellen Sie die Unterschiede zwischen dem Modell des beizulegenden Zeitwerts gemäß IAS 40 und dem Neubewertungsmodell gemäß IAS 16 bzw. IAS 38 im Rahmen der Folgebewertung dar.
d) Diskutieren Sie die möglichen Folgebewertungsverfahren nach IAS 40 vor dem Hintergrund der Entscheidungsnützlichkeit für Investoren.

Kapitel 12
Vorräte

Die Aktivposition Vorräte ist insbesondere für produzierende Unternehmen und Handelsunternehmen von hoher Bedeutung. Hier bilden Vorräte in der Regel einen der größten Bilanzposten innerhalb der kurzfristigen Vermögenswerte. So weist beispielsweise der Adidas-Konzern zum 31.12.2019 ein Vorratsvermögen in Höhe von 4.085 Mio. € auf, was in etwa 19,8 % der Bilanzsumme und ca. 37,4 % der kurzfristigen Vermögenswerte entspricht. Zum Vergleich: Beim Deutsche Telekom-Konzern spielt das Vorratsvermögen zum 31.12.2019 mit 1.568 Mio. € bei einer Bilanzsumme von 170.672 Mio. € eine eher untergeordnete Rolle (ca. 0,9 %).

Verarbeitung und Verkauf der Vorräte können einen erheblichen Einfluss auf Bilanz und Gesamtergebnisrechnung haben. Aus Sicht der Bilanzanalyse ist die Höhe der Vorräte interessant, da diese finanziert werden müssen und insofern für die Dauer ihres Verbleibs im Unternehmen Kapitalkosten verursachen. Daher bemühen sich Unternehmen im Rahmen des Working Capital Management unter anderem um eine möglichst effiziente Verwaltung des Vorratsvermögens. Das Hauptproblem bei der Bilanzierung besteht darin, alle mit der Produktion und dem Kauf von Vorräten verbundenen Auszahlungen zu messen und den einzelnen Vorratsgegenständen als Anschaffungs- oder Herstellungskosten zuzuordnen. Dabei ist zu differenzieren, welche Teile der Auszahlungen vom Unternehmen in der betrachteten Periode bereits als Aufwand erfasst werden und welche Teile in den Anschaffungs- und Herstellungskosten der Vorräte aktiviert werden müssen. Die Bilanzierung von Vorräten im Rahmen der IFRS-Rechnungslegung wird durch IAS 2 „Vorräte“ (Inventories) geregelt.

Lernziele „Kennen“

Nach Bearbeitung dieses Kapitels kennen Sie die Vermögenswerte, die nach IAS 2 als Vorratsvermögen zu bilanzieren sind. Sie verstehen die zentralen Normen für Ansatz und Erst- sowie Folgebewertung von Vorräten. Hierzu gehören insbesondere die Bestandteile der Anschaffungs- und Herstellungskosten sowie die Folgebewertung mithilfe des Nettoveräußerungswerts. Darüber hinaus kennen Sie die zulässigen Bewertungsvereinfachungsverfahren.

Lernziele „Anwenden“

Sie können die Normen des IAS 2 auf praxisnahe Sachverhalte anwenden und dabei einschätzen, ob ein Vermögenswert in den Anwendungsbereich von IAS 2 fällt sowie mit welchen Anschaffungs- bzw. Herstellungskosten dieser angesetzt wird. Sie können die Folgebewertungsvorschriften und die unterschiedlichen Bewertungsvereinfachungsverfahren anwenden sowie buchhalterisch abbilden.

Lernziele „Bewerten & Gestalten“

Sie können die in IAS 2 dargestellten Bilanzierungsvorschriften in ihren Auswirkungen auf die Vermögens-, Finanz- und Ertragslage eines Unternehmens abschätzen. Dabei sind Sie in der Lage, die Ermessensspielräume und Wahlrechte bei der Bewertung, z.B. bei dem Produktionsbezug der Herstellungskosten, bei der Ermittlung des Nettoveräußerungswerts oder bei den Bewertungsvereinfachungsverfahren, zu erkennen und zu beurteilen.

1 Anwendungsbereich

Relevanter Standard

Der zentrale Standard zur Bilanzierung von Vorräten ist IAS 2 „Vorräte“ (Inventories). Die Grundlage des Standards wurde bereits im Jahr 1975 vom IASC entwickelt. Nach weiteren Überarbeitungen ist die aktuell geltende Fassung im Jahr 2005 in Kraft getreten.

Definition des Vorratsvermögens

Nach der Definition des IAS 2.6 handelt es sich bei in der Bilanz anzusetzenden Vorräten um Vermögenswerte, die

- im Rahmen der üblichen Geschäftstätigkeit zum Verkauf bestimmt sind,
- sich im Herstellungsprozess für diesen Verkauf befinden oder
- als Roh-, Hilfs- und Betriebsstoffe dazu bestimmt sind, in der Produktion bzw. im Dienstleistungserbringungsprozess verbraucht zu werden.

Vorräte umfassen demnach einerseits zum Weiterverkauf erworbene Waren (z.B. von einem Einzelhändler zum Weiterverkauf erworbene Handelswaren oder zum Weiterverkauf gehaltene Grundstücke und Gebäude einer Bauträgergesellschaft) und andererseits selbst hergestellte fertige und unfertige Erzeugnisse sowie Roh-, Hilfs- und Betriebsstoffe vor Eingang in den Herstellungsprozess. Auch ein eiserner Bestand an Vorräten (insb. von Hilfs- und Betriebsstoffen), die notwendig sind, um die dauerhafte Produktionsfähigkeit sicherzustellen, fallen in den Anwendungsbereich des IAS 2. Ebenso sind produktionsferne Betriebsstoffe als Vorratsvermögen auszuweisen.

Ausnahmen vom Anwendungsbereich des IAS 2

Explizit ausgenommen von der Definition der Vorräte sind gemäß IAS 2.2 Finanzinstrumente (geregelt in IFRS 9 bzw. in IAS 32) sowie biologische Vermögenswerte, die mit einer land- oder forstwirtschaftlichen Tätigkeit in Zusammenhang stehen (geregelt in IAS 41). Folgende weitere Vorratsgegenstände fallen gemäß IAS 2.3-5 nicht unter die Bewertungsvorschriften von IAS 2: Lebendbestände im Vorratsvermögen von Erzeugern, land- und forstwirtschaftliche Produkte sowie Mineralien und Mineralienprodukte werden nach den jeweiligen Branchengepflogenheiten mit dem Nettoveräußerungswert angesetzt (IAS 2.3(a)). Dies hat zur Folge, dass Änderungen des Nettoveräußerungswertes sofort GuV-wirksam erfasst werden. Die Bewertung zum Nettoveräußerungswert ist jedoch nur dann zulässig, wenn kein Risiko besteht, dass die Waren nicht verkauft werden können. Dies ist immer dann der Fall, wenn staatliche Abnahmegarantien existieren oder das Gut an einer Warenbörse gehandelt wird. Eine sofortige GuV-wirksame Erfassung hat ebenfalls bei Vorräten von Brokern an Warenbörsen zu erfolgen, bei denen eine Bewertung zum beizulegenden Zeitwert abzüglich der Verkaufskosten durchgeführt wird (IAS 2.3(b)).

Beispiel 12.1

Baumwolle ist ein landwirtschaftliches Erzeugnis. Die Baumwollpflanzen stellen die korrespondierenden biologischen Vermögenswerte gemäß IAS 41.5 dar. Sowohl die noch „an der Pflanze hängende“ Baumwolle als auch die Pflanzen selbst sind keine Vorräte gemäß IAS 2. Von einem Landwirt bereits geerntete oder von einem Textilfabrikanten gekaufte Baumwolle stellen hingegen für den Landwirt bzw. den Textilfabrikanten Vorratsvermögen nach IAS 2 dar.

Wäre die Baumwolle im Vorratsbestand eines Warenhändlers/Brokers und würde sie an einer Warenbörse gehandelt, wären die Vorräte zum beizulegenden Zeitwert abzüglich der Verkaufskosten zu bilanzieren.

2 Bewertung

2.1 Erstbewertung

Grundsatz

Vorräte sind gemäß IAS 2.9 an jedem Bilanzstichtag mit dem niedrigeren Wert aus historischen Anschaffungs- oder Herstellungskosten und Nettoveräußerungswert zu bewerten. In die Anschaffungs- oder Herstellungskosten von Vorräten sind alle Kosten des Erwerbs- und Produktionsprozesses sowie sonstige Kosten einzubeziehen, die angefallen sind, um die Vorräte an ihren derzeitigen Ort und in ihren derzeitigen Zustand zu versetzen (IAS 2.10). Hierbei gilt generell der Einzelbewertungsgrundsatz, nach dem jeder Vermögenswert des Vorratsvermögens einzeln zu bewerten ist.

2.1.1 Anschaffungskosten

Zusammensetzung der Anschaffungskosten

Die Anschaffungskosten der Vorräte umfassen gemäß IAS 2 folgende Komponenten:

	Anschaffungspreis
+	Anschaffungsnebenkosten
–	Anschaffungspreisminderungen
+	sonstige Kosten
=	**Anschaffungskosten**

Anschaffungspreis

Der Anschaffungspreis umfasst den Kaufpreis ohne Umsatzsteuer, sofern der Erwerber vorsteuerabzugsberechtigt ist und folglich die von ihm gezahlte Umsatzsteuer vom Finanzamt erstattet bekommt. Auch sämtliche andere Komponenten der Anschaffungskosten sind als Nettobeträge zu berücksichtigen (IAS 2.11).

Anschaffungsnebenkosten

Zu den Anschaffungsnebenkosten gehören gemäß IAS 2.11 alle Kosten, die dem Anschaffungsvorgang direkt zurechenbar sind. Das können sein: Einfuhrzölle und andere Steuern, die das Unternehmen wirtschaftlich trägt und nicht erstattungsfähig sind, Transportkosten sowie sonstige Kosten, die der Beschaffung von Fertigerzeugnissen, Materialien und Leistungen unmittelbar zugerechnet werden können.

Anschaffungspreisminderungen

Zu den Anschaffungspreisminderungen zählen einzeln zurechenbare Nachlässe wie Skonti, Rabatte und andere vergleichbare Preisminderungen (IAS 2.11). Die Möglichkeit nach IAS 20.24, die Anschaffungskosten um Zuwendungen der öffentlichen Hand zu kürzen, besteht hingegen nur dann, wenn es sich um den Kauf oder die Herstellung langfristiger Vermögenswerte handelt. Da Vorräte gewöhnlich kurzfristige Vermögenswerte sind, ist eine Kürzung der Anschaffungskosten um solche Zuwendungen kaum möglich.[1]

Sonstige Kosten

Sonstige Kosten, die angefallen sind, um die Vorräte an ihren derzeitigen Einsatzort und Zustand zu bringen, erhöhen gemäß IAS 2.15 die Anschaffungskosten der Vorräte. Infrage kommen z.B. Gemeinkosten der internen Spedition oder kundenspezifische Kosten der Produktentwicklung.

Fremdkapitalkosten

Besonderheiten ergeben sich bei der Behandlung von Fremdkapitalkosten. So verweist IAS 2.17 hierzu auf IAS 23, welcher zu einer Aktivierung von Fremdkapitalkosten verpflichtet, sofern folgende Kriterien erfüllt sind:

- Es handelt sich um Fremdkapitalkosten, die direkt dem Erwerb, dem Bau oder der Herstellung eines qualifizierten Vermögenswertes (qualifying asset) zugeordnet werden können (IAS 23.8).
- Es muss wahrscheinlich sein, dass dem Unternehmen hieraus ein künftiger wirtschaftlicher Nutzen erwächst, und die Kosten müssen verlässlich ermittelt werden können (IAS 23.9).

Zu beachten ist dabei jedoch, dass Unternehmen gemäß IAS 23.4(b) grundsätzlich nicht zur Anwendung des IAS 23 auf Fremdkapitalkosten verpflichtet sind, wenn diese direkt dem Erwerb, dem Bau oder der Herstellung von Vorräten zurechenbar sind, die in großen Mengen wiederholt gefertigt oder auf andere Weise hergestellt werden.

Qualifizierter Vermögenswert

Bei einem qualifizierten Vermögenswert[2] handelt es sich gemäß IAS 23.5 um einen Vermögenswert, für den ein beträchtlicher Zeitraum erforderlich ist, um ihn in seinen beabsichtigten gebrauchs- oder verkaufsfähigen Zustand zu versetzen. Qualifizierte Vermögenswerte zeichnen sich somit dadurch aus, dass sie über eine längere Periode – eine genauere Angabe wird nicht gemacht – keinen Beitrag zum betrieblichen Erfolg leisten und dass in diesem Zeitraum Vorbereitungen getroffen werden, damit sie zukünftig im Rahmen des betrieblichen Leistungsprozesses genutzt werden können.

Vorräte als qualifizierte Vermögenswerte

Fraglich ist, ob Vorräte i.S.v. IAS 2 die Definition des qualifizierten Vermögenswertes überhaupt erfüllen können. In Abhängigkeit vom Sachverhalt können Vorräte nach IAS 23.7 zwar qualifizierte Vermögenswerte darstellen, allerdings weist der Standard gleichzeitig explizit darauf hin, dass innerhalb eines kurzen Zeitraums hergestellte Vorräte sowie verkaufs- oder betriebsfertig bezogene Waren keine qualifizierten Vermögenswerte repräsentieren. Sämtliche Arten von Waren, die noch einem längeren Reifungsprozess unterliegen, wie z.B. hochwertige, in Fässern reifende Weine, Whiskeys und andere Spirituosen oder spezielle Käse-

1 Vgl. *Kurz*, Beck'sches IFRS-Handbuch, § 8, Tz. 23.

2 Für die Übersetzung des Begriffs *„qualifying asset"* werden in der offiziellen deutschen EU-Fassung des Standards die Begriffe qualifizierter und qualifizierender Vermögenswert verwendet.

sorten, könnten jedoch zu Fremdkapitalkosten führen, die gemäß IAS 2.17 Teil der Anschaffungskosten sind.[3]

Aktivierungsverbote

IAS 2.16 listet exemplarisch Kostenbestandteile auf, die von einer Aktivierung explizit ausgeschlossen und damit in der Periode ihres Anfalls als Aufwand zu erfassen sind. Hierunter fallen z.B. nicht produktionsbezogene Lager- und Verwaltungskosten sowie Vertriebskosten. Darüber hinaus wird in IAS 2.18 ausdrücklich darauf hingewiesen, dass bei einer unüblich langen Zahlungsfrist (deferred settlement terms) lediglich der Barwert als Anschaffungskosten angesetzt werden darf. Der Mehrpreis wird hingegen über den Finanzierungszeitraum als Zinsaufwand erfasst.

Im Folgenden wird die Ermittlung der Anschaffungskosten anhand eines zusammenfassenden Beispiels verdeutlicht.

Beispiel 12.2

Die StaDaLex AG hat eine Maschine zum Weiterverkauf erworben. Der Preis beläuft sich auf 19.040 T€ (inkl. 19 % USt.). Der Kaufpreis soll in zwei gleichen Raten bezahlt werden. Die erste Teilzahlung ist innerhalb von 60 Tagen fällig. Der Verkäufer gewährt 2 % Skonto auf den Nettobetrag der ersten Teilzahlung, wenn das Unternehmen innerhalb von 30 Tagen zahlt. Das Unternehmen überweist den Rechnungsbetrag nach 20 Tagen. Die zweite Teilzahlung ist erst nach einem Jahr zu entrichten. Es sind Fracht- und Transportkosten i.H.v. 202,3 T€ (inkl. 19 % USt) angefallen; für die Versicherung entstanden weitere Aufwendungen i.H.v. 30 T€ (inkl. Versicherungssteuer). Aufgrund der guten und stetigen Geschäftsbeziehung wurde für das Geschäftsjahr eine Treueprämie von insgesamt 300 T€ (netto) gutgeschrieben. Der relevante Zinssatz für evtl. Aufzinsungen oder Abzinsungen beträgt 10 %. Mit welchem Wert wird diese Handelsware in der Bilanz angesetzt?

Lösung

	1. Teilzahlung (9.520 T€ / 1,19)	8.000,00 T€
	2. Teilzahlung ((9.520 T€ / 1,19) / 1,1)	7.272,72 T€
=	**Anschaffungspreis**	**15.272,72 T€**
+	Anschaffungsnebenkosten	+ 200,00 T€
–	Anschaffungspreisminderungen	– 160,00 T€
=	**Anschaffungskosten**	**15.312,72 T€**

Vom Kaufpreis ist die Umsatzsteuer der jeweiligen Teilzahlungen (jeweils 1.520 T€) abzuziehen, weil sie als Vorsteuer erstattungsfähig ist. Die zweite Teilzahlung weist eine unüblich lange Zahlungsfrist auf und darf daher lediglich mit dem Barwert der Zahlung (8.000 T€ / 1,1 = 7.272,72 T€) als Anschaffungskosten angesetzt werden. Der Mehrpreis wird über das Jahr als Zinsaufwand erfasst (8.000 T€ - 7.272,72 T€ = 727,27 T€), da hier offensichtlich kein qualifizierter Vermögenswert vorliegt. Weiterhin fallen Fracht- und Transport-

3 Vgl. *Lüdenbach/Hoffmann/Freiberg*, Haufe IFRS-Kommentar, § 9, Rz. 31.

kosten (202,3 T€) an, von denen ebenfalls die Umsatzsteuer abzuziehen ist. Die Versicherungsgebühr muss hingegen inkl. Steuern (30 T€) als Anschaffungsnebenkosten berücksichtigt werden, da diese keine Ertragssteuern darstellen. Das Unternehmen hat die erste Teilzahlung innerhalb der Skontofrist geleistet, sodass der Skontobetrag (2 % von 8.000 T€) den Anschaffungspreis mindert. Die Treueprämie ist nicht zu berücksichtigen, da diese der Maschine nicht unmittelbar zugerechnet werden kann (IAS 2.11).

2.1.2 Herstellungskosten

Produktionsbezogener Vollkostenansatz

Die Vorschriften von IAS 2.12-14 (Herstellungskosten) und IAS 2.15-18 (sonstige Kosten) gewähren dem Bilanzierenden vom Grundsatz her keine Spielräume bei der Bestimmung der Höhe der Herstellungskosten. Es sind die produktionsbezogenen Vollkosten anzusetzen, d.h. neben den Einzelkosten sind auch variable und fixe Produktionsgemeinkosten zwingend einzubeziehen:

	Einzelkosten
+	fixe Produktionsgemeinkosten
+	variable Produktionsgemeinkosten
+	sonstige Kosten
=	**Herstellungskosten**

Bestandteile der Herstellungskosten

IAS 2 enthält kein detailliertes Berechnungsschema zur Ermittlung der Herstellungskosten. So werden z.B. in IAS 2.12 lediglich die Fertigungslöhne als Einzelkosten genannt. Ausschlaggebend für die Aktivierungsentscheidung ist der direkte Zusammenhang der angefallenen Kosten mit dem Produkt bzw. dem Produktionsvorgang. Im Folgenden werden nun in Anlehnung an die Kommentarliteratur die Bestandteile der Herstellungskosten komponentenweise erläutert.[4] Die Reihenfolge der Ausführungen orientiert sich dabei weitgehend an Tabelle 12.1.

4 Vgl. dazu z.B. *Kurz*, Beck´sches IFRS-Handbuch, § 8, Tz. 31-70; *Lüdenbach/Hoffmann/Freiberg,* Haufe IFRS-Kommentar, § 17, Rz. 39-47.

Einzelkosten	
Materialeinzelkosten	Pflicht
Fertigungseinzelkosten	Pflicht
Sondereinzelkosten der Fertigung	Pflicht
Variable Produktionsgemeinkosten	
Materialgemeinkosten	Pflicht
Fertigungsgemeinkosten	Pflicht
Fixe Produktionsgemeinkosten	
Abschreibungen des Anlagevermögens	Pflicht
Verwaltungskosten	Pflicht, sofern produktionsbezogen
Aufwendungen für	
soziale Einrichtungen des Betriebes	Pflicht, sofern produktionsbezogen
freiwillige soziale Leistungen	Pflicht, sofern produktionsbezogen
betriebliche Altersversorgung	Pflicht, sofern produktionsbezogen
Sonstige Kosten	
Substanzsteuern	Pflicht, sofern produktionsbezogen
Ertragssteuern	Verbot
Fremdkapitalkosten	Pflicht, sofern qual. Vermögenswert
Vertriebskosten	Verbot

Tab. 12.1: Herstellungskosten nach IFRS

Material-einzelkosten

Zu den Materialeinzelkosten gehören Auszahlungen für Rohstoffe sowie für Halb- und Fertigfabrikate. Auszahlungen für Hilfs- und Betriebsstoffe wie Nägel, Schrauben oder Leim werden in der Regel als Gemeinkosten verrechnet. Sie stellen sog. unechte Gemeinkosten dar, d.h. es sind Kosten, die bei entsprechend genauer Messung als Einzelkosten zu sehen wären, aus Wirtschaftlichkeitsgründen aber als Gemeinkosten erfasst werden. Verpackungsmaterial muss mit dem Produkt zusammenhängen, damit die Auszahlungen als Materialeinzelkosten gelten (z.B. die Hülle einer CD). Verbrauchsbedingter Verschnitt oder Ausschuss führen ebenfalls zu aktivierungspflichtigen Einzelkosten (z.B. nicht wieder verwendbarer Abfall bei Holzteilen).

Fertigungs-einzelkosten

Fertigungseinzelkosten umfassen z.B. Akkordlöhne, Produktions-, Werkstatt- und Verarbeitungslöhne sowie Überstunden-, Feiertags- und Sonderzuschläge. Weiterhin zählen zu den Fertigungseinzelkosten die Arbeitgeberanteile zur Sozialversicherung und die vom Unternehmen etwa bei geringfügig Beschäftigten übernommene Lohn- und Kirchensteuer.

Sonder-einzelkosten der Fertigung

Bei Fertigungsaufträgen fallen regelmäßig noch vor Beginn des eigentlichen Herstellungsprozesses Kosten für spezielle Vorleistungen an. Soweit diese Kosten einem bereits erhaltenen Auftrag als Einzelkosten direkt zugerechnet werden können, sind sie als Sondereinzelkosten der Fertigung zu aktivieren. Diese fallen beispielsweise für Modelle, Entwürfe, Schablonen, Spezialwerkzeuge, Lizenzgebühren – sofern es sich nicht um Vertriebslizenzen handelt – oder Rezepturen an. Daneben stellen auftrags- oder objektbezogene Kosten, z.B. für Planung und Konstruktion, aktivierungspflichtige Sondereinzelkosten dar. Für Sondereinzelkosten des Vertriebs besteht hingegen ein Aktivierungsverbot (IAS 2.16(d)).

Produktionsgemeinkosten

Zu den Herstellungskosten zählen neben den bisher behandelten Einzelkosten auch die zurechenbaren fixen und variablen Produktionsgemeinkosten, die bei der Verarbeitung der Ausgangsstoffe zu Fertigerzeugnissen anfallen. Die Gemeinkosten müssen also herstellungsbezogen sein.

Fixe Produktionsgemeinkosten

Unter fixen Produktionsgemeinkosten werden solche nicht direkt zurechenbaren Kosten der Produktion verstanden, die unabhängig vom Produktionsvolumen relativ konstant anfallen, wie z.B. planmäßige Abschreibungen und Instandhaltungskosten von Betriebsgebäuden und -einrichtungen sowie die Kosten des Managements und der Verwaltung (IAS 2.12). Grundlage für die Zurechnung der fixen Produktionsgemeinkosten ist gemäß IAS 2.13 grundsätzlich die Normalkapazität. Hierunter ist definitionsgemäß die durchschnittliche, unter normalen Bedingungen erzielbare Produktionsmenge zu verstehen. Dazu kann z.B. auf die durchschnittliche Auslastung vergangener Perioden abgestellt werden. Dadurch soll die Aktivierung von Leerkosten verhindert werden. Wenn die tatsächliche Auslastung nicht zu stark von der Normalkapazität abweicht, kann wahlweise diese herangezogen werden. Bei „ungewöhnlich hoher" Überproduktion sind allerdings nur die tatsächlichen fixen Produktionsgemeinkosten pro Stück und nicht die höheren fixen Gemeinkosten bei Normalkapazität anzusetzen (IAS 2.13).

Beispiel 12.3

Ein Unternehmen produziert Kunststoffgehäuse für elektronische Anlagen. Die Normalkapazität beträgt 100.000 Stück. Abschreibungen in Höhe von 1 Mio. € stellen den einzigen fixen Kostenbestandteil dar, bei Normalauslastung also 10 € pro Stück. Die übrigen Herstellungskosten betragen 100 € pro Stück. Drei Fälle sollen betrachtet werden:

1. Fall: Starke Unterproduktion (60.000 Stück)
2. Fall: Leichte Unterproduktion (95.000 Stück)
3. Fall: Ungewöhnlich hohe Überproduktion (125.000 Stück)

Mit welchem Wert sind die Kunststoffgehäuse in den drei Fallkonstellationen in der Bilanz anzusetzen?

Lösung

1. Fall:

Es sind fixe Produktionsgemeinkosten auf Basis der Normalkapazität den Herstellungskosten von 10 € pro Stück zuzurechnen. Die Herstellungskosten der Kunststoffgehäuse betragen damit insgesamt 6,6 Mio. € (6 Mio. € übrige Herstellungskosten, 600.000 € fixe Produktionsgemeinkosten). Die Kunststoffgehäuse werden also in der Bilanz mit 6,6 Mio. € aktiviert. Der Rest der fixen Produktionsgemeinkosten (400.000 €) wird als Aufwand der Periode verbucht.

2. Fall:
Auf Basis der Normalkapazität betragen die fixen Produktionsgemeinkosten 10 € pro Stück. Der Wertansatz der Kunststoffgehäuse beträgt daher 10,45 Mio. € (9,5 Mio. € übrige Herstellungskosten, 950.000 € fixe Produktionsgemeinkosten). Der Rest der fixen Produktionsgemeinkosten (50.000 €) wird aufwandswirksam erfasst.

Da die tatsächliche Auslastung der Normalkapazität in diesem Fall nahe kommt, kann gemäß IAS 2.13 aus Vereinfachungsgründen auch die tatsächliche Auslastung zugrunde gelegt werden. Es errechnen sich dann fixe Produktionsgemeinkosten in Höhe von ca. 10,53 € pro Stück (1 Mio. € / 95.000 Stück). Die Kunststoffgehäuse werden mit 10,5 Mio. € aktiviert (9,5 Mio. € übrige Herstellungskosten, 1 Mio. € fixe Produktionsgemeinkosten). Eine Aufwandsbuchung erfolgt dann nicht mehr.

3. Fall:
Aufgrund des ungewöhnlich hohen Produktionsvolumens dürfen nur die fixen Produktionsgemeinkosten pro Stück auf Basis der tatsächlichen Auslastung (1 Mio. € / 125.000 Stück = 8 €) und nicht die höheren bei Normalauslastung (10 €) angesetzt werden. Damit ergeben sich Herstellungskosten von 13,5 Mio. € (12,5 Mio. € übrige Herstellungskosten, 1 Mio. € fixe Produktionsgemeinkosten). Eine Aufwandsbuchung erfolgt nicht.

Variable Produktionsgemeinkosten

Variable Produktionsgemeinkosten sind hingegen solche nicht direkt zurechenbaren Kosten der Produktion, die (nahezu) unmittelbar mit dem Produktionsvolumen variieren, wie z.B. Materialgemeinkosten und Fertigungsgemeinkosten (IAS 2.12). Im Gegensatz zu den fixen Produktionsgemeinkosten stellt hierbei gemäß IAS 2.13 die tatsächliche Auslastung der Kapazität die Zurechnungsgrundlage dar.

Materialgemeinkosten

Unter die Materialgemeinkosten fallen die Aufwendungen für Hilfsstoffe (unechte Gemeinkosten) und die Aufwendungen der Einkaufsabteilung, der Warenannahme, der Material- und Rechnungsprüfung, der Materiallager, der Materialverwaltung und -bewachung sowie bestimmte auf Material bezogene Versicherungsprämien und Aufwendungen für innerbetrieblichen Transport.

Fertigungsgemeinkosten

Zu den Fertigungsgemeinkosten zählen z.B. Aufwendungen für Betriebsstoffe und Energie, für Konstruktion, Wartung, Instandhaltung und Reparaturen der Fertigungsanlagen, für Betriebsbauten, Werkzeuge und Vorrichtungen, für Betriebsleitung, Werkstattverwaltung und Meister, für Arbeitsvorbereitung, Fertigungs- und Qualitätskontrolle, Transport, Sicherheits- und Unfallverhütungsdienste des Fertigungsbereichs sowie für das Lohnbüro.

Verwaltungskosten

Von den Verwaltungskosten ist derjenige Teil unter den Herstellungskosten aktivierungspflichtig, der dem Produktionsbereich zugerechnet werden kann. Die Verwaltungskosten des Material- und Fertigungsbereichs sind in der Regel vollständig den fixen oder variablen Produktionsgemeinkosten zuzurechnen und unterliegen damit der Aktivierungspflicht.

Ebenfalls aktivierungspflichtig sind allgemeine Verwaltungskosten, die dem Produktionsbereich zugerechnet werden können. Dafür müssen die allgemeinen Verwaltungskosten den verschiedenen betrieblichen Funktionen zugeordnet werden, wobei als Verteilungsschlüssel z.B. der jeweilige Grad der Unterstützung verwendet werden kann.[5] Können beispielsweise die Kosten der Rechnungswesenabteilung den Funktionsbereichen Vertrieb (Verkaufsanalysen, Führung des Umsatzkontos), allgemeine Verwaltung (Jahresabschlusserstellung, Budgeterstellung, Finanzplanung) und Produktion (Lohn- und Gehaltsabrechnung des Produktionsbereiches, Rechnungsprüfung) zugerechnet werden, so sind Letztere aktivierungspflichtig.

Allgemeine Verwaltungskosten

Kosten für soziale Einrichtungen des Betriebes (z.B. Sporteinrichtungen, Kantinen), freiwillige soziale Leistungen (z.B. Jubiläumszuwendungen, Betriebsausflüge) und betriebliche Altersversorgung (z.B. Zuführungen zu Pensionsrückstellungen, Beiträge an Pensionskassen) werden in IAS 2 nicht explizit geregelt. Werden diese Kosten des sozialen Bereichs als Lohnbestandteile interpretiert, sind die dem Produktionsbereich zuzuordnenden Kosten aktivierungspflichtig.

Kosten des sozialen Bereichs

Sonstige Kosten stellen gemäß IAS 2.15 der Produktion zurechenbare Kosten in der Höhe dar, in der sie anfallen, um die Vorräte an ihren derzeitigen Ort und in ihren derzeitigen Zustand zu versetzen. Beispielhaft werden im Standard u.a. kundenspezifische Kosten der Produktentwicklung genannt.

Sonstige Kosten

Die Berücksichtigung von Steuern wird in IAS 2 nicht explizit geregelt. Sie sind jedoch analog der Konzeption der produktionsbezogenen Vollkosten insoweit aktivierungspflichtig, als sie im Zeitraum der Herstellung anfallen. In Deutschland trifft dies auf die Grundsteuer als Substanzsteuer zu, wenn sie auf das im Produktionsbereich gebundene Grundvermögen entfällt. Ebenso trifft dies auf die Umsatzsteuer zu, wenn ein Unternehmen nicht vorsteuerabzugsberechtigt ist. Für Ertragsteuern besteht hingegen grundsätzlich ein Aktivierungsverbot, da diese erst im Anschluss an die Herstellung anfallen.[6]

Steuern

Fremdkapitalkosten sind gemäß IAS 2.17 i.V.m. IAS 23 unter bestimmten Voraussetzungen in die Herstellungskosten einzubeziehen. Wie bereits im Zusammenhang mit den Anschaffungskosten erläutert, ist IAS 23 anzuwenden, welcher bei Erfüllung der in IAS 23.8-9 genannten Kriterien zu einer Aktivierung von Fremdkapitalkosten in den Herstellungskosten verpflichtet.

Fremdkapitalkosten

Forschungs- und Entwicklungskosten werden in IAS 38 „Immaterielle Vermögenswerte" geregelt. In der Forschungsphase besteht noch sehr große Unsicherheit, ob hieraus ein marktgängiges Produkt entstehen wird, das zukünftige Einzahlungsüberschüsse erwirtschaften kann. Deshalb scheiden Forschungskosten als Bestandteil der Herstellungskosten aus. Soweit die Entwicklungskosten als Voraussetzung für die Entwicklung neuer Produkte angesehen werden können, sind sie mittelbar mit der Produktion der gegenwärtigen Produkte verbunden und müssen diesen anteilig über die Abschreibungen auf den immateriellen Vermögenswert, der aus der Entwicklung hervorgegangen ist, zugerechnet werden. Grund-

Forschungs- und Entwicklungskosten

5 Vgl. *Lüdenbach/Hoffmann/Freiberg*, Haufe IFRS-Kommentar, § 17, Rz. 41.
6 Vgl. *Bartle/Jacobs/Kugel*, IFRS-Kommentar, IAS 2, Tz. 53.

sätzlich ausgenommen von den Regelungen des IAS 38 sind gemäß IAS 38.3(a) immaterielle Vermögenswerte, die von einem Unternehmen zum Verkauf im normalen Geschäftsgang gehalten werden. Stattdessen sind hier die geltenden Regelungen des IAS 2 anzuwenden (vgl. Kapitel 9).[7]

Aktivierungsverbote

IAS 2.16 listet Kostenbestandteile auf, die von einer Aktivierung explizit ausgeschlossen und damit in der Periode ihres Anfalls als Aufwand zu erfassen sind. Neben den bereits erwähnten nicht produktionsbezogenen allgemeinen Verwaltungskosten dürfen ferner ungewöhnliche Beträge für Ausschussmaterial, Fertigungslöhne und sonstige Produktionskosten ebenso wenig aktiviert werden wie Vertriebskosten. Darüber hinaus ist der Ansatz von Lagerkosten verboten, soweit sie nicht produktionsbezogen sind (z.B. Kosten des Ausgangslagers).

Kuppelproduktion

Zusätzliche Fragen stellen sich bei der Kuppelproduktion. Diese ist dadurch gekennzeichnet, dass aus denselben Ausgangsmaterialien im gleichen Produktionsprozess automatisch mehrere verschiedene Erzeugnisse erstellt werden. So fällt z.B. bei der Kohlevergasung nicht nur Gas, sondern gleichzeitig Ammoniak, Benzol, Koks und Teer an. Ebenso werden in Raffinerien Benzine, Gase und Öle gewonnen. Sind die Herstellungskosten der verschiedenen Produkte nicht einzeln feststellbar, so sind die Herstellungskosten gemäß IAS 2.14 den Kuppelprodukten auf einer vernünftigen und sachgerechten Basis zuzurechnen. Handelt es sich um zwei entstehende Hauptprodukte, werden die Herstellungskosten meist nach der so genannten Marktwertmethode gemäß der relativen Verkaufswerte der beiden Hauptprodukte verteilt. Fallen in dem Produktionsprozess Haupt- und Nebenprodukte an, kommt häufig die so genannte Restwertmethode zur Anwendung. Hiebei wird angenommen, dass Nebenprodukte im Vergleich zum Hauptprodukt einen unbedeutenden Wert aufweisen. Bei Anwendung der Restwertmethode werden die Herstellungskosten des Hauptproduktes ermittelt, indem die Nettoveräußerungswerte der Nebenprodukte von den gesamten Herstellungskosten des Hauptproduktes abgezogen werden. Insofern unterscheidet sich der mittels der Restwertmethode ermittelte Buchwert des Hauptprodukts nicht wesentlich von dessen Herstellungskosten.[8]

7 Vgl. *Kurz*, Beck´sches IFRS-Handbuch, § 8, Tz. 48.

8 Vgl. zur Ermittlung der Herstellungskosten bei Kuppelproduktion *Heuser/Theile*, IFRS-Handbuch, Rz. 20.47; *Lüdenbach/Hoffmann/Freiberg*, Haufe IFRS-Kommentar, § 17, Rz. 44.

Beispiel 12.4

Die GeLa AG stellt in einem einheitlichen Produktionsprozess die Produkte A, B und C her. Die im Rahmen dieser Kuppelproduktion anfallenden Gesamtkosten von 400.000 € müssen durch sinnvolle Schlüsselung auf die einzelnen Produkte verteilt werden. Nachfolgend aufgeführt sind die in vorgelagerten Produktionsprozessen anfallenden Einzelkosten sowie weitere Informationen:

Produkt	Einzelkosten [€]	Menge	Marktpreis [€/Stück]
Hauptprodukt A	110.000	13.000	45
Nebenprodukt B	60.000	2.000	50
Nebenprodukt C	35.000	5.000	23

Wie sind die Gesamtkosten aus der Kuppelproduktion nach der Marktwertmethode und Restwertmethode auf die Produkte zu verteilen?

Lösung
Bei der Marktwertmethode werden die Gesamtkosten aus der Kuppelproduktion den einzelnen Produkten anhand ihrer Marktwerte zugeordnet. Daher werden die Gesamtkosten ins Verhältnis zu den gesamten Umsatzerlösen gesetzt (400.000 €/800.000 € = 0,5). Auf Grundlage dieser Kostenquoute werden die Gesamtkosten von 400.000 € auf die einzelnen Produkte verteilt.

Produkt	Umsatzerlöse [€]	Kostenanteil je Produkt [€]	Einzelkosten + Gesamtkosten [€]	Stückkosten [€/Stück]
A	585.000	292.500	402.500	30,96
B	100.000	50.000	110.000	55,00
C	115.000	57.500	92.500	18,50
Summe	800.000	400.000	605.000	

Die Restwertmethode rechnet den Nebenprodukten (NP) Gesamtkosten aus der Kuppelproduktion nur in Höhe der Nettoveräußerungspreise (Umsatzerlöse – Einzelkosten) zu. Die verbleibenden Gesamtkosten (400.000 40.000 – 80.000 = 280.000) werden dem Hauptprodukt zugerechnet. Auf das Hauptprodukt entfallen somit insgesamt Kosten von 390.000 € (110.000 EK + 280.000 GK) und somit Stückkosten von 30 € je Stück.

Produkt	Kosten Kuppelproduktion [€]	Nettoveräußerungspreis [€]	Gesamtkosten Hauptprodukt [€]
NP B	400.000	40.000	280.000
NP C		80.000	

Landwirtschaftliche Erzeugnisse

Von biologischen Vermögenswerten geerntete landwirtschaftliche Erzeugnisse, die nicht nach herrschender Praxis bestimmter Branchen mit dem Nettoveräußerungswert bewertet werden (IAS 2.2-3), fallen, wie bereits erwähnt, in den Anwendungsbereich von IAS 2. Die Herstellungskosten dieser Ernteerzeugnisse werden ermittelt, indem von dem beizulegenden Zeitwert zum Zeitpunkt der Ernte die geschätzten Verkaufskosten im Verkaufszeitpunkt abgezogen werden (IAS 2.20).

2.2 Vereinfachte Verfahren zur Ermittlung der Anschaffungs- und Herstellungskosten

Zur Ermittlung der Anschaffungs- und Herstellungskosten können gemäß IAS 2.21 aus Wirtschaftlichkeitsgründen vereinfachende Verfahren wie z.B. die Standardkostenmethode (standard cost method) oder die retrograde Methode (retail method) angewendet werden, wenn diese zu Ergebnissen führen, die den tatsächlichen Anschaffungs- oder Herstellungskosten annähernd entsprechen.

Standardkostenmethode

Die Standardkostenmethode ist zumeist für Herstellungsvorgänge relevant. Anstatt für jeden Produktionszyklus die individuellen Herstellungskosten zu bestimmen, verwendet die Standardkostenmethode Planpreise und unterstellt die normale Höhe des Material- und Personaleinsatzes sowie die normale Leistungsfähigkeit und Kapazitätsauslastung der Maschinen. Diese Plangrößen sind nach IAS 2.21 regelmäßig zu überprüfen und ggf. an die aktuellen Gegebenheiten anzupassen. Die Methode verhindert eine Überbewertung der Vorräte, da sie einen normalen Betriebsverlauf unterstellt und somit Kosten ineffizienter Produktion, ungewöhnliche Ausschusskosten oder Kosten der Unterbeschäftigung nicht in die Herstellungskosten einbezieht. Liegt die Istbeschäftigung über der Normalbeschäftigung, so stellen die tatsächlich angefallenen Istkosten die Bewertungsobergrenze dieses Ansatzes dar.[9]

Beispiel 12.5

In einem Stühle produzierenden Unternehmen befinden sich am Bilanzstichtag 2021 insgesamt 10.000 Stühle auf Lager. In den letzten drei Perioden sind folgende Herstellungskosten pro Stück in € angefallen:

in €	**Einzelkosten**	**Gemeinkosten**	**Herstellungskosten**
2018	30	70	100
2019	35	85	120
2020	35	75	110

9 Vgl. *Kurz*, Beck´sches IFRS-Handbuch, § 8, Tz. 62; *Lüdenbach/Hoffmann/Freiberg*, Haufe IFRS-Kommentar, § 17, Rz. 43.

Die historischen Kosten sind auf der Basis eines Normalverbrauchs ermittelt worden. Damit sind ungewöhnliche Ausschusskosten oder auch Kosten der Unterbeschäftigung ausgeschlossen.

Wie ist der Endbestand der produzierten Stühle anhand der Standardkostenmethode zu bewerten?

Lösung
Auf Basis der Vorperioden werden durchschnittliche Standardkosten ermittelt. Sie betragen (100 + 120 + 110) / 3 = 110 € pro Stuhl. Das Vorratsvermögen an Stühlen ist demzufolge unabhängig vom eigentlichen Fertigungszeitpunkt wie folgt zu bewerten: 10.000 · 110 = 1.100.000 €.

Retrograde Methode

Die retrograde Methode findet vor allem bei Einzelhandelsunternehmen Anwendung, die für große Stückzahlen von Vorräten mit ähnlichen Bruttogewinnspannen (Margen) und hoher Umschlagshäufigkeit die Anschaffungskosten zu berechnen haben. Gemäß IAS 2.22 werden die Anschaffungskosten der Vorräte indirekt ermittelt, indem von dem Verkaufspreis der Vorräte eine angemessene prozentuale Bruttogewinnspanne abgezogen wird. Der verwendete Prozentsatz berücksichtigt dabei auch Vorräte, deren ursprüngliche Verkaufspreise reduziert worden sind. IAS 2.22 erlaubt auch die Verwendung einer durchschnittlichen Bruttogewinnspanne für eine ganze Warengruppe. Die Vereinfachung der retrograden Methode zur Bestimmung der Anschaffungskosten liegt somit darin, dass nicht genau nachgehalten werden muss, welche Ware zu welchem Preis bereits verkauft worden ist.

Beispiel 12.6

Das Controlling eines großen Textilunternehmens hat für das Jahr 2021 für die Warengruppe „T-Shirt“ die folgenden Anschaffungskosten und Verkaufspreise erfasst:

in €	**Anschaffungskosten**	**Verkaufspreis**
Anfangsbestand der Warengruppe „T-Shirt“	10.000	13.000
Anschaffung der Periode	30.000	39.000
Verkaufsbestand	40.000	52.000
Umsatzerlöse		20.000
Endbestand	?	32.000

Wie ist der Endbestand der Warengruppe „T-Shirt“ anhand der retrograden Methode zu bewerten?

Lösung
Von dem Verkaufspreis der nicht verkauften T-Shirts (32.000 €) ist die Bruttogewinnspanne abzuziehen. Das Verhältnis von Anschaffungskosten zu Verkaufspreis beträgt ca. 76,92 % (40.000 / 52.000). Die Bruttogewinnspanne beträgt folglich 23,08 %. Somit sind die Vorräte mit ((1 - 0,2308) · 32.000 =) 24.615 € in der Bilanz anzusetzen.

Das Beispiel wird nun erweitert um Preisabschläge (z.B. aufgrund eines Schlussverkaufs), die bei der Entwicklung des Verkaufsbestandes berücksichtigt werden müssen.

in €	**Anschaffungskosten**	**Verkaufspreis**
Verkaufsbestand	40.000	52.000
Preisreduzierung		6.000
Endgültiger Verkaufsbestand	40.000	46.000
Umsatzerlöse		22.000
Endbestand	?	24.000

Wie ist der Endbestand der Warengruppe „T-Shirt" unter Berücksichtigung des Preisabschlags zu bewerten?

Lösung
Das Verhältnis von Anschaffungskosten zu Verkaufspreis beträgt 86,96 % (40.000 / 46.000). Die Bruttogewinnspanne beträgt folglich 13,04 %. Somit sind die Vorräte mit ((1 - 0,1304) · 24.000 =) 20.870 € in der Bilanz anzusetzen.

2.3 Folgebewertung

2.3.1 Grundsatz

Überprüfung der Werthaltigkeit

In den Folgeperioden ist zu überprüfen, ob der ursprüngliche Wert der Vorratsgegenstände anzupassen ist. Das Unternehmen muss an jedem Bilanzstichtag den noch vorhandenen Bestand des zu Anschaffungs- oder Herstellungskosten bewerteten Vorratsvermögens auf seine Werthaltigkeit hin überprüfen. Ist eine Wertminderung eingetreten, muss das Unternehmen von den historischen Anschaffungs- oder Herstellungskosten abweichen. Um festzustellen, ob eine Wertminderung vorliegt, ist gemäß IAS 2.33 an jedem Bilanzstichtag der so genannte Nettoveräußerungswert (net realisable value) zu bestimmen.

Nettoveräußerungswert

Der Nettoveräußerungswert ergibt sich gemäß IAS 2.6, indem vom geschätzten Verkaufspreis (ohne Umsatzsteuer) voraussichtlich noch anfallende Produktionskosten sowie geschätzte noch anfallende Vertriebskosten (z.B. Kosten für Werbemaßnahmen) abgezogen werden. Dieser ist daher absatzmarktorientiert zu ermitteln. Der Nettoveräußerungswert ist nach IAS 2.30 auf Basis der zuverlässigsten substantiellen Hinweise zu schätzen. Hierbei stellen vorliegende Börsen- oder Marktpreise die besten Schätzwerte dar. Des Weiteren sind auch Preis- oder Kostenänderungen zu berücksichtigen, die zwar bereits am Ende der Berichtsperiode bestanden haben, aber erst nach dem Bilanzstichtag bekannt geworden sind (so genannte wertaufhellende Ereignisse).

Zweckgebundenheit

Bei der Schätzung des Nettoveräußerungswertes ist gemäß IAS 2.31 auch der Zweck zu berücksichtigen, zu dem die Vorräte gehalten werden. Die Zweckgebundenheit wirkt sich insbesondere auf die Bewertung von Vorräten aus, die Gegenstand von abgeschlossenen Liefer- und Leistungsverträgen sind. Der Nettoveräußerungswert dieser Vorräte basiert auf den vertraglich vereinbarten Preisen. Umfasst der auf Lager befindliche Bestand an Vorräten eine größere Menge als in der Festpreisvereinbarung festgelegt, basiert der Nettoveräußerungswert für den darüber hinausgehenden Teil auf allgemeinen Verkaufspreisen.

Unterschied zum beizulegenden Zeitwert

Der Nettoveräußerungswert unterscheidet sich daher vom nach IFRS 13 (vgl. Kapitel 3) geregelten beizulegenden Zeitwert. Die Verwendung von Preisen aus bestehenden Liefer- und Leistungsverträgen, sowie die Berücksichtigung der geschätzten Kosten bis zur Fertigstellung, lassen die Ermittlung eines unternehmensspezifischen Werts zu.[10]

Grundsatz der verlustfreien Bewertung

Vorräte sind nach IAS 2.9 zu dem niedrigeren Wert aus Anschaffungs- oder Herstellungskosten und Nettoveräußerungswert zu bewerten (lower of cost and net realisable value). Ist also der Nettoveräußerungswert am Abschlussstichtag niedriger als die historischen Anschaffungs- oder Herstellungskosten, so hat ein Unternehmen auf diesen niedrigeren Wert abzuschreiben. Ein solcher Fall kann nach IAS 2.28 z.B. durch Beschädigungen, Überalterungen, Preiseinbrüche oder gestiegene geschätzte Kosten der Fertigstellung eintreten. Hierdurch wird eine verlustfreie Bewertung des Vorratsvermögens gewährleistet. Durch die Korrektur auf den Nettoveräußerungswert wird ein erwarteter Verlust aus dem Verkauf der Vorräte bereits der aktuellen Periode zugerechnet. Der Grundsatz der verlustfreien Bewertung stellt daher sicher, dass beim Verkauf der zu bewertenden Vorräte nach dem Bilanzstichtag kein Verlust mehr entstehen kann.

Beispiel 12.7

Ein auf Lager befindliches Fertigerzeugnis ist zu historischen Herstellungskosten von 28,00 € bewertet. Am Abschlussstichtag liegen folgende Informationen vor: Das Unternehmen wird das Fertigerzeugnis aller Voraussicht nach nur für 25,00 € verkaufen können. Für Marketing und Vertrieb werden anteilig noch 1,00 € pro Stück anfallen.

Mit welchem Wert ist das Fertigerzeugnis zum Abschlussstichtag in die Bilanz aufzunehmen?

10 Vgl. *Heuser/Theile*, IFRS-Handbuch, Tz. 20.52.

Lösung

	Geschätzter Verkaufserlös	25,00 €
–	geschätzte noch anfallende Verkaufskosten	-1,00 €
=	Nettoveräußerungswert zum Bilanzstichtag	24,00 €

Die historischen Herstellungskosten betragen 28,00 €, d.h. es muss der niedrigere Nettoveräußerungswert von 24,00 € angesetzt werden. Daraus resultiert der Buchungssatz:

Sonstige betriebliche Aufwendungen (Abschreibungen)	*an*	*Vorräte*	*4 €*

Nettoveräußerungswert von Roh-, Hilfs- und Betriebsstoffen

Von der Pflicht, eine Abwertung auf den niedrigeren Nettoveräußerungswert vorzunehmen, sind Roh-, Hilfs- und Betriebsstoffe gemäß IAS 2.32 dann ausgenommen, wenn das Fertigerzeugnis, in welches sie eingehen, mindestens zu den Herstellungskosten verkauft werden kann. Diese Ausnahme kann mit der hohen Bedeutung des Going-Concern-Prinzips nach IFRS (vgl. IAS 1.25) erklärt werden. Nur wenn sich bei dem gesamten Herstellungs- oder Absatzvorgang des Fertigerzeugnisses ein Verlust abzeichnet, wird eine Einzelbewertung durchgeführt. Obwohl sich die Abschreibungserfodernisse nach IFRS grundsätzlich an den Preisen des Absatzsatzmarktes orientieren, kann hierbei ausnahmsweise auch der Wiederbeschaffungswert der Roh-, Hilfs- und Betriebsstoffe als Vergleichsmaßstab herangezogen werden.

Wertaufholungsgebot

IAS 2.33 schreibt vor, dass der Nettoveräußerungswert in jeder Periode neu ermittelt werden muss. Wird dabei festgestellt, dass die Gründe für die Wertminderung entfallen sind, muss die vorgenommene Abwertung rückgängig gemacht werden (Wertaufholungsgebot). Der neue Buchwert entspricht dann wiederum dem niedrigeren Wert aus Anschaffungs- oder Herstellungskosten und berichtigtem Nettoveräußerungswert. Die Wertobergrenze bilden daher die historischen Anschaffungs- oder Herstellungskosten. Eine notwendige Wertaufholung ist gemäß IAS 2.34 durch eine Verminderung des Materialaufwands in der Periode zu erfassen.

Beispiel 12.8

In dem Lager eines Gartenbaucenters befinden sich im Geschäftsjahr 2021 noch 100 hochwertige Gartenbänke aus Holz als Handelsware zu historischen Anschaffungskosten von je 1.200 €. Aufgrund eines regnerischen Sommers sowie eines Trends zu Gartenbänken aus Kunststoff können diese Gartenbänke nur noch für 1.000 € (ohne USt.) verkauft werden. Ein Jahr später boomt das Geschäft mit den Holz-Gartenbänken völlig überraschend. Aufgrund der hohen Nachfrage steigt der Verkaufspreis auf 1.400 €.

Mit welchem Wert sind die Gartenbänke an den Bilanzstichtagen 2021 und 2022 anzusetzen?

Lösung
Der Nettoveräußerungswert der Gartenbänke beträgt am Bilanzstichtag 2021 1.000 € pro Stück. Dieser ist niedriger als die Anschaffungskosten von 1.200 €, sodass eine Wertminderung von 20.000 € (100 Stück · 200 €) vorzunehmen ist.

Sonstige betriebliche Aufwendungen (Abschreibungen)	*an*	*Vorräte*	*20 T€*

Am Bilanzstichtag 2022 beträgt der Nettoveräußerungswert 1.400 €. Bewertungsobergrenze stellen aber die historischen Anschaffungskosten dar. Es ist dementsprechend eine Wertaufholung auf 1.200 € vorzunehmen. Unter der Annahme, dass der Bestand von 100 Gartenbänken noch auf Lager liegt, ist wie folgt zu buchen:

Vorräte	*an*	*Materialaufwand*	*20 T€*

2.3.2 Bewertungsvereinfachungsverfahren

Einzelbewertungsgrundsatz

Gemäß IAS 2.23-24 sind Vorräte grundsätzlich einzeln zu bewerten. Dies betrifft Vorräte, die normalerweise nicht austauschbar sind. Eine Einzelzuordnung bedeutet dabei gemäß IAS 2.24 eine Zuweisung der jeweils angefallenen Kosten zu bestimmten Gegenständen des Vorratsvermögens. Bei der Lagerung und Produktion von Vorräten kommt es aber regelmäßig zu einer Vermischung (z.B. bei Flüssigkeiten, Schrauben, Erzen und Kies), sodass bei sich ändernden Preisen zumeist gar nicht oder nur mit großem Aufwand festgestellt werden kann, welche Anteile des Vermögens bereits verbraucht sind und welche noch auf Lager liegen.

Ausnahmen vom Einzelbewertungsgrundsatz

Aus diesem Grund ist vom Grundsatz der Einzelbewertung abzuweichen und es sind Bewertungsvereinfachungsverfahren (cost formulas)[11] anzuwenden, wenn die folgenden Voraussetzungen gemäß IAS 2.24 kumulativ erfüllt sind:

- Es muss sich um eine große Stückzahl von Vorratsgegenständen handeln.
- Diese Vorratsgegenstände müssen normalerweise untereinander austauschbar sein.

Zulässige Bewertungsvereinfachungsverfahren

Als Bewertungsvereinfachungsverfahren kommen gemäß IAS 2.25 ausschließlich

- das First-in-First-out-Verfahren (FIFO) und
- die Durchschnittsmethode in Betracht (siehe Abbildung 12.1).

Das früher alternativ zulässige Last-in-First-out-Verfahren (LIFO) ist seit 2003 nicht mehr zulässig.[12]

11 Anstelle von Bewertungsvereinfachungsverfahren verwendet IAS 2 in seiner deutschen Übersetzung den Begriff „Zuordnungsverfahren".

12 Zur Möglichkeit der Anwendung des LIFO-Verfahrens vgl. jedoch den Exkurs am Ende des vorliegenden Abschnitts 2.3.2.

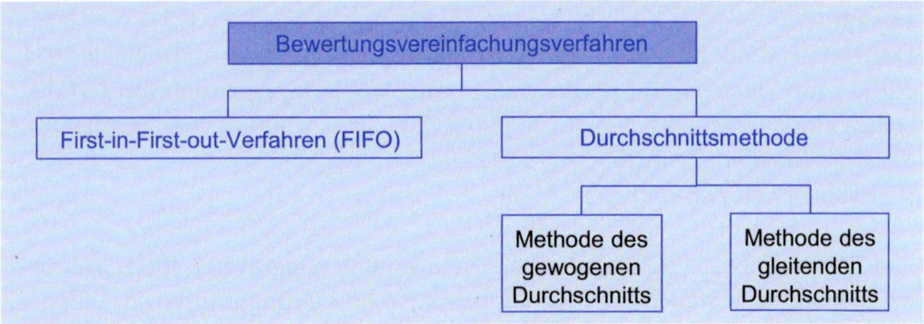

Abb. 12.1: Bewertungsvereinfachungsverfahren nach IAS 2

Vorsichtige Gewinnermittlung

Unabhängig von der Auswahl eines Bewertungsvereinfachungsverfahrens ist der daraus resultierende Wertansatz immer mit dem Nettoveräußerungswert zu vergleichen und der jeweils niedrigere Wert in der Bilanz anzusetzen (IAS 2.9). Ein höherer Nettoveräußerungswert darf nicht angesetzt werden; es erfolgt hier eine vorsichtige Gewinnermittlung.

Gleiche Verfahren für ähnliche Vorratsgruppen

Zu beachten ist, dass für alle Vorräte, die von ähnlicher Beschaffenheit und Verwendung für das Unternehmen sind, das gleiche Verfahren zur Zuordnung der Anschaffungs- oder Herstellungskosten angewandt werden muss. Unterschiedliche Bewertungsvereinfachungsverfahren können demnach nur angewandt werden, wenn sich die Beschaffenheit und Verwendung der Vorräte für das Unternehmen unterscheiden (IAS 2.25). Ein Unterschied im geografischen Standort von Vorräten allein ist nicht ausreichend, um die Anwendung unterschiedlicher Zuordnungsverfahren zu rechtfertigen. Unterschiedliche Beschaffenheit oder Verwendung kann hingegen dann vorliegen, wenn dieselbe Art von Rohstoffen in zwei verschiedenen Geschäftssegmenten verwendet wird (IAS 2.26).

FIFO-Verfahren

Das FIFO-Verfahren geht gemäß IAS 2.27 von der Annahme aus, dass jeweils die zuerst angeschafften – also die ältesten – Vorräte zuerst verbraucht werden. Folglich befinden sich am Jahresende annahmegemäß nur noch die Bestände der zuletzt eingetroffenen Lieferungen oder selbst hergestellten Vorräte auf Lager.

Beispiel 12.9

Zu Produktionszwecken kauft und verbraucht ein Unternehmen Vorräte während des Geschäftsjahres. Die folgende Tabelle informiert über die Zeitpunkte der Zu- und Abgänge sowie über die jeweiligen Anschaffungskosten (AK) pro Stück in €:

	Datum	**Stück**	**AK in €**	**Gesamtwert in €**
Anfangsbestand	01.01.	3.000	1,00	3.000
+ Zugang	20.01.	+5.000	1,16	5.800
+ Zugang	05.04.	+5.000	1,28	6.400
– Abgang	20.04.	-4.000		
– Abgang	11.07.	-6.000		
+ Zugang	20.09.	+6.000	1,65	9.900
– Abgang	23.11.	-4.000		
+ Zugang	20.12.	+2.000	1,15	2.300
= Endbestand	31.12.	7.000		?

Der Nettoveräußerungswert beträgt am Bilanzstichtag 1,30 € pro Stück. Mit welchem Wert ist der Endbestand der Vorräte (7.000 Stück) nach dem FIFO-Verfahren zum Bilanzstichtag anzusetzen?

Lösung

	Datum	**Stück**	**AK in €**	**Gesamtwert in €**
+ Zugang	20.12.	2.000	1,15	2.300
+ Zugang	20.09.	5.000	1,65	8.250
= Endbestand	31.12.	7.000		10.550

Der Endbestand setzt sich beim FIFO-Verfahren annahmegemäß aus Vorräten zusammen, die zuletzt – hier also am 20.12. und 20.09. – angeschafft wurden. Der Wert des Endbestandes nach dem FIFO-Verfahren beträgt daher 10.550 €. Aufgrund einer vorsichtigen Gewinnermittlung ist dieser nun mit dem Nettoveräußerungswert zu vergleichen: 7.000 · 1,30 € = 9.100 €. Da dieser niedriger ist, sind die Vorräte in der Bilanz mit 9.100 € auszuweisen. Folglich ist eine Abschreibung in Höhe von 1.450 € (10.550 € - 9.100 €) vorzunehmen.

Durchschnitts-methode

Bei Anwendung der Durchschnittsmethode nach IAS 2.27 werden die Anschaffungs- oder Herstellungskosten von Vorräten als durchschnittlich gewichtete Kosten gleichartiger, während der Periode gekaufter oder hergestellter Vorratsgegenstände ermittelt. Der gewogene Durchschnitt kann über die gesamte Berichtsperiode oder gleitend bei jeder zusätzlich erhaltenen Lieferung erneut berechnet werden. Die Methode des gleitenden Durchschnitts kann z.B. in einem permanenten Inventursystem Anwendung finden.[13]

Beispiel 12.10 (Fortführung von Beispiel 12.9)

Unter Zugrundelegung derselben Fallkonstellation soll nun der Wert des Endvermögens anhand der Durchschnittsmethode in ihren beiden Ausprägungen (gewogene und gleitende Durchschnittsmethode) ermittelt werden.

Mit welchem Wert ist der Endbestand der Vorräte nach der *Methode des gewogenen Durchschnitts* zum Bilanzstichtag anzusetzen?

Lösung

	Datum	**Stück**	**AK in €**	**Gesamtwert in €**
Anfangsbestand	01.01.	3.000	1,00	3.000
+ Zugang	20.01.	+5.000	1,16	5.800
+ Zugang	05.04.	+5.000	1,28	6.400
+ Zugang	20.09.	+6.000	1,65	9.900
+ Zugang	20.12.	+2.000	1,15	2.300
= insgesamt	31.12.	21.000	27.400 / 21.000 ≈ 1,30	27.400
= Endbestand	31.12.	7.000	1,30	9.100

Zunächst wird die gesamte Stückzahl der Vorräte (Anfangsbestand und alle Zugänge) ermittelt: 21.000 Stück. Die gesamten Anschaffungskosten des Anfangsbestandes und der Zugänge betragen 27.400 €. Daraus resultieren durchschnittliche Anschaffungskosten von 1,30 € pro Stück. Da der Nettoveräußerungswert ebenfalls 1,30 € pro Stück beträgt, ist der Endbestand mit 9.100 € anzusetzen.

Mit welchem Wert ist der Endbestand der Vorräte nach der *Methode des gleitenden Durchschnitts* zum Bilanzstichtag anzusetzen?

13 Vgl. *Peemöller*, Wiley Kommentar, Abschnitt 8, Tz. 41-42.

	Datum	Stück	AK in €	Gesamtwert in €
Anfangsbestand	01.01.	3.000	1,00	3.000
+ Zugang	20.01.	+5.000	1,16	5.800
+ Zugang	05.04.	+5.000	1,28	6.400
= Zwischenwert	20.04.	13.000	15.200 / 13.000 ≈ 1,17	15.200
– Abgang	20.04.	-4.000	1,17	- 4.680
– Abgang	11.07.	-6.000	1,17	- 7.020
+ Zugang	20.09.	+6.000	1,65	9.900
= Zwischenwert	23.11.	9.000	13.400 / 9.000 ≈ 1,49	13.400
– Abgang	23.11.	-4.000	1,49	- 5.960
+ Zugang	20.12.	+2.000	1,15	2.300
= Endbestand	31.12.	7.000		9.740

Nach der *Methode des gleitenden Durchschnitts* ist ein Durchschnittswert vor jedem Abgang neu zu berechnen. Die folgenden Abgänge sind anschließend mit dem errechneten Durchschnittswert zu bewerten. Abschließend ist der Wert des Endbestandes (9.740 €) mit dem Nettoveräußerungswert zu vergleichen und der niedrigere Betrag anzusetzen. Da der Nettoveräußerungswert 9.100 € beträgt, ist dieser niedrigere Wert in der Bilanz zum Bilanzstichtag anzusetzen.

Bilanzanalytische Auswirkungen

Obwohl bei der Wahl des Bewertungsvereinfachungsverfahrens das Stetigkeitsgebot zu beachten ist, eröffnet die Wahl des Verfahrens dem bilanzierenden Unternehmen die Möglichkeit zur Bilanzpolitik. Da das gewählte Bewertungsvereinfachungsverfahren im Anhang anzugeben ist, kann die externe Bilanzanalyse aber zumindest die Wirkungsrichtung der Bewertungsvereinfachung im Vorratsvermögen abschätzen. Sofern die gewählten Verfahren von der tatsächlichen Verbrauchsfolge abweichen, führt das FIFO-Verfahren gegenüber dem LIFO-Verfahren – abgeschwächt gilt das auch für die Durchschnittsmethode – bei steigenden Preisen dazu, dass der Bilanzansatz der Vorräte und entsprechende Intensitätskennziffern (im Wesentlichen Umlaufintensität, Vorratsintensität) tendenziell höher ausgewiesen werden. Im FIFO-Verfahren nähert sich die Bewertung des Vorratsvermögens dem beizulegenden Zeitwert an, je näher die letzten Anschaffungsvorgänge am Bilanzstichtag liegen. Korrespondierend dazu orientieren sich die Aufwendungen beim FIFO-Verfahren an den niedrigeren Preisen zum Periodenanfang, sodass tendenziell auch die Gewinne und entsprechende Renditekennzahlen steigen. Bei dem (nach IAS 2 nicht erlaubten) LIFO-Verfahren wäre das umgekehrt: Hier orientiert sich der Bilanzansatz an den zeitlich zuerst getätigten Anschaffungsvorgängen, sodass sich der Bilanzansatz der Vorräte im Vergleich zum FIFO-Verfahren reduziert und sich die

Aufwendungen erhöhen. Intensitäts- und Renditekennzahlen fallen hier also im Verhältnis niedriger aus. So wird in dem LIFO-Verfahren gerade in Deutschland im Rahmen der steuerlichen Gewinnermittlung auch ein probates Mittel gegen die Scheingewinnbesteuerung gesehen, da sich (inflationäre) Preissteigerungen eben nicht in den Gewinnen widerspiegeln und verbleibende Vorratsgegenstände mit (nahezu) historischen Kosten ausgewiesen werden. Bei inflationären Tendenzen entstehen daher stille Reserven, die bei bilanzpolitisch motiviertem Abbau des Lagerbestandes ebenso still aufgelöst werden können. Bei zunehmend volatileren Rohstoffmärkten ist die Annahme steigender Preise aber keineswegs zwingend. Im Rahmen der Bilanzanalyse ist deshalb auch ein Verständnis für die Preisentwicklungen der betreffenden Vorratspositionen zu entwickeln, da sich die obige Wirkungsanalyse bei sinkenden Preisen in ihr Gegenteil verkehrt.

Spezialthema

LIFO-Verfahren

Als Bewertungsvereinfachungsverfahren im Sinne einer Verbrauchsfolgefiktion ist das LIFO-Verfahren nach IAS 2 nicht mehr zulässig. Weil der Anwendung des LIFO-Verfahrens jedoch nichts entgegensteht, wenn es der tatsächlichen Verbrauchsfolge (beispielsweise bei Silos oder Schüttgutlagern) entspricht (IAS 2.BC19), wird das Verfahren aus Gründen der Vollständigkeit nachfolgend kurz dargestellt. Das LIFO-Verfahren geht von der Annahme aus, dass die zuletzt angeschafften oder hergestellten Vorräte zuerst verkauft worden sind und folglich der Endbestand aus den älteren Lieferungen oder Produktionen bzw. dem Anfangsbestand besteht.[14]

Beispiel 12.11 (Fortführung von Beispiel 12.9)

Erneut soll dasselbe Zahlenmaterial zugrunde gelegt werden, um nun den Wert des Endvermögens anhand des LIFO-Verfahrens zu bestimmen. Mit welchem Wert ist der Endbestand der Vorräte nach dem LIFO-Verfahren zum Bilanzstichtag anzusetzen?

	Datum	Stück	AK in €	Gesamtwert in €
Anfangsbestand	01.01.	3.000	1,00	3.000
+ Zugang	20.01.	+ 4.000	1,16	4.640
= Endbestand	31.12.	7.000		7.640

Der Endbestand setzt sich annahmegemäß aus dem Anfangsbestand zum 01.01. und dem Zugang am 20.01. zusammen. Da der Wert des Endbestandes nach dem LIFO-Verfahren niedriger ist als sein Nettoveräußerungswert (9.100 €), beträgt der Wertansatz zum Bilanzstichtag 7.640 €.

Nach Auffassung des IASB entspricht das LIFO-Verfahren in der Praxis nur in seltenen Fällen der tatsächlichen Verbrauchsfolge und kann im Einzelfall zu

14 Vgl. zu den zahlreichen Varianten des LIFO-Verfahrens in der Praxis ausführlich *Kieso/Weygandt/Warfield*, Intermediate Accounting, S. 8.15-8.26.

einer stark verzerrten Darstellung der Vermögens- und Ertragslage führen. Zudem sei die Anwendung der LIFO-Methode in vielen Fällen ausschließlich steuerrechtlich motiviert. Steuerliche Überlegungen sollten aber den IFRS-Abschluss nicht beeinflussen.[15] Im Vergleich dazu ist es nach US-GAAP verpflichtend, die LIFO-Methode für die externe Berichterstattung zu verwenden, wenn diese bereits für Steuerzwecke angewandt wird. In diesem Fall ist dann die steuerliche Gewinnermittlung maßgeblich für die handelsrechtliche Gewinnermittlung.[16]

3 Angaben

Angaben nach IAS 2

Hinsichtlich des Vorratsvermögens enthalten die Vorschriften in IAS 2.36-39 detaillierte Offenlegungspflichten. Danach müssen IFRS-Abschlüsse u.a. folgende Angaben enthalten:

- Die angewandten Bilanzierungs- und Bewertungsmethoden für Vorräte einschließlich der Zuordnungs- bzw. Bewertungsvereinfachungsverfahren,
- den Gesamtbuchwert der Vorräte und die Buchwerte in einer unternehmensspezifischen Untergliederung,
- die Buchwerte der Vorräte, die zum beizulegenden Zeitwert abzüglich der Veräußerungskosten angesetzt werden,
- den Betrag der Vorräte, die in der Periode als Aufwand erfasst wurden,
- die in einer Periode erfassten Wertminderungen und Wertaufholungen von Vorräten,
- Ereignisse, die zu einer Wertaufholung geführt haben und
- den Buchwert der Vorräte, die als Sicherheit für Verbindlichkeiten verpfändet sind.

Platzierung der Angabe

IAS 2 enthält keine Hinweise, an welcher Stelle die geforderten Angaben vorzunehmen sind. Folglich können die Angaben nicht nur im Anhang, sondern auch in der Bilanz und in der Gesamtergebnisrechnung gemacht werden. Entscheidend ist allein die wirtschaftliche Betrachtungsweise. Die Mindestgliederung der Bilanz gemäß IAS 1.54 sieht lediglich den Posten „Vorräte“ vor. Zwar wird ein Gliederungsschema nicht vorgegeben, eine Untergliederung der Vorräte in folgende Posten wird aber gemäß IAS 2.37 als „verbreitet“ angesehen:

- Handelswaren,
- Roh-, Hilfs- und Betriebsstoffe,
- unfertige Erzeugnisse und
- Fertigerzeugnisse.

---

15 Vgl. zur Kritik an der LIFO-Methode ausführlich *Baetge/Kirsch/Thiele*, Bilanzen, S. 361-364 m.w.N. Zur ausführlichen Begründung der Abschaffung der LIFO-Methode vgl. IAS 2.BC10-BC20.

16 *Vgl. Kieso/Weygandt/Warfield*, Intermediate Accounting, S. 8.25.

4 Wesentliche Unterschiede zum IFRS for SMEs

Die relevanten Regelungen für Ansatz und Bewertung des Vorratsvermögens finden sich im IFRS-SME.13 und gleichen konzeptionell denen der „full" IFRS. Die Definitionen der Anschaffungs- und Herstellungskosten stimmen ebenso wie die Methoden zur Folgebewertung einschließlich der Bewertungsvereinfachungsverfahren grundsätzlich mit IAS 2 überein. Unterschiede beschränken sich im Wesentlichen auf ein generelles Aktivierungsverbot für Fremdkapitalkosten (IFRS-SME.25.2) sowie wesentlich weniger umfangreiche Angabepflichten im Vergleich zu IAS 2.

5 Wesentliche Unterschiede zum HGB

Ansatz und Bewertung des Vorratsvermögens

Grundsätzlich bestehen hinsichtlich der Vorratsbilanzierung recht große Ähnlichkeiten zwischen HGB und IFRS. So sind z.B. die Ansatzregeln weitgehend identisch. Grundlegende Unterschiede bei der Bewertung des Vorratsvermögens haben sich mit Inkrafttreten des BilMoG reduziert. In Deutschland gilt handelsrechtlich grundsätzlich auch das Anschaffungs- und Herstellungskostenprinzip, das bei Gegenständen des Umlaufvermögens durch das strenge Niederstwertprinzip ergänzt wird. Die in § 255 HGB festgelegten Anschaffungs- oder Herstellungskosten markieren dabei die Obergrenze der Bewertung. Gemäß § 253 Abs. 4 Satz 1 und 2 HGB müssen vorübergehende und dauerhafte Wertminderungen durch außerplanmäßige Abschreibungen auf den niedrigeren beizulegenden Wert berücksichtigt werden. Dieser kann sich vom Nettoveräußerungserlös nach IAS 2 unterscheiden, da bei bestimmten Voraussetzungen auch auf Beschaffungsmärkte zurückgegriffen werden kann.[17]

Anschaffungskosten

In der grundsätzlichen Interpretation der Anschaffungskosten geht das deutsche HGB in § 255 Abs. 1 im Wesentlichen mit den IFRS konform. Unterschiede ergeben sich bei der Zurechnung der Fremdkapitalzinsen, die in Deutschland i.d.R. kein Bestandteil der Anschaffungskosten sind,[18] während sie nach den IASB-Vorschriften – bei Vorliegen bestimmter Voraussetzungen – unter Beachtung des IAS 23 verpflichtend einzubeziehen sind.

Herstellungskosten

Mit der Implementierung des BilMoG hat sich die handelsrechtliche Ermittlung der Herstellungskosten wesentlich an die internationalen Vorschriften angenähert (vgl. Tabelle 12.2), wobei gewisse Unterschiede verbleiben. Obwohl IFRS und HGB im Prinzip einen Vollkostenansatz verfolgen, verbleibt dem Bilanzierenden gemäß § 255 Abs. 2 HGB ein Wahlrecht für die Aktivierung bestimmter Kostenbestandteile. Hierzu zählen die Kosten der allgemeinen Verwaltung, Kosten für soziale Einrichtungen des Betriebs, Kosten für freiwillige soziale Leistungen, Kosten für die betriebliche Altersversorgung sowie Fremdkapitalkosten.

17 Vgl. ausführlich *Ballwieser*, Münch-KommHGB, § 253, Tz. 54-61.
18 Vgl. dazu auch *Ballwieser*, Münch-KommHGB, § 255, Tz. 14-15.

Gemeinkosten

Da die handels- und steuerrechtlichen Vorschriften bei der Gemeinkostenzurechnung nicht nach betrieblichen Funktionsbereichen differenzieren, beinhaltet der Vollkostenansatz hierzulande aber auch nicht herstellungsbezogene Gemeinkostenbestandteile. Diese Bestandteile dürfen den Herstellungskosten nach IFRS nicht zugerechnet werden. Erfolgt eine Bewertung zu den höchstmöglichen Herstellungskosten in der Steuerbilanz, müssen im IFRS-Abschluss aktive latente Steuern angesetzt werden. An anderer Stelle greift der mögliche Vollkostenansatz nach IFRS jedoch weiter. Liegen bei der Aktivierung von Fremdkapitalkosten i.S.d. überarbeiteten IAS 23 qualifizierte Vermögenswerte vor, so zählen nach IAS 23.5-6 neben den Fremdkapitalzinsen auch die sonstigen Finanzierungskosten dazu.

Bewertungsvereinfachungsverfahren

Die Anwendungsvoraussetzungen der nach HGB erlaubten Bewertungsvereinfachungsverfahren entsprechen grundsätzlich denen nach IFRS.[19] Allerdings ist das vom IASB abgeschaffte LIFO-Verfahren nach HGB zulässig und in Deutschland weit verbreitet, da es steuerrechtlich gemäß § 6 Abs. 1 Nr. 2a EStG selbst dann anerkannt wird, wenn die unterstellte mit der tatsächlichen Verbrauchsfolge nicht übereinstimmt.[20]

Ausweis

Im Unterschied zu den IFRS ist die Position „geleistete Anzahlungen" nach § 266 Abs. 2 B. I. 4. HGB explizit Teil der Vorräte. IAS 2 regelt geleistete Anzahlungen nicht; IAS 1.78(b) empfiehlt einen gesonderten Ausweis im Umlaufvermögen. Aufgrund ihrer sachlichen Nähe zu den Vorräten kann ein Ausweis der geleisteten Anzahlungen auf Vorräte unter den Vorräten dennoch vertretbar erscheinen.[21] Betriebsstoffe, die nicht unmittelbar der Fertigung dienen, gehören nach IFRS nicht zum Vorratsvermögen, sondern zu den sonstigen Vermögenswerten.

Angaben

Die Angabepflichten nach § 284 HGB sind grundsätzlich vergleichbar mit den IFRS-Bestimmungen. Allerdings sind unterschiedliche Schwerpunkte festzustellen: Während nach IFRS insbesondere umfangreiche quantitative Angaben zu machen sind, stehen nach HGB Angaben zum Umfang der einbezogenen Kosten im Vordergrund. Dadurch soll der Bilanzleser das Ausmaß ausgeübter Bewertungswahlrechte erkennen können.

19 Vgl. ausführlich *Grottel/Huber*, Beck Bil-Komm., § 256, Tz. 28-104.

20 Vgl. *Hüttemann/Meinert*, Anwendungsfragen der Lifo-Methode in Handels- und Steuerbilanz, in: DB, 66. Jg. (2013), S. 1865-1872.

21 Vgl. *ADS International*, Abschnitt 15: Vorräte, Tz. 149.

	IAS 2	§ 255 HGB	R 6.3 EStR
Materialeinzelkosten	Pflicht	Pflicht	Pflicht
Fertigungseinzelkosten	Pflicht	Pflicht	Pflicht
Sondereinzelkost. der Fertigung	Pflicht	Pflicht	Pflicht
Materialgemeinkosten	Pflicht	Pflicht	Pflicht
Fertigungsgemeinkosten	Pflicht	Pflicht	Pflicht
Abschreib. des Anlageverm.	Pflicht	Pflicht	Pflicht
Allgemeine Verwaltungskosten	Pflicht[1]	Wahlrecht	Wahlrecht
Kosten für			
– soz. Einrichtungen d. Betriebs	Pflicht[1]	Wahlrecht	Wahlrecht
– freiwillige soziale Leistungen	Pflicht[1]	Wahlrecht	Wahlrecht
– betriebliche Altersversorgung	Pflicht[1]	Wahlrecht	Wahlrecht
Fremdkapitalkosten	Pflicht[2]	Wahlrecht[3]	Wahlrecht[4]
Vertriebskosten	Verbot	Verbot	Verbot

1 Pflicht, sofern produktionsbezogen, sonst Verbot.

2 Nur bei Vorliegen eines qualifizierten Vermögenswertes.

3 Aber nur dann, wenn das Fremdkapital zur Herstellung eines Vermögensgegenstandes verwendet wird, und nur insoweit, als die Zinsen auf den Zeitraum der Herstellung entfallen.

4 Umstritten.

Tab. 12.2: Herstellungskosten nach IAS 2, § 255 HGB und Steuerrecht im Vergleich. Quelle: In Anlehnung an *Bartle/Jacobs/Kugel*, IFRS-Kommentar, IAS 2, Tz. 59.

Ausgewählte Literatur

Bieg, H./Hossfeld, C./Kußmaul, H./Waschbusch, G., Bilanzierung und Bewertung von Vorräten nach IAS 2, in: StB, 57. Jg. (2006), S. 421-425.

Kümpel, T., Vorratsbewertung nach IAS 2, in: DStR, 43. Jg. (2005), S. 1153-1158.

Kümpel, T., Abwertungskonzeption beim Vorratsvermögen im IFRS-Regelwerk: Nettoveräußerungswert und Roh-, Hilfs- und Betriebsstoffe, in: IRZ, 7. Jg. (2012), S. 69-74.

Quick, R., Einzelfragen der Vorratsbewertung nach IFRS, in: DB, 61. Jg. (2008), S. 2206-2211.

Übungsaufgaben

Die Ceko GmbH ist ein mittelständisches Unternehmen aus dem produzierenden Sektor. Bisher bilanziert die Ceko GmbH nach den Vorschriften des HGB. Die Geschäftsführung der Ceko GmbH erwägt zusätzlich zu Informationszwecken einen Abschluss nach den Regeln der IFRS aufzustellen, da sie sich davon Vorteile bei der Kreditvergabe erhofft. Aufgrund der hohen Produktionstätigkeit des Unternehmens ist die Geschäftsführung insbesondere an den Auswirkungen einer solchen Umstellung auf das Vorratsvermögen interessiert und bittet Sie daher die Bilanzierung der drei Hauptprodukte nachfolgend zu prüfen.

Folgende Informationen liegen Ihnen für das Produkt HaMiFra-48683 vor:

in € pro Erzeugniseinheit	**2021**
Materialeinzelkosten	200
Fertigungseinzelkosten	80
Sondereinzelkosten der Fertigung	20
Materialgemeinkosten	50
Fertigungsgemeinkosten	100
Abschreibungen des Anlagevermögens	40
Verwaltungskosten davon herstellungsbezogen	180 30
Aufwendungen für betriebliche Altersversorgung davon herstellungsbezogen	70 20
Fremdkapitalkosten	10
Vertriebskosten	60

Berechnen Sie die Herstellungskosten für dieses von der Ceko GmbH im Geschäftsjahr 2021 hergestellte Erzeugnis

a) auf Basis der handels- und steuerrechtlichen Untergrenze,
b) auf Basis der handels- und steuerrechtlichen Obergrenze,
c) auf Basis der IFRS

und erläutern Sie Ihr Vorgehen.

Für die Produktion eines anderen Produktes, namens JaPaDe-68, fielen im Jahr 2021 im Bereich der Material- und Fertigungseinzelkosten bei der Ceko GmbH jeweils 100.000 € an. Insgesamt sind Gemeinkosten in der Produktion von 80.000 € entstanden. Die allgemeine Verwaltung verursachte bei der Ceko GmbH Gesamtkosten in Höhe von 80.000 €. In diesen Kosten ist das Gehalt des Produktionsmanagers in Höhe von 30.000 € enthalten. Für Fernsehspots mussten 20.000 € bezahlt werden. In der Steuerbilanz werden die Vorräte zur steuerlichen Wertuntergrenze angesetzt. Sämtliche im Jahr 2021 produzierten Produkte JaPaDe-68 werden erst im Jahr 2021 zu 420.000 € verkauft. Für das Management der Ceko GmbH steht außerdem die Frage im Raum, ob im Rahmen der Erstellung einer IFRS-Bilanz das Umsatzkosten- oder das Gesamtkostenverfahren zur Anwendung kommen soll. Buchen Sie, unter Berücksichtigung von latenten Steuern (Steuersatz 30 %), die Aktivierung der JaPaDe-68-Produkte und den Verkaufsprozess in den Jahren 2021 und 2022 daher sowohl

d) nach dem Umsatzkostenverfahren als auch
e) nach dem Gesamtkostenverfahren,

um die Unterschiede aufzuzeigen.

Bei dem dritten von der Ceko GmbH produzierten Produkt handelt es sich um Edelstahltische des Typs CaPa-100. Zum Bilanzstichtag 31.12.2021 liegen bei der Ceko GmbH noch Rohstoffe zur Herstellung der Edelstahltische mit historischen Anschaffungskosten in Höhe von 30.000 € auf Lager. Aufgrund eines Preisrückgangs betragen die Wiederbeschaffungskosten der Rohstoffe zu diesem Zeitpunkt lediglich 28.400 €.
Die historischen Herstellungskosten der zum 31.12.2021 auf Lager liegenden fertig produzierten Edelstahltische beträgt 55.000 €. Der geschätzte Verkaufserlös hierfür liegt bei 56.000 €, wobei noch geschätzte Verkaufskosten in Höhe von 4.500 € anfallen werden. Zeigen Sie dem Management der Ceko GmbH

f) mit welchem Wert die Rohstoffe und fertigen Erzeugnisse zum 31.12.2021 nach IAS 2 in der Bilanz anzusetzen sind sowie
g) welche Wertansätze sich zum 31.12.2021 für die Rohstoffe und die Edelstahltische ergeben würden, wenn der geschätzte Verkaufserlös der Edelstahltische 62.000 € betragen würde.

Die Ceko GmbH hat in ihrer HGB-Bilanz das LIFO-Verfahren zur Bewertung des Vorratsvermögens angewendet. Nach IAS 2 ist dieses Verfahren nicht zulässig.

h) Erläutern Sie dem Geschäftsführer der Ceko GmbH mögliche Gründe, die das IASB zum Verbot dieses Bewertungsvereinfachungsverfahrens bewogen haben könnten. Gehen Sie dazu auch auf die bilanzpolitischen Spielräume des LIFO-Verfahrens ein.

Kapitel 13
Rückstellungen und Erfolgsunsicherheiten

In kaum einer Bilanzposition spiegeln sich die vielfältigen Schwierigkeiten im Umgang mit der Unsicherheit zukünftiger Entwicklungen so deutlich wider wie in den Rückstellungen:

- Im Geschäftsjahr 2015 betrug der kumulative Rückstellungsbetrag, den die British Petroleum (BP) Gruppe seit 2010 im Zusammenhang mit der Ölkatastrophe im Golf von Mexiko gebildet hatte, 56,6 Milliarden Pfund. Nach Einigungen mit Behörden und diversen (Straf-)zahlungen fanden sich in der Konzernbilanz 2015 noch Rückstellungen in Höhe von 16,5 Milliarden Pfund im Zusammenhang mit „Deepwater Horizon“.
- Die Bayer Gruppe wies im 1. Halbjahr 2020 negative Sondereinflüsse i.H.v. 13,1 Milliarden Euro aus. Diese gingen u.a. wesentlich auf Rückstellungen für Produkthaftungsverfahren im Zusammeng mit dem glyphosathaltigen Unkrautvernichter Round-Up, der durch die Bayer-Tochter Monsanto vertrieben wird, zurück. Insgesamt wies der Konzern Rückstellungen i.H.v. rund 18,8 Milliarden Euro aus (Vorjahr: 7,0 Milliarden Euro).
- Im Jahr 2019 warf die EU-Kommission verschiedenen deutschen Automobilherstellern in einem Kartellverfahren vor, bei der Entwicklung und Einführung von Technologien zur Emissionsverringerung in wettbewerbsbeschränkender Weise zusammengearbeitet zu haben. Die BMW Gruppe verbuchte daraufhin Aufwendungen i.H.v. 1,4 Milliarden Euro, die auf die Bildung zusätzlicher Rückstellungen für einen wahrscheinlichen Bußgeldbescheid zurückzuführen waren. Die Daimler Gruppe legte hingegen in ihrem Geschäftsbericht offen, dass sie bei der EU-Kommission einen Kronzeugenantrag gestellt habe und keine wesentlichen Auswirkungen des Verfahrens auf die Ertrags-, Finanz- und Vermögenslage erwarte.
- Die RWE Gruppe verbuchte im Geschäftsjahr 2019 Zuführungen zu bergbaubedingten Rückstellungen i.H.v. rund 1,4 Milliarden Euro. Diese enthielten auch die zu erwartenden Zusatzkosten für die Wiedernutzbarmachung der Braunkohletagebaue, die mit dem von der Bundesregierung beschlossenen Braunkohleausstieg verbunden waren. Die hierfür notwendigen Kostenschätzungen basierten angabegemäß in wesentlichen Teilen auf externen Gutachten.

All diese Beispiele werfen Fragen hinsichtlich der Bilanzierung sowohl dem Grunde als auch der Höhe nach auf: Unter welchen Umständen sind Rückstellungen zu bilden, z.B. für Gerichtsverfahren, deren Ausgang zum Bilanzstichtag noch unklar ist? Ab welchem Zeitpunkt liegen die Voraussetzungen für die Bildung einer Rückstellung vor, z.B. bei mehrstufigen behördlichen Ermittlungen oder Verpflichtungen, die sich erst durch neue Gesetze ergeben? Mit welchem Wert sind Rückstellungen anzusetzen, wenn mit Ausgaben erst in ferner Zukunft zu rechnen ist? Welche Beträge sind angemessen bei Rückstellungen für komplexe Maßnahmen wie Entsorgungsverpflichtungen, deren langfristige Zahlungsauswirkungen schwer abzuschätzen sind? Diesen und weiteren Fragen wird im vorliegenden Kapitel nachgegangen.

Nach der Bearbeitung dieses Kapitels kennen Sie die Herausforderungen der Rückstellungsbilanzierung und sind mit den zentralen Normen zu Ansatz, Erst- und Folgebewertung von Rückstellungen sowie Eventualverbindlichkeiten vertraut. Insbesondere kennen Sie die Voraussetzungen, unter denen Rückstellungen gebildet werden müssen, sowie die unterschiedlichen Vorgehensweisen zur Erst- und Folgebewertung anhand der bestmöglichen Schätzung. Ferner kennen Sie die Konkretisierung der Normen für spezielle Sachverhalte wie etwa Restrukturierungen.

Lernziele „Kennen"

Sie können systematisch prüfen, wann eine Rückstellung zu passivieren ist, und diese von Eventualschulden sowie sonstigen Verbindlichkeiten abgrenzen. Sie können die unterschiedlichen Methoden zur Ermittlung der bestmöglichen Schätzung auf grundlegende Sachverhalte anwenden und die Folgebewertung sowie den Verbrauch von Rückstellungen buchhalterisch abbilden.

Lernziele „Anwenden"

Sie können einschätzen, wie sich bei der Rückstellungsbilanzierung ausgeübte Ermessensspielräume auf den Jahresabschluss auswirken und beispielsweise zur Ergebnisglättung genutzt werden. Weiterhin sind Sie in der Lage, die Bilanzierungsvorschriften des IAS 37 kritisch zu hinterfragen, insbesondere hinsichtlich der Folgen von Unsicherheit für Ansatz und Bewertung von Rückstellungen.

Lernziele „Bewerten & Gestalten"

1 Einleitung

Zweck und bilanztheoretische Einordnung

Rückstellungen bilden gemeinsam mit den Verbindlichkeiten die Schulden eines Unternehmens. Je nach bilanztheoretischer Perspektive werden Rückstellungen konzeptionell unterschiedlich gesehen. Die statische Bilanztheorie sieht in ihnen Schulden, denen sich das Unternehmen am Bilanzstichtag ausgesetzt sieht, die jedoch bezüglich ihrer Existenz, ihres Fälligkeitszeitpunktes und/oder ihrer Höhe (noch) ungewiss sind. Im Interesse eines vollständigen Schuldenausweises sind demzufolge „ungewisse Schulden" am Bilanzstichtag zu erfassen, sofern sie gegenüber Dritten bestehen, also Außenverpflichtungen darstellen. In der dynamischen Bilanztheorie werden Rückstellungen hingegen als Abgrenzungsposten zur periodengerechten Erfassung von Aufwendungen, welche wirtschaftlich einer abgelaufenen Periode zuzurechnen sind, aber erst in der Zukunft zu Auszahlungen führen, begriffen. Die dynamische Interpretation schließt folglich auch sog. Aufwandsrückstellungen ein, welche Verpflichtungen des Unternehmens „gegenüber sich selbst" betreffen. Insofern ist der dynamische Rückstellungsbegriff weiter gefasst als der statische, wobei Letzterer weitgehend dem Verständnis der IFRS entspricht.

Relevante Norm

Im System der IFRS fallen diejenigen Bilanzpositionen, die handelsrechtlich als Rückstellungen zu bezeichnen wären, unter den im Rahmenkonzept definierten Begriff der Schuld, sofern es sich um Außenverpflichtungen handelt. Die relevanten Vorschriften für die Bilanzierung von Rückstellungen sind im Wesentlichen in IAS 37 „Rückstellungen, Eventualschulden und Eventualforderungen" (Provisions, Contingent Liabilities and Contingent Assets) kodifiziert.

Regelungsumfang von IAS 37

Neben Rückstellungen wird in IAS 37 die Bilanzierung von Eventualschulden (contingent liabilities) und Eventualforderungen (contingent assets) behandelt. IAS 37 gilt nur als lex generalis zu spezielleren IFRS, in denen besondere Rückstellungsarten geregelt sind (IAS 37.1-9). Beispielsweise sind Rückstellungen für Leistungen an Arbeitnehmer (IAS 19; vgl. Kapitel 14), für bestimmte Leasingverhältnisse (IFRS 16; vgl. Kapitel 19), für passive latente Steuern (IAS 12; vgl. Kapitel 6) sowie für Verpflichtungen von Versicherungsunternehmen aus Versicherungsverträgen (IFRS 17) jeweils in eigenen Standards geregelt. Explizit eingeschlossen in den Regelungsbereich von IAS 37 sind jedoch Restrukturierungsrückstellungen. IAS 37 gilt weiterhin nicht für vertragliche Schulden aus Umsatzprozessen, die nach IFRS 15 zu bilanzieren sind (vgl. Kapitel 7). Für Eventualschulden, die im Rahmen von Unternehmenszusammenschlüssen erworben werden, gilt IFRS 3 (vgl. Kapitel 21).

Aufbau von IAS 37

IAS 37 folgt dem üblichen Aufbau der meisten IFRS. Zentraler Bestandteil des Standards sind neben der Beschreibung des Regelungsziels, des Anwendungsbereiches und wichtiger Begriffe die Vorschriften zu Bilanzansatz und Bewertung. Darüber hinaus finden sich Ausführungen zur bilanziellen Behandlung von Erstattungen, Anpassungen, dem Verbrauch von Rückstellungen sowie zur Anwendung der Grundregeln auf ausgewählte Sachverhalte wie Restrukturierungen. Abschließende Vorschriften betreffen Angabepflichten, Übergangsregeln und die erstmalige Anwendung.

Aktuelle Entwicklungen

Im Januar 2020 fasste das IASB den Beschluss, Vorschläge für Verbesserungen an IAS 37 zu erarbeiten. Die geplanten Änderungen umfassen drei Aspekte: die Definition des Schuldenbegriffs, die Berücksichtigung des eigenen Kreditrisikos im Abzinsungssatz bei der Bewertung langfristiger Rückstellungen und den Umfang der im Rahmen der Rückstellungsbewertung zu berücksichtigenden Ausgaben.

2 Definition und Ansatz

System

Um eine angemessene bilanzielle Erfassung künftiger Risiken zu erreichen, kodifiziert IAS 37 ein System abgestufter Passivierungs- und Berichterstattungspflichten in Abhängigkeit davon, mit welcher Wahrscheinlichkeit sich das bilanzierende Unternehmen einer künftigen Belastung gegenüber sieht. Muss von einem solchen Nutzenabfluss in abschätzbarer Höhe mit ausreichender Wahrscheinlichkeit ausgegangen werden, ist eine Rückstellung zu passivieren. Fehlt es jedoch an der ausreichenden Eintrittswahrscheinlichkeit und/oder an der Quantifizierbarkeit des Betrags, so ist allenfalls in Form einer Eventualschuld über das künftige Risiko zu berichten.

Definition

Nach IAS 37.10 sind unter Rückstellungen (provisions) solche Schulden zu verstehen, die bezüglich ihrer Fälligkeit und/oder ihrer Höhe ungewiss sind. Schulden werden als gegenwärtige Verpflichtungen, die aus vergangenen Ereignissen resultieren und künftig einen Abfluss wirtschaftlicher Ressourcen erwarten lassen, definiert. Der Begriff der Schuld in IAS 37 basiert damit auf der 2010 überarbeiteten Fassung des Rahmenkonzepts, soll aber durch ein aktuelles Verbesserungsprojekt an die des 2018 überarbeiteten Rahmenkonzets angepasst werden (siehe Exkurs in diesem Abschnitt). Nicht zu den Rückstellungen zählen passivische Abgrenzungsposten wie erhaltene Anzahlungen sowie quasi sichere künftige Verpflichtungen (accruals), wie sie in HGB-Abschlüssen etwa über Steuerrückstellungen und Urlaubsrückstellungen erfasst werden. Diese stellen im IFRS-Abschluss sonstige Verbindlichkeiten dar (IAS 37.11).

Voraussetzungen für Rückstellungen

Das kumulative Vorliegen der drei in IAS 37.14 aufgeführten Grundvoraussetzungen löst die Pflicht zur Passivierung einer Rückstellung aus. Diese Kriterien entsprechen denjenigen, die generell gemäß des Rahmenkonzepts in der 2010 überarbeiteten Fassung für die Passivierung von Schulden zu prüfen sind.

1. Das Unternehmen hat aus einem vergangenen Ereignis eine gegenwärtige Verpflichtung rechtlicher oder tatsächlicher Natur.
2. Es ist wahrscheinlich, dass es zu einem Abfluss von Ressourcen mit wirtschaftlichem Nutzen kommen wird, um die Verpflichtung zu begleichen.
3. Eine verlässliche Schätzung der Verpflichtungshöhe ist möglich.

Gegenwärtige Verpflichtung

Die erste Voraussetzung besteht aus zwei Elementen: Zum einen muss sich das Unternehmen einer gegenwärtig bereits bestehenden Verpflichtung (present obligation) gegenüber sehen. Eine solche ist bereits gegeben, wenn das Unternehmen sich der Verpflichtung aus ökonomischen Gründen praktisch nicht entziehen kann (constructive obligation). Dies ist regelmäßig der Fall, wenn das Unternehmen gegenüber Dritten die gerechtfertigte Erwartung geweckt hat, dass es die Verpflichtung, beispielsweise aus Kulanz oder ökonomischer Vernunft, erfüllen werde (IAS 37.10). Eine gesetzliche, vertragliche oder sonstige rechtliche Grundlage (legal obligation) der Verpflichtung ist nicht zwingend erforderlich.

Ungewissheit der Verpflichtung

Das Bestehen einer gegenwärtigen Verpflichtung kann in seltenen Fällen, etwa bei Gerichtsverfahren, unklar sein. Daher wird man die erste Voraussetzung nur dann als gegeben ansehen können, wenn unter Berücksichtigung aller verfügbaren Informationen mehr für als gegen das Bestehen einer gegenwärtigen Verpflichtung am Bilanzstichtag spricht (IAS 37.15). Insofern muss eine Verpflichtung mit mehr als 50 %iger Wahrscheinlichkeit vorliegen (more likely than not). Bei der Beurteilung von Grenzfällen muss das bilanzierende Unternehmen ggf. Expertenrat einholen.

Vergangenes Ereignis

Zum anderen muss diese Verpflichtung aus einem vergangenen Ereignis resultieren (IAS 37.10). Mit diesem Erfordernis stellt das IASB sicher, dass keine künftig erwarteten oder geplanten Ereignisse bereits in der Berichtsperiode über eine Rückstellung GuV-wirksam erfasst werden. Es soll nicht von künftigen Entscheidungen des Unternehmens abhängen, ob eine Verpflichtung besteht oder nicht (IAS 37.19). Das hier geforderte vergangene Ereignis führt vielmehr dazu, dass sich dem Unternehmen zur Erfüllung der Verpflichtung keine realistische Handlungsalternative bietet (IAS 37.17). Das Unternehmen darf aus rechtlichen oder faktischen Gründen keinerlei Möglichkeit haben, sich der Erfüllung der Verpflichtung zu entziehen.

Aktuelle Entwicklungen

Anpassung der Schuld-Definition an das Rahmenkonzept 2018

Ein aktuelles Arbeitspapier (staff paper) des IASB weist auf bestehende Unklarheiten bei der Anwendung der Schuld-Definition des IAS 37 hin.[1] Konkret geht es um die Frage, welchen Grad der Unvermeidbarkeit ein Sachverhalt erfüllen muss, um als gegenwärtige Verpflichtung eingeordnet zu werden. Zum einen sieht IAS 37.19 vor, dass Rückstellungen nur für solche Verpflichtungen gebildet werden dürfen, die aufgrund eines vergangenen Ereignisses *unabhängig* von zukünftigen Handlungen des berichterstattenden Unternehmens bestehen. Zum anderen weist aber IAS 37.17 darauf hin, dass eine gegenwärtige Verpflichtung dann besteht, wenn ein vergangenes Ereignis dem Unternehmen keine *realistische* Alternative zur Begleichung der Verpflichtung lässt; ein ähnlicher Ansatz findet sich in IFRIC 21 (siehe Abschnitt 4.5 in diesem Kapitel). Unklarheiten ergeben sich daher in solchen Fällen, in denen ein Unternehmen zwar unrealistische, aber dennoch mögliche Handlungsoptionen zur Vermeidung der Erfüllung der Verpflichtung hat.

Um Klarheit zu schaffen, soll die Schuld-Definition des IAS 37, die zur Zeit noch auf der des 2010 überarbeiteten Rahmenkonzepts basiert, an die des 2018 überarbeiteten Rahmenkonzepts angepasst werden. Demnach ist eine Schuld eine sich aus vergangenen Ereignissen ergebende gegenwärtige Verpflichtung des Unternehmens, eine ökonomische Ressource zu übertragen (RK 4.26; vgl. auch Kapitel 3). Das 2018 überarbeitete Rahmenkonzept stellt dabei klar, dass eine Schuld dann vorliegt, wenn das Unternehmen *praktisch nicht fähig* ist, sich der Verpflichtung zu entziehen (RK 4.32).

Wahrscheinlicher Ressourcenabfluss

Die zweite Voraussetzung erfordert eine mehr als 50 %ige Wahrscheinlichkeit, dass die Begleichung der Verpflichtung künftig einen Abfluss wirtschaftlicher Ressourcen erfordert. Der Wahrscheinlichkeitsmaßstab ist damit der gleiche wie bei der Frage, ob eine gegenwärtige Verpflichtung vorliegt (more likely than not; IAS 37.23), so dass zusätzlich zum ersten Ansatzkriterium eine zweite Einschätzung von Wahrscheinlichkeiten erforderlich ist (doppelter Wahrscheinlichkeitsbegriff). Hierdurch wird der Passivierung von unwahrscheinlichen Verpflichtungen bereits im Rahmen der Bilanzierung dem Grunde nach entgegengewirkt, statt die geringe Eintrittswahrscheinlichkeit erst im Rahmen der Bewertung zu berücksichtigen. Der Ressourcenabfluss muss allerdings nicht für jede einzelne Verpflichtung gesondert als wahrscheinlich einzustufen sein. Bei einer Gruppe gleichartiger Verpflichtungen, beispielsweise aus Garantiezusagen, genügt es vielmehr, wenn zur Begleichung des gesamten Portfolios von Verpflichtungen ein Ressourcenabfluss wahrscheinlich ist (IAS 37.24).

Verlässliche Schätzbarkeit

Die dritte Voraussetzung ist erfüllt, wenn der in Zukunft zur Begleichung der Verpflichtung erforderliche Betrag verlässlich geschätzt werden kann. Das IASB

[1] IFRS Foundation *Staff Paper*, Agenda ref 22A, Januar 2020.

betont, dass es an diesem Erfordernis nur in extrem seltenen Ausnahmefällen fehlen dürfte (IAS 37.25). Insbesondere kann ein Unternehmen von der Passivierung einer Rückstellung nicht allein deshalb absehen, weil es sich außer Stande sieht, für die Verpflichtungshöhe eine verlässliche, einwertige Punktschätzung anzugeben. Sobald eine Spanne möglicher Beträge ermittelbar ist, muss – das Vorliegen der übrigen Ansatzkriterien vorausgesetzt – eine Rückstellung gebildet werden.

Beispiel 13.1

Anhang C zu IAS 37 enthält zahlreiche Beispiele zur Prüfung der hier beschriebenen Ansatzvoraussetzungen. In vielen Fällen ist es beispielsweise zweifelhaft, ob eine gegenwärtige Verpflichtung aufgrund eines verpflichtenden Ereignisses existiert, und worin dieses Ereignis bestanden hat.

Bei Garantie- bzw. Kulanzverpflichtungen ist das verpflichtende Ereignis beispielsweise der Verkauf des Produkts, welcher beim bilanzierenden Unternehmen eine – rechtliche oder auch nur wirtschaftlich-faktische – Verpflichtung auslöst, künftige Reparatur- oder Ersatzleistungen zu erbringen.

Bei einer Verpflichtung, aufgrund eines neuen Gesetzes Altlasten auf einem Grundstück in Zukunft beseitigen zu müssen, besteht das verpflichtende Ereignis nicht etwa in der Verabschiedung des neuen Gesetzes, sondern in der Verschmutzung des Grundstücks. Ersteres führt lediglich dazu, dass ein künftiger Ressourcenabfluss (zweites Ansatzkriterium) nun – im Gegensatz zu vorher, als eine Sanierungspflicht noch nicht bestand – wahrscheinlich ist.

Eventualschuld

Scheitert die Passivierung einer Rückstellung daran, dass eines oder mehrere der obigen drei Kriterien für das Vorliegen einer Schuld nicht gegeben sind, so ist subsidiär zu prüfen, ob zumindest eine Eventualschuld (contingent liability) vorliegt. Hier sind nach IAS 37.10 zwei Alternativen zu unterscheiden:

- Zum einen handelt es sich dabei um eine lediglich mögliche Verpflichtung aus einem vergangenen Ereignis, deren Bestehen noch durch unsichere künftige Entwicklungen, die vom Unternehmen nicht gänzlich kontrolliert werden können, bestätigt werden muss. Hier ist also unklar, ob ein vergangenes Ereignis zu einer künftigen Verpflichtung führen wird. Beispielsweise kann es bei einer in der Vergangenheit gemachten Garantiezusage des Unternehmens unklar sein, ob der Garantiefall jemals eintreten wird.
- Zum anderen ist als Eventualschuld auch eine aus vergangenen Ereignissen resultierende gegenwärtige Verpflichtung anzusehen, wenn diese aus folgenden Gründen nicht als Rückstellung passiviert wurde: Es ist nicht wahrscheinlich, dass ein wirtschaftlicher Ressourcenabfluss zu ihrer Begleichung erforderlich sein wird, oder der Verpflichtungsbetrag lässt sich nicht mit hinreichender Verlässlichkeit schätzen. Hier ist als Beispiel ein laufender Prozess gegen das Unternehmen zu nennen, der voraussichtlich negativ ausgehen wird, hinsichtlich der Höhe der resultierenden Zahlungsverpflichtungen jedoch noch völlig ungewiss ist.

Keine Passivierung

Eine Eventualschuld wird nicht passiviert (IAS 37.27). Über Eventualschulden wird im Anhang berichtet (IAS 37.86), sofern der künftige Ressourcenabfluss nicht als sehr unwahrscheinlich (remote) einzustufen ist.[2] Unternehmen sind angehalten, die einer Eventualschuld zugrunde liegenden Sachverhalte kontinuierlich zu überprüfen und Änderungen in der Wahrscheinlichkeit eines künftigen Ressourcenabflusses entsprechend zu berücksichtigen.

Zusammenfassendes Prüfschema

Die Voraussetzungen für die Passivierung einer Rückstellung bzw. für die Offenlegung einer Eventualschuld lassen sich in Form eines Entscheidungsbaumes (Abbildung 13.1) darstellen, der Anhang B zu IAS 37 entlehnt ist.

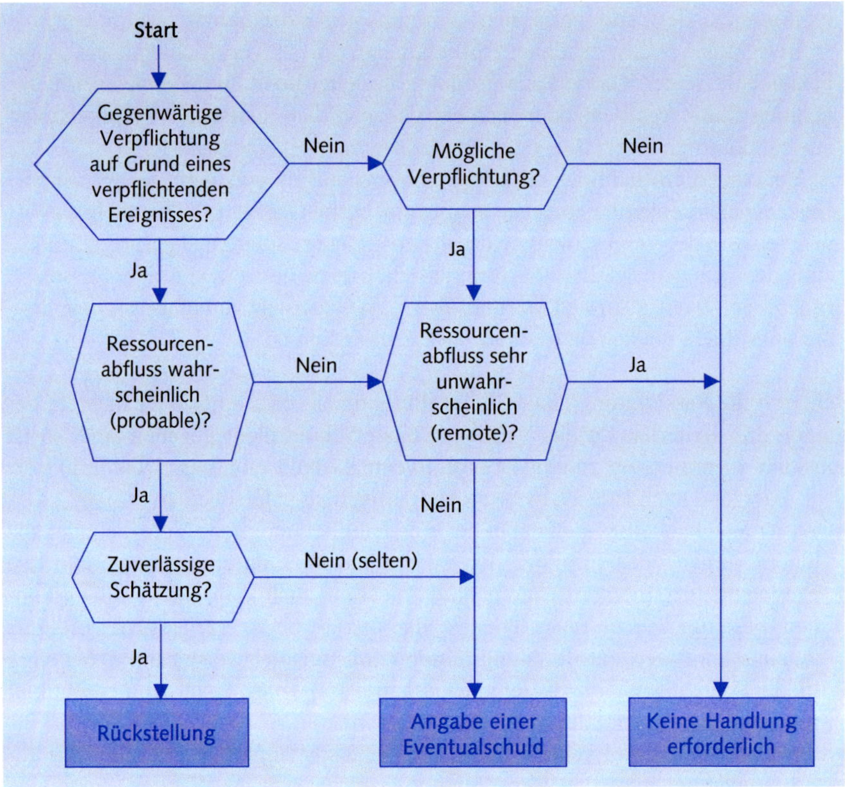

Abb. 13.1: Entscheidungsbaum für Rückstellungen und Eventualschulden (Anhang B zu IAS 37)

2 Eventualschulden, die im Zuge einer Unternehmensübernahme erworben wurden, sind hingegen gemäß IFRS 3.23 im Konzernabschluss anzusetzen; vgl. dazu Kapitel 21.

Das aktivische Pendant zur Eventualschuld ist die Eventualforderung (contingent asset). Dieser „mögliche Vermögenswert“ (IAS 37.10) erwächst aus ungeplanten und unerwarteten Ereignissen in der Vergangenheit, die einen künftigen Ressourcenzufluss im Unternehmen, beispielsweise als Ergebnis einer gerichtlichen Auseinandersetzung, als möglich erscheinen lassen (IAS 37.32). Ebenso wie eine Eventualschuld erst durch künftige Ereignisse in ihrem Schuldcharakter bestätigt oder widerlegt wird, kommt es auch bei der Eventualforderung darauf an, dass erst unsichere künftige Ereignisse, die nicht der Kontrolle des Unternehmens unterliegen, den Vermögenswertcharakter des Sachverhalts endgültig klären.

Keine Aktivierung von Eventualforderungen

Spiegelbildlich zur Eventualschuld ist eine Eventualforderung nicht bilanziell zu erfassen (IAS 37.31), sondern unterliegt einer Offenlegungspflicht. Diese tritt nach IAS 37.89 ein, sofern der künftige Ressourcenzufluss wahrscheinlich (probable) ist. Der Aktivierung als Vermögenswert steht das Realisationsprinzip entgegen, weil der daraus resultierende Ertrag vom Eintritt zukünftiger Ereignisse abhängt und sich daher möglicherweise niemals realisieren lässt (IAS 37.33). Kann die entsprechende Ertragsrealisierung demgegenüber als so gut wie sicher (virtually certain) angesehen werden, so greifen die allgemeinen Ansatzkriterien für Vermögenswerte (IAS 37.33). In diesem Fall handelt es sich nicht mehr um eine Eventualforderung.

3 Bewertung

Bestmögliche Schätzung

Rückstellungen werden mit der bestmöglichen Schätzung (best estimate) der künftigen Ausgabe, die zur Erfüllung der Verpflichtung erforderlich ist, bewertet (IAS 37.36). Geschätzt wird dabei derjenige Betrag, den das Unternehmen vernünftigerweise zahlen würde, um die Verpflichtung am Bilanzstichtag zu begleichen oder auf einen Dritten zu übertragen (IAS 37.37). Angesetzt wird dabei der Betrag vor Steuern (IAS 37.41), während die Berücksichtigung etwaiger Steuereffekte in IAS 12 geregelt ist. Das IASB erkennt an, dass Vorsicht bei der Ermittlung der bestmöglichen Schätzung angebracht ist, um einem zu niedrigen Ansatz von Rückstellungen vorzubeugen. Gleichzeitig wird jedoch in IAS 37.43 klargestellt, dass Unsicherheiten nicht die Überdotierung von Rückstellungen rechtfertigen. Insofern werden die Möglichkeiten zur vorsichtigen Bilanzierung eingeschränkt.

Ermessensspielraum

Die Schätzung der künftigen Ausgaben obliegt dem Management und dessen Urteilsvermögen. Als zusätzliche, objektivierende Informationsquellen sollen daher Erfahrungen mit vergleichbaren Sachverhalten sowie fallweise der Sachverstand unabhängiger Experten herangezogen werden. Hierbei sind auch wertaufhellende Ereignisse nach dem Bilanzstichtag zu berücksichtigen (IAS 37.38). Welche Ausgaben genau in die Schätzung einzubeziehen sind, wird in IAS 37 nicht spezifiert, ist aber Teil eines aktuellen Verbesserungsprojekts des IASB.

Erwartungswert

In der Regel gibt es für den unsicheren, künftig zu zahlenden Verpflichtungsbetrag keine einwertige Punktschätzung, sondern das Management kann allenfalls eine Spanne möglicher Werte angeben, innerhalb welcher sich der gesuchte Betrag voraussichtlich bewegen wird. Wie in solchen Fällen verfahren wird, ist gemäß IAS 37.39 anhand der konkreten Umstände zu entscheiden. Hängt die Höhe des Gesamtbetrages, der sich aus der künftigen Inanspruchnahme ergibt, von einer Vielzahl ähnlicher Sachverhalte ab, so ist die Erwartungswertmethode anzuwenden. Der bestmögliche Schätzwert wird in diesen Fällen als Durchschnitt der einzelnen Verpflichtungsbeträge, gewichtet mit ihren jeweiligen Eintrittswahrscheinlichkeiten, berechnet. Dies führt dazu, dass bei einer Spanne gleichwahrscheinlicher Werte der mittlere Betrag angesetzt wird. Insofern folgt das IASB auch hier mehr dem Gedanken der fair presentation als einem reinen Vorsichtsprinzip.

Beispiel 13.2[3]

Die Samdung AG gewährt auf die von ihr produzierten Mobiltelefone eine Garantie von zwei Jahren. Innerhalb dieser Zeit können die Kunden defekte Geräte einschicken und erhalten diese kostenlos repariert bzw. ersetzt. Erfahrungsgemäß stellen sich 15 % der Samdung-Telefone innerhalb der Garantiezeit als schadhaft heraus. Bei rund einem Drittel dieser Geräte liegen Tastaturstörungen vor, die zu einem Betrag von 8 € pro Stück in Stand gesetzt werden können. Die restlichen Mobiltelefone haben defekte Displays, deren Reparatur 13 € pro Stück kostet. Insgesamt hat die Samdung AG im abgelaufenen Geschäftsjahr 540.000 Telefone verkauft.

Der Erwartungswert der aus der Garantieverpflichtung künftig resultierenden Ressourcenabflüsse wird unter Berücksichtigung der obigen Erfahrungen wie folgt berechnet: Da 85 % der Geräte voraussichtlich intakt bleiben, sind hier keinerlei Auszahlungen zu erwarten. Bei (5 % · 540.000 =) 27.000 Telefonen fallen voraussichtlich Auszahlungen von 8 € pro Stück, also insgesamt 216 T€ an. Die restlichen (10 % · 540.000 =) 54.000 Geräte müssen für 13 € pro Stück repariert werden, was aller Erwartung nach zu Auszahlungen von 702 T€ führen wird. Insgesamt stellt die Samdung AG folglich – das Vorliegen der Passivierungsbedingungen für eine Rückstellung sei hier vorausgesetzt – einen Betrag von (216 + 702 =) 918 T€ als bestmöglichen Schätzwert des künftigen Ressourcenabflusses zurück.

Wahrscheinlichstes Ergebnis

Auch bei der Beurteilung von Einzelverpflichtungen ist es denkbar, dass eine Spanne unterschiedlicher Werte für die Höhe des künftigen Ressourcenabflusses existiert. In solchen Fällen stellt regelmäßig das wahrscheinlichste Ergebnis die bestmögliche Schätzung dar (IAS 37.40). Mit der Ablehnung des Erwartungswertes zur Bewertung von Einzelverpflichtungen wird vermieden, dass einzelne, extreme Ergebnisalternativen mit niedriger Eintrittswahrscheinlichkeit den Wertansatz verzerren. Der zukünftigen Unsicherheit wird vielmehr durch Zu- oder Abschläge Rechnung getragen, die vorzunehmen sind, sollten die anderen Ergebnisalternativen größtenteils ober- oder unterhalb des wahrscheinlichsten Einzelergebnisses liegen. Der Wortlaut des Standards lässt die Implementierung solcher Anpassungen offen und eröffnet damit weite Ermessensspielräume. In der Literatur

3 Ein ähnliches Beispiel findet sich in IAS 37.39.

wird die Umsetzung in Form desjenigen Betrags, bei dem die Rückstellung mit einer gewissen Wahrscheinlichkeit – typischerweise 50 % – zur Abdeckung der tatsächlich eintretenden Ausgabe ausreicht vorgeschlagen.[4] Diese Vorgehensweise wird in Beispiel 13.3 illustriert.

Beispiel 13.3

Die Schwabe AG und die Pfälzer AG sind jeweils Beklagte in Produkthaftungsprozessen mit ungewissem Ausgang. Die Kosten werden von den Unternehmen wie folgt erwartet:

	Wahrscheinlichkeit Schwabe AG	**Wahrscheinlichkeit Pfälzer AG**
100.000 €	80 %	30 %
120.000 €	10 %	20 %
130.000 €	10 %	10 %
140.000 €	0 %	10 %
150.000 €	0 %	10 %
160.000 €	0 %	10 %
300.000 €	0 %	10 %

Bei beiden Unternehmen betragen die Kosten mit der höchsten Einzelwahrscheinlichkeit 100.000 €. Bei der Schwabe AG liegt die kumulative Wahrscheinlichkeit der anderen Ergebnisalternativen bei 20 %. Ein Zu- oder Abschlag ist daher nicht geboten und eine Rückstellung ist i.H.v. 100.000 € zu bilden. Bei der Pfälzer AG hingegen ist zu erwarten, dass mit 70 %iger Wahrscheinlichkeit eine Rückstellung i.H.v. 100.000 € unterhalb der tatsächlich zu tragenden Kosten liegt. Folglich ist ein Zuschlag auf den Rückstellungsbetrag vorzunehmen. Legt man ein Konfidenzniveau von 50 % zu Grunde, ist die Rückstellung bei der Pfälzer AG mit 120.000 € zu bewerten. Eine Rückstellung des Erwartungswerts i.H.v. 142.000 € (142.000 € = 100.000 € · 0,3 + 120.000 € · 0,2 + 130.000 € · 0,1 + 140.000 € · 0,1 + 150,000 € · 0,1 + 160.000 € · 0,1 + 300,000 € · 0,1) wäre in diesem Fall überhöht, denn mit 70 %iger Wahrscheinlichkeit liegen die tatsächlich eintretenden Kosten bei nicht mehr als 140.000 €.

Barwert

Bei Rückstellungen für Verpflichtungen, deren Begleichung relativ weit in der Zukunft liegt, ist der Zins- und Zinseszinseffekt, soweit wesentlich, zu berücksichtigen, um eine Überbewertung der Rückstellung zu vermeiden (IAS 37.45). Dies ist regelmäßig bei Verpflichtungen der Fall, bei denen mit einer Inanspruchnahme

4 Vgl. *ADS International*, Abschnitt 18, Tz. 79; *Haaker, A.*, Das Wahrscheinlichkeitsproblem bei der Rückstellungsbilanzierung nach IAS 37 und IFRS 3, in: KoR, 5. Jg. (2005), S. 8-15; *Schrimpf-Dörges*, Beck'sches IFRS-Handbuch, § 12, Tz. 58-59.

erst nach einem Zeitraum von mehr als einem Jahr zu rechnen ist. Konsequenterweise sind die zukünftig erwarteten Ressourcenabflüsse zu diskontieren. Der als bestmögliche Schätzung anzusetzende Rückstellungsbetrag ist folglich der Barwert der zur Begleichung der Verpflichtung künftig erforderlichen Auszahlungen.

Risikoberücksichtigung

Als Basis für die Barwertberechnung ist ein Kalkulationszins vor Steuern zu verwenden, der den aktuellen risikolosen Marktzins widerspiegelt sowie zusätzlich die spezifischen Risiken der konkreten Verpflichtung abbildet insofern diese noch nicht bei der Schätzung der künftigen Auszahlungen berücksichtigt wurden (IAS 37.47). Risiko ist hier im Sinne der Unsicherheit zukünftiger Entwicklungen zu verstehen (IAS 37.43) und müsste dementsprechend bei einer Berücksichtigung im Zins zu einem Zinsabschlag führen. Diese wenig intuitive Vorgehensweise dürfte indes in der Praxis nur eine untergeordnete Rolle spielen, so dass im Regelfall wohl eine risikoadjustierte Auszahlungsschätzung mit einem fristenkongruenten risikofreien Marktzins ohne Berücksichtigung des firmeneigenen Kreditrisikos abgezinst werden dürfte.[5]

Künftige Ereignisse

Die Ungewissheit bezüglich Fälligkeit und Höhe einer Schuld, die als Rückstellung erfasst wird, bezieht sich in vielen Fällen auf den Eintritt oder Nichteintritt künftiger Ereignisse wie etwa technologischer Neuerungen. IAS 37.48 bestimmt daher, dass künftige Ereignisse mit möglichem Einfluss auf die Verpflichtungshöhe im Rückstellungsbetrag zu berücksichtigen sind, sofern ausreichende objektive Hinweise für ihren Eintritt sprechen. Handelt es sich bei solchen künftigen Ereignissen um geplante Gesetzesvorhaben, so dürfen deren Effekte allerdings erst berücksichtigt werden, wenn ihre Verabschiedung so gut wie sicher ist (IAS 37.50).

Veräußerungsgewinne

Schließlich bestimmt IAS 37.51, dass erwartete Gewinne aus der Veräußerung von Vermögenswerten nicht mindernd in den Rückstellungsbetrag einbezogen werden dürfen. Dies gilt selbst dann, wenn die geplante Veräußerung mit dem Rückstellungsanlass in engem Zusammenhang steht. Eine Einbeziehung solcher geplanten Erlöse widerspräche dem Realisationsprinzip.

Erstattungen

In vielen Fällen stehen Unternehmen für zukünftige Ausgaben, für die z.B. eine Schadenersatzrückstellung zu bilden ist, Erstattungen z.B. aufgrund eines Versicherungsvertrages zu. Solche erwarteten Erstattungen mindern nicht etwa den Rückstellungsbetrag, sondern sind in einer Art Bruttobetrachtung als separate Vermögenswerte zu aktivieren, was zu einer Verlängerung der Bilanz führt. Eine solche Aktivierung ist jedoch nur möglich, wenn es so gut wie sicher ist (virtually certain), dass das Unternehmen die Erstattung bei Erfüllung der Verpflichtung auch tatsächlich erhält (IAS 37.53). Ein solcher Vermögenswert darf allerdings den Rückstellungsbetrag nicht übersteigen. Der Aufwand aus der Rückstellungsbildung und der Ertrag aus der Aktivierung der Erstattung dürfen allerdings in der Gesamtergebnisrechnung saldiert und damit netto ausgewiesen werden.

---

5 Vgl. ähnlich *Hoffmann*, Haufe IFRS-Kommentar, § 21, Rz. 145. Das IASB erörtert in einem aktuellen Verbesserungsprojekt, inwiefern das eigene Kreditrisiko des berichterstattenden Unternehmens im Abzinsungssatz berücksichtigt werden sollte.

Fortlaufende Anpassung der Rückstellung

Die Rückstellungshöhe ist zu jedem Bilanzstichtag zu überprüfen und – in der Regel GuV-wirksam – an aktuelle Entwicklungen anzupassen (IAS 37.59). Auch dieses Erfordernis ergibt sich aus den allgemeinen Grundsätzen und schließt auch die kontinuierliche Überprüfung der Passivierungskriterien ein. Sind diese nicht mehr erfüllt, wird die Rückstellung GuV-wirksam aufgelöst (reversal).

Weitere Anpassungen werden bei diskontierten Rückstellungsbeträgen erforderlich. Durch das Näherrücken des erwarteten Erfüllungstermins im Zeitablauf ist die Rückstellung jeweils um eine Rechnungsperiode aufzuzinsen (unwinding of discount). Der entsprechende Aufwand ist als Zinsaufwand unter den Fremdkapitalkosten darzustellen (IAS 37.60).

Verbrauch der Rückstellung

Änderungen im Rückstellungsbetrag werden schließlich – und dies sollte der Regelfall sein – durch bestimmungsgemäßen Gebrauch verursacht. Sobald die Ausgaben, für deren Vorwegnahme eine Rückstellung gebildet wurde, anfallen, wird in der Gegenbuchung die Rückstellung entsprechend aufgelöst. Dabei dürfen Rückstellungen ausschließlich mit solchen Ausgaben verrechnet werden, für die sie ursprünglich gebildet wurden (IAS 37.61). Andernfalls könnten Aufwendungen, für die ursprünglich keine Rückstellung gebildet wurde, letztendlich GuV-neutral gebucht werden.

Beispiel 13.4

Die Rupert AG bildet zum 01.01.2021 eine Rückstellung für eine mögliche Schadenersatzzahlung, die voraussichtlich zum 31.12.2023 eintreten wird. Aufgrund des noch laufenden Gerichtsverfahrens ist die Höhe der Zahlung ungewiss, die Geschäftsführung geht zum 01.01.2021 aber von 100.000 € aus. Aufgrund neuer Informationen korrigiert sie diese Schätzung zum Ende des Geschäftsjahres 2022 jedoch auf 110.000 €. Der zu verwendende Zinssatz beträgt 2 %. Ende 2023 wird die Zahlung tatsächlich i.H.v. 110.000 € fällig und von der Rupert AG in bar beglichen.

Lösung

Der Rückstellungsbetrag der Rupert AG entwickelt sich von 2021 bis 2023 wie folgt:

in €	**2021**	**2022**	**2023**
Rückstellungsbetrag zum Jahresbeginn	94.232	96.117	107.843
Aufzinsung	1.885	1.922	2.157
Anpassung		9.804	
Rückstellungsbetrag zum Jahresende	96.117	107.843	0

Der Rückstellungsbetrag zum 01.01.2021 entspricht dem abgezinsten Erfüllungswert ($94.232\ € = 100.000\ € / 1{,}02^3$). Dieser wird im Laufe des Jahres 2021 unter Verwendung des Zinssatzes von 2 % aufgezinst ($1.885\ € = 94.232\ € \cdot 0{,}02$). In 2022 ergibt sich (nach einer weiteren Aufzinsung für das Geschäftsjahr i.H.v.

1.922 € = 96.117 € · 0,02) zunächst ein Rückstellungsbetrag von 98.039 € (= 96.117 € + 1.922 €).

In 2022 wird darüber hinaus eine Anpassung der Rückstellung vorgenommen, die sich aus der Änderung des erwarteten Erfüllungsbetrages ergibt. Auf Basis des neuen Erfüllungsbetrages i.H.v. 110.000 € beträgt die Rückstellung zum Jahresende 2018 107.843 € (= 110.000 € / 1,02). Daher wird eine GuV-wirksame Anpassung i.H.v. 9.804 € (= 107.843 € - 98.039 €) vorgenommen.

Die Buchungssätze für die Geschäftsjahre 2021, 2022 und 2023 lauten wie folgt:

Geschäftsjahr 2021: Einbuchung und Aufzinsung der Rückstellung

Sonst. Aufwand	*an*	*sonstige Rückstellung*	*94.232 €*
Zinsaufwand	*an*	*sonstige Rückstellung*	*1.885 €*

Geschäftsjahr 2022: Aufzinsung und Anpassung der Rückstellung

Zinsaufwand	*an*	*sonstige Rückstellung*	*1.922 €*
Sonst. Aufwand	*an*	*sonstige Rückstellung*	*9.804 €*

Geschäftsjahr 2023: Aufzinsung und Verbrauch der Rückstellung

Zinsaufwand	*an*	*sonstige Rückstellung*	*2.157 €*
Sonstige Rückstellungen	*an*	*Kasse*	*110.000 €*

Bilanzanalytische Auswirkungen

Aufgrund der Notwendigkeit, künftige Entwicklungen abzuschätzen, ist die Bilanzierung von Rückstellungen in hohem Maße von subjektiven Schätzungen der Unternehmensleitung geprägt. Liegt eine gegenwärtige Verpflichtung vor? Kommt es wahrscheinlich zu künftigen Belastungen? In welcher Höhe treten diese voraussichtlich ein? Die dabei notwendigerweise auftretenden Ermessensspielräume erlauben es dem Management, Aufwendungen zu einem gewissen Grad entsprechend seiner Anreizstruktur auf der Zeitachse zu verschieben. So lässt sich beispielsweise mit Hilfe von Rückstellungen eine zeitliche Glättung des Ergebnisverlaufs (income smoothing) erreichen: In guten Jahren wird durch Bildung überhöhter Rückstellungen eine Gewinnreduktion erreicht, wodurch stille Reserven für schlechtere Zeiten entstehen. In schlechteren Jahren, in denen das Unternehmen seine Gewinnziele zu verfehlen droht, kann durch ergebniserhöhende Auflösung nicht benötigter Rückstellungen eine Gewinnsteigerung erzielt bzw. ein Verlust abgefedert werden. Für Adressaten dürfte eine solche Ergebnisglättung regelmäßig schwierig zu erkennen sein. Einen prominenten Anwendungsfall für bilanzpolitisches Potenzial in der Rückstellungsbilanzierung bilden die unten erläuterten Restrukturierungsrückstellungen. Im Rahmen der Bilanzanalyse gebildete Pro-Forma-Kennzahlen werden häufig um die Ergebniswirkungen solcher unregelmäßig entstehender Rückstellungen bereinigt.

4 Einzelfragen

Das IASB stellt in IAS 37.63-83 drei Anwendungsfälle vor, anhand derer die zuvor dargestellten allgemeinen Ansatz- und Bewertungsregeln erläutert und konkretisiert werden. Diese Ausführungen haben vor allem deklaratorischen Charakter und ergeben sich teilweise direkt aus den allgemeinen Regeln. Im Einzelnen geht es dabei um künftige operative Verluste, schwebende Verträge, aus denen Verluste drohen (belastende Verträge) und Restrukturierungen. Neben diesen drei explizit genannten Anwendungsfällen schließt IAS 37 auch die Behandlung von Entsorgungs-, Rekultivierungs- und ähnlichen Verpflichtungen mit ein. Mit IFRIC 1 „Änderungen bestehender Rückstellungen für Entsorgungs-, Wiederherstellungs- und ähnliche Verpflichtungen" (Changes in Decommissioning, Restoration and Similar Liabilities) wurde eine Interpretation herausgegeben, die Leitlinien zur Bilanzierung der Auswirkung von Bewertungsänderungen solcher Verpflichtungen enthält. Die Behandlung bestimmter Verpflichtungen, die aufgrund von rechtlichen Vorschriften entstehen, ist schließlich in IFRIC 21 „Abgaben" beschrieben.

4.1 Künftige operative Verluste

Ansatzkriterien nicht erfüllt

Kann ein Unternehmen am Bilanzstichtag bereits drohende operative Verluste absehen, so darf eine Rückstellung für diese künftigen Belastungen dennoch nicht gebildet werden. Die Ansatzkriterien sowohl von Schulden im Allgemeinen als auch von Rückstellungen im Besonderen sind nicht erfüllt, denn es liegt weder eine gegenwärtige Verpflichtung vor, noch ein vergangenes Ereignis, welches eine solche ausgelöst haben könnte. Die Erwartung künftiger operativer Verluste deutet jedoch ggf. auf eine Wertminderung (impairment) im betrieblichen Vermögen hin, die nach IAS 36 durch eine außerplanmäßige Abschreibung zu berücksichtigen wäre (IAS 37.65).

4.2 Belastende Verträge

Unvermeidbare Kosten

Unter einem belastenden Vertrag wird nach IAS 37.10 eine Abmachung verstanden, bei deren Erfüllung dem Unternehmen unvermeidbare Kosten entstehen, die den erwarteten wirtschaftlichen Nutzen aus der Vertragserfüllung übersteigen. Unvermeidbare Kosten ergeben sich als niedrigerer Betrag aus denjenigen Nettokosten, die bei vertragsgemäßer Erfüllung entstehen, und etwaigen aus der Nichterfüllung resultierenden Strafen oder Entschädigungen (IAS 37.68). Ist das Unternehmen also Vertragspartei einer belastenden Abmachung, kann jedoch kostenfrei von ihr zurücktreten, darf eine Rückstellung nicht gebildet werden. Vor dem Ansatz einer Rückstellung für belastende Verträge sind etwaige Wertminderungen auf zur Vertragserfüllung eingesetzte Vermögenswerte vorzunehmen.

Beispiel 13.5

Im Jahr 2021 hat sich die Bottrop-Bau GmbH vertraglich verpflichtet, Ende 2022 an einen Kunden 50 t Flüssigbeton zu 600 €/t zu liefern. Bei Nichterfüllung droht eine Konventionalstrafe i.H.v. 1.500 €. Im Laufe des Jahres 2021 steigt der Einkaufspreis für Flüssigbeton für die Bottrop-Bau GmbH überraschend von 580 €/t auf 635 €/t am Abschlussstichtag. Die Bottrop-Bau GmbH hat sich gegen diesen Preisanstieg nicht abgesichert.

Die aus dem nun belastend gewordenen Vertrag resultierenden unvermeidbaren Kosten belaufen sich auf den niedrigeren Betrag aus der Konventionalstrafe und dem bei Vertragserfüllung zu erwartenden Verlust in Höhe von (35 €/t · 50 t =) 1.750 €. Somit ist eine Rückstellung von 1.500 € zu bilden.

Aktuelle Entwicklungen

Bemessung der Vertragserfüllungskosten bei belastenden Verträgen

Im Mai 2020 stellte das IASB im Rahmen einer eng gefassten Änderung (narrow scope amendment) an IAS 37 klar, wie die Vertragserfüllungskosten zur Bestimmung eines belastenden Vertrages zu bemessen sind. Diese umfassen zum einen variable Kosten, die bei der Vertragserfüllung anfallen (d.h. Kosten, die dem Unternehmen ohne den Vertrag nicht entstehen würden). Zum anderen sind aber auch weitere (Fix-)Kosten einzubeziehen, sofern sie dem Vertrag zugerechnet werden können (z.B. anteilige Abschreibungen auf zur Vertragserfüllung genutzte Sachanlagen). Das IASB vertritt damit einen Vollkostenansatz.

4.3 Restrukturierungen

Restrukturierungen: Definition

Ein weiterer wichtiger Anwendungsfall von IAS 37 sind Restrukturierungen, die detailliert in IAS 37.70-83 reguliert werden. Die hier gesehenen bilanzpolitischen Spielräume führen zu genau formulierten Voraussetzungen, die allesamt erfüllt sein müssen, damit derartige Restrukturierungsrückstellungen gebildet werden dürfen. Nach IAS 37.10 sind als Restrukturierungsmaßnahmen wesentliche Änderungen in Art oder Umfang der Geschäftstätigkeit einzustufen, die von der Unternehmensleitung geplant und kontrolliert werden. Beispielhaft zu nennen sind hier Verkauf oder Stilllegung von Geschäftsbereichen oder regionalen Standorten, geografische Standortverlagerungen und einschneidende organisatorische Änderungen wie etwa die Auflösung ganzer Managementebenen (IAS 37.70).

Faktische Verpflichtung

Eine Notwendigkeit für umfangreiche Zusatzerläuterungen ergibt sich daraus, dass es bei Restrukturierungsmaßnahmen schwierig ist, das verpflichtende Ereignis zu bestimmen. Dies ist in der Regel unproblematisch, wenn aus einer Restrukturierung rechtliche Ansprüche gegen das Unternehmen erwachsen, beispielsweise in Gestalt von Abfindungsansprüchen entlassener Mitarbeiter. Sehr viel früher jedoch kann sich das Unternehmen bereits einer faktischen Verpflichtung ausgesetzt sehen.

Berechtigte Erwartung

Entsprechend den allgemeinen Bestimmungen muss das Management hierzu durch sein Verhalten bei Dritten eine berechtigte Erwartung geweckt haben (IAS 37.10). Bezogen auf Restrukturierungen ist dies der Fall, wenn ein detaillierter, formeller Restrukturierungsplan mit bestimmten Mindestinhalten existiert. Diese umfassen die genaue Identifikation des betroffenen (Teil-)Geschäftsbereichs und der wesentlichen betroffenen Standorte, die annähernde Angabe von Anzahl, Ort und Qualifikation der durch die Restrukturierung betroffenen Mitarbeiter sowie die Angabe der notwendigen Ausgaben und des konkreten Zeitpunkts der Implementierung des Plans (IAS 37.72). Zudem ist erforderlich, dass die von ihm Betroffenen mit seiner planmäßigen Durchführung rechnen müssen, weil die Unternehmensleitung diesen Plan entweder ihnen gegenüber verkündet hat oder mit seiner Umsetzung bereits begonnen wurde (IAS 37.72). In solchen Fällen ist davon auszugehen, dass sich das Unternehmen den aus der Restrukturierung erwachsenen Verpflichtungen nicht mehr ohne weiteres entziehen kann. Ein Management- oder Aufsichtsratsbeschluss allein erzeugt keine berechtigte Erwartung, so lange es an den anderen Voraussetzungen fehlt. Speziell in Deutschland führt ein Aufsichtsratsbeschluss jedoch in der Regel dazu, dass die von dem Restrukturierungsplan Betroffenen durch die im Aufsichtsrat sitzenden Arbeitnehmervertreter von diesem erfahren.[6] Aus diesem Grund könnte hier eine durch eine berechtigte Erwartung erzeugte faktische Verpflichtung vorliegen (IAS 37.77).

Verkauf von Geschäftsbereichen

Gewissermaßen eine Ausnahme von den obigen Bestimmungen bildet der Verkauf von Geschäftsbereichen, auch wenn aus diesem möglicherweise ein Verlust droht. Eine Rückstellung ist hier erst dann zu bilden, wenn ein bindender Verkaufsvertrag geschlossen wurde (IAS 37.78). Denn auch wenn die von der Restrukturierung Betroffenen mit einem Verkauf rechnen müssen, verpflichtet diese berechtigte Erwartung allein das Unternehmen noch nicht dazu, dieses – möglicherweise verlustträchtige – Geschäft tatsächlich abzuschließen.

Bewertung

Bei der Bewertung einer Restrukturierungsrückstellung ist strikt darauf zu achten, dass nur solche Ausgaben einbezogen werden, die notwendigerweise im Rahmen der Restrukturierungsmaßnahmen anfallen und nicht mit dem laufenden Geschäftsbetrieb des Unternehmens in Verbindung stehen (IAS 37.80). Insbesondere Auszahlungen für die künftige Führung des restrukturierten Geschäfts, beispielsweise für Umschulungen oder Werbemaßnahmen, sind nicht einzurechnen. Speziell an diesem Punkt dürften sich schwierige Abgrenzungsprobleme ergeben, welche bilanzpolitische Spielräume eröffnen. Eine Abzinsung ist auch hier obligatorisch, wenn die erwarteten Auszahlungen in fernerer Zukunft liegen.

Aus der Forschung

Empirische Erkenntnisse zur ermessensbehafteten Bildung und Auflösung von Restrukturierungsrückstellungen

Moehrle (2002) untersucht die ermessensbehaftete Bildung von Restrukturierungsrückstellungen. Konkret geht die Studie der Frage nach, ob Manager bestehende Restrukturierungsrückstellungen aus vorherigen Perioden nutzen, um durch ihre Auflösung Ergebnisvorgaben in der aktuellen Periode zu erreichen. In einer Stichprobe von 121 Fällen, in denen Restrukturierungsrückstellungen aufgelöst werden, ist die Auflösung der Restrukturierungsrückstellungen mit einem solchen bilanzpolitischen Motiv konsistent. Insbesondere deuten die Er-

6 Vgl. *Hoffmann*, Haufe IFRS-Kommentar, § 21, Rz. 95.

gebnisse darauf hin, dass durch die Auflösung der Restrukturierungsrückstellungen von Analysten prognostizierte Ergebnisse erreicht und Jahresfehlbeträge vermieden werden.

Literatur: Moehrle, S.R., Do Firms Use Restructuring Charge Reversal to Meet Earnings Targets?, in: ACCR, Vol. 77 (2002), S. 397-413.

4.4 Entsorgungs-, Rekultivierungs- und ähnliche Verpflichtungen

Entsorgungs-, Rekultivierungs- und ähnliche Verpflichtungen

Bedeutende künftige Belastungen ergeben sich in vielen Branchen aus der Verpflichtung der Unternehmen, nach der Stilllegung bestimmter Vermögenswerte kostspielige Entsorgungs-, Rekultivierungs-, Rückbau- oder ähnliche Maßnahmen durchzuführen. Beispielsweise ist der Betreiber einer Ölbohrplattform am Ende ihrer Nutzungsdauer dafür verantwortlich, die Anlage inklusive aller umweltgefährdenden Stoffe ordnungsgemäß zu entsorgen und entstandene Schäden am Meeresboden zu beheben.

Aktivierung nach IAS 16

Derartige Sachverhalte erfüllen die Passivierungskriterien von IAS 37, so dass für die künftig erwarteten Auszahlungen entsprechende Beträge zurückzustellen sind. Gemäß IAS 16 müssen diese Rückstellungsbeträge, sofern sie für die Stilllegung einer bestimmten Anlage gebildet wurden, in deren Anschaffungskosten einbezogen werden (vgl. Kapitel 10). Insofern wird die Rückstellung durch Gegenbuchung bei der Anlage zunächst GuV-neutral gebildet. Der Rückstellungsbetrag wird folglich erst im Zeitablauf mit der Abschreibung der um den Rückstellungsbetrag erhöhten Anschaffungskosten aufwandswirksam.

Interpretation IFRIC 1

Da die Erfüllung solcher Verpflichtungen regelmäßig weit in der Zukunft liegen dürfte, ist die Anpassung des Rückstellungsbetrages im Zeitablauf besonders relevant. Hierzu hat das IFRIC im Mai 2004 seine Interpretation 1 „Änderungen bestehender Rückstellungen für Entsorgungs-, Wiederherstellungs- und ähnlicher Verpflichtungen" (Changes in Decommissioning, Restoration and Similar Liabilities) herausgegeben. Drei mögliche Gründe für Änderungen des Rückstellungsbetrags werden identifiziert: geänderte Schätzung des erwarteten Ressourcenabflusses, Änderung des Kalkulationszinssatzes und Aufzinsung der Rückstellung wegen Zeitablaufs.

Buchung des Änderungsbetrags

Die Aufzinsung ist GuV-wirksam als Finanzierungsaufwand in derjenigen Periode zu erfassen, in der sie anfällt. Die Anpassung des Rückstellungsbetrages aufgrund geänderter Schätzungen und Änderungen des Kalkulationszinssatzes erfolgt grundsätzlich GuV-neutral. Hinsichtlich der Art der Buchung unterscheidet IFRIC 1 wie auch IAS 16 zwischen der Anschaffungskosten- und der Neubewertungsmethode.

Änderung im Rahmen der Anschaffungskostenmethode

Erfolgt die Bewertung des mit der Rückstellung verbundenen Vermögenswerts zu fortgeführten Anschaffungskosten, so ist analog zur Änderung des Rückstellungsbetrags eine GuV-neutrale Erhöhung oder Verminderung des Buchwerts des Vermögenswerts vorzunehmen (IFRIC 1.5 (a)). Eine Wirkung auf den Gewinn oder

Verlust der Betragsänderung wird erst in den Folgeperioden aufgrund der notwendigen Abschreibungs- und Zinskorrekturen erzielt. Als Grundlagen zur Ermittlung der künftigen Abschreibungs- und Zinsaufwendungen dienen dabei die um den Änderungsbetrag korrigierten Buchwerte des Vermögenswerts bzw. der zugehörigen Rückstellung sowie die verbleibende Restnutzungsdauer.

Kommt es in Verbindung mit einer Erhöhung des Rückstellungsbetrags zu einer Zuschreibung des zugehörigen Vermögenswerts, so ist zu prüfen, ob dies einen Anhaltspunkt für eine Wertminderung darstellt. Sofern ein solches Anzeichen vorliegt, ist gemäß IAS 36 ein Wertminderungstest durchzuführen (IFRIC 1.5 (c)).

Ein anderer Fall liegt vor, wenn der Rückstellungsbetrag vermindert wird. Übersteigt dieser Änderungsbetrag den aktuellen Buchwert des zugehörigen Vermögenswerts, so ist die Differenz umgehend GuV-wirksam zu erfassen (IFRIC 1.5 (b)).

Änderung im Rahmen der Neubewertungsmethode

Wird anstatt der Anschaffungskosten- die Neubewertungsmethode verwendet, so sind etwaige Änderungen des Rückstellungsbetrags analog in einer Erhöhung oder Verminderung des sonstigen Ergebnisses zu buchen (IFRIC 1.6 (a)). Eine GuV-wirksame Erfassung ist dann vorgeschrieben, wenn eine Minderung des Rückstellungsbetrags eine in der Vergangenheit als Aufwand erfasste Abwertung des gleichen Vermögenswerts rückgängig macht, oder wenn der Betrag einer Rückstellungserhöhung den im sonstigen Ergebnis erfassten Betrag übersteigt. Auch in dem Fall, dass der Änderungsbetrag, um den eine Rückstellung vermindert wird, den Buchwert übersteigt, der sich bei Anwendung der Methode der fortgeführten Anschaffungskosten ergeben hätte, ist der Differenzbetrag unmittelbar GuV-wirksam zu erfassen (IFRIC 1.6 (b)). Aufgrund der geringen praktischen Relevanz des Neubewertungsmodells wird es an dieser Stelle nicht näher behandelt.[7]

Beispiel 13.6[8]

Die Renewables AG kauft zu Beginn des Geschäftsjahres 2021 ein Wasserkraftwerk zum Anschaffungspreis von 200 Mio. € in bar. Mit dem Erwerb verpflichtet sich das Unternehmen, das Wasserkraftwerk nach Ende der Nutzungsdauer von geschätzten 20 Jahren rückzubauen und den Standort so wiederherzustellen, dass er als Naturschutzgebiet der Öffentlichkeit zugänglich wird. Schätzungsweise entstehen der Renewables AG dafür im Geschäftsjahr 2040 Kosten in Höhe von 20 Mio. €. Aus Marktdaten wurde ein Diskontierungszins von 1 % abgeleitet.

Am Ende des Geschäftsjahres 2022 stellt sich jedoch heraus, dass die mit 20 Mio. € geschätzten Stilllegungs- bzw. Wiederherstellungskosten sich aufgrund neuer technologischer Entwicklungen um ca. 5 Mio. € reduzieren werden. Zusätzlich wird festgestellt, dass der Marktwert des Kraftwerks nach Abzug der zukünftigen Stilllegungs- und Wiederherstellungskosten zum Jahresen-

7 Für eine ausführliche Fallstudie zu beiden Bewertungsmodellen vgl. *Christian, D.* Änderung bestehender Rückstellungen für Entsorgungs-, Wiederherstellungs- und ähnliche Verpflichtungen: Eine Fallstudie zur Anwendung von IFRIC 1, in: KoR, 8. Jg (2008), S. 50-56. Für ein Buchungsbeispiel vgl. auch *Pellens/Fülbier/Gassen/Sellhorn*, Internationale Rechnungslegung, 8. Aufl. Stuttgart 2011, S. 442 f.

8 Vgl. hierzu schon Beispiel 10.2 aus Kapitel 10.

de 200 Mio. € beträgt. Wie lauten unter Vernachlässigung latenter Steuern die Buchungssätze für die Geschäftsjahre 2021 und 2022, wenn auf Basis fortgeführter Anschaffungskosten bilanziert wird? Mit welchen Buchwerten stehen das Kraftwerk und die zugehörige Rückstellung zum Ende beider Geschäftsjahre in der Bilanz?

Lösung
Buchungssätze Geschäftsjahr 2021:
Der Buchungssatz zum Zeitpunkt der Anschaffung lautet:

Sachanlage 216,39 Mio. €	*an*	*Bank*	*200,00 Mio. €*
		sonst. Rückstellung	*16,39 Mio. €*

Zum Bilanzstichtag 2021 ist die Sachanlage planmäßig über die Nutzungsdauer abzuschreiben. Die Aufzinsung der Rückstellung ist als Zinsaufwand zu erfassen. Bei linearer Abschreibung über 20 Jahre beträgt der jährliche Abschreibungsbetrag 10,82 Mio. € (216,39 Mio. € / 20 Jahre), während der Aufzisungsbetrag zum Bilanzstichtag 2021 0,16 Mio. € (16,39 Mio. € · 1 %) umfasst. Die Buchungssätze lauten somit:

Abschreibung	*an*	*Sachanlage*	*10,82 Mio. €*
Zinsaufwand	*an*	*sonst. Rückstellung*	*0,16 Mio. €*

Zum Ende des Geschäftsjahres 2021 hat das Kraftwerk einen Restbuchwert von 205,57 Mio. €, und die Rückstellung für die zukünftigen Stilllegungs- und Wiederherstellungskosten beträgt 16,55 Mio. €.

Buchungssätze Geschäftsjahr 2022:
Zum Bilanzstichtag 2022 ist die Sachanlage weiterhin planmäßig über die verbleibende Restnutzungsdauer abzuschreiben. Die Aufzinsung der Rückstellung ist als Zinsaufwand zu erfassen. Der Abschreibungsbetrag liegt weiterhin bei 10,82 Mio. €, während die Rückstellung um den Zinsaufwand der Periode in Höhe von 0,17 Mio. € (16,55 Mio. € · 1 %) erhöht wird. Des Weiteren ist zu berücksichtigen, dass die Stilllegungs- und Wiederherstellungsverpflichtung um 5 Mio. € zu hoch veranschlagt wurde, was einem Barwert zum Ende des Geschäftsjahres 2022 in Höhe von 4,18 Mio. € (5 Mio. € / $1{,}01^{18}$) entspricht. Die Rückstellung ist folglich um diesen Betrag zu vermindern, wobei die Gegenbuchung den Buchwert der Sachanlage mindert (IFRIC 1.5 (a)). Die Buchungssätze lauten somit:

Abschreibung	*an*	*Sachanlage*	*10,82 Mio. €*
Zinsaufwand	*an*	*sonst. Rückstellung*	*0,17 Mio. €*
sonst. Rückstellung	*an*	*Sachanlage*	*4,18 Mio. €*

Damit hat das Kraftwerk zum Ende des Geschäftsjahres 2022 einen Buchwert in Höhe von 190,57 Mio. € (205,57 Mio. € - 10,82 Mio. € - 4,18 Mio. €). Der Rückstellungsbetrag liegt zum gleichen Zeitpunkt bei 12,54 Mio. € (16,55 Mio. € + 0,17 Mio. € - 4,18 Mio. €). Damit ergeben sich im folgenden Geschäftsjahr 2023 Abschreibungen in Höhe von 10,59 Mio. € (190,57 Mio. € / 18 Jahre) und Zinsaufwendungen von 0,13 Mio. € (12,54 Mio. € · 1 %).

4.5 Öffentlich-rechtlich begründete Verpflichtungen

IFRIC 21

Für öffentlich-rechtlich begründete Verpflichtungen kann fraglich erscheinen, welches konkrete Ereignis Anlass zur Rückstellungsbildung gibt und ab welchem Zeitpunkt diese geboten ist. IFRIC 21 konkretisiert die Bilanzierung von Abgaben, die das Unternehmen aufgrund öffentlich-rechtlicher Vorschriften entrichten muss.[9] Hierbei wird das verpflichtende Ereignis als diejenige Aktivität definiert, durch die laut Gesetz die Abgabepflicht begründet wird (IFRIC 21.8). Diese Aktivität kann beispielsweise in der Erzielung von Umsatzerlösen oder der Überschreitung gesetzlicher Schwellenwerte liegen.

Bankenabgabe

Eine konkrete Anwendung findet die Interpretation insbesondere auf die sogenannte „Bankenabgabe“, die beitragspflichtige Institute in Deutschland an den Restrukturierungsfonds in Form eines Jahresbeitrags zu leisten haben.[10] Diese Abgabe wurde 2011 als Reaktion auf die Finanzkrise 2007 eingeführt und dient dazu, Banken gemäß dem Verursacherprinzip an der Finanzierung möglicher Stützungsmaßnahmen bereits vorab zu beteiligen. Hier besteht das verpflichtende Ereignis i.S.v. IFRIC 21.8 darin, dass ein Kreditinstitut aufgrund seiner Tätigkeit im Geschäftsjahr (z.B. durch den Besitz einer Banklizenz) beitragspflichtig ist (IFRIC 21.IE3).[11] Das Vorliegen einer faktischen Verpflichtung aufgrund einer Tätigkeit in einer zukünftigen Periode schließt die Interpretation explizit aus (IFRIC 21.9). Entsprechend führt auch im Falle der Bankenabgabe der wirtschaftliche Zwang, auch im nächsten Geschäftsjahr als Kreditinstitut tätig und entsprechend beitragspflichtig zu sein, nicht zu einer Rückstellung im laufenden Geschäftsjahr.

9 Daneben enthält IFRIC 6 „Schulden, die aus der Teilnahme an bestimmten Märkten resultieren – Entsorgung von Elektro- und Elektronikgeräten“ spezielle Ausführungen zu Verpflichtungen, die sich aus der sogenannte Elektroschrott-Richtlinie (2002/96/EG) ergeben. Aufgrund ihres engen Anwendungsbereichs wird die Interpretation hier nicht näher behandelt.

10 Vgl. hierzu § 2 RstruktFG.

11 Vgl. ausführlich zur Anwendung von IFRIC 21 auf die Bankenabgabe *Urbanczik, P.*, IFRIC 21 „Levies“ – Interpretation zur bilanziellen Abbildung von staatlich erhobenen Abgaben, in: KoR, 13. Jg. (2013), S. 413-418.

5 Ausweis und Offenlegung

Ausweis als Fremdkapital

Rückstellungen sind als Teil der bilanziellen Schulden auszuweisen. Je nach Fristigkeit sind sie Teil des langfristigen oder des kurzfristigen Fremdkapitals.

Rückstellungsspiegel

Nach IAS 37.84 ist die Veränderung der Rückstellungen – zusammengefasst zu homogenen Klassen (IAS 37.87) – in der Berichtsperiode detailliert zu erläutern. Zu den erforderlichen Angaben gehören dabei die Buchwerte zu Beginn und Ende der Betrachtungsperiode, die Beträge, die im aktuellen Geschäftsjahr zusätzlich zurückgestellt wurden sowie die Änderungsbeträge aus der Inanspruchnahme und Auflösung nicht genutzter Rückstellungen. Ebenfalls anzugeben sind Änderungen des Rückstellungsbetrages, die sich aus der Aufzinsung sowie einer gegebenenfalls eintretenden Änderung des Diskontierungszinses ergeben.

Sämtliche erforderliche Angaben lassen sich am besten als „Rückstellungsspiegel" präsentieren, für den Vorjahresangaben nicht gefordert werden.

Beispiel 13.7

Die Paula AG erstellt ihren Rückstellungsspiegel zum 31.12.2021. Folgende Informationen liegen vor:

- Aus dem Vorjahr existiert eine Rückstellung für Schadensersatzzahlungen aus zwei Rechtsstreitigkeiten. Der Buchwert beträgt 95.000 T€.
- Am Anfang des Geschäftsjahres 2021 wurden die Kläger in Verfahren 1 mit 50.000 T€ außergerichtlich abgefunden. Mit weiteren Belastungen aus diesem Verfahren, das mit 70.000 T€ im aktuellen Rückstellungsbuchwert berücksichtigt ist, wird nicht gerechnet.
- In Verfahren 2, mit dessen Ausgang Ende 2023 gerechnet wird, haben sich keine neuen Informationen ergeben.
- Aus einem Verfahren 3, das in 2021 erstmals anhängig geworden ist, erwartet die Paula AG künftige Belastungen von 45.000 T€, die voraussichtlich Ende 2025 fällig werden.

Alle Schätzungen spiegeln das Risiko der künftigen Belastungen zutreffend wider. Die Paula AG rechnet mit einem Kalkulationszins von 5 %.

Lösung

Rückstellungsspiegel	**Rückstellung in T€**
Buchwert zum 01.01.2021	**95.000**
Zusätzliche Rückstellungsbeträge ($45.000 / 1{,}05^4$)	+ 37.022
Verwendete Rückstellungsbeträge	– 50.000
Nicht verwendete Rückstellungsbeträge	– 20.000
Aufzinsung der Rückstellung ($25.000 \cdot 0{,}05$)	+ 1.250
Buchwert zum 31.12.2021	**63.272**

Zusatzangaben zu Rückstellungen

Zusätzlich zum Rückstellungsspiegel erfordert IAS 37.85 folgende Informationen je Rückstellungsklasse:

- Angaben zur Verpflichtungsart und zur erwarteten Fälligkeit künftiger Belastungen,
- eine Beschreibung der mit Höhe oder Fälligkeit der Belastungen verbundenen Unsicherheit, nötigenfalls unter Angabe der wesentlichen Annahmen über künftige Ereignisse, und
- erwartete Erstattungsbeträge unter Angabe der hierfür ggf. aktivierten Vermögenswerte.

Eventualschulden

Wie oben erläutert, sind Eventualschulden im Gegensatz zu Rückstellungen nicht zu passivieren. Stattdessen sind sie – ebenfalls zu homogenen Klassen zusammengefasst – kurz zu beschreiben, sofern die Inanspruchnahme des Unternehmens aus der möglichen Verpflichtung nicht sehr unwahrscheinlich (remote) ist (IAS 37.86). Falls praktikabel, sind folgende Zusatzangaben zu machen:[12]

- Eine Schätzung der finanziellen Auswirkungen, wobei die für Rückstellungen geltenden Bewertungsgrundsätze anzuwenden sind,
- eine Beschreibung der mit Fälligkeit oder Betrag verbundenen Unsicherheiten, und
- die Möglichkeit einer Erstattung.

Eventualforderungen

Spiegelbildliche Angaben werden auch für Eventualforderungen vorgeschrieben, welche offenzulegen sind, wenn ein künftiger Nutzenzufluss wahrscheinlich ist (IAS 37.89).

Keine Pflicht, sich selbst zu belasten

Beziehen sich die geforderten Angaben auf einen Rechtsstreit, ist es denkbar, dass sie als Präjudiz gegen das Unternehmen verwendet werden und dessen Position erheblich beeinträchtigen. In diesen Fällen, die im Standard ausdrücklich als „äußerst selten" beschrieben werden, dürfen die Angaben unter Nennung von Gründen unterbleiben. Allerdings ist dann generell auf den Rechtsstreit hinzuweisen und anzugeben, dass bestimmte Informationen zurückgehalten wurden (IAS 37.92).

6 Wesentliche Unterschiede zum IFRS for SMEs

Bei Ansatz und Bewertung ergeben sich keine wesentlichen Unterschiede. IAS 37 enthält im Gegensatz zum IFRS for SMEs (hier IFRS-SME.21) jedoch ausführlichere Leitlinien, etwa zu Restrukturierungsrückstellungen.

12 Werden Angaben wegen fehlender Praktikabilität unterlassen, so ist gemäß IAS 37.91 ohne Angabe von Gründen auf diese Tatsache hinzuweisen.

7 Wesentliche Unterschiede zum HGB

Vorsichtsprinzip

Unterschiede zwischen HGB und IFRS ergeben sich sowohl auf der Ebene der Ansatzvorschriften als auch bei der Bewertung. Dabei bewirkt das die HGB-Vorschriften prägende Vorsichtsprinzip, dass es bei gleichen Sachverhalten nach HGB eher zur Rückstellungsbildung kommt als dies nach IFRS der Fall wäre.[13]

Abschließender Katalog in § 249 HGB

§ 249 HGB enthält eine abschließende Liste von Rückstellungen, für die entweder eine Ansatzpflicht oder ein Ansatzwahlrecht besteht. Für andere als die dort genannten Zwecke dürfen Rückstellungen nicht gebildet werden (§ 249 Abs. 2 HGB). Damit soll der bilanzpolitische Spielraum der Unternehmen eingeschränkt und verhindert werden, dass insbesondere Aufwandsrückstellungen zur allgemeinen Vorsorge für nicht näher umschriebene künftige Belastungen bis hin zum allgemeinen Geschäftsrisiko gebildet werden.[14]

Passivierungspflicht

Verpflichtend zu bilden (§ 249 Abs. 1 HGB) sind Rückstellungen für ungewisse Verbindlichkeiten, für drohende Verluste aus schwebenden Geschäften und für Gewährleistungen, die ohne rechtliche Verpflichtung erbracht werden.

Aufwandsrückstellungen

Weiterhin besteht eine Passivierungspflicht für bestimmte Aufwandsrückstellungen, die sich auf folgende im aktuellen Geschäftsjahr geplante Maßnahmen beziehen: Instandhaltungsmaßnahmen, die auf das erste Quartal des folgenden Geschäftsjahres verschoben wurden, und Abraumbeseitigungsmaßnahmen, die im folgenden Geschäftsjahr nachgeholt werden. Aufwandsrückstellungen fallen nicht unter den in der internationalen Rechnungslegung üblichen Rückstellungsbegriff, der auf Verpflichtungen gegenüber Dritten abstellt. Die IFRS sehen in diesem Sinne keine passivische Abgrenzung von zukünftigen Aufwendungen in Form von Rückstellungen vor. Die Abgrenzung zukünftiger Aufwendungen z.B. infolge von Generalüberholungen oder Großreparaturen erfolgt vielmehr aktivisch durch die komponentenweise Abschreibung gemäß IAS 16.43 (siehe Kapitel 10).[15] Der Begriff der Außenverpflichtung ist in der internationalen Rechnungslegung jedoch umfassender definiert als im Handelsrecht und schließt insbesondere in größerem Umfang faktische Verpflichtungen gegenüber nicht näher bestimmten Dritten, z.B. im Fall von Restrukturierungsrückstellungen, mit ein.[16]

Wahrscheinlichkeit

Dem Vorsichtsprinzip folgend ist nach HGB eine Rückstellung bereits bei einer relativ geringen Wahrscheinlichkeit einer künftigen Belastung zu bilden, sofern auf Grundlage objektiver Tatsachen ernsthaft mit einer Inanspruchnahme zu rechnen

13 So auch *Wagenhofer*, IAS/IFRS, S. 262.

14 Vgl. *Weinand, M./Oldewurtel, C./Wolz, M.*, Rückstellungen nach BilMoG – Das Ende der Bilanzpolitik oder Bilanzpolitik ohne Ende?, in: KoR, 11. Jg. (2011), S. 161-166.

15 Infolge der weitgehenden Abschaffung der Aufwandsrückstellungen durch das BilMoG veröffentlichte das IDW den Rechnungslegungshinweis IDW RH HFA 1.016 *Handelsrechtliche Zulässigkeit einer komponentenmäßigen Abschreibung von Sachanlagen*, in dem die Voraussetzungen für die Anwendungen des component approach im deutschen Handelsrecht erläutert werden. Insbesondere wird auf die physische Separierbarkeit der Komponenten abgestellt.

16 Vgl. *Tanski, J.*, Rückstellungen nach BilMoG – eine Annäherung an die IFRS?, in: IRZ, 4. Jg. (2009), S. 367-371.

ist. Während nach IFRS eine Wahrscheinlichkeit von über 50 % vorliegen muss, ist nach HGB wohl eine geringere Wahrscheinlichkeit hinreichend.[17]

Bewertung

Die Bewertung von Rückstellungen erfolgt gemäß § 253 Abs. 1 und 2 HGB zum nach vernünftiger kaufmännischer Beurteilung notwendigen Erfüllungsbetrag. Rückstellungen mit einer Restlaufzeit von mehr als einem Jahr sind mit dem ihrer Restlaufzeit entsprechenden durchschnittlichen Marktzinssatz der vergangenen zehn Geschäftsjahre abzuzinsen. Insofern vollzieht das HGB den Abzinsungsgedanken der IFRS und des deutschen Steuerrechts (gemäß § 6 Abs. 1 Nr. 3a. e) Satz 1 EStG) nach. Der anzuwendende Abzinsungszinssatz wird von der Deutschen Bundesbank nach Maßgabe einer Rechtsverordnung ermittelt und monatlich bekannt gegeben. Diese insgesamt vagen Bewertungsregeln werden dahingehend interpretiert, dass bei identischen Daten wohl – wiederum dem Vorsichtsprinzip folgend – von einem höheren Rückstellungsbetrag im Vergleich zur IFRS-Rechnungslegung auszugehen ist. Insbesondere wird bei einem hohen Grad an Unsicherheit nicht notwendigerweise der Erwartungswert (mit Eintrittswahrscheinlichkeiten gewichteter Durchschnitt aus möglichen Belastungsszenarien) verwendet, sondern das Vorliegen von Unsicherheit löst einen tendenziell höheren und damit pessimistischeren Rückstellungsbetrag aus.[18]

Ausgewählte Literatur

Binger, M., Der Ansatz von Rückstellungen nach HGB und IFRS im Vergleich: Regelungsschärfe, Zweckadäquanz sowie Eignung für die Steuerbilanz, Wiesbaden 2009.

Burkhardt-Böck, H., Update IAS 37 – Belastende Verträge – Überlegungen aufgrund der Covid-19 Pandemie und der Veröffentlichung von „Belastende Verträge – Kosten der Erfüllung eines Vertrages (Änderungen an IAS 37)“, in: PiR, 16. Jg. (2020), S. 315.

Kleinmanns, H., Angaben nach IAS 37 zu Eventualverbindlichkeiten – Diskrepanz zwischen Berichtspraxis und Regelungsvorgaben?, in: KoR, 15. Jg. (2015), S. 595-605.

Küting, U., Rückstellungsbilanzierung nach HGB und IFRS: Normendeskription und empirische Analysen zur deutschen und internationalen Bilanzierungspraxis, Frankfurt am Main 2011.

Orthaus, S./Pelger, C., Bilanzielle Abbildung von Umweltkatastrophen – Die Deepwater-Horizon-Ölpest im Kontext der Rückstellungsbilanzierung nach IAS 37, in: KoR, 14. Jg. (2014), S. 221-227.

17 Vgl. bspw. *Moxter, A.*, Neue Ansatzkriterien für Verbindlichkeitsrückstellungen? (Teil I), in: DStR, 42. Jg. (2004), S. 1057-1060.

18 Vgl. etwa *Baetge/Kirsch/Thiele*, Bilanzen, S. 411, die hier von einer „Vorsichtskomponente“ sprechen.

Wulf, I., Ansatz von sonstigen Rückstellungen nach HGB und IFRS – Untersuchungen hinsichtlich bestehender Unterschiede in den Ansatzvorschriften, in: PiR, 8. Jg. (2012), S. 77-83.

Übungsaufgabe

Die Sprudel AG ist ein Mineralwasserproduzent. Ihre Produktpalette umfasst im wesentlichen zwei Marken, Classic Springs und Nature Springs, die als spritziges und stilles Mineralwasser hauptsächlich in Europa vertrieben werden. Mit einem innovativen Produkt möchte der Mineralwasserproduzent vor allem in den arabischen Markt vordringen: Unter dem Namen Gold Springs soll mit echtem Blattgold versetztes Mineralwasser verkauft werden.

Die Sprudel AG ist nicht börsennotiert, erstellt aber einen IFRS-Abschluss. Sie finanziert sich hauptsächlich über einen langfristigen Kredit ihrer Hausbank. Der Kreditvertrag sieht ein Kündigungsrecht seitens der Bank vor, sollte das IFRS-Eigenkapital der Sprudel AG unter 20 % der Bilanzsumme fallen. Der Vorstand der Sprudel AG wird erfolgsabhängig vergütet, wobei die Bonuszahlung ausbleibt, wenn das Unternehmen einen Jahresfehlbetrag nach IFRS erwirtschaftet.

Der Kalkulationszinssatz der Sprudel AG beträgt in allen Jahren 5 %. In den Jahren 2020 bis 2022 ereignen sich die folgenden Geschäftsvorfälle:

06.01.2020: Für die Abfüllung von Gold Springs kauft die Sprudel AG eine neue Abfüllanlage (Anschaffungskosten: 5 Mio. €, Nutzungsdauer: 10 Jahre). Nach Ablauf der Nutzungsdauer ist die Sprudel AG zum Rückbau der Anlage verpflichtet, wofür Ausgaben i.H.v. 0,5 Mio. € geschätzt werden.

10.01.2020: Für den Vertrieb von Gold Springs schließt die Sprudel AG einen Mietvertrag mit einer festen Mietdauer von fünf Jahren und jährlichen Zahlungen von 30 T€ für Geschäftsräume in Dubai ab. Der Vertrag sieht keine Kündigungsmöglichkeiten oder Weitervermietungsrechte vor.

15.07.2020: Ein Verbraucher droht, die Sprudel AG wegen angeblich gesundheitsschädlicher Stoffe in PET-Flaschen zu verklagen. Der Anwalt der Sprudel AG hält die Erfolgsaussichten einer solchen Klage für unwahrscheinlich; die Marketing-Abteilung möchte aber ein rufschädigendes Verfahren in jedem Fall vermeiden. Sie setzt sich für einen außergerichtlichen Vergleich ein. Die Kosten hierfür beziffert der Anwalt mit etwa gleicher Wahrscheinlichkeit auf 65 T€ oder 75 T€. Mit einer Verurteilung bzw. Einigung wird im nächsten Geschäftsjahr gerechnet.

23.11.2020: Eine arabische Feinkostkette schließt mit der Sprudel AG einen Vertrag über die Lieferung von 10.000 Flaschen Gold Springs zum Ende 2021 zu einem Gesamtpreis von 60 T€ ab. Die Bezahlung der Ware soll bei Lieferung in bar erfolgen. Im Falle der Nichterfüllung des Vertrags stehen dem Abnehmer Entschädigungszahlungen i.H.v. 2 % des Kaufpreises zu. Die Sprudel AG beschließt, das hierfür benötigte Gold erst im Juli 2021 einzukaufen. Auf Basis des aktuellen Goldpreises ergäbe sich für die Sprudel AG durch Erfüllung des Vertrages ein Nettogewinn i.H.v. 15 T€.

31.12.2020: Aufgrund des gestiegenen Goldpreises erwartet der Vorstand aus dem Vertrag vom 23.11.2020 einen Verlust i.H.v. 0,50 € pro Flasche.

09.01.2021: Überraschend wird das Konkurrenzunternehmen Sektgold AG zu einer hohen Geldstrafe verurteilt, weil die von ihm verkauften Produkte die zulässigen Schwellenwerte von zum Verzehr geeignetem Blattgold weit überschritten hatten. Der Vorfall erregt die Aufmerksamkeit der Medien.

11.01.2021: Die Vertriebsleitung der Sprudel AG in Dubai berichtet von der verstärkt negativen Wahrnehmung von mit Gold versetzten Lebensmitteln. Ferner plane die Regierung, die Lebensmittelgesetze zu verschärfen.

01.02.2021: Der Vorstand der Sprudel AG trifft sich zu einer Krisensitzung. Es wird beschlossen, die Produktion und den Vertrieb von Gold Springs vorerst einzustellen. Damit soll insbesondere vermieden werden, dass mögliche Reputationsschäden im Zusammenhang mit dem Produkt auf Classic Springs und Nature Springs übergreifen. In den nächsten Monaten soll ein Plan zur Abwicklung oder zum Verkauf der Sparte erstellt werden. Mit 40 %iger Wahrscheinlichkeit wird von einer Abwicklung ausgegangen (erwarteter Nettoverlust: 150 T€), mit 60 %iger Wahrscheinlichkeit von einem Verkauf (erwarteter Nettoverlust: 100 T€). Der Vorstandsbeschluss wird aufgrund der angespannten Wettbewerbssituation zunächst nicht nach außen kommuniziert.

15.02.2021: Aufgrund des Beschlusses vom 01.02.2021 tritt die Sprudel AG von dem am 23.11.2020 geschlossenen Vertrag zurück. Es wird verhandelt, dass die Zahlung der Vertragsstrafe auf 1 T€ reduziert wird, wobei die Zahlung noch am selben Tag per Blitzüberweisung angestoßen wird.

14.04.2021: In der Belegschaft der Sprudel AG verbreiten sich Gerüchte über einen möglichen Verkauf der Sparte Gold Springs.

01.10.2021: Die Sprudel AG begibt sich in Verkaufsverhandlungen über die Sparte Gold Springs mit einem internationalen Getränkehersteller. Aufgrund des Angebots des Großkonzerns ergäbe sich aus der Transaktion ein Nettoverlust von 80 T€ im Geschäftsjahr 2022. Der Vorstand der Sprudel AG hat bis zum 01.02.2022 Zeit, das Angebot zu prüfen.

11.11.2021: Die Sprudel AG einigt sich mit dem Kläger vom 15.07.2020 außergerichtlich auf eine Zahlung von 80 T€, zu zahlen bis zum 15.01.2022.

13.01.2022: Die Zahlung an den Kläger wird ausgeführt.

25.01.2022: Der Vorstand lehnt das Kaufangebot für die Sparte Gold ab. Stattdessen wird ein Restrukturierungsplan vorgelegt, nach dem die Gold Springs Sparte zukünftig unter dem Namen AquaLux luxuriös vermarktetes, aber nicht mehr mit Gold versetztes Mineralwasser produzieren und vertreiben soll. Die im Januar 2020 erworbene Anlage kann in diesem Zusammenhang allerdings nicht mehr genutzt werden und zum gegenwärtigen Zeitpunkt erscheint es ausgeschlossen, dass sie einem anderen Zweck zugeführt werden kann. Weiterhin soll die Vertriebstelle in Dubai geschlossen werden. Für hierzu notwendige Umschulungen der Mitarbeiter werden Aufwendungen i.H.v. 5 T€ veranschlagt, die voraussichtlich im Januar 2023 anfallen werden. Darüber hinaus ergeben sich aus nicht vermeidbaren

Restrukturierungsmaßnahmen wahrscheinliche Aufwendungen i.H.v. 10 T€ in 2020 und 15 T€ in 2021.

26.01.2022: Der Restrukturierungsplan wird vom Aufsichtsrat beschlossen und der Belegschaft mitgeteilt.

28.01.2022: Auf Basis des Restrukturierungsplans wird der Kreditvertrag mit der Bank neu verhandelt. Zwar hat die Sprudel AG bisher die erforderliche Eigenkapitalquote von 20 % nicht unterschritten, es ist jedoch absehbar, dass sie sich aufgrund der Restrukturierungsmaßnahmen temporär auf ca. 15 % reduzieren wird. Die Sprudel AG einigt sich daher mit der Bank auf eine Herabsetzung des vertraglichen Schwellenwertes auf 12 % gegen die Zahlung einer einmaligen Gebühr i.H.v. 20 T€ und Bereitstellung von Sicherheiten.

31.12.2022: Aufgrund der hochgradig defizitären Ertragslage zeichnet sich ab, dass die Sprudel AG erstmals in ihrer Geschichte keine Dividende für das Geschäftsjahr 2022 wird ausschütten können.

1. Bitte prüfen Sie, für welche der oben genannten Transaktionen Rückstellungen zu buchen sind und begründen Sie ihre Entscheidung.
2. Bitte nehmen Sie die entsprechenden Buchungen vor. Latente Steuern sind nicht zu berücksichtigen.
3. Welche der oben genannten Parteien hat ein Interesse an der Rückstellungsbildung bei der Sprudel AG und warum?
4. Welche Anreize hat der Vorstand der Sprudel AG bei der Bewertung der Rückstellungen und wie entwickeln sich diese im Zeitablauf?

Kapitel 14
Pensionsverpflichtungen und Leistungen an Arbeitnehmer

Betriebliche Altersversorgungszusagen haben in Deutschland eine lange Tradition und wurden seit dem 2. Weltkrieg von vielen Unternehmen als Finanzierungsquelle genutzt. Die als Personalaufwand zu erfassenden Pensionszusagen mindern das Gewinnausschüttungspotenzial sowie die Steuerlast und führen erst viel später bei Ausscheiden der Mitarbeiter zu Auszahlungen. Insofern stehen diese Beträge für Investitionen zur Verfügung (Finanzierung aus Rückstellungen). Steigende Lebenserwartungen und insbesondere die seit Langem niedrigen Marktzinssätze lassen die Pensionsverpflichtungen der Unternehmen jedoch seit einigen Jahren deutlich ansteigen.[1]

Traditionell werden Pensionszusagen in Deutschland unternehmensintern über die Bildung von Rückstellungen finanziert. Dieser als Direktzusage bezeichnete Durchführungsweg ist international wenig verbreitet, bringt aber den Vorteil des beschriebenen Innenfinanzierungsspielraums. In vielen Unternehmen hat sich dieser Finanzierungseffekt aus Pensionsrückstellungen inzwischen jedoch umgekehrt, da aufgrund sinkender Zahlen von Beschäftigten mit entsprechenden Pensionszusagen und steigender Rentnerzahlen die Pensionsauszahlungen weit über den Pensionsaufwendungen liegen.

Insbesondere in angelsächsischen Ländern ist eine unternehmensexterne Finanzierung der Pensionszusagen über Pensionsfonds vorherrschend. Die externe Finanzierung bietet den Vorteil, dass das ausgelagerte Vermögen sowohl nach internationalen als auch nach nationalen Rechnungslegungsregeln mit den Pensionsverpflichtungen saldiert wird und in der Bilanz lediglich die Nettoverpflichtung zu erfassen ist. Dadurch können sich zentrale Kennzahlen erheblich verbessern, was ebenfalls einen positiven Einfluss auf das Unternehmensrating haben kann.

Seit Jahren passen sich immer mehr deutsche Unternehmen an diese Vorgehensweise an und nutzen verstärkt ausgelagertes Vermögen zur Deckung ihrer Pensionsverpflichtungen. So waren z.B. im Geschäftsjahr 2019 die kumulierten Pensionsverpflichtungen der DAX-Konzerne i.H.v. 413,4 Mrd. € zu 66,5 % durch ausgelagertes Pensionsvermögen i.H.v. 275,0 Mrd. € gedeckt. Somit wiesen die Unternehmen in ihren Bilanzen Pensionsrückstellungen i.H.v. knapp 140 Mrd. € aus. Eine Möglichkeit, Pensionsvermögen auszulagern, besteht z.B. durch die Einrichtung von Pensionskassen sowie die Übertragung von Vermögenswerten auf sog. contractual trust arrangements (CTAs).[2] Mit diesen Treuhandmodellen ist es möglich, unter Beibehaltung des Durchführungswegs der Direktzusage einen Nettoausweis der Pensionsverpflichtungen in der Bilanz nach IFRS zu erreichen.

---

1 Vgl. etwa *Hagemann, T./Oecking, S./Roman, O.*, Pensionsverpflichtungen im DAX30 – Konzernabschlüsse 2015, in: KoR, 16. Jg. (2016), S. 410 sowie *Lehmann, K.*, Pensionslasten im DAX – Die Trendwende bleibt aus!, Studie des Flossbach von Storch Research Institutes vom 16.05.2019. Einen Überblick über den Einfluss der Covid-19-Pandemie auf die betriebliche Altersversorgung vermitteln *Geilenkothen, A./Rasch, C./Ricken, B.*, Einfluss der Corona-Krise auf die Rechnungslegung der betrieblichen Altersversorgung, in: DB, 73. Jg. (2020), S. 849-852.

2 Vgl. zu CTA-Modellen *Neuhaus, S.*, Contractual Trust Arrangement (CTA), in: DBW, 67. Jg. (2007), S. 123-127.

Nach dem Lesen dieses Kapitels kennen Sie die unterschiedlichen Arten und Ausgestaltungsformen von betrieblichen Altersversorgungszusagen und können diese von anderen Leistungen an Arbeitnehmer im Rahmen des IAS 19 abgrenzen. Zudem kennen Sie die wesentlichen Ansatz-, Bewertungs- und Ausweisvorschriften des IAS 19 und verstehen die grundlegende Idee eines Anwartschaftsbarwertes, des Nettoausweises und der periodischen Erfolgserfassung. Lernziele „Kennen"

Sie sind in der Lage, sowohl den bilanziellen Erstansatz als auch die Folgebewertung von Pensionsverpflichtungen buchhalterisch abzubilden. In diesem Zusammenhang können Sie den Anwartschaftsbarwert nach der Methode der laufenden Einmalprämien (Projected Unit Credit Method) berechnen und wissen, wann eine Pensionsrückstellung in der Bilanz angesetzt werden muss. Lernziele „Anwenden"

Sie können die bilanzanalytischen Konsequenzen der einzelnen Ausgestaltungsformen der Pensionszusagen abschätzen und vor diesem Hintergrund die Vor- und Nachteile der unterschiedlichen Finanzierungsformen beurteilen. Zudem sind Sie in der Lage, die bilanzpolitischen Ansatz- und Bewertungsspielräume des IAS 19 zu evaluieren und in ihren Auswirkungen auf die Vermögens-, Finanz- und Ertragslage zu beurteilen. Auch Sondereffekte wie z.B. Zinssatzänderungen können Sie in den bilanziellen Folgen abschätzen. Lernziele „Bewerten & Gestalten"

1 Relevante Regeln und Regelungsumfang

Die Bilanzierung von Pensionszusagen und anderen Leistungen an Arbeitnehmer ist Gegenstand von IAS 19 „Leistungen an Arbeitnehmer" (Employee Benefits), der seit 1999 gilt und seitdem durch einzelne Überarbeitungen geändert wurde. Die Komplexität von IAS 19 und die häufig an Versicherungsmathematiker delegierten Berechnungen machen IAS 19 in Bezug auf die geforderte Vorgehensweise, die bilanziellen Konsequenzen und die zum Teil informationsverzerrende Wirkung zu einem der häufiger diskutierten IFRS. Diese Problematik betrifft auch andere vom Arbeitgeber für die Zeit nach Beendigung des Arbeitsverhältnisses zugesagte Leistungen, zu denen Versicherungs-, Gesundheitsvorsorge- und ähnliche Leistungen gehören. Relevante Normen

IAS 19 ist wie folgt aufgebaut: Nach Zielsetzung und Anwendungsbereich (IAS 19.1-7) werden zentrale Begriffe definiert (IAS 19.8). Im Zentrum des Standards stehen die von einem Unternehmen seinen Arbeitnehmern zugesagten Leistungen nach Beendigung des Arbeitsverhältnisses.[3] Deren Klassifikation in beitragsorientierte Zusagen (defined contribution plans) und leistungsorientierte Zusagen (defined benefit plans) ist Gegenstand von IAS 19.26-49. Die bilanzielle Erfassung anderer Leistungen an Arbeitnehmer wird ebenfalls reguliert: IAS 19.9-25 betreffen die Bilanzierung von kurzfristig fälligen Leistungen an Aufbau von IAS 19

3 Der begrifflichen Einfachheit halber werden solche post-employment benefits im Folgenden einheitlich als Pensionsleistungen bzw. Pensionszusagen bezeichnet. Vgl. auch IAS 19.26.

Arbeitnehmer, während IAS 19.153-158 andere langfristig fällige Leistungen zum Gegenstand haben. Leistungen anlässlich der Beendigung des Arbeitsverhältnisses werden schließlich in IAS 19.159-171 behandelt. Abschließend enthält der Standard Vorschriften zum Übergang auf IAS 19 und zum Inkrafttreten (IAS 19.172-174).

2 Klassifikation von Pensionszusagen

Zwei Arten von Pensionszusagen

Die bilanzielle Abbildung der Pensionszusagen bzw. -pläne hängt zunächst davon ab, welche Vereinbarung das Unternehmen als Arbeitgeber mit dem Arbeitnehmer geschlossen hat. Im Grundsatz lassen sich hier zwei Arten von Pensionszusagen unterscheiden, durch welche ein Unternehmen erbrachte Arbeitsleistungen kompensiert: beitrags- und leistungsorientierte Zusagen.

Beitragsorientierte Pensionszusagen

Bei den beitragsorientierten Pensionszusagen (defined contribution plans) verpflichtet sich das Unternehmen „lediglich" zur Zahlung fester Beiträge an externe Versorgungsträger, die im Gegenzug die spätere Pensionsleistung erbringen (IAS 19.8). Das betreffende Unternehmen hat außer den periodischen Zahlungen keinerlei weitere Verpflichtungen; es garantiert insbesondere nicht die Höhe der künftigen Pensionsleistungen. Der Arbeitnehmer trägt damit im Wesentlichen das Risiko, dass seine künftigen Pensionszahlungen geringer als erwartet ausfallen (IAS 19.28). In Deutschland haftet der Arbeitgeber jedoch aufgrund der in § 1 Abs. 1 S. 3 des Gesetzes zur Verbesserung der betrieblichen Altersversorgung (BetrAVG) kodifizierten Subsidiärhaftung mindestens für die zum Aufbau der betrieblichen Altersversorgung eingezahlten Beiträge. Insofern sind die meisten deutschen betrieblichen Altersversorgungszusagen eher nicht als reine beitragsorientierte Pensionspläne zu klassifizieren.

Leistungsorientierte Pensionszusagen

Demgegenüber verpflichtet sich das Unternehmen bei leistungsorientierten Pensionsplänen (defined benefit plans) selbst zu einer bestimmten künftigen Pensionsleistung, die i.d.R. von der Zahl der Dienstjahre und/oder der Gehaltshöhe abhängt. Es hat damit sicherzustellen, dass jederzeit ausreichende finanzielle Mittel zur Begleichung fälliger Pensionsleistungen zur Verfügung stehen. Hier trägt folglich das Unternehmen sämtliche Risiken, dass die künftigen Zahlungsverpflichtungen aus der Pensionszusage höher als erwartet ausfallen, profitiert aber u.U. im umgekehrten Fall von einer entsprechenden Minderung (IAS 19.30).

Finanzierung

Während beitragsorientierte Pläne schon per definitionem mit einem Mittelabfluss an externe Versorgungsträger einhergehen, hat das Unternehmen bei leistungsorientierten Pensionsplänen die Wahl zwischen unterschiedlichen Finanzierungsformen.[4] Entweder sammelt es die finanziellen Mittel im Unternehmen selbst an oder es bedient sich auch hier der Hilfe externer Versorgungsträger – ohne dadurch jedoch aus der Leistungsverpflichtung entlassen zu werden. Tabelle 14.1 fasst diese Ausgestaltungsformen von Pensionszusagen zusammen.

	Beitragsorientierte Pensionspläne	**Leistungsorientierte Pensionspläne**
Unternehmens-externe Finanzierung	Zahlung bestimmter Beträge an externe Versorgungsträger; Risiko liegt primär beim Arbeitnehmer.	Zahlung bestimmter Beträge an externe Versorgungsträger; Risiko liegt primär beim Unternehmen.
Unternehmens-interne Finanzierung	—	Ansammlung der künftig benötigten Mittel innerhalb des Unternehmens; Risiko liegt primär beim Unternehmen.

Tab. 14.1: Ausgestaltungsformen von Pensionszusagen

Grenzfälle

In Abhängigkeit von den konkreten Ausgestaltungsdetails der betrieblichen Pensionszusagen ist die Grenze zwischen beitrags- und leistungsorientierten Plänen oftmals fließend. IAS 19.29 nennt Arrangements, die darauf hindeuten, dass beim Unternehmen eine rechtliche oder faktische Verpflichtung verbleibt, mehr als die vereinbarten Beträge zu Gunsten des Arbeitnehmers zu zahlen. In solchen Fällen liegt ggf. eine leistungsorientierte Zusage vor. Hierzu zählen gemäß IAS 19.29 u.a. die Gewohnheit eines Unternehmens, vereinbarte Zusagen im Nachhinein freiwillig zu erhöhen, sowie garantierte (Mindest-)Renditen aus ansonsten rein beitragsorientierten Zusagen. Ein weiterer Grenzfall wird explizit in IAS 19.46-49 genannt: Schließt ein Unternehmen zu Gunsten seines Arbeitnehmers eine Lebensversicherung ab, so liegt eine beitragsorientierte Zusage vor. Dies gilt nur dann nicht, wenn das Unternehmen verpflichtet ist, die Pensionszahlungen bei Fälligkeit direkt an den Arbeitnehmer zu leisten oder wenn es über die Versicherungssumme hinausgehende Beträge zahlen muss (IAS 19.46).

3 Bilanzierung beitragsorientierter Zusagen

Bilanzierung wenig komplex

Beitragsorientierte Pläne sind für die Rechnungslegung wenig komplex, solange das Unternehmen seinen Zahlungsverpflichtungen regelmäßig und in voller Hö-

4 Vgl. unter finanzwirtschaftlichen Gesichtspunkten diese Alternativen analysierend *Arbeitskreis „Finanzierung" der Schmalenbach-Gesellschaft für Betriebswirtschaft e.V.*, Betriebliche Altersversorgung mit Pensionsrückstellungen oder Pensionsfonds – Analyse unter finanzwirtschaftlichen Gesichtspunkten, in: DB, 51. Jg. (1998), S. 321-331. Vgl. auch IAS 19.56.

he nachkommt. Folgerichtig wird die Bilanzierung beitragsorientierter Pläne in IAS 19.50 als einfach bezeichnet, da die periodischen Beitragsverpflichtungen in dem Vertrag mit dem externen Versorgungsträger bereits festgelegt sind. Die anfallenden Zahlungsverpflichtungen sind zeitkongruent mit der Erbringung der Arbeitsleistung des Begünstigten GuV-wirksam zu verbuchen. Versäumte oder im Voraus geleistete Zahlungen an den externen Versorgungsträger werden als Schuld bzw. Forderung abgegrenzt (IAS 19.51). Liegt der geplante Zahlungstermin mehr als 12 Monate nach dem Ende der Periode, in der die entsprechenden Arbeitsleistungen erbracht wurden, ist die resultierende Verbindlichkeit abzuzinsen (IAS 19.52).

Beispiel 14.1

Die X AG hat einigen ihrer Mitarbeiter beitragsorientierte Pensionspläne in Form einer Lebensversicherung zugesagt. Dafür sind jedes Jahr insgesamt 100 T€ an die LV AG zu überweisen. Nachdem die X AG ihren Zahlungsverpflichtungen bisher immer nachgekommen ist, überweist sie der LV AG für dieses Jahr wegen eines Liquiditätsengpasses nur 90 T€. Hier wird wie folgt gebucht:

Pensionsaufwand	*100 T€*	*an*	*Bank*	*90 T€*
			Verbindlichkeit	*10 T€*

4 Bilanzierung leistungsorientierter Zusagen

Überblick

Mit leistungsorientierten Pensionszusagen versprechen Unternehmen ihren Mitarbeitern i.d.R. lebenslange betriebliche Rentenzahlungen nach dem Ausscheiden aus dem aktiven Berufsleben. Dieses Versprechens können sie sich durch Zahlungen an externe Versorgungsträger nicht entledigen, da die Leistungsverpflichtung letztlich beim Unternehmen verbleibt (IAS 19.30). Im Endeffekt erfüllt eine leistungsorientierte Pensionszusage für das Unternehmen damit den Tatbestand einer ungewissen Verbindlichkeit. Entsprechend den in IAS 19.55 als komplex bezeichneten Bilanzierungsregeln (IAS 19.55-152) ist im Folgenden insbesondere zu klären,

- wie die aus der Zusage resultierende Verpflichtung zu bewerten ist (Abschnitt 4.1),
- wie das ggf. bei einem externen Versorgungsträger angesammelte Planvermögen bewertet wird (Abschnitt 4.2),
- wie der jährliche Pensionsaufwand zu ermitteln ist und wie es zu Neubewertungen kommt (Abschnitt 4.3),
- welche Beträge letztlich in Bilanz und Gesamtergebnisrechnung ausgewiesen werden (Abschnitt 4.4) und
- welche zusätzlichen Angaben erforderlich sind (Abschnitt 6).

Darüber hinaus findet sich in Abschnitt 5 die Diskussion einiger Spezialfragen.

4.1 Bewertung der Verpflichtung

Versicherungsmathematisches Verfahren

Unabhängig davon, ob die leistungsorientierte Pensionszusage intern oder extern finanziert wird, folgt die Bewertung der Verpflichtung einem versicherungsmathematischen Verfahren. Im Kern geht es darum, für jeden betroffenen Arbeitnehmer in einem ersten Schritt die künftigen Rentenzahlungen in ihrer absoluten Höhe zu schätzen, sie in einem zweiten Schritt auf den Pensionseintrittstermin abzuzinsen und sie in einem dritten Schritt auf die Perioden der aktiven Dienstzeit des betreffenden Arbeitnehmers zu verteilen (vgl. Abbildung 14.1).

Versicherungsmathematische Annahmen

Die Höhe der künftigen Pensionszahlungen hängt von den Vertragsdetails der Pensionszusage sowie von versicherungsmathematischen Annahmen, etwa über Sterblichkeit, Fluktuation oder Frühpensionierung, ab (IAS 19.66). Sofern sich Pensionszahlungen am letzten Gehalt vor Pensionseintritt sowie ggf. in den Folgejahren zusätzlich am gesetzlichen Rentenniveau orientieren, verlangt IAS 19.87 die Berücksichtigung erwarteter künftiger Gehalts- und Rentensteigerungen. In die Schätzung der künftigen Gehaltssteigerungen fließen entsprechend IAS 19.90 Informationen über die künftige Arbeitsmarktsituation, Inflation, Betriebszugehörigkeit und etwaige Beförderungen ein. Rententrends sind ebenfalls regelmäßig zu berücksichtigen, etwa wenn die Leistungszusage an das gesetzliche Rentenniveau geknüpft ist und sich dessen Entwicklung zuverlässig schätzen lässt (IAS 19.87(e)).

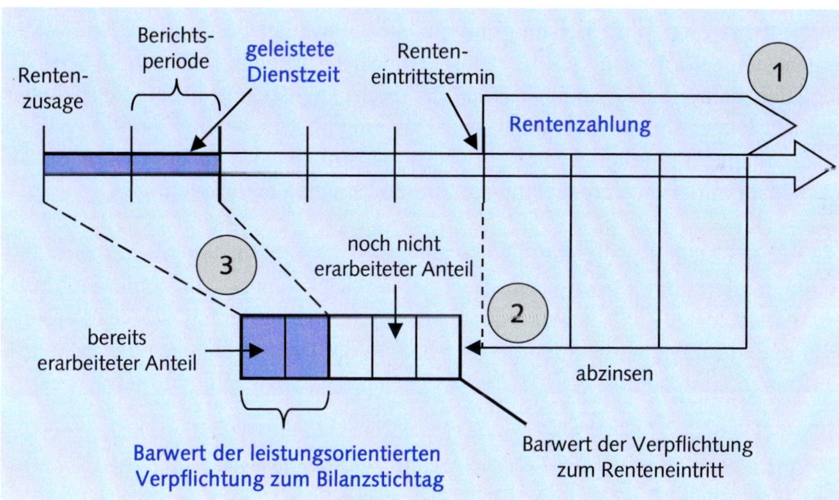

Abb. 14.1: Barwert leistungsorientierter Verpflichtungen nach dem Anwartschaftsbarwertverfahren

Kalkulationszins

Um die Pensionszahlungen diskontieren zu können, bedarf es eines Zinssatzes. Dieser ist als Vorsteuer-Nominalzins ausgestaltet[5] und hat sich an der Marktrendite erstrangiger, festverzinslicher Unternehmensanleihen mit gleicher Währung und Laufzeit zu orientieren (IAS 19.83-86)[6]. Als erstrangig werden alle Unternehmensanleihen eingestuft, die mindestens über ein AA-Rating verfügen.[7] Marktrenditen von Staatspapieren sind nur dann heranzuziehen, wenn keine liquiden Märkte für solche Unternehmensanleihen existieren (IAS 19.83). Der Diskontierungszins berücksichtigt folglich in erster Linie den Zeitwert des Geldes, also die Verteilung der Zahlungsverpflichtungen im Zeitablauf, und nicht das unternehmensspezifische und versicherungsmathematische Risiko (IAS 19.84).

Barwert der leistungsorientierten Verpflichtung

Kennt das Unternehmen nun – wiederum gedanklich für jeden einzelnen Arbeitnehmer – den Barwert der künftigen Pensionszahlungen im Zeitpunkt des Pensionseintritts, so ist in einem dritten Schritt die am Bilanzstichtag zu berücksichtigende Verpflichtung zu ermitteln. Dafür wird dieser Barwert auf die Perioden der aktiven Dienstzeit zurückverteilt. Am Bilanzstichtag ist hiernach festzustellen, welcher Barwertanteil auf die laufende Periode sowie auf frühere Dienstzeitperioden entfällt (IAS 19.71). Es wird folglich der bereits erarbeitete Anteil berechnet. Dieser Anteil an der künftigen Leistung wird auf den Betrachtungszeitpunkt (Bilanzstichtag) abgezinst und bildet den Barwert der leistungsorientierten Verpflichtung (present value of the defined benefit obligation).

Methode der laufenden Einmalprämien

Dieses versicherungsmathematische Verfahren ist die Methode der laufenden Einmalprämien (Projected Unit Credit Method) und stellt ein Anwartschaftsbarwertverfahren dar, weil Leistungsanteile entweder einer bestimmten Planformel folgend (Regelfall nach IAS 19.70) oder linear (Ausnahmefall nach IAS 19.70) den Dienstjahren zugerechnet werden. In jedem Dienstjahr wird ein zusätzlicher Teil des letztendlichen Leistungsanspruchs erdient. Nur der bis zum jeweiligen Bilanzstichtag kumuliert erdiente Leistungsanspruch wird in dem Barwert der leistungsorientierten Verpflichtung zu diesem Stichtag berücksichtigt.

Beispiel 14.2

Die X AG stellt den gerade 62 Jahre alt gewordenen Johann Muster mit der Zusage ein, ihm in den zehn Folgejahren nach seiner Pensionierung mit 65 Jahren jeweils 5 % seines Endgehalts als Jahresrente zu zahlen. Basierend auf einem Endgehalt von 32.608,40 € beträgt die Jahresrente nach derzeitigem Informationsstand also 1.630,42 € (erster Schritt). Die Rente wird jeweils zum

5 Vgl. *Lüdenbach/Hoffmann/Freiberg,* Haufe IFRS-Kommentar, § 22, Rz. 51; *Höpken/Torner*, Beck'sches IFRS-Handbuch, § 26, Tz. 61.

6 Vgl. zu den unterschiedlichen Diskontierungszinssätzen in den EURO-Ländern *Pellens, B./Barekzai, O./Hüttermann, K./Schmeling, A.-K.*, Entwicklung leistungsorientierter Pensionsverpflichtungen in der Niedrigzinsphase: Eine empirische Analyse europäischer Unternehmen, in: WPg, 69. Jg. (2016), S. 792 ff.

7 Im Jahr 2012 diskutierte das IFRS IC die Frage, ob auch Anleihen mit einem A-Rating verwendet werden dürfen, entschied diese jedoch nicht. Vgl. *IFRS IC*, IFRIC Update November 2013 sowie auch *Höfer, R./Hagemann, T./Neumeier, G.*, Bewertungsparameter für Versorgungszusagen im internationalen und deutschen Jahresabschluss 2013, in: DB, 66. Jg. (2013), S. 2517 f.

Jahresende gezahlt. Für den Kalkulationszinsfuß wird eine vergleichbare Rendite von Unternehmensanleihen in Höhe von 6 % unterstellt.

Im zweiten Schritt wird die zugesagte künftige Leistung mit Hilfe des Rentenbarwertfaktors,

$$\frac{(1+i)^n - 1}{i \cdot (1+i)^n},$$

auf den Pensionseintrittstermin abgezinst. Mit i = 6 % ergibt sich ein Barwert von

$$1.630{,}42 \cdot \frac{1{,}06^{10} - 1}{0{,}06 \cdot 1{,}06^{10}} = 12.000 \text{ €}.$$

Im dritten Schritt wird dieser Barwert nach der Methode der laufenden Einmalprämien auf die drei aktiven Dienstjahre von Johann Muster verteilt. Hierbei wird eine lineare Verteilung unterstellt. Zum Diensteintritt entspricht die Pensionsverpflichtung dem Barwert der Leistungen, die früheren Dienstjahren zugerechnet werden. Dieser Barwert beträgt anfangs naturgemäß 0 €.

Am Ende des ersten Dienstjahres bzw. zu Beginn des zweiten Dienstjahres hat sich Johann Muster ein Drittel des gesamten späteren Leistungsanspruchs erdient. Der Barwert leistungsorientierter Verpflichtungen beträgt (12.000 / 3 · $1{,}06^{-2}$ =) 3.560 €.

Im Verlauf des zweiten Dienstjahres wird der zu Periodenbeginn vorhandene Barwert mit 6 % aufgezinst (3.560 · 0,06 = 213 €). Zudem wird auch dieser Periode wieder ein Leistungsanteil (12.000 / 3) zugeordnet und entsprechend abgezinst: (12.000 / 3 · $1{,}06^{-1}$ =) 3.774 €. Die Verpflichtung am Ende des zweiten Dienstjahres entspricht nun dem Barwert der Leistungen, die der laufenden sowie früheren Perioden zugeordnet werden: 3.560 + 213 + 3.774 = 7.547 €. Analog ist im dritten und letzten Dienstjahr vorzugehen. Die Entwicklung der Pensionsverpflichtung über die dreijährige Dienstzeit kann zusammenfassend wie folgt dargestellt werden (in €):

Dienstjahr (Alter)	**1 (63)**	**2 (64)**	**3 (65)**
Verpflichtung zu Beginn der Periode	0	3.560	7.547
Verzinsung des Anfangsbestandes (6 %)	0	+ 213	+ 453
Barwert des Leistungsanteils, der der Berichtsperiode zugerechnet wird	+ 3.560	+ 3.774	+ 4.000
Verpflichtung am Ende der Periode	**3.560**	**7.547**	**12.000**

Aktuelle Entwicklungen

Anhaltendes Niedrigzinsniveau belastet Unternehmen

Das anhaltende Niedrigszinsniveau im europäischen Wirtschaftsraum ist für die Bilanzierung der betrieblichen Altersvorsorge von erheblicher Bedeutung. So hatten die Niedrigzinsen über die letzten Jahre hinweg einen wesentlichen Aufwärtstrend der Pensionsrückstellungen zur Folge, da sich die bilanzielle Behandlung der Pensionszusage sowohl nach IFRS als auch nach HGB am Marktzins orientiert (Prinz/Keller (2016)). Die Niedrigzinsen führen für die Unternehmen dadurch zu substantiellen Belastungen.

Wie oben bereits beschrieben, erreichten die Pensionsverpflichtungen der DAX30-Unternehmen im Geschäftsjahr 2019 einen Wert von 413,4 Mrd. €, wohingegen sich das Planvermögen lediglich auf 275,0 Mrd. € belief, was zu einem historisch niedrigen Deckungsgrad von lediglich 66,5 % führte. Ein wesentlicher Einflussfaktor auf die Höhe der Pensionsverpflichtungen ist der Diskontierungssatz. So zeigen Analysen zu Zinssensitivitäten bei Blohsfeld/Hagemann/Oecking (2019), dass mit der Verringerung des Abzinsungssatzes um einen Prozentpunkt bei den DAX30-Unternehmen ein Anstieg der Pensionsverpflichtungen von 17 % einhergehen würde. Anpassungen aus Änderungen des Diskontierungszinssatzes sind nach IAS 19 über das sonstige, nicht zu recycelnde Ergebnis im Eigenkapital auszuweisen. Damit werden die Gewinnrücklagen reduziert und die Unternehmen haben ceteris paribus einen höheren Verschuldungsgrad.

Hinsichtlich des Planvermögens der DAX30-Unternehmen ist nach der Studie von Lehmann (2019) im ersten Halbjahr 2019 zu beobachten, dass dieses etwa zur Hälfte in Anleihen investiert ist, welche in der Niedrigzinsphase i.d.R. eine geringe Rendite erwirtschaften. Gleichzeitig weisen die Anleihen bei einer Zinssenkung Kursgewinne auf, wodurch die geringe Rendite ein stückweit kompensiert wird. Die Aktienquote beträgt lediglich 19,1 %. Der Anteil von alternativen Investments, wie Infrastrukturinvestitionen, Private Equity oder Private Debt, ist in den letzten 10 Jahren um ca. 10 % gewachsen und macht inzwischen einen Anteil von 25 % an den Planvermögen der DAX30-Unternehmen aus.

Auch in der HGB-Rechnungslegung entstehen substantielle Belastungen durch die anhaltenden Niedrigzinsen. Zwar ist hier ein von der Deutschen Bundesbank ermittelter durchschnittlicher Marktzinssatz der vergangenen zehn Geschäftsjahre anzuwenden, was zu einem nur verzögerten Eintreten/Auslaufen der ansteigenden/sinkenden Pensionsverpflichtungen bei Zinssatzänderungen führt. Im Vergleich zur IFRS-Rechnungslegung werden Zinseffekte im HGB jedoch in der GuV erfasst, sodass eine zinsinduzierte Erhöhung der Pensionsrückstellungen das Jahresergebnis und damit das Gewinnausschüttungspotenzial reduziert (Prinz/Keller (2016)). Dies ist auch für deutsche IFRS-Bilanzierer von Bedeutung, da für deren Ausschüttung formal nicht das IFRS-Konzernergebnis, sondern das in der Handelsbilanz (Einzelabschluss) ausgewiesene Ergebnis der Konzernmutter ausschlaggebend ist. Dadurch könnte sich u.a. die Unsicherheit der Anleger bezüglich der Dividendenfähigkeit erhöhen (Littmann (2015)). Neben den negativen Auswirkungen auf die Eigenkapitalquote, die Ausschüttungspolitik sowie verschiedene Gewinn- und Renditegrößen können sich höhere Pensionsverpflichtungen des Weiteren negativ auf Ratings und kreditbezogene Covenants auswirken (Pellens (2015)) und damit auch die zukünftige Kapitalaufnahme erschweren. Zuletzt ergeben sich aus der Zinsschmelze auch Probleme bezüglich der Kommunikation mit den Gesellschaftern und dem Kapitalmarkt (EY Scout (2015)).

Literatur: Blohsfeld, K./Hagemann, T./Oecking, S., Pensionsverpflichtungen im DAX30 – Konzernabschlüsse 2018, in: KoR, 19. Jg. (2019), S. 491-498; EY Scout, Präsentation u.a. zu Pensionen – Aktuelle „Need-to-know" und Varianten in der Gestaltung des Planvermögens, Wien, 11.09.2015; Lehmann, K., In der Zinsfalle: DAX-30 Pensionslücke auf historischem Niveau, Studie des Flossbach von Storch Research Institutes vom 18.07.2019; Littmann, A., Ausmaß der Lasten aus der Alterssicherung auf Unternehmensbilanzen wird in Zeiten der Zinsschmelze noch deutlich unterschätzt, Börsen-Zeitung vom 30.05.2015; Pellens, B., Goodwill- und Rückstellungsbilanzierung in einem Niedrigzinsumfeld, Präsentation Schmalenbach-Tagung, Düsseldorf, 23.09.2015; Prinz, U./Keller, B., Pensionsrückstellungen in der Niedrigzinsphase – Ein strukturierter Überblick, in: DB, 69. Jg. (2016), S. 1033-1041.

Komplexe Berechnung

Das mehrstufige Bewertungsverfahren und die Vielzahl der im stark vereinfachenden Beispiel nicht berücksichtigten Faktoren, wie z.B. geschätzte Gehaltstrends, mögen das IASB motiviert haben, den betroffenen Unternehmen in IAS 19.59 zu empfehlen, bei der Bewertung der künftigen Verpflichtung aus leistungsorientierten Pensionszusagen die Dienste eines qualifizierten Versicherungsmathematikers in Anspruch zu nehmen.[8]

4.2 Externe Finanzierung über Planvermögen

Definition

Um die späteren Pensionsleistungen erbringen zu können, sind finanzielle Mittel erforderlich, die entweder innerhalb oder außerhalb des Unternehmens angesammelt werden können. Außerhalb des Unternehmens angesammelte Mittel bilden das Planvermögen (plan assets), wenn es sich gemäß IAS 19.8 um qualifizierte Versicherungspolicen oder anderes Vermögen handelt, das durch einen langfristig angelegten Fonds zur Erfüllung von Leistungen an Arbeitnehmer gehalten wird. Dieser externe Versorgungsträger muss entsprechend IAS 19.8 rechtlich unabhängig sein und das von ihm gehaltene Vermögen darf den Gläu-

8 In Deutschland gibt es wissenschaftlich ausgebildete und berufsständisch geprüfte Aktuare, die sich in der DAV (Deutsche Aktuarvereinigung e.V.) zusammengeschlossen haben.

bigern des verpflichteten Unternehmens selbst im Insolvenzverfahren nicht zur Verfügung stehen.[9]

Bewertung

Das Planvermögen ist am jeweiligen Bilanzstichtag zum beizulegenden Zeitwert zu bewerten (IAS 19.113-115). Dieser ergibt sich entweder aus dem Marktwert der Vermögensanlagen oder aus Schätzungen, die z.B. auf diskontierten künftigen Cashflows basieren (IAS 19.113). Der beizulegende Zeitwert des Planvermögens ist – wie auch der Barwert der leistungsorientierten Verpflichtung – vom Unternehmen in ausreichender Regelmäßigkeit zu ermitteln (IAS 19.58). Im Idealfall wird die Berechnung für jeden Bilanzstichtag neu durchgeführt.

Beispiel 14.3

Im Ausgangsbeispiel (Beispiel 14.2) finanziert die X AG die Rente von Johann Muster über einen Pensionsfonds. Diesem wird am Ende jeden Jahres ein Betrag jeweils in Höhe des Barwerts der in der Periode zusätzlich erdienten Pensionsansprüche zugeführt. Der Fondsmanager investiert diese Beträge in Aktien. Bei einer tatsächlich erzielten Rendite in Höhe des verwendeten Abzinsungsfaktors von 6 % pro Jahr entwickelt sich das Planvermögen im Gleichschritt mit der Pensionsverpflichtung wie folgt (in €):

Dienstjahr (Alter)	**1 (63)**	**2 (64)**	**3 (65)**
Planvermögen zu Beginn der Periode	0	3.560	7.547
Wertzuwachs in der Periode (6 %)	0	+ 213	+ 453
Zuführung am Ende der Periode	+ 3.560	+ 3.774	+ 4.000
Planvermögen am Ende der Periode	**3.560**	**7.547**	**12.000**

Bei planmäßigem Verlauf kann somit der am Ende der dreijährigen Dienstzeit vorliegende Anspruch von Johann Muster in Höhe von 12.000 € vollständig durch das im Pensionsfonds angesammelte Planvermögen gedeckt werden. Im Übrigen ist in diesem Fall aufgrund des Nettoausweises über alle drei Perioden keine Rückstellung in der Bilanz anzusetzen, da sich Planvermögen und Pensionsverpflichtung jeweils entsprechen.

4.3 Ermittlung der im Gesamtergebnis zu erfassenden Beträge

Grundüberlegungen

Entsprechend den grundlegenden Definitionen im IFRS-Rahmenkonzept ergeben sich die in der Periode im Gesamtergebnis zu erfassenden Beträge als Saldo zweier Veränderungsgrößen: Zum einen ist eine Erhöhung des Barwerts der

9 Diese Voraussetzung erfüllen u.a. die eingangs erwähnten CTAs, aber auch i.d.R. die vielfach gebildeten Pensionskassen. Vgl. dazu auch *Neuhaus, S.*, Auslagerung betrieblicher Pensionszusagen, Frankfurt a. M. u.a. 2008.

Verpflichtung gesamtergebnismindernd zu erfassen. Ein kompensierender Effekt tritt dann ein, wenn das Planvermögen eine positive Rendite erbringt. Gegenläufige Effekte sind dabei mit umgekehrten Vorzeichen zu berücksichtigen.

Zu erfassende (Kosten-) komponenten

IAS 19 differenziert jedoch zwischen den beiden Bestandteilen des Gesamtergebnisses: So werden in IAS 19.120(a)-(b) einerseits zwei Kostenkomponenten definiert, die im Gewinn oder Verlust zu erfassen sind. Andererseits werden aber auch sog. Neubewertungen als dritte Komponente identifiziert, die, je nach Vorzeichen, mindernd oder erhöhend im sonstigen Ergebnis (OCI) zu erfassen sind (IAS 19.120(c)). Zusammenfassend werden damit in der Gesamtergebnisrechnung letztlich die folgenden drei Komponenten erfasst:

- Dienstzeitaufwand (service cost),
- Nettozinsaufwand (net interest) und
- Neubewertungen (remeasurements).

4.3.1 Dienstzeitaufwand

Laufender Dienstzeitaufwand

Der Dienstzeitaufwand umfasst insbesondere den laufenden Dienstzeitaufwand (current service cost). Dabei handelt es sich um denjenigen Betrag, um den der Barwert der leistungsorientierten Verpflichtung durch die in der Periode zusätzlich erdienten Pensionsansprüche steigt (IAS 19.71).

Weitere Bestandteile

Ergänzend zu dem in Beispiel 14.2 bereits erwähnten laufenden Dienstzeitaufwand kann der Dienstzeitaufwand jedoch ergänzend weitere Bestandteile beinhalten:

Nachzuverrechnender Dienstzeitaufwand

- Nachzuverrechnender Dienstzeitaufwand (past service cost): Dieser kann zum einen aus Plananpassungen (plan amendments) resultieren, d.h. wenn ein Unternehmen bestehende Pensionspläne z.B. durch nicht eingeplante Beförderungen ändert bzw. zurückzieht oder neue leistungsorientierte Pensionspläne einführt (IAS 19.104). Zum anderen kann dieser aber auch als Folge von Kürzungen (curtailments) entstehen, die dann vorliegen, wenn ein Unternehmen z.B. durch eine Standortschließung die Anzahl der versicherten Arbeitnehmer deutlich verringert (IAS 19.105). Der Aufwand ist im Gewinn oder Verlust zu erfassen, wenn die Anpassung oder Kürzung des jeweiligen leistungsorientierten Plans erfolgt, oder – falls dies eher eintritt – zu dem Zeitpunkt, an dem das Unternehmen die damit in Zusammenhang stehenden Restrukturierungskosten (siehe auch Kapitel 13.4.3) oder die Leistungen aus Anlass der Beendigung des Arbeitsverhältnisses erfasst (IAS 19.103).

Abgeltungen

- Abgeltungen (settlements): Dabei handelt es sich um Gewinne oder Verluste, die aus Vereinbarungen entstehen, mit denen sich das Unternehmen seiner künftigen Verpflichtungen gänzlich oder in Teilen entledigt (IAS 19.111). Diese sind GuV-wirksam zu erfassen, sobald das Unternehmen eine derartige Vereinbarung eingeht (IAS 19.110-111).

4.3.2 Nettozinsaufwand

Definition

Der Nettozinsaufwand wird berechnet, indem die Netto-Pensionsrückstellung, d.h. die Differenz aus dem Barwert der leistungsorientierten Verpflichtung und dem ggf. vorhandenen Planvermögen zu Beginn des Geschäftsjahres, mit dem Diskontierungszins multipliziert wird (IAS 19.123). Somit setzt sich der Nettozinsaufwand faktisch aus dem Zinsaufwand des Barwerts der leistungsorientierten Verpflichtung und einem Zinsertrag des Planvermögens, denen für die Berechnung jeweils derselbe Zinssatz zu Grunde liegt, zusammen (IAS 19.124). Die so fingierte Verzinsung des Planvermögens abstrahiert von der ökonomischen Realität. Folglich ist ein Zinsaufwand (-ertrag) immer dann zu erfassen, wenn der Barwert der leistungsorientierten Verpflichtung größer (kleiner) ist als das Planvermögen, also eine Unterdeckung (Überdeckung) vorliegt.

Beispiel 14.4

Ausgehend von den Angaben in Beispiel 14.2 und Beispiel 14.3 lässt sich die Nettoschuld zunächst konzeptionell wie folgt ermitteln (in €):

Dienstjahr (Alter)	**1 (63)**	**2 (64)**	**3 (65)**
Verpflichtung zu Beginn der Periode	0	3.560	7.547
Planvermögen zu Beginn der Periode	0	3.560	7.547
Nettoschuld	**0**	**0**	**0**

Damit ergibt sich in den einzelnen Perioden folgender Pensionsaufwand (in €):

Dienstjahr (Alter)	**1 (63)**	**2 (64)**	**3 (65)**
Laufender Dienstzeitaufwand	3.560	3.774	4.000
Nettozinsaufwand (6 %)	0	0	0
Pensionsaufwand	**3.560**	**3.774**	**4.000**

Im hier gezeigten Beispiel entsprechen sich der Barwert der leistungsorientierten Verpflichtung und das Planvermögen, wodurch Nettoschuld und Nettozinsaufwand 0 € betragen. In diesem theoretischen Fall liegt ein Pensionsaufwand allein in Höhe des laufenden Dienstzeitaufwandes vor.

Abwandlung des Ausgangsbeispiels

Abweichend wird nun angenommen, dass im Planvermögen lediglich drei Viertel der entsprechend des Barwerts der leistungsorientierten Verpflichtung benötigten Mittel angesammelt wurden. Daraus ergibt sich folgende Nettoschuld (in €):

Dienstjahr (Alter)	**1 (63)**	**2 (64)**	**3 (65)**
Verpflichtung zu Beginn der Periode	0	3.560	7.547
Planvermögen zu Beginn der Periode	0	2.670	5.660
Nettoschuld	**0**	**890**	**1.887**

Anders als im Ausgangsbeispiel liegt hier in den Perioden 2 und 3 eine Nettoschuld vor, da das Planvermögen den Barwert der leistungsorientierten Verpflichtung nicht vollständig deckt. Infolgedessen ergibt sich nun folgender Pensionsaufwand (in €):

Dienstjahr (Alter)	**1 (63)**	**2 (64)**	**3 (65)**
Laufender Dienstzeitaufwand	3.560	3.774	4.000
Nettozinsaufwand (6 %)	0	53	113
Pensionsaufwand	**3.560**	**3.827**	**4.113**

Folglich steigt der Pensionsaufwand hier in den Perioden 2 und 3 um den Nettozinsaufwand. Dieser berechnet sich durch Multiplikation der Nettoschuld mit dem Zinssatz und beträgt für Periode 2 (890 · 0,06 =) 53 € und für Periode 3 (1.887 · 0,06 =) 113 €.

4.3.3 Neubewertungen

Wenn die tatsächliche Entwicklung versicherungsmathematischer Annahmen wie z.B. der künftigen Gehaltsentwicklung oder des Diskontierungszinssatzes bzw. des Ertrags aus Planvermögen von der erwarteten Entwicklung abweicht, resultieren daraus „außerplanmäßige“ Erhöhungen oder Verminderungen des Barwerts der leistungsorientierten Verpflichtung oder des Planvermögens. Diese auftretenden Differenzen zwischen den erwarteten Planwerten und den tatsächlich eintreffenden Werten werden als Neubewertungen bezeichnet und erfolgsneutral im sonstigen Ergebnis (OCI) erfasst. Diese können aus drei Sachverhalten resultieren (IAS 19.127): Definition

- Zunächst können unerwartete tatsächliche Entwicklungen sowie Schätzungsrevisionen bezüglich der versicherungsmathematischen Annahmen von Periode zu Periode sprunghafte Änderungen im Barwert der leistungsorientierten Verpflichtung hervorrufen. IAS 19.128 nennt hier als konkrete Ursachen z.B. unerwartete Entwicklungen der Fluktuationsrate oder Änderungen des Diskontierungszinssatzes. Derartige Neubewertungen, die den Barwert der leistungsorientierten Verpflichtung beeinflussen, werden als versicherungsmathematische Gewinne und Verluste bezeichnet (IAS 19.128). Verpflichtung

Beispiel 14.5

Die bisherige Pensionszusage an Johann Muster basiert im Ausgangsbeispiel 14.2 auf einem geschätzten Endgehalt von 32.608,40 € am Ende von Periode 3. Unerwartet tritt in Periode 1 indes ein Gehaltssprung ein, sodass nun ein Endgehalt von 41.798,80 € zugrunde gelegt werden muss.

Die zugesagte Jahresrente beträgt folglich (41.798,80 · 0,05 =) 2.089,94 €. Der Barwert der künftigen Verpflichtung zum Pensionseintrittstermin beträgt somit

$$2.089,94 \cdot \frac{1,06^{10} - 1}{0,06 \cdot 1,06^{10}} = 15.382,14\ €.$$

Dieser Barwert ist, wie im Ausgangsbeispiel geschehen, nach der bekannten Methode der laufenden Einmalprämien den Dienstperioden von Johann Muster zuzuordnen. Für Periode 1 ergibt sich damit ein Wert von (15.382,14 / 3 · $1,06^{-2}$ =) 4.563 €. Die folgende Aufstellung zeigt den Barwert der leistungsorientierten Verpflichtung in Periode 1 unter Berücksichtigung der neuen Information:

Verpflichtung zu Beginn der Periode	0 €
Verzinsung des Anfangsbestandes (6 %)	0 €
Barwert des Leistungsanteils, der dieser Berichtsperiode zugerechnet wird	bisher 3.560 € neu zusätzlich 1.003 €
Verpflichtung am Ende der Periode	4.563 €
Versicherungsmathematischer Verlust aus der leistungsorientierten Verpflichtung: „Einmaleffekt" in Höhe von	(4.563 - 3.560 =) 1.003 €

Gegenüber der Ausgangssituation „springt" der Barwert also aufgrund neuer Informationen in Periode 1 von 3.560 € auf 4.563 €. Diese Differenz von 1.003 € wird als versicherungsmathematischer Verlust aus der leistungsorientierten Verpflichtung bezeichnet, da er quasi „außerplanmäßig" deren Barwert erhöht.

In den Folgejahren würde sich der Barwert der leistungsorientierten Verpflichtung dann unter Berücksichtigung des neuen Barwerts der Verpflichtung zum Pensionseintrittstermin wie folgt entwickeln (in €):

Dienstjahr (Alter)	**1 (63)**	**2 (64)**	**3 (65)**
Verpflichtung zu Beginn der Periode	0	4.563	9.674
Verzinsung des Anfangsbestandes (6 %)	0	+ 274	+ 580
Barwert des Leistungsanteils, der der Berichtsperiode zugerechnet wird	+ 3.560	+ 4.837	+ 5.127
Versicherungsmathematischer Verlust	1.003	0	0
Verpflichtung am Ende der Periode	**4.563**	**9.674**	**15.382**

- Weiterhin kann der jährlich tatsächlich vom Planvermögen erwirtschaftete Ertrag (Wertzuwachs) von dem im Nettozinsaufwand enthaltenen Zinsertrag des Planvermögens abweichen (IAS 19.125). Planvermögen

Beispiel 14.6

In der Ausgangssituation (Beispiel 14.3) erwirtschaftet das Planvermögen konstant einen jährlichen Ertrag in Höhe von 6 %. Dies entspricht exakt dem Diskontierungszinssatz, womit es zu keiner Differenz zwischen Zinsertrag, der im Nettozinsaufwand erfasst wird, und tatsächlichem Ertrag kommt. In Periode 2 stellt sich eine Hochphase an den Aktienmärkten ein, aufgrund dessen das Planvermögen statt einem Wertzuwachs von 6 % einen Wertzuwachs von 10 % erwirtschaftet. Die folgende Tabelle stellt die Entwicklung des Planvermögens in Periode 2 – bei unveränderter Zuführung trotz Schätzrevision bezüglich des Endgehalts (Beispiel 14.5) – dar:

Planvermögen zu Beginn der Periode	3.560 €
Im Nettozins erfasster Zinsertrag (berechnet anhand des Diskontierungszinssatzes in Höhe von 6 %)	213 €
Tatsächlicher Wertzuwachs in der Periode (10 %)	356 €
Zuführung am Periodenende	3.774 €
Planvermögen am Ende der Periode	bisher: 7.547 € neu: 7.690 €
Neubewertungsbedarf als Differenz zwischen bereits im Nettozins erfasstem Zinsertrag und tatsächlichem Wertzuwachs	(356 - 213 =) 143 €

Von dem Wertzuwachs in Höhe von 356 € waren bislang lediglich 213 € im Pensionsaufwand (Nettozinsaufwand) berücksichtigt worden. Die verbleibende Differenz von 143 € muss daher im Zuge der Neubewertung berücksichtigt werden.

- Entsprechend IAS 19.57 kann es zudem vorkommen, dass das Planvermögen den Barwert der leistungsorientierten Verpflichtung als Folge einer Überdotierung des Pensionsplans oder versicherungsmathematischer Gewinne (IAS 19.65) Auswirkungen der Vermögenswertobergrenze übersteigt (Vermögensüberdeckung). Für das Unternehmen ergeben sich daraus wirtschaftliche Vorteile in Form von Rückerstattungen oder künftig geminderten Beitragszahlungen (IAS 19.65(c)). Im Falle einer solchen Überdeckung verlangt IAS 19.64, dass der Nettovermögenswert zum niedrigeren der beiden Beträge, nämlich des Barwerts der künftigen wirtschaftlichen Vorteile (welcher der Vermögenswertobergrenze, sog. *asset ceiling*, entspricht) oder der Vermögensüberdeckung, bewertet wird. Hintergrund dieser Kappung ist die Überlegung, dass keine Beträge in die Bilanz gelangen sollen, denen es an der Vermögenswerteigenschaft (künftiger wirtschaftlicher Nutzen) fehlt. Veränderungen der Vermögenswertobergrenze sind, sofern sie nicht aus der jährlichen Aufzinsung resultieren und damit schon im Nettozinsaufwand berücksichtigt werden, ebenfalls Bestandteil der Kostenkomponente Neubewertung (IAS 19.126).[10]

4.4 Ausweis

Bilanziell anzusetzende Größe: Nettoausweis

Da IAS 19 einem Nettoausweis folgt, sind bei externer Finanzierung weder der Barwert der leistungsorientierten Verpflichtung noch der beizulegende Zeitwert des Planvermögens in der Bilanz in voller Höhe ersichtlich.[11] Lediglich der Saldo dieser Größen, also eine etwaige Über- oder Unterdeckung der Verpflichtung durch das Planvermögen, wird in der Bilanz als Schuld oder Vermögenswert[12] ausgewiesen (IAS 19.63):

	Barwert der leistungsorientierten Verpflichtung
–	beizulegender Zeitwert des Planvermögens
=	**bilanziell zu erfassender Saldo aus einer leistungsorientierten Zusage**

10 Für weitere Informationen zu den Regelungen der Vermögenswertobergrenze vgl. *Lüdenbach/Hoffmann/Freiberg*, Haufe IFRS-Kommentar, § 22, Rz. 107 ff., *Deiter, N./Sellhorn, T.*, Bilanzierung überdotierter Pensionsverpflichtungen: Die Asset Ceiling-Regel nach IAS 19 und IFRIC 14, in: PiR, 4. Jg. (2008), S. 356-364, sowie *Hagemann, T./Neumeier, G./Verhuven, T.*, Begrenzung des Vermögenswerts für eine Leistungszusage (asset ceiling) in der Rechnungslegung von Versorgungsverpflichtungen nach IFRS und die Klarstellungen von IFRIC 14, in: KoR, 9. Jg. (2009), S. 631-639.

11 Zur Forderung eines diesbezüglichen Bruttoausweises in jeweils voller Höhe vgl. *Pellens, B./Fülbier, R. U./Sellhorn, T.*, Bilanzierung leistungsorientierter Pensionspläne bei deutschen und US-amerikanischen Unternehmen – Vorschlag und Simulation einer Weiterentwicklung von SFAS 87, in: DBW, 64. Jg. (2004), S. 133-153, S. 144 f. Eine ausführliche Diskussion der Vor- und Nachteile von Brutto- und Nettoansatz erfolgt in IAS 19.BC178 ff.

12 Vgl. auch die Ausführungen zu den Auswirkungen der Vermögenswertobergrenze.

Nur bei ausschließlich unternehmensinterner Finanzierung der Pensionsverpflichtung entfällt das Planvermögen innerhalb dieser Berechnung und der Barwert der leistungsorientierten Verpflichtung erscheint in voller Höhe auf der Passivseite der Bilanz.

Unternehmensinterne Finanzierung

Beispiel 14.7

Auf Basis der bisherigen Berechnungen (Beispiele 14.5 und 14.6) erfasst die X AG am Ende von Periode 2 folgenden Betrag als Schuld aus einem leistungsorientierten Plan in ihrer Bilanz:

	Barwert der leistungsorientierten Verpflichtung	9.674 €
–	beizulegender Zeitwert des Planvermögens	-7.690 €
=	**bilanzielle Schuld aus leistungsorientierter Zusage**	**1.984 €**

Damit weist die X AG bilanziell eine Schuld von 1.984 € aus. Tatsächlich jedoch sieht sie sich einer Verpflichtung in Höhe von 9.674 € gegenüber, für deren Abgeltung sie im Pensionsfonds bisher lediglich 7.690 € angesammelt hat.

Dieser Nettoausweis gemäß IAS 19 gilt im Übrigen auch für den Konzernabschluss. Entspricht das separierte Planvermögen den Anforderungen von IAS 19.8, sind die Vorschriften von IFRS 10 zum Konsolidierungskreis nicht anwendbar, denn IAS 19 geht IFRS 10 als *lex specialis* vor (IFRS 10.4 (b)).

Nettoausweis auch im Konzernabschluss

Bilanzanalytische Auswirkungen

Wie oben bereits erwähnt, können die zur Erbringung der Pensionsleistungen notwendigen finanziellen Mittel entweder innerhalb oder außerhalb des Unternehmens angesammelt werden. Diese interne versus externe Pensionsfinanzierung führt zu Divergenzen in der bilanziellen Abbildung, wobei der vorgeschriebene Nettoausweis eine vergleichende Bilanzanalyse erschweren kann. So wird bei interner Finanzierung der gesamte Verpflichtungsbarwert unter den Pensionsrückstellungen als Teil des Fremdkapitals ausgewiesen, während dieser bei externer Finanzierung mit dem Planvermögen saldiert und als Nettoverpflichtung ausgewiesen wird.

Diese Ungleichbehandlung beeinflusst verschiedene bilanzanalytische Kennzahlen für die Einschätzung des Vermögens- und Kapitalstrukturrisikos. Dies lässt sich am Beispiel der Verschuldung wie folgt veranschaulichen: Ein Unternehmen mit interner Pensionsfinanzierung bilanziert den gesamten Verpflichtungsbarwert, wodurch die Verschuldung (und das dadurch signalisierte Risiko) ansteigt, während ein Unternehmen mit externer Pensionsfinanzierung nur den Unterdeckungsbetrag und damit weniger Fremdkapital ausweist, obwohl das den Pensionsleistungen gegenüberstehende (nicht aktivierte) Planvermögen womöglich riskanter angelegt ist als intern angesammelte Vermögenswerte. Dies hat zur Folge, dass Unternehmen, die ihre Pensionen unterschiedlich finanzieren, ähnliche Fremdkapitalquoten haben können, obwohl sie unterschiedlichen Insolvenzrisiken unterliegen (und umgekehrt).

Um diesem Problem der mangelnden Vergleichbarkeit entgegenzuwirken, wurden in der Literatur verschiedene Ansätze entwickelt: Die Idee des Bruttoausweises (Nettoausweises) besteht darin, dass die Bilanz eines extern (intern) finanzierenden Unternehmens durch eine Bilanzverlängerung (-kürzung) an die eines intern (extern) finanzierenden Unternehmens angepasst wird. Während die Überführung der Bilanz eines extern finanzierenden Unternehmens hin zu einem Bruttoausweis vergleichsweise unproblematisch erscheint, da das bereits bewertete Planvermögen lediglich aktiviert werden muss, ist die umgekehrte Überführung ermessensbehaftet, da Annahmen bezüglich der fiktiven externen Finanzierung der auszulagernden Pensionsverpflichtung getroffen werden müssen (Sellhorn/Barthelme (2014); Gerke/Pellens (2003)).

In einer empirischen Simulationsstudie mit deutschen Unternehmen widmet sich Hablizel (2016) u.a. der Frage, wie sich eine Regelungsänderung hin zum Bruttoausweis der leistungsorientierten Pensionspläne auf verschiedene bilanzorientierte Kennzahlen auswirken würde. Die Simulationsergebnisse zeigen zunächst, dass im Durchschnitt mit einer 1,5-fachen Erhöhung der bilanzierten Pensionsverpflichtungen zu rechnen wäre. Die prozentuale Veränderung weist jedoch über die Unternehmen hinweg eine hohe Streuung auf, was darauf zurückzuführen ist, dass sich die Unternehmen in der Höhe ihres Planvermögens stark unterscheiden. Des Weiteren wäre die Bilanzierungsänderung im arithmethischen Mittel mit einer Erhöhung des Fremdkapitals um etwa 9,5 % verbunden, die wiederum mit einer Verringerung der Eigenkapitalquote um etwa 5,5 % einherginge. Diese Ergebnisse verdeutlichen, dass der vorgeschriebene Nettoausweis bei Unternehmen, die ihre Pensionszusagen extern finanzieren, gegenüber einem (aktuell unzulässigen) Bruttoausweis zu einer veränderten Risikoeinschätzung führen kann. Dies erschwert auch den bilanzanalytischen Vergleich mit Unternehmen, die ihre Pensionszusagen intern finanzieren.

Literatur: Gerke, W./Pellens, B., Pensionsrückstellungen, Pensionsfonds und das Rating von Unternehmen – eine kritische Analyse, Forschungsgutachten, Nürnberg und Bochum 2003; Hablizel, F., Pensionsverpflichtungen in der Rechnungslegung nach IFRS, 2016; Sellhorn, T./Barthelme, C., Pensionsverpflichtungen in der Rechnungslegung – Abbildung der betrieblichen Altersvorsorge nach IFRS, HGB und US-GAAP, 2. Aufl., Düsseldorf 2014.

Ausweis im Gesamtergebnis

Grundsätzlich sind entsprechend IAS 19.120 Dienstzeitaufwand und Nettozinsaufwand im Gewinn oder Verlust und Neubewertungen im sonstigen Ergebnis (OCI) auszuweisen. Allerdings enthält IAS 19 keine konkreten Regelungen bezüglich der Darstellung der einzelnen Komponenten des Pensionsaufwands im Gewinn oder Verlust, sondern verweist allgemein auf IAS 1 (IAS 19.134).

Aus IAS 19.120 ergibt sich folgendes Schema zur Ermittlung des Pensionsaufwandes[13]: Ermittlungsschema

	Dienstzeitaufwand der Periode:
	laufender Dienstzeitaufwand
+/(–)	nachzuverrechnender Dienstzeitaufwand
+/(–)	Abgeltungen
+/(–)	Nettozinsaufwand
=	**Pensionsaufwand oder -ertrag der Periode (Gewinn oder Verlust)**
	Neubewertungen (sonstiges Ergebnis)

Da der Nettozinsaufwand/-ertrag gemäß IAS 19.134 nicht zwangsläufig im Finanzergebnis auszuweisen ist, sondern alternativ auch als Personalaufwand im operativen Ergebnis gezeigt werden kann, stehen den Unternehmen hier (erhebliche) bilanzpolitische Spielräume zur Verfügung. Bilanzpolitische Spielräume

Beispiel 14.8

Auf Basis der bisherigen Berechnungen erfasst die X AG am Ende von Periode 2 folgenden Betrag als Pensionsaufwand in ihrer GuV:

	Dienstzeitaufwand der Periode	$(15.382 / 3 \cdot 1{,}06^{-1} =)$ 4.837 €
+	Nettozinsaufwand	$((4.563 - 3.560) \cdot 0{,}06 =)$ 61 €
=	**Pensionsaufwand der Periode 2 (GuV)**	**4.898 €**
	Neubewertungen der Periode 2 (sonstiges Ergebnis)	**+143 €**

Damit weist die X AG in ihrer GuV einen Pensionsaufwand von 4.898 € und im sonstigen Ergebnis zusätzlich Neubewertungen von 143 € aus. Theoretisch ergäbe sich bei vollständiger Berücksichtigung des tatsächlichen Zinsertrags aus Planvermögen ein Pensionsaufwand von 4.755 € (Dienstzeitaufwand: 4.837 €, Zinsaufwand: 274 €, abzüglich des Ertrags aus Planvermögen: 356 €). Da der tatsächliche Ertrag aus Planvermögen jedoch nach IAS 19 nicht in voller Höhe im Gewinn oder Verlust berücksichtigt wird, ergibt sich ein Pensionsaufwand von 4.898 €. Des Weiteren beträgt der Nettozinsaufwand hier 61 €, da sich die Pensionsverpflichtung durch den Gehaltssprung aus Beispiel 14.5 erhöht hat (hier ist der versicherungsmathematische Verlust i.H.v. 1.003 € schon einkalkuliert), wohingegen dieser Gehaltssprung bei der Bildung des Planvermögens in Beispiel 14.6 nicht berücksichtigt wird. Somit steht der Pensionsverpflichtung von 4.563 € zu Beginn der zweiten Periode lediglich ein Planvermögen von 3.560 € gegenuber. Beide Positionen verzinsen sich mit 6 %, wodurch ein Nettozinsaufwand ensteht.

13 Vgl. *Lüdenbach/Hoffmann/Freiberg*, Haufe IFRS-Kommentar, § 22, Rz. 74 ff. Etwas anderes gilt, wenn Teile des Aufwandes in die Anschaffungs- oder Herstellungskosten eines Vermögenswertes einbezogen werden müssen bzw. dürfen.

Erfassung im sonstigen Ergebnis ohne Recycling

Hinsichtlich der bilanziellen Erfassung der Neubewertungen im sonstigen Ergebnis ist zu beachten, dass diese Beträge gemäß IAS 19.122 auch zu keinem späteren Zeitpunkt GuV-wirksam berücksichtigt werden dürfen (keine reclassification bzw. kein „Recycling").

Beispiel 14.9

Entsprechend IAS 19.120(c) hat die X AG die in Periode 1 und 2 entstandenen Neubewertungen aus der Pensionsverpflichtung (versicherungsmathematischer Verlust in Höhe von 1.003 €; Beispiel 14.5) und aus dem Planvermögen (noch nicht erfasster Wertzuwachs in Höhe von 143 €; Beispiel 14.6) unmittelbar in Periode 1 bzw. 2 GuV-neutral im sonstigen Ergebnis und saldiert in den Pensionsrückstellungen zu verbuchen:

Periode 1:

Sonstiges Ergebnis (OCI)	*an*	*Pensionsrückstellungen*	*1.003 T€*

Periode 2:

Pensionsrückstellungen	*an*	*sonstiges Ergebnis (OCI)*	*143 T€*

5 Spezialfragen

Gemeinschaftliche Pläne mehrerer Arbeitgeber

IAS 19.32-42 enthalten Vorschriften zur Bilanzierung von gemeinschaftlichen Plänen mehrerer Arbeitgeber. Hierbei handelt es sich um Arrangements, bei denen verschiedene Arbeitgeber, die nicht unter gemeinsamer Beherrschung (under common control) stehen, zur Finanzierung ihrer beitrags- oder leistungsorientierten Zusagen Vermögenswerte in einen gemeinsamen Fonds einbringen. Aus diesem Vermögensbestand werden gegenüber den Begünstigten die vereinbarten Leistungen erbracht, ohne dass es dabei eine Rolle spielt, bei welchem Unternehmen der jeweilige Begünstigte angestellt war bzw. ist (IAS 19.8). Ein gemeinschaftlicher Plan mehrerer Arbeitgeber kann als beitrags- oder leistungsorientierter Plan einzustufen sein (IAS 19.32). Im letzteren Fall muss das beteiligte Unternehmen die oben beschriebenen Bilanzierungsmethoden auf seinen Anteil an der gemeinschaftlichen Verpflichtung, dem gemeinschaftlichen Planvermögen und dem gemeinschaftlichen Aufwand anwenden (IAS 19.33). Eine mangelnde Zuordnung dieser Positionen auf die beteiligten Unternehmen kann jedoch dazu führen, dass die Informationen, die ein Unternehmen für die Bilanzierung benötigt, unter Umständen schwierig zu erhalten sind (IAS 19.36). Ist dies der Fall, so werden die betreffenden Zusagen wie beitragsorientierte Zusagen behandelt, wobei zusätzliche Angabepflichten entstehen (IAS 19.34). Ähnliche Bilanzierungsgrundsätze wie für gemeinschaftliche Pläne mehrerer Arbeitgeber gelten gemäß IAS 19.43-45 auch für sog. staatliche Pläne.

Andere Leistungen

IAS 19 behandelt alle Arten von Leistungen an Arbeitnehmer. Neben Pensionszusagen sind dies

- kurzfristig fällige Leistungen an Arbeitnehmer (IAS 19.9-25),
- andere langfristig fällige Leistungen an Arbeitnehmer (IAS 19.153-158) und
- Leistungen aus Anlass der Beendigung des Arbeitsverhältnisses (IAS 19.159-171).

Kurzfristig fällige Leistungen

Kurzfristig fällige Leistungen werden erwartungsgemäß spätestens 12 Monate nach Ende der Periode, in der die entsprechende Arbeitsleistung erbracht wurde, in voller Höhe fällig (IAS 19.8). Hierzu gehören gemäß IAS 19.9 u.a. Löhne, Gehälter, Sozialversicherungsbeiträge, Erfolgsbeteiligungen sowie geldwerte Vorteile. Diese Leistungen werden, ebenso wie Leistungen aus beitragsorientierten Pensionszusagen, zeitkongruent mit der vergüteten Arbeitsleistung GuV-wirksam erfasst. Auch hier sind Mehr- oder Minderzahlungen abzugrenzen. Eine Abzinsung ist jedoch nicht zulässig (IAS 19.11).

Andere langfristig fällige Leistungen

Andere langfristig fällige Leistungen sind z.B. Jubiläumszahlungen oder langfristige Erfolgsbeteiligungen (IAS 19.153). Anders als etwa Pensionszusagen sind sie häufig mit geringerer Schätzunsicherheit behaftet und werden daher nach einem vereinfachten Verfahren bilanziert (IAS 19.154). So werden Neubewertungen hier nicht im sonstigen Ergebnis, sondern unmittelbar im Gewinn oder Verlust erfasst (IAS 19.156).

Leistungen anlässlich der Beendigung des Arbeitsverhältnisses

Mit Leistungen anlässlich der Beendigung des Arbeitsverhältnisses werden keine Arbeitsleistungen entgolten, sondern es handelt sich um Zahlungen, deren auslösendes Ereignis die vorzeitige Entlassung oder das vom Unternehmen finanziell geförderte freiwillige Ausscheiden eines Mitarbeiters ist (IAS 19.159). Diese Zahlungen können u.a. Abfindungen oder Lohnfortzahlungen, an die kein wirtschaftlicher Nutzen für das Unternehmen mehr geknüpft ist, umfassen (IAS 19.161). Die fälligen Leistungen hat das Unternehmen als Schuld und Aufwand dann zu erfassen, wenn es das Angebot solcher Leistungen nicht mehr zurückziehen kann oder – falls dies eher eintritt – wenn Kosten für eine Umstrukturierung, in denen die Zahlungen für derlei Leistungen berücksichtigt sind, angesetzt werden (IAS 19.165). Während ein derartiges Angebot im Falle eines freiwilligen Ausscheidens des Mitarbeiters z.B. dann nicht mehr zurückziehbar ist, wenn dieser das Angebot annimmt, ist dieser Zeitpunkt im Falle einer Entlassung erreicht, wenn ein Kündigungsplan kommuniziert wird (IAS 19.166-167). Nicht zu den Leistungen anlässlich der Beendigung des Arbeitsverhältnisses zählen im Übrigen die im Rahmen der in Deutschland verbreiteten Vereinbarungen zur Altersteilzeit erbrachten Aufstockungsleistungen, da nach deren Abschluss mit dem Mitarbeiter noch Arbeitsleistungen von selbigem zu erbringen sind.[14]

14 Vgl. DRSC Anwendungshinweis 1 (IFRS): Einzelfragen zur Bilanzierung von Altersteilzeitverhältnissen nach IFRS, vom 11.12.2012, Tz. 11 ff., sowie ausführlich zur bilanziellen Abbildung *Kühne, E./Böckem, H./Czupalla, C.*, Bilanzierung der Verpflichtungen aus Altersteilzeitregelungen nach IAS 19 (rev. 2011), in: DB, 66. Jg (2013), S. 525-529 und *Hagemann, T./Lieb, M./Neumeier, G.*, Altersteilzeitverpflichtungen im IFRS-Jahresabschluss nach dem DRSC Anwendungshinweis 1 (IFRS), in: KoR, 13. Jg. (2013), S. 293-302.

Unternehmenserwerb

Werden Vereinbarungen über Leistungen an Arbeitnehmer im Rahmen eines Unternehmenserwerbs vom Käufer übernommen, so sind diese zum Erwerbszeitpunkt in der Kaufpreisallokation nicht nach den Ansatz- und Bewertungsvorschriften von IFRS 3 neu zu bewerten, sondern weiterhin nach den Regeln des IAS 19 zu behandeln (IFRS 3.26).

Aus der Forschung

Pensionsbilanzierung als Gegenstand der Rechnungslegungsforschung

Wie die bisherigen Ausführungen – etwa zu den versicherungsmathematischen Annahmen oder zum Nettoausweis – bereits erkennen lassen, werden verschiedene Aspekte der Bilanzierung leistungsorientierter Pensionszusagen kontrovers diskutiert. Auch die Rechnungslegungsforschung hat sich seit vielen Jahren verschiedenen Aspekten dieses Themas gewidmet.

Zunächst wird die Pensionsbilanzierung oftmals vor dem Hintergrund konzeptioneller Beurteilungsmaßstäbe sowie in Bezug auf ihre komplexe Umsetzung kritisch beleuchtet. Darunter fällt u.a. die Frage, ob das Pensionsvermögen einen Vermögenswert im Sinne des IFRS-Rahmenkonzepts darstellt und ob bzw. unter welchen Voraussetzungen also ein Bruttoausweis IFRS-konform wäre.[15] Auch der hohe Unsicherheitsgrad, der aus der Notwendigkeit zahlreicher Schätzungen resultiert, stellt vor dem Hintergrund möglicher bilanzpolitischer Ziele von Unternehmen ein umstrittenes Thema dar (Napier (2009)).

Darüber hinaus werden im Rahmen der empirischen Rechnungslegungsforschung insbesondere zwei miteinander verknüpfte Forschungsfragen adressiert: die Wertrelevanz der Unternehmensinformationen zu ihren jeweiligen Pensionsverpflichtungen sowie die (Möglichkeit zur) Bilanzpolitik im Rahmen der Pensionsbilanzierung. Erstere Studien wollen klären, ob die Vorschriften zur Pensionsbilanzierung zur Bereitstellung entscheidungsnützlicher Informationen beitragen und untersuchen daher, inwiefern die bereitgestellten Informationen mit Aktienkursen korrelieren (Glaum (2009)). Jedoch ist Entscheidungsnützlichkeit nicht nur aus der Investorenperspektive relevant. Eine Studie von Cocco und Volpin (2013) etwa zeigt, dass hohe Pensionsverpflichtungen die Wahrscheinlichkeit einer Übernahme verringern. Dies deutet darauf hin, dass auch Unternehmen bei M&A-Transaktionen Informationen zu Pensionsverpflichtungen in ihrem Entscheidungsprozess berücksichtigen. Letztere Studien widmen sich der Frage, ob Manager ihre Ermessensspielräume bei der Pensionsbilanzierung, bspw. bei der Festlegung der versicherungsmathematischen Annahmen, strategisch nutzen, um bilanzpolitische Ziele zu erreichen, was von Glaum (2009) bejaht wird. Dies legt wiederum die Frage der Informationseffizienz nahe: Sind Investoren in der Lage, solche Strategien zu durchschauen und ihre Erwartungen entsprechend zu korrigieren? Dieser Frage widmet sich ein dritter Forschungsstrang: So findet etwa Picconi (2006) in einer Untersuchung von US-Unternehmen, dass Veränderungen des Pensionsaufwands, die sich aus den Anhangangaben der Unternehmen ablesen lassen, Prognosekraft für zukünftige Prognosefehler von Ana-

15 Vgl. hierzu im Detail den Exkurs zu bilanzanalytischen Auswirkungen in Abschnitt 4.4.

lysten haben. Dieses Ergebnis suggeriert, dass Analysten die Anhangangaben zur Pensionsbilanzierung nicht vollständig und unverzüglich, wie es die Markteffizienzthese nahelegt, in ihren Ergebnisprognosen berücksichtigen. Darüber hinaus existiert ein weiterer Forschungsstrang, der die realwirtschaftlichen Auswirkungen der Pensionsbilanzierung untersucht. Barthelme/Kiosse/Sellhorn (2018) stellen fest, dass die Einführung des IAS 19R im Jahr 2013, die zu einer steigenden Volatilität der Pensionsrückstellungen führt, zu Anpassungsüberlegungen hinsichlich der Anlageentscheidung ihres Planvermögens beiträgt. So wird das Planvermögen der untersuchten Unternehmen weniger in Aktien, sondern mehr in festverzinsliche Anleihen investiert.

Literatur: Barthelme, C./Kiosse, P. V./Sellhorn, T., The Impact of Accounting Standards on Pension Investment Decisions, in: European Accounting Review, Vol. 28 (2018), S. 1-33; Cocco, J. F./Volpin, P. F., Corporate Pensions Plans as Takeover Deterrents, in: Journal of Financial and Quantitative Analysis, Vol. 48 (2013), S. 1119-1144; Glaum, M., Pension accounting and research: a review, in: Accounting and Business Research, Vol. 39 (2009), S. 273-311; Napier, C., The logic of pension accounting, in: Accounting and Business Research, Vol. 39 (2009), S. 231-249; Picconi, M., The Perils of Pensions: Does Pension Accounting Lead Investors and Analysts Astray?, in: The Accounting Review, Vol. 81 (2006), S. 925-955.

6 Anhangangaben

Umfangreiche Angabepflichten

Wie die bisherigen Erläuterungen zeigen, sind bei externer Finanzierung weder der Barwert der leistungsorientierten Verpflichtung noch der beizulegende Zeitwert des Planvermögens unmittelbar der Bilanz zu entnehmen. Derlei Informationen finden sich allerdings im Anhang. Grundsätzlich wird mit den Angabepflichten beabsichtigt, dass Unternehmen die Merkmale ihrer Pensionsverpflichtungen, einschließlich daraus resultierender Risiken, sowie die im Abschluss ausgewiesenen Beträge erläutern und ergänzend die Auswirkungen der Verpflichtung auf künftige Zahlungsströme darlegen (IAS 19.135).

Liste der Angabepflichten nicht abschließend

Um diese Ziele zu erreichen, enthalten IAS 19.135-152 umfangreiche Angabepflichten hinsichtlich der Bilanzierung von Pensionsverpflichtungen. IAS 19.137 stellt jedoch klar, dass Unternehmen weitere Angaben zu machen haben, falls diese Angaben oder die von anderen IFRS vorgesehenen Angaben hierzu nicht ausreichen. Konkret fordert IAS 19 u.a. die folgenden Angaben[16]:

16 Für ein umfassendes Beispiel der Anhangangaben nach IAS 19 vgl. ausführlich den Geschäftsbericht 2019 der Bayer AG, S. 186 ff.

- Eine Darstellung der Charakteristika der Leistungen, des regulatorischen Rahmens des Plans und der Risiken, denen das Unternehmen aufgrund des Plans ausgesetzt ist (IAS 19.139),
- eine Überleitungsrechnung der Nettoschuld mit nochmals separaten Überleitungsrechnungen für deren einzelne Bestandteile Planvermögen, Barwert der leistungsorientierten Verpflichtung und Auswirkungen einer Vermögenswertobergrenze jeweils unter zusätzlicher Angabe der jeweiligen Beträge, die in Pensionsaufwand und sonstigem Ergebnis erfasst wurden (IAS 19.140-141),
- eine Aufteilung des Planvermögens in verschiedene Klassen hinsichtlich Beschaffenheit und Risiko (IAS 19.142),
- die Offenlegung wesentlicher versicherungsmathematischer Annahmen wie z.B. des Kalkulationszinsfußes sowie von Gehalts- und Rententrends (IAS 19.144),
- die Darstellung der Ergebnisse und der verwendeten Methoden von Sensitivitätsanalysen hinsichtlich der Auswirkungen von Veränderungen wesentlicher versicherungsmathematischer Annahmen auf die leistungsorientierte Verpflichtung (IAS 19.145) und
- die für das nächste Geschäftsjahr erwarteten Beiträge zum Pensionsplan, Informationen über Finanzierungsvereinbarungen und -richtlinien sowie über das Fälligkeitsprofil der Verpflichtung, bspw. in Form der erwarteten Pensionsauszahlungen über die nächsten Jahre (IAS 19.147).

7 Wesentliche Unterschiede zum IFRS for SMEs

Section 28 orientiert sich an IAS 19

Die Bilanzierung von Pensionsverpflichtungen ist im IFRS for SMEs in Section 28 „Employee Benefits" geregelt. Die Regelungen orientieren sich grundsätzlich an IAS 19, allerdings bestehen hinsichtlich der Bilanzierung leistungsorientierter Zusagen teils erhebliche Abweichungen zu den Regelungen von IAS 19.

Bewertung der Verpflichtung

Zur Bewertung der Verpflichtung verweist IFRS-SME.28.18 zwar grundsätzlich auf die Methode der laufenden Einmalprämien, gestattet aber starke Vereinfachungen, wenn die Berechnung nur mit übermäßigem Aufwand möglich ist. So dürfen nach IFRS-SME.28.19 erwartete künftige Gehaltssteigerungen, künftige Änderungen im Pensionsplan, Sterblichkeit vor Renteneintritt sowie Fluktuation und Invalidität bei der Berechnung ignoriert werden.[17] Die Lebenserwartung ist hingegen wie nach den „full" IFRS immer in der Berechnung zu berücksichtigen (IFRS-SME.28.19(c)). Insgesamt ist das Verfahren derart vereinfacht, dass der Standard darauf hinweist, dass die Dienste eines unabhängigen Versicherungsmathematikers nicht erforderlich sind (IFRS-SME.28.20). Darüber hinaus muss die Bewertung der Verpflichtung bei nur unwesentlichen Änderungen gemäß IFRS-SME.28.20 nicht jährlich erfolgen. Stattdessen genügt eine Anpassung der Vorjahreszahlen um Mitarbeiterzahlen und -gehälter (IFRS-SME.28.20).

17 Vgl. hierzu auch *Fodor, J./Wildner, S.*, „IAS 19 light" – Bilanzierung von Pensionsverpflichtungen nach dem IFRS for SMEs, in: BB, 64. Jg. (2009), S. 1967.

Kommt es in einer Periode zu versicherungsmathematischen Gewinnen oder Verlusten, sind diese nach IFRS-SME.28.24 unmittelbar in der Periode ihres Auftretens entweder im sonstigen Ergebnis oder alternativ im Gewinn oder Verlust zu erfassen. Neben den versicherungsmathematischen Gewinnen und Verlusten sind gemäß IFRS-SME.28.21 Aufwendungen für neu eingeführte Pläne, Änderungen oder Kürzungen bestehender Pläne sowie Abfindungen unmittelbar in der laufenden Periode GuV-wirksam zu erfassen.

Erfassung von Bewertungsänderungen

8 Wesentliche Unterschiede zum HGB

Durch das BilMoG kam es zu einer Annäherung der HGB-Regelungen der Pensionsbilanzierung an die Vorschriften des IAS 19 und damit zu weiteren zwingenden Unterschieden zu den steuerrechtlichen Berechnungsvorschriften in § 6a EStG.

Ansatzwahlrechte

Für die handelsrechtliche Abbildung von Pensionszusagen ist zunächst Art. 28 EGHGB einschlägig, der zwischen Neuzusagen (nach dem 31.12.1986) und Altzusagen (vor dem 01.01.1987) differenziert. Hier wird in Verbindung mit den allgemeinen Ansatzvorschriften der §§ 246 Abs. 1, 249 Abs. 1 Satz 1 HGB eine Passivierungspflicht für Neuzusagen und ein Passivierungswahlrecht für Altzusagen formuliert. Ebenso besteht entsprechend Art. 28 EGHGB ein Passivierungswahlrecht für mittelbare Pensionszusagen. Bei Ausübung dieser Wahlrechte müssen jedoch die nicht ausgewiesenen Rückstellungen im Anhang angegeben werden (Art. 28 EGHGB).

Bewertung der Verpflichtung

Für die Bewertung der Pensionsverpflichtung ist die allgemeine Regelung zur Bewertung von Rückstellungen (§ 253 Abs. 1 Satz 2 HGB), nach der diese zum nach vernünftiger kaufmännischer Beurteilung notwendigen Erfüllungsbetrag anzusetzen sind, maßgeblich. Diese durch das BilMoG eingeführte Neuerung bewirkt, dass in der Bewertung der Pensionsverpflichtung immer dann künftige Gehalts- und Rententrends zu berücksichtigen sind, wenn Gehalts- und Rentensteigerungen in den Pensionszusagen vereinbart wurden.[18] Als Diskontierungssatz dient nach § 253 Abs. 2 HGB grundsätzlich ein der Restlaufzeit der Pensionsverpflichtung entsprechender durchschnittlicher Marktzinssatz[19] der vergan-

18 Vgl. *Küting, K./Kessler, H./Keßler, M.*, Bilanzierung von Pensionsverpflichtungen, in: Küting, K./Pfitzer, N./Weber, C.-P. (Hrsg.), Das neue deutsche Bilanzrecht, 2. Aufl., Stuttgart 2009, S. 350 f.

19 Im Gegensatz zu IAS 19 wird im HGB kein Stichtagszinssatz, sondern ein Durchschnittszinssatz verwendet. Damit sollen Schwankungen von Rückstellung und Ergebnis aufgrund von Zinssatzänderungen gemindert werden. Vgl. *Coenenberg/Haller/Schultze*, Jahresabschluss, S. 435 f. und auch die Begründung der Rückstellungsabzinsungsverordnung (RückAbzinsV), S. 1.

genen zehn Geschäftsjahre[20]. Dieser wird von der Deutschen Bundesbank ermittelt und monatlich bekannt gegeben.[21] Anders als in IAS 19 wird im HGB somit kein Stichtagszinssatz, sondern ein zehnjähriger Durchschnittszinssatz verwendet. Zudem darf anstelle der konkreten Ermittlung eines restlaufzeitadäquaten Zinssatzes pauschal ein durchschnittlicher Marktzins mit angenommener Restlaufzeit von 15 Jahren verwendet werden. Durch diese beiden Maßnahmen sollen zinsinduzierte Rückstellungsschwankungen im HGB-Abschluss reduziert werden. Darüber hinaus führt die Verwendung des Durchschnittszinssatzes in der Niedrigzinsphase dazu, dass die Rückstellungen im HGB-Abschluss niedriger bewertet werden. Die Verwendung des Durchschnittszinssatzes glättet einerseits das Gewinnausschüttungspotenzial, führt andererseits jedoch zu stillen Lasten in den Pensionsrückstellungen.

Berechnungsverfahren

Anders als IAS 19 schreibt das HGB kein spezifisches Berechnungsverfahren zur Ermittlung der Verpflichtung vor.[22] Folglich können Unternehmen diese u.a. anhand des Verfahrens der laufenden Einmalprämien (Anwartschaftsbarwertverfahren) oder alternativ mittels Teilwertverfahren (Anwartschaftsdeckungsverfahren) berechnen.[23] Im Unterschied zu IAS 19 sieht Letzteres vor, die künftigen, auf den Pensionseintrittstermin abgezinsten Pensionsleistungen mit dem Rückwärtsverteilungsfaktor gleichmäßig auf die Dienstjahre zu verteilen. Damit wird eine kontinuierliche Arbeitsleistung des pensionsberechtigten Arbeitnehmers unterstellt.

Das Anwartschaftsbarwertverfahren ergibt, insbesondere zu Beginn der Dienstzeit, geringere Verpflichtungsbeträge, die jedoch bis zum Pensionseintrittstermin stärker ansteigen. Hier wirkt sich der Abzinsungseffekt in den ersten Perioden überproportional stark und in den späteren Perioden geringer aus als beim Anwartschaftsdeckungsverfahren. In der Tendenz verlagert das Anwartschaftsbarwertverfahren den Pensionsaufwand damit stärker auf die späteren Dienstjahre.[24]

---

20 Diese ab 01.01.2016 speziell für Altersvorsorgerückstellungen geltende Regelung geht auf das Bestreben des Bundestags zurück, die Unternehmen hinsichtlich der bilanziellen Konsequenzen der makroökonomischen Entwicklungen der EZB-Niedrigzinspolitik zu unterstützen; vgl. BT-Drucksache 18/7584, S. 149.

21 Vgl. https://www.bundesbank.de/resource/blob/650678/3811a158c7a4c75c6aef1dc2e8d076a0/mL/abzinsungszinssaetze-10jahre-data.pdf (Stand: 19.09.2020).

22 Vgl. *Hasenburg, C./Hausen, R.*, Zur Umsetzung der HGB-Modernisierung durch das BilMoG: Bilanzierung von Altersversorgungsverpflichtungen und vergleichbaren langfristig fälligen Verpflichtungen unter Einbeziehung der Verrechnung mit dem Planvermögen, in: DB, Beilage Nr. 5/2009, 62. Jg. (2009), S. 40.

23 Vgl. *Grottel/Rhiel*, Beck Bil-Komm., §249, Tz. 198 sowie auch *Scheffler, E.*, Rückstellungen, in: Böcking, H.-J. et al. (Hrsg), Beck'sches Handbuch der Rechnungslegung, B233, Tz. 25 ff.

24 Zur Verdeutlichung vgl. die Darstellung der verschiedenen Bewertungsmethoden bei *Scheffler, E.*, Rückstellungen, in: Böcking, H.-J. et al. (Hrsg), Beck'sches Handbuch der Rechnungslegung, B233, Tz. 190 ff.

Beispiel 14.10

Um die Unterschiede in der Bewertungsmethodik zwischen Anwartschaftsbarwert- und Anwartschaftsdeckungsverfahren herauszustellen, wird das Anwartschaftsdeckungsverfahren auf die im Ausgangsbeispiel (Beispiel 14.2) gegebenen Informationen angewandt. Der Rückwärtsverteilungsfaktor ergibt sich als

$$\frac{i}{(1+i)^n - 1}.$$

Bei einem Kalkulationszins von 6 % beträgt der Teilwert der Verpflichtung am Ende des ersten Dienstjahres

$$12.000 \cdot \frac{0{,}06}{1{,}06^3 - 1} = 12.000 \cdot 0{,}314 = 3.769 \text{ €}.$$

Zum Ende des zweiten Dienstjahres wird diese Annuität von 3.769 € mit dem Rentenendwertfaktor für n = 2 Jahre,

$$\frac{1{,}06^2 - 1}{0{,}06} = 2{,}06,$$

multipliziert, wodurch das Aufzinsen der Verpflichtung im Zeitablauf (3.769 · 1,06 = 3.995 €) sowie der neu erdiente Leistungsanteil (3.769 €) erfasst werden. Der Teilwert beträgt folglich (3.769 · 2,06 =) 7.765 €. Am Ende des dritten Dienstjahres wird die Pensionszahlung in Höhe von 12.000 € fällig. Sie ergibt sich durch Multiplikation der ursprünglichen Annuität von 3.769 € mit dem Rentenendwertfaktor für n = 3 Jahre zu (3.769 · 3,1836 =) 12.000 €.

Analog zum Ausgangsbeispiel wird im Folgenden die Entwicklung der Pensionsverpflichtung über die dreijährige Dienstzeit dargestellt. Zum Vergleich werden in der letzten Zeile die anhand des Anwartschaftsbarwertverfahrens ermittelten Beträge angegeben.

Dienstjahr (Alter)	**1 (63)**	**2 (64)**	**3 (65)**
Verpflichtung zu Beginn der Periode	0	3.769	7.765
Verzinsung des Anfangsbestandes (6 %)	0	226	466
Barwert des Leistungsanteils, der der Berichtsperiode zugerechnet wird	3.769	3.769	3.769
Verpflichtung am Ende der Periode	3.769	7.765	12.000
Verpflichtungsbeträge nach IAS 19	3.560	7.547	12.000

Nettoausweis

Pensionsverpflichtungen sind gemäß § 246 Abs. 2 Satz 2 HGB mit dem korrespondierenden Planvermögen zu saldieren. Als Planvermögen gelten dabei Vermögensgegenstände, die ausschließlich der Erfüllung der Pensionsverpflichtung dienen und dem Zugriff aller anderen Gläubiger entzogen sind. Dieses Planvermögen ist nach § 253 Abs. 1 Satz 4 HGB am Bilanzstichtag mit dem beizulegenden Zeitwert zu bewerten. Die verbleibende Rückstellung ist als Passivposition „Rückstellungen für Pensionen und ähnliche Verpflichtungen" auszuweisen (§ 266 Abs. 3 B 1 HGB). Zusammenfassend unterscheidet sich damit die handelsrechtliche von der steuerlichen (Gehalts- und Rententrends sowie im Zinssatz) als auch von der IFRS-Berechnung (Zinssatz).

Spezialthema

Vergleich der Pensionsbilanzierung nach IFRS, HGB und deutschem Steuerrecht – Aktuelle Entwicklungen und Implikationen

Die bereits dargestellten Bilanzierungsunterschiede zwischen HGB und IFRS sowie davon ebenfalls abweichende Regelungen des deutschen Steuerrechts erzeugen Abbildungsfriktionen zwischen den verschiedenen Rechenwerken, die in der fortlaufenden Niedrigzinsphase besonders deutlich zutage treten und zu fiktiven Unternehmensgewinnen und hohen stillen Lasten in der Steuerbilanz führen, die die Unternehmen zusätzlich belasten (Prinz/Keller (2016)).

Wie oben beschrieben, verlangt IAS 19 die Verwendung des Marktzinssatzes zum Bilanzstichtag, während nach HGB stattdessen ein laufzeitadäquater durchschnittlicher Marktzinssatz der vergangenen zehn Geschäftsjahre anzuwenden ist. Dies hat bilanzielle Differenzen zur Folge: Zunächst sorgt die Durchschnittsbildung dafür, dass sich die Niedrigzinsen im HGB erst verlangsamt in der Bewertung der Pensionsrückstellungen widerspiegeln. Während also etwa der durchschnittliche IFRS-Abzinsungssatz für Pensionsverpflichtungen der DAX30-Unternehmen Ende 2019 bei 1,0 bis 1,4 % liegt, betrug er für HGB-Zwecke 2,71 % (Geilenkothen/Rasch/Ricken (2020)). Auch die 2016 erfolgte Verlängerung des Durchschnittsbetrachtungszeitraums von sieben auf zehn Geschäftsjahre stellt für die HGB-Bilanzierer eine Entlastung dar. Allerdings legt § 253 Abs. 6 S. 2 HGB nun fest, dass die aus der Neubewertung der Pensionsrückstellungen resultierende Gewinnsteigerung für Ausschüttungszwecke gesperrt ist, sodass die Ausschüttungsstrategie der Unternehmen weiterhin eingeschränkt bleibt. Weitere Unterschiede ergeben sich daraus, dass zinsbedingte Neubewertungen nach IFRS über das OCI unmittelbar das Eigenkapital verringern, jedoch nicht GuV-wirksam sind, während sie nach HGB über die GuV das Jahresergebnis belasten.

Noch gravierendere Differenzen entstehen jedoch zwischen der deutschen Handels- und Steuerbilanz. Das deutsche Steuerbilanzrecht schreibt in § 6a EStG die Verwendung eines fixen, vom Marktumfeld unabhängigen Diskontierungssatzes von 6 % vor. Während also die in den HGB-Bilanzen seit Jahren zu beobachtenden zinsinduzierten Erhöhungen der Pensionsrückstellungen GuV-wirksam das Eigenkapital belasten, bleiben diese in der Steuerbilanz und damit für die Ertragsteuerzahlungen unberücksichtigt. Die Niedrigzinsen führen in der Steuerbilanz zu fiktiven Unternehmensgewinnen, hohen stillen Lasten und einer damit einhergehenden höheren Steuerlast, die die Unternehmen zusätzlich belastet. Ob dieser hohe Zinssatz von 6 % noch die steuerliche Leistungsfähigkeit eines Unternehmens abbildet und verfassungsrechtlich (noch) gedeckt ist, mag dahingestellt bleiben und wird in der nächsten Zeit höchstrichterlich zu entscheiden sein (Prinz/Keller (2016)).

Die Unterschiede zwischen IFRS und HGB sind durch die unterschiedlichen Zwecke der beiden Rechnungslegungssysteme bedingt; während mit der HGB-Rechnungslegung u.a. eine vorsichtige Gewinnermittlung zum Zwecke der Gewinnverwendung an die Anteilseigner angestrebt wird, soll der IFRS-Abschluss ausschließlich der fair presentation dienen. Gewinnschwankungen aufgrund der Zinsvolatilität spiegeln im IFRS-Abschluss die tatsächlichen Entwicklungen am Stichtag wider und sind insofern unkritisch, würden im HGB-Abschluss aber unmittelbar das Gewinnausschüttungspotenzial beeinflussen. Insofern ist nachvollziehbar, dass der deutsche Gesetzgeber die Verlängerung der Durchschnittsperiode für die Ermittlung des Diskontierungssatzes von sieben auf zehn Jahren eingeführt und die dadurch in der aktuellen Niedrigzinsphase bedingte erfogswirksam zu erfassende Rückstellungsreduktion mit einer Ausschüttungssperre belegt hat. Ob die im HGB nun vorzunehmende langfristige Glättung der Bilanzierung von Pensionsrückstellungen im derzeitigen Niedrigzinsumfeld und insbesondere die Zinssatzbestimmung im deutschen Steuerbilanzrecht mit den aus den Rechenungslegungszwecken abgeleiteten GoB vereinbar sind, ist noch offen (Prinz/Keller (2016)).

Diese Frage der asymmetrischen Behandlung von Zinssatzänderungen stellt sich allerdings nicht nur über die HGB-, IFRS- und steuerlichen Rechenwerke hinweg, sondern auch hinsichtlich der verschiedenen Bilanzpositionen innerhalb der einzelnen Rechenwerke. Das Steuerrecht sieht etwa für Pensionsrückstellungen einen Zinssatz von 6 % vor, während andere langfristige Verpflichtungen mit einem Abzinsungssatz von 5,5 % zu diskontieren sind. Ebenso werden für die Berechnung der relevanten Abzinsungssätze nach HGB zehn Jahre für Pensionsrückstellungen und sieben Jahre für sonstige langfristige Rückstellungen herangezogen. Auch über die IFRS-Standards hinweg werden die auftretenden Inkonsistenzen hinsichtlich des zu verwendenden Abzinsungssatzes beklagt. In diesem Kontext wird u.a. explizit auf IAS 19 eingegangen.[25]

Analog scheint auch die Niedrigzinsproblematik insbesondere aufgrund ihrer negativen Konsequenzen im Fokus der intensiven Debatten zu stehen; dabei werden oftmals die positiven Einflüsse einer Niedrigzinsphase auf bspw. die Vermögenslage eines Unternehmens außen vorgelassen. So erhöhen niedrige Diskontierungssätze zwar die Verpflichtungen der Unternehmen; gleich-

25 So berücksichtige der Abzinsungssatz nach IAS 19 zwar das Kreditrisiko dritter Parteien, sei jedoch nicht für alle Aspekte der schlussendlich zu berechnenden Verpflichtung relevant. Darüber hinaus mangele es an einer konkreten Aussage, welche Zielsetzung bzw. welchen Informationswert die Bewertung der Pensionsverpflichtung erfüllen soll. Außerdem ergebe sich daraus ein Mangel an Vergleichbarkeit mit anderen Verbindlichkeiten, die zum Erfüllungswert bewertet sind; vgl. dazu das Diskussionspapier 17B des Stabs des IASB im Januar 2016 zu „Present value measurements – discount rates research“, S. 11, 32.

zeitig erhöhen sich jedoch auch die Barwerte der künftigen Cashflows und damit die Vermögenswerte auf der Aktivseite der Bilanz (Pellens (2015)). Während also etwa der im HGB eingeräumte ausgeweitete Betrachtungszeitraum von zehn Jahren für Pensionsrückstellungen die Abzinsungssätze erhöht und die Belastung der Unternehmen bezüglich der Pensionszusage mindert, profitieren diese gleichzeitig unverändert von den positiven Auswirkungen der Niedrigzinsen auf der Aktivseite. Vor dem Hintergrund eines verlässlichen Bildes der Lage des Unternehmens sowie auch dem Anspruch an Vergleichbarkeit verschiedener Positionen ist dieses Vorgehen nicht immer nachvollziehbar. Auch aus Perspektive der Forschung ist noch nicht klar, warum man unterschiedliche Positionen asymmetrisch behandeln sollte.

Literatur: IFRS, Diskussionspapier 17B des Stabs, „Present value measurements – discount rates research", Januar 2016, verfügbar unter: http://www.ifrs.org/Meetings/MeetingDocs/IASB/2015/December/AP17B-Discount-rates.pdf (Stand: 11.01.2017); Pellens, B., Goodwill- und Rückstellungsbilanzierung in einem Niedrigzinsumfeld, Präsentation Schmalenbach-Tagung, Düsseldorf, 23.09.2015; Prinz, U./Keller, B., Pensionsrückstellungen in der Niedrigzinsphase – Ein strukturierter Überblick, in: DB, 69. Jg. (2016), S. 1033-1041; Geilenkothen, A./Rasch, C./Ricken, B., Betriebliche Altersversorgung im Jahresabschluss – Update zum 31.12.2019, in: DB, 73. Jg. (2020), S. 68-69.

Ausgewählte Literatur

Arbeitskreis „Finanzierung" der Schmalenbach-Gesellschaft für Betriebswirtschaft e.V., Betriebliche Altersversorgung mit Pensionsrückstellungen oder Pensionsfonds – Analyse unter finanzwirtschaftlichen Gesichtspunkten, in: DB, 51. Jg (1998), S. 321-331.

Gassen, J./Pierk, J./Weil, M., Pensionsrückstellungen nach dem BilMoG – Erste empirische Evidenz, in: DB, 64. Jg. (2011), S. 1061-1067.

Hablizel, F., Pensionsverpflichtungen in der Rechnungslegung nach IFRS, Theoretische und empirische Analyse alternativer Bilanzierungskonzepte, Frankfurt a.M. 2016.

Küting, K./Keßler, M./Seel, C., Bilanzierung von Pensionsverpflichtungen im DAX 30 – Sind die IFRS ein geeignetes Vorbild für das HGB?, in: BB, 65. Jg. (2010), S. 1907-1912.

Lachnit, L./Müller, S., Bilanzanalytische Behandlung von Pensionsverpflichtungen, in: DB, 57. Jg. (2004), S. 497-506.

Oldewurtel, C./Kümpel, K./Wolz, M., Fluss und Wandel in der Bilanzierung von Pensionsverpflichtungen – Eine kritische Analyse der jüngsten Änderungen von IAS 19 und ihrer potenziellen Ausstrahlungswirkungen auf das HGB, in: WPg, 65. Jg. (2012), S. 1139-1145.

Scharr, C./Feige, P./Baier, C., Die Auswirkungen des geänderten IAS 19 auf die Bilanzierung von defined benefit plans und termination benefits in der Praxis, in: KoR, 12. Jg. (2012), S. 9-16.

Sellhorn, T./Barthelme, C., Pensionsverpflichtungen in der Rechnungslegung, 2. Aufl., Düsseldorf 2014.

Zülch, H./Salewski, M., Bilanzierung von Pensionsverpflichtungen deutscher Unternehmen nach IFRS – Empirische Erkenntnisse für die Jahre 2000 bis 2008, in: WPg, 65. Jg. (2012), S. 9-17.

Übungsaufgaben

Aufgabe 1:

Beschreiben Sie die beiden Grundformen von Pensionszusagen sowie die allgemeinen Möglichkeiten zu ihrer Finanzierung. Erläutern Sie in Grundzügen die bilanzielle Behandlung dieser Ausgestaltungsformen.

Aufgabe 2:

Buchen Sie unter Vernachlässigung latenter Steuern folgenden Sachverhalt: Die Y AG muss im Rahmen eines beitragsorientierten Pensionsplanes jährlich 250 T€ an die N&J-Versicherung überweisen. Wegen eines Liquiditätsüberhanges zahlt sie im laufenden Jahr einen Betrag von 500 T€. Im Vorjahr war die Y AG um 50 T€ hinter ihrer Zahlungsverpflichtung zurückgeblieben.

Aufgabe 3:

Ermitteln Sie analog zu Beispiel 14.2 den Barwert der leistungsorientierten Verpflichtung (nach IAS 19) in den Perioden 1 bis 5 für folgenden Sachverhalt: An ihrem 60. Geburtstag tritt Bettina Sachs in den Dienst der Y AG. Die Y AG sagt ihr zu, ihr in den 25 Folgejahren nach ihrer Pensionierung mit 65 Jahren jeweils 10 % ihres Endgehalts als Jahresrente zu zahlen. Derzeit wird von einem Endgehalt in Höhe von 40.000 € bei Renteneintritt ausgegangen. Erstrangige Unternehmensanleihen verzinsen sich derzeit mit 5 %.

Aufgabe 4:

Beziehen Sie sich auf Ihre Ergebnisse in Aufgabe 3. In Periode 3 sinke der Kalkulationszins aufgrund eines einmaligen Schocks auf 4 %. Gleichzeitig zeigen neue Informationen, dass das Endgehalt von Frau Sachs bei Renteneintritt voraussichtlich 45.000 € betragen wird. Wie hoch ist der versicherungsmathematische Gewinn oder Verlust in Periode 3? Geben Sie die dazu erforderlichen Buchungssätze an.

Aufgabe 5:

Die Z AG hat dem Mitarbeiter Herrn Been vor einigen Jahren eine Pensionszusage gegeben. Zum Ende des laufenden Geschäftsjahres 2021 wird planmäßig ein Barwert der leistungsorientierten Verpflichtung i.H.v. 60.000 € erwartet. Für das zugehörige Planvermögen wird ein Wert von 40.000 € erwartet. Am Jahresende haben sich jedoch folgende Änderungen gegenüber der ursprünglichen Planung ergeben:

- Während des Jahres fallen die Zinsen erstklassiger Unternehmensanleihen entgegen der Erwartung um 0,5 %, wodurch sich der Barwert der leistungsorientierten Verpflichtung entgegen der ursprünglichen Planung um 6.129 € verändert.
- Aufgrund ungünstiger Entwicklungen des Planvermögens bleibt der Ertrag aus Planvermögen um 1.000 € unter den im Nettozinsaufwand berücksichtigten Beträgen.

a) Berechnen Sie den Neubewertungsbedarf für das Geschäftsjahr 2021.
b) Verbuchen Sie die Neubewertung im Jahr 2021.

Kapitel 15
Eigenkapital

Die Deutsche Lufthansa AG finanziert ihre Vermögenswerte in Höhe von 42,7 Mrd. € im Geschäftsjahr 2019 auf Konzernebene vor allem durch Fremdkapital, also etwa Bankkredite oder Anleihen, im Umfang von insgesamt 32,4 Mrd. €. Das Rahmenkonzept liefert konkrete Definitionen für „Vermögenswerte" und „Schulden". Nach RK.4.63 wird die Differenz aus bilanzierten Vermögenswerten und Schulden, also das Nettovermögen, als Eigenkapital festgelegt. Bei der Deutsche Lufthansa AG spiegeln somit 10,3 Mrd. € dieses Nettovermögen der Anteilseigner wider und dienen dem Unternehmen als Verlustpuffer in wirtschaftlich schwierigen Zeiten. Der Gesetzgeber schreibt abhängig von der Rechtsform bei der Unternehmensgründung ein Mindesteigenkapital als sog. statuarisches Kapital vor, so beispielsweise 25.000 € Stammkapital bei einer GmbH. Welche Bestandteile aber hat das Eigenkapital insgesamt? Kann es bei anhaltenden Verlusten auch negativ werden? Wie verändert sich das Eigenkapital, wenn die Deutsche Lufthansa AG ausgegebene Aktien zurückkaufen würde? Und ist die Abgrenzung zwischen Eigen- und Fremdkapital immer trennscharf und unproblematisch?

Die beiden Kapitalarten der Finanzierung unterscheiden sich grundsätzlich hinsichtlich vier wesentlicher Merkmale:

- Entgeltanspruch: Eigenkapitalgeber haben einen Residualanspruch, der in der Gesamtergebnisrechnung ermittelt wird, während Fremdkapitalgeber einen festen, vertraglich vereinbarten Anspruch auf Zins- und Tilgungszahlungen besitzen.
- Haftung: Eigenkapitalgeber haften mindestens mit ihrer Einlage in das Unternehmen, während Fremdkapitalgeber grundsätzlich nicht haften.
- Fristigkeit: Eigenkapital steht dem Unternehmen grundsätzlich unbefristet zur Verfügung und das Unternehmen hat keine Rückzahlungsverpflichtung, während Fremdkapital den Fremdkapitalgebern zu vertraglich vereinbarten Rückzahlungszeitpunkten zurückzuzahlen ist und dem Unternehmen damit nur zeitlich begrenzt zur Verfügung steht.
- Mitsprache: Eigenkapitalgeber können über die ihnen grundsätzlich zustehenden Mitspracherechte Einfluss auf die Unternehmensführung nehmen. Fremdkapitalgeber haben indes keine Mitspracherechte, sondern lediglich Informationsrechte.

Bei Bilanzanalysen werden viele Kapitalstrukturkennzahlen, wie z.B. der Verschuldungsgrad oder das Gearing, mit dem Eigenkapital gebildet. Diese haben elementare Bedeutung in der kennzahlengestützten Bonitäts- und Solvenzanalyse z.B. von Ratingagenturen. Allerdings fällt eine eindeutige Abgrenzung von Eigen- und Fremdkapitalinstrumenten anhand der genannten Merkmale in der Praxis teilweise schwer. So emittierte die Deutsche Lufthansa AG im Jahr 2015 eine Hybridanleihe im Wert von 500 Mio. €, immerhin etwa 1,2 % der Bilanzsumme. Hybridkapital zeichnet sich dadurch aus, dass es die Eigenschaften von Eigen- und Fremdkapital in sich vereint. Ratingagenturen berücksichtigen für Hybridkapital einen sog. equity credit. Dabei handelt es sich um eine anteilige Anrechnung als Eigenkapital bei der Bestimmung von Kapitalstrukturkennzahlen. Im konkreten Falle der Deutsche Lufthansa AG qualifizieren Ratingagenturen die Hälfte des Nennwertes des Emissionsvolumens als Eigenkapital.[1] Die Lufthansa AG nutzt diesen Umstand etwa zur Optimierung ihrer Kennzahl „Nettokreditverschuldung".

Lernziele „Kennen"

Nach Bearbeitung dieses Kapitels kennen Sie die Eigenschaften von Eigenkapital und Hybridkapital sowie die Abgrenzungskriterien zum Fremdkapital. Auch kennen Sie die verschiedenen Eigenkapitalpositionen, die Ursachen für Eigenkapitalveränderungen und die wesentlichen relevanten Bilanzierungsnormen.

Lernziele „Anwenden"

Sie können praxisübliche Eigenkapitalinstrumente unter Verwendung der Kriterien des IAS 32 von Fremdkapital abgrenzen. Sie können Mischformen zwischen Eigen- und Fremdkapital sowie kündbare Instrumente und Genossenschaftsanteile bilanziell einordnen. Zudem können Sie Kapitalerhöhungen und den Erwerb eigener Anteile buchhalterisch abbilden.

Lernziele „Bewerten & Gestalten"

Diese Kenntnisse befähigen Sie, die bilanzielle Wirkung der Emission von Eigenkapitaltiteln sowie hybrider Finanzierungsinstrumente und Fremdkapitaltitel einzuschätzen. Zudem können Sie diese Auswirkungen bei Finanzierungsentscheidungen im betrieblichen Kontext berücksichtigen.

1 Definition und Abgrenzung von Schulden

1.1 Grundgedanke der Eigenkapitaldefinition

Eigenkapitaldefinition im Rahmenkonzept

Das Eigenkapital (equity) repräsentiert die Ansprüche der Anteilseigner eines Unternehmens an dessen bilanziellem Vermögen. Es ist im Rahmenkonzept (RK.4.63) als Residualgröße sämtlicher Vermögenswerte abzüglich der Schulden definiert. Da die Höhe des Eigenkapitals somit insbesondere von geltenden Ansatz- und Bewertungsregeln der übrigen Bilanzpositionen abhängig ist, entsprechen sich Buch- und Marktwert der Eigenkapitalanteile im Zeitablauf allenfalls zufällig.

IAS 1 regelt die Darstellung

In dem IFRS-System wird das Eigenkapital nicht nur im Rahmenkonzept definiert. Weitere Standards helfen, das Eigenkapital als Residualgröße zu konkretisieren. An erster Stelle ist hier IAS 1 „Darstellung des Abschlusses" (Presentation of Financial Statements) zu nennen. Dieser enthält Gliederungsvorschriften für die bilanzielle Darstellung des Eigenkapitals und reguliert auch die für das

1 Vgl. *Deutsche Lufthansa AG*, Geschäftsbericht 2015, S. 39; zum Umgang von Ratingagenturen mit Hybridkapital siehe exemplarisch Abschnitt 1.3 (Bilanzanalytische Auswirkungen).

Eigenkapital relevanten Rechenwerke Gesamtergebnisrechnung und Eigenkapitalveränderungsrechnung.

Eigenkapitalveränderungen

Aus IAS 1.106 ergibt sich, dass Veränderungen des Buchwerts des Eigenkapitals auf Kapitaltransaktionen mit Gesellschaftern (Einlagen, Dividenden, Aktienrückkäufe), auf den Gewinn oder Verlust (net profit or loss) und auf GuV-neutrale Eigenkapitalveränderungen (sonstiges Ergebnis bzw. other comprehensive income (OCI), etwa aus Neubewertungen oder Währungsumrechnungsdifferenzen), zurückzuführen sind. Die Summe der beiden letztgenannten Quellen der Eigenkapitalveränderungen repräsentiert das periodische Gesamtergebnis eines Unternehmens, für welche sich die aus der Terminologie der US-GAAP stammende Bezeichnung comprehensive income etabliert hat (vgl. Kapitel 5). Abbildung 15.1 fasst die möglichen Quellen der Veränderungen des Eigenkapitals zusammen.

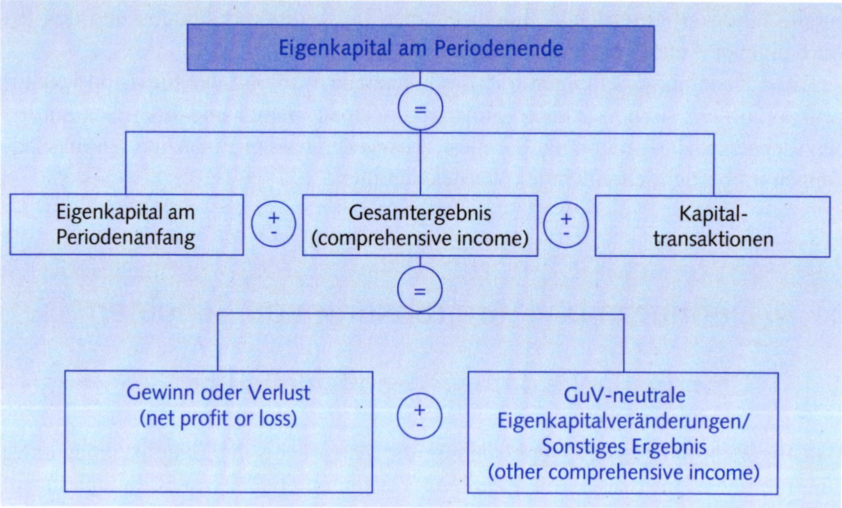

Abb. 15.1: Quellen der periodischen Veränderungen des Eigenkapitals

Gesamtergebnis- und Eigenkapitalveränderungsrechnung

Um auch die nicht in der GuV erfassten Änderungen des Reinvermögens nachvollziehbar zu machen, schreibt IAS 1.82-105 i.V.m. IAS 1.10(b) eine Gesamtergebnisrechnung vor, die auch das sonstige Ergebnis (OCI, GuV-neutrale Geschäftsvorfälle) umfasst. Darüber hinaus soll nach IAS 1.106-110 i.V.m. IAS 1.10(c) der Überblick über die Vermögens-, Finanz- und Ertragslage sowie der in Zukunft erwarteten Cashflows (IAS 1.9) mithilfe einer Eigenkapitalveränderungsrechnung innerhalb der Finanzberichterstattung vervollständigt werden.

1.2 Abgrenzung von Schulden

IAS 32 „Finanzinstrumente: Darstellung" (Financial Instruments: Presentation) konkretisiert das Eigenkapital zusätzlich und grenzt es insbesondere von den Schulden ab. Aufgrund der Definition des Eigenkapitals als Residualgröße erfolgt in IAS 32.16 eine negative Abgrenzung des Eigenkapitals auf Basis der in IAS 32.11 vorgenommenen Definition finanzieller Verbindlichkeiten. Es liegt demnach nur dann ein passivisches Eigenkapitalinstrument vor, wenn die folgenden Bedingungen des IAS 32.16 kumulativ erfüllt sind:

Eigenkapitalabgrenzung nach IAS 32

1. Aus dem Finanzinstrument resultiert keine Verpflichtung,
   - liquide Mittel bzw. finanzielle Vermögenswerte an eine andere Partei zu liefern (IAS 32.16(a)(i)), oder
   - finanzielle Vermögenswerte oder Verbindlichkeiten mit einer anderen Partei zu möglicherweise nachteiligen Konditionen zu tauschen (IAS 32.16(a)(ii)).
2. Falls das Finanzinstrument durch Eigenkapitaltitel des Emittenten bedient wird bzw. bedient werden kann, ist es entweder
   - ein nicht derivatives Instrument, das keine Verpflichtung des Emittenten verbrieft, eine variable Anzahl eigener Eigenkapitaltitel zu liefern (IAS 32.16(b)(i)), oder
   - ein derivatives Instrument, das vom Emittenten durch die Lieferung einer fest vereinbarten Anzahl von Eigenkapitaltiteln im Gegenzug für einen fest vereinbarten Geldbetrag oder sonstige finanzielle Vermögenswerte bedient wird (IAS 32.16(b)(ii)).

Beispiel 15.1

Anhand des folgenden Beispiels soll die obige Abgrenzung von Eigen- und Fremdkapital verdeutlicht werden:

Die Y AG hält ein Grundstück, welches an die X AG weiterveräußert werden soll. Die X AG verpflichtet sich dabei zur Zahlung eines Kaufpreises. In Abhängigkeit der Ausgestaltung der Zahlungsverpflichtung entsteht bei der X AG nun Eigen- oder Fremdkapital. Eine Schuld bestünde im Sinne von IAS 32.16(a) darin, dass sich die X AG dazu verpflichtet, im Gegenzug 1 Mio. € in liquiden Mitteln oder Bundesanleihen im Wert von 1 Mio. € an die Y AG zu liefern. Ebenso läge eine Schuld vor, wenn die X AG im Gegenzug einwilligte, eine Schuld der Y AG in Höhe von 1 Mio. € zu übernehmen.

Die X AG könnte das Grundstück aber auch in eigenen Aktien bezahlen. Sofern sie sich verpflichtet, eigene Aktien im Wert von 1 Mio. € mit einer *variablen*, also noch festzulegenden Anzahl, an die Y AG zu leisten, liegt im Sinne von IAS 32.16(b)(i) eine Schuld vor. In diesem Fall sind die Aktien der X AG lediglich eine Art Währung, um eine auf einen festen Betrag lautende Verpflichtung zu begleichen.

Besteht die Gegenleistung der X AG hingegen in einer *festen* Anzahl eigener Aktien, so schwankt ihr Wert mit dem Aktienkurs der X AG, lautet also nicht auf einen festen Betrag von z.B. 1 Mio. €. Damit liegt gemäß IAS 32.16(b)(i) ein Eigenkapitalinstrument vor.

Ein Derivat, das vom Unternehmen mit der Ausgabe einer *festen* Anzahl eigener Aktien gegen einen *festen* Geldbetrag glattgestellt wird, ist gemäß IAS 32.16(b)(ii) ebenfalls als Eigenkapitalinstrument anzusehen. Beispielsweise könnte die X AG als Stillhalterin einer Kaufoption verpflichtet sein, dem Zeichner der Option 10.000 eigene Aktien gegen Zahlung von 1 Mio. € zu übertragen. Erhält die X AG für die 10.000 eigenen Aktien hingegen keinen festen Betrag, sondern z.B. den variablen Betrag, der dem Wert von 10 t Kupfer im Ausübungszeitpunkt der Option entspricht, läge nach IAS 32.16(b)(ii) eine Schuld vor.

Nicht derivative Finanzinstrumente sind also nur dann als Eigenkapital zu klassifizieren, falls die Erfüllung zu einer bereits bei der Emission feststehenden fixen Anzahl an Eigenkapitalinstrumenten des Emittenten erfolgt. Der tatsächliche Wert der Finanzinstrumente bemisst sich hier an den wirtschaftlichen Ressourcen (Nettovermögen) des Emittenten. Derivative Finanzinstrumente sind stattdessen nur dann als Eigenkapital zu kategorisieren, falls die Erfüllung durch ein sogenanntes gross physical settlement erfolgt, also eine feste Anzahl von Eigenkapitaltiteln gegen die Zahlung eines fest vereinbarten Betrags übereignet werden.[2]

Aktuelle Entwicklungen

Finanzinstrumente mit Eigenschaften von Eigenkapital

Im Juni 2018 veröffentlichte das IASB ein Discussion Paper zur Differenzierung von Eigen- und Fremdkapital. Ziel des Standardsetzungsprogramms ist die Schaffung verbesserter Vorschriften hinsichtlich Einheitlichkeit, Vollständigkeit und Klarheit bei der Klassifikation von Finanzinstrumenten auf Seiten des Emittenten. Die grundsätzliche Aufteilung zwischen Eigen- und Fremdkapital soll beibehalten werden und auf die Einführung einer zusätzlichen Kategorie wie Hybridkapital aus Komplexitätsgründen auch zukünftig verzichtet werden. Eine präzisere Abgrenzung zwischen Schulden und Eigenkapital durch die Schaffung von Zeitpunkt- und Betragsbedingungen soll indes helfen, solche Finanzinstrumente Eigen- oder Fremdkapital zuordnen zu können, die nach den bisherigen Vorschriften nur schwer zu klassifizieren sind. So wären Finanzinstrumente immer dann Fremdkapital, wenn es eine Verpflichtung zur Übertragung von liquiden Mitteln oder anderen finanziellen Vermögenswerten zu einem bestimmten Zeitpunkt (mit Ausnahme des Liquidationszeitpunktes) gibt oder eine Verpflichtung zur Übertragung eines von wirtschaftlichen Ressourcen des Emittenten unabhängigen Betrages existiert.

Im Ergebnis würde das vorgeschlagene Klassifikationssystem für die in Beispiel 15.1 genannten in ihrer Klassifikation kritisch zu diskutierenden Finanzinstrumenten zu keinem Unterschied führen. Allerdings fällt die Abgrenzung nun leichter. Betrachtet man die Bezahlung des Grundstücks in eigenen Aktien, so existiert keine Verpflichtung zur Übertragung von liquiden Mitteln oder finanziellen Vermögenswerten der X AG zu einem bestimmten Zeitpunkt.

2 Vgl. *Clemens/Lewe*, Beck'sches IFRS Handbuch, § 11. Eigenkapital, Tz. 8.

Die Zeitpunktbedingung ist also nicht erfüllt. Eine fest vereinbarte Anzahl von Aktien stellt außerdem keine Verpflichtung über einen von den wirtschaftlichen Ressourcen des Emittenten unabhängigen Betrag dar. Somit wäre auch die Betragsbedingung nicht erfüllt und das Finanzinstrument müsste als Eigenkapital angesehen werden. Die variable Aktienzahl zu einem bestimmten Wert (1 Mio. €) hingegen verpflichtet die X-AG zur Zahlung eines Betrages, der von den eigenen wirtschaftlichen Ressourcen unabhängig ist. Insofern würde mit der erfüllten Betragsbedingung das Finanzinstrument nun als Fremdkapital angesehen werden.

Literatur: IASB, Website zum Standardsetzungsprojekt „Financial Instruments with Characteristics of Equity“, abrufbar unter: https://www.ifrs.org (Stand: 15.01.2021).

1.3 Hybridkapital

Unter dem Begriff Hybridkapital werden Finanzinstrumente subsumiert, die Eigenschaften sowohl des Fremd- als auch des Eigenkapitals aufweisen. Grundsätzlich lassen sich situativ, strukturell und zusammengesetzt hybride Finanzinstrumente unterscheiden.[3] Im Folgenden soll die bilanzielle Abbildung der jeweiligen Instrumente dargestellt werden.

Situativ hybride Finanzinstrumente

Als situativ hybrid werden solche Finanzinstrumente bezeichnet, deren Eigenkapitalcharakter erst bei Eintritt eines Ereignisses zum Tragen kommt. Als Beispiel sind kapitalersetzende Darlehen und Rangrücktrittsdarlehen zu nennen, denen im Falle einer Insolvenz eine Verlustübernahmefunktion zukommt.[4] Da entsprechende Finanzinstrumente außerhalb des Insolvenzfalls in der Regel mit der Verpflichtung des Emittenten einhergehen, Zinsen in der Form von liquiden Mitteln zu liefern, sind die Kriterien des IAS 32.16(a)(i) nicht erfüllt. Der bilanzielle Ausweis situativ hybrider Finanzinstrumente erfolgt somit im Rahmen der Verbindlichkeiten.

Strukturell hybride Finanzinstrumente

Strukturell hybride Finanzinstrumente zeichnen sich dadurch aus, dass sie vertraglich festgelegte Eigenschaften von Fremd- und Eigenkapital besitzen, die während der gesamten Laufzeit Gültigkeit besitzen und nicht voneinander separierbar sind. Als Beispiele für strukturell hybride Finanzinstrumente sind nachrangige Darlehen, Genussrechte, stille Beteiligungen und ggf. Vorzugsaktien zu nennen. Entsprechende Finanzinstrumente werden häufig nach dem Fremdkapital, jedoch vor dem Eigenkapital bedient, daher liegt auch die Verzinsung i.d.R. zwischen den Verzinsungserwartungen von Fremd- und Eigenkapitalgebern. Ferner stellt die zeitliche Befristung ein Charakteristikum von strukturell hybridem Kapital dar. In IAS 32.18(b), 32.25 und 32.AG37 sind Kriterien genannt,

3 Vgl. *Kampmann, H.*, Die Kapitalstruktur der Unternehmung in der handelsrechtlichen Rechnungslegung, Bielefeld 2001, S. 120.

4 Vgl. *Clemens, R.*, Beck'sches IFRS Handbuch, § 11. Eigenkapital, Tz. 12.

die jeweils dazu führen können, dass ein solches Finanzinstrument bzw. die Komponente eines Finanzinstruments vom Emittenten als Fremdkapital zu klassifizieren ist.[5] Hierzu gehören fest vereinbarte Zahlungsverpflichtungen, Wandlungs- bzw. Kündigungsrechte des Halters sowie bedingte Zahlungsverpflichtungen, deren Eintritt nicht vom Inhaber beeinflussbar ist (IAS 32.19). Diese Kriterien implizieren, dass strukturell hybride Finanzinstrumente im Regelfall als Fremdkapital zu klassifizieren sind.

Beispiel 15.2

Im Folgenden soll der bilanzielle Umgang mit strukturell hybriden Finanzinstrumenten am Beispiel von Vorzugsaktien veranschaulicht werden. Grundsätzlich sind rückzahlbare Vorzugsaktien und Vorzugsaktien ohne Stimmrechte zu unterscheiden. Rückzahlbare Vorzugsaktien können eine Rückkaufverpflichtung des Emittenten zu einem im Voraus festgelegten Preis vorsehen. In diesem Fall liegt eine Verpflichtung des Emittenten zur Abgabe von liquiden Mitteln vor (IAS 32.AG25). Entsprechende Finanzinstrumente sind demnach als Verbindlichkeit zu klassifizieren. Beinhaltet eine rückzahlbare Vorzugsaktie hingegen eine Rückkaufoption des Emittenten, so ist dieser nicht zum Rückkauf verpflichtet. Entsprechende Instrumente erfüllen somit auch nicht die oben genannte Bedingung einer finanziellen Verbindlichkeit.

Davon abzugrenzen sind Vorzugsaktien ohne Stimmrecht, bei denen Anteilseigner für ihren Verzicht auf das Stimmrecht ein Dividendenvorrecht erhalten, wie es in § 139 AktG vorgesehen ist. Durch dieses Vorrecht werden Vorzugsaktionäre bei der Gewinnverteilung bevorzugt berücksichtigt, sofern der Bilanzgewinn nicht ausreicht, um alle Aktionäre zu bedienen. Entsprechende Vorzugsaktien ohne Stimmrecht sind nach den Abgrenzungskriterien des IAS 32.16, im Gegensatz zu rückzahlbaren Vorzugsaktien, dem Eigenkapital zuzuordnen, sofern keine betraglich feststehende höhere Ausschüttung für Vorzugsaktionäre vereinbart wurde. In diesem Falle wäre die Vorzugsaktie als zusammengesetztes Instrument zu qualifizieren, welches eine Fremdkapital- (Mehrdividende) und Eigenkapitalkomponente enthält.[6]

Zusammengesetzte Finanzinstrumente

Ein zusammengesetztes Finanzinstrument liegt gemäß IAS 32.28 genau dann vor, wenn ein Instrument sowohl Eigen- als auch Fremdkapitalkomponenten enthält. Im Gegensatz zu den strukturell hybriden Finanzinstrumenten besteht dabei die Möglichkeit, diese Komponenten einzeln ökonomisch zu bewerten. IAS 32.28 sieht für entsprechende Instrumente deshalb vor, dass die jeweiligen Eigen- und Fremdkapitalkomponenten getrennt und gemäß IAS 32.15 als finanzielle Verbindlichkeiten, finanzielle Vermögenswerte oder Eigenkapitalinstrumente eingestuft werden. Als Beispiel für ein zusammengesetztes Finanzinstrument kann eine Wandelschuldverschreibung genannt werden. Diese besteht zum

5 Vgl. zu den folgenden Ausführungen *Isert, D./Schaber, M.*, Zur Abgrenzung von Eigenkapital und Fremdkapital nach IAS 32 (rev. 2003) – Teil I und II, in: KoR, 7. Jg. (2005), S. 299-310 und 357-364.

6 Vgl. *Clemens, R.*, Beck'sches IFRS Handbuch, § 11. Eigenkapital, Tz. 44.

einen aus einer finanziellen Verbindlichkeit und verpflichtet den Emittenten somit zur Lieferung flüssiger Mittel. Zum anderen enthält sie eine Eigenkapitalkomponente in Form einer Kaufoption, die dem Inhaber das Recht zur Umwandlung der finanziellen Verbindlichkeit in eine fest vereinbarte Anzahl von Unternehmensanteilen einräumt. Diese beiden Komponenten sind getrennt in der Bilanz auszuweisen (IAS 32.29). Der Wert der Eigenkapitalkomponente ist als Residualwert zu ermitteln und ergibt sich somit als Differenz aus dem beizulegenden Zeitwert der Wandelschuldverschreibung und dem beizulegenden Zeitwert der finanziellen Verbindlichkeit (IAS 32.31-32).

Beispiel 15.3

Die X-AG hat am 31.12.2021 100 Wandelschuldverschreibungen mit einem Nominalwert in Höhe von 100 T€ emittiert, welche die Zahlung eines Coupons in Höhe von 1 % vorsieht. Der beizulegende Zeitwert entspricht dem Nominalwert von 100 T€. Die Inhaber der Wandelschuldverschreibung haben das Recht, den Nominalbetrag am 31.12.2024 in 10.000 Aktien der X-AG zu wandeln. Der aktuelle Marktzins für Anleihen mit einem vergleichbaren Ausfallrisiko liegt derzeit bei 3,5 %. Der Barwert der finanziellen Verbindlichkeit liegt bei 90 T€.

Lösung
Gemäß IAS 32.28 handelt es sich bei der Wandelanleihe um ein zusammengesetztes Finanzinstrument, das eine Eigenkapital- (Option) und eine Fremdkapitalkomponente (finanzielle Verbindlichkeit) enthält. Diese beiden Komponenten sind zu separieren und jeweils einzeln anzusetzen. Die finanzielle Verbindlichkeit ist in Höhe des beizulegenden Zeitwerts in Höhe von 90 T€ zu passivieren. Der Wertansatz der Option ergibt sich aus der Differenz aus beizulegendem Zeitwert der Wandelschuldverschreibung und beizulegendem Zeitwert der finanziellen Verbindlichkeit und beträgt in diesem Fall 10 T€.

Beispiel 15.4

Hybridkapital bei Volkswagen
Die Volkswagen AG hat im Jahr 2018 über eine Tochtergesellschaft, die Volkswagen International Finance N.V., eine nicht besicherte, nachrangige Hybridanleihe mit einem Nominalvolumen in Höhe von 2,8 Mrd. € emittiert. Die Hybridanleihe hat eine unbefristete Laufzeit und wurde in zwei durch die Tochtergesellschaft kündbare Tranchen vergeben. Eine Thesaurierung der Zinsen ist an die Dividendenzahlung an die Anteilseigner gebunden. Die Hybridanleihe wurde nach Prüfung der Kriterien vollständig als Eigenkapital klassifiziert.[7]

Bilanzanalytische Auswirkungen

Hybridkapital ist auch aus bilanzanalytischer Perspektive interessant: Je nach Ausgestaltung des Vertrages kann eine Hybridanleihe als Eigen- oder Fremdkapital bilanziert werden und hat damit unmittelbar Einfluss auf Kapitalstrukturkennzahlen. Möglich ist es auch, dass bilanziell als Fremdkapital kategori-

7 Vgl. *Volkswagen AG*, Geschäftsbericht 2019, S. 259.

siertes Hybridkapital im Rahmen der Bilanzanalyse, z.B. im Rating, zumindest wieder teilweise dem Eigenkapital (in der Strukturbilanz) zugerechnet wird. Verschuldungskennzahlen fallen dadurch vergleichsweise günstiger aus als bei der Begebung klassischer Anleihen. Dies wird im Folgenden anhand eines Beispielsachverhalts verdeutlicht:

Die ALUBU AG emittiert 2020 eine Hybridanleihe mit einem Nominalvolumen von 100 Mio. €. Aufgrund einer festen Laufzeitbegrenzung wird diese nach IFRS als Fremdkapital ausgewiesen. Zinszahlungen stehen jedoch in eigenem Ermessen des Emittenten. Aufgrund von eigenkapitalähnlichen Kriterien entscheidet sich Standard & Poor's, die Hybridanleihe der ALUBU AG in der Strukturbilanz zu 50 % als Eigenkapital zu klassifizieren (sog. „intermediate equity content") (Standard & Poor's, 2008). Angenommen, die ALUBU AG verfügt vor dem Emissionszeitpunkt über Eigenkapital und Fremdkapital in Höhe von je 300 Mio. € (Verschuldung = 300 Mio. € / 300 Mio. € = 1), so wäre die Verschuldung durch die Emission nach IFRS um 33 % gestiegen (400 Mio. € / 300 Mio. €), während die ratingbasierte Bonitätsbeurteilung keinen Verschuldungszuwachs verzeichnet (350 Mio. € / 350 Mio. €). Dieser bilanzanalytische Vorteil im Rating wäre durch eine normale Unternehmensanleihe – bei allerdings auch anderem ökonomischen Gehalt – nicht erzielt worden. Dadurch könnte die Kreditwürdigkeit der ALUBU AG erhöht werden, was für eine eventuelle zukünftige Aufnahme von Fremdkapital vorteilhaft sein kann.

Literatur: Standard & Poor's, Hybrid Capital Handbook (2008).

1.4 Kündbare Instrumente und Genossenschaftsanteile

Substance over form

In IAS 32.18 wird klargestellt, dass die Einstufung eines Finanzinstruments nicht allein durch seine rechtliche Ausgestaltung bestimmt wird. Ausschlaggebend für die Zuordnung eines Finanzinstruments zum Eigenkapital ist seine wirtschaftliche Substanz (substance over form). Es können demnach Finanzinstrumente existieren, die rein rechtlich als Eigenkapital angesehen werden, aber wirtschaftlich zu den Verbindlichkeiten zu zählen sind. So führt eine Rückzahlungsverpflichtung, die aus einem Finanzinstrument resultiert, grundsätzlich zum Ansatz einer Schuld beim Emittenten (IAS 32.19). Eine konsequente Umsetzung dieser Regelungen hätte dazu geführt, dass große Teile des rechtlichen Eigenkapitals deutscher Personenhandelsgesellschaften und Genossenschaften bilanziell als Fremdkapital erfasst worden wären[8], da der Inhaber entsprechender Eigenkapitalinstrumente innerhalb dieser Rechtsformen häufig zur Rückgabe des Finanzinstruments gegen die Zahlung liquider Mittel oder die Lieferung finanzieller Vermögenswerte des Emittenten berechtigt ist (kündbare Instrumente bzw. puttable instruments). Das IASB reagierte auf die entsprechende Kritik, indem es

8 Vgl. *Schildbach, T.*, Das Eigenkapital deutscher Unternehmen im Jahresabschluss nach IFRS – Analyse eines Problems, in: BFuP, 58. Jg. (2006), S. 325-341.

2008 eine überarbeitete Fassung des IAS 32 veröffentlichte. Durch die Neufassung des IAS 32 blieb das Prinzip der Abgrenzung zwischen Eigen- und Fremdkapital grundsätzlich unverändert, es wurden jedoch Ausnahmeregelungen zu den bisherigen Abgrenzungsprinzipien ergänzt, die kündbare Instrumente und Verpflichtungen im Falle einer Liquidation betreffen. Im Folgenden wird insbesondere auf die Änderungen im Hinblick auf kündbare Instrumente eingegangen, da insbesondere Anteile an deutschen Personengesellschaften regelmäßig in diese Kategorie fallen.[9]

Kündbares Instrument

Die Definition eines kündbaren Instruments nach IAS 32.11 bildet die Grundlage für die Abgrenzung gegenüber dem Fremdkapital. Sie ist erfüllt, falls das betrachtete Finanzinstrument folgender Bedingung genügt:

- Der Inhaber besitzt eine Option zur Rückgabe gegen liquide Mittel oder andere finanzielle Vermögenswerte an den Emittenten, oder
- bei Eintritt eines ungewissen künftigen Ereignisses, bei Ableben des Inhabers oder bei dessen Eintritt in den Ruhestand geht das Finanzinstrument automatisch an den Emittenten zurück.

Klassifizierungskriterien nach IAS 32.16A und IAS 32.16B

Liegt unter Berücksichtigung der oben genannten Definition ein kündbares Instrument vor, so ist eine Klassifikation des Finanzinstruments als Eigenkapital zulässig, falls die folgenden Kriterien des IAS 32.16A und IAS 32.16B kumulativ erfüllt sind:

- proportionaler Beteiligungsanspruch in der Liquidation (IAS 32.16A(a)),
- nachrangigste Klasse von Finanzinstrumenten (IAS 32.16A(b)),
- alle Finanzinstrumente der nachrangigsten Klasse besitzen die gleichen Merkmale (IAS 32.16A(c)),
- außer den Verpflichtungen, die ein kündbares Instrument begründet, existieren keine weiteren Zahlungsverpflichtungen aus dem Instrument (IAS 32.16A(d)),
- die Zahlungsströme des Instruments beruhen im Wesentlichen auf den Gewinnen und Verlusten, den Änderungen des bilanziellen Reinvermögens oder den Änderungen des beizulegenden Zeitwerts der Nettovermögenswerte (IAS 32.16A(e)),
- der Emittent hat keine weiteren Instrumente ausgegeben oder Verträge geschlossen, deren Zahlungsströme aus den in IAS 32.16A(e) genannten Sachverhalten resultieren (IAS 32.16B(a)) und somit den Anspruch der Inhaber des kündbaren Instruments mindern oder determinieren (IAS 32.16B(b)).

Beteiligungsquotaler Liquidationsanspruch

Der Beteiligungsanspruch des Inhabers eines kündbaren Instruments im Falle einer Liquidation soll seinem proportionalen Gesellschaftsanteil entsprechen. Als Liquidationserlös wird dabei auf das Nettovermögen des Unternehmens abgestellt. Für den Fall einer KG stellt das IASB klar, dass diese Regelung trotz der unterschiedlichen Gesellschafterstellung zwischen Kommanditisten (Teilhafter) und Komplementären (Vollhafter) erfüllt wird. Die Zahlungen, die an den Kom-

9 Vgl. hierzu ebenfalls *Schmidt, M.*, IAS 32 (rev. 2008): Ergebnis- statt Prinzipienorientierung, in: BB, 63. Jg. (2008), S. 435.

plementär geleistet werden, sind daher für die Beurteilung dieses Kriteriums zu unterteilen. Ein Teil des Zahlungsstroms wird als Vergütung für dessen Haftungsübernahme angesehen und deshalb im Rahmen der Kriterienüberprüfung nicht berücksichtigt.

Nachrangigste Klasse

Die Nachrangigkeit der Gesellschaftereinlage muss im Falle einer Liquidation des Unternehmens gegeben sein. Es ist daher zu untersuchen, ob die Ansprüche aus dem Finanzinstrument im Falle einer Insolvenz erst befriedigt werden, nachdem bereits alle anderen Kapitalgeber des Unternehmens befriedigt wurden.

Beispiel 15.5[10]

Der nach deutscher Rechtslage kündbare Gesellschaftsvertrag der GjinGjon OHG sieht Folgendes vor: Gesellschafter A wird im Falle einer Liquidation ein Vorabanteil gewährt. Der verbleibende Restbetrag wird den Anteilen entsprechend zwischen A, B und C verteilt.

Lösung

Der Anteil des Gesellschafters A gehört nicht zur nachrangigsten Klasse und ist daher als Fremdkapital zu klassifizieren. Die übrigen Einlagen der Gesellschafter B und C sind untereinander gleichgestellt und gehören zur nachrangigsten Klasse. Diese sind entsprechend als Eigenkapital auszuweisen.

Gleiche Merkmale

Alle kündbaren Finanzinstrumente in der nachrangigsten Klasse müssen die gleichen Ausstattungsmerkmale besitzen. Dabei bezieht sich diese Bedingung auf die Art und Weise, in der die Verteilung des Jahresergebnisses und eines möglichen Liquidationserlöses erfolgt. Als unproblematisch wird dabei angesehen, wenn das Jahresergebnis nach den erbrachten Leistungen verteilt wird. In diesem Zusammenhang werden Unterschiede in Geschäftsführungs- oder Informationsrechten ebenfalls als unschädlich angesehen. Als kritisch wird hingegen eine ungleiche Ausstattung mit Stimmrechten erachtet. Sollten einzelne Gesellschafter abweichend von ihrem Anteil an der Gesellschaft überproportionale Rechte gegenüber anderen Gesellschaftern besitzen, so kann diese Bedingung verletzt sein. Entscheidend ist dabei, ob die überproportionale Stimmrechtsaufteilung durch einen Gesellschafter dazu genutzt werden könnte, ohne Mitwirkung der übrigen Gesellschafter eine Modifikation des Gesellschaftsvertrags herbeizuführen, welche die finanziellen Ausstattungsmerkmale der Anteile zu seinen Gunsten verändern würde.

Keine weiteren Zahlungsverpflichtungen

Das betrachtete kündbare Finanzinstrument darf, neben der bereits genannten Verpflichtung zur Rücknahme gegen liquide Mittel oder einen anderen finanziellen Vermögenswert, keine weitere Verpflichtung des Emittenten begründen.

Ergebnisabhängige Zahlungsströme

Zudem müssen die Zahlungsströme eines kündbaren Instruments substanziell entweder aus der Entwicklung buchhalterischer Größen oder der ökonomischen Performance des Emittenten resultieren. Dabei nennt IAS 32.16A(e) Gewinne/Ver-

10 In Anlehnung an *Lüdenbach/Hoffmann/Freiberg*, Haufe IFRS-Kommentar, § 20: Eigenkapital, Eigenkapitalspiegel, Rz. 35.

luste, die Veränderung des bilanziellen Reinvermögens und die Veränderung des Unternehmens als potenzielle Referenzgrößen.

Negativ-abgrenzung

Die in IAS 32.16B festgelegte Bedingung, dass kein weiteres Finanzinstrument existiert, welches die Klassifikationskriterien des IAS 32.16A(e) erfüllt, soll gewährleisten, dass das ausgewiesene Eigenkapital tatsächlich einer Residualgröße entspricht.

Klassifizierung von Anteilen nicht beherrschender Gesellschafter im Konzernabschluss

Die dargestellte Klassifizierung kündbarer Instrumente im Einzelabschluss ist nicht ohne Weiteres auf den Konzernabschluss übertragbar. Wenn konsolidierte Gesellschaften existieren, an denen nicht beherrschende Gesellschafter mit kündbaren Anteilen beteiligt sind, werden diese nach IAS 32.A29A explizit von den obigen Ausnahmeregelungen des IAS 32.16A-D ausgeschlossen.[11] Sie sind somit auf Konzernebene als Fremdkapital auszuweisen und einer entsprechenden Folgebewertung zu unterziehen. Als Wertansatz wird der fiktive Anspruch herangezogen, welcher aus einer Kündigung der Anteile resultieren würde.[12]

IFRIC 2

Bereits im Vorfeld der dargestellten Änderungen des IAS 32 hatte das IFRIC Ende 2004 die Interpretation IFRIC 2 „Members' Shares in Co-operative Entities and Similar Instruments", die sich mit der Anwendung von IAS 32 auf genossenschaftlich organisierte Unternehmen beschäftigt, veröffentlicht. Damit wurde bereits damals die Möglichkeit geschaffen, genossenschaftliche Anteile als Eigenkapital auszuweisen. Die alte Fassung des IAS 32 i.V.m. IFRIC 2 erlaubt die Einordnung von Eigenkapitalanteilen, wenn eine der folgenden Voraussetzungen aus IFRIC 2.7 ff. erfüllt ist:

- Das Unternehmen ist nicht zur Rücknahme der Anteile verpflichtet.
- Gesetzliche, regulatorische oder satzungsmäßige Vorschriften verbieten die Rücknahme des Gesellschafts- bzw. Genossenschaftsanteils. Das Verbot ist dabei nicht an weitere Prämissen gebunden, kann aber einen nur partiellen Wirkungsbereich haben. So kann nach IFRIC 2.9 die Rücknahme der Anteile an Genossenschaften und Personenhandelsgesellschaften durch die Gesellschaften nur dann ausgeschlossen sein, wenn dadurch das eingezahlte Kapital einen vorher determinierten Betrag unterschreiten würde. Diejenigen Anteile, die nicht mehr in den Wirkungsbereich des Verbotes fallen, stellen Schulden dar, sofern sie nicht die obige erste Bedingung erfüllen.

Damit diesen Bedingungen entsprochen werden konnte, waren vor der Veröffentlichung des überarbeiteten IAS 32 teilweise Änderungen in Satzungen von Genossenschaften und Personenhandelsgesellschaften erforderlich. Eine Einordnung der Finanzinstrumente als Eigenkapital nach IAS 32 a.F. i.V.m. IFRIC 2 bleibt weiterhin bestehen.

---

11 Vgl. *Küting, P.*, Zur konzernbilanziellen Abbildung von Anteilen nicht kontrollierender Gesellschafter im Kontext aktienrechtlicher Instrumente statutarischer Beziehungsgestaltung – Implikationen einer standardkonformen Anwendung von IAS 32 (amended 2008), in: WPg, 62. Jg. (2009), S. 366.

12 Vgl. *Schmidt, M.*, IAS 32 (rev. 2008): Ergebnis- statt Prinzipienorientierung, in: BB, 63. Jg. (2008), S. 438.

2 Eigenkapitalpositionen

2.1 Struktur

Eingezahltes vs. erwirtschaftetes Kapital

Unter Berücksichtigung der in den IFRS genannten Positionen kann das Eigenkapital wie in Abbildung 15.2 systematisiert werden. Im Wesentlichen wird dabei differenziert zwischen dem eingezahlten Kapital und dem erwirtschafteten Kapital. Zu Letzterem werden neben den Gewinnrücklagen auch die GuV-neutral (etwa aus dem OCI) gebildeten Eigenkapitalpositionen gezählt. Im Folgenden werden die Eigenkapitalpositionen näher beschrieben.

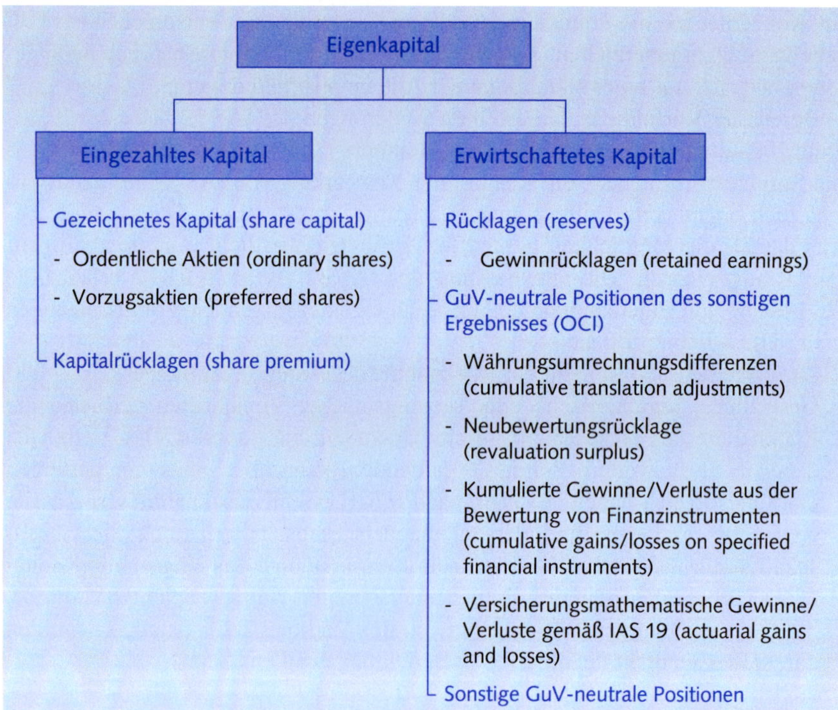

Abb. 15.2: Eigenkapitalpositionen nach IFRS (Quelle: In Anlehnung an *Winkeljohann/Hoffmann*, Beck Bil-Komm., § 272, Tz. 6 ff.)

2.2 Eingezahltes Kapital

Gezeichnetes Kapital

In Abhängigkeit von den rechtlichen Bestimmungen, denen das nach IFRS bilanzierende Unternehmen unterliegt, kann sich das gezeichnete Kapital aus Stamm- und Vorzugsaktien zusammensetzen, die jeweils mit oder ohne Nennwert ausgestaltet sein können. Für jede Anteilskategorie sind die oben bereits aufgezeigten Offenlegungspflichten des IAS 1.78-80 in Bilanz bzw. Anhang zu berücksichtigen.

Die Nennwertaktie ist eine Form der Aktie, die über einen festen Nennwert einen Anteil am Grundkapital einer Aktiengesellschaft darstellt (§ 8 AktG). Lautet eine Aktie auf keinen Nennbetrag, wird sie als „unechte nennwertlose Aktie" bezeichnet. Dennoch lässt sich einer nennwertlosen Aktie ein rechnerischer Nennbetrag zuordnen. Das nennbetragsmäßig festgesetzte Grundkapital der Gesellschaft ist dabei in Aktien zerlegt, welche jeweils einen Teilbetrag des Grundkapitals darstellen. Ein Nennbetrag lässt sich also durch die Division des Grundkapitals durch die Anzahl der Aktien rechnerisch ermitteln. Der einzige Unterschied zur Nennbetragsaktie besteht aufgrund der Tatsache, dass die unechte nennwertlose Aktie auf keinen Nennbetrag lautet.[13] Letztlich sieht das Aktienrecht einen rechnerischen Mindestnennwert von 1 € vor (AktG § 8 (2)). Die Nennbeträge und die Zahl der Aktien jeden Nennbetrags sind nach AktG § 23 Abs. 3 Nr. 4 in der Satzung zu bestimmen.[14]

Ausstehende Einlagen

Häufig ist ein Teil der von einem Unternehmen emittierten Anteile noch nicht von den Gesellschaftern eingezahlt. IAS 1.79(a)(ii) wird hier so interpretiert, dass ein Ausweis dieser ausstehenden Einlagen (shares issued but not fully paid) auf der Aktivseite i.S.v. Forderungen gegen die Gesellschafter nicht vorgesehen ist. Sie sind vielmehr offen vom gezeichneten Kapital abzusetzen. Alternativ ist auch eine Angabe im Anhang zulässig.[15]

Kapitalrücklage

Die Kapitalrücklage enthält das Agio (Aufgeld), das bei der Ausgabe von Anteilen durch die Gesellschafter bereitgestellt wird. Sie grenzt sich dadurch vom gezeichneten Kapital sowie von den übrigen Rücklagen, die aus den in der Vergangenheit erzielten Gewinnen/Verlusten bzw. sonstigen Ergebnissen entstanden sind, ab. Zwar wird diese im deutschen Gesellschaftsrecht vorgesehene Kapitalrücklage (share premium bzw. additional paid-in capital bzw. capital reserves) in keinem IFRS explizit definiert, die Bildung dieser Unterposition des Eigenkapitals wird aber durch IAS 1.78(e) in Form eines separaten Ausweises in der Bilanz oder im Anhang gefordert.

Beispiel 15.6

Die Betonmischer AG führte im Geschäftsjahr 2021 eine ordentliche Kapitalerhöhung durch. Sie emittierte 4.800.000 nennwertlose Stammaktien zu einem Kurs von 22 € und 4.700.000 nennwertlose Vorzugsaktien zu jeweils 20 €. Das Grundkapital betrug vor der Kapitalerhöhung 64 Mio. €, die Anzahl der Altaktien 25.000.000. Jede der ausgegebenen Aktien hat somit einen rechnerischen Anteil von 2,56 € am festgelegten gezeichneten Kapital. Aus Vereinfachungsgründen werden Stamm- und Vorzugsaktien im Folgenden ohne separaten Ausweis im gezeichneten Kapitel verbucht. Damit erhöht sich das gezeichnete Kapital um:

13 Vgl. *Heider*, MüKoAktG, § 8, Tz. 21.
14 Vgl. dazu auch *Spindler/Stilz/Vatter*, AktG § 8, Tz. 22.
15 Vgl. *Winkeljohann/Hoffmann*, Beck Bil-Komm., § 272, Tz. 35.

2,56 € · (4.800.000 + 4.700.000) und die Kapitalrücklage um (22 € - 2,56 €) · 4.800.000 + (20 € - 2,56 €) · 4.700.000.

Bank	*199.600 T€*	*an*	*gezeichnetes Kapital*	*24.320 T€*
			Kapitalrücklage	*175.280 T€*

Emissionskosten

Bei Eigenkapitaltransaktionen (Kapitalerhöhungen) können sich GuV-wirksame und GuV-neutrale Veränderungen im Eigenkapital ergeben. Die bei der Eigenkapitalbeschaffung unmittelbar entstehenden Kosten (beispielsweise für Beratungsleistungen von Investmentbanken oder den Druck von Börsenprospekten) mindern den Emissionserlös und werden direkt gegen das Eigenkapital gebucht (IAS 32.37). Obwohl IAS 32.37 offen lässt, welche Eigenkapitalposition um Emissionskosten nach Steuern zu kürzen ist, liegt es nahe, Letztere als Abschlag vom Aufgeld zu interpretieren und die Kapitalrücklage entsprechend zu belasten. Können Anteile ggf. nicht am Markt platziert werden oder wird die Emission der Aktien verschoben, so sind die entstandenen Transaktionskosten als Aufwand der Periode zu berücksichtigen. Der mit der steuerlichen Abzugsfähigkeit der Emissionsausgaben einhergehende Steuervorteil erhöht wiederum die Kapitalrücklage (IAS 32.39).[16]

Beispiel 15.7

Die Ausgabe von 100.000 neuen Aktien (Nennwert 1 €, Emissionskurs 15 €) führt zu Transaktionskosten von 100.000 €, die steuerlich voll abzugsfähig sind. Der relevante Steuersatz beträgt 30 %. Die Verbuchung erfolgt wie folgt:

Sonst. betr. Aufwand		*an*	*Bank*	*100 T€*
Bank	*1.500 T€*	*an*	*gezeichnetes Kapital*	*100 T€*
			Kapitalrücklage	*1.400 T€*
Kapitalrücklage		*an*	*sonst. betr. Aufwand*	*100 T€*
Steuerforderung		*an*	*Kapitalrücklage*	*30 T€*

2.3 Erwirtschaftetes Kapital

Beschreibung nach Art und Zweck

IAS 1.78(e) sieht eine Beschreibung jeder Rücklage nach Art und Zweck im Eigenkapital vor. Neben der Kapitalrücklage sind hiervon auch die im deutschen Gesellschaftsrecht genannten Gewinnrücklagen sowie sonstige Rücklagen betroffen.

Gewinnrücklagen

Die Gewinnrücklagen (retained earnings/accumulated profits/accumulated comprehensive income) enthalten die Summe der einbehaltenen Gewinne (ggf. vermindert um Verluste) der Vorjahre zuzüglich des aktuellen Gewinns oder Verlustes. Das Ergebnis des laufenden Geschäftsjahres wird nicht als separate Eigenka-

16 Für die Bilanzierung von Emissionskosten nach internationalen Regeln vgl. *Lind, H./Faulmann, A.*, Die Bilanzierung von Eigenkapitalbeschaffungskosten nach IAS, US-GAAP und HGB, in: DB, 54. Jg. (2001), S. 601-605.

pitalposition ausgewiesen, sondern ist Bestandteil der seit der Unternehmensgründung angesammelten Gewinne bzw. Verluste. Eine Ergebnisverwendungsrechnung, wie sie der deutsche Gesetzgeber für Kapitalgesellschaften verlangt, muss nach den Bestimmungen des IASB nicht angegeben werden. Allerdings ist die Offenlegung der an die Anteilseigner ausgeschütteten Dividende sowie des dazugehörigen Betrages je Aktie in der Eigenkapitalveränderungsrechnung oder alternativ im Anhang vorgesehen (IAS 1.107).

Gesetzliche und satzungsmäßige Rücklagen

Nationale rechtliche Bestimmungen und vertragliche Vorschriften machen ggf. die Bildung einer gesetzlichen (legal reserve) oder satzungsmäßigen (statutory reserve) bzw. Rücklage aus anderen Gründen innerhalb des Eigenkapitals notwendig (RK.4.66). In Deutschland sind für Aktiengesellschaften die gesetzlichen Rücklagen, andere Gewinnrücklagen, Rücklagen für Anteile an einem herrschenden oder mit Mehrheit beteiligten Unternehmen und die satzungsmäßigen Rücklagen relevant. Die Dotierung dieser Rücklagen ergibt sich dabei aus den Vorschriften zur Ergebnisverwendung innerhalb des AktG bzw. HGB. In der nachfolgenden Abbildung 15.3 werden die möglichen Unterpositionen der Gewinnrücklagen grafisch veranschaulicht.

Die Gewinnrücklagen werden jedoch nicht allein über den Saldo der GuV im Zeitablauf, d.h. über GuV-wirksame Sachverhalte, verändert. Wie in den vorangehenden Kapiteln zu speziellen Bilanzierungsproblemen bereits aufgezeigt, wird das Eigenkapital nach den Vorschriften des IASB noch in weitere Rücklagenpositionen untergliedert, die sich aus Komponenten des sonstigen Ergebnisses (OCI) zusammensetzen. Hier handelt es sich um GuV-neutrale Aufwendungen und Erträge. Um einer Berichterstattung im Sinne des Rahmenkonzeptes zu genügen, werden dabei separate, die spezielle Ursache ihrer Bildung beschreibende Rücklagenpositionen gebildet.

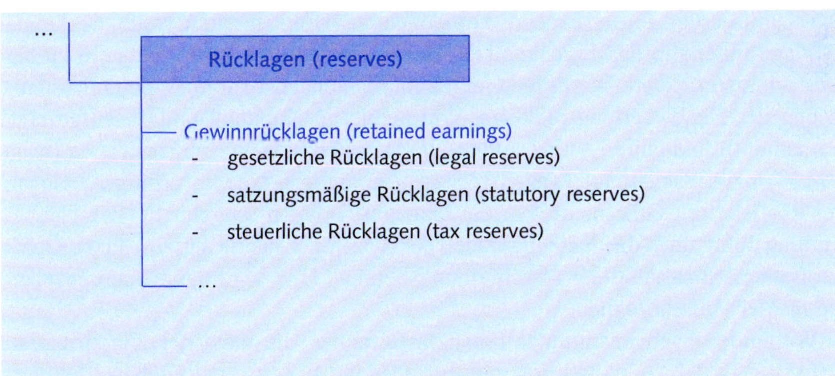

Abb. 15.3: Aufgliederung der Gewinnrücklagen

Kongruenzprinzip

In der Regel dienen diese sonstigen Rücklagen dem „Zwischenparken" GuV-neutraler Aufwendungen und Erträge, die dann im Zeitpunkt des Abgangs des betreffenden Vermögenswertes bzw. der Fälligkeit der Schuld über die GuV aufgelöst werden. Diese Methode ist unter den Termini recycling oder clean surplus accounting bekannt. Andere Rücklagenarten werden aber z.T. nicht nur GuV-neutral gebildet, sondern per Verrechnung mit den Gewinnrücklagen auch wieder GuV-neutral aufgelöst. Auf diese – als dirty surplus accounting bezeichnete – Weise verstoßen die Vorschriften des IASB teilweise dauerhaft gegen das Kongruenzprinzip (Kapitel 9 und 10 enthalten hierzu Beispiele), nachdem die Summe der Gewinne und Verluste mit dem Totalgewinn eines Unternehmens übereinstimmt. Liegt das Kongruenzprinzip zugrunde, so sind Reinvermögensänderungen ausschließlich über die Gewinne und Verluste der Perioden, gezahlte Dividenden und Kapitalerhöhungen bzw. -minderungen zu erklären. Das Kongruenzprinzip bleibt indes auch innerhalb der IFRS unverletzt, wenn nicht auf die Summe der Gewinne oder Verluste, sondern auf die Summe der Gesamtergebnisse (comprehensive income) abgestellt wird.

Währungsumrechnungsdifferenzen

Das IASB folgt bei der Umrechnung von Abschlüssen ausländischer Geschäftsbetriebe für den konsolidierten Abschluss dem Konzept der funktionalen Währung (vgl. Kapitel 20). Die bei der Konsolidierung von ausländischen Geschäftsbetrieben mit abweichender funktionaler Währung entstehenden Währungsumrechnungsdifferenzen werden in einer gesonderten Eigenkapitalposition gesammelt (IAS 21.39(c)). Die Bildung der Rücklage für Währungsumrechnungsdifferenzen erfolgt GuV-neutral nach Berücksichtigung aktiver bzw. passiver latenter Steuern. Der Eigenkapitalposten wird bis zum Ausscheiden des ausländischen Geschäftsbetriebes aus dem Konzern GuV-neutral weitergeführt, dann allerdings GuV-wirksam aufgelöst (IAS 21.48), sodass das Kongruenzprinzip gewahrt bleibt.

Neubewertungsrücklage

Wird bei der Folgebewertung des Sachanlagevermögens und/oder immaterieller Vermögenswerte der beizulegende Zeitwert gewählt (Neubewertungsmethode), so führen Wertansätze über die historischen Anschaffungs- oder Herstellungskosten hinaus zu einer GuV-neutralen Berücksichtigung im sonstigen Ergebnis. Die Kumulierung dieser Ergebniskomponenten erfolgt in einer Neubewertungsrücklage innerhalb des Eigenkapitals. Dabei sind passive latente Steuern zu berücksichtigen. Spätere Wertminderungen führen zunächst zur GuV-neutralen Auflösung der Neubewertungsrücklage. Wie bereits in Kapitel 9 und 10 aufgezeigt, werden aufgrund einer Neubewertung von immateriellen Vermögenswerten (nach IAS 38) bzw. Sachanlagen (nach IAS 16) entstandene Neubewertungsrücklagen bei Realisierung GuV-neutral in die Gewinnrücklagen umgebucht. Die Neubewertung führt über die Nutzungsdauer der Vermögenswerte ggf. zu einer GuV-wirksamen Anpassung der Abschreibungsbeträge. Hier wird das Kongruenzprinzip insofern durchbrochen.

Kumulative Gewinne/ Verluste aus der Bewertung von Finanzinstrumenten

Wertänderungen bestimmter Finanzinstrumente, die nach der Klassifikation des IFRS 9.4.1.2A GuV-neutral zum beizulegenden Zeitwert folgebewertet werden, finden ebenfalls Berücksichtigung innerhalb des sonstigen Ergebnisses (vgl. Kapitel 17). Die jeweiligen Bewertungsergebnisse werden innerhalb des Eigenkapitals kumuliert. Es sind jeweils latente Steuern zu bilden. Die Auflösung dieser Eigenkapitalkomponente erfolgt bei Veräußerung des finanziellen Vermögenswertes. Wertänderungen von Schuldtiteln werden durch GuV-wirksames recycling (IFRS 9.5.7.10) aufgelöst, Eigenkapitaltitel hingegen GuV-neutral umgebucht. Die kumulierten Gewinne und Verluste aus derivativen Finanzinstrumenten (vgl. Kapitel 18) zur Absicherung von Cashflows (cash flow hedges) sind, soweit sie den effektiven Teil des Sicherungsgeschäfts betreffen, innerhalb des Eigenkapitals zu berücksichtigen (IFRS 9.6.5.11(b)). Analog hierzu werden auch Sicherungsinstrumente in Bezug auf Nettoinvestitionen in ausländische Geschäftsbetriebe (hedges of a net investment in a foreign operation) nach IFRS 9.6.5.13(a) dort abgebildet. Eine nähere Beschreibung des jeweiligen Sachverhalts ist zudem in der Gesamtergebnisrechnung vorgesehen.

Versicherungsmathematische Gewinne und Verluste

Nach IAS 19 „Leistungen an Arbeitnehmer" müssen versicherungsmathematische Gewinne und Verluste über eine sofortige, vollständige und GuV-neutrale Verrechnung mit dem Eigenkapital erfasst werden (vgl. Kapitel 14).

Einige Unternehmen fassen in der Bilanz sämtliche GuV-neutral gebildeten Eigenkapitalposten in einem Sammelposten zusammen und weisen diesen neben Gewinnrücklagen und dem eingezahlten Kapital aus.[17]

Abbildung 15.4 zeigt beispielhaft die derzeitige Aufgliederung einiger GuV-neutral gebildeter Rücklagen. Die einzelnen Quellen sämtlicher Eigenkapitalentwicklungen müssen separat in der Eigenkapitalveränderungsrechnung offengelegt werden. Dies gilt auch für die Ursachen der jeweiligen GuV-neutralen Reinvermögensänderungen (IAS 1.106(d)). Alle Komponenten des sonstigen Ergebnisses der jeweiligen Periode sind darüber hinaus innerhalb der Gesamtergebnisrechnung (IAS 1.81A) anzugeben.

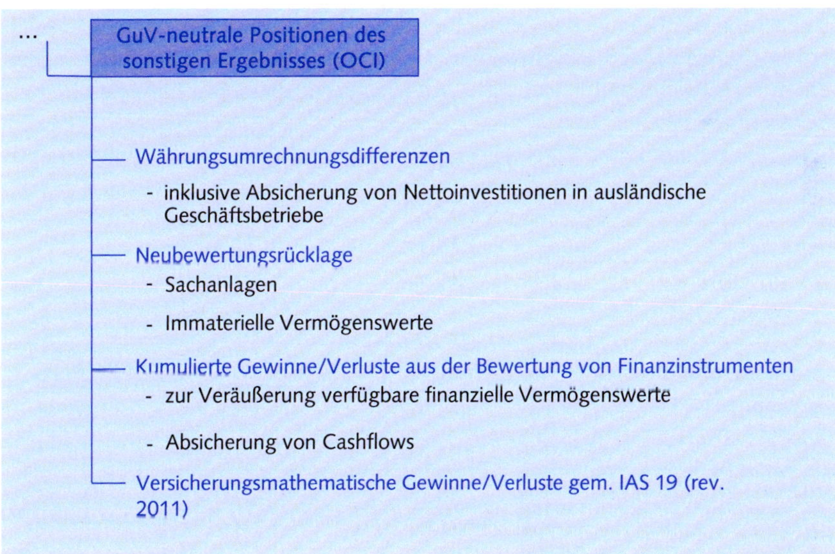

Abb. 15.4: Aufgliederung der GuV-neutralen Positionen des sonstigen Ergebnisses (OCI)

17 Vgl. z.B. *Linde plc*, 2019 Directors Report and Financial Statements, S. 86.

Sonstige GuV-neutrale Positionen

Zudem fungiert das Eigenkapital als Ausgleichspuffer für die GuV-neutrale Berücksichtigung der Änderungen von Bilanzierungs- und Bewertungsmethoden (IAS 8.22 und 8.26) sowie der Korrektur von Fehlern aus Vorperioden (IAS 8.42 und Implementation Guidance zu IAS 8 Beispiel 1; vgl. Kapitel 5). Auch die erstmalige Anwendung eines IFRS kann eine Veränderung der Gewinnrücklagen bewirken (vgl. erneut Kapitel 5). IAS 8.19 besagt, dass die erstmalige Anwendung eines Standards oder einer Interpretation immer gemäß den in der jeweiligen Verlautbarung enthaltenen Übergangsvorschriften zu erfolgen hat. Nur für den Fall, dass es keine spezifischen Übergangsregelungen gibt, hat eine retrospektive Behandlung analog zu der in IAS 8 beschriebenen Vorgehensweise zu erfolgen. So führte die erstmalige Anwendung von IAS 41 „Landwirtschaft" zu den unter IAS 8 beschriebenen Anpassungen (IAS 41.59). IAS 41.12 sieht die Bewertung von biologischen Vermögenswerten (wie z.B. Schafen, Milchvieh, Obstbäume) grundsätzlich zum beizulegenden Zeitwert abzüglich der geschätzten Verkaufskosten vor. Dabei sind Gewinne und Verluste aus dem erstmaligen Ansatz und auch in den Folgejahren aus der Änderung des beizulegenden Zeitwertes abzüglich der geschätzten Verkaufskosten GuV-wirksam zu erfassen.

Beispiel 15.8

Der Viehbestand der Bauer AG umfasste u.a. Milchziegen, die Ende 2002 mit einem Buchwert (fortgeführte Anschaffungskosten) in Höhe von 37 T€ in der Bilanz standen. Die geschätzten Veräußerungskosten seien null. Da das Geschäftsjahr dem Kalenderjahr entspricht, musste im Jahr 2003 erstmals IAS 41 angewendet werden. (Alle Angaben dazu sind der Tabelle zu entnehmen.) Die Anpassung des Buchwertes der biologischen Vermögenswerte am 01.01.2003 erfolgte gemäß IAS 8.19 retrospektiv GuV-neutral über die Gewinnrücklagen unter Berücksichtigung latenter Steuern (Steuersatz 30 %):

	Zeitwert	**Fortgeführte AK**	**Differenz**
01.01.2002	37,5 T€	36 T€	1,5 T€
31.12.2002	38 T€	37 T€	1 T€
31.12.2003	41 T€	39 T€	2 T€

Ergebniseffekt	**Vor Steuern**	**Steuern**	**Nach Steuern**
Vor 2002	1,5 T€	0,45 T€	1,05 T€
2002	-0,5 T€	-0,15 T€	-0,35 T€
Summe zum 01.01.2003	1 T€	0,3 T€	0,7 T€
2003	1 T€	0,3 T€	0,7 T€
Summe zum 31.12.2003	2 T€	0,6 T€	1,4 T€

Die Berücksichtigung der Vorperioden, d.h. vor 2002 und im Geschäftsjahr 2002, erfolgt über die Anpassung der Gewinnrücklagen. Die Differenz aus

2003 wird derweil schon GuV-wirksam vereinnahmt, da die Umstellung zum 01.01.2003 erfolgte und für das Geschäftsjahr bereits die oben beschriebenen Regelungen des IAS 41 greifen. Wäre der Milchziegenbestand auch 2003 noch zu fortgeführten Anschaffungskosten bewertet worden, so wäre 2003 der Gewinn vor Steuern um 1.000 € bzw. um 700 € nach Steuer geringer ausgefallen.

Die GuV-neutrale Anpassung aus der Erstanwendung des IAS 41 ist demnach wie folgt zu buchen:

Milchziegen	*1.000 €*	*an*	*Gewinnrücklagen (aus Erstanpassung IAS 41)*	*700 €*
			passive latente Steuern	*300 €*

Die Änderung des beizulegenden Zeitwerts abzüglich der geschätzten Veräußerungskosten 2003 wird dagegen GuV-wirksam bilanziert:

Milchziegen	*an*	*Ertrag aus der Wertänderung des Milchviehbestandes*	*1.000 €*
Steueraufwand	*an*	*passive latente Steuern*	*300 €*

Die Bildung der passiven latenten Steuern beruht darauf, dass steuerlich eine Zuschreibung des Milchziegenbestandes über die fortgeführten historischen Anschaffungskosten hinaus nicht zulässig ist.

Abschließend fasst Abbildung 15.5 die sonstigen GuV-neutralen Positionen des Eigenkapitals zusammen:

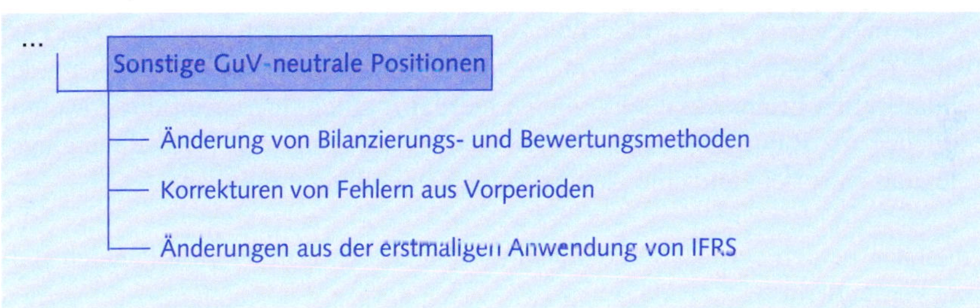

Abb. 15.5: Aufgliederung der sonstigen GuV-neutralen Positionen

2.4 Ausweis eigener Anteile

Ausweis als Abzug vom Eigenkapital

Unternehmen können eigene Anteile im Rahmen der rechtlichen Möglichkeiten aus verschiedenen Gründen zurückkaufen. So stellt der Rückkauf ein Ausschüttungsinstrument dar, außerdem kann er z.B. Kapitalherabsetzungen, späteren Neuemissionen bei besseren Kapitalmarktbedingungen oder der Ausgabe von Mitarbeiteraktien bzw. Aktienoptionsprogrammen dienen. IAS 1.79(a)(vi) fordert in der Bilanz oder alternativ im Anhang für alle Anteilskategorien Angaben über eigene Anteile, die vom Unternehmen selbst oder von Tochtergesellschaften bzw. assoziierten Unternehmen gehalten werden. Nicht explizit eingeschlossen in dieser Regelung sind gemeinsame Vereinbarungen im Sinne des IFRS 11. Der Ausweis rückgekaufter Anteile ist in IAS 32.33 geregelt. Danach sind eigene Anteile nicht auf der Aktivseite als Vermögenswerte, sondern als Abzug vom Eigenkapital auszuweisen. Damit ist eine Aktivierung unter den Wertpapieren des Umlaufvermögens unzulässig. Der Erwerb eigener Anteile führt zu einer direkten Verminderung des Reinvermögens in Höhe der Anschaffungskosten.

Drei Ausweisalternativen

Für den Ausweis rückgekaufter Anteile war früher SIC 16 heranzuziehen. Zwar wurde SIC 16 durch die aktuelle Fassung des IAS 32 außer Kraft gesetzt, dennoch sind große Teile der Inhalte dieser Interpretation weiterhin relevant.[18] Daher sollen im Folgenden für den Abzug eigener Anteile vom Eigenkapital die vormals in SIC 16.10 geregelten drei Bilanzierungsmöglichkeiten für die Darstellung der Anschaffungskosten in der Bilanz oder im Anhang erläutert werden. Ihre jeweilige Anwendung führt allein zu Unterschieden in der Struktur der Eigenkapitalpositionen nach dem Erwerb der eigenen Anteile:

- Anschaffungskostenmethode (cost method): Die gesamten Anschaffungskosten werden en bloc offen vom Eigenkapital als Abzugsposten abgesetzt.
- Nennwertmethode (par value method): In Abhängigkeit von der Verteilung des ursprünglichen Emissionserlöses pro Aktie werden die Rückkaufkosten auf das gezeichnete Kapital und die Kapitalrücklage verteilt. Liegt der Rückkaufpreis über dem Emissionspreis, sind die Gewinnrücklagen um diesen überschreitenden Teil zu kürzen.
- Die Anschaffungskosten eigener Anteile werden nach dem Ermessen des Unternehmens auf die relevanten Eigenkapitalpositionen verteilt. Dabei ist aber der Nennbetrag vom gezeichneten Kapital abzusetzen.[19] Angesichts der bilanziellen Ermessensspielräume ist hierbei fraglich, inwieweit diese Methode der im Rahmenkonzept festgelegten Zielsetzung der IFRS-Rechnungslegung entspricht und eine glaubwürdige Darstellung ermöglicht.

Die ersten beiden der in SIC-16 genannten Methoden werden im folgenden Beispiel verdeutlicht.

Beispiel 15.9

Die Atlas AG emittiert am 01.01.2021 50.000 Aktien mit einem Nennwert von 1 € zu einem Ausgabekurs von 15 €.

18 So kann mangels konkreter Vorgaben in den IFRS anhand von IAS 8.10-12 eine Anwendung der entsprechenden US-GAAP-Regelungen hergeleitet werden. Diese sehen in Analogie zu SIC 16 die cost method oder die par value method vor. Vgl. hierzu *Kirsch, H.*, Bilanzierung eigener Aktien nach IFRS – Darstellung, Prüfungsaspekte und Auswirkungen auf die Jahresabschlussanalyse, in: StuB, 7. Jg. (2005), S. 10; siehe auch *Lüdenbach/Hoffmann/Freiberg*, Haufe IFRS-Kommentar, § 20: Eigenkapital, Eigenkapitalspiegel, Rz. 86 sowie IDW RS HFA 45, Tz. 41.

19 Vgl. *Schmidbauer, R.*, Die Bilanzierung eigener Aktien im internationalen Vergleich, in: DStR, 40. Jg. (2002), S. 190-192.

Bank 750 T€	*an*	*gezeichnetes Kapital*	*50 T€*
		Kapitalrücklage	*700 T€*

Am 15.3.2022 kauft die Atlas AG 1.000 Aktien zu einem Kurs von 18 € zurück. Die Gewinnrücklagen betragen zu diesem Zeitpunkt 100 T€. Nach den oben vorgestellten verschiedenen Ausweismöglichkeiten lauten die Buchungssätze wie folgt:

(a) Anschaffungskostenmethode

Eigene Anteile (Eigenkapital)	*an*	*Bank*	*18 T€*

(b) Nennwertmethode

Gezeichnetes Kapital (Eigene Anteile)	*1 T€*			
Kapitalrücklage (Eigene Anteile)	*14 T€*			
Gewinnrücklagen (Eigene Anteile)	*3 T€*	*an*	*Bank*	*18 T€*

(a) Anschaffungskostenmethode		**(b) Nennwertmethode**	
Gezeichnetes Kapital	50 T€	Gezeichnetes Kapital	50 T€
Kapitalrücklage	700 T€	*Eigene Anteile*	*-1 T€*
Gewinnrücklagen	100 T€	Kapitalrücklage	700 T€
Eigenkapital (brutto)	850 T€	*Eigene Anteile*	*-14 T€*
Eigene Anteile	*-18 T€*	Gewinnrücklagen	100 T€
		Eigene Anteile	*-3 T€*
Summe Eigenkapital	832 T€	Summe Eigenkapital	832 T€

Angenommen, die Atlas AG hätte nur 12 € pro rückgekaufte Aktie bezahlt, so lauteten die Buchungssätze:

(a) Anschaffungskostenmethode

Eigene Anteile (Eigenkapital)	*an*	*Bank*	*12 T€*

(b) Nennwertmethode[20]

Gezeichnetes Kapital (Eigene Anteile)	*1 T€*			
Kapitalrücklage (Eigene Anteile)	*11 T€*	*an*	*Bank*	*12 T€*

20 Zu diskutieren wäre, ob nicht das komplette bei der Erstemission der Aktien entstandene Agio aus der Kapitalrücklage auszubuchen ist. Folgt man dieser Auffassung, so müssten zusätzlich zu der hier angegebenen Buchung noch 3 T€ aus der Kapitalrücklage in die Gewinnrücklagen gebucht werden.

(a) Anschaffungskostenmethode		(b) Nennwertmethode	
Gezeichnetes Kapital	50 T€	Gezeichnetes Kapital	50 T€
Kapitalrücklage	700 T€	*Eigene Anteile*	*-1 T€*
Gewinnrücklagen	100 T€	Kapitalrücklage	700 T€
Eigenkapital (brutto)	850 T€	*Eigene Anteile*	*-11 T€*
Eigene Anteile	*-12 T€*	Gewinnrücklagen	100 T€
Summe Eigenkapital	838 T€	Summe Eigenkapital	838 T€

Wiederverkauf eigener Anteile

Die erneute Ausgabe rückgekaufter Aktien wird bei der Nennwertmethode analog zu einer erstmaligen Aktienemission behandelt. Damit wird die durch den Aktienrückkauf bedingte Veränderung der Gewinnrücklage anders als im HGB nicht umgekehrt. Vielmehr wird der Nennwert der verkauften Aktien in das gezeichnete Kapital gebucht, wohingegen das Agio (Kaufpreis abzüglich Nennbetrag) in der Kapitalrücklage ausgewiesen wird. Hingegen führt der Wiederverkauf eigener Anteile bei der Anschaffungskostenmethode zunächst zu einer Auflösung des negativen offenen Korrekturpostens im Eigenkapital. Höhere bzw. niedrigere Wiederveräußerungswerte führen zu einer Anpassung der Kapitalrücklage. Wird diese von Veräußerungsverlusten aufgezehrt, kommt es zu einer zusätzlichen Kürzung der Gewinnrücklagen.

Sofern die veräußerten eigenen Anteile zu unterschiedlichen Zeitpunkten oder Kursen erworben wurden, können die Anschaffungskosten nach der Durchschnittsmethode oder einem anderen sachgerechten Verbrauchsfolgeverfahren ermittelt werden.[21]

3 Gliederungsvorschriften und Angaben

Bilanzausweis

Die im Rahmenkonzept bzw. in IAS 32.11 enthaltene Eigenkapitaldefinition gilt für alle Unternehmen, die einen IFRS-Abschluss erstellen (RK.4.67). Die Höhe und zeitliche Veränderung des Eigenkapitals sollen den Anteilseignern als Indikator für die Fähigkeit eines Unternehmens dienen, in Zukunft Ausschüttungen vorzunehmen oder Kapital zurückzuzahlen. In der Bilanz schreiben die IFRS zunächst keine detaillierte Gliederung des Eigenkapitals vor. Als Leitlinie gelten demnach IAS 1.54(q) und (r), die lediglich den Ausweis für das gezeichnete Kapital und die Rücklagen sowie den Minderheitenanteil fordern. Damit die Abschlussadressaten u.a. besser abschätzen können, inwieweit mögliche Ausschüttungsrestriktionen vorliegen, ist die Residualgröße Eigenkapital nach IAS 1.77-80 weiter aufzugliedern. Die detailliertere Untergliederung kann dabei wahlweise direkt in der Bilanz oder im Anhang vorgenommen werden.

21 Vgl. *Lüdenbach/Hoffmann/Freiberg*, Haufe IFRS-Kommentar, § 20: Eigenkapital, Eigenkapitalspiegel, Rz. 88.

Die Notwendigkeit einer Bildung bestimmter Unterpositionen des Eigenkapitals ergibt sich z.T. aus einzelnen IFRS. Wird die Neubewertungsmethode z.B. bei der Folgebewertung von Sachanlagevermögen gewählt, so sind nach IAS 16.39 Werterhöhungen über die fortzuführenden historischen Anschaffungs- oder Herstellungskosten hinaus innerhalb einer Neubewertungsrücklage auszuweisen, sofern zuvor keine außerplanmäßige Abschreibung vorgenommen wurde. Die Implementation Guidance zu IAS 1 (Part I: Illustrative presentation of financial statements) zeigt die exemplarische Gliederung einer Konzernbilanz. Das Eigenkapital wird grob in die folgenden Positionen unterteilt:

Gliederungsvorschriften ergeben sich aus einzelnen Standards

- Gezeichnetes Kapital (share capital),
- Gewinnrücklagen (retained earnings),
- Andere Eigenkapitalbestandteile (other components of equity), und
- Nicht beherrschende Anteile am Eigenkapital (non-controlling interest).

Für die ersten drei Eigenkapitalpositionen ist eine Zwischensumme anzugeben, die das den Anteilseignern des Mutterunternehmens zuzurechnende Eigenkapital (equity attributable to equity holders of the parent) kennzeichnet.

Nicht beherrschende Anteile

Im IFRS-Konzernabschluss sind die nicht beherrschenden Anteile an Tochterunternehmen innerhalb des Eigenkapitals gesondert auszuweisen (IFRS 10.22)[22], womit das IASB weiterhin der sog. Einheitstheorie folgt (vgl. Kapitel 21).

Heterogenität in der Praxis

Die beschriebenen, relativ offen formulierten Gliederungsvorschriften zum Eigenkapital führen in der deutschen IFRS-Bilanzierungspraxis zu sehr unterschiedlichen Darstellungen des Eigenkapitals innerhalb der Bilanz bzw. im Anhang:

Beispiel 15.10

Im IFRS-Konzernabschluss 2019 der Adidas AG wird zwischen Grundkapital, sonstigen Rücklagen, Gewinnrücklagen und nicht beherrschenden Anteilen unterschieden. Die Aufteilung der Veränderung des erwirtschafteten Kapitals (Gewinnrücklagen und sonstiges Ergebnis) in die einzelnen Positionen ergibt sich nur aus der Eigenkapitalveränderungsrechnung und dem Anhang.

Demgegenüber gruppiert die Daimler AG in ihrem IFRS-Konzernabschluss 2019 das Eigenkapital in der Bilanz in gezeichnetes Kapital, Kapitalrücklage, Gewinnrücklagen, übrige Rücklagen sowie nicht beherrschende Anteile. Die einzelnen Eigenkapitalpositionen werden ausführlich im Anhang aufgeschlüsselt.

Mindestangabepflichten

IAS 1.107 und 1.137 enthalten darüber hinaus bestimmte Angabepflichten zum Eigenkapital, die sich auf die vorgesehene Dividende beziehen. Außerdem haben Unternehmen gemäß IAS 1.78-80 folgende Informationen in der Bilanz oder im Anhang offen zu legen:

- Für jede Anteilsklasse, u.a.
  - Anzahl genehmigter Anteile,

22 Dies gilt im Rahmen des Konzernabschlusses nicht für kündbare Instrumente, die den nicht beherrschenden Anteilen zuzurechnen sind. Auch die Erfüllung der Ausnahmeregelungen des IAS 32.16A-D führt nicht zu einer Klassifikation als Eigenkapital.

  - Anzahl ausgegebener vollständig eingezahlter Anteile und Anzahl ausgegebener nicht vollständig eingezahlter Anteile,
  - Nennwert der Anteile bzw. die Angabe, dass die Anteile keinen Nennwert haben,
  - eine Überleitungsrechnung der Anzahl der ausgegebenen Anteile vom Anfang zum Ende der Periode,
  - Informationen zu bestimmten (Vorzugs-)Rechten und Beschränkungen von Anteilen, Informationen zu eigenen Anteilen sowie zu von Tochterunternehmen oder assoziierten Unternehmen gehaltenen Anteilen am Unternehmen sowie
  - Angaben zu Anteilen, die aufgrund von Optionen und Verkaufsverträgen vorgehalten werden,
- Beschreibung der Beschaffenheit und des Zwecks der Rücklagenpositionen des Eigenkapitals.

Kündbare Instrumente

Diese Angabepflichten zielen primär auf die Rechtsform der Kapitalgesellschaft. Unternehmen mit einer anderen Rechtsform, wie z.B. Personengesellschaften, haben äquivalente Informationen in der Bilanz oder im Anhang zu veröffentlichen.

Im Zusammenhang mit kündbaren Instrumenten muss ein Unternehmen nach IAS 1.136A folgende Angaben liefern:

- den Gesamtbetrag der als Eigenkapital eingestuften Finanzinstrumente,
- Informationen zu den Methoden, wie die Rückzahlungsverpflichtungen gesteuert werden, wenn das Kündigungsrecht durch die Inhaber ausgeübt wird, einschließlich ihrer Veränderung gegenüber dem Vorjahr,
- die erwarteten Zahlungsmittelabflüsse bei Rücknahme oder Rückkauf der Finanzinstrumente, sowie
- Informationen über die Verfahren, wie der erwartete Zahlungsmittelabfluss ermittelt wurde.

4 Wesentliche Unterschiede zum IFRS for SMEs

Die Regelungen zum Eigenkapital finden sich in Abschnitt 22 des IFRS for SMEs. Inhaltlich existieren keine wesentlichen Unterschiede zu IAS 32. Einzige Abweichungen sind dabei die expliziten Regelungen dreier Bilanzierungsprobleme, die innerhalb des IAS 32 auf diese Weise nicht separat erfasst werden. IFRS-SME.22.7 ff. regelt die Ausgabe zusätzlicher Anteile oder anderer Eigenkapitalinstrumente. Der Verkauf von Optionen und gleichartigen Instrumenten auf eigene Anteile wird im IFRS-SME.22.11 erläutert. IFRS-SME.22.12 zeigt auf, wie Gratisaktien und Aktiensplits bilanziell zu berücksichtigen sind. Inhaltlich entsprechen die Absätze zur Ausgabe von Optionen und gleichartigen Instrumenten auf eigene Anteile dem IAS 32.16(b)(ii) (vgl. Beispiel 15.1). Für die übrigen Abschnitte existieren keine Regelungen innerhalb der „full" IFRS, da sie sich implizit aus den Gliederungsvorschriften des IAS 1 ergeben.

5 Wesentliche Unterschiede zum HGB

Eigenkapitaldefinition und -gliederung

Die Gliederung des Eigenkapitals ergibt sich für Kapitalgesellschaften aus § 266 Abs. 3 HGB und sieht einen separaten Ausweis von gezeichnetem Kapital, Kapitalrücklage, Gewinnrücklagen, Gewinn- bzw. Verlustvortrag sowie dem Jahresüberschuss bzw. -fehlbetrag der Berichtsperiode vor. Für den Einzelabschluss ist die Untergliederung insbesondere aufgrund der Ausschüttungsbemessungsfunktion wichtig. Im Konzernabschluss erfolgt die Untergliederung dagegen nur aus Informationsgründen. Wird der Abschluss nach (teilweiser) Gewinnverwendung aufgestellt (§ 268 Abs. 1 HGB), so schließt statt der beiden letztgenannten Positionen der Bilanzgewinn bzw. -verlust die Gliederung des Eigenkapitals ab. Hierbei ist ein eventuell vorhandener Gewinn- oder Verlustvortrag einzurechnen und in Bilanz oder Anhang gesondert anzugeben. Im Unterschied zu den IFRS werden die Gewinnrücklagen also nicht mit dem (verwendeten) Gewinn und ggf. Gewinn- bzw. Verlustvortrag zu einem Sammelposten zusammengefasst. GuV-neutrale Veränderungen des Eigenkapitals kommen im HGB-Konzernabschluss z.B. bei der Berücksichtigung von Währungsdifferenzen im Rahmen der Umrechnung von Abschlüssen ausländischer Teileinheiten vor. Nicht beherrschende Anteile werden im Konzernabschluss gemäß § 307 Abs. 1 HGB separat und analog zu den IFRS als Bestandteil des Konzerneigenkapitals ausgewiesen.[23]

Gezeichnetes Kapital und Kapitalrücklage

Beim eingezahlten Kapital von Kapitalgesellschaften wird zwischen gezeichnetem Kapital und Kapitalrücklage unterschieden. Die Kapitalrücklage enthält das von Gesellschaftern gezahlte Agio bei der Ausgabe von Anteilen, die Prämie von Gesellschaftern zur Erlangung eines Vorzugs ihrer Anteile, sonstige Zuzahlungen sowie den Betrag, der bei der Ausgabe von Schuldverschreibungen für Wandlungs- und Optionsrechte zum Erwerb von Anteilen erzielt wird (§ 272 Abs. 2 HGB). Eine GuV-neutrale Verrechnung direkter Emissionskosten nach Steuern mit der Kapitalrücklage, wie nach internationalen Vorschriften üblich, ist nach deutschem Bilanzrecht allerdings nicht zulässig. Sie gelten vielmehr als Aufwand der Periode.

Stimmrechtslose Vorzugsaktien sind in Übereinstimmung mit den IFRS als Eigenkapital zu klassifizieren. Wesentliche Unterschiede zu den IFRS bestehen dagegen beim Ausweis von rückzahlbaren Vorzugsaktien, die aufgrund einer Abgrenzung von Eigenkapital zu Fremdkapital auf Basis von Fristigkeits- und Ergebnisabhängigkeitsmerkmalen sowie des Anspruches im Konkursfall grundsätzlich dem Eigenkapital zugeordnet werden. Ähnlich wie rückzahlbare Vor-

23 Vgl. hierzu auch *Busse von Colbe et al.*, Konzernabschlüsse, S. 205 f.

zugsaktien werden auch Kommandit- und Genossenschaftsanteile dem Eigenkapital zugeordnet.

Ausstehende Einlagen

Zudem ist anders als nach IFRS ein Ausweis ausstehender Einlagen auf der Aktivseite der Bilanz vorgesehen. Dabei wird in HGB-Bilanzen zwischen eingeforderten und noch nicht eingeforderten ausstehenden Einlagen unterschieden. Nach § 272 Abs. 1 Satz 3 sind die nicht eingeforderten ausstehenden Einlagen offen vom gezeichneten Kapital abzusetzen (sog. Nettoausweis). Das eingeforderte Kapital ist hingegen auf der Passivseite auszuweisen. Auf der Aktivseite wird eine Forderung ausgewiesen, die den eingeforderten, aber noch nicht eingezahlten Einlagen entspricht.

Gewinnrücklagen

Auch nach deutschem Recht entstehen Gewinnrücklagen aus einbehaltenen Gewinnen vergangener Perioden. Nach § 266 Abs. 3 HGB sind sie in gesetzliche Rücklagen, Rücklagen für Anteile an einem herrschenden oder mehrheitlich beteiligten Unternehmen, satzungsmäßige Rücklagen und andere Gewinnrücklagen zu untergliedern. Eine gesetzliche Rücklage ist nur für Aktiengesellschaften und Kommanditgesellschaften auf Aktien vorgesehen; ihre Höhe ergibt sich aus § 150 AktG. Die Einstellung aus dem Jahresüberschuss von Aktiengesellschaften in die anderen Gewinnrücklagen ist in § 58 AktG geregelt. Im Gegensatz zur Auflösung der Kapitalrücklage und gesetzlichen Rücklagen, welche nur sehr restriktiv möglich ist, kann die Auflösung anderer Gewinnrücklagen durch Vorstand und Aufsichtsrat bzw. durch die Hauptversammlung recht willkürlich vorgenommen werden.

GuV-neutrale Eigenkapitalveränderungen

GuV-neutrale Eigenkapitalveränderungen spielen im HGB eine untergeordnete Rolle. Ihr Ausweis in einer gesonderten Rücklagenkategorie wird daher nicht verlangt, vielmehr führen sie zu pauschalen Anpassungen der Gewinnrücklagen bzw. – nach deren Aufzehrung – der Kapitalrücklage. Allerdings müssen Konzernabschlüsse nach § 297 Abs. 1 Satz 1 auch einen Eigenkapitalspiegel beinhalten. Damit hat der Gesetzgeber 2004 im Rahmen des BilReG auf die in Zukunft erwartete gesteigerte Bedeutung GuV-neutraler Eigenkapitalveränderungen insbesondere für den Konzernabschluss reagiert. Mit der Einführung des BilMoG wurde die Pflicht zur Erstellung eines Eigenkapitalspiegels innerhalb des HGB ausgeweitet. Gemäß § 264 Abs. 1 Satz 2 HGB ist nun auch seine Aufstellung für kapitalmarktorientierte Kapitalgesellschaften im Einzelabschluss vorgeschrieben, sofern diese nicht zur Aufstellung eines Konzernabschlusses verpflichtet sind. Normen für die inhaltliche Ausgestaltung des Eigenkapitalspiegels sind hingegen im deutschen Handelsrecht nicht kodifiziert. Der DSR hat jedoch Vorgaben zum Eigenkapitalspiegel innerhalb des DRS 7 ausgearbeitet, die i.V.m. § 342 Abs. 2 HGB die gesetzliche Konformität gewährleisten. Diese Regelungen sind in weiten Teilen mit denen des IAS 1 vergleichbar.

Eigene Anteile

Gemäß § 272 Abs. 1a HGB ist der Nennbetrag bzw. der Wert der erworbenen eigenen Anteile offen vom gezeichneten Kapital als Korrekturposten abzusetzen. Der Differenzbetrag zwischen dem reinen Kaufpreis der Aktien (ohne Anschaffungsnebenkosten) und dem im gezeichneten Kapital zu bilanzierenden Betrag ist in der Gewinnrücklage zu erfassen.[24] Anschaffungsnebenkosten werden als Aufwand in der GuV verbucht. Damit ist die Bilanzierung eigener Anteile nach HGB vergleichbar mit der Nennwertmethode nach IFRS (vgl. Beispiel 15.9).

Bei der Wiederausgabe der Aktien hat nach § 272 Abs. 1b HGB eine Korrektur der Eigenkapitalpositionen zu erfolgen, aus denen ursprünglich der Kaufpreis entnommen wurde. Daher ist zuerst das gezeichnete Kapital in Höhe des Nennbetrags zu erhöhen. Der Differenzbetrag zwischen dem Verkaufserlös und dem Nennbetrag wird anschließend – anders als nach IFRS – in derselben Höhe auf die Rücklagen verteilt, die beim Kauf der Aktien als freie Rücklagen dienten. Der verbleibende Restbetrag wird abschließend in die Kapitalrücklage eingestellt. Die bei der Veräußerung der Aktien entstehenden Nebenkosten sind ebenfalls als Aufwand in der GuV zu erfassen. Zur Ermittlung der Anschaffungskosten bei dem Verkauf von eigenen Anteilen aus mehreren Erwerbsvorgängen sind die durchschnittlichen Anschaffungskosten anzusetzen.[25]

Ausgewählte Literatur

Göbel, S./Kormayer, B., Bilanzierung des Aktienrückkaufs im internationalen Vergleich, in: PiR, 2. Jg. (2006), S. 65-70.

Kampmann, H., Die Kapitalstruktur der Unternehmung in der handelsrechtlichen Rechnungslegung. Ökonomische Theorie des Bilanzrechts und Prinzipien der Bilanzierung einfacher und hybrider Kapitalformen, Bielefeld 2001.

KPMG, Eigenkapital versus Fremdkapital nach IFRS, Stuttgart 2006.

Lind, H./Faulmann, A., Die Bilanzierung von Eigenkapitalbeschaffungskosten nach IAS, US-GAAP und HGB, in: DB, 54. Jg. (2001), S. 601-605.

Scheffler, E., Eigenkapital im Jahres- und Konzernabschluss nach IFRS, München 2006.

Schlitt, M./Brandi, T./Schröder, J./Gemmel, H./Ernst, C., Aktuelle Entwicklungen bei Hybridanleihen, in: CF, 2. Jg. (2011), S. 36-37.

Schmidt, M., IAS 32 (rev. 2008): Ergebnis- statt Prinzipienorientierung, in: BB, 63. Jg. (2008), S. 434-439.

Schmidt, M., Die drei Ansätze des FASB zur Abgrenzung zwischen Eigen- und Fremdkapitalinstrumenten, in: IRZ, 3. Jg. (2008), S. 235-243.

Wüstemann, J./Schrober, C., IASB DP/2018/1 „Financial Instruments with Characteristics of Equity": Fortführung eines kasuistischen Kapitalabgrenzungssystems, in: BB, 73. Jg. (2018), S. 2219-2223.

24 Vgl. *Winkeljohann/Hoffmann*, Beck Bil-Komm., § 272, Tz. 131-137.

25 Vgl. *Winkeljohann/Hoffmann*, Beck Bil-Komm., § 272, Tz. 141-149.

Übungsaufgaben

Herr Zaum ist als Geschäftsführer der Ernst AG mit der Erstellung des Jahresabschlusses für das Jahr 2021 gänzlich überfordert. Er bittet Sie als Experten auf dem Gebiet der internationalen Rechnungslegung um Ihren Rat. Erläutern Sie Herrn Zaum dazu folgende Sachverhalte.

a) Welche drei großen Bereiche von Eigenkapitalveränderungen können unterschieden werden?

b) Wie werden nicht beherrschende Anteile in der IFRS-Konzernbilanz ausgewiesen? Welche theoretische Leitlinie lässt sich daraus erkennen?

c) Wie ist es zu erklären, dass die IFRS-Konzernbilanzen deutscher Unternehmen teilweise einen sehr unterschiedlichen bilanziellen Ausweis des Eigenkapitals aufweisen?

d) Die Ernst AG möchte von der Lach AG ein Aktienpaket der Traurig AG erwerben. Die Ernst AG plant die Aktien der Traurig AG in eigenen Aktien zu bezahlen und verpflichtet sich, eine variable, also noch festzulegende Anzahl eigener Aktien im Wert von 5 Mio. € an die Lach AG zu leisten. Liegt in diesem Fall ein Eigen- oder Fremdkapitalinstrument vor?

e) Die Ernst AG entscheidet sich schließlich dennoch, das Aktienpaket mit einer Gegenleistung in Form einer festen Anzahl eigener Aktien zu begleichen. Dadurch schwankt der Wert der Gegenleistung mit dem Aktienkurs der Ernst AG. Was ändert sich in der Abgrenzung gegenüber der vorangehenden Situation?

f) Am 27.09.2021 gibt die Ernst AG im Rahmen einer Kapitalerhöhung 50.000 neue Aktien (Nennwert 1 €, Emissionspreis 8 €) aus. Im Rahmen der Emission entstehen Registerkosten, Beratungsgebühren, Druckkosten und Börsenumsatzsteuern i.H.v. insgesamt 25 T€. Diese Ausgaben sind steuerlich voll abzugsfähig. Der relevante Steuersatz beträgt 30 %. Wie ist die Emission bilanziell abzubilden?

g) Anfang Oktober 2021 beschließt die Ernst AG, einen Teil der am 27.09.2021 ausgegebenen Aktien wieder zurückzukaufen, um so das neu aufgelegte Aktienoptionsprogramm bedienen zu können. Am 13.10.2021 kauft die Ernst AG schließlich 1.000 Aktien zu einem Kurs von 10 € zurück. Die Gewinnrücklagen betragen zu diesem Zeitpunkt 200 T€, das gezeichnete Kapital 80 T€ und die Kapitalrücklage 500 T€. Das Geschäftsjahr entspricht dem Kalenderjahr. Geben Sie die Buchungssätze für den Rückkauf der eigenen Anteile unter Anwendung der Anschaffungskostenmethode an. Wie wäre zu buchen, wenn stattdessen die Nennwertmethode zur Anwendung käme?

Kapitel 16
Anteilsbasierte Vergütungssysteme

Viele Unternehmen nutzen variable Vergütungsbestandteile, um Führungskräften und Mitarbeitern einen Anreiz zu geben, sich an den Zielen der Eigentümer zu orientieren. Eine Möglichkeit ist dabei die direkte Gewährung von Unternehmensanteilen (z.B. Aktien, GmbH-Anteile) oder Optionen auf Unternehmensanteile (insb. Aktienoptionen). Die Führungskräfte bzw. Mitarbeiter partizipieren dann während einer festgelegten Haltefrist unmittelbar an den Wertschwankungen des Unternehmens. Eine andere Möglichkeit sind Bonuszahlungen, die sich an Erfolgs- und Rentabilitätskennzahlen aus dem Rechnungswesen (z.B. Economic Value Added, Return on Capital Employed) oder wiederum – bei börsennotierten Aktiengesellschaften – dem Aktienkurs des Unternehmens orientieren können.

Aus bilanzieller Sicht führen kennzahlenbasierte Bonuszahlungen zu keinen größeren Schwierigkeiten. Erfolgt die Auszahlung eines Bonus erst im Folgejahr, sind die Zahlungsverpflichtungen als Verbindlichkeit oder – bei noch unsicherer Auszahlungshöhe – durch eine Rückstellung abzubilden. Etwas komplexer ist die Bilanzierung, wenn Bonuszahlungen auf mehrjährigen Bemessungsgrundlagen, z.B. dem durchschnittlichen Gewinn aus drei Geschäftsjahren, beruhen oder unter Anwendung einer sog. Bonusbank, d.h. gestreckt über mehrere Jahre mit der Möglichkeit einer Verrechnung mit späteren Verlusten, ausgezahlt werden. Auch hier sind Rückstellungen zu bilden, bei deren Bewertung aber die Wahrscheinlichkeit des Verfallens bereits erzielter Boni zu berücksichtigen ist.

Die Bilanzierung von anteilsbasierten Vergütungen ist demgegenüber ein höchst umstrittenes Thema. In der Unternehmenspraxis war die Gewährung von Aktienoptionen lange Zeit eine sehr beliebte Form der Vergütung, weil sie nach der damals üblichen, an frühere US-GAAP-Regeln angelehnten Vorgehensweise auch nach IFRS nicht zur Buchung eines Personalaufwands führte. Erst mit IFRS 2 „Anteilsbasierte Vergütung“ (Share-based Payment) veröffentlichte das IASB 2004 nach langjähriger und kontroverser Diskussion einen Standard, der zur aufwandswirksamen Bilanzierung aller anteilsbasierten Vergütungen verpflichtet.

Lernziele „Kennen“

Nach Bearbeitung dieses Kapitels wissen Sie nicht nur, was „anteilsbasierte Vergütungen“ sind, sondern Sie kennen auch die für die Bilanzierung relevanten Unterschiede zwischen den verschiedenen Ausprägungen anteilsbasierter Vergütungen. Sie sind vertraut mit den Ansatz-, Bewertungs- und Ausweisregeln für solche Vergütungen nach IFRS 2. Zudem kennen Sie die bilanztheoretischen Überlegungen, die zu einer unterschiedlichen Bilanzierung verschiedener anteilsbasierter Vergütungen führen.

Lernziele „Anwenden“

Sie können in der Praxis zu beobachtende anteilsbasierte Vergütungen als eine Vergütung mit echten Eigenkapitalinstrumenten oder als eine am Wert von Eigenkapitalinstrumenten orientierte Barvergütung klassifizieren. Sie sind in der Lage, beide Formen der anteilsbasierten Vergütungen entsprechend der Vorschriften in IFRS 2 zu bilanzieren.

Lernziele „Bewerten & Gestalten“

Diese Kenntnisse befähigen Sie, Hinweise zur Ausgestaltung anteilsbasierter Vergütungen im Hinblick auf verschiedene Zielgrößen (insbesondere Liquiditätsbelastung, Steuerminimierung, Volatilität und Planbarkeit des Aufwands) zu geben.

Darüber hinaus können Sie die unterschiedlichen, von der Gestaltung abhängigen Ansatz- und Bewertungsregeln mit Bezug zur Eigenkapitaldefinition nach IFRS einordnen und bewerten.

1 Anwendungsbereich

Anwendungsbereich nicht auf Mitarbeitervergütung beschränkt

Das typische Anwendungsgebiet von IFRS 2 ist die Mitarbeitervergütung durch Aktien oder Aktienoptionen. Jedoch ist der Anwendungsbereich des Standards weder auf Transaktionen mit Mitarbeitern noch auf die Rechtsform der Aktiengesellschaft beschränkt. Nach IFRS 2.2 betrifft er grundsätzlich alle Transaktionen, bei denen Unternehmensanteile oder Optionen auf solche Anteile als Entgelt für erhaltene Güter, Arbeitsleistungen oder andere Dienstleistungen gewährt werden. Der Standard ist daher z.B. auch in folgenden Fällen anzuwenden:

- Bei der Gründung einer Aktiengesellschaft bringt ein Gründer anstelle von Barmitteln ein Kraftfahrzeug als Firmenwagen ein und erhält hierfür Aktien.
- Ein Unternehmensberater erhält als Entgelt für seine Tätigkeit Gesellschafteranteile oder Optionen auf Aktien des Unternehmens.
- Ein GmbH-Geschäftsführer erhält als Tantieme einige GmbH-Anteile.

Spezialfälle im Konzern

Eine anteilsbasierte Vergütung liegt nach IFRS 2.3A auch dann vor, wenn die Eigenkapitalinstrumente nicht vom Unternehmen selbst, sondern von dessen Anteilseignern, z.B. bei Konzerngesellschaften vom Mutterunternehmen, gewährt werden. Weiterhin fallen auch solche Transaktionen in den Anwendungsbereich, bei denen Mitarbeiter eines Tochterunternehmens Eigenkapitalinstrumente des Mutterunternehmens als Entgelt für ihre Tätigkeit beim Tochterunternehmen erhalten.

Nicht identifizierbare Gegenleistung

Von einer anteilsbasierten Vergütung ist nach IFRS 2.2 grundsätzlich auch dann auszugehen, wenn die vom Unternehmen erhaltene Gegenleistung nicht identifizierbar ist. Wird eine Transaktion ohne identifizierbare Gegenleistung indes allein in der Funktion eines Eigentümers durchgeführt, wie dies z.B. beim unentgeltlichen Erhalt von Bezugsrechten bei einer Kapitalerhöhung der Fall ist, liegt nach IFRS 2.4 keine anteilsbasierte Vergütung vor. In anderen Fällen ohne identifizierbare Gegenleistung ist zu prüfen, ob die Umstände der Vereinbarung für eine anteilsbasierte Vergütung sprechen.[1]

Anwendungsausschlüsse

Aus dem Anwendungsbereich ausgenommen sind nach IFRS 2.5-6 solche Transaktionen, deren Bilanzierung explizit in anderen Verlautbarungen geregelt ist. Hierzu zählen die nach IFRS 3 bzw. IFRS 11 (vgl. Kapitel 21 und 22) zu bilanzierenden Unternehmenstransaktionen, bei denen ein Teil des Transaktionspreises mit Eigenkapitaltiteln des kaufenden Unternehmens bzw. eines der gemeinsam beteiligten Unternehmen erbracht wird, sowie in den Anwendungsbereich von IAS 32.8-10 bzw.

1 In einer Fußnote zu IFRS 2.BC18D wird dies z.B. für Nachfolgeregelungen, bei denen Anteile ohne Gegenleistung an Familienmitglieder weitergereicht werden, verneint.

IAS 39.5-7 (vgl. Kapitel 17) fallende Warenterminkontrakte, bei denen anstelle des Warenbezugs eine finanzielle Glattstellung beabsichtigt ist.

Echte und virtuelle Eigenkapitalinstrumente

Der Begriff der anteilsbasierten Vergütung ist nach IFRS 2.2 weiterhin nicht auf Transaktionen mit einem Ausgleich durch Eigenkapitalinstrumente (equity-settled share-based payment transactions) beschränkt. Es wird auch die Bilanzierung solcher Transaktionen geregelt, bei denen sich das Unternehmen zu einem an der Wertentwicklung von Unternehmensanteilen bemessenen Barausgleich verpflichtet (cash-settled share-based payment transactions). Durch solche Barvergütungen werden i.d.R. die finanziellen Konsequenzen der Gewährung von Aktien, Aktienoptionen oder anderen Eigenkapitaltiteln (z.B. GmbH-Anteilen) aus Sicht der Empfänger nachgebildet, ohne dass tatsächlich Eigenkapitaltitel emittiert werden. Sie werden deshalb auch als virtuelle Eigenkapitalinstrumente bezeichnet.

	Anteilscharakter	**Optionscharakter**
Echte Eigenkapitalinstrumente	Belegschaftsaktien, GmbH-Anteile (restricted shares)	Optionen auf Unternehmensanteile (share options)
Virtuelle Eigenkapitalinstrumente	virtuelle Unternehmensanteile (phantom shares)	virtuelle Optionen auf Unternehmensanteile (share appreciation rights)

Tab. 16.1: Anteilsbasierte Vergütungsformen

Tabelle 16.1 gibt einen Überblick über verschiedene Ausgestaltungsformen anteilsbasierter Vergütungen. Aus anreiztheoretischer Sicht ist die Unterscheidung zwischen Anteils- und Optionscharakter die wichtigere, da hierdurch das Vergütungsrisiko der Empfänger maßgeblich beeinflusst wird. Für die Bilanzierung ist demgegenüber die Einteilung in echte und virtuelle Eigenkapitalinstrumente von größerer Bedeutung. Hierdurch wird festgelegt, ob die Entgeltempfänger gegenüber dem Unternehmen einen Eigenkapital- oder einen Fremdkapitalanspruch erhalten.

Kombinierter Einsatz von echten und virtuellen Instrumenten

Neben Vorschriften für die Bilanzierung echter und virtueller Eigenkapitalinstrumente enthält IFRS 2 auch Regelungen für den kombinierten Einsatz beider Ausgestaltungsformen (share-based payment transactions with cash alternatives). Bei solchen Kombinationsmodellen hat entweder das Unternehmen oder der Entgeltempfänger das Wahlrecht zwischen der Gewährung echter Eigenkapitalinstrumenten und einer – zumeist äquivalenten – Barzahlung.

Die folgenden Ausführungen konzentrieren sich auf die Bilanzierung von anteilsbasierten Entgelten im Zusammenhang mit der Mitarbeitervergütung bei Aktiengesellschaften. Auf abweichende Regelungen, die beim Einsatz anteilsbasierter Entgelte für andere Zwecke zu beachten sind, wird ggf. gesondert hingewiesen.

2 Echte Eigenkapitalinstrumente

2.1 Ausgestaltungsvarianten

Aktien und Aktienoptionen

Aktiengesellschaften können echte Eigenkapitalinstrumente in Form von Aktien oder Aktienoptionen als Entgelt für Waren und/oder Dienstleistungen einsetzen. Traditionell bieten viele deutsche Unternehmen ihren Beschäftigten regelmäßig Belegschaftsaktien an. Hierbei erhalten die Beschäftigten die Möglichkeit, Aktien zu einem Preis unterhalb des aktuellen Marktpreises zu erwerben. Die Höhe der Vergünstigung pro Mitarbeiter bewegt sich häufig innerhalb des steuerlich geförderten Rahmens von jährlich 360 € (§ 3 Nr. 39 EStG).

Aktienoptionen werden bevorzugt als Incentivierung an Führungskräfte der obersten Ebenen ausgegeben. Diese erhalten das Recht, eine bestimmte Anzahl von Aktien zu einem bestimmten Preis zu erwerben. Während des Börsen-Booms der späten 1990er Jahre gewährten viele junge, liquiditätsschwache Unternehmen sogar nahezu allen Beschäftigten Aktienoptionen. In den 2000er Jahren gingen dann viele Unternehmen dazu über, Aktienoptionspläne für Führungskräfte durch Aktienprogramme und andere langfristig ausgerichtete Vergütungsinstrumente zu ersetzen.

Gestaltungsparameter bei Vergütung mit Aktien

Bei einer Vergütung mit Aktien liegt der wirtschaftliche Vorteil der Empfänger darin, dass sie einen unter dem aktuellen Börsenkurs liegenden Preis für die Aktien zahlen. Gestaltungsparameter von Belegschafts- und anderen Aktienprogrammen sind neben dem Kreis der Teilnahmeberechtigten vor allem die Höhe des Kursabschlags und die Länge der Haltefrist, innerhalb der die Aktien nicht veräußert werden dürfen. Gesellschaftsrechtlich sind verschiedene Durchführungsformen nach der Herkunft der ausgegebenen Aktien zu unterscheiden: Handelt es sich um junge Aktien aus einer Kapitalerhöhung oder um am Sekundärmarkt zurückgekaufte eigene Aktien (treasury shares)? Aus Unternehmenssicht liegt der Unterschied vor allem in der Liquiditätswirkung. Während durch einen Rückkauf zunächst liquide Mittel abfließen, kommt bei einer Kapitalerhöhung allein der Kapitalzufluss zum Zeitpunkt der Aktienausgabe zum Tragen. Für die Bilanzierung ist die Herkunft der Aktien hingegen unerheblich, da die Wiederausgabe zurückgekaufter Aktien nach IAS 32.33-34 – wie auch nach § 272 HGB – wertmäßig zu den gleichen gesamtergebnisneutralen Veränderungen des Eigenkapitals führt wie die Ausgabe junger Aktien.

Gestaltungsparameter bei Vergütung mit Aktienoptionen

Beim Einsatz von Aktienoptionen zur Mitarbeitervergütung erhalten die Empfänger das Recht, Aktien des Unternehmens nach Ablauf einer Sperrfrist zu einem im Voraus festgelegten Preis zu kaufen. Der wirtschaftliche Vorteil der Mitarbeiter liegt dabei zunächst darin, dass sie die Optionen ohne finanzielle Gegenleistung erhalten. In Abhängigkeit von der Aktienkursentwicklung kann sich dieser Vorteil in der Folge erhöhen oder vermindern. Hierbei ist die Gewinnchance prinzipiell unbegrenzt, während der maximale Verlust dem Optionswert bei Gewährung entspricht. Um tatsächlich von den Optionsrechten profitieren zu können, müssen die Mitarbeiter allerdings i.d.R. verschiedene Ausübungsbedingungen (vesting conditions) erfüllen. Hierzu zählt z.B. die Dienstbedingung (service condition), für einen bestimmten Zeitraum im Unternehmen zu verbleiben. Verlässt ein Mitarbeiter das Unternehmen innerhalb dieser Sperrfrist, verfallen seine Optionen unabhängig davon, wie viel Zeit bereits verstrichen ist. Insbesondere in Deutschland werden zudem oft Leistungsbedingungen (Erfolgsziele, performance conditions) vereinbart.[2] Eine für die Bilanzierung wichtige Unterscheidung ist dabei, ob eine kapitalmarktbezogene Leistungsbedingung (market condition) vorliegt.[3] Hierbei kann es sich um absolute oder relative Kursziele handeln. Bei einem absoluten Kursziel dürfen die Optionen nur ausgeübt werden, wenn der Aktienkurs um einen bestimmten Mindestbetrag steigt bzw. eine bestimmte jährliche Mindestrendite erreicht wird. Relative Kursziele setzen die Kursentwicklung demgegenüber ins Verhältnis zur Entwicklung eines Vergleichsindex. Hierbei kann es sich um einen Marktindex, wie z.B. DAX und Dow Jones Eurostoxx, um einen Branchenindex oder um einen selbst definierten Wettbewerber-Index handeln. Absolute und relative Kursziele können auch kombiniert eingesetzt werden, entweder kumulativ (beide Ziele müssen erreicht werden) oder alternativ (mindestens eines der Ziele muss erreicht werden). Nicht kapitalmarktbezogene Leistungsbedingungen sind insbesondere rechnungswesenbasierte Ziele. Diese beziehen sich auf Größen wie das Ergebnis je Aktie oder das Ergebnis vor Zinsen und Steuern (earnings before interest and taxes, EBIT), für die bestimmte Mindestwerte oder Steigerungsraten festgelegt werden.

Zusammenhang zwischen Erfolgszielen und Bezugskurs

Die Höhe des Bezugskurses kann in unmittelbarem Zusammenhang mit dem Erfolgsziel stehen. Beispielsweise kann bei einem absoluten Kursziel der Bezugskurs mit dem Mindestkurs gleichgesetzt oder jährlich um die vorgegebene Rendite erhöht werden. Bei relativen Erfolgszielen kann der Abschlag vom Aktienkurs zum Zeitpunkt der Ausübung davon abhängen, um wie viele Prozentpunkte der Vergleichsindex geschlagen wurde. Je höher die „Outperformance", desto höher der Abschlag. Durch eine Verknüpfung mit dem Erfolgsziel steht somit nicht der Bezugskurs selbst, sondern nur die Formel zu dessen Berechnung im Voraus fest.

Durchführungsformen nach deutschem Recht

Gesellschaftsrechtlich sind Aktienoptionspläne wie Aktienprogramme danach zu unterscheiden, ob die auszugebenden Aktien aus einer Kapitalerhöhung oder aus einem Aktienrückkauf stammen. Auch hier liegt ein wesentlicher Unterschied in der Liquiditätswirkung. Soll ein Optionsplan auf jungen Aktien basieren, stehen den Unternehmen im Wesentlichen zwei Varianten offen: Zum einen können sie die 1998 durch das KonTraG speziell für Zwecke der Mitarbeitervergütung einge-

2 Zur Gestaltung der Erfolgsziele in den Aktienoptionsplänen deutscher Unternehmen in der Hochphase ihrer Verbreitung vgl. *Leuner, R./Lehmeier, O./Rattler, T.*, Entwicklungen und Tendenzen bei Stock Option Modellen, in: FB, 6. Jg. (2004), S. 264 f.; *Winter, S.*, Erfolgsziele deutscher Aktienoptionsprogramme, in: Franck E. et al. (Hrsg.), Marktwertorientierte Unternehmensführung – Anreiz und Kommunikationsaspekte, ZfbF-Sonderheft 50/03, Düsseldorf u.a. 2003, S. 129-137.

3 Im englischen Originaltext von IFRS 2.19 zählen „market conditions" zu den „vesting conditions". Die deutsche Übersetzung impliziert demgegenüber fälschlicherweise, dass Markt- und Ausübungsbedingungen begrifflich nebeneinander stehen. Die Ausführungen in diesem Kapitel folgen der Einteilung im Originaltext.

führte Möglichkeit nutzen, sogenannte „nackte" Optionsrechte auf der Grundlage von § 192 Abs. 2 Nr. 3 AktG auszugeben. Sie sind dann gemäß § 193 Abs. 2 Nr. 4 AktG verpflichtet, eine Sperrfrist von mindestens vier Jahren sowie ein Erfolgsziel festzulegen.[4] Alternativ können sie auch auf die bereits zuvor existierende Möglichkeit zurückgreifen, Wandel- oder Optionsanleihen auszugeben. Hierbei müssen die Empfänger eine Anleihe zeichnen, die sie später in Aktien wandeln können (Wandelanleihe) bzw. die ergänzend mit dem gewünschten Optionsrecht (Optionsanleihe) ausgestattet ist. Diese etwas umständlichere Variante erlaubt es, die Vorgaben von § 193 Abs. 2 Nr. 4 AktG zu umgehen. Gleichwohl gelten aber auch in diesem Fall die Empfehlungen des Deutschen Corporate Governance Kodex zur Nutzung von Leistungskriterien für die variable Vorstandsvergütung (insb. Empfehlung G.7). Bei der Bilanzierung ist beim Einsatz von Wandel- und Optionsanleihen zu beachten, dass auch der Anleihebestandteil abzubilden ist. Für die Erfassung des Optionsrechts selbst ergeben sich jedoch keine Besonderheiten.

2.2 Bilanzansatz

Komplexität aufgrund der Zusammenfassung zweier Vorgänge

Die Mitarbeitervergütung mit echten Eigenkapitalinstrumenten umfasst sowohl eine Transaktion mit Eigenkapitalgebern als auch einen leistungswirtschaftlichen Vorgang. Aufgrund der Zusammenfassung dieser beiden Vorgänge kommt es zu der ungewöhnlichen Konstellation, dass als Gegenposten für den mit der Mitarbeitervergütung einhergehenden Personalaufwand direkt das Eigenkapital angebucht wird. Die Verminderung des Eigenkapitals durch den Personalaufwand wird also unmittelbar durch eine gesamtergebnisneutrale Eigenkapitalerhöhung kompensiert. Um die Logik dieser Buchung zu verdeutlichen, soll zunächst ein ebenfalls in den Anwendungsbereich von IFRS 2 fallender Sachverhalt betrachtet werden, bei dem die beiden Vorgänge separat zu bilanzieren sind. Ein Beispiel hierfür ist die Einbringung eines Kraftfahrzeugs bei der Gründung einer Aktiengesellschaft (Sacheinlage) und dessen anschließende Nutzung im Unternehmen.

Beispiel 16.1

Bei der Gründung einer Aktiengesellschaft bringt einer der Gründer anstelle einer Barzahlung ein Kraftfahrzeug im Wert von 100.000 € in das Unternehmen ein. Als Entgelt hierfür erhält er einen entsprechenden Anteil am Gründungskapital, der durch 1.000 Aktien mit einem Nennwert von je 1 € verbrieft wird. Diese Sacheinlage ist bilanziell wie folgt ohne Berührung der Gesamtergebnisrechnung zu erfassen:

Fuhrpark	*100.000 €*	*an*	*gezeichnetes Kapital*	*1.000 €*
			Kapitalrücklage	*99.000 €*

4 Die gleichen Anforderungen gelten auch, wenn auf Basis von § 71 Abs. 1 Nr. 8 AktG zurückgekaufte Aktien als Basis für einen Aktienoptionsplan genutzt werden.

Die Nutzung des Fahrzeugs ist anschließend durch Abschreibungen zu erfassen. Bei einer Nutzungsdauer von fünf Jahren und Anwendung der linearen Abschreibungsmethode ist im ersten Jahr der Nutzung zu buchen:

Abschreibungsaufwand *an* *Fuhrpark* *20.000 €*

In den weiteren Perioden ist diese Buchung zu wiederholen, bis das Fahrzeug vollständig abgeschrieben ist. Es wird hier davon ausgegangen, dass die Aktivierung und Abschreibung des Fahrzeugs nach steuerlichen Vorschriften in gleicher Weise vorzunehmen ist, sodass keine latenten Steuern entstehen.

Die erste Buchung im Beispiel entspricht IFRS 2.7-8. Nach IFRS 2.7 kommt es bei der Gewährung von echten Eigenkapitalinstrumenten als Entgelt zu einer gesamtergebnisneutral zu vereinnahmenden Eigenkapitalmehrung in Höhe des beizulegenden Werts der vom Unternehmen erhaltenen Güter oder Dienstleistungen und nach IFRS 2.8 ist der eingebrachte Vermögenswert im Gegenzug zu aktivieren. Die zweite Buchung spiegelt die übliche bilanzielle Vorgehensweise beim Eingang einer Ressource in den Leistungsprozess des Unternehmens wider.

Vorgehen bei fehlender Aktivierungsfähigkeit

Was passiert nun, wenn die vom Unternehmen erhaltenen Güter oder Dienstleistungen anders als ein Fahrzeug keinen aktivierungsfähigen Vermögenswert darstellen? Genau dies ist bei der Mitarbeitervergütung mit echten Eigenkapitalinstrumenten der Fall. Der den Mitarbeitern gewährte wirtschaftliche Vorteil stellt ein Entgelt für Arbeitsleistungen dar. Diese sind unabhängig davon, ob sie bereits erbracht wurden oder noch zu erbringen sind, nicht aktivierungsfähig. Wenn die Arbeitsleistungen bereits erbracht wurden, müssten sie bei einer Aktivierung sofort wieder vollständig abgeschrieben werden. Werden zukünftige Arbeitsleistungen entgolten, scheitert die Aktivierungsfähigkeit an der fehlenden Verfügungsmacht des Unternehmens über die zukünftigen Mitarbeiterleistungen (z.B. im Falle einer Kündigung durch den Mitarbeiter). Sie stellen insofern einen Teil des originären, nicht bilanzierungsfähigen Goodwills des Unternehmens dar (vgl. Kapitel 9).

Direkte Aufwandsbuchung als Ausweg

Das IASB löst dieses konzeptionelle Problem dadurch, dass nach IFRS 2.8 bei fehlender Aktivierungsfähigkeit der erhaltenen Güter oder Dienstleistungen eine Aufwandsbuchung vorzunehmen ist. Beim Einsatz von Aktien zur Mitarbeitervergütung – dazu zählt auch die Ausgabe vergünstigter Belegschaftsaktien – führt dies zum Buchungssatz „Personalaufwand / Kasse an Gezeichnetes Kapital / Kapitalrücklage", der den wirtschaftlichen Gehalt des Geschäftsvorfalls in zusammengefasster Form ausdrückt. Zur Veranschaulichung sei folgendes Beispiel betrachtet, bei dem von einer Vergütung bereits erbrachter Arbeitsleistungen ausgegangen wird.

Beispiel 16.2

Zwanzig Manager erhalten anstelle ihres Jahresbonus für das abgelaufene Jahr jeweils 50 Aktien. Der Aktienkurs zum Zeitpunkt der Ausgabe beträgt 100 €, der Nennwert der Aktien 1 €. Die Manager müssen für jede Aktie nur 60 € bezahlen. Dieser Vorgang wird wie folgt erfasst:

Personalaufwand	*40.000 €*			
Kasse	*60.000 €*	*an*	*gezeichnetes Kapital*	*1.000 €*
			Kapitalrücklage	*99.000 €*

Insgesamt werden (20 · 50 =) 1.000 Aktien ausgegeben. Aufgrund der Zuzahlungen der Manager fließen dem Unternehmen (1.000 · 60 =) 60.000 € zu. Im Eigenkapital werden die Aktien aber mit ihrem Marktwert von insgesamt 100.000 € eingebucht, der durch die Ausgabe der Aktien am Kapitalmarkt hätte erzielt werden können. Die Differenz von (100 · 40 =) 40.000 € wird als Personalaufwand gebucht.
Latente Steuern entstehen bei dieser Buchung – genauso wie in den folgenden Beispielen 16.3 und 16.4 – im deutschen Rechtsraum nicht, da eine permanente Differenz vorliegt (siehe hierzu die Erläuterungen am Ende dieses Teilkapitels).

Ansatz bei Gewährung von Aktienoptionen

Die bilanzielle Abbildung bei einer Vergütung mit Aktienoptionen ist komplexer, da hier sowohl die Gewährung der Aktienoptionen als auch die mögliche Ausgabe von Aktien bilanziell abzubilden sind. Die Gewährung der Aktienoptionen ohne finanzielle Gegenleistung wird als der eigentliche Vergütungsvorgang gewertet. Der entsprechende Buchungssatz lautet „Personalaufwand an Kapitalrücklage“. Die Aktienausgabe erfolgt hingegen nur, wenn die Mitarbeiter die Optionen später ausüben. Gewinne und Verluste der Mitarbeiter aus dem Optionsgeschäft werden dabei nicht mehr der Leistungssphäre des Unternehmens zugerechnet, sondern als Reichtumsverschiebung zwischen Alt- und Neuaktionären gewertet. Werden die Optionen ausgeübt, sind dementsprechend nur noch die Einzahlungen der Mitarbeiter durch die Buchung „Kasse an Gezeichnetes Kapital / Kapitalrücklage“ zu erfassen. Eine nachträgliche Anpassung des Personalaufwands an den Ausübungsgewinn des Managers findet gemäß IFRS 2.23 nicht statt. Diese Vorgehensweise geht konform mit der Wertung von Aktienoptionen als Eigenkapitalinstrumente, für die einmal vorgenommene Buchungen nicht mehr aufgrund von späteren Wertänderungen anzupassen sind.

Zur Veranschaulichung sei ein weiteres Beispiel betrachtet, bei dem wieder von einer Vergütung bereits erfolgter Arbeitsleistungen ausgegangen wird.

Beispiel 16.3

Zwanzig Manager erhalten anstelle ihres Jahresbonus für das abgelaufene Jahr jeweils 300 Aktienoptionen im Wert von 8 € pro Option zum Zeitpunkt der Gewährung. Jede Option verbrieft das Recht, eine Aktie des Unternehmens zum Preis von 100 € zu erwerben. Der Buchungssatz zum Zeitpunkt der Gewährung lautet:

Personalaufwand	*an*	*Kapitalrücklage*	*48.000 €*

In dieser Buchung kommt zum Ausdruck, dass insgesamt 6.000 Optionen im Wert von 8 € ausgegeben werden. Obwohl keine finanzielle Gegenleistung erfolgt, werden sie in der Kapitalrücklage mit ihrem geschätzten Marktwert zum Zeitpunkt der Gewährung erfasst. Die Höhe des Eigenkapitals wird durch die

Buchung insgesamt aber nicht verändert, da sich Aufwandsbuchung und Rücklagenerhöhung gegenseitig kompensieren.

Nach vier Jahren üben die Manager ihre Optionen aus. Der Aktienkurs zu diesem Zeitpunkt beträgt 120 €, sodass pro Option ein Gewinn von 20 € erzielt wird. Die Buchung zum Zeitpunkt der Ausübung lautet:

Kasse	*600.000 €*	*an*	*gezeichnetes Kapital*	*6.000 €*
			Kapitalrücklage	*594.000 €*

Bei der Ausübung werden (20 · 300 =) 6.000 Aktien mit einem Nennwert von 1 € ausgegeben. Aufgrund der Zuzahlungen der Manager fließen dem Unternehmen (6.000 · 100 =) 600.000 € zu, die auf die Bestandteile Gezeichnetes Kapital und Kapitalrücklage verteilt werden. Der von den Managern erzielte Wertzuwachs von (20 - 8 =) 12 € pro Option bleibt hingegen ohne bilanzielle Konsequenz.

Verteilung des Aufwands über mehrere Perioden

Bislang wurde angenommen, dass mit den Aktien bzw. Aktienoptionen bereits erbrachte Arbeitsleistungen vergütet werden. Dies darf jedoch nach IFRS 2.14 nur dann unterstellt werden, wenn die freie Verfügbarkeit der Aktien bzw. die Ausübbarkeit der Optionen nicht von einem weiteren Anstellungsverhältnis abhängt. Eine solche Bedingung ist aber insbesondere bei Aktienoptionsplänen die Regel, sodass hier meist von einer Vergütung zukünftiger Arbeitsleistungen auszugehen ist. Die Aufwendungen sind in diesem Fall zu gleichen Teilen auf die Perioden des Leistungszeitraums zu verteilen. Dessen Ende wird nach IFRS 2.15 durch den Zeitpunkt bestimmt, zu dem die Eigenkapitalinstrumente frei verfügbar bzw. ausübbar werden (vesting date). Bei Aktienoptionsplänen entspricht der Leistungszeitraum i.d.R. der Sperrfrist, deren Länge aber mitunter vom Erreichen bestimmter Erfolgsziele abhängt. Ist dies der Fall, soll nach IFRS 2.15(b) der Leistungszeitraum geschätzt werden. Liegt eine kapitalmarktbezogene Bedingung vor, darf der bei Gewährung geschätzte Leistungszeitraum später nicht korrigiert werden. Bei anderen Erfolgszielen ist hingegen eine Anpassung an die tatsächliche Dauer bis zum Erreichen des Erfolgsziels vorzunehmen.

Nachträgliche Korrektur, wenn Ausübungsbedingungen nicht erfüllt

Wie bereits ausgeführt, sind die dem Personalaufwand gegenüberstehenden Eigenkapitalbuchungen grundsätzlich nicht mehr anzupassen. Eine Abweichung von diesem Grundsatz ist allerdings in IFRS 2.19-21 für Eigenkapitalinstrumente vorgesehen, die verfallen, weil Ausübungsbedingungen, die keine Marktbedingungen sind, nicht erfüllt werden. In diesem Fall sind bereits erfolgte Eigenkapitalbuchungen wieder zurückzunehmen. Diese Vorgehensweise wirkt sich auch auf die Aufwandsverteilung aus. Um den zu verteilenden Aufwand festzulegen, ist nach IFRS 2.20 zunächst die Anzahl der Eigenkapitalinstrumente zu schätzen, die aufgrund von nicht erfüllten Ausübungsbedingungen, die keine Marktbedingungen sind, voraussichtlich verfallen. Im Zeitablauf ist diese Schätzung an die tatsächliche Ausfallrate anzupassen. Notwendige Anpassungsbuchungen sind jeweils in der Periode vorzunehmen, in der neue Informationen über die Ausfallrate bekannt werden. Zur Veranschaulichung sei das obige Beispiel zu Aktienoptionen in abgewandelter Form betrachtet.

Beispiel 16.4

Wiederum erhalten zwanzig Manager je 300 Aktienoptionen im Wert von 8 € pro Option. Jede Option verbrieft das Recht, eine Aktie des Unternehmens zum Preis von 100 € zu erwerben. Um die Optionen ausüben zu dürfen, müssen die Manager nun aber zwei weitere Jahre im Unternehmen verbleiben. Bei Gewährung wird davon ausgegangen, dass fünf Manager (25 %) die Bedingung nicht erfüllen werden. Dementsprechend sind (48.000 · 0,75 =) 36.000 € auf den Leistungszeitraum von zwei Jahren zu verteilen. Jeder Periode werden also zunächst 18.000 € zugerechnet.

Zum Zeitpunkt der Gewährung ist keine Buchung notwendig, da noch keine Arbeitsleistungen erbracht wurden. Für die weiteren Buchungen ist zu unterscheiden, ob die erwartete Ausfallrate tatsächlich eintritt oder ob es zu Abweichungen kommt.

Fall 1: Die erwartete Ausfallrate tritt ein
Während der Sperrfrist verlassen wie erwartet fünf Manager das Unternehmen und verlieren damit ihren Anspruch auf die Aktienoptionen. Es ist deshalb in beiden Jahren jeweils der auf der erwarteten Ausfallrate basierende Personalaufwand von 18.000 € zu buchen.

Personalaufwand	*an*	*Kapitalrücklage*	*18.000 €*

Fall 2: Die tatsächliche Ausfallrate weicht von der erwarteten ab
Abweichend von der ursprünglichen Erwartung verlassen nur drei Manager das Unternehmen, sodass die tatsächliche Ausfallquote 15 % beträgt. Der insgesamt zu verrechnende Personalaufwand ist deshalb auf (48.000 · 0,85 =) 40.800 € zu korrigieren. Die Abweichung von der ursprünglichen Erwartung wird erst im zweiten Jahr bekannt, sodass im ersten Jahr bereits ein Personalaufwand von 18.000 € gebucht worden ist. Im zweiten Jahr sind nun zusätzlich zu den planmäßig veranschlagten 18.000 € weitere 4.800 € als Personalaufwand zu buchen.

Personalaufwand	*an*	*Kapitalrücklage*	*22.800 €*

Der zusätzliche Betrag verteilt sich je zur Hälfte auf die Korrektur des Personalaufwands im aktuellen Geschäftsjahr und auf die Korrektur des im vorherigen Jahr zu niedrig ausgewiesenen Betrags.

Bilanzpolitische Möglichkeiten durch uneinheitliche Behandlung von Erfolgszielen

Die differenzierte Behandlung von kapitalmarktbezogenen und nicht kapitalmarktbezogenen Erfolgszielen ist kritisch zu sehen, da sie Möglichkeiten zur Bilanzpolitik durch Sachverhaltsgestaltung eröffnet. Durch die konkrete Ausgestaltung von Erfolgszielen kann die Reagibilität des durch echte Aktienoptionen verursachten Aufwands auf negative Unternehmensentwicklungen gesteuert werden. Bei kapitalmarktbezogenen Erfolgszielen besteht keine Reagibilität, da auch bei schlechter

Kursentwicklung sowohl die Anzahl als auch die Bewertung der Eigenkapitalinstrumente unverändert bleiben. Bei nicht kapitalmarktorientierten Erfolgszielen wie z.B. einer geforderten Steigerung des Ergebnisses je Aktie sieht dies anders aus: Werden die Ziele im vorgegebenen Zeitraum nicht erreicht, verringert sich die Anzahl der anzusetzenden Eigenkapitalinstrumente auf null, sodass insgesamt kein Aufwand zu buchen ist. In den späteren Perioden des Leistungszeitraums ist sogar von Erträgen auszugehen, da bereits gebuchte Aufwendungen rückgängig gemacht werden müssen. Umgekehrt kommt es allerdings bei positiver Entwicklung zu höheren Aufwendungen, wenn die Ausfallrate gegenüber der ursprünglichen Erwartung sinkt. Das IASB diskutiert diese bilanzpolitischen Möglichkeiten in der Begründung zu IFRS 2 und sieht kein schwerwiegendes Problem darin. Lapidar wird festgestellt, dass es nicht klar sei, ob die Unternehmen in einer größeren Reagibilität einen Vor- oder einen Nachteil sehen (IFRS 2.BC184). Nichtsdestotrotz verbleibt den Unternehmen die Möglichkeit, ihre Aktienoptionspläne je nach subjektiver Sichtweise und Zielsetzung zu gestalten.

Latente Steuern

Je nachdem, wie Mitarbeiter-Aktien(optionen) auf Unternehmensseite steuerlich behandelt werden, kann es bei ihrer Bilanzierung auch zum Ansatz latenter Steuern kommen (IFRS 2.BC311-329). Bemerkenswert ist dabei, dass diese anzusetzen sind, obwohl zu keinem Zeitpunkt Bewertungsdifferenzen ausgewiesener Bilanzpositionen vorliegen. Das IASB argumentiert, nach IAS 12 könnten auch Bewertungsunterschiede nicht bilanziell ausgewiesener Vermögenswerte und Schulden latente Steuern begründen. Voraussetzung ist allerdings, dass es sich um zeitlich begrenzte Differenzen handelt. Nach deutschem Steuerrecht führen echte Eigenkapitalinstrumente nach herrschender Meinung aber zu keinem Zeitpunkt zu steuerlichen Betriebsausgaben.[5] Somit liegen zeitlich unbegrenzte Differenzen vor, für die keine latenten Steuern zu bilden sind.

2.3 Bilanzbewertung

Grundsatz: Bewertung zum beizulegenden Zeitwert der empfangenen Leistungen

Nach IFRS 2.10 sind grundsätzlich alle Transaktionen, bei denen echte Eigenkapitalinstrumente als Entgelt eingesetzt werden, mit dem beizulegenden Zeitwert der vom Unternehmen empfangenen Güter oder Dienstleistungen zu erfassen. Beim Einsatz von Aktienoptionen und Aktien zur Vergütung von Arbeitsleistungen stellt sich aber das Problem, dass diese – wenn überhaupt – nur in Ausnahmefällen auf direktem Wege bewertet werden können. Nach IFRS 2.11-12 ist deshalb zur Bewertung eingebrachter Arbeitsleistungen ersatzweise auf den Wert der als

5 Zur steuerlichen Behandlung von Aktienoptionsplänen auf Unternehmensseite vgl. *Herzig, N./Lochmann, U.*, Steuerbilanz und Betriebsausgabenabzug bei Stock Options, in: WPg, 55. Jg. (2002), S. 325-344; *Lochmann, U.*, Stock Options im Rahmen einer bedingten Kapitalerhöhung – Betriebsausgabenabzug durch sachgerechte Erweiterung des Einlagentatbestands, in: StuW, 82. Jg. (2005), S. 71-80. Die erfolgsneutrale Behandlung im Steuerabschluss wird durch das BFH-Urteil vom 25.8.2010, I R 103/09, bestätigt.

Entgelt gewährten Eigenkapitalinstrumente zum Zeitpunkt der Gewährung (grant date) abzustellen. Dienen Aktien und Aktienoptionen hingegen als Entgelt für Güter und Dienstleistungen von Dritten, stellt IFRS 2.13 die widerlegbare Vermutung auf, dass deren Wert zuverlässig auf direktem Weg ermittelbar ist. Als Bewertungszeitpunkt wird in diesem Fall der Zeitpunkt des Zugangs der Güter oder Dienstleistungen herangezogen. Letzteres ändert sich auch dann nicht, wenn die Vermutung widerlegt wird. Es ist dann ersatzweise der Wert der Eigenkapitalinstrumente zum Zugangszeitpunkt zu bestimmen.

Beizulegender Zeitwert vs. innerer Wert

Ist entsprechend dieser Regelungen der beizulegende Zeitwert der Eigenkapitalinstrumente zu bestimmen, soll nach IFRS 2.16 soweit wie möglich auf Marktpreise abgestellt werden. Dies ist problemlos möglich, wenn ein börsennotiertes Unternehmen z.B. Belegschaftsaktien ausgibt. Sind hingegen keine Marktpreise verfügbar, soll gemäß IFRS 2.17 ein allgemein anerkanntes Bewertungsmodell eingesetzt werden. Insbesondere bei der Bewertung von speziell zur Mitarbeitervergütung ausgestalteten Aktienoptionen ist dies als Normalfall anzusehen. Dabei ist grundsätzlich der innere Wert (intrinsic value) vom beizulegenden Zeitwert der Optionen zu unterscheiden. Der innere Wert misst den Betrag, um den der aktuelle Aktienkurs den Bezugskurs übersteigt und verdeutlicht somit den möglichen Gewinn bei sofortiger Ausübung. Der beizulegende Zeitwert (fair value) oder Gesamtwert beinhaltet neben dem inneren Wert auch den so genannten Zeitwert (time value), in dem zum Ausdruck kommt, dass der Optionsinhaber von positiven Aktienkursentwicklungen künftig vollständig profitiert, während er gegen negative Entwicklungen geschützt ist. Der Zeitwert ist zu jedem Zeitpunkt vor dem Ende der Laufzeit positiv, sodass eine Option auch dann noch einen Wert besitzt, wenn der innere Wert gleich null ist. Erst am Ende der Laufzeit wird der Optionswert allein durch den inneren Wert bestimmt. Abbildung 16.1 verdeutlicht die Entwicklung der verschiedenen Wertkomponenten in Abhängigkeit vom Aktienkurs schematisch für eine positive und eine negative Kursentwicklung.

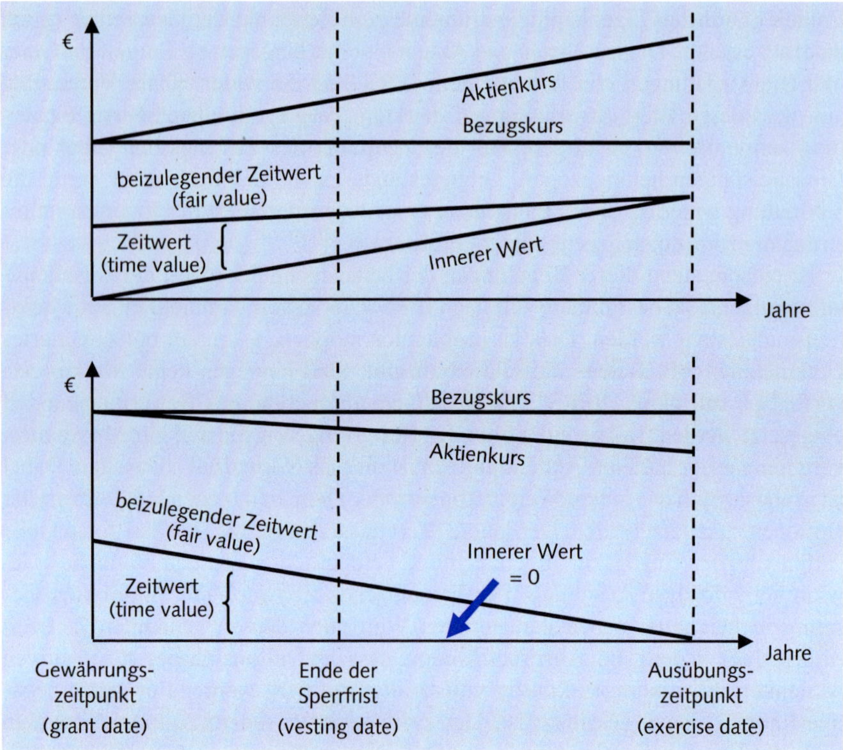

Abb. 16.1: Bewertung von Aktienoptionen

Anforderungen an Optionsbewertungsmodelle

Um Weiterentwicklungen auf dem Gebiet der Optionsbewertung jederzeit berücksichtigen zu können, legt sich das IASB nicht auf ein konkretes Optionsbewertungsmodell fest. Es nennt jedoch die in jedem Fall zu berücksichtigenden Parameter. Hierzu zählen nach IFRS 2.B6 der Ausübungspreis, die Optionslaufzeit, der aktuelle Marktpreis der zugrunde liegenden Aktie, dessen erwartete Volatilität, die erwartete Dividendenrendite und der risikolose Zinsfuß. Diese Parameter sind unter Berücksichtigung der Besonderheiten von vergütungshalber gewährten Aktienoptionen zu schätzen. Weiterhin sind kapitalmarktbezogene Erfolgsziele, also insbesondere absolute und relative Kursziele, nach IFRS 2.21 bei der Bewertung zu berücksichtigen. Andere Ausgabebedingungen sind – wie bereits beschrieben – über die zunächst geschätzte und im Zeitablauf angepasste Anzahl der tatsächlich ausgegebenen Eigenkapitalinstrumente einzubeziehen.

Bewertung zum inneren Wert in Ausnahmefällen

Nur ausnahmsweise darf von der Bewertung zum beizulegenden Zeitwert der Optionen abgewichen werden. Voraussetzung hierfür ist nach IFRS 2.24, dass das Unternehmen sich außer Stande sieht, den beizulegenden Zeitwert zuverlässig zu ermitteln. Ersatzweise sind die Optionen dann mit ihrem inneren Wert zu bewerten. Anders als bei der Bewertung zum beizulegenden Zeitwert ist die Bewertung zum inneren Wert bei Gewährung aber nicht endgültig. Veränderungen des inneren

Werts im Zeitablauf sind in der jeweiligen Periode GuV-wirksam zu berücksichtigen. Die Bewertung zum inneren Wert ist dabei stetig bis zur Ausübung bzw. zum Verfallen der Optionen beizubehalten. Ein späterer Wechsel auf eine Bewertung zum beizulegenden Zeitwert ist nicht möglich. Insgesamt ist damit über die Laufzeit der Optionen ein Aufwand in Höhe des Ausübungsgewinns des Optionsinhabers zu verrechnen.

Ob die Vorschrift in IFRS 2.24 eine echte Erleichterung für die Unternehmen darstellt, kann bezweifelt werden. Zum einen wird die regelmäßige Anpassung der Bewertung häufig zu einer höheren Ergebnisvolatilität führen. Zum anderen dürfte sich die Schätzproblematik oft nur verlagern, da eine Inanspruchnahme der Regelung vor allem für nicht börsennotierte Unternehmen infrage kommt. Diese müssen dann anstelle der einmaligen Schätzung des Optionswertes bei Gewährung zu jedem Bilanzstichtag den Wert der den Optionen zugrunde liegenden Anteile schätzen, um den inneren Wert zu bestimmen. Insofern kann die Regelung als ein Versuch des IASB gewertet werden, die Unternehmen trotz der damit verbundenen Schwierigkeiten zu einer Bewertung zum beizulegenden Zeitwert bei Gewährung anzuhalten.

Spezialthema

Bewertung von Mitarbeiter-Aktienoptionen

Bei der Bewertung von Optionen wird üblicherweise auf das Prinzip der Arbitragefreiheit abgestellt.[6] Der Wert einer Option muss hiernach dem Wert eines Wertpapier-Portfolios entsprechen, durch das die Rückflüsse der Option exakt nachgebildet werden. Weicht der Preis einer Option von dem so bestimmten Wert ab, besteht die Möglichkeit, risikolose Arbitragegewinne durch den Kauf (Verkauf) der Option und den gleichzeitigen Verkauf (Kauf) des Portfolios zu erzielen.

Black/Scholes-Modell

Das bekannteste auf diesem Prinzip basierende Bewertungsmodell ist das nach Fischer Black und Myron Scholes benannte Black/Scholes-Modell. Mit diesem Modell wurde Anfang der 1970er Jahre erstmals eine geschlossene Bewertungsgleichung für Optionen gefunden – eine Leistung für die Scholes und Robert C. Merton, der das ursprüngliche Modell um zahlreiche Facetten erweiterte, 1997 mit dem Wirtschaftsnobelpreis ausgezeichnet wurden.[7] Gerade die geschlossene Gleichungsform erweist sich aber als zu unflexibel, um die Besonderheiten von Mitarbeiter-Aktienoptionen adäquat zu berücksichtigen. Unter anderem kann die Möglichkeit einer frühzeitigen Ausübung nicht integriert werden, da die Black/Scholes-Formel auf der Annahme beruht, dass die Ausübung am Ende der Laufzeit erfolgt.

Lattice-Modelle

Größere Flexibilität im Umgang mit den Besonderheiten von Mitarbeiter-Aktienoptionen bieten Modelle, bei denen die zeitstetige Modellierung der Aktien-

6 Einführend zur Optionsbewertung vgl. z.B. *Kruschwitz, L./Husmann, S.*, Finanzierung und Investition, 7. Aufl., München u.a. 2012, Kapitel 7; vertiefend vgl. z.B. *Hull, J.C.*, Optionen, Futures und andere Derivate, 10. Aufl., München 2018.

7 Black war zu diesem Zeitpunkt bereits verstorben. Zur Vergabe des Nobelpreises an Scholes und Merton vgl. https://www.nobelprize.org/prizes/economic-sciences/1997.

kursbewegungen im Black/Scholes-Modell durch eine zeitdiskrete Modellierung ersetzt wird (Lattice-Modelle).[8] Im Binomialmodell wird beispielsweise unterstellt, dass die Entwicklung des Aktienkurses innerhalb eines bestimmten Zeitraums nur zwei mögliche Ausprägungen annehmen kann. Durch die Aufteilung der Optionslaufzeit in sehr viele kurze Perioden kann auch hier eine realitätsnahe Verteilung von Aktienrenditen erreicht werden. Auf jede der beiden möglichen Ausprägungen am Ende einer Periode folgen dann zwei weitere mögliche Ausprägungen in der nächsten Periode. Abbildung 16.2 zeigt die Modellierung der Aktienkursentwicklung in einem Binomialmodell mit fünf Perioden.

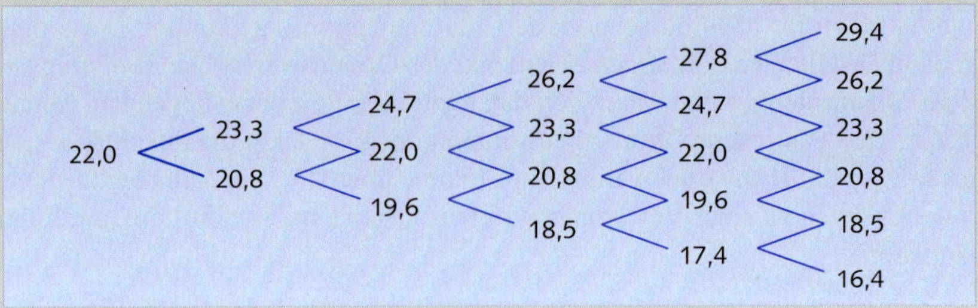

Abb. 16.2: Aktienkursentwicklung im Binomialmodell

Berücksichtigung von Besonderheiten

Der eigentliche Bewertungsvorgang erfolgt im Binomialmodell und in anderen Lattice-Modellen (z.B. Trinomialmodelle mit jeweils drei Ausprägungen pro Periode und Ausgangszustand) rekursiv. Zunächst werden die möglichen Ausübungsgewinne am Ende der Laufzeit bestimmt. Diese sind dann Eingabeparameter für die zustandsbedingten Werte zu Beginn der letzten Periode und so fort. Der gesamte Vorgang wird so in viele kleine Bewertungsprobleme mit nur zwei Zeitpunkten und zwei möglichen Umweltzuständen zerlegt, die jeweils nach dem Prinzip der Arbitragefreiheit zu lösen sind.

Durch das rekursive Vorgehen kann in jedem Zustand und zu jedem Zeitpunkt überprüft werden, ob sich eine frühzeitige Ausübung lohnt. Grundsätzlich kann dies immer nur dann geschehen, wenn weiteres Abwarten mit Kosten verbunden ist (z.B. entgehende Dividenden oder ein im Zeitablauf steigender Bezugskurs). Lohnt sich die frühzeitige Ausübung, ist statt des Optionswerts der Ausübungsgewinn als Eingabeparameter für die nächste Bewertungsstufe zu verwenden. Darüber hinaus können in Lattice-Modellen auch die Ausübungsbedingungen von Periode zu Periode und auch zustandsbedingt variiert werden. Hierdurch sind sie flexibel genug, um die Besonderheiten von Mitarbeiter-Aktienoptionen zu berücksichtigen.

8 Die Bezeichnung „Lattice-Modelle" bezieht sich auf die an ein Gitter (im Englischen: Lattice) erinnernde grafische Darstellung zeitdiskreter Bewertungsmodelle in der Form eines Zustandsbaums.

Sperrfrist und Ausübungszeiträume
Die Laufzeit von Mitarbeiter-Aktienoptionen besteht üblicherweise aus zwei Phasen: der Sperrfrist, während der die Optionen noch nicht ausgeübt werden dürfen, und dem Ausübungszeitraum.[9] Darüber hinaus gibt es bei vielen Programmen weitere Zeiträume, in denen eine Ausübung nicht erlaubt ist, um die Ausnutzung von Insiderwissen zu vermeiden. Entweder wird zu diesem Zweck eine Ausübung zu bestimmten Zeiten untersagt (z.B. vier Wochen vor der Veröffentlichung von Quartalszahlen) oder es werden so genannte Ausübungsfenster festgelegt (z.B. vier Wochen nach der Veröffentlichung von Quartalszahlen).

Diesen Vorgaben entsprechend ist in Lattice-Modellen eine Bedingung einzuarbeiten, zu welchen Zeitpunkten eine frühzeitige Ausübung erlaubt ist. Soweit dies nicht der Fall ist, müssen generell die zustandsbedingten Optionswerte als Eingabeparameter für die nächste Bewertungsstufe verwendet werden. Können günstige Gelegenheiten zur frühzeitigen Ausübung nicht genutzt werden, sinkt der Optionswert bei Gewährung.

Kapitalmarktbezogene Erfolgsziele
Wie oben ausgeführt, sind kapitalmarktbezogene Erfolgsziele bei der Bewertung von Mitarbeiter-Aktienoptionen zu berücksichtigen. Der berechnete Optionswert sinkt hierdurch im Allgemeinen, da die Ausübung der Optionsrechte unwahrscheinlicher wird.[10] Die Vorgehensweise zur Berücksichtigung von Erfolgszielen ist je nach Art des Ziels unterschiedlich komplex.

Im einfachsten Fall besteht das Erfolgsziel im Erreichen eines bestimmten Aktienkurses, der gleichzeitig auch der Bezugskurs ist. Da der Bezugskurs ein wichtiger Parameter der Optionsbewertung ist, wird ein solches Erfolgsziel automatisch berücksichtigt. Etwas komplexer ist der Fall, dass das Erreichen des Mindestkurses zwar eine Bedingung darstellt, der Bezugskurs aber niedriger liegt. Die Überprüfung der Bedingung und die Berechnung des möglichen Ausübungsgewinns stellen dann zwei separate Schritte dar.

Schwieriger ist die Berücksichtigung von relativen Erfolgszielen. Hierbei ist nicht nur die mögliche Entwicklung des Aktienkurses, sondern auch die Entwicklung des Vergleichsindex zu modellieren.[11] Dabei ist auch die Korrelation der beiden Entwicklungen zu berücksichtigen. Weiterhin kann der Bezugskurs davon abhängen, wie viel besser als der Vergleichsindex sich die Aktie ent-

9 Mitarbeiter-Aktienoptionen stellen somit eine Mischform aus europäischen (Ausübung nur am Ende der Laufzeit) und amerikanischen Optionen (Ausübung zu jedem Zeitpunkt während der Laufzeit) dar. Im Fachjargon werden solche Optionen mit Referenz zur geografischen Lage der Inselgruppe – auch als Bermuda-Optionen bezeichnet.

10 Zum Einfluss verschiedener kapitalmarktbezogener Erfolgsziele auf den Wert von Mitarbeiter-Aktienoptionen vgl. *Crasselt, N.*, Einfluss von Erfolgszielen auf den Wert von Mitarbeiter-Aktienoptionen, in: DBW, 68. Jg. (2008), S. 273-296.

11 Vgl. hierzu z.B. *Crasselt, N.*, Bewertung indexierter Mitarbeiter-Aktienoptionen im Binomialmodell, in: KoR, 5. Jg. (2005), S. 444-449.

wickelt hat. Der Bezugskurs ist dann für jeden Zeitpunkt, jeden Zustand und in Abhängigkeit von der erwarteten „Outperformance" festzulegen.

Obergrenzen für den Ausübungsgewinn

Eine Besonderheit von Mitarbeiter-Aktienoptionen kann auch darin liegen, dass eine Obergrenze (Cap) für den Ausübungsgewinn festgelegt wird. Eine solche Obergrenze führt dazu, dass zwar unwahrscheinliche, bei Eintreten jedoch sehr hohe Ausübungsgewinne nicht mehr erreicht werden können. Dementsprechend sinkt der Optionswert zu jedem früheren Zeitpunkt. Um eine Obergrenze zu berücksichtigen, ist eine zusätzliche Bedingung in das Bewertungsmodell einzubauen, die den Ausübungsgewinn auf den Maximalbetrag zurücksetzt, wenn dieser überschritten wird.

Erzwungene frühzeitige Ausübung bzw. Verfallen der Optionen bei Ausscheiden der Mitarbeiter

Nach IFRS 2.19 ist die Bedingung eines fortgesetzten Anstellungsverhältnisses während der Sperrfrist nicht bei der Bewertung der Optionen, sondern durch eine nachträgliche Anpassung der Anzahl der ausgegebenen Optionen zu berücksichtigen. Effekte, die sich aufgrund des Ausscheidens von Mitarbeitern nach Ende der Sperrfrist ergeben, sind hingegen in die Bewertung zu integrieren. Scheidet ein Mitarbeiter während der Ausübungsphase aus dem Unternehmen aus, muss er seine Aktienoptionen zumeist innerhalb eines kurzen Zeitraums ausüben. Hierdurch wird er gezwungen, den Zeitwert der Optionen aufzugeben. Wenn die Ausübung sich innerhalb des vorgegebenen Zeitraums überhaupt lohnt, kann er nur den inneren Wert realisieren. Lohnt sich die Ausübung nach seinem Ausscheiden nicht, verliert er ebenfalls den Zeitwert, der aber in diesem Fall den gesamten Optionswert ausmacht.

Die Auswirkung einer erzwungenen frühzeitigen Ausübung bzw. des Verfallens der Optionen bei Ausscheiden hängt davon ab, wie hoch die Quote der ausscheidenden Mitarbeiter eingeschätzt wird. Im Bewertungsmodell ist diese Quote dadurch zu berücksichtigen, dass mit einer gewissen Wahrscheinlichkeit auch dann von einer frühzeitigen Ausübung auszugehen ist, wenn diese aufgrund der berechneten Werte nicht lohnend erscheint. Dabei kann die erwartete Quote zustands- und zeitpunktbedingt variiert werden, wenn z.B. davon ausgegangen wird, dass in einer Unternehmenskrise (und damit einhergehender schlechter Kursentwicklung) mehr Mitarbeiter ausscheiden als bei einer guten Unternehmensentwicklung.

Frühzeitige Ausübung aufgrund fehlender Handelbarkeit und eingeschränkten Möglichkeiten zur Risikodiversifikation

Eine wichtige Eigenschaft von Mitarbeiter-Aktienoptionen ist, dass sie nicht handelbar sind. Hierdurch soll erreicht werden, dass sich die Mitarbeiter des ihnen aufgebürdeten Vergütungsrisikos nicht einfach durch Verkauf der Optionen entledigen. Unwahrscheinlich ist auch, dass es den Mitarbeitern gelingt, das Risiko durch Geschäfte mit anderen Wertpapieren abzusichern. Hiergegen sprechen vor allem die sehr lange Laufzeit, die speziellen Ausgestaltungsmerkmale sowie die hohen Transaktionskosten.

Die fehlende Handelbarkeit kann sich auf das Ausübungsverhalten der Mitarbeiter auswirken. Anders als Besitzer von gehandelten Optionsrechten können sie ihr in Optionen gebundenes Vermögen nicht durch Verkauf in Liquidität umwandeln. Die einzige Möglichkeit, an liquide Mittel aus der Optionsvergütung zu kommen, liegt in der Ausübung. In diesem Effekt wird eine Erklärung für die empirische Beobachtung gesehen, dass Mitarbeiter-Optionen deutlich früher ausgeübt werden als von der Theorie vorausgesagt. Ein weiterer Grund hierfür kann auch in der fehlenden Möglichkeit zur effizienten Risikodiversifikation gesehen werden, die ebenfalls durch die speziellen Merkmale der Optionen und hohe Transaktionskosten bedingt ist. Eine ineffiziente Risikodiversifikation führt bei Risikoaversion zu einer niedrigeren Bewertung der Optionen aus Mitarbeitersicht. Dementsprechend wird die frühzeitige Ausübung für sie tendenziell attraktiver.

Die Reaktionen der Mitarbeiter auf die fehlende Handelbarkeit und die fehlenden Diversifikationsmöglichkeiten wirken sich auch auf die Bewertung von Mitarbeiter-Aktienoptionen aus Unternehmens- bzw. Aktionärssicht aus. Gegenüber dem Referenzfall ohne Handelsbeschränkungen sinkt der Optionswert. Um dies zu berücksichtigen, schlägt das IASB vor, die Laufzeit der Optionen durch die erwartete Haltedauer zu ersetzen (IFRS 2.B17). Von wissenschaftlicher Seite wird hingegen alternativ vorgeschlagen, eine Auslöseschwelle in das Bewertungsmodell einzubauen, bei deren Überschreiten es zur frühzeitigen Ausübung kommt.[12] Empirische Untersuchungen deuten darauf hin, dass diese Schwelle für eine sonst nicht begründbare frühzeitige Ausübung zwischen dem Doppelten und dem Dreifachen des Bezugskurses liegt.[13]

12 Vgl. *Hull, J./White, A.*, How to value employee stock options, in: Financial Analysts Journal, Vol. 60 (2004), S. 114-119.

13 Vgl. *Carpenter, J.*, The exercise and valuation of executive stock options, in: Journal of Financial Economics, Vol. 48 (1998), S. 127-158; *Huddart, S./Lang, M.*, Employee stock option exercises: an empirical analysis, in: Journal of Accounting and Economics, Vol. 21 (1995), S. 5-43.

3 Virtuelle Eigenkapitalinstrumente

3.1 Ausgestaltungsvarianten

Gestaltungsparameter bei virtuellen Eigenkapitalinstrumenten

Beim Einsatz virtueller Eigenkapitalinstrumente werden die finanziellen Konsequenzen ihrer echten Pendants aus Sicht der Empfänger durch Auszahlungen des Unternehmens nachgebildet. So erhalten die Mitarbeiter bei der Ausgabe virtueller Aktienoptionen das Recht, zu einem bestimmten Zeitpunkt oder innerhalb eines bestimmten Zeitraums eine Zahlung des Unternehmens zu verlangen, deren Höhe sich an der Differenz zwischen dem aktuellen Aktienkurs und dem im Voraus festgelegten Bezugskurs orientiert. Anders als für echte Aktienoptionen gibt es für virtuelle Aktienoptionen keine gesetzlichen Vorgaben. Jedoch orientieren sich die meisten Unternehmen an den Vorgaben für echte Aktienoptionen. Durch virtuelle Aktien werden die finanziellen Konsequenzen einer verbilligten Aktiengewährung nachgebildet. Hierzu ist es prinzipiell notwendig, dass die Mitarbeiter zunächst selbst eine Einlage leisten. Solche Vereinbarungen sind in der Praxis allerdings nur selten anzutreffen. Wird auf eine Einlage und damit auf die Möglichkeit einer vollständigen Verlustbeteiligung verzichtet, verschwimmen die Grenzen zwischen virtuellen Aktien und Aktienoptionen.

Vor- und Nachteile

Aus Sicht der Mitarbeiter ist es in aller Regel irrelevant, ob sie mit echten oder virtuellen Aktienoptionen vergütet werden. Dies gilt insbesondere in Deutschland, wo der gesamte Ausübungsgewinn in beiden Fällen der individuellen Einkommensteuer der Mitarbeiter unterliegt. Aus Unternehmenssicht bestehen hingegen mehrere Unterschiede. Der wesentliche Nachteil virtueller Aktienoptionen ist, dass sie zu einem Liquiditätsabfluss in Höhe des Ausübungsgewinns führen, während bei echten Aktienoptionen mit der Ausübung sogar noch ein Kapitalzufluss stattfindet. Stammen die Aktien aus einer Kapitalerhöhung, steht diesem Zufluss kein Liquiditätsabfluss gegenüber. Wesentlicher Vorteil virtueller Aktienoptionen für deutsche Unternehmen ist, dass in Höhe der tatsächlich gezahlten Vergütung unstrittig eine Betriebsausgabe geltend gemacht werden kann. Ein weiterer Aspekt ist der Einfluss auf die Aktionärsstruktur. Anders als bei echten Aktienoptionen besteht bei virtuellen Aktienoptionen keine Gefahr, dass Mehrheitsverhältnisse beeinflusst werden. Schließlich sind die rechtlichen Anforderungen an virtuelle Aktienoptionspläne geringer. Insbesondere ist kein begleitender Hauptversammlungsbeschluss für die zugrunde liegende Kapitalmaßnahme notwendig, sondern lediglich der Beschluss über das Vergütungssystem nach § 120a AktG.

3.2 Bilanzansatz

Geringere Komplexität, da Eigenkapital nicht berührt

Die bilanzielle Abbildung von virtuellen Eigenkapitalinstrumenten ist weniger komplex, da die Entgeltempfänger hier nicht in die Position eines aktuellen oder potenziellen Gesellschafters gelangen. Folglich kommt es zu keinen gesamtergebnisneutralen Buchungen im Eigenkapital. Stattdessen ist die unsichere Zahlungsverpflichtung des Unternehmens gegenüber den Entgeltempfängern gemäß IFRS 2.7 durch eine Rückstellung zu erfassen. Dienen die virtuellen Eigenkapitalinstrumente als Entgelt für Güter oder bereits erbrachte Dienst- bzw. Arbeitsleistungen, ist die Rückstellung ab dem Zeitpunkt der Gewährung in voller Höhe anzusetzen. Wenn das Unternehmen einen aktivierungsfähigen Vermögenswert erwirbt, ist gleichzeitig ein Aktivposten in Höhe des beizulegenden Werts zu bilden. Anderenfalls ist ein Aufwand in gleicher Höhe zu buchen. Dienen die virtuellen Eigenkapitalinstrumente als Entgelt für zukünftige Dienst- oder Arbeitsleistungen, ist die Rückstellung nach IFRS 2.32 ratierlich aufzubauen und erst dann in voller Höhe anzusetzen, wenn die Arbeitsleistungen als vollständig erbracht anzusehen sind. Der Leistungszeitraum ist dabei nach den gleichen Prinzipien festzulegen wie beim Einsatz echter Eigenkapitalinstrumente.

Latente Steuern

Eine Verpflichtung aufgrund virtueller Eigenkapitalinstrumente führt nicht nur zum Ansatz einer Rückstellung, sondern bei abweichender steuerlicher Behandlung auch zum Ansatz latenter Steuern. Anders als bei echten Eigenkapitalinstrumenten sind die latenten Steuern hier unmittelbar aus der Bilanz über Bewertungsdifferenzen bei der Rückstellung zu begründen. Je nach Art der Bewertungsdifferenz kann es sich um aktive oder passive latente Steuern handeln.

3.3 Bilanzbewertung

Bewertung der Verbindlichkeit zum beizulegenden Zeitwert

Für den Einsatz virtueller Eigenkapitalinstrumente sieht IFRS 2.30 keine direkte Bewertung der vom Unternehmen empfangenen Güter oder Dienstleistungen vor. Vielmehr soll deren Wert generell indirekt über den beizulegenden Zeitwert der unsicheren Zahlungsverpflichtung bestimmt werden. Da die hierbei zugrunde liegenden erwarteten Auszahlungen des Unternehmens unmittelbar durch die Wertentwicklung der Unternehmensanteile determiniert werden, sind für die Bewertung die gleichen Methoden heranzuziehen wie für echte Eigenkapitalinstrumente. Nach IFRS 2.33A-33D soll dabei auch im Hinblick auf die Ausübungsbedingungen in gleicher Weise vorgegangen werden wie bei echten Aktienoptionen. Eine Besonderheit besteht jedoch darin, dass die Bewertung nicht nur einmalig zum Gewährungszeitpunkt erfolgt, sondern während der Laufzeit zu jedem Bilanzstichtag aktualisiert werden muss. Die Rückstellung ist jeweils GuV-wirksam an die veränderte Bewertung bzw. an den tatsächlichen Auszahlungsbetrag anzupassen.

Zur Veranschaulichung sei das folgende Beispiel betrachtet, das an das obige Beispiel zur Mitarbeitervergütung mit echten Aktienoptionen angelehnt ist.

Beispiel 16.5

Zwanzig Manager erhalten als Teil ihrer variablen Vergütung jeweils 300 virtuelle Aktienoptionen mit einem beizulegenden Zeitwert bei Gewährung von 8 € pro Option. Jede Option verbrieft das Recht, die Differenz zwischen dem Aktienkurs bei Ausübung und dem Bezugskurs von 100 € ausbezahlt zu bekommen. Um die virtuellen Aktienoptionen ausüben zu dürfen, müssen die Manager zwei weitere Jahre im Unternehmen verbleiben. Bei Gewährung wird davon ausgegangen, dass fünf Manager (25 %) die Bedingung nicht erfüllen werden. Am Ende des ersten Jahres wird diese Annahme aufrechterhalten. Am Ende des zweiten Jahres stellt sich jedoch heraus, dass tatsächlich nur drei Manager das Unternehmen verlassen haben.

Aufgrund einer günstigen Aktienkursentwicklung steigt der beizulegende Zeitwert der virtuellen Optionen im Laufe des ersten Jahres auf 12 € und bis zum Ende der zweijährigen Sperrfrist auf 14 €. Am Ende des dritten Jahres beträgt er hingegen nur noch 11 €.

Innerhalb des dritten Jahres üben acht Manager bei einem Aktienkurs von 106 € ihre virtuellen Optionen aus. Dementsprechend wird für jedes Optionsrecht eine Zahlung von 6 € fällig.

Zum Zeitpunkt der Gewährung ist nach IFRS 2 noch keine Buchung vorzunehmen, da ein schwebendes Geschäft vorliegt. In den folgenden Jahren ist jeweils eine Rückstellung zu bilden. Es wird hier davon ausgegangen, dass in der Steuerbilanz eine Rückstellung jeweils in gleicher Höhe gebildet wird, sodass keine latenten Steuern entstehen.

Erstes Jahr

Am Ende des ersten Jahres ist die Hälfte des Leistungszeitraums verstrichen, sodass eine Rückstellung in halber Höhe des aktuellen Werts der Zahlungsverpflichtung von (15 · 300 · 12 =) 54.000 € zu bilden ist. Die Gegenbuchung erfolgt im Personalaufwand:

Personalaufwand	*an*	*Rückstellung*	*27.000 €*

Der aktuelle Wert der Verpflichtung basiert auf dem aktuellen beizulegenden Zeitwert der Optionsrechte, also 12 €. Außerdem ist zu berücksichtigen, dass das Ausscheiden von insgesamt fünf der zwanzig Manager erwartet wird.

Zweites Jahr

Am Ende des zweiten Jahres ist der Leistungszeitraum beendet. Die Rückstellung ist deshalb in voller Höhe zu bilden. Ausgangspunkt der Bewertung ist wiederum der beizulegende Zeitwert der Optionsrechte, jetzt also 14 €. Außerdem ist die Rückstellung an die tatsächliche Ausfallquote von 15 % anzupassen. Sie muss dementsprechend um 44.400 € auf (17 · 300 · 14 =) 71.400 € erhöht werden:

Personalaufwand	*an*	*Rückstellung*	*44.400 €*

Durch den gestiegenen Optionswert und die Revision der Ausfallquote ist die Belastung im zweiten Jahr deutlich höher als im ersten Jahr.

Drittes Jahr

Auch am Ende des dritten Jahres ist die Rückstellung in Höhe des aktuellen Werts der Zahlungsverpflichtung zu bilden. Der Rückstellungsbetrag ist aber gegenüber dem Vorjahr aufgrund von zwei Effekten zu modifizieren. Zum einen sind insgesamt (8 · 300 =) 2.400 Optionsrechte ausgeübt worden. Zum anderen ist der beizulegende Zeitwert der Optionen auf 11 € gefallen. Die Rückstellung ist also nur noch in Höhe von (9 · 300 · 11 =) 29.700 € zu bilden. Die Differenz gegenüber dem Vorjahr in Höhe von 41.700 € verteilt sich auf eine gesamtergebnisneutrale und eine GuV-wirksame Gegenbuchung. Gesamtergebnisneutral ist der mit der Optionsausübung verbundene Kassenabfluss von (2.400 · 6 =) 14.400 € zu erfassen. Der verbleibende Betrag ist als sonstiger betrieblicher Ertrag auszuweisen:

Rückstellung	*41.700 €*	*an*	*Kasse*	*14.400 €*
			sonst. betriebl. Ertrag	*27.300 €*

Der sonstige betriebliche Ertrag setzt sich aus zwei Komponenten zusammen. Erstens kommt darin die Verringerung der Rückstellung aufgrund des um 3 € auf 11 € gesunkenen Optionswerts zum Ausdruck (17 · 300 · 3 = 15.300 €). Zweitens musste für jede der 2.400 ausgeübten Optionen nur eine Zahlung in Höhe des inneren Werts von 6 € geleistet werden. Der von den Managern aufgegebene Zeitwert beträgt insgesamt (2.400 · (11 - 6) =) 12.000 €.

Weitere Jahre

In den weiteren Jahren der Laufzeit ist die Rückstellung wie im dritten Jahr an die Anzahl der noch nicht ausgeübten virtuellen Optionsrechte und deren aktuellen Wert anzupassen.

Höhere Volatilität des Personalaufwands

Wie das Beispiel verdeutlicht, unterscheiden sich die GuV-Wirkungen von echten und virtuellen Aktienoptionen durch die regelmäßige Anpassung der Bewertung erheblich. Während bei echten Aktienoptionen die Höhe des pro Optionsrecht zu verrechnenden Aufwands zum Zeitpunkt der Gewährung endgültig determiniert wird, ist bei virtuellen Aktienoptionen letztlich der Ausübungsgewinn des Mitarbeiters aufwandswirksam. Je nach Marktentwicklung kann der Ausübungsgewinn höher oder niedriger ausfallen als der beizulegende Zeitwert der Optionen bei Gewährung. Folglich erhöht sich beim Einsatz virtueller Aktienoptionen die Ergebnisvolatilität. Dies gilt umso mehr, wenn der Aktienkurs während der Sperrfrist erheblich schwankt.

Separater Ausweis von Personal- und Finanzierungsaufwand

Um die GuV-Wirkungen von echten und virtuellen Aktienoptionen besser vergleichen zu können, bietet sich ein separater Ausweis folgender Aufwandskomponenten an:

- Der Teil der Aufwendungen, der bei einem vergleichbar ausgestalteten echten Aktienoptionsplan über den Leistungszeitraum als Personalaufwand anzusetzen wäre.
- Der verbleibende Teil der Aufwendungen, der durch die Wahl eines virtuellen anstatt eines echten Aktienoptionsplans begründet ist und insofern als Finanzierungsaufwand klassifiziert werden kann.

Während der Standardentwurf zu IFRS 2 eine solche Aufteilung noch als verpflichtende Angabe gefordert hatte, wird sie im endgültigen Standard nur noch als eine mögliche Zusatzangabe genannt (IFRS 2.BC252-BC255).

4 Kombinationsmodelle

Abgrenzungskriterium: Vorliegen einer Zahlungsverpflichtung

Für den kombinierten Einsatz von echten und virtuellen Eigenkapitalinstrumenten hat das IASB mit IFRS 2.34-43 differenzierte Regeln aufgestellt, die als Unterscheidungskriterium auf das Vorliegen einer Zahlungsverpflichtung des Unternehmens abstellen. Von einer Zahlungsverpflichtung ist insbesondere dann auszugehen, wenn der Entgeltempfänger die Art der Inanspruchnahme wählen darf. Liegt das Wahlrecht demgegenüber beim Unternehmen, ist nur unter bestimmten Bedingungen vom Vorliegen einer Zahlungsverpflichtung auszugehen. Beispielsweise ist dies der Fall, wenn das Wahlrecht aufgrund von gesellschaftsrechtlichen Restriktionen faktisch nicht zugunsten der Eigenkapitalvariante ausgeübt werden kann oder wenn das Unternehmen in der Vergangenheit regelmäßig die Barvariante gewählt hat.

In Abhängigkeit davon, ob von einer späteren Zahlungsverpflichtung auszugehen ist, sind Kombinationsmodelle wie folgt zu bilanzieren:

- Ist von einer Zahlungsverpflichtung auszugehen, gelten die Regeln für virtuelle Eigenkapitalinstrumente. Wird später dennoch die Eigenkapitalvariante in Anspruch genommen, ist die Rückstellung zum Ausübungszeitpunkt neu zu bewerten und gesamtergebnisneutral in das Eigenkapital umzubuchen. Die Inanspruchnahme der Eigenkapitalvariante wird somit als die Ausgabe eines Eigenkapitalinstruments zum Zeitpunkt der Wahlrechtsausübung interpretiert.
- Ist nicht von einer Zahlungsverpflichtung auszugehen, gelten die Regeln für echte Eigenkapitalinstrumente. Entscheidet sich das Unternehmen letztlich doch für eine Barzahlung an die Entgeltempfänger, ist dies als Rückkauf von Eigenkapitalinstrumenten zu werten. Entsprechend ist der ausgezahlte Betrag gesamtergebnisneutral vom Eigenkapital abzuziehen.

Zur Veranschaulichung sei folgendes Beispiel betrachtet, das an die beiden Beispiele zu echten und virtuellen Aktienoptionen anknüpft. Latente Steuern werden dabei, wie in den vorausgehenden Beispielen auch, aus den jeweils genannten Gründen (permanente Differenz für echte Aktienoptionen, didaktische Vereinfachung für virtuelle Aktienoptionen) nicht betrachtet.

Beispiel 16.6

Zwanzig Manager erhalten als Teil ihrer variablen Vergütung jeweils 300 Optionsrechte aus einem Kombinationsplan. Der beizulegende Zeitwert jedes Optionsrechts beträgt bei Gewährung 8 €. Es sind zwei Fälle zu unterscheiden. Im ersten Fall können die Manager bei der Ausübung wählen, ob sie Aktien beziehen oder eine äquivalente Barvergütung erhalten. Folglich ist von einer Zahlungsverpflichtung auszugehen. Im zweiten Fall hat das Unternehmen das Wahlrecht und es gibt auch keine anderen Anhaltspunkte dafür, dass eine Zahlungsverpflichtung vorliegt.

Erster Fall: Eine Zahlungsverpflichtung liegt vor

Im ersten und zweiten Jahr ist genauso zu buchen wie in dem obigen Beispiel zu virtuellen Aktienoptionen. Wenn die Manager bei der Ausübung im dritten Jahr die Barvergütung wählen, ändert sich auch die Buchung im dritten Jahr nicht. Entscheiden sich die Manager im dritten Jahr hingegen für den Bezug von Aktien, ist demgegenüber wie folgt zu buchen:

Rückstellung	*41.700 €*			
Kasse	*240.000 €*	*an*	*gezeichnetes Kapital*	*2.400 €*
			Kapitalrücklage	*252.000 €*
			sonst. betriebl. Ertrag	*27.300 €*

Wie zuvor ist die Rückstellung um 41.700 € zu verringern, um sie an den aktuellen Wert von 29.700 € anzupassen. Ebenfalls wie zuvor entsteht ein sonstiger betrieblicher Ertrag von 27.300 €, der sich aus den gleichen Komponenten wie oben zusammensetzt. Anders als zuvor kommt es jetzt jedoch nicht zu einem Kassenabfluss. Stattdessen erhält das Unternehmen liquide Mittel in Höhe von (2.400 · 100 =) 240.000 €. Dieser Betrag ist zusammen mit dem auf die ausgeübten Optionen entfallenen Teil der Rückstellung im Eigenkapital gegenzubuchen. Der Betrag von insgesamt (240.000 + 14.400 =) 254.400 € verteilt sich entsprechend dem Nennwert und dem darüber hinaus gehenden Teil auf das Gezeichnete Kapital und die Kapitalrücklage.

Zweiter Fall: Eine Zahlungsverpflichtung liegt nicht vor

Wie im obigen Beispiel zu echten Aktienoptionen ist im ersten Jahr ein Personalaufwand von 18.000 € und im zweiten Jahr von 22.800 € zu buchen. Gleichzeitig ist das Eigenkapital entsprechend zu erhöhen. Entscheidet sich das Unternehmen, bei der Ausübung von 2.400 Optionen im dritten Jahr Aktien auszugeben, ist der Zufluss von 240.000 € wie folgt zu erfassen:

Kasse	*240.000 €*	*an*	*gezeichnetes Kapital*	*2.400 €*
			Kapitalrücklage	*237.600 €*

Entscheidet sich das Unternehmen hingegen für eine Barvergütung, ist folgende Buchung vorzunehmen:

Kapitalrücklage		*an*	*Kasse*	*14.400 €*

Eine Anpassung des Gewinns oder Verlusts ist aufgrund der Wertung als Rückkauf von Eigenkapitalinstrumenten nicht notwendig.

Über die hier dargestellten Vorschriften hinaus sieht IFRS 2 auch Regeln für solche Kombinationspläne vor, bei denen sich die Werte der Eigenkapital- und der Barvariante unterscheiden (IFRS 2.35-39). Wenn das Wahlrecht bei den Empfängern liegt, ist in solchen Fällen von einem strukturierten Finanzinstrument auszugehen, das in eine Eigen- und in eine Fremdkapitalkomponente aufzuteilen ist. Da solche Kombinationsmodelle zumindest in der deutschen Unternehmenspraxis bislang kaum vorzufinden sind, soll auf diese Regelungen aber hier nicht näher eingegangen werden.

5 Anhangangaben

Umfangreiche Angabepflichten

Die Darstellung in Bilanz und Gesamtergebnisrechnung ist durch umfangreiche Anhangangaben zu ergänzen, für die folgende drei Grundsätze gelten:

- Nach IFRS 2.44 sollen Informationen veröffentlicht werden, die es dem Jahresabschlussleser ermöglichen, die Art und das Ausmaß der für die Berichtsperiode relevanten anteilsbasierten Entgeltvereinbarungen zu verstehen.
- Nach IFRS 2.46 sollen darüber hinaus Informationen veröffentlicht werden, durch die die im Zusammenhang mit solchen Entgelten vorgenommene Bewertung von Gütern und Dienstleistungen bzw. der gewährten Eigenkapitalinstrumente transparent wird.
- Nach IFRS 2.50 sollen schließlich die Auswirkungen anteilsbasierter Vergütungen auf die Ertrags- und Finanzlage des Unternehmens verdeutlicht werden.

Angaben über Art und Ausmaß relevanter Transaktionen

Das IASB konkretisiert diese drei Grundsätze durch umfangreiche Mindestanforderungen. Im Hinblick auf den ersten Grundsatz sind nach IFRS 2.45 insbesondere folgende Angaben zu machen:

- Eine allgemeine Beschreibung aller während der Periode existierenden anteilsbasierten Vergütungsvereinbarungen. Hierbei ist auf alle wesentlichen Merkmale (z.B. Bezugskurs, Erfolgsziele, Sperrfrist, Laufzeit, Durchführungsform) einzugehen.
- Die Anzahl und der gewichtete durchschnittliche Bezugskurs von echten Aktienoptionen getrennt nach folgenden Gruppen:
  - zu Beginn der Periode ausstehende Aktienoptionen;
  - während der Periode gewährte Aktienoptionen;
  - während der Periode aufgrund nicht erfüllter Ausübungsbedingungen erloschene Aktienoptionen;
  - während der Periode ausgeübte Aktienoptionen;
  - während der Periode am Ende ihrer Laufzeit verfallene Aktienoptionen;
  - am Ende der Periode ausstehende Aktienoptionen; und
  - am Ende der Periode ausübbare Aktienoptionen.
- Für alle in der Periode ausgeübten Aktienoptionen der mittlere Aktienkurs am Tag der Ausübung.
- Die Bandbreite der Bezugskurse und die mittlere verbleibende Laufzeit der am Ende der Periode noch ausstehenden Aktienoptionen.

Hinsichtlich des zweiten Grundsatzes sind nach IFRS 2.47-49 insbesondere folgende Angaben zu machen:

Angaben zur Bewertung

- Der durchschnittliche beizulegende Zeitwert aller Eigenkapitalinstrumente, die in der Periode anstelle von Gütern oder Dienstleistungen bewertet wurden. Diese Angabe muss getrennt für Aktien und Aktienoptionen erfolgen.
- Detaillierte Informationen über die eingesetzten Bewertungsmodelle und die dabei verwendeten Eingabeparameter.
- Die Vorgehensweise bei der direkten Bewertung von Gütern oder Dienstleistungen, die das Unternehmen aufgrund von anteilsbasierten Vergütungen während der Periode empfangen hat.
- Falls empfangene Güter oder Dienstleistungen indirekt über den Wert der Eigenkapitalinstrumente bewertet wurden, ist zu begründen, warum eine direkte Bewertung nicht möglich war.

Zur Konkretisierung des dritten Grundsatzes schreibt IFRS 2.51 vor allem folgende Angaben vor:

Angaben zu den Auswirkungen auf Ertrags- und Finanzlage

- Der Gesamtaufwand, der aufgrund von anteilsbasierten Vergütungen angesetzt wurde, bei denen die erhaltene Gegenleistung keinen aktivierbaren Vermögenswert dargestellt hat. Dabei ist der Anteil der Transaktionen, bei denen echte Eigenkapitalinstrumente zum Einsatz kamen, separat aufzuführen.
- Der Gesamtbetrag, der am Ende der Periode aufgrund von anteilsbasierten Vergütungen als Rückstellung angesetzt wurde.
- Der Teilbetrag der Rückstellung, der dem inneren Wert von bereits ausübbaren virtuellen Optionsrechten entspricht.

Wenn die in IFRS 2.44, 2.46 und 2.50 formulierten Grundsätze durch die Mindestangaben nicht ausreichend erfüllt werden, sollen die Unternehmen gemäß IFRS 2.52 nach Bedarf weitere Angaben machen.

6 Wesentliche Unterschiede zum IFRS for SMEs

Nach den IFRS for SMEs (Abschnitt 26) ist die Bilanzierung anteilsbasierter Vergütungen weitgehend identisch mit IFRS 2 geregelt. Erleichterungen finden sich insbesondere bei folgenden Punkten:

- Transaktionen mit Erfüllungswahlrecht (Kombinationsmodelle) sollen im Regelfall wie eine Transaktion mit Barausgleich bilanziert werden. Eine Aufteilung in Eigen- und Fremdkapitalkomponenten ist nicht notwendig.
- Wenn Marktdaten für die Objektivierung des beizulegenden Zeitwerts fehlen, dürfen bestmögliche Schätzungen der Unternehmensleitung als Eingabeparameter verwendet werden.
- Die geforderten Anhangangaben sind deutlich weniger detailliert.

7 Wesentliche Unterschiede zum HGB

Keine explizite Regelung nach HGB

Nach deutschem Recht existiert mit § 272 Abs. 2 HGB eine Vorschrift zur Bilanzierung von Transaktionen, bei denen Aktien und Aktienoptionen als Entgelt ausgegeben werden. Deren Anwendung ist jedoch nur dann unstrittig, wenn das Unternehmen im Gegenzug aktivierungsfähige Vermögensgegenstände erwirbt. Für solche Transaktionen führt § 272 Abs. 2 HGB zum gleichen Ergebnis wie IFRS 2. Beim Einsatz von echten Eigenkapitalinstrumenten zur Mitarbeitervergütung wird die Anwendbarkeit von § 272 Abs. 2 HGB hingegen bezweifelt. Dementsprechend ist die bilanzielle Behandlung solcher Transaktionen aus den Grundsätzen ordnungsmäßiger Buchführung (GoB) abzuleiten. Hier prallen immer noch verschiedene Meinungen aufeinander:[14]

Ansatz echter Aktienoptionen

- Zahlreiche Autoren leiten aus den Zielen des handelsrechtlichen Jahresabschlusses eine Vorgehensweise ab, die weitgehend mit IFRS 2 übereinstimmt. Diese Sichtweise lag auch dem 2001 veröffentlichten Standardentwurf E-DRS 11 zugrunde, der auch vom IDW positiv gewertet und unterstützt wurde. Jedoch ist der Entwurf nie in einen endgültigen Standard überführt worden.
- Ebenso häufig wird die Meinung vertreten, die Gewährung von echten Aktienoptionen könne gar nicht zu einem Aufwand führen, da die Leistungssphäre des Unternehmens nicht berührt werde. Dementsprechend wird auch die Buchung einer korrespondierenden Einlage abgelehnt. Bilanziell zu erfassen ist nach dieser Auffassung lediglich der ggf. stattfindende Kassenzufluss bei der Optionsausübung.
- Vereinzelt wird argumentiert, für noch ausstehende echte Aktienoptionen sei eine Rückstellung in Höhe des jeweils aktuellen inneren Werts zu bilden. Erst bei Ausübung solle eine Umbuchung ins Eigenkapital erfolgen.

Wird der ersten Meinung gefolgt, ergeben sich Unterschiede nur bei Detailfragen wie z.B. der Aufwandsverteilung über den Leistungszeitraum. Die zweite Auffassung steht hingegen im krassen Gegensatz zu IFRS 2. Das IASB diskutiert diese Position in der Begründung des Standards und lehnt sie mit dem Argument ab, die Arbeitsleistungen kämen sehr wohl dem Unternehmen zugute (IFRS 2.BC35). Die dritte Position steht grundsätzlich mit dem Gedanken in Einklang, dass anteilsbasierte Mitarbeitervergütungen zu Aufwendungen führen. Jedoch werden noch nicht ausgeübte Aktienoptionen dem Fremd- und nicht dem Eigenkapital zugeordnet. Dieser Zuordnung steht die übliche Zuordnung von ausstehenden Optionsrechten, z.B. bei Optionsanleihen, zum Eigenkapital entgegen. Auch das IASB hat diesen Ansatz bei der Entwicklung von IFRS 2 abgelehnt, da eine solche Zuordnung

---

14 Für einen – nach wie vor aktuellen – Überblick über die verschiedenen Positionen mit weiteren Literaturhinweisen vgl. *Pellens, B./Crasselt, N.*, Bilanzierung von Stock Options: Status quo und aktuelle Entwicklungen, in: Küting, K./Weber, C.-P. (Hrsg.), Vom Financial Accounting zum Business Reporting: Kapitalmarktorientierte Rechnungslegung und integrierte Unternehmenssteuerung, Stuttgart 2002, S. 147-171, hier S. 155 f.

zum Fremdkapital nicht mit dem Rahmenkonzept vereinbar sei (IFRS 2.BC98, 2.BC113-118).

Bewertung von Rückstellungen für virtuelle Aktienoptionen

Unterschiedliche Meinungen existieren auch zur Frage der Bewertung der Rückstellungen im Zusammenhang mit virtuellen Aktienoptionen.[15] Hier wird u.a. vom DSR in E-DRS 11 und vom IDW die Meinung vertreten, die Bewertung solle wie nach IFRS 2 zum zeitanteiligen beizulegenden Zeitwert erfolgen. Dem steht die Meinung gegenüber, dass die Bewertung fortlaufend zum möglichen Ausübungsgewinn zum Bewertungszeitpunkt, also dem jeweiligen inneren Wert, erfolgen soll („Ausübungshypothese"). Dies soll unabhängig davon gelten, ob die Optionen tatsächlich bereits ausgeübt werden dürfen. Somit wäre auch bereits während des Leistungszeitraums der volle innere Wert anzusetzen.

Anhangangaben zu anteilsbasierten Vergütungen sind nach § 285 Nr. 9 a) HGB im Einzelabschluss und nach § 314 Nr. 6 a) HGB im Konzernabschluss zu machen, bleiben aber hinsichtlich der geforderten Detaillierung hinter denen nach IFRS 2 zurück. Anzugeben sind die Anzahl der Bezugsrechte – hierzu zählen Aktienoptionen – und sonstigen aktienbasierten Vergütungen sowie deren beizulegender Zeitwert zum Zeitpunkt der Gewährung. Darüber hinaus sollen Wertänderungen aufgrund der Änderung von Ausübungsbedingungen angegeben werden. Eine weitere Konkretisierung der Angabepflichten findet sich in DRS 17.28-33. Hier wird insbesondere festgelegt, dass aktienbasierte Vergütungen in dem Jahr auszuweisen sind, in dem sie rechtsverbindlich zugesagt wurden (DRS 17.29). Weiterhin wird festgelegt, dass keine aufwandsbezogenen Angaben analog zur Buchung nach IFRS 2 vorzunehmen sind, sondern der Ausweis allein im Jahr der Gewährung erfolgen soll (DRS 17.30).

Angaben zu anteilsbasierten Vergütungen für Vorstands- und Aufsichtsratsmitglieder sind auch im Vergütungsbericht nach § 162 AktG zu machen. Nach § 162 Abs. 1 Nr. 3 sind unter Namensnennung die Anzahl der gewährten und zugesagten Aktien und Aktienoptionen anzugeben. Weiterhin müssen die wichtigsten Bedingungen für die Ausübung der Rechte erläutert werden. Diese schließen den Ausübungspreis, das Ausübungsdatum und etwaige Änderungen der Bedingungen ein. Demgegenüber macht der Deutsche Corporate Governance Kodex in seiner Fassung von Dezember 2019 keine detaillierten Vorgaben mehr für die Berichterstattung zur Vorstands- und Aufsichtsratsvergütung. Angesichts der ausgeweiteten gesetzlichen Berichtspflichten wird in Grundsatz 25 lediglich auf diese verwiesen.

15 Zum Vergleich der im Folgenden skizzierten Methoden vgl. *Pellens, B./Crasselt, N.*, Virtuelle Aktienoptionsprogramme im Jahresabschluß, in: WPg, 52. Jg. (1999), S. 765-772.

Ausgewählte Literatur

Crasselt, N./Pellens, B., Abschnitt 26: Anteilsbasierte Vergütung (Share-based Payment), in: Bruns, H.-G. et al. (Hrsg.), IFRS for SMEs – Kommentar zur Rechnungslegung nach IFRS für nicht kapitalmarktorientierte Unternehmen, Stuttgart 2010, S. 565-576.

Küting, K./Dürr, U., IFRS 2 Share-based Payment – ein Schritt zur weltweiten Konvergenz?, in: WPg, 57. Jg. (2004), S. 609-620.

Pellens, B./Crasselt, N., Exkurs: Bilanzierung von Aktienoptionsplänen, in: Baetge, J./Kirsch, H.-J./Thiele, S. (Hrsg.), Bilanzrecht, Bonn/Berlin, 14. Aktualisierung 2006, § 272, Tz. 801-921.

Schmidt, L., Bilanzierung von Aktienoptionen nach IFRS 2 – Darstellung und ökonomische Analyse, Frankfurt a. M. u.a. 2006.

Übungsaufgaben

Aufgabe 1:

Geben Sie für die folgenden Geschäftsvorfälle an, ob sie in den Anwendungsbereich von IFRS 2 fallen. Begründen Sie Ihre Antwort.

a) Der bisherige Alleineigentümer der Freund AG überträgt dem Geschäftsführer des Unternehmens 25 % der Anteile ohne finanzielle Gegenleistung. Im Gegenzug verzichtet der Geschäftsführer in den nächsten beiden Jahren auf 40 % seines Gehalts, um die Liquidität des Unternehmens zu stärken.

b) Die Huckschlag AG erwirbt Rohstoffe von der Klee GmbH. Als Gegenleistung erhält die Klee GmbH junge Aktien der Huckschlag AG.

c) Die Huckschlag AG übernimmt das Betriebsvermögen der Freund AG, die zeitgleich mit dem Erwerb aufgelöst wird. Als Gegenleistung erhalten die beiden Aktionäre der Freund AG junge Aktien der Huckschlag AG.

d) Die Huckschlag AG hat mit der Investment Bank, die die Übernahme der Freund AG betreut hat, folgende Vereinbarung getroffen: Als Teil des Honorars erhält die Bank 10.000 Zertifikate, deren Wert sich an der Aktienkursentwicklung innerhalb eines Jahres nach dem Unternehmenskauf bemisst. Steigt der Kurs, zahlt die Huckschlag AG pro Zertifikat den Betrag, um den der Aktienkurs gestiegen ist. Sinkt der Kurs, wird keine Zahlung fällig.

e) Die Mitarbeiter der Huckschlag AG haben folgende Vereinbarung mit ihrem Arbeitgeber getroffen: Der Jahresbonus wird nicht mehr wie gewohnt bar ausgezahlt, sondern durch die Ausgabe von Aktien ersetzt. Die Mitarbeiter erhalten die Aktien zum Nennwert von 1 €. Der aktuelle Kurs beträgt 7,20 €.

f) Ein Mitarbeiter der Huckschlag AG hat im Vorjahr eine am Kapitalmarkt angebotene Wandelanleihe des Unternehmens mit einem Nominalwert von 1.000 € gezeichnet. Die Anleihe kann ohne Zuzahlung in 20 Aktien der Huckschlag AG gewandelt werden. Der Mitarbeiter hat das Wandlungsrecht beim aktuellen Aktienkurs von 7,20 € wahrgenommen.

Aufgabe 2:

Geben Sie für jeden der folgenden Geschäftsvorfälle die notwendigen Buchungen im IFRS-Konzernabschluss 2021 der Wolny AG an. Deren Aktien haben einen Nennwert von 1 €. Latente Steuern brauchen nicht berücksichtigt zu werden.

a) Die obersten Führungskräfte der Wolny AG erhalten echte Aktienoptionen als Teil ihrer variablen Vergütung. Im Geschäftsjahr 2021 wurden insgesamt 19.300 Aktienoptionen mit einem Basispreis von 15,25 € ausgeübt. Der durchschnittliche Aktienkurs bei Ausübung betrug 17,40 €. Der Fair Value der Aktienoptionen am Ende des Geschäftsjahres 2020 betrug 1,90 €. Der Leistungszeitraum endete am 31.12.2020.

b) Die mittleren Führungskräfte der Wolny AG erhalten virtuelle Aktienoptionen als Teil ihrer variablen Vergütung. Im Geschäftsjahr 2019 wurden insgesamt 8.400 Optionsrechte mit einem Basispreis von 12,20 € ausgeübt. Der durchschnittliche Aktienkurs bei Ausübung betrug 18,30 €. Der Fair Value der virtuellen Aktienoptionen am Ende des Geschäftsjahres 2020 betrug 3,70 €. Der Leistungszeitraum endete am 31.12.2020.

c) Aus einem früheren Optionsplan hielten die obersten Führungskräfte noch 60.000 Aktienoptionen mit einem Basispreis von 30,50 € und die mittleren Führungskräfte noch insgesamt 30.000 virtuelle Aktienoptionen mit einem Basispreis von 24,40 €. Diese Optionsrechte sind im Laufe des Geschäftsjahres unausgeübt verfallen. Der Fair Value der Aktienoptionen betrug Ende 2020 0,15 €, der Fair Value der virtuellen Aktienoptionen 0,40 €.

d) Die Geschäftsführer eines Tochterunternehmens, der Kranz GmbH, erhalten ebenfalls Aktienoptionen zum Bezug von Wolny-Aktien. Bei diesem Aktienoptionsplan hat sich die Wolny AG allerdings das Recht einer Barauszahlung anstelle der Ausgabe von Aktien vorbehalten. Im Geschäftsjahr sind aus diesem Programm 3.000 Optionsrechte mit einem Ausübungsgewinn von 6.300 € ausgeübt worden. Entgegen ihrer bisherigen Absicht hat die Wolny AG sich für eine Barauszahlung entschieden.

e) Im Januar 2021 hat ein Tochterunternehmen der Wolny AG, die Peters GmbH, einen neuen Gesellschafter aufgenommen. Der neue Gesellschafter hat eine Produktionsanlage im Wert von 25.000 € aus seinem Privatbesitz eingebracht und dafür einen GmbH-Anteil erhalten. Vor dem Eintritt des neuen Gesellschafters war die Peters GmbH im Alleinbesitz der Wolny AG.

Aufgabe 3:

a) Zeigen Sie für das im Folgenden skizzierte Szenario auf, wie in den Geschäftsjahren 2019 bis 2021 zu buchen ist. Latente Steuern brauchen nicht berücksichtigt zu werden.

- Am 01.01.2019 werden 1 Mio. Aktienoptionen mit einem Bezugskurs in Höhe des aktuellen Aktienkurses von 9 € und mit einer Laufzeit von drei Jahren gewährt. Um aktienrechtlichen Voraussetzungen zu genügen, werden eine Sperrfrist von zwei Jahren und eine Mindestkurssteigerung von 25 % als Erfolgsziel vereinbart. Der Wert der Aktienoptionen am 01.01.2019 beträgt 1,25 €. Es wird erwartet, dass während der Sperrfrist rund 5 % der Mitarbeiter das Unternehmen verlassen werden.
- Im Laufe des Geschäftsjahres 2019 sinkt der Aktienkurs kontinuierlich und erreicht am 31.12.2019 einen Stand von 7,90 €. Der Wert der Aktienoptionen sinkt auf 0,70 €. Wie erwartet sind 2019 rund 25.000 Optionen verfallen, weil Mitarbeiter das Unternehmen während der Sperrfrist verlassen haben.
- Im Laufe des Geschäftsjahres 2020 erholt sich der Aktienkurs, das Erfolgsziel wird aber nicht erreicht. Am 31.12.2020 liegt der Aktienkurs bei 8,70 €. Der Wert der Aktienoptionen ist auf 0,60 € gesunken. Im Jahr 2020 haben deutlich mehr Mitarbeiter das Unternehmen verlassen als erwartet, sodass weitere 75.000 Optionen verfallen sind.
- Auch im Laufe des Geschäftsjahres 2021 wird das Erfolgsziel nicht erreicht. Am 31.12.2021 verfallen die Optionsrechte aller Mitarbeiter wertlos.

b) Wie würden sich die Buchungen verändern, wenn alternativ zur Mindestkurssteigerung folgendes Erfolgsziel gelten würde und ebenfalls nicht erreicht wird? Alternatives Erfolgsziel: Der Gewinn je Aktie muss innerhalb der bis zum 31.12.2020 laufenden Sperrfrist um 25 % steigen. Referenzgröße ist der 2018 erzielte Gewinn je Aktie. Der ohne Berücksichtigung dieses Erfolgsziels berechnete Wert der Aktienoptionen zum 01.01.2019 beträgt 2,30 €.

c) Wie würden sich die Buchungen verändern, wenn anstelle echter Aktienoptionen virtuelle Aktienoptionen ausgegeben werden. Beziehen Sie sich bitte auf die Angaben in Aufgabenteil a).

Kapitel 17
Finanzinstrumente

Die Bilanzierung von Finanzinstrumenten und insbesondere deren Bewertung zum beizulegenden Zeitwert (fair value) sind im Rahmen der Finanzkrise 2007/2008 in die Kritik geraten. Auch wenn wissenschaftliche Belege dafür rar sind, so sind dennoch zahlreiche Praktiker sowie einige Hochschullehrer der Ansicht, dass die Bewertung zum beizulegenden Zeitwert ein „Brandbeschleuniger“ der Finanzkrise war.[1] Viele verdammten diese Bewertungsmethode und wünschten sich die Rückkehr zu einer konsequenten Anschaffungskostenbewertung, um die Volatilität der Finanzmärkte insbesondere in Krisenzeiten von den Bilanzen und vor allem von den Ergebnisrechnungen fernzuhalten.

Auch wenn diese vorgetragenen Meinungen vordergründig einleuchtend klingen mögen, so zeigt ein genauerer Blick auf das Problem der Bilanzierung von Finanzinstrumenten, dass einfache Lösungen leider zu kurz greifen. Die Welt der Finanzinstrumente ist nicht zuletzt deshalb kompliziert, weil die abzubildenden Transaktionen komplex sind. Die Verwendung von Finanzinstrumenten hat seit der Jahrtausendwende erheblich zugenommen. Wurden früher Finanzinstrumente fast ausschließlich zur Finanzierung und zur Liquiditätsaufbewahrung genutzt, so erfüllen sie heute eine Vielzahl von weiteren Zwecken. Zum Beispiel

- finanzieren viele Unternehmen sich nicht mehr nur bei ihrer Hausbank, sondern nehmen internationale Eigen- und Fremdkapitalmärkte in Anspruch,
- dienen Derivate (z.B. Optionen oder Futures) zur Absicherung von Risiken des Geschäftsbetriebs,
- werden Vermögenswerte gegen Überlassung eines Finanzinstruments zeitweise an Dritte veräußert bzw. am Kapitalmarkt verbrieft und
- werden Zahlungsmittel eines Unternehmens in verschiedene risikobehaftete Anlageformen investiert, um die Rentabilität und das Gesamtrisiko des Unternehmens zu steuern.

Außerdem weisen manche Finanzinstrumente im Zeitablauf hohe Wertschwankungen auf, was eine besondere bilanzielle Behandlung notwendig macht, die deren Risiken und Chancen offenlegt. Während wir uns in Kapitel 18 „Sicherungsbeziehungen“ speziell mit Problemen der Bilanzierung von Sicherungsgeschäften befassen, widmet sich dieses Kapitel zunächst der grundsätzlichen Bilanzierung von Finanzinstrumenten.

Lernziele „Kennen“

Nach Bearbeitung dieses Kapitels kennen Sie die zentralen Bilanzierungsvorschriften für Finanzinstrumente nach IFRS und verstehen die damit verbundenen Herausforderungen. Dies betrifft insbesondere die Vorschriften zur Klassifizierung

1 So Jochen Sanio als Präsident der deutschen Bundesanstalt für Finanzdienstleistungsaufsicht in der Wochenzeitung Die Zeit, Nr. 16 vom 10.04.2008, S. 32. Vgl. des Weiteren *Bieg, H. et al.*, Die Saarbrücker Initiative gegen den Fair Value, in: DB, 61. Jg. (2008), S. 2543-2546; *Wagenhofer, A.*, Fair Value-Bewertung: Führt sie zu einer nützlicheren Finanzberichterstattung?, in: ZfbF, 60. Jg. (2008), S. 185-194; *Laux, C./Leuz, C.*, The crisis of fair value accounting: Making sense of the recent debate, in: Accounting, Organizations and Society, Vol. 34 (2009), S. 826-834.

von finanziellen Vermögenswerten und Verbindlichkeiten sowie die daraus folgenden Vorschriften zur Folgebewertung inklusive der Wertminderungsvorschriften.

Lernziele „Anwenden“

Sie können die zentralen Bilanzierungsvorschriften des IFRS 9 eigenständig auf praxisnahe Sachverhalte anwenden. So können Sie insbesondere gängige finanzielle Vermögenswerte und Verbindlichkeiten mit Benennung der hierfür relevanten Normen identifizieren und klassifizieren sowie den bilanziellen Erstansatz und die Folgebewertung buchhalterisch korrekt abbilden. Sie sind zudem in der Lage, die Auswirkungen von Finanzinstrumenten auf die Jahresabschlüsse von Industrie- und Dienstleistungsunternehmen sowie von Finanzinstituten abzuschätzen.

Lernziele „Bewerten & Gestalten“

Diese Kenntnisse befähigen Sie, die IFRS-Regelungen zur Bilanzierung finanzieller Vermögenswerte und Verbindlichkeiten kritisch zu reflektieren. Sie sind in der Lage, IFRS 9 auf neuartige Finanzinstrumente anzuwenden sowie in diesem Kontext Ansatz- und Bewertungsverfahren zu entwickeln, die konsistent mit dem Rahmenkonzept sind.

Aus der Forschung

Der beizulegende Zeitwert in der Finanzkrise 2007/2008

Neben allgemeineren Vorwürfen wie etwa der Aufblähung der Ergebnisvolatilität von Banken oder der Anreizwirkung zu überhasteten Liquidationen von Vermögenspositionen steht die Bilanzierung von Finanzinstrumenten zum beizulegenden Zeitwert international insbesondere im Zusammenhang mit der Finanzkrise 2007/2008 in der Kritik. Allerdings ist die Relevanz dieser Vorwürfe wissenschaftlich umstritten.

Badertscher/Burks/Easton (2012) etwa analysieren für US-amerikanische Banken die Auswirkungen der Bewertung zum beizulegenden Zeitwert auf das regulatorische Eigenkapital. Darüber hinaus erheben sie das Liquidationsverhalten von US-amerikanischen Banken während der Finanzkrise 2007/2008. Hierbei stellen sie fest, dass die Bewertung zum beizulegenden Zeitwert nur einen sehr geringen Einfluss auf das regulatorische Eigenkapital dieser Banken gehabt hat und dass regulatorisch induzierte Notverkäufe deshalb wohl kaum durch die entsprechenden Bewertungsregeln ausgelöst wurden. Generell finden sie nur geringe Hinweise auf solche Verkäufe. Sie folgern aus ihren Ergebnissen, dass es keine Indizien für die Validität der oben skizzierten Argumente gibt. Laux/Leuz (2010) fassen die frühe Literatur zu diesem Thema zusammen und kommen zu ähnlichen Erkenntnissen.

Bown/Khan (2014) untersuchen die Reaktionen von Börsenanlegern und Gläubigern auf Ereignisse wie Entscheidungen im Zusammenhang mit der Lockerung der Regelungen zur Bilanzierung zum beizulegenden Zeitwert in den Jahren 2008 und 2009. Die Ereignisstudie lässt erkennen, dass Nachrichten, die auf eine Lockerung hindeuteten, zwar im Allgemeinen zu positiven Reaktionen an den Aktienmärkten führten, die Ergebnisse jedoch mit bestimmten Merkmalen der Banken variieren.

Somit lässt sich festhalten, dass es bis heute noch keine eindeutige empirischen Evidenz für die mutmaßlich schwerwiegende Rolle der Bewertung zum beizulegenden Zeitwert im Zusammenhang mit der Finanzkrise 2007/2008 gibt.

Dies bedeutet allerdings nicht, dass ein solcher Einfluss mit Sicherheit ausgeschlossen werden kann.

Literatur: Badertscher, B./Burks, J./Easton, P., A convenient scapegoat: Fair value accounting by commercial banks during the financial crisis, in: ACCR, Vol. 87 (2012), S. 59-90; Bowen, R./Khan, U., Market reactions to policy deliberations on fair value accounting and impairment rules during the financial crisis of 2008-2009, in: Journal of Accounting and Public Policy, Vol. 33 (2014), S. 233-250; Laux, C./Leuz, C., Did fair-value accounting contribute to the financial crisis?, in: Journal of Economic Perspectives, Vol. 24 (2010), S. 93-118.

1 Einleitung

1.1 Herausforderungen bei der Bilanzierung von Finanzinstrumenten

Was ist ein Finanzinstrument?

Auch wenn wir erst weiter unten genau definieren werden, was die Standards des IASB unter Finanzinstrumenten verstehen, so dürfte jede(r) von uns eine gewisse Vorstellung davon haben, was ein Finanzinstrument ausmacht: Geld oder ein (in der Regel verbrieftes) Recht auf Geld. Bar- und Buchgeld sind Finanzinstrumente, Forderungen sind Finanzinstrumente, Schulden gegenüber Lieferanten oder der Hausbank sind Finanzinstrumente und ebenso Aktien, die das Unternehmen hält. Deren Bilanzierung wird bisweilen zumeist als komplex wahrgenommen. Zu den bis vor wenigen Jahren gültigen IFRS-Vorschriften bemerkte 2007 sogar der damalige Vorsitzende des IASB, Sir David Tweedie: „[...] if you understand it, you haven't read it properly – it's incomprehensible.“[2]

Warum nicht einfach zu Anschaffungskosten bewerten?

Es liegt die Frage nahe: Muss die Bilanzierung von Finanzinstrumenten kompliziert sein? Es gibt Anschaffungskosten und manchmal auch Marktwerte. Eine vorsichtige Bilanzierungsregel könnte z.B. für finanzielle Vermögenswerte lauten: Erstansatz zu Anschaffungskosten. Wenn sich im Rahmen der Folgebewertung herausstellt, dass der Marktwert unter die Anschaffungskosten gefallen ist, könnte man eine Pflicht zur Abschreibung vorsehen. Spätere Wertaufholungen könnte man ausschließen oder bis zur Höhe der ursprünglichen Anschaffungskosten beschränkt zulassen. Auf der Passivseite könnte man einfach eine Passivierung des Verpflichtungsbetrags (also der Schuld) fordern. Streiten könnte man sich noch darüber, ob dieser Verpflichtungsbetrag zunächst abzuzinsen und dann in den Folgeperioden zuzuschreiben ist.

2 *Pickard, G.*, Simplifying global accounting: IASB chair discusses the future of IFRS, U.S. GAAP and the global accounting profession, in: JoA, Juli (2007), S. 36.

Diese Regeln scheinen intuitiv logisch für die oben angeführten einfachen Beispiele. Schauen wir nun, wie solche einfachen Bewertungsregeln funktionieren würden, wenn wir einige kompliziertere Finanzinstrumente betrachten. Hierzu dient das folgende Beispiel.

Beispiel 17.1

Folgende Transaktionen sollen gemäß einer einfachen Anschaffungskostenmethode mit Niederstwertprinzip bewertet werden:

- Eine langfristig gehaltene Eigenkapitalbeteiligung an einem anderen Unternehmen,
- ein Fremdwährungstermingeschäft,
- eine Kreditzusage sowie
- das Factoring von Kundenforderungen.

Problem 1: Abnehmende Relevanz von Anschaffungskosten im Zeitablauf

Beginnen wir mit der Unternehmensbeteiligung. Zahlreiche deutsche Industrieunternehmen halten seit Jahrzehnten Minderheitsbeteiligungen an Kundenunternehmen. Nehmen wir an, ein Unternehmen hat vor 50 Jahren eine Beteiligung an einem deutschen Maschinenbauunternehmen zu damaligen Anschaffungskosten von 100.000 Deutsche Mark erworben. Gehen wir auch davon aus, dass die Beteiligung nie wertgemindert war. Dementsprechend läge der momentane Buchwert zu Anschaffungskosten bei ca. 50.000 €. Wie informativ ist dieser Buchwert, wenn berücksichtigt wird, dass über den betrachteten Zeitraum die kumulative Inflation in Deutschland bei fast 300 % liegt und der Deutsche Aktienindex eine kumulative Rendite von über 2.000 % aufweist? Offensichtlich besitzt der historische Buchwert der Beteiligung über den Charakter als Merkposten hinaus im Jahr 2021 keinerlei Relevanz mehr. Hieraus folgt das erste Problem:

Problem 1: Anschaffungskosten für Finanzinstrumente verlieren im Zeitablauf teilweise dramatisch an Relevanz.

Problem 2: Finanzinstrumente ohne Anschaffungskosten

Als nächstes wenden wir uns der Bilanzierung eines Fremdwährungstermingeschäfts zu. Ein Termingeschäft beinhaltet die feste Zusage eines Käufers, ein bestimmtes Gut zu einem fixierten Preis zu einem bestimmten Zeitpunkt in der Zukunft zu kaufen. Hierbei handelt es sich um ein sog. Derivat, das bedeutet, der Wert des Termingeschäfts hängt von der Wertentwicklung eines sog. Grundgeschäfts ab. Bei einem Fremdwährungstermingeschäft ist das Grundgeschäft ein Fremdwährungsbestand. So kann zum Beispiel ein deutsches Unternehmen, das in einem Jahr einen US-$-Kredit tilgen muss, die US-$ bereits jetzt „auf Termin“ erwerben, um sich gegen eine Aufwertung des US-$ abzusichern. Wie ist dieses Termingeschäft nun zu bewerten? Zu Anschaffungskosten? Diese liegen, abgesehen von Transaktionskosten, in der Regel bei null. Dies führt in der traditionellen anschaffungskostenorientierten Bilanzierung regelmäßig dazu, dass solche Geschäfte überhaupt keinen direkten Eingang in die Bilanzierung finden, sondern lediglich als „schwebende Geschäfte“[3] behandelt werden. Wir erkennen das zweite Problem:

Problem 2: Viele Finanzinstrumente haben gar keine Anschaffungskosten.

Problem 3: Spielraum durch Bündelung und Strukturierung von Finanzinstrumenten

Nun betrachten wir einen Fall auf der Passivseite. Nehmen wir an, dass ein Wachstumsunternehmen gerade mit seiner Hausbank einen neuen Kreditvertrag ausgehandelt hat, der wie folgt ausgestaltet ist: Endfällige Tilgung in fünf Jahren, Rückzahlungsbetrag 10 Mio. €, Auszahlung 9,9 Mio. €. Allerdings hat sich das Unternehmen bereits jetzt die Option zusichern lassen, den Kredit in fünf Jahren auf 25 Mio. € aufzustocken und dies zu einem Zinssatz, der 25 Basispunkte unter dem dann gültigen risikoadäquaten Marktzins liegen wird. Wegen dieser Kreditzusage akzeptiert das kreditaufnehmende Unternehmen nun einen Zinssatz, der 25 Basispunkte über dem aktuellen Zinsniveau liegt.

Unsere einfache Bilanzierungsregel würde vorsehen, dass wir den Kredit zum Rückzahlungsbetrag von 10 Mio. € passivieren. Wie würde die Kreditzusage bilanziert werden? Ökonomisch handelt es sich bei der Kreditzusage um eine Option. Optionen haben für ihren Halter immer einen positiven Wert. Das gilt natürlich auch hier, denn das Wachstumsunternehmen ist nicht verpflichtet, den künftigen Kredit in Anspruch zu nehmen. Außerdem zahlt das Unternehmen auch für die Option, schließlich hat es einen höheren Zinssatz akzeptiert. Hier wird also zusammen mit der Schuld ein Vermögenswert über die Laufzeit von fünf Jahren erworben. Wie sind die Anschaffungskosten dieses Vermögenswerts zu bestimmen? Und wie ist der Vermögenswert von der eigentlichen Kreditschuld (die ja auf die Passivseite gehört) abzutrennen? Damit ergibt sich das dritte Problem:

Problem 3: Finanzinstrumente lassen sich vielfältig bündeln und strukturieren, sodass mit ihnen verbundene Zahlungen praktisch vollkommen flexibel über die Zeit und das Eintreten bestimmter Ereignisse hinweg verteilt werden können. Anschaffungskosten im klassischen Sinn werden dadurch nahezu beliebig gestaltbar.

Problem 4: Tausch von Finanzinstrumenten

Als letztes Beispiel diskutieren wir das Factoring von Kundenforderungen. Unter Factoring wird der „Verkauf“ von Forderungen durch das haltende Unternehmen an eine dritte Partei, in der Regel ein Kreditinstitut, verstanden. Verkauf, das klingt nach dem einfachen Buchungssatz „Bank an Forderung“, wobei ggf. ein Gewinn bzw. Verlust entsteht, wenn der Verkaufserlös vom Buchwert abweicht. Wird eine solche Factoring-Transaktion jedoch genauer betrachtet, so wird indes deutlich, dass im Regelfall das abgebende Unternehmen die Forderung nicht einfach komplett abtritt, sondern vielmehr neue Verpflichtungen

3 Als „schwebende Geschäfte“ werden Transaktionen definiert, bei denen die Leistung noch nicht erbracht wurde. Solche Geschäfte werden in der traditionellen Bilanzierung lediglich unter Umständen im Bereich der Rückstellungsbilanzierung erfasst.

gegenüber dem erwerbenden Kreditinstitut eingeht. Zum Beispiel kann sich das Unternehmen verpflichten, das Debitorenmanagement weiterhin zu übernehmen. Außerdem könnte das Kreditinstitut bestimmte Sicherheiten für Forderungsausfälle verlangen. Das vierte Problem tritt hervor:

Problem 4: Finanzinstrumente werden häufig nicht vollständig verkauft, sondern vielmehr gegen neue, teilweise komplexe Finanzinstrumente getauscht. In diesem Zusammenhang sind sowohl der Abgangszeitpunkt, der Abgangswert als auch der Zugangszeitpunkt und die Anschaffungskosten der neu auflebenden Bilanzpositionen unklar.

Anschaffungskosten als alleiniger Wertansatz ungeeignet

Durch diese Beispiele wird deutlich: Die alleinige Ausrichtung an einer Bewertung zu Anschaffungskosten kann für Finanzinstrumente nicht die Lösung sein. Sie sind zumindest teilweise irrelevant, nicht vorhanden bzw. schwer zu ermitteln und für viele Finanzinstrumente nahezu beliebig gestaltbar.

Konsequente Bewertung zum beizulegenden Zeitwert als Lösung?

Vor diesem Hintergrund erstaunt es wenig, dass Experten der Bilanzierung von Finanzinstrumenten schon seit Jahrzehnten eine konsequente Bewertung zum beizulegenden Zeitwert diskutieren (full fair value accounting).[4] Beizulegende Zeitwerte sollten die ökonomische Wertentwicklung von Finanzinstrumenten widerspiegeln und werden vor allem auch von professionellen Investoren als sehr entscheidungsnützlich angesehen.[5] Aber auch die durchgehende Bilanzierung von Finanzinstrumenten zu beizulegenden Zeitwerten ist nicht unproblematisch, wie aus den obigen Ausführungen zur Finanzkrise 2007/2008 hervorgeht und wie das nachfolgende Beispiel zeigt.

Beispiel 17.2

Wie würde die Bilanzierung der im obigen Beispiel beschriebenen Finanzinstrumente bei einer konsequenten Bewertung zum beizulegenden Zeitwert gestaltet werden?

Problem 1: Spielräume bei der Ermittlung des beizulegenden Zeitwerts

Für die langfristige Unternehmensbeteiligung hängt das ganz wesentlich davon ab, ob für sie ein beizulegender Zeitwert auf einem liquiden Markt beobachtbar ist. Ist dies der Fall, so erscheint die Bewertung problemlos möglich. Wie ist aber zu verfahren, falls eine Beteiligung nicht an Sekundärmärkten gehandelt wird? Dies ist zum Beispiel für Anteile an deutschen GmbHs regelmäßig der Fall, womit der beizulegende Zeitwert nur über aufwändige Verfahren zu ermitteln wäre. Hierfür muss der Bewertende regelmäßig nur schwer objektivierbare Annahmen treffen, sodass der Wertansatz häufig subjektiv wird. Dies ist das erste Problem der Bewertung zum beizulegenden Zeitwert:

4 Vgl. z.B. *IASC/CICA*, Discussion Paper „Accounting for Financial Assets and Financial Liabilities“, 1997.

5 Vgl. *Gassen, J./Schwedler, K.*, The decision usefulness of financial accounting measurement concepts: Evidence from an online survey of professional investors and their advisors, in: EAR, Vol. 19 (2010), S. 505 f.

Problem 1: Für Finanzinstrumente, die nicht auf einem liquiden und weitgehend informationseffizienten Markt gehandelt werden, sind beizulegende Zeitwerte häufig kaum objektiv und damit verlässlich zu ermitteln, sodass erhebliche Bewertungsspielräume entstehen.

Problem 2: Relevanz des beizulegenden Zeitwerts und Fehlinterpretationen

Doch selbst wenn ein beizulegender Zeitwert verlässlich ermittelt werden kann, so ist seine Relevanz umstritten. Unterstellen wir, das bilanzierende Unternehmen beabsichtigt keinesfalls, seine Unternehmensbeteiligungen in absehbarer Zukunft zu veräußern, da es sich bei den jeweiligen Unternehmen um langfristige und strategisch wichtige Kunden handelt und eine Veräußerung somit ein negatives Signal senden würde. In diesem Fall ließe sich darüber streiten, ob die Wertentwicklung der Beteiligung für die Rechnungslegungsadressaten des bilanzierenden Unternehmens überhaupt relevant ist. Besonders problematisch wäre dies dann, wenn z.B. Aktionäre unter dem Eindruck der zu einem hohen Zeitwert bilanzierten Beteiligungen ihren Verkauf fordern würden, weil sie sich davon höhere Dividendenzahlungen versprechen. Das zweite Problem wird erkennbar:

Problem 2: Ist die Realisierung von Gewinnen und Verlusten, die sich aus der Bewertung zum beizulegenden Zeitwert ergeben, unternehmerisch nicht geplant oder nicht möglich, dann kann die aus der Bewertung zum beizulegenden Zeitwert resultierende Ergebnisvolatilität zur Fehlinterpretation der Unternehmenslage führen. Hieraus drohen insbesondere dann negative Konsequenzen, wenn vertragliche oder rechtliche Pflichten direkt oder indirekt von Abschlussgrößen abhängen.

Problem 3: Accounting mismatch durch Mischung unterschiedlicher Bewertungskonzepte

Angesichts der Bewertung des Fremdwährungstermingeschäfts wird ein weiteres Problem deutlich: Angenommen, der Terminkauf der US-$ wird zum beizulegenden Zeitwert bilanziert, während die US-$-Verbindlichkeit – zu einem historischen US-$-Kurs umgerechnet – zum Rückzahlungskurs bilanziert wird. Nun fällt der US-$. Aus dem Termingeschäft wird aus Sicht des bilanzierenden Unternehmens eine Verbindlichkeit. Der korrespondierende Wertverfall der Schuld (der zur Tilgung der Verbindlichkeit erforderliche US-$-Betrag wird in € billiger) würde allerdings nicht bilanziert. Dementsprechend würde die ökonomisch vorhandene Absicherung bilanziell nicht erkennbar, da nur das Termingeschäft, nicht aber die Schuld zum beizulegenden Zeitwert bilanziert wird. Dies wird in der Fachliteratur als accounting mismatch bezeichnet und von Experten als Grund dafür angeführt, sämtliche Finanzinstrumente zum beizulegenden Zeitwert zu bilanzieren. Nur: Finanzinstrumente werden auch genutzt, um nichtfinanzielle oder noch gar nicht bilanziell erfasste Positionen abzusichern. Das resultierende dritte Problem wird in Kapitel 18 eingehend diskutiert:

Problem 3: Die Mischung unterschiedlicher Bewertungskonzepte in der Bilanz führt unweigerlich zu einer inkonsistenten Bilanzierung (accounting mismatch).[6] *Eine konsequente Bewertung zum beizulegenden Zeitwert, die sämtliche Vermögenswerte und Schulden und damit auch sämtliche nichtfinanziellen Positionen umfasst, ist indes illusorisch, allein da für viele Positionen beizulegende Zeitwerte nicht zu ermitteln sind.*

Problem 4: Begrenzte Separierbarkeit von gebündelten Finanzinstrumenten

Im Hinblick auf die letzten beiden im obigen Beispiel diskutierten Finanzinstrumente (die Kreditzusage und die Factoring-Transaktion) wird zunächst erneut deutlich, dass die verlässliche Bestimmung von beizulegenden Zeitwerten bei nicht marktgängigen Finanzinstrumenten problematisch ist (Problem 1). Als weiterer Problembereich kommt hier die Bündelung bzw. Separierung von Finanzinstrumenten zum Vorschein. Da die Risiken von Finanzinstrumenten häufig negativ korreliert und damit zum Teil diversifizierbar sind, können die beizulegenden Zeitwerte unterschiedlicher Finanzinstrumente nur begrenzt separiert werden. Hieraus resultiert das vierte Problem:

Problem 4: Finanzinstrumente werden häufig als Bündel gekauft bzw. getauscht. Der aus ihnen resultierende Zahlungsstrom ist letztlich nur in seiner Gesamtheit zu bewerten. Dies widerspricht dem Einzelbewertungsgrundsatz.

Mixed model approach als Kompromiss

Aus den beiden vorhergehenden Beispielen wird deutlich, dass eine einheitliche Lösung für die Bilanzierung von Finanzinstrumenten unmöglich erscheint. Ein systemtreues Festhalten an Anschaffungskosten hat ebenso wie eine konsequente Bewertung zum beizulegenden Zeitwert gewisse Nachteile. De facto geht es bei der Bilanzierung von Finanzinstrumenten also darum, zwischen den Vor- und Nachteilen beider Konzepte abzuwägen. Hierbei ist zudem zu berücksichtigen, dass die hieraus zwangsläufig resultierenden Probleme der Vergleichbarkeit (ökonomisch ähnliche Sachverhalte werden ungleich bilanziert) auch immer Möglichkeiten zur Bilanzpolitik durch Sachverhaltsgestaltung oder -abbildung schaffen. Der resultierende sog. mixed model approach vermag zwar nicht theoretisch zu überzeugen, weist aber als Ergebnis von jahrzehntelangen Diskussionen zumindest eine gewisse evolutionäre Stabilität auf.

Aufbau des Kapitels

Im Folgenden werden wir uns nun dem konkreten „Problemlösungsansatz" des IASB widmen. Hierfür werden zunächst die relevanten Standards und Definitionen sowie deren Anwendungsbereich dargestellt (Abschnitte 1.2 bis 1.4), bevor Ansatz (Abschnitt 2), Erstbewertung (Abschnitt 3), Folgebewertung (Abschnitt 4), Ausbuchung (Abschnitt 5) sowie Ausweis und Angabepflichten (Abschnitt 6) dis-

6 Eine besondere Spielart dieser Inkonsistenz ist das sog. own credit risk-Problem. Mit sinkender Bonität des bilanzierenden Unternehmens sinkt der beizulegende Zeitwert von dessen Schulden. Der daraus resultierende Ertrag ist u.a. deswegen inkonsistent, da auf der Aktivseite nicht alle Vermögenswerte zum beizulegenden Zeitwert bewertet werden und sich das Eigenkapital als Residualgröße ergibt.

kutiert werden. Ausführungen zum IFRS for SMEs (Abschnitt 7) und zu den handelsrechtlichen Vorschriften (Abschnitt 8) beschließen das Kapitel.

Aus der Forschung

Informationsgehalt beizulegender Zeitwerte in Bankbilanzen
Es erscheint spannend zu untersuchen, ob beizulegende Zeitwerte einen wesentlichen Informationsgehalt für Bilanzadressaten aufweisen – gerade in Bankbilanzen, für die hohe Volumina von Finanzinstrumenten charakteristisch sind. Wenn dies nicht der Fall wäre, stünde der Nutzen der Bewertung zum beizulegenden Zeitwert wohl grundsätzlich in Frage. Dieses Themas nehmen sich Blankespoor/Linsmeier/Petroni/Shakespeare (2013) an und untersuchen für große US-amerikanische Banken, welche Verschuldungskennzahlen Zinsspreads von Bankenanleihen und künftige Bankeninsolvenzen am besten vorhersagen. Hierfür vergleichen sie Verschuldungsgrade, d.h. das Verhältnis von Eigen- zu Fremdkapital, die sie auf Basis von drei unterschiedlichen Bewertungssystemen ermitteln.

Das erste verwendete System sind die US-amerikanischen Regeln zur Bestimmung des Mindestkapitals, die primär auf historischen Kosten basieren. Als zweites System nutzen sie die US-GAAP, welche ähnlich wie die IFRS historische Kosten mit beizulegenden Zeitwerten mischen. Beim dritten System ermitteln sie die Verschuldungsgrade auf Basis einer vollständigen Bewertung zum beizulegenden Zeitwert (full fair value). Die Autoren der Studie kommen zu dem Ergebnis, dass Verschuldungsgrade auf Basis eines full fair value-Systems eine klar bessere Prognosetauglichkeit besitzen als die US-GAAP-basierten Kennzahlen, welche wiederum tauglicher sind als Kennzahlen auf ausschließlicher Basis von historischen Kosten.

Die Ergebnisse von Blankespoor et al. (2013) stützen die Ansicht, dass beizulegende Zeitwerte den Informationsgehalt von Bankbilanzen erhöhen. Hieraus lässt sich allerdings nicht zwingend folgern, dass ein full fair value-System für die Bankbilanzierung sinnvoll wäre. Schließlich wären hierbei auch sonstige Informationseffekte sowie mögliche Anreizwirkungen einer solchen Bilanzierung, z.B. im Rahmen von Finanzkrisen (vgl. den Forschungsexkurs zu Beginn dieses Kapitels) oder bei Vertragsgestaltungen, zu analysieren. Des Weiteren müssten auch die direkten und indirekten Kosten einer solchen Bilanzierung in die Betrachtung mit einfließen.

Literatur: Blankespoor, E./Linsmeier, T./Petroni, K./Shakespeare, C., Fair value accounting for financial instruments: Does it improve the association between bank leverage and credit risk?, in: ACCR, Vol. 88 (2013), S. 1143-1177.

1.2 Relevante Standards

IAS 39 war lange Zeit zentraler Standard und wurde durch IFRS 9 ersetzt

Die Bilanzierung von Finanzinstrumenten nach IFRS befand sich bis vor Kurzem im Umbruch. Der zentrale Standard war lange Zeit IAS 39 „Finanzinstrumente: Ansatz und Bewertung" (Financial Instruments: Recognition and Measurement). Er regelte sowohl Ansatz und Ausbuchung von Finanzinstrumenten als auch ihre Klassifikation und Bewertung. Dies schloss die Vorschriften zur Bilanzierung von Sicherungsbeziehungen ein (hedge accounting, vgl. Kapitel 18). IAS 39 wurde wiederholt dafür kritisiert, schwer verständlich und zu kompliziert in der Anwendung zu sein. 2005 begann das IASB mit der Planung einer grundlegenden Überarbeitung. Mit der Finanzkrise 2007/2008 rückte die Rolle der Rechnungslegung für die Stabilität der Finanzmärkte verstärkt in den Fokus der Öffentlichkeit, woraufhin das IASB seine Bemühungen intensivierte. Nichtsdestotrotz sollte es bis Juli 2014 dauern, um mit IFRS 9 „Finanzinstrumente" (Financial Instruments) das Gesamtergebnis vorzulegen. IFRS-Bilanzierer waren erstmals für Geschäftsjahre, die am oder nach dem 01.01.2018 begannen, dazu verpflichtet, IFRS 9 anstelle von IAS 39 anzuwenden. Eine freiwillige vorzeitige Anwendung von IFRS 9 durch die Unternehmen war jedoch gestattet.

IAS 39 findet weiterhin Anwendung

Nichtsdestotrotz wurde IAS 39 bis heute nicht final abgelöst und dürfte auch noch für einige Zeit, zumindest für einige Unternehmen und ihre Stakeholder, relevant bleiben. So findet IAS 39 insbesondere bei Versicherungsunternehmen derzeit weiterhin Anwendung, da diese aufgrund der noch immer laufenden Finalisierung des IFRS 17 „Versicherungsverträge" (Insurance Contracts) vorübergehend von der Anwendungspflicht von IFRS 9 ausgenommen wurden. So beschloss das IASB erst im März 2020, den Zeitpunkt des Inkrafttretens von IFRS 17 um ein weiteres Jahr auf den 01.01.2023 zu verschieben. In diesem Kontext wurde auch beschlossen, die vorübergehende Ausnahme von IFRS 9 für Versicherer, die bestimmte Kriterien erfüllen, bis zum 01.01.2023 zu verlängern. Darüber hinaus können sämtliche Anwender Sicherungsbeziehungen noch immer gemäß den Regelungen des IAS 39 abbilden. Für die Bilanzierung von Sicherungsgeschäften nach IFRS tritt die verpflichtende Anwendung von IFRS 9 erst in Kraft, sobald auch die Regelungen zum Portfolio-Fair-Value-Hedge gegen Zinsänderungsrisiken, welche aktuell noch im Rahmen eines gesonderten Projekts durch das IASB finalisiert werden, feststehen (vgl. Kapitel 18). Zuletzt können kleine und mittelgroße Unternehmen nach wie vor, trotz des Inkrafttretens von IFRS 9, auf die Regelungen des IAS 39 zurückgreifen, anstatt die IFRS for SMEs anzuwenden (vgl. Abschnitt 7). Vor diesem Hintergrund werden in diesem Kapitel auch weiterhin die Regelungen des IAS 39 beleuchtet. Der Fokus liegt allerdings auf IFRS 9.

IAS 32, IFRS 7 und IFRS 13 regeln Teilaspekte

Über IFRS 9 und IAS 39 hinaus werden Teilaspekte der Bilanzierung von Finanzinstrumenten in IAS 32, IFRS 7 und IFRS 13 geregelt (vgl. Tabelle 17.1). IAS 32 „Finanzinstrumente: Darstellung" (Financial Instruments: Presentation) enthält grundlegende Definitionen und befasst sich mit der Unterscheidung zwischen Eigen- und Fremdkapital (vgl. Kapitel 15) sowie mit den Möglichkeiten zur Saldierung von finanziellen Vermögenswerten und Verbindlichkeiten. IFRS 7 „Finanzinstrumente: Angaben" (Financial Instruments: Disclosures) regelt die Angabepflichten für Finanzinstrumente. IFRS 13 „Bewertung zum beizulegenden Zeitwert“ (Fair Value Measurement) definiert den beizulegenden Zeitwert, legt fest, wie er zu ermitteln ist und fordert diesbezügliche Angaben (vgl. Kapitel 3). Soweit IFRS 9/IAS 39 eine Bewertung zum beizulegenden Zeitwert fordern oder erlauben, hat sie gemäß IFRS 13 zu erfolgen.

Anerkennung durch die EU

Das EU-Endorsement von IAS 39 war lange umstritten. Dies führte dazu, dass IAS 39 lediglich mit einer technischen Beschränkung im Bereich der Sicherungsbilanzierung (sog. carve out) durch die EU anerkannt wurde. IAS 32, IFRS 7, IFRS 9 und IFRS 13 sind in ihrer aktuell gültigen Form vollständig durch die EU anerkannt.

	IAS 32	**IFRS 9/ IAS 39**	**IFRS 7**	**IFRS 13**
Definition Finanzinstrument	X			
Abgrenzung Eigen- und Fremdkapital	X			
Ansatz		X		
Klassifikation		X		
Bewertung		X		X
Ausbuchung		X		
Ausweis			X	X

Tab. 17.1: Übersicht der Regelungsbereiche der für Finanzinstrumente relevanten Standards

1.3 Relevante Definitionen

Definition Finanzinstrument

Um zu erfassen, welchen breiten Wirkungsbereich IAS 32 und IAS 39 sowie IFRS 7 und IFRS 9 entfalten, ist die Definition des Begriffs „Finanzinstrument“ entscheidend. IAS 32.11 (auf den IFRS 9.A/IAS 39.8 verweisen) definiert ein Finanzinstrument als einen Vertrag, der bei einer Vertragspartei einen finanziellen Vermögenswert und bei der anderen Vertragspartei eine finanzielle Verbindlichkeit[7] oder ein Eigenkapitalinstrument entstehen lässt. Diese Definition wirft drei neue Fragen auf:

Finanzieller Vermögenswert

- **Was ist ein finanzieller Vermögenswert?**
  Finanzielle Vermögenswerte umfassen den Kassenbestand, andere flüssige Mittel sowie Eigenkapitaltitel anderer Unternehmen. Auch Rechte auf flüssige Mittel (z.B. gehaltene Anleihen anderer Unternehmen) sowie auf Eigenkapitaltitel

7 Im strengen Sinne ist zu fragen, ob nicht „finanzielle Schuld“ eine bessere Übersetzung für „financial liability“ wäre, da auch Schulden, die Rückstellungscharakter haben (wie z.B. die erwartete Zahlungsverpflichtung aus einem sich negativ entwickelnden Termingeschäft), die Definition von financial liabilities erfüllen. Um Einheitlichkeit mit der deutschen Ausgabe der IFRS sicherzustellen, wird im Folgenden dennoch der Begriff „finanzielle Verbindlichkeit“ gewählt.

anderer Unternehmen (z.B. Aktienoptionen) sind finanzielle Vermögenswerte des bilanzierenden Unternehmens, ebenso wie Rechte, die den vorteilhaften Austausch von Finanzinstrumenten garantieren (z.B. ein Termingeschäft über den Kauf von Fremdwährung, das sich „im Geld" befindet, bei dem der Terminkurs also aktuell unter dem Kassakurs liegt).

Finanzielle Verbindlichkeit

- **Was ist eine finanzielle Verbindlichkeit?**
  Eine finanzielle Verbindlichkeit entsteht aus einer Verpflichtung des bilanzierenden Unternehmens, entweder flüssige Mittel an einen externen Vertragspartner zu liefern (z.B. bei einer ausgegebenen Anleihe) oder Finanzinstrumente mit diesem zu ungünstigen Bedingungen zu tauschen (z.B. die Stillhalterverpflichtung eines Optionsgeschäfts).

Eigenkapitalinstrument

- **Was ist ein Eigenkapitalinstrument?**
  Ein Eigenkapitalinstrument (z.B. eine Aktie) garantiert dem Eigentümer den anteiligen Anspruch am Residualvermögen des emittierenden Unternehmens, also an allen Vermögenswerten nach Abzug aller Schulden. Diese Definition umfasst nicht nur „normale" Aktien, sondern z.B. auch Stillhalterpositionen von Kaufoptionen für Aktien des bilanzierenden Unternehmens (vgl. hierzu auch Kapitel 15).

Ein Finanzinstrument ist also jede Vertragsform, die ohne Produktions- und Absatzprozess direkt oder indirekt zum Zu- oder Abfluss von flüssigen Mitteln oder Eigenkapitaltiteln führt. Hierunter fallen sowohl derivative als auch nichtderivative Finanzinstrumente. Dies führt zu einer nächsten Frage:

Finanzderivat

- **Was ist ein Finanzderivat?**
  Zentrale Eigenschaft von derivativen Finanzinstrumenten ist, dass ihre Wertentwicklung von einem so genannten Basisobjekt abhängt. Solche Basisobjekte können zum Beispiel Währungen, Zinsen, Aktien oder Aktienindizes sowie Rohstoffe und sogar das Wetter sein. Da der Halter eines Finanzderivats nicht das Basisobjekt selber besitzen muss, kann er mit einem vergleichsweise geringen Investment an der Wertentwicklung des Basisobjekts während der Laufzeit, im Guten wie im Schlechten, partizipieren.

Es gibt drei typische Klassen von Finanzderivaten:

Termingeschäft

- *Termingeschäft*, auch *Future* (standardisierter Vertrag) oder *Forward* (nicht standardisierter Vertrag) genannt. Hier erwirbt der Halter von dem Stillhalter das *Recht und die Pflicht*, zu einem bestimmten Zeitpunkt das Basisobjekt zu einem bestimmten Preis zu erwerben. Ein Beispiel hierfür ist ein Währungstermingeschäft: Hier wird ein bestimmter Betrag einer Fremdwährung erworben. Der Preis wird zum Zeitpunkt des Vertragsabschlusses mittels des Terminkurses fixiert. Der eigentliche Kauf der Fremdwährung erfolgt allerdings erst in der Zukunft. In Abhängigkeit von der zukünftigen Entwicklung des Fremdwährungskurses kann ein Termingeschäft entweder Vermögenswert- oder Schuldcharakter erlangen.

- Bei einer *Option* hingegen erwirbt der Halter *lediglich das Recht*, innerhalb eines Zeitraums (amerikanische Option) oder zu einem festen Zeitpunkt (europäische Option) das Basisobjekt zu einem bestimmten Preis zu erwerben (*Call*) bzw. zu verkaufen (*Put*). Eine Verpflichtung besteht nicht. Ein Beispiel hierfür ist eine Aktienkaufoption (auch Aktiencall genannt): Hier erwirbt eine Partei von einer anderen das Recht, in der Zukunft zu einem bestimmten Kurs eine Aktie zu kaufen. Das Recht der kaufenden Partei (die auch als Zeichner oder underwriter bezeichnet wird) stellt immer einen Vermögenswert dar. Die Verpflichtung der verkaufenden Partei (auch Stillhalter oder writer genannt) ist in der Regel eine Verbindlichkeit oder, bei Optionen auf eigene Aktien, unter Umständen auch ein Eigenkapitaltitel.

Option

- Bei einem *Swapgeschäft* verpflichten sich die beiden Parteien, die Zahlungsströme aus zwei Basisobjekten über einen bestimmten Zeitraum hinweg zu tauschen. Ein Beispiel hierfür ist ein Zinsswap: Hier tauschen zwei Parteien die Zinszahlungen aus zwei Krediten. Zum Beispiel zahlt eine Partei A die variablen Zinsen für einen Kredit der Partei B. Diese wiederum leistet die Zinszahlungen für einen festverzinslichen Kredit von Partei A. Je nachdem, wie sich die variable Verzinsung entwickelt, kann ein Swapgeschäft für die eine oder andere Partei vorteilhaft sein.

Swapgeschäft

1.4 Anwendungsbereich

Anwendungsausschlüsse für IAS 32, IFRS 9 und IAS 39

Zwar regeln IAS 32, IAS 39 und IFRS 9 grundsätzlich die Bilanzierung aller Finanzinstrumente, dennoch gibt es einige Ausschlüsse. Weder IAS 32 noch IAS 39 und IFRS 9 finden Anwendung auf:

- Anteile an Tochterunternehmen, assoziierten Unternehmen oder Gemeinschaftsunternehmen, die nach IFRS 10, IAS 27 oder IAS 28 bilanziert werden (vgl. Kapitel 21 und 22). Teilweise fordern oder erlauben einige Standards jedoch explizit die Anwendung von IFRS 9/IAS 39. Dann sind auch die Vorschriften von IAS 32 und die Angabepflichten von IFRS 7 zu erfüllen. Dies ist z.B. bei Gemeinschaftsunternehmen, die von Investmentgesellschaften nur zum Zweck der Weiterveräußerung gehalten werden, oder bei ggf. zusätzlich aufgestellten Einzelabschlüssen (separate financial statements i.S.v. IAS 27 und IFRS 11) der Fall.
- Finanzinstrumente, die aus Altersversorgungsplänen resultieren (IAS 19, vgl. Kapitel 14).
- Finanzinstrumente, die aus Versicherungsverträgen stammen (ohne darin eingebettete Derivate) und in den Anwendungsbereich von IFRS 4 bzw., perspektivisch, IFRS 17 fallen. Bürgschaften und gestellte Kreditsicherheiten (financial guarantee contracts) fallen grundsätzlich in den Anwendungsbereich von IAS 32, IAS 39 und IFRS 9. Unternehmen haben indes die Möglichkeit, diese Verträge fallweise nach IFRS 4 bzw., perspektivisch, nach IFRS 17 zu bilanzie-

ren, wenn sie im Vorfeld deutlich gemacht haben, dass sie solche Verträge als Versicherungsverträge ansehen.

- Finanzinstrumente, die aus einer ermessensabhängigen Überschussbeteiligung in Versicherungsverträgen (discretionary participation feature) resultieren. Diese Überschussbeteiligungen, die von dem Anlageerfolg der Versicherung abhängen und dem Versicherungsnehmer von der Versicherung ermessensabhängig zugesichert werden, nehmen eine Stellung zwischen Eigen- und Fremdkapital ein, da zum Zeitpunkt der Bilanzierung regelmäßig noch nicht feststeht, ob und in welcher Höhe solche Beträge den Versicherungsnehmern zugestanden werden.
- Finanzinstrumente oder sonstige Verträge oder Verpflichtungen, die in den Anwendungsbereich von IFRS 2 fallen (vgl. Kapitel 16). IFRS 2 behandelt eigenkapitalbasierte Entgelte für bezogene Güter und Dienstleistungen und deren bilanzielle Behandlung beim Emittenten. IFRS 2 gilt hingegen nicht für netto glattstellbare Warenterminkontrakte, sodass diese wiederum in den Anwendungsbereich von IAS 32, IAS 39 und IFRS 9 fallen. Darüber hinaus findet IAS 32 teilweise Anwendung auf die Bilanzierung von eigenen Aktien, wenn diese sonst unter IFRS 2 fällt.

Anwendungsausschlüsse nur für IFRS 9 und IAS 39

Die folgenden weiteren Ausschlüsse gelten nur für IFRS 9 und IAS 39:

- Finanzinstrumente, die aus Leasingverhältnissen stammen (IFRS 16, vgl. Kapitel 19), mit Ausnahme darin eingebetteter Derivate. Die Ausbuchungs- und Wertminderungsvorschriften von IFRS 9 und IAS 39 finden jedoch zum Teil Anwendung auf Forderungen und Verbindlichkeiten aus Leasingverhältnissen.
- Eigenkapitalinstrumente des bilanzierenden Unternehmens (also eigene Aktien), einschließlich Options- und Bezugsrechte hierauf. Zwar sind diese Instrumente gemäß IAS 32 auszuweisen, eine Bewertung nach IFRS 9/IAS 39 erfolgt allerdings nicht.
- Termingeschäfte mit Aktionären, die dazu führen, dass eine Unternehmensakquisition gemäß IFRS 3 stattfinden wird. Solche Termingeschäfte sind vor dem eigentlichen Erwerbszeitpunkt (vgl. Kapitel 21) nicht zu bilanzieren.
- Kreditzusagen, soweit das Unternehmen sie nicht GuV-wirksam zum beizulegenden Zeitwert folgebewerten möchte, sie nicht durch andere Finanzinstrumente erfüllt werden können oder sie keine Zusagen für Kredite mit einem Zins unterhalb des Marktzinssatzes darstellen. Allerdings sind die Ausbuchungsvorschriften von IFRS 9/IAS 39 anzuwenden sowie ggf. die Wertminderungsvorschriften von IFRS 9.
- Erstattungsansprüche und Forderungen, die in Verbindung mit gemäß IAS 37 bilanzierten Rückstellungssachverhalten stehen (vgl. Kapitel 13).
- Finanzielle Rechte und Verpflichtungen aus Verträgen mit Kunden, die in den Anwendungsbereich von IFRS 15 fallen (vgl. Kapitel 7) und für die IFRS 15 nicht explizit eine Bilanzierung nach IFRS 9 fordert.

Warenterminkontrakte

Warenterminkontrakte, also feste Zusagen, zu einem bestimmten Zeitpunkt eine Ware zu einem festen Kurs zu kaufen oder zu verkaufen, sind im strengen Sinn keine Finanzinstrumente, da sie ein Recht auf die Lieferung eines *nichtfinanziellen* Vermögenswerts verbriefen. In der Unternehmenspraxis werden Warenterminkontrakte indes häufig nicht durch die tatsächliche Lieferung der Waren abgewickelt, sondern es wird vielmehr durch Glattstellung lediglich die Wertdifferenz zum „Liefertermin" z.B. in Geld transferiert. IAS 32, IAS 39 und IFRS 9 sind auf solche Verträge anzuwenden. Dies gilt jedoch nicht, wenn das bilanzierende Unternehmen tatsächlich beabsichtigt, nichtfinanzielle Vermögenswerte zu übertragen und wenn die vergangene Geschäftspraxis dieser Absicht nicht entgegensteht. Allerdings erlaubt IFRS 9.2.5, solche Warenterminkontrakte unter bestimmten Bedingungen freiwillig als Finanzinstrumente zu bilanzieren. Sie müssen dann GuV-wirksam zum beizulegenden Zeitwert folgebewertet werden.

2 Ansatz

Ansatz bei Vertragsabschluss

Im Rahmen des Ansatzes erscheint zunächst fraglich, *wann* der Erstansatz eines Finanzinstruments zu erfolgen hat. Die Regeln nach IFRS 9 und IAS 39 entsprechen sich hier weitestgehend. Der Ansatz von Finanzinstrumenten hat nach IFRS 9.3.1.1 (IAS 39.14) immer genau dann zu erfolgen, wenn das bilanzierende Unternehmen Partei eines Vertrages wird, der zu einem Finanzinstrument führt. IFRS 9.A (IAS 39.9) definiert den marktüblichen Kauf oder Verkauf von finanziellen Vermögenswerten als einen Vorgang, der innerhalb eines durch Marktvorschriften oder -konventionen gesetzten Zeitraums abgewickelt wird.[8]

Ansatz zum Handels- oder Erfüllungstag für jede Kategorie wählbar

Sowohl IFRS 9 als auch IAS 39 verlangen, dass Finanzinstrumente in Abhängigkeit von ihrer Beschaffenheit und ihrem Verwendungszweck in verschiedene Kategorien zusammengefasst werden (vgl. hierzu Abschnitt 4). Das bilanzierende Unternehmen kann gemäß IFRS 9.B3.1.3 (IAS 39.AG53) für jede Kategorie von Finanzinstrumenten entscheiden, ob es den Ansatz zum Handelstag oder zum Erfüllungstag vornehmen will. Innerhalb der jeweiligen Kategorie ist der Ansatz stetig zu halten. Wenn Finanzinstrumente zum Erfüllungstag angesetzt werden, bzw. bei Verkäufen die Bilanz verlassen, müssen mögliche Wertänderungen zwischen Handels- und Erfüllungstag indes entsprechend der geltenden Folgebewertungsvorschriften der jeweiligen Kategorie trotzdem beachtet werden. Dies geschieht, indem Wertänderungen, die sich zwischen Handels- und Erfüllungstag konkretisieren, als Forderung oder Verbindlichkeit erfasst werden, wie das nachfolgende Beispiel verdeutlicht.

8 Aufgrund der Festpreisverpflichtung hängt die Vorteilhaftigkeit eines solchen üblichen Vertrages von der Preisentwicklung des gehandelten Vermögenswerts zwischen Handels- und Erfüllungstag ab. Der Vertrag stellt somit ein Finanzderivat dar. Aufgrund der im Allgemeinen relativ kurzen Zeitspanne zwischen den genannten Tagen wird ein solcher Vertrag jedoch im Regelfall nicht als separates Finanzderivat erfasst.

Beispiel 17.3

Ein Unternehmen erwirbt am 29.12.2021 (Handelstag) eine Aktie zum beizulegenden Zeitwert von 180 €. Zum Bilanzstichtag hat diese Aktie einen Wert von 200 € und zum Zeitpunkt der Depotgutschrift am 02.01.2022 (Erfüllungstag) einen Wert von 190 €. Die Aktie wird zum Handelsbestand gezählt und somit GuV-wirksam zum beizulegenden Zeitwert bewertet.

Bilanziert das Unternehmen seinen Handelsbestand zum Handelstag, so lauten die Buchungssätze unter Vernachlässigung von latenten Steuern:

29.12.2021: Wertpapier an Verbindlichkeit 180 €

31.12.2021: Wertpapier an sonstiger betrieblicher Ertrag 20 €

02.01.2022: Verbindlichkeit an Bank 180 €

02.01.2022: Sonst. betr. Aufwand an Wertpapier 10 €

Bilanziert das Unternehmen seinen Handelsbestand hingegen zum Erfüllungstag, lauten die Buchungssätze:

29.12.2021: —

31.12.2021: Forderung an sonstiger betrieblicher Ertrag 20 €

02.01.2022: Wertpapier an Bank 180 €

02.01.2022: Sonst. betr. Aufw. 10 €
Wertpapier 10 € an Forderung 20 €

3 Erstbewertung

Erstbewertung zum beizulegenden Zeitwert

Wenn ein Finanzinstrument in der Bilanz anzusetzen ist, muss als nächstes geklärt werden, zu welchem Wert der Erstansatz zu erfolgen hat. IFRS 9/IAS 39 halten hierfür eine einfache Grundregel parat: Finanzinstrumente sind zum beizulegenden Zeitwert erstzubewerten (IFRS 9.5.1.1/IAS 39.43). Lediglich Forderungen aus Lieferungen und Leistungen ohne eine bedeutsame Finanzierungskomponente werden gemäß IFRS 9 mit dem Transaktionspreis erstbewertet. Hinzu kommen für Finanzinstrumente, die nicht GuV-wirksam zum beizulegenden Zeitwert folgebewertet werden, die mit dem Erwerb bzw. der Ausgabe in direkter Verbindung stehenden Transaktionskosten. IFRS 9.A (IAS 39.9) definiert hierfür Transaktionskosten als die Kosten, die nicht entstanden wären, wenn der Erwerb, der Abgang oder die Ausgabe von Finanzinstrumenten nicht stattgefunden hätte. Falls ein Unternehmen die oben erläuterte Methode des Ansatzes zum Erfüllungstag verwendet, dann ist nach IFRS 9.5.1.2 (IAS 39.44) dennoch, wie im obigen Beispiel, der beizulegende Zeitwert zum Handelstag maßgeblich für den Erstansatz. Dies ist für

Finanzinstrumente von Bedeutung, die zu historischen Kosten oder fortgeführten Anschaffungskosten folgebewertet werden.

Bestimmung des beizulegenden Zeitwerts

Wie ist der beizulegende Zeitwert eines Finanzinstruments zu ermitteln? Gemäß IFRS 9.B5.1.2A (IAS 39.AG76) ist beim erstmaligen Ansatz der Transaktionspreis der beste Hinweis auf den beizulegenden Zeitwert. Allerdings kann der beizulegende Zeitwert auch vom Transaktionspreis abweichen und muss dann anderweitig ermittelt werden. Der einschlägige Standard hierfür ist IFRS 13 (vgl. Kapitel 3). IFRS 13.B4 nennt (nicht abschließend) einige mögliche Sachverhalte, die auf eine solche Abweichung hindeuten könnten. Dies könnte z.B. der Fall sein, wenn eine Transaktion

- zwischen sich nahestehenden Vertragsparteien stattfindet,
- in einer Zwangssituation erfolgt,
- neben dem betreffenden Finanzinstrument die Übertragung weiterer Vermögenswerte oder Schulden umfasst oder
- in einem Markt stattfindet, der nicht der wichtigste oder vorteilhafteste für das betreffende Finanzinstrument ist.

Stellt das Unternehmen fest, dass eine Abweichung zwischen Transaktionspreis und beizulegendem Zeitwert vorliegt, ist für die Ermittlung des Letzteren entscheidend, ob Marktdaten für das Finanzinstrument vorliegen oder nicht (IFRS 13.72).

Mark-to-market accounting

Werden identische Finanzinstrumente auf einem aktiven Markt gehandelt, stellen die dort notierten Preise den beizulegenden Zeitwert des betreffenden Finanzinstruments dar (IFRS 13.77). Dieses Vorgehen wird als mark-to-market accounting bezeichnet und stellt die erste Stufe in der Hierarchie zur Ermittlung des beizulegenden Zeitwerts nach IFRS 13 dar. Ein aktiver Markt liegt nach IFRS 13.A dann vor, wenn die dortigen Transaktionen mit einer Häufigkeit und einem Volumen stattfinden, die zur Bereitstellung fortlaufender Preisinformationen führen. Bestehen mehrere aktive Märkte für das Finanzinstrument, muss der wichtigste oder vorteilhafteste Markt identifiziert werden (IFRS 13.78(a)). Anpassungen der dort notierten Preise sind in der Regel nicht nötig (IFRS 13.79).

Mark-to-model accounting

Ist kein aktiver Markt verfügbar, so ist der beizulegende Zeitwert unter Nutzung anderer Marktdaten zu ermitteln, die direkt oder indirekt mit dem Finanzinstrument in Verbindung gebracht werden können (IFRS 13.81). Dies ist die zweite Stufe der Hierarchie zur Ermittlung des beizulegenden Zeitwerts. Beispielhaft zu nennen sind Preise an aktiven Märkten für ähnliche Finanzinstrumente und Preise auf nicht aktiven Märkten (IFRS 13.82). Anpassungen sind ggf. vorzunehmen. Sind auch solche Marktdaten nicht verfügbar, so muss das Unternehmen im Rahmen der dritten und letzten Stufe der Hierarchie zur Ermittlung des beizulegenden Zeitwerts diesen unter Verwendung anderweitiger Informationen herleiten (IFRS 13.87). Hier sind insbesondere Bewertungsverfahren auf Basis der Kapitalwertmethode zu nennen, wie z.B. Barwertverfahren, Optionspreismodelle oder die Residualwertmethode (IFRS 13.B10-B30). Die Herleitung hat unter Nutzung der besten verfügbaren Informationen zu erfolgen, wobei dies auch die Nutzung von unternehmenseigenen Daten einschließt (IFRS 13.89). Die Ermittlung des beizulegenden Zeitwerts beim Fehlen eines aktiven Marktes für identische Finanzinstrumente wird als mark-to-model accounting bezeichnet.

Beispiel 17.4

Aufgenommener Kredit
Wie hoch ist der Erstansatz, wenn ein Unternehmen einen Kredit über 10 Mio. € mit einem Disagio von 5 % aufnimmt und hierbei Transaktionskosten in Höhe von 50 T€ entstehen?

Lösung
Der beizulegende Zeitwert entspricht dem Transaktionspreis, d.h. dem Wert der Gegenleistung, die man bei der Übernahme der Verbindlichkeit erhält (IFRS 13.57): 0,95 · 10 Mio. € = 9,5 Mio. €. Hinweise darauf, dass Transaktionspreis und beizulegender Zeitwert voneinander abweichen könnten, liegen hier nicht vor. Der Erstansatz erfolgt zum beizulegenden Zeitwert abzüglich der Transaktionskosten: 9,5 Mio. € - 50 T€ = 9,45 Mio. €.

Forderungsbewertung
Eine Beratungsgesellschaft erbringt im Kalenderjahr 2021 eine Restrukturierungsberatung für einen von Liquiditätsproblemen geplagten Kunden. Da diese Beratung sehr spezifisch ist und vergleichbare Transaktionspreise von ähnlichen Aufträgen aufgrund des vertraulichen Charakters solcher Projekte nicht ermittelbar sind, ist eine verlässliche Ermittlung des beizulegenden Zeitwerts der erbrachten Gegenleistung nicht möglich. Um den Kunden nicht endgültig in die Illiquidität zu stürzen, wurde ihm ein vierjähriges Zahlungsziel eingeräumt. Dann wird der Betrag von 10 Mio. € fällig. Wie ist bei der Bewertung der Forderung grundsätzlich vorzugehen?

Lösung
Zunächst ist festzuhalten, dass bei einem so langen Zahlungsziel der Zinseffekt wesentlich ist, der Rechnungsbetrag also nicht den beizulegenden Zeitwert der Forderung darstellen kann (IFRS 13.B13). Wenn die Gegenleistung für die Forderung nicht verlässlich ermittelbar ist, muss somit auf andere Bewertungsverfahren ausgewichen werden. Hier bietet sich z.B. ein Barwertverfahren an. Um einen adäquaten Zinssatz zu ermitteln, ist hierbei die angespannte Liquiditätslage des Kunden explizit zu berücksichtigen. Eine mögliche Informationsquelle für einen solchen Zinssatz könnte eine ebenfalls auf € lautende Anleihe des Kunden mit gleicher Laufzeit sein. Anhand der wirtschaftlichen Lage ist jedenfalls davon auszugehen, dass der Zinssatz wesentlich über dem aktuellen Marktzins für risikoschwache Anleihen liegen dürfte. Wenn der adäquate Zinssatz beispielsweise 25 % beträgt, wäre die Forderung des Beratungsunternehmens mit (10 Mio. € / $1{,}25^4$ =) 4.096 T€ zu bewerten.

4 Folgebewertung

4.1 Grundlagen der Folgebewertung

IFRS 9 und IAS 39 folgen dem mixed model approach

Im Rahmen der Folgebewertung sind zwei idealtypische Regelungen denkbar. Entweder wird der Wert eines Finanzinstrumentes auf Basis seiner Anschaffungskosten fortgeführt oder es erfolgt eine Neubewertung zum beizulegenden Zeitwert. Wie in Abschnitt 1.1 erörtert, erscheint es unmöglich, eines der beiden Konzepte ausschließlich anzuwenden. Dementsprechend muss der jeweilige Standard regeln, welche Finanzinstrumente nach welcher Methode folgezubewerten sind. Hierbei sind sämtliche Probleme beider Wertansätze zu berücksichtigen. Die IFRS-Regeln zur Bilanzierung von Finanzinstrumenten verfolgen grundsätzlich das Ziel einer weitgehenden Verwendung des beizulegenden Zeitwerts. Zugleich ist für jene Finanzinstrumente, bei denen die Nachteile der Bewertung zum beizulegenden Zeitwert überwiegen, die Folgebewertung zu fortgeführten Anschaffungskosten vorgesehen. IFRS 9/IAS 39 stellen daher einen Kompromiss zwischen den beiden oben genannten Idealtypen der Folgebewertung dar (mixed model approach). Die drei verschiedenen Folgebewertungskonzepte für Finanzinstrumente im Rahmen der IFRS sind:

- Bewertung zum beizulegenden Zeitwert,
- Bewertung zu fortgeführten Anschaffungskosten mittels der Effektivzinsmethode und
- Bewertung zu historischen Kosten.

Kategorien

Sowohl IFRS 9 als auch IAS 39 differenzieren für die Festlegung der Folgebewertung zwischen verschiedenen Kategorien, in die zu bilanzierende Finanzinstrumente einzuordnen sind. Diese Kategorien orientieren sich an der Beschaffenheit der Finanzinstrumente und an ihrem jeweiligen Verwendungszweck innerhalb des Unternehmens. Die Art der Abgrenzung dieser Kategorien ist einer der zentralen Unterschiede zwischen IFRS 9 und IAS 39. Bevor darauf näher eingegangen wird, sollen zuerst einige wichtige Aspekte der Folgebewertung dargestellt werden.

Schwankungen des beizulegenden Zeitwerts

Im Rahmen der Folgebewertung zum beizulegenden Zeitwert entstehen durch Schwankungen zwangsläufig auch Erträge oder Aufwendungen. Fraglich ist, ob diese tatsächlich dem Gewinn oder Verlust der Periode zuzurechnen sind. Es ist unklar, ob die unrealisierten, aber jederzeit realisierbaren Erträge aus der Höherbewertung von Wertpapieren des Handelsbestands Erträge der aktuellen Periode darstellen oder erst dann zu erfassen sind, wenn die Wertpapiere tatsächlich veräußert wurden. Es ist daher denkbar, die aus der Folgebewertung resultierenden Wertdifferenzen nicht unmittelbar GuV-wirksam, sondern GuV-neutral über das sonstige Ergebnis zu verbuchen. Durch die Wertänderungen bauen sich in diesem Fall durch den Abschluss des sonstigen Ergebnisses positive oder negative Eigenkapitalpositionen auf. Wenn ein entsprechendes Finanzinstrument die Bilanz verlässt, stellt sich die Frage, ob diese Eigenkapitalpositionen GuV-wirksam aufzulösen sind oder einfach in die Rücklagen umgebucht werden. Eine Auflösung würde sicherstellen, dass letztlich die Wertdifferenz zwischen Anschaffungskosten und Verkaufserlös im vollen Umfang GuV-wirksam wird und somit das Kongruenzprinzip (vgl. Kapitel 5) gewahrt bleibt. Dieses Verfahren wird als recycling bezeichnet.

Effektivzinsmethode

Neben dem beizulegenden Zeitwert spielt im Rahmen der Folgebewertung von Finanzinstrumenten die Effektivzinsmethode eine zentrale Rolle. Grundgedanke der Effektivzinsmethode ist die systematische Erfassung der Wertänderungen, die aus dem bloßen Verstreichen der Zeit resultieren. Besonders prägnant treten solche Wertänderungen bei Zerobonds zu Tage: Der Erwerber eines Zerobonds, also einer Anleihe ohne jährliche Zinszahlung, erhält zum Ende der Laufzeit mit dem Nominalwert der Anleihe mehr Geld, als er zum Erwerbszeitpunkt für die Anleihe bezahlt hat. Dieser Mehrwert entspricht der Verzinsung des eingesetzten Kapitals und entsteht über den Zeitraum, in dem der Erwerber die Anleihe hält. Die Effektivzinsmethode ermittelt nun Periode für Periode diesen Wertzuwachs und schreibt ihn dem Zerobond zu. In Analogie zur Folgebewertung des Sachanlagevermögens durch Abschreibungen wird auch hier von „fortgeführten" Anschaffungskosten gesprochen. In gleicher Weise ist auch zu verfahren, wenn die Nominalverzinsung einer Anleihe zwar größer null, aber ungleich der Effektivverzinsung ist.

Im Folgenden werden zunächst die Regeln zur Folgebewertung nach IAS 39 geschildert. Darauf aufbauend wird in Abschnitt 4.3 die Folgebewertung nach IFRS 9 diskutiert. Diese Reihenfolge wird historisch bedingt beibehalten. Da der IFRS 9 konkret mit der Zielsetzung, die Klassifizierung und bilanzielle Abbildung von Finanzinstrumenten gegenüber IAS 39 zu vereinfachen, entwickelt wurde, soll dies entsprechende Vergleiche zwischen den Vorschriften ermöglichen. Die Regelungen des IFRS 9 werden jedoch vor dem Hintergrund seiner bereits heute wichtigeren Rolle und der künftig vollständigen Ablösung von IAS 39 detaillierter beleuchtet.[9]

4.2 Folgebewertung nach IAS 39

4.2.1 Klassifikation nach IAS 39

4.2.1.1 Grundlagen der Klassifikation nach IAS 39

Vier unterschiedliche Kategorien nach IAS 39

Bei der Klassifikation muss zuerst zwischen finanziellen Vermögenswerten und finanziellen Verbindlichkeiten differenziert werden. Sämtliche Verbindlichkeiten, die nicht zum Handelsbestand des Unternehmens gehören und die das bilanzierende Unternehmen nicht freiwillig zum beizulegenden Zeitwert bilanziert (s.u.), werden in einer separaten Gruppe als sonstige finanzielle Verbindlichkeiten zu-

9 Vgl. für eine ausführliche Darstellung der Regelungen des IAS 39 Kapitel 17 der zehnten Auflage dieses Lehrbuchs. Insbesondere die Regelungen zur Reklassifizierung nach IAS 39 werden in dieser Auflage nicht mehr beleuchtet.

sammengefasst. Alle anderen Finanzinstrumente sind nach IAS 39.9 in eine der folgenden vier Kategorien einzuteilen:

- Ausleihungen und Forderungen (loans and receivables),
- bis zur Endfälligkeit gehaltene finanzielle Vermögenswerte (held-to-maturity investments),
- Finanzinstrumente, die GuV-wirksam zum beizulegenden Zeitwert folgebewertet werden (financial instruments at fair value through profit or loss) oder
- zur Veräußerung verfügbare finanzielle Vermögenswerte (available-for-sale financial assets).

Sonstige finanzielle Verbindlichkeiten

Sonstige finanzielle Verbindlichkeiten, die in diese Klassifikation nicht passen, können somit als fünfte Kategorie von Finanzinstrumenten i.S.v. IAS 39 angesehen werden, auch wenn diese Kategorie dort nicht explizit aufgeführt wird.

Beizulegender Zeitwert ist vorherrschendes Bewertungskonzept

Welche Kategorie ist nun wie zu bewerten? IAS 39 fordert für eine Vielzahl von Finanzinstrumenten eine Folgebewertung zum beizulegenden Zeitwert. Neben der vorletzten Kategorie der Finanzinstrumente, die schon dem Namen nach GuV-wirksam zum beizulegenden Zeitwert bilanziert werden, sind auch alle finanziellen Vermögenswerte, die als zur Veräußerung verfügbar klassifiziert wurden, zum beizulegenden Zeitwert folgezubewerten. Bewertungsdifferenzen sind bei Letzteren jedoch GuV-neutral zu verbuchen und werden erst bei Ausbuchung im Rahmen des recycling im Gewinn oder Verlust erfasst. Demgegenüber sind bis zur Endfälligkeit gehaltene finanzielle Vermögenswerte sowie Ausleihungen und Forderungen des Unternehmens ebenso wie nicht zum beizulegenden Zeitwert zu bewertende finanzielle Verbindlichkeiten zu fortgeführten Anschaffungskosten mittels der Effektivzinsmethode zu bewerten.[10]

Investitionen in Eigenkapitaltitel von anderen Unternehmen, für die kein aktiver Markt vorliegt und deren beizulegender Zeitwert nicht verlässlich gemessen werden kann, sowie Derivate auf solche Eigenkapitaltitel, sind zu historischen Kosten zu bewerten (vgl. IAS 39.46(c) und 39.AG80-AG81).

Im Folgenden werden die einzelnen Kategorien beschrieben. Eine zusammenfassende Darstellung der Klassifizierung findet sich in Abbildung 17.1.

10 Eine Ausnahme hiervon stellen lediglich Verbindlichkeiten dar, die im Zuge der Bilanzierung eines Abgangs von anderen Finanzinstrumenten entstehen. Vgl. hierzu Abschnitt 5 dieses Kapitels.

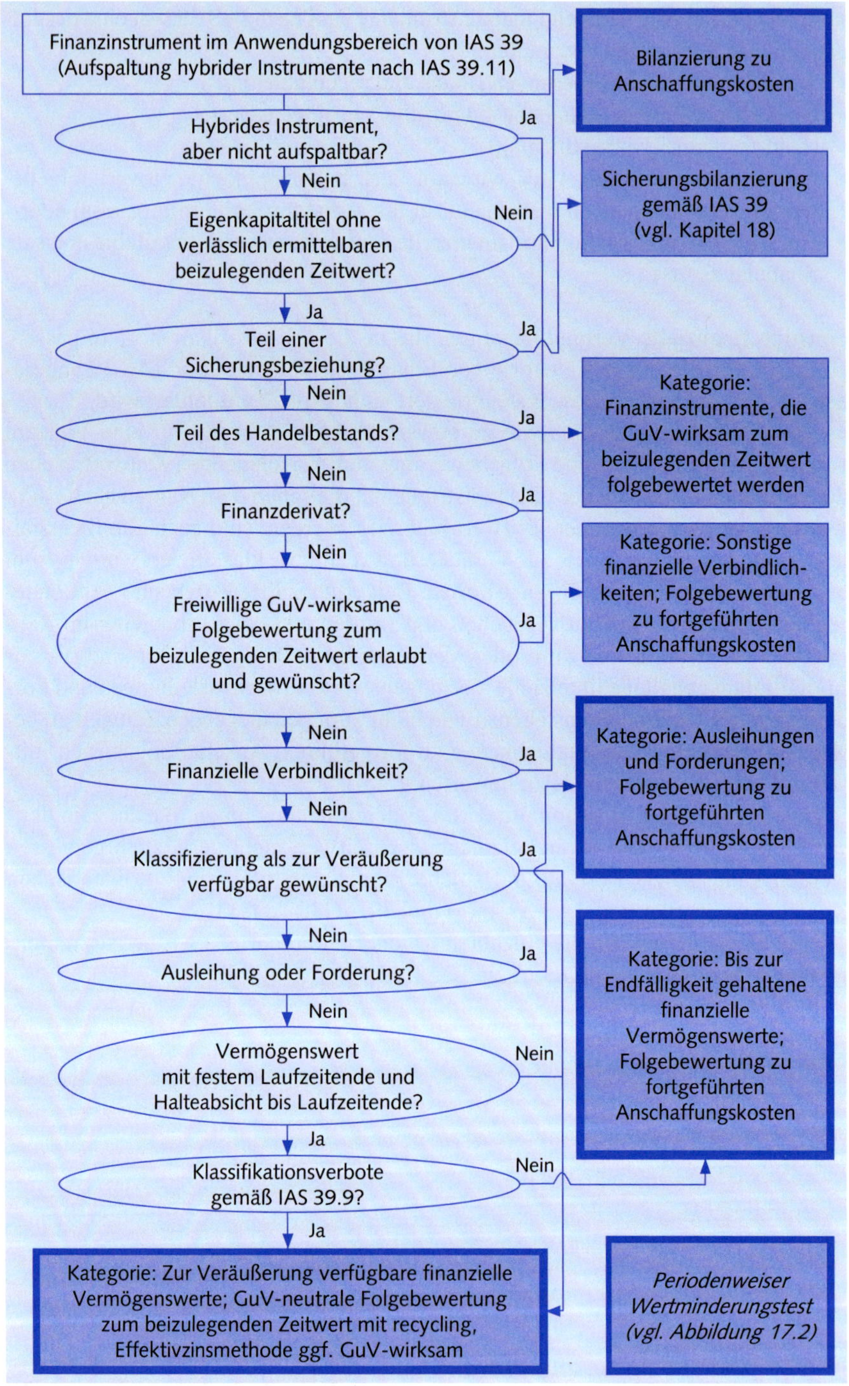

Abb. 17.1: Ablaufschema zur Klassifizierung von Finanzinstrumenten nach IAS 39

4.2.1.2 Ausleihungen und Forderungen (loans and receivables)

Nur für finanzielle Vermögenswerte ohne aktiven Markt

Diese Gruppe umfasst nur finanzielle Vermögenswerte. Bei den hierunter fallenden Instrumenten handelt es sich um Ausleihungen, bei denen das Unternehmen als Gläubiger fungiert. Dies kann auch bei Industrieunternehmen der Fall sein, wenn z.B. Kunden mehrjährige Zahlungsziele eingeräumt werden.

Nach IAS 39.9 werden in diese Kategorie allerdings nur Finanzinstrumente aufgenommen, die nicht an einem aktiven Markt notiert werden. Dementsprechend fällt eine vom bilanzierenden Unternehmen erworbene Anleihe nicht in diese Kategorie, wenn ihr Kurs an einer Börse regelmäßig festgestellt wird. Ein weiteres wesentliches Merkmal für Ausleihungen und Forderungen ist, dass sie feste oder klar bestimmbare Zahlungen festschreiben. Das bedeutet: Ein variabel verzinslicher Kredit ist eine Ausleihung im Sinne dieser Definition. Außerdem dürfen die Vermögenswerte nicht der Definition des Handelsbestands genügen.

Gemäß IAS 39.9 sind alle finanziellen Vermögenswerte in diese Kategorie einzusortieren, welche die obige Definition erfüllen und für die das bilanzierende Unternehmen weder das Wahlrecht zur GuV-wirksamen Folgebewertung zum beizulegenden Zeitwert ausübt (fair value option) noch eine Klassifikation als zur Veräußerung verfügbar vornimmt.

4.2.1.3 Bis zur Endfälligkeit gehaltene finanzielle Vermögenswerte (held-to-maturity investments)

Begrenzte Laufzeit und determinierte Zahlungen notwendig

Schon der Name der Kategorie verrät die zentralen Bedingungen für eine Einordnung von finanziellen Vermögenswerten in diese Kategorie:

- Es muss sich um finanzielle Vermögenswerte handeln, die eine feste Endfälligkeit aufweisen. Des Weiteren müssen sämtliche Zahlungen fest oder zumindest klar determinierbar sein. Letzteres gilt z.B. für variabel verzinsliche Anleihen. Aus diesen Bedingungen folgt eindeutig, dass normale Stammaktien keine bis zur Endfälligkeit gehaltene Finanzinvestition darstellen können.
- Das Unternehmen muss weiterhin die Absicht und auch die Fähigkeit besitzen, diese finanziellen Vermögenswerte bis zum Ende der Laufzeit zu halten.
- Es darf sich nicht um Ausleihungen oder Forderungen handeln.

Ungeachtet davon, ob ein bestimmter Vermögenswert die obenstehenden Bedingungen erfüllt, hat das bilanzierende Unternehmen weiterhin die Möglichkeit, entweder das Wahlrecht zur GuV-wirksamen Folgebewertung zum beizulegenden Zeitwert wahrzunehmen (fair value option) oder den Vermögenswert als zur Veräußerung verfügbar zu klassifizieren.

Strafe bei Reklassifizierung

Um zu verhindern, dass ein Vermögenswert fälschlich als bis zur Endfälligkeit gehalten klassifiziert wird, gibt es in IAS 39.9 und IAS 39.AG16-AG25 eine Reihe von Vorschriften, die einerseits erläutern, wann keine hinreichende Absicht oder Möglichkeit zum Halten bis zur Endfälligkeit unterstellt werden kann. Andererseits wird das vorzeitige Verkaufen von bis zur Endfälligkeit gehaltenen Finanzinvestitionen mit einem Verbot „bestraft", überhaupt noch Finanzinstrumente so zu klassifizieren. Dieses Verbot gilt für die aktuelle und die folgenden zwei Perioden.

Beispiel 17.5

Eine Staatsanleihe mit dreijähriger Restlaufzeit, einem rückzahlbaren Nominalwert von 10.000 € und einer Nominalverzinsung von 4 %, jeweils zum 31.12., wird zum 31.12.2021 nach Zinszahlung zu 9.500 € erworben. Aus diesen Informationen lässt sich folgende Zahlungsreihe ableiten:

Jahr	2021	2022	2023	2024
Zahlung [€]	-9.500	+400	+400	+10.400

Wie ist diese Anleihe unter Vernachlässigung von latenten Steuern erst- und folgezubewerten? Es ist davon auszugehen, dass die Anleihe vom bilanzierenden Unternehmen nach IAS 39 als bis zur Endfälligkeit gehalten klassifiziert wird.

Lösung

Es ist leicht zu erkennen, dass die Effektivverzinsung dieser Anleihe über 4 % liegt, schließlich liegt das Anfangsinvestment unter dem Rückzahlungsbetrag von 10.000 €. Der Effektivzinssatz entspricht dem internen Zinsfuß der Zahlungsreihe und beträgt ca. 5,87 %.

Wie sind nun die fortgeführten Anschaffungskosten für die kommenden Perioden unter Verwendung der Effektivzinsmethode zu ermitteln? Der Buchwert der Anleihe muss in jeder Periode so zugeschrieben werden, dass der Effektivzins konstant bleibt. Dies stellt sicher, dass der Wertansatz der Anleihe bis auf den Zeiteffekt dem Erstansatzwert der Anleihe entspricht, dass also die Anschaffungskosten korrekt fortgeführt werden. Eine konstante Effektivverzinsung wird sichergestellt, indem der neue Buchwert so bestimmt wird, dass eine hypothetische Zahlungsreihe mit dem neuen Buchwert als Investitionsauszahlung einen internen Zinsfuß in Höhe der Effektivverzinsung aufweist. Dies sei für die oben gegebene Zahlungsreihe für den Zeitpunkt Ende 2022 erläutert: Gesucht ist hier ein Buchwert für den gilt:

$$- \text{Buchwert} + 400\ € / 1{,}0587 + 10.400\ € / 1{,}0587^2 = 0.$$

Die Lösung dieser Gleichung findet sich bei einem Buchwert von 9.657,26 €. Alternativ lässt sich das gleiche Ergebnis bei bekanntem Buchwert der Vorperiode und internem Zins auch ermitteln, indem der alte Buchwert aufgezinst und die nominelle Zinszahlung abgezogen wird. Für Ende 2022 ergibt sich so: 9.500 € · 1,0587 - 400 € = 9.657,26 €. Um die Anleihe auf diesen Buchwert, also auf die fortgeführten Anschaffungskosten für das Jahr 2022 zuzuschreiben, ist ein dementsprechender Zinsertrag zu buchen. Für das Jahr 2023 betragen die fortgeführten Anschaffungskosten der Anleihe 9.823,75 € (10.400 € / 1,0587).

Aus diesen Daten ergeben sich folgende Buchungssätze:

2021:			
Wertpapier	*an*	*Bank*	*9.500 €*
2022:			
Bank	*an*	*Zinsertrag*	*400 €*
Wertpapier	*an*	*Zinsertrag*	*157,26 €*
2023:			
Bank	*an*	*Zinsertrag*	*400 €*
Wertpapier	*an*	*Zinsertrag*	*166,49 €*
2024:			
Bank	*an*	*Zinsertrag*	*400 €*
Wertpapier	*an*	*Zinsertrag*	*176,25 €*
Bank	*an*	*Wertpapier*	*10.000 €*

Zu beachten ist, dass aus der Effektivzinsmethode in jedem Kalenderjahr ein Zinsergebnis resultiert, welches genau der Effektivverzinsung der Anleihe entspricht. So beträgt im Kalenderjahr 2022 der Zinsertrag 557,26 €. Dies sind 5,87 % von 9.500 €. Der jeweilige Buchwert der Anleihe entspricht ihrem theoretischen Marktwert, wenn Marktzins und Bonität des Schuldners konstant bleiben.

4.2.1.4 Finanzinstrumente, die GuV-wirksam zum beizulegenden Zeitwert folgebewertet werden (financial instruments at fair value through profit or loss)

Zwei Subkategorien

Diese Kategorie umfasst zwei unterschiedliche Gruppen von Finanzinstrumenten: Alle Finanzinstrumente des Handelsbestands *müssen* in diese Gruppe einsortiert werden, bestimmte andere Finanzinstrumente *können* in diese Gruppe einsortiert werden. Änderungen des beizulegenden Zeitwerts werden in der Gesamtergebnisrechnung GuV-wirksam erfasst.

Handelsbestand

Zum Handelsbestand gehören alle Finanzinstrumente,

- die primär mit der Absicht einer kurzfristigen Veräußerung erworben bzw. eingegangen wurden,
- die Teil eines gemeinsam verwalteten Portfolios von Finanzinstrumenten sind, wobei das erkennbare Ziel der Portfolioverwaltung darin besteht, kurzfristige Gewinne zu erzielen, oder
- die derivativ sind und keinen Teil einer nach IAS 39 zu bilanzierenden Sicherungsbeziehung (vgl. Kapitel 18) darstellen.

Fair value option

Das Klassifizierungswahlrecht für andere Finanzinstrumente ist international unter dem Begriff fair value option geläufig. Diese Option erlaubt für drei Arten von

Finanzinstrumenten wahlweise die Klassifikation in die Kategorie der GuV-wirksam zum beizulegenden Zeitwert folgezubewertenden Finanzinstrumente:

- Hybride Finanzinstrumente, die gemäß IAS 39.11 aufzuspalten wären und deren eingebettetes Derivat die Zahlungsreihe wesentlich beeinflusst (IAS 39.11A) (vgl. hierzu das Spezialthema in Abschnitt 4.3.1.1).
- Finanzinstrumente, deren GuV-wirksame Folgebewertung zum beizulegenden Zeitwert helfen würde, eine bewertungsbedingte Verzerrung zu vermeiden. Dies wäre zum Beispiel der Fall, wenn die zinsbedingte Wertentwicklung von bestimmten Aktiva perfekt negativ mit der zinsbedingten Wertentwicklung von bestimmten Passiva korrelierte, die Aktiva GuV-wirksam zum Marktwert, die Passiva allerdings zu (fortgeführten) Anschaffungskosten bewertet würden.
- Finanzinstrumente, die in einem Portfolio von ähnlichen Instrumenten auf Basis ihres beizulegenden Zeitwerts gesteuert werden.

Ausgenommen von der fair value option sind die Eigenkapitaltitel gemäß IAS 39.46(c), für die kein aktiver Markt besteht und kein verlässlicher beizulegender Zeitwert bestimmt werden ist.

4.2.1.5 Zur Veräußerung verfügbare finanzielle Vermögenswerte (available-for-sale financial assets)

Residual-kategorie

Alle finanziellen Vermögenswerte, die nicht in eine der anderen drei Kategorien eingeteilt wurden, werden als zur Veräußerung verfügbar klassifiziert. Hierbei ist allerdings zu beachten, dass auch Vermögenswerte, welche die Definition einer Ausleihung, einer Forderung oder einer bis zur Endfälligkeit gehaltenen Finanzinvestition erfüllen, als zur Veräußerung verfügbar klassifiziert werden können, wenn das bilanzierende Unternehmen dies wünscht. Lediglich Vermögenswerte, die zu Handelszwecken gehalten werden, können nicht als zur Veräußerung verfügbar definiert werden.

Grundsätzlich GuV-neutrale Erfassung der Wertschwankungen mit recycling

Wertschwankungen des beizulegenden Zeitwerts von als zur Veräußerung verfügbar klassifizierten finanziellen Vermögenswerten werden GuV-neutral über das sonstige Ergebnis abgebildet. Wertschwankungen, die sich durch die Änderungen von Wechselkursen ergeben, sollen allerdings nach IAS 21 GuV-wirksam behandelt werden, wenn es sich bei dem Finanzinstrument um eine monetäre Position im Sinne von IAS 21 handelt (vgl. Kapitel 20) und wenn dieses Finanzinstrument nicht Teil einer Sicherungsbeziehung (vgl. Kapitel 18) ist. Monetäre Positionen im Sinne von IAS 21.8 i.V.m. IAS 21.16 sind neben Devisen z.B. Forderungen und Anleihen, nicht jedoch Eigenkapitaltitel anderer Unternehmen (vgl. IAS 39.AG83). Dividenden sind unabhängig von der Bewertungsmethode des grundlegenden Finanzinstruments GuV-wirksam zu erfassen, wenn das bilanzierende Unternehmen einen Rechtsanspruch auf sie hat (IAS 18.30(c)). Finanzinstrumente, die als zur Veräußerung verfügbar klassifiziert wurden, können zugleich auch Gegenstand der Folgebewertung mit der Effektivzinsmethode sein. In diesem Fall müssen die Wertänderungen, die aus einer Fortführung der Anschaffungskosten unter Anwendung der Effektivzinsmethode entstehen, GuV-wirksam erfasst werden. Wenn ein als zur Veräußerung verfügbar klassifizierter Vermögenswert die Bilanz verlässt, sind die aus den Wertänderungen entstandenen positiven oder negativen Eigenkapitalpositionen im Rahmen des recycling GuV-wirksam in der Gesamtergebnisrechnung aufzulösen (IAS 39.26).

Beispiel 17.6

Das bilanzierende Unternehmen hält eine geringfügige Eigenkapitalbeteiligung, die nach IAS 39 zu bewerten ist. Die Wertentwicklung der Beteiligung ist der folgenden Tabelle zu entnehmen.

Jahr [T€]	**2021**	**2022**	**2023**
AK (= beizulegender Zeitwert) 01.01.2021	500	—	—
beizulegender Zeitwert 31.12.	600	400	—
Verkaufserlös 01.07.2023	—	—	470

Der Steuersatz betrage 25 %.[11] Zum 31.12.2022 wird von einer dauerhaften Wertminderung ausgegangen, die steuerlich zu einer Teilwertabschreibung führt.[12] Wie ist diese Eigenkapitalposition zu bilanzieren, wenn sie als GuV-wirksam zum beizulegenden Zeitwert klassifiziert wird und wie, wenn sie als zur Veräußerung verfügbar klassifiziert wird?

Lösung – GuV-wirksam zum beizulegenden Zeitwert
Wenn der Eigenkapitaltitel freiwillig als GuV-wirksam zum beizulegenden Zeitwert klassifiziert wird, sind alle Wertschwankungen unmittelbar GuV-wirksam zu erfassen. Wenn Ende 2021 der Wertansatz 100 T€ über dem steuerrechtlichen Wert liegt, ist eine passive latente Steuer GuV-wirksam zu buchen. Im Folgejahr gleichen sich steuerlicher und bilanzieller Wert wieder an, die Steuerlatenz ist somit GuV-wirksam aufzulösen. Die Buchungen lauten:

01.01.2021:

Wertpapier	*an*	*Bank*	*500 T€*

31.12.2021:

Wertpapier	*an*	*sonst. betr. Ertrag*	*100 T€*
Steueraufwand	*an*	*passive latente Steuer*	*25 T€*

31.12.2022:

Sonst. betr. Aufwand	*an*	*Wertpapier*	*200 T€*
Passive latente Steuer	*an*	*Steuerertrag*	*25 T€*

11 Hier und im Folgenden wird von der realiter bestehenden teilweisen Steuerfreiheit von Kapitalerträgen abstrahiert.

12 Es soll hier davon ausgegangen werden, dass keine Wertminderung nach IAS 39 vorliegt; vgl. hierzu Abschnitt 4.2.2 dieses Kapitels.

01.07.2023:

Bank	*470 T€*	*an*	*Wertpapier*	*400 T€*
			sonst. betr. Ertrag	*70 T€*

Lösung – Zur Veräußerung verfügbar

Wird der Eigenkapitaltitel als zur Veräußerung verfügbar klassifiziert, sind die Wertschwankungen GuV-neutral im sonstigen Ergebnis zu erfassen. Zur Verdeutlichung soll das relevante Erfolgskonto hier als „sonstiges Ergebnis (OCI FI)“ bezeichnet werden. Dementsprechend sind bei Bewertungsunterschieden zur Steuerbilanz GuV-neutral latente Steuern zu bilden. Ein besonderer Fall ergibt sich allerdings, wenn 2022 eine GuV-neutrale Abwertung nach IAS 39 in der Steuerbilanz GuV-wirksam durchgeführt wird. Auch wenn streng genommen zum 31.12.2022 keine temporary difference zwischen IFRS-Wertansätzen und steuerlichen Wertansätzen vorliegt, da keine Bestandsdifferenzen existieren, scheint wohl dennoch eine GuV-wirksame passive latente Steuer sinnvoll, da sehr wohl eine timing difference besteht (vgl. Kapitel 6). Schließlich ist das steuerrechtliche Ergebnis aufgrund der Teilwertabschreibung um 100 T€ geringer als der IFRS-Gewinn. Im Jahr 2023 kehrt sich die timing difference um: Das steuerrechtliche Ergebnis aus der betrachteten Transaktion beträgt +70 T€, während ein IFRS-Ergebnis von -30 T€ vorliegt. Die Steuerrückstellung ist demnach wieder GuV-wirksam aufzulösen. Die Buchungssätze lauten:

01.01.2021:

Wertpapier		*an*	*Bank*	*500 T€*

31.12.2021:

Wertpapier	*100 T€*	*an*	*sonst. Ergebnis (OCI FI)*	*75 T€*
			passive latente Steuer	*25 T€*

31.12.2022:

Sonst. Ergeb. (OCI FI)	*175 T€*			
Passive latente Steuer	*25 T€*	*an*	*Wertpapier*	*200 T€*
Steueraufwand		*an*	*passive latente Steuer*	*25 T€*

01.07.2023:

Bank	*470 T€*			
Sonst. betr. Aufwand	*30 T€*	*an*	*Wertpapier*	*400 T€*
			sonst. Ergebnis (OCI FI)	*100 T€*
Passive latente Steuer		*an*	*Steuerertrag*	*25 T€*

Kombination mit Effektivzinsmethode

Ein weiteres Beispiel zeigt die Anwendung der Effektivzinsmethode im Rahmen der Folgebewertung einer ausländischen Anleihe, die als zur Veräußerung verfügbar klassifiziert wurde. Zudem verdeutlicht dieses Beispiel die gleichzeitige Behandlung von Währungsumrechnungsdifferenzen bei monetären Vermögenswerten (vgl. Kapitel 20).

Beispiel 17.7

Die Invest AG erwirbt am 31.12.2021 eine festverzinsliche, börsennotierte Anleihe mit einer Restlaufzeit von zwei Jahren für 963 TUS-$. Der Nominalzinssatz beträgt 4 %. Die Zinsen werden zum 31.12. jedes Jahres gezahlt, auf die Zinsen zum 31.12.2021 hat die Invest AG allerdings keinen Anspruch mehr. Der Rückzahlungsbetrag der Anleihe liegt bei 1 Mio. US-$. Die Invest AG klassifiziert die Anleihe als zur Veräußerung verfügbar. Am 01.01.2023 wird die Anleihe zum aktuellen Börsenkurs verkauft. Die fortgeführten Anschaffungskosten, die von den fortgeführten Anschaffungskosten unabhängige Entwicklung des beizulegenden Zeitwerts der Anleihe sowie der US-$/€-Wechselkurs sind der folgenden Tabelle zu entnehmen.

Zeitpunkt	**31.12.2021**	**31.12.2022 = 01.01.2023**
Kurs US-$/€	1,00	1,10
fortgeführte Anschaffungskosten (Effektivzins 6 %; ex Zinscoupon [TUS-$])	963	981
fortgeführte Anschaffungskosten (Effektivzins 6 %; ex Zinscoupon [T€])	963	892
beizulegender Zeitwert (ex Zinscoupon in [TUS-$])	963	984
beizulegender Zeitwert (ex Zinscoupon in [T€])	963	894

Wie hat die Verbuchung der Anleihe unter Vernachlässigung von latenten Steuern zu erfolgen?

Lösung

Da am 31.12.2021 €-US-$-Parität herrscht, entfallt eine Umrechnung des Kaufkurses. Der erste Buchungssatz lautet also:

31.12.2021:

Wertpapier	*an*	*Bank*	*963 T€*

Am Ende des nächsten Jahres sind zunächst die Zinserträge zu buchen. Da der US-$ abgewertet wurde, erfolgt dies allerdings zum niedrigeren €-Betrag von 40 TUS-$ / 1,10 US-$/€ = 36 T€.

31.12.2022:

Bank	*an*	*Zinsertrag*	*36 T€*

Wie IAS 39.55(b) fordert, ist das Wertpapier nun zunächst GuV-wirksam auf die fortgeführten Anschaffungskosten zuzuschreiben. Dies geschieht gemäß

IAS 39.AG83 zunächst noch zum alten, paritätischen US-$-Kurs (981 T€ - 963 T€):

Wertpapier	*an*	*Zinsertrag*	*18 T€*

Der Buchwert des Wertpapiers entspricht nun den fortgeführten Anschaffungskosten vom 31.12.2022, allerdings zum alten, paritätischen US-$-Kurs vom 31.12.2021. Nun ist die Währungsumrechnungsdifferenz gemäß IAS 39.55(b) i.V.m. IAS 21.23(a) und 21.28 GuV-wirksam zu erfassen. Die fortgeführten Anschaffungskosten sind also mit dem neuen US-$-Kurs umzurechnen (892 T€ - 981 T€).

Aufw. aus Währungsumrechnung	*an*	*Wertpapier*	*89 T€*

Als letzter Bewertungsschritt für das Geschäftsjahr 2022 erfolgt nun die GuV-neutrale Bewertung zum beizulegenden Zeitwert. Hier wird nun nicht mehr zwischen kursinduzierten und währungsinduzierten Wertschwankungen differenziert:

Wertpapier	*an*	*sonst. Ergebnis (OCI FI)*	*2 T€*

Mit Anfang des Jahres 2023 wird das Wertpapier annahmegemäß zum aktuellen beizulegenden Zeitwert und damit zum Buchwert verkauft. Somit ist die im letzten Jahr aus dem sonstigen Ergebnis (OCI FI) gebildete Eigenkapitalposition (Neubewertungsrücklage FI) GuV-wirksam aufzulösen.

01.01.2023:

Bank	*an*	*Wertpapier*	*894 T€*
Neubewertungsrücklage FI	*an*	*Zinsertrag*	*2 T€*

4.2.2 Wertminderung finanzieller Vermögenswerte nach IAS 39

Werthaltigkeitstest jede Periode

Neben der normalen Folgebewertung sind alle finanziellen Vermögenswerte, die nicht GuV-wirksam zum beizulegenden Zeitwert bilanziert werden, nach IAS 39.58 zu jedem Bilanzstichtag auf ihre Werthaltigkeit zu überprüfen. Falls eine Wertminderung festgestellt wird, ist der Vermögenswert abzuschreiben. Diese Prüfung auf Wertminderung kann auch ganze Gruppen von finanziellen Vermögenswerten betreffen.

Zweistufige Vorgehensweise

Der Ablauf der Wertminderungsprüfung ist in zwei Stufen gegliedert. Abbildung 17.2 gibt die Prüfungsschritte im Überblick wieder.

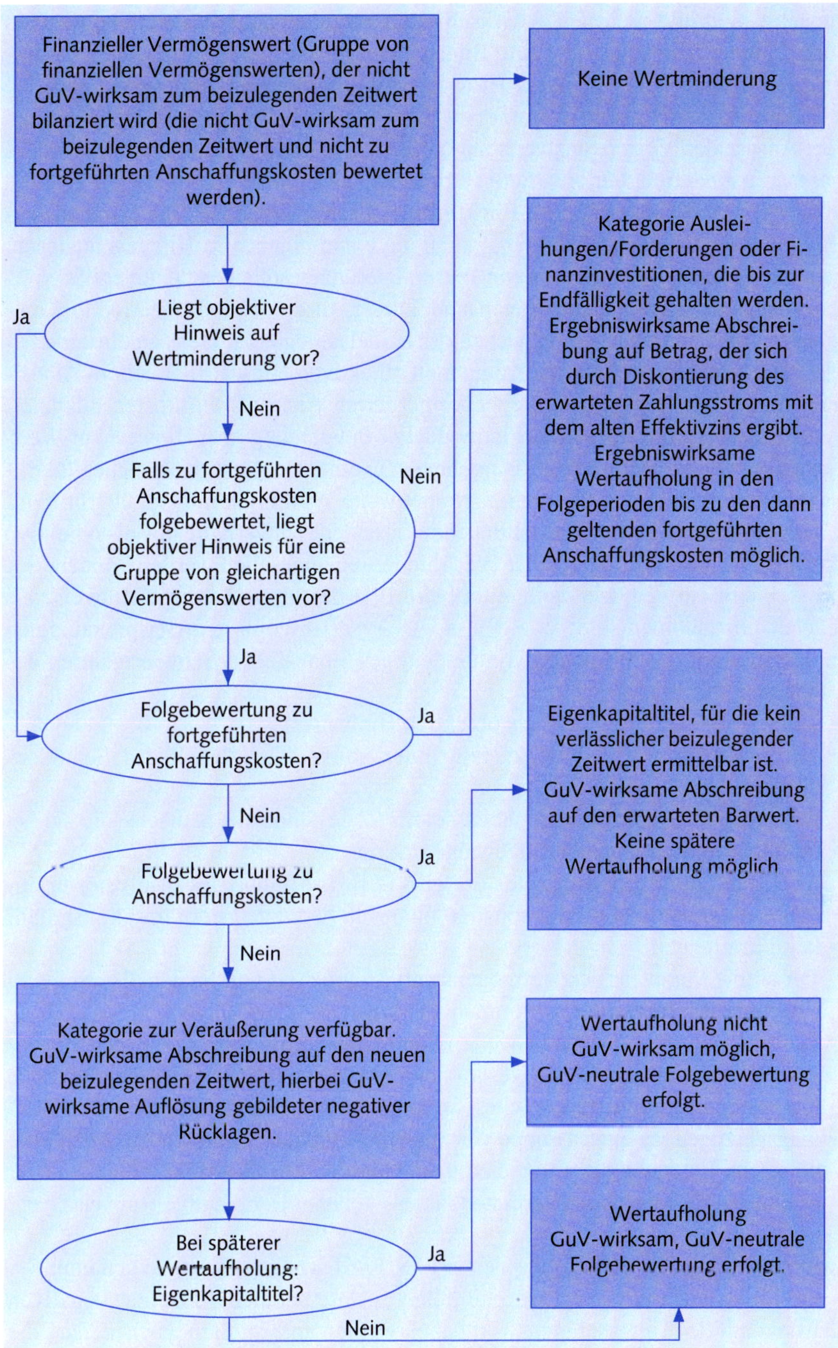

Abb. 17.2: Ablaufschema zur Wertminderung von finanziellen Vermögenswerten nach IAS 39

Zunächst sind alle nicht GuV-wirksam zum beizulegenden Zeitwert bewerteten finanziellen Vermögenswerte zum Bilanzstichtag einzeln oder in Gruppen daraufhin zu untersuchen, ob objektive Hinweise auf eine Wertminderung vorliegen.

1. Stufe: Identifikation von objektiven Hinweisen (incurred loss model)

Ein objektiver Hinweis ist immer das Ergebnis eines Ereignisses, welches nach dem Ansatz des Vermögenswerts stattgefunden hat und das zu einer verlässlich messbaren Änderung der erwarteten künftigen Zahlungsströme führt (wie z.B. ein eröffnetes Insolvenzverfahren). Ein künftiges Ereignis (wie z.B. die erwartete Eröffnung eines Insolvenzverfahrens) kann nie einen objektiven Hinweis auslösen, egal wie wahrscheinlich es ist, denn Wertminderungen sollen erst dann erfasst werden, wenn sie tatsächlich eingetreten sind. Dieser Ansatz wird als incurred loss model bezeichnet und vom sog. expected loss model abgegrenzt. Der gemeinsame Effekt von mehreren Ereignissen kann einen objektiven Hinweis darstellen. Alle finanziellen Vermögenswerte, die zu fortgeführten Anschaffungskosten bilanziert werden, sind, auch wenn sich bei individueller Betrachtung kein Hinweis auf Wertminderung ergibt, nach IAS 39.64 nochmals, in einer Gruppe mit ähnlichen Instrumenten zusammengefasst, auf eine gruppenweite Wertminderung zu überprüfen.

Verfahren eröffnet bilanziellen Spielraum

IAS 39 präsentiert keine abschließende Liste der Sachverhalte, die als objektive Hinweise für das Vorliegen einer Wertminderung angesehen werden können. Somit verbleibt ein gewisser Spielraum beim Bilanzierer, wann diese Hinweise als gegeben anzunehmen sind. Von den in IAS 39.59 aufgeführten Beispielen zielen die meisten auf das Vorliegen von eindeutigen finanziellen Schwierigkeiten des Emittenten ab.

Beispiele objektiver Hinweise

So gelten folgende Ereignisse als objektive Hinweise:

- Vertragsbruch wie Zahlungsverzug oder kompletter Ausfall des Schuldendienstes.
- Kreditgeber des Emittenten haben bereits Zugeständnisse gemacht, die sie bei liquiden Emittenten nicht eingegangen wären.
- Es besteht, durch ein konkretes Ereignis (z.B. Eröffnung des Insolvenzverfahrens) belegt, Konkurs- oder sonstige finanziell bedingte Reorganisationsgefahr beim Emittenten.
- Der aktive Markt für den Vermögenswert ist aufgrund von finanziellen Schwierigkeiten des Emittenten zusammengebrochen.
- Für Gruppen von Vermögenswerten können weiterhin auch Ereignisse, die auf eine Wertminderung für die Gesamtheit der Gruppe schließen lassen, objektive Hinweise darstellen. Ein solches Ereignis kann z.B. eine Häufung von Zahlungsverzügen bei einer Gruppe von ähnlichen Schuldnern darstellen. Auch ökonomische Entwicklungen, die eine Erhöhung der Ausfallwahrscheinlichkeit für bestimmte Kreditgruppen vermuten lassen, stellen u.U. objektive Hinweise dar.

Spezielle objektive Hinweise bei Eigenkapitaltiteln

Speziell für Eigenkapitaltitel werden in IAS 39.61 weitere Hinweise genannt:

- Deutliche Änderungen im Marktumfeld des Unternehmens, die einen negativen Effekt auf den Unternehmenswert haben werden und deutlich machen, dass die Anschaffungskosten nicht einbringbar erscheinen. Diese Änderungen des Umfelds können neben ökonomischer auch technischer oder rechtlicher Natur sein.

- Ein nachhaltiger oder deutlicher Rückgang des beizulegenden Zeitwerts unter die Anschaffungskosten.

Indizien, die für sich genommen keine objektiven Hinweise darstellen

Um den Spielraum bei der Identifikation von objektiven Hinweisen zu beschränken, geht IAS 39.60 auch auf Indizien ein, die, jeweils für sich genommen, keinen objektiven Hinweis darstellen:
- Das Delisting eines Finanzinstruments. Indes kann dies wohl ein objektiver Hinweis sein, wenn es aufgrund von finanziellen Schwierigkeiten des Emittenten erfolgt.
- Ein Herabstufen des Kreditratings.
- Ein Sinken des beizulegenden Zeitwerts unter die fortgeführten Anschaffungskosten bei einem Eigenkapitaltitel, solange dieser nicht als nachhaltig und deutlich betrachtet wird.

2. Stufe: Wertminderungsaufwand und Wertaufholung bei Bewertung zu fortgeführten Anschaffungskosten, ...

Sind jedoch ein oder mehrere solcher objektiven Hinweise vorhanden, dann ist in einem zweiten Schritt die eigentliche Höhe des Wertminderungsbetrags zu ermitteln. Dies erfolgt abhängig von der angewendeten Folgebewertungsmethode. Wird der finanzielle Vermögenswert zu fortgeführten Anschaffungskosten bewertet, dann wird zunächst die Höhe der noch erwarteten Zahlungen bestimmt. Falls ein Vermögenswert besichert ist und es wahrscheinlich ist, dass diese Besicherungen in Anspruch genommen werden, ist dies zu berücksichtigen. Als Zinssatz für die Diskontierung findet der bislang verwendete Effektivzins Anwendung. Da weiterhin davon ausgegangen wird, dass das bilanzierende Unternehmen den Vermögenswert bis zur Endfälligkeit hält, ist der aktuelle Marktzins weiterhin nicht relevant. Änderungen der Zahlungsbedingungen im Zuge der Wertminderung wirken sich nur auf die Zahlungsreihe, aber nicht auf den Zinssatz aus. Durch Diskontierung ergibt sich die neue Wertbasis und somit auch der Wertminderungsaufwand. Dieser GuV-wirksame Aufwand kann entweder direkt gegen den Vermögenswert gebucht werden oder zur Bildung eines Wertberichtigungspostens führen. Falls ein Wertberichtigungsposten gebildet wird, ist wohl davon auszugehen, dass dieser als negativer Korrekturposten auf der Aktivseite auszuweisen ist.

In Folgeperioden ist der zur Diskontierung verwendete Zinssatz weiter zu verwenden, um die fortgeführten Anschaffungskosten zu ermitteln. Falls nach der Wertminderung ein Ereignis auftritt, welches die Wertminderung rückgängig macht, wie z.B. das Abwenden eines Insolvenzfalles aufgrund von neuen externen Geldgebern, dann ist der Wertminderungsaufwand der Vorperiode durch eine Ertragsbuchung in der laufenden Periode GuV-wirksam rückgängig zu machen. Der Vermögenswert ist somit wieder auf den Betrag zuzuschreiben, der den fortgeführten Anschaffungskosten ohne Wertminderung entspricht. Falls die Abschreibung gegen einen Wertberichtigungsposten erfolgt war, so ist dieser zu korrigieren bzw. aufzulösen.

... bei Bewertung zu Anschaffungskosten und ...

Wie ist der Umfang der Wertminderung abzuschätzen, wenn für zu Anschaffungskosten bewertete finanzielle Vermögenswerte, also für Eigenkapitalinstrumente mit nicht zuverlässig ermittelbaren beizulegenden Zeitwerten oder deren aktivische Derivate, objektive Hinweise auf eine Wertminderung vorliegen? Hierfür ist nach IAS 39.66 der aus diesem Vermögenswert unter Berücksichtigung der Wertminderung noch erwartete Zahlungsstrom unter Verwendung eines für ähnliche Vermögenswerte adäquaten Marktzinssatzes abzuzinsen. Die Differenz zwischen diesem möglichst marktnahen Wert und dem Buchwert ist als Wertminderungsaufwand GuV-wirksam zu erfassen. Eine solche Wertminderung kann in späteren Perioden nicht rückgängig gemacht werden.

... bei GuV-neutraler Bewertung zum beizulegenden Zeitwert

Bei finanziellen Vermögenswerten, die als zur Veräußerung verfügbar klassifiziert wurden, wird die Differenz zwischen den fortgeführten Anschaffungskosten und dem beizulegenden Zeitwert normalerweise GuV-neutral behandelt. Wenn sich nun herausstellt, dass für einen solchen Vermögenswert objektive Hinweise auf eine Wertminderung vorliegen, dann ist die korrespondierende Rücklage GuV-wirksam aufzulösen. Um für Schuldinstrumente den beizulegenden Zeitwert zu ermitteln, kann auf den erzielbaren Betrag zurückgegriffen werden. Dieser ermittelt sich durch die Abzinsung der Zahlungsreihe der noch einbringbaren Zahlungen mit einem adäquaten Marktzins. Für Eigenkapitaltitel kann eine solche Wertminderung gemäß IAS 39.69 in späteren Perioden nicht GuV-wirksam rückgängig gemacht werden. Allerdings ist es weiterhin möglich, ausgehend von der neuen Wertbasis, im Zuge der normalen Bewertungsregeln für zur Veräußerung verfügbare finanzielle Vermögenswerte, den beizulegenden Zeitwert GuV-neutral anzupassen. Für Fremdkapitaltitel gilt demgegenüber gemäß IAS 39.70, dass analog zum Vorgehen bei bis zur Endfälligkeit gehaltenen Finanzinvestitionen ein GuV-wirksames Rückgängigmachen der Wertminderung vorzunehmen ist, wenn neue objektive Hinweise in späteren Perioden dafür sprechen.

Beispiel 17.8

Zerobond

Das bilanzierende Unternehmen hält einen Zerobond, der am 01.01.2024 fällig wird. Der Zerobond ist als bis zur Endfälligkeit gehalten klassifiziert und wird dementsprechend zu fortgeführten Anschaffungskosten bilanziert. Der Rückzahlungsbetrag beträgt 1 Mio. €, der Effektivzins 5 %. Dementsprechend ist der Bilanzansatz zum 31.12.2021 907 T€.

Zum 01.01.2022 wird überraschend ein Insolvenzverfahren über das Vermögen des Emittenten des Zerobonds eröffnet. Das bilanzierende Unternehmen erfährt, dass es realistischerweise nur mit einer Rückzahlung (zum 01.01.2024) von 200 T€ rechnen kann. Am 01.01.2023 erfährt das Unternehmen, dass die Insolvenz abgewendet werden konnte. Es ist nun wieder mit einer vollen Rückzahlung des Bonds zu rechnen. Wie ist der Zerobond in den Jahren 2022 und 2023 unter Vernachlässigung von latenten Steuern zu verbuchen?

Lösung

Das eröffnete Insolvenzverfahren stellt einen objektiven Hinweis auf eine Wertminderung dar. Der Wertminderungsbetrag ist gemäß IAS 39.63 zu ermitteln. Der erwartete Rückzahlungsbetrag von 200 T€ ist mit dem alten Effektivzins von 5 % abzuzinsen, was zu einem neuen Wertansatz von (200 T€ / $1{,}05^2$ =) 181 T€

und einem Wertminderungsaufwand von 726 T€ führt. Der direkte Buchungssatz lautet:
01.01.2022:
Wertminderungsaufwand an Zerobond 726 T€

Basierend auf dem neuen Wertansatz werden die Anschaffungskosten gemäß der Effektivzinsmethode mit dem alten Effektivzins fortgeführt:
31.12.2022:
Zerobond an Zinsertrag 9 T€

Die Abwendung der Insolvenz am 01.01.2023 stellt wiederum einen objektiven Hinweis dar, der gemäß IAS 39.65 eine Wertaufholung rechtfertigt. Dementsprechend wird der Zerobond zunächst bis zu den ursprünglichen fortgeführten Anschaffungskosten von (1.000 T€ / 1,05 =) 952 T€ zugeschrieben:
01.01.2023:
Zerobond an Ertrag aus Wertaufholung 762 T€

Schließlich werden wiederum die Anschaffungskosten gemäß der Effektivzinsmethode mit dem alten Effektivzins fortgeführt:
31.12.2023:
Zerobond an Zinsertrag 48 T€

Somit beträgt der Bilanzansatz des Zerobonds zum 31.12.2023 genau 1 Mio. €, was eine GuV-neutrale Ausbuchung zum Rückzahlungszeitpunkt ermöglicht.

GmbH-Anteil
Das Unternehmen hält weiterhin einen 5 %igen GmbH-Anteil. Die ursprünglichen Anschaffungskosten betrugen 10 Mio. €. Da das Unternehmen sich außer Stande sieht, den beizulegenden Zeitwert des Anteils verlässlich zu bestimmen, wird der Anteil zu historischen Kosten folgebewertet. Am 31.12.2022 erfährt das bilanzierende Unternehmen, dass auf dem Markt, an dem die GmbH tätig ist, nachhaltige Umsatzeinbußen zu befürchten sind. Aufgrund neuer Informationen kann das bilanzierende Unternehmen die nun zu erwartenden regelmäßigen jährlichen Gewinne aus dem Anteil auf eine Höhe von 500 T€ schätzen. Ein risikoadäquater Zins liegt bei 10 %. Im Laufe des Jahres 2023 erschließt die GmbH überraschenderweise einen neuen Markt. Zudem erhält sie Lizenzen für neue Produkte zugesprochen. Beides zusammen lässt die erwarteten Gewinne des GmbH-Anteils auf 1.500 T€ pro Jahr steigen. Wie lautet der Wertansatz des GmbH-Anteils zum 31.12.2022 und zum 31.12.2023?

Lösung
Der Markteinbruch stellt einen objektiven Hinweis i.S.v. IAS 39.61 dar. Aus den künftig erwarteten Zahlungen als ewige Rente und dem risikoadjustierten Zins ergibt sich demnach ein wertgeminderter Ansatz für den GmbH-Anteil von

(500 T€ / 0,1 =) 5 Mio. €. Insofern sind 5 Mio. € am 31.12.2022 GuV-wirksam abzuschreiben. Die Informationen des Folgejahres können durchaus als objektive Hinweise für eine Wertaufholung angesehen werden. IAS 39.61 verbietet allerdings für finanzielle Vermögenswerte, die zu historischen Kosten folgebewertet werden, explizit die Wertaufholung. Deswegen bleibt der Wertansatz von 5 Mio. € auch 2023 bestehen.

Eigenkapitalbeteiligung über börsengehandelte Aktien

Weiterhin hat das bilanzierende Unternehmen zum 31.12.2021 eine Minderheitsbeteiligung an einem viel versprechenden Börsenneuling im Wert von 20 Mio. € erworben. Die Beteiligung wurde als zur Veräußerung verfügbar klassifiziert. Nach ersten negativen Gerüchten ist der Börsenwert zum 31.12.2022 zunächst auf 18 Mio. € gefallen, um im Laufe des Jahres 2023 nach desillusionierenden Unternehmensnachrichten schließlich auf 5 Mio. € einzubrechen. Im Laufe des Jahres 2024 stellt sich eine leichte Erholung ein, der Börsenwert der Beteiligung steigt auf 5,5 Mio. €. Wie ist die Beteiligung in den Jahren 2022 bis 2024 unter Vernachlässigung von latenten Steuern zu verbuchen?

Lösung

IAS 39.61 fordert für das Vorliegen von objektiven Hinweisen eine deutliche und andauernde Minderung des beizulegenden Zeitwerts. Es soll hier davon ausgegangen werden, dass dies erst 2023 gegeben ist. Somit ist die Beteiligung gemäß ihrer Klassifizierung 2015 GuV-neutral folgezubewerten:

31.12.2022:

Sonst. Ergebnis (OCI FI)	*an*	*Wertpapiere AV*	*2 Mio. €*

2023 erfolgt dann die Wertminderung, wobei die bislang GuV-neutral eingebuchte (negative) Rücklage GuV-wirksam aufzulösen ist:

31.12.2023:

Wertminderungsaufw. 15 Mio. €	*an*	*Wertpapier AV*	*13 Mio. €*
		Neubewertungsrücklage (FI)	*2 Mio. €*

Der Wertansatz von 5 Mio. € wird im Folgenden die neue Wertbasis. Eine spätere GuV-wirksame Wertaufholung ist nach IAS 39.69 ausgeschlossen, da es sich bei diesem als zur Veräußerung verfügbar klassifizierten Instrument um einen Eigenkapitaltitel handelt. Die Wertaufholung wird also GuV-neutral gebucht:

31.12.2024:

Wertpapier AV	*an*	*sonst. Ergebnis (OCI FI)*	*0,5 Mio. €*

4.3 Folgebewertung nach IFRS 9

4.3.1 Klassifikation nach IFRS 9

4.3.1.1 Grundlagen der Klassifikation nach IFRS 9

Drei Kategorien der Folgebewertung

Mit IFRS 9 sollte die Klassifizierung und bilanzielle Abbildung von Finanzinstrumenten gegenüber IAS 39 vereinfacht werden. Diese Zielsetzung dürfte allerdings nicht erreicht worden sein. Zwar klassifiziert IFRS 9 Finanzinstrumente nur noch in drei Kategorien, aus deren Bezeichnung sich jeweils unmittelbar die grundsätzlich anzuwendende Folgebewertungsmethode ergibt. Da jedoch noch immer drei verschiedene Folgebewertungsmethoden für diese drei Kategorien zum Einsatz kommen, hat sich die Anzahl der möglichen Folgebewertungsmethoden im Vergleich zu IAS 39 nicht verringert. Auch eine vereinfachte Zuordnung zu diesen Kategorien hat sich nicht ergeben. Die Kategorien nach IFRS 9 sind folgende:

- Kategorie AC – Finanzinstrumente, die zu fortgeführten Anschaffungskosten folgebewertet werden (financial instruments at amortised cost),
- Kategorie FVOCI – Finanzielle Vermögenswerte, die GuV-neutral zum beizulegenden Zeitwert folgebewertet werden (financial assets at fair value through other comprehensive income), und
- Kategorie FVTPL – Finanzinstrumente, die GuV-wirksam zum beizulegenden Zeitwert folgebewertet werden (financial instruments at fair value through profit or loss).

Einordnung von finanziellen Vermögenswerten

Die Klassifizierung von finanziellen Vermögenswerten in diese drei Kategorien erfolgt sowohl in Abhängigkeit von ihrer beabsichtigten Verwendung innerhalb des Unternehmens (business model) als auch auf Basis der sie kennzeichnenden Zahlungsströme (cash flows). Werden diesbezüglich jeweils gewisse Bedingungen erfüllt, erfolgt die Einordnung in die Kategorie AC oder FVOCI. Alle übrigen Vermögenswerte werden der Kategorie FVTPL als Residualkategorie zugeordnet. Darüber hinaus ist es möglich, bestimmte finanzielle Vermögenswerte freiwillig als FVOCI oder FVTPL zu klassifizieren.

Einordnung von finanziellen Verbindlichkeiten

Für finanzielle Verbindlichkeiten stellt AC die Standardkategorie dar. Lediglich im Handelsbestand befindliche Verbindlichkeiten (einschließlich derivativer Verbindlichkeiten) müssen der Kategorie FVTPL zugeordnet werden. Darüber hinaus können Unternehmen weitere finanzielle Verbindlichkeiten freiwillig in die Kategorie FVTPL einordnen. Allerdings müssen Wertänderungen von in der Kategorie FVTPL erfassten Verbindlichkeiten GuV-neutral erfasst werden, soweit diese aus einer Veränderung des eigenen Kreditrisikos des bilanzierenden Unternehmens resultieren. Die Kategorie FVOCI hat für Verbindlichkeiten keine Bedeutung.

Spezialthema

Hybride Finanzinstrumente

Ein hybrides Finanzinstrument besteht aus einem nichtderivativen Basisvertrag und mindestens einem eingebetteten Finanzderivat. Beide Teile sind rechtlich nicht separierbar, denn sonst wären sie separate Finanzinstrumente. Ein prominentes Beispiel für ein solches hybrides Finanzinstrument ist eine Wandelanleihe (convertible bond). Eine Wandelanleihe besteht aus zwei Komponenten:

- Einer normalen Unternehmensanleihe als Basisvertrag, bei der der Emittent für die zeitweise Überlassung eines Geldbetrags einen bestimmten, in der Regel fixen Zinssatz garantiert und den überlassenen Geldbetrag nach dem Ende der Laufzeit wieder zurückzahlt.
- Die zweite Komponente besteht in einem Wandlungsrecht als eingebettetes Finanzderivat, d.h. einer Kaufoption des Halters auf Eigenkapitaltitel i.d.R. des Emittenten. Wenn der Halter die Kaufoption wahrnimmt, erhält er für eine bestimmte Zuzahlung und Hingabe seiner Anleihe eine bestimmte Zahl von Aktien.

Da es sich bei dem Wandlungsrecht um eine Option, also um ein Finanzderivat, handelt, ist eine Wandelanleihe ein hybrides Finanzinstrument im Sinne von IFRS 9.4.3.1 (IAS 39.10). Die Wandeloption führt im Regelfall dazu, dass das Unternehmen nur einen unter dem Marktzins liegenden Zinssatz leisten muss. Das eingebettete Finanzderivat hat also einen wesentlichen Einfluss auf die Zahlungsreihe des hybriden Finanzinstruments. Die bilanzielle Behandlung von Wandelanleihen aus Sicht des emittierenden Unternehmens wird in IAS 32 (vgl. hierzu auch Kapitel 15) behandelt.

Bilanzielle Behandlung nach IAS 39

Wie ist ein solches Finanzinstrument aus Sicht des Erwerbers nach IAS 39 zu klassifizieren? Während die erworbene Anleihe einen finanziellen Vermögenswert darstellt, ist das eingebettete Derivat für sich genommen dem Handelsbestand zuzuordnen. Nach IAS 39.11 muss ein solches eingebettetes Finanzderivat von seinem Basisvertrag hinsichtlich Ansatz und Bewertung immer dann getrennt werden, wenn folgende drei Bedingungen erfüllt sind:

- Die wirtschaftlichen Merkmale des eingebetteten Finanzderivats und die aus ihm resultierenden Risiken sind mit denen des Basisvertrags nicht eng verbunden.
- Das eingebettete Finanzderivat würde für sich genommen die Definition eines Finanzderivats nach IAS 39.9 erfüllen.
- Das hybride Finanzinstrument wird nicht als solches schon GuV-wirksam zum beizulegenden Zeitwert bewertet.

Die zweite Bedingung ist automatisch erfüllt, wenn das hybride Finanzinstrument richtig identifiziert wurde. Die letzte Bedingung verhindert, dass hybride Finanzinstrumente unnötig aufgespalten werden, wenn sie ohnehin GuV-wirksam zum beizulegenden Zeitwert bewertet werden. Da das bilanzierende Unternehmen nach der fair value option die Möglichkeit hat, hybride Finanzinstrumente ungeachtet ihrer originären Klassifizierung GuV-wirksam zum beizulegenden Zeitwert zu bewerten, können Unternehmen so die Aufspaltung von hybriden Finanzinstrumenten verhindern. Die Aufspaltungsentscheidung muss zum Vertragsabschluss getroffen werden und eine spätere Revidierung dieser Entscheidung ist nur bei wesentlichen Änderungen der Vertragskonditionen möglich.[13]

13 Vgl. *Schmidt, M./Schreiber, S.*, IFRIC 9 „Neubeurteilung eingebetteter Derivate" – Darstellung und kritische Würdigung, in: KoR, 6. Jg. (2006), S. 445-451.

Die erste Bedingung ist jedoch das zentrale Kriterium zur Bestimmung, welche hybriden Finanzinstrumente nach IAS 39 aufgespalten werden müssen. Hinweise hierfür finden sich in IAS 39.AG30-AG33. So sind z.B. Wandelschuldverschreibungen ebenso aufzuspalten wie Kredite mit Verlängerungsoptionen, wenn die Verlängerung nicht zu am Verlängerungszeitpunkt gültigen Marktkonditionen erfolgt. Auch Warentermingeschäfte, die weder in der Währung des Liefer- oder Empfängerlandes noch in der weltweit vorherrschenden Handelswährung abgewickelt werden, beinhalten durch die Währungskonversion ein abzuspaltendes eingebettetes Derivat. Gleiches gilt für finanzielle Vermögenswerte, deren Verzinsung z.B. von Aktienindizes, Rohstoffpreisen oder erzielten Toren der deutschen Fußballnationalmannschaft abhängt.

Zentrales Kriterium zur Aufspaltung nach IAS 39

Wie sind hybride Finanzinstrumente aus Sicht des Erwerbers nach IFRS 9 zu behandeln? Hybride Finanzinstrumente müssen in ihrer Gesamtheit beurteilt und nach den allgemeinen Regeln klassifiziert werden, wenn der jeweilige Basisvertrag einen finanziellen Vermögenswert darstellt. Eine Aufspaltung hybrider Finanzinstrumente ist gemäß IFRS 9.4.3.3 nur vorzunehmen, wenn der jeweilige Basisvertrag kein finanzieller Vermögenswert ist und wenn die folgenden drei Bedingungen erfüllt sind:

Bilanzielle Behandlung nach IFRS 9

- Die Merkmale und Risiken des eingebetteten Derivats weisen keine enge Verbindung zum Basisvertrag auf.
- Das eingebettete Derivat würde für sich genommen die Definition eines Derivats nach IFRS 9.A erfüllen.
  Das hybride Finanzinstrument ist nicht als solches schon der Kategorie FVTPL zugeordnet.

Allerdings kann die Aufspaltung umgangen werden, wenn das jeweilige hybride Finanzinstrument in seiner Gesamtheit durch das Unternehmen freiwillig der Kategorie FVTPL zuordnet wird (fair value option).

Grundsätzlich wurde das Konzept zur Aufspaltung eingebetteter Derivate nach IAS 39 in IFRS 9 übergenommen. Es gilt jedoch nur für Basisverträge, die keinen finanziellen Vermögenswert im Anwendungsbereich des IFRS 9 darstellen, d.h. finanzielle Verbindlichkeiten sowie z.B. Leasingverträge oder Versicherungsverträge (vgl. hierzu Abschnitt 1.4). Folglich werden eingebettete Derivate, die nach IAS 39 separat GuV-wirksam zum beizulegenden Zeitwert zu bewerten wären, weil sie nicht eng mit einem finanziellen Vermögenswert verbunden sind, nicht mehr vom Basisvertrag getrennt und separat bilanziert. Stattdessen werden die vertraglich vereinbarten Zahlungsströme des finanziellen Vermögenswerts in ihrer Gesamtheit beurteilt, und das hybride Finanzinstrument als Ganzes wird der Kategorie FVTPL zugeordnet, wenn die Zahlungsstrombedingung nicht erfüllt ist (vgl. hierzu im Detail Abschnitte 4.3.1.2 und 4.3.1.3). Für Basisverträge, die keinen finanziellen Vermögenswert darstellen, gelten nach IFRS 9 die bestehenden Leitlinien des IAS 39, um zu ermitteln, wann ein eingebettetes Derivat eng mit einem Basisvertrag verbunden ist.

Unterschiede zwischen IFRS 9 und IAS 39

Im Folgenden werden die drei Kategorien von Finanzinstrumenten eingehend erläutert. Abbildung 17.3 gibt die Klassifizierungsschritte nach IFRS 9 im Überblick wieder.

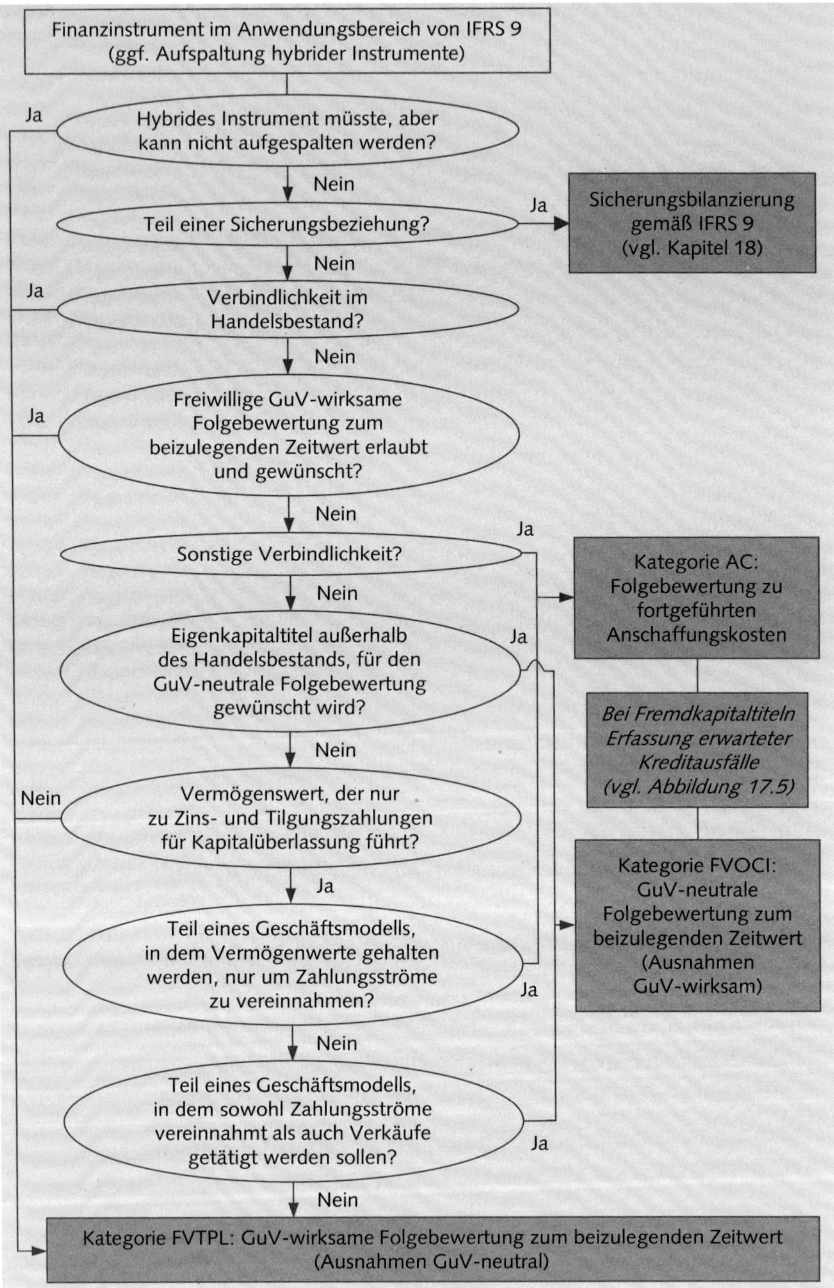

Abb. 17.3: Ablaufschema zur Klassifizierung von Finanzinstrumenten nach IFRS 9

Spezialthema

Fehlendes recycling bei Eigenkapitaltiteln nach IFRS 9

Nach IAS 39 werden als zur Veräußerung verfügbar klassifizierte finanzielle Vermögenswerte GuV-neutral über das sonstige Ergebnis abgebildet. Dabei sind Bewertungsdifferenzen zunächst GuV-neutral zu verbuchen. Bei Ausbuchung werden sie im Rahmen des recycling im Gewinn oder Verlust erfasst (vgl. Abschnitt 4.2.1.5). Dies trifft auf Vermögenswerte der Kategorie FVOCI nach IFRS 9 analog zu. Eigenkapitaltitel sind hiervon jedoch ausgenommen.

Das IASB wollte hiermit die Notwendigkeit eines regelmäßigen Wertminderungstests für Eigenkapitaltitel abschaffen, da insbesondere die Wertminderungsvorschriften für Eigenkapitaltitel mit Hinblick auf die Finanzkrise massiv kritisiert und als komplex und subjektiv bezeichnet worden waren.

Das recycling-Verbot für Eigenkapitaltitel ist jedoch auf heftige Kritik gestoßen und hat eine weitreichende Diskussion ausgelöst. Kritiker äußerten insbesondere die Befürchtung, dass dieses den Eindruck erwecken würde, dass Gewinne und Verluste aus Veränderungen des beizulegenden Zeitwerts wirtschaftlich nicht relevant seien, und die finanzielle Performance langfristiger Investoren nicht angemessen widerspiegeln könne. Letztere könnten folglich künftig einen geringeren Anreiz haben, langfristige Investitionen in solche Titel zu tätigen, deren Rendite maßgeblich von der Wertsteigerung abhängt. Diese Argumente kamen hauptsächlich vonseiten bilanzierender Unternehmen.

In diesem Kontext wurde die EFRAG im Jahr 2018 von der Europäischen Kommission um Beratung zu alternativen Bilanzierungsmethoden für die Bewertung von langfristigen Investitionen in Eigenkapitaltitel gebeten. Im Januar 2020 hat die EFRAG ihre endgültigen Ergebnisse und Empfehlungen vorgelegt.

Sie fand keine ausreichenden Anhaltspunkte, um feststellen zu können, ob das recycling-Verbot das Verhalten der Investoren tatsächlich beeinflusst. Sie stellte jedoch fest, dass die Begründung für die Entscheidung des IASB, das recycling zu verbieten, nicht zu den potenziellen Gründen gehörte, die im neuen Rahmenkonzept für ein solches Verbot genannt werden. Vor diesem Hintergrund riet die EFRAG der Europäischen Kommission, dem IASB eine Überprüfung der bilanziellen Behandlung von Eigenkapitaltiteln nach IFRS 9 zu empfehlen und zu prüfen, ob das neue Rahmenkonzept ein recycling rechtfertigen würde. Die EFRAG empfahl außerdem, dass das IASB ein robustes Wertminderungsmodell in Betracht ziehen sollte, einschließlich der Umkehrung von Wertminderungsverlusten, sofern das recycling wieder eingeführt werden sollte.

Literatur: www.efrag.org, unter Financial Reporting Projects „EFRAG Research Project Equity Instruments – Research on Measurement".

4.3.1.2 Kategorie AC – Finanzinstrumente, die zu fortgeführten Anschaffungskosten folgebewertet werden

Geschäftsmodell- und Zahlungsstrombedingung

Finanzielle Vermögenswerte werden in die Kategorie AC (financial instruments at amortised cost) eingeordnet, wenn sie gleichzeitig sowohl die strenge Geschäftsmodellbedingung[14] als auch die Zahlungsstrombedingung erfüllen (IFRS 9.4.1.2):

- Der Vermögenswert muss Teil eines Portfolios sein, das durch das Unternehmen gehalten wird, um über die Laufzeit der Vermögenswerte hinweg die vertraglich vereinbarten Zahlungsströme zu vereinnahmen (strenge Geschäftsmodellbedingung; business model test), und
- der Vermögenswert muss so ausgestaltet sein, dass er nur zu zeitlich festgelegten Zahlungsströmen führt, die Zins- und Tilgungszahlungen für eine Kapitalüberlassung darstellen (Zahlungsstrombedingung; cash flow test).

Strenge Geschäftsmodellbedingung

Die strenge Geschäftsmodellbedingung wird nicht für jeden finanziellen Vermögenswert einzeln geprüft. Stattdessen sind die Vermögenswerte auf Basis ihrer geplanten Verwendung innerhalb des Unternehmens in verschiedene Portfolios zusammenzufassen, für die dann jeweils insgesamt eine Prüfung erfolgt (IFRS 9.B4.1.2). Dabei ist es nicht erforderlich, dass alle Vermögenswerte eines bestimmten Typs demselben Portfolio zugeordnet werden. Ein Unternehmen kann z.B. seine ausgegebenen Hypothekendarlehen je nach Halteabsicht verschiedenen Portfolios zuordnen. Bei der Prüfung, ob die strenge Geschäftsmodellbedingung für ein Portfolio erfüllt ist, müssen Anlass und Häufigkeit bisheriger und geplanter Verkäufe berücksichtigt werden. Es ist für die Erfüllung der Bedingung im Allgemeinen jedoch unschädlich, wenn einzelne Vermögenswerte bereits vor Laufzeitende verkauft werden oder dies zumindest nicht ausgeschlossen wird (IFRS 9.B4.1.3-3B). Die strenge Geschäftsmodellbedingung nach IFRS 9 ist daher weniger restriktiv als die Haltebedingung für die Kategorie der bis zur Endfälligkeit gehaltenen finanziellen Vermögenswerte nach IAS 39. Das folgende Beispiel erläutert einige Fälle.

Beispiel 17.9

Fall 1

Die Invest AG hält ein Portfolio von Unternehmensanleihen mit dem Ziel, die vereinbarten Zins- und Tilgungszahlungen zu vereinnahmen. Die Laufzeiten der Anleihen korrespondieren zeitlich mit dem erwarteten Liquiditätsbedarf der Invest AG. In der Vergangenheit wurden regelmäßig Anleihen aus dem Portfolio verkauft, wenn das jeweilige Kreditrisiko eine durch den Vorstand beschlossene Grenze überschritten hatte. Darüber hinaus wurden vereinzelt Anleihen verkauft, um unerwartet aufgetretene Liquiditätsengpässe zu überbrücken.

Lösung

Die strenge Geschäftsmodellbedingung ist erfüllt. Verkäufe infolge einer Verschlechterung des Kreditrisikos sind hierfür unschädlich, unabhängig von Wert

14 Die gemilderte Geschäftsmodellbedingung wird in Abschnitt 4.3.1.3 erläutert.

und Häufigkeit. Dass dies hier auch tatsächlich der Anlass war, ergibt sich aus der Verbindung mit der vom Vorstand beschlossenen Kreditrisikogrenze. Auch die übrigen Verkäufe aufgrund von Liquiditätserfordernissen stehen der strengen Geschäftsmodellbedingung nicht entgegen, da sie nur selten vorgenommen wurden und der Liquiditätsbedarf jeweils unerwartet auftrat.

Fall 2

Die Invest AG hält darüber hinaus ein Portfolio von Staatsanleihen. Diese sollen eigentlich nur verkauft werden, falls infolge einer schweren Bankenkrise andere Möglichkeiten zur Deckung des Liquiditätsbedarfs ausfallen. Um der Öffentlichkeit die Werthaltigkeit der gehaltenen Anleihen und somit die eigene Krisenfestigkeit unter Beweis zu stellen, verkauft die Invest AG jedoch regelmäßig einen bedeutenden Teil des Portfolios.

Lösung

Es ist hier unproblematisch, dass ein Verkauf der Anleihen infolge einer schweren Bankenkrise geplant ist, da ein solches Ereignis außergewöhnlich ist. Ein Verkauf zur Deckung des gewöhnlichen Liquiditätsbedarfs ist hingegen nicht vorgesehen. Allerdings führt der regelmäßige Verkauf eines bedeutenden Teils des Portfolios dazu, dass die strenge Geschäftsmodellbedingung nicht erfüllt ist. Dass dies nur zu Demonstrationszwecken erfolgt, ist unerheblich. Ein regelmäßiger Verkauf eines nur unbedeutenden Teils des Portfolios wäre allerdings unschädlich.

Zahlungsstrombedingung

Im Gegensatz zur strengen Geschäftsmodellbedingung muss die Zahlungsstrombedingung für jeden Vermögenswert einzeln geprüft werden. Die Bedingung, dass ein Vermögenswert nur zu zeitlich festgelegten Zahlungsströmen führt, die Zins- und Tilgungszahlungen für eine Kapitalüberlassung darstellen, wird z.B. regelmäßig von einfachen Fremdkapitaltiteln wie z.B. Krediten oder Anleihen erfüllt. Eigenkapitaltitel verbriefen dagegen einen anteiligen Anspruch auf das Residualvermögen des ausgebenden Unternehmens und können die Zahlungsstrombedingung daher nie erfüllen.

Zinsen für eine Kapitalüberlassung müssen im Wesentlichen ein Entgelt für den Zeitwert des Geldes sowie für das jeweilige Kreditrisiko darstellen (IFRS 9.4.1.3). Dies kann auch variabel erfolgen, z.B. durch die Anknüpfung an die allgemeine Inflationsentwicklung. Eine Zinssatzanpassung z.B. auf Basis des Gewinns des ausgebenden Unternehmens würde allerdings keinen Bezug mehr zum Zeitwert des Geldes haben. Darüber hinaus können Zinsen für eine Kapitalüberlassung auch einen Ausgleich für weitere Risiken und Kosten umfassen, die für einen Gläubiger typischerweise relevant sind (z.B. das Liquiditätsrisiko oder Verwaltungskosten). Auch die Berücksichtigung eines angemessenen Gewinnzuschlags in den Zinsen ist für die Erfüllung der Zahlungsstrombedingung unschädlich. Das folgende Beispiel prüft den Fall einer Wandelanleihe.

Beispiel 17.10

Die Invest AG hält eine Wandelanleihe, die am Ende der Laufzeit in eine feste Zahl von Aktien des ausgebenden Unternehmens umgetauscht werden kann. Sowohl der Rückzahlungsbetrag als auch der Zinssatz sind an einen Inflationsindex gebunden. Allerdings darf der Zinssatz einen vorab festgelegten Höchstbetrag nicht überschreiten.

Lösung
Durch die Kopplung an die Inflationsentwicklung werden lediglich Veränderungen beim Zeitwert des Geldes berücksichtigt. Es handelt sich daher um Zins- und Tilgungszahlungen für eine Kapitalüberlassung. Ebenso unproblematisch ist die vereinbarte Kappung des Zinssatzes. Sowohl feste als auch variable Zinssätze sind grundsätzlich zulässig und können miteinander kombiniert werden. Da die Wandelanleihe aber einen optionalen Anspruch auf einen Teil des Residualvermögens des ausgebenden Unternehmens beinhaltet, stellen die (möglichen) Zahlungsströme in ihrer Gesamtheit nicht nur Zins- und Tilgungszahlungen für eine Kapitalüberlassung dar. Die Zahlungsstrombedingung ist daher nicht erfüllt.

Standardkategorie für Verbindlichkeiten, fair value option

Für die Klassifizierung von finanziellen Verbindlichkeiten sind weder die strenge Geschäftsmodellbedingung noch die Zahlungsstrombedingung relevant. Stattdessen werden Verbindlichkeiten grundsätzlich in die Kategorie AC eingeordnet. Lediglich Verbindlichkeiten des Handelsbestands (einschließlich derivativer Verbindlichkeiten) müssen der Kategorie FVTPL zugeordnet werden (IFRS 9.4.2.1(a) i.V.m. IFRS 9.A). Im Übrigen hat ein Unternehmen die Möglichkeit, finanzielle Vermögenswerte und Verbindlichkeiten bei Erstansatz freiwillig, aber unwiderruflich als FVTPL zu klassifizieren (fair value option). Die entsprechenden Bedingungen werden in Abschnitt 4.3.1.4 erläutert.

Folgebewertung

Die Folgebewertung der Finanzinstrumente in der Kategorie AC wird zu fortgeführten Anschaffungskosten vorgenommen. Sie erfolgt GuV-wirksam und unter Anwendung der Effektivzinsmethode (vgl. Abschnitt 4.1).

4.3.1.3 Kategorie FVOCI – Finanzielle Vermögenswerte, die GuV-neutral zum beizulegenden Zeitwert folgebewertet werden

Geschäftsmodell- und Zahlungsstrombedingung

Finanzielle Vermögenswerte werden in die Kategorie FVOCI (financial assets at fair value through other comprehensive income) eingeordnet, wenn sie gleichzeitig sowohl die gemilderte Geschäftsmodellbedingung[15] als auch die bereits bekannte Zahlungsstrombedingung erfüllen (IFRS 9.4.1.2A):

- Der Vermögenswert muss Teil eines Portfolios sein, das durch das Unternehmen gehalten wird, um sowohl vertraglich vereinbarte Zahlungsströme zu vereinnahmen als auch Verkäufe zu tätigen (gemilderte Geschäftsmodellbedingung), und

15 Die strenge Geschäftsmodellbedingung wird in Abschnitt 4.3.1.2 erläutert.

- der Vermögenswert muss so ausgestaltet sein, dass er nur zu zeitlich festgelegten Zahlungsströmen führt, die Zins- und Tilgungszahlungen für eine Kapitalüberlassung darstellen (Zahlungsstrombedingung).

Gemilderte Geschäftsmodellbedingung

Ebenso wie die strenge Geschäftsmodellbedingung muss auch die gemilderte Variante jeweils insgesamt für ein Portfolio geprüft werden. Damit die gemilderte Geschäftsmodellbedingung erfüllt ist, müssen sowohl die Vornahme von Verkäufen als auch die Vereinnahmung der vertraglich vereinbarten Zahlungsströme wesentliche Bestandteile des für ein Portfolio vorgesehenen Geschäftsmodells sein. Dies ist z.B. der Fall, wenn ein Unternehmen ein Portfolio dazu nutzt, um seinen gewöhnlichen Liquiditätsbedarf sicherzustellen oder um die Laufzeiten seiner finanziellen Vermögenswerte und Verbindlichkeiten aufeinander abzustimmen (IFRS 9.B4.1.4A). Die gemilderte Geschäftsmodellbedingung eröffnet einem Unternehmen daher mehr Spielraum beim Umgang mit finanziellen Vermögenswerten während dagegen bei der strengen Geschäftsmodellbedingung der Kategorie AC Verkäufe nur in besonderen Fällen möglich sind. Das folgende Beispiel prüft die gemilderte Geschäftsmodellbedingung für den Fall einer Absicherung künftiger Investitionsausgaben.

Beispiel 17.11

Die Invest AG plant, in fünf Jahren eine neue Produktionsanlage zu erwerben. Sie investiert ihre überschüssigen Zahlungsmittel in kurz- und langfristige Fremdkapitaltitel, um später ausreichend Liquidität zur Begleichung der Anschaffungskosten der Produktionsanlage zur Verfügung zu haben. Bei einem bedeutenden Teil der erworbenen Fremdkapitaltitel beträgt die Laufzeit mehr als fünf Jahre. Die vereinnahmten Zahlungsströme sollen reinvestiert werden. Darüber hinaus möchte die Invest AG das Portfolio umschichten, sobald dadurch eine höhere Gesamtrendite erzielt werden kann.

Lösung

Die Invest AG wird regelmäßig neu beurteilen, ob ein Teil des Portfolios verkauft werden soll, um mit den Einnahmen höher rentierliche Fremdkapitaltitel erwerben zu können. In fünf Jahren muss das gesamte Portfolio verkauft werden, um die erforderliche Liquidität für die Anschaffung der Produktionsanlage zur Verfügung zu haben. Sowohl durch die stets mögliche Umschichtung als auch die Liquidierung in fünf Jahren bildet der Verkauf von Vermögenswerten einen wesentlichen Bestandteil des Geschäftsmodells für das Portfolio. Im Übrigen sollen jedoch die vereinbarten Zahlungsströme vereinnahmt werden, die bezüglich der kurzfristigen Fremdkapitaltitel auch die Tilgungszahlungen umfassen. Die gemilderte Geschäftsmodellbedingung ist erfüllt.

Zahlungsstrombedingung, Wahlrecht für Eigenkapitaltitel

Sowohl für die Kategorie AC als auch für die Kategorie FVOCI ist die Zahlungsstrombedingung gleichlautend (vgl. Abschnitt 4.3.1.2). Sie kann von Eigenkapitaltiteln nie erfüllt werden, die daher standardmäßig zur Kategorie FVTPL gehören. Allerdings besteht für Unternehmen die Möglichkeit, Eigenkapitaltitel freiwillig der Kategorie FVOCI zuzuordnen, soweit sie nicht zum Handelsbestand gehören (IFRS 9.5.7.5). Derivate gelten immer als dem Handelsbestand zugehörig (IFRS 9.A). Die gemilderte Geschäftsmodellbedingung hat hierbei keine Bedeutung. Dieses Wahlrecht muss für jeden Eigenkapitaltitel einzeln und beim erstmaligen Ansatz ausgeübt werden. Eine spätere Änderung der Zuordnung ist nicht möglich.

Keine Verbindlichkeiten, fair value option

Der Kategorie FVOCI dürfen nur finanzielle Vermögenswerte, jedoch keine finanziellen Verbindlichkeiten zugeordnet werden. Finanzielle Vermögenswerte, die standardmäßig in die Kategorie FVOCI einzuordnen wären, können durch das bilanzierende Unternehmen bei Erstansatz freiwillig, aber unwiderruflich als FVTPL klassifiziert werden (fair value option). Die entsprechenden Bedingungen werden in Abschnitt 4.3.1.4 erläutert.

Folgebewertung

Änderungen des beizulegenden Zeitwerts von Vermögenswerten der Kategorie FVOCI sind grundsätzlich GuV-neutral über das sonstige Ergebnis zu verbuchen. Es bestehen jedoch Ausnahmen. Eine GuV-wirksame Erfassung ist erforderlich für (IFRS 9.5.7.10 und 9.5.7.6):

- Wertänderungen, die sich aus Wechselkursschwankungen ergeben. Ausgenommen sind bestimmte Vermögenswerte in einer Sicherungsbeziehung (vgl. Kapitel 18) sowie Eigenkapitaltitel, da diese nicht als monetäre Posten im Sinne von IAS 21 gelten (vgl. Kapitel 20).
- Wertänderungen, die aus der Fortführung der Anschaffungskosten eines Vermögenswerts unter Anwendung der Effektivzinsmethode resultieren.
- Ansprüche auf festgesetzte Dividenden.

Recycling

Wenn ein Vermögenswert der Kategorie FVOCI die Bilanz verlässt, sind die aus der GuV-neutralen Verbuchung der Wertänderungen entstandenen positiven oder negativen Eigenkapitalpositionen GuV-wirksam aufzulösen (recycling; IFRS 9.5.7.10). Lediglich auf Eigenkapitaltitel wird das recycling nicht angewendet (vgl. hierzu das Spezialthema in Abschnitt 4.3.1.1). Hier ist nur eine GuV-neutrale Umbuchung der entstandenen Eigenkapitalpositionen innerhalb des Eigenkapitals gestattet (IFRS 9.B5.7.1; vgl. zur Ausbuchung ohne recycling Beispiel 17.15). Das IASB begründet dieses fehlende recycling insbesondere damit, dass eine ansonsten notwendige Einführung von Wertminderungsvorschriften für Eigenkapitaltitel vermieden werden soll (IFRS 9.BC5.25(b) und 9.BC4.153(a)). Bisher stellen die Wertminderungsvorschriften von IFRS 9 lediglich auf Fremdkapitaltitel ab.

4.3.1.4 Kategorie FVTPL – Finanzinstrumente, die GuV-wirksam zum beizulegenden Zeitwert folgebewertet werden

Residualkategorie für Vermögenswerte; Verbindlichkeiten des Handelsbestands

Alle finanziellen Vermögenswerte, die nicht die Zugangsbedingungen für die Kategorien AC und FVOCI erfüllen, sind grundsätzlich der Kategorie FVTPL (financial instruments at fair value through profit or loss) zuzuordnen, die insoweit als Residualkategorie fungiert (IFRS 9.4.1.4). Dies ist z.B. stets bei Eigenkapitaltiteln der Fall. Allerdings können Eigenkapitaltitel, die nicht zum Handelsbestand gehören, freiwillig der Kategorie FVOCI zugeordnet werden (vgl. Abschnitt 4.3.1.3). Dieses Wahlrecht muss jeweils bei Erstansatz ausgeübt werden und ist unwiderruflich. Derivate gelten stets als dem Handelsbestand zugehörig (IFRS 9.A). Im Übrigen gehören alle finanziellen Verbindlichkeiten des Handelsbestands zur Kategorie FVTPL (IFRS 9.4.2.1(a) i.V.m. IFRS 9.A). Dies schließt alle derivativen Verbindlichkeiten mit ein.

Fair value option

Ebenso wie IAS 39 kennt auch IFRS 9 eine fair value option. Danach können Finanzinstrumente in den folgenden drei Fällen bei Erstansatz freiwillig, aber unwiderruflich in die Kategorie FVTPL aufgenommen werden:

- Hybride Finanzinstrumente, die gemäß IFRS 9.4.3.3 aufzuspalten wären und deren eingebettetes Derivat die Zahlungsreihe wesentlich beeinflusst (IFRS 9.4.3.5).
- Finanzinstrumente, deren GuV-wirksame Folgebewertung zum beizulegenden Zeitwert helfen würde, eine bewertungsbedingte Verzerrung (accounting mismatch) deutlich zu verringern oder zu vermeiden (IFRS 9.4.1.5 und 9.4.2.2(a)). Dies wäre zum Beispiel der Fall, wenn die zinsbedingte Wertentwicklung eines Vermögenswerts in der Kategorie FVTPL deutlich negativ mit der zinsbedingten Wertentwicklung einer Verbindlichkeit korreliert, die eigentlich zur Kategorie AC gehören würde (IFRS 9.B4.1.30). Hier wäre eine freiwillige Zuordnung der Verbindlichkeit zur Kategorie FVTPL gestattet, sodass beide Finanzinstrumente GuV-wirksam zum beizulegenden Zeitwert folgebewertet werden.
- Finanzielle Verbindlichkeiten, die zu einem Portfolio von Finanzinstrumenten gehören, das nachweislich auf Basis seines beizulegenden Zeitwerts gesteuert wird (IFRS 9.4.2.2(b)).

Im Vergleich zu IAS 39 ist die fair value option nach IFRS 9 enger gefasst, da sich der dritte Fall nur noch auf finanzielle Verbindlichkeiten bezieht und finanzielle Vermögenswerte nicht mehr einschließt.

Folgebewertung, own credit risk

Alle Finanzinstrumente in der Kategorie FVTPL werden grundsätzlich GuV-wirksam zum beizulegenden Zeitwert folgebewertet. Allerdings gibt es eine Ausnahme. Jene Änderungen des beizulegenden Zeitwerts von finanziellen Verbindlichkeiten, die durch eine Veränderung des Kreditrisikos der jeweiligen Verbindlichkeit (own credit risk) entstehen, müssen GuV-neutral über das sonstige Ergebnis erfasst werden (IFRS 9.5.7.7(a)). Das Kreditrisiko wird in diesem Kontext als die Wahrscheinlichkeit eines Zahlungsausfalls (IFRS 9.B5.7.13) definiert. Nur wenn durch diese Vorgehensweise bewertungsbedingte Verzerrungen geschaffen oder vergrößert werden würden (accounting mismatch), sind auch diese Wertänderungen GuV-wirksam zu erfassen. Die durch eine GuV-neutrale Verbuchung entstandenen Eigenkapitalpositionen dürfen bei Ausbuchung der Verbindlichkeiten nicht GuV-wirksam aufgelöst werden, d.h. ein recycling ist nicht gestattet. Nur die GuV-neutrale Umbuchung der entstandenen Eigenkapitalpositionen innerhalb des Eigenkapitals ist erlaubt (IFRS 9.B5.7.9).

Rückgriff auf historische Kosten

IFRS 9 kennt im Gegensatz zu IAS 39 keine generelle Vorschrift, nach der Eigenkapitaltitel und deren Derivate zu historischen Kosten bewertet werden, falls für sie kein aktiver Markt besteht und der beizulegende Zeitwert nicht verlässlich bestimmbar ist. Allerdings können gemäß IFRS 9.B5.2.3-6 die historischen Kosten in besonderen Fällen zumindest eine angemessene Schätzung des beizulegenden Zeitwerts darstellen, soweit es sich um Investitionen in nicht börsennotierte Eigenkapitaltitel oder deren Derivate handelt.

4.3.1.5 Reklassifizierung nach IFRS 9

Vor- und Nachteile von Reklassifizierung

Die Klassifizierung der nach IFRS 9 zu bilanzierenden Finanzinstrumente ist ein zentraler Bestandteil der gesamten Ansatz- und Bewertungsregeln. Um zu verhindern, dass Unternehmen die Vorteile einer bestimmten Kategorie durch situationsabhängiges Wechseln opportunistisch in Anspruch nehmen können, bietet es sich an, Reklassifizierungen, also ein Verschieben zwischen den Kategorien, zu verbieten oder nur sehr restriktiv zu erlauben. Andererseits ist die Kategorisierung nach IFRS 9 jedoch maßgeblich vom Geschäftsmodell abhängig, welches einem Finanzinstrument zugrunde liegt. Sollte sich dieses wesentlich und vor allem nachhaltig ändern, kann es durchaus sinnvoll sein, eine Reklassifizierung vorzunehmen. Somit muss das IASB im Rahmen der Standardentwicklung regelmäßig abwägen, ob eine Möglichkeit zur Reklassifizierung sinnvoll sein könnte, um ein unverzerrtes Bild der wirtschaftlichen Absichten des Unternehmens zu bieten, oder ob dies zu große bilanzpolitische Spielräume zulässt.

Möglich bei Änderung des Geschäftsmodells

Verglichen mit IAS 39 sind die geltenden Vorschriften zur Reklassifizierung finanzieller Vermögenswerte gemäß IFRS 9.4.4.1 weniger komplex.[16] Eine Reklassifizierung zwischen den drei Kategorien, die nach IFRS 9 nur noch bestehen, ist bei Änderung des Geschäftsmodells für ein Portfolio jederzeit möglich. Allerdings muss eine solche Änderung bereits im Geschäftsjahr vor der Reklassifizierung wirksam geworden sein und nachweislich eine bedeutende Auswirkung auf die Gesamttätigkeit des Unternehmens haben, z.B. durch die Aufgabe eines Geschäftsbereichs (IFRS 9.B4.4.1-2). Eine Reklassifizierung von Vermögenswerten, die bei Erstansatz freiwillig der Kategorie FVOCI oder FVTPL zugeordnet wurden, ist allerdings nicht gestattet. Ebenso ist eine Reklassifizierung von finanziellen Verbindlichkeiten ausgeschlossen (IFRS 9.4.4.2).

Notwendige Anpassungen

Der beizulegende Zeitwert eines Vermögenswerts am ersten Tag des Geschäftsjahres, in dem die Reklassifizierung wirksam wird, stellt den neuen Bilanzansatz dar (IFRS 9.5.6.1-7). Entsprechend notwendige Anpassungen des Buchwerts werden bei einem Wechsel von der Kategorie AC in die Kategorie FVOCI GuV-neutral über das sonstige Ergebnis erfasst. Bei einem Wechsel von der Kategorie FVOCI in die Kategorie AC wird eine notwendige Anpassung GuV-neutral mit den zuvor bei der Folgebewertung entstandenen Eigenkapitalpositionen verrechnet. Wird ein Vermögenswert von der Kategorie FVOCI in die Kategorie FVTPL re-

16 Vgl. für eine ausführliche Darstellung der Regelungen des IFRS 9 bspw. *Wiese, R./Spindler, M.*, IFRS 9 Financial Instruments: Neuregelungen zur Umklassifizierung finanzieller Vermögenswerte, in: PiR, 6. Jg. (2010), S. 341-347. Vgl. für eine ausführliche Darstellung der Regelungen des IAS 39 bspw. Kapitel 17 der zehnten Auflage dieses Lehrbuchs.

klassifiziert, werden die zuvor entstandenen Eigenkapitalpositionen GuV-wirksam aufgelöst (recycling).

4.3.2 Wertminderung finanzieller Vermögenswerte nach IFRS 9

Betrifft Fremdkapitaltitel in den Kategorien AC und FVOCI

Die Wertminderungsvorschriften von IFRS 9 finden nur auf finanzielle Vermögenswerte Anwendung, die standardmäßig in die Kategorien AC oder FVOCI eingeordnet wurden (IFRS 9.5.5.1). Hierbei handelt es sich stets um Fremdkapitaltitel, denn nur diese können die für eine entsprechende Einordnung relevante Zahlungsstrombedingung überhaupt erfüllen. Für Eigenkapitaltitel, die ein Unternehmen freiwillig in die Kategorie FVOCI eingeordnet hat, existieren dagegen keine Wertminderungsvorschriften. Das IASB hat hierauf bewusst verzichtet und verweist auf Erfahrungen mit den Wertminderungsvorschriften für Eigenkapitaltitel nach IAS 39, die als zu subjektiv und problematisch in der Anwendung betrachtet werden (IFRS 9.BC5.25(b) und 9.BC4.153(a)). Dementsprechend ist für Eigenkapitaltitel in der Kategorie FVOCI – im Gegensatz zu den Fremdkapitaltiteln – auch kein recycling vorgesehen. Das bedeutet, dass bei Abgang aus der Bilanz bei der Folgebewertung GuV-neutral entstandene Eigenkapitalpositionen nicht GuV-wirksam aufgelöst werden (IFRS 9.B5.7.1).

Vorschriften für Kategorie FVTPL entbehrlich

Entbehrlich sind Wertminderungsvorschiften darüber hinaus für die Vermögenswerte in der Kategorie FVTPL, da diese stets GuV-wirksam zum beizulegenden Zeitwert folgebewertet werden. Selbst wenn bei Eigenkapitaltiteln ein Rückgriff auf historische Kosten mangels marktnaher Alternativen im Zuge der Ermittlung des beizulegenden Zeitwerts erfolgt, kann sich später kein Wertminderungsbedarf im eigentlichen Sinne ergeben. Sollte sich in diesem Fall zukünftig ein niedrigerer marktnaher Wert als zuverlässig ermittelbare Alternative zum Ansatz historischer Kosten anbieten, so stellt die daraus resultierende niedrigere Bewertung des Eigenkapitaltitels keine Wertminderung dar, sondern eine gewöhnliche Folgebewertung.

Expected loss model für Wertminderungen

Wertminderungen für Fremdkapitaltitel in den Kategorien AC oder FVOCI müssen auf Grundlage der erwarteten Kreditausfälle bestimmt werden. IFRS 9 folgt damit dem sog. expected loss model. Im Gegensatz zum bisher nach IAS 39 geltenden incurred loss model werden Wertminderungen nicht erst dann erfasst, wenn sie tatsächlich eingetreten sind. Stattdessen werden sie mithilfe von Erwartungswerten antizipiert. Das expected loss model bedeutet eine Abkehr von einer primär ereignisorientierten Bestimmung der Wertminderung und dürfte insbesondere bei der Bestimmung der Erwartungswerte bilanzpolitische Spielräume eröffnen. Seine Einführung kann als Reaktion des IASB auf die Finanzkrise 2007/2008 gesehen werden, da in diesem Kontext vielfach kritisiert worden war, dass viele Finanzinstitute nur mit starker Verzögerung und nicht in ausreichendem Maße Kredite abschrieben (IFRS 9.BCE.90). Abbildung 17.4 fasst die Grundstruktur der Wertminderungsvorschriften für finanzielle Vermögenswerte nach IFRS 9 zusammen.

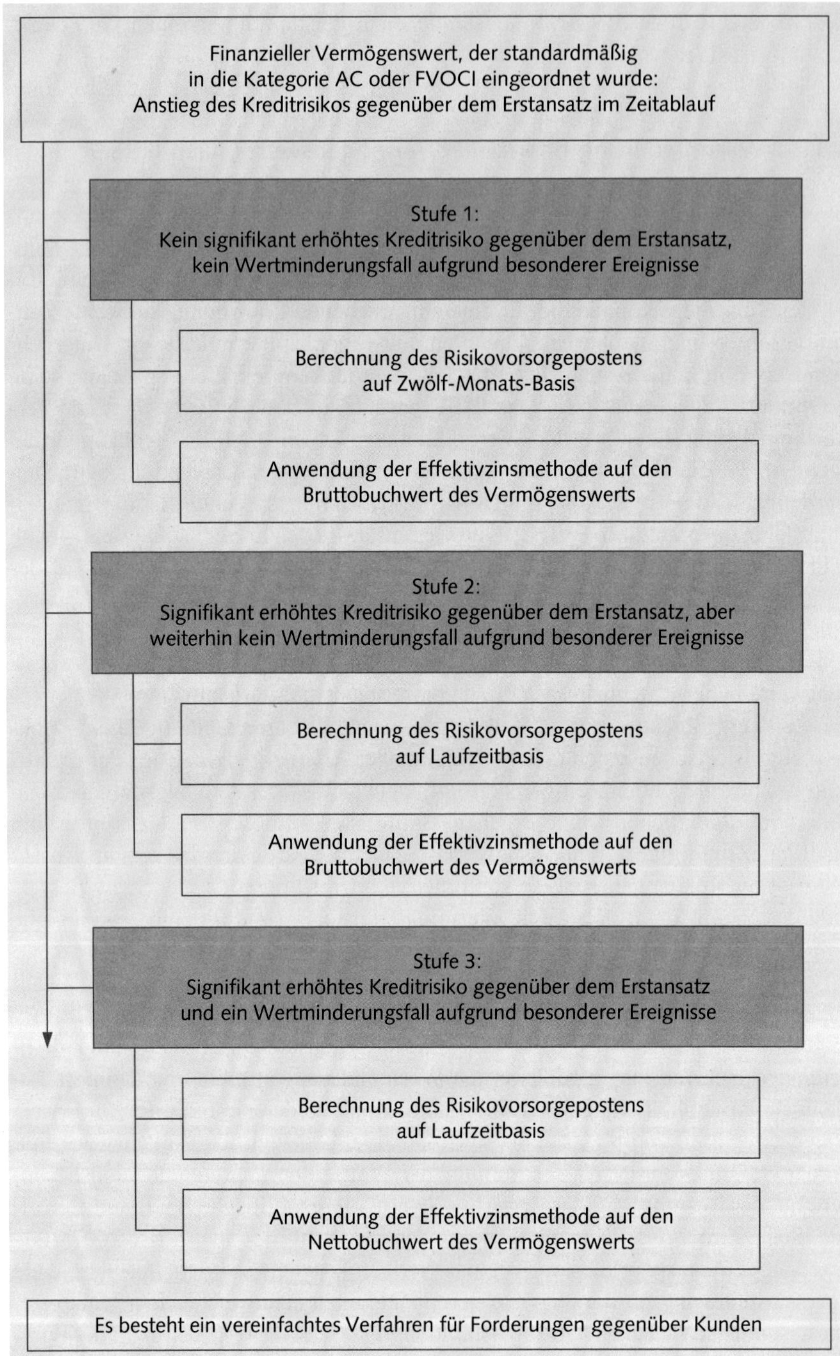

Abb. 17.4: Grundstruktur der Wertminderungsvorschriften für finanzielle Vermögenswerte nach IFRS 9

Ansatz eines Risikovorsorgepostens

Technisch wird das expected loss model umgesetzt, indem bei der Einbuchung eines Vermögenswerts ein Risikovorsorgeposten (loss allowance) in der Bilanz erfasst wird, der die erwarteten Kreditausfälle darstellt. Unabhängig von der Kategorie erfolgt die Bildung des Risikovorsorgepostens stets GuV-wirksam (IFRS 9.5.5.8). Allerdings bestehen Unterschiede beim Ausweis. Für Vermögenswerte in der Kategorie AC wird der Risikovorsorgeposten auf der Aktivseite der Bilanz von der Bruttoposition des jeweiligen Vermögenswerts abgesetzt. Gehört ein Vermögenswert zur Kategorie FVOCI, erfolgt dagegen keine Absetzung auf der Aktivseite, da hier stets ein Ausweis des Vermögenswerts zum beizulegenden Zeitwert erfolgen soll. Stattdessen werden die erwarteten Kreditausfälle über das sonstige Ergebnis im Eigenkapital erfasst (IFRS 9.5.5.2). Entsprechend entstandene Eigenkapitalpositionen werden bei einer späteren Ausbuchung des Vermögenswerts GuV-wirksam aufgelöst. Das folgende Beispiel stellt die Vorgehensweise bei der Verbuchung dar.

Beispiel 17.12

Die Invest AG erwirbt am 01.01.2021 einen Zerobond mit einer Laufzeit bis zum 31.12.2021 und einem Nennbetrag von 250 T€. Aus Vereinfachungsgründen sei hier der relevante Marktzinssatz null. Demzufolge ist der beizulegende Zeitwert bei Erstansatz gleich dem Nennbetrag und es ergeben sich keine Buchungssätze aus der Anwendung der Effektivzinsmethode. Die relevanten erwarteten Kreditausfälle aus dem Zerobond werden durch das Unternehmen auf 12 T€ geschätzt. Am Ende der Laufzeit wird der Zerobond vollständig beglichen. Wie ist er im Jahr 2021 unter Vernachlässigung von latenten Steuern zu verbuchen?

Lösung – Kategorie AC

Bei Einbuchung des Zerobonds wird auf der Aktivseite der Bilanz ein GuV-wirksam gebildeter Risikovorsorgeposten vom Bruttoausweis des Zerobonds abgesetzt. Am Laufzeitende erfolgt wiederum eine GuV-wirksame Auflösung, da es zu keinem Kreditausfall gekommen ist.

01.01.2021:

Zerobond	*an*	*Bank*	*250 T€*
Wertminderungsaufwand	*an*	*Risikovorsorge Zerobond*	*12 T€*

31.12.2021:

Bank	*an*	*Zerobond*	*250 T€*
Risikovorsorge Zerobond	*an*	*Ertrag aus Wertaufholung*	*12 T€*

Lösung – Kategorie FVOCI

Auch hier werden die erwarteten Kreditausfälle bei der Einbuchung des Zerobonds GuV-wirksam berücksichtigt, allerdings erfolgt die Erfassung dieser innerhalb des Eigenkapitals über das sonstige Ergebnis. Da es zu keinem Kreditausfall kommt, wird zum Laufzeitende der Ertrag aus Wertaufholung GuV-wirksam verbucht.

01.01.2021:			
Zerobond	*an*	*Bank*	*250 T€*
Sonst. Ergebnis (OCI FI)	*an*	*Zerobond*	*12 T€*
Wertminderungsaufwand	*an*	*sonst. Ergebnis (OCI FI)*	*12 T€*
31.12.2021:			
Bank	*an*	*Zerobond*	*238 T€*
	an	*Ertrag aus Wertaufholung*	*12 T€*

Bestimmung der erwarteten Kreditausfälle

Die erwarteten Kreditausfälle für einen Vermögenswert sind gemäß IFRS 9.A die aufsummierten und nach Eintrittswahrscheinlichkeiten gewichteten Barwerte der Zahlungsausfälle, die das Unternehmen über die Laufzeit hinweg erwartet. Allerdings ist es nicht erforderlich, eine Vielzahl oder sogar jedes mögliche Szenario in die Berechnung einzubeziehen. Stattdessen ist es ausreichend, den Barwert eines klassischen Ausfallszenarios mit der entsprechenden Ausfallwahrscheinlichkeit zu multiplizieren (IFRS 9.5.5.18). Zur Abzinsung ist der in der regulären Folgebewertung angewendete Effektivzinssatz zu nutzen. Für die Herleitung der erwarteten Zahlungsausfälle und der Ausfallwahrscheinlichkeit soll das Unternehmen alle sinnvollen historischen und vorausschauenden Informationen nutzen, die mit vertretbarem Aufwand beschafft werden können (IFRS 9.5.5.17(c)). Es ist auch möglich, die erwarteten Kreditausfälle zusammen für eine gesamte Klasse von Vermögenswerten zu berechnen und als Risikovorsorgeposten anzusetzen, soweit diese Vermögenswerte ähnliche Kreditrisiken haben (IFRS 9.B5.5.42).

12-month expected credit losses

Soweit keine besonderen Bedingungen vorliegen, ist der Risikovorsorgeposten für einen Vermögenswert (oder eine Klasse von Vermögenswerten) nur auf Basis jener Szenarien von Zahlungsausfällen zu berechnen, die innerhalb der nächsten zwölf Monate nach dem Bilanzstichtag eintreten können (12-month expected credit losses; IFRS 9.5.5.5). Entsprechend muss zur Gewichtung die Wahrscheinlichkeit genutzt werden, dass das jeweilige Szenario innerhalb eines Jahres eintritt. Für jedes Szenario sind jedoch alle daraus folgenden erwarteten Zahlungsstromveränderungen in die Berechnung einzubeziehen, unabhängig davon ob diese sich in den nächsten zwölf Monaten oder erst später realisieren würden (IFRS 9.B5.5.43).

Anpassung der Risikovorsorge, Kreditrisiko

An jedem Bilanzstichtag muss ein Unternehmen überprüfen, ob sich die erwarteten Kreditausfälle für einen Vermögenswert (oder eine Klasse von Vermögenswerten) verändert haben, und ggf. den Risikovorsorgeposten entsprechend anpassen (IFRS 9.5.5.3 und 9.5.5.5). Diese Anpassung erfolgt stets GuV-wirksam durch die Erfassung eines Wertminderungsaufwands bzw. eines Ertrags aus Wertaufholung (IFRS 9.5.5.8). Des Weiteren ist an jedem Bilanzstichtag zu überprüfen, ob sich das Kreditrisiko für einen Vermögenswert (oder eine Klasse von Vermögenswerten) signifikant gegenüber dem Kreditrisiko zum Zeitpunkt des Erstansatzes erhöht hat. Das Kreditrisiko ist als die Eintrittswahrscheinlichkeit eines Zahlungsausfalls über die gesamte Laufzeit eines Vermögenswerts hinweg definiert (IFRS 9.5.5.9) und kann unternehmensindividuell bestimmt werden (IFRS 9.B5.5.54). Wie stark ein solcher Zahlungsausfall die erwarteten Zahlungsströme verändern würde, spielt für die Bestimmung des Kreditrisikos keine Rolle. Bei der Prüfung, ob das Kreditrisiko eines Vermögenswerts (oder einer Klasse von Vermögenswerten) gegenüber dem Kreditrisiko zum Zeitpunkt des Erstansatzes signifikant angestiegen ist, soll das Unternehmen wieder alle sinnvollen historischen und vorausschauenden Informationen nutzen, die mit vertretbarem Aufwand beschafft werden können. Dies können z.B. folgende sein (IFRS 9.B5.5.17):

- externe Kreditratings,
- die Ertragslage und das Geschäftsumfeld des Schuldners,
- Preise für gehandelte Kreditausfallversicherungen des Schuldners (credit default swaps) oder
- interne Berechnungen, ob der Vermögenswert zum Bewertungszeitpunkt erneut zu den gleichen Vertragsbedingungen ausgegeben werden würde.

Auch ein in der Vergangenheit bereits eingetretener Zahlungsausfall oder -verzug kann ein relevanter Hinweis sein. Unabhängig von den verwendeten Informationen ist nach IFRS 9 jedoch stets widerlegbar von einem signifikanten Anstieg des Kreditrisikos auszugehen, wenn es zu einem Zahlungsverzug von mehr als 30 Tagen gekommen ist (IFRS 9.5.5.11).

Lifetime expected credit losses

Wird am Bilanzstichtag für einen Vermögenswert ein signifikanter Anstieg des Kreditrisikos gegenüber dem Kreditrisiko zum Zeitpunkt des Erstansatzes festgestellt, muss der entsprechende Risikovorsorgeposten nicht mehr nur die erwarteten Kreditausfälle für die kommenden zwölf Monate abbilden, sondern diejenigen für die gesamte Laufzeit (lifetime expected credit losses; IFRS 9.5.5.3). Die entsprechende Anpassung des Risikovorsorgepostens erfolgt GuV-wirksam. Wenn dagegen in einer vorhergehenden Berichtsperiode bereits auf Laufzeitbasis umgestellt worden war, aber zum aktuellen Bilanzstichtag kein signifikant erhöhtes Kreditrisiko mehr festgestellt wird, ist wiederum zurück auf die Abbildung der erwarteten Kreditausfälle auf Zwölf-Monats-Basis zu wechseln (IFRS 9.5.5.7). Das folgende Beispiel stellt die Vorgehensweise bei der Berechnung des Risikovorsorgepostens dar.

Beispiel 17.13

Die Invest AG gibt am 01.01.2021 einen Kredit über 1,5 Mio. € an einen wichtigen Lieferanten aus, damit dieser seine Produktionskapazitäten ausweiten kann. Der Kredit hat eine Laufzeit von vier Jahren und wird durch die Invest AG als Vermögenswert der Kategorie AC zugeordnet. Bei einem Kreditausfall erwartet sie, 60 % der Kreditsumme zurückzuerhalten. Am 31.12.2021 liegen keine Anzeichen für einen signifikanten Anstieg des Kreditrisikos vor. Die Invest AG schätzt die Wahrscheinlichkeit eines Kreditausfalls über die gesamte Laufzeit auf 5 % und über die kommenden zwölf Monate auf 3 %.

Im Verlauf des Jahres 2022 brechen die Umsatzerlöse des Lieferanten auf Grund von Exportschwierigkeiten stark ein. Die Rendite für eine börsennotierte Anleihe des Lieferanten steigt deutlich und Ratingagenturen planen eine Überprüfung des zugehörigen Ratings. Am 31.12.2022 schätzt die Invest AG die Wahrscheinlichkeit eines Kreditausfalls über die gesamte Laufzeit auf 8 % und über die kommenden zwölf Monate auf 4 %. In welcher Höhe muss die Invest AG an den Bilanzstichtagen 2021 und 2022 jeweils einen Risikovorsorgeposten für den ausgegebenen Kredit in ihrer Bilanz ausweisen?

Lösung
Da zum 31.12.2021 kein signifikanter Anstieg des Kreditrisikos gegenüber dem Zeitpunkt des Erstansatzes festgestellt wird, ist ein Risikovorsorgeposten lediglich in Höhe der erwarteten Kreditausfälle auf Zwölf-Monats-Basis auszuweisen. Hierzu wird die Wahrscheinlichkeit, dass die Forderung in den nächsten zwölf Monaten ausfällt, mit dem erwarteten Gesamtfehlbetrag bei einem Kreditausfall multipliziert. Der Risikovorsorgeposten ist anzusetzen mit:

$$0{,}03 \cdot (1 - 0{,}6) \cdot 1{,}5 \text{ Mio. €} = 18 \text{ T€}$$

Zum 31.12.2022 liefern hingegen die Geschäftsentwicklung und die Geschehnisse um die Anleihe des Lieferanten deutliche Hinweise darauf, dass auch das Kreditrisiko für den von der Invest AG ausgegeben Kredit gegenüber dem Zeitpunkt des Erstansatzes signifikant angestiegen ist. Dementsprechend muss der Risikovorsorgeposten nun in Höhe der erwarteten Kreditausfälle auf Laufzeitbasis ausgewiesen werden. Dass die Invest AG auch bei ihrer internen Berechnung zu erhöhten Ausfallwahrscheinlichkeiten kommt, bestätigt diese Hinweise, ist aber keine notwendige Bedingung für die Umstellung auf Laufzeitbasis. Die vorliegenden äußeren Entwicklungen reichen bereits aus, um einen signifikanten Anstieg des Kreditrisikos festzustellen. Für die Berechnung der Höhe des Risikovorsorgepostens wird nun die aktualisierte Wahrscheinlichkeit für einen Kreditausfall über die gesamte Laufzeit zugrunde gelegt:

$$0{,}08 \cdot (1 - 0{,}6) \cdot 1{,}5 \text{ Mio. €} = 48 \text{ T€}$$

Vereinfachung für Forderungen gegenüber Kunden

Die Wertminderungsvorschriften von IFRS 9 finden grundsätzlich auch auf Forderungen gegenüber Kunden, die in den Anwendungsbereich von IFRS 15 fallen, Anwendung. Zur Vereinfachung hat der jeweilige Risikovorsorgeposten stets die erwarteten Kreditausfälle auf Laufzeitbasis abzubilden, soweit keine bedeutenden Finanzierungskomponenten in den Forderungen enthalten sind (IFRS 9.5.5.15(a)). Ist letzteres der Fall, so kann sich das bilanzierende Unternehmen dennoch freiwillig dazu entscheiden, für die Bildung des Risikovorsorgepostens stets die erwarteten Kreditausfälle auf Laufzeitbasis zu verwenden. Allerdings kann dieses Wahlrecht nur für einzelne Klassen von Forderungen in ihrer Gesamtheit, wie etwa für sämtliche Forderungen aus Lieferungen und Leistungen, ausgeübt werden.

Anwendung der Effektivzinsmethode

Die Effektivzinsmethode ist grundsätzlich auf den Bruttobuchwert eines Vermögenswerts anzuwenden. Dies ist regelmäßig auch dann der Fall, wenn ein signifikanter Anstieg des Kreditrisikos gegenüber dem Zeitpunkt des Erstansatzes festgestellt wurde. Treten allerdings zusätzlich Ereignisse ein, die künftige Zahlungsausfälle besonders wahrscheinlich oder umfangreich erscheinen lassen, so gilt der entsprechende Vermögenswert fortan als wertgemindert. Daraufhin ist die Effektivzinsmethode ab der folgenden Berichtsperiode nur noch auf den Netto-buchwert anzuwenden, d.h. auf den Bruttobuchwert abzüglich des Risikovorsorgepostens (IFRS 9.5.4.1(b)). Am Bruttoausweis in der Bilanz ändert sich nichts.

Hinweise darauf, dass ein Vermögenswert wertgemindert ist, können isoliert voneinander oder in Kombination auftreten und liegen etwa in folgenden Situationen vor (IFRS 9.A):

- Refinanzierungsprobleme des Schuldners,
- Zahlungsverzug oder -ausfall,
- ungewöhnliche Zugeständnisse von Gläubigern gegenüber dem Schuldner,
- eine erhöhte Wahrscheinlichkeit eines Insolvenzantrags,
- aufgrund finanzieller Schwierigkeiten des Schuldners hört ein bisher aktiver Markt für den relevanten Vermögenswert auf zu bestehen oder
- aufgrund des höheren Kreditrisikos werden Finanzinstrumente des Schuldners nur noch mit einem starken Abschlag ausgegeben oder gehandelt.

Treten in der Folgezeit neue Ereignisse ein, aufgrund derer das Kreditrisiko wieder sinkt und der finanzielle Vermögenswert nicht mehr als wertgemindert anzusehen ist, wird ab der nächsten Berichtsperiode die Effektivzinsmethode wieder auf den Bruttobuchwert angewendet (IFRS 9.5.4.2).

Tatsächlicher Kreditausfall

Kann ein Unternehmen nach aller Vernunft nicht mehr davon ausgehen, einen finanziellen Vermögenswert vollständig einlösen zu können, so muss der jeweilige Bruttobuchwert dementsprechend teilweise oder vollständig abgeschrieben werden (IFRS 9.5.4.4). Eine solche Abschreibung stellt allerdings kein Wertminderungsereignis dar, sondern eine Ausbuchung des Vermögenswerts. Bestehende Risikovorsorgeposten sind korrespondierend aufzulösen.

Aktuelle Entwicklungen

Wertminderungsmodell nach IFRS 9 während Krisenzeiten

Bereits wenige Jahre nachdem IFRS 9 den im Kontext der Finanzkrise 2007/2008 intensiv kritisierten IAS 39 weitgehend abgelöst hat, werden dessen Vorschriften von der Covid-19-Pandemie erstmals auf die Probe gestellt. Vor dem Hintergrund ihrer weitreichenden negativen Markteinflüsse weltweit rückt hierbei vor allem das neue Wertminderungsmodell des IFRS 9 in den Fokus.

Dieses sieht zu jedem Bilanzstichtag die Bestimmung der erwarteten Kreditausfälle sowie eine Überprüfung des Kreditrisikos im Vergleich zum Zeitpunkt des Erstansatzes eines Finanzinstruments vor. Neben den schwer abschätzbaren negativen Markteinflüssen der Covid-19-Pandemie erschweren auch die von Regierungen getroffenen Gegenmaßnahmen, z.B. in Form von erheblichen Zusagen zur finanziellen Unterstützung betroffener Unternehmen und Einzelpersonen, die entsprechenden Analysen, da deren Potenzial, die Markteinbrüche nachhaltig abzuschwächen, ebenfalls schwer abschätzbar ist. Übergreifend sehen sich in einer solchen Krise alle Marktteilnehmer einer hohen Unsicherheit ausgesetzt, was die (konsistente) Anwendung der Wertminderungsvorschriften nach IFRS 9 deutlich erschwert.

Entsprechend veröffentlichte das IASB bereits Ende März 2020 ein Dokument, welches Fragen zur Anwendung von IFRS 9 während der erhöhten wirtschaftlichen Unsicherheit infolge der Covid-19-Pandemie behandelt. Dieses sollte insbesondere die konsistente Anwendung der Anforderungen des IFRS 9 sicherstellen. Die Vorschriften wurden in diesem Rahmen jedoch weder geändert noch ergänzt.

Insbesondere für Banken sind solche Fragen natürlich besonders relevant. Ihre Bilanzen bestehen nicht nur zu einem maßgeblichen Anteil aus Finanzinstrumenten; darüber hinaus bekämen sie vermehrte Kreditausfälle besonders stark zu spüren. Vor diesem Hintergrund hat etwa der Bankenfachausschuss des IDW bereits im März 2020 einen fachlichen Hinweis zu den Auswirkungen der Covid-19-Pandemie auf Wertminderungen von Finanzinstrumenten nach IFRS 9 veröffentlicht. Demnach vertritt der IDW die Ansicht, dass die Covid-19-Pandemie nicht zu einem automatischen Transfer von Finanzinstrumenten von Stufe 1 auf Stufe 2 oder gar Stufe 3 führt, da dies die tatsächlichen wirtschaftlichen Risiken überbewerten könnte. Stattdessen wird den Banken empfohlen, bei der Bestimmung der erwarteten Kreditausfälle mehr Wert auf langfristig stabile Szenarien und weniger Wert auf kurzfristige Entwicklungen zu legen.

Auch der Einfluss auf Industrieunternehmen in diesem Rahmen ist jedoch keineswegs zu unterschätzen. Neben einem erhöhten Druck auf ihr Working Capital sehen sich auch diese höheren Ausfallrisiken, z.B. in Bezug auf Forderungen aus Lieferungen und Leistungen, Vertragsforderungen, Leasingforderungen sowie auf konzerninterne Darlehen, ausgesetzt, was wiederum die Berechnung der erwarteten Kreditverluste maßgeblich beeinflusst.

Literatur: IASB, IFRS 9 and covid-19, März 2020; IDW, Auswirkungen der Coronavirus-Pandemie auf Wertminderungen von Finanzinstrumenten nach IFRS 9 im Halbjahresabschluss von Banken zum 30.06.2020, Juni 2020; PwC, IFRS für die Praxis: Die Ermittlung erwarteter Kreditverluste durch Industrieunternehmen in der Coronakrise, April 2020.

5 Ausbuchung

5.1 Ausbuchung von finanziellen Vermögenswerten

Wann verlässt ein finanzieller Vermögenswert die Bilanz?

Was in der Bilanz angesetzt wird, muss sie auch irgendwann wieder verlassen. Aufgrund der Kreativität der Finanzbranche ist die Frage, wann ein Finanzinstrument aus Sicht des bilanzierenden Unternehmens endgültig abgegeben wurde oder erloschen ist, teilweise schwierig zu beantworten, wie auch schon in Beispiel 17.1 anhand des Factoring von Kundenforderungen gezeigt wurde. Abbildung 17.5 fasst die Vorschriften zur Ausbuchung finanzieller Vermögenswerte nach IFRS 9 zusammen.

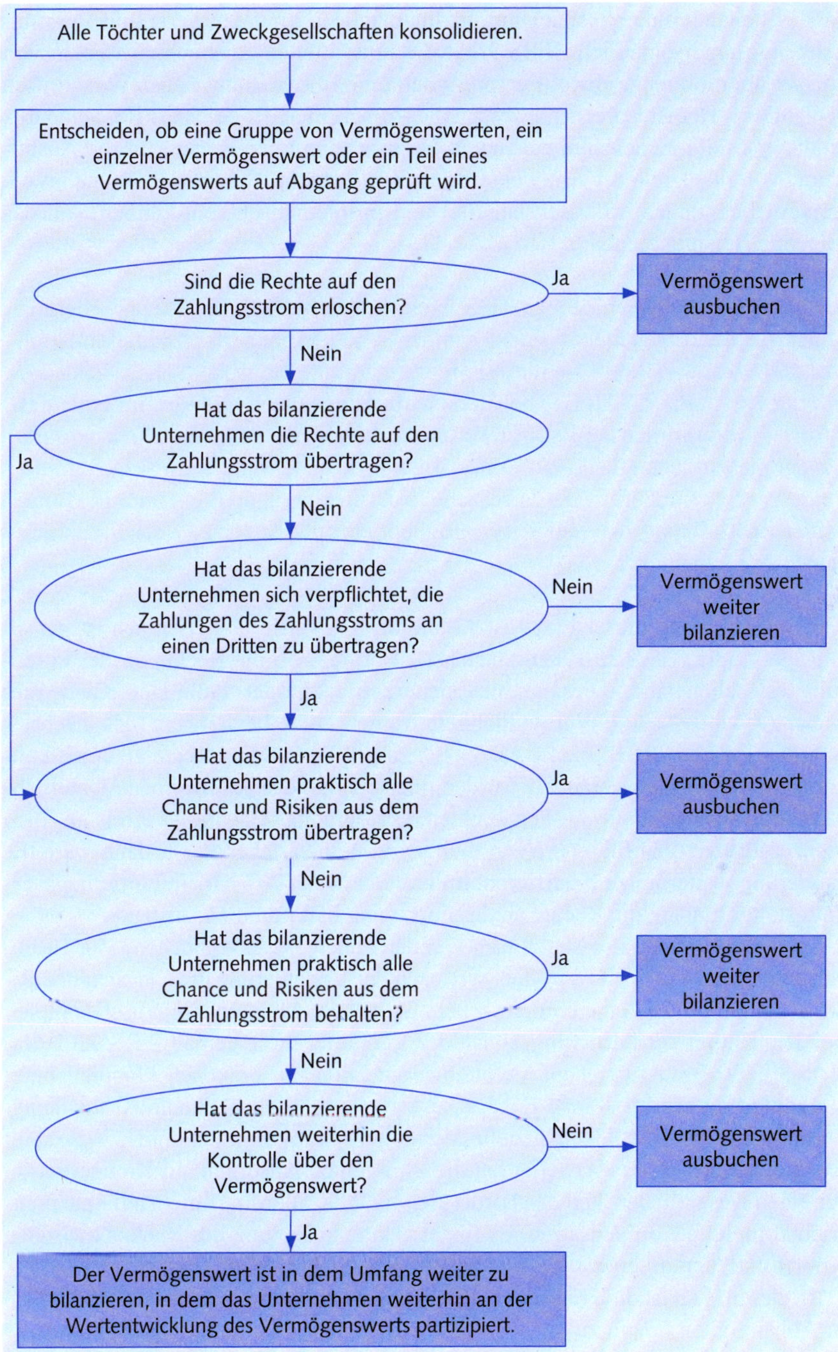

Abb. 17.5: Ablaufschema zur Ausbuchung von finanziellen Vermögenswerten (vgl. IFRS 9.B3.2.1/IAS 39.AG36)

IAS 39 behandelt die Ausbuchung für finanzielle Vermögenswerte und Verbindlichkeiten unterschiedlich. IFRS 9 hat die umstrittenen Ausbuchungsregeln von IAS 39 übernommen, obwohl ursprünglich eine Entwicklung neuer Vorschriften geplant war. Dementsprechend werden die Vorschriften der beiden IFRS-Standards an dieser Stelle gemeinsam behandelt, beginnend mit den Regeln für die Ausbuchung von finanziellen Vermögenswerten. Zur Verdeutlichung, warum und inwiefern Ausbuchungen ermessensbehaftet und problematisch sein können, soll das folgende Beispiel dienen.

Beispiel 17.14

Die im Bereich Maschinenbau tätige Meier AG hält eine kurzfristige Forderung über 10 Mio. € gegenüber einem Kunden. Um die eigene Liquiditätssituation zu verbessern, verkauft sie diese Forderung an ihre Hausbank. Diese zahlt der Meier AG dafür 9,6 Mio. €, behält sich allerdings das Recht vor, im Falle des Ausfalls der Forderung Ansprüche an die Meier AG geltend zu machen, die einen wesentlichen Teil (20 %) des Ausfalls kompensieren. Im Gegenzug ist eine Weiterveräußerung der Forderung an Dritte durch die Bank nur mit vorheriger Zustimmung der Meier AG möglich. Hat die Meier AG die Forderung noch zu bilanzieren?

Zunächst Prüfung, ob Rechte erloschen oder veräußert

Zur Beantwortung dieser Frage ist Abbildung 17.5 hilfreich. Hiernach ist gemäß IFRS 9.3.2.3(a) (IAS 39.17(a)) zunächst zu prüfen, ob die Rechte an der Forderung erloschen sind. Dies ist hier sicherlich nicht der Fall. Der Kunde der Meier AG muss seine Verbindlichkeit immer noch begleichen. Als nächster Schritt ist nach IFRS 9.3.2.4 (IAS 39.18) zu prüfen, ob die Rechte an einen konzernexternen Dritten veräußert wurden oder ob sich das bilanzierende Unternehmen verpflichtet hat, die aus den Rechten resultierenden Cashflows direkt an einen Konzerndritten abzuführen. Wenn nichts von beiden gegeben ist, dann wäre die Forderung weiterhin zu bilanzieren. Im Fall der Meier AG hat ein Forderungsverkauf stattgefunden, die Rechte an der Forderung hält nun die Hausbank.

Wer hält Chancen und Risiken?

Ist die Forderung also stattdessen von der Meier AG auszubuchen? Zur Beantwortung dieser Frage ist zu prüfen, wer nach der Veräußerung die Chancen und Risiken mit Hinblick auf die Forderung hält. Liegen diese nunmehr praktisch komplett bei dem Käufer der Forderung, so hat der Verkäufer diese gemäß IFRS 9.3.2.6(a) (IAS 39.20(a)) auszubuchen. Verbleiben sie hingegen praktisch komplett beim Verkäufer, so erfolgt gemäß IFRS 9.3.2.6(b) (IAS 39.20(b)) keine Ausbuchung. Stattdessen verbleibt der finanzielle Vermögenswert beim Verkäufer. Was heißt das nun für die Meier AG? Hier hat die Bank einen Anspruch auf Kompensation für einen wesentlichen Teil des Forderungsausfalls, allerdings nicht auf eine praktisch komplette Kompensation. Es findet also eine Teilung des Risikos zwischen Käufer und Verkäufer statt.

Bei geteilten Chancen und Risiken: Wer hat die Kontrolle?

In diesem Fall ist die Frage der Ausbuchung nach IFRS 9.3.2.6(c) (IAS 39.20(c)) in Abhängigkeit davon zu beantworten, wer nach der Veräußerung die Kontrolle über den Vermögenswert hat: Hat der Verkäufer die Kontrolle verloren, so bucht er den Vermögenswert aus, anderenfalls verbleibt dieser in der Bilanz des Verkäufers, und zwar in dem Umfang, in dem der Verkäufer noch an der Wertentwicklung des Vermögenswerts partizipiert. Was macht nun die Kontrolle über einen finanziellen Vermögenswert aus? IFRS 9.3.2.9 (IAS 39.23) gibt hierauf die Antwort: Wenn der Käufer das Recht hat, den Vermögenswert an eine dritte Partei weiter zu veräußern, ohne Rücksprache mit dem Verkäufer vorzunehmen oder den Verkauf einzuschränken, dann hat der Käufer die Kontrolle über den Vermögenswert. In allen anderen Fällen behält der Verkäufer die Kontrolle. Da die Meier AG einem Weiterverkauf explizit zustimmen muss, hat sie also im Sinne von IFRS 9/IAS 39 weiterhin die Kontrolle über die Forderung.

Continuing involvement concept

Als Ergebnis der Abgangsprüfung lässt sich also Folgendes festhalten: Die Meier AG hat die Forderung an einen Konzerndritten veräußert. Da weder der Käufer noch die Meier AG nach der Veräußerung praktisch alle Chancen und Risiken an der Forderung halten, muss die Frage der Ausbuchung anhand des Kontrollbegriffs entschieden werden. Weil die Weiterveräußerung der Forderung durch die Hausbank nur mit Zustimmung der Meier AG möglich ist, behält die Meier AG faktisch die Kontrolle über die Forderung. Somit hat die Meier AG die Forderung weiterhin zu bilanzieren. Dies erfolgt im Rahmen des so genannten continuing involvement concept in dem Umfang, in dem sie weiterhin an der Wertentwicklung der Forderung partizipiert.

Ermittlung der Höhe der andauernden Beteiligung

Wie lässt sich dieser Umfang bestimmen? Dies hängt im Wesentlichen von den Einzelheiten der Kompensation ab, die im Verkaufsvertrag festgelegt werden. Vorschriften hierzu finden sich in IFRS 9.3.2.16 (IAS 39.30) und IFRS 9.B3.2.13 (IAS 39.AG48). Im vorliegenden Fall findet IFRS 9.3.2.16(a) (IAS 39.30(a)) Anwendung: Der Umfang bestimmt sich anhand der Höhe der maximal möglichen Kompensationszahlung, solange diese geringer ist als der Buchwert der Forderung. In diesem Fall wäre also die Forderung in der Bilanz der Meier AG weiterhin mit 2 Mio. € zu bilanzieren. Zudem wird aus dem Angebot der Hausbank deutlich, dass die Forderung bislang nicht zum beizulegenden Zeitwert in der Bilanz steht: Die Hausbank geht davon aus, dass der Kredit eine Ausfallwahrscheinlichkeit von 5 % besitzt, denn so ergibt sich – unter Vernachlässigung von Inkassogebühren – der Preis von (0,95 · 10 Mio. € + 0,05 · 2 Mio. € =) 9,6 Mio. €. Insofern hat die Forderung vor dem Abgang einen beizulegenden Zeitwert von 9,5 Mio. €.

Einbuchung einer Schuld, sodass weiter bilanzierter Vermögenswert und Schuld saldiert den Wert der andauernden Beteiligung ergeben

Parallel zur Ausbuchung der Forderung ist zudem eine Schuld einzubuchen. Der Wertansatz der Schuld bestimmt sich nach IFRS 9.3.2.17(a) (IAS 39.31(a)) so, dass die Differenz aus dem noch bilanzierten Vermögenswertanteil und der eingebuchten Schuld genau der verbleibenden Verpflichtung des verkaufenden Unternehmens entspricht. Dies ist genau dann der Fall, wenn die Höhe der Schuld gleich der Summe des in der Bilanz verbleibenden Vermögenswerts und der noch bestehenden Verpflichtung des verkaufenden Unternehmens ist. Somit wird sichergestellt, dass die aus Forderung und Verbindlichkeit resultierende Nettoposition einen korrekten Vermögensausweis sicherstellt. In dem hier vorliegenden Fall ist die Meier AG verpflichtet, beim Ausfall der Forderung eine Garantiezahlung von 2 Mio. € zu leisten. Weil es sich um eine kurzfristige Forderung handelt, soll hier von einem Effektivzins von null ausgegangen werden. Der Wert der Verpflichtung entspricht dann der Ausfallwahrscheinlichkeit der Forderung von 5 % mal dem Garantiebetrag von 2 Mio. €, also 100 T€. Da die Forderung nach der Veräußerung weiterhin in Höhe von 2 Mio. € in der Bilanz der Meier AG steht, muss nach IFRS 9.3.2.17(a) (IAS 39.31(a)) eine Schuld in Höhe von 2,1 Mio. € eingebucht werden.

Somit ergibt sich die folgende zusammenfassende Lösung des Beispiels:

Beispiel 17.14 (Fortführung)

Lösung

Die Meier AG muss die Forderung weiterhin in dem Umfang bilanzieren, in dem sie an der Wertentwicklung partizipiert. Dieser Umfang beläuft sich gemäß IFRS 9.3.2.16(a) (IAS 39.30(a)) auf 2 Mio. €. Die Verpflichtung der Meier AG, ggf. die Garantieleistung von 2 Mio. € zu erbringen, hat bei einer aus dem Kaufpreis der Forderung abgeleiteten Ausfallwahrscheinlichkeit von 5 % einen Wert von 100 T€. Dementsprechend hat die Meier AG eine Schuld von 2,1 Mio. € einzubuchen. Falls zunächst die notwendige Wertminderung der Forderung gebucht wird, ergeben sich unter Vernachlässigung von latenten Steuern folgende Buchungssätze:

Aufwand aus Wertminderung		*an*	*Forderungen*	*500 T€*
Bank	*9,6 Mio. €*	*an*	*Forderungen*	*7,5 Mio. €*
			Schuld	*2,1 Mio. €*

Falls vor der Ausbuchung keine Wertminderung erfolgt, resultiert aus der Ausbuchung ein Aufwand, der der Höhe der Wertminderung entspricht:

Bank	*9,6 Mio. €*			
Sonst. betr. Aufw.	*0,5 Mio. €*	*an*	*Forderungen*	*8 Mio. €*
			Schuld	*2,1 Mio. €*

Falls eine Ausbuchung eines finanziellen Vermögenswerts als gegeben angesehen wird, ist nach IFRS 9.3.2.12 (IAS 39.26) die Differenz von erhaltener Gegenleistung und Buchwert des Vermögenswerts GuV-wirksam zu erfassen. Ggf. kommt noch nach IFRS 9 die Umbuchung bzw. nach IAS 39 die Auflösung von Neubewertungsrücklagen hinzu, die zuvor im Rahmen der Folgebewertung GuV-neutral entstanden sind.

Beispiel 17.15

Neben der Forderung veräußert die Meier AG noch ein Aktienpaket. Es werden zwei Szenarien betrachtet. Im ersten Szenario bilanziert die Meier AG nach IAS 39 und hat die Aktien als zur Veräußerung verfügbar klassifiziert und somit GuV-neutral folgebewertet. Im zweiten Szenario bilanziert die Meier AG nach IFRS 9, wobei sie das für Eigenkapitaltitel (außerhalb des Handelsbestands) gewährte Wahlrecht zur GuV-neutralen Folgebewertung gewählt hat. Das Aktienpaket wurde dementsprechend in die Kategorie FVOCI eingeordnet. Der Buchwert der Aktien beträgt 115.000 €, die korrespondierende Eigenkapitalrücklage beträgt 15.000 €, da die ursprünglichen Anschaffungskosten 100.000 €

betrugen. Der Verkaufserlös beläuft sich auf 114.500 €. Wie ist der Abgang der Aktien unter Vernachlässigung von latenten Steuern zu bilanzieren?

Lösung – Szenario 1 (IAS 39)
Da die Meier AG sämtliche Verfügungsrechte an den Aktien bedingungslos veräußert hat, erscheint der komplette Abgang unkritisch. Die Meier AG bucht:

Bank	*114.500 €*			
Neubewertungsrücklage (FI)	*15.000 €*	*an*	*Wertpapiere FV*	*115.000 €*
			sonst. betr. Ertrag	*14.500 €*

Damit wird die Rücklage GuV-wirksam aufgelöst und gleichzeitig der Veräußerungsgewinn berücksichtigt. Da dieser allerdings niedriger ist als die ursprüngliche GuV-neutrale Eigenkapitalposition, ergibt sich insgesamt aus dem Verkauf eine Eigenkapitalreduktion von 500 €.

Lösung – Szenario 2 (IFRS 9)
Auch hier ist der Abgang unkritisch. Die Meier AG bucht:

Neubewertungsrücklage (FI)	*500 €*			
Bank	*114.500 €*	*an*	*Wertpapiere FV*	*115.000 €*
Neubewertungsrücklage (FI)		*an*	*sonst. Gewinnrücklagen*	*14.500 €*

Nach IFRS 9.3.2.12 muss ein Vermögenswert unmittelbar vor seiner Ausbuchung entsprechend der jeweils zutreffenden Folgebewertungsregeln neu bewertet und sein Buchwert ggf. entsprechend angepasst werden. Wir nehmen hier an, dass der Verkaufserlös dem beizulegenden Zeitwert entspricht. Darüber hinaus erfolgt nach IFRS 9 für Eigenkapitaltitel in der Kategorie FVOCI kein recycling, d.h. keine GuV-wirksame Auflösung der zuvor GuV-neutral gebildeten Neubewertungsrücklage. Die Meier AG bucht stattdessen gemäß IFRS 9.B5.7.1 die Neubewertungsrücklage in die sonstigen Rücklagen um. Das fehlende recycling bedeutet einen Verstoß gegen das Kongruenzprinzip bzw. gegen das Konzept des clean surplus accounting, da über die Totalperiode hinweg die Summe der Gewinne plus die Summe der Eigentümertransaktionen nicht mehr dem Eigenkapital am Ende der Totalperiode entsprechen wird.

Teilweiser Verkauf

Unternehmen veräußern ihre finanziellen Vermögenswerte nicht in jedem Fall vollständig. So werden zum Beispiel Forderungen verkauft, die Inkassodienstleistung jedoch beibehalten. Oder eine Anleihe wird im Rahmen eines Strips in einen Zerobond und in eine Zinszahlungsreihe aufgespalten. Fraglich ist nun, wie der Buchwert des Finanzinstruments auf die verkaufte und die zurückbehaltene Komponente aufzuteilen ist.

IFRS 9.3.2.13 (IAS 39.27) sieht hier vor, dass der Buchwert des Vermögenswerts anteilig gemäß der beiden beizulegenden Zeitwerte aufzuteilen ist. Beide Teile zusammen bilden den Schlüssel, nach dem der Buchwert des einbehaltenen Teils und der eventuell verbleibende Gewinn oder Verlust ermittelt werden. Falls die Ermittlung des beizulegenden Zeitwerts für den nicht veräußerten Teil nicht verlässlich möglich erscheint, ist nach IFRS 9.3.2.14 (IAS 39.28) davon auszugehen, dass die Veräußerung zum beizulegenden Zeitwert erfolgt. Somit ergibt sich der Buchwert des nicht veräußerten Teils des Vermögenswerts aus der Differenz von Gesamtbuchwert und Veräußerungserlös.

Beispiel 17.16

Ein Unternehmen hält eine festverzinsliche Anleihe erstklassiger Bonität mit drei Jahren Restlaufzeit und endfälliger Tilgung. Der Nennbetrag beträgt 1 Mio. €, der Zins 6 %, was auch dem aktuellen Marktzins entsprechen soll. Das Unternehmen spaltet die Anleihe in eine Zinszahlungsreihe (drei Zahlungen von je 60.000 €) und einen Zerobond (in drei Jahren einmalige Zahlung von 1 Mio. €) auf. Die Anleihe steht zum beizulegenden Zeitwert von 1 Mio. € in der Bilanz.

Auf Basis einer finanzmathematischen Kalkulation beträgt der Wert des Zerobonds 839.619 € und der Wert der Zinszahlungsreihe 160.381 €. Angenommen, die Hausbank des Unternehmens erwirbt den Zerobond des Unternehmens für 830.000 €. Wie lautet der Buchungssatz für den Verkauf?

Lösung

Da sowohl der beizulegende Zeitwert des Zerobonds als auch der beizulegende Zeitwert der Zinszahlungsreihe auf Basis von marktnahen Daten verlässlich geschätzt werden können, soll hier davon ausgegangen werden, dass der beizulegende Zeitwert der Anleihe 839.619 € beträgt. Somit resultiert aus der Veräußerung ein Verlust. Der Buchungssatz lautet:

Bank	*830.000 €*			
Zinsforderung	*160.381 €*			
Sonst. betr. Aufwand	*9.619 €*	*an*	*Anleihe*	*1.000.000 €*

Beleihungen und Sicherheiten

Die Frage der Ausbuchung stellt sich auch, wenn finanzielle Vermögenswerte beliehen werden oder als Sicherheiten verwendet werden. Eine Beleihung von Vermögenswerten bzw. die zeitweise Übereignung von Vermögenswerten als Sicherheiten stellt regelmäßig keinen Abgang von Vermögenswerten dar. Die Bilanzierung von Sicherheiten hängt nach IFRS 9.3.2.23 (IAS 39.37) im Wesentlichen davon ab, welche Rechte der Empfänger der Sicherheiten an den Forderungen hält:

- Der Sicherheitsgeber bilanziert im Regelfall den als Sicherheit anzusehenden finanziellen Vermögenswert weiterhin. Der Sicherheitsempfänger bilanziert nichts.
- Wenn der Sicherheitsempfänger das Recht hat, die als Sicherheit anzusehenden finanziellen Vermögenswerte weiterzuveräußern, dann hat der Sicherheitsgeber diese Vermögenswerte in eine Bilanzposition einzustellen, die dies verdeut-

licht. Eine solche Bilanzposition könnte zum Beispiel „Als Sicherheiten veräußerte Forderungen" lauten.

- Wenn der Sicherheitsempfänger einen solchen Vermögenswert dann an einen Dritten weiter veräußert, hat er dies GuV-wirksam zu bilanzieren. Andererseits hat er gleichzeitig eine Schuld gegenüber dem Sicherheitsgeber zum beizulegenden Zeitwert zu bilanzieren, sodass das gesamte Geschäft im Regelfall GuV-neutral ausfällt.
- Wenn der Sicherheitsgeber im Rahmen eines Konkurses die Anrechte auf den als Sicherheit anzusehenden Vermögenswert verliert, dann hat er diesen in der Bilanz GuV-wirksam auszubuchen. Der Sicherheitsempfänger hat ihn dann bilanziell zu erfassen bzw. seine Verpflichtung zur Rückübereignung auszubuchen.

5.2 Ausbuchung von finanziellen Verbindlichkeiten

Ausbuchung, wenn erloschen

Eine Verbindlichkeit soll nach IFRS 9.3.3.1 (IAS 39.39) dann und nur dann die Bilanz verlassen, wenn sie durch Tilgung, Aufkündigung oder Auslauf erloschen ist. Weitere Details, die erläutern, wann ein solches Erlöschen gegeben ist, finden sich in IFRS 9.B3.3.1-7 (IAS 39.AG57-AG63). Falls im Rahmen der Ausbuchung eine Differenz zwischen dem auszubuchenden Buchwert der Schuld und der Gegenleistung resultiert, ist diese Differenz nach IFRS 9.3.3.3 (IAS 39.41) GuV-wirksam zu erfassen. Wird nur ein Teil einer Schuld getilgt, so ist die Restschuld gemäß IFRS 9.3.3.4 (IAS 39.42) mit ihrem anteiligen beizulegenden Zeitwert zu bewerten.

Behandlung von Umschuldungen

Umschuldungen sind nach IFRS 9.3.3.2 (IAS 39.40) bei einer wesentlichen Konditionenänderung als eine Tilgung der alten Schuld und Aufnahme einer neuen Schuld zu behandeln. Wann aber sind die Konditionen so wesentlich verschieden, dass eine Tilgung und neue Aufnahme vorliegt? Eine wesentliche Konditionenänderung ist gemäß IFRS 9.B3.3.6 (IAS 39.AG62) immer dann gegeben, wenn die abgezinsten Cashflows der neuen Schuld (inkl. Gebühren) sich um mehr als 10 % von den abgezinsten Cashflows der alten Schuld unterscheiden.

Beispiel 17.17

Die Meier AG hält einen Bankkredit über 1 Mio. €, der sich zum aktuellen Marktzins von 6 % verzinst und in einem Jahr voll zu tilgen wäre. Um die Liquiditätslage der nächsten Periode zu verbessern, einigt man sich mit der Hausbank auf eine Verlängerung des Kredits auf eine Laufzeit von noch fünf Jahren, ebenfalls mit endfälliger Tilgung. Der Zinssatz wird auf 7,5 % festgelegt, liegt damit also 150 Basispunkte über dem aktuell gültigen Marktzins. Außerdem fallen für die Umschuldung Transaktionskosten von 50 T€ an, die von der Meier AG zu tragen sind. Wie ist diese Umschuldung unter Vernachlässigung von latenten Steuern zu verbuchen?

Lösung

Der diskontierte Cashflow aus dem alten Kredit beträgt (1.060.000 / 1,06 =) 1 Mio. €. Der diskontierte Cashflow des neuen Kredits ergibt sich unter Berücksichtigung der Transaktionskosten:

$$50.000\ € + 75.000\ € / 1{,}06 + 75.000\ € / 1{,}06^2 + 75.000\ € / 1{,}06^3 + 75.000\ € / 1{,}06^4 + 1.075.000\ € / 1{,}06^5 = 1.113.185\ €$$

Da dieser Wert über 10 % höher liegt als der alte Wert von 1 Mio. €, ist die alte Schuld auszubuchen und eine neue Schuld in Höhe von 1 Mio. € zu passivieren. Die Transaktionskosten müssen gemäß IFRS 9.B3.3.6 (IAS 39.AG62) sofort GuV-wirksam erfasst werden. Die resultierenden Buchungssätze lauten:

Verbindl. ggü. KI	*an*	*Verbindl. ggü. KI*	*1.000 T€*
Finanzaufwand	*an*	*Bank*	*50 T€*

Die Zinsbuchung des ersten Jahres umfasst dann exemplarisch nur den Nominalzins, da der Effektivzinssatz wie der Nominalzinssatz bei 7,5 % liegt und keine Zuschreibung der Verbindlichkeit vorgenommen wird:

Zinsaufwand	*an*	*Bank*	*75 T€*

6 Ausweisfragen und Angabepflichten

Auch Finanzinstrumente sind grundsätzlich einzeln zu bewerten

Neben der zentralen Frage der Differenzierung von Eigenkapital und Schulden, für deren Behandlung auf das Kapitel 15 verwiesen wird, erscheint hinsichtlich des Ausweises von Finanzinstrumenten insbesondere fraglich, ob und ggf. wann ein saldierter Ausweis von finanziellen Vermögenswerten und Verbindlichkeiten möglich ist. Grundsätzlich gilt für die Bilanzierung der Grundsatz der Einzelbewertung. Das bedeutet, dass Vermögenswerte und Schulden einzeln zu erfassen und zu bewerten sind. Hierdurch wird sichergestellt, dass die Vermögens- und Finanzlage korrekt abgebildet wird. Eine beliebige Saldierung von Vermögenswerten und Schulden würde dies beeinträchtigen. Ein Unternehmen, welches gleichzeitig Forderungen in Höhe von 10 Mio. € gegenüber Kunden und 10 Mio. € Verbindlichkeiten aus Lieferungen und Leistungen hat, steht anders da als ein Unternehmen, welches keine Forderungen oder Verbindlichkeiten hat: Das erste Unternehmen unterliegt einem Forderungsausfallrisiko. Es sind jedoch Fälle denkbar, in denen eine Saldierung trotzdem sinnvoll sein kann: Was ist zum Beispiel, wenn Forderungen und Verbindlichkeiten gegenüber dem gleichen Vertragspartner bestehen und das bilanzierende Unternehmen das Recht hat, diese gegeneinander aufzurechnen? In diesem Fall gibt es kein Forderungsausfallrisiko mehr, eine Saldierung erscheint zweckmäßig.

Nach IAS 32.42 ist eine solche Saldierung vorzunehmen, wenn:

Saldierung nur in bestimmten Fällen möglich

- Das Unternehmen das Recht hat, Vermögenswert und Schuld tatsächlich gegeneinander aufzurechnen und
- das Unternehmen auch beabsichtigt, dies zu tun oder wenn es beabsichtigt, Vermögenswert und Schuld exakt gleichzeitig zu begleichen.

Eine Saldierung ist nicht zulässig, wenn die Ausbuchung eines veräußerten Vermögenswerts an den Regeln von IFRS 9/IAS 39 gescheitert ist und stattdessen eine korrespondierende Schuld passiviert wurde. Auch erwartete, aber noch nicht einklagbare Vermögenswerte, wie z.B. Versicherungsleistungen, berechtigen nicht zur Saldierung.

Zu betonen ist ferner, dass die Klassifikation der Finanzinstrumente nach IFRS 9/IAS 39 zum Zweck der Folgebewertung für den bilanziellen Ausweis selbst keine Rolle spielt. So können Finanzinstrumente unterschiedlicher Folgebewertungskategorien in einer Bilanzposition ausgewiesen werden.

IFRS 7 fordert umfangreiche Angaben

Über die Zuordnung von Bilanzpositionen zu Bewertungskategorien informieren jedoch die weiteren Angaben, die grundsätzlich direkt in den Rechenwerken oder im Anhang erfolgen können. Die Angabepflichten zu Finanzinstrumenten sind in IFRS 7 zusammengefasst. In IFRS 7.1 werden für die Angabepflichten zwei zentrale Ziele formuliert. Sie sollen den Anleger in die Lage versetzen,

- die Bedeutung von Finanzinstrumenten für die wirtschaftliche Lage des bilanzierenden Unternehmens einschätzen sowie
- Art und Umfang der aus Finanzinstrumenten resultierenden Risiken verstehen zu können. Hierbei soll auch transparent werden, wie das bilanzierende Unternehmen mit den Risiken umgeht.

Zahlreiche Angabepflichten zu Bilanzpositionen

Generell fordert IFRS 7 keine spezielle Form der Anhangangaben. Informationen, die bereits innerhalb der Rechenwerke präsentiert wurden, müssen nicht im Anhang wiederholt werden. Die Finanzinstrumente des Unternehmens sind nach IFRS 7.6 zu gruppieren, sodass die Angaben im Wesentlichen je Gruppe erfolgen können. Die Gruppierung soll sich an dem Charakter der Finanzinstrumente orientieren. Es ist eine Überleitung auf die Bilanzpositionen vorzunehmen. Des Weiteren sind die Buchwerte je Folgebewertungskategorie anzugeben. Finanzinstrumente, für die die fair value option angewendet wurde, sind separat auszuweisen (IFRS 7.8). Besondere Angabepflichten (IFRS 7.9-19) ergeben sich zudem für

- GuV-wirksam zum beizulegenden Zeitwert folgebewertete Finanzinstrumente,
- Eigenkapitaltitel, die nach IFRS 9 freiwillig GuV-neutral zum beizulegenden Zeitwert folgebewertet werden,
- reklassifizierte Finanzinstrumente,
- Saldierungen und Sicherheiten,
- Wertkorrekturen für notleidende Kredite,
- vom Unternehmen ausgegebene komplexe hybride Instrumente, deren derivative Komponenten sich in ihren Wertentwicklungen gegenseitig beeinflussen, und
- eigene Zahlungsverzüge.

Finanzergebnis

Das Finanzergebnis ist u.a. auf die Folgebewertungskategorien herunterzubrechen (IFRS 7.20). Zudem sind detaillierte Angaben zu den angewendeten Ansatz- und Bewertungsmethoden zu machen (IFRS 7.21).

Beizulegende Zeitwerte sind anzugeben

Als weiteren Angabeblock fordert IFRS 7.25-30 die Angabe von beizulegenden Zeitwerten für die Finanzinstrumente, die nicht zum beizulegenden Zeitwert folgebewertet werden. Ausgenommen hiervon sind Eigenkapitaltitel (inklusive deren Derivate) von Unternehmen, für die kein verlässlicher Marktpreis verfügbar ist und die nach IAS 39 zu historischen Kosten bilanziert werden. Da ihr beizulegender Zeitwert nur unzuverlässig ermittelt werden kann, müssen die Unternehmen neben der genauen Beschreibung der Titel möglichst eine Spannbreite angeben, innerhalb der der beizulegende Zeitwert sich mit hoher Wahrscheinlichkeit befindet. Wenn solche Titel veräußert werden, ist der hierbei anfallende Gewinn oder Verlust anzugeben.

„Finanzinstrumentespiegel" auf Basis von IFRS 13

Für vorgeschriebene Angaben im Rahmen der Bewertung zum beizulegenden Zeitwert ist des Weiteren IFRS 13 einschlägig (vgl. Kapitel 3). Gemäß IFRS 13.93 sind für alle Klassen von Vermögenswerten und Schulden weitreichende Angaben zu machen. Sie beziehen sich auf die Hierarchie der Ermittlung des beizulegenden Zeitwerts nach IFRS 13, die auf die verwendeten Inputfaktoren für die Ermittlung abstellt:

- Stufe 1: Preise auf aktiven Märkten für identische Vermögenswerte oder Schulden.
- Stufe 2: Sonstige Inputgrößen, die auf Märkten direkt oder indirekt beobachtet werden können.
- Stufe 3: Inputgrößen, die nicht auf beobachtbaren Marktdaten basieren.

IFRS 13.93 fordert nun, dass alle Klassen von Vermögenswerten und Schulden hinsichtlich dieser Hierarchie aufzugliedern sind. Ebenso sind weitreichende Angaben zu Umgliederungen zwischen den genannten Stufen zu machen. Für beizulegende Zeitwerte, die der Stufe 3 zuzuordnen sind, werden die Offenlegungspflichten noch intensiviert, sodass de facto eine Art „Finanzinstrumentespiegel" gefordert wird (IFRS 13.93(e)). Schließlich ist auch noch die Sensitivität von Stufe-3-Wertansätzen hinsichtlich wichtiger Annahmeänderungen offenzulegen.

Informationen zu Risiken

Die Angabepflichten zu Finanzinstrumenten sollen den Bilanzleser in die Lage versetzen, den bilanziellen Umfang der Finanzinstrumente ebenso wie die aus ihnen resultierenden Cashflows und Risiken einschätzen zu können. Hierzu gehören auch Informationen über die Sicherheit und Höhe zukünftiger Zahlungen. Selbstverständlich unterliegen Finanzinstrumente bestimmten Risiken. IFRS 7.31-42 nennt drei zentrale Risikogruppen:

- Kreditrisiken: Die Gefahr, dass von dem Unternehmen als Gläubiger gehaltene Kredite notleidend werden.
- Liquiditätsrisiken: Die Gefahr, dass das bilanzierende Unternehmen die Liquidität nicht aufbringen kann, um künftigen Zahlungsverpflichtungen aus Finanzinstrumenten nachzukommen.

- Marktrisiken: Die Gefahr oder die Chance, dass Marktdaten wie Wechselkurse, Zinssätze und Aktienkurse den Wert von Finanzinstrumenten des Unternehmens beeinflussen.

Diese Risikoklassifizierung ist bei der Erstellung der Angaben zu Finanzinstrumenten als Leitfaden zu verwenden, um sicherzustellen, dass der Adressat über die wesentlichen Risiken informiert wird. Zudem verlangt IFRS 7.33 qualitative Angaben zur allgemeinen Risikosteuerungsstrategie. Bei den quantitativen Angaben erscheinen die geforderten Sensitivitätsanalysen für das Marktrisiko (IFRS 7.40-41) als besonders bedeutend. Weitere quantitative Angabepflichten zu den Risikokategorien finden sich in IFRS 7.34-39 und IFRS.7.42.

Angabepflichten zu Abgang und Verbriefung von Finanzinstrumenten

In IFRS 7.42A-42H finden sich zuletzt auch weitreichende Angabepflichten im Zusammenhang mit dem Abgang und der Verbriefung von Finanzinstrumenten. Gemäß IFRS 7.42B sollen sie es den Abschlussadressaten ermöglichen, die Zusammenhänge zwischen den unterschiedlichen Vermögenswerten und Schulden nachzuvollziehen, die aus einem teilweisen Abgang von Finanzinstrumenten resultieren können.

7 Wesentliche Unterschiede zum IFRS for SMEs

Wahlrecht zwischen Vollanwendung und teilweisem Rückgriff auf IAS 39

Auch im Rahmen des IFRS for SMEs sind spezielle Regelungen zur Bilanzierung von Finanzinstrumenten vorgesehen. Bereits im Frühstadium der Entwicklung des Standards wurde offenbar, dass die bestehenden Regelungen des damals geltenden IAS 39 für die Zwecke kleiner und mittelgroßer Unternehmen wohl zu komplex und damit kaum zweckdienlich zur Abbildung der tatsächlichen wirtschaftlichen Verhältnisse solcher Unternehmen sind (vgl. IFRS-SME.BC99). Vor dem Hintergrund des Primats der angestrebten Entscheidungsnützlichkeit veröffentlichter Informationen wurde aber ebenso schnell deutlich, dass ein völliger Ausschluss der Anwendungsmöglichkeit des IAS 39 nicht zielführend sein könne und schwierige Einzelfragen im Rahmen der Bilanzierung komplexer Finanzinstrumente durch einen zu stark vereinfachten Basisstandard nicht gelöst werden können. Daher entschied sich das IASB dafür, gemäß IFRS-SME.11.2 ein Wahlrecht einzuräumen, ob vollständig auf die Vorschriften des IFRS for SMEs zurückgegriffen wird oder die allgemeinen Ansatz- und Bewertungsregeln des IAS 39 und lediglich die vereinfachten Offenlegungsvorschriften des IFRS for SMEs angewendet werden. Dabei ist jedoch zu beachten, dass dieses Wahlrecht einheitlich für alle Finanzinstrumente auszuüben ist.

Verhältnis zu IFRS 9

Der mögliche Rückgriff auf IAS 39 ist auch nach dem Inkrafttreten von IFRS 9 erhalten geblieben. Die zuletzt gültige Version von IAS 39 vor der Ablösung durch IFRS 9 ist also weiterhin relevant für den IFRS for SMEs. IFRS 9 bleibt in diesem Rahmen bis auf Weiteres ohne Bedeutung.

Zwei maßgebliche Kategorien

Der IFRS for SMEs unterscheidet bei Finanzinstrumenten in grundlegende Finanzinstrumente und sonstige Finanzinstrumente.[17] Grundlegende Finanzinstrumente sind gemäß IFRS-SME.11.5 etwa Zahlungsmittel(äquivalente), Forderungen, Darlehen, Anleihen und ähnliche finanzielle Verbindlichkeiten, normale Stammaktien, nicht wandelbare Vorzugsaktien sowie nicht kündbare sonstige Aktien. Sonstige Finanzinstrumente, die gemäß IFRS-SME.11.6 unter den Anwendungsbereich des IFRS-SME.12 fallen, sind hingegen beispielsweise asset-backed securities, Optionen, Futures und Zinsswaps. Im Vergleich zu IAS 39 verzichtet der IFRS for SMEs somit auf die Klassifizierung der Finanzinstrumente auf Grundlage der Verwendungsabsicht in vier Kategorien und gibt stattdessen zwei Kategorien vor, die sich weitgehend unabhängig von der Verwendungsabsicht durch die Substanz der Finanzinstrumente konstituieren.

Grundlegende Finanzinstrumente

Grundlegende Finanzinstrumente werden gemäß IFRS-SME.11.13 generell zu Anschaffungskosten erfasst. Davon ausgenommen sind Finanzinstrumente, die einen Finanzierungscharakter haben, die also langfristig Liquidität für das Unternehmen bereitstellen. Für diese Finanzinstrumente ist ein Barwertansatz vorgesehen, der sich aus der Summe der zum Marktzinssatz diskontierten zukünftigen Zahlungen aus dem Instrument ergibt. Im Rahmen der Folgebewertung grundlegender Finanzinstrumente zum Ende einer jeden Periode sieht der IFRS for SMEs Folgendes vor:

- Verschuldungsinstrumente werden grundsätzlich zu fortgeführten Anschaffungskosten unter Berücksichtigung der Effektivzinsmethode bewertet (vgl. dazu IFRS-SME.11.15 ff.). Ein ausnahmsloses Festhalten an diesem Grundsatz kann in Ausnahmesituationen jedoch zu ungewünschten Ergebnissen führen. Wird einem Unternehmen beispielsweise eingeräumt, ein geliefertes Auto erst in zwei Jahren zu bezahlen, so wirkt dieser Vorgang im Ergebnis wie ein zinsfreies Darlehen. Der Rückgriff auf die Effektivzinsmethode würde in diesem Fall ins Leere laufen und ein ökonomisch verzerrtes Ergebnis generieren. Gleiches gilt etwa auch für Kredite, deren Zinssatz vom Marktzinssatz abweicht. Der IFRS for SMEs bezeichnet derartige Transaktionen als Verschuldungsinstrumente mit Finanzierungscharakter, die zum Barwert zu bewerten sind, der sich aus den zum Marktzinssatz diskontierten zukünftigen Zahlungen des Instruments ergibt (vgl. IFRS-SME.11.13). Darüber hinaus verzichtet der IFRS for SMEs – wohl aus Vereinfachungsgründen – auch auf die Effektivzinsmethode im Falle kurzfristiger Verschuldungsinstrumente ohne Finanzierungscharakter, die zum nicht diskontierten erwarteten Zahlungsfluss zu bewerten sind.
- Investitionen in nicht wandelbare Vorzugsaktien sowie sonstige nicht kündbare Aktien werden im Falle eines öffentlich zugänglichen Handels GuV-wirksam zum beizulegenden Zeitwert bewertet. Dieser ist gemäß IFRS-SME.11.27 ff. zu ermitteln, wobei eine große Übereinstimmung mit der Hierarchie der Ermittlung des beizulegenden Zeitwerts nach IFRS 13 zu erkennen ist. Sollte kein öffentlich beobachtbarer Marktpreis vorliegen und der beizulegende Zeitwert

17 Vgl. für eine detaillierte Auflistung der grundlegenden Finanzinstrumente IFRS-SME.11.8 ff. und der sonstigen Finanzinstrumente IFRS-SME.11.6.

auch sonst nicht zuverlässig messbar sein, erfolgt eine Bewertung zu fortgeführten Anschaffungskosten.

Sonstige Finanzinstrumente

Im Gegensatz dazu werden die sonstigen Finanzinstrumente zwar auch grundsätzlich zum Anschaffungspreis angesetzt. Die Folgebewertung erfolgt hingegen grundsätzlich GuV-wirksam zum beizulegenden Zeitwert. Ausgenommen hiervon sind Eigenkapitalinstrumente, die nicht öffentlich gehandelt werden bzw. deren beizulegender Zeitwert nicht zuverlässig bestimmt werden kann. Diese Instrumente werden zu fortgeführten Anschaffungskosten bewertet. Im Wesentlichen übereinstimmend mit IAS 39.58 ff. ist darüber hinaus gemäß IFRS-SME.11.21 ff. jährlich ein Wertminderungstest für alle zu fortgeführten Anschaffungskosten bewerteten Finanzinstrumente vorzunehmen und der Wertansatz der Folgebewertung ggf. entsprechend zu korrigieren. Auch im Zuge der Bewertung von Finanzinstrumenten ist somit das Bestreben des IASB zu erkennen, zum Zwecke der Komplexitätsreduktion die Bilanzierung im Wesentlichen an die Substanz des Finanzinstruments und nicht an die Verwendungsabsicht des Unternehmens zu koppeln.

Komplexitätsreduktion im Rahmen der Ausbuchung

Neben deutlich verringerten Offenlegungsvorschriften (vgl. IFRS-SME.11.39 ff.) lässt sich darüber hinaus ein weiterer essentieller Unterschied zu IAS 39 im Rahmen der Regelungen zur Ausbuchung feststellen. Im Gegensatz zu den teilweise komplexen Prüfungsschritten des IAS 39.15 ff. reduziert der IFRS for SMEs die Bedingungen zur Ausbuchung im Wesentlichen auf drei Fälle und verzichtet damit vor allem auf die teilweise Bilanzierung eines Finanzinstruments im Rahmen des continuing involvement concept. Die Voraussetzungen für die (vollständige) Ausbuchung gemäß IFRS-SME.11.33 sind:

- Die vertraglichen Rechte hinsichtlich des Cashflows aus dem Finanzinstrument sind erloschen oder erfüllt.
- Es werden alle wesentlichen Chancen und Risiken des Instruments auf eine andere Partei übertragen.
- Das Unternehmen überträgt die Verfügungsmacht an dem Finanzinstrument auf eine andere Partei, sodass diese frei über das Instrument verfügen und dieses somit beispielsweise ohne Zustimmung des Unternehmens transferieren kann. Für den Fall, dass das Unternehmen wesentliche Chancen und Risiken zurückbehält, sind diese nach der Ausbuchung des Finanzinstruments separat anzusetzen. Dies gilt auch für den Fall, dass solche Chancen und Risiken erst durch den Transfer entstehen.

Falls eine Ausbuchung nicht zulässig ist, ist das Finanzinstrument weiter zum Buchwert zu bilanzieren. Gegebenenfalls vom „Käufer“ erhaltene Leistungen sind zu passivieren (IFRS-SME.11.34).

8 Wesentliche Unterschiede zum HGB

Im deutschen Handelsrecht wird bei der Bilanzierung von Finanzinstrumenten einerseits zwischen Aktiva und Passiva sowie andererseits zwischen Anlage- und Umlaufvermögen unterschieden. Unter den Wertpapieren des Anlagevermögens sind diejenigen Wertpapiere zu subsumieren, die dauerhaft gehalten werden, ohne dass dabei eine Beteiligungsabsicht bzw. eine Beteiligungsvermutung nach § 271 Abs. 1 Satz 3 HGB besteht. Wertpapiere des Umlaufvermögens dienen hingegen nur der vorübergehenden Anlage flüssiger Mittel und können in Anteile an verbundenen Unternehmen, eigene Anteile sowie sonstige Wertpapiere unterteilt werden. Hinzu kommen als weitere Finanzinstrumente Forderungen und Zahlungsmittel als Aktiva und Verbindlichkeiten als Passiva.

AK/HK als grundsätzliche Wertobergrenze

Unabhängig von der Zuordnung zum Anlage- oder Umlaufvermögen gelten in Deutschland für jeden Vermögensgegenstand und damit auch für finanzielle Vermögensgegenstände gemäß § 253 Abs. 1 Satz 1 HGB die Anschaffungs- oder Herstellungskosten grundsätzlich als Bewertungsobergrenze. Unrealisierte Gewinne, die sich aus einem höheren Börsen- oder Marktpreis zum Stichtag ergeben, dürfen somit in der Regel nicht ausgewiesen werden.

Bewertung zum beizulegenden Zeitwert nur für den Handelsbestand von Kredit- und Finanzdienstleistungsinstituten möglich

Diese strikte Anschaffungskostenorientierung im Bereich der Finanzinstrumente und die daraus resultierenden Diskrepanzen zur IFRS-Rechnungslegung waren ein wesentlicher Grund für die Entwicklung des Bilanzrechtsmodernisierungsgesetzes (BilMoG), welches u.a. eine Annäherung der deutschen Regeln an die IFRS anstrebte. Dennoch beschränkte der Gesetzgeber schlussendlich die Möglichkeit der Bewertung zum beizulegenden Zeitwert gemäß § 340e Abs. 3 HGB ausschließlich auf den Handelsbestand von Kredit- und Finanzdienstleistungsinstituten. Eine analoge Regel wurde in das Steuerrecht aufgenommen (§ 6 Abs. 1 Nr. 2b EStG). Die Abweichung zwischen IFRS-Rechnungslegung und HGB wird dadurch verschärft, dass selbst in diesem Spezialfall wesentliche Abweichungen bestehen. So ist zum einen der Zeitwert der Handelsbestände um einen angemessenen Risikoabschlag zu korrigieren. Darüber hinaus sind gemäß § 340e Abs. 4 HGB i.V.m. § 340g HGB jährlich mindestens 10 % der Nettoerträge in einen Fond für allgemeine Bankrisiken einzustellen. Dessen Auflösung ist gemäß § 340e Abs. 4 Satz 2 HGB nur zulässig, soweit er 50 % des Durchschnitts der Nettoerträge des Handelsbestands der letzten fünf Jahre übersteigt oder die Auflösung zum Ausgleich von Nettoaufwendungen des Handelsbestands verwendet wird.

Wertminderungen nach Niederstwertprinzip

Die GuV-wirksame Erfassung von Wertminderungen resultiert in Deutschland aus dem Niederstwertprinzip. Während außerplanmäßige Abschreibungen auf niedrigere Börsen- oder Marktpreise bzw. niedrigere beizulegende Werte am Abschlussstichtag bei Wertpapieren des Umlaufvermögens zwingend erforderlich sind (strenges Niederstwertprinzip gemäß § 253 Abs. 4 HGB), existiert im Anlagevermögen für Finanzanlagen bei voraussichtlich nur vorübergehender Wertminderung ein Abschreibungswahlrecht (gemildertes Niederstwertprinzip gemäß § 253 Abs. 3 Satz 4 HGB). Sind in Deutschland durch zwischenzeitlich gestiegene Börsen- oder Marktpreise die Gründe für eine in früheren Perioden vorgenommene

Wertberichtigung entfallen, so muss auch nach § 253 Abs. 5 HGB grundsätzlich eine Zuschreibung maximal bis zu den Anschaffungskosten erfolgen.

Verbindlichkeiten sind zum Erfüllungsbetrag anzusetzen

Verbindlichkeiten des Unternehmens sind grundsätzlich zum Erfüllungsbetrag anzusetzen (§ 253 Abs. 1 Satz 2 HGB). Dies verlangt unter Umständen die Aktivierung eines Disagios oder Passivierung eines Agios. Diese Rechnungsabgrenzungsposten sind dann über die Laufzeit der Verbindlichkeit GuV-wirksam aufzulösen. Eventuelle wechselkursbedingte Wertschwankungen sind imparitätisch zu erfassen, der Rückzahlungsbetrag multipliziert mit dem Briefkurs zum Entstehungszeitpunkt der Verbindlichkeit ergibt auf jeden Fall den Mindestwert der Verbindlichkeit.

Finanzderivate häufig nicht bilanzwirksam

Finanzderivate, deren Zugang nicht mit dem Abgang von Zahlungsmitteln verbunden war und die die Definition eines schwebenden Geschäfts erfüllen, werden nicht in der Bilanz angesetzt. Hierbei ist unter einem schwebenden Geschäft i.S.v. § 249 HGB ein vertraglich abgesichertes oder faktisch bindendes Geschäft zu verstehen, bei dem die Leistung noch nicht erbracht wurde. Falls allerdings ein Verlust aus dem Halten eines Finanzderivats droht, ist die Bildung einer Drohverlustrückstellung zu prüfen.

Ausbuchung

Für den Abgang von Finanzinstrumenten ist nach HGB der Verlust der rechtlichen Verfügungsgewalt maßgeblich. Gegebenenfalls ist allerdings ein verbleibendes Risiko als Rückstellung zu passivieren oder gemäß § 251 HGB als Haftungsverhältnis unterhalb der Bilanz anzugeben.

Angabepflichten

Zu Finanzderivaten sowie zu Finanzinstrumenten, die oberhalb ihres beizulegenden Zeitwerts ausgewiesen werden, sehen § 285 Satz 1 Nr. 18 bis 20 und § 314 Nr. 10 und 11 HGB umfangreiche Angabepflichten vor. Neben anderen Informationen ist auch deren beizulegender Zeitwert anzugeben. Des Weiteren fordern § 289 Abs. 2 Nr. 2 HGB bzw. § 315 Abs. 2 Nr. 1 HGB (Konzern-)Lageberichtsangaben zum Einsatz von Finanzinstrumenten im Rahmen des Risikomanagements.

Zahlreiche wesentliche Unterschiede zu IFRS

Es wird deutlich, dass sich die HGB-Vorschriften für Finanzinstrumente grundlegend von IFRS 9/IAS 39 unterscheiden. So werden Finanzinstrumente nach HGB imparitätisch GuV-wirksam bewertet, eine Zuschreibung von Vermögenswerten über die Anschaffungskosten hinaus ist also bis auf die Ausnahme des Handelsbestands von Kredit- und Finanzdienstleistungsinstituten nicht möglich. Termingeschäfte und Swaps werden als schwebende Geschäfte nicht bilanziert, sondern gegebenenfalls lediglich über eine Drohverlustrückstellung erfasst. Verbindlichkeiten werden nicht zum Barwert, sondern zum Erfüllungsbetrag angesetzt und für den Abgang von finanziellen Vermögenswerten ist weniger die wirtschaftliche, sondern eher die rechtliche Sichtweise maßgeblich.

Ausgewählte Literatur

Albrecht, M./Reinbacher, P./Niehoff, K./Derfuß, K., Bilanzierung von Finanzinstrumenten bei Kreditinstituten nach IFRS und HGB – Ein kritischer Vergleich unter besonderer Berücksichtigung strukturierter Finanzinstrumente, in: KoR, 13. Jg. (2013), S. 273-280.

Berger, J./Struffert, R./Nagelschmitt, S., Neue Klassifizierungs- und Bewertungsvorschriften für Finanzinstrumente – Endgültige Fassung von IFRS 9 veröffentlicht, in: WPg, 67. Jg. (2014), S. 1075-1088 u. 1127-1131.

Filusch, T./Mölls, S., „(Lifetime) Expected Credit Losses“ als Mechanismus der Verlustantizipation nach IFRS 9 – Operationalisierung der Schätzparameter in kritischer Betrachtung, in: KoR, 17. Jg. (2017), S. 249-255.

Jarolim, N./Öppinger, C., Bedeutung der Reklassifizierungsoptionen nach IAS 39 (amended 2008) nach dem Höhepunkt der Finanzkrise? Analyse der Umklassifizierungsmöglichkeiten im Zeitablauf 2008 bis 2011 – Inanspruchnahme, Gründe und Auswirkungen im europäischen Bankensektor, in: KoR, 13. Jg. (2013), S. 351-355.

Knobloch, A. P., Bilanzierung und Ausbuchung finanzieller Vermögenswerte nach IFRS 9 unter Berücksichtigung bilanzpolitischer Aspekte, in: KoR, 16. Jg. (2016), S. 169-178.

Schmidt, M., Rechnungslegung von Finanzinstrumenten: Abbildungskonzeptionen aus Sicht der Bilanztheorie, der empirischen Kapitalmarktforschung und der Abschlussprüfung, Wiesbaden 2005.

Schmidt, A./Barekzai, O./Hüttermann, K., Lieber ungefähr richtig, als genau falsch: Die Neuregelungen des IFRS 9 zur Wertminderung finanzieller Vermögenswerte, in: KoR, 15. Jg. (2015), S. 344-356.

Schmidt, M./Pittroff, E./Klingels, B., Finanzinstrumente nach IFRS: Bilanzierung, Absicherung, Publizität, München 2007.

Übungsaufgaben

Aufgabe 1:

Die in Köln ansässige Kölsch AG erstellte bis einschließlich 2020 einen HGB-Konzernabschluss. Für das Jahr 2021 wird der Konzernabschluss erstmalig nach den IFRS erstellt. Um Vergleichszahlen zu erhalten, wurde auch der Konzernabschluss 2020 rückwirkend auf die IFRS umgestellt. Der Steuersatz der Kölsch AG liegt bei 25 %.

a) Die Kölsch AG hat 2020 und 2021 die nachfolgend aufgeführten Wertpapiertransaktionen (Beträge in €) getätigt. Buchen Sie die Geschäftsvorfälle 2020 und 2021 sowohl nach HGB als auch nach IAS 39 und IFRS 9.

Wertpapiergattung	Anschaffungsdatum Anschaffungskosten	Börsenkurs am 31.12.2020	Börsenkurs am 31.12.2021	Veräußerungsdatum Veräußerungspreis
Aktien A (Available-for-Sale, Anlagevermögen)	01.02.2020 120.000	140.000	—	03.07.2021 120.000
Aktien B (Available-for-Sale, Anlagevermögen)	21.07.2020 100.000	90.000	100.000	—
Aktien C (Trading)	30.09.2020 70.000	60.000	110.000	—

Hinweis: Bei der IFRS-Bilanzierung wählt die Kölsch AG eine Vorgehensweise, die sich möglichst wenig auf den Jahresüberschuss auswirkt. Bei der HGB-Bilanzierung wird zudem bei Wertschwankungen unter die Anschaffungskosten – soweit möglich – auf Abschreibungen verzichtet. Gehen Sie zudem davon aus, dass im vorliegenden Fall die steuerrechtliche Verbuchung derjenigen nach HGB folgt.

b) Buchen Sie für die unter a) aufgeführten Wertpapiere für 2021 die Korrektur von HGB auf IAS 39 sowie auf IFRS 9.

Aufgabe 2:
Die Gerida AG hat zum Beginn des Geschäftsjahres 2021 ein Aktienpaket eines Konkurrenten erworben. Für 70.000 Aktien der Compet AG sind je 35 € gezahlt worden. An Bankprovisionen fielen noch einmal insgesamt 25.000 € an. Kurz- und mittelfristig ist kein Verkauf dieser Anteile geplant. Das Management behält sich vor, diese strategische Position in Zukunft aufzustocken. Eine Beherrschungsmöglichkeit („control") oder ein maßgeblicher Einfluss ist derzeit aber nicht gegeben. Zum 31.12.2021 notierte die Compet-Aktie bei 42 €. Steuerlatenzen sind zu vernachlässigen.

Welche unterschiedlichen Möglichkeiten der Verbuchung dieses Geschäftsvorfalls existieren nach IAS 39 und IFRS 9? Geben Sie die jeweiligen Buchungssätze an und diskutieren Sie die jeweiligen Auswirkungen auf Eigenkapital und Gewinn oder Verlust.

Aufgabe 3:
Die bisher nach HGB bilanzierende Hardy AG hält die in der Tabelle aufgeführten Finanzinstrumente in ihrem Bestand (in T€). Im Rahmen der Umstellung auf IFRS zum 31.12.2021 fragt sich der Leiter des Konzernrechnungswesens, wie der Bestand nach IFRS bilanziell abzubilden wäre.

Name	Art	Anschaffungs-kosten (31.12.2018)	Marktwert 31.12.2019	Marktwert 31.12.2020	Marktwert 31.12.2021
Stan AG	Aktie	20.000	30.000	25.000	18.000
Laurel AG	Aktie	40.000	45.000	35.000	43.000
Oliver AG	Anleihe	95.000	98.000	99.000	100.000

Die steuerrechtliche Bilanzierung der Wertpapiere, bei denen es sich durchgehend um Minderheitsbeteiligungen handelt, erfolgt bei der Hardy AG analog zu der HGB-Verbuchung, wobei die Hardy AG einem Ertragsteuersatz von 30 % unterliegt. Gehen Sie bei der Anleihe davon aus, dass handels- und steuerrechtlich wie nach den Vorschriften von IAS 39 bilanziert wurde.

Nennen Sie für sämtliche Wertpapiere und evtl. Zinszahlungen die originären Buchungssätze nach IAS 39/IFRS 9 für die Geschäftsjahre 2019 bis 2021. Berücksichtigen Sie dabei folgende Zusatzangaben:

- Die Hardy AG möchte den Ausweis von beizulegenden Zeitwerten und hieraus resultierender GuV-Wirkungen möglichst vermeiden.
- Aktie Stan AG wird im Handelsbestand gehalten.
- Aktie Laurel AG ist Teil einer langfristigen Anlagestrategie. Im Jahr 2020 lag eine dauerhafte Wertminderung vor, die auch nach IAS 39 zu einer Wertminderung führen würde.
- Anleihe Oliver AG hat einen Nennwert von 100.000 T€, Nominalzins 5 %, Effektivzins 6,9 %, Laufzeitende 31.12.2021 mit Halteabsicht bis zur endfälligen Tilgung.

Kapitel 18
Sicherungsbeziehungen

Weltweit wurden laut der World Federation of Exchanges im Jahr 2019 Eigenkapitaltitel im Gesamtvolumen von 92.726.358.700.000 US-$, also beinahe 93 Billionen US-$, gehandelt. Darüber hinaus wurden im Jahr 2019 Fremdkapitaltitel im Gesamtvolumen von weiteren 37 Billionen US-$ gehandelt.

Wissen Sie, wie hoch demgegenüber der Handelsumsatz der wichtigsten im Jahr 2019 gehandelten Derivate, also insbesondere Optionen und Futures, ist? Die Antwort können Sie der nachfolgenden Tabelle 18.1 entnehmen.

Derivatekategorie	**Handelsumsatz 2019 in US-$**
Equity Index Options	132.180.532.000.000
Equity Index Futures	176.026.675.000.000
Interest Rate Options	535.567.459.000.000
Interest Rate Futures	1.773.776.574.000.000
Commodity Option	8.037.664.000.000
Commodity Futures	374.528.588.000.000
Summe	**3.000.117.492.000.000**

Tab. 18.1: Werte gehandelter Derivate. Quelle: World Federation of Exchanges

Die Gesamtsumme ist Schwindel erregend: 3 Billiarden US-$, also mehr als das 34-fache des Weltwirtschaftsprodukts. Hinzu kommen OTC-Derivate, also Derivate, die außerhalb des börslichen Handels (over the counter) gehandelt werden. Allein die Summe der entsprechenden Basiswerte betrug Ende 2019 laut der Bank for International Settlements ca. 559 Billionen US-$.

Wofür gibt es diese Derivate, deren Grundstrukturen bereits in Kapitel 17 erläutert wurden? Neben der Spekulation dienen sie vor allem der Absicherung von bestimmten Grundgeschäften hinsichtlich bestimmter Risiken. Rohstofferzeuger und produzierende Unternehmen sichern sich z.B. gegen Preisschwankungen, Banken gegen Zinsänderungen, Getränkehersteller gegen verregnete Sommer und Regierungen gegen Pandemien ab. Sie haben sich nicht verlesen. In der Vergangenheit wurden tatsächlich Fremdkapitalprodukte ausgegeben, deren Zins- und Tilgungszahlungen vom Ausbruch einer Pandemie abhängen;[1] ein Risiko, das einem Investor im Jahr 2017 möglicherweise als recht unwahrscheinlich erschienen sein muss.

Als Teil so genannter Sicherungsbeziehungen bilden Derivate somit eine zentrale Säule der internationalen Finanzmärkte, auf denen sie u.a. zur Risikoabsicherung eingesetzt werden. Ihre Chance liegt in dem relativ geringen finanziellen Einsatz, den es erfordert, um sie zu erwerben, bei gleichzeitig hohem Wertänderungspotenzial – was ihnen eine „Hebelwirkung" verleiht. Was glauben Sie, was

1 Die Abhängigkeit der Zins- und Tilgungszahlungen vom Eintritt eines externen Ereignisses (hier: einer Pandemie) ist als eingebettetes Derivat des ausgegebenen Bonds zu werten.

es kosten würde, den gesamten OTC-Markt der Derivate zu erwerben? Etwa 12 Billionen US-$, also gerade einmal ungefähr 2,1 % der Basiswerte. Demgegenüber besteht ihr Risiko darin, dass hohe (im Falle von Stillhalterpositionen sogar unbegrenzte) Verluste möglich sind. Sie sehen, Finanzderivate und die mit ihnen gebildeten Sicherungsbeziehungen sind aus dem modernen Wirtschaftsgeschehen nicht mehr wegzudenken.

Nach Bearbeitung dieses Kapitels kennen Sie die ökonomischen Motive zur Bildung von Sicherungsbeziehungen und verstehen, wie deren Elemente ökonomisch miteinander zusammenhängen. Sie sind mit den in IAS 39 und IFRS 9 verankerten Normen zur Sicherungsbilanzierung vertraut, auf deren Basis die Verbindung von Grundgeschäften mit Sicherungsinstrumenten zu „fair value hedges“ oder „cash flow hedges“ ökonomisch richtig – also ohne „accounting mismatch“ – abgebildet werden kann. Lernziele „Kennen“

Sie können für einfache praxisnahe Sachverhalte die grundsätzliche Zulässigkeit einer beabsichtigten Sicherungsbilanzierung beurteilen sowie eine buchhalterische Abbildung skizzieren. Zudem können Sie die Effektivität der Sicherungsbilanzierung nachweisen und dokumentieren. Lernziele „Anwenden“

Diese Kenntnisse befähigen Sie zu beurteilen, inwieweit die Sicherungsbilanzierung aus Adressatensicht entscheidungsnützliche Informationen über die zugrunde liegenden Sicherungsbeziehungen vermittelt. Sie können für praxisnahe Sachverhalte die informationsökonomischen Vor- und Nachteile der Sicherungsbilanzierung abschätzen. Lernziele „Bewerten & Gestalten“

1 Grundlagen

1.1 Ökonomische und bilanzielle Hintergründe der Sicherungsbilanzierung

Problem der Sicherungsbilanzierung

Was ist Sicherungsbilanzierung und warum erscheint sie in bestimmten Fällen sinnvoll und notwendig? Diese Frage soll anhand eines einführenden Beispiels beantwortet werden.

Beispiel 18.1

Die Invest AG hält zu Beginn des Jahres 2021 eine US-$-Verbindlichkeit, deren Nennwert von 10 Mio. US-$ am 01.01.2022 fällig wird. Zinszahlungen fallen nicht an. Bislang notierten US-$ und Euro zur Parität. In der Finanzierungsabteilung herrscht allerdings die Befürchtung, dass der US-$-Kurs im Laufe des Jahres 2021 deutlich steigen wird und dass die Invest AG somit am 01.01.2022 mehr Euro aufwenden muss, um den US-$-Kredit zu tilgen, als bei heutigem Kurs. Deswegen schließt die Invest AG am 01.01.2021 ein Devisentermingeschäft ab. Dieses Geschäft verpflichtet die Invest AG, zum 01.01.2022 den Betrag von 10 Mio. US-$ zu einem Terminkurs von 1,05 €/US-$ zu erwerben. Mit diesen auf Termin gekauften US-$ ist die Invest AG dann in der Lage, die Verbindlichkeit zu tilgen. Da das Termingeschäft für die Invest AG die Verpflichtung bedingt, die US-$ auch tatsächlich für 1,05 €/US-$ zu kaufen, besteht aus Sicht der Invest AG nun kein Währungsrisiko mehr: Sicher ist, dass sie am 01.01.2022 die Verbindlichkeit zum Terminkurs tilgen wird, also für 10,5 Mio. €.

Wie sähe nun die bilanzielle Abbildung zum Ende des Jahres 2021 aus, wenn angenommen wird, dass das Termingeschäft gemäß Einzelbewertungsgrundsatz als schwebendes Geschäft unter eventueller Bildung einer Drohverlustrückstellung bilanziert wird? Die untenstehende Tabelle beantwortet diese Frage in Abhängigkeit von der möglichen Entwicklung des US-$ Kurses:

Szenario **Werte in T€ zum 31.12.2021**	**US-$ fällt**	**US-$ konstant**	**US-$ steigt**
US-$ Kurs [€/US-$]	0,90	1,00	1,10
Buchwert Verbindlichkeit	9.000	10.000	11.000
Ertrag (+)/Aufwand (-) Verbindlichkeit	1.000	0	-1.000
Ertrag (+)/Aufwand (-) Rückstellung	-1.500	-500	0
Gewinn oder Verlust	-500	-500	-1.000

Aus ökonomischer Sicht müsste der Verlust unabhängig von der Entwicklung des US-$ Kurses 500 T€ betragen, da die Verbindlichkeit zum 01.01.2022 in jedem Fall für 10,5 Mio. € getilgt werden wird. Bei isolierter Betrachtung der Entwicklungen der Verbindlichkeit und des Termingeschäfts schlägt sich diese ökonomische Perspektive jedoch nicht zwangsläufig im ausgewiesenen Gewinn oder Verlust des Unternehmens nieder. Im Falle eines drohenden Verlustes aus dem Devisentermingeschäft wird die GuV-wirksam erfasste Entwicklung der Verbindlichkeit zwar durch eine Drohverlustrückstellung kompensiert und ein ökonomisch korrektes Ergebnis ausgewiesen. Im Falle eines zu erwartenden Gewinns aus dem Devisentermingeschäft unterbleibt diese Korrektur jedoch, da nicht realisierte Gewinne aus schwebenden Geschäften nicht GuV-wirksam erfasst werden dürfen. Das Unternehmen weist in diesem Fall einen Verlust aus, der nicht der ökonomischen Realität entspricht.

Grundidee zur Vermeidung von Verzerrungen

Wie sind solche bilanziellen Verzerrungen zu vermeiden? Aus theoretischer Sicht ist für abgesicherte bilanzwirksame Risiken die Antwort einfach: Alle Vermögenswerte und Schulden, also auch das Sicherungsinstrument und das zu sichernde Grundgeschäft, sind hinsichtlich des gesicherten Risikos gleich zu bewerten. Dies führte dazu, dass die ökonomisch geplante Risikoabsicherung auch bilanziell erkennbar und beurteilbar wird. In dem hier vorliegenden Beispiel wäre dies zu erreichen, wenn die Wertsteigerung des Termingeschäfts auf 500 T€ im Szenario steigender US-$-Kurse ebenso GuV-wirksam erfasst werden würde wie die wechselkursbedingte Erhöhung der Verbindlichkeit. Dies würde dann zu dem ökonomisch korrekten Verlust von -500 T€ führen.

Problem lediglich geplanter Transaktionen

Wie ist aber vorzugehen, wenn eine bisher lediglich geplante Transaktion, wie ein beabsichtigtes ausländisches Investment, oder die geplante Beschaffung von Rohstoffen im Folgejahr, abgesichert wird? Wenn in leichter Abwandlung des obigen Beispiels nicht eine bereits bestehende Verbindlichkeit, sondern ein für das Folgejahr geplanter Kauf von Rohstoffen in US-$ durch ein Termingeschäft abgesichert wird, kann eine ökonomisch sinnvolle bilanzielle Darstellung der Sicherungsbeziehung nicht ohne weiteres gewährleistet werden. Im Gegensatz zu Beispiel 18.1 besteht der Grund der Verzerrung in diesem Fall jedoch gerade nicht im Verzicht auf die GuV-wirksame Erfassung von Gewinnen aus schwebenden Geschäften. Sollte sich ein Gewinn aus dem schwebenden Geschäft ergeben, so wird dieser, genauso wie die geplante Transaktion, nicht GuV-wirksam erfasst, was zu einem unverzerrten Ergebnisausweis führt. Sollte jedoch ein Verlust aus dem Termingeschäft drohen, so wird dieser, wie in Beispiel 18.1, GuV-wirksam durch die Bildung einer entsprechenden Drohverlustrückstellung erfasst. In Kombination mit dem auch in diesem Fall weiterhin bestehenden Verzicht auf die bilanzielle Erfassung und GuV-wirksame Folgebewertung der geplanten Transaktion führt dies jedoch zu einem verzerrten Ergebnis; schließlich geht das Unternehmen das Risiko des Verlustes aus dem Termingeschäft nicht um seiner selbst willen ein, sondern um ökonomische Sicherheit hinsichtlich einer verbindlich geplanten unternehmerischen Disposition zu erlangen. Während die stets GuV-wirksame Folgebewertung des Termingeschäfts zum beizulegenden Zeitwert in der Fallkonstellation von Beispiel 18.1 einen ökonomisch korrekten Gewinn oder Verlust somit sicherstellt, führt sie im Falle einer noch nicht bilanzwirksamen geplanten Transaktion zu einer ökonomisch verzerrten Darstellung der Lage des Unternehmens.

Sicherungsinstrument und gesichertes Grundgeschäft bilden Sicherungsbeziehung

Die Verhinderung der aufgezeigten bilanziellen Verzerrungen (accounting mismatch) ist Aufgabe der so genannten Sicherungsbilanzierung (hedge accounting) – der bilanziellen Abbildung von Sicherungsbeziehungen. Eine Sicherungsbeziehung besteht stets aus einem Sicherungsinstrument (hedging instrument) und einem Grundgeschäft (hedged item), das bezüglich eines bestimmten Risikos (hedged item) durch das Sicherungsinstrument abgesichert wird. Diese drei Komponenten stehen in einem ökonomischen Zusammenhang zueinander, der bei individueller bilanzieller Erfassung der Komponenten nicht hinreichend korrekt dargestellt werden würde. Der Grundgedanke zur Beseitigung der Verzerrungen ist dabei recht intuitiv:

- Wo immer möglich, sollen zu sicherndes Grundgeschäft und Sicherungsinstrument hinsichtlich des gesicherten Risikos gleich bewertet werden. Die hieraus jeweils resultierenden Gewinne und Verluste sind GuV-wirksam zu erfassen, sodass sie sich bei perfekter Absicherung gegenseitig ausgleichen, sodass der ökonomische Effekt von null auch in der GuV erscheint.
- Wenn dies nicht möglich erscheint, dann soll die Wertentwicklung des Sicherungsinstruments so lange GuV-neutral behandelt werden, bis sie durch eine

gegenläufige Wertentwicklung des zu sichernden Grundgeschäfts GuV-wirksam kompensiert wird.

Umsetzung des Konzepts durch IAS 39 und IFRS 9

Sicherungsbeziehungen werden derzeit durch zwei Standards in einer seltenen Koexistenz geregelt. So hat ein bilanzierendes Unternehmen die Wahl, ob es die Regelungen des IAS 39 anwendet oder auf die Regelungen in IFRS 9 zurückgreift (IFRS 9.7.2.21).[2] Im Konzept sind beide Standards identisch: eine Sicherungsbeziehung besteht aus (1) einem Grundgeschäft, dessen (2) risikoinduzierte Wertentwicklung mit Hilfe eines (3) geeigneten Sicherungsinstruments (ökonomisch wie bilanziell) neutralisiert werden soll. Lediglich in der Ausgestaltung dieser Anforderungen bestehen Unterschiede, die in den nachfolgenden Abschnitten dargestellt und diskutiert werden.

Bilanzanalytische Auswirkungen

Zunächst sei jedoch darauf verwiesen, dass der berichterstattende Manager frei darüber entscheiden kann, ob er die Sicherungsbilanzierungsregeln tatsächlich anwendet. Dies führt dazu, dass das Management die in Beispiel 18.1 aufgezeigten Ergebnisverzerrungen in sein bilanzpolitisches Kalkül einbeziehen kann. Im Falle steigender US-$ Kurse kann er schließlich im Jahresabschluss 2021 einen zusätzlichen Aufwand i.H.v. 500 T€ verbuchen und im Jahresabschluss 2022 durch die GuV-wirksame Abwicklung des Termingeschäfts einen zusätzlichen Ertrag i.H.v. 500 T€. Anreize, ein derartiges „Nullsummenspiel" zu betreiben, gibt es zur Genüge. So könnte der Manager einerseits versuchen, Schwankungen in den Ergebnissen des Unternehmens zu glätten. Andererseits könnte er aber auch an einem sog. „big bath accounting" interessiert sein. Bei dieser insbesondere nach Managementwechseln zu beobachtenden bilanzpolitischen Maßnahme versuchen Manager, in einem Geschäftsjahr möglichst hohe Verluste zu erzielen, um in den folgenden Perioden höhere Gewinne ausweisen zu können. Dem könnte man nun aus theoretischer Sicht entgegenhalten, dass Investoren und Analysten die Ergebnisverzerrungen durch die Analyse der Anhangsangaben des Unternehmens interpretieren und antizipieren könnten. Forschung und Praxis zeigen jedoch, dass dies nur eingeschränkt der Fall ist. Zunächst ist festzustellen, dass die Risikoberichte und die Anhangsangaben zur Sicherungsbilanzierung in der Praxis äußerst komplexe und sehr umfangreiche Informationen enthalten. Somit ist zumindest zu befürchten, dass vor allem unerfahrene Adressaten von den entsprechenden Angaben überfordert werden. Außerdem lässt sich feststellen, dass die Adressaten den Anhang und den Lagebericht des Unternehmens ohnehin tendenziell vernachlässigen, und dass selbst erfahrenere Investoren und Analysten Informationen im Anhang relativ zu Informationen in der Bilanz und

2 Im Falle der Anwendung des IFRS 9 kann das Unternehmen weiterhin die Ausnahme zum Portfolio Hedge Accounting von Zinsrisiken gemäß IAS 39.81A in Anspruch nehmen (IFRS 9.6.1.3).

der GuV untergewichten.[3] Es ist daher anzunehmen, dass der durchschnittliche Adressat die bilanzielle Gestaltung des Managers wahrscheinlich nicht identifizieren und korrigieren würde.

1.2 Gesichertes Grundgeschäft

Erinnern Sie sich noch? Sicherungsbeziehungen basieren auf dem Grundgedanken, dass ein Unternehmen Sicherungsinstrumente nicht zu Spekulationszwecken erwirbt, sondern damit existierende und geplante unternehmerische Transaktionen absichern möchte. Das Fundament einer jeden Sicherungsbilanzierung ist daher stets ein Grundgeschäft, für das IAS 39/IFRS 9 eine Sicherungsbilanzierung zulassen.[4]

IAS 39.78 bzw. IFRS 9.6.3.1 unterscheiden grundsätzlich vier unterschiedliche Gruppen von Grundgeschäften, wobei IFRS 9.6.3.2 die Voraussetzung der zuverlässigen Messbarkeit des Grundgeschäfts besonders betont:

- Vermögenswerte und Schulden, wie z.B. Fremdwährungsforderungen und -verbindlichkeiten,
- bilanzunwirksame bestehende Verpflichtungen (schwebende Geschäfte) zur Abwicklung einer künftigen Transaktion, wie z.B. der bereits vertraglich abgesicherte künftige Kauf von Rohöl in US-$,
- eine mit hoher Wahrscheinlichkeit erwartete Transaktion, zu der allerdings noch keine Verpflichtung besteht, wie z.B. der geplante Kauf einer Fertigungsanlage von einem ausländischen Lieferanten, und
- ein Fremdwährungsinvestment in einen ausländischen Geschäftsbetrieb, wie z.B. ein Kredit, der in Yen aufgenommen wurde, um ein japanisches Tochterunternehmen, dessen funktionale Währung der Yen ist, zu finanzieren.

Dabei sind jedoch zwei wesentliche Ausnahmen zu berücksichtigen:

- Die Absicht, eine Gesellschaft im Rahmen eines Unternehmenskaufs zu erwerben, kann nicht abgesichert werden, da das daraus resultierende Risiko im Wesentlichen ein allgemeines Geschäftsrisiko darstellt. Davon ausgenommen

3 Vgl. *Pellens, B./Ahlich, K./Schmidt, A.*, Verhalten und Präferenzen deutscher Aktionäre 2018 – Eine Befragung von privaten und institutionellen Anlegern zum Informationsverhalten, zur Dividendenpräferenz und zur Wahrnehmung von Stimmrechten, in: Deutsches Aktieninstitut e. V. (Hrsg.), Studien des deutschen Aktieninstituts, Frankfurt a. M. 2019.; *Ahmed, A. S./Kilic, E./Lobo, G. J.*, Does Recognition versus Disclosure Matter? Evidence from Value-Relevance of Banks' Recognized and Disclosed Derivative Financial Instruments, in: ACCR, Vol. 81 (2006), S. 567-588.

4 Es sei darauf verwiesen, dass der Begriff der „Zulässigkeit" in diesem Kapitel im Hinblick auf die Möglichkeit definiert ist, eine bilanziell wirksame Sicherungsbeziehung i.S.v. IAS 39/IFRS 9 zu etablieren. Es gibt allerdings auch ökonomisch sinnvolle und praxisrelevante Sicherungsbeziehungen, für die nach IAS 39/IFRS 9 keine Sicherungsbilanzierung zulässig ist (vgl. dazu Abschnitt 18.5).

sind die aus der Finanzierung des Kaufs eventuell resultierenden Fremdwährungsrisiken (IAS 39.AG98 bzw. IFRS 9.B6.3.1).

- At-Equity bilanzierte oder konsolidierte Unternehmensanteile können ebenfalls nicht abgesichert werden, da ihre bilanzielle Abbildung nicht gemäß dem eventuell nicht messbaren Marktwert schwankt, sondern gemäß dem periodischen Geschäftsverlauf der jeweiligen Unternehmen. Dieses Risiko ist wiederum ein allgemeines Geschäftsrisiko und kann nicht abgesichert werden (IAS 39.AG99 bzw. IFRS 9.B6.3.2).

Externer Vertragspartner nötig

Grundsätzliche Voraussetzung für die Zulässigkeit eines Grundgeschäfts ist gemäß IAS 39.80 bzw. IFRS 9.6.3.5 ein Vertragspartner außerhalb der rechnungslegenden Einheit. Eine Ausnahme besteht zum einen für GuV-wirksam zum beizulegenden Zeitwert bewertete Transaktionen zwischen Investmentgesellschaften im Sinne von IFRS 10 und ihren Tochterunternehmen. Zum anderen besteht eine Ausnahme für (geplante) Fremdwährungstransaktionen zwischen zwei konsolidierten Unternehmen, falls die aus ihnen resultierenden Währungseffekte nicht vollständig durch die Konsolidierung eliminiert werden und somit die Konzernergebnisrechnung beeinflussen (IAS 39.80, IFRS 9.6.3.5 f.). Dies kann nach IAS 21 dann eintreten, wenn die beiden Unternehmen unterschiedliche funktionale Währungen besitzen, die wiederum von der funktionalen Währung des Mutterunternehmens abweichen.

Absicherung von Komponenten möglich; IAS 39 allerdings restriktiver als IFRS 9

Grundgeschäfte müssen allerdings nicht vollständig abgesichert werden. Vielmehr können grundsätzlich auch nur einzelne Komponenten gesichert werden. In der Ausgestaltung dieses Grundsatzes unterscheiden sich IAS 39 und IFRS 9 jedoch wesentlich. So erlaubt IAS 39.81 zwar die Absicherung einzelner Komponenten von finanziellen Vermögenswerten und Schulden, sofern es sich um separat identifizierbare Risikokomponenten des Geschäfts handelt, die verlässlich messbar sind. Gemäß IAS 39.AG99F(a) ist dies z.B. bei festverzinslichen Finanzinstrumenten für den risikolosen Zinssatz erfüllt. Nichtfinanzielle Grundgeschäfte können jedoch gemäß IAS 39.82 nur in ihrer Gesamtheit oder hinsichtlich ihres Fremdwährungsrisikos abgesichert werden, da sich die Isolation und Messung einzelner Risikokomponenten von nichtfinanziellen Grundgeschäften oftmals als schwierig erweist. IFRS 9.6.3.7 gibt demgegenüber die Unterscheidung in finanzielle und nichtfinanzielle Grundgeschäfte auf und erlaubt grundsätzlich die Designation von einzelnen Risikokomponenten, sofern diese separat identifizierbar und verlässlich messbar sind.[5]

Gruppenbildung ebenfalls möglich; IAS 39 allerdings restriktiv

Neben der Absicherung einzelner Komponenten sehen sowohl IAS 39 als auch IFRS 9 grundsätzlich die Möglichkeit vor, Gruppen von Grundgeschäften zu bilden. IAS 39.83 stellt dabei allerdings die Anforderung einer weitgehend homogenen Risikostruktur. Eine Gruppenbildung von zu sichernden Grundgeschäften muss demnach so erfolgen, dass die risikoinduzierten Wertänderungen der einzelnen Grundgeschäfte im Wesentlichen proportional zur risikoinduzierten Wertänderung des Gesamtportfolios verlaufen. Demnach kann eine Gruppe

5 Vgl. IFRS 9.B6.3.10 für diverse Beispiele zur Umsetzung dieses Grundsatzes.

keine gegenläufigen Positionen beinhalten. Auch die Absicherung einer aus einer Gruppenbildung resultierenden Nettoposition ist gemäß IAS 39.84 grundsätzlich unzulässig. Eine Sonderregel gilt für Gruppen von festverzinslichen finanziellen Vermögenswerten und Schulden, die als Grundgeschäft gegen Zinsschwankungen abgesichert werden (IAS 39.81A).[6] Diese Portfolios sind gemäß ihrer Laufzeiten anhand so genannter Laufzeitenbänder in Gruppen mit ähnlichen erwarteten Fälligkeitsterminen bzw. ähnlichen erwarteten Anpassungen an Marktzinsen aufzuteilen. Jede Gruppe für sich ist dann als gesichertes Grundgeschäft zulässig.[7]

IFRS 9 weniger restriktiv

Die Regelungen des IFRS 9 sind weniger restriktiv. So ist grundsätzlich jede Gruppe (und damit auch eine aus einer Gruppenbildung resultierende Nettoposition) als Grundgeschäft zulässig (IFRS 9.6.6.1).[8] Voraussetzung dafür ist, dass die einzelnen Bestandteile der Gruppe je für sich genommen zulässige Grundgeschäfte wären und darüber hinaus nachgewiesen werden kann, dass die Gruppe im Rahmen des Risikomanagements auch tatsächlich als Gruppe behandelt wird. Als Nachweis für die letztere Anforderung dient dabei gemäß IFRS 9.B6.6.1 vor allem eine Entsprechenserklärung des zuständigen „Managements in Schlüsselpositionen“ im Sinne des IAS 24. Gemäß IAS 24.9 sind dies Personen, die für die Planung, Leitung und Überwachung der Tätigkeiten des Unternehmens direkt oder indirekt zuständig und verantwortlich sind. Im vorliegenden Fall umfasst dies im Wesentlichen den für das Risikomanagement verantwortlichen Personenkreis und insbesondere den Chief Risk Officer (CRO).

1.3 Sicherungsinstrument

Wurde im ersten Schritt ein zulässiges Grundgeschäft identifiziert, geht es nun im zweiten Schritt darum, welches Sicherungsinstrument geeignet ist, dieses Grundgeschäft bezüglich eines spezifischen Risikos abzusichern. Dabei ist zu beachten, dass nicht jedes theoretisch zulässige Sicherungsinstrument zu jedem Grundgeschäft passt. Damit steigt nun der Schwierigkeitsgrad. Nachdem im ersten Schritt die Zulässigkeit eines Grundgeschäfts noch isoliert zu betrachten war, ist nun ein zum Grundgeschäft passendes Sicherungsinstrument zu finden.

Grundsätzlich vor allem Finanzderivate als Sicherungsinstrument denkbar

Um eine ökonomisch sinnvolle Absicherung zu ermöglichen, sollte die Wertentwicklung des Sicherungsinstruments der Wertentwicklung des gesicherten Grundgeschäfts zunächst nach Möglichkeit betragsgleich entgegenlaufen. Es ist daher nicht verwunderlich, dass sowohl IAS 39 als auch IFRS 9 besondere Betonung auf den Einsatz von derivativen Finanzinstrumenten als potenzielle Siche-

6 Im Falle der Anwendung des IFRS 9 kann das Unternehmen weiterhin diese Ausnahme in Anspruch nehmen (IFRS 9.6.1.3).

7 Vgl. hierzu *Kropp, M./Klotzbach, D.*, Der Vorschlag des IASB zum Makro Hedge Accounting, in: WPg, 56. Jg. (2003), S. 1180-1192; vgl. insbesondere auch IAS 39.AG114 ff.

8 Vgl. dazu auch IFRS 9.6.3.4, der explizit ein aggregiertes Risiko-Exposure aus einem Grundgeschäft und einem derivativen Finanzinstrument als Grundgeschäft zulässt. Vgl. außerdem IFRS 9.6.6.3, der die Designation sog. Layer zulässt.

rungsinstrumente legen, da diese durch ihre Konstruktion eine solche Kompensationswirkung entfalten können. Während IAS 39.72 jedoch grundsätzlich keine weiteren Einschränkungen definiert, weist IFRS 9.6.2.1 darauf hin, dass nur solche Derivate geeignet seien, die GuV-wirksam zum beizulegenden Zeitwert bewertet werden.[9]

Nicht derivative Finanzinstrumente mit Einschränkungen verwendbar

Dennoch kann auch der Einsatz nicht derivativer Finanzinstrumente sinnvoll erscheinen. IAS 39.72 beschränkt den Einsatz dieser Finanzinstrumente zwar auf die Absicherung von Währungsrisiken, unterstreicht aber, dass sich in diesem Fall insbesondere zu Anschaffungskosten bewertete finanzielle Vermögenswerte zur Absicherung eignen (IAS 39.AG95). IFRS 9 ist demgegenüber offener hinsichtlich des Einsatzes nicht derivativer Finanzinstrumente. So können gemäß IFRS 9.6.2.2 grundsätzlich alle nicht derivativen Finanzinstrumente Sicherungsinstrument sein. Voraussetzung dafür ist allerdings, dass diese vollumfänglich GuV-wirksam zum beizulegenden Zeitwert bewertet werden. So kann beispielsweise eine finanzielle Verbindlichkeit nicht als Sicherungsinstrument designiert werden, wenn gemäß IFRS 9.5.7.7 Wertänderungen, die auf Änderungen des Kreditrisikos der Verbindlichkeit zurückzuführen sind, GuV-neutral im sonstigen Ergebnis verbucht werden.

Externer Vertragspartner nötig

Unabhängig davon, welche Art von Finanzinstrumenten das Unternehmen zur Absicherung einsetzen möchte, gilt jedoch, dass sich der Vertragspartner des Sicherungsinstruments außerhalb der rechnungslegenden Einheit befinden muss (IAS 39.73 bzw. IFRS 9.6.2.3). Dies schließt zum einen den Einsatz eigener Aktien des Unternehmens als Sicherungsinstrument aus (IAS 39.AG97 bzw. IFRS 9.B6.2.2).[10] Zum anderen kann die Beurteilung der Eignung eines Finanzinstruments als Sicherungsinstrument von der Art des zu erstellenden Abschlusses abhängen. So ist zwar die Klassifizierung eines Finanzinstruments, deren Vertragspartner konzernzugehörige Gesellschaften sind, als Sicherungsinstrument im Rahmen des Konzernabschlusses ausgeschlossen,[11] jedoch bedeutet das nicht zwangsläufig, dass dies auch für den Einzelabschluss und ggf. sogar für den (Teil-)Konzernabschluss der betroffenen Gesellschaften gilt. Aus Sicht des Einzelabschlusses stellt schließlich das Termingeschäft mit einer Schwestergesellschaft eine Transaktion mit einem Vertragspartner dar, der sich außerhalb der rechnungslegenden Einheit des berichtenden Unternehmens befindet.

---

9 Eine weitere Einschränkung ergibt sich im Falle von Stillhalterpositionen. Diese Positionen weisen eine begrenzte Chance (den Optionspreis) bei ex ante unbegrenztem Risiko auf. IAS 39.AG94 bzw. IFRS.9.B6.2.4 erlauben daher den Einsatz einer Stillhalterposition als Sicherungsinstrument grundsätzlich nur für den Ausnahmefall, bei dem eine gegenläufige gezeichnete Option das gesicherte Grundgeschäft darstellt. Zur Zulässigkeit von gebündelten Optionsverträgen, die Stillhalterpositionen enthalten, vgl. IAS 39.77 bzw. IFRS 9.6.2.6.

10 Eigenkapitaltitel des bilanzierenden Unternehmens scheiden aber bereits dadurch aus, dass sie keine Finanzinstrumente darstellen.

11 Dies folgt bereits daraus, dass Konsolidierungseffekte ggf. dafür sorgen, dass ausschließlich innerhalb des Konzerns abgewickelte Geschäfte im Rahmen des Konzernabschlusses eliminiert werden und daher ohnehin keine Wirkung auf Konzernebene entfalten können.

Teile eines Finanzinstruments als Sicherungsinstrument bestimmbar

Ein Finanzinstrument muss nicht in seiner Gänze als Sicherungsinstrument bestimmt werden. Gemäß IAS 39.75 bzw. IFRS 9.6.2.4(c) können Sicherungsinstrumente auch quotal als Teil einer Sicherungsbilanzierung bestimmt werden. Es ist also möglich, 50 % eines ausländischen, festverzinslichen Wertpapiers (Rückzahlungsbetrag 20 Mio. US-$) zur Absicherung einer künftigen Auslandszahlung (10 Mio. US-$) gegen Währungskursschwankungen zu verwenden. Selbst die Klassifizierung der Summe (von Teilen) verschiedener Finanzinstrumente als Sicherungsinstrument ist gemäß IAS 39.77 bzw. IFRS 9.6.2.5 möglich. Die Zuordnung eines Finanzinstruments zu einer Sicherungsbeziehung nur für einen Teil der Laufzeit des Finanzinstruments ist gemäß IAS 39.75 bzw. IFRS 9.6.2.4(c) hingegen ausgeschlossen.

Aufspaltung des Instruments in separat zu bewertende Teile nur in Ausnahmefällen

Eine Aufspaltung des Sicherungsinstruments in verschiedene, separat zu bewertende Teile ist demgegenüber grundsätzlich nicht möglich, da vor allem Finanzderivate grundsätzlich im Ganzen bewertet werden. Zwei wesentliche Ausnahmen gibt es jedoch:[12]

- Optionen können gemäß IAS 39.74(a) bzw. IFRS 9.6.2.4(a) in ihren Zeitwert und ihren inneren Wert aufgespaltet werden, wobei dann nur der innere Wert als sichernde Komponente bestimmt wird. Der innere Wert einer Option ergibt sich als Differenz zwischen Ausübungskurs und beizulegendem Zeitwert des Bezugsguts. Der Zeitwert einer Option hingegen ergibt sich als Spanne zwischen dem inneren Wert und dem beizulegenden Zeitwert der Option. Eine Option, die z.B. zum Kauf einer Aktie für 45 € berechtigt, hat bei einem aktuellen Kurs von 51 € für diese Aktie einen inneren Wert von 6 €. Wenn diese Option momentan zum beizulegenden Zeitwert von 8 € gehandelt wird, beträgt der Zeitwert der Option 2 € (vgl. dazu auch Abbildung 16.1 in Kapitel 16).
- Terminkurse können gemäß IAS 39.74(b) bzw. IFRS 9.6.2.4(b) in den zum Bewertungszeitpunkt gültigen Kassakurs und einen Zinsanteil aufgespaltet werden, wobei dann nur die Kassakurskomponente separat als Sicherungsinstrument angesehen wird. So ist z.B. der Terminkurs US-$/€ höher als der Kassakurs, wenn US-Dollarguthaben besser verzinst werden als Euroguthaben. Diese Zinsdifferenzwirkung lässt sich anhand beobachtbarer internationaler Zinsunterschiede ermitteln und ist genau die Differenz zwischen dem Terminkurs und dem aktuellen Kassakurs. Beispiel 18.2 behandelt eine solche Aufspaltung.

12 Für diese Alternativen sieht IFRS 9.6.5.15 f. eine besondere bilanzielle Behandlung des Teils vor, der nicht der Sicherungsbeziehung zugeführt wurde.

2 Bestimmung von Sicherungsbeziehungen

2.1 Effektivitätsmessung

Effektivitätsmessung im Zentrum der Sicherungsbilanzierungsmodelle

Sind ein zulässiges Grundgeschäft und ein dazu passendes Sicherungsinstrument bestimmt, ist als nächstes nachzuweisen, dass diese Sicherungsbeziehung auch effektiv ist. Erneut: Der Grundgedanke einer Sicherungsbeziehung besteht darin, mit einem Sicherungsinstrument ein spezifisches Risiko, das einem Grundgeschäft innewohnt, abzusichern. Wenn dies in der Realität jedoch nicht hinreichend funktioniert, wenn also nur ein insignifikanter Teil der Wertentwicklung des Grundgeschäfts mit der Wertentwicklung des Sicherungsinstruments neutralisiert werden kann, dann ergibt es wenig Sinn zu fragen, wie Grundgeschäft und Sicherungsinstrument bilanziell zusammengeführt werden können. Sowohl IAS 39 als auch IFRS 9 stellen daher die Effektivitätsmessung ins Zentrum ihrer Sicherungsbilanzierungsmodelle. In der konkreten Ausgestaltung der Effektivitätsmessung bestehen jedoch größere Unterschiede.

Bedingungen nach IAS 39

So stellt IAS 39.88 folgende kumulativ zu erfüllende Anforderungen an die Effektivitätsmessung:

- Eine hohe Effektivität der Sicherungsbeziehung ist *zukünftig* zu erwarten. Dies ist gemäß IAS 39.AG105 nur erfüllt, wenn in der *Vergangenheit* das absolute Verhältnis von Wertänderung des Sicherungsinstruments und Wertänderung des gesicherten Grundgeschäfts in einem Korridor zwischen 80 % und 125 % lag.[13]
- Die Effektivität der Sicherungsbeziehung muss verlässlich messbar sein und diese Messung muss regelmäßig durchgeführt werden.
- In der Vergangenheit wurden diese Effektivitätsmessungen stets mit positivem Ergebnis durchgeführt.

Bedingungen nach IFRS 9

IFRS 9.6.4.1(c) formuliert demgegenüber die folgenden kumulativ zu erfüllenden Anforderungen:

- Es besteht eine ökonomische Beziehung zwischen Sicherungsinstrument und Grundgeschäft. Gemäß IFRS 9.B6.4.4 ist dies vor allem erfüllt, wenn sich die Werte von Sicherungsinstrument und Grundgeschäft *zukünftig* in Abhängigkeit vom zugrunde liegenden Risiko in entgegengesetzte Richtungen entwickeln.[14] Eine vorhandene, per Definition vergangenheitsorientierte, statistische Korrelation ist dabei zwar ein Indiz, allerdings nicht per se ausreichend (IFRS 9.B6.4.6), da die Beurteilung stets prospektiv unter Berücksichtigung aller (auch qualitativer) Faktoren vorzunehmen ist (IFRS 9.B6.4.12).

13 IAS 39.AG105 gibt die Bandbreite eigentlich nur für den retrospektiven Effektivitätstest vor. Für den prospektiven Effektivitätstest erscheint die Identifikation einer geeigneten Methodik problematisch, da sie letztlich auch auf historischen Daten basieren muss.

14 Vgl. IFRS 9.B6.4.5 für die Annahme einer ökonomischen Beziehung bei gleichgerichteten Wertänderungen von Sicherungsinstrument und Grundgeschäft.

- Der Effekt, der von Änderungen im Kreditrisiko ausgeht, dominiert nicht die Wertänderungen innerhalb der ökonomischen Beziehung. Dies kann beispielsweise der Fall sein, wenn ein Unternehmen ein Rohstoffpreisrisiko mit einem Derivat absichern möchte und sich das Ausfallrisiko der Vertragspartei massiv verschlechtert. In diesem Fall würden die Wertänderungen innerhalb der ökonomischen Beziehung übermäßig die Verschlechterung des Kreditrisikos der Vertragspartei widerspiegeln und nicht die eigentlich abgesicherten Rohstoffpreisschwankungen. Dies wiederum würde dem Sinn einer Sicherungsbeziehung zuwiderlaufen (vgl. IFRS 9.B6.4.8).
- Der Absicherungsquotient (hedge ratio) der Sicherungsbeziehung spiegelt das tatsächliche Risikomanagement des Unternehmens wider. Sollte das Unternehmen beispielsweise das Fremdwährungsrisiko einer 10 Mio. $-Verbindlichkeit durch einen entsprechenden Fremdwährungsswap mit einem Nominalwert von 10 Mio. $ absichern, so wäre es unzulässig, lediglich 70 % dieses Swaps als Sicherungsinstrument zu designieren, um damit künstlich eine Untersicherung zu konstruieren.

Zentraler Unterschied zwischen IAS 39 und IFRS 9

Der zentrale Unterschied in der Effektivitätsmessung beider Standards besteht somit darin, dass IAS 39 eine statische Bandbreite zur Effektivitätsmessung vorgibt, während IFRS 9 einen prinzipienorientierten Ansatz verfolgt, der vor allem dafür sorgen soll, dass eine Sicherungsbeziehung auch die tatsächliche Risikomanagementstrategie des Unternehmens widerspiegelt. Eine Methode zur Messung der Effektivität wird indes von beiden Standards nicht vorgegeben (IAS 39.AG107 bzw. IFRS 9.B6.4.13). Besonders einfach ist die Effektivitätsbeurteilung immer dann, wenn eine perfekte Absicherung besteht. Eine solche Absicherung liegt dann vor, wenn die risikoinduzierte Wertschwankung des Grundgeschäfts auf Grund der Auswahl bzw. Konstruktion des Sicherungsinstruments schon aus rein ökonomischen bzw. mathematischen Gründen zu 100 % durch eine gegenläufige Wertentwicklung des Sicherungsinstruments kompensiert wird. Das nachfolgende Beispiel illustriert eine solche perfekte Absicherung.

Beispiel 18.2

Ein Unternehmen ist am 31.12.2020 verpflichtet, die Rechnung eines schwedischen Lieferanten i.H.v. 1 Mio. Schwedischen Kronen (SEK) zum 31.12.2022 zu bezahlen. Der aktuelle Kassakurs beträgt 0,1 €/SEK. Um sich gegen Kursschwankungen abzusichern, schließt die Finanzabteilung am 31.12.2020 ein Termingeschäft zum 31.12.2022 über 1 Mio. SEK ab. Der zweijährige Eurozins liegt bei 2,01 % und der laufzeitgleiche Zins für schwedische Kronen liegt bei 1 %. Hieraus resultiert eine für den Terminkurs relevante Zinsdifferenz von (1,0201/1,01) = 1 %.[15] Die Daten zur Absicherung können hierauf basierend der folgenden Tabelle entnommen werden. Um die Aufspaltung des Terminkurses in Kassa- und Zinskomponente besser nachvollziehbar zu machen, wird die Zinskomponente des Termingeschäfts als Teil des gesamten Termingeschäftes separat dargestellt.[16]

Preis für 1 Mio. SEK in €	**31.12.2020**	**31.12.2021**	**31.12.2022**
Am Kassamarkt	100.000 €	110.000 €	120.000 €
Am Terminmarkt	102.010 €	111.100 €	120.000 €
davon Zinskomponente	2.010 €	1.100 €	0 €

Wie aus den Daten deutlich wird, steigt der Kassakurs im Zeitablauf von 0,10 €/SEK über 0,11 €/SEK auf 0,12 €/SEK. Die Absicherung war also eine gute Idee. Die Wertentwicklung der Verbindlichkeit wird über den Kassakurs abgebildet. Um bilanziell eine perfekte Sicherung abzubilden, wird das Termingeschäft in Kassa- und Zinskomponente aufgespalten, wobei nur die Wertentwicklung der Kassakomponente als Sicherungsinstrument bestimmt wird. Der beizulegende Zeitwert des Termingeschäfts und dessen Komponenten bestimmen sich aus den abgezinsten Differenzen zwischen den aktuellen Werten und den Werten zum Vertragsabschluss. Hierbei findet der Eurozinssatz Anwendung, da das Termingeschäft den Euro als Basiswährung hat. Die auf Eurobeträge gerundeten Zeitwerte ergeben sich wie folgt:

Beizulegende Zeitwerte des Termingeschäfts	**31.12.2020**	**31.12.2021**	**31.12.2022**
Termingeschäft komplett	0	8.911 €	17.990 €
Zinskomponente	0	-892 €	-2.010 €
Kassakomponente	0	9.803 €	20.000 €

Der beizulegende Zeitwert des Termingeschäfts bestimmt sich z.B. für den 31.12.2021 als (111.100 € - 102.010 €) / 1,0201 = 8.911 €. Zum Bilanzstichtag am 31.12.2021 muss das Unternehmen isoliert betrachtet voraussichtlich am 31.12.2022 10.000 € mehr aufwenden, um die SEK-Verbindlichkeit zu

15 Diese Zinsdifferenz erklärt sich anhand der Nachbildung des Termingeschäfts durch die Aufnahme eines Eurokredits und eine gleichzeitige Anlage des Kreditbetrags in schwedischen Kronen. Hierbei wird die Höhe des Eurokredits so gewählt, dass die SEK-Anlage in zwei Jahren einen Wert von 1 Mio. SEK hat. So kann der Terminkurs für 1 Mio. SEK in zwei Jahren (TK) am 31.12.2020 aus der Gleichung $(1 \text{ Mio. SEK} / (1 + 0{,}01)^2) \cdot (0{,}1\ €/\text{SEK}) = \text{TK} / (1 + 0{,}0201)^2$ als $\text{TK} = 100.000\ € \cdot (1{,}0201 / 1{,}01)^2 = 102.010\ €$ ermittelt werden.

16 Der Zinsanteil spiegelt die in Fn. 15 diskutierten Unterschiede in den Verzinsungen verschiedener Währungen wieder. Hier ist er annahmegemäß positiv, da Eurokredite höher verzinst werden als SEK-Guthaben.

bezahlen. Mit dem Eurozinssatz abgezinst auf den 31.12.2021 ergibt sich eine Werterhöhung der Verbindlichkeit um 10.000 € / 1,0201 = 9.803 €. Die Kassakomponente des Termingeschäfts hat jedoch eine korrespondierende Wertsteigerung i.H.v. 9.803 € erfahren, während die Entwicklung der Zinskomponente unmittelbar GuV-wirksam als Aufwand in Höhe von 892 € berücksichtigt wurde. Durch die Bestimmung der Kassakomponente des Termingeschäfts als Sicherungsinstrument und die gleichzeitige Bewertung des Grundgeschäfts zum Kassakurs ist gewährleistet, dass die Absicherung immer zu 100 % effektiv sein wird.

Effektivitätsmessung ohne perfekte Absicherung

Aber wie wird nun vorgegangen, wenn eine solche 100 %-Effektivität nicht erzielt werden kann, z.B. weil keine Derivate auf das entsprechende Grundgeschäft verfügbar sind? In diesem Fall muss die Effektivität anders beurteilt werden. Beide Standards verzichten auf die Vorgabe einer speziellen Methode, stellen aber den Bezug zum tatsächlichen Risikomanagement des Unternehmens heraus (IAS 39.AG107 bzw. IFRS 9.B4.18). Wenngleich IFRS 9.B6.4.13 besondere Betonung auf die Möglichkeit des Einsatzes qualitativer Methoden legt,[17] haben sich in der Praxis in der Vergangenheit diverse quantitative Verfahren durchgesetzt.[18] Im Folgenden werden zwei zentrale Verfahren, das Regressionsverfahren und die Dollar-Offset-Methode, anhand eines Beispiels erläutert.

Beispiel 18.3 Regressionsmethode

Ein Maschinenbauunternehmen plant, am 01.06.2021 10.000 t Flachstahl zu kaufen. Um diese geplante Transaktion abzusichern, werden am 01.06.2020 10.000 t Walzstahl anderer Qualität auf Termin zum 01.06.2021 erworben, da Terminkontrakte für den gewünschten Flachstahl nicht verfügbar sind. Als Sicherungsinstrument wird wiederum die Kassakomponente des Walzstahlterminkurses verwendet, sodass die Abschätzung der Effektivität anhand der historischen Kassakursänderungen vorgenommen werden kann. Da im Hinblick auf die Beurteilung der Effektivität nach IFRS 9 lediglich eine prospektive Beurteilung durchzuführen ist (IFRS 9.B6.4.12), erscheint die retrospektive Bewertung der Effektivität obsolet. Die Einschätzung einer zukünftigen Entwicklung muss jedoch zwangsläufig auch von vergangenen Entwicklungen ausgehen, da lediglich tatsächlich realisierte Daten eine hinreichend verlässliche Prognosebasis darstellen.

Um abzuschätzen, ob die bisherigen Preisänderungen von Walzstahl hinreichend stark mit Preisänderungen von Flachstahl korrelieren, wird also eine lineare Regression der historischen Daten durchgeführt. Als Ergebnis ergibt

17 Eine mögliche qualitative Risikomanagementmethode ist die sog. Ereignisbaumanalyse, die eine Ursache-Wirkungsbeziehung systematisch darstellt.

18 Vgl. weiterführend zur Effektivitätsmessung *Clark, J.*, Hedge-Effektivität im Spannungsfeld zwischen Risikomanagement-Strategie und internationalen Hedge-Accounting-Regelungen, Düsseldorf 2011; *Scharpf, P.*, Hedge Accounting nach IAS 39: Ermittlung und bilanzielle Behandlung der Hedge (In-)Effektivität, in: KoR, Beilage 1 zu Heft 11, 4. Jg. (2004); *Hailer, A./Rump, S.*, Evaluierung von Hedge-Effektivitätstests, Zeitschrift für das gesamte Kreditwesen, 58. Jg. (2005), S. 1089-1097.

sich die in der nachfolgenden Abbildung wiedergegebene Gerade. Die Geradensteigung liegt innerhalb der von IAS 39 spezifizierten Grenzen von 80-125 %. Außerdem weist das Bestimmtheitsmaß (R^2) auf eine hinreichende Validität des Zusammenhangs hin. Auch für die Beurteilung im Rahmen des IFRS 9 kann festgestellt werden, dass eine hinreichende ökonomische Beziehung vorliegt, da die Preise beider Stahlsorten sehr stark positiv korreliert sind. Es wäre daher zu erwarten, dass ein entsprechendes Termingeschäft auf Walzstahl stark negativ mit der Preisentwicklung des Flachstahls korreliert ist. Es würde damit die Anforderungen einer ökonomischen Beziehung gemäß IFRS 9.6.4.1 erfüllen.[19] Vor Beginn der Sicherungsbeziehung besteht somit auf Basis der Regressionsanalyse von Vergangenheitsdaten Anlass, auch zukünftig von einer hinreichend hohen Effektivität auszugehen. Eine sorgfältige prospektive Analyse im Sinne von IFRS 9 könnte sich des Weiteren auch noch auf technische Aspekte erstrecken, um z.B. zu überprüfen, ob verfahrenstechnische Innovationen dazu führen könnten, dass die Preise für Walz- und Flachstahl sich in Zukunft auseinander entwickeln.

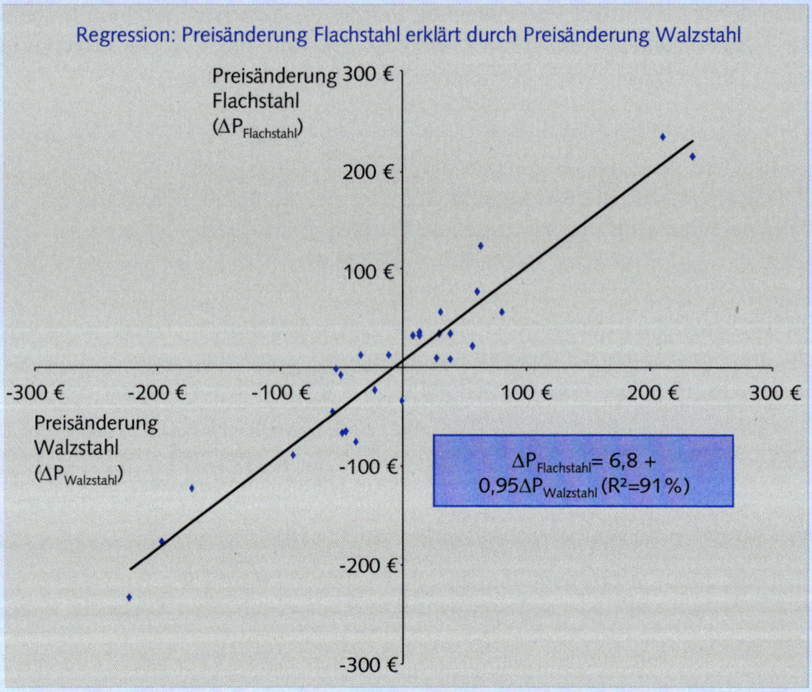

19 An dieser Stelle sei erneut darauf hingewiesen, dass eine statistische Korrelation gemäß IFRS 9.B6.4.6 nicht unwiderlegbar auf eine ökonomische Beziehung hinweist. Im vorliegenden Fall kann aber auf Grund der recht einfachen Zusammenhänge von einer ausreichenden Identität von statistischer und ökonomischer Beziehung ausgegangen werden.

Nach dem Abschluss des Termingeschäfts zeigt sich folgende Entwicklung der Kassakurse:

Quartal	Preisänderung Walzstahl	Preisänderung Flachstahl
2020 III	12,00 €	10,00 €
2020 IV	-25,00 €	-23,00 €
2021 I	-17,00 €	-17,00 €
2022 II	23,00 €	22,00 €

Für das dritte Quartal 2020 stellt sich somit heraus, dass der Walzstahlpreis stärker gestiegen ist als der Flachstahlpreis. Eine perfekte Absicherung liegt also nicht vor. Mit 12 € im Verhältnis zu 10 €, also 120 %, liegt eine Überkompensation vor, die allerdings noch im „Effektivitätskorridor" des IAS 39.AG105 liegt. Da ein solcher Korridor im Rahmen der Effektivitätsbeurteilung nach IFRS 9 nicht vorgegeben ist, stellt sich die Frage, welche Konsequenzen diese Entwicklung nach IFRS 9 haben könnte. Wie bereits erwähnt, ist die Beurteilung der Effektivität gemäß IFRS 9.B6.4.12 stets prospektiv vorzunehmen. Wie ebenfalls bereits erwähnt, ist die Nutzung von realisierten Daten für diese Einschätzung unverzichtbar. Die zentrale Frage ist nun, ob die im dritten Quartal 2020 zu beobachtende Preisabweichung dauerhaft ist und eine hinreichende zukünftige ökonomische Beziehung daher nicht angenommen werden kann. Im vorliegenden Fall ist dies zu verneinen. Die Regressionsanalyse einer scheinbar recht umfangreichen Stichprobe vergangenheitsorientierter Daten hat einen robusten Zusammenhang zwischen dem Preis beider Stahlsorten erbracht. Die vorliegende Abweichung ist daher nicht als dauerhaft zu beurteilen, sondern scheint ein ungewöhnlicher Ausreißer zu sein. Darüber hinaus ist die Abweichung auch nicht übermäßig erheblich. Das Modell zur Beurteilung der Effektivität in IFRS 9 ist damit deutlich flexibler und stellt immer auf die Beurteilung eines ökonomischen Gesamtzusammenhangs ab. Während die starren Grenzen des IAS 39 dazu führen, dass die Sicherungsbeziehung auf Grund einmaliger Extremwerte scheitern kann, ist die prinzipienorientierte Beurteilung des IFRS 9 robuster gegen derartige Ausreißer.

Quartal	Preisänderung Walzstahl	Preisänderung Flachstahl	(WS/FS) je Periode	kum. Preisänderung WS	kum. Preisänderung FS	(WS/FS) kumuliert
2020 III	12 €	10 €	120,0 %	12 €	10 €	120,0 %
2020 IV	-25 €	-23 €	108,7 %	-13 €	-13 €	100,0 %
2021 I	-17 €	-17 €	100,0 %	-30 €	-30 €	100,0 %
2021 II	23 €	22 €	104,5 %	-7 €	-8 €	87,5 %

Dollar-Offset-Methode

Zur Stärkung der retrospektiven Analyse während der Laufzeit der Sicherungsbeziehung bietet sich die so genannte Dollar-Offset-Methode an. Hierfür werden für jede Periode einzeln und für den gesamten Sicherungszeitraum die Preisänderungen von Grundgeschäft und Sicherungsinstrument direkt zueinander ins Verhältnis gesetzt. Die resultierenden Prozentsätze dienen dazu, Ineffektivitäten zu erkennen, wobei insbesondere darauf zu achten ist, dass auf die gesamte Sicherungsdauer betrachtet keine Ineffektivität entsteht. Dies ist hier der Fall: Sowohl je Periode als auch über die gesamte Laufzeit der Absicherung liegt keine Ineffektivität vor, da die Prozentzahlen nie unter 80 % (Untersicherung) fallen oder über 125 % steigen (Übersicherung).

Erneut sei darauf hingewiesen, dass das Modell zur Beurteilung der Effektivität nach IFRS 9 zukunftsorientiert ist, keine fixierten Effektivitätsgrenzen vorschreibt und eine Gesamtbeurteilung des ökonomischen Zusammenhangs fordert. Dennoch ist die Dollar-Offset-Methode ein geeignetes Verfahren, um die durch die Regressionsanalyse vor dem Beginn der Sicherungsbeziehung postulierten ökonomischen Zusammenhänge weiter zu bestätigen und damit auch die Verlässlichkeit der Prognose des zukünftig hinreichenden ökonomischen Zusammenhangs zu unterstützen.

2.2 Klassifizierung

Drei Kategorien von Sicherungsbeziehungen

Ist nun nachgewiesen, dass das Sicherungsinstrument die Wertentwicklung Ihres Grundgeschäfts effektiv neutralisiert, ist nun in einem letzten Schritt zu prüfen, wie diese Sicherungsbeziehung bilanziell von der Initiierung bis zur Abwicklung abzubilden ist. Dafür wird die gewünschte Sicherungsbeziehung nun gemäß IAS 39.86 bzw. IFRS 9.6.5.2 in eine von drei Kategorien eingeordnet (vgl. auch Abbildung 18.1):

- *Absicherung des beizulegenden Zeitwerts (fair value hedge)*: Bei dieser Absicherung werden Vermögenswerte oder Schulden (bzw. Anteile davon) gegen Schwankungen ihres beizulegenden Zeitwerts abgesichert. Entscheidend ist, dass diese Wertschwankungen auch tatsächlich den Gewinn oder Verlust beeinflussen können. Dies wäre z.B. beim Verkauf einer zu fortgeführten Anschaffungskosten bilanzierten langfristigen Forderung der Fall, wenn sich zwischenzeitlich der Zinssatz geändert hat. Darüber hinaus können auch feste Verpflichtungen, die bisher noch nicht bilanzwirksam waren, gegen Wertschwankungen ihrer beizulegenden Zeitwerte abgesichert werden. Eine geplante Transaktion kann hingegen nicht im Rahmen eines fair value hedge abgesichert werden.

- *Absicherung der Cashflows (cash flow hedge)*: Hier sichert ein Unternehmen nicht den beizulegenden Zeitwert selber, sondern Zahlungsströme, die aus einem Vermögenswert, einer Schuld oder einer geplanten Transaktion resultieren können, ab. Wie kann ein mit einem Vermögenswert verbundener Zahlungsstrom schwanken, ohne dass der beizulegende Zeitwert des Vermögenswerts selbst schwankt? Ein Beispiel sind die Zinszahlungen aus einer variabel verzinslichen Anleihe: Der beizulegende Zeitwert der Anleihe ist von Änderungen des Marktzinses unabhängig, während die Zinszahlungen selber mit eben diesem Marktzins schwanken.
- *Absicherung einer Nettoinvestition in einen ausländischen Geschäftsbetrieb (hedge of a net investment in a foreign operation)*: IAS 21.8 definiert einen ausländischen Geschäftsbetrieb als ein(en) Unternehmen(steil), das/der im Ausland bzw. in ausländischer Währung agiert. Wenn dieser ausländische Geschäftsbetrieb nicht die funktionale Währung des berichterstattenden Unternehmens hat, sind nach IAS 21.32 Unterschiedsbeträge aus der Währungsumrechnung solcher Unternehmen(steile) bis zu deren Veräußerung GuV-neutral im Eigenkapital zu bilanzieren (vgl. Kapitel 20). Trotzdem kann die berichterstattende Konzernmutter sich entschließen, das Währungsrisiko abzusichern.

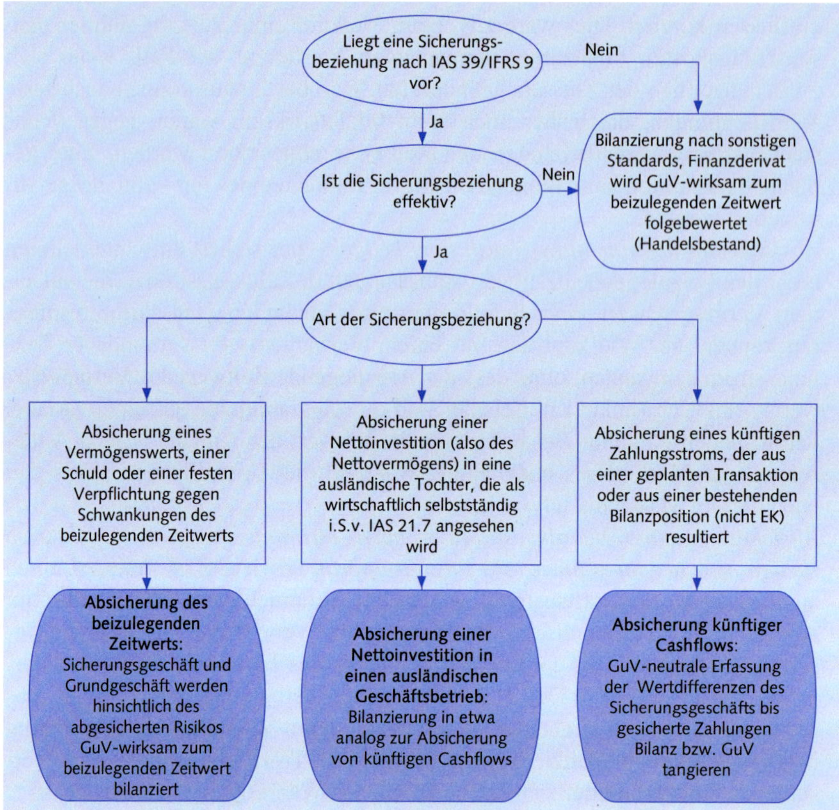

Abb. 18.1: Ablaufschema Sicherungsbilanzierung

3 Bewertung

3.1 Absicherung des beizulegenden Zeitwerts (fair value hedge)

Grundregel

Wenn die Absicherung des beizulegenden Zeitwerts als effektiv eingeschätzt wird, orientiert sich die Bilanzierung der Sicherungsbeziehung an der einfachen Grundregel:

> *Sowohl Sicherungsinstrument als auch gesichertes Grundgeschäft sind hinsichtlich des abgesicherten Risikos GuV-wirksam zum beizulegenden Zeitwert zu bewerten – und zwar unabhängig davon, ob zuvor ggf. eine Bewertung zu historischen Anschaffungskosten erfolgte.*

Eine entscheidungsnützliche Abbildung der Sicherungsbeziehung erfolgt dann automatisch durch die gegenläufige GuV-Wirkung beider Geschäfte. Wichtig ist hierbei:

Kompensation in der GuV

- Sowohl Sicherungsinstrument als auch gesichertes Grundgeschäft sind nur hinsichtlich der wirklich zur Sicherung bestimmten Teile nach der oben stehenden Regel zu bewerten. Wenn als Sicherungsinstrument z.B. ein nicht derivatives Finanzinstrument eingesetzt wird, das nur Wechselkursschwankungen absichert, dann ist dieses auch nur hinsichtlich dieser Wechselkursschwankungen zum beizulegenden Zeitwert folgezubewerten. Für andere Wertänderungen, wie z.B. Schwankungen der Bonität, gelten weiter die normalen Vorschriften.

Nur effektiver Teil betroffen

- Falls das Sicherungsinstrument veräußert wird bzw. ausgelaufen ist oder die Bedingungen für eine Bilanzierung der Sicherungsbeziehung nicht mehr gegeben sind, ist die Bewertung des gesicherten Grundgeschäfts zum beizulegenden Zeitwert gegebenenfalls prospektiv einzustellen. Eine rückwärtige Anpassung ist somit nicht notwendig. Eine Beendigung der Sicherungsbilanzierung erfolgt allerdings nicht, wenn das Sicherungsinstrument direkt durch ein anderes ersetzt wird und dieses Vorgehen geplant und dokumentiert war. Darüber hinaus kann das Unternehmen gemäß IAS 39.91(c) die Sicherungsbilanzierung jederzeit auflösen. Dies ist ein wesentlicher Unterschied zu den Regelungen in IFRS 9, die eine derartige Auflösung nicht vorsehen.

Prospektive Erfassung einer Beendigung

- Wenn ein ursprünglich zu fortgeführten Anschaffungskosten bilanziertes verzinsliches Finanzinstrument als gesichertes Grundinstrument umbewertet wurde, ist die Buchwertanpassung aus der teilweisen Bewertung zum beizulegenden Zeitwert über die Restlaufzeit zu amortisieren. Dazu ist ein neu ermittelter effektiver Zinssatz zu berücksichtigen. Die Amortisation ist frühestens nach der Vornahme der Buchwertanpassung zu beginnen, spätestens jedoch nach Ende der Absicherung. Dies ist insbesondere von Bedeutung, wenn die Sicherungsbeziehung vor dem Bilanzabgang des Vermögenswerts aus den oben genannten Gründen eingestellt wurde (vgl. IAS 39.92 bzw. IFRS 9.6.5.10).

Erfassung der Neubewertung

Die Bilanzierung einer Absicherung des beizulegenden Zeitwerts wird nachfolgend anhand einiger Beispiele dargestellt.

Beispiel 18.4

Das bilanzierende Unternehmen versucht seit geraumer Zeit mit dem Anleihenhandel Spekulationsgewinne zu erzielen. Eine Halteabsicht verfolgte es bisher in keinem Fall. In diesem Kontext hält das Unternehmen seit dem 31.12.2020 ein festverzinsliches Wertpapier. Dieses ist auf Grund der fehlenden Halteabsicht nach IAS 39 als zur Veräußerung verfügbar klassifiziert und damit GuV-neutral zum beizulegenden Zeitwert folgebewertet worden. Um es gegen Zinsänderungsrisiken abzusichern, wird am 31.12.2021 ein „pay-fixed receive-variable“ Zinsswap abgeschlossen. Durch diesen Swap verpflichtet sich das Unternehmen feste Zinsen zu zahlen (die es ja durch sein Wertpapier einnimmt) und erhält dafür variable Zinszahlungen. Hierdurch wird das Wertpapier ökonomisch in eine variabel verzinsliche Anleihe transformiert und so das Zinsänderungsrisiko des beizulegenden Zeitwerts ausgeschlossen. Nachfolgend sind die Wertentwicklungen für die Jahre 2021 und 2022 wiedergegeben.

Instrument (T€)	31.12.2020	31.12.2021	31.12.2022
Anleihe	5.000	4.800	4.700
Zinsswap		0	100

Die Bedingungen für eine Absicherung zum beizulegenden Zeitwert seien erfüllt. Wie ist die Sicherungsbeziehung unter Vernachlässigung von latenten Steuern zu bilanzieren?

Lösung
Nach dem Kauf der Anleihe 2020 reduziert sich der Marktwert der Anleihe 2021 in Folge einer Zinssteigerung um 200 T€ auf 4.800 T€. Bei Anwendung von IAS 39 wird diese Wertänderung GuV-neutral verbucht. Der Vertragsabschluss des Zinsswaps führt zunächst zu keinen Auszahlungen, der Erstverbuchungswert ist somit null, eine Buchung braucht nicht zu erfolgen.
31.12.2020:

Anleihe	*an*	*Bank*	*5.000 T€*

31.12.2021:

Sonst. Ergebnis (OCI FI)	*an*	*Anleihe*	*200 T€*

Der am 31.12.2021 erworbene Zinsswap dient dazu, derartige Ergebniswirkungen in der Zukunft auszuschließen. Würden Zinsswap (GuV-wirksam) und Anleihe (GuV-neutral) jedoch im Jahr 2022 isoliert verbucht werden, würde eine Verzerrung des Gewinnausweises entstehen. Daher wird im Jahr 2022 die hier als lediglich zinsinduziert angenommene Wertänderung der Anleihe bei Anwendung des Sicherungsbeziehungsmodells von IAS 39 ebenfalls GuV-wirksam gebucht. Die korrespondierende Werterhöhung des Zinsswaps kompensiert diese GuV-Wirkung und verdeutlicht gleichzeitig die komplette Absicherung.
31.12.2022:

Absicherungsaufwand	*an*	*Anleihe*	*100 T€*
Zinsswap	*an*	*Absicherungsertrag*	*100 T€*

Wie würde dieses Beispiel nun bei Anwendung des Sicherungsbeziehungsmodells von IFRS 9 verbucht werden? Da das Unternehmen diese und alle weiteren Anleihen ausschließlich zur Erzielung von Spekulationsgewinnen hält, ist weder die strenge noch die gemilderte Geschäftsmodellbedingung erfüllt und die Folgebewertung daher GuV-wirksam zum beizulegenden Zeitwert durchzuführen. Somit würden die zinsinduzierten Wertschwankungen bei Anwendung von IFRS 9 GuV-wirksam erfasst, was durch die Wertänderungen des Zinsswaps ausgeglichen würde. Die Nutzung des Instrumentariums der Sicherungsbilanzierung wäre in diesem Fall überflüssig. Dieses Ergebnis zeigt: Sicherungsbilanzierung dient lediglich der Vermeidung einer bilanziellen Verzerrung. Diese ist u.a. abhängig von der grundlegenden Behandlung von Finanzinstrumenten nach IAS 39 und IFRS 9.

Bilanzanalytische Auswirkungen

Dennoch ist zu betonen, dass eine Sicherungsbilanzierung im vorliegenden Fall nach IFRS 9 nicht verboten ist und das Unternehmen eine solche in Anspruch nehmen könnte, solange die allgemeinen Anforderungen an Sicherungsinstrument, Grundgeschäft und Effektivität erfüllt sind. Grund für eine solche Wahl könnte der Wunsch des Unternehmens sein, die Ausweis- und Angabevorschriften der Sicherungsbilanzierung in Anspruch nehmen zu können, was in den Bereich der formellen Bilanzpolitik fallen würde. So würde nach außen kommuniziert, dass Derivate lediglich Sicherungszwecken dienen. Dies könnte die externe Risikoeinschätzung im Rahmen der Bilanzanalyse beeinflussen.

Nicht-derivatives Sicherungsinstrument

Als weiteres Beispiel wird nun ein nicht-derivatives Sicherungsinstrument verwendet, um eine Fremdwährungsverbindlichkeit gegen wechselkursbedingte Schwankungen des beizulegenden Zeitwerts in Übereinstimmung mit IAS 39[20] abzusichern.

Beispiel 18.5

Ein in Euro bilanzierendes Unternehmen geht am 30.06.2020 eine Verbindlichkeit aus Lieferungsbeziehungen in Höhe von 1 Mio. US-$ ein, die nach einem Jahr zu tilgen ist. Um sich gegen das Währungsrisiko abzusichern, erwirbt es gleichzeitig einen zum gleichen Zeitpunkt fälligen Zerobond mit einem Rückzahlungsbetrag von 1 Mio. US-$. Die Verbindlichkeit wird mit einem risikofreien Geldmarktzins von 5 % abgezinst, der auch dem Effektivzinssatz des Zerobonds entspricht. Da zum 30.06.2020 US-$/€-Parität herrscht, ergibt sich für beide Finanzinstrumente ein Erstansatz zu 952 T€. Der Zerobond wird nach IAS 39 als zur Veräußerung verfügbar klassifiziert.

Zum 31.12.2020 ist der US-$/€-Kurs in der Mengennotierung auf 0,9 US-$/€ gefallen. Zudem hat sich die Bonität des Zerobonds verschlechtert, sodass der effektive Zinssatz bei 8 % liegt. Daraus ergibt sich ein Wertansatz für den Zerobond von (1 Mio. US-$ / $(1 + 0{,}08)^{0{,}5}$) / 0,9 US-$/€ = 1.069 T€, während die Verbindlichkeit zu (1 Mio. US-$ / $(1 + 0{,}05)^{0{,}5}$) / 0,9 US-$/€ = 1.084 T€ notiert.

Wie ist dieser Geschäftsvorfall unter Vernachlässigung von latenten Steuern als Absicherung des beizulegenden Zeitwerts zu buchen?

20 Vgl. IFRS 9.6.5.8 zum (identischen) Konzept der Absicherung des beizulegenden Zeitwerts gemäß IFRS 9.

Lösung

Die Verbindlichkeit entstand aufgrund von Rohstofflieferungen, während der Zerobond am Kapitalmarkt erworben wurde.

30.06.2020:

Rohstoffe	*an*	*Verbindlichkeit*	*952 T€*
Wertpapier	*an*	*Kasse*	*952 T€*

Zum Bilanzstichtag ist für die Verbindlichkeit zunächst der Zinseffekt i.H.v. 952 T€ · $1{,}05^{0{,}5}$ - 952 T€ = 24 T€ zu berücksichtigen. Gemäß IAS 21.23 und IAS 21.28 ist für die Verbindlichkeit auch die wechselkursinduzierte Wertschwankung 1.084 T€ - (952 T€ + 24 T€) = 108 T€ GuV-wirksam zu erfassen. Da eine Absicherung des beizulegenden Zeitwerts vorliegt, wird dies nunmehr als Absicherungsaufwand ausgewiesen.

31.12.2020:

Zinsaufwand	*an*	*Verbindlichkeit*	*24 T€*
Absicherungsaufwand	*an*	*Verbindlichkeit*	*108 T€*

Das Sicherungsinstrument wird zunächst gemäß der Effektivitätszinsmethode GuV-wirksam fortgeschrieben. Dann erfolgt die Berücksichtigung der Bonitätsabwertung (1 Mio. € / $1{,}08^{0{,}5}$ - 1 Mio. € / $1{,}05^{0{,}5}$ = -14 T€). Da keine Anzeichen einer Wertminderung vorliegen, erfolgt diese Abwertung außerhalb der Sicherungsbeziehung GuV-neutral. Die der Absicherung dienende Wechselkursänderung (1.069 T€ - (952 T€ + 24 T€ - 14 T€) = 107 T€) wird hingegen GuV-wirksam erfasst.

Wertpapier	*an*	*Zinsertrag*	*24 T€*
Sonst. Ergebnis (OCI FI)	*an*	*Wertpapier*	*14 T€*
Wertpapier	*an*	*Absicherungsertrag*	*107 T€*

Durch die Bonitätsabwertung des Zerobonds wird für das Geschäftsjahr 2020 keine perfekte Absicherung erreicht (Absicherungsertrag ≠ Absicherungsaufwand), die Effektivität beträgt indes ca. 99 % und liegt damit klar innerhalb der zulässigen Grenzen. Die Ineffektivität wird zudem direkt GuV-wirksam, da im Rahmen der Absicherung des beizulegenden Zeitwerts sowohl Sicherungsinstrument als auch gesichertes Grundgeschäft GuV-wirksam zum beizulegenden Zeitwert folgebewertet werden.

Im Geschäftsjahr 2021 läuft alles wie geplant: Der Zerobond wird zurückgezahlt und mit dieser Zahlung wird die Verbindlichkeit getilgt. Der Wechselkurs ist auf 0,85 US-$/€ gefallen. Zunächst ist der Zinsaufwand der Verbindlichkeit auf Basis des alten Wechselkurses zu buchen (1.084 T€ · $1{,}05^{0{,}5}$ - 1.084 T€ = 27 T€). Daran anschließend wird die wechselkursinduzierte Änderung der Verbindlichkeit als Absicherungsaufwand erfasst (1.176 T€ - (1.084 + 27 T€) = 65 T€), sodass sich die Verbindlichkeit somit zum aktuellen Rückzahlungsbetrag von 1.176 T€ (= 1 Mio. US-$ / 0,85 US-$/€) in der Bilanz befindet.

30.06.2021:

Zinsaufwand	*an*	*Verbindlichkeit*	*27 T€*
Absicherungsaufwand	*an*	*Verbindlichkeit*	*65 T€*

Auch der Zerobond wird zunächst gemäß der Effektivzinsmethode zugeschrieben. Da die Rückzahlung nunmehr direkt bevorsteht, entspricht sein beizulegender Zeitwert dem der Verbindlichkeit. Somit ist zunächst die negative Neubewertungsrücklage aufzulösen, in die das sonstige Ergebnis qua Abschlussbuchung eingestellt wurde. Die verbleibende Wertdifferenz (1.176 T€ – (1.069 T€ + 27 T€ + 14 T€) = 66 T€) ist wechselkursinduziert und wird somit als Absicherungsertrag erfasst.

Wertpapier	*an*	*Zinsertrag*	*27 T€*
Wertpapier	*an*	*Neubewertungsrücklage (FI)*	*14 T€*
Wertpapier	*an*	*Absicherungsertrag*	*66 T€*

Schließlich verlassen Sicherungsinstrument und gesichertes Grundgeschäft in Verbindung mit dem entsprechenden Mittelab- bzw. -zufluss die Bilanz.

Bank	*an*	*Wertpapier*	*1.176 T€*
Verbindlichkeit	*an*	*Bank*	*1.176 T€*

Aus der Bilanzbetrachtung wird deutlich, dass die 2020 bestehende bonitätsbedingte Ineffektivität der Sicherungsbeziehung im Jahr 2021 genau ausgeglichen wird. Dies entspricht der ökonomischen Realität, da, über beide Perioden betrachtet, eine perfekte Absicherung vorlag.

Abbruch wegen mangelnder Effektivität

Die Effektivität der Sicherungsbeziehung ist in den bisher diskutierten Beispielen unproblematisch. Der nun folgende Sachverhalt zeigt eine Absicherung des beizulegenden Zeitwerts einer festen Verpflichtung zum Rohstoffverkauf nach IFRS 9,[21] die aufgrund mangelnder Effektivität abgebrochen werden muss.

Beispiel 18.6

Das bilanzierende Handelsunternehmen hat sich am 30.06.2020 vertraglich verpflichtet, zum 30.06.2021 150 Tonnen Flachstahl zum Festpreis von 170.000 € zu liefern. Da dieser Flachstahl erst kurzfristig am Spotmarkt erworben werden soll, beabsichtigt das Unternehmen, sich durch den Abschluss eines Termin-

21 Vgl. IAS 39.91 zum (identischen) Konzept der Auflösung einer Absicherung zum beizulegenden Zeitwert.

geschäfts gegen Wertschwankungen abzusichern. Da Termingeschäfte auf Flachstahl nicht verfügbar sind, wird ein Termingeschäft auf den Kauf von Walzstahl abgeschlossen. Als sichernde Komponente wird der gesamte beizulegende Zeitwert des Termingeschäfts bestimmt.

Die Effektivität der Sicherungsbeziehung wird quartalsweise evaluiert. Die Wertentwicklung von Sicherungsinstrument und gesichertem Grundgeschäft sowie die Entwicklung der periodenübergreifenden Effektivität sind der nachfolgenden Tabelle zu entnehmen. Auf die Berücksichtigung von Zinseffekten wird hier verzichtet.

Quartalsende	**2020 II**	**2020 III**	**2020 IV**	**2021 I**	**2021 II**
Beizulegender Zeitwert Flachstahl	120 T€	130 T€	140 T€	150 T€	160 T€
Beizulegender Zeitwert Termingeschäft Walzstahl	0	9 T€	10 T€	12 T€	15 T€
Effektivität (periodenübergreifend)		90 %	50 %	40 %	37,5 %

Es wird deutlich, dass die Preissteigerungen des Flachstahls nur unzureichend durch die Wertentwicklung des Termingeschäfts ausgeglichen werden. Die periodenübergreifende Effektivität sinkt kontinuierlich. Während die Abweichung im vierten Quartal 2020 noch als einmaliger Extremwert angesehen werden kann, dürfte bei der anschließenden nachhaltigen Senkung der periodenübergreifenden Effektivität die Prognose der hinreichenden zukünftigen Effektivität nicht mehr zu rechtfertigen sein. Die Sicherungsbeziehung ist damit im ersten Quartalsbericht 2021 zu beenden.[22]

Somit werden im dritten Quartal 2020 die Wertentwicklungen noch jeweils GuV-wirksam erfasst. Da das schwebende Geschäft der Flachstahllieferung für sich nicht bilanzwirksam ist, erfolgt lediglich ein bilanzieller Ansatz der Wertänderung als Rückstellung, bzw. als Werterhöhung. Der beizulegende Zeitwert des sichernden Termingeschäfts kann hingegen direkt abgebildet werden. Das gleiche Bild zeigt sich auch für das folgende Quartal 2020 IV.

2020 III:

Absicherungsaufwand	*an*	*Rückstellung für Verluste aus fester Verpflichtung*	*10 T€*
Termingeschäft	*an*	*Absicherungsertrag*	*9 T€*

22 Hier ist erneut darauf hinzuweisen, dass die Effektivitätsbeurteilung nach IFRS 9 zukunftsorientiert ist und den Gesamtzusammenhang auch unter Berücksichtigung qualitativer Faktoren in den Vordergrund stellt. Die Sicherungsbeziehung ist damit nicht notwendigerweise schon im ersten Quartal 2021 zu beenden.

2020 IV:

Absicherungsaufwand	*an*	*Rückstellung für Verluste aus fester Verpflichtung*	*10 T€*
Termingeschäft	*an*	*Absicherungsertrag*	*1 T€*

Mit Ablauf des Quartals 2021 I wird hingegen die Sicherungsbilanzierung abgebrochen. Unter der Annahme, dass keine effektive Beziehung bestand, waren die Aufwendungen der Vorquartale unnötig. Da gemäß IFRS 9.B.6.5.22 in diesen Fällen die Sicherungsbilanzierung prospektiv zu beenden ist, verbleibt der Buchwert der Rückstellung in der Bilanz. Das Termingeschäft wird nunmehr wie ein normales Finanzderivat GuV-wirksam bilanziert, was letztlich nur den Ausweis beeinflusst (sonstiger betrieblicher Ertrag statt Absicherungsertrag). In der letzten Periode wird das Termingeschäft glattgestellt und das schwebende Geschäft erfüllt, wobei die passivierte Rückstellung die Kosten des Umsatzes reduziert.

2021 I:

Termingeschäft		*an*	*sonst. betr. Ertrag*	*2 T€*

2021 II:

Bank	*15 T€*	*an*	*Termingeschäft*	*12 T€*
			sonst. betr. Ertrag	*3 T€*
Handelsware Flachstahl		*an*	*Bank*	*160 T€*
Kosten des Umsatzes	*140 T€*			
Rückstellung für Verluste aus fester Verpflichtung	*20 T€*	*an*	*Handelsware Flachstahl*	*160 T€*
Forderungen		*an*	*Umsatzerlöse*	*170 T€*

Bei einer Bilanzierung nach IAS 39 würde die Sicherungsbeziehung bereits im vierten Quartal 2020 prospektiv beendet werden, da hier erstmalig die 80 % Effektivitätsgrenze unterschritten wird. Demnach würde im vierten Quartal 2020 kein Absicherungsaufwand mehr berücksichtigt werden. Dementsprechend würden sich die Kosten des Umsatzes im zweiten Quartal 2021 um 10 T€ erhöhen.

3.2 Absicherung von Zahlungsströmen (cash flow hedge)

Absicherung bei nicht bilanzwirksamen Risiken

Werden statt eines Vermögenswertes, einer Schuld oder einer festen Verpflichtung zukünftige Zahlungen abgesichert, dann kann ein automatischer Ausgleich durch parallele GuV-wirksame Bewertung zum beizulegenden Zeitwert nicht mehr erfolgen. Schließlich ist das gesicherte Grundgeschäft weder Vermögenswert noch Schuld und kann damit nicht GuV-wirksam neubewertet werden. Somit ist eine andere Grundregel anzuwenden:

> *Da das gesicherte Grundgeschäft zumindest hinsichtlich des abgesicherten Risikos bilanzunwirksam ist, ist die als effektiv eingestufte Entwicklung des beizulegenden Zeitwerts des Sicherungsinstruments GuV-neutral im sonstigen Ergebnis (OCI) zu erfassen und in einer Cashflow-Hedge-Rücklage im Eigenkapital zu akkumulieren. Der ineffektive Teil der Wertentwicklung ist hingegen gemäß der allgemeinen Bilanzierungsvorschriften, denen das Sicherungsinstrument ansonsten unterliegt, zu behandeln.*

Diese Regel berührt im Wesentlichen drei Problembereiche:

- Wie ist zwischen effektivem und ineffektivem Teil zu differenzieren?
- Wie ist mit der Cashflow-Hedge-Rücklage im Eigenkapital zu verfahren, wenn die abgesicherten Zahlungen anfallen?
- Was ist zu tun, wenn die Sicherungsbeziehung beendet wird oder die Bedingungen von IAS 39.88 bzw. IFRS 9.6.4.1 nicht mehr erfüllt sind?

Bestimmung des effektiven Teils des Sicherungsinstruments

Wie ist also der effektive Teil des Sicherungsinstruments zu bestimmen? IAS 39.96 bzw. IFRS 9.6.5.11 schreibt vor, dass hierfür auf den kumulativen periodenübergreifenden Effektivitätsbegriff abzustellen ist. Dieser fordert, dass die Cashflow-Hedge-Rücklage immer so anzupassen ist, dass sie den absolut gesehen niedrigeren Betrag der kumulativen Wertänderung der erwarteten Cashflows oder der kumulativen Wertänderungen des Sicherungsinstruments widerspiegelt. Wie im Rahmen der Absicherung des beizulegenden Zeitwertes ist die Buchungsmethodik zur Absicherung von Zahlungsströmen in IAS 39 und IFRS 9 grundsätzlich identisch geregelt (vgl. IAS 39.95 ff. bzw. IFRS 9.6.5.11). Das folgende Beispiel gilt daher für beide Standards.

Beispiel 18.7

Folgende Daten sind gegeben:

Jahr (T€)	**2020**	**2021**	**2022**
Beizulegender Zeitwert Sicherungsinstrument	0	20	38
Barwert der erwarteten Cashflows	100	82	60

Wie hoch wäre in diesem Fall die Cashflow-Hedge-Rücklage für die Absicherung der erwarteten Cashflows?

Lösung

Jahr (T€)	2020	2021	2022
Kumulative Abweichung Sicherungsinstrument	0	+20	+38
Kumulative Abweichung Barwert Cashflows	0	-18	-40
Cashflow-Hedge-Rücklage (OCI)	0	+18	+38

Es wird davon ausgegangen, dass das Sicherungsinstrument für sich genommen GuV-wirksam zum beizulegenden Zeitwert zu bilanzieren ist. 2021 steigt das Sicherungsinstrument um 20 T€, während der Barwert der Cashflows nur um 18 T€ sinkt. Eine Ineffektivität liegt vor, dementsprechend wird nur ein Teil der Wertänderung als sonstiges Ergebnis (cash flow hedge, CFH) im other comprehensive income (OCI) gebucht:

Sicherungsinstrument 20 T€ an sonst. Ergebnis (OCI CFH) 18 T€
sonst. betr. Ertrag 2 T€

Im Gegensatz zur Absicherung von beizulegenden Zeitwerten, bei der Ineffektivitäten „automatisch“ GuV-wirksam werden, wird bei der Absicherung von Zahlungsströmen der ineffektive Teil anders (GuV-wirksam) bewertet als der effektive Teil (GuV-neutral). 2022 ist ein höherer Betrag als sonstiges Ergebnis GuV-neutral zu erfassen, als das Sicherungsinstrument an Wert gewonnen hat. Insofern ist ein Buchungssatz folgender Art zu bilden:

Sicherungsinstrument 18 T€
Sonst. betr. Aufwand 2 T€ an sonst. Ergebnis (OCI CFH) 20 T€

Dem Aufwand von 2022 steht der in 2021 aufgrund der dort festgestellten Ineffektivität realisierte Ertrag in gleicher Höhe gegenüber. Insofern handelt es sich um eine Reklassifizierung von Erträgen der Vorperiode in die GuV-neutrale Komponente des Eigenkapitals.

Auflösung der Cashflow-Hedge-Rücklage

Grundsätzlich ist im Rahmen der Sicherungsbilanzierung die Cash-Flow-Hedge-Rücklage parallel zur GuV-Wirkung der abgesicherten Zahlungen aufzulösen. Hierfür erscheinen zwei Fälle denkbar:

- Die Zahlungen führen direkt zu Aufwendungen oder Erträgen, wie z.B. bei Zinszahlungen. In diesem Fall wird dann die Cashflow-Hedge-Rücklage direkt GuV-wirksam aufgelöst.
- Die Zahlungen führen zum Ansatz eines Vermögenswerts oder einer Schuld, wie z.B. bei einer Auszahlung zum Erwerb einer Maschine, die als geplante Transaktion abgesichert war. Dies ist für sich genommen zunächst GuV-neutral. Somit erfolgt die Auflösung der Cashflow-Hedge-Rücklage erst, wenn die Maschine abgeschrieben oder veräußert wird. Für nichtfinanzielle Vermögenswerte oder Schulden gibt es allerdings nach IAS 39.98 (b) das Wahlrecht, alternativ die Cashflow-Hedge-Rücklage beim Ansatz aufzulösen

und so die Erstbewertung des Vermögenswerts oder der Schuld zu verändern. Dieses Wahlrecht ist jedoch einheitlich für alle nichtfinanziellen Vermögenswerte und Schulden, die in einem cash flow hedge abgesichert werden, auszuüben. Bei Anwendung von IFRS 9 besteht dieses Wahlrecht allerdings nicht. Stattdessen ist nach IFRS 9.6.5.11(d)(i) die Cashflow-Hedge-Rücklage zwingend im Rahmen der Erstbewertung des Vermögenswerts bzw. der Schuld aufzulösen und zu verrechnen.

Erfassung von Verlusten

Generell ist zu beachten, dass Verluste, die im Rahmen der Absicherung GuV-neutral über das sonstige Ergebnis im Eigenkapital erfasst wurden, GuV-wirksam aufzulösen sind, sobald zu erwarten ist, dass der erwartete Nutzen aus dem gesicherten Grundgeschäft nicht mehr realisierbar erscheint.

Beendigung der Sicherungsbilanzierung

Eine Sicherungsbilanzierung kann aus unterschiedlichen Gründen beendet werden:

- Zunächst kann das Unternehmen sich gemäß IAS 39.101(d) freiwillig zur Beendigung der Sicherungsbilanzierung entscheiden. Ein derartiges Wahlrecht räumt IFRS 9 nicht ein.
- Das Sicherungsinstrument läuft aus oder wird verkauft und nicht im Rahmen der dokumentierten Risikostrategie direkt durch ein neues ersetzt.
- Die Anforderungen von IAS 39.88 bzw. IFRS 9.6.4.1 an die Sicherungsbilanzierung sind nicht mehr erfüllt. Dies kann insbesondere der Fall sein, wenn die Absicherung nicht mehr hinreichend effektiv oder die geplante Transaktion nicht mehr hoch wahrscheinlich ist.

In beiden Fällen ist die weitere Vorgehensweise indes gemäß IAS 39.101 bzw. IFRS 9.6.5.12 ähnlich: Die akkumulierte Cashflow-Hedge-Rücklage verbleibt solange, bis das gesicherte Grundgeschäft GuV-wirksam bzw. bei Anwendung von IFRS 9 zahlungswirksam wird. Dann erfolgt die Auflösung analog zu den Regeln für qualifizierende Sicherungsbeziehungen. Anders stellt sich die Situation dar, wenn es für unwahrscheinlich gehalten wird, dass die Zahlungen aus dem gesicherten Grundgeschäft überhaupt noch eintreten: In diesem Fall ist die Cashflow-Hedge-Rücklage sofort GuV-wirksam aufzulösen. Wie im Fall der Beendigung einer Absicherung des beizulegenden Zeitwerts, wird die Sicherungsbeziehung somit prospektiv beendet und bilanziell bereits erfasste Vorgänge zunächst beibehalten, sofern das Grundgeschäft noch zu erwarten ist.

Spezialthema

IDW ERS HFA 48 zur Beurteilung der Wahrscheinlichkeit zukünftiger Transaktionen

Während das IASB im Rahmen von IAS 39 für die Absicherung zukünftiger Zahlungsströme ein bilanzpolitisch nutzbares explizites Wahlrecht zur Beendigung der Sicherungsbilanzierung einräumt, verweist IFRS 9 darauf, dass eine Beendigung der Sicherungsbilanzierung nur möglich ist, wenn die zugrundeliegende erwartete Transaktion nicht mehr hoch wahrscheinlich ist. Ab wann ist eine geplante Transaktion aber „hoch wahrscheinlich“? Und wann genau kann ein Unternehmen eine zuvor konstituierte Sicherungsbilanzierung mit dem Hinweis auf die mangelnde Eintrittswahrscheinlichkeit des gesicherten Grundgeschäfts wieder aufgeben? Hier erscheint ein Mindestmaß an objektiv nachvollziehbarer Konkretisierung wünschenswert. Dahingehend merkt das IFRS IC zunächst an, dass eine Transaktion nicht vom Eintritt externer Ereignisse abhängen dürfe.[23] Da dies jedoch in der praktischen Anwendung Fragen offen lassen dürfte, hat das IDW im Rahmen des IDW RS HFA 48 einen nicht abschließenden Kriterienkatalog zur Beurteilung der Wahrscheinlichkeit zukünftiger Geschäfte veröffentlicht (IDW RS HFA 48 Tz. 277). Demnach ist nicht ausschließlich die bloße Absicht des Managements, ein Geschäft zu tätigen, sondern vielmehr die objektiv beurteilbare Fähigkeit zur Ausführung des Geschäfts ausschlaggebend. Exemplarisch wird dafür auf die Durchführung vergleichbarer Transaktionen in der Vergangenheit und die finanziellen und operativen Ressourcen des Unternehmens verwiesen. Interessanterweise lässt das IDW an dieser Stelle somit einen (positiven wie negativen) Reputationsaufbau des Unternehmens zu. So verweist das IDW darauf, dass die Möglichkeit der Sicherungsbilanzierung bei Unternehmen, die in der Vergangenheit öfter ein geplantes Geschäft nicht durchgeführt haben, tendenziell fraglicher ist als bei Unternehmen, die stets ihre geplanten Geschäfte getätigt haben. Auch weist das IDW darauf hin, dass besonders große Geschäfte sicher nicht aus dem Nichts heraus entstehen. Plant ein Unternehmen z.B. den Aufbau einer Fabrik im Ausland, so wäre es verwunderlich, wenn zum Zeitpunkt der „hohen Eintrittswahrscheinlichkeit" bspw. kein Gutachten über die juristische und steuerliche Situation am geplanten Standort vorliegt. Schließlich verweist das IDW noch darauf, dass die Unsicherheit über die tatsächliche Durchführung der geplanten Transaktion mit der Länge des Prognosehorizonts steigt und damit sehr weit in der Zukunft liegende Geschäfte tendenziell als unwahrscheinlicher zu beurteilen sind. In der Gesamtwirkung ist somit eine bilanzpolitisch motivierte Nutzung der Absicherung zukünftiger Zahlungsströme auch im Rahmen von IFRS 9 weiterhin nicht ausgeschlossen; allerdings grenzt das IDW die Möglichkeiten doch erheblich ein. Besonders der Verweis auf die Möglichkeit des Reputationsaufbaus lässt die interessante Frage aufkommen, ob Investoren nicht in der Lage sein sollten, solche Unternehmen zu identifizieren, die in der Vergangenheit häufiger bestehende Sicherungsbilanzierungen mit dem Hinweis auf die nicht mehr bestehende (hohe) Eintrittswahrscheinlichkeit der erwarteten Transaktion beendet haben. Dies wäre aus rein informationsökonomischer Sicht sogar zu befürworten. Allerdings spricht aus praktischer Sicht die eingeschränkte Informationsverarbeitungskapazität des durchschnittlichen Investors dagegen, dass in einer derart technischen Frage ein Reputationsaufbau des Unternehmens über einen längeren Zeitraum zu erwarten ist.

23 Vgl. IFRIC Update March 2019.

Die Bilanzierung einer Absicherung von Zahlungsströmen wird nun anhand von zwei Beispielen weiter verdeutlicht. Im ersten Sachverhalt wird eine geplante Transaktion gegen Wechselkursschwankungen gesichert.

Beispiel 18.8

Ein in Euro bilanzierendes Unternehmen plant am 30.06.2020 den Neukauf einer Anlage für den 30.06.2021. Durch den Neukauf wird zeitgleich die Zahlung von 10 Mio. US-$ fällig. Die Anlage wird im Anschluss über zehn Jahre abgeschrieben, wobei bereits 2021 eine komplette Jahresabschreibung erfolgen soll, da dies dem wirtschaftlichen Nutzenverlauf entspricht.

Um sich gegen das Risiko einer Euroabwertung abzusichern, wird ein zeit- und betragsgleiches Termingeschäft abgeschlossen. Die notwendigen Termin- und Kassakurse sind der folgenden Tabelle zu entnehmen.

Zeitpunkt	**30.06.2020**	**31.12.2020**	**30.06.2021**
€/US-$ Kassakurs	1,000	1,100	1,200
€/US-$ Terminkurs	1,005	1,103	1,200

Aus diesen Ergebnissen ergeben sich folgende Wertentwicklungen; auf eine Berücksichtigung von Abzinsungseffekten wurde verzichtet.[24]

Zeitpunkt	**30.06.2020**	**31.12.2020**	**30.06.2021**
Geplante Transaktion	0	-1.000 T€	-2.000 T€
Termingeschäft insgesamt	0	980 T€	1.950 T€
Termingeschäft Kassakomponente	0	1.000 T€	2.000 T€
Termingeschäft Zinskomponente	0	-20 T€	-50 T€

Gemäß IAS 39.74(b) bzw. IFRS 9.6.2.4(b) kann das bilanzierende Unternehmen entweder das ganze Termingeschäft oder nur die Kassakomponente als Sicherungsinstrument bestimmen. Hier werden beide Varianten dargestellt, wobei bei der letzteren Variante eine explizite Unterscheidung zwischen IAS 39 und IFRS 9 vorgenommen werden muss, da gemäß IFRS 9.6.5.15 f. die abgetrennte Zinskomponente außerhalb der Sicherungsbeziehung abweichend verbucht wird:

1) Gesamtes Termingeschäft als Sicherungsinstrument

31.12.2020:

Termingeschäft	*an*	*sonst. Ergebnis (OCI CFH)*	*980 T€*

30.06.2021:

Termingeschäft	*an*	*sonst. Ergebnis (OCI CFH)*	*970 T€*

24 Für die Berücksichtigung von Zinseffekten bei Termingeschäften vgl. Beispiel 18.2.

Anlage	*12.000 T€*	*an*	*Bank*	*10.050 T€*
			Termingeschäft	*1.950 T€*

31.12.2021:

Abschreibung	*1.005 T€*			
Cashflow-Hedge-Rücklage	*195 T€*	*an*	*Anlage*	*1.200 T€*

Alternativ ist hier auch die Reduktion der Erstbewertung der Anlage nach IAS 39.98(b) möglich. Nach IFRS 9.6.5.11(d) ist dies hingegen Pflicht. Die letzten beiden Buchungssätze lauten dann:

30.06.2021:

Anlage	*10.050 T€*			
Cashflow-Hedge-Rücklage	*1.950 T€*	*an*	*Bank*	*10.050 T€*
			Termingeschäft	*1.950 T€*

31.12.2021:

Abschreibung		*an*	*Anlage*	*1.005 T€*

2a) Nur Kassakomponente als Sicherungsinstrument – IAS 39

31.12.2020:

Termingeschäft		*an*	*sonst. Ergebnis (OCI CFH)*	*1.000 T€*
Sonstiger betrieblicher Aufwand		*an*	*Termingeschäft*	*20 T€*

30.06.2021:

Termingeschäft		*an*	*sonst. Ergebnis (OCI CFH)*	*1.000 T€*
Sonstiger betrieblicher Aufwand		*an*	*Termingeschäft*	*30 T€*
Anlage	*12.000 T€*	*an*	*Bank*	*10.050 T€*
		an	*Termingeschäft*	*1.950 T€*

31.12.2021[25]:

Abschreibung	*1.000 T€*			
Cashflow-Hedge-Rücklage (CFH)	*200 T€*	*an*	*Anlage*	*1.200 T€*

25 Auch hier ist alternativ eine direkte Erfassung der Eigenkapitalposition aus der Absicherung des Zahlungsstroms im Rahmen der Erstbewertung der Anlage möglich.

2b) Nur Kassakomponente als Sicherungsinstrument – IFRS 9[26]

31.12.2020:

Soll			Haben	
Termingeschäft		*an*	*sonst. Ergebnis (OCI CFH)*	*1.000 T€*
Sonst. Ergebnis (OCI ZK)		*an*	*Termingeschäft*	*20 T€*

30.06.2021:

Soll			Haben	
Termingeschäft		*an*	*sonst. Ergebnis (OCI CFH)*	*1.000 T€*
Sonstiges Ergebnis (OCI ZK)		*an*	*Termingeschäft*	*30 T€*
Anlage	*10.050 T€*			
Cashflow-Hedge-Rücklage	*2.000 T€*	*an*	*Bank*	*10.050 T€*
			Termingeschäft	*1.950 T€*
			Zinskomponentenrücklage	*50 T€*

31.12.2021:

Soll			Haben	
Abschreibung		*an*	*Anlage*	*1.005 T€*

Obwohl somit nach IFRS 9 die Zinskomponente vom Termingeschäft abgetrennt und separat bilanziert wird, beeinflusst sie die Erst- und Folgebewertung des Vermögenswertes.

Als nächstes Beispiel wird die bereits im Vorabschnitt dargestellte Absicherung eines Rohstoffverkaufs durch ein Warentermingeschäft wieder aufgegriffen. Im Gegensatz zu diesem Beispiel besteht nun nicht eine feste Verpflichtung zur Lieferung von Flachstahl, sondern die Transaktion ist lediglich geplant. Wie in Beispiel 18.6 beziehen sich die folgenden Ausführungen dabei zwar explizit auf IFRS 9, allerdings sieht IAS 39.101 eine identische Behandlung des Beispiels vor.

Beispiel 18.9

Dieses Beispiel basiert somit auf den Daten des Beispiels zur Absicherung des beizulegenden Zeitwerts: Das bilanzierende Unternehmen plant am 30.06.2020, zum 30.06.2021 150 Tonnen Flachstahl zum Festpreis von 170.000 € zu veräußern. Da dieser Flachstahl erst kurzfristig am Spotmarkt erworben werden soll, beabsichtigt das Unternehmen, sich gegen Wertschwankungen durch den Abschluss eines Termingeschäfts abzusichern. Da Termingeschäfte auf Flachstahl nicht verfügbar sind, wird ein Termingeschäft auf den Kauf von Walz-

26 Vgl. zum besseren Verständnis der Vorgehensweise auch IFRS 9.B.6.5.34 zur Abgrenzung zwischen einem transaktionsbezogenen Grundgeschäft und einem zeitraumbezogenen Grundgeschäft. Im Folgenden liegt ein transaktionsbezogenes Grundgeschäft vor. ZK steht für die abgetrennte Zinskomponente.

stahl abgeschlossen. Als sichernde Komponente wird der gesamte beizulegende Zeitwert des Termingeschäfts bestimmt.

Die Effektivität der Sicherungsbeziehung wird quartalsweise evaluiert. Die Wertentwicklung von Sicherungsinstrument und gesichertem Grundgeschäft sowie die Entwicklung der periodenübergreifenden Effektivität sind der nachfolgenden Tabelle zu entnehmen. Auf die Berücksichtigung von Zinseffekten wird hier verzichtet.

Quartalsende	**2020 II**	**2020 III**	**2020 IV**	**2021 I**	**2021 II**
Beizulegender Zeitwert Flachstahl	120 T€	130 T€	140 T€	150 T€	160 T€
Beizulegender Zeitwert Termingeschäft Walzstahl	0	9 T€	10 T€	12 T€	15 T€
Effektivität		90 %	50 %	40 %	37,5 %

Es wird deutlich, dass die Preissteigerungen des Flachstahls nur unzureichend durch die Wertentwicklung des Termingeschäfts ausgeglichen werden. Die periodenübergreifende Effektivität sinkt kontinuierlich und führt ab dem ersten Quartal 2021, wie bereits diskutiert, dazu, dass prospektiv keine hinreichende Effektivität mehr angenommen werden kann. Da dies zuvor nicht antizipierbar war, ist bis zum vierten Quartal 2020 die Sicherungsbilanzierung vorzunehmen. Im ersten Quartalsbericht 2021 ist die Sicherungsbilanzierung zu beenden.

Weil bei einer Absicherung der Cashflows die geplante Transaktion als Grundgeschäft bilanzunwirksam ist, wird in den ersten Quartalen nur die Wertentwicklung des Termingeschäfts GuV-neutral erfasst.

2020 III:

Termingeschäft	*an*	*sonst. Ergebnis (CFH)*	*9 T€*

2020 IV:

Termingeschäft	*an*	*sonst. Ergebnis (CFH)*	*1 T€*

Mit Ablauf des Quartals 2021 I wird hingegen die Sicherungsbilanzierung abgebrochen. Da indes die geplante Transaktion weiterhin wahrscheinlich ist, bleibt nach IFRS 9.6.5.12(a) die Cashflow-Hedge-Rücklage unangetastet. Das Termingeschäft wird nunmehr wie ein normales Finanzderivat GuV-wirksam bilanziert.

2021 I:

Termingeschäft	*an*	*sonst. betr. Ertrag*	*2 T€*

In der letzten Periode wird das Termingeschäft glattgestellt. Im Rahmen der Erfüllung der geplanten Transaktion wird die Eigenkapitalposition GuV-wirksam aufgelöst und reduziert die Kosten des Umsatzes.

2021 II:

Bank	*15 T€*	*an*	*Termingeschäft*	*12 T€*
			sonst. betr. Ertrag	*3 T€*
Handelsware Flachstahl		*an*	*Bank*	*160 T€*
Kosten des Umsatzes	*150 T€*			
Cashflow-Hedge-Rücklage	*10 T€*	*an*	*Handelsware Flachstahl*	*160 T€*
Forderungen		*an*	*Umsatzerlöse*	*170 T€*

3.3 Absicherung einer Nettoinvestition in einen ausländischen Geschäftsbetrieb

Behandlung von Wechselkursschwankungen bei ausländischen Geschäftsbetrieben nach IAS 21

Unternehmen, die in ausländische Gesellschaften investieren, übernehmen nicht nur ein wirtschaftliches, sondern auch ein wechselkursbedingtes Risiko. Die Behandlung dieses Risikos wird im Wesentlichen in IAS 21 „Auswirkungen von Änderungen der Wechselkurse" geregelt. Für die Währungsumrechnung von Tochtergesellschaften und sonstigen Investitionen in Auslandsunternehmen kennt IAS 21 zwei Grundregeln (vgl. Kapitel 20):

- Unternehmen, die im Sinne von IAS 21.11 praktisch als verlängerter Arm des Mutterunternehmens im Ausland agieren, wie z.B. reine Produktions- oder Vertriebsgesellschaften, besitzen die gleiche funktionale Währung wie die Mutter. Somit sind ihre Abschlüsse jeweils so in die Berichtswährung der Mutter umzurechnen, als ob sie originäre Abschlusspositionen der Mutter wären (Zeitbezugsmethode).
- Abschlusspositionen von Unternehmen, die eine andere funktionale Währung als das Mutterunternehmen besitzen, sind zum jeweiligen Stichtagskurs in die Berichtswährung der Mutter umzurechnen. Die sich daraus ergebenden Umrechnungsdifferenzen sind über das sonstige Ergebnis GuV-neutral in eine gesonderte Rücklage einzustellen und dort solange zu belassen, bis das jeweilige Unternehmen den Konzernverbund verlässt bzw. bis die Beteiligung veräußert wird (modifizierte Stichtagskursmethode).

Absicherung sinnvoll bei ausländischen Geschäftsbetrieben mit eigener funktionaler Währung

Im ersten Fall ist die Absicherung des Fremdwährungsrisikos einer Schuld oder eines Vermögenswerts problemlos möglich, da kein Unterschied zu einem Vermögenswert oder einer Schuld besteht, die das Mutterunternehmen selber hält. Im zweiten Fall ist eine solche Absicherung nicht möglich, da die Wertschwankungen der Auslandsinvestition GuV-neutral erfasst werden. Für diese Fälle ist die Absicherungskategorie „Absicherung einer Nettoinvestition in einen ausländischen Geschäftsbetrieb" vorgesehen. Ihre Grundidee besteht darin, dass nur die Nettoinvestition in die ausländische Einheit abgesichert wird. Was ist nun aber eine Nettoinvestition? Bei nicht konsolidierten oder bei at equity bilanzierten Beteiligungen ist das einfach: Es handelt sich um den Buchwert der Beteiligung. Wie ist das aber bei konsolidierten Beteiligungen? Hier ermittelt sich die Nettoinvestition grundsätzlich als Summe der Vermögenswerte abzüglich der Schulden des konsolidierten Unternehmens. Hierzu zählt auch der Goodwill, da dieser nach der Währungsumrechnung gemäß IAS 21.47 in der funktionalen Währung der Tochter ermittelt wird. Hinzuzuzählen sind gemäß IAS 21.15 sowohl bei at equity bewerteten als auch bei konsolidierten Unternehmen ggf. vom Mutterunternehmen der ausländischen Teileinheit gewährte bzw. erhaltene Kredite, nicht jedoch Forderungen und Verbindlichkeiten.

Diese Nettoinvestition, die grob dem Nettovermögen der ausländischen Einheit entspricht, kann nun in ihrer Gesamtheit gegen Währungsschwankungen abgesichert werden, wobei auch antizipierte Dividendenzahlungen und ähnliche Transfers zu berücksichtigen sind. Gemäß IFRIC 16.14 kommt als Sicherungsinstrument entsprechend den allgemeinen Regeln von IAS 39.72 bzw. IFRS 9.6.2.1 jedes Finanzinstrument in Frage. Da es sich im vorliegenden Fall um die Absicherung eines Fremdwährungsrisikos handelt, sind damit sowohl derivative als auch nicht derivative Finanzinstrumente und sogar beliebige Kombinationen aus diesen Instrumenten als Sicherungsinstrument zugelassen. Mit Ausnahme des ausländischen Geschäftsbetriebs selbst ist es zudem gemäß IFRIC 16.14 irrelevant, von welcher konzernzugehörigen Gesellschaft das als Sicherungsinstrument designierte Finanzinstrument gehalten wird, solange die allgemeinen Voraussetzungen von IAS 39.88 bzw. IFRS 9.6.4.1 durch die Sicherungsbeziehung erfüllt werden. Die bilanzielle Behandlung der Absicherung erfolgt analog zur Absicherung von künftigen Cashflows (cash flow hedge):

- Der effektive Teil des Sicherungsinstruments wird über das sonstige Ergebnis GuV-neutral in der gleichen EK-Rücklage wie die Währungsumrechnungsdifferenz des Auslandsinvestments erfasst.
- Der nicht effektive Teil wird gemäß der ansonsten für das Sicherungsinstrument geltenden Regeln behandelt.

Dabei unterscheiden sich die Buchungsmethodiken in IAS 39.102 und IFRS 9.6.5.13 f. – wie bei der Absicherung des beizulegenden Zeitwerts und wie bei der Absicherung von Zahlungsströmen – nicht voneinander. Das nachfolgende Beispiel illustriert daher beide Standards gleichermaßen.

Beispiel 18.10

Ein deutsches Mutterunternehmen hat am 31.12.2020 für 100 Mio. US-$ eine 100 %-Beteiligung an einer US-amerikanischen Tochter erworben. Die Muttergesellschaft plant keine Änderung des operativen Geschäfts der Tochter, sondern hält es eher für realistisch, die Tochtergesellschaft mittelfristig an einen Dritten zu veräußern. Somit handelt es sich um einen ausländischen Geschäftsbetrieb mit abweichender funktionaler Währung, der vollkonsolidiert wird. Um die Nettoinvestition gegen Wertschwankungen abzusichern, wird ein variabel verzinslicher US-$-Kredit über 100 Mio. US-$ aufgenommen, der jederzeit getilgt werden kann. Die relevanten Daten finden sich in der folgenden Tabelle.

Periode	**2020**	**2021**	**2022**
Vermögenswerte TU [Mio. US-$]	140,0	130,0	130,0
Schulden TU [Mio. US-$]	60,0	60,0	60,0
Goodwill [Mio. US-$]	20,0	20,0	20,0
Nettoinvestition [Mio. US-$]	100,0	90,0	90,0
Wert US-$-Kredit [Mio. US-$]	100,0	100,0	100,0
Wechselkurs [US-$/€]	1,0000	1,0625	1,1250
Vermögenswerte TU [Mio. €]	140,0	122,4	115,5
Schulden TU [Mio. €]	60,0	56,5	53,3
Goodwill TU [Mio. €]	20,0	18,8	17,8
Nettoinvestition [Mio. €]	100,0	84,7	80,0
Wert US-$-Kredit [Mio. €]	100,0	94,1	88,9

Die Wechselkursentwicklung verdeutlicht eine Abwertung des US-Dollars, die auch zu einer zusätzlichen Wertminderung der Nettoinvestition führt. Dies ist auch bei der Verbuchung der Absicherung zu erkennen: Durch die Abwertung des US-$ sinken Vermögenswerte und Schulden der Tochtergesellschaft, was insgesamt zur Erfassung eines negativen sonstigen Ergebnisses aus Währungsumrechnung (WU) führt.

31.12.2021:

Sonst. Ergebnis (OCI WU)	*an*	*div. Aktiva Tochter*	*7,6 Mio. €*
Div. Passiva Tochter	*an*	*sonst. Ergebnis (OCI WU)*	*3,5 Mio. €*
Sonst. Ergebnis (OCI WU)	*an*	*Goodwill Tochter*	*1,2 Mio. €*

Die aufgenommene Schuld als Sicherungsinstrument ist ebenfalls abzuwerten, was zu einem Ertrag aus Währungsumrechnung führt, der die negative Rücklage überkompensiert und damit in seinem ineffektiven Teil GuV-wirksam wird.

Schuld US-$-Kredit	*5,9 Mio. €*	*an*	*sonst. Ergebnis (OCI WU)*	*5,3 Mio. €*
			Ertrag aus WU	*0,6 Mio. €*

Die gleiche Situation stellt sich aufgrund der fortschreitenden Abwertung des US-Dollar nahezu unverändert für 2022 dar.

31.12.2022:

Sonst. Ergebnis (OCI WU)		*an*	*div. Aktiva Tochter*	*6,9 Mio. €*
Div. Passiva Tochter		*an*	*sonst. Ergebnis (OCI WU)*	*3,2 Mio. €*
Sonst. Ergebnis (OCI WU)		*an*	*Goodwill Tochter*	*1,0 Mio. €*
Schuld US-$-Kredit	*5,2 Mio. €*	*an*	*sonst. Ergebnis (OCI WU)*	*4,7 Mio. €*
			Ertrag aus WU	*0,5 Mio. €*

Zur Effektivität des Sicherungsinstruments ist Folgendes anzumerken: 2020 stimmt der Nennwert der Verbindlichkeit mit dem Betrag der abzusichernden Nettoinvestition überein. Im Jahr 2021 allerdings sinkt der US-Dollar-Wert der Nettoinvestition auf 90 Mio., sodass ein ineffektiver Teil verbleibt. Die Effektivität beträgt nach der Dollar-Offset-Methode kumulativ berechnet für 2021 111 % (5,9 Mio. € / 5,3 Mio. €) und für 2022 ebenfalls 111 % (5,9 + 5,2) Mio. € / (5,3 + 4,7) Mio. €. Trotzdem kann die Sicherungsbeziehung durchaus als 100 %-effektiv angesehen werden, wenn nur ein quotaler Teil (hier 90 %) des Kredits als Sicherungsinstrument angesehen wird. Dieser quotale Teil kann unter Umständen auch kontinuierlich angepasst werden. An der Bilanzierung ändert diese Vorgehensweise nichts, da der nicht als Sicherungsinstrument bestimmte Teil analog zum ineffektiven Teil bilanziert wird.

4 Angabepflichten

IFRS 7 fordert Angaben zur Sicherungsbilanzierung

Ein Großteil der aus der Sicherheitsbilanzierung resultierenden Angabepflichten entspricht den Angabepflichten zu Finanzinstrumenten, sodass hierfür auf den entsprechenden Abschnitt des Kapitels 17 verwiesen werden kann. Darüber hinaus fordert IFRS 7 jedoch auch speziell Ausführungen zu Sicherungsbeziehungen. So ist zunächst die Risikomanagementstrategie des Unternehmens dezidiert darzustellen (IFRS 7.22A-C). Darüber hinaus sollen gemäß IFRS 7.23A-F vor allem Angaben zur Auswirkung der Sicherungsstrategien auf die zukünftigen Cashflows (Betrag, zeitliche Verteilung und Unsicherheit) gemacht werden. IFRS 7.24A-F fordert zudem eine umfangreiche Diskussion über die Auswirkungen der Sicherungsbilanzierung auf die finanzielle Position und die Performance des Unternehmens.

Aus der Forschung

Zur Anwendung und Wirkung der Sicherungsbilanzierung

Sicherungsbeziehungen ermöglichen es Unternehmen, die Unsicherheit über die zukünftige wirtschaftliche Performance zu reduzieren. Die Sicherungsbilanzierung ermöglicht es Unternehmen, diese zunehmende Sicherheit auch bilanziell abzubilden. Dass dies im Falle des Beispiels 18.1 bedeutet, dass das Unternehmen einen sicheren Verlust erzielen wird, ist dabei unschädlich. Ein planbarer Verlust kann durchaus wünschenswerter sein als eine unsichere Zukunft. Dennoch ist es letztendlich die Entscheidung des Managements, ob es die Sicherungsbilanzierungsregeln tatsächlich anwenden möchte. Darauf weist auch die empirische Forschung hin. So zeigt die Umfrage von Glaum und Klöcker (2011), dass 28 % der befragten deutschen und schweizerischen Unternehmen die Sicherungsbilanzierungsregeln nicht anwenden, obwohl im Rahmen des Risikomanagements derivative Finanzinstrumente zum Einsatz kamen (vgl. Pirchegger 2006 für eine analytische Modellierung der diesbezüglichen Wahlentscheidung). Die Autoren finden Evidenz dafür, dass dieser Verzicht bilanzpolitisch motiviert sein könnte, da die Wahrscheinlichkeit der Anwendung der Sicherungsbilanzierungsregeln steigt, wenn das Management angibt, dass ihm eine geringe Ergebnisvolatilität wichtig ist. Allerdings zeigen die Autoren auch, dass die Anwendungswahrscheinlichkeit steigt, wenn das Management mehr Erfahrung im Bereich der IFRS-Rechnungslegung aufweist. Dies könnte wiederum darauf zurückzuführen sein, dass unerfahrene Manager oder ressourcenschwache Unternehmen schlichtweg vor der hohen Komplexität der Regeln zurückschrecken. Gerade diese Komplexität sorgt jedoch noch für ein weiteres Phänomen. Dadurch, dass Manager bereits im Rahmen der Absicherungsstrategie berücksichtigen müssen, dass nur bestimmte Sicherungsbeziehungen auch bilanziell abgebildet werden dürfen, beeinflussen die spezifischen Detailregelungen letztlich auch, welche Absicherungsstrategien das Management einsetzt (DeMarzo/Duffie 1995; Melumad et al. 1999). Dies kann im Ergebnis einerseits zwar eine disziplinierende Wirkung auf das Risikomanagement des Unternehmens haben (Zhang 2009). Andererseits verursacht dies u.U. hohe Kosten (Glaum/Klöcker 2011). Dennoch ist aus Sicht des durchschnittlichen Investors die Anwendung der Sicherungsbilanzierung tendenziell zu begrüßen, da sich die Planbarkeit der Ergebnisse erhöht, was sich bspw. in einer erhöhten Genauigkeit von Analystenprognosen niederschlägt (Panaretou et al. 2013).

Literatur: DeMarzo, P.M./Duffie, D., Corporate incentives for hedging and hedge accounting, in: Review of Financial Studies, Vol. 8 (1995), S. 743-771; Glaum, M./Klöcker, A., Hedge accounting and its influence on financial hedging: when the tail wags the dog, in: Accounting and Business Research, Vol. 41 (2011), S. 459-489; Melumad, N. D./Weyns, G./Ziv, A., Comparing Alternative Hedge Accounting Standards: Shareholders' Perspective, in: RASt, Vol. 4 (1999), S. 265-292; Panaretou, A./Shackelton, M. B./Taylor, P. A., Corporate Risk Management and Hedge Accounting, in: CAR, Vol. 30

(2013), S. 116-139; Pirchegger, B., Hedge accounting incentives for cash flow hedges of forecasted transactions, in: EAR, Vol. 15 (2006), S. 115-135; Zhang, H., Effect of derivative accounting rules on corporate risk-management behavior, in: JoAE, Vol. 47 (2009), S. 244-264.

5 Die Zukunft der Sicherungsbilanzierung im Rahmen des IFRS 9

Ganzheitliches Risikomanagement zunehmend im Vordergrund

Unternehmensweite Risikomanagementstrategien sind gerade für global agierende und nicht stark diversifizierte Konzerne von großer Bedeutung. So verursachte beispielsweise der Treibstoffverbrauch der Lufthansa AG im Jahr 2019 mehr als 19 % der betrieblichen Aufwendungen des Unternehmens. Vor dem Hintergrund stark schwankender Rohstoffpreise und dem Umstand, dass das Geschäftsmodell der Lufthansa ohne Kerosin offensichtlich nicht erfolgreich sein kann, erscheint es nur verständlich, dass sich das Unternehmen auf vielfältige Art und Weise gegen Schwankungen der Rohölpreise und darüber hinaus z.B. auch gegen Zinsänderungsrisiken und Wechselkursschwankungen absichert. Im Gegensatz zum grundlegenden Sicherungsverständnis von IAS 39 und IFRS 9 erfolgt diese Absicherung in der Praxis jedoch immer seltener auf Grundlage sog. Micro-Hedges, bei denen spezielle Risiken bestimmter Vermögenspositionen einzeln durch spezifische Sicherungsinstrumente abgesichert werden. Stattdessen wird zunehmend versucht, im Rahmen eines ganzheitlichen Risikomanagements das gesamte interne und externe Risiko eines Unternehmens zu erfassen und, auch unter Einsatz qualitativer Instrumente, systematisch zu minimieren.

Das Sicherungsbilanzierungsmodell des IFRS 9 adressiert dieses Problem bereits an vielen Stellen und erweitert die Möglichkeit zur Gruppenbildung bei Grundgeschäften sowie die Möglichkeit zur Designation von Nettopositionen im Vergleich zu IAS 39 erheblich. Außerdem fordert IFRS 9 vor allem im Rahmen der Beurteilung der Effektivität eine enge Anbindung an das tatsächlich implementierte Risikomanagement des bilanzierenden Unternehmens (management approach). Darüber hinaus wurde auch die in diesem Kapitel nicht weiter behandelte Möglichkeit eingeführt, eine Kreditrisikoposition GuV-wirksam zum beizulegenden Zeitwert zu bewerten, wenn das Kreditrisiko durch ein Kreditderivat gesteuert wird (IFRS 9.6.7). Dennoch bleiben derzeit viele in der Praxis eingesetzte Risikosimulations- und Risikomanagementmodelle durch das Sicherungsbeziehungsverständnis des IFRS 9 unadressiert. Als wesentliches Beispiel sei hier die sowohl in IAS 39 als auch in IFRS 9 verankerte Unterscheidung in die Absicherung des beizulegenden Zeitwerts und die Absicherung von Zahlungsströmen genannt. In der Praxis beziehen sich tatsächliche Absicherungsstrategien jedoch oftmals auf Mischungen dieser Absicherungen, was auch im derzeitigen Sicherungsbilanzierungsmodell von IFRS 9 nicht hinreichend berücksichtigt ist.

Forschungsprojekt zum „dynamischen Risikomanagement"

Daher veröffentlichte das IASB 2014 ein Diskussionspapier, das die Sicherungsbilanzierung in IFRS 9 um die Möglichkeit des sog. „Macro Hedge Accounting" erweitern sollte. Nach der Auswertung der Stellungnahmen zu diesen äußerst komplexen Vorschlägen hat das IASB sich jedoch dafür entschieden zunächst ein Forschungsprojekt zum Thema zu initiieren, das sich mit der Frage der bilanziellen Abbildung des „dynamischen Risikomanagements" im Allgemeinen auseinandersetzen soll. Das Forschungsprojekt ist allerdings – auch bedingt durch die Auswirkungen der Covid-19-Pandemie – nicht wesentlich fortgeschritten. So ist aktuell lediglich zu berichten, dass das IASB im Laufe des Jahres 2021 um Feedback zu den möglichen Kernelementen eines potenziellen „Kernmodells" bitten möchte.

6 Wesentliche Unterschiede zum IFRS for SMEs

Hohe Komplexität

Die im Rahmen dieses Kapitels vorgestellten Regelungen zur Sicherungsbilanzierung nach IAS 39 und IFRS 9 gelten als mit die schwierigsten Regelungen der IFRS-Rechnungslegung. Diese hohe Komplexität erkannte auch das IASB im Rahmen der Entwicklung des IFRS for SMEs und vereinfachte die Sicherungsbilanzierung für kleine und mittelgroße Unternehmen erheblich.[27]

Sicherungsfähige Grundgeschäfte abhängig von abzusichernden Risiken

Ein wesentlicher Unterschied besteht darin, dass im Rahmen der IFRS-SME die sicherungsfähigen Grundgeschäfte hinsichtlich der absicherungsfähigen Risikoarten exakt abgegrenzt werden. Als sicherungsfähige Grundgeschäfte und Risikoarten kommen demnach nur die folgenden in Betracht:

- Das Zinsänderungsrisiko eines Schuldtitels, der zu Anschaffungskosten bewertet wird.
- Das Wechselkursrisiko oder das Zinsänderungsrisiko einer bestehenden Verpflichtung oder einer geplanten Transaktion, die mit hoher Wahrscheinlichkeit durchgeführt werden wird.
- Das Preisänderungsrisiko beim Kauf oder Verkauf einer Ware. Dabei ist es unerheblich, ob das Unternehmen die Ware bereits hält, verpflichtet ist, sie zu einem zukünftigen Termin abzunehmen, oder lediglich mit hoher Wahrscheinlichkeit zu erwarten ist, dass das Unternehmen die Ware handeln wird.
- Das Wechselkursrisiko einer Nettoinvestition in einem ausländischen Geschäftsbetrieb.

Kein Hedge Accounting für Portfolio-Hedging

Darüber hinaus ist vor allem die Einbringung von Portfolios in Sicherungsbeziehungen für kleine und mittelgroße Unternehmen nicht möglich, da das IASB derartige Absicherungsstrategien als unüblich für kleine und mittelgroße Unternehmen betrachtet (vgl. IFRS-SME.BC104).

27 Vgl. IFRS-SME.BC99. Alternativ haben die Unternehmen allerdings die Möglichkeit, die Ansatz- und Bewertungsregeln des IAS 39 für alle Finanzinstrumente anzuwenden, vgl. IFRS-SME 12.2.

Auch hinsichtlich der möglichen Sicherungsinstrumente enthält der IFRS-SME einige Vereinfachungen. Ein Sicherungsinstrument muss demnach folgende Voraussetzungen kumulativ erfüllen:

Gruppe möglicher Sicherungsinstrumente eingeschränkt

- Das Sicherungsinstrument ist ein Zinsswap, ein Wechselkursswap, ein Wechselkurstermingeschäft oder ein Warentermingeschäft, von dem erwartet wird, dass es in Bezug auf die Absicherung des Risikos des Grundgeschäfts hoch effektiv ist.
- Der Vertragspartner befindet sich außerhalb der rechnungslegenden Einheit.
- Der Basiswert des Sicherungsinstruments entspricht dem Betrag des abzusichernden Grundkapitals bzw. dem Betrag des abzusichernden Basiswertes des Grundgeschäfts.
- Das Sicherungsinstrument ist nicht vor dem Grundgeschäft fällig.

Im Vergleich zu IAS 39.72 ff. bzw. IFRS 9.6.2.1 lässt sich somit insbesondere feststellen, dass Optionen im Rahmen der Sicherungsbilanzierung nicht als Sicherungsinstrumente eingesetzt werden können, da das IASB auch hier davon ausgeht, dass derartige Absicherungsstrategien nicht der üblichen Praxis entsprechen (vgl. IFRS-SME.BC104).

Bilanzielle Abbildung abhängig von abgesicherter Risikoart

Sollte ein kleines oder mittelgroßes Unternehmen diese grundlegenden Voraussetzungen im Rahmen einer Dokumentation der Risikomanagementstrategie nachweisen und darüber hinaus vor allem zeigen können, dass die Absicherung mit hoher Wahrscheinlichkeit effektiv ist, so kann es eine Sicherungsbilanzierung vornehmen. Wie im Sicherungsbilanzierungsmodell von IFRS 9 existieren auch hier keine fixierten Bandbreiten für den Effektivitätstest. Die Absicherung von Zinsänderungsrisiken festverzinslicher Finanzinstrumente bzw. die Preisänderungsrisiken bereits bilanzierter Waren werden im Wesentlichen wie ein fair value hedge bilanziert. Die Absicherung von Zinsänderungsrisiken variabel verzinslicher Finanzinstrumente bzw. die Preisänderungsrisiken noch nicht bilanzwirksamer Transaktionen und Nettoinvestitionen in ausländischen Geschäftsbetrieben wird im Wesentlichen wie ein cash flow hedge abgebildet. Wesentliche Unterschiede bestehen vor allem in der vorzeitigen Auflösung der Sicherungsbilanzierung. Das IASB sieht für kleine und mittelgroße Unternehmen lediglich eine periodische Beurteilung der Voraussetzungen der Konditionen vor und stellt klar, dass eine Auflösung der Sicherungsbilanzierung prospektiv ab dem Abschlussstichtag und nicht schon ab dem Zeitpunkt der tatsächlichen Auflösung (und damit unterjährig) vorzunehmen ist (vgl. IFRS-SME.BC102).

7 Wesentliche Unterschiede zum HGB

§ 254 HGB

Die Sicherungsbilanzierung ist in Gestalt von § 254 HGB (Bildung von Bewertungseinheiten) expliziter Bestandteil der handelsrechtlichen Rechnungslegung. Wenngleich der Gesetzeswortlaut relativ kurz gefasst ist, lässt er grundsätzlich eine Übereinstimmung mit dem Konzept der Sicherungsbilanzierung in IAS 39 und IFRS 9 erkennen. Dies täuscht jedoch darüber hinweg, dass sich die Regelungen in einigen wesentlichen Aspekten fundamental unterscheiden.

Sicherungsinstrument kann jedes Finanzinstrument sein

So kann im Rahmen der handelsrechtlichen Rechnungslegung grundsätzlich jedes Finanzinstrument als Sicherungsinstrument fungieren. Dabei geht das HGB sogar über die Auffassung des IFRS 9 hinaus, nach dem die Zulässigkeit eines Einsatzes als Sicherungsinstrument an die GuV-wirksame Folgebewertung zum beizulegenden Zeitwert geknüpft ist und damit nur ein Teil der denkbaren Finanzinstrumente als Sicherungsinstrument akzeptiert wird.

Keine Vorgabe einer Effektivitätsspanne

Darüber hinaus ergibt sich im Rahmen der Effektivitätstests eine wesentliche Abweichung. Zwar werden auch im HGB Bewertungseinheiten gebildet, um den „[…] Ausgleich gegenläufiger Wertänderungen und Zahlungsströme […]“ zu ermöglichen, was die Forderung nach einer ökonomisch werthaltigen Sicherungsbeziehung erkennen lässt. Anders als IAS 39.AG105 verzichtet der deutsche Gesetzgeber jedoch ausdrücklich auf die Vorgabe einer Effektivitätsspanne für die auf Grundlage dieser Forderung notwendigen Effektivitätstests[28] und folgt somit dem Ansatz des IFRS 9.

Durchbuchungs- und Einfrierungsmethode

Unterschiede ergeben sich zudem vor allem auch bei der bilanziellen Abbildung der Wertentwicklungen von Grundgeschäft und Sicherungsinstrument. Da § 254 HGB, anders als IAS 39 und IFRS 9, keine expliziten Bilanzierungsanweisungen vorgibt, sondern vielmehr zahlreiche grundlegende Ansatz- und Bewertungsregeln für den Wirkungsbereich der Bewertungseinheit außer Kraft setzt[29], scheint es dem Anwender freigestellt zu sein, wie er den Risikoausgleich bilanziell darstellt. Daher wird für die handelsrechtliche Rechnungslegung auf zwei optionale Methoden zurückgegriffen, die sich historisch in der akademischen Diskussion herausgebildet haben. Während die so genannte Durchbuchungsmethode im Wesentlichen dem Vorgehen eines fair value hedge entspricht, setzt die Einfrierungsmethode sämtliche bilanzielle Wirkungen der Bewertungseinheit schlichtweg außer Kraft, was dem Umstand Rechnung trägt, dass eine Nachbildung der Regelungen des cash flow hedge in der handelsrechtlichen Rechnungslegung nicht möglich ist, da im HGB kein Pendant zum other comprehensive income der IFRS-Rechnungslegung existiert.[30]

---

28 Vgl. BT-DS 16/12407, S. 86.

29 Im Einzelnen sind dies die Pflicht zur Bildung von Drohverlustrückstellungen, der Einzelbewertungsgrundsatz, das Realisationsprinzip, das Imparitätsprinzip, sämtliche Bewertungsregeln für Vermögensgegenstände und Schulden des § 253 Abs. 1 HGB sowie die Vorschriften zur Währungsumrechnung gemäß § 256a HGB; vgl. auch *Fülbier, R.U./Gassen, J.*, Das Bilanzrechtsmodernisierungsgesetz (BilMoG): Handelsrechtliche GoB vor der Neuinterpretation, in: DB, 60. Jg (2007), S. 2010 f.

30 Vgl. zu dieser Diskussion ausführlich *Scharpf*, HdR, § 254 HGB – Bildung von Bewertungseinheiten, Rn. 303 ff.; vgl. zudem IDW ERS HFA 35, Rn. 72 ff.

Ausgewählte Literatur

Breckheimer, I., Die steuerbilanzielle Behandlung von Sicherungsbeziehungen, Wiesbaden 2010.

Clark, J., Hedge-Effektivität im Spannungsfeld zwischen Risikomanagement-Strategie und internationalen Hedge-Accounting-Regelungen, Düsseldorf 2011.

Hachmeister, D., Portfolio-Hedging von Zinsänderungsrisiken nach IAS 39, in: ZfCM, Sonderheft 1, 51. Jg. (2007), S. 75-84.

IDW (Hrsg.), IDW Stellungnahme zur Rechnungslegung: Einzelfragen zur Bilanzierung von Finanzinstrumenten nach IFRS (IDW RS HFA 9), in: IDW Fachnachrichten, o. Jg. (2007), S. 326-400.

Kuhn, S./Scharpf, P., Rechnungslegung von Financial Instruments nach IFRS: IAS 32, IAS 39 und IFRS 7, 3. Aufl., Stuttgart 2006.

Ramirez, J., Accounting for Derivatives – Advanced Hedging under IFRS 9, 2. Aufl., Chichester 2015.

Schmidt, A./Barekzai, O./Hüttermann, K., IFRS 9 „Finanzinstrumente“: Neuregelungen zur Sicherungsbilanzierung (Teil 1 und 2), in: DB, 67. Jg. (2014), S. 373-381, 433-438.

Zwirner, C./Froschhammer, M., Die Bilanzierung von Bewertungseinheiten nach § 254 HGB, in: Zeitschrift für Bilanzierung und Rechnungswesen, 34. Jg. (2010), S. 153-156.

Übungsaufgaben

Aufgabe 1:

Verbuchen Sie den folgenden Geschäftsvorfall unter Vernachlässigung von latenten Steuern:

a) Im November 2020 kauft die Päffgen AG 100.000 US-$ auf Termin (per 01.01.2022) zum Kurs von 1,06 €/US-$. Der Terminkurs am 31.12.2020 lag bei 1,09 €/US-$. Dieses Termingeschäft ist durch den geplanten Erwerb einer Produktionsanlage per 01.01.2022 begründet, der mit einer Zahlungsverpflichtung von 100.000 US-$ einhergeht. Das Grundgeschäft soll zum Terminkurs gesichert werden und der relevante Eurozinssatz liegt bei 2 %. Wie klassifizieren Sie das Termingeschäft nach IAS 39 und IFRS 9 und welche Buchungssätze fallen bei der Päffgen AG 2020 an?

b) Was ändert sich bezüglich der Klassifikation und Verbuchung des unter a) dargestellten Termingeschäfts, wenn der Erwerb der Produktionsanlage
   - überhaupt nicht geplant ist?
   - 2020 auf Kredit (Rückzahlung zum 01.01.2022) durchgeführt wurde?

Aufgabe 2:

Verbuchen Sie die beiden folgenden Finanzderivate unter Vernachlässigung von latenten Steuern nach IFRS 9:

a) Ein Bestand an Fertigerzeugnissen, dessen Veräußerung für 2021 geplant ist, wurde am 01.06.2020 durch ein Termingeschäft (Anschaffungskosten = 0) gegen Marktpreisänderungsrisiken abgesichert. Zum 31.12.2020 hatte dieses Termingeschäft einen Wert von 40.000 €. Der beizulegende Zeitwert der Fertigerzeugnisse ist von 160.000 € (31.12.2019) auf 120.000 € (31.12.2020) gefallen. Die Hedgingbedingungen sind erfüllt.
b) Eine Aktienindexoption auf deutsche Aktien (Put), vom Finanzvorstand in sicherer Erwartung fallender Aktienkurse am 31.12.2019 für 10.000 € erworben, um das international diversifizierte Nettoaktienportfolio des Unternehmens abzusichern, hatte am 31.12.2020 einen Marktwert von 1.000 €.

Aufgabe 3:

Die Norisk AG hält langfristig produktionsnotwendige Kupfervorräte vor, die sie gegen Marktwertschwankungen absichern will. Deswegen schließt die Einkaufsabteilung ein börsennotiertes Termingeschäft (Future) ab, indem sie ähnlich spezifizierte Rohstoffe in gleicher Menge auf Termin (31.12.2022) verkauft. Die relevanten Angaben finden sich in der folgenden Tabelle (in €).

Position	**31.12.2020**	**31.12.2021**	**31.12.2022**
Kupferpreis Spot je Tonne	2.000	3.000	3.500
Kupferpreis Termin je Tonne zum 31.12.2022	2.122	3.090	3.500
Beizulegender Zeitwert Kupferlager je Tonne	2.000	2.950	3.400

a) Ermitteln Sie für die in der Tabelle angegebenen Zeitpunkte die Wertentwicklung des Termingeschäfts insgesamt sowie der Zinskomponente, jeweils je Tonne. Der relevante Zinssatz beträgt 3 %.
b) Wie beurteilen Sie die Effektivität der Sicherungsbeziehung?
c) Charakterisieren Sie die Sicherungsbeziehung und verbuchen Sie sie für die Jahre 2020 bis 2022 nach IFRS 9. Gehen Sie davon aus, dass 1000 t Kupfer zum 31.12.2020 am Spotmarkt erworben wurden und über die gesamte Laufzeit gehalten werden. Das Termingeschäft wurde in gleichem Umfang ebenfalls am 31.12.2020 abgeschlossen. Die Absicherung soll zum Kassakurs erfolgen und latente Steuern sind zu vernachlässigen.

Kapitel 19
Leasing

Die Finanzierung über Leasing hat eine lange Tradition. Bereits 1700 v. Chr. wurden Ochsen und Kühe als Arbeitstiere geleast.[1] Ab der zweiten Hälfte des 19. Jahrhunderts verleasten Telekommunikationsunternehmen ihre Telefone an Kunden. In den 1930er und 1940er Jahren begann das Leasing von Automobilen.[2] Im Jahr 2019 belief sich der Anteil der Leasing-Investitionen an den gesamtwirtschaftlichen Investitionen (ohne Immobilien), die sogenannte Mobilien-Leasingquote, laut Bundesverband Deutscher Leasing-Unternehmen auf etwa 24 %. Damit werden in Deutschland mehr Investitionen über Leasing finanziert als über den klassischen Bankkredit. Leasing stellt somit das wichtigste Instrument zur Außenfinanzierung von Investitionen dar.[3]

Was ist überhaupt unter Leasing zu verstehen? Letztlich verbirgt sich dahinter die bekannte Miete. Einer Vertragspartei, dem Leasingnehmer, wird ein zeitlich begrenztes Nutzungsrecht an einem Leasinggegenstand entgeltlich eingeräumt, ohne dass dafür sofort ein voller Kaufpreis an den Eigentümer, den Leasinggeber, zu entrichten ist. Als Leasinggegenstand kommen alle denkbaren Vermögenswerte in Betracht, z.B.

- Maschinen bis hin zu ganzen Produktionsanlagen,
- Immobilien,
- Gegenstände der Betriebs- und Geschäftsausstattung, z.B. einzelne Kfz oder der gesamte Fuhrpark, Kopierer, Drucker etc.,
- immaterielle Vermögenswerte, z.B. Software,
- aber auch exotischere Vermögenswerte wie beispielsweise Nutztiere.

Um der Informationsfunktion der IFRS gerecht zu werden, müssen Leasingverträge gemäß ihrem wirtschaftlichen Gehalt bilanziert werden (RK.2.12). Fraglich ist dabei, wer genau was zu bilanzieren hat. Die Bilanzierung könnte so aussehen, dass der Leasinggeber (Vermieter) als rechtlicher Eigentümer den Leasinggegenstand aktiviert und ihn über seine Nutzungsdauer abschreibt. Die Leasingrate wird dann periodisch als Ertrag erfasst. Der Leasingnehmer (Mieter) bucht demgegenüber die Leasingraten periodisch als Aufwand. Der Sinn einer derartigen Bilanzierung ist jedoch fraglich, wenn weitere Charakteristika vorliegen, die für einen Leasingvertrag ebenfalls typisch sein können. Zum Beispiel:

- Der Leasingnehmer kann den gemieteten Vermögenswert über eine feste, unkündbare Mietzeit nutzen, die sich in etwa mit der voraussichtlichen Nutzungsdauer des Vermögenswerts deckt.
- Die insgesamt zu zahlende Miete übersteigt den ursprünglichen Kaufpreis des Vermögenswerts.

---

1 Vgl. *Marek, M.*, Geschichte des Leasing, in: Arbeitspapiere des Fachbereichs Wirtschaftswissenschaften Universität Paderborn, o. Jg. (2001), S. 4.

2 Vgl. *Gäfgen, D.*, Arten und Probleme des Leasing, in: Hagenmüller, K. F. (Hrsg.): Leasing-Handbuch, 3. Aufl., Frankfurt a.M. 1973, S. 11.

3 Vgl. *Bundesverband Deutscher Leasing-Unternehmen*, Jahresbericht 2020, Marktbericht 2019.

Obwohl der Leasingnehmer auch in diesen Fällen kein rechtliches Eigentum erlangt, dürfte eine Art wirtschaftliches Eigentum vorliegen. Er darf den Vermögenswert über einen Großteil der Lebensdauer nutzen und zahlt dafür eventuell sogar mehr als dessen Kaufpreis. Wirtschaftlich kann dies als ein verdeckter Kauf – kombiniert mit einer Kreditfinanzierung durch den Leasinggeber – interpretiert werden. Diese Finanzierungskomponente ist oftmals das Hauptargument für einen Leasingvertrag.

„All-or-nothing approach"

Was folgt daraus für die Rechnungslegung? Gemäß Rahmenkonzept des IASB ist auf eine wirtschaftliche Betrachtungsweise abzustellen. Insofern wäre die Anknüpfung der Bilanzierungsfolgen an das wirtschaftliche Eigentum am Leasinggegenstand möglich. Man spricht hier von einem sog. „all-or-nothing approach". Je nachdem, welcher Vertragspartei das wirtschaftliche Eigentum zugeordnet wird, erscheint der Vertrag entweder vollständig (Finanzierungsleasing) oder gar nicht (Operating-Leasing) in der Bilanz des Leasingnehmers.

Ein Finanzierungsleasing würde sich beim Leasingnehmer bilanziell wie ein fremdfinanzierter Kauf auswirken. Der Leasingnehmer bilanziert dann nicht nur den Leasinggegenstand, sondern auch eine korrespondierende Zahlungsverpflichtung. Dadurch steigen das Anlagevermögen und spätere Abschreibungen. Fast noch wichtiger ist die Auswirkung auf die Passivseite, denn das Fremdkapital und damit der Verschuldungsgrad würden ebenso steigen. Um negative Auswirkungen auf die Bonitätsbeurteilung, z.B. durch Ratingagenturen, zu verhindern, dürfte der Leasingnehmer ein Interesse daran haben, den Leasingvertrag möglichst als Operating-Leasing auszugestalten.

„Right of use approach"

Diese binäre Unterscheidung und die hiermit einhergehenden bilanzpolitischen Spielräume haben IASB und FASB schon vor vielen Jahren veranlasst, über eine Reform der Leasingbilanzierung nachzudenken. Ergebnis dieser Reformüberlegungen ist IFRS 16 mit seiner Abkehr vom nach IAS 17 noch herrschenden „all-or-nothing approach", zumindest auf Seiten des Leasingnehmers. Hiernach werden nahezu sämtliche Leasingverhältnisse aus Sicht des Leasingnehmers wie ein fremdfinanzierter Kauf behandelt und daher bilanzwirksam erfasst. Dafür wird nicht mehr auf das wirtschaftliche Eigentum abgestellt, sondern der Leasingnehmer bilanziert losgelöst vom (physischen) Leasinggegenstand das Recht, diesen zu nutzen (sog. „right of use approach"). Korrespondierend ist die Zahlungsverpflichtung des Leasingnehmers als Verbindlichkeit zu passiveren. IFRS 16 vollzieht aber einen konzeptionellen Bruch zwischen der Leasingnehmer- und Leasinggeberbilanzierung. Der Leasinggeber bilanziert nämlich weiterhin nach dem „all-or-nothing approach" des Vorgängerstandards IAS 17.

Lernziele „Kennen"

Leasingverhältnisse können also komplexe Auswirkungen auf die Jahresabschlüsse beider Vertragsparteien haben. Nach Bearbeitung dieses Kapitels kennen Sie die Herausforderungen der Leasingbilanzierung und die zentralen Regelungen des IFRS 16 zu Ansatz und Bewertung von Leasingverhältnissen bei Leasingnehmern und Leasinggebern. Hierzu gehören auch die wesentlichen Bilanzierungsnormen für die Sonderprobleme des Leasings wie z.B. Sale-and-leaseback-Transaktionen.

Lernziele „Anwenden"

Sie können die Normen des IFRS 16 eigenständig auf praxisnahe Sachverhalte anwenden. Sie sind insbesondere in der Lage, bestimmte bilanzwirksame Leasingverhältnisse von anderen Vertragskonstruktionen abzugrenzen und den bilanziellen Erstansatz sowie die Folgebewertung von Leasingverhältnissen buchhalterisch abzubilden.

Lernziele „Bewerten & Gestalten"

Diese Kenntnisse erlauben Ihnen, Leasingverhältnisse hinsichtlich ihrer Auswirkungen auf die IFRS-Rechenwerke sowie zentrale Finanzkennzahlen zu beurteilen. Das befähigt Sie, das Leasing aus Rechnungslegungsperspektive zu bewerten und mit anderen Alternativen wie z.B. dem (fremdfinanzierten) Kauf zu vergleichen. Auch sind Sie in der Lage, grundlegende Empfehlungen für die Ausgestaltung von Leasingverhältnissen abzuleiten und die IFRS-Leasingbilanzierung konzeptionell zu beurteilen.

1 Definition von Leasingverhältnissen und Anwendungsbereich des IFRS 16

Relevanter Standard

IFRS 16 „Leasingverhältnisse" (Leases) regelt die Bilanzierung sämtlicher Leasingverhältnisse. Der Standard wurde nach langjähriger, kontroverser Diskussion im Januar 2016 veröffentlicht und ist erstmals für Geschäftsjahre ab 2019 verpflichtend anzuwenden. Er löst den bis dahin geltenden IAS 17 ab. Sehr ausführlich geht IFRS 16 auf die Frage ein, was überhaupt Leasingverhältnisse sind und wie diese von anderen Verträgen abzugrenzen sind, die folglich nicht unter IFRS 16 fallen. Sodann wird die Bilanzierung der Leasingverhältnisse getrennt (und auch konzeptionell verschieden) für Leasingnehmer sowie Leasinggeber reguliert, ehe Sonderprobleme behandelt werden.

Definition eines Leasingverhältnisses

Ein Leasingverhältnis wird in IFRS 16 definiert als „ein Vertrag oder Teil eines Vertrags, der gegen Zahlung eines Entgelts für einen bestimmten Zeitraum zur Nutzung eines Vermögenswerts (des zugrunde liegenden Vermögenswerts) berechtigt" (IFRS 16.Appendix A). Zahlreiche Konkretisierungen und Anwendungsleitlinien (insb. Anhang B) präzisieren diese Definition, um eine einheitliche Anwendung der Leasingbilanzierung, auch im Einklang mit anderen Standards, zu erreichen. So soll das im Kontext von IFRS 10 und IFRS 15 entwickelte Kontrollkonzept auch eine eindeutige Abgrenzung von (bilanzwirksamen) Leasingverhältnissen und (bilanzunwirksamen) Dienstleistungen sicherstellen.

Kriterium der Kontrolle

Wesentliches Unterscheidungskriterium hierfür ist, ob der Kunde die Nutzung des der Leistung zugrunde liegenden Vermögenswerts kontrolliert (Leasing) oder die Kontrolle bei dem Lieferanten der Leistung liegt (Dienstleistung). So qualifiziert sich ein Leasingverhältnis im Sinne des IFRS 16.9 dadurch, dass der Lieferant (Leasinggeber) im Austausch für eine Gegenleistung dem Kunden (Leasingnehmer) über einen vereinbarten Zeitraum vertraglich das Recht einräumt, die Nutzung eines *identifizierten* Vermögenswerts zu *kontrollieren.*

Dabei stehen die folgenden zwei Definitionsmerkmale im Vordergrund und müssen kumulativ erfüllt sein:

- Dem Vertrag liegt ein identifizierter Vermögenswert zugrunde (identified asset) und
- der Leasinggeber überträgt dem Kunden das Recht zur Kontrolle der Nutzung des identifizierten Vermögenswerts (right to control the use).

Beispiel 19.1

Ein Unternehmen kann auf der Basis eines Leasingverhältnisses ein bestimmtes Frachtschiff mieten bzw. leasen. Um seine Frachtkapazitäten zu erweitern, könnte es aber auch alternativ darüber nachdenken, bei einer Frachtschiffreederei lediglich eine bestimmte Frachttonnage (auf welchen Schiffen der Reederei auch immer) in Anspruch zu nehmen. Bei letzterem Arrangement handelt es sich dann um einen Dienstleistungsvertrag.

Im Folgenden sollen nun zunächst diese beiden wesentlichen Definitionsmerkmale konkretisiert werden, bevor weitere Abgrenzungsfragen erörtert werden zu:

- Anwendungsbereich und -erleichterungen des IFRS 16 sowie
- Leasing- und Nichtleasingkomponenten.

Abbildung 19.1 fasst die Definitionsmerkmale eines Leasingverhältnisses noch einmal zusammen.

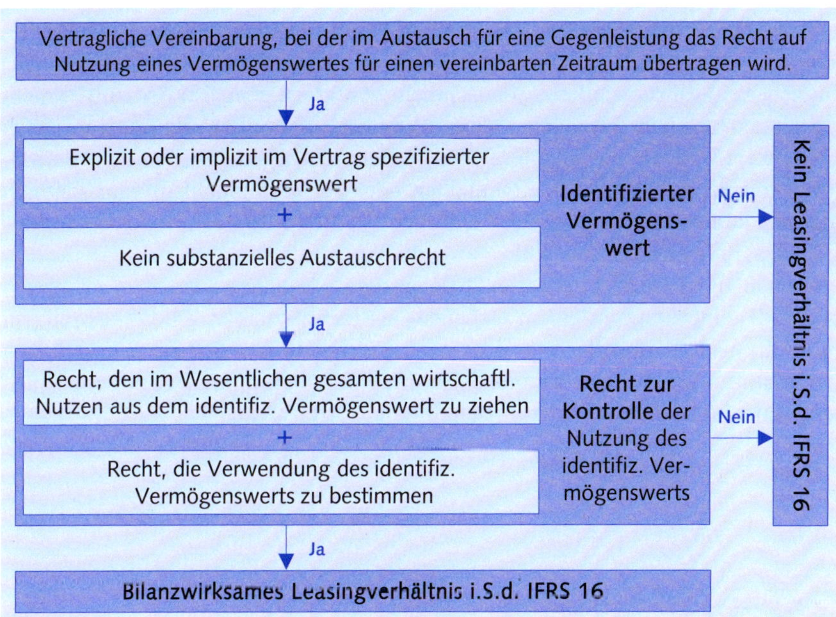

Abb. 19.1: Definition eines Leasingverhältnisses gemäß IFRS 16 (Quelle: In Anlehnung an IFRS 16.B31)

Identifizierter Vermögenswert

Ein Vermögenswert gilt als *identifiziert*, wenn dieser explizit oder implizit im Vertrag spezifiziert ist und der Leasinggeber kein substanzielles Recht besitzt, den Vermögenswert während der Vertragslaufzeit auszutauschen (IFRS 16.B13-B14).

Eine Konkretisierung, wann ein Vermögenswert als explizit bzw. implizit spezifiziert gilt, liefert der Leasingstandard selbst nicht, ist jedoch analog zu IFRIC 4 hinsichtlich spezifizierter Vermögenswerte interpretierbar (IFRS 16.BC111). Verträge, die u.a. Art, Anzahl bzw. Umfang des geleasten Vermögenswerts konkret bestimmen, gelten als explizit spezifiziert (z.B. Gebäudeadresse etc.). Ein Vermögenswert kann ebenso faktisch (indem der Vermögenswert zur Nutzung bereitgestellt wird) und damit implizit spezifiziert sein.[4]

Substanzielles Austauschrecht

Um einen identifizierten Vermögenswert endgültig bestimmen zu können, muss ein substanzielles Austauschrecht des Leasinggebers an diesem während des gesamten Nutzungszeitraums ausgeschlossen werden. Als substanziell stuft IFRS 16.B14 Austauschrechte ein, die es einem Leasinggeber auch praktisch erlauben, den Vermögenswert auszutauschen. Zudem muss sich dieser Austausch für den Leasinggeber als wirtschaftlich vorteilhaft erweisen, so z.B. wenn der Leasinggeber den Vermögenswert zeitnah durch alternative Vermögenswerte ersetzen kann und die damit verbundenen Auf- und Abbaukosten die wirtschaftlichen Vorteile des Austauschs voraussichtlich nicht übersteigen. Insofern wird angenommen, dass dann das Kontrollrecht nach wie vor beim Leasinggeber liegt und nicht auf den Leasingnehmer übergegangen ist.

Kann der Leasingnehmer unter Einbeziehung aller zu diesem Zeitpunkt bekannten Fakten und Umstände zu Vertragsbeginn nicht einschätzen, ob der Leasinggeber ein substanzielles Austauschrecht besitzt, ist gemäß IFRS 16.B19 nicht von einem solchen auszugehen. Des Weiteren gilt das Austauschrecht nach IFRS 16.B15-18 als nicht substanziell, sofern der Leasinggeber den Vermögenswert nur zu bestimmten Zeitpunkten oder bei bestimmten Ereignissen austauschen kann oder der Austausch lediglich Wartung, Reparatur oder ein technisches Upgrade ermöglichen soll.

Physisch abgrenzbare (Teil-) Vermögenswerte

Gemäß IFRS 16.B20 gelten auch (Kapazitäts-)Anteile an einem Vermögenswert (z.B. eine Etage in einem Gebäude) als identifizierbar. Allerdings müssen diese physisch abgrenzbar sein oder der Leasingnehmer nutzt im Wesentlichen die gesamte Kapazität des Vermögenswerts, wodurch ihm im Wesentlichen auch der gesamte (substantially all) wirtschaftliche Nutzen zusteht.[5]

---

4 Vgl. ebenso *Lange, T./Müller, S.*, Neue Regeln für die Bilanzierung von Leasingverhältnissen, Teil 1: Grundsachverhalte und Bilanzierung bei Leasinggebern gemäß IFRS 16, in: IRZ, 11. Jg. (2016), S. 112.

5 Hinsichtlich des Schwellenwerts kann hier mangels inhaltlicher Definition des Begriffs „substantially all" wohl auch ein Rückgriff auf u.a. US-GAAP-Regelungen (mehr als 90 %) gerechtfertigt werden; vgl. ebenso *Freiberg, J.*, Leasingverhältnisse nach IFRS 16, in: BB, 71. Jg. (2016), S. 2094.

Beispiel 19.2[6]

Ein Unternehmen mietet auf dem benachbarten Parkplatz Pkw-Stellplätze an.

Variante 1
Es wird vertraglich vereinbart, dass lediglich die Parkplätze mit den Nummern A1 bis A20 der insgesamt 100 Parkplätze genutzt werden dürfen.

Lösung
Der Mietvertrag qualifiziert sich als Leasingverhältnis. Der Vertrag enthält identifizierte Vermögenswerte, da diese explizit nach Art und Umfang spezifiziert werden. Zudem lassen sich diese physisch abgrenzen und es können vom Unternehmen keine alternativen Stellplätze genutzt werden (kein substanzielles Austauschrecht des Leasinggebers).

Variante 2
Die Nutzung wird nicht auf bestimmte Parkplatznummern begrenzt; es wird lediglich vereinbart, dass nicht mehr als 20 der insgesamt 100 Parkplätze genutzt werden dürfen.

Lösung
In Variante 2 sind die angemieteten Parkplätze physisch nicht unterscheidbar. Zudem nutzt das Unternehmen nicht den wesentlichen Kapazitätsanteil des gesamten Parkplatzes. Daher ist die Voraussetzung eines identifizierten Vermögenswerts nicht erfüllt, weshalb kein Leasingverhältnis vorliegt. Stattdessen ist die vertragliche Vereinbarung zur Nutzungsüberlassung wie eine Dienstleistung zu behandeln (vgl. Kapitel 7).

Variante 3
Die Nutzung wird nicht auf bestimmte Parkplatznummern begrenzt. Es wird lediglich vereinbart, dass immer mindestens fünf Parkplätze freizuhalten sind, also nicht mehr als 95 der 100 Parkplätze genutzt werden dürfen.

Lösung
Auch in Variante 3 sind die gemieteten Parkplätze nicht physisch unterscheidbar, allerdings nutzt hier das Unternehmen im Wesentlichen die gesamte Kapazität, wodurch ein Leasingverhältnis begründet wird.

Konkretisierung des Kontrollrechts

Der Leasingnehmer hat das Recht, die Nutzung des identifizierten Vermögenswerts zu kontrollieren, wenn er während des gesamten Verwendungszeitraums sowohl dessen Verwendung bestimmt als auch direkt oder indirekt den im Wesentlichen gesamten wirtschaftlichen Nutzen aus dem identifizierten Vermögenswert zieht (IFRS 16.B9).

6 In Anlehnung an *Ganssauge, K./Klockmann, I./Alymov, A.*, Definition eines Leasingverhältnisses, Erste Praxiserfahrungen mit den neuen Vorschriften nach IFRS 16, in: WPg, 69. Jg. (2016), S. 738.

Recht zur Bestimmung der Verwendung

Die Verwendung des identifizierten Vermögenswerts kann der Leasingnehmer nach IFRS 16.B24 dann bestimmen, wenn er festlegen und ändern kann, wie und für welchen Zweck der Vermögenswert genutzt wird. Dies gilt u.a. hinsichtlich Einsatzart und -zweck sowie Produktionsmenge, -ort und -zeitpunkt. Alternativ können die Verwendung und alle damit einhergehenden Entscheidungen bereits vorbestimmt sein. Dies ist entweder der Fall, wenn der Leasingnehmer den identifizierten Vermögenswert nach seinen spezifischen Anforderungen entwickelt hat oder ihm das Recht zusteht, den Vermögenswert zu nutzen, ohne dass der Leasinggeber Änderungen an der Verwendung vornehmen kann.

Wirtschaftlicher Nutzen aus der Verwendung

Wirtschaftliche Nutzenvorteile erlangt der Leasingnehmer aus dem Output eines Vermögenswerts (IFRS 16.B21). Diese Vorteile umfassen sowohl Haupt- als auch Nebenprodukte (z.B. produzierter Strom aus erneuerbaren Energien, wodurch handelbare Emissionszertifikate erlangt werden) sowie alle weiteren wirtschaftlichen Vorteile aus der Nutzung (z.B. auch Kosteneinsparungen). Vertragliche Restriktionen des Nutzungsrechts bspw. in Form von territorialen oder kapazitiven Einschränkungen (z.B. maximaler Kilometerstand oder Betriebsstunden) sind unerheblich, solange der Leasingnehmer innerhalb des ihm vertraglich zugesicherten Nutzungsrahmens im Wesentlichen den gesamten wirtschaftlichen Nutzen für sich beanspruchen kann. Diese Einschränkungen präzisieren lediglich den Nutzungsumfang für den Leasingnehmer und sind der Art nach Schutzrechte des Leasinggebers zur Erhaltung seines Eigentums.

Beispiel 19.3[7]

Eine Fluggesellschaft schließt mit einem Flugzeughersteller einen Vertrag über die Nutzung eines explizit spezifizierten Flugzeugs für zwei Jahre.

Variante 1

Bestimmte Regionen, die das Flugzeug nicht anfliegen darf, werden vertraglich festgehalten. Innerhalb dieser regionalen Restriktionen entscheidet der Kunde (Fluggesellschaft) über Flugcrew, -ziel sowie -zeitpunkt und Fracht. Zudem wird vereinbart, dass bei wesentlichen Reparaturen am Flugzeug dieses durch ein gleichwertiges Flugzeug ersetzt wird.

Lösung

Der Vertrag enthält ein Leasingverhältnis. Im Vertrag ist ein explizit spezifizierter und somit identifizierbarer Vermögenswert enthalten. Zudem besitzt der Hersteller kein substanzielles Austauschrecht, da der Austausch nur zu Großreparaturzwecken erfolgt. Die Fluggesellschaft erlangt während der gesamten Vertragslaufzeit das Kontrollrecht über die Nutzung. Die regionale Einschränkung ist unerheblich, da diese lediglich den Nutzungsumfang des Flugzeuges festlegt. Die Fluggesellschaft erhält innerhalb des vereinbarten Nutzungsrahmens – also in allen anderen Regionen, für die die Nutzung nicht ausgeschlossen wurde – im Wesentlichen den gesamten wirtschaftlichen Nutzen und kann die Verwendung des Flugzeugs bestimmen.

7 In Anlehnung an IFRS 16.IE2.

Variante 2
Im Vertrag wird vereinbart, dass das Flugzeug nur auf der Strecke Hamburg – Shanghai fliegt. Sowohl Flugzeiten als auch Fracht sind im Vertrag explizit festgelegt. Die Flugzeugcrew wird vom Flugzeughersteller gestellt.

Lösung
Der Vertrag enthält kein Leasingverhältnis, da die Fluggesellschaft weder Art noch Zweck der Nutzung bestimmen oder ändern und damit letztlich nicht über den wesentlichen Teil des wirtschaftlichen Nutzens verfügen kann. Die Fluggesellschaft erlangt kein Kontrollrecht über die Nutzung des Flugzeugs.

Anwendungsbereich

Liegt ein Leasingverhältnis nach IFRS 16 vor, ist im nächsten Schritt zu prüfen, ob es in den sachlichen Anwendungsbereich des IFRS 16 fällt. Ausgenommen sind hier diejenigen Leasing- sowie Unterleasingverhältnisse, die in einem anderen Standard geregelt werden. Dazu gehört u.a. die Exploration und Nutzung nicht-regenerativer Ressourcen (IFRS 6). Auch auf Lizenzvereinbarungen über Filme, Videoaufnahmen, Theaterstücke, Manuskripte, Patente und Urheberrechte sind die Regelungen zur Leasingbilanzierung beim Leasingnehmer gemäß IFRS 16.3(e) nicht anwendbar. Für alle anderen Nutzungsrechte an immateriellen Vermögenswerten sieht IFRS 16.4 allerdings ein Anwendungswahlrecht für den Leasingnehmer vor. Der Leasinggeber erfasst Lizenzvereinbarungen über geistiges Eigentum hingegen nach den Regelungen zur Umsatzrealisierung des IFRS 15 (IFRS 16.3(d)).

Anwendungserleichterungen (Ausnahmen von der Bilanzwirksamkeit)

Da IFRS 16 im Grundsatz alle Leasingverhältnisse bilanzwirksam beim Leasingnehmer erfassen will, bestehen nur wenige Ausnahmeregelungen. Anwendungserleichterungen in Form von expliziten Wahlrechten gewährt IFRS 16.5 bei kurzfristigen Leasingverhältnissen (short term leases) und Leasingverhältnissen über geringwertige Vermögenswerte (sog. low-value assets bzw. small-ticket leases). Bei entsprechender Wahlrechtsausübung werden diese Leasingverhältnisse beim Leasingnehmer ausschließlich GuV-wirksam berücksichtigt und damit analog zu Operating-Leasingverhältnissen nach IAS 17 behandelt.

Kurzfristige Leasingverhältnisse

Kurzfristige Leasingverhältnisse dürfen eine Leasinglaufzeit von maximal 12 Monaten (inkl. mietfreier Zeit) umfassen und keine Kaufoption beinhalten (IFRS 16.Appendix A). Dabei erstreckt sich die Leasinglaufzeit nicht nur auf die unkündbare Vertragslaufzeit. Optionale Zeiträume im Rahmen von Verlängerungs- und Kündigungsoptionen sind auf die Leasinglaufzeit anzurechnen, sofern deren Ausübung – unter Berücksichtigung wirtschaftlicher Anreize für den Leasingnehmer – hinreichend sicher (reasonably certain)[8] ist (IFRS 16.18 f.). Allerdings ist zu beachten, dass das Wahlrecht betreffend kurzfristiger Leasingverhältnisse gemäß IFRS 16.8 nur für Gruppen gleichartiger Leasingobjekte ausgeübt werden darf.

Geringwertige Leasingobjekte

Die Ausnahmen bzgl. geringwertiger Leasingobjekte dürfen hingegen auf Einzelvertragsebene in Anspruch genommen werden (IFRS 16.8). Eine Legaldefinition eines geringwertigen Vermögenswerts fehlt im Standard. Das geleaste Objekt darf nicht in hohem Maße von anderen Vermögenswerten abhängen oder mit diesen verbunden sein. IFRS 16.B3 stellt bei der Beurteilung der Geringwertigkeit unabhängig vom tatsächlichem Alter des Leasingobjekts auf dessen (absoluten) Neupreis ab. So schlägt das IASB in den nicht verbindlichen Interpretationshilfen eine Wertobergrenze i.H.v. $ 5.000 (IFRS 16.BC100) vor, die aber eher als unverbindlicher Richtwert gesehen werden kann.[9] Hierunter fallen u.a. IT-, Büro- und Geschäftsausstattung; die Ausnahme gilt aber explizit nicht für geleaste Fahrzeuge (IFRS 16.B7 f.). Allerdings lässt sich die Ausnahmeregelung für geringwertige Leasingobjekte nicht mit dem allgemeinen Wesentlichkeitsgrundsatz in IAS 1.7 begründen, denn es kommt eben nicht auf eine relative, im Unternehmenskontext zu beurteilende Wesentlichkeit an. Stattdessen ist bei der Ausnahmeregelung für geringwertige Leasingobjekte eine absolute Beurteilung je Leasingobjekt notwendig, unabhängig davon, ob diese *in Summe* für das Unternehmen wesentlich sind.

Portfolio-Ansatz

Als weitere Anwendungserleichterung lässt IFRS 16.B1 eine Portfolio-Betrachtung zu. Die Regelungen des IFRS 16 können demnach auf eine Gruppe homogener Leasingverhältnisse angewandt werden, statt diese auf Einzelvertragsbasis zu bilanzieren. Dies gilt unter der Voraussetzung, dass daraus keine wesentliche Verzerrung der bilanziellen Abbildung resultiert. Zudem erlaubt IFRS 16.B2 zeitgleich oder zeitnah mit derselben Vertragspartei geschlossene Einzelverträge vereinfachend zu einem einzigen Vertrag zusammenzufassen.

Aufspaltung in Leasing- und Nichtleasingkomponenten

Grundsätzlich kann ein Leasingvertrag sowohl aus mehreren Leasingkomponenten bestehen, z.B. der Vermietung eines Bürogebäudes sowie der darin enthaltenen Büroausstattung, als auch zusätzliche Nichtleasingkomponenten enthalten (z.B. Hausmeisterservice). Nach IFRS 16.12 sollen sämtliche im Vertrag enthaltenen Leasingverhältnisse von den Nichtleasingkomponenten getrennt erfasst werden. Separate Leasingkomponenten sind gemäß IFRS 16.B32 dadurch

---

8 Statt quantitativer Präzisierung des Begriffs „reasonably certain" liefert IFRS 16.B37 Indikatoren, die bei der Beurteilung zu berücksichtigen sind. In Betracht zu ziehen sind dabei alle Fakten und Umstände, die einen wirtschaftlichen Anreiz zur Optionsausübung schaffen: u.a. Vertragskonditionen bei Optionsausübung im Vergleich zu den Marktpreisen, Mietereinbauten, Kosten bei Beendigung des Leasingverhältnisses sowie Bedeutung des Leasinggegenstands für den Leasingnehmer. Nach IFRS 16.B39 kann davon ausgegangen werden, dass eine Optionsausübung umso wahrscheinlicher wird, je kürzer die unkündbare Leasinglaufzeit ist.

9 Vgl. u.a. *Eckl, E./Kirch, J./Piesbergen, C./Pilhofer, J.*, IFRS 16 „Leases": Bestandsaufnahme und erste kritische Würdigung der IFRS-Leasingreform (Teil 1), in: DB, 69. Jg. (2016), S. 668; *Freiberg, J.*, Kompromissvorschlag des IASB für die Vollendung der Reform der Leasingbilanzierung, in: BB, 70. Jg. (2015), S. 2542.

gekennzeichnet, dass eine Nutzenziehung durch den Leasingnehmer allein auf Basis des zugrunde liegenden Vermögenswerts oder in Kombination mit bereits vorhandenen Ressourcen möglich ist. Zudem darf das Leasingobjekt nicht in hohem Maße von anderen vertraglichen Nutzungsrechten abhängen oder mit diesen verbunden sein. Als Indikator hierfür eignet sich eine Beurteilung, ob der Leasingnehmer mit einer Entscheidung gegen das zugrunde liegende Leasingverhältnis auch andere vertraglich vereinbarte Nutzungsrechte wesentlich beeinflussen würde.

Aus IFRS 16.13 ff. resultiert ein Aufteilungsgebot der Leasingzahlungen auf identifizierte separate Vertragskomponenten auf Basis deren relativer Einzelveräußerungspreise. Die Systematik der Aufteilung erfolgt analog zur Allokation des Transaktionspreises auf einzelne Leistungsverpflichtungen in IFRS 15 (vgl. Kapitel 7), weshalb für Leasinggeber hier IFRS 15 einschlägig ist (IFRS 16.17 i.V.m. IFRS 15.73-90). Der Leasingnehmer bestimmt die Einzelveräußerungspreise anhand der Preise, die der Leasinggeber oder ein ähnlicher Lieferant am Markt für die jeweiligen Vertragskomponenten verlangen würde. Falls diese nicht ohne weiteres verfügbar sind, erfolgt deren Schätzung.

Um die Problematik der Identifikation und Preisallokation zu umgehen, bietet IFRS 16.15 Leasingnehmern ein Wahlrecht, die Leasing- und Nichtleasingkomponenten nach Gruppen von Vermögenswerten zusammenzufassen. Optiert der Leasingnehmer dazu, sind diese Gruppen nach den Regelungen der Leasingbilanzierung einheitlich bilanzwirksam abzubilden. Übt der Leasingnehmer das Wahlrecht nicht aus, verbleiben Nichtleasingkomponenten im Falle von Dienstleistungen in der Bilanzunwirksamkeit bzw. sind nach anderen einschlägigen Standards zu erfassen (IFRS 16.16).

Beispiel 19.4[10]

Ein Unternehmen least ein Bürogebäude sowie die darin bereits vorhandene Büroausstattung für fünf Jahre. Die Hausmeisterdienste am Gebäude übernimmt der Leasinggeber. Insgesamt zahlt der Leasingnehmer jährliche Leasingraten i.H.v. 110 T€. Damit werden zwei Leasingkomponenten (Bürogebäude und -ausstattung) sowie eine Nichtleasingkomponente (Hausmeisterservice) entgolten. Für Hausmeisterdienstleistungen, die für ähnliche Gebäude angeboten werden, ermittelt der Leasingnehmer unter der Annahme ähnlicher Zahlungsbedingungen einen Preis von insgesamt 40 T€, zahlbar über fünf Jahre. Für das geleaste Bürogebäude ermittelt der Leasingnehmer einen Einzelveräußerungspreis i.H.v. 240 T€, für die geleaste Büroausstattung einen Preis von 120 T€, jeweils für fünf Jahre Nutzung.

Lösung

Die Leasingzahlungen sind im Verhältnis der Einzelveräußerungspreise wie folgt in Leasing- und Nichtleasingkomponenten aufzuteilen:

10 In Anlehnung an IFRS 16.IE4.

	Bürogebäude	Büroausstattung	Σ
Leasing-komponenten	66 (= 240 / 400 · 110)	33 (= 120 / 400 · 110)	99
Nichtleasing-komponente			11 (= 40 / 400 · 110)
Σ			**110 T€**

Entscheidung über Bilanzwirksamkeit

Aus den bisherigen Ausführungen zur Abgrenzung eines bilanzwirksamen Leasingverhältnisses wird deutlich, dass die Entscheidung über die Bilanzwirksamkeit eines Leasingverhältnisses von der Abgrenzung von Leasingverhältnissen und Dienstleistungsverträgen sowie von der Prüfung der zahlreichen und in Teilen auch ermessensbehafteten Anwendungserleichterungen, Bilanzierungswahlrechten und Vorgaben zur Abgrenzung eines bilanzwirksamen Leasingverhältnisses geprägt ist (vgl. Abbildung 19.2).

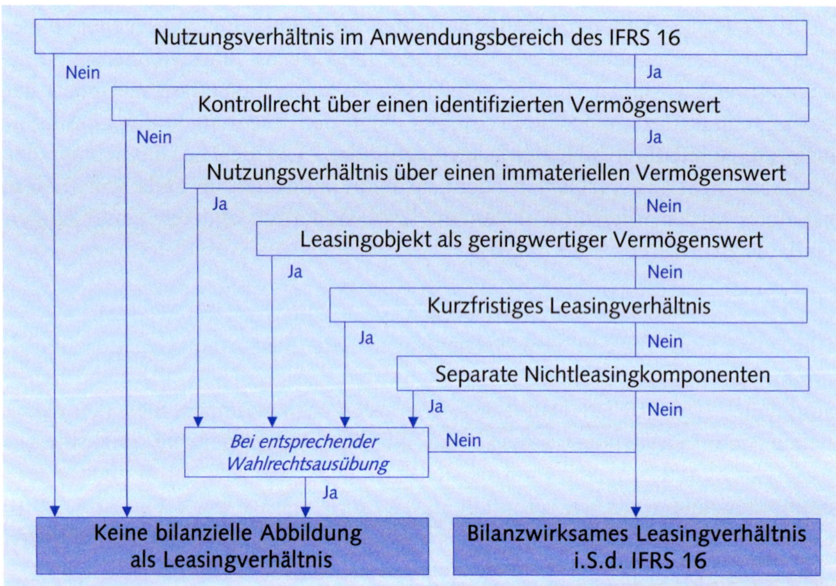

Abb. 19.2: Abgrenzungskriterien eines bilanzwirksamen Leasingverhältnisses nach IFRS 16 im Überblick (Quelle: In Anlehnung an *Freiberg, J.*, Kompromissvorschlag des IASB für die Vollendung der Reform der Leasingbilanzierung, in: BB, 70. Jg. (2015), S. 2541)

Beispiel 19.5

Der Fußballverein FC Gut-Kick schließt mit dem städtischen Stadionbetreiber einen Leasingvertrag über die Nutzung eines Mehrzweckstadions ab. Die Vertragsdauer beläuft sich auf 20 Jahre. Allerdings steht dem Verein jährlich die Nutzung des Stadions nur an bis zu 17 (Heim-)Spieltagen zu. An allen ande-

ren Tagen wird das Stadion für sonstige Zwecke eingesetzt, über die allein der Stadionbetreiber (Leasinggeber) entscheidet. Darüber hinausgehende Kauf-, Verlängerungs- oder Kündigungsrechte sind nicht vorgesehen.
Die Laufzeit des Leasingverhältnisses eröffnet in diesem Fall Raum für Interpretation, da sich der Vertrag zwar über 20 Jahre erstreckt, der Fußballverein in Summe jedoch nur (20 · 17 =) 340 Tage zur Nutzung berechtigt ist. In der restlichen Vertragszeit fehlt es dem Verein auch an der Kontrolle. Die Literatur neigt hier insofern einem kurzfristigen Leasingverhältnis zu.[11] Bei Vorliegen eines kurzfristigen Leasingverhältnisses kann der Leasingnehmer von der Erleichterung nach IFRS 16.5 f. Gebrauch machen und lediglich die jährlichen Leasingzahlungen als Aufwand erfassen.

2 Bilanzierung beim Leasingnehmer

2.1 Ansatz und Erstbewertung

Ansatz von Nutzungsrecht und korrespondierender Leasingverbindlichkeit

Nach Maßgabe des „right of use approach" setzt der Leasingnehmer zu Beginn des Leasingverhältnisses grundsätzlich einen Vermögenswert für das Recht zur Nutzung des Leasinggegenstands (right of use asset) und eine korrespondierende Leasingverbindlichkeit zur Zahlung der Leasingraten an (IFRS 16.22). Zu buchen ist damit:

Nutzungsrecht *an* *Leasingverbindlichkeit*

Schuldrechtlich spiegelt die Leasingverbindlichkeit den Erfüllungsbetrag wider, den der Leasingnehmer aufgrund der Erlangung des Kontrollrechts dem Leasinggeber schuldet. Wie bereits ausgeführt, entfällt die bilanzielle Abbildung von Nutzungsrecht und korrespondierender Leasingverpflichtung jedoch, wenn die Ausnahmebereiche, insb. das Bilanzierungswahlrecht in Bezug auf kurzfristige sowie geringwertige Leasingverhältnisse, in Anspruch genommen werden.

Separater Ausweis

Das Nutzungsrecht ist separat von den im rechtlichen Eigentum befindlichen Vermögenswerten in der Bilanz oder im Anhang (IFRS 16.47) auszuweisen. Auch die Leasingverpflichtung ist separat von anderen finanziellen Verpflichtungen entweder in der Bilanz oder im Anhang darzustellen.

Erstbewertung der Leasingverbindlichkeit

Die Erstbewertung der Leasingverbindlichkeit erfolgt nach IFRS 16.26 f. in Höhe des Barwerts der noch ausstehenden Leasingzahlungen. In die Bemessung der Leasingzahlungen fließen neben fixen Zahlungen auch variable, d.h. an einen Index (z.B. Verbraucherpreisindex) oder Zinssatz (z.B. LIBOR) gekoppelte Zahlungen ein. Hinreichend sichere Zahlungen im Rahmen einer Kaufoption

11 Vgl. *Richter, F./Rogler, S.*, Bestimmung der Laufzeit eines Leasingverhältnisses und damit verbundene abschlusspolitische Gestaltungsspielräume, in: KoR, 18. Jg. (2018), S. 581 f.; *PwC*, International Accounting News Juni 2020, Auf den Punkt gebracht: Einzelaspekte des IFRS 16, S. 5 f.

oder Kündigungsentschädigung sind ebenso zu berücksichtigen wie Beträge, die ein Leasingnehmer auf Grund von Restwertgarantien voraussichtlich zahlen muss. Bei der Berechnung der Leasingverbindlichkeit ist somit nicht der gesamte garantierte Betrag der Restwertgarantie einzubeziehen, sondern lediglich die Differenz zwischen voraussichtlichem Restwert und der Restwertgarantie.

Beispiel 19.6

Ein Leasingnehmer garantiert dem Leasinggeber, dass sein geleastes Auto zum Ende der Leasinglaufzeit einen Restwert von mindestens 5 T€ haben wird. Zum Zeitpunkt der Bereitstellung des Autos ist jedoch nur von einem verbleibenden Restwert von 2 T€ auszugehen. Daher hat der Leasingnehmer im Rahmen der Leasingverbindlichkeit (den Bartwert) eine(r) voraussichtliche(n) Zahlung von 3 T€ zu berücksichtigen.

Diskontierungszins

Diskontiert werden diese Zahlungen über die Leasinglaufzeit mit dem zugrunde liegenden Zinssatz des Leasingverhältnisses – definiert als interner Zinsfuß, bei dem der Barwert von (a) den Leasingzahlungen und (b) des nicht garantierten Restwerts der Summe aus beizulegendem Zeitwert des Leasinggegenstandes zuzüglich der anfänglichen direkten Kosten des Leasinggebers entspricht (IFRS 16.Appendix A).

Beispiel 19.7

Über eine Maschine wird am 01.01.2021 ein Leasingverhältnis mit einer Laufzeit von drei Jahren abgeschlossen. Zu diesem Zeitpunkt hat die Maschine einen beizulegenden Zeitwert von 30 T€. Jährliche nachschüssige Leasingzahlungen von 12 T€ sind vereinbart. Es bestehen weder anfängliche direkte Kosten des Leasinggebers noch ein Restwert bzw. Restwertgarantien.

Lösung

Der interne Zinsfuß (r) ergibt sich durch Auflösung folgender Formel:

$$-FV_0 + \sum_{t=1}^{n} LR_t (1+r)^{-t} = 0$$

mit FV_0 als beizulegendem Zeitwert der Maschine sowie LR_t als Leasingraten über die Laufzeit von n Perioden. Unter Verwendung der konkreten Zahlen ergibt sich durch Auflösung der Gleichung

$$-30.000 + (12.000 \cdot (1 + r)^{-1} + 12.000 \cdot (1 + r)^{-2} + 12.000 \cdot (1 + r)^{-3}) = 0$$

mit Hilfe eines iterativen Verfahrens bzw. Zielwertsuche in einem Tabellenkalkulationsprogramm ein interner Zinsfuß r von 9,7 %.

Dies ist der dem Leasingverhältnis zugrunde liegende Zins. Wird mit diesem Zins der Barwert der Leasingzahlungen berechnet, entspricht dieser Barwert also dem beizulegenden Zeitwert. Unterschiede zwischen diesen beiden Wertansätzen können indes entstehen, wenn z.B. der Grenzfremdkapitalzinssatz des Leasingnehmers zur Barwertberechnung herangezogen wird.

Berücksichtigung des Restwerts

Bei der Berechnung des internen Zinsfußes müsste wohl der Barwert des kompletten Restwerts des Leasinggegenstands bei den Leasingzahlungen Berücksichtigung finden, schließlich wird mit dem beizulegenden Zeitwert des Leasinggegenstands verglichen. So hat auch der Vorgängerstandard den garantierten sowie nicht garantierten Teil des Restwerts an dieser Stelle mit einbezogen. Streng genommen entspricht dies aber nicht dem Wortlaut des IFRS 16.Appendix A. Hier werden neben dem nicht-garantierten Restwert nur die aus der Restwertgarantie voraussichtlich resultierenden Zahlungen bei den Leasingzahlungen berücksichtigt. Wenn der geschätzte Restwert also voraussichtlich über der Restwertgarantie liegt, entstehen demnach auch keine entsprechenden Zahlungen und der garantierte Teil des Restwerts bleibt unberücksichtigt. Ob dies bei der Zinsfuß-Berechnung sinnvoll ist, erscheint fraglich, obwohl es der Vorgehensweise bei der Erstbewertung des Nutzungsrechts und der korrespondierenden Leasingverbindlichkeit entspricht.

Grenzfremdkapitalzins des Leasingnehmers

Falls sich dieser implizite Zins nicht in praktikabler Weise bestimmen lässt, ist der Grenzfremdkapitalzins heranzuziehen. Dies dürfte in der Praxis sogar dem Regelfall entsprechen, da der Leasinggeber nicht immer alle benötigten Daten zur Berechnung des internen Zinssatzes des Leasingverhältnisses zur Verfügung stellen wird. Schließlich müsste er hierdurch Teile seiner internen Kalkulationsdaten offenlegen.[12] Durch den Grenzfremdkapitalzins soll derjenige Zinssatz approximiert werden, den der Leasingnehmer für einen Kredit zur Finanzierung eines Nutzungsrechts mit vergleichbarem Wert über eine vergleichbare Zeit in einem vergleichbarem wirtschaftlichen Umfeld bei vergleichbaren Sicherheiten zahlen müsste. Da die Vergleichbarkeit zum spezifischen Leasingverhältnis gefordert ist, sollten die Kosten für einen fremdfinanzierten Kauf nur den Ausgangspunkt für die Bestimmung des Grenzfremdkapitalzinses darstellen (IFRS 16.BC162). Die Festlegung eines derartigen Zinssatzes ist regelmäßig nicht frei von Ermessensspielräumen.[13]

Erstbewertung des Nutzungsrechts

Der Wert des nach IFRS 16.23 zunächst mit den Anschaffungskosten zu bewertenden Nutzungsrechts entspricht grundsätzlich der Leasingverbindlichkeit, jedoch erhöht um die Differenz aus etwaigen Leasingvorauszahlungen und -anreizen (z.B. Erstattungen), zzgl. direkt zurechenbarer Kosten des Leasingnehmers, die ohne Vertragsschluss nicht entstanden wären, sowie Kosten der Demontage, Wiederherstellung etc.

Beispiel 19.8

Über eine Maschine wird am 01.01.2021 ein Leasingvertrag mit einer unkündbaren Laufzeit von zwei Jahren geschlossen. Leasingzahlungen von 12 T€ sind jährlich nachschüssig zu entrichten. Die Maschine hat eine wirt-

12 Vgl. *Lange, T./Müller, S.*, Neue Regeln für die Bilanzierung von Leasingverhältnissen, Teil 2: Leasingnehmerseitige Bilanzierung gemäß IFRS 16, in: IRZ, 11. Jg. (2016), S. 165; eine konzeptionelle Diskussion beider Diskontierungszinssätze liefern *Haaker, A./Freiberg, J.*, Diskontierung von Leasingverbindlichkeiten mit dem internen Zinssatz (IRR)?, in: PiR, 14. Jg. (2018), S. 55 f.

13 Vgl. *Orth, P./Tettenborn, M./Nell, T.*, Bilanzpolitik im Rahmen der Erstbewertung der Leasingverbindlichkeit, in: KoR, 20. Jg. (2020), S. 372 f.

schaftliche Nutzungsdauer von drei Jahren. Am Ende der Leasingvertragslaufzeit hat der Leasingnehmer eine Option zur Verlängerung des Leasingverhältnisses um ein weiteres Jahr zu gleichen Konditionen. Die Option wird der Leasingnehmer mit hinreichender Sicherheit ausüben. Latente Steuern sind zu vernachlässigen.

Lösung

Da für den Leasingnehmer ein wirtschaftlicher Anreiz besteht, das Leasingverhältnis zu gleichen Konditionen fortzuführen, und er die Verlängerungsoption mit hinreichender Sicherheit ausüben wird, beträgt die Leasinglaufzeit drei Jahre. Zu Beginn des Leasingverhältnisses setzt der Leasingnehmer ein Nutzungsrecht und eine Verbindlichkeit zur Zahlung der Leasingraten an. Die Erstbewertung der Leasingverbindlichkeit erfolgt zum Barwert der Leasingzahlungen, diskontiert mit dem zugrunde liegenden Zinssatz ($30\ T€ = 12\ T€ \cdot (1{,}097)^{-1} + 12\ T€ \cdot (1{,}097)^{-2} + 12\ T€ \cdot (1{,}097)^{-3}$).

Die Bewertung des Nutzungsrechts leitet sich aus der Höhe der Leasingverbindlichkeit ab.

01.01.2021:

Nutzungsrecht	*an*	*Leasingverbindlichkeit*	*30 T€*

Latente Steuern

Bei einem Leasingverhältnis können sich beim Erstansatz von Nutzungsrecht und korrespondierender Leasingverbindlichkeit temporäre Bestandsdifferenzen zu den jeweiligen Steuerpositionen ergeben. Trotz der in IAS 12.15 und 12.24 festgeschriebenen Ausnahmefälle (vgl. dazu Kapitel 6) dürfte der Ansatz aktiver und passiver latenter Steuern auch beim Erstansatz sinnvoll sein. Selbst wenn sich beim Erstansatz die Bestandsdifferenzen auf Aktiv- und Passivseite entsprechen, dürfte dies bei (unterschiedlicher) Folgebewertung des Nutzungsrechts und der Leasingverbindlichkeit nicht mehr der Fall sein.

2.2 Folgebewertung

Folgebewertung des Nutzungsrechts

Das Nutzungsrecht ist gemäß IFRS 16.29 in den Folgeperioden nach dem Anschaffungskostenmodell zu bewerten und nach Maßgabe des IAS 16 (vgl. Kapitel 10) planmäßig abzuschreiben (IFRS 16.31). Sofern keine andere planmäßige Verteilung dem erwarteten Verbrauch besser entspricht, resultiert daraus eine lineare Abschreibung des Nutzungsrechts.

Nach IFRS 16.32 erfolgt die Abschreibung über die verbleibende wirtschaftliche Nutzungsdauer des Leasinggegenstands, sofern ein Übergang des rechtlichen Eigentums nach Ablauf des Leasingvertrages vereinbart wurde oder die Ausübung einer Kaufoption im Rahmen der Kosten des Nutzungsrechts bei der Erstbewertung zuvor als hinreichend sicher erachtet wurde. Ist dieser Übergang zu Beginn des Leasingverhältnisses nicht vereinbart und auch nicht hinreichend sicher, ist der Leasinggegenstand entweder über die Laufzeit des Leasingvertrages oder die verbleibende wirtschaftliche Nutzungsdauer abzuschreiben, je nachdem welcher der beiden Zeiträume der kürzere ist (Abbildung 19.3).

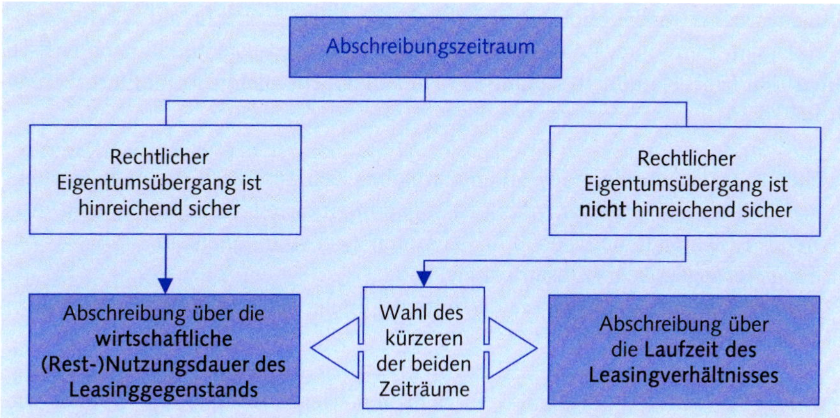

Abb. 19.3: Abschreibungszeitraum des Leasingnehmers

Beispiel 19.9

Variante 1
Die Produktion AG hat eine Maschine für fünf Jahre geleast. Der Standardleasingvertrag sieht einen späteren Eigentumsübergang nicht vor. Zu Beginn des Leasingverhältnisses war die Maschine bereits gebraucht und hatte noch eine wirtschaftliche Restnutzungsdauer von etwa sechs Jahren.

Lösung
Die Maschine ist über fünf Jahre abzuschreiben.

Variante 2
Die Produktion AG hat eine Maschine für fünf Jahre geleast und einen späteren Eigentumsübergang vereinbart. Zu Beginn des Leasingverhältnisses war die Maschine bereits gebraucht und hatte noch eine wirtschaftliche Restnutzungsdauer von etwa sechs Jahren.

Lösung
Die Maschine ist über sechs Jahre abzuschreiben.

Variante 3
Die Produktion AG hat eine gebrauchte Maschine mit einer wirtschaftlichen Restnutzungsdauer von etwa sechs Jahren geleast. Um die jährliche Belastung zu reduzieren, hat die Produktion AG im Rahmen eines Standardleasingvertrages auf einer Vertragslaufzeit von acht Jahren bestanden.

Lösung
Die Maschine ist über sechs Jahre abzuschreiben.

Wertminderung und Neubewertung

Ein Wertminderungstest des Nutzungsrechts ist gemäß IFRS 16.33 i.V.m. IAS 36 (vgl. Kapitel 8) zu jedem Bilanzstichtag durchzuführen. Bewertet der Leasingnehmer seine als Finanzinvestition gehaltenen Immobilien i.S.d. IAS 40 zum beizulegenden Zeitwert (vgl. Kapitel 11), ist diese Bewertung auch für entsprechende Nutzungsrechte maßgeblich. Bezieht sich das Nutzungsrecht auf Vermögenswertklassen, für die der Leasingnehmer zum Neubewertungsmodell nach IAS 16 optiert hat (vgl. Kapitel 10), kann das Nutzungsrecht analog fortgeführt werden (IFRS 16.35).

Nachdem geklärt wurde, wie und über welchen Zeitraum der Leasinggegenstand abzuschreiben ist, wird nun die Leasingverbindlichkeit näher betrachtet. Aus Sicht des Leasingnehmers haben Leasingraten zwei Komponenten:

- Finanzierungskosten (Zinsaufwand), und
- mit dem darüber hinausgehenden Betrag, Tilgung der Leasingverbindlichkeit.

Folgebewertung der Leasingverbindlichkeit

Leasingzahlungen sind nach IFRS 16.36, vergleichbar einem Annuitätendarlehen, in Zins- und Tilgungsanteil aufzuspalten. Beide Bestandteile werden wie folgt über die Leasingdauer verteilt: Die Summe der jährlichen Tilgungsbeträge muss am Ende der Vertragslaufzeit der anfänglich eingebuchten Verbindlichkeit entsprechen, damit die Verbindlichkeit vollständig getilgt ist. Die darüber hinausgehenden Zahlungen stellen Zinsaufwendungen dar.

Effektivzinsmethode

Die Finanzierungskosten und die korrespondierende Tilgung müssen im Weiteren periodisiert werden. IFRS 16.37 gibt hier als Leitlinie vor, die Finanzierungskosten so über die Perioden zu verteilen, dass auf die verbliebene Restverbindlichkeit immer ein konstanter Zinssatz angewendet wird (Effektivzinsmethode). Dabei ist der anzuwendende Zinssatz der zuvor für die Diskontierung der Leasingverbindlichkeit herangezogene Zinssatz, und somit entweder der dem Leasingverhältnis zugrunde liegende Zinssatz oder der Grenzfremdkapitalzinssatz des Leasingnehmers. Durch die Abnahme der Leasingverbindlichkeit im Zeitverlauf sinkt der Zinsanteil, während der Tilgungsanteil an den Leasingzahlungen steigt. Dementsprechend ist der erfolgswirksame Zinsanteil zu Beginn höher als in späteren Perioden (sog. front loading des Zinsaufwands).

Beispiel 19.10 (Fortführung von Beispiel 19.8)

Im Rahmen der Folgebewertung wird das Nutzungsrecht über drei Jahre linear abgeschrieben. Die Leasingverbindlichkeit ist in der Folge unter Anwendung der Effektivzinsmethode zu bewerten, wobei die Leasingzahlung in Zinsaufwand und Tilgung zerlegt wird. Latente Steuern sind weiterhin zu vernachlässigen.

Jahr	Verbindlichkeit zum 01.01.	Zahlung	Finanzierungskosten	Tilgung
1	30.000	12.000	**2.910** (= 30.000 · 0,097)	9.090
2	20.910	12.000	**2.029** (= 20.910 · 0,097)	9.971
3	10.939	12.000	**1.061** (= 10.939 · 0,097)	10.939
Summe		36.000	**6.000**	30.000

Der hierbei entstehende front loading-Effekt wird im Periodenvergleich deutlich: Der Gesamtaufwand wird durch den Zinseffekt ungleich über die Perioden verteilt und nimmt durch den Zinseffekt im Zeitablauf ab. Die entsprechenden Buchungen für das erste Jahr der Vertragslaufzeit lauten wie folgt (die Folgejahre werden in der nachfolgenden Tabelle illustriert):

31.12.2021:

Abschreibung an Nutzungsrecht 10.000 €

Leasingverbindlichkeit 9.090 €
Zinsaufwand 2.910 € an Bank 12.000 €

Jahr	Zinsaufwand	Abschreibung	Gesamtaufwand
1	**2.910** (= 30.000 · 0,097)	10 T€ (= 30 T€ / 3)	12.910 €
2	**2.029** (= 20.910 · 0,097)	10 T€	12.029 €
3	**1.061** (= 10.939 · 0,097)	10 T€	11.061 €
$\sum$	**6 T€**	**30 T€**	**36 T€**

Neubewertung der Leasingverbindlichkeit

Im Rahmen der Folgebewertung ist zudem zu prüfen (reassessment), ob bestimmte Ereignisse vorliegen, die eine Neubewertung der Leasingbilanzierung erfordern. So ziehen Änderungen der Leasinglaufzeit, der Einschätzung einer Kaufoption oder der Zahlung voraussichtlicher Restwertgarantien sowie veränderte index- oder zinssatzgekoppelte Leasingzahlungen eine Neubeurteilung der Leasingverbindlichkeit ggf. unter Anpassung des Diskontierungszinses nach sich (IFRS 16.40 ff.).[14] Die aus der Neubeurteilung resultierenden Änderungen werden gemäß IFRS 16.39 als Anpassung des Nutzungsrechts und damit prospektiv erfasst.

Beispiel 19.11[15]

In einem Leasingvertrag mit einer Laufzeit von 10 Jahren sind die jährlichen Leasingzahlungen i.H.v. 200 T€ zum Schutz vor Inflation an einen Verbrau-

14 Vgl. dazu ausführlicher *Findeisen, K.-D./Adolph, P.*, Bilanzierung beim Leasingnehmer (Teil 1), in: KoR, 18. Jg. (2018), S. 318-325.

15 In Anlehnung an IFRS 16.IE6 sowie *Kirsch, H.*, Fallstudie zur Abbildung von Leasingverträgen nach IFRS 16 „Leases" aus Sicht der Leasingnehmer und Leasinggeber, Teil 1: Leasing und Unterleasingverhältnisse, in: IRZ, 11. Jg. (2016), S. 322 ff.

cherpreisindex gekoppelt und werden alle drei Jahre angepasst. Zum Ende des dritten Jahres ist der Index um 3,5 % gestiegen. Da der dem Leasingverhältnis zugrunde liegende Zins nicht bekannt ist, wird ein Grenzfremdkapitalzins von 6,5 % herangezogen. Der Leasinggegenstand hat eine Nutzungsdauer von 10 Jahren.

Lösung

Die Anpassung des Verbraucherpreisindexes führt zu einer Neubewertung der Leasingverbindlichkeit. Im Zuge dessen ist keine Anpassung des Diskontierungszinses – im Gegensatz zu einer Anpassung aufgrund einer veränderten Leasinglaufzeit – notwendig. Die Leasingzahlung erhöht sich ab Ende des dritten Jahres um 3,5 % auf 207 T€. Vor Anpassung beträgt die Leasingverbindlichkeit als Barwert der noch nicht angepassten Leasingzahlungen über die verbleibenden sieben Jahre 1.097 T€. Wird die gestiegene Leasingzahlung zugrunde gelegt, resultiert daraus eine angepasste Leasingverbindlichkeit i.H.v. 1.135 T€. Der aus der Neubewertung resultierende Unterschiedsbetrag i.H.v. (1.135 T€ - 1.097 T€ =) 38 T€ wird korrespondierend als Änderung des Nutzungsrechts erfasst:

Nutzungsrecht	*an*	*Leasingverbindlichkeit*	*38 T€*

Mietkonzessionen auf Grund von COVID-19

Auf Grund der Covid-19-Pandemie machen zahlreiche Leasingnehmer von Zahlungserleichterungen Gebrauch, die eine Neubewertung erfordern können. Um nicht jeden Einzelfall separat überprüfen zu müssen, erließ das IASB eine Sonderregelung (IFRS 16.46A-B). Demzufolge dürfen COVID-19-bedingte Leasingkonzessionen grundsätzlich GuV-wirksam erfasst werden, wodurch keine Neubewertung des gesamten Leasingverhältnisses erforderlich ist.[16]

Bilanzanalytische Auswirkungen des IFRS 16

IFRS 16 wurde mit dem Ziel verabschiedet, die Zweiteilung des „all-or-nothing approaches" des Vorgängerstandards IAS 17 zu durchbrechen und nahezu sämtliche Leasingverhältnisse – auch bisherige Operating-Leasingverhältnisse – bei den Leasingnehmern gleichermaßen bilanziell abzubilden. Mit der erstmaligen Umstellung auf die bilanzwirksame Erfassung sämtlicher Leasingverhältnisse sind erhebliche Auswirkungen u.a. auf Bilanzstrukturkennzahlen verbunden, wie die Abbildungen 4 und 5 zeigen.[17]

16 Vgl. weiterführend *Kolb, S./Meinhövel, M.*, IFRS 16 und Covid-19 – Besonderheiten der Bilanzierung von Leasingverhältnissen in der Corona-Pandemie, in: DB, 71. Jg. (2020), S. 1527-1530.

17 Einen umfassenderen Einblick in die Erstanwendung von IFRS 16 geben *Pilhofer, J./ Herr, S./Wagner, R.*, Auswirkungen der Erstanwendung von IFRS 16 auf den Konzernabschluss und den Konzernlagebericht, in: KoR, 20. Jg. (2020), S. 423-432; *Dimmer, M.*, IFRS 16 – Auswirkungen der Erstanwendung des neuen Leasingstandards, in: PiR, 16. Jg. (2020), S. 275-279.

	IAS 17		IFRS 16
	Finanzierungsleasing	Operating Leasing	Alle Leasingverhältnisse
Umsatzerlöse	x	x	x
Betriebliche Aufwendungen (exkl. Abschreibungen)	—	Leasingaufwand	—
EBITDA			↑↑
Abschreibungen	Abschreibung	—	Abschreibung
EBIT			↑
Finanzergebnis	Zinsen	—	Zinsen
Ergebnis vor Steuern			↔

Abb. 19.4: GuV-Wirkung der Leasingbilanzierung (Quelle: In Anlehnung an IASB, Project Summary, 2016, S. 5)

	IAS 17		IFRS 16
	Finanzierungsleasing	Operating Leasing	Alle Leasingverhältnisse
Vermögen	🏛	— →	🏛🏛🏛🏛
Schulden	€	— →	€€€€
Anhang (bilanzunwirksame Rechte/Pflichten)	—	🏛🏛🏛 €€€	—

Abb. 19.5: Bilanzielle Abbildung von Leasingverhältnissen (Quelle: In Anlehnung an IASB, Project Summary, 2016, S. 4)

3 Bilanzierung beim Leasinggeber

3.1 Klassifizierung von Leasingverhältnissen

Konzeptioneller Bruch: Weiterführung der „alten“ Leasingbilanzierung beim Leasinggeber

Anstelle einer konzeptionell einheitlichen, d.h. symmetrischen Behandlung von Leasingverhältnissen beim Leasingnehmer und Leasinggeber führt IFRS 16, wie in Abbildung 19.6 gezeigt, zu einem konzeptionellen Bruch. Während beim Leasingnehmer im Grundsatz das Nutzungsrechtsmodell („right of use approach“) greift, entscheidet beim Leasinggeber der „risks and rewards approach“ über die bilanzielle Abbildung des Leasingverhältnisses im Sinne des aus dem

IAS 17 bekannten „all-or-nothing approach“. Der Leasinggeber folgt also einer Zweiteilung der Leasingverhältnisse, die auf Basis des wirtschaftlichen Gehalts der Transaktion als Finanzierungs- oder Operating-Leasing zu klassifizieren sind (IFRS 16.61). Maßgeblich für die Klassifizierung ist die Frage, ob im Wesentlichen sämtliche Risiken und Chancen und damit das wirtschaftliche Eigentum am Leasinggegenstand – also hier wird nicht auf Nutzungsrechte abgestellt – vom Leasinggeber auf den Leasingnehmer übergehen. Ist dies der Fall, liegt ein Finanzierungsleasing vor; verbleiben die Risiken und Chancen beim Leasinggeber, stuft dieser das Leasingverhältnis als Operating-Leasing ein.

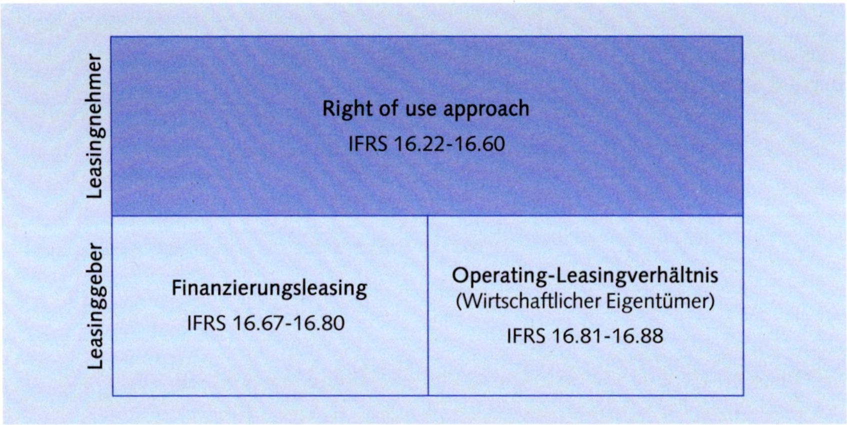

Abb. 19.6: Bilanzierungsvorschriften von IFRS 16 in Abhängigkeit von der Klassifizierung des Leasingverhältnisses

„Risks and rewards approach“

Während die Risiken auf Verlustmöglichkeiten, z.B. durch ungenutzte Kapazitäten oder technische Überholung des Gegenstands, abstellen, zielen die Chancen auf Gewinnmöglichkeiten, die z.B. durch den Einsatz des Leasinggegenstands im Geschäftsbetrieb oder dessen Wertzuwachs entstehen (IFRS 16.B53). Die Prüfung, ob die wesentlichen Chancen und Risiken übertragen wurden, ist zu Beginn eines Leasingverhältnisses und danach lediglich bei wesentlichen Vertragsänderungen vorzunehmen. Als Beginn des Leasingverhältnisses gilt grundsätzlich der Zeitpunkt des Vertragsabschlusses. Davon zu unterscheiden ist der Beginn der Laufzeit des Leasingverhältnisses, der für die Klassifizierung unbedeutend ist.

Finanzierungsleasing

Ein Leasingverhältnis wird als Finanzierungsleasing klassifiziert, wenn es im Wesentlichen alle Risiken und Chancen, die mit dem Eigentum verbunden sind, auf den Leasingnehmer überträgt (IFRS 16.62). Der Leasingnehmer wird im Zuge einer Art fremdfinanzierten Kaufs wirtschaftlicher Eigentümer. Der Kaufpreis des Leasinggegenstands wird dabei nicht sofort, sondern in Raten unter zusätzlicher Berücksichtigung von Finanzierungsaufwendungen an den Leasinggeber entrichtet. Der Leasingnehmer erwirbt den wirtschaftlichen Nutzen aus dem Gebrauch des Leasinggegenstands für den überwiegenden Teil der wirtschaftlichen Nutzungsdauer und verpflichtet sich im Gegenzug, für dieses Recht bestimmte Leasingraten zu entrichten. Diese entsprechen in Summe in etwa dem beizulegenden Zeitwert des Gegenstands und den Finanzierungskosten. Dabei ist unerheblich, ob das rechtliche Eigentum tatsächlich übertragen wird.

Indizien für ein Finanzierungsleasing

Die Klassifizierung von Leasingverhältnissen kann vor dem Hintergrund der immensen Gestaltungsvielfalt in der Praxis schwierig sein. IFRS 16 hilft hier in begrenztem Maße weiter und nennt in IFRS 16.63 und 16.64 konkrete Kriterien, die – einzeln oder in Kombination – auf ein Finanzierungsleasing hindeuten (vgl. Tabelle 19.1). Diese Kriterien sind jedoch nicht abschließend, haben eher Indiziencharakter und sind teilweise mit großen Ermessensspielräumen behaftet.

Kriterien für das Finanzierungsleasing	**Begründung**
Am Ende der Leasing-Vertragslaufzeit erhält der Leasingnehmer das rechtliche Eigentum an dem Leasinggegenstand.	Der Leasingnehmer hat von Beginn an die tatsächliche Herrschaftsgewalt, die ihm bei ordnungsgemäßer Vertragserfüllung nicht mehr streitig gemacht werden kann. Da der Leasinggegenstand automatisch bei ihm verbleibt, trägt er auch alle damit verbundenen Risiken und Chancen.
Der Leasingnehmer hat eine Kaufoption über den Leasinggegenstand, deren Wert deutlich unter dem beizulegenden Zeitwert zum Ausübungszeitpunkt erwartet wird, weshalb die Ausübung hinreichend sicher ist.	Durch die günstige Kaufpreisgestaltung ist schon zu Beginn des Leasingverhältnisses hinreichend sicher, dass die Option ausgeübt wird. Was allerdings als günstig angesehen werden kann, bleibt letztlich eine Ermessensfrage. IFRS 16 gibt keine konkreten Hinweise.
Zu Beginn des Leasingverhältnisses entspricht der Barwert der Leasingzahlungen mindestens nahezu dem beizulegenden Zeitwert des Leasinggegenstands.	Wirtschaftlich betrachtet kann hier ein Ratenkauf vermutet werden. Die eventuell entstehende Differenz zwischen den Leasingzahlungen und dem beizulegenden Zeitwert wird durch Finanzierungskosten o.ä. erklärt. Jedoch liegt bereits auch dann Finanzierungsleasing vor, wenn der Barwert zumindest annähernd dem beizulegenden Zeitwert entspricht.
Die Vertragslaufzeit umfasst den überwiegenden Teil der wirtschaftlichen Nutzungsdauer des Leasinggegenstands.	Auch wenn das rechtliche Eigentum nicht übertragen wird, nutzt der Leasingnehmer den Leasinggegenstand fast über dessen gesamte Nutzungsdauer, sodass so gut wie alle daran geknüpften Risiken und Chancen bei ihm liegen. IFRS 16 enthält aber keine genau definierten quantitativen Kriterien. Ein Mindestverhältnis von Vertragslaufzeit zur wirtschaftlichen Nutzungsdauer existiert nicht. Im Rahmen dieses zwangsläufig existierenden Ermessensspielraums scheint die Orientierung an einer konkreten Grenze – z.B. nach deutschem Steuerrecht 90 % – nicht wirklich zwingend. Der „überwiegende Teil“ (major part) muss dem Wortsinn nach zumindest mehr als 50 % umfassen.

Kriterien für das Finanzierungsleasing	Begründung
Der geleaste Leasinggegenstand ist so speziell beschaffen, dass er ohne wesentliche Veränderungen nur vom Leasingnehmer genutzt werden kann (sog. Spezialleasing).	Beim sog. Spezialleasing wird der Leasinggegenstand letztlich nur für den Leasingnehmer nutzbar sein. Mangels anderweitiger Verwertungsmöglichkeit muss sich der Leasinggegenstand deshalb aus Sicht des Leasinggebers über die Laufzeit des Leasingvertrags voll amortisieren. Dadurch gerät der Leasingnehmer in die Position des wirtschaftlichen Eigentümers, der die Risiken und Chancen trägt.
Der Leasingnehmer trägt die Verluste des Leasinggebers bei vorzeitiger Auflösung des Leasingverhältnisses.	Der Zwang zur Verlustübernahme durch den Leasingnehmer bei vorzeitiger Vertragsauflösung durch den Leasingnehmer zeigt konkret auf, wie Teile der mit dem Leasinggegenstand verbundenen Risiken auf den Leasingnehmer übertragen werden.
Der Leasingnehmer trägt Gewinne und Verluste infolge von Schwankungen des beizulegenden Zeitwertes des Restwertes.	Trägt der Leasingnehmer Gewinne und Verluste aus Restwertschwankungen, so liegen auch die diesbezüglichen Risiken und Chancen bei ihm.
Der Leasingnehmer hat die Möglichkeit zur Fortführung des Leasingverhältnisses im Rahmen einer zweiten Mietperiode zu einer Miete weit unter den marktüblichen Bedingungen.	Die niedrige Anschlussmiete mag als Indiz für die zuvor übergegangenen und im Wesentlichen abgegoltenen Chancen und Risiken aus dem Leasinggegenstand auf den Leasingnehmer angesehen werden.

Tab. 19.1: Beispiele und Indikatoren nach IFRS 16.63 und 16.64 für das Finanzierungsleasing

Immobilien-Leasing

Eine besondere Schwierigkeit stellt die Klassifizierung des Immobilien-Leasings dar. Grundsätzlich gilt, dass Leasingverhältnisse über Grundstücke (Grund und Boden) und Gebäude ebenso wie andere Leasingverhältnisse entweder als Operating- oder als Finanzierungsleasing klassifiziert werden. Kombinierte Verträge über bebaute Grundstücke sind in die einzelnen Bestandteile aufzuteilen, sodass der Boden- und der Gebäudevertragsbestandteil unterschiedlich klassifiziert werden können (IFRS 16.B55). Bei dieser Klassifikation weisen Grundstücke jedoch eine Besonderheit auf. Wegen ihrer grundsätzlich unbegrenzten wirtschaftlichen Nutzungsdauer verfügt der Leasinggeber auch bei einer noch so langen, endlichen Vertragslaufzeit immer noch über ein hohes Nutzenpotenzial des Grundstücks und damit über wesentliche Risiken und Chancen. Wenn der Übergang der Risiken und Chancen nicht anderweitig sichergestellt wird, z.B. durch Übertragung des rechtlichen Eigentums am Laufzeitende oder durch eine unendliche Vertragslaufzeit, ist ein Finanzierungsleasing bei Grundstücken kaum möglich.

Zusammenfassung

Abschließend sollen noch einmal wichtige Grundsätze für die Klassifizierung von Leasingverhältnissen beim Leasinggeber festgehalten werden:

- Liegen im Wesentlichen alle Risiken und Chancen beim Leasingnehmer, ist Finanzierungsleasing gegeben.
- Sind die Voraussetzungen für ein Finanzierungsleasing nicht gegeben, liegt Operating-Leasing vor.
- Es zählt allein die wirtschaftliche Betrachtungsweise. Ein Leasingverhältnis ist vor diesem Hintergrund in seiner Gesamtheit und nicht nur auf der Basis einzelner vertraglicher Absprachen zu beurteilen.
- IFRS 16.63 und 16.64 geben den Bilanzierenden einen in begrenztem Maße hilfreichen Kriterienkatalog zur Klassifizierung an die Hand.

3.2 Finanzierungsleasing

Ansatz beim Leasinggeber

Da der Leasinggeber mit der Nutzungsüberlassung im Wesentlichen alle mit dem Leasinggegenstand verbundenen Risiken und Chancen auf den Leasingnehmer übertragen hat, ist er nicht länger dessen wirtschaftlicher Eigentümer. Der vermietete Leasinggegenstand ist daher auch nicht länger als Vermögenswert in seiner Bilanz zu aktivieren, sondern auszubuchen.

Ansatz einer Forderung

Der Leasinggeber hat jedoch nach IFRS 16.67 eine Forderung über die erwarteten Einzahlungen aus dem Leasingverhältnis anzusetzen. Zumeist wird die Forderung ein- und gleichzeitig der Vermögenswert ausgebucht.

Forderung *an* *Vermögenswert*

Umgang mit Differenzen

Entspricht die Forderungshöhe nicht dem Buchwert des Leasinggegenstands, ist der Unterschiedsbetrag GuV-wirksam zu berücksichtigen.[18] Alternativ kann auch ein (Raten-)Kauf mit unmittelbarer GuV-Wirkung vorliegen. Dieser Sonderfall, in dem Produzenten oder Händler als Leasinggeber auftreten, wird in Abschnitt 5.1 näher betrachtet.

Erstbewertung beim Leasinggeber

Der Leasinggeber hat im Zuge der Erstbewertung den Wert der Forderung gegenüber dem Leasingnehmer zu ermitteln. Gemäß IFRS 16.67 muss diese Forderung in Höhe des Nettoinvestitionswertes in das Leasingverhältnis gebildet werden. Während die Bruttoinvestition die Summe der Leasingzahlungen zuzüglich des dem Leasinggeber zuzurechnenden, vom Leasingnehmer nicht garantierten Restwertes (IFRS 16.Appendix A) ist, ergibt sich der Nettoinvestitionswert aus dem Barwert dieser Bruttoinvestition. Zur Diskontierung wird der dem Leasingverhältnis zugrunde liegende Zinssatz verwendet (IFRS 16.Appendix A). Im Gegensatz zur Leasingnehmerbilanzierung muss kein alternativer Rückgriff auf den Grenzfremdkapitalzinssatz erfolgen, da dem Leasinggeber die für die Ermittlung des dem Leasingverhältnis zugrunde liegenden Zinssatzes benötigten internen Daten stets zur Verfügung stehen. Die Differenz zwischen Brutto- und Nettoinvestitionswert wird als nicht realisierter Finanzertrag bezeichnet. Durch das Abstellen auf den Nettoinvestitionswert wird somit aus Sicht des Leasinggebers

18 Vgl. *KPMG*, Insights into IFRS, 16th Edition 2019/20, S. 1367.

der noch nicht realisierte Finanzertrag erst einmal abgezogen, um dann, ähnlich wie bei einem Annuitätendarlehen aus Sicht eines Kreditgebers, im Zeitablauf vereinnahmt zu werden.

Der Unterschied zwischen dem Barwert der Leasingzahlungen des Leasingnehmers einerseits und dem Nettoinvestitionswert andererseits liegt im Wesentlichen in der unterschiedlichen Berücksichtigung des Restwerts begründet, der bei der Nettoinvestition insgesamt – einschließlich des nicht garantierten Anteils – berücksichtigt wird, während beim Barwert der Leasingzahlungen des Leasingnehmers nur der Differenzbetrag aus garantiertem Teil und voraussichtlich niedrigerem Restwert zu berücksichtigen ist. Der Nettoinvestitionswert entspricht häufig dem beizulegenden Zeitwert des Leasinggegenstands. Abweichungen können sich z.B. ergeben, wenn der beizulegende Zeitwert nicht auf Basis eines abgezinsten Zahlungsflusses ermittelt wird oder bei seiner Ermittlung außer Leasingzahlungen und Restwerten noch weitere Zahlungen, wie z.B. bedingte Mietzahlungen, berücksichtigt werden.

Beispiel 19.12

Der Leasinggeber einer Maschine erhält im Rahmen eines zweijährigen Leasingvertrages pro Jahr 25 T€. Der dem Leasingverhältnis zugrunde liegende Zinssatz beträgt 8 % (interner Zinsfuß bei einem beizulegenden Zeitwert von 48.868 €). Unter Berücksichtigung der zu erwartenden Nutzung hat die Maschine nach der Vertragslaufzeit einen wahrscheinlichen Restwert von 5 T€. Der Leasingnehmer hat gegenüber dem Leasinggeber aber eine Garantieverpflichtung für nur 3 T€ übernommen. Verlängerungs- oder Kaufoptionen sind nicht vereinbart; die Maschine fällt nach Ende der Laufzeit an den Leasinggeber zurück.

Lösung

Die Bruttoinvestition in das Leasingverhältnis beträgt 55.000 €. Die Nettoinvestition beträgt 48.868 € ($= 25.000 / 1{,}08 + 25.000 / 1{,}08^2 + 5.000 / 1{,}08^2$). Der Differenzbetrag von 6.132 € kann aus Sicht des Leasinggebers als noch nicht realisierter Finanzertrag interpretiert werden. Der Restwert ist dem Leasinggeber insgesamt zuzurechnen, obwohl dieser einen nicht garantierten Teil von 2 T€ enthält (für Leasinggeber relevante Wertkategorie). Der Barwert der Leasingzahlungen des Leasingnehmers beträgt 44.582 € ($= 25.000 / 1{,}08 + 25.000 / 1{,}08^2$). Der Unterschied zur Nettoinvestition ist durch den diskontierten Unterschied im Restwert begründet. Da der Restwert voraussichtlich über der Restwertgarantie liegt, entstehen dem Leasingnehmer keine restwertbasierten Zahlungen.

Anfängliche direkte Kosten

Sollten dem Leasinggeber anfängliche direkte Kosten, wie bspw. Anwaltskosten, entstehen, so sind diese bei der Bewertung der Forderung gegenüber dem Leasingnehmer einzubeziehen. Die anfänglichen direkten Kosten sind gemäß IFRS 16.69 jedoch nicht einfach gesondert den Forderungen hinzuzurechnen, sondern werden im Rahmen der Bestimmung des dem Leasingverhältnis zugrunde liegende Zinssatzes berücksichtigt. Durch die Verwendung dieses Zinssatzes zur Diskontierung werden die anfänglichen direkten Kosten somit automatisch bei der Nettoinvestition in das Leasingverhältnis berücksichtigt.

Beispiel 19.13

Eine Produktionsanlage mit einem beizulegenden Zeitwert von 1 Mio. € wird für fünf Jahre geleast (Finanzierungsleasing). Jährliche Leasingzahlungen von 230 T€ werden vereinbart. Der nicht garantierte und dem Leasinggeber zustehende Restwert wird auf 100 T€ geschätzt. Für eine aufwendige Rechtsberatung durch ein spezialisiertes Anwaltsteam und die gesamten sonstigen Vertragsverhandlungen fallen beim Leasinggeber weitere 74 T€ an.

Lösung
Die Bruttoinvestition in das Leasingverhältnis beträgt 1,25 Mio. € (= 5 · 230 T€ + 100 T€). Der dem Leasingverhältnis zugrunde liegende Zins (r) beträgt 5 % und ergibt sich aus der folgenden Gleichung:

$$-1.074.000 + (230.000 \cdot (1+r)^{-1} + 230.000 \cdot (1+r)^{-2} + 230.000 \cdot (1+r)^{-3} + 230.000 \cdot (1+r)^{-4} + 330.000 \cdot (1+r)^{-5}) = 0$$

Der Nettoinvestitionswert liegt also bei 1.074.000 € und übersteigt damit den beizulegenden Zeitwert der Produktionsanlage, da die anfänglichen direkten Kosten ebenfalls Bestandteil des Nettoinvestitionswertes sind und somit über die Laufzeit des Vertrages die insgesamt anfallenden Finanzerträge um 74 T€ auf 176 T€ (Differenz zwischen Brutto- und Nettoinvestitionswert) reduzieren.

Folgebewertung: Aufteilung der Leasingzahlungen

Im Rahmen der Folgebewertung hat der Leasinggeber die während der Laufzeit des Leasingverhältnisses erhaltenen Zahlungen aufzuteilen:

- in eine Kapitalrückzahlung zur Rückführung der Forderung und
- in einen Finanzertrag (Zinsertrag) als Vergütung für die Kapitalüberlassung.

Daraus resultiert für den Leasinggeber der Buchungssatz:

Bank	*an*	*Forderungen*
		Zinsertrag

Zeitliche Verteilung von Kapitalrückzahlung und Finanzertrag

Die Finanzerträge sind dabei nach IFRS 16.75 so über die Laufzeit des Leasingverhältnisses zu verteilen, dass eine konstante periodische Verzinsung der (Rest-) Forderung und damit der Nettoinvestition des Leasinggebers in das Leasingverhältnis erreicht wird. Wie bei der Leasingnehmerbilanzierung ist also auch beim Leasinggeber der dem Leasingverhältnis zugrunde liegende Zinssatz und somit die Effektivzinsmethode heranzuziehen.

Beispiel 19.14

Das schon bekannte Beispiel 19.8 wird wieder aufgegriffen. Der Restwert nach Ablauf des Leasingverhältnisses ist null.

Lösung
Die Kapitalrückzahlung beläuft sich auf Seiten des Leasinggebers auf 30 T€ und die Finanzerträge auf 6 T€. Der dem Leasingverhältnis zugrunde liegende

Zinssatz für den Leasinggeber entspricht natürlich dem des Leasingnehmers bei einer identischen, aber spiegelverkehrten Zahlungsreihe (-30.000 +12.000 +12.000 +12.000). Er beträgt 9,7 %. Die 6 T€ Finanzerträge verteilen sich wie folgt:

Jahr	Forderung zum 01.01.	Einzahlung	Finanzerträge	Kapitalrückzahlung
1	30.000	12.000	**2.910** (= 30.000 · 0,097)	9.090
2	20.910	12.000	**2.029** (= 20.910 · 0,097)	9.971
3	10.939	12.000	**1.061** (= 10.939 · 0,097)	10.939
Summe		36.000	**6.000**	30.000

Restwertänderungen

Im Rahmen der Folgebewertung kann es dazu kommen, dass sich Einschätzungen bezüglich des Restwertes ändern. Nicht garantierte Restwerte, die zwangsläufig auf Schätzungen beruhen, sind deshalb regelmäßig zu überprüfen. Sollte eine Minderung des geschätzten, nicht garantierten Restwertes eintreten, muss gemäß IFRS 16.77 die Ertragsverteilung berichtigt werden. Diese Berichtigung ist über die Laufzeit des Leasingverhältnisses zu verteilen. Der Berichtigungsbetrag, der sich auf bereits abgelaufene Perioden bezieht, ist unmittelbar GuV-wirksam zu erfassen.

Beispiel 19.15 (Modifikation von Beispiel 19.8)

Variante 1
Über eine Maschine wird ein Leasingvertrag mit einer Laufzeit von drei Jahren abgeschlossen. Die Maschine hat zu diesem Zeitpunkt einen beizulegenden Zeitwert (= Nettoinvestitionswert) von 30 T€ und eine wirtschaftliche Nutzungsdauer von drei Jahren. Der Restwert nach Ablauf des Leasingverhältnisses beträgt voraussichtlich 2 T€, ist vom Leasingnehmer jedoch nicht garantiert. Jährliche Leasingzahlungen von 12 T€ sind vereinbart.

Lösung
Auf Seiten des Leasinggebers erhöht sich der Bruttoinvestitionswert um 2 T€ auf 38 T€. Der dem Leasingverhältnis zugrunde liegende Zins beträgt nunmehr 12,5 %. Bei gleichem Wertansatz der Forderung von 30 T€ ergibt sich nun gegenüber dem Ausgangsfall ohne Restwert ein insgesamt höherer Finanzertrag von 8 T€. Dieser ist folgendermaßen auf die Perioden zu verteilen:

Jahr	Forderung zum 01.01.	Forderung zum 31.12.	Einzahlung	Finanzerträge	Kapitalrückzahlung
1	30.000	21.739	12.000	**3.739** (= 30.000 · 0,12463)	8.261
2	21.739	12.448	12.000	**2.709** (= 21.739 · 0,12463)	9.291
3	12.448	2.000	12.000	**1.552** (= 12.448 · 0,12463)	10.448
Σ			36.000	**8.000**	30.000

Am Ende der dritten Periode steht noch eine Forderung in Höhe von 2 T€ in der Bilanz. Dies entspricht dem Restwert des Leasinggegenstands, der an den Leasinggeber zurückfällt.

Variante 2
Am Ende des zweiten Jahres wird nun im Rahmen der regelmäßigen Überprüfung festgestellt, dass der geschätzte Restwert am Ende der Vertragslaufzeit nur noch 1 T€ betragen wird.

Lösung

Jahr	Finanzerträge bei bisheriger Restwertschätzung	Finanzerträge bei korrigierter Restwertschätzung	Differenz in Jahr 1 (= Korrekturbedarf in Jahr 2)	Tatsächlich realisierter Finanzertrag
1	**3.739** (= 30.000 · 0,12463)	**3.331** (= 30.000 · 0,11105)	408	**3.739**
2	**2.709** (= 21.739 · 0,12463)	**2.369** (= 21.331 · 0,11105)	-408	**1.961**
3	**1.552** (= 12.448 · 0,12463)	**1.300** (= 11.700 · 0,11105)		**1.300**
Σ	**8.000**	**7.000**		**7.000**

Die Verteilung der Finanzerträge ist nun so zu korrigieren, als ob die veränderte Schätzung bereits zu Beginn des Leasingverhältnisses bekannt gewesen wäre. Der korrigierte Bruttoinvestitionswert beträgt nun 37 T€. Der neue interne Zinssatz liegt bei 11,105 %. Im Vergleich zur bisherigen Verteilung der Finanzerträge ergibt sich folgende Veränderung: Im zweiten Jahr, dem Jahr der Schätzänderung, wird bereits mit dem korrigierten Finanzertrag gerechnet (2.369 €). Um den „falsch" gebuchten Finanzertrag aus dem ersten Jahr auszugleichen, wird dieser jedoch um die Differenz aus dem ersten Jahr korrigiert (um 408 € auf 1.961 €). In der dritten Periode ist dann nur noch der korrigierte Finanzertrag von 1.300 € zu realisieren.

3.3 Operating-Leasingverhältnisse

Ansatz beim Leasinggeber

Beim Operating-Leasing bleibt der Leasinggeber nicht nur rechtlicher, sondern auch wirtschaftlicher Eigentümer des Leasinggegenstands. Somit hat der Leasinggeber den Leasinggegenstand weiterhin zu bilanzieren und unter den langfristigen Vermögenswerten nach Maßgabe des dem Leasingverhältnis zugrunde liegenden Vermögenswerts zu aktivieren (IFRS 16.88).

Beispiel 19.16

Während die Deutsche Post DHL Group als Leasinggeber Operating-Leasingverhältnisse unter den Sachanlagen ausweist[19], weist Volkswagen diese als eigenen Posten „Vermietete Vermögenswerte" im Anlagevermögen aus[20].

Erstbewertung beim Leasinggeber

Wie jeder andere Vermögenswert auch wird der Leasinggegenstand nach den jeweils relevanten Standards bewertet. Bei der Erstbewertung sind regelmäßig die Anschaffungs- oder Herstellungskosten heranzuziehen.

Folgebewertung beim Leasinggeber

Bei einem Operating-Leasing hat der Leasinggeber den Leasinggegenstand in den Folgeperioden abzuschreiben und die Leasingzahlungen als Ertrag zu erfassen (IFRS 16.81 f.). Die Abschreibungen bemessen sich nach den üblichen Grundsätzen, die sich aus IAS 16, IAS 36 oder IAS 38 ergeben (IFRS 16.84 und 16.85).

Ertragsverteilung

Die Verteilung der Leasingerträge auf die Vertragslaufzeit ist dabei unabhängig vom Zahlungsfluss. Dem Konzept der Periodenabgrenzung folgend sollen die Leasingerträge korrespondierend zu der wirtschaftlichen (Ab-)Nutzung des Leasinggegenstands anfallen. Bei regelmäßig linearer Abschreibung sollen deshalb auch die Leasingerträge im Grundsatz linear verteilt werden, es sei denn, eine andere Systematik entspricht eher dem zeitlichen Verlauf des Nutzens für den Leasingnehmer. Da die Zahlungen von den jährlichen Erträgen abweichen können, müssen sie eventuell aktivisch (Ertrag übersteigt die Zahlung) oder passivisch (Zahlung übersteigt den Ertrag) abgegrenzt werden.

Beispiel 19.17

Im Rahmen eines vierjährigen Operating-Leasings über eine Maschine schreibt der Leasinggeber die aktivierte Maschine nach IAS 16 linear über eine zehnjährige Nutzungsdauer ab. Mit dem Leasingnehmer wird eine erhöhte Miete für das erste Jahr und reduzierte Mieten für die Folgejahre vereinbart.

Lösung

Bei einer linearen Verteilung der Leasingerträge hat der Leasinggeber einen Teil der erhaltenen Leasingzahlung des ersten Jahres passivisch abzugrenzen. In den drei Folgejahren ist die daraus erwachsene Schuld GuV-wirksam aufzulösen.

19 Vgl. *Deutsche Post DHL Group*, Geschäftsbericht 2019, S. 100.
20 Vgl. *Volkswagen*, Geschäftsbericht 2019, S. 276.

Anfängliche direkte Kosten und sonstige Kosten

Wie beim Finanzierungsleasing ist zu beachten, dass anfängliche direkte Kosten den Anschaffungs- oder Herstellungskosten des Leasinggegenstands hinzuzurechnen sind. In der Methodik, wie diese erfasst werden, unterscheiden sich jedoch die zwei Ausprägungen der Leasinggeberbilanzierung. Denn beim Operating-Leasing werden anfängliche direkte Kosten einfach dem Buchwert des Vermögenswerts hinzugerechnet. Sie verteilen sich damit durch die Abschreibungen GuV-wirksam über die Laufzeit des Leasingverhältnisses (IFRS 16.83). Sonstige Kosten, die dem Leasinggeber während der Vertragslaufzeit im Zusammenhang mit dem Leasinggeschäft entstehen, werden unmittelbar als Aufwand verrechnet (IFRS 16.82).

4 Zusammenfassung der Leasingnehmer- und Leasinggeberbilanzierung

Zusammenfassung

Die wesentlichen Ansatz- und Bewertungsregeln des IFRS 16 für Leasingnehmer und Leasinggeber lassen sich abschließend in Tabelle 19.2 zusammenfassen.

Die Zusammenfassung veranschaulicht noch einmal den konzeptionellen Bruch, den IFRS 16 zwischen der Leasingnehmer- und Leasinggeberbilanzierung vollzieht. Durch die Bilanzierungsvorschriften des IFRS 16 können nun Doppelerfassungen auftreten, denn der Leasinggeber aktiviert beim Operating-Leasing den Leasinggegenstand, während der Leasingnehmer – unabhängig von der Klassifizierung des Leasingverhältnisses beim Leasinggeber – gleichzeitig das Nutzungsrecht am Leasinggegenstand ansetzt. Bei konzerninternen Leasingverhältnissen sind diese Doppelungen unter Umständen zu konsolidieren.[21]

21 Vgl. weiterführend *Fröhlich, C.*, Abbildung von konzerninternen Leasingverhältnissen im Rahmen der Konsolidierung, in: IRZ, 14. Jg. (2019), S. 88-92; *Bardens, A./Duhr, A./Heining, A.-K.*, Praktische Herausforderungen des neuen Leasingstandards IFRS 16 im Konzern, in: IRZ, 11. Jg. (2016), S. 259-268.

<table>
<tr><td>Leasing-nehmer</td><td colspan="2"><u>Right of use approach</u>
▪ Ansatz einer Leasingverbindlichkeit mit dem Barwert der noch ausstehenden Leasingzahlungen (IFRS 16.26).
▪ Verwendung des dem Leasingverhältnis zugrunde liegenden Zinssatzes zur Diskontierung, falls dafür benötigte Daten nicht verfügbar sind, ist auf Grenzfremdkapitalzins des Leasingnehmers auszuweichen (IFRS 16.26).
▪ Simultaner Ansatz eines Nutzungsrechts, grds. in gleicher Höhe (IFRS 16.23 f.).
▪ Abschreibung des Nutzungsrechts nach den einschlägigen Vorschriften, z.B. IAS 16, über wirtschaftliche Nutzungsdauer oder Laufzeit des Leasingverhältnisses (IFRS 16.29, 16.31 f.).
▪ Leasingauszahlungen sind in Tilgungsanteil und Finanzierungskosten aufzuteilen (IFRS 16.36).</td></tr>
<tr><td>Leasing-geber</td><td><u>Finanzierungsleasing</u>
▪ Ansatz einer Forderung zum Nettoinvestitionswert (IFRS 16.67).
▪ Leasing(ein)zahlungen sind in Kapitalrückzahlung und Finanzertrag aufzuteilen (IFRS 16.75, 16.76).</td><td><u>Operating-Leasing</u>
▪ Ansatz des Leasinggegenstands entsprechend der einschlägigen Vorschriften, z.B. IAS 16 (IFRS 16.88).
▪ Abschreibung des Leasinggegenstands nach den einschlägigen Vorschriften über die wirtschaftliche Nutzungsdauer (IFRS 16.84).
▪ Leasing(ein)zahlungen sind vom Zahlungszeitpunkt unabhängig als Ertrag zu erfassen. Evtl. entsteht dadurch ein Abgrenzungsbedarf. Im Grundsatz verteilt sich der Ertrag linear über die Laufzeit des Leasingverhältnisses, es sei denn, ein anderer wirtschaftlicher Verzehr des Leasinggegenstands ist nachweisbar (IFRS 16.81).</td></tr>
</table>

Tab. 19.2: Ansatz- und Bewertungsregeln von IFRS 16 im Überblick

Aus der Forschung

Was sagt die empirische Forschung zur Leasingbilanzierung?

Bereits seit etwa 60 Jahren beschäftigt sich die empirische Bilanzforschung mit Leasingverhältnissen. Diese Forschung wurde auch im Zuge der Reformdiskussion des IFRS 16 herangezogen.

Über Jahrzehnte ist gerade für die Leasingnehmer untersucht worden, welche Auswirkungen sich auf die Rechenwerke der Unternehmen ergeben, wenn bilanzunwirksame Leasingverhältnisse (wie das frühere Operating-Leasing) über Kapitalisierung der Leasingzahlungen bilanziell erfasst würden. Diese Studien lassen für verschiedene Länder und Branchen zum Teil erhebliche Leasingvolumina außerhalb der Bilanz erkennen (vgl. dazu im Überblick m.w.N. Fülbier/Fehr (2013)). Dies gilt insbesondere für Handels-, bestimmte Dienstleistungs- und Transportunternehmen – hier vor allem für Fluggesellschaften (Imhoff/Lipe/Wright (1991); Beattie/Edwards/Goodacre (1998)).

Weitere Studien haben sich mit der Frage beschäftigt, ob Bilanzadressaten bilanzielle und nicht bilanzielle Leasinginformationen auch tatsächlich unterschiedlich wahrnehmen und was die Leasingnehmer diesbezüglich erwarten (vgl. z.B. Abdel-Khalik (1981), Goodacre (2003), im Überblick m.w.N. wieder Fülbier/Fehr (2013)). So war es gerade eine Erkenntnis des IFRS 16-Reformprozesses, dass Leasingnehmer bilanzunwirksames Leasing präferieren, weil sie hier entsprechende Wahrnehmungsdefizite der Adressaten vermuten.

Ob allerdings ganze Märkte durch bilanzunwirksames Leasing fehlgeleitet worden sind, bleibt fraglich. So ist z.B. gezeigt worden, dass bei Adressaten die Befähigung zur Wahrnehmung bilanzunwirksamer Informationen zunimmt, je professioneller sie sind. Auch sind Kreditentscheidungen oft nicht von dem individuellen Leasing-Informations- und -Kenntnisstand einzelner Kreditsachbearbeiter abhängig, sondern von externen Ratingurteilen getrieben und internationale Ratingagenturen haben sehr wohl Informationen zum bilanzunwirksamen Leasing berücksichtigt (z.B. Altamuro/Johnston/Pandit/Zhang (2014)). So sind diejenigen Studien, die analysieren, ob Fremd- oder Eigenkapitalmärkte durch das bilanzunwirksame Leasing insgesamt fehlgeleitet werden, im Ergebnis keineswegs eindeutig (z.B. Beattie/Goodacre/Thomson (2000)).

Insgesamt können bisherige Forschungsergebnisse also ein Informationsdefizit der Adressaten hinsichtlich bilanzunwirksamer Leasinginformationen nicht zweifelsfrei belegen. Insofern bleiben gewisse Zweifel an der Reform der Leasingbilanzierung durch IFRS 16, wobei die Beurteilung derselben auch von einer umfassenden Kosten-Nutzen-Analyse getrieben sein müsste, die zudem ersparte Korrektur- und Analysekosten auf der Adressatenseite und erhöhte Erstellungskosten auf der Leasingnehmerseite berücksichtigt. Dies gilt auch für möglicherweise ineffiziente Substitutions- und Kapitalstruktureffekte („real effects“), die dadurch ausgelöst werden, dass Leasingnehmer Fehlinterpretationen auf Adressatenseite vermuten. Nach Einführung des IFRS 16 konzentriert sich die Forschung darauf, diese Auswirkungen der Bilanzreform auf real beobachtbares Verhalten der Bilanzierenden und ihrer Vertragspartner zu identifizieren und aufzuzeigen, welche ökonomischen Konsequenzen eine veränderte Bilanzierung haben kann (z.B. Chen/Correia/Urcan (2019)).

Literatur: Abdel-Khalik, A., The Economic Effects on Lessees of FASB Statement No. 13, Accounting for Leases, Stamford, CT 1981; Altamuro, J./Johnston, R./Pandit, S./Zhang, H., Operating Leases and Credit Assessments, in: CAR, Vol. 31 (2014), S. 551-580; Beattie, V./Edwards, K./Goodacre, A., The impact of constructive operating lease capitalisation on key accounting ratios, in: Accounting & Business Research, Vol. 28 (1998), S. 233-254; Beattie, V./Goodacre, A./Thomson, S., Recognition versus Disclosure: An Investigation of the Impact on Equity Risk Using UK Operating Lease Disclosures, in: Journal of Business Finance & Accounting, Vol. 27 (2000), S. 1185-1224; Chen, C.-W./Correia, M./Urcan, O., Accounting for leases and corporate investment, Working Paper (2019); Fülbier, R. U./Fehr, J., Bilanzwirksamkeit und -unwirksamkeit von Leasingverhältnissen aus Sicht der empirischen Forschung, in: Journal für Betriebswirtschaft, 63. Jg. (2013), S. 207-242; Goodacre, A., Operating lease finance in the UK retail sector, in: The International Review of Retail Distribution and Consumer Research, Vol. 13 (2003), S. 99-125; Imhoff, E./Lipe, R./Wright, D., Operating Leases: Impact of Constructive Capitalization, in: AH, Vol. 5 (1991), S. 51-63.

5 Sonderprobleme des Leasings

5.1 Hersteller oder Händler als Leasinggeber

Unterstellung eines Verkaufsgeschäftes

Handelt es sich beim Leasinggeber um einen Händler oder um den Hersteller des Leasinggegenstands, so wird das Leasinggeschäft zunächst auch hier nach den üblichen Kriterien klassifiziert. Besonderheiten existieren jedoch bei der Bilanzierung. Oft kommt es vor, dass Hersteller und Händler ihren Kunden das Produkt-Leasing als Alternative zum Kauf anbieten. Sofern hier die Bedingungen eines Finanzierungsleasings gegeben sind (dies dürfte der Regelfall sein), zwingt IFRS 16 diese Leasinggeber dazu, ein Veräußerungsgeschäft, und zwar einen Ratenkauf, im Jahresabschluss abzubilden. Die Entscheidung zwischen Kauf oder Leasinggeschäft soll keine Auswirkungen auf die bilanzielle Abbildung beim Leasinggeber/Verkäufer haben. Damit hat der Leasinggeber zwei Arten von Ertrag:

- den bei Leasinggeschäften üblichen Finanzertrag, der auf die Laufzeit des Leasingverhältnisses verteilt wird, und
- die bei Verkaufsgeschäften übliche Marge zwischen den Anschaffungs- bzw. Herstellungskosten und dem Verkaufspreis, die sofort GuV-wirksam zu erfassen ist.

Beispiel 19.18

Kunde König kommt zum Autohändler UBT-Oberfranken und informiert sich über ein Elektroauto der neuen Albatros-Klasse. Nach kurzer Beratung entschließt er sich begeistert, dieses Elektroauto künftig fahren zu wollen. Wegen einer gerade durchgeführten Sanierung seines Eigenheims hat König Liquiditätsengpässe und will das Elektroauto im Rahmen eines langjährigen Leasingvertrages über dessen komplette Nutzungsdauer leasen.

Lösung

Der Autohändler UBT-Oberfranken hat als Leasinggeber bilanziell ein Veräußerungsgeschäft (Ratenkauf) abzubilden. Neben seiner üblichen Gewinnspanne bei einem Elektroauto der Albatros-Klasse freut er sich auch über den jährlichen Finanzertrag aus dem Leasinggeschäft.

Wie wird der Ratenkauf beim Leasinggeber nun konkret bilanziert? Der Leasinggeber hat das Verkaufsgeschäft nach der gleichen Methode zu bilanzieren, die er auch bei einem direkten Verkauf (vgl. Kapitel 7) anwendet (IFRS 16.71 f.). So bucht er z.B. nach dem Umsatzkostenverfahren

Bilanzierung des Veräußerungsgeschäftes beim Leasinggeber

Umsatzkosten	*an*	*Fertige Erzeugnisse/Waren*
Forderung	*an*	*Umsatzerlöse*

Damit läge in der Differenz zwischen den Umsatzkosten und den Umsatzerlösen der unmittelbar anfallende Verkaufsgewinn. Die Umsatzkosten bestimmen sich dabei nach IFRS 16.71(b) durch

Umsatzkosten

- die Anschaffungs- bzw. Herstellungskosten des Leasinggegenstands oder, falls abweichend,
- den Buchwert des Leasinggegenstands abzüglich des Barwertes eines nicht garantierten Restwertes.

Die Umsatzerlöse bestimmen sich durch

Umsatzerlöse

- den beizulegenden Zeitwert des Vermögenswerts oder, wenn niedriger,
- den Barwert der Leasingzahlungen, berechnet auf der Grundlage eines marktüblichen Zinssatzes.

Die Verwendung des marktüblichen Zinssatzes hat einen einfachen Grund: Kunden werden oft mit extrem niedrigen Finanzierungskosten zu einer Kauf- bzw. Leasingentscheidung verleitet. Eine Barwertberechnung auf der Basis dieses künstlich niedrigen Zinssatzes würde zwangsläufig zu einem unrealistisch hohen Verkaufserlös führen. Daher hat der Leasinggeber den Veräußerungsgewinn auf den Betrag zu beschränken, der sich bei einem marktüblichen Zins ergeben hätte (IFRS 16.73). Da wirtschaftlich ein Verkaufsgeschäft und kein klassisches Leasinggeschäft vorliegt, werden, korrespondierend zum sofort zu erfassenden Verkaufsgewinn, auch anfängliche direkte Kosten des Händlers oder Herstellers sofort zu Beginn des Leasingverhältnisses als Aufwand verrechnet (IFRS 16.74).

Marktüblicher Zinssatz

Beispiel 19.19 (Fortführung von Beispiel 19.18)

Der Autohändler UBT-Oberfranken kauft ein Elektroauto der Albatros-Klasse für insgesamt 37 T€ ein. Anschließend wird mit dem Kunden König ein Leasingvertrag abgeschlossen. Vereinbart werden eine achtjährige Laufzeit und jährliche Zahlungen von 7 T€ bei einem günstigen Zins von etwa 1 %, der weit unterhalb des marktüblichen Zinses von 6 % liegt. Der Händler hat anfängliche direkte Kosten in Höhe von 500 €. Nach der Leasingdauer geht der Autohändler von einem (nicht garantierten) Restwert von etwa 3 T€ aus, der abgezinst auf den Beginn des Leasingverhältnisses 1.900 € beträgt. Latente Steuern bleiben unberücksichtigt.

Lösung

Die Umsatzkosten belaufen sich auf 35.100 € (Anschaffungskosten abzüglich des Barwertes des nicht garantierten Restwertes). Die anfänglichen direkten Kosten werden sofort GuV-wirksam verrechnet. Die Umsatzerlöse belaufen sich auf 43.470 €, berechnet als Barwert der Leasingzahlungen auf der Grundlage des marktüblichen Zinses von 6 %. Es wird angenommen, dass dieser Barwert unter dem beizulegenden Zeitwert des Wagens liegt.

Buchungssätze für das erste Jahr:

Waren	*37.000 €*	*an*	*Bank*	*37.000 €*
Sonst. betr. Aufwand	*500 €*	*an*	*Bank*	*500 €*
Umsatzkosten	*35.100 €*			
Restwertforderung	*1.900 €*	*an*	*Waren*	*37.000 €*
Forderung	*43.470 €*	*an*	*Umsatzerlöse*	*43.470 €*

Der abgezinste Restwert wird hier als Restwertforderung gebucht. Über die Vertragslaufzeit verzinst sich diese jeweils mit 6 % und wird bei Laufzeitende 3 T€ betragen.[22] Die Leasingzahlungen sind – wie gehabt – in Kapitalrückzahlung und Finanzertrag aufzuspalten (bei konstanter periodischer Verzinsung der Forderung), wobei der Finanzertrag im Zeitverlauf immer mehr ab- und der Anteil der Rückzahlung immer mehr zunimmt.

Bank	*7.000 €*	*an*	*Forderung*	*4.392 €*
			Finanzertrag	*2.608 €*
Restwertforderung	*114 €*	*an*	*Finanzertrag*	*114 €*
				(= 1.900 · 6 %)

Operating-Leasing

Liegen hingegen die Voraussetzungen für ein Finanzierungsleasing nicht vor, verbleiben Risiken und Chancen beim Leasinggeber, sodass kein Verkauf vorliegt und auch kein Veräußerungsgeschäft im Jahresabschluss abzubilden ist. Der Händler oder Hersteller hat als Leasinggeber ein normales Operating-Leasing zu bilanzieren (IFRS 16.86).

Beispiel 19.20

Kunde König kommt zum Autohändler UBT-Oberfranken und informiert sich über ein Elektroauto der neuen Albatros-Klasse, das er nur für eine zweijährige Übergangsphase leasen möchte. Nach kurzer Beratung entschließt er sich begeistert zum Vertragsabschluss.

22 Die Bilanzierung des nicht garantierten Restwertes lässt sich nicht eindeutig IFRS 16 entnehmen. Alternativ wäre z.B. denkbar, diesem nicht garantierten Restwert die Vermögenswerteigenschaft gänzlich abzusprechen, ihn nicht anzusetzen und einen insoweit reduzierten Umsatzerlös (nur noch 41.570 €) zu buchen. Vgl. ähnlich *Picker, R. et al.*, Applying IFRS, 4th Edition 2016, S. 341.

Lösung
Der Autohändler UBT-Oberfranken hat als Leasinggeber ein normales Operating-Leasing zu bilanzieren. Der Wagen der Albatros-Klasse und anfängliche direkte Kosten sind zu aktivieren und über die Nutzungsdauer abzuschreiben (IFRS 16.83 f. und IFRS 16.88). Die Leasingerträge sind auf die zweijährige Laufzeit des Leasingvertrages zu verteilen (IFRS 16.81).

5.2 Sale-and-leaseback-Transaktionen

Bei den in der Unternehmenspraxis üblichen Sale-and-leaseback-Transaktionen handelt es sich streng genommen um eine Kombination zweier Verträge:

- Transaktion 1 (Kaufvertrag): Durch einen Kauf wechselt das rechtliche Eigentum an einem Vermögenswert.
- Transaktion 2 (Leasingvertrag): Durch einen anschließenden Leasingvertrag über den gleichen Vermögenswert wird der ursprüngliche rechtliche Eigentümer zum Leasingnehmer und behält damit das Nutzungsrecht. Der neue rechtliche Eigentümer wird Leasinggeber.

Voraussetzungen von Sale-and-leaseback-Transaktionen nach IFRS 16

Nach IFRS 16.99 ist bei Sale-and-leaseback-Transaktionen in einem ersten Schritt zu beurteilen, ob die obige Transaktion 1 des anschließend zurückgeleasten Vermögenswerts die Kriterien eines Verkaufs i.S.d. IFRS 15 erfüllt (vgl. Kapitel 7). IFRS 15 stellt dazu auf den Übergang der Kontrolle am zugrunde liegenden Vermögenswert ab. Kann der Leasinggeber (Käufer) durch Transaktion 1 die Nutzung des zugrunde liegenden Vermögenswerts bestimmen und den im Wesentlichen gesamten verbleibenden wirtschaftlichen Nutzen daraus ziehen, liegt ein Verkauf i.S.d. IFRS 15 vor. Der Leasinggeber wird rechtlicher Eigentümer und überlässt anschließend qua Transaktion 2 das Kontrollrecht an der Nutzung des zugrunde liegenden Vermögenswerts für die vereinbarte Leasinglaufzeit dem Leasingnehmer (Verkäufer in Transaktion 1). Wird dem Leasingnehmer vertraglich eine wirtschaftlich lukrative Rückkaufoption eingeräumt, kann indes kein Kontrollübergang und somit kein Verkauf unterstellt werden (IFRS 16.BC262).

Bilanzierung beim Leasingnehmer

Liegt insgesamt ein Verkaufsgeschäft vor, bucht der Leasingnehmer (Verkäufer in Transaktion 1) den Vermögenswert aus und realisiert den Verkaufsgewinn bzw. -verlust (Verkaufspreis abzgl. Buchwert). Allerdings erfasst der Leasingnehmer einen Gewinn oder Verlust nur insoweit sich dieser auf tatsächlich an den Leasinggeber übertragene (Nutzungs-)Rechte am Vermögenswert bezieht. Für diejenigen Rechte am Vermögenswert, die der Leasingnehmer durch das Zurückleasen wiedererlangt, wird kein Gewinn oder Verlust realisiert. Stattdessen bilanziert der Leasingnehmer dementsprechend den anteiligen Buchwert am zugrunde liegenden Vermögenswert als Nutzungsrecht gemäß IFRS 16.100(a). Aus ökonomischer Sicht kann diese Art der „Teilgewinnrealisierung“ damit begründet werden, dass der Leasingnehmer nur den Anteil am Vermögenswert verkauft, der nicht während der Leasinglaufzeit durch den Leasingnehmer „verbraucht" wird, sondern nach der Leasinglaufzeit als Restvermögenswert noch beim Leasinggeber verbleibt. Dies bedeutet wiederum, dass kein Veräußerungsgewinn zu realisieren ist, sofern dem Leasinggeber am Ende der Leasinglaufzeit keine Residualrechte am Vermögenswert mehr verbleiben. Dies ist insbesondere bei einer Leasinglaufzeit zu vermuten, die die gesamte wirtschaftliche (Rest-) Nutzungsdauer des Vermögenswerts umfasst.[23]

Beispiel 19.21[24]

Die Produktion AG verkauft eine Maschine (Buchwert 100 T€) zum beizulegenden Zeitwert von 120 T€ an die Finanzierung AG. Anschließend least die Produktion AG diese Maschine für zehn Jahre wieder zurück, und zwar zu einem angenommenen Barwert der Leasingzahlungen i.H.v. 90 T€. Eine Rückkaufoption wird vertraglich nicht vereinbart. Am Ende der Leasinglaufzeit beträgt der Restwert der Maschine voraussichtlich 60 T€. Die jährlichen Leasingzahlungen betragen 14 T€.

Lösung
Da die Produktion AG keine Rückkaufoption vereinbart hat, kann unterstellt werden, dass die Finanzierung AG die Kontrolle über die Maschine erlangt hat, wodurch sich die Transaktion als Verkauf i.S.d. IFRS 15 qualifiziert. Der Vergleich des Barwerts der Leasingzahlungen (90 T€) mit dem beizulegenden Zeitwert der Maschine (120 T€) zeigt den Anteil der Rechte am Vermögenswert, die der Leasingnehmer (Produktion AG) während der Leasinglaufzeit nutzt (75 % = 90 T€ / 120 T€) bzw. die aufgrund des Verkaufsgeschäftes beim Leasinggeber (Finanzierung AG) verbleiben (25 % = (120 T€ - 90 T€) / 120 T€).

1. Leasingnehmer: Aufgrund des Verkaufsvorgangs bucht der Leasingnehmer den zugrunde liegenden Leasinggegenstand aus und realisiert GuV-wirksam einen Verkaufsgewinn i.H.v. 5 T€ (= (120 T€ - 100 T€) · 25 %). Um das Leasingverhältnis abzubilden, bucht der Leasingnehmer ein Nutzungsrecht in Höhe des anteiligen Buchwerts der Maschine (75 T€ = 100 T€ · 75 %) sowie eine Leasingverbindlichkeit zum Barwert der Leasingzahlungen (90 T€) ein.

Bank	*120.000 €*	*an*	*Maschine*	*100.000 €*
Nutzungsrecht	*75.000 €*		*Leasingverbindlichkeit*	*90.000 €*
			sonstiger Ertrag (Veräußerungsgewinn)	*5.000 €*

Die Folgebewertung des Nutzungsrechts erfolgt zu fortgeführten Anschaffungskosten, während die Leasingverbindlichkeit nach der Effektivzinsmethode fortgeführt wird.

23 Vgl. *IASB* (Hrsg.), Agenda Paper 3A, Sale and Leaseback Transactions, July 2014, Abs. 53 f.

24 In Anlehnung an IFRS 16.IE11 sowie *Lühn, M.*, Bilanzierung von Sale-and-Lease-Back-Transaktionen nach IFRS 16, in: IRZ, 11. Jg. (2016), S. 193-195.

Beim Leasinggeber wird der Verkaufsvorgang gemäß IFRS 16.100(b) nach den einschlägigen Standards zum Kauf von (Anlage-)Vermögen (IAS 16, IAS 38 etc.) bilanziert. Das Leasingverhältnis verbucht der Leasinggeber im nächsten Schritt entweder als Finanzierungs- oder Operating-Leasing nach den Kriterien des IFRS 16.

Bilanzierung beim Leasinggeber

Beispiel 19.22 (Fortführung von Beispiel 19.21)

Lösung

2. Leasinggeber: Zunächst ist der Kauf der Maschine beim Leasinggeber (Finanzierung AG) zu bilanzieren, d.h. die Maschine wird in Höhe des Kaufpreises zu 120 T€ eingebucht.

Maschine	*an*	*Bank*	*120.000 €*

Klassifiziert der Leasinggeber das Leasingverhältnis als Finanzierungsleasing, ist eine Forderung i.H.d. Nettoinvestitionswerts (der hier dem beizulegenden Zeitwert bzw. dem Verkaufspreis entspricht) anzusetzen und die Maschine auszubuchen. Der Anteil an der Maschine, der die beim Leasinggeber verbleibenden Rechte widerspiegelt, ist am Ende der Leasinglaufzeit als Restwert einzubuchen.[25]

Leasingforderung	*an*	*Maschine*	*120.000 €*

Falls der Leasinggeber das Leasingverhältnis als Operating-Leasing einstuft, aktiviert dieser weiterhin die gekaufte Maschine und erfasst die Leasingzahlungen gemäß IFRS 16.81.

Abweichung von marktüblichen Konditionen

Mit IFRS 16.101 werden konkretere Bilanzierungsvorschriften für den Fall beschrieben, dass der zugrunde liegende Vermögenswert nicht zu Marktbedingungen verkauft wird. Ein Verkauf günstiger als zu den Marktkonditionen, und insofern eine Art Leasingvorauszahlung, liegt vor, falls der beizulegende Zeitwert den Verkaufspreis übersteigt oder die vereinbarten Leasingzahlungen günstiger als marktübliche Leasingraten sind. Hingegen ist ein zusätzliches Finanzierungsgeschäft bilanziell abzubilden, wenn für den zugrunde liegenden Vermögenswert mehr als der beizulegende Zeitwert gezahlt wird oder die Leasingzahlungen über den marktüblichen Raten liegen.

Beispiel 19.23 (Modifikation von Beispiel 19.21)

Anstelle eines beizulegenden Zeitwertes in Höhe des Veräußerungspreises beträgt der beizulegende Zeitwert 110 T€; der Veräußerungspreis liegt unverändert bei 120 T€. Die Kriterien eines Verkaufs i.S.d. IFRS 15 gelten als erfüllt.

Lösung

1. Leasingnehmer: In diesem Fall spiegelt die Differenz zwischen Verkaufserlös und beizulegendem Zeitwert (10 T€ = 120 T€ - 110 T€) ein Kreditgeschäft wider und wird als finanzielle Verbindlichkeit behandelt. Ohne diese Finan-

25 Vgl. IFRS 16.BC266; *Lühn, M.* (2016), Bilanzierung von Sale-and-Lease-Back-Transaktionen nach IFRS 16, in: IRZ, 11. Jg. (2016), S. 194.

zierungskomponente beträgt der Barwert der Leasingzahlungen 80 T€ (= 90 T€ - 10 T€). Verglichen mit dem beizulegenden Zeitwert von 110 T€ resultiert daraus ein im Rahmen des Leasingverhältnisses zu berücksichtigendes Nutzungsrecht an der Maschine i.H.v. 72.727 € (= 100 T€ · (80 T€ / 110 T€). Entsprechend der tatsächlich veräußerten Rechte am Vermögenswert (30 T€ / 110 T€) ist die Differenz zwischen beizulegendem Zeitwert und Buchwert der Maschine als Veräußerungsgewinn zu erfassen (2.727 € = (110 T€ - 100 T€) · (30 T€ / 110 T€)).

Bank	*120.000 €*			
Nutzungsrecht	*72.727 €*	*an*	*Maschine*	*100.000 €*
			Verbindlichkeit	*90.000 €*
			sonstiger Ertrag	*2.727 €*

In den Folgeperioden ist das Nutzungsrecht planmäßig abzuschreiben. Die Verbindlichkeit i.H.v. 90 T€, die sich zusammensetzt aus der finanziellen Verbindlichkeit (10 T€) und der Leasingverbindlichkeit (80 T€), wird in den Folgeperioden verzinst und getilgt.

2. Leasinggeber: In Höhe des zusätzlich gewährten Kredits setzt der Leasinggeber zusätzlich zur Abbildung des Maschinenkaufs eine finanzielle Forderung an. Die Maschine wird in Höhe des beizulegenden Zeitwerts bilanziert.

Maschine	*110.000 €*			
Forderung	*10.000 €*	*an*	*Bank*	*120.000 €*

Wird das Leasingverhältnis als Finanzierungsleasing klassifiziert, ist zusätzlich eine Forderung i.H.d. Nettoinvestitionswerts anzusetzen und die Maschine auszubuchen. Der Anteil an der Maschine, der die beim Leasinggeber verbleibenden Rechte widerspiegelt, ist am Ende der Leasinglaufzeit als Restwert i.H.v. 60 T€ zu berücksichtigen.[26]

Leasingforderung		*an*	*Maschine*	*110.000 €*

Von den jährlichen Leasingraten i.H.v. 14 T€ entfallen 1.508 € (10 T€ verteilt über 10 Jahre bei einem angenommen internen Zinsfuß von ca. 8,26 %) auf das Kreditgeschäft und 12.492 € auf das Leasingverhältnis.

Im Falle eines Operating-Leasings ist weder eine Leasingforderung anzusetzen, noch die Maschine auszubuchen. Stattdessen sind die auf das Leasingverhältnis entfallenden Zahlungen als Ertrag zu vereinnahmen.

Begründet die Transaktion kein Verkaufsgeschäft, da der Leasingnehmer bspw. eine (Rück-)Kaufoption nahezu sicher ausüben wird und dadurch die Kriterien eines Kontrollübergangs nicht erfüllt sind, bucht der Leasingnehmer den Vermö-

26 Vgl. IFRS 16.BC266; *Lühn, M.*, Bilanzierung von Sale-and-Lease-Back-Transaktionen nach IFRS 16, in: IRZ, 11. Jg. (2016), S. 194.

genswert nicht aus. Gemäß IFRS 16.103 behandelt der Leasingnehmer die Transaktion im Grunde wie eine Kreditgewährung durch den Leasinggeber und bilanziert die Verpflichtung als Finanzverbindlichkeit nach IFRS 9. Gleichzeitig erfasst der Leasinggeber eine Finanzforderung i.S.d. IFRS 9.

Beispiel 19.24 (Modifikation von Beispiel 19.21)

Es wird unterstellt, dass die Voraussetzungen für einen Verkauf i.S.d. IFRS 15 nicht erfüllt sind, da eine Rückkaufoption durch die Produktion AG ausgeübt wird.

Lösung

1. Leasingnehmer: Die Produktion AG bildet die Transaktion als Finanzverbindlichkeit in Höhe der Gegenleistung durch die Finanzierung AG ab.

Bank	*an*	*Verbindlichkeit*	*120.000 €*

2. Leasinggeber: Die Finanzierung AG setzt nicht die Maschine an, sondern erfasst eine Finanzforderung bewertet zum „Veräußerungspreis".

Forderung	*an*	*Bank*	*120.000 €*

Die Folgebewertung der Finanzverbindlichkeit bzw. -forderung erfolgt nach IFRS 9 unter Anwendung der Effektivzinsmethode.

6 Angaben

Zielsetzung der Angaben

Grundsätzlich sollen die nach IFRS 16 geforderten Anhangangaben den Abschlussadressaten eine bessere Beurteilung der Auswirkungen von Leasingvereinbarungen auf die Vermögens-, Finanz- und Ertragslage ermöglichen (IFRS 16.51 und 16.89). Zu diesem Zweck verlangt IFRS 16 umfangreiche und detaillierte quantitative sowie qualitative Angaben unter der Maßgabe, dass die Informationen für die Adressaten relevant sind (IFRS 16.B48).

Angaben beim Leasingnehmer

Die Angaben zu Leasingverhältnissen sollen beim Leasingnehmer gemäß IFRS 16.52 in einem separaten Abschnitt erfolgen, wobei zur Vermeidung von Redundanzen auf bereits an anderer Stelle vorhandene Informationen verwiesen werden kann. Vom Leasingnehmer sind u.a. folgende quantitative Informationen in Tabellenform anzugeben (IFRS 16.53 ff.):

- Buchwert und korrespondierende Abschreibung der Nutzungsrechte je Klasse von Leasinggegenständen,
- Zugang von Nutzungsrechten,
- Zinsaufwand aus Leasingverbindlichkeiten,
- Aufwendungen aus kurzfristigen oder geringwertigen Leasingverhältnissen, für die das Bilanzierungswahlrecht gemäß IFRS 16.6 in Anspruch genommen wurde. Die Tatsache, dass derartige Erleichterungen in Anspruch genommen wurden, ist ebenfalls anzuzeigen,

- Aufwendungen in Bezug auf variable Leasingzahlungen, die nicht in die Bemessung der Leasingverbindlichkeit einfließen (z.B. nutzungs- oder umsatzabhängige Zahlungen),
- GuV-wirksam erfasste Zahlungen aus Untermietverhältnissen sowie Gewinne bzw. Verluste aus Sale-and-leaseback-Transaktionen,
- Gesamtwert der Zahlungsmittelabflüsse aus Leasingverhältnissen, und
- Fälligkeitsanalyse der Leasingverbindlichkeit i.S.d. IFRS 7.

Folgende zusätzliche quantitative und qualitative Angaben, auch zu Beweggründen des Leasingnehmers, sind gemäß IFRS 16.59 i.V.m. 16.B48 ff. u.a. notwendig, um eine Vermittlung relevanter Informationen zu erreichen:
- Art der Leasingvereinbarungen,
- künftige Zahlungsmittelabflüsse aus variablen Leasingzahlungen, Verlängerungs- und Kündigungsoptionen,
- Leasingrestriktionen oder -vertragsklauseln, sowie
- Sale-and-leaseback-Transaktionen.

Falls ein Leasingnehmer zudem von dem praktischen Behelf in IFRS 16.46A Gebrauch macht, demzufolge eine Neubewertung von Leasingverhältnissen unterbleiben kann, sind weitere Angaben erforderlich gemäß IFRS 16.60A:
- Art der Leasingvereinbarungen, auf die der praktische Behelf angewendet wird,
- GuV-wirksam erfasster Betrag aus Mietkonzessionen.

Allgemeine Angaben des Leasinggebers

Auch für den Leasinggeber gelten umfangreiche Angabepflichten. Unabhängig von der Klassifizierung der Leasingverhältnisse (Finanzierungs- oder Operating-Leasing) soll der Leasinggeber die Art der Leasingvereinbarungen sowie Strategien, um die Risiken verbleibender Restwerte aus den Leasinggegenständen zu steuern, angeben (IFRS 16.92).

Angaben zum Finanzierungsleasing beim Leasinggeber

Da der Leasinggeber beim Finanzierungsleasing kein wirtschaftlicher Eigentümer des Leasinggegenstands mehr ist, hat er diesen nicht zu bilanzieren, weshalb keine diesbezüglichen Angabepflichten bestehen. Da Leasingverhältnisse eine bestimmte Art von Finanzinstrumenten darstellen, gelten erst einmal die
- allgemeinen Angabepflichten nach IFRS 7,
- die durch die Spezialvorschriften von IFRS 16 ergänzt werden.

IFRS 16 fordert beim Finanzierungsleasing vom Leasinggeber u.a. folgende Angaben:
- tabellarische Angaben zu Verkaufserlösen bzw. -verlusten, Finanzerträgen aus der Bewertung zum Nettoinvestitionswert, Erträgen aus den nicht index- oder zinssatzgekoppelten variablen Leasingzahlungen (IFRS 16.90),
- qualitative und quantitative Erläuterungen zu wesentlichen Änderungen der fortgeführten Nettoinvestitionswerte (IFRS 16.93), sowie
- Fälligkeitsanalyse der jährlichen nicht diskontierten Leasingzahlungen über fünf Perioden sowie eine Überleitungsrechnung von diesen Leasingzahlungen

auf den Nettoinvestitionswert, um den noch nicht realisierten Finanzertrag und Änderungen des nicht garantierten Restwerts aufzuzeigen (IFRS 16.94).

Angaben zum Operating-Leasing beim Leasinggeber

Der Leasinggeber ist bei einem Operating-Leasingverhältnis wirtschaftlicher Eigentümer des Leasinggegenstands und hat ihn daher zu aktivieren. Der Leasinggeber hat folgende Informationen in Bezug auf Operating-Leasing anzugeben:

- Angabevorschriften hinsichtlich der Vermögenswerte nach den anderen Standards IAS 36, IAS 38, IAS 40, IAS 41 (IFRS 16.96),
- GuV-wirksame Beträge aus nicht index- oder zinssatzgekoppelten variablen Leasingzahlungen (IFRS 16.90),
- für geleaste Sachanlagen sind die Anhangangaben gemäß IAS 16 relevant, wobei Leasinggegenstände im Rahmen von Operating-Leasing getrennt nach Klassen von Vermögenswerten sowie von anderen Sachanlagen separiert darzustellen sind (IFRS 16.95) sowie
- Fälligkeitsanalyse der jährlichen nicht diskontierten Leasingzahlungen über fünf Perioden (IFRS 16.97).

7 Wesentliche Unterschiede zum IFRS for SMEs

Nichtberücksichtigung von IFRS 16 in aktuellem IFRS-SME.20

IFRS-SME.20 berücksichtigt noch nicht die aktuellen Regelungen des IFRS 16. Stattdessen orientiert sich IFRS-SME.20 an der Vorgängerregel IAS 17. Demnach müssen Leasingnehmer ebenfalls noch in Finanzierungs- und Operating-Leasingverhältnisse unterscheiden (IFRS-SME.20.4) und dem „all-or-nothing approach" folgend bilanzieren.

Aktueller Comprehensive Review

In dem 2019 begonnenen Überprüfungszyklus des IFRS for SMEs erkennt das IASB die große Bedeutung von Leasingverhältnissen als dritthäufigste Finanzierungsquelle von SMEs an und schlägt Vereinfachungen gegenüber IFRS 16 vor.[27] Im Umkehrschluss dürfte dies allerdings bedeuten, dass eine weitgehende Angleichung der IFRS for SMEs an IFRS 16 und somit die Übernahme des „right of use approach" für Leasingnehmer vom IASB intendiert wird.[28]

8 Wesentliche Unterschiede zum HGB

Steuerliche Leasingerlasse

Im deutschen HGB gibt es außer den allgemeinen Ansatz- und Bewertungsvorschriften keine speziellen Regeln zur Bilanzierung von Leasingverhältnissen. Allerdings findet sich in den Ansatzvorschriften des HGB explizit der Hinweis

27 Vgl. *IASB* (Hrsg.), Request for Information: Comprehensive Review of the IFRS for SMEs Standard, Januar 2020, S6 sowie B67-B72.

28 Vgl. *Kirsch, H.*, Der Comprehensive Review of the IFRS for SMEs-Standard, in: PiR, 16. Jg. (2020), S. 232-237.

auf die wirtschaftliche Betrachtungsweise (§ 246 Abs. 1 HGB). Dies zwingt zur Abstellung auf das wirtschaftliche, nicht das rechtliche Eigentum im Rahmen von Leasingverträgen. Die Regulierungsbegründung stellt indes klar, dass § 246 Abs. 1 HGB keine Änderung des bisherigen Rechtszustandes bedeutet. Demnach behalten die steuerlichen Leasingerlasse des Bundesministeriums der Finanzen (BMF)[29] ihre Bedeutung und sind in der Bilanzierungspraxis weiterhin heranzuziehen.[30]

Klassifizierung

Im Rahmen der vorzunehmenden Klassifizierung steht das Finanzierungsleasing im Vordergrund, das in Voll- und Teilamortisationsverträge beweglicher (Mobilien) sowie unbeweglicher (Immobilien) Wirtschaftsgüter untergliedert wird. Als zentrales Abgrenzungskriterium gilt die unkündbare Grundmietzeit. Das Operating-Leasing wird nicht thematisiert und bilanziell weitgehend dem Mietvertrag gleichgesetzt.

Die zentrale Frage, wer den Leasinggegenstand als wirtschaftlicher Eigentümer handelsrechtlich zu bilanzieren hat, ist nur durch Überprüfung weiterer Kriterien zu beantworten. Die BMF-Erlasse haben hier eine Fülle von Einzelkriterien entwickelt (z.B. wenn das Verhältnis der Grundmietzeit zur betriebsgewöhnlichen Nutzungsdauer bei Vollamortisationsverträgen über bewegliche Wirtschaftsgüter kleiner 40 % oder größer 90 % ist und darüber hinaus ein Kaufoptionsrecht mit einem Kaufpreis oberhalb des Restbuchwertes vereinbart wurde, hat der Leasingnehmer das Wirtschaftsgut zu aktivieren). Diese sind sehr präzise und quantitativer Natur und bieten somit wenig Ermessensspielräume, können daher über Vertragsgestaltung aber auch einfacher umgangen werden.

Handelsrechtliche Bewertung

Der Schwerpunkt der Leasingerlasse liegt zudem bei den Ansatzfragen. Bewertungsfragen sind dort nur rudimentär abgehandelt. Verträge, bei denen der Leasinggegenstand dem Leasinggeber zugerechnet wird, werden eher wie Mietverträge nach den Grundsätzen für schwebende Geschäfte behandelt. Bei Zurechnung zum Leasingnehmer werden die Verträge wie Teilzahlungsgeschäfte bilanziert. Darüber hinaus sind anfängliche direkte Vertragsabschlusskosten nicht zu aktivieren und die Methode der Aufteilung in Zins- und Tilgungsanteil wird nicht explizit festgelegt.

Vergleich zu IFRS 16

Die Leasingbilanzierung nach IFRS 16 unterscheidet sich deutlich von den Regelungen des HGB. Konzeptionell gilt das insbesondere für die Leasingnehmerbilanzierung nach IFRS 16, die aus HGB-Sicht bilanzunwirksame Dauerschuldverhältnisse in die Bilanz holt. Aber auch auf Leasinggeberseite ergeben sich Divergenzen in Detailfragen. Aufgrund der dahinter sichtbaren Diskrepanz zu den steuerlichen Erlassen ergeben sich in der Folge der IFRS 16-Leasingbilanzierung latente Steuern im IFRS-(Konzern-)Abschluss.[31]

---

29 Vgl. z.B. *Bundesministerium der Finanzen* (1971), Ertragsteuerliche Behandlung von Leasing-Verträgen über bewegliche Wirtschaftsgüter, BMF-Schreiben vom 19.04.1971.

30 Vgl. *Bundesministerium der Justiz* (2008), Entwurf eines Gesetzes zur Modernisierung des Bilanzrechts vom 30.07.2008, BT-Drucks. 16/10067.

31 Einen Überblick über die in diesem Kapitel nicht problematisierte Steuerabgrenzung liefert *Freiberg, J.*, Latente Steuern für Leasingverhältnisse, in: PiR, 15. Jg. (2019), S. 28-31.

Ausgewählte Literatur

Eckl, E./Kirch, J./Piesbergen, C./Pilhofer, J., IFRS 16 „Leases“: Bestandsaufnahme und erste kritische Würdigung der IFRS-Leasingreform, in: DB, 69. Jg. (2016), S. 661-672 (Teil 1) und S. 721-727 (Teil 2).

Fehr, J., Die künftige Leasingbilanzierung nach IFRS, Frankfurt 2013.

Fülbier, R. U./Fehr, J., Bilanzwirksamkeit und -unwirksamkeit von Leasingverhältnissen aus Sicht der empirischen Forschung, in: Journal für Betriebswirtschaft, 63. Jg. (2013), S. 207-242.

Pferdehirt, H., Die Leasingbilanzierung nach IFRS – Eine theoretische und empirische Analyse der Reformbestrebungen, Wiesbaden 2007.

Übungsaufgaben

Die Medi AG ist europäischer Marktführer im Bereich Medizintechnik. Im Rahmen einer strategischen Neuausrichtung plant das Unternehmen künftig auch im außereuropäischen Markt Fuß zu fassen. Da der Erfolg des Markteintritts noch nicht absehbar ist, leitet das Unternehmen zunächst eine dreijährige Testphase ein. Dazu schließt die Medi AG (Leasingnehmer) am 01.01.2021 mit der Finanzierung AG (Leasinggeber) einen Leasingvertrag mit einer Laufzeit von drei Jahren für eine Produktionsanlage ab. Die Laufzeit entspricht der wahrscheinlich verbleibenden wirtschaftlichen Nutzungsdauer der Anlage. Zum Zeitpunkt des Vertragsabschlusses hat die Anlage einen beizulegenden Zeitwert von 3.000 T€. Ein Restwert von 300 T€ (200 T€ garantiert, 100 T€ nicht garantiert) wird angenommen. Als Leasingzahlungen sind jährlich 1.100 T€ vereinbart worden.

Zudem benötigt die Medi AG für die Expansion eine neue Produktionshalle. Dazu schließt sie einen Leasingvertrag mit der Rent AG über ein Produktionsgebäude ab, mit der Option, den Vertrag nach einem Jahr zu kündigen. Kündigt die Medi AG den Leasingvertrag nach einem Jahr nicht, läuft dieser weitere zwei Jahre zu gleichen Konditionen. Es wird eine jährliche Leasingrate i.H.v. 200 T€ vereinbart. Die Produktionshalle hat eine wirtschaftliche Restnutzungsdauer von zehn Jahren. Für Kredite mit vergleichbarer Laufzeit hat die Medi AG die Möglichkeit, zu einem Zinssatz von 5 % Fremdkapital aufzunehmen.

Im Geschäftsjahr 2021 verkauft die Medi AG außerdem der Vertrieb AG eine Maschine, um diese anschließend wieder zurück zu leasen. Die Maschine wird zum beizulegenden Zeitwert i.H.v. 2.000 T€ an die Vertrieb AG verkauft. Der Buchwert der Maschine beträgt bei der Medi AG 1.000 T€, bei einer erwarteten Restnutzungsdauer von zehn Jahren. Nach dem Verkauf least die Medi AG die Anlage über fünf Jahre zurück. Die Leasingraten betragen 300 T€ pro Jahr, zahlbar jeweils am Jahresende.

a) Berechnen Sie für das mit der Finanzierung AG bestehende Leasingverhältnis die Summe der Leasingzahlungen, den dem Leasingverhältnis zugrunde liegenden Zins, den Barwert der Leasingzahlungen und die Brutto- sowie Nettoinvestition in das Leasingverhältnis i.S.d. IFRS 16.
b) Welche Buchungsvorgänge sind aus Sicht der Medi AG für das Jahr 2021 und die Folgejahre zu berücksichtigen?
Vernachlässigen Sie dabei eventuell anfallende latente Steuern.
(*Hinweis: Legen sie beim Leasingverhältnis mit der Vertrieb AG einen Grenzfremdkapitalzins von 6,7 % zugrunde.*)
c) Welche Buchungsvorgänge sind aus Sicht der Finanzierung AG für die Jahre 2021 bis 2023 zu berücksichtigen?
Vernachlässigen Sie eventuell anfallende latente Steuern.
d) Welche Verhaltensänderungen (real effects) könnten sich bei der Medi AG durch die Einführung von IFRS 16 und der damit verbundenen bilanzwirksamen Erfassung aller Leasingverhältnisse ergeben?

Kapitel 20
Währungsumrechnung

Delivery Hero SE ist ein börsennotiertes Unternehmen mit Sitz in Berlin, das Internet-Plattformen betreibt, die Kunden an Restaurants und Lieferanten vermitteln. Im Geschäftsjahr 2019 kam das Unternehmen bei 666 Mio. abgewickelten Bestellungen auf einen Umsatz von 1,24 Mrd. €, der hauptsächlich über vertraglich festgelegte Provisionen pro Essensbestellung erwirtschaftet wurde. Delivery Hero SE ist in mehr als 40 Ländern vertreten, ein Großteil davon außerhalb der Eurozone.

In der Rechnungslegung werfen solche internationalen Aktivitäten vielfältige Fragen auf und erfordern u.a. eine Umrechnung der in fremder Währung getätigten Transaktionen sowie der Abschlüsse von Tochterunternehmen, die in Fremdwährung berichten. Wenn die Wechselkurse im Zeitablauf stark schwanken, kann diese Währungsumrechnung erhebliche Auswirkungen auf die Vermögens-, Finanz- und Ertragslage des Konzerns haben.

Bei Delivery Hero SE war dies zuletzt der Fall: Im Geschäftsjahr 2019 wies das Unternehmen bei einem positiven Konzerngesamtergebnis i.H.v. 201,5 Mio. € ein negatives Ergebnis aus der Währungsumrechnung i.H.v. -27,4 Mio. € aus. Im Geschäftsjahr 2018 war der Anteil der Währungsumrechnungsdifferenzen (-93,0 Mio. €) am Konzerngesamtergebnis (-135,6 Mio. €) sogar noch größer.

Lernziele „Kennen“

Nach Bearbeitung dieses Kapitels verstehen Sie, wie die Abschlusserstellung von internationalen Unternehmen durch unterschiedliche Währungen beeinflusst wird und wie IAS 21 die resultierenden Probleme löst. Sie kennen die wesentlichen Regeln zur Erfassung von Fremdwährungstransaktionen und zur Einbeziehung ausländischer Tochterunternehmen, die in Fremdwährung berichten. Diese Regelungen betreffen insbesondere die Bestimmung der funktionalen Währung eines Unternehmens sowie die Umrechnung ganzer Fremdwährungsabschlüsse.

Lernziele „Anwenden“

Sie können die Regelungen zur Bestimmung der funktionalen Währung eines Unternehmens auf praxisnahe Sachverhalte anwenden. Darüber hinaus sind Sie in der Lage, nach Bestimmung der funktionalen Währung sämtliche Fremdwährungsposten anhand der relevanten Methoden mit den korrekten Wechselkursen umzurechnen sowie etwaige Währungsumrechnungsdifferenzen buchhalterisch abzubilden.

Lernziele „Bewerten & Gestalten“

Diese Kenntnisse befähigen Sie, die Auswirkungen der unterschiedlichen Umrechnungsmethoden auf die Vermögens-, Finanz- und Ertragslage eines Unternehmens abzuschätzen. Außerdem erkennen Sie, welche Ermessensspielräume die Regeln des IAS 21 eröffnen, und können einschätzen, wie sich diese bilanziell auswirken.

1 Konzeptionelle Grundlage der Währungsumrechnung nach IFRS

Relevante Normen

Die notwendigen Regelungen zur Umrechnung von Fremdwährungstransaktionen bzw. in Fremdwährung aufgestellten Abschlüssen von verbundenen Unternehmen sind in IAS 21 „Auswirkungen von Änderungen der Wechselkurse" enthalten. IAS 21 ist wie folgt aufgebaut: Im Anschluss an Zwecksetzung (IAS 21.1-2) und Anwendungsbereich (IAS 21.3-7) wird eine Reihe von zentralen Begriffen definiert (IAS 21.8-16). Die bei der Währungsumrechnung zu befolgende Vorgehensweise wird in IAS 21.17-49 geschildert, bevor in IAS 21.50-57 steuerliche Auswirkungen und Angabepflichten im Zusammenhang mit der Währungsumrechnung festgelegt werden. Es folgen abschließend die Übergangsvorschriften in IAS 21.58-60.

Ergänzende Vorschriften

IAS 21 wird zum einen durch SIC-7 „Einführung des Euro" ergänzt. Diese Interpretation stellt klar, dass die Vorschriften des IAS 21 einzuhalten sind, wenn ein Land der Eurozone beitritt. Zum anderen regelt IAS 29 „Rechnungslegung in Hochinflationsländern" die Berücksichtigung hoher Kaufkraftverluste bei der Währungsumrechnung. Dieser Standard wird durch die Interpretation IFRIC 7 „Anwendung des Anpassungsansatzes unter IAS 29" ergänzt. Hier wird geregelt, inwieweit Anpassungen vorzunehmen sind, wenn ein Unternehmen in der funktionalen Währung eines in der laufenden Berichtsperiode erstmals hochinflationären Landes bilanziert.

Zielsetzung

Im Mittelpunkt des IAS 21 stehen die Bestimmung des relevanten Wechselkurses sowie die sachgerechte Abbildung der Auswirkungen von Wechselkursänderungen.

Konzeption

Die buchhalterische Erfassung und Bewertung der unternehmerischen Tätigkeit soll nach Ansicht des IASB in der Währung des primären wirtschaftlichen Umfeldes des Unternehmens erfolgen, in der dieses seine wesentlichen Transaktionen durchführt. Im Regelfall wäre dies für ein in Deutschland ansässiges Unternehmen, das auch seine Geschäftsbücher in Landeswährung führt, der Euro. Alternativ wäre es aber auch denkbar, dass ein deutsches Unternehmen aufgrund seiner Fokussierung auf andere Märkte, wie z.B. den US-amerikanischen Markt, sämtliche Geschäfte in Fremdwährung, hier also in US-Dollar, fakturiert.

Definition der funktionalen Währung

Die Währung des primären wirtschaftlichen Umfeldes eines Unternehmens wird als funktionale Währung (functional currency) bezeichnet. Diese funktionale Währung kann von der Darstellungswährung[1] (presentation currency), also der Währung, in der der Abschluss aufgestellt wird, abweichen. Zwar stellt das IASB den IFRS-Anwendern grundsätzlich frei, welche Darstellungswährung sie in ihren Abschlüssen verwenden. Allerdings ist für deutsche Unternehmen gemäß § 315a Abs. 1 i.V.m. § 298 Abs. 1 und § 244 HGB der Euro als Darstellungswährung vorgeschrieben.[2] Die Notwendigkeit der Währungsumrechnung ergibt sich also immer dann, wenn

1 In der Fachliteratur wird auch häufig der Begriff „Berichtswährung" verwendet.

2 Im Beispiel der Delivery Hero SE muss das Unternehmen als in Deutschland ansässige Europäische Aktiensgesellschaft (Societas Europaea) den Euro als Darstellungswährung anwenden. Dies gilt, obwohl die Delivery Hero SE in Deutschland mittlerweile nicht mehr operativ tätig ist.

- nicht alle Geschäfte in der funktionalen Währung, sondern fallweise in Fremdwährungen abgeschlossen werden (Fremdwährungstransaktionen; siehe Abschnitt 2);[3]
- ausländische Geschäftsbetriebe innerhalb eines Konzernverbundes in unterschiedlichen Währungsräumen tätig sind, sodass eine Umrechnung der in Landeswährung aufgestellten Abschlüsse in die funktionale Währung des Mutterunternehmens[4] bzw. Konzerns notwendig wird. Die Wahl der Umrechnungsmethode bestimmt sich hierbei anhand der funktionalen Währung des Tochterunternehmens (Fremdwährungsabschlüsse; siehe Abschnitt 3).

Konzept der funktionalen Währung

Dementsprechend ist das Konzept der funktionalen Währung von zentraler Bedeutung für die Währungsumrechnung nach IAS 21. Denn erst wenn die funktionale Währung bestimmt wurde, zeigt sich, welche Geschäfte aus der Perspektive eines Unternehmens als Fremdwährungstransaktionen i.S.v. IAS 21.8 zu qualifizieren sind. Zudem kann nur so ermittelt werden, ob die funktionale Währung eines ausländischen Tochterunternehmens mit der des Mutterunternehmens übereinstimmt. Die Festlegung der funktionalen Währung ist damit auch von entscheidender Bedeutung für den Ablauf der Konzernabschlusserstellung (siehe Abschnitt 3).

Bestimmung der funktionalen Währung

Gemäß IAS 21.8 ist die funktionale Währung eines Unternehmens die Währung des wirtschaftlichen Umfeldes, in dem das Unternehmen hauptsächlich tätig ist und seine Zahlungsmittel erwirtschaftet. IAS 21.9 nennt die primären Faktoren zur Bestimmung der funktionalen Währung. Diese orientieren sich an den Erlösen und Kosten des Unternehmens.[5] Demnach ist auf die Währung abzustellen, die den größten Einfluss auf die Verkaufspreise (IAS 21.9a) bzw. die Lohn-, Material- und sonstigen Kosten (IAS 21.9b) hat. IAS 21.10 nennt als weitere Faktoren die Währung, in der die Finanzierungstätigkeiten des Unternehmens abgewickelt werden, sowie die Währung, in der Einnahmen aus betrieblicher Tätigkeit normalerweise einbehalten werden. Zur Bestimmung der funktionalen Währung von ausländischen Tochterunternehmen sind zusätzlich noch die in IAS 21.11 aufgeführten Indikatoren zu berücksichtigen. Hierbei geht es insbesondere um eine Beurteilung

---

3 Dementsprechend wird in IAS 21.8 jede Währung als Fremdwährung definiert, die aus Sicht eines Unternehmens nicht dessen funktionale Währung darstellt. Für ein deutsches Unternehmen mit primär in US-Dollar fakturierter Geschäftstätigkeit stellt daher der Euro eine Fremdwährung dar.

4 Die Umrechnung von Fremdwährungsabschlüssen ist in erster Linie relevant, wenn ein ausländisches Tochterunterunternehmen in den IFRS-Konzernabschluss des Mutterunternehmens einbezogen werden soll. Daher ist im Folgenden anstelle der Begriffe „ausländischer Geschäftsbetrieb“ (foreign operation – die entsprechende Definition des IAS 21.8 wird noch einmal in Abschnitt 2 erläutert) und „berichterstattendes Unternehmen“ (reporting entity) vereinfachend von „(ausländischem) Tochterunternehmen“ bzw. „Mutterunternehmen“ die Rede. Neben den vollkonsolidierten Unternehmen fallen auch Joint Ventures und assoziierte Unternehmen in den Anwendungsbereich des IAS 21.

5 Vgl. *Senger/Brune*, Münchener Kommentar zum Bilanzrecht, 5. Ergänzungslieferung 2014, IAS 21, Tz. 10-11.

der Selbstständigkeit des Tochterunternehmens sowie den Einfluss seiner Geschäftsvorfälle und Cashflows auf die des Mutterunternehmens. In Zweifelsfällen sollen die in IAS 21.9 enthaltenen Kriterien gegenüber den in IAS 21.10-11 genannten Faktoren in den Vordergrund treten, da in ihnen der Gedanke einer wirtschaftlichen Betrachtungsweise stärker zum Ausdruck kommt (IAS 21.BC9). Darüber hinaus obliegt es bei Unklarheiten dem Ermessen des Managements, diejenige Währung als funktionale Währung festzulegen, welche die unternehmensindividuelle Situation angemessen darstellt (IAS 21.12).

Änderung der funktionalen Währung

Einmal bestimmt, darf die funktionale Währung nur dann geändert werden, wenn sich das wirtschaftliche Umfeld des Unternehmens grundlegend wandelt (IAS 21.13). In IAS 21.35-37 wird geregelt, dass eine Änderung der funktionalen Währung prospektiv zu erfassen ist. Folglich werden die bisherigen Beträge mit dem zum Zeitpunkt der Änderung geltenden Wechselkurs in die neue funktionale Währung umgerechnet.

Vorgehen

Grundsätzlich ist für den Prozess der Währungsumrechnung folgendes Vorgehen in IAS 21.17-18 vorgesehen: Im Rahmen der Abschlusserstellung hat ein Unternehmen anhand der oben beschriebenen Merkmale seine funktionale Währung zu bestimmen. Im Falle von Fremdwährungstransaktionen werden die aus in fremder Währung lautenden Geschäftsvorfällen resultierenden Posten nach der sog. Zeitbezugsmethode umgerechnet (siehe Abschnitt 2). Im Falle von Fremdwährungsabschlüssen sind die Bilanz, Gesamtergebnisrechnung, Cashflow-Rechnung etc. von ausländischen Tochterunternehmen im Rahmen der Konzernabschlusserstellung umzurechnen (siehe Abschnitt 3).

Hochinflationsländer

In Hochinflationsländern kann der Kaufkraftverlust während einer Abrechnungsperiode so hoch sein, dass der Zeitvergleich von Beträgen in nominaler Landeswährung, denen Geschäftsvorfälle oder sonstige Ereignisse aus unterschiedlichen Zeiträumen zugrunde liegen, erschwert ist. Ist die funktionale Währung eines Unternehmens die eines Hochinflationslandes, muss das Unternehmen seine Abschlüsse gemäß IAS 29 in einer einheitlichen, am Bilanzstichtag geltenden Maßeinheit aufstellen. Hierzu ist ggf. eine Anpassung von Bilanz- und Gesamtergebnisrechnungspositionen mithilfe eines allgemeinen Preisindexes erforderlich. Diese Anpassung ist auch für Vergleichszahlen aus Vorperioden vorzunehmen (IAS 29.34).[6]

6 Seit dem 1.September 2018 gilt z.B Argentinien als Hochinflationsland, wodurch sich Unternehmen mit wesentlichen Aktivitäten in Argentinien mit den Regelungen des IAS 29 auseinandersetzen müssen. Vgl. *Bischof, S. et al.*, DPR-Prüfungsschwerpunkte 2019, in: DB, 72. Jg. (2019), S. 7.

2 Bilanzielle Abbildung von Fremdwährungstransaktionen

Allgemeines

Als Fremdwährungstransaktionen werden Geschäfte verstanden, die nicht auf die funktionale Währung des Unternehmens lauten oder in dieser abgerechnet werden (IAS 21.20). Hierunter fallen bspw. in Fremdwährung getätigte Verkäufe/Käufe von Gütern und Dienstleistungen oder auf Fremdwährung lautende Forderungen und Verbindlichkeiten. Zur Umrechnung von Fremdwährungstransaktionen in die funktionale Währung des bilanzierenden Unternehmens wird die Zeitbezugsmethode genutzt. Hiernach sind Fremdwährungstransaktionen so zu erfassen, als wären sie originär in der funktionalen Währung gebucht worden (IAS 21.34). Die Zeitbezugsmethode sieht einen Erstansatz zum Stichtagskurs im Transaktionszeitpunkt vor, während bei der Folgebewertung je nach Art der zu bewertenden Position differenziert vorzugehen ist.

Ansatz und Erstbewertung

Für ihre erstmalige buchhalterische Erfassung in der funktionalen Währung werden Fremdwährungstransaktionen also mit dem Stichtagskurs umgerechnet (IAS 21.21). Hierbei handelt es sich um den zum Transaktionszeitpunkt gültigen Devisenkassakurs. Als Transaktionszeitpunkt gilt dabei derjenige Zeitpunkt, zu dem der betreffende Geschäftsvorfall nach den IFRS erstmalig zu erfassen ist (IAS 21.22).[7] Der Einfachheit halber dürfen wöchentliche oder monatliche Durchschnittskurse für die Umrechnung aller Geschäftsvorfälle der jeweiligen Periode verwendet werden, außer bei signifikanten Schwankungen des Wechselkurses innerhalb der Betrachtungsperiode.

Beispiel 20.1

Die X AG kauft am 15.06.2021 15.000 Barrel Erdöl zu je 36,71 US-$. Die funktionale Währung der X AG sei der Euro. Der Devisenkassakurs beträgt 1,13 US-$ je Euro am 15.06.2021. Die Umrechnung dieser Fremdwährungstransaktion erfolgt mit dem Devisenkassakurs zum Transaktionszeitpunkt am 15.06.2021. In der funktionalen Währung (Euro) bucht die X AG also ihre Anschaffungskosten von (15.000 · 36,71 / 1,13) = 487,30 T€ wie folgt:
Vorräte *an* *Bank* *487,30 T€*

Folgebewertung

Im Rahmen der Folgebewertung nach der Zeitbezugsmethode ist zwischen monetären und nicht monetären Bilanzposten zu unterscheiden (IAS 21.23):

Monetäre Posten

- Monetäre Posten sind gemäß IAS 21.8 Währungsbestände des Unternehmens sowie Vermögenswerte bzw. Schulden, für die das Unternehmen einen festen oder bestimmbaren (Nominal-)Betrag an Währungseinheiten erhalten wird oder zahlen muss. Hierunter fallen alle finanziellen Fremdwährungsforderungen und -verbindlichkeiten. Zu den in IAS 21.16 genannten Beispielen für monetäre Posten gehören Renten und andere Leistungen an Arbeitnehmer, die in bar zu

7 Im Falle einer im Vorhinein erhaltenen oder geleisteten Anzahlung ist der Zeitpunkt ihrer buchhalterischen Erfassung relevant (IFRIC 22 „Foreign Currency Transactions and Advance Consideration").

begleichen sind, sowie zu zahlende Dividenden. Auch wenn das Unternehmen beispielsweise verpflichtet ist, eine variable Anzahl seiner eigenen Anteile oder anderer Vermögenswerte anstelle von Geldmitteln zu übereignen, liegt ein monetärer Posten vor, wenn sich der geschuldete Betrag als feste oder bestimmbare Menge an Währungseinheiten ausdrücken lässt. Monetäre Posten in Fremdwährung werden mit dem Stichtagskurs am Bilanzstichtag umgerechnet.

Beispiel 20.2

Die X AG geht am 15.07.2021 eine Fremdwährungsverbindlichkeit in Höhe von 500.000 russischen Rubel (RUB) ein. Zum Transaktionszeitpunkt betrug der Devisenkassakurs 81,30 RUB je Euro. Am 31.12.2021 lautet der Kassakurs 90,91 RUB je Euro. Damit erfolgt der Erstansatz der Verbindlichkeit mit (500.000 / 81,30) = 6.150 €. Am Bilanzstichtag (31.12.2021) sind lediglich (500.000 / 90,91) = 5.500 € als Verbindlichkeit auszuweisen.

Nicht monetäre Posten

- Zu den nicht monetären Posten zählen gemäß IAS 21.16 all diejenigen Positionen, die keinen Anspruch auf Zahlung von Geld beinhalten. Hierzu gehören neben Sachanlagen, immateriellen Vermögenswerten bspw. der Geschäfts- oder Firmenwert (Goodwill),Vorräten sowie erhaltene oder geleistete Anzahlungen. Bei der Umrechnung solcher nicht monetärer Posten ist zu differenzieren, nach welchem Folgebewertungsverfahren diese behandelt werden:
  - Nicht monetäre Posten, die zu (fortgeführten) Anschaffungs- oder Herstellungskosten zu bilanzieren sind, werden mit dem historischen Wechselkurs umgerechnet, der zum Zeitpunkt des Anschaffungs- bzw. Herstellungsvorganges galt. Dies gilt auch für die Aufwendungen und Erträge, die mit diesen Posten in Zusammenhang stehen, wie etwa Abschreibungen (Fortgeführte) Anschaffungs- oder Herstellungskosten
  - Demgegenüber werden nicht monetäre Posten, die mit dem beizulegenden Zeitwert bewertet werden, mit dem Wechselkurs zum Zeitpunkt der letztmaligen Wertermittlung (also beispielsweise zum Zeitpunkt der Neubewertung nach IAS 16) umgerechnet. Gleiches gilt für die korrespondierenden Aufwendungen und Erträge. Beizulegender Zeitwert

Beispiel 20.3

Die X AG besitzt in Toronto ein als Finanzinvestition gehaltenes Bürogebäude, welches sie gemäß IAS 40 mit dem beizulegenden Zeitwert bewertet. Die letztmalige Zeitwertermittlung erfolgte am 03.08.2021 und ergab einen Wert von 50 Mio. kanadischen Dollar (CAD). Zu diesem Zeitpunkt stand der Euro bei 1,57 CAD. Zum Abschlussstichtag am 31.12.2021 beträgt der Euro-Kurs 1,55 CAD.

Als Buchwert für das Bürogebäude ist im IFRS-Abschluss zum 31.12.2021 der X AG ein Betrag von (50 / 1,57) = 31,74 Mio. € anzusetzen.

Wertminderungstest

IAS 21.25 stellt die Berücksichtigung von Wechselkursen im Zusammenhang mit außerplanmäßigen Abschreibungen dar. Bei nicht monetären Posten, deren Buchwert im Rahmen eines Niederstwert- bzw. Wertminderungstests nach IAS 36 oder nach IAS 2 ermittelt wird, ist wie folgt vorzugehen: Der Buchwert wird mit dem historischen Wechselkurs umgerechnet. Für die Umrechnung des erzielbaren Betrages bzw. Nettoveräußerungspreises wird der Kurs zum Zeitpunkt des Niederstwert- bzw. Wertminderungstests (i.d.R. Stichtagskurs) herangezogen. Der niedrigere der beiden Werte wird dann als Resultat des Niederstwert- bzw. Wertminderungstests als neuer Buchwert angesetzt. Bei der Verbuchung einer ggf. ermittelten außerplanmäßigen Abschreibung sind ebendiese Wertminderung und die Wechselkursänderung voneinander abzugrenzen.

Beispiel 20.4

Die X AG hat am 24.03.2021 zum Preis von 100 T£ ein Grundstück in Großbritannien erworben. Am 02.09.2021 wurden auf dem Grundstück erhebliche Altlasten entdeckt. Ein Wertminderungstest nach IAS 36 ergab am 02.09.2021 einen erzielbaren Betrag von 90 T£. Aufgrund der hieraus resultierenden Wertminderung von 10 T£ steht das Grundstück am 31.12.2021 mit 90 T£ in den Büchern der britischen Betriebsstätte. Der Wechselkurs habe sich in diesem Zeitraum wie folgt entwickelt:

	24.03.2021	**02.09.2021**	**31.12.2021**
1 € entspricht …	0,92 £	0,88 £	0,89 £

Gemäß IAS 21.25 sind am Bilanzstichtag nun die Anschaffungskosten in Pfund Sterling, umgerechnet mit dem historischen Kurs zum Transaktionszeitpunkt (24.03.2021), mit dem erzielbaren Betrag in Pfund Sterling, umgerechnet mit dem Wechselkurs, der bei dessen Ermittlung (02.09.2021) galt, zu vergleichen:

Anschaffungskosten am 24.03.2021/ Wechselkurs am 24.03.2021	**Erzielbarer Betrag am 02.09.2021/ Wechselkurs am 02.09.2021**
100 T£ / 0,92 = 108,70 T€	90 T£ / 0,88 = 102,27 T€

In diesem Beispiel zeigt sich, dass die in Pfund Sterling eingetretene Wertminderung durch den Kursgewinn des Pfunds teilweise kompensiert wurde.[8] Der Wertminderung in Höhe von (100 T£ / 0,92 – 90 T£ / 0,92) = 10,87 T€ stehen Wechselkursgewinne von (90 T£ / 0,88 – 90 T£ / 0,92) = 4,45 T€ gegenüber (Ertrag aus WU = Währungsumrechnung). Das Grundstück wird mit 102,27 T€ bilanziert, sodass insgesamt ein Wertverlust von (108,70 – 102,27) = 6,42 T€ entsteht. Im IFRS-Abschluss der X AG sind daher folgende Buchungen vorzunehmen:

Grundstück	*an*	*Ertrag aus WU*	*4,45 T€*
Wertminderungsaufwand	*an*	*Grundstück*	*10,87 T€*

8 Auf derartige Kompensationswirkungen wird in IAS 21.25 explizit hingewiesen.

Wenn ein Fremdwährungsbetrag im Zeitablauf mit sich ändernden Wechselkursen umgerechnet wird, entstehen Umrechnungsdifferenzen (IAS 21.8) in Form von Umrechnungsgewinnen und Umrechnungsverlusten. Bei der Erfassung solcher Umrechnungsdifferenzen ist zwischen monetären und nicht monetären Posten zu unterscheiden. Im Fall von monetären Posten kommt es zu Umrechnungsgewinnen bzw. Umrechnungsverlusten, wenn sich die Kurse zum Transaktionszeitpunkt von denen am Bilanzstichtag unterscheiden. Bei nicht monetären Posten kann es beispielsweise im Rahmen eines Wertminderungstests zu Umrechnungsdifferenzen kommen.

Umrechnungsdifferenzen und Wechselkurserfolge

Bei monetären Posten sind solche Wechselkursgewinne bzw. Wechselkursverluste, die aus der Umrechnung mit unterschiedlichen Stichtagskursen resultieren, GuV-wirksam zu erfassen.

GuV-wirksame Erfassung bei monetären Posten

Beispiel 20.5

Die X AG hält seit dem 31.12.2020 unverändert eine Devisenposition von 12 Mio. japanischen Yen (¥). Die relevanten Devisenkassakurse lauten wie folgt:

31.12.2020: 122 ¥ je Euro
31.12.2021: 125 ¥ je Euro

Da dieser monetäre Posten mit dem Stichtagskurs umgerechnet wird, stand er am 31.12.2020 mit (12 / 122 =) 98,40 T€ in der IFRS-Bilanz der X AG. Am 31.12.2021 ist der Yen-Bestand folglich nun mit (12 / 125) = 96 T€ anzusetzen. Die X AG bucht den resultierenden Wechselkursverlust von (98,40 – 96) = 2,40 T€ wie folgt:

Aufwand aus WU	*an*	*Zahlungsmittel und ZMÄ*	*2,40 T€*

Treten bei der Umrechnung von nicht monetären Posten Wechselkursgewinne oder -verluste auf, so werden die hierin enthaltenen Wechselkurskomponenten analog wie die entsprechenden Gewinne oder Verluste aus der regulären Bewertung entweder GuV-wirksam oder innerhalb des sonstigen Ergebnisses GuV-neutral erfasst (IAS 21.30):

Erfassung bei nicht monetären Posten

- Bei nicht monetären Posten, deren Wertänderungen regulär GuV-wirksam erfasst werden, sind auch die entsprechenden Wechselkurskomponenten GuV-wirksam zu buchen. Hierzu zählen etwa Aktien, die nach IFRS 9 zu Handelszwecken gehalten werden, oder als Finanzinvestition gehaltene Immobilien, die nach IAS 40 nach dem Modell des beizulegenden Zeitwertes bewertet werden.

GuV-wirksame Erfassung

- Entsprechend sind bei nicht monetären Posten, deren Wertänderungen regulär im sonstigen Ergebnis erfasst werden, auch die entsprechenden Wechselkurskomponenten GuV-neutral zu buchen. Hiervon betroffen sind beispielsweise Sachanlagen, die nach der Neubewertungsmethode gemäß IAS 16 bilanziert werden, oder bestimmte Finanzinstrumente, die nach den Regelungen des IFRS 9 als FVOCI (Fair Value through Other Comprehensive Income) kategorisiert werden.

Berücksichtigung im sonstigen Ergebnis

Beispiel 20.6

Die X AG besitzt 5.000 Aktien der in US-Dollar notierten Flex Corporation. Da die X AG Finanzinstrumente grundsätzlich nicht zu Handelszwecken hält, wurden die Aktien gemäß IFRS 9.5.7.5 als FVOCI kategorisiert. Folgende Tabelle zeigt die Kursentwicklung der Flex-Aktie, die Wechselkursentwicklung von US-Dollar und Euro sowie die daraus resultierenden, nach IAS 21.23(c) ermittelten Wertansätze des Flex-Aktienpaketes im IFRS-Abschluss der X AG:

	31.12.2020	**31.12.2021**
Kurs Flex-Aktie (in US-$)	23,45	17,67
1 € entspricht ...	1,1 US-$	1,2 US-$
Wertansatz der Flex-Aktien im IFRS-Abschluss der X AG	5.000 · 23,45 / 1,1 = 106.590 €	5.000 · 17,67 /1,2 = 73.625 €

In diesem Beispiel zeigt sich, dass der Aktienkursverlust durch den Kursverlust des Dollars noch verstärkt wurde. Zu dem Wertverlust in Höhe von (106.590 – 5.000 · 17,67 / 1,1) = 26.276 € kommen Wechselkursverluste aus dem Halten der Flex-Aktien in Höhe von (73.625 – 5.000 · 17.67 / 1.1) = 6.693 €. Diese sind – ebenso wie die „Aktienkurskomponente" des Wertverlusts – im sonstigen Ergebnis (OCI) zu erfassen. Die Aktien werden mit 73.625 € bilanziert, sodass insgesamt ein Wertverlust in Höhe von (106.590 – 73.625) = 32.965 € entsteht. Im IFRS-Abschluss der X AG sind daher folgende Buchungen vorzunehmen:

Sonstiges Ergebnis FI	*an*	*Wertpapier*	*26.276 €*
Sonstiger Aufwand WU	*an*	*Wertpapier*	*6.146 €*

3 Umrechnung von in Fremdwährung aufgestellten Abschlüssen

3.1 Einordnung der Währungsumrechnung im Rahmen der Konzernabschlusserstellung

Ausgangspunkt: Funktionale Währung und Selbstständigkeit

Wenn der Abschluss eines konsolidierungspflichtigen Tochterunternehmens nicht die gleiche Währung wie der des Mutterunternehmens aufweist, ist sein Einzelabschluss im Rahmen der Konzernabschlusserstellung in die Darstellungswährung des Konzerns zu transformieren. Gleiches gilt auch für Unternehmen, die mit der Equity-Methode in den Abschluss des Unternehmens einbezogen sind. Wie bereits im ersten Abschnitt erläutert, ist hierbei das Konzept der funktionalen Währung von entscheidender Bedeutung für die weitere Vorgehensweise. Denn abhängig von der funktionalen Währung des Tochterunternehmens ist bei der Umrechnung von Fremdwährungsabschlüssen differenziert vorzugehen. Hierbei entscheidet sich das Vorgehen in erster Linie an dem Grad der Selbstständigkeit im Rahmen des Konzernverbundes, den das ausländische Tochterunternehmen hinsichtlich seiner Geschäftstätigkeit besitzt. Von unselbstständigen Tochterunternehmen, die als „verlängerter Arm" des Mutterunternehmens betrieben werden, wird vermutet, dass ihre funktionale Währung die des Mutterunternehmens ist. Dagegen hat ein selbstständiges, in einem anderen Währungsraum relativ autonom agierendes Tochterunternehmen i.d.R. eine eigene, von der des Mutterunternehmens abweichende funktionale Währung – nämlich die seines primären wirtschaftlichen Umfeldes.

Beispiel 20.7

Als Beispiel für die erste Kategorie (unselbstständige Tochterunternehmen) nennt IAS 21.11(a) eine reine Vertriebsgesellschaft, die vom Mutterunternehmen importierte Produkte auf einem ausländischen Markt verkauft und die erzielten Umsatzerlöse an das Mutterunternehmen transferiert.

Im Gegensatz dazu ist von höherer Selbstständigkeit i.d.R. dann auszugehen, wenn ein Tochterunternehmen liquide Mittel, Forderungen und Verbindlichkeiten sowie Aufwendungen und Erträge in seiner lokalen Währung generiert und auch seine eigene Finanzierung vornehmlich in dieser Währung sicherstellt.

Konsolidierung

Bei der Konzernabschlusserstellung (vgl. hierzu Kapitel 21) wird im Rahmen von vorbereitenden Maßnahmen der einzubeziehende Abschluss vereinheitlicht, indem ggf. Bilanzansatz, -bewertung und Abschlussstichtag angepasst werden (Handelsbilanz II, HB II). Die Vermögenswerte und Schulden von Tochterunternehmen sind außerdem im Rahmen der Kaufpreisallokation neuzubewerten, sodass sie mit ihren zum Übernahmezeitpunkt bestimmten beizulegenden Zeitwerten in die Konzernbilanz übernommen werden (Handelsbilanz III, HB III). Die (Un-)Selbstständigkeit des Tochterunternehmens ist hierbei ausschlaggebend für den Ablauf der Konzernabschlusserstellung und den Zeitpunkt der Währungsumrechnung.

Unselbstständiges Tochterunternehmen

Für ein unselbstständiges Tochterunternehmen wird angenommen, dass aufgrund seines engen Bezuges zur Geschäftstätigkeit des Mutterunternehmens die funktionale Währung der des Mutterunternehmens entspricht. Demnach gilt seine lokale Währung als Fremdwährung, sodass aus funktionaler Perspektive alle in lokaler Währung getätigten Geschäftsvorfälle als Fremdwährungstransaktionen zu qualifizieren sind. Hieraus folgt, dass die Umrechnung der Abschlüsse von unselbstständigen Tochterunternehmen technisch der Methodik für Fremdwährungstransaktionen entspricht und somit der Zeitbezugsmethode (siehe Abschnitt 3.2) folgt.[9] Dieser Prozess erfolgt im Rahmen der Konzernabschlusserstellung *vor* der Konsolidierung, weswegen die HB III bereits in Konzernwährung aufgestellt ist. Somit ist die Währungsumrechnung von Abschlüssen unselbstständiger Tochterunternehmen ein Bewertungsvorgang und sie gehört zu den vorbereitenden Maßnahmen der Konsolidierung.

9 Vgl. *Lüdenbach/Hoffmann/Freiberg*, Haufe IFRS-Kommentar, § 27, Rz. 14.

Selbstständiges Tochterunternehmen

Im umgekehrten Fall ist der Abschluss eines selbstständigen Tochterunternehmens, das eine von der des Mutterunternehmens abweichende funktionale Währung hat, erst *nach* den vorbereitenden Maßnahmen sowie der Neubewertung von Vermögenswerten und Schulden umzurechnen. Demnach wird die HB III noch in der funktionalen Währung des Tochterunternehmens – also in Fremdwährung – erstellt und erst anschließend mittels der sog. modifizierten Stichtagskursmethode in die funktionale Währung des Mutterunternehmens überführt (siehe Abschnitt 3.3). Die Umrechnung von Fremdwährungsabschlüssen selbstständiger Tochterunternehmen ist damit integraler Bestandteil des Konsolidierungsprozesses.

Dieser in Abhängigkeit von der funktionalen Währung des Tochterunternehmens differenziert ausgestaltete Prozess wird in Abbildung 20.1 zusammenfassend verdeutlicht.

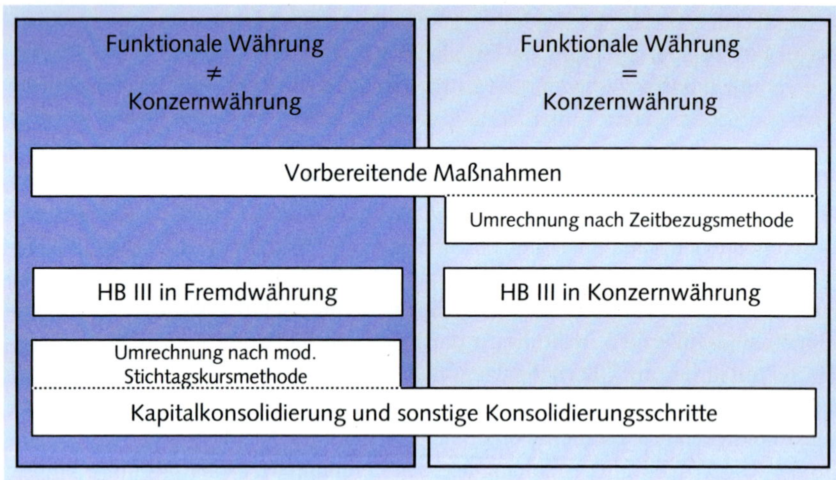

Abb. 20.1: Währungsumrechnung im Rahmen der Konzernabschlusserstellung. Quelle: In Anlehnung an *Gassen, J. et al.*, Währungsumrechnung nach IFRS im Rahmen des Konzernabschlusses – Eine Fallstudie zur Umrechnung von Fremdwährungsabschlüssen nach IAS 21, in: KoR, 7. Jg. (2007), S. 171.

3.2 Unselbstständige Tochterunternehmen

Unselbstständige Tochterunternehmen: Zeitbezugsmethode

Da die Geschäftsvorfälle von unselbstständigen Tochterunternehmen wie Fremdwährungstransaktionen behandelt werden, sind deren Abschlüsse mittels der Zeitbezugsmethode so in die funktionale Währung des Mutterunternehmens umzurechnen, als wären ihre Geschäftsvorfälle originär in dieser Währung verbucht worden (IAS 21.23-34). Die Währungsumrechnung wird damit zu einem Bewertungsvorgang, um die Geschäftsvorfälle des Tochterunternehmens so abzubilden, als wären sie originär in der funktionalen Währung des Mutterunternehmens gebucht worden.

Die Währungsumrechnung mittels Zeitbezugsmethode erfolgt analog zu dem im vorherigen Abschnitt erläuterten Verfahren:

Umrechnung der Bilanz

- Monetäre Posten werden mit dem am Bilanzstichtag gültigen Stichtagskurs umgerechnet.
- Nicht monetäre Posten, die mit den historischen Anschaffungs- oder Herstellungskosten folgebewertet werden, sind mit dem historischen Wechselkurs umzurechnen, der zum Zeitpunkt des Anschaffungs- bzw. Herstellungsvorganges galt.
- Nicht monetäre Posten, die mit dem beizulegenden Zeitwert bewertet werden, sind mit dem Wechselkurs zum Zeitpunkt der letztmaligen Wertermittlung umzurechnen.
- Aufwendungen und Erträge sind zum Wechselkurs am Tag des Geschäftsvorfalls umzurechnen. I.d.R. werden Positionen der Gesamtergebnisrechnung jedoch vereinfachend mit Jahresdurchschnittskursen umgerechnet.[10] Ausnahmen bilden z.B. planmäßige Abschreibungen, deren Bemessungsgrundlage zu historischen Wechselkursen angesetzt wird. In solchen Fällen ist es sachgerecht, die Abschreibungen zu diesem historischen Wechselkurs umzurechnen, um Verzerrungen zwischen Buchwerten und kumulierten Abschreibungen zu vermeiden.[11]

Beispiel 20.8[12]

Die X AG erwirbt Ende 2020 die US-amerikanische Z Corp. und betreibt diese als unselbstständiges Tochterunternehmen. Das gesamte Anlagevermögen der Z Corp. stammt aus dem Erwerbszeitpunkt und wird linear über eine erwartete Nutzungsdauer von fünf Jahren abgeschrieben. Bei Umlaufvermögen und Fremdkapital handelt es sich um monetäre Posten. Dividenden schüttet die Z Corp. nicht aus. Die Wechselkursentwicklung ist in folgender Übersicht dargestellt:

Zeitpunkt	**Kurs**	**Kursart**
Erwerbszeitpunkt der Z Corp.	1 € = 1,00 $	Historischer Kurs (HK)
31.12.2020	1 € = 1,00 $	Stichtagskurs (StK)
31.12.2021	1 € = 0,80 $	Stichtagskurs (StK)
Durchschnittskurs in 2021	1 € = 0,90 $	Durchschnittskurs (DK)

Ende 2021 ist die Bilanz der Z Corp. in Euro umzurechnen, um die Z Corp. in den IFRS-Abschluss der X AG einbeziehen zu können.[13] Der Zugang im Umlaufvermögen ist komplett zum Jahresende 2021 entstanden. Gemäß der Zeitbezugsmethode werden monetäre Posten mit dem am Bilanzstichtag gültigen

10 Vgl. *Lüdenbach/Hoffmann/Freiberg*, Haufe IFRS-Kommentar, § 27, Rz. 40.

11 Vgl. *Lüdenbach/Hoffmann/Freiberg*, Haufe IFRS-Kommentar, § 27, Rz 41.

12 Ein ähnliches Beispiel findet sich auch bei *Holzwarth/Wendlandt*, IFRS-Kommentar, IAS 21, Tz. 97.

13 Die Bilanz der Z Corp. ist genau genommen bereits Ende 2020 in Euro umzurechnen. Wir verzichten hier auf diese Umrechnung, weil diese denkbar einfach ist: Die Bilanz in Euro weist bei Parität der Wechselkurse (HK = StK zum 31.12.2020: 1 € = 1,00 $) dieselben Beträge auf wie die Bilanz in US-Dollar.

Kurs umgerechnet, während nicht monetäre Posten mit historischen Kursen umgerechnet werden.

Bilanz der Z Corp. zum 31.12.2020 und zum 31.12.2021				
	2020 - T$	**2021 - T$**	**Kursart**	**2021 - T€**
Anlagevermögen	1.400	1.120	HK	1.120
Umlaufvermögen	600	1.000	StK	1.250
Summe Aktiva	2.000	2.120		2.370
Gezeichnetes Kapital	600	600	HK	600
Rücklagen	830	830	HK	830
Gewinn	0	120	*	228
Fremdkapital	570	570	StK	713
Summe Passiva	2.000	2.120		2.370
* ermittelt als Residualgröße in der Bilanz (2.370 – 600 – 830 – 713 = 228)				

Der Gewinn ergibt sich im Rahmen der Zeitbezugsmethode als Residualgröße in der Bilanz. Der auf diese Weise errechnete Gewinn muss nicht mit dem Saldo der umgerechneten Aufwendungen und Erträge der Gesamtergebnisrechnung (vorläufiger Saldo) übereinstimmen. Diese Umrechnungsdifferenz wird zum einen durch Änderungen des Stichtagskurses und zum anderen durch die Verwendung von vereinfachenden Durchschnittskursen in der Gesamtergebnisrechnung getrieben.

GuV der Z Corp. (01.01. - 31.12.2021)	T$	Kurs	Kursart	T€
Umsatzerlöse	1.200	0,90	DK	1.333
– Abschreibungen	-280	1,00	HK	-280
– übrige Aufwendungen	-800	0,90	DK	-889
(Vorläufiger) Saldo der umgerechneten Aufwendungen und Erträge				164
Umrechnungsdifferenz (GuV-wirksam)				63
Gewinn (Residualgröße in der Bilanz)	120	*	*	228

Die Veränderung der Umrechnungsdifferenz gegenüber dem Vorjahr (im Beispiel = 0) führt zu einer GuV-wirksamen Anpassung. Im Beispiel beträgt diese 63 T€ und setzt sich aus folgenden drei Komponenten zusammen:

- Im Umlaufvermögen i.H.v. 600 T$ entsteht durch die Euro-Abwertung ein Wechselkursgewinn i.H.v. (600 / 0,80 – 600 / 1,00) = 150 T€. Die restlichen 400 T€ Umlaufvermögen stammen aus dem Cashflow (Gewinn i.H.v. 120 T€ + Abschreibungen i.H.v. 280 T€) der laufenden Periode, welcher annahmengemäß Ende 2021 anfällt und daher bei einem Wechselkurs von 1 € = 0,80 $ zugeflossen ist.
- Da die Verbindlichkeiten aufgrund des starken Dollars nun mit mehr Euros beglichen werden müssen, entsteht im Fremdkapital ein Wechselkursverlust i.H.v. (570 / 0,80 – 570 / 1,00) = 143 T€.
- Da die Umsatzerlöse sowie die übrigen Aufwendungen zu Durchschnittskursen umgerechnet werden, die vom Stichtagskurs abweichen, entsteht eine Differenz i.H.v. ((1.200 – 800) / 0,80 – (1.200 – 800) / 0,90) = 56 T€.

Umrechnungsdifferenzen im Rahmen der Zeitbezugsmethode

Wie aus dem Beispiel ersichtlich, sorgt die umgerechnete Gesamtergebnisrechnung nicht zwangsläufig für einen Ausgleich der Bilanz. Daher wird der auf Basis von Durchschnittskursen umgerechnete (vorläufige) Gewinn oder Verlust noch GuV-wirksam angepasst, sodass eine Überführung in das Residualergebnis der Bilanz erfolgt.[14] Dabei ist zu beachten, dass bestandsbedingte Umrechnungsdifferenzen, die innerhalb des sonstigen Ergebnisses (OCI) ausgewiesen werden (z.B. als FVOCI kategorisierte Finanzinstrumente), nicht in die GuV-wirksame Anpassung der GuV einfließen.

Goodwill

Da die Währungsumrechnung bei Tochterunternehmen in fremder Währung, deren funktionale Währung mit der Konzernwährung übereinstimmt, als ein Bewertungsvorgang zur Vorbereitung der Konsolidierung anzusehen ist, wird die HB III bereits in der funktionalen Währung des Mutterunternehmens erstellt. Somit wird ein ggf. entstehender Goodwill bereits in der funktionalen Währung des Mutterunternehmens ermittelt und muss im Erwerbszeitpunkt nicht umgerechnet werden. Folglich ist er in den Folgeperioden keinerlei direkten Wechselkursschwankungen ausgesetzt.[15]

14 Neben diesem Verfahren zur Ermittlung der Umrechnungsdifferenzen existieren in der Literatur noch weitere Ansätze. Vgl. hierzu *Bieker, M.*, Aufspaltung von Umrechnungsdifferenzen bei der Währungsumrechnung – Eine Fallstudie zur Anwendung der Zeitbezugs- bzw. Äquivalenzmethode, in: KoR, 7. Jg. (2007), S. 703-709.

15 Vgl. *Gassen, J. et al.*, Währungsumrechnung nach IFRS im Rahmen des Konzernabschlusses – Eine Fallstudie zur Umrechnung von Fremdwährungsabschlüssen nach IAS 21, in: KoR, 7. Jg. (2007), S. 173. Da der Goodwill die Differenz zwischen neubewertetem Eigenkapital und Beteiligungsbuchwert darstellt, ist zu beachten, dass dieser Werte beinhaltet, die in Fremdwährung begründet sind. Somit unterliegt er aufgrund von Wechselkursänderungen der zugrunde liegenden Vermögenswerte und Schulden indirekten Fremdwährungsschwankungen.

3.3 Selbstständige Tochterunternehmen

Selbstständige Tochterunternehmen: Modifizierte Stichtagskursmethode

Bei der Währungsumrechnung im Falle selbstständig agierender Tochterunternehmen stellt deren funktionale Währung das relevante Wertgerüst für die Buchungsvorgänge dar. Das Konzept der funktionalen Währung soll dazu beitragen, dass die Aktivitäten und die finanzielle Struktur des Tochterunternehmens so in den Konzernabschluss einfließen, wie sie sich auch in ihrer eigenen funktionalen Währung zum Bilanzstichtag darstellen. Die Währungsumrechnung zielt hier auf eine weitgehend unverzerrte Wiedergabe der Jahresabschlussrelationen sowie der Ergebnisstruktur des ausländischen Abschlusses ab, welche durch die Umrechnung in die Darstellungswährung des Mutterunternehmens möglichst erhalten bleiben sollen. Der Umrechnungsvorgang wird damit mehr zu einer Lineartransformation und erfolgt – wie eingangs bereits erwähnt – nach der modifizierten Stichtagskursmethode. Diese Methodik ist ebenso heranzuziehen, wenn ein Unternehmen beschließt, eine von der funktionalen Währung abweichende Darstellungswährung für seine Finanzberichterstattung zu verwenden (IAS 21.38).

Gemäß IAS 21.39 ist nach der modifizierten Stichtagskursmethode wie folgt vorzugehen:[16]

Umrechnung von Bilanz und Gesamtergebnisrechnung

- Monetäre und nicht monetäre Vermögenswerte und Schulden sind mit dem am Bilanzstichtag gültigen Stichtagskurs umzurechnen. Für die Vorperiodenwerte sind die an den entsprechenden Vorperiodenstichtagen gültigen Stichtagskurse relevant.
- Aufwendungen und Erträge sind zum Wechselkurs am Tag des Geschäftsvorfalls umzurechnen. Dies gilt auch für die Vorperiodenwerte. Die Verwendung von Durchschnittskursen ist zulässig, solange hierdurch das Ergebnis aufgrund stark schwankender Wechselkurse nicht verzerrt wird (IAS 21.40). Bei planmäßigen Abschreibungen ist regelmäßig der Durchschnittskurs heranzuziehen, da sich der hierin zum Ausdruck kommende Werteverzehr auf die gesamte Berichtsperiode bezieht.

Umrechnung des Eigenkapitals und Umrechnungsdifferenzen

Für die Umrechnung des Eigenkapitals enthält IAS 21 keine Regelung. Da bei der Stichtagskursmethode jedoch Umrechnungsdifferenzen als gesonderter Teil des Eigenkapitals auszuweisen sind (IAS 21.39(c)), ergibt sich das Eigenkapital als Residualgröße aus der Währungsumrechnung. Um die Entwicklung der aus dem sonstigen Ergebnis resultierenden und im Eigenkapital ausgewiesenen Umrechnungsdifferenzen, wie in IAS 21.52(b) gefordert, darstellen zu können, ist eine Umrechnung dieser einzelnen Eigenkapitalbestandteile mit denjenigen Kursen erforderlich, die zu den Zeitpunkten ihrer jeweiligen aus Konzernsicht erfolgten Zugänge galten. Der aktuelle Gewinn oder Verlust ergibt sich damit als Saldo der umgerechneten Aufwendungen und Erträge in der Gesamtergebnisrechnung und wird in die Bilanz übernommen. Während der Konzernzugehörigkeit erwirtschaftete und einbehaltene Gewinne oder Verluste werden mit den Durchschnittskursen der

16 Eine abweichende Vorgehensweise gilt für selbstständige Tochterunternehmen, deren funktionale Währung die eines Hochinflationslandes ist. Vgl. dazu IAS 21.42-43.

jeweiligen Entstehungsperiode umgerechnet. Der Eigenkapitalposten „Umrechnungsdifferenz" spiegelt dann die sich im Zeitablauf ergebenden Auswirkungen von Wechselkursänderungen auf das Eigenkapital des Tochterunternehmens wider.[17] Er ist gemäß IAS 21.48 bei Veräußerung des Tochterunternehmens – bei einem Teilverkauf anteilig – GuV-wirksam aufzulösen.

Beispiel 20.9[18]

In Abwandlung des obigen Beispiels 20.8 sei nun unterstellt, dass die Z Corp. als Tochterunternehmen den US-Dollar als funktionale Währung hat. Bei der modifizierten Stichtagskursmethode wird zunächst der Euro-Gewinn bzw. -Verlust als Saldo der mit den vereinfachenden Durchschnittskursen umgerechneten Aufwendungen und Erträge ermittelt.

Gesamtergebnisrechnung der Z Corp. (01.01. - 31.12.2021)	**T$**	**Kurs**	**Kursart**	**T€**
Umsatzerlöse	1.200	0,90	DK	1.333
– Abschreibungen	-280	0,90	DK	-311
– übrige Aufwendungen	-800	0,90	DK	-889
= Gewinn	120	*	*	133
OCI				374
= Gesamtergebnis		*	*	508

Anschließend werden in der Bilanz die Vermögenswerte und Schulden mit dem Stichtagskurs umgerechnet. Die Umrechnung des Eigenkapitals erfolgt demgegenüber mit den historischen Kursen zu den jeweiligen Zugangszeitpunkten. Der Gewinn wird aus der Euro-Gesamtergebnisrechnung in die Bilanz übernommen. Damit wird er also letztlich auch mit dem bei seinem Zugang geltenden Kurs umgerechnet, denn die in der Gesamtergebnisrechnung vorgenommene Umrechnung mit dem Durchschnittskurs ist mit der Annahme konsistent, dass der Gewinn während der Periode kontinuierlich erwirtschaftet wurde. Eine bilanzielle Umrechnungsdifferenz ergibt sich innerhalb des Eigenkapitals als Residualgröße zur Herstellung der Bilanzidentität. Die Veränderung der Umrechnungsdifferenz gegenüber dem Vorjahr wird im zu recycelnden OCI erfasst und innerhalb des Eigenkapitals ausgewiesen.

17 Beträge, die auf Minderheitenanteile an vollkonsolidierten Tochterunternehmen entfallen, sind im Eigenkapital als Teil des Minderheitenanteils auszuweisen (IAS 21.41).

18 Ein ähnliches Beispiel findet sich auch bei *Holzwarth/Wendlandt*, IFRS-Kommentar, IAS 21, Tz. 113.

Bilanz der Z Corp. zum 31.12.2020 und zum 21.12.2021				
	2020 - T$	**2021 - T$**	**Kursart**	**2021 - T€**
Anlagevermögen	1.400	1.120	StK	1.400
Umlaufvermögen	600	1.000	StK	1.250
Summe Aktiva	2.000	2.120		2.650
Gezeichnetes Kapital	600	600	HK	600
Rücklagen	830	830	HK	830
Gewinn	0	120	DK	133
OCI-Rücklage (Währungsumrechnung)*				374
Fremdkapital	570	570	StK	713
Summe Passiva	2.000	2.120		2.650
* ermittelt als Residualgröße in der Bilanz: 2.650 – 600 – 830 – 133 – 713 = 374 T€				

Die bilanzielle Umrechnungsdifferenz erklärt sich daraus, dass das Nettovermögen mit dem Stichtagskurs, die Eigenkapitalkomponenten sowie der Gewinn jedoch mit davon abweichenden historischen Kursen bzw. Durchschnittskursen umgerechnet werden. Im Beispiel beträgt diese Differenz 374 T€ und setzt sich aus zwei Komponenten zusammen:

- Die Euro-Abwertung führt zu einer Aufwertung des Eigenkapitals i.H.v. (1.430 / 0,80 – 1.430 / 1,00) = 357 T€.
- Da die Umsatzerlöse sowie sämtliche Aufwendungen zu Durchschnittskursen umgerechnet werden, die vom Stichtagskurs abweichen, entsteht eine Differenz i.H.v. ((1.200 – 280 – 800) / 0,80 – (1.200 – 280 – 800) / 0,90) = 17 T€.

Goodwill

Die Währungsumrechnung von Fremdwährungsabschlüssen selbstständiger Tochterunternehmen ist ein integraler Prozessschritt im Rahmen der Konsolidierung. Demnach wird die Aufstellung der HB III und die hieran anknüpfende Ermittlung eines ggf. resultierenden Goodwills noch in der funktionalen Währung des Tochterunternehmens durchgeführt. Gemäß IAS 21.47 ist ein Goodwill als Vermögenswert anzusehen und bei der Währungsumrechnung entsprechend zu behandeln, also an jedem Bilanzstichtag mit den dann gültigen Kursen umzurechnen. Folglich ändert sich sein Wert entsprechend den Wechselkursen der jeweiligen Bilanzstichtage.[19]

19 Vgl. *Gassen, J. et al.*, Währungsumrechnung nach IFRS im Rahmen des Konzernabschlusses – Eine Fallstudie zur Umrechnung von Fremdwährungsabschlüssen nach IAS 21, in: KoR, 7. Jg. (2007), S. 173 f.

3.4 Ermessensspielräume in Theorie und Praxis

Ermessensspielräume bei der Bestimmung der funktionalen Währung

Das Konzept der funktionalen Währung und die damit einhergehende Klassifikation der Konzernunternehmen in selbstständige bzw. unselbstständige Tochterunternehmen beinhalten regelmäßig Ermessensspielräume für das Management (wie in Abschnitt 1 bereits erwähnt). Während gemäß IAS 21.9 die funktionale Währung und somit die Einschätzung über die (Un-)Selbstständigkeit eines Unternehmens in einem ersten Schritt anhand des primären wirtschaftlichen Umfeldes beurteilt werden soll, ergänzt IAS 21.11 um weitere Beurteilungskriterien. Hierbei gilt es, die autonome Entscheidungsgewalt des Tochterunternehmens, interne Lieferungs- und Leistungsbeziehungen zum Mutterunternehmen sowie eine Abhängigkeit der Cashflows zwischen Mutter- und Tochterunternehmen einzuschätzen. Lässt sich anhand dieses Kriterienkataloges keine eindeutige Zuordnung treffen, so liegt gemäß IAS 21.12 die Entscheidung über die funktionale Währung und somit über die (Un-)Selbstständigkeit des betrachteten Tochterunternehmens im Ermessen des Managements. Auch das Ergreifen von sachverhaltsgestaltenden Maßnahmen, welche die Auswahl der funktionalen Währung beeinflussen könnten, wäre denkbar.

Bilanzpolitisches Potenzial bei der Währungsumrechnung

Resultierend aus der Beurteilung der Selbstständigkeit des Tochterunternehmens, ergibt sich die Anwendung der Zeitbezugsmethode bzw. der modifizierten Stichtagskursmethode zur Währungsumrechnung (siehe Abschnitt 3). Die unterschiedlichen Methoden wirken sich zum einen auf den heranzuziehenden Umrechnungskurs für die einzelnen umzurechnenden Positionen des Tochterunternehmens aus. Zum anderen werden im Rahmen der Zeitbezugsmethode die entstehenden Umrechnungsdifferenzen grundsätzlich GuV-wirksam erfasst, während diese nach der modifizierten Stichtagskursmethode GuV-neutral im Eigenkapital auszuweisen sind. Folglich ergibt sich aus der Zuordnung ein bilanzpolitisches Potenzial.[20]

Auswirkungen der Umrechnungsmethode auf Renditekennzahlen

Die Umrechnungsmethoden wirken sich unter anderem auf Kennzahlen wie die Eigenkapitalrendite aus. Diese Auswirkungen lassen sich anhand der Beispiele aus dem vorherigen Abschnitt veranschaulichen. Bei Anwendung der Zeitbezugsmethode (Beispiel 20.8) ergibt sich für das Geschäftsjahr 2021 eine Eigenkapitalrendite in Höhe von 15,9 % (= 228 / 1.430).[21] Bei der modifizierten Stichtagskursmethode (Beispiel 20.9) beträgt die Eigenkapitalrendite hingegen 35,5 % (= 508 / 1.430). Solche Kennzahlenwirkungen gilt es im Rahmen der Unternehmenssteuerung und der Bilanzanalyse zu antizipieren.

Sensitivitätsanalyse

Abbildung 20.2 zeigt für die Beispiele 20.8 (Zeitbezugsmethode) und 20.9 (modifizierte Stichtagskursmethode), wie hoch der Gewinn und das Gesamtergebnis in Abhängigkeit vom Stichtagskurs zum 31.12.2021 ausfallen. Entspricht der Stichtagskurs zum 31.12.2021 dem Stichtagskurs zum 31.12.2020 (1 € = 1,00 $), führen beide Methoden zu einem Gewinn sowie einem Gesamtergebnis in Höhe von 120 T€,

20 Vgl. *Müller, S./Wulf, I.*, Jahresabschlusspolitik nach HGB, IAS und US-GAAP, in: BB, 56. Jg, (2001), S. 2206-2213.

21 Die Eigenkapitalrendite bestimmt sich als Gewinn für das Geschäftsjahr 2021 dividiert durch die umgerechnete Eigenkapitalbasis zu Beginn des Geschäftsjahres (31.12.2020).

da keine Umrechnungsdifferenzen entstehen. Sobald der Stichtagskurs zum 31.12.2021 vom Vorjahreskurs abweicht, ergeben sich Umrechungsdifferenzen, die bei Anwendung der modifizierten Stichtagskursmethode zwar stärker ausfallen, im Gegensatz zur Zeitbezugsmethode allerdings vorwiegend das sonstige Ergebnis (OCI) beeinflussen. Sinkt der Kurs des Euro zum 31.12.2021 etwa auf 1 € = 0,50 $, schlägt sich diese Entwicklung bei der modifizierten Stichtagskursmethode daher deutlich stärker im Gesamtergebnis (1.670 T€) als im Gewinn (160 T€) nieder. Bei der Zeitbezugsmethode betragen dagegen sowohl der Gewinn als auch das Gesamtergebnis 550 T€. Diese Unterschiede lassen sich im Wesentlichen darauf zurückführen, dass Wechselkursänderungen bei der modifizierten Stichtagskursmethode auch die Bewertung des Anlagevermögens beeinflussen. Demgegenüber wird das Anlagevermögen bei der Zeitbezugsmethode unabhängig von der Wechselkursentwicklung zu historischen Kursen umgerechnet.

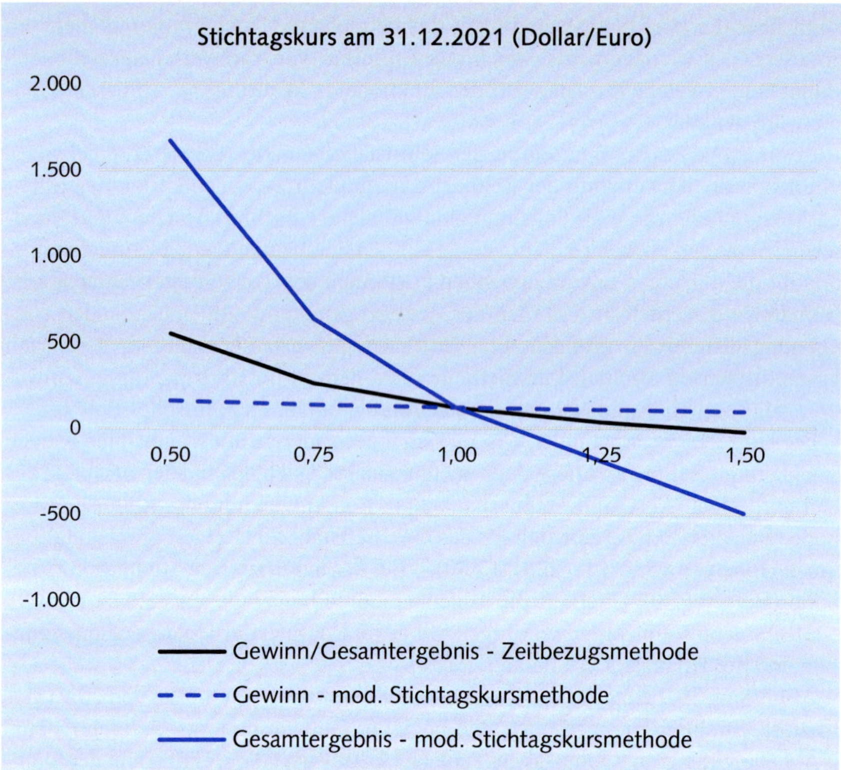

Abb. 20.2: Sensitivitätsanalyse für Beispiele 20.8 und 20.9

Umrechnungsmethoden in der Praxis

Obwohl mit dem Konzept der funktionalen Währung vermeintlich klare Kriterien für die Anwendung der Zeitbezugs- bzw. der modifizierten Stichtagskursmethode existieren, zeigt sich in der Praxis, dass die Zeitbezugsmethode deutlich weniger verbreitet ist als die modifizierte Stichtagskursmethode. So zeigen Gassen et al. (2007)

für das Geschäftsjahr 2005, dass 274 (73 %) der 376 Unternehmen, die damals im Prime Standard der Frankfurter Börse notierten, ausschließlich die modifizierte Stichtagskursmethode nutzten. Die Zeitbezugsmethode wurde demgegenüber von lediglich 12 Unternehmen (3 %) ausschließlich angewandt.[22] Diese Proportionen scheinen sich in den letzten Jahren kaum geändert zu haben: Für das Geschäftsjahr 2019 gab lediglich eines der DAX-30-Unternehmen im Konzernabschluss an, die Zeitbezugsmethode für einen Teil seiner Tochtergesellschaften zu nutzen. Alle anderen DAX-Unternehmen – inklusive der eingangs erwähnten Delivery Hero SE – wandten ausschließlich die modifizierte Stichtagskursmethode an.

Gründe für die Popularität der modifizierten Stichtagskursmethode

Die Gründe für die Popularität der modifizierten Stichtagskursmethode sind nicht abschließend geklärt. Eine Erklärung könnte sein, dass die meisten Tochterunternehmen im Rahmen der Konzernsteuerung auch in ihrer jeweiligen Landeswährung geführt werden und somit im Sinne des IAS 21 korrekt umgerechnet werden. Zudem geht die Zeitbezugsmethode auch mit größerem Arbeitsaufwand einher.[23] Dadurch entstehen Anreize, die Ermessensspielräume zugunsten der modifizierten Stichtagsmethode auszuschöpfen. Hinzu kommt, dass die Klassifikation als unselbständiges Tochterunternehmen in der Praxis schwer vermittelbar sein kann, wenn solche Unternehmen beispielsweise Gehaltszahlungen in lokaler Währung tätigen, die dann als Fremdwährungstransaktion erfasst werden müssen.[24]

Auswirkungen der Währungsumrechnung in der Praxis

Deskriptive Studien zur Zusammensetzung des sonstigen Ergebnisses (OCI) veranschaulichen die Bedeutung von Währungsumrechnungseffekten und die hohe Praxisrelevanz der modifizierten Stichtagskursmethode. Eine Studie von Knappstein/Hüttermann (2014) zeigt, dass alle 28 betrachteten DAX-Unternehmen für das Geschäftsjahr 2013 einen negativen Effekt aus Währungsumrechnung im OCI ausweisen. Darüber hinaus ist die Position aus Währungsumrechnung mit einem durchschnittlichen Anteil von etwa 60 % die größte Komponente des sonstigen Ergebnisses.[25] Auch die Studie von Zülch/Höltken (2015), welche neben den DAX- auch die MDAX-Unternehmen analysiert, bestätigt die dominierende Stellung von Währungsumrechnungsdifferenzen im sonstigen Ergebnis für das Geschäftsjahr 2013.[26] Diese Ergebnisse stehen im Einklang mit der anekdotischen Evidenz aus dem Eingangsbeispiel: Auch Delivery Hero SE wies in den letzten Geschäftsjahren negative Effekte aus der Währungsumrechnung aus (2019: -27,4 Mio. €; 2018:

22 Die restlichen Unternehmen in der Stichprobe nutzten entweder beide Methoden (12 Unternehmen), nahmen keine Währungsumrechnung vor (52 Unternehmen) oder machten keine hinreichend aussagekräftigen Angaben zur Währungsumrechnung (26 Unternehmen). Vgl. *Gassen, J. et al.*, Währungsumrechnung nach IFRS im Rahmen des Konzernabschlusses – Eine Fallstudie zur Umrechnung von Fremdwährungsabschlüssen nach IAS 21, in: KoR, 7. Jg. (2007), S. 172, insb. Tabelle 1.

23 Vgl. *Roos, B.*, Umrechnung von Fremdwährungsabschlüssen nach IAS 21, in: KoR, 14. Jg. (2014), S. 271-279.

24 Vgl. *Lüdenbach/Hoffmann/Freiberg*, Haufe IFRS-Kommentar, § 27, Rz. 14.

25 Vgl. *Knappstein, J./Hüttermann, K.*, Darstellung und Bedeutung des other comprehensive income – Eine empirische Analyse der DAX-Unternehmen, in: KoR, 14. Jg. (2014), S. 586-593.

26 Vgl. *Zülch, H./Höltken, M.*, Das other comprehensive income nach IFRS – Eine relevante Ergebnisgröße in der deutschen Bilanzierungspraxis?, in: IRZ, 10. Jg. (2015), S. 163-166.

-93,0 Mio. €), die einen substanziellen Anteil am sonstigen Ergebnis sowie am Konzerngesamtergebnis (2019: 201,5 Mio. €; 2018: -135,6 Mio. €) ausmachten.

Absicherung des Translationsrisikos

Die möglichen Auswirkungen der Währungsumrechung auf Bilanz und GuV werden auch als Translationsrisiko bezeichnet. Eine Interviewstudie des Arbeitskreises Finanzierung der Schmalenbach-Gesellschaft e.V mit Experten der 25 größten börsennotierten Konzerne in Deutschland zeigt, dass in 70 % dieser Konzerne das Translationsrisiko aktiv abgesichert wird. Da das Translationsrisiko keine unmittelbare Zahlungswirksamkeit entfaltet, mag dieser Befund zunächst überraschen. Allerdings gibt ein Großteil der befragten Experten an, dass das Translationsrisiko mittelbar zahlungswirksame Effekte nach sich ziehen kann (z.B. aufgrund konzerninterner Dividendenzahlungen), sodass eine Absicherung mit den Interessen der Aktionäre vereinbar zu sein scheint.[27]

4 Anhangangaben

In IAS 21.51-57 werden Angabepflichten hinsichtlich der Währungsumrechnung festgelegt. Gemäß IAS 21.52(a) ist der Gesamtbetrag GuV-wirksam erfasster Umrechnungsdifferenzen aus der Anwendung der Zeitbezugsmethode anzugeben. Zudem ist die Entwicklung der aus dem sonstigen Ergebnis resultierenden und im Eigenkapital ausgewiesenen Umrechnungsdifferenzen aus der Anwendung der modifizierten Stichtagskursmethode darzustellen. Auch ist darauf hinzuweisen, wenn die Darstellungswährung des (Konzern-)Abschlusses nicht der funktionalen Währung entspricht (IAS 21.53) und wenn sich die funktionale Währung des Mutterunternehmens oder eines bedeutenden Tochterunternehmens ändert (IAS 21.54). Weitere Angabepflichten entstehen, wenn ein Unternehmen Finanzinformationen in einer Drittwährung präsentiert, die von funktionaler Währung und Darstellungswährung abweicht (IAS 21.57). Solche Zusatzinformationen sind vom Unternehmen als nicht IFRS-konform zu kennzeichnen und zu erläutern.

5 Wesentliche Unterschiede zum IFRS for SMEs

Die Regelungen zur Währungsumrechnung sind innerhalb des IFRS for SMEs in den Abschnitten 30 (Foreign Currency Translation) und 31 (Hyperinflation) geregelt. Wesentliche materielle Unterschiede zu den Regelungen in IAS 21 und IAS 29 bestehen dabei nicht. Der einzige Unterschied betrifft die Behandlung von Eigenkapitalpositionen, die aus Umrechnungsdifferenzen bei monetären Posten, die Teil einer Nettoinvestition in einen ausländischen Geschäftsbetrieb sind, resultieren.

27 Vgl. *Arbeitskreis Finanzierung der Schmalenbach-Gesellschaft e.V.*, Das Translationsrisiko multinationaler Konzerne in Deutschland, in: ZfbF, 69. Jg. (2017), S. 203-242.

Während in IAS 21.48 vorgeschrieben wird, dass bei Veräußerung des ausländischen Geschäftsbetriebs die Eigenkapitalposition GuV-wirksam aufzulösen ist, schließt IFRS-SME 30.13 das Recycling der Position aus.

6 Wesentliche Unterschiede zum HGB

Umrechnung von Fremdwährungstransaktionen

Aus § 298 Abs. 1 i.V.m. § 244 HGB, die eine Aufstellung des (Konzern-)Abschlusses in Euro fordern, ergibt sich die grundsätzliche Notwendigkeit einer Währungsumrechnung. Seit 2019 konkretisiert DRS 25 „Währungsumrechnung im Konzernabschluss“ die Regelungen zur Umrechnung von Fremdwährungsabschlüssen zur Einbeziehung in den Konzernabschluss. Darüber hinaus legt der Standard § 256a HGB aus, welcher die Umrechnung von Fremdwährungstransaktionen im Einzelabschluss regelt.[28] Dort wird vorgeschrieben, dass auf fremde Währungen lautende Vermögensgegenstände und Verbindlichkeiten mit einer Restlaufzeit von mehr als einem Jahr zum Devisenkassamittelkurs umzurechnen sind. Aufgrund des Vorsichts-, Realisations- und Anschaffungskostenprinzips (§§ 252, 253 HGB) dürfen dabei im Rahmen der Folgebewertung keine Wechselkursgewinne aus Fremdwährungstransaktionen berücksichtigt werden. Bei monetären Vermögensgegenständen und Verbindlichkeiten mit einer Restlaufzeit von weniger als einem Jahr sind das Realisations- und Anschaffungskostenprinzip hingegen nicht anzuwenden (DRS 25.22), wobei zwischen währungskursbedingten Wertänderungen und Änderungen des beizulegenden Werts in Fremdwährung unterschieden wird (DRS 25.23). Während währungskursbedingte Wertminderungen unabhänging davon zu erfassen sind, ob diese voraussichtlich dauernd oder nur vorübergehend sind (DRS 25.28), muss bei sonstigen Wertänderungen die Dauerhauftigkeit der Wertminderung weiterhin beurteilt werden.[29]

Umrechnung von Fremdwährungsabschlüssen

Daneben wird in § 308a HGB die Umrechnung von Abschlüssen, die in einer vom Euro abweichenden Währung aufgestellt werden, mittels der modifizierten Stichtagskursmethode festgelegt. Mit Ausnahme des Eigenkapitals, für das eine Umrechnung zu historischen Kursen vorgeschrieben wird, sind sämtliche Posten der Bilanz mittels des Devisenkassamittelkurses zum Abschlussstichtag in Euro umzurechnen. Für Posten der GuV ist auf den Durchschnittskurs abzustellen. Sich ergebende Umrechnungsdifferenzen sind GuV-neutral direkt im Eigenkapital i.d.R. in den Gewinnrücklagen auszuweisen und bei einem (Teil-)Abgang des entsprechenden Tochterunternehmens (anteilig) in die GuV umzugliedern.

28 Vgl. *Deubert/Meyer/Müller*, DRS 25 „Währungsumrechnung im Konzernabschluss“ – Ein Überblick, in: Der Konzern, 16. Jg. (2018), S. 96 ff.

29 Vgl. *Deubert/Meyer/Müller*, a.a.O. (Fn. 23), S. 98.

Übungsaufgaben

Das Unternehmen Star AG will folgende Geschäftsvorfälle zum 31.12.2021 gemäß IAS 21 in die eigene funktionale Währung Euro umrechnen.

a) Wie sind die jeweiligen Umrechnungsdifferenzen zu behandeln? Bitte geben Sie die jeweiligen Buchungssätze an.

1. Die Star AG unterhält seit dem 31.03.2021 einen Aktienbestand in Höhe von 20.000 Aktien an der russischen Oil Corp. Die Aktien gehören dem Handelsbestand nach IFRS 9 an.

	31.03.2021	**31.12.2021**
Kurs der Oil-Aktie	16,65 RUB	18,12 RUB
1 € entspricht …	87,70 RUB	85,50 RUB

2. Die Star AG besitzt auf den Cayman Islands eine Betriebsstätte, in der eine Maschine (Buchwert zum 31.03.2021 (in Kaiman-Dollar): 250 TKYD) zum Einsatz kommt. Diese wird zu fortgeführten Anschaffungskosten bilanziert. Durch einen Betriebsunfall sind einige Funktionen der Maschine nicht mehr verwendbar, sodass eine Werthaltigkeitsprüfung zum 31.12.2021 eine Wertminderung in Höhe von 100 TKYD ergab. Der historische Kurs zum Transaktionszeitpunkt betrug 1 € = 0,90 KYD. Am 31.12.2021 liegt der Kurs bei 1 € = 0,98 KYD.
3. In dieser Betriebsstätte werden ebenfalls Vorräte vorgehalten. Die Anschaffungskosten betrugen 520 TKYD. Der geschätzte Verkaufspreis zum 31.12.2021 liegt bei 560 TKYD. Als Vertriebskosten werden 20 TKYD geschätzt. Der Kurs zum Transaktionszeitpunkt lag bei 1 € = 0,95 KYD.
4. Die Star AG hält 8.000 Aktien der in Zürich in Schweizer Franken notierten Zürli AG. Diese Aktien werden nach IFRS 9 der Kategorie FVOCI zugeordnet.

	31.12.2020	**31.12.2021**
Kurs der Zürli-Aktie (in CHF)	48,65	42,30
1 € entspricht …	1,10 CHF	1,05 CHF

Die Star AG erwirbt zum 01.01.2021 die ausländische Bane Corp. Der Abschluss der Bane Corp. ist zum 31.12.2021 umzurechnen, um in den Konzernabschluss einbezogen zu werden. Der Kurs der Landeswährung (LW) betrug zum 01.01.2021 1 LW = 1 €. Im Laufe des Jahres steigt der Wechselkurs des Euro gegenüber der Landeswährung auf 1,50 LW = 1 €. Im Durchschnitt lag der Wechselkurs bei 1,25 LW = 1 €. Folgende Angaben sind zusätzlich zu berücksichtigen:

- Der Zugang im Umlaufvermögen ist komplett zum Jahresende 2020 entstanden.
- Bei Umlaufvermögen und Fremdkapital handelt es sich um monetäre Posten.
- Das gesamte Anlagevermögen der Bane Corp. stammt aus dem Ewerberbszeitpunkt und wird über eine Dauer von fünf Jahren abgeschrieben.

b) Führen Sie die Währungsumrechnung nach der modifizierten Stichtagskursmethode durch.

c) Zeigen Sie anschließend auf, wie sich Bilanz- und GuV-Positionen bei Anwendung der Zeitbezugsmethode verändern, indem Sie den Abschluss der Bane Corp. auch nach dieser Methode umrechnen. Welche Umrechnungsdifferenzen treten auf? Wie hoch sind diese?

Bilanz der Bane Corp.	**31.12.2020**		**31.12.2021**	
	Mio. LW		Mio. LW	
Aktiva				
Anlagevermögen	1.000		800	
Umlaufvermögen	1.000		1.500	
Summe	2.000		2.300	
Passiva				
gez. Kapital		600		600
Rücklagen		400		400
Gewinn		0		300
Umrechnungsdifferenz		—		—
Fremdkapital		1.000		1.000
Summe		2.000		2.300

Gesamtergebnisrechnung der Bane Corp. 2020	**Mio. LW**
Umsatzerlöse	1.000
Abschreibungen	200
Übrige Aufwendungen	500
Gewinn	300
Sonstiges Ergebnis (OCI)	0
Gesamtergebnis	300

d) Angenommen es sind für das kommende Jahr starke Wechselkursschwankungen zu erwarten. Welche Auswirkungen hat dies auf den Gewinn und das Gesamtergebnis je nach Methode? Welche Methode führt bei einer Abwertung des Euros zu einem höheren Gesamtergebnis?

Kapitel 21 Unternehmenszusammenschlüsse und Konsolidierung

Unternehmenszusammenschlüsse und -übernahmen (business combinations), wie z.B. die 2018 vollzogene Bayer-Monsanto-Übernahme, beeinflussen häufig die Wettbewerbssituation ganzer Branchen und führen auch in den betroffenen Unternehmen zu erheblichen Veränderungen. Sie lösen als Form des externen Unternehmenswachstums ggf. erstmals eine Konzernrechnungslegungspflicht des erwerbenden Mutterunternehmens aus (siehe Kapitel 4) oder können die bisherigen Konzernabschlusszahlen grundlegend verändern.

Diese Mergers and Acquisitions Transaktionen (M&A) können nach rechtlichen und wirtschaftlichen Kriterien unterschieden werden. Während der Erwerber beim asset deal einzelne Vermögenswerte und eventuell auch Schulden übernimmt, erwirbt er bei einem share deal Eigenkapitalanteile (z.B. Aktien, GmbH-Anteile) am erworbenen Unternehmen. Im Einzelabschluss des Erwerbers werden beim asset deal die einzelnen übernommenen Vermögenswerte und Schulden bilanziert, während beim share deal der Eigenkapitalanteil als Beteiligung im Finanzanlagevermögen auszuweisen ist.

Bei Zusammenschlüssen großer Kapitalgesellschaften, bei grenzüberschreitenden M&A-Transaktionen und auch bei Ausgründungen von Unternehmensteilen wird die Unternehmensverbindung überwiegend durch einen share deal realisiert. Durch den Erwerb von mehr als 50 % der Eigenkapitalanteile und somit i.d.R. der Stimmrechte des erworbenen Unternehmens entsteht das in Kapitel 4 beschriebene Mutter-Tochter-Verhältnis, das eine Konzernrechnungslegungspflicht begründet. Beim share deal wird zudem zwischen Akquisitionen, bei denen Erwerber und Erworbener eindeutig feststehen, und Zusammenschlüssen unter Gleichen (merger of equals) unterschieden. Die Übernahme der Monsanto Company durch die Bayer AG (2018) ist ein bekanntes Beispiel der ersten Kategorie, während der Ende 2018 vollzogene Zusammenschluss von Linde und Praxair als Exempel für die zweite Kategorie dient.[1]

Hinsichtlich der Zahlungsform unterscheidet man cash deal und stock-for-stock deal. Während der Käufer den Kaufpreis bei einem cash deal in bar an die Anteilseigner des erworbenen Unternehmens zahlt, wird die Transaktion bei einem stock-for-stock deal durch die Ausgabe eigener Aktien an die Anteilseigner des erworbenen Unternehmens finanziert.

Ergebnisse der empirischen Rechnungslegungsforschung zeigen, dass Manager auch der bilanziellen Abbildung, die je nach Art des Unternehmenszusammenschlusses unterschiedlich sein kann, große Bedeutung beimessen. Eine besondere Rolle nimmt dabei der Geschäfts- oder Firmenwert (Goodwill) ein, der bei Unternehmenserwerben immer dann entsteht, wenn der Erwerber einen Kaufpreis zahlt, der über dem neubewerteten Vermögen abzüglich ggf. übernommener Schulden liegt. Die bilanzielle Behandlung dieser Position hat enorme Konsequenzen für die

1 Weitere Beispiele mit deutscher Beteiligung sowie deren rechtliche und bilanzielle Behandlung finden sich bei *Krawitz, N./Leukel, S.*, Die Abbildung von Unternehmensfusionen in der Rechnungslegung – Rechtliche Möglichkeiten und Analyse ausgewählter Fälle mit deutscher Beteiligung, in: KoR, 1. Jg. (2001), S. 91-106.

Darstellung der Vermögens-, Finanz- und Ertragslage des Erwerbers und ist daher oftmals Gegenstand bilanzpolitischer Überlegungen.[2] Unternehmenskäufe können einen erheblichen Einfluss auf wesentliche Steuerungs- und Finanzkennzahlen des Erwerbers haben, der maßgeblich von der Transaktionsart, der Finanzierung und den in diesem Kapitel zu diskutierenden Bilanzierungsregeln abhängt.

Bilanzanalytische Auswirkungen

Am 07.06.2018 schloss die Bayer AG die Übernahme der Monsanto Company ab. Bayer übernahm für 128 US-$ je Aktie alle Aktien von Monsanto (share deal) und vollzog damit einen der historisch größten Unternehmenszusammenschlüsse. Der Gesamtkaufpreis lag bei insgesamt 63 Mrd. US-$ (ca. 54 Mrd. €), welcher u.a. über eine Kapitalerhöhung i.H.v. 6 Mrd. €, eine Brückenfinanzierung von einem Konsortium aus 26 verschiedenen Banken über 57 Mrd. US-$ und den Verkauf von Covestro-Aktien im Wert von 2,2 Mrd. € finanziert wurde. Da Bayer den Kaufpreis in bar beglichen hatte, handelte es sich um einen cash deal.[3] Die Transaktion hatte einen erheblichen Einfluss auf die Bilanzkennzahlen der Bayer AG im Einzel- und Konzernabschluss. Während der Gewinn je Aktie durch die Eigenkapitalerhöhung verwässert wurde, ergaben sich zudem im Bayer-Konzernabschluss vielfältige Auswirkungen auf ratingrelevante Vermögens-, Kapitalstruktur- und Renditekennzahlen.[4] So verringerte sich die Eigenkapitalquote im neuen Bayer-Konzern von 49 % (2017) auf 36 % (2018). Das durchschnittliche Capital Employed als Nennergröße von Gesamtkapitalrenditen wie ROCE stieg von 41.600 Mio. € (2017) auf 67.537 Mio. € (2018) deutlich an. Da die operative Ertragskraft der neuen Gruppe im Geschäftsjahr 2018 nicht proportional zum Anstieg des durchschnittlichen Capital Employed Schritt halten konnte, verringerte sich die Renditekennzahl ROCE von 10,8 % (2017) auf 4,4 % (2018).[5]

Lernziele „Kennen“

Nach Bearbeitung dieses Kapitels sind Sie mit dem Prozess der Konzernabschlusserstellung auf Basis der Einzelabschlüsse aller einbezogener Konzernunternehmen nach IFRS 3 vertraut. Sie kennen insbesondere das von einer wirtschaftlichen Einheit ausgehende Vorgehen bei einer Erstkonsolidierung im Rahmen der Erwerbsmethode, bei der Folgekonsolidierung, die Implikationen veränderter Beteiligungsverhältnisse sowie sonstige Konsolidierungsmaßnahmen. Ferner haben Sie die relevanten Bilanzierungsvorschriften für den Goodwill kennengelernt.

Lernziele „Anwenden“

Sie können die einzelnen Schritte der Konzernabschlusserstellung eigenständig durchführen. Zusätzlich sind Sie in der Lage, die Höhe der im Rahmen der Kauf-

2 Vgl. hierzu *Sellhorn, T.*, Goodwill Impairment – An Empirical Investigation of Write-Offs under SFAS 142, Frankfurt a.M. 2004, S. 34-55; *Amel-Zadeh, A./Glaum, M./Sellhorn, T.*, Empirical Goodwill Research: In-sights, Issues, and Implications for Standard Setting and Future Research, Working Paper (2020), S. 1-73.

3 Vgl. *Bayer*, Zwischenbericht, 2018, S. 6.

4 Vgl. für Details und vielfältige Beispiele *Pellens, B./Lleshaj, D./Muschallik, M./Schmidt, A.*, Auswirkungen der bilanziellen Abbildung von M&A-Transaktionen auf zentrale Steuerungskennzahlen, in: Corporate Finance, 3. Jg. (2016), S. 336-344.

5 Vgl. hierzu *Bayer*, Geschäftsbericht, 2017 und 2018.

preisallokation resultierenden Goodwillposition nach Maßgabe der vorgesehenen Methoden zu errechnen, die Notwendigkeit eines Werthaltigkeitstests zu bestimmen sowie diesen durchzuführen und zu bilanzieren.

Lernziele „Bewerten & Gestalten“

Sie verstehen die bilanziellen Konsequenzen von Unternehmenszusammenschlüssen und können vor allem die unterschiedlichen Methoden der Kapitalkonsolidierung in ihren unterschiedlichen Konsequenzen für die Vermögens-, Finanz- und Ertragslage des Konzerns beurteilen. Dies schließt die konzeptionelle Würdigung dieser Methoden mit ein. Sie können auch über mögliche Wechselwirkungen von diesen Methoden einerseits und M&A-Aktivitäten sowie Kaufpreishöhen andererseits diskutieren. Weiterhin können Sie die bestehenden Ansatz- und Bewertungsvorschriften für den Goodwill kritisch würdigen und gegen mögliche Alternativen abwägen.

1 Einleitung

Einleitung

Die oben genannten Zusammenschlussformen sind Gegenstand von IFRS 3 „Unternehmenszusammenschlüsse“ (Business Combinations), der im Rahmen der Anpassung des Verweises auf das neue Rahmenkonzept und der Definition eines Geschäftsbetriebs zuletzt im Mai 2020 geändert wurde und zu großen Teilen der US-GAAP-Vorschrift SFAS 141 „Business Combinations“ (2007) / ASC 805 entspricht. Zudem ist IFRS 10 „Konzernabschlüsse“ für die Abbildung von Unternehmenszusammenschlüssen im Konzernabschluss relevant. Mit IFRS 10 verfolgt das IASB das Ziel einer konsistenten Auslegung des Konzepts der Beherrschung zur Bestimmung eines Mutter-Tochter-Verhältnisses und des Konsolidierungskreises (siehe Kapitel 4).

1.1 Relevante Normen und Begriffe

Regelungsumfang von IFRS 3

Der Regelungsumfang von IFRS 3 erstreckt sich insbesondere auf die bei Unternehmenszusammenschlüssen anzuwendende Erwerbsmethode. Da IFRS 3 die Existenz von „merger of equals“ verneint, ist zunächst die gelegentlich komplexe Frage zu beantworten, welche Partei bei einem Unternehmenszusammenschluss der Erwerber und welche der Erworbene ist. Anschließend sind die Anschaffungskosten aus Sicht des Erwerbers zu bestimmen. Da die im Rahmen eines Unternehmenszusammenschlusses erworbenen Vermögenswerte und Schulden beim Erwerber mit ihren beizulegenden Zeitwerten im Erwerbszeitpunkt anzusetzen sind, enthält IFRS 3 umfangreiche Ansatz- und Bewertungsregeln für erworbene materielle und immaterielle Vermögenswerte, für übernommene Schulden und Eventualschulden sowie für den Goodwill.

Aufbau von IFRS 3

Im Einzelnen regelt IFRS 3 vor allem die Identifizierung eines Geschäftsvorfalls als Unternehmenszusammenschluss, Anwendungsfragen der für Unternehmenszusammenschlüsse allein zulässigen Erwerbsmethode, den Bewertungszeitraum, die Bestimmung der Bestandteile eines Unternehmenszusammenschlusses sowie die Bilanzierung in den Folgeperioden. Zudem enthält der Standard umfangreiche Angabepflichten. Die Anhänge bilden dabei integrale Bestandteile von IFRS 3 und enthalten insbesondere Definitionen sowie Anwendungshinweise. Zudem liefert das IASB eine Darstellung der basis for conclusions, erläuternde Beispiele sowie eine Übersicht über die (geringfügigen) Unterschiede zwischen IFRS 3 und seinem US-Pendant SFAS 141 (2007) / ASC 805.

Unternehmenszusammenschlüsse

IFRS 3 gilt für Unternehmenszusammenschlüsse (IFRS 3.2). Ein Unternehmenszusammenschluss liegt immer dann vor, wenn ein Unternehmen eine Beherrschungsmöglichkeit (control) über einen oder mehrere Geschäftsbetriebe erlangt (IFRS 3.A).

Definition eines Geschäftsbetriebs

Unter Geschäftsbetrieb (business) definiert IFRS 3 eine Gruppe von Inputfaktoren und substantiellen Prozessen, die bei Anwendung auf den Input zur Bereitstellung von Gütern oder Dienstleistungen für Kunden (Output) beitragen. Diese im Oktober 2018 beschlossene Definition ist erstmalig für Unternehmenszusammenschlüsse mit Erwerbszeitpunkt in Berichtsperioden, die am oder nach dem 01.01.2020 beginnen, anzuwenden. Sie ersetzt die Prämisse, dass ein Geschäftsbetrieb aus einer Gruppe von Inputfaktoren und Prozessen, mit deren Hilfe ein Ertrag für Investoren erwirtschaftet werden soll, besteht. Nach beiden Definitionen liegt somit ein Unternehmenszusammenschluss nicht vor, wenn die erworbene Gruppe von Vermögenswerten und Schulden nicht den Charakter eines Geschäftsbetriebs hat. In diesem Fall soll die Transaktion wie ein Erwerb von Vermögenswerten behandelt werden (IFRS 3.3). Eine Unterscheidung zwischen Geschäftsbetrieb und Gruppe von Vermögenswerten und Schulden ist von fundamentaler Bedeutung, denn ein Goodwill kann nur bei Unternehmenszusammenschlüssen und nicht bei der Akquisition einer Gruppe von Vermögenswerten und Schulden entstehen, womit bei Letzterer IFRS 3 keine Anwendung findet. IFRS 3 ist auf asset deals und share deals gleichermaßen anwendbar.

Konsolidierung nach IFRS 10

Geht mit einem share deal die Beherrschungsmöglichkeit einher, führt dies zur Entstehung bzw. Erweiterung eines Konzerns, und das neue Tochterunternehmen ist erstmals in den Konzernabschluss des Mutterunternehmens einzubeziehen. Die Erstellung des Konzernabschlusses erfolgt i.d.R. nicht durch eine Konzernbuchhaltung, sondern durch Zusammenführung der Jahresabschlüsse aller einzubeziehenden Konzernunternehmen. Dabei sind alle konzerninternen Salden und Geschäftsvorfälle durch sogenannte Konsolidierungsmaßnahmen zu eliminieren (IFRS 10.B86(c)). Große Teile von IFRS 10 regeln die Prüfung eines Mutter-Tochter-Verhältnisses, die Pflicht zur Erstellung eines Konzernabschlusses und die Abgrenzung des Kreises der in einen Konzernabschluss einzubeziehenden Unternehmen (siehe Kapitel 4). Die eigentlichen Konsolidierungsmaßnahmen sowie die ihnen vorgelagerten Schritte sind Gegenstand von IFRS 10.B86-B93.

Die folgenden Transaktionen sind aus dem Anwendungsbereich von IFRS 3 ausgenommen (IFRS 3.2(a-c)):

In IFRS 3 nicht geregelte Zusammenschlussformen

- Bildung von Joint Ventures,[6]
- Erwerb eines Vermögenswerts oder einer Gruppe von Vermögenswerten, die keinen Geschäftsbetrieb darstellen, sowie
- Zusammenschlüsse von Unternehmen oder Geschäften, die sowohl vor als auch nach der Transaktion von ein und derselben Partei beherrscht werden, also etwa die Zusammenführung zweier Tochterunternehmen desselben Mutterunternehmens bzw. die Ausgründung eines Tochterunternehmens aus einem Mutterunternehmen.[7]

1.2 Arten von Unternehmenszusammenschlüssen und ihre bilanziellen Auswirkungen

Verschiedene Ausprägungen

Ein Unternehmenszusammenschluss kann auf unterschiedlichen Wegen entstehen. Die gewählte Transaktionsstruktur hängt z.B. vom nationalen Gesellschafts- und Steuerrecht sowie von den bilanziellen Konsequenzen und der Finanzierung ab. IFRS 3.B5-B6 nennen eine nicht abschließende Reihe von Ausgestaltungsmöglichkeiten. Eine grobe Unterscheidung ist nach Art des Erwerbs, wie in Abbildung 21.1 veranschaulicht, und Art der Gegenleistung möglich:

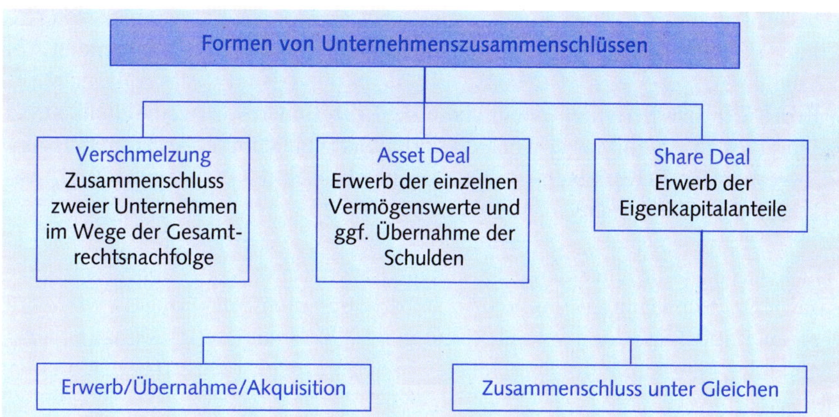

Abb. 21.1: Ausgestaltungsformen von Unternehmenszusammenschlüssen

Art des Erwerbs

- Einerseits kann sich der Erwerber durch Anteilskauf am Eigenkapital des Erworbenen beteiligen, ohne dass dieser dadurch seine Rechtspersönlichkeit ver-

6 Die Bilanzierung von Anteilen an Gemeinschaftsunternehmen ist Gegenstand von IFRS 11. Vgl. hierzu Kapitel 22.

7 Zu näheren Ausführungen vgl. IFRS 3.B1-B4.

liert (share deal). Im anderen Fall bezieht sich der Kauf auf die einzelnen Vermögenswerte und ggf. Schulden, die der Erwerber durch Einzelrechtsnachfolge (asset deal) oder Gesamtrechtsnachfolge (Fusion) übernimmt.[8] Sofern der Erworbene vor der Transaktion eine eigenständige Rechtspersönlichkeit besessen hat, geht diese durch eine Fusion verloren.[9] Erstreckt sich die Transaktion lediglich auf Unternehmensteile, müssen diese für sich genommen als selbständige businesses einzustufen sein. Im Folgenden werden die Fälle des asset deal und der Fusion vereinfachend unter dem Begriff „asset deal" zusammengefasst, um diesen für die Fragen der bilanziellen Darstellung vom share deal abzugrenzen.

Art der Gegenleistung

- Der Erwerber kann den Kaufpreis zum einen durch Anteilstausch begleichen, indem er z.B. eigene Aktien an die Anteilseigner des erworbenen Unternehmens überträgt. Zum anderen können dafür Bargeld oder andere Vermögenswerte hingegeben werden.

Bilanzielle Auswirkungen

Die bilanziellen Konsequenzen von Unternehmenszusammenschlüssen hängen für den Erwerber von der Transaktionsstruktur ab. In allen Fällen ergeben sich Konsequenzen für den Einzelabschluss, wohingegen nur in bestimmten Fällen zusätzlich der Konzernabschluss berührt ist.

Keine Konsolidierung bei asset deal

- Bei einem asset deal oder einer Verschmelzung entsteht kein Mutter-Tochter-Verhältnis zwischen zwei rechtlich selbstständigen Einheiten. Der Erwerb bezieht sich auf einzelne Vermögenswerte und Schulden. Zudem verliert der Erworbene im Rahmen eines asset deal vielfach seine Rechtspersönlichkeit oder hat als rechtlich unselbständiges business eines anderen Unternehmens von Anfang an keine solche besessen. Dieser Fall ist Gegenstand des folgenden Abschnitts 2.

Konsolidierung bei share deal und Mutter-Tochter-Verhältnis

- Erhält der Erwerber bei einem share deal die Beherrschungsmöglichkeit, so führt dies zu einem Mutter-Tochter-Verhältnis (vgl. Kapitel 4). Damit muss der Erwerber den Erworbenen in seinen Konzernabschluss einbeziehen (vgl. Abschnitt 3).

Beispiel 21.1

Die X AG plant die Übernahme der Y AG zu einem Kaufpreis in Höhe des Buchwertes des Eigenkapitals von 500 T€ in bar. Die Summe der Vermögenswerte beträgt 1.500 T€ und die Schulden sind mit 1.000 T€ angesetzt. Als share deal würde die Transaktion folgendermaßen in den Einzelabschluss der X AG einfließen.

Beteiligung an Y AG *an* *liquide Mittel* *500 T€*

---

8 Vgl. zur weiteren Abgrenzung *Mayerhofer, H.*, Betriebswirtschaftliche Effekte der Fusion von Großunternehmen, edition der Hans-Böckler-Stiftung 12, Betriebswirtschaftliche Handlungshilfen Bd. 1, Düsseldorf 1999, S. 9-12.

9 Verliert nur der Erworbene seine rechtliche Selbständigkeit, handelt es sich um eine Verschmelzung durch Aufnahme. Im Falle einer Verschmelzung durch Neugründung geht hingegen auch die Rechtspersönlichkeit des Erwerbers unter und die sich zusammenschließenden Unternehmen übertragen ihr Vermögen auf einen neu gegründeten Rechtsträger. Hierfür ist vor allem das Umwandlungsgesetz einschlägig (UmwG).

Im Falle eines asset deal würde die X AG die Vermögenswerte und Schulden der Y AG übernehmen. Somit entsteht hiermit kein Mutter-Tochter-Verhältnis. Die X AG hat im Einzelabschluss folgende Buchung vorzunehmen.

Vermögenswerte	*1.500 T€*	*an*	*liquide Mittel*	*500 T€*
			Schulden	*1.000 T€*

1.3 Ökonomische Motive von Unternehmenszusammenschlüssen

Synergien

Unternehmenserwerbe sind Investitionen. Solche sollten lediglich unternommen werden, wenn die Summe der diskontierten künftigen Rückflüsse die Anschaffungsauszahlung übersteigt und damit ein positiver Kapitalwert erwartet wird. Im Kontext von Unternehmenstransaktionen würde dies bedeuten, dass der Wert eines kombinierten Unternehmens die Summe der Werte der separaten Unternehmen, zuzüglich der Transaktionskosten, übersteigen müsste. Diese „Mehrwerte" werden als Synergien bezeichnet. Synergien können aufgrund einer Vielzahl von verschiedenen Faktoren entstehen. Im Folgenden werden die relevantesten Faktoren und ihre ökonomische Implikation kurz beschrieben.[10]

Monopolstellung

Durch die Akquisition eines konkurrierenden Unternehmens könnte das Motiv der Reduzierung des Wettbewerbs innerhalb eines Marktsegments verfolgt werden. Der Erwerber könnte den Marktanteil des Wettbewerbers übernehmen und somit seine Marktposition verbessern. Weil Monopolisten ihre Preissetzungsmacht zu Lasten der Konsumenten ausnutzen können, erfordern Unternehmenszusammenschlüsse ab einer bestimmen Größe eine Genehmigung durch die zuständigen Kartellbehörden.

Skalen- und Verbundeffekte

Ein weiteres Motiv für einen Unternehmenszusammenschluss könnten auch potenzielle Skalen- und Verbundeffekte sein. Skaleneffekte bezeichnen die durch die Kombination der Produktionsprozesse entstehenden Kostensenkungspotenziale, z.B. durch Mengenrabatte beim Einkauf. Verbundeffekte bezeichnen die durch die Kombination der administrativen Prozesse entstehenden Kostensenkungspotenziale, z.B. durch Zusammenlegung der Controllingabteilungen.

Vertikale Integration

Agieren die sich zusammenschließenden Unternehmen auf unterschiedlichen Ebenen des Produktionsprozesses innerhalb derselben Branche, könnte der daraus resultierende Anstieg der Koordinationsfähigkeit sich ebenfalls vorteilhaft auswirken. So könnte das akquirierende Unternehmen, abhängig von der Richtung der Akquisition, direkte Kontrolle über die Inputfaktoren oder die nachgelagerten Produktions- sowie Distributionsprozesse erlangen. Hierdurch könnte die Qualität der Inputfaktoren gesteigert bzw. bei konstanter Qualität der Preis gesenkt werden. Falls der Erwerber die Prozesse effizienter gestalten kann, ergeben sich aus der Kontrolle über den Distributionsprozess ebenfalls Kostensenkungspotenziale.

10 Vgl. dazu *Berk, J./DeMarzo, P.*, Corporate Finance, 5. Auflage, New York 2019, S. 970-1000.

Gewinnwachstum

Zusätzlich könnte ein Unternehmen mit hohem Wachstumspotenzial (und daher hohem Kurs-Gewinn-Verhältnis) durch die Akquisition eines Unternehmens mit niedrigem Wachstumspotenzial den Gewinn pro Aktie steigern.

Beispiel 21.2

	X AG	**Y AG**
Anzahl ausstehende Aktien	10.000	10.000
Aktienkurs (in €)	25	15
Gewinn pro Aktie (in €)	2	2

Die X AG plant, im Rahmen eines Aktientausches alle Aktien der Y AG zu übernehmen. Zum Zeitpunkt der Übernahme beträgt der Marktwert der Aktien der Y AG (15 € · 10.000 =) 150.000 €. Werden die Aktien zum Marktwert übernommen, müsste die X AG einen Kaufpreis von 150.000 € zahlen. Folglich erhalten die Aktionäre der Y AG 0,6 neue Aktien der X AG für je eine Aktie der Y AG. Der Gesamtgewinn des kombinierten Unternehmens berechnet sich aus der Summe der Einzelgewinne beider Unternehmen und beträgt (2 €· 10.000 + 2 € · 10.000 =) 40.000 €. Bei einer Anzahl von (0,6 · 10.000 + 10.000 =) 16.000 ausstehenden Aktien ergibt sich somit ein Gewinn je Aktie von (40.000 €/ 16.000 =) 2,50 €. Dieses Beispiel verdeutlicht, dass die X AG durch die Akquisition der Y AG ihren Gewinn je Aktie von 2 € auf 2,50 € erhöhen konnte.

2 Bilanzielle Abbildung eines asset deal

Erwerbsmethode allein zulässig

IFRS 3.4 lässt für die bilanzielle Abbildung von Unternehmenszusammenschlüssen nur die sogenannte Erwerbsmethode zu. Damit stellt sich das IASB auf den Standpunkt, dass jeder Unternehmenszusammenschluss eine Akquisition darstellt, bei der Erwerber und Erworbener eindeutig zu bestimmen sind (IFRS 3.6).

Grundgedanke der Erwerbsmethode

Die Erwerbsmethode unterstellt, dass der Erwerber, unabhängig von der konkret gewählten gesellschaftsrechtlichen Transaktionsstruktur, wirtschaftlich betrachtet die einzelnen Vermögenswerte und Schulden des Erworbenen übernimmt (Einzelerwerbsfiktion). Auf Ansatz und Bewertung der bisher beim Erwerber bilanzierten Positionen hat eine solche Akquisition aber keinerlei Auswirkungen, da diese nicht Gegenstand der Transaktion sind (IFRS 3.51). Die im Rahmen eines asset deal durch Einzel- oder Gesamtrechtsnachfolge erworbenen Positionen werden vom Erwerber in seinem Abschluss mit ihren jeweiligen Anschaffungskosten und damit mit ihren beizulegenden Zeitwerten angesetzt. Dies gilt ungeachtet dessen, ob und mit welchem Betrag sie bereits im Abschluss des Erworbenen bilanziert waren.

Unterschiedsbeträge

I.d.R. entspricht der vom Erwerber gezahlte Kaufpreis nicht dem beizulegenden Zeitwert des erworbenen Nettovermögens, also der Vermögenswerte abzüglich eventuell übernommener Schulden. Zwei Fälle sind denkbar:

Goodwill

Der Erwerber zahlt eine über den beizulegenden Zeitwert des erworbenen Nettovermögens hinausgehende Prämie. Diese wird als Geschäfts- oder Firmenwert (Goodwill) bezeichnet und als Vermögenswert aktiviert (IFRS 3.32).

Beispiel 21.3

Die X AG schließt am 31.12.2021 mit dem Geschäftsführer der Y GmbH einen Kaufvertrag über sämtliche Vermögenswerte der Y GmbH. Im Gegenzug verpflichtet sich die X AG zur Zahlung von 1.200 T€ an die Y GmbH und übernimmt zudem die Schulden der Y GmbH, die nun als Finanzholding bestehen bleibt. Damit liegt hier ein asset deal vor. Die Bilanz der Y GmbH zu Buchwerten zeigt vor der Transaktion folgendes Bild:

Bilanz der Y GmbH zum 31.12.2021 zu Buchwerten (in T€)			
Anlagevermögen	550	Eigenkapital	500
Umlaufvermögen	300	Fremdkapital	350
Summe	850	Summe	850

Nachfolgend wird die Bilanz der X AG vor der Transaktion dargestellt:

Bilanz der X AG zum 31.12.2021 vor Erwerb der Y GmbH (in T€)			
Anlagevermögen	1.800	Eigenkapital	2.100
Umlaufvermögen	2.050	Fremdkapital	1.750
Summe	3.850	Summe	3.850

Ein Immobiliensachverständiger ermittelt für die im Anlagevermögen ausgewiesenen Gebäude der Y GmbH (Buchwert: 300 T€) einen beizulegenden Zeitwert von 600 T€. Ansonsten entsprechen die Buchwerte den beizulegenden Zeitwerten.

Lösung[11]
Die X AG hat die erworbenen Vermögenswerte sowie die übernommenen Schulden im Einzelabschluss mit ihren beizulegenden Zeitwerten anzusetzen. Dabei entsteht ein positiver Unterschiedsbetrag, der als Goodwill unter den immateriellen Vermögenswerten aktiviert wird:

Kaufpreis	1.200T€
– Vermögenswerte der Y GmbH (zu Buchwerten)	- 850T€
– Stille Reserven in den Gebäuden der Y GmbH	- 300T€
+ Schulden der Y GmbH	+ 350T€
= positiver Unterschiedsbetrag (Goodwill)	**400T€**

11 Bei diesem und den folgenden Beispielen werden Steuereffekte zunächst vernachlässigt. Diese werden in den späteren Beispielen berücksichtigt.

Damit ergibt sich für die X AG folgende Bilanz nach dem Erwerb und der Übernahme der Vermögenswerte und Schulden der Y GmbH:

Bilanz der X AG zum 31.12.2021 nach Erwerb der Y GmbH (in T€)			
Anlagevermögen (1.800 + 550 + 300 =)	2.650	Eigenkapital	2.100
Goodwill	400		
Umlaufvermögen (2.050 – 1.200 + 300 =)	1.150	Fremdkapital (1.750 + 350 =)	2.100
Summe	4.200	Summe	4.200

Negativer Unterschiedsbetrag

Ist der beizulegende Zeitwert des erworbenen Nettovermögens höher als der dafür vom Erwerber entrichtete Kaufpreis und hält ein derartiger negativer Unterschiedsbetrag einer erneuten Überprüfung (reassessment) stand, so ist er GuV-wirksam als Ertrag zu erfassen (IFRS 3.34-36). Hier ist zu beachten, dass stille Reserven auch dann voll aufzudecken sind, wenn daraus ein negativer Unterschiedsbetrag entsteht oder sich erhöht. Eine sogenannte Anschaffungskostenrestriktion gibt es nicht.

Beispiel 21.4

Im Unterschied zu Beispiel 21.3 wird nun unterstellt, der Kaufpreis für das Nettovermögen der Y GmbH habe nicht 1.200 T€, sondern lediglich 700 T€ betragen. Dann ergäbe sich ein negativer Unterschiedsbetrag, der von der X AG nach einer erneuten Überprüfung als Ertrag vereinnahmt wird:

Kaufpreis	700T€
– Vermögenswerte der Y GmbH (zu Buchwerten)	– 850T€
– Stille Reserven in den Gebäuden der Y GmbH	– 300T€
+ Schulden der Y GmbH	+ 350T€
= negativer Unterschiedsbetrag (Ertrag)	**-100T€**

3 Bilanzielle Abbildung eines share deal im Konzernabschluss

3.1 Verfahrensschritte

Erwerbsmethode im Falle eines share deal

Während die Erwerbsmethode beim asset deal sowohl im Einzel- als auch in einem vom Erwerber ggf. aufzustellenden Konzernabschluss wie beschrieben angewendet wird, gilt sie im Falle eines share deal ausschließlich im Konzernabschluss des Erwerbers. Ein share deal, der zu einem Mutter-Tochter-Verhältnis führt, hat zur Konsequenz, dass das erwerbende Unternehmen das beherrschte Unternehmen unter Anwendung von IFRS 3 im Wege der Vollkonsolidierung in seinen Konzernabschluss einbeziehen muss. Im Einzelabschluss des Mutterunternehmens wird der share deal als Beteiligungszugang (z.B. *Beteiligungen an Bank)* im Finanzanlagevermögen ausgewiesen. Dieser wird dort als „Anteile an Tochterunternehmen" entweder nach der Anschaffungskostenmethode (at cost) oder nach IFRS 9 bilanziert (IAS 27.10).

Schritte der Konzernabschlusserstellung

Im Konzernabschluss wird die Erwerbsmethode im Rahmen der Konsolidierung angewendet. Sie stellt damit einen zentralen Schritt bei der Erstellung eines Konzernabschlusses aus den Einzelabschlüssen aller zur wirtschaftlichen Einheit „Konzern" gehörenden Unternehmen dar. Die nachfolgende Abbildung 21.2 listet die Arbeitsschritte bei der Erstellung eines konsolidierten Abschlusses auf.[12]

1.	Prüfung, ob das betrachtete Unternehmen an der Spitze einer nach wirtschaftlichen Kriterien festgelegten Unternehmensgruppe steht **(Pflicht zur Aufstellung eines Konzern- bzw. Teilkonzernabschlusses)**
2.	Festlegung aller zu dieser Gruppe gehörenden rechtlich selbständigen Unternehmen **(Konsolidierungskreis)**
3.	**Vereinheitlichung von Bilanzstichtag, Bilanzansatz und Bilanzbewertung** der in den Konzernabschluss einzubeziehenden Abschlüsse
4.	Bei ausländischen Tochterunternehmen: Ggf. Umrechnung der einheitlichen Abschlüsse in die Konzernabschlusswährung **(Währungsumrechnung)**
5.	**Erstellung eines Summenabschlusses** durch Horizontaladdition der Jahresabschlusspositionen der einheitlichen und umgerechneten Jahresabschlüsse
6.	**Durchführung der Konsolidierungsmaßnahmen** zur Eliminierung konzerninterner Geschäftsbeziehungen und Abschlusskorrekturen zur Beachtung der Fiktion der rechtlichen Einheit

Abb. 21.2: Arbeitsschritte zur Erstellung eines konsolidierten Abschlusses

Prüfung der Aufstellungspflicht

- Erstens ist zu prüfen, ob ein Unternehmen (Mutterunternehmen) aufgrund der Beherrschungsmöglichkeit an einem oder mehreren anderen Unternehmen (Tochterunternehmen) zur Erstellung eines Konzern- bzw. Teilkonzernabschlusses verpflichtet ist. Diese grundlegende Frage der Konzernabschlusserstellungspflicht ist ausführlich in Kapitel 4 behandelt worden.

Konsolidierungskreis

- Zweitens ist der Kreis derjenigen rechtlich selbständigen Tochterunternehmen festzulegen, die in den Konzernabschluss des Mutterunternehmens aufzunehmen sind. Auch diese Frage ist in IFRS 10 geregelt, vgl. hierzu erneut Kapitel 4.

Vereinheitlichung einschließlich Währungsumrechnung

- Drittens sollten alle konsolidierten Konzernunternehmen für die Erstellung eines IFRS-konformen Konzernabschlusses einheitliche Abschlussstichtage haben und die einzubeziehenden Abschlüsse sind hinsichtlich der angewandten Ansatz- und Bewertungsmethoden zu vereinheitlichen (IFRS 10.19 i.V.m. 10.B87-88 und 10.B92-B93).
- Viertens sind die in fremder Währung erstellten Jahresabschlüsse von Konzernunternehmen in die Konzernabschlusswährung umzurechnen. Für diese Wäh-

12 Schritte, die nach der Durchführung der Konsolidierungsmaßnahmen anfallen, z.B. die Erstellung anderer Konzernabschlussrechenwerke, sind nicht Gegenstand dieses Kapitels.

rungsumrechnung gilt IAS 21, vgl. hierzu auch Kapitel 20, wo ebenfalls die Frage der Goodwillermittlung bei Auslandsakquisitionen erörtert wird.

- Fünftens sind die einzubeziehenden, in Konzernabschlusswährung umgerechneten und konzerneinheitlich aufgestellten Einzelabschlüsse durch Horizontaladdition zu einem Summenabschluss zusammenzufassen.

Konsolidierung

- Den sechsten und zentralen Schritt der Konzernabschlusserstellung bildet die Konsolidierung. Hiermit werden die bilanziellen Effekte aller konzerninternen Geschäftsbeziehungen aus dem Summenabschluss eliminiert, sodass der Konzernabschluss nach der „Fiktion der rechtlichen Einheit" als Abschluss der gesamten wirtschaftlich zusammengehörigen Unternehmensgruppe erscheint. Bei diesen in IFRS 10.B86-B93 geregelten Maßnahmen handelt es sich um die Kapitalkonsolidierung, die Schuldenkonsolidierung, die Aufwands- und Ertragskonsolidierung und die Zwischenerfolgseliminierung (Abbildung 21.3).

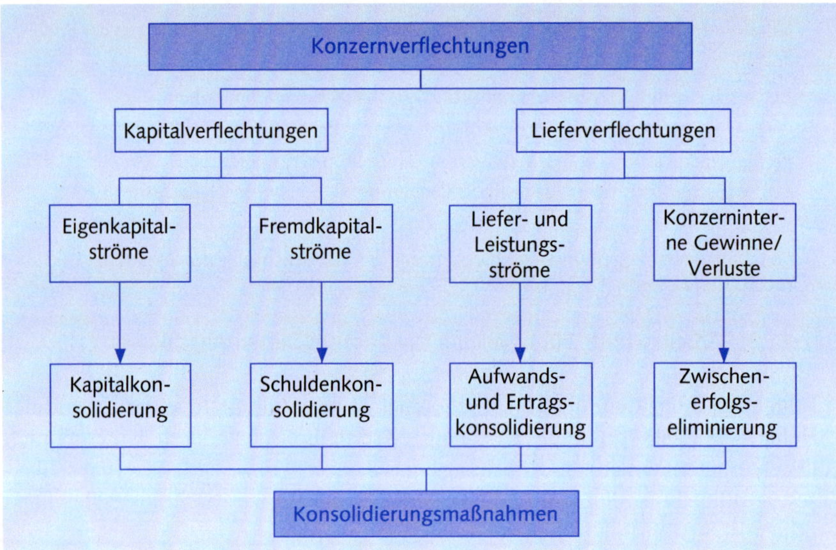

Abb. 21.3: Konzernverflechtungen und resultierende Konsolidierungsmaßnahmen

3.2 Vorbereitende Maßnahmen

Im Folgenden werden die den eigentlichen Konsolidierungsmaßnahmen vorgelagerten Arbeitsschritte der Konzernabschlusserstellung, sofern sie nicht Gegenstand eigener Kapitel dieses Buches sind, erläutert.

Vereinheitlichung von Ansatz und Bewertung

Das Erfordernis der Vereinheitlichung von Ansatz- und Bewertungsmethoden ergibt sich aus IFRS 10.19, wonach Konzernabschlüsse unter Anwendung einheitlicher Bilanzierungsgrundsätze für ähnliche Geschäftsvorfälle zu erstellen sind. Wurden die in den Konzernabschluss aufzunehmenden Abschlüsse der konsolidierten Gesellschaften bisher nach abweichenden Methoden erstellt, sind Anpassungsbuchungen in einer sogenannten „Handelsbilanz II" (HB II) erforderlich (IFRS 10.B87). Beispiele hierfür sind abweichende Nutzungsdauern bzw. unterschiedliche Abschreibungsmethoden von ansonsten gleichen Vermögenswerten oder unterschiedliche Diskontierungszinssätze bei langfristigen Rückstellungen.

Konzern-abschluss-stichtag

Die zum Konzernabschluss zu aggregierenden Abschlüsse des Mutter- und der Tochterunternehmen sollen einen gemeinsamen Abschlussstichtag haben. Weicht der Stichtag eines Tochterunternehmens von dem des Mutterunternehmens ab, so erstellt das betreffende Tochterunternehmen zu Konsolidierungszwecken einen Zwischenabschluss, es sei denn, dies ist nicht durchführbar oder wirtschaftlich nicht zu vertreten (IFRS 10.B92). Wird aus diesen Gründen kein Zwischenabschluss erstellt, so sind zwischen den abweichenden Stichtagen eingetretene bedeutende Geschäftsvorfälle oder sonstige Ereignisse durch Korrekturbuchungen zu berücksichtigen. Die zwischen den Stichtagen liegende Abweichung, die im Zeitablauf ebenso wie die Abrechnungsperioden selbst konstant bleiben soll, darf jedoch allenfalls drei Monate betragen; geht sie darüber hinaus, ist ein Zwischenabschluss zwingend erforderlich (IFRS 10.B93).

Summen-abschluss

Als letzter Schritt verbleibt nach einer ggf. vorzunehmenden Währungsumrechnung von in fremder Währung aufgestellten HB II (vgl. Kapitel 20) die Zusammenfassung der einzelnen Abschlüsse der Konzernunternehmen durch Horizontaladdition zum sogenannten Summenabschluss, der dann sämtlichen Konsolidierungsmaßnahmen zugrunde gelegt wird (IFRS 10.B86).

Beispiel 21.5

Im Folgenden wird unterstellt, dass der im Beispiel 21.3 beschriebene Erwerb der Y GmbH durch die X AG für 1.200 T€ über einen share deal realisiert wurde, bei dem die X AG zum 31.12.2021 die Gesellschafteranteile an der Y GmbH zu 100 % erworben hat und die Y GmbH folglich ein Tochterunternehmen der X AG wird. Die erforderlichen vorbereitenden Maßnahmen wurden getroffen. Die Bilanz der X AG zum Erwerbszeitpunkt:

Bilanz der X AG zum 31.12.2021 (in T€)			
Anlagevermögen	1.800	Eigenkapital	2.100
Beteiligung an Y	1.200	Fremdkapital	1.750
Umlaufvermögen	850		
Summe	3.850	Summe	3.850

Die Horizontaladdition mit der im obigen Beispiel abgebildeten Bilanz der Y GmbH wird im Folgenden dargestellt. In analoger Weise ist grundsätzlich mit den übrigen Rechenwerken zu verfahren.

31.12.2021, T€	X AG		Y GmbH		Summenbilanz	
Anlagevermögen	1.800		550		2.350	
Beteiligung an Y	1.200		—		1.200	
Umlaufvermögen	850		300		1.150	
Eigenkapital		2.100		500		2.600
Fremdkapital		1.750		350		2.100
Summe	3.850	3.850	850	850	4.700	4.700

3.3 Kapitalkonsolidierung

3.3.1 Konzeptionelle Grundlagen der Erstkonsolidierung

Problem der Mehrfacherfassung

In dem obigen Summenabschluss ist der „Wert" des Tochterunternehmens mehrfach erfasst. Im Jahresabschluss des Mutterunternehmens steht der Beteiligungsbuchwert, der mit dem Eigenkapital im Jahresabschluss des Tochterunternehmens korrespondiert. Aus Konzernsicht hält das Mutterunternehmen mit der Beteiligung am Tochterunternehmen quasi „eigene Anteile", die im Rahmen der Kapitalkonsolidierung mit dem Eigenkapital zu saldieren sind.

Grundsätzliche Vorgehensweise

Um diese Mehrfacherfassung zu korrigieren, wird durch die Kapitalkonsolidierung der Beteiligungsbuchwert im Zeitpunkt des Erwerbs mit dem anteilig erworbenen Eigenkapital des Tochterunternehmens verrechnet, sodass im Konzernabschluss nur die Vermögenswerte und Schulden des Tochterunternehmens verbleiben. Somit wird der share deal bilanziell im Sinne der Einzelerwerbsfiktion wie ein asset deal abgebildet. Im folgenden Beispiel wird zunächst die grundlegende Technik der Kapitalkonsolidierung erläutert.

Beispiel 21.6

Ausgehend von Beispiel 21.5 erfolgt nun die Kapitalkonsolidierung. Aufgrund der Ungleichheit von Beteiligungsbuchwert (1.200 T€) und anteilig erworbenem Eigenkapital der Y GmbH (Buchwert: 500 T€) ergibt sich zunächst ein Unterschiedsbetrag aus der Kapitalkonsolidierung i.H.v. 700 T€ (Konsolidierungsbuchung [a]).

31.12.2021, T€	X AG		Y GmbH		Summen-bilanz		Konsolidie-rung		Konzern-bilanz	
Anlageverm.	1.800		550		2.350				2.350	
Beteilig. an Y	1.200		—		1.200			[a]1.200	—	
Umlaufverm.	850		300		1.150				1.150	
Unterschiedsb.	—		—		—		[a]700		700	
Eigenkapital		2.100		500		2.600	[a]500			2.100
Fremdkapital		1.750		350		2.100				2.100
Summe	3.850	3.850	850	850	4.700	4.700			4.200	4.200

[a] Kapitalkonsolidierung: Verrechnung des Beteiligungsbuchwerts aus dem Einzelabschluss der X AG mit dem Eigenkapital der Y GmbH; Entstehung eines aktivischen Unterschiedsbetrags aus der Kapitalkonsolidierung.

Stille Reserven und stille Lasten

Bei der Kapitalkonsolidierung entstehende Unterschiedsbeträge können unterschiedliche Ursachen haben. Ihre bilanzielle Behandlung ergibt sich teilweise aus der Bewertungskonzeption, nach welcher Mutter- und Tochterunternehmen in der Konzernbilanz abgebildet werden sollen. Bei der nach IFRS 3 allein gültigen Erwerbsmethode gilt, dass grundsätzlich alle einzeln erworbenen Vermögenswerte und Schulden des Tochterunternehmens – unabhängig von ihrer bisherigen Behandlung im Jahresabschluss des Tochterunternehmens – zum Erwerbszeitpunkt mit ihren beizulegenden Zeitwerten im Konzernabschluss bilanziert werden (Ausnahmen werden in Abschnitt 3.3.3.4 behandelt). Dementsprechend ist ein bei der Kapitalkonsolidierung entstehender Unterschiedsbetrag zwischen Beteiligungsbuchwert und anteilig erworbenem Eigenkapital des Tochterunternehmens zunächst daraufhin zu untersuchen, ob er durch erworbene stille Reserven bzw. stille Lasten zu erklären ist.

Beispiel 21.7

Wie in Beispiel 21.3 erwähnt, befinden sich in den Grundstücken der Y GmbH stille Reserven i.H.v. 300 T€. Da die Grundstücke nach IFRS 3 mit den beizulegenden Zeitwerten zum Erwerbszeitpunkt in die Konzernbilanz aufzunehmen sind, erfolgt zunächst eine Neubewertung im Rahmen einer „Handelsbilanz III" (Buchung [a]). Hierdurch erhöht sich das Eigenkapital der Y GmbH um 300 T€. Die anschließende Konsolidierungsbuchung ergibt damit einen gegenüber dem vorangegangenen Beispiel um 300 T€ reduzierten Unterschiedsbetrag von 400 T€ (Buchung [b]), der als Goodwill unter den immateriellen Vermögenswerten auszuweisen ist.

31.12.2021, T€	X AG	Y GmbH	Summen-bilanz	Neu-bewertung	Konsoli-dierung	Konzern-bilanz
Anlagevermögen	1.800	550	2.350	[a]300		2.650
Beteiligung an Y	1.200	—	1.200		[b]1.200	—
Umlaufvermögen	850	300	1.150			1.150
Goodwill	—	—	—		[b]400	400
Eigenkapital	2.100	500	2.600	[a]300	[b]800	2.100
Fremdkapital	1.750	350	2.100			2.100
Summe	3.850 3.850	850 850	4.700 4.700			4.200 4.200

[a] Neubewertung der erworbenen Vermögenswerte der Y GmbH.

[b] Kapitalkonsolidierung: Verrechnung des Beteiligungsbuchwerts aus dem Einzelabschluss der X AG mit dem neubewerteten Eigenkapital der Y GmbH; Aktivierung des entstehenden Goodwills.

Keine Anschaffungskostenrestriktion

Die Höhe der auflösbaren stillen Reserven und stillen Lasten ist nach IFRS 3 nicht auf den ursprünglichen Unterschiedsbetrag begrenzt. Es ist auch denkbar, dass das neubewertete Nettovermögen des Tochterunternehmens die Anschaffungskosten der Beteiligung übersteigt. In einem solchen Fall entsteht durch die Auflösung stiller Reserven und stiller Lasten aus einem ursprünglich positiven Unterschiedsbetrag eine negative Differenz (vgl. bereits Beispiel 21.4).

Bisher nicht bilanzierte Positionen

Neben der Auflösung von Bewertungsunterschieden zwischen Buchwerten und beizulegenden Zeitwerten verlangt IFRS 3 im Rahmen der Erwerbsmethode auch den Ansatz von bisher beim Tochterunternehmen nicht angesetzten Vermögenswerten und Schulden, sofern diese die IFRS-Ansatzkriterien erfüllen.

Behandlung verbleibender Unterschiedsbeträge

Auch nach vollständiger Erfassung und Bewertung der identifizierbaren Vermögenswerte und Schulden des Tochterunternehmens verbleibt meist ein Unterschiedsbetrag zwischen dem Beteiligungsbuchwert und dem neubewerteten anteiligen Eigenkapital. Wie bereits oben im Zusammenhang mit dem Fall des asset deal erläutert, wird dieser nach IFRS 3 asymmetrisch behandelt.

Goodwill

Eine verbleibende positive Differenz (Firmen- bzw. Geschäftswert oder Goodwill) wird als Vermögenswert aktiviert (IFRS 3.32).[13] Nach dem Verständnis des IASB ist der erworbene Goodwill ein immaterieller Vermögenswert, dem es an der Einzelidentifizierbarkeit fehlt, der aber ansonsten alle Definitionsmerkmale eines Vermögenswerts erfüllt, was seine Aktivierung rechtfertigt. Einen Überblick über denkbare Bestandteile des Goodwills für den Fall einer 100 %-Beteiligung bietet Abbildung 21.4.

13 Mit der Logik der doppelten Buchführung und einer Interpretation als „Fehlkauf" bzw. einer Überzahlung wären auch eine Aufwandserfassung oder eine GuV-neutrale Verrechnung mit dem Eigenkapital vereinbar. Die ökonomische Interpretation des Unterschiedsbetrags würde sich hierdurch natürlich ändern. Vgl. Kapitel 20 zur Frage der Goodwillermittlung beim Erwerb von in Fremdwährung bilanzierenden Auslandstöchtern.

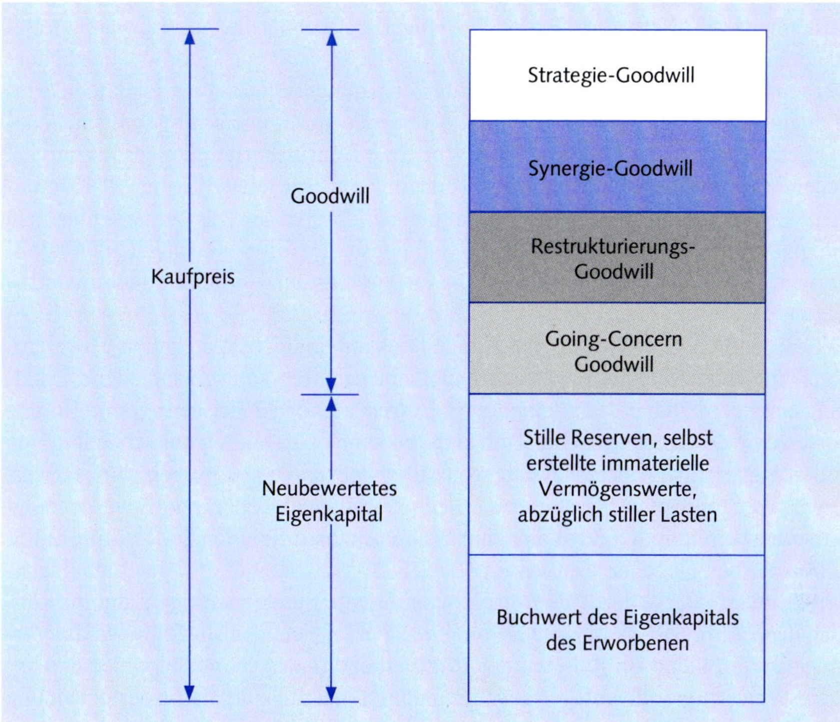

Abb. 21.4: Komponenten eines positiven Unterschiedsbetrags. Quelle: In Anlehnung an *Sellhorn, T.*, Ansätze zur bilanziellen Behandlung des Goodwills im Rahmen einer kapitalmarktorientierten Rechnungslegung, in: DB, 53. Jg. (2000), S. 885-892.

Der wirtschaftliche Gehalt des Goodwills leitet sich aus künftigen Erträgen ab, die der Erwerber mit Hilfe des Zusammenschlusses zu generieren plant und dem Verkäufer der Beteiligung im Kaufpreis bereits bezahlt. Diese Erträge sollen sich erstens aus nicht bilanzierungsfähigen Vermögenswerten des erworbenen Unternehmens ergeben. Beispiele hierfür sind ein hoch qualifiziertes Management bzw. eine besondere Harmonie in der Belegschaft. Dieser going-concern goodwill entspricht dem originären Goodwill des erworbenen Unternehmens. Er umfasst damit den Unterschied zwischen dem Gesamtbewertungswert des erworbenen Unternehmens und der Summe der einzeln bewerteten Vermögenswerte und Schulden. Zweitens kann sich künftiges Ertragspotenzial aus einer Restrukturierung des erworbenen Unternehmens ergeben. Ein solcher Restrukturierungs-Goodwill kann durch effizientere Ausnutzung vorhandener Ressourcen und/oder Konzentration auf das Kerngeschäft durch Abbau nicht betriebsnotwendiger Ressourcen gehoben werden. Drittens verbindet der Erwerber mit einem Zusammenschluss sehr häufig die Hoffnung auf Kosten- und/oder Ertragssynergien aus der Bündelung von Aktivitäten und/oder der Übertragung von Know-how. Der Synergie-Goodwill besteht aus den quantifizierten Verbundeffekten aller Unternehmensfunktionen, die aus dem

Zusammenschluss erwartet werden.[14] Weniger greifbar als die bisher genannten Bestandteile erscheint eine vierte Komponente, die als Strategie-Goodwill bezeichnet werden kann. Sie spiegelt den Beitrag des Zusammenschlusses zur geplanten Strategieumsetzung des Erwerbers wider. So werden Zusammenschlüsse oftmals damit gerechtfertigt, dass nur auf diese Weise die Eintrittsbarrieren eines lukrativen, neuen Marktes überwunden werden können. Zu dieser letzten Goodwill-Komponente gehört ganz allgemein die Gesamtheit der durch einen Zusammenschluss neu hinzugewonnenen Handlungsalternativen. Diese Flexibilität lässt sich als Realoption auffassen und unter Zuhilfenahme entsprechender Verfahren auch quantifizieren.[15]

Negativer Unterschiedsbetrag

Gelegentlich entsteht bei der Kapitalkonsolidierung eine negative Differenz. Auch für einen solchen negativen Unterschiedsbetrag sind verschiedene Erklärungsansätze denkbar: Zum einen sind Bewertungsfehler bei den Anschaffungskosten eine denkbare Ursache. Zum anderen kann es zu einer Unterschätzung von stillen Lasten oder Überschätzung von stillen Reserven gekommen sein. Bewertungsungenauigkeiten bei den erworbenen Vermögenswerten und Schulden sind ferner deshalb möglich, weil einzelne Wertansätze im Rahmen der Kaufpreisallokation als beizulegende Zeitwerte gelten, in Wirklichkeit aber keine beizulegenden Zeitwerte darstellen. Als Beispiel sind latente Steuerpositionen, die im Rahmen der Kaufpreisallokation undiskontiert zu berücksichtigen sind, obwohl die Vertragsparteien ihnen im Rahmen der Kaufverhandlungen möglicherweise diskontierte Werte zugrunde gelegt haben, zu nennen. Lassen sich die bisher genannten Gründe ausschließen, so wird ein negativer Unterschiedsbetrag letztendlich als Ausdruck eines günstigen Kaufs (bargain purchase, lucky buy) anzusehen sein. Ein negativer Restbetrag ist i.d.R. als Ertrag GuV-wirksam zu vereinnahmen (IFRS 3.34).[16]

Vorgehensweise bei Existenz von nicht beherrschenden Anteilseignern

Da nach dem control-Konzept für das Vorliegen eines Mutter-Tochter-Verhältnisses auch Beteiligungsquoten unter 100 % ausreichen, müssen vielfach auch Tochterunternehmen, an denen das Mutterunternehmen weniger als 100 % der EK-Anteile hält, im Wege der Vollkonsolidierung in den Konzernabschluss einbezogen werden (vgl. Kapitel 4). Hier sind weiterhin nicht beherrschende Anteils-

14 Vgl. auch IAS 36.80, der Goodwill vor allem durch erwartete Synergien erklärt.

15 Vgl. dazu *Crasselt, N./Tomaszewski, C.*, Unternehmerische Flexibilität bei strategischen Akquisitionen – Einsatzmöglichkeiten von Optionspreismodellen, in: Controlling, 11. Jg. (1999), S. 517-524.

16 In einer Stichprobe des HDAX und SDAX von 2005 bis 2013 findet *Zülch, H.*, Der Badwill – Eine unterschätzte Größe in der deutschen Bilanzierungspraxis, in: KoR, 16. Jg. (2016), S. 313-314, insgesamt 96 Transaktionen, in denen es zur Bilanzierung eines sogenannten Badwills gekommen ist.

eigner am Eigenkapital des Tochterunternehmens beteiligt.[17] Deren Behandlung hängt von der dem Konzernabschluss zugrunde liegenden Konzerntheorie ab.[18]

- Nach der Einheitstheorie (entity theory), die der Konzeption von IFRS 3 tendenziell zu Grunde liegt, sind nicht beherrschende Anteilseigner als Eigenkapitalgeber der wirtschaftlichen Einheit Konzern anzusehen, sodass deren Anteile im Konzernabschluss zwar separat, aber innerhalb des Eigenkapitals ausgewiesen werden (IFRS 10.22). Einheitstheorie
- Die konkurrierende Interessentheorie (parent company theory) sieht den gesamten Konzern demgegenüber aus dem Blickwinkel der Anteilseigner des Mutterunternehmens. An Tochterunternehmen beteiligte nicht beherrschende Anteilseigner sind außenstehende Kapitalgeber, obwohl sie dem Konzern über Tochterunternehmen Eigenkapital zur Verfügung gestellt haben. Nach der Interessentheorie werden nicht beherrschende Anteile im Konzernabschluss als Verbindlichkeit und damit im Fremdkapital ausgewiesen. Interessentheorie

Beispiel 21.8

In Abwandlung von Beispiel 21.6 sei nun unterstellt, die X AG habe eine 70 %-Beteiligung an der Y GmbH für 840 T€ erworben. Der beizulegende Zeitwert der restlichen 30 % – also der nicht beherrschenden EK-Anteile – sei 360 T€.[19] Für die Bilanz der X AG ergibt sich damit ein verändertes Bild. Die Bilanz der Y GmbH wird demgegenüber unverändert aus dem Ausgangsbeispiel bzw. aus Beispiel 21.6 übernommen:

Bilanz der X AG zum 31.12.2021 (in T€)			
Anlagevermögen	1.800	Eigenkapital	2.100
Beteiligung an Y	840	Fremdkapital	1.750
Umlaufvermögen	1.210		
Summe	3.850	Summe	3.850

17 Da eine Einbeziehungspflicht für das Mutterunternehmen auch bei einem Kapitalanteil von weniger als 50 % gegeben sein kann (vgl. Kapitel 4), ist der Begriff des Minderheitsgesellschafters in solchen Fällen nicht ganz korrekt. *Busse von Colbe et al.*, Konzernabschlüsse, S. 205, verwenden den dem deutschen HGB (§ 307) entlehnten Begriff der anderen Gesellschafter und bezeichnen deren Eigenkapitalanteil als „Ausgleichsposten für Anteile anderer Gesellschafter". In IFRS 3 und IFRS 10 wird der Begriff „non-controlling interest" genutzt, welcher offiziell mit „nicht beherrschende Anteile" übersetzt wird.

18 Vgl. ausführlich *Busse von Colbe et al.*, Konzernabschlüsse, S. 26-28 sowie Abschnitt 3.3.2 in diesem Kapitel.

19 Somit wird im Beispiel davon ausgegangen, dass sich der Wert des Anteils nicht beherrschender Anteilseigner durch proportionale Hochrechnung (also unter Vernachlässigung einer Kontrollprämie) aus der Mehrheitsbeteiligung herleiten lässt ((840 /0,7) · 0,3 = 360).

Bilanz der Y GmbH zum 31.12.2021 zu Buchwerten (in T€)			
Anlagevermögen	550	Eigenkapital	500
Umlaufvermögen	300	Fremdkapital	350
Summe	850	Summe	850

Obwohl die X AG hier nur 70 % der Gesellschafteranteile an der Y GmbH hält, werden – ein Beherrschungsverhältnis sei unterstellt – deren Vermögenswerte und Schulden vollständig in die Summenbilanz und damit in den Konzernabschluss einbezogen. Der Buchwert der Y-Beteiligung (840 T€) wird mit dem anteiligen, der X AG zustehenden Eigenkapital der Y GmbH i.H.v. (500 · 0,7 =) 350 T€ verrechnet (Konsolidierungsbuchung [a]). Die verbleibenden 150 T€ des Y-Eigenkapitals werden auf die nicht beherrschenden Anteile umgegliedert (Konsolidierungsbuchung [b]).

31.12.2021, T€	X AG	Y GmbH	Summenbilanz	Konsolidierung	Konzernbilanz
Anlageverm.	1.800	550	2.350		2.350
Beteiligung an Y	840		840	[a]840	—
Umlaufverm.	1.210	300	1.510		1.510
Unterschiedsb.	—	—	—	[a]490	490
Eigenkapital	2.100	500	2.600	[a]350 [b]150	2.100
Nicht beherrschende Anteile	—	—	—	[b]150	150
Fremdkapital	1.750	350	2.100		2.100
Summe	3.850 3.850	850 850	4.700 4.700		4.350 4.350

[a] Kapitalkonsolidierung: Verrechnung des Beteiligungsbuchwerts aus dem Einzelabschluss der X AG mit dem anteiligen Eigenkapital der Y GmbH; Entstehung eines aktivischen Unterschiedsbetrags aus der Kapitalkonsolidierung als Zwischenschritt.

[b] Einbuchung der nicht beherrschenden Anteile am Eigenkapital der Y GmbH.

Im Sinne der Einheitstheorie sind die nicht beherrschenden Anteile als gesonderte Position im Eigenkapital auszuweisen, das sich folglich zu (2.100 + 150 =) 2.250 T€ ermittelt und zu einer Eigenkapitalquote von (2.250 / 4.350 =) 51,7 % führt.

Der in der Konzernbilanz noch enthaltene Unterschiedsbetrag setzt sich hier aus stillen Reserven und Goodwill zusammen. Er kann, je nach konzerntheoretischer Perspektive und daraus abgeleiteter Erstkonsolidierungskonzeption, unterschiedlich behandelt werden. Im folgenden Abschnitt werden diese Alternativen detailliert erörtert.

3.3.2 Alternative Methoden der Erstkonsolidierung

Konzern-theoretische Einordnung

Konzeptionell sind, je nach konzerntheoretischer Perspektive und den wirtschaftlichen Umständen des betreffenden share deal (Erwerb oder Zusammenschluss), unterschiedliche Methoden der Kapitalkonsolidierung denkbar. Abbildung 21.5 vermittelt einen Überblick über die Methoden der Vollkonsolidierung, die nachfolgend anhand eines durchgehenden Beispiels verdeutlicht werden.

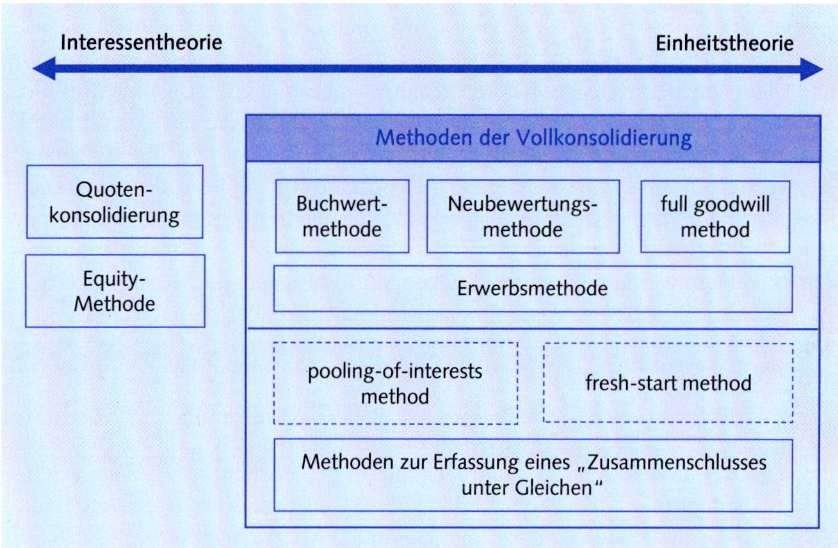

Abb. 21.5: Bilanztheoretische Einordnung von Konsolidierungsmethoden

Varianten der Erwerbsmethode

Die in der oberen Hälfte des Kastens befindlichen Varianten der Erwerbsmethode gehen davon aus, dass sich die an einem Unternehmenszusammenschluss beteiligten Parteien immer in einen Erwerber und einen Erworbenen unterscheiden lassen.[20] Die in Abbildung 21.5 dargestellten Ausprägungen der Erwerbsmethode unterscheiden sich hinsichtlich der Berücksichtigung etwaiger nicht beherrschender Anteile an Tochterunternehmen, die entstehen, wenn das Mutterunternehmen weniger als 100 % des Eigenkapitals des Tochterunternehmens erwirbt. Bei einer Anteilsquote des Mutterunternehmens von 100 % führen alle drei Methoden folglich zum selben Ergebnis.

Buchwert-methode

Nach der Buchwertmethode erstreckt sich die Neubewertung der Vermögenswerte und Schulden des Tochterunternehmens lediglich auf die Beteiligungsquote des Mutterunternehmens. Stille Reserven und stille Lasten werden nur proporti-

20 Nach IFRS 3 sind die Neubewertungsmethode sowie die full goodwill method zulässig. Beide Methoden werden in IFRS 3 als (Varianten der) Erwerbsmethode bezeichnet. Der Erwerber kann für jeden Unternehmenszusammenschluss, der in den Anwendungsbereich von IFRS 3 fällt, bei der Erstkonsolidierung frei zwischen beiden Methoden wählen (IFRS 3.19). Die Buchwertmethode ist nach IFRS nicht vorgesehen.

onal zur Anteilsquote des Mutterunternehmens aufgedeckt („beteiligungsproportionale Neubewertungsmethode"). Der den nicht beherrschenden Anteilseignern „zustehende" Anteil an Vermögenswerten und Schulden wird mit seinen ursprünglichen Buchwerten aus der HB II übernommen. Sind also nicht beherrschende Anteilseigner an einem Tochterunternehmen beteiligt, so erfolgt die Bewertung der Vermögenswerte und Schulden dieses Tochterunternehmens in der Konzernbilanz mit einem ökonomisch kaum zu interpretierenden Wertkonglomerat. Die Buchwertmethode ist die am stärksten interessentheoretisch geprägte Variante der Erwerbsmethoden.

Beispiel 21.9

Die Unterschiede zwischen den hier erläuterten Methoden der Kapitalkonsolidierung werden anhand des folgenden einfachen Beispiels und vorerst unter Vernachlässigung latenter Steuern illustriert.[21] Hierzu werden die jeweiligen Auswirkungen auf den Return on Capital Employed (ROCE) des Unternehmens diskutiert, wobei für die Folgeperioden von einem Konzern-EBIT von jährlich 400 T€ ausgegangen wird. Der ROCE wird hier als EBIT / Bilanzsumme definiert. Zudem werden die Auswirkungen auf die Eigenkapitalquote (Eigenkapital / Gesamtkapital) als zentrale Kapitalstrukturkennzahl betrachtet. Dabei wird der nicht beherrschende Anteil im Sinne einer einheitstheoretischen Sichtweise dem Eigenkapital zugerechnet.

Ausgangspunkt sei der Erwerb einer 70 %-Beteiligung an der Y GmbH durch die X AG (8). Zudem sind wiederum die bereits erwähnten stillen Reserven i.H.v. 300 T€ in den Gebäuden der Y GmbH zu berücksichtigen. Bei der Buchwertmethode erfolgt eine Neubewertung der erworbenen Vermögenswerte und Schulden nur proportional zum Kapitalanteil des Mutterunternehmens, also lediglich zu 70 %.

21 Die Berücksichtigung latenter Steuern im Rahmen der Kapitalkonsolidierung wird im Rahmen des zusammenfassenden Beispiels in Abschnitt 5 dargestellt. Für eine Illustration der Quotenkonsolidierung und der Equity-Methode vgl. Kapitel 22.

Buchwert-methode	X AG	Y GmbH	Summen-bilanz	Konsoli-dierung	Konzern-bilanz
Anlagevermögen	1.800	550	2.350	[b]210	2.560
Beteiligung an Y	840	—	840	[a]840	—
Umlaufvermögen	1.210	300	1.510		1.510
Unterschieds-betrag	—	—	—	[a]490 [b]490	—
Goodwill	—	—	—	[b]280	280
Eigenkapital	2.100	500	2.600	[a]350 [c]150	2.100
Nicht beherr-schende Anteile	—	—	—	[c]150	150
Fremdkapital	1.750	350	2.100		2.100
Summe	3.850 3.850	850 850	4.700 4.700		4.350 4.350

[a] Kapitalkonsolidierung: Verrechnung des Beteiligungsbuchwerts aus dem Einzelabschluss der X AG mit dem anteiligen Eigenkapital der Y GmbH; Entstehung eines aktivischen Unterschiedsbetrags aus der Kapitalkonsolidierung.

[b] Anteilige Aufdeckung der stillen Reserven in den erworbenen Vermögenswerten der Y GmbH. Aktivierung des verbleibenden Unterschiedsbetrags als Goodwill.

[c] Einbuchung der nicht beherrschenden Anteile am Eigenkapital der Y GmbH.

Bei einheitstheoretischer Betrachtung ergibt sich eine Konzerneigenkapitalquote von (2.250 / 4.350 =) 51,7 %. Der ROCE beträgt hier (400 / 4.350 =) 9,2 %.

Neubewertungsmethode

Nach der Neubewertungsmethode werden die Vermögenswerte und Schulden des Tochterunternehmens unabhängig von der Anteilsquote des Mutterunternehmens vollständig neu bewertet. Der den nicht beherrschenden Anteilseignern zuzuordnende Eigenkapitalanteil wird hier folglich als proportionaler Anteil der nicht beherrschenden Anteilseigner am beizulegenden Zeitwert des erworbenen neubewerteten Nettovermögens – exklusive Goodwill – berechnet. Diese Methode ist die in IFRS 3.19(b) genannte zweite Variante der Erwerbsmethode.

Beispiel 21.10

Bei Anwendung der Neubewertungsmethode werden die erworbenen Vermögenswerte (ohne Goodwill) und Schulden inklusive des nicht beherrschenden Anteils neu bewertet.

Neubewertungs-methode	X AG	Y GmbH	Summen-bilanz	Neu-bewertung	Konsoli-dierung	Konzern-bilanz
Anlagevermögen	1.800	550	2.350	[a]300		2.650
Beteiligung an Y	840	—	840		[b]840	—
Umlaufvermögen	1.210	300	1.510			1.510
Goodwill	—	—	—		[b]280	280
Eigenkapital	2.100	500	2.600	[a]300	[b]560 [c]240	2.100
Nicht beherr-schende Anteile	—	—	—		[c]240	240
Fremdkapital	1.750	350	2.100			2.100
Summe	3.850 3.850	850 850	4.700 4.700			4.440 4.440

[a] Neubewertung der erworbenen Vermögenswerte der Y GmbH.
[b] Kapitalkonsolidierung: Verrechnung des Beteiligungsbuchwerts aus dem Einzelabschluss der X AG mit dem anteiligen neubewerteten Eigenkapital der Y GmbH; Aktivierung des entstehenden Goodwills.
[c] Einbuchung der nicht beherrschenden Anteile am neubewerteten Eigenkapital der Y GmbH.

Die Konzernbilanzsumme ist durch die vollständige Aufdeckung der stillen Reserven (300 statt 210) höher als bei der Buchwertmethode, was sich in einem niedrigeren ROCE von (400 / 4.440 =) 9,0 % ausdrückt. Von der Einheitstheorie ausgehend, ist die Eigenkapitalquote gegenüber der Buchwertmethode gestiegen. Sie beträgt (2.340 / 4.440 =) 52,7 %.

Full goodwill method

Die full goodwill method kann als einheitstheoretische Extremform der Erwerbsmethode bezeichnet werden. Hier erfolgt nicht nur eine Neubewertung des den nicht beherrschenden Anteilseignern zustehenden Anteils an den Vermögenswerten und Schulden des Tochterunternehmens. Zudem wird hier auch ein den nicht beherrschenden Anteilseignern zustehender Goodwill aktiviert. Im Gegensatz zur Neubewertungsmethode löst sich dieser Goodwillansatz von dem tatsächlich gezahlten Kaufpreis des Mutterunternehmens und unterstellt, dass auch die nicht beherrschenden Anteilseigner ihre Anteile an dem Tochterunternehmen zum Erwerbszeitpunkt des Mutterunternehmens zu einem gesondert zu ermittelnden beizulegenden Zeitwert erworben hätten. Dies führt zu einem nicht mehr pagatorisch abgesicherten Goodwillanteil der nicht beherrschenden Anteilseigner, der in der Konzernbilanz den (Gesamt-)Goodwill auf der Aktivseite und den Eigenkapitalanteil der nicht beherrschenden Anteilseigner auf der Passivseite erhöht. Die full goodwill method ist die in IFRS 3.19(a) genannte erste Variante der Erwerbsmethode zur bilanziellen Behandlung von Unternehmenszusammenschlüssen.

Beispiel 21.11

Bei Anwendung der full goodwill method ist es notwendig, den beizulegenden Zeitwert der nicht beherrschenden Anteile zu bestimmen. Dieser wurde in der Ausgangssituation mit 360 T€ angenommen. Der Anteil der nicht beherrschenden Anteilseigner am ausgewiesenen full goodwill ergibt sich dann als Differenz aus dem Zeitwert der nicht beherrschenden Anteile und ihrem analog zur Neubewertungsmethode bestimmten Anteil am neubewerteten Eigenkapital. Somit ergibt sich in Beispiel 21.11 ein Goodwill der nicht beherrschenden Anteilseigner i.H.v. (360 – 240 =) 120 T€ und ein full goodwill von (280 + 120 =) 400 T€. Für diesen Gesamt-Goodwill ergibt sich in diesem Beispiel genau der Wert, der auch beim vollständigen Erwerb in Beispiel 21.7 entstanden ist. Damit wäre der full goodwill auch durch einfache „Hochrechnung" (280 / 0,7) zu bestimmen gewesen.[22] In der Konzernbilanz werden nun auch die nicht beherrschenden Anteile mit ihrem beizulegenden Zeitwert ausgewiesen.

full goodwill method	**X AG**	**Y GmbH**	**Summen-bilanz**	**Neu-bewertung**	**Konsoli-dierung**	**Konzern-bilanz**
Anlagevermögen	1.800	550	2.350	[a]300		2.650
Beteiligung an Y	840		840		[b]840	—
Umlaufvermögen	1.210	300	1.510			1.510
Goodwill	—				[b]280 [d]120	400
Eigenkapital	2.100	500	2.600	[a]300	[b]560 [c]240	2.100
Nicht beherrschende Anteile	—				[c]240 [d]120	360
Fremdkapital	1.750	350	2.100			2.100
Summe	3.850 3.850	850 850	4.700 4.700			4.560 4.560

[a] Neubewertung der erworbenen Vermögenswerte der Y GmbH.

[b] Kapitalkonsolidierung: Verrechnung des Beteiligungsbuchwerts aus dem Einzelabschluss der X AG mit dem anteiligen neubewerteten Eigenkapital der Y GmbH; Aktivierung des entstehenden Mehrheiten-Goodwills.

[c] Einbuchung der nicht beherrschenden Anteile am neubewerteten Eigenkapital der Y GmbH.

[d] Aktivierung des Goodwills der nicht beherrschenden Anteilseigner.

Durch die Aufdeckung des gesamten Goodwills steigt die Konzernbilanzsumme gegenüber der Neubewertungsmethode an. Das Management muss nun auch

22 Dies ist jedoch i.d.R. gerade nicht der Fall. Der proportionale Wert, also der Wert pro Anteil, eines Mehrheitenanteils wird z.B. aufgrund einer gezahlten control-Prämie oder – umgekehrt – eines minority discount von dem eines entsprechenden Anteils nicht beherrschender Anteilseigner i.d.R. abweichen. Vgl. hierzu Abschnitt 3.3.3.4.

auf den Anteil der nicht beherrschenden Anteilseigner am Goodwill eine Rendite erbringen.

Der ROCE beträgt hier nur noch (400 / 4.560 =) 8,8 %. Dementsprechend ist wiederum die Eigenkapitalquote aufgrund des gestiegenen Goodwills und der EK-Anteile der nicht beherrschenden Anteilseigner höher als zuvor. Sie beträgt nun (2.460 / 4.560 =) 53,9 %.

Quotenkonsolidierung

Wenn nicht beherrschende Anteilseigner im Sinne einer interessentheoretischen Extremhaltung vollständig als Konzernfremde angesehen würden, wären die Vermögenswerte und Schulden von Tochterunternehmen nur zu demjenigen Anteil in den Konzernabschluss einzubeziehen, der vom Mutterunternehmen kontrolliert wird. Hier würde folglich keine Vollkonsolidierung, sondern nur eine beteiligungsproportionale bzw. quotale Konsolidierung des Nettovermögens des Tochterunternehmens durchgeführt. Diese Vorgehensweise wird als Quotenkonsolidierung bezeichnet. Nach IFRS kommt die Quotenkonsolidierung für die Einbeziehung von Tochterunternehmen in den Konzernabschluss nicht in Betracht, da das control-Konzept von einer nicht teilbaren Beherrschungsmöglichkeit über das Tochterunternehmen ausgeht. Auch für die Bilanzierung von Anteilen an Gemeinschaftsunternehmen ist sie nicht mehr zulässig (vgl. Kapitel 22).

Equity-Methode

Eine noch stärker der Interessentheorie folgende Konzernsichtweise wird durch die Equity-Methode umgesetzt. Bei diesem Verfahren werden nicht die Vermögenswerte und Schulden der Beteiligungsgesellschaft in die Konzernbilanz des beteiligten Unternehmens aufgenommen. Stattdessen wird die Beteiligung, ausgehend von den Anschaffungskosten, in den Folgeperioden der Entwicklung des anteiligen Eigenkapitals und damit dem Nettovermögen bzw. dem sogenannten „Bilanzkurs“ angepasst. Wenn es auch zur anteiligen Eliminierung von Zwischenerfolgen kommt, wird die Equity-Methode als partielles Konsolidierungsverfahren (one-line consolidation) interpretiert (vgl. Kapitel 22).

Methoden zur Bilanzierung von „Zusammenschlüssen unter Gleichen“

Neben den verschiedenen Varianten der Erwerbsmethode werden zwei Konsolidierungsmethoden diskutiert, die im Falle eines „Zusammenschlusses unter Gleichen“ (merger of equals) für eine angemessene bilanzielle Abbildung sorgen sollen. Konzeptionell wird ein Bedarf nach solchen Verfahren damit gerechtfertigt, dass nicht jeder Unternehmenszusammenschluss als einseitiger Erwerbsvorgang interpretiert werden kann, bei dem ein Erwerber ein anderes Unternehmen akquiriert. Vielmehr handele es sich häufig um Zusammenschlüsse, bei denen sich zwei gleichberechtigte Partner zusammenschließen, um ihre Unternehmen gemeinsam fortzuführen oder um aus zwei bestehenden Unternehmen ein Neues zu gründen.[23]

Pooling-of-interests method

Von der erstgenannten Prämisse geht die pooling-of-interests method (Interessenzusammenführungsmethode) aus. Diese Methode wurde im Jahr 2004 u.a. deswegen aus den IFRS „verbannt“, weil ein Nebeneinander von zwei unterschied-

23 Vgl. zum Folgenden etwa *Pellens, B./Sellhorn, T.*, Kapitalkonsolidierung nach der Fresh-Start-Methode, in: BB, 54. Jg. (1999), S. 2125-2132. *Telkamp, H.-J./Bruns, C.*, Pooling-of-interests-Methode versus Fresh-Start-Methode – ein Vergleich, in: WPg, 53. Jg. (2000), S. 744-749, sprechen in diesem Zusammenhang von einer „Fusionsfiktion“ (S. 746).

lichen Bilanzierungsmethoden für Unternehmenszusammenschlüsse die Vergleichbarkeit von Abschlüssen behindere (IFRS 3.BC29-B54). Bei der pooling-of-interests method werden mangels Erwerbsvorgang die Vermögenswerte und Schulden beider zusammengeschlossenen Unternehmen keiner Neubewertung unterzogen, sondern zu Buchwerten in den Konzernabschluss übernommen. Ein etwaiger Unterschiedsbetrag zwischen einem Beteiligungsbuchwert und dem anteiligen Eigenkapital ist GuV-neutral mit dem Eigenkapital (Gewinnrücklagen) zu verrechnen.

Beispiel 21.12

Bei der pooling-of-interests method erfolgt eine Buchwertfortführung, sodass keinerlei stille Reserven der sich zusammenschließenden Unternehmen aufgedeckt werden. Der Unterschiedsbetrag wird GuV-neutral mit dem Eigenkapital verrechnet.[24]

pooling-of-interests method	**X AG**		**Y GmbH**		**Summenbilanz**		**Konsolidierung**		**Konzernbilanz**	
Anlagevermögen	1.800		550		2.350				2.350	
Beteiligung an Y	840				840			[a]840	—	
Umlaufvermögen	1.210		300		1.510				1.510	
Unterschiedsbetr.	—		—		—		[a]490	[b]490	—	
Eigenkapital		2.100		500		2.600	[a]350 [b]490 [c]150			1.610
Nicht beherrschende Anteile		—		—		—		[c]150		150
Fremdkapital		1.750		350		2.100				2.100
Summe	3.850	3.850	850	850	4.700	4.700			3.860	3.860

[a] Kapitalkonsolidierung: Verrechnung des Beteiligungsbuchwerts aus dem Einzelabschluss der X AG mit dem anteiligen Eigenkapital der Y GmbH; Entstehung eines aktivischen Unterschiedsbetrags aus der Kapitalkonsolidierung.
[b] Verrechnung des Unterschiedsbetrags mit dem Konzerneigenkapital.
[c] Einbuchung der nicht beherrschenden Anteile am Eigenkapital der Y GmbH.

Die Konzernbilanzsumme erscheint gegenüber den Erwerbsmethoden erheblich reduziert. Der aus diesem Grunde relativ hohe ROCE von (400 / 3.860 =)

24 Die Darstellung der Zusammenschlussmethoden (pooling-of-interests method und fresh start method) anhand des gewählten Beispiels mit 30 % nicht beherrschenden Anteilen ist nicht ganz unproblematisch. Eigentlich sind diese Methoden für solche Zusammenschlüsse vorgesehen, bei denen die beteiligten Unternehmen sich (annähernd) vollständig zusammenschließen, ohne dass dabei nicht beherrschende Anteilseigner verbleiben. Aus didaktischen Gründen werden jedoch im Folgenden alle zuvor dargestellten Methoden anhand desselben Beispiels gezeigt, um Unterschiede zwischen ihnen zu verdeutlichen.

10,4 % erklärt die Attraktivität dieser Methode für viele Unternehmen. Im Gegenzug sinkt die Eigenkapitalquote gegenüber den Erwerbsmethoden. Sie beträgt hier (1.760 / 3.860 =) 45,6 %.

Fresh-start method

Auch die fresh-start method beruht auf dem Grundgedanken, dass kein Erwerb, sondern ein Zusammenschluss zweier Unternehmen vorliegt. Hier wird jedoch davon ausgegangen, dass sich zwei gleichberechtigte Partner zu einem neuen Unternehmen zusammenschließen, das sie fortan gemeinsam betreiben wollen. Anders als nach der pooling-of-interests method sollen hier die Vermögenswerte und Schulden beider Parteien zum Zeitpunkt des Zusammenschlusses einer vollständigen Neubewertung unterzogen werden. Ob diese sich auch auf die Goodwills beider Unternehmen erstrecken soll, wäre noch zu entscheiden. Konzeptionell treibt die fresh-start method die einheitstheoretisch motivierte Neubewertung auf die Spitze.

Beispiel 21.13

Im Beispiel werden die full goodwills beider beteiligten Unternehmen aktiviert. Auch im Anlagevermögen der X AG befinden sich stille Reserven i.H.v. 400 T€ und ein originärer Goodwill betrage 500 T€.

fresh-start method	**X AG**	**Y GmbH**	**Summen-bilanz**	**Neu-bewertung**	**Konsoli-dierung**	**Konzern-bilanz**
Anlagevermögen	1.800	550	2.350	[a]300 [b]400		3.050
Beteiligung an Y	840	—	840		[e]840	—
Umlaufvermögen	1.210	300	1.510			1.510
Goodwill	—	—	—	[c]400 [d]500		900
Eigenkapital	2.100	500	2.600	[a]300 [b]400 [c]400 [d]500	[e]840 [f]360	3.000
Nicht beherrschende Anteile	—	—	—		[f]360	360
Fremdkapital	1.750	350	2.100			2.100
Summe	3.850 3.850	850 850	4.700 4.700			5.460 5.460

[a] Neubewertung der erworbenen Vermögenswerte der Y GmbH.

[b] Neubewertung der Vermögenswerte der X AG.

[c] Aktivierung des full goodwill der Y GmbH.

[d] Aktivierung des full goodwill der X AG.

[e] Kapitalkonsolidierung: Verrechnung des Beteiligungsbuchwerts aus dem Einzelabschluss der X AG mit dem anteiligen neubewerteten Eigenkapital der Y GmbH.

[f] Einbuchung der nicht beherrschenden Anteile am neu bewerteten Eigenkapital der Y GmbH.

Gegenüber der pooling-of-interests method bildet die fresh-start method gemessen am ROCE das andere Extrem. Durch die Aufdeckung aller stillen Reserven und Goodwills der beteiligten Parteien wird die Konzernbilanzsumme stark erhöht. Der geringe ROCE von (400 / 5.460 =) 7,3 % erklärt möglicherweise, warum sich dieses Verfahren bisher nicht durchsetzen konnte. Die Eigenkapitalquote erscheint demgegenüber mit (3.360 / 5.460 =) 61,5 % deutlich gestärkt.

3.3.3 IFRS 3-Vorschriften zur Erwerbsmethode

3.3.3.1 Zulässige Methoden und Vorgehensweise

Zulässige Methoden

Nach IFRS 3 sind von den dargestellten Konsolidierungsmethoden für Tochterunternehmen nur die Neubewertungsmethode und die full goodwill method als Varianten der Erwerbsmethode zulässig. Nachdem die Methoden der Erstkonsolidierung und hier insbesondere die Erwerbsmethode in ihren Grundzügen erläutert wurden, sollen im Folgenden die IFRS 3-spezifischen Einzelvorschriften zur konkreten Anwendung dargestellt werden.[25]

Übersicht

Bei Anwendung der Erwerbsmethode sind nach IFRS 3.5 folgende Schritte durchzuführen:

- Erstens ist bei einem Unternehmenszusammenschluss der Erwerber zu bestimmen (IFRS 3.6-7).
- Zweitens ist der Erwerbszeitpunkt zu identifizieren (IFRS 3.8-9).
- Drittens müssen die erworbenen Vermögenswerte, die übernommenen Schulden sowie ein eventueller Anteil nicht beherrschender Anteilseigner des neuen Tochterunternehmens angesetzt und bewertet werden (IFRS 3.10-31). Dabei geht es, wie oben beschrieben, um den Ansatz bisher nicht bilanzierter Positionen und die Aufdeckung stiller Reserven und Lasten.
- Viertens sind die genauen Anschaffungskosten zu bestimmen (IFRS 3.37-40).
- Fünftens muss entweder ein Goodwill oder – bei Vorliegen eines bargain purchase – ein Ertrag bewertet und GuV-wirksam erfasst werden (IFRS 3.32-36).

Spezialprobleme

Spezialprobleme ergeben sich ferner bei Unternehmenszusammenschlüssen, die sich, etwa wegen sukzessiven Anteilserwerbs, über mehrere Phasen erstrecken (IFRS 3.41-42). Gelegentlich sind auch Unternehmenszusammenschlüsse zu beobachten, bei denen keine Gegenleistung erfolgt. Solche Fälle sind z.B. bei Abschluss eines Beherrschungsvertrages möglich und werden in IFRS 3.43-44 geregelt. Ein weiteres Spezialproblem, das in IFRS 3.39-40 geregelt wird, ergibt sich bei Unternehmenszusammenschlüssen, bei denen die Gegenleistung von bestimmten

25 Diese Einzelvorschriften gelten für asset deals ebenso wie für share deals, werden jedoch aufgrund der größeren Relevanz von share deals für den hier im Vordergrund stehenden Konzernabschluss im Folgenden durchgehend am Beispiel der Konsolidierung diskutiert.

Bedingungen, z.B. von der Ergebnisentwicklung des erworbenen Unternehmens, abhängig ist. Zudem ist denkbar, dass die erstmalige Konsolidierung eines Tochterunternehmens nur auf der Grundlage vorläufiger Werte durchgeführt werden kann (IFRS 3.45-50).[26] Die genannten Spezialprobleme werden in Abschnitt 3.3.3.4 und 3.3.5.2 dieses Kapitels behandelt.

3.3.3.2 Bestimmung des Erwerbers

Festlegung des Erwerbers

Der Grundgedanke der Erwerbsmethode macht es erforderlich, für jeden Unternehmenszusammenschluss einen Erwerber festzulegen, der im Rahmen der anschließenden Konsolidierung die Rolle des Mutterunternehmens einnimmt (IFRS 3.6).

Grundsatz: control-Konzept

Als Erwerber gilt dasjenige Unternehmen, welches die Beherrschungsmöglichkeit über das andere am Zusammenschluss beteiligte Unternehmen erlangt (IFRS 3.7).

Hinweise auf den Erwerber

I.d.R. kann unter Rückgriff auf IFRS 10 bestimmt werden, wer der Erwerber ist. In Fällen, in denen sich ein Erwerber so nicht eindeutig identifizieren lässt, sind die in IFRS 3.B14-B18 aufgeführten Indikatoren heranzuziehen. Im Falle einer Bezahlung stimmberechtigter Eigenkapitalanteile mit liquiden Mitteln oder anderen Vermögenswerten gilt die zahlende Partei als Erwerber. Werden zur Zahlung Schulden des Verkäufers übernommen, gilt diejenige Partei, welche die Schulden übernimmt, als Erwerber (IFRS 3.B14). Wenn sich die beteiligten Parteien hinsichtlich ihrer Größe wesentlich unterscheiden, ist das größere Unternehmen i.d.R. der Erwerber.

Anteilstausch

Besonders problematisch ist die Festlegung des Erwerbers bei einem Unternehmenszusammenschluss durch Anteilstausch. Hierbei handelt es sich, wie oben erläutert, um einen share deal, bei dem das Mutterunternehmen die Anteile am Tochterunternehmen mit eigenen Aktien bezahlt. Dementsprechend vermutet IFRS 3.B15 in derjenigen Partei den Erwerber, die im Rahmen der Transaktion eigene Aktien ausgibt. Diese widerlegbare Vermutung macht jedoch eine Detailprüfung, welche Partei tatsächlich die Beherrschung erworben hat, nicht überflüssig. Hierbei sind alle relevanten Tatsachen und Umstände zu berücksichtigen.

Reverse acquisitions

Die Situation, dass ein Unternehmen „sich akquirieren lässt", wird als umgekehrter Unternehmenserwerb (reverse acquisition) bezeichnet.[27] Die Übernahme von Rhône-Poulenc durch Höchst im Jahre 1999 ist eine der größten Unternehmenstransaktionen dieser Art. Anlass einer solchen Transaktion ist beispielsweise das Bestreben eines großen, nichtbörsennotierten Unternehmens, durch die Verbindung mit einer kleineren börsennotierten Gesellschaft ein Börsenlisting zu er-

26 Gelegentlich sind die genauen Wertverhältnisse der Vermögenswerte und Schulden des Tochterunternehmens zum Erwerbszeitpunkt noch nicht bekannt, da die Kaufpreisallokation im Rahmen der Erstkonsolidierung eines Tochterunternehmens einen umfangreichen und häufig langwierigen Bewertungsvorgang darstellt. Die Erstkonsolidierung muss dann auf der Grundlage vorläufig ermittelter, geschätzter Wertansätze erfolgen.

27 Vgl. *Küting, K./Müller, W./Pilhofer, J.*, 'Reverse Acquisitions' als Anwendungsfall einer 'Reverse Consolidation' bei der Erstellung von Konzernabschlüssen nach US-GAAP und IAS – ein Leitbild für die deutsche Rechnungslegung?, in: WPg, 53. Jg. (2000), S. 257-269.

langen. Auch wenn die Anteile ausgebende börsennotierte Gesellschaft juristisch als Mutterunternehmen gilt, erlangt das (juristisch gesehen) erworbene Unternehmen oftmals die Beherrschungsmöglichkeit über das neu entstandene Gebilde und gilt daher nach IFRS 3.B15 für bilanzielle Zwecke als Erwerber. Die Bilanzierung von reverse acquisitions wird im Anhang zu IFRS 3 (IFRS 3.B19-B27) erläutert. Der Konzernabschluss trägt zwar den Namen des juristischen Mutterunternehmens, wird aber im Anhang als Fortführung der Finanzberichterstattung des juristischen Tochterunternehmens „enttarnt". Folglich werden im Rahmen der Erwerbsmethode die Vermögenswerte und Schulden des juristischen Mutterunternehmens mit ihren beizulegenden Zeitwerten angesetzt, während es hinsichtlich des juristischen Tochterunternehmens – also des wirtschaftlichen, bilanziellen Erwerbers – zu einer Buchwertfortführung kommt.

Gründung eines neuen Unternehmens

Ein weiterer Weg, einen Unternehmenszusammenschluss herbeizuführen, besteht darin, ein neues Unternehmen zu gründen, welches anschließend durch Ausgabe eigener Anteile die Anteile der beiden sich zusammenschließenden Unternehmen erwirbt. Hier verlangt IFRS 3.B18, dass eines der beiden ursprünglich existierenden Unternehmen als Erwerber identifiziert wird. Dies könnte z.B. wie bei dem Zusammenschluss der Thyssen AG und der Friedrich Krupp AG Hoesch-Krupp im Jahr 1999 zur ThyssenKrupp AG das Unternehmen sein, dessen Aktionäre die Aktienmehrheit am neuen Unternehmen halten (hier Thyssen AG).

Zusammenschluss von mehr als zwei Unternehmen

Als weiteren Problemfall der Bestimmung des Erwerbers nennt IFRS 3.B17 den Zusammenschluss von mehr als zwei Unternehmen. Auch hier ist eine der Parteien auf der Basis der vorhandenen Informationen als Erwerber zu bestimmen. Zu berücksichtigen sind dabei u.a. die relativen Unternehmensgrößen (Bilanzsumme, Umsatzerlöse) sowie die Frage, welche der Parteien den Zusammenschluss angebahnt hat.

3.3.3.3 Erwerbszeitpunkt

Control-Übergang

Als Erwerbszeitpunkt gilt der Zeitpunkt, zu dem der Erwerber die Beherrschung über das erworbene Unternehmen erlangt. Dies erfolgt i.d.R. zum Closing der M&A-Transaktion, an dem der Erwerber dann die Vermögenswerte und Schulden des Tochterunternehmens übernimmt. Allerdings kann der Beherrschungsübergang auch zu einem anderen Zeitpunkt vereinbart werden. Liegen z.B. schon vor der Zahlung schriftliche Vereinbarungen vor, die eine Beherrschungsmöglichkeit beinhalten, liegt auch der Erwerbszeitpunkt vor der Zahlung. Der Erwerbszeitpunkt ist der Stichtag für die Ermittlung der beizulegenden Zeitwerte aller Vermögenswerte und Schulden des erstmalig zu konsolidierenden Tochterunternehmens.

3.3.3.4 Anschaffungskostenermittlung

Vor der eigentlichen Kapitalkonsolidierung müssen die Anschaffungskosten der Beteiligung ermittelt werden.

Zeitwert der Gegenleistung

Die Anschaffungskosten der Beteiligung sind die zum Erwerbszeitpunkt ermittelten beizulegenden Zeitwerte aller als Gegenleistung für die Beherrschungsmöglichkeit übertragenen Vermögenswerte, der eingegangenen bzw. übernommenen

Schulden des Verkäufers sowie der ausgegebenen Eigenkapitalinstrumente (IFRS 3.37). Anschaffungsnebenkosten, wie z.B. Beraterkosten etc., sind dagegen in der Periode ihrer Entstehung als Aufwand zu erfassen (IFRS 3.53). Sind Vermögenswerte und Schulden, die zuvor mit von ihren beizulegenden Zeitwerten abweichenden Buchwerten bilanziert wurden, Teil der Gegenleistung, sind diese zum Erwerbszeitpunkt mit ihren beizulegenden Zeitwerten neu zu bewerten. Hieraus entstehende Bewertungsgewinne oder -verluste sind vor dem Abgang im Konzernabschluss noch GuV-wirksam zu erfassen. Werden die hingegebenen Vermögenswerte und Schulden jedoch weiterhin aus Konzernsicht kontrolliert, entfällt eine Neubewertung (IFRS 3.38).

Beispiel 21.14

Die X AG hat von den Anteilseignern der Y GmbH 100 % der Anteile an der Y GmbH durch Anteilstausch, also gegen Bezahlung in X-Aktien, erworben. Zwei Szenarien sind denkbar:

- Die X AG sagt im Erwerbszeitpunkt die Übereignung von 10 Mio. Stück eigener Aktien zu. Deren Börsenkurs beträgt im Erwerbszeitpunkt 25 € je Aktie. Im Tauschzeitpunkt ist der Kurs auf 20 € je Aktie gefallen. Relevant für die Ermittlung der Anschaffungskosten ist dennoch allein der beizulegende Zeitwert im Erwerbszeitpunkt, sodass die Anschaffungskosten 250 Mio. € betragen.
- Die X AG verpflichtet sich im Erwerbszeitpunkt zur Zahlung eines festen Kaufpreises von 250 Mio. €. Als „Akquisitionswährung" werden eigene Aktien der X AG vereinbart. Im Tauschzeitpunkt wird offenbar, dass die ursprünglich ausgegebenen 10 Mio. Stück eigenen Aktien, deren Wert nunmehr lediglich 200 Mio. € beträgt, zur Begleichung des Kaufpreises nicht ausreichen. Die X AG ist verpflichtet, weitere 2,5 Mio. eigene Aktien an die Alteigentümer der Y GmbH auszugeben. Auch hier bleiben die Anschaffungskosten aus Sicht der X AG unverändert bei 250 Mio. €.

Hat das Mutterunternehmen ausschließlich eigene Anteile als Gegenleistung an die Alteigentümer des Tochterunternehmens hingegeben, so kann der beizulegende Zeitwert der Anteile des Tochterunternehmens das verlässlichere Maß zur Bestimmung der Gegenleistung sein, und der Wert der Gegenleistung muss auf diese Weise bestimmt werden (IFRS 3.33).

Anschaffungskosten bei bedingter Gegenleistung

Gelegentlich machen die Parteien eines Unternehmenszusammenschlusses den zu zahlenden Kaufpreis zum Teil von künftigen Ereignissen abhängig. Beispielsweise können nachträgliche Kaufpreisanpassungen in Abhängigkeit vom Börsenkurs der ausgegebenen Anteile oder von der Ergebnisentwicklung eines der beteiligten Unternehmen vereinbart werden (sogenannte earn-out-Klauseln). Darüber hinaus werden häufig Eigenkapitalgarantien zum Zeitpunkt des Übergangs vereinbart. Aus solchen bedingten Gegenleistungen resultierende Anpassungen sind im Rahmen der Erstkonsolidierung im Erwerbszeitpunkt mit ihrem beizulegenden Zeitwert zu berücksichtigen (IFRS 3.39). Eine eventuelle zukünftige Verpflichtung ist dabei – auf Basis von IAS 32.11 – entweder als Schuld oder als Eigenkapitalinstrument zu erfassen. Eine eventuelle spätere Zahlung o.ä. an den Erwerber ist als Vermögenswert zu erfassen (IFRS 3.40). Wird eines der formulierten Ziele erreicht, sind als Eigenkapital ausgewiesene Verpflichtungen nicht neu zu bewerten. Eine spätere Begleichung soll innerhalb des Eigenkapitals verrechnet werden. Als Verbindlichkeit ausgewiesene Zahlungsverpflichtungen sind nach IFRS 9 zum beizulegenden Zeitwert auszuweisen, sofern sie in den Anwendungsbereich dieses Standards fallen. Ist dies nicht der Fall, sind sie nach IAS 37 oder – falls angebracht – einem anderen Standard zu behandeln (IFRS 3.58). Ändert sich der beizulegende Zeitwert einer bedingten Gegenleistung indes lediglich aufgrund neuer Informationen über im Erwerbszeitpunkt herrschende Umstände, werden solche Änderungen als so genannte Berichtigungen innerhalb des Bewertungszeitraums nach IFRS 3.45-49 behandelt.

Aktienoptionsprogramme des erworbenen Unternehmens

Gelegentlich werden Aktienoptionsprogramme des erworbenen Unternehmens durch die des Erwerbers ersetzt. Solche Änderungen sind im Einklang mit IFRS 2 zu behandeln. Können die Mitarbeiter des erworbenen Unternehmens einen solchen Umtausch durchsetzen, muss der Erwerber die daraus resultierenden Kosten als Anschaffungskosten der Beteiligung berücksichtigen (IFRS 3.B56). IFRS 3.B57-62 regeln diesbezügliche Detailfragen.

Zusammenschluss ohne Gegenleistung

In seltenen Fällen kann es dazu kommen, dass ein Unternehmen die Beherrschung über ein anderes erlangt, ohne dafür eine Gegenleistung zu zahlen. Hierzu kann es z.B. kommen, wenn ein Unternehmen eigene Aktien zurückkauft und dadurch ein Dritter die Stimmrechtsmehrheit erhält, wenn Vetorechte von nicht beherrschenden Anteilseignern entfallen oder wenn durch einen Beherrschungsvertrag ein Vertragskonzern entsteht (IFRS 3.43). Da keine Gegenleistung besteht, wird dieser Wert durch den beizulegenden Zeitwert der schon vom Erwerber gehaltenen Anteile ersetzt. Zur Wertbestimmung sind dabei geeignete Bewertungsverfahren heranzuziehen (IFRS 3.33). IFRS 3.B46-49 enthalten weitere Hinweise zur Wertbestimmung. Alle Eigenkapitalanteile an einem solchen lediglich durch Vertrag herbeigeführten Unternehmenszusammenschluss, die nicht vom Erwerber gehalten werden, sind als nicht beherrschende Anteile auszuweisen. Dies gilt selbst dann, wenn so das gesamte Eigenkapital als nicht beherrschende Anteile klassifiziert würde (IFRS 3.44).

3.3.3.5 Ansatz und Bewertung von erworbenem Nettovermögen und nicht beherrschenden Anteilen

Ansatz

Gemäß IFRS 3.10 sind im Erwerbszeitpunkt alle identifizierbaren Vermögenswerte, Schulden und eventuelle nicht beherrschende Anteile des neuen Tochterunternehmens zu identifizieren. Diese Zuordnung wird als Kaufpreisallokation (purchase price allocation; PPA) bezeichnet. Dabei kommt es häufig vor, dass erst durch den Unternehmenszusammenschluss die Ansatzvoraussetzungen für bestimmte, z.B. immaterielle, Vermögenswerte oder Schulden des Tochterunternehmens verwirklicht werden (IFRS 3.13). Die erworbenen Vermögenswerte und übernommenen Schulden müssen die Kriterien des Rahmenkonzeptes (vgl. Kapitel 3) erfüllen (IFRS 3.11) und als Teil des Unternehmenszusammenschlusses identifizierbar sein (IFRS 3.12).

Klassifizierung

Das erwerbende Unternehmen soll zudem zum Erwerbszeitpunkt alle übernommenen Vermögenswerte und Schulden anhand der Vertragsgestaltung der Akquisition, der ökonomischen Rahmenbedingungen und der eigenen Rechnungslegungsgrundsätze klassifizieren. Anhand dieser Einordnung sollen dann die entsprechenden IFRS zur Folgebilanzierung angewandt werden (IFRS 3.15). Ausgenommen von dieser Regelung sind Leasing- und Versicherungsverträge. Diese sind so zu bilanzieren, wie sie am ursprünglichen Abschlussdatum oder zum Zeitpunkt einer substanziellen Änderung zu behandeln waren (IFRS 3.17).

Operating Leasing

Abschließend liefert IFRS 3 auch für Operating Leasing und immaterielle Vermögenswerte weitere Ansatzvorschriften. IFRS 3.B28 legt fest, dass vom Erwerber keine Vermögenswerte und Schulden im Rahmen eines Operating Leasing-Verhältnisses, in dem das erworbene Unternehmen der Leasingnehmer ist, angesetzt werden sollen. Ausnahmen bilden die in IFRS 3.B29-B30 genannten Positionen. Hiernach soll vom Erwerber zunächst bestimmt werden, ob das Leasingverhältnis für ihn unter Marktkonditionen vor- oder nachteilig ist. Auf Basis dieser Einschätzung ist dann entweder ein immaterieller Vermögenswert oder eine Schuld anzusetzen.

Immaterielle Vermögenswerte

Unter den erworbenen Vermögenswerten befinden sich i.d.R. auch immaterielle Vermögenswerte. Diese sind nach IFRS 3.B31 vom erwerbenden Unternehmen anzusetzen, wenn sie identifizierbar sind. IFRS 3.A definiert Identifizierbarkeit als gegeben, wenn

- der Vermögenswert separierbar ist, d.h. wenn er – unabhängig, ob der Erwerber dies konkret plant – veräußert, übertragen oder in einer anderen Art und Weise verwertet werden kann, oder
- wenn der Vermögenswert durch vertragliche oder andere Rechte entsteht.

Kein Verweis auf IAS 38

IFRS 3 verweist zur Definition anzusetzender immaterieller Vermögenswerte nicht auf IAS 38. Die weiteren Kriterien des IAS 38.21 für den Ansatz eines immateriellen Vermögenswertes im Rahmen eines Unternehmenszusammenschlusses – wahrscheinlicher künftiger Nutzenzufluss sowie verlässlich messbare Kosten – werden als erfüllt unterstellt (IAS 38.33). Hierdurch soll erreicht werden, dass viele erworbene immaterielle Vermögenswerte vom Goodwill separiert werden, um Letzteren als „Sammelposten“ möglichst gering zu halten.[28] Zur Klärung von Definitionsfragen liefert Anhang B umfangreiche Erläuterungen (IFRS 3.B32-B40).[29]

28 Dennoch hat sich der kumulierte Goodwill aller börsennotierten deutschen Unternehmen von 2005 bis 2019 auf inzwischen 317 Mrd. € (2005: ca. 125 Mrd. €) mehr als verdoppelt. Vgl. *Sommer, U.*, Die 317-Milliarden-Euro-Blase: Hoffnungswerte belasten Bilanzen der Dax-Konzerne, in: Handelsblatt, 18.05.2020.

29 Vgl. ausführlich zur Aufdeckung immaterieller Werte bei Unternehmenszusammenschlüssen *Arbeitskreis „Immaterielle Werte im Rechnungswesen“ der Schmalenbach-Gesellschaft*, Immaterielle Werte im Rahmen der Purchase Price Allocation bei Unternehmenszusammenschlüssen nach IFRS – Ein Beitrag zur Best Practice, in: ZfbF, 61. Jg. (2009), Sonderheft 60.

Bewertung zum beizulegenden Zeitwert

Nach IFRS 3.18 sind vom Erwerber alle Vermögenswerte und Schulden im Erwerbszeitpunkt mit ihrem beizulegenden Zeitwert anzusetzen und in den Folgeperioden gemäß ihrer Klassifizierung fortzuschreiben (IFRS 3.54). Der beizulegende Zeitwert ist in IFRS 3.A mit Verweis auf IFRS 13 als der Wert definiert, zu dem ein Vermögenswert getauscht bzw. eine Schuld beglichen werden könnte. Bei der Bewertung sind nach IFRS 3.B41 keine Bewertungsrückstellungen anzusetzen, da die Unsicherheit zukünftiger Zahlungsströme bereits im beizulegenden Zeitwert berücksichtigt ist.

Im Zeitwert von Vermögenswerten, die Bestandteil eines Operating Leasing-Verhältnisses sind, bei dem das erworbene Unternehmen der Leasinggeber ist, sind vom Erwerber wiederum die Konditionen des Leasingverhältnisses zu berücksichtigen. Nach IFRS 3.B42 ist hier jedoch kein separater immaterieller Vermögenswert oder eine separate Schuld anzusetzen, wenn ein Vergleich mit den Marktkonditionen den Leasingvertrag als vor- bzw. nachteilig erscheinen lässt. Eine Bewertung zum beizulegenden Zeitwert ist auch dann geboten, wenn das erwerbende Unternehmen einen Vermögenswert nicht oder nicht optimal nutzen möchte. Dieses kann nach IFRS 3.B43 z.B. dann der Fall sein, wenn ein immaterieller Vermögenswert aus Forschungs- und Entwicklungsleistungen erworben wurde und der Erwerber das entsprechende Geschäftssegment einstellen oder weiterveräußern möchte.

Nicht beherrschende Anteile

Eventuelle Anteile nicht beherrschender Anteilseigner sind nach IFRS 3.10 im Erwerbszeitpunkt anzusetzen. Für Bewertungszwecke gewährt IFRS 3.19 hier jedoch ein Wahlrecht. Für jeden Unternehmenszusammenschluss kann das erwerbende Unternehmen bei der Erstkonsolidierung wählen, ob es den Anteil nicht beherrschender Anteilseigner mit seinem beizulegenden Zeitwert (full goodwill method) oder in Höhe des den nicht beherrschenden Anteilseignern zustehenden Anteils am neubewerteten Nettovermögen (Erwerbsmethode) ausweist. Dieses Wahlrecht hat weitreichende Konsequenzen für die Goodwillbestimmung, die im folgenden Kapitel 3.3.3.6 genauer erläutert wird. Der beizulegende Zeitwert des Anteils nicht beherrschender Anteilseigner lässt sich gelegentlich anhand z.B. der Aktienkurse für die nicht vom Erwerber gehaltenen Anteile bestimmen. Sind solche Marktpreise nicht vorhanden, muss auf Bewertungsverfahren zurückgegriffen werden (IFRS 3.B44). Zudem wird ausdrücklich darauf hingewiesen, dass der Preis je Anteil für Mehrheitseigner und nicht beherrschende Anteilseigner unterschiedlich sein kann. Dieser Umstand lässt sich z.B. durch eine so genannte control-Prämie erklären, die der Erwerber zahlt, um das erworbene Unternehmen beherrschen zu können (IFRS 3.B45).

Ausnahme vom Ansatzgrundsatz: Eventualschulden

Darüber hinaus kennt IFRS 3 einige Ausnahmen von den allgemeinen Ansatz- und Bewertungsgrundsätzen. Hinsichtlich des Ansatzes bilden Eventualschulden (contingent liabilities) die einzige Ausnahme. Diese sind separat zu passivieren, wenn sie eine gegenwärtige Verpflichtung, resultierend aus vergangenen Ereignissen, darstellen, deren beizulegender Zeitwert verlässlich bestimmbar ist (IFRS 3.23). Die Definitionsmerkmale einer Eventualschuld finden sich originär in IAS 37.10 und werden in IFRS 3.22 wiederholt. Hiernach handelt es sich bei Eventualschulden um künftige Verpflichtungen, deren Vorliegen und/oder Höhe sich noch nicht hinreichend konkretisiert hat, wie z.B. gewährte Bürgschaften deren Inanspruchnahme nicht ausreichend wahrscheinlich ist, um eine Passivierung zu rechtfertigen. Folglich besteht für sie nach IAS 37.27 ein Passivierungsverbot, das jedoch mit Angabepflichten verbunden ist. Von dieser Linie weicht das IASB in IFRS 3 für übernommene Eventualverbindlichkeiten ab, sobald verlässliche Bewertbarkeit gegeben ist, und fordert eine Passivierung in Höhe des beizulegenden Zeitwertes. Für Eventualforderungen bleibt es hingegen beim Aktivierungsverbot des IAS 37. Insofern werden Eventualschulden und Eventualforderungen asymmetrisch behandelt. Auch die Folgebewertung von Eventualschulden ist in IFRS 3 geregelt, weil sich diese Frage aufgrund des Bilanzierungsverbotes in IAS 37 dort nicht stellt. In den Folgeperioden ist der jeweils höhere der beiden folgenden Wertansätze maßgeblich (IFRS 3.56):

- Der Betrag, der nach IAS 37 anzusetzen gewesen wäre, nämlich aufgrund des Passivierungsverbotes i.d.R. null, und
- der ursprünglich passivierte Betrag abzüglich der gegebenenfalls erfassten kumulativen Amortisation nach IFRS 15.

Ausnahmen vom Ansatz- und Bewertungsgrundsatz

Ausnahmen sowohl vom Ansatz- als auch vom Bewertungsgrundsatz formuliert IFRS 3 für latente Steuern, für Vermögenswerte, die aus einer Absicherung des Erwerbers durch den Verkäufer für gewisse Unsicherheiten entstehen, sowie für Pensionsrückstellungen:

Latente Steuern

- Im Rahmen der Kaufpreisallokation werden die erworbenen Vermögenswerte, Schulden und Eventualschulden vielfach mit Werten angesetzt, die von denen in der Steuerbilanz des Tochterunternehmens abweichen. Solche Unterschiede lösen als temporäre Differenzen nach dem temporary-Konzept latente Steuern aus, die gemäß IAS 12 zu behandeln sind (IFRS 3.24-25). Daher werden etwa stille Reserven und bisher nicht bilanzierte immaterielle Vermögenswerte im Saldo lediglich „nach Steuern“ aufgedeckt, denn die Zuschreibung der Aktiva des Tochterunternehmens löst die GuV-neutrale Bildung einer entsprechenden latenten Steuerrückstellung aus. Latente Steuerforderungen entstehen durch entsprechend aufgedeckte stille Lasten.

Vermögenswerte aus Entschädigungsleistungen

- Gelegentlich sichert der Verkäufer des Unternehmens den Käufer gegen bestimmte Zukunftsereignisse ab (IFRS 3.27). In solchen Fällen soll ein entsprechender Vermögenswert aus der Absicherung zu dem Zeitpunkt angesetzt werden, zu dem auch der abgesicherte Sachverhalt bilanziert wird. Die Bewertung soll analog zur Bewertung des abgesicherten Sachverhalts – also i.d.R. zum beizulegenden Zeitwert – erfolgen. Zur Folgebewertung sollen hierzu konsistente Annahmen getroffen werden (IFRS 3.57).

Pensionszusagen

- Eine Schuld oder ein Vermögenswert aus Leistungszusagen an die Arbeitnehmer des erworbenen Unternehmens wird weiterhin nach IAS 19 behandelt (IFRS 3.26).

Ausnahmen vom Bewertungsgrundsatz

Zudem sieht IFRS 3 Ausnahmen vom Bewertungsprinzip für zurückerworbene Rechte, Schulden oder Eigenkapitalinstrumente aus Aktienoptionsprogrammen oder ähnlichen Entgeltformen des erworbenen Unternehmens sowie für zur Veräußerung gehaltene Vermögenswerte vor:

- Im Rahmen eines Unternehmenszusammenschlusses kann es dazu kommen, dass der Erwerber ein Recht zurück erwirbt, das er dem Erworbenen zuvor z.B. im Rahmen eines Franchise-Vertrages gewährt hat. Dieses zurückerworbene Recht ist ein immaterieller Vermögenswert, der auf Basis der verbleibenden Laufzeit des Vertrages zu bewerten ist. Dieses gilt auch, wenn andere Marktteilnehmer potenzielle künftige Vertragsverlängerungen bei der Bestimmung des beizulegenden Zeitwertes berücksichtigen würden (IFRS 3.29). Für Zwecke der Folgebewertung ist der Vermögenswert über die verbleibende Vertragslaufzeit abzuschreiben. Wird das Recht indes vor Vertragsablauf an eine dritte Partei veräußert, wird dessen Buchwert bei der Ermittlung des Veräußerungserfolgs einbezogen (IFRS 3.55). Sind die Vertragskonditionen verglichen mit aktuellen Marktbedingungen vor- bzw. nachteilig, erfasst der Erwerber einen entsprechenden Ertrag bzw. Aufwand (IFRS 3.B36). Zurückerworbene Rechte
- Aktienoptionsprogramme oder ähnliche Entgeltformen des erworbenen Unternehmens, die durch solche des erwerbenden Unternehmens ersetzt werden, sind im Einklang mit den Regelungen des IFRS 2 zu bilanzieren (IFRS 3.30). Aktienoptionsprogramme
- Zur Veräußerung gehaltene Vermögenswerte oder Veräußerungsgruppen, die zum Erwerbszeitpunkt als zur Veräußerung gehalten klassifiziert worden sind, sind nach IFRS 5 mit dem beizulegenden Zeitwert abzüglich Veräußerungskosten zu bewerten (IFRS 3.31). Sachverhalte gemäß IFRS 5

Oftmals hatten Erwerber und Erworbener schon vor dem Unternehmenszusammenschluss geschäftliche Beziehungen zueinander. In solchen Fällen muss gemäß IFRS 3.51 bestimmt werden, welche Vermögenswerte, Schulden und welche Gegenleistung zum Unternehmenserwerb gehören und welche Positionen aus den zuvor schon existenten Beziehungen stammen. Beträge, die nicht zum Zusammenschluss gehören, sollen nach den hierfür relevanten IFRS behandelt werden. Darunter fallen z.B. Kosten des erworbenen Unternehmens, die mit dem Unternehmenserwerb zusammenhängen und vom Erwerber erstattet werden. IFRS 3.52 und IFRS 3.B50-62 liefern weitere Beispiele und Hilfestellungen zur Bestimmung von schon zuvor bestehenden Unternehmensbeziehungen. Bestandteile eines Unternehmenserwerbs

Insgesamt wird deutlich, dass IFRS 3 komplexe Ansatz- und Bewertungsregeln für die PPA beinhaltet. Da das Ergebnis der Anwendung dieser Regeln oftmals stark von den Annahmen und Prognosen des Managements geprägt sein wird, eröffnet die Neubewertung der erworbenen Vermögenswerte, Schulden und eines eventuellen Anteils nicht beherrschender Anteilseigner vielfältige bilanzpolitische Spielräume bei der Aufdeckung stiller Reserven und stiller Lasten sowie bei der erstmaligen Aktivierung bisher nicht bilanzierter immaterieller Vermögenswerte. Während aufgedeckte stille Reserven bei der Folgekonsolidierung i.d.R. planmäßig GuV-wirksam abzuschreiben sind, der Goodwill demgegenüber nicht planmäßig abgeschrieben wird, gestaltet das Management mit der PPA auch die künftige Vermögens-, Finanz- und Ertragslage. Ausgewählte Beispiele zur Auswirkung auf den ROCE und die Eigenkapitalquote finden sich in den Beispielen 21.9 bis 21.13. **Bilanzanalytische Auswirkungen**

3.3.3.6 Behandlung eines Goodwills

Unterschiedsbetrag

Sind die Anschaffungskosten bestimmt, ergibt sich der Unterschiedsbetrag nach IFRS 3.32 als Differenz aus

- der Summe der zum beizulegenden Zeitwert bewerteten Gegenleistung, des bestimmten Anteils der nicht beherrschenden Anteilseigner sowie der ggf. schon zuvor gehaltenen Anteile am erworbenen Unternehmen (bewertet zum beizulegenden Zeitwert), und
- dem Wert des im Rahmen der PPA zum Erwerbszeitpunkt neubewerteten Nettovermögens als Differenz der Vermögenswerte abzüglich der Schulden.

Goodwill: Ansatz und Erstbewertung

Von großer Praxisrelevanz ist der als Geschäfts- oder Firmenwert bzw. Goodwill bezeichnete positive Unterschiedsbetrag. Dieser wird im Erwerbszeitpunkt als Vermögenswert aktiviert. Obwohl IFRS 3 dem Goodwill eindeutig Vermögenswertcharakter zuspricht (IFRS 3.A), ergibt sich dessen erstmaliger Wertansatz als Restgröße aus der Kaufpreisallokation und nicht durch eigenständige Ermittlung eines beizulegenden Zeitwerts. IFRS 3.B63(a) legt unter Verweis auf IAS 36 umfangreiche und komplexe Folgebewertungsregeln fest, die in Abschnitt 3.3.4.2 erläutert werden.

Keine latenten Steuern auf Goodwill

Der Goodwill aus der Kapitalkonsolidierung taucht i.d.R. in der Steuerbilanz nicht auf. Die hierdurch entstehende temporäre Differenz löst jedoch nach IFRS explizit keine latenten Steuern aus: Gemäß IAS 12.21 soll die Residualgröße Goodwill nicht durch passive latente Steuern zusätzlich aufgebläht werden (vgl. Kapitel 6). Dem widerspricht der Wortlaut von IFRS 3.A, nachdem der Goodwill kein bloßes Residuum aus der Kaufpreisallokation darstellt, sondern Vermögenswertcharakter hat und folgerichtig auch latente Steuern auslösen müsste.

Goodwill nicht beherrschender Anteilseigner

Wie bereits erläutert, kann der Anteil nicht beherrschender Anteilseigner auf zwei Arten bewertet werden. Wird der Anteil nicht beherrschender Anteilseigner mit seinem beizulegenden Zeitwert ausgewiesen, wendet der Erwerber die full goodwill method an, da den nicht beherrschenden Anteilseignern dann ebenfalls ein Goodwill zugerechnet wird, der im beizulegenden Zeitwert enthalten sein muss. Wird die zweite Alternative gewählt und der Anteil nicht beherrschender Anteilseigner in Höhe des ihnen zustehenden Teils am identifizierbaren neubewerteten Nettovermögen angesetzt, wendet der Erwerber die Neubewertungsmethode an.[30]

Da der Goodwill nach IAS 36 kein einzeln identifizierbarer Vermögenswert ist, muss er für die Werthaltigkeitstests bei der Folgebilanzierung zahlungsmittelgenerierenden Einheiten (cash-generating units; ZGE) des Erwerbers zugeordnet werden, mit deren Vermögenswerten er zusammen seinen ökonomischen Nutzen

30 Hingegen hat sich das FASB in SFAS 141 (2007) / ASC 805 für die full goodwill method als einzig anzuwendendes Verfahren entschieden. Hier kann die Vergleichbarkeit auf mehreren Ebenen stark eingeschränkt werden: Zunächst sind IFRS und US-GAAP-Abschlüsse bezüglich des Goodwills nur noch eingeschränkt vergleichbar. Für IFRS-Abschlüsse verschiedener Unternehmen gilt gleiches. Da aber für jeden Unternehmenszusammenschluss zwischen den beiden Alternativen gewählt werden kann (IFRS 3.19), ist der nach IFRS 3 ausgewiesene Goodwill potenziell ein Wertkonglomerat aus verschiedenen Methoden der Kapitalkonsolidierung.

entwickelt (vgl. Abschnitt 3.3.4.2). Dies gilt sowohl für die erstmalige Anwendung von IFRS 3 auf den zu diesem Zeitpunkt im Konzern vorhandenen Goodwill als auch für alle zu späteren Zeitpunkten neu erworbenen Goodwills.

Zu testende Ebene

Für das Verständnis der Ebene, auf welcher der Werthaltigkeitstest des Goodwills erfolgt, ist es hilfreich, die Grundkonzeption von IAS 36 zu erläutern. Grundsätzlich sind Werthaltigkeitstests auf der Ebene einzelner Vermögenswerte durchzuführen, wobei der Buchwert mit dem erzielbaren Betrag (recoverable amount) verglichen wird. Wenn der erzielbare Betrag allerdings für einen einzelnen Vermögenswert nicht bestimmbar ist, erfolgt eine Aggregation mehrerer Vermögenswerte zu einer ZGE, welche sodann dem Werthaltigkeitstest unterworfen wird (IAS 36.22). Der Goodwill ist das Musterbeispiel eines Vermögenswerts, der nicht einzeln bewertbar und dessen erzielbarer Betrag somit nicht einzeln bestimmbar ist. Daher wird der Goodwill auf der Ebene der ZGE, der er zuzurechnen ist, einem Werthaltigkeitstest unterzogen.

Allokation neu erworbener Goodwills

Ein erworbener Goodwill ist im Erwerbszeitpunkt auf diejenigen ZGE des Konzerns aufzuteilen, die voraussichtlich von den erwarteten Synergien des Zusammenschlusses profitieren (IAS 36.80). Um eine möglichst genaue Folgebewertung des Goodwills zu ermöglichen, soll ein erworbener Goodwill auf eng abgegrenzte ZGE zugeteilt werden, für die die notwendigen Informationen verfügbar sind, ohne dass hierzu ein eigenes Berichtssystem entwickelt werden müsste (IAS 36.82). Diese Vorgehensweise soll verhindern, dass eine „Quersubventionierung" der Goodwills mehrerer ZGE untereinander stattfindet.[31] Daher müssen ZGE, denen ein Goodwill zugeteilt wird, die folgenden zwei Kriterien erfüllen:

- Untergrenze — Zum einen muss es sich bei der betreffenden ZGE um die niedrigste Unternehmensebene handeln, auf welcher der Goodwill für interne Managementzwecke überwacht wird (IAS 36.80(a)). Da es oftmals schwierig ist, die aus einem Zusammenschluss erwarteten und sich im Goodwill niederschlagenden Synergieeffekte willkürfrei einer einzelnen ZGE zuzuordnen, kann auch eine Zuordnung zu einem Verbund mehrerer ZGE erfolgen (IAS 36.81).[32]
- Obergrenze — Zum anderen jedoch ist die Aggregation von ZGE für Zwecke der Goodwill-Allokation auch nach oben begrenzt: Die Einheit, auf die ein Goodwill aufgeteilt wird, darf nicht größer sein als ein Berichtssegment gemäß IFRS 8 (IAS 36.80(b)).

Beispiel 21.15

Die von der X AG zu 100 % erworbene Y GmbH (Kaufpreis: 1.200 T€; neubewertetes Eigenkapital: 800 T€; Beispiel 21.7) werde als eigenständige ZGE 4 geführt. Keine der übrigen drei ZGE des Konzerns profitiere von Synergien aus diesem Zusammenschluss. Folglich wird der gesamte erworbene Goodwill von 400 T€ der ZGE 4 (Y GmbH) zugeordnet. Die Zuordnung der erworbenen stillen Reserven und des erworbenen Goodwills führt im Erwerbszeitpunkt zu fol-

31 Vgl. etwa *Pellens, B./Sellhorn, T.*, Goodwill-Bilanzierung nach SFAS 141 und 142 für deutsche Unternehmen, in: DB, 54. Jg. (2001), S. 1685-1686.

32 Wenn daher im Folgenden von ZGE die Rede ist, so können hiermit auch Gruppen von ZGE gemeint sein.

gender unternehmensinterner „push-down"-Bilanz der ZGE 4, die für die Folgebehandlung des Goodwills in einer Nebenrechnung geführt wird:

„push-down"-Bilanz der ZGE 4 zum 31.12.2021 (in T€)			
Anlagevermögen	850	Eigenkapital	1.200
Goodwill	400	Fremdkapital	350
Umlaufvermögen	300		
Summe	1.550	Summe	1.550

Alternativ wird es in der Unternehmenspraxis aber auch häufig vorkommen, dass bereits bestehende ZGE des Konzerns von dem Zusammenschluss profitieren. Daher sei in Abwandlung des vorherigen Beispiels nun unterstellt, dass nicht nur die zu 100 % erworbene Y GmbH (ZGE 4), sondern auch die übrigen drei ZGE der X AG von den aus dem Zusammenschluss erwarteten Synergien, wie in der folgenden Übersicht dargestellt, profitieren.

Der aus dem Erwerb resultierende Goodwill von 400 T€ entfällt damit zu (60 / 400 =) 15 % auf ZGE 1, zu (20 / 400 =) 5 % auf ZGE 3 und zu (320 / 400 =) 80 % auf die neu geschaffene ZGE 4. Im Kaufpreis von 1.200 T€ für ZGE 4 wurden damit auch Synergiepotenziale vergütet, die in anderen Unternehmensteilen anfallen. Die Goodwills der ZGE sind für Zwecke späterer Werthaltigkeitstests in einer Nebenrechnung fortzuführen.

T€	**ZGE 1**	**ZGE 2**	**ZGE 3**	**ZGE 4**
Unternehmenswert ohne Synergien	1.000	800	1.200	1.120
Unternehmenswert mit Synergien	1.060	800	1.220	1.120
Wertzuwachs bzw. Goodwill	60	0	20	320

Abschluss der Goodwill-Allokation

Der Prozess der Goodwill-Allokation auf ZGE soll i.d.R. bis zum folgenden Abschlussstichtag beendet sein (IAS 36.84). Ist dies nicht möglich, so muss das Mutterunternehmen hierüber im Anhang berichten (IAS 36.133) und die Goodwill-Allokation innerhalb von 12 Monaten nach dem Erwerbszeitpunkt abschließen. Können die erforderlichen Werte anfangs nur vorläufig ermittelt werden, so gelten die Vorschriften in IFRS 3.45-50 entsprechend.

3.3.3.7 Behandlung eines negativen Unterschiedsbetrags

Negativer Unterschiedsbetrag

Mit der Behandlung des positiven Unterschiedsbetrags wenig konsistent erscheint die Behandlung eines negativen Unterschiedsbetrags (IFRS 3.34-36). Diesen muss das Mutterunternehmen einer erneuten Überprüfung (reassessment) unterziehen. Dabei sind die Ansatzvoraussetzungen und Wertansätze der identifizierbaren Vermögenswerte und Schulden des Tochterunternehmens sowie die Anschaffungskosten der Beteiligung nochmals zu ermitteln. Zudem ist die Vorgehensweise bei den Wertermittlungen zu überprüfen (IFRS 3.36). Ein aus diesem reassessment hervorgehender negativer Restbetrag ist dann sofort als Ertrag GuV-wirksam zu vereinnahmen (IFRS 3.34).[33]

3.3.4 Folgekonsolidierung

3.3.4.1 Technik der Folgekonsolidierung

Begriff und Zweck

Unter Folgekonsolidierung wird die Konsolidierung in den folgenden Berichtsperioden nach der Erstkonsolidierung, die jeweils mit der Wiederholung der erstmaligen Kapitalkonsolidierung sowie der Durchführung weiterer Anpassungsbuchungen beginnt, verstanden. Die Anpassungsbuchungen betreffen die Fortführung von im Rahmen der Erstkonsolidierung aufgedeckten stillen Reserven bzw. Lasten, erstmals bilanzierten immateriellen Vermögenswerten und Eventualschulden sowie eventuellen Unterschiedsbeträgen. Zudem ist der Anteil der nicht beherrschenden Anteilseigner am Konzerneigenkapital in den Folgeperioden anzupassen.

Behandlung stiller Reserven bzw. Lasten

Aus Konzernsicht sind die erworbenen Vermögenswerte und Schulden ausgehend von ihren in der PPA ermittelten Konzernanschaffungskosten fortzuschreiben. So sind die Abschreibungsbeträge planmäßig abzuschreibender Vermögenswerte auf Basis der neubewerteten Konzernanschaffungsbeträge zum Erwerbszeitpunkt zu ermitteln. Für die konkrete Folgebewertung der erworbenen Positionen verweisen IFRS 3.15, IFRS 3.54 und IFRS 3.B63 auf die einschlägigen Einzelstandards.

Latente Steuern

Auch die aus der Erstkonsolidierung stammenden latenten Steuerbeträge sind in den Folgeperioden entsprechend der ihnen zugrunde liegenden stillen Reserven und Lasten fortzuführen (IFRS 3.B63(c)).[34]

Nicht beherrschende Anteilseigner

Sind an einem Tochterunternehmen nicht beherrschende Anteilseigner beteiligt, so ist deren Anteil am Konzerneigenkapital in den Folgeperioden einerseits um die beim Tochterunternehmen entstandenen Eigenkapitalveränderungen und andererseits um Konsolidierungseffekte fortzuschreiben. So sind im Rahmen der Erwerbsmethode z.B. die den nicht beherrschenden Anteilseignern zuzurechnenden Abschreibungen auf offen gelegte stille Reserven ebenso zu berücksichtigen wie Veränderungen der stillen Lasten.

Beispiel 21.16

Ausgehend vom obigen Beispiel 21.8 zur Erstkonsolidierung nach der Erwerbsmethode bei Vorliegen von 30 % nicht beherrschenden Anteilen wird nun die Folgekonsolidierung zum 31.12.2022 vorgenommen. Es wird unterstellt, dass zur Erstkonsolidierung die Neubewertungsmethode gewählt wurde. Die Anlagevermögenswerte der Y GmbH und damit auch die aufgedeckten stillen Re-

33 Diese der Ertragsrealisierung vorgeschaltete „letzte Hürde" ist streng genommen überflüssig. Wird eine korrekte Vorgehensweise bei der Wertermittlung vorausgesetzt, basiert das reassessment auf denselben Regeln wie die ursprüngliche Ermittlung des Unterschiedsbetrags.

34 Vgl. dazu das zusammenfassende Beispiel in Abschnitt 5.

serven i.H.v. 300 T€ werden über fünf Jahre planmäßig abgeschrieben. Für den Goodwill liegt ein Wertberichtigungsbedarf i.H.v. 140 T€ vor. Außerdem habe die Y GmbH einen Gewinn von 50 T€ erwirtschaftet.

Da die Konzernbilanz erneut aus den Einzelbilanzen abgeleitet wird, sind zunächst die bei der Erstkonsolidierung auf den Erwerbszeitpunkt vorgenommenen Buchungen zu wiederholen (Neubewertungsbuchung [a] und Konsolidierungsbuchungen [b] und [c]). Anschließend sind Abschreibungen auf stille Reserven (Konsolidierungsbuchung [d]) und Goodwill (Konsolidierungsbuchung [e]) durchzuführen, da diese nur im Konzernabschluss, nicht aber im Einzelabschluss der Y GmbH existieren. Schließlich ist der Gewinn der Y GmbH anteilig den nicht beherrschenden Anteilseignern zuzuteilen (Konsolidierungsbuchung [f]).

31.12.2022, T€	**X AG**	**Y GmbH**	**Summenbilanz**	**Neubewertung**	**Konsolidierung**	**Konzernbilanz**
Anlagevermögen	1.850	600	2.450	[a]300	[d]60	2.690
Beteiligung an Y	840	—	840		[b]840	—
Umlaufvermögen	1.360	350	1.710			1.710
Goodwill	—	—	—		[b]280 [e]140	140
Eigenkapital	2.100	500	2.600	[a]300	[b]560 [c]240	2.100
Gewinn oder Verlust / Konzerngewinn oder -verlust	200	50	250		[d]42 [e]140 [f]15	[g]53
Nicht beherrschende Anteile	—	—	—		[d]18 [c]240 [f]15	237
Fremdkapital	1.750	400	2.150			2.150
Summe	4.050 4.050	950 950	5.000 5.000			4.540 4.540

[a] Neubewertung der erworbenen Vermögenswerte der Y GmbH.

[b] Kapitalkonsolidierung: Verrechnung des Beteiligungsbuchwerts aus dem Einzelabschluss der X AG mit dem anteiligen neubewerteten Eigenkapital der Y GmbH; Aktivierung des entstehenden Goodwills.

[c] Einbuchung der nicht beherrschenden Anteile am neubewerteten Eigenkapital der Y GmbH.

[d] Abschreibung der aufgedeckten stillen Reserven.

[e] Außerplanmäßige Abschreibung des Goodwills.

[f] Einbuchung des Gewinnanteils der nicht beherrschenden Anteilseigner.

[g] Der hier als Konzerngewinn ausgewiesene Betrag enthält nur noch den Gewinnanteil der EK-Geber des Mutterunternehmens.

3.3.4.2 Folgebehandlung des erworbenen Goodwills

Impairment-only approach

Der Goodwill ist definitorisch ein Vermögenswert mit unbestimmbar begrenzter Nutzungsdauer und daher nicht planmäßig abzuschreiben. Er ist jährlich und ggf. zusätzlich bei Vorliegen der in IAS 36.7-17 beschriebenen Indikatoren (triggering events) auf seine Werthaltigkeit hin zu testen (siehe Kapitel 8). Diese Vorgehensweise wird als impairment-only approach bezeichnet. Nach ihr bleibt der immaterielle Vermögenswert Goodwill nach der Erstkonsolidierung so lange mit seinem ursprünglichen Wertansatz aktiviert, bis ein in IAS 36 geregelter Werthaltigkeitstest eine Wertminderung anzeigt. Diese ist dann GuV-wirksam zu erfassen.

Konzeptionelle Begründung

Das IASB begründet diese Vorgehensweise bei der Folgebewertung wie folgt: Der Goodwill sei ein immaterieller Vermögenswert mit unbestimmter (indefinite) Nutzungsdauer. Die planmäßige Abschreibung über eine geschätzte künftige Nutzungsdauer sei willkürlich und stelle für die Adressaten der Rechnungslegung keine entscheidungsnützliche Information dar. Stattdessen sei der Goodwill entsprechend seinem tatsächlichen Wertverlauf abzubilden und damit nur dann abzuschreiben, wenn ein Werthaltigkeitstest einen Wertverlust anzeige. Dieser Argumentation wird entgegengehalten, dass eine unveränderte Goodwillhöhe dadurch bedingt sein kann, dass der ursprünglich erworbene und aktivierte Goodwill nur deshalb nicht an Wert verliere, weil er durch fortlaufende Investitionen in einen originären, selbst geschaffenen Goodwill transformiert werde. Damit werde der Aktivierung originären Goodwills eine Hintertür geöffnet, welche zudem Unternehmen ohne erworbenen Goodwill nicht offenstehe. Darüber hinaus könne die Argumentation des IASB auf alle langlebigen Vermögenswerte, wie z.B. Immobilien, übertragen werden.

Werthaltigkeitstest

Der Werthaltigkeitstest ist Gegenstand von IAS 36 (vgl. Kapitel 8). Einmal jährlich sowie ggf. zusätzlich bei Hinweisen auf eine Wertminderung sind ZGE, denen in der in Abschnitt 3.3.3.6 beschriebenen Weise ein Goodwill zugeteilt wurde, einem Werthaltigkeitstest zu unterwerfen.[35] Hierzu wird der erzielbare Betrag der ZGE mit dem Buchwert der Vermögenswerte – inklusive Goodwill – verglichen (Abbildung 21.6). Übersteigt dieser Buchwert den erzielbaren Betrag, so liegt eine Wertminderung (impairment loss) der ZGE vor (IAS 36.90).

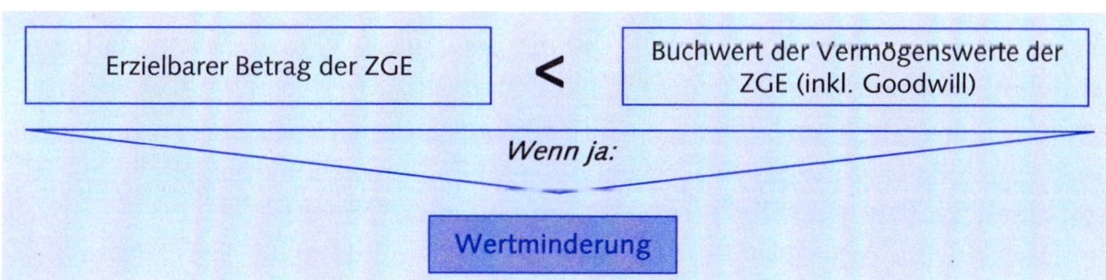

Abb. 21.6: Goodwill-Werthaltigkeitstest nach IAS 36.90

35 ZGE, denen kein Goodwill zugeordnet wurde, sind demgegenüber ausschließlich bei Hinweisen auf eine Wertminderung einem Werthaltigkeitstest zu unterziehen, es sei denn, zu ihnen gehört ein immaterieller Vermögenswert mit unbestimmter Nutzungsdauer (IAS 36.88-89).

Konsistenz von Buchwert und erzielbarem Betrag

IAS 36.75 stellt klar, dass erzielbarer Betrag und Buchwert der ZGE in konsistenter Weise ermittelt werden müssen. Zu beachten ist insbesondere, dass der erzielbare Betrag vor allem in seiner Ausprägung als Nutzungswert i.d.R. als Wert des Gesamtvermögens (lang- und kurzfristiges Vermögen) ermittelt wird.[36] Seine Berechnung basiert damit auch auf Cashflows vor Abzug von Fremdkapitalzinsen (IAS 36.50(a)). Ein solchermaßen als Bruttogröße verstandener erzielbarer Betrag passt konzeptionell nur zu einem ebenfalls als Bruttogröße ermittelten Buchwert. Der Buchwert der ZGE wird damit durch die gedankliche „Bilanzsumme" der ZGE gebildet, also durch die Summe der Buchwerte der ihr zugehörigen Vermögenswerte inklusive des Goodwills. Schulden sind grundsätzlich nicht abzuziehen (IAS 36.76(b)). Von dieser Vorgehensweise gibt es allerdings Ausnahmen:

Behandlung von ZGE-Schulden

- Zum einen sind bestimmte Schulden (insb. Verbindlichkeiten aus Lieferungen und Leistungen und kurzfristige Rückstellungen), die so mit der ZGE im Zusammenhang stehen, dass sie bei deren Verkauf vom Erwerber übernommen werden müssten, vom Buchwert der Vermögenswerte abzuziehen (IAS 36.78). In solchen Fällen muss auch der erzielbare Betrag unter Berücksichtigung dieser Schulden und der mit ihnen im Zusammenhang stehenden Auszahlungen ermittelt werden.
- Zum anderen wird ein erzielbarer Betrag in der Praxis entgegen IAS 36.50(a) auch unter Berücksichtigung von Finanzschulden ermittelt (IAS 36.79).[37] Dies dürfte dann der Fall sein, wenn ZGE auf Segmentebene abgegrenzt werden und entsprechende ZGE-Bilanzen vorliegen. Hier sind die entsprechenden Schulden gemäß IAS 36.75 auch vom Buchwert der ZGE abzuziehen.

In den nachfolgenden Beispielen wird, soweit nicht ausdrücklich auf eine abweichende Vorgehensweise hingewiesen wird, von der zuletzt beschriebenen Nettovorgehensweise ausgegangen.

Beispiel 21.17

Die von der X AG zu 100 % erworbene Y GmbH wird von dieser als ZGE 4 geführt. Der gesamte Goodwill aus dem Erwerb (400 T€) wurde dieser ZGE 4 zugeordnet (Beispiel 21.15). Zum 31.12.2022 ist turnusmäßig ein Werthaltigkeitstest der ZGE 4 durchzuführen. Zu diesem Zeitpunkt sind die im Rahmen der Erstkonsolidierung aufgedeckten stillen Reserven (Beispiel 21.7) im Abschluss der ZGE 4 um (300 / 5 =) 60 T€ abgeschrieben worden, weshalb der ursprüngliche Gewinn der ZGE 4 aus Beispiel 21.16 von annahmegemäß 50 T€ auf einen Verlust von (50 – 60 =) -10 T€ zu korrigieren ist.

Der ursprüngliche Kaufpreis für die ZGE 4 (Y GmbH) hatte 1.200 T€ betragen. Der erzielbare Betrag zum 31.12.2022 sei demgegenüber nur 650 T€. Die „push-down"-Bilanz der ZGE 4 hat folgendes Bild:

36 Vgl. etwa *Wirth, J.*, Firmenwertbilanzierung nach IFRS, Stuttgart 2005, S. 36.
37 Vgl. etwa *Wirth, J.*, Firmenwertbilanzierung nach IFRS, Stuttgart 2005, S. 87-88.

„push-down"-Bilanz der ZGE 4 zum 31.12.2022 (in T€)			
Anlagevermögen	840	Eigenkapital	1.200
Goodwill	400	Gewinn oder Verlust	-10
Umlaufvermögen	350	Fremdkapital	400
Summe	1.590	Summe	1.590

Der Werthaltigkeitstest ergibt, dass der erzielbare Betrag (650 T€) den Buchwert der ZGE 4 (1.190 T€) deutlich unterschreitet. Es liegt also eine Wertkorrektur der ZGE 4 von (650 – 1.190 =) -540 T€ vor.

Wie zuvor erläutert, basiert die bisherige Vorgehensweise in diesem Beispiel auf der zuvor erläuterten Nettolösung. Würde demgegenüber brutto gerechnet, wären erzielbarer Betrag und Buchwert gedanklich jeweils um das beim Nettoverfahren abgezogene Fremdkapital zu erhöhen: Der erzielbare Betrag betrüge dann (650 + 400 =) 1.050 T€ und der Buchwert läge in Höhe der Bilanzsumme, also bei (1.190 + 400 =) 1.590 T€. Der Werthaltigkeitstest ergäbe auch hier einen Wertminderungsaufwand von (1.050 – 1.590 =) -540 T€.

Buchung einer Wertminderung

Die Wertminderung einer ZGE wird GuV-wirksam erfasst. Zunächst wird sie gegen den Buchwert des Goodwills gebucht. Übersteigt die Wertminderung den Goodwill-Buchwert, so wird der Restbetrag proportional zu ihren jeweiligen Buchwerten gegen die übrigen Vermögenswerte der ZGE gebucht, soweit sie in den Anwendungsbereich von IAS 36 fallen (IAS 36.104). Dies betrifft im Wesentlichen langfristige Vermögenswerte, die nicht durch IAS 36.2 aus dem Anwendungsbereich von IAS 36 ausgenommen sind.[38]

Beispiel 21.18

Die in Beispiel 21.17 ermittelte Wertminderung in der ZGE 4 i.H.v. 540 T€ wird im ersten Schritt durch folgende Buchung erfasst:

Wertminderung Goodwill *an* *Goodwill* *400 T€*

Die verbleibenden Wertminderungen sind dem Vermögen der ZGE 4 gemäß IAS 36.104 (b) zuzurechnen: Der Restbetrag von (540 - 400 =) 140 T€ wird dem Anlagevermögen, das hier annahmegemäß in den Anwendungsbereich von IAS 36 fällt und zu 504 T€ aus Maschinen sowie zu 336 T€ aus Betriebs- und Geschäftsausstattung (BGA) besteht, proportional zu den Buchwerten der Anlagevermögenbestandteile zugeordnet. Die Wertminderung auf Maschinen beträgt folglich ((504 / 840) · 140 =) 84 T€; entsprechend beträgt die Wertminderung auf die BGA ((336 / 840) · 140 =) 56 T€:

Wertminderung Anlagevermögen *an* *Maschinen* *84 T€*
BGA *56 T€*

38 Hier ist *Wirth, J.*, Firmenwertbilanzierung nach IFRS, Stuttgart 2005, S. 92, zu folgen. Vgl. zu einem weiteren Beispiel *Applying IFRS*, S. 430-433.

Wertuntergrenzen für übrige Vermögenswerte

Durch die Zuteilung des Restabschreibungsbetrags soll der Buchwert eines Vermögenswerts jedoch nicht so weit reduziert werden, dass er den beizulegenden Zeitwert abzüglich der Verkaufskosten (fair value less costs to sell) oder – falls höher – den Nutzungswert (value in use) unterschreitet (IAS 36.105). Verbleibende Restbeträge sind ebenso auf die übrigen Vermögenswerte zu verteilen wie der ursprüngliche Restbetrag (IAS 36.105). Falls die Ermittlung der Wertuntergrenzen nicht praktikabel ist, wird die oben beschriebene proportionale Methode angewandt (IAS 36.106). Auch wenn nach Anwendung dieser Regeln auf alle Vermögenswerte der ZGE dennoch ein nicht verteilbarer Restbetrag verbleibt, ist in dieser Höhe eine Schuld nur dann zu passivieren, wenn ein anderer IFRS dies vorschreibt (IAS 36.108).

Beispiel 21.19

Im obigen Beispiel 21.18 seien folgende Zusatzinformationen gegeben:

T€	**Nettoveräußerungspreis**	**Nutzungswert**
Anlagevermögen	770	700
Umlaufvermögen	190	185

Hier darf das Anlagevermögen nach IAS 36.105 nicht unter den Betrag von 770 T€ abgeschrieben werden.

Wertminderung AV *an* *Anlagevermögen* *70 T€*

Der Restbetrag von (140 – 70 =) 70 T€ kann hier nur dann GuV-wirksam erfasst werden, wenn in seiner Höhe – etwa nach IAS 37 – eine Schuld zu passivieren ist.

Konzeptionelle Probleme bei Existenz von nicht beherrschenden Anteilseignern

Konzeptionelle Probleme des Werthaltigkeitstests können entstehen, wenn an einer ZGE nicht beherrschende Anteilseigner beteiligt sind und die Erstkonsolidierung nach der Neubewertungsmethode vorgenommen wurde. Denn ein der ZGE zugeordneter Goodwill spiegelt dann nur den vom Mutterunternehmen erworbenen, auf der Basis der Anschaffungskosten ermittelten Goodwillteil wider. Ein den nicht beherrschenden Anteilseignern zuzurechnender Goodwill ist folglich im Buchwert des Nettovermögens der ZGE nicht enthalten. Der erzielbare Betrag der ZGE basiert jedoch auf dem gesamten Vermögen und umfasst damit auch einen eventuell vorhandenen Goodwill der nicht beherrschenden Anteilseigner. Daher wird der Goodwill einer ZGE, an der nicht beherrschende Anteilseigner beteiligt sind, für Zwecke des Werthaltigkeitstests auf eine fiktive 100 %-Beteiligung hochgerechnet. Dieser hochgerechnete full goodwill wird dem Werthaltigkeitstest in der Neubewertungsmethode zugrunde gelegt (IAS 36.C4). Problematisch erscheint dabei, dass IAS 36.C4 eine proportionale Hochrechnung vorsieht, obwohl die full goodwill-Bestimmung im Rahmen der full goodwill method in IFRS 3.32 – wie oben erläutert – explizit anders geregelt ist. Hier kommt es insofern zu einer Vermischung unterschiedlicher Konzeptionen.

Aufteilung einer Wertminderung

Eine ermittelte Goodwillwertminderung muss eventuell auf das Mutterunternehmen und die nicht beherrschenden Anteilseigner aufgeteilt werden. Wird zur Bilanzierung die full goodwill method gewählt, stehen den nicht beherrschenden Anteilseignern Anteile an allen Vermögenswerten und damit auch am Goodwill zu. Daraus folgt jedoch direkt, dass ihnen auch etwaige Wertminderungen anteilig zuzuordnen sind. Wenn die getestete ZGE ein Tochterunternehmen mit nicht beherrschenden Anteilseignern ist oder ein solches enthält, ist eine Wertminderung demnach aufzuteilen. In dem Fall, dass ein Tochterunternehmen oder ein Teil eines solchen eine eigenständige ZGE ist, ist der Wertminderungsaufwand so zu verteilen, wie auch der Gewinn oder Verlust verteilt wird (IAS 36.C6). Ist ein Tochterunternehmen mit Anteil nicht beherrschender Anteilseigner oder der Teil eines solchen jedoch Bestandteil einer übergeordneten ZGE, muss ein Wertminderungsaufwand zunächst auf die Teile der ZGE mit nicht beherrschenden Anteilseignern und die Teile ohne solche aufgeteilt werden. Diese Zuordnung soll erfolgen

- anhand der Wertverhältnisse der Goodwills der Teileinheiten vor der Wertminderung, soweit sich die Wertminderung auf den Goodwill der ZGE bezieht, und
- anhand der Wertverhältnisse der Vermögenswerte der Teileinheiten vor der Wertminderung, soweit sich die Wertminderung auf die identifizierbaren Vermögenswerte der ZGE bezieht.

Anschließend wird wieder analog zur Aufteilung des Gewinns oder Verlustes die Allokation auf Mutterunternehmen und nicht beherrschende Anteilseigner vorgenommen (IAS 36.C7).

Bei Anwendung der Neubewertungsmethode hingegen sind für die nicht beherrschenden Anteilseigner nur solche Wertminderungen, die sich auf identifizierbare Vermögenswerte beziehen, abzuschreiben. Da der Goodwill der nicht beherrschenden Anteilseigner nicht aktiviert ist, kann dieser auch nicht abgeschrieben werden (IAS 36.C8). Unabhängig von der gewählten Konsolidierungsmethode kann – entgegen früherer Regelungen – durch eine den nicht beherrschenden Anteilseignern zuzurechnende Wertminderung auch ein negativer Anteil nicht beherrschender Anteilseigner (deficit balance) entstehen (IFRS 10.B94).

Beispiel 21.20[39]

Im obigen Beispiel 21.8 hat die X AG an der Y GmbH eine 70 %-Beteiligung für 840 T€ erworben und diese als Tochterunternehmen konsolidiert. Innerhalb der Organisationsstruktur der X AG erfüllt die Y GmbH die Kriterien einer ZGE. Zur Konsolidierung sei die Neubewertungsmethode herangezogen worden. Der resultierende Goodwill i.H.v. 280 T€ wurde dieser ZGE ebenso wie in Beispiel 21.8 zu 100 % zugeordnet.

Die ZGE ist nun einem Werthaltigkeitstest zu unterziehen. Dies erfordert einen Vergleich des erzielbaren Betrags (wiederum netto) der ZGE mit dem Buchwert ihres Nettovermögens inklusive des zugeordneten Goodwills. Die Hoch-

39 Ein weiteres Beispiel findet sich in IAS 36.IE62-IE68.

rechnung des ursprünglichen Goodwills auf eine fiktive 100 %-Beteiligung ergibt einen full goodwill der ZGE von (280 / 0,7 =) 400 T€.

Der erzielbare Betrag der ZGE betrage 950 T€. Der Buchwert des Nettovermögens der ZGE inklusive des hochgerechneten Goodwills beträgt (790 + 400 =) 1.190 T€. Dies ergibt eine Wertkorrektur der ZGE von (950 – 1.190 =) – 240 T€. Diese bezieht sich in voller Höhe auf den Goodwill, ist aber gemäß IAS 36.C8 nur für dessen 70 %-Anteil des Mutterunternehmens, also i.H.v. (240 · 0,7 =) 168 T€ zu erfassen:

Wertminderung Goodwill *an* *Goodwill* *168 T€*

Veräußerung von Geschäftsbereichen

Bei der Veräußerung eines Teilbereiches einer ZGE (operation) wird ein Teil des Goodwills der ZGE in die Ermittlung des Veräußerungserfolges einbezogen. Nach IAS 36.86 ist dieser Goodwill-Teil durch Schlüsselung anhand der erzielbaren Beträge des zu veräußernden und des verbleibenden Teils der ZGE zu ermitteln. Von diesem Verfahren darf nur dann zu Gunsten einer anderen Methode abgewichen werden, wenn das Unternehmen nachweisen kann, dass diese den veräußerten Goodwill-Teil besser erfasst.

Beispiel 21.21[40]

Die X AG veräußert im Rahmen eines asset deal einen Teilbetrieb der ZGE 4 (Beispiel 21.20) für 250 T€ an Dritte. Für den zurückbehaltenen Teil der ZGE wird ein erzielbarer Betrag von brutto 700 T€ ermittelt. Der in den Buchwert des zu veräußernden Teils einzubeziehende Goodwill-Teil beträgt (250 / (250 + 700) =) 26,3 % des gesamten Goodwills der ZGE und damit (400 · 0,263 =) 105,3 T€.

Reorganisation der Berichtsstruktur

Wenn ein Unternehmen seine Berichtsstruktur dergestalt ändert, dass hiervon die Zusammensetzung einer oder mehrerer ZGE verändert wird, muss der diesen ZGE zugerechnete Goodwill neu aufgeteilt werden (IAS 36.87). Für diese Neuaufteilung gilt konzeptionell die oben beschriebene Vorgehensweise bei der Veräußerung von Geschäftsbereichen analog.

Beispiel 21.22

Die ZGE A eines Unternehmens, zu der ein Goodwill von 300 T€ gehört, soll aufgelöst und in ZGE B und ZGE C integriert werden. Die Aufteilung des Goodwills von ZGE A auf ZGE B und ZGE C wird wie folgt vorgenommen:

T€	**ZGE B**	**ZGE C**
Erzielbarer Betrag	1.800	2.200
Wertverhältnis	45 %	55 %
Zuzurechnender Goodwill von ZGE A	135	165

40 Ein weiteres Beispiel wird in IAS 36.86 gegeben.

Zeitpunkt des Werthaltigkeitstests

Der turnusmäßige jährliche Werthaltigkeitstest für ZGE, denen ein Goodwill zugeordnet wurde, kann zu einem beliebigen Zeitpunkt während des Berichtsjahres durchgeführt werden. Voraussetzung hierfür ist lediglich, dass der gewählte Zeitpunkt im Zeitablauf unverändert bleibt (IAS 36.96). In der Unternehmenspraxis wird der Goodwill-Werthaltigkeitstest i.d.R. unmittelbar nach der jährlich aktualisierten Mittel- bis Langfristplanung vorgenommen. ZGE, denen ein Goodwill zugeordnet wurde, der aus einem Unternehmenszusammenschluss des aktuellen Berichtsjahres stammt, sind jedoch bis Ende dieses Berichtsjahres zu testen. Sollten einzelne Vermögenswerte oder ZGE gleichzeitig mit dem höheren Aggregat, dem der Goodwill zugeteilt wurde, getestet werden, so sind diese zuerst zu testen (IAS 36.97). Hiermit will das IASB Verzerrungen des Testergebnisses vermeiden, indem zunächst die Werte der einzelnen Vermögenswerte bzw. ZGE auf den „neuesten Stand" gebracht werden.

Beispiel 21.23

Der erzielbare Betrag einer zu 100 % im Besitz des Mutterunternehmens stehenden ZGE sei 500 T€. Der Buchwert des Nettovermögens betrage 550 T€, inklusive eines Goodwills von 100 T€. Der Werthaltigkeitstest ergibt eine Wertminderung von 50 T€, die vollständig vom Goodwill abgeschrieben wird.

Wertminderung Goodwill	*an*	*Goodwill*	*50 T€*

Falls für einzelne Vermögenswerte der ZGE zeitgleich ein Werthaltigkeitstest vorgenommen wird, müsste dieser zuerst erfolgen. Dabei werde im Anlagevermögen eine Wertminderung von 100 T€ festgestellt und gebucht.

Wertminderung AV	*an*	*Anlagevermögen*	*100 T€*

Der anschließende Werthaltigkeitstest der ZGE ergibt nun wegen des auf 450 T€ gesunkenen Buchwerts keine Wertminderung mehr. Der Goodwill wird folglich nicht abgeschrieben.

Erleichterungsregel

Die aufwändige Ermittlung der erzielbaren Beträge von ZGE muss nur dann nicht zwingend in jedem Berichtsjahr vorgenommen werden, wenn detailliert ermittelte Werte aus einer vergangenen Periode vorliegen und die folgenden drei Kriterien des IAS 36.99 kumulativ erfüllt sind:

- Die Vermögenswerte der ZGE und die ihr zugeordneten Schulden haben sich seither nicht signifikant geändert (IAS 36.99(a)),
- der seinerzeit ermittelte erzielbare Betrag überstieg den Buchwert des Nettovermögens der ZGE um einen deutlichen Betrag (IAS 36.99(b)) und
- nach einer Analyse der seither eingetretenen Entwicklung ist es unwahrscheinlich, dass der erzielbare Betrag der ZGE den Buchwert ihres Nettovermögens unterschreitet (IAS 36.99(c)).

Wertaufholung

IAS 36.124 verbietet eine Wertaufholung beim Goodwill. Dies bedeutet, dass Wertberichtigungen des Goodwills in den Folgeperioden nicht durch Zuschreibung rückgängig gemacht werden dürfen. Zur Begründung wird angeführt, dass spätere Wertsteigerungen des Goodwills wahrscheinlich auf Zuwächse eines originären Goodwills und weniger auf Wertaufholungen des ursprünglich erworbenen Goodwills zurückzuführen sind (IAS 36.125).

Bilanzanalytische Auswirkungen

Im Gegensatz zum Wertaufholungsverbot für Goodwill muss eine Wertminderung von anderen Vermögenswerten unter bestimmten Bedingungen (IAS 36.110-36.124) wieder zugeschrieben werden (vgl. Kapitel 8). Die Wertaufholung für Goodwill unterliegt damit einer speziellen Regelung, welche bei der Bilanzanalyse zu beachten ist. Würde man annehmen, dass eine Wertminderung von Goodwill tatsächlich nur temporär ist, so würden anstatt einer Wertaufholung stille Goodwillreserven entstehen.

Aus der Forschung

Empirische Evidenz zur Goodwillbilanzierung

Die Bilanzierungspraxis bei Unternehmenszusammenschlüssen ist Gegenstand empirischer Forschung, die auch beim IASB Beachtung findet (für eine Zusammenfassung vgl. etwa Amel-Zadeh/Glaum/Sellhorn (2020)). Die hohe ökonomische Bedeutung der Goodwillposition zeigt sich bereits dadurch, dass allein in den DAX30-Bilanzen die Summe des Goodwills von ca. 125 Mrd. € im Jahr 2005 auf 317 Mrd. € im Jahr 2019 angestiegen ist (Sommer (2020)). Dieser Anstieg kann durchaus kritisch gesehen werden, da der Goodwill in Relation zum Eigenkapital bei einigen deutschen Unternehmen inzwischen weit mehr als 100 % beträgt (Cappel/Hartmann (2018)). Zwar werden Goodwill-Wertminderungen am Kapitalmarkt als informative Ereignisse erachtet, jedoch deuten andere empirische Studien auf zwei Probleme hin: Zum einen scheinen Manager ökonomisch bereits verursachte Goodwill-Wertminderungen aus bilanzpolitischen Gründen hinauszuzögern. Zum anderen gibt es Hinweise darauf, dass solche Goodwill-Wertminderungen umgekehrt besonders im Kontext von CEO-Wechseln vermehrt zu beobachten sind (siehe auch Kapitel 8).

Literatur: Amel-Zadeh, A./Glaum, M./Sellhorn, T., Empirical Goodwill Research: Insights, Issues, and Implications for Standard Setting and Future Research, Working Paper (2020), S. 1-73; Sommer, U., Die 317-Milliarden-Euro-Blase: Hoffnungswerte belasten Bilanzen der Dax-Konzerne, in: Handelsblatt, 18.05.2020; Cappel, W./Hartmann, P., Die Goodwill-Entwicklung 2008-2016 der DAX30-Unternehmen, in: KoR, 5. Jg. (2018), S. 230-241.

3.3.5 Änderung des Beteiligungsverhältnisses

3.3.5.1 Übersicht

Phasen eines Unternehmenszusammenschlusses

Ein Unternehmenszusammenschluss kann sich über mehrere Phasen erstrecken, also in mehrere Anteilserwerbe zerfallen, die zu unterschiedlichen Zeitpunkten stattfinden. Beispielsweise kann das Mutterunternehmen seine Anteilsquote am späteren Tochterunternehmen durch sukzessiven Anteilserwerb nach und nach steigern, bis der Tatbestand der Beherrschungsmöglichkeit verwirklicht und somit der Erwerbszeitpunkt erreicht ist (IFRS 3.41). Auch nach Beherrschungserlangung sind weitere sukzessive Anteilszukäufe denkbar. Genauso ist der umgekehrte Fall möglich: die sukzessive Herabstockung durch Anteilsveräußerung.

Übersicht Beteiligungsverhältnisse

Tabelle 21.1 stellt mögliche Konstellationen im Zusammenhang mit verschiedenen Beteiligungsverhältnissen dar und verweist auf die relevanten Standards und die Kapitel dieses Buches, in denen die Sachverhalte erläutert werden.

Endzustand / **Ausgangssituation**	**0 % Anteilsquote**	**Finanzieller Vermögenswert**	**Joint Venture oder assoziiertes Unternehmen**	**Tochterunternehmen**
0 % Anteilsquote		IFRS 9 (Kapitel 17)	IFRS 11, IAS 28 (Kapitel 22)	IFRS 3, IFRS 10 (Kapitel 21, Abschnitt 3.3.3)
Finanzieller Vermögenswert	IFRS 9 (Kapitel 17)	IFRS 9 (Kapitel 17)	IFRS 11, IAS 28 (Kapitel 22)	IFRS 3, IFRS 10 (Kapitel 21, Abschnitt 3.3.5)
Joint Venture oder assoziiertes Unternehmen	IFRS 11, IAS 28 (Kapitel 22)	IFRS 11, IAS 28 (Kapitel 22)	IFRS 11, IAS 28 (Kapitel 22)	IFRS 11, IAS 28 (Kapitel 22)
Tochterunternehmen	IFRS 3, IFRS 10 (Kapitel 21, Abschnitt 3.3.5)	IFRS 3, IFRS 10 (Kapitel 21, Abschnitt 3.3.5)	IFRS 3, IFRS 10 (Kapitel 21, Abschnitt 3.3.5)	IFRS 3, IFRS 10 (Kapitel 21, Abschnitt 3.3.5)

Tab. 21.1: Überblick zur Bilanzierung von Änderungen der Beteiligungsverhältnisse.

3.3.5.2 Sukzessiver Anteilserwerb

Im bisherigen Verlauf des Kapitels wurde ein Unternehmenszusammenschluss ohne vorherigen Anteilsbesitz des Erwerbers am Zielunternehmen dargestellt.

Kontrollerwerb bei bereits bestehender Beteiligung

Eine vor Erlangung der Beherrschung bereits bestehende Beteiligung an einem Unternehmen, die keine Einstufung des Unternehmens als assoziiertes oder Gemeinschaftsunternehmen zur Folge hat, ist zum Zeitpunkt des Kontrollerwerbs GuV-wirksam neu zu bewerten. Sind Wertänderungen der gehaltenen Anteile zuvor GuV-neutral behandelt worden, so ist der Betrag der Wertänderung so zu behandeln, als hätte das Unternehmen die Anteile verkauft (IFRS 3.42). Die Ermittlung des Unterschiedsbetrages erfolgt also auf Basis des aktuellen beizulegenden Zeitwertes aller Anteile.

Beispiel 21.24

Die S AG erwirbt am 31.12.2021 10 % der Anteile an der A AG, die erste Tranche, zu einem Preis von 10 T€ (1.000 Aktien zu einem Kurs von 10 € / Aktie). Die Aktien werden nach IFRS 9 als zur Veräußerung verfügbare finanzielle Vermögenswerte in der Bilanz der S AG zum beizulegenden Zeitwert geführt. Zum

31.12.2022 erwirbt die S AG weitere 50 % der Anteile, die zweite Tranche, an der A AG zu einem Preis von 75 T€ (5.000 Aktien zu einem Preis von 15 € / Aktie) und erlangt Beherrschung. Bei der A AG liegen keine stillen Reserven oder Lasten vor, sodass der Buchwert des Eigenkapitals (90 T€) der A AG dem neubewerteten Eigenkapital entspricht.

31.12.2022	S AG	A AG	Neubewertung und Recycling der ersten Tranche	Summenbilanz	Konsolidierung	Konzernbilanz
Anlagevermögen	1.900	60		1.960		1.960
Beteiligung an A	85	—	[a] 5	90	[c]90	—
Umlaufvermögen	1.015	30		1.045		1.045
Goodwill	—	—			[c]36 [e]24	60
Eigenkapital	2.000	90		2.090	[c]54 [d]36	2.000
Nicht beherrschende Anteile	—	—			[d]36 [e]24	60
Neubewertungsrücklage			[b] 5 [a] 5			
Jahresüberschuss	0		[b] 5	5		5
Fremdkapital	1.000	—		1.000		1.000
Summe	3.000 3.000	90 90		3.095 3.095		3.065 3.065

[a] GuV-neutrale Neubewertung der ersten Tranche im Einzelabschluss, die nun bei einem Preis von 15 € / Aktie einen Wert von 15 T€ aufweist, der um 5 T€ über dem bisherigen Buchwert liegt.

[b] GuV-wirksames Recycling nach IFRS 3.42, d.h. Umbuchung der in der Neubewertungsrücklage erfassten Wertänderung in den Jahresüberschuss.

[c] Kapitalkonsolidierung: Verrechnung des neubewerteten Beteiligungsbuchwerts aus dem Einzelabschluss der S AG mit dem anteiligen neubewerteten Eigenkapital der A AG; Aktivierung des entstehenden Goodwills.

[d] Einbuchung der nicht beherrschenden Anteile am neubewerteten Eigenkapital der A AG. Soll der Unternehmenserwerb nach der Neubewertungsmethode in der Konzernbilanz abgebildet werden, ist dies die letzte Buchung.

[e] Einbuchung des Goodwills der nicht beherrschenden Anteilseigner, der hier vereinfacht durch Hochrechnung ermittelt wurde. Dieser Buchungsschritt ist nur notwendig, wenn die full goodwill method gewählt wird.

Denkbar ist auch eine Aufstockung einer Beteiligung an einem assoziierten Unternehmen oder an einem Joint Venture, sodass das Unternehmen als Tochterunternehmen in der Konzernbilanz geführt werden muss. In diesem Fall führt die Erhöhung der Beteiligungsquote zu einer neuen Erstkonsolidierung. Diese Form des Unternehmenszusammenschlusses wird in IFRS 11 und IAS 28 geregelt und in Kapitel 22 dargestellt.

Kontrollerwerb an einem assoziierten Unternehmen oder Joint Venture

Die entsprechende Vorgehensweise bei Erwerb von Anteilen an bereits vollkonsolidierten Tochterunternehmen ist in IFRS 10 geregelt. Wird die Beteiligungshöhe an einem Tochterunternehmen verändert, ohne dass dies mit einem Beherrschungsverlust einhergeht, kommt es nicht zu einer bilanziellen Anpassung der Wertansätze der Vermögenswerte und Schulden aus der Erstkonsolidierung des Tochterunternehmens. Vielmehr ist jede Veränderung der Beteiligungshöhe an einem Tochterunternehmen seit dessen Konzernzugehörigkeit als GuV-neutrale Eigenkapitaltransaktion zwischen den Mehrheitsgesellschaftern und den nicht beherrschenden Anteilseignern zu interpretieren. Eventuelle Differenzen zwischen dem Betrag, um den der Anteil nicht beherrschender Anteilseigner angepasst wird, und dem beizulegenden Zeitwert der Gegenleistung sind direkt im Eigenkapitalanteil des Mutterunternehmens zu berücksichtigen (IFRS 10.B96).

Erwerb und Veräußerung von Anteilen an Tochterunternehmen bei fortbestehender Beherrschungsmöglichkeit

Beispiel 21.25

Ausgehend vom Beispiel 21.8, welches den Erwerb einer 70 %-Beteiligung an der Y GmbH behandelt, erwerbe die X AG nun die restlichen 30 % der Y-Anteile für 420 T€ in bar. Der Buchwert des entsprechenden Anteils nicht beherrschender Anteilseigner beträgt 360 T€. Der Erwerb der 30 %-Tranche wird – unter der Fiktion, dass direkt im Konzernabschluss gebucht wird, und der Annahme, dass zuvor die full goodwill method angewandt wurde – wie folgt erfasst:

Nicht beherrschende Anteile	*360 T€*			
Kapitalrücklage	*60 T€*	*an*	*liquide Mittel*	*420 T€*

Da dieser Vorgang nicht zu einer Anpassung der im Konzernabschluss bilanzierten Wertansätze der Vermögenswerte und Schulden der Y GmbH führt, werden diese nach wie vor auf der Basis der Wertansätze im Erwerbszeitpunkt folgekonsolidiert. Der Anteil nicht beherrschender Anteilseigner am Eigenkapital von bisher 360 T€ ist auszubuchen. Die Differenz zwischen dem Kaufpreis (420 T€) und dem abgehenden Anteil nicht beherrschender Anteilseigner (360 T€) von 60 T€ wird innerhalb des Eigenkapitals von der Kapitalrücklage abgezogen und damit – vergleichbar dem Erwerb eigener Aktien – als Kapitalrückzahlung interpretiert. Dies entspricht der Einheitstheorie, nach der das gesamte Nettovermögen der Y GmbH bereits seit dem Erwerbszeitpunkt von der X AG kontrolliert wird und der Erwerb der 30 %-Tranche als reine Eigenkapitaltransaktion zwischen Mehrheitsgesellschaftern und nicht beherrschenden Anteilseignern anzusehen und damit GuV-neutral zu buchen ist.

Wäre im obigen Beispiel hingegen die Neubewertungsmethode angewandt worden, wäre der Anteil nicht beherrschender Anteilseigner in der obigen Buchung mit 240 T€ auszubuchen gewesen. Damit hätte sich eine Buchung gegen die Kapitalrücklage i.H.v. 180 T€ ergeben.

Alternativ wird davon ausgegangen, dass die X AG von der ursprünglichen 70 %-Beteiligung an der Y GmbH nun 10 % der Y-Anteile für 140 T€ in bar an Dritte veräußert. Der Verkauf der 10 %-Tranche wird – erneut unter der Fiktion, dass es sich um eine Transaktion zwischen EK-Gebern des Konzerns handelt, und der Annahme, dass zuvor die full goodwill method angewandt wurde – wie folgt erfolgsneutral im Konzerneigenkapital erfasst:

Liquide Mittel	*140 T€*	*an nicht beherrschende Anteile*	*120 T€*
		Kapitalrücklage	*20 T€*

Damit wird deutlich, dass es sich hier aus dem Blickwinkel aller Konzerneigenkapitalgeber um eine Kapitalerhöhung i.H.v. 140 T€ handelt. Entsprechend wird der zum Eigenkapital zählende Anteil nicht beherrschender Anteilseigner von bisher 360 T€ auf der Basis der Wertverhältnisse zum Erwerbszeitpunkt um 120 T€ erhöht. Die Differenz zwischen dem Verkaufspreis (140 T€) und dem zusätzlichen Anteil nicht beherrschender Anteilseigner (120 T€) von insgesamt 20 T€ wird in die Kapitalrücklage eingestellt und damit – vergleichbar der Emission eigener Aktien – als Agio interpretiert. Wäre im obigen Beispiel hingegen nach der Neubewertungsmethode gebucht worden, wäre der Anteil nicht beherrschender Anteilseigner im obigen Buchungssatz lediglich um 80 T€ zu erhöhen gewesen. Damit hätte sich eine Buchung gegen die Kapitalrücklage i.H.v. 60 T€ ergeben.

3.3.5.3 Entkonsolidierung

Übersicht

Die Entkonsolidierung, also die bilanzielle Abbildung des Ausscheidens eines Tochterunternehmens aus dem Konsolidierungskreis, ist in IFRS 10 geregelt. IFRS 10.B98 regelt für den Fall eines – wie auch immer begründeten – Beherrschungsverlustes, dass das Mutterunternehmen

- einen Abgang der Vermögenswerte und Schulden des Tochterunternehmens zum Buchwert am Tag des Beherrschungsverlustes,[41]
- einen Abgang eines eventuellen Anteils nicht beherrschender Anteilseigner zum Buchwert,
- den Zugang einer eventuellen Gegenleistung zum beizulegenden Zeitwert,
- eine eventuell zurückbehaltene Beteiligung am ehemaligen Tochterunternehmen zum beizulegenden Zeitwert bei Beherrschungsverlust, sowie
- einen eventuell als Residualgröße entstehenden Aufwand oder Ertrag bucht.

41 Beim Abgang von Vermögenswerten und Schulden wird bei einem share deal von einer Einzelveräußerungsfiktion ausgegangen. Dies entspricht der umgekehrten Vorgehensweise der bisher dargestellten Einzelerwerbsfiktion beim Zugang von Vermögenswerten und Schulden bei einem share deal.

Folgebewertung

Die Folgebewertung nach der Entkonsolidierung des Tochterunternehmens im Konzern ggf. verbleibender Vermögenswerte oder Schulden richtet sich nach den einschlägigen IFRS (IFRS 10.25). Eine verbleibende Beteiligung am ehemaligen Tochterunternehmen ist i.d.R. zum beizulegenden Zeitwert am Tag des Beherrschungsverlustes nach IFRS 9 auszuweisen. Unter Umständen kommt auch eine Erfassung des beizulegenden Zeitwerts als erstmaliger Wertansatz für die Bilanzierung als assoziiertes (IAS 28) oder Gemeinschaftsunternehmen (IFRS 11) in Betracht (IFRS 10.25). Zudem sind alle Beträge, die zuvor gegen das sonstige Ergebnis gebucht worden sind und aus der Beteiligung am Tochterunternehmen resultieren (z.B. Währungsumrechnungsdifferenzen), so zu behandeln, als ob das Mutterunternehmen die zu Grunde liegenden Vermögenswerte direkt verkauft bzw. Schulden direkt beglichen hätte. IFRS 10.B99 nennt hier als Beispiel Beträge aus Neubewertungen, die zuvor im sonstigen Ergebnis erfasst worden sind.

Beispiel 21.26

Im Anschluss an die Folgekonsolidierung zum 31.12.2022 (Beispiel 21.16) verkauft die X AG am 02.01.2023 ihre 70 %-Beteiligung an der Y GmbH zu einem Preis von 1.100 T€ in bar. Die folgende Übersicht zeigt die Vorgehensweise bei der Entkonsolidierung. Der Veräußerungserfolg ergibt sich hier als Residualgröße:

T€	**Konzernbilanz vor Entkonsolidierung (31.12.2022)**		**Entkonsolidierung für Anteile der X AG**		**Konzernbilanz nach Entkonsolidierung (02.01.2023)**	
Anlagevermögen	2.690			840[a]	1.850	
Umlaufvermögen	1.710		1.100[a]	350[a]	2.460	
Goodwill	140			140[a]	—	
Eigenkapital		2.100				2.100
Gewinn oder Verlust / Konzerngewinn oder -verlust		53		407[a]		460
Nicht beherrschende Anteile		237	237[a]			—
Fremdkapital		2.150	400[a]			1.750
Summe	4.540	4.540			4.310	4.310

[a] Einbuchung des Veräußerungspreises; Ausbuchung des Anlagevermögens und des Umlaufvermögens der Y GmbH; Ausbuchung des fortgeführten Goodwills aus dem Erwerb der Y GmbH; Ausbuchung der nicht beherrschenden Anteile; Ausbuchung des Fremdkapitals der Y GmbH; GuV-wirksame Einbuchung des Veräußerungserfolges.

Aktuelle Entwicklungen

Aktuelle Entwicklungen mit Bezug zu IFRS 3

Im Rahmen seines post-implementation review[42] von IFRS 3 hat das IASB u.a. Investoren, Wirtschaftsprüfer, Ersteller und Regulatoren befragt sowie die einschlägige Forschungsliteratur gesichtet. Dabei traten primär bei den folgenden Themen kontroverse Ansichten und Unsicherheiten in der Anwendung zutage: Definition eines Geschäftsbetriebs (business), Erst- und Folgebewertung des Goodwills und Bewertung von immateriellen Vermögenswerten zum beizulegenden Zeitwert im Rahmen der Kaufpreisallokation. Hinsichtlich der Folgebewertung des Goodwills führt das IASB an, dass insbesondere der impairment-only approach für den Goodwill als zeitaufwendig, kostenintensiv und ermessensbehaftet empfunden wird. Zudem wird der impairment-only approach als anreizproblematisch erachtet, da er bilanzpolitische Spielräume eröffnet.

Hinsichtlich der Folgebewertung des Goodwills veröffentlichte das IASB im März 2020 ein Diskussionspapier mit Kommentierungsfrist bis Ende 2020, das sich mit der Offenlegung von Informationen über Unternehmenszusammenschlüsse sowie des Goodwill-Werthaltigkeitstests befasst. Das IASB strebt an, dass Erwerberunternehmen ihren Investoren entscheidungsnützlichere Informationen über Akquisitionen und deren Performance bereitstellen. Hinsichtlich der Verbesserung des Goodwill Werthaltigkeitstests konnte das IASB keinen alternativen Ansatz erarbeiten, der ein besseres Kosten-Nutzen-Verhältnis als der aktuelle Ansatz aufweist. In diesen Zusammenhang wird auch über eine Abschaffung des impairment-only–Ansatzes und eine Wiedereinführung der planmäßigen Goodwillabschreibung diskutiert. Angesichts der oben beschriebenen teilweise sehr hohen Goodwill-Beträge in den Bilanzen vieler Unternehmen stellt sich die Frage nach den Übergangsregeln und den erhebliche GuV-Wirkungen, die die Wiedereinführung einer planmäßigen Goodwill-Abschreibung mit sich bringen könnte. Des Weiteren zieht das IASB einen verpflichtenden Ausweis der Höhe des Eigenkapitals abzüglich der Goodwill Position in Betracht.[43]

Unternehmenszusammenschlüsse und -übernahmen unter gemeinsamer Kontrolle

Im November 2020 veröffentlichte das IASB ein Diskussionspapier zu Unternehmenszusammenschlüssen und -übernahmen unter gemeinsamer Kontrolle (business combinations under common control).

42 Vgl. hierzu Kapitel 2.
43 Vgl. DP/2020/1 – Business Combinations – Disclosures, Goodwill and Impairment, 2020.

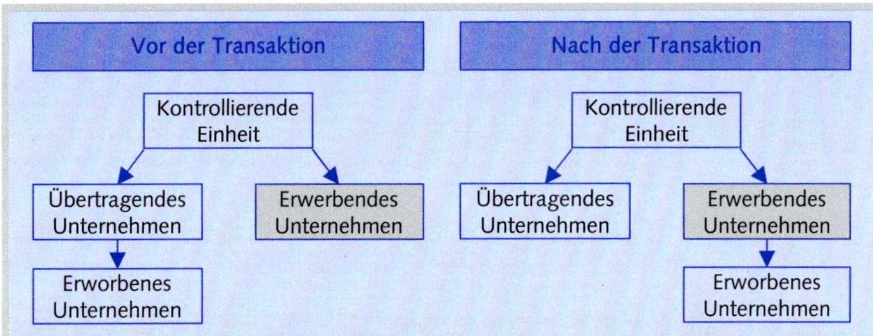

Abb. 21.7: Darstellung konzerninterner Unternehmenstransaktionen

Hiermit verfolgt das IASB das Ziel, die Abbildung konzerninterner Transaktionen aus Sicht des erwerbenden Unternehmens zu regeln, da IFRS 3 auf diese Transaktionen nicht anzuwenden ist und insofern eine Regelungslücke besteht, in deren Folge sich in der Praxis Unterschiede hinsichtlich der gewählte Bilanzierungsmethode ergaben. So wird in solchen Fällen teilweise die Erwerbsmethode nach IFRS 3 und teilweise eine Buchwertmethode verwendet. Im Rahmen der Erwerbsmethode werden die erhaltenen Vermögenswerte und Schulden zum beizulegenden Zeitwert angesetzt sowie ein resultierender Goodwill aktiviert, wohingegen bei den Buchwertmethoden – weitgehend analog zur pooling-of-interests- oder Interessenzusammenführungsmethode (vgl. Abschnitt 3.3.2) – die Vermögenswerte und Schulden zum Buchwert bewertet werden und typischerweise kein Goodwill aktiviert wird. Die resultierenden Unterschiede erschweren es den Abschlussadressaten, die Effekte solcher Transaktionen nachzuvollziehen und erwerbende Unternehmen miteinander zu vergleichen.

Das IASB beschreibt in dem Diskussionspapier drei unterschiedliche Perspektiven, die sich im Rahmen der Outreach-Aktivitäten herauskristallisiert haben und nach denen die jeweilige Bilanzierungsmethode aus einem ökonomischen Vergleich mit Unternehmenszusammenschlüssen nach IFRS 3 abgeleitet wird. Unternehmenszusammenschlüsse unter gemeinsamer Kontrolle und solche nach IFRS 3 sind hiernach

- immer unterschiedlich (Perspektive 1), da bei konzerninternen Transaktionen die endgültig kontrollierende Einheit stets gleichbleibt und somit lediglich ökonomische Ressourcen innerhalb der Gruppe verschoben werden. In diesen Fall wäre eine Buchwertmethode für konzerninterne Transaktionen anzuwenden.
- immer vergleichbar (Perspektive 2), da das erwerbende Unternehmen Kontrolle über das erworbene Unternehmen erhält und sich das Diskussionspapier nur mit der Darstellung der Transaktion aus Sicht des erwerbenden Unternehmens beschäftigt. Folglich wäre die Erwerbsmethode nach IFRS 3 anzuwenden.
- teilweise vergleichbar (Perspektive 3). Wenn z.B. nicht beherrschende Anteilseigner am erwerbenden Unternehmen beteiligt sind, ist die konzernin-

terne Transaktion mit einem Unternehmenszusammenschluss nach IFRS 3 vergleichbar und somit ist die Erwerbsmethode anzuwenden. Dieses Vorgehen wird aktuell vom IASB präferiert.

Abbildung 21.8 fasst zusammen, wie in Abhängigkeit vom Einzelfall zukünftig entschieden werden soll, welche Bilanzierungsmethode zur Anwendung kommt. Von entscheidender Bedeutung sind hier die Informationsbedürfnisse der Anteilseigner des konzerninternen erwerbenden Unternehmens.

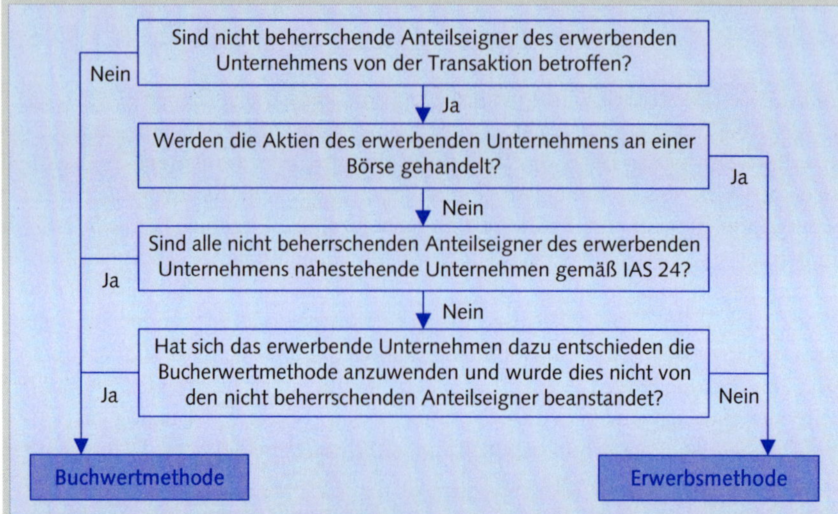

Abb. 21.8: Bestimmung der Bilanzierungsmethode anhand des Einzelfalls (Quelle: DP/2020/1 – Business Combinations – Disclosures, Goodwill and Impairment, 2020)

Durch die Veröffentlichung dieses Diskussionspapieres mit Kommentierungsfrist bis Anfang September 2021 erhofft sich das IASB nützliches Feedback hinsichtlich der Auswahl sowie Anwendung der Bilanzierungsmethode als auch der Offenlegung von Informationen über konzerninterne Transaktionen.

3.4 Sonstige Konsolidierungsmaßnahmen

Eliminierung sonstiger konzerninterner Transaktionen

Wie in Abbildung 21.3 dargestellt, sind neben der Kapitalkonsolidierung nach dem Grundsatz ordnungsmäßiger Konsolidierung der Fiktion der rechtlichen Einheit weitere Konsolidierungsmaßnahmen notwendig, um aus dem Summenabschluss alle konzerninterne Transaktionen in voller Höhe herauszurechnen (IFRS 10.B86(c)).[44]

44 Diese sonstigen Konsolidierungsmaßnahmen werden hier nur in Grundzügen erläutert. Für weiterführende Darstellungen sowie Literaturhinweise wird auf *Busse von Colbe et al.*, Konzernabschlüsse, verwiesen.

Latente Steuern auf sonstige Konsolidierungsmaßnahmen

Wie bei der Kapitalkonsolidierung kann sich die Eliminierung sonstiger konzerninterner Transaktionen auf latente Steuerpositionen auswirken, wenn hieraus Unterschiede zwischen den Bestandsgrößen der Konzern- und der Steuerbilanz resultieren. Hiervon ist z.B. bei der Schuldenkonsolidierung sowie bei der Zwischenerfolgseliminierung regelmäßig auszugehen. IFRS 10.B86(c) verlangt z.B. explizit eine Anwendung von IAS 12 auf temporäre Differenzen, die aus der Korrektur konzerninterner Zwischenerfolge resultieren.[45]

3.4.1 Schuldenkonsolidierung

Zweck

Um im Konzernabschluss nur solche Forderungen und Verbindlichkeiten auszuweisen, die durch Geschäfte mit konzernexternen Dritten entstanden sind, werden im Rahmen der Schuldenkonsolidierung alle konzerninternen Forderungen und Verbindlichkeiten aus dem Summenabschluss eliminiert. Dieses Vorgehen resultiert aus der Fiktion der rechtlichen Einheit des Konzerns, nach der ein rechtlich einheitliches Unternehmen mit sich selbst kein Schuldverhältnis eingehen kann.[46]

Berührte Positionen

Im Rahmen der Schuldenkonsolidierung werden sämtliche Positionen des Summenabschlusses, die aus Kreditgeschäften und sonstigen Verpflichtungen zwischen den konsolidierten Unternehmen stammen, eliminiert. Dies betrifft z.B. Forderungen und Verbindlichkeiten gegen verbundene Unternehmen und die zugehörigen Zinsaufwendungen und -erträge. Da sämtliche Finanzvermögenswerte und Schulden in die Schuldenkonsolidierung einzubeziehen sind, müssen auch alle Rückstellungen und Eventualschulden, die aus konzerninternen Gründen gebildet wurden, eliminiert werden.

Unterschiedsbeträge aus der Schuldenkonsolidierung

Wenn sich konzerninterne Forderungen und Verbindlichkeiten betragsmäßig entsprechen, ist die Schuldenkonsolidierung einfach, aber dennoch notwendig, um insbesondere für Rating-Gesellschaften wichtige Kapitalstrukturkennzahlen im Konzernabschluss nicht zu verzerren. In diesem Fall stellt die Schuldenkonsolidierung eine Verkürzung der Summenbilanz dar, aus der kein Unterschiedsbetrag entsteht. Häufig kann es auch hier jedoch dazu kommen, dass die aus konzerninternen Schuldverhältnissen entstehenden Passivposten in der Summe höher (selten niedriger) sind als die entsprechenden Aktivposten. Beispielsweise ist dies der Fall, wenn ein Konzernunternehmen aufgrund konzerninterner Sachverhalte (z.B. Garantie- und Kulanzverpflichtungen) eine Rückstellung gebildet hat, ohne dass der korrespondierende Anspruch in einem anderen Konzernunternehmen aktiviert werden kann. Solche bilanziellen Unterschiedsbeträge (Aufrechnungsdifferenzen) sind als Korrekturposten zum Eigenkapital gesondert auszuweisen bzw. werden direkt mit den Gewinnrücklagen verrechnet.

45 Vgl. zur Berücksichtigung latenter Steuern bei den sonstigen Konsolidierungsmaßnahmen das zusammenfassende Beispiel in Abschnitt 5.

46 Vgl. *Busse von Colbe et al.*, Konzernabschlüsse, S. 345.

Beispiel 21.27

Die X AG erhält von der vollkonsolidierten Y GmbH im Geschäftsjahr 2021 eine Lieferung von 2.500 PCs für die konzerninterne EDV-Anlage. Die Y GmbH bildet für dieses Geschäft eine Garantierückstellung i.H.v. 25 T€, während die X AG keinen entsprechenden Anspruch aktiviert. Diese von der Y GmbH gebildete Rückstellung für konzerninterne Sachverhalte ist im Rahmen der Schuldenkonsolidierung zu eliminieren. Da ihr kein entsprechender Aktivposten der X AG gegenübersteht, entsteht dabei eine passivische Aufrechnungsdifferenz in der Konzernbilanz. In der Konzern-GuV kommt es durch die Rücknahme der Rückstellungsbildung bei der Y GmbH zu einer Aufwandsminderung und damit zu einer Erhöhung des Gewinns vor Steuern, der durch die Bildung passivischer latenter Steuern (s = 40 %) vermindert wird. Der Konzerngewinn nach Steuern erhöht sich damit um (25 T€ – 10 T€ =) 15 T€.

Rückstellung		*an*	*sonst. betrieblicher Aufwand*	*25 T€*
Latenter Steueraufwand		*an*	*passive latente Steuern*	*10 T€*

In der Konzernbilanz ist durch die Rücknahme der Rückstellungen unter Abzug der passiven latenten Steuern der Konzerngewinn gestiegen.

Folglich ist in der Konzernbilanz 2021 der Anfangsbestand der Rückstellungen (25 T€) mit den Gewinnrücklagen und den passiven latenten Steuern zu verrechnen.

Rückstellung	*25 T€*	*an*	*Gewinnrücklagen*	*15 T€*
			passive latente Steuern	*10 T€*

Insofern ist in der Konzernbilanz die gesamte Aufrechnungsdifferenz aus der Schuldenkonsolidierung umzugliedern, während in der Konzern-GuV lediglich die Veränderung der bilanziellen Aufrechnungsdifferenz gegenüber dem Vorjahr GuV-wirksam zu erfassen ist.

Aufgrund weiterer PC-Lieferungen an die X AG erhöht die Y GmbH die Garantierückstellung im Geschäftsjahr 2022 um 5 T€. Da erneut kein Aktivposten der X AG gegenübersteht, erhöht sich die passivische Aufrechnungsdifferenz von 25 T€ auf 30 T€. In der Konzern-GuV ist jedoch nur die Rückstellungsbildung der Y GmbH des Geschäftsjahres 2022 i.H.v. 5 T€ zurückzunehmen, womit eine Erhöhung des Gewinns vor Steuern entsteht. Der Konzerngewinn nach Steuern erhöht sich damit um (5 T€ – 2 T€ =) 3 T€

Rückstellung		*an*	*sonst. betrieblicher Aufwand*	*5 T€*
Latenter Steueraufwand		*an*	*passive latente Steuern*	*2 T€*

3.4.2 Aufwands- und Ertragskonsolidierung sowie Zwischenerfolgseliminierung

Aufwands- und Ertragskonsolidierung

Die Aufwands- und Ertragskonsolidierung dient der Aufrechnung sämtlicher Erträge aus konzerninternen Lieferungen und Leistungen sowie Gewinn- oder Verlustübernahmen gegen die korrespondierenden Aufwendungen, um auch hier entsprechend der Fiktion der rechtlichen Einheit die vollkonsolidierten Unternehmen als ein einziges Unternehmen erscheinen zu lassen. Hiermit müssen sowohl die Umsatzerlöse als auch andere Erträge (z.B. Miet-, Zins- und Konzernumlagenerträge) gegen die korrespondierenden Aufwendungen im Summenabschluss eliminiert werden. Der Schwerpunkt der folgenden Darstellungen liegt auf dem international üblichen Umsatzkostenverfahren.

Beispiel 21.28

Die X AG gewährt ihrem vollkonsolidierten Tochterunternehmen, der Y GmbH, Ende 2022 ein Darlehen über 100 T€, auf das jährlich Zinsen i.H.v. nominal 5 % anfallen. Zudem stellt die X AG der Y GmbH eine Konzernumlage für die Nutzung der Konzernmarke in Höhe von jährlich 20 T€ in Rechnung. Für 2022 ist eine Aufwands- und Ertragskonsolidierung wie folgt vorzunehmen, um die konzerninternen Zins- (Buchung [a]) und Mieterfolge (Buchung [b]) aus der Summen-Gesamtergebnisrechnung zu eliminieren:

31.12.2022, T€	Summen-Gesamtergebnisrechnung		Konsolidierung		Konzern-Gesamtergebnisrechnung	
Zinsertrag X AG		5	[a]5			—
Konzernumlage Ertrag X AG		20	[b]20			—
Zinsaufwand Y GmbH	5			[a]5	—	
Konzernumlage Aufwand Y GmbH	20			[b]20	—	

Innenumsätze

Während das obige Beispiel den einfachen Fall einer konzerninternen Leistungsverflechtung zeigt, gestaltet sich die Aufwands- und Ertragskonsolidierung bei konzerninternen Lieferungen etwas aufwändiger, da hierbei oftmals auch ein Gewinn oder Verlust entsteht, der aus Konzernsicht noch nicht realisiert ist. Dieser Fall wird gemeinsam mit der Eliminierung solcher Zwischenerfolge an Beispiel 21.30 erläutert.

Erstmalige Aufwands- und Ertragskonsolidierung

Bei der Erstellung der Konzern-Gesamtergebnisrechnung ist ferner zu klären, zu welchem Zeitpunkt die Aufwendungen und Erträge eines Tochterunternehmens erstmals in die Summen-Gesamtergebnisrechnung zu übernehmen sind. Nach IFRS 10.B88 ist dies der Erwerbszeitpunkt. Fällt der Abschlussstichtag nicht mit dem Erwerbszeitpunkt zusammen, ist ein Zwischenjahresabschluss zu erstellen. Das bis zum Erwerbszeitpunkt erwirtschaftete Ergebnis des erworbenen Unternehmens gilt, auch wenn es teilweise aus Geschäften mit dem Mutterunternehmen stammt, als mit Dritten realisiert und wird – sofern es dem Erwerber zuzurechnen ist – zum konsolidierungspflichtigen Eigenkapital gezählt. In die Konzern-Gesamtergebnisrechnung gehen vom Tochterunternehmen nur solche Erträge und Aufwendungen ein, die nach dem Erwerbszeitpunkt anfallen. Erst wenn die Beherrschungsmöglichkeit des Mutterunternehmens endet, werden die Ergebnisse des Tochterunternehmens nicht mehr einbezogen.

Abschreibungen auf Basis der Konzernwertansätze

Die Aufwendungen und Erträge des Tochterunternehmens sind auf der Grundlage der im Rahmen der Erstkonsolidierung ermittelten beizulegenden Zeitwerte der erworbenen Vermögenswerte, Schulden und Eventualschulden zu ermitteln (IFRS 10.B88). Diese Vorgehensweise ergibt sich bereits aus der Konzeption der Neubewertungsmethode selbst.

Beispiel 21.29

Die Gebäude der Y GmbH werden über fünf Jahre planmäßig abgeschrieben (Beispiel 21.16). Vor dem Erwerb durch die X AG standen die Gebäude mit 550 T€ zu Buche. Im Rahmen der Kaufpreisallokation wurde ihnen ein beizulegender Zeitwert von 850 T€ zugeordnet. Die Konzern-Gesamtergebnisrechnung wird damit in den Folgeperioden – die Beibehaltung des Abschreibungsplanes vorausgesetzt – mit jährlichen Abschreibungsbeträgen nicht von (550 / 5 =) 110 T€, sondern (850 / 5 =) 170 T€ belastet.

Anteil nicht beherrschender Anteilseigner am Konzernergebnis

In der Konzernbilanz muss der Anteil der nicht beherrschenden Anteilseigner über die Zeit fortgeschrieben werden und ist im Eigenkapital getrennt vom Eigenkapital der beherrschenden Anteilseigner auszuweisen (IFRS 10.22). Ausgangspunkt für die Berechnung des Ergebnisanteils der nicht beherrschenden Anteilseigner bildet die nach konzerneinheitlichen Regeln erstellte Handelsbilanz II.[47] Darüber hinaus sollten aber auch alle GuV-wirksamen Konsolidierungsmaßnahmen daraufhin geprüft werden, ob bei wirtschaftlicher Betrachtungsweise hierdurch das Gesamtergebnis der nicht beherrschenden Anteilseigner verändert wird. Dies gilt z.B. für die Abschreibung im Rahmen der Erstkonsolidierung aufgedeckter stiller Reserven, für Anteile an einer Goodwill-Wertminderung, für die Aufwands- und Ertragskonsolidierung und auch für die anteilig auf nicht beherrschende Anteilseigner zuzurechnenden Zwischenerfolgseliminierungen. Ferner ist der Anteil des Mutterunternehmens am Gesamtergebnis eines Tochterunternehmens ggf. um kumulative Vorzugsdividenden zu kürzen, die nicht beherrschenden Anteilseignern des Tochterunternehmens zustehen (IFRS 10.B95).

Zwischenerfolgseliminierung

Mit der Zwischenerfolgseliminierung sind schließlich die von konzerninternen Lieferungen und Leistungen betroffenen Bestandsgrößen der Summenbilanz (z.B. Grundstücke, Vorräte) um die hierin enthaltenen internen Gewinne oder Verluste zu bereinigen. Zwischenerfolge, also konzerninterne Gewinne oder Verluste in den Bestandsgrößen, werden durch Gegenüberstellung des Einzelbilanzwerts eines kon-

47 In den IFRS finden sich jedoch keine expliziten Regeln zur Ermittlung des Gewinnanteils der nicht beherrschenden Anteilseigner. Insofern sind in der Unternehmenspraxis unterschiedliche Vorgehensweisen zu beobachten (Gewinnanteil aus der HB I, der HB II, HB II bereinigt um Konsolidierungseffekte etc.)

zernintern gelieferten Vermögenswerts mit den Konzernanschaffungs- bzw. -herstellungskosten ermittelt. Diese ergeben sich durch analoge Anwendung der entsprechenden Einzelabschlussvorschriften aus dem Blickwinkel des Konzerns als fiktive rechtliche Einheit. Die Zwischenerfolgseliminierung hat nur dann Auswirkungen auf das Konzerngesamtergebnis, wenn die gelieferten Vermögenswerte am Konzernabschlussstichtag noch im Bestand eines einbezogenen Unternehmens sind. Wurden sie indes bereits an konzernfremde Dritte weitergeliefert, ist ein (bisheriger) Zwischenerfolg auch aus Konzernsicht realisiert.

Korrekturen im Umsatzkostenverfahren

Folgendes Beispiel verdeutlicht anhand der Gewinn- und Verlustrechnungsgliederung nach dem Umsatzkostenverfahren die Aufwands- und Ertragskonsolidierung sowie Zwischenerfolgseliminierung bei der Lieferung von Erzeugnissen in das Vorratsvermögen des Abnehmers, ohne dass dieser die gelieferten Güter weiterverarbeitet. Beim Umsatzkostenverfahren sind die Innenumsatzerlöse gegen die Herstellungskosten des Umsatzes (beim Lieferer) sowie gegen einen im Vorrats- bzw. Sachanlagevermögen des Abnehmers befindlichen Zwischenerfolg zu eliminieren.

Beispiel 21.30

Die X AG liefert an die Y GmbH eigene Produkte für 20 T€, deren Produktion (Konzernherstellungskosten) 10 T€ Materialaufwand und 5 T€ Löhne erfordert. Die Y GmbH lagert die Produkte als fertige Erzeugnisse im Vorratsvermögen. In der HB I der X AG wird wie folgt gebucht:

Diverse Aufwendungen		*an*	*diverse Aktiva*	*15 T€*
Fertige Erzeugnisse		*an*	*diverse Aufwendungen*	*15 T€*
Umsatzkosten		*an*	*fertige Erzeugnisse*	*15 T€*
Bank		*an*	*Umsatzerlöse*	*20 T€*

Hier ist also ein Zwischengewinn von (20 – 15 =) 5 T€ entstanden. Als nächstes wird die originäre HB I-Buchung der Y GmbH gezeigt:

Fertige Erzeugnisse		*an*	*Bank*	*20 T€*

Aus Konzernsicht handelt es sich bei dieser Transaktion um die Produktion von Fertigerzeugnissen auf Lager, die in der originären Buchführung einer rechtlichen Einheit „Konzern" wie folgt hätte erfasst werden müssen:

Diverse Aufwendungen		*an*	*diverse Aktiva*	*15 T€*
Fertige Erzeugnisse		*an*	*diverse Aufwendungen*	*15 T€*

Der zu einem Zwischengewinn von 5 T€ führende Umsatzakt ist aus Konzernsicht noch nicht mit konzernfremden Dritten realisiert. Er ist daher im Rahmen der Zwischenerfolgseliminierung wie folgt zu korrigieren:

Umsatzerlöse	*20 T€*	*an*	*Umsatzkosten*	*15 T€*
			fertige Erzeugnisse	*5 T€*

Per Saldo wird durch die Zwischenerfolgseliminierung das Konzerngesamtergebnis vor Steuern gegenüber dem Summenabschluss um 5 T€ vermindert. Bei s = 0,4 vermindert sich das Konzerngesamtergebnis nach Steuern um 3 T€ und der latente Steueraufwand durch Bildung einer aktiven latenten Steuer um 2 T€. Die Reduktion auf der Aktivseite durch den verringerten Wertansatz der fertigen Erzeugnisse i.H.v. 5 T€ wird durch eine Reduktion des Konzernergebnisses sowie die Bildung einer aktiven latenten Steuer ausgeglichen.

Korrekturen im Gesamtkostenverfahren

In Abhängigkeit von den verschiedenen Arten von Innenumsatzerlösen muss bei der Aufwands- und Ertragskonsolidierung nach dem Gesamtkostenverfahren unterschiedlich vorgegangen werden. Tabelle 21.2 vermittelt einen Überblick über denkbare Konstellationen bei der Lieferung von Vorräten und deren Behandlung im Rahmen der Aufwands- und Ertragskonsolidierung, wenn das Gesamtkostenverfahren der Konzern-Gewinn- und Verlustrechnungsgliederung angewandt wird.

<table>
<tr><th rowspan="2"></th><th colspan="3">Lieferung ...</th></tr>
<tr><th colspan="2">... in das Vorratsvermögen</th><th rowspan="2">... in das Anlagevermögen</th></tr>
<tr><th>Lieferer hat Vermögenswerte ...</th><th>Abnehmer hat verarbeitet</th><th>Abnehmer hat nicht verarbeitet</th></tr>
<tr><td>... bearbeitet (Erzeugnisse)</td><td rowspan="2">Innenumsatz ist gegen Materialaufwand des Abnehmers zu saldieren</td><td>Innenumsatz ist auf Bestandserhöhungen bei Erzeugnissen umzugliedern</td><td>Innenumsatz ist auf aktivierte Eigenleistungen umzugliedern</td></tr>
<tr><td>... nicht bearbeitet (Handelsware)</td><td colspan="2">Innenumsatzerlöse sind gegen Materialaufwand des Lieferers zu saldieren</td></tr>
</table>

Tab. 21.2: Aufwands- und Ertragskonsolidierung bei der Lieferung von Vorräten. Quelle: In Anlehnung an *Busse von Colbe et al.*, Konzernabschlüsse, S. 440.

4 Anhangangaben

Umfangreiche Angabepflichten in IFRS 3

Unter der Maxime, dass ein Erwerber durch Veröffentlichung entsprechender Informationen die Bilanzadressaten in die Lage versetzen soll, die Art und die finanziellen Auswirkungen der im abgelaufenen Geschäftsjahr durchgeführten Unternehmenszusammenschlüsse beurteilen zu können (IFRS 3.59), fordert IFRS 3 von den Bilanzierenden überaus detaillierte Anhangangaben. Dies gilt auch für die in IAS 36 verlangten Informationen. An dieser Stelle kann daher lediglich eine stark verkürzende Übersicht geboten werden.

Für jeden Unternehmenszusammenschluss werden zahlreiche Daten gefordert, u.a. Namen und Beschreibungen der sich vereinigenden Unternehmen oder Geschäfte, der Erwerbszeitpunkt, der erworbene Stimmrechtsanteil, die Anschaffungskosten, eine Übersicht über die Kaufpreisallokation sowie die Faktoren, die zu einem Goodwill beigetragen haben, und vieles mehr (IFRS 3.B64). Die meisten dieser Informationen müssen nach IFRS 3.B65 in aggregierter Form auch für die Gesamtheit derjenigen Unternehmenszusammenschlüsse angegeben werden, die für sich betrachtet als unwesentlich eingestuft wurden. Das im März 2020 veröffentlichte Goodwill Diskussionspapier regt zusätzlich eine Offenlegung der mit den Unternehmenszusammenschlüssen verbunden Zielen und deren Erreichung innerhalb der Folgeperioden an.

Informationen zu Unternehmenszusammenschlüssen

Ein weiteres Prinzip, das in IFRS 3.61 formuliert und anschließend in IFRS 3.B67 durch eine umfangreiche Positivliste konkretisiert wird, fordert die Angabe von Informationen, die eine Abschätzung der finanziellen Auswirkungen von Gewinnen und Verlusten sowie Korrekturen und Fehlerberichtigungen im Zusammenhang mit zurückliegenden Unternehmenszusammenschlüssen erlauben.

Sonstige Angabepflichten

Die den Goodwill betreffenden Angabepflichten in IAS 36 betreffen im Wesentlichen die Annahmen, die im Rahmen des Werthaltigkeitstests für die Bewertung von ZGE angewendet wurden (IAS 36.134-137). Auch über den Gesamtbetrag der Goodwill-Wertberichtigungen muss unter Angabe der Zeile, in der er enthalten ist, berichtet werden (IAS 36.126(a)). IAS 36.130-131 fordern weiterhin für wesentliche Wertberichtigungen umfassende Erläuterungen. Sofern das IASB hier auf die Idee käme, auch die Veröffentlichung der jeweiligen erzielbaren Beträge aller ZGE zu verlangen, könnte der Bilanzleser hieraus näherungsweise den Unternehmenswert aus dem Blickwinkel des Managements berechnen. Dieser Wert könnte mit der Marktkapitalisierung des Eigenkapitals verglichen werden und ggf. die unterschiedlichen Einschätzungen von Kapitalmarkt und Managern aufzeigen.

Angabepflichten zu Goodwill-Wertminderungen

Ein Konzernabschluss ist u.a. um folgende konsolidierungskreisbezogenen Angaben zu Tochterunternehmen zu erweitern (IFRS 12.10-19)[48]:

Angabepflichten nach IFRS 12

- die Abschlussstichtage von Tochterunternehmen, sofern sie von dem des Mutterunternehmens abweichen, sowie eine Begründung dieser Abweichung,
- Art und Umfang etwaiger Beschränkungen, die die Fähigkeit des Tochterunternehmens, Finanzmittel an das Mutterunternehmen zu transferieren, beeinträchtigen,
- eine Übersicht, welche die Effekte aus Eigenkapitaltransaktionen mit Minderheitsaktionären darstellt, sowie
- Angaben zu den Ergebniswirkungen etwaiger Entkonsolidierungen.

48 Die fehlende Transparenz hinsichtlich der Risiken aus Anteilen eines berichtenden Unternehmens an nicht vollkonsolidierten Special Purpose Entities wurde durch die 2007 beginnende Finanzkrise verdeutlicht. Daraufhin veröffentlichte das IASB mit IFRS 12 „Angaben zu Anteilen an anderen Unternehmen" einen Standard, der umfangreichere Angaben zu Unternehmen – sowohl konsolidierte als auch unkonsolidierte – verlangt. Unter unkonsolidierten Unternehmen werden beispielsweise strukturierte Einheiten verstanden, die so erstellt wurden, dass keine Beherrschung vorliegt, die strukturierte Einheit jedoch durch Verträge zu bestimmten Handlungen verpflichtet ist. Diesbezügliche Spezialnormen werden in Kapitel 4 dargestellt.

5 Zusammenfassendes Beispiel

Im folgenden Beispiel wird die in diesem Kapitel beschriebene Vorgehensweise bei der Konsolidierung zusammenfassend unter Berücksichtigung latenter Steuern illustriert.

Beispiel 21.31

Die M AG hat zum 31.12.2021 eine 75 %-Beteiligung an der T GmbH zu einem Kaufpreis von 1.175 T€ erworben. Der Marktwert der restlichen Anteile wird auf 365 T€ geschätzt. Im Rahmen der Due Diligence hat das Management der M AG folgende Informationen erhalten: Die Maschinen der T GmbH weisen stille Reserven i.H.v. 400 T€ auf. Die Restnutzungsdauer dieser Maschinen beträgt fünf Jahre, wobei entsprechende Abschreibungen in den Herstellungskosten des Umsatzes gebucht werden. Der bei der T GmbH im Jahr 2022 entstandene Gewinn oder Verlust wurde mit erworben und soll im Folgejahr thesauriert werden. Bei der Kapitalkonsolidierung sind latente Steuern zu berücksichtigen. Der relevante Ertragsteuersatz beträgt 30 %.

Erstkonsolidierung zum 31.12.2021

31.12.2021, T€	M AG	T GmbH (Buchwerte)	Neubewertung	Summenbilanz	Konsolidierung	Konzernbilanz
Anlagevermögen	800	550	[a]400	1.750		1.750
Beteiligung an T	1.175	—		1.175	[c]1.175	—
Goodwill	—	—		—	[c]590 [e]170	760
Umlaufvermögen	1.000	400		1.400		1.400
Gezeichn. Kapital	550	100		650	[c]75 [d]25	550
Rücklagen	800	300	[b]120 [a]400	1.380	[c]435 [d]145	800
Gewinn oder Verlust	50	100		150	[c]75 [d]25	50
Nicht beherrschende Anteile	—	—		—	[d]195 [e]170	365
Verbindlichkeiten	1.575	450		2.025		2.025
Pass. lat. Steuern	—	—	[b]120	120		120
Summe	2.975 2.975	950 950		4.325 4.325		3.910 3.910

[a] Aufdeckung sämtlicher stiller Reserven der T GmbH (400 T€) im Rahmen der Neubewertung des erworbenen Nettovermögens (Erstellung der sogenannten „Handelsbilanz III“).

[b] GuV-neutrale Bildung passiver latenter Steuern auf die aufgedeckten stillen Reserven i.H.v. (400 · 0,3 =) 120 T€.

[c] Eigentliche Kapitalkonsolidierung: Verrechnung des Beteiligungsbuchwerts aus dem Einzelabschluss der M AG (1.175 T€) mit dem anteiligen neubewerteten Eigenkapital (inklusive des erworbenen Gewinns) der T GmbH (780 · 0,75 = 585); Aktivierung des entstehenden Goodwills i.H.v. 590 T€.

[d] Einbuchung der nicht beherrschenden Anteile am neubewerteten Eigenkapital der T GmbH i.H.v. (780 · 0,25 =) 195 T€.

[e] Einbuchung des Goodwills der nicht beherrschenden Anteilseigner i.H.v. (365 – 195 =) 170 T€. Dieser Buchungssatz ist nur bei Anwendung der full goodwill method notwendig. Er entfällt ersatzlos, wenn zur Konsolidierung die Neubewertungsmethode gewählt wird. In diesem Fall sind nicht beherrschende Anteile, Goodwill und Bilanzsumme somit um 170 T€ geringer.

Ermittlung des Goodwills nach IFRS 3.32 bei Anwendung der Neubewertungsmethode nach IFRS 3.19 (b):

Kaufpreis der 75 %-Beteiligung	1.175 T€
+ Anteil nicht beherrschender Anteilseigner am neubewerteten EK der T GmbH ((100 + 300 + 100 + 400 · 0,7) · 0,25 =)	195 T€
– Neubewertetes Eigenkapital der T GmbH (100 + 300 + 100 + 400 · 0,7 =)	780 T€
= Goodwill	590 T€

Ermittlung des Goodwills nach IFRS 3.32 bei Anwendung der full goodwill method nach IFRS 3.19 (a):

Kaufpreis der 75 %-Beteiligung	1.175 T€
+ Beizulegender Zeitwert der nicht beherrschenden Anteile	365 T€
– Neubewertetes Eigenkapital der T GmbH	780 T€
= Goodwill	760 T€

Der Goodwill der nicht beherrschenden Anteilseigner entspricht der Differenz vom beizulegenden Zeitwert der nicht beherrschenden Anteile und dem Anteil nicht beherrschender Anteilseigner am neubewerteten Eigenkapital der T GmbH i.H.v. (365 – 195 =) 170 T€. Er entspricht genau der Differenz der beiden nach den unterschiedlichen Methoden errechneten Goodwills i.H.v. (760 – 590 =) 170 T€.

Folgekonsolidierung zum 31.12.2022

Für die Folgekonsolidierung zum 31.12.2022 nach der Neubewertungsmethode sind folgende Zusatzinformationen relevant: 2022 erwirtschaftete die T GmbH einen Gewinn von 200 T€. Die M AG verkaufte der T GmbH am 01.01.2022 ein Grundstück. Aus dieser Transaktion entstand ein Zwischengewinn von 50 T€. Zur Finanzierung gewährte sie der T GmbH am 01.01.2022 ein Darlehen i.H.v. 100 T€ zu einem Zinssatz von 10 % p.a. Im Rahmen des Werthaltigkeitstests für den Goodwill hat sich keine Wertminderung ergeben. Die beiden folgenden Schemata illustrieren die Folgekonsolidierung zum 31.12.2022, bei der von einer Anwendung der full goodwill method ausgegangen wird.

31.12.2022, T€	M AG	T GmbH (Buchw.)	Neu-bewertung	Summen-bilanz	Konsoli-dierung	Konzern-bilanz
Anlagevermögen	700	700	[a]400	1.800	[f]80 [h]50	1.670
Beteiligung an T	1.175	—		1.175	[c]1.175	—
Goodwill	—	—		—	[c]590 [e]170	760
Ausleih. an T	100	—		100	[j]100	—
Umlaufvermögen	1.150	450		1.600		1.600
Akt. lat. Steuern	—	—			[i]15	15
Gezeichn. Kapital	550	100		650	[c]75 [d]25	550
Rücklagen	800	400	[b]120 [a]400	1.480	[c]510 [d]170	800
Gewinn oder Verlust / Konzerngewinn oder -verlust	100	200		300	[GuV]140 [GuV]49 [l]36	173
Nicht beherrschende Anteile	—	—		—	[d]195 [e]170 [l]36	401
Verbindl. ggü. M		100		100	[j]100	—
Verbindlichkeiten	1.675	350		2.025		2.025
Pass. lat. Steuern	—	—	[b]120	120	[g]24	96
Summe	3.125 3.125	1.150 1.150		4.675 4.675		4.045 4.045

[a] bis [e]: Siehe hierzu die obigen Erläuterungen zur Erstkonsolidierung.

[f] Abschreibung der stillen Reserven (fünf Jahre Nutzungsdauer) um (400 / 5 =) 80 T€.

[g] GuV-wirksame Auflösung damit verbundener passiver latenter Steuern um (80 · 0,3 =) 24 T€.

[h] Eliminierung des Zwischenerfolges von 50 T€ aus Sachanlagevermögen und sonstigen betrieblichen Erträgen.

[i] GuV-wirksame Bildung damit verbundener aktiver latenter Steuern i.H.v. (50 · 0,3 =) 15 T€.

[j] Durchführung der Schuldenkonsolidierung: Verrechnung von Ausleihung (100 T€) und Verbindlichkeit (100 T€).

[k] Eliminierung des Zinsertrages (10 T€) und des Zinsaufwandes (10 T€).

[l] Einbuchung des Anteils nicht beherrschender Anteilseigner am Gewinn der T GmbH: 36 T€.

1.1.-31.12.202, T€	M AG		T GmbH		Summen-Ergebnisrechn.		Konsolidierung		Konzern-Ergebnisrechn.	
	Aufw.	Ertrag	Aufw.	Ertrag	Aufw.	Ertrag	Soll	Haben	Aufw.	Ertrag
Umsatzerlöse		14.550		12.660		27.210				27.210
HK des Umsatzes	10.200		9.400		19.600		[f]80		19.680	
Vertriebskosten	1.300		1.150		2.450				2.450	
Verwaltungskosten	2.150		1.650		3.800				3.800	
Sonst. betr. Ertr.		280		310		590	[h]50			540
Sonst. betr. Aufw.	710		270		980				980	
Zinserträge		40		—		40	[k]10			30
Zinsaufwendungen	280		140		420			[k]10	410	
Ertragsteuern	130		160		290			[g]24 [i]15	251	
(Konzern-) JÜ		100		200		300	140	49		209
Gewinnanteile der nicht beherrschenden Anteilseigner	—		—		—					36
Konzerngewinn- oder -verlust	—		—		—					173

Ermittlung des Gewinns nicht beherrschender Anteilseigner

Aus der Bilanz der T GmbH	(200 · 0,25 =) 50 T€
– anteilige Abschreibung stiller Reserven	(-80 · 0,25 =) -20 T€
+ anteilige latente Steuern	(24 · 0,25 =) + 6 T€
Zwischensumme	**36 T€**

Bei wirtschaftlicher Betrachtungsweise könnte der Gewinnanteil der nicht beherrschenden Anteilseigner einerseits auch um den ihnen zuzurechnenden anteiligen Zwischenerfolg nach Steuern von (50 · 0,7 · 0,25 =) 8,75 T€ gekürzt werden. Das Grundstück befindet sich im Vermögen der T GmbH, sodass die Zwischenerfolgsrisiken auch von den nicht beherrschenden Anteilseignern getragen werden. Dann ergäbe sich noch folgende Korrektur:

Anteilige Zwischenerfolge	(-35 · 0,25 =) -8,75 T€
Gewinn nicht beherrschender Anteilseigner	**27,25 T€**

Andererseits könnte auch argumentiert werden, dass aus Konzernsicht die Transaktion nicht stattgefunden hat und damit der Gewinn des Mutterunternehmens zu korrigieren ist, wovon lediglich die Anteilseigner des Mutterunternehmens betroffen sind. Da das IASB bisher noch keine Regeln zur Ermittlung des Gewinnanteils der nicht beherrschenden Anteilseigner formuliert hat, ist schwer abzuschätzen, welcher Argumentation es hier folgen würde.

Darüber hinaus könnte auch geprüft werden, ob die der M AG von der T GmbH gezahlten Zinsen den nicht beherrschenden Anteilseignern wieder anteilig zugerechnet werden. Obwohl dies bei einer rein interessentheoretischen Sichtweise durchaus sinnvoll erscheint, wird hier davon abgesehen.

6 Wesentliche Unterschiede zum IFRS for SMEs

Keine full goodwill method

Die Regelungen zur Konsolidierung finden sich in IFRS-SME.9, zu Unternehmenszusammenschlüssen in IFRS-SME.19. Es kommt hier allein die in IFRS 3 verwendete Neubewertungsmethode zur Anwendung. Diese stellt auf die Ermittlung der Anschaffungskosten und deren Verteilung auf die erworbenen Vermögenswerte, Schulden und Eventualschulden ab. IFRS 3 sieht konzeptionell eher den Bewertungsvorgang von Vermögenswerten und Schulden einerseits und der Gegenleistung andererseits im Vordergrund.

Entsprechend ist nach dem IFRS for SMEs die full goodwill method nach IFRS 3.19(a) nicht erlaubt. Daher können die nicht beherrschenden Anteile nur zu ihrem Anteil am neubewerteten Eigenkapital entsprechend IFRS 3.19(b) (Neubewertungsmethode) ausgewiesen werden.

Planmäßige Abschreibung des Goodwill

Ein aus einem Unternehmenszusammenschluss resultierender Goodwill ist hier als Vermögenswert mit begrenzter Nutzungsdauer zwingend über seine Nutzungsdauer plan- und bei einer Wertminderung außerplanmäßig abzuschreiben. Kann die Nutzungsdauer nicht verlässlich geschätzt werden, soll eine Nutzungsdauer von 10 Jahren angenommen werden. Der impairment-only approach ist insofern hier unzulässig.

7 Wesentliche Unterschiede zum HGB

Methoden der Kapitalkonsolidierung

Die Bilanzierung von Unternehmenszusammenschlüssen nach HGB weicht in Teilen von der nach IFRS ab. § 301 Abs. 1 HGB lässt lediglich die Neubewertungsmethode zu. Die full goodwill method ist im HGB-Konzernabschluss nicht vorgesehen.

Kaufpreisallokation

Die Vorgehensweise bei der Kaufpreisallokation ist im HGB nicht detailliert reguliert. Gemäß § 300 Abs. 1 HGB sind die Vermögensgegenstände, Schulden und Rechnungsabgrenzungsposten des Tochterunternehmens vollständig aufzunehmen, so lange keine Bilanzierungsverbote oder -wahlrechte bestehen. Gleiches bestimmt § 246 Abs. 1 HGB für den Einzelabschluss. Einzelne Problemkreise, die im Rahmen der Kaufpreisallokation international diskutiert und äußerst detailliert geregelt werden, sind nicht primärer Gegenstand der HGB-Regulierung, werden aber vom DRSC zunehmend aufgegriffen. So stellte der HGB-Fachausschuss bereits 2012 einen Überarbeitungsbedarf des bisherigen DRS 4 *Unternehmenserwerbe im Konzernabschluss* fest. Für Geschäftsjahre, die nach dem 31.12.2016 beginnen, ist statt DRS 4 nun der DRS 23 *Kapitalkonsolidierung (Einbeziehung von Tochterunternehmen in den Konzernabschluss)* anzuwenden. In DRS 23 werden die Vorschriften zur Kapitalkonsolidierung im Anwendungsbereich des HGB konkretisiert und einige Einzelfragen beantwortet (siehe DRS 23).

Latente Steuern

Wie in Abschnitt 3.3.3.4 beschrieben, fallen nach IFRS bei der Aufdeckung stiller Reserven im Rahmen der Kaufpreisallokation latente Steuern an. Durch das BilMoG wird nun auch im HGB das bilanzorientierte temporary-Konzept angewendet, wodurch auch nach HGB stille Reserven und Lasten aus der Kaufpreisallokation gemäß § 306 HGB latente Steuern auslösen. Diese dürfen jedoch, wie auch nach IFRS 3, nicht auf einen Geschäfts- oder Firmenwert (Goodwill) gebildet werden (§ 306 Satz 3 HGB).

Goodwill-Bilanzierung nach HGB

Der impairment-only approach ist in Deutschland nicht erlaubt. Der Geschäfts- oder Firmenwert gilt nach § 246 Abs. 1 HGB – trotz seiner mangelnden Einzelveräußerbarkeit – als ein zeitlich begrenzt nutzbarer Vermögensgegenstand. Er ist nach § 252 Abs. 3 HGB über die Nutzungsdauer planmäßig und ggf. darüber hinaus außerplanmäßig abzuschreiben.[49] Zur Konkretisierung geben DRS 23.114-23.123 ergänzende Hinweise über die zu verwendende Nutzungsdauer und DRS 23.124-23.134 liefern ergänzende Informationen zur Relevanz außerplanmäßiger Abschreibungen des Geschäfts- oder Firmenwerts. Die „vorsichtigere" und bilanzpolitisch wenig gestaltbare Bilanzierungslösung für den Geschäfts- oder Firmenwert lässt sich mit dem auch im HGB-Konzernabschluss dominierenden Vorsichtsprinzip und den damit verbundenen stärkeren Objektivierungserfordernissen erklären (vgl. dazu Kapitel 3). Gleichwohl muten die HGB-Regelungen bei wirtschaftlicher Betrachtungsweise insofern willkürlich an, als der Goodwill einer Nutzungsdauerschätzung kaum zugänglich ist und planmäßige Abschreibungsbeträge sowie Goodwill-Buchwerte daher einen allenfalls geringen Informationsgehalt haben. Mit dem impairment-only approach wird, wenn auch vom Bilanzierenden sehr gestaltbar, versucht, den Wertverfall des Goodwills stichtagsgenau zu messen. Somit trägt er zu einer informativeren Rechnungslegung bei, was – spätestens seit dem Bilanzrechtsmodernisierungsgesetz – auch eine Zielsetzung des HGB ist.

Negativer Unterschiedsbetrag

Für den negativen Unterschiedsbetrag sieht § 309 Abs. 2 HGB eine von den IFRS abweichende Behandlung vor. Er ist als „Unterschiedsbetrag aus der Kapitalkonsolidierung" auf der Passivseite im Eigenkapital auszuweisen und darf nur insoweit GuV-wirksam aufgelöst werden, als dass dies dem Vorgehen der §§ 297 und 298 HGB entspricht.

Hinsichtlich der statuswahrenden Auf- bzw. Abstockung der Beteiligungshöhe existieren keine HGB-Regelungen, sodass hier der Unterschiedsbetrag zwischen Erwerbs- bzw. Veräußerungspreis und dem Bilanzwert der nicht beherrschten Anteile GuV-wirksam vereinnahmt werden kann (DRS 23.171 ff.)

Im Rahmen der Zwischenerfolgseliminierung nach § 304 HGB kann das Zwischenergebnis wegen der Aktivierungswahlrechte bei der Ermittlung der Konzernherstellungskosten (§255 Abs. 2 HGB) in einen eliminierungspflichtigen sowie einen eliminierungsfähigen Bestandteil aufspalten werden.

---

49 Eine vom Erwerbsobjekt abweichende Allokation des Goodwills auf eine ZGE ist im HGB nicht vorgesehen.

Ausgewählte Literatur

Amel-Zadeh, A./Glaum, M./Sellhorn, T., Empirical Goodwill Research: Insights, Issues, and Implications for Standard Setting and Future Research, Working Paper (2020), S. 1-73

Cappel, W./Hartmann, P., Die Goodwill-Entwicklung 2008-2016 der DAX30-Unternehmen, in: KoR, 5. Jg. (2018), S. 230-241.

Erchinger, H., IFRS-Konzernrechnungslegung – Neuerungen nach IFRS, in: DB, 63. Jg. (2011), S. 1129-1238.

Mehnert, C./Rupertus, H., Goodwill-Bilanzierung in der internationalen Rechnungslegung: Aktueller Diskussionsstand und Entwicklungsperspektiven, in: Der Konzern, 4. Jg. (2018), S. 162-170.

Pellens, B./Lleshaj, D./Muschallik, M./Schmidt, A., Auswirkungen der bilanziellen Abbildung von M&A-Transaktionen auf zentrale Steuerungskennzahlen, in: Corporate Finance, 3. Jg. (2016), S. 336-344.

Pellens, B./Sellhorn, T./Amshoff, H., Reform der Konzernbilanzierung – Neufassung von IFRS 3 „Business Combinations“, in: DB, 58. Jg. (2005), S. 1749-1755.

Wirth, J., Firmenwertbilanzierung nach IFRS, Stuttgart 2005.

Übungsaufgaben

Aufgabe 1:

Erläutern Sie den Unterschied zwischen einem asset deal und einem share deal. In welchen Fällen kommen asset deals vor allem zur Anwendung?

Aufgabe 2:

Beim Durchblättern des Konzernabschlusses der X AG stoßen Sie auf die Bezeichnung „Nicht beherrschende Anteile“. Erklären Sie, wie es zu dieser Position kommen kann, wo sie in der Bilanz ausgewiesen wird und wie sie ökonomisch zu interpretieren ist. Gehen Sie dabei auf die Einheits- und die Interessentheorie ein.

Aufgabe 3:

Die nach IFRS bilanzierende Sun AG hat zum 31.12.2021 eine 80 %ige Beteiligung an der Shine AG zu einem Kaufpreis von 200 Mio. € erworben. Der bei der Shine AG im Jahr 2021 entstandene Jahresüberschuss wurde von der Sun AG anteilig mit erworben und wird im Folgejahr thesauriert. Der Marktwert der technischen Anlagen der Shine AG beträgt 240 Mio. € (Buchwert: 200 Mio. €) bei einer Restnutzungsdauer von 4 Jahren. Führen Sie die Erstkonsolidierung zum 31.12.2021 nach der in IFRS 3 zulässigen Neubewertungsmethode durch. Die Bilanz der Shine AG ist bereits an die konzerneinheitlichen Bilanzierungs- und Bewertungsmethoden angepasst. Der Ertragsteuersatz beträgt 40 %. Bitte berücksichtigen Sie latente Steuern bei Ihrer Berechnung.

Bilanzen zum 31.12.2021

	SUN AG		SHINE AG		Neu-bewertung		Summen-bilanz		Konsolidie-rung		Konzern-bilanz	
	A	P	A	P	A	P	A	P	S	H	A	P
Goodwill	50		—									
SAV	800		291									
FAV	200		—									
Umlauf-vermögen	550		100									
Aktive lat. Steuern	—		30									
Gez. Kap.		300		20								
Rücklagen		400		86								
Gewinn o-der Verlust		100		15								
Nicht be-herrschende Anteile		—		—								
Verbind-lichkeiten		770		280								
Passive lat. Steuern		30		20								
Summe	1.600	1.600	421	421								

Aufgabe 4:
Führen Sie nun die Folgekonsolidierung zum 31.12.2022 durch. Berücksichtigen Sie, dass die Sun AG der Shine AG 2022 ein Gebäude mit einem Buchwert von 10 Mio. € zu einem Verkaufspreis von 15 Mio. € veräußerte. Bitte berücksichtigen Sie latente Steuern bei Ihrer Berechnung.

Bilanzen zum 31.12.2022

	SUN AG		SHINE AG		Neu-bewertung		Summen-bilanz		Konsolidie-rung		Konzern-bilanz	
	A	P	A	P	A	P	A	P	S	H	A	P
Goodwill	40		—									
SAV	960		321									
FAV	200		—									
Umlauf-vermögen	600		150									
Aktive lat. Steuern	—		20									
Gez. Kap.		300		20								
Rücklagen		450		101								
Gewinn o-der Verlust		50		20								
Minderh.		—		—								
Verbind-lichkeiten		980		310								
Passive lat. Steuern		20		40								
Summe	1.800	1.800	491	491								

Aufgabe 5:

Nehmen Sie an, der Unternehmenszusammenschluss aus Aufgabe 4 sei nach der in IFRS 3 alternativ zulässigen full goodwill method abzubilden. Ermitteln Sie den full goodwill aus der Akquisition der Shine AG durch die Sun AG. Treffen und diskutieren Sie die dafür erforderlichen Annahmen. Ordnen Sie den full goodwill den nicht beherrschenden Anteilseignern und den Mehrheitsgesellschaftern der Sun AG zu.

Aufgabe 6:

Nehmen Sie an, die Sun AG führe die Ende 2021 erworbene Shine AG als zahlungsmittelgenerierende Einheit (ZGE) gemäß IAS 36. Ein Jahr später ist diese ZGE inklusive dem ihr zugeordneten Goodwill einem Werthaltigkeitstest zu unterziehen. Der beizulegende Zeitwert der ZGE insgesamt ergibt sich aus einem Kaufpreisangebot der Moon Corp., die für die gesamten Vermögenswerte der ZGE 510 Mio. € zahlen würde. Noch anstehende Verkaufskosten werden mit 5 Mio. € beziffert. Der Nutzungswert der ZGE, ermittelt als Wert des Gesamtkapitals (Bruttobetrachtung), beträgt 520 Mio. €. Führen Sie für die ZGE einen Werthaltigkeitstest zum 31.12.2022 unter der Annahme durch, dass der Goodwill der ZGE nach der Erwerbsmethode gemäß IFRS 3 ermittelt wurde.

Kapitel 22 Gemeinsame Vereinbarungen und assoziierte Unternehmen

In einem Konzernabschluss werden das Mutter- und grundsätzlich alle Tochterunternehmen so abgebildet, als wären sie ein einheitliches Unternehmen. Aber wie werden gemeinsame Vereinbarungen mit anderen Unternehmen, wie z.B. Joint Ventures bzw. Gemeinschaftsunternehmen, oder sog. assoziierte Unternehmen oder Finanzbeteiligungen im Konzernabschluss abgebildet?[1] Eine naheliegende Möglichkeit wäre, all diese Gesellschaften als Finanzbeteiligungen mit dem jeweiligen Fair Value nach IFRS 9 im Konzernabschluss zu bilanzieren. Hinsichtlich der Gemeinschaftsunternehmen, als Gesellschaften, die von einem Konzernunternehmen gemeinsam mit einem oder mehreren anderen Nicht-Konzernunternehmen beherrscht werden, wird erwogen, die einzelnen Jahresabschlusspositionen dieser Gesellschaften mit dem Beteiligungsanteil in den Konzernabschluss einzubeziehen (Quotenkonsolidierung). Eine solche quotale Konsolidierung hätte zur Konsequenz, dass bei einer 50 %:50 %-Beteiligung die Vermögenswerte, Schulden, Aufwendungen und Erträge jeweils zur Hälfte in den Konzernabschluss einzubeziehen wären. Damit würde ein halbes Gebäude, halber PKW aber auch der halbe Umsatz des Gemeinschaftsunternehmens im Konzernabschluss der Beteiligungsgesellschaft sichtbar. Bei assoziierten Unternehmen, bei denen eine Konzerngesellschaft einen so hohen Eigenkapitalanteil hält, dass wesentliche unternehmerische Entscheidungen verhindert werden können, wäre ebenfalls eine quotale Einbeziehung aller Jahresabschlusspositionen denkbar.

Das IASB hat sich, anders als der deutsche Gesetzgeber in § 310 HGB, grundsätzlich gegen eine derartige anteilmäßige Einbeziehung von Gemeinschafts- und assoziierten Unternehmen entschieden. Ein halbes oder gar ein viertel Gebäude im Konzernabschluss zu bilanzieren erscheint ihm wenig aussagekräftig. Aber auch eine Fair Value-Bilanzierung derartiger Beteiligungsverhältnisse ist in der IASB-Welt anders als für die sonstigen Finanzbeteiligungen nicht vorgesehen. Vielmehr sollen derartige Unternehmensverbindungen grundsätzlich nach der sogenannten Equity-Methode im Konzernabschluss bilanziert werden.

Die praktische Bedeutung dieser Beteiligungsformen wird im Bayer-Konzernabschluss zum 31.12.2019 erläutert. Neben den 392 vollkonsolidierten Gesellschaften (Bayer AG und 391 Tochterunternehmen) wurden fünf Gemeinschaftsunternehmen und zwölf assoziierte Unternehmen im Konzernabschluss nach der Equity-Methode bilanziert.[2] Obige Beispiele zeigen die Gestaltungs- und Begriffsvielfalt im Bereich der Unternehmensverbindungen. Welche Konsequenzen ergeben sich daraus für die bilanzielle Abbildung im IFRS-Abschluss?

Lernziele „Kennen“

Nach Bearbeitung dieses Kapitels wissen Sie, dass neben einfachen Finanzbeteiligungen einerseits und beherrschten Tochterunternehmen andererseits weitere Unternehmensverbindungen bestehen, die hinsichtlich ihrer Verbindungsintensität mit dem Investor sowie dessen Einflussmöglichkeiten variieren. Sie kennen die Varianten einer gemeinsamen Vereinbarung zwischen zwei oder mehr Unterneh-

1 Vgl. Kapitel 4, dortige Abbildung 4.3.
2 Vgl. Geschäftsbericht (2019) der Bayer AG, S. 158 sowie deren Anteilsbesitzliste (2019).

men nach IFRS 11 und die Eigenschaften, die ein assoziiertes Unternehmen nach IAS 28 auszeichnet.

Lernziele „Anwenden“

Sie können anhand der IFRS-Normen für praxisnahe Sachverhalte prüfen, ob eine gemeinsame Vereinbarung oder ein assoziiertes Unternehmen vorliegt und wie diese Unternehmensverbindungen im Konzernabschluss abzubilden sind. Dabei können Sie sowohl die Erst- als auch die Folgebilanzierung dieser Unternehmensverbindungen buchhalterisch abbilden.

Lernziele „Bewerten & Gestalten“

Diese Kenntnisse befähigen Sie, die unterschiedlichen Bilanzierungsmethoden für Unternehmensverbindungen hinsichtlich ihrer Auswirkungen auf die Vermögens-, Finanz- und Ertragslage des Konzerns zu beurteilen. Sie können erste Gestaltungshinweise liefern, wie das bilanzierende Unternehmen diese Auswirkungen durch Vertragsgestaltung beeinflussen kann.

1 Einleitung

Stufenkonzept

Wie bereits in Kapitel 4 erläutert, können Unternehmensverbindungen unterschiedliche Intensitäten besitzen. Für die differenzierte bilanzielle Abbildung dieser unterschiedlichen Kooperationsformen geht das IASB von einer Art „Stufenkonzept“ aus. I.e.S. besteht der sog. Konsolidierungskreis eines Konzerns aus der Gesamtheit aller von einem Mutterunternehmen qua Vollkonsolidierung in den Konzernabschluss einzubeziehenden Tochterunternehmen (vgl. Kapitel 21). Allerdings verläuft der Übergang vom Konzern zum Markt fließend und ist durch verschiedene Intensitäten der Einflussnahme des Mutterunternehmens auf andere Unternehmen gekennzeichnet.[3] Entsprechend stellt der Konzernabschluss nicht nur einen Abschluss über die wirtschaftliche Einheit „Konzern“ i.e.S., sondern vielmehr einen Abschluss über die gesamte Einflusssphäre eines Konzerns dar.[4] Daher wird in den IFRS zwischen vier Formen bilateraler Unternehmensverbindungen differenziert, die in Abhängigkeit von der Verbindungsintensität anhand verschiedener Bilanzierungsmethoden im Konzernabschluss abzubilden sind. Hierbei bildet das oberste Mutterunternehmen den „Nukleus“[5] eines „Systems konzentrischer Kreise“[6], in denen der Grad der Einflussnahme nach außen hin kontinuierlich abnimmt (vgl. Abbildung 4.3 in Kapitel 4).

3 Vgl. *Ordelheide, D.*, Der Konzern als Gegenstand betriebswirtschaftlicher Forschung, in: BFuP, 38. Jg. (1986), S. 298; *Busse von Colbe, W./Chmielewicz, K.*, Das neue Bilanzrichtlinien-Gesetz, in: DBW, 46. Jg. (1986), S. 326.

4 Vgl. *Eisele, W./Rentschler, R.*, Gemeinschaftsunternehmen im Konzernabschluß, in: BFuP, 41. Jg. (1989), S. 311.

5 *Schildbach, T./Feldhoff, P.*, Der Konzernabschluss nach HGB und IFRS, 8. Aufl., Berlin/Boston 2018, S. 100.

6 *Baetge, J./Kirsch, H.-J./Thiele, S.*, Konzernbilanzen, 13. Aufl., Düsseldorf 2019, S. 110.

Tochterunternehmen

Tochterunternehmen bilden zusammen mit dem Mutterunternehmen, das diese nach IFRS 10 „Konzernabschlüsse" (Consolidated Financial Statements) un- bzw. mittelbar beherrscht (vgl. Kapitel 4), den inneren Kern des Konsolidierungskreises. Da Tochterunternehmen durch die Beherrschungsmöglichkeit des Mutterunternehmens wirtschaftlich weitgehend unselbständig sind, stellen Mutter-Tochter-Verhältnisse die engste Form einer Unternehmensverbindung dar. Insoweit werden sie gemäß IFRS 10 i.V.m. IFRS 3 „Unternehmenszusammenschlüsse" (Business Combinations) im Konzernabschluss des Mutterunternehmens vollkonsolidiert (vgl. Kapitel 4 und 21).

Gemeinsame Vereinbarungen

Gemeinsame Vereinbarungen i.S.d. IFRS 11 „Gemeinsame Vereinbarungen" (Joint Arrangements) erweitern den Vollkonsolidierungskreis um jene wirtschaftliche Aktivitäten, die es mindestens zwei ökonomisch selbständigen Parteien (Partnerunternehmen) ermöglichen, eine gemeinschaftliche Tätigkeit oder ein Gemeinschaftsunternehmen gemeinschaftlich zu führen. Da keines der Partnerunternehmen die mit der getroffenen Vereinbarung verbundenen relevanten Geschäftsaktivitäten einseitig lenken kann, liegt keine Beherrschung i.S.d. IFRS 10 vor. Insofern erreicht diese Unternehmensverbindung nicht die Intensität einer Mutter-Tochter-Beziehung, wodurch auch eine Vollkonsolidierung ausscheidet. Stattdessen hängt die konzernbilanzielle Abbildung einer gemeinsamen Vereinbarung davon ab, ob diese in Abhängigkeit von ihrer vertraglichen Ausgestaltung als gemeinschaftliche Tätigkeit oder als Gemeinschaftsunternehmen zu qualifizieren ist (vgl. Abschnitt 2.2): Während die in eine gemeinschaftliche Tätigkeit eingebrachten Vermögenswerte und Schulden (ggf. anteilig) in die Abschlüsse der beteiligten Partnerunternehmen einzubeziehen sind, ist bei Gemeinschaftsunternehmen zwingend die Equity-Methode anzuwenden (vgl. Abschnitt 2.3).

Assoziierte Unternehmen

Assoziierte Unternehmen i.S.d. IAS 28 „Anteile an assoziierten Unternehmen und Gemeinschaftsunternehmen" (Investments in Associates and Joint Ventures) stellen die nächstschwächere Intensitätsstufe von Unternehmensverbindungen dar. Zu dem sog. Assoziierungskreis zählen jene Unternehmen, auf die das berichterstattende Konzernunternehmen einen maßgeblichen Einfluss ausüben kann. Ein maßgeblicher Einfluss konkretisiert sich in der Möglichkeit, an den geschäfts- und finanzpolitischen Entscheidungen des Beteiligungsunternehmens mitzuwirken, ohne dieses jedoch (gemeinschaftlich) beherrschen zu können. Im Einzelnen kann sich ein maßgeblicher Einfluss etwa aus einer sog. Sperrminorität des berichterstattenden Unternehmens ergeben. Sofern ein Assoziierungsverhältnis vorliegt, werden die Anteile an dem betreffenden (assoziierten) Unternehmen grundsätzlich nach Maßgabe der Equity-Methode bilanziert (vgl. Abschnitt 3.2).

Relevante Normen

Die Bilanzierung gemeinsamer Vereinbarungen richtet sich nach IFRS 11 und die Vorschriften zur Bewertung von Anteilen an assoziierten Unternehmen sind in IAS 28 kodifiziert. Sämtliche Offenlegungsvorschriften zu Tochterunternehmen, gemeinsamen Vereinbarungen und assoziierten Unternehmen sind im Zuge des sog. Konsolidierungspakets zentralisiert und in IFRS 12 „Angaben zu Anteilen an anderen Unternehmen" (Disclosure of Interests in Other Entities) überführt worden.

2 Gemeinsame Vereinbarungen

2.1 Gemeinschaftliche Führung

Nach IFRS 11.4 wird eine gemeinsame Vereinbarung als ein Arrangement definiert, bei dem zwei oder mehrere Parteien die gemeinschaftliche Führung ausüben. Als konstituierende Merkmale einer solchen Kooperation werden in IFRS 11.5 die Existenz einer vertraglichen Vereinbarung sowie die hiermit verbundene gemeinschaftliche Führung der vereinbarten wirtschaftlichen Aktivität[7] durch mindestens zwei Parteien genannt.

Definition

Die nach IFRS 11 vorausgesetzte vertragliche Vereinbarung muss nicht zwingend in schriftlicher Form vorliegen. In praxi dürfte dies aber der Regelfall sein, da dies im Gesellschaftsvertrag geregelt wird. Zwar verzichtet IFRS 11 darauf, gewisse Mindestinhalte explizit festzuschreiben, lässt aber erkennen, durch welche Regelungsbereiche solche vertraglichen Vereinbarungen typischerweise gekennzeichnet sind:

Vertragliche Vereinbarung

- Zweck, Tätigkeit und Dauer der gemeinsamen Vereinbarung;
- Bestimmungen zur Bestellung und Abberufung von Mitgliedern des Geschäftsführungs- und/oder Aufsichtsorgans;
- Festlegung der Entscheidungsprozesse sowie der Zuständigkeiten im Falle von Mehrheits- und Einstimmigkeitserfordernissen;
- Vereinbarungen über Bar- bzw. Sacheinlagen;
- Auf- bzw. Zuteilung der einzelnen Vermögenswerte, Schulden, Aufwendungen und Erträge auf die jeweils beteiligten Vertragspartner (IFRS 11.B4).

In formalrechtlicher Hinsicht kann eine derartige vertragliche Kooperation in Deutschland sowohl die Rechtsform einer Personenhandels- als auch die einer Kapitalgesellschaft aufweisen. Selbst längerfristige Arbeitsgemeinschaften und BGB-Gesellschaften kommen i.S.d. IFRS 11 als gemeinschaftlich geführte Einheiten in Betracht.

Rechtsform(en)

Neben der vertraglichen Abrede wird vorausgesetzt, dass die betreffende Vereinbarung gemeinschaftlich geführt bzw. beherrscht (joint control) wird. Diese Voraussetzung liegt vor, wenn die Entscheidungen bezüglich der relevanten Aktivitäten seitens der an der gemeinschaftlichen Führung beteiligten Parteien einstimmig zu treffen sind (IFRS 11.7). Um dies beurteilen zu können, sieht IFRS 11 ein zweistufiges Prüfverfahren vor. Auf der ersten Stufe hat das berichterstattende Unternehmen zu prüfen, ob die potenzielle gemeinsame Vereinbarung durch mehrere oder alle beteiligten Parteien gemeinschaftlich beherrscht wird (IFRS 11.B5). Zur Beurteilung dieses Prüfschrittes ist auf IFRS 10, der den Begriff der Beherrschung definiert (vgl. Kapitel 4), abzustellen. Sofern eine gemeinschaftliche Beherrschung vorliegt, ist sodann auf der zweiten Stufe zu prüfen, ob das berichterstattende Unternehmen selbst an dieser gemeinschaftlichen Beherrschung beteiligt ist.

Gemeinschaftliche Führung

7 Vgl. zu diesem unbestimmten Rechtsbegriff *Schild, M.*, Die Rechnungslegungseinheit gemeinsamer Vereinbarungen nach IFRS 11, in: DK, 14. Jg. (2016), S. 343-351.

Einstimmiges Einvernehmen

Die gemeinschaftliche Führung einer wirtschaftlichen Aktivität setzt voraus, dass alle Entscheidungen bezüglich der relevanten finanz- und geschäftspolitischen Aktivitäten in einstimmigem Einvernehmen aller gemeinschaftlich Handelnden getroffen werden (IFRS 11.B6). Gemeinschaftlich zu beherrschen bedeutet somit, dass die relevanten Entscheidungen nicht gegen den Willen einer der zum Kreis der gemeinschaftlich beherrschenden Gruppierung zählenden Parteien getroffen werden dürfen. Alle Parteien haben infolgedessen die Macht, relevante Entscheidungen, die ihren Interessen widerstreben, zu blockieren.

Beispiel 22.1

An dem Gemeinschaftsunternehmen Z halten die Partnerunternehmen A und B jeweils 40 % und Partnerunternehmen C 20 % der Kapital- und Stimmrechtsanteile. Entscheidungen über die beherrschungsrelevanten Aktivitäten bedürfen laut Gesellschaftsvertrag eine Beschlussfähigkeit von 60 % der im Rahmen der Gesellschafterversammlung abgegebenen Stimmen.

In dieser Konstellation liegt keine gemeinsame Vereinbarung vor, da die erforderliche Mehrheit von 60 % zwischen den drei Parteien stets durch wechselnde Konstellationen zustande kommen kann. So können bei dem erforderlichen Stimmrechtsquorum von 60 % sowohl A mit B, A mit C, B mit C als auch A, B und C gemeinsam zusammenwirken, um Entscheidungen über die relevanten Aktivitäten von Z herbeizuführen.

Anders verhält es sich, wenn der mit Z abgeschlossene Gesellschaftsvertrag vorsieht, dass die grundlegenden Entscheidungen einer ⅔-Mehrheit bedürfen. Denn in diesem Fall sind mangels anderweitiger Möglichkeiten zur Mehrheitsbildung sämtliche finanz- und geschäftspolitischen Entscheidungen allein an das einstimmige Einvernehmen der Partnerunternehmen A und B gekoppelt. Daher wäre Z in diesem Fall – vorbehaltlich anderweitiger vertraglicher Nebenabreden – aus Sicht von und A und B jeweils als gemeinsame Vereinbarung i.S.d. IFRS 11 zu qualifizieren.

Stimmrechtsverteilung und Nebenabreden

Das Beispiel zeigt, dass gleich hohe Beteiligungsquoten für eine gemeinsame Vereinbarung keine alleinige Voraussetzung sind. Selbst wenn neben den Partnerunternehmen andere externe Parteien beteiligt sind, ist es – wie dargestellt – möglich, eine gemeinsame Entscheidungsfindung sicherzustellen. Dies kann sowohl durch gesellschaftsvertragliche Regelungen (z.B. qualifizierte Mehrheitserfordernisse, Zustimmungs- oder Vetorechte etc.) als auch durch rein schuldrechtliche Vereinbarungen (z.B. Konsortial- oder Stimmbindungsverträge) erreicht werden. Auf diese Weise kann verhindert werden, dass ein Mehrheitsgesellschafter die gemeinsame wirtschaftliche Aktivität gemäß IFRS 10 alleine beherrscht.

Beispiel 22.2

Sofern Unternehmen A 45 % und Unternehmen B 5,1 % der Stimmrechte (= Kapitalanteile) halten, kann in einem sog. Poolvertrag festgelegt werden, dass wesentliche Entscheidungen und Beschlüsse i.S.d. IFRS 11 verpflichtend einstimmig gefasst werden müssen. Zugleich ist es denkbar, dass statt eines solchen Poolvertrags ein zugunsten von A ausgestalteter Stimmbindungsvertrag geschlossen wird und somit unter Umständen ein Beherrschungsverhältnis i.S.d. IFRS 10 vorliegt.

Da die Grenzen zumeist fließend verlaufen, bedarf es stets einer sorgfältigen Abwägung, ob und inwieweit der Tatbestand der Beherrschung (IFRS 10) oder aber einer gemeinschaftlichen Führung (IFRS 11) im jeweiligen Einzelfall gegeben ist.

Blockade- und Pattsituationen

Da der Tatbestand der gemeinschaftlichen Führung jeweils Einstimmigkeit bei Entscheidungen über die Lenkung der relevanten Aktivitäten voraussetzt, sind Blockade- sowie Pattsituationen hinsichtlich dieser Entscheidungen bei gemeinschaftlich geführten Aktivitäten nicht auszuschließen. In vielen Fällen existieren für derartige Konstellationen vertraglich – bspw. in Satzung bzw. Gesellschaftsvertrag – festgelegte Schlichtungsmechanismen. Sofern solche Mechanismen einer Partei in Blockade-/Pattsituationen, z.B. durch Mehrfach- oder Sonderstimmrecht, ein einseitiges Entscheidungsrecht verleihen, wäre widerlegbar zu vermuten, dass ein Beherrschungsverhältnis i.S.d. IFRS 10 vorliegt.[8] Daher ist regelmäßig zu überprüfen, ob vertragliche Regelungen zur Beilegung bzw. Auflösung solcher Konfliktsituationen existieren, die dem Einstimmigkeitserfordernis des IFRS 11.7 entgegenstehen. Sofern die Vertragsbestimmungen für derartige Fallkonstellationen neutrale Schlichtungsmechnismen vorsehen, besteht kein Konflikt mit dem Einstimmigkeitsgrundsatz.[9] Entsprechend können Schlichtungsklauseln vereinbart worden sein, die in Konfliktfällen die Einschaltung eines Schiedsgutachters vorsehen, durch den Entscheidungen ohne den Konsens der beteiligten Parteien herbeigeführt werden (IFRS 11.B10).[10]

De facto (joint) control

Schließlich sind zur Identifikation gemeinsamer Vereinbarungen all jene Fakten und Umstände heranzuziehen, die es auch im Rahmen der Beurteilung von Mutter-Tochter-Beziehungen zu berücksichtigen gilt (IFRS 11.B5). Demnach sind neben stimmrechtsbedingten Entscheidungsrechten auch solche Beherrschungstatbestände in Betracht zu ziehen, die auf einer rein faktischen Grundlage beruhen, wie etwa nachhaltige Präsenzmehrheiten auf Haupt- bzw. Gesellschafterversammlungen. Auch in solchen Fällen wird für die Qualifikation als gemeinsame Vereinbarung eine vertragliche Übereinkunft zwischen den an der Aktivität beteiligten Partnerunternehmen vorausgesetzt. Anderenfalls fällt der Sachverhalt nicht in den Anwendungsbereich des IFRS 11.

8 Vgl. auch *Brune*, Beck'sches IFRS-Handbuch, § 29, Tz. 10.

9 Vgl. *Lüdenbach/Hoffmann/Freiberg*, Haufe IFRS-Kommentar, § 34, Rz. 12 f.

10 Vgl. weiterführend lediglich *Küting, K./Seel, C.*, Gemeinschaftliche Beherrschung nach IFRS 11 – zur Beurteilung von Konfliktlösungs- oder Beendigungsmechanismen, in: IRZ, 7. Jg. (2012), S. 467-473, m.w.N.

2.2 Ausprägungsformen: Gemeinschaftliche Tätigkeiten und Gemeinschaftsunternehmen

Arten gemeinsamer Vereinbarungen

IFRS 11 differenziert zwei Arten gemeinsamer Vereinbarungen (joint arrangements): gemeinschaftliche Tätigkeiten (joint operations) und Gemeinschaftsunternehmen (joint ventures).

Differenzierungsnotwendigkeit

Dieser Unterscheidung liegt die Frage zugrunde, welche Rechte und Pflichten mit der getroffenen gemeinsamen Vereinbarung verbunden sind. So könnten etwa die an einer gemeinsamen wirtschaftlichen Aktivität beteiligten Parteien eigene Vermögenswerte in diese einbringen und eigenständige Verpflichtungen zur Durchführung der gemeinschaftlichen Aktivität eingehen. In einem solchen Fall sollten die beteiligten Parteien die eingebrachten Vermögenswerte und Schulden auch in ihrer (Konzern-)Bilanz ausweisen, sofern sie aus wirtschaftlicher Perspektive als Eigentümer bzw. Schuldner zu qualifizieren sind. Anders verhält es sich in Fällen, in denen die gemeinsame Vereinbarung etwa die Gründung eines eigenständigen Unternehmens vorsieht, wobei die einzelnen Partnerunternehmen keine unmittelbaren Ansprüche bzw. Verpflichtungen im Zusammenhang mit den Vermögenswerten und Schulden des Gemeinschaftsunternehmens eingehen. In diesem Fall scheint eine (anteilige) Zurechnung einzelner Vermögenswerte und Schulden zu den einzelnen Partnerunternehmen aus ökonomischer Sicht fragwürdig, sodass die Frage nach der bilanziellen Abbildung solcher Sachverhalte zu stellen ist.

Rechte und Pflichten

An diese Problematik knüpft IFRS 11 an. Entsprechend sind für die Differenzierung zwischen diesen beiden Formen gemeinsamer Vereinbarungen und damit auch für deren bilanzielle Abbildung die jeweiligen Rechte und Pflichten der involvierten Parteien maßgeblich.

Abgrenzungskriterien

Eine gemeinschaftliche Tätigkeit liegt vor, wenn die beteiligten Parteien Rechte an den der Vereinbarung zuzurechnenden Vermögenswerten und Verpflichtungen aus deren Schulden besitzen. Im Unterschied hierzu besteht bei Gemeinschaftsunternehmen lediglich ein Recht auf deren Nettovermögen (Residualanspruch). Im Einzelnen sind die Rechte und Pflichten der in die gemeinsame Vereinbarung involvierten Parteien in Abhängigkeit von der konkreten Ausgestaltung in einem ggf. mehrstufigen Prüfverfahren wie folgt zu identifizieren (vgl. Abbildung 22.1).

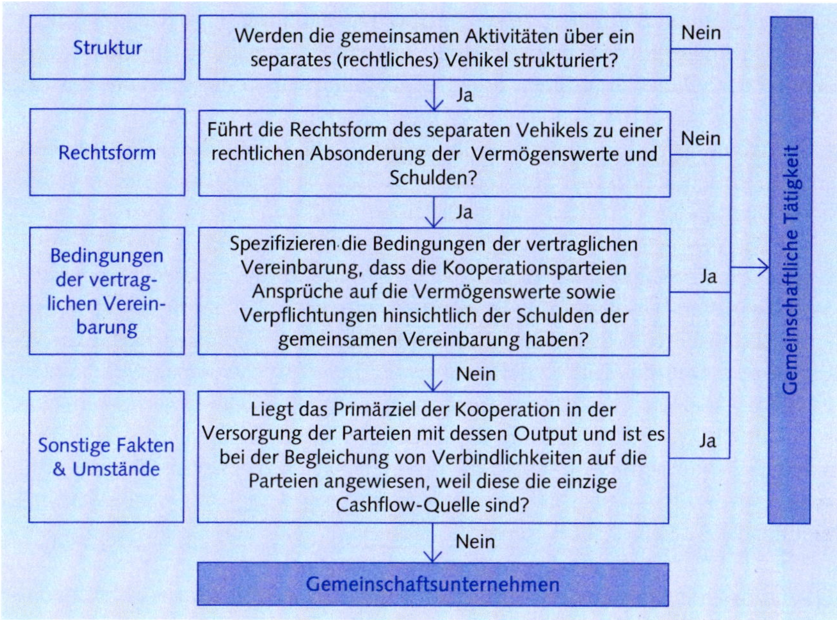

Abb. 22.1: Klassifizierung gemeinsamer Vereinbarungen i.S.d. IFRS 11.B33

Organisations-struktur

Für Zwecke der Klassifizierung einer gemeinsamen Vereinbarung ist zunächst entscheidend, ob die Zusammenarbeit über ein separates Vehikel, z.B. in Form einer rechtlich selbständigen Einheit (IFRS 11.A), strukturiert ist oder nicht. Solche Vehikel zeichnen sich typischerweise durch eine von den involvierten Parteien unabhängige Vermögens- und Finanzstruktur aus. Gleichwohl muss das separate Vehikel nicht zwangsläufig über eine eigene Rechtspersönlichkeit verfügen.

BGB-Gesell-schaft(en)

Soweit kein separates rechtliches Vehikel als Träger eines Kooperationszwecks existiert, liegt i.S.d. IFRS 11.B16 „automatisch" eine gemeinschaftliche Tätigkeit (joint operation) vor. Hierunter fallen zunächst solche Kooperationen, bei denen jede Partei bestimmte eigene Vermögenswerte einsetzt sowie auch eigene Schulden eingeht (IFRS 11.B17). Klassische Anwendungsfälle sind als BGB-Innen- oder Außengesellschaften betriebene Arbeitsgemeinschaften (ARGE)[11] in der Bauwirtschaft sowie Emissions- oder Explorationskonsortien, bei denen das wesentliche Vermögen bei den Gesellschaftern verbleibt.

---

11 Vgl. weiterführend *Holzapfel, G./Mujkanovic, R.*, Die Bau-ARGE als joint arrangement, in: PiR, 8. Jg. (2012), S. 337-345; überdies: *Mujkanovic, R./Holzapfel, G.*, Klassifikation der Bau-ARGE als joint arrangement nach IFRS 11, in: PiR, 10. Jg. (2014), S. 81-85.

Beispiel 22.3

Die Unternehmen Aerobus (A), Blindflight (B) und Conkort (C) vereinbaren, gemeinsam Flugzeuge herzustellen. A ist spezialisiert auf die Herstellung von Triebwerken und produziert diese in seiner Heimatfabrik. B ist verantwortlich für die Produktion von Rumpf, Tragflächen und Fahrwerk. Anschließend werden die einzelnen Baugruppen in die Lagerhallen von C transportiert, das die Endmontage durchführt und die Flugzeuge anschließend verkauft. B erhält für seine Arbeit 50 % des Gewinns, während für A und C jeweils 25 % vereinbart sind. In diesem Fall ist die Herstellung von Flugzeugen als eine gemeinschaftliche Tätigkeit i.S.d. IFRS 11 zu qualifizieren.

Spezialthema

Auch Vereinbarungen, bei denen die beteiligten Parteien einen bestimmten Vermögenswert gemeinsam betreiben und unterhalten, fallen mitunter in den Anwendungsbereich des IFRS 11 und sind folglich als gemeinschaftliche Tätigkeit abzugrenzen (IFRS 11.B18). Aus deutscher Rechtsperspektive handelt es sich bei speziell jener Form der unternehmerischen Zusammenarbeit um eine sog. Bruchteilsgemeinschaft i.S.d. § 747 BGB. Hiernach kann jeder Teilhaber nur über seinen Anteil an dem gemeinsamen Vermögenswert verfügen, während eine Verfügung über den gesamten Gegenstand lediglich gemeinschaftlich möglich ist.

Beispiel 22.4 zum Spezialthema

Das Ölförderunternehmen Scottish Petroleum (SP) möchte Öl aus dem Londoner Stadtteil Chelsea nach Kensington transportieren. Um die Finanzierung der Pipeline sicherzustellen, kooperiert es mit der Island Oil (IO). Beide erwerben die hierfür erforderlichen Materialien, bauen die Pipeline und verwenden sie zum Transport ihrer Ölreserven. Auch in diesem Fall stellt das Betreiben und Unterhalten der Pipeline eine gemeinschaftliche Tätigkeit i.S.d. IFRS 11 dar.

Qualifikation bei Vorliegen einer eigenen Rechtspersönlichkeit

Im Umkehrschluss führt aber die Strukturierung einer gemeinsamen Vereinbarung über eine separate Einheit, z.B. in Form eines rechtlich selbständigen Unternehmens, nicht zwingend zu einer Klassifikation als Gemeinschaftsunternehmen i.S.d. IFRS 11.16. Denn auch bei Gründung eines Unternehmens zur Durchführung einer gemeinsamen wirtschaftlichen Aktivität ist es denkbar, dass die beteiligten Parteien Ansprüche in Bezug auf einzelne Vermögenswerte besitzen bzw. Verpflichtungen hinsichtlich etwaiger Schulden dieses neu gegründeten Unternehmens eingehen. Von besonderer Bedeutung ist in diesem Kontext auch die konkrete Rechtsform.

Bedeutung der Rechtsform

Handelt es sich bei dem separaten Vehikel um eine rechtlich selbständige Einheit, die eigenständig über Vermögen verfügt und Schulden eingeht, so besitzen die beteiligten Parteien keine unmittelbaren Rechte bzw. Pflichten hinsichtlich der einzelnen Vermögenswerte und Schulden. Eine derartige Trennung zwischen der Gesellschaft und ihren Gesellschaftern existiert im deutschen Rechtsraum bei sämtlichen Kapitalgesellschaften (z.B. AG, KGaA, SE oder GmbH). Eine vergleichbare, auch rechtlich geforderte Abschirmung des Gesellschaftsvermögens vor dem Zugriff der Gesellschafter liegt auch bei Personenhandelsgesellschaften

(OHG und KG) sowie „einfachen“ BGB-Außengesellschaften (GbR) vor. Insoweit besteht bei allen Gesellschaftsformen, die einerseits durch eine rechtliche Selbständigkeit und andererseits durch die Existenz eines eigenen Gesellschafts- bzw. Gesamthandsvermögens gekennzeichnet sind, prinzipiell nur ein anteiliger Anspruch auf das Nettovermögen (Residualanspruch). Dieser Tatbestand deutet zunächst auf das Vorliegen eines Gemeinschaftsunternehmens hin.

Einzelfallabhängige Gesamtwürdigung

Allerdings fordert IFRS 11.17 eine einzelfallabhängige Gesamtwürdigung des jeweiligen Sachverhalts. Im Rahmen dieser Einzelfallwürdigung sind neben den Rechtsformspezifika auch die sonstigen (vertraglichen) Kooperationsbedingungen sowie Fakten und Umstände zu berücksichtigen. Speziell hinsichtlich sonstiger vertraglicher Vereinbarungen findet sich in IFRS 11.B27 eine Übersicht, in der exemplarisch verschiedene Vertragskonditionen aufgeführt werden, die einzeln oder in ihrer Gesamtheit dazu führen können, dass eine über ein separates Vehikel strukturierte Vereinbarung als gemeinschaftliche Tätigkeit abzugrenzen ist.

Sonstige Fakten und Umstände

Die Regelungen zu den sonstigen Fakten und Umständen, die trotz Vorliegens einer Rechtseinheit und Fehlens vertraglich festgelegter Rechte bzw. Verpflichtungen zu einer Einordnung als gemeinschaftliche Tätigkeit führen können, finden sich in IFRS 11.B29-33. Eine entsprechende Sachverhaltskonstellation liegt vor, sofern die beteiligten Parteien weniger aus rechtlicher, als vielmehr – und insoweit konzeptionell angelehnt an die Leasingvorschriften des IFRS 16.B9-31 (vgl. Kapitel 19) – wirtschaftlicher Sicht Rechte bzw. Pflichten an den singulären Vermögenswerten und Schulden erlangen (IFRS 11.B30). Solche wirtschaftlich begründete Rechte können sich bspw. aus vertraglich vereinbarten Exklusivrechten ergeben, nach denen die an der gemeinsamen Vereinbarung beteiligten Parteien dazu verpflichtet sind, den Output der rechtlichen Einheit jeweils in bestimmtem Umfang abzunehmen. Hieraus kann eine wirtschaftliche Abhängigkeit des Unternehmens von den an der gemeinsamen Vereinbarung beteiligten Parteien entstehen, die nach Auffassung des IASB sowohl Rechte an den einzelnen Vermögenswerten als auch Verpflichtungen für etwaige Schulden begründet (IFRS 11.B32). Denn auch wenn die betreffenden Vermögenswerte im Eigentum der rechtlichen Einheit stehen, werden diese ausschließlich für die Herstellung der von den Parteien jeweils abzunehmenden Produkte eingesetzt. Der daraus resultierende Nutzen kommt insoweit ausschließlich und unmittelbar den Partnerunternehmen zugute. Darüber hinaus gelten die Parteien zugleich als Träger der Schulden jener rechtlichen Einheit, da deren Verbindlichkeiten aus der exklusiven Geschäftsbeziehung mit den Partnerunternehmen entstehen sowie aus den daraus resultierenden Zahlungseingängen bedient werden. Insofern werden die mit der Geschäftstätigkeit der Rechtseinheit verbundenen Chancen und Risiken vollständig von den Partnerunternehmen übernommen. Daher qualifiziert sich die gemeinsame Vereinbarung in diesem Fall als gemeinschaftliche Tätigkeit, wenngleich die rechtliche Struktur der Vereinbarung zunächst das Vorliegen eines Gemeinschaftsunternehmens vermuten lässt.

Beispiel 22.5

Unternehmen A (50 %) und Unternehmen B (50 %) stellen mittels der Y GmbH gemeinsam ein Produkt her. Aufgrund der Rechtsform und den vertraglichen Vereinbarungen liegt zwar (formell) ein Gemeinschaftsunternehmen vor. Allerdings wurde zusätzlich vereinbart, dass beide Parteien die gesamte Produktion abnehmen und – vorbehaltlich einer gemeinsamen Genehmigung – kein Verkauf an Dritte erfolgen darf. Die Verkaufspreise sind so festgelegt, dass die Y GmbH ihre Kosten deckt.

Im wirtschaftlichen Ergebnis „konsumieren" beide Parteien lediglich den – aus den Vermögenswerten generierten – Nutzen, sodass mit Blick auf vorstehende Klassifizierung eine gemeinschaftliche Tätigkeit i.S.d. IFRS 11 vorliegt.

Fallgestaltungen in der Praxis

Solche Gestaltungen sind in der Praxis durchaus anzutreffen, bspw. im Fall eines (Automobil-)Zulieferers, der seine Produktionsstätten an den jeweiligen Standorten seiner Hauptgeschäftspartner ansiedelt und an dieser „Investition" Produzent und Abnehmer gleichermaßen beteiligt. Ein weiteres Beispiel stellen Produzenten dar, die sich insbesondere in der Chemieindustrie zusammenschließen, um gemeinsam hergestellte (Vor-)Produkte in ihre jeweilige Wertschöpfungskette einfließen zu lassen.

Kooperationsfremde Dritte

Entscheidend ist hier, dass das separate Vehikel aus Sicht der Parteien die Funktion eines „verlängerten Arms" der Wertschöpfung erfüllt. Ist die betreffende Einheit hingegen berechtigt, ihren generierten Output in einem wesentlichen Umfang auch an kooperationsfremde Dritte zu veräußern, wäre die gemeinsame Vereinbarung als Gemeinschaftsunternehmen zu qualifizieren, da sie unabhängig am Markt auftreten kann und somit etwaigen Absatz-, Vermögens- und Finanzierungsrisiken unterliegt. Die nach IFRS 11 geforderte wirtschaftliche Abhängigkeit der gemeinsamen Vereinbarung von den Partnerunternehmen läge dann nicht vor.

2.3 Bilanzielle Abbildung im Konzernabschluss

2.3.1 Differenzierung anhand Klassifikation

Abbildungsform

Die Bilanzierung einer gemeinsamen Vereinbarung hängt davon ab, ob es sich bei dieser um eine gemeinschaftliche Tätigkeit oder ein Gemeinschaftsunternehmen handelt (vgl. Abbildung 22.2).

Gemeinschaftliche Tätigkeit

Soweit eine gemeinschaftliche Tätigkeit i.S.d. IFRS 11.15 vorliegt, sind die hiermit verbundenen Aktiva und Passiva sowie die korrespondierenden Erfolgskomponenten (ggf. anteilig) unmittelbar in die Abschlüsse der Partnerunternehmen zu übernehmen. Wenn auch nicht in konzeptioneller Hinsicht, so entspricht jene Vorgehensweise in ihrer Wirkung der früher zulässigen quotalen Konsolidierung von Gemeinschaftsunternehmen i.S.d. IAS 31 (a.F.).

Sofern die gemeinsame Vereinbarung als ein Gemeinschaftsunternehmen i.S.d. IFRS 11.16 zu qualifizieren ist, darf ausschließlich die in IAS 28 kodifizierte Equity-Methode angewendet werden (vgl. Abschnitt 3.2). Gemeinschafts-unternehmen

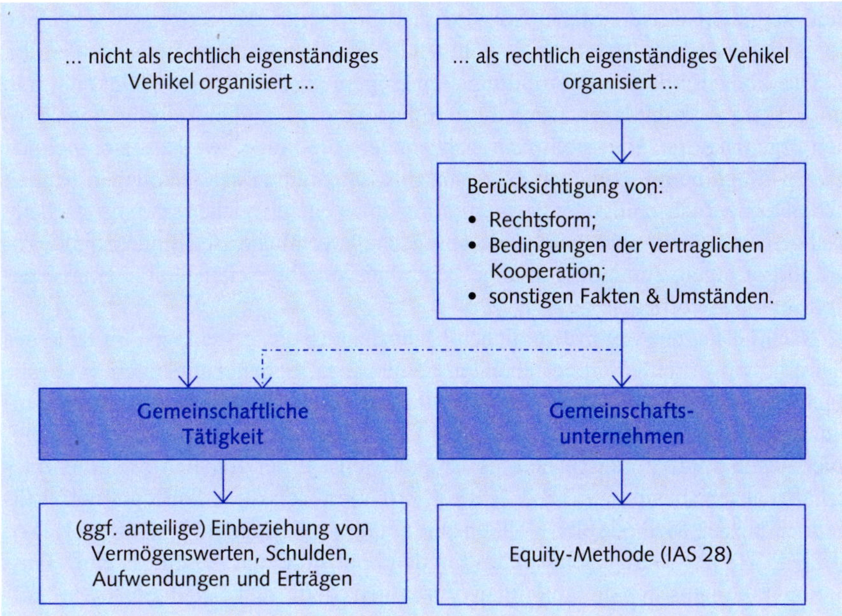

Abb. 22.2: Bilanzielle Abbildung gemeinsamer Vereinbarungen im Konzernabschluss nach IFRS 11.B21

2.3.2 Gemeinschaftliche Tätigkeiten

Für die bilanzielle Abbildung einer gemeinschaftlichen Tätigkeit im IFRS-Konzernabschluss hat jedes Partnerunternehmen seinen Anteil an der gemeinsamen Vereinbarung nach Maßgabe von IFRS 11.20 zu erfassen. Der auf das einzelne Partnerunternehmen entfallende Anteil beinhaltet: Grundsatz

- die diesem zurechenbaren Vermögenswerte und Schulden, einschließlich seines Anteils an den gemeinschaftlich gehaltenen Vermögenswerten sowie kollektiv eingegangenen Schulden;
- die diesem zurechenbaren Erlöse, die aus der Veräußerung des ihm zustehenden Anteils an dem Output der gemeinschaftlichen Tätigkeit resultieren;
- dessen Anteil an den Erlösen, die aus der Veräußerung des Output durch die gemeinschaftliche Aktivität erzielt werden;
- dessen eigene Aufwendungen sowie dessen Anteil an den gemeinschaftlich eingegangenen Aufwendungen.

Maßgeblichkeit der jeweils einschlägigen IFRS

Die ggf. anteiligen Vermögenswerte, Schulden, Aufwendungen, Erträge sowie Ein- und Auszahlungen sind nach IFRS 11.21 entsprechend der einschlägigen Standards zu erfassen. Die Umsetzung dieser Vorgabe erscheint im Fall von gemeinschaftlichen Kooperationen, die nicht über ein separates Vehikel strukturiert werden, vergleichsweise einfach: So wird in IFRS 11 nur deklaratorisch festgelegt, was sich bereits aus den allgemein gültigen IFRS-Bilanzierungsgrundsätzen ergibt.

Gesellschaftsrechtliche Beteiligungsquote

Die konzernbilanzielle Abbildung einer gemeinschaftlichen Tätigkeit i.S.d. IFRS 11.15 ist komplexer, wenn diese in Form einer rechtlich selbständigen Einheit organisiert ist. Hier stellt sich insbesondere die Frage, wie bzw. mit welcher Quote die gemeinschaftlichen Jahresabschlusspositionen der rechtlichen Einheit in den Konzernabschluss der Partnerunternehmen einzubeziehen sind. Es erscheint sachgerecht, dieser Zurechnung die gesellschaftsrechtliche Beteiligungsquote zugrunde zu legen, zumindest solange keine hiervon abweichenden Gewinnverteilungsabreden vorliegen.

Sinngemäße Anwendung der Regelungen zur Vollkonsolidierung

Nach Festlegung der maßgeblichen Einbeziehungsquote stellt sich im Falle des Erwerbs von Anteilen an bestehenden gemeinschaftlichen Tätigkeiten die Frage nach der konkreten Bilanzierungstechnik, auf deren Grundlage die (anteiligen) Jahresabschlusspositionen in die Konzernabschlüsse der Partnerunternehmen einzubeziehen sind. Vorausgesetzt, es handelt sich hierbei zugleich um einen Geschäftsbetrieb (business)[12] i.S.d. IFRS 3, orientiert sich diese konzeptionell weitgehend an der Methode der Vollkonsolidierung (vgl. Kapitel 21) (IFRS 11.21A; IFRS 11.B33A). Demgegenüber sind in den konsolidierten Abschluss eines Partnerunternehmens nur die anteiligen Vermögenswerte und Schulden sowie Aufwendungen und Erträge der gemeinschaftlichen Aktivität einzubeziehen. Der zentrale Unterschied zur Vollkonsolidierung besteht demnach in dem bei der quotalen Einbeziehung fehlenden Ausweis nicht beherrschender Anteile in der Konzernbilanz und Gesamtergebnisrechnung eines nach IFRS berichterstattenden Partnerunternehmens. Diese methodische Vorgehensweise wird anhand des nachfolgenden Beispiels verdeutlicht:

Beispiel 22.6 (Fortführung von Beispiel 22.5)

Die A AG hat – gemeinsam mit ihrem langjährigen Kooperationspartner, der B AG – eine paritätische Beteiligung (share deal) an der Y GmbH erworben. Für ihren 50 %-igen Kapitalanteil hat die A AG einen Kaufpreis von 700 T€ gezahlt. Da die Y GmbH aus Sicht der beiden Parteien (annahmegemäß) als „verlängerter Arm“ der Wertschöpfung fungiert, liegt i.S.d. IFRS 11 eine gemeinschaftliche Tätigkeit vor. Es sind keine von der gesellschaftsvertraglichen Beteiligungsquote abweichenden Abnahmequoten vereinbart. Die Bilanzen der A AG und der Y GmbH werden im Folgenden dargestellt. Angesichts der Beteiligung von 50 % sind die Vermögenswerte und Schulden der Y GmbH lediglich zur Hälfte in die Summenbilanz der A AG zu übernehmen.

Die Grundstücke der Y GmbH weisen stille Reserven in Höhe von 300 T€ auf. Diese sind von der A AG durch Neubewertung aufzudecken und anteilig in ihren Konzernabschluss einzubeziehen (Buchung [a]). Es ist eine Kapital-

12 Vgl. IFRS 3 Appendix A i.V.m. IFRS 3.B7 ff.

konsolidierung durchzuführen, nach der das neubewertete anteilige Eigenkapital der Y GmbH (250 + (300 · 0,5) = 400 T€) mit der Beteiligung im Abschluss der A AG zu verrechnen ist. Der verbleibende (aktivische) Unterschiedsbetrag in Höhe von 300 T€ ist als Goodwill auszuweisen (Buchung [b]).

01.01.2021, T€	**A AG**		**Y GmbH**		**∑-Bilanz**	
Anlagevermögen	1.800		(550 · 0,5 =) 275		2.075	
Beteiligung an Y	700		—		700	
Umlaufvermögen	850		(300 · 0,5 =) 150		1.000	
Eigenkapital		2.100		(500 · 0,5 =) 250		2.350
Fremdkapital		1.250		(350 · 0,5 =) 175		1.425
Summe	3.350	3.350	425	425	3.775	3.775

01.01.2021, T€	**∑-Bilanz**		**Neubewertung (HB III)**		**Konsolidierung**		**Konzernbilanz A-Konzern**	
Anlagevermögen	2.075		[a]150				2.225	
Beteiligung an Y	700					[b]700	—	
Umlaufvermögen	1.000						1.000	
Goodwill		—			[b]300		300	
Eigenkapital		2.350		[a]150	[b]400			2.100
Fremdkapital		1.425						1.425
Summe	3.775	3.775					3.525	3.525

Aufteilung nach Output-Quote

Spiegelt die gesellschaftsrechtliche Beteiligungsquote nicht die wirtschaftliche Substanz einer gemeinschaftlichen Tätigkeit wider, kann laut IFRS 11.BC38 ein von der Beteiligungsquote differierender Aufteilungsmaßstab sachgerechter sein. Existieren vertragliche Abreden, die einen solchen abweichenden Aufteilungsmaßstab nahelegen, sollte für die quotale Konsolidierung auf diesen zurückgegriffen werden. Diesbezüglich ist zum einen die Output- bzw. Abnahmequote in Betracht zu ziehen. Andererseits ist aber auch eine Bemessung auf Grundlage des vertraglich vereinbarten Ergebnisanteils denkbar.

Beispiel 22.7 (Fortführung von Beispiel 22.6)

Fortführung/Abwandlung des Beispiels:
Die A AG (50 %) bringt sich bei der Y GmbH im Vergleich zur B AG (50 %), mit der sie die Y GmbH gemeinschaftlich führt, stärker ein, indem sie der Y GmbH ihr spezifisches Know-How bereitstellt. Hiervon ausgehend verpflichtet sich die A AG in einer Grundvereinbarung, 60 % des geplanten Outputs der Y GmbH abzunehmen. Der verbleibende Teil von 40 % geht an die B AG.

Das zum 01.01.2021 vollständig neubewertete Vermögen der Y GmbH beläuft sich auf insgesamt 1.150 T€ (= 550 + 300 + 300); die ebenfalls neubewerteten Schulden werden mit 350 T€ bilanziert. Der Zielsetzung von IFRS 11 folgend, sollen die Vermögenswerte und Schulden im Konzernabschluss der A AG entsprechend dem relevanten Abnahmeanteil einbezogen werden. Dem hier (anteilig) zu übernehmenden Nettovermögen von 480 T€ (= (1.150 - 350) · 0,6) steht eine Kapitalbeteiligung in Höhe von 700 T€ gegenüber. Eine Kongruenz zwischen dem anteilig übernommenen Nettovermögen und dem von der A AG gehaltenen Kapitalanteil ist nicht mehr gegeben. Insoweit entsteht eine bilanzielle Aufrechnungsdifferenz in Höhe von 80 T€ (= (1.150 - 350) · 0,1). Diese hat – wie im Falle abweichender Kapital- und Gewinnanteilsquoten – den Charakter eines Ausgleichsanspruchs bzw. einer Ausgleichsverpflichtung gegenüber den betreffenden Kooperationspartnern und ist dem „Ausgleichsposten" für Anteile nicht beherrschender Gesellschafter zuzuführen. Im Ergebnis würde sich damit auf konsolidierter Ebene folgende Buchung einstellen:

Anlagevermögen (60 %)	*510 T€*	*an*	*Fremdkapital (60 %)*	*210 T€*
Umlaufvermögen (60 %)	*180 T€*		*Beteiligung (50 %)*	*700 T€*
Goodwill (50 %)	*300 T€*		*nicht beherrschende Gesellschafter (10 %)*	*80 T€*

Die korrespondierenden Aufwendungen und Erträge sowie Ein- und Auszahlungen sind in gleicher Weise zu berücksichtigen. Weicht der auf Basis des vertraglichen Abnahmeanteils bemessene Ergebnisanteil vom vereinbarten Gewinnanteil ab, so wäre der in der Gesamtergebnisrechnung zunächst ausgewiesene Ergebnisanteil auf den jeweiligen Gewinnanteil zu korrigieren. Dies wiederum kann und sollte über den Posten „Ergebnisanteil nicht-beherrschender Gesellschafter" erfolgen.

Klarstellende Leitlinien für sonstige Fallkonstellationen

Neben dem Erwerb von Anteilen an bestehenden gemeinschaftlichen Tätigkeiten gilt IFRS 11 auch für die Neugründung einer Joint Operation, sofern ein Geschäftsbetrieb i.S.d. IFRS 3 eingebracht wird (IFRS 11.B33B). Ebenso wie im Falle des Hinzuerwerbs von Anteilen an gemeinschaftlichen Tätigkeiten (mit business-Qualität) (IFRS 11.B33C) sind auch in diesen Fallkonstellationen die Vorschriften des IFRS 3 (zur Vollkonsolidierung) analog anzuwenden; klarstellend weist IFRS 11.B33C darauf hin, dass im Falle einer etwaigen Anteilsaufstockung die bereits bestehenden (Alt-)Anteile nicht neu zu bewerten sind.[13] Mangelt es dagegen ganz generell an der business-Eigenschaft einer gemeinschaftlichen Tätigkeit, ist entsprechend der Regelungen des IFRS 3.2(b) eine verhältnismäßige Aufstockung der erworbenen Vermögenswerte und Schulden auf ihre beizulegenden Zeitwerte geboten, keinesfalls aber die Aufdeckung eines etwaigen Goodwill.[14] Stehen die gemeinschaftlich tätigen Unternehmen unter gemeinsamer Beherrschung eines (obersten) Mutterunternehmens, so finden vorstehende Regelungen (hier: IFRS 11.21A; IFRS 11.B33A-C) keine Anwendung.

Zwischenergebniseliminierung

Auch bei gemeinschaftlichen Tätigkeiten kann die (anteilige) Eliminierung von Gewinnen und Verlusten aus konzerninternen Lieferungs- und Leistungsbeziehungen erforderlich sein. Im Falle einer nach „unten“ (downstream) vollzogenen Veräußerung/Sacheinlage gelten gemäß IFRS 11.B34 lediglich die auf die anderen Kooperationspartner entfallenden Ergebnisanteile als realisiert. Das liefernde Partnerunternehmen hat eine quotale Zwischenergebniseliminierung durchzuführen und den der gemeinschaftlichen Tätigkeit zur Verfügung gestellten Vermögenswert weiterhin mit dem anteiligen (ursprünglichen) Buchwert im Konzernabschluss abzubilden.

Im Falle sog. upstream-Transaktionen gilt dagegen Folgendes: Zunächst wird der an das Partnerunternehmen gelieferte Vermögenswert in voller Höhe in dessen Summenabschluss einbezogen. Anschließend ist der auf das empfangende Partnerunternehmen entfallende Ergebnisanteil, der sich auf Ebene der liefernden gemeinschaftlichen Tätigkeit ergeben hat, anteilig zu korrigieren (IFRS 11.B36). Insofern findet auch hier nur eine Gewinn- bzw. Verlustrealisierung in Höhe der Fremdbeteiligungsquote statt.

Beispiel 22.8

Die nach IFRS bilanzierende Halo AG ist an der als gemeinschaftliche Tätigkeit zu qualifizierenden Alliance GmbH zu 33 ⅓ % beteiligt. Daher wird die Alliance GmbH quotal in den Konzernabschluss der Halo AG einbezogen. Die Alliance GmbH veräußert während des Geschäftsjahrs 2021 ein Grundstück im Gesamtwert von 4 Mio. € an die Halo AG. Hierin ist ein eliminierungspflichtiger Zwischengewinn in Höhe von 0,9 Mio. € enthalten.

Lösung

Bei dem beschriebenen Vermögenstransfer handelt es sich um eine upstream-Transaktion, die bei der Alliance GmbH zu einem Zwischengewinn in Höhe von 0,9 Mio. € führt. Im Rahmen des quotalen Einbezugs der Alliance GmbH in den IFRS-Konzernabschluss der Halo AG wird der entstandene Zwischen-

13 Vgl. diesbezüglich auch IFRS 3.42A, wonach die Erlangung der Beherrschung über einen Geschäftsbetrieb, der sich als eine gemeinschaftliche Tätigkeit qualifiziert und an dem der Erwerber als gemeinschaftlich Tätiger oder andere Partei der gemeinsamen Vereinbarung bereits bisher beteiligt war, einen sukzessiven Unternehmenszusammenschluss darstellt. Mit anderen Worten: Die zuvor gehaltenen Anteile sind mit Erlangung der Beherrschung neu zu bewerten; vgl. überdies *Lüdenbach/Hoffmann/Freiberg*, Haufe IFRS-Kommentar, § 34, Rz. 54.

14 Vgl. auch *Brune*, Beck'sches IFRS-Handbuch, § 29, Tz. 42.

gewinn nur anteilig in Höhe von 0,3 Mio. € (= 900 T€ · ⅓) in deren konsolidierte Gesamtergebnisrechnung übernommen. Das erworbene Grundstück ist demgegenüber in voller Höhe, d.h. inkl. des gesamten hierin enthaltenen Zwischengewinns, in die Summenbilanz der Halo AG zu übernehmen. Im Rahmen der anschließenden Zwischenergebniseliminierung ist der anteilig auf die Halo AG entfallende Zwischengewinn gegen den Buchwert des Grundstücks zu verrechnen. Daher ist zu buchen:

Sonstiger Ertrag *an* *Grundstück* *0,3 Mio. €*

In Konsequenz dessen steht das Grundstück zwar noch inkl. der anteilig auf die anderen Partnerunternehmen entfallenden Zwischengewinne in der Konzernbilanz der Halo AG (Buchwert: 3,7 Mio. €). Der auf die Halo AG entfallende Zwischenerfolg wird aber durch die Konsolidierungsbuchung neutralisiert.

Verlustfall

Demgegenüber legt IFRS 11 für Verluste, die entweder auf einen gesunkenen Nettoveräußerungswert oder eine Wertminderung des transferierten Vermögenswerts zurückzuführen sind, eine abweichende Vorgehensweise fest. Diese sind bei einer downstream-Transaktion vollständig (IFRS 11.B35) sowie im Falle einer upstream-Transaktion entsprechend anteilig (IFRS 11.B37) zu realisieren.

Sonstige Konsolidierungsmaßnahmen

Inwieweit neben der dargestellten Zwischenergebniseliminierung weitere Konsolidierungsmaßnahmen durchzuführen sind, lässt sich dem Standard nicht entnehmen. Allerdings ergibt sich diese Notwendigkeit einerseits aus dem mit der konsolidierten Berichterstattung verfolgten Einheitsgrundsatz sowie andererseits implizit aus der Pflicht zur Durchführung einer anteiligen Zwischenergebniseliminierung. Mithin sind auch im Kontext des IFRS 11 eine quotale Schulden- sowie Aufwands- und Ertragskonsolidierung durchzuführen.

Änderungen des Aufteilungsmaßstabs im Zeitablauf

Ändert sich im Zeitablauf das Ausmaß, in dem die beteiligten Parteien Nutzen aus den Vermögenswerten einer gemeinschaftlichen Tätigkeit ziehen und/oder in dem sie für etwaige Verpflichtungen derselben aufkommen müssen, so ist der bisher zugrunde gelegte Aufteilungsmaßstab entsprechend zu adjustieren. Fraglich ist, inwieweit solche Anpassungen angesichts ggf. jährlich stark variierender Abnahmequoten praktikabel sind.

IFRS 5

Soll der Anteil an einer gemeinschaftlichen Tätigkeit veräußert oder betreffende Kooperation gänzlich eingestellt werden, so sind diese (anteiligen) Vermögenswerte und Schulden gesondert als „zur Veräußerung gehalten“ auszuweisen (IFRS 11.BC51), sofern die einschlägigen Kriterien des IFRS 5 erfüllt sind (vgl. Kapitel 23).

2.3.3 Gemeinschaftsunternehmen

Equity-Methode

Gemeinschaftsunternehmen sind im Konzernabschluss der Partnerunternehmen grundsätzlich anhand der Equity-Methode abzubilden (IFRS 11.24; die Ausführungen zur Bewertungs- und Buchungstechnik finden sich unter Abschnitt 3.2 dieses Kapitels).

Beispiel 22.9 (Fortführung von Beispiel 22.6)

Abwandlung des Beispiels:
Annahmegemäß sei die Y GmbH, an der sowohl die A AG (50 %) als auch die B AG (50 %) paritätisch beteiligt sind, berechtigt, ihren generierten Output auch in wesentlichem Umfang an kooperationsfremde Dritte zu veräußern.

In diesem Fall tritt die Y GmbH unabhängig am Markt auf und trägt daher selbst etwaige Absatz-, Vermögens- und Finanzierungsrisiken. Daher ist die Y GmbH aus Sicht der beiden Partnerunternehmen A und B als Gemeinschaftsunternehmen i.S.d. IFRS 11 zu qualifizieren. Die von A und B jeweils gehaltenen Kapitalanteile sind deshalb mittels der Equity-Methode nach IAS 28 zu bewerten.

2.4 Ausweis- und Angabepflichten

Abhängigkeit von der Klassifikation

Der Ausweis von Vermögenswerten und Schulden aus gemeinsamen Vereinbarungen hängt, wie auch deren bilanzielle Abbildung, von der Klassifikation als entweder gemeinschaftliche Tätigkeit oder Gemeinschaftsunternehmen ab.

Gemeinschaftliche Tätigkeit

Im Falle einer gemeinschaftlichen Tätigkeit sind die einzelnen Vermögenswerte und Schulden, die entsprechend der jeweils einschlägigen IFRS-Standards zu bilanzieren sind, nach Maßgabe der mit diesen verbundenen Rechte und Pflichten auszuweisen. Der Ausweis der „eigenen" Aufwendungen sowie der angefallenen (anteiligen) Erlöse in der Gesamtergebnisrechnung hat nach den Mindestvorgaben des IAS 1 zu erfolgen. Die entsprechenden Erfolgskomponenten sind mit den Ergebnispositionen des Konzerns zusammenzufassen (line-by-line reporting).

Gemeinschaftsunternehmen

Für at equity bewertete Gemeinschaftsunternehmen wird in IAS 1.54(e) nicht nur ein separater Ausweis in der Bilanz gefordert; vielmehr sind auch die auf Gemeinschaftsunternehmen entfallenden Anteile am Gewinn bzw. Verlust sowie am sonstigen Ergebnis in der Gesamtergebnisrechnung gesondert darzustellen (IAS 1.82(c); IAS 1.82A(b)). Sofern indessen die Voraussetzungen des IFRS 5 s(vgl. Kapitel 23) zur Qualifikation der Anteile an einem Gemeinschaftsunternehmen als „zur Veräußerung gehalten" kumulativ erfüllt sind, gilt es, diese gesondert als (kurzfristigen) Vermögenswert i.S.d. IAS 1.54(j) auszuweisen.

Anhangangaben

Die für gemeinsame Vereinbarungen geltenden Berichterstattungspflichten sind in IFRS 12.7 ff. kodifiziert. Zusätzlich sind die allgemeinen Angabepflichten des IAS 1, IAS 8 und IAS 24 zu beachten. Zunächst sind die wesentlichen Entscheidungen und Prämissen zu erläutern, die der Beurteilung des Bestehens einer gemeinschaftlichen Führung zugrunde liegen. Überdies sind für diejenigen Vereinbarungen, die in Form einer rechtlich selbständigen Einheit organisiert sind, die herangezogenen Klassifikationskriterien des IFRS 11.14 anzugeben. Fernerhin sind für jede gemeinsame Vereinbarung weitere detaillierte Angaben nach IFRS 12.20 ff. erforderlich, zu denen im Wesentlichen die folgenden gehören:

- Charakter, Umfang sowie finanzielle Implikationen von Anteilen an gemeinsamen Vereinbarungen (IFRS 12.20(a));
- Name, Form der Beziehung, Hauptgeschäftssitz, Beteiligungsquote sowie – falls divergierend – auch der Stimmrechtsanteil (IFRS 12.21(a));
- Bewertungsmethode: Angabe, ob die Anteile an einem Gemeinschaftsunternehmen dem Regelfall folgend at equity oder ausnahmsweise zum beizulegenden Zeitwert bewertet wurden (IFRS 12.21(b));
- die – zu begründenden – Auswirkungen des hilfsweise Zugrundelegens von Abschlüssen mit unterschiedlichen Abschlussstichtagen (IFRS 12.22(b));
- die Höhe der bedingt durch das Aussetzen der Equity-Methode nicht (mehr) berücksichtigten aufgelaufenen (anteiligen) Verluste (IFRS 12.22(c));
- etwaige, gegenüber einem Gemeinschaftsunternehmen bestehende Verpflichtungen, bspw. in Form von Eventualschulden, Liquiditäts- oder anderweitigen Finanzierungszusagen (IFRS 12.23; IFRS 12.B18 f.).

3 Assoziierte Unternehmen

3.1 Definition assoziierter Unternehmen

Maßgeblicher Einfluss

Das charakteristische Merkmal einer solchen Unternehmensverbindung besteht nach IAS 28 in dem maßgeblichen Einfluss des berichterstattenden Unternehmens (Investor) auf die Finanz- und Geschäftspolitik eines Beteiligungsunternehmens. Ein solcher liegt vor, wenn der Investor die Möglichkeit besitzt, an den wesentlichen finanz- und geschäftspolitischen Entscheidungen des Beteiligungsunternehmens mitzuwirken, ohne dieses aber gleichzeitig i.S.d. IFRS 10 zu beherrschen bzw. nach IFRS 11 gemeinschaftlich zu führen. Weil bereits eine derartige Mitwirkungsmöglichkeit ausreicht, wird die aktive Ausübung eines maßgeblichen Einflusses durch einen Investor für die Qualifikation als assoziiertes Unternehmen nicht vorausgesetzt.

Assoziierungsvermutung: 20 %

Ein maßgeblicher Einfluss wird nach IAS 28.5 grundsätzlich widerlegbar vermutet, wenn ein Mutterunternehmen direkt oder – über vollkonsolidierte Tochterunternehmen – indirekt an einem anderen Unternehmen mindestens 20 % der Stimmrechte hält. Sofern der Investor nachweislich keinen maßgeblichen Einfluss auf das Beteiligungsunternehmen geltend machen kann, obgleich er ggf. sogar mehr als 20 % der Stimmrechte an diesem hält, liegt kein Assoziierungsverhältnis vor. Umgekehrt kann ein solches allerdings auch dann vorliegen, sofern bei einem ansonsten breit gestreuten Anteilsbesitz weniger als 20 % der Stimmrechte gehalten werden. Entscheidend ist in diesem Fall der Nachweis des maßgeblichen Mitwirkungsrechts.

Indizienkatalog

Zur Identifikation eines im Einzelfall schwierig nachzuweisenden maßgeblichen Einflusses finden sich in IAS 28.6 Assoziierungsindizien. Sofern einer oder mehrere der dort aufgeführten typischen Tatbestände erfüllt sind, kann im Regelfall von der Möglichkeit einer maßgeblichen Einflussnahme ausgegangen werden. Im Einzelnen finden sich diesbezüglich folgende Indikatoren:

- Zugehörigkeit zum Geschäftsführungs- und/oder Kontrollorgan bzw. eines gleichwertigen Gremiums des betreffenden Beteiligungsunternehmens;
- Partizipation an den wesentlichen Entscheidungsprozessen;
- Existenz wesentlicher Geschäftsbeziehungen zwischen den beteiligten Unternehmen;
- Möglichkeit zur Substitution von Führungspersonal;
- Bereitstellung bedeutsamer (technischer) Informationen.

Lässt sich die Assoziierungsvermutung im Einzelfall nicht widerlegen, so hat die Bewertung der Anteile zwingend nach der Equity-Methode zu erfolgen. Anderenfalls ist die Finanzbeteiligung nach den für Finanzinstrumente geltenden Regelungen des IFRS 9 zu bilanzieren.[15]

Beispiel 22.10

Die Liquid AG hat 40 % der Kapitalanteile (= Stimmrechtsanteile) an der Solidus AG erworben und möchte diese nach IAS 28 bilanzieren. Aufgrund der Anteilsquote von mehr als 20 % gilt zunächst die Assoziierungsvermutung des IAS 28.5. Leider war der hochbezahlte Anwalt der Liquid AG bei Vertragsabschluss nicht in Bestform. Im Beteiligungsvertrag findet sich folgende Klausel: „Der Liquid AG ist es untersagt, in irgendeiner Art und Weise auf die finanz- und geschäftspolitischen Entscheidungsprozesse der Solidus AG Einfluss zu nehmen." Wie ist die Beteiligung zu bilanzieren?

Lösung

Die Möglichkeit einer maßgeblichen Einflussnahme liegt nicht vor. Die Assoziierungsvermutung gilt damit als widerlegt. Die Anteile an der Solidus AG sind somit als finanzieller Vermögenswert nach IFRS 9 zu bilanzieren.

Potenzielle Stimmrechte

Verfügt der berichterstattende Investor über sog. potenzielle Stimmrechte, die z.B. aus der Ausübung von Aktienoptionen, Bezugsrechten oder der Umwandlung von Wandelanleihen oder sonstiger wandelbarer Instrumente in Stammaktien resultieren, sind diese gemäß IAS 28.7 bei der Identifikation von Assoziierungsverhältnissen zu berücksichtigen. Diese Vorgabe entspricht grundsätzlich den Regelungen, die nach IFRS 10.B23(c) i.V.m. IFRS 10.B47-50 auch für Tochterunternehmen einschlägig sind (vgl. Kapitel 4). Allerdings besteht folgender zentraler Unterschied: Selbst wenn der Inhaber des Options- bzw. Wandlungsrechts aus finanziellen Gründen nicht fähig sein sollte, die Option bzw. das Wandlungsrecht auszuüben, sind die potenziellen Stimmrechte bei der Beurteilung eines Assoziierungsverhältnisses zu berücksichtigen (IAS 28.8). Unbeachtet bleiben demgegenüber potenzielle Stimmrechte aus Optionen bzw. wandelbaren Instrumenten, die aufgrund

15 Durch die Streichung von IAS 28.41 und damit einhergegangener Ergänzung von IAS 28.14A wurde zwischenzeitlich klargestellt, dass IFRS 9 (auch) auf langfristig gehaltene Anteile (soweit sie nicht der Equity-Bewertung unterliegen) anzuwenden ist.

einer bestehenden Sperrfrist gegenwärtig nicht ausübbar bzw. wandelbar und damit aktuell nicht substanziell i.S.d. IFRS 10 sind.

Beispiel 22.11

Die Pumper AG hält 10 % der Anteile an der Nickel AG. Zusätzlich besitzt die Pumper AG noch Aktienoptionen, die sie zum gegenwärtigen Zeitpunkt berechtigen, weitere 20 % an dieser Gesellschaft zu erwerben.

Da es nach IAS 28 weder auf die (vermeintliche) Handlungsabsicht des Managements noch auf die finanzielle Fähigkeit zur Optionsausübung ankommt, sind diese potenziellen Stimmrechte bei der Beurteilung eines Assoziierungsverhältnisses zwingend zu berücksichtigen.

3.2 Equity-Methode

3.2.1 Charakteristik

Equity-Methode

Im IFRS-Konzernabschluss sind die Anteile an assoziierten Unternehmen ebenso wie Anteile an Gemeinschaftsunternehmen grundsätzlich at equity zu bilanzieren (IAS 28.16). Konstitutives Merkmal der Equity-Methode ist es, dass im Unterschied zur Voll- und Quotenkonsolidierung nicht sämtliche Positionen der Bilanz, Gesamtergebnis- und Kapitalflussrechnung des assoziierten Unternehmens im konsolidierten Abschluss des berichterstattenden Unternehmens ausgewiesen werden. Stattdessen wird lediglich der dem bilanzierenden Unternehmen zustehende Anteil am Nettovermögen des Beteiligungsunternehmens unter dem Finanzanlagevermögen im Konzernabschluss bilanziert. Hierzu wird der ursprüngliche Beteiligungsbuchwert um die auf das berichterstattende Unternehmen entfallenden Nettovermögensänderungen des Beteiligungsunternehmens sukzessive fortgeschrieben. Mithin wird die Beteiligung zu jedem Bilanzstichtag mit dem anteiligen Eigenkapital (at equity), also mit dem sog. Bilanzkurs des Beteiligungsunternehmens, ausgewiesen. In Abhängigkeit vom wirtschaftlichen Gehalt der anteilig zu berücksichtigenden Eigenkapitalveränderungen sind diese entweder GuV-wirksam, GuV-neutral (über das „sonstige Ergebnis“, OCI) oder gesamtergebnisneutral zu erfassen.

Der beschriebene Charakter der Equity-Methode wird anhand des nachfolgenden Beispiels verdeutlicht:

Beispiel 22.12

Die Solidus AG hat 100.000 Aktien ausgegeben. Die Liquid AG erwirbt am 01.01.2021 davon 40 % zu einem Preis von insgesamt 25 € je Aktie. Die Anschaffungskosten der Beteiligung betragen (40.000 · 25 =) 1.000 T€, was annahmegemäß auch dem Buchwert des Eigenkapitals entspricht. Die Solidus AG erwirtschaftete 2021 einen Gewinn in Höhe von 250 T€. Der Börsenkurs ist auf 35 € gestiegen. Mit welchen Werten wäre ein Ansatz dieser Beteiligung in der Konzernbilanz der Liquid AG zum 31.12.2021 denkbar?

Lösung
Grundsätzlich denkbar wäre es, die Anteile an der Solidus AG wie folgt zu erfassen:

- Bewertung nach der Anschaffungskostenmethode: Hier würden die Anteile weiterhin zu Anschaffungskosten von 25 € je Aktie bewertet. Der Beteiligungsansatz verbliebe damit weiterhin bei 1.000 T€.
- Bewertung zum beizulegenden Zeitwert: Nach dieser Methode müssten die Anteilsrechte zum jeweils aktuellen Börsenkurs bewertet werden. Der Beteiligungsbuchwert beliefe sich dann auf (40.000 · 35 =) 1.400 T€.
- Bewertung nach Maßgabe der Equity-Methode zum anteiligen Eigenkapital (Bilanzkurs): Danach würde der Liquid AG ein Gewinnanteil in Höhe von (250 · 0,4 =) 100 T€ zugewiesen. Der Beteiligungsbuchwert läge in diesem Fall bei 1.100 T€.

Konzeptionelle Unterschiede

Je nach zugrunde gelegtem Bewertungsmaßstab ergeben sich zwangsläufig konzeptionelle Unterschiede, die durch eine unterschiedliche Konkretisierung des Realisationsprinzips bedingt sind. Bei der Anschaffungskostenmethode wird ein Beteiligungsertrag im Jahresabschluss des Investors i.d.R. erst dann als realisiert angesehen, wenn das assoziierte Unternehmen eine Gewinnausschüttung auf der Haupt- (§ 174 AktG) bzw. Gesellschafterversammlung (§ 29 i.V.m. § 46 Nr. 1 GmbHG) beschließt.[16] Im Rahmen der Equity-Methode werden die Beteiligungserträge bereits im Zeitpunkt der Gewinnentstehung beim assoziierten Unternehmen vereinnahmt, also zeitlich synchron (phasengleiche Gewinnvereinnahmung). Im Unterschied hierzu würden bei einer Beteiligungsbewertung zum beizulegenden Zeitwert (fair value) sämtliche Marktwertänderungen als (unrealisierte) Gewinne/Verluste beim Investor ausgewiesen.

Konsolidierte Ebene: Equity-Methode

Von den hier dargestellten drei alternativen Bewertungsverfahren ist im IFRS-Konzernabschluss für assoziierte wie auch Gemeinschaftsunternehmen nur die Equity-Methode zulässig.

3.2.2 Technik der Beteiligungsbewertung

3.2.2.1 Erstbewertung

Erstmaliger Ansatzzeitpunkt

Maßgebend für die erstmalige Anwendung der Equity-Methode ist derjenige Zeitpunkt, ab dem ein Beteiligungsunternehmen als assoziiertes bzw. Gemeinschaftsunternehmen zu qualifizieren ist (IAS 28.32). In IAS 28.32 wird der Erwerbszeitpunkt zwar nicht explizit mit demjenigen Tag, an dem die einem assoziierten Unternehmens- bzw. Kooperationsverhältnis immanente Ausübungsmöglichkeit übergeht, gleichgestellt. Einer wirtschaftlichen Betrachtungsweise folgend, sollte aber analog zu IFRS 3.8 der Zeitpunkt des tatsächlichen Übergangs der Verfügungsgewalt über die mit den Anteilen verbundenen Rechte maßgeblich sein.

16 Vgl. zu Details der Realisierung von Dividendenzahlungen Kapitel 7.

Unterjähriger Anteilserwerb

Im Fall eines unterjährigen Anteilserwerbs hat das Beteiligungsunternehmen grundsätzlich einen Zwischenabschluss zum Erwerbszeitpunkt aufzustellen. Denn bei Anwendung der Equity-Methode dürfen lediglich die nach dem Erwerbszeitpunkt erwirtschafteten Ergebnisbestandteile anteilig im Konzernabschluss berücksichtigt werden. Ist ein Zwischenabschluss aufgrund eines nur maßgeblichen Einflusses nicht realisierbar, muss im Falle wesentlicher Auswirkungen auf entsprechende Hilfslösungen zurückgegriffen werden.[17]

Abweichender Bilanzstichtag

Nach IAS 28.33 ist bei der Anwendung der Equity-Methode der letzte verfügbare Abschluss zu verwenden. Haben der berichterstattende Investor und das Beteiligungsunternehmen identische Bilanzstichtage, so muss gewährleistet sein, dass die Daten des Beteiligungsunternehmens rechtzeitig an den Investor übermittelt werden. Bei abweichenden Bilanzstichtagen verlangt IAS 28.33 die Aufstellung eines Zwischenabschlusses. Sollte die Aufstellung eines solchen Abschlusses nicht möglich sein, bspw. weil die dafür benötigten Informationen nicht oder nicht rechtzeitig bereitgestellt werden, so ist eine Arbeitsbilanz auf der Grundlage von Anpassungen für wesentliche Transaktionen oder Ereignisse zwischen den beiden Abschlussstichtagen zu erstellen. Der Zeitraum zwischen den abweichenden Bilanzstichtagen von Investor und Beteiligungsunternehmen sollte in keinem Fall mehr als drei Monate betragen (IAS 28.34).

Konzerneinheitliche Bilanzierung

IAS 28.35 verlangt eine einheitliche Bilanzierung von Investor und Beteiligungsunternehmen. Diese wird sowohl im Anschaffungszeitpunkt zur Feststellung des Werts des anteiligen Eigenkapitals als auch für Zwecke der Folgebewertung vorausgesetzt. Allerdings wird es dem Investor in vielen Fällen nicht möglich sein, einen entsprechend adjustierten Jahresabschluss bei der Beteiligungsgesellschaft einzufordern, da keine hierfür typischerweise notwendige Beherrschungsmöglichkeit i.S.d. IFRS 10 vorliegt. Ungeachtet dessen wird in IAS 28.36 festgelegt, dass die Rechnungslegungsmethoden an den Rechtsrahmen bzw. die Ansatz-, Bewertungs- und Ausweisgrundsätze des Mutterunternehmens angepasst werden müssen. Es bleibt daher unklar, wie ein Investor zu handeln hat, wenn die dafür erforderlichen Informationen nicht verfügbar sind. Im schlechtesten Fall gelingt es auch unter nachweislich größtmöglichen Anstrengungen nicht, die für die gebotenen Korrekturen notwendigen Informationen zu erhalten. Zwar könnte in diesem Fall schon die bloße Möglichkeit einer maßgeblichen Einflussnahme generell in Frage gestellt werden. Allerdings wäre selbst unter diesen Umständen zunächst zu prüfen, ob der Equity-Ansatz nicht im Rahmen einer vereinfachten Ermittlung auf Grundlage von Schätzungen bestimmt werden kann.[18]

Erstmaliger Ansatz

Die Anwendung der Equity-Methode bedingt die Ermittlung des Konzernanteils des berichterstattenden Investors. Bei dessen Bestimmung sind auch diejenigen Anteile zu berücksichtigen, die nur mittelbar über andere Tochterunternehmen

17 Vgl. *Wüstemann, J./Küting, P.*, in: Canaris, C.-W. et al. (Hrsg.), Staub: Großkommentar zum HGB (Bd. VI), 5. Aufl., Berlin/New York 2011, Sechster Abschnitt des IFRS-Anhangs (Teil C), Tz. 100 f.

18 So auch die Präferenz bei *Lüdenbach/Hoffmann/Freiberg*, Haufe IFRS-Kommentar, § 33, Rz. 87 ff.

gehalten werden.[19] Anteile, die ggf. von anderen assoziierten und/oder Gemeinschaftsunternehmen gehalten werden, bleiben unberücksichtigt (IAS 28.27). Überdies dient der im Zugangszeitpunkt zu Anschaffungskosten zu bewertende Beteiligungsbuchwert als Bewertungsgrundlage für die Anwendung der Equity-Methode (IAS 28.10). Da IAS 28 keine eigenständigen Vorgaben zur Bestimmung der Anschaffungskosten des Beteiligungsbuchwerts enthält, sind gemäß des in IAS 28.26 verankerten Generalverweises die Vorschriften zur Vollkonsolidierung heranzuziehen. Allerdings umfasst der Anschaffungskostenbegriff des IAS 28.10 – im Gegensatz zu IFRS 3.53 – auch sämtliche der Anschaffung unmittelbar zurechenbaren Nebenkosten.[20]

Beispiel 22.13 (Fortführung von Beispiel 22.12)

Die Liquid AG erwirbt zum 01.01.2021 40 % der Anteile an der Solidus AG zu einem Preis von 25 € je Aktie und insgesamt zu (40.000 · 25 =) 1.000 T€. Des Weiteren fallen Beurkundungs- und Registerkosten in Höhe von insgesamt 10 T€ an. In der Bilanz der Liquid AG findet infolgedessen zum 01.01.2021 folgender Aktivtausch statt:

Anteile an assoziierten Unternehmen	*an*	*Bank/Kasse*	*1.010 T€*

Stille Reserven und Lasten

Diese Anschaffungskosten stellen den maßgeblichen Wertansatz bei erstmaliger Anwendung der Equity-Methode dar. Für Zwecke der Folgebewertung ist diesem im Zugangszeitpunkt das anteilig neu zu bewertende Nettovermögen gegenüberzustellen (IAS 28.32). Insofern ist auch hier, obgleich dies angesichts des „nur" maßgeblichen Einflusses oftmals nicht vollumfänglich möglich ist, eine nach den Grundzügen des IFRS 3 vorzunehmende Kaufpreisallokation für die erworbenen Vermögenswerte und Schulden durchzuführen. Dabei sind in einer Nebenrechnung die beizulegenden Zeitwerte sämtlicher identifizierbarer Vermögenswerte und Schulden der Beteiligungsgesellschaft zum Erwerbszeitpunkt einzeln zu ermitteln, dokumentieren und fortzuschreiben. Im Ergebnis werden also ggf. vorhandene stille Reserven und Lasten aufgedeckt und erhöhen bzw. verringern den auf den Anteilseigner entfallenden Anteil am Nettovermögen. Bei der Aufdeckung der stillen Reserven und Lasten besteht keine quantitative Begrenzung in Höhe des sich aus der Kapitalaufrechnung ergebenden Unterschiedsbetrags. Daher kann durch die Aufdeckung stiller Reserven aus einem anfänglich aktivischen ein passivischer Unterschiedsbetrag resultieren. Fernerhin kann ein passivischer Unterschiedsbetrag über die Anschaffungskosten der Beteiligung hinaus erhöht werden.

19 Hierbei haben potenzielle Stimmrechte i.S.d. IAS 28.7 grundsätzlich außer Acht zu bleiben. Soweit erst unter Berücksichtigung möglicher Options- und/oder Wandlungsrechte ein maßgeblicher Einfluss bejaht wird, beruht die dann gebotene Equity-Bewertung technisch gleichwohl nur auf der tatsächlichen Anteilsquote (IAS 28.12), es sei denn, die Rechte gewähren bereits gegenwärtig Zugang zu den aus betreffendem Eigentumsanteil erwachsenden wirtschaftlichen Erfolgen (IAS 28.13 f.).

20 Vgl. IFRIC, Update July 2009, S. 3.

Aufrechnungspflichtiges Eigenkapital

Sofern das Beteiligungsunternehmen selbst einen Konzernabschluss aufstellt, ist dieser der Equity-Bewertung zugrunde zu legen. Dabei sind jedoch bei der Bestimmung des aufrechnungspflichtigen neubewerteten Eigenkapitals die auf potenzielle nicht beherrschende Gesellschafter entfallenden Nettovermögensbestandteile zu vernachlässigen (IAS 28.27).

Geschäfts- oder Firmenwert

Ergibt sich in der Nebenrechnung aus der Verrechnung der Anschaffungskosten mit dem anteilig neubewerteten Nettovermögen ein Unterschiedsbetrag, so ist dieser prinzipiell nach den Vorgaben des IFRS 3 zu bilanzieren. Ein verbleibender positiver Unterschiedsbetrag ist als Geschäfts- oder Firmenwert (Goodwill) in der Nebenrechnung zu erfassen. Er wird nicht separat in der konsolidierten Bilanz ausgewiesen, sondern ist Bestandteil des Equity-Buchwerts (IAS 28.32(a)).

Beispiel 22.14 (Fortführung von Beispiel 22.13)

Fortführung des Beispiels:
Die Liquid AG übt mit ihrer Beteiligung von 40 % einen maßgeblichen Einfluss auf die Solidus AG aus. Das bilanzielle Eigenkapital der Solidus AG beläuft sich auf 2.125 T€. Darüber hinaus sind in den Gebäuden der Solidus AG stille Reserven in Höhe von 150 T€ enthalten.

Equity-Ansatz zum 01.01.2021	**1.010 T€**
Nebenrechnung:	
Anschaffungskosten der Beteiligung	1.010 T€
– anteiliges bilanzielles Eigenkapital bei Erwerb (2.125 T€ · 0,4 =)	– 850 T€
Unterschiedsbetrag	**160 T€**
– davon: Anteil an den stillen Reserven in Gebäuden (40 %) (150 · 0,4 = 60; Restnutzungsdauer: 10 Jahre)	60 T€
– davon: Geschäfts- oder Firmenwert (Goodwill)	100 T€

Negativer Unterschiedsbetrag

Übersteigt das anteilig neu bewertete Nettovermögen die Anschaffungskosten, ist der sich daraus ergebende negative Unterschiedsbetrag unmittelbar bereits im Rahmen der erstmaligen Anwendung ertragswirksam und damit anteilserhöhend zu vereinnahmen (IAS 28.32(b)).

3.2.2.2 Folgebewertung

Folgebewertung

Die Equity-Methode stellt konzeptionell eine Bewertungsmethode dar. Demnach ist der Equity-Buchwert ausgehend von seinem historischen Wertansatz in jeder Folgeperiode um die auf den Investor entfallenden Nettovermögensänderungen der Beteiligungsgesellschaft fortzuschreiben. Je nach zugrunde liegendem Sachverhalt erfolgen diese Fortschreibungen GuV-wirksam, GuV-neutral (über das „sonstige Ergebnis“, OCI) oder gesamtergebnisneutral (IAS 28.10).

Zunächst ist der Equity-Wertansatz um Ergebnisbestandteile, die das Beteiligungsunternehmen nach dem erstmaligen Einbeziehungszeitpunkt erwirtschaftet hat, beteiligungsproportional fortzuschreiben. Insoweit wird der Beteiligungsbuchwert um den anteiligen Gewinn erhöht respektive Verlust vermindert (IAS 28.10 f.).

Erfassung erwirtschafteter Jahreserfolge

Weiterhin ist der Beteiligungsbuchwert um vom Beteiligungsunternehmen erhaltene Gewinnausschüttungen zu vermindern (IAS 28.10): Vom Beteiligungsunternehmen erwirtschaftete Gewinne sind seitens des Investors im Entstehungszeitpunkt GuV-wirksam zu vereinnahmen. Dividendenausschüttungen von Beteiligungsunternehmen an den Investor stellen einen reinen Kapitaltransfer dar, der bei ihm nicht zu einem erneuten Gewinnausweis führen darf. Wurden die Dividenden im Einzelabschluss des Investors als Beteiligungsertrag vereinnahmt, so ist dieser Vorgang im Konzernabschluss GuV-wirksam zurückzunehmen. In der Gesamtschau präsentiert sich dieser Sachverhalt damit auf konsolidierter Ebene als gesamtergebnisneutraler Aktivtausch; die Liquiden Mittel steigen und der Equity-Wert sinkt (vgl. auch Beispiel 22.15).

Dividendenausschüttungen

Sodann ist der Beteiligungsbuchwert um die Fortschreibung der in der Nebenrechnung erfassten stillen Reserven/Lasten zu korrigieren. So sind die Nettovermögensänderungen zu berücksichtigen, die sich aus einer planmäßigen Amortisierung stiller Reserven bzw. aus einer GuV-wirksamen Auflösung stiller Lasten ergeben. Dabei sind die stillen Reserven und Lasten so fortzuführen wie die korrespondierenden Vermögenswerte und Schulden, denen sie zu Beginn der erstmaligen Einbeziehung zugeschrieben wurden (IAS 28.32).

Fortschreibung stiller Reserven und Lasten

Über die nach IAS 28.10 zu berücksichtigenden Fortschreibungskomponenten hinaus ist der Equity-Wert auch um solche Eigenkapitalveränderungen fortzuschreiben, die auf Ebene des Beteiligungsunternehmens GuV-neutral erfasst wurden. Derlei Effekte können z.B. resultieren aus:

GuV-neutrale Komponenten

- der Neubewertung einzelner Aktiva (IAS 16.31 ff.; IAS 38.75 ff.; vgl. auch Kapitel 9 und 10);
- Wertschwankungen bestimmter Finanzinstrumente (i.S.d. IAS 39 respektive IFRS 9; vgl. Kapitel 17);
- der Erfassung versicherungsmathematischer Gewinne und Verluste aus der Bewertung von Pensionsverpflichtungen (IAS 19.120(c); vgl. Kapitel 14);
- der Bildung bzw. Auflösung latenter Steuern (IAS 12.61A; vgl. Kapitel 6);
- durch Anwendung der modifizierten Stichtagskursmethode entstandene währungskursbedingte Umrechnungsdifferenzen (IAS 21.39(c); vgl. Kapitel 20).

Diese erfolgsneutralen Eigenkapitalveränderungen in der Beteiligungsgesellschaft führen beim Investor ebenfalls zu einer GuV-neutral zu erfassenden Änderung des Beteiligungsbuchwerts.

Beispiel 22.15 (Fortführung von Beispiel 22.14)

Fortführung des Beispiels:
Zum 31.12.2021 hat die Solidus AG einen Jahresüberschuss in Höhe von 250 T€ erwirtschaftet. Darüber hinaus erfolgt im Jahresabschluss der Solidus AG

eine GuV-neutrale Neubewertung der Grundstücke von + 10 T€ (IAS 16.39). Die im Erwerbszeitpunkt (01.01.2021) in der Nebenrechnung erfassten (anteiligen) stillen Reserven in den Gebäuden der Solidus AG, die sich auf (150 · 0,4 =) 60 T€ belaufen, sind planmäßig über ihre Restnutzungsdauer von 10 Jahren abzuschreiben:

Ermittlung des Beteiligungsbuchwerts:

Equity-Ansatz zum 01.01.2021:		**1.010 T€**
Nebenrechnung zum 31.12.2021:		
+	anteiliger Jahresüberschuss (250 T€ · 0,4 =)	100 T€
–	Abschreibung auf die anteiligen stillen Reserven in Gebäuden (60 / 10 =)	– 6 T€
Anteilige GuV-wirksame Beteiligungszuschreibung [a]		94 T€
Anteilige GuV-neutrale Beteiligungszuschreibung (10 · 0,4 =) [b]		4 T€
Equity-Ansatz zum 31.12.2021:		**1.108 T€**

Diese Sachverhalte sind in der Konzernbilanz und Gesamtergebnisrechnung der Liquid AG buchungstechnisch wie folgt zu erfassen:

[a]	*Anteile an assoziierten Unternehmen*	*94 T€*	*an*	*Ergebnis aus at equity bewerteten Beteiligungen*	*94 T€*
[b]	*Anteile an assoziierten Unternehmen*	*4 T€*	*an*	*sonstiges Ergebnis (OCI)*	*4 T€*

Adjustierungsbuchungen

Ausgangspunkt für die Beteiligungsfortschreibung in den folgenden Perioden stellt derjenige Equity-Buchwert dar, der im letztjährigen Konzernabschluss ausgewiesen wurde.

In den Folgejahren ist der im Jahresabschluss des Investors stehende Beteiligungsbuchwert an dem Beteiligungsunternehmen zunächst an den Equity-Wert zu Periodenbeginn anzupassen.

Beispiel 22.16 (Fortführung von Beispiel 22.15)

Fortführung des Beispiels:
Der für die Solidus AG zuvor ermittelte Equity-Wertansatz belief sich zum 31.12.2021 auf 1.108 T€. Im Folgejahr 2022, in dem die Solidus AG annahmegemäß eine „schwarze Null“ schreibt, werden 30 % des im zurückliegenden Jahr 2021 erwirtschafteten Jahresüberschusses ausgeschüttet. Welche buchungstechnischen Konsequenzen erwachsen daraus für die Equity-Fortschreibung zum 31.12.2022?

Zunächst ist der Beteiligungsbuchwert aus dem Jahresabschluss in Höhe der Anschaffungskosten von 1.010 T€ auf den aktuellen Equity-Wert zum 01.01.2022 zuzuschreiben. Dazu sind die im Vorjahr sowohl GuV-wirksam (94 T€) als auch GuV-neutral (4 T€) erfassten Vorgänge vollständig gesamtergebnisneutral über die Gewinnrücklagen bzw. die OCI-Rücklage zu verbuchen:

Anteile an assoziierten Unternehmen	*98 T€*	*an*	*Gewinnrücklagen*	*94 T€*
			OCI-Rücklage	*4 T€*

Diesem Anpassungsprozess nachgelagert, erfolgt sodann die Erfassung der für die aktuelle Berichtsperiode 2022 berücksichtigungspflichtigen (anteiligen) Nettovermögensänderungen. Da die Solidus AG annahmegemäß weder einen Jahresüberschuss erwirtschaftet noch etwaige Neubewertungen im Anlagevermögen vorgenommen hat, erschöpft sich diese in den auf die aufgedeckten stillen Reserven vorzunehmenden Abschreibungen (6 T€):

Ergebnis aus at equity bewerteten Beteiligungen	*6 T€*	*an*	*Anteile an assoziierten Unternehmen*	*6 T€*

Bislang noch unberücksichtigt blieb die seitens der Solidus AG an die Liquid AG anteilig ausgeschüttete Dividende in Höhe von (250 · 0,3 · 0,4 =) 30 T€. Für den Fall, dass die Beteiligung – wie hier unterstellt – im Jahresabschluss der Liquid AG zu Anschaffungskosten bilanziert wird, ist die Gewinnausschüttung hier zunächst GuV-wirksam als Beteiligungsertrag zu vereinnahmen:

Bank/Kasse	*30 T€*	*an*	*Beteiligungsertrag*	*30 T€*

Damit wird dieser Beteiligungsertrag über den Summenabschluss in den IFRS-Konzernabschluss übernommen. Im Rahmen der Equity-Bilanzierung der Beteiligungsgesellschaft im Konzernabschluss wurde der der Gewinnausschüttung zugrunde liegende Jahresüberschuss bereits im Vorjahr als Beteiligungsbuchwertzuschreibung erfasst. Die nun vorgenommene Gewinnausschüttung ist als eine Kapitalrückzahlung anzusehen. Daher ist der Beteiligungsbuchwert zu reduzieren und der korrespondierende Beteiligungsertrag zurückzunehmen.

Beteiligungsertrag	*30 T€*	*an*	*Anteile an assoziierten Unternehmen*	*30 T€*

In der Gesamtschau präsentiert sich jener Vorfall damit auf konsolidierter Ebene als gesamtergebnisneutraler Aktivtausch:

Bank/Kasse	*30 T€*	*an*	*Anteile an assoziierten Unternehmen*	*30 T€*

Der Beteiligungsbuchwert beläuft sich nach Vornahme dieser abschließenden Korrektur letztlich auf 1.072 T€.

Geschäfts- oder Firmenwert

Nach IAS 28.32(a) darf ein in der Nebenrechnung stehender Geschäfts- oder Firmenwert weder planmäßig abgeschrieben noch kann er isoliert einem Werthaltigkeitstest nach IAS 36 unterzogen werden. Grund hierfür ist, dass der Goodwill im Rahmen der Equity-Bilanzierung nicht separat ausgewiesen wird, sondern integraler Bestandteil des Beteiligungsbuchwerts ist. Vor diesem Hintergrund wird der Goodwill bei Vorliegen objektiver Hinweise nur implizit auf Wertminderung getestet, indem der Equity-Beteiligungsbuchwert einem Wertminderungstest unterzogen wird (IAS 28.42).

Wertminderung

Ob und inwieweit ein Wertberichtigungsbedarf i.S.d. IAS 28 vorliegt, ist weiterhin auf Basis eines Incurred Loss Model zu beurteilen. Demnach zeichnet sich die Wertminderung einer Nettoinvestition in ein assoziiertes bzw. Gemeinschaftsunternehmen – nach erstmaligem Ansatz – durch den Eintritt eines oder gar mehrerer verlustbringender Ereignisse aus, die ihrerseits wiederum eine verlässlich schätzbare Auswirkung auf die künftig erwarteten Cashflows des betreffenden Unternehmens haben (müssen) (IAS 28.41A). Abzustellen ist hierbei stets auf bereits eingetretene Wertminderungen, wohingegen Verluste infolge erst künftig erwarteter Ereignisse – und zwar ungeachtet der Wahrscheinlichkeit ihres Eintritts – außer Acht zu lassen sind.

Objektive Hinweise

Als sog. objektive Hinweise für das Vorliegen einer Wertminderung werden in IAS 28.41A nachstehende Sachverhalte explizit adressiert:

- signifikante finanzielle Schwierigkeiten des betreffenden assoziierten bzw. Gemeinschaftsunternehmens;
- Vertragsbrüche des assoziierten bzw. Gemeinschaftsunternehmens, so etwa im Falle eines Zahlungsausfalls bzw. -verzugs;
- unübliche Zugeständnisse des berichterstattenden Unternehmens an das assoziierte bzw. Gemeinschaftsunternehmen, sei es aus wirtschaftlichen oder rechtlichen Gründen;
- erhöhte Wahrscheinlichkeit, dass das betreffende assoziierte bzw. Gemeinschaftsunternehmen Insolvenz anmeldet;
- Wegfall eines aktiven Markts für die Nettoinvestition aufgrund finanzieller Schwierigkeiten des assoziierten bzw. Gemeinschaftsunternehmens;
- (erhebliche) negative Entwicklungen hinsichtlich der technologischen, ökonomischen oder rechtlichen Rahmenbedingungen (IAS 28.41C).

Das Wegbrechen eines aktiven Finanzmarkts, etwa infolge der Einstellung des öffentlichen Handels begebener Eigen- und/oder Fremdkapitaltitel eines assoziierten bzw. Gemeinschaftsunternehmens, führt ebenso wenig zu einer Wertminderung wie ein Sinken seines beizulegenden Zeitwerts bzw. die Herabstufung durch Ratingagenturen (IAS 28.41B). Ein signifikanter bzw. langanhaltender Rückgang des beizulegenden Zeitwerts unterhalb des Buchwerts ist dagegen als ein objektiver Hinweis auf eine Wertminderung zu werten (IAS 28.41C).

Testmethodik

Liegt ein solcher objektiver Hinweis auf Wertminderung vor, ist der Equity-Buchwert nach IAS 36 auf Werthaltigkeit zu überprüfen. Hierbei ist der erzielbare Betrag der Equity-Beteiligung, der sich als höherer der beiden Beträge aus beizulegendem Zeitwert abzüglich Veräußerungskosten und Nutzungswert ergibt, mit dem Beteiligungsbuchwert zu vergleichen (IAS 36.6; IAS 36.59). Hierzu wird der grundsätzlich nach IAS 36.30 ff. zu ermittelnde Nutzungswert speziell für at equity zu bewertende Beteiligungen durch IAS 28.42 konkretisiert. Demnach wird der Nutzungswert ermittelt, indem zum Barwert des erwarteten Liquidationserlöses entweder der

- Barwert der anteilig dem Investor aus der operativen Tätigkeit zuzurechnenden (Netto-)Cashflows (IAS 28.42(a)), oder
- der Barwert der erwarteten künftigen Cashflows aus Dividendenzahlungen hinzuaddiert wird (IAS 28.42(b)).[21]

Liegt der nach IAS 28.43 zu ermittelnde erzielbare Betrag unterhalb des Beteiligungsbuchwerts, so ist dieser in Höhe des Differenzbetrags GuV-wirksam wertzumindern.

Ausweis

Hinsichtlich des Ausweises einer außerplanmäßigen Abschreibung erscheint eine Berücksichtigung im „Ergebnis aus at equity bewerteten Beteiligungen" sachgerecht.[22]

Beispiel 22.17 (Fortführung von Beispiel 22.16)

Fortführung des Beispiels:
An der Werthaltigkeit des zum 31.12.2022 für die Solidus AG festgestellten Equity-Wertansatzes in Höhe von 1.072 T€ bestehen Zweifel. Eine entsprechende Hinweisprüfung nach IAS 28.41A-C zeigt, dass objektive Hinweise auf eine Wertminderung des Equity-Buchwerts hindeuten. Der im Zuge einer Unternehmensbewertung für die Equity-Beteiligung ermittelte erzielbare Betrag beträgt 956 T€. Wie ist die hiermit letztlich verbundene Wertminderung in Höhe von 116 T€ (= 956 T€ - 1.072 T€) zu erfassen?

Lösung
Nach IAS 28.42 ist die gesamte Beteiligung für Zwecke des Wertminderungstests als ein einheitlicher Vermögenswert zu behandeln. Insoweit ist der GuV-wirksam zu erfassende Wertberichtigungsbedarf in Höhe von 116 T€ wie folgt zu verbuchen:

Ergebnis aus at equity bewerteten Beteiligungen	*116 T€*	*an*	*Anteile an assoziierten Unternehmen*	*116 T€*

Weil eine Allokation des Wertminderungsaufwands auf Goodwill und stille Reserven nicht zulässig ist, müssen die vor der Wertminderung in der Nebenrechnung ermittelten Werte der stillen Reserven künftig fortgeführt werden. Daher

21 Unter Zugrundelegung sachgerechter Prämissen, wie bspw. einer Vollausschüttungshypothese, führen beide Methoden zum selben Ergebnis.

22 Anderer Auffassung: *Lüdenbach/Hoffmann/Freiberg*, Haufe IFRS-Kommentar, § 33, Rz. 107.

sind diese weiterhin über ihre Restnutzungsdauer mit jeweils 6 T€ p.a. planmäßig abzuschreiben. Konsistenter wäre es, analog zu IAS 36.104(a) zunächst den Goodwill abzuschreiben, bevor ein dann ggf. noch verbleibender Wertberichtigungsbedarf auf die aufgedeckten stillen Reserven umgelegt wird.[23] Während der Goodwill in diesem Fall in voller Höhe (100 T€) abzuschreiben wäre, würde sich die zur Fortführung des Equity-Buchwerts für das Geschäftsjahr 2023 zu bemessende planmäßige Abschreibung auf dann nur noch 4 T€ (= (48 – 16) / 8) p.a. reduzieren.

Wertaufholung

Entfällt in den Folgeperioden der Grund für die ursprüngliche Wertminderung, ist der Beteiligungsbuchwert maximal auf den Wert zuzuschreiben, der sich ohne das Vorliegen des Wertminderungstatbestands ergeben hätte (IAS 28.42). Diese Vorgehensweise impliziert, dass auch ein im Zuge der Wertminderung des Beteiligungsbuchwerts implizit abgeschriebener derivativer Goodwill im Falle einer Werterholung der Equity-Beteiligung GuV-wirksam zugeschrieben werden müsste.[24]

Negativer Equity-Buchwert

Im Falle anhaltender Verluste eines assoziierten bzw. Gemeinschaftsunternehmens kann der um die anteiligen Verluste fortzuschreibende Equity-Buchwert vollständig aufgezehrt werden und sogar unter null sinken. Entsprechen bzw. übersteigen die auf den Investor entfallenden anteiligen Verluste sein finanzielles Engagement, ist die Equity-Bewertung auszusetzen (IAS 28.38 f.). Zuvor sind ggf. vorhandene übrige Bestandteile einer Nettoinvestition des Investors, wie z.B. eigenkapitalsubstituierende Forderungen und Verbindlichkeiten, deren Abwicklung in absehbarer Zukunft weder geplant noch wahrscheinlich ist, zu verrechnen.[25]

U-Boot-Methode

Verbleiben nach Abwertung sämtlicher Komponenten der Nettoinvestition weitere anteilig zu berücksichtigende Verluste, ist die Equity-Methode zunächst auszusetzen. Zusätzliche Verluste, die einen negativen Beteiligungsbuchwert zur Folge hätten, sind nur dann bilanziell zu berücksichtigen, sofern der Investor aufgrund bestehender rechtlicher oder faktischer Verpflichtungen zur Bildung einer entsprechenden Rückstellung verpflichtet ist (IAS 28.39). Anderenfalls sind die übersteigenden Verluste aufgrund des fehlenden Verrechnungspotenzials in der Nebenrechnung und damit außerbilanziell zu erfassen. Erwirtschaftet das Beteiligungsunternehmen in den Folgeperioden wieder positive Ergebnisse, sind diese zunächst mit den aufgelaufenen und in der Nebenrechnung erfassten kumulierten Verlusten zu saldieren. Erst wenn diese wieder vollständig durch anteilig dem Investor zustehende Gewinne kompensiert wurden, „taucht" die Equity-Beteiligung

---

23 So mitunter auch *Theile/Behling*, in: Theile (Hrsg.), IFRS-Handbuch, 6. Aufl., Köln 2019, Tz. 37.39.

24 Dieses Vorgehen steht dem expliziten Wertaufholungsverbot des IAS 36.124 entgegen und stellt insofern eine Inkonsistenz innerhalb des IFRS-Systems dar. Allerdings soll dieses Problem dadurch umgangen werden, dass der Goodwill – wie dargestellt – nicht explizit abgeschrieben und wieder wertaufgeholt werden darf.

25 Exemplarisch nennt IAS 28.38 diesbezüglich Vorzugsaktien sowie langfristige Forderungen und Verbindlichkeiten. Kein aktivisches Verrechnungspotenzial stellen dagegen Forderungen (und Verbindlichkeiten) aus Lieferungen und Leistungen dar. Ähnlich verhält es sich mit Blick auf langfristige Forderungen, die angemessen besichert sind.

wieder als korrespondierender Aktivposten in der Konzernbilanz auf (sog. U-Boot-Methode; IAS 28.39).[26]

Beispiel 22.18

Die Liquid AG hält bereits seit Jahren eine weitere Equity-Beteiligung an der Snake GmbH (Beteiligungsquote: 40 %). Der sukzessiv fortgeschriebene Beteiligungsbuchwert beträgt zum 01.01.2021 100 T€. Eine anhaltend schlechte konjunkturelle Lage sowie externe Effekte führen dazu, dass der Snake GmbH in den kommenden 3 Jahren Verluste in Höhe von jeweils 150 T€ entstehen, an denen die Liquid AG entsprechend ihrem Beteiligungsanteil partizipiert. Nach diesen drei Jahren verbessert sich die Lage und das Kostenmanagement zeigt eine positive Wirkung. Entsprechend erwirtschaftet die Snake GmbH ab dem 4. Jahr wieder konstante Gewinne in Höhe von jährlich 125 T€. Im gesamten Betrachtungszeitraum werden weder Dividenden gezahlt, noch ist die Liquid AG Verpflichtungen eingegangen, für etwaig entstandene Verluste der Snake GmbH zu haften.

Lösung

Unter Vernachlässigung ggf. noch vorzunehmender Abschreibungen auf stille Reserven kann die Entwicklung des Equity-Buchwerts, inkl. des kumulierten Ergebnisses, nachstehender Tabelle entnommen werden:[27]

Jahr	Equity-Wert (01.01.)	Anteiliges Ergebnis (40 %)	Equity-Wert (31.12.)	Kumuliertes, nicht im Equity-Wert berücksichtigtes Ergebnis	Anwendung der Equity-Methode
2021	100	– 60	40	—	ja
2022	40	– 60	0	– 20	ausgesetzt
2023	0	– 60	0	– 80	ausgesetzt
2024	0	+ 50	0	– 30	ausgesetzt
2025	0	+ 50	+ 20	—	ja
2026	20	+ 50	+ 70	—	ja

Zwischenergebniseliminierung

Wird ein Vermögenswert zwischen dem Investor bzw. einem seiner vollkonsolidierten Tochterunternehmen und einem at equity bilanzierten Beteiligungsunternehmen veräußert, so sind hiermit verbundene konzerninterne Zwischenergebnisse nach IAS 28.28 beteiligungsproportional zu eliminieren. Dieser Grundsatz gilt sowohl für upstream- (Beteiligungsunternehmen liefert an Investor) als auch für downstream-Transaktionen (Investor liefert an Beteiligungsunternehmen). Obwohl die Zwischenergebniseliminierung aufgrund des „nur" maßgeblichen Ein-

26 Vgl. dazu auch *Hayn*, Beck'sches IFRS-Handbuch, § 36,Tz. 82 ff.

27 In Anlehnung an das Beispiel bei *Baetge/Graupe/Höbener*, IFRS-Kommentar, IAS 28, Tz. 216.

flusses konzeptionell kritisch hinterfragt werden kann, ist der Zwischenerfolg in der Konzernbilanz durch eine anteilige Korrektur des Beteiligungsansatzes zu eliminieren. Das Gegenkonto für diese dann ggf. notwendig werdenden Korrekturbuchungen stellt das „Ergebnis aus at equity bewerteten Beteiligungen“ dar.

Beispiel 22.19

Die Halo AG ist an der Alliance AG zu 25 % beteiligt und übt hierdurch einen maßgeblichen Einfluss auf die Finanz- und Geschäftspolitik der Alliance AG aus. Infolgedessen wird die Alliance AG in den Konzernabschluss der Halo AG mittels Equity-Methode einbezogen. Die Alliance AG überträgt der Halo AG während des Geschäftsjahrs 2021 ein Grundstück im Gesamtwert von 4 Mio. €. Hierin ist ein eliminierungspflichtiger Zwischengewinn in Höhe von 1 Mio. € enthalten. 2023 veräußert die Halo AG besagtes Grundstück zu einem Preis (= Buchwert) von 4 Mio. € an konzernfremde Dritte weiter.

Lösung

Bei dem beschriebenen Vermögenstransfer handelt es sich um eine upstream-Transaktion, die bei der Alliance AG zu einem Zwischengewinn in Höhe von 1 Mio. € führt. Wegen des anteiligen Eliminierungsgebots muss im Jahre 2021 ein Zwischengewinn in Höhe von 250 T€ (= 1.000 T€ · 0,25) eliminiert werdsen. Demzufolge sind im Geschäftsjahr 2021 folgende Buchungen vorzunehmen:

a) **Einzelgesellschaftliche Ebene:**

Alliance AG:

Bank/Kasse	*4.000 T€*	*an*	*Grundstück*	*3.000 T€*
			sonstiger Ertrag	*1.000 T€*

Halo AG:

Grundstück	*4.000 T€*	*an*	*Bank/Kasse*	*4.000 T€*

b) **Konzernebene:**

Ergebnis aus at equity bewerteten Beteiligungen	*250 T€*	*an*	*Anteile an assoziierten Unternehmen*	*250 T€*

Da sich im Rahmen der Equity-Folgebewertung bereits in früheren Perioden (hier: 2021) GuV-wirksam eliminierte Zwischenergebnisse nicht noch ein weiteres Mal im Konzernjahresergebnis niederschlagen dürfen, muss der korrespondierende Bestand quotal eliminierter Verbundergebnisse in 2022 gesamtergebnisneutral gegen die Gewinnrücklagen verrechnet werden:

Gewinnrücklagen	*250 T€*	*an*	*Anteile an assoziierten Unternehmen*	*250 T€*

Realisieren sich in der Vergangenheit eliminierte Zwischenergebnisse (hier: 2023), kehrt sich die mit der Eliminierung im Entstehungszeitpunkt einhergegangene Verminderung des konsolidierten Jahresergebnisses wieder um. Dies ist hier durch die Grundstücksveräußerung der Alliance AG an konzernfremde Dritte gegeben, sodass nach zunächst gebotener Wiederholung der Korrektur des Vorjahrs

Gewinnrücklagen	*250 T€*	*an*	*Anteile an assoziierten Unternehmen*	*250 T€*

schließlich folgende (Realisierungs-)Buchung vorzunehmen ist:

Anteile an assoziierten Unternehmen	*250 T€*	*an*	*Ergebnis aus at equity bewerteten Beteiligungen*	*250 T€*

Problem der Informationsbeschaffung

Speziell im Zusammenhang mit Assoziierungsverhältnissen reicht der maßgebliche Einfluss im Regelfall nicht aus, um die für eine Zwischenergebniseliminierung erforderlichen Detaildaten einzusehen. Dies mag bei ebenfalls nach der Equity-Methode zu bilanzierende Gemeinschaftsunternehmen anders sein. Allerdings scheint eine Eliminierungspflicht – wenn überhaupt – prinzipiell nur bei upstream-Transaktionen geboten. Dies wird formal damit begründet, dass nur bei dieser Lieferungs- bzw. Leistungsrichtung betreffender Vermögenswert in der Konzernbilanz enthalten ist. Aber auch hier ist die Zwischenergebniseliminierung kritisch zu sehen, da Gemeinschafts- und erst recht assoziierte Unternehmen nicht von Konzernunternehmen beherrscht werden. Sofern die für eine korrespondierende Zwischenergebniseliminierung notwendigen Informationen über die Preiskalkulation fehlen, sollte diese aber dennoch nicht gänzlich unterbleiben. Stattdessen könnten Schätzungen oder branchenübliche Gewinnmargen in einem solchen Fall die Höhe der Zwischenergebniseliminierung approximativ determinieren.[28]

Schuldenkonsolidierung

Nach IAS 28.26 sollen die Konsolidierungsverfahren, die bei dem Erwerb eines Tochterunternehmens anzuwenden sind, auch dem Erwerb von Anteilen an assoziierten und Gemeinschaftsunternehmen zugrunde gelegt werden. Damit müsste auch bei diesen Beteiligungsunternehmen eine Schuldenkonsolidierung durchgeführt werden. Wie bereits bei der Zwischenergebniseliminierung erscheint aber auch deren Durchführung speziell bei Assoziierungsverhältnissen mangels Datenverfügbarkeit problematisch und ob der fehlenden Beherrschungsmöglichkeit konzeptionell fragwürdig. Hiervon abstrahierend, wäre eine Schuldenkonsolidierung aber speziell bei GuV-wirksamen Aufrechnungsdifferenzen nur konsequent und sachgerecht. Erfasst etwa ein assoziiertes oder Gemeinschaftsunternehmen eine GuV-wirksam zu bildende Rückstellung zugunsten des bilanzierenden Investors, ohne dass dieser eine korrespondierende Forderung bilanziert (z.B. bei Garantie- oder Kulanzrückstellungen), so wäre speziell in diesem Fall der (anteilige) Aufwand gegen den Equity-Buchwert zu verrechnen.

28 Vgl. *Baetge/Graupe/Höbener*, IFRS-Kommentar, IAS 28, Tz. 162 ff.

Latente Steuern

Bei Anwendung der Equity-Bewertung können dem Grunde nach dieselben Unterschiede zwischen Handels- und Steuerbilanz auftreten wie im Falle vollkonsolidierter Tochterunternehmen. Ursächlich dafür sind u.a. die im Rahmen der Kapitalaufrechnung in der Nebenrechnung zunächst GuV-neutral aufzudeckenden stillen Reserven (und Lasten) sowie deren spätere GuV-wirksame Fortschreibung. Da aber die anteilige Ermittlung jener Größen lediglich in einer Nebenrechnung erfolgt, dürfen die dort konzeptionsbedingt nach Maßgabe des IAS 12 (vgl. Kapitel 6) abzugrenzenden latenten Steuern als solche grundsätzlich keinen unmittelbaren Eingang in den konsolidierten Abschluss finden. Sie gehen stattdessen – abhängig von ihrer Entstehungsursache – ebenfalls in den fortgeschriebenen Beteiligungsbuchwert ein. Würde ferner eine Zwischenergebniseliminierung durchgeführt, ergäben sich konzeptionell keinerlei Unterschiede zur Vorgehensweise bei der Vollkonsolidierung.

Sonderfälle

Für die Fortschreibung des Equity-Buchwerts differenziert IAS 28.10 zwischen GuV-wirksam, GuV-neutral sowie gesamtergebnisneutral zu erfassenden Nettovermögensänderungen. Zu Letzteren zählen – wie bereits dargestellt – Dividendenausschüttungen des Beteiligungsunternehmens. Hierneben existieren weitere Sachverhalte, deren Bilanzierung bislang nicht reguliert ist. Konkret handelt es sich dabei um spezielle anderweitige Tatbestände, zu denen neben

- der Veräußerung respektive dem Erwerb von nicht beherrschenden Anteilen an Tochterunternehmen,
- der Ausgabe geschriebener Put-Optionen auf Eigenkapitaltitel sowie
- der Bilanzierung von als equity-settled zu klassifizierenden anteilsbasierten Vergütungen (IFRS 2.10 ff.; vgl. Kapitel 16),

auch solche Eigenkapitaleffekte zu zählen sind, die wie im Falle von Kapitalerhöhungen bzw. etwaiger Kapitalherabsetzungen nicht zu einer Änderung des bisherigen Status als assoziiertes bzw. Gemeinschaftsunternehmen führen. In diesen Fällen wird die Beteiligungsquote des bilanzierenden Investors durch eine über- oder unterproportionale Partizipation an betreffender Kapitaltransaktion erhöht bzw. verringert. So ist etwa bei Kapitalerhöhungen generell zu berücksichtigen, wie sich potenzielle kompensatorische Effekte aus der Erhöhung des bilanziellen Eigenkapitals und Veränderungen der Beteiligungsquote zueinander verhalten.[29] Das nachfolgende Beispiel veranschaulicht diese Vorgehensweise:

Beispiel 22.20

Die Liquid AG verfügt am 01.01.2021 über 30 % der Kapitalanteile (= Stimmrechtsanteile) an der Big Boss AG. Das buchmäßige Eigenkapital der Big Boss AG beläuft sich zu diesem Zeitpunkt auf 1.000 T€, wovon 200 T€ auf das gezeichnete Kapital entfallen. Bezogen auf das bilanzielle Eigenkapital beträgt der Wert der Beteiligung damit zum 01.01.2021 300 T€. Der Equity-Wert-

29 Vgl. zu diesem Problembereich mitunter auch *Hayn*, Beck'sches IFRS-Handbuch, § 36, Tz. 113 ff.; *Lüdenbach/Hoffmann/Freiberg*, Haufe IFRS-Kommentar, § 33, Rz. 110 ff., sowie *Baetge/Graupe/Höbener*, IFRS-Kommentar, IAS 28, Tz. 189 ff., jeweils m.w.N.

ansatz der Beteiligung beträgt zu diesem Zeitpunkt 360 T€. Hierin sind noch im Anschaffungspreis entgoltene, bislang noch nicht verrechnete stille Reserven (= 50 T€) sowie ein aus diesem Anteilserwerb stammender Firmenwert in Höhe von 10 T€ enthalten.

Am 01.01.2021 führt die Big Boss AG eine Kapitalerhöhung durch, an der die Liquid AG nicht teilnimmt. Im Zuge dessen erhöht sich das buchmäßige Eigenkapital der Big Boss AG um insgesamt 300 T€ auf 1.300 T€, wobei das gezeichnete Kapital von vormals 200 T€ auf 240 T€ ansteigt. Es ergeben sich damit zwangsläufig zwei gegenläufige Effekte, die dadurch bedingt sind, dass der Bilanzkurs der Altanteile (1.000 / 200 = 5,0) nicht mit dem Ausgabekurs der neuen Anteile (300 / 40 = 7,5) übereinstimmt. Einerseits verringert bzw. verwässert sich die Beteiligungsquote der Liquid AG um 5 %-Punkte auf 25 % (= (0,3 · 200) / 240). Andererseits ist ein Anstieg des Anteils der Liquid AG am buchmäßigen Eigenkapital um 25 T€ auf 325 T€ (= 25 % · 1.300) zu verzeichnen, der wiederum exakt demjenigen Anteil entspricht, den die übrigen Investoren über den Bilanzkurs hinaus geleistet haben (= 0,25 · (7,5 – 5,0) · 40).

Der Eigenkapitalzuwachs ist also auf die Eigenkapitalerhöhung zurückzuführen. Allerdings ist die Liquid AG infolge des transaktionsbedingten Absinkens der Beteiligungsquote um 5/30 nicht mehr in gleicher Höhe an den ursprünglich einmal erworbenen stillen Reserven bzw. dem aus dieser Akquisition stammenden Firmenwert beteiligt. Infolgedessen sind auch die vorhandenen stillen Reserven (50 T€) ebenso wie der im Beteiligungsbuchwert implizit enthaltene Firmenwert (10 T€) einer anteiligen Abwertung in Höhe von 10 T€ (= 5 / 30 · (50 + 10)) zu unterziehen.

Unter Berücksichtigung dieses kompensatorischen Effekts steigt der Equity-Buchwert der Beteiligung an der Big Boss AG um insgesamt 15 T€ auf nunmehr 375 T€ an. Es bestehen in Ermangelung eindeutiger Vorgaben zwei Möglichkeiten, diesen Nettoeffekt auf Seiten der Liquid AG zu verbuchen:

GuV-wirksame Erfassung (Variante (a)):[30]

Anteile an assoziierten Unternehmen	*15 T€*	*an*	*Ergebnis aus at equity bewerteten Beteiligungen*	*15 T€*

GuV-neutrale Erfassung (Variante (b)):

Anteile an assoziierten Unternehmen	*15 T€*	*an*	*Kapitalrücklage*	*15 T€*

Beendigung der Equity-Methode

Die Equity-Bewertung ist zu beenden, sofern die Möglichkeit zur Ausübung eines signifikanten Einflusses bzw. einer gemeinschaftlichen Führung nicht mehr gegeben ist (IAS 28.9; IAS 28.22). Dies ist der Fall, wenn

30 Vgl. so auch IFRIC, Update July 2013, S. 9.

- die entsprechenden Anteile vollständig veräußert wurden,
- die notwendigen Voraussetzungen des IFRS 5 zur (Um-)Qualifizierung als „zur Veräußerung gehalten“ (held-for-sale) kumulativ erfüllt sind, oder
- der bisherige Status als assoziiertes bzw. Gemeinschaftsunternehmen, z.B. aufgrund von Kapitaltransaktionen, die mit Änderungen der Beteiligungsquote verbunden sind, verloren geht.

Veräußerung sämtlicher Anteile

Werden Anteile an einem assoziierten bzw. Gemeinschaftsunternehmen vollständig veräußert, so ist der Equity-Wert auszubuchen. Hierbei ist der aus Konzernsicht realisierte Veräußerungserfolg zu ermitteln, der sich aus dem Vergleich von erzieltem Veräußerungserlös und fortgeführtem Equity-Buchwert ergibt. Der sich aus der Differenz von Veräußerungserlös und Buchwertabgang ergebende Abgangserfolg ist in der Gesamtergebnisrechnung als Teil des Finanzergebnisses auszuweisen. Mit IAS 28.22(c) i.V.m. IAS 28.25 wird in einem zweiten Schritt festgelegt, dass bei einer at equity bewerteten Beteiligung ursprünglich GuV-neutral verbuchte Beträge so aufzulösen sind, wie dies bei einem direkten Abgang der betreffenden Bilanzposition(en) hätte erfolgen müssen.

IFRS 5

Soll eine Equity-Beteiligung veräußert werden und damit in den Anwendungsbereich des IFRS 5 (vgl. Kapitel 23) fallen (IAS 28.20), so ist die Equity-Bewertung zwar ebenfalls einzustellen, indes mit der Folge, die Beteiligung fortan bis zu ihrer Veräußerung mit dem niedrigeren Wert aus (Equity-)Buchwert und Nettoveräußerungswert (fair value less costs of disposal) bewerten zu müssen.

Übergangskonsolidierung mit Aufwärtswechsel

Ein Erwerb weiterer Eigenkapitalanteile an betreffendem Beteiligungsunternehmen kann dazu führen, dass es aufgrund der Erlangung einer Beherrschungsmöglichkeit als Tochterunternehmen vollständig zu konsolidieren ist. In diesem – seitens des IASB als *significant economic event* gewerteten – Fall wird eine sog. Übergangskonsolidierung erforderlich (IAS 28.22(a)). Danach sind die ursprünglich vom Investor gehaltenen Anteile zum Zeitpunkt des Beherrschungsübergangs stets zum beizulegenden Zeitwert zu bewerten (IFRS 3.42) und auf dieser Wertbasis als Bestandteil des Kaufpreises zu berücksichtigen (IFRS 3.32(iii)). Bilanzierungstechnisch wird bei einem solchen sukzessiven Unternehmenserwerb (vgl. Kapitel 21) eine Erlangung der Verfügungsmacht gegen Barzahlung für die neuen Anteile und den Tausch der Altanteile zum beizulegenden Zeitwert unterstellt.[31] Weicht der beizulegende Zeitwert der Altanteile zum Erwerbszeitpunkt vom bisherigen Wertansatz ab, so ist dieser Differenzbetrag GuV-wirksam zu erfassen.

Praxisbeispiel

Als prominentes Beispiel für solch eine Übergangskonsolidierung mit Aufwärtswechsel lässt sich der Volkswagen-Konzern anführen: So bilanzierte die VW AG die damalige Porsche Holding, Stuttgart, in Übereinstimmung mit IAS 31.30 (a.F.) als Gemeinschaftsunternehmen at equity. Mit Erlangung der Beherrschungsmacht wurden die bis dato nach Maßgabe der Equity-Methode bewerteten (Alt-)Anteile an der Porsche Holding mit 12.566 Mio. € neubewertet. Unter Berücksichtigung der Realisation GuV-neutral im Eigenkapital er-

31 Vgl. *Lüdenbach/Hoffmann/Freiberg*, Haufe IFRS-Kommentar, § 31, Rz. 168.

fasster Beträge ergab sich aus dem Übergang zur Vollkonsolidierung ein buchhalterischer, nicht zahlungswirksamer Ertrag von 10.399 Mio. €, der seinerseits wiederum im „Ergebnis aus at equity bewerteten Anteilen" erfasst wurde und nahezu 47 % des Konzernergebnisses (nach Steuern) ausmachte.[32]

Erhält dagegen eine bislang als assoziiertes Unternehmen bilanzierte Beteiligung durch bspw. den Zukauf weiterer Anteile den Status eines Gemeinschaftsunternehmens, ist die Anwendung der Equity-Methode beizubehalten (IAS 28.24).

Übergangskonsolidierung mit Abwärtswechsel

Ebenso wie bei einem Kontrollverlust (vgl. Kapitel 21) sind auch im Falle des Verlusts eines nur maßgeblichen Einflusses bzw. einer gemeinschaftlichen Führung die verbleibenden Anteile zum beizulegenden Zeitwert (fair value) zu bewerten (IAS 28.22(b)). Dadurch schlägt sich der Übergang von der Equity-Methode auf die dann gebotene Bewertung als Finanzinvestition i.S.d. IFRS 9 GuV-wirksam nieder. Hierfür sind zunächst sämtliche Anteile unter Berücksichtigung der Vorschrift des IAS 28.22(c) auszubuchen. Sodann ist der verbleibende Anteil GuV-wirksam neu zu bewerten. Eine davon abweichende Behandlung ergibt sich schließlich, wenn eine zuvor als Gemeinschaftsunternehmen klassifizierte Vereinbarung zu einem assoziierten Unternehmen wird (et vice versa). Dann wäre die Anwendung der Equity-Methode beizubehalten (IAS 28.24 f.).[33]

3.3 Ausweis- und Angabepflichten

Ausweis

Gemäß IAS 1.54(e) i.V.m. IAS 28.15 sind nach der Equity-Methode bewertete Anteile in der Bilanz in einem gesonderten Posten auszuweisen. Ein separater Ausweis ist auch für die GuV-wirksam (IAS 1.82(c)) sowie GuV-neutral zu erfassenden Fortschreibungskomponenten vorgeschrieben. Für Erstere ist nicht explizit vorgegeben, ob der Gewinn- bzw. Verlustanteil inner- oder außerhalb des operativen Ergebnisses auszuweisen ist. Letztere sind gemäß IAS 1.82A(b) i.V.m. IAS 1.IG6 danach zu differenzieren, ob sie bei Eintritt der entsprechenden Voraussetzungen nach IAS 1.93 als *reclassification adjustment* GuV-wirksam umzugliedern sind oder nicht.

Anhangangaben

Über die originären Angabepflichten des IAS 1, IAS 8 und IAS 24 hinaus finden sich die für assoziierte Unternehmen maßgebenden Berichterstattungspflichten

32 Vgl. Geschäftsbericht (2012) der Volkswagen AG, S. 262 f. Derlei (einmalige) Sondereffekte sind angesichts des obligatorischen GuV-Ausweises wiederholt auf Kritik gestoßen. Wenngleich das IASB ganz offenkundig gewillt ist, an eben diesem Grundprinzip festzuhalten, wird gleichwohl erwogen, derartige Ergebniskomponenten künftig deutlicher hervorzuheben bzw. gesondert auszuweisen oder aber in Gänze im „sonstigen Ergebnis" (OCI) zu erfassen; vgl. IASB, Post-implementation Review of IFRS 3, June 2015, S. 24.

33 Bezüglich weiterer Fragen und Probleme die Übergangskonsolidierung betreffend, vgl. grundlegend *Hayn*, Beck'sches IFRS-Handbuch, § 37 (m.w.N.); *Küting, K./Seel, C./Strauß, M.*, Die Änderung der Beteiligungshöhe als konsolidierungstechnisches Problem, in: IRZ, 6. Jg. (2011), S. 175-183.

(ebenso) allesamt in IFRS 12.7 ff. Danach gilt es zunächst diejenigen Ermessensentscheidungen und Prämissen darzulegen, die letztlich der Beurteilung hinsichtlich eines etwaigen (Nicht-)Innehabens eines maßgeblichen Einflusses zugrunde lagen (IFRS 12.9(d) f.). Ferner sind mit Blick auf *jedes* als *wesentlich* zu erachtende Assoziierungsverhältnis mitunter preiszugeben:

- Charakter, Umfang sowie finanzielle Auswirkungen von Anteilen an assoziierten Unternehmen (IFRS 12.20(a));
- Name, Form der Beziehung, Hauptgeschäftssitz, Beteiligungsquote sowie, falls divergierend, auch der Stimmrechtsanteil (IFRS 12.21(a));
- dessen methodische Erfassung, d.h. ob die Bewertung von Anteilen an einem assoziierten Unternehmen at equity oder ausnahmsweise zum beizulegenden Zeitwert erfolgt ist (IFRS 12.21(b));
- die Verwendung von ggf. abweichend datierten Abschlüssen (IFRS 12.22(b));
- die Höhe der bedingt durch das Aussetzen der Equity-Methode nicht (mehr) berücksichtigten überschießenden Verluste (kumuliert sowie für die jeweilige Berichtsperiode) (IFRS 12.22(c));
- gegenüber einem assoziierten Unternehmen bestehende Verpflichtungen, sei es in Form bloßer Eventualschulden (i.S.d. IAS 37) oder in Gestalt von Liquiditäts- bzw. anderen Finanzierungszusagen (IFRS 12.23; IFRS 12.B18 f.).

Bilanzanalytische Auswirkungen

Ob und inwieweit ein Unternehmen im Konzernabschluss eine quotale Einbeziehung erfährt oder letztlich at equity zu bewerten ist, richtet sich jeweils nach den ermessensbehafteten Vorgaben der dafür einschlägigen Standards IAS 28 und IFRS 11. Wie dargelegt, sind diese beiden Bilanzierungsmethoden konzeptionell grundverschieden. Während bei einer quotalen Einbeziehung die einzelnen Vermögenswerte und Schulden in der Konzernbilanz anteilig Berücksichtigung finden, wird bei der Equity-Bewertung lediglich eine aggregierte – den jeweiligen Anteil am Nettovermögen dieses Unternehmens widerspiegelnde – Beteiligung ausgewiesen. In der (Gesamt-)Ergebnisrechnung führt eine quotale Einbeziehung – korrespondierend zur Darstellung in der Bilanz – zu einer anteiligen Übernahme der betreffenden Aufwendungen und Erträge, wohingegen es bei der Equity-Methode jene Ergebnisbestandteile saldiert in einem gesonderten Posten, dem Beteiligungsergebnis, zu erfassen gilt. Vergleichbares ergibt sich bei der Kapitalflussrechnung.[34]

34 Vgl. zu den wesentlichen Unterschieden, die sich im Vergleich zur Equity-Methode bei einer quotalen Einbeziehung hinsichtlich der Darstellung der Vermögens-, Finanz- und Ertragslage ergeben *Seel, C.*, Joint Ventures in der Konzernrechnungslegung nach IFRS und HGB, Berlin 2013, S. 326 f., m.w.N.

4 Wesentliche Unterschiede zum IFRS for SMEs

(Zusätzliche) Bewertungsoptionen

Nach den IFRS for SMEs basiert die Abbildung von Gemeinschaftsunternehmen – nach wie vor – auf der durch IFRS 11 abgelösten Bilanzierungskonzeption des IAS 31 (a.F.). Daher besteht zwischen den „full IFRS“ und den IFRS for SMEs keine Deckungsgleichheit mehr. Entsprechend beinhaltet Letzterer gegenüber IFRS 11 weiterreichende Wahlrechte zur Bilanzierung von Anteilen an Gemeinschaftsunternehmen (IFRS-SME.15) sowie assoziierten Unternehmen (IFRS-SME.14). Nach IFRS-SME.15.9 bzw. 14.4 sind Anteile an Gemeinschafts- sowie assoziierten Unternehmen im IFRS-Konzernabschluss entweder zu (fortgeführten) Anschaffungskosten, zum beizulegenden Zeitwert oder at equity (IFRS-SME.15.13; IFRS-SME.14.8) zu bewerten. Dieses umfassende Wahlrecht ist allerdings auf Anteile beschränkt, für die keine öffentliche Kursnotierung verfügbar ist. Handelt es sich dagegen um börsennotierte Anteile, so sind diese zwingend zum beizulegenden Zeitwert zu bilanzieren (IFRS-SME.15.12; IFRS-SME 14.7). Darüber hinaus wird in IFRS-SME.15.15 bzw. IFRS-SME.14.10 (explizit) betont, dass Anteile, deren beizulegender Zeitwert nur unter Inkaufnahme unangemessen hoher Kosten verlässlich bestimmt werden kann, zu Anschaffungskosten folgezubewerten sind.

Bewertung zum beizulegenden Zeitwert

Werden Anteile an assoziierten bzw. Gemeinschaftsunternehmen zum beizulegenden Zeitwert bewertet, sind entsprechende Wertänderungen GuV-wirksam zu erfassen (IFRS-SME.15.15; IFRS-SME.14.10).

Keine Quotenkonsolidierung

Unzulässig ist die in IAS 31.38 (a.F.) noch vorgesehene, derweil aber (auch) nach IFRS 11 nicht mehr zulässige Bilanzierung der Anteile an Gemeinschaftsunternehmen nach Maßgabe der Quotenkonsolidierung.

Stetige Wahlrechtsausübung

Um die aus den beschriebenen Wahlrechten resultierenden Bilanzierungsspielräume einzuschränken, wird in IFRS-SME.15.9 bzw. IFRS-SME.14.4 postuliert, dass die Wahlrechtsausübung sowohl für alle assoziierten als auch alle Gemeinschaftsunternehmen jeweils einheitlich zu erfolgen hat. Der Investor muss sich entscheiden, ob er sämtliche Anteile an assoziierten bzw. Gemeinschaftsunternehmen at equity oder GuV-wirksam zum beizulegenden Zeitwert (bzw. ersatzweise zu Anschaffungskosten) bilanzieren möchte.

5 Wesentliche Unterschiede zum HGB

Gemeinschaftsunternehmen

Im deutschen Handelsrecht sind die Regelungen zur Bilanzierung von Gemeinschaftsunternehmen in § 310 HGB kodifiziert. Hinsichtlich der Abgrenzung solcher Unternehmensverbindungen unterscheiden sich die Vorgaben nach IFRS und HGB grundlegend. Innerhalb der IFRS setzt deren bilanzielle Erfassung an den jeweiligen Rechten und Pflichten der Beteiligungsinhaber an. Für die Bilanzierung nach HGB wird die Existenz eines Unternehmens bzw. einer rechtlich selbständigen Einheit vorausgesetzt. Damit ein entsprechendes Gemeinschaftsunternehmen vorliegt, muss dieses von mindestens einem Konzernunternehmen sowie einem oder mehreren konzernfremden Partnerunternehmen gemeinschaftlich geführt werden, ohne dass es dazu jedoch zwingend einer gesonderten, vertraglichen Abrede bedarf. Liegt ein Gemeinschaftsunternehmen nach HGB vor, wird dem bilanzierenden Partnerunternehmen mit § 310 Abs. 1 HGB die Möglichkeit eröffnet, dieses anteilmäßig in den HGB-Konzernabschluss einzubeziehen (Quotenkonsolidierung). Alternativ hat die Bewertung der Beteiligung grundsätzlich nach der Equity-Methode zu erfolgen (§ 312 HGB).

Faktische Einflussnahme

Im Gegensatz zu IFRS 11 handelt es sich bei einer gemeinschaftlichen Führung i.S.d. § 310 Abs. 1 HGB um ein faktisches Verhältnis. Die bloße Möglichkeit mehrerer Parteien, gemeinsam Beherrschung auszuüben, genügt insoweit nicht. Vielmehr haben die Parteien ihren Einfluss tatsächlich geltend zu machen. Das „Fehlen oder die völlige Passivität“[35] von Partnerunternehmen ist in diesem Sinne nach handelsrechtlichem Verständnis nicht als gemeinschaftliche Führung zu werten.

Technik der Quotenkonsolidierung

Die Technik der Quotenkonsolidierung entspricht im Grundsatz den für die Vollkonsolidierung jeweils maßgebenden Regelungen (vgl. auch Kapitel 21). Dabei werden jedoch die auf konzernfremde Dritte entfallenden Anteile an den anteilmäßig zu konsolidierenden Vermögensgegenständen und Schulden nicht mit in die Konzernbilanz übernommen. Die gebotene Aufdeckung stiller Reserven und Lasten hat stets nur im Umfang entsprechend der Anteilsquote zu erfolgen, auch wenn durch diese Neubewertung ein passivischer Unterschiedsbetrag entsteht oder sich erhöht. Potenziell verbleibende passivische Unterschiedsbeträge sowie Geschäfts- oder Firmenwerte sind gemäß § 309 HGB zu behandeln. Zugleich sind auch alle anderen konzerninternen Beziehungen anteilig, ggf. unter Berücksichtigung latenter Steuern, zu eliminieren (DRS 27.30). Dies gilt für die Zwischenergebniseliminierung, Schulden- sowie Aufwands- und Ertragskonsolidierung gleichermaßen (§ 310 Abs. 2 HGB).

Assoziierte Unternehmen

Die Rechtsgrundlagen für die Equity-Bewertung von Anteilen an assoziierten Unternehmen finden sich im deutschen Handelsrecht in den §§ 311 f. HGB. Ein Assoziierungsverhältnis wird auch nach HGB durch einen maßgeblichen Einfluss auf die Finanz- und Geschäftspolitik eines Beteiligungsunternehmens geprägt. Ebenso wie im Falle von Gemeinschaftsunternehmen muss ein solcher Einfluss, der ab 20 % der Stimmrechte widerlegbar vermutet wird, tatsächlich ausgeübt werden (§ 311 Abs. 1 HGB; DRS 26.15 ff.). Die bloße Möglichkeit, einen maßgeblichen Einfluss ausüben zu können, begründet nach HGB noch kein Assoziierungsverhältnis.

Technik der Equity-Methode

Die Vorgehensweise bei der Equity-Methode entspricht im Grundsatz weitgehend der nach IAS 28, wenngleich einige Unterschiede verbleiben. Zwar wurde mit DRS 26.36 die bislang gemäß DRS 8.19 vorgeschriebene Begrenzung der Aufdeckung stiller Reserven und Lasten auf den Unterschiedsbetrag zwischen den Anschaffungskosten der Beteiligung an betreffendem assoziierten bzw. Gemeinschaftsunternehmen und dem anteiligen bilanziellen Eigenkapital dieses Unter-

35 *Busse von Colbe et al.*, Konzernabschlüsse, S. 495.

nehmens aufgegeben.[36] Allerdings bedeutet dies – anders als in IAS 28.32 – nicht, dass beim erstmaligen Ansatz der at equity zu bewertenden Anteile die Anschaffungskosten überschritten werden dürfen; vielmehr findet die Aufgabe der Anschaffungskostenrestriktion in der Nebenrechnung zur Equity-Bewertung gemäß DRS 26.47 statt, in der die bei der Kaufpreisallokation identifizierten stillen Reserven und Lasten sowie der ermittelte Geschäfts- oder Firmenwert bzw. passivische Unterschiedsbetrag zu dokumentieren und in der Folge zugunsten bzw. zu Lasten des Equity-Werts wie auch des Ergebnisses aus at equity bewerteten Beteiligungen aufzulösen sind. Insofern ist bei der erstmaligen Kapitalaufrechnung in der (internen) Nebenrechnung eine vollumfängliche (anteilige) Aufdeckung stiller Reserven (abzüglich anteiliger stiller Lasten) vorzunehmen, mit der Konsequenz, dass dadurch ein ursprünglich aktivischer durchaus in einen passivischen Unterschiedsbetrag umschlagen kann. Schließlich ist die Auflösung jener stiller Reserven und Lasten ebenso wie die eines etwaigen passivischen Unterschiedsbetrags Bestandteil der Folgebewertung (DRS 26.36), sodass darin kein Verstoß gegen das Anschaffungswertprinzip gemäß § 298 i.V.m. § 253 Abs. 1 Satz 1 HGB (mehr) gesehen werden kann.[37]

Geschäfts- oder Firmenwert

Ein sich aus der Kapitalaufrechnung ergebender Geschäfts- oder Firmenwert ist gemäß § 309 Abs. 1 HGB zu behandeln. Somit ist dieser planmäßig über seine voraussichtliche wirtschaftliche Nutzungsdauer abzuschreiben. Dagegen sehen die IFRS ein explizites Verbot zur (außer-)planmäßigen Wertkorrektur des im Beteiligungsbuchwert einer Equity-Beteiligung implizit enthaltenen Firmenwerts vor.

Zwischenergebniseliminierung

Auch nach HGB existiert die, ökonomisch wenig begründbare, Pflicht, Zwischenerfolge anteilig zu eliminieren. Dies gilt nach § 312 Abs. 5 Satz 3 HGB jedoch nur insoweit, als die für die „Beurteilung maßgeblichen Sachverhalte bekannt oder zugänglich“ sind.

Latente Steuern

Hinsichtlich der latenten Steuern im Rahmen der Equity-Bilanzierung gilt nach § 312 Abs. 5 Satz 3 HGB eine äquivalente Vorgehensweise wie nach IFRS. Auf § 306 Satz 4 HGB sei an dieser Stelle verwiesen.

Ausgewählte Literatur

Böckem, H./Röhricht, V., Joint Operation oder Joint Venture? – zur praktischen Umsetzung der Klassifizierungsvorgaben für Joint Arrangements nach IFRS 11, in: WPg, 67. Jg. (2014), S. 1032-1041.

Busse von Colbe, W., Zum Bilanzansatz von Beteiligungen, in: ZfbF, 24. Jg. (1972), S. 145-157.

Höfner, S., Gemeinschaftliche Vereinbarungen nach IFRS 11, Berlin 2017.

Küting, K./Höfner, S., Die konsolidierungstechnische Behandlung des Status-

36 Vgl. kritisch dazu *Haaker, A.*, in: StuB, 20. Jg. (2018), S. I; überdies *Wollmert, P.*, in: IDW (Hrsg.), WP-Handbuch, 16. Aufl., Düsseldorf 2019, Tz. G 626.

37 Vgl. im Übrigen *Pellens/Fülbier*, MünchKommHGB, § 312 HGB, Tz. 34 ff., m.w.N.

wechsels eines Gemeinschaftsunternehmens zum assoziierten Unternehmen, in: KoR, 13. Jg. (2013), S. 88-97.

Küting, K./Weber, C.-P./Gattung, A., Beendigung der Behandlung von Anteilen nach der Equity-Methode im IFRS-Konzernabschluss: die partielle Endkonsolidierung, in: WPg, 59. Jg. (2006), S. 657-664.

Leitner-Hanetseder, S./Stockinger, M., How does the Elimination of the proportionate Consolidation Method for Joint Venture Investments influence European Companies?, in: Journal of Finance and Risk Perspectives, Vol. 3, Issue 1 (2014), S. 1-18.

Schild, M., Zur Binnendifferenzierung gemeinschaftlich geführter Gesellschaften im internationalen Rechnungslegungsrecht, in: BFuP, 72. Jg. (2020), S. 341-362.

Schild, M., Bündelung mehrerer gemeinsamer Vereinbarungen innerhalb eines separaten Vehikels, in: KoR, 16. Jg. (2016), S. 493-500.

Seel, C., Joint Ventures in der Konzernrechnungslegung nach IFRS und HGB, Berlin 2013.

Streichenberg, U./Vögele, O., Gemeinschaftliche Tätigkeiten nach IFRS 11: Ansatz, Klassifizierung und Konsolidierungstechniken, in: IRZ, 12. Jg. (2017), S. 361-367.

Weber, C.-P./Küting, P./Seel, C./Höfner, S., Die bilanzielle Abbildung von gemeinschaftlichen Tätigkeiten bei divergierenden Quoten – ein lösbares Problem?, in: KoR, 14. Jg. (2014), S. 241-248.

Wolf, R. P., IFRS 11 und 12 – Fluch oder Segen für die Finanzberichterstattung der Kooperationspartner? – Erste Ergebnisse aus der Analyse der Eigenkapitalkostenentwicklung der Unternehmen des deutschen Prime Standards, Arbeitspapier (Nr. 179) des Instituts für Genossenschaftswesen der Westfälischen Wilhelms-Universität Münster, Münster 2018.

Zülch, H./Popp, M./Teuteberg, T., Die Bilanzierung von Beteiligungen an assoziierten Unternehmen sowie Gemeinschaftsunternehmen auf der Basis des überarbeiteten IAS 28 – Implikationen der Neuerungen für die Bilanzierungspraxis, in: WPg, 67. Jg. (2014), S. 34-41.

Übungsaufgaben

Aufgabe 1:

a) Skizzieren Sie die Grundidee sowie die Anwendungsvoraussetzungen des für die Bilanzierung gemeinsamer Vereinbarungen einschlägigen IFRS 11. Zeigen Sie die wesentlichen Unterschiede zum HGB auf!

b) Zum 01.01.2021 wird die G AG, ein Hersteller von Öl-Pipelines, im Zuge eines Share Deal von der X, Y und Z AG zu jeweils 33 ⅓ % erworben. Im Rahmen der vertraglichen Verhandlungen wurde im Voraus festgelegt, dass alle drei Unternehmen als gleichberechtigte Partner gelten, die ihrerseits die G AG gemeinschaftlich führen sollen. Die X AG hat zum 01.01.2021 einen Konzernabschluss nach den IFRS aufzustellen. Zeigen Sie unter Berücksichtigung nachstehender Informationen auf, wie die G AG zum 01.01.2021 in den Konzernabschluss der X AG einzubeziehen ist:

- Im Zeitpunkt des Erwerbs der Beteiligung weist die G AG ein gezeichnetes Kapital in Höhe von 90 Mio. € sowie Rücklagen in Höhe von 48 Mio. € auf.
- Der Wert der übertragenen Gegenleistung (= Anschaffungskosten) für besagte Beteiligung (33⅓ %) betrug 60 Mio. €.
- Grundstücke und Maschinen weisen zum Zeitpunkt des Beteiligungserwerbs stille Reserven in Höhe von 20 Mio. € bzw. 10 Mio. € auf. Die Restnutzungsdauer der Maschinen wurde mit 5 Jahren veranschlagt.
- Alle drei Parteien haben die gesamte Produktion abzunehmen; ein Verkauf an kooperationsfremde Dritte ist ausdrücklich untersagt. Die Verkaufspreise sind so festgelegt, dass die G AG gerade ihre Kosten deckt.
- Es sind keine von der gesellschaftsvertraglichen Beteiligungsquote abweichenden Abnahmequoten vereinbart.
- Der kombinierte Ertragsteuersatz betrage 30 %.
- Latente Steuern sind zu berücksichtigen.

Bilanz (01.01.2021)	**X AG (in: T€)**	**G AG (in: T€)**
Grundstücke	170.000	120.000
Maschinen	131.000	93.000
Beteiligungen	80.000	–
Forderungen	18.000	15.000
Vorräte	30.000	21.000
Sonstige Aktiva	30.000	30.000
Summe Aktiva	459.000	279.000
Gezeichnetes Kapital	150.000	90.000
Rücklagen	109.000	48.000
Jahresüberschuss	–	–
Verbindlichkeiten	170.000	126.000
Sonstige Passiva	30.000	15.000
Summe Passiva	459.000	279.000

c) Führen Sie nun unter Berücksichtigung nachfolgender Informationen die Folgekonsolidierung zum 31.12.2021 durch!

- Die X AG übertrug der G AG während des Geschäftsjahrs 2021 ein Grundstück im Gesamtwert von 9 Mio. €. Hierin sei annahmegemäß ein Zwischengewinn in Höhe von 3 Mio. € enthalten.
- Ferner hat die X AG der G AG zu Anfang des Berichtsjahrs einen Kredit in Höhe von 9 Mio. € gewährt, wobei der Ausgabe- dem Rückzahlungsbetrag entspricht. Die Rückzahlung hat am Ende der Laufzeit von 5 Jahren zu erfolgen. Der diesem Geschäftsvorfall zugrunde liegende Zinssatz beträgt 5 %.
- Der nach Maßgabe des IAS 36 durchzuführende Werthaltigkeitstest für den aus diesem Beteiligungserwerb stammenden Geschäfts- oder Firmenwert zog keinen Wertberichtigungsbedarf nach sich.

Bilanz (31.12.2021)	X AG (in: T€)	G AG (in: T€)
Grundstücke	164.000	129.000
Maschinen	131.000	90.000
Beteiligungen	80.000	–
Forderungen	25.000	24.000
Forderungen ggü. G AG	9.000	–
Vorräte	25.000	15.000
Sonstige Aktiva	35.000	27.000
Summe Aktiva	469.000	285.000
Gezeichnetes Kapital	150.000	90.000
Rücklagen	100.000	48.000
Jahresüberschuss	15.000	7.200
Verbindlichkeiten	125.000	90.000
Verb. ggü. X AG	–	9.000
Sonstige Passiva	79.000	40.800
Summe Passiva	469.000	285.000

Gesamtergebnisrechnung (01.01. – 31.12.2021)	X AG (in: T€)	G AG (in: T€)
Umsatzerlöse	100.000	60.000
Herstellungskosten des Umsatzes	75.000	45.000
Vertriebskosten	2.500	1.800
Verwaltungskosten	1.000	1.200
Sonstige betriebliche Erträge	12.700	2.250
Sonstige Aufwendungen	9.000	2.100
Zinserträge	1.800	1.200
Zinsaufwendungen	2.000	1.350
Ertragsteuern	10.000	4.800
Jahresüberschuss	15.000	7.200

d) Wie wäre vorstehender Sachverhalt zu würdigen, wäre die G AG berechtigt, ihren generierten Output auch in einem wesentlichen Umfang an kooperationsfremde Dritte zu veräußern?

Aufgabe 2:

a) Erläutern Sie die Grundidee sowie die Anwendungsvoraussetzungen der Equity-Bewertung i.S.d. IAS 28. Zeigen Sie ferner die wesentlichen Unterschiede zum HGB auf!

b) Die nach IFRS bilanzierende Matrix AG hat am 01.01.2021 30 % der Anteile an der Zion AG zu einem Kaufpreis von 3.000 T€ erworben. Skizzieren Sie die Vorgehensweise bei der Ermittlung des Beteiligungsbuchwerts der Zion AG als assoziiertem Unternehmen im konsolidierten Abschluss der Matrix AG im

Erwerbs- wie auch im Folgejahr! Mit welchem Wert ist die Beteiligung an der Zion AG zum 31.12.2021 auszuweisen? Begründen Sie Ihr Vorgehen unter Berücksichtigung nachstehender Informationen:

- Gezeichnetes Kapital: 2.000 T€;
- Rücklagen: 2.900 T€;
- Stille Reserven in den Grundstücken von 2.000 T€ sowie in den Maschinen (Nutzungsdauer: 5 Jahre) von 1.000 T€;
- Jahresüberschuss zum 31.12.2021: 100 T€; Bilanzgewinn: 80 T€.
- Latente Steuern sind zu vernachlässigen!

Im Jahre 2022 wird der Bilanzgewinn des zurückliegenden Geschäftsjahrs mit der beschlossenen Quote von 50 % ausgeschüttet; am Jahresende verbucht die Zion AG einen Jahresfehlbetrag in Höhe von 500 T€. Welche (buchungstechnischen) Konsequenzen erwachsen daraus für die Equity-Fortschreibung zum 31.12.2022, wenn ferner unterstellt wird, dass sich der aktuelle Marktwert der Zion AG zu jenem Zeitpunkt auf insgesamt 9.000 T€ beläuft?

Aufgabe 3:

Die Captiva AG erwirbt am 01.01.2021 eine 25 %-ige Beteiligung an der Sanibel AG zu einem Preis von 5 Mio. €. Die Captiva AG übt einen maßgeblichen Einfluss auf die Finanz- und Geschäftspolitik der Sanibel AG aus und erhofft sich von dieser Beteiligung die (mittelfristige) Sicherung der eigenen Marktposition für die nächsten 3 Jahre.

Zum Zeitpunkt des Erwerbs betragen das gezeichnete Kapital der Sanibel AG 3 Mio. €, die Kapitalrücklage 4 Mio. € sowie die Gewinnrücklagen 9 Mio. €. Die Sanibel AG besitzt Maschinen, deren Tageswerte um 800 T€ über den Buchwerten liegen und linear über eine Restnutzungsdauer von 4 Jahren abgeschrieben werden. Die Gebäude weisen ihrerseits stille Reserven in Höhe von 2 Mio. € auf (Restnutzungsdauer: 10 Jahre).

Von dem während des Geschäftsjahrs 2021 erwirtschafteten Jahresüberschuss in Höhe von 1 Mio. € werden am 31.12.2021 auf Beschluss der Hauptversammlung 40 % in die Gewinnrücklagen (retained earnings) eingestellt; der verbleibende Rest des (Bilanz-)Gewinns wird Mitte 2022 ausgeschüttet. Im Geschäftsjahr 2022 dagegen verzeichnet die Sanibel AG nur einen Jahresüberschuss in Höhe von 400 T€, der wiederum im darauffolgenden Jahr 2023 zu 50 % an die Aktionäre ausgekehrt wird. In eben diesem Jahr (2023) hat die Sanibel AG erstmalig einen Jahresfehlbetrag in Höhe von 100 T€ hinzunehmen. Des Weiteren sei davon auszugehen, dass die Sanibel AG der Captiva AG im Herbst dieses Berichtszeitraums unverarbeitete Erzeugnisse mit einem Zwischenverlust in Höhe von 16 T€ liefert(e).

Ermitteln Sie den Wertansatz der (Equity-)Beteiligung an der Sanibel AG gemäß den Regelungen des IAS 28 für die Konzernabschlüsse der Captiva AG zum 31.12.2021, 31.12.2022 und 31.12.2023. Erläutern Sie in diesem Zusammenhang kurz Ihre Vorgehensweise! Latente Steuern sind zu vernachlässigen!

Kapitel 23 Zur Veräußerung gehaltene langfristige Vermögenswerte und aufgegebene Geschäftsbereiche

Konzernstrukturen sind ständigen Veränderungen unterworfen. Unternehmensteile werden nicht nur erworben, sondern auch (wieder) veräußert. Aufgrund ihrer Komplexität können sich solche Veräußerungsprozesse manchmal über Jahre erstrecken und nehmen dabei Einfluss auf die Vermögens-, Finanz- und Ertragslage von Konzernen.

Der deutsche Stahlkonzern thyssenkrupp hat beispielsweise im Februar 2020 eine Vereinbarung zum Verkauf seines Aufzuggeschäfts Elevator Technology unterzeichnet. Die Veräußerung an das Konsortium der Private-Equity-Firmen Advent International und Cinven wurde im Juli 2020 vollzogen. Diese Transaktion umfasste das gesamte Elevator Technology-Geschäft sowie einzelne Corporate Headquarters-Einheiten. Als unmittelbare Konsequenz wurden diese als „Nicht fortgeführte Aufzugaktivitäten" im Sinne von IFRS 5 als aufgegebener Geschäftsbereich eingestuft. Der Geschäftsbericht 2019/2020 zum 31.09.2020 zeigt die Auswirkungen der Transaktion: Während das Ergebnis aus fortgeführten Aktivitäten -5.541 Mio. € beträgt, liegt das Ergebnis aus nicht fortgeführten Aktivitäten (nämlich im Wesentlichen dem Elevator-Geschäft) bei 15.134 Mio. €. Zum 30.06.2020, also vor Vollzug der Transaktion, wurden die Vermögenswerte und Verbindlichkeiten, die den „nicht fortgeführten Aufzugaktivitäten" zuzurechnen waren, separat zu Buchwerten von 6.761 Mio. € (18,5 % der gesamten Gruppe) bzw. 5.035 Mio. € (14,7 % der gesamten Gruppe) in der Zwischenbilanz ausgewiesen. Im Konzernabschluss zum 31.09.2020 hingegen entfiel der separate Ausweis der auf die Aufzugsparte entfallenden Vermögenswerte und Verbindlichkeiten, da der Verkauf bereits vor dem Stichtag erfolgt war. Allerdings wurden die in der Berichtsperiode bis zur Entkonsolidierung angefallenen Aufwendungen und Erträge der nicht fortgeführten Aufzugaktivitäten gemäß IFRS 5 in der Gewinn- und Verlustrechnung sowie die betroffenen Cashflows in der Kapitalflussrechnung separat erfasst. Auf die nicht fortgeführten Aufzugaktivitäten entfielen im Geschäftsjahr 2019/2020 18,5 % der Umsätze der gesamten Gruppe. Zum Entkonsolidierungszeitpunkt der Aufzugsparte sind letztlich Vermögenswerte und Verbindlichkeiten in Höhe von 6.558 Mio. € bzw. 5.052 Mio. € abgegangen.[1]

Das Beispiel der veräußerten Aufzugsparte von thyssenkrupp verdeutlicht die hohe Relevanz aufgegebener Geschäftsbereiche und ihrer separaten und transparenten Behandlung in der Finanzberichterstattung aus Sicht der Kapitalmarktteilnehmer.

Lernziele „Kennen"

Nach Bearbeitung dieses Kapitels verstehen Sie, warum bestimmte Vermögenswerte und ganze Geschäftsbereiche, die zum Verkauf stehen, gesondert zu bilanzieren sind. Sie kennen die Definitionskriterien nach IFRS 5 für einen langfristigen Vermögenswert, der zur Veräußerung gehalten wird, und für Veräußerungsgruppen. Ebenso wissen Sie, wann Geschäftsbereiche als aufgegeben klassifiziert

1 Vgl. thyssenkrupp Zwischenbericht 2019/2020, S. 31-39 und 45-47 sowie Geschäftsbericht 2019/2020, S. 21-22, 45, 176-179.

werden. Darüber hinaus kennen Sie die daraus resultierenden Bewertungs- und Ausweisvorschriften.

Sie sind in der Lage, die Definitionen und Kriterien des IFRS 5 und die damit einhergehenden Bilanzierungskonsequenzen auf praxisnahe Sachverhalte anzuwenden. Hieraus aufbauend können Sie die IFRS 5-basierten Angaben von Unternehmen interpretieren. Lernziele „Anwenden"

Diese Kenntnisse befähigen Sie, die bilanziellen Folgen einer Veräußerung von Konzernteilbereichen abzuschätzen. Dabei sind Ihnen entsprechende Auswirkungen auf zentrale Finanzkennzahlen sowie entsprechende bilanzpolitische Gestaltungsmöglichkeiten bewusst und Sie können diese im Rahmen der Bilanzanalyse einbeziehen und bewerten. Lernziele „Bewerten & Gestalten"

1 Ziel, Regelungsumfang und Anwendungsbereich von IFRS 5

Relevanter Standard

Der 2004 veröffentlichte und in EU-Recht übernommene IFRS 5 „Zur Veräußerung gehaltene langfristige Vermögenswerte und aufgegebene Geschäftsbereiche" (Non-current Assets held for Sale and Discontinued Operations) war seinerzeit der erste Standard, der aus einem gemeinsamen Konvergenzprojekt von IASB und FASB hervorging. Er gilt verpflichtend seit 2005.

Zielsetzung

Aufgrund stetiger Veränderungen von Konzernstrukturen ist es besonders aus Sicht einer investororientierten Rechnungslegung von Bedeutung, Informationen über Verkaufs- und Stilllegungsmaßnahmen sowie die finanziellen Auswirkungen von nicht mehr fortgeführten Unternehmensteilen bereitzustellen. Hierbei sollen Investoren und Analysten vor allem darüber informiert werden, inwieweit einzelne Posten oder gesamte Unternehmensteile künftig nicht mehr zur Erfolgs- und Cashflowerzielung beitragen werden. Um Fehlschlüsse bei Bilanzanalyse, Prognoserechnung und Unternehmensbewertung zu vermeiden, besteht das Ziel des IFRS 5 darin, die Auswirkungen von nicht fortgeführten Aktivitäten in Jahres- und Konzernabschlüssen durch spezifische Ausweis- und Bewertungsregeln transparent darzulegen.

Regelungsumfang

IFRS 5 enthält, wie in Abbildung 23.1 dargestellt, Vorschriften zur Klassifizierung, zur Bewertung und zum Ausweis einerseits von langfristigen Vermögenswerten, die zur Veräußerung gehalten werden, und von Veräußerungsgruppen sowie andererseits von aufgegebenen Geschäftsbereichen. Da in Abhängigkeit von der jeweiligen Klassifizierung unterschiedliche Bewertungs- und Ausweisvorschriften resultieren, werden diese Begriffe im Abschnitt 2 dieses Kapitels zunächst definiert und voneinander abgegrenzt.

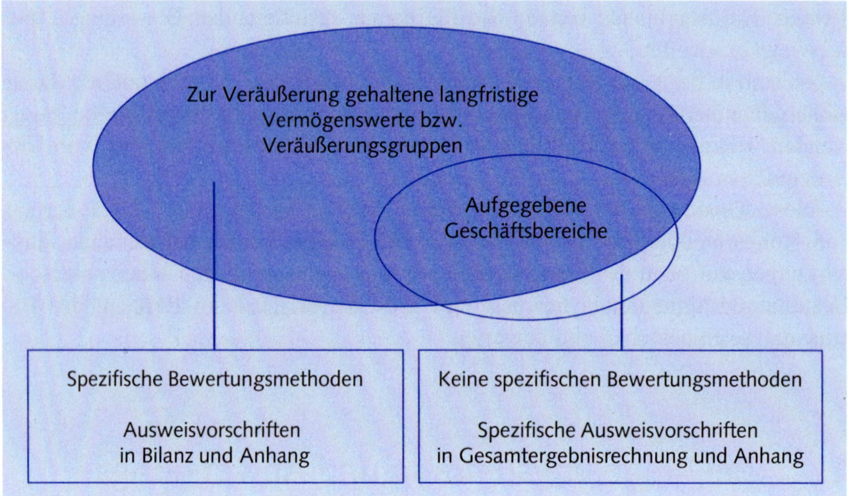

Abb. 23.1: Regelungsbereich von IFRS 5

Anwendungsbereich

Die Klassifizierungs-, Bewertungs- und Ausweisregeln von IFRS 5 gelten für alle bilanzierten langfristigen Vermögenswerte und Veräußerungsgruppen (disposal groups) eines Unternehmens und damit auch für solche, die gemäß IFRS 5.5A als zur Ausschüttung an Eigentümer gehalten eingestuft sind.[2] Die Vorschriften für aufgegebene Geschäftsbereiche (discontinued operations) beschränken sich auf Ausweis und Anhangangaben. Ausnahmen von den Bewertungsvorschriften des IFRS 5 bestehen für Vermögenswerte, die aufgrund anderer Standards GuV-wirksam zum beizulegenden Zeitwert folgebewertet werden (IFRS 5.2 i.V.m. IFRS 5.5).[3]

Verhältnis von IFRS 5 zu anderen Standards

Enthält eine Veräußerungsgruppe mindestens einen Vermögenswert, der in den Anwendungsbereich der Bewertungsvorschriften von IFRS 5 fällt, sind die Bewertungsvorschriften auf die Gruppe als Ganzes anzuwenden (IFRS 5.4). Da eine Vermögensgruppe aus mehreren Vermögenswerten besteht, können zum

2 In diesem Zusammenhang wird deutlich, dass die offizielle Übersetzung „Veräußerungsgruppe" für „disposal group" unzweckmäßig ist. Bei einer Ausschüttung kann von einer Veräußerung keine Rede sein, da ansonsten die Aufnahme der Textziffern IFRS 5.5A, 5.12A sowie 5.15A unnötig gewesen wäre. Zweckmäßiger erscheint daher die u.a. vom IDW gewählte Übersetzung „Abgangsgruppe"; vgl. *IDW* RS HFA 2, Tz. 55. Dennoch wird – um die Nähe zum Standard zu wahren – nachfolgend die Übersetzung „Veräußerungsgruppe" verwendet.

3 Dies betrifft latente Steueransprüche (IAS 12), Leistungen an Arbeitnehmer (IAS 19), Finanzinstrumente (IFRS 9), als Finanzinvestition gehaltene Immobilien (IAS 40) und langfristige Vermögenswerte aus der Landwirtschaft (IAS 41), die zum beizulegenden Zeitwert bewertet werden sowie Versicherungsverträge (IFRS 17, zuvor IFRS 4). Die Ausschlüsse begründet das IASB damit, dass für diese Vermögenswerte eine Bilanzierung zum beizulegenden Zeitwert bereits erfolgt ist sowie Wertänderungen bereits GuV-wirksam verbucht wurden (zur Begründung siehe IFRS 5.BC13 sowie BC48).

Beispiel auch kurzfristige Vermögenswerte und Schulden enthalten sein, welche aber nicht dem Anwendungsbereich von IFRS 5 unterliegen. Ist dies der Fall, werden die Vermögenswerte und Schulden, die nicht unter IFRS 5 fallen, vor der Gesamtbewertung der Veräußerungsgruppe zunächst nach den einschlägigen Standards bewertet (IFRS 5.5). Des Weiteren stellt IFRS 5.5B klar, dass die Ausweisvorschriften des IFRS 5 denen anderer Standards grundsätzlich vorgehen. Von diesem Grundsatz ist jedoch abzuweichen, wenn diese Standards selbst spezielle Ausweisvorschriften in Bezug auf langfristige zur Veräußerung gehaltene Vermögenswerte und Veräußerungsgruppen sowie zum Ausweis aufgegebener Geschäftsbereiche vorsehen. So schreibt beispielsweise IAS 33.68 vor, dass ein Unternehmen, das die Aufgabe eines Geschäftsbereichs anzeigt, dafür sowohl das unverwässerte als auch das verwässerte Ergebnis je Aktie auszuweisen hat.

2 Klassifikation

Für die Klassifikation als zur Veräußerung gehaltene langfristige Vermögenswerte, Veräußerungsgruppen bzw. aufgegebene Geschäftsbereiche gelten die nachfolgenden Definitionen.

Langfristiger Vermögenswert

Für die Klassifizierung langfristiger Vermögenswerte wird zwischen zur Veräußerung gehaltenen langfristigen Vermögenswerte einerseits und Veräußerungsgruppen, die langfristige Vermögenswerte enthalten, andererseits unterschieden. Gemäß IAS 1.66 ist ein Vermögenswert als langfristig einzustufen, wenn keines der folgenden Kriterien vorliegt (Negativabgrenzung):

- Die Realisierung des Vermögenswerts wird innerhalb des normalen Geschäftszyklus erwartet oder der Vermögenswert wird bis zum Verkauf oder Verbrauch innerhalb dieses Zeitraumes gehalten,
- der Vermögenswert wird primär zu Handelszwecken gehalten,
- die Realisierung wird innerhalb von zwölf Monaten nach dem Abschlussstichtag erwartet, oder
- es handelt sich um Zahlungsmittel oder Zahlungsmitteläquivalente gemäß IAS 7.

Klassifikation als zur Veräußerung gehalten

Ein langfristiger Vermögenswert (bzw. eine Veräußerungsgruppe) muss nach IFRS 5.6 als zur Veräußerung gehalten (held for sale) klassifiziert werden, wenn der ausgewiesene Buchwert nicht durch dessen zukünftige Nutzung, sondern überwiegend durch einen Veräußerungsvorgang realisiert werden soll. Dies trifft nur auf Vermögenswerte bzw. Veräußerungsgruppen zu, die in ihrem gegenwärtigen Zustand zu marktüblichen Bedingungen sofort veräußerbar sind und der Veräußerungsvorgang selbst als höchstwahrscheinlich (highly probable) eingestuft werden kann (IFRS 5.7).

Veräußerung höchstwahrscheinlich

Damit eine Veräußerung als höchstwahrscheinlich gilt, nennt IFRS 5.8 Kriterien, die kumulativ erfüllt sein müssen:

- Das zuständige Management hat bereits einen Veräußerungsplan beschlossen sowie aktiv mit der Käufersuche begonnen,
- der angebotene Veräußerungspreis muss in einer angemessenen Relation zum gegenwärtigen beizulegenden Zeitwert des Vermögenswertes bzw. der Veräußerungsgruppe stehen,
- der Veräußerungsvorgang muss innerhalb eines Jahres nach der Klassifizierung als abgeschlossen (completed sale) erwartet werden[4],
- die zur Realisation des Veräußerungsplans notwendigen Maßnahmen müssen darauf schließen lassen, dass sowohl eine wesentliche Änderung als auch eine Aufhebung des zugrunde liegenden Plans unwahrscheinlich sind, und
- die Wahrscheinlichkeit der Genehmigung der Anteilseigner (sofern dies gesetzlich vorgeschrieben ist) steht im Widerspruch dazu, dass der Verkauf eine hohe Eintrittswahrscheinlichkeit hat.

Beispiel 23.1

Die X-AG[5] ist ein breit diversifiziertes Unternehmen. Einer der zahlreichen Geschäftsbereiche ist seit längerer Zeit unprofitabel. Dieser verlustträchtige Geschäftsbereich stellt im IFRS-Konzernabschluss der X-AG ein berichtspflichtiges Segment dar. Die dort generierten Cashflows können eindeutig von den Cashflows des übrigen Unternehmens abgegrenzt werden. Am 11.12.2021 beschließt der Vorstand der X-AG, den Geschäftsbereich innerhalb der nächsten zwölf Monate zu veräußern und beginnt unmittelbar mit der Suche nach einem geeigneten Käufer. Der Vorstand rechnet damit, den Geschäftsbereich zu einem marktüblichen Preis von 10 Mio. € veräußern zu können. Eine Änderung des Veräußerungsplans erscheint unwahrscheinlich. Ist der Geschäftsbereich zum 31.12.2021 als zur Veräußerung gehalten auszuweisen?

Lösung

Der Geschäftsbereich bzw. die diesem zurechenbaren Vermögenswerte und Schulden sind zum 31.12.2021 als zur Veräußerung gehalten zu klassifizieren, da sämtliche Bedingungen gemäß IFRS 5.6-8 zum 11.12.2021 erfüllt sind.

Verlust der Beherrschung

Ein verbindlicher Verkaufsplan, der den Verlust der Beherrschung an einem Tochterunternehmen zur Folge hat, führt dazu, dass sämtliche Vermögenswerte und Schulden dieses Tochterunternehmens als zur Veräußerung gehalten einzustufen sind (IFRS 5.8A), sofern die Kriterien des IFRS 5.6-8 erfüllt sind. Dies gilt unabhängig davon, ob nach dem Verkauf noch eine nichtbeherrschende Beteiligung gehalten wird.

---

4 Ausnahmen von dieser Ein-Jahres-Frist regeln IFRS 5.9 sowie Anhang B zu IFRS 5.

5 Das durchgängig in diesem Kapitel herangezogene Beispiel geht zurück auf eine Fallstudie, die uns freundlicherweise von der KPMG AG Wirtschaftsprüfungsgesellschaft zur Verfügung gestellt wurde.

Wird die Ein-Jahres-First überschritten, ohne dass die geplante Veräußerung tatsächlich erfolgt, so ist gemäß IFRS 5.9 die bisherige Klassifizierung beizubehalten, wenn

Veräußerung nach Ablauf der Ein-Jahres-Frist

- die Ursache der Verzögerung nicht im Einflussbereich des Unternehmen liegt und
- gleichzeitig substantielle Hinweise dafür vorliegen, dass das Unternehmen weiterhin an seinem Veräußerungsplan festhält (IFRS 5.5 i.V.m. Anhang B gibt Hilfestellungen zur Konkretisierung).

Widerspruch zu IAS 1.66

Im Hinblick auf die einjährige Veräußerungsfrist entsteht ein Widerspruch zu den Abgrenzungskriterien nach IAS 1.66 (sowie Anhang A zu IFRS 5). Hiernach gilt ein Vermögenswert, der das Unternehmen innerhalb eines Jahres verlassen soll, als kurz- und nicht als langfristig. Bei einer wortgenauen Auslegung dürften folglich keinerlei langfristige Vermögenswerte nach IFRS 5 als zur Veräußerung gehalten klassifiziert werden. Daher regelt IFRS 5.3, dass ein nach IAS 1.66 als langfristig eingestufter Vermögenswert nicht als kurzfristig umklassifiziert werden darf, wenn (bisher) lediglich das Kriterium der einjährigen Veräußerungsfrist erfüllt ist (zur Begründung siehe BC10). Erst wenn alle Kriterien für eine Einstufung als zur Veräußerung gehalten kumulativ erfüllt sind (IFRS 5.6-8), darf die Umklassifizierung erfolgen. Im Umkehrschluss dazu dürfen nach IFRS 5.11 langfristige Vermögenswerte (bzw. Veräußerungsgruppen), die ausschließlich zum Zweck der Weiterveräußerung erworben wurden, nur dann als zur Veräußerung gehalten klassifiziert werden, wenn die Erfüllung der verbleibenden Kriterien innerhalb eines kurzen Zeitraums (in der Regel drei Monate) erwartet wird.

Veräußerungsgruppe

Eine Veräußerungsgruppe hingegen umfasst nach IFRS 5.4 und Anhang A des IFRS 5 sämtliche Vermögenswerte sowie unmittelbar mit ihnen verbundene Schulden, die in einer einzigen Transaktion gemeinsam verkauft oder auf andere Weise übertragen werden sollen. Eine Veräußerungsgruppe kann also gemäß IFRS 5.4 jede Art von kurz- und/oder langfristigen Vermögenswerten und Schulden des Unternehmens enthalten – und zwar auch solche, für die die Bewertungsvorschriften des IFRS 5 grundsätzlich nicht gelten (IFRS 5.5).[6] Handelt es sich bei der Veräußerungsgruppe um eine zahlungsmittelgenerierende Einheit (ZGE), welcher nach den Vorschriften von IAS 36 „Wertminderung von Vermögenswerten" ein (durch Unternehmenszusammenschluss erworbener) Goodwill zugerechnet wurde (vgl. Kapitel 8), so beinhaltet die Gruppe auch diesen. Gemäß IFRS 5.4 besteht eine Veräußerungsgruppe aus einer einzelnen ZGE, einer Gruppe von ZGE oder aus dem Teil einer ZGE.

Klassifikation als zur Ausschüttung gehalten

Langfristige Vermögenswerte bzw. Veräußerungsgruppen sind gemäß IFRS 5.12A als zur Ausschüttung an Eigentümer gehalten zu klassifizieren, wenn das Unternehmen verpflichtet ist, die Vermögenswerte bzw. Veräußerungsgruppen an die Eigentümer auszuschütten. Davon ist auszugehen, wenn die Vermö-

6 Als Transaktion gilt nach IFRS 5.10 dabei auch der gegenseitige Tausch von langfristigen Vermögenswerten, wenn der Tauschvorgang gemäß IAS 16 „Sachanlagen" wirtschaftliche Substanz aufweist.

genswerte in ihrem gegenwärtigen Zustand zur sofortigen Ausschüttung verfügbar sind und diese Ausschüttung eine hohe Eintrittswahrscheinlichkeit hat.

Erfüllung der Kriterien nach dem Bilanzstichtag

Sofern die Kriterien aus IFRS 5.6-8 erst nach dem Bilanzstichtag erfüllt werden, ist der langfristige Vermögenswert bzw. die entsprechende Veräußerungsgruppe nicht als zur Veräußerung gehalten zu klassifizieren. Werden die Kriterien jedoch nach dem Bilanzstichtag, aber vor Feststellung des Jahresabschlusses erfüllt, sind erweiterte Anhangangaben (nach IFRS 5.41(a), (b) und (d)) erforderlich.

Klassifikationskriterien nicht mehr erfüllt

Für den Fall, dass ein als zur Veräußerung oder als zur Ausschüttung an die Eigentümer gehalten klassifizierter Vermögenswert (bzw. eine Veräußerungsgruppe) die Klassifikationskriterien nicht mehr erfüllt, muss der Vermögenswert (bzw. die Veräußerungsgruppe) gemäß IFRS 5.26 umklassifiziert werden.

Stilllegung

Langfristige Vermögenswerte bzw. Veräußerungsgruppen, die zur Stilllegung vorgesehen sind, dürfen nicht als zur Veräußerung gehalten klassifiziert werden (IFRS 5.13). Die temporäre Außerbetriebnahme eines langfristigen Vermögenswertes gilt indes nicht als Stilllegung (IFRS 5.14).

Spezialthema

Reduzierung von Beteiligungsquoten

Die Klassifizierung als zur Veräußerung gehalten bedarf insbesondere im Zusammenhang mit der Reduzierung von Beteiligungsquoten gesonderter Diskussion. IFRS 5.6 sieht für diese Klassifizierung vor, dass der ausgewiesene Buchwert nicht durch fortgesetzte Nutzung, sondern überwiegend durch einen Veräußerungsvorgang realisiert werden muss. Ab wann das Kriterium „überwiegend“ erfüllt ist, definiert der Standard nicht. Die bloße Reduzierung der Beteiligungsquote kann eine qualitative Änderung in der bilanziellen Behandlung bzw. einen Statuswechsel der Beteiligung hervorrufen. Von einem Statuswechsel wird in diesem Zusammenhang gesprochen, wenn beispielsweise ein Übergang von der Vollkonsolidierung zur Equity-Methode, von der Vollkonsolidierung zur Anwendung von IFRS 9 oder von der Equity-Methode zur Bilanzierung nach IFRS 9 erfolgt (vgl. Kapitel 4, 21 und 22). Bezogen auf den Statuswechsel liegt das Augenmerk nachfolgend auf dem Begriff „ausgewiesener Buchwert“.

Voraussetzung für die Anwendung von IFRS 5

Es stellt sich die Frage, ob derartige qualitative Änderungen in der bilanziellen Behandlung hinreichende Voraussetzung für die Anwendung des IFRS 5 sind oder ob vielmehr quantitative Schwellenwerte (alleine oder ergänzend) zu beachten sind.[7] Wie zuvor ausgeführt, müssen bei Vorliegen eines verbindlichen Verkaufsplans, der den Verlust der Beherrschung eines Tochterunternehmens zur Folge hat, die Vermögenswerte und Schulden dieses Tochterunternehmens vollumfänglich als zur Veräußerung gehalten eingestuft werden. Diese Regelung ist davon unabhängig, ob nach dem Verkauf noch eine nichtbeherrschende Beteiligung gehalten wird. IFRS 5.8A fokussiert somit auf die Statusänderung.

7 Vgl. *IDW* RS HFA 2, Tz. 67 und Fn. 13 sowie Tz. 68.

Mit dem zukünftigen Wertansatz saldierte Betrachtung des Netto-Buchwerts

Dies blendet jedoch aus, dass bei einer Statusänderung nicht notwendigerweise davon ausgegangen werden kann, dass der ausgewiesene Buchwert überwiegend durch den Veräußerungsvorgang und eben nicht durch die zukünftige Nutzung der (verbleibenden) Beteiligung realisiert wird. Dies gilt zumindest dann, wenn beispielsweise der Netto-Buchwert im Rahmen der Vollkonsolidierung mit dem (zukünftigen) Equity-Wertansatz im Rahmen der Würdigung des „ausgewiesenen Buchwerts" verglichen wird. Es könnten beispielsweise 2 %-Punkte an einer 51 %-igen Beteiligung veräußert werden, was im Fall eines daraus resultierenden Verlustes der Beherrschung eines Tochterunternehmens bei isolierter Auslegung des IFRS 5.8A die Anwendung von IFRS 5 zur Folge hätte. Unrealistisch ist jedoch, dass der zugehörige Buchwert – unter der obigen Prämisse – überwiegend durch dieses Veräußerungsgeschäft erzielt wird. Plausibel ist vielmehr, dass der ursprüngliche Buchwert weiterhin überwiegend durch das Halten der (zukünftig beispielsweise at equity-bilanzierten) Beteiligung realisiert wird. Es ist somit fraglich, wie in dem oben geschilderten Fall und unter der obigen Prämisse die Kriterien des IFRS 5.6 erfüllt sein können.[8] Das IASB scheint den Beherrschungsverlust, unabhängig von der Frage, wie der zugehörige Buchwert realisiert wird, als ein wesentliches ökonomisches Ereignis (significant economic event) zu betrachten (IFRS 5 BC 24B).

Reduzierung der Beteiligungsquote durch Nichtbeteiligung an einer Kapitalerhöhung

Zu einer Reduzierung der Beteiligungsquote kann es auch dadurch kommen, dass sich beispielsweise das Mutterunternehmen nicht an einer Kapitalerhöhung des Tochterunternehmens beteiligt. IFRS 5.6 setzt ein Veräußerungsgeschäft voraus. Die IDW-Stellungnahme zielt darauf ab, ob alternative Strukturierungsweisen, die zu demselben Ergebnis führen, eine unterschiedliche bilanzielle Behandlung rechtfertigen können.[9] Dieser Sachverhalt kann anhand eines einfachen Beispiels verdeutlicht werden.

Die M-AG hält 100 % der Anteile an der T-AG. Die T-AG emittiert neue Anteile, die von einem Drittunternehmen erworben werden. Nach Ausgabe der neuen Eigenkapitalanteile hält die M-AG 45 % an der T-AG und das Drittunternehmen 55 %.

Im vorliegenden Beispiel käme IFRS 5 aufgrund des fehlenden Veräußerungsvorgangs zunächst nicht zur Anwendung, da die Voraussetzungen des IFRS 5.6 nicht vorliegen. Die Stellungnahme des IDW schließt aber eine Reduzierung der Beteiligungsquote durch eine Kapitalerhöhung als Verkaufsvorgang nicht aus. Letztendlich führt nämlich der Veräußerungsvorgang, wenn also die M-AG 55% der T-Anteile an ein Drittunternehmen verkauft, zu dem gleichen Ergebnis. Ökonomisch ergeben sich hier keine Unterschiede in

8 In IFRS 10.B38 ist eine Auswahl beispielhafter Sachverhalte aufgeführt, in denen auch bei Nichtvorliegen einer Stimmrechtsmehrheit eine (faktische) Beherrschungsmöglichkeit vorliegen kann. Im Folgenden wird vereinfachend angenommen, dass eine Reduzierung der Beteiligungsquote an einem Tochterunternehmen sowohl zu einem Verlust der Stimmrechtsmehrheit als auch zu einer Statusänderung bzw. zu einem Wegfall der Beherrschungsmöglichkeit führt.

9 Vgl. *IDW* RS HFA 2, Tz. 50.

der Beteiligungsstruktur zum vorangegangenen Beispiel, obwohl die Statusänderung in diesem Fall auf einem Veräußerungsvorgang basiert und es hier definitiv zu einer Anwendung von IFRS 5 käme.

Unternehmensbestandteil und aufgegebener Geschäftsbereich

Aufgegebene Geschäftsbereiche (discontinued operations) sind zum einen Unternehmensbestandteile, die veräußert worden sind oder als zur Veräußerung gehalten werden. Nach IFRS 5 i.V.m. Appendix A kennzeichnen Unternehmensbestandteile Bereiche eines Unternehmens, einschließlich zugehöriger Cashflows, die sowohl betrieblich als auch für Zwecke der Rechnungslegung klar vom übrigen Unternehmen abgegrenzt werden können. Hiernach ist es erforderlich, dass die relevanten Vermögenswerte, Schulden, Erträge, Aufwendungen und Cashflows einem Bereich direkt zugerechnet werden können. Demzufolge umfasst ein Unternehmensbestandteil mindestens eine ZGE oder eine Gruppe solcher ZGE.

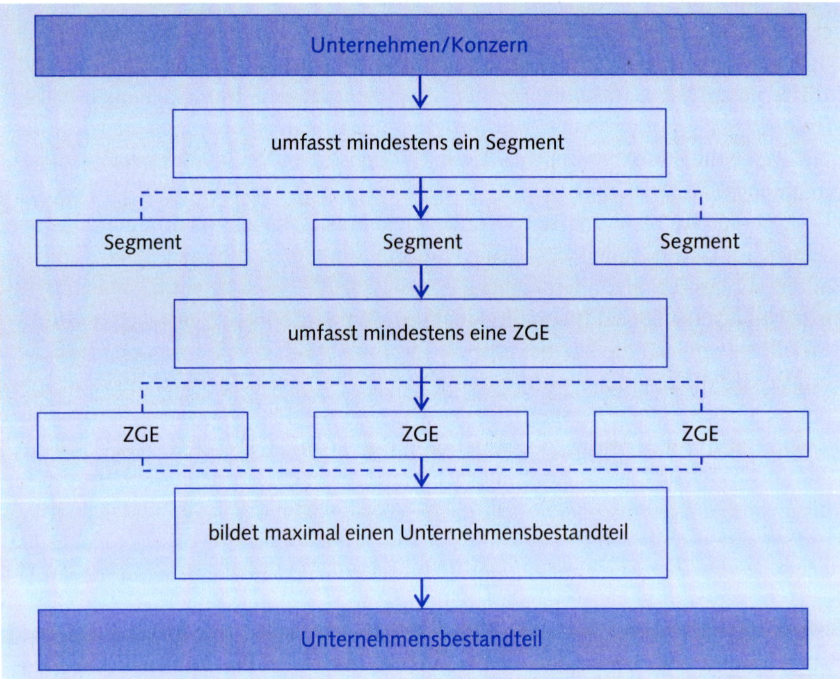

Abb. 23.2: Verhältnis der Begriffe Unternehmensbestandteil und ZGE nach IFRS 5

Abbildung 23.2 veranschaulicht den Zusammenhang zwischen Unternehmensbestandteilen, ZGE und Segmenten.

Aufgegebene Geschäftsbereiche (vgl. Abbildung 23.3) müssen gemäß IFRS 5.32 zum anderen

- einen gesonderten, wesentlichen Geschäftszweig oder geografischen Geschäftsbereich (separate major line of business or geographical area of operations) umfassen,

- Teil eines abgestimmten Veräußerungsplans eines separaten wesentlichen Geschäftszweigs oder eines geografischen Geschäftsbereichs sein oder
- ein ausschließlich zum Zwecke der Weiterveräußerung erworbenes Tochterunternehmen darstellen.

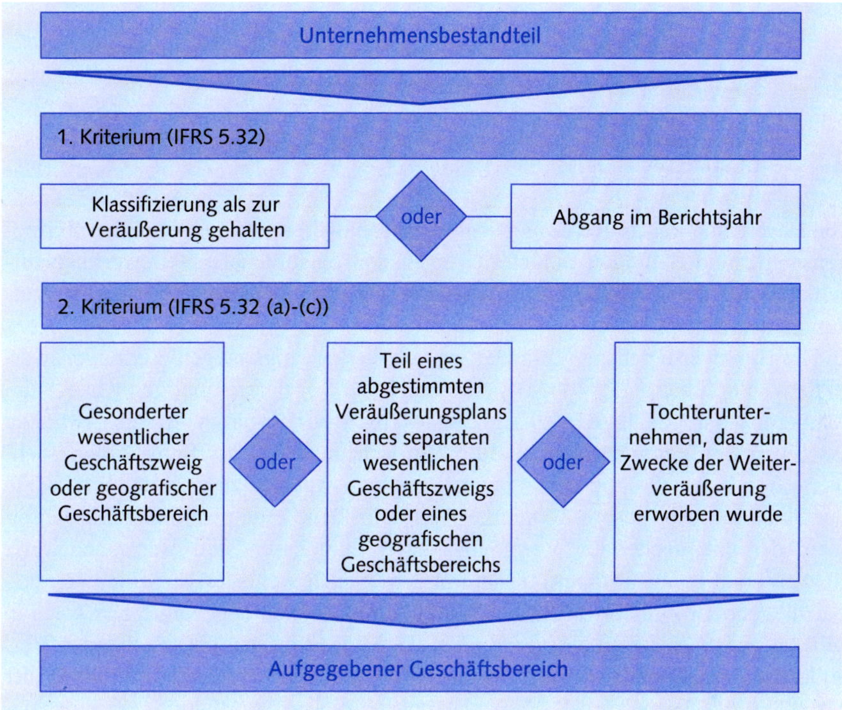

Abb. 23.3: Kriterien für die Klassifikation als aufgegebener Geschäftsbereich

Veräußerungsgruppe vs. aufgegebener Geschäftsbereich

Die Unterscheidung zwischen Veräußerungsgruppen einerseits und aufgegebenen Geschäftsbereichen andererseits stellt einen elementaren Bestandteil von IFRS 5 dar. Eine eindeutige Abgrenzung beider Begriffe ist von Bedeutung, da diese unterschiedliche Auswirkungen auf die Bewertung (vgl. Abschnitt 3 dieses Kapitels) und den Ausweis (vgl. Abschnitt 4 dieses Kapitels) in Bilanz, Gesamtergebnisrechnung und Anhang hat. Ein aufgegebener Geschäftsbereich und eine Veräußerungsgruppe können, aber müssen sich nicht zwingend entsprechen. Abweichungen ergeben sich, wenn

- ein verlustträchtiger Geschäftsbereich veräußert wird, ohne dass im Vorfeld eine Klassifizierung als zur Veräußerung gehalten erfolgt wäre – beispielsweise aufgrund der Nichterfüllung aller Kriterien aus IFRS 5.15,
- ein aufgegebener Geschäftsbereich sukzessiv abgegeben wird,
- einzelne oder eine Gruppe von Vermögenswerten an mehrere Erwerber verkauft werden,

- eine Veräußerungsgruppe nur aus einer Teil-ZGE besteht und daher keinen Unternehmensbestandteil bildet, oder
- bestimmte langfristige Vermögenswerte (bzw. Veräußerungsgruppen) stillgelegt oder verschrottet werden (IFRS 5.13 i.V.m. IFRS 5.32).

3 Bewertung

3.1 Erstbewertung

Bewertung aufgegebener Geschäftsbereiche

Die Bewertung der in den aufgegebenen Geschäftsbereichen enthaltenen Vermögenswerte und Schulden richtet sich nach den entsprechenden Bewertungsvorschriften für zur Veräußerung gehaltene langfristige Vermögenswerte bzw. Veräußerungsgruppen.[10]

Bewertung zur Veräußerung gehaltener langfristiger Vermögenswerte bzw. Veräußerungsgruppen

Die Buchwerte der zur Veräußerung gehaltenen langfristigen Vermögenswerte (bzw. Veräußerungsgruppen) sind unmittelbar vor der erstmaligen Klassifizierung zunächst gemäß der einschlägigen IFRS zu bewerten (IFRS 5.18). Der Buchwert der Veräußerungsgruppe ergibt sich dann aus der Summe der Buchwerte der in der Gruppe enthaltenen Vermögenswerte abzüglich der Buchwerte der Schulden. Ab diesem Zeitpunkt unterbleibt dann eine planmäßige Abschreibung der entsprechenden Vermögenswerte. Stattdessen sind Vermögenswerte (bzw. Veräußerungsgruppen) fortan mit dem niedrigeren Wert aus Buchwert und beizulegendem Zeitwert abzüglich Veräußerungskosten (fair value less costs to sell) zu bewerten (IFRS 5.1(a) i.V.m. IFRS 5.15).[11] Zu den entsprechenden Veräußerungskosten gehören nach Anhang A alle dem Vermögenswert bzw. der Veräußerungsgruppe direkt zurechenbaren Kosten mit Ausnahme von Finanzierungskosten und Ertragsteueraufwendungen. Zinsen und andere Aufwendungen hingegen, die den Schulden einer Veräußerungsgruppe direkt zugerechnet werden können, sind weiterhin zu erfassen (IFRS 5.25). Die Bewertungsvorschriften sind ab dem Stichtag, an dem die entsprechenden Klassifikationskriterien erfüllt sind, anzuwenden.[12] Sie gelten im Wesentlichen auch für zur Ausschüttung an Eigentümer gehaltene Vermögenswerte bzw. Veräußerungsgruppen.[13] Für den

10 Werden Geschäftsbereiche aufgrund von Stilllegung aufgegeben, so erfolgt die Bewertung der darin enthaltenen Vermögenswerte sowie Veräußerungsgruppen anhand der einschlägigen IFRS.

11 Dies gilt auch für Vermögenswerte (bzw. Veräußerungsgruppen), die im Rahmen eines Unternehmenszusammenschlusses erworben wurden (IFRS 5.16).

12 Vgl. *IDW* RS HFA 2, Tz. 52.

13 Diese sind entsprechend mit dem niedrigeren Wert aus Buchwert und beizulegendem Zeitwert abzüglich Ausschüttungskosten (fair value less costs to distribute) zu bewerten (IFRS 5.15A). Ausschüttungskosten sind in diesem Zusammenhang grundsätzlich alle zusätzlich anfallenden Kosten, die unmittelbar der Ausschüttung zuzurechnen sind (ausgenommen hiervon sind jedoch erneut die Finanzierungskosten sowie Ertragsteueraufwendungen).

Fall, dass die Veräußerung eines langfristigen Vermögenswerts (bzw. einer Veräußerungsgruppe) nicht innerhalb eines Jahres erfolgt, sind die Veräußerungskosten abzuzinsen. Eine aus dem Zeitablauf resultierende Erhöhung des Barwerts der Veräußerungskosten ist GuV-wirksam unter den Finanzierungskosten in der Gesamtergebnisrechnung auszuweisen (IFRS 5.17).

Wertminderung

Im Fall einer Wertminderung müssen die langfristigen zur Veräußerung gehaltenen Vermögenswerte (bzw. Veräußerungsgruppen) zum Zeitpunkt der Klassifizierung auf den beizulegenden Zeitwert abzüglich Veräußerungskosten abgeschrieben werden (IFRS 5.20). IFRS 5.23 besagt, dass die Erfassung des Wertminderungsaufwands im Fall von Veräußerungsgruppen gemäß den Vorschriften von IAS 36.104(a) und (b) (sowie IAS 36.122 im Falle einer Wertaufholung) erfolgt. Das bedeutet, dass der Abschreibungsaufwand zunächst einem eventuell vorhandenen Goodwill zugeordnet wird. Eine verbleibende Differenz wird anteilig auf die übrigen langfristigen Vermögenswerte verteilt (vgl. Kapitel 8).

	Langfristige Vermögenswerte und Veräußerungsgruppen	**Fundstelle**
Ermittlung des Ausgangswerts	Bewertung nach den einschlägigen IFRS unmittelbar vor Klassifizierung zur Ermittlung des aktualisierten Buchwerts	IFRS 5.18
Wertminderung	Abschreibung auf den niedrigeren beizulegenden Zeitwert abzüglich Veräußerungskosten	IFRS 5.20

Tab. 23.1: Erstbewertung

Beispiel 23.2

Die Vermögenswerte und Schulden des zur Veräußerung gehaltenen Geschäftsbereichs der X-AG weisen zum 10.12.2021 die in der Tabelle aufgeführten Buchwerte auf. Im Sachanlagevermögen wurde eine zeitanteilige Abschreibung von 0,7 Mio. € noch nicht berücksichtigt. Ferner rechnet die X-AG mit Veräußerungskosten in Höhe von 0,5 Mio. €. Der erwartete Veräußerungspreis beläuft sich weiterhin auf 10 Mio. €. Der Unternehmensteuersatz beträgt 30 %. Latente Steuern sind zu berücksichtigen.

Geschäftsbereich	**Buchwerte zum 10.12.2021**
Goodwill	2,0 Mio. €
Sachanlagevermögen (vor anteiliger Abschreibung)	7,2 Mio. €
Vorräte	3,0 Mio. €
Forderungen	7,0 Mio. €
Verbindlichkeiten	6,0 Mio. €

Mit welchen Beträgen müssen die Vermögenswerte und Schulden des Geschäftsbereichs nach der Umklassifizierung zum 11.12.2021 angesetzt werden?

Lösung

Vor der Umklassifizierung ergibt sich ein Nettovermögen in Höhe von 12,5 Mio. € (= 2 + 7,2 - 0,7 + 3 + 7 - 6). Der beizulegende Zeitwert beläuft sich auf den marktüblichen Veräußerungspreis von 10 Mio. €, wovon die Veräußerungskosten in Höhe von 0,5 Mio. € abgezogen werden müssen, um zum beizulegenden Zeitwert abzüglich Veräußerungskosten zu gelangen. Bei einem Vergleich des Buchwertvermögens von 12,5 Mio. € mit dem beizulegenden Zeitwert abzüglich Veräußerungskosten von 9,5 Mio. € ergibt sich, dass eine Abschreibung in Höhe der Differenz von 3 Mio. € erfolgen muss (IFRS 5.20). Die Abschreibung wird, wie vorangegangen beschrieben, zunächst mit dem Goodwill verrechnet. Der restliche Abschreibungsbetrag von 1 Mio. € mindert den Wert des Sachanlagevermögens.

Vorläufig ergeben sich folgende Beträge für den Ansatz und die Bewertung der Vermögenswerte und Schulden:

Geschäftsbereich	**Vorläufige Buchwerte zum 11.12.2021**
Goodwill	0,0 Mio. €
Sachanlagevermögen (nach anteiliger Abschreibung und Wertminderung)	5,5 Mio. €
Vorräte	3,0 Mio. €
Forderungen	7,0 Mio. €
Verbindlichkeiten	6,0 Mio. €
Nettovermögen	9,5 Mio. €

Abschreibungsaufwand		*an*	*Sachanlagevermögen*	*0,7 Mio. €*
Wertminderungsaufwand	*3,0 Mio. €*	*an*	*Goodwill*	*2,0 Mio. €*
			Sachanlagevermögen	*1,0 Mio. €*

Da in der Steuerbilanz keine Umklassifizierung erfolgt, sind latente Steuern auf die Differenz, die nicht auf den Goodwill entfällt (IAS 12.21(b)), zu berücksichtigen.[14]

Aktive latente Steuern	*an*	*Steuerertrag*	*0,3 Mio. €*

14 In diesem Zusammenhang stellt sich die Frage, ob die anfallenden latenten Steuern als separater Posten neben der Veräußerungsgruppe zu sehen sind oder ob auf diese Weise ein neuer Vermögenswert geschaffen wird, der in die Bewertung der Veräußerungsgruppe mit einfließt, wodurch jedoch ein der Bilanzierung von latenten Steuern auf den Goodwill ähnliches Iterationsproblem entstünde (vgl. dazu Kapitel 6).

3.2 Folgebewertung

Ist die Veräußerung am Bilanzstichtag noch nicht erfolgt, so müssen die einzelnen zur Veräußerung gehaltenen Vermögenswerte (bzw. Veräußerungsgruppen) zu diesem Zeitpunkt neubewertet werden. Die Neubewertung folgt im Grundsatz den Bewertungsvorschriften bei erstmaliger Klassifizierung. Die zur Veräußerung gehaltenen Vermögenswerte (bzw. Veräußerungsgruppen) sind folglich mit dem niedrigeren Wert aus Buchwert und beizulegendem Zeitwert abzüglich Veräußerungskosten anzusetzen (IFRS 5.19). Der ggf. entstehende Wertminderungsaufwand ist im Rahmen einer außerplanmäßigen Abschreibungen – soweit er gemäß IFRS 5.19 noch keine Berücksichtigung gefunden hat – GuV-wirksam in der Gesamtergebnisrechnung zu erfassen (IFRS 5.20).

Erhöhung des beizulegenden Zeitwerts abzüglich Veräußerungskosten

Übersteigt im Rahmen der Neubewertung der beizulegende Zeitwert abzüglich Veräußerungskosten eines Vermögenswerts den entsprechenden Buchwert, ist die positive Differenz bis zu der Höhe des kumulierten Wertminderungsaufwands, der bisher nach IFRS 5 oder nach IAS 36 verbucht wurde, als Ertrag zu erfassen (IFRS 5.21). Analog gilt diese Vorgehensweise für Veräußerungsgruppen, deren Wertsteigerung bisher nicht nach IFRS 5.19 erfasst worden ist.

Die Schemata in den Tabellen 23.1 und 23.2 verdeutlichen die Erst- und Folgebewertung von Vermögenswerten und Veräußerungsgruppen.

	Langfristiger Vermögenswert	**Veräußerungsgruppe**	**Fundstelle**
Neubewertung: Ermittlung der Vergleichswerte		**1. Schritt**: Bewertung der Vermögenswerte und Schulden nach den einschlägigen IFRS, die nicht unter IFRS 5 fallen, aber Teil der Veräußerungsgruppe sind **2. Schritt**: Bewertung der Veräußerungsgruppe als Gesamtheit mit dem beizulegenden Zeitwert abzüglich Veräußerungskosten	IFRS 5.19
Wertminderung	Abschreibung auf den niedrigeren beizulegenden Zeitwert abzüglich Veräußerungskosten, wenn noch nicht nach IFRS 5.19 berücksichtigt		IFRS 5.20

	Langfristiger Vermögenswert	Veräußerungsgruppe	Fundstelle
Verteilung der Wertminderung		Gemäß IAS 36.104(a) und (b): **1. Schritt**: Verrechnung mit (derivativem) Goowill **2. Schritt**: Anteilige Verteilung des Restbetrags auf die den Bewertungsvorschriften von IFRS 5 unterliegenden (langfristigen)Vermögenswerte	IFRS 5.23
Werterhöhung	Zuschreibung bis zum bisher erfassten kumulierten Wertminderungsaufwand		IFRS 5.21
		Zuschreibung bis zum bisher erfassten kumulierten Wertminderungsaufwand	IFRS 5.22

Tab. 23.2: Folgebewertung

Beispiel 23.3 (Fortsetzung von Beispiel 23.2)

In Fortsetzung des Beispiels 23.2 beläuft sich der Marktwert der Vorräte am 31.12.2021 auf 4 Mio. €. Die Forderungen sind um 2 Mio. € auf 5 Mio. € im Wert gesunken. Der erzielbare Veräußerungspreis wird mittlerweile auf 13 Mio. € geschätzt. Es wird jetzt mit direkten Veräußerungskosten von 1 Mio. € gerechnet.

Mit welchen Beträgen müssen die Vermögenswerte und Schulden des Geschäftsbereichs zum 31.12.2021 angesetzt werden?

Lösung

- Die Abschreibung des Sachanlagevermögens ist gemäß IFRS 5.1(a) i.V.m. IFRS 5.25 auszusetzen.
- Die Vorratsbewertung erfolgt nach IAS 2 „Vorräte“. Da die historischen Anschaffungs- bzw. Herstellungskosten die Aktivierungsobergrenze darstellen, darf keine Zuschreibung erfolgen. Unter der Annahme, dass bisher keine Wertminderung erfolgt ist, müssen die Vorräte weiterhin zu 3 Mio. € bilanziert werden.
- Die Forderungen sind durch direkte Bewertung nach IFRS 9 um 2 Mio. € auf den beizulegenden Zeitwert in Höhe von 5 Mio. € abzuschreiben.
- Das neu bewertete Nettovermögen des Geschäftsbereichs beläuft sich somit auf 7,5 Mio. € (= 5,5 + 3 + 5 - 6) und ist damit um 2 Mio. € gesunken. Der

beizulegende Zeitwert abzüglich Veräußerungskosten hat sich um 2,5 Mio. € von 9,5 Mio. € auf 12 Mio. € (= 13 - 1) erhöht. Die zuvor vorgenommene Wertminderung muss demzufolge rückgängig gemacht werden. Eine Zuschreibung des Goodwill ist gemäß IAS 36.124 nicht zulässig. Die Wertsteigerung des Nettovermögens erfolgt daher ausschließlich im Sachanlagevermögen. Die Zuschreibungsobergrenze wird durch den kumulierten Wertminderungsaufwand, der nach IAS 36 oder nach IFRS 5 verbucht wurde, determiniert. Da die nun vorliegende Wertdifferenz in Höhe von 4,5 Mio. € größer ist als der kumulierte Wertminderungsbetrag (auf Goodwill und Sachanlagevermögen) in Höhe von 3 Mio. €, dürfen folglich nur 3 Mio. € im Sachanlagevermögen zugeschrieben werden.[15]

Die Vermögenswerte und Schulden müssen zum 31.12.2021 mit folgenden Beträgen angesetzt werden:

Geschäftsbereich	**Buchwerte zum 31.12.2021**
Goodwill	0,0 Mio. €
Sachanlagevermögen	8,5 Mio. €
Vorräte	3,0 Mio. €
Forderungen	5,0 Mio. €
Verbindlichkeiten	6,0 Mio. €
Nettovermögen	10,5 Mio. €

Sachanlagevermögen an Ertrag 3,0 Mio. €

Durch die Zuschreibung beläuft sich der Wert des Sachanlagevermögens auf 8,5 Mio. €, während der Wertansatz in der Steuerbilanz weiterhin 6,5 Mio. € beträgt. Demzufolge muss die aktive latente Steuer aufgelöst und eine passive latente Steuer auf den neuen Differenzbetrag eingebucht werden.

Steueraufwand an aktive latente Steuern 0,3 Mio. €

Steueraufwand an passive latente Steuern 0,6 Mio. €

Ist die Verrechnung des Verlusts respektive des Gewinns bis zur Veräußerung noch nicht erfolgt, muss dies nach IFRS 5.24 mit der Ausbuchung des Vermögenswerts gemäß den einschlägigen Paragraphen von IAS 16 „Sachanlagevermögen" und IAS 38 „Immaterielle Vermögenswerte" geschehen.

15 In IFRS 5 wird in keiner Textziffer auf IAS 36.123 verwiesen, wonach nur eine Zuschreibung in der Höhe des Abschreibungsbetrages erfolgen darf, der nicht auf den Goodwill entfallen ist. Gemäß *IDW* RS HFA 2, Tz. 62, können die langfristigen Vermögenswerte in einer Veräußerungsgruppe daher in ihren Wertansätzen nach der Allokation des Ertrags höher sein als die Buchwerte ohne vorausgegangene Klassifikation als Veräußerungsgruppe. In diesem Zusammenhang ergibt sich eine Inkonsistenz zu IAS 36. Im obigen Beispiel wird *IDW* RS HFA 2 gefolgt. In Konformität mit IAS 36.123 dürfte ansonsten jedoch eine Wertaufholung in Höhe von nur 1 Mio. € erfolgen.

Beispiel 23.3 (Fortsetzung von Beispiel 23.2)

Am 02.01.2022 veräußert die X-AG ihren verlustreichen Geschäftsbereich für 12 Mio. € nach Veräußerungskosten. Der Marktwert der Vorräte beläuft sich weiterhin auf 4 Mio. €. Wie muss der Veräußerungsvorgang Mitte Januar bilanziell erfasst werden?

Lösung

Kasse	*12,0 Mio. €*			
Verbindlichkeiten	*6,0 Mio. €*	*an*	*Sachanlagevermögen*	*8,5 Mio. €*
			Vorräte	*3,0 Mio. €*
			Forderungen	*5,0 Mio. €*
			Ertr. aus Veräußerung	*1,5 Mio. €*
Passive latente Steuern		*an*	*Steuerertrag*	*0,6 Mio. €*

Umklassifizierung

IFRS 5.27 regelt die Bewertung von Vermögenswerten (bzw. Veräußerungsgruppen), die gemäß IFRS 5.26 umklassifiziert werden müssen. Entfällt demnach die Absicht zur Veräußerung oder zur Ausschüttung an die Eigentümer, sodass die Kriterien von IFRS 5.6 ff. bzw. IFRS 5.12A nicht mehr vorliegen, sind die betroffenen langfristigen Vermögenswerte (bzw. Veräußerungsgruppen) so zu bilanzieren, als ob IFRS 5 nie zur Anwendung gekommen wäre. Sie sind folglich anzusetzen mit dem niedrigeren Wert aus:

- dem Buchwert vor Klassifizierung als zur Veräußerung oder als zur Ausschüttung an die Eigentümer gehalten, bereinigt um alle planmäßigen Abschreibungen oder Neubewertungen, die ohne diese Klassifizierung erfasst worden wären, und
- dem erzielbaren Betrag zum Zeitpunkt der späteren Entscheidung, nicht zu verkaufen oder auszuschütten. Bei dem erzielbaren Betrag handelt es sich nach Anhang A (und analog zu IAS 36; vgl. Kapitel 8) um den höheren Betrag aus dem beizulegenden Zeitwert abzüglich Veräußerungskosten eines Vermögenswerts und seinem Nutzungswert.

Beispiel 23.4

Im Juni 2018 plante thyssenkrupp gemeinsam mit Tata Steel Europe ein Joint Venture, um die Stahlaktivitäten der beiden europäischen Unternehmen zusammenzuführen und die langfristige Wettbewerbsfähigkeit aufrechtzuerhalten. Im Juni 2019 folgte dann aber die förmliche Untersagungsentscheidung der Europäischen Kommission. Damit erfüllte die geplante Transaktion nicht mehr die Kriterien einer Veräußerungsgruppe im Sinne des IFRS 5. Daher wurde die Klassifizierung der betroffenen Vermögenswerte und Schulden als Veräußerungsgruppe (thyssenkrupp verwendet den Begriff „nicht fortgeführte Aktivität“) beendet sowie die ausgesetzten planmäßigen Abschreibungen nachgeholt. Die rückwirkende Berücksichtigung der Abschreibungen belief sich (jeweils vor Steuern) auf 107 Mio. € im 4. Quartal 2017/2018 sowie 228 Mio. € im 1. Halbjahr 2018/2019.[16]

16 Vgl. Geschäftsbericht thyssenkrupp 2018/2019, S. 7, 43, 179.

4 Ausweis und Angaben

Ein Unternehmen hat Informationen bereitzustellen, die es den Adressaten ermöglichen, die finanziellen Auswirkungen aus aufgegebenen Geschäftsbereichen und aus der Veräußerung langfristiger Vermögenswerte (bzw. Veräußerungsgruppen) zu beurteilen (IFRS 5.30). Zum einen liegen spezifische Ausweisregeln vor, die nur für zur Veräußerung gehaltene Vermögenswerte bzw. Veräußerungsgruppen gelten. Von diesen sind zum anderen aufgegebene Geschäftsbereiche, die das Kriterium der Veräußerung nicht erfüllen, abzugrenzen, da für diese wiederum eigene Berichterstattungspflichten zu beachten sind. Sind zur Veräußerung gehaltene Vermögenswerte bzw. Veräußerungsgruppen Teile eines aufgegebenen Geschäftsbereichs, so ist die Gesamtheit der Ausweisvorschriften zu berücksichtigen.

Ausweis

Zu diesem Zweck müssen Vermögenswerte, die als zur Veräußerung gehalten klassifiziert wurden, gemäß IFRS 5.1(b) aggregiert als gesonderter Posten in der Bilanz und die Ergebnisse aufgegebener Geschäftsbereiche als gesonderter Posten in der Gesamtergebnisrechnung ausgewiesen werden.

Langfristige Vermögenswerte bzw. Veräußerungsgruppen

IFRS 5.38 konkretisiert die Ausweis- und Angabepflichten für langfristige, zur Veräußerung gehaltene Vermögenswerte bzw. Veräußerungsgruppen. Danach gelten die getrennten Ausweisvorschriften nicht nur für die Vermögenswerte, sondern ebenfalls für die einer Veräußerungsgruppe zugehörigen Schulden. Die entsprechenden Posten dürfen nicht saldiert werden und die Angaben dürfen ferner nicht als kumulierter Betrag erfolgen. Die Hauptgruppen der Vermögenswerte und Schulden sind demzufolge als gesonderter Posten entweder in der Bilanz oder im Anhang anzugeben. Eine Anpassung sowie eine Neugliederung der Bilanzpositionen vorausgegangener Berichtsperioden hat nicht zu erfolgen (IFRS 5.40). Zwingend in der Gesamtergebnisrechnung auszuweisen sind jedoch alle GuV-neutral gebuchten Erträge und Aufwendungen, die aus der Anwendung von IFRS 5 resultieren.

Weitere Angaben

Darüber hinaus fordert IFRS 5.41 folgende Angaben:

- Eine Beschreibung des langfristigen Vermögenswerts bzw. der Veräußerungsgruppe,
- eine Darlegung des Veräußerungssachverhalts oder der Umstände, die zu der erwarteten Veräußerung führen, sowie die damit verbundene Art und Weise und der voraussichtliche Zeitpunkt der Veräußerung,
- der gemäß IFRS 5.20-22 erfasste Gewinn bzw. Verlust und, falls dieser nicht gesondert in der Gesamtergebnisrechnung ausgewiesen wird, die Position im Rechenwerk, die diesen Betrag beinhaltet, sowie
- ggf. das Segment, in dem der langfristige Vermögenswert bzw. die Veräußerungsgruppe gemäß IFRS 8 ausgewiesen wird.

Aufgegebene Geschäftsbereiche

Handelt es sich auch um aufgegebene Geschäftsbereiche, müssen die nachfolgenden Punkte in Form eines einzeln in der Gesamtergebnisrechnung ausgewiesenen Summenbetrags zusätzlich angegeben werden. Die Zahlen der Vorperiode sind vergleichbar anzupassen (IFRS 5.33-34, eine Ausnahme bilden auch hier neu erworbene Tochterunternehmen):

- Gewinn bzw. Verlust nach Steuern des aufgegebenen Geschäftsbereichs, sowie
- Gewinn bzw. Verlust nach Steuern aus der Bewertung zum beizulegenden Zeitwert abzüglich Veräußerungskosten oder aus dem Veräußerungsvorgang derjenigen Vermögenswerte bzw. Veräußerungsgruppen innerhalb des aufgegebenen Geschäftsbereichs.

Untergliederung

Die oben genannten Beträge müssen darüber hinaus wahlweise in der Gesamtergebnisrechnung in einem eigenen Abschnitt für aufgegebene Geschäftsbereiche oder aber im Anhang untergliedert werden in:

- Erträge, Aufwendungen und Gewinn oder Verlust vor Steuern des aufgegebenen Geschäftsbereichs,
- den erfassten Gewinn oder Verlust aus der Neubewertung zum beizulegenden Zeitwert abzüglich Veräußerungskosten oder aus dem Veräußerungsvorgang, sowie
- den jeweils zugehörigen Ertragsteueraufwand gemäß IAS 12.81(h).

Ferner regelt IFRS 5.33, dass sowohl die Netto-Cashflows aus der laufenden Geschäftstätigkeit sowie aus der Investitions- und Finanzierungstätigkeit des aufgegebenen Geschäftsbereichs anzugeben sind. Auch der Betrag der Erträge aus fortzuführenden und aufgegebenen Geschäftsbereichen, der den Eigentümern des Mutterunternehmens zuzurechnen ist, muss in einem bestimmten Abschlussbestandteil oder im Anhang dargestellt werden. Unternehmen, die alle in einer Periode erfassten Ertrags- und Aufwandsposten in zwei Aufstellungen darstellen, müssen in der gesonderten Gewinn- und Verlustrechnung einen eigenen Abschnitt für aufgegebene Geschäftsbereiche ausweisen (IFRS 5.33A). Abbildung 23.4 veranschaulicht die Ausweisvorschriften.

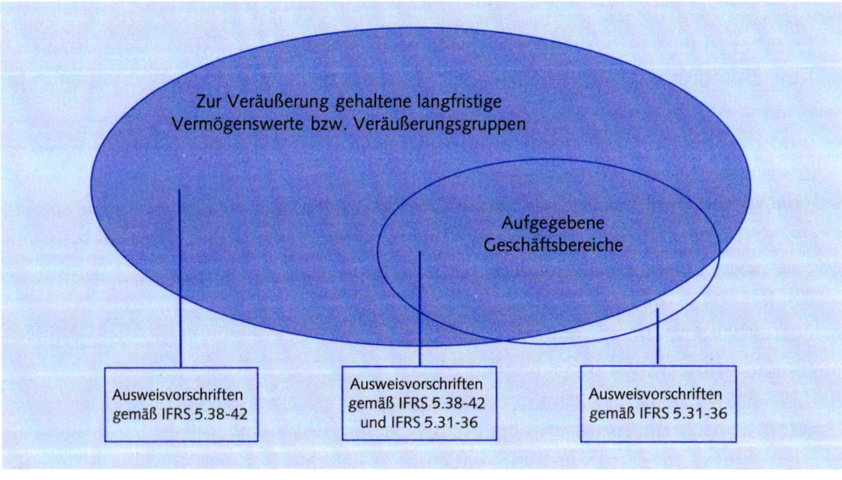

Abb. 23.4: Ausweisvorschriften

Aus der Forschung

Discontinued Operations und Bilanzpolitik

In der internationalen Forschungsliteratur spielen zur Veräußerung gehaltene Vermögenswerte bzw. Veräußerungsgruppen eine eher untergeordnete Rolle. Studien zu diesem Bereich untersuchen zumeist Unternehmen aus den USA und beziehen sich daher auf das US-GAAP-Pendant (ASC 205-20 sowie ASC 360-10). IFRS und US-GAAP unterscheiden sich hier jedoch nur unwesentlich. Barua/Lin/Sbaraglia (2010) untersuchen, ob Manager den gesonderten Ausweis von Gewinnen und Verlusten unter dem Ergebnis aus fortgeführter Tätigkeit nutzen, um bestimmte Aufwendungen aus dem operativen Ergebnis in das Ergebnis aus aufgegebenen Geschäftsbereichen zu verlagern (classification shifting). Begründet wird diese Annahme dadurch, dass Investoren ihren Fokus grundsätzlich auf GuV-Positionen legen, die mit der zukünftigen, d.h. fortgeführten Entwicklung des Unternehmens zusammenhängen. Zudem deuten die Ergebnisse darauf hin, dass Unternehmen Aufwendungen verlagern, um Vorhersagen und Erwartungen von Analysten zu erfüllen oder sogar zu übertreffen (sog. meet-or-beat-Verhalten). Aufbauend auf den Erkenntnissen von Barua et al. (2010) untersuchen Kaplan/Kenchington/Wenzel (2020), warum Manager Aufwendungen aus dem operativen Ergebnis vorwiegend in verlustbehaftete Geschäftsbereiche verschieben. Sie begründen dies u.a. damit, dass Investoren Verlusten weniger Wertrelevanz einräumen als Gewinnen. Manager gliedern somit operative Verluste nicht in profitable Geschäftsbereiche um, da dies den Verkaufswert des aufgegebenen Geschäftsbereichs (vergleichsweise stärker) mindert.

Es zeigt sich, dass Unternehmen die Klassifikationsentscheidung als zur Veräußerung gehaltener Vermögenswert bzw. als Veräußerungsgruppe oder aufgegebener Geschäftsbereich für bilanzpolitische Zwecke einsetzen könnten. Daraus ergeben sich bilanzanalytische Herausforderungen für Investoren und Analysten, die sich in ihrer Analyse nicht nur auf das fortgeführte Geschäft beschränken sollten (vgl. Exkurs: Bilanzanalytische Auswirkungen in diesem Kapitel).

Literatur: Barua, A./Lin, S./Sbaraglia, A. M., Earnings Management Using Discontinued Operations, in: ACCR, Vol. 85 (2010), S. 1485-1509; Kaplan, S./Kenchington, D./Wenzel B., The Valuation of Discontinued Operations and Its Effect on Classification Shifting, in: ACCR, Vol. 95 (2020), S. 291-311.

Beispiel 23.5
(Fortsetzung von Beispiel 23.2)

Zu dem Geschäftsbereich der X-AG aus dem vorangegangenen Beispiel stehen Ihnen folgende zusätzlichen Informationen zur Verfügung:

	bis 10.12.2021	**bis 31.12.2021**	**bis 31.12.2022**
Ertrag	1,5 Mio. €	2,0 Mio. €	0,5 Mio. €
Aufwand	- 3,0 Mio. €	- 4,5 Mio. €	- 0,5 Mio. €
Abschreibung	- 0,7 Mio. €	- 0,7 Mio. €	—

Prüfen Sie, ob, wann und wie der verlustreiche Geschäftsbereich der X-AG als aufgegebener Geschäftsbereich darzustellen ist. Folgende Fragestellungen müssen hierfür beantwortet werden:

- Liegt ein aufgegebener Geschäftsbereich vor?
- Wie hoch ist der Mindestausweis in der Gesamtergebnisrechnung zum 31.12.2021 und zum 31.12.2022?

Lösung
Es müssen drei Voraussetzungen (vgl. Abbildung 23.3) erfüllt sein, damit ein Geschäftsbereich als aufgegeben gilt:

- Es muss sich bei dem Geschäftsbereich um einen Unternehmensbestandteil handeln. Dieses Kriterium ist hier erfüllt, da der Geschäftsbereich Cashflows generiert, die sowohl zu operativen Zwecken als auch zu Zwecken der Rechnungslegung deutlich von denen des übrigen Unternehmens abgegrenzt werden können.
- Der Unternehmensbestandteil muss bereits veräußert oder als zur Veräußerung gehalten klassifiziert worden sein. Die Klassifikation ist im vorliegenden Beispiel bereits erfolgt.
- Der Unternehmensbestandteil muss einen gesonderten wesentlichen Geschäftszweig oder geografischen Geschäftsbereich umfassen, Teil eines abgestimmten Veräußerungsplans eines separaten wesentlichen Geschäftszweigs oder eines geografischen Geschäftsbereichs sein oder ein ausschließlich zum Zwecke der Weiterveräußerung erworbenes Tochterunternehmen darstellen. Das Kriterium ist erfüllt, da ein Segment immer einen gesonderten, wesentlichen Geschäftszweig umfasst.

Demzufolge sind alle Voraussetzungen zur Klassifizierung als aufgegebener Geschäftsbereich zum 11.12.2021 erfüllt.

Veräußerungsgruppe vs. aufgegebener Geschäftsbereich

An dieser Stelle wird nochmals auf die Zweckmäßigkeit der Begriffstrennung von Veräußerungsgruppen einerseits und aufgegebenen Geschäftsbereichen andererseits hingewiesen. Im vorliegenden Beispiel liegen sowohl eine Veräußerungsgruppe als auch ein aufgegebener Geschäftsbereich vor. Wäre jedoch beispielsweise der verlustträchtige Geschäftsbereich veräußert worden, ohne dass im Vorfeld eine Klassifizierung als zur Veräußerung gehalten erfolgt wäre – beispielsweise aufgrund der Nichterfüllung aller Kriterien – dann müsste der Geschäftsbereich zwar als aufgegeben angegeben werden, wäre aber zuvor nicht als Veräußerungsgruppe ausgewiesen worden. Eine Veräußerungsgruppe wiederum muss keinem aufgegebenen Geschäftsbereich entsprechen. Dies kann beispielsweise der Fall sein, wenn die Veräußerungsgruppe nur aus einer Teil-ZGE besteht und daher keinen Unternehmensbestandteil bildet.

Lösung

Mindestausweis in der Gesamtergebnisrechnung zum 31.12.2021 und zum 31.12.2022:[17] Der Zeitpunkt der Klassifizierung hat keinen Einfluss darauf, dass sämtliche im Geschäftsjahr angefallenen Aufwendungen und Erträge innerhalb des aufgegebenen Geschäftsbereichs auszuweisen sind. Demzufolge sind die Angaben zu den Aufwendungen und Erträgen bis zum 10.12.2021 irrelevant. Die auszuweisenden Beträge werden folgendermaßen ermittelt:

	bis 31.12.2021	**bis 31.12.2022**
Ertrag	2,0 Mio. €	0,5 Mio. €
Aufwand	- 4,5 Mio. €	- 0,5 Mio. €
Abschreibung	- 0,7 Mio. €	—
Zugangsbewertung als zur Veräußerung gehalten	- 3,0 Mio. €	—
Folgebewertung	1,0 Mio. €	—
Ertrag aus Veräußerung	—	1,5 Mio. €
Gewinn oder Verlust	- 5,2 Mio. €	1,5 Mio. €

Es müssen demnach folgende Beträge ausgewiesen werden:
31.12.2021: Verlust aus nicht fortgeführten Geschäftsbereichen - 5,2 Mio. €
31.12.2022: Gewinn aus nicht fortgeführten Geschäftsbereichen 1,5 Mio. €

Die Aufgliederung von Aufwendungen und Erträgen im Anhang ist wie folgt vorzunehmen (unter Vernachlässigung von Steuern):

Gewinn oder Verlust aus nicht fortgeführten Geschäften:

	31.12.2021	**31.12.2022**
Erträge	2,0 Mio. €	0,5 Mio. €
Aufwendungen (inkl. Abschreibungsaufwand)	- 5,2 Mio. €	- 0,5 Mio. €
Gewinn bzw. Verlust aus operativer Geschäftstätigkeit	- 3,2 Mio. €	0,0 Mio. €
Verlust aus Abschreibung auf den beizulegenden Zeitwert abzüglich Veräußerungskosten	- 2,0 Mio. €	—
Gewinn aus Veräußerung von Geschäftsbereichen	—	1,5 Mio. €
Gewinn oder Verlust aus nicht fortgeführten Geschäftsbereichen	- 5,2 Mio. €	1,5 Mio. €

17 In diesem Beispiel wird auf die Berücksichtigung von Ertragsteuern verzichtet. Grundsätzlich fordert IFRS 5 jedoch eine Nachsteuerbetrachtung.

Angaben bei Umklassifizierung

Für einen Unternehmensbestandteil, der nicht länger als zur Veräußerung gehalten klassifiziert wird, muss der bisher nach IFRS 5.33-35 ausgewiesene Gewinn oder Verlust für alle aufgeführten Geschäftsjahre in den Gewinn oder Verlust aus fortzuführenden Geschäftsbereichen umgegliedert werden (IFRS 5.36).

Im Fall von langfristigen Vermögenswerten und Veräußerungsgruppen legt IFRS 5.42 fest, dass das Unternehmen die Umstände darlegen muss, die zu einer Aufgabe der Veräußerungsabsicht geführt haben. Ebenso müssen die damit verbundenen Auswirkungen auf die Geschäftstätigkeit der aktuellen und vorangegangenen Berichtsperioden beschrieben werden.

Bilanzanalytische Auswirkungen

Die Vorschriften des IFRS 5 können die Darstellung der Vermögens-, Finanz- und Ertragslage eines Unternehmens maßgeblich beeinflussen. Die entsprechenden Vermögenswerte und Schulden müssen bei einer Klassifizierung als zur Veräußerung gehaltene langfristige Vermögenswerte (bzw. Veräußerungsgruppen) gesondert in der Bilanz ausgewiesen werden. Zusätzlich wird der im Rahmen der Neubewertung ermittelte Wertminderungsbedarf GuV-wirksam als Aufwand erfasst. Wird aber gar ein aufgegebener Geschäftsbereich identifiziert, so ist die Wertminderung nicht im Ergebnis der betrieblichen Tätigkeit, sondern als Nachsteuergröße gesondert außerhalb des Ergebnisses der fortgeführten Geschäftstätigkeit zu erfassen. Auf diese Art und Weise könnten sich z.B. Anreize ergeben, das operative Ergebnis durch entsprechende Auslagerung um verlustträchtige Bestandteile zu entlasten (vgl. Exkurs zur Forschung in diesem Abschnitt).

In Bezug auf das in der Einleitung beschriebene Beispiel hat thyssenkrupp im Geschäftsjahr 2019/2020 ein Ergebnis aus fortgeführten Aktivitäten in Höhe von -5.541 Mio. € erzielt. Das Ergebnis aus nicht fortgeführten Aktivitäten betrug hingegen durch den Vollzug des Abgangs inklusive Veräußerungserfolg 15.134 Mio. €. Der Einfluss der nicht fortgeführten Aufzugsparte auf den Konzern wird ebenso durch ein bereinigtes EBIT in Höhe von 773 Mio. € dem EBIT der Gesamtgruppe in Höhe von -860 Mio. € gegenübergestellt. So beträgt die Umsatzrendite auf Basis der fortgeführten Aktivitäten -5,65 % und (basierend auf dem bereinigten EBIT) die der gesamten Gruppe -2,43 %. Die Zahlen zeigen trotz der Verzerrung durch den einmaligen Veräußerungserfolg die deutlich höhere Profitabilität der aufgegebenen Aufzugssparte im Rahmen des Gesamtkonzerns. Ohne den IFRS 5 wären den Adressaten diese Informationen zur Aufzugssparte und, vor allem, die Einschätzung der künftigen Entwicklung des verbleibenden thyssenkrupp-Konzerns ungleich schwerer gefallen Im Rahmen der Bilanzanalyse sollten die Auswirkungen von IFRS 5 also berücksichtigt werden. Hierbei helfen die detaillierten Angabepflichten. Im Fall thyssenkrupp wurden bereits im Anhang des Zwischenberichts sowie des Geschäftsberichts Informationen zu den nicht fortgeführten Aktivitäten offengelegt. Auch ist tabellarisch dargestellt, welche Vermögenswerte, Schulden sowie Ergebnispositionen der GuV dem aufgegebenen Geschäftsbereich zugeordnet und demnach umklassifiziert worden sind.[18]

5 Wesentliche Unterschiede zum IFRS for SMEs

Primär aus Kosten-Nutzen-Erwägungen weicht die Bilanzierung von zur Veräußerung gehaltenen langfristigen Vermögenswerten nach IFRS-SME von der nach IFRS 5 ab (IFRS-SME.BC68). Demnach stellt der Plan zur Veräußerung eines Vermögenswertes vor dem eigentlich geplanten Zeitpunkt ein Anzeichen für eine Wertminderung dar. Dieses Anzeichen löst die Berechnung des erzielbaren Betrags i.S.d. IFRS-SME.27.11-13 für den Vermögenswert aus, um eine unter Umständen eingetretene Wertminderung bestimmen und erfassen zu können (IFRS-SME.17.26 i.V.m. IFRS-SME.27.5-23).[19] Ferner sind im Fall von verbindlichen Veräußerungsvereinbarungen von bedeutenden Vermögenswerten bzw. Gruppen von Vermögenswerten und Schulden Angaben zu den entsprechenden Posten zu machen. Zudem sind auch ergänzende Informationen zu dem Verkauf, zu den dem Verkauf zugrunde liegenden Umständen sowie zu den Buchwerten dieser Vermögenswerte bzw. der Gruppe von Vermögenswerten und Schulden bereitzustellen (IFRS-SME.4.14).

6 Wesentliche Unterschiede zum HGB

Im HGB finden sich weder für langfristig zur Veräußerung gehaltene Vermögensgegenstände noch für aufgegebene Geschäftsbereiche explizite Klassifizierungs- und Bewertungsregelungen. Ebenso existieren im Handelsrecht keine gesonderten Angabepflichten. § 266 Abs. 2 HGB schreibt die Gliederung für die Bilanz, § 275 HGB die Gliederung für die Gewinn- und Verlustrechnung vor. In keinem der beiden Rechenwerke ist eine gesonderte Position respektive Erfolgszeile für den Ausweis solcher Vermögensgegenstände (bzw. Veräußerungsgruppen) und der mit ihnen verbundenen Erträge und Aufwendungen vorgesehen. § 289 Abs. 1 HGB verlangt Angaben zu dem Geschäftsverlauf sowie Erläuterungen zu der Lage der Kapitalgesellschaft im Lagebericht. Darunter könnten auch die Angaben zu aufgegebenen Geschäftsbereichen fallen.[20]

---

18 Vgl. zu diesen Zahlen thyssenkrupp Zwischenbericht 2019/2020, S. 31-39 und 45-47 sowie Geschäftsbericht 2019/2020, S. 21-22, 41, 45 und 176-179.

19 Vgl. *Amen, M.*, Gesamtergebnisrechnung und gesonderte Gewinn- und Verlustrechnung, in: Bruns, H.-G. u.a. (Hrsg.): IFRS for SMEs – Kommentar zur Rechnungslegung nach IFRS für nicht kapitalmarktorientierte Unternehmen, Stuttgart: Schäffer-Poeschel Verlag, 2010, Abschnitt 5, Tz. 14-16.

20 Vgl. *Thiel, M.*, ED 4 „Veräußerung langfristiger Vermögenswerte und Darstellung der Aufgabe von Geschäftsbereichen" aus Sicht der Bilanzierungspraxis, in: BB, 58. Jg. (2003), S. 1999-2006.

Ausgewählte Literatur

Albrecht, M., Was ist eine major line of business i.S. von IFRS 5? – Zum Begriff des aufgegebenen Geschäftsbereichs, in: PiR, 6. Jg. (2016), S. 165-170.

Böcking, H.-J./Worret, D., Ermessensspielräume und Bilanzierungsfehler bei der Anwendung des IFRS 5, in: Der Konzern, 14. Jg. (2016), S. 119-127.

Dobler, M./Dobler, S., Zweifelsfälle der Bewertung von zur Veräußerung gehaltenen Abgangsgruppen nach IFRS 5, in: KoR, 10. Jg. (2010), S. 353-357.

Freiberg, J., Aktuelle Anwendungsfragen der Bilanzierung nach IFRS 5, in: PiR, 7. Jg. (2011), S. 142-145.

Kessler H./Leinen M., Darstellung von discontinued operations in Bilanz und GuV – Eine Fallstudie zur Anwendung von IFRS 5, in: KoR, 6. Jg. (2006), S. 558-565.

Nagengast, K./Boecker, C., Zur Veräußerung gehaltene langfristige Vermögenswerte und aufgegebene Geschäftsbereiche nach IFRS 5 in der Praxis, in: IRZ, 12. Jg. (2017), S. 493-496.

Prechtl, S./Schuster, L., Die Bewertung von zur Veräußerung gehaltenen langfristigen Vermögenswerten oder Veräußerungsgruppen nach IFRS 5, in: IRZ, 6. Jg. (2011), S. 461-465.

Rogler, S./Tettenborn, M./Straub, S. V., Bilanzierungsprobleme und -praxis von zur Veräußerung gehaltenen langfristigen Vermögenswerten und Veräußerungsgruppen, in: KoR, 12. Jg. (2012), S. 381-387.

Übungsaufgaben

Die Woll AG ist ein weltweit agierendes Unternehmen im Bereich der Textilindustrie. Aufgrund guter Marktbedingungen hat sich das Unternehmen in den letzten Jahren zu einem Konzern mit über 20 Tochtergesellschaften im In- und Ausland entwickelt. Seit einiger Zeit erwirtschaftet jedoch der Geschäftsbereich für handgestrickte Wollpullover zunehmende Verluste. Nach langer Diskussion mit dem verantwortlichen Management beschließt der Vorstand am 02.12.2021, den Geschäftsbereich innerhalb der nächsten 12 Monate zu verkaufen und beginnt auch unmittelbar mit der Suche nach einem geeigneten Käufer. Der Vorstand rechnet damit, den Geschäftsbereich zu einem marktüblichen Preis von 15 Mio. € veräußern zu können. Der verlustträchtige Geschäftsbereich stellt im IFRS-Konzernabschluss der Woll AG ein berichtspflichtiges Segment dar. Die Vermögenswerte und Schulden des Geschäftsbereichs der Woll AG weisen zum 01.12.2021 die in der Tabelle aufgeführten Buchwerte auf. Bei den Gebäuden wurde eine zeitanteilige Abschreibung in Höhe von 2,0 Mio. € und im sonstigen Sachanlagevermögen von 0,5 Mio. € noch nicht berücksichtigt. Ferner rechnet die Woll AG mit Veräußerungskosten in Höhe von 1 Mio. €. Der Unternehmenssteuersatz beträgt 30 %. Latente Steuern sind zu berücksichtigen.

Geschäftsbereich	Buchwerte zum 01.12.2021
Goodwill	4,0 Mio. €
Gebäude (vor anteiliger Abschreibung)	8,0 Mio. €
Sachanlagevermögen (vor anteiliger Abschreibung)	6,5 Mio. €
Vorräte	5,0 Mio. €
Forderungen	9,0 Mio. €
Verbindlichkeiten	8,0 Mio. €

Am 31.12.2021 beläuft sich der Nettoveräußerungswert der Vorräte auf 4 Mio. €. Die Forderungen haben sich auf 11 Mio. € erhöht. Der erzielbare Veräußerungspreis wird mittlerweile auf 17,5 Mio. € geschätzt. Es wird jetzt mit direkten Veräußerungskosten von 0,5 Mio. € gerechnet. Am 02.01.2022 veräußert die Woll AG ihren verlustreichen Geschäftsbereich für 14 Mio. € nach Veräußerungskosten. Der Marktwert der Vorräte beläuft sich weiterhin auf 4 Mio. €. Zu der Woll AG stehen Ihnen noch folgende zusätzliche Informationen zur Verfügung:

	bis 10.12.2021	bis 31.12.2021	bis 31.12.2022
Ertrag	1,5 Mio. €	2,0 Mio. €	0,5 Mio. €
Aufwand	- 3,0 Mio. €	- 4,5 Mio. €	- 0,5 Mio. €
Abschreibung	- 2,5 Mio. €	- 2,5 Mio. €	—

a) Ist der Geschäftsbereich zum 31.12.2021 als zur Veräußerung gehalten auszuweisen?
b) Mit welchen Beträgen müssen die Vermögenswerte und Schulden des Geschäftsbereichs nach der Umklassifizierung zum 02.12.2021 angesetzt werden? Geben Sie die erforderlichen Buchungssätze an.
c) Mit welchen Beträgen müssen die Vermögenswerte und Schulden des Geschäftsbereichs zum 31.12.2021 angesetzt werden? Geben Sie die erforderlichen Buchungssätze an.
d) Wie muss der Veräußerungsvorgang im Januar bilanziell erfasst werden?
e) Prüfen Sie, ob, wann und wie der verlustreiche Geschäftsbereich der Woll AG als aufgegebener Geschäftsbereich darzustellen ist. Liegt ein aufgegebener Geschäftsbereich vor? Wie hoch ist der Mindestausweis in der Gesamtergeb nisrechnung zum 31.12.2021 und zum 31.12.2022?
f) Wie muss die erforderliche Aufgliederung von Aufwendungen und Erträgen im Anhang des Konzernabschlusses der Woll AG zu den beiden Bilanzstichtagen erfolgen?

Kapitel 24
Ergebnis je Aktie

Die Kennzahl „Ergebnis je Aktie" (earnings per share, EPS) stellt eine bedeutende Größe zur Beurteilung der Unternehmensperformance dar. Dabei ermöglicht der EPS-Ausweis sowohl Leistungsvergleiche für ein Unternehmen im Zeitablauf als auch zwischen verschiedenen Unternehmen. Ferner lässt sich anhand der EPS die Bedeutung und Relevanz von Rechnungslegungsdaten für die globalen Kapitalmärkte aufzeigen. So berichtete beispielsweise der amerikanische Onlinehändler Amazon.com Inc. im Juli 2020 das beste zweite Quartal in seiner Firmengeschichte und erfreute damit Analysten und Anteilseigner. In der Folge stieg der Aktienkurs von Amazon um weitere 6 % auf 3.247 US-$. Hintergrund des erfolgreichen Quartals waren die starken Einschränkungen der Menschen durch die Covid-19-Pandemie, sodass eine erhöhte Anzahl von Onlinebestellungen sowie die Nutzung der Dienste der Amazon Web Services zu dem großen Umsatzwachstum beigetragen haben. Der sich hieraus ergebende Effekt auf die Gesamtperformance des Onlinehändlers wurde in den Medien vor allem über die Kennzahl EPS kommuniziert. So titelte bspw. ein Analyst der Firma D.A. Davidson „COVID-19 has been like injecting Amazon with a growth hormone".[1] Im Vergleich zum Vorjahreswert verdoppelte sich das EPS von Amazon nahezu von 5,32 US-$ auf 10,50 US-$.

Das EPS wird berechnet, indem der Gewinn oder Verlust des Unternehmens ins Verhältnis zur Anzahl der ausstehenden Aktien gesetzt wird:

$$\text{Ergebnis je Aktie} = \frac{\text{Gewinn oder Verlust}}{\text{Ø Anzahl der während der Periode ausstehenden Aktien}}$$

Um zu erkennen, ob ein Unternehmen bzw. eine Aktie an der Börse hoch oder niedrig bewertet ist, setzen Finanzanalysten den Kurs der Aktie ins Verhältnis zum Ergebnis je Aktie. Auf diese Weise kann das sog. Kurs-Gewinn-Verhältnis (KGV) bzw. Price-Earnings-Ratio (PER) ermittelt werden:

$$\text{Kurs - Gewinn - Verhältnis} = \frac{\text{Aktienkurs}}{\text{Ergebnis je Aktie}}$$

Das KGV gibt das Vielfache des aktuellen Ergebnisses je Aktie an, das an der Börse für eine Aktie bezahlt wird. Ein hohes Kurs-Gewinn-Verhältnis deutet insbesondere darauf hin, dass der Aktienmarkt für die Zukunft deutliche Gewinnsteigerungen erwartet und deswegen die Aktie hoch bewertet. Ein niedriges Kurs-Gewinn-Verhältnis hingegen kann ein Zeichen für geringe Wachstumserwartungen sein. Bei als konstant angenommenem KGV lösen überra-

1 Vgl. http://markets.businessinsider.com/news/stocks/amazon-earnings-wall-street-reacts-blockbuster-report-analysts-stock-price-2020-7-1029456482 (Stand 15.01.2020).

schende EPS-Änderungen demzufolge teilweise heftige Kursreaktionen aus. Somit stellt sowohl das aktuelle als auch das geschätzte EPS ein Bindeglied zwischen der Rechnungslegung und der Unternehmensbewertung dar.[2]

Die Ermittlung des EPS erfolgt auf Basis der Jahresabschlussdaten eines Unternehmens. Während die Berechnung der Kennzahl im Grundsatz leicht nachzuvollziehen ist, können sich in der Praxis zahlreiche Detailprobleme ergeben. Um diesen zu begegnen sowie einheitliche Vorgaben zur Ermittlung einer unternehmensübergreifend vergleichbaren EPS-Kennzahl vorzugeben, hat das IASB mit IAS 33 „Ergebnis je Aktie" einen eigenen Standard veröffentlicht.

Nach Bearbeitung dieses Kapitels verstehen Sie die grundsätzliche Idee und Bedeutung der Kennzahl „Ergebnis je Aktie" und kennen die wesentlichen konzeptionellen Unterschiede zwischen den „verwässerten" und „unverwässerten" EPS. Ihnen sind zudem die zentralen Berechnungsregeln des IAS 33 zur Bestimmung der Zähler- sowie der Nennergröße der EPS vertraut.

Lernziele „Kennen"

Sie können die Normen des IAS 33 eigenständig anwenden, um das unverwässerte und das verwässerte EPS zu ermitteln. Sie sind insbesondere in der Lage, Sachverhalte, wie z.B. Kapitalerhöhungen, bei der Berechnung der unverwässerten EPS korrekt abzubilden. Sie können zudem Verwässerungseffekte durch zugesicherte Rechte auf Stammaktien an Externe anhand der if-converted method und der treasury stock method abschätzen.

Lernziele „Anwenden"

Diese Kenntnisse befähigen Sie, die EPS-Folgen verschiedener unternehmerischer Entscheidungen, wie z.B. Kapitalerhöhungen und die Ausgabe von wandelbaren Anleihen sowie Optionen auch vor dem Hintergrund der Kapitalmarktrelevanz der EPS kritisch zu würdigen.

Lernziele „Bewerten & Gestalten"

1 Anwendungsbereich von IAS 33

IAS 33 ist nur für Unternehmen, deren Aktien oder potenzielle Aktien öffentlich gehandelt werden bzw. für deren Aktien die Zulassung zum öffentlichen Handel beantragt wurde, verpflichtend anzuwenden (IAS 33.2). Durch diese Einschränkung kann es in Deutschland Unternehmen geben, die zwar nach IFRS pflichtgemäß bilanzieren, jedoch keine EPS-Kennzahlen veröffentlichen müssen. Dies ist dann der Fall, wenn sie den deutschen Wertpapiermarkt lediglich mit Fremdkapitaltiteln in Anspruch nehmen.

Anwendungspflicht nur für Unternehmen mit börsennotierten Aktien

Beispiel 24.1

Der in Duisburg ansässige Haniel-Konzern stellt seinen Konzernabschluss bereits seit dem Geschäftsjahr 2004 nach IFRS auf. Bei der Obergesellschaft handelt es sich um die Franz Haniel & Cie. GmbH. Aufgrund der GmbH-

2 Vgl. z.B. *Liu, J./Nissim, D./Thomas, J.*, Equity Valuation Using Multiples, in: JoAR, Vol. 40, (2002), S. 135; *Lüdenbach/Hoffmann/Freiberg*, Haufe IFRS-Kommentar, § 35, Rz. 1.

Rechtsform können per Definition keine Aktien am öffentlichen Markt ausstehen. Folglich kam IAS 33 im Konzernabschluss für das Jahr 2019 auch nicht zur Anwendung.

Wenn sich ein nicht öffentlich gelistetes Unternehmen freiwillig dazu entscheidet, eine EPS-Kennzahl im Rahmen eines IFRS-Abschlusses zu veröffentlichen, so ist diese allerdings gemäß IAS 33 zu ermitteln (IAS 33.3). Weiterhin legt IAS 33.4 fest, dass das EPS – bei vorliegendem Konzernabschluss – auf konsolidierter Basis zu berechnen ist. Falls im Einzelabschluss des Unternehmens ebenfalls eine Ergebnis-je-Aktie-Kennzahl veröffentlicht wird, so darf diese nicht im Konzernabschluss veröffentlicht werden. Schließlich ist zu beachten, dass die Regelungen des IAS 33 nicht nur für den Jahresfinanzbericht gelten. Sofern ein Unternehmen in den Anwendungsbereich von IAS 33 fällt und es ferner Zwischenberichte veröffentlicht (vgl. Kapitel 26), muss es auch in IFRS-Zwischenabschlüssen (Quartals- bzw. Halbjahresberichten) EPS-Kennzahlen ausweisen (IAS 34.11).

2 Grundlagen

Zwei Problemfelder: Ergebnis und Aktienanzahl

Wie erwähnt stellen sich bei der Ermittlung des EPS zwei voneinander abhängige Problemfelder:

- Was ist der richtige Gewinn oder Verlust als Zählergröße und
- was ist die korrekte Aktienanzahl als Nennergröße?

Zwei EPS-Konzepte

Zähler und Nenner müssen hierbei für mindestens zwei verschiedene EPS-Größen ermittelt werden:

- Unverwässertes Ergebnis je Aktie (basic EPS) und
- verwässertes Ergebnis je Aktie (diluted EPS).

Aus der Forschung

EPS und Kapitalmarktrelevanz

Wie in der Einleitung dieses Kapitels anhand des Beispiels von Amazon.com Inc. bereits aufgezeigt wurde, kommt dem Ausweis der EPS eine hohe Bedeutung seitens des Kapitalmarkts zu. Folglich überrascht es wenig, dass weite Teile der Literatur die Kapitalmarktrelevanz von Ergebnisgrößen wie der EPS analysieren. Vor diesem Hintergrund zeigen bspw. die Ergebnisse von Booth/Broussard/Loistl (1997), dass die ausgewiesenen EPS und der entsprechende Aktienkurs von deutschen Unternehmen hoch korreliert sind.

Ferner deuten u.a. die Ergebnisse von Liu/Nissim/Thomas (2002) darauf hin, dass sich durch die Verwendung von auf Ergebnisgrößen wie bspw. den EPS basierenden Bewertungsmultiples, Aktienkurse grundsätzlich erklären lassen. Im Vergleich mit anderen Größen, wie bspw. Cashflow, Eigenkapital-

Buchwert und Umsatz, weisen sowohl zukunftsgerichtete als auch historische EPS-Größen den höchsten Erklärungsgehalt auf.

Die Ergebnisse von Cen/Hilary/Wei (2013) unterstützen diesen Befund, da sie in ihrer Analyse nachweisen, dass insbesondere Unternehmen deren EPS-Schätzungen über dem Industriemedian liegen in der Zukunft positive abnormale Aktienrenditen aufweisen.

Literatur: Booth, G. G./Broussard, J./Loistl, O., Earnings and stock returns: evidence from Germany, in: EAR, Vol. 6 (1997), S. 589-603; Cen, L./Giles, H./Wei, J., The Role of Anchoring Bias in the Equity Market: Evidence from Analysts` Earnings Forecasts and Stock Returns, in: Journal of Financial and Quantitative Analysis, Vol. 48 (2013), S. 47-76; Liu, J./Nissim, D./Thomas, J., Equity Valuation Using Multiples, in: JoAR, Vol. 40 (2002), S. 135-172.

Unverwässertes EPS

Bei der Berechnung des unverwässerten EPS wird die Ergebnisgröße auf die Anzahl derjenigen Aktien aufgeteilt, die in der entsprechenden Periode tatsächlich ausstehend waren. Grundsätzlich sind im Nenner lediglich Stammaktien zu berücksichtigen. Gemäß IAS 33.5 ist eine Stammaktie ein Eigenkapitalinstrument, das allen anderen Formen von Finanzierungsinstrumenten nachgeordnet ist. Dabei sind die im Konzernabschluss gemäß IFRS 10.22 im Eigenkapital auszuweisenden Anteile anderer Gesellschafter für die EPS-Berechnung nicht als Stammaktien anzusehen, da sie nicht zu den Stammaktien der Konzernmutter gehören (vgl. Kapitel 4). Folglich gibt das EPS Auskunft darüber, welcher Anteil des Konzernergebnisses auf eine Stammaktie des Mutterunternehmens entfällt.

Verwässertes EPS

Bei der Berechnung des verwässerten EPS werden neben den aktuell ausstehenden Stammaktien auch „potenzielle Stammaktien" im Nenner berücksichtigt. Darunter fallen gemäß IAS 33.5 sämtliche Finanzinstrumente oder sonstige Verträge, die einer unternehmensexternen Partei die Möglichkeit gewähren, Stammaktien im obigen Sinne vom bilanzierenden Unternehmen zu erhalten. Durch die Berücksichtigung potenzieller Stammaktien stellt das verwässerte EPS im Gegensatz zum unverwässerten EPS eine zukunftsgerichtete, fiktive Größe dar, da bereits Aktien miteinbezogen werden, die zum Bilanzstichtag noch nicht ausstanden. Auf diese Weise soll verdeutlicht werden, inwieweit sich der Anteil am Ergebnis je Stammaktie verringert, wenn auch zukünftige und somit potenzielle Stammaktien berücksichtigt werden.

Potenzielle Stammaktien

Folgende Sachverhalte erfüllen z.B. die Definition von potenziellen Stammaktien:

- Aktienoptionen, unabhängig davon, ob sie am Markt ausgegeben oder Mitarbeitern als Entlohnungsbestandteil zugesichert wurden;
- Wandelschuldverschreibungen, die in Aktien des emittierenden Unternehmens umtauschbar sind;
- zum Bilanzstichtag noch ausstehende Bezugsrechte, die Altaktionären das Recht auf junge Aktien zusichern.

Die Bedeutung des verwässernden Effekts durch die Einbeziehung potenzieller Stammaktien soll am nachfolgenden Beispiel verdeutlicht werden:

Beispiel 24.2

Zehn Kommilitonen gründen zum 01.01.2021 die KoStone AG. Die KoStone AG ist ein Lieferdienst für nachhaltig produzierte Lebensmittel. Jeder der Studierenden bringt als Gründungsaktionär ein Startkapital von 5.000 € zur Finanzierung der ersten Filiale in Düsseldorf-Grafenberg ein und erhält hierfür einen Anteil an der KoStone AG.

Um zusätzliche Liquidität aufzubringen, wird ein Vertrag mit der Venture-Capital-Gesellschaft Sustainability GmbH geschlossen. Diese stellt einen zinslosen Kredit in Höhe von 50.000 € zur Verfügung. Nach zwei Jahren hat die Venture-Capital-Gesellschaft die Option, entweder den Kredit sofort zurückzufordern oder ihn im Rahmen einer Kapitalerhöhung unter Bezugsrechtsausschluss der Altaktionäre in Eigenkapitalanteile mit gleichem Nennwert umtauschen zu lassen (dies würde zu weiteren zehn Anteilen führen (50.000 € / 5.000 €/Anteil = 10 Anteile)). Die Liquiditätsprobleme sind gelöst. Begeistert stimmen die Aktionäre zu. Im Laufe des Jahres 2021 wird ein Jahresüberschuss von 15.000 € erwirtschaftet. Auch in den nächsten Jahren ist mit Gewinnen in vergleichbarer Höhe zu rechnen.

Herr Stone einer der studentischen Alteigentümer, stellt im Dezember 2021 fest, dass er zur Finanzierung anstehender Urlaubsreisen dringend etwas Liquidität benötigt. Er bietet deswegen Frau Thun, einer Spezialistin für Beteiligungskapital, seinen Eigenkapitalanteil zum Kauf an. Diese sagt ihm, dass sie für ein Unternehmen dieser Art ein KGV von 12 annehme. Mit welcher Zahlungsbereitschaft von Frau Thun rechnen Sie?

Lösung

Das unverwässerte EPS beträgt 15.000 € geteilt durch zehn Anteile, also 1.500 € je Anteil. Daraus würde sich bei einem KGV von 12 eine Zahlungsbereitschaft von 18.000 € für den Anteil von Herrn Stone ergeben. Diese Überlegung geht allerdings davon aus, dass die Sustainability GmbH ihre Anteile nicht in Eigenkapitaltitel umwandelt. Dies dürfte jedoch sehr unwahrscheinlich sein, wenn der Wert der Anteile tatsächlich 18.000 € beträgt. Im Umtauschfall gäbe es in Zukunft nicht mehr 10, sondern vielmehr 20 Anteile zu je 5.000 €. Wird diese Verwässerung der Aktienanzahl berücksichtigt, so ergibt sich das verwässerte EPS zu 750 € je Anteil, da nunmehr der Gewinn von 15.000 € durch 20 tatsächliche und potenzielle Aktien geteilt werden muss. Darauf basierend ergibt sich der Wert des Anteils zu (750 € · 12 =) 9.000 €.

Aus diesem Beispiel wird deutlich: Da sich Aktionäre zur Bewertung ihres Anteils hauptsächlich dafür interessieren, welcher zukünftige Gewinn oder Verlust ihnen zusteht, ist hierfür insbesondere die zukünftige Aktienanzahl von Bedeutung. Dementsprechend fordert IAS 33 neben der Ermittlung eines unverwässerten EPS zusätzlich auch die eines verwässerten EPS.

3 Unverwässertes Ergebnis je Aktie

3.1 Ermittlung des Ergebnisses

Gewinn oder Verlust nach Berücksichtigung von Minderheiten

Die Zählergröße stellt das den Stammaktionären zustehende Ergebnis dar. Grundsätzlich haben die Stammaktionäre Anspruch auf den Gewinn oder Verlust des Unternehmens. Da sich die EPS nur für eine spezielle Aktiengattung sinnvoll berechnen lassen, handelt es sich hier um eine interessentheoretische Größe (vgl. Kapitel 21). Folglich ist der in der Konzern-Gesamtergebnisrechnung ausgewiesene Gewinn oder Verlust nach Steuern ggf. um sämtliche Ergebnisanteile zu korrigieren, die nicht auf die Stammaktien des Mutterunternehmens entfallen. So sind auch z.B. die auf die Anteile anderer Gesellschafter entfallenden Gewinne (Verluste) für die EPS-Berechnung vom Gewinn oder Verlust abzuziehen (zum Gewinn oder Verlust zu addieren).

EPS separat für fortgeführte Tätigkeiten

Sofern das Unternehmen nicht fortgeführte Tätigkeiten im Sinne von IFRS 5 aufweist, so ist das EPS zusätzlich auf Basis des um nicht fortgeführte Tätigkeiten bereinigten Gewinns oder Verlusts auszuweisen (IAS 33.9; vgl. zudem auch Kapitel 23).

Beispiel 24.3

Wie wichtig die Unterscheidung zwischen fortgeführten und nicht fortgeführten Tätigkeiten sein kann, wird z.B. am Konzernabschluss der RWE AG deutlich. So betrug das unverwässerte EPS[3] aus fortgeführten Tätigkeiten für das Geschäftsjahr 2019 lediglich -1,13 €. Demgegenüber wies der Energieversorger ein unverwässertes EPS aus fortgeführten und nicht fortgeführten Tätigkeiten i.H.v. 13,82 € aus.

Letztgenannte Kennzahl beinhaltete jedoch insb. den positiven Ergebnisbeitrag aus dem weitreichenden Tausch von Geschäftsteilen und Beteiligungen, weil Teile der innogy SE an die E.ON SE im September 2019 veräußert wurden. Der Verkauf des Netz- und Vertriebsgeschäfts ist ein Teil der geplanten Umstrukturierung des Geschäftsmodells der RWE AG zu einem führenden Produzenten von Strom aus erneuerbaren Energien. Aus Sicht von Anlegern bzw. Analysten, die das EPS als Ausgangsbasis für die Schätzung zukünftiger Ergebnisse bzw. Cashflows nutzen möchten, schränken solche, künftig nicht mehr wiederkehrenden Ergebnisbestandteile die Aussagekraft des EPS stark ein. Gerade in derartigen Fällen ist daher ein EPS relevant, welches sich lediglich aus den fortgeführten Tätigkeiten ergibt.

GuV-Ergebnis als Zählergröße verpflichtend

Da der Gewinn oder Verlust den Ausgangspunkt der EPS-Ermittlung darstellt, sind sämtliche GuV-neutralen Aufwendungen und Erträge (sog. OCI-Komponenten), wie z.B. Änderungen von Währungsumrechnungsdifferenzen und Wertänderungen von bestimmten Finanzinstrumenten, nicht in den von IAS 33 geforderten EPS enthalten. Dies kann zumindest dann zu Verzerrungen führen, wenn eine GuV-neutrale Zuschreibung von Vermögenswerten des Anlagever-

3 Dieses stimmt im genannten Fall mit dem verwässerten EPS überein.

mögens nach IAS 16 bzw. IAS 38 in den Folgejahren GuV-wirksam und damit EPS-wirksam abgeschrieben wird. Diesen Effekt würde eine zweite EPS-Kennzahl, die auf Basis des Gesamtergebnisses zu berechnen wäre, transparent machen.

EPS-Größen erweitert um OCI-Komponenten

Zwar fordert IAS 33 lediglich EPS-Kennzahlen auf Basis des GuV-Ergebnisses, jedoch dürfen Unternehmen gemäß IAS 33.73 freiwillig zusätzliche EPS-Größen angeben, bei denen der Zähler andere Komponenten der Gesamtergebnisrechnung umfassen kann. Im Gegensatz zu den geforderten EPS-Kennzahlen, die grundsätzlich innerhalb der Ergebnisrechnung auszuweisen sind, dürfen diese jedoch nur im Anhang präsentiert werden. Dort könnten Unternehmen z.B. eine EPS-Größe ausweisen, die sämtliche OCI-Ergebnisanteile berücksichtigt.

Beispiel 24.4

Ein solches „Gesamtergebnis je Aktie“ bzw. „Comprehensive Income per Share“ hätte z.B. im Falle des Bayer-Konzerns in den Jahren 2018 und 2019 das Bild der Ertragslage wie folgt ergänzt:

	in Mio. € bzw. Stück	**2019**	**2018**
1	Konzernergebnis der Gesamtergebnisrechnung	4.091	1.695
2	GuV-neutrale Eigenkapitalveränderungen des Eigenkapitalspiegels ohne Transaktionen mit Anteilseignern	-92	882
3	Aktienanzahl	982	941
	EPS wie berichtet (1 / 3)	4,17	1,80
	EPS inkl. OCI (1 + 2) / 3	4,07	2,74

Tab. 24.1: Berechnung des Gesamtergebnisses je Aktie am Beispiel des Bayer-Konzerns

Unterschiedliche Stammaktiengattungen und partizipierende Instrumente

Komplikationen bei der Berechnung des zu verwendenden Ergebnisses können sich dann ergeben, wenn das Konzernergebnis nach Steuern und Minderheitenanteilen den Stammaktionären nicht vollständig bzw. gleichmäßig zuzurechnen ist. Dies ist der Fall, wenn das betrachtete Unternehmen über verschiedene Stammaktiengattungen oder sogenannte „partizipierende Instrumente“ verfügt.

IAS 33.5 definiert hierfür den Begriff einer Stammaktie (ordinary share) als Eigenkapitalinstrument, das allen anderen Formen von Finanzierungsinstrumenten nachgeordnet ist. Stammaktien partizipieren somit erst dann an den Unternehmensgewinnen, wenn andere Aktientypen wie z.B. Vorzugsaktien (preference share) bedient worden sind (IAS 33.6). Unterschiedliche Stammaktiengattungen liegen folglich nur dann vor, wenn der Dividendensatz wie z.B. bei jungen Aktien zwischen zwei Aktiengattungen variiert, zugleich jedoch keine der Aktiengattungen vorrangig bedient wird (IAS 33.A13(b)).

Partizipierende Instrumente räumen dem Halter das Recht ein, zusammen mit den Stammaktionären an der Dividende nach einer festgelegten Formel zu partizipieren (IAS 33.A13(a)). Darunter können z.B. Gewinnschuldverschreibungen fallen, die neben einer festen Verzinsung einen Anteil am Gewinn oder Verlust in Abhängigkeit von der gezahlten Dividende gewähren.

Two-class method

Bei Vorliegen von verschiedenen Stammaktiengattungen bzw. partizipierenden Instrumenten ist der Anteil am Ergebnis getrennt für die einzelnen Kategorien von Stammaktien bzw. partizipierenden Instrumenten zu ermitteln. Dazu ist das Ergebnis nach Steuern und Minderheitenanteilen zunächst um die für die jeweiligen Gattungen erklärten bzw. vertraglich zu zahlenden Dividendenbeträge zu mindern. Anschließend wird der Restbetrag auf die verschiedenen Gattungen entsprechend den Dividendenansprüchen verteilt, wie es bei einer Vollausschüttung der Fall wäre (two-class method). Der Anteil an diesem Restbetrag und die Ansprüche an den erklärten bzw. vertraglich vereinbarten Dividenden ergeben das Ergebnis für die jeweilige Kategorie von Stammaktien bzw. partizipierenden Instrumenten (IAS 33.A14).

Behandlung deutscher Vorzugsaktien

In Teilen der Literatur wurde früher diskutiert, ob Vorzugsaktien nach deutschem Muster im Sinne von IAS 33 als eine separate Stammaktiengattung oder als partizipierende Instrumente anzusehen sind.[4] Gemäß IAS 33.66 ist das EPS für jede Stammaktiengattung separat auszuweisen. Ein „Ergebnis je partizipierendes Instrument" wird hingegen nicht gefordert. Da deutsche Vorzugsaktien in der Regel vorrangig zu bedienen sind, stellen sie gemäß der Definition von IAS 33.5 jedoch keine separate Stammaktiengattung dar.[5] Ungeachtet dessen wird in der Unternehmenspraxis regelmäßig das Ergebnis je Vorzugsaktie angegeben. Sofern ein Unternehmen im wesentlichen Umfang Vorzugsaktien ausstehend hat, ist ein Ergebnis je Vorzugsaktie anzugeben, da andernfalls das Unternehmensbild bzw. die Unternehmensperformance unvollständig abgebildet würde.[6]

Bei der Berechnung des auf die Stamm- und Vorzugsaktionäre entfallenden Ergebnisses im Rahmen der two-class method ist zu beachten, dass Vorzugsaktien in der Regel einen kumulativen Dividendenanspruch besitzen. Dies bedeutet, dass nicht geleistete Mindestdividenden in den Folgeperioden nachzuzahlen sind. In diesem Fall ist für die Ermittlung des auf die Vorzugsaktien entfallenden Ergebnisanteiles stets ihr aktueller Anspruch zu berücksichtigen und nicht die tatsächlich beschlossenen bzw. gezahlten Vorzugsdividenden (IAS 33.14(b)).

Das folgende Beispiel illustriert die Behandlung verschiedener Aktientypen:

Beispiel 24.5

In der Konzern-Gesamtergebnisrechnung wird ein auf die Mehrheitsgesellschafter entfallender Gewinn nach Steuern von 10 Mio. € ausgewiesen. Das Mutterunternehmen hat 5 Mio. Stammaktien und 1 Mio. Vorzugsaktien. Die beiden Aktiengattungen partizipieren gemäß der Satzung wie folgt am Gewinn:

- Vorzugsaktien besitzen einen kumulativen, vorrangigen Dividendenanspruch in Höhe von 1 €.

---

4 Vgl. *Lüdenbach/Hoffmann/Freiberg*, Haufe IFRS-Kommentar, § 35, Rz. 5-6.

5 Vgl. *IDW RS HFA 2*, Einzelfragen zur Anwendung von IFRS (IDW RS HFA 2), 2018, Rz. 6.

6 Vgl. *Beine, F./Schütte, J.*, Ergebnis je Aktie, in: Ballwieser, W./Beine, F./Hayn, S./Peemöller, V. H./Schruff, L./Weber, C-P. (Hrsg.), Handbuch International Financial Reporting Standards 2011, 7. überarbeitete und aktualisierte Aufl., Ulm 2011, Abschn. 20, Rz. 14, S. 869-905.

- Weitere Gewinnanteile werden in der Weise ausgezahlt, dass auf Vorzugsaktien die 1,3-fache Dividende der Stammaktien entfällt.

Wie hoch ist das Ergebnis je Stamm- und je Vorzugsaktie?

Lösung
Im ersten Schritt ist von dem Ergebnis der Betrag den Vorzugsaktionären zuzurechnen, der ihnen unabhängig von der Höhe der Stammdividende zusteht. Das sind 1 €/Vorzugsaktie · 1 Mio. Vorzugsaktien = 1 Mio. €.

Anschließend ist der Restbetrag von 9 Mio. € so auf die zwei Aktionärsgruppen aufzuteilen, wie er ihnen im Falle einer Vollausschüttung zustünde. Im Folgenden soll S den Anteil einer Stammaktie an einer theoretischen zusätzlichen Dividende beschreiben. V soll dies entsprechend für die Vorzugsaktien beschreiben, wobei gilt V = 1,3 S. Es ergibt sich daraus folgende Gleichung: 5 Mio. Stammaktien · S + 1 Mio. Vorzugsaktien · 1,3 S = 9 Mio. €.

Durch Umformung der Gleichung ergibt sich das Ergebnis je Stammaktie zu S = 9 Mio. € / 6,3 Mio. = 1,43 €. Das Ergebnis je Vorzugsaktie setzt sich aus 1,86 € (V = 1,3 · S = 1,3 · 1,43 €) zuzüglich des vorrangigen Dividendenanspruchs in Höhe von 1 € zusammen und beträgt somit 2,86 €.

3.2 Ermittlung der Aktienanzahl

Verfahren bei unterjährig ausgegebenen Aktien

Grundsätzlich werden alle vom Unternehmen ausgegebenen und sich nicht im Besitz des Unternehmens befindlichen Stammaktien als ausstehende Aktien gezählt. Die Anzahl der Stammaktien kann sich während der Berichtsperiode z.B. durch Aktienrückkäufe oder durch Kapitalerhöhungen ändern. Für die Bestimmung der Aktienanzahl zur EPS-Ermittlung ist daher eine durchschnittliche Aktienanzahl zu ermitteln. Hierbei sind alle Aktien jeweils mit dem Zeitraum zu gewichten, in dem sie ausstanden (IAS 33.19). Näherungslösungen sind gemäß IAS 33.20 zulässig; insbesondere erscheint es vertretbar, mit finanzmathematischen 30-Tage-Monaten zu arbeiten.

Beispiel 24.6

Ein Unternehmer hält als 100 %iger Eigentümer seines Unternehmens 10 Mio. Aktien mit einem Nennwert von je 1 €. Die Eigenkapitalrendite des Unternehmens beträgt 10 % pro Jahr. Kapital- oder sonstige Rücklagen existieren nicht. Am 01.07.2021 bringt er im Rahmen einer Kapitalerhöhung mit 10 Mio. neuen Aktien zusätzliche 10 Mio. € Kapital ein.

In der ersten Hälfte des Jahres erwirtschaftet das Unternehmen gemäß der Eigenkapitalrendite einen Gewinn von 500 T€, im zweiten Halbjahr, bei breiterer Kapitalbasis, einen Gewinn von 1 Mio. €. Wie hoch sind nun die EPS des Jahres 2021?

Lösung
Würden die EPS auf Basis der ungewichteten Aktienanzahl zum Periodenende von 20 Mio. Aktien ermittelt, so ergäben sich EPS von 7,5 Cent/Aktie, was einer Rendite von 7,5 % entspräche (1,5 Mio. € / 20 Mio. Aktien). Da die tatsächliche Rendite jedoch 10 % beträgt, führt nur die gewichtete Aktienanzahl von 0,5 · 10 Mio. + 0,5 · 20 Mio. = 15 Mio. Aktien zu einem korrekten EPS in Höhe von (1,5 Mio. € / 15 Mio. Aktien =) 10 Cent/Aktie.

Zeitpunkt der Einbeziehung

Das Gewichtungsverfahren geht davon aus, dass mit der Ausgabe (Rückkauf) von Aktien auch ein Zufluss (Abfluss) von Ressourcen verbunden ist, der zur Erzielung eines Gewinns oder Verlusts (nicht mehr) zur Verfügung steht. Deswegen wird als relevanter Zeitpunkt der Einbeziehung in IAS 33.21 der Zeitpunkt bestimmt, zu dem ein(e) Anrecht (Pflicht) seitens des Unternehmens auf den Ressourcenzufluss (zum Ressourcenabfluss) besteht.

Bilanzanalytische Auswirkungen

Gezielte Nutzung von Aktienrückkäufen

Der Ausweis der EPS lässt sich gemäß der zugrunde liegenden Berechnung u.a. durch eine Reduktion des Nenners, d.h. der Anzahl der sich im Umlauf befindlichen Stammaktien des Mutterunternehmens, steigern.

Folglich könnten Unternehmen Aktienrückkäufe u.a. dazu nutzen, die Anzahl der ausstehenden Stammaktien zu reduzieren, um auf diesem Wege eine erhöhte EPS-Kennzahl auszuweisen. In Deutschland kann sich bspw. ein Unternehmen gemäß § 71 AktG durch die Hauptversammlung die Ermächtigung einholen, über einen maximal fünf Jahre geltenden Beschluss bis zu 10 % des Grundkapitals an eigenen Aktien zurückzukaufen. Hiervon machten unlängst u.a. die Siemens AG mit einem maximalen Rückkaufvolumen in Höhe von 3 Mrd. € (bis November 2021) sowie die Münchner Rück AG (1 Mrd. €, bis April 2020) Gebrauch.

Dieses Vorgehen scheint ebenfalls von dem Kapitalmarkt honoriert zu werden. Schremper (2002) zeigt in einer empirischen Analyse für deutsche börsennotierte Unternehmen im Zeitraum von 1998 bis 2000, dass Ankündigen über Aktienrückkaufprogramme mit signifikanten Überrenditen einhergehen.

Literatur: Schremper, R., Aktienrückkauf und Kapitalmarkt – Eine theoretische und empirische Analyse deutscher Aktienrückkaufprogramme, Frankfurt am Main 2002, [zugl.: Bochum, Univ., Diss., 2001].

Sonderfälle

Im Rahmen von Unternehmensakquisitionen ausgegebene Aktien sind ab dem Tag der Erstkonsolidierung als ausstehend zu betrachten (IAS 33.22). Aktien, deren Gegenleistung nur teilweise eingefordert wurde, werden dementsprechend als quotal ausstehend gewertet, wenn ihre Mitgliedsrechte, z.B. Dividendenberechtigungen, schon (quotal) aktiv sind. Falls dies nicht der Fall ist, können sie unter Umständen potenzielle Stammaktien darstellen (IAS 33.A15 i.V.m. 33.A16). Aktien, die nur unter bestimmten Bedingungen ausgegeben werden, sind nach IAS 33.24 bedingt emissionsfähige Aktien. Ein Beispiel für solche

Aktien sind Mitarbeiteraktien, die als Entlohnungsbestandteil unter Marktwert ausgegeben werden, sobald das Unternehmen z.B. bestimmte Gewinnziele überschreitet. Solche Aktien werden als ausstehend betrachtet, sobald die Ausgabebedingungen erfüllt sind. Es wird jedoch betont, dass Aktien, deren Ausgabe lediglich vom Ablauf einer bestimmten Zeitspanne abhängt, keine bedingt emissionsfähigen Aktien darstellen, da das Verstreichen von Zeit ein sicheres Ereignis ist. Diesem Gedanken folgend sind Finanzinstrumente, die zu einem späteren Zeitpunkt verpflichtend in Stammaktien umzutauschen sind (z.B. Pflichtwandelanleihen), gemäß IAS 33.23 bereits mit ihrer Ausgabe als Stammaktien zu behandeln. Auch wenn IAS 33.23 hierzu keine weiteren Informationen enthält, ist wohl davon auszugehen, dass für die unterstellte Umwandlung die später noch zu erläuternde if-converted method ggf. in Verbindung mit der treasury stock method (bei Zuzahlungen im Umtauschfall) anzuwenden ist.

Gratisaktien, Aktiensplits und Bezugsrechte

Was ist mit Aktien, die ohne oder ohne angemessen hohen Ressourcenfluss ausgegeben oder eingezogen werden? Beispiele hierfür können Gratisaktien, Aktiensplits oder Bezugsrechte sein. In diesem Fall erhöht sich die Aktienanzahl des Unternehmens, ohne dass dem Unternehmen in vollem Umfang Kapital zufließt. Im extremen Fall von Gratisaktien ist es somit unsinnig, diese mit dem Zeitraum ihrer Existenz zu gewichten. Deswegen werden sie nach IAS 33.28 so behandelt, als ob sie schon immer ausgegeben waren. Die EPS-Zahlen der Vorperioden sind entsprechend anzupassen. Etwas anders stellt sich die Situation bei Bezugsrechten dar. Hier leistet der Inhaber regelmäßig eine Zuzahlung, um die neuen Stammaktien zu erhalten. Häufig enthalten Bezugsrechte jedoch ein Bonuselement für Altaktionäre, da die Zuzahlung unter dem Marktwert der Stammaktien liegt. Somit entspricht der aus der Ausgabe resultierende Kapitalzufluss nicht dem am freien Markt erzielbaren Zufluss. Gemäß IAS 33.A2 sind solche Aktien rechnerisch in Gratisaktien und Aktien, die zum Marktwert ausgegeben wurden, aufzuteilen und entsprechend im Nenner zu berücksichtigen.

Beispiel 24.7

Ein Unternehmen, dessen 1.000 ausstehende Aktien einen Kurswert von 110 € je Aktie besitzen, gibt neue Aktien mit einem Bezugsrecht für Altaktionäre heraus. Fünf alte Aktien berechtigen zum Bezug einer neuen Aktie zum Bezugskurs von 50 €. Diese neuen Aktien werden somit deutlich unter dem Marktwert ausgegeben, das Bezugsrecht enthält also ein Gratiselement. Das Bezugsrecht für die neuen Aktien läuft am 01.07. aus, die Bezugsrechte sind handelbar. Um zu ermitteln, wie hoch das Gratiselement der Bezugsrechte ist, muss zunächst der rechnerische Kurs zum 01.07. nach Ausübung sämtlicher Bezugsrechte ermittelt werden:

$$\text{Kurs nach Bezugsrecht} = (1.000 \text{ Aktien} \cdot 110\ €/\text{Aktie} + 200 \text{ Aktien} \cdot 50\ €/\text{Aktie}) / 1.200 \text{ Aktien} = 100\ €/\text{Aktie}.$$

Daraus folgt, dass der Gratiseffekt genau einer Ausgabe von 100 Gratisaktien entspricht, denn dies würde den Kurs der Aktien ebenfalls auf 100 €/Aktie senken (110.000 € / 1.100 Aktien). Die restlichen 100 Aktien gelten demnach als zu marktgerechten Konditionen ausgegeben und müssen zeitanteilig berücksichtigt werden. Da die „Gratisaktien" hingegen so zu behandeln sind, als ob sie schon immer ausstünden, ergibt sich die Aktienanzahl zur Ermittlung des unverwässerten Ergebnisses als:

Aktienanzahl = (1.000 Aktien + 100 „Gratisaktien") · 6/12 + (1.000 Aktien + 100 „Gratisaktien" + 100 Aktien) · 6/12 = 1.150 Aktien.

4 Verwässertes Ergebnis je Aktie

4.1 Ermittlung des Ergebnisses

Während in der Berichtsperiode neu ausgegebene Aktien in dem unverwässerten EPS zeitanteilig erfasst werden, versucht das verwässerte EPS, bereits in der laufenden Periode vertraglich zugesicherte künftige Aktien zu berücksichtigen. Damit entspricht das verwässerte EPS einer „Was wäre wenn"-Rechnung: Wie hoch wäre das EPS, wenn alle Verträge, die Externen die Möglichkeit auf Aktien des Unternehmens einräumen, tatsächlich am Periodenbeginn ausgeübt worden wären? Dies wird jedoch nur bei denjenigen potenziellen Stammaktien angenommen, die verwässernd wirken, d.h. einen unverwässerten Gewinn (Verlust) je Aktie verringern (erhöhen). Somit beantwortet das verwässerte EPS genau genommen die Frage: Wie hoch wäre das EPS im ungünstigsten Fall, wenn Externe ihre Rechte auf Stammaktien vollständig wahrgenommen hätten?

Aus der Forschung

EPS und Earnings Management

Unternehmen besitzen insbesondere dann Anreize, Einfluss auf ausgewiesene Ergebnisgrößen, wie bspw. das (verwässerte) EPS zu nehmen, wenn diese mit weiteren (Rechts-)Folgen verbunden sind. So untersucht bspw. die Studie von Marquardt/Wiedmann (2005), ob die Strukturierung wandelbarer Fremdkapitalinstrumente gezielt genutzt wird, um einen negativen Effekt beim Ausweis der verwässerten EPS zu verhindern. Dabei zeigen die Ergebnisse der Studie, dass die Wahrscheinlichkeit der Ausgabe speziell gestalteter wandelbarer Anleihen (sog. contingent convertible bonds) insbesondere dann hoch ist, wenn ein starker Verwässerungseffekt auf die EPS durch die Auflegung herkömmlicher Anleihen zu erwarten gewesen wäre.

Ferner ist ein ähnlicher Effekt zu beobachten, wenn die Bemessung von Management-Boni an die EPS geknüpft ist. Analog hierzu können bspw. Young/Yang (2011) zeigen, dass eine vergleichbare Motivation auch im Falle von Aktienrückkäufen beobachtet werden kann. So ist die Wahrscheinlichkeit eines Aktienrückkaufs für Unternehmen mit einer an die EPS gekoppelten Vergütungsstruktur nahezu doppelt so hoch wie für Unternehmen ohne eine derartige Ergebnisbindung.

Literatur: Marquardt, C./Wiedmann, C., Earnings Management through Transaction Structuring: Contingent Convertible Debt and Diluted Earnings per Share, in: JoAR, Vol. 43 (2005), S. 205-243; Young, S./Yang, J., Stock Repurchases and Executive Compensation Contract Design: The Role of Earnings per Share Performance Conditions, in: ACCR, Vol. 86 (2011), S. 703-733.

If-converted method

Der Idee der „Was wäre wenn"-Rechnung folgend muss grundsätzlich nicht nur die Aktienanzahl, sondern auch der Gewinn oder Verlust angepasst werden, was international als if-converted method bezeichnet wird. Schließlich kann der Umtausch von potenziellen Stammaktien dazu führen, dass Aufwendungen wegfallen oder Erträge entstehen. Diese Effekte wirken der Verwässerung entgegen. Wenn z.B. eine Wandelschuldverschreibung in eine Stammaktie umgewandelt wird, dann vergrößert sich zwar die Aktienanzahl, gleichzeitig sinken aber auch die Aufwendungen, da keine Zinszahlungen an den Inhaber mehr zu leisten sind. Dementsprechend sind diese ersparten Zinsaufwendungen bei der Berechnung des verwässerten EPS zum Zähler hinzuzuaddieren (IAS 33.33(b)). Des Weiteren werden für potenzielle Stammaktien eventuell bislang Dividendenzahlungen (z.B. bei limitierten Vorzugsaktien) im Rahmen der Gewinnverwendung fällig, die für die Ermittlung des unverwässerten EPS vom Ergebnis abzuziehen sind. Solche Dividendenzahlungen sind dann Bestandteil des verwässerten Ergebnisses (IAS 33.33(a)). Schließlich können sich aus den genannten Ergebniskorrekturen indirekt noch weitere Anpassungsschritte ergeben (IAS 33.33(c)): So führt der Wegfall von Zinszahlungen zu einem höheren Ergebnis, woraus wiederum höhere gewinnbasierte Personalaufwendungen resultieren können. Dieser indirekte Effekt, der den Anstieg des Zählers abschwächt, ist bei der Berechnung des verwässerten EPS zu berücksichtigen (IAS 33.35). Sämtliche Ergebniskorrekturen sind gemäß IAS 33.33 nach zurechenbaren Steuern durchzuführen. Das folgende Beispiel verdeutlicht dies für Wandelschuldverschreibungen (WSV).

Beispiel 24.8

Ein Unternehmen hat WSV in Höhe von 10 Mio. € zu einem Zins von 2 % herausgegeben. Diese WSV sind in Stammaktien wandelbar. Der Gewinn nach Steuern beträgt 1 Mio. €. Der Steuersatz auf das Zinsergebnis beträgt 30 %. Wie hoch ist der verwässerte Gewinn?

Lösung

Um den Effekt der Wandlung auf das Ergebnis darzustellen, muss der Zinsaufwand für die WSV ermittelt werden. Er ergibt sich zu:

Zinsaufwand vor Steuern: 10 Mio. € · 0,02 = 200 T€.

Zinsaufwand nach Steuern: 200 T€ · (1 - 0,3) = 140 T€.

Diese 140 T€ würden den Gewinn (Verlust) erhöhen (verringern), wenn die WSV in Stammaktien gewandelt würden. Somit beträgt der korrigierte verwässerte Gewinn 1.140 T€.

4.2 Ermittlung der Aktienanzahl

Korrektur der Aktienanzahl

Potenzielle Stammaktien sind dadurch gekennzeichnet, dass eine Umtauschmöglichkeit in Stammaktien besteht. Dass der Umtausch noch nicht stattgefunden hat, kann an unterschiedlichen Gründen liegen:

- Der Umtausch ist erst in einem bestimmten Zeitraum möglich, der noch nicht begonnen hat;
- der Umtausch wäre zwar möglich, erscheint aber dem Inhaber nicht sinnvoll, z.B. bei Kaufoptionen, deren Ausübungskurs über dem momentanen Marktpreis liegt;
- der Umtausch ist von bestimmten Bedingungen abhängig, die noch nicht gegeben sind, wie z.B. bei Aktienoptionen des Managements, die nur ausübbar werden, wenn bestimmte Gewinnziele erreicht werden.

Damit potenzielle Stammaktien in das verwässerte EPS einbezogen werden, muss es sich bei diesen um verwässernde potenzielle Stammaktien handeln. Dies ist dann gegeben, wenn die Umwandlung in eine Stammaktie zu einem im Vergleich mit dem unverwässerten EPS niedrigeren verwässerten EPS aus fortzuführendem Geschäft führt (IAS 33.41). Andernfalls wären diese Aktien bei der Berechnung des verwässerten EPS nicht zu berücksichtigen. Damit ist per Definition ausgeschlossen, dass das verwässerte Ergebnis das unverwässerte übersteigen kann.

Ereignisse im Verlauf der Berichtsperiode

Grundsätzlich wird beim verwässerten EPS die Ausübung verwässernd wirkender potenzieller Stammaktien bereits zum Periodenbeginn unterstellt. Wie bei Stammaktien kann jedoch auch bei potenziellen Stammaktien die Anzahl unterjährig schwanken. So können während der Berichtsperiode neue potenzielle Stammaktien entstehen, bestehende können verfallen oder ausgeübt werden. Wie sind diese unterjährigen Ereignisse abzubilden? IAS 33.36 i.V.m. IAS 33.38 gibt die Antwort: Potenzielle Aktien, die während der Berichtsperiode neu emittiert wurden, werden anteilig gewichtet. Wenn potenzielle Stammaktien im Laufe der Periode verfallen, sind sie ebenfalls anteilig zu gewichten. Falls potenzielle Stammaktien in der Periode ausgeübt werden, so sind diese ab dem Ausübungszeitpunkt auch in das unverwässerte EPS einzubeziehen.

Bedingt emissionsfähige Aktien und bedingt emissionsfähige potenzielle Aktien

Optionen sind grundsätzlich ab dem Ausgabezeitpunkt (grant date) als ausstehend anzusehen, auch wenn sie ggf. erst nach Ablauf einer Anwartschaft (vesting period) ausgeübt werden können (IAS 33.48). Ist die Aktienausgabe jedoch von bestimmten Situationen, wie z.B. von der Höhe des Gewinns oder Verlusts, abhängig, so sind diese bedingt emissionsfähigen Aktien dann in die verwässerte EPS-Rechnung einzubeziehen, sofern diese Bedingungen eingetreten sind. Im Gegensatz zur Berechnung der unverwässerten EPS werden bedingt emissionsfähige Aktien dann jedoch bereits ab Periodenbeginn bzw. (falls später) ab dem Zeitpunkt als ausstehend angesehen, an dem die Vereinbarung getroffen wurde (IAS 33.52). Sind stichtagsübergreifende Bedingungen vereinbart, so sind die bedingt emissionsfähigen Aktien nur insoweit zu berücksichtigen, wie sie auszugeben wären, wenn lediglich die bis zum Periodenende erfüllten Bedingungen berücksichtigt werden (IAS 33.53). Wurden z.B. dem Management unter der Bedingung, dass es innerhalb des abgelaufenen und der folgenden zwei Jahre das Ergebnis um insgesamt 30 % verbessert, Aktien zugesprochen, wären diese also nur dann für die abgelaufene Periode im Nenner zu berücksichtigen, wenn bereits im abgelaufenen Geschäftsjahr eine Ergebnisverbesserung von 30 % erzielt wurde. Die Regelungen für bedingt emissionsfähige Aktien gelten analog für bedingt emissionsfähige potenzielle Aktien, wie z.B. bedingte Optionen (IAS 33.57).

Sonderfälle

Falls für den Umtausch unterschiedliche Alternativen bestehen, so sind jeweils die für den Inhaber der potenziellen Stammaktien günstigsten Konditionen anzunehmen (IAS 33.39). Falls ein Tochterunternehmen des Konzerns Verträge abschließt, die wahlweise mit Aktien des Tochterunternehmens oder mit Aktien des Mutterunternehmens bedient werden können, so ist dieser Vertrag gemäß IAS 33.40 als potenziell verwässernd anzusehen.

Aus einem Vertrag, der wahlweise mit Aktien oder mit sonstigen Finanzinstrumenten (i.d.R. Geld) bedient werden kann, resultieren gemäß IAS 33.58 in jedem Fall potenzielle Stammaktien, wenn das Unternehmen das Recht hat, darüber zu entscheiden, ob es den Vertrag mit Aktien oder sonstigen Finanzinstrumenten bedient. Liegt das Recht bei der Vertragsgegenseite, so ist gemäß IAS 33.60 jeweils die Möglichkeit zu wählen, die zu einer stärkeren Verwässerung führt.

Treasury stock method

Während bei der Berechnung der verwässerten EPS nach IAS 33 grundsätzlich die if-converted method Anwendung findet, ist ein solches Vorgehen bei Optionen und Optionsscheinen ohne weiteres nicht möglich. So fließt dem Unternehmen bei Optionsausübung i.d.R. zusätzliche Liquidität in Höhe des Bezugspreises zu. Bei unterstellter Ausübung zum Periodenbeginn hätte das Unternehmen diese liquiden Mittel einsetzen und darauf ein zusätzliches Ergebnis erzielen können. Um gemäß der if-converted method neben der Aktienanzahl auch den Gewinn oder Verlust anpassen zu können, müssten explizite Annahmen über die Nachsteuerverzinsung der zusätzlichen Eigenkapitalmittel getroffen und die damit verbundenen Auswirkungen auf den Gewinn oder Verlust ermittelt werden. Bei der nach IAS 33.45 für Optionen, Optionsscheine und Äquivalente vorgeschriebenen treasury stock method wird diese Problematik umgangen. Sie basiert auf der Annahme, dass sämtliche durch die fiktive Optionsausübung eingezahlten Mittel zum Rückkauf eigener Aktien eingesetzt worden wären. Im Gegensatz zur if-converted method werden die der Verwässerung entgegenwirkenden Effekte demnach nicht durch eine Erhöhung des Gewinns im Zähler, sondern durch einen verminderten Anstieg des Nenners erfasst. Damit wirken nur solche Optionen verwässernd, deren Ausübungskurs unter dem für den Rückkauf der Aktien angenommenen Kurs liegt. Als Rückkaufkurs wird gemäß IAS 33.45 i.V.m. IAS 33.A4-A5 der durchschnittliche Marktwert der Stammaktien während der Berichtsperiode definiert.

Beispiel 24.9

1.000 Optionen mit einem Bezugsverhältnis von 1:1 (Option zu Aktie) stehen aus, ihr Ausübungskurs liegt bei 12 €, der durchschnittliche Aktienkurs innerhalb der Berichtsperiode lag bei 15 €.

Durch den Umtausch würde das Unternehmen folglich 12.000 € einnehmen. Durch diesen Zufluss liquider Mittel könnte das Unternehmen beim gegenwärtigen Kurs 800 Aktien direkt wieder zurückkaufen (12.000 € / 15 €). Die restlichen 200 potenziellen Stammaktien werden wie Gratisaktien behandelt und verwässern damit das EPS.

Besonderheiten bei Mitarbeiteroptionen

Werden Aktienoptionen im Rahmen der Mitarbeiterentlohnung als Entgelt für Arbeitsleistungen ausgegeben, so ist nach IFRS 2 deren beizulegender Zeitwert über die Perioden des Anspruchserwerbs als Aufwand zu erfassen (vgl. Kapitel 16). Dieser Aufwand wird, sofern er zum Abschlusszeitpunkt noch nicht erfasst wurde, nach IAS 33.47A wie eine einmalige Zuzahlung gemäß der treasury stock method behandelt und somit antiverwässernd berücksichtigt. Hierdurch kommt zum Ausdruck, dass der Optionshalter neben der Zuzahlung noch weitere Gegenleistungen erbringen muss, um die Aktie zu erwerben. Wenn also gemäß IAS 33.48 Aktien aus Mitarbeiteroptionen trotz einer Sperrfrist bereits zum Ausgabezeitpunkt innerhalb der verwässerten EPS voll zu erfassen sind, muss gleichzeitig auch die den Aktien entgegenstehende Arbeitsleistung in dieser Weise berücksichtigt werden.

Reverse treasury stock method

Bislang wurde im Zusammenhang mit Aktienoptionen stets vom Fall der Call-Option mit dem Unternehmen als Stillhalter ausgegangen. Dies bedeutet, dass ein Außenstehender die Option hat, Aktien des Unternehmens zu beziehen. Wie ist jedoch vorzugehen, wenn ein Unternehmen Optionen ausstehen hat, die den Halter ermächtigen, Aktien an das Unternehmen zu einem bestimmten Preis zu verkaufen? Put-Optionen und vergleichbare Verträge wirken dann verwässernd, wenn der Ausübungskurs über dem durchschnittlichen Marktpreis liegt, das Unternehmen also mehr als den Marktpreis für die Aktien bezahlen muss. Der Verwässerungseffekt wird in solchen Fällen mittels der reverse treasury stock method erfasst. Hierbei wird berechnet, wie viele neue Aktien das Unternehmen ausgeben müsste, um die Rücknahme der Aktien im Rahmen der ausgeübten Put-Optionen finanzieren zu können (IAS 33.63).

Beispiel 24.10

Es stehen 200 Put-Optionen mit einem Bezugsverhältnis von 1:1 (Option zu Aktie) aus. Der Ausübungskurs beträgt 50 €. Der durchschnittliche Marktpreis der zugrunde liegenden Aktien liegt bei 40 €.

Übt der Optionshalter sein Verkaufsrecht aus, müsste das Unternehmen 10.000 € (50 € · 200) aufbringen, um die Aktien zurückzukaufen. Um diesen Betrag zu finanzieren, müssten theoretisch 250 neue Aktien zum durchschnittlichen Aktienkurs ausgegeben werden (10.000 € / 40 €/Aktie). Letztlich würden somit bei unterstellter Ausübung der Put-Option zwar 200 Aktien eingezogen. Gleichzeitig würde das Unternehmen jedoch 250 neue Aktien ausgegeben müssen, sodass sich der Nenner des verwässerten EPS im Saldo um 50 Aktien erhöht.

Besonderheiten bei Zwischenberichten

Wenn ein Unternehmen neben der Jahresberichterstattung auch Zwischenberichte veröffentlicht, erscheint es fraglich, ob im Rahmen der Jahresberichterstattung oder im Rahmen der zu den Zwischenberichten gehörenden Berichtsperiode vom Jahresbeginn bis zum aktuellen Quartalsende auf die bereits bestimmten Mengen der potenziellen Stammaktien für die abgeschlossenen Quartale zurückgegriffen werden sollte. So wäre es grundsätzlich denkbar, die in jedem Quartal angenommenen potenziellen Stammaktien zu gewichten, um so zu der Anzahl der ausstehenden potenziellen Stammaktien für die übergreifende Berichtsperiode zu kommen. Im Gegensatz zu dieser Vorgehensweise fordert IAS 33.37 jedoch, dass die Anzahl der potenziellen Stammaktien für jede Berichtsperiode neu ermittelt wird. Nur so kann sichergestellt werden, dass die Anzahl der potenziellen Stammaktien nicht von der auf nationalen Rahmenbedingungen beruhenden Zwischenberichtsfrequenz abhängt (IAS 33.BC10-BC14).

Ermittlung der maximalen Verwässerung

Ziel des verwässerten EPS ist es, dem Bilanzleser die maximal mögliche Verwässerung aufzuzeigen. Wenn mehrere Arten von potenziellen Stammaktien ausstehen, kann die Reihenfolge der Einbeziehung wesentlich sein. Daher ist bei mehreren Arten potenzieller Stammaktien stets die mit dem höchsten Verwässerungseffekt zuerst einzubeziehen. Falls die Einbeziehung einer weiteren, weniger verwässernd wirkenden Kategorie den Verwässerungseffekt insgesamt verringern würde, sind diese potenziellen Stammaktien aus der Berechnung auszuschließen, auch wenn sich im Vergleich zum ursprünglichen unverwässerten EPS ein Verwässerungseffekt ergeben hätte (IAS 33.44). Das folgende Beispiel soll dies verdeutlichen.

Beispiel 24.11

Ein Unternehmen hat ein den Stammaktionären zurechenbares Ergebnis (nach Vorzugsaktiendividenden) von 15 Mio. € erwirtschaftet, 10 Mio. Stammaktien stehen aus. Weiterhin hat das Unternehmen zwei Arten von potenziellen Stammaktien ausstehen:

- Eine Wandelschuldverschreibung (WSV) mit einem Nennwert von 10 Mio. €, die in 1 Mio. Stammaktien wandelbar ist. Der Zinssatz für die Wandelschuldverschreibung beträgt 4,5 %, der Steuersatz liegt bei 30 %.
- 1 Mio. limitierte Vorzugsaktien (VzA) mit einem festen Dividendenanspruch von 1,45 €/Aktie pro Berichtsperiode. Die Vorzugsaktien sind 1:1 in Stammaktien wandelbar.

Lösung

Auf Basis der Daten beträgt das unverwässerte EPS (EPS_{UV}):

EPS_{UV} = 15 Mio. € / 10 Mio. Aktien = 1,5 €/Aktie.

Um zu entscheiden, in welcher Reihenfolge die Verwässerungen zu berücksichtigen sind, ist zunächst der jeweilige Ergebniseffekt des Umtauschs zu ermitteln: Wenn die WSV gewandelt werden, steigt der Nachsteuer-Gewinn durch die Einsparung der Zinszahlungen (ΔGE_{WSV}) um

ΔGE_{WSV} = 10 Mio. € · 0,045 · (1 - 0,3) = 0,315 Mio. €.

Wenn die Vorzugsaktien getauscht werden, entfallen jährlich Dividendenzahlungen in Höhe von ΔGE_{VzA} = 1,45 Mio. €. Es wird folglich deutlich, dass der Verwässerungseffekt der Vorzugsaktien schwächer ist: Beide potenziellen Aktiengruppen erhöhen im Umtauschfall die Aktienzahl um 1 Mio., aber die Vorzugsaktien erhöhen den Gewinn, der den Stammaktien zusteht, wesentlich stärker. Deswegen wird zuerst die Verwässerung der WSV erfasst:

Das verwässerte EPS beträgt nach Einbeziehung der Wandelschuldverschreibung ($EPS_{V,WSV}$):

$EPS_{V,WSV}$ = (15 Mio. € + 0,315 Mio. €) / 11 Mio. Aktien = 1,39 €/Aktie.

Wenn nun in einem zweiten Schritt die Vorzugsaktien berücksichtigt werden, so ergibt sich folgendes EPS ($EPS_{V,WSV,VzA}$):

$EPS_{V,WSV,VzA}$ = (15,315 Mio. € + 1,45 Mio. €) / 12 Mio. Aktien
= 1,40 €/Aktie.

Das maximal verwässerte EPS beträgt damit 1,39 €/Aktie. Obwohl der Umtausch der Vorzugsaktien für sich genommen (minimal) verwässernd wirken würde,

$EPS_{V,VzA}$ = (15 Mio. € + 1,45 Mio. €) / 11 Mio. Aktien = 1,495 €/Aktie,

wird er also bei der Ermittlung des verwässerten EPS nicht mit einbezogen, da er nicht zur maximalen Verwässerung führt.

Um die Reihenfolge der Einbeziehung zu ermitteln, muss also die Beeinflussung der Ergebnisgröße durch die unterschiedlichen potenziellen Stammaktien ermittelt werden. Nach IAS 33.41 hat dies anhand des dem Mutterunternehmen zustehenden Gewinns oder Verlusts aus fortgeführter Geschäftstätigkeit zu erfolgen.

5 Ausweis und Angabepflichten

Anpassung der EPS-Zahlen von Vorperioden

EPS-Kennziffern sind für jede Periode zu veröffentlichen, für die auch eine Gesamtergebnisrechnung vorgelegt wird (IAS 33.67). Grundsätzlich sind Vorjahresdaten nicht anzupassen, es sei denn:

- Die Aktienanzahl hat sich ohne Ressourcenauswirkung geändert, wie z.B. bei Gratisaktien, Aktiensplits oder bei einer Kapitalzusammenlegung;
- Auswirkungen von IAS 8 hinsichtlich grundlegender Fehler oder Änderungen der Bilanzierungs- und Bewertungsmethoden machen eine Korrektur notwendig.

Im ersten Fall hat die Anpassung auch zu erfolgen, wenn die Aktienänderung nach Periodenende aber vor Veröffentlichung erfolgt ist. Für andere Ereignisse, die nach dem Bilanzstichtag den Umfang der Stammaktien oder potenziellen

Stammaktien beeinflussen, wird in IAS 33.70(d) eine offenlegende Beschreibung verlangt. Es ist allerdings nicht zulässig, aufgrund solcher Informationen die EPS-Kennziffern der abgelaufenen Periode anzupassen.

Ausweis, gleichrangige Präsentation von verwässerten und unverwässerten EPS

Die EPS-Kennzahlen sind zusammen mit der Gewinn- und Verlustrechnung zu veröffentlichen. Folgendes ist dabei besonders zu beachten:

- Das verwässerte und das unverwässerte EPS sind gleichrangig innerhalb der Gesamtergebnisrechnung zu präsentieren. Sofern das Unternehmen die Gesamtergebnisrechnung in zwei separaten Teilrechenwerken im Sinne von IAS 1.10A darstellt, so sollen die EPS-Kennzahlen in der Gewinn- und Verlustrechnung ausgewiesen werden (IAS 33.66-67A);
- die EPS sind auf Basis des dem Mutterunternehmen zustehenden Ergebnisses aus fortlaufender Geschäftstätigkeit (continuing operations) auszuweisen. Falls das Unternehmen die Aufgabe eines Geschäftsbereiches (i.S.v. IFRS 5) meldet, dann ist das EPS für den aufgegebenen Geschäftsbereich entweder in der Gesamtergebnisrechnung oder im Anhang auszuweisen (IAS 33.66-68);
- falls ein Unternehmen über mehrere Arten von Stammaktien verfügt, muss der Ausweis für jede Art getrennt erfolgen (IAS 33.66);
- die Kennzahlen sind auch zu veröffentlichen, wenn sie negativ sind (IAS 33.69);
- sowohl die Zählergrößen als auch die Nennergrößen aller Kennziffern sind auf die sonstigen Abschlussdaten wie den Gewinn oder Verlust oder die veröffentlichte Aktienanzahl je Aktiengattung überzuleiten (IAS 33.70(a)-(b));
- potenzielle Stammaktien, die nicht in die Berechnung des verwässerten EPS einbezogen wurden, da sie nicht als verwässernd anzusehen waren, sind anzugeben (IAS 33.70(c)).

Ein Unternehmen, das neben den Pflichtangaben weitere Ergebnis-je-Aktie-Kennzahlen veröffentlichen möchte (z.B. Gesamtergebnis je Aktie), hat die Nennergrößen in Einklang mit den Regelungen des IAS 33 zu ermitteln. Diese dürfen jedoch lediglich im Anhang ausgewiesen werden. Des Weiteren muss eine Überleitungsrechnung die Herkunft der freiwillig verwendeten Ergebnisgröße transparent machen (IAS 33.73).

6 Wesentliche Unterschiede zum IFRS for SMEs

Keine Pflicht für SMEs

Bereits im Kontext der „full" IFRS müssen gemäß IAS 33.2 nur die Unternehmen EPS-Kennzahlen veröffentlichen, deren Eigenkapitalanteile aktuell oder in Kürze öffentlich gehandelt werden. Da der IFRS-SME per Definition auf nicht kapitalmarktorientierte Unternehmen ausgerichtet ist, verwundert es also nicht, dass eine Berechnung und Veröffentlichung von EPS hier explizit nicht gefordert wird (IFRS-SME.3.25). Sofern ein Unternehmen jedoch freiwillig EPS-Informationen veröffentlicht, hat es die Grundsätze zu beschreiben, nach denen diese berechnet und dargestellt wurden.

7 Wesentliche Unterschiede zum HGB

Außerhalb der IFRS-Rechnungslegung ist die Ermittlung und Veröffentlichung von EPS in Deutschland (z.B. innerhalb des HGB) gesetzlich nicht vorgeschrieben. Seit 1991 existiert lediglich eine von der DVFA gemeinsam mit der Schmalenbach-Gesellschaft (SG) erstellte Empfehlung zur Ermittlung eines EPS nach DVFA/SG.[7] Seit Inkrafttreten der IAS-VO in der EU ist das EPS nach DVFA/SG für die Berichterstattung deutscher Unternehmen jedoch kaum noch relevant.

Keine verbindlichen Rechtsvorschriften

Ausgewählte Literatur

Bonse, A./Jannett, S., Gewinn je Aktie – Earnings per Share, in: DBW, 67. Jg. (2007), S. 739-743.

Glieder, H., Geldflußrechnung, Segmentberichterstattung und Gewinn je Aktie: US-GAAP, IAS und HGB im Vergleich, in: Schriften zum betrieblichen Rechnungswesen und Controlling Band 6, Hamburg 1999 [zugl.: Hamburg, Univ., Diss., 1998].

Löw, E./Roggenbuck, H., Earnings per Share für Banken – nach IAS und DVFA, in: DBW, 58. Jg. (1998), S. 659-671.

Pellens, B./Neuhaus, S./Nölte, U., Konzernergebnis und Earnings per Share, in: Jander, H./Krey, A. (Hrsg.), Betriebliches Rechnungswesen und Controlling im Spannungsfeld von Theorie und Praxis – Festschrift für Prof. Dr. Jürgen Graßhoff zum 65. Geburtstag, Hamburg 2004, S. 31-53.

Pellens, B./Gronewold, U./Strzyz, A., Geplante Neuerungen für das Ergebnis je Aktie nach IAS 33 – eine kritische Würdigung unter Berücksichtigung der eingegangenen Stellungnahmen, in: WPg, 63. Jg. (2010), S. 145-154.

Prechtl, S./Schmidt, J., Ausgewählte Problemstellungen bei der Ermittlung der Earnings per Share, in: IRZ, 8. Jg. (2013), S. 407-409.

Übungsaufgaben

Die nach IFRS bilanzierende Black & Yellow AG ist in der Lebensmittelbranche tätig und vertreibt über ein Netz stationärer Handelsgeschäfte primär minderwertige Bananen, die aufgrund ihrer Qualitätsmängel nicht mehr für einen Verkauf in herkömmlichen Supermärkten in Frage kommen.

Die Black & Yellow AG hat am 01.07.2021 eine ordentliche Kapitalerhöhung durchgeführt und 20.000 neue Aktien emittiert. Bereits vor einigen Jahren hatte

7 Vgl. *Busse von Colbe, W. et al.* (Hrsg.), Ergebnis je Aktie nach DVFA/SG – gemeinsame Empfehlung, 3. Aufl., Stuttgart 2000.

die Black & Yellow AG im Zuge einer bedingten Kapitalerhöhung eine Wandelschuldverschreibung emittiert, die ein Umtauschrecht in Aktien verbrieft. Der dreiköpfige Vorstand der Black & Yellow AG interessiert sich nun für die Auswirkung dieser Emissionen auf die EPS-Kennziffern des Unternehmens für 2021.

a) Erläutern Sie zunächst kurz, was unter einer Verwässerung zu verstehen ist.
b) Berechnen Sie anhand der aufgeführten Angaben (s. die folgende Tabelle) das unverwässerte und verwässerte EPS der Black & Yellow AG für 2021.

Jahresüberschuss der Black & Yellow AG vor Steuern nach Steuern (Steuersatz 30 %)	 5 Mio. € 3,5 Mio. €
Aktienzahl zum 01.01.2021 ordentliche Kapitalerhöhung gegen Einlagen zum damaligen Börsenwert am 01.07.2021	100.000 Stück 20.000 Stück
Durchschnittlicher Marktwert der Aktien in 2021	160 €
Wandelschuldverschreibung (WSV) Volumen Verzinsung Wandlungsverhältnis (WSV in Aktien) Wandlungsfrist	 10.000 Stück zu 1.000 € 10 % 1:10 ab 01.01.2021

Herr Danny Wobbert, Mitglied des dreiköpfigen Vorstands, schlägt seinen beiden Kollegen im Rahmen der alljährlich stattfindenden Strategiesitzung vor, den Verkauf der Bananen durch ein Franchisesystem, bei dem Filialen an Einzelpersonen verpachtet werden, weiter auszubauen. Um neue Pächter zu gewinnen, sieht sein Vorschlag eine Zusage von 5.000 Stammaktien pro neu eröffneter Filiale vor. Zusätzlich sollen 1.000 neue Stammaktien pro 100.000 € zusätzlichem Konzernergebnis, sobald das Konzernergebnis die Grenze von 3 Mio. € überschritten hat, gewährt werden. Hellauf begeistert von rasant wachsenden Umsätzen, wird dieser Vorschlag sogleich beschlossen. Kurz darauf konnte mit Herrn Makkus Kloppo auch ein erster Pächter gewonnen werden. Dieser eröffnete am 01.07.2021 sowie am 01.10.2021 jeweils eine neue Filiale.

c) Berechnen Sie nun, ohne vorherige Berücksichtigung der ordentlichen und bedingten Kapitalerhöhung, das verwässerte und das unverwässerte EPS für das Jahr 2021.

Abschließend erhält Herr Wobbert die Bitte eines ehemaligen Mitglieds des Vorstands der Black & Yellow AG, Herrn Kostone, welcher mittlerweile Geschäftsführer der Green Apple IT AG ist, ihm bzgl. der EPS-Berechnung weiterzuhelfen:

Die Green Apple IT AG hat im Geschäftsjahr 2021 ein Ergebnis aus fortgeführter Geschäftstätigkeit von 8,2 Mio. € erzielt. Ferner hat die Green Apple IT

AG 1 Mio. Stammaktien sowie 400.000 wandelbare Vorzugsaktien ausstehen. Die Vorzugsaktien haben einen Nennwert von 50 € sowie einen kumulativen Dividendenanspruch in Höhe von 8 € pro Aktie. Jede Vorzugsaktie ist zu jedem Zeitpunkt gegen zwei Stammaktien wandelbar.

Zusätzlich hat das Unternehmen 50.000 Optionen mit einem Bezugsverhältnis von 1:1 (Option zu Aktie) und einem Ausübungspreis von 60 € emittiert. Ebenso wurden im Rahmen der Beschaffung von Fremdkapital Wandelanleihen im Nominalwert von 50 Mio. € emittiert. Jede Anleihe hat einen Nominalwert von 1.000 € und verbrieft einen Anspruch auf 20 Stammaktien. Die Verzinsung der Wandelanleihen beträgt 5 %. Die Anleihen wurden zu pari ausgegeben und werden aktuell zu pari gehandelt. Der durchschnittliche Marktpreis pro Aktie betrug während des Geschäftsjahres 75 €. Der Steuersatz beträgt 30 %.

d) Helfen Sie Herrn Kostone weiter, indem Sie das unverwässerte sowie das verwässerte EPS für die Green Apple IT AG für das Jahr 2021 berechnen.

Kapitel 25
Segmentberichterstattung

Ein Blick in den Geschäftsbericht der Henkel AG & Co. KGaA zeigt, dass das Konzern-EBIT im Jahr 2019 bei 2.899 Mio. € liegt, während das eingesetzte Kapital 21.460 Mio. € beträgt. Demnach hat die Unternehmensgruppe eine Rendite auf das eingesetzte Kapital (ROCE) von etwa 13,5 % erwirtschaftet. Weil der Henkel-Konzern in mehreren Geschäftsbereichen tätig ist, stellt sich die Frage, in welchen Bereichen diese Rendite erzielt wurde. Eine tiefergehende Analyse, welche die aggregierten Daten des Konzernabschlusses aufgliedert, verdeutlicht, in welchen Teilbereichen eine under- bzw. overperformance erzielt wird und wie sich diese im Zeitverlauf verändert. Die Segmentberichterstattung des Henkel-Konzerns liefert solche Informationen (vgl. Tabelle 25.1).

2019	**Klebstoffe für Konsumenten, Handwerk und Bau**	**Industriegeschäft**	**Beauty Care**	**Laundry & Home Care**
EBIT (in Mio. €)	317	1.314	418	973
Eingesetztes Kapital (in Mio. €)	1.244	8.219	4.131	7.722
ROCE	25,5%	16,0%	10,1%	12,6%

Tab. 25.1: Ausschnitt aus dem Segmentbericht 2019 des Henkel-Konzerns[1]

Die Segmentberichterstattung zeigt die unterschiedlichen Aktivitäten des Henkel-Konzerns. So lässt sich etwa erkennen, dass in zwei der insgesamt vier operativen Unternehmensbereiche ein ROCE erwirtschaftet wird, der (deutlich) über den 13,5 % auf Gesamtkonzernebene liegt. Ferner zeigt sich, dass der relativ kleine Bereich „Klebstoffe für Konsumenten, Handwerk und Bau" den höchsten ROCE erwirtschaftet. Das höchste absolute EBIT wird im Bereich „Industriegeschäft" erzielt, jedoch ist hier auch der Kapitaleinsatz konzernweit am größten. Die Segmentberichterstattung liefert somit insbesondere bei diversifizierten Konzernen einen detaillierten Einblick in die einzelnen Geschäftsbereiche und ökonomischen Umfelder.

Allgemein lässt sich festhalten, dass Segmentdaten detailliertere Informationen über die Vermögens-, Finanz- und Ertragslage sowie über die Ausrichtung eines Unternehmens liefern als dies der aggregierte Konzernabschluss allein leisten kann. Mit der Segmentberichterstattung werden die Konzernabschlussdaten nach Tätigkeitsbereichen disaggregiert, was für die Abschlussadressaten insbesondere in diversifizierten, international tätigen Unternehmen zur Abschätzung der künftigen Unternehmensentwicklung sehr bedeutend ist. Hierüber wird erst

1 Vgl. Geschäftsbericht 2019 (S. 143) des Henkel-Konzerns.

eine Sum-of-the-Parts-Bewertung als Summe der Einzelsegmente möglich, die z.B. über den Vergleich mit der Marktkapitalisierung des Unternehmens verdeutlicht, ob das Unternehmen an der Börse mit einem sogenannten Konglomeratsabschlag bewertet wird.

Im Rahmen des IFRS-Regelwerks wird die Segmentberichterstattung seit 2009 durch IFRS 8 „Geschäftssegmente" (Operating Segments) geregelt.

Lernziele „Kennen"

Nach Bearbeitung dieses Kapitels kennen Sie die Zielsetzung und Konzeption der Segmentberichterstattung und wissen um den Zusammenhang zwischen internem (Segment-)Berichtswesen und externer Segmentberichterstattung nach IFRS. Zudem sind Sie mit den Auswahlkriterien, der Methodik und den Offenlegungsverpflichtungen nach IFRS 8 vertraut. Sie haben erfahren, dass die Segmentberichterstattung eine differenzierte Analyse der finanziellen Auswirkungen von diversifizierten Geschäftsaktivitäten ermöglichen soll. Die Ansatzkriterien für die Berichterstattungspflicht nach IFRS 8 sind Ihnen bekannt und Sie können die offenzulegenden Informationen skizzieren.

Lernziele „Anwenden"

Sie können beurteilen, über welche Segmente ein Unternehmen berichten muss und können die Ansatzkriterien und Offenlegungsvorschriften des IFRS 8 eigenständig auf praxisnahe Sachverhalte anwenden. Auch sind Sie in der Lage, die durch den Management-Ansatz geforderte Überleitungsrechnung bei Ansatz- und Bewertungsmethodik zwischen internem und externem Berichtswesen zu erstellen. Ihnen ist somit bekannt, dass die unternehmensinterne Segmentbildung sowie die Wahl der internen Steuerungsgrößen einen Einfluss auf die externe Berichterstattung nach IFRS 8 haben kann.

Lernziele „Bewerten & Gestalten"

Diese Kenntnisse befähigen Sie, die Auswirkungen, Möglichkeiten und Grenzen von bilanzanalytischen und bilanzpolitischen Spielräumen im Rahmen der Segmentberichterstattung zu beurteilen. So können Sie z.B. einschätzen, welche Auswirkungen eine interne Veränderung von Segmenten auf die externe Kapitalmarktkommunikation haben kann und ob dies aus Management-Perspektive wünschenswert wäre. Ferner können Sie beurteilen, wie sich eine interne Änderung von Segmenten auf den IFRS-Abschluss auswirken kann und wie aufwendig und sinnvoll eine solche Anpassung erscheint.

1 Regelungsgrundlage, Anwendungsbereich und Zielsetzung

Allgemeine Definition zur Segmentberichterstattung

Die Veröffentlichung detaillierter Informationen zu einzelnen Teilbereichen eines Unternehmens wird allgemein – unabhängig vom konkreten Rechnungslegungssystem – unter dem Begriff Segmentberichterstattung zusammengefasst. Ein Segment kann dabei allgemein als isolierbare Untereinheit (Produktgruppe, Geschäftszweig etc.) innerhalb einer diversifizierten Wirtschaftseinheit („Mehrbereichs"-Unternehmung, -Konzern) verstanden werden. Die Segmentberichterstattung ist somit ein Instrument zur Veröffentlichung von Unternehmensinformationen im Rahmen der externen Berichterstattung.

IFRS 8

Das IASB hat im November 2006 mit IFRS 8 „Geschäftssegmente" (Operating Segments) die Erstellung von Segmentberichten geregelt. Dieser Standard ist seit dem 01.01.2009 verpflichtend anzuwenden. Ein folgender im Jahr 2012 eingeleiteter PIR des Standards sowie weitere Diskussionsschritte im Jahr 2017 haben bisher seitens des IASB ergeben, dass der Standard zweckgemäß funktioniert und es zunächst keinen weiteren Anpassungsbedarf gibt.[2]

Anwendungsbereich

IFRS 8 gilt für die Einzel- und Konzernabschlüsse solcher Unternehmen, deren Eigen- oder Fremdkapitaltitel an einem öffentlichen Markt gehandelt werden oder die eine entsprechende Emission vorbereiten. Im Zuge dieser Regelungen sind zwei Besonderheiten zu beachten: Einerseits wird ein Mutterunternehmen von der Erstellung eines Segmentberichts auf Ebene des Einzelabschlusses befreit, wenn der Finanzbericht sowohl den Konzernabschluss als auch den separaten Einzelabschluss des Mutterunternehmens enthält. In diesem Fall ist die Segmentberichterstattung nur für den Konzernabschluss zu erstellen (IFRS 8.4). Legt andererseits ein nicht in den Anwendungsbereich von IFRS 8 fallendes Unternehmen Informationen über seine Teilbereiche offen, welche nicht mit den Regelungen des IFRS 8 übereinstimmen, so dürfen diese veröffentlichten Angaben nicht als Segmentinformationen bezeichnet werden (IFRS 8.3). Diese Anwendungsregeln sind nur für solche deutsche Mutterunternehmen relevant, die als nicht kapitalmarktorientierte Mutterunternehmen, freiwillig statt eines HGB-einen IFRS-Konzernabschluss aufstellen.

Zielsetzung: Informationsvermittlung

Die Segmentberichterstattung soll gemäß dem in IFRS 8.1 formulierten Kerngrundsatz (core principle) den Abschlussadressaten solche Informationen bereitstellen, die ihnen eine Beurteilung der Art und der finanziellen Auswirkungen der geschäftlichen Aktivitäten sowie des wirtschaftlichen Umfeldes, in dem das Unternehmen tätig ist, ermöglichen.

Management-Ansatz

Besonderes Charakteristikum ist der in IFRS 8 konsequent verfolgte Management-Ansatz (management approach). Dieser sieht vor, dass die Segmentberichterstattung vorrangig an der internen Organisations- und Berichtsstruktur sowie den internen Steuerungsgrößen eines Unternehmens anknüpft. Die Orientierung der externen Berichterstattung an den intern verwendeten Steuerungs- und Berichtsgrößen solle die Entscheidungsnützlichkeit der bereitgestellten Informationen erhöhen, da hierdurch solche Informationen kommuniziert werden, auf die sich das Management bei Handlungsentscheidungen und Performance-Beurteilungen stützt. Auf diese Weise sollen die Adressaten der Rechnungslegung in die Lage versetzt werden, das Unternehmen aus dem Blickwinkel des Managements zu betrachten.

[2] Vgl. https://www.drsc.de/projekte/improvements-to-ifrs-8-operating-segments/.

2 Segmentabgrenzung

Geschäftssegment

Der Management-Ansatz schlägt sich in der Segmentabgrenzung nieder, da diese an der internen Berichtsstruktur ausgerichtet ist (IFRS 8.IN11). Gemäß IFRS 8.5-10 wird auf Geschäftssegmente (Operating Segments) abgestellt. Ein Geschäftssegment stellt dabei einen Unternehmensbestandteil dar,

- dessen Geschäftstätigkeiten Umsatzerlöse erwirtschaften sowie Aufwendungen verursachen (dazu gehören auch solche aus Geschäftsvorfällen mit anderen Bestandteilen desselben Unternehmens),
- dessen Betriebsergebnis regelmäßig von einer verantwortlichen Unternehmensinstanz bzw. dem sogenannten Hauptentscheidungsträger (chief operating decision maker) überprüft wird, um Entscheidungen über die Allokation von Ressourcen zu treffen und die Performance des Segments beurteilen zu können, und
- für den eigenständige Finanzinformationen verfügbar sind.

Abgrenzungsfragen

Ein Geschäftssegment kann auch dann vorliegen, wenn bislang noch keine Umsatzerlöse erzielt worden sind, was z.B. bei Unternehmensbereichen in der Gründungsphase der Fall sein kann (IFRS 8.5). Allerdings muss beachtet werden, dass nicht jeder Teilbereich eines Unternehmens zwingend als Geschäftssegment oder Teil eines Geschäftssegments im Sinne der genannten Kriterien identifiziert werden kann. So stellen z.B. zentrale Bereiche wie die Konzernverwaltung keine Geschäftssegmente dar, da sie gewöhnlich keine eigenen Umsatzerlöse bzw. nur einen geringen Anteil der eigentlichen Umsatzerlöse erzielen (IFRS 8.6). Ebenfalls ist i.V.m. IAS 36.80 zu berücksichtigen, dass Geschäftssegmente stets größer oder gleich als die bei Unternehmensübernahmen identifizierten CGUs sein müssen.

Hauptentscheidungsträger

Der in IFRS 8.5 genannte Hauptentscheidungsträger ist nicht notwendigerweise eine Führungskraft mit genau diesem Titel, sondern bezeichnet vielmehr eine Funktion. Hierunter sind demnach Verantwortliche zu verstehen, deren Aufgabe insbesondere in der Zuteilung segmentbezogener Ressourcen und der Beurteilung der Performance der Geschäftssegmente liegt. Als Beispiele für solche Hauptentscheidungsträger nennt der Standard den Chief Executive Officer (CEO) oder den Chief Operating Officer (COO) eines Unternehmens (IFRS 8.7). Im Falle eines deutschen börsennotierten Unternehmens nimmt also häufig der Vorstandsvorsitzende, ein Vorstandsmitglied bzw. ein Segmentvorstandsvorsitzender die Rolle des Hauptentscheidungsträgers ein.[3]

Mehrere Berichtsstrukturen

Es ist davon auszugehen, dass anhand der in IFRS 8.5 genannten Kriterien i.d.R. die Geschäftssegmente eindeutig identifiziert werden können (IFRS 8.8). Sind in einem Unternehmen jedoch unterschiedliche Berichtsstrukturen imple-

3 Vgl. *Schulz-Danso, M.*, Beck'sches IFRS-Handbuch, Abschnitt 21, Tz. 24. Nach IFRS 8.7 kann die Aufgabe der verantwortlichen Unternehmensinstanz jedoch auch von einer Gruppe verantwortlicher Personen wahrgenommen werden.

mentiert, so sind weitere Faktoren zur Bestimmung von Geschäftssegmenten heranzuziehen. Hierzu gehören insbesondere

- die Art der Geschäftstätigkeit der einzelnen Teilbereiche,
- die Existenz verantwortlicher Manager für die einzelnen Teilbereiche sowie
- die Ausgestaltung der an die Unternehmensleitung berichteten Informationen.

Segment-Manager

Ergeben sich bei der Segmentabgrenzung mehrere Aufteilungsmöglichkeiten, so können nach IFRS 8.9 die Zuständigkeiten der Segment-Manager ein entscheidendes Auslegungskriterium darstellen. Demnach ist grundsätzlich für jedes Geschäftssegment ein Segment-Manager zuständig. Dieser ist dem Hauptentscheidungsträger gegenüber direkt berichterstattungspflichtig und steht mit ihm regelmäßig in Kontakt. Ein Segment-Manager kann auch für mehrere Geschäftssegmente verantwortlich sein. Der Begriff Segment-Manager ist dabei – ähnlich wie der des Hauptentscheidungsträgers – nicht personen- oder titelbezogen, sondern funktional zu verstehen. Diese Funktion kann auch direkt vom Hauptentscheidungsträger ausgeübt werden.

Matrix-organisation

Liegen in einem Unternehmen sich überschneidende Verantwortungsbereiche vor, so ist eine Abgrenzung der Segmente anhand der Verantwortungsbereiche der Segment-Manager erschwert. IFRS 8.10 verdeutlicht den Fall sich überschneidender Verantwortungsbereiche anhand von Unternehmen, in denen ein Produktmanager weltweit zuständig ist, während ein anderer Manager regionale Verantwortung trägt (Matrixorganisation). In einer solchen Situation schreibt der Standard vor, die Segmentabgrenzung unter Bezug auf den in IFRS 8.1 formulierten Kerngrundsatz der bestmöglichen Informationsvermittlung vorzunehmen.

Vergleichbarkeit von Unternehmen

Die Fokussierung auf die Informationsvermittlung durch den Management-Ansatz mit seiner Orientierung an der internen Organisations- und Berichtsstruktur eines Unternehmens hat nicht nur Vorteile für die Abschlussadressaten. Dieser Ansatz kann dazu führen, dass die Unternehmensvergleichbarkeit (z.B. aufgrund unterschiedlicher Segmentabgrenzungen) eingeschränkt wird.[4] Ferner können strategische Neuausrichtungen und interne Umstrukturierungen eine Vergleichbarkeit im Zeitablauf erschweren. Um dennoch im Grundsatz eine Vergleichbarkeit der Segmentangaben zu gewährleisten, wird in IFRS 8.18 der Ausweis von Vergleichsinformationen für Vorperioden beim erstmaligen Ausweis eines Geschäftssegments gefordert.[5]

Beispiel 25.1

Die diversifizierten Industrieunternehmen Meta AG und Ferro AG sind u.a. auf dem internationalen Markt tätige Stahlproduzenten mit hohem Bekanntheitsgrad. Während die Meta AG ihre Segmente nach geografischen Regionen gliedert, nimmt die Ferro AG ihre Segmentabgrenzung nach Produktlinien vor. Die unterschiedliche Segmentabgrenzung erschwert damit eine Vergleichbarkeit der sonst relativ ähnlichen Unternehmensbereiche.

4 Vgl. *Beine, F./Nardmann, H.*, Wiley-Kommentar, Abschnitt 22, Tz. 35.
5 Vgl. *Schulz-Danso, M.*, Beck'sches IFRS-Handbuch, Abschnitt 21, Tz. 41.

Segmentübergreifende Angaben

Um den Abschlussadressaten dennoch eine verbesserte Vergleichbarkeit von Unternehmen zu ermöglichen, werden die Unternehmen dazu verpflichtet, neben den segmentspezifischen Angaben auch segmentübergreifende Angaben auf Konzernebene zu machen (vgl. dazu Abschnitt 5.4).

Bilanzanalytische Auswirkungen

Für Investoren und Finanzanalysten ist zu beachten, dass unternehmerische Tätigkeiten auch in Bereichen relevant sein können, in denen (noch) keine Umsatzerlöse erwirtschaftet werden und die entsprechend möglicherweise kein eigenes Segment bilden. Beispielsweise könnten die Forschungs- & Entwicklungstätigkeit sowie die Innovationskraft im Hinblick auf neue Technologien am Kapitalmarkt entscheidungsnützlich sein, jedoch mangels Umsatzerlösen keinem passenden Segment zugeordnet sein. Im Hinblick auf zukunftsgerichtete Geschäftsbereiche kann die Segmentberichterstattung insofern nur bedingt aufklären. Hier sind die Abschlussadressaten dann allein auf die ergänzenden Informationen des (Konzern-)Lageberichts angewiesen.

3 Auswahl berichtspflichtiger Segmente

Nachdem im Rahmen der Segmentabgrenzung die Geschäftssegmente eines Unternehmens bestimmt wurden, ist in einem nächsten Schritt zu ermitteln, über welche Segmente zu berichten ist. Damit die Segmentberichterstattung ihre Ziele erreicht, sollen alle wesentlichen Segmente in die Segmentberichterstattung aufgenommen werden.

Berichtspflichtige Segmente

Aus diesem Grund verlangt IFRS 8.11 die Angabe von Segmentinformationen über Geschäftsbereiche, welche einerseits

- im Zuge der Segmentabgrenzung als Geschäftssegmente identifiziert wurden (IFRS 8.5-10) oder aus der Zusammenfassung von zwei oder mehreren Geschäftssegmenten resultieren (IFRS 8.12) und andererseits
- einen der in IFRS 8.13 genannten quantitativen Schwellenwerte überschreiten.

Zweistufige Vorgehensweise

Somit ist bei der Auswahl der berichtspflichtigen Segmente grob in zwei Schritten vorzugehen (IFRS 8.BC30): In einem ersten Schritt ist zu prüfen, ob eine Zusammenfassung ähnlicher Segmente möglich ist (IFRS 8.12). Daraufhin ist in einem zweiten Schritt auf Basis quantitativer Schwellenwerte zu beurteilen, ob die in Frage kommenden Geschäftssegmente als wesentlich zu erachten sind (IFRS 8.13). In diesem Rahmen sind darüber hinaus die in IFRS 8.14-18 aufgeführten Möglichkeiten zu beachten, welche zu einer Berichtspflicht von Segmenten oder der Angabe eines Sammelsegments von zunächst nicht berichtspflichtigen Segmenten führen können. Nachfolgende Ausführungen sollen diesen grundlegenden Ablauf näher erläutern.

Zusammenfassung von operativen Segmenten

Zwei oder mehrere operative Segmente dürfen gemäß IFRS 8.12 zu einem berichtspflichtigen Segment zusammengefasst werden, wenn dies mit dem in

IFRS 8.1 formulierten Kerngrundsatz im Einklang steht, die einzelnen Segmente ähnliche wirtschaftliche Charakteristika aufweisen und die Segmente schließlich in allen nachfolgenden Kriterien vergleichbar sind:

- Art der Produkte und Dienstleistungen,
- Art der Produktionsprozesse,
- Art oder Gruppe der Kunden für die Produkte und Dienstleistungen,
- Vertriebsmethoden und – soweit anwendbar –
- Art des regulatorischen Umfeldes.

Ähnlichkeit von Geschäftssegmenten

Es ist davon auszugehen, dass sich Geschäftssegmente in ihren wirtschaftlichen Charakteristika dann ähneln, wenn sie eine ähnliche langfristige finanzielle Performance aufweisen. In diesem Sinne wäre z.B. zu erwarten, dass die langfristigen durchschnittlichen Bruttogewinnmargen oder auch Kriterien wie Umsatzentwicklungstrends, die Kapitalausstattungen oder die operativen Cashflows bei zwei Teilbereichen vergleichbar sind (IFRS 8.12).

10 %-Regel

Nachdem überprüft wurde, ob einzelne Segmente zusammengefasst werden können, ist zu prüfen, ob die – ggf. zusammengefassten – Geschäftssegmente als wesentlich zu erachten sind (IFRS 8.13). Ein Geschäftssegment gilt in diesem Sinne als berichtspflichtig, wenn mindestens einer der folgenden quantitativen Schwellenwerte überschritten wird[6]:

- Die ausgewiesenen Umsatzerlöse des Segments, welche sowohl die Innen- als auch die Außenumsätze umfassen, betragen mindestens 10 % der gesamten externen und internen Umsatzerlöse aller Geschäftssegmente.
- Der absolute Betrag des ausgewiesenen Segmentergebnisses beträgt mindestens 10 % des höheren absoluten Betrags aus
  - der Summe der Gewinne aller Geschäftssegmente, die keinen Verlust erwirtschaften, und
  - der Summe der Verluste aller Geschäftssegmente, die einen Verlust ausweisen.
- Die Vermögenswerte des Segments betragen mindestens 10 % der gesamten Vermögenswerte aller Geschäftssegmente.

Erneute Prüfung unwesentlicher Segmente

Nach einer ggf. erfolgten Zusammenfassung der Geschäftssegmente und der Überprüfung der Schwellenwerte ist noch zu prüfen, ob bislang als unwesentlich eingestufte Segmente durch die Zusammenfassung mit weiteren unwesentlichen Segmenten ein berichtspflichtiges Segment bilden können. Dies ist dann gegeben, wenn die Segmente ähnliche wirtschaftliche Charakteristika aufweisen und sich in der Mehrzahl der in IFRS 8.12 genannten Kriterien gleichen (IFRS 8.14). Dabei ist erforderlich, dass aus der Aggregation ein Segment entsteht, welches die oben erläuterte 10 %-Regel erfüllt.

6 Überschreitet ein Geschäftssegment keinen der genannten Schwellenwerte, hat das Management dennoch die Möglichkeit, dieses Segment freiwillig gesondert anzugeben, wenn es der Ansicht ist, dass Informationen über das Segment für die Abschlussadressaten nützlich sind (IFRS 8.13).

Abschließend ist darüber hinaus sicherzustellen, dass alle berichtspflichtigen Segmente zusammen mindestens 75 % der externen Umsatzerlöse des gesamten Unternehmens bzw. Konzerns auf sich vereinen (IFRS 8.15). Wird die 75 %-Grenze in einem ersten Schritt nicht erreicht, sind solange weitere nach IFRS 8.13 als unwesentlich eingestufte Segmente in die Segmentberichterstattung aufzunehmen, bis die 75 %-Grenze erreicht wird. 75 %-Regel

Beispiel 25.2

Das Rechnungswesen der Computer-Technologie AG weist folgende Daten auf:

Segmente	Segmenterlöse in T€		Segmentergebnis in T€		Segmentvermögen in T€	
	Absolut	Relativ	Absolut	Relativ	Absolut	Relativ
A	300	4,9 %	25	12,3 %	150	6,2 %
B	200	3,3 %	5	2,5 %	75	3,1 %
C	1.930	31,6 %	100	49,3 %	975	40,2 %
D	810	13,3 %	50	24,6 %	400	16,5 %
E	2.260	37,1 %	45	22,2 %	700	28,9 %
F	600	9,8 %	-22	-10,8 %	125	5,2 %
Summe:	6.100		203		2.425	

Welche Segmente der Computer-Technologie AG sind berichtspflichtig?

Lösung

Die Segmente A, C, D und E sind berichtspflichtig, da sie mindestens einen der in IFRS 8.13 genannten Schwellenwerte erfüllen und die 10 %-Grenze überschreiten. Nicht berichtspflichtig ist hingegen Segment B, da bei keinem der Schwellenwerte die 10 %-Grenze erreicht wurde.

Fraglich ist, ob es sich bei Segment F um ein berichtspflichtiges Segment handelt, da ein negatives Segmentergebnis erzielt wird. Das Vorzeichen des relativen Anteils an dem Ergebnis aller Segmente ist hierbei zunächst unerheblich. Stattdessen ist gemäß IFRS 8.13(b) der höhere absolute Betrag aus der Summe der Gewinne bzw. der Verluste der Segmente als Vergleichsmaßstab heranzuziehen. Im vorliegenden Fall ist dies die Summe aller Gewinne, also 225 T€. Damit macht der Verlust von Segment F jedoch nur einen Anteil von (22 / 225 =) 9,8 % an der Summe der Gewinne aller operativen Segmente, die keinen Verlust erwirtschaftet haben, aus. Die 10 %-Grenze wird also weder bei dem Segmentergebnis noch bei einem der beiden anderen Wesentlichkeitskriterien erreicht, sodass Segment F kein berichtspflichtiges Segment darstellt.

Zudem übersteigen die externen Umsatzerlöse der Segmente A, C, D und E in der Summe die geforderten 75 % der gesamten Unternehmenserlöse. Somit bedarf es keiner weiteren Identifikation berichtspflichtiger Segmente.

Änderungen im Kreis der berichtspflichtigen Segmente

Falls ein in der Vorperiode noch als berichtspflichtig ausgewiesenes Segment in der laufenden Periode nicht mehr die Schwellenwerte des IFRS 8.13 erfüllt, das Management dem Segment jedoch eine andauernde Bedeutung beimisst, ist es weiterhin separat anzugeben (IFRS 8.17). Eine denkbare Fallkonstellation wäre etwa, dass die 10 %-Grenze aufgrund konjunktureller oder wechselkursbedingter Einflüsse nur vorübergehend unterschritten wird.[7]

Ist ein Segment demgegenüber in der laufenden Periode aufgrund des Überschreitens von mindestens einem der Schwellenwerte erstmalig berichtspflichtig, sind auch die entsprechend angepassten Vorjahreswerte mit anzugeben (IFRS 8.18). Allerdings kann von einer derartigen Angabe abgesehen werden, wenn die erforderlichen Informationen nicht verfügbar sind bzw. deren Ermittlung mit unverhältnismäßig hohen Kosten verbunden ist.

Kategorie „Alle sonstigen Segmente“

Die nach sämtlichen durchgeführten Schritten verbleibenden nicht berichtspflichtigen Geschäftssegmente, welche weder zusammengefasst noch freiwillig ausgewiesen werden, sind schließlich in der Kategorie „Alle sonstigen Segmente“ zusammenzufassen und getrennt von den anderen nach IFRS 8.28 verlangten Überleitungsposten (vgl. Abschnitt 5.3) auszuweisen (IFRS 8.16). Dabei ist die Herkunft der Umsatzerlöse dieser Kategorie zu erläutern.

Anzahl der Segmente

Um eine Informationsüberflutung der Abschlussadressaten zu vermeiden, wird empfohlen, die Anzahl der berichtspflichtigen Segmente aus Praktikabilitätsgründen auf maximal zehn Segmente zu beschränken (IFRS 8.19). Zwar handelt es sich hierbei lediglich um eine Empfehlung, jedoch legt der Standard dem Bilanzierenden für den Fall, dass die Grenze von zehn Berichtssegmenten überschritten wird, nahe, die Anzahl der anzugebenden Segmente kritisch zu überprüfen und ggf. zu reduzieren. Dabei darf allerdings nur die Anzahl der freiwillig ausgewiesenen Segmente reduziert werden.[8]

4 Segmentbilanzierungs- und Segmentbewertungsmethoden

Befolgung des Management-Ansatzes

Neben der Segmentabgrenzung sind auch die Bilanzierungs- und Bewertungsmethoden von IFRS 8 durch den Management-Ansatz geprägt und lehnen sich ebenfalls an die unternehmensintern verwendeten Methoden an. So verlangt IFRS 8.25, dass der Betrag jedes Segmentpostens dieselbe Größe sein soll, die dem Hauptentscheidungsträger für die Segmentsteuerung berichtet wird. Werden insofern für die interne Steuerung keine (IFRS-konformen) Daten verwendet, kommt es regelmäßig zu einer Abweichung zwischen den anzugebenden Segmentinformationen und den Informationen des (Konzern-)Abschlusses.

7 Vgl. *Leippe, B.*, IFRS-Handbuch, Tz. 7932.

8 Vgl. *Fink, C./Ulbrich, R.*, Verabschiedung des IFRS 8 – Neuregelung der Segmentberichterstattung nach dem Vorbild der US-GAAP, in: KoR, 7. Jg. (2007), S. 2.

Um die Abschlussadressaten mit entscheidungsnützlichen Informationen zu versorgen, verlangt IFRS 8, die einzelnen Segmentdaten der berichtspflichtigen Segmente zu erläutern und die Unterschiede zu den korrespondierenden Posten des IFRS-Konzernabschlusses anhand einer Überleitungsrechnung darzustellen (IFRS 8.BC25). Erläuterungen und Überleitungsrechnung

Grundsätzlich sind konzernweit verursachte Beträge den Segmenten auf einer vernünftigen Grundlage zuzuordnen (IFRS 8.25). Bei dieser Allokation von Bestands- und Stromgrößen kann es zu einer asymmetrischen Verteilung auf die Segmente kommen. So kann etwa ein Unternehmen einem bestimmten Segment bei der Ermittlung des Segmentergebnisses auch Abschreibungen zuordnen, ohne demselben Segment den korrespondierenden Vermögenswert zuzuweisen (IFRS 8.27(f)). In diesem Fall sind entsprechende Erläuterungen anzugeben (dazu auch IFRS 8.BC Appendix A.90). Allokation von Bestands- und Stromgrößen

Werden unternehmensintern mehrere unterschiedliche Bilanzierungs- und Bewertungsmethoden von dem Hauptentscheidungsträger zur segmentbezogenen Allokation von Ressourcen und der Beurteilung der Performance verwendet, ist zu entscheiden, welche Methode bei der Segmentberichterstattung zur Anwendung kommt. Hier sind diejenigen Größen auszuwählen, die nach Auffassung des Managements am ehesten mit den im (IFRS-)Abschluss verwendeten Methoden übereinstimmen (IFRS 8.26). Diese Größen werden dann auch im (Konzern-)Lagebericht zusätzlich erläutert. Mehrere Bilanzierungs- und Bewertungsmethoden

5 Auszuweisende Segmentinformationen

Nach IFRS 8.20 soll die Segmentberichterstattung die Abschlussadressaten über Art und finanzielle Auswirkungen der wirtschaftlichen Aktivitäten und des wirtschaftlichen Umfeldes der Segmente informieren. Daher sind in jeder Periode, in der eine Gesamtergebnisrechnung aufgestellt wird, folgende segmentbezogenen Informationen auszuweisen (IFRS 8.21): Überblick

- Allgemeine Informationen (IFRS 8.22);
- Angaben zur Ertrags- und Vermögenslage sowie zu den Bewertungsgrundlagen (IFRS 8.23-27);
- Überleitungsrechnung (IFRS 8.28).

Neben den segmentspezifischen Angaben sind ferner segmentübergreifende Angaben zum gesamten Unternehmen zu machen (IFRS 8.31-34).

5.1 Angaben zur Ertrags- und Vermögenslage

IFRS 8.23 verlangt grundsätzlich Angaben über das Segmentergebnis sowie ggf. das Segmentvermögen und die Segmentschulden eines jeden berichtspflichtigen

Segments. Weiterhin sind bei Erfüllung bestimmter Kriterien zusätzliche Informationen anzugeben.

Segmentergebnis

Das Segmentergebnis ist gemäß IFRS 8.23 als einzige Größe zwingend anzugeben. Der Begriff Segmentergebnis wird dabei – ebenso wie das Segmentvermögen und die Segmentschulden – in IFRS 8 nicht weiter konkretisiert. Hier ist erneut auf den Management-Ansatz abzustellen, d.h. als Segmentergebnis ist die Größe auszuweisen, die zur internen Steuerung verwendet wird. Folglich stehen dem Unternehmen unterschiedliche Möglichkeiten zur Definition des Segmentergebnisses zur Verfügung. So können etwa EBIT oder auch zahlungsstromorientierte Größen, wie EBITDA oder operativer Cashflow, als Segmentergebnis veröffentlicht werden.[9]

Ergebniskomponenten

Ergänzend zum verpflichtend offenzulegenden Segmentergebnis sind nach IFRS 8.23(a)-(i) die folgenden ergebnisbezogenen Komponenten ebenfalls anzugeben, sofern diese bei der Ermittlung des Segmentergebnisses berücksichtigt oder dem Hauptentscheidungsträger regelmäßig berichtet werden:

- Umsatzerlöse mit externen Kunden,
- intersegmentäre Umsatzerlöse,
- Zinserträge,
- Zinsaufwendungen,
- Abschreibungen und Wertminderungen,
- wesentliche Ertrags- und Aufwandsposten, die nach IAS 1.97 separat ausgewiesen werden,
- anteilige Ergebnisse aus der at equity-Bewertung von assoziierten Unternehmen und Gemeinschaftsunternehmen,
- Aufwand oder Ertrag aus Steuern vom Einkommen und Ertrag sowie
- wesentliche zahlungsunwirksame Posten außer Abschreibungen und Wertminderungen.

Zinserträge und Zinsaufwendungen

Zinserträge und Zinsaufwendungen sind grundsätzlich getrennt voneinander anzugeben. Das Zinsergebnis darf nur dann als Saldo mit entsprechender Angabe ausgewiesen werden, falls die Zinserträge einen Großteil des Segmentergebnisses ausmachen und das saldierte Zinsergebnis dem Hauptentscheidungsträger zur Ressourcenallokation und Performancebeurteilung hilfreich ist (IFRS 8.23).

Berichtsumfang zum Segmentergebnis

Der Berichtsumfang zum Segmentergebnis hängt somit von der intern zu berichtenden Ergebnisgröße und den bei ihrer Berechnung berücksichtigten Posten ab. Wird z.B. das EBITDA verwendet, entfällt die Berichtspflicht der ergebnisbezogenen Zinserträge und Zinsaufwendungen, Abschreibungen sowie Steuern vom Einkommen und Ertrag, sofern der Hauptentscheidungsträger nicht intern regelmäßig gesondert über diese Größen informiert wird.[10]

Segmentvermögen

Während über das Segmentergebnis zwingend zu berichten ist, sind Angaben zum Segmentvermögen nur dann erforderlich, wenn der Hauptentscheidungsträger diesbezüglich intern regelmäßig informiert wird (IFRS 8.23 und IFRS 8.BC35A).

9 Vgl. *Lüdenbach/Hoffmann/Freiberg*, Haufe IFRS-Kommentar, § 36, Tz. 53.
10 Vgl. *Leippe, B.*, IFRS-Handbuch, Tz. 7947.

Während davon auszugehen ist, dass bei vielen Industrieunternehmen dem Hauptentscheidungsträger solche Informationen zur Verfügung stehen, kann es bei Dienstleistungs- oder weniger kapitalintensiven Unternehmen der Fall sein, dass derartige Informationen nicht an den Hauptentscheidungsträger berichtet werden (IFRS 8.BC34).

Weitere vermögensbezogene Angaben

Dient das Segmentvermögen als interne Steuerungsgröße, ist dieses bei der Segmentberichterstattung um weitere vermögensbezogene Angaben zu ergänzen, sofern jene in die Ermittlung des Segmentvermögens einbezogen oder dem Hauptentscheidungsträger regelmäßig zur Verfügung gestellt werden (IFRS 8.24). Folgende Beträge sind dann ggf. anzugeben:

- Beteiligungsbuchwert der nach der Equity-Methode bilanzierten assoziierten Unternehmen und Gemeinschaftsunternehmen sowie
- Investitionen in das langfristige Vermögen mit Ausnahme von Finanzinstrumenten, aktiven latenten Steuern, im Zusammenhang mit Pensionsverpflichtungen stehenden Vermögenswerten und aus Versicherungsverträgen entstehenden Rechten.

Segmentschulden

Wie die Angabe zum Segmentvermögen ist auch die Berichterstattung über Segmentschulden nur dann verpflichtend, wenn sie dem Hauptentscheidungsträger regelmäßig bereitgestellt werden (IFRS 8.23). Hier ist ggf. danach zu differenzieren, ob es sich um operative oder finanzielle Schulden einzelner Segmente handelt.

Änderung der internen Organisationsstruktur

Ergibt sich durch eine Änderung der internen Organisationsstruktur eine veränderte Zusammensetzung der berichtspflichtigen Segmente, sind auch die korrespondierenden Vorjahreswerte, einschließlich der unterjährigen Perioden, entsprechend anzupassen (IFRS 8.29). Von einer derartigen Anpassung kann nur dann abgesehen werden, wenn die notwendigen Informationen nicht verfügbar oder deren Ermittlungskosten unverhältnismäßig hoch sind. Dabei ist allerdings zu beachten, dass dieser Verzicht für jede Position einzeln zu prüfen ist. Ferner muss angegeben werden, ob eine Anpassung der Vorjahreswerte durchgeführt wurde.

Werden Vergangenheitswerte nicht angepasst, so müssen im Jahr der Änderung die Segmentinformationen sowohl auf Basis der alten als auch der neuen Segmentierung angegeben werden (IFRS 8.30). Von dieser Regelung kann erneut abgesehen werden, wenn die entsprechenden Informationen nicht verfügbar sind oder deren Ermittlung mit unverhältnismäßig hohen Kosten verbunden ist.

Spezialthemen

Segmentspezifische Informationen haben eine Kapitalmarktrelevanz. Dies sei kurz am Beispiel der Segmentberichterstattung des Bayer Konzerns veranschaulicht: Mit der Übernahme von Monsanto durch den Bayer Konzern im Jahr 2018 stieg der Umsatz im ausgewiesenen Segment Crop Science um 53,5% gegenüber dem Vorjahr 2017.[11] Im Konzernabschluss 2019 ist erkennbar, dass das Segment Crop Science durch die Monsanto-Übernahme mit Um-

[11] Vgl. Geschäftsbericht 2018 (S. 198) der Bayer Gruppe.

sätzen in Höhe von ca. 19,8 Mrd. € zum umsatzstärksten Segment des Bayer Konzerns geworden ist.[12] Als die Bayer AG am 30.09.2020 bekannt gab, dass im Bereich Crop Science u.a. Covid-19 bedingt die Umsätze hinter den Erwartungen liegen und Sonderabschreibungen notwendig werden, fällt der Aktienkurs am Folgetag um 13,1 %. Da die beiden anderen Segmente des Bayer Konzerns, Pharmaceuticals und Consumer Health, nach Angaben des Pressestatements nicht hinter den Erwartungen liegen, preisen die Aktionäre der Bayer AG wohl v.a. die unerwartet schwachen Segmentaussichten bei Crop Science ein. Es zeigt sich beispielhaft, dass Investoren der Bedeutung von jeweiligen Segmentergebnissen für die Gesamtentwicklung einer Unternehmensgruppe bewusst scheinen.

5.2 Allgemeine Informationen und Erläuterungen

Allgemeine Informationen

Neben der Erstellung der eigentlichen Segmentberichterstattung fordert IFRS 8.22 die zusätzliche Angabe von allgemeinen Informationen über die berichtspflichtigen Segmente. Diese sollen den Abschlussadressaten vor dem Hintergrund des anzuwendenden Management-Ansatzes weitere Einblicke in den Segmentierungsprozess sowie die Tätigkeiten der berichtspflichtigen Segmente ermöglichen. So verlangt IFRS 8.22(a), dass die Bestimmungsfaktoren zur Auswahl der berichtspflichtigen Segmente anzugeben sind. Hierzu zählen Angaben über die Organisationsstruktur des Unternehmens, d.h. ob ein Unternehmen z.B. auf Basis unterschiedlicher Produkte und Dienstleistungen, geografischer Regionen, regulatorischer Umfelder oder einer Kombination verschiedener Faktoren organisiert ist. Zudem ist anzugeben, ob Geschäftssegmente zusammengefasst werden. Weiterhin fordert IFRS 8.22(b) die Angabe der Art der Produkte und Dienstleistungen, aus denen die berichtspflichtigen Segmente ihre Umsatzerlöse erwirtschaften.

Erläuterungen zu den Segmentinformationen

Darüber hinaus hat ein Unternehmen Erläuterungen zur Ermittlung der Segmentdaten der einzelnen berichtspflichtigen Segmente zu machen (IFRS 8.27). Diese werden als notwendig erachtet, um die Abschlussadressaten in die Lage zu versetzen, die Segmentinformationen besser zu verstehen. Dabei zielen die Erläuterungen auf die angewendeten Bewertungsmethoden ab und sollen mindestens folgende Angaben umfassen:

- Grundsätze für die Verrechnung von intersegmentären Transaktionen;
- Gründe für Unterschiede zwischen den Angaben zu Segmentergebnissen, Segmentvermögen sowie Segmentschulden und den entsprechenden (Konzern-)Abschlussgrößen;
- Ursachen für jegliche Veränderungen der Bewertungsmethoden des Segmentergebnisses im Vergleich zur Vorperiode sowie – falls vorhanden – die entsprechenden Auswirkungen auf das Segmentergebnis;

[12] Vgl. Geschäftsbericht 2019 (S. 156) der Bayer Gruppe.

- Ursache und Auswirkungen der asymmetrischen Zuordnung von Bestands- und Stromgrößen auf die berichtspflichtigen Segmente (i.V.m. IFRS 8.BC Appendix A.90).

Die Gründe für die Unterschiede zwischen der Segmentberichterstattung und dem (Konzern-)Abschluss hinsichtlich des Ergebnisses, des Vermögens und der Schulden sind nur dann explizit zu beschreiben, sofern sie nicht bereits aus der nachfolgend erläuterten Überleitungsrechnung nach IFRS 8.28 deutlich werden. Mögliche Gründe für etwaige Unterschiede sind nach IFRS 8.27 u.a. unterschiedliche Bilanzierungsmethoden sowie unterschiedliche Methoden zur Allokation von zentral angefallenen Kosten und gemeinsam genutzten Vermögenswerten bzw. Schulden auf die berichtspflichtigen Segmente.

5.3 Überleitungsrechnung

Überleitung von Segmentinformationen

Um eine Brücke zwischen dem internen Berichtswesen und den externen Abschlusszahlen zu schlagen[13], sind die Segmentinformationen gemäß IFRS 8.28 im Rahmen einer Überleitungsrechnung wie folgt mit den (konsolidierten) Abschlussgrößen zu verknüpfen:

- Die Summe der Umsatzerlöse aller berichtspflichtigen Segmente ist auf die Umsatzerlöse des gesamten Unternehmens überzuleiten.
- Die Summe der Segmentergebnisse aller berichtspflichtigen Segmente ist auf das (Unternehmens-)Ergebnis vor Steuern und aufgegebenen Geschäftsbereichen überzuleiten. Werden jedoch z.B. Steuern oder ähnliche Positionen auf der Segmentebene zugeordnet, darf die Überleitung auch auf ein Ergebnis nach diesen Positionen (z.B. Ergebnis nach Steuern) erfolgen.
- Die Summe des Segmentvermögens aller berichtspflichtigen Segmente ist auf das Unternehmensvermögen überzuleiten.
- Die Summe der Segmentschulden aller berichtspflichtigen Segmente ist auf die Unternehmensschulden überzuleiten, sofern Segmentschulden nach IFRS 8.23 angegeben werden.
- Die Summe aller weiteren wesentlichen Informationen der berichtspflichtigen Segmente ist schließlich auf die korrespondierenden Jahresabschlussgrößen überzuleiten.

Wesentliche Überleitungsbeträge

In der Überleitungsrechnung sind alle wesentlichen Überleitungsbeträge separat zu identifizieren und zu beschreiben. Als Beispiel nennt IFRS 8.28 alle wesentlichen Beträge von der Überleitung des Segmentergebnisses auf das Ergebnis des Unternehmens, die sich aus unterschiedlichen Bewertungsmethoden ergeben und dementsprechend separat identifiziert bzw. beschrieben werden müssen.

13 Vgl. *Zülch, H./Burghardt*, S., IFRS 8 „Operating Segments", in: PiR, 3. Jg. (2007), S. 22.

Beispiel 25.3

Die Reynholm Industries AG verkauft Standard- und Individualsoftwareprodukte, die sich hinsichtlich des Entwicklungsprozesses erheblich voneinander unterscheiden. Zudem wird eine umfangreiche Kundenbetreuung angeboten. Aus der Segmentabgrenzung und der Auswahl der berichtspflichtigen Segmente geht hervor, dass es sich bei den Geschäftsbereichen um berichtspflichtige Geschäftssegmente handelt.

Die Segmentberichterstattung der Reynholm Industries AG kann zunächst vereinfachend dargestellt werden:

Angaben in T€	Segmenterlöse		Segment-ergebnis (EBITDA)	Segment-vermögen	Operative Segment-schulden
	Externe Erlöse	Interne Erlöse			
Standardsoftware	91.000	12.000	3.300	43.000	30.000
Individualsoftware	33.000	4.000	-500	29.000	18.000
Kundenbetreuung	38.000	2.500	900	6.000	9.000
Summe	162.000	18.500	3.700	78.000	57.000

Da die Segmentinformationen infolge einer Anwendung des Management-Ansatzes von den externen Berichtsgrößen abweichen können, sind die (summierten) Werte gemäß IFRS 8.28 auf die entsprechenden Jahresabschlussgrößen überzuleiten, wobei (in Anlehnung an IFRS 8.IG4) von keinen zusätzlich auszuweisenden Informationen auszugehen ist.

Umsatzerlöse	**T€**
Umsatzerlöse aller berichtspflichtigen Segmente	180.500
Umsatzerlöse „Sonstige“	1.500
Bereinigung um intersegmentäre Umsätze	-18.500
(Konzern-)Umsatzerlöse	163.500
Segmentergebnis	
Segmentergebnisse aller berichtspflichtigen Segmente	3.700
Ergebnis „Sonstige“	300
(Konzern-)EBITDA	4.000
Segmentvermögen	
Segmentvermögen aller berichtspflichtigen Segmente	78.000
Vermögen „Sonstige“	2.000
Bereinigung um konsolidierungsbedingte Effekte	-9.000
(Konzern-)Vermögen	71.000
Operative Segmentschulden	
Operative Segmentschulden aller berichtspflichtigen Segmente	57.000
Bereinigung um konsolidierungsbedingte Effekte	-8.000
Operative (Konzern-)Schulden	49.000

5.4 Segmentübergreifende Angaben

Die segmentübergreifenden Angaben werden in IFRS 8.31-34 geregelt und umfassen Angaben über Produkte und Dienstleistungen, geografische Regionen und bedeutende Kunden eines Unternehmens. Für diese Angaben ist auf die Bilanzierungs- und Bewertungsmethoden abzustellen, welche auch bei der Erstellung des IFRS-(Konzern-)Abschlusses verwendet wurden. Insofern wird hier der Management-Ansatz durchbrochen.[14] Dabei ist zu beachten, dass die Angaben auch von solchen Unternehmen zu machen sind, die lediglich über ein Segment verfügen. Indes können die geforderten Angaben entfallen, wenn sie bereits im Rahmen der Segmentinformationen der berichtspflichtigen Segmente ausgewiesen werden (IFRS 8.31).

Produkte und Dienstleistungen

Ein Unternehmen hat Angaben über die mit externen Dritten erzielten Umsatzerlöse für jedes Produkt und jede Dienstleistung bzw. für jede Gruppe gleichartiger Produkte und Dienstleistungen zu machen. Sollten die erforderlichen Informationen nicht verfügbar und die Kosten für deren Erlangung unverhältnismäßig hoch sein, ist davon abzusehen und dieser Umstand anzugeben (IFRS 8.32).

Geografische Regionen

Hinsichtlich der geografischen Regionen fordert IFRS 8.33 segmentübergreifende Angaben über:

- Umsatzerlöse mit externen Dritten, und
- langfristige Vermögenswerte.

Umsatzerlöse mit externen Dritten

Die Umsatzerlöse mit externen Dritten sind dabei gemäß IFRS 8.33(a) nach den im In- und Ausland angefallenen Umsatzerlösen getrennt darzustellen. Fallen hierbei in bestimmten Ländern wesentliche Umsatzerlöse an, sind diese separat auszuweisen. Darüber hinaus ist die Grundlage der Zuordnung der Umsatzerlöse mit externen Dritten auf die einzelnen Länder darzustellen.

Langfristige Vermögenswerte

Wie bei den Umsatzerlösen mit externen Dritten ist auch bei den langfristigen Vermögenswerten eine Unterscheidung zwischen In- und Ausland vorzunehmen. Auch hier gilt: Liegen in bestimmten Ländern wesentliche langfristige Vermögenswerte vor, sind diese separat anzugeben. Im Sinne des IFRS 8.33(b) fallen Finanzinstrumente, aktive latente Steuern, im Zusammenhang mit Pensionsverpflichtungen stehende Vermögenswerte und sich aus Versicherungsverträgen ergebende Rechte jedoch explizit nicht unter diese Berichtspflicht. Analog zu den Angaben über Produkte und Dienstleistungen sind die Informationen über die geografischen Regionen in Übereinstimmung mit den Regelungen der externen Berichterstattung, d.h. des IFRS-Abschlusses, darzustellen, sofern dies nicht mit zu hohem Aufwand verbunden ist. Eine freiwillige Angabe weiterer Zwischensummen für Ländergruppen ist gemäß IFRS 8.33 zusätzlich möglich.

Bedeutende Kunden

Hinsichtlich bedeutender Kunden (major customers) verlangt IFRS 8.34 Angaben über solche Handelspartner, mit denen Umsatzerlöse von mehr als 10 % der gesamten Umsatzerlöse des Unternehmens erwirtschaftet wurden. Erzielt ein Unternehmen vor diesem Hintergrund mit einem Kunden mehr als 10 % der Umsatz-

14 Vgl. *Lüdenbach/Hoffmann/Freiberg*, Haufe IFRS-Kommentar, § 36, Tz. 75.

erlöse, so ist dies neben der Summe der erzielten Umsatzerlöse und dem betroffenen Segment bzw. den betroffenen Segmenten anzugeben. Hierdurch sollen bestehende Abhängigkeiten eines Unternehmens von einzelnen Kunden transparent gemacht werden.[15] Nicht offenzulegen sind hingegen die Identität des Kunden sowie die Anteile einzelner Segmente an den Umsatzerlösen mit dem Kunden.

Zu beachten ist, dass eine Gruppe von Unternehmen, die – sofern dies dem berichtenden Unternehmen bekannt ist – unter der gemeinsamen Kontrolle eines anderen Unternehmens steht, als ein einzelner Kunde zu betrachten ist. Analog können auch staatliche Institutionen und Staatsunternehmen als einzelne Kunden gelten (IFRS 8.34).

Bilanz-analytische Auswirkungen

Die bilanzpolitischen Spielräume im Rahmen der Segmentberichterstattung resultieren insbesondere aus Ermessensspielräumen. So bieten die Segmentabgrenzung, die Auswahl berichtspflichtiger Segmente, die Benennung von Segmenten sowie die Identifikation der zu berichtenden Informationen einige Ansatzpunkte für Bilanzpolitik. Ferner führt der in IFRS 8 verfolgte Management-Ansatz zu einer Verknüpfung von interner und externer Berichterstattung, was der Unternehmensleitung wiederum Anreize bieten könnte, die Gestaltung des internen Rechnungswesens an den Zielen der externen Berichterstattung auszurichten. Diese Rückwirkung auf das interne Rechnungswesen ist jedoch nur soweit sinnvoll, als weiterhin eine angemessene Steuerung der Unternehmensbereiche möglich ist.

Literatur: Rogler, S., Segmentberichterstattung nach IFRS 8 im Fokus von Bilanzpolitik und Bilanzanalyse, in: KoR, 9. Jg. (2009), S. 500-505 und 576-583.

Aus der Forschung

Auswirkungen der Einführung von IFRS 8

Durch die Einführung von IFRS 8 erfolgte die bisher umfangreichste Umsetzung des Management-Ansatzes in der internationalen Rechnungslegung. Nicht zuletzt deshalb existieren viele empirische Studien, die sich mit den Auswirkungen der Einführung von IFRS 8 befassen. So zeigen Nichols/Street/Cereola (2012) für eine Grundgesamtheit deutscher Blue-Chip-Unternehmen u.a. auf, dass der Übergang von IAS 14 auf IFRS 8 zu einer Erhöhung der Anzahl der berichteten Segmente auf operativer Ebene geführt hat, wohingegen die Gesamtzahl berichteter Segmente unverändert oder geringer ausfällt. Ferner wird ein signifikanter Rückgang der durchschnittlichen Anzahl veröffentlichter Posten pro Segment beobachtet. Eine signifikant größere Anzahl an Unternehmen gibt mehr als eine Segmenterfolgsgröße an, während es sich hierbei mehrheitlich um nicht IFRS-konforme Kennzahlen handelt. Leung/Verriest (2015) erweitern diese Erkenntnisse dahingehend, dass sie zeigen, dass Unternehmen im Rahmen von IFRS 8 auch im Durchschnitt mehr geografische Segmente ausweisen, während der Umfang diesbezüglicher Informationen signifikant abge-

15 Vgl. *Alvarez, M.*, IFRS 8 – Operating Segments, Tz. 107, in: Vater, H. et al. (Hrsg.), IFRS-Änderungskommentar 2009, Weinheim 2009.

nommen hat. Schließlich finden sich nur wenige bis keine Hinweise für ökonomische und informationelle Konsequenzen – bspw. im Hinblick auf die Qualität von Analystenprognosen und Eigenkapitalkosten – durch die Einführung von IFRS 8. Franzen/Weißenberger (2016) können ebenso keine wesentlichen Änderungen in den Segmentangaben deutscher Unternehmen durch den Übergang auf IFRS 8 feststellen. Sie beobachten lediglich einen leichten Anstieg der Anzahl berichteter Segmente bei gleichzeitigem Rückgang der angegebenen Informationen je Segment.

Literatur: Franzen, N./Weißenberger, B. E., The adoption of IFRS 8 – no headway made? Evidence from segment reporting practices in Germany, in: Journal of Applied Accounting Research, Vol. 16 (2015), S. 88-113; Leung, E./Verriest, A., The Impact of IFRS 8 on Geographical Segment Information,in: Journal of Business Finance & Accounting, Vol. 42 (2015), S. 273-309; Nichols, N. B./Street, D. L./Cereola, S. J., An analysis of the impact of adopting IFRS 8 on the segment disclosures of European blue chip companies, in: Journal of International Accounting, Auditing and Taxation, Vol. 21 (2012), S. 79-105; Nichols, N. B./Street, D. L./Tarca, A., The Impact of Segment Reporting Under the IFRS 8 and SFAS 131 Management Approach: A Research Review, in: Journal of International Financial Management & Accounting, Vol. 24 (2013), S. 261-312.

6 Wesentliche Unterschiede zum IFRS for SMEs

Der vom IASB herausgegebene IFRS for SMEs sieht keine Pflichten zur Erstellung einer Segmentberichterstattung vor (IFRS-SME.3.25). Sofern ein Unternehmen jedoch freiwillig Angaben zu Segmenten veröffentlicht, sind die zugrunde liegenden Grundsätze zur Erstellung und Veröffentlichung der Segmentberichterstattung zu erläutern. Dabei ist zu beachten, dass eine freiwillige Segmentberichterstattung nach den IFRS for SME nicht zwingend auf Basis von IFRS 8 erstellt werden muss.[16]

7 Wesentliche Unterschiede zum HGB

Im HGB sind Segmentberichterstattungspflichten in den §§ 285 Nr. 4, 314 Abs. 1 Nr. 3 sowie 297 Abs. 1 Satz 2 kodifiziert.

Die §§ 285 Nr. 4 bzw. 314 Abs. 1 Nr. 3 HGB schreiben die Angabe einzelner Segmentinformationen für den Anhang im Einzel- bzw. Konzernabschluss vor. Hierbei ist eine Aufgliederung der Umsatzerlöse nach Tätigkeitsbereichen und geografisch bestimmten Märkten vorzunehmen. Eine Segmentierung weiterer Anhangangaben

16 Vgl. *Amen, M.*, IFRS for SMEs, Abschnitt 3, Tz. 54.

Abschlussinformationen ist nach HGB nicht verpflichtend. Zudem kann die Aufgliederung der Umsatzerlöse unterbleiben, sofern sich, unter Berücksichtigung der Organisation des Verkaufs von für die gewöhnliche Geschäftstätigkeit der Kapitalgesellschaft bzw. des Konzerns typischen Erzeugnissen und Dienstleistungen, die Tätigkeitsbereiche und geografisch bestimmten Märkte nicht erheblich voneinander unterscheiden.

Eigenständige Segmentberichterstattung

Die Möglichkeit einer eigenständigen, freiwilligen Segmentberichterstattung im HGB-Konzernabschluss wird Mutterunternehmen explizit durch § 297 Abs. 1 HGB eingeräumt. Auch in den Einzelabschlüssen kapitalmarktorientierter Unternehmen, die nicht konzernrechnungslegungspflichtig sind, ist eine freiwillige Segmentberichterstattung ausdrücklich erlaubt (§ 264 Abs. 1 Satz 2 HGB). Vorgaben über die inhaltliche und formelle Ausgestaltung dieser Segmentberichte werden durch das Gesetz allerdings nicht gemacht.

DRS 3 „Segmentberichterstattung“

Mit der Verabschiedung des DRS 3 „Segmentberichterstattung“ durch das DRSC existierte bereits seit 1999 ein Standard, der die Aufstellung der Segmentberichterstattung im Rahmen von HGB-Abschlüssen detailliert regelt. Mit der am 12.05.2020 erfolgten Veröffentlichung des den DRS 3 ablösenden DRS 28 wurden diese Vorschriften nochmals konkretisiert. Während sich bereits der DRS 3 im Rahmen der Segmentierung grundsätzlich am Management-Ansatz orientiert, konkretisiert der DRS 28, dass die Ausgestaltung der Segmentberichterstattung entsprechend der internen Ansatz-, Bewertungs- und Steuerungsmethodik zu erfolgen hat. Insofern findet eine erkennbare Annäherung der Segmentberichterstattung nach HGB und IFRS statt.[17]

Ausgewählte Literatur

Blase, S./Müller, S./Reinke, J., Paradigmenwechsel in der Segmentberichterstattung? Empirische Analyse der Anwendung von IFRS 8, in: PiR, 8. Jg. (2012), S. 69-76.

Böckem, H./Pritzer, M., Anwendungsfragen der Segmentberichterstattung nach IFRS 8, in: KoR, 10. Jg. (2010), S. 614-620.

Sandleben, H.-M./Schmidt, J., Aktuelles zu IFRS 8 – Segmentberichterstattung, in: IRZ, 5. Jg. (2010), S. 48-50.

Weißenberger, B. E./Franzen, N./Bremer, L./Pelster, F., Verbessert sich unter IFRS 8 die Konsistenz von Segmentbericht und Lagebericht?, in: KoR, 13. Jg. (2013), S. 13-20.

Weißenberger, B. E./Franzen, N./Kurth, R., Veränderung der Segmentberichterstattung unter IFRS 8: Hat das IASB seine Zielsetzung erreicht?, in: KoR, 13. Jg. (2013), S. 136-141.

Zülch, H./Burghardt, S., IFRS 8 „Operating Segments“, in: PiR, 3. Jg. (2007), S. 21-23.

17 Vgl. https://www.drsc.de/verlautbarungen/drs-28/.

Übungsaufgaben

Der Chemiekonzern Chemix AG hat in diesem Jahr erstmalig einen Segmentbericht nach IFRS 8 aufzustellen. Welche Segmente sind dabei auf Basis der nachfolgend aufgeführten Daten des Rechnungswesens als berichtspflichtig auszuwählen? Begründen Sie Ihre Antwort.

Segmente	Segmenterlöse (T€)		Segmentergebnis (T€)	Segmentvermögen (T€)
	Externe Erlöse	Interne Erlöse		
1	140.000	10.000	20.000	100.000
2	320.000	25.000	30.000	400.000
3	30.000	350.000	5.000	100.000
4	70.000	10.000	3.000	80.000
5	430.000	20.000	45.000	410.000
6	280.000	140.000	20.000	150.000
7	100.000	30.000	17.000	100.000
8	30.000	15.000	10.000	160.000
Summe	1.400.000	600.000	150.000	1.500.000

Nachdem die berichtspflichtigen Segmente identifiziert worden sind, ist zu klären, welche Informationen zu diesen Segmenten in der Segmentberichterstattung enthalten sein müssen. Entscheiden Sie für jede der nachfolgenden Einzelinformationen, ob bzw. unter welchen Voraussetzungen diese gemäß IFRS 8 angabepflichtig ist.

1. Segmentschulden
2. Investitionen in das Vorratsvermögen
3. Betriebliches Segmentergebnis
4. Intersegmenterlöse
5. Zinsaufwendungen des Segments
6. Materialaufwendungen des Segments
7. Im Segmentergebnis enthaltene planmäßige Abschreibungen
8. Ergebnisbeiträge der nach der Equity-Methode bewerteten Unternehmen
9. Segmenterlöse
10. Segment-Cashflow
11. Segmentinvestitionen in das langfristige Vermögen
12. Segmentverbindlichkeiten aus Lieferungen und Leistungen
13. Ertragsteueraufwendungen des Segments
14. Segmentvermögen
15. Zins- und Dividendenerträge des Segments

Anschließend bittet Sie Ihr Vorgesetzter, den Konkurrenz-Konzern Chempark AG anhand der Segmentberichterstattung nach IFRS 8 näher zu analysieren. Die in der nachfolgenden Übersicht dargestellten Angaben sind bis auf die Mitarbeiterzahlen alle in Mio. €.

Segment	**Chemie**			**Pharma**		
Jahr	**2019**	**2020**	**2021**	**2019**	**2020**	**2021**
Außenumsätze	340	325	290	75	80	110
Innenumsätze	28	25	30	0	0	0
Abschreibungen	34	35	32	28	30	36
EBIT	65	60	45	26	29	31
Zinsaufwendungen	13	12	14	9	10	8
Ertragsteuern	23	22	18	6	5	8
Segmentergebnis	29	26	13	11	14	15
Segmentvermögen	900	880	860	380	400	480
Mitarbeiter	12.500	12.000	11.000	3.900	4.000	4.500

Segment	**Agrarprodukte**			**Konzern**		
Jahr	**2019**	**2020**	**2021**	**2019**	**2020**	**2021**
Außenumsätze	115	120	122	530	525	522
Innenumsätze	10	10	8			
Abschreibungen	16	15	14	78	80	82
EBIT	37	39	44	128	128	120
Zinsaufwendungen	9	9	9	31	31	31
Ertragsteuern	14	15	14	43	42	40
Segmentergebnis	14	15	21	54	55	49
Segmentvermögen	330	350	360	1.610	1.630	1.700
Mitarbeiter	2.950	3.000	3.110	19.350	19.000	18.610

a) Definieren Sie eine geeignete Rentabilitätskennzahl und berechnen Sie diese Kennzahl für die drei angegebenen Segmente sowie den Gesamtkonzern für die Geschäftsjahre 2019 bis 2021.

b) Beurteilen Sie die Rentabilität des Chempark-Konzerns
   - auf der Basis der Gesamtkonzerndaten und
   - auf der Basis der Segmentdaten.

c) Zu welchen Schlussfolgerungen kommen Sie? Bitte gehen Sie auch darauf ein, wie Sie die verschiedenen Segmente im Vergleich zum Gesamtwert des Konzerns bewerten würden (Sum-of-the-Parts Bewertung vs. Gesamtbewertung).

Kapitel 26 Zwischenberichterstattung

Das erste Quartal des Jahres 2020 stand im Zeichen des Beginns der Covid-19-Pandemie, welche die Weltwirtschaft in großen Teilen vor immense Herausforderungen stellte und sich für einige Unternehmen zu einer existenziellen Bedrohung entwickelte. So verhandelte beispielsweise die Lufthansa AG im April 2020 über Staatshilfen zur Rettung des Luftfahrtkonzerns. Der am 03.06.2020 publizierte Quartalsfinanzbericht offenbarte die im Konzern entstandene finanzielle Schieflage. Die zunehmende Ausbreitung des Virus zwang die Lufthansa AG dazu, ihr Flugangebot um 95 % zu verringern. Die Umsatzerlöse sanken im ersten Quartal 2020 um 18 % im Vergleich zum Vorjahresquartal und das bereinigte Betriebsergebnis in dieser Periode lag bei -1,22 Mrd. €. Der Aktienkurs entwickelte sich in diesem Quartal von 16,68 € am 02.01.2020 auf einen Kurs von 8,68 € Ende März 2020, was einem Kursverlust von 48 % entsprach.

Allerdings gingen auch einige wenige deutsche Konzerne als Gewinner aus dem ersten Quartal 2020 hervor. Am 06.05.2020 veröffentlichte der Gesundheitskonzern Fresenius SE & Co. KGaA den Quartalsfinanzbericht für das erste Quartal des Geschäftsjahres 2020. Die Umsätze in Q1 2020 waren im Vergleich zum Vorjahresquartal um 8 % auf 9.135 Mio. € angestiegen. Auch das Konzernergebnis vor Sondereinflüssen lag bei 465 Mio. € und somit um 2 % über dem Ergebnis des Vorjahresquartals. Diese positive Entwicklung spiegelte sich auch in einem Anstieg des Aktienkurses um etwa 1 % wider.

Beide Beispiele zeigen deutlich, welche Bedeutung die Zwischenberichterstattung für Unternehmen und Kapitalmärkte hat und inwieweit sie die Adressaten auch über unterjährige Berichtszeiträume informieren kann. Nicht zuletzt deshalb hat sie sich in Deutschland – insbesondere bei den institutionellen Investoren – als ein bedeutendes Publizitätsinstrument etabliert. So wird im Rahmen einer Befragung von Aktionären der Deutschen Post die Bedeutung der Zwischenberichterstattung von 37 % der befragten privaten Aktionäre und sogar von 67 % der befragten institutionellen Investoren als hoch oder sehr hoch eingeschätzt. Ferner zeigt sich, dass der Zwischenbericht für institutionelle Investoren einen leicht höheren Stellenwert als der jährliche Geschäftsbericht einnimmt. Ein Grund hierfür kann in der den Quartalsberichten zugesprochenen Aktualität gesehen werden.[1]

Die New York Stock Exchange in den USA empfahl bereits 1910 den dort gelisteten Unternehmen eine unterjährige Finanzberichterstattung.[2] Die SEC leitete eine quartalsweise Berichterstattungspflicht von Umsatzgrößen dagegen erst 1946 ein, scheiterte jedoch bei deren Durchsetzung und nahm schließlich von dieser Berichtspflicht 1953 wieder Abstand. Der Druck der Analysten, die wiederum auf die Bedeutung der unterjährigen Berichterstattung für ihren Berufsstand hinwiesen, führte dazu, dass die SEC 1955 bei ihr registrierte Unternehmen durch Form 9-K zur halbjährlichen Publikation einer Gewinn- und Verlustrechnung ver-

1 Vgl. *Pellens, B./Ahlich, K./Schmidt, A.*, Verhalten und Präferenzen deutscher Aktionäre 2018, in: Fey, G./Leven F. (Hrsg.), Studien des Deutschen Aktieninstituts (2019), S. 51, 85-86.

2 Vgl. *May, R. G.*, The Influence of Quarterly Earnings Announcements on Investor Decisions as Reflected in Common Stock Price Changes, in: JoAR, Vol. 9 (1971), S. 120.

pflichtete. Seit 1970 regelt Form 10-Q die quartalsmäßige Finanzberichterstattung von gegenüber der SEC berichtspflichtigen US-Unternehmen.[3] In Deutschland erlangte die Zwischenberichterstattung im Rahmen der Umsetzung entsprechender EG-Richtlinien 1986 und 1987 erst wesentlich später verpflichtenden Charakter.

Die Bedeutung der Zwischenberichterstattung für Kapitalmarktteilnehmer hat dazu geführt, dass auch das IASB hierzu einen Standard herausgegeben hat. IAS 34 „Zwischenberichterstattung" (Interim Financial Reporting) beschäftigt sich im Wesentlichen mit dem rechnungslegungsbezogenen Inhalt von Zwischenberichten und lässt bestimmte Rahmenbedingungen und sonstige Details (z.B. welche Unternehmen wie häufig der Zwischenberichtspflicht unterliegen) mangels entsprechender Regulierungskompetenz außen vor.

Lernziele „Kennen"

Nach Bearbeitung dieses Kapitels verstehen Sie den Sinn einer unterjährigen Berichterstattung und kennen die Mindestbestandteile eines Zwischenberichts nach IAS 34. Sie kennen die verschiedenen Ansätze der unterjährigen Erfolgsermittlung sowie ihre Umsetzung in den IFRS. Letztlich ist Ihnen vertraut, welche Unternehmen von der Zwischenberichterstattungspflicht in Deutschland betroffen sind.

Lernziele „Anwenden"

Sie können die Normen des IAS 34 auf praxisnahe Sachverhalte anwenden und Zwischenberichte auf Übereinstimmung mit IAS 34 überprüfen. Schließlich können Sie die Rechtswirkung von IAS 34 korrekt einordnen und im internationalen Kontext diskutieren.

Lernziele „Bewerten & Gestalten"

Diese Kenntnisse befähigen Sie, die bilanziellen Folgen der unterschiedlichen Ansätze der unterjährigen Erfolgsermittlung im Unternehmenskontext abzuschätzen. Sie können den Einfluss der Zwischenberichterstattung auf den Jahresabschluss sowie das Informationsumfeld von Unternehmen einordnen. Auch können Sie die mit den Zwischenberichterstattungspflichten verknüpften Interessen gegeneinander abwägen und erste, grundlegende Empfehlungen hinsichtlich der Implementierung und Ausgestaltung einer Zwischenberichterstattung erarbeiten.

1 Aufgaben der Zwischenberichterstattung

Zeitnahe Berichterstattung

Rechnungslegungsadressaten wie beispielsweise Gesellschafter, Finanzanalysten oder Fremdkapitalgeber sind an zeitnahen Informationen über die Vermögens-, Finanz- und Ertragslage von Unternehmen interessiert. Dementsprechend haben Unternehmen in den letzten Jahren organisatorische Maßnahmen ergriffen, um Jahresabschlüsse schneller zu erstellen und zu veröffentlichen (fast close).[4] Trotz-

3 Vgl. *Taylor, R. G.*, A Look at Published Interim Reports, in: ACCR, Vol. 40 (1965), S. 89-90; *Förschle, G./Helmschrott, H.*, Die Zwischenberichterstattung nach US-GAAP, IAS und HGB, in: WPg, 50. Jg. (1997), S. 555.

4 Vgl. *Küting, K./Weber, C.-P./Boecker, C.*, Fast Close – Beschleunigung der Jahresabschlusserstellung: (zu) schnell am Ziel?!, in: StuB, 6. Jg. (2004), S. 1-10.

dem vergeht vielfach ein erheblicher Zeitraum zwischen dem Eintreten eines relevanten Ereignisses und der entsprechenden Berichterstattung im Rahmen der jährlichen Rechnungslegung.

Neben dem Instrument der Ad-hoc-Publizität soll dieses Problem durch die Zwischenberichterstattung gelöst werden.[5] Durch regelmäßige, zeitnahe und zuverlässige Informationen soll sie den Informationsstand der Abschlussadressaten erhöhen und dadurch den Anlegerschutz verbessern. Die Frequenz der Zwischenberichte ist dabei zunächst nicht festgeschrieben. In der Regel werden sie jedoch halbjährlich (Halbjahresbericht) oder quartalsweise (Quartalsmitteilung oder Quartalsfinanzbericht) veröffentlicht und sollen die Entwicklung des Unternehmens seit dem letzten Jahresbericht darstellen.

2 Zwischenberichterstattung nach IAS 34

2.1 Zielsetzung und Anwendungsbereich

Relevanter Standard

IAS 34 „Zwischenberichterstattung" (Interim Financial Reporting) regelt den Mindestinhalt eines Zwischenberichts und die relevanten Ansatz- und Bewertungsgrundsätze. Durch eine rechtzeitige und verlässliche Zwischenberichterstattung wird es für die Adressaten leichter, die Vermögens-, Finanz- und Ertragslage eines Unternehmens auch unterjährig zu beurteilen. Der Aspekt der Verlässlichkeit wird dadurch unterstrichen, dass ein Zwischenbericht nur dann als mit den IFRS übereinstimmend bezeichnet werden darf, wenn auch tatsächlich allen Vorschriften des IAS 34 entsprochen wird (IAS 34.3). In diesem Fall ist auf die Übereinstimmung mit den IFRS hinzuweisen (IAS 34.19).

Aufstellungspflicht

Die Anwendung von IAS 34 und damit das Aufstellen eines Zwischenberichts sind hierdurch jedoch nicht verpflichtend. Trotzdem wird börsennotierten Unternehmen empfohlen, mindestens halbjährlich einen Zwischenbericht aufzustellen (IAS 34.1(a)) und diesen innerhalb von 60 Tagen nach Abschluss der entsprechenden Berichtsperiode zu veröffentlichen (IAS 34.1(b)). Die Regulierung der Zwischenberichterstattungspflicht selbst ist in der Regel Angelegenheit der nationalen Gesetzgeber.

Verbindliche Anwendung

Verbindlich anzuwenden ist IAS 34 immer dann, wenn Unternehmen freiwillig einen Zwischenbericht nach IFRS aufstellen oder wenn andere Institutionen (nationale Gesetzgeber, Börsen etc.) einen Zwischenbericht gemäß diesem Standard verlangen. Das Ziel der Zwischenberichterstattung ist es dabei nicht, Inhalte aus vorangegangenen Jahresabschlüssen zu duplizieren, sondern ein Update des letzten Abschlusses zu bieten (IAS 34.6).

5 Zur grundsätzlichen Bedeutung der Unternehmenspublizität einschließlich Ad-hoc-Publizität und Zwischenberichterstattung siehe Kapitel 27.

2.2 Definitionen, Umfang und Inhalt eines Zwischenberichts

Definition Zwischenbericht

Ein Zwischenbericht nach IAS 34 ist ein Finanzbericht, der entweder einen vollständigen oder – aus Kostengesichtspunkten bzw. im Interesse einer zeitnahen Veröffentlichung – verkürzten Abschluss für die Zwischenberichtsperiode enthält (IAS 34.6). Der Standard ist grundsätzlich auf jegliche Art von Zwischenbericht anwendbar, unabhängig davon, ob halbjährlich, quartalsweise oder monatlich berichtet wird. Dies folgt aus IAS 34.4, welcher eine Zwischenberichtsperiode als eine Berichtsperiode definiert, die kürzer als ein Jahr ist.

Der Zwischenbericht ist auf konsolidierter Basis aufzustellen, wenn das Unternehmen zum Ende des letzten Geschäftsjahres einen Konzernabschluss aufgestellt hat (IAS 34.14).

Vollständiger Abschluss

Es bleibt einem Unternehmen grundsätzlich freigestellt, freiwillig oder aufgrund regulatorischer Anforderungen einen vollständigen Abschluss gemäß IAS 1 als Zwischenbericht aufzustellen. Entscheidet sich ein Unternehmen für die Veröffentlichung eines vollständigen Abschlusses, so werden an Form und Inhalt der einzelnen Bestandteile dieselben Anforderungen gestellt, die gemäß IAS 1 an vollständige Abschlüsse gestellt werden (IAS 34.9). Ferner wird explizit betont, dass die Möglichkeit zur Aufstellung eines verkürzten Abschlusses die Unternehmen nicht davon abhalten soll, einen vollständigen Abschluss bzw. Informationen über das Minimum hinaus bereitzustellen (IAS 34.7).

Mindestbestandteile

Sollte sich ein Unternehmen alternativ dazu entschließen, einen verkürzten Abschluss zu veröffentlichen, so werden durch IAS 34 gewisse Mindestanforderungen festgelegt. Nach IAS 34.8 muss ein Zwischenbericht mindestens die folgenden Bestandteile enthalten:

- eine verkürzte Bilanz,
- eine verkürzte Gesamtergebnisrechnung,
- eine verkürzte Eigenkapitalveränderungsrechnung,
- eine verkürzte Kapitalflussrechnung sowie
- ausgewählte erläuternde Anhangangaben.

Verkürzter Abschluss

Stellt ein Unternehmen einen verkürzten Abschluss auf, so hat dieser ebenfalls mindestens jene Überschriften und Zwischensummen zu beinhalten, die auch im letzten Jahresabschluss enthalten waren (IAS 34.10).

Bezogen auf die Bilanz bedeutet dies beispielsweise: Wenn im letzten Jahresabschluss unter den entsprechenden Überschriften freiwillig über die geforderte Mindestgliederung hinausgehend weitere Bilanzuntergliederungen vorgenommen wurden, kann im verkürzten Abschluss auf diese verzichtet werden, solange nur die Überschriften und Zwischensummen aufgeführt sind. Weiterhin gilt, dass eine detailliertere Darstellung freiwillig oder aufgrund regulatorischer Anforderungen erfolgen kann. Sie wird allerdings nach IAS 34.10 verpflichtend, falls der Zwischenbericht ohne die entsprechenden Angaben irreführend erscheinen würde.

Zudem hat ein Unternehmen gemäß dem in IAS 34.15 festgeschriebenen Leitprinzip in seinem Zwischenbericht Angaben über Ereignisse und Geschäftsvorfälle seit dem letzten Geschäftsjahr zu machen, die für das Verständnis von Änderungen der Vermögens-, Finanz- und Ertragslage wesentlich sind. Diese Angaben sollen Informationen aus dem Abschluss zum Ende des letzten Geschäftsjahres (nur) aktualisieren (IAS 34.15), da unterstellt wird, dass für den Adressaten des Zwischenberichts der vollständige Abschluss des letzten Geschäftsjahres verfügbar ist (IAS 34.15A). IAS 34.15B gibt eine nicht abschließende Liste von Ereignissen und Geschäftsvorfällen vor, die bei Wesentlichkeit der Vorfälle Angaben notwendig machen. IAS 34.15C verweist darauf, dass einzelne IFRS Anwendungsleitlinien bezüglich solcher Angaben bieten.

Darstellung des Gesamtergebnisses

Genau wie für den Jahresabschluss kann die Darstellung des Gesamtergebnisses (Gewinn oder Verlust und sonstiges Ergebnis (OCI)) wahlweise in einem Rechenwerk (single statement approach) oder in zwei separaten Rechenwerken (two statement approach) erfolgen (IAS 34.8(b) i.V.m. IAS 1.81A und 1.81B). Lediglich im two statement approach wird die zentrale Größe „Gewinn oder Verlust" als Endsumme eines eigenständigen Rechenwerks angegeben: nämlich der klassischen GuV. Im single statement approach hingegen dient sie als unverzichtbare Zwischensumme zur Ermittlung des Gesamtergebnisses (IAS 1.81A).[6]

Für die Aufwandsgliederung kann zwischen Gesamt- und Umsatzkostenverfahren gewählt werden. Dabei soll das Verfahren angewendet werden, das die verlässlicheren und relevanteren Informationen liefert. Diese Aufwandsgliederung kann wahlweise in der Gesamtergebnisrechnung oder im Anhang vorgenommen werden (IAS 1.99 bis IAS 1.105). In der Praxis erfolgt dies regelmäßig in der GuV, unabhängig, ob im Jahres- oder Zwischenbericht.[7]

Sollte das Unternehmen für die Aufschlüsselung des Gewinns oder Verlusts im Jahresabschluss den two statement approach gewählt haben, ist im Rahmen der Zwischenberichterstattung ebenfalls diese Darstellungsvariante zu wählen (IAS 34.8A).[8]

Ergebnis je Aktie

Börsennotierte bzw. IAS 33 anwendende Unternehmen haben ferner das verwässerte und unverwässerte Ergebnis je Aktie auch für die Zwischenberichtsperiode zu ermitteln und in der Gesamtergebnisrechnung auszuweisen (IAS 34.11). Hat sich das Unternehmen für den two statement approach entschieden, sind die Angaben zum Ergebnis je Aktie in der Gewinn- und Verlustrechnung auszuweisen (IAS 34.11A).

Kapitalflussrechnung

Hinsichtlich der verkürzten Kapitalflussrechnung wird auf die Mindestgliederung abgestellt, die sich aus dem Standard zur Kapitalflussrechnung (IAS 7) ergibt. Danach sind die Cashflows der Berichtsperiode einzubeziehen und nach betrieblicher Tätigkeit, Investitions- sowie Finanzierungstätigkeit zu differenzieren (IAS 7.10).

---

6 Für eine ausführliche Darstellung zum single und two statement approach siehe Kapitel 5.

7 Vgl. *Lüdenbach/Hoffmann/Freiberg,* Haufe IFRS-Kommentar, § 37, Rz. 17.

8 Für den Alternativfall, dass das Unternehmen den single statement approach gewählt hat, bleibt das IASB eine entsprechende explizite Klarstellung schuldig. Es ist jedoch davon auszugehen, dass auch hier die für den Jahresabschluss gewählte Variante entsprechend im Zwischenbericht darzustellen ist.

Zusätzliche Anhangangaben

IAS 34.16A beschreibt zusätzliche Angaben, die im Anhang des Zwischenberichts bereitzustellen sind. Alternativ steht es Unternehmen frei, die geforderten Informationen in einem separaten Bericht zu veröffentlichen. Dieser muss allerdings frei verfügbar und zeitgleich mit dem Zwischenbericht zugänglich sein. Es ist den Unternehmen ebenfalls freigestellt, die Informationen an anderer Stelle des Zwischenberichts aufzuführen. In dem Falle müssen sie nicht im Anhang wiederholt werden (IAS 34.16A). In der Regel erfolgt eine kumulierte Darstellung der geforderten Informationen vom Geschäftsjahresbeginn bis zum Zwischenberichtstermin.

Methodenänderung, Saison- und Konjunktureinflüsse, ungewöhnliche Sachverhalte

Eine der geforderten Angaben ist die Beschreibung von Änderungen bei den angewendeten Bilanzierungs-, Bewertungs- und Berechnungsmethoden gegenüber dem letzten veröffentlichten Jahresabschluss inklusive ihrer Auswirkungen. Sollten keine Änderungen erfolgt sein, ist darauf ebenfalls in einer Erklärung hinzuweisen (IAS 34.16A(a)). Weiterhin sind Angaben zu machen, die einen Einblick in Saison- oder Konjunktureinflüsse innerhalb der Zwischenberichtsperiode geben (IAS 34.16A(b)). Zudem sind Art und Umfang ungewöhnlicher Sachverhalte zu erläutern, die Vermögenswerte, Schulden, Eigenkapital, Cashflow oder den Gewinn oder Verlust beeinflussen (IAS 34.16A(c)).

Schätzänderungen, Schuldverschreibungen und Eigenkapitaltitel, Dividenden, Segmentangaben

Zusätzlich sind Art und Umfang von Schätzänderungen aus Vorperioden anzugeben (IAS 34.16A(d) i.V.m. IAS 8.34). Neben Emissionen, Rückkäufen und Rückzahlungen von Schuldverschreibungen oder Eigenkapitaltiteln ist über gezahlte Dividenden (getrennt für Stammaktien und sonstige Aktien) zu berichten (IAS 34.16A(e)-(f)). Für den Fall, dass das Unternehmen zum Abschluss eines Geschäftsjahres eine Segmentberichterstattung gemäß IFRS 8 aufzustellen hat, sind ausgewählte Segmentangaben bereitzustellen (IAS 34.16A(g)).

Wesentliche Ereignisse nach dem Stichtag sowie weitere Angaben

Auch Ereignisse, die erst nach dem Zwischenberichtsstichtag eingetreten sind und noch nicht im Zwischenabschluss Berücksichtigung gefunden haben, sind im Anhang anzuzeigen (IAS 34.16A(h)). Informationen über Auswirkungen durch mögliche Veränderungen in der Konzernstruktur, beispielsweise durch den Verlust der Beherrschung über Tochterunternehmen, die Aufgabe von Geschäftsbereichen oder Übernahmen, sind ebenfalls bereitzustellen (IAS 34.16A(i)). Weiterhin fordern IAS 34.16A(j) und 34.16A(k) Angaben zum beizulegenden Zeitwert von Finanzinstrumenten bzw. beim Statuswechsel von Investmentgesellschaften. Letztlich verlangt IAS 34.16A(l) die Aufschlüsselung von Kundenumsätzen nach der Definition der IFRS 15.114-115.[9]

Vergleichsperioden

Für Vergleichszwecke verlangt IAS 34.20 Angaben über frühere Perioden. Hierzu ist neben der Bilanz der aktuellen Zwischenberichtsperiode die Bilanz zum Ende des letzten Geschäftsjahres anzugeben. Zusätzlich zur Gesamtergebnisrechnung der aktuellen Zwischenberichtsperiode hat der Zwischenbericht – falls von der aktuellen Zwischenberichtsperiode abweichend – die kumulierte Gesamtergebnisrechnung des laufenden Geschäftsjahres sowie die jeweiligen Rechenwerke

9 Dies umfasst beispielsweise die Aufschlüsselung in Kategorien, die widerspiegeln, wie die Art, der Betrag, der Zeitpunkt und die Unsicherheit von Umsätzen und Cashflows von wirtschaftlichen Faktoren beeinflusst werden.

der Vorjahreszeiträume zu enthalten. Die Eigenkapitalveränderungs- sowie die Kapitalflussrechnung haben neben den Werten vom Geschäftsjahresbeginn bis zum Stichtag des Zwischenabschlusses die Vergleichswerte aus dem entsprechenden Vorjahreszeitraum auszuweisen.

Grundsatz der Wesentlichkeit

Vor dem Hintergrund, dass Informationen zeitnah und zugleich kosteneffizient bereitgestellt werden sollen, nimmt der Grundsatz der Wesentlichkeit im Rahmen der Zwischenberichterstattung einen besonderen Stellenwert ein (IAS 34.6). Hierfür verweist IAS 34.24 auf die Definition wesentlicher Informationen des IAS 1 bzw. auf den IAS 8 im Hinblick auf rechnungslegungsbezogene Schätzungen, Fehler und Änderungen der Rechnungslegungsmethoden. Dabei wird klargestellt, dass keiner dieser Standards quantifizierte Leitlinien zur Wesentlichkeit enthält (IAS 34.24). Um irreführenden Schlussfolgerungen vorzubeugen, ist über die Wesentlichkeit prinzipiell auf Basis der Finanzdaten der Zwischenberichtsperiode zu entscheiden. Hierbei ist zu beachten, dass die Bewertungen in größerem Maße auf Schätzungen beruhen als die Bewertungen von jährlichen Finanzdaten (IAS 34.23). Dies kann zur Folge haben, dass ein Sachverhalt im Rahmen der Zwischenberichterstattung als wesentlich angesehen und folglich über ihn berichtet wird, während im Rahmen des Jahresabschlusses aufgrund einer anderen Einschätzung der Wesentlichkeit eine Berichterstattung ausbleibt. In diesem Zusammenhang ist stets das übergeordnete Ziel zu verfolgen, nach dem ein Zwischenbericht jegliche Informationen bereitstellen soll, die das Verständnis der Vermögens-, Finanz- und Ertragslage während der Berichtsperiode sicherstellen (IAS 34.25).[10]

Beispiel 26.1

Die MaKi Bochum AG veröffentlicht quartalsweise Zwischenabschlüsse. Das Geschäftsjahr entspricht dem Kalenderjahr. Das folgende Schaubild verdeutlicht, welche Bestandteile des Abschlusses enthalten sein müssen und welche Zeitperioden sie abdecken:

10 Vgl. *Baetge et al.*, IFRS-Kommentar, IAS 34, Tz. 105-106.

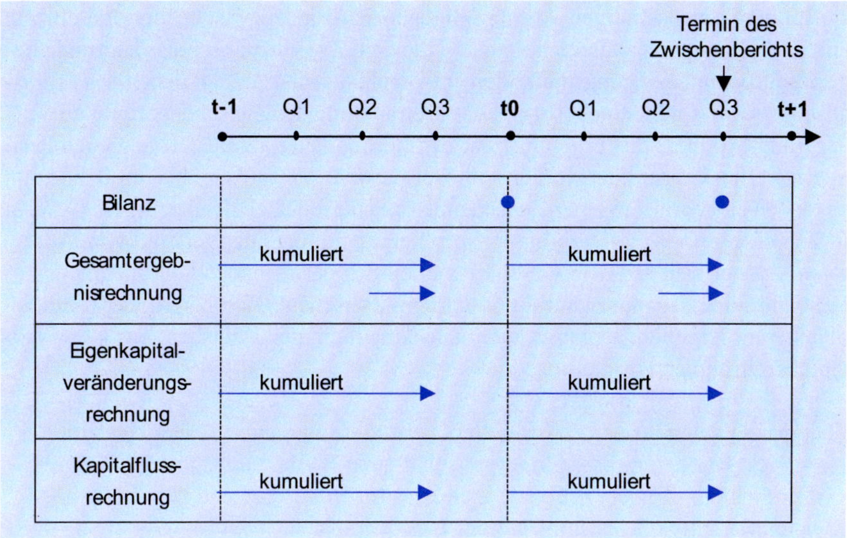

2.3 Unterjährige Erfolgsermittlung

2.3.1 Ansätze der unterjährigen Erfolgsermittlung

Bei der Erfassung und Bewertung von Geschäftsvorfällen im Zwischenbericht und der damit einhergehenden unterjährigen Erfolgsermittlung kann zwischen dem eigenständigen, dem integrativen und dem beide verknüpfenden, kombinierten Ansatz unterschieden werden.[11] Diese Ansätze werden im Folgenden überblicksartig dargestellt, bevor ihre bilanziellen Auswirkungen in einem Beispiel verdeutlicht werden.

Integrativer Ansatz

Wird im Rahmen der Zwischenberichterstattung der integrative Ansatz verfolgt, steht der Jahresabschluss im Mittelpunkt und der Zwischenbericht dient lediglich als ein Instrument, das zwei aufeinander folgende Jahresabschlüsse miteinander verbindet. Die unterjährig publizierten Erfolgszahlen richten sich an dem erwarteten Jahreserfolg aus. Mittels einer regelmäßigen Glättung bestimmter Erfolgskomponenten durch entsprechende Abgrenzung bzw. Vorwegnahme steht die Bereitstellung von Informationen für eine verbesserte Prognose des Jahresergebnisses im Vordergrund. Ein Einblick in den tatsächlichen Geschäftsverlauf der zurückliegenden Zwischenberichtsperiode wird wegen der geglätteten Erfolgsgrößen somit nur eingeschränkt gewährt. Ferner sind die dem integrativen Ansatz zugrunde liegenden Rechnungslegungsmethoden möglicherweise nicht mit denen des Jahresabschlusses vereinbar, was wiederum zu Lasten der Objektivität und Vergleichbarkeit der Zwischenberichterstattung geht.

11 Siehe auch *Alvarez, M./Wotschofsky, S.*, Zwischenberichterstattung nach Börsenrecht/DRS, IAS und US-GAAP, 2. Aufl., Berlin 2003, S. 99-116.

Eigenständiger Ansatz

Bei dem eigenständigen Ansatz hingegen wird jede Zwischenperiode einzeln und unabhängig von anderen betrachtet; die dem Zwischenabschluss zugrunde liegenden Rechnungslegungsmethoden entsprechen grundsätzlich denen des Jahresabschlusses. Es steht eine retrospektive Betrachtung der Zwischenperiode im Vordergrund, wodurch das Ergebnis bzw. der Geschäftsverlauf der vergangenen Periode zutreffend abgebildet werden soll. Bei saisonal schwankenden Umsätzen kann so jedoch ein Verlust in einer Zwischenberichtsperiode bei gleichzeitigem Gewinn im Jahresabschluss zu Interpretationsproblemen führen. Dies verlangt vom Adressaten, dass er sich mit dem Geschäftsmodell des berichtenden Unternehmens befasst und seine Prognosen auf Basis der dem Zwischenbericht zugrunde liegenden objektiven Rechnungslegungsdaten einschließlich der Angaben aus den Vergleichszeiträumen vornimmt.

Beispiel 26.2

Die MaKi Bochum AG veröffentlicht quartalsweise Zwischenberichte. Im Februar und März startet die Fluggesellschaft eine Werbekampagne, um die breite Öffentlichkeit über ein neues Flugziel, das im November und Dezember angeflogen werden soll, zu informieren. Dies verursacht nicht aktivierungsfähige Werbungsaufwendungen in Höhe von 1.000 T€. In den Monaten November und Dezember rechnet sie mit Umsatzerlösen in Höhe von 2.000 T€.

Stellen Sie die Quartalsberichte – jeweils idealtypisch – nach dem eigenständigen und dem integrativen Ansatz auf.

Lösung

Eigenständiger Ansatz (T€)	**1. Quartal**	**2. Quartal**	**3. Quartal**	**4. Quartal**	**Jahresabschluss**
Umsatzerlöse	0	0	0	+ 2.000	+ 2.000
Werbungskosten	– 1.000	0	0	0	– 1.000
Δ Gewinn	– 1.000	0	0	+ 2.000	+ 1.000

Integrativer Ansatz (T€)	**1. Quartal**	**2. Quartal**	**3. Quartal**	**4. Quartal**	**Jahresabschluss**
Umsatzerlöse	+ 500	+ 500	+ 500	+ 500	+ 2.000
Werbungskosten	– 250	– 250	– 250	– 250	– 1.000
Δ Gewinn	+ 250	+ 250	+ 250	+ 250	+ 1.000

Kombinierter Ansatz

Der kombinierte Ansatz stellt keine neue Methode der unterjährigen Erfolgsermittlung dar, sondern soll die Vorzüge von integrativem und eigenständigem Ansatz miteinander verknüpfen. Dazu wird tendenziell bei positiven Erfolgskomponenten am Realisationsprinzip und somit an der Eigenständigkeit festgehalten, während Aufwendungen eher integrativ berücksichtigt werden.

2.3.2 Unterjährige Erfolgsermittlung nach IAS 34

Bilanzierungs- und Bewertungsmethoden wie im Jahresabschluss

Der auch dem Zwischenabschluss zugrunde liegende Stetigkeitsgrundsatz verlangt nach IAS 34.28 die Anwendung der gleichen Bilanzierungs- und Bewertungsmethoden wie auch im Abschluss des letzten Geschäftsjahres. Hieraus kann gefolgert werden, dass IAS 34 dem eigenständigen Ansatz folgt. Methodenänderungen sind demnach nur dann zulässig, wenn sie im nächsten Jahresabschluss ebenfalls zur Anwendung kommen und dort auch angegeben werden (IAS 34.28). Dadurch ist jede Zwischenperiode als grundsätzlich eigenständig (discrete view) zu betrachten und die Berichterstattung erfolgt ausschließlich rückblickend (IAS 34.29-30, IAS 34.32-33).

Elemente des eigenständigen Ansatzes

Auch einmalig, saisonal, konjunkturell oder unregelmäßig erzielte Erträge sowie Aufwendungen, die im Geschäftsjahresverlauf ungleichmäßig anfallen, dürfen nicht vorgezogen oder abgegrenzt werden, sofern eine Vorwegnahme bzw. Abgrenzung nicht auch am Geschäftsjahresende vorgenommen werden würde. Hierdurch kann es zu erheblich schwankenden Zwischenergebnissen kommen (IAS 34.37-39), deren ökonomische Interpretation ein Verständnis des Geschäftsmodells voraussetzt. Um zusätzliche nützliche Informationen zu veröffentlichen, empfiehlt IAS 34.21 stark saisonabhängigen Unternehmen, Finanzinformationen der letzten zwölf Monate sowie entsprechende Vergleichsinformationen für die vorangegangene zwölfmonatige Berichtsperiode bereitzustellen.

Soweit im Einzelfall der in IAS 34.23 festgelegte Wesentlichkeitsgrundsatz dem nicht entgegensteht, hat die eigenständige Ermittlung der Rechenwerke durch die vom Grundsatz her gleiche Verfahrensweise wie beim Jahresabschluss beispielsweise zur Folge, dass Fertigungsaufträge auch an Zwischenberichtsstichtagen gemäß IFRS 15 auf die eventuelle Anwendung einer Gewinnrealisierung nach dem Fertigstellungsgrad zu prüfen sind (vgl. dazu Kapitel 7).

Bilanzanalytische Auswirkungen

Eine wesentliche Zielsetzung von Zwischenberichten ist die adäquate Vermittlung von Informationen über die Vermögens-, Finanz- und Ertragslage von Unternehmen. Insbesondere bei Firmen mit starken saisonalen Schwankungen im Geschäftsverlauf können Zwischenberichte eine zentrale Rolle in der Berichterstattung einnehmen. Die BayWa AG ist ein im deutschen SDAX notiertes Unternehmen, welches sich auf Leistungen in den relativ saisonalen Sektoren Agrar, Energie und Bau spezialisiert hat. ElringKlinger hingegen ist ein ebenfalls im deutschen SDAX notierter Automobilzulieferer. Wirft man einen Blick auf die jährlich aggregierten Ergebnisse vor Zinsen und Steuern (EBIT), dann scheinen beide Firmen in den Jahren 2015 bis 2019 nicht fundamental unterschiedlichen Schwankungen im Geschäftsverlauf unterlegen gewesen zu sein. Sieht man jedoch genauer hin und betrachtet das EBIT der einzelnen Quartale ab Q4 2017, dann wird insbesondere die starke Saisonalität des Geschäfts der BayWa AG deutlich. Die Quartalsberichte bilden somit einen fundamentalen Baustein, um das Geschäftsmodell des Unternehmens zu verstehen und im Vergleich zu anderen analysieren zu können. Die Abschätzung von Einflussfaktoren auf den Geschäftserfolg ist wesentlich detaillierter und zielgerichteter möglich, wenn Zwischenberichte in die Bilanzanalysen miteinbezogen werden.

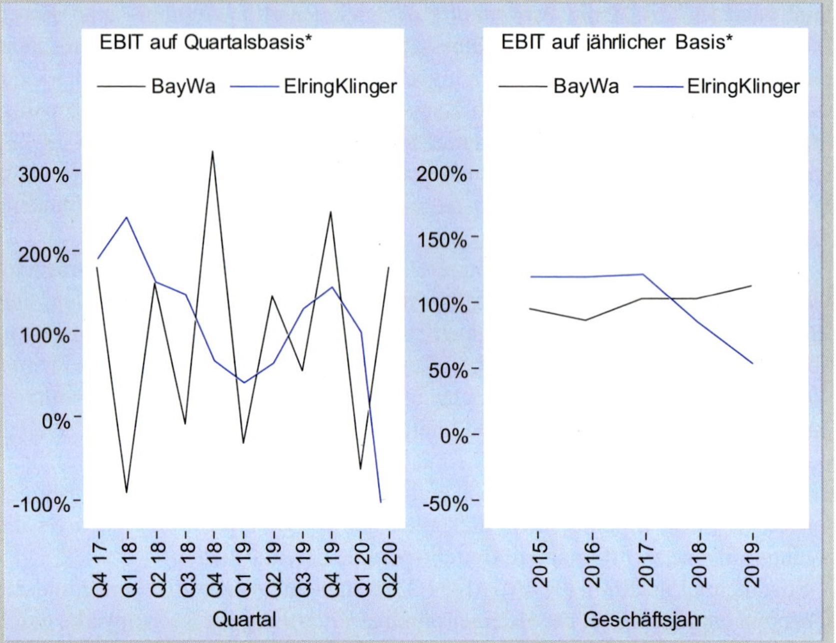

*100 % entsprechen dem Durchschnitt des jeweiligen Unternehmens für den Beobachtungszeitraum.

Elemente des integrativen Ansatzes

Aber auch Elemente des integrativen Ansatzes sind in IAS 34 erkennbar. So sind beispielsweise außerplanmäßige Abschreibungen auf Vorräte oder bestimmte Wertminderungen, die in einer vorherigen Zwischenperiode GuV-wirksam erfasst wurden und deren Grund zum Ende einer der nächsten Zwischenperioden desselben Geschäftsjahres wieder entfallen ist, rückgängig zu machen (IAS 34.30(a) i.V.m. IAS 8.34). Ausgenommen hiervon sind jedoch Wertminderungen, für die – wie etwa beim Goodwill – ein explizites Wertaufholungsverbot besteht (IFRIC 10.8). Hierdurch kann die Häufigkeit der Zwischenberichterstattung entgegen dem erklärten Ziel (IAS 34.28) doch Einfluss auf die Höhe des Jahresergebnisses nehmen.

Beispiel 26.3

Wie genau die Häufigkeit der Zwischenberichterstattung Einfluss auf die Höhe des Jahresergebnisses nehmen kann, soll an folgendem Beispiel verdeutlicht werden: Angenommen, die MaKi Bochum AG hat zum Ende des ersten Quartals ihre Flugzeuge um 10 Mio. € außerplanmäßig abgeschrieben. Zum Ende des zweiten und dritten Quartals war der Grund für die Wertminderung wieder entfallen. Auch zum Jahresende gab es keine Anzeichen für eine Wertminderung. Des Weiteren wurde zum Ende des ersten Quartals der Goodwill einer zahlungsmittelgenerierenden Einheit abgeschrieben, da die erwarteten Synergieeffekte bisher ausgeblieben sind. Im zweiten Quartal entfalten sich diese nun aber doch in einem unerwarteten Ausmaß, sodass die Abschreibung des Goodwills auf der Basis der zum Jahresende vorliegenden Informationen nicht erfolgt wäre.

In der Folge hat die MaKi Bochum AG die zum Ende des ersten Quartals vorgenommene Abschreibung auf Flugzeuge im zweiten Quartal wieder rückgängig zu machen. Nur so kann sichergestellt werden, dass die Anzahl der Zwischenberichterstattungen keinen Einfluss auf das Jahresergebnis hat. Ohne die Korrektur der Abschreibung würde beispielsweise bei einer halbjährlichen Berichterstattung das Jahresergebnis um 10 Mio. € höher ausfallen, da die fragliche Wertminderung gar nicht erst gebucht worden wäre. Für den Goodwill gilt jedoch, dass die im ersten Quartalsabschluss durchgeführte Wertminderung nicht rückgängig gemacht werden darf. Die Quartalsberichterstattung nimmt damit Einfluss auf das Jahresergebnis, das bei einer halbjährlichen Berichterstattung nicht beeinflusst worden wäre.

Mengen- und Preiskomponente

Ein weiteres integratives Merkmal der Berichterstattung nach IAS 34 ist die Unterscheidung zwischen Mengen- und Preiskomponente.[12] Grundsätzlich sind Geschäftsvorfälle in der Berichtsperiode zu berücksichtigen, in der sie auch tatsächlich angefallen sind. Dies wird als Mengenkomponente bezeichnet. Die Preiskomponente beschreibt den mit dem Geschäftsvorfall assoziierten Preis, welcher im Rahmen des IAS 34 unter bestimmten Voraussetzungen veränderlich ist. Ein anschauliches Beispiel ist der Fall, dass oftmals in Abhängigkeit von der jährlichen Bestellmenge der Preis pro verkauftem Stück durch Mengenrabatte variiert. IAS 34.B23 weist darauf hin, dass derartige vertraglich zugesicherte Kaufpreisänderungen (Preiskomponente) sowohl vom Liefernden als auch vom Käufer vorab bereits berücksichtigt werden sollen, wenn es wahrscheinlich ist, dass sie eintreten werden. Bezogen auf den Personalaufwand beschreibt IAS 34.B1 den Fall, dass Mitarbeiter mit ihrem Jahresgehalt über der Beitragsbemessungsgrenze liegen. Für den über dieser Grenze liegenden Teil sind keine Sozialversicherungsabgaben abzuführen, wodurch über das Jahr betrachtet der prozentuale Anteil der Sozialversicherungsabgaben am Bruttoarbeitslohn (Preiskomponente) sinkt. Für die Zwischenberichterstattung ist der prozentuale Anteil der Sozialabgaben am Bruttoarbeitslohn auf Jahresbasis einschließlich eventueller Sonderzahlungen zu schätzen.[13]

Beispiel 26.4

Die MaKi Bochum AG bezieht ihr Kerosin von der PB Oil AG. Für das laufende Jahr rechnet die MaKi Bochum AG mit einem Kerosinverbrauch von 2 Mio. Litern. Ein Liter Kerosin kostet zum Quartalsende 1 €. Aufgrund der langjährigen Beziehung zu der PB Oil AG hat die MaKi Bochum AG die vertrag-

12 Vgl. weiterführend mit Beispielen *Lüdenbach, N.*, Mengen- und Preiskomponente bei der Zwischenberichterstattung, in: PiR, 3. Jg. (2007), S. 56-59.

13 Vgl. *Alvarez, M.*, Unterjährige Erfolgsermittlung nach IFRS, in: PiR, 2. Jg. (2006), S. 222-223; *Lüdenbach/Hoffmann/Freiberg,* Haufe IFRS-Kommentar, § 37, Rz. 25.

liche Zusicherung, dass ab einer jährlichen Abnahmemenge von 1 Mio. Liter der jeweils gezahlte Preis pro Liter um 0,10 € sinkt.

Bereits im ersten Quartal ist ein Kerosinpreis von 0,90 € pro Liter GuV-wirksam in der Gesamtergebnisrechnung zugrunde zu legen (IAS 34.B.23).

Ermittlung des Steueraufwands

Elemente des integrativen Ansatzes sind auch bei der Ermittlung des Steueraufwands erkennbar. So ist der Ertragsteueraufwand einer Zwischenberichtsperiode auf Basis der besten Schätzung des gewichteten durchschnittlichen effektiven Ertragsteuersatzes für das gesamte Jahr zu ermitteln (IAS 34.30(c)). Dieser geschätzte jährliche effektive Steuersatz wird für jede Berichtsperiode unter Berücksichtigung des prognostizierten Jahresgewinns, unterschiedlicher sowie sich ändernder Steuersätze (kombinierter Ertragsteuersätze), GuV-wirksamer Differenzen in Steuer- und IFRS-Bilanz, verschiedener Guthaben bzw. Verlustvorträge etc. als Quotient aus erwartetem Steueraufwand des Jahres und IFRS-Jahresgewinn vor Steuern ermittelt (IAS 12.86). Dies kann dazu führen, dass bereits in Vorperioden für den Steueraufwand abgegrenzte Beträge in einer nachfolgenden Zwischenperiode des Geschäftsjahres aufgrund von Schätzänderungen durch eine kumulierte Betrachtungsweise angepasst werden. Über derartige Schätzänderungen ist dann wiederum im Anhang zu berichten (IAS 34.16A(d)). Es wird somit der Tatsache Rechnung getragen, dass Ertragsteuern auf Basis einer jährlich zu ermittelnden Bemessungsgrundlage und nicht auf Basis eines Zwischengewinns veranlagt werden (IAS 34.30(c)).[14]

Beispiel 26.5

Ein Tochterunternehmen der MaKi Bochum AG, das in einem Land mit progressivem Ertragsteuersatz tätig ist, rechnet für das Geschäftsjahr 2021 mit einem Gewinn vor Steuern (= zu versteuerndem Einkommen) in Höhe von 200 T€, der gleichmäßig über das Jahr anfällt. Auf die ersten 100 T€ sind 20 % Steuern zu zahlen, danach beträgt der Grenzsteuersatz 40 %. Hieraus resultiert ein gewichteter durchschnittlicher effektiver Steuersatz in Höhe von 30 % für das Jahr 2021. Somit hat das Tochterunternehmen in jedem Quartal einen Steueraufwand in Höhe von (50 T€ · 30 % =) 15 T€ auszuweisen.

Wird bspw. durch die Möglichkeit zur Nutzung eventueller Verlustvorträge ein effektiver Steuersatz in Höhe von 0 % erwartet, hätte eine konsequent integrative Betrachtungsweise zur Folge, dass in allen Quartalen – unabhängig von einzelnen Quartalsgewinnen oder -verlusten – weder ein Steueraufwand noch ein Steuerertrag ausgewiesen werden würde. IAS 34.B16 betrachtet in diesem speziellen Fall jedoch jede Zwischenperiode wiederum als eigenständig, legt zur Ermittlung eines Steueraufwands bzw. eines Steuerertrags jede Zwischenperiode isoliert zugrunde

14 Vgl. *Dahlke, J.*, Steuerpositionen im Zwischenabschluss nach IAS 34 – Auswirkungen der Unternehmensteuerreform 2008, in: BB, 62. Jg. (2007), S. 1832-1835.

und weicht damit von der grundsätzlich integrativen Berücksichtigung von Ertragsteuern gemäß IAS 34.30(c) ab.[15]

Latente Steuern

Eine Definition des Ertragsteueraufwands erfolgt in IAS 34 nicht. Gemäß IAS 12.5 setzen sich die Ertragsteuern aus den tatsächlichen Steuern auf Basis des zu versteuernden Gewinns bzw. des steuerlichen Verlusts sowie den latenten Steuern zusammen. Latente Steuern entstehen dabei grundsätzlich, wenn der Buchwert eines Vermögenswertes oder einer Schuld in der IFRS-Bilanz (quasi-)zeitlich begrenzt von dem Buchwert in der Steuerbilanz (bilanzorientierte Sichtweise, temporary-Konzept) abweicht (vgl. dazu Kapitel 6). Dabei stimmen die latenten Steuern hinsichtlich ihrer Erfassung innerhalb oder außerhalb des Gewinns oder Verlusts mit der Behandlung des ihnen zugrunde liegenden Geschäftsvorfalls oder Ereignisses überein (IAS 12.57 und 12.61A). Latente Steuern, denen GuV-neutrale Geschäftsvorfälle oder Ereignisse zugrunde liegen, spielen für die Ermittlung des effektiven Steuersatzes keine Rolle, da diese auch nicht den prognostizierten Jahresgewinn bzw. Jahresverlust, der der Ermittlung des effektiven Steuersatzes als Grundlage dient, tangieren. Da unabhängig hiervon der nicht latente Teil des Ertragsteueraufwands jeder Zwischenperiode auf Basis des prognostizierten Jahresgewinns zu ermitteln ist, ist konsequenterweise der Buchwertvergleich zur Ermittlung der latenten Steuern ebenfalls auf Basis von prognostizierten Jahreswerten durchzuführen.

Ermittlung des effektiven Steuersatzes bei permanenten Differenzen

Bei der Ermittlung des Ertragsteueraufwands bzw. des effektiven Steuersatzes im Rahmen der Zwischenberichterstattung sind ferner auch solche Geschäftsvorfälle zu berücksichtigen, die zu permanenten Differenzen zwischen IFRS-Abschluss und steuerlicher Gewinnermittlung führen. Eine den Ertragsteueraufwand bzw. die effektive Steuerquote erhöhende permanente Differenz entsteht beispielsweise durch die im deutschen Steuerrecht nur zur Hälfte als steuermindernde Betriebsausgabe anerkannte Aufsichtsratsvergütung.[16]

2.4 Änderung von Bilanzierungs- und Bewertungsmethoden

Grundsätzlich retrospektiv

Im Allgemeinen sind die Bilanzierungs- und Bewertungsmethoden beizubehalten, um die Vergleichbarkeit von (Zwischen-)Abschlüssen sicherzustellen (IAS 34.28 i.V.m. IAS 34.16A(a)). Zu einer Änderung der Bilanzierungs- und Bewertungsmethoden darf es nur kommen, wenn ein Standard oder eine Interpretation dies verlangt (IAS 8.14(a)) oder der Abschluss dadurch zuverlässigere und relevantere Informationen liefert (IAS 8.14(b)). Grundsätzlich sind Änderungen von Bilanzierungs- und Bewertungsmethoden GuV-neutral retrospektiv anzuwenden (IAS 34.43 i.V.m. IAS 8.19 ff., vgl. auch Kapitel 5). Hierzu sind auch – falls vorhanden – die Ver-

15 Vgl. hierzu auch *Alvarez, M.*, Unterjährige Erfolgsermittlung nach IFRS, in: PiR, 2. Jg. (2006), S. 223; *Hebestreit, G./Lewe, E.*, Beck'sches IFRS-Handbuch, § 43, Tz. 105.

16 Vgl. *Loitz, R.*, Quartalsberichterstattung für Ertragsteuern nach IFRS (Teil I), in: DStR, 44. Jg. (2006), S. 389-390.

gleichswerte früherer Zwischenberichtsperioden des aktuellen Geschäftsjahres sowie die entsprechenden Vorjahreswerte anzupassen (IAS 34.43).

3 Zwischenberichterstattung in Deutschland

Halbjahresberichterstattung

In Deutschland wird die Zwischenberichterstattung im Kapitalmarktrecht geregelt (vgl. hierzu auch Kapitel 27). § 115 Abs. 1 Wertpapierhandelsgesetz (WpHG) verpflichtet kapitalmarktorientierte Unternehmen, für die ersten sechs Monate eines jeden Geschäftsjahres einen Halbjahresfinanzbericht aufzustellen. Gemäß § 115 Abs. 3 WpHG ist der zu einem solchen Bericht gehörende Zwischenabschluss nach jenen Rechnungslegungsgrundsätzen aufzustellen, die auch im Rahmen des Jahresabschlusses angewendet werden und damit für kapitalmarktorientierte Unternehmen nach den Regelungen des IAS 34. Er beinhaltet gemäß §§ 115 Abs. 2, 3 mindestens:

- eine verkürzte Bilanz,
- eine verkürzte Gewinn- und Verlustrechnung,
- einen Anhang,
- einen Zwischenlagebericht sowie
- eine Erklärung nach §§ 264 Abs. 2 S. 3, 289 Abs. 1 S. 5 HGB[17].

Quartalsberichterstattung

Bis Ende des Jahres 2015 sah § 37x WpHG a.F. darüber hinaus die quartalsweise Erstellung einer „Zwischenmitteilung der Geschäftsführung" vor. Die Pflicht zur Erstellung einer solchen Zwischenmitteilung für das erste und dritte Quartal wurde jedoch am 26.11.2015 durch die Umsetzung der EU-Richtlinie 2013/50/EU abgeschafft (vgl. Kapitel 27). Zeitgleich wurde die Börsenordnung der Frankfurter Wertpapierbörse angepasst. Diese sah bislang für Unternehmen des Prime Standard anstatt einer quartalsweisen Zwischenmitteilung einen (umfänglicheren) Quartalsfinanzbericht nach IAS 34 vor. Für Unternehmen des General Standard wurde die Zwischenmitteilung nach WpHG hingegen als ausreichend angesehen. Im Zuge der regulatorischen Abschaffung einer „Zwischenmitteilung der Geschäftsführung" wurden ebenfalls die Anforderungen an die Quartalsberichterstattung für Unternehmen des Prime Standard durch eine Änderung der Börsenordnung merklich reduziert. Während Unternehmen des General Standard – im Einklang mit dem WpHG – keine Quartalsberichterstattungen mehr publizieren müssen, werden von den Unternehmen des Prime Standard weiterhin Informationen für das erste und dritte Quartal des Geschäftsjahrs verlangt. Allerdings wird statt dem bisher geforderten Quartalsfinanzbericht nach IAS 34 eine kürzer und flexibler gestaltbare Quartalsmitteilung als hinreichend angesehen. Gemäß Börsenordnung

17 Die Erklärung beinhaltet die Versicherung, dass „nach bestem Wissen der Jahresabschluss ein den tatsächlichen Verhältnissen entsprechendes Bild" vermittelt oder aber besondere Umstände, die dem entgegen wirken, im Anhang erläutert werden. Gleiches gilt für den Lagebericht und die Darstellung der wesentlichen Chancen und Risiken.

der Frankfurter Wertpapierbörse muss eine solche Quartalsmitteilung zum Stichtag des ersten und dritten Quartals erstellt und spätestens zwei Monate nach Ende des Mitteilungszeitraums übermittelt werden (§ 53 Abs. 1, 5 BörsO FWB). Sie umfasst folgende Mindestinhalte (§ 53 Abs. 2-3 BörsO FWB):

- Informationen über wesentliche Ereignisse und Geschäfte im Mitteilungszeitraum inklusive ihrer Auswirkungen auf Finanzlage und Geschäftsergebnis[18];
- Beschreibung der Finanzlage und des Geschäftsergebnisses im Mitteilungszeitraum;
- Bericht über wesentliche Änderungen von Prognosen zur Entwicklung des Geschäftsjahres seit Veröffentlichung des letzten (Zwischen-)Lageberichts.

Entscheidet sich ein Unternehmen freiwillig zur Aufstellung eines umfangreicheren Quartalsfinanzberichts, entfällt die Pflicht zur Aufstellung einer Quartalsmitteilung (§53 Abs. 6 BörsO FWB).[19]

Aus der Forschung

Die Transparenzrichtlinie der Europäischen Union aus dem Jahr 2004 regelte die Anforderungen an die Zwischenberichterstattung von Unternehmen, deren Wertpapiere auf einem geregelten Markt zugelassen sind. Diese Firmen mussten fortan für das erste und dritte Quartal des Geschäftsjahres zumindest eine Zwischenmitteilung der Geschäftsführung veröffentlichen. Ernstberger et al. (2017) nutzten die Einführung der Richtlinie, um die Auswirkungen einer verpflichtenden Zwischenberichterstattung zu untersuchen. Sie stellten fest, dass Firmen, welche zur Veröffentlichung verpflichtet waren, eher zur Manipulation ihrer Geschäftsaktivitäten neigten, um bestimmte Ergebnisziele zu erreichen. Der Grad der Manipulation wurde dabei offenbar vom Druck des Kapitalmarktes auf das Unternehmen und den Umfang der Zwischenmitteilungen beeinflusst. Als Erklärung gaben sie an, dass häufigere Berichterstattung zu von Kurzsichtigkeit geprägten Entscheidungen der Unternehmensleitung führen könne.

Ein ähnlicher Gedanke war ein wesentlicher Grund für die Änderung der Transparenzlichtlinie im Jahr 2015. Seither sind kapitalmarktorientierte Unternehmen in Deutschland grundsätzlich nicht mehr zu einer quartalsweisen Berichterstattung verpflichtet. Lediglich im Prime Standard der Frankfurter Wertpapierbörse gelistete Unternehmen müssen mindestens eine Quartalsmitteilung veröffentlichen, welche im Vergleich zum vormals verpflichtenden Quartalsfinanzbericht nach IAS 34 allerdings kürzer und flexibler gestaltbar ist. Untersuchungen von Pellens et al. (2017) über das Publikationsverhalten der Unternehmen nach dieser Regelungsänderung zeigen, dass 37 % der in DAX und MDAX gelisteten Firmen im ersten Quartal 2016 von der Regelungsänderung

18 Für das dritte Quartal kann der Mitteilungszeitraum entweder von Beginn des Geschäftsjahres oder Beginn des Halbjahres bis Stichtag gewählt werden. Die Informationen sollen die Beurteilung der Entwicklung der Geschäftstätigkeit ermöglichen.

19 Vgl. *Gluch, N./Muschallik, M./Schmidt, A.*, Entwicklung der quartalsweisen Berichterstattungspraxis, in: KoR, 19. Jg. (2019), S. 183-185.

Gebrauch machten und anstelle eines Quartalsfinanzberichtes „nur noch" eine Quartalsmitteilung publizierten. Diese Unternehmen reduzierten den Umfang ihrer Veröffentlichungen um durchschnittlich 58 %, gemessen an der Anzahl der Seiten. Gemäß den Untersuchungen von Gluch/Muschallik/Schmidt (2019) stellten bis Ende 2017 bereits 40 % aller DAX- und sogar 60 % aller Prime Standard-Unternehmen ihre quartalsweise Berichterstattung auf eine Quartalsmitteilung um und machten somit von den reduzierten Publikationsanforderungen Gebrauch. Nach wie vor publizierten die auf eine Quartalsmitteilung umstellenden Unternehmen wesentliche Abschlussbestandteile nach IAS 34, obwohl in einer solchen Mitteilung hierzu keine Verpflichtung besteht: Fast 90 % der umstellenden Unternehmen stellten weiterhin die Rechenwerke Bilanz und GuV zur Verfügung. Auf die Anhangangaben hingegen verzichteten sehr viele der umstellenden Firmen (83 %). Auch wurde verstärkt auf zuvor im Lagebericht bereitgestellte Informationen verzichtet. Eine solche, aufgrund der reduzierten regulatorischen Anforderungen, kürzer und inhaltlich flexibler gestaltbare Quartalsmitteilung ist allerdings nicht an die Regelungen des IAS 34 gebunden. Somit stellt sie – auch bei Einbindung einzelner in IAS 34 geforderter Bestandteile – keinen vollständigen Quartalsfinanzbericht nach den Regelungen des IAS 34 dar. Denn ein vollständiger Quartalsfinanzbericht hat sämtliche Anforderungen dieses Standards zu erfüllen (siehe hierzu bereits Abschnitt 2.1).

Literatur: Ernstberger, J./Link, B./Stich, M./Vogler, O., The Real Effects of Mandatory Quarterly Reporting, in: ACCR, Vol. 92. (2017), S. 33-60; Gluch, N./Muschallik, M./Schmidt, A., Entwicklung der quartalsweisen Berichterstattungspraxis, in: KoR, 19. Jg. (2019), S. 183-193; Pellens, B./Knappstein, J./Muschallik, M./Schmidt, A., Quartalsfinanzbericht oder Quartalsmitteilung?, in: DB, 70. Jg. (2017), S. 1-7.

DRS 16 zur Halbjahresfinanzberichterstattung

Infolge der Gesetzesänderung wurde ebenfalls der für die Zwischenberichterstattung einschlägige DRS 16 a.F. außer Kraft gesetzt. Inzwischen konkretisiert dieser die Anforderungen an die Halbjahresfinanzberichterstattung.

Beispiel 26.6

Praxisbeispiel zu Quartalsmitteilungen

Die Beiersdorf AG ist ein im Prime Standard der Frankfurter Wertpapierbörse gelisteter Konsumgüterhersteller, der unter anderem die Marken Nivea und Hansaplast vertreibt. Zum ersten Quartal 2015 veröffentlichte das Unternehmen einen 24-seitigen Quartalsfinanzbericht, der nach den Regeln des IAS 34 aufgestellt wurde. Er beinhaltete eine Bilanz mit Vergleichswerten vom Geschäftsbericht sowie dem ersten Quartal des Vorjahres. Darüber hinaus wurden eine Kapitalflussrechnung und eine Eigenkapitalveränderungsrechnung für das erste Quartal 2015 sowie das Jahr 2014 angegeben. Für die Darstellung des Gesamtergebnisses wurde der „two statement approach" gewählt und damit die GuV und die Gesamtergebnisrechnung getrennt dargestellt. Neben Informationen zur Aktie und ausgewählten Erläuterungen im Anhang wurde dezidiert auf die Vermögens-, Finanz- und Ertragslage des Unternehmens eingegangen.

Nachdem die Pflicht zur Aufstellung eines Quartalsfinanzberichts für Prime-Standard-Unternehmen entfallen war, fiel die für das erste Quartal 2016 veröffentlichte Quartalsmitteilung mit 4 Seiten wesentlich kürzer aus. Bilanz, GuV und Gesamtergebnisrechnung, Eigenkapitalveränderungsrechnung sowie die Kapitalflussrechnung wurden nicht mehr angegeben. Lediglich Informationen zur Umsatzentwicklung, ein Ausblick für das Jahr 2016 und eine kurze Passage über das Unternehmen waren enthalten. Auf eine ausführliche Darstellung der Ertrags-, Finanz- und Vermögenslage wurde ebenfalls verzichtet.

Der Halbjahresbericht für die ersten sechs Monate des Jahres 2016 wurde dann wieder in Einklang mit dem IAS 34 erstellt. Hieraus wird nochmals deutlich, dass IAS 34 keine unmittelbare Rechtswirkung entfaltet. Zugleich wird ersichtlich, dass er sich prinzipiell auf jede Art von Zwischenmitteilung anwenden lässt.

4 Wesentliche Unterschiede zum IFRS for SMEs

Der IFRS for SMEs ist für nicht kapitalmarktorientierte Unternehmen vorgesehen (IFRS-SME.1.1-1.3). Diese sind in Deutschland nicht zur Zwischenberichterstattung verpflichtet. Der IFRS for SMEs führt ebenfalls an, dass Zwischenberichte für diese Unternehmen nicht erforderlich sind. Er konkretisiert jedoch, dass bei freiwilliger Veröffentlichung die Grundsätze der Erstellung und Darstellung zu beschreiben sind (IFRS-SME.3.25). Hieraus kann gefolgert werden, dass Unternehmen, die den IFRS for SMEs befolgen, bei einer freiwilligen Aufstellung von Zwischenberichten nicht an IAS 34 gebunden sind.

Ausgewählte Literatur

Alvarez, M., Unterjährige Erfolgsermittlung nach IFRS, in: PiR, 2. Jg. (2006), S. 220-228.

Alvarez, M./Wotschofsky, S., Zwischenberichterstattung nach Börsenrecht/DRS, IAS und US-GAAP, 2. Aufl., Berlin 2003.

Dahlke, J., Steuerpositionen im Zwischenabschluss nach IAS 34 – Auswirkungen der Unternehmensteuerreform 2008, in: BB, 62. Jg. (2007), S. 1831-1838.

Gluch, N./Muschallik, M./Schmidt, A., Entwicklung der quartalsweisen Berichterstattungspraxis, in: KoR, 19. Jg. (2019), S. 183-193.

Höhn, B., Theorie und Praxis der Zwischenberichterstattung im Prime Standard, in: KoR, 11. Jg. (2011), S. 530-537.

Kopatschek, M., IFRIC 10 – Zwischenberichterstattung und Impairment, in: WPg, 59. Jg. (2006), S. 1504-1507.

Oser, P./Staß, A., Gesetz zur Umsetzung der Transparenzrichtlinie-Änderungsrichtlinie – Neuerungen in Rechnungslegung, Berichterstattung und Enforcement, in: DB, 68. Jg. (2015), S. 2825-2829.

Schneider, J., Zwischenberichte, in: PiR, 5. Jg. (2009), S. 351-363.

Übungsaufgaben

Aufgabe 1:

a) Nehmen Sie Stellung zu folgender Aussage: „Die IFRS verpflichten zur Zwischenberichterstattung gemäß IAS 34!“
b) Nennen Sie die Mindestbestandteile eines Zwischenberichts nach IAS 34.
c) Inwiefern unterscheiden sich verkürzte Abschlussbestandteile von vollständigen Abschlussbestandteilen?

Aufgabe 2:

Welche Vergleichsangaben sind für die jeweiligen Abschlussbestandteile bei einem Quartalsfinanzbericht zum 30.09.2021 zu machen, wenn das Geschäftsjahr des berichtenden Unternehmens dem Kalenderjahr entspricht?

Aufgabe 3:

Im Rahmen der unterjährigen Erfolgsermittlung lässt sich zwischen eigenständigem, integrativem sowie kombiniertem Ansatz unterscheiden.

a) Welche Zielsetzung verfolgen die jeweiligen Ansätze?
b) Ordnen Sie die unterjährige Ergebnisermittlung nach IAS 34 einem Ansatz zu. Begründen Sie Ihre Wahl!

Aufgabe 4:

Ermitteln Sie auf Basis folgender Angaben für das erste bis vierte Quartal 2021 den geschätzten jährlichen Effektivsteuersatz sowie die sich daraus ergebende Steuerquote pro Quartal:

	Q1	**Q2**	**Q3**	**Q4**
Erwartetes Jahresergebnis vor Steuern	100 T€	110 T€	90 T€	100 T€
Quartalsergebnis IFRS vor Steuern	25 T€	30 T€	10 T€	35 T€
Erwartete neue temporäre bilanzielle Differenz zum Jahresende; Ursache: eine Rückstellung wird steuerrechtlich nicht anerkannt	4 T€	4 T€	5 T€	5 T€
Erwartete permanente bilanzielle Differenz zum Jahresende, da die AR-Vergütung 2020 steuerrechtlich nur hälftig abzugsfähig ist	2 T€	2 T€	4 T€	4 T€
Zu berücksichtigender kombinierter Ertragsteuersatz	40 %	30 %	30 %	30 %

Kapitel 27
Unternehmenspublizität

Unternehmen veröffentlichen eine Fülle von Informationen, von denen nur ein Teil Rechnungslegungsdaten sind. Die Deutsche Bank AG stellt beispielsweise auf ihrer Homepage nicht nur die Jahres- und Konzernabschlüsse der letzten Jahre zum Download bereit, sondern u.a. auch Geschäftsberichte, Zwischenberichte, Wertpapierprospekte oder Ad-hoc-Mitteilungen. Allein der Geschäftsbericht 2019 umfasst 517 Seiten. Neben dem (klassischen) Geschäftsbericht veröffentlicht die Deutsche Bank mit Form 20-F gleichzeitig einen ebenfalls sehr umfangreichen Jahresbericht, der wiederum 586 eng beschriebene Textseiten in englischer Sprache umfasst.

Schon an dieser Stelle werden Sie sich vielleicht fragen, was sich denn überhaupt hinter Form 20-F oder z.B. auch einer Ad-hoc-Mitteilung verbirgt. Fraglich ist möglicherweise auch, ob das Management der Deutsche Bank AG diese Informationen freiwillig der Öffentlichkeit zur Verfügung stellt oder ob es durch bestimmte Regulierungen dazu gezwungen ist. Spielt hier möglicherweise eine Rolle, dass die Deutsche Bank-Aktie auch außerhalb Deutschlands, in New York, gehandelt wird? Und was ist der Grund dafür, dass die Deutsche Bank anders als so manches andere deutsche Unternehmen nicht nur Halbjahresberichte, sondern auch Quartalsmitteilungen veröffentlicht? Zudem stellt sich zunehmend die Frage, welche Auswirkungen die Digitalisierung auf die Berichterstattung von Unternehmen wie der Deutsche Bank AG hat.

Lernziele „Kennen“

Nach Bearbeitung dieses Kapitels kennen Sie die Systematik unterschiedlicher Publizitätsinstrumente. Sie sind mit den Besonderheiten des deutschen Publizitätssystems und dessen rechtlichen Grundlagen vertraut. Ihnen sind die verschiedenen Informationsinstrumente und Offenlegungs-Plattformen der finanziellen sowie der immer wichtiger werdenden nichtfinanziellen Berichterstattung vertraut.

Lernziele „Anwenden“

Sie können das System der Unternehmenspublizität auf konkrete Unternehmen anwenden und die wesentlichen gesellschafts- und kapitalmarktrechtlichen Publizitätsfolgen abschätzen. Sie sind auch in der Lage, bestimmte Unternehmensdaten z.B. für Zwecke der Bilanzanalyse aufzufinden und eigenständig zu recherchieren.

Lernziele „Bewerten & Gestalten“

Sie sind in der Lage, bestimmte Unternehmensmerkmale wie z.B. Größe, Rechtsform oder Börsenzulassung hinsichtlich ihrer Publizitätsfolgen abzuwägen. Die Auswirkung der Digitalisierung auf die Unternehmenspublizität können Sie abschätzen. Zudem können Sie die grundsätzliche Wirkung von Unternehmenspublizität einschätzen und diese Effekte bei der Ausgestaltung von (freiwilligen) Publikationsentscheidungen sowie bei der Rechtsform- und Finanzierungswahl berücksichtigen.

1 Begriff und Bedeutung der Unternehmenspublizität

Die informationsorientierte Rechnungslegung nach IFRS liefe zwangsläufig ins Leere, wenn Rechnungslegungsdaten nicht veröffentlicht würden. Dennoch sucht man in den Standards des IASB vergebens nach entsprechenden Vorschriften. Nur Informationsinhalt und -umfang eines IFRS-Abschlusses werden hier festgelegt. Von der Rechnungslegung losgelöste Publizitätspflichten fehlen weitgehend. Neben der Frage, von wem überhaupt ein IFRS-Abschluss zu erstellen ist, bleibt auch offen ob, wann und wie dieser veröffentlicht werden muss. Hier greift regelmäßig nationales oder internationales Gesetzes- oder Verordnungsrecht. Auch privatvertragliche Vereinbarungen über Offenlegungspflichten, z.B. mit Börsen, sind für Emittenten der dort gehandelten Wertpapiere von Relevanz. Innerhalb dieser Rechtsnormen wird dann z.B. auch die Veröffentlichung eines Konzernabschlusses nach IFRS verlangt. IFRS-Rechnungslegung als Teilmenge eines umfassenderen Publizitätssystems

Die allgemein zugängliche Bekanntmachung von Unternehmensinformationen wird hier als Unternehmenspublizität bezeichnet. Unternehmensinformationen gehen dabei über reine Rechnungslegungsdaten hinaus und umfassen sämtliche (Selbst-)Darstellungen des Unternehmens nach außen. Entscheidend ist dabei nicht die tatsächliche Kenntnisnahme der Unternehmensinformationen durch bestimmte Adressaten, sondern die sich jedem eröffnende Möglichkeit, von ihnen Kenntnis zu nehmen. Begriff der Unternehmenspublizität

Beispiel 27.1

- Auf der Webseite stellt ein Unternehmen seinen Jahresabschluss zum Download bereit. Darüber hinaus sind dort z.B. auch Präsentationen, die Aufzeichnungen der Analystenkonferenzen (analyst conference calls), sowie weitere Dokumente abrufbar.
- Die Einladung zur Hauptversammlung wird in einem überregionalen Börsenpflichtblatt veröffentlicht.
- Die Gründung einer Gesellschaft wird in das Handelsregister eingetragen. Die Einsicht in das Handelsregister ist gemäß § 9 Abs. 1 HGB jedem gestattet und ist auch über die Internetseite des elektronischen Unternehmensregisters möglich.
- Veröffentlichungen nach dem Wertpapierhandelsgesetz (WpHG) werden im elektronischen Bundesanzeiger veröffentlicht und sind auch gemäß § 8b Abs. 2 Nr. 7 HGB im elektronischen Unternehmensregister online abrufbar.

Die Unternehmenspublizität ist von derselben ordnungspolitischen Vorstellung getragen, die auch der informationsorientierten Rechnungslegung zugrunde liegt. Mehr noch, aus dem Bemühen, einen Teil der Unternehmenspublizität zu quantifizieren und zu standardisieren, ist letztlich erst die informationsorientierte Rechnungslegung entstanden. Für Rechnungslegungsdaten gilt dabei dasselbe wie für alle sonstigen Inhalte der Unternehmenspublizität: Sie dienen der Reduktion einer asymmetrischen Informationsverteilung zwischen den besser informierten Ordnungspolitische Vorstellung

„Unternehmensinsidern", insbesondere den Managern, und den schlechter informierten externen Unternehmensbeteiligten. Letztere sind regelmäßig „Schutzsubjekt" gesetzlicher Publizitätsvorschriften. Geschützt werden sie durch entsprechende Unternehmensinformationen, die sie in die Lage versetzen sollen, ihr aktuelles oder potenzielles vertragliches Engagement mit dem Unternehmen zu überprüfen (vgl. zu diesem Metazweck der Rechnungslegung bereits Kapitel 1).

Gesellschaftsrechtliche Publizitätsvorschriften

Gesetzliche Publizitätsvorschriften finden sich insbesondere im Gesellschaftsrecht und im Kapitalmarktrecht. Gesellschaftsrechtliche Publizitätsvorschriften sind Bestandteil der rechtsformorientierten Unternehmensverfassungen und müssen deshalb von allen Unternehmen in Abhängigkeit ihrer Rechtsform beachtet werden.

Beispiel 27.2

Eine nach deutschem Handelsrecht gegründete OHG muss in das Handelsregister eingetragen werden (§§ 105, 106 HGB), um jedem interessierten Geschäftspartner die Chance zu geben, sich über die Rechtssituation und Gesellschafter der OHG zu informieren. Auch wenn ein Prokurist die OHG im Geschäftsverkehr nach außen vertritt, ist der jeweilige Geschäftspartner in der Lage, sich über diese Vertretungsbefugnis im Handelsregister zu informieren (§ 53 HGB).

Haftungsbeschränkte Rechtsformen strenger reguliert

Ähnliche Publizitätspflichten gelten auch für die anderen Rechtsformen. Hierbei gilt allerdings im Grundsatz, dass die Rechtsformen mit einer Haftungsbeschränkung stärker von Publizitätspflichten betroffen sind. Dies gilt insbesondere für Kapitalgesellschaften (AG, GmbH, KGaA), deren Geschäftspartner nicht darauf vertrauen können, dass eine natürliche Person als persönlich haftender Gesellschafter mit seinem vollständigen Betriebs- und Privatvermögen für sämtliche Schulden und Verluste eintritt. Soweit alle Einlagen der Gesellschafter geleistet wurden, haftet hier nur die Kapitalgesellschaft als juristische Person mit ihrem Vermögen. Als Ausgleich für diese Haftungsbeschränkung folgt insbesondere das deutsche Gesellschaftsrecht dem Prinzip, Gläubiger über Ausschüttungsregeln zu schützen und mehr Informationen als Korrelat der Haftungsbeschränkung einzufordern. Geschäftspartner bzw. Unternehmensbeteiligte sollen also auch hier über Informationen „geschützt" werden.

Beispiel 27.3

Die Pflicht zur Offenlegung des handelsrechtlichen Einzel- und Konzernabschlusses gemäß §§ 325 bis 329 HGB trifft insbesondere Kapitalgesellschaften. Aber auch Mischformen wie die GmbH & Co. KG unterliegen aufgrund der Tatsache, dass keine natürliche Person als voll haftender Gesellschafter vorhanden ist, der Veröffentlichungspflicht (§ 264a Abs. 1 HGB).

Kapitalmarktrechtliche Publizitätsvorschriften

Das traditionelle deutsche System der Rechnungslegungspublizität war lange Zeit stärker gesellschaftsrechtlich geprägt. Neben die gesellschaftsrechtlichen Vorschriften treten jedoch verstärkt kapitalmarktrechtliche Bestimmungen, die unabhängig von der Rechtsform von solchen Unternehmen zu beachten sind, die einen organisierten Kapitalmarkt i.S.d. § 2 Abs. 5 WpHG in Anspruch nehmen (§ 264d HGB).

Spezialthema

Gesellschaftsrechtliche vs. kapitalmarktrechtliche Publizität

Während gesellschaftsrechtliche Publizitätsbestimmungen stärker auf Rechtsformen und hier insbesondere auf Kapitalgesellschaften zielen, stellen kapitalmarktrechtliche Publizitätspflichten allein den Kapitalmarktzugang in den Vordergrund (vgl. Abbildung 27.1). In der Regel dürften hier – gerade bei großen, international agierenden Unternehmen – Überschneidungen existieren, wenn z.B. eine Kapitalgesellschaft als Emittentin von Eigen- und/oder Fremdkapitaltiteln den Kapitalmarkt in Anspruch nimmt und insofern von beiden Rechtsbereichen betroffen ist. Es existieren aber auch nicht kapitalmarktorientierte Kapitalgesellschaften, die nur gesellschaftsrechtlichen Pflichten unterliegen. Selten, aber ebenfalls möglich, erscheint der Fall einer kapitalmarktorientierten Personenhandelsgesellschaft (z.B. KG als Emittent einer börsengehandelten Anleihe), die insofern – mangels Haftungsbeschränkung – weniger für gesellschaftsrechtliche, sondern mehr für kapitalmarktrechtliche Publizitätspflichten in Frage kommt.

Zusammenhang zwischen Rechtsform und Kapitalmarktorientierung

<table>
<tr><td colspan="2" rowspan="2"></td><td colspan="2">Kapitalgesellschaften und Genossenschaften</td><td colspan="2">Personengesellschaften</td><td rowspan="2">Einzelkaufleute</td></tr>
<tr><td>AG, KGaA</td><td>GmbH, Genossenschaften</td><td>ohne natürliche Person als Vollhafter</td><td>mit natürlicher Person als Vollhafter</td></tr>
<tr><td rowspan="2">kapitalmarktorientiert i.S.d. § 264d HGB</td><td>Aktien bzw. Aktien u. Schuldtitel</td><td>börsennotierte Kapitalgesellschaften i.S.d. § 3 Abs. 2 AktG</td><td colspan="4">– nicht möglich –</td></tr>
<tr><td>Schuldtitel</td><td colspan="3">kapitalmarktorientierte, aber nicht börsennotierte Kapitalgesellschaften und aufgrund der Rechtsform gleichgestellte Gesellschaften</td><td colspan="2">kapitalmarktorientierte Nicht-Kapitalgesellschaften</td></tr>
<tr><td colspan="2">Nicht kapitalmarktorientiert</td><td colspan="3">nicht kapitalmarktorientierte Kapitalgesellschaften und aufgrund der Rechtsform gleichgestellte Gesellschaften</td><td colspan="2">nicht kapitalmarktorientierte Nicht-Kapitalgesellschaften</td></tr>
</table>

Abb. 27.1: Zusammenhang von Rechtsform und Kapitalmarktorientierung

Die Anzahl an Unternehmen in Deutschland, die unmittelbar als kapitalmarktorientiert gilt, weil sie Aktien- und/oder Schuldtitel an einem geregelten Markt[1] emittiert hat, ist seit Jahren rückläufig. Nach der Enforcement-Statistik der

1 Zum Unterschied von geregeltem und nicht geregeltem Kapitalmarkt vgl. Kapitel 2.1, Exkurs.

Bundesanstalt für Finanzdienstleistungsaufsicht (BaFin) unterlagen 2019 insgesamt 549 Unternehmen (Vorjahr: 552) der Bilanzkontrolle durch BaFin und Deutsche Prüfstelle für Rechnungslegung (DPR).[2]

Kapitalmarktrechtliche Tradition der IFRS

Das Rechnungslegungssystem der IFRS wurde eher vor dem Hintergrund des kapitalmarktrechtlichen Schutzgedankens entwickelt. Dies zeigt sich z.B. darin, dass bestimmte Standards eher den Bedürfnissen kapitalmarktorientierter Unternehmen dienen als denen mittelständischer (nicht kapitalmarktorientierter) Unternehmen. Ferner spielen die Investoren als Adressaten dieser Rechnungslegung im Rahmenkonzept eine hervorgehobene Rolle (vgl. dazu Kapitel 3).

Kapitalmarktrechtlicher Schutzgedanke

Auch kapitalmarktrechtliche Publizitätspflichten werden von einem Schutzgedanken getragen. Es herrscht die Überzeugung, dass insbesondere der Schutz der vielen anonymen, kleinen Kapitalmarktteilnehmer und damit die Funktionsfähigkeit der Kapitalmärkte über eine weitreichende Informationsversorgung sichergestellt werden müsse. Diese Überzeugung ist erstmalig wohl vom US-amerikanischen Regulierer insbesondere nach der Weltwirtschaftskrise Anfang der 1930er Jahre formuliert worden und in das damals entstandene Kapitalmarktrecht auf Bundesebene eingeflossen (Securities Act 1933, Securities Exchange Act 1934). Letztlich hat dies auch zur Entstehung des umfangreichen US-amerikanischen Publizitätssystems und insofern auch zu dem heute herrschenden US-GAAP-System geführt (vgl. Kapitel 2 sowie Exkurs „US-Publizitätssystem und SEC-Berichterstattung“ in Abschnitt 3.5 dieses Kapitels). Inzwischen hat sich diese Überzeugung – möglicherweise durch die Dominanz US-amerikanischer Kapitalmärkte und vom Druck der dortigen Börsenaufsicht gefördert – auch in der EU und in Deutschland durchgesetzt, wie die deutlich zugenommene Fülle kapitalmarktrechtlicher Publizitätspflichten zeigt.

Entscheidungsnützliche Informationen

Um dem kapitalmarktrechtlichen Schutzgedanken zu entsprechen, sind den aktuellen und potenziellen Investoren geeignete Informationen zur Verfügung zu stellen. Geeignet sind diejenigen Informationen, die diese für ihre (Des-)Investitionsentscheidung benötigen. Darunter fallen nicht nur Rechnungslegungsdaten, die auf der Basis eines Rechnungslegungssystems ermittelt werden, das sich – wie die IFRS – ausschließlich der entscheidungsnützlichen Informationen ihrer Adressaten verschrieben hat. Auch sonstige, darüber hinausgehende Informationen sind erforderlich, damit die Kapitalmarktteilnehmer frühzeitig und in einer möglichst verständlichen Form über alle relevanten Informationen verfügen.

Beispiel 27.4

Die Wirkungsweise einer Kapitalmarktinformation sei an dem idealisierten Aktienkurs einer börsennotierten Gesellschaft verdeutlicht (vgl. Abbildung 27.2). Zum Zeitpunkt t_1 beruft diese Gesellschaft einen neuen Vorstandsvorsitzenden, der in der Branche den Ruf des „harten Sanierers“ hat. Er soll künftig insbesondere dafür verantwortlich sein, die aus dem Ruder laufenden Kosten deutlich zu reduzieren.

---

2 Vgl. *Bundesanstalt für Finanzdienstleistungsaufsicht*, Jahresbericht 2019, Bonn/Frankfurt a. M. 2020, S. 109; dazu auch Kapitel 2.

Für aktuelle wie auch potenzielle Aktionäre dieser Gesellschaft ist dies eine wichtige und somit entscheidungsnützliche Information. Schließlich könnte das Kostensenkungsprogramm unter dem neuen Vorsitzenden mit hoher Wahrscheinlichkeit höhere künftige Gewinne, Dividenden und damit einen gesteigerten Unternehmenswert generieren. Allerdings müssen die Aktionäre diese Information erst einmal erlangen. Mehrere Szenarien sind hier vorstellbar:

- Die Kapitalmarktteilnehmer werden nicht offiziell informiert. Erst nach und nach „sickert" diese Information in den Markt. Der Aktienkurs nähert sich eher langsam dem neuen höheren Niveau (K_2) an.
- Die Kapitalmarktteilnehmer werden nicht offiziell informiert. „Unternehmensinsider", die um die wertsteigernde Information wissen, kaufen aber intensiv Aktien des eigenen Unternehmens (Insiderhandel). Der Kurs der Aktie steigt schneller. Er steigt sogar schon im Vorfeld, weil die Insider die vorherigen Entscheidungsprozesse kennen und die Information, also den von den Unternehmensorganen gebilligten Vertragsabschluss in t_1, antizipieren können. Letztlich hat damit auch der Insiderhandel eine „Informationsweitergabefunktion". Diese wird allerdings häufig als „ungerecht" kritisiert. Zwar profitieren alle Marktteilnehmer von einem Preismechanismus, der mehr Informationen widerspiegelt und damit informationseffizienter wird. Störend erscheint aber vielen die Tatsache, dass wenige privilegierte Insider von dem Insiderhandel auf Kosten sonstiger Marktteilnehmer profitieren.
- Die Kapitalmarktteilnehmer werden über eine offizielle Ad-hoc-Mitteilung informiert. Der Kurs der Aktie springt von dem ursprünglichen Niveau (K_1) auf das neue Niveau (K_2). Je effizienter der Markt, desto schneller ist die öffentliche Information eingepreist.

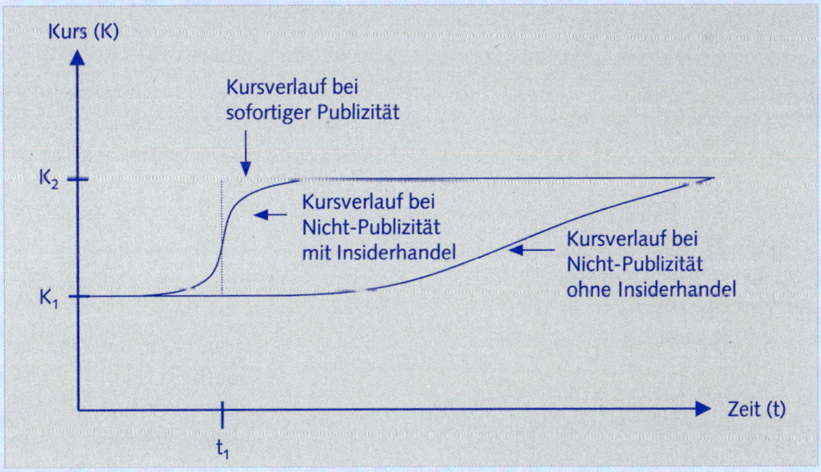

Abb. 27.2: Wirkungsweise von Kapitalmarktinformationen

Kapitalmarktrechtliche Publizität umfangreicher

Die Absicht, nahezu sämtliche entscheidungsnützlichen Informationen zur Verfügung zu stellen, führt dazu, dass kapitalmarktrechtliche Publizitätspflichten tendenziell umfangreicher sind als ihr gesellschaftsrechtliches Pendant. Da die Entscheidungsnützlichkeit der Daten mit der Zeit abnimmt, sind diese Publizitätspflichten meist auch zeitnäher ausgestaltet und kommen häufiger – sei es regelmäßig oder auch unregelmäßig – zum Tragen. Um sämtliche Kapitalmarktteilnehmer zu erreichen, werden dabei Veröffentlichungsmedien mit großer Breitenwirkung vorgeschrieben.

2 System der Unternehmenspublizität

2.1 Ein Systematisierungsversuch

Systematisierung der Unternehmenspublizität

Folgende Fragen erlauben eine weitergehende Differenzierung der Unternehmenspublizität:

- Warum werden bestimmte Unternehmensinformationen publiziert (Grund der Veröffentlichung)?
- Wann werden Unternehmensinformationen publiziert und welcher Zeitraum/-punkt wird jeweils abgedeckt (Zeitpunkt und -raum der Veröffentlichung)?
- Welche Unternehmensinformationen werden publiziert (Inhalt der Veröffentlichung)?
- Wo werden Unternehmensinformationen publiziert und welche Form hat das Publikationsmedium (Ort und Format der Veröffentlichung)?

Die Unternehmenspublizität kann daher wie folgt (Abbildung 27.3) systematisiert werden:

Abb. 27.3: Systematisierung der Unternehmenspublizität

Grund der Veröffentlichung

Die Veröffentlichung von Unternehmensinformationen folgt entweder betriebswirtschaftlichem Kalkül (z.B. Investor- oder Customer-Relations-Maßnahmen) oder wird gesetzlich erzwungen. Vor diesem Hintergrund kann die *freiwillige* von der *gesetzlichen* Publizität abgegrenzt werden. Die freiwillige Publizität, zu der sich die Unternehmensleitung in privatvertraglichen Vereinbarungen, wie z.B. Kreditverträgen, verpflichtet oder die ohne rechtliche Verpflichtung des Unternehmens erfolgt, wird in Abschnitt 2.3 dieses Kapitels näher erläutert. Die Grenze zur gesetzlichen Publizität ist häufig fließend. So sind z.B. privatvertragliche Börsenbedingungen, denen sich die Emittenten der an dieser Börse gehandelten Wertpapiere unterwerfen müssen, in ihrem kollektivvertraglichen Zwangscharakter einem Gesetz durchaus ähnlich. Im Vordergrund dieses Kapitels steht dennoch die gesetzliche Pflichtpublizität.

Zeitpunkt und -raum der Veröffentlichung

Publizitätspflichten lassen sich hinsichtlich des Zeitpunktes der jeweiligen Veröffentlichung sowie des Zeitraums der Berichterstattung in *regelmäßige* und *unregelmäßige* Publizität differenzieren. Regelmäßige Publizitätspflichten existieren für Jahres- und Halbjahresfinanzbericht und schreiben den betroffenen Unternehmen damit eine sich im Zeitablauf in immer gleichen Abschnitten meist unter Beachtung bestimmter Fristen wiederholende Offenlegung vor. Unregelmäßige Publizitätspflichten sind dahingegen an bestimmte, mehr oder weniger konkretisierte Ereignisse geknüpft. Von kapitalmarktrechtlicher Seite können hier z.B. die Offenlegungspflichten im Rahmen einer Wertpapieremission genannt werden. Unregelmäßig greift auch die Ad-hoc-Publizität, nach der kapitalmarktorientierte Unternehmen unverzüglich bestimmte, für die Kapitalmarktteilnehmer als wichtig erachtete Informationen veröffentlichen müssen.

Inhalt der Veröffentlichung: Formale Struktur

Wird die Unternehmenspublizität nach dem Inhalt der veröffentlichten Informationen differenziert, sind drei Unterscheidungsebenen möglich. So können die Informationen einerseits nach ihrer formalen Struktur in *quantitative* oder *qualitative* Daten unterteilt werden. Eng verwandt, aber nicht deckungsgleich, ist hierbei die Abgrenzung zwischen *finanziellen* und *nichtfinanziellen* Informationen, die stärker auf den inhaltlichen Bezug abstellen. Die quantitative sowie finanzielle Publizität erfasst insbesondere die Rechenwerke der Rechnungslegung und damit Bilanz, Ergebnisrechnung (einschließlich Gewinn je Aktie), Kapitalflussrechnung sowie Eigenkapitalveränderungsrechnung. Teile der Anhangangaben sind auch darunter zu subsumieren, wenn sie finanzieller Natur und/oder quantitativ sind (wie z.B. in der Segmentberichterstattung). Auch außerhalb der Abschlussbestandteile, z.B. im Lagebericht, sind quantitative finanzielle aber auch nichtfinanzielle Daten z.B. in Form von Renditekennzahlen, Gehaltsinformationen oder statistischen Zahlen zu Arbeitnehmern, Aktionären, Produkten, Produktionsanlagen, CO_2- und andere Emissionen etc. denkbar. Unter die qualitativen (oft nichtfinanziellen) Informationen fallen z.B. verbale Beschreibungen der Unternehmensziele und -visionen, des Geschäftsverlaufs oder der Governance-Strukturen, ethischer Grundsätze und Unternehmensziele („purpose"), bestimmter Klimastrategien und Umweltschutzmaßnahmen oder auch die rechnungslegungsbezogenen, verbalen Erläuterungen in den Anhangangaben.

Inhalt der Veröffentlichung: Zeitliche Perspektive

Unternehmensinformationen können aber auch hinsichtlich ihrer zeitlichen Perspektive in *vergangenheits-* sowie *zukunftsorientierte* Informationen unterteilt werden. Während in den Rechenwerken überwiegend vergangene Perioden abgebildet und Aussagen über künftige Entwicklungen nur indirekt zugelassen werden, ist der Anteil zukunftsorientierter Informationen außerhalb der Rechenwerke, z.B. im Lagebericht, höher. Diese zukunftsorientierten Informationen können quantitativer oder qualitativer Natur sein.[3] Meist werden diese Informationen – gerade wenn sie qualitativer Natur sind – als „soft" eingestuft, da sie sich zu ei-

3 Vgl. zur Prognoseberichterstattung ausführlich *Pellens, B./Lehmann, K.*, Managementprognosen und Analystenschätzungen – Eine deskriptive Analyse auf Basis der HDAX-Unternehmen, in: ZfbF, 64. Jg. (2012), S. 873-892; *Ruhwedel, F./Sellhorn, T./Lerchenmüller, J.*, Prognoseberichterstattung in Aufschwung und Krise – Eine empirische Untersuchung der DAX-Unternehmen, in: DB, 62. Jg. (2009), S. 1305-1313; *Kajüter, P./Hannen, S./Huth, M.*, Prognoseberichterstattung nach DRS 20, in: DB, 67. Jg. (2014), S. 2841-2848; *Krause, J./Sellhorn, T.,/Ahmed, K.*, Extreme uncertainty and forward-looking disclosure properties, in: Abacus, Vol. 53 (2017), S. 240-272.

nem beträchtlichen Anteil der intersubjektiven Nachprüfbarkeit entziehen. Dahinter verbergen sich subjektive Schätz-, Bewertungs- oder Prognosedaten des besser informierten Managements, die für die Unternehmensbeteiligten aber durchaus entscheidungsnützlich sein können.

Ort und Form der Veröffentlichung

Nicht zuletzt lässt sich die Unternehmenspublizität auch nach Ort und Form der Veröffentlichung differenzieren. Für pflichtmäßige Offenlegung spielt die *Registerpublizität*, etwa im Bundesanzeiger oder im Handelsregister, eine bedeutende Rolle. Über die gesetzliche Publizität hinausgehende Informationen werden *unternehmensindividuell* beispielsweise auf Websites im Investor-Relations-Bereich veröffentlicht. Von zunehmender Bedeutung ist die Berichterstattung über Social-Media-Kanäle wie Twitter oder Facebook.

Während die genannten Kanäle die Informationen allesamt unstrukturiert bereitstellen, liefern Datenbanken insbesondere quantitative Daten in strukturierter Aufbereitung. Die systematische Verarbeitung durch die Adressaten wird dadurch erheblich vereinfacht. Einen ähnlichen Ansatz verfolgt die *digitale* Berichterstattung mit Formaten wie HTML oder XBRL. Die Relevanz von *analogen*, gedruckten Geschäftsberichten ist hingegen seit Jahren stark rückläufig. So berichten 2020 sechs von 30 DAX-Unternehmen auf ihren Investor-Relations-Websites, keinen gedruckten Geschäftsbericht mehr bereitzustellen. Vier davon führen dazu explizit Nachhaltigkeitsgründe an.

2.2 Plattformen der gesetzlichen Publizität

Bundesanzeiger und Registerpublizität

Nach dem deutschen Handels- und Gesellschaftsrecht existieren unterschiedliche Plattformen und Register, in denen veröffentlichungspflichtige Unternehmenssachverhalte publiziert werden. Kapitalgesellschaften müssen ihre jährlich beizubringenden Unterlagen gemäß § 325 Abs. 1 und 2 HGB im elektronischen Bundesanzeiger einreichen und bekannt machen lassen. Auch im Aktiengesetz existiert die Bundesanzeigerpublizität (z.B. §§ 25, 305 Abs. 4 AktG). Hinzu kommen hier noch die Handelsregisterpublizität (z.B. §§ 45 Abs. 2, 81 Abs. 1, 184 Abs. 1, 188 Abs. 1, 294 Abs. 1 AktG) sowie die Haus- und Gesellschaftsblätterpublizität, die entweder die auf die Aktionäre begrenzte Einsichtnahme von Unterlagen in den Geschäftsräumen der Gesellschaft (§ 175 Abs. 2 AktG) oder eine Veröffentlichung in bestimmten, durch Gesetz oder Satzung festgelegten Zeitungen (z.B. § 20 Abs. 6 AktG i.V.m. § 25 AktG) vorsieht.

Elektronische Registerpublizität

Seit der Verabschiedung des Gesetzes über elektronische Handelsregister und Genossenschaftsregister sowie das Unternehmensregister (EHUG) 2006 wird das Handelsregister ausschließlich in elektronischer Form geführt. Offenlegungspflichtige Unternehmen sind dazu verpflichtet, ihre Jahresabschlussunterlagen elektronisch beim Bundesanzeiger, der hinsichtlich der rechnungslegungsbezogenen Unterlagen die Rolle der Amtsgerichte übernommen hat, einzureichen.

Diese sind für jedermann über www.bundesanzeiger.de zugänglich.[4] Neben den Jahresabschlüssen der Unternehmen finden sich dort auch Informationen zu handels- (z.B. Änderungen in der Vertretungsbefugnis etc.), gesellschafts- (z.B. Beteiligungsgrenzen, Änderungen im Aufsichtsrat etc.) und kapitalmarktrechtlichen (z.B. Ausgabe von Finanzinstrumenten etc.) Sachverhalten. Daneben existiert mit dem Unternehmensregister (www.unternehmensregister.de) eine Plattform, auf der die unternehmensspezifischen Informationen aus dem elektronischen Handelsregister, dem Bundesanzeiger sowie Insolvenzbekanntmachungen zusammenlaufen und zugänglich gemacht werden.

Sanktionierung bei Verstößen

Das Bundesamt für Justiz kann bei Verletzungen der Offenlegungspflicht für den Jahresabschluss oder andere Unterlagen der Rechnungslegung ein Ordnungsgeld i.H.v. max. 25.000 € verhängen (§ 335 Abs. 1 HGB). Die Sanktionen können dabei so lange wiederholt werden, bis das Unternehmen tatsächlich seinen Pflichten nachkommt.

DGAP als Quasi-Standard für Ad-hoc-Meldungen

Während dem elektronischen Unternehmensregister eine Archivfunktion für eine breite Vielzahl an Unternehmensinformationen zukommt, hat sich in Zusammenhang mit der Veröffentlichung von Insiderinformationen mit der Deutschen Gesellschaft für Ad-hoc-Publizität (DGAP) eine private Organisation auf die internetgestützte Veröffentlichung von Unternehmenskommunikation spezialisiert. Ein großer Teil der Ad-hoc-Meldungen (aber nicht alle, da die Publizität über Börsenpflichtblätter oder andere elektronische Systeme weiterhin möglich ist) ist hier für Interessierte schnell und kostenlos abrufbar (www.dgap.de). Neben den Pflichtmeldungen verbreitet die Plattform auch freiwillige (Presse-) Mitteilungen und Hintergrundinformationen. Die Datenbank ermöglicht dabei die gezielte Suche nach einzelnen Meldungen z.B. eines bestimmten Unternehmens oder eines bestimmten Typs (Ad-hoc-Mitteilung, Übernahmeangebot, Directors' Dealing, Zwischenmitteilung etc.). Zudem bietet die Plattform die Möglichkeit einer Newsletter-Funktion an, wodurch die Möglichkeit besteht alle Meldungen eines einzelnen Unternehmens zu verfolgen.

US-Pendant: EDGAR

Die zentrale Informationsquelle für den US-amerikanischen Kapitalmarkt und Benchmark für viele Online-Systeme weltweit ist EDGAR (Electronic Data Gathering, Analysis and Retrieval), das Online-Datenbanksystem der US-amerikanischen SEC. Alle Unternehmen, die von der SEC reguliert werden, müssen die verpflichtenden Unternehmenspublikationen über das EDGAR-System einreichen. Investoren und die interessierte Öffentlichkeit können die Unterlagen einsehen oder kostenlos herunterladen (www.sec.gov/edgar.shtml). Dort finden sich u.a. die Konzernabschlüsse von amerikanischen (Form 10-K) und ausländischen Emittenten (Form 20-F), Ad-hoc-Meldungen (Form 8-K) sowie auch Emissionsprospekte (Form S-1). Während standardisierte Pflichtangaben sowie eine XBRL-Fassung der Abschlüsse (siehe Abschnitt 5.2) bereitgestellt werden

4 Für Kleinstkapitalgesellschaften besteht nach § 326 Abs. 2 HGB die Möglichkeit, den Jahresabschluss beim Betreiber des Bundesanzeigers lediglich zu hinterlegen, sodass die Einsichtnahme nur von registrierten Nutzern gegen Entgelt (4,50 €) erfolgen kann.

müssen, können weitere Informationen (z.B. ein Geschäftsbericht) ebenfalls freiwillig über das EDGAR-System angeboten werden.

2.3 Freiwillige Publizität

Adressatenkreis der Unternehmensbericht-erstattung

Vor allem für kapitalmarktorientierte Unternehmen ist es von großer Bedeutung, aktuellen und künftigen Investoren und Analysten möglichst alle relevanten Informationen zeitnah zur Verfügung zu stellen. Gleichzeitig umfasst der Adressatenkreis der Unternehmensberichterstattung auch weitere Stakeholder, etwa Arbeitnehmer, Kreditgeber oder Lieferanten, deren Informationsbedürfnisse stark divergieren. Die gesetzliche Publizität alleine deckt den Informationsbedarf nur bedingt, daher liefern Unternehmen insbesondere im Rahmen der regelmäßigen Publizität zahlreiche zusätzliche, die gesetzlichen Anforderungen übersteigende Informationen.

Instrumente der freiwilligen Publizität

In Geschäftsberichten werden dabei entweder gesetzliche Publizitätsinstrumente um freiwillige Zusatzinformationen erweitert oder eigenständige Berichtsteile hinzugefügt. Der Geschäftsbericht eines kapitalmarktorientierten Unternehmens eröffnet häufig mit einem gesetzlich nicht kodifizierten sogenannten „Brief an die Aktionäre“, in dem das Management wesentliche für Investoren relevante Sachverhalte des abgelaufenen Geschäftsjahres zusammenfasst. Üblicherweise findet sich auf den ersten Seiten eines Geschäftsberichtes auch eine Übersicht über wesentliche Kennzahlen, unter ihnen oft auch gesetzlich nicht kodifizierte Performancekennzahlen (sogenannte Non-GAAP Measures, siehe Kapitel 5), beispielsweise das (bereinigte) EBIT. Ein weiteres Instrument der freiwilligen Publizität sind die sogenannten Analystenkonferenzen, auf welchen geladene Analysten über die Vermögens-, Finanz- und Ertragslage, sowie über die Entwicklung des Unternehmens informiert werden. Ziel der freiwilligen Publizität ist die Verbesserung des Informationsumfeldes von (Eigen-)Kapitalgebern durch möglichst viele Investitionsentscheidungen betreffende Informationen.

Informations-kosten

Es bleibt allerdings zu beachten, dass der Grundsatz „Mehr Informationen sind immer besser als weniger Informationen“ allenfalls theoretisch gilt und realiter existierende Informationskosten außer Acht lässt. So verursachen Länge und Komplexität der Finanzberichte beim Leser Kosten durch die benötigte Zeit bis hin zu Verständnisproblemen. Die Diskussion über die richtige Menge an verarbeitbaren Informationen hält seit Jahren an (siehe zum Thema „Information Overload“ auch Abschnitt 4.2). Zudem ist der Übergang bzw. Unterschied von freiwilliger Publizität hin zu reinem Unternehmensmarketing nicht trennscharf.

Aus der Forschung

Empirische Erkenntnisse zur freiwilligen Offenlegung

Die Motive des Managements zur freiwilligen Offenlegung finanzieller Informationen lassen sich aus den Ergebnissen einer Vielzahl empirischer Forschungsarbeiten ableiten. Insbesondere bei Investoren von Unternehmen, die nicht im Fokus von Analysten stehen, können freiwillig veröffentlichte Finanzinformationen die Eigenkapitalkosten senken (u.a. Botosan 1997). Zudem profitieren insbesondere große Unternehmen bei freiwilliger Publizität von einer höheren Attraktivität am Kapitalmarkt und einer größeren Liquidität ihrer Titel (u.a. Diamond/Verrecchia 1991). Zudem nutzen Unternehmen die freiwillige Publizität in einer reduzierten Informationsumgebung, um sowohl die Liquidität ihrer Titel als auch ihren Unternehmenswert zu steigern (Balakrishnan et al. 2014). Fremdkapitalgeber können durch eine Verbesserung des Informationsumfeldes die Ausfallwahrscheinlichkeit eines Fremdkapitaltitels präziser bestimmen, was die Zinsaufwendungen des veröffentlichenden Unternehmens senken kann (u.a. Sengupta 1998). Auf der anderen Seite ist die freiwillige Veröffentlichung von finanziellen Informationen zur Reduzierung von Informationsasymmetrien mit veröffentlichungsinduzierten Kosten verbunden. Diese können beispielsweise durch die Veröffentlichung wettbewerbsrelevanter Informationen oder solcher zu Forschungs- und Entwicklungsaktivitäten entstehen. Wagenhofer (1990) diskutiert Offenlegungsstrategien, die zu einem Gleichgewicht zwischen sinkenden Kapitalkosten und steigenden veröffentlichungsinduzierten Kosten führen können.

Literatur: Botosan, C., Disclosure Level and the Cost of Equity Capital, in: ACCR, Vol. 72 (1997), S. 323-349; Diamond, D./Verrecchia, R., Disclosure, Liquidity, and the Cost of Capital, in: The Journal of Finance, Vol. 46 (1991), S. 1325-1359; Balakrishnan, K./Billings, M.B./Kelly, B./ Ljungqvist, A., Shaping Liquidity: On the Causal Effectsof Voluntary Disclosure, in: The Journal of Finance, Vol. 69 (2014), S. 2237-2278; Sengupta, P., Corporate Disclosure Quality and Cost of Debt, in: ACCR, Vol. 73 (1998), S. 459-474; Wagenhofer, A., Voluntary Disclosure with a Strategic Opponent, in: Journal of Accounting and Economics, Vol. 12 (1990), S. 341-363.

Websites der Unternehmen/ Social Media

In der Regel sind dedizierte Abteilungen (Investor Relations) für die Finanzkommunikation verantwortlich, die auch die entsprechenden Abschnitte auf den Websites der Unternehmen betreuen. Neben den Geschäftsberichten finden sich dort auch weiterführende Informationen wie Nachhaltigkeitsberichte, Präsentationen, Mitschnitte von Telefonkonferenzen etc. Im Zuge der Umstellung von Quartalsfinanzberichten auf (kürzere) Quartalsmitteilungen sind auch viele Unternehmen dazu übergegangen, einzelne relevante Informationen auf die Website auszulagern. Darüber hinaus sind die Websites von besonderer Bedeutung, da z.B. § 161 AktG explizit darauf abstellt, dass die Entsprechenserklärung zum Deutschen Corporate Governance Kodex dauerhaft auf der Internetseite des Unternehmens öffentlich zugänglich ist. Gleiches gilt z.B. auch für Ad-hoc-Mitteilungen (Art. 17 Abs. 1 MAR). Wie bereits angedeutet, wird auch die Kommunikation über soziale Netzwerke wie Facebook, Twitter, Instagram etc.

immer wichtiger. Auch die dort veröffentlichten Informationen werden von den Investoren wahrgenommen und beeinflussen deren Entscheidungen.[5]

Beispiel 27.5

Am 01. April 2015 veröffentlichte der US-amerikanische Technologiekonzern Tesla Motors, Inc. um 09:52 Uhr über den Nachrichtendienst Twitter eine Nachricht mit dem Inhalt:

„Announcing the Model W."

Zusätzlich wurde ein Link zu folgender Newsmeldung gepostet:

„PALO ALTO, Calif., April 1, 2015 – Tesla today announced a whole new product line called the Model W. As many in the media predicted, it's a watch. That's what the „W" stands for. This incredible new device from Tesla doesn't just tell the time, it also tells the date. What's more, it is infinitely adjustable, able to tell the time no matter where you are on Earth. Japan, Timbuktu, California, anywhere! This will change your life. Reality as you know it will never be the same."

Die Märkte reagierten sofort. In der Annahme, dass Tesla tatsächlich ein neues Modell vorstellt, wurde die Aktie überdurchschnittlich stark gehandelt. Der Kurs der Aktie stieg schlagartig um 0,75 % und der Wert des Unternehmens damit um ca. 125 Mio. US-$. Dass es sich dabei lediglich um einen Aprilscherz handelte, war insbesondere den dahinterstehenden Handelsalgorithmen und den automatisierten Orderbefehlen nicht bewusst.

Kommerzielle Datenbanken

Nicht originär zur Unternehmenspublizität zählen Finanz- und Unternehmensdatenbanken kommerzieller Anbieter wie Refinitiv (ehemals ThomsonReuters), Bloomberg oder Bureau van Dijk, die in der Regel nur gegen Zahlung eines (vergleichsweise hohen) Entgelts genutzt werden können. Die Inhalte stammen dabei von Drittanbietern, unter anderem Kreditauskunfteien, aber auch von (Pflicht-)Veröffentlichungen der Unternehmen, die algorithmenbasiert sowie auch händisch verarbeitet werden. Die Datenbanken stellen somit keine Publikationsplattform der Unternehmen im eigentlichen Sinne dar, sondern wirken eher wie Informationsintermediäre. Sie bieten unterschiedlichsten Adressaten die Möglichkeit einer kriterienbasierten, strukturierten und standardisierten Auswertung von aktuellen und historischen Unternehmens- und Kapitalmarktinformationen für eine Vielzahl an Unternehmen. Häufig können diese Informationen auch mit anderen Finanz- (z.B. Analystenschätzungen) und Nichtfinanzinformationen (z.B. über Nachhaltigkeitsaspekte) verknüpft werden. Diese Möglichkeiten wer

5 Zum empirischen Nachweis von Kapitalmarkteffekten im Zusammenhang mit Social Media vgl. z.B. *Blankespoor, E./Miller, G./White, H.*, The Role of Dissemination in Market Liquidity: Evidence from Firms´ Use of Twitter, in: ACCR, Vol. 89 (2016), S. 79-112.

den insbesondere von Analysten und institutionellen Anlegern verlangt, bieten aber auch der empirischen Wissenschaft vielfältige Forschungsmöglichkeiten.

3 Unternehmenspublizität in Deutschland

Nachfolgend wird das System der Publizitätspflichten vorgestellt, innerhalb dessen auch Rechnungslegungsdaten veröffentlicht werden. Da die Publizitätspflichten gesellschafts- und kapitalmarktrechtlich fundiert sind und überwiegend (noch) nationalen Rechtsordnungen entspringen, wird hier eine deutsche Perspektive eingenommen. Dabei orientiert sich diese Darstellung, nach einer einführenden Erläuterung nationaler Besonderheiten, an der zeitpunkt- bzw. zeitraumbezogenen Unterscheidung in

- Emissionspublizität (unregelmäßige Publizitätspflicht),
- Jahresberichterstattung (regelmäßige Publizitätspflicht),
- Zwischenberichterstattung (regelmäßige Publizitätspflicht) und
- Ad-hoc-Publizität (unregelmäßige Publizitätspflicht).

3.1 Besonderheiten des deutschen Publizitätssystems

Traditionelle Dominanz des Gesellschaftsrechts

Die deutsche Rechtstradition im Bereich der Unternehmenspublizität ist gesellschaftsrechtlich geprägt. Publizitätspflichten orientieren sich regelmäßig an der Rechtsform des Unternehmens. Die aktuellen Gesellschafter genießen hier gleichberechtigt neben anderen Unternehmensbeteiligten, wie z.B. Gläubigern und Arbeitnehmern, gesellschaftsrechtlich normierten Schutz. Potenzielle Kapitalgeber, die sich noch in einem Entscheidungsprozess über ihre Unternehmensbeteiligung befinden, werden gesellschaftsrechtlich weitgehend ignoriert, sodass im deutschen Gesellschaftsrecht eher von Gesellschafterschutz und nicht von Anlegerschutz zu sprechen ist. Während in den USA ein umfangreiches und komplexes kapitalmarktrechtliches System von Gesetzen und Vorschriften zum Schutz der Anleger und des Kapitalmarkts als Institution existiert, gehört das Anlegerschutzrecht in Deutschland zu einem vergleichsweise jungen Rechtsgebiet.

Aufkommendes Kapitalmarktrecht

Erst seit Ende des 20. Jahrhunderts hat sich diese gesellschaftsrechtliche Dominanz in der deutschen Rechtsordnung unter dem Eindruck zunehmend verknappter (Eigen-)Kapitalressourcen, international agierender deutscher Unternehmen („global player“), integrierter Kapitalmärkte und einer immer stärkeren internationalen Rechtsangleichung abgeschwächt. Auf Ebene der EU und auch in Deutschland ist in relativ kurzer Zeit ein Kapitalmarktrecht entstanden, das sich zunehmend dem US-amerikanischen Pendant annähert. Zu nennen ist hier insbesondere die Serie verschiedener Gesetze, die eine Fülle von EU-Richtlinien in nationales Recht transformierte und Publizitätspflichten ausschließlich für börsennotierte Unternehmen schuf. Neben die schon länger existierende Verpflichtung zur Erstellung eines Wertpapierprospektes zur Zulassung zum Börsenhandel und die jährlichen Offenlegungspflichten traten im Zuge der Novellierung des Börsengesetzes 1987 die halbjährliche Zwischenberichterstattung sowie die Ad-hoc-Publizität. Mit dem Wertpapierhandelsgesetz (WpHG) wurden in Annäherung an die weitreichenden angloamerikanischen Publizitätsvorschriften bei Unternehmenskäufen und -übernahmen auch Mitteilungs- und Veröffentlichungspflichten bei wesentlichen Änderungen in der Anteilseignerstruktur börsennotierter Gesellschaften geschaffen. Im Zuge der Umsetzung der EG-Transparenzrichtlinie durch das Transparenzrichtlinie-Umsetzungsgesetz (TUG) wurden überdies weitere Informationspflichten von Emittenten an organisierten Märkten vom Börsengesetz und der Börsenzulassungsverordnung in das Wertpapierhandelsgesetz verschoben. Hiermit verbunden ist auch ein Wechsel der Aufsichtszuständigkeit von den jeweiligen Zulassungsstellen der Börsen hin zur BaFin. Weitere Publizitätspflichten ergeben sich zudem auf der Ebene der Börsenordnungen. Darin werden zusätzliche Voraussetzungen und Folgepflichten an diejenigen Emittenten gestellt, deren Wertpapiere im Prime Standard zugelassen sind. Im General Standard gelten indes die gesetzlichen Anforderungen für den regulierten Markt.

Weitere Marktsegmente im Freiverkehr

Seit 2005 verfügt die Deutsche Börse AG über weitere Marktsegmente. Dabei handelt es sich jedoch nicht um einen geregelten bzw. organisierten Markt i.S.d. § 2 Abs. 11 WpHG, sondern um Segmente im Freiverkehr, dem sogenannten „Open Market“. Im Vergleich zum General und Prime Standard bestehen dort deutliche Erleichterungen im Hinblick auf die Transparenzanforderungen, die aber z.T. immer noch über den gesetzlichen (Mindest-)Bestimmungen liegen. Der zunächst eingeführte Entry Standard wurde 2017 durch die Teilsegmente Quotation Board, Basic Board und Scale ersetzt, die zum Teil deutlich verschärfte Zulassungsvoraussetzungen an die Unternehmen stellen.

Charakter gesellschaftsrechtlicher Publizitätspflichten

Das deutsche Handelsrecht differenziert bei den in §§ 325 bis 328 HGB kodifizierten Offenlegungspflichten für den Jahresabschluss und Lagebericht vor allem hinsichtlich der Rechtsform und Unternehmensgröße. Umfassende Publizitätsanforderungen werden hier über die Haftungsbegrenzung auf das Gesellschaftsvermögen gerechtfertigt und gelten deshalb folgerichtig für alle Kapitalgesellschaften (AG, KGaA, GmbH) und Personengesellschaften, bei denen nur juristische Personen als Vollhafter engagiert sind (insb. GmbH & Co. KG). Hinsichtlich der Kapitalmarktorientierung eines Unternehmens wird im HGB nur wenig differenziert (z.B. § 264 Abs. 1 HGB, § 267 Abs. 3 Satz 2 HGB, § 293 Abs. 5 HGB). Alle kapitalmarktorientierten Unternehmen werden wie große Kapitalgesellschaften behandelt. Die Differenzierung der Publizitätspflicht hinsichtlich Rechtsform und Unternehmensgröße setzt sich auch in §§ 1, 3 PublG i.V.m. § 9 PublG sowie § 11 PublG i.V.m. § 15 PublG fort. Nichtkapitalgesellschaften werden unabhängig von ihrer Rechtsform bei Erreichen bestimmter Größenkriterien auf die Stufe einer großen Kapitalgesellschaft gestellt und zum gleichen Offenlegungsumfang verpflichtet. Weitere rechtsformabhängige Publizitätspflichten existieren gemäß § 339 HGB für eingetragene Genossenschaften.

Branchenabhängige Publizitätspflichten bestehen u.a. für Banken, Versicherungen und Kapitalanlagegesellschaften (§ 340l HGB; § 26 KWG; § 55 VAG).

Duales Publizitätssystem

Zusammenfassend kann festgehalten werden, dass Unternehmen in Deutschland einem dualen Publizitätssystem folgen. Für nicht kapitalmarktorientierte Unternehmen sind allein gesellschaftsrechtliche Normen maßgebend, während kapitalmarktorientierte Unternehmen gesellschafts- und kapitalmarktrechtliche Regeln befolgen müssen. Im Publizitätsumfang, in der Publizitätshäufigkeit und in der Höhe der Sanktionen ist das kapitalmarktrechtliche System weitreichender und dominiert insofern die Unternehmenspublizität kapitalmarktorientierter Unternehmen.

3.2 Emissionspublizität

Wertpapierprospekt

Die Emissionspublizität erfordert in Deutschland, in Abhängigkeit vom gewählten Marktsegment, einen mehr oder weniger ausführlichen Prospekt. So muss jedes Unternehmen, das die Zulassung seiner Wertpapiere zum Börsenhandel im amtlichen Markt beantragt, einen Wertpapierprospekt veröffentlichen (§ 32 Abs. 3 BörsG). Die Verordnung (EU) 2017/1129 (sog. Prospektverordnung) regelt die festgeschriebenen Mindestangaben eines Wertpapierprospektes, die sich nach der zu registrierenden Wertpapierart richten. Das für eine Aktienregistrierung erforderliche Registrierungsformular[6] erfordert dabei eine Fülle von Angaben (Tabelle 27.1).

Qualitative Informationserfordernisse

Die im Börsenzulassungsprospekt geforderten Angaben beinhalten dabei nicht nur quantitative Informationen, insbesondere aus dem Bereich der Rechnungslegung, sondern auch eine Vielzahl qualitativer Informationen, z.B. zu wichtigen Tätigkeitsbereichen und Standorten des Emittenten, neuen Erzeugnissen, der Abhängigkeit von Patenten, Lizenzen und Verträgen, laufenden Gerichts- oder Schiedsverfahren sowie zu den Geschäftsführungs- und Aufsichtsorganen.

Mindestangaben für das Registrierungsformular für Aktien
1. Identität der Geschäftsführer, der Mitglieder des Vorstands, des Aufsichts- bzw. Verwaltungsrats, der Mitglieder der Unternehmensleitung, der Berater und der Abschlussprüfer
2. Grundlegende Informationen zum Emittenten (u.a. Angaben zu ausgewählten Finanzdaten und der Kapitalausstattung)
3. Informationen über das Unternehmen (u.a. Informationen zu den Produkten oder Dienstleistungen des Unternehmens, der Geschichte und Entwicklung des Unternehmens und dessen Organisationsstruktur)

6 Vgl. Verordnung (EU) 2017/1129, Anhang II.

4.	Betriebsergebnis, Finanzlage und Aussichten des Unternehmens (u.a. sollen hier auch die Liquidität und die Kapitalausstattung erläutert werden, zusätzlich weitere in die Zukunft gerichtete Faktoren wie Tendenzen und Angaben zu Forschung und Entwicklung, sowie Patente und Lizenzen)
5.	Geschäftsführer, Aufsichts- bzw. Verwaltungsrat, Unternehmensleitung und Arbeitnehmer (u.a. auch Angaben zu Vergütung und Aktienbesitz)
6.	Hauptaktionäre und Geschäfte mit nahestehenden Parteien
7.	Finanzinformationen (u.a. ein konsolidierter Abschluss und sonstige Finanzinformationen)
8.	Zusätzliche Angaben (u.a. zum Aktienkapitel, der Gründungsurkunde, wichtigen Verträgen, Sachverständigenerklärungen, einsehbaren Dokumenten und Informationen über Tochtergesellschaften)
9.	Informationen über Beteiligungen

Tab. 27.1: Mindestangaben für das Registrierungsformular für Aktien

3.3 Jahresberichterstattung

Einzelabschluss

Von gesellschaftsrechtlicher Seite ist gemäß § 325 Abs. 1 HGB gefordert, dass Kapitalgesellschaften und ihnen gemäß § 264a HGB gleichgestellte Gesellschaften (offene Handelsgesellschaften und Kommanditgesellschaften, bei der nicht wenigstens ein Vollhafter eine natürliche Person bzw. eine andere Personengesellschaft mit einer natürlichen Person als persönlich haftenden Gesellschafter ist),

- einen Jahresabschluss (Einzelabschluss) mit Bestätigungs- bzw. Versagungsvermerk,
- einen Lagebericht,
- den Bericht des Aufsichtsrats über Jahresabschluss und Lagebericht und
- den Vorschlag und Beschluss über die Gewinnverwendung veröffentlichen.

Konzernabschluss

Bei bestehender Konzernrechnungslegungspflicht (§§ 290-293 HGB) sind gemäß § 325 Abs. 3 HGB auch

- der Konzernabschluss mit Bestätigungs- bzw. Versagungsvermerk,
- der Konzernlagebericht und
- der Bericht des Aufsichtsrates über Konzernabschluss und -lagebericht offen zu legen.

Kleinst-, kleinen und mittelgroßen Gesellschaften sind diverse größenabhängige Erleichterungen eingeräumt worden (§§ 326-327 HGB).

Ergänzende aktien- und börsenrechtliche Bestimmungen

Die zur Erfüllung der Vorlagepflicht gegenüber den Aktionären gemäß §§ 175 Abs. 2 und 176 Abs. 1 AktG beizubringenden Unterlagen gehen über die handelsrechtlichen Anforderungen nicht wesentlich hinaus. Gemäß § 176 AktG sind börsennotierte Aktiengesellschaften jedoch dazu verpflichtet, einen erläuternden Bericht zu den Angaben im Lagebericht über u.a. die Zusammensetzung des gezeichneten Kapitals, Beschränkungen der Stimmrechte oder Inhaber von Aktien mit Sonderrechten vorzulegen.

Die kapitalmarktrechtliche Publizität bezieht sich in §§ 114, 117 WpHG auf den gesellschaftsrechtlich regulierten Einzel- wie auch Konzernabschluss zuzüglich (Konzern-)Lagebericht, der bis spätestens vier Monate nach Ablauf des Geschäftsjahres der Öffentlichkeit zur Verfügung stehen muss. Abgesehen von jährlichen Pflichtmitteilungen vor der Hauptversammlung über ihre Einberufung oder Dividendenausschüttungen (§ 49 WpHG, §§ 124-128 AktG) konzentriert sich die gesellschafts- und kapitalmarktrechtliche Jahresberichterstattung letztlich sehr stark auf den Einzel- und Konzernabschluss sowie den (Konzern-)Lagebericht.

Offenlegungsfrist

Kapitalgesellschaften können sich gemäß § 325 Abs. 1 HGB bis zu zwölf Monate Zeit lassen, ihren dortigen Publizitätspflichten zu folgen. Unterliegen sie auch der kapitalmarktrechtlichen Publizitätspflicht, müssen sie Abschluss und Lagebericht „spätestens vier Monate nach Ablauf eines jeden Geschäftsjahrs" veröffentlichen (§ 325 Abs. 4 HGB). Allerdings wird eine Veröffentlichung binnen 90 Tagen empfohlen (7.1.3 DCGK). Mit der Kodex-Empfehlung wird eine Annäherung an die kurzen Fristen vollzogen, die international, insbesondere in der US-amerikanischen SEC-Jahresberichterstattung, gelten. So ist der Jahresbericht auf Form 10-K bereits nach 60 bis 90 Tagen bei der SEC einzureichen. Nicht selten bezieht sich Form 10-K schon auf einen noch früher veröffentlichten Annual Report. Neben den offiziell vorgegebenen Fristen ist vermutlich auch der höhere Druck von Seiten des US-amerikanischen Kapitalmarktpublikums für die frühere Offenlegung verantwortlich. Allerdings ist auch in Deutschland erkennbar, dass insbesondere große kapitalmarktorientierte Unternehmen eine immer frühere Veröffentlichung ihrer Jahresabschlüsse bzw. Geschäftsberichte anstreben („fast close").

3.4 Zwischenberichterstattung

Gesetzliche Halbjahresberichterstattung

Die Zwischenberichterstattung ist in Deutschland ausschließlich kapitalmarktrechtlich reguliert. So ist in § 115 WpHG Inlandsemittenten von Aktien und Schuldtiteln im Sinne von § 115 Abs. 1 Satz 1 WpHG eine halbjährliche Zwischenberichtspublizität vorgeschrieben. Dieser Halbjahresfinanzbericht umfasst dabei gemäß § 115 Abs. 2 WpHG einen verkürzten Abschluss sowie einen Zwischenlagebericht. Der verkürzte Abschluss besteht mindestens aus einer verkürzten Bilanz, einer verkürzten Gewinn- und Verlustrechnung sowie einem Anhang (§ 115 Abs. 3 WpHG). Der Zwischenlagebericht hat retrospektiv die wichtigsten Ereignisse des Berichtszeitraums und deren Auswirkungen auf den verkürzten Abschluss anzugeben. Ferner hat er prospektiv über die wesentlichen Chancen und Risiken der dem Berichtszeitraum folgenden sechs Monate zu informieren (§ 115 Abs. 4 Satz 1 WpHG).

Form, Fristen und Prüfung

Form und Fristen der Zwischenberichterstattung sind ebenfalls in § 115 Abs. 1 WpHG geregelt. Entsprechend hat die berichtende Gesellschaft vor der erstmaligen Bereitstellung den Zeitpunkt sowie die Internetadresse der Veröffentlichung bekannt zu geben. Zeitgleich ist die BaFin über diese Bekanntmachung zu informieren und die Bekanntmachung zudem unverzüglich an das Unternehmensregister zu übermitteln. Der eigentliche Halbjahresfinanzbericht ist ebenfalls an das Unternehmensregister zur dortigen Speicherung zu senden. Ein unmittelbares und unaufgefordertes Versenden an die Aktionäre ist allerdings nicht erforderlich. Anders als die Jahresberichterstattung geht die Zwischenberichterstattung mit vergleichsweise kurzen Veröffentlichungsfristen einher. Dennoch liegt die in § 115 Abs. 1 WpHG vorgeschriebene Dreimonatsfrist immer noch über den 40 bis 45 Tagen, innerhalb derer die entsprechenden Forms 10-Q bei der US-amerikanischen SEC einzureichen sind. Eine Pflichtprüfung durch einen Abschlussprüfer ist im deutschen Kapitalmarktrecht nicht vorgesehen. Auch eine Pflicht zur prüferischen Durchsicht nach US-amerikanischem Vorbild existiert nicht. Allerding muss gemäß §115 Abs. 5 WpHG angegeben werden, wenn eine prüferische Durchsicht unterlassen wurde.

Strengere Informationspflichten im Prime Standard

Der Halbjahresfinanzbericht markiert so für die Unternehmen, deren Wertpapiere im amtlichen Markt notiert sind, einen Mindeststandard. Die Börsenordnung (BO) der Frankfurter Wertpapierbörse, deren Träger die Deutsche Börse AG ist, sieht diesen Mindeststandard für diejenigen Emittenten als ausreichend an, deren Wertpapiere zum „normalen" amtlichen Markt (General Standard) zugelassen sind. Für einen „exquisiten" Teilbereich des amtlichen Marktes, den Prime Standard, sind jedoch Folgepflichten festgelegt worden. Diese beinhalten u.a. weitergehende Bestimmungen zur Zwischenberichterstattung.

Quartalsmitteilungen

So müssen im Prime Standard gelistete Unternehmen nach § 51a BO eine (Konzern-)Quartalsmitteilung zu jedem Stichtag des ersten und dritten Quartals erstellen. Diese hat neben einem Prognoseveränderungsbericht auch Informationen über den jeweiligen Mitteilungszeitraum zu enthalten, um eine Beurteilung der Entwicklung der Geschäftstätigkeit des Emittenten zu ermöglichen. Neben der Beschreibung des Geschäftsergebnisses und der Finanzlage sind namentlich wesentliche Ereignisse und Geschäfte sowie deren Auswirkungen auf die Finanzlage zu erläutern. Sollten Emittenten freiwillig einen Quartalsfinanzbericht erstellen und veröffentlichen, entfällt gemäß § 51a Abs. 6 BO die Quartalsmitteilungspflicht.[7]

IAS 34

Da die Emittenten als kapitalmarktorientierte Unternehmen zur Rechnungslegung nach IFRS verpflichtet sind, hat die halbjährliche Zwischenberichterstattung nach den Vorschriften des IAS 34 (Interim Financial Reporting) zu erfolgen (vgl. Kapitel 26).

7 Dazu ausführlich: Böhmer, T./Muschallik, M./Steinius-Gaukel, J., Deregulierung der Quartalsberichterstattung in Deutschland, in: WPg, 71. Jg. (2019), S. 1266-1273.

3.5 Ad-hoc-Publizität

Marktmissbrauchsverordnung

Die EU-Marktmissbrauchsverordnung (VO 596/2014; MMVO bzw. Market Abuse Regulation, MAR) verpflichtet börsennotierte Unternehmen, die Öffentlichkeit zeitnah über wichtige das Unternehmen betreffende Ereignisse zu informieren. Nur wenn Anleger schnell und umfassend über Insiderinformationen aufgeklärt werden, sind sie gegenüber Insidern nicht benachteiligt und können fundierte Entscheidungen treffen. War die Ad-hoc-Publizität in Deutschland ursprünglich im WpHG kodifiziert, ist sie seit dem 03.07.2016 per unmittelbar bindender Verordnung auf EU-Ebene verankert.

Insiderinformationen

Als Insiderinformationen gelten gemäß Art. 7 Abs. 1 MAR präzise Informationen über nicht öffentlich bekannte Umstände, die geeignet sind, im Falle eines öffentlichen Bekanntwerdens den Börsen- oder Marktpreis der Emittentenpapiere zu beeinflussen (vgl. Beispiel 27.4). Hierunter fallen auch künftig eintretende Umstände, sofern deren Eintritt hinreichend wahrscheinlich ist. Die damit beschriebene Ad-hoc-Publizität ist allen in- und ausländischen Unternehmen verbindlich vorgeschrieben, sofern sie Wertpapiere emittiert haben, die zum amtlichen oder geregelten Markt an einer europäischen Börse zugelassen sind.

Zweck

Die Ad-hoc-Publizität dient dem Zweck, den Kapitalmarkt neben den periodischen Informationssystemen (Jahresabschluss und Zwischenbericht) auch unregelmäßig mit wichtigen Unternehmensnachrichten zu versorgen. Hauptsächlich handelt es sich dabei um Informationen zu Finanzberichten, M&A-Transaktionen sowie Kapitalmaßnahmen. Nach einer manuellen Erhebung veröffentlichten die 30 DAX-Unternehmen 2019 insgesamt 64 Ad-hoc-Meldungen über die Plattform der Deutschen Gesellschaft für Ad-hoc-Publizität (DGAP). Die Gesamtanzahl an Ad-hoc-Meldungen in Deutschland ist nach Angaben der DGAP in den letzten Jahren rückläufig.[8]

Veröffentlichungspflichtige Tatsachen

Anders als beim US-amerikanischen Pendant (Form 8-K) kodifiziert Art. 7 MAR keinen abschließenden Katalog von Sachverhalten, die eine Publizitätspflicht auslösen. Die BaFin hat hierzu zwar einen Leitfaden veröffentlicht, der aber weder abschließend noch verbindlich ist.[9] Die Unternehmen befinden sich damit in einer gewissen Rechtsunsicherheit, da sie ex ante nur schwer in der Lage sein dürften, den Grad der Kursrelevanz einer Nachricht zweifelsfrei abzuschätzen.

Beispiel 27.6

Im Frühjahr 2005 trug sich der damalige Vorstandsvorsitzende der DaimlerChrysler AG, Jürgen Schrempp, mit dem Gedanken, seinen Posten niederzulegen. Der Prozess, von der Entscheidung Schrempps bis zur einvernehmli-

8 2015 nahm beispielsweise die Zahl an Ad-hoc-Meldungen (-11 %) ab, wohingegen ein Anstieg bei Stimmrechtsmitteilungen (+14 %) zu verzeichnen war (vgl. *EQS Group AG*, Konzernlagebericht 2015, München 2016, S. 21); für Gründe, weitere empirische Nachweise und nähere Angaben zur quantitativen Entwicklung der Ad-hoc-Publizität vgl. *Seibt, C. H.*, Empirische Betrachtungen zur Ad-hoc-Publizität in Deutschland, in: Corporate Finance Law, 4. Jg. (2013), S. 41-48.

9 Vgl. Emittentenleitfaden der Bundesanstalt für Finanzdienstleistungsaufsicht (BaFin) – Modul C, 5. Aufl., Bonn/Frankfurt a. M. 2020, S. 35-36 i.V.m. S. 15-23.

chen Trennung nach Beschluss des Aufsichtsrates, erstreckte sich über mehrere Wochen:

- April bis Juni 2005: Schrempp spricht mit seiner Frau, dem Vorsitzenden des Aufsichtsrats (Hilmar Kopper) und seinem designierten Nachfolger (Dieter Zetsche) über seine Absicht, den Posten des Vorstandsvorsitzenden niederzulegen.
- 13.07.2005: Einladung zu Sitzungen des Aufsichtsrates und des Präsidialausschusses, allerdings ohne Hinweis auf das mögliche Ausscheiden von Schrempp.
- 18.07.2005: Schrempp und Kopper verständigen sich, auf der nächsten Sitzung des Aufsichtsrats über das Ausscheiden von Schrempp und die Bestellung von Zetsche als Vorstandsvorsitzenden zu abzustimmen.
- 27.07.2005: Der Präsidialausschuss beschließt, dem Aufsichtsrat den Wechsel des Vorstandsvorsitzenden zur Beschlussfassung vorzuschlagen.
- 28.07.2005, 09:50 Uhr: Beschluss des Aufsichtsrates.
- 28.07.2005, 10:32 Uhr: Veröffentlichung der Ad-hoc-Mitteilung.

Strittig ist hier, ob die Ad-hoc-Mitteilung der DaimlerChrysler AG rechtzeitig veröffentlicht wurde. In einer ersten zivilrechtlichen Entscheidung urteilte das OLG Stuttgart, dass das Ausscheiden erst mit dem Aufsichtsratsbeschluss am 28.07.2005 hinreichend sicher gewesen sei. Das Gericht vertrat insofern die Auffassung der DaimlerChrysler AG. Nachdem das Urteil vom BGH wegen eines Verfahrensfehlers aufgehoben wurde, änderte das OLG Stuttgart seine Auffassung in einem zweiten Urteil. Nunmehr sei die Ad-hoc-Mitteilung bereits nach dem Beschluss des Präsidialausschusses am 27.07.2005 zu veröffentlichen gewesen. Bereits zu diesem Zeitpunkt habe eine hohe Wahrscheinlichkeit für die Zustimmung des Aufsichtsrates am folgenden Tag und somit auch für das Ausscheiden von Schrempp vorgelegen. Parallel dazu kam das OLG Frankfurt im Ordnungswidrigkeitsverfahren gegen die DaimlerChrysler AG zu einem anderen Ergebnis. Bereits das Gespräch zwischen Kopper und Schrempp, in dem Letzterer seine Rücktrittsabsicht bekundete, stelle eine veröffentlichungspflichte Insiderinformation dar. Ähnlich äußerte sich der BGH in Bezug auf die Rechtsbeschwerde gegen das zweite Urteil des OLG Frankfurt. Indem Schrempp das Gespräch mit Kopper suchte, konkretisierte sich seine Rücktrittsüberlegung zu einer Absicht. Die Wahrscheinlichkeit des Eintritts des kursbeeinflussenden Ereignisses (Rücktritt Schrempps) hatte sich damit auf über 50 % erhöht. Die Pflicht zur Ad-hoc-Publizität sei ausgelöst gewesen.[10] Der BGH hat das Verfahren indes an das OLG Stuttgart zurückverwiesen. Zu einem abschließenden Urteil ist es dort allerdings nicht gekommen, da die Daimler AG Ende 2016 mit den Klägern einen Vergleich in unbekannter Höhe erzielen konnte.

10 Vgl. BGH vom 23.04.2013 (II ZB 7/09); *Herfs, A.*, Weiter im Blindflug – Zur Ad-hoc-Pflicht bei gestreckten Geschehensabläufen aus Sicht der Praxis, in: DB, 66. Jg. (2013), S. 1650-1656.

Gestreckte Geschehensabläufe

Augenscheinlich wird dieses Problem bei Vorgängen, die in mehreren Teilschritten ablaufen (Beispiel 27.5) (sog. gestreckte Geschehensabläufe). Üblicherweise erhöht sich der Grad der Kursrelevanz im Zeitverlauf, wobei aber fraglich bleibt, wann die Schwelle zur Publikationspflicht überschritten wird. Hierzu geben weder der Gesetzeswortlaut noch die Rechtsprechung Auskunft. Einerseits betont der BGH (23.04.2013, II ZB/7 09), dass bei gestreckten Sachverhalten jeder Zwischenschritt eine veröffentlichungspflichtige Insiderinformation darstellen kann. Andererseits obliegt es dem Unternehmen zu entscheiden, ob und wann diese so konkret ist, dass sie die Kauf- oder Verkaufsentscheidung eines verständigen Anlegers beeinflusst.

Art und Weise der Informationsveröffentlichung

Klarer sind indes die Vorschriften über das Veröffentlichungsprozedere. Ad-hoc-Meldungen müssen „so bald wie möglich" (Art. 17 MAR) den jeweiligen Börsen, der BaFin und anschließend der Öffentlichkeit mitgeteilt werden. Darüber hinaus sind sie auf der Website des Unternehmens zu veröffentlichen und mindestens für fünf Jahre anzuzeigen.

Beispiel 27.7

Im Kontext der Abgasaffäre beim Automobilkonzern VW wird die Bedeutung des Veröffentlichungszeitpunktes einer Ad-hoc-Mitteilung deutlich. Nach Darstellung des ehemaligen VW-Vorstandes ging dieser lange von Strafzahlungen in Amerika im Bereich von 2 Mrd. Dollar aus, die keine Kursrelevanz haben würden und somit auch keine Pflicht zur Ad-hoc-Publizität auslösen würden. Am 18. September 2015 machte die US-amerikanische Umweltschutzbehörde detaillierte Manipulationsvorwürfe gegen VW öffentlich. Am 20. September folgte eine Entschuldigung des Vorstandsvorsitzenden. Die VW-Aktie brach am Folgetag um etwa 19 Prozent ein. Am 22. September veröffentlichte VW folgende Ad-hoc-Mitteilung:

22.09.2015 11:39 Uhr

(...) Auffällig sind Fahrzeuge mit Motoren vom Typ EA 189 mit einem Gesamtvolumen von weltweit rund elf Millionen Fahrzeugen. Ausschließlich bei diesem Motortyp wurde eine auffällige Abweichung zwischen Prüfstandswerten und realem Fahrbetrieb festgestellt. (...) Zur Abdeckung notwendiger Service-Maßnahmen und weiterer Anstrengungen, um das Vertrauen unserer Kunden zurück zu gewinnen, beabsichtigt Volkswagen, im 3. Quartal des laufenden Geschäftsjahres rund 6,5 Milliarden Euro ergebniswirksam zurückzustellen. Aufgrund der laufenden Untersuchungen unterliegt der angenommene Betrag Einschätzungsrisiken. Die Ergebnisziele des Konzerns für das Jahr 2015 werden dementsprechend angepasst. (...)

In Folge der Ad-hoc-Mitteilung verlor die VW-Aktie noch einmal rund 20 Prozent ihres Wertes.

In einem anhängigen Verfahren vor dem OLG Braunschweig fordern Investoren nun Schadenersatz in Milliardenhöhe vom Volkswagen-Konzern. Der

Vorwurf lautet auf zu späte Information der Märkte. Für die Frage, wann VW die Märkte informieren musste ist unter anderem die Frage entscheidend, ab welchem Zeitpunkt sich der Vorstand Kenntnis von den Manipulationen zurechnen lassen musste.

Spezialthema

US-Publizitätssystem und SEC-Berichterstattung

Das US-amerikanische Kapitalmarkt- bzw. Wertpapierrecht (securities regulations) ist ein überaus detailliert regulierter Rechtsbereich, der eine große Anzahl von Bundes- und Einzelstaatengesetzen sowie auf deren Grundlage erlassene Rechtsverordnungen und Verwaltungsvorschriften umfasst. In diesem Zusammenhang spielen Publizitätspflichten eine zentrale Rolle – anders als im (einzelstaatlich) regulierten Gesellschaftsrecht.

US-Bundesrecht

Auf Bundesebene unterteilt sich das US-amerikanische Kapitalmarktrecht (federal securities laws) in die grundlegenden Primary Acts und die auf Spezialprobleme fokussierenden und hier nicht näher betrachteten Secondary Acts. Erstere umfassen den Securities Act von 1933 (SA) und den Securities Exchange Act von 1934 (SEA). Diese bilden die zwei Eckpfeiler des US-amerikanischen Kapitalmarktrechts und legen auch die Rechtsgrundlage für das gesamte bundesgesetzliche Publizitätssystem. Beide Gesetze sind Resultat der von Präsident Franklin D. Roosevelt zur Bekämpfung der Großen Depression forcierten Gesetzgebung des New Deal, die US-amerikanische Investoren vor Missbräuchen im Wertpapierhandel zu schützen suchte. Neben dem Unterbinden betrügerischer Handlungen durch gesetzlich kodifizierte Verhaltensregeln für bestimmte Unternehmensbeteiligte sollte dies insbesondere durch eine verbesserte Information der Anleger erreicht werden. Auch in der jüngeren Vergangenheit kann der krisentheoretische Ansatz gesetzliche Regulierungen erklären. Der unmittelbar nach dem Enron-Skandal 2002 erlassene Sarbanes-Oxley Act zielt ebenfalls auf die Wiederherstellung des Anlegervertrauens, z.B. durch Verhaltensregulierung, aber auch durch weitere Publizitätspflichten.

US-Einzelstaatenrecht

Unabhängig vom Bundesrecht existieren die Wertpapiergesetze der Einzelstaaten (state securities laws oder blue sky laws), die sich auf den innerhalb der Staatsgrenzen ablaufenden Wertpapierhandel (intra-state commerce) beziehen. Sie sind i.d.R. schon vor den Bundesgesetzen erlassen worden, regeln jedoch in abgeschwächter Form ähnliche Problembereiche und sind von den Unternehmen zusätzlich zu beachten.

SEC und sonstige Rechtsquellen

Neben die bundes- oder einzelstaatlichen Gesetze treten in der dreistufigen Regulierungshierarchie die Verordnungen und Erlasse der Securities and Exchange Commission (SEC) als der obersten Bundesbehörde für den Wertpapierbereich sowie die Regelungen von Selbstverwaltungsorganen, insbesondere die Börsenordnungen der einzelnen Börsen, die ebenfalls für die dort gelisteten Unternehmen zwingende Sicherungs- und Kontrollbestimmungen vorsehen. Im Sinne des US-amerikanischen Common Law haben auch die kapitalmarktrelevante Rechtsprechung der Gerichte und die sonstigen Entscheidungen der SEC als weitere Rechtsquellen eine große Bedeutung.

Da die bundesgesetzlichen Publizitätsvorschriften recht allgemein gehalten sind und in vielen Fällen der weiteren Konkretisierung bedürfen, hat die SEC im Rahmen ihrer legislativen Ausgestaltungskompetenz Ausführungsverordnungen hierzu erlassen und detaillierte Formblätter für die verschiedenen Wertpapierregistrierungen herausgegeben. Dabei folgt sie bis heute konsequent der in diesen Gesetzen niedergelegten Auffassung, dass der Kapitalanlegerschutz primär durch Information zu gewährleisten sei. Unter dem Motto: „Disclosure, again disclosure and still more disclosure“[11] wurden seit den 1930er Jahren im Rahmen der Ausgestaltung insbesondere der Primary Acts eine Fülle von konkreten Publizitätspflichten für kapitalmarktorientierte Unternehmen erlassen.

Regeln und Formblätter des SEC-Disclosure-Systems

Das Regelwerk der SEC sieht insbesondere die für Rechnungslegung und Publizität relevanten Regulations S-K und S-X vor, die durch sog. Formblätter bzw. Forms konkretisiert werden. Hierbei handelt es sich um detaillierte, teilweise vorformulierte Schemata, welche von registrierten Unternehmen bei der Berichterstattung gegenüber der SEC hinsichtlich Form und Inhalt streng zu beachten sind. Für fast jeden speziellen Publizitätsanlass gibt es ein bestimmtes Formblatt. Unterschieden werden sie anhand kryptischer Kürzel wie z.B. 10-K, 10-Q oder 8-K.[12] Darin sind bestimmte Rückverweise auf zuvor den Aktionären übermittelte Informationen zugelassen (z.B. auf Annual Reports). Kern dieser Formblätter ist ein standardisiertes Basis-Informations-Paket, das im Wesentlichen den testierten Konzernabschluss und die Management's Discussion and Analysis of Financial Condition and Results of Operations (MD&A) enthält.

Publizität deutscher Emittenten

Die SEC-Berichterstattung folgt ansonsten der hier vorgestellten Systematik und kann in Emissionspublizität (insb. Form S-1), Jahresberichterstattung (insb. Form 10-K), Quartalsberichterstattung (insb. Form 10-Q) und Ad-hoc-Publizität (insb. Form 8-K) unterteilt werden. Die Berichtsinhalte sind teilweise noch detaillierter als ihr deutsches Pendant, ganz abgesehen davon, dass regelmäßig auch eine schnellere Offenlegung gefordert wird. Deutsche Emittenten, die bei der SEC registriert sind, haben den sog. F-Forms zu folgen, die den Forms für US-amerikanische Emittenten angelehnt sind. So fußt z.B. die Jahresberichterstattung deutscher Unternehmen auf Form 20-F, das nicht nur Konzernabschlussdaten und MD&A (im Basis-Informations-Paket), sondern insbesondere auch ausgewählte sonstige Finanzdaten, eine detaillierte Beschreibung der Geschäftstätigkeit, Informationen über schwebende Gerichtsverfahren, über Aktien und Dividenden, über Marktrisiken, über den Vorstand und Aufsichtsrat einschließlich deren Vergütung und Aktienbesitz und auch über Honorare von Wirtschaftsprüfern und Steuerberatern beinhaltet. Die SEC erkennt seit 2007 bei ausländischen Emittenten IFRS-Abschlüsse an (SEC-

11 *Loss, L.*, Fundamentals of Securities Regulation, 2. Aufl., Boston, u.a. 1988, S. 7.

12 Sämtliche Formblätter finden sich auf der Website der SEC unter www.sec.gov/forms (05.10.2020) zum Download.

Release No. 33-8879). Dies gilt auch für Zwischenberichte, für die, wie bereits zuvor, eine Aufstellung nach IFRS genügt.

Zwischenberichterstattung deutscher Emittenten

Ausländische Emittenten unterliegen nicht grundsätzlich der Pflicht zur Quartalsberichterstattung. Sie müssen der SEC jedoch sämtliche Zwischenberichte, die sie nach den Vorschriften ihrer Heimatbörse erstellt haben, auf Form 6-K einreichen. Das gilt auch für die Ad-hoc-Publizität.

Fülle von Detailinformationen

Zusammenfassend kann festgehalten werden, dass die SEC-Publizitätspflichten den betroffenen Unternehmen eine Fülle von Detailinformationen abverlangen. Jeder Blick z.B. in einen zufällig ausgewählten 10-K-Bericht wird diesen Eindruck bestätigen. Fraglich ist allerdings, ob das Ausmaß dieser Pflichtpublizität vor dem Hintergrund der damit einhergehenden Kosten gerechtfertigt ist. Dies schließt auch die Frage mit ein, ob die Adressaten die Informationsfülle überhaupt noch verarbeiten können („disclosure overload“).

4 Informationsinstrumente neben der Finanzberichterstattung im engeren Sinne

4.1 HGB-Lageberichterstattung

Für alle deutschen KapG bindend

Die HGB-Lageberichterstattung, insbesondere die Konzernlageberichterstattung, soll an dieser Stelle gesondert und ausführlicher behandelt werden, weil sie für alle deutschen Kapitalgesellschaften, ob sie nun nach IFRS oder HGB bilanzieren, von Bedeutung ist. Der HGB-Konzernlagebericht ist nicht nur von jeder Kapitalgesellschaft zu erstellen, die einen HGB-Konzernabschluss vorlegt. Auch deutsche Mutterunternehmen, die nach der IAS-Verordnung zur IFRS-Konzernrechnungslegung verpflichtet sind oder den IFRS freiwillig folgen, müssen einen Konzernlagebericht nach den Vorschriften von § 315 HGB erstellen. In den Geschäftsberichten dieser Unternehmen wird der IFRS-Konzernabschluss demnach durch einen HGB-Konzernlagebericht ergänzt. Letzterer ist gemäß § 317 Abs. 2 HGB daraufhin zu prüfen, ob er im Einklang mit dem IFRS-Konzernabschluss steht. Die Kombination zweier Regelsysteme dürfte an dieser Stelle allerdings unproblematisch sein, da der Lagebericht auch nach deutschem Rechtsverständnis ausschließlich der Informationsfunktion dient und das geforderte Lagebild in § 315 Abs. 1 Satz 1 HGB ganz im Gegensatz zu § 297 Abs. 2 Satz 2 HGB nicht unter der Einschränkung der GoB steht. Ähnliches gilt im Übrigen für den Lagebericht im Einzelabschluss nach § 289 HGB, sofern er mit einem IFRS-Einzelabschluss kombiniert wird.

Regulierung der Lageberichterstattung

Im Rahmen der Umsetzung der CSR-Richtlinie (2014/95/EU) durch das CSR-Richtlinie-Umsetzungsgesetz 2017 wurden neben der Erweiterung der nichtfinanziellen Berichterstattung auch die §§ 289, 315 HGB neu strukturiert. Die heutigen Vorschriften des §§ 315, 315a-d HGB zur Konzernlageberichterstattung werden dabei durch DRS 20 „Konzernlagebericht“ ergänzt; dessen Anwendung für die Lageberichterstattung auf Einzelabschlussebene wird empfohlen. Der Standard orientiert sich am management approach und am Grundsatz der Informationsabstufung. Umfang und Detailtiefe der dargestellten Informationen müssen so gewählt werden, dass sie den spezifischen Gegebenheiten des Konzerns, insbesondere im Hinblick auf Größe, Branche, Geschäftsmodell oder Inanspruchnahme des Kapitalmarktes, gerecht werden. An die Berichterstattung kapitalmarktorientierter Unternehmen werden grundsätzlich höhere Anforderungen gestellt.

Inhalt des Lageberichts

Der Lagebericht hat nicht nur statisch über den Konzern zum Zeitpunkt des Stichtages zu informieren. Er soll auch Informationen vermitteln, die den Konzern in seiner wirtschaftlichen Entwicklung widerspiegeln. Während der Konzernabschluss stark auf die jeweilige Berichtsperiode fokussiert, ist der zeitliche Betrachtungshorizont des Konzernlageberichts weiter und umfasst auch den vor der Berichtsperiode beginnenden und sich nach ihr fortsetzenden, prospektiven Entwicklungsverlauf des wirtschaftlichen Gesamtgeschehens. So ist z.B. nach § 315 HGB auf die voraussichtliche Entwicklung mit ihren wesentlichen Chancen und Risiken (Abs. 1 Satz 4) einzugehen. Auch die Berichterstattung über Risiken und Risikomanagementmaßnahmen bzgl. Finanzinstrumenten (Abs. 2 Nr. 1a) und Forschungs- und Entwicklungsaktivitäten (Abs. 2 Nr. 2) hat einen zukunftsgerichteten Charakter. Derartige Informationen dürften im hohen Maße der Entscheidungsunterstützung der Rechnungslegungsadressaten dienen, andererseits aber auch mit einem höheren Maß an Unsicherheit einhergehen.

Entsprechend der gesetzlichen Vorgaben des § 315 (analog § 289) HGB ff. bilden folgende Berichte den Inhalt des Konzernlageberichts:[13]

- **Wirtschaftsbericht:** Im Wirtschaftsbericht ist über den Geschäftsverlauf einschließlich Geschäftsergebnis und die Lage des Konzerns zu berichten (Abs. 1 Satz 1). Dabei soll u.a. auf die Ereignisse und Entwicklungen eingegangen werden, die für den Geschäftsverlauf ursächlich waren (DRS 20.62), und die Ergebnisstruktur sowie die wesentlichen Gründe für die Ergebnisentwicklung erläutert werden (DRS 20.64). Bei der Analyse ist auf die wesentlichen finanziellen und nichtfinanziellen Leistungsindikatoren abzustellen (DRS 20.54 und 20.101 ff.), die der Geschäftsführung zur Steuerung dienen (management approach). Darüber hinaus sind die Ziele das Finanzmanagement und die Vermögens- und Kapitalstruktur darzustellen und zu erläutern (DRS 20.78 ff. und 20.81 ff.).
- **Prognose-, Chancen- und Risikobericht:** Innerhalb des Prognose-, Chancen- und Risikoberichts ist auf die voraussichtliche Entwicklung mit ihren wesentlichen Chancen und Risiken einzugehen (Abs. 1 Satz 4). Gemäß DRS 20.166 ist über Chancen und Risiken ausgewogen zu berichten. Dabei sind alle Risiken in den Bericht einzubeziehen, die die Entscheidungen der Adressaten beeinflussen könnten (DRS 20.146). Prognosen müssen zumindest für die benannten finanziellen und nichtfinanziellen Leistungsindikatoren an-

13 Vgl. hierzu ausführlicher und m.w.N. *Fülbier, R. U./Pellens, B.*, Münch-KommHGB, § 315.

gegeben werden (DRS 20.126), wobei der Prognosezeitraum gemäß DRS 20.127 mindestens ein Jahr betragen muss.

- **Bilanzeid:** Die gesetzlichen Vertreter des Mutterunternehmens haben zu versichern, dass der Wirtschaftsbericht (Abs. 1 Satz 1) sowie der Prognose- und Risikobericht (Abs. 1 Satz 4) ein den tatsächlichen Verhältnissen entsprechendes Bild vermitteln (Abs. 1 Satz 5).
- **Finanzrisikobericht:** Der Finanzrisikobericht soll Angaben zu Risiken aus Finanzinstrumenten sowie über die zu deren Bewältigung getroffenen Risikomanagementziele und -methoden des Konzerns enthalten (Abs. 2 Nr. 1). DRS 20.181 f. verlangt außerdem eine Darstellung der einzelnen Risikoarten, eine Aufgliederung der Risikomanagementziele gesondert für jede Risikoart und die Angabe der Risikomanagementmethoden.
- **Forschungs- und Entwicklungsbericht:** Die gesetzlichen Vorgaben zum Konzernlagebericht sehen Angaben zum Bereich Forschung und Entwicklung vor (Abs. 2 Nr. 2), die im Forschungs- und Entwicklungsbericht zusammengefasst werden. Sofern wesentlich, sind der Faktoreinsatz und die Ergebnisse der Aktivitäten zu quantifizieren (DRS 20.49).
- **Bericht über wesentliche Zweigniederlassungen:** Sofern diese für das Verständnis der Lage des Konzerns notwendig sind, ist in einem Abschnitt des Konzernlageberichts auf die wesentlichen Zweigniederlassungen einzugehen, um die Adressaten über die regionale Ausbreitung zu informieren (Abs. 2 Nr. 3).
- **Bericht über das interne Kontroll- und Risikomanagementsystem:** Dieser Bericht soll die wesentlichen Merkmale des internen Kontroll- und Risikomanagementsystems im Hinblick auf den Konzernrechnungslegungsprozess beschreiben (Abs. 4). Die Verpflichtung zur Aufstellung eines derartigen Berichts gilt nur für Konzerne, bei denen mindestens ein Konzernunternehmen kapitalmarktorientiert ist. Die Berichtspflicht bezieht sich gemäß DRS 20.K170 und 20.K173 auf die Teile des internen Kontroll- und Risikomanagementsystems, die den Konzernabschluss wesentlich beeinflussen. Hierdurch sollen die Abschlussadressaten in die Lage versetzt werden, die wesentlichen Merkmale, Strukturen und Prozesse dieses Systems im Hinblick auf den Konzernrechnungslegungsprozess einschätzen zu können (DRS 20.K168).
- **Eigentumsstrukturbericht:** Der Eigentumsstrukturbericht soll einen umfassenden Einblick in die Eigentumsstruktur der börsennotierten Gesellschaft ermöglichen und etwaige Übernahmehindernisse wie z.B. Stimmrechtsbeschränkungen identifizieren (§ 315a Abs. 1 HGB).
- **Nichtfinanzielle Konzernerklärung**: Neben der Berichterstattung über nichtfinanzielle Leistungsindikatoren im Wirtschaftsbericht unterliegen bestimmte Unternehmen von öffentlichem Interesse der zusätzlichen Pflicht, den Konzernlagebericht um eine nichtfinanzielle Erklärung zu erweitern (§ 315b HGB; mehr dazu in Abschnitt 4.3). Diese nichtfinanzielle Erklärung muss

aber nicht zwingend Teil des Konzernlageberichts sein, sondern kann auch gesondert offengelegt werden (§ 315b Abs. 3 HGB).

Entsprechenserklärung zum DCGK: Weitere Berichte

Des Weiteren haben börsennotierte Aktiengesellschaften gemäß § 289f bzw. 315d HGB eine Erklärung zur Unternehmensführung abzugeben, die neben der Entsprechenserklärung zum Deutschen Corporate Governance Kodex (DCGK) gemäß § 161 AktG über das gesetzliche Maß hinausgehende Angaben zu Unternehmensführungspraktiken zu enthalten hat. Ferner ist auch auf die Besetzung des Vorstands und des Aufsichtsrates hinsichtlich Geschlecht („Geschlechterquote“) sowie bei großen Gesellschaften auf das Diversitätskonzept der vertretungsberechtigten Organe einzugehen (Alter, Geschlecht, Bildungs- oder Berufshintergrund). Die Erklärung zur Unternehmensführung wird auf der Website des Unternehmens öffentlich verfügbar gemacht.

Vergütungsbericht

Mit Beschluss des Gesetzes zur Umsetzung der zweiten Aktionärsrechte-Richtlinie der EU (ARUG II) muss für Geschäftsjahre, die nach dem 31.12.2020 beginnen, auf der Unternehmenswebsite zudem ein separater aktienrechtlicher Vergütungsbericht veröffentlicht werden. Dieser muss die Vergütung jedes einzelnen namentlich zu nennenden Vorstands- und Aufsichtsratsmitglieds enthalten. § 162 AktG ersetzt dabei die bisherige Regelung der §§ 286, 314 HGB; demnach ist der Vergütungsbericht kein Bestandteil des Lageberichts mehr.

4.2 Management Commentary und andere IFRS-Regelungen

IFRS Practice Statement

Vom IASB existiert kein mit § 315 HGB vergleichbarer Standard. Grundsätzlich sieht das IASB seine Aufgabe in der Veröffentlichung hochqualitativer, international harmonisierter Rechnungslegungsgrundsätze. Im Zuge dieser Fokussierung auf die Rechnungslegung i.e.S. blieb das Konstrukt eines (Konzern-)Lageberichts bisher außen vor. Das IASB überlässt die Regulierung der restlichen Unternehmenspublizität – damit auch der Konzernlageberichterstattung – den nationalen Regulierern bzw. kooperiert diesbezüglich mit der International Organization of Securities Commissions (IOSCO).

Aufgrund des international gestiegenen Interesses an Lageberichtsinformationen[14] und der Erkenntnis, dass der IFRS-Abschluss allein immer noch nicht ausreichend über die wirtschaftliche Gesamtlage informiert, um auf dessen Basis wirtschaftliche Entscheidungen zu treffen, rief das IASB 2002 eine internationale Projektgruppe zum Thema „Management Commentary“ ins Leben. Ergebnis der langjährigen Gruppenarbeit ist das sog. „IFRS Practice Statement Management

14 Neben den in Deutschland erweiterten Anforderungen an die Lageberichterstattung sind beispielsweise auch in den USA (Management’s Discussion and Analysis of Financial Conditions and Results of Operations, MD&A), Großbritannien (Operation and Financial Review, OFR) oder auch Australien (Operating and Financial Review, OFR) die entsprechenden Verlautbarungen überarbeitet worden.

Commentary“ (PS MC), das bestimmte, eher grobe Rahmenvorgaben für den Managementbericht im Sinne eines unverbindlichen Leifadens formuliert. Auf diese Weise soll vermieden werden, dass die Vorschriften der IFRS mit den nationalen Vorschriften – etwa zur Lageberichterstattung in Deutschland – in Konflikt geraten. Trotzdem können die aus IASB-Sicht freiwillig anwendbaren Grundsätze zur Managementberichterstattung von Gesetzgebern bzw. Börsenaufsichten unverändert oder auf die jeweiligen nationalen Gegebenheiten angepasst und konkretisiert zu verpflichtenden Bestandteilen erhoben werden.

Zielsetzung

Die Zielsetzung des Managementberichts liegt gemäß dem Practice Statement Management Commentary darin, den Investoren einen Blick aus der Perspektive des Managements auf das Unternehmen zu ermöglichen (PS MC.15). Somit folgt der Managementbericht ähnlich wie andere Berichtsinstrumente bzw. Bestandteile des IFRS-Abschlusses dem management approach.

Grundsätze

Die Beachtung folgender Grundsätze soll der Bereitstellung einer entscheidungsnützlichen Managementberichterstattung dienen (PS MC.12):

- Darstellung aus Sicht der Unternehmensleitung (management approach),
- Ergänzung und Erweiterung der Abschlussinformationen.

Einhergehend mit diesen Prinzipien soll der Managementbericht Informationen enthalten, die

- zukunftsorientiert sind und
- die qualitativen Anforderungen, die im Framework niedergelegt sind, erfüllen (PS MC.13).

Inhalt

Der Inhalt des Managementberichts orientiert sich stark an den Gegebenheiten und Umständen des einzelnen Unternehmens, um so den Charakter der Geschäftstätigkeit, die Strategien des Managements und das regulatorische Umfeld, in dem das jeweilige Unternehmen tätig ist, widerzuspiegeln (PS MC.22). Im Sinne der Bereitstellung entscheidungsnützlicher Informationen sollte der Managementbericht jedoch zu folgenden Bereichen Informationen beinhalten (PS MC.24 ff.):

- Art des Geschäfts,
- Ziele und Strategien der Unternehmensleitung,
- Ressourcen, Risiken und Beziehungen des Unternehmens,
- Geschäftsergebnis und -aussichten,
- Leistungsmaßstäbe und Indikatoren, die die Unternehmensleitung zur Beurteilung heranzieht.

Wirkungszusammenhang

Diese Themenbereiche sollen nicht isoliert dargestellt werden, sondern stehen vielmehr in einem Wirkungszusammenhang, der ebenfalls analysiert und erläutert werden soll (PS MC.25). Obwohl der Managementbericht als separates Berichtsinstrument veröffentlicht wird, stellt er einen Bestandteil des Finanzberichts dar und sollte mit den in den anderen Berichtsinstrumenten veröffentlichten Informationen inhaltlich konsistent sein.

Vergleich mit HGB-Lagebericht

Angesichts des unverbindlichen Leitfadencharakters behalten die §§ 289 und 315 HGB für deutsche Unternehmen, seien sie nun IFRS-Anwender oder nicht, uneingeschränkte Gültigkeit. Lagebericht und Managementbericht des IASB weisen dabei viele Gemeinsamkeiten auf. Unterschiede liegen insbesondere im Detaillierungsgrad. Die IASB-Vorgaben stellen unverbindliche Leitlinien dar, die prinzipienorientierte Berichtsgrundsätze, qualitative Anforderungen und mögliche Inhalte definieren und insgesamt sehr allgemein formuliert sind. Das HGB und vor allem der DRS 20 gehen im Detaillierungsgrad weit darüber hinaus.

IFRS-Angabepflichten mit Lageberichtscharakter

Zu erwähnen ist allerdings, dass einzelne Angabepflichten bereits existierender IFRS durchaus Teilelemente der HGB-Lageberichterstattung beinhalten. So verlangt z.B. IAS 10.21 Angaben zu bedeutenden Ereignissen, die nach dem Bilanzstichtag eingetreten sind. Die Parallele zum Nachtragsbericht (seit dem BilRUG Teil des Anhangs; § 285 Nr. 33 HGB) ist offenkundig. Parallelen gibt es auch hinsichtlich des Finanzrisikoberichts (insbesondere IFRS 7.31 ff.), des Forschungs- und Entwicklungsberichts (IAS 38.118 ff.) sowie des Vergütungsberichts (IFRS 2.44 ff.). Trotz der Fokussierung der IFRS auf die Rechnungslegung im eigentlichen Sinne wird den berichtenden Unternehmen in IAS 1.13 zudem empfohlen, neben dem (Konzern-)Abschluss eine Art Finanzbericht (financial review by management) auf freiwilliger Basis zu veröffentlichen. Darin sollten über die Rechenwerke hinausgehende Informationen zur Vermögens-, Finanz- und Ertragslage des Konzerns enthalten sein.

Disclosure Initiative des IASB

Im Rahmen der IASB Agenda Consultation 2011 wurden von vielen Seiten die ausufernden Angabepflichten in den IFRS moniert.[15] Einerseits verursachen unnötige Angaben nicht nur Kosten beim Abschlussersteller, sondern erschweren den Adressaten schlimmstenfalls gar das Verständnis. Andererseits bemängeln Adressaten das Fehlen unternehmensspezifischer und wesentlicher Informationen.[16] Mit der Disclosure Initiative hat das IASB in 2013 ein Projekt gestartet, das dem „Disclosure-Problem" mittelfristig entgegenwirken und die Effektivität der Angaben in Abschlüssen erhöhen soll. Da die Pflichten zu Anhangangaben über verschiedene Standards verstreut sind, wurde die Disclosure Initiative auf mehrere Teilprojekte verteilt. Die ersten vier Teilprojekte wurden bereits abgeschlossen. So veröffentlichte das IASB Ende 2014 bzw. Anfang 2016 Änderungen zu IAS 1 bzw. IAS 7. Im Jahr 2017 erfolgte eine Konkretisierung des „Wesentlichkeitsbegriffs" und 2018 wurden darauf bezogene Änderungen der Anhangangaben veröffentlicht.[17]

---

15 Vgl. *IASB*, Feedback Statement: Agenda Consultation 2011, London 2012, S. 15, 21. Weitere Informationen zur Agenda Consultation finden sich bei *Pellens, B./Obermüller, P./Rowoldt, M./Schmidt, A.*, Die Zukunft der IFRS-Rechnungslegung – Auswertung der Kommentierungsschreiben zur IASB-Agenda Consultation 2011, in: DB, 65. Jg. (2012), S. 2173-2183.

16 Vgl. *Sellhorn, T./Menacher, J.*, Welche Neuerungen bringt die „Disclosure Initiative" des IASB? aktuelle Entwicklungen und Status Quo, in: WPg, 68. Jg. (2015), S. 1289-1298.

17 Project Summary der Disclosure Initiative–Principles of Disclosure (https://www.ifrs.org/projects/2019/principles-of-disclosure/#final-stage).

Aus der Forschung

Empirische Evidenz zur Komplexität und Lesbarkeit

Auch die empirische Forschung beschäftigt sich mit Fragestellungen zum „information overload", der Komplexität oder auch der Lesbarkeit von Unternehmensveröffentlichungen. Im Rahmen einer deskriptiven Untersuchung der Geschäftsberichte und Konzernabschlüsse von DAX30-Unternehmen konnte z.B. Kuschel (2015) zeigen, dass deren Umfang in den letzten Jahren deutlich angestiegen ist. Im Zeitraum 2000 bis 2012 hat sich die Seitenzahlen der Geschäftsberichte mehr als verdoppelt (+130 %). Selbst zwischen 2005 (IFRS-Pflicht) und 2012 ist eine Zunahme von 50 % zu verzeichnen. Die im Durchschnitt größte Steigerung ist aber beim HGB-regulierten Lagebericht zu beobachten, welcher beispielsweise bei der Deutschen Lufthansa AG von 27 Seiten in 2005 auf 104 Seiten in 2010 angestiegen ist.[18] Auch werden hier erste, indikatorbasierte Versuche vorgenommen, den Komplexitätszuwachs z.B. über Lesbarkeitsindizes zu messen. Die Ergebnisse von Loughran/McDonald (2014) deuten drauf hin, dass die Adressaten Schwierigkeiten bei der Verarbeitung und Deutung komplexer und schwer lesbarer Finanzberichte haben. Diese gehen mit einer höheren Kursvolatilität einher. Auch lassen sich hier größere Abweichungen zu den Prognosen der Analysten feststellen. Die Forscher betonen daher, dass klare und prägnante Formulierungen die Entscheidungsnützlichkeit erhöhen und eine präzisere Bewertung erlauben. Ein weiterer Aspekt sind Boilerplate-Informationen, also unspezifische Angaben, die keinen Mehrwert liefern. Lang/Stice-Lawrence (2015) berücksichtigen u.a. die Verwendung und das Ausmaß von Boilerplate-Informationen in Geschäftsberichten bei ihrer Messung von Berichterstattungsqualität. Dabei zeigen die Autoren ebenfalls einen negativen Zusammenhang zwischen den Textattributen und kapitalmarktrelevanten Größen wie Marktliquidität, Analystenabdeckung und dem Anteil an institutionellen Anlegern.

Literatur: Kuschel, P., Komplexitätszunahme in der Finanzberichterstattung nach IFRS, Frankfurt am Main 2015; Lang, M./Stice-Lawrence, L., Textual Analysis and International Financial Reporting: Large Sample Evidence, in: Journal of Accounting and Economics, Vol. 60 (2015), S. 110-135; Loughran, T./McDonald, B., Measuring Readability in Financial Disclosures, in: The Journal of Finance, Vol. 69 (2014), S. 1643-1671.

18 Es gibt allerdings auch Tendenzen und Beispiele für eine Gegenbewegung, d.h. eine Verkürzung und Entschlackung der Berichte, als deren Vorreiter insb. die Siemens AG gesehen werden kann. Vgl. *Thomas, R. P./Schmitz, J./Wagner, J. M.*, Adressatengerechte Kapitalmarktkommunikation als unternehmensindividuelle Managementverantwortung, in: ZfbF, 68. Jg. (2016), S. 447-473; *Pilhofer, J./Herr, S. B.*, Zur empirischen Belegbarkeit einer „Entschlackungswelle" im Geschäftsjahr 2015, in: PiR, 13. Jg. (2017), S. 1-12.

4.3 Integrierte und Nachhaltigkeitsberichterstattung

Financial, Sustainability und Integrated Reporting

Viele Unternehmen sehen in Anbetracht des gesellschaftlichen Werte- und Normenwandels die Notwendigkeit, verstärkt gesellschaftliche Verantwortung zu übernehmen und dies auch zu dokumentieren. Aus dieser Erwartungshaltung können sich ökonomische Vorteile (sog. Business Case for Sustainability), aber auch Risiken ergeben, die als entscheidungsnützliche Informationen für Kapitalmarktteilnehmer auch zu kommunizieren sind. Zusätzlich sind auch diverse Interessensgruppen, wenn nicht sogar die allgemeine Öffentlichkeit, an einer Berichterstattung zur gesellschaftlichen Verantwortung von Unternehmen interessiert, was weit über die reine Einschätzung ökonomischer Vorteile hinausgeht. Ziel einer Berichterstattung für diese Adressaten ist dabei das Aufzeigen der durch Unternehmen verursachten negativen Externalitäten.

Zur traditionellen Finanzberichterstattung tritt somit die nichtfinanzielle bzw. Nachhaltigkeitsberichterstattung (Sustainability Reporting) hinzu.

Drei Säulen-Modell und ESG-Faktoren

Dem Drei-Säulen-Modell der Nachhaltigkeit folgend ist über ökonomische, ökologische und soziale Belange des Unternehmens und seiner Umwelt zu berichten. Dies schließt immer stärker auch Governance-Faktoren mit ein (explizit unter die sog. ESG-Faktoren geordnet, d.h. environmental, social and corporate governance factors). Insbesondere um die Bedeutung externer Einflüsse abschätzen und ggf. auch quantifizieren zu können, sollten die nichtfinanziellen Aspekte in der Berichterstattung deutlich stärker berücksichtigt und ggf. mit der finanziellen Berichterstattung kombiniert werden (integrierte Berichterstattung).

Verständnis von Integration

Fraglich ist dabei, welche funktionalen Bereiche eine solche Integration umfassen sollte. In einem Kontinuum, das von einer bloßen Kombination beider Informationstypen für Berichtszwecke bis zu einer umfassenden Berücksichtigung nachhaltiger Elemente in der Unternehmenssteuerung reicht, sind viele Facetten denkbar. Ein einheitliches Begriffsverständnis hat sich hier noch nicht herausgebildet, sodass derzeit verschiedene Vorschläge konkurrieren.[19] Auch das IASB kann und will sich dem gesellschaftlichen Druck nicht vollends entziehen. Zwar liegt der Fokus der IFRS immer noch auf der Finanzberichterstattung. Allerdings adressiert das IASB das Thema Nachhaltigkeit bereits in der aktuellen Diskussion zur Überarbeitung des Management Commentary. So ist aus der Sicht des ehemaligen Vorsitzenden des IASB, Hans Hoogervorst insbesondere der Teil der Nachhaltigkeitsberichterstattung für den Management Commentary relevant, der für Investoren entscheidungsnützliche Informationen liefert. Hoogervorst geht es hier erkennbar um eine primär an Kapitalgeber gerichtete Nachhaltigkeitsberichterstattung, die vor allem die (auch langfristigen) finanziellen Auswirkungen auf die Unternehmen – und weniger den (wohl deutlich schwerer monetär zu greifenden) „Impact", den die Unternehmen selbst auf Umwelt und Gesellschaft haben – in den Blick nimmt.

19 Dazu ausführlich: *Arbeitskreis Externe Unternehmensrechnung der Schmalenbach-Gesellschaft für Betriebswirtschaft e.V.*, Integrated Reporting – Herausforderungen für die Finanzberichterstattung, in: BB, 68. Jg. (2013), S. 875-882.

In seinem am 30.09.2020 veröffentlichten Consultation Paper zum Thema Nachhaltigkeitsberichterstattung geht die IFRS Foundation sogar noch einen Schritt weiter. Hierbei wird erstmals über die Möglichkeit diskutiert, unter dem Dach der IFRS Foundation neben dem IASB ein Sustainability Standards Board (SSB) einzurichten (siehe Kapitel 2). Dieses würde damit beauftragt werden, internationale Standards für die Nachhaltigkeitsberichterstattung zu entwickeln. Dabei soll zunächst ein Fokus auf der Berichterstattung zu klimabezogenen Risiken liegen. Als primäre Adressaten wären, analog zur IFRS-Finanzberichterstattung, die Kapitalgeber vorgesehen.

Sustainability Standards Board neben dem IASB?

Das IASB hat aber auch eine Kooperationsvereinbarung mit dem International Integrated Reporting Committee (IIRC). Das im Dezember 2010 gegründete (IIRC) hat ein Rahmenkonzept für ein integriertes Berichtsformat geschaffen, in dem Unternehmen alle wesentlichen Informationen zur Wertschöpfung und -erhaltung an die interessierte Öffentlichkeit kommunizieren können (siehe Exkurs „Integrated Reporting Rahmenkonzept des IIRC"). Dieses Rahmenwerk dürfte bei der künftigen Entwicklung von IFRS und SSB durchaus Berücksichtigung finden.

International Integrated Reporting Committee

Integrated Reporting Rahmenkonzept des IIRC

Spezialthema

Das tiefgreifendste Konzept zur integrierten Berichterstattung wurde vom International Integrated Reporting Council (IIRC) vorgestellt. Ziel des „Integrated Reporting Framework" ist es, ein präzises und vergleichbares Berichtsformat zu schaffen, auf dessen Grundlage Unternehmen (bzw. Organisationen i.A.) alle wesentlichen Informationen hinsichtlich ihrer Wertschaffung und -erhaltung darstellen. Ein integrierter Bericht muss somit neben finanziellen auch nichtfinanzielle Informationen enthalten, um dem Leser ein differenziertes Bild über die Chancen und Risiken zu vermitteln. Informationen zu den ökonomischen, ökologischen und sozialen Tätigkeiten des Unternehmens sowie deren Wechselwirkung mit der unternehmerischen Umwelt werden aggregiert und müssen nicht mehr mühsam aus einer Vielzahl an Einzelberichten zusammengesucht werden. Im Dezember 2013 wurden die finale Fassung des Integrated Reporting Frameworks (IR) veröffentlicht.

Definition und Adressaten

Ein integrierter Bericht zeigt, wie Unternehmensstrategie, -führung, -leistungsfähigkeit und Zukunftsaussichten, unter Berücksichtigung der Umwelt, zu kurz-, mittel- und langfristiger Wertschöpfung beitragen (IR 1.1). Die Beurteilung der Wertveränderung hat gemäß IR 1.7 primär, aber nicht ausschließlich, aus der Sicht der Kapitalgeber zu erfolgen. Dem liegt die Annahme zugrunde, dass finanzielle Erfolge immer auch die Vertragsposition der übrigen Stakeholder (Mitarbeiter, Kunden, Lieferanten, Geschäftspartner, öffentliche Hand, Regulierer usw.) berühren.

Integrated Thinking als Grundkonzept

Im Rahmenkonzept werden Finanz-, Produktions- und Humankapital sowie geistiges, soziales und natürliches Kapital unterschieden, welche jeweils durch das Geschäftsmodell (IR 2.4, 2.15) erhöht, gemindert oder transformiert werden. In einer integrierten Berichterstattung werden die Beziehungen zwischen den einzelnen Kapitalkategorien, ihre Bedeutung für das Geschäftsmodell sowie die damit verbundenen Chancen und Risiken zusammengeführt. Der Leser soll das Nettowertschöpfungspotenzial eines Unternehmens über die Kapitalkategorien hinweg beurteilen können (IR 3.6). Zu berücksichtigen sind dabei auch externe Einflüsse, die sich auf das Unternehmen auswirken können oder sich aus den Tätigkeiten des Unternehmens ergeben. Eine effektive integrierte Berichterstattung setzt somit ein „integrated thinking" (IR Introduction) voraus. Liegt dies vor, können die Interdependenzen zwischen Kapitalkategorien, Geschäftsmodell und Umwelt hinsichtlich der Auswirkungen auf die kurz-, mittel- und langfristige Wertschöpfung bereits bei der Entscheidungsfindung berücksichtigt werden.

Prinzipienorientierter Ansatz und grobe inhaltliche Vorgaben

Dieses vergleichsweise unbestimmte Grundkonzept eines integrierten Berichts lässt bereits die Herausforderungen für die Unternehmen erahnen. Beispielhaft sei die Implementierung von Steuerungssystemen, die die Nutzung der gleichen finanziellen und nichtfinanziellen Informationen für interne und externe (Berichts-)Zwecke ermöglichen, genannt. Eine integrierte Berichterstattung ist somit stets das Ergebnis einer bewussten unternehmensindividuellen Ausrichtung. Ausgehend von der notwendigen Individualisierbarkeit folgt das IIRC einem prinzipienorientierten Ansatz (IR Part II). Inhalt, Reihenfolge und Umfang der Angaben werden nicht konkret und abschließend vorgegeben. Stattdessen werden lediglich acht Inhaltsblöcke vorgeschlagen, über die mindestens zu berichten ist: (1) Überblick zur Organisation und ihrer Umwelt, (2) Führung, (3) Geschäftsmodell, (4) Chancen und Risiken, (5) Strategie und Ressourcenallokation, (6) Leistung, (7) Zukunftserwartungen, (8) Aufstellungsgrundsätze.

Die einzelnen Blöcke stehen nicht für sich, sondern sind untereinander oder mit gesonderten Berichten (Lagebericht, Governance-Bericht etc.) zu verknüpfen (IR 4.2 f., 1.16). Hierfür wird der Einsatz von Informationstechnologie, vorstellbar sind z.B. Onlinemedien und XBRL (mehr dazu vgl. Abschnitt 5.1), empfohlen. Der integrierte Bericht zeigt sich somit als eine mögliche Ausrichtung der primären Unternehmenskommunikation, die, ausgehend vom Geschäftsmodell, alle relevanten unternehmensin- und -externen Faktoren berücksichtigen soll.

Global Reporting Initiative

Anders als das IIRC möchte die Global Reporting Initiative (GRI) kein umfassendes Konzept zur Berichterstattung präsentieren, sondern fokussiert sich auf den Teilbereich Nachhaltigkeitsberichterstattung. Die vierte Version des Rahmenkonzepts (G4 Guidelines) wurde im Mai 2013 veröffentlicht. Als regelbasierter Leitfaden für die Berichterstattung zur ökonomischen, ökologischen und sozialen Leistung eines Unternehmens basiert es ebenfalls auf dem Drei-Säulen-Modell der Nachhaltigkeit. Ausgangspunkt bilden 34 Kernangaben zur Nachhaltigkeitsstrategie des Unternehmens. Daraus sind die Nachhaltigkeitsaspekte zu destillieren, die aus Sicht des Managements wesentlich sind. Zu den einzelnen Aspekten werden in den G4 Guidelines insgesamt 81 qualitative und quantitative

Indikatoren genannt, auf deren Grundlage der Nachhaltigkeitsbericht erstellt werden kann. Ergänzend treten branchenspezifische Vorgaben hinzu. Wenngleich der Ansatz der GRI ebenfalls vom management approach gekennzeichnet ist, sind die Anforderungen an das Vorgehen und die Inhalte konkreter. Dies dürfte auch ein Grund dafür sein, dass die GRI das am meisten verbreitete Rahmenwerk darstellt. Im Oktober 2016 hat der Herausgeber des GRI-G4, das Global Sustainability Standards Board (GSSB), das G4-Rahmenwerk vollständig überarbeitet und in Form von 36 einzelnen Standards veröffentlicht, die seitdem laufend einer Überarbeitung und Ergänzung unterliegen.[20] Zukünftig soll dann deren Aktualisierung und Weiterentwicklung flexibel und benutzerfreundlicher erfolgen.

Weitere Initiativen

Neben den beiden dargestellten Ansätzen zur integrierten bzw. Nachhaltigkeitsberichterstattung gibt es eine Vielzahl weiterer Verlautbarungen. Die International Organization for Standardization hat im November 2010 mit ISO 26000 einen nicht zertifizierbaren Standard vorgelegt, der, als wesentliche Nebenbedingung gesellschaftlich verantwortungsvollen Handelns, die Pflicht zur Rechenschaft und Transparenz darlegt.[21] Einen ähnlichen Ansatz verfolgt der United Nations Global Compact (UNGC).[22] Auf Basis von zehn Prinzipien aus den Bereichen Menschenrechte, Umwelt und Antikorruption müssen Unternehmen, die diesen freiwillig anwenden, über die Umsetzung der Prinzipien sowie deren Auswirkungen berichten. Auf nationaler Ebene stellt der Rat für Nachhaltige Entwicklung mit dem Deutschen Nachhaltigkeitskodex (DNK) ebenfalls einen Leitfaden zur Verfügung.[23] Analog zum Deutschen Corporate Governance Kodex müssen Unternehmen, die den Nachhaltigkeitskodex anwenden, Abweichungen begründen (comply-or-explain-Ansatz). In den USA wurde 2011 das Sustainability Accounting Standards Board (SASB) gegründet.[24] Ähnlich der GRI folgt das SASB einem quantitativen Ansatz und entwickelt, in enger Zusammenarbeit mit dem FASB und der SEC, Indikatoren zu relevanten Nachhaltigkeitsaspekten (sog. „Universe of Environmental, Social and Governance Issues"). Die Standards des SASB sind branchenspezifisch ausgestaltet und sollen mittelfristig von allen Unternehmen, die an einer US-Börse notiert sind, verpflichtend anzuwenden sein. Im November 2018 veröffentlichte das SASB einen kompletten Satz an 77 Branchenstandards, welche jeweils auf Unternehmen z.B. aus dem Gesundheitswesen, der Technologiebranche oder dem Finanzwesen zugeschnitten sind.

20 Vgl. https://www.globalreporting.org/about-gri/mission-history/.

21 Weitere Informationen zu ISO 26000 finden sich auf der offiziellen Website (www.iso.org/iso-26000-social-responsibility.html).

22 Weitere Informationen zum UNGC finden sich unter www.unglobalcompact.org/.

23 Weitere Informationen zum DNK finden sich unter http://www.deutscher-nachhaltigkeitskodex.de.

24 Weitere Informationen zum SASB sowie zu aktuellen Standards finden sich unter http://www.sasb.org.

Beispiel 27.8

Seit 2013 veröffentlicht die Bayer AG einen integrierten Bericht in vollständig digitaler Form.[25] Neben den klassischen Berichtsinstrumenten der Rechnungslegung (Konzernabschluss und -lagebericht) finden sich hier Angaben zur Corporate Governance sowie ein Nachhaltigkeitsbericht, der in den Geschäftsbericht integriert ist. Letzterer erfüllt die Kriterien der GRI G4 und der UN Global Compact. Die einzelnen Berichtselemente sind weitestgehend verknüpft und interaktiv gestaltet. So können quantitative Informationen in Diagramme transformiert, verglichen und gespeichert werden, sodass sich der Geschäftsbericht individuell an den Informationsbedürfnissen des Nutzers ausrichten lässt.

Handelsrechtliche Vorgaben zur Nachhaltigkeitsberichterstattung – CSR-Richtlinie

Auf Grund der steigenden Nachfrage nach sozialen und umweltbezogenen Informationen hat sich in den letzten Jahren auch die EU verstärkt mit der Berichterstattung über nichtfinanzielle Indikatoren beschäftigt. Zwar existierten in Deutschland bereits Vorschriften, nach denen im Lagebericht unter bestimmten Voraussetzungen über nichtfinanzielle Aspekte zu informieren ist. Eine Nachhaltigkeits- oder gar integrierte Berichterstattung war jedoch nicht explizit vorgesehen. In anderen europäischen Länder bestanden teilweise überhaupt keine vergleichbaren Regelungen. Nach Auffassung der EU fehlte es Investoren daher nicht nur an wesentlichen, vergleichbaren Informationen, sondern den Unternehmen auch an homogenen Wettbewerbsvoraussetzungen.

Nichtfinanzielle Erklärung

Im Zuge dieser Überlegungen wurde im Oktober 2014 eine entsprechende EU-Richtlinie (2014/95/EU) über die Angabe bestimmter ökologischer, sozialer und gesellschaftlicher Aspekte (sog. CSR-Richtlinie, Non-Financial Reporting Directive) verabschiedet. In Deutschland wurde diese im ersten Quartal 2017 mit dem CSR-Richtlinie-Umsetzungsgesetz (CSR-RUG) in nationales Recht umgesetzt. Dieses sieht vor, dass große, kapitalmarktorientierte (§ 264d HGB) Unternehmen, die im Geschäftsjahresdurchschnitt mehr als 500 Mitarbeiter beschäftigen, im Lagebericht eine nichtfinanzielle Erklärung aufnehmen müssen (§ 289b HGB). Dabei ist das Geschäftsmodell zu beschreiben sowie mindestens über Umwelt-, Sozial- und Arbeitnehmerbelange, über die Achtung der Menschenrechte und über die Bekämpfung von Korruption und Bestechung zu informieren (§ 289c HGB). Als Grundlage für die Berichte können anerkannte nationale oder internationale Rahmenkonzepte (z.B. GRI G4, ISO 26000 oder der UN Global Compact) herangezogen werden. Konkrete inhaltliche Vorgaben werden insofern nicht gemacht. Auch bleibt es den Unternehmen freigestellt, ob Sie die Erklärung im Rahmen des Lageberichts abgeben oder einen gesonderten nichtfinanziellen Bericht erstellen. Die Umsetzung orientiert sich beinahe exakt an der Richtlinie. Erstmals verbindlich anzuwenden war das CSR-RUG für Geschäftsjahre, die

25 Für das Geschäftsjahr 2019 kann der integrierte Bericht der Bayer AG unter https://www.bayer.com/de/medien/integrierte-geschaeftsberichte eingesehen werden.

nach dem 31.12.2016 begannen.[26] Um bei der Anwendung der CSR-Richtlinie mögliche Unklarheiten zu beseitigen und eine einheitliche Berichterstattung zu fördern, wurden von der EU-Kommission in den Jahren 2017 und 2019 unverbindliche Leitlinien herausgegeben. Indes deuten die aktuellen Entwicklungen auf EU-Ebene auf eine Reformbedürftigkeit der CSR-Richtlinie bzw. im Allgemeinen des gesamten CSR-Reportings hin. Unter dem Dach der Sustainable-Finance-Strategie der EU-Kommission ist für das erste Quartal 2021 eine neugefasste CSR-Richtlinie geplant.

Aus der Forschung

Empirische Evidenz zur Nachhaltigkeitsberichterstattung

Corporate Social Responsibility (CSR) sowie ESG und die Berichterstattung darüber stellen einen zunehmend wichtigen Gegenstand (nicht nur) der rechnungslegungsbezogenen Forschung dar. Viele Studien beschäftigen sich beispielsweise mit Fragestellungen, ob und inwiefern CSR-/ESG-Informationen von den Adressaten wahrgenommen werden, welche Motive damit auf Seiten der Unternehmen verfolgt werden oder ob Zusammenhänge mit der finanziellen Performance, der „Qualität" der Rechnungslegung oder den Kapitalkosten bestehen. Letztgenannten Effekt untersuchen z.B. Dhaliwal et al. (2011), deren Ergebnisse suggerieren, dass Unternehmen, die CSR-Aktivitäten betreiben und freiwillig darüber berichten, von geringeren Eigenkapitalkosten profitieren. Darüber hinaus konnte auch gezeigt werden, dass die CSR-Berichterstattung Informationen bereitstellt, die es Analysten erlauben, präzisere Vorhersagen zu treffen (Dhaliwal et al. 2012). Diesen Zusammenhang führen die Forscher auf die erhöhte Transparenz, die mit einem Nachhaltigkeitsbericht einhergeht, zurück, wobei Aussagen über Kausalitäten in der empirischen Forschung oft schwierig und angreifbar bleiben.

Auch das in diesem Kontext relevante Integrated Reporting ist Gegenstand vieler empirischer Studien. Hier existiert eine Vielzahl an Untersuchungen zu den Faktoren, welche die Entscheidung über die (freiwillige) Erstellung eines integrierten Berichts beeinflussen. Neben der Unternehmensgröße und -rentabilität konnten auch unternehmensspezifische Corporate-Governance-Strukturen sowie Kultureinflüsse als Einflussfaktoren ausgemacht werden. Auch gibt es Anzeichen dafür, dass mit der Einführung positive Kapitalmarktreaktionen einhergehen. Velte/Stawinoga (2016) geben einen Überblick über die aktuelle Literatur in diesem Bereich, wobei sich der Großteil der angeführten Studien auf Evidenz aus Südafrika, dem Vorreiter des verpflichtenden Integrated Reportings, stützt.

Literatur: Dhaliwal, D./Li, O./Tsang, A./Yang, Y., Voluntary Nonfinancial Disclosure and the Cost of Equity Capital: The Initiation of Corporate Social

26 Vgl. *Kajüter, P.*, Neuerungen in der Lageberichterstattung nach dem Referentenentwurf des CSR-Richtlinie Umsetzungsgesetz, in: KoR, 16. Jg. (2016), S. 230-238; *Seibt, C.*, CSR-Richtlinie-Umsetzungsgesetz: Berichterstattung über nichtfinanzielle Aspekte der Geschäftstätigkeit, in: DB, 69. Jg. (2016), S. 2707-2716.

Responsibility Reporting, in: ACCR, Vol. 86 (2011), S. 59-100; Dhaliwal, D./Radhakrishnan, S./Tsang, A./Yany, Y., Nonfinancial Disclosure and Analyst Forecast Accuracy: International Evidence on Corporate Social Responsibility Disclosure, in: ACCR, Vol. 87 (2012), S. 723-759; Velte, P./Stawinoga, M., Integrated reporting: The current state of empirical research, limitations and future research implications, in: Journal of Management Control, Vol. 13 (2016), S. 1-46.

5 Digitale Unternehmensberichterstattung

5.1 Status quo: Medienbrüche in der Unternehmenspublizität

Medienbrüche kennzeichnen den Status quo

Bislang kommt es in den Prozessen der Finanzkommunikation zu verschiedenen „Medienbrüchen". Innerhalb des Unternehmens werden Finanzdaten systematisch elektronisch verarbeitet. Die unternehmensinterne Software enthält die Unternehmenszahlen von der Buchhaltung, wenn auch über mehrere Schnittstellen, bis zum fertigen Jahres- oder Konzernabschluss in einer einheitlichen Struktur. Anschließend werden diese Informationen zur Geschäftsberichtserstellung in ein Text-Dokument übertragen. Die Veröffentlichung erfolgt teilweise noch in Papierform, primär jedoch in digitaler Form eines PDF- oder HTML-Dokuments. Die Berichte sind in dieser Form teils ansprechend formatiert und leserfreundlich aufbereitet, bieten jedoch nur sehr begrenzte Möglichkeiten zur professionellen, individuellen Auswertung und Weiterverarbeitung. So müssen beispielsweise Analysten, die die Informationen in eine Datenbank oder ein Analyseschema überführen möchten, dieses Enddokument, das nun keine einheitliche, maschinenlesbare Struktur mehr aufweist, „händisch" durchsehen und die Informationen exportieren und erneut aufbereiten. Eine konsequent digitale Finanzberichterstattung böte hier die Möglichkeit, Berichtsdaten ausgehend von der unternehmensinternen Darstellung in ein Standardformat zu überführen, das sowohl vom Informationsgeber (Unternehmen) als auch vom Informationsempfänger verarbeitet werden kann und dadurch ein effizientes Datenmanagement ermöglicht.

5.2 Finanzkommunikation mit XBRL

eXtensible Business Reporting Language

XBRL (eXtensible Business Reporting Language) ist ein Datenformat, das dem elektronischen Austausch und der Veröffentlichung von Finanzinformationen dient. Inhalte der Finanzberichterstattung können mittels XBRL automatisiert übermittelt und weiterverarbeitet werden.[27] Ermöglicht wird dies durch eindeutig definierte Taxonomien, die detailliert vorgeben, welche Informationen ein Unternehmen in welcher Struktur und in welchem Detailgrad bereitzustellen hat. Diese Taxonomie entspricht einer Art „Barcode“, der – vergleichbar mit einem Kontenrahmen – jeden Posten von Bilanz, GuV und Kapitalflussrechnung sowie alle Angaben im Anhang und etwaiger weiterer Berichtsinstrumente kennzeichnet. Hierdurch wird eine an sich aussagelose Zahl mit einer Bezeichnung, einem sog. „tag“, versehen, die der Zahl eine Bedeutung, wie z.B. „Anlagevermögen“ oder „Personalaufwand“, verleiht. Darüber hinaus beinhaltet diese „tag“ eine Information über die hierarchische Einordnung des Postens und dessen Berechnungsregeln. So wird mit der Information „Anlagevermögen“ zugleich dessen hierarchische Position innerhalb der Bilanz gespeichert. In Abbildung 27.4 ist dieser hierarchische Aufbau am Beispiel der European Single Electronic Format-Taxonomie (siehe Abschnitt 5.4) dargestellt. Neben den quantitativen Rechenwerken lassen sich damit auch qualitative Informationen aus Anhang und Lagebericht standardisiert abbilden.

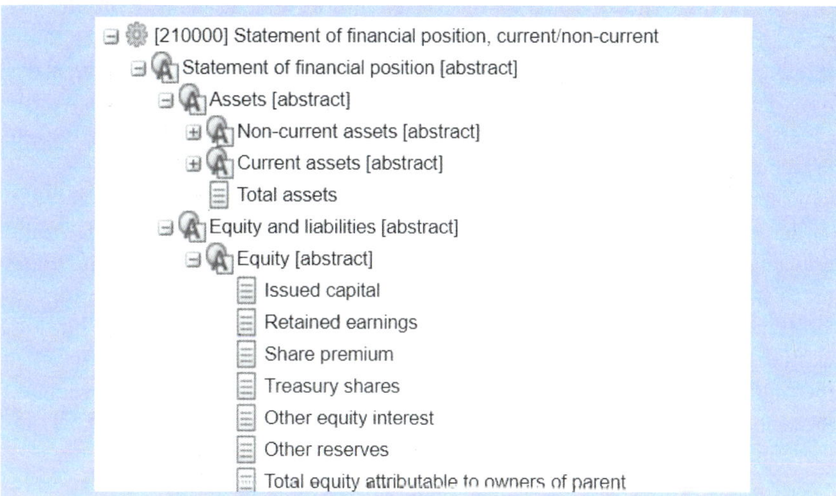

Abb. 27.4: Ausschnitt aus der IFRS-Taxonomie

Internationale Ausbreitung

XBRL ist international sehr verbreitet. Über 100 Regulierer und Aufsichtsbehörden aus über 60 Ländern greifen mittlerweile auf den Standard zurück.[28] Die

27 Vgl. zu XBRL und diesen Ausführungen ausführlich *Arbeitskreis Externe Unternehmensrechnung (AKEU) der Schmalenbach-Gesellschaft für Betriebswirtschaft e.V.*, Finanzkommunikation mit XBRL, in: DB, 63. Jg. (2010), S. 1472-1479; *Nunnenkamp, G./Paffenholz, M.*, Der Einfluss von XBRL auf Rechnungslegung und Prüfung, in: WPg, 63. Jg. (2010), S. 1142-1150; *Ramin, K. P./Kesselmeyer, B.*, XBRL als internetbasierter Standard für die Finanzberichterstattung, in: KoR, 7. Jg. (2007), S. 560-571.

28 Vgl. www.xbrl.org/xbrl-around-the-world/.

unterschiedlichen Projektzwecke, von der steuerlichen Gewinnermittlung (z.B. Her Majesty's Revenue and Customs in Großbritannien), über die Offenlegung der Finanzberichterstattung (z.B. Norway Company Register) bis zur Übermittlung von Pflichtangaben an Aufsichtsbehörden, Regulierer oder Börsen (z.B. Dutch Waters Board) verdeutlichen die universelle Nutzbarkeit von XBRL. Hinsichtlich der Unternehmenspublizität dokumentiert allein die Entscheidung der SEC, seit 2011 alle registrierten Unternehmen zur Einreichung ihrer Pflichtdokumente auf XBRL-Basis zu verpflichten, die Praxisrelevanz von XBRL. Andererseits deutet die dafür notwendige Vorlaufzeit von über sieben Jahren auch an, dass die Entwicklung und Implementierung eines solchen Standards, abhängig von der Komplexität der zugrunde liegenden Regelungen und den Eigenarten der betroffenen Unternehmen, sehr aufwändig ist. So gründete die IFRS Foundation bereits 2001 eine Arbeitsgruppe, die die Implementierung von XBRL im Rahmen der Berichterstattung nach IFRS forcieren sollte. Nach sieben Entwürfen wurde 2005 erstmals eine finale Taxonomie veröffentlicht, die seitdem i.d.R. jährlich überarbeitet und auch durch umfangreiches Zusatzmaterial (Filing Guidance, Illustrative Examples, Taxonomy Guide etc.) ergänzt wird. Mit der Veröffentlichung des ersten Taxonomie-Entwurfs durch die GRI in 2012 ist auch die elektronische Berichterstattung über Nichtfinanzinformationen in den Fokus gerückt. Bestärkt durch die Aufforderung des IIRC, eine integrierte Berichterstattung zwecks Standardisierung ebenfalls XBRL-basiert umzusetzen, dürfte dieser Bereich künftig bedeutender werden.

Verbreitung in Deutschland

In Deutschland wurde die Verbreitung von XBRL durch das EHUG forciert. Bei der hierdurch eingeführten Veröffentlichungspflicht im elektronischen Bundesanzeiger führt die Einreichung der Jahres- und Konzernabschlüsse auf Basis von XML- (eXtensible Markup Language) bzw. XBRL-Daten zu geringeren Veröffentlichungskosten im Vergleich zu anderen Datenformaten. Darüber hinaus findet XBRL auf Grund der Verpflichtung des § 5b EStG zur elektronischen Übermittlung der Inhalte von Bilanz und GuV an die Finanzverwaltung verstärkt Verwendung. Die Pflicht zur elektronischen Übermittlung, für die XBRL als Übermittlungsformat festgelegt wurde, gilt hier seit 2012.

Entwicklungsstand

XBRL ist ein offener Standard, der von der internationalen Organisation „XBRL International"[29] ohne Gewinnerzielungsabsicht getragen wird. Zunächst führt XBRL zu einem systemunabhängigen Format, das für vielfältige Rechnungslegungsnormen einsetzbar ist. Die Entwicklung und Wartung der Taxonomie für die HGB-Rechnungslegung übernimmt der XBRL Deutschland e.V. Neben dem IASB stellt auch der US-amerikanische Standardsetter FASB eine Taxonomie zur Verfügung, die sich an den Anforderungen der US-GAAP-Rechnungslegung orientiert und jährlich aktualisiert wird. Auf Unternehmensebene kann diese, wie die IFRS-Taxonomie, individuell erweitert und so an die unternehmensspezifischen Gegebenheiten angepasst werden. Zu beachten ist

29 Zu XBRL International vgl. ausführlich *Locke, J./Lowe, A.*, XBRL: An (Open) Source of Enlightenment or Disillusion?, in: European Accounting Review, Vol. 16 (2007), S. 585-623.

hier, dass möglicherweise allein schon die Wahl des Aggregation- bzw. Detailniveaus ein wichtiges Signal für Investoren enthalten kann.

Zukunft von XBRL

Insgesamt bietet XBRL viele Vorteile. Nach einer kostenverursachenden Einführung bestehen vielfältige Kostensenkungspotenziale durch die Automatisierung von Abläufen und die Integrationsmöglichkeiten von verschiedenen Systemen. Beispielsweise ergeben sich aus der Verwendung von unterschiedlichen EDV-Systemen im Konzern keine Probleme mehr, da die Daten mittels XBRL in die Konsolidierungssoftware der Konzernmuttergesellschaft übertragbar sind. Weiterhin können auch Rechnungslegungsadressaten die Informationen automatisiert weiterverarbeiten. Dabei können z.B. der gewünschte Aggregationsgrad und die dem individuellen Informationsbedarf entsprechende Detailtiefe gewählt werden. Zusätzlich werden durch den vermiedenen Medienbruch beim Rechnungslegungsadressaten Verarbeitungsfehler reduziert. Trotz dieser Vorteile und der zunehmenden internationalen Ausbreitung von XBRL fehlt es aber noch an Akzeptanz bei Erstellern und Adressaten in der breiteren Öffentlichkeit. Außerdem sind XBRL-Dateien ohne Aufbereitung für den Menschen kaum lesbar, was dazu führt, dass neben den XBRL-Dokumenten auch HTML-Dokumente berichtet werden.

Aus der Forschung

Digitale Unternehmensberichterstattung am Kapitalmarkt

Die Auswirkungen der digitalen Unternehmensberichterstattung, allen voran XBRL, sind auch in der empirischen Forschung von großem Interesse. Insbesondere die Kapitalmarkteffekte einer XBRL-basierten Berichterstattung werden in einer Vielzahl von wissenschaftlichen Studien beleuchtet. Dabei wird von der Grundannahme ausgegangen, dass durch XBRL die Informationen auf Adressatenseite einfacher zu verarbeiten sind und somit geringere (Informationsverarbeitungs-)Kosten anfallen.

So zeigt sich, dass größere Investoren durch die Einführung von XBRL, zumindest direkt nach der Umstellung, Vorteile gegenüber kleineren Investoren haben. Diese Vorteile werden im Wesentlichen durch die besseren technologischen Möglichkeiten von großen Investoren bei der Verarbeitung von XBRL-Dokumenten erklärt. Entgegen der ursprünglichen Zielsetzung kann die Einführung von XBRL insofern die Informationsasymmetrien zwischen Investorengruppen vergrößern (Blankespoor et al. 2014; Cong/Hao 2014).

In einer weiteren Studie findet Blankespoor (2019) heraus, dass XBRL-Berichterstattung zu mehr quantitativen Angaben im Anhang führt, da angenommen werden kann, dass die Adressaten diese einfacher und damit kostengünstiger verarbeiten können.

Literatur: Blankespoor, E./Miller, B./White, H., Initial evidence on the market impact of the XBRL mandate, in: Review of Accounting Studies, Vol. 19 (2014), S. 1468-1503; Cong, Y./Hao, J., The Impact of XBRL Reporting on Market Efficiency, in: Journal of Information Systems, Vol. 28 (2014), S. 181-207; Blankespoor, E., The Impact of Information Processing Costs on Firm

Disclosure Choice: Evidence from the XBRL Mandate, in: Journal of Accounting Research, Vol. 57 (2019), S. 919-967.

5.3 iXBRL (inline eXtensible Business Reporting Language)

Von XBRL zu iXBRL

Das auf dem XBRL-Datenformat basierende iXBRL setzt an dessen Schwachstelle der schwierigen Lesbarkeit durch den Menschen an. Dabei enthält ein Geschäftsbericht im iXBRL-Format sämtliche bereits aus dem XBRL-Format bekannten Elemente. So werden auch bei iXBRL die einzelnen Berichtsbestandteile mittels einer Taxonomie mit einem „tag" versehen, wodurch die Maschinenlesbarkeit erhalten bleibt. Zusätzlich werden allerdings die iXBRL-Elemente in das HTML-Format integriert. Die dadurch entstehenden sogenannten eXtensible Hyper Text Markup Language-Dokumente (XHTML-Dokumente) lassen sich wie gewöhnliche Websites mit einem Internetbrowser anzeigen. Dabei bietet das XHTML-Dokument die Möglichkeit der Formatierung bzw. der formalen Gestaltung (z.B. Schrift, Farbe, Layout).[30] Auch ermöglicht die Darstellung als XHTML-Dokument die automatische Anpassung der Berichtsinhalte an den Bildschirm des Rechnungslegungsadressaten.

B.1 Consolidated Statements of Income

(in millions of EUR, per share amounts in EUR)	Note	Fiscal year 2016	2015
Revenue		79,644	75,636
Cost of sales		(55,826)	(53,789)
Gross profit		23,819	21,847
Research and development expenses		(4,732)	(4,483)
Selling and general administrative expenses		(11,669)	(11,409)
Other operating income	5	328	476
Other operating expenses	6	(427)	(389)
Income (loss) from investments accounted for using the equity method, net	4	134	1,235
Interest income		1,314	1,260
Interest expenses		(989)	(818)
Other financial income (expenses), net		(373)	(500)
Income from continuing operations before income taxes		**7,404**	**7,218**
Income tax expenses	7	(2,008)	(1,869)
Income from continuing operations		**5,396**	**5,349**
Income from discontinued operations, net of income taxes	3	188	2,031
Net income		**5,584**	**7,380**
Attributable to:			
Non-controlling interests		134	98
Shareholders of Siemens AG		5,450	7,282

Abb. 27.5: Ausschnitt aus dem iXBRL-Geschäftsbericht der Siemens AG (2016)

30 Vgl. *Henselmann, K./Seebeck, A.*, Digitalisierung der Finanzberichterstattung in Europa – So funktioniert iXBRL, in: IRZ, 12 Jg. (2017), S. 389-394.

Abbildung 27.5 zeigt einen Ausschnitt aus dem von der Siemens AG eingereichten Geschäftsbericht für den freiwilligen iXBRL-Feldtest der ESMA (siehe Kapitel 5.4).[31] Dabei fällt auf, dass die Berichtsinformationen in einem für den versierten Bilanzleser ansprechenden Format dargestellt sind. Zusätzlich sind die einzelnen Zahlen im Bericht mit weiteren Metainformationen hinterlegt.

Vor- und Nachteile von iXBRL gegenüber XBRL

Der wesentliche Vorteil von iXBRL (in Form von XHTML-Dokumenten) gegenüber XBRL liegt darin, dass dieses sowohl maschinen- als auch menschenlesbar ist. Dadurch wird dem Ersteller auch eine einfachere optische Kontrolle ermöglicht und selbst ungetaggte Informationen sind weiterhin im XHTML-Dokument lesbar. Dies führt zu einer effizienteren und effektiveren Erstellung, Validierung und Analyse der Berichtsinformationen auf Ersteller- und Adressatenseite. Ein wesentlicher Nachteil der iXBRL-Technologie im Vergleich zu XBRL sind die Umstellungskosten bereits vorhandener Analysetools sowie Unterschiede der „tags" zu den menschenlesbaren Bezeichnungen.[32]

5.4 European Single Electronic Format (ESEF)

Ziele eines EU-einheitlichen elektronischen Berichtformats

Das European Single Electronic Format (ESEF) stellt erstmals eine auf das Berichtsformat bezogene Vereinheitlichung der Unternehmenspublizität innerhalb der EU dar. Die Zielsetzung der EU-Kommission ist es, die maschinelle Auswertbarkeit von Finanzinformationen zu fördern und diese somit den Adressaten in einer standardisierten und einfachen Weise zur Verfügung zu stellen, wodurch die Kapitalmarkteffizienz verbessert werden soll.

Im Jahr 2013 wurde die European Securities and Markets Authority (ESMA) von der EU-Kommission damit beauftragt, einen technischen Regulierungsstandard (RTS) zu entwerfen. Dieser verpflichtet Emittenten in der EU seit Anfang 2020 zur Anwendung von ESEF. Bei der Auswahl der verwendeten Technologie für das elektronische Berichtsformat sollte die ESMA zunächst technologieoffen vorgehen und war zur Durchführung einer Kosten-Nutzen-Analyse sowie zu Anhörungen der betroffenen Interessengruppen verpflichtet.[33] Um diesem Auftrag gerecht zu werden, veröffentlichte die ESMA im September 2015 ein erstes öffentliches Konsultationspapier inklusive einer ausführlichen Kosten-Nutzen-Analyse. Die betroffenen Interessengruppen, im Wesentlichen Interessenvertreter der Anwender, Wirtschaftsprüfungsgesellschaften, aber auch einige Nutzer von Finanzinformationen, machten von der Möglichkeit der Kommentierung regen Gebrauch. Insgesamt gingen 161 Kommentierungsschreiben bezogen auf das

31 Weitere Finanzberichte im iXBRL-Format findet man auf der Seite des ESMA Feldtests (https://www.esma.europa.eu/field-test-esef).

32 Vgl. *Henselmann, K./Seebeck, A.*, Digitalisierung der Finanzberichterstattung in Europa – So funktioniert iXBRL, in: IRZ, 12 Jg. (2017), S. 389-394.

33 Die EU-Transparenzrichtlinie 2013/50/EU gibt der ESMA zwar keine konkrete Technologie für das elektronische Berichtsformat vor, führt aber als Beispiel für die von der ESMA einzubeziehenden bestehenden und künftigen Technologieoptionen lediglich XBRL an.

Konsultationspapier und neun Kommentierungsschreiben bezogen auf die Kosten-Nutzen-Analyse ein, welche die ESMA in einem Feedback-Statement zusammenfasste. So konnte die ESMA die Auswahl der verwendeten Technologie von vier verschiedenen im Konsultationspapier vorgestellten technischen Standards auf den bereits in Kapitel 5.2 vorgestellten iXBRL-Standard verdichten. Um die Praktikabilität dieses Standards zu überprüfen, wurden 25 freiwillige Anwender unter Anleitung dazu aufgerufen, ihre Jahresberichte in iXBRL zu überführen. Auf Basis der Ergebnisse des Feldtests und des Feedback-Statements veröffentlichte die EU-Kommission im Juni 2019 die delegierte Verordnung (EU) 2018/815. Danach sind börsennotierte Gesellschaften für Geschäftsjahre beginnend ab dem 01.01.2020 verpflichtet, ihre Jahresfinanzberichte im XHTML-Format zu veröffentlichen.

Aufbau und Eigenschaften von ESEF

Soweit die Jahresfinanzberichte auch Konzernabschlüsse nach IFRS enthalten, müssen auch diese mittels iXBRL maschinenlesbar gemacht werden. Des Weiteren sind auch noch bestimmte Basisinformationen, z.B. Name und Sitz des berichtenden Unternehmens, zu taggen. Um die Vergleichbarkeit der Jahresberichte sicherzustellen, wurde im Anhang zur delegierten Verordnung eine einheitliche „ESEF-Basistaxonomie" bereitgestellt. Diese orientiert sich an der von der IFRS-Foundation veröffentlichten IFRS-Taxonomie. Unternehmen können für den Fall, dass die Basistaxonomie nicht ausreichen sollte, diese mit einer sogenannten „Erweiterungstaxonomie" individuell ergänzen. Allerdings müssen diese selbst erstellten Elemente gewissen Anforderungen genügen. Sie dürfen inhaltlich nicht einem bereits in der „Basistaxonomie" enthaltenden Element entsprechen, müssen einem geeigneten Bilanzattribut zugewiesen sein, den Unternehmensnamen beinhalten und einem Element der Basistaxonomie hierarchisch zugeordnet sein.[34] Für Geschäftsjahre, die am 01.01.2022 oder später beginnen, sind Unternehmen verpflichtet, das sogenannte „Block-Tagging" für den Anhang anzuwenden.[35]

Umsetzung von ESEF in Deutschland

Eine detaillierte regulatorische Ausgestaltung erfolgte in Deutschland durch das ESEF-Umsetzungsgesetz. Durch dieses wurden im Wesentlichen Anpassungen am HGB vorgenommen. Dies mag zunächst verwundern, erfolgten doch die europäischen Vorgaben in der unmittelbar einzuhaltenden delegierten Verordnung (EU) 2018/815. Allerdings ergab sich die Notwendigkeit einer Umsetzung in nationales Recht durch die Umsetzung der geänderten Transparenzrichtlinie. Darauf folgend wurde durch das ESEF-Umsetzungsgesetz der § 328 HGB dahingehend geändert, dass die gesamten Jahresfinanzberichte, d.h. der Jahresabschluss, der Konzernabschluss, Lage- und Konzernlagebericht und die Versicherung der gesetzlichen Vertreter im XHTML-Format offenzulegen sind. Zudem wird hierdurch im Handelsrecht verankert, dass der IFRS-Konzernabschluss nach den Maßgaben der Artikel 4 und 6 der delegierten Verordnung 2018/815 zu

34 Für weitere Informationen zur Chronologie und zu Vorgaben von ESEF siehe http://www.esef.eu/.

35 Vgl. *Lüdenbach, N.*, Die iXBRL-Berichterstattung ab 2020/2022, in: PiR, 14. Jg. (2018), S. 367-368.

veröffentlichen ist. Wie hieraus ersichtlich, gelten somit die Formatvorgaben lediglich für die Veröffentlichung der Jahresfinanzberichte („Offenlegungslösung"). Somit ist der Gesetzgeber von der im vorangegangenen Referentenentwurf vorgeschlagenen und heftig kritisierten „Aufstellungslösung", d.h. der verpflichtenden Anwendung der ESEF-Formatvorgaben bereits bei der Aufstellung der Rechnungslegungsdokumente, abgerückt.[36]

6 Harmonisierung der Publizität

Harmonisierungsnotwendigkeit

Es ist deutlich geworden, dass die Regulierung der Unternehmenspublizität in großen Teilen auf europäischen Richtlinien und Verordnungen basiert und insoweit bereits europäisch harmonisiert ist.[37] Von einer darüber hinausgehenden Vereinheitlichung würden insbesondere diejenigen Unternehmen profitieren, deren Wertpapiere an in- und ausländischen Börsen (cross-border listing) notiert sind. Sie hätten insgesamt nur noch einem Set von Berichtspflichten zu genügen. Die Berichtspflichten umfassen dabei in ihrer Gesamtheit nicht nur gesetzliche und behördliche Regulierungen, sondern auch entsprechende Richtlinien der jeweiligen Börsen. Auch für die Anleger wären die Informationen international vergleichbarer und ließen sich mit geringeren Transaktionskosten verwerten. Die internationale Analyse publizierter Daten und die mit ihr angestrebte Vergleichbarkeit wird allerdings durch die i.d.R. nicht harmonisierten nationalen Umfeldbedingungen erheblich erschwert.

Publizitäts- vs. Rechnungslegungsharmonisierung

Ohne die Frage nach der Harmonisierungsnotwendigkeit abschließend beantworten zu können, gestaltet sich die Publizitätsharmonisierung weniger schwierig als die der Rechnungslegung. Wird die Rechnungslegungsharmonisierung vor allem durch nationale Unterschiede in den Funktionen und Rechtsfolgen der Rechnungslegung erschwert, ist die Unternehmenspublizität, insbesondere bei kapitalmarktrechtlicher Fundierung und alleiniger Ausrichtung auf kapitalmarktorientierte Unternehmen, eindeutig und ausschließlich auf den Abbau der asymmetrischen Informationsverteilung zwischen dem Unternehmensmanagement und seinen Kapitalgebern ausgerichtet. Sofern die simplifizierende These vom nicht negativen Informationswert unterstellt wird, wonach mehr Informationen immer besser sind als weniger, wäre eine internationale Harmonisierung auf dem höchsten Informationsniveau anzustreben. Dies würde maximalen Publizitätsumfang, größte Publizitätshäufigkeit, Zeitnähe sowie weitestgehenden Adressatenzugang bedeuten. Die These vom nicht negativen Informationswert abstrahiert

36 Vgl. *Zwirner, C.*, RegE zur ESEF-Umsetzung: Offenlegungslösung, in: DB, 73. Jg. (2020), S. 298; *Schmidt, R.*, ESEF – Endlich mehr Klarheit, in: DB, 73. Jg. (2020), S. 513-516.

37 Für einen Überblick aktueller Regulierungsinitiativen vgl. *Bravidor, M.*, Aktuelle Regulierungsdebatten auf nationaler, europäischer und internationaler Ebene, in: StuB, 18 Jg. (2016), S. 143-147.

allerdings von den tatsächlich existierenden direkten und indirekten Informationskosten.

Harmonisierung über den „Wettbewerb der Systeme"

Eine Harmonisierung muss jedoch nicht zwingend von zentraler Stelle vorgegeben werden. So kann die weitere Harmonisierung der Unternehmenspublizität über den Markt gelingen, wenn sich ein Publizitätssystem im Wettbewerb mit anderen durchsetzen kann. Ob diese Auslese durch Marktprozesse gegenüber der Publizitätsharmonisierung durch dirigistische Regulierungsinstanzen zu einem effizienteren Publizitätssystem führt, ist offen. Voraussetzung dafür wäre allerdings die Kapitalmobilität integrierter Kapitalmärkte, die eine freie Wahl des Finanzplatzes und des dahinterstehenden Publizitätssystems erst ermöglicht.

Ein Blick auf die Entwicklungen bei der integrierten und Nachhaltigkeitsberichterstattung zeigt, dass Unternehmen, auch abseits regulatorischer Vorgaben, ein Regelwerk (GRI, IR oder UN Global Compact) durch schweigende Übereinkunft zu einem De-facto-Standard erheben können. Mögliche Gründe hierfür können in der Vorteilhaftigkeit eines Regelwerkes, z.B. hinsichtlich des Entwicklungsfortschritts, der Flexibilität, der Adressaten- und Zielorientierung sowie der Anwenderfreundlichkeit, gesehen werden. Der marktinduzierte Harmonisierungsprozess wird hier verstärkt durch die Entscheidung der Börsen der Sustainable Stock Exchange Initiative (SSE), auf privatrechtlicher Basis von den dort gelisteten Unternehmen einen Nachhaltigkeitsbericht nach anerkannten Standards zu verlangen.[38]

Harmonisierung über Regulierung

Alternativ zum Markt kommen als regulatorische Institutionen der Publizitätsharmonisierung Staaten und Staatenbündnisse sowie Zwangs- und freiwillige Zusammenschlüsse in Betracht. Als Beispiel kann hier die EU mit ihrer Regulierung des Kapitalmarktrechts über alle Mitgliedstaaten hinweg dienen. Durch die Transformation der entsprechenden EU-Richtlinien in nationales Recht wurden z.B. das deutsche Kapitalmarktrecht und damit auch die kapitalmarktrechtlichen Publizitätspflichten erst wirklich begründet. Auch wurde dadurch das europäische Publizitätsniveau dem US-amerikanischen angenähert. Das Publizitätssystem der SEC fungierte schon aufgrund der Dominanz des US-amerikanischen Kapitalmarktes bei der EU-Harmonisierung als wichtiges Leitbild. Abseits des Kapitalmarkts sind jedoch die europäischen Vorschriften deutlich strenger als z.B. in den USA, Kanada oder Japan.[39] Während in den EU-Staaten auch nicht kapitalmarktorientierte Kapitalgesellschaften ihren Jahresabschluss veröffentlichen müssen, existieren in diesen Ländern keine vergleichbaren Vorschriften.

Spezialthema

Länder- und projektbezogene Berichterstattung

Ein interessantes Beispiel für das Zusammenspiel von marktwirtschaftlicher und regulatorischer Harmonisierung stellt die länderbezogene Berichterstat-

38 Weitere Informationen zur SSE sowie zu den teilnehmenden Börsen finden sich auf der offiziellen Website (http://www.sseinitiative.org).

39 Vgl. *Gassen, J.*, The effect of IFRS for SMEs on the financial reporting environment of private firms: an exploratory interview study, in: Accounting and Business Research, Vol. 47 (2017), S. 540-563.

tung in der rohstoffgewinnenden Industrie dar. Insbesondere wertvolle Rohstoffe (Öl, Edelmetalle, Diamanten etc.) werden häufig in Entwicklungs- und Schwellenländern gefördert. Erhöhte Transparenz der Zahlungen ist hier ein Mechanismus zur Verhinderung und Bekämpfung von Korruption. Da einzelne Unternehmen Repressalien von Regierungen zu fürchten hatten, konnte sich die ursprünglich angedachte Selbstverpflichtung („publish what you pay") zur projektbezogenen Berichterstattung über Zahlungen nicht durchsetzen. Unter Führung der G8-Staaten und der Weltbank wurde daher 2002 die Extractive Industries Transparency Initiative (EITI) gegründet. EITI richtet sich nicht an Unternehmen, sondern entwickelt umgekehrt einen Berichtsstandard für Staaten. Derzeit legen 54 Staaten (Mitglieder), vor allem in Afrika und Asien, Zahlungen, die sie von Unternehmen erhalten haben, gemäß dem EITI-Standard, darunter auch Deutschland, offen.[40]

Country-by-country Reporting

In den USA wurden Berichtspflichten für Unternehmen in Section 1504 des Dodd-Frank Act aus dem Jahr 2010 festgelegt. Grundlage bilden die Informationen, die nach dem EITI-Standard offenzulegen sind. Die EU sieht mit der modifizierten Bilanzrichtlinie sowie der Transparenzrichtlinie ähnliche Regelungen vor. Beide Richtlinien wurden bereits in deutsches Recht umgesetzt. Vor dem Hintergrund der Korruptionsprävention müssen betroffene Unternehmen Zahlungen an staatliche Stellen, die in Summe 100.000 € übersteigen, nach Ländern und Projekten aufschlüsseln (§§ 341q-341y HGB). Die Offenlegung erfolgt im Rahmen des Jahres- oder Konzernabschlusses. Der Anwendungsbereich umfasst große und damit auch alle kapitalmarktorientierten Unternehmen, die in der mineralgewinnenden Industrie tätig sind oder Holzeinschlag in Primärwäldern betreiben. Auch der § 37x WpHG sieht die Zahlungsberichterstattung subsidiär für bestimmte Emittenten vor.

Anwendung als Instrument der Tax Compliance

Ähnliche Berichtspflichten können aber auch zur Feststellung und Sicherung des Steueraufkommens verwendet werden. So hat die Organisation für wirtschaftliche Zusammenarbeit und Entwicklung (OECD) im Februar 2013 eine länderbezogene Berichterstattung als eine Maßnahme gegen Gewinnverlagerungen von multinationalen Konzernen vorgeschlagen.[41] Die Empfehlungen wurden auch von Seiten der EU im Rahmen entsprechender Richtlinien berücksichtigt.[42] Ein Umsetzungsgesetz, das auch aus steuerlicher Sicht eine länderbezogene Berichterstattung vorsieht (§ 138a AO), wurde am 20.12.2016 verabschiedet.[43] Weiterhin müssen Kreditinstitute seit 01.01.2015 entspre-

40 Siehe weitere Informationen zur EITI und dem Stand der Implementierung in den verschiedenen Ländern unter www.eiti.org/.

41 Vgl. OECD, Action Plan on Base Erosion and Profit Shifting, Paris 2013, S. 23 sowie OECD, Memorandum on Transfer Pricing Documentation and Country by Country Reporting, Paris 2013. Die Dokumente können unter www.oecd.org eingesehen werden.

42 Vgl. RL (EU) 2015/2376 vom 08.12.2015; RL (EU) 2016/881 vom 25.05.2016; RL (EU) 2016/1164 vom 12.07.2016.

43 Für nähere Informationen vgl. *Schreiber, R./Greil, S.*, Das „Anti-BEPS-Umsetzungsgesetz", in: DB, 70. Jg. (2017), S. 10-18.

chende Informationen für Beihilfen von staatlichen Stellen offenlegen (§ 26a KWG bzw. Art. 89 der Richtlinie 2013/36/EU). Inwieweit die länder- und projektbezogene Berichterstattung ein adäquates Instrument zur Bekämpfung von Korruption und Steuervermeidung ist, bleibt indes abzuwarten.[44]

ESMA

Neben der Harmonisierung der Regeln an sich soll auf europäischer Ebene auch die Durchsetzung der EU-Verordnungen und -Richtlinien einheitlichen Maßstäben entsprechen. Mit dieser Funktion ist seit Januar 2011 die European Securities and Markets Authority (ESMA)[45] beauftragt. Neben der direkten Überwachung paneuropäischer Unternehmen übernimmt die ESMA auch die Koordination der nationalen Wertpapieraufsichtsbehörden sowie der für das Enforcement der Rechnungslegung zuständigen Institutionen. Während dies zwar die intraeuropäische Harmonisierung stärken soll, ist die ESMA nicht als Standardsetter mit interpretativen Kompetenzen zu sehen (vgl. Kapitel 2).

Bestrebungen der IOSCO

Neben der EU und den europäischen Institutionen kommen weitere internationale Institutionen für die Harmonisierung der Unternehmenspublizität in Betracht. Kann das IASB im Verhältnis zu den USA als „internationales FASB" angesehen werden, so könnte der in Madrid ansässigen International Organization of Securities Commissions (IOSCO)[46] die Rolle einer „internationalen SEC" zukommen. Als internationale Organisation der Börsenaufsichtsinstitutionen hat sich die IOSCO zum Ziel gesetzt, die Entwicklung einheitlicher Börsenzulassungs- und Wertpapierhandelsstandards zu fördern. Insofern ist die internationale Harmonisierung des Anlegerschutzes und damit auch der Unternehmenspublizität ihr erklärtes Ziel. Entsprechend nimmt die IOSCO eine führende Rolle bei der Aufstellung internationaler Standards im Bereich der Wertpapieraufsicht ein und fördert die Kooperation zwischen den Wertpapieraufsichtsbehörden.

Fazit

Abschließend bleibt festzuhalten, dass die Harmonisierungsbestrebungen in der Rechnungslegung nicht losgelöst von der parallelen Entwicklung in der gesamten Unternehmenspublizität betrachtet werden können. Während die beiden großen Standardsetter, IASB und FASB, primär inhaltlich gleichwertige Rechnungslegungsregelungen entwickeln möchten, rücken auf Seiten der Unternehmenspublizität die nichtfinanziellen Berichtsinstrumente mehr und mehr in den Fokus. Hier bleibt abzuwarten, inwieweit supra- und internationale Vereinigungen (EU bzw. IOSCO) die bisherigen Markthandlungen verfestigen.

---

44 Dazu kritisch: *Schlie, I./Malke, C.*, Country by Country Reporting im Hinblick auf Steuerzahlungen multinationaler Unternehmen. Aktuelle Entwicklungen und Diskussionsbedarf, in: DB, 66. Jg. (2013), S. 2467-2470.

45 Ein Überblick über die weiteren Aufgaben der ESMA sowie den Aktivitäten zum Enforcement der Rechnungslegung in der EU ist auf der offiziellen Website (http://www.esma.europa.eu/) zu finden.

46 Weitere Informationen zur IOSCO finden sich auf der Homepage (www.iosco.org).

Ausgewählte Literatur

Arbeitskreis Externe Unternehmensrechnung (AKEU) der Schmalenbach-Gesellschaft für Betriebswirtschaft e.V., Finanzkommunikation mit XBRL, in: DB, 63. Jg. (2010), S. 1474.

BaFin, Emittentenleitfaden der Bundesanstalt für Finanzdienstleistungsaufsicht, Bonn/Frankfurt a.M. 2013.

Bragg, S. M., Running a Public Company. From IPO to SEC Reporting, Hoboken, NJ 2009.

Fink, C./Kajüter, P./Winkeljohann, N., Lageberichterstattung – HGB, DRS und IFRS Practice Statement Management Commentary, Stuttgart 2013.

Henselmann, K./Seebeck, A., Digitalisierung der Finanzberichterstattung in Europa – So funktioniert iXBRL, in: IRZ, Heft 10, Oktober 2017, S. 289-394.

Kajüter, P., Neuerungen in der Lageberichterstattung nach dem Referentenentwurf des CSR-Richtlinie-Umsetzungsgesetzes, in: KoR, 16. Jg. (2016), S. 230.

Kumpan, C., Ad-hoc-Publizität nach der Marktmissbrauchsverordnung, in: DB, 69. Jg. (2016), S. 2039.

Stawinoga, M., Nachhaltigkeitsberichterstattung im Lagebericht. Konzeptionelle und empirische Analyse einer integrierten Berichterstattung, Berlin 2013.

Übungsaufgaben

Die *Ostfriesische Tauch- und Tiefseefischerei Organisations-AG* (OTTO AG) ist ein anerkannter Hersteller allerlei nordischer Fischspezialitäten. Neben dem Fischfang bilden die Aufbereitung des Frischfisches für die gastronomische Verwendung, die Produktion von Fischkonserven und die Weiterverarbeitung des Ausschusses zu Fischmehl die wesentlichen Geschäftsfelder der OTTO AG.

Einziger Gesellschafter und gleichsam Vorstandssprecher der OTTO AG ist der betagte Seebär Oswald Gotthilf Westermann. Bisher werden alle Geschäftsfelder der OTTO AG am Stammhaus in Emden abgewickelt. Niederlassungen oder Tochtergesellschaften bestehen nicht. Das Geschäftsjahr endet zum 31.12.

a) Am Ende des laufenden (vorherigen) Geschäftsjahres wies die OTTO AG folgende Kennzahlen auf: 10,8 Mio. € (10,2 Mio. €) Bilanzsumme, 14,4 Mio. € (13,1 Mio. €) Umsatzerlöse und 516 (503) Arbeitnehmer im Jahresdurchschnitt. Westermann ist zwar über die positive Entwicklung erfreut, wiegelt aber die diesbezüglichen Hinweise der Abteilung für Rechnungslegung direkt ab, als ihm der „Bilanzeid" zur Unterschrift vorgelegt wird: „Im Zweifel stinkt der Fisch vom Kopf. Und wie Sie riechen können, stinkt hier nichts. Wer wat über de Lage von OTTO wissen will, soll kommen und fragen!" Nach eingehender Prüfung versagt der Wirtschaftsprüfer den Bestätigungsvermerk mit Verweis auf das Fehlen eines Lageberichts.

b) Die zunehmende Überfischung der Nordsee und der damit verbundene Rückgang an lachs- und dorschartigen Fischen stellt die OTTO AG vor große Probleme. Die aktuell gute Geschäftsentwicklung könnte durch einen Mangel am Produktionsgrundstoff Fisch materiell beeinträchtigt werden. Daher bestehen Überlegungen, sich verstärkt im Bereich der „Bio"-Nahrungsmittel zu engagieren und sich den strengen Regularien der „Organic Fish Association", dem Branchenverband zur Etablierung nachhaltigen Fischfangs sowie zusatzstoffarmer und schonender Fischzubereitung, zu unterwerfen. Dieser Markt zeigt auf europäischer Ebene erhebliche Wachstumspotenziale, wie verschiedene Marktanalysen belegen. Mit einem Eintritt seitens der OTTO AG ist aber frühestens in zwei bis drei Jahren zu rechnen. Bis dahin wird die Geschäftsentwicklung wohl eher rückläufig sein.

c) In Vorbereitung auf den geplanten Eintritt in den Markt für „Bio"-Lebensmittel gründet die OTTO AG die *OTTO Frischfisch GmbH* und die *OTTO Organic Nutrition GmbH,* jeweils als 100 %-ige Tochterunternehmen, über die der Markteintritt in Deutschland, Österreich und der Schweiz respektive den anderen Staaten der Europäischen Union abgewickelt werden soll. In beide Gesellschaften legt die OTTO AG die bereits bestehenden Vertriebstätigkeiten in den jeweiligen Ländern ein, womit diese von Anfang an eine wesentliche Rolle in der Organisationsstruktur des nunmehrigen Konzerns spielen.

d) In den kommenden Monaten zeigt sich, dass die Expansion in den Bereich der „Bio"-Lebensmittel finanziell deutlich schwerwiegender ist als die OTTO AG dies erwartet hat. Widerwillig stimmt Westermann der Idee zu, die Aktien der OTTO AG im Prime Standard der Frankfurter Wertpapierbörse notieren zu lassen. Seines Erachtens würden ihm die „Hobbysüßwasserkapitäne an der Börse doch nur die Fischsuppe versalzen" und die Führung der Gesellschaft erschweren. Dennoch sollen die neuen Aktien erstmals zum 15.04. des Folgejahres an der Börse gehandelt werden. Westermann grummelt es im Magen, als er sich fragt, wie oft, wann und vor wem, er (also die OTTO AG) im kommenden Geschäftsjahr die „bilanziellen Hosen herunterlassen muss". Dafür, dass doch nur ein paar Aktien verkauft werden sollen, erscheint ihm das alles „viel zu viel Wind um nichts" zu sein. Er fragt sich, ob das nicht alles viel einfacher wäre, wenn er seine Gesellschaft stattdessen direkt an der *New York Stock Exchange* hätte notieren lassen. Denn, so seine Argumentation, wenn die amerikanischen Börsen genauso dirigistisch und bürokratisch wären wie die deutsche, dann wären die USA niemals zum bedeutendsten Kapitalmarkt der Welt aufgestiegen.

e) Nach der oberflächlichen Lektüre eines blauen Lehrbuchs zur Internationalen Rechnungslegung, nebst einer Flasche Korn, kommt Westermann eine Idee, dem von ihm verhassten Lagebericht zu entgehen. Wenn die OTTO AG doch nun ohnehin nach IFRS publizieren müsse, dann würde doch der Lagebericht auch durch das entsprechende Practice Statement ersetzt werden können, welches deutlich schlanker und weniger „marktschreierisch" sei. Von diesen angloamerikanischen „Piraten"-Methoden wie Corporate Governance und

Sustainability Reporting möchte er seine Berichte nämlich bestimmt nicht kapern lassen.

f) Nach Genuss eines *Takifugu flavidus* (Kugelfisch) auf einer Dienstreise erleidet Westermann einen anaphylaktischen Schock. Dank der sofortigen medizinischen Betreuung ist er, wie er selbst sagt, „schnell wieder auf dem Damm“. Dennoch bekommt er nun immer ein flaues Gefühl im Magen, wenn er nur an Fisch denkt. Daher trägt er sich im Stillen mit dem Gedanken seinen Posten als Vorstandssprecher der OTTO AG aufzugeben. Am 20.06. des folgenden Jahres macht er dies in einer Aufsichtsratssitzung deutlich und bittet um seine sofortige Entlassung aus der Organstellung, die ihm der Aufsichtsrat auch bewilligt.
g) Nach dem Ausscheiden Westermanns aus dem operativen Geschäft kehrt unter der neuen Vorstandssprecherin Jacqueline Ostsieh frischer Wind in die Berichterstattungspraxis der OTTO AG ein. Nunmehr gibt es seitens der Gesellschaft Überlegungen, wie den Investoren die künftige Ausrichtung des Unternehmens vermittelt werden kann. Der Eintritt in den „Bio“-Markt ist mittlerweile schneller als erwartet geglückt, das medial hinterfragte Geschäftsfeld Fischmehl soll mittelfristig abgestoßen werden und der Fokus des Unternehmens ganz auf biologischen und nachhaltigen Fischfang gelegt werden. Um dabei unabhängiger von der Situation auf der Nordsee zu sein, wird der langfristige Aufbau einer ökologischen Fischzuchtanlage geprüft.
h) Die neue Geschäftsführung prüft Diversifikationspotenzial im Bereich der Erdölexploration. In unmittelbarer Umgebung zum Firmensitz ließe sich ein gewinnbringendes Ölvorkommen in der Nordsee erschließen, das auch niederländisches Territorialgewässer umfasst. Der Bau einer geeigneten Bohrinsel wäre mit den verfügbaren Mitteln zu finanzieren.

Welche Publizitätspflichten oder -möglichkeiten gehen mit den jeweiligen Geschäftssituationen und -vorfällen einher? Benennen Sie die Rechtsgrundlagen, die Publizitätsinstrumente sowie die offenlegungspflichtigen Informationen. Gehen Sie dabei auch auf die theoretischen Grundlagen der jeweiligen Publikationspflichten und auf mögliche Kosten-Nutzen-Überlegungen ein.

Fallstudie zur internationalen Rechnungslegung

Elfriede Horg International

Die folgende Fallstudie beschreibt ein Unternehmen, das seinen HGB-Konzernabschluss erstmalig auf IFRS umstellt und hierbei auch die Auswirkungen nach IFRS for SMEs prüft. Die Fallstudie spielt in 2022.

Die Elfriede Horg AG mit Sitz in Erftstadt, gegründet 1921 als „Eisendrückerei Elfriede Horg“, beschäftigt sich mit der Entwicklung, Herstellung und dem weltweiten Vertrieb von Gegenständen der Sanitärtechnik. Die Produktpalette des traditionsreichen Familienunternehmens reicht dabei von klassischen Zweigriffarmaturen, Einhandmischern, Sensorarmaturen bis hin zu Brausen und kompletten Duschsystemen. Das Unternehmen beschäftigt derzeit rund 6.400 Mitarbeiter an vier Produktionsstandorten im In- und Ausland. In ihrer 100-jährigen Unternehmensgeschichte hat sich die Elfriede Horg AG zum Marktführer der in Deutschland immer noch überwiegend mittelständisch geprägten Sanitärtechnikbranche entwickelt. Insbesondere in den letzten zehn Jahren gelang es durch den strategischen Erwerb ausgewählter Unternehmen das Produktionsprogramm wieter abzurunden und damit die Stellung sowohl auf dem deutschen als auch europäischen Markt nachhaltig zu festigen. In der Bundesrepublik ist die Elfriede Horg AG mit einem Marktanteil von ca. 27 % derzeit Marktführer.

Im Jahre 1998 erfolgte die Umwandlung der ursprünglichen Elfriede Horg GmbH & Co. KG in eine private Aktiengesellschaft; gleichzeitig zogen sich die Gesellschafter Georg und Johann Horg aus der Geschäftsführung in den Aufsichtsrat zurück. Gegenwärtig hält jeder der beiden Brüder 50 % des Eigenkapitals in Form vinkulierter Namensaktien. Mit dem Wechsel der Rechtsform wurden die Voraussetzungen dafür geschaffen, das Eigentum am Unternehmen künftig auch in zwei Familienlinien vereinfacht übertragen und damit nachhaltig sichern zu können.

International rangiert die Horg-Gruppe, nach der Masco Corp./Delta Faucet Comp. (USA) und der Toto Ltd. (Japan), auf Platz drei der führenden Hersteller von Sanitärarmaturen im Standard- und Premiumsegment. Um die Stellung des Unternehmens auch international weiter zu stärken, entschied sich das Management vor zwei Jahren dazu, die Aktivitäten der Gruppe auf die expandierenden Märkte in Nordamerika und Südostasien zu erweitern. Um den langwierigen Aufbau eigener Kapazitäten vor Ort zu vermeiden, wird zunächst dieselbe Strategie verfolgt, die sich bereits auf dem europäischen Markt als überaus erfolgreich erwiesen hatte: die gezielte Akquisition lokaler Tochterunternehmen.

Im März 2020 schlug eine Arbeitsgruppe den Erwerb der US-amerikanischen Flush Corp. mit Sitz in Blacksburg, Virginia vor, die im Segment „Standardprodukte“ in den USA einen Marktanteil von ca. 7 % hält. Für die Region Südostasien zeichnete sich die Top Water Inc. mit Sitz in Singapur als bevorzugter Übernahmekandidat ab. Die Top Water Inc. war vor 10 Jahren als Venture Capital-Unternehmen gegründet worden und verfügt inzwischen aufgrund der günstigen Lohnstückkosten auch über Produktionsstätten in Ipoh, Malaysia, und Jakarta, Indonesien. Die Marktstrategie ist vorrangig auf Bedienung des Niedrigpreissegmentes ausgerichtet.

Zum 01.01.2021 wurden sämtliche Anteile der Flush Corp. mit einem Buchwert des Eigenkapitals von umgerechnet 50 Mio. € für 100 Mio. € erworben. Beide Parteien hatten sich für ein vollständiges Übernahmeangebot entschieden, um in der seinerzeit börsennotierten Flush Corp. keine nicht beherrschenden US-amerikanischen Gesellschafter berücksichtigen zu müssen.

Auf der gemeinsamen Sitzung von Vorstand und Aufsichtsrat am 18.01.2022 ergreift der Finanzvorstand Dr. Jochen Fuchs das Wort:

„Lieber Georg, lieber Johann, werte Kolleginnen und Kollegen,

in unserem Jubiliäumsjahr haben wir die wohl größte Transaktion unserer Firmengeschichte abgeschlossen. Die ersten Ergebnisse aus Blacksburg sind mehr als sehenswert. Es scheint, als sei unserem Mut zur Expansion der erhoffte Erfolg beschieden!

Allerdings hat dieser Schritt seine Spuren in der Konzernbilanz hinterlassen. Unsere freien liquiden Mittel sind weitestgehend aufgezehrt, die Eigenkapitalquote liegt weiterhin unter den früher selbstverständlichen 40 %. In Anbetracht unseres anhaltenden Expansionskurses und des für 2023 geplanten Ausbaus unseres Hauptwerks in Erftstadt werden wir um die Beschaffung weiteren Kapitals nicht umhin kommen. Wie bereits Mitte des vergangenen Jahres besprochen, stimme ich derzeit mit unseren Hausbanken die Möglichkeit einer Emission stimmrechtsloser Vorzugsaktien ab. Diese Form der Kapitalerhöhung garantiert uns die notwendige Eigenkapitalausstattung, gewährleistet aber weiterhin den uneingeschränkten unternehmerischen Einfluss der Gebrüder Georg und Johann Horg. Die lange und erfolgreiche Tradition der Elfriede Horg AG als Familienunternehmen bleibt somit gewahrt. Eine erste Tranche mit 2.000.000 Vorzugsaktien könnten wir voraussichtlich im Herbst 2023 an der Frankfurter Börse platzieren.

Mit diesem Schritt wird uns auch an anderer Stelle eine wegweisende Neuerung ins Haus stehen: die verpflichtende Umstellung unserer Konzernrechnungslegung auf die International Financial Reporting Standards (IFRS), zu deren Anwendung wir erstmalig im Geschäftsjahr der Aktienemmission verpflichtet sein werden. Um diesem Wechsel vorausschauend zu begegnen und die nötige Expertise aufzubauen, planen wir, die Umstellung auf die internationalen Rechnungslegungsgrundsätze bereits für das vergangene Geschäftsjahr 2021 vorzunehmen. Das deutsche Handelsrecht erlaubt es ja, unseren Konzernabschluss schon heute freiwillig nach IFRS aufzustellen und zu veröffentlichen. Der Schritt in Richtung Internationalisierung erscheint uns nicht völlig fremd, da wir mit der Umsetzung des Bilanzrechtsmodernisierungsgesetzes ab 01.01.2010 im deutschen

Handelsrecht ja bereits eine zumindest graduelle Annäherung an die IFRS erfahren hatten.

Wie Sie aus unseren Diskussionen wissen, bin ich der Überzeugung, dass internationale und damit besser vergleichbare Unternehmenszahlen die Verhandlungen mit ausländischen Geschäftspartnern und Kreditgebern erleichtern werden. Gerade für unser weiteres Südostasien-Engagement dürften wir künftig ebensolche dringend benötigen und insofern von einer vorzeitigen Umstellung profitieren.

Eher indirekt mit diesem Schritt verbunden ist die seit einiger Zeit anhaltende Diskussion um die 2009 veröffentlichten IFRS for SMEs. Der Interessensverband Familienunternehmen, in dem wir ja seit Jahrzehnten aktiv sind, bat mich unlängst um eine fachliche Einschätzung des Kosten-/Nutzenverhältnisses dieses in Deutschland nach wie vor kontrovers diskutierten Regelwerks. Ich habe mich dazu entschlossen, dem Verband meinen Eindruck auf Basis einer probeweisen Umstellung unseres Abschlusses 2021 auf die IFRS for SMEs wiederzugeben. Zum einen denke ich, dass dies in der uns ohnehin treffenden Umstellungsphase ohne großen Mehraufwand möglich sein wird und wir die Debatte damit aus Praxissicht bereichern können. Zum anderen ist es für uns derzeit nicht abzusehen, welche Bedeutung dieser Standard auf lange Sicht in Europa haben wird. Ich halte die probeweise Umstellung noch aus einem weiteren Grund für sinnvoll. Sollten wir wider Erwarten von einer Börseneinführung absehen – Johann und Georg, ihr hattet ja bereits über eine schrittweise Kapitalerhöhung aus Privatvermögen als mögliche, aber derzeit nicht präferierte Alternative gesprochen – könnte uns ein Abschluss nach den IFRS for SMEs für internationale Verhandlungen vielleicht noch nützlich sein. Kurzum, ich möchte auch an dieser Front vorbereitet sein, um die Umstellungseffekte und Konsequenzen einer Anwendung des IFRS for SMEs frühzeitig einschätzen zu können.

Wenn Sie damit einverstanden sind, werden unser Bereichsleiter Rechnungswesen, Herr Vorhand, und ich zum nächsten Mal darstellen, wie sich die Umstellung auf die IFRS und die IFRS for SMEs auf die Vermögens-, Finanz- und Ertragslage des Horg-Konzerns auswirken wird.“

Elfriede Horg AG
Konzernabschluss zum 31.12.2021 nach HGB

Konzernbilanzen nach HGB zum 31.12.2021, 2020, 2019

AKTIVA (in T€)

	2021	**2020**	**2019**
Anlagevermögen			
Immaterielle Vermögensgegenstände	38.598	25.055	20.738
Sachanlagen	415.011	371.598	356.220
Finanzanlagen	7.532	7.268	6.502
	461.141	403.921	383.460
Umlaufvermögen			
Vorräte			
Roh-, Hilfs- und Betriebsstoffe	95.153	76.861	82.345
Unfertige und Fertige Erzeugnisse	463.046	431.063	412.282
Forderungen aus Lieferungen und Leistungen	239.769	216.337	208.957
Sonstige Vermögensgegenstände	53.254	35.483	38.760
Wertpapiere	27.898	37.555	32.461
Liquide Mittel	40.644	45.882	38.309
	919.764	843.181	813.114
Rechnungsabgrenzungsposten	3	2	4
Aktive latente Steuern	7	—	—
	1.380.915	1.247.104	1.196.578

PASSIVA (in T€)	**2021**	**2020**	**2019**
Eigenkapital			
Gezeichnetes Kapital	200.000	200.000	200.000
Kapitalrücklage	180.800	180.800	180.800
Gewinnrücklagen	82.349	65.971	60.121
Jahresüberschuss	34.498	39.378	24.250
	497.647	486.149	465.171
Rückstellungen			
Pensionsrückstellungen	34	—	—
Steuerrückstellungen	49.675	44.707	39.565
Sonstige Rückstellungen	209.168	188.558	179.604
	258.877	233.265	219.169
Verbindlichkeiten			
Verbindlichk. ggü. Kreditinstituten	451.233	396.149	384.650
Verbindlichk. aus Lief. und Leist.	106.166	95.549	101.300
Verbindlichkeiten ggü. verb. Unt.	3.987	3.588	3.210
Sonstige Verbindlichkeiten	63.005	32.404	23.078
	624.391	527.690	512.238
	1.380.915	1.247.104	1.196.578

Konzern-Gewinn- und Verlustrechnungen nach HGB 2021, 2020, 2019
(in T€)

	2021	2020	2019
Umsatzerlöse	1.845.110	1.510.747	1.385.387
Herstellungskosten der zur Erzielung der Umsatzerlöse erbrachten Leistungen	1.321.308	1.059.879	984.187
Bruttoergebnis vom Umsatz	**523.802**	**450.868**	**401.200**
Vertriebskosten	236.510	162.050	153.479
Allgemeine Verwaltungskosten	143.250	136.482	133.561
Sonstige betriebliche Erträge	7.330	2.033	3.211
Sonstige betriebliche Aufwendungen	41.957	40.999	39.824
Erträge aus Beteiligungen	391	153	144
Sonstige Zinsen und ähnliche Erträge	11.755	7.119	6.009
Abschreibungen auf Finanzanlagen und auf Wertpapiere des Umlaufvermögens	311	287	202
Zinsen und ähnliche Aufwendungen	40.268	30.860	29.178
Ergebnis der gewöhnlichen Geschäftstätigkeit	**80.982**	**89.495**	**54.320**
Steuern vom Einkommen und vom Ertrag	46.484	50.117	30.070
Jahresüberschuss	**34.498**	**39.378**	**24.250**

Konzernkapitalflussrechnungen nach HGB 2021, 2020

	(in T€)	2021	2020
	Jahresüberschuss	34.498	39.378
+/-	Abschreibungen/Zuschreibungen auf das AV	+ 75.552	+ 62.293
+/-	Veränderung der Pensionsrückstellungen	+ 34	—
+/-	Veränderung der kurzfristigen Rückstellungen	+25.578	+14.096
+/-	Sonst. zahlungsunwirksame Aufw./Erträge	+50	—
-/+	Gewinn/Verlust aus Anlagenabgängen	-1.225	-650
+/-	Veränd. des UV und der Verbindlichkeiten		
	Vorräte	-31.475	-13.297
	Forderungen	-15.432	-7.380
	Sonstige Vermögensgegenstände	-17.771	+3.277
	Kurzfristige Verbindlichkeiten	+15.017	+ 3.953
	Aktive Rechnungsabgrenzungsposten	-1	+2
	Aktive latente Steuern	-7	—
Cashflow aus gewöhnlicher betrieblicher Tätigkeit		**84.818**	**101.672**
+	Einzahlungen aus Anlageabgängen	+5.353	+2.950
+	Einzahlungen aus Abgängen von Wertpapieren des UV	+9.657	—
-	Investitionen in das Anlagevermögen	-24.700	-85.054
-	Investitionen in Wertpapiere des Umlaufvermögens	—	-5.094
-	Erwerb konsolidierter Beteiligungen	-96.900	—
Cashflow aus Investitionstätigkeit		**-106.590**	**-87.198**
+	Einzahlungen aus Kapitalerhöhungen	—	—
-	Auszahlungen an die Gesellschafter	-23.000	-18.400
+	Einzahlungen aus der Begebung von Anleihen und Aufnahme von Krediten	+ 39.584	+ 11.499
-	Auszahlung für Tilgung von Anleihen und Krediten	—	—
Cashflow aus Finanzierungstätigkeit		**16.584**	**-6.901**
Finanzmittelbestand am Anfang der Periode		45.882	38.309
+/-	Veränd. des Finanzmittelbestands (Gesamt-Cashflow)	-5.188	+7.573
+/-	Wechselkursbedingte Änderung des Finanzmittelbestands	-50	—
Finanzmittelbestand am Ende der Periode		**40.644**	**45.882**

Segmentberichterstattungen nach HGB 2021, 2020

Die Segmentberichterstattung wurde in Übereinstimmung mit DRS 3 aufgestellt. In Orientierung an der internen Berichts- und Organisationsstruktur des Konzerns werden einzelne Konzernabschlussdaten differenziert nach Geschäftsbereichen und geografischen Regionen dargestellt. Der dominierenden Organisationsstruktur entsprechend wird innerhalb der Geschäftsbereichssegmentierung zwischen Standard- und Luxusprodukten unterschieden. Während klassische Armaturen, Einhandmischer, Thermostatarmaturen und Brausen des Low-Cost-Bereichs im Segment Standardprodukte zusammengefasst werden, gehören die entsprechenden Produkte und verbundenen Dienstleistungen des High-Cost-Bereichs dem Segment Luxusprodukte an. Umsätze zwischen den Segmenten werden zu marktüblichen Konditionen abgerechnet. Alle Angaben sind in T€.

	2021	2020	2021	2020	2021	2020
Geschäftsbereiche	Segment Standardprodukt		Segment Luxusprodukt		Konzern	
Außenumsatz	1.239.572	946.358	605.538	564.389	1.845.110	1.510.747
Innenumsatz mit anderen Segmenten	102.365	94.255	24.027	26.331	—	—
Ergebnis der gewöhnl. Geschäftstätigkeit	45.945	56.819	35.051	32.676	80.996	89.495
Zinserträge	7.810	4.780	3.945	2.339	11.755	7.119
Zinsaufwendungen	32.214	21.202	8.054	9.658	40.268	30.860
Sonst. wesentl. zahlungsunwirksame Aufwendungen	32.547	19.336	16.031	9.524	48.578	28.860
Steuern vom Einkommen und Ertrag	26.370	34.302	20.114	15.815	46.484	50.117
Betriebliches Vermögen	779.216	641.995	569.933	576.426	1.349.149	1.218.421
Abschreibungen auf SAV und IAV	41.231	30.057	34.260	32.236	75.491	62.293
Investitionen in SAV und IAV	92.362	42.330	43.985	42.628	136.347	84.958
Segmentverbindlichk.	861.350	532.668	21.904	228.287	883.254	760.955
Ergebnisbeiträge assoziiert. Unternehmen	181	162	69	68	250	230
Beteiligungshöhe an assoziiert. Unternehmen	1.575	1.394	675	606	2.250	2.000

Segmentierung nach Regionen

	2021	2020	2021	2020
Geografische Segmente	Deutschland		Übriges Europa	
Außenumsatz	1.304.678	1.106.544	425.546	404.203
Betriebliches Vermögen	871.520	852.902	373.507	365.519
Investitionen SAV und IAV	10.297	50.974	18.850	33.984

	2021	2020	2021	2020
Geografische Segmente	Nordamerika und Asien		Konzern	
Außenumsatz	114.886	—	1.845.110	1.510.747
Betriebliches Vermögen	104.122	—	1.349.149	1.218.421
Investitionen SAV und IAV	107.200	—	136.347	84.958

Konzerneigenkapitalveränderungsrechnungen nach HGB 2021, 2020
(in T€)

	2021	2020
Eigenkapital zu Beginn des Geschäftsjahres	**486.149**	**465.171**
Gezeichnetes Kapital		
Zu Beginn des Geschäftsjahres	200.000	200.000
Veränderungen im Geschäftsjahr	*0*	*0*
Zum Ende des Geschäftsjahres	200.000	200.000
Kapitalrücklage		
Zu Beginn des Geschäftsjahres	180.800	180.800
Veränderungen im Geschäftsjahr	*0*	*0*
Zum Ende des Geschäftsjahres	180.800	180.800
Gewinnrücklage		
Zu Beginn des Geschäftsjahres	65.971	60.121
Veränderungen im Geschäftsjahr		
Jahresergebnis des Vorjahres	*39.378*	*24.250*
Dividendenausschüttung	*-23.000*	*-18.400*
Zum Ende des Geschäftsjahres	82.349	65.971
Jahresergebnis	34.498	39.378
Eigenkapital zum Ende des Geschäftsjahres	**497.647**	**486.149**

Konzernanlagespiegel nach HGB für das Geschäftsjahr 2021

(in T€)	Historische AHK 01.01.2021	Zugänge	Abgänge	Zuschreibung	Kumul. Abschreibung	Buchwert 31.12.2021	Buchwert 31.12.2020	Abschreibungen für 2021
Immaterielles Vermögen								
Geschäfts- oder Firmenwert	7.452	20.000	—	—	4.340	23.112	6.112	3.000
EDV-Software	24.092	1.062	—	—	9.668	15.486	18.943	4.519
	31.544	21.062	—	—	14.008	38.598	25.055	7.519
Sachanlagen								
Grundstücke und Gebäude	254.368	21.454	3.820	—	59.106	212.896	197.667	3.725
Technische Anlagen und Maschinen	270.548	61.204	—	—	225.925	105.827	81.111	36.488
Betriebs- und Geschäftsausstattung	212.502	32.627	2.861	—	145.980	96.288	92.820	27.759
	737.418	115.285	6.681	—	431.011	415.011	371.598	67.972
Finanzanlagen								
Anteile an assoz. Unternehm.	2.000	—	—	250	—	2.250	2.000	—
Wertpapiere des AV	3.883	351	96	—	445	3.693	3.646	208
Ausleihungen	1.743	202	140	—	216	1.589	1.622	103
	7.626	553	236	250	661	7.532	7.268	311
Anlagevermögen	776.588	136.900	6.917	250	445.680	461.141	403.921	75.802

Konzernanhang für das Geschäftsjahr 2021

Bilanzierungs- und Bewertungsmethoden

Die Abschlüsse der einzelnen Tochterunternehmen werden in den Konzernabschluss entsprechend den Vorschriften des Handelsgesetzbuchs und des Aktiengesetzes einheitlich nach den bei der Elfriede Horg AG geltenden Bilanzierungs- und Bewertungsmethoden einbezogen.

Erworbene immaterielle Vermögensgegenstände werden zu Anschaffungskosten, vermindert um planmäßige Abschreibungen, bewertet. Als Nutzungsdauer werden regelmäßig vier Jahre zugrunde gelegt, wenn sich nicht ein abweichender Zeitraum, z.B. aufgrund der Laufzeit einer Lizenz, ergibt. Von einer Aktivierung selbst geschaffener immaterieller Vermögensgegenstände des Anlagevermögens gemäß § 248 Abs. 2 HGB sehen wir ab.

Das Sachanlagevermögen wird zu Anschaffungs- bzw. Herstellungskosten, vermindert um planmäßige Abschreibungen, angesetzt. Die Herstellungskosten der selbsterstellten Anlagen enthalten neben den Einzelkosten angemessene Teile der notwendigen Material- und Fertigungsgemeinkosten. Hierzu gehören auch die fertigungsbedingten Abschreibungen, die anteiligen Kosten für die betriebliche Altersversorgung, für soziale Einrichtungen und für freiwillige soziale Leistungen des Unternehmens sowie fertigungsbedingte Verwaltungskosten.

Die Abschreibungen auf das Anlagevermögen werden grundsätzlich linear vorgenommen. Die Nutzungsdauer beträgt bei Gebäuden maximal 40 Jahre, bei technischen Anlagen und Maschinen durchschnittlich sechs Jahre sowie bei der Betriebs- und Geschäftsausstattung durchschnittlich fünf Jahre. Abschreibungen werden im Einklang mit steuerlichen Erfordernissen pro rata temporis vorgenommen.

Soweit der nach vorstehenden Grundsätzen ermittelte Wert von Gegenständen des Anlagevermögens voraussichtlich dauerhaft durch denjenigen Wert, der ihnen am Abschlussstichtag beizulegen ist, unterschritten wird, so wird dem durch außerplanmäßige Abschreibungen oder Wertberichtigungen Rechnung getragen.

Nicht in den Konsolidierungskreis einbezogene Tochterunternehmen sowie assoziierte Unternehmen werden nach der Equity-Methode in den Konzernabschluss einbezogen. Ausleihungen werden zum Nennwert, abzüglich erforderlicher Abzinsungen und Abschläge für Wertminderungen, bilanziert. Beteiligungen werden zu Anschaffungskosten oder zum niedrigeren am Abschlussstichtag beizulegenden Wert angesetzt.

Die Vorräte werden mit durchschnittlichen Anschaffungs- bzw. Herstellungskosten oder zu niedrigeren Tageswerten angesetzt. Die Herstellungskosten der unfertigen und fertigen Erzeugnisse werden analog zum Anlagevermögen ermittelt. Lediglich auf die Einbeziehung der fertigungsbedingten Verwaltungskosten wird verzichtet. Bestandsrisiken wird durch Vornahme angemessener Bewertungsabschläge Rechnung getragen.

Bei den Forderungen und Wechseln werden erkennbare Einzelrisiken durch Wertberichtigungen berücksichtigt. Aktive latente Steuern werden unter den sonstigen Vermögensgegenständen, passive latente Steuern unter den Steuerrückstellungen angesetzt. Bei der Bildung latenter Steuern wird ein einheitlicher Konzernsteuersatz von 40 % zugrunde gelegt.

Pensionsrückstellungen, welche wir erstmals im Geschäftsjahr 2021 gebildet haben, werden gemäß § 253 Abs. 1 HGB mit ihrem nach vernünftiger kaufmännischer Beurteilung notwendigen Erfüllungsbetrag angesetzt. Als Diskontierungszins berücksichtigen wir nach § 253 Abs. 2 HGB einen der Restlaufzeit der Pensionsverpflichtungen entsprechenden, durchschnittlichen Marktzinssatz der vergangenen zehn Geschäftsjahre von 2,11 %. Erwartete Lohn- und Gehaltssteigerungen werden auf Basis der auf Unternehmensebene erhobenen durchschnittlichen Steigerungsraten der jeweiligen Beschäftigungsgruppe ermittelt. Zur Bemessung von Sterbewahrscheinlichkeiten ziehen wir Periodensterbetafeln des Statistischen Bundesamtes heran. Bei der Bewertung der Pensionsrückstellungen findet das steuerlich vorgeschriebene Teilwertverfahren Anwendung.

Die Verbindlichkeiten sind mit ihren Erfüllungsbeträgen angesetzt.

Konsolidierungskreis

In den Konzernabschluss wurden neben der Elfriede Horg AG als Mutterunternehmen fünf inländische und vier ausländische Unternehmen einbezogen, bei denen der Horg AG jeweils 100 % der Stimmrechte zustehen. Im Berichtsjahr wurde die Flush Corp. erstmals in den Konzernabschluss aufgenommen. Bei den sonstigen Mehrheitsbeteiligungen ist gemäß § 296 Abs. 2 HGB auf eine Einbeziehung in den Konsolidierungskreis verzichtet worden. Diese Gesellschaften werden in den Konzernabschluss nach der Equity-Methode einbezogen.

Die Unternehmen der Horg-Gruppe sind in folgender Tabelle aufgelistet:

Name und Sitz der Gesellschaft	Anteil am Kapital in %
Inland:	
Stein Sanitärtechnik GmbH, Schweinfurt	100
Aqua Sanitärtcchnologie GmbH, Dresden	100
Horg Verwaltungs-GmbH, Erftstadt	100
Logistik und Transport GmbH, Euskirchen	55
Fink Metallwarenhandel KG, München	62
PCS Gießerei GmbH, Gelsenkirchen	51
Horg Elektroblech GmbH, Duisburg	100
Horg Dienstleistungs-GmbH, Erftstadt	100
Ausland:	
Wedel N.V., Utrecht, Niederlande	100
Rocque, Paris, Frankreich	100
Horg, Lodz, Polen	100
Flush Corp., Blacksburg/Virginia, USA	100

Währungsumrechnung
In den Jahresabschlüssen werden Fremdwährungsforderungen (-verbindlichkeiten) mit dem Geldkurs (Briefkurs) am Buchungstag oder dem niedrigeren Geldkurs (höheren Briefkurs) am Bilanzstichtag umgerechnet. Für den Konzernabschluss erfolgt die Umrechnung der Bilanzpositionen der ausländischen Gesellschaften gemäß § 308a HGB.

Konsolidierungsgrundsätze
Die Kapitalkonsolidierung der in den Konzernabschluss einbezogenen Tochterunternehmen erfolgt nach der Neubewertungsmethode gemäß § 301 HGB durch Verrechnung der Anschaffungskosten mit dem neubewerteten Eigenkapital der Tochterunternehmen zum Zeitpunkt ihres Erwerbs. Sich durch die Neubewertung ergebende aktivische Unterschiedsbeträge werden, soweit sie stille Reserven betreffen, dem Wertansatz der Vermögensgegenstände zugeschrieben. Verbleibende aktivische Unterschiedsbeträge werden als Geschäfts- oder Firmenwert angesetzt und gemäß § 309 Abs. 1 i.V.m. § 246 Abs. 1 Satz 4 HGB als zeitlich begrenzt nutzbarer Vermögensgegenstand über ihre betriebsgewöhnliche Nutzungsdauer abgeschrieben. Der aus der Akquisition der Flush Corp. auszuweisende Geschäfts- oder Firmenwert wird über die voraussichtliche Nutzungsdauer von zehn Jahren abgeschrieben.

Passivische Unterschiedsbeträge aus der Kapitalkonsolidierung werden gemäß § 301 Abs. 3 HGB in dem Posten „Unterschiedsbetrag aus der Kapitalkonsolidierung" nach dem Eigenkapital ausgewiesen.

Die assoziierten Unternehmen werden auf der Basis der Equity-Methode in den Konzernabschluss übernommen.

Im Vorratsvermögen und Anlagevermögen enthaltene Zwischengewinne werden GuV-wirksam eliminiert. Alle zwischen Konzernunternehmen entstandenen Forderungen und Verbindlichkeiten, Aufwendungen und Erträge sind im Konzernabschluss nicht enthalten.

Anlagevermögen
Die Entwicklung der in der Konzernbilanz zum 31.12.2021 ausgewiesenen Anlagepositionen ist im Konzernanlagespiegel dargestellt.

Vorräte
Die Bewertung basiert grundsätzlich auf der Durchschnittsmethode. Der Unterschied zum Marktpreis beträgt 13 T€.

Forderungen aus Lieferungen und Leistungen
Von den am 31.12.2021 ausgewiesenen Forderungen haben 1.856 T€ (2020: 1.012 T€) eine Restlaufzeit von mehr als einem Jahr.

Gezeichnetes Kapital

Zum 31.12.2021 hatte das gezeichnete Kapital folgende Zusammensetzung:

Stammaktien	1.000.000 Stück	200 Mio. €

Es wurden ausschließlich vinkulierte Namensaktien, zu jeweils 500.000 Stück lautend auf Georg und Johann Horg, mit einem Nennwert von 200 € je Stück ausgegeben.

Rückstellungen

Die Steuerrückstellungen enthalten Beträge für das laufende Jahr und für den noch nicht der steuerlichen Außenprüfung unterlegenen Zeitraum. Bei der Bildung latenter Steuern wird ein einheitlicher Konzernsteuersatz von 40 % zugrunde gelegt. Die sonstigen Rückstellungen enthalten u.a. Beträge für Gewährleistungen und Instandhaltungen, die im darauffolgenden Geschäftsjahr innerhalb von drei Monaten nachgeholt werden. Sie sind so bemessen, dass sie allen erkennbaren Risiken und ungewissen Verpflichtungen Rechnung tragen.

Verbindlichkeiten

	2021	**2020**
Verbindlichkeiten mit einer Laufzeit von bis zu einem Jahr	173.158	131.541
Verbindlichkeiten mit einer Laufzeit von über einem Jahr und unter fünf Jahren	426.834	321.285
Verbindlichkeiten mit einer Laufzeit von mehr als fünf Jahren	24.399	74.864
Summe (in T€)	**624.391**	**527.690**

Sonstige Angaben und Haftungsverhältnisse (in T€) zum 31.12.2021

Finanzielle Verpflichtungen aus Leasingverträgen	7.200
Bürgschaften	2.348
Eventualverbindlichkeiten im Inland aus der Übertragung von Wechseln	25.364

Aufgrund unserer Bonitätsprüfung der Hauptschuldner erachten wir das Risiko einer Inanspruchnahme aus begebenen Bürgschaften und sonstigen Eventualverbindlichkeiten wie in den Vorjahren als sehr niedrig.

Personalaufwand und Mitarbeiter

	2021	2020
Durchschnittliche Anzahl der Mitarbeiter	6.386	5.380
Personalaufwand in T€	**702.560**	**591.942**

Sonstige betriebliche Aufwendungen und Erträge
Die sonstigen betrieblichen Erträge enthalten hauptsächlich Erlöse aus der Weiterbelastung von Kosten und Leistungen, Investitionszulagen und Umsatzsteuervergütungen. Erträge aus Anlagenabgängen sind im Geschäftsjahr in Höhe von 1.225 T€ enthalten. Die sonstigen betrieblichen Aufwendungen umfassen im Wesentlichen Bilanzmehrabschreibungen, Abfindungen sowie andere Bewertungsdifferenzen, Forderungsausfälle und -risiken, Garantieleistungen. Die kontinuierlich gestiegenen Aufwendungen stehen im engen Zusammenhang mit der Übernahme von Gesellschaften.

Gesamtbezüge des Aufsichtsrates und des Vorstandes
Die Gesamtbezüge der Mitglieder des Aufsichtsrates betrugen 260 T€, die Gesamtbezüge der Mitglieder des Vorstandes 2.400 T€.

Gesamthonorar für Abschlussprüfung und Steuerberatung
Das Gesamthonorar für die R&K Treuhand GmbH beläuft sich auf 48 T€. Davon entfallen 27 T€ auf Abschlussprüfungs- und 21 T€ auf Steuerberatungsleistungen. Andere (Bestätigungs-)Leistungen wurden von der R&K Treuhand nicht erbracht.

Angaben zu Finanzinstrumenten
Finanzanlagen werden nicht über ihren beizulegenden Zeitwerten bewertet, da sämtliche Wertminderungen durch außerplanmäßige Abschreibungen berücksichtigt worden sind. Die Anlagestrategie der Horg-Gruppe sieht es i.d.R. nicht vor, derivative Finanzinstrumente zu halten. Zur Absicherung eines Zielkaufs in Fremdwährung wurde im Geschäftsjahr aber ein Fremdwährungstermingeschäft in Höhe von 10 Mio. GBP abgeschlossen. Dieses Termingeschäft ist, da Teil einer Bewertungseinheit, nicht gesondert in der Bilanz ausgewiesen.

Sicherungsgeschäfte und Bewertungseinheiten
Aufgrund des Kaufs einer Produktionsanlage für 10 Mio. GBP mit einem Zahlungsziel von 12 Monaten, haben wir zur Absicherung des Wechselkursrisikos ein Devisentermingeschäft in gleicher Höhe und mit gleicher Laufzeit abgeschlossen. Das Währungsrisiko ist damit vollständig abgesichert.

MEMO

Walther Vorhand
Bereichsleiter Rechnungswesen

<u>Persönlich / Streng Vertraulich</u>

An Herrn
Finanzvorstand Dr. Jochen Fuchs
Im Hause

21.01.2022

Lieber Herr Dr. Fuchs,

Sie hatten mich beauftragt, Ihnen die Geschäftsvorfälle aufzuführen, die zu Abweichungen der Abschlüsse nach IFRS bzw. IFRS for SMEs gegenüber dem HGB-Konzernabschluss führen. Entsprechende Vorjahreswerte habe ich zur Information gleich mit erhoben.

Die Umstellung auf diese beiden Rechnungslegungssysteme geht übrigens nicht mit zusätzlichen Rechenwerken einher. Wir erstellen und veröffentlichen im Konzernabschluss ohnehin eine Kapitalflussrechnung, eine Eigenkapitalveränderungsrechnung und freiwillig auch eine Segmentberichterstattung.

Die beiliegenden Unterlagen sollten es Ihnen ermöglichen, die Auswirkungen der Rechnungslegungsumstellung auf die IFRS und die IFRS for SMEs auf unsere Unternehmenszahlen abzuschätzen. Wir nehmen den kapitalmarkt- und informationsorientierten Gedanken der IFRS ernst und legen daher auch unseren Fokus auf die Fair Value-Bewertung. Sofern möglich, bevorzugen wir aber die GuV-neutrale Verbuchung (über das OCI). Insbesondere bin ich gespannt, ob sich unsere Eigenkapitalquote und unser Gewinn durch den Umstellungseffekt, wie gemeinhin erwartet wird, tatsächlich erhöhen werden. Gerade die Eigenkapitalquote dürfte für anstehende Kreditverhandlungen eine zentrale Kennzahl sein. Eine Veränderung der beiden Größen dürfte sich daneben auch auf unseren Unternehmenswert auswirken, der bspw. aus Multiplikatorverfahren abgeleitet werden kann. Des Weiteren sind bei der Umstellung auch Konsequenzen für unsere Controlling-Daten zu berücksichtigen.

Ich möchte noch erwähnen, dass mit der Umstellung auf die IFRS bzw. die IFRS-SME auch eine Anpassung und Erweiterung der Anhanginformationen einhergeht. Der entsprechende Anpassungsbedarf wird derzeit noch gesondert ermittelt.

1. Forschungs- und Entwicklungskosten

Unserer Entwicklungsgruppe für Fertigungsverfahren in Unteraichenbach ist es Anfang 2020 gelungen, ein neuartiges Verfahren zur Modellierung der Sandkerne für die Gussformen unserer Sanitärarmaturen in die Fertigungsreife zu überführen. Hierfür sind 2020 Entwicklungskosten in Höhe von 18 Mio. € angefallen.

Die für die Anwendung erforderliche Produktionsanlage ist inzwischen errichtet worden. Wir eröffnen uns mit dem neuen Verfahren völlig neue Designperspektiven, da nun auch sehr ungewöhnliche Formen modellierbar sind. Das Verfahren hat unser Produktionsprogramm bereits im Geschäftsjahr 2021 völlig verändert und wird auch die darauffolgenden drei Jahre nachhaltig beeinflussen.

In 2021 haben wir ferner eine Projektidee aus dem Vorjahr aufgegriffen und damit begonnen, ein neues Verfahren zur materialschonenden Verchromung von Armaturen zu erproben. Trotz Forschungserstausgaben in Höhe von 1,5 Mio. € und Entwicklungsausgaben von 2 Mio. € ist das Projekt noch in einer frühen Phase. Mit unmittelbar für den Produktionsablauf verwertbaren Ergebnissen wird nicht vor 2023 gerechnet.

2. Sachanlagevermögen

Im Januar 2020 sind von unserem Tochterunternehmen, der Horg Verwaltungs-GmbH, Immobilien erworben worden, die der Erzielung von Miet- und Pachterträgen und nicht der Produktion oder sonstigen Leistungserstellung dienen. Gemäß IAS 40 besteht für diese als Finanzinvestition gehaltenen Immobilien ein Wahlrecht zur Bewertung zum beizulegenden Zeitwert oder zu fortgeführten Anschaffungskosten. Da wir die Marktwertorientierung in den IFRS schätzen, bevorzugen wir eine Bewertung zum beizulegenden Zeitwert. Da die Marktwerte der entsprechenden Immobilien zwischenzeitlich teilweise gestiegen sind, wäre zu prüfen, ob dadurch unsere Eigenkapitalquote gesteigert werden könnte. Die erforderlichen Daten sind deshalb in nachfolgenden Tabellen zusammengefasst. Alle Zahlenangaben sind in T€.

Immobilie	Anschaffungskosten	Abschreibung 2020	Buchwert 31.12.2020	Abschreibung 2021	Buchwert 31.12.2021
Gebäude Parkstraße	2.500	125	2.375	125	2.250
Gebäude Burgwall	2.000	100	1.900	100	1.800
Gebäude Ringstraße	5.200	260	4.940	260	4.680

Immobilie	Marktwert 31.12.2020	Marktwert 31.12.2021	Mieteinnahmen 2020	Mieteinnahmen 2021
Gebäude Parkstraße	2.700	2.900	200	200
Gebäude Burgwall	2.100	1.800	180	180
Gebäude Ringstraße	5.200	5.400	420	420

3. Herstellungskosten der unfertigen und fertigen Erzeugnisse

Im Rahmen der Herstellungskostenermittlung der unfertigen und fertigen Erzeugnisse wurde auf die Einbeziehung der fertigungsbedingten Verwaltungskosten verzichtet. Diese betragen 5 % der (bisher ermittelten) Herstellungskosten aller unfertigen und fertigen Erzeugnisse. Die Anfangsbestände des Jahres 2019 an unfertigen und fertigen Erzeugnissen beliefen sich auf 400.282 T€.

4. Langfristige Auftragsfertigung

Die Hochbau AG beauftragte unser polnisches Tochterunternehmen am 01.03.2019 mit der gesamten sanitärtechnischen Ausstattung ihres neuen Verwaltungshauptsitzes in Russland. Das Projekt wurde im September 2021 fertig gestellt und zum vereinbarten Festpreis von 26 Mio. € abgerechnet. Auf Wunsch unseres Kunden wurde vertraglich vereinbart, keine Teilabnahmen vor dem Fertigstellungszeitpunkt vorzunehmen, da das Liefer- und Leistungsrisiko sowie das Gesamtfunktionsrisiko erst nach vollständiger Ausführung des Auftrags an den Kunden übergehen sollten. Zusätzlich handelt es sich bei der gesamten sanitärtechnischen Aussattung sowie der dafür erfordlichen Infrastruktur um eine sog. Integrationsleistung.

In den seinerseits geschlossenen Verträgen mit der Hochbau AG wurde zudem festgelegt, dass wir die bisher hergestellten Sanitäranlagen bis zur vollständigen Übergabe nicht anderweitig veräußern dürfen. Um eine vollständige Vorfinanzierung des Projektes zu vermeiden, hatten wir zudem vertragliche Abschlagszahlungen für die bisher erbrachten Leistungen vereinbart, die wir separat vom Kunden einforderten. Es ist davon auszugehen, dass die Zahlungsfähigkeit sowie die Absicht des Kunden, die Gegenleistung zu erbringen, in den drei Jahren zweifelsfrei vorliegt. Im Vergleich zu den Regelungen des IFRS 15 ist im deutschen Handelsrecht eine anteilige Gewinnrealisierung aber nicht gestattet. Die Details des Auftrags entnehmen Sie bitte folgender Übersicht:

(alle Angaben in T€)	2019	2020	2021	Gesamt
Tatsächlich eingetretene Herstellungskosten des Auftrags im lfd. Geschäftsjahr zu Vollkosten	4.000	6.000	13.400	**23.400**
Noch erwartete Herstellungskosten bis zur Fertigstellung	18.000	13.000	—	
Insgesamt erwartete Kosten (Stichtagsschätzung)	22.000	23.000	23.400	
Eingeforderte, vertraglich vereinbarte Abschlagszahlungen	2.600	5.000	18.400	**26.000**
Zahlungseingänge	2.000	4.000	15.000	**21.000**

Nach intensiver Auseinandersetzung mit den Regelungen des IFRS 15 haben wir entschieden, die Bestimmung des Leistungsfortschrittes anhand der inputorientierten „*cost-to-cost*-Methode“ vorzunehmen. Die Ermittlung der bisher angefallenen Herstellungskosten gilt als zutreffend. Hierfür möchten wir die entsprechenden Voraussetzungen aber nochmals überprüfen.

5. Leasing

Zum 01.01.2020 haben wir über unseren Leasingpartner Manufaktura Leasing AG eine teilautomatisierte Tauchverchromungsanlage zum Veredeln von Zierelementen geleast. Diese Standardanlage, deren beizulegender Zeitwert bei Vertragsabschluss 3,5 Mio. € betrug, findet auch in vielen anderen Industriebereichen Anwendung.

Der Leasingvertrag wurde über eine unkündbare Laufzeit von drei Jahren abgeschlossen. Da die teilweise sehr aggressiven Chemikalien im Laufe der Zeit Tauchwannen und -arme angreifen, ist die wirtschaftliche Nutzungsdauer mit vier Jahren nur unwesentlich länger. Aus diesem Grunde haben wir im Leasingvertrag auch auf eine Verlängerungs- bzw. Kaufoption verzichtet. Zumal im gleichen Jahr über die Entwicklung eines eigenen Verchromungsverfahrens nachgedacht wurde.

Die für die Anlage jährlich nachschüssig zu entrichtende Leasingannuität beträgt 1.291.255,13 €. Da uns gemäß des Mobilien-Vollamortisations-Leasingerlasses die Anlage wirtschaftlich nicht zuzurechnen ist, haben wir sie in der Einzel- bzw. Konzernbilanz nach HGB bisher nicht bilanziert. Nach IFRS 16 „Leasingsverhältnisse“ dürfte die Klassifizierung des Leasingverhältnisses wohl aber zu überdenken sein.

6. Wertpapiere des Umlaufvermögens

Laut Depotauszug der Schnellfinanz AG befanden sich am Bilanzstichtag Aktien mit einem Marktwert von 23 Mio. € (Buchwert am 31.12.2021: 19,5 Mio. €) im Besitz der in den Konzernabschluss einbezogenen Gesellschaften. Das Portfolio wird auf Anraten unseres Anlageberaters, Herrn Nießen, im Rahmen einer kurzfristigen Anlagestrategie laufend umstrukturiert. Kein Wertpapier bleibt länger als drei Monate im Bestand. Die „glückliche Hand“, die er bei der Verwaltung der Papiere bisher bewies, offenbart ein Vergleich mit dem Kurswert am letzten Bilanzstichtag: 20 Mio. € (Buchwert 31.12.2020: 18 Mio. €). Noch zum 31.12.2019 betrug der Marktwert der Papiere lediglich 10,5 Mio. € (Buchwert: 9 Mio. €).

Die zu Jahresende vorhandenen Wertpapiere wurden im Folgejahr jeweils zum am Bilanzstichtag vorliegenden Marktwert veräußert.

7. Wertpapiere des Anlagevermögens

Seit 2018 wurden verschiedene Aktien zur langfristigen Kapitalanlage erworben, ohne damit einen wesentlichen Einfluss auf diese Unternehmen zu erlangen. Die Wertentwicklung der Aktienpakete entnehmen Sie bitte folgender Tabelle:

Aktien	Anschaffungskosten in T€ (Jahr)	Marktwert 31.12.18 in T€	Marktwert 31.12.19 in T€	Marktwert 31.12.20 in T€	Marktwert 31.12.21 in T€
Publix AG	2.024 (2018)	2.400	2.270	2.620	3.120
Comtech AG	750 (2019)	—	900	850	1.020
Titag AG	1.013 (2020)	—	—	776	568
Electro AG	351 (2021)	—	—	—	530

Hier wäre die Bewertung nach IFRS zu prüfen. Wenn beizulegende Zeitwerte zum Tragen kommen, bevorzugen wir, wie zuvor erwähnt, sofern möglich, die GuV-neutrale Verbuchung (über das OCI). Im Fall der Titag AG wurde in 2020 und 2021 von einer dauerhaften Wertminderung ausgegangen, wie auch der weitere Kursrückgang im Januar 2022 bestätigt.

Des Weiteren hat die Horg AG am 01.01.2020 eine festverzinsliche Industrieanleihe der Betamax AG zum Kurswert von 95 T€ börslich erworben. Am 31.12.2020 lag der Kurswert bei 97,5 T€. Die Rückzahlung erfolgte per 31.12.2021 zum Nennwert von 100 T€; der Zinskupon betrug 6 % p.a. Bei Kauf der Anleihe fiel eine Ordergebühr in Höhe von 1 % des Nennwerts an. Wir hatten von Anfang an beabsichtigt, die Anleihe bis zur Endfälligkeit zu halten und waren dazu auch in der Lage.

8. Fremdwährungstransaktionen

Zum 01.10.2020 wurde eine neue Produktionsanlage geliefert und montiert. Inklusive Montagekosten beliefen sich die Anschaffungskosten auf 10 Mio. GBP. Mit dem Hersteller wurde ein Zahlungsziel von 12 Monaten vereinbart. Der Briefkurs betrug am Liefertag 1,10 €/GBP, am 31.12.2020 1,13 €/GBP und am 01.10.2021 1,16 €/GBP. Die Anlage wird über eine Nutzungsdauer von 10 Jahren linear abgeschrieben.

Um uns gegen das Währungskursrisiko abzusichern, haben wir noch am Liefertag ein Devisentermingeschäft mit einer einjährigen Laufzeit abgeschlossen. Vereinbart wurde der Kauf von 10 Mio. GBP zu einem Terminkurs von 1,12 €/GBP. Am 31.12.2020 lag der korrespondierende Terminkurs bei 1,15 €/GBP und am 01.10.2021 bei 1,16 €/GBP. Zur bilanziellen Abbildung der Sicherheitsbeziehung haben wir die beiden Transaktionen in einer Bewertungseinheit i.S.v. § 254 HGB zusammengefasst, wobei die Verbindlichkeit zum Sicherungskurs eingebucht wurde.

9. Pensionsrückstellungen

Im Geschäftsjahr 2021 haben wir uns in enger Abstimmung mit dem Betriebsrat dazu entschlossen, die seit 1991 jedem Arbeitnehmer freiwillig gewährte betriebliche Altersversorgung nachhaltig umzustrukturieren. Gemäß einer entsprechenden Betriebsvereinbarung werden für Arbeitnehmer, die ab dem 01.01.2022 neu eintreten, keine beitragsorientierten Pensionspläne mehr aufgelegt, sondern ausschließlich unmittelbare Direktzusagen erteilt. Die für die Pensionsauszahlungen erforderlichen Mittel wollen wir unternehmensintern ansammeln. Unseren bestehenden Arbeitnehmern bieten wir an, in einen leistungsorientierten Versorgungsplan zu wechseln. Da wir darauf abzielen, die persönliche Versorgungssituation für jeden Mitarbeiter deutlich zu verbessern, ist die Neuausrichtung des Durchführungsweges unserer betrieblichen Altersvorsorge personalrechtlich unproblematisch.

Unsere Controlling-Abteilung hat in diesem Zusammenhang angemerkt, dass der künftig in seiner Höhe veränderte Personalaufwand Auswirkungen auf unsere Kostenkalkulation haben wird. Hiervon sind insbesondere die fertigen und unfertigen Erzeugnisse betroffen, da Aufwendungen für die betriebliche Altersversorgung ja mit in die Herstellungskosten einbezogen werden. Zur Zeit sind wir noch in Gesprächen mit dem Controlling, um die künftigen Wechselwirkungen besser einschätzen zu können.

Mit der Einstellung von Herrn Dr. Thomas Jäger zum 01.01.2021 als neuen Vorstand für Logistik haben wir allerdings in diesem Fall bereits vor 2022 eine unmittelbare Pensionszusage ausgesprochen. Laut Arbeitsvertrag ist die Horg AG verpflichtet, Herrn Dr. Jäger (bei Einstellung gerade 50 Jahre alt geworden) ab seinem Renteneintritt zur Regelaltersgrenze mit 65 Jahren lebenslang eine jährliche Rente von 15 % des durchschnittlichen Jahresbruttoeinkommens der abgeleisteten Dienstzeit zu zahlen. Die Zahlung soll jeweils am Jahresende erfolgen. Scheidet Herr Dr. Jäger vor der Regelaltersgrenze durch Kündigung, verhaltensbedingte Entlassung oder Berufsunfähigkeit vorzeitig aus dem Unternehmen aus, reduziert sich die Jahresleistung um je 0,25 % für jeden Monat der vorzeitigen Beendigung. Diesen Fall erachten wir aber momentan als eher unwahrscheinlich. Unter Berücksichtigung von durch Inflation, Betriebszugehörigkeit und Arbeitsmarktstruktur bedingten Gehaltssteigerungen schätzen wir das durchschnittliche Jahresbruttoeinkommen bei voller Beschäftigungsdauer auf 350.000 €; das Einstiegsgehalt betrug 280.000 €. Die erwartete mittlere Lebensdauer eines männlichen Bundesbürgers im gleichen Alter beträgt gegenwärtig 78 Jahre. Der durchschnittliche Marktzinssatz der vergangenen zehn Geschäftsjahre (Abzinsungssatz gemäß § 253 Abs. 2 HGB) lag Ende 2021 bei 2,11 %; erstrangige, festverzinsliche Unternehmensanleihen mit gleicher Restlaufzeit erbrachten eine Rendite von 0,72 %.

10. Aufwands- und Produkthaftungsrückstellung

Nachdem die Fertigungslinie III durch einen kurzfristig angenommenen Auftrag über spezifische Klinikarmaturen für das neue Gesundheitszentrum in Uppsala, Schweden, bis Jahresende 2021 vollständig ausgelastet war, musste die geplante

Überholung der Linie auf Mitte Januar 2022 verschoben werden. Die erwarteten Reparaturkosten in Höhe von 20 Mio. € wurden durch eine entsprechende Rückstellung bereits aufwandswirksam erfasst.

Außerdem hat uns 2021 eine Verbraucherschutzinitiative mitgeteilt, in einem Musterprozess Schadensersatz wegen Problemen mit den Rohrabdichtungen von Abwasserleitungen einklagen zu wollen. Da unsere Rechtsabteilung zur Zeit noch mit der Verbraucherschutzinitiative verhandelt, kann sie sich noch nicht festlegen, ob es tatsächlich zu einer gerichtlichen Auseinandersetzung kommen wird. Sollte es zu einem Prozess kommen ist zudem nicht absehbar, wie die gerichtliche Entscheidung ausfallen wird, da ein ähnlich gelagerter Fall bisher nicht zur Entscheidung anstand. Sollten wir verlieren, kommen wahrscheinlich Kosten von 15 Mio. € auf uns zu. Aus diesem Grund haben wir vorsichtshalber eine Produkthaftungsrückstellung in gleicher Höhe gebildet.

11. Goodwill-Abschreibung

Die Flush Corp. wurde zum 01.01.2021 von der Horg AG gekauft und wird für das Geschäftsjahr 2021 erstmals in den Konzernabschluss einbezogen. Nach Verrechnung des aus der HB II ermittelten Eigenkapitals von 50 Mio. € mit dem Gesamtkaufpreis von 100 Mio. € verblieb zum Erwerbszeitpunkt ein Unterschiedsbetrag aus der Kapitalkonsolidierung von 50 Mio. €. Dieser verteilt sich nach unserer Due Diligence auf stille Reserven in Gebäuden (30 Mio. €) mit einer Restnutzungsdauer von 25 Jahren. Den verbleibenden Unterschiedsbetrag in Höhe von 20 Mio. € haben wir gemäß § 301 Abs. 3 Satz 1 HGB als Geschäfts- oder Firmenwert aktiviert. Nach § 309 Abs. 1 HGB i.V.m. § 253 Abs. 3 S. 1 HGB wird der Goodwill über seine voraussichtliche Nutzungsdauer, die wir aufgrund des guten Standings der Flush Corp. auf zehn Jahre schätzen, linear abgeschrieben.

Für die Umstellung auf IFRS haben wir hier für den Abschluss 2021 die Bilanzierungsregeln des IFRS 3 zu beachten. Hierfür haben wir folgende Informationen zusammengestellt:

Die Flush Corp. ist in zwei Segmenten operativ tätig, im Segment Standardprodukte und im Segment Luxusprodukte. Die Geschäftsführung beider Segmente ist personell voneinander getrennt. Für diese beiden Unternehmensbereiche wird zudem separat Bericht erstattet und geplant. Der gezahlte Kaufpreis verteilt sich im Erwerbszeitpunkt im Verhältnis 60:40 auf die Segmente Standardprodukte bzw. Luxusprodukte.

Die in Anlage 1 angegebene Handelsbilanz II der Flush Corp. zum Erwerbszeitpunkt ist zudem nach diesen Segmenten der Flush Corp. gegliedert. Bis auf die aufgedeckten stillen Reserven in den Gebäuden, die zu jeweils gleichen Beträgen beiden Segmenten zuzuordnen sind, entsprechen die jeweiligen Buchwerte zum Erwerbszeitpunkt ihren Tageswerten. Beide Segmente erwirtschafteten im Geschäftsjahr 2021 einen Jahresüberschuss von Null Euro. In Anlage 2 ist die Finanzplanung der Flush Corp. für die Geschäftsjahre 2022 bis 2024 aufgeführt. Für die Ermittlung des Terminal Value wird das Konzept der ewigen Rente gewählt und ein Wachstumsfaktor von 2 % unterstellt. Die Horg AG rechnet für das

Segment Standardprodukte mit einem Vorsteuerzins (Weighted-Average Cost of Capital, WACC) gemäß IAS 36.55 von 11,20 % und für das Segment Luxusprodukte von 9,89 %. Im Rahmen des Werthaltigkeitstests wird eine Nettobetrachtung unterstellt, da den beiden Segmenten eindeutig Verbindlichkeiten zuordenbar sind (IAS 36.79). Die Horg AG vergleicht also die nach dem DCF-Bruttoverfahren (WACC-Ansatz) unter Abzug des verzinslichen Fremdkapitals als Eigenkapitalwerte ermittelten erzielbaren Beträge der beiden Segmente mit den jeweiligen Buchwerten des Eigenkapitals. Die sonstigen Verbindlichkeiten der Flush Corp. werden als verzinslich angesehen.

12. Kapitalflussrechnung

Die im Konzernabschluss 2021 enthaltene Kapitalflussrechnung nach HGB haben wir indirekt aus den Bilanz- und GuV-Zahlen ermittelt. Die formelle und inhaltliche Ausgestaltung berücksichtigt dabei die weitgehend übereinstimmenden Regelungen nach DRS 2 und IAS 7.

Bei der Anpassung der Kapitalflussrechnung dürfte ein zweistufiges Verfahren sinnvoll sein. Zuerst sollen auf der Grundlage der HGB-Kapitalflussrechnung folgende Angaben berücksichtigt werden, die bislang noch unberücksichtigt geblieben sind:

- Die Erweiterung des Konsolidierungskreises durch den Erwerb der Flush Corp. ist in der Beständedifferenzenbilanz erfasst, allerdings ohne Berücksichtigung, dass diese Differenzen nicht zahlungswirksam sind. Hier ist entsprechend zu korrigieren.
- Die letzte Rate für unsere neu investierte Beschichtungsanlage steht noch aus. Die restlichen 7 Mio. € zahlen wir erst, wenn die Funktionsfähigkeit nach Abschluss der Probeläufe erwiesen ist.
- Aufgrund einer Abwertung des YEN erfolgte eine Abschreibung der YEN-Bestände innerhalb der liquiden Mittel in Höhe von 50 T€.

In einem zweiten Schritt geht es um die Umstellung auf die IFRS-Kapitalflussrechnung. Da wir von einer weitgehend identischen Vorgehensweise nach DRS 2 und IAS 7 ausgehen, dürften nur die identifizierten Unterschiede bei den vorangegangenen Geschäftsvorfällen zwischen IFRS und HGB eine Rolle spielen. Wir vermuten hier aber keine substanziellen Auswirkungen auf den Gesamt-Cashflow. Es dürfte erst einmal ausreichen, sich über die Auswirkungen dieser Unterscheide auf die Kapitalflussrechnung grundlegend Gedanken zu machen, ohne die betragsmäßigen Änderungen in die Kapitalflussrechnung einzupflegen.

Absehbarer Umstellungsbedarf in späteren Geschäftsjahren

Erwartungsgemäß werden wir uns natürlich auch nach 2021 mit weiteren Geschäftsvorfällen konfrontiert sehen, deren bilanzielle Behandlung nach IFRS bzw. IFRS for SMEs von den handelsrechtlichen Bestimmungen abweicht. Teilweise können wir diese aufgrund der bisher getroffenen unternehmenspolitischen

Entscheidungen, wie z.B. der anstehenden Aktienemission oder der Änderung unserer betrieblichen Altersversorgung, bereits heute abschätzen. Ich halte es für angebracht diese „Zukunfts"-Geschäftsvorfälle ebenfalls jetzt schon zu betrachten, um uns mit den Abweichungen von der vertrauten handelsrechtlichen Denkweise auseinanderzusetzen. Ich bitte dabei allerdings zu berücksichtigen, dass wir die Umstellungseffekte aus heutiger Sicht nur unter weiteren Annahmen und vorbehaltlich etwaiger zukünftiger Regulierungsänderungen einschätzen können.

13. Aktienoptionspläne zur Managementvergütung

Wie ja bereits im Zusammenhang mit der geplanten Emission stimmrechtsloser Vorzugsaktien umrissen, gedenken wir im Geschäftsjahr 2024, also ein Jahr nach der Aktienemission, einen Teil der Vergütung unserer Führungskräfte auf den ersten drei Führungsebenen an die Kursentwicklung der Vorzugsaktien anzuknüpfen. Entsprechend bietet es sich an, auf Grundlage der bereits 1998 durch das KonTraG geschaffenen Rahmenbedingungen einen Aktienoptionsplan aufzulegen. So wie es die deutsche Fachliteratur für zulässig erachtet, müssten wir den Aktienoptionsplan gemäß Handelsrecht wohl nicht in Bilanz und GuV berücksichtigen. Ferner ist damit zu rechnen, dass gegenüber dem Finanzamt keine Betriebsausgaben geltend gemacht werden können. Nach IFRS müssen wir in diesem Fall den Standard IFRS 2 „Aktienbasierte Vergütung" anwenden. Nach den IFRS for SMEs sind die Regelungen des Abschnitts 26 einschlägig.

Nehmen wir also an, die Aktienoptionen werden zum 01.01.2024 mit einem Bezugskurs in Höhe des Aktienkurses zu diesem Zeitpunkt von bspw. 6 € gewährt. Um den Anforderungen des KonTraG zu genügen, würde eine Sperrfrist von zwei Jahren, hier also bis zum 31.12.2025, und eine Mindestkurssteigerung von z.B. 25 % als Erfolgsziel festgelegt werden. Wir unterstellen, dass dieses Ziel bereits 2024 erfüllt wird. Ferner wird angenommen, dass von den ursprünglich ausgegebenen 3.000.000 Optionsrechten aufgrund des Ausscheidens einiger Kollegen bis Ende 2024 insgesamt 300.000 und bis Ende 2025 noch einmal 600.000 Optionen verfallen würden, wobei ursprünglich mit einer geringeren Quote von insgesamt nur 15 % gerechnet worden sei. Zu Beginn des Programms hätte die den Vorgang begleitende Investmentbank einen beizulegenden Zeitwert pro Aktienoption in Höhe von 1,20 € berechnet. Unterstellt man eine günstige Aktienkursentwicklung (z.B. 31.12.2024: 9 €, 31.12.2025: 12 €) wären die Optionen bei sofortiger Ausübung also deutlich mehr wert als berechnet.

Des Weiteren erwägen wir, für das mittlere Management zum 01.01.2025 einen sogenannten „virtuellen" Optionsplan aufzulegen. Im Gegensatz zu echten Aktienoptionen besteht hier kein Anrecht zum Bezug junger Vorzugsaktien; die Konsequenzen bei Ausübung der Optionen werden vielmehr durch entsprechende Zahlungen an die Begünstigten nachgebildet. Nehmen wir also an, die Sperrfrist der virtuellen Aktienoptionen bzw. Share Appreciation Rights betrage ebenfalls zwei Jahre. Der virtuelle Bezugskurs, also der Aktienkurs der überschritten werden muss, um die Optionen gewinnbringend ausüben zu können, werde auf den Aktienkurs am 01.01.2025 von bspw. 9 € festgelegt. Insgesamt würden, wenn wir unsere derzeitige Personalstruktur annehmen, 1.500.000 Optionsrechte gewährt werden, von denen jedoch aufgrund des Ausscheidens einiger Mitarbeiter bis zum Jahresende 2025 bereits z.B. 100.000 Optionsrechte verfallen wären.

Handelsrechtlich würden wir für unseren virtuellen Aktienoptionsplan eine Rückstellung in Höhe des inneren Werts der Optionsrechte bilden, die wohl auch steuerlich anerkannt werden würde. Für die Bewertung gemäß IFRS 2 benötigen wir allerdings eine Schätzung des beizulegenden Zeitwerts der Optionsrechte. Nehmen wir in unserem Fall an, eine von uns beauftragte Bank hätte mithilfe eines anerkannten Optionsbewertungsmodells einen Wert von 4,50 € ermittelt. Zum Zeitpunkt der Gewährung hätte sich der beizulegende Zeitwert auf 2 € belaufen.

14. Versicherungsmathematische Gewinne und Verluste

Der Einzug von Pensionsrückstellungen in unser Bilanzbild eröffnet uns an anderer Stelle ein leider nicht ganz unwesentliches Problem. Da nach IAS 19 „Leistungen an Arbeitnehmer", ähnlich zum Handelsrecht, umfassende versicherungsmathematische Annahmen in die Rückstellungsbewertung einfließen, diese jedoch im Zeitablauf kaum konstant bleiben dürften, stellt sich die Frage, wie etwaige versicherungsmathematische Gewinne oder Verluste zu behandeln sind, die alleinig aus einer Änderung dieser versicherungstechnischen Parameter herrühren. Es gibt seit der Erweiterung des Zeitraumes für die Berechnung des durchschnittlichen Marktzinssatzes von sieben auf zehn Jahre eine Ausschüttungssperre gemäß § 253 Abs. 6 Satz 2 HGB für einen sich aus dieser Änderung ergebenden positiven Unterschiedsbetrag. Ein entstandener Gewinn darf demnach nur ausgeschüttet werden, wenn die nach einer Ausschüttung frei verfügbaren Rücklagen (unter Berücksichtigung eines Gewinn- oder Verlustvortrages) den positiven Unterschiedsbetrag übersteigen.

Um die Auswirkung versicherungsmathematischer Gewinne bzw. Verluste besser verstehen zu können, betrachten wir am Beispiel unseres neuen Vorstandsmitglieds Dr. Thomas Jäger folgenden Fall: Nehmen wir zunächst an, die Rendite erstrangiger festverzinslicher Unternehmensanleihen wäre per 31.12.2022 auf 0,52 % gesunken, während der durchschnittliche Marktzinssatz sich nur unwesentlich verändert hat. Zudem muss das durchschnittliche Bruttojahreseinkommen über die Gesamtdienstzeit mit 400.000 € neu geschätzt werden. Durch die geänderten Annahmen dürfte sich für 2022 ein nicht unwesentlicher versicherungsmathematischer Verlust ergeben, der als „Remeasurement"-Komponente im sonstigen Ergebnis zu erfassen ist.

15. Diluted Earnings per Share

Da wir ab 2023, aufgrund der Aktienemission und der damit einhergehenden verpflichtenden Anwendung der IFRS gemäß IAS 33 neben der Offenlegung der Earnings per Share (EPS) auch zu einer Angabe des sog. verwässerten Gewinns je Aktie (Diluted Earnings per Share) verpflichtet sind, müssen wir ab 2024 zwingend den aufgelegten Aktienoptionsplan berücksichtigen. Bleiben wir bei den obigen Annahmen, sind Ende 2024 noch 2.700.000 Optionsrechte mit einem

Bezugskurs von 6 € im Umlauf, während der Aktienkurs 9 € beträgt. Der Jahresüberschuss nach Steuern betrage 2024 annahmegemäß 38 Mio. €. Es wird angenommen, dass alle Aktien einer einheitlichen Gattung i.S.v. IAS 33 angehören. Damit entfällt ein gesonderter Ausweis von EPS bzw. Diluted EPS für Stamm- und Vorzugsaktien.

Mit den besten Grüßen

Walther Vorhand
Bereichsleiter Rechnungswesen

Anlagen:
- Handelsbilanz II der Flush Corp.
- Finanzplanungsrechnung der Flush Corp.
- Konzernabschluss-Kennzahlen

1. Zusammengefasste Handelsbilanz II der Flush Corp. zum 01.01.2021

AKTIVA (in T€)	Summe	Standardprodukte	Luxusprodukte
Anlagevermögen			
Sachanlagen	55.200	34.400	20.800
	55.200	34.400	20.800
Umlaufvermögen			
Vorräte	18.800	10.300	8.500
Forderungen	8.000	4.200	3.800
Liquide Mittel	3.100	1.800	1.300
	29.900	16.300	13.600
	85.100	50.700	34.400

PASSIVA (in T€)	Summe	Standardprodukte	Luxusprodukte
Eigenkapital			
Gezeichnetes Kapital	30.000	17.000	13.000
Kapitalrücklagen	8.000	6.000	2.000
Gewinnrücklagen	12.000	10.000	2.000
	50.000	33.000	17.000
Verbindlichkeiten			
- gegenüber Kreditinstituten	15.500	7.700	7.800
- aus Lief. und Leistungen	16.500	10.000	6.500
Sonstige Verbindlichkeiten	3.100		3.100
	35.100	17.700	17.400
	85.100	50.700	34.400

2. Finanzplanung der Flush Corp.

a) Standardprodukte

in T€	2021	2022	2023	ab 2024
Umsatzerlöse		54.967	50.479	45.233
Herstellungskosten des Umsatzes		31.238	28.967	26.361
Bruttoergebnis vom Umsatz		**23.729**	**21.512**	**18.872**
Vertriebskosten		8.278	6.954	8.172
Allgemeine Verwaltungskosten		5.984	5.980	5.681
sonstiger betrieblicher Aufwand		122	50	111
Zinsaufwand		750	900	987
Ergebnis der gew. Geschäftstätigkeit		**8.595**	**7.628**	**3.921**
Investitionen ins AV		8.235	7.986	8.241
Abschreibungen		7.455	7.223	8.241
Bestand des Working Capital (FLL+Vorräte+WP des UV-VLL)	7.300	8.200	7.623	7.218

b) Luxusprodukte

in T€	2021	2022	2023	ab 2024
Umsatzerlöse		39.571	38.720	36.090
Herstellungskosten des Umsatzes		19.564	19.044	20.631
Bruttoergebnis vom Umsatz		**20.007**	**19.676**	**15.459**
Vertriebskosten		3.494	6.879	5.830
Allgemeine Verwaltungskosten		5.305	5.434	5.632
sonstiger betrieblicher Aufwand		129	64	117
Zinsaufwand		795	723	756
Ergebnis der gew. Geschäftstätigkeit		**10.284**	**6.576**	**3.124**
Investitionen ins AV		3.920	5.893	4.195
Abschreibungen		2.833	4.235	4.195
Bestand des Working Capital (FLL+Vorräte+WP des UV-VLL)	8.100	9.000	8.877	8.782

3. Konzernabschluss-Kennzahlen auf Grundlage der HGB-Zahlen

Kennzahlen	**2021**	**2020**
Anzahl Stammaktien	1.000.000	1.000.000
Ergebnis je Aktie	34,5 €	39,38 €
Cashflow je Aktie	84,82 €	101,67 €
Eigenkapitalrentabilität	6,9 %	8,1 %
Eigenkapitalquote	36,0 %	39,0 %
Umsatzrentabilität	4,4 %	5,9 %
Gesamtkapitalrentabilität	5,4 %	5,6 %

Aufgabenstellung:

1. Buchen Sie die aufgeführten Geschäftsvorfälle nach HGB. Vergleichen Sie ihr Vorgehen anschließend mit der Behandlung der Geschäftsvorfälle nach IFRS und nach IFRS for SMEs. Befreiungswahlrechte für Erstanwender gemäß IFRS 1 „Erstmalige Anwendung der International Financial Reporting Standards" bzw. IFRS-SME.35 „Transition to the IFRS for SMEs" sollen dabei unberücksichtigt bleiben.
2. Wie lauten die Korrektur- und Anpassungsbuchungen für die aufgeführten Geschäftsvorfälle, wenn Sie von HGB auf IFRS umstellen? Wie lauten die Korrekturbuchungen bei einer Überleitung auf die IFRS for SMEs? Bitte erstellen Sie auf der Grundlage dieser Anpassungen eine Konzernbilanz und eine Konzern-Gesamtergebnisrechnung nach IFRS bzw. IFRS for SMEs. Die Kapitalflussrechnung ist im Sinne der Aufgabenstellung im Geschäftsvorfall 12 anzupassen.
3. Diskutieren Sie mögliche Auswirkungen der Rechnungslegungsumstellung. Welche Vor- und Nachteile hat eine Umstellung auf die IFRS bzw. IFRS for SMEs für den Horg Konzern? Berücksichtigen Sie hierbei auch mögliche bilanzanalytische Konsequenzen, mögliche Auswirkungen auf Bewertungs-Multiples wie Earnings per Share sowie mögliche Auswirkungen auf andere Funktionsbereiche, z.B. auf die interne Planung und Kontrolle.

Hinweis:

Bei der Bildung latenter Steuern wird ein einheitlicher Konzernsteuersatz von 40 % zugrunde gelegt (vgl. Konzernanhang).

Stichwortverzeichnis